Gesamtverzeichnis des deutschsprachigen Schrifttums (GV) 1700 – 1910

Bearbeitet unter der Leitung von
Peter Geils und Willi Gorzny
Bibliographische und redaktionelle Beratung:
Hans Popst und Rainer Schöller

1

A-Ac

K·G·Saur München · New York · London · Paris 1979

Gesamtleitung:

Peter Geils, Willi Gorzny

Bibliographische und redaktionelle Beratung:

Hans Popst, Rainer Schöller

Leitende Redakteure:

Monika Eichler, Ursula Geier, Hildegard Rossberg, Hilmar Schmuck,
Helga Werner, Gabriele Winter.

Redakteure:

Heidi Amman, Barbara Berkiç, Marianne Fischer, Ute Klier, Christel Schmidt,
Ingeborg v. Seckendorff, Brigitte Semmler, Eva v. Troschke, Barbara Zaruba.

Redaktionsassistenten:

Hannes Diersch, Paul Dörr, Ricardo Eller, Helmut Faust, Maria Grill, Rita Grill,
Robert Haidt, Cornelia Krüger, Rut Leeb, Hedwig Rost,
Barbara Schaedle, Ulrike Schmid-Dankwardt u.a.

CIP-Kurztitelaufnahme der Deutschen Bibliothek

Gesamtverzeichnis des deutschsprachigen Schrifttums : (GV). – München, New York, London, Paris : Saur.
ISBN 3-598-30000-X

1700 – 1910 / bearb. unter d. Leitung von Peter Geils u. Willi Gorzny. Bibliograph. u. red. Beratung: Hans Popst u. Rainer Schöller

NE: Geils, Peter [Bearb.]

1. A–Ac. – 1979.

Techn. Realisierung und Druck: Norbert Gärtner, Mainz-Kastel
Einbandgestaltung: Karin Büchner, München
Binden: Karl Schaumann, Darmstadt
Printed in the Federal Republic of Germany
ISBN 3-598-30000-X (Gesamtwerk)

Geleitwort

Ebenso wie 1912 die Gründung der Deutschen Bücherei zwar aus einer logischen Notwendigkeit heraus erfolgte, aber nur durch die Initiative des Buchhandels forciert wurde, bedurfte es einer verlegerischen Privatinitiative, um endlich ein Gesamtverzeichnis des deutschsprachigen Schrifttums in Gang zu setzen.

Als wir 1975 das Erscheinen eines GV für den Zeitraum 1911–65 ankündigten, hielten sich Zustimmung und Skepsis gegenüber dieser neuartigen Bibliographie in etwa die Waage.

Inzwischen liegen weit mehr als die Hälfte der Bände vor und das GV hat seine Bewährungsprobe längst bestanden. Obwohl es noch nicht vollständig ist, gehört es schon jetzt zu den meistbenutzten Nachschlagewerken im wissenschaftlichen und öffentlichen Bibliothekswesen.

Entsprechend der Idee des Herausgebers des GV 1911–1965, Dr. Reinhard Oberschelp, war es naheliegend, ein gleichartiges Verzeichnis für den Zeitraum 1700–1910 herauszubringen.

Die für diesen Zeitraum zu bewältigenden Probleme waren und sind ganz erheblich größer als für den neueren Zeitabschnitt. Genügten für das Verzeichnis 1911–1965 16 bibliographische Quellen, so müssen für das GV 1700–1910 fast 180 verschiedene Quellen mit mehr als 10.000 Alphabeten und unterschiedlichen bibliographischen Systemen ausgewertet werden. Auch die Anforderungen an die Reprotechnik sind gestiegen. Nur durch das Prinzip der reprotechnischen Wiedergabe und ihrer ganz ungewöhnlichen Kostenreduktion ist in einer derartig kurzen Zeit die Herausgabe eines solchen Werkes möglich, die gleichzeitig neue Satz- und Druckfehler ausschließt.

Schon im Januar 1976, nach Erscheinen der ersten beiden Bände des GV 1911–1965 begann der Verlag mit den Vorarbeiten für das vorliegende Verzeichnis. Im Jahr 1977 konnte dem Bibliotheksausschuß der Deutschen Forschungsgemeinschaft das vollständig ausgearbeitete Konzept vorgelegt werden. Aufgrund der ungewöhnlichen Redaktionsprobleme und Kosten und in Anerkennung der Brauchbarkeit des Gesamtverzeichnisses entschloß sich der Ausschuß, dem Verlag ein rückzahlbares Publikationsdarlehen in Höhe von DM 500.000,- zu gewähren und unterstrich damit die Bedeutung, die auch diesem neuen Projekt zugemessen werden kann.

Das neue Werk wird ca. 150 Bände umfassen und in den Jahren 1979 bis 1983 erscheinen. Das bedeutet, daß der gesamte bibliographische Erscheinungszeitraum von 1700 bis 1965 innerhalb von 7 Jahren redaktionell zusammengefaßt sein wird. Der Rationalisierungseffekt und die Verbesserung der bibliographischen Auskunftsmöglichkeiten, die mit diesen Hilfsmitteln erreicht werden, sind gar nicht hoch genug einzuschätzen.

Als Verleger bin ich glücklich, daß diese Bibliographien in meinem Verlag erscheinen können. Mein Dank dafür geht an alle beteiligten Persönlichkeiten und Institutionen, deren Mitwirkung das Zustandekommen des Gesamtverzeichnisses des deutschsprachigen Schrifttums in dieser Form ermöglicht hat. An erster Stelle möchte ich Herrn Dr. Reinhard Oberschelp Dank sagen, ohne dessen Idee und Konzeption das Projekt nie hätte realisiert werden können. Aber auch den Leitern unserer Redaktionen, Herrn Dipl.-Bibliothekar Willi Gorzny und Herrn Dipl.-Bibliothekar Peter Geils gebührt ein ganz besonderer Dank für ihren Einsatz, der weit über das hinausging, was gemeinhin an Interesse zu finden ist, und zu einer Arbeitskonzeption geführt hat, die als absolut einmalig zu bezeichnen ist.

Mein Dank geht auch an unsere bibliographischen Berater Herrn Dipl.-Bibliothekar Hans Popst und Herrn Dr. Rainer Schöller. Ebenfalls weiß ich zu schätzen, was ich dem Bibliotheksausschuß der Deutschen Forschungsgemeinschaft verdanke und allen Universitäts-, Staats- und Stadtbibliotheken, die uns bereitwilligst ihre Erfahrungen und ihre Materialien zur Auswertung zur Verfügung gestellt haben.

Auch allen anderen beteiligten Mitarbeitern, die sich in einem ungewöhnlichen Maße eingesetzt haben und deren Teamgeist das pünktliche Erscheinen des GV erst ermöglicht hat, darf ich herzlich danken.

Und schließlich und endlich: Ohne Norbert Gärtner in Mainz wären die beiden Gesamtverzeichnisse in dieser Form nicht realisierbar gewesen. Seine Erfahrungen auf dem Reprosektor und bei der drucktechnischen Herstellung führten zu ganz entscheidenden Einsparungen, die vor allem den Käufern zugutekommen und es ermöglichen, daß das Gesamtverzeichnis auch für zahlreiche mittlere und kleinere Bibliotheken erschwinglich wird, für die die Anschaffung einer solchen Bibliographie eine außerordentliche Arbeitserleichterung und eine wesentliche Verbesserung aller bibliographischen Arbeiten und Auskünfte bedeutet.

München, Dezember 1978 Klaus G. Saur

Inhaltsübersicht

Vorwort

Das *„Gesamtverzeichnis des deutschsprachigen Schrifttums 1700–1910"* verzeichnet deutschsprachige Druckwerke aus aller Welt sowie im deutschen Sprachraum erschienene fremdsprachige Druckwerke aller Art und aller Fachgebiete aus über zwei Jahrhunderten *in einem Alphabet.* Seine Berichtszeit weist es als Rückwärtsergänzung zum „Gesamtverzeichnis des deutschsprachigen Schrifttums 1911–1965" aus.

Das bereits bis Band 86 vorliegende 150teilige „GV 1911–1965" beweist, daß die Reprographie ein geeignetes Verfahren für die Zusammenfassung großer Titelmassen aus verschiedenen Quellen zu einem einzigen Alphabet ist. Durch Zerschneiden von Originalexemplaren, Reprints oder Kopien der Quellenverzeichnisse werden ohne Abschreibarbeit fertige Titelaufnahmen gewonnen, die durch Photographie auf Zettel gleicher Größe übertragen und dabei durch Verkleinerung oder Vergrößerung in der Spaltenbreite einander angeglichen werden. Die nun auf Einzelzetteln vorliegenden Titelaufnahmen werden manuell zu einem neuen, einzigen Alphabet zusammengeordnet, in zwei Spalten schuppenförmig hintereinander ausgelegt und nochmals photographiert. Diese letztmalige Photographie bildet die Vorlage für die Vervielfältigung durch Offsetdruck.

Nicht nur die Praktikabilität dieses neuen Herstellungsverfahrens und das schnelle Erscheinen der einzelnen Bände des „GV 1911–1965" haben zu seinem Erfolg beigetragen, sondern auch der Rationalisierungseffekt in der täglichen Bibliographier-Praxis der Bibliotheken: Es braucht nun nicht mehr überlegt zu werden, ob es sich bei einem knapp zitierten Titel um ein reguläres Verlagserzeugnis, eine Dissertation, Firmenschrift oder andere Erscheinung außerhalb des Buchhandels handelt, denn die Herkunft einer Publikation spielt im GV keine Rolle. Das Nachschlagen korrekt zitierter Dissertationen im GV wird z.B. allein durch den Wegfall der Umwege über die Register regelmäßig auf die Hälfte der erforderlichen Zeit reduziert. In all jenen Fällen, in denen wegen des Berichtsverzuges der Jahresverzeichnisse der Hochschulschriften bisher in mehreren Jahrgängen gesucht werden mußte, vervielfacht sich der Zeitgewinn durch das GV.

Daß auch das „GV 1700–1910" einen hohen Rationalisierungseffekt erbringen wird, hat verschiedene Gründe: Wiewohl in geringerem Umfang verlangt, sind ältere Titel häufiger zu bibliographieren, weil sie seltener in Bibliotheken und insbesondere in neueren Bibliotheken vorhanden sind. Die umfassende Berichtszeit von 210 Jahren bringt es mit sich, daß eine weitaus größere Anzahl von Alphabeten als beim „GV 1911–1965" durch ein einziges Alphabet ersetzt wird. Hinzu kommt, daß für das „GV 1700–1910" auch fachbibliographische Verzeichnisse ausgewertet werden, von denen einige bislang wegen ihrer systematischen Ordnung im Hauptteil für eine schnelle Titelsuche entweder nur über den Umweg eines alphabetischen Registers oder bei Fehlen eines solchen gar nicht herangezogen werden konnten. Da außerdem bei kleineren oder neueren Bibliotheken etliche der ausgewerteten älteren Verzeichnisse gar nicht vorhanden und auch nicht – oder nur schwer – antiquarisch oder als Reprints beschaffbar sind, macht das „GV 1700–1910" in solchen Bibliotheken manche Titel überhaupt erst nachweisbar.

Ein Blick auf das *Quellenverzeichnis* mit 178 Titeln und insgesamt ca. 560 ausgewerteten Bänden zeigt, daß das „GV 1700–1910" für die alphabetische Titelsuche beträchtliche Teile eines guten bibliographischen Apparates einer Bibliothek in sich vereint. Seit 1700, dem Berichtsbeginn von Heinsius' „Allgemeinem Bücherlexikon" gibt es eine ununterbrochene Folge buchhändlerischer *deutscher Nationalbibliographien* bis zur Ablösung durch das „Deutsche Bücherverzeichnis" seit 1911. Daß für den größten Teil dieser Berichtszeit zwischen 1700 und 1910 zwei und zeitweise sogar drei alphabetische Verzeichnisse mit annähernd gleichem Inhalt in Konkurrenz zueinander stehen (Heinsius: 1700–1892; Kayser: 1750–1910; Hinrichs' Katalog: 1851–1912), ist dabei nicht unbedingt ein Vorteil: Gewissenhaft Bibliographierende haben immer wieder festgestellt, daß ein Titel, der in einem Verzeichnis fehlt, durchaus in dem anderen stehen kann und umgekehrt. Das „Gesamtverzeichnis des deutschsprachigen Schrifttums 1700–1910" hat also zunächst nicht nur die Aufgabe, die zahlreichen Haupt-, Nachtrags- und Ergänzungsalphabete (z. B. allein bei Kayser 44, bei Heinsius 45) *einer* Nationalbibliographie zusammenzufassen, sondern auch den *vollständigen Inhalt* aller *drei* Nationalbibliographien während der angegebenen Berichtszeit in einem einzigen Alphabet darzubieten.

Da die Bücherlexika von Heinsius und Kayser anfangs nur auf den äußerst lückenhaften Meßkatalogen fußen, bedürfen sie der Ergänzung durch andere Quellen. Hans-Joachim Koppitz stellt dazu in seinem Aufsatz „Zur Bibliographie der deutschen Buchproduktion des 18. Jahrhunderts" (in: ZfBB, 9, 1962, S. 18–30) unter anderem fest: „. . . So blieb fast alles in den Katalogen unerwähnt, was zu geringen Umfang hatte. Wir dürfen also kaum Broschüren, Flugschriften, Pamphlete, Gelegenheitspredigten u. dgl. im Heinsius und Kayser suchen. . . Ferner fällt immer wieder auf, daß die süddeutsche, insbesondere die ausgesprochen katholische süddeutsche Literatur wie auch die Literatur der katholischen ost- und nordostdeutschen Gebiete nicht selten unverzeichnet geblieben ist. . . Nicht viel anders verhält es sich bei der sog. „Schönen Literatur". Sie wurde sicher nicht in dem Umfang in den Meßkatalogen angeboten, wie sie jährlich herauskam. . . Es wird z.B. so gut wie gar nichts von der sicher in Mengen gedruckten Gattung der sog. Volksbücher in den Verzeichnissen angeführt. . . Stiefmütterlich wird auch die Literatur behandelt, die allzu landschafts- und lokalgebunden war. . ."

Aber auch im 19. Jahrhundert, als durch die seit 1819 aufgrund von Autopsie erstellten Hinrichs'schen Halbjahresverzeichnisse eine stark verbesserte Grundlage für die buchhändlerischen Mehrjahresverzeichnisse von Heinsius, Kayser und Hinrichs gegeben war, fehlte in diesen weitgehend das außerhalb des Buchhandels erschienene Schrifttum. Da dieses auch nirgendwo geschlossen verzeichnet worden ist, werden für das „GV 1700–1910" außer den Hochschulschriftenverzeichnissen auch eine große Zahl von *Fach- und Spezialbibliographien* sowie von *gedruckten Katalogen* von Fachbibliotheken ausgewertet, um diese Lücken zu schließen.

Damit das „Gesamtverzeichnis des *deutschsprachigen* Schrifttums 1700–1910" im Rahmen des Möglichen seinem Namen gerecht wird, werden auch die für Teile der Berichtszeit vorliegenden Nationalbibliographien *Österreichs* und der *Schweiz* als Quellen mit einbezogen.

Etwa 400 bibliographische Nachschlagewerke sind – fast immer aufgrund von Autopsie – für die Aufnahme in das Quellenverzeichnis begutachtet worden. Wenn davon „nur" 178 Titel in die endgültige Liste der auszuwertenden Quellen aufgenommen worden sind, dann liegen für die Weglassung einer oder mehrere der folgenden Gründe vor:

– Fortlaufend geschriebene Titelaufnahmen können nicht auseinandergeschnitten werden, was für das gewählte Herstellungsverfahren unumgänglich notwendig ist, weil nur in Ausnahmefällen Titelaufnahmen neu geschrieben werden können. Dieser Sachverhalt ist vor allem bei vielen älteren biographischen Sammelwerken wie z. B. auch bei Johann Georg Meusels Schriftsteller-Lexika gegeben.

– Bei tabellarisch geordneten Bibliographien können zwar einzelne Eintragungen auseinandergeschnitten werden, enthalten dann aber häufig die Angaben zu mehreren Ausgaben oder Werken eines Autors so miteinander verquickt, daß sie nicht mit Zetteln aus anderen Bibliographien zusammengeordnet werden können.

– Verzeichnisse mit zu stark gekürzten Titelaufnahmen werden nicht ausgewertet, wenn die aus dem Zusammenhang gerissenen Aufnahmen unverständlich sind.

– Verzeichnisse, deren hauptsächliche Berichtszeit außerhalb des Berichtszeitraumes 1700–1910 liegt, werden nur berücksichtigt, wenn sie periodisch erschienen oder chronologisch geordnet sind, weil nur so die auf die betreffenden Berichtsjahre entfallenden Titel ohne zusätzlichen Arbeitsaufwand ausgewählt werden können.

– Fachbibliographien, die nur selbständig erschienene Veröffentlichungen des Buchhandels enthalten, wie z.B. die Verzeichnisse der Verlage Enslin und Engelmann, werden nicht ausgewertet, weil sie im allgemeinen nur fachliche Auszüge aus den Basisbibliographien von Heinsius, Kayser und Hinrichs darstellen.

– In den meisten Fach- und Regionalbibliographien ist selbständige und unselbständige Literatur gemeinsam verzeichnet, wobei in den meisten Fällen die Anzahl der Aufsätze gegenüber der Zahl der Bücher stark überwiegt. Da von den verbleibenden monographischen Publikationen der allergrößte Teil bereits in den ausgewerteten allgemeinbibliographischen Verzeichnissen enthalten ist, kann der enorm hohe Auswertungsaufwand bei minimalem Zugewinn an Titeln nicht vertreten werden.

– Die gleichen Überlegungen sind auch ausschlaggebend dafür, daß internationale Bibliographien und Kataloge mit überwiegend fremdsprachigen Beständen nicht ausgewertet werden. Da die verbleibenden deutschsprachigen Monographien ebenfalls zum größten Teil bereits in anderen ausgewerteten Quellen enthalten sind, steht auch hier der erforderliche Aufwand in keinem vertretbaren Verhältnis zum bescheidenen Ergebnis. Der „Preussische" bzw. „Deutsche Gesamtkatalog" und die „Berliner Titeldrucke" der in Frage kommenden Jahrgänge werden allerdings ausgewertet, weil zahlreiche Erscheinungen außerhalb des Buchhandels tatsächlich nur dort verzeichnet sind.

Ebenfalls zugunsten des Titelreichtums des „GV 1700–1910" wird bei 20 (im Quellenverzeichnis durch * gekennzeichneten) fachbibliographischen Verzeichnissen, insbesondere bei Katalogen von Fachbibliotheken, statt gänzlichem Verzicht auf Auswertung wenigstens eine *Teilauswertung* vorgenommen. Berücksichtigt werden dabei die für das jeweilige Fach spezifischen Titel, während die in jeder Fachbibliothek auch vorhandenen allgemeinen und fächerübergreifenden Titel weggelassen werden, weil sie ohnehin in den ausgewerteten Allgemeinbibliographien enthalten sind.

Eine endgültige und genaue Aussage über den Gesamtumfang des „GV 1700–1910" kann wegen der sukzessiven Bearbeitung des Alphabets und der entsprechenden Erscheinungsweise der einzelnen Bände nicht gemacht werden. Bei einer ungefähren Anzahl von 5 Millionen in den ausgewerteten Quellen enthaltenen Eintragungen und entsprechender Berücksichtigung der Doppel- oder Mehrfachverzeichnung der meisten Titel wird jedoch mit einem *Gesamtumfang von über 2 Millionen Eintragungen* (Hauptaufnahmen und Verweisungen) zu rechnen sein.

Als *Inhalt* des „GV 1700–1910" kann nach Vertriebsweg, Publikationsart und geographisch-sprachlicher Herkunft der Titel folgendes aufgezählt werden:

– Erscheinungen des Verlagsbuchhandels
– Erscheinungen außerhalb des Buchhandels, also auch Dissertationen, Habilitationsschriften, Schulprogramme, Gesellschaftsschriften, amtliche Druckschriften, Firmenschriften, Gelegenheitsschriften, Privatdrucke u. ä.
– Bücher, Zeitschriften, zeitschriftenartige Reihen, Schriftenreihen, Zeitungen, Karten und Pläne
– Deutschsprachiges Schrifttum unabhängig von seinem Erscheinungsort, also auch Deutschsprachiges aus dem fremdsprachigen Ausland, z. B. aus den Vereinigten Staaten

- Fremdsprachiges Schrifttum aus dem deutschsprachigen Raum. Vor allem am Anfang der Berichtszeit handelt es sich dabei um größere Mengen lateinischer und auch französischer Titel, die die damalige wissenschaftliche und kulturelle Situation in Deutschland widerspiegeln. Als deutschsprachiger Raum werden die Territorien Deutschlands (einschließlich Danzigs) und Österreichs in den Grenzen von 1937 sowie der deutschsprachigen Schweiz verstanden.
- In geringem Umfang auch fremdsprachiges Schrifttum von außerhalb des deutschsprachigen Raumes, soweit es in den Basisverzeichnissen von Heinsius, Kayser und Hinrichs verzeichnet ist. Dadurch erübrigt sich die Benutzung der alphabetischen Hauptteile dieser Bibliographien.

Die *Ordnung* der Titel ist *alphabetisch* nach Personennamen und anonymen Sachtiteln *in grammatischer Wortfolge.* Diese Ordnung entspricht weitgehend den sog. *„Preußischen Instruktionen"* (= Instruktionen für die alphabetischen Kataloge der preußischen Bibliotheken. 2. Ausg. in d. Fassung vom 10. Aug. 1908). Um das „GV 1700–1910" in vertretbarer Zeit und zu einem realistischen Preis verwirklichen zu können, müssen *Abweichungen und Vereinfachungen* gegenüber den Preussischen Instruktionen beachtet werden, die im Rahmen der folgenden *„Anleitung für den Benutzer"* erläutert werden.

Alle Beteiligten hoffen, daß das „GV 1700–1910" in der Fachwelt ebenso zustimmend aufgenommen wird wie das „GV 1911–1965", und wünschen dem Unternehmen ein gutes Gedeihen und einen glücklichen Abschluß.

München und Pullach,
Im Dezember 1978

Peter Geils – Willi Gorzny
Hans Popst – Rainer Schöller

Anleitung für den Benutzer

Das „Gesamtverzeichnis des deutschsprachigen Schrifttums (GV) 1700–1910" ist *alphabetisch nach Personennamen und anonymen Sachtiteln in grammatischer Wortfolge* geordnet. Diese Ordnung entspricht weitgehend den sog. *„Preußischen Instruktionen"* (= Instruktionen für die alphabetischen Kataloge der preußischen Bibliotheken; im folgenden kurz „PI" genannt).

Bei einer kleinen Anzahl von Titeln (sicher weniger als 1 %) müssen jedoch Abweichungen von den PI beachtet werden, weil den in den Quellenbibliographien von Heinsius, Kayser und Hinrichs verzeichneten Titeln beim Entstehen dieser Verzeichnisse andere, nämlich *buchhändlerische Ordnungsregeln* zugrunde lagen und die Titelaufnahmen aus vielen Alphabeten sukzessive in ein einziges Alphabet geordnet werden.

Die wichtigsten *Abweichungen von den PI* sind jene, die der Einheitlichkeit wegen bei allen im „GV 1700–1910" verzeichneten Titeln beachtet werden, unabhängig davon, ob die einzelnen Titel ursprünglich nach buchhändlerischen Regeln oder nach den PI geordnet waren. Diese Abweichungen betreffen:

1. Das Alphabet

Umlaute werden wie ihre Grundbuchstaben geordnet, unabhängig davon, ob sie in einem oder in zwei Buchstaben geschrieben sind. Das bedeutet: ä = a; ae = a; ö = o; oe = o; ü = u; ue = u.

z. B.: Andersen
Aenderung
Änderungen
Ast
Aesthetik
Wort
Wörter
Wörterbuch
Worterklärungen
Wurzbach
Würzburg
Wurzel
Wust
Wüste

Unterscheiden sich zwei Wörter nur dadurch, daß in dem einen ein Selbstlaut und in dem anderen an derselben Stelle der zugehörige Umlaut steht, so wird das Wort mit dem Selbstlaut vor dem mit dem Umlaut geordnet.

z. B.: Bruder
Brüder
Not
Note
Nöte
Noten

[Diese Abweichung gegenüber dem § 22 der PI entspricht den im deutschen Sprachraum außerhalb der Bibliotheken allgemein üblichen Alphabetisierungsregeln, nach denen auch so renommierte Nachschlagewerke wie z. B. Brockhaus, Duden und Meyer geordnet sind. – Im übrigen erfolgt die Ordnung von ß als ss und die Behandlung von i und j als demselben Buchstaben sowohl nach den buchhändlerischen Regeln als auch nach den PI.]

2. Gleiche Namen verschiedener Verfasser

Verschiedene Verfasser mit denselben Vor- und Familiennamen werden nicht unterschieden. Ihre Werke werden so geordnet, als ob sie alle von einem Verfasser stammten. [Abweichung gegenüber § 175 der PI.]

z. B.: **Mayer, Karl:** *Abenteuer* in Indien. 1895.
Mayer, Karl: Bunte *Blumen*. 1780.
Mayer, Karl: *Eisenbahnen* in Deutschland. 1875.
Mayer, Karl: Der Westfälische *Frieden*. 1910.
Mayer, Karl: *Indien* für junge Leute. 1894.
Mayer, Karl: Der Dreißigjährige *Krieg*. 1909.
Mayer, Karl: Das *Netz* der preußischen Eisenbahnen. 1870.

3. Die Ordnung der Schriften innerhalb desselben Verfassernamens

Innerhalb desselben Verfassernamens werden die verschiedenen *Einzel- und Gruppenschriften alphabetisch nach vorliegenden Sachtiteln geordnet.* [Abweichung gegenüber §§ 176 und 221 der PI.]

z. B.: **Shakespeare, William:**
– Die beiden *Edeln* aus Verona.
– The two *Gentlemen* of Verona.
– Das *Gesamtwerk.*
– *Histories* and tragedies.
– Die *Komödie* der Irrungen.
– *Komödien.*
– Viel *Lärm* um nichts.
– Die beiden *Veroneser.*
– *Was* ihr wollt.
– Das gesammelte *Werk.*
– Ausgewählte *Werke.*
– Gesammelte *Werke.* 1891.
– Gesammelte *Werke.* 1893.
– *Wie* es euch gefällt.
– Ein *Wintermärchen.*
– Poetical *Works.*
– Der Widerspenstigen *Zähmung.*

Die genannten *Abweichungen 1–3* können bei der Ordnung aller einschlägigen Eintragungen im „GV 1700–1910" strikt befolgt werden, weil sich beim Zusammenordnen der verschiedenen Alphabete dadurch keine grösseren Verschiebungen ergeben. Daß diese Abweichungen *immer zu beachten* sind, macht die Suche in solchen Fällen problemlos, weil kalkulierbar.

Anders verhält es sich mit Abweichungen, die gleich das erste Ordnungswort (OW) betreffen. Sie gelten nur bei Eintragungen, die im wesentlichen aus den buchhändlerischen Basisbibliographien von Heinsius, Kayser und Hinrichs stammen. Da aus diesen Verzeichnissen die Hauptmasse der Titel stammt, wurde erwogen, PI-Aufnahmen aus anderen Bibliographien nach buchhändlerischen Regeln umzuordnen und damit jeden Titel nur an einer möglichen Stelle im Alphabet unterzubringen.

Dadurch wäre es allerdings unmöglich geworden, den größten Teil der Quellenbibliographien sukzessive zu bearbeiten, was aus finanziellen und zeitlichen Gründen wichtigste Voraussetzung für das Zustandekommen des „GV 1700–1910" ist. Bei den folgenden Abweichungen ist also zu beachten, daß sie zwar für die Mehrzahl der einschlägigen Fälle gelten, bei der Minderzahl solcher Fälle aber auch die PI-gemäße Ordnung zugrunde liegen kann.

Dieses Problem wird dadurch entschärft, daß viele einschlägige Titel einfach doppelt verzeichnet werden: einmal an der Stelle, an der sie sich in den buchhändlerischen Basisbibliographien finden, zum anderen dort, wo sie in PI-Verzeichnissen eingeordnet sind. Bei der Suche eines Titels, für den eine der folgenden *Abweichungen 4–9* in Frage kommt, empfiehlt es sich also, zunächst an der Stelle nachzusehen, die in den Abweichungen festgelegt wird. Findet sich der gesuchte Titel dort nicht, dann ist auch noch an der Stelle nachzuschlagen, die nach den PI zutrifft.

4. Verschiedene Formen für dasselbe Wort

Das erste OW einer Sachtitelschrift gilt in der Orthographie der Vorlage. Das bedeutet, daß ein und dasselbe Wort bei verschiedener Schreibung in der Vorlage auch an verschiedenen Stellen im Alphabet eingeordnet wird. Von der nicht berücksichtigten Form wird jedoch in jedem Fall verwiesen. [Abweichung gegenüber § 210 der PI.]

z. B.: Acten s. a. Akten
Acten des Adels . . .

Akten s. a. Acten
Akten des Abendlandes . . .

[Ab dem zweiten OW wird nach der heute geltenden Orthographie geordnet, auch wenn in der Vorlage abweichende Formen stehen.]

5. Verschiedene Titel für dieselbe Schrift

5.1. *Bei Vorliegen verschiedener Titel in verschiedenen Ausgaben* derselben Schrift wird das OW jeweils dem *Haupttitel der vorliegenden Ausgabe* entnommen. [Abweichung gegenüber § 217 der PI.]

z. B.: Gesetz über die Zwangsversteigerung.
1. OW: **Gesetz.**

z. B.: Das Zwangsversteigerungs-Gesetz.
1. OW: **Zwangsversteigerungs-Gesetz.**

5.2. Bei *Übersetzungen* wird das OW dem *vorliegenden Übersetzungstitel* entnommen. [Abweichung gegenüber § 220 der PI.]

z. B.: Märchen aus Tausendundeiner Nacht.
1. OW: **Märchen.**

z. B.: Die Schönsten Geschichten aus Tausendundeiner Nacht.
1. OW: **Geschichten.**

6. Eingeschränkter Verfasserbegriff

6.1. *Briefsammlungen*, in deren Titel nur einer der Korrespondenten oder ein Adressat steht, sowie Briefsammlungen, in deren Titel außer dem Adressaten mehr als drei Korrespondenten genannt sind, werden im allgemeinen als Sachtitelschrift behandelt. [Abweichung gegenüber § 38 der PI.]

z. B.: Briefe von und an Friedrich von Gentz. Herausgegeben von Friedrich Carl Wittichen.
1. OW: **Briefe.** – Vw von: Gentz. – Vw von: Wittichen.

z. B.: Briefwechsel des Herzogs Christoph von Wirtemberg. Herausgegeben von Viktor Ernst.
1. OW: **Briefwechsel.** – Vw von: Ernst.

z. B.: Briefe an Fritz von Stein. Herausgegeben und eingeleitet von Ludwig Rohmann.
1. OW: **Briefe.** – Vw von: Rohmann.

z. B.: Briefe an Johann Heinrich Merck von Goethe, Herder, Wieland und anderen Zeitgenossen. Herausgegeben von Karl Wagner.
1. OW: **Briefe.** – Vw von: Wagner.

6.2. *Briefwechsel*, in deren Sachtitel zwei oder drei Korrespondenten genannt sind, ohne daß einer davon hervorgehoben ist, werden im allgemeinen als Sachtitelschrift behandelt. [Abweichung gegenüber § 68 der PI.]

z. B.: Briefwechsel zwischen Schiller und Wilhelm von Humboldt. Herausgegeben von Albert Leitzmann.
1. OW: **Briefwechsel.** – Vw von: Leitzmann.

6.3. *Gesetze, Verordnungen* und andere amtliche Veröffentlichungen, in deren Titel ein *Urheber* genannt ist, werden im allgemeinen als Sachtitelschrift behandelt. [Abweichung gegenüber § 58 der PI.]

z. B.: Die Hofordnung Kurfürst Joachims II. von Brandenburg. Neu herausgegeben und erläutert von Martin Hass.
1. OW: **Hofordnung.** – Vw von: Hass.

6.4. Werke, deren *Verfasser nicht auf der Haupttitelseite genannt* sind, werden nach buchhändlerischen Regeln im allgemeinen als Sachtitelschrift behandelt. Sind Verfasser im Innern eines Werkes genannt oder ermittelt, so werden sie in der Titelaufnahme angegeben und es wird von ihnen auf die Eintragung unter dem Sachtitel verwiesen. [Abweichung gegenüber § 70 der PI.]

z. B.: Alt-Duisburg in Wort und Bild. (Von P. Rheindorf.)
1. OW: **Alt-Duisburg.** – Vw von: Rheindorf.

6.5. Werke, die unter einem *Pseudonym* erschienen sind, das ohne weiteres als solches erkannt wird, werden im allgemeinen als Sachtitelschrift behandelt. Vom Pseudonym wird verwiesen. [Abweichung gegenüber § 141 der PI.]

z. B.: Goldminen-Aktien als Kapital-Anlage. Von Africanus.
1. OW: **Goldminen-Aktien.** – Vw von: Africanus.

7. Erweiterter Verfasserbegriff

7.1. *Auszüge* aus den Werken eines, zweier oder dreier Verfasser werden unter dem *Herausgeber* eingeordnet. [Abweichung gegenüber § 37 der PI.]

z. B.: Friedrich der Einzige. Ein Charakterbild des grossen Königs in seinen Worten. Zusammengestellt von Prof. Dr. A. Kannengiesser.
1. OW: **Kannengiesser.**

7.2. In der Titelfassung hervorgehobene oder ohne Verfasser genannte *Herausgeber von Sammelwerken* werden wie *Verfasser* behandelt. [Abweichung gegenüber §§ 62 und 65 der PI.]

z. B.: Geschichte der Stadt Potsdam. Unter Mitwirkung von Richard Boschen. . . [es folgen drei weitere Namen] herausgegeben von Julius Haeckel.
1. OW: **Haeckel.**

z. B.: Materialien für das wirtschaftswissenschaftliche Studium. Herausgegeben von Richard Passow.
1. OW: **Passow.**

7.3. *Ein Sammelwerk, bei dem keine Herausgeber genannt sind,* wird im allgemeinen *unter dem ersten Verfasser* eingeordnet. [Abweichung gegenüber §§ 62 und 65 der PI.]

z. B.: Beiträge zur Thrombosefrage. Von L. Aschoff. . . [es folgen drei weitere Namen.]
1. OW: **Aschoff.**

7.4. *Gesetze, Verordnungen* und andere amtliche Veröffentlichungen, in deren Titel kein Urheber, aber Herausgeber, Bearbeiter oder Kommentatoren genannt sind, werden unabhängig von der Bezeichnung und dem Umfang des Kommentars *unter dem ersten Herausgeber, Bearbeiter oder Kommentator* eingeordnet. [Abweichung gegenüber § 217 der PI.]

z. B.: Das Reichszuwachssteuergesetz. Erläutert von Max Lion.
1. OW: **Lion.**

8. Einordnung unter Personennamen

8.1. Eine *Verschmelzung von Präposition und Artikel* wird im allgemeinen in den germanischen Sprachen nicht berücksichtigt, in den romanischen dagegen zum Namen gezogen. [Abweichung gegenüber § 110 der PI.]

z. B.: Paul am Ende.
1. OW: **Ende.**

8.2. *Bei holländischen Namen*, die aus einem Patennamen und einem eigentlichen Familiennamen bestehen, wird der *Patenname OW.* [Abweichung gegenüber § 120 der PI.]

z. B.: S. K. Thoden van Velzen.
1. OW: **Thoden.**

8.3. Ist von verschiedenen für denselben Verfasser in Frage kommenden Namen der eine der wirkliche, der andere ein Pseudonym, so wird das *Pseudonym OW.* Vom wirklichen Namen wird verwiesen, wenn er ermittelt ist. [Abweichung von § 169 der PI.]

z. B.: Fritz Anders. [Als wirklicher Name ist ermittelt: Max Allihn.]
1. OW: **Anders.** – Vw von: Allihn.

8.4. Schwankt bei *Vornamen* deutscher Autoren die Schreibung, so wird jeweils *unter der vorliegenden Form* eingeordnet. [Abweichung gegenüber § 102 der PI.]

z. B.: *Mayer, Carl*
Mayer, Conrad
Mayer, Curt
Mayer, Karl
Mayer, Konrad
Mayer, Kurt

9. Einordnung unter Sachtiteln

9.1. Steht *am Anfang* eines Titels in gewöhnlicher Form eine *Präposition* oder ein *Verschmelzung* von Präposition und Artikel, so wird die Präposition oder die Verschmelzung *erstes OW.* Das Substantivum regens wird zweites OW. [Abweichung gegenüber § 187 der PI.]

z. B.: Aus Aachens Vorzeit.
1. OW: **Aus.** – 2. OW: Vorzeit.

z. B.: Zum Gedächtnis an Paul Ewald.
1. OW: **Zum.** – 2. OW: Gedächtnis

9.2. Steht *am Anfang* eines Titels in gewöhnlicher Form ein *Eigenname* im Genitiv, so wird er in dieser Form *erstes OW.* Das Substantivum regens wird zweites OW, es sei denn, daß ihm noch weitere Eigennamen im Genitiv vorangehen. Im letzten Fall wird der zweite Eigenname zweites OW. [Abweichung gegenüber § 187 der PI.]

z. B.: Berlins nähere Umgebung.
1. OW: **Berlins.** – 2. OW: Umgebung.

z. B.: Schaffsteins blaue Bändchen.
1. OW: **Schaffsteins.** – 2. OW: Bändchen

z. B.: Deutschlands, Österreich-Ungarns und der Schweiz Gelehrte.
1. OW: **Deutschlands.** – 2. OW: Österreich-Ungarns.

9.3. Von zwei appositionell nebeneinander stehenden, nicht ein Kompositum bildenden Substantiven wird im allgemeinen das erste erstes OW. Das zweite Substantiv wird zweites OW. [Abweichung gegenüber § 193 der PI.]

z. B.: Sammlung Göschen.
1. OW: **Sammlung.** – 2. OW: Göschen.

z. B.: Hundert Blatt künstlerische Zeichenvorlagen.
1. OW: **Blatt.** – 2. OW: Zeichenvorlagen.

Wo die buchhändlerischen Regeln im Laufe der langen Berichtszeit selbst Veränderungen und *Schwankungen* unterworfen waren, ist diejenige Regelauslegung gewählt worden, die in der Mehrheit der zugrunde liegenden Alphabete vorzufinden ist. So wird beispielsweise bei einem Titel in gewöhnlicher Form, an dessen Anfang eine Präposition oder eine Verschmelzung von Präposition und Artikel steht, seit dem zweiten Drittel des 19. Jahrhunderts in allen buchhändlerischen Basisbibliographien die Präposition bzw. Verschmelzung erstes Ordnungswort. (Vgl. oben, Abweichung 9.1.) Der Titel „Am häuslichen Herd“ ist also unter „Am“ als erstem Ordnungswort zu finden. In einigen wenigen Alphabeten von Kayser und Heinsius stehen aber solche Titel unter dem Substantiv, beim genannten Beispiel also unter „Herd“. Wegen der sukzessiven Bearbeitung des „GV 1700–1910“ nach dem Alphabet lassen sich solche

Unstimmigkeiten bereits beim ersten Ordnungswort nur durch *Siehe-auch-Hinweise* bereinigen, die entweder bereits in den Basisverzeichnissen vorhanden sind, oder von der Redaktion neu geschrieben werden. Beim genannten Beispiel geht den in der Hauptsache unter „Am" verzeichneten Titeln also folgender Siehe-auch-Hinweis voran: „Am s.a. unter dem folgenden Substantiv".

Überhaupt werden beim Zusammenordnen der verschiedenen Alphabete viele zusätzliche *Verweisungen* von der Redaktion geschrieben, um die Abweichungen der buchhändlerischen Regeln von den Preußischen Instruktionen auszugleichen. Schon vorhandene Verweisungen werden selbst dann stehengelassen, wenn sie an derselben Stelle des Alphabets auf eine Hauptaufnahme desselben Titels aus einer anderen Quelle treffen. Solche Siehe-Verweisungen werden durch Hinzufügen eines „a." (= auch) in Siehe-auch-Hinweise umgeändert, weil nicht auszuschliessen ist, daß sich an der Stelle des Alphabets, auf die verwiesen wird, eine andere Ausgabe derselben Schrift findet.

Häufig sind sogar zwei Haupteintragungen für denselben Titel, also *Doppeleintragungen*, an der gleichen Stelle im Alphabet des „GV 1700–1910" zu finden: Sie sind bewußt stehen geblieben, wenn es sich zwar offensichtlich um dieselbe Ausgabe eines Werkes handelt, die Titelaufnahmen aus verschiedenen Quellen jedoch unterschiedliche Angaben bezüglich des Erscheinungsjahres, -ortes, Verlages, Herausgebers oder ähnlicher Daten enthalten.

Auch sonst ist bei der Ordnung der Titel möglichst nach dem Grundsatz verfahren worden, alle in den Quellenbibliographien vorhandenen verschiedenen formalen Suchmöglichkeiten zu erhalten und nicht um der Vereinheitlichung willen zu reduzieren. Das bedeutet, daß die *Schöne Literatur*, die zwischen 1700 und 1821 von Heinsius in den Anhängen für Romane und Schauspiele grundsätzlich, also auch bei bekanntem Verfasser, unter dem Sachtitel eingeordnet worden ist, auch im Alphabet des „GV 1700–1910" unter ihrem Sachtitel eingeordnet wird. Dadurch, daß Kayser zwischen 1750 und 1832 einen großen Teil derselben Titel in seinen Anhängen bei bekannten Verfassern unter diesen eingeordnet hat, sind diese Titel im Alphabet des „GV 1700–1910" ein zweites Mal, nämlich unter ihren Verfassern zu finden.

Die Titel des „Deutschen Anonymen-Lexikons" von Michael *Holzmann* und Hanns *Bohatta* sowie die der „Geschichts- und Romanenlitteratur der Deutschen" sind in der Regel nur unter ihren Sachtiteln zu finden. Hauptaufnahmen unter oder Verweisungen von ermittelten Verfassern sind also nicht neu geschrieben, aber selbstverständlich übernommen worden, wenn sie bereits in anderen Quellen vorgelegen haben, was nicht selten der Fall gewesen ist.

Auch *Karten und Pläne* sind häufig an zwei Stellen des Alphabets des „GV 1700–1910" mit Hauptaufnahmen verzeichnet: Unter dem Kartenverfasser bzw. Planfertiger und in vielen Fällen zusätzlich unter einem geographischen Begriff. Letzteres kommt dadurch zustande, daß z. B. im „Catalog über die im Königlich Bayerischen Haupt-Conservatorium der Armee befindlichen Landkarten und Pläne" und zwischen 1887 und 1910 auch in den Anhängen zu Kaysers Bücher-Lexikon Karten und Pläne alphabetisch-topographisch geordnet worden sind. Dabei wird beispielsweise der Kartentitel „H. Kiepert: Politische Übersichtskarte von Afrika" unter dem *geographischen Schlagwort* „Afrika" eingeordnet und im Alphabet des „GV 1700–1910" unter demselben Schlagwort belassen. Trifft solch ein geographischer Begriff als Schlagwort auf ein gleichlautendes sachliches OW und/oder einen gleichlautenden Verfassernamen, so hat das sachliche OW den Vorrang vor dem Schlagwort und dieses vor dem Verfassernamen.

z. B.: **Afrika** im Maßstab 1:8000000. [Sachliches OW]
Afrika in Wort und Bild.
Afrika [Schlagwort]
– Handtke, F., General-Karte von Afrika.
– Karte, Neue, von Afrika.
– Kiepert, H., Politische Übersichtskarte von Afrika.
Afrika, Ernst [Verfasser]

Unter dem Verfasser Kiepert ist dieselbe Karte dann z. B. mit einer weiteren Hauptaufnahme etwa aus Heinsius oder einer anderen Quelle vertreten.

Abweichungen gegenüber den PI, die *zweite und weitere Ordnungswörter* betreffen, sind, abgesehen von jenen in den oben genannten Sonderfällen 9.1. bis 9.3., *im allgemeinen instruktionsgemäß* berichtigt worden. Die falsche Hervorhebung von Ordnungswörtern ist durch Unterstreichen der richtigen Ordnungswörter ungültig gemacht worden; z. B.: **Blätter**, Rigaer akademische.

Soweit im Zuge der fortschreitenden Ordnungsarbeiten weitere, hier nicht angesprochene Probleme auftauchen, wird die Redaktion durch Schreiben zusätzlicher Verweisungen und Siehe-auch-Hinweise versuchen, den Zusammenhang zwischen nicht berücksichtigten und wirklichen Eintragungsstellen herzustellen, soweit dies dem Alphabet nach dann noch möglich ist.

Hans Popst

Quellenverzeichnis

I. Alphabetisches Verzeichnis

Verzeichnisse, die mit einem Stern (*) gekennzeichnet sind, wurden nur teilweise ausgewertet.

1. Allgemeine Bibliographie für das Kaisertum Österreich. Wien 1853–1857 (Berichtsjahre).
2. *Arndt, Karl J., u. May E. Olson: Die deutschsprachige Presse der Amerikas. Bd. 1.2. München 1973–1976.
   Bd. 1. Geschichte und Bibliographie 1732–1955: USA. 3., verb. Aufl. 1976.
   Bd. 2. Argentinien, Bolivien, Brasilien, Chile, Costa Rica, . . . Vereinigte Staaten von Amerika (Nachtrag). 1973.
3. Baldamus, Eduard: Die literarischen Erscheinungen der letzten 5 Jahre 1866–1870 auf dem Gebiete der Forst-, Haus- u. Landwirthschaft, sowie des Gartenbaues. Leipzig 1871.
   [2:] 1871–1875. Leipzig 1876.
   [3:] 1876–1880. Leipzig 1881.
   [4:] 1881–1885. Leipzig 1886.
4. Baldamus, Eduard: Die literarischen Erscheinungen der letzten 15 Jahre 1850 bis 1865 auf dem Gebiete der Bau-, Maschinen- und Eisenbahnkunde. 2. Aufl. Prag 1865.
   Ders.: Die literarischen Erscheinungen der letzten 5 Jahre 1865–1869 auf dem Gebiete . . . Reudnitz 1870.
   Ders.: Die Erscheinungen der deutschen Literatur auf dem Gebiete . . . 1865–1871. Leipzig 1872.
5. Baumgart, Max: Die Literatur des In- und Auslandes über Friedrich den Großen. Anläßlich d. 100jährigen Todestages des großen Königs zsgest. Berlin 1886.
6. Beck, Erich: Bibliographie zur Landeskunde der Bukowina. Literatur bis zum Jahre 1965. München 1966. (Veröffentlichungen d. Südostdt. Kulturwerkes, B. 19.)
7. Berliner Titeldrucke. Verzeichnis der aus der neu erschienenen Literatur von der königl. Bibliothek zu Berlin (1898–1910: und den preußischen Universitätsbibliotheken) erworbenen Druckschriften. Berlin 1892–1910.
8. Bibliographie der gesamten wissenschaftlichen Literatur über den Alkohol und den Alkoholismus. Red. u. hrsg. von E. Abderhalden. Berlin, Wien 1904.
9. Bibliographie (Jg. 8ff.: und litterarische Chronik) der Schweiz. Bibliographie et chronique littéraire de la Suisse. Jg. 1–31. Zürich (Jg. 8ff.: Basel) 1871–1901.
10. Bibliographie der Zeitschriften des deutschen Sprachgebietes bis 1900. Hrsg. von Joachim Kirchner. Bd. 1–3. Stuttgart 1969–1977.
11. Bibliographisches Bulletin der Schweiz. Bulletin bibliographique de la Bibliothèque Nationale Suisse. Jg. 1–11. Bern 1901–1911.
12. Bibliographisches Central-Organ des österreichischen Kaiserstaates. 1.2. Jg. 1858–1859. Wien 1859–1860 (als Fortsetzung der Allgemeinen Bibliographie für das Kaisertum Österreich).
13. Bibliographisches Handbuch des Auslanddeutschtums. In Verbindung mit d. staatl. Forschungs-Institut f. Kultur- u. Universalgeschichte an d. Univ. Leipzig hrsg. vom Deutschen Ausland-Institut Stuttgart. Lieferung 1–7. Stuttgart 1932–1933.
14. Bittner, Josef: Systematisches Verzeichnis der Programm-Arbeiten österreichischer Mittelschulen aus den Jahren 1874–1889.
    1. Theil: Teschen 1891.
    2. Theil: 1890–1905. Teschen 1906.
    3. Theil: 1906. Czernowitz 1906.
15. Bodmer-Gessner, Verena: Bibliographie zur Geschichte der Schweizer Frau im 19. und 20. Jahrhundert. Hrsg. vom Schweizer Verb. der Akademikerinnen mit Unterstützung d. Bundes Schweizer. Frauenvereine, Zürich. 2. Aufl. o.O. 1968.
16. Bolton, Henry Carrington: A select bibliography of chemistry 1492–1892. City of Washington 1893.
    1. Suppl.: 1492–1897. Washington 1899.
    Section VIII: Academic dissertations. Washington 1901.
    2. Suppl.: 1492–1902. Washington 1904. (Smithsonian Miscellaneous Collections. 850, 1170, 1253, 1440.)
17. *Bücher-Sammlung des Reichsbank-Direktoriums. Berlin 1901.
    Nachträge 1–5. Berlin 1902–1907.
18. *Bücher-Verzeichnis der Königlich Bayerischen Armee-Bibliothek. München 1913.
19. *Bücher-Verzeichnis des Hauses der Abgeordneten. 4. Aufl. 8 Bde. Berlin: 1900–1919.
20. *Bücher-Verzeichnis des Vereins für die bergbaulichen Interessen im Oberbergamtsbezirk Dortmund zu Essen. 3. Ausg., abgeschlossen 31. Dez. 1904. Berlin 1905.
    Nachtrag 1908 abgeschlossen 30. Juni. Berlin 1908.
    Auswahl der wichtigen Neuerwerbungen seit Drucklegung des Nachtrags zum Katalog Juli 1908–Juli 1910.
    1910. V. 3.4.
    1911. V. 1–4.
    1912. V.1–4.
21. Büeler, G.: Verzeichnis der Programmbeilagen der schweizerischen Mittelschulen. Frauenfeld 1890.
22. Catalog über die im Königlich Bayer'schen Haupt-Conservatorium der Armee befindlichen Landkarten und Pläne. München 1832.
    1. Suppl.: 1833.
    2. Suppl.: 1848.
    3. Suppl.: 1872.
23. Catalogus dissertationum philologicarum classicarum. Verzeichnis von etwa 27400 Abhandlungen aus dem Gesamtgebiete der klassischen Philologie und Altertumskunde. Zsgest. von d. Zentralstelle für Dissertationen u. Programme d. Buchhandlung Gustav Fock, Leipzig. 2. Aufl. Leipzig 1910.
24. Catalogus dissertationum philologicarum classicarum. Ed. 3: Erläuterungsschriften zu d. griech. u. latein. Schriftstellern enthaltend die Lit. aus d. Jahren 1911–1936 u. e. Ausw. früher ersch. Schriften. Leipzig 1937.
25. Choulant, Ludovicus: Bibliotheca medico-historica, sive catalogus librorum historicorum de re medica et scientia naturali systematicus. Lipsiae 1842. Additamenta: Ed. Julius Rosenbaum. Halis Saxonum 1842. Additamenta: Specimen secundum. Ed. Julius Rosenbaum, Halis Saxonum 1847.
26. Corsten, Hermann: 100 Jahre deutsche Wirtschaft in Fest- und Denkschriften. Eine Bibliographie. Köln 1937. (Kölner bibliographische Arbeiten. 2.)
27. Deutsche forstliche Bibliographie 1560–1965. Hrsg. von K. Mantel. T. 1.2. Freiburg in Br. 1967–1970. (Mitteilung d. Forstgeschichtl. Instituts d. Univ. Freiburg i. Br.)
28. Dinse, Paul: Katalog der Bibliothek der Gesellschaft für Erdkunde zu Berlin. Versuch e. Systematik d. geograph. Lit. Berlin 1903.
29. Dippel, Horst: Americana Germanica 1770–1800. Bibliographie deutscher Amerikaliteratur. Stuttgart 1976. (Amerikastudien. Eine Schriftenreihe. 42.)
30. Disertace Pražské University 1882–1953. Praha 1965. (Sbirka pramenů a přirucek k dějinúm University Karlovy.)

31. Die Dissertationen der Technischen Hochschule Wien aus den Jahren 1901–1953. Wien 1955. (Abhandlungen d. Österreichischen Dokumentationszentrums für Technik u. Wirtschaft. 26.)
32. Dobbert, E., u. W. Grohmann: Katalog der Bibliothek der Kgl. Akademie der Künste zu Berlin. Berlin 1893.
33. Dochnahl, Friedr. Jak.: Bibliotheca hortensis. Vollständige Garten-Bibliothek oder alphabetisches Verzeichniss aller Bücher, welche über Gärtnerei, Blumen- und Gemüsezucht, Obst- und Weinbau, Gartenbotanik und bildende Gartenkunst von 1750 bis 1860 in Deutschland erschienen sind. Nürnberg 1861.
34. Ehrencron-Müller, Holger: Supplement til Bibliotheca Danica samt Bibliotheca Slesvigo-Holsatica til 1840. Kopenhagen 1848.
35. Ermann, Wilhelm: Verzeichnis der Berliner Universitätsschriften 1810–1885. Berlin 1899.
36. Ersch, Johann Samuci, u. Christian Anton Geissler: Bibliographisches Handbuch der philosophischen Literatur der Deutschen von der Mitte des achtzehnten Jahrhunderts bis auf die neueste Zeit. 3. Auf. Leipzig 1850.
37. Faber du Faur, Curt von: German Baroque literature. A catalogue of the collection in the Yale University Library. Bd. 1.2. Reprint: New Haven 1958–1969.
38. Fellinger, Imogen: Verzeichnis der Musikzeitschriften des 19. Jahrhunderts. Regensburg 1968.
39. Fittbogen, Gottfried: Wie lerne ich die Grenz- und Auslanddeutschen kennen? Einführung in d. Lit. über d. Grenz- u. Auslanddeutschen. 2., vollst. umgearb. Aufl. München, Berlin 1927.
40. Frank, Oskar: Frank's Führer durch die chemische, chemisch-technische und pharmaceutische Literatur vom Jahre 1850–1882. Wien 1883.
41. Gebauer, Friedrich: Verzeichnis über die seit 1872 an der Philosophischen Fakultät der Universität in Wien eingereichten und approbierten Dissertationen. Bd. 1–4. Wien 1935–1937.
(Bd. 4 verz. auch die Diss. 1872–1937 der Philosoph. Fak. Innsbruck.)
42. Genossenschaftliche Bibliographie selbständiger Werke in deutscher Sprache. Bearb. u. hrsg. von d. Deutschen Genossenschaftskasse. Frankfurt/M. 1957.
43. Gesamtkatalog der Preußischen Bibliotheken mit Nachweis des identischen Besitzes der Bayerischen Staatsbibliothek in München und der Nationalbibliothek in Wien. Hrsg. von d. Preußischen Staatsbibliothek. Bd. 1–8. Berlin 1931–1935.
Deutscher Gesamtkatalog. Hrsg. von d. Preußischen Staatsbibliothek. Bd. 9–14. Berlin 1936–1939.
44. Geschichts- und Romanen-Litteratur der Deutschen. Zur Kunde der unterhaltenden preussischen Schriften aus dem Gebiete der Wissenschaften, in einem Verzeichnis von 2866 der vorzüglichsten Schriften mit Preisen, welche in einem Zeitraum von einem halben Jahrhundert erschienen sind. Mit e. Nachw. v. Hans J. Koppitz. (Nachdr. d. Ausg. Breslau 1798.) München 1973.
45. Gla, Dietrich: Systematisch geordnetes Repertorium der katholisch-theologischen Litteratur, welche in Deutschland, Österreich und der Schweiz seit 1700 bis zur Gegenwart (1900) erschienen ist. 1. Bd. 1. u. 2. Abt. Paderborn 1895–1904. [2. Bd. nicht ersch.]
1. Bd., 1. Abt.: Litteratur der theol. Enzyklopädie und Methodologie, der Exegese des Alten u. Neuen Testamentes u. ihrer Hilfswissenschaften. 1895.
1. Bd., 2.Abt.: Litteratur der Apologetik des Christentums u. der Kirche. 1904.
46. Gräße, Joh. Gg. Th.: Bibliotheca magica et pneumatica oder wissenschaftlich geordnete Bibliographie der wichtigsten in das Gebiet des Zauber-, Wunder-, Geister- und sonstigen Aberglaubens vorzüglich älterer Zeit einschlagenden Werke. Ein Beitr. zur sittengeschichtl. Lit. Leipzig 1843.
47. *Gregory, Winifred: List of the serial publications of foreign governments, 1815–1931. New York 1932.
48. Gundlach, O.: Bibliotheca familiarum nobilium. Repertorium gedruckter Familien-Geschichten u. Familien-Nachrichten. 3. Aufl. 2 Bde. Neustrelitz 1897.
49. Gutenäcker, Joseph: Verzeichnis aller Programme und Gelegenheitsschriften, welche an den bayerischen Lyzeen, Gymnasien und lateinischen Schulen vom Schuljahre 1823/24 bis zum Schlusse des Schuljahres 1859/60 erschienen sind.
Fortges. von J.-G. Zeiß u. Emil Renn bis zum Schuljahr 1907/08. 7 Abth. Bamberg (ab Abth. 2:) Landshut 1862–1909.
50. Hagelweide, Gert: Deutsche Zeitungsbestände in Bibliotheken und Archiven. Düsseldorf 1974.
51. Hahn, G.: Systematisch geordnetes Verzeichnis der Abhandlungen, Reden, . . ., die in den preußischen Gymnasien 1842–1850 erschienenen Programmen enthalten sind. Salzwedel 1854.
Dasselbe 1851–1860. Salzwedel 1864.
52. Hain, Ulrich, u. Jörg Schilling: Katalog der Sammlung „Trivialliteratur des 19. Jahrhunderts" in der Univ. Bibl. Giessen. Hrsg. von Hermann Schüling. Giessen 1970.
(Berichte u. Arbeiten aus der Universitätsbibliothek Giessen. 20.)
53. Haushofer-Hartschimmelhof, Heinz, u. Sophia Riedmüller (Roegner-Aust.): Bayerische Agrar-Bibliographie. Schriftenkunde der bayer. Landwirtschaft u. Fischerei. München 1954.
54. Hayn, Hugo, u. Alfred N. Gotendorf: Biblioteca Germanorum erotica & curiosa. Verz. d. gesamten deutschen erotischen Lit. mit Einschluß d. Übersetzungen, nebst Beifügung der Originale. Zugl. 3., ungemein verm. Aufl. von Hugo Hayns Bibliotheca Germanorum erotica. Bd. 1–9. München 1912–1929.
55. Heil, Karl: Die Feuerbestattungs-Literatur. Hrsg. nach d. Tode d. Verf. von [Paul] Mühling. 2. Aufl. Königsberg 1930.
(Veröffentlichungen d. Verb. d. Feuerbestattungsvereine dt. Sprache. 4.)
56. Heinsius, Wilhelm: Allgemeines Bücher-Lexikon oder Vollständiges alphabetisches Verzeichnis aller von 1700–1892 erschienenen Bücher. Bd. 1–19. Leipzig 1812–1894.
57. Heitz, Paul, u. Fr. Ritter: Versuch einer Zusammenstellung der deutschen Volksbücher des 15. und 16. Jahrhunderts nebst deren späteren Ausgaben und Literatur. Straßburg 1924.
58. (Heyse, Karl W. L.:) Bücherschatz der deutschen National-Litteratur des 16. und 17. Jahrhunderts. Systematisch geordnetes Verz. e. reichhaltigen Sammlung deutscher Bücher aus d. Zeitraume vom 15. bis um d. Mitte d. 18. Jahrhunderts. Besonders reich an Einzelstücken von Volks- u. Kirchenliedern histor. u. andern kleinen Gedichten u. Flugschriften, Volksstücken u. den ältesten Ausgaben, Schauspielen u.s.w. Ein bibliograph. Beitr. zur deutschen Literaturgeschichte. Berlin 1854.
59. Hienz, Hermann: Bücherkunde zur Volks- und Heimatforschung der Siebenbürger Sachsen. 2., erw. Aufl. d. „Quellen zur Volks- u. Heimatkunde d. Siebenbürger Sachsen". München 1960.
(Buchreihe d. Südostdt. histor. Kommission. 5.)

60. Hinner, Ernst Karl: Gesamtdissertationsverzeichnis der Montanistischen Hochschule Leoben 1909–1965. Wien 1967.
61. Hinrichs' Bücher-Catalog. Bearb. von Adolph Büchting u. Eduard Baldamus. Bd. 1–13 (Berichtszeitraum 1851–1912). Leipzig 1875–1913.
62. Holzmann, Michael, u. Hanns Bohatta: Deutsches Anonymen-Lexikon. Bd. 1–7. Weimar 1902–1928.
63. Hübl, Franz: Systematisch geordnetes Verzeichnis der Abhandlungen, Reden, . . ., welche in den Mittelschul-Programmen Österreich-Ungarns 1850–1869, von Preußen seit 1852, von Baiern seit 1863–1868 enthalten sind. 1. Theil. Czernowitz 1869.
2. Theil: . . . Österreich-Ungarn 1870–1873, Preußen und Baiern 1869–1872 enthalten sind. Wien 1874.
64. Humpert, Magdalene: Bibliographie der Kameralwissenschaften. Köln 1937.
(Kölner bibliographische Arbeiten. 1.)
65. Husner, Fritz: Verzeichnis der Basler medizinischen Universitätsschriften von 1575–1829. Basel 1942.
(Sonderdr. aus d. Festschrift für J. Brodbeck-Sandrenter (18. Juni 1942).)
66. Jackson, Benjamin Daydon: Guide to the literature of botany; being a classified selection of botanical works, including, nearly 6000 titles not given in Pritzel's „Thesaurus". London 1881.
67. Jahresverzeichnis der an den deutschen Schulanstalten erschienenen Abhandlungen. Bd. 1–22 (1889–1910). Berlin 1890–1911.
68. Jahresverzeichnis der deutschen Hochschulschriften. Jg. 1 (1885/86)–26 (1910/11). Berlin 1887–1912.
69. Jahresverzeichnis der schweizerischen Hochschulschriften. Jg. 1 (1897/98)–14 (1910/11). Basel 1898–1912.
70. Katalog der bernischen Hochschulbibliothek. Bern 1889–1890.
1. Abth.: Theologie. Theolog. Zeitschriften, Kanonisches- und Kirchenrecht. 1889.
2. Abth.: Jus. Rechtswissenschaft. Übrige Staatswissenschaften. Zeitschriften. 1890.
71. Katalog der Bibliothek der Deutschen Morgenländischen Gesellschaft. 2. Aufl. bearb. von P. Pischel, A. Fischer, G. Jacob.
1. Bd.: Drucke. Leipzig 1900.
72. Katalog der Bibliothek der Deutschen Seewarte zu Hamburg. Hamburg 1890.
1. Nachtr. 1894.
2. Nachtr. 1899.
3. Nachtr. 1913.
73. *Katalog der Bibliothek der Kgl. Tierärztlichen Hochschule Berlin. Bestand am 1. Okt. 1912. Magdeburg 1913.
74. Katalog der Bibliothek der Kgl. Zentralstelle für Gewerbe und Handel in Stuttgart. Stuttgart 1901.
1. Nachtrag: 1901–1967. Stuttgart 1907.
Zugang 1907–1908. Stuttgart 1909.
2. Nachtrag: 1908–1913. Stuttgart 1914.
75. *Katalog der Bibliothek der Königlichen Geologischen Landesanstalt und Bergakademie zu Berlin. Berlin 1876.
Nachtrag: 1875–1879. Berlin 1880.
76. *Katalog der Bibliothek der Königlich Preußischen Geologischen Landesanstalt und Bergakademie zu Berlin. Hrsg. von d. Königl. Geolog. Landesanstalt u. Bergakad. Bd. 1: Zeit- u. Gesellschafts-Schriften. Mathematik u. Astronomie. Naturwissenschaften. Berlin 1904.
77. *Katalog der Bibliothek der Königlichen Technischen Hochschule zu Berlin. Berlin 1900.
78. Katalog der Bibliothek der Königlichen Technischen Hochschule zu München. Stand Ende Dez. 1880. München 1881.
1. Nachtr. Vom 1. Jan. 1881 bis 1. Juni 1892. München 1892.
79. *Katalog der Bibliothek der Vereinigten Königlichen Bergakademie und Bergschule zu Clausthal. Saarbrücken 1898.
Nachtrag 1: Umfassend die Erwerbungen seit dem Jahre 1898 bis Ende März 1902. Clausthal 1902.
80. Katalog der Bibliothek des Eidgenössischen Polytechnikums in Zürich. 6. Aufl. Zürich 1896.
81. *Katalog der Bibliothek des Königlich Preußischen Großen Generalstabes. Berlin 1912.
82. Katalog der Bibliothek des Königlichen Kammergerichts in Berlin. Neue Bearb. nach d. Stande vom 1. Febr. 1913. Bd. 1.2. Berlin 1913.
83. *Katalog der Bibliothek des Reichsmilitärgerichts. 1. Ausg. Berlin 1913.
84. Katalog der Bibliothek des Reichspatentamts. Stand vom 1. Juli 1929. 2 Bde. Berlin 1930.
85. Katalog der Bibliothek-Abtheilung, des k.u.k. Kriegs-Archivs. Bd. 1, 1.2; 2, 1–3; 3; 4, 1–3. Wien 1896–1905.
86. Katalog der Bücherei des Reichs-Postamts. Bd. 2: Karten. Berlin 1902.
87. Katalog.-Bibliotheca Societatis Teutonicae saeculi XVI–XVIII. Katalog der Büchersammlung der Deutschen Gesellschaft in Leipzig. Nach d. von Ernst Kroker bearb. handschriftl. Bestandsverz. d. Univ.-Bibl. Leipzig hrsg. 1.2. München 1971.
(Zentralantiquariat d. Deutschen Demokratischen Republik Leipzig.)
88. Katalog der Fest- und Denkschriften wirtschaftlicher Betriebe. (Dr. Hjalmar Schacht-Sammlung.) Stand vom 1. Dez. 1936. Berlin 1937.
(Bücherei des Reichsbankdirektoriums.)
89. Katalog der Josephinischen Bibliothek des Instituts für Geschichte der Medizin in Wien. Hrsg. von Erna Lesky. Graz 1974.
90. Katalog der Lipperheideschen Kostümbibliothek. Neubearb. von Eva Nienholdt u. Gretel Wagner-Neumann. 2., völlig neubearb. u. verm. Aufl. Bd. 1.2. Berlin 1965.
(Kunstbibliothek. Staatl. Museen Berlin.)
91. Katalog der Provinzial-Bibliothek für Schleswig-Holstein. Schleswig 1896–1898.
1. Nachtr. für 1998–1906. Bearb. von R. v. Fischer-Benzon. 1907.
2. Nachtr. für d. Jahre 1907–1924. Bearb. von Volquart Pauls. 1927.
3. Nachtr. für d. Jahre 1925–1937. Hrsg. von Volquart Pauls. 1940.
92. Katalog der Schweizerischen Landesbibliothek Bern. Alphabetisches Verz. der bis 1900 erschienenen Druckschriften. Abt. A: Geschichte, Geographie, Landeskunde. Bd. 1.2. Bern 1910.
93. Katalog der Ständischen Bibliothek in Stuttgart. Stuttgart 1907.
Zuwachsverz. 1907–1912. Stuttgart 1913.
94. Katalog over den Kongelige Veterinaer- og Landbohøjskoles Bibliothek. København 1898–1921.
[1.] Indil udgangen af 1894. Kopenhagen 1898.
[2.] Tillaeg omfattende Bibliothekets Tilvaekst 1895–1916. Kopenhagen 1921.
95. Kayser, Christian Gottlob: Vollständiges Bücher-Lexicon, enthaltend alle von 1750 bis zu Ende des Jahres 1832 in Deutschland und in den angrenzenden Ländern gedruckten Bücher. Bd. 1–36. Leipzig 1834–1911.

96. Klee, Robert: Bibliotheca Veterinaria oder Verzeichnis sämtlicher bis zur Gegenwart im deutschen Buchhandel erschienenen Bücher und Zeitschriften auf dem Gebiete der Veterinärwissenschaften. Leipzig 1901.
97. Klersch, Joseph: Das deutsche Schützenwesen. Geschichte u. Bedeutung. Eine Bibliographie. Hrsg. vom Bund d. Historischen Deutschen Schützenbrüderschaften. Köln 1967. (Bücherei des Bundes der Historischen Deutschen Schützenbrüderschaften. Bd. 1.)
98. Kletke, Carl: Literatur über das Finanzwesen des Preußischen Staats. 3. vielfach verm. u. verb. Aufl. Berlin 1876.
99. Klussmann, Rudolf: Systematisches Verzeichnis der Abhandlungen welche in den Schulschriften, sämtlicher an dem Programmaustausche teilnehmender Lehranstalten erschienen sind. Bd. 1–5 (1876–1910). Leipzig (5: Leipzig, Berlin) 1889–1916.
100. *Kobert, Rudolf: Historische Studien aus dem Pharmakologischen Institute der Kaiserlichen Universität Dorpat. Bd. 3. Halle a.S. 1893.
101. Köhler, Jakob: Die Programm-Beilagen der badischen höheren Lehranstalten. Rastatt 1888. (Jahresbericht d. Gymnasiums zu Rastatt f. 1887/88.)
102. Kössler, Franz: Katalog der Dissertationen und Habilitationsschriften der Universität Gießen von 1801–1884. Gießen 1971. (Berichte u. Arbeiten aus d. Univ.-Bibliothek Gießen. 22.)
103. Krebs, Johann Philipp: Handbuch der philologischen Bücherkunde für Philologen und gelehrte Schulmänner. Theil 1.2. Bremen 1822–1823.
104. Kroller, Franz: Dissertations-Verzeichnis der Universität Graz 1872–1963. Graz 1964.
105. (Laakmann, Dagmar, u. Reinhard Tgahrt: Literarische Zeitschriften und Jahrbücher, 1880–1970. Verz. d. im Dt. Literaturarchiv erschlossenen Periodica. Marbach a.N. 1972. (Dt. Literaturarchiv. Verzeichnisse, Berichte, Informationen. 2.)
106. Lehmann, Michael: Das deutschsprachige katholische Schrifttum Altungarns und der Nachfolge-Staaten 1700–1950. Red.: Horst Glassl. Mainz 1975. (Studia Hungarica. 9.)
107. Ley, Hans: Verzeichnis sämtlicher Programme, welche in den Königl. bayerischen Realschulen . . . 1833–1912 erschienen sind. Nürnberg 1913.
108. Die Literatur der Psychiatrie, Neurologie und Psychologie von 1459–1799. Mit Unterstützung d. Kgl. Akademie d. Wissenschaften zu Berlin hrsg. von Heinrich Laehr. Bd. 2, 1.2. H.: Die Literatur von 1700–1799. Berlin 1900.
109. Loidl, Franz: Die Dissertationen der katholisch-theologischen Fakultät der Universität Wien 1831–1965. Wien 1969. (Wiener Beiträge zur Theologie. 25.)
110. Mälzer, Gottfried: Die Werke der württembergischen Pietisten des 17. und 18. Jahrhunderts. Verzeichnis der bis 1968 erschienenen Literatur. Berlin, New York 1972. (Bibliographie zur Geschichte des Pietismus. 1.)
111. *Magistratsbibliothek zu Berlin. Verzeichniß der Friedlaenderschen Sammlung zur Geschichte der Bewegung von 1848. Berlin 1897.
112. Malberg, August: Die Literatur des Bau- und Ingenieur-Wesens der letzten 30 Jahre, oder Verzeichniß der vornehmlichsten Werke in deutscher, französischer, englischer, italienischer, holländischer, u.s.w. Sprache, welche die genannten Fächer betreffen. Berlin 1852.
113. Maltzahn, Wendelin von: Deutscher Bücherschatz des sechszehnten, siebenzehnten und achtzehnten bis um die Mitte des neunzehnten Jahrhunderts. Jena 1875.
114. Mariafai, J. M.: Bibliographie des Kneippschrifttums. Von den Werken Sebastian Kneipps bis zum Buchangebot unserer Tage. Ausg. 1974. Bad Wörishofen 1974.
115. May, Gustav: Die Weltliteratur der Elektricität und des Magnetismus von 1860–1883 mit besonderer Berücksichtigung der Elektro-Technik. Wien [u.a.] 1884. (Elektrotechnische Bibliothek. 20.)
116. Meuß, Johann Friedrich: Verzeichnis der Bücherei der Deutschen Turnerschaft. Dresden 1925.
117. Meynen, Emil: Bibliographie des Deutschtums der kolonialzeitlichen Einwanderung in Nordamerika, insbesondere der Pennsylvanien-Deutschen und ihrer Nachkommen 1683–1933. Leipzig 1937.
118. Milkau, Fritz: Verzeichnis der Bonner Universitätsschriften 1818–1885. Bonn 1897.
119. Mühlbrecht, Otto: Uebersicht der gesammten Staats- und rechtswissenschaftlichen Litteratur des Jahres. . . Jg. 34–43. Berlin 1902–1911.
120. Mühlbrecht, Otto: Wegweiser durch die neue Literatur der Rechts- und Staatswissenschaften. 2. Aufl. Bd. 1.2. Berlin 1893–1901.
121. Müller, Johannes: Die wissenschaftlichen Vereine und Gesellschaften Deutschlands im 19. Jahrhundert. Bibliographie ihrer Veröffentlichungen seit ihrer Begründung bis auf die Gegenwart. Bd. 1.2, 1.2. Berlin 1883–1917.
122. Müller, Sepp: Schrifttum über Galizien und sein Deutschtum, Marburg 1962. (Wiss. Beiträge zur Geschichte u. Landeskunde Ost- u. Mitteleuropas. 63.)
123. Mundt, Hermann: Bio-bibliographisches Verzeichnis von Universitäts- und Hochschuldrucken ⟨Dissertationen⟩ vom Ausgang des 16. bis Ende des 19. Jahrhunderts. Lfg. 1–13 (2 Bde). Leipzig 1936–1942. Bd. 3: München 1977.
124. Murhard, Fr. W. A.: Litteratur der mathematischen Wissenschaften. Bd. 1–5 in 2 Bden. Leipzig 1797–1805.
125. Neumann, Carl: Die deutsche Versichungsliteratur des 18. Jahrhunderts. In: Zeitschrift für die gesamte Versicherungs-Wissenschaft. 12 (1912) S. 317–334, 604–626, 786–802, 967–987.
126. Neumann, Carl: Systematisches Verzeichnis der Literatur des deutschen Sprachgebietes über das private Versicherungswesen vom Anfang des 19. Jahrhunderts bis zur Gegenwart. Berlin 1913.
127. Newe Zeitungen, Relationen, Flugschriften, Flugblätter, Einblattdrucke von 1470 bis 1820. München 1929. (J. Halle, Antiquariat, München. Katalog 70.)
128. Österreichische Bibliographie Jg. 1–3 (1899–1901). Wien 1899–1901.
129. *Österreichische Buchhändler-Correspondenz. Bd. 12–51 (1871–1910) Wien 1872–1910.
130. Österreichischer Catalog (1860–1870). Verz. aller in Österreich erschienenen Bücher, Zeitschriften, Kunstsachen, Landkarten u. Musikalien. Jg. 1–11. Wien 1861–1871.
131. Österreichischer Catalog (1883–1888). Verz. aller in Österreich erschienenen Bücher, Zeitschriften, Kunstsachen, Landkarten und Musikalien. In 5 Abteilungen. 1. Deutsche Abt. 2. Slavische Abt. 3. Italien. Abt. 4. Kunstsachen. 5. Musikalien. Wien 1883–1888.
132. Partsch, [Paul], u. Albrecht Schrauf: Katalog der Bibliothek des k.k. Hofmineralien-Kabinets in Wien. 2., verm. u. umgeänd. Aufl. Wien 1864.

133. *Planitz, Hans, u. Thea Buyken: Bibliographie zur deutschen Rechtsgeschichte Bd. 1.2. Frankfurt a. M. 1952.
134. Pochmann, Henry A.: Bibliography of German culture in America to 1940. Madison 1953.
135. Pohler, J.: Bibliotheca historico-militaris. Systematische Übersicht der Erscheinungen aller Sprachen auf dem Gebiete der Geschichte der Kriege und Kriegswissenschaft seit Erfindung der Buchdruckerkunst bis zum Schluß des Jahres 1880. Bd. 1–4. Cassel 1887–1899.
136. Pretzsch, Karl: Verzeichnis der Breslauer Universitätsschriften 1811–1885. Breslau 1905.
137. *Pritzel, G. A., Thesaurus literaturae botanicae omnium gentium inde a rerum botanicarum initiis ad nostra usque tempora. Quindecim millia operum recensens. 2. Aufl. Lipsiae 1872 [–1877].
138. Répertoire international des sources musicales (RISM). Internationales Quellenlexikon der Musik. Publié par la Société Internationale de Musicologie et l'Association Internationale des Bibliothèques Musicales. 1960ff.
B2: Recueils imprimés XVIIIe siècle. Ouvrage publié sons la direction de François Lesure. München, Duisburg 1964.
B6: Écrits imprimés concernant la musique. Ouvrage publié sons la direction de François Lesure. 2 Bde. München, Duisburg 1971.
B8,1: Das deutsche Kirchenlied. Verz. d. Drucke von d. Anfängen bis 1800. Bearb. von Konrad Ameln, Markus Jenny u. Walther Lipphardt. Kassel, Basel [u.a.] 1975.
139. Resch, Liselotte, u. Ladislaus Buzas: Verzeichnis der Doktoren und Disserationen der Universität Ingolstadt-Landshut-München 1472–1970. München 1975.
140. Richter, Paul Emil: Bibliotheca geographica Germaniae. Litteratur d. Landes- u. Vokskunde d. Deutschen Reichs. Bearb. im Auftr. d. Zentral-Kommission f. wissenschaftl. Landeskunde von Deutschland. Leipzig 1896.
141. Risse, Wilhelm: Bibliographica logica. Verz. d. Druckschriften zur Logik mit Angabe ihrer Fundorte. 2. Bde. Hildesheim 1965–1973.
Bd. 1: 1472–1800.
Bd. 2: 1801–1969.
142. Ristelhueber, J. B.: Wegweiser zur Literatur der Waisenpflege, des Volks-Erziehungswesens, der Armenfürsorge, des Bettlerwesens und der Gefängniskunde. Bd. 1.2. Cöln 1831–1840.
143. Rost, Hans: Bibliographie des Selbstmords. Augsburg 1927.
144. Schaal, Richard: Verzeichnis deutschsprachiger musikwissenschaftlicher Dissertationen 1861–1960. Kassel [u.a.] 1963.
145. Schenda, Rudolf: Tausend deutsche populäre Drucke aus dem neunzehnten Jarhhundert. In: Börsenblatt f. d. Deutschen Buchhandel (Frankfurter Ausg.) Nr. 41, vom 25. Mai 1971. S. 1085ff.
146. Schiller, Franz P.: Literatur zur Geschichte und Volkskunde der deutschen Kolonien in der Sowet-Union für die Jahre 1764–1926. Pokrowsk a.W. 1927.
147. Schletter, Hermann Th.: Handbuch der juristischen und staatswissenschaftlichen Literatur. Grimma 1843.
148. Schmidt, Peter: Bibliographie des Alkoholismus der letzten zwanzig Jahre (1880–1900). I. Teil: Deutsche Litteratur. Dresden 1901.
149. Schoene, Renate: Bibliographie zur Geschichte des Weines. Zsgest. unter Mitw. von Mitarb. d. Univ.-Bibliothek Bonn. Im Auftr. d. Ges. für Geschichte d. Weines hrsg. von Karl Fill. Mannheim 1976. Suppl. 1: Wiesbaden 1978.
150. Schonack, Wilhelm: Ein Jahrhundert Berliner philologischer Dissertationen (1810–1910). Wolfenbüttel 1914.
151. Schwartz, Rudolf: Katalog der Musikbibliothek Peters. Bd. 1: Bücher- und Schriften. Leipzig 1910.
152. Seebaß, Adolf: Alte Kinderbücher und Jugendschriften. Basel 1955.
(Haus der Bücher AG. Katalog 636.)
153. Stammhammer, Josef: Bibliographie der Finanzwissenschaft. Jena 1903.
154. Stammhammer, Josef: Bibliographie der Social-Politik. Bd. 1.2. Jena 1896–1912.
155. Stammhammer, Josef: Bibliographie zum Socialismus und Communismus. Bd. 1–3. Jena 1893–1906.
156. Stockum, C. M. van: Sport. Versuch e. Bibliographie von Werken u. Zeitschriften auf d. Gebiete vom Sport, ersch. in d. Jahren 1890–1912 in Deutschland, Österreich, der Schweiz, Groß-Brittannien, Frankreich, Holland, Belgien u. d. Verein. Staaten von N. Amerika nach d. Sprachen systematisch geordnet u. zsgef. Haag 1913.
157. Stumpp, Karl: Das Schrifttum über das Deutschtum in Rußland. Eine Bibliographie. 3., erneut erw. Aufl. Tübingen 1971.
158. Suchier, Wolfram: Bibliographie der Universitätsschriften von Halle-Wittenberg 1817–1885. Berlin 1953.
(Arbeiten aus d. Universitäts- u. Landesbibliothek Sachsen. Anhalt in Halle a. d. Saale. 3.)
159. Sveistrup, H., u. A. von Zahn-Harnack: Die Frauenfrage in Deutschland. Strömungen und Gegenströmungen. 1790–1930. 2. Aufl. Tübingen 1961.
160. Taute, Reinhold: Maurerische Bücherkunde. Ein Wegweiser durch d. Lit. d. Freimaurerei mit literarischkritischen Notizen u. zugleich e. Suppl zu Kloss' Bibliographie. Leipzig 1886.
(Katalog der Bibliothek der Loge Karl zu den 3 Ulmen in Ulm.)
161. Thelert, Gustav: Supplement zu Heinsius', Hinrichs' und Kaysers Bücher-Lexikon. Leipzig, Grossenhain 1893.
162. Thesaurus librorum Philippi Pfister, Monacensis. Catalogus bibliothecae selectae. Verz. e. auserlesenen Sammlung Bavarica, Monacensia, Judaica, sowie von Werken aus allen Wissenschaften, wobei Rara u. Curiosa. Hrsg. von Hugo Hayn. München 1888.
163. *Thesaurus librorum rei catholicae. Handbuch d. Bücherkunde d. gesammten Lit. d. Katholicismus u. zunächst d. kathol. Theologie; mit sehr vielen biograph. u. literär. Notizen, Hinweisung auf Werke verwandten Inhalts, Aufführungen d. Gegenschriften, Rücksichtnahme auf Zeitgegenstände, Bezeichnung d. heterodoxen u. akathol. Autoren, Preisangaben d. seltenen nur noch bei Antiquaren vorkommenden Werke etc. 2 Bde. nebst Erg.-H. Würzburg 1850.
164. Tolzmann, Don Heinrich: German-Americana: a bibliography. Metuchen, N. J. 1975.
165. Traub, Hans: Standortkatalog wichtiger Zeitungsbestände in deutschen Bibliotheken. Leipzig 1933.
166. Trommsdorff, Paul: Verzeichnis der bis Ende 1912 an den Technischen Hochschulen des Deutschen Reiches erschienenen Schriften. Berlin 1914.

167. Varnhagen, Hermann: Systematisches Verzeichnis der Programmabhandlungen, Dissertationen und Habilitationsschriften aus dem Gebiete der romanischen und englischen Philologie sowie der allgemeinen Sprach- und Litteraturwissenschaft und der Pädagogik und Methodik. 2. Aufl. besorgt von Johannes Martin. Leipzig 1893.
168. Verzeichnis der an der Kaiser-Wilhelm-Universität Straßburg 1872–1884 erschienenen Schriften. Straßburg 1890.
169. Verzeichnis der auf dem Gebiete der Frauenfrage während der Jahre 1851 bis 1901 in Deutschland erschienenen Schriften. Hrsg. vom Deutsch.-Evangel. Frauenbund. Hannover 1903.
170. *Verzeichnis der Büchersammlung der Kaiser Wilhelms-Akademie für das militärärztliche Bildungswesen. 3. Ausg. Berlin 1906.
1. Nachtrag. Berlin 1911.
171. Verzeichnis der seit 1850 an den Deutschen Universitäten erschienenen Doktor-Dissertationen und Habilitations-Schriften aus der reinen und angewandten Mathematik. München 1893.
172. Verzeichnis sämmtlicher Ausgaben und Uebersetzungen der Werke Friedrich des Großen, Königs von Preussen. Berlin 1876.
173. Wälken, Paul, u. Franz Claus: Bücher-Verzeichnis. Hochschulinstitut für Leibesübungen, Berlin. Berlin 1936.
174. (Weber, Christoph:) Das Deutschtum im Ausland. Eine systemat. Zusammenstellung der im Gesamtkatalog der Preussischen wissenschaftlichen Bibliotheken verzeichneten Schriften. 1900–1923. Berlin 1925.
175. Wentzke, Paul: Kritische Bibliographie der Flugschriften zur deutschen Verfassungsfrage 1848–1851. Halle 1911.
176. Winiewski, Franz: Systematisches Verzeichnis der in den Programmen preußischer Gymnasien 1825–1841 erschienenen Abhandlungen, Reden, . . . Münster 1844.
177. Wolfstieg, August. Bibliographie der freimaurerischen Literatur. Bd. 1.2. [Nebst] Erg.-Bd. 1, hrsg. von B. Beyer, Leipzig 1911–1926.
178. Zachert, Ursula: Verzeichnis medizinischer und naturwissenschaftlicher Drucke 1472–1830. Bd. 5–7. Nendeln 1976.
(Herzog August Bibliothek Wolfenbüttel. Reihe B, Teil 1–3).

II. Systematisches Verzeichnis

Verzeichnisse, die mit einem Stern (*) gekennzeichnet sind, wurden nur teilweise ausgewertet.

1. Nationalbibliographische Verzeichnisse

Heinsius, Wilhelm: Allgemeines Bücher-Lexikon oder Vollständiges alphabetisches Verzeichnis aller von 1700–1892 erschienenen Bücher. Bd. 1–19. Leipzig 1812–1894.

Kayser, Christian Gottlob: Vollständiges Bücher-Lexikon, enthaltend alle von 1750 bis zu Ende des Jahres 1832 in Deutschland und in den angrenzenden Ländern gedruckten Bücher: Bd. 1–36. Leipzig 1834–1911.

Hinrich's Bücher-Catalog. Bearb. von Adolph Büchting u. Eduard Baldamus. Bd. 1–13 (Berichtszeitraum 1851–1912). Leipzig 1875–1913.

Thelert, Gustav: Supplement zu Heinsius', Hinrichs' und Kaysers Bücher-Lexikon. Leipzig, Grossenhain 1893.

Bibliographie (Jg. 8ff.: und litterarische Chronik) der Schweiz. Bibliographie et chronique litteraire de la Suisse. Jg. 1–31. Zürich (Jg. 8ff.: Basel) 1871–1901.

Bibliographisches Bulletin der Schweiz. Bulletin bibliographique de la Bibliothèque Nationale Suisse. Jg. 1–11. Bern 1901–1911.

Allgemeine Bibliographie für das Kaisertum Österreich. Wien 1853–1857 (Berichtsjahre).

Bibliographisches Central-Organ des österreichischen Kaiserstaates. 1.2. Jg. 1858–1859. Wien 1859–1860 (als Fortsetzung der Allgemeinen Bibliographie für das Kaisertum Österreich).

Österreichischer Catalog (1860–1870). Verz. aller in Österreich erschienenen Bücher, Zeitschriften, Kunstsachen, Landkarten u. Musikalien. Jg. 1–11. Wien 1861–1871.

Österreichischer Catalog (1883–1888). Verz. aller in Österreich erschienen Bücher, Zeitschriften, Kunstsachen, Landkarten und Musikalien. In 5 Abteilungen: 1. Deutsche Abt. 2. Slavische Abt. 3. Italien. Abt. 4. Kunstsachen. 5. Musikalien. Wien 1883–1888.

*Österreichische Buchhändler-Correspondenz. Bd. 12–51 (1871–1910) Wien 1872–1910.

Österreichische Bibliographie. Jg. 1–3 (1899–1901). Wien 1899–1901.

Ehrencron-Müller, Holger: Supplement til Bibliotheca Danica samt Bibliotheca Slesvigo-Holsatica til 1840. Kopenhagen 1848.

2. Deutschsprachige Drucke des fremdsprachigen Auslandes (Allgemein)

Bibliographisches Handbuch des Auslanddeutschtums. In Verbindung mit d. staatl. Forschungs-Institut f. Kultur- u. Universalgeschichte an d. Univ. Leipzig hrsg. vom Deutschen Ausland-Institut Stuttgart. Lieferung 1–7. Stuttgart 1932–1933.

Fittbogen, Gottfried: Wie lerne ich die Grenz- und Auslanddeutschen kennen? Einführung in d. Lit. über d. Grenz- u. Auslanddeutschen. 2., vollst. umgearb. Aufl. München, Berlin 1927.

(Weber, Christoph:) Das Deutschtum im Ausland. Eine systemat. Zusammenstellung der im Gesamtkatalog der Preussischen wissenschaftlichen Bibliotheken verzeichneten Schriften. 1900–1923. Berlin 1925.

3. Deutschsprachige Drucke des fremdsprachigen Auslandes (Amerika)

*Arndt, Karl J., u. May E. Olson: Die deutschsprachige Presse der Amerikas. Bd. 1.2. München 1973–1976.
Bd. 1. Geschichte und Bibliographie 1732–1955: USA. 3., verb. Aufl. 1976.
Bd. 2. Argentinien, Bolivien, Brasilien, Chile, Costa Rica, ... Vereinigte Staaten von Amerika (Nachtrag). 1973.

Dippel, Horst: Americana Germanica 1770–1800. Bibliographie deutscher Amerikaliteratur. Stuttgart 1976. (Amerikastudien. Eine Schriftenreihe. 42.)

Meynen, Emil: Bibliographie des Deutschtums der kolonialzeitlichen Einwanderung in Nordamerika, insbesondere der Pennsylvanien-Deutschen und ihrer Nachkommen 1683–1933. Leipzig 1937.

Pochmann, Henry A.: Bibliography of German culture in America to 1940. Madison 1953.

Tolzmann, Don Heinrich: German-Americana: a bibliography. Metuchen, N. J. 1975.

4. Deutschsprachige Drucke des fremdsprachigen Auslandes (östliches Mitteleuropa, Ost- und Südosteuropa)

Beck, Erich: Bibliographie zur Landeskunde der Bukowina. Literatur bis zum Jahre 1965. München 1966. (Veröffentlichungen d. Südostdt. Kulturwerkes. B, 19.)

Hienz, Hermann: Bücherkunde zur Volks- und Heimatforschung der Siebenbürger Sachsen. 2., erw. Aufl. d. „Quellen zur Volks- u. Heimatkunde d. Siebenbürger Sachsen". München 1960. (Buchreihe d. Südostdt. histor. Kommission. 5.)

Lehmann, Michael: Das deutschsprachige katholische Schrifttum Altungarns und der Nachfolgestaaten 1700–1950. Red.: Horst Glassl. Mainz 1975. (Studia Hungarica. 9.)

Müller, Sepp: Schrifttum über Galizien und sein Deutschtum. Marburg 1962. (Wiss. Beiträge zur Geschichte u. Landeskunde Ost- u. Mitteleuropas. 63.)

Schiller, Franz P.: Literatur zur Geschichte und Volkskunde der deutschen Kolonien in der Sowet-Union für die Jahre 1764–1926. Pokrowsk a. W. 1927.

Stumpp, Karl: Das Schrifttum über das Deutschtum in Rußland. Eine Bibliographie. 3., erneut erw. Aufl. Tübingen 1971.

5. Gedruckte Kataloge von Allgemeinbibliotheken

Berliner Titeldrucke. Verzeichnis der aus der neu erschienenen Literatur von der königl. Bibliothek zu Berlin (1898–1910: und der preußischen Universitätsbibliotheken) erworbenen Druckschriften. Berlin 1892–1910.

Gesamtkatalog der Preußischen Bibliotheken mit Nachweis des identischen Besitzes der Bayerischen Staatsbibliothek in München und der Nationalbibliothek in Wien. Hrsg. von d. Preußischen Staatsbibliothek. Bd. 1–8. Berlin 1931–1935.
Deutscher Gesamtkatalog. Hrsg. von d. Preußischen Staatsbibliothek. Bd. 9–14. Berlin 1936–1939.

Katalog der Bibliothek des Eidgenössischen Polytechnikums in Zürich. 6. Auf. Zürich 1896.

Katalog der Provinzial-Bibliothek für Schleswig-Holstein. Schleswig 1896–1898.
1. Nachtr. für 1898–1906. Bearb. von R. v. Fischer-Benzon. 1907.
2. Nachtr. für d. Jahre 1907–1924. Bearb. von Volquart Pauls. 1927.
3. Nachtr. für d. Jahre 1925–1937. Hrsg. von Volquart Pauls. 1940.

Katalog der Ständischen Bibliothek in Stuttgart. Stuttgart 1907.
Zuwachsverz. 1907–1912. Stuttgart 1913.

6. Verzeichnisse von Hochschulschriften

Mundt, Hermann: Bio-bibliographisches Verzeichnis von Universitäts- und Hochschuldrucken ⟨Dissertationen⟩ vom Ausgang des 16. bis Ende des 19. Jahrhunderts. Lfg. 1–13. 2 Bde. Leipzig 1936–1942.
Bd. 3. München 1977.

Jahresverzeichnis der deutschen Hochschulschriften. Jg. 1 (1885/86)–26 (1910/11). Berlin 1887–1912.

Jahresverzeichnis der schweizerischen Hochschulschriften. Jg. 1 (1897/98)–14 (1910/11). Basel 1898–1912.

Trommsdorff, Paul: Verzeichnis der bis Ende 1912 an den Technischen Hochschulen des Deutschen Reiches erschienenen Schriften. Berlin 1914.

7. Verzeichnisse einzelner Hochschulen und Fächer

Husner, Fritz: Verzeichnis der Basler medizinischen Universitätsschriften von 1575–1829. Basel 1942. (Sonderdr. aus d. Festschrift für J. Brodbeck-Sandreuter (18. Juni 1942).)

Ermann, Wilhelm: Verzeichnis der Berliner Universitätsschriften 1810–1885. Berlin 1899.

Schonack, Wilhelm: Ein Jahrhundert Berliner philologischer Dissertationen (1810–1910). Wolfenbüttel 1914.

Milkau, Fritz: Verzeichnis der Bonner Universitätsschriften 1818–1885. Bonn 1897.

Pretzsch, Karl: Verzeichnis der Breslauer Universitätsschriften 1811–1885. Breslau 1905.

*Kobert, Rudolf: Historische Studien aus dem Pharmakologischen Institute der Kaiserlichen Universität Dorpat. Bd. 3. Halle a.S. 1893.

Kössler, Franz: Katalog der Dissertationen und Habilitationsschriften der Universität Gießen von 1801–1884. Gießen 1971. (Berichte u. Arbeiten aus d. Univ.-Bibliothek Gießen. 22.)

Kroller, Franz: Dissertations-Verzeichnis der Universität Graz 1872–1963. Graz 1964.

Suchier, Wolfram: Bibliographie der Universitätsschriften von Halle-Wittenberg 1817–1885. Berlin 1953. (Arbeiten aus d. Universitäts- u. Landesbibliothek Sachsen-Anhalt in Halle a. d. Saale. 3.)

Resch, Liselotte, u. Ladislaus Buzas: Verzeichnis der Doktoren und Dissertationen der Universität Ingolstadt-Landshut-München. 1472–1970. München 1975.

Hinner, Ernst Karl: Gesamtdissertationsverzeichnis der Montanistischen Hochschule Leoben 1909–1965. Wien 1967.

*Disertace Pražské University 1882–1953. Praha 1965. (Sbírka pramenů a příruček k dějinám University Karlovy.)

Verzeichnis der an der Kaiser-Wilhelm-Universität Straßburg 1872–1884 erschienenen Schriften. Straßburg 1890.

Gebauer, Friedrich: Verzeichnis über die seit 1872 an der Philosophischen Fakultät der Universität in Wien eingereichten und approbierten Dissertationen. Bd. 1–4. Wien 1935–1937. (Bd. 4 verz. auch die Diss. 1872–1937 der Philosoph. Fak. Innsbruck.)

Die Dissertationen der Technischen Hochschule Wien aus den Jahren 1901–1953. Wien 1955. (Abhandlungen d. Österreichischen Dokumentationszentrums für Technik u. Wirtschaft. 26.)

Loidl, Franz: Die Dissertationen der katholisch-theologischen Fakultät der Universität Wien 1831–1965. Wien 1969. (Wiener Beiträge zur Theologie. 25.)

Verzeichnis der seit 1850 an den Deutschen Universitäten erschienenen Doktor-Dissertationen und Habilitations-Schriften aus der reinen und angewandten Mathematik. München 1893.

Bolton, Henry Carrington: A select bibliography of chemistry 1492–1892. Section VIII: Academic dissertations. Washington 1901.

Schaal, Richard: Verzeichnis deutschsprachiger musikwissenschaftlicher Dissertationen 1861–1960. Kassel [u. a.] 1963.

Catalogus dissertationum philologicarum classicarum. Verzeichnis von etwa 27400 Abhandlungen aus dem Gesamtgebiete der klassischen Philologie und Altertumskunde. Zsgest. von d. Zentralstelle für Dissertationen u. Programme d. Buchhandlung Gustav Fock, Leipzig. 2. Aufl. Leipzig 1910.

Catalogus dissertationum philologicarum classicarum. Ed. 3: Erläuterungsschriften zu d. griech. u. latein. Schriftstellern, enthaltend die Lit. aus d. Jahren 1911–1936 n. e. Ausw. früher ersch. Schriften. Leipzig 1937.

Varnhagen, Hermann: Systematisches Verzeichnis der Programmabhandlungen, Dissertationen und Habilitationsschriften aus dem Gebiete der romanischen und englischen Philologie sowie der allgemeinen Sprach- und Litteraturwissenschaft mit der Pädagogik und Methodik. 2. Aufl. besorgt von Johannes Martin. Leipzig 1893.

8. Verzeichnisse von Schulprogrammen

Jahresverzeichnis der an den deutschen Schulanstalten erschienenen Abhandlungen. Bd. 1–22 (1889–1910). Berlin 1890–1911.

Klussmann, Rudolf: Systematisches Verzeichnis der Abhandlungen, welche in den Schulschriften sämtlicher an dem Programmaustausche teilnehmender Lehranstalten erschienen sind. Bd. 1–5 (1876–1910). Leipzig (5: Leipzig, Berlin) 1889–1916.

Köhler, Jakob: Die Programm-Beilagen der badischen höheren Lehranstalten. Rastatt 1888.
(Jahresbericht d. Gymnasiums zu Rastatt f. 1887/88.)

Gutenäcker, Joseph: Verzeichnis aller Programme und Gelegenheiten, welche an den bayerischen Lyzeen, Gymnasien und lateinischen Schulen vom Schuljahre 1823/24 bis zum Schlusse des Schuljahres 1859/60 erschienen sind.
Fortges. von J.-G. Zeiß u. Emil Renn bis zum Schuljahr 1907/08. 7 Abth. Bamberg (ab Abth. 2:) Landshut 1862–1909.

Ley, Hans: Verzeichnis sämtlicher Programme, welche an den Königl. bayerischen Realschulen . . . 1833–1912 erschienen sind. Nürnberg 1913.

Hübl, Franz: Systematisch geordnetes Verzeichnis der Abhandlungen, Reden, . . ., welche in den Mittelschul-Programmen Österreich-Ungarns 1850–1869, von Preußen seit 1852, von Baiern seit 1863–1868 enthalten sind. 1. Theil. Czernowitz 1869.
2. Theil: . . . Österreich-Ungarn 1870–1873, Preußen und Baiern 1869–1872 enthalten sind. Wien 1874.

Bittner, Josef: Systematisches Verzeichnis der Programm-Arbeiten österreichischer Mittelschulen aus den Jahren 1874–1889. 1. Theil. Teschen 1891.
2. Theil: 1890–1905. Teschen. 1906.
3. Theil: 1906. Czernowitz 1906.

Winiewski, Franz: Systematisches Verzeichnis der in den Programmen preußischer Gymnasien 1825–1841 erschienenen Abhandlungen, Reden, . . . Münster 1844.

Hahn, G.: Systematisch geordnetes Verzeichnis der Abhandlungen, Reden, . . ., die in den an den preußischen Gymnasien 1842–1850 erschienenen Programmen enthalten sind. Salzwedel 1854.
Dasselbe 1851–1860. Salzwedel 1864.

Bueler, G.: Verzeichnis der Programmbeilagen der schweizerischen Mittelschulen. Frauenfeld 1890.

9. Allgemeine Verzeichnisse fortlaufender Sammelwerke

Bibliographie der Zeitschriften des deutschen Sprachgebietes bis 1900. Hrsg. von Joachim Kirchner. Bd. 1–3. Stuttgart 1969–1977.

Hagelweide, Gert: Deutsche Zeitungsbestände in Bibliotheken und Archiven. Düsseldorf 1974.

Traub, Hans: Standortkatalog wichtiger Zeitungsbestände in deutschen Bibliotheken. Leipzig 1933.

10. Anonyma-Verzeichnis

Holzmann, Michael, u. Hanns Bohatta: Deutsches Anonymen-Lexikon. Bd. 1–7. Weimar 1902–1928.

11. Gesellschaftsschriften-Verzeichnis

Müller, Johannes: Die wissenschaftlichen Vereine und Gesellschaften Deutschlands im 19. Jahrhundert. Bibliographie ihrer Veröffentlichungen seit ihrer Begründung bis auf die Gegenwart. Bd. 1.2, 1.2. Berlin 1883–1917.

12. Verzeichnis amtlicher Druckschriften

*Gregory, Winifred: List of the serial publications of foreign governments, 1815–1931. New York 1932.

13. Naturwissenschaften insgesamt

Katalog der Bibliothek der Deutschen Seewarte zu Hamburg. Hamburg 1890.
1. Nachtr. 1894.
2. Nachtr. 1899.
3. Nachtr. 1913.

*Katalog der Bibliothek der Königlich Preußischen Geologischen Landesanstalt und Bergakademie zu Berlin. Hrsg. von d. Königl. Geolog. Landesanstalt u. Bergakad. Bd. 1: Zeit- u. Gesellschafts-Schriften. Mathematik u. Astronomie. Naturwissenschaften. Berlin 1904.

*Katalog der Bibliothek der Königlichen Technischen Hochschule zu Berlin. Berlin 1900.

Katalog der Bibliothek der Königlichen Technischen Hochschule zu München. Stand Ende Dez. 1880. München 1881.
1. Nachtr. Vom 1. Jan. 1881 bis 1. Juni 1892. München 1892.

Katalog der Bibliothek des Eidgenössischen Polytechnikums in Zürich. 6. Aufl. Zürich 1896.

Katalog der Bibliothek des Reichspatentamts. Stand vom 1. Juli 1929. 2 Bde. Berlin 1930.

Zachert, Ursula: Verzeichnis medizinischer und naturwissenschaftlicher Drucke 1472–1830. Bd. 5–7. Nendeln 1976.
(Herzog August Bibliothek Wolfenbüttel. Reihe B, Teil 1–3.)

14. Mathematik

Murhard, Fr. W. A.: Litteratur der mathematischen Wissenschaften. Bd. 1–5 in 2 Bden. Leipzig 1797–1805.

Verzeichnis der seit 1850 an den Deutschen Universitäten erschienenen Doktor-Dissertationen und Habilitations-Schriften aus der reinen und angewandten Mathematik. München 1893.

15. Physik

May, Gustav: Die Weltliteratur der Elektricität und des Magnetismus von 1860–1883 mit besonderer Berücksichtigung der Elektro-Technik. Wien [u.a.] 1884.
(Elektrotechnische Bibliothek. 20.)

16. Chemie

Bolton, Henry Carrington: A select bibliography of chemistry 1492–1892. City of Washington 1893.
1. Suppl.: 1492–1897. Washington 1899.
Section VIII: Academic dissertations. Washington 1901.
2. Suppl.: 1492–1902. Washington 1904. (Smithsonian Miscellaneous Collections. 850, 1170, 1253, 1440.)

Frank, Oskar: Frank's Führer durch die chemische, chemisch-technische und pharmaceutische Literatur vom Jahre 1850–1882. Wien 1883.

17. Mineralogie, Petrographie

Partsch, [Paul], u. Albrecht Schrauf: Katalog der Bibliothek des k.k. Hofmineralien-Kabinets in Wien. 2., verm. u. umgeänd. Aufl. Wien 1864.

18. Geologie, Bergbau

*Bücher-Verzeichnis des Vereins für die bergbaulichen Interessen im Oberbergamtsbezirk Dortmund zu Essen. 3. Ausg., abgeschlossen 31. Dez. 1904. Berlin 1905.
Nachtrag 1908 abgeschlossen 30. Juni. Berlin 1908.
Auswahl der wichtigeren Neuerwerbungen seit Drucklegung des Nachtrags zum Katalog Juli 1908–Juni 1910.
1910. V. 3.4.
1911. V. 1–4.
1912. V. 1–4.

*Katalog der Bibliothek der Königlichen Geologischen Landesanstalt und Bergakademie zu Berlin. Berlin 1876.
Nachtrag: 1875–1879. Berlin 1880.
Nachtrag: 1875–1886. Berlin 1887.

*Katalog der Bibliothek der Vereinigten Königlichen Bergakademie und Bergschule zu Clausthal. Saarbrücken 1898.
Nachtrag 1: Umfassend die Erwerbungen seit dem Jahre 1898 bis Ende März 1902. Clausthal 1902.

Hinner, Ernst Karl: Gesamtdissertationsverzeichnis der Montanistischen Hochschule Leoben 1909–1965. Wien 1967.

19. Geographie

Dinse, Paul: Katalog der Bibliothek der Gesellschaft für Erdkunde zu Berlin. Versuch e. Systematik d. geograph. Lit. Berlin 1903.

Katalog der Schweizerischen Landesbibliothek Bern. Alphabetisches Verz. der bis 1900 erschienenen Druckschriften. Abt. A: Geschichte, Geographie, Landeskunde. Bd. 1.2. Bern 1910.

Richter, Paul Emil: Bibliotheca geographica Germaniae. Litteratur d. Landes- u. Volkskunde d. Deutschen Reichs. Bearb. im Auftr. d. Zentral-Kommission f. wissenschaftl. Landeskunde von Deutschland. Leipzig 1896.

20. Karten, Pläne

Catalog über die im Königlich Bayer'schen Haupt-Conservatorium der Armee befindlichen Landkarten und Pläne. München 1832.
1. Suppl. 1833.
2. Suppl. 1848.
3. Suppl. 1872.

Katalog der Bücherei des Reichs-Postamts. Bd. 2: Karten. Berlin 1902.

21. Botanik

*Pritzel, G. A.: Thesaurus literaturae botanicae omnium gentium inde a rerum botanicarum initis ad nostra usque tempora. Quindecim millia operum recensens. 2. Aufl. Lipsiae 1872 [–1877].

Jackson, Benjamin Daydon: Guide to the literature of botany; being a classified selection of botanical works, including nearly 6000 titles not given in Pritzel's „Thesaurus". London 1881.

22. Medizin

Choulant, Ludovicus: Bibliotheca medico-historica, sive catalogus librorum historicorum de re medica et scientia naturali systematicus. Lipsiae 1842.
Additamenta. Ed. Julius Rosenbaum. Halis Saxonum 1842.
Additamenta. Specimen secundum. Ed. Julius Rosenbaum. Halis Saxonum 1847.

Husner, Fritz: Verzeichnis der Basler medizinischen Universitätsschriften von 1575–1829. Basel 1942. (Sonderdr. aus d. Festschrift für J. Brodbeck-Sandreuter (18. Juni 1942).)

Katalog der Josephinischen Bibliothek des Instituts für Geschichte der Medizin in Wien. Hrsg. von Erna Lesky. Graz 1974.

*Kobert, Rudolf: Historische Studien aus dem Pharmakologischen Institute der Kaiserlichen Universität Dorpat. Bd. 3. Halle a.S. 1893.

Die Literatur der Psychiatrie, Neurologie und Psychologie von 1459–1799. Mit Unterstützung d. Kgl. Akademie d. Wissenschaften zu Berlin hrsg. von Heinrich Laehr. Bd. 2, 1.2. H.: Die Literatur von 1700–1799. Berlin 1900.

Mariafai, J.M.: Bibliographie des Kneippschrifttums. Von den Werken Sebastian Kneipps bis zum Buchangebot unserer Tage. Ausg. 1974. Bad Wörishofen 1974.

*Verzeichnis der Büchersammlung der Kaiser Wilhelms-Akademie für das militärärztliche Bildungswesen.
3. Ausg. Berlin 1906.
1. Nachtrag. Berlin 1911.

Zachert, Ursula: Verzeichnis medizinischer und naturwissenschaftlicher Drucke 1472–1830. Bd. 5–7. Nendeln 1976. (Herzog August Bibliothek Wolfenbüttel. Reihe B, Teil 1–3.)

23. Pharmazie

Frank, Oskar: Frank's Führer durch die chemische, chemisch-technische und pharmaceutische Literatur vom Jahre 1850–1882. Wien 1883.

24. Sport

Meuß, Johann Friedrich: Verzeichnis der Bücherei der Deutschen Turnerschaft. Dresden 1925.

Stockum, C.M. van: Sport. Versuche e. Bibliographie von Werken u. Zeitschriften auf d. Gebiete vom Sport, ersch. in d. Jahren 1890–1912 in Deutschland, Österreich, der Schweiz, Groß-Brittanien, Frankreich, Holland, Belgien u. d. Verein. Staaten von N. Amerika nach d. Sprachen systematisch geordnet u. zsgef. Haag 1913.

Wälken, Paul, u. Franz Claus: Bücher-Verzeichnis. Hochschulinstitut für Leibesübungen, Berlin. Berlin 1936.

25. Ingenieurwissenschaften insgesamt

*Katalog der Bibliothek der Königlichen Technischen Hochschule zu Berlin. Berlin 1900.

Katalog der Bibliothek der Königlichen Technischen Hochschule zu München. Stand Ende Dez. 1880. München 1881.
1. Nachtr. vom 1. Jan. 1881 bis 1. Juni 1892. München 1892.

Katalog der Bibliothek des Eidgenössischen Polytechnikums in Zürich. 6. Aufl. Zürich 1896.

Katalog der Bibliothek des Reichspatentamts. Stand vom 1. Juli 1929. 2 Bde. Berlin 1930.

Malberg, August: Die Literatur des Bau- und Ingenieur-Wesens der letzten 30 Jahre, oder Verzeichniß der vornehmlichsten Werke in deutscher, französischer, englischer, italienischer, holländischer, u.s.w. Sprache, welche die genannten Fächer betreffen. Berlin 1852.

Baldamus, Eduard: Die literarischen Erscheinungen der letzten 15 Jahre 1850 bis 1865 auf dem Gebiete der Bau-, Maschinen- und Eisenbahnkunde. 2. Aufl. Prag 1865.

Ders.: Die literarischen Erscheinungen der letzten 5 Jahre 1865–1869 auf dem Gebiete . . . Reudnitz 1870.

Ders.: Die Erscheinungen der deutschen Literatur auf dem Gebiete . . . 1865–1871. Leipzig 1872.

Trommsdorf, Paul: Verzeichnis der bis Ende 1912 an den Technischen Hochschulen des Deutschen Reiches erschienenen Schriften. Berlin 1914.

Die Dissertationen der Technischen Hochschule Wien aus den Jahren 1901–1953. Wien 1955. (Abhandlungen d. Österreichischen Dokumentationszentrums für Technik u. Wirtschaft. 26.)

26. Veterinärmedizin

*Katalog der Bibliothek der Kgl. Tierärztlichen Hochschule Berlin. Bestand am 1. Okt. 1912. Magdeburg 1913.

Katalog over den Kongelige Veterinaer- og Landbohøjskoles Bibliotek. København 1898–1921.
[1.] Indil udgangen of 1894. Kopenhagen 1898.
[2.] Tillaeg omfattende Bibliotekets Tilvaekst 1895–1916. Kopenhagen 1921.

Klee, Robert: Bibliotheca Veterinaria oder Verzeichnis sämtlicher bis zur Gegenwart im deutschen Buchhandel erschienenen Bücher und Zeitschriften auf dem Gebiete der Veterinärwissenschaften. Leipzig 1901.

27. Agrarwissenschaften

Katalog over den Kongelige Veterinaer- og Landbohøjskoles Bibliotek, København 1898–1921.
[1.] Indil udgangen of 1894. Kopenhagen 1898.
[2.] Tillaeg omfattende Bibliotekets Tilvaekst 1895–1916. Kopenhagen 1921.

Baldamus, Eduard: Die literarischen Erscheinungen der letzten 5 Jahre 1866–1870 auf dem Gebiete der Forst-, Haus- u. Landwirthschaft, sowie des Gartenbaues. Leipzig 1871.
[2:] 1871–1875. Leipzig 1876.
[3:] 1876–1880. Leipzig 1881.
[4:] 1881–1885. Leipzig 1886.

Haushofer-Hartschimmelhof, Heinz, u. Sophia Riedmüller (Roegner-Aust): Bayerische Agrar-Bibliographie. Schriftenkunde der bayer. Landwirtschaft u. Fischerei. München 1954.

Deutsche forstliche Bibliographie 1560–1965. Hrsg. von K. Mantel. T. 1.2. Freiburg i. Br. 1967–1970. (Mitteilung d. Forstgeschichtl. Instituts d. Univ. Freiburg i.Br.)

Dochnahl, Friedr. Jak.: Bibliotheca hortensis. Vollständige Garten-Bibliothek oder alphabetisches Verzeichniss aller Bücher, welche über Gärtnerei, Blumen- und Gemüsezucht, Obst- und Weinbau, Gartenbotanik und bildende Gartenkunst von 1750 bis 1860 in Deutschland erschienen sind. Nürnberg 1861.

Schoene, Renate: Bibliographie zur Geschichte des Weines. Zsgest. unter Mitw. von Mitarb. d. Univ.-Bibliothek Bonn: Im Auftr. d. Ges. für Geschichte d. Weines hrsg. von Karl Fill. Mannheim 1976.
Suppl. 1: Wiesbaden 1978.

28. Sozialwissenschaften

Stammhammer, Josef: Bibliographie der Social-Politik. Bd. 1.2. Jena 1896–1912.

Sveistrup, H., u. A. von Zahn-Harnack: Die Frauenfrage in Deutschland. Strömungen und Gegenströmungen. 1790–1930. 2. Aufl. Tübingen 1961.

Verzeichnis der auf dem Gebiete der Frauenfrage während der Jahre 1851 bis 1901 in Deutschland erschienenen Schriften. Hrsg. vom Deutsch-Evangel. Frauenbund. Hannover 1903.

Bodmer-Gessner, Verena: Bibliographie zur Geschichte der Schweizer Frau im 19. und 20. Jahrhundert. Hrsg. vom Schweizer Verb. der Akademikerinnen mit Unterstützung d. Bundes Schweizer. Frauenvereine, Zürich. 2. Aufl. o.O. 1968.

Ristelhueber, J.B.: Wegweiser zur Literatur der Waisenpflege, des Volks-Erziehungswesens, der Armenfürsorge, des Bettlerwesens und der Gefängnisskunde. Bd. 1.2. Cöln 1831–1840.

29. Wirtschaftswissenschaften

*Bücher-Sammlung des Reichsbank-Direktoriums. Berlin 1901.
Nachträge 1–5. Berlin 1902–1907.

Katalog der Bibliothek der Kgl. Zentralstelle für Gewerbe und Handel in Stuttgart. Stuttgart 1901.
1. Nachtrag: 1901–1907. Stuttgart 1907.
Zugang 1907–1908. Stuttgart 1909.
2. Nachtrag: 1908–1913. Stuttgart 1914.

Humpert, Magdalene: Bibliographie der Kameralwissenschaften. Köln 1937. (Kölner bibliographische Arbeiten. 1.)

Corsten, Hermann: 100 Jahre deutsche Wirtschaft in Fest- und Denkschriften. Eine Bibliographie. Köln 1937. (Kölner bibliographische Arbeiten. 2.)

Katalog der Fest- und Denkschriften wirtschaftlicher Betriebe. (Dr. Hjalmar Schacht-Sammlung.) Stand vom 1. Dez. 1936. Berlin 1937. (Bücherei des Reichsbankdirektoriums.)

Genossenschaftliche Bibliographie selbständiger Werke in deutscher Sprache. Bearb. u. hrsg. von d. Deutschen Genossenschaftskasse. Frankfurt/M. 1957.

Neumann, Carl: Die deutsche Versicherungsliteratur des 18. Jahrhunderts. In: Zeitschrift für die gesamte Versicherungs-Wissenschaft. 12 (1912) S. 317–334, 604–626, 786–802, 967–987.

Neumann, Carl: Systematisches Verzeichnis der Literatur des deutschen Sprachgebietes über das private Versicherungswesen vom Anfang des 19. Jahrhunderts bis zur Gegenwart. Berlin 1913.

30. Finanzwissenschaft

Kletke, Carl: Literatur über das Finanzwesen des Preußischen Staats. 3. vielfach verm. u. verb. Aufl. Berlin 1876.

Stammhammer, Josef: Bibliographie der Finanzwissenschaft. Jena 1903.

31. Jura, Staatswissenschaften

*Bücher-Verzeichnis des Hauses der Abgeordneten. 4. Aufl. 8 Bde. Berlin 1900–1919.

Katalog der bernischen Hochschulbibliothek. Bern 1889–1890.
1. Abth.: Theologie. Theolog. Zeitschriften. Kanonisches- u. Kirchenrecht. 1889.
2. Abth.: Jus. Rechtswissenschaft. Übrige Staatswissenschaften. Zeitschriften. 1890.

Katalog der Bibliothek des Königlichen Kammergerichts in Berlin. Neue Bearb. nach d. Stande vom 1. Febr. 1913. Bd. 1.2. Berlin 1913.

Mühlbrecht, Otto: Uebersicht der gesammten staats- und rechtswissenschaftlichen Litteratur des Jahres . . . Jg. 34–43. Berlin 1902–1911.

Mühlbrecht, Otto: Wegweiser durch die neuere Literatur der Rechts- und Staatswissenschaften. 2. Aufl. Bd. 1.2. Berlin. 1893–1901.

*Planitz, Hans, u. Thea Buyken: Bibliographie zur deutschen Rechtsgeschichte. Bd. 1.2. Frankfurt a. M. 1952.

Schletter, Hermann Th.: Handbuch der juristischen und staatswissenschaftlichen Literatur. Grimma 1843.

32. Philologie

Katalog der Bibliothek der Deutschen Morgenländischen Gesellschaft. 2. Aufl. bearb. von P. Pischel, A. Fischer, G. Jacob. 1. Bd.: Drucke. Leipzig 1900.

Krebs, Johann Philipp: Handbuch der philologischen Bücherkunde für Philologen und gelehrte Schulmänner. Theil 1.2. Bremen 1822–1823.

Catalogus dissertationum philologicarum classicarum. Verzeichnis von etwa 27 400 Abhandlungen aus dem Gesamtgebiete der klassischen Philologie und Altertumskunde. Zsgest. von d. Zentralstelle für Dissertationen u. Programme d. Buchhandlung Gustav Fock, Leipzig. 2. Aufl. Leipzig 1910.

Catalogus dissertationum philologicarum classicarum. Ed. 3: Erläuterungsschriften zu d. griech. u. latein. Schriftstellern, enthaltend die Lit. aus d. Jahren 1911–1936 u. e. Ausw. früher ersch. Schriften. Leipzig 1937.

Varnhagen, Hermann: Systematisches Verzeichnis der Programmabhandlungen, Dissertationen und Habilitationsschriften aus dem Gebiete der romanischen und englischen Philologie sowie der allgemeinen Sprach- und Litteraturwissenschaft und der Pädagogik und Methodik. 2. Aufl. besorgt von Johannes Martin. Leipzig 1893.

Schonack, Wilhelm: Ein Jahrhundert Berliner philologischer Dissertationen (1810–1910). Wolfenbüttel 1914.

33. Belletristik

Heitz, Paul, u. Fr. Ritter: Versuch einer Zusammenstellung der deutschen Volksbücher des 15. und 16. Jahrhunderts nebst deren späteren Ausgaben und Literatur. Straßburg 1924.

(Heyse, Karl W. L.:) Bücherschatz der deutschen National-Litteratur des 16. und 17. Jahrhunderts. Systematisch geordnetes Verz. e. reichhaltigen Sammlung deutscher Bücher aus d. Zeitraume vom 15. bis um d. Mitte d. 18. Jahrhunderts. Besonders reich an Einzeldrucken von Volks- u. Kirchenliedern, histor. u. andern kleinen Gedichten u. Flugschriften, Volksbüchern u. den ältesten Ausgaben, Schauspielen u.s.w. Ein bibliograph. Beitr. zur deutschen Literaturgeschichte. Berlin 1854.

Maltzahn, Wendelin von: Deutscher Bücherschatz des sechszehnten; siebenzehnten und achtzehnten bis um die Mitte des neunzehnten Jahrhunderts. Jena 1875.

Faber du Faur, Curt von: German Baroque literature. A catalogue of the collection in the Yale University Library. Bd. 1.2. Reprint. New Haven 1958–1969.

Katalog.–Bibliotheca Societatis Teutonicae saeculi XVI–XVIII. Katalog der Büchersammlung der Deutschen Gesellschaft in Leipzig. Nach d. von Ernst Kroker bearb. handschriftl. Bestandsverz. d. Univ.–Bibl. Leipzig hrsg. 1.2. München 1971. (Zentralantiquariat d. Deutschen Demokratischen Republik Leipzig.)

Geschichts- und Romanen-Litteratur der Deutschen. Zur Kunde der unterhaltenden prosaischen Schriften aus dem Gebiete der Wissenschaften, in einem Verzeichnis von 2866 der vorzüglichsten Schriften mit Preisen, welche in einem Zeitraum von einem halben Jahrhundert erschienen sind. Mit e. Nachw. v. Hans J. Koppitz. (Nachdr. d. Ausg. Breslau 1798.) München 1973.

Hain, Ulrich, u. Jörg Schilling: Katalog der Sammlung „Trivialliteratur des 19. Jahrhunderts" in der Univ. Bibl. Giessen. Hrsg. von Hermann Schüling. Giessen 1970. (Berichte u. Arbeiten aus der Universitätsbibliothek Giessen. 20.)

Schenda, Rudolf: Tausend deutsche populäre Drucke aus dem neunzehnten Jahrhundert. In: Börsenblatt f.d. Deutschen Buchhandel (Frankfurter Ausg.) Nr. 41, vom 25. Mai 1971. S. 1085 ff.

(Laakmann, Dagmar, u. Reinhard Tgahrt): Literarische Zeitschriften und Jahrbücher, 1880–1970. Verz. d. im Dt. Literaturarchiv erschlossenen Periodica. Marbach a.N. 1972. (Dt. Literaturarchiv. Verzeichnisse, Berichte, Informationen. 2.)

34. Kinder- u. Jugendliteratur

Seebaß, Adolf: Alte Kinderbücher und Jugendschriften Basel 1955. (Haus der Bücher AG. Katalog 636.)

35. Kunst

Dobbert, E., u. W. Grohmann: Katalog der Bibliothek der Kgl. Akademie der Künste zu Berlin. Berlin 1893.

36. Musik

Fellinger, Imogen: Verzeichnis der Musikzeitschriften des 19. Jahrhunderts. Regensburg 1968.

Répertoire international des sources musicales (RISM). Internationales Quellenlexikon der Musik' Publié par la Société Internationale de Musicologie et l'Association Internationale des Bibliothèques Musicales. 1960 ff.
B 2: Recueils imprimés XVIIIe siècle. Ouvrage publié sous la direction de François Lesure. München, Duisburg 1964.
B 6: Écrits imprimés concernant la musique. Ouvrage publié sous la direction de François Lesure. 2 Bde. München, Duisburg 1971.
B 8, 1: Das deutsche Kirchenlied. Verz. d. Drucke von d. Anfängen bis 1800. Bearb. von Konrad Ameln, Markus Jenny u. Walther Lipphardt. Kassel, Basel [u.a.] 1975.

Schaal, Richard: Verzeichnis deutschsprachiger musikwissenschaftlicher Dissertationen 1861–1960. Kassel [u.a.] 1963.

Schwartz, Rudolf: Katalog der Musikbibliothek Peters. Bd. 1: Bücher- und Schriften. Leipzig 1910.

37. Geschichte

Katalog der Schweizerischen Landesbibliothek Bern. Alphabetisches Verz. der von 1901–1910 erschienenen Druckschriften. Abt. A: Geschichte, Geographie, Landeskunde. Bd. 1.2. Bern 1910.

Stammhammer, Josef: Bibliographie zum Socialismus und Communismus. Bd. 1–3. Jena 1893–1909.

Thesaurus librorum Philippi Pfister, Monacensis. Catalogus bibliothecae selectae. Verz. e. auserlesenen Sammlung Bavarica, Monacensia, Judaica, sowie von Werken aus allen Wissenschaften, wobei Rara u. Curiosa. Hrsg. von Hugo Hayn. München 1888.

Newe Zeitungen, Relationen, Flugschriften, Flugblätter, Einblattdrucke von 1470 bis 1820. München 1929. (J. Halle, Antiquariat, München. Katalog 70.)

Baumgart, Max: Die Literatur des In- und Auslandes über Friedrich den Großen. Anläßlich d. 100jährigen Todestages des großen Königs zsgest. Berlin 1886.

Verzeichnis sämmtlicher Ausgaben und Uebersetzungen der Werke Friedrich des Großen, Königs von Preussen. Berlin 1876.

Wentzke, Paul: Kritische Bibliographie der Flugschriften zur deutschen Verfassungsfrage 1848–1851. Halle 1911.

*Magistratsbibliothek zu Berlin. Verzeichniß der Friedlaenderschen Sammlung zur Geschichte der Bewegung von 1848. Berlin 1897.

38. Familiengeschichte

Gundlach, O.: Bibliotheca familiarum nobilium. Repertorium gedruckter Familien-Geschichten u. Familien-Nachrichten. 3. Aufl. 2 Bde. Neustrelitz 1897.

39. Kulturgeschichte

Gräße, Joh. Gg. Th.: Bibliotheca magica et pneumatica oder wissenschaftlich geordnete Bibliographie der wichtigsten in das Gebiet des Zauber-, Wunder-, Geister- und sonstigen Aberglaubens vorzüglich älterer Zeit einschlagenden Werke. Ein Beitr. zur sittengeschichtl. Lit. Leipzig 1843.

Hayn, Hugo, u. Alfred N. Gotendorf: Bibliotheca Germanorum erotica & curiosa. Verz. d. gesamten deutschen erotischen Lit. mit Einschluß d. Übersetzungen, nebst Beifügung der Originale. Zugl. 3., ungemein verm. Aufl. von Hugo Hayns Bibliotheca Germanorum erotica. Bd. 1–9. München 1912–1929.

Pochmann, Henry A.: Bibliography of German culture in America to 1940. Madison 1953.

Katalog der Lipperheideschen Kostümbibliothek. Neubearb. von Eva Nienholdt u. Gretel Wagner-Neumann. 2., völlig neubearb. u. verm. Aufl. Bd. 1.2. Berlin 1965. (Kunstbibliothek. Staatl. Museen Berlin.)

Klersch, Joseph: Das deutsche Schützenwesen. Geschichte u. Bedeutung. Eine Bibliographie. Hrsg. von Bund d. Historischen Deutschen Schützenbruderschaft. Köln 1967.
(Bücherei des Bundes der Historischen Deutschen Schützenbrüderschaften. Bd. 1.)

Ristelhueber, J.B.: Wegweiser zur Literatur der Waisenpflege, des Volks-Erziehungswesens, der Armenfürsorge, des Bettlerwesens und der Gefängnisskunde. Bd. 1.2. Cöln 1831–1840.

Rost, Hans: Bibliographie des Selbstmords. Augsburg 1927.

Heil, Karl: Die Feuerbestattungs-Literatur. Hrsg. nach d. Tode d. Verf. von [Paul] Mühling. 2. Aufl. Königsberg 1930.
Veröffentlichungen d. Verb. d. Feuerbestattungsvereine dt. Sprache. 4.)

Schmidt, Peter: Bibliographie des Alkoholismus der letzten zwanzig Jahre (1880–1900). I. Teil: Deutsche Litteratur. Dresden 1901.

Bibliographie der gesamten wissenschaftlichen Literatur über den Alkohol und den Alkoholismus. Red. u. hrsg. von E. Abderhalden. Berlin, Wien1904.

Schoene, Renate: Bibliographie zur Geschichte des Weines. Zsgest. unter Mitw. von Mitarb. d. Univ.-Bibliothek Bonn. Im Auftr. d. Ges. für Geschichte d. Weines hrsg. von Karl Fill. Mannheim 1976.
Suppl. 1: Wiesbaden 1978.

Taute, Reinhold: Maurerische Bücherkunde. Ein Wegweiser durch d. Lit. d. Freimaurerei mit literarisch-kritischen Notizen u. zugleich e. Suppl. zu Kloss' Bibliographie. Leipzig 1886.
(Katalog der Bibliothek der Loge Karl zu den 3 Ulmen in Ulm.)

Wolfstieg, August: Bibliographie der freimaurerischen Literatur. Bd. 1.2. [Nebst] Erg.-Bd. 1, hrsg. von B. Beyer, Leipzig 1911-1926.

40. Volkskunde

Richter, Paul Emil: Bibliotheca geographica Germaniae. Litteratur d. Landes- u. Volkskunde d. Deutschen Reichs. Bearb. im Auftr. d. Zentral-Kommission f. wissenschaftl. Landeskunde von Deutschland. Leipzig 1896.

41. Militärwesen

*Bücher-Verzeichnis der Königlich Bayerischen Armee-Bibliothek. München 1913.

*Katalog der Bibliothek des Königlich Preußischen Großen Generalstabes. Berlin 1912.

Katalog der Bibliothek-Abteilung des k. u. k. Kriegs-Archivs. Bd. 1, 1.2; 2, 1–3; 3; 4, 1–3. Wien 1896–1905.

*Katalog der Bibliothek des Reichsmilitärgerichts. 1. Ausg. Berlin 1913.

Pohler, J.: Bibliotheca historico-militaris. Systematische Übersicht der Erscheinungen aller Sprachen auf dem Gebiete der Geschichte der Kriege und Kriegswissenschaft seit Erfindung der Buchdruckerkunst bis zum Schluß des Jahres 1880. Bd. 1–4. Cassel 1887–1899.

42. Psychologie

Die Literatur der Psychiatrie, Neurologie und Psychologie von 1459–1799. Mit Unterstützung d. Kgl. Akademie d. Wissenschaften zu Berlin hrsg. von Heinrich Laehr. Bd. 2, 1.2. H.: Die Literatur von 1700–1799. Berlin 1900.

43. Theologie

Gla, Dietrich: Systematisch geordnetes Repertorium der katholisch-theologischen Litteratur, welche in Deutschland, Österreich und der Schweiz seit 1700 bis zur Gegenwart (1900) erschienen ist. 1. Bd. 1. u. 2. Abt. Paderborn 1895–1904. [2. Bd. nicht ersch.]
1. Bd., 1. Abt.: Litteratur der theol. Encyklopädie und Methodologie, der Exegese des Alten u. Neuen Testamentes u. ihrer Hilfswissenschaften. 1895.
1. Bd., 2. Abt.: Litteratur der Apologetik des Christentums u. der Kirche. 1904.

Katalog der bernischen Hochschulbibliothek. Bern 1889–1890.
1. Abth.: Theologie. Theolog. Zeitschriften, Kanonisches- u. Kirchenrecht. 1889.

*Thesaurus librorum rei catholicae. Handbuch d. Bücherkunde d. gesammten Lit. d. Katholicismus u. zunächst d. kathol. Theologie; mit sehr vielen biograph. u. literär. Notizen, Hinweisung auf Werke verwandten Inhalts, Aufführung d. Gegenschriften, Rücksichtnahme auf Zeitgegenstände, Bezeichnung d. heterodoxen u. akathol. Autoren, Preisangaben d. selteneren, nur noch bei Antiquaren vorkommenden Werke etc. 2 Bde. nebst Erg.-H. Würzburg 1850.

Lehmann, Michael: Das deutschsprachige katholische Schrifttum Altungarns und der Nachfolgestaaten. 1700–1950. Red.: Horst Glassl. Mainz 1975. (Studia Hungarica. 9.)

Loidl, Franz: Die Dissertationen der katholisch-theologischen Fakultät der Universität Wien 1831–1965. Wien 1969. (Wiener Beiträge zur Theologie. 25.)

Mälzer, Gottfried: Die Werke der württembergischen Pietisten des 17. und 18. Jahrhunderts. Verzeichnis der bis 1968 erschienenen Literatur. Berlin, New York 1972. (Bibliographie zur Geschichte des Pietismus. 1.)

44. Philosophie

Ersch, Johann Samuel, u. Christian Anton Geissler: Bibliographisches Handbuch der philosophischen Literatur der Deutschen von der Mitte des achtzehnten Jahrhunderts bis auf die neueste Zeit. 3. Aufl. Leipzig 1850.

Risse, Wilhelm: Bibliographia logica. Verz. d. Druckschriften zur Logik mit Angabe ihrer Fundorte. 2 Bde. Hildesheim 1965–1973.
Bd. 1: 1472–1800.
Bd. 2: 1801–1969.

Rainer Schöller

Abkürzungsverzeichnis

Die *Auflösung der Abkürzungen* ist zumeist in der Orthographie gegeben, die ihnen zur Zeit der Verwendung entspricht. Generell nicht verzeichnet sind Flexions- und Motionsformen, sofern für sie nicht eigene Abkürzungen existieren; gleichfalls wurde grundsätzlich auf Übersetzungen verzichtet, nahezu immer auch auf Bedeutungserklärungen und den Ort des Vorkommens einer Abkürzung.

Das Hauptgewicht bei der *Auswahl der Abkürzungen* – denn um eine solche handelt es sich – lag auf dem Sektor der bibliographisch-technischen Abbreviatur; mithin blieb in den Titeln Gekürztes weitgehend unverzeichnet. Für die abgekürzt zitierte Literatur wurden die Verzeichnisse der Quellen ausgewertet und die einschlägigen Titel ohne Autopsie und gegebenenfalls unvollständig übernommen.

A

A	Alto; America; Amerika; Anstalt; Approbation oder Imprimatur
A	Lexikon der Schleswig-Holstein-Lauenburgischen Schriftsteller von 1829 bis Mitte 1866. Gesammelt und herausgegeben von Eduard Alberti. Kiel 1867–86
a. curr.	anni currentis
a. d.	aus dem
a. D.	anno Domini
a. u. d. T.	auch unter dem Titel
a. v(orst).	aus vorstehendem
A.	Auflage; August; Ausgabe; Ausschnitt; Autographie; Staatsgymnasium bei St. Anna
A.	Astraea
A.B.	Aktiebolag
A.F.	Alte Folge
A.G.	Aktiengesellschaft
A. (NF.)	Astraea. Neue Folge
A.R.P.	admodum reverendi patris
AA	Abendausgabe
Aach.	Aachen
Aanh.	Aanhangsel
Aant.	Aanteekening
AarF	Fach-Katalog der Aargauischen Kantons-Bibliothek . . . entworfen und ausgeführt von Hermann Brunnhofer. Aarau 1881–87
Aarg.	Aargang
AarK	Katalog der Aargauischen Kantonsbibliothek. Th. I. Alphabetischer Katalog [hsg. von Heinrich Kurz]. Aarau 1857–67. Supplement 1868
Ab.	Abel
ABA.	Philosophische und Historische Abhandlungen der königlichen Akademie der Wissenschaften zu Berlin
Abafi	Abafi, Ludwig: Geschichte der Freimaurerei in Österreich-Ungarn. Budapest 1890–1899
Abb.	Abbildung(en)
Abdr.	Abdruck(e)
abgeänd.	abgeändert
abgedr.	abgedruckt
abgeh.	abgehalten
Abh(andl).	Abhandlung(en)
ABJP	Anzeiger für Bibliothekswissenschaft. Dresden und Leipzig 1844–86
Abr.	Abraham
Abschn.	Abschnitt
Abt.	Abteilung(en)
Abth.	Abtheilung(en)
acad.	academicus; academisch
Acad.	Academia
academ.	academisch
acc.	accedit
accomp.	accompagné
Ach.	Achilles
Acquoy	Acquoy, Johannes Gerhardus Rijk: De psalmwijzen der Nederlandsche Hervormde Kerk en hare herziening. In: Archief voor Nederlandsche Kerkgeschiedenis 6 (1896), S. 77–128
ad	adapted; adaption
Ad.	Adam; Adiciones
ADB	Allgemeine Deutsche Biographie. Leipzig 1875 ff.
add	addition
add.	added; addidit
Add.	Additamentum; Addition
adds	additions
Adel	Fortsetzung und Ergänzungen zu Christian Gottlieb Jöchers allg. Gelehrten Lexikon. Angefangen von Johann Christoph Adelung [u. vom Buchst. K fortges. von Heinrich Wilhelm Rotermund]. Leipzig 1784–1897
Adf.	Adolf
Adr.	Adrian
Adv.	Advertised
Afb.	Afbeelding
Afd.	Afdeeling
Afdr.	Afdruk
Afh.	Afhandling
Afl.	Aflevering; Auflage
Ag	Agende
Aeg.	Aegidius
Agent.	Agentur
Agg.	Aggiunta
AGr.	Die St. Andreas-Grade der Gr. Landesloge
Agsb.	Augsburg
Agsp.	Augspurg
Agst.	Augustinus
ahd(tsch).	althochdeutsch
AJ.	Journal für Freimaurerei [Altenburg]
Ak.	Akademie; Akademisches (Staats-) Gymnasium
Ak. G.	Akademisches Gymnasium
akad.	akademisch
Akad.	Akademie
akadem.	akademisch
AKGWG.	Abhandlungen der Königlichen Gesellschaft der Wissenschaften zu Göttingen
AKM.	Abhandlungen für die Kunde des Morgenlandes
Al	Almanach der Ludwig-Maximilians-Universität. Jg.l. München 1828
AL	Alabama
Al.	Alpina
Alb.	Albertus
alban.	albanisch
Albr.	Albrecht
Alby	Albany, NY
Aless.	Alessandro
Alex.	Alexander
alf.	alfabetico
Allent	Allentown, PA
Allerh.	Allerhöchst
allg.	allgemein
Alo.	Aloysius
alph.	alphabetisch
Alph.	Alphonsus
Als.	Alessandro
Alt.	Altdorf; Altdorfium; Altorf
Alt. G.	Altes Gymnasium
Alta.	Alberta
altdtsch.	altdeutsch
Altenb.	Altenburg
Altst. G.	Altstädtisches Gymnasium
Altst. Rsch.	Realschule in der Altstadt
Alv.	Alvarez
Alx.	Alexander
ALZ	(Hall.) Allgem. Literatur-Zeitung
Amad.	Amadeus
Amb.	Amberg
Ambr.	Ambrosius
AmerFr. (Cincinnati)	The American Freemason. Cincinnati
amerikan.	amerikanisch
AmerTyl.	American Tyler u. Keystone Tyler
ampl.	amplifié
AMR.	Aninti-Masonic Review
Amst.	Amstelodamum; Amsterdam
Amtl. Mitteil. d. GrLL.	Amtliche Mitteilungen der Gr. Landes-Loge
An.	anno
anast. Neudr.	anastatischer Neudruck
and	andere
Andr.	Andreanum; Andreas
Andr. Rg.	Andreasrealgymn.

Andresen	Andresen, A.: Die deutschen Maler-Radirer (peintres-graveurs) des 19. Jahrhunderts. Leipzig 1866–1877. Oder: Andresen, A.: Der deutsche Peintregraveur oder die deutschen Maler als Kupferstecher. Leipzig 1864–1878
Aner	Amerikaner
Ang.	Angelus
angeb.	angebunden
angebl.	angeblich
angelsächs.	angelsächsisch
angl.	anglais
Anh.	Anhang; Anhänge
anisch	amerikanisch
Anl.	Anlage(n)
Anm.	Anmaerkning; Anmerkung(en)
ann.	annals; annotated; annotavit; annoté; annual
Ann.	Anneda; Annotatio
Ann. Rg.	Annenrealgymn.
Ans.	Anselmus
Ansb.	Ansbach
Ansiedl	Ansiedlung(en)
Anst.	Anstalt
Ant.	Antiqua; Anton
Antiqh.	Antiquarhandlung
Antw.	Antwerpen; Antwort
Anz.	Anzahl; Anzeiger
Anz. f. d. Alt.	Anzeiger für deutsches Alterthum u. deutsche Litteratur. Berlin 1876 ff.
ap.	apart
Ap.	Appendice
Apoc.	Apokalypse
Apost.	Gymn. an der Apostelkirche
App.	Appendix
Appell	Appell, Wilhelm: Werther und seine Zeit. 4. verb. u. verm. Auflage. Oldenburg 1896
approx.	approximatly
AQC.	Ars Quatuor Coronatorum
AR	Arkansas
Ar.	Aron
Arb.	Arbeit(en)
Arch.	Archiv(e)
Arch. f. Litt.	Archiv für Litteraturgeschichte. Leipzig 1870–85
Arch. f. St. n. Spr.	Archiv für das Studium der neueren Sprachen [später: u. Literaturen]. Elberfeld und Iserlohn 1846 ff.
Archit.	Architektur
Arg.	Argentina; Argentoratum
Årg.	Årgang
Arm.	Arminius
armen.	armenisch
Arn.	Arnold
arr	arranged
arr.	arrangiert
ArSt.	Am rauhen Stein
Art.	Artikel
Arth.	Arthur
ärztl.	ärztlich
As.	Asociatiune
Asg.	Ausgabe
Ask.	Askanisches Gymn.
Ass.	Association
assoc.	association
AT	Altes Testament
átdolg.	átdolgozott
äthiop.	äthiopisch
atl	atlantisch
Ath.	Athanasius
aufgedr.	aufgedruckt
aufgeh.	aufgehoben
aufgekl.	aufgeklebt
aufgest.	aufgestempelt
Aufl.	Auflage(n)
Auflg.	Auflage
Aufn.	Aufnahme(n)
Auftr.	Auftrag
Aufz.	Aufzug; Aufzüge
aug	augmented
augm.	augmenté
Augsb.	Augsburg
aum.	aumentado
Aur.	Aurelius
Ausg.	Ausgabe(n)
ausgew.	ausgewählt; ausgewandert
ausl	ausländisch
Ausl	Ausland
Auslandswiss. F.	Auslandswissenschaftliche Fakultät
Aust.	Austausch
Ausw.	Auswahl
Auswand	Auswanderer
Auswandg	Auswanderung(en)
Ausz.	Auszug; Auszüge
Auszug PtkD.	Auszug aus den Protokollen der Grloge zur Eintracht, Darmstadt
auth	author
auths	authors
autogr.	autographiert
Autogr. KfLmstr.	Autographische Korrespondenz für L. Meister
autor(is).	autorisiert
av.	avec
AV.	Augustae Vindelicorum
AvLall	Avé-Lallemant, Friedrich Christian Benedict: Das Deutsche Gaunerthum in seiner social-politischen, literarischen und linguistischen Ausbildung bis zu seinem heutigen Bestande. Leipzig 1858–1862
Ax.	Axel
Ayer	N.W. Ayer and Son's Directory of Newspapers ... Philadelphia. Vol. 1 ff. 1880 ff.
AZ.	Zeitschrift für Freimaurerei. Altenburg

B

b	bis
B	Basso; Bearbeiter; Bibliothek; Bild oder Vignette; Böhmische Brüder und erneuerte Brüderunität
B	Bäumker, Wilhelm: Das katholische deutsche Kirchenlied in seinen Singweisen von den frühesten Zeiten bis gegen Ende des 17. Jahrhunderts. 4 Bände. Freiburg im Breisgau, I: 1886; II: 1883; III: 1891; IV: mit Nachträgen zu den ersten drei Bänden nach dem Tode des Verfassers herausgegeben von Joseph Gotzen, 1911 (zitiert nach Band und den Nummern des jeweiligen Bibliographie-Kapitels)
b.	bayerisch; bei(m); ben
b. R.	Böhmische Staatsrealschule
B.	Berlin; Bogen; Buchhandlung
[B]; [B] (boxed); Ⓑ	Berichtigung einer früheren Aufnahme
B. C.	British Columbia
B.-L.	Kayser, Christian Gottlob: Neues Bücher-Lexikon
B.V.	Beatae Virginis
Ba	Bahder, Karl von: Die deutsche Philologie im Grundriss. Paderborn 1883
BA.	Bergakademie
BaBb	Badische Bibliothek. Systematische Zusammenstellung selbständiger Druckschriften über die Markgrafschaften, das Kurfürstenthum u. Grossherzogthum Baden. Th. I. II. Karlsruhe 1897–1901

Bachmann	Bachmann, Johannes: Geschichte des evangelischen Kirchengesanges in Mecklenburg, insbesondre der Mecklenburgischen Gesangbücher. Rostock 1881 (Rektorats-Programm für 1879/80)
Bachmann, Berlin	Bachmann, Johann Friedrich: Zur Geschichte der Berliner Gesangbücher. Berlin 1856
Balt	Baltimore, MD
Bamb.	Bamberg
Bancalari	Bibliotheks-Katalog des Museum Francisco Carolinum in Linz a. d. D. Linz 1897
Bapt	Baptist(en)
Barbier	Barbier, Ant.-Alex.: Dictionnaire des ouvrages anonymes. 3e édition par Olivier Barbier, René et Paul Billard. Paris 1882 [Nebst] Supplément par G. Brunet. Paris 1889
Barm.	Barmen
Barths Erz. u. E.	Barths Erziehungsschule
Bartsch	Bartsch, Adam: Le peintre-graveur. [Nebst] Taf. Nouvelle édition. Leipzig 1866–1876
Bas.	Basel; Basilea; Basilia; Basilius
bask.	baskisch
Bauingenieurw.	Bauingenieurwesen
Baumg	Die Litteratur des In- und Auslandes über Friedrich den Grossen zusammengestellt von Max Baumgart. Berlin 1886
Baustoffingenieurw.	Baustoffingenieurwesen
Bautz.	Bautzen
Bauw.	Bauwesen
Bayerische Agrarbibliographie	Bayerische Agrarbibliographie. Schriftenkunde der bayerischen Landwirtschaft und Fischerei. Bearb. von Heinz Haushofer-Hartschimmelhof und Sophia Riedmüller. München 1954
BayrBbl.	Bayreuther Bundesblatt
BB	Brüder
BB	Lexikon verstorbener Bayerischer Schriftsteller des 18. und 19. Jahrhundert ausg. v. Clemens Alois Baader. Augsburg und Leipzig 1824–25
BB.	Beiträge zur Kunde der Indogermanischen Sprachen, herausgegeben von Adalbert Bezzenberger. Oder: Bulletin des travaux du Suprême Conseil de Belgique
Bbl.	Bundesblatt
Bbr	Brüder
BBr	Boeken en brochures over de roomsch-katholike kerk in 't allgemeen en de orde der Jezuiten in 't bijzonder. Amsterdam 1901
BBullSchw	Bibliographisches Bulletin der Schweiz. Herausgegeben von der Schweizerischen Landesbibliothek zugleich als Verzeichnis ihres neuen Zuwachses. Bulletin Bibliographique de la Bibliothèque Nationale Suisse. Bern 1901 ff. Jgg. 1 ff
BBurInt.	Bulletin du Bureau International de relations maçonniques
Bc.	Basso continuo; Basse continue
Bch.	Burchard
Bd.	Band; Bandet; Benedict; Bind
Bdch.	Bändchen
Bde.	Bande; Bände
Bden.	Bänden
Bdes.	Bandes
Bdn.	Bänden
Be.	Beatus
bearb.	bearbejdet; bearbeitet
Bearb.	Bearbejdelse; Bearbeiter; Bearbeitung
BEC	Bibliotheca erotica et curiosa Monacensis. Zusammengestellt von Hugo Hayn. Berlin 1889
Beck	Beckmann, Johann: Literatur der älteren Reisebeschreibungen. Göttingen 1807–9
Becker	Becker, Carl Ferdinand: Die Tonwerke des XVI. und XVII. Jahrhunderts oder systematisch-chronologische Zusammenstellung der in diesen zwei Jahrhunderten gedruckten Musikalien (zitiert nach Spalten)
bed. verm.	bedeutend vermehrt
bedeut.	bedeutend
begleit.	begleitend; begleitet
begr.	begründet
Begr.	Begründer
Behrisch	Die Wiener Autoren. Beitrag zum gelehrten Deutschland (von Wolfg. Hch. Behrisch) Preßburg 1784
Beibl.	Beiblatt
beigeb.	beigebunden
beigedr.	beigedruckt
beigef.	beigefügt
Beih.	Beiheft
Beil.	Beilage(n)
Beisp.	Beispiel(e)
Beitr.	Beitrag; Beiträge
Bem	Bibliographie der sächsischen Geschichte, herausgeg. von Rudolf Bemmann. Leipzig und Berlin 1918 ff.
Ben.	Benediktinisch; Benoit
Ben. Gymn.	Benediktiner-Gymn.
Benziger	Benziger, Augustin: Beiträge zum katholischen Kirchenlied in der deutschen Schweiz nach der Reformation, Diss. Sarnen 1910
Benzing	Benzing, Josef: Lutherbibliographie. Verzeichnis der gedruckten Schriften Martin Luthers bis zu dessen Tod. Baden-Baden 1966 (zitiert nach Nummern)
Beob	Beobachter; Beobachtung
Beobn	Beobachtungen
ber.	berichtigt
Ber.	Bericht(e)
Beraldi	Beraldi, Henry: Les Graveurs du 19e siècle. Guide du l'amateur d'estampes modernes. Paris 1885–1892
berecht.	berechtigt
Bergak.	Bergakademie
bericht.	berichtigt
Berl	Verzeichniss der aus der neu erschienenen Literatur von der Koeniglichen Bibliothek zu Berlin erworbenen Druckschriften. Berlin 1892 ff
Berl.	Berlin
Berl.-Ch.	Berlin-Charlottenburg
BerlZu	s. Berl
BerlZuw	s. Berl
Bernstein	Catalogue des livres parémiologiques composant la bibliothèque Ignace Bernstein. Varsovie 1900
Berol.	Berolinum
berücks.	berücksichtigt
Berücks.	Berücksichtigung
Berufssch.	Berufsschule(n)
bes.	besonder ...; besonders
bes. Berücks.	besondere Berücksichtigung
beschäd.	beschädigt
beschr.	beschrieben
beschr. Anz.	beschränkte Anzahl
Bethl	Bethlehem, PA
betr.	betreffend; betrifft
bez.	bezeichnet
Bez	Beziehung
Bez.	Bezirk
Bezn	Beziehungen
Bf.	Bonifacius

BF.	Bulletin du Grand Orient de France
bfr	Belgische Franken
BGB	Bürgerliches Gesetzbuch
BGE	Bibliotheca Germanorum Erotica. Bearbeitet von Hugo Hayn. 2. Aufl. Leipzig 1885
BGE[3]	Bibliotheca Germanorum Erotica et Curiosa. Verzeichnis der gesamten deutschen erotischen Literatur. Herausg. von Hugo Hayn und Alfred Gotendorf. München 1912–1914
BGG	Bibliotheca Germanorum Gynaecologica et Cosmetica. Bearbeitet von Hugo Hayn. Leipzig 1886
BGN	Bibliotheca Germanorum nuptialis. Zusammengestellt von Hugo Hayn. Köln 1890
Bgsl.	Bogislaus
Bh.	Bernhard; Buchhandlung
Bh.	Bauhütte
BH.	Braun & Hogenberg
bibl	bibliographisch
Bibl.	Bibliographie; Biblioteca; Bibliotheca; Bibliothek
Bibl. Katech.	Biblische Katechese
Bibl.Port	Bibliothek sowie Nominal- und Real-Katalog Max von Portheim. Wien
BiblChem	Zuchold, Ernst Amandus Bibliotheca chemica. Göttingen 1859
BiblHomo	Bibliotheca Homoeopathica. 2. Aufl. Leipzig 1841
bibliogr.	bibliographisch
biblioth.	bibliotheca
Bibliotheca Cerroniana	Czikanno, Joh. Jakob Heinr.: Bibliotheca Cerroniana seu Catalogus librorum quos . . . collegit. Joannes Petrus Cerroni. Viennae 1833
Bibliotheca oeconomica	Enslin, Theodor Christian Friedrich, und Wilhelm Engelmann: Bibliotheca oeconomica oder Verzeichniß der in älterer und neuerer Zeit bis zur Mitte des Jahres 1840 in Deutschland und den angrenzenden Ländern erschienenen Bücher über die Haus und Landwirthschaft und deren einzelne Zweige: den Wein- und Gartenbau,... . Von neuem gänzlich umgearb. 2. Aufl. Leipzig: Engelmann 1841
Bibliotheca oenologica	Wagenmann, E.: Bibliotheca oenologica
Bibliotheca oenologica. Nachtrag 1–6	Wagenmann, E.: Zusammenstellung der önologischen Literatur. Nachtrag 1–6
Bibliothek Weisstein	Bibliothek Weisstein. Katalog der Bücher des verstorbenen Bibliophilen Gotthilf Weisstein. Herausg. von Feodor v. Zobeltitz. (Leipzig) 1913
BiblMath	Bibliotheca Mathematica. Hsg. v. Ludwig Adolph Sohncke. Leipzig 1854
BiblVeter	Bibliotheca veterinaria. Bearbeitet u. hsg. von Robert Klee. Leipzig 1901
Bidr.	Bidrag
Bielef.	Bielefeld
Bijdr.	Bijdrage
Bil.	Bilage
Bildn.	Bildnis(se)
Bill	Bill, Oswald: Das Frankfurter Gesangbuch von 1569 und seine späteren Ausgaben. Marburg 1969
biog	biographisch
Biog	Biographie
biogr.	biographisch
Bip.	Bipont(i)um
bisch.	bischöflich
Bisch.	Bischof
Bisch. G.	Bischöfliches Gymn.
bischöfl.	bischöflich
BJ	Bassermann-Jordan, Friedrich von: Geschichte des Weinbaus unter bes. Berücks. der Bayerischen Rheinpfalz. 2. Aufl. Bd 1–3. Frankfurt a.M. 1923
Bj.	Benjamin
Bk.	Book
Bk.	Bruderkette
Bkln	Brooklyn, NY
BKSGW.	Berichte der philologisch-historischen Classe der Königlich Sächsischen Gesellschaft der Wissenschaften
Bl.	Blad; Blasius; Blatt; Blätter
Blaser	Blaser, Fritz: Bibliographie der Schweizer Presse mit Einschluß des Fürstentums Liechtenstein. Halbb. 1. 2. Basel 1956–58
blattgr.	blattgroß
BlflU.	Blätter für literarische Unterhaltung
Blge.	Beilage
blindgepr.	blindgepreßt
Bll.	Blätter
Bln.	Berlin
Blth.	Balthasar
Blume	Blume, Friedrich: Die evangelische Kirchenmusik. Potsdam 1931
BM	British Museum. General Catalogue of printed books. Photolithographic edition to 1955. Vol. 1–263. London 1959–66
Bm.	Bartholomaeus
Bmb(g).	Bamberg
Bn.	Bernardus
BN.	Bulletin van het Nederlandsch Groot-Oosten
Bng.	Benignus
BNP	Bibliothéque Nationale, Paris
Bockstahler	Bockstahler, Oscar L.: The German Press of Indiana. In: Indiana Magazine of History 48 (June 1952)
Bog.	Bogen
Bogtr.	Bogtrykkeri
Böhme	Böhme, Franz Magnus: Altdeutsches Liederbuch. Volkslieder der Deutschen nach Wort und Weise aus dem 12. bis zum 17. Jahrhundert Leipzig 1877 3. Aufl. 1925 (zitiert nach Seite und Nummer der Bibliographie S. 777–789)
Boehmer	Boehmer, Georg Rudolph: Bibliotheca scriptorum historiae naturalis oeconomiae aliarumque artium ac scientiarum ad illam pertinentium realis systematica. Pars 1–5. Lipsiae 1785–89
Boekdr.	Boekdrukkerij
Bokförl.	Bokförläggare
Boktr.	Boktrykkeri
Bol.	Bologna
Bon.	Bonaventura; Bononia
Bonn–Po.	Bonn–Poppelsdorf
Borchling/ Claussen	Borchling, Conrad, und Bruno Claussen: Niederdeutsche Bibliographie. Gesamtverzeichnis der niederdeutschen Drucke bis zum Jahre 1800. 2 Bände. Neumünster 1931–1936 (zitiert nach den durchlaufenden Nummern)
Bost	Boston, MA
Bovet	Bovet, Félix: Histoire du Psautier des Églises Réformées. Neuchâtel-Paris 1872 (zitiert nach Seiten und Nummern)
böv.	bövitett
Bp.	Budapest
Bpr.	New Yorker Bundes-Presse
Br	Brief
Br.	Bruno; Bruder
Br. Br.	Brüder

BR.	Bibliothek der neuesten und wichtigsten Reisebeschreibungen
Brandel	Brandel, Friedrich: Geschichtliche Mitteilungen aus Peoria. In: Deutsch-amerikanische Geschichtsblätter 1 (1901), S. 22–24
Brauw.	Brauwesen
Braunschw.	Braunschweig
BRB	Russische Bibliothek zur Kenntniß des gegenwärtigen Zustandes der Literatur in Rußland. Herausgegeben von Hartm. Ludwig Christi.Bacmeister. St. Petersburg, Riga und Leipzig 1772–1787
Brblr.	Bruderblätter für Freimaurer
Brem.	Bremen
Bresl.	Breslau
Bresl.31.	Verzeichnis 31. Enthaltend die Büchersammlung Dr. Carl Schüddekopf. Versteig. 23.–28. Sept. 1918 im Auftrage von Martin Breslauer. Berlin [1918]
Breslauer	Breslauer, Martin: Documente frühen deutschen Lebens. Erste Reihe. Das deutsche Lied, geistlich und weltlich bis zum 18. Jahrhundert. Katalog III von Martin Breslauer in Berlin, Unter den Linden 16, 1908 (zitiert nach Nummern)
Breth	Brethren
Brh.	Bruderhilfe
Brigham	Brigham, Clarence S.: History and Bibliography of American Newspapers 1690–1820. Bd. 1.2. Worcester, MA 1947
Brl.	Breslau
BrL.	Braunschweiger Logen-Correspondenz
BrMm	British Museum Catalogue of printed books. London 1882 ff.
Brnschw.	Braunschweig
broch.	broché; brochirt
Bros	Brothers
brosch.	broschiert
Brr	Brüder
Brs.	Braunschweig; Bruders; Brunsvicum
Brschw.	Braunschweig
Brunet	Brunet, Jacques-Charles: Manuel du libraire et de l'amateur de livres. 5me édition. Paris 1860–1865. [Nebst] Supplément par P. Deschamps et G. Brunet. T. 1–2. Paris 1878–1880
Brünn [mit folgender römischer Ziffer]	s. unter der jeweiligen Ziffer am Ende dieses Verzeichnisses
Brux.	Bruxella(e); Bruxelles
BrVV	Vollständiges Verzeichniss der von der Firma F. A. Brockhaus in Leipzig . . . verlegten Werke. Leipzig 1872–75
bs. mgr.	business manager
Bs.	Basilius
BSC. (US.)	Official Bulletin of the Supreme Council of the 33d degree for the Southern jurisdiction of the United States
BSCE	Bibliotheca scriptorum classicorum. Hsg. von Wilhelm Engelmann. 8. Auflage von Emil Preuss. Leipzig 1880–82
BSchwLk	Bibliographie der Schweizerischen Landeskunde. Bern 1894 ff. 1 ff.
BstF.	Bausteine. Mitteilung der Grossloge Kaiser Friedrich z. Bundestreue (resp. der Prov. Grossloge von Hamburg in Berlin)
BstN.	Bausteine aus dem Or. Naumburg a. S., hrsg. von F. W. Haage
BstR.	Bausteine gesamm. von Brüdern des Logen-Bundes Royal York zur Freundschaft zu Berlin
BstUJ.	Bausteine. Bundesorgan der unabhängigen St. Joh.-Logen
Bt.	Baptista; Bàtiste
BTD	Berliner Titeldrucke. (1892–1910 u. d. T.: Verzeichnis der aus der neuerschienenen Litteratur von der Königlichen Bibliothek zu Berlin erworbenen Druckschriften.) Berlin 1892–1944
Btd.	Bartoldus
Bths.	Balthasar
Btr.	Bertrand
Buchd(r).	Buchdruckerei
Buchh.	Buchhandel; Buchhändler(lehranstalt); Buchhandlung
Budap.	Budapest
Buff	Buffalo, NY
Bülck	Bülck, Rudolf: Das schleswig-holsteinische Zeitungswesen von den Anfängen bis zum Jahre 1789. Kiel 1928
bulg.	bulgarisch
Bull.	Bulletin
Bullmann	Bullmann, J. K.: Denkwürdige Zeitperioden der Universität Halle seit 1805. Halle 1833
Bur.	Bureau
Burg Rg.	Realgymn. auf der Burg
bürgerl.	bürgerlich
BV	Bibliotheca veterinaria. Zuerst hsg. von Theodor Christian Friedrich Enslin. Von neuem gänzlich umgearb. von Wilhelm Engelmann. 2. Aufl. Leipzig 1843
BWV	Thematisch-Systematisches Verzeichnis der musikalischen Werke von Johann Sebastian Bach (Bach-Werke-Verzeichnis) Hrsg. von Wolfgang Schmieder. Leipzig 1950
Bz	Bücherschatz der deutschen Nationalliteratur des 16. u. 17. Jahrh. [von Carl Wilhelm Ludwig Heyse]. Berlin 1854
BZC.	Zirkelcorrespondenz der Gr. Landesloge
BZC. (NF.)	Zirkelcorrespondenz für die Johannis-Meister der Gr. Landesloge. Neue Folge
bzw.	beziehungsweise

C

C	Cantus
c.	circa; colorirt; con; cum
C.	Capitel; Carl; Carlo; Carlos; Carolo; Carolus; Compagnie
C.	Charitas. Utrecht
C.-OG.	Communalobergymnasium
C.-UG.	Communaluntergymnasium
CA	California
ca.	circa; zirka
Cah.	Cahier
Caj.	Cajetanus
Cam.	Camillus
Camb	Cambridge, MA
Camp.	Campagne
Cand.	Candidus
CanMNs.	Canadian Masonic News
Cap.	Capitel; Capitolo
Carlsr.	Carlsruhe
cart.	cartonirt
Cart.	Carton
carton.	cartonirt
Cas.	Casimir
Caes.	Caesar
cat	cataloque
Cat. gén.	Cataloque général des livres imprimés de la Bibliothèque Nationale. Auteurs. T. 1 ff. Paris 1924 ff.
Cataloque	Catalogue d'une collection importante [G. Glaser] de costumes militaires français et étrangers, de costumes civils. T. 1–4. Paris 1910

Cath.	Catharina
CatZür	Catalog der Stadtbibliothek in Zürich. Zürich 1864–1897
Cb	Katalog der Bibliothek des Börsenvereins der Deutschen Buchhändler. Leipzig 1885
CBH	Katalog der Commerz-Bibliothek. 2. Auflage. Hamburg 1864
Cbr.	Cambridge; Cantabrigia
cemb.	cembalo
Cent	Centimes
Centr	Centralblatt für Bibliothekswesen. Leipzig 1884 ff.
cf(r).	confer
CG	Communalgymnasium
Ch.	Christian
CH.	Caementaria Hibernica. By W. J. Chetwode Crawley
Chap.	Chapter
Charl.	Charles
CharmWeg	Charmatz, Richard: Wegweiser durch die Literatur der österr. Geschichte Stuttgart und Berlin 1912
Chd'U.	La Chaine d'Union
Chfr.	Christfried
Chi	Chicago, IL
chines.	chinesisch
Chli.	Christlieb
Chlo.	Christlob
Choulant	Bibliotheca medico-historica collegit ac digessit Ludovicus Choulant. Lipsiae 1842. [Addidamenta von Julius Rosenbaum.] Halis Saxon. 1842–47
Chr	Chronik der Ludwig-Maximilians-Universität München für das Jahr 1867/68 – 1912/13. München 1868–1913
christ.-kathol.	christlich-kathol.
Christian.	Christiania
christl	christlich
Chromol.	Chromolithographie(n)
Chronol. Verzeich. aller Schauspiele	Chronologisches Verzeichnis aller Schauspiele, deutschen und italienischen Opern, Pantomimen und Ballette. Seit April 1794 bis April 1807 (von Matth. C. Voll). Wien 1807
churfürstl.	churfürstlich
Cinci	Cincinnati, OH
Cit	Citirt
Cl.	Classe; Claudio; Claudius
clar.	clarinette
Clar.	Clarine
Clas. Rhet.	classis rhethoricae
Clem.	Clemens; Clemente
Cler. Reg.	Regularkleriker
Cleve	Cleveland, Ohio
CLZür	Catalog der Bibliothek der Cantonal-Lehranstalten in Zürich. Zürich 1859
CLZürForts	Catalog der Bibliothek der Cantonal-Lehranstalten in Zürich. Fortsetzung, enthaltend den Zuwachs von 1859–1898. Zürich 1900–1904
cm	Zentimeter
CMM	congregation Missionariorum de Mariannhill
cmplt.	complet
Co	Costa, Ethbin Heinrich: Bibliographie der Deutschen Rechtsgeschichte. Braunschweig 1858
CO	Colorado
Co.	Compagnie; Compania; Company
Cob(g).	Coburg; Coburgum
Cobl.	Coblenz
Cod.	Codex
col.	colorirt
Col.	Colecção; Colección; Colecta; Colonia; Colonna; Columne
Colab.	Colaborador
Colas	Colas, René: Bibliographie générale du costume et de la mode. Paris 1933
Coelest.	Coelestinus
coll.	collectus; collegit
Coll.	Collection; Collecziun; College
Collab.	Collaboratio
Collect. Friburg.	Collectanea Friburgensia
color.	colorirt
Columb	Columbia; Columbus, OH
comm.	commentare
Comm.	Commission
commend.	commendavit
Commenda	Commenda, Hans: Materialien zur landeskundlichen Bibliographie Linz 1891
comp.	compilare; compilatus; compile; compiled; compiler; componirt; composuit
Comp.	Compagnie; Compilateur
Com(p)t.	Com(p)toir
Connect.	Connecticut
Conrady	Conrady, Karl Otto (Hrsg.): Deutsche Volksbücher. Reinbek 1968
Const.	Constantinus
cont.	contenant; continuit
Cont.	Continuation
Corn.	Cornelius
Cornides Bibliotheca Hungariae	Clariss. Danielis Cornides bibliotheca hungarica. Pestini 1792
corr.	corrected; correctior; correctus; corrigé
CP	Congregatio Clericorum Excalceatorum Ssmae Crucis et Passionis D.N.J.C.
Cp.	Christoph
Cph.	Copenhagen
Cpl.	Constantinopel; Constantinopolitanum
cplt.	complet
Cr $	Cruzeiro(s)
CR	Canonici Regulares
Cr.	Conrad
CR.	Communalrealschule
Cramer-Bkde	Cramer, Dalmar: Bücherkunde zur Geschichte der katholischen Bewegung im 19. Jahrh. M.-Gladbach 1914
CROG. (II.)	Communalrealobergymnasium (im 2. Bezirk)
Cs.	Casimir
Csp.	Caspar
CSSR	Congregatio Sanctissimi Redemptoris
Cst.	Constantinus
CT	Connecticut
Ct.	Canton; Carte
Cth.	Catharina
Cts.	Centîmes
cur.	curavit
Cust.	Custoden

D

d	Druck mit deutschen Lettern; Pence; Penny
D	Defekte; Discant; im Druck erschienen
D	Dahlmann, Peter: Schauplatz derer masquirten und demasquirten Gelehrten Leipzig 1710
d.	das, der; die
d. Ä.	der Ältere
d' Ester	Ester, Carl d': Das Zeitungswesen in Westfalen von den ersten Anfängen bis zum Jahre 1813. Münster 1907
d. h.	das heißt
d. i.	das ist
d. J.	der Jüngere
d. s.	das sind
d. Zt.	der Zeit
D.	David; Deel; Dissertation
[D:]	Drucker

D. G.	Deutsches Gymn.
D. J. Z.	Deutsche Juristen-Zeitung
[D/V:]	Drucker und Verleger
DA.	Academisk Disputats
DABZ	Deutsch-Amerikanische Buchdrucker-Zeitung
DAEH.	Disputats ved det Ridderlige Academi i Kjøbenhavn
DAK.	Disputats ved Univers. i Kiel
dän.	dänisch
Danz.	Danzig
dargebr.	dargebracht
dargest.	dargestellt
Darmst.	Darmstadt
DARP	Handschriftliche Mitteilung Dr. Alfred Rosenbaum, Prag
Darst.	Darstellung(en)
DAS.	Disputats ved Sorø Academi
dass.	dasselbe
dat.	datiert
Dat.	Datum
Davidsson	Davidsson, Åke: Studier rörande Svenskt Musik tryck före år 1750, Uppsala 1957
DB.	Disputats for Borchs Collegium
DBiblGes	Bibliographisches Repertorium Bd. I. Herausgeg. von H. H. Houben. Berlin 1914
DC	District of Columbia
DDJ.	Disputats for Doctorgraden i Jura
DDM.	Disputats for Doctorgraden i Medicin
DDPh.	Disputats for Doctorgraden i Philosophi
DDT	Denkmäler deutscher Tonkunst. Folge I. Leipzig 1892–1931. 2. Aufl. Graz-Wiesbaden 1958ff.
DDTh.	Disputats for Doctorgraden i Theologi
DE	Delaware
De.	Denis
DE.	Disputats for Ehlers' Collegium
Deckh	Joh. Deckherri . . . de scriptis adespotis pseudepigraphis et supposititiis conjecturae cum additionibus variorum Ad Editionem ultimam Amstelaedanensem In: Placius Vinc. Theatrum anonymorum et pseudonymorum. Hamburg 1708
def.	defekt
Degen	Degen, Johann Friedrich: Versuch einer vollständigen Litteratur der deutschen Uebersetzungen der Römer. Altenburg 1794–97
DegG	Degen, Johann Friedrich: Litteratur der deutschen Uebersetzungen der Griechen Altenburg 1797–98
Deiler	Deiler, J. Hanno: Geschichte der New Orleanser deutschen Presse. New Orleans 1901
Dek.	Dekan; Dekanat
del.	delineavit
Delteil	Delteil, Loys: Honoré Daumier. Paris, 1925–1930
Denis	Denis, Michael: Wiens Buchdruckergeschichte. Wien 1782
Denksch(r).	Denkschrift(en)
denkwü	denkwürdig
Denkwü	Denkwürdigkeit(en)
Dep.	Department
ders.	derselbe
dess.	desselben
Dess.	Dessau
Dessoir	Dessoir, Max: Bibliographie des modernen Hypnotismus. Berlin 1888
deut.	deutsch
df	defendit
DG.	Disputats ved et Gymnasium
DGA.	Disputats ved Gymnasiet i Altona
DGB.	Disputats ved Gymnasiet i Bremen
DGK	Deutscher Gesamt-Katalog. Neue Titel. 1937–43. Berlin 1938–44
Di.	Dionigi; Dionysius
Diagr.	Diagramm(e)

Dibd	Dibdin, Thomas Frognall: An introduction of the knowledge of rare and valuable editions of the Greek and Latin Classics. 4. ed. London 1827
dict	dictionary
Diesch	Diesch, Carl: Bibliographie der germanistischen Zeitschriften. Leipzig 1927
Dietrich	Internationale Bibliographie der Zeitschriftenliteratur. Begründet von Felix Dietrich, fortgeführt von Reinhard Dietrich. Abt. A. Bd 1–128. [Nebst] Erg. Bde 1–20. Leipzig 1897–1964. Forts. u. d. T.: Internationale Bibliographie der Zeitschriftenliteratur aus allen Gebieten des Wissens. Kombinierte Folge. Jg. 1 ff. Osnabrück 1965 ff.
Dietz	Dietz, Philipp: Dr. August Friedrich Christian Vilmar, weil. ord. Professor der Theologie zu Marburg, als Hymnolog. Marburg 1899 (zitiert nach Nummern des Anhangs; Beilage I: Vilmars hymnologischer Bücherschatz)
Dill.	Dillinga; Dillingen
Dion.	Dionigi; Dionysius
Diöz.-B.	Diözesanbibliothek (Rottenburg/N.)
Dipl.	Diplom
dir.	direkt
Dir.	Direction; Direktor
Disp.	Dispensa
Disp. Soc. chir. Hafn.	Disputats i det chirurgiske Selskab i Kjøbenhavn
Disp. Soc. disput. med.	Disputats i det medicinske Disputeer-Selskab
Disp. Soc. exercit. med.	Disputats i det medicinske Øvelses-Selskab
diss.	disserit
Diss.	Dissertation(en)
Diss. Ingolst.-Landsh.-Mchn.	Titel aus: Resch, Liselotte, u. Ladislaus Buzas: Verzeichnis der Doktoren und Dissertationen der Universität Ingolstadt-Landshut-München 1472–1970. München 1975
Dissert.	Dissertation
Distr.	Distribution
div.	divers
Div.	Division
DKL	Das Deutsche Kirchenlied
dkr.	Dänische Kronen
DLJ.	Disputats for Licentiatgraden i Jura
DLM.	Disputats for Licentiatgraden i Medicin
DLTh.	Disputats for Licentiatgraden i Theologi
DM	Druckermarke
Dm.	Dominicus
DMa.	Disputats for Magister artiums Graden
Dn	Dahlmann-Waitz, Quellenkunde der deutschen Geschichte. 6. Aufl. bearbeitet von E. Steindorff. Göttingen 1898
Dn.	Daniel
do.	dito
Doblhoff	Doblhoff, Joseph: Beiträge zum Quellenstudium Salzburgischer Landeskunde. Salzburg 1893–95
Dochnahl	Dochnahl, Friedrich Jakob: Bibliotheca hortensis. Vollständige Garten-Bibliothek oder alphabetisches Verzeichniss aller Bücher, welche über Gärtnerei, Blumen- und Gemüsezucht, Obst- und Weinbau, Gartenbotanik und bildende Gartenkunst von 1750 bis 1860 in Deutschland erschienen sind. Nürnberg 1861

Döll	Bibliotheca Döllingeriana. München 1893
Don.	Donatus
Donauw.	Donauwörth
Doppel-S.	Doppelseiten
Dor.	Dorothea
Dorp.	Dorpat
Dortm.	Dortmund
Doucha	Knihopisný Slovník československý vydal Frantisek Doucha v Praze. 1865
Dov. R.	Realschule beim Doventhor
DP.	Deutscher Pfeiler
Dr.	Buchdruck; Dresda; Dresden; Druck; Drucker; Druckerei; Druk
DR.	Disputats for Regentsen
Drd.	Doktorand
Dresd.	Dresden
Drexel	Drexel, Theodor: Catalog der Kochbücher-Sammlung. Als Manuscript gedr. [Nebst] Nachtr. 1–5. Frankfurt a.M. 1885–91
DrL.	Dresdener Logenblatt
Druck.	Druckerei
Druck. Univ.	Universitätsdruckerei
ds.	dieses
Dsdn.	Dresden
dt.	deutsch
dt-anisch	deutsch-amerikanisch
Dt.	Dietericus
DTB	Denkmäler der Tonkunst in Bayern (Folge II der Denkmäler deutscher Tonkunst). Leipzig (ab 1924 Augsburg) 1900-1931
Dtg	Dichtung(en)
Dtl.	Detlev
Dtld	Deutschland
Dtm.	Dietmar
DTÖ	Denkmäler der Tonkunst in Österreich. Wien 1905 ff.
dtsch.	deutsch
Dttum	Deutschtum
Du	Dutch
Dubl.	Dublin; Dublinia
Duisb.	Duisburg
Dünndr.	Dünndruck
Dunson	Dunson, Alvis Avelino: A Checklist of German Newspapers in Missouri up to 1940. L. C. Card: Mo. M. C. 59–2559
durchges.	durchgesehen
durchsch.	durchschossen
Düsseld.	Düsseldorf
Dutz.	Dutzend
DV.	Disputats for Valkendorfs Collegium
[DV:]	Druckervermerk
DWA.	Denkschriften der Kaiserlichen Akademie der Wissenschaften [in Wien]. Philologisch-historische Classe

E

E	Evangelisch, soweit nicht auf das lutherische oder reformierte Bekenntnis festgelegt
e.	eigenhändig; ein
e. g.	exempli gratia
e. s. t.	etiam sub titulo
E.	Ernst; Estratto; Extrait
E.	The Evergreen
E & H	Bibliographie der deutschen Universitaeten. Systematisch geordnetes Verzeichnis der bis Ende 1899 gedruckten Bücher und Aufsätze über das deutsche Universitaetswesen. Im Auftrage des preussischen Unterrichts-Ministeriums. Bearbeitet von Wilhelm Erman und Ewald Horn. Leipzig und Berlin 1904–1905
EA.	Erstausgabe
ead.	eadem
EB	Eigenbericht (handschriftliche private Mitteilungen); Erzbischof
Eb.	Ebender(selbe)
Eb.L.G.	Eberhard-Ludwigs-Gymn.
ebd.	ebenda; ebendort [Hinweis, daß der Erscheinungsvermerk ganz oder teilweise mit dem des im ausgewerteten Quellenverzeichnis vorangehenden Titels übereinstimmt]
ebds.	ebendaselbst [vgl. ebd.]
ebend.	ebenda; ebendort [vgl. ebd.]
ebendas.	ebendaselbst [vgl. ebd.]
ebendass.	ebendasselbe
Ebert	Ebert, F. A: Allgemeines bibliographisches Lexikon. Bd. 1–2. Leipzig 1821–1830
EbertBJb	Bibliographisches Jahrbuch für deutsche Hochschulen. Bearbeitet u. herausgeg. von O. E. Ebert u. O. Scheuer. Bd. 1. Wien u. Leipzig 1912
Ebh.	Eberhard
EBHN	Index librorum historiam naturalem spectantium ab anno MDCC . . . in Germania, Scandinavia, Anglia, Belgio, Italia atque Hispania ed. Guilielmus Engelmann. Lipsiae 1846 ff.
Eckart	Lexikon der niedersächsischen Schriftsteller. Bearbeitet von Rudolph Eckart. Osterwieck am Harz [1891]
Eckstein	Eckstein, F. A.: Geschichte der Freimaurer-Loge im Orient von Halle. Halle 1844
ed.	ediderunt; edidit; edited; editus
Ed.	Edição; Edición; Edited by; Editie; Editio; Edition; Editiune; Editor; Editore; Editur; Edizione; Edizium; Eduard
Éd.	Éditeur; Édition
edd.	ediderunt
Edinb.	Edinburgh
EDM	Das Erbe Deutscher Musik, 1935 ff.
Edm.	Edmund
EE	Bibliothek der schönen Wissenschaften. Hsg. von Theodor Christian Friedr. Enslin; umgearbeitet von Wilhelm Engelmann. 2. Auflage. Leipzig 1837–46
Egb.	Engelbert
EgtM.	L'Egitto massonico
ehem.	ehemalig; ehemals
Ehrf.	Ehrenfried
eidg.	eidgenössisch
Eilh.	Eilhard
ein.	einige
Einb.	Einbeck
Einbd.	Einband
Einblattdr.	Einblattdruck
Einf.	Einführung(en)
Einfl	Einfluß; Einflüsse
eingedr.	eingedruckt
eingekl.	eingeklebt
eingel.	eingeleitet
einger.	eingerissen
Einl(eit).	Einleitung
Eins.	Einsiedeln
einschl.	einschließlich
Einwand	Einwanderer
Einwandg	Einwanderung(en)
Einzelh.	Einzelheft
El.	Elias; Elie
El. G.	Elisabethgymn.
ELBibl	Marckwald, Ernst: Elsass-Lothringische Bibliographie. Straßburg 1889 ff. 1 ff.
eleg.	elegant
Elis.	Elisabeth
Elmsh.	Elmshorn
em.	emendatior; emendatus; emendavit; emeritiert
Emd.	Emden

Emm.	Emmanuel
EMS.	Esquisses de la vie maç.: suisse
En.	Enrico
Eng	England
eng.	englisch
EngG	Bibliotheca Geographica. Hsg. von Wilhelm Engelmann. Leipzig 1858
EngJ	Bibliotheca juridica. Zuerst hsg. von Theodor Christian Friedrich Enslin. 2. Auflage von Wilhelm Engelmann. Leipzig 1840
engl.	englisch
EngM	Bibliotheca medico-chirurgica et anatomico-physiologica. Hsg. v. Wilhelm Engelmann. 2. Auflage. (und 1. Supplement.) Leipzig 1848–68
EngMt	Bibliotheca mechanico-technologica. Hsg. von Wilhelm Engelmann. 2. Auflage. Leipzig 1844
EngOec	Bibliotheca Oeconomica. Zuerst hsg. von Theodor Christian Friedrich Enslin. 2. Auflage von Wilhelm Engelmann. (Samt Supplement: Bibliothek der Jagd- u. Forstwissenschaft von Wilhelm Engelmann.) Leipzig 1841–43
engr.	engraved
enl.	enlarged; enluminé
enlum.	enluminé
enth.	enthält; enthaltend
Entw	Entwicklung
entw.	entweder
Ephr.	Ephraim
EQ	Eitner, Robert: Biographisch-Bibliographisches Quellen-Lexikon der Musiker und Musikgelehrten der christlichen Zeitrechnung bis zur Mitte des 19. Jahrhunderts. 10 Bände. Leipzig 1900–1904; Nachdruck Graz 1959–1960 (zitiert nach Band und Seite); Nachträge der Bände I-VI und X sowie Miscellanea 1–3, Leipzig 1912–1914, bilden Band XI des Nachdrucks (zitiert als Band XI)
Er.	Erich
Era.	Erasmus
Erc.	Ercole
Erdm.	Erdmann
Erf.	Erfordia; Erfurt
erg.	ergänzt
Erg.	Ergänzung(en)
Erg.-Bd.	Ergänzungs-Band
Erg.Bl.	Ergänzungsblatt
Erg.H.	Ergänzungsheft
Ergänz.	Ergänzung(en)
ErGr	Bibliographisches Handbuch der philosophischen Litteratur der Deutschen von der Mitte des 18. Jahrhunderts bis auf die neueste Zeit. Nach Johann Samuel Ersch in systematischer Ordnung bearbeitet von Christian Anton Geissler. 3. Aufl. Leipzig 1850
erh. Pr.	erhöhter Preis
Erh.	Erhard; Erhöhter Preis
Erinng	Erinnerung
Erk-Böhme	Erk, Ludwig, und Franz Magnus Böhme: Deutscher Liederhort. Auswahl der vorzüglicheren Deutschen Volkslieder.... 3 Bände. Leipzig 1893/94 (zitiert nach den Nummern in Band I. S. XXV–XXXV)
erkl.	erklärend; erklärt
Erkl.	Erklärung
erl.	erläuternd; erläutert
Erl.	Erlanga; Erlangen; Erläuterung(en)
Erl.Bl.	Erläuterungsblatt
erläut.	erläuternd; erläutert
Erläut.	Erläuterung(en)
Erlgn.	Erlangen
erm. Pr.	ermäßigter Preis
Erman & Horn	s. E & H
ermäß. Pr.	ermäßigter Preis
Err.	Errata
Ersch	Handbuch der deutschen Litteratur seit der Mitte des 18. Jahrh. bis auf die neueste Zeit von Johann Samuel Ersch. Neue Ausgabe. Leipzig 1822–40. [Durch die Zusätze DL, G, I, K, M, V sind die einzelnen Abteilungen gekennzeichnet.] Oder: Ersch, J. S.: Repertorium über die allgemeineren deutschen Journale, . . . Bd. 1–3. Lemgo 1790–92
ersch.	erschien(en)
Ersch.	Erscheinen
ErschVz	Verzeichnis aller anonymischen Schriftsteller und Aufsätze in der vierten Ausgabe des gelehrten Teutschlands [von Johann Samuel Ersch]. Lemgo 1788–96
erw(eit).	erweitert
erzä	erzählt
Erzä	Erzählung(en)
Erzb.	Erzbistum
Erzhg	Erziehung
Essl(ing).	Esslingen
est.	estimated
Estab. tipogr.	Establecimiento tipográfico
estn.	estnisch
ESW	Eitner, Robert: Bibliographie der Musik-Sammelwerke des XVI. und XVII. Jahrhunderts. Berlin 1877 (zitiert nach Jahreszahlen mit Exponenten)
et. s. t.	etiam sub titulo
Et.	Etienne
etc.	et cetera
ETH	Eidgenössische Technische Hochschule
etw.	etwas
Etzler	Etzler, T. Herbert: German-American Newspapers in Texas with special Reference to the „Texas Volksblatt", 1877–1889. In: The Southwestern Historical Quarterly 57 (Apr. 1954)
Eug.	Eugen(ius)
Euph	Euphorion, Zeitschrift für Litteraturgeschichte. Bamberg [später Wien] 1894 ff.
eur	europäisch
Eur	Europa
Eus.	Eusebius
Eust.	Eustachius
ev.	evangelisch
Ev.	Evangelien; Evangelista
Ev. G.	Evangelisches Gymn.
Ev.-theol. F.	Evangelisch-theologische Fakultät
evang.	evangelisch
evang.-luth.	evangelisch-lutherisch
evang.-ref.	evangelisch-reformiert
Evans	Evans, Charles: American Bibliography. A chronological dictionary of all books, pamphlets and periodical publications printed in the United States of America. 12 Bände. Chicago 1903–1934; Band 13: Worcester 1955; Band 14: Glochester 1959; Supplement: Charlottesville 1970
evtl.	eventuell
Evr.	Everard
Ew.	Ewald
ex off.	ex officina
ex rec.	ex recensione
ex.	exemplaires
Ex.	Exemplare(e)
Exc(ell).	Exzellenz
excl.	exclusive
exh.	exhibit
Exp(ed).	Expedition
Ez.	Ezechiel

EzALZ.	Ergänzungsblätter zur Hall. allgem. Literatur-Zeitung
EzJALZ.	Ergänzungsblätter zur Jenaischen allgem. Literatur-Zeitung

F

F	Fraktur
F	Freninger, Franz Xaver: Das Matrikelbuch der Universitaet Ingolstadt-Landshut-München. München 1872
f.	folgend; folios; für
f. d. J.	für das Jahr; für die Jahre
F.	Folge; Frater; Frédérique; Fridericus
[F]	Fraktur
F.	Bibliographie de la Franc. Maçonnerie et des sociétés secrètes. Par Paul Fesch, Joseph Denais, René Lay. Oder: Der Freimaurer. Monatsschrift. Hrsg. von H. Beigel
F. f.	Fakultät für
F.F.	Fratres
Fab.	Fabianus
Facs.	Facsimile
fag.	fagotto
Fag.	Fagott
faks.	faksimiliert
Faks.	Faksimile; Faksimile-Ausgabe
Faks(imile)-T(it).	Faksimiletitel
Falk.Rg.	Falkrealgymn.
Fam	Familie(n)
farb.	farbig
Farbendr.	Farbendruck
Fasc.	Fascicolo; Fascicul; Fasciculo; Fasciculus
Fasz.	Faszikel
Fb.	Fabianus
Fchtg.	Fürchtegott
Fd.	Ferdinand
(Fe)	Firma erloschen
Fed.	Federigo
Feil	Katalog der Bibliothek weiland Herrn Josef Feils. Wien 1863
Fel.	Felix
Fern.	Fernandez
Festschr.	Festschrift
Ff a. M.	Frankfurt am Main
Ff a. O.	Frankfurt an der Oder
ff.	folgende
Ff.	Geländedarstellung in Schraffirung
Ffm	Frankfurt (Main)
ffr(s).	Französische Franken
Fg.	Fürchtegott
FH.	Forstliche Hochschule
Fig.	Figur(en)
Fiker	Fikenscher, Georg Wolfgang Augustin: Gelehrtes Fürstenthum Baireuth. 2. Aufl. Erlangen 1801–5
Fil.	Filippo
filos.	filosofisk
finn.	finnisch
Fir.	Firenze
Fischer	Fischer, Balthasar: Die Gesangbücher im Trierer Raum vor dem Erscheinen des ersten Diözesangesangbuchs 1846. In: Trierer Theologische Zeitschrift 65 (1956), S. 41–54
Fischer-Krückeberg, Choralbearbeitung	Fischer-Krückeberg, Elisabeth: Johann Crögers Choralbearbeitungen. In: Zeitschrift für Musikwissenschaft 14 (1932), S. 248–271
Fischer-Krückeberg, Praxis	Fischer-Krückeberg, Elisabeth: Johann Crügers Praxis pietatis melica. In: Jahrbuch für Brandenburgische Kirchengeschichte 26 (1931), S. 27–52

Fischer-Krückeberg, Ref. GBr	Fischer-Krückeberg, Elisabeth: Zur Geschichte der reformierten Gesangbücher des Berliner Kantors Johann Crüger. In: Jahrbuch für Brandenburgische Kirchengeschichte 25 (1930), S. 156–180
FJ.	Das freisinnige Inland. Organ für die geistigen Gesamtinteressen der Gegenwart
Fksm(s).	Faksimile(s)
FL	Florida
fl.	flûte
Fl.	Floren; Florin; Gulden
fläm.	flämisch
Flam.	Flaminius
flex.	flexibel
flles.	Feuilles
Flor.	Florentia; Florentio
Flugbl.	Flugblatt
Fluri	Fluri, Adolf: Versuch einer Bibliographie der bernischen Kirchengesangbüher. In: Gutenberg-Museum 6 (1920), S. 35–47 u. 117–120; 7 (1921), S. 22–24 u. 85–88; 8 (1922), S. 20–22 u. 94–97; 10 (1924), S. 88–96 (zitiert nach durchlaufenden Nummern)
Fm.	Der Freimaurer. Hrsg. O. Heinrichs
FM.	The Freemason's Magazine, or General and complete library
FMaM.	The Freemason's Magazine and masonic mirror
Fmk	Finnmark
FMM.	Freemasons' Monthly Magazine
Fol.	Folio
Ford.	Forditás
Forew.	Foreword
Forf.	Forfatter
Förf.	Författare
Forl.	Forlag
Forsch	Forscher; Forschung(en)
Forstl. F.	Forstliche Fakultät
Forstl. H.	Forstliche Hochschule
Fort.	Fortunatus
Fortb. Sch.	Fortbildungsschule(n)
fortgef.	fortgeführt
fortges.	fortgesetzt
fortges. u. d. T.	fortgesetzt unter dem Titel
Forts.	Fortsetzer; Fortsetzung
Fotogr.	Fotograf; Fotografie(n)
FPr.	Program til Forelæsning
FQM.	Freemason's Quarterly Magazine
FQMR.	Freemason's Quarterly Magazine and review
FQR.	Freemasons' Quarterly Review
Fr	Gelehrten- und Schriftsteller-Lexikon der deutschen katholischen Schriftsteller. Hsg. von Franz Karl Felder. Landshut 1817–20
Fr.	Franc; France; Franciscus; François; Francs; Frank(en); Frankreich; French; Frères; Friedrich
Fr.	The Freemason. London
Fr. (St. Louis)	The Freemason. St. Louis
Fr. (Sydney)	The Freemason. Sydney
Fr. G.	Friedrichsgymnasium
Fr. Koll.	Friedrichskollegium
Fr. Rg.	Friedrichsrealgymnasium
Fr. Werd. G.	Friedr. Wердersch. Gymn.
Fr. Werd. OR.	Friedr. Werdersch. Oberrealschule
Fr. Wi. G.	Friedr.-Wilh.-Gymn.
Fr. Wi. Rg.	Friedr.-Wilh.-Realgymn.
FR.	Frater
Fragm.	Fragment
Fran.	Franeker
Frankf M	Frankfurt am Main
franz.	französisch
Franz. G.	Französ. Gymn.
Frat.	Fratelli

FrBh.	Freie Bauhütte. Monatsschrift für frei arbeitende Johannislogen
FrChr.	The Freemason's Chronicle
Freib.	Freiburg
Frese	Frese, Hildegard E.: German-American Journalism in the State of Iowa. State University of IOWA, M. A. Thesis 1935
Fried. G.	Friedrichsgymnasium
Fried. Rg.	Friedrichsrealgymnasium
Friedlaender	Friedlaender, Max: Das deutsche Lied im 18. Jahrhundert. Quellen und Studien. Stuttgart und Berlin 1902 (zitiert nach Nummern)
Friedst. Rsch.	Friedrichstädt. Realschule
Frkf. M.	Frankfurt (Main)
Frkf. O.	Frankfurt (Oder)
Frkr.	Frankreich
frm.	freimaurerisch
Frmr.	Freimaurer
Frmr.	Der Freimaurer. Organ der Symbol. Gr. Loge des Schott. Ritus in Deutschland
Frmrei	Freimaurerei
frmrisch	freimaurerisch
Frmrs.	Freimaurers
frmry	freemasonry
FrRp.	The Freemasons' Repository
Frt. (Rouen)	La Fraternité
Frz. Jos. (G.)	Franz-Josefs-Gymn.
ft	Forint
FT	Fischer, Albert: Das deutsche evangelische Kirchenlied des 17. Jahrhunderts, vollendet und herausgegeben von Wilhelm Tümpel. 6 Bände. Gütersloh 1904–1916 (zitiert nach den Nummern in Band 6)
FT.	Nordisk Frimurer Tidende
Fü.	Der Führer
Fulg.	Fulgentius
Fürst	Fürst, Max: Biographisches Lexikon für das Gebiet zwischen Inn und Salzach. München 1901
Fürst.	Fürstenschule
fürstl.	fürstlich
Fusst(it).	Fußtitel
Füz.	Füzet
FZ.	Freimaurer-Zeitung. Leipzig
FZ. (Berlin)	Freimaurer-Zeitung. Berlin
FZ. (Neuwied)	Freymaurerzeitung. Neuwied
FZ. (Wien)	Allgem. österreichische Freimaurer-Zeitung

G

G	gebunden mit Goldschnitt; Gymnasium, gelegentlich auch Realgymnasium, Mittelschule mit Obergymnasium, Oberrealschule
G	Theophili Georgi Allgemeines europäisches Bücher-Lexicon. Leipzig 1742–58
g.g.	geographisch
g. u. v.	gerecht und vollkommen
G.	Georg
G.	Galilei. Oder: Goedeke (s. d.)
G. [mit folgender Nummer]	laufende Nummer im Sonderband Goethe des Gk
G.K.	Generalkarte
GA	Georgia; Gesamtausgabe
Gal.	General
gänzl.	gänzlich
Gatterer	Gatterer, Christoph Wilhelm Jakob: Literatur des Weinbaues . . . Heidelberg 1832
GB	Gesangbuch
Gb.	Generalbaß
Gbh.	Gebhard
GBr	Gesangbücher
Gbr.	Gabriel; Gebrüder
Gd	Gerland, Otto: Grundlage zu einer Hessischen Gelehrten-, Schriftsteller- und Künstlergeschichte von 1831 bis auf die neueste Zeit. Kassel 1863–68
geb.	gebunden
Geb.	Gebete
Gebr.	Gebrauch; Gebrüder
ged.	gedichtet
gedr.	gedruckt
gefalt.	gefaltet
gegenw	gegenwärtig
Gegenw	Gegenwart
gegr.	gegründet
geh.	gehalten; geheftet
Gehse	Gehse, Hans: Die deutsche Presse in Brasilien von 1852 bis zur Gegenwart. Münster 1931
Geiger	Geiger, Ludwig: Die ältesten Berliner Wochenschriften. In: Die Gegenwart 1 (1883), S. 72–76
geïllustr.	geïllustreerd
Geissau Verzeichn	Geissau, Anton F.: Alphabetisches Verzeichnis derjenigen Broschüren und Schriften, welche seit der erhaltenen Preßfreyheit herausgekommen sind. Wien
geistl.	geistlich
gekr. Preisschr.	gekrönte Preisschrift
Gel.	Gelegenheitsschrift
Geleitw.	Geleitwort
Gelli	Gelli, Jacopo: Bibliografia generale della scherma con note critiche, biografiche e storiche. Firenze 1890
Gen	General
gen.	genannt
Gen.	General; Geneva; Genève
geneal.	genealogisch
Genz	Genz, Bernd: Johannes Kuen. Eine Untersuchung zur süddeutschen geistlichen Lieddichtung im 17. Jahrhundert. Masch. Diss. Köln 1958 (zitiert nach den Nummern der Bibliographie)
geogr.	geographisch
geol.	geologisch
geordn.	geordnet
Georg: Schlagwortkatalog	Georg, Karl: Schlagwort-Katalog. (1: bearb. von Karl Georg und Leopold Ost.) Bd 1–7. Hannover (7: Leipzig) 1889–1913
ger. u. vollk.	gerecht und vollkommen
Ger.	Gerardo; Gerardus
Germ.	Germain; Germanus
Germant	Germantown, PA
Gerv.	Gervasius
ges.	gesammelt
Ges.	Gesellschaft
Gesamtreg.	Gesamtregister
Gesch	Geschichte; Geschichts-
geschl	geschichtlich
geschn.	geschnitten
geschr.	geschrieben
Gesell	Gesellschaft
gesellschl	gesellschaftlich
gest.	gestochen
gestemp.	gestempelt
Getr. Pag.	Getrennte Paginierung
Getr. Zählung	Getrennte Zählung
gew.	gewidmet
Gew.	Gewerbeschule
gewidm.	gewidmet
gez.	gezeichnet
gez. Bl(l).	gezählte Blätter
gezeichn.	gezeichnet
Gf.	Godofredus
GGr	s. Goed(eke)
Gh.	Gerhard
Ghf.	Gotthelf
Gh(o)ld.	Gotthold

Gi	Bibliographisches Handbuch der philologischen Literatur der Deutschen von der Mitte des 18. Jahrhunderts bis auf die neueste Zeit. Nach Johann Samuel Ersch in systematischer Ordnung bearbeitet von Christian Anton Geissler. Leipzig 1845
Gi.	Giovanni
Giac.	Giacomo
Gilb.	Gilbert
Girol.	Girolamo
Giul.	Giulio
Gius.	Giuseppe
Gk	Gesamtkatalog der Preußischen Bibliotheken (9 ff.: Deutscher Gesamtkatalog). 1–15. Berlin 1931–39. Auch: Handschriftliche Mitteilung von Dr. Paul Trommsdorf
Gl	Gla, Dietrich: Systematisch geordnetes Repertorium der katholischen theologischen Litteratur, welche in Deutschland, Oesterreich und der Schweiz seit 1700 bis zur Gegenwart erschienen ist. Paderborn 1895 ff.
Glb.	Gilbert
Gli.	Gottlieb
Glo.	Gottlob
Gmde	Gemeinde
gnisch	germanisch
Gnismus	Germanismus
gnistisch	germanistisch
Goed(eke)	Goedeke, Karl: Grundrisz zur Geschichte der deutschen Dichtung. 2. Aufl. Bd 1–12. Dresden 1884–1929
Goldschn.	Goldschnitt
Görl.	Görlitz
Görres TVb	Görres, Joseph: Die teutschen Volksbücher. Heidelberg 1807.
got.	gotisch
goth.	gothischer Druck
Gott.	Gottinga
Gött.	Göttingen
Gottsch.	Gottschalk
Gotzen, Keyenberg	Gotzen, Joseph: Peter Keyenberg und P. Fulgentius a S. Maria. In: Jahrbuch des Kölnischen Geschichtsvereins 20 (1938), S. 176–237
Gov.	Government
Gov. Print. Off.	Government Printing Office
GPr.	Program fra ct Gymnasium
gr.	groß
gr. [mit folgender Formatbezeichnung]	Groß- [und entsprechende Formatbezeichnung]
gr. P.	gross Papier
gr. qu. [mit folgender Formatbezeichnung]	Großquer- [und entsprechende Formatbezeichnung]
Gr.	Gregorius; Groschen; Gruppe
Gr. L. L. v. D.	Große Landesloge von Deutschland
Gracklauer	Gracklauer, O.: Verzeichniss sämmtlicher Schriften über Weinbereitung . . . Leipzig 1881
gräfl.	gräflich
Grand-Carteret	Grand-Carteret, John: Les almanachs francais. Bibliographie – iconographie des almanachs (1600–1895). Paris 1896
graph.	graphisch
Graesse	Graesse, J. G. Th.: Trésor de livres rares et précieux ou nouveau dictionnaire bibliographique. [Nebst] Supplément. Dresde 1859–1869
Grav.	Gravüre
Graz [mit folgender römischer Ziffer]	s. unter der jeweiligen Ziffer am Ende dieses Verzeichnisses
Greifsw.	Greifswald(e)
griech.	griechisch
Grimm	Grimm, Hans: Meister der Renaissancemusik an der Viadrina. Frankfurt an der Oder 1942
Grloge	Großloge
Groen	Groen, Henry John: A History of the German-American Newspapers of Cincinnati before 1860. Diss. The Ohio State University 1944
Gruchots Beitr.	Beiträge zur Erläuterung des Deutschen Rechts. Begründet von Gruchot
Gsp.	Gasparo
Gst.	Gustav
Gth.	Günther
Gthd.	Gotthard
Gtwld.	Gottwald
Guer.	Guerickeschule (Städt. OR.)
GwS	Gewerbeschule
Gy	Germany
Gym	Gymnasium
Gymn.	Gymnasial; Gymnasien; Gymnasium

H

H	Handschrift; Herausgeber
H [mit folgender Ziffer]	Hinweis auf den Band von Hinrichs' Bücher-Katalog, in dem die vorangehende Aufnahme verzeichnet ist
h.	heilig; höhere
H.	Gymnasium bei St. Hyacinth; Häftet; Heft; Heinrich; Henri; Henricus; Henrique
< H >	Hauptwerk
H.	Herold
H.-A.	Handelsakademie
H.f. Landwirtsch.	Hochschule für Landwirtschaft
H. f. Ök.	Hochschule für Ökonomie
H. f. Verkehrsw.	Hochschule für Verkehrswesen
H. H.	Heilige
HA	Hauptausgabe
Haan	Sächsisches Schriftsteller-Lexikon. Herausgegeben von Wilhelm Haan. Leipzig 1875
Haase	Haase, Hans: Eine wichtige Quelle für Johannes Stobaeus Grudentinus. 6 Sammelbände aus Königsberger Beständen in Göttingen. In: Festschrift Friedrich Blume zum 70. Geburtstag, herausgegeben von Anna Amalie Abert und Wilhelm Pfannkuch. Kassel usw. 1963, S. 176–188 (zitiert nach Nummern, die der Anordnung der Stücke in den Sammelbänden entsprechen)
Hab. Schrift	Habilitationsschrift
Häberle	Häberle, Daniel: Pfälzische Bibliographie VI. Die landeskundliche Literatur der Rheinpfalz von 1917–1927 (mit Nachträgen und Ergänzungen aus früheren Jahren). Speyer 1928
Hadam.	Hadamar
Hadr.	Hadrianus
Hagens Bücherschatz	F. H. v. d. Hagen's Bücherschatz. Berlin 1857 (Auktions-Verzeichnis)
HaH.	Handelshochschule
Hain	Hain, Lud.: Repertorium bibliographicum. Stuttgart 1826–1831. [Nebst] Register von K. Burger. Leipzig 1891
Halbbd	Halbband
Halberst.	Halberstadt
Halbfrz(bd).	Halbfranz(einband)

halbj.	halbjährlich
Halbldr(bd).	Halbleder(einband)
Halblw(bd).	Halbleinwand(einband)
Halbperg(bd).	Halbpergament(einband)
Haller	Haller, Gottlieb Emmanuel von: Bibliothek der Schweizer Geschichte und aller Theile die dahin Bezug haben. T. 1–6 u. Hauptreg. Bern 1785–88
Hamb(g)	Hamburg
Hann(ov).	Hannover
Hanov.	Hanovia
Harrisb	Harrisburg, PA
Harting	Harting, James Edmund: Bibliotheca accipitraria. A catalogue of books ancient and modern relating to falconry with notes, glossary and vocabulary. London 1891
Hartung	Joannis Baptistae de Hartung de hodierna Pragensi Viennensique Litteratura ad Quintium Patricium Pragensem nunc civem Sulmonensem sermones quator. Pragae Bohemorum ARS 1782
Harv	Harvard
Hasper	Hasper, Hans: Calvijns Beginsel voor den Zang in den Eredienst. Verklaard uit de Heilige Schrift en uit de geschiedenis der Kerk. Deel I. 's-Gravenhage 1955
Hauptw.	Hauptwerk
Havn.	Havniae
Haydinger	Katalog der Bibliothek aus dem Nachlasse des Herrn Franz Haydinger. Wien 1876–77
Hayn	Hayn, Hugo: Bibliotheca Germanorum erotica. 2. Aufl. Leipzig 1885. Oder: Hayn, Hugo, u. Alfred N. Gotendorf: Bibliotheca Germanorum erotica et curiosa. Bd. 1–9. München 1912–29
Hb.	Hubert
HB.	Höhere Bürgerschule
Hbg	Hamburg
Hd.	Hadrianus
Hdb.	Handbuch
Hdbch	Handbuch; Handbücher
Hdlb(g).	Heidelberg; Heidelberga
He.	Hefte
hebr.	hebräisch
Heckmann	Heckmann, Harald: Johann Eccards Gelegenheitskompositionen. In: Festschrift Bruno Stäblein zum 70. Geburtstag, herausgegeben von Martin Ruhnke. Kassel usw. 1967, S. 92–100
Heidelb.	Heidelberg
heil.	heilig
Heilbr.	Heilbronn
Heinsius	Heinsius, Wilhelm: Allgemeines Bücher-Lexikon. Bd 1 ff. Leipzig 1812 ff.
Heis	s. Heinsius
Heitz	Flugblätter des Sebastian Brant. Herausgegeben von Paul Heitz. Straßburg 1915 (zitiert nach den Nummern der Faksimiles)
Heitz-Ritter	Heitz, Paul, u. Fr. Ritter: Versuch einer Zusammenstellung der Deutschen Volksbücher des 15. und 16. Jahrhunderts nebst deren späteren Ausgaben und Literatur. Strassburg 1924
HEK	Handbuch der deutschen evangelischen Kirchenmusik. Nach den Quellen herausgegeben von Konrad Ameln, Christhard Mahrenholz und Wilhelm Thomas, unter Mitarbeit von Carl Gerhardt. Band 1: Der Altargesang. Teil 1: Die einstimmigen Weisen. Göttingen 1941 (zitiert nach den Nummern des Chronologischen Quellenverzeichnisses S. 536–561)
Helbling	Helbling von Hirzenfeld, Johann: Übersicht der in Böhmen erschienenen Zeitschriften. In: Monatsschrift der Gesellschaft des Vaterländischen Museums. 1827. September. S. 14–29
Heliogr(av).	Heliogravüre
Herb.	Herborn; Herborna
Herc.	Hercules
hergest.	hergestellt
Hern.	Hernalser Gymnasium; Hernando
herz.	herziene
Heyd	Bibliographie der Württembergischen Geschichte, bearbeitet von Wilh. Heyd. Stuttgart 1895–96
Heyse	Heyse: Bücherschatz. Berlin 1852
HF	Halbfranz
hfl	Holländische Gulden
Hfrzbd.	Halbfranzeinband
Hft.	Heft
Hftn	Heften
Hfz.	Halbfranz
hg.	herausgegeben
Hg.	Herausgeber; Hugo
hgb.	herausgegeben
HGB.	Handelsgesetzbuch
HHBD	Kleinschmidt, Arthur: Katalog der S. A. Herzoglichen Hofbibliothek zu Dessau. Bd. 1–9. Dessau 1901–10
Hi.	Hieronymus
Hil.	Hilaire; Hilarius
Hilaire	Hilaire u. Meyer Hiler: Bibliography of costume. A dictionary catalog of about eight thousand books and periodicals. New York 1939
Hildburgh.	Hildburghausen
Hill	Hill, Wilhelm: Die deutschen Theaterzeitschriften des 18. Jahrhunderts. Weimar 1915
Hinrichs	Hinrichs, J. C.: Fünfjähriger Bücher-Catalog (8: Hinrichs' fünfjähriger Katalog. 9 ff.: Hinrichs' Fünfjahrs-Katalog ...). Bd 1–12
Hinw.	Hinweis(e)
Hipp.	Hippolytus
Hirsch	Hirsch, Paul: Bibliographie der deutschen Regiments- und Bataillons-Geschichten. Berlin 1905
Hirsching	Historisch-literarisches Handbuch berühmter und denkwürdiger Personen, welche in dem 18. Jahrhunderte gestorben sind. Hsg. von Friedrich Carl Gottlob Hirsching, [fortges. u. hsg. von Johann Heinrich Martin Ernesti]. Leipzig 1794–1815
Hirths Ann.	Annalen des Deutschen Reichs. Begründet von Hirth
Hirzel	Salomon Hirzels Verzeichniss einer Goethe-Bibliothek, mit Nachträgen und Fortsetzung hsg. von Ludwig Hirzel. Leipzig 1884
hist.	historique; historisch
Hist.-phil. F.	Historisch-philologische Fakultät
Hitzig	Gelehrtes Berlin im Jahre 1825 [hsg. von Julius Eduard Hitzig]. Berlin 1826–34
HjVz	Halbjahrsverzeichnis der im deutschen Buchhandel erschienenen Bücher, Zeitschriften und Landkarten
hl.	heilig
HL.	Hamburger Logenblatt
Hldr(bd).	Halbleder(einband)
hlgst.	heiligst
Hlmst.	Helmstadium; Helmstädt; Helmstedt
Hlw(bd).	Halbleinwand(einband)
Hlzsch.	Holzschnitt(e)
HM	Höhere Mädchenschule
Hm.	Hermann
Hmb.	Hamburg; Hamburgum

Hmt.	Humanitas
Hn.	Henning; Hochwürden
Hn.	Hajnal
Hoebers	Hoebers, Theo: Laurentius von Schnüffis. Bibliographie. Nijmegen 1970 (ms., im Germanistischen Seminar der Universität)
hochgräfl.	hochgräflich
hochlöbl.	hochlöblich
Hoff	S. F. W. Hoffmanns Lexicon der gesammten Litteratur der Griechen. Zweite Ausgabe. Leipzig 1838–45
Höh. Mädch. Sch.	Höhere Mädchenschule(n)
holl.	holländisch
Hollweg	Hollweg, Walter: Geschichte der evangelischen Gesangbücher vom Niederrhein im 16.-18. Jahrhundert. Gütersloh 1923
Holz	Deductions-Bibliothek von Teutschland. [Herausg. von Christoph Sigmund Holzschuher von und zu Harrlach, Weitenbergsreuth und Thalheim.] Frankfurt u. Leipzig 1778–83
Holzmann-Bohatta	Holzmann, Michael, u. Hanns Bohatta: Deutsches Anonymen-Lexicon. Bd 1–7. Weimar 1902–26
Holzmind.	Holzminden
Holzschn.	Holzschnitt(e)
Hon.	Honoré; Honoratus
Hor.	Horatius
Hperg(bd).	Halbpergament(einband)
Hph.	Humphry
Hpp.	Hippolytus
Hprgt.	Halbpergament(einband)
Hptsch.	Hauptschule
Hptw.	Hauptwerk
Hr	Die Verfasser anonymer Salisburgensia. Zusammengestellt von Anton Hittmair. Salzburg 1898
Hrn.	Herrn
hrsg.	herausgegeben
Hrsg.	Herausgabe; Herausgeber
HS	Biographisch-litterarisches Lexicon der Schriftsteller des Grossherzogthums Hessen im ersten Viertel des 19. Jahrhunderts bearbeitet und herausgegeben von Heinr. Eduard Scriba. Darmstadt 1831–43
hs.	handschriftlich
Hs.	Handschrift; Hans
Hsch.	Handelsschule
Hschn.	Holzschnitt(e)
hsg.	herausgegeben
hsl.	handschriftlich
Hsn.	Handschriften
Hss.	Handschriften
HT	Höhere Töchterschule
[HT:]	in Holz geschnittener Titel
HThPP	Theasaurus librorum Philippi Pfister Monacensis mit Anmerkungen und Registern hsg. von Hugo Hayn. Minden 1888
Htm.	Hartmann
Htw.	Hartwig
Hubert	Hubert, Friedrich: Die Straßburger liturgischen Ordnungen im Zeitalter der Reformation nebst einer Bibliographie der Straßburger Gesangbücher. Göttingen 1900 (zitiert nach den Nummern des Bibliographie-Kapitels)
Huch	Huch, Friedrich August: Versuch einer Litteratur der Diplomatik. Erlangen 1792
Humanist. F.	Humanistische Fakultät
Humb. G.	Humboldtgymn.
Huemer	Huemer, Helmuth: Untersuchungen zur Volksbuchliteratur Oberösterreichs im neunzehnten Jahrhundert. Masch. Diss. Wien 1950
hung.	ungarisch
HuH.	Herz und Hand
Hüttenw.	Hüttenwesen
Hyac.	Hyacinthus
hydrogr.	hydrographisch
Hz.	Handzeichnung
HZC.	Hamburgische Zirkel-Correspondenz

I

i.	im; in
i.e.	id est
i.E.	in Entwicklung
i.U.	in Umwandlung
IA	Iowa
ib(d).	ibidem [vgl. ebd.]
ID	Idaho
id.	idem
Ign.	Ignatius
IL	Illinois
Ildef.	Ildefonsus
ill.	illustrated; illustrating; illustriert
Ill.	Illustration
illum.	illuminirt
illus	illustrated; illustriert
Illustr.	Illustrace; Illustratie; Illustration(en); Illustrator; Illustrazione
Illustr. Reisebilder	Illustrierte Reisebilder aus Süddeutschland und Schweiz
ilustr.	ilustración
Imecourt	Bibliographie des ouvrages relatifs à l'amour, aux femmes, au mariage par M. le C. D. I*** [Imecourt]. 4. éd. Paris 1894–1900
Imm.	Immanuel
Immig	Immigrant(en)
Imp.-[mit folgender Formatbezeichnung]	Imperial- [und entsprechende Formatbezeichnung]
impr.	impressit
Impr.	Imprensa; Imprenta; Impressão; Impression; Imprimerie
IMT.	Indisch Maçonniek Tydschrift
in Comm(iss).	in Commission
in Komm.	in Kommission
in mem	in memoriam
in Verb.	in Verbindung
IN	Indiana
inc.	incomplet
incl.	including; inclusive; inclusivement
Ind.	Index; Indice
Ind. Comt.	Industrie-Comtoir
Ind. schol. (lect.)	Index scholarum (lectionum)
Indl.	Indledning
indogerm.	indogermanisch
Indpls	Indianapolis, IN
ined.	ineditus
Inf. Reg.	Infanterie-Regiment
Ingenieurök.	Ingenieurökonomik
Ingolst.	Ingolstadium; Ingolstadt
Inh.	Inhalt(sverzeichnis)
Inh.-Verz.	Inhalts-Verzeichnis
Inl.	Das Inland. Wien
Inn.	Innocentius
Innsbr.	Innsbruck
insbes.	insbesondere
insges.	insgesamt
Inst.	Institut(e); Institution
instr.	instrumental
Instr.	Instrument(e)
internat(l).	international
Introd.	Introduction

Is.	Isaac
Ischer	Ischer, Rudolf: Johann Georg Zimmermanns Leben und Werke. Bern 1893
isländ.	isländisch
Ism.	Ismael
Isr.	Israel
Ist.	Istituto
ital.	italienisch
Ith.	Ionathan

J

J.	Jahr(e); Jahrgang; Jean; Johann; John; Juan
J. W.	Juristische Wochenschrift
Jac.	Jacob; Jacques
Jacoby	Jacoby, Karl: Die ersten moralischen Wochenschriften Hamburgs. Programm. Hamburg 1888
Jahresb(er).	Jahresbericht(e)
Jahresverzeichnis der deutschen Hochschulschriften.	Jahresverzeichnis der an den deutschen Universitäten (29 ff.: und Technischen Hochschulen; 40 ff.: und Hochschulen) erschienenen Schriften. Jg. 1–51. 1885/86–1935. Berlin 1887–1936.
jährl.	jährlich
JaLZ.	Jenaische allgem. Literatur-Zeitung
Jam.	James
Jan.	Janus
Jaennicke	Jännicke, Friedrich: Die gesammte keramische Litteratur. Stuttgart 1882
jap.	japanisch
jav.	javitott
Jb.	Jahrbuch
Jbb.	Jahrbücher
Jber.	Jahresbericht
JbLH	Jahrbuch für Liturgik und Hymnologie. Herausgegeben von Konrad Ameln, Christhard Mahrenholz und Karl Ferdinand Müller. Kassel 1955 ff.
Jehrings J.	Jehrings Jahrbücher für die Dogmatik des bürgerlichen Rechts
Jer.	Jeremias
Jes.	Jesaias
Jes.	Bibliothèque de la compagnie de Jésus. Nouv. éd. par Charles Sommervogel. Brux. 1890–1900
Jg.	Jaargang; Jahrgang
Jgg.	Jahrgänge
Jh.	Jahrhundert
Jhd(t).	Jahrhundert
jhr	-jährig
Jhrbch	Jahrbuch; Jahrbücher
Jhrhdt	Jahrhundert
Ji	Justi, Karl Wilhelm: Grundlage zu einer Hessischen Schriftsteller- und Künstlergeschichte vom Jahre 1806 bis 1830. Marburg 1831
JI.	Journal des initiés
JL	Jördens, Karl Heinrich: Lexikon deutscher Dichter und Prosaisten. Leipzig 1806–11
JNV.	Jaarboekje voor Nederlandsche vrymetselaren
Jo.	Joachim
Joach.	Joachimsthalsches Gymn.
JoanStyrA	Steiermärkische Landes-Bibliothek am Joanneum in Graz. Katalog der Styriaca. Graz 1904 ff.
Jöcher	Jöcher, Christian Gottlieb: Allgemeines Gelehrten-Lexicon. Leipzig 1750–51
Jod.	Jodocus
Joh. G.	Johannesgymn.
Joh. Gel.	Gelehrtenschule des Johanneum
Joh. Rg.	Realgymn. des Johanneum
Johannsen	Johannsen, Albert: The House of Beadle and Adams and Its Dime and Nickel Novels. The Story of a Vanished Literature. I–II. – Norman 1950
Johnson	Johnson, Hildegard Binder: German Forty-Eighters in Davenport. In: The Iowa Journal of History and Biography 44 (Jan. 1946), S. 3–60
Johnson, C. Butz	Johnson, Hildegard Binder: Caspar Butz of Chicago-Politician and Poet. In: The German American Review 12 (Aug. 1946), S. 4–7. 13 (Oct. 1946), S. 9–11
Jon.	Jonas
Jonath.	Jonathan
Jos.	Joseph; Josephinum
Jos. G.	Josefstädter Gymn. (VIII. Bez.)
Josi.	Josias
Joest	Joest, Wilhelm: Die aussereuropäische deutsche Presse. Köln 1888
Jr.	Junior
JStBbH	Katalog der Stadt-Bibliothek zu Hannover. Hsg. von Otto Jürgens. Hannover 1901
Jub	Jubiläum
JubKatCotta	Jubiläums-Katalog der J. G. Cotta'schen Buchhandlung Nachfolger 1659–1909. Stuttgart und Berlin [1909]
Jul.	Julien; Julius
Jur. Diss.	Dissertation: Juristische Fakultät
Jur. F.	Juristische Fakultät
Just.	Justin(us); Justus
Jv	Jahresverzeichnis der an den deutschen Universitäten erschienenen Schriften. 1.1885/86–23.1907/8. Berlin 1887–1909

K

K	Katholisch; Kollegium; Tschechische Kronen
K[mit folgender Ziffer]	Verweisung auf den Band von Kaysers Bücher-Lexikon, in dem die vorangehende Aufnahme verzeichnet ist
k.	kaiserlich; königlich
k.k.	kaiserlich-königlich
k. u. k.	kaiserlich und königlich
K.	Kupferstich
K. (America)	American Keystone
K. Wi. G.	Kaiser-Wilhelm-Gymn.
KA	Katalog der Bibliotheks-Abtheilung des K. und K. Kriegs-Archivs. Wien 1869ff. 1ff.
Kabdébo	Kabdébo, H.: Bibliographie zur Geschichte der Türkenbelagerung Wiens. Wien 1876
Kadelbach	Kadelbach, Ada: Die Hymnodie der Mennoniten in Nordamerika (1742–1860). Eine Studie zur Verpflanzung, Bewahrung und Umformung europäischer Kirchenliedtradition, Diss. Mainz 1971
kais.	kaiserlich
Kaisersl(aut).	Kaiserslautern
Kal	Landshuter akademischer Addreßkalender für das Jahr der gemeinen Rechnung 1803. Landshut. Oder: Landshuter Universitäts-Taschenkalender für das Jahr 1805; 1809–1815. Landshut
Kal.	Kalender
Kalbldr(bd).	Kalbleder(einband)
Kalemkiar	Kalemkiar, Gregorius: Eine Skizze der literarischtypographischen Thätigkeit der Mechitharisten-Congregation in Wien. Wien 1898
Kant.	Kanton
Kapistran.	Kapistranisch

Kar.	Karolinum
Karajan	Verzeichniss der hinterlassenen Bibliothek des Herrn Prof. Th. G. von Karajan. Leipzig und Wien 1875–81
Karl G.	Karlgymn.
Karlsr.	Karlsruhe
Karol.	Karolinum
kart.	kartoniert
Kart.	Kartusche
Kat.	Katalog; Katechismus
Kat. [mit folgenden gekürzten Jahreszahlen]	Hinweis auf den Band von Hinrichs' Bücher-Katalog, in dem die vorangehende Aufnahme verzeichnet ist
katalan.	katalanisch
Katalog	Katalog der Ornamentstich-Sammlung der Staatlichen Kunstbibliothek Berlin. Staatliche Museen zu Berlin. Berlin und Leipzig 1939
KatDMG	Katalog der Bibliothek der Deutschen Morgenländischen Gesellschaft. Zweite Auflage. Bearbeitet von R. Pischel, J. Fischer, G. Jacob. Leipzig 1900 ff.
kath.	katholisch
Kath.	Katholik(en)
Kath. G.	Katholisches Gymn.
Kath.-theol. F.	Katholisch-theologische Fakultät
kaufm.	kaufmännisch
Kawczyński	Kawczyński, Max: Studien zur Literaturgeschichte des XVIII. Jahrhunderts. Moralische Zeitschriften. Leipzig 1880
kays.	kayserlich
Kayser	Kayser, Christian Gottlob: Vollständiges Bücher-Lexicon. Leipzig 1834 ff.
Kayser	
kayserl.	kayserlich
KB	Kirchenbuch; -bücher
Kbh.	Kjøbenhavn
Kbl.	Korrespondenzblatt
KBL. [mit folgender Ziffer]	Verweisung auf den Band von Kaysers Bücher-Lexikon, in dem die vorangehende Aufnahme verzeichnet ist
Kč(s).	Tschechische Kronen
Kde	Kunde
Keiter	Katholischer Litteraturkalender. Herausgegeben von Heinrich Keiter, Regensburg 1891 ff. Jgg. 1 ff.
KfF.	Dalen's Kalender für Freimaurer
KGBerlin	Katalog der Bibl. des Königl. Kammergerichts in Berlin. Berlin 1913
kgl.	kongelig; königlich
kgl. priv.	königlich privilegiert
Kgsb.	Königsberg
kiad.	kiadni
Kiad.	Kiadás; Kiadó
Kir	Kirche(n)
kirchenslav.	kirchenslavisch
Kirchner	Bibliographie der Zeitschriften des deutschen Sprachgebietes bis 1900. Hrsg. von Joachim Kirchner. Bd 1 ff. Stuttgart 1969 ff.
KK	Kupfer
Kl	Kloss, Georg: Bibliographie der Freimaurer und der mit ihr in Verbindung gesetzten geheimen Gesellschaften. Frankfurt a. M. 1844
kl.	klein
kl. [mit folgender Formatbezeichnung]	Klein- [und entsprechende Formatbezeichnung]
Kl.	Klasse
Klawitter	Klawitter, Willy: Die Zeitungen und Zeitschriften Schlesiens von den Anfängen bis zum Jahre 1870 bzw. bis zur Gegenwart. Breslau 1930
Kleins.	Gymn. auf der Kleinseite
Kling.	Klingerschule
Klost.	Kloster
Klüpfel	Gustav Schwabs und Karl Klüpfels Wegweiser durch die Literatur der Deutschen. 4. Aufl. Leipzig 1870–79
KmJb	Kirchenmusikalisches Jahrbuch. Regensburg 1886 ff.
Kmpt.	Kempten
Kn	Kehrein, Joseph: Biographisch-litterarisches Lexikon der katholischen deutschen Dichter, Volks- und Jugendschriftsteller im 19. Jahrh. Zürich, Stuttgart u. Würzburg 1868–71
Knab. Sch.	Knabenschule
Knab. Sem.	Kabenseminar
Kneiph. G.	Kneiphöfisches Gymn.
KO	Kirchenordnung
Ko.	Kompagnie
Kö. G.	Königliches Gymnasium
Kö. Rg.	Königliches Realgymnasium
Kobolt	Anton Maria Kobolts Baierisches Gelehrten-Lexikon. Landshut 1795–1824
Koch	Koch, Eduard Emil: Geschichte des Kirchenlieds und Kirchengesangs der christlichen, insbesondere der deutschen evangelischen Kirche. 8 Bände und ein Registerband (zitiert nach Band und Seite)
Kol	Kolophon
kol.	koloriert
Kölln. G.	Köllnisches Gymn.
kolor.	koloriert
Komm.	Kommentator; Kommission(är); Kommissionsverlag
komp.	komponiert
Komp.	Komponist
kompl.	komplett
kön.	königlich
kön. Maj.	königliche Majestät
Koner	Gelehrtes Berlin im Jahre 1845. [Hsg. von Wilhelm Koner.] Berlin 1845
königl.	königlich
Königsb.	Königsberg
Königst. G.	Königstädtisches Gymn.
Königst. Rg.	Königstädtisches Realgymnasium
Konst.	Konstanz
Kop(enh).	Kopenhagen
Kopft(it).	Kopftitel
kopt.	koptisch
Korng.	Gymnasium in der Korngasse
Korr.	Korrektur
Körte	Körte, Wilhelm: Johann Wilhelm Ludwig Gleims Leben. Halberst. 1811
Korteg.	Kortegarnsche Realschule
Köt.	Kötet
Kpf(r).	Kupfer(stich)
Kpfrn.	Kupfern
Kpfrst.	Kupferstich(e)
Kpfrt(af).; Kpft.	Kupfertafel(n)
Kph.	Kopenhagen
kpl.	komplett
kr	Kurus
Kr.	Kreis;
Kr.	Kreis; Kreu(t)zer; Kronen
Krakau [mit folgender römischer Ziffer]	s. unter der jeweiligen Ziffer am Ende dieses Verzeichnisses
Krebs	Krebs, Richard: Die politische Publicistik der Jesuiten und ihrer Gegner. Halle 1890

Kref.	Krefeld
Kreuzsch.	Kreuzschule
Krit	Kritiker
krit.	kritisch
Krtn.	Karten
Krusche	Krusche, G.: Litteratur der weiblichen Erziehung und Bildung in Deutschland. Langensalza 1887
KS	Kansas
Kt.	Karte(n)
Kt. Skizze	Kartenskizze
KT.	Kupfertitel
Kte.	Karte
Kü	Allgemeiner deutscher Literaturkalender. Herausgegeben von Heinrich Hart und Julius Hart. Bremen 1879 ff. [später Deutscher Litteratur-Kalender. Herausgegeben von Joseph Kürschner, Berlin und Stuttgart 1883–1902; sodann Kürschners deutscher Litteratur-Kalender auf das Jahr 1903. Herausgegeben von Hermann Hillger. Leipzig 1903; zuletzt Kürschners deutscher Litteratur-Kalender. Herausgegeben von Dr. Heinrich Klenz. Leipzig 1907 ff.] Jgg. 1 ff.
KU	Ungarns deutsche Bibliographie 1801 bis 60, begonnen von Carl M. Kertbeny, fortges. von Géza Petrik. Budapest 1886
Kult	Kultur
kungl.	kunglig
Kupf(erst).	Kupferstich(e)
Kupfertaf.	Kupfertafel(n)
Kur.	Kurator bzw. dessen Archivalien
Kurzausg.	Kurzausgabe
Kv	Konvolut
Ky	Index locupletissimus librorum ... Vollständiges Bücher-Lexicon. Bearbeitet und hsg. von Christian Gottlob Kayser. Leipzig 1834 ff.
KY	Kentucky
KZ.	Zeitschrift für vergleichende Sprachforschung auf dem Gebiete der Indogermanischen Sprachen. Begründet von A. Kuhn

L

L	Lücken; Lutherisch
l.	links; landwirtschaftlich
L.	Lei; Leinen; Leipzig; Leu; Lewis; Lira; Lire; Lithographie(n); Loge; Louis; Ludovicus; Ludwig; Luigi; Luiz; Lyzeum; Steindruck
L.	Latomia
L. A.	Landwirtschaftliche Anstalt
L.-B.-A.	Lehrerbildungsanstalt
L.-OR.	Landesoberrealschule
L.-R.	Landesrealschule
L.-RG.	Landesrealgymnasium
LA	Louisiana
läd.	lädiert
Ladenpr.	Ladenpreis
LaH.	Landwirtschaftliche Hochschule
Laiske	Laiske, Miroslav: Časopisectví v Čechách. 1650–1847. v Praze 1959
Lanc	Lancaster, PA
Landsh.	Landshut
Landw. F.	Landwirtschaftliche Fakultät
Landw.-gärtner. F.	Landwirtschaftlich-gärtnerische Fakultät
Landwirtsch. F.	Landwirtschaftliche Fakultät
Landwirtsch. H.	Landwirtschaftliche Hochschule
Langens.	Langensalza
lang	language
Langbecker	Langbecker, Emanuel Christian Gottlieb: Gesang-Blätter aus dem sechzehnten Jahrhundert, mit einer kurzen Nachricht vom ersten Anfang des evangelischen Kirchenliedes und dem Entstehen der Gesang-Blätter nebst einer Literatur derselben aus dieser Zeit. Berlin 1838 (zitiert werden die Bibliographie nach Nummern, die Abbildungen nach Seitenzahlen)
langs	languages
lat.	lateinisch
Lat.	Lateinische Hauptschule
Laz.	Lazarus
LB	Landesbibliothek; Lugdunum Batavorum
Lb.	Lambert, Lambrecht
Lbg.	Liebegott
LBl.	Literatur-Blatt
Lbr.	Lebrecht
LCBl.	Literarisches Conversations-Blatt
Ld.	Leida; Leiden
Ldf.	Ludolph
Ldr(bd).	Leder(einband)
Leibn. G.	Leibnizgymnasium
Leibn. Rg.	Leibniz-Realgymn.
Leid.	Leiden
Leinw(bd).	Leinwand(einband)
Leipz.	Leipzig
Leitf.	Leitfaden
Leitmer.	Leitmeritz
Lemberg [mit folgender römischer Ziffer]	s. unter der jeweiligen Ziffer am Ende dieses Verzeichnisses
Less	Carl Robert Lessings Bücher und Handschriftensammlung, herausgeg. von ihrem jetzigen Eigentümer, Gotthold Lessing. Berlin 1914
lett.	lettisch
Lex.8.	Lexikonoktav
Lfg.	Lieferung
Lfgn.	Lieferungen
Lfr	Luxemburgische Franken
Lglsl.	Der Long Islaender. Sonntagsbl. der „Brooklyner Freien Presse"
Lgl.	Ligeledes
Lh.	Leonhard
lib.	liber
Libr.	Librairie; Library
Libr. ed.	Librajo editore; Librar-editor
Lic. Arbeit	Lizentiatsarbeit
Lichtdr.	Lichtdruck(e)
Liefg.	Lieferung(en)
Lieferr.	Lieferungen
Liliencron	Die historischen Volkslieder der Deutschen. Leipzig 1865–1869
Liliencron-Festschrift	Acht Lieder aus der Reformationszeit. Festgabe der Gesellschaft für deutsche Literatur für D. Dr. Rochus Freiherrn von Liliencron zum 8. Dezember 1910. (Berlin 1910)
Lincke	Lincke, Werner; Zeitschriftenkatalog der Bibliothek des Landesgewerbeamtes in Stuttgart und Karlsruhe. Stuttgart 1962
Lindner	Lindner, August: Die Schriftsteller des Benediktiner-Ordens in Bayern. Regensburg 1880–84
Lipenius	Martini Lipenii Bibliotheca Realis Iuridica. Lipsiae 1757–89
Lippe	Ch. D. Lippes Bibliographisches Lexicon der gesammten jüdischen Litteratur der Gegenwart u. Adress-Anzeiger. Wien 1881–1891
Lipphardt	Nicolaus Beuttner, Catholisch Gesang-Buch. Faksimile-Ausgabe der ersten Auflage, Graz 1602. Herausge-

	geben und mit einem wissenschaftlichen Nachwort versehen von Walther Lipphardt. Graz 1968
Lipphardt, Hanau	Lipphardt, Walther: Hanauer Gesangbuchdrucke von 1605 bis 1800. In: Hanauer Geschichtsblätter 24 (1972)
Lipsius	I. G. Lipsii Bibliotheca numaria praefatus est Christian Gottlob Heyne [samt Fortsetzung von J. J. Leitzmann]. Lipsiae 1801–41
Lisb.	Lisboa; Lisbona
Lit	Literatur
lit.	litauisch; literarisch
literar.	literarisch
Literaturverz.	Literaturverzeichnis
Litgesch	Literaturgeschichte
litgeschl	literaturgeschichtlich
lithogr.	lithographiert; lithographisch
Lithogr.	Lithographie(n)
lithograph.	lithographisch
Litt	Littérature
litt.	littéraire
Livr.	Livraison
Livr. ed.	Livrejo editor
LL	große Lücken
LLZ.	Leipziger Literatur-Zeitung
Lm maç.	La Lumiere maç. Revue mensuelle
Ln.	Leonardus
Ln.-B.-A.	Lehrerinnenbildungsanstalt
Lnw.	Leinwand
löbl.	löblich
LOC	A Catalog of books represented by Library of Congress printed cards. Vol. 1–167. [Nebst] Suppl. Vol. 1–42. Ann Arbor 1942–50
Lond.	Londinium; London
Lond. Goth.	Londinium Gothorum
Lop.	Lopez
LOR.	Landesoberrealschule
Loesche	Loesche, Georg: Johannes Mathesius. Ein Lebens- und Sitten-Bild aus der Reformationszeit. 2 Bände. Gotha 1895; (zitiert wird die Bibliographie aus Band 2 nach Seiten und Rubriken mit römischen und arabischen Ziffern)
Losebl.-Ausg.	Loseblatt-Ausgabe(n)
Louisv	Louisville, KY
Lov.	Lovania; Lovanium
Lp.	Leopold
Lps.	Lipsia
Lpz(g).	Leipzig
Lr.	Laurentius; Lorenz
LS	Lateinschule
lt	laut
LT	Lokalteil
Lt.	Die Leuchte. Monatsschrift
Lth.	Lotharius
Lüb.	Lübeck
Luc.	Lucas
Luca	Das gelehrte Oesterreich [von Ingnaz de Luca]. Wien 1776–78
Lüd.	Lüder
Ludw. G.	Ludwigsgymn.
Ludwig	Ludwig, Christian Friedrich: Einleitung in die Bücherkunde der praktischen Medicin. Leipzig 1826
Lugd.	Lugdunum
Lugd. Bat.	Lugdunum Batavorum
Luis. G.	Luisengymn.
Luisst. G.	Luisenstädt. Gymnasium
Luisst. OR	Luisenstädt. Oberrealschule
Luisst. Reg	Luisenstädt. Realgymnasium
Lüneb.	Lüneburg
Lut.	Lutetia
luth.	lutherisch
Luther	s. WA, 2. bibliograph. Bedeutung
Luz.	Luzern`
Lv	Lev(a)
Lv.	Levis
LVS	Litteratur der Landes- und Volkskunde der Provinz Schlesien. Zusammengestellt von Joseph Partsch. Breslau 1892–1900
LWbl.	Literarisches Wochenblatt. Hrsg. von A. v. Kotzebue. Weimar
Lw(bd).	Leinwand(einband)
Lwd.	Leinwand(einband)
Lyz.	Lyzeum; Lyzeen
Lz.	Lazarus

M

m $	Milreis
M	Maschinenschrift
M	Mederer, Johannes Nepomuk: Annales Ingolstadiensis Academiae. Pars I.II. Ingolstadii: 1782
m.	mit
m. N.	mit Noten
M.	in Mappe; Magister; Marcus; Mark; Maßstab; München
M.	Masonia
M.-Gladb.	Mönchen-Gladbach
M. v. St.	Meister vom Stuhl
MA	Massachusetts Morgenausgabe
Ma.	Matthäus. Organ f. d. Interessen d. Matthäi-Logenbundes
maç.	maçonnique
Madr.	Madrid; Madritum
Mag(az).	Magazin
Magd.	Maria-Magdalena-Gymn.
Magdeb.	Magdeburg; Magdeburgum
Magist.	Magister
Magn.	Magnus
Mail.	Mailand
Maj.	Majestät
Mal.	Maréchal
Maltzahn	Maltzahn, Wendelin von: Deutscher Bücherschatz des sechzehnten, siebzehnten und achtzehnten bis um die Mitte des neunzehnten Jahrhunderts. Jena 1875
Man.	Manitoba
Manh.	Manhemium
Mannh.	Mannheim
Manuldr.	Manuldruck
Mar.	Maria
Mar. G.	Mariengymn.
Marb.	Marburg; Marburgum
Marc.	Marcellus
Marg(reiter)	Beiträge zu einem tirolisch. Anonymen u. Pseudonymen-Lexikon von Hugo Margreiter. Innsbruck 1912
Marian.	Marianisch
Mars.	Marseille; Marsilius
Marst. G.	Marienstiftgymn.
Marz. G.	Gymn. an Marzellen
Masch.	Maschinenschrift
Masch. Diss.	maschinenschriftliche Dissertation
maschinenschr.	maschinenschriftlich
Maschinenschr.	Maschinenschrift
Maschinenw.	Maschinenwesen
Mass.	Massachusetts
math.	mathematisch
Math.-naturwiss. F.	Mathematisch-naturwissenschaftliche Fakultät
Matr	Die Matrikel der Ludwig-Maximilians-Universität Ingolstadt-Landshut-München. T.I,1-3.-München 1937–1941
Matth. G.	Matthiasgymn.
Mau	Mau, August: Katalog der Bibliothek des Kaiserlich deutschen archaeologischen Instituts in Rom. Rom 1900–1902
Max.	Maximus
Max. G.	Maximiliansgymn.
Maxim.	Maximilianus

Mayer	Mayer, Anton: Wiens Buchdruckergeschichte Wien 1883–87
MBA.	Monatsberichte der Königlich Preussischen Akademie der Wissenschaften zu Berlin
MCG.	Monatshefte der Comenius-Gesellschaft
Mch.	Michael
Mchn	München
MD	Maryland
ME. (NY.)	The Masonic Eclectic. New York
ME. (Washington)	The Masonic Eclectic. Washington
Meaume	Meaume, E.: Recherches sur la vie et les ouvrages de Jacques Callot. Paris 1860
med.	medizinisch
Med. Ak.	Medizinische Akademie
Med. Diss.	Dissertation: Medizinische Fakultät
Med. F.	Medizinische Fakultät
Mediol.	Mediolanum
mehr.	mehrere
Meister	Meister, Karl Severin: Das katholische deutsche Kirchenlied in seinen Singweisen von den frühesten Zeiten bis gegen Ende des 17. Jahrhunderts. Freiburg 1862 (zitiert nach Nummern des Bibliographie-Kapitels S. 35–48)
Mell	Handschriftliche Mittheilungen aus der Bibliothek des k. k. Blinden-Erziehungs-Institutes in Wien. [Durch gütige Vermittlung des k. k. Reg.-Raths u. Directors Alexander Mell.]
Mém.	Mémoire
Memm.	Memmingen
Menn	Mennoniten
Mennonite Encycl.	The Mennonite Encyclopedia. Hillsboro, Newton, Scottdale 1955
Mer.	Meran
Merk	Merkantilische Bücherkunde [von J. C. Leuchs]. Nürnberg 1832
Merseb.	Merseburg
Meusel	Meusel, Johann Georg: Lexikon der vom Jahr 1750 bis 1800 verstorbenen teutschen Schriftsteller. Bd. 1–15. Leipzig 1802–16. Nebst Fortsetzung: Das Gelehrte Teutschland oder Lexikon der jetzt lebenden teutschen Schriftsteller. Bd. 1–23. Lemgo 1795–1834
Mex	Mexico
Meyer	Meyer, Hans Moritz: Weinbibliographie. 1951–67
MfM	Monatshefte für Musikgeschichte II. Leipzig 1870
Mg.	Magister; Miguel
Mgd.	Magdalena
MGG	Die Musik in Geschichte und Gegenwart. 14 Bände. Kassel usw. 1949–1968; Band 15 (=Supplement A–D): Kassel usw. 1973
MGkK	Monatschrift für Gottesdienst und kirchliche Kunst. Göttingen 1896–1941
Mgn.	Magnus
Mgr.	Manager
MGT	Das gelehrte Teutschland oder Lexikon der jetzt lebenden Teutschen Schriftsteller. Angefangen von Georg Christoph Hamberger. Fortgesetzt von Johann Georg Meusel. Fünfte durchaus vermehr te und verbesserte Ausgabe. Lemgo 1799–1831
Mh.	Maurerhalle
mhd(tsch).	mittelhochdeutsch
MI	Michigan; Ordo Clericorum Regularium Ministrantium Infirmis
MiA	Mittagsausgabe
Mig.	Miguel
Mij	Maatschappij
Mil.	Milano
Milchs	Alphabetisches Verzeichnis der franz. Litteratur in der Herzogl. Bibliothek zu Wolfenbüttel [bearbeitet von Gustav Milchsack]. Wolfenbüttel 1894
Miltitz	Bibliotheca botanica auctore Friderico Miltitz. Berol. 1829
Milw	Milwaukee, WI
mit St.	mit Stäben
Mitarb.	Mitarbeit(er); Mitarbeitung
mitget.	mitgeteilt
Mitgl.	Mitglied(er)
Mitt.	Mitteilung
Mitt. Sch.	Mittelschule
MitteilRuT. (Hamburg)	Rat und Tat. Mitteilungen aus dem Verein „Rat u. Tat". Hamburg
MitteilRuT. (Nürnberg)	Mitteilungen des Frmr-Vereins „Rat u. Tat". Nürnberg
MittFrbB.	Mitteilungen aus d. St. Joh.loge „Zur edlen Aussicht", Freiburg i. B.
MitthF.	Mittheilungen aus dem Protokoll der Gr. Mutterloge des Eklektischen Frmrbundes
MitthR.	Mittheilungen der Gr. Loge Royal York zur Fruendschaft
MitthVdF.	Mittheilungen a. d. Verein deutscher Freimaurer. Jahrbuch
MitthW.	Mittheilungen der Grossen National-Mutterloge gen. Zu den drei Weltkugeln
Mittlg	Mitteilung
Mitt(lg)n	Mitteilungen
MittS.	[Mitteilung über die Verhandlungen der Gr. Landesloge von Sachsen]
MittSo.	Mitteilungen der Grossloge zur Sonne
Mitw.	Mitwirkung
MJ. (Victoria)	Victorian Masonic Journal
ML	Lexikon der vom Jahre 1750 bis 1800 verstorbenen teutschen Schriftsteller. Ausgearbeitet von Johann Georg Meusel. Leipzig 1802–16
ML.	Mecklenburgisches Logenblatt
ML. Brünn	Katalog Mährische Landesbibliothek, Brünn
Mlch.	Melchior
MM.	The Masonic Magazine
MMBibl	Maler Müller Bibliographie, herausg. von Friedrich Mayer. Leipzig 1912
MMLy. (Boston)	The Masonic Monthly. Boston
Mn	Deutscher Bücherschatz des 16., 17. 18. bis um die Mitte des 19. Jahrhunderts. Hsg. von Wendelin v. Maltzahn. Jena 1875–82
MN	Minnesota
MN.	Masonic Newspaper
MoA	Montagsausgabe
MO	Missouri
mo.	month
mod.	modern
Mog.	Moguntia
mon	monthly
Monat(s)sch(r).	Monat(s)schrift
Monog	Monographie
Mosc.	Moscau; Moscovia
Moser, Österreich	Moser, Hans Joachim: Die Musik im frühevangelischen Österreich. Kassel 1954
Mp	Bibliotheca magica et pneumatica. Zusammengestellt von Johann Georg Theodor Grässe. Leipzig 1883
MP	Michaelis-Programm
mq.	manque
Mq.	Marquardus
mr.	maurerisch
Mr.	Mauritius; Moritz
MR.	The Masonic Review
Mrb.	Marburg
MRc.	The Masonic Record
MRc. (West. India)	The Masonic Record of Western India

Mrei	Maurerei
Mrg.	Margaretha
mrisch	maurerisch
MrMns.	Maurerische Monatsschrift. Hrsg. von G. Collins
MS	Litteratur der Statistik. Ausgearbeitet von Johann Georg Meusel. Zweite Auflage. Leipzig 1806–7
ms.	mains; maschinenschriftlich
Ms.	Manuscrit; Manuskript
Mstr	Münster
Mstr. v. St.	Meister vom Stuhl
MT	Montana
Mt.	Martin(us)
Mth.	Matthaeus; Mathew; Matthieu
Mthi.	Matthias
Mts.	Monats
MTw.	The Masonic Trowel
MüF	Müller Frauenreuth, K.: Die Ritter- und Räuberromane. Halle 1894
Müller	Müller, Christian Andreas: Allgemeine Anleitung zur Sächsischen Weinpflege im Berge und Keller. Dresden 1777. Oder: Joseph Th. Müller, Hymnologisches Handbuch zum Gesangbuch der Brüdergemeine. Herrnhut 1916 (zitiert nach Seiten und vorgegebener Zählung)
Müller, Straßburg	Müller, Joseph: Das Straßburger Diöcesan-Gesangbuch. Colmar 1891
Mun	Munich
Münch.	München
Münst.	Münster
Müntzer	Müntzer, Thomas: Schriften und Briefe. Kritische Gesamtausgabe. Gütersloh 1968
Mus	Museum
Must.	Musterschule
mutmaßl.	mutmaßlich
MW.	Maçonniek Weekblad
Mx.	Maximus
Mxl.	Maximilianus
Myl	Bibliotheca Anonymorum et Pseudonymorum detectorum collecta a Joanne Christophoro Mylio. Hamburgi 1740
MystStar.	The Mystic Star
Mz	Mentz, Ferdinand: Bibliographie der deutschen Mundartenforschung. Leipzig 1892

N

n	Hinweis, daß der Einband nicht oder nur verkürzt rabattiert wurde oder der Verleger die Rabatthöhe für den Einband nicht mitgeteilt hat
N	New; Nord(en)
N Orl	New Orleans, LA
n.	nach
n. d.	no date
n. n.	nicht numeriert
n. ö.	niederösterreichisch
n. Tit.	neuer Titel
N.	Neue; Nicolaus
<N>	Nachtrag
N-A	Nord-Amerika
N. A.	Neue Ausgabe
N. d.	Nach dem
N. F.	Neue Folge
N. R.	Neue Realschule; Neue Reihe; Nieuwe Reeks
N. S.	Neue Serie; New Series; Nouvelle Série; Nova Scotia
NA	Nebenausgabe; Neuauflage; Neuausgabe
NaA	Nachmittagsausgabe
Nachdr.	Nachdruck
nachgedr.	nachgedruckt
Nachr	Nachricht(en)
Nachrn	Nachrichten
Nachtr.	Nachtrag
Nachw.	Nachwort
Nagler	Nagler, G. K.: Neues allgemeines Künstler-Lexicon. München 1835–1852. Oder: Nagler, G. K.: Die Monogrammisten. München 1858–1879
Nanish	Nordamerikanisch
nat.	national
Nat.	Natalis
NatFr.	National Freemason
natl	national
Naturwiss. Diss.	Dissertation: Naturwissenschaftliche Fakultät
Natuwiss. F.	Naturwissenschaftliche Fakultät
Naturwiss.-math. F.	Naturwissenschaftlich-mathematische Fakultät
Naturwiss.-phil. F.	Naturwissenschaftlich-philosophische Fakultät
naut. Sch.	nautische Schule
NC	North Carolina
NC.	Geländedarstellung durch Niveau-Curven
ND	North Dakota
NE	Nebraska
Neap.	Neapel
Nebent(it).	Nebentitel
Nef	Nef, Albert: Das Lied in der deutschen Schweiz Ende des 18. und Anfang des 19. Jahrhunderts. Zürich 1909
Nent	Silesiaca in der reichsgräflich Schaffgottschen Majoratsbibliothek zu Warmbrunn. Zusammengestellt von Heinrich Nentwig. Leipzig 1901
Neu. G.	Neues Gymnasium
Neuausg.	Neuausgabe
Neub.	Neuburg
Neudr.	Neudruck
Neudruck-T(it).	Neudrucktitel
Neue deutsche Zeitungen in Nordamerika	Neue deutsche Zeitungen in Nordamerika. In: Germania 1 (1847)
Neue ZfFr.	Neue Zeitschrift f. Freimaurerei
Neues JfFr.	Neues Journal für Freimaurerei
Neueste Sammlung jener ... Schriften	Neueste Sammlung jener Schriften, die von einigen Jahren her über verschiedene Gegenstände zur Steuer der Wahrheit im Druck erschienen sind. Augsburg
NeuestGelBerlin	Neuestes gelehrtes Berlin. Gesammlet u. hsg. von Valentin Heinrich Schmidt und Daniel Gottlieb Gebhard Mehring. Berlin 1795
neugest.	neugestaltet
neugriech.	neugriechisch
neulat.	neulateinisch
Neust. G.	Gymn. in der Neustadt
Neuw.	Neuwied
New ed.	New Edition
New ZealFr.	The New Zealand Freemason
Nf.	Nachfolger
NF.	Neue Folge
NfaM.	Nachrichten für alle Mitglieder des Vereins deutscher Frmr.
ngr.	Neugroschen
NGR.	Neuere Geschichte der See- und Land-Reisen
NH	New Hampshire
nhd(tsch).	neuhochdeutsch
Nicht f. d. Aust.	Nicht für den Austausch
Nicod.	Nicodemus
Nicolai	Nicolai, Friedrich: Beschreibung einer Reise durch Deutschland und die Schweiz im Jahre 1781. Bd. 1–12. Berlin 1783–97
niederländ.	niederländisch

Nievergelt	Nievergelt, Edwin: Die Tonsätze der deutschschweizerischen reformierten Kirchengesangbücher im XVII. Jahrhundert. Zürich 1944 (zitiert nach Seiten). Oder: Bibliographie der ostschweizerischen reformierten Kirchengesangbücher des XVII. Jahrhunderts. Zürich 1942 (Ms., in der Zentralbibliothek Zürich) (zitiert nach Nummern)
Nik.	Nikolaischule
NJ	New Jersey
NJ.	Nederlandsch Jaarboekje voor vrymetselaren
nkr	Norwegische Kronen
NL.	Niederländisches Logenblatt
NM	Hupel, August Wilhelm: Nordische Miscellaneen. 28 Stücke und Register. Riga 1787–1791. Neue Nordische Miscellaneen. 18 Stücke. Riga 1792–1798
nn	Hinweis, daß der Preis höher als angegeben sein konnte, weil eine Gebühr für die Besorgung berechtigt war
NN	Neuer Necrolog der Deutschen. Hsg. von August Schmidt u. Bernhard Friedrich Voigt. Ilmenau und Weimar 1824–54
nnn	s. nn
No	Numero
No.	Noel; Nummer
Noack	Noack, Elisabeth: Wolfgang Carl Briegel. Ein Barockkomponist in seiner Zeit. Berlin 1963
Nopitsch	Nopitsch, Christian Conrad: Litteratur der Sprichwörter. Nürnberg 1827
nordanisch	nordamerikanisch
Norimb.	Norimberga
norweg.	norwegisch
not.	note(s)
nouv.	nouveau
Nouv. éd.	Nouvelle Édition
Np.	Nepomuk
Nr.	Number; Numéro; Nummer
Nrb.	Nürnberg
Nrn	Nummern
Nrs.	Numéros
NS.	Neue Serie
NSR.	Neue Sammlung von Reisebeschreibungen
NT	Neues Testament
Nth.	Nathan(ael)
nuov.	nuovamente
Nürnb(g).	Nürnberg
NV	Nevada
NVA.	Nederlandsche Vry-Metselaars-Almanak
NY	New York
NYSq.	The New York Square
NZCrm.	New Zealand Craftsman

O

ô	s. Preis ô
o.	oben; ohne
o.d.l.w.	ohne das letzte weiße Blatt
o. Dr.	ohne Druckerangabe
o. J.	ohne Jahr(esangabe)
o. M.	ohne Maasstab
o. N.	ohne Noten
o. O.	ohne (Erscheinungs-)Ort
o.O.u.J.	ohne Ort und Jahr
O.	Ordo; Otto
O.	Orient
O.Ö.	Oberösterreich
O.L.	Og Lignende
O.S.P.Ben(edicti)	ordinis sancti patris Benedicti
Oa	Ompteda, Diedrich Heinrich Ludwig von: Litteratur des gesammten sowohl natürlichen als positiven Völkerrechts. Regensburg 1785–1817
Ob. Sch.	Oberschule(n)
Oberrealsch.	Oberrealschule(n)
obl.	oblong
Obs.	Observatio
OCarm	Ordo Fratrum B. Mariae Virg. de Monte Carmelo
OCR	Ordo Cisterciensium Reformatorum
Oct.	Octavius
Od.	Oderico
ôF	ohne Fortsetzung
OF.	Der Odd-Fellow
off	offiziell
off.	officina
öff.	öffentlich
Off.	Officina
Offenb.	Offenbach
OFM	Ordo Fratrum Minorum
OFMCap	Ordo Fratrum Minorum Capuccinorum
OFMConv.	Ordo Fratrum Minorum Conventualium
Öfvers.	Öfversättning
OG.	Obergymnasium
ôH	nicht (mehr) im Handel
OH	Ohio
OK	Oklahoma
OL	Lexikon der seit dem 15. Jahrhundert verstorbenen und jetztlebenden Oberlausitzischen Schriftsteller und Künstler. Zusammengestellt von Gottlieb Friedrich Otto. Görlitz 1800–21
Ol.	Olaus; Oluf
ôL	ohne Ladenpreis
Oldenb.	Oldenburg
Oliv.	Olivier
omarb.	omarbejdet
On.	Onuphrius
Ont.	Ontario
OP	Ordo Fratrum Praedicatorum
op.	opus
OP.	Oster–Schulprogramm
Opdr.	Opdrag
Opl.	Oplaag; Oplag
OPraem	Ordo Praemonstratensis
OR	Ober-Realschule; Oregon
Or.	Orient
Or.	Oriflamme
ord.	ordo
Ord. Min. Cap.	Ordo Minorum Capucinorum
Ord. S. Domin.	Ordo Sancti Dominici
Ord. S. Franc.	Ordo Sancti Francisci
Ord. S. Pauli	Ordo Sancti Pauli
ordin.	ordinär
org.	organo
Org.	Orgel
orient.-orthod.	orientalisch-orthodox
Orig.	Original
orogr.	orographisch
OSA	Ordo Fratrum S. Augustini
OSB	Ordo Sancti Benedicti
OSBCam	Ordo Monachorum Eremitarum Camaldulensium
OSBM	Ordo Sancti Basilii Magni
OSCr	Ordo Sanctae Crucis
OSJ(d)D	Ordo Hospitalarius S. Joannis de Deo
OSM	Ordo Servorum Mariae
Osnabr.	Osnabrück
OSPPE	Ordo Fratrum S. Pauli Primi Eremitae
OST	Ordo Sanctissimae Trinitatis redemptionis captivorum
österr.	österreichisch
OSU	Ordo Sanctae Ursulae
Osw.	Oswald
oth	other
Ott.	Ottavio
Ottm.	Ottmar
OU.	Original-Umschlag
Ouvr.	Ouvrage
overgez.	overgezet
overs.	oversatt
övers.	översatt
Overs.	Oversaettelse
Ox.	Oxford; Oxonia
Oxon.	Oxonia

P

p in Partien bezogen billiger
P Peseta; Peseten; Peso(s); Rivileg; Programm
P Prantl, Carl: Geschichte der Ludwig-Maximilians-Universität Ingolstadt, Landshut, München. Bd. 1.2. München 1872
p. pages; par
p. c. prime cost
p. p. publié par
P. Pablo; Paolo; Papier; Pars; Part; Parte; Partie; Pater; Paulus; Pjece
P. H. Pädagogische Hochschule
P-ien Pennsylvanien
P-ier Pennsylvanier
P-isch Pennsylvanisch
P.n.m. Preis nicht mitgeteilt
P.P. Patres
PA Pennsylvania
PA. Proceedings of the Grand Lodge of Arkansas
Päd. Pädagogium
Päd. F. Pädagogische Fakultät
Päd. H. Pädagogische Hochschule
Päd. Zentralinst. Pädagogisches Zentralinstitut
Pädag Padagogik
Pag. Pagina
Pappbd. Pappeinband
paepstl. päpstlich
Par. Paris
Part. Particula
Parthey Parthey, G.: Wenzel Hollar. Beschreibendes Verzeichnis(s) seiner Kupferstiche. [Nebst] Nachträge und Verbesserungen. Berlin 1853–1858
Passavent Passavent, J. D.: Le peintre-graveur. Leipsic 1860–1864
Pd Pädagogium
Pdbrn Paderborn
Pe Permaneder, Michael: Annales almae literarum universitatis Ingolstadii olim conditae ... Pars V. Monachii 1859
Per. Perez
Perg(bd). Pergament(einband)
Peterhans Peterhans, Sebald: Die *Philomela Mariana* oder *Marianische Nachtigall* des P. Mauritius von Menzingen, O. M. Cap. (1654–1713) St. Maurice 1944
Petrop. Petropolis
Petz Bibliotheca Bibliographica. Bearbeitet von Julius Petzholdt. Leipzig 1866
Petzek Der Katalog von 1783–1794 in Oesterreich von der hochlöblichen Hofbücherzensurkommission verbotenen Bücher von Joseph Petzek. Freiburg
Petzold Petzold, Leander (Hrsg.): Grause Thaten sind geschehen. 31 Moritaten aus dem verflossenen Jahrhundert ausgewählt von L. P. Nebst einer Vorrede und Anmerkungen. München: Heimeran 1968
Pf. Pfennig
Pfäl Pfälzer; pfälzisch
Pfr. Pfarrer
Pfte. Pianoforte
PG Progymnasium
Pg. Pergament
PGfM Publikation älterer praktischer und theoretischer Musikwerke, herausgegeben von der Gesellschaft für Musikforschung. Berlin 1869–1876 (1–5) und Leipzig 1877–1904 (6 ff.)
Ph. Philippus
Phb. Philibert
Phil. Diss. Dissertation: Philosophische Fakultät
Phil. F. Philosophische Fakultät
Phila Philadelphia
Philol Philologie
philol. philologique
Philol. F. Philologische Fakultät
Philos Philosophie
philos. philosophisch
photogr. photographisch
Photogr. Photographie(n)
Photograv. Photogravure(n)
Photolith. Photolithographie(n)
photomech. photomechanisch
physik. physikalisch
Pi. Pius
Pion Pionier
Pittsb Pittsburgh, PA
Pk Bibliographia Hungariae 1712–1860. Redegit Geźa Petrik cum introductione Alexandri Szilágyi. Budapestini 1888–92
pl. planches
Pl. Plan; Planche; Pläne; Plate; Platte(ngröße)
Plac. Placidus
Plas Vincentii Placcii Theatrum Anonymorum et Pseudonymorum. Hamburgi 1708
PN Protokoll-Nummer
PN. Proceedings of the Grand Lodge of Nebraska
PO. Proceedings of the Grand Lodge of Ohio
pol politisch
Pol Politik
Pol. Ges. Polytechnische Gesellschaft
polem.-catech. polemica-catechetica
poln. polnisch
Polyc. Polycarpus
polygl. polyglott
Poppen Poppen, Hermann: Das erste Kurpfälzer Gesangbuch und seine Singweisen. Lahr 1938
Portr. Porträt
portug. portugiesisch
posth. posthume
pp. pergite
Pp(bd). Pappeinband
pr printed
Pr Pohler, Johann: Bibliotheca historico-militaris. Cassel 1887–99
pr. pro
pr. a. pro anno
Pr. Preis; Press; Program; Programm
Pr. G. Protestantisches Gymn.
Pr. G. Sem. Vinc. Privatgymn. am Semin. Vincent.
Pr. grat. Programma gratulatorium
Pr. synod. Programma synodale
praef. praefatus
Praef. Praefatio
prakt. praktisch
Präm. G. Gymn. der Prämonstratenser
Praes. Praeses
prec. précédé
Pred. Predigt
Pref. Preface
Préf. Préface
Preis ō Ladenpreis aufgehoben
preisgekr. preisgekrönt
Preisschr. Preisschrift
prelim. preliminary
prep. prepared
Preuß. Preußisch
Prgt. Pergament
Print Printing
Print. Printer
Print. Off. Printing-Office
Pritzel Katalog der Provinzial-Bibliothek Hannover N. A. Hannover 1908
priv. privat; privilegiert

Priv.	Privatanstalt im Unterschied zu der am selben Ort befindlichen gleichartigen staatlichen Anstalt
Priv.-G.	Privatgymnasium
Privil. Caes.	Privilegio Caesaris
Prof.	Professor
Progr.	Programm(beilage)
Prol.	Prolusio
Prot	Protestant
prot(estant).	protestantisch
Prov.	Provincia
Prov.BHann	Katalog der Provinzial-Bibliothek Hannover N.A.Hannover 1908
provenz.	provenzalisch
Provinc.	Provincia
Provloge	Provinzial(groß)loge
Provnachr 1783	Provinzialnachrichten aus den Kaiserl. Königl. Staaten und Erbländern, Verordnungen, Polizey, Handels- Kunst- Erwerb- und Ökonomie, auch gelehrte Nachrichten enthaltend. Zweytes Quartal. Wien 1783, S. 423–430
Przedak	Przedak, A. G.: Geschichte des deutschen Zeitschriftenwesens in Böhmen. Heidelberg 1904
Ps.	Psalm(en); Pseudonym
Pseud(on).	Pseudonym
Psp.	Prosper
pt	part
Pt.	Petrus; Pietro
Pta	Peseta
Ptb.	Petersburg
PtkBayr.	Protokolle der Sitzungen der Gr. Loge zur Sonne
PtkD.	Protokoll der Grossloge zur Eintracht
PtkF.	Protokoll der Gr. Mutterloge des Eklektischen Freimaurerbundes
PtkH.	Protokolle der Gr. Loge zu Hamburg
PtkHnv.	Protokolle der Grossloge des Königreichs Hannover
PtkLL.	Protokolle der Gr. Landesloge
PtkU.	Protokoll der symbol. Grossloge von Ungarn
PtkW.	Protokolle der Gr. Nat.-Mutterloge zu den drei Weltkugeln
pts	parts
pub.	published
pubbl.	pubblicare
publ.	publicar; publication(s); publié; publier; publish; published; publisher
PV.	Proceedings of the Grand Lodge of Vermont-Burlington
Pz.	Perez

Q

Q	Quinta vox; Quintus
q. [mit folgender Formatbezeichnung]	Quer- [und entsprechende Formatbezeichnung]
q. v.	quod videas
Q.	Quintus
QCA.	Quatuor Coronatorum Antigrapha
Qdlb.	Quedlinburg; Quedlinburgum
qu.	siehe q.
qu. gr. [mit folgender Formatbezeichnung]	Quergroß- [und entsprechende Formatbezeichnung]
qu. kl. [mit folgender Formatbezeichnung]	Querklein- [und entsprechende Formatbezeichnung]
Quaritch	Quaritch, Bernard: A general cataloque of books. London 1874
Que.	Quebec
Quedlinb.	Quedlinburg
Quel	Quellen
Quérard	Quérard, J.-M.: Les supercheries littéraires dévoilées. 2.édition par G. Brunet et P. Jannet. Paris 1869–1870
Quir.	Quirinus

R

R	Realschule; Reformiert
r.	rechts
r. k.	römisch-katholisch
R.	Rész; reverendus
R.	Am Reissbrete
R. Döll	Privatrealschule von Döll
R.-G.	Realgymnasium
R. isr. G(em).	Realschule der israel. Gemeinde
R. isr. Rel.	Realschule der israel. Religionsgesellschaft
R. Meixner	Privatrealschule von Meixner
R-N	Allgemeines Schriftsteller- und Gelehrten-Lexikon der Provinzen Livland, Esthland und Kurland. Bearbeitet von Johann Friedrich Recke und Karl Eduard Napiersky. Mitau 1827–32. Nachträge und Fortsetzungen unter Mitwirkung von K. E. Napiersky bearbeitet von Theodor Beise. Mitau 1859–61
R. Reiner	Privatrealschule von Reiner
R. Sechsh.	Realschule in Sechshaus
R.T.	Reszvénytársasag
R.u.staatswiss. Diss.	Dissertation: Rechts- und staatswissenschaftliche Fakultät
R. Währ.	Realschule in Währing
R. I.	Erste Staatsrealschule oder Staats- bzw. Communalrealschule im 1. Bezirk
R. II.	Zweite Staatsrealschule oder Staats- bzw. Communalrealschule im 2. Bezirk
R. III.I (IV. ...)	Staats- bzw. Communalrealschule im 3. (4. ...) Bezirk
RA	Real-Anstalt; Rechtsanwalt
rad.	radiert
Rad.	Radierung(en)
Raisonn. Verz.	Raisonnierendes Verzeichnis aller von 1700 bis 1790 erschienenen periodischen Blätter mit Litteraturnotizen. Leipzig 1790. In: Allgemeines Sachregister über die wichtigsten deutschen Zeit- und Wochenschriften [von Beutler und Gutsmuth]
RAk	Ritter-Akademie
Rass	Rassmann, Ernst: Nachrichten von dem Leben und den Schriften Münsterländischer Schriftsteller des 18. und 19. Jahrhunderts. Münster 1866–81
Ratisb.	Ratisbona
rätorom.	rätoromanisch
Ravensb.	Ravensburg
Rb.	Robert
Rbl	Rubel
Rch.	Richard
Rdf.	Rudolfus
Rdg	Reading, PA
Rdsch.	Rundschau
Realanst.	Realanstalt
Realsch.	Realschule
rec.	recensuit; recueil
Rec.	Recensio
Recens	Recensionen
recens.	recensiert

Rechts-u. staatswiss. Diss.	Dissertation: Rechts- und staatswissenschaftliche Fakultät
Rechtswiss. F.	Rechtswissenschaftliche Fakultät
Reckziegel	Reckziegel, Walter: Das Cantional von Johann Herman Schein. Seine geschichtlichen Grundlagen. Berlin 1963 (zitiert nach den Sigeln der Bibliographie S. 22–53)
recogn.	recognovit
red.	redigiert
Red.	Redakteur; Redaktion; Redaktor
Réd.	Rédacteur
rééd.	réédition
ref.	reformiert
Ref.	Referent
Refardt	Refardt, Edgar: Historisch-Biographisches Musikerlexikon der Schweiz. Leipzig-Zürich 1928
Reg.	Register
Regensb.	Regensburg
Regiom.	Regiomontium
regul.	reguliert
ReichsJustAmt	Katalog der Bibliothek des Reichs-Justizamtes. 3. Ausgabe. Berlin 1909
rel.	relié, reliure
relig.	religiös
repr(int).	reprinted
Reprod.	Reproduktion
RepWell	Weller, Emil: Repertorium typographicum. Nördlingen 1864–74
resp.	respective
Resp.	Respondens
restaur.	restauriert
Reu	Reu, Johann Michael: Quellen zur Geschichte des kirchlichen Unterrichts in der evangelischen Kirche Deutschlands zwischen 1530 und 1600. Quellen zur Geschichte des Katechismusunterrichts; Band I: Süddeutsche Katechismen. Gütersloh 1904; Band II: Mitteldeutsche Katechismen. Gütersloh 1911 (zitiert nach Band und Seiten; der Band II besteht aus zwei Teilen, von denen der erste durch * bei der Seitenzählung gekennzeichnet ist)
Reutl.	Reutlingen
Rev	Reverend
rev.	revidiert; review; revisé; revised
Rev(er).	reverendus
Rex	Rex, Wallace Hayden: Colorado Newspapers Bibliography, 1859–1933. Denver 1939
Rezensionen von J.S. und M.A.	Rezension aller poetischen und prosaischen Stücke auf den Tod Marien Theresiens. Ein Vorbericht zu der von Trattnerschen Sammlung von J.S. und M.A.O.O. 1781
Rg.	Realgymnasium; Roger
Rg. h. G.	Realgymn. zum heil. Geist
Rg. Joh.	Realgymn. St. Johann
Rg. Pet.	Realgymn. St. Petri
Rg. Zwing.	Realgymn. am Zwinger
Rg(n)sb(g).	Regensburg
Rhd.	Reinhard
Rhld.	Reinhold
RHMBF	Reichsgräflich von Hochberg'sche Majorats-Bibliothek zu Fürstenstein. Bd. 1–6. Breslau 1887–1893
RI	Rhode Island
Ri.	Ritterakademie
Richter	Richter, August Paul: Geschichte der Stadt Davenport ... Vol. 1.2. Des Moines 1917. Oder: Literatur der Landes- und Volkskunde des Koenigreichs Sachsen. Bearbeitet von Paul Emil. Richter. Dresden 1889
Riedel	Riedel, Karl Veit: Der Bänkelsang. Wesen und Funktion einer volkstümlichen Kunst. Hamburg 1963
Rig.	Rigorosum
Riggenbach	Riggenbach, Johannes Christoph: Der Kirchengesang in Basel seit der Reformation. Mit neuen Aufschlüssen über die Anfänge des französischen Psalmengesangs. Basel 1870 (zitiert nach Nummern der Bibliographie S. 186–189)
rip.	ripieno
RISM B VI^1, VI^2	Répertoire International des Sources Musicales. Band B VI^1 und VI^2: Écrits Imprimés concernant la Musique. München-Duisburg 1971
Rist	Rist, Johann: Sämtliche Werke. Band II: Dramatische Dichtungen. Berlin-New York 1972 (zitiert nach Seiten und Nummern)
Ritr.	Ritratto
riv.	riveduto
RKA	Reichsverband für das kath. Auslanddeutschtum
RL	Randleiste
RL.	Revue maçonnique de Lyon et du Midi
Rmd.	Raimund
Rmg.	Remigius
RMJ.	Revista della massoneria italiana
Rn.	Renatus; René
Rnr.	Regnier; Reiner
Ro	Romstöck, Franz Sales: Die Jesuitennullen Prantl's an der Universität Ingolstadt und ihre Leidensgenossen. Eichstätt 1898
Roch	Rochester, NY
Rocker	Rocker, Rudolf: Johann Most. Berlin 1924
Rol.	Roland
rom	romantisch
Rom.	Roman; Romanus
röm.-kath.	römisch-katholisch
Röm. Kays. Mai.	Römisch Kayserliche Majestät
roman.	romanisch
Rost.	Rostochium; Rostock
Rotdr.	Rotdruck
Roterm	Rotermund, Heinrich Wilhelm: Lexikon aller Gelehrten, die seit der Reformation in Bremen gelebt haben. Bremen 1818
Rothnbg o.T.	Rothenburg ob der Tauber
Rothsch(ild)	Freiherrlich Carl von Rothschild'sche öffentliche Bibliothek. Verzeichnis der Bücher. Frankfurt a. M. 1892 ff.
rotschn.	Rotschnitt
Rott.	Rotterdam
Roy.-[mit folgender Formatbezeichnung]	Royal-[und entsprechende Formatbezeichnung]
Rowell [mit folgender Jahreszahl]	Geo. P. Rowell & Co.'s American Newspaper Directory. Vols. 1–40. New York 1869–1908
RP	Rabattvergütung bei Postbezug
Rp.	Ruprecht
Rpg.	Realprogymn.
Rph.	Raphael
Rsch.	Realschule; Rückenschild
Rsch. Joh.	Realschule bei St. Johann
Rsch. ref. G.	Realschule reformierter Gemeinde
RStGB.	Reichsstrafgesetzbuch
RSW	Répertoire international des sources musicales. Band B I: Recueils imprimés XVIe–XVIIe siècles München-Duisburg 1960 (zitiert nach Jahreszahlen mit Exponenten).

	Band B II: Recueils imprimés XVIIIe siècle. München-Duisburg 1964 (zitiert nach Seiten)
Rthlr.	Reichsthaler
Rücks.	Rückseite; Rücksicht
Rückent(it).	Rückentitel
Rückt(it).	Rücktitel
rumän.	rumänisch
russ.	russisch
Rv. (Paris)	Revue maçonnique. Paris
Rvg.	Rückenvergoldung
RVO	Reichsversicherungsordnung

S

S	Schillinge; Schule; Series; Sonderkirchen und Sekten; Süd(en)
S	Schmid, Andreas: Geschichte des Georgianums in München. Festschrift zum 400 jährigen Jubiläum. Regensburg 1894
s.	siehe; sive
s. a.	siehe auch
s. d.	sans date; siehe da; siehe dort
s. l.	sans lieu
s. l. e. a.	sine loco et anno
s. l. n. d.	sans lieu ni date
s. o.	siehe oben
s. u.	siehe unten
S.	Sankt; Seite(n); Semester; Sohn
S.	Signale für die deutsche Maurerwelt
S.-A.	Separat-Abdruck; Sonder-Abdruck
S. ord.	Sancti ordinis
S. S.	Sanctissimus
SA	Spätausgabe
Saarbr.	Saarbrücken
Saarl.	Saarlautern; Saarlouis
Sabin	Sabin, Joseph: A Dictionary of Books relating to America from its Discovery to the Present Time. Begun by Joseph Sabin; continued by Wilberforce Eames; and completed by R. W. G. Vail for the Bibliographical Society of America. Vol. 1–29. New York 1868–1936
SAC	Societas Apostolatus Catholici
Sächs. A.	Sächsisches Archiv für bürgerliches Recht und Prozeß
Sal.	Salomon
Salam.	Salamanca
Salisb.	Salisburgum
Sällsk.	Sällskap
Salzb.	Salzburg
Saml.	Samling
Samml.	Sammlung
San Fr	San Francisco
Sanskr.	Sanskrit
Sar.	Sarja
Sask.	Saskatchewan
SB	Staatsbibliothek
SB	Bibliographie der schweizerischen Landeskunde. Bern 1894 ff.
Sb.	Sebastianus
SBA.	Sitzungsberichte der Königlich Preussischen Akademie der Wissenschaften zu Berlin
Sber.	Sitzungsbericht(e)
SBI	Verzeichniß der Ingolstädter, welche von 1772–1872 an der Universität zu Ingolstadt, Landshut und München immatriculiert waren. In: Sammelblatt des Historischen Vereines in und für Ingolstadt 10 (1884), S. 54–58
Sbld.	Sebald
SC	South Carolina
Sc.	Scipio
scat. nos.	scattered numbers
Sch	Gelehrtes München im Jahre 1834. Zusammengestellt von Adolph Schaden. München 1834
Sch.	Geländedarstellung in Schummerung
Schau	Schauspiel
Scheibel	Scheibel, Johann Ephraim: Geschichte der seit dreihundert Jahren in Breslau befindlichen Stadtbuchdruckerey. Breslau 1804
Schenda ItV	Schenda, Rudolf: Italienische Volkslesestoffe im 19. Jahrhundert. Einführung und Bibliographie zur Sammlung italierrischer Volksbüchlein im Museo Pitre, Palermo. In: Archiv für Geschichte des Buchwesens 7 (1966), Sp. 209–300
Schenda 1000 FVb	Schenda, Rudolf: Tausend französische Volksbüchlein aus dem neunzehnten Jahrhundert. Versuch einr bibliographischen Auswahl. In: Archiv für Geschichte des Buchwesens 9 (1968), Sp. 779–952
Schenda VoB	Schenda, Rudolf: Volk ohne Buch. Studien zur Sozialgeschichte der populären Lesestoffe 1770–1910. Frankfurt/M. 1970.
Scherenschn.	Scherenschnitt(e)
Scherschnik	Scherschnik, Leopold Johann: Nachrichten von Schriftstellern und Künstlern und aus dem Teschner Fürstenthum. Teschen 1810
Schiffmann	Schiffmann, Konrad: Drama u. Theater in Österreich o. d. E. Linz 1905
Schl	Schindel, Carl Wilh. Otto August von: Die deutschen Schriftstellerinnen des 19. Jahrhunderts. Leipzig 1823
Schles	Katalog der Privinzial-Bibliothek für Schleswig-Holstein. Schleswig 1896–98
SchlesHolst	Die Schleswig-Holsteinische Literatur. Von G. F[eddersen]. Leipzig 1853
Schlichtegr	Nekrolog der Deutschen für das neunzehnte Jahrhundert hsg. von Friedrich Schlichtegroll. Gotha 1791–1806
Schlossar	Schlossar, Anton: Bibliotheca historico-geographica Stiriaca. Graz 1886
Schloßer	Schloßer, Heinrich: Die Piscatorbibel. Ein Beitrag zur Geschichte der deutschen Bibelübersetzung. Heidelberg 1908
Schlußlfg	Schlußlieferung
Schlußt(it).	Schlußtitel
Schmeck	Schmeck, Anton: Die Literatur des evangelischen und katholischen Kirchenliedes im Jahre 1912 mit Nachträgen und Berichtigungen zu Bäumkers vier Bänden über *Das katholische deutsche Kirchenlied*. Düsseldorf 1913
Schmidt	Schmidt, Ernst: Führer durch das Gesangbuch der Evangelisch-Lutherischen Kirche in Bayern rechts des Rheins. Erlangen 1936
Schmit	Bibliographie zur Geschichte des österr. Kaiserstaates von Carl Schmit Ritter von Travera. Graz 1858
Schmollers J.	Jahrbuch für Gesetzgebung, Verwaltung und Volkswirtschaft. Begründet von Schmoller
Schott. G.	Gymn. zu den Schotten
Schr	Schrift(en)
Schr	Schröder, Hans: Lexikon der Hamburgischen Schriftsteller bis zur Gegenwart . . . Hamburg 1851–83
Schrader	Schrader, W.: Geschichte der Friedrichs-Universität zu Halle. T. 1. 2. Berlin 1894
Schramm	Schramm, Albert: Der Bilderschmuck der Frühdrucke. Leipzig 1920–1940
Schr(ei)bp.	Schreibpapier

Schriftl.	Schriftleiter; Schriftleitung
SchStr	Schulte-Strathaus, Ernst: Bibliographie der Originalausgaben deutscher Dichtungen im Zeitalter Goethes. München und Leipzig 1913
Schuhmacher	Schuhmacher, Gerhard: Zum Werkverzeichnis von Johann Georg Ahle. In: Jahrbuch für Liturgik und Hymnologie 16 (1971), S. 174–176 (zitiert nach Nummern)
Schulj.	Schuljahr
schw	schweizerisch
schw.	schwarz
Schw	Schweiz(er)
schwäb.	schwäbisch
Schwabe	Brevis notitia alphabetica ephemeridum literariarum a Jo. Joachimo Schwabio. In: Daniel Georgius Morhofius: Polyhistor literarius philosophicus et practicus. Editio IV. Lubecae 1747
Schwarz/Rotdr.	Schwarz/Rotdruck
schwed.	schwedisch
Schwer.	Schwerin
Schz	Katalog der Bibliothek des Reichsgerichts. Bearbeitet von Karl Schultz. Leipzig 1882–90
Scott	Scott, Franklin William: Newspapers and Periodicals of Illinois, 1814–1879. Rev. Ed. Springfield 1910
ScottFr.	The Scottish Freemason
ScottFrM.	Scottish Freemasons' Magazine
SD	South Dakota
SDS	Societas Divini Salvatoris
Se.	Seine
Seb.	Sebald
Seebass	Seebass, Adolf: Deutsche Literatur der Barockzeit. Tl. 1: A–K. Antiquariat Haus der Bücher AG, Erasmushaus, Basel [1965] (Katalog 706) T. 2: L–Z. Basel [1967] (Katalog 707)
seel.	seelig
Seitenz.	Seitenzahl
Sel.	Selig
Selbstunterr.	Selbstunterricht
Selbstverl.	Selbstverlag
Selsk.	Selskab
Ser.	Seria; Serie; Series
Sér.	Série
Selzle & Kinder	Selzle, Jakob, u. Otto Kinder: Die Geschichte der deutschen Presse von Omaha. In: Tägliche Omaha Tribüne
Sep.-Abdr.	Separat-Abdruck
Serap	Serapeum. Zeitschrift für Bibliothekswissenschaft und Handschriftenkunde. Leipzig 1844–67
seraph.	seraphisch
serb.	serbisch
Seuff. A.	Seufferts Archiv für Entscheidungen der obersten Gerichte
Sev.	Severus; Sevilla
Sez.	Sezione
sfr	Schweizer Franken
Sgb.	Sigebertus
Sgfr.	Sigefridus
Sgm.	Sigmundus
sh	Englische Schillinge
Sibr.	Sibrandus
Sim.	Simon
Simon: Bibliotheca Bacchica	Simon, André Louis: Bibliotheca Bacchica. Bibliographie raisonnée des ouvrages imprimés avant 1800 et illustrant la soif humaine sous tous ses aspects, chez tous les peuples et dans tous les temps. T. 1. 2. London & Paris 1927–32
Simon: Bibliotheca vinaria	Simon, André Louis: Bibliotheca vinaria. London 1913
SingerB	Singer, Arthur: Bismarck in der Literatur. 2. Aufl. Wien 1912
Singst.	Singstimme
Sitz.-Ber.	Sitzungsbericht(e)
SJ	Societas Jesu
SJL	Verzeichnis der Büchersammlung der ger. und vollk. St. Johannis-Loge Friedrich zum goldenen Zepter in Breslau. Breslau 1897
Sk	Skizze
Skn	Skizzen
skr	Schwedische Kronen
sl. var.	slight variations
SL.	Schlesisches Logenblatt
Slb.	Salzburg
Sleumer	Index Romanus. Zusammengestellt von Albert Sleumer. 5. Aufl. Osnabrück 1911
Slg.	Sammlung
Sm.	Seminar
Sm.	Samuel
SMA.	Sitzungsberichte der philosophisch-philologischen und der historischen Classe der k. b. Akademie der Wissenschaften zu München
Smlg	Sammlung
Sn.	Seiten
So	Sommervogel, Charles: Dictionnaire des ouvrages anonymes et pseudonymes publiés par des religieux de la compagnie de Jesus. Paris 1884
So.	Sonnenstrahlen
So. G.	Sophiengymnasium
So. Rg.	Sophien-Realgymnasium
Soc.	Sociedad; Sociedade; Società; Societate; Société; Societed; Society
Soc. Jesu	Societas Jesu
SOCist	Sacer Ordo Cisterciensis
sog.	sogenannt
Soloth.	Solothurn
Sonderbeil.	Sonderbeilage
Sonderdr.	Sonderdruck
Sonderh.	Sonderheft
Sondernr.	Sondernummer
Sondert(it).	Sondertitel
Sort(b)h.	Sortimentsbuchhandlung
Souhart	Souhart, R.: Bibliographie générale des ouvrages sur la chasse, la vénerie et la fauconnerie. Paris 1886
SP	Ordo Clericorum Regularium Pauperum Matris Dei Scholarum Piarum
sp.	später
Sp.	Spalte(n)
Sp. K.	Special Karte
Spamer	Spamer, Adolf: Die geistliche Hausmagd. Ein Beitrag zur Geschichte unserer religiösen Bilderbogen und des volkstümlichen Erbauungsschrifttums. Bearbeitet von Mathilde Hain, Göttingen 1969
span.	spanisch
spätlat.	spätlateinisch
Spec. Nr.	Special Number
Spec. Ser.	Special Series
spez.	spezial
Spr	Sprache(n)
SPr.	Skoleprogram
Sr	Senior
Sr.	Seiner
SS	Sommersemester
SS.	Seiten
Sst.	Samme Trykkested
St	Stebler, Franz Anton: Historia trium seculorum medicae Ingolstadiensis facultatis festivo tertii jubilaei anno.

	P. 1–3. Ingolstadii 1772. Oder: Stubenrauch, Moriz von: Bibliotheca juridica austriaca. Wien 1847
st.	städtisch
St.	Sankt; Seiten; Stempel; Stephanus; Stück; Stuttgart
St.	Stich(e)
[ST:]	in Metall gestochener Titel
St. A.	Kollegium bei St. Anna (Augsburg); Staatsarchiv
St. G.	Städtisches Gymn.
St.-G.-Sch.	Staatsgewerbeschule
St. o. A.	Trykkested og Trykkeaar
St.-R.	Staatsrealschule
St. Rg.	Städt. Realgymn.
St.-ROG.	Staatsrealobergymnasium
staatl.	staatlich
Staatswirtsch. F.	Staatswirtschaftliche Fakultät
Stab.tipogr.	Stabilimento tipografico
StadtBiblBerlin	Katalog der Berliner Stadt-Bibliothek. Bd. 1–8. Berlin 1906–1910
StadtBiblKöln	Katalog der Stadtbibliothek in Köln. Bearbeitet von Dr. Franz Riher. Köln 1894 ff.
StadtBibl-Nürnberg	Katalog der Nürnberger Stadtbibliothek. Herausgegeben im Auftrage des Stadtmagistrates. Nürnberg 1909
Stahl	Stahl, Wilhelm: Geschichte der Kirchenmusik in Lübeck bis zum Anfang des 19. Jahrhunderts. Lübeck 1931
Stahlst.	Stahlstich(e)
Stam	Bibliographie der Socialpolitik. Hsg. von Josef Stammhammer. Jena 1896
stamp.	stampato
Stamp.	Stamparia; Stamperia
StamS	Bibliographie des Socialismus und Communismus. Hsg. v. Josef Stammhammer. Jena 1893–1900
Stan.	Stanislaus
Ständer	Ständer, Franz: Das Eichsfeldische Kirchenlied bis zum Zeitalter der Aufklärung. Diss. Münster 1931
StAt	Schmidt, Andreas Gottfried: Anhalt'sches Schriftsteller-Lexikon Bernburg 1830
StB	Stadtbibliothek
Stb.	Stimmbuch; Stimmbücher
StBFrankf	Stadtbibliothek. Frankfurt a. M. Katalog
StBKöln	Kat. Stadtbibliothek in Köln. 1904 ff.
Ste.	Seite
Stef.	Gymnasium in der Stefansgasse
Steintaf.	Steintafel(n)
stellenw.	stellenweise
Stemp.	Stempel
Steph.	Bischöfl. Gymn. an St. Stephan (Straßburg); Gymn. bei St. Stephan (Augsburg)
Ster.-Aufl.	Stereotyp-Auflage
stereot.	stereotyp(iert)
Stett.	Stettin
StG	Staatsgymnasium
STGB	Strafgesetzbuch
Stgt	Stuttgart
Sth(m).	Stockholm
StL	St. Louis, MO
Stmk	Steiermark
Stnt.	Stein(druck)tafel(n)
stockfl.	stockfleckig
Stoffwirtsch.	Stoffwirtschaft
StPO	Strafprozeßordnung
Strals.	Stralsund; Stralsunda
Strassb.	Straßburg
Strasser	Strasser, Kurt: Die Wiener Presse in der Josephinischen Zeit. Wien 1962
Strb.	Stras(s)burg
Streit	Streit, Karl Konrad: Alphabetisches Verzeichnis aller im Jahre 1774 in Schlesien lebender Schriftsteller. Breslau 1776
Stri	Strieder, Friedrich Wilhelm: Grundlage zu einer Hessischen Gelehrten- und Schriftsteller-Geschichte. Göttingen 1781–89
Stud	Studien
Stuttg.	Stuttgart
Subskr.-Pr.	Subskriptionspreis
Sulzb.	Sulzbach
Suppl.	Supplement
SVD	Societas Verbi Divini
SWA.	Sitzungsbericht der philosophisch-historischen Classe der kaiserlichen Akademie der Wissenschaften [in Wien]
SWKl	Sammlung der Werke von Onno Klopp. Wien 1903.
SWV	Schütz-Werke-Verzeichnis. Kleine Ausgabe, herausgegeben von Werner Bittinger. Kassel usw. 1960
Sylv.	Sylvester
Symb. Nic.	Symbolum Nicaenum
syr.	syrisch
Sz.	Seitenzahl; Szám
Széchényi	Catalogus Bibliothecae Hungaricae com. Francisci Széchényi Sopronii 1799–1815
szerk.	szerkesztette
SzFig.	Szabadkömivesi Figyelö
Szinnyei	s. SzMJ
SzMJ	Magyar írók élete és munkai a magyar tudományos akadémia megbi zásábol irta Szinnyei József. Budapest 1891 ff.
Szyrocki	Szyrocki, Marian: Martin Opitz. Berlin 1956 (zitiert nach Nummern)

T

T	Täufer und Mennoniten
T	Taute, Reinhold: Katalog der Bibliothek der Loge Karl zu den 3 Ulmen in Ulm. Maurerische Bücherkunde. Leipzig 1886
T.	Teil; Teuerungszuschlag; Titel; Titus; Tome; Tomo; Tomus
T.	Der Triangel
T. H.	Technische Hochschule
T. U.	Technische Universität
Tab.	Tabelle(n)
Taf.	Tafel(n)
Taff.	Taffeln
Tan.	Tanaquil
Társ.	Társaság; Társulat
Taus.	Tausend
Taute	Taute, Reinhold: Maurerische Bücherkunde. Leipzig 1886
Tav.	Tavola; Tavole
TB	Titelbild
Tb.	Tobias
TB.	Taute: Ordens- u. Bundesromane
Tbgn	Tübingen
Tbl.	Titelblatt
TE	Titeleinfassung
Techn. F.	Technische Fakultät
Techn. H.	Technische Hochschule
TeH.	Technische Hochschule
Tegn.	Tegning
Teilausg.	Teilausgabe
Teils(amml).	Teilsammlung
teilw.	teilweise
Tesch.	Teschen
Textausg.	Textausgabe
Textb.	Textbuch
Tfln.	Tafeln
th	thesis
Th	Thesaurus librorum rei catholicae. [von Ant. Ruland?] Würzburg 1848–50
Th.	Theil
Thb.	Theobald

Thdr.	Theodor
Thds.	Theodosius
Thea	Theater
Theol	Theologie
theol.	theologisch
Theol. Diss.	Dissertation: Theologische Fakultät
Ther.	Theresianische Akademie
Thienemann	Thienemann, Friedrich August Ludwig: Die Weinwissenschaft in ihrem ganzen Umfange bearb. Leipzig & Dresden 1839
Thl.	Thaler; Theil; Thomas
Thle.	Theile
Thm.	Thomas
Thom.	Thomasschule
thous.	thousand
Thph.	Theophilus
Thurnher	Laurentius von Schnifis: Philotheus oder des Miranten Weg. Herausgegeben von Eugen Thurnher. Bregenz [1963]
Tib.	Tiberius
Tierärztl. F.	Tierärztliche Fakultät
Tierärztl. H.	Tierärztliche Hochschule
Tig.	Tigurum
TiH.	Tierärztliche Hochschule
Till.	Tillaeg
Till. H.	Tillaegshaeftet
Tils.	Tilsit
Tim.	Timotheus
Tip.	Tipi
Tipogr.	Tipografia; Tipografie; Tipographia
Tischlerg.	Gymnasium in der Tischlergasse
Tit.	Titel; Titular
Titelb.	Titelbild
Titelbl.	Titelblatt
Titeldruck	s. Berl
TK.	Titelkupfer
Tl.	Teil
Tle.	Teile
TN	Tennessee
Tom.	Tommaso; Tomus
Top.	Topographisch
Tp.	Tapis
Tr.	Trykkeri
TR	Titelrahmen
Tr:	Translated by
trad.	tradidit; traduit
Trad.	Traducção; Traducción; Traduction; Traductiune; Traducziun
Traj. ad Rh.	Trajectum ad Rhenum
transcr.	transcribed
transl.	translated
Transl.	Translation
Trausch	Trausch, Jos.: Schriftsteller-Lexikon der Siebenbürger Deutschen Kronstadt 1868–71
Trb.	Trombone
Trg.	Traugott
Trj. ad Rh.	Trajectum ad Rhenum
TrsaR.	The Lodge of Research, No 2429, Leicester. TRansactions
Tsd	Tausend
Tt.	s. Taute
Ttl.	Titel
Ttln.	Titeln
Ttlvign.	Titelvignette
Tub.	Tubinga
Tüb.	Tübingen
Tüb. Z.	Zuwachs-Verzeichnis der Koeniglichen Universitätsbibliothek in Tübingen. Tübingen 1851 ff.
Tübing.	Tübingen
Tur.	Turicum; Turigum
türk.	türkisch
TVign.	Titelvignette(n)
TX	Texas
TylKst. (Amer.)	The American Tyler-Keystone
typ. Tbl.	typographisches Titelblatt
Typ.	Typis
Typogr.	Typographia; Typographie

U

ü	über
U [mit folgender Nummer]	Nummer im Jahresverzeichnis der deutschen Hochschulschriften
Ü	Übersetzer
u.	und; unten
u. a.	und andere; unter anderem
u. ä.	und ähnliche(s)
u. d. gl.	und dergleichen
u. d. T.	unter dem Titel
u. ö.	und öfter
U.	Ulricus; Umschlag; Universität; University; Unterschrift
U.	Union. Ungar.-österreich. Freimaurerzeitung
U. A.	Uden Trykkeaar
U.-B.	Universitätsbuchhandlung
U. L. Frau	Unsere Liebe Frau
U.-R. II.	Unterrealschule im 2. Bezirk
U. St.	Uden Trykkested
U. St. o. A.	Uden Trykkested og Trykkeaar
U. Tv.	Uden Tvivl
UB	Universitätsbibliothek
Ub.	Uberto
überarb.	überarbeitet
übergekl.	übergeklebt
übers.	übersetzt
Übers.	Übersetzer; Übersetzung
übertr.	übertragen
Übertr.	Übertragung
uebs.	uebersetzt
Uebs.	Uebersetzung
UBTüb	Systematisch-alphabetischer Hauptkatalog der Königlichen Universitätsbibliothek zu Tübingen. Tübingen 1854 ff. 1 ff.
udg.	udgive
Udg.	Udgave; Udgiver
UF.	L'Union fraternelle. Oder: Universala Framasono
UG.	Untergymnasium
Uhland	Alte hoch- und niederdeutsche Volkslieder. Stuttgart u. Tübingen 1844–1845
uit.	uitgegeven
Uitg.	Uitgaaf; Uitgever
Ultr.	Ultrajectum
Umdr.	Umdruck
Umf.	Umfang
umgearb.	umgearbeitet
Umgeg	Umgegend
UMS.	L'Union maç. suisse
Umschl.	Umschlag
Umschlagt(it).	Umschlagtitel
Un	Union
Un.-B.	Universitätsbuchhandlung
unbeschn.	unbeschnitten
ung(ar).	ungarisch
ungez.	ungezählt; ungezeichnet
ungez. Bl(l).	ungezählte Blätter
Univ.	Universität; Université; University
Univ.-Bh.	Universitätsbuchhandlung
Univ. Schrift	Universitätsschrift
Univers.	Universität; Universitet
Unterr	Unterricht
Unters.	Untersuchung(en)
Unterst	Unterstützung
unterz(eichn).	unterzeichnet
Unterz(eichn).	Unterzeichner
unveränd.	unverändert
unvollst.	unvollständig
Uppl.	Upplaga
UPr.	Universitetsprogram
Ups(al).	Upsala; Upsalia
Urb.	Urbanus
Urk	Promotionsurkundensammlung des Universitätsarchivs
urspr. Pr.	ursprünglicher Preis

usw.	und so weiter
UT	Utah
UT.	Der unsichtbare Tempel
utarb.	utarbedet
utg.	utgifva
Utg.	Utgifvare
Utr.	Utrecht

V

V	Verfasser; Voce; Vox
v.	Geländedarstellung veraltet; vide; voir; vom; von
v	vergriffen
V.	ein der Dissertation beigefügtes Curriculum vitae; Verlag; Vers; Violino; Volume
V	Voranzeige
[V:]	Verleger
V.	Vereinsblatt für das deutsche Versicherungswesen. Oder: De Vrymetselaar
V.P.	venerabilis pater
V.V.	Väter
VA	Virginia
Va.	Viola
VaK	Katalog der Bibliothek des Verbandes alter Korpsstudenten, Marburg a. L. 1909
Val.	Valencia; Valentinus
Valer.	Valerius
Vars.	Varsavia; Varsovia
Vater	Vater, Johann Severin: Litteratur der Grammatiken, Lexica und Wörtersammlungen aller Sprachen der Erde. 2. Aufl. bearb. von B. Jülg. Berlin 1847
vb.	verbessert
Vc.	Vincentius; Violoncello
Vct.	Victor
VDV	Ungarländischer Dt. Volksbildungsverein
Vel(in)p.	Velinpapier
Ven.	Venedig; Venetiae; Venezia
ver.	vereint
Ver.	Verein
veränd.	verändert
Veranl.	Veranlassung
veranst.	veranstaltet
verantw.	verantwortlich
verb.	verbessert
Verb.	Verband; Verbesserung; Verbindung
verbess.	verbessert
Verbind.	Verbindung
verf.	verfaßt
Verf.	Verfasser
Verff.	Verfasser
vergl.	verleiche(nd)
vergr.	vergriffen
Verh.	Verhandlung(en)
Verl.	Verlag
Verl. Anst.	Verlagsanstalt
Verl. Buchh.	Verlagsbuchhandlung
Verl.-Compt.	Verlags-Comptoir
Verl.-Dr.	Verlags-Druckerei
Verl. Ges.	Verlagsgesellschaft
Verl. Inst.	Verlagsinstitut
Verl.-Mag.	Verlags-Magazin
Verl. u. Dr. Ges.	Verlags- und Druckerei-Gesellschaft
Verlagsges.	Verlagsgesellschaft
Verlbh.	Verlagsbuchhandlung
Verlg.	Verlag
Verlh(dlg)	Verlags(buch)handlung
Verlhs.	Verlagshaus
verm.	vermeerderde; vermehrt
veröff.	veröffentlicht
Veröff.	Veröffentlichung(en)
Veröff.	Veröffentlichungen des Deutschen Vereins für Versicherungs-Wissenschaft
veröffent.	veröffentlicht
vers.	versehen
Vers.	Versammlung
versch.	verschieden
Versch. M.	Verschiedene Maasstäbe
vert.	vertaald
Vert.	Vertaling
vervielf.	vervielfältigt
vervollst.	vervollständigt
Verw.	Verweisung
Verz.	Verzeichnis
Vesme	Vesme, Alexandre de: Le peintre graveur italien. Milano 1906
Vet.-med. F.	Veterinär-medizinische Fakultät
Vetter	Joh. Jac. Bodmer. Denkschrift zum 100. Geburtstag. Zürich 1900. Bibliographie von Vetter
Vf.	Verfasser
vgl.	vergleiche
Vicaire	Vicaire, Georges: Bibliographie gastronomique. Paris 1890. Oder: Vicaire, Georges: Bibliographie gastronomique. ... Les vins. 2. ed. London 1954
Vict.	Victor
VictorFr.	The Victorian Freemason
vid.	vide
vielm.	vielmehr
Vien.	Vienne
viertelj.	vierteljährlich
Vign.	Vignette(n)
Vik.	Vikar
Vin.	Vinegia
Vinc.	Vincentius
Vind.	Vindobona
Vinet	Vinet, Ernest: Bibliographie méthodique et raisonnée des Beaux-Arts ... Paris 1874–1877
Viol.	Violine
Vitemb.	Vitemberga
Vitzt.	Vitzthumsches Gymnasium
Vl.	Violine
Vla	Viola
VLBS	Vierteljahrsschrift für Litteraturgeschichte. Weimar 1888–93
Vlg.	Verlag
Vlghdl.	Verlags(buch)handlung
Vlkm.	Volkmar
Vlnp.	Velinpapier
VM	Verlegermarke
vm.	vermehrt
VM.	Vertrauliche Mitteilungen d. Bundessekretariats d. F. z. a. S. Oder: The Voice of Masonry
VO.	Verordnung
Vogel	Iohann Nicolaus Vogels Specimen bibliothecae Germaniae Austriacae. Viennae 1779–83
Vogeleis	Vogeleis, Martin: Quellen und Bausteine zu einer Geschichte der Musik und des Theaters im Elsaß 500–1800. Straßburg 1911
Vol.	Volume; Volumen; Volumes
Voll.	Volumina
vollst.	vollständig
Vollst. Sammlung aller Toleranzschriften	Vollständige Sammlung aller Schriften, die durch Veranlassung der Allerhöchsten Kaiserl. Toleranz- und Reformations-Edikten auch anderer Verordnungen, welche größtenteils zu Wien erschienen, nunmehr zum Besten der Freunde dieser interessanten Schriften zusammengetragen. Straßburg 1782–1786
von der Heydt	Heydt, Johann Daniel von der: Geschichte der evangelischen Kirchenmusik in Deutschland. Berlin 1926. 2. Aufl. 1932

vorgeb.	vorgebunden
vorh. u. d. T.	vorher unter dem Titel
vorm.	vormals
Vorr.	Vorrede; Vorredner
Vorst.	Vorstücke
Vort(it).	Vortitel
Vortr.	Vortrag; Vorträge
Vorw.	Vorwort
Vratisl.	Vratislavia
Vrlsh.	Verlags(buch)handlung
Vrt.	La Vérité
Vrw.	Vorwort
VS	Vorschule
VS(A)	Vereinigte Staaten(von Amerika)
VT	Vortitel
Vt.	Veit; Vitus
[VV:]	Verlegervermerk

W

W	Wappen
W	Wackernagel, Philipp: Das deutsche Kirchenlied von der ältesten Zeit bis zu Anfang des XVII. Jahrhunderts. 5 Bände. Leipzig 1864–77 (zitiert nach Bandzahl und Nummern, vereinzelt nach Bandzahl und Seiten)
w. o.	wie oben
W.	Werk; Westen; Wien; Wilhelm; William
W.	s. Weller, 3. Bedeutung; s. Wolfstieg
W. Repert. typ.	Weller: Repertorium typographicum. Nördlingen 1864
W.V.E.E.	Wohlverehrte ehrwürdige
W.V.Z.	Zeitschrift für die gesamte Versicherungs-Wissenschaft
W.W.E.E.	Wohlehrwürdig(e)
wä	während
Wa	Walther, O. A.: Handwörterbuch der juristischen Literatur des 19. Jahrhunderts. Weimar 1854
WA	Washington
WA	Annalen der petischen National-Literatur der Deutschen im 16. u. 17. Jahrhundert. Bearbeitet von Emil Weller. Freiburg i. Br. 1862–64. Supplement 1870–87. Oder: D. Martin Luthers Werke. Kritische Gesamtausgabe (Weimarer Ausgabe) (zitiert nach Bandzahl und Sigel)
Wack	Wackernagel, Philipp: Das deutsche Kirchenlied. Leipzig 1864–74
WackBb	Wackernagel, Philipp: Bibliographie des deutschen Kirchenliedes im 16. Jahrhundert. Frankfurt a. M. 1855
Wagner	Die Literatur der Salzburger Mundarten. Von Nikolaus Huber. 2. Auflage von Hermann F. Wagner. Salzburg [1900].
Warsch.	Warschau
Wash	Washington, DC
wasserfl.	wasserfleckig
WB	Wackernagel, Philipp: Bibliographie zur Geschichte des deutschen Kirchenliedes im XVI. Jahrhundert. Frankfurt a. M. 1855 (zitiert nach Nummern)
Wb.	Der Weltbund. Monatsschrift für Menschentum etc.
WB.	Wackernagel: Bibliographie zur Geschichte des deutschen Kirchenliedes. Frankfurt 1855
WBL	Wurzbach, Constant von: Biographisches Lexikon des Kaiserthums Österreich. Wien 1856–91
Wbl.	Wochenblatt
Wc.	Wenceslaus
Weber	Weber, C. Gottlieb: Literatur der deutschen Staatengeschichte. Leipzig 1800. Oder: Weber, Friedrich Benedict: Handbuch der ökonomischen Literatur; ... . Th. 1–7. Berlin [u. a.] 1803–42. Oder: Weber, Heinrich: Geschichte des Kirchengesanges in der deutschen reformierten Schweiz seit der Reformation. Mit genauer Beschreibung der Kirchengesangbücher des 16. Jahrhunderts. Zürich 1876
Weber, Bamberg	Weber, Heinrich: Der Kirchengesang im Fürstbistum Bamberg. Köln 1893
Wedd.	Progymn. auf dem Wedding
Weidlich	Weidlich, Ch.: Biograph. Nachrichten von den jetzt lebenden Rechtsgelehrten in Teutschland. Halle 1781–1785. Oder: Zuverlässige Nachrichten von denen jetzt lebenden Rechtsgelehrten Halle 1757–65
Weim.	Weimar
Weinhold	Weinhold, Rudolf: Winzerarbeit an Elbe, Saale und Unstrut. Berlin 1973
weitergef.	weitergeführt
Weller	Weller, E.: Die falschen und fingirten Druckorte. Leipzig 1864–1867. Oder: Weller, E.: Lexicon pseudonymorum. Regensburg. 1886. Oder: Weller, Emil: Annalen der Poetischen National-Literatur der Deutschen im XVI. und XVII. Jahrhundert. Bd. 1.2. Freiburg im Breisgau 1862–64 (zitiert nach Band und Nummer)
weltl.	weltlich
Wenc.	Wenceslaus
WenWFDV	Wentzke, Paul: Kritische Bibliographie der Flugschriften zur Deutschen Verfassungsfrage 1848–1851. Halle a. S. 1911
Werniger.	Wernigerode
Wes.	Wesel
Wett. G.	Wettiner Gymn.
Wf.	Wolf
Wfg.	Wolfgang
WFM	Katalog der Bibliothek des k. k. Finanzministeriums. Wien 1898
WI	Wisconis
Wi. G.	Wilhelm(s)gymn.
Widm.	Widmung
Wien [mit folgender römischer Ziffer]	s. unter der jeweiligen Ziffer am Ende dieses Verzeichnisses
Wienstein	Wienstein, Friedrich: Lexikon der katholischen deutschen Schriftsteller vom Ausgange des Mittelalters bis zur Gegenwart. Hamm i. W. 1899
Wiesb.	Wiesbaden
Wig.	Wigand
Will	Will, Georg Andreas: Nürnbergisches Gelehrten-Lexikon. Nürnberg und Altdorf 1755–1808
Winckler	Winckler, Johann: Die periodische Presse Oesterreichs. Eine historisch-statistische Studie. Wien 1875
Winer	Winer, Georg Benedict: Handbuch der theologischen Literatur. 3. Auflage. Leipzig 1838–42
Winkelmann	Winkelmann, Eduard: Bibliotheca Livoniae Historica. Systematisches Verzeichnis der Quellen und Hülfsmittel zur Geschichte Esthlands, Livlands und Kurlands. Zweite vermehrte und verbesserte Ausgabe. Berlin 1878
Winklern	Winklern, Joh. Bapt. v.: Biographische und litterarische Nachrichten von den Schriftstellern und Künstlern in dem Herzogthum Steiermark. Grätz 1810
wirkl.	wirklich
wirkl. Name	wirklicher Name
Wirtsch	Wirtschaft

Wirtsch.- u. sozialwiss. F.	Wirtschafts- und sozialwissenschaftliche Fakultät
Wirtschaftswiss. F.	Wirtschaftswissenschaftliche Fakultät
wirtschl	wirtschaftlich
wiss.	wissenschaftlich
Wiss.	Wissenschaft(en)
wisschl	wissenschaftlich
Wisschn	Wissenschaften
Witkowski	Witkowski, Georg: Geschichte des literarischen Lebens in Leipzig. Leipzig u. Berlin 1909
Witt.	Wittenberg; Wittenberga
WJ.	Journal für Freimaurer. Wien
WK.	s. Wack
Wmr.	Weimar
WÖ	Weber, Friedrich Benedikt; Handbuch der ökonomischen Litteratur. Berlin 1803–23
wöchentl.	wöchentlich
Wochs	Wochenschrift(en)
Wöhl. Sch.	Wöhlerschule
wohlf.	wohlfeil
Wold.	Woldemar
Wolfenb.	Wolfenbüttel
Wolfstieg	Wolfstieg, August: Bibliographie der freimaurerischen Literatur. Bd. 1. 2. Leipzig 1911–12
Wolkan	Wolkan, Rudolph: Bibliographie der deutschen Litteratur Böhmens im 16. Jahrhundert. Prag 1890
Wonisch	Wonisch, Othmar: Versuch einer Bibliographie der Benediktiner-Abtei St. Lambrecht. St. Lambrecht 1910
Wq	Wotquenne, Alfred-Camille: Catalogue thématique des œuvres de Carl Philipp Emanuel Bach. Leipzig 1905
Wr	Weller, Emil: Die falschen und fingirten Druckorte. 2. Aufl. Leipzig 1864–68
Wr.	Werner
WrDiar	Wiener Diarium
WrZtg	Wiener Zeitung
Wschr.	Wochenschrift
WS	Wintersemester
Wth.	Walther
WUBb	Nominal-Katalog der K. K. Universitaetsbibliothek in Wien
Würzb.	Würzburg
Wurzbach	s. WBL
Wüstefeld	Wüstefeld, Karl: Geschichte des eichsfeldischen Kirchengesanges. Heiligenstadt 1921
WV	West Virginia
WvV.	Weekblaad voor Vrymetselaars
Wwe.	Witwe
WY	Wyoming
Wz.	Wenzel
WZ.	Winkelmass u. Zirkel. Monatshefte

X

X.	Holzschnitt; Xaverius; Xavier
Xenia	Xenia Bernardina. Vindobonae 1891

Y

Yid.	Yiddish

Z

z	zu; zum; zur
Z	Ziertype(n)
Z	Zahn, Johannes: Die Melodien der deutschen evangelischen Kirchenlieder aus den Quellen geschöpft und mitgeteilt. 6 Bände. Gütersloh 1889–1893 Band 6: Chronologisches Verzeichnis der benutzten Gesang-, Melodien- und Choralbücher und die letzten Nachträge (zitiert nach den Nummern dieses Bandes). Oder: Zeitschrift für Versicherungswesen. Oder: Der Zirkel
z. B.	zum Beispiel
z. T.	zum Teil
z. Th.	zum Theil
z. Tl.	zum Teil
z. Z(t).	zur Zeit
Z.	Zaccaria; Zacharias; Zeile
zahlr.	zahlreich(e)
ZGB	Zivilgesetzbuch
Zd.	Der Ziegeldecker im Osten von Altenburg
Zedler	Grosses vollständiges Universal-Lexikon aller Wissenschaften und Künste. Halle 1732–54
Zeichn.	Zeichnung(en)
Zeidl.	Zeidlers Realschule
Zeits	Zeitschrift
Zeitschr. f. Büch.	Zeitschrift für Bücherfreunde. Bielefeld und Leipzig 1897 ff.
Zeitschr. f. d. Alt.	Zeitschrift für deutsches Alterthum und deutsche Litteratur. Berlin 1846 ff.
Zeitsn	Zeitschriften
Zenker	Zenker, Ernst Viktor: Geschichte der Wiener Journalistik von den Anfängen bis zum Jahre 1848. Wien u. Leipzig 1892
Zibrt	Bibliografie České historie sestavil Čenek Zibrt. V. Praze 1900 ff.
ZK	Zeitschrift für vergleichende Literaturgeschichte. Berlin 1887–1900
ZL	Zierleiste; Zierlinie; Zloty
Zn.	Zeilen
ZP	Pfälzische Bibliographie [hsg. von Karl Zangemeister]. Heidelberg 1886
ZPO.	Zivilprozeßordnung
Zs.	Zeitschrift
Zs. f. d. Ph.	Zeitschrift für deutsche Philologie. Halle 1869 ff.
Zsarb.	Zusammenarbeit
Zsfassung	Zusammenfassung
zsgest.	zusammengestellt
zsgetr.	zusammengetragen
Zss.	Zeitschriften
Zsstellung	Zusammenstellung
Ztg	Zeitung
Ztng	Zeitung(en)
Zu	Bibliotheca Theologica von Ernst Amandus Zuchold. Göttingen 1864
zugl	zugleich
Zür.	Zürich
zus.	zusammen
ZuwZür	Zuwachs-Verzeichnis der Bibliotheken in Zürich. Zürich 1898 ff. 1 ff.
zw.	zwischen
Zw. Rg.	Realgymn. am Zwinger
Zweibr.	Zweibrücken
Zwick.	Zwickau
Zwischent(it).	Zwischentitel
ZwM.	Zwanglose Mitteilungen a. d. Verein deutscher Frmr.
ZZ	s. ZuwZür

Besondere Zeichen

–; – –; – – –; ...	zeigt an, daß ein Teil (zumeist der Sachtitel oder Teile davon oder der Verfassername) des vorhergehenden Eintrags zu wiederholen ist
→	siehe
( )	[bei instruktionsgemäßen Aufnahmen] Titelzusätze, die dem Buch selbst entnommen sind
[ ]	Titelzusätze, die nicht dem Buch selbst, sondern anderen Quellen entnommen sind
<>	Titelzusätze, die auf dem Titelblatt in Klammern stehen
+	ff.
||	unregelmäßiges Erscheinen
!	[vor der Titelaufnahme] Berichtigung der vorhergehenden Aufnahme
*	Titelaufnahme beruht auf Autopsie
*	[vor der Titelaufnahme] Aufnahme ist in Einzelheiten unvollständig oder vom Original abweichend; Berichtigung der vorhergehenden Aufnahme
•	[bei Schulschriften vor dem Ortsnamen oder der Jahreszahl] Festschrift; [nach dem Erscheinungsjahr] Schrift aus einer bayerischen Schule
*	[vor – häufig nicht mit abgedruckten – Preisangaben] Preis ist nicht genau bekannt; Preis kann in einer größeren Entfernung vom Verlagsort höher als angegeben sein
**	[bei Schulschriften] Aufnahme beruht nicht auf einem Belegexemplar; [bei Aufnahmen anderen Schrifttums] vom Verleger war keine nähere Nachricht zu erhalten
†	[bei Preisangaben] Preis wurde durch Aufschlag auf einen vom Verleger mitgeteilten Nettopreis gewonnen
	[in Titelaufnahmen freimaurerischen Schrifttums bei Freimaurertermini] soviel wie einfacher Abkürzungspunkt
□	Loge
⧉	Logen
&	et
&c	et cetera

Römische Ziffern nach Ortsnamen bei Schulschriften

I.	1. Staatsgymnasium
II.	2. Staatsgymnasium; Staatsgymnasium im 2. Bezirk
III.	3. Staatsgymnasium; Staats- bzw. Communalgymnasium im 3. Bezirk
IV.	4. Staatsgymnasium; Staats- bzw. Communalgymnasium im 4. Bezirk
VI.; VIII.; IX.	Staats- bzw. Communalgymnasium im 6., 8. oder 9. Bezirk

Formatbezeichnungen
(zumal für die ältere Zeit richtiger: Bezeichnungen für Bogenteilungsverhältnisse)

2.; 2°	Folio
4.; 4°; 4to	quarto; Quart
8.; 8°; 8vo	octavo; Oktav
12.; 12°; 12mo	duodecimo; Duodez
16.; 16°; 16mo	sedecimo; Sedez
18.; 18°; 18mo	octodecimo; Oktodez

Gekürzte Jahreszahlen

Bei den Erscheinungsjahren ist teilweise die 1 am Anfang weggelassen. Seltener fehlen darüber hinaus auch die 8 und die 9 zur Bezeichnung des Jahrhunderts. Wo dies der Fall ist, wurde, wenn nicht schon im Druck geschehen, für 19.. vor die beiden (geklammerten) Endziffern von Hand ein Apostroph eingefügt.

* * * * * kl. 16. (1¾ B.) Herisau 846, [Schläpfer'sche Buchh.] Thlr.

A. A. B. B. C. C. neues, wie auch Lese- u. Bilderbüchelchen, 8. Eisleben, Verdion. 806.

A.B.C.D. Allgemeiner Bier-Comment Deutschlands. (Ausgestanzt.) qu. gr. 16. (32 S.) Rostock (899). Leipzig, O. Hoftmann. — 65

A bas la commune! Es lebe die Gemeinde! E. sozial-kommunale Studie v. ***. gr. 8. (35 S.) Göttingen 896. Vandenhoeck & Ruprecht. n. — 75

A Csodaorvos és Házibarát. Pr. R. N. J. 8. (109 S.) Wien 848, Jasper's Verl. 9 ngr

A Csodaorvos és Házibarát. Pr. R. N. J. 8. (100 S.) Wien 848, [Manz.] Thlr.

A la Convention nationale du peuple français. De la part de la ville libre de Cologne. S. l. 1795. V: *Wallraf, Ferdinand Franz.* (stBKöln I, 96)

A. M. D. G. Für Geistliche. Verschiedene Arten, dem Brevíergebete im Sinne der Kirche obzuliegen. Nach d. Franz. gr. 16. (32 S.) Regensburg 848, Manz. 1/12 ngr

A Mademoiselle Babette Comtesse de Keglevits O. O. u. J. [Oedenburg 1796]. V: *Belnay, Georg Alois von.* GGr VII/71, Nr. 106/3) (biblPort)

A Monsieur Alexandre de Jordis, Colonel de Moltke en September 1779. Görz. V: *Traunpaur, Alphons Heinrich.* (Realzeitung 1779, 2. Bd., S. 606.) (biblPort)

A—Ω! Entkleidung und Verklärung. Ein fliegender Brief an Niemand den Kundbaren. [Mühlheim] 1786. V: *Hamann, Johann Georg.* (schstr S. 17)

A u. O., das. Eine Zornlampe zur Beleuchtung der Schrift des Dr. Paniel: „Aktenstücke in Bezug auf den von neun Bremer Pastoren gemachten Versuch, den Herrn Pastor Nagel aus dem Ministerium auszuschließen. gr. 8. Oldenburg 846. (Sonnenberg) (Bremen, Kaiser) n. 2 ngl

— dasselbe. 2. Aufl. gr. 8. Ebend. 846. 3 ngl

A magyar nemzeti politika helyes iránya. Wien, 862. Gerold. Lex.-8. (86 S.) n. 16 ngr.

A propos de deux conférences du P. Hyacinthe. Réponse aux lettres d'une institutrice libérale par une mère de famille. gr. 8. (16 S.) Strassburg 877, (Treuttel und Würtz.) * *

A—Z. Die Thatsache der lenkbaren Luftschifffahrt und ihre Verwendung für Militärzwecke. Leipzig 1890.

A.L., s. Bomben u. Granaten.

A.L., s. Lachkrampf.

Aa, Abraham Jakob van der

A A., A.J. van der, Hdbch der holländischen Umgangssprache. Zamenspraken in de neder-en hoogduitsche talen, voorafgegaan van eene verzameling der meest gebruikelijken woorden. 16. Köln u. Aachen 840. Kohnen. 1/3 ngr

Aa, H. v. d., s. Aa, Karl v. d.

Aa, Karl v. d.

Aa, H. (richtig K.) v. d.: Abriss d. Volkswirtschaftslehre, s.: Gruss, Pauline, Einführg. in d. soz. Hilfe.

Aa, H. v. der, das wirtschaftliche Brautexamen e. soziale Forderung der Gegenwart. (23 S.) gr. 8. Münster (906). H. Schöningh. n. — 50

Aa, Karl v. d.: s.: Teubners Einzelktn. z. Wirtschaftsgeogr. Deutschlands.

Aa, Karl v. d.: Methodik d. Unterr. im kaufmänn. Briefwechsel, s. Methodik d. kaufmänn. Unterr.–Fächer.

Aab, Fr. Jos., D. Schutzmantel Mariä od. d. hl. fünffache Skapulier. D. beste Kleid i. Leben, i. Tode u. nach d. Tode. E. Buch zur zeitgemäß. Darstellg. u. Verteidigg. d. Herrlichkeiten d. Königin d. hl. Skapuliers nach d. göttl. Schrift, d. Bullen d. Stellvertreter Jesu Christi, d. Lehren d. römisch-kath. Kirche, d. neuesten Dekreten d. hl. Kongregationen d. Riten u. d. Ablässe u. d. glaubwürd. Zeugnissen d. Geschichte. Mit pass. Meß-, Beicht-, Kommunion- u. Ablaßgebeten, sow. e. großen Ausw. allgem. u. bes. Andachtsübgn., samt d. rechtmäß. Ablaßverzeichnissen u. allen liturg. Formeln, z. Weihe, z. Auflegg. u. z. Sterbeablasse. gr. 16. (XV, 480 S. m. 1 Farbdr.) Stuttgart 897. Süddeutsche Verlagsbuchh. n. 1. 65; geb. i. Leinw. n. 2. —; in Chagrinldr. m. Goldschn. n. 3. —

Aab, Fr. Jos., neues Wendelinusbuch od. Der hl. Wendelin unser Freund u. Vorbild, sowie Helfer in Krankheiten, Seuchen, Nöten u. Gefahren. Samt Morgen-, Abend-, Beicht- u. Kommuniongebeten, e. St. Wendelinus-Messe u. Litanei, Gesängen, Tagzeiten u. dem Bilde des Heiligen. 8. Aufl. (160 S. m. Titelbild.) 16. Heiligenstadt (909). F. W. Cordier. Geb. in Leinw. — 75

Aabeck, H., großer vollständiger Briefsteller f. freundschaftl. u. geschäftl. Korrespondenz. Briefmuster aller Art im Verkehr m. Verwandten u. Freunden, in Liebes- u. Heiratsangelegenheiten, in Handel u. Gewerbe, m. Behörden u. Gerichten. Außerdem m.: Anleitung z. Briefschreiben nebst ausführl. Grammatik, m. Album- u. Stammbuchversen, Fremdwörterbuch, Geschäftsformularen aller Art, Münz-, Zins-, Maß- u. Gewichtstabellen, Post- u. Telegraphengebühren samt Vorschriften, m. Rechtschreibwörterbuch, Reimen f. Ansichtspostkarten, Titulaturen, Toasten u. Festreden, Testamenten, e. Übersicht der wicht. Behörden, m. Verträgen, Zeitungsanzeigen, Zeugnissen u. anderem. 2., verm. u. gänzl. umgearb. Aufl. (400 S.) gr. 8. Reutlingen (906). Enßlin & Laiblin. Geb. in Leinw. n. 3. 50

Aabeck, H., vollständiger Briefsteller für freundschaftliche und geschäftliche Korrespondenz. Briefmuster aller Art im Verkehr mit Privatpersonen und Behörden. Formulare für Geschäftsaufsätze jeder Art als: Eingaben, Contracte, Verträge, Testamente, Vollmachten, Quittungen, Wechsel, eine Anleitung über Styl und Schreibweise, Titulaturen rc. 1.—5. Tausend. 8. (336 S.) Kaiserslautern 888, Gotthold's Verlag. geb. *

— **zu Verlobung, Polterabend u. Hochzeit!** Eine reichhalt. Sammlg. v. Vorträgen, Aufführgn., Toasten u. Liedern f. Verlobg., Polterabend, grüne, silberne, goldene und diamantene Hochzeiten, m. e. Anleitg. zur Zusammenstellg. v. Hochzeitszeitgn. (224 S.) gr. 8. Ebd. (906). n. 1. 50

A a b e l, Marie, s. a. Abel, M.

Aabel, Marie, die mod. Anrichtekunst od. das elegante Garnieren d. Speisen. Handb. f. d. prakt. Gebrauch in d. bürgerl. u. d. herrschaftl. Küche. Mit 195 Abb. nach photogr. Natur-Aufn. 7. verm. u. gänzl. umgearb. Aufl. (IV, 119 S.) gr. 8. Gotha (909). P. Hartung. 4.—; geb. 5.—; Prachtausg., geb. in Leinw. 7. —

Aabel, Marie, D. Einkochen d. Früchte. D. Bereitg. d. Fruchtsäfte, Hausschnäpse, Crême, Kompotte, Sulzen, d. Gefrorenen, d. Marmeladen, d. feinen kalten u. warmen Getränke, d. in Essig eingem. Früchte, wie d. i. Blechbüchsen eingem. Früchte u. Gemüse. (E. Sammlg. üb. 200 erprobt. Hausrecepte.) Neueste vollst. Ausg. 19. (Umschlag-)Aufl. 8. (III, 112 S.) Backnang 898. J. Rath. n. — 50

Aabel, Marie, das Einmachen der Früchte. Die Bereitg. der Fruchtsäfte, Hausschnäpse, Crême, Kompotte, Sulzen, des Gefrorenen, der Marmeladen, der feineren kalten u. warmen Getränke, der in Essig eingemachten Früchte, wie der in Blechbüchsen eingemachten Früchte und Gemüse. 22. Aufl. (III, 112 S.) 8. Gotha (905). P. Hartung. n. — 60
21. Aufl. unt. d. T.: Das Einkochen der Früchte. (III, 112 S.) Backnang 903. Ebd. n. — 50.

— **Das Einmachen d. Früchte.** Die Bereitg. d. Fruchtsäfte, Hausschnäpse, Crême, Kompotte, Sulzen, des Gefrorenen, d. Marmeladen, d. feineren kalten u. warmen Getränke, der in Essig eingemacht. Früchte, wie d. in Blechbüchsen eingemacht. Früchte u. Gemüse. 25. Jubil.-Aufl. 1. u. 2. Ausg. (IV, 126 S.) 8. Ebd. (909). 1.—; geb. 1.50

Aabel, M., das Einmachen der Früchte und die Bereitung der Fruchtsäfte, nebst gründlicher Anleitung zur Anfertigung der verschiedensten Liqueure. Lauter erprobte Hausrezepte. 8. (85 S.) [Neu-Ulm 882, Stahl's Verlag.] Regensburg, Verlagsbureau. *

— **Fastenkoch-Büchlein.** Vollständige Anleitg. zur Bereitg. v. 350 verschiedenen Fastenspeisen. 4. Aufl. (112 S.) kl. 8. Backnang (904). [J. Rath.] Gotha, P. Hartung. n. — 50

— Regensburger **Fastenkochbüchlein.** Vollständ. Anleitg. zur Bereitg. v. 350 verschied. Fastenspeisen. 8. (112 S.) Regensburg 897. Verlagsbureau. n. — 50

Aabel, M., Fischküche. Praktische Anleitg. zur Bereitg. der verschiedensten Fischspeisen. gr. 8. (67 S.) Regensburg 892. Verlagsbureau. n. — 50

— **Fischküche.** Prakt. Anleitg. z. Bereitg. d. verschiedensten Fischspeisen. 2. Aufl. 8. (48 S.) Nürnberg 898. Backnang. J. Rath. n. — 50

— das elegante **Garnieren** (Anrichten) der verschiedenen Speisen. 8. (VIII, 88 S. m. Abbildgn. u. 15 farb. Taf.) Ebd. 894. n. 3. —

Aabel, Marie, das elegante **Garnieren** (Anrichten) der verschied. Speisen. (4. [Umschl.-]Aufl.) 8. (VIII, 88 S. m. Abbildgn. u. 15 farb. Taf.) Backnang (899). J. Rath. n. 3. —; geb. in Leinw. n. 4. —

— das elegante **Garnieren** (Anrichten) der verschiedenen Speisen. (Umschlag: 5. Aufl.) (88 S. m. Abbildgn. u. 15 farb. Taf.) 8. Ebd. (904). n. 3. —; geb. n. 4. —

— die **Hauskonditorei.** E. Sammlg. erprobter Rezepte z. Bereitg. v. Weihnachtsbäckereien, Kaffee- u. Theegebäck, wie d. Torten u. Kuchen. 8. (100 S.) Regensburg 895. Verlagsbureau. n. — 50

— die **Hauskonditorei.** Eine Sammlg. erprobter Rezepte z. Bereitg. v. Weihnachtsbäckereien, Kaffee- u. Theegebäck, wie der Torten u. Kuchen. 3. Aufl. 8. (96 S.) Regensburg (896). Backnang, J. Rath. n. — 50

— die **Hauskonditorei u. Feinbäckerei.** Eine Sammlg. v. 260 erprobten Haus-Rezepten zur Bereitg. v. aller Arten Backwerke, als Kaffee- u. Teegebäck, Torten u. Kuchen, wie der Weihnachtsbäckereien. 4. verm. Aufl. (95 S.) 8. Gotha (906). P. Hartung. n. — 60
Auch m. Umschlag: Weihnachtsbäckereien u. die Hauskonditorei.

— **Die Hauskonditorei u. Feinbäckerei.** Eine Sammlg. v. 350 erprobt. Haus-Rezepten z. Bereitg. v. all. Art. Backwerke, Kaffee- u. Teegebäck, Torten u. Kuchen, wie d. beliebt. „Weihnachts-Bäckereien". Spezial-Koch- u. Hausbücher Nr. 4. 5. verm. Aufl. (111 S.) 8. Ebd. (909). 1.—; geb. 1.50

— **Junggesellen-Kochbuch.** Eine Sammlg. rasch herzustell. schmackhafter, warmer Speisen u. Getränke für Junggesellen, Jäger, Touristen 2c. 3. Aufl. 8. (168 S.) Backnang (902). J. Rath. — 75

— **Neueste vollständ. Kartoffel-Küche,** s.: Spezial-Kochbücher, praktische. 1. Bdchn.

Aabel, Marie, vollständige **Kartoffelküche.** Anleitung zum Zubereiten der beliebtesten u. besten Kartoffelsuppen, Knödel, Nudel, Strudel, Pasteten, Gemüse, Salate 2c. 136 Orig.-Kochrecepte. 8. (39 S.) Regensburg 888. Verlagsbureau. n. — 50

— **Vollständige Kartoffelküche.** Anleitg. z. Zubereiten d. verschiedensten Kartoffelsuppen, Knödel, Nudel, Strudel, Pasteten, Gemüse, Salate 2c. Nach eig., vieljähr. Erfahrg. hrsg. 151—153. Tausend. 8. (77 S. m. 2 Fig.) Nürnberg 897. B. Hennings. n. — 50

— **vollständige Kartoffelküche.** Anleitung zum Zubereiten der verschiedensten Kartoffelsuppen, Knödel, Nudel, Strudel, Pasteten, Gemüse, Salate 2c. Nach eigener, vieljähr. Erfahrg. hrsg. 154.—160. Tausend. (75 S.) 8. Backnang (903). [J. Rath.] Gotha, P. Hartung. n. — 50

— bayerische **Knödelküche** [Klöße]. 66 Recepte zur Anfertigg. v. Knödeln. 5. Aufl. 8. (22 S.) Ebd. 888. n. — 50

— bayerische **Knödelküche** (Klöße). 154 Rezepte z. Anfertigg. v. Knödeln. 6. Aufl. gr. 8. (48 S.) Regensburg 896. Verlagsbureau. n. — 50

— **die bayerische Knödelküche (Klöße).** 154 Rezepte zur Anfertigg. v. Knödeln u. Klößen aller Art. (Neue preisgekrönte Ausg.) 8. Aufl. (48 S.) 8. Gotha (905). P. Hartung. n. — 60

— **Die bayerische Knödelküche** (Klöße). 154 Rezepte z. Anfertigg. v. Knödeln u. Klößen aller Art. 8. Aufl. (Umschlag: Neue preisgekr. Ausg.) (48 S.) 8. Gotha (910). P. Hartung. — 60

Aabel, Marie: Neueste Knödel-u. Klossküche. 163 Rezepte. 9 Aufl. (48) kl 8°.– Gotha, P. Hartung 1910.

Aabel , M., illustr. Regensburger Kochbuch. 60.Taus. (In 13 Lfgn.) 1 - 7 Lfg. 8°(464) .– Rgnsbg. 1895, Verlagsbureau .

Aabel, M.: Neues illustr. bewährtes Kochbuch. Nebst Anh.: 1. Das Servieren, Tischdecken, Serviettenbrechen u. Tranchieren. 2. Das Einkochen d. Früchte, Bereitg. d. Fruchtsäfte, d. Hausschnäpse, sowie d. in Blechbüchsen einzumach. Früchte u. Gemüse. 60.Taus. 8 - 13. Lfg. 8°(465-778: 79. 16 u. 122) . – Regensburg 1896.

—— **Neues illustrirtes bewährtes Kochbuch** für den guten bürgerlichen und feineren Tisch in allen seinen Theilen. Zuverlässiger Rathgeber zur Bereitg. guter, schmackhafter Speisen, Getränke u. Backwerke. Nebst Anh. I. Die vollständ. Kartoffelküche. II. Das Serviren, Tischdecken, Serviettenbrechen u. Tranchiren. Mit vielen Abbildgn. III. Die Wurstfabrikation f. Hausfrauen u. Wirthschafterinnen. Mit besond. Berücksicht. d. österreich., bayr., rhein. u. französ. Kochkunst. 30. Tausend. 8. (559; 57; 49; 14 u. 62 S.) Ebd. 890. * 4 —

— **Neues illustr. bewährtes Kochbuch** f. d. guten bürgerl. u. feineren Tisch in allen s. Teilen. Zuverläss. Ratgeber z. Bereitg. guter schmackhafter Speisen, Getränke u. Backwerke. Ferner genaue Anleitg. üb. Ausbeinen, Dressieren, Spicken, Verzieren 2c. 2c. Nebst Anh.: I. D. Servieren, Tischdecken, Serviettenbrechen u. Tranchieren. M. vielen Abbildgn. II. D. Einkochen d. Früchte, Bereitg. d. Fruchtsäfte, Hausschnäpse, sow. die in Blechbüchsen einzumach. Früchte u. Gemüse. M. besond. Berücksicht. d. österr., bayr., rhein. u. französ. Kochkunst. 70. Tausend. Einzig rechtmäß. Ausg. 8. (III, XXIII, 635; 79, 16 u. III, 112 S.) Nürnberg 898. Backnang. J. Rath. Geb. in Leinw. n. 4. —

— **neues illustriertes bewährtes Kochbuch** f. den guten bürgerl. u. feineren Tisch in allen seinen Teilen. Zuverläss. Ratgeber z. Bereitg. guter schmackhafter Speisen, Getränke u. Backwerke. Ferner genaue Anleitg. über Ausbeinen, Dressieren, Spicken, Verzieren 2c. 2c. Nebst Anh.: I. Das Servieren, Tischdecken, Serviettenbrechen u. Tranchieren. Mit viel. Abbildgn. II. Das Einkochen d. Früchte, Bereitg. d. Fruchtsäfte, Hausschnäpse, sowie die in Blechbüchsen einzumach. Früchte u. Gemüse. Mit besond. Berücksicht. der österreich., bayr., rhein. u. französ. Kochkunst. 80. Tausend. Einzig rechtmäß. Ausg. 8. (III, XXIII, 635; 96 u. III, 112 S.) Ebd. (901). Geb. in Leinw. n. 4. —

Aabel, Marie, neues illustrirtes Kochbuch für den guten bürgerlichen u. feineren Tisch in allen seinen Theilen. Mit besond. Berücksicht. der österreich., bayer., schwäb. u. rhein. Kochkunst. Mit Abbildgn. (In 15 Lfgn.) 1. Lfg. 8. (48 S.) Regensburg 886. Verlagsbureau. n. — 20

— neues illustrirtes Kochbuch für den guten bürgerlichen und feineren Tisch in allen seinen Theilen. Mit besond. Berücksicht. der österreich., bayer., schwäb. und rhein. Kochkunst. Mit Abbildgn. 2. Aufl. 8. (424 S. mit 4 Taf.) Ebd. 888. geb. n. 3. —

— dasselbe. 30. Tausend. 8. (559, 57, 49, 14 u. 62 S. m. Illustr.) Ebd. 890. geb. n. 4. —

Aabel, M.: Die allerneueste Kochkunst f. d. feine u. bürgerl. Küche unter Anwendg. v. Bolero's Fleischextrakt. 8°(43). – Regensburg 1898, Münch., A. Schupp.

— Die allerneueste Kochkunst f. d. feine u. bürgerl. Küche unt. Anwendg. v. Boleros Fleischextrakt. E. Anh. z. jedem Kochbuch. 8. (43 S.) Regensburg 898. C. Stahl. n. — 30

Aabel, M.: Die Kunst d. Tranchierens u. Anrichtens d. verschied. Speisen. 8°(16 m. Abb.).– Rgnsbg. 1897, Backnang, J. Rath.

Aabel, Marie. Die Kunst des Tranchierens u. Anrichtens der verschied. Speisen. Mit vielen Abbildgn. [Aus: „A., neues illustr. Regensburger Kochbuch".] 8. (16 S.) Regensburg 897. Verlagsbureau. n. — 30

— die Schlachtpartie im Hause. Gründliche Anweisg. zur Herstellg. v. verschiedenen Würsten, Sülzen u. Pasteten, nebst Anleitg. üb. Pökeln, Einsalzen, Räuchern, Abkochen, Garnieren. 8. (62 S.) Ebd. 889. n. 1. —

— die Schlachtpartie im Hause. Gründliche Anweisg. zur Herstellg. v. verschied. Würsten, Sulzen, Pasteten, nebst Anleitg. üb. Pöckeln, Einsalzen, Räuchern, Abkochen, Garnieren. 2. Aufl. 8. (72 S.) Regensburg (895). Backnang, J. Rath. n. 1. —

— die Schlachtpartie im Hause od. das Hausschlachten. Gründliche u. prakt. Anweisg. zur Herstellg. v. verschiedenen Würsten, Sulzen, Pasteten, nebst Anleitg. über Pöckeln, Einsalzen, Räuchern, Abkochen, Garnieren. 5. Aufl. Neue vollst. Ausg. (72 S.) 8. Ebd. (905). n. 1. —
Auch die übrigen Aabel'schen Schriften aus d. Verlage v. J. Rath in Backnang sind in obigen Verlag übergegangen. Vergl. auch: Bauer, Fritz.

— die Schnellküche. E. Sammlg. rasch herzustell. schmackhafter, warmer Speisen u. Getränke f. Restaurateure, Hotels, Gast- u. Privathäuser, wie auch f. Jäger, Touristen, Junggesellen. M. Anh.: Die Vorratskammer. 8. (168 S.) Ebd. 895. n. 1. —

— die Schnellküche. Eine Sammlung rasch herzustell. schmackhafter, warmer Speisen u. Getränke f. Restaurateure, Hotels, Gast- u. Privathäuser, wie auch f. Jäger, Touristen, Junggesellen. Mit Anh.: Die Vorratskammer. 3. Aufl. (168 S.) 8. Backnang (902). J. Rath. n. 1. 20; geb. in Leinw. n. 2. —

— Das Serviettenbrechen. M. vielen Illustr. u. gen., textl. Anleitg. [Aus: „A., neues illustr. Regensburger Kochbuch".] 8. (31 S.) Ebd. 897. n. — 50

— Das Tischdecken u. Servieren b. verschied. Gelegenheiten, wie b. Morgenkaffee (1. Frühstück), b. e. Gabelfrühstück, b. verschied. Theevisiten, b. verschied. Kaffeevisiten, b. großer Abendgesellschaft m. Tanz, b. e. Hochzeitstafel, b. Hausbällen, b. e. Spielgesellschaft, Arrangieren e. Buffets b. e. Stuhlkonzert, Arrangieren e. Buffets z. Dessert od. Nachtisch. Ferner das Präsentieren d. Schüsseln, d. Servieren d. Getränke, Wahl u. Ordng. d. Speisen, Auflegen d. Früchte, Anrichten d. Speisen 2c. 2c. [Aus: „A., neues illustr. Regensburger Kochbuch".] 8. (48 S. m. Abb.) Ebd. 897. n. — 50

— Weihnachtsbäckereien. Eine Sammlg. v. 350 erprobten Haus-Rezepten z. Bereitg. v. „Weihnachts-Bäckereien" aller Art, Torten-Kuchen, Kaffee- u. Teegebäck, wie aller Art Kleinbackwerke. Spezial-Koch- u. Hausbücher Nr. 5. 5. verm. Aufl. (111 S.) 8. Ebd. (910). 1. —; geb. in Halbleinw. 1. 50

Aaberg, A., Ferdinand Lassalle. Biographie. 8. (88 S.) Leipzig 883. Polytechn. Buchh. n. 1. —

Aabich's, A., Haushaltungsbuch. 4. (58 S.) Kaiserslautern 882, Gotthold's Buchh. cart. *

Aabich's, A., Haushaltungsbuch. 5. Aufl. gr. 4. (58 S.) Kaiserslautern 887. A. Gotthold's Verl. cart. n. 1. 20

Aachen [Sachliches OW]

Aachen. Aachener Verein z. Förderung d. Verkehrs. (Vorr.: Dr. A[lfons] Fritz.) *(Aachen): Aachener Verl.- u. Dr.-Ges. [1904].* (24 S.) quer-8° [04 15393

Aachen. Aachener Verein z. Förderung d. Verkehrs. (Vorr.: Dr. A[lfons] Fritz.) Aachen: Aachener Verl.- u. Dr.-Ges. [1905]. (24 S.) quer-8° [06.6700

Aachen 1895. Festschrift z. XXXVI. Hauptversammlg. d. Vereins deutscher Ingenieure. Lex.-8. (VI, 252 S. m. Abb. u. 1 farb. Karte.) Aachen 895. R. Barth's Verl. Geb. in Leinw. n. 10. —

— in Bildern. qu. gr. 4. (40 Lichtdr.-Taf.) Aachen 897. O. Müller. In Leinw.-Mappe n. 20. —

Aachen u. Burtscheid. — Aix-la-Chapelle et Borcette. (Mit 16 Rand-Ansichten. Sauber lithogr.) Aachen et Cöln 835, Kohnen. n. 2⅓ ß

Aachen als Kurort. Bearb. v. Alexander, Beissel, Brandis, Goldstein, Mayer, Rademaker, Schumacher, Thissen, unter Red. v. J. Beissel. Hrsg. im Auftrage der Stadtverwaltg. Mit 2 lith. Taf. gr. 8. (VIII, 338 S.) Aachen 889. C. Mayer's Verl. n. 5. —

Das Meteorologische Observatorium Aachen auf der Industrie-und Gewerbe-Ausstellung Düsseldorf 1902. Dargeboten von d. La Ruelle'-schen Accidenzdruckerei u. Lith. Anst., Aachen. Aachen 1902: La Ruelle. (14 S.) 8°[Umschlagt.] [02. 8921

Aachen, d. Regierungsbezirk, topographisch beschrieben, mit e. Samml. statist. Nachr. 4. Aachen 827. Mayer. 1 ß 16 ℊ

Der Regierungsbezirk Aachen, topographisch-statistisch dargestellt. Nebst Entfernungs-Tabellen. — Aachen 1852. 1:Th 1598. 1.91

— Ebd. 1876. 4° 5. 1.92

Der Regierungs-Bezirk Aachen, in seinen administrativen Verhältnissen während der Jahre 1816 — 1822. 4. *Aachen, Beaufort Sohn. (Mayer.)*

Der Regierungs-Bezirk Aachen, in seinen administrativen Verhältnissen während der Jahre 1816 - 22. Aus amtl. Nachrichten entnommen. Aachen (1823).

— d. Regierungsbezirk in seinen administrativen Verhältnissen währ. d. J. 1816 bis 1822. Mit 1 Steindr. gr. 8. Aachen 824. Mayer. 1 ß 16 ℊ

Aachen u. Umgebung. Illustr. Pracht-Album. Deutsch-französisch-englisch. Text v. H. Savelsberg. Photographien v. Aug. Kampf. (88 S.) qu. Lex.-8. Aachen (904). (Dresden, A. Arnold & Gröschel.) n. 3. —

— Aachen und seine Umgebungen. Führer für Fremde. Hrsg. v. Vereine zur Belebung der Badesaison. — Aachen [1851]: Funcke & Müller. 18 S., 1 Taf. 1:Th 2018. 9.

Aachen u. seine Umgebungen. Ein Führer f. Fremde u. Einheimische. Mit Stahlst. Darmstadt, 864. Lange. Lex.-8. (36 S.) 22½ ngr

Aachen u. seine Umgebungen. Handbuch f. Kurgäste u. Führer f. Fremde v. Frdr. Haagen, H. Benrath u. A. Nebst e. Abhandlg. üb. die Thermen v. Aachen u. Burtscheid in ihrer Wirkg. u. Anwendg. v. A. Reumont. 3., gänzlich umgearb. u. verm. Aufl. 8. (IV, 312 S. m. 1 Steintaf. in Fol.) Aachen 872. Benrath & Vogelgesang. n. 2. 50

— u. seine Umgebungen in 12 Ansichten d. merkwürdigsten Monumente, Kirchen, Gebäude rc., nach d. Natur gezeichnet v. Cranz, lithogr. bei A. Senefelder. Aachen, Hensen u. Comp. 1 ₰

Aachen und Umgegend. Maassstab: 1:12,500. Hrsg. v. d. K. Preuss. Generalstabe. Lithochrom. Imp.-Fol. Berlin 848, Schropp & Co. n. 1 ₰ 3 1/2 ngr

—— und Umgegend in der Westentasche. Nebst (lithogr.) Plan von Aachen, sowie den neuesten Eisenbahn-Fahrplänen und einem Anh. besonderer Adressen. 64. (62 S.) (Ebendas.) 879. *

Aachen und Umgegend in der Westentasche. Kleiner Fremdenführer. Nebst (lithogr.) Plan von Aachen, sowie den neuesten Eisenbahn-Fahrplänen und einem Anhang besond. Adressen. 64. (160 S.) Aachen 881, (M. Jacobi.) *

— seine geologischen Verhältnisse u. Thermalquellen, Bauwerke, Geschichte u. Industrie. Festschrift zur 16. Hauptversammlg. d. Vereins deutscher Ingenieure, dargebracht vom Aachener Bezirksverein. Mit 6 (lith. u. chromolith.) Karten u. Plänen (in qu. gr. 4., qu. Fol. u. gr. Fol.) 8. (V, 152 S.) Aachen 875, M. Jacobi. n. 8. —

Aachen, seine geologischen Verhältnisse und Thermalquellen, Bauwerke, Geschichte und Industrie. 8. Aachen 876, Creutzer. *

Aachen [Schlagwort]

Aachen, s.a. Deutschland. Karte (Abt. Preussen).

Aachen, s.a. Deutschland. Übersichtskarte.

Aachen, s.a. Eisenbahnkarten.

Aachen, s.a. Handkarten.

Aachen, s.a. Heimatskärtchen. 4.

Aachen, s.a. Jülich.

Aachen, s.a. Köln, Reg.-Bez.

Aachen, s.a. Radfahrerkarten. Lenz.

Aachen, s.a. Radfahrerkarten. Mittelbach.

Aachen, s.a. Radfahrerkarten. Ravenstein.

— s. a.: Rheinprovinz, Liebenow, W.

— s. a.: Schulwandkarten. Schwann.

Aachen, s.a. Woerl's Reisehandbücher.

Aachen. Moment-Orientierungs-Plan der Stadt Aachen. Augenblickliche Auffindung aller Strassen, Plätze, öffentl. Gebäude, Sehenswürdigkeiten etc. 37,5×45 cm. Farbdr. Mit Text. (22 S.) 8. Aachen (905). (H. Köster.) n. — 60

— Wandkarte des Stadt- u. Landkreises Aachen. 1:25,000. 6 Blatt. à 47,5×64 cm. Farbdr. Düren (905). W. Solinus. n. 14. —; auf Leinw. m. Stäben n. 20. —

Aachen, Reg.-Bez. Broichmann, J., Schul-Wand-Karte vom Reg.-Bez. Aachen. 1:80,000. 6 Blatt. Chromolith. u. color. gr. Fol. Köln 889. A. J. Tonger. n. 6. —; auf Leinw. m. Stäben u. Rollvorrichtg. n. 12. —

Aachen, Reg.-Bez. Entfernungskarte, amtliche, des Reg.-Bez. Aachen. Nach amtl. Ermittelgn. u. unter Benutzg. der Messtischblätter bearb. im J. 1906 im Katasterbureau der königl. Regierg. zu Aachen. Hrsg. v. R. Mittelbach. Leipzig, Mittelbach.
Kreise: Aachen Stadt u. Land. 1:50,000. 58×53 cm. (908.) 1.50. — Düren. 1:50,000. 60×72 cm. (908.) 2.—. — Erkelenz. 1:50,000. 69×61 cm. (908.) 1.50. — Eupen. 1:50,000. 50×39 cm. (908.) 1.50. — Geilenkirchen. 1:50,000. 45×61 cm. (907.) 1. 50. — Heinsberg. 1:50,000. 60,5×70 cm. (907.) 1.50. — Jülich. 1:50,000. 60,5×70 cm. (907.) 1.50. — Malmedy. 1:75,000. 67,5×52,5 cm. (907.) 1.50. — Montjoie. 1:50,000. 67,5×55 cm. (907.) 1.50. — Schleiden. 1:75,000. 65,5×56 cm. (907.) 1.50.

Aachen, Stadt. Beckmann-Plan, neuester, von Aachen. 1:10,000. 53×63 cm. Farbdr. Mit Strassenverzeichnis an der Seite. Stuttgart (907). W. Seifert. — 50

Aachen, Stadt. Gaebler, Ed., Wandkarte v. Aachen u. Umgegend. 1:10,000. 4 Blatt à 76,5 × 70 cm. Farbdr. Leipzig 897. G. Lang. Auf Leinw. m. Stäben n. 15. —

Aachen, Stadt. Karte

— — des Aachener und Burtscheider Stadtwaldes. 1:15,000. gr. Fol. Ebd. 886. n.n. — 50

Aachen, Stadt. Karte der Umgebung von Aachen. 1:50,000. Fol. Aachen 887. Barth. n. — 30

— Mey, H. v., Karte der Umgebung v. Aachen u. Burtscheid, auf Grund der Generalstabskarte u. sonst vorhandener Spezial-Karten u. Pläne nach der Natur bearb. 1886—1890. 1:25,000. Lith. Imp.-Fol. Aachen 890. (Barth.) n.n. 4. —

— Pharus-Plan Aachen u. Umgebung. 1:13,000. 76×50,5 cm. Farbdr. Mit: Führer durch Aachen m. Hinweis auf den Pharus-Plan Aachen. (15 S.) 8. Berlin (907). Pharus-Verlag. 1. —

— Plan der Städte Aachen u. Burtscheid. 1:12,500. Fol. Aachen 887. Barth. n. — 30

Aachen-Cöln, s.: Automobilkarten. Automobil-Tourenkarte.

Aachener Bergwerks-Bezirk, s.: Bergbau. Übersichtskarte.

Aachenfeld, Alois, der Wunderdoktor, od. d. beste ärztliche Rathgeber üb. d. Ursachen u. Nachtheile d. freiwilligen Saamen-Ergießungen, des männlichen Unvermögens u. d. weibl. Unfruchtbarkeit. Nebst Angabe d. Mittel, diese Uebel ohne Arzt u. ohne Medicin radical zu heilen, so wie den durch Onanie od. Ausschweifungen in d. physischen Liebe geschwächten Organismus d. Jünglinge, Männer, Mädchen u. Frauen zu kräftigen rc. gr. 8. Bautzen ... Reichel. n. 1 1/3 ₰

Aachenfeld, Alois, der Wunderdoctor, oder der beste ärztliche Rathgeber über die Ursachen und Nachtheile der freiwilligen Saamenergießungen, des männlichen Unvermögens und der weiblichen Unfruchtbarkeit. Nebst Angabe der Mittel, diese Uebel ohne Arzt und ohne Medicin radical zu heilen, so wie den durch Onanie oder Ausschweifungen in der physischen Liebe geschwächten Organismus zu kräftigen und die willführliche Zeugung beider Geschlechter zu erzielen. 8. Bautzen 841. (Reichel) n. 1 ₰

Aachenfeld, Alois, der Wunderdoctor, od. d. beste ärztl. Rathgeber üb. d. Ursachen u. Nachtheile d. freiwill. Saamen-Ergießungen, d. männl. Unvermögens u. d. weibl. Unfruchtbarkeit rc. 8. (5 B.) Bautzen 842, (Reichel). *

Aacher, Rud., kleiner Wiener Offerten-Briefsteller. Muster-Briefe z. sicher. Erlangg. angestrebter Stellen als: Lehrling, Praktikant, Handlgsgehilfe., Buchhalter, Kassier, Kommis, Kontorist, Korrespondent, Verkäufer, Bankangestellter, Reisender, Vertreter etc. etc., ferner als: Geschäftsdiener, k. k. Staatsdiener, Hausbesorger, Agent, Kanzlist, Vereinssekretär. (31 S.) kl. 8. Wien 909. K. C. Mickl. — 50

Aeacus. Rüggericht gehalten von Minos, Rhadamanthus und Aeacus. 1786 s. *Afsprung*, Johann Michael.

Aagaard, Gust.

Aagaard, G., als der Anker fiel. Eine Erzählg. a. d. Seemanns-Mission. Autoris. Übersetzg. v. R. Gottschalk. 2. Aufl. 8. (87 S.) Schwerin 901. F. Bahn. n. — 90; geb. n. 1. —

Aagaard, G., Starke Hände. Erzählg. Autor. deutsche Ausg. v. H. Hansen. 8. (VIII, 164 S.) Schwerin 899. F. Bahn. n. 2 —; geb. n. 2. 80

(B) **Aagaard,** G., starke Hände. 899. (KBL 29) Ladenpr. aufgehoben.

— mein Sonnenstrahl. Erzählg. Autor. deutsche Ausg. v. Hansen. 8. (VIII, 158 S.) Leipzig 896. E. Ungleich. n. 2. 20; geb. n. 3. 20

Aagaard, Konradine v. **Barner-** s. *Barner*-Aagaard.

Aagaard, Osc., gefährliches Fahrwasser. Erzählungen v. Meer und Hafen. Autor. Übersetzg. v. Marlott. 12. (156 S.) Leipzig (899). G. Fock Verl. Geb. in Leinw. m. Goldschn. 1. 50

Aagaard, Osc., Wunderliche Gesellen. Erzählg. Autoris. Uebersetzg. a. d. Norw. v. Marlott (Margarethe Heller). 8. (VII, 192 S.) Bremen 898. M. Heinsius Nachf. n. 2. 50; geb. n. 3. 50

— auf Streifzügen. Skizzen u. Studien. Autoris. Übersetzg. a. d. Norw. 8. (IV, 245 S.) Dessau 897. P. Baumann. n. 3. —; geb. n. 4. —

Aahaus, s.: Münster, Reg.-Bez.

Aakjaer, Jeppe: Die Kinder d. Zorns, s. Bücherei, Nordische.

Aeakus oder Fragmente aus der Geschichte der Hölle über die Xenien zum Besten eines Feldlazarethes für Gelehrte herausgegeben. 1797. V: *Danz, Johann Traugott Leberecht.* (Ky) (NN)

Acakus, Oder Fragmente aus den Gerichtsakten der Hölle über die Xenien. Zum Besten eines Feldlazareths für Gelehrte hrsgbn von Joh. Ad. Rebenstock. Deutschland (Leipzig) 1797. V: *Mackensen, W. F. A.* (??). (B. Seligsberg, Antiqu. Nr. 323, S. 66.) (BiblPort)

Aeakus; oder Fragmente aus d. Gerichtsacten d. Hölle über die Xenien, (v. J. A. Rebenstock). 8. Deutschl. 797. (W. Nauck in Leipzig). 10 ℛ

Aal, Arthur

Aal, Arth., Das preussische Rentengut. Seine Vorgeschichte und seine Gestaltung in Gesetzgebung und Praxis. gr 8°. Stuttgart, J. G. Cotta Nachf., 1901. (Münchener volkswirtschaftl. Studien, 43. Stück.)

Aal, Arthur: Das preussische Rentengut. Seine Vorgeschichte u. seine Gestaltung in Gesetzgebung u. Praxis. *Stuttgart 1901: Union.* (IV, 52 S.) 8° [Erschien vollst. als: Münchener volkswirtschaftl. Studien, Stück 43.]
München, Staatswirtsch. Diss. v. 1901

Aalborg, s.: Europa. Übersichtskarte.

Aalborg, Edgar, wie amüsieren wir unsere Gesellschaft? Neuer maître de plaisir f. Freunde gesell. Vergnügg., enth.: Zauber-Soiree in Vortragsform, sowie die Kunst des Bauchredens u. oriental. Zauberbühne. Original-Rätsel, Rösselsprünge u. Scherzfragen. Gesellschaftsspiele u. Pfänderauslösgn. Ein unentbehrl. Handbuch f. Familien- u. Gesellschaftsabende, wie andere vergnügte Anlässe. Unter Mitwirkg. hervorrag. Fachleute hrsg. 8. (VIII, 332 S. m. Fig.) Stuttgart 894. Levy & Müller. n. 2. 40; geb. in Leinw. n.n. 3. —

Aalborg, J. C.: Fischkochbuch f. d. tägl. Tisch. Unter bes. Berücksicht. d. Seefische. (141 m. 2 farb. Taf.) kl 8°.– Reutl., Ensslin & L. 1912.

Aalen, s.: Alb, schwäb. Karte.

Aalen, s. Deutschland d. Kürschner-Peip

Aalen, s.: Geognostische Karten (Württemberg).

Aall, Anathon

Geschichte der Logosidee in der christlichen Litteratur von Anathon Aall. Mit Unterst. d. Stiftung F. Nansens z. Förderung d. Wissenschaften veröff. *Leipzig: O. R. Reisland 1899.* (XVII, 492 S.) 8°
= Aall: Der Logos. 2. [99. 10138

Geschichte der Logosidee in der griechischen Philosophie v. Anathon Aall. M. Unterstützg d. Stiftg H. A. Benneches z. Förderg d. Wiss. veröffentl. ... *Leipzig: O. R. Reisland 1896.* (XIX, 251 S.) 1 Bd 8.
= Aall, A.: Der Logos. [Bd] 1. [96. 2100

— **Glaube.** Versuch e. psychol. Analyse u. wiss. Inhaltsbestimmung d. Begriffs. — Christiania: Dybwad i Komm. 1901. 21 S. (Skrifter utg. af Videnskapsselskapet i Christiania. 2. Hist.-filos. Kl. 1901,6.)
1:4° Ab 5205-2. Hist.-filos. Kl. 1901,6. 12:4° Acad. 47x-Hist.-filos. Kl. 1901. 300:393.554-C. Per. II. Kl. 1901,6. 3. 7. 8. 9. 10. 11.
1.197

Aall, Anathon, Henrik Ibsen als Dichter u. Denker. (VII, 272 S. m. 1 Bildnis.) 8. Halle 906. M. Niemeyer. n. 4. —; geb. n. 5. —

AALL, ANATHON : *Logik*, Kristiania, 8. 1909

Aall, Anathon, der Logos. Geschichte s. Entwickelg. in d. griech. Philosophie u. d. christlichen Litteratur. I. Gesch. d. Logosidee i. d. griech Philosophie. M. Unterstütz. d. Stiftg. Hans Andreas Bonneches z. Förd. der Wissenschaften veröffentlicht. gr. 8. (XIX, 251 S.) Leipzig 896. O. R. Reisland. n. 5. —

Aall, Anathon, der Logos. Geschichte seiner Entwickelg. in d. griech. Philosophie u. d. christl. Litteratur. II. Geschichte d. Logosidee in d. christl. Litteratur. Mit Unterstützg. der Stiftg. Fritjof Nansens z. Förderg. d. Wissenschaften veröffentl. gr. 8. (XVII, 439 S.) Leipzig, 899. O. R. Reisland. n. 10. —
I. Ebd. 896. n. 5. —

Aall, A., Der Logos bei Heraklit. Ein Beitrag zu den ideengeschichtlichen Studien. S.-A. 1895. 36 S. 1.20

Macht und Pflicht. Eine natur- u. rechtsphilosoph. Untersuchung von Anathon Aall, Dr. *Leipzig: O. R. Reisland 1902.* (X, 341 S.) 8°

Aall, Anathon, u. Nikol. Gjelsvik: Die norweg.-schwed. Union, ihr Bestehen u. ihre Lösg., s.: Abhandlungen a.d. Staats-u. Verwaltungsrecht.

Die Geschichte Ostasiens nach dem Frieden von Shimonoseki von W[illiam] Coucheron-Aamot, Lt. z. See. Aus d. Norweg. v. K[atharine] Robolsky. *Leipzig: R. Baum [1899].* (160 S.) 8° [F.] [00. 1

Aander-Heyden, Eduard

Aan der Heyden, Ed. Beiträge zur Geschichte Antiochus des Grossen. Emmerich 1873.

— **Geschichte des Geschlechtes der Freiherrn von Elverfeldt.** Im Auftr. d. Gesamthauses hrsg. T. 1–(3). — Elberfeld: Baedeker in Comm. (1883–90).
1. 2. Urkunden u. Regesten. Bd 1. 2. (1883-86.)
2 (vielm. 3). Geschichte. Bd 1. (1890.)
1–3 . . . . . 1:S 4104. 12:Gen. 45 y. 5. 6. 7. 11.
1 . . . . 300:158.463–C.
1.243

Aanrud, Hans, aus den Bergen, s.: Rosegger, Pet.

— Erzählungen. 1. u. 2. Taus. (Einzig autoris. Übersetzgn. v. Frdr. Leskien u. Walth. R. Schmidt.) (251 S.) 8. Leipzig 909. G. Merseburger. 3.—; geb. in Leinw. n 4.—

Aanrud, Hans, Jungen. 14 Gesch. v. kleinen ganzen Kerlen. Mit (11 Voll-)Bild. v. Lisb. Bergh. (Einzige autoris. Übersetzg. a. d. Norweg. v. Frdr. Leskien u. Marie Leskien-Lie.) 1.—8. Taus. (179 S.) 8. Leipzig 910. G. Merseburger. 2.25; geb. in Leinw. n 3.—

Aanrud, Hans: 3 Komödien, übers. v. Gust. Morgenstern. 1. Bd. Der Storch. 2. Aufl. (84) 8°.– Lpzg, G. Merseburger 1911.

— Kroppzeug. Zwölf Geschichten v. kleinen Menschen u. Tieren. (Einzige autoris. Übersetzg. v. Walth. R. Schmidt. Titelzeichnung v. Max Loose. Buchschmuck v. Gadso Weiland.) 1.—3. Taus. (162 S.) 8. Ebd. 907. 2.25; geb. in Leinw. n 3.—

— Sidsel Langröckchen. (Einzige autoris. Übersetzg. v. Walth. R. Schmidt. Titelzeichnung v. Lisbeth Bergh. Buchzeichngn. v. Gadso Weiland.) 1.—6. Taus. (151 S.) 8. Ebd. 907. 2.25; geb. in Leinw. n 3.—

Aanrud, Hans: Sidsel Langröckchen. (Übers. v. Walth. R. Schmidt.) 7-10. Taus. (151 m. Abb.) 8° .– Lpzg. G. Merseburger 1911.

Aanrud, Hans, der Storch. Komödie in 3 Akten. Einzig berecht. deutsche Ausg. v. Gust. Morgenstern. 8. (72 S.) Leipzig 896. E. Gräfe. n. 1.—

Aar, der. Illustr. Monatsschrift f. d. gesamte kathol. Geistesleben der Gegenwart. Hrsg. u. geleitet v. Otto Denk (Otto v. Schaching). 1. Jahrg. Oktbr. 1910—Septbr. 1911. 12 Hefte. (1. Heft IV, 144 S. m. 4 [2 farb.] Taf.) Lex. 8. Regensburg, F. Pustet. 16.—

Aar, Der. Illustr. Monatsschr. f. d. gesamte kathol. Geistesleben d. Gegenwart. Hrsg. u. Leiter: Otto Denk (Otto v. Schaching.) 1-3 J. Okt. 1910 - Sept. 1913 je 12 Hefte. (2.J., 1. Bd., 1. Heft: 144 m. (1 farb.)Taf.) Lex. 8°. .– Regensbg. Pustet.

Aar, Alexis, Irrlichter. Gedichte. 16. (VIII, 153 S.) Leipzig 878, Eckstein. geb. *M.* 3.; geb. mit Goldschn.

Aarau [Sachtitel]

Aarau. [Waffenplatz. Lithographischer Überdruck aus den Blättern III und VIII der Topographischen Karte Dufour.] Masstab 1: 100000. [Hrg. durch die] Schweizerische Landestopographie, Bern. Ueberdruck 1903. 366/498 mm. 1 Bl. quer-fol. [fr. 1. —, aufgezogen 1. 70]

Aarau. [Waffenplatz. Lithographischer Überdruck der Blätter 150, 151, 152, 153 des Topographischen Atlas Siegfried.] Masstab 1:25000. [Hrg. vom] Eidg. topogr. Bureau. Ueberdruck 1903. 510/728 mm. 1 Bl. quer-fol. Bern, H. Kümmerly & Frey. fr. 2. — [aufgezogen 3. —]

Aarau. [Waffenplatz. Lithographischer Ueberdruck der Blätter 150, 151, 152, 153 des Topographischen Atlas Siegfried.] Masstab 1:25000. [Hrg. durch die] Schweizerische Landestopographie, Bern. Ueberdruck 1904. 509/729 mm. 1 Bl. quer-fol.

Ausg. A: offen. fr. 2.—
Ausg. B: auf Lwd. aufgezogen, 8; *Titelblatt (mit Kartenskizze):* Topographischer Atlas der Schweiz. Überdruck. Waffenplatz Aarau. 1:25,000. Bern, Schweiz. Landestopographie, *Aufdruck:* 1904. aufgezogen fr. 3.—

Aarau. [Waffenplatz. Lithographischer Ueberdruck aus den Blättern II, III, VII, VIII der Dufour-Karte.] Masstab 1:100000. [Hrg. durch die] Schweizerische Landestopographie, Bern. Ueberdruck 1906. 537/767 mm. 1 Bl. quer-fol.

Ausg. A: offen. [fr. 2.—]
Ausg. B: auf Lwd. aufgezogen, 8; *Titelblatt (mit Kartenskizze):* Topographische Karte der Schweiz. Überdruck. Aarau. 1:100,000. Bern, Schweiz. Landestopographie, *Aufdruck:* 1906. aufgezogen fr. 3.—

Aarau [Schlagwort]

Aarau, s.a. **Schweiz.** Atlas. Karte.

Aarau, Stadtplan aus d. Vogelperspective. Nach d. Natur gezeichnet von L. Wagner. Aarau, H. R. Sauerländer. 1885 3 —

Aarau. Stadtrecht. Bearb. u. hrsg. v. **Merz.** Aarau 898.

Aarau, Agnes v., viel Vergnügen. Eine Orig.-Sammlg. v. Gesellschaftsspielen aller Art, Vexier-, Reim- u. schriftl. Spielen, Pfänderspielen u. Pfänderauslösgn., Orakelspielen, Zauber- u. Kartenkunststücken, Aufführgn., heiteren Vorträgen, Rätseln u. Charaden ꝛc. Nebst einem Vorwort: „Wie unterhalte ich meine Gäste?" (Fingerzeige f. Empfang, Bewirtg. u. Unterhaltg. geladener Gäste.) 8. (X, 303 S.) Stuttgart 892. Schwabacher. n. 2. 80; geb. n. 3. 50

Aarau, A. v., viel Vergnügen. Orig.-Sammlg. v. Gesellschaftsspielen aller Art etc. Nebst e. Einl.:„Wie unterhalte ich meine Gäste? " 2. Aufl. 8°(303).– Stuttg. 1894, Schwabacher.

Aarau, Friedr., Emmerberg. Hist. Roman. 2 Bde. 8. (736 S.) Wien 847, Doll's Enkel. — 2. (Titel-) Ausg. 8. (749 S.) Wien (847) 851, Greß. 2 *rß* 24 *ngr*

Aarau, Friedr., Emmerberg. Histor. Roman. 2 Bde. 1. Aufl. (736 S.) 1847, und 2. Ausg. 8. (749 S.) Wien 851(52,) Greß.

Aarau, F. Emmerberg. Hist. Rom. 2. Ausg. 2 Bde. 8°.(749) Wien: 1852, Capellen.

Aarau, Friedr., Emmerberg. Historischer Roman. 2 Bde. Neue (Titel-)Ausg. 8. (749 S.) Wien (851)66, Capellen. *

Zuckerfabrik Aarberg. 4. Aarberg, Th. Schwab.

2. Bericht vom 1. Juli 1900 bis 30. Juni 1901. II + 11 S. 1901.
3. Bericht vom 1. Juli 1901 bis 30. Juni 1902. [Mit 1 Ansicht.] II + 7 S. 1902.

Sønderjydske **Aarbøger.** Udgivne af H.P. Hannsen-Nørremølle, Gustav Johannsen og P. Skau. 8°.
1. Bd. 1889, Flensborg (1889).
(2. Bd.–6.Bd. 1-2), 1890 - 1895, 1-2. Flensborg. (1890-95).

Aarburg und Umgebung. Exkursionskarte hrg. vom Verkehrs- und Verschönerungsverein Aarburg 1905. (Masstab 1:25000.) 187/223 mm. [Mit illustriertem Titel und Begleittext.] 1 Bl. quer-8, *zus.-geklappt mit Titel* 8. (Olten, Hufschmid-Huguenin.) fr. —.20

Aaré, Karl, der junge Mann. Eine Anweisung für junge Herren zum richtigen Benehmen in Gesellschaften, im öffentlichen Leben und Damen gegenüber. 16. (32 S.) Regensburg 883, Verlagsbureau. *

Aaré, K, d. junge Mann. Anweisg. f. junge Herren z. richt. Benehmen in Gesellschaften, im öffentl. Leben u. Damen gegenüber. 2. Aufl. 8° (32). – Hildburgh.1886. Verl.–Bur.

Aaré, Karl, der junge Mann. Eine Anweisg. f. junge Herren zum richt. Benehmen. 2. Aufl. (32 S.) Regensburg 886. Verlagsbureau. n. — 50

Aare-Reuss- u. Limmat-Tal, s.: **Geologische Karten.** Mühlberg.

Aargau [Sachliches OW]

Aargau. Der Kanton A' in seinen Ritterburgen und Bergschlössern ... s. **Wüthrich,** E[rnst] A[rnold]. Centenarfeier-Album... .

Der Canton **Aargau** vor 1798. Maasst. 1:200,000. *Aarau: H. R. Sauerländer & Cie (1903); Graph. Kunstanst. H. Kümmerly & Frey, Bern.* (1 Kartenbl. 28 × 26 cm) 8° [kol.]
[Umschlagt:] Hist Karte d Kant Aargau hrsg auf d Centenarfeier 1903 [04.7465

Aargau [Schlagwort]

Aargau. Gerster, J. S., Karte des Kantons Aargau. Obligatorisches Lehrmittel der Gemeindeschulen des Kantons Aargau. 1:200,000. 2., verb. Ausg. Farbendr. 30×29,5 cm. Aarau 893. J. J. Christen. n. — 70; auf Leinw. n. 1. 20

Aargau. Gerster, J. S., Schul-Karte des Kantons Aargau. 1:150,000. 41,5 × 43 cm. Farbdr. Aarau (899). E. Wirz. Auf Leinw. n. 1. 10

Aargau. Karte, historische, des Kantons Aargau, hrsg. auf die Centenarfeier 1903. (Der Canton Aargau vor 1798.) 1:200,000. 27,5×29,5 cm. Farbdr. Aarau (903). H. R. Sauerländer & Co. — 60

Aargau — Karte des Kantons — mit den angr. Theilen etc. 125,000. Gez. v. Rud. Gross. Aarau 1860 bei Sauerländer. 1 Bl.

Aargau — Top. Karte des eidg. Kantons — im Auftr. der Staatsbch. durch E. Heinr. Michaelis. 50,000. Paris 1848. 4 Bl.

Aargau. Leuzinger, R., Karte d. Kantons Aargau. 1 : 200,000. 3., vollständig ergänzte Aufl. Chromolith. gr. 4. Aarau 887. Sauerländer. n. — 45; auf Leinw. n. — 85

— Leuzinger, R., Karte d. Kantons Aargau. 1 : 200,000. 4., vollständig ergänzte Aufl. Farbendr. 27,5×29,5 cm. Aarau 891. H. R. Sauerländer & Co. n.n. — 45; auf Leinw. n.n. — 85

Aargau. Leuzinger, R., Karte des Kantons Aargau. 1 : 200,000. 6., vollst. ergänzte Aufl. 27,5 × 29,5 cm. Farbdr. Aarau 898. H. R. Sauerländer & Co. n. — 45; auf Leinw. n. — 85

— Leuzinger, R., Karte des Kantons Aargau. 8., vollständig umgearb. Aufl. 1 : 200,000. 27,5 × 29,5 cm. Farbdr. Aarau (899). H. R. Sauerländer & Co. n. — 40; auf Leinw. n. — 70

Aargau, Kanton. Leuzinger, R., Karte des Kantons Aargau. 9., vollständig ergänzte Aufl. 1 : 200,000. 27,5×29,5 cm. Farbdr. Aarau (909). H. R. Sauerländer & Co. — 50; auf Leinw. n — 90

— Schüler-Karte des Kanton Aargau. Hrsg. v. der Erziehungsdirektion des Kanton Aargau. 1:100,000. Bearb. v. H. Kümmerly & Frey, geograph. Anstalt. 57,5×58 cm. Farbdr. Bern 905. (Aarau, Sauerländer's Sort.) n. 1. 80

Aarhus-Domkirke. — o. O.: Warburg [1910]. 10 Taf. 8° [Umschlagt.]

Aarhus, s.: Europa. Übersichtskarte.

Aarland, Georg

Aarland, G.: Details-Studien . . ., s. Aarland, W.

Aarland, G., die Grabdenkmäler der erlauchten Wettiner Fürsten in der kurfürstl. Begräbnißkapelle des Domes zu Meißen, s.: Donadini, E. A.

Aarland, G., d. Halbtonprozess, s.: Verfasser, Jul.

Aarland, Geo., u. Fel. Naumann, der Kamera-Sport, s.: Bibliothek f. Sport u. Spiel. 38.

— Die Photographie im Jahre 1900. — München: Seitz & Schauer 1901. S. 51–66. (Zwanglose Abhandlungen aus d. Geb. d. medizin. Photographie [Internat. mediz.-photographische Monatsschrift]. 8,2.)
1:I 6227/5–8,2. 12:Med. g. 328o–8.
1.320

— s.: Zeitschrift f. Reproduktionstechnik.

Aarland, W., u. G. Aarland, Details-Studien zur Malerei u. Zeichenkunst. Photographische Aufnahmen nach der Natur. Durch Lichtdr. vervielfältigt u. hrsg. 1. Sammlg.: Vordergrund-Studien. Bl. 1—5 [Frühlings-Motive]. 4. (1 Bl. Text.) Leipzig 887. Herbich & Rapsilber. In Mappe. 3. —; einzelne Blätter à 1. —

Aarne, Antti, vergleichende Märchenforschungen, s.: Mémoires de la société finno-ougrienne. XXV.

Aarne, Antti: Vergleichende märchenforschungen. Helsingfors 1907. XVIII + 200 pg. Diss. Hels.

Vergleichende Märchenforschungen von Antti **Aarne**. Helsingfors: Finn. Literaturgesellsch. 1908. (XVII, 200 S.) 8°
= Toimituksia. Suomalais-ugrilaisen seuran. 25. [08. 6634

— Verzeichnis der Märchentypen. — Helsinki: Suomal. Tiedeakat. 1910. X,63 S. (FF Communications. 3.)
1:Pn997/42-3. 12:H. g. hum. 301 u-3. 2. 3. 5. 7. 8. 9. 10. 11.
1.338

Aarne, Antti: Die Zaubergaben. Eine vergleich. Märchenuntersuchung. (Aus: „Journal de la soc. finno-ougrienne".) (96) Lex 8°. Helsingfors (1909 irrtüml. aufgedruckt 1809).– Lpzg, O. Harrassowitz.)

Aaron. — Der wunderbare bussfertige Beichtvater und Seel-Sorger, Herr M. Aaron ... Hrsg. v. C.A., einem Exulanten. — o.O. 1737; zu Germanton nachgedr. 1754. 36 S.
1:6 in Ct 4803.

AARON in der Klemme oder der Bräutigam als Braut. Ein Schauspiel mit Ernst u. Scherz in 3 Aufz. O. O. (Nürnberg, Stein) 1818. Kl. 8°. (6 Kr. Gilhofer & Ranschburg. Wien, 1904; 4 Mk. Ernst Frensdorff, Berlin, 1904.)

Aaron, in der Klemme, oder der Bräutigam als Braut. Schauspiel mit Ernst und Scherz in 3 Aufz. 8. Nürnberg Stein. 1819 Rthlr.

Aaron, s.a. Elkanah ben Aaron

— Gesetz betr. die Ausführung d. B. G. B. in Elsass-Lothringen vom 17. IV. 1899, m. Erläutergn. Strassburg 899.

Aarons, Bernh., Beiträge zur Lehre von d. negotiorum gestio. 1. Abth. Dogmengeschichtliche Erörterungen. Schwerin, 860. Hildebrand. gr. 8. (VIII, 288 S.) n. 1 ₰ 15 ngr.

Aaron, Moses [Pseud.] s. *Richter*, Christoph Gottlieb.

Aarö-Sund, s.: Seekarten.

Aars, s.: Birch-Reichenwald Aars, K.

Aars, Jonathan

Das Gedicht des Simonides in Platons Protagoras. Von J. Aars. Christiania. 1888. = Forhandlinger i Videnskabs-Selskabet i Christiania. Aar 1888. Nr. 5. 8°

Aars, J., das Gedicht d. Simonides in Platons Protagoras. [Aus: „Christiania Videnskabs-Selskabs forhandlinger".] gr. 8. (16 S.) Christiania 888. (Dybwad.) n. — 70

Aars, Kristian Birch-Reichenwald

Aars, Kr. Birch-Reichenwald, zur psychologischen Analyse der Welt. Projektionsphilosophie. gr. 8. (VII, 295 S.) Leipzig 900. J. A. Barth. n. 6. —

Die Autonomie der Moral m. bes. Berücks. d. Morallehre Immanuel Kants v. Kr[istian] Birch-Reichenwald **Aars**, Gymnl. in Kristiania. *Hamburg & Leipzig: L. Voss 1896.* (1 Bl., 123 S.) 1 Bd 8. [96. 7640

— Zur Biogenese der spontan erregten Empfindungen. — (Kristiania: Cammermeyer 1900.) 17 S. (Archiv for Mathematik og Naturvidenskab. 22,4.)
1:O 1907–22,4. 12:Phys. g. 12c–22. 3. 7. 8.
1.372

Aars, Kristian Birch-Reichenwald, Gut u. Böse. Zur Psychologie d. Moralgefühle. (Videnskabs-selskabets skrifter. II. hist.-filos. klasse. 1907. No. 3.) Udgivet for H. A. Benneches fond. (III, 290 S.) Lex. 8. Christiania 907. (J. Dybwad.) nn 9. —

Haben die Naturgesetze Wirklichkeit? Von Dr. Kristian B[irch]-R[eichenwald] **Aars.** Christiania: J. Dybwad i Komm 1907. (21 S.) 8°
= Forhandlinger i Videnskabs-Selskabet i Christiania. 1907, No 10. [08. 1387

Aars, Kristian B. R.: Die Idee. Zum Ursprung d. Gedankens, z. Theorie d. Begriffe, z. Kritik d. Vernunft. (Aus: „ Videnskapsselskapets skrifter".) (163) Lex 8°.– Kristiania, J. Dybwad 1911.

Untersuchungen über Farbeninduktion. Mitgeth. v. Kr[istian] Birch-Reichenwald **Aars.** '(M. 3 taf.)' *Kristiania: In Comm. b. J. Dybwad; A. W. Brøggers Buchdr. 1895.* (15 S., 3 Taf.) 4.(8.)
= Skrifter udg. af Videnskabsselskabet i Christiania. 1895. I. Mathem.-naturv. Kl. No 3. [98. 10847

Untersuchungen zur Farbenmischung im Auge. Von Dr. phil. K[ristian] Birch-Reichenwald **Aars.** *Christiania: En comm. chez J. Dybwad; Impr. A. W. Broegger 1897.* (34 S.) 4.(8.)
= Skrifter udg. af Videnskabsselskabet i Christiania. 1897. I. Mathem.-naturw. Kl. No 8. [98. 9672

Aars, Ludwig Andersen, a. Kristiania: Ueber die analytische Bestimmung von Beryllium und den sogenannten seltenen Erden, nebst Analysen von Phenakit, Monazit, Euxenit, Hellandit und Uwarovit. Kristiania 1905: A. W. Brøgger. (45 S.) 8°
Freiburg i. B., Phil. Fak., Ref. Gattermann, Diss. v. 10. Aug. 1905
[Geb. 79 Kristiania; Wohnort: Freiburg; Staatsangeh.: Norwegen; Vorbildung: Reale ex. artium Kristiania 99; Studium: Kristiania 4, Freiburg i. S. 1, Freiburg 4 S; Rig. 2. Juni 05]

Aartovaara, Gust. A.: ⟨Mitteilungen aus d. Chem. Laboratorium der Industrieschule zu Kuopio.⟩ Über die Zusammensetzung der finnischen Eisenerze, Kalksteine, Eisenhüttenprodukte und ihrer Nebenprodukte. — Helsinki: Suomal. Tiedeakat. 1910. 29 S. (Suomalaisen Tiedeakatemian Toimituksia. Sarja A. 2, 2.)
1:4° Ab 5829–A.2,2. 12: Acad. 41 md–A,2. 7. 8.
1.393

Aaser, P., Erfahrungen üb. d. Wirkung des Heilserums in d. Behandlg. d. Diphtherie. [Aus: „Allg. med. Centralzeitg."] gr. 8. (19 S.) Berlin 896. O. Coblentz. n. 1. —

Der Aasgeier: 1885 Sao Bento.

Aaskow, **Urb. Br., diarii medici navalis in expedit. Algeriensi conscr. 8maj. Copenh. 774. Schubothe. 10 ℔**

Aastrupp, J. P. : For Frimurer-Orden!, s. S c h i ö t t, Valdemar (Komp.)

Ab optimo principe candida postulata. 1790. V: *Forgach, Nicolaus Graf.* (PK 1/811) (BiblPort)

Ab's, s. A b s

Ab der Halden, s. A b d e r h a l d e n

Aba, B., moderne Größen. Bilder aus dem Wiener Leben. 2 Bde. 8. (216 u. 168 S.) Wien 883. Rosner. n. 8. —

Aba, B., Skizzen aus Amerika. 8. (293 S.) Wien, Carl Gerold's Sohn. 2 fl. 50 kr. 1884

— Skizzen aus Amerika. 8. (294 S.) Wien 885. (Gerold's Sohn.) n. 5. —

Abacher, N. J., d. vollkomm. Blumengärtner, od. Anweis., wie man d. beliebt. Blumen u. Ziergewächse im Garten, im Zimmer u. an Fenstern erziehen u. behandeln soll. 8. Regensb. 819. Daisenberger. 14 ℔

Abacher, N. J., d. vollkommene Blumengärtner, od. Anweis. wie wie man d. beliebtesten Blumen u. Ziergewächse im Garten, an Fenstern u. in Zimmern erziehen u. behandeln soll. 8. Regensburg, 1819. (Leipzig, Hartmann.) — 17½

Abacus atque vetuſtiſſima veterum Latinorum per digitos manusque numerandi (quin etiam loquendi) conſuetudo, ex Beda, cum picturis et imaginibus inventa Regionoburgii ſive Baetobonae in Bibliotheca divi Hemerani atque hoc conventu Auguſtali Rev. et doctiſſimi Domini, Lucae Bonfii, Decani Patavini, Secretarii Rev. Cardinalis Laur. Campegii etc. auſpiciis a *Joh. Aventino* edita. Acceſſit ejusdem Germania illuſtranda. Ratisb. ap. Joh. Rhol. 1532
— editio denuo reviſa. Adjectum eſt Aventini annalibus Bojorum. Lipſ. fol. 1710

Abadie, Aug., femmes de France. Berlin, 864. A. Abelsdorff. 16. (16 S.) 5 *ngr.*

Abadjieff, Boris: Neuere Operationsmethoden bei Totalexstirpation des carcinomatösen Uterus. München 1910: Victor. 30 S. 8°
München, Med. Diss. v. 10. Mai 1910, Ref. Döderlein
[Geb. 30. April 86 Küstendil; Wohnort: Rustschuk; Staatsangeh.: Bulgarien; Vorbildung: Prinz Boris-Gymn. Rustschuk Reife Juni 04; Studium: Petersburg 1, München 9 S.; Rig. 10. Mai 10.] [U 10. 3474

Abadjieff, Christo: Die Handelspolitik Bulgariens. (Leipzig: Duncker & Humblot 1909.) 35 S. 8° (Ersch. vollst. als: Staats-u. sozialwissenschaftl. Forschungen. H. 143.)
Phil. Diss. v. 14. Aug. 1909, Berlin, Ref. v. Schmoller.
[Geb. 12. Febr. 83 Sevlievo; Wohnort: Halensee; Staatsangeh.: Bulgarien; Vorbildung: Gymn. Grabovo Reife Juni 1901; Studium: Halle 3, Berlin 11 S.; Rig. 29. Juli 1909.] [U 09.131

Die Handelspolitik Bulgariens. Von Dr. Christo **Abadjieff.** Leipzig: Duncker & Humblot 1910. 155 S. 8°
Ein Teil erschien als Inaug.-Diss. Berlin 1910.
(Staats- u. sozialwissenschaftliche Forschungen. H. 143.) [10. 10545

Abadonna, ein Buch für Leidende, aus fremden und eigenen Schriften gesammelt von dem Verfasser des Natalis. Leipzig 1804. V: *Benkowitz, Carl Friedrich.* (Ky) (MGT)

(ABAFFY, FRANZ:) Erklärung der katholischen Stände, welche an der den 30. November 1790 bei dem Erzbischof von Kalocsa gehaltenen Versammlung der Katholiken keinen Antheil genommen haben. o. O. 1791, o. Dr. 38 S. - 8°

Abafi, Ludw. [d.i. Ludw. v. Aigner]

Abafi, Ludw.: Geschichte der Freimaurerei in Österreich-Ungarn. Bd. 1 - 5. Budapest: Selbstverl. 1890 - 1899. 8°
1. VIII, 357 S., 7 Taf. 1890;
2. II, 367 S., 6 Taf. 1891;
3. 391 S., 4 Taf. 1893;
4. 382 S., 4 Taf. 1893;
5. 381 S., 6 Taf. 1899.

Abafi, Ludw.: Franz Kazinczy als Freimaurer. Denkrede. Budapest [1879: Weiszmann]. 45 S. 8° [Umschlagtit.]
Ft. 951.

[F.] Die ungarische Legion in Preussen 1866. Von Ludwig **Abafi-Aigner.** SA. aus d. 'Pester Lloyd' v. 16. u. 17. Apr. 1897. *Budapest: Buchdr. d. Pester Lloyd-Ges. 1897.* (26 S.) 1 Bd 8. [97. 8155

Abafi, Ludw. (Red.), s. O r i e n t.

Abafi - Aigner, L. s. A b a f i, Ludw.

A b a i l a r d, Pierre, s. a. Abelard

— und Heloiſen's Briefe. Nach d. Franz. poet. bearb. Herausgeg. v. Frz. Weiſſ. Mit 2 Bildn. gr. 8. Pforzheim 843, Dennig, Finck u. Comp. 2 ℔

— daſſelbe. Taſchenausg. 8. Ebd. 843. ½ ℔

—— und Heloiſen's Briefe. N. d. Franz. poetiſch bearb. Hrsg. v. Frz. Weiß. (Pracht-Ausg.) gr. 8. (13½ B. Mit Abälard's u. Heloiſen's Bildn. in Stahlſt. u. verziert. Ttl.) Pforzheim 843. [Stuttgart, Scheible, Rieger u. Sattler.]

—— daſſ. — (Taſchen-Ausg.) 8. (8½ B.) Ebdſ. 843.

Abälard und Heloiſe. Ihre Briefe u. die Leidensgeſchichte, überſ. u. eingel. durch e. Darſtell. von Abälard's Philoſophie u. ſ. Kampf mit d. Kirche. Von Moriz Carrière. 8. (20½ B.) Gießen 844, Ricker'ſche Buchh. *

Abälard und Heloiſe. Ihre Briefe und die Leidensgeſchichte überſ. und eingeleitet von Mor. Carriere. 2. Aufl. 8. (XLV und 223 S.) Gießen 853, Ricker. Thlr. *

Abälard u. Heloise: Briefe. Hrsg. u. eingeleitet v. W. Fred. (311) 8° Lpzg. Insel-Verl. 1911.

Abaelardi, Petri, Dialogus etc. ed. Rheinwald, s. Anecdota.

— — Dialogus inter philosophum, judaeum et christianum; ex cod. biblioth. Caesar. Vindob. primum edit. * F. H. Rheinwald. 8. maj. Ibid. 1831. Th. Enslin.

Abælardi epistola, quæ est historia calamitatum suarum ad amicum scripta. ed. Orellius. Turici 1841. 4.

— Abaelardi et Heloïsae epistolae. I. u. II. ed. ab J. C. Orelli. Pr. 1841. 57 S. 4° 2.—

Abaelardi, P., Epitome theol. christ., s. Anecdota ad histor. eccl. pert., Part. II.

Abaelardi, Petri, Epitome theol. christianae. **Ex codicibus Monasterii S. Emmeramni Ratisbonensis, in Bibliotheca Aulica Monacensi asservatis, nunc primum edid. Fr. Hnr. Rheinwald. 8maj. Berl. 835. Herbig.** ⅚ ℔

—'s u. d. Helviſe Geſchichte nebſt beyder ächten Brief. nach d'Amboiſe, a. d. Engl. J. Berringtons! 8. Lpz. Weygand. 788.

Abaelardi, peripatetici Palatini Petri, hymnarius paraclitensis sive hymnorum libelli III, ad fidem codicum Bruxellensis et Calmontani ed. Guido Maria Dreves. gr. 8. (292 S.) Paris 891. P. Lethielleux. n. 4. —

Abaelardi, Petri, opera hactenus seorsim edita nunc primum in unum collegit textum ad fidem librorum editor. scriptorumque recens. notas, argumenta, indices adjec. Victor Cousin adjuvantibus C. Jourdin et E. Despois. Tom. I. gr. 4. (VI u. 733 S.) Parisiis 849. (Lipsiae, Brockhaus.) n. 11 ß

Petri Abaelardi Planctus 1-6. Hrsg. von Wilhelm Meyer aus Speyer. — Erlangen: Junge 1890. 19 S.
Aus: Festschrift f. Konrad Hofmann.
12:P. lat. 1 gb. 7. 10 [∞3].
1.524

Abaelardus, Petrus. — Planctus virginum Israel super filia Jeptae Galaditae Brambach, eingeleitet v Wilh. Meyer. Gel. 1885. 18 S.

— Sic et Non. Primum integrum edd. Ernest. Ludov. Theod. Henke et Geo. Steph. Lindenkohl. gr. 8. (XVI u. 445 S. m. 1 lith. Taf.) Marburgi 851, Elwert. 2 ß

Abaelardi, Petri, Sic et Non. Prim. edd. E. L. T. Henke et G. S. Lindenkohl. 8°(445) Marb.: 1851. (Frankf., Völcker.)

— 1121 zu Soissons verurtheilter Tractatus de unitate et trinitate divina. Aufgefunden u. erstmals hrsg. v. Remig. Stölzle. 8. (XXXVI, 101 S.) Freiburg i/B. 891. Herder. n. 2. 80

Abaillardus, Petrus s. *Abailard*, Pierre.

Abakanowicz, Brunon Abdank: Die Integraphen. Die Integralkurve und ihre Anwendungen. Deutsch bearb. v. Emil Bitterli. — Leipzig: Teubner 1889. VII, 176 S.
1:Of 8261. 12:Math. P. 1m. 7. 10. 11. 82. 88. 89.
1.531

Abakus. Praktische Preistafel. Ein neuer Rechenhelfer für Materialwaren-, Fleischer- u. andere Geschäfte, Hausfrauen, Wirtschafterinnen, Gastwirte, Köche u. a. m. f. den Ein- u. Verkauf nach Gewicht. qu. Fol. (4 S. auf Pappe.) Gotha 900. E. F. Thienemann. Kart. n. 1. —

Abälard

— u. Dulcin; od. Leben u. Meinungen eines Schwärmers u. eines Philosoph. v. F. C. Schlosser. 8. Chemnitz, Maurke in Commiss. 807.

Abälard u. Heloise, v. Ign. Aur. Feßler. 2 Thle. m. K. 8. Berlin, Maurer 1807. Rthlr.

Abälard und Heloise. Tragödie in 5 Akten. Osnabrück 1831. V: *Wedekind*, *Ed.* (Literar. Ztg. 1839, Sp. 390 f.) (Zeitschr. f. Büch. 1923, 4, S. 77.)

Abälard u. Heloise. Tragödie in 5 Act. 8. (12¾ B.) Osnabrück 831, Rackhorst. Thlr.

Abälard, die Waise im Kerker. 2 Bdchn. 8. Breslau 845, (Graß, Barth u. Comp.) n. 2½ ß

Abaelard(us), (Petrus) s. Abailard, Pierre

Abaldemus, üb. Natur, Forum u. Macht des Glaubens. Ein Versuch f. denkende Leser jedes Standes u. jed. Glaubens. gr. 8. (4⅓ B.) Zerbst 830. Kummer.

Abaldemus, .. üb. d. Natur d. Menschengeschlechts. Ein Versuch d. Frage: Was, wie u. warum sind wir? deutlich zu beantworten. gr. 8. Dresd. 825. Arnold. 1 ß

Abalforaddin d. weise; e. Samml. morgenländ. Erzählungen, (von Th. Fr. Ehrmann). 8. Frankf. 788. (König in Straßb.) 5 gr

Abalforaddin, der Weise; eine Sammlung neuer morgenländischer Erzählungen. Strasburg 1788. H: *Ehrmann*, *Theophilus Friedrich*. (KY) (MGT)

Abaellino. Graz 1796. V: *Zschokke*, *Joh. Heinrich Daniel*, nicht: *Schopf*. (Zeitschr. f. Büch. 1923, S. 77.)

— le grand Bandit, ou l'homme à trois visages. Drame, par Guilbert Pixérécourt. Braunschw. et Petersb. Pluchart.

Abällino, d. große Bandit, (v. H. Zschokke.) 8. Frkft. Academ. Buchhdl. 793.

Abällino, der große Bandit, (v. H. Zschokke). 8. Frankf. 793. N. A. 8. Berl. 823. (Sander). 18 gr

Abällino, der grosse Bandit. Ein Roman. Frankf. u. Leipzig 1794. V: *Zschokke*, *Joh. Heinr.* (EE)

Abällino, der grosse Bandit; ein Trauerspiel in 5 Aufzügen, nach der Geschichte dieses Romans, von demselben Verfasser. Leipzig u. Frankfurt a. d. O. 1795. V: *Zschokke*, *Johann Heinrich*. (BR MM) (KY) (MGT)

Abällino, d. große Bandit. Trauersp. (v. Hch. Zschokke.) 8. Frankf. Apitz. (Gräff in Lpz.) 796. Rthlr.

— Ebendass. mit e. neuen Titel. 8. Jena, Voigt. 817.

Abällino, der große Bandit. N. Aufl. 8. Berlin 823, Flittner. Rthlr.

— mit d. Calabresen, s. Giulio degli Obizzi.

— d. weibliche; od. d. Mädchen in vielerley Gestalten. Ein romant. Schausp. in 5 Akten. 8. Lpz. Rein. 802.

Abällino, **Der weibliche.** Schauspiel in 5 Akten. Leipzig 1803. V: *Sievers*, *Georg Ludwig Peter*. (KY) (EE)

Abällino, d. weibliche. Schauspiel in 3 A., (von G. L. P. Sievers). 8. Leipz. 803. Rein. 18 gr

Abällino, Der weibliche, oder die Heldin der Vendée. Leipzig 1812. II. V: *Schmieder*, *Heinr. Gtli.* — Ist Titelaufl. von: Die Heldin der Vendee. 1801. (DARP)

— der weibliche, od. die Heldin der Vendée. 2 Bde. N. A. 8. Leipz. 812. Hinrichs. 1 ß 16 gr

Abällino, üb. d. Trauerspiel ꝛc. 8. Hamb. Villaume. 796.

Abänderung, s.a. unter dem davon jeweils abhängigen Substantiv

Abänderung des fünften Abschnittes des Pontonnier-Reglements. (Mit 4 Taf.) (Manuscript.) Fol. Wien 1808.

Abaenderung. — Abänderung des Anhangs No 7 zum Localstatut für die Stadt Oldesloe vom 23. Mai 1856. — (Oldesloe 1856: Schythe.) 16 S. 8.
1.458

Abänderung d. Bankgesetzes v. 14.3.75. Vom 7.6.99. (Gareis, Rges. 260) Giessen 1899

Abänderung der Bestimmungen über die Ankündigung der Vorlesungen. ⟨Satzungen der Universität Gießen. T. 1, Nr. 2, Ausgabe vom Januar 1908.⟩ [Gießen] (1908.): [v. Münchow]. 1 Bl. 8° [Kopft.] [U 09. 1071

Abänderung der Bestimmungen vom 20. December 1879 über die Anwendung gleichmässiger Signaturen für topographische und geometrische Karten. 1882 in: *Bestimmungen* über die Anwendung gleichmässiger Signaturen. 1880–82.
1.459

Abänderung der Bestimmungen des Begleitschein-Regulativs [Beschluß des Bundesraths des Zollvereins vom 20. Dezbr. 1869] mit Mustern. gr. 4. (30 S.) Berlin 886, C. Heymanns Verlag. *
Aus: Centralblatt für das Deutsche Reich, besonders abgedruckt.

Abänderung der Bestimmungen über den Besuch der Landes-Universität Gießen vom 15. Februar 1904. ⟨Satzung der Universität Gießen, T. 2, Nr. 1, Ausgabe vom Oktober 1907.⟩ [Gießen] (1908): [v. Münchow]. 1 Bl. 8° [Kopft.] [U 09. 1073

— des Branntwein-Aufschlag-Gesetzes v. 25. Febr. 1880. Gesetz u. Vollzugs-Instruktion vom 20. Nov. 1885. 8. (23 S.) Würzburg 886. Stahel. — 40

Abänderung der Disziplinarvorschriften für die Studierenden der Universität zu Rostock vom 1. April 1909. (Rostock 1909.) 4 S. 8° [Kopft.] [U 09. 3630

Abänderung und Ergänzung der Anweisung über das Verfahren bei der Begründung von Rentengütern im Bezirke der Königlichen Generalkommission zu Bromberg. T. 1. Bromberg (1907): Gruenauer. 8° [F.] [08. 11388

Abänderung resp. Ergänzung der Art. 11 und 14 der Ordnung über das Schächen der Kälber. [Frankfurt a. M. 1834.] V: *Grünewald, Ludwig Karl.* (StBFrankf I, 260)

Abänderung und Ergänzung der Gewerbeordnung. Hrsg. v. Bureau d. Industrierates im K. K. Handelsminist. Wien: Manz in Komm. 1905. (Verhandlungen und Beschlüsse d. Industrierates. 5.)
1:4° Sb 9123–5. 12:4° Cam. 31 ik–5. 300:534.789–C. Bd 5.
1.462

— u. **Ergänzung** der Gewerbe-Ordnung durch das Gesetz vom 8. März 1885. gr. 8. (19 S.) Graz 885. Leykam. n. — 30

Abänderung und Ergänzung der Gewerbeordnung bezüglich des Lehrlingswesens und der Genossenschaften. Gr.-8. (8 S.) * —.12
Kobrtsch & Gschihay, Eger: 1897

Abänderung u. **Ergänzung** d. Gewerbeordnung bezügl. d. Lehrlingswesen u. d. Genossenschaften. (Gesetz v. 23. II. 1897, R. G. Bl. Nr. 63.) Redactionelle Beil. d. kärnt. Gemeindeblattes 1897. gr. 8. (8 S.) Klagenfurt 897. (J. Heyn. — F. v. Kleinmayr.) n. — 24

Abänderung, erste, des Clermont'schen Systems: 1. auserwählter Meister oder Maitre elu. S 1—8. 2. erhabener Meister oder Maitre illustre. S. 9—16. 3. Ritter vom Orient. S. 1—16. 4. Chevalier Rosecroix. Acten des souverainen Kapitels vom Rosenkreuz. S. 1—52. 5. Ritter vom Adler und der Sonne, oder der Cahors Orden, letzter Grad der Maurerei. S. 1—16. Erläuterungen. S. 1—12. (Rudolstadt. Geheimdruckerei. ca. 1805.) 8.
Fehlt bei Kloss.

Abänderung d. Ges. über Rechtsverhältnisse der Deutschen Schutzgebiete v. 2.7.99 und d. Vereinigung v. Wohnplätzen v. 3.7.99. (Gareis Reichsges. 273) Giessen 1899

Abänderung der Gewerbeordnung [Arbeiterschutzgesetz], s.: Gareis, C., deutsche Reichsgesetze in Einzel-Abdrücken.

Abänderung der Gewerbeordnung vom 1.6.91. (Gareis Rges 134-35) Giessen 1891

Die **Abänderung** des § 13 der Lex Adickes betreffend die Abtretung von Strassenland und die etwaige Umlegung von Grundstücken. Spandau 1908: R. Grassmann in Stettin. (20 S.) 8° [F.]
Aus: Verhandlungen d. 11. ordentl. Landesverbandstages 1908 in Berlin.
= **Mitteilungen** d. Preuss. Landesverbandes d. Haus- u. Grundbesitzer-Vereine. H. 38. [08. 11313 9

Abänderung von § 11 Absatz 1 des Statuts der Krankenkasse für Studierende der Universität Gießen vom 23. September 1894. –Satzungen für die Studierenden. Nr. 5, Ausgabe vom Oktober 1907.– (Gießen) (1909) : (v. Münchow). 1 Bl. 8°(Kopftit.) [U 09.1074

Abänderung von § 2 Absatz 1 der Promotionsordnung für die juristische Fakultät zu Gießen. –⟨Bestimmungen über die Promotionen an der Universität Gießen, Nr. 2, Ausgabe vom März 1908.⟩– (Gießen)(1908): (v. Münchow). 1 Bl. 8°(Kopftit.) [U. 09.1070

Abänderung der am 1. April 1903 erlassenen Polizei-Verordnung über die Bauten in den Städten des Reg.Bez. Oppeln v. 29. Mai 1910. Ergänzung z. Baupolizei f. d. Städte d. Reg.Bez. Oppeln, hrsg. von A. Klein. Groß-Strehlitz: Wilpert 1910. 15 S. 8° [11. 10384

Abänderung (Die projectirte) der Gewerbe-Ordnung. (Aus „Mittheilungen d. mittelrhein. Fabrikanten-Vereins zu Mainz vom Monat März 1878".) Referat, erstattet von dem Vereins-Secretär in der Versammlung vom 13. Febr. 1878. gr. 8. Mainz, v. Zabern in Comm., 1878.

Abänderung des Reglementes vom 14. Juni 1901 betreffend die Verwaltung der Kliniken der veterinärmedizinischen Fakultät in Bern. Vom 13. Mai 1903. 1 S. 8°.

[**Abänderung der Statuten** der Universität Bonn betr. die Rektorwahl] [Bonn, gedr. bei C. Georgi 1854.] *Anf.:* Auf Ihren Bericht vom 31 v. M. will ich hiermit den § 41 der Statuten der Rheinischen Friedrich-Wilhelms-Universität zu Bonn vom 1 Sept. 1827 aufheben und anstatt desselben für die Rektorwahl Nachstehendes verordnen *etc. Ende:* Charlottenburg, d. 7 Aug. 1854. Friedrich Wilhelm ... An den Minister d. geistl., Unterr.- u. Med.-Angelegenheiten. 1 Bl. 4.

[**Abänderung der Statuten** der evangelisch-theologischen Fakultät.] [Bonn, gedr. bei C. Georgi 1861.] *Anf.:* In d. Statuten d. ev.-theol. Fac. d. Königl. Preuss. rheinischen Friedrich-Wilhelms-Univ. sind durch Ministerial-Rescripte folgende Paragraphen (49. 50. 52) abgeändert worden, und haben jetzt in folgender Fassung Gültigkeit *etc. Am Ende:* Bonn, im Mai 1861. D. z. Rector *etc.* 1 Bl. 4.

[**Abänderung der Statuten** der juristischen Fakultät.] [Bonn, gedr. bei C. Georgi 1861.] *Anf.:* In d. Statuten d. jur. Fac. d. Königl. Preuss. rheinischen Friedrich-Wilhelms-Univ. sind durch Ministerial-Rescripte folgende Paragraphen (25. 48. 50. 53. 57) abgeändert worden, und haben jetzt in folgender Fassung Gültigkeit *etc. Am Ende:* Bonn, im Mai 1861. D. z. Rector *etc.* 1 Bl. 4.

[**Abänderung der Statuten** der katholisch-theologischen Fakultät.] [Bonn, gedr. bei C. Georgi 1861.] *Anf.:* In d. Statuten f. d. kath.-theol. Fac. d. Königl. Preuss. rheinischen Friedrich-Wilhelms-Univ. sind durch Ministerial-Rescripte folgende Paragraphen (52. 53. 55) abgeändert worden, und haben jetzt in folgender Fassung Gültigkeit *etc. Am Ende:* Bonn, im Mai 1861. D. z. Rector *etc.* 1 Bl. 4.

[**Abänderung der Statuten** der philosophischen Fakultät.] [Bonn, gedr. bei C. Georgi 1861.] *Anf.:* In d. Statuten f. d. phil. Fac. d. Königl. Preuss. rheinischen Friedrich-Wilhelms-Univ. sind durch Ministerial-Rescripte folgende Paragraphen (55. 57. 60. 61) abgeändert worden, und haben jetzt in folgender Fassung Gültigkeit *etc. Am Ende:* Bonn, im Mai 1861. D. z. Rector *etc.* 1 Bl. 4.

—— zum Straf- und Polizeistrafgesetzbuche. Das Ungehorsamsverfahren in den zur Zuständigkeit der Bezirksgerichte gehörigen Straffällen. Die Auslieferung von Verbrechern. Abänderung der Zinsenbestimmungen. Mit Erläuterungen hrsg. von einem rechtskundigen Beamten. 8. (20 S.) Würzburg 868, Stahel'sche Buchh.

— der Ziffern 3, 218, 220, der Abschnitte K, L u. der Ziffer 274 der Ausführungsanweisung zur Gewerbeordnung vom 1. V. 1904 (HMBl. S. 125) vom 25. XI. 1909 (HMBl. S. 511), nebst dem zugehörigen Erlass des Ministers f. Handel u. Gewerbe vom gleichen Tage (III 9877. HMBl. S. 506). (15 S.) Lex.-8. Berlin, C. Heymann. —. 30

Abänderung der Ziffern 3, 218, 220, der Abschnitte K, L u. der Ziffer 274 der Ausführungsanweisung zur Gewerbeordnung f. das Deutsche Reich vom 1. V. 1904 (HMBl. S. 125) vom 25. XI. 1909. (12 S.) Lex.-8. Berlin, C. Heymann. —. 80.

Abänderungen, s.a. unter dem davon jeweils abhängigen Substantiv

Abänderungen in der Beschreibung der in der Reichs-Telegraphenverwaltung gebräuchlichen Apparate nebst Figurentafeln. 4. (17 S. u. 21 Figurentafeln.) Berl. 890, v. Decker. 1 20

Abänderungen zu den Bestimmungen über die Befähigung von Eisenbahnbetriebsbeamten vom 5. Juli 1892. Nach d. Bekanntmachung d. Herrn Reichskanzlers v. 13. Mai. 1903. Durchgesehen im Reichs-Eisenbahn-Amt. *Berlin: W. Ernst & Sohn 1903.* (7 Bl.) 8° [F.] [03. 8814

Abänderungen z. den Bestimmgn. üb. d. Befähigung von Eisenbahnbetriebsbeamten v. 5. VII. 1892, d. Signalordnung f. d. Eisenbahnen Deutschlands v. 5. VII. 1892, d. Normen f. d. Bau u. d. Ausrüstung d. Haupteisenbahnen Deutschlands v. 5. VII. 1892 u. d. Bahnordng. f. d. Nebeneisenbahnen Deutschlands v. 5. VII. 1892. (Mai 1898.) Durchges. i. Reichs-Eisenbahn-Amt. 12. (27 S. m. farb. Abb.) Berlin 898. W. Ernst & Sohn. n.n. — 30

Abänderungen einiger Bestimmungen des revidirten Entwurfs des Wechselrechts, welche in der zu Folge aufgestellter Erinnerungen am 26. Nov. 1838 stattgefundenen Gesetz-Revisions-Konferenz für nöthig erachtet worden sind. — (Berlin 1838.) 12 S. (Gesetz-Revision. Pensum 8.)
1:Fo 1748. 2. 3. 7. 9.
1.469

[F.] Abänderungen zu der Betriebsordnung für die Haupteisenbahnen Deutschlands v. 5. Juli 1892, den Normen f. d. Bau u. d. Ausrüstg d. Haupteisenbahnen Deutschlands v. 5. Juli 1892 u. d. Bahnordng f. d. Nebeneisenbahnen Deutschlands v. 5. Juli 1892. Nach d. Bekanntmachg d. Herrn Reichskanzlers v. 24. März 1897. Durchges. im Reichs-Eisenbahn-Amt. *Berlin: W. Ernst & Sohn 1897.* (31 S.) 1 Bd 8. [98. 5935

Abänderungen zu der Dienstvorschrift f. die Unteroffiziere d. königl. preußischen Feld-Artillerie. Berlin 1868. Abgeschlossen am 1. März 1870. Berlin 870. Voß. 16. (134 S.) 7½ ngr.

Abänderungen zu d. Eisenbahn-Bau- u. Betriebsordnung (B.-O.) v. 4. XI. 1904. Nach d. Bekanntmachung des Herrn Reichskanzlers vom 24. VI. 1907. (Reichs-Gesetzblatt 1907, S. 394.) (4 Bl.) 8. Berlin (907). O. Dreyer. — 15

[Umschlagt.:] [F.] D. V. E. No 398. Abänderungen zu dem Entwurf der Schiessvorschrift für die Feldartillerie v. 22. 5. 93 f. d. Material C/96. *Berlin: E. S. Mittler & Sohn 1898.* (46 S.) 1 Bd 8. [98. 3284

Abänderungen zu d. Entwurf der Schießvorschrift für die Feldartillerie v. 22. V. 93 f. das Material C/96. D. V. E 398. gr. 16. (46 S.) Berlin 899. E. S. Mittler & Sohn. n. — 35

Abänderungen u. Ergänzungen der allgem. Bergpolizeivorschriften v. 23. XI. 1908 nebst Begründung. Bekanntmachg. des kgl. s. Bergamtes zu Freiberg. (8 S.) gr. 8. Freiberg 909. Craz & Gerlach. — 25

— u. Ergänzungen d. revidirten Reglements der westphälischen Provinzial-Feuersozietät vom 26. Sept. 1859. Münster 865. Brunn. 8. (16 S.) 1⅙ ngr.

Abänderungen, Ergänzungen u. Zusätze zu den Bestimmungen üb. die Aufnahme v. Jünglingen in das königl. bayer. Cadetten-Corps. gr. 8. (8 S.) München 852, Lindauer in Commiss. n. 2 ngl

Abänderungen, die, in d. Erhebungsrolle d. Abgaben v. Gegenständen, welche eingeführt, ausgeführt od. durchgeführt werden; f. d. Jahr 1834. Als Anhang z. vollständ. alphabet. Verzeichniß ꝛc. ꝛc. (in welch. [jetzt] alle Gegenstände, d. eine Abänderung erlitten haben, roth bezeich. sind). Gleichfalls alphabet. eingerichtet u. mit Hinweis. auf d. Seiten- u. Zeilenzahl im Tarif versehen. 4. (1¼ B.) Hanau, Edler.
Mit dem Verzeichniß.

—— dass. (Vom 18. Nov. 1833.) gr. 8. . . . Köln, DuMont-Schauberg.

Abänderungen, die, in d. Erhebungsrolle d. Abgaben von Gegenständen, welche eingeführt, ausgeführt od. durchgeführt werden, für d. J. 1834. 4. Hanau 833. Edler. 1/12 ℞. Mit e. vollst. alph. Verzeichniß ꝛc. in welchem (jetzt) alle Gegenstände, d. eine Abänderung erlitten haben, roth bezeichnet sind ꝛc. 2/3 ℞

Abänderungen, die unter dem 6. Novbr. 1883 erlassenen, zum französischen Exercier-Reglement. 12. (44 S.) Hannover 884. Helwing's Verl. n. — 60

Abänderungen z. Exercir-Reglement Bremen 1842

Abänderungen des Exercir-Reglements für die Infanterie der k. preussischen Armee vom Jahre 1847 zur Handhabung der gezogenen Infanterie-Gewehre. M., 39 8. Berlin 1856

Abänderungen der Exercir-Vorschrift für die königlich-würtembergische Infanterie und Nachtrag zu derselben.
8. Stuttgart 1830.

Abänderungen der Geschäftsanweisung für das Staatsschuldbuchbüreau vom 30. Juni 1884. — o.O.u.J.
1:6 in 4° Sx 4190.
1.478

Abänderungen, die hauptsächlichsten, in dem neuen Exercir-Reglement der Infanterie. 8. (46 S) Hannover 876, Helwing'sche Verlagsbuchh.

— zur Instruktion für den Betrieb der Gymnastik u. des Bajonetfechtens bei der Infanterie vom 19. Octbr. 1860. Mit 14 in den Text gedr. Figg. in Holzschn. Berlin 865. v. Decker. gr. 8. (36 S.) n. 5 ngr.

Abänderungen der Katasteranweisungen I, II u. III u. d. dazu erlassenen Verfügungen vom 16 März 1909. Berlin: v. Decker 1909. 14 S. 8° [09. 7008

Abänderungen der Katasteranweisungen I, II u. III u. der dazu erlassenen Verfügungen vom 16. März 1909. Berlin 1909: Reichsdr. 14 S. 8° [10. 4302

Anonym: „Ueber die nöthigen Abänderungen beim Creditsystem, besonders über die Abschätzungsgrundsätze in Pommern", Treptow 1821 (Berlin, Rücker in Komm.).

Abänderungen, üb. die nothwendigen, bei d. Creditsystem üb. die Abschätzungssätze in Pommern. 8. Treptow 821. (Rücker in Berl.) 6 gl

Abänderungen, über die nothwendigen, bei d. Creditsystem, besonders über d. Abschätzungsgrundsätze in Pommern. 8. Treptow 822, (Berlin, Rücker.)

Abänderungen zum Reglement über die Erteilung der Doktorwürde durch die juridische Fakultät zu Bern (26. Dezember 1895) vom 30. Mai 1906. Bern 1906. 1 S. 8°.
Bern Univ.-Schr. 1905/1906.
Nicht zur Versendung bestimmt.

Abänderungen zum Reglement über die Meldung der Studirenden zu den Vorlesungen, sowie über die Entrichtung, die Stundung und den Erlass der Honorare, gemäss Ministerial-Erlasses vom 10. October 1900. *[Breslau] (1900).* (1 Bl.) 4° [Kopft.] [F.]
(Nicht für den Austausch)

Abänderungen von Reichsgesetzen infolge des Bürgerlichen Gesetzbuchs. Ser. I. (Gareis Reichsgesetze 205-6) Giessen 1896

Abänderungen d. Schieß-Instruktion f. d. Fuß-Art. u. Pion. Berlin 1878.

Abänderungen der Schieß-Instruktion vom 15. November 1877 f. die Fuß-Artillerie u. Pioniere. 16. (30 S. m. 2 Steintaf.) Berlin 878. (v. Decker.) cart. n. — 80

Abänderungen d. Schieß-Instruktion f. d. Fuß-Art., Pion. u. Eisenbahn-Komp. München 1878

Abänderungen der Statuten der Absalom-Stiftung . . ., s. Statuten der Absalomstiftung in Hamburg.

— zum Straf- u. Polizeistrafgesetzbuche. Das Ungehorsamsverfahren in den zur Zuständigkeit der Bezirksgerichte gehörigen Straffällen. Die Auslieferung von Verbrechern. Abänderung der Zinsenbestimmungen. Mit Erläuterungen herausg. von e. rechtskund. Beamten. Würzburg 868. Stahel. 8. (20 S.) 2 ngr.

Abänderungen z. Straf.-u. Polizeistrafgesetzb. 8°(20). – Würzb. 1869, Stahel.

Abänderungen des Strafgesetzbuchs für die Preußischen Staaten durch das Gesetz vom 9. März 1853 betr. die §§. 56. 219. 240 u. 250. Breslau 853. Kern. 16. (2 Bl.) 3/4 ngl

Abänderungen zu den allerhöchsten Verordnungen über die Ausbildung der Truppen für den Felddienst . . . v. 17. Juni 1870. Vom 25. Dez 1873. — o.O. (1873). 4 S.
1:9 in Hu 14155.
1 486

Abänderungen zu den Allerhöchsten Verordnungen üb. die Ausbildung der Truppen f. den Felddienst ꝛc. vom 17. Juni 1870. Vom 23. Decbr. 1874. [Mit 4 Zeichngn. (in Holzschn.)] 16. (8 S.) Berlin 874. v. Decker. — 15

Abänderungen d. amtlichen Waarenverzeichnisses zum Zolltarif, d. statistischen Waarenverzeichnisses u. d. Verzeichnisses der Massengüter, auf welche die Bestimmg. im § 11 Absatz 2 Ziffer 3 d. Gesetzes vom 20. Juli 1879, betr. die Statistik des Waarenverkehrs, Anwendg. findet. [Aus: „Centralbl. f. d. Deutsche Reich".] gr. 4. (33 S.) Berlin 892. C. Heymann's Verl. n. 1. —

Zusammengestellte Abänderungen zur Zollverordnung für die dem Zollverein des Herzogthums Holstein und des Fürstenthums Lübeck beigetretenen Gebietstheile der Freien und Hansestadt Hamburg vom 1. Febr. 1841 nebst angehängtem revidirtem Tarif. Auf Befehl eines hochedlen Raths publ. am 1. Mai 1841. — Hamburg 1844: Meissner. 94 S. 4° 8.
1.489

Abänderungen u. Zusätze zu der Errichtungs-Urkunde der Friedrich Wilhelm Graf Bülow von Dennewitzschen Blinden-Unterrichts-Anstalt zu Königsberg in Pr. vom 18. Oct. 1819. — Königsberg (1836): Hartung. 8 S. 1:4° Nf 9070. 10.
1.486

Abänderungen und Zusätze zur Verfassungs-Urkunde des Königreichs Bayern. — o.O. (1831). 1:Sf 2993.
1.487

— u. Zusätze z. Wahlcapitulation Josephs II. u. Leopolds II. gr. 8. Frankf. a. M. 790. Hermann. 4 gr.

ABÄNDERUNGSVORSCHLÄGE DES DEUTSCHEN ANWALTVEREINS zu den Entwürfen eines Gesetzes, betr. Änderungen des Gerichtsverfassungsgesetzes, einer Strafprozessordnung und eines Einführungsgesetzes zu beiden Gesetzen. Leipzig Druck von Bär & Hermann 4°.

Abänderungs-Vorschläge zum Exerzir-Reglement der Infanterie u. deren Gefechtsausbildung. Von N. N. 8. (65 S.) Hannover 890. Helwing. n. 1. 20

Abänderungs-Vorschläge z. Exerzir-Reglement d. Infanterie u. deren Gefechtsausbildg. Von N.N. 8°(65). – Hannov. 1890. Lpzg, Zuckschwerdt & Co.

Abänderungs - Vorschläge der Grossen Landes-Loge der Freimaurer von Deutschland zum Commissionsentwurf betreffend das neue Grundgesetz für den Grosslogenbund. o.O.u.J. 3 Bl. 4° [Kopftit.]

Abänderungs-Vorschläge zu § 180 d. Strafgesetzbuchs f. das Deutsche Reich, die Kuppelei betr. Von einem k. sächs. Justizbeamten. 8. (18 S.) Dresd. 878. Meinhold & S. — 30

Abänderungs - Vorschläge zu dem Verfassungsentwurf des Br. Bluntschli gestellt von dem Beamtenkollegium der Grossloge zur Sonne im Einverständnis mit der Loge Eleusis z.V. [Dat.] Bayreuth 8.Oktober 1868. 2 Bl. 4° [Kopftit.]

Abandonato, Ricardo. [Leipzig 1829]. V: *Suhr, Agathe v. geb. Nielsen.* (GGr)

Abaneeme. Prakt. Führer z. Erlerng. d. Guarani. (In span., engl. u. deutsch. Sprache.) (Von Handel.) 8°(74 Doppels.).– Stuttg. 1890, W.Kohlhammer.

Abani, Carl (d.i. Gustav B a n c a l a r i)

Abani, Carl. (Gustav Bancalari, k. k. Oberlieut. im 27. Lin.-Inft.-Reg.) Nationale Eiferer und österreichische Pessimisten. 8. Leipzig, Wien, Teschen 1871.

Abani, Carl, nationale Eiferer u. österreichische Pessimisten. gr. 8. (150 S.) Teschen 871. Prochaska. n. 1 —

— — Geschichte des deutsch-französischen Krieges in den Jahren 1870 und 1871. Nach eigener Beobachtung und den besten Quellen bearbeitet. 1. Abth. Im Lager der Franzosen. Bericht eines Augenzeugen über den Krieg in Frankreich im Jahre 1870 bis zur Einnahme von Strassburg. 2. Abth. Der Volkskrieg in Frankreich 1870. 1871. Von der Einnahme Strassburgs bis zum Friedensschlusse. 22 Karten und Pläne zum deutsch-französischen Kriege 1870 71. Gezeichnet von A. Niemann und L. Ravenstein. Text in 8., Karten in Fol. (3 Bde.) Leipzig, Wien, Teschen 1871.

—— Geschichte des deutsch-französischen Krieges in den J. 1870 und 1871. Nach eigener Beobachtung und den besten Quellen bearb. 2 Abthlgn. in 12 Lfgn. gr. 8. Teschen 871, Prochaska. à Lfg. * 50 Pf. *
Inhalt:
Abthl. 1. (Lfg. 1—8.) Im Lager der Franzosen. Bericht eines Augenzeugen über den Krieg in Frankreich im J. 1870 bis zur Einnahme von Straßburg. (387 S.) * ℳ 4.
2. (Lfg. 9—12.) Der Volkskrieg in Frankreich. Von der Einnahme Straßburgs bis zum Friedensschlusse. (191 S.) * ℳ 2.
Vgl. Krieg, der, 1870—71. III.

Abani, Carl. (Gustav Bancalari, k. k. Oberlieut. im 27. Lin.-Inft.-Reg.) Kriegsbilderbuch eines Unbefangenen. kl. 8. Leipzig. Wien, Teschen 1871.

—— Kriegsbilderbuch eines Unbefangenen. 16. (IV, 224 S.) Teschen 871, Prochaska. *

Abani, Carl, Im Lager der Franzosen. Bericht eines Augenzeugen über den Krieg in Frankreich 1870. 1.—3. Lfg. 8. (S. 1—144.) Teschen, Prochaska. à 30 kr.

Abani, C., im Lager der Franzosen. 2 Bände. Leipzig 1870. 8.

Abani, C. Im Lager der Franzosen. Briefe e. Augenz. über den Krieg in Frankreich 1870. (387) 8. Teschen 1870. 71. 4.00

Abani, K., s. A b a n i , Carl

Abano, Petrus de

s.: Petrus de Abano

Abarbanel, Isaak

Abarbanel, Rab. Is., Comment. in Pentateuch. Fol. Frankf. (Weidmann in Leipz.) 708.

Abarbanel, Js., comment. in Pentat. cur. Bashuysen. Hanov. 1710. fol.

— id. Liber. Fol. Hannov. Wolf. A. 710.

— Comment. in Prophetas prior. Fol. Frankf. Varrentrapp et W. 736.

— — R. Abarbanelis rabbinicus in Nahum commentarius Latio donatus a Iohanne Diderico Sprechero. Helmestadii 1703.

— comment. in Testament. Patr. Jacobi Gen. Cap. 49. doser. 4maj. Hafn. Proft. 734.

— praeco salutis lat. reddit. a. I. H. Mein. 4. Frankf. 711.

Abarbanell, Adolph (geb. Bojanowo 10. 1 1825). De natura parasitica contagii Berolini (1849) (26 S.) 8°
Berlin, Med Diss. v 4 Okt. 1849

Abarbanell, Eduard. (geb. Bojanowo): De pelvi rhachitica. Berolini (1844). (27 S.) 8°
Berlin, Med. Diss. v. 21. Aug. 1844

Abarbanell, Rafael: Die Phantasie auf dem Friedhofe. Relig. u. moral. Gedanken auf demselben. — Stralsund 1832: Regier.-Buchdr. 32 S. 1: Et 9314. 2. 9.
1.639

Abaris, O., finale Vernunftskritik f. d. gerade Herz z. Commentar.: Zwanziger üb. Kants Kritik d. prakt. Vernunft. gr8. Nürnb. Schneider u. W. 1796.

Abassi: Reisen in Afrika ..., s. A l i B e y

Abaza, Gregorius (geb. Tecuci in Rumänien 17. 2. 1846): Über die Darmtuberkulose. Berlin (1870). (30 S.) 8°
Berlin, Med. Diss. v. 24. Juni 1870

Abb, Edmund. Kritik des Kantschen Apriorismus vom Standpunkte des reinen Empirismus aus, unter besonderer Berücksichtigung von J[ohn] St[uart] Mill und Mach. Diss. Phil. I. Univ. Zürich. (Sonderabdruck aus dem «Archiv für die gesamte Psychologie» Bd. 7, Heft 3/4.) 82 S. 8. Leipzig, Wilhelm Engelmann, 1906.

Abb, Gust.: Gesch. d. Klosters Chorin. (Aus: Jahrb. f. brandenb. Kirchengesch.) (6, 150 m. 1 farb. Kte.) gr 8°.– Berl. M.Warneck 1911.

Abba, lieber Vater! Morgen- u. Abendgebete für alle evangel. Christen, die ihre Herzen im Gebete wahrhaft zum Vater erheben wollen. Von dem Verf. der „Weihestunden am Altare des Herrn". 4 Lfgn. gr. 8. (245 S. m. 1 Stahlst.) Oschatz 851. 52, Oldecop's Erben. (1: 4 ngr 2—4: à 1/6 rß) cmplt. geb. 18 ngr in Engl. Einb. mit Goldschn. 3/4 rß

Abba, Vater. Gebetbuch f. die Kleinen. Zusammengest. v. e. Geistlichen d. Diözese Trier. 24. (IV, 62 S. m. farb. Titelbild.) Trier 898. Paulinus-Druckerei. Geb. in Leinw. n.n. —35

Abba, Giuseppe Cesare, von Quarto zum Volturno. Tagebuchblätter v. A., einem der Tausend. (Aus Garibaldis Feldzug im J. 1860.) Autor. Uebersetzg. a. d. Ital. v. Sofia Guerrieri-Gonzaga. gr. 8. (254 S. m. 1 Karte.) Berlin 901. A. Duncker. n. 2.75; geb. in Leinw. n.n. 4.—

Abbadie, Antoine d', Résumé géodésique des positions déterminées en Éthiopie. Leipzig 1859.

Abbadie, Jacques

Jaques Abbadie. L'Art de se connoitre soy-même, ou la recherche des sources de la morale.
Zuric: Heiddeguer 1751. 408 S. 2.
1.616

— Beweis von der Wahrheit u. Gewißheit d. christl. Religion, aus dem Franz. 2 Theile. 4. Leipzig. (Frommann in Jena.) 748.

Abbadie, Jacques: Kunst sich selbst zu erkennen, oder Untersuchung dess Ursprungs der Tugend-Lehre. Aus dem Franz. übers. — Augspurg: Kühtz 1712. 315 S. 12: Biogr. C. 132/1. 9.
1.618

— Kunst, sich selbst zu erkennen. 8. Augsb. 721.

Die triumphirende christliche Religion. Das ist hochnöthiger, nützlicher u. erbaulicher Tractat von der Warheit u. Gewissheit d. christl. Religion ... Aus d. unvergleichlichen frantz. Scripto übers. u. erl. (von C[hristoph] L[orenz] Bilderbeck). Nebst e. Vorr. T.[1.] 2. — Franckfurt & Leipzig: Hoffmann 1713–21.
1. 2 . . . . 1: Dc 1130. 2.
1 . . . . 7. 9. 10.
1.649

— Aus d. Franz. übers. (von C[hristoph] L[orenz] B[ilderbeck]). 2. auffs neue übersehene Auffl. T.[1.] 2. — Zelle & Leipzig: Hoffmann 1721. 4° 7. 10.
1.650

Abbadie, Jacques. Traktat von der Gottheit unsers Heilandes; aus dem Französischen übersetzt. Nürnberg 1754. Ü: *Angerer, Johann Georg.* (Ky)

Gründlicher Tractat von der Warheit und Gewissheit der christlichen Religion ... Aus d. frantz. Tractat übers. T.[1.]2. — Leipzig & Rudolstadt: Deer (2: Leipzig: Hoffmann) 1728–39.
2 u.d.T.: Abbadie: Die triumphirende christl. Religion. T. 2. 1728.
1: Dc 1132. 12: 4° Dogm. 1. 9.
1.651

— Wahrheit der christl. Relig. 2 Thle. 4. Zelle 730.

Von der Wahrheit der christlichen Religion. Aus dem Franz. übers., mit einer Vorr. begleitet von Heinrich Johann von Hahn. (1,1.) — Carlsruhe: Macklot 1776. XLII S., S.CCXCVIII–CCCXVI, 356 S. 9.
1 652

— von d. Wahrheit d. christl. Religion; aus d. Französ. m. Anmn. v. H. J. v. Hahn. 3 Bde. 8. Karlsr. 788. Maklott (Braun). 4 ℛ 8 𝔤𝔯

d'Abbadie d'Arrast, Mme., s. Stellung, Die d. Frau im Recht d. Kulturstaaten.

Abbadonna, ein Buch für Leidende, 2 Theile. 8. Leipz. Gräff. 804.

Abbadonna, e. Buch f. Leidende, (von K. F. Benkowitz). 2 Thle. 8. Leipz. 804. (Wienbrack). 2 ℛ

Abbas(s), F., s. Abbass, F. W.

Abbaß, F. W., Handbuch des Gürtlers, s. Schauplatz, neuer, der Künste und Handwerke.

Abbas F, Handbuch des Gürtlers, Schwertfegers, Metall- und Bronze-Arbeiters. 1. und 2. Auflage. (Schauplatz der Künste und Handwerke 108) Weimar 1873. 79

Abbaß, F. W., Handbuch d. Gürtlers, Schwertfegers, Metall- u. Bronce-Arbeiters, od. die Bearbeitung der meisten Metalle durch Feilen, Drehen, Bohren rc. Unter Zugrundlegung der neuesten Erfahrungen u. Fortschritte bearbeitet. 2. verm. u. verb. Aufl. Mit einem Atlas v. 8 (lith.) Taf. (in qu. Fol.), enth. 181 Abbildgn. gr. 8. (XVI, 155 S.) Weimar 877. B. F. Voigt. 4.—

Abbass, F W. Handb. d. Gürtlers, Schwertfegers, Metall- u. Bronce-Arbeiters, od. Bearbeitg. d. meisten Metalle durch Feilen, Drehen, Bohren etc. 2. Aufl. 8° (155 m.8L.).– Weim. 1879, B F. Voigt.

Abbass, F. W.: Handbuch der Metallgiesserei. Enth. d. verschiedenen Form- u. Giessweisen d. Kunst-, Bild-, Glocken- u. des Werkgusses ... Mit e. Atlas. — Weimar: Voigt 1875. X,160 S. (Neuer Schauplatz d. Künste u. Handwerke. 260.) 83. 89.
1.663

— Handbuch der Metallgiesserei. Enth. die Arbeitseigenschaften d. Metalle u. Legierungen sowie prakt. Anleitung zur Herstellung v. Gusstücken in Bronze ... 2., von Grund aus neubearb. Aufl. von F[riedrich] Wüst. — Ebd. 1897. VIII,256 S. 83.
1.664

— 3. Aufl. 1903 s. *Abbass:* Der Metallarbeiter.

— Handbuch der gesammten Metallwaarenfabrikation. Th. 1.2. Mit [je] e. Atlas. — Weimar: Voigt 1876–78. (Neuer Schauplatz d. Künste u. Handwerke. 47.48.)
1.2 . . . . 83.
1 . . . . 89.
1.665

Abbass, F. W.: Der Metallarbeiter, s.: Werkstatt, Die.

Abbaß, F. W., der Metallarbeiter, umfass. die Bearbeitg. der Metalle durch Feilen, Drehen, Bohren, Schmieden, Löten, Gießen, Pressen, Stanzen, Durchschneiden, Drücken, Ciselieren, Gravieren, Walzen, Ziehen, Plattieren, Vergolden, Versilbern, Verkupfern, Verzinken, Verzinnen, Aetzen, Beizen, Gelbbrennen, Bronzieren, Schleifen, u. Polieren. 3. verm. u. verb. Aufl. des „Handbuches für Gürtler". gr. 8. (VIII, 193 S. m. 150 Abbildgn.) Leipzig 903. B. F. Voigt. 4.50; geb. 6.—

Abbas FW, die Metallgiesserei im engeren Sinn mit Atlas. (Schauplatz der Künste und Handwerke 260) Weimar 1875

Abbas FW, die Metallwarenfabrikation. 2 Teile mit Atlas. (Schauplatz der Künste und Handwerke 47-48) Weimar 1878

Abbassiden, Die. Wien 1776. V: *Kepner, Friedrich.* (MGT)

v. Abbaye, Beardé, vom Ackerbau; physikal. Versuche. 8. Bremen 768. Cramer. 6 𝔤𝔯

Abbazia, s. a. Woerl's Reisehandbücher.

Abbazia, Fiume, Pola und Lussinpiccolo. Mit zahlr. Ansichten, 2 Kt. u. 3 Pl. 5. Aufl. Leipzig: Geuter 1910. 112 S. 8°
(Städtebilder u. Landschaften aus aller Welt. Nr 201. 202.) [12. 4343

Abbazia als Kurort. Bearb. von Dr. J. Cohn [u. a.]. Festschrift z. 60. Geburtstage d. Prof. Dr. J. Glax. Hrsg. von d. Kur-Kommission. Abbazia: Kur-Kommission 1906. XVI, 238 S. 8° [12. 1898, 7

Abbazia als Kurort. Bearb. v. J. Cohn, G. Fodor, X. Gorski u. a. Festschrift zum 60. Geburtstage des Prof. Dr. J. Glax. Hrsg. v. der Kur-Kommission. (XVI, 240 S. m. Abbildgn., 1 Bildnis u. 2 Plänen.) 8. Abbazia 906. (F. J. Schmid.) n. 6.—

Abbazia, die Österreichische Riviera und Korfu. Prakt. Reiseführer Mit 4 Kt. Berlin: Goldschmidt 1910–11. 79 S. 8°
(Griebens Reiseführer Bd 140.) A 12 5837

Wintercurort und Seebad Abbazia. Ein Führer ... bearb. von d. Balneolog. Inst. d. Prof. Dr. Julius Glax ... Photogr. Aufnahmen von E. Jelussich Abbazia: Curcomm. (1901). 187 S. 8° [11. 12660 11

Abbazia-Fiume. Umgebungs-Karte v. Abbazia-Fiume. 1 : 75,000. Hrsg. vom k. u. k. militär-geogr. Institut in Wien. Lith. gr. Fol. Wien 890. (Lechner's Sort.) n.n. 2.—; auf Leinw. n.n. 3.20

Abbazia-Fiume. Umgebungskarte v. Abbazia-Fiume. 1:75,000. Hrsg. im k. u. k. militär-geogr. Institut in Wien. Lith. 57×58 cm. Wien 891. (R. Lechner's Sort.) n.n. 2. —; auf Leinw. n n. 3. 20

Abbé Colibri, Boudoir-Bibliothek für die fashionable Welt. Redigirt von E. M. Oettinger. 1. Jahrg. 1842. 52 Bdchen. Mit Musikbeil. 16. Leipzig 841, R. O. Schulze. 1. Bdchen. n. 1/2 ₰

Abbé Colibri, v. E. M. Oettinger, s. Boudoirlecture.

Abbe, Professor, in Jena. Geboren 1840 — gestorben 1905. [Berlin 1906.] V: *Vollert, M.* (Stadtbibl. Berlin VIII, S. 167.)

Abbe, Ernst, gesammelte Abhandlungen. 1.—3. Bd. gr. 8. Jena, G. Fischer. n. 21. 50; geb. nn. 24. 50
1. Abhandlungen üb. die Theorie des Mikroskops, m. 2 Taf. u. 29 Fig. im Text u. 1 Portr. des Verf. (VIII, 486 S.) 904. n. 9. —; geb. nn. 10. —
2. Wissenschaftliche Abhandlgn. aus verschiedenen Gebieten. Patentschriften, Gedächtnisreden. (IV, 346 S. m. 16 Fig. u. 7 Taf.) 906. n. 7. 50; geb. n.n. 8. 50
3. Vorträge, Reden u. Schriften sozialpolit. u. verwandten Inhalts. (XV, 402 S. m. Bildn.) 906. n. 5. —; geb. n.n. 6. —

Gesammelte Abhandlungen von Ernst **Abbe.** Bd 1–3. Jena: Fischer 1904–06. 8°
1. Abhandlungen über d. Theorie d. Mikroskops. Mit 2 Taf. u. 29 Fig. u. 1 Portr. 1904. 2. Wissenschaftl. Abhandlungen aus verschiedenen Gebieten. Patentschriften. Gedächtnisreden. Mit 7 Taf. u. 16 Fig. 1906. 3. Sozialpolit. Schriften. Mit 1 Portr. 1906. [11. 5565

Abbe, E., neue Apparate zur Bestimmung d. Brechungs- u. Zerstreuungsvermögens fester u. flüssiger Körper. Mit 1 (lith.) Taf. (in qu. 4) u. 7 Fig. (Holzschn.) im Text. gr. 8. (IV, 79 S.) Jena 874. Dufft. n. 2. 80

E. Abbe. Neue Apparate zur Bestimmung des Brechungs- und Zerstreuungsvermögens fester und flüssiger Körper. — Jena: Mauke 1874. 79 S.
Aus: Jenaische Zeitschrift für Naturwissenschaft.
1:Mw 2430. 4. 7. 9. 83. 89.
1.710

Abbe, Ernst, erfahrungsmässige Begründung d. Satzes von der Aequivalenz zwischen Wärme u. mechanischer Arbeit. Inaug.-Dissertation. Göttingen, 861. (Vandenhoeck & Ruprecht.) gr. 8. (40 S.) n. 8 *ngr.*

Abbe, E., die rechtswidrige Beschränkung der Versammlungsfreiheit im Großherzogth. Sachsen. Rede, geh. in öff. Volks-Versammlg. zu Jena am 17. XI. 1900. Mit Anh.: 1) Gesetz üb. d. Strafandrohungsrecht d. Polizeibehörden, v. 7. I. 1854. 2) Ministerialverordngn. vom 15. VII. 1874 u. 21. IV. 1875, betr. Versammlgn. 3) Landtagsverhandlungen (Schriftenwechsel u. Protokolle) betr. das Gesetz v. 7. I. 1854. 4. (64 S.) Jena 900. B. Vopelius. — 30

Abbe E. Ueber die Gesetzmässigkeit in der Verteilung der Fehler bei Beobachtungsreihen. 1863 4. Habil. Schr. Jena

Abbe, Ernst, d. Lehre v. d. Bildentstehg. im Mikroskop. Bearb. u. hrsg. v. Otto Lummer u. Fritz Reiche. Mit 57 Abb. u. 1 Bildnis Ernst Abbe's. (XII, 108 S.) gr. 8. Braunschw. 910. F. Vieweg & Sohn. 5. —; geb. in Leinw. 6. —

Abbe, E., welche soziale Forderungen soll die „Freisinnige Volkspartei" in ihr Programm aufnehmen? 2 Vorträge, gehalten im Freisinn. Verein zu Jena am 7. u. 21. März 1894. Zur Begründg. der vom Freisinn. Verein zu Jena zum Parteiprogramm zu stell. Anträge. gr. 8. (III, 80 S.) Jena 894. B. Vopelius. n. — 40

Abbe, E. (Hrsg.), s. Zeitschrift für Instrumentenkunde.

Abbecedario illustrato. qu. gr. 8. (12 S. mit 12 ill. Holzschntaf.) Triest 863, Coen. cart. *

— illustrato rappresentante gli animali volatili. qu. 4. (10 S. mit 11 ill. Holzschntaf.) Triest 863, Coen. cart. *

— il nuovo, ossia metodo semplice per compitare, sillabare e leggere adorno di figure. 2.—6. Ediz. riveduta ed aumentata. 8. (104 S.) Triest 862—68, Coen. *

— nuovo, dei pesci. 16. (21 ill. Holzschnt. mit Text.) Triest 861, Coen. *

Abbecedario del regno animale. gr. 16. (26 ill. Stnt. in Tondr.) Triest 861, Coen.

Abbecedario e sillabario c. una racc. di fig. 4°(26) Triest: 1852.

— — con una raccolta di figure di animali illustrate a diletto dei giovanetti. 4. (25 und 16 lithogr. und ill. S.) Trieste 855, Coën. *

Abbecedario e sillabario con una raccolta di figure illustrate a istruzione della gioventù. 4. (26 S. mit 8 ill. Stnt.) Trieste 855, Coën. *

Abbecedario sillabario, s. Tedeschi, Moisè.

— e sillabario zoologico intuitivo. 8. (8 S. mit 26 ill. Holzschntaf.) Triest 861(62), Coen. cart. *

Abbehusen, Carl

Abbehusen, Karl: Zur Syntax Raouls de Houdenc. — Marburg: Elwert 1888. 96 S. (Ausgaben u. Abhandlungen aus d. Geb. d. roman. Philologie. 78.)
1:Xi 216–78. 12:L. eleg. g. 16 s–78. 300:390.815–B. Per. 78. 2. 3. 4. 5. 7. 8. 9. 10. 11.
1 713

Abbehusen, Carl [aus Bremen]: Zur Syntax Raouls de Houdenc .... (Aus: Ausg. u. Abh. a. d. Geb. d. roman. Phil.) Marburg, Univ.-Buchdr. (R. Friedrich), 1888; 1 Bl. + 63 + 1 S. 8°
Marburg, Phil. Fak., Inaug.-Diss. v. [15. Jun.] 1888

Abbehusen, Conrad Hinrich

Abbehusen, C. H., the first Story-book. A preparation for speaking and writing the English language. Being a collection of easy tales, anecdotes and poems. 8th and 9th edit., revised, corrected and enlarged. 8. (VIII, 120 S.) Berlin 875,79, Simion. *

Abbehusen, C. H, the first story-book. A preparation for speaking and writing the english language. 10. ed. 8. (VIII, 120 S.) Berlin 883. Simion. n. 1. —

Abbehusen, C. H., the first storybook. A preparation for speaking and writing the English language. Being a collection of easy tales, anecdotes and poems. 11. ed., revised, corrected and enlarged. 8. (VIII, 120 S.) Berlin 888, Simion. *

Abbehusen, C. H. The first story-book. A preparation for speaking and writing the English language. Being a collection of easy tales, anecdotes and poems. 12. and 13. edit. revised, corrected and enlarged. 8. (VIII, 120 S.) Berl. 890,91, Simion. * 1 — geb. * 1 20

Abbehusen, C. H., the first story book. A preparation for speaking and writing the English language. Being a collection of easy tales, anecdotes and poems. 14. ed., revised, corrected and enlarged. gr. 8. (VIII, 120 S.) Berlin 893. L. Simion. n. 1. —

Abbehusen, C. H.: The first story-book. A preparation for speaking and writing the Engl. language. 17. ed. 8°(120) Berl. 1900, L. Simion.

Abbehusen, C. H., the first story-book. A preparation for speaking and writing the English language. Being a collection of easy tales, anecdotes and poems. 18. ed. Revised, corrected and enlarged by E. H. Sutton. gr. 8. (VII, 136 S.) Berlin 903. L. Simion. n. 1. —; geb. n.n. 1. 30

Abbehusen, C. H., the first story-book. A preparation for speaking and writing the English language. Being a collection of easy tales, anecdotes and poems. 20. ed. Revised, corrected and enlarged by E. H. Sutton. (VII, 136 S.) 8. Berlin 906. L. Simion Nachf. Geb. n.n. 1. 30

Abbehusen, C. H., the schoolboy's first story-book. A preparation for speaking a. writing the english language. Being a collection of easy tales a. anecdotes. 7. ed. revised a. corrected. gr. 8. (VIII, 96 S.) Berlin 872. Oppenheim. n. — 80

— 18. ed., rev., corr. and enl. by E.H.Sutton. Ebd. 1902. VII,136 S. 1:Z 3332[18]. 1.717

— 21. ed. Ebd. 1908. VII,136 S. 1:N 10.1. 1.718

Abbehusen, K., s. A b b e h u s e n , Carl

Abbelen, P. M., die ehrwürdige Mutter Maria Carolina Frieß, 1. General-Commissärin der Schulschwestern v. Notre Dame. Ein Lebens- u. Charakter-Bild. 8. (279 S. m. Abbildgn. u. Bildnis.) St. Louis, Mo. 892. Freiburg i/B., Herder. Geb. in Leinw. n. 6. —

Abbeloos, J. B., de vita et scriptis S. Jacobi, Batnarum Sarugi in Mesopotamia Episcopi, cum ejusdem syriacis carminibus duobus integris ac aliorum aliquot fragmentis, necnon Georgii ejus discipuli oratione panegyrica, ex Codicibus Vaticanis nunc primum editis et latine redditis. Dissert. histor.-theologica. Löwen 867. (Bonn, Marcus.) gr. 8. (XX, 322 S.) n. 2 ₰ 15 ngr.

Abbeokuta oder Sonnenaufgang zwischen den Wendekreisen. Eine Schilderung der Mission im Lande Joruba. Aus d. Engl. Bis auf die Gegenwart fortgesetzt u. wesentlich erweitert durch die Einleitung: Die Morgenröthe d. tropischen Afrika, von Dr. W. H o f f m a n n. Mit 1 (lith.) Karte von Joruba u. d. angrenzenden Ländern (in 4.) Berlin, 859. Wiegandt & Grieben. gr. 8. (4 Bl., 318 S.) n. 28 ngr.

A b b e r u f u n g. Die A'. Ein Paar Worte der 19 „Maunli" des Döttinger Komite an ihre aargauischen „Mitmannli". 8. o. O. Hrg. den 21. Heumonat 1862.

Abberufungsrecht, das, in der Republik Bern. Ein Commentar zu §. 20. der Verfassung. gr. 8. Bern 837. Jenni, Sohn. 1/6 ₰

A b b é s, les, galants par un ancien enfant de choeur. 16. (171 S.) Leipzig 860, A. Dürr. *

Abbes, Heinrich

Abbes, *Johann* Heinrich [aus Bremen]: Ueber Jod-xyl Jodterephtalsäure und Jodosoterephtalsäure ... Heidelbe Univ.-Buchdr. v. J. Hörning, 1894; 30 S., 1 Bl. 8.
Heidelberg, Naturw.-math. Fak., Inaug.-Diss. v. [4. Mai] 1894

Abbes, Heinr., die Klostermühle. Ein Sang aus Sachsenland. (109 S.) kl. 8. Holzminden 908. M. Abbes v. Bennigsen. 2. —

— 2. Aufl. Leipzig: Maier in Komm. 1909. 109 S. 7. 1.722

Abbes, Heinr., z. Petroleumfrage in Deutschland. gr. 8. (12 S.) Heidelberg 895. (J. Hörning.) n. — 40

Abbes, Heinr., u. Frau Abbes, geb. v. Bennigsen, deutsches Punsch- u. Bowlenbuch. 162 leicht ausführb. Vorschriften zur Zubereitg. v. Punschen, Bowlen, Likören, Limonaden u. Kaltschalen. Eine prakt. Anweisg. zur Selbstanfertigg. dieser beliebt. Getränke. (VII, 77 S.) 8. Leipzig (905). Ernst. n. 1. —

Abbes, Johann Heinrich, s. A b b e s , Heinrich

Abbes v. Bennigsen, M., s.a. A b b e s . Heinrich

Abbes v. Bennigsen, M., s.a. Küche, die, im Monat.

Abbes, M. (Frau Abbes v. Bennigsen): Die Fischküche.– Geestemünde, Bremer & Kücker. (Nur dir.)

Abbes, M. Die Verlobg. in Alt-Wende, s.: Bagels Haus-u. Reisebibliothek.

Abbet (curé de Sion). Trois mots sur l'Eglise: Les propriétés. — L'enseignement. — Le chef de l'Eglise. In-8°, 400 S. Fribourg, Imprimerie catholique suisse. 1 8 8 2 4 —

A b b e t, Alexis. Les prêtres français émigrés à St.-Maurice en Valais pendant la grande Revolution. [E.] 8. Fribourg ‹Suisse› 1896.

Abbildung, s.a. A b b i l d u n g e n

A b b i l d u n g der neuen Adjustirung der k. k. Armee. fol. Wien (1802).

Abbildung englischer u. franz. Admirale. 2 Hefte. 4. Leipzig, Voß. Bos.

Abbildung. — Accurate Abbildung der sechs falschen Ducaten, welche inwendig von Silber, auswendig aber mit dünnen Gold-Blate überzogen sind und in diesem Jahre wahrgenommen worden. — o.O. 1749. 2 Bl. 4°
3. 7. 10. 1.732

Accurate und wahre Abbildung des französischen Lagers und das um solches sehr feste Retrenchement, vor der Haupt-Vestung P h i l i p p s b u r g Anno 1734 nebst der davor stehenden Kays. Reichs-Armée, und wie es von derselben beschossen wird, wie auch die benahmsung und Zahlen der sämtlichen Esquadrons und Bataillons so sich bey der Kayserl. Reichs-Armée befinden. Elias B a e c k à H. sc. et exc. A. V. 1735? Ohne M. 1 Bl.

A b b i l d u n g der königl. französischen Armee. Nürnberg 1779.

— der Großherzoglich H e s s i s c h e n A r m e e. 2 lith. Blätter in gr. Fol. Darmst. 837. Heil. 1/2 ₰

A b b i l d u n g der neu organisirten Königl. Sächsischen Armee, in 20 Blättern. 4. Leipzig 1811.

Abbildung der K. K. Oesterreichischen Armee durch alle Waffengattungen. enthælt: Jedes Regiment, Corps und militair Branche in freyen Gruppirungen nach der Natur gezeichnet einzeln dargestellt. Wien ... [um 1820].
Tit., 7 Bl.; 34 Taf. in kol. Lithogr. 2°.
2 Taf. (Dragoner Reg. Savoyen u. Toscana u. Ulanen Reg. Kaiser Franz Nr. 4) fehlen.

A b b i l d u n g der russisch-kaiserlichen Armee. (12 Bilder.) (1816.)

A b b i l d u n g der Churfürstlich Sächsischen Armee. 8. Nürnberg 1779.

Abbildung der Kurfürstlich Sächsischen Armée. o. O. [um 1800].
Tit.; 111 Taf. in kol. Rad. 8°.
Nur auf einigen Blättern ist Charge oder Truppenteil handschriftlich angegeben. Da der auf Taf. 16 genannte Generalmajor von Low erst 1799 Chef des Regiments wurde, ist das Werk zwischen 1800 und 1806 anzusetzen.

Abbildung der Churhannöverischen Armee-Uniformen. Hannov. u. Leipz. 1791. V: *Ronnenberg, Joh. Gottli. Ferd.* (KY) (MGT)

Abbildung der neuen preuß. Armee-Uniformen.
Hrsg. v. J. B. Weiß.
Berlin, um 1810. 60 farb. Bl. 2°

Abbildung der Churfürstlich-Sæchsischen Armée Uniformen. Dresden 1789. im Verlag bey Joh. Samuel Gerlach.
Tit., 1 Bl.; 31 Taf. in kol. Kupferst. 8°.

A b b i l d u n g der Bäume und Sträucher, welche in Deutschland wild wachsen. Heft 1. (Mit illum. Kupff.) Linz 1787. Fol.

Abbildung der Bäume und Sträuche, welche in Deutschland wild wachsen oder im Freyen gezogen werden und dabey auf irgendeine Art einen beträchtlichen Nutzen haben. - Linz 1788. 12 Bl.

Abbildung der Begebenheiten und Persohnen, wodurch der Zustand jetziger Zeiten monathlich vorgestellet . . . wird. Augsburg: August Sturm 1725. 8° 12
¶ Das Januarheft erschien in lateinischer Sprache u. d. T.: Icon rerum et personarum . . Augsburg 1725.

Abbildung eines redlichen Bekenners an dem Beyspiele des ... Johann Gottlob Stolzens [Stoltze], ... General-Superintendentens in Marggraffthum Nieder-Lausitz, ... als eines hochwerthesten Mit-Gliedes der Societät der Christlichen Liebe und Wissenschafften, u. nach derselben Vorschrifft zum Andencken eines so hochverdienten Mannes ... entworffen von einem Mitgliede d. Societät. — Dresden o.J.: Krause. 15 S. 4° 3. 6.
1.733

Abbildung u. Beschreibung des Angesichts uns. Herrn. Jesu. Christi. gr. 8. Ulm, Ebner. 1814. Rthlr.

— u. Beschreib. d. hungar. Edlen Banderisten, wie sie 1790 aufgezogen sind. gr. 4. Pesth 791. Strohmayer. 6 ℔

Abbildung und Beschreibung derer sämmtlichen Bergwerks-Beamten und Bedienten nach ihrem gewöhnlichen Rang und Ordnung im behörigen Berghabit. Nürnberg 1721. 4.

Abbildung und Beschreibung der Congreve'schen Brand-Raketen, so wie solche im Monat August 1807 bei der Belagerung von Kopenhagen, wie auch in dem Kriege von 1813 von den Engländern gebraucht worden sind. Mit 1 illum. Kupfer.
4. Leipzig (1813).

Abbildung und Beschreibung der Congreweschen Brand-Raketen, so wie solche im Monat August 1807 bei der Belagerung von Copenhagen, und auch in dem Kriege 1813 von den Engländern gebraucht worden sind. 8. M. 1 K. Leipzig (1814).

Abbildung u. Beschreibung des Colorado- oder Kartoffelkäfers. Chromolith. m. beigedr. Text. Imp.-4. Leipzig 877. Hucke. — 10

Abbildung u. Beschreib. der in neuester Zeit sehr verbesserten u. vervollkommneten engl. Drehbänke. Aus d. Engl. übers. u. m. Zusätzen verm. von Em. Klinghorn. Mit 6 Taf. Abbildd. 8. Quedlinb. 834. Basse. 5/6 ℔

Abbildung und Beschreibung einer **wohlfeilen, einfachen und beweglichen Dreschmaschine.** Mit deutsch und franz. Texte. Leipz. 1803. V: *Meltzer, Adam Heinrich.* (Eng oec)

Abbildung und Beschreibung der in der Berliner Cholera-Heilanstalt Nr. II eingeführten Erweiterung und Verbesserung des Schneider'schen Dampf-Apparates. Berlin 1831. V: *Phöbus, Philipp.* (Ky) (EngM)

Abbild- und Beschreibung desjenigen Fisches, welcher zu Lisabon in Portugall gefangen, und von welchem auch allbereit zu seiner Zeit eine kurtze Nachricht gegeben worden. — o.O.u.J. 4 S. 1:4° Ln 11500.
1.736

Abbildung und Beschreibung des alten braunschweigischen Geschützes: Die faule Mette genannt. Fol. Braunschweig 1771.

Abbildung und Beschreibung des gar alten in der Stadt Braunschweig von langer Zeit seyenden metallenen Geschützes, genannt die faule Mette. — o.O.u.J. 7.
1.737

—— und Beschreibung, getreue, d. 28 erzernen Statuen, welche das Grabmahl Kaiser Maximilian I. umgeben, u. in d. Hofkirche zu Innsbruck aufgestellt sind. — A. u. d. T.: Exacte effigie et descript. des 28 Statues de bronze entourantes le mausolée de l'Empereur Maximilien I. et erigées dans l'église de la cour à Innsbrouck. 8. (29 Kpfrt. u. 10 Bl. deutsch. u. französ. Text.) Innsbruck 841, Unterberger. *

—— u. Beschreib. ein. Fötus ähnl. Gewächses, das in ein. 50jähr. Manne nach dess. Tode gefunden wurde, nebst ein. kurzen Lebensbeschreib. d. Verstorbenen u. d. Sections-Befunde. gr. 4. (1 Kpfrt. u. 1 B. Text.) Passau 831. (Landshut, Manz.)

—— und Beschreibung e. Fötus ähnlichen Gewächses, d. in e. 50jähr. Manne nach dessen Tode gefunden wurde, nebst e. kurzen Lebensbeschreib. d. Verstorb. u. d. Sections-Befunde. (Wohlf. Ausg.) gr. 4. (1 B. u. 1 Kpfrt.) Passau 840, Pustet'sche Buchh.

Abbildung u. Beschreibung aller in d. Pharmacopoea Borussica aufgef. Gewächse. Hrsg. v. Friedr. Guimpel. Text v. D. F. L. v. Schlechtendal. III. Bd. 7—18. Hft. M. 72 ill. Kpfrt. gr. 4. (12 3/4 B. Text.) Berlin 835—37, L. Oehmigke. à Hft. 1/2 Thlr.
I. Bd. (18 Hfte.), II. Bd. (17 Hfte.) u. III. Bd. 1—6. Hft. Ebendas. 1828—35. à Hft. 1/2 Thlr.

— und Beschreibung aller in d. Pharmacopoea borussica aufgeführten Gewächse. Hrsg. v. Fr. Guimpel. Text v. D. F. L. v. Schlechtendal. (Neue Ausg.) II. Bd. 6—9. Lfg. u. III. Bd. 9 Lfgn., enthaltend: (ill. Kpfr-) Taf. 161—308 u. 23 B. Text. gr. 4. Berlin 845, L. Oehmigke. à Lfg. *
Complet *
I. Bd. 9 Lfgn. u. II. Bd. Lfg. 1—5, enthalt. ill. Taf. 1—160 u. ... B. Text. Ebendas. 8.. à Lfg. * 1 Thlr. — Ausg. in Hftn. à * 1/2 Thlr. Vgl. 9. Bd. 1. Abthl. S. 1.

—— und Beschreibung d. gefährl. in Bayern vorkomm. Giftgewächse. gr. 4. (6 1/2 B. u. 24 ill. Stnt.) München 812. (Bayreuth. Buchnersche Buchh.) *

Abbildung und Beschreibung der gefährlichsten Giftpflanzen und Giftschwämme Deutschlands, nebst Warnungen auch vor einigen andern zu wenig bekannten, etc. 3. Aufl. mit 37 in Kupfer gest. Abbildungen. Regensburg 1820. 8.
Dasselbe mit nach der Natur ausgemalten Kupfern. Vorher: Beschreibung der ... 1812.

Abbildung / Derer VIII. ersten ... Hertzogen zu Sachsen / Jülich Cleve / und Berg / Engern und Westphalen / des H. Römischen Reichs Ertz-Marschallen und Chur-Fürsten / Land-Grafen in Thüringen ... Sammt: kurtzer Beschreibung ihres ... Lebens / und Regiments ... Auch der beygefügten Zehen-Alter Des Menschen / Männlichen und Weiblichen-Geschlechts / Mit ihren Studiis, Verrichtungen und Zuneigungen Ordentlich beschrieben. Gedruckt im Jahr 1702 o. O.
Tit., 30 Bl. m. 30 Holzschn. 8°.
Enthält die ganzfigurigen Porträts von Friedrich d. Weisen bis zu Johann Georg († 1656). 3 Lebensalter-Holzschnitte sign. IR mit dem Messer

— u. Beschreib. e. neuen Instruments, mit welchem geometr. u. freie Handzeichnungen leicht u. richtig in Perspektive gebracht werden können. — A. u. d. T.: Kunst, durch eine neue Erfindung Perspektiv auf mechan. Wege ohne schwierige Konstruktion zu zeichnen. 8. Leipz. 822. Magazin f. Ind. 5/12 ℔

— u. kurze Beschreib. von München, Augsburg, Nürnberg, Regensburg rc. rc. rc. kleinst. Taschenf. Regensb. 821. Daisenberger. 8 gr

Abbildung und Beschreibung einer neuen höchst einfachen Maschine zum Schneiden des Weisskohls. Tilsit 1820. V: *Schreiber.* (Ky) (Eng oec)

Abbildung und Beschreibung eines Englischen Milchhauses, seiner vortheilhaften äussern und nützlichen innern Bauart; begleitet mit D. James Anderson's Abhandlung über Küh-Melkerey und deren Bewirthschaftung. ... Leipzig 1799. Ü: *Wichmann, Christi. Aug.* (Eng oec) (Eng Mt) (Ky) (MGT)

Abbildung und Beschreibung eines englischen Milch-Hauses, seiner vortheilhaften äussern und nützlichen innern Bau-Art. [Übers.: Christian August Wichmann.] — Leipzig: Baumgärtner [1799]. 92 S. 12: Oecon. 1m. 9.
1.740

Abbildung und Beschreibung der vorzüglichsten Monumente, welche bey der Anwesenheit Ihrer Kaiserl. Hoheit Stephanie, Großherzogin von Baden, in Freyburg errichtet waren. Mit 8 Kupfertaf. von Meisburger. — Freyburg 1811. 1:5 in Si 4.
1.741

Abbildung und Beschreibung des churfürstlich-saechsischen Lustschlosses Pillnitz bey Dresden. Mit 6 illum. Kupf. — Dresden: Hilscher o.J. 4 S. quer-2° 1:2° Sr 9930. 3.
1.742

Abbildung und Beschreibung der beim Schluss des 18. Jahrhunderts geprägten hamburgischen Portugaleser. o.O.u.J. 5 Bl. 7.
1.743

— u. Beschreib. aller deutschen u. d. vornehmsten Ritterorden, s. Beschreibung.

Abbildung und Beschreibung aller hohen Ritterorden in Europa. 3. Aufl. — Augsburg & Leipzig 1772.
Nebent.: Schauplatz hoher Ritterorden. 7.
1.744

Abbildung und Beschreibung einer Rudermaschine für Kähne. Halle 1816

Abbildung und Beschreibung einer sehr vortheilhaften Rudermaschine für große und kleine Kähne. Halle 1816

Abbildung und Beschreibung einer sehr vortheilhaften Ruder-Maschine, für grosse und kleine Kähne. Halle 1817. V: *Hendel, Johann Chr.* (Ky)

Abbildung und Beschreibung der hängenden Schaafraufen. Schweidnitz [1825]. V: *Lebauldenans, H. von.* (Eng Oec)

Abbildung und Beschreibung sämmtlicher Schmelzhütten-Beamten, sowie sämmtlicher Bergwerksbeamten. Nürnberg, 1721.

— u. Beschreib. d. bekannten Schmetterlinge Deutschlands nach ihren drei Lebens-Perioden; nebst Anweisung, wie sie zu erziehen, zu fangen, zu behandeln u. aufzubewahren sind. Zum Gebrauch für angeh. Sammler u. Besitzer von Sammlungen. Mit 30 fein gemalten Kpfrtaf. Lex.-8. Nürnb. 836. Schneider u. W. (Merz). $2\frac{1}{2}$ ℛ 2e Aufl. Ebd. Bauer u. Raspe. (Merz). (16 Hft, s. im 1n Bde d. B.-L.)

—— und Beschreibung d. bekanntesten Schmetterlinge Deutschlands nach ihren drey Lebensperioden; nebst Anweis., wie sie zu erziehen, zu fangen etc. sind. Zum Gebr. für angeh. Sammler u. Besitzer v. Sammln. 2. Aufl. M. 30 f. gemalt. Kpfrt. Lex.-8. ($8\frac{1}{8}$ B.) Nürnberg 838, Bauer u. Raspe.

Abbildung und Beschreibung der bekanntesten Schmetterlinge Deutschlands nach ihren drey Lebensperioden; nebst Anweisung, wie sie zu erziehen, zu fangen etc. sind. Zum Gebrauch für angehende Sammler u. Besitzer von Sammlungen. 2. Aufl. Mit 30 fein gemalten Kpfrt. Nürnberg 1828. Lex.-8.

Abbildung und Beschreibung des Telegraphen oder der neu erfundenen Fernschreibemaschine in Paris und ihres innern Mechanismus. Von einem Augenzeugen. Mit Kupfern, welche diese Maschine auf dem Louvre in Ruhe, und in ihrem Gange darstellen. 2., ganz umgearb., wie auch mit noch einem neuen Kupfer und Anhange verm. Auflage. Nebst einer leicht ausführbaren Anweisung mit äusserst geringen Kosten Telegraphen zu verfertigen, durch welche man in ziemlichen Entfernungen korrespondiren kann. (Mit 5 Taf.) 8. Leipzig 1795.

— u. Beschreib. eines mächtigen Treibwerkes, die Jordan-Quelle genannt, mit welcher, wo möglich, allerlei Maschinen auf die wohlfeilste Weise in Bewegung gesetzt u. in steter Bewegung erhalten werden können, die bisher durch Wasser, Wind, Dampf, Pferde oder Menschen getrieben werden mußten. Zur Prüfung empfohlen. Mit 1 Tabelle u. 1 Steintaf. gr. 8. Kittlitz 837. Zobel. $\frac{1}{4}$ ℛ

—— und Beschreibung v. alt. Waffen u. Rüstungen, welche in d. Samml. v. Llewelyn Meyrick zu Goodrich-Court in Herefordshire aufgestellt sind. A. d. Engl. übers. u. erläut. v. G. Fincke. 9. u. 10. (letzt.) Hft. Fol. (32 Stnt. u. 11 B. Text.) Berlin 835, 36, Fincke. à Hft. 2 Thlr.
1—8. Hft. (120 Kpfr.- u. Stnt.) Ebendas. 1834, 35. 16 Thlr.

Abbildung und Beschreibung einer neu erfundenen Wagenmaschiene. Mit 2 Kupfertaf. — Cöthen: Aue in Comm. 1798. 30 S. 4° 5.
1.746

„Abbildung und Beschreibung der vorzüglichsten Werkzeuge und Geräthschaften, welche bei dem Acker- und Gartenbau angewendet werden. Ein unentbehrliches Handbuch für Oekonomen, Gärtner, Handwerker etc.", nach dem Französischen des Boitard, mit 105 lithogr. Tafeln, Weimar und Ilmenau 1838 (Voigt).

Abbildung der Dresdner Brücke nach der am 19. März 1813 erfolgten Sprengung, mit Erklärung. qu. Fol. illum. Dresd. 814. Beger. 12 gr

— König Carl d. I. in sein. Drangsal., von ihm selbst beschr. 8. Halle, Hemmerde u. S. 779.

Eigentliche Abbild- und Beschreibung des Einhorn-Fisches, welcher in dem Elb-Strohm bey niedrigem Wasser gefangen, und im Februario 1736 in Hamburg an der Cayen in einem Schiffe gezeiget worden. Flugblatt: Abbildung des Fisches in Radierung, darunter Beschreibung in Typendruck. Ist zu bekommen in Hamburg, im güldnen A, B, C. bey der Börse. Fol. 30.—

Eigentliche Abbildung und Beschreibung des sehr grossen Fisches, welcher bey Neapolis einen Fischer verschlungen und 1721 ... gefangen worden; aus d. ital. Zeitung genommen. Dem noch beygefüget ist aus dem Jonstono ein anderer Abriß deßgleichen Fisches. — Berlin: Otto [nach 1721]. 4 Bl. 1:Lo 20760. 3.
1.747

Eigentliche Abbildung und Beschreibung der wunderbahren Korn-Aehre, welche in dem zwischen Pirna und Königstein gelegenen Dorffe Struppen bey dem ... Kirchvater Schönen befindlich ist. — o.O. 1757. 2 Bl.
12:4° Phyt. 334-12. 3.
1.748

Eigendliche Abbildung und Beschreibung wie die Stadt Augspurg belagert, beschossen, und bombardiert, auch übergeben worden. An. 1703. Gleichz. anon. Kupfer. Augspurg, bey Albr. Schmid, Formschneider u. Brieffmahler. Mit Erklärungen 1—29 u. 2spalt. Text in Typendruck. Fol. 30.—
Drugulin 3653. Flugblatt. Commandant der Festung war der Freiherr Johann Ernst von Bibra.

Eigentliche Abbildung und Beschreibung derer Ceremonien, welche bey der den 23. April geschehenen Vermählung zwischen Ihrer Röms. Käyserl. Majest. Josepho I. als Mandatario Ihrer Cathol. Majestät Carl des Dritten, Königs in Spanien [Karl VI. Römisch-deutscher Kaiser], und der Princessinn Elisabetha Christina, Hertzoginn zu Braunschweig und Lüneburg Wolffenbüttelscher Linie, in der Kirche zu Mariä Hietzing vorgegangen sind. — o.O. 1708. 8 Bl. 1:Rz 1840.
1.749

Eigentliche Abbildung des nach und nach verfallenen Christenthumbs, darinnen in einer richtigen Zeit-Ordnung aus denen bewehrtesten ältesten Kirchen-Historien gezeiget wird, wie dasselbe sonderlich ... versuncken ist. Von e. engl. Bischoff in 2 Theile vorgest., u. zum erstenmahl ins Hochdeutsche übers. Samt einigen Anm. Sigismundi Hosmanni. — Zell & Leipzig 1703. 5.
1.750

Eigentliche Abbildung des grossen Comet-Sterns, so zu Anfang dess 1744. Jahrs an vielen Orten in Teutschland ist gesehen worden. Flugblatt: Große Ansicht des Kometen; links eine Kirche, im Vordergrunde Menschen. Mit 4 Randbildern, verschiedene Phasen darstellend. Mit Titel und Erklärung 1—6. Nürnberg, zu finden bey Joh. Georg Puschnern Kupferstecher. Gleichz. Radierung. Qu.-Fol. 15.—
Drugulin 4378. Der Komet von 1744 soll mehrere Schweife (bis zu sechs) gezeigt haben. — Aufgezogen.

Eigentliche Abbildung des jetzigen Conclave, nebenst denen darinnen vermauerten Cardinälen. — Rom 1700. 96 S. 1:Cd 11232. 12:Am.B.2920/1. 300:19.692. 5. 9.
1.752

Eigentliche Abbildung und glaubwürdige Nachricht von einem sehr abentheuerlichen Vogel, welcher sich im Jahr 1719, den 21. Dec. in ... Gotha antreffen lassen. — o.O. [1720]. 2 Bl.
Nebent.: Abriß eines wunderns-würdigen Vogels. 3.
1.753

— o.O. 1720. 2 Bl.
Nebent.: Abriß dieses wunderns würdigen Vogels. 3.
1.754

Eigentliche Abbildung und glaubwürdige Nachricht von einem sehr abentheuerlichen Vogel, welcher sich in ... Gotha antreffen lassen. Gedruckt in diesem Jahr. — o.O. [1720]. 2 Bl. 3.
1.755

Abbildung. — Eigentliche Abbildung und glaubwürdige Nachricht von einem sehr abentheuerlichen Vogel, welcher sich in diesem Jahr, den 12. Jan. 1720 in ... Gotha antreffen lassen. — o.O. 1720. 2 Bl. 3.
1.756

Eigentliche Abbildung, der von der Kayserl. Haupt-Armee in Ungarn, unter Commando des Printzen Eugenii von Savoyen, am 15. Jun. 1717 glücklich unternommenen Passirung der Donau und darauf erfolgter würcklicher Einschließ- und Belagerung der Türckischen Haupt-Vestung Belgrad. Augspurg, Casp. Brechenmacher, o. J. (1717). Flugblatt: Anon. Kupfer mit 2 Sp. Text in Typendruck. (38,5:33 cm.) Fol. 30.—
Nicht bei Apponyi und Drugulin. Gestochener Plan von Belgrad und Umgebung, mit Darstellung des Donauübergangs der kaiserlichen Truppen, darunter ein Aufstellungsschema der kaiserlichen Truppen im Lager von Visniza. Das Blatt ist vor der eigentlichen Schlacht bei Belgrad (16. August 1717) erschienen. Der Text beschreibt den Donauübergang ausführlich, mit Namensnennung von Kontingenten und Heerführern. — Einige Wurmlöcher.

Eigentliche Abbildung des harten Treffens und erfochtenen gloriösen Victorie, welche durch K. M. von Preussen siegreiche Waffe über die vereinigte Oesterreich- u. Sächsische Armee ist erhalten worden den 30. Sept. 1745. Flugblatt. I. D. Schleuen exc. Berolini. Anon. Radierung (28,4 : 32,7 cm): Übersichtliche Darstellung der Schlacht; darunter links Karte von Nord-Ost-Böhmen, rechts Text, das Ganze gestochen. Gr.-Fol. (42:34 cm). 35.—
Die Ansicht der Schlacht mit Erklärungen A—M. Sieg Friedrichs des Großen über die Österreicher und Sachsen unter dem Prinzen Karl von Lothringen. — Sehr schönes Blatt.

Eigentliche Abbildung der Wunder-Kinder, die abermahls eine Frau in Dresden vor dem Wilsdrufer Thore in der sogenannten Schleiff-Mühle lebendig ... gebohren. — (Dresden) 1748. 2 Bl. 4° 3.
1.760

Abbildung der vorzüglichen Eisenwaren, welche auf den k. baier. Hüttenwerken gegossen werden. 1822—31. q. fol.

Abbildung der vorzüglichsten Eisenwaaren, welche auf den Königl. baierschen Eisenhüttenwerken gegossen werden. München 1822. Qu.-fol.

Abbildung eines saltzburgischen Emigranten nach seinen vornehmsten Eigenschaften.—Dresden: Mohrenthal [um 1732]. 16 S. 4° 3.
1.762

Engere Abbildung der 4 ersten Regierungs-Jahre ... Herzogs Christian Ludewig zu Mecklenburg-Schwerin ... Aus den ... Acten der Jahre 1748–1751 zusammengezogen.—o.O. 1752. 23 S.
1:4° Sn 7206. 12:2° Ded. 439/1. 3. 7.
1.763

Abbildung und Erläuterung der funfzehn Denkmünzen, welche bestimmt waren, an dem Pariser grossen Feste unter die französische aus Deutschland zurückgekehrte Armee ausgetheilt zu werden.—o.O. 1806.
1:4° Pl 4585. 12:4° Num.rec. 1. 300:33.100. 4. 7.
1.764

Abbildung der Fährten-Abdrücke auf Platten von buntem Sandstein im Steinbruche des Herrn Fr. Winzer bei Hessberg unweit Hildburghausen. Ein lithographirtes Folioblatt.

Abbildung verschiedener Familienwappen in Ungarn. Presburg 1787. V: *Korabinsky, Johann Matthias.* (Ky)

Abbildung der sehr großen und blutigen Feldschlacht, welche am 25. August 1758 bei Zorndorf, ohnweit Cüstrin, zwischen der Königl. Preussischen Armée, unter Se. Königl. Maj. Höchsteigener Anführung, und der Russischen, unter Commando des Generals von Fermor, vorgefallen, bei welcher Se. Königl. Maj. abermal einen vollkommenen Sieg erfochten. Flugblatt. O. O. (1758). Anonymer Kupferstich (153:337 mm): Lebendige Darstellung der Schlacht; darunter Karte der Heeresbewegungen, links und rechts von dieser Text, das Ganze gestochen. Gr.-Fol. (42:34 cm). 50.—

Nicht bei Drugulin. Der Text schildert kurz die Kriegshandlungen vom 11. bis 31. August und den Verlauf der Schlacht mit dem siegreichen Eingreifen des Generals Seydlitz. Die hohen Verluste der Russen werden annähernd richtig angegeben: die Preußen verloren 10 000 Tote und Verwundete, von denen nur 1600 zugegeben werden.

Fernere Abbildung derer anderweit zum Vorschein gekommenen falschen Ducaten.—o.O. 1749. 5 Bl. 2°
3.
1.765

Abbildung des Preussischen Frauenzimmers in den ältesten Zeiten, zum Verhältnis der neuern. Königsberg, Hartung, 1774. 8°. Rar! (4 Mk. Rich. Bertling, Dresden, 1892.)

Abbildung e. tugendhaft. Frauenzimmers, od. Leb. d. Marq. v. Courtainville, a. d. Frz. 8. Frkft. 740.

Abbildung eines wahren Freimaurers in einem Schreiben an die L. zur Einigkeit zu Frankfurt a. M. von dem Br. v. S. den 16. Nov. 1753. Nebst gebundener und ungebundener Beantw. dieses Schreibens im Namen der L. durch die Brüder G. u. D. [Friedrich Grimmeissen und Joh. Jac. Dieffenbach] den 26. Nov. 1753. V: *Stockum, J. Thom. von.* (Kl)

Abbildung der vornehmsten Gebäude altdeutscher Bauart, gesammelt v. Ant. Falger. 1—8. Hft. 8. (50 Stnt.) München 845, Mey u. Widmayer. à 7½ Ngr.

— merkwürd. Gegenstände aus d. Erdbeschreibung f. d. Jugend u. Erwachsene; mit ausführl. Text, 4 Bde in 16 Hft. qu. Fol. Leipz. 804—12. Magaz. f. Ind. 8 ℔

Abbildung der cursirenden Geldsorten, mit Beysetzung ihres Gehalts, Gewichts und Werthes. Représentation des espèces d'argent.—Bern 1823. 1:Fh 6706.
1.766

Abbildung berühmter Gelehrten und Künstler Teutschlands, nebst kurzen Nachrichten von ihren Leben und Werken. Berlin 1780. V: *Bertram, Christian August von.* (Ky) (MGT)

Abbildung derer Gemüthseigenschaften Friedrichs des Grossen, Königs in Preussen, dessen wohlverfasste Regierung und nachzuahmende Anstalten in Civil- u. Militarwesen. Nebst einiger Nachricht von dem russischen Kriegsvolk.—Lippstadt i.W. 1758. 16 S.
1:Flugschr. 1758–189.
1.767

— Ebd. 1759. 16 S. 1:Flugschr. 1759–60. 7.
1.768

Abbildung. Genaue nach der Natur entworffene A'... der Stadt St. Gallen. Zürich 1761 *s.* [Zörnlin, Georg].

Abbildung französischer Generale. H.1–5. — Leipzig 1798–1801. 4° 6.
1.769

Abbildung des merkwürdigeren baierischen Geschützes, welches bey der Einnahme Wiens von der Kayserlich-französischen Armee in den dortigen Zeughäusern gefunden, und mittelst eines feyerlichen Einzuges in die königliche Haupt und Residenzstadt München zurückgebracht worden am 2ten Jänner 1806. (Mit 5 Abbildungen.) (Donation Liechtenstein.)
qu. Fol. (München 1806.)

Abbildung aller jetzt in Europa circulirenden 56 Goldmünzen in 1 Tafel, mit Angabe des wahren Werths jeder Münze in Thalern u. Gulden. Nürnb. 831. Leuchs u. Comp. 1 ♯

Abbildung d. in Deutschl. am meisten kursierenden Goldmünzen. Plakatformat. Ulm

Abbildung der in Deutschland am meisten coursirenden Goldmünzen in ihrer natürlichen Grösse und Zeichnung mit Namen und Werthangabe im 52½ Guldenfuss, 45 Guldenfuss und 30 Thalerfuss. 1.—4. Aufl. 32. (26 ill. Stnt.) Memmingen 867, Besemfelder. *

Abbildung der in Deutschland am meisten coursirenden Goldmünzen in ihrer natürlichen Grösse u. Zeichnung mit Namen u. Werthangabe im 52½ Guldenfuss, 45 Guldenfuss u. 30 Thalerfuss. 1—4. Aufl. Memmingen 868. Besemfelder. 16. (22 lith. Taff. in Farbendr.) n. 10 *ngr.*

—— von Gold- u. Silbermünzen, welche im Canton Graubünden öfters vorkommen. Nebst Angabe ihres tarifmäss. Werthes. 8. (½ B.) Chur 845, Grubenmann'sche Buchh. *

— e. Grossmüthigen, od. Begebenh. des Grafen v. *** a. d. Franz. 8. Lpz. Fritsch. 745.

Abbildung. — Abbildung von Gusswaaren der Königl. Würtemb. Eisengiesserey Wasseralfingen. (Zeichner: C. Plock.) [1.2.] — [Stuttgart] 1850: Ebner. quer-8° [u.] 4°
83.
1.770

Ebd. [um 1852]. 4° 89.
1.771

ABBILDUNG der unversehrten Hand der heiligen Mutter Anna samt einem Gebete. Herausgegeben von C(arl) Arno. Essegg 1858. Schnellpressedruck des Karl Lehmann & Comp. 1 f. - 300 mm

Abbildung derer 8 ersten ... Hertzogen [Herzöge] zu Sachsen, Jülich ... u. Chur-Fürsten, Land-Grafen in Thüringen ... Sammt kurtzer Beschreibung ihres ... Lebens u. Regiments, auch ... Absterbens, auch der beygefügten Zehen-Alter des Menschen. — o.O. 1702. 32 Bl. 4°
3.
1.772

Abbildung der Jesuiter-Theologie, aus ihrer 1560 zu Cölln getrückten Censur gezogen. Dressden 1719. V: *Chemnitz, Martin.* (G) (Myl)

Abbildung d. Julius-Spitals i. Würzburg, gebaut 1580; nach ein. Umbau, etwa 1780, u. einem noch späteren Umbau. 3 Blätter. Fol. 1 Mappe.

Abbildung der d. heiligsten Dreieinigkeit geweihten kath. Kirche zu Leipzig, nach Zeichnungen von Carl Heideloff ausgeführt in 5 Stahlst. v. W. C. Wrankmore. hoch 4. Leipzig 847, Jackowitz. ½ ℔

—— der neuen kathol. Kirche in Leipzig, s. Beschreibung.

ABBILDUNG, Klägliche, der traurige Leich-begängnus des Welt-berühmten alt Teutschen A la mode welcher durch Alteration · französisch eingerissener Kleyder Caprice des Todtes erblichen und begraben worden. Die Theilnehmer des Zugs tragen die Kleider des Verstorbenen an Stäben. *Unten* 4zeil. Vers: Alt Teutscher Tracht entweich etc. Nürnberg bei Joh. Pet. Wolffs Erben. (c. 1680.) Qu.-Fol. (5/6 Rthl. Drugulin II, no. 3003; 8 Mk. Ludw. Rosenthal, München, c. 1888:)
Seltenes Flugblatt, Spott gegen die französ. Mode in Deutschland.

Abbildung der Kommunalgarde zu Leipzig in ihren verschiedenen Uniformen. 36 Bll. gr. 4. Leipzig 1836. 12,00.

Abbildung des gegenwärtigen Krieges in Teutschland. Nach seinem eigentlichen Ursprunge und Folgen vorgestellet in dem Briefe eines Bürgers der Freyen-Reichs-Stadt F. an e. preussischen Unterthanen. — Cölln 1757. 24 S. 1:Flugschr. 1757-106. 12:4° J.publ. G. 1227-1,45.
1.773

— Ebd. 1757. 27 S. 1:Flugschr. 1757-106*. 3. 7.
1.774

— Wien & Prag 1757. 20 S. 300:38.439-B.
1.775

Abbildung der Kriegskunst in Beziehung auf den Officier; vorgestellt in einer militärischen Aufmunterungs-Rede... Göttingen u. Kiel 1771. V: *Führer, Friedrich Wilhelm.* (Ky) (stri) (ML)

Abbildung der erfundenen Kunst zu fliegen, s. a. *Abbildung* eines sonderbaren Luftschiffes.

Abbildung der erfundenen Kunst zu fliegen, vermittelst welcher man in 24 Stunden 200 Meilen machen ... könne So ... von einem Geistlichen auss Brasilien erfunden worden. Gedr. nach dem wienerischen Original. — o.O. 1709. 2 Bl. 4° 8.
1.783

Abbildung der erfundenen Kunst zu fliegen, vermittelst welcher man in 24 Stunden 200 Meilen fortkommen ... könne. Gedr. nach dem wienerischen Original. — o.O. 1709. 4 Bl. 1:4° Og 18265.
1.784

Abbildung, Kunstrichtige, der Römischen Päpste und deren kurze Lebensbeschreibung. Rom [1740]. V: *Funke, D.* (wr)

Kurtze Abbildung der wahren christlichen Religion. — o.O. 1709. 11 S. 4° 3.
1.777

Kurtze Abbildung derer beym Krieges-Wesen in der Fortification und der Artillerie vorkommenden Sachen. Nebst e. Nachricht v. der durch ... Barthold [Bertold] Schwartz geschehenen Erfindung des Schiess-Pulvers. — Berlin 1750. 2.
1.778

Abbildung nordamericanischer Länder und eingebohrner Wilden, dabey die Erd-Beschreibung und Natur-Seltenheiten der dortigen Gegenden, auch die sonderbahren Gebräuche der Landes Einwohner, die Handlung, Policey und Regiments-Verfassung vorgestellet werden. Zugleich kommet ein Unterricht von den Irrungen zwischen Grossbritannien und Frankreich und eine Beschreibung des zeither dort geführten Krieges. — Erfurt: Nonnens 1757. 360 S. 10.
1.779

Abbildung einiger Landschaften von Neu-Süd-Wales, nebst verschiedenen seiner Bewohner; ... Nürnberg 1791. V: *Balbach, Johann.* (MGT)

Lebendige Abbildung der innerlichen Schönheiten des weiblichen Geschlechts. Aus dem Engl. ins Teutsche übers. — Franckfurth & Leipzig 1721. 228 S. 7. 9.
1.780

Abbildung und kurtze Lebens-Beschreibung aller bis dahin regierenden Durchleuchtigsten Herzogen zu Würtemberg. Stuttg. 1704. V: *Wolffgang, And. Matth.* (Heyd)

Abbildung und Lebensbeschreibungen berühmter Gelehrten. Leipzig 1764—1769. V: *Schröckh, Joh. Matthi.* (MGT)

Abbildung. — Abbildung des höchst bedauerlichen Leichnambs des Allerdurchlauchtigsten Römischen Kaysers Leopoldi I., welcher den 5. May ... in Gott seelig entschlaffen. — Bresslau: Seidel 1705. 1 Bl. 2° 2.
1.781

Abbildung eines sonderbahren Luft-Schiffes, oder Kunst zu fliegen, vermittelst wessen man in 24 Stunden durch die Lufft 200 Meilen fahren ... könne. Dieses Kunst-Stück ist von einem Geistlichen aus Brasilien erfunden ... u. soll darmit den 24. Junii dieses 1709. Jahres die Probe zu Lissabon geschehen. Aus der portug. Sprache in das Hochdeutsche übers. u. zum ersten mahl in Druck gebracht. — Wien: Schönwetter 1709. 4 Bl. 4° 2.
1.782

— der metrischen Masse und Gewichte. München 870. Oldenbourg. gr. Fol. n. 12 ngr.; aufgezogen nn. 16 ngr.

ABBILDUNG merkwürdiger Menschen, mit Rücksicht auf die Trachten verschiedener Völker in verschiedenen Zeitaltern. Nach Gemählden eines van Dyk, Holbein, Hollar, Rubens, Weigel u. a., mit kurzen Erklärungen (hrsg. von C. Fr. Hempel). Mit 16 interess. illum. Kostüm-Kupfern. Leipz. (1802). 4°. (30 Kr. Gilhofer & Ranschburg, Wien, 1909.)

Abbildung des verborgenen Menschen des Herzens. Heliopolis [Büdingen] 1701. V: *Tscher, Nicolaus.* (Myl) (wr)

Abbildung d. Meter-Masses m. Vergleichg. d. alten bayer. Masses. Lith. Fol. – München 1870, Oldenbourg.

Abbildung der Modelle zu Gufswaaren bei der Königl. Würtembergischen Eisengiefserei Wasseralfingen. Heft 1—4. 100 Taf. Stuttgart 1852 4. — Desgl. von Gufswaaren. 14 Taf. Ebendas. 1850 Qu.-fol. — Desgl. von Grabkreuzen. 19 Taf. Ebendas. 4. — Desgl. von Gufswaaren (Oefen etc.) 61 Taf. Ebendas. 4.

Abbildung der Modelle zu Gußwaaren bei der Königl. Würtemb. Eisengießerey Wasseralfingen. H. 1.3. — Stuttgart: Ebner 1852. 4° 89.
1.785

Abbildung von zwei alten Mosaiken, welche im Jahr 1823 zu Várhely im Hunyader Comitate entdeckt worden. Hermannstadt und Kronstadt 1825. V: *Bedeus von Scharberg, Joseph Freiherr.* (Pk) (Trausch)

ABBILDUNG der Muller Golles im tiefen Weg bey Pressburg. Pressburg o. J. Druckerei Trentsensky in Wien. 1 t.

Neue und vollkommene Abbildung von dem Münster und dessen Thürn zu Str., Sámt einer Beschreibung Dieses Kunst-Gebäudes. Flugblatt: Anon. Kupfer, darunter ausführlicher, beschreibender Text, 2 Spalten in Typendruck. Zu finden bey Melch. Pauschinger, in Straßburg, um 1760. Gr.-Fol. 48.—

Abbildung aller Obstarten, aus dem deutschen Obstgärtner. Weimar o. J. gr. 8. (?)

Abbildung des schönen, großen und fetten Ochsens von einer Holländischen Art, der im Leben 25. Ctr. und 40. Pfund gewogen, und zu Nürnberg den 12. April Anno 1775. von Heinrich Clement Schwammeis, Metzgermeister, geschlachtet worden ist. Flugblatt: Gleichz. anon. Radierung. Darunter 2 Spalten Text in Typendruck. Zu finden in Nürnberg bey Chrph. Dan. Henning. Fol. Drugulin 4961. 25.—

Abbildung aller geist- und weltlichen Orden nebst einer kurzen Geschichte derselben... Mannh. 1779—1791. V: *Schwan, Christian Friedrich.* (MS) (Ky) (MGT)

Abbildung der Passions- und Fasten-Andachten in der Katholischen Kirche. Görlitz 1709. V: *Haas, Nicolaus.* (OL)

Abbildung d. ganzen Pflicht des Menschen; a. d. Engl. mit Vermehrungen v. Fr. Eberh. Rambach. 8. Leipz. 775. (Aue in Alt.) (Brummer in Kopenh.) 20 gr.

Abbildung der Redoute oder des höchstbelobten Carnevals, wie dasselbe pfleget gehalten zu werden, und was sonsten merckwürdiges dabey zu beobachten. — o.O. 1730. 4 Bl. 4° 3.
1.786

Abbildung aller k. k. Regimenter u. Frei-Corps. 8. Presburg 1779. [Löwe.] 7,50.

Abbildung der Reliquien zu Aachen. ... Aachen 846, Wengler. 1/8 ß

Abbildung der Venemünder Schanz und Seehaffen sampt dem Königlichen Schwedischen Läger. Ohne M. 1 Bl.

Die Abbildung eines Schlachtfeldes und die Busse eines hart blessirten sterbenden Soldaten, samt einem Anhang zum Lobe der Dreyeinigkeit GOttes. 1758. 4. 13 Bl.

1) Als ich bey jetzgen Kriegeszeiten,
Sah' Flammen, Knall und Schwerter streiten. 84 Str.
2) Du hoch erhabner Geist! ja Geist von Licht und Wesen. 5 Str.

— o.O. 1759. 10 Bl. 4° 2.
1.788

Abbildung der Schwämme. H. 1—3. Mit illum. Kupff. Berlin 1790—93. gr. 4.

Abbildung der Siegel sämmtlicher schwedischer Provincial-Johannis- und Andreas-Logen sowie der Landes Grossloge. o.O. 1830 ? 3 Bl.

—— der K. Preuss. 1/1, 1/3 u. 1/6 Thaler-Stücke, welche nach d. Ministerial-Verordnung v. 17. Nov. 1840 in allen Kgl. Sächs. Cassen in Cour.-Zahl. angenommen werden, Lith. qu. 1/2 Fol. Bautzen 841, Schulze's Buchh. *

Abbildung, uhralte und eigendliche der Churfürstlichen Mäyntzischen weitberümten Stadt Erffurdt. 1675. Neudruck 1886. 3 Bl. Imp.-Fol. Erfurt 887, Villaret. *

Abbildung der in den sächsischen Ortschaften bestehenden Viehbrandzeichen, ... Hermannst. 1826. V: *Schreiber, Sim.* (PK)

Abbildung des kürtzlich in Cremona durch die kaiyserl. ... Waffen gefangen genommenen und ... nach Wien abgeführten frantzös. Mareschalls [François de Neufville Duc] de Villeroy, seiner Person, Qualitäten und Kriegs-Erfahrenheit, wie solche in den ... Portraits de la Cour de France von denen Frantzosen selbst ... beschrieben worden. Mit einigen Anm. ins Teutsche übers. — o.O.u.J. 4 Bl.
1: Flugschr. 1702–17. 9.
1.789

Abbildung d. merkwürdigst. Vögel. Ein naturhistor. Bilderbuch z. Belehr. u. Unterh. 8. (5½ B. u. 12 ill. Kpfrt.) Frankfurt a. M. 821, Döring.

Abbildung und Beschreibung, Wahre, der besten antiken Malereyen, welche im Herculano 1760 gefunden. Lat. u. Teutsch 1765. V: *Brucker, Carl Heinr.* (ML)

Wahre Abbildung des neuen lutherischen Evangelii. Erstlich gedr. zu Augspurg, anitzo zu Prag. — (Wittenberg 1718.) 2°

Beigedr.: Metzler, Daniel Gottlieb: Wahre Abbildung des alten päbstischen Sauerteigs.

3.
1.792

ABBILDUNG, Die wahre, und eigentliche Gestalt einer recht vergnügten Ehe, allen die im Ehestande leben, oder in denselben treten wollen, zur nöthigen Prüfung und heilsamen Nachdenken vor Augen geleget. Leipzig 731. Kl. 8°.

ABBILDUNG, Wahre, doch sehr klägliche, der traurigen Leich-Procession als man dem in bestem seinem Alter, vom rauhen Mertzenlufft erstickten den allmodischen Generaln Don Vopismo den 1. Aprilis 1629 zu Lagopia in sein Schlaffhauss beglaidet. Die zahlreichen Bestandtheile seiner Kleidung werden ihm vorausgetragen und dann an einer Pyramide aufgehängt. *Oben:* Nil stabile in mundo est — caduca. Kupferstich. Qu.-Fol. (1 2/3 Rthl. Drugulin II. no. 1772; 14 Mk. J. Halle, München, 1900.)

Wahre Abbildung einer Korn-Aehre, wie solche in diesem Jahr bey Mergenstetten in Schwaben-Land gewachsen ist. o.O. (1741). 6 S. 1: Lg 35974.
1.795

Abbildung. Wahre, von einem lebendigen Rhinoceros oder Nashorn, welches im Jahre 1741. als es 3 Jahr alt gewesen, durch den Capitain Douwemouth aus Bengalen in Holland übergebracht. Flugblatt: O. O. u. J. (1745). Abbildung des Tieres, darunter 10 Zeilen Text; das Ganze in Kupfer gest. Qu.-4°. 12.—

Wahre Abbildung des Spend-Hauses in Dantzig, das ist deutliche Beschreibung, wie es von Anfang biss auf gegenw. Zeiten in demselbigen zugegangen, in einer von einem Knaben gehaltenen Rede ... 1705 ... fürgestellet; anjetzo zum Druck befördert. — Dantzig (1706): Reiniger. 4 Bl. 2° 10.
1.797

Wahrhafte Abbildung und Beschreibung einer wundersamen Missgeburth, welche in dem zwischen Weissenfelss u. Rippach gelegenen Dorfe Persten am 11. Aug. 1757 von einer Weibs-Person zur Welt gebohren worden. — Weissenfels 1757. 2 Bl. 4° 3.
1.800

Abbildung. — Wahrhafte Abbildung der Herrnhuter, oder Nachricht von der allgemeinen Denkungsart der Evangelischen Brüdergemeine. — Leipzig 1771. 16 S.
1: Cp 15100. 3.
1.801

Wahrhaffte [Wahrhafte] Abbildung des bisshero obgewalteten Rechts-Streits zwischen den p. t. Aeltesten der löbl. Kramer-Compagnie in Lübeck u. den Deputirten derselben Compagnie wegen verschiedener von letzteren angegebener Beschwerden. — [Lübeck 1758.] 90 S.
1: 2° Sp 7762.
1.802

Warhafftige [Wahrhaftige] Abbildung aller itzo im Krieg begriffenen hohen Potentaten und dero Generals, durch Beibringung verschiedener ... Remarques erläutert, nahmentlich ... Kays. ... Josephi [Josef I. Römisch-deutscher Kaiser], König Carls in Spanien, Kön. Annae v. Engeland, Caroli XII. Kön. v. Schweden, Ludovici XIV. ... Mit einem Entwurff von der Kunst, die Gemüther der Menschen zu erkennen. — Cöln: Marteau 1707. 18,26 S.
1: Flugschr. 1707-7/1 [u.] 7/1bis. 12: 4° Eur. 391–37.
3. 7. 8.
1.803

Wahreste und neueste Abbildung Des Türckischen Hofes / welche nach denen Gemählden / so der Königliche Französische Ambassadeur, Monsr. de Ferriol, Zeit seiner Gesandtschafft in Constantinopel im Jahr 1707. und 1708 ... nach dem Leben hat verfertigen lassen in ... Kupffer-Blatten gebracht worden. Nebst einer aus dem Französischen ins Teutsche übersetzten Beschreibung. Nürnberg zu finden bey Christoph Weigeln ... Gedruckt bey Adam Jonathan Felßecker 1719—1721.
2 Teile. 8°.
I: 2 Bl. Tit., 7 Bl., 112 S., 66 Taf. in kol. Kupferst.
II: Tit., 7 Bl., 103 S., 55 Taf. in kol. Kupferst., 1 Musikbeilage in Kupferst.
Deutsche Ausg. des vorangehenden Werkes. Die Kupfer verkleinerte Nachbildungen. In Bd. 2 einige neu hinzugekommen.

Abbildung der Wappen derer von Friedrich Wilhelm II. König von Preussen in den Fürsten, Grafen, Freyherrn und Adelstand erhobenen Personen und Familien. — Berlin 1788. 1: Sx 400. 7. 10.
1.804

Abbildung der eisernen Waaren, welche auf den Königl. Preuſs. Eisenwerken zu Malapane, Gleiwitz, Creuzburg in Schlesien gegossen werden. Heft 1—5. Leipzig. gr. 4.

Abbildung der eisernen Waaren [Waren], welche auf den Königl. Preuss. Eisenwerken zu Malapane, Gleiwitz und Creuzburg in Schlesien gegossen werden. H. 1–4. — Leipzig: Baumgärtner [1799–1814]. 4°
1–4 . . . . 2.
1.2 . . . . 89.
1.805

Abbildung welcher Gestalt von Ihro Kayserl. Majestät, die Achts-Erklärung wider beede Gebrüder, und gewesene Chur-Fürsten von Cölln und Bayrn, auff dem Ritter-Saal, den 29. April, Anno 1706 in Wienn vorgenommen, und vollzogen worden. Flugblatt. 3 Darstellungen mit erklärendem Text. Anon. Kupfer. Qu.-Fol. 20.—

Drugulin 3767. Die Abbildungen stellen dar: I. Verlesung der Achtsurkunde im Rittersaal. II. Verlesung auf dem Burgplatz. III. Der Kaiser zerteilt die Investitur und Lehen-Briefe der Geächteten.

Abbildung des Grafen von Zinzendorf .. 174 .. V: *Loën, Johann Michael v.* [?] (ML)

Abbildungen

— 80, verschied. Völker d. Erde, in ihren eigenthüml. Trachten. Bresl. 826. (Hentze.) ½ rthl. ill. ¾ rthl. auf Pappe gezogen 1 rthl.

Abbildungen der Adjustirung. 1. Abth. Garde- und Grenadier-Divisionen 2. Abth. 1—40 Infanterie-Divisionen. 3. Abth. Schützen- und Sapeurbrigaden und kaukasische etc. Linien-Bataillone. 4. Heeres-Cavallerie. (25 aufgesp. Blätter in 5 kl. 8. Schubern.)
St. Petersburg 1871.

— englischer u. französ. Admirale, 2 Hefte. 4. Leipz. 800. Voß. 2 rthl. 16 gr.

— d. löbl. Universitäts-St. Altdörf, in 13 K. 8. Altdorf. (Monath u. K. in Nürnb.) 749.

— griech. u. röm. Alterthumer nach Antiken. Bearb. nach C. Th. Hohlers Schulbuche, 4 Hefte. Mit 43 Kpf. Wien, Bauer u. Dirnböck. 2 rthl. 12 gr.

Abbildungen. — Abbildungen von Alterthümern des Mainzer Museums (2f.: von Mainzer Alterthümern). Mit Erklärungen hrsg. v. d. Verein zur Erforschung d. Rhein. Geschichte und Alterthümer. H. 1–6. — Mainz 1848–55: Seifert (3ff.: v. Zabern).

1–6	1:4° Sk 8020. 12:4° Germ.sp.0f.
	300:110.779–C. 3. 4. 7. 8.
1–5	5.
1	10.
2–6	2.

1.808

Abbildungen v. Alterthümern d. Mainzer Museums. Mit Erklärgn. hrsg. v. d. Verein z. Erforschg. d. rhein. Geschichte u. Alterthümer. I. (Hft.:) Grabstein des Blussus. (Von K. Klein.) (Aus „Zeitschrift d. Vereins f. rhein. Geschichte I. Bd." abgedr.) gr. 4. (10 S. m. 2 lith. Taf.) Mainz 848. (v. Zabern.) n. 8 ngr.

Abbildungen von mainzer Alterthümern. Mit Erklärungen hrsg. von dem Verein zur Erforschung der rhein. Geschichte und Alterthümer. II—VI. (Heft) gr. 4. Mainz (v. Zabern.)

Inhalt:

(Heft) II. Schwert des Tiberius. (33 S. mit 2 Stnt.) 850. * 1 Thlr.
" III. Ueber eine besondere Gattung von Gewandnadeln aus deutschen Gräbern des 5. und 6. Jahrh. Nachtrag zu II.: Schwert des Tiberius. (26 S. mit 1 lithochrom. und 1 Stnt. auf chines. Pap.) 852. * 1 Thlr.
" IV. Lindenschmit, Ludw., ein deutsches Hügelgrab aus der letzten Zeit des Heidenthums. (16 S. mit eingedr. Holzschn. und 2 lll. Stnt.) 852. * 25 Ngr.
" V. Cohausen, A. v., der Palast Kaiser Karl des Grossen in Ingelheim und die Bauten seiner Nachfolger daselbst. (19 S. mit eingedr. Holzschn. und 1 Stnt. in gr. Fol.) 852. * 25 Ngr.
" VI. Ueber die ehemal. stehende Rheinbrücke zwischen Mainz und Castel; von W. Heim. — Die Ausgrabungen auf dem sogenannten Kästrich zu Mainz; von J. Laske. (28 S. mit 3 Stnt. in gr. Fol.) 856. * 1 Thlr.
(Heft) I. Ebendas. 1848. * 10 Ngr.

Abbildungen anatomische Saugadern

Anatomische Abbildungen der Saugadern und der Organe der Respiration. Bd 1 - 2, gbd., Abb.

O.O.: o.J.

Abbildungen, Die anatomischen, d. 15. u. 16. Jahrhunderts. Denkschrift zur Feier des 25jährigen Bestehens der Gesellschaft für Natur- und Heilkunde zu Dresden. (Dresden 1843). V: *Choulant, Ludwig.* (cb)

— der neuorganisirten kön. sächs. Armee in kolor. Gruppen, auf 20 Blättern dargestellt, 1s 2s Heft, 74 Figuren, Leipz Ind. Comt. 811.

Abbildungen der Kgl. Preussisch. Armee, auf Befehl Sr. Majestät des Königs nach der Natur gezeichnet von Lieder, gest. von Wachsmann. 66 Bl. Berlin 1821. 255,00. — Ausg. von 22 Bl. 81,00. — Ausg. von 16 Bl. Kl Form. 7,70.

— d. kurfürstl. sächs. Armee in 112 ill. Kpft. 8. Dresd. 799. (Hinrichs in Leipz.) 1 rthl. 12 gr.

Abbildungen der württ. Armee.
Stuttgart. um 1806. 10 farb. Bl. 2°

— d. kurhannöverschen Armee-Uniformen. 8. Dresd. 791. Gerlach. 3 rthl.

Abbildungen der chursächsischen Armee-Uniformen. Dresden [Gerlach] und Leipzig [Heinrichs] 1799. 9,00.

Abbildungen der Chursächsischen Armee-Uniformen, nach Hoss. gr. fol. Dresden 1805—7. [Richter.] 48,00.

Abbildungen sämmtl. Arzneigewächse, s. Winkler, Ed.

Abbildungen, m. Prof. Röntgen's X-Strahlen aufgenomm. u. in Lichtdr. ausgef. qu. hoch 4. (14 Blatt.) Leipzig 896. Renger. Im Umschlag n. 7. —; einz. Blatt n. — 60

Abbildungen der ungarischen edlen Banderisten i. J. 1790. Pest 1791 [Strohmayr]. 18,00.

Abbildungen in- u. ausländ. Bäume . . . s.a. Schmidt, Frz.

— in- u. ausländ. Bäume, Stauden u. Sträucher, d. in Oesterreich ausdauern; nebst e. vollständ. Anweis., wie diese Gewächse anzupflanzen sind, damit d. Forstwirth u. Landmann u. auch d. Gartenliebhaber, nicht nur selbst seinen Garten etc. zieren, sondern auch Nutzen ziehen könne. Hrsg. v. F. J. Schulz. 5 Hfte à 50 ill. Kpf. Fol. Wien, 1792—1804.

Abbildungen in- und ausländischer Bäume, Stauden und Sträucher, welche in Oesterreich ausdauren, nebst einer vollständig gegründeten Anweisung, wie diese Gewächse anzupflanzen sind, damit der Forstmann, Landwirth, ja auch der Gartenliebhaber, nicht nur selbst seinen Garten anfalle und jede mögliche Art zieren, sondern auch aus den Blättern, Blüthen, Früchten, Harze und Holze einen Nutzen ziehen könne. - Wien 1792 u. 1793. 5 H.

— der Bäume und Sträucher, welche in Deutschland wild wachsen, 1s Heft, m. illum. K. Fol. Linz; Montag. 787.

Abbildungen von Bauten und Pläne für die deutsche Abtheilung der Weltausstellung in Paris. — [Berlin 1900:] Reichsdr. 12 Bl. 4° 83.
1.809

— aller Berg- u. Hüttenbeamten, nebst andern Bergleuten, m. Kpf. 8. Nürnb. 787. Schneider u. W. schw. 20 gr. ill. 2 rthl. 12 gr.

Abbildungen u. Beschreibung

— u. Beschreibung e. neu erfundenen Blumengestelles, f. Zimmer u. Gärten brauchbar, nebst neuen geschmackvollen Fensterbrettern etc. Mit 2 Kpf. 8. Leipzig, 1803. Kühn. (T. O. Weigel.) — 11¼

— u. Beschr. eines neuerfund. Blumengestelles für Zimmer u. Gärten brauchbar, m. K. 8. Leipz. Kühn. 804.

— u. Beschreib. d. Congrevschen Brandraketen, wie sie im Aug. 1807 bei d. Belagerung v. Kopenhagen u. in d. Kriege 1813 von d. Engländern gebraucht worden sind; m. 1 illum. Kpf. 4. Leipz. 813. Baumgärtner. 6 gr. 2te Aufl. 6 gr.

— u. Beschreib. d. Feuer-Rettungsmaschine, s. u. Leonhardt. . .

— u. Beschreibung d. Feuer-Rettungs-Maschine. Erfunden v. Sattlermstr. Leonhardt. gr. 8. Berlin 822. (Leipzig, Leich.)

— u. Beschreib. aller hohen geistlichen, weltlichen u. Frauenzimmer-Ritterorden in Europa, mit 58 Kpft. 2e Aufl. 8. Augsb. 792. v. Jenisch u. St. (Brockhaus). 1 rthl. 16 gr.

2. Aufl. Ebd. 1793. 300:5.774.
1.811

Abbildgn u. Beschreibg der bei d. Sanit.-Kompagnien d. K. K. österreich. Armeen eingeführten Fuhrwerke. 1852. Quer-Fol. (Handschr.)

— u. Beschreib. d. merkwürdigsten u. schönsten Gegenden in d. preuß. Staaten, 4 Hefte. Fol. Berl. 789—91. Morino. schw. 24 rthl. illum. 32 rthl.

— u. Beschreib. naturhistor. Gegenstände, 17 Hefte, mit Kpf. gr. 8. Berl. 795—802. Franke. schw. à 8 gr. 5 rthl. 16 gr. illum. à 14 gr. 9 rthl. 22 gr.

— und Beschreibung naturhistor. Gegenstände, 17 Hefte, mit Kupf. gr. 8. Berlin, Franke. 796—802. m. schw. K. (à 8 gr.)
m. illum. K. (à 14 gr.)

— u. Beschreib. einiger vorhin fabelhafter Geschöpfe. 8. Altona 786. Bechtold. Mit schw. Kpf. 12 gr. mit ill. Kpf. 16 gr.

— u. Beschr. einig. vorhin fabelhafter Geschöpfe. 8. Altona. (Sommer in Leipz.) 786. m. schw. K.
m. illum. K.

—— u. Beschreib. aller Getreidearten, s. Krause.

— u. Beschreib. e. überaus vortheilhaften, durch vielfache Anwendung bewährten Getreide- u. Futter-Trocknungs-Methode, wodurch d. Ertrag d. Erndte sich bedeutend mehrt ꝛc., mit d. nöth. Abbildd., Berechnn., Ausweisen u. Anleit. zu einfachen ökonom. Maschinen. Von e. prakt. Oekonomen. Neue Ausg. gr. 8. m. 1 Kpft. Wien 831. (Gerold). 20 gr.

— u. Beschreib. eines Fötus ähnlichen Gewächses, das in einem 50jähr. Manne nach dessen Tode gefunden wurde; nebst e. kurzen Lebensbeschreibung des Verstorbenen u. dem Sections-Befunde. Mit 1 Kpft. gr. 4. Passau 831. (Krüll in Landsh.) 10 gr.

— und Beschreibung eines Fötus ähnlichen Gewächses, das in e. 50jähr. Manne nach dessen Tode gefunden wurde, nebst einer kurzen Lebensbeschreibung des Verstorbenen und dem Sections-Befunde. gr. 4. (Mit 1 Kupfert.) Passau 846, Pustet'sche Buchh. 6 ngr.

—— u. Beschreib. aller in d. Pharmacopoea Borussica aufgeführten Gewächse. Hrsg. v. F. Guimpel. Text v. F. L. v. Schlechtendal. I. Bd. (18 Hfte.) gr. 4. (100 ill. Kpfrt. u. 10½ B. Text.) Berlin 828—30, (Oehmigke.)

—— dass. II. Bd. (17 Hfte.) gr. 4. (100 ill. Kpfrt. u. 17¾ B. Text.) Ebds. 831—33.

—— dass. III. Bd. 1—6. Hft. gr. 4. (36 ill. Kpfrt. u. 5 B. Text.) Ebds. 834, 35. à 12 Gr.

—— u. Beschreib. d. etc. Giftgewächse etc., s. Brandt u. Ratzeburg.

— u. Beschreibung der gefährlichsten in Bayern vorkommenden Giftgewächse. (Mit 24 lith. u. ill. Taf.) gr. 4. München 842. (Bayreuth, Buchner.) n. 1⅓ Thlr.

— und Beschreibung der gefährlichsten Giftpflanzen und Giftschwämme Deutschlands, nebst Warnungen auch vor einigen andern zu wenig bekannten Giften, ꝛc. 3te Aufl. mit 37 in Kpfr. gestoch. Abbildungen. 8. Regensburg, Daisenberger. 820. schwarz
mit nach der Natur ausgemalten Kpfrn. auf Velinpap.

Abbildungen und Beschreibung

— von Gold- und Silbermünzen, welche im Canton Graubünden öfters vorkommen. Nebst Angabe ihres tarifmäß. Werthes. 8. (4 Bl.) Chur 845, Grubenmann. n. ⅓ Thlr.

— u. Beschreib. d. neuen preuß. Grenadiermützen, mit ill. Kpf. gr. 8. Berl. 798. Oehmigke sen. 4 gr.

— u. Beschreib. e. neuen mit e. Pedal verbund. Harmonika. gr. 4. Leipz. 802. Joachim. 3 gr.

(Abbildungen u. Beschreibung der Heiligen, Apostel u. s. w.)
Christus und die 12 Apostel. Nach Thorwaldsen lithograph. 13 Blätter mit eben so viel Bogen poetischen Text von J. P. Silbert 4 Hefte. gr. Fol. Stuttgart, Scheible u. R. In Umschlag 6½ Rthlr. — 10 fl. 48 kr.
Illuminirt 8 Rthlr. — 14 fl.

Abbildungen zur „historischen Beschreibung der Adjustirung und Bewaffnung der russischen Heere von 862—1801“. (1030 Taf in 7 Bdn) Fol. St. Petersburg 1843

— u. Beschreib. e. Instruments, mit welchen geometr. u. freie Handzeichn. leicht u. richtig in Perspektive gebracht werden. A. u. d. T.: Kunst, durch e. neue Erfind. Perspektive zu Zeichn. 8. Leipzig 821, Magaz. f. Ind.

— u. Beschreib. e. gehörnten Canarienvogels, m. 1 ill. Kpf. 4. Hamb. 779. Reuß. 12 gr.

— u. Beschreib. einiger Landschaften von Neu-Süd-Wales (zu Philipps Reise gehör.) 2 Thle. gr. 4. Nürnb. 794. Schneider u. W. 2 Thlr.

— u. Beschreib. e. Maschine, die Brüche d. Schienbeins zu heilen. Mit 1 Kpft. 8. Straßb. 782. König. 3 gr.

— u. Beschreib. e. neuen, höchst einfachen Maschine z. Schneiden d. Weißkohls ꝛc. (v. Schreiber). Mit 1 Kpf. gr. 8. Tilsit 820. Glöckner. 4 gr.

— und Beschreibung einer neuen, höchst einfachen Maschine zum Schneiden des Weißkohls ꝛc. Mit 1 Kpfr. gr. 8. Tilse, Werner. 820.

— u. Beschreib. e. neuen englischen Maschine z. schnellen Abführung d. Heues von d. Wiesen ꝛc., erfunden von Joh. Middleton. Aus d. Engl. übers. u. herausg. v. Leonhardi, m. 1 Kpf. 4. Leipz. 796. 2e Aufl. ... Baumgärtner. 6 gr.

— u. Beschreib. e. engl. Milchhauses; nebst J. Andersons Abhandl. über Kuh-Melkerei ꝛc. (v. Chr. A. Wichmann). Mit 1 Kpf. 12. Leipz. 799. Baumgärtner. 16 gr.

— u. Beschreib. e. vortheilhaft u. bequem eingerichteten Milchkellers. 8. Leipz. 802. Joachim. 4 gr.

— — u. Beschreib. der Monumente für die Bischöfe Sailer u. Wittmann im Dom zu Regensburg. (Mey u. Widmayer in M.) 1½ Rthlr. — 2 fl. 42 kr.

—, Beschreibung u. Naturgesch. der Nelken ꝛc., mit illum. Abbildungen. 8. Augsb. Daisenberger. 810.

— Beschreibung und Naturgeschichte der Nelken, nebst einem Anhang, wie man diese schöne und mit Recht sehr beliebte Blume erziehen, warten, systematisch ordnen, vor Krankheiten bewahren und heilen kann, mit 36 illum. Abbildungen, 2te Ausg. 8. Regensburg, Daisenberger. 817.

— Beschreib. u. Naturgeschichte d. Nelken ꝛc., mit 36 illum. Abbildd. 8. Regensb. 826. Daisenberger. 1 Thlr.

— u. Beschreib. holzspar. Oefen u. v. andern Feuerstätten, nämlich: Stuben-, Back-, Branntweinbrennerei-, Brau- u. Kochöfen, Kesselfeuern, Küchenherden, Malzdarren u. s. w. 2 Thle, mit 27 Kpft. gr. 8. Leipz. 3e Aufl. 821. (W. Nauck). 2 Thlr. 20 gr.

— u. Beschreib. v. holzersparenden Oefen u. v. andern Feuerstätten, nämlich: Stuben-, Back-, Branntweinbrennerei-, Brau- u. Kochöfen, Kesselfeuern, Küchenherden, Malzdarren u. s. w. Mit 27 Kupft. 2 Thle. gr. 8. Leipzig 822, Sommersche Buchhandl.

— — u. Beschreibung sämmtl. geistl. männl. Orden der kathol. Kirche; herausg. v. J. N. Wiery. 38 Hefte. (20 Bogen Text und 76 colorirte Kupfer) gr. 8. Prag 1820—29, Bohmanns. 6½ Rthlr. — 11 fl. 42 kr.

— — sämmtl. weibl. Orden. 32 Hefte. (16 Bogen Text u. 64 colorirte Kupfer.) gr. 8. Ebd. 1820—29. 5 Rthlr. 20 ggr. — 10 fl. 30 kr.

— u. Beschreib. d. Pelargonien, s.: Reider, Jak. Ernst v.

— u. Beschreib. e. Rettungs-Maschine, durch deren Hülfe man bei Feuersgefahren bis zu e. Höhe von dreißig Ellen Menschen u. Sachen retten ꝛc. kann, mit Kpf. N. Aufl. gr. 8. Leipz. 817. (W. Nauck). 8 gr.

— und Beschreibung einer Rettungsmaschine in Feuersgefahren, durch deren Hülfe man bis zu einer Höhe von 30 Ellen Menschen retten, u. Sachen in Sicherheit bringen kann ꝛc. m. K. 8. Leipz. Sommer. 816.

— und Beschreibung einer Rettungsmaschine in Feuersgefahren, welche in Städten und Dörfern, ohne große Kosten angeschafft werden, und durch deren Hülfe man, bis zu einer Höhe von 30 Ellen, Menschen retten, und Sachen in Sicherheit bringen kann. 8. Leipzig, Sommer. 817.

—— u. Beschreib. d. Ritterorden etc., s. Gelbke, C. H. v.

— und Beschreibung aller hohen Ritterorden in Europa, mit Kupf. 8. Augsburg, Stage. 792.

— u. Beschreib. e. sehr vortheilhaften Rudermaschine, f. große u. kleine Kähne. Nebst 1 Holzschnitt. 4. Halle 817. Hendel. 4 gr.

— u. Beschreib. der Schmetterlinge nach ihren drei Lebensperioden; nebst Anweisung, wie sie zu erziehen, zu fangen, zu behandeln u. aufzubewahren sind. Zum Gebrauch für angehende Sammler. 1s Heft, mit 10 ill. Kpft. Lex. 8. Nürnb 831. Schneider u. W. 1 Thlr. schwarz 12 gr.

—— u. Beschreib. d. Schmetterlinge nach ihren drey Lebens-Perioden; nebst Anweis., wie sie zu erziehen, zu fangen, zu behand. u. aufzubewah. sind. Mit 80 ill. Kpfrt. Lex.-8. ... Nürnberg 835, Schneider u. Weigel. Thlr.
Erschien früher in Heften.

— u. Beschreib. der vorzügl. europ. Schmetterlinge, getreu nach d. Natur, mit 8 ill. Kpft. 8. Frankf. a. M. 825. Döring. 14 Gr

— u. Beschreib. d. drei großen Sonnen- u. Mondfinsternisse im J. 1816, mit 1 Sternkarte. 4. Meiß. 817. Gödsche. 5 Gr

— u. Beschreib. e. geograph. Stundenzeigers, oder mechan. Anzeiger d. verschied. Tageszeiten in den vornehmsten Oertern der Erde zu einander; nach d. Engl., mit 1 Kpf. gr. 4. Leipz. 817. Magaz. f. Indust. 6 Gr

— u. Beschreib. d. Telegraphen mit Kpf. 8. Augsburg 802. Bürglen. 4 Gr — Dasselbe, mit 5 Kpf. 8. Lpz. ... 2e Aufl. ... Magaz. f. Indust. 6 Gr.

Abbildungen und Beschreibung der verschiedenen Völker der Welt. Ein Auszug aus d. allgem. Naturgeschichte. — Stadtamhof (1806). 1:Pn 494.
1.812

— — der verschiednen Völker der Welt, mit Kupf. gr. 8. Augsburg, Daisenberger. 808.
illum.

— u. Beschreib. d. verschied. Völker d. Welt, m. 68 Abb. 2e Aufl. gr. 8. Augsb. 812. (Daisenberger in Regensb.) 16 Gr, ill. 1 Thlr 8 Gr

— und Beschreibung der verschiedenen Völker der Welt. Ein Auszug aus der allgemeinen Naturgeschichte. Mit 68 Abbildungen. Zweite Auflage. gr. 8. Regensburg, Daisenberger. 820.
schwarz
ill.

— u. Beschreib. e. Wagen-Sicherungs-Maschine, m. 2 Kpf. 4. Cöthen 798. Aue. 1 Thlr

— und Beschreibung einer Wässerungsmaschine, m. K. gr. 4. Leipzig, Baumgärtner. 805.

— u. Beschreib. der sieben Weltwunder, mit Kpf. 2e Ausg. 8. Regensb. 820. Daisenberger. 10 Gr ill. 1 Thlr

— u. Beschreib. e. Wollkrempelmaschine. Leipz. Joachim. 6 Gr

Abbildungen u. Beschreibungen ..., s.a. Abbildungen u. Beschreibung

—— und Beschreibungen neuer Conchylien, s. Philippi, R. A.

Abbildungen und Beschreibungen naturhistorischer Gegenstände. Berlin 1797—1803. H: *Franke, Franc. Christi. Friedr.* (MGT)

Abbildungen und Beschreibungen der Insekten in der Grafschaft Hanau-Münzenberg. [Hrsg.: Joh. Andr. Ben. Bergsträsser.] Jg. 1–3. Hanau: Waisenh.-B. 1777–79. 4°

—— u. Beschreibungen sämmtl. geistl. u. weltl. Orden. (Beschrieben v. J. K. Wietz) mit doppelt. Inhaltsverzeichn. in chronolog. u. alphab. Ordnung. Mit 234 ill. Kpfrt. 3 Thle. (117 Hfte.) gr. 8. Prag ... — 829, Bohmann's Erb. (Leipzig, Magazin f. Industrie) weiß Druckp. 21 Thlr. Schrbp. 26 Thlr. 8 Gr. m. Kpfr. fein ill.
1. Thl. geistl. Manns-Orden. 38 Hfte. (76 Kpfrt. u. 20 B.) 6 Thlr. 12 Gr., Schrbp 8 Thlr. 12 Gr.
2. Thl. geistl. Frauen-Orden. 32 Hfte. (64 Kpfrt. u. 16 B.) 5 Thlr. 20 Gr., Schrbp. 7 Thlr. 4 Gr.
3. Thl. geistl. u. welt. Ritterorden. 47 Hfte. (94 Kpfrt. u. 24 B.) 8 Thlr. 16 Gr., Schrbp. 10 Thlr 16 Gr.

— und Beschreibungen der im Kaiserstaate Oesterreich wild wachsenden Pflanzen. 1. 2. Liefg. mit 40 illum. Abbild. 8. Leipzig 841, Polet. 1/2 Thlr

Preussen. Geologische Landesanstalt. Abbildungen und Beschreibungen fossiler Pflanzenreste palaeozoischen und mesozoischen Formationen. – 1903 - 1913.

Abbildungen u. Beschreibungen neuer u. seltener Thiere u. Pflanzen in Syrien u. im westl. Taurus gesammelt v. Th. Kotschy. Hrsg. v. (Ed.) Fenzl, (Joh. Jac.) Heckel u. (Ludw.) Redtenbacher. 2. Lfg. Imp.-4. (25 lith. Taf. u. Text S. 107—258 in gr. 8.) Stuttgart 849, Schweizerbart. n. 2 2/3 Thlr (cplt. n. 6 Thlr) (Vergl. Kotschy. Kaysers Bücherlex. Bd. IX. S. 525.)

Abbildungen

— neuer Pariser Bett- u. Fenster-Behänge, 1s 2s Heft. 4. 808—13. Leo. 2 Thlr 6 Gr

— neuer Pariser Bett- u. Fenster-Behänge, 2s Heft. 4. Leipz. Leo. 813.

— von den Bildhauer-Arbeiten des Joh. Gottfr. Schadow, seines Sohnes Ridolfo Schadow u. der Transparent-Gemälde des Prof. Kolbe, nach Gedichten d. Wolfg. v. Göthe. Mit Erläutergn. Imp.-Fol. (8 S. m. 29 Kpfr.- u. lith. Taf.) Berlin 849, Decker. n. 8 Thlr

— der Bildhauerwerke Rauchs. Mit erläut. Texte in drei Sprachen (deutsch, franz. u. engl.) v. Dr. G. Waagen. 1s u. 2s Hft. 1/2 Roy.-Fol. (à 6 Kpfrtaf. u. Text.) Berlin 837, 38. Gropius. (à n. 2 2/3 Thlr) 5 1/3 Thlr

— d. beliebtesten Blumen u. Ziergewächse, nebst kurz. Beschreib., die zu ihrer nähern Kenntniß u. zweckmäß. Behandl. Anleitung geben. Fol. Nürnb. 813. Campe. 1 Thlr 8 Gr Velinp. 2 Thlr

— botanische, zur Erläuter. des natürl. Systems d. Gewächse, so wie d. Charaktere fast aller einheimischen Pflanzengattungen, auf XLIV Steintaf. Für d. Schulgebrauch u. d. Selbststudium nach d. besten u. neuesten Hülfsmitteln zusammengestellt u. entworfen. 1e Lfrg. (11 Taf. u. 1/2 Bog. Text.) gr. 4. Berl. 835. Reimer. 5/6 Thlr

Abbildungen, botanische, zur Erläuterung des natürl. Systems der Gewächse, so wie der Charaktere fast aller einheimischen Pflanzengattungen. 2.—4. Liefg. (Schluß.) (33 lithogr. Taf. u. 1 Bog. Text.) Roy.-4. Berlin 838 u. 845, Reimer. (à n. 5/6 Thlr) Alle 4 Liefgn. n. 3 1/3 Thlr

— d. Brandes d. Meißener Elbbrücke am 12. März 1813; nebst e. histor. Nachr. üb. diese Brücke. qu. Fol. Dresd. 813. Beger. 1 Thlr 8 Gr

— charakteristische, u. Beschreib. d. vorzügl. europ. Militärs, v. Seeler, Volk etc. 17 Hefte. gr. 4. Augsb. 812. (Ebner in Ulm). à H. 2 Thlr 20 Gr 48 Thlr 4 Gr

Karacteristische Abbildungen des württemb. Militärs Augsburg 1805. 5 farb. Bl 4°
(Aus dem gleichen Verlage wie die Charakteristische Darstellung des badischen, dänischen, französischen etc. Militärs)

Abbildungen d. Denkmäler d. Doms zu Mainz, mit latein., deutsch. u. französ. Textbegleitung. 1—3. Hft. Fol. (18 Stnt. u. 8 1/2 B.) Mainz 829, [Kirchheim, Schott u. Thielmann.]
Beschreibung d. Doms vgl. Werner.

Abbildungen freimaurerisch. Denkmünzen u. Medaillen m. Beschreibung u. erläut. Text histor. u. biograph. Inhalts. Hrsg. unt. Mitwirkg. der Logen Archimedes zu den drei Reissbretern i. Altenburg; Hammonia zur Treue u. Friedrich Ludwig Schröder in Berlin; Carl zur gekrönten Säule in Braunschweig; Zur Einigkeit in Frankfurt a. M.; Absalom, St. Georg, Emanuel, Ferdinande Caroline, Ferdinand zum Felsen in Hamburg; Minerva zu den drei Palmen in Leipzig; Zu den drei Pfeilen in Nürnberg; Zu den drei Sternen in Rostock u. der Herren Wilh. Lintz u. O. Hieber. 2 Bde. gr. 4. (1. Bd. Deutschland. 208 S. m. Abb. u. 22 Taf.) Hamburg (Welckerstr. 18) 898. Hamburgische Zirkel-Correspondenz.
Geb. in Leinw. n. 27.—; 1 Bd. allein n. 20.—

Hamburgische Zirkel-Correspondenz. **Abbildungen** freimaurerischer Denkmünzen und Medaillen mit Beschreibung und erl. Text historischen und biographischen Inhalts. Hrsg. unter Mitw...
[Bd. 7]: Hrsg. unter Benutzung der Sammlungen [von der Schriftleitung der Hamburger Zirkelkorrespondenz gezeichn. Karl Wiebe.Bd.8;] Hrsg. von Carl W i e b e.[Lichtdr.f. Bd. 1-4 von Max Jaffe, Bd. 5,6 von Karl Divald, Bd. 7 von Karl Griese, Bd. 8 von Max Jaffe.]Bd. 1 - 8 . Hamburg 1898 - [1906].

1. Deutschland. 22 Taf. 208 S. 1898.
2. Schweden. Niederlande. Belgien. Deutschland. Petersburg. Kopenhagen.18 Taf.104S. 1899.
3. Gross-Britannien und Kolonien (bearb. von George Lawrence Shackles). Russland. Italien. Schweiz. Deutschland (Nachtr.) und Diverse. 20 Taf.VII,150 S.1901. (Dasselbe.) (Beigedr.:) Shackles, G.L.: The Medals of British frmry. 1901.
4. Frankreich. Deutschland (Nachtr.). 21 Taf. X, 68 S. 1902.
5. Deutschland (Nachtr.). Ungarn. 20 Taf. 56 S. 1903.
6. Frankreich, Deutschland und Nachtr. 20 Taf. 56 S. 1903.
7. (Amerika) 20 Taf. 55 S. 1905.
8. (u.d.Tit.;) Die deutschen Freimaurer-Medaillen von 1742 - 1905. 36 Taf.60, VII S. (1906.)

[Umschlagtit. f. Bd. 1-4]:Medaillenwerk [Bd. 5-8]: Freimaurerische Denkmünzen und Medaillen.

Hamburgische Zirkel-Correspondenz. **Abbildungen** freimaurerischer Denkmünzen und Medaillen mit Beschreibung und erläuterndem Text historischen und biographischen Inhalts. Bd 1–8. Hamburg 1898–(1906): Rademacher (4: Altschwager). 4
8 [u. d. Tit.:] Hamb. Zirkel-Corresp. Die deutschen Freimaurer-Medaillen von 1742–1905. Hrsg. von Carl Wiebe. (1906.)
[Umschlagt.:] Hamburgische Zirkel-Correspondenz. Medaillenwerk.
lzz. 10747

— 300 neue, zum Nachzeichnen u. Illuminiren, auf 24 Kupftaf. München 823. Fleischmann. 4 Gr.

Abbildungen der zum Empfang Ihrer Majestäten des Königs und der Königinn von Westphalen zu Göttingen und Braunschweig errichteten Ehrenpforten. — o.O. (1808). 4 Bl. 7.
1.814

Eigentliche Abbildungen der zu Paris und Versailles sich befindlichen vornehmsten Prospecte, Statuen und kostbaren Wasserkünste nebst einer kurzen Beschreibung. — Nürnberg: Riegel 1751. 16 S.,22 Taf.
12:4° Gall. sp. 1 [u.] 1 c. 10.
1.815

—— 31 (lith.) Taf. zu Krügers Handb. d. Naturgeschichte ꝛc., s.a. Krüger, J. F.

— 31, (lithogr.) Tafeln, zu J. F. Krügers Hbbch d. Naturgeschichte für Schulen u. z. Selbstunterricht. gr. 8. Quedlinb. 835. Basse. 2/3 Rthlr. Colorirt 2 2/3 Rthlr.

— d. Eisenguß-Waaren aus d. königl. Eisengießerei zu Saynerhütte, 1s Heft, m. 6 Kpft. Fol. Bonn 824, (Weber). 1 Rthlr. 12 Gr.

Abbildungen von Eisengusswaaren, welche auf Königl. Hannoverschen Eisenhütten angefertigt werden. 2 Bde. Clausthal ohne Jahreszahl. 4.

Abbildungen von Eisen-Gusswaren, welche auf Königlich-Hannoverschen Eisenhütten angefertigt werden. Abth. 1-3 [nebst] Supplementbl. — Clausthal [um 1860]: Schweiger. 8° (Suppl. Bl.: 4°)
Nebent.: Musterbuch der Königl. Hannov. Eisenhütten. 83.
1.816

Abbildungen der vorzüglichsten Eisenwaaren, welche auf den Königlich Bayerischen Eisenhütten gegossen werden. München, 1822.

Abbildungen der Eisenwaaren, welche auf Malapane, Gleiwitz und Creutzburg in Schlesien gegossen werden. Leipzig, o. J.

Abbildungen altbyzantinischer Emails aus der Sammlung byzantinischer Zellenemails [10. u. 11. Jahrh.] des Wirkl. Staatsrath von Swenigorodskoi. 4 Blatt. 4.

— u. Erläuterung von funfzehn Denkmünzen, welche bestimmt waren, an dem Pariser großen Feste unter die französ., aus Deutschland zurückgekehrte Armee ausgetheilt zu werden. 4. Gotha 806. Steubel (Starke in Chemnitz). 8 Gr.

— verschiedener Familienwappen in Ungarn (v. J. M. Korabinsky). 1r Thl. 8. Presb. 787. Weber. 1 Rthlr. 10 Gr.

— d. neuesten franz. u. engl. Fenster-Vorhänge u. Gardinen ꝛc. 1—58 Hft. gezeichn. v. Em. Berrin. Mit Kupf. 4. Leipzig 823, Magaz. f. Ind. à 12 gr.

Abbildungen der neuesten u. elegant. Formen v. Equipagen aller Gattungen. Hft I. u. II. qu. gr. 4. (à 6 Kpfrtaf.) Leipz. 839. Baumgärtners Buchh. à n. 1/3 Rthlr.

— der neuesten und elegantesten Formen von Equipagen, aller Gattungen Geschirre, Satteln, Zäumen ꝛc. Heft III. qu. 1/2 Fol. (6 Kpfrt.) Leipzig 841, Baumgärtners Buchh. (ü) n. 1/3 Rthlr.

— fortgesetzte, aller Obstsorten, a. d. allgem. deutschen Garten-Magazin mit 101 illum. Kpf. gr. 4. Ebd. 1) Aepfel, 1e — 3e Lief. 4 Rthlr. 2) Birnen, 1e 2e Lief. 2 Rthlr. 16 Gr. 3) Kirschen, 1e 2e Lief. 2 Rthlr. 16 Gr. 4) Pfirschen, 1e Lief. 1 Rthlr. 8 Gr. 5) Pflaumen, 1e Lief. 1 Rthlr. 8 Gr. 6) Vermischte Obstsorten, 1e 2e Lief. 2 Rthlr. 16 Gr. 7) Weinsorten, 1e—4e Lief. 5 Rthlr. 8 Gr.

— verklärter Freunde u. Diener Gottes, s. J. K. Wietz.

— e. Friedensmonuments, nebst Beschreib. v. Posselt. Fürth, Korn. 8 Gr.

Abbildungen, 15, von Pferden verschiedener Rassen. Photolithographie von J Hassel. (1 T) qugrfol Kopenhagen

— — der Garde du Corps u. Cuirassiere der sächs. Armee. o. O. 1808—1813. 4 farb. Bl. 4°

Abbildungen der Königl Preuss. Garde-Dragoner. 4 Bll. fol. Berlin 1826. 12,00.

Abbildungen v. d. Garnison-Lazaretten I u. II Berlin, sowie v. Sanitätsmaterial d. Kgl. preuß. Armee. Berlin 1890. 4.

Abbildungen des Gebärhauses in Göttingen. (O. J.)

— aller wiener. Gebäude, 141 Bl. Fol. Augsburg.

— verschied. Gebäude d. Stadt Leipzig. Ein Zeichnenbuch f. angehende Architekten, m. 16 Kupf. 4. Amsterd. 811. Sülpke. 1 Rthlr. 6 Gr.

Kgl. Museen. Abbildungen ethnologischer Gegenstände aus der melanesischen Sammlung S. M. Schiff Gazelle im Kgl. Museum befindlich. — Berlin 1877. 3 Taf.
1:Nr 3002. 4.
1.821

Abbildungen merkwürdiger Gegenstände aus der Erdbeschreibung zum Unterricht in der Geographie. Bd 2-4.— Leipzig: Industrie-Comptoir 1806–08. quer-4°
Nebent.: Représentation des contrées les plus remarquables de notre globe pour servir à l'instruction de la géographie. Trad. par P. Hacault.
300:8.835. 10.
1.822

—— 2. Aufl. Bd 1. Ebd. 1808. quer-4°
Nebent.: Représentation ... Trad. par P. Hacault. 10.
1.823

— der cursirenden Geldsorten, mit Beisetzung ihres Gehalts, Gewichts u. Werthes. Deutsch u. franz. gr. 8. Bern 823, Jenni. (Leipzig, Hartmann.)

— d. cursirenden Geldsorten, mit Beisetzung ihres Gehaltes, Gewichtes u. Werthes. Deutsch u. französ. gr. 8. Bern 823. Jenni (Leipz. Schmidt). 1 Rthlr. 20 Gr.

— berühmter Gelehrten u. Künstler Deutschlands, nebst kurzen Nachr. von ihrem Leben u. Wirken, (v. Chr. Aug. v. Bertram). gr. 8. Berl. 780. Sander. 1 Rthlr. 8 Gr.

Abbildungen berühmter, und besonders um die Arzneykunde verdienter Gelehrten, nebst ihren vornehmsten Lebensumständen. Augsburg 1805. V: *Zapf, Georg Wilhelm.* (KY) (BB)

— ber. u. besonders um die Arzneikunde verdienter Gelehrten, nebst ihren vornehmsten Lebensumständen (v. G. W. Zapf), 18 Hefte m. 180 Portr. 4. Augsb. 805. Braun. 6 Rthlr. 12 Gr.

— böhmischer u. mährischer Gelehrten, nebst Lebensbeschreib. 4. Bresl. 781. J. F. Korn. 3 Rthlr. 8 Gr.

Abbildungen böhmischer und mährischer Gelehrten und Künstler, nebst kurzen Nachrichten von ihren Leben und Werken. (Hrsg. von Franz Martin Pelzel.) Th. 1–4. — Prag: Gerle (Th. 2. 3: Hraba; 4: Schmadl) 1773—1782.

— böhm. u. mähr. Gelehrten u. Künstler, nebst kurzen Nachr. v. ihrem Leben u. Wirken; aus d. Latein. ins Deutsche übers. u. herausg. v. F. M. Pelzel. gr. 8. Prag 777—82 Gerle. 10 Rthlr. 16 Gr.

Abbildungen der Gemälde und Alterthümer aus dem Herculanum. Aus dem Italienischen mit Anmerk. und Kupf. von C. G. v. Murr und G. C. Kilian. Augsburg 777-98. 8 Thle. folio. 37 rthl. 6 gr. B. F. Leizelt's Supplement. Fürth 801. f. 1 rthl. — Auch mit italienischem Texte. —

— der Gemälde u. Alterthümer der verschütteten Städt Herculanum, 8 Thle. m. 736 Kupf. Fol. Augsburg, Bürglen. (Braun.) 793—98.
(Supplement hierzu. Fol. Ebend. 805;
der 7. u. 8te Bd. ist auch jeder à 6 Rthlr. 16 gr. besonders zu haben.)

—— genaue, d. königl. bayerischen Majest.-Wappen u. d. Wappen d. übrigen kgl. Familien-Glieder, dann sämmtl. kgl. bayer. hohen Ordens-Decorationen, nebst histor.-herald. Notizen v. F. J. Lipowsky. Hrsg. v. C. F. Zeller. Unter d. Leitung d. Joh. Georg Portner. Geschrieb., gezeich. u. gemalt v. Max. Jos. Portner. Fol. (19 lith. u. gemalte, u. 9 lith. kalligr. Bl.) München 834, (Lindauer.) Vlnp.

—— dass. Pracht-Ausg. gr. Fol. (26 m. Gold u. Silber gem. Bl., 2 schw. kall. Bl., u. 2 B. Text,) Ebds. 834.

— französ. Generale, s. Galerie, militärische.

Abbildungen aus dem Gesammtgebiete der Geburtshülfe. Berlin 842, Herbig. n. $5^1/_3$ ℛß

—— aus d. Gesammtgebiete d. theoret.-praktischen Geburtshülfe, nebst beschreibender Erklär. ders. N. d. Franz. d. Maygrier bearb. u. m. Anmerkn. versehen v. Ed. C. J. v. Siebold. (8 Lief.) schmal gr. 4. (67 Stnt. u. 30 B. Text.) Berlin 828, 29, Herbig.

—— dass. 2., umgearb. u. verm. Aufl. 1—5. Lief. Imp.-8. (37 Kpfrt. u. 10 B. Text.) Ebds. 833, 34. à 16 Gr.

—— aus d. Gesammtgebiete d. theoret.-prakt. Geburtshülfe, nebst beschreib. Erklär. derselb. N. d. Franz. d. Maygrier bearb. u. mit Anmerkn. vers. v. Ed. Csp. Jac. v. Siebold. 2., umgearb. u. verm. Aufl. 6—12. Lfg. Imp.-8. (53 Kpfrt. u. $15^1/_2$ B. Text.) Berlin 834, 35, Herbig. à $^2/_3$ Thlr.
1—6. Lfg. Ebendas. 1834. $8^1/_3$ Thlr.

—— aus d. Gesammtgebiete d. theoretisch-prakt. Geburtshülfe, nebst beschreib. Erklär. derselben. Mit theilw. Beibehaltung d. Abbild. des Maygrier v. Ed. Casp. Jac. v. Siebold. 2., umgearb. u. verm. Aufl. Wohlf. Ausg. gr. Lex.-8. (90 Kpfrt. u. $25^1/_4$ B. Text.) Berlin 842, Herbig. *

Abbildungen aus der böhmischen Geschichte. 1. und 2. Heft. Nach den Zeichnungen v. Hellich lithogr. v. F. Kollarz. Jede 2 Lithographien in Gross Querfolio sammt Text. Prag, J. C. Kober. à 2 fl.
1862

Abbildungen aus der böhmischen Geschichte. 2. bis 6. Heft. Nach den Zeichnungen von Hellich lithogr. von F. Kollarž. Prag, J. L. Kober. Jedes Heft 2 Lithogr. in gr. Quer-Folio sammt Text in Umschlag enthaltend. 1863 à 2 fl.

— zu H. Mayers Gesch. d. bild. Künste bei d. Griechen, von ihrem Ursprunge bis zum höchsten Flor. In 5 Lieferr. qu. Fol. Dresd. 825. Walther. Pr.-Pr. 4 ℛß

—— u. kurzgefaßte Geschichten verklärter Diener u. Freunde Gottes. (Von J. K. Wiez.) 1—10. Jahrgang. gr. 8. (1—7. J. à 24 Kpfrt. u. $6^1/_2$ B. 8—10. J. à 25 Kpfrt, u. $6^1/_4$ B.) Prag . . ., Bohmann's Erb. (Leipzig, Magazin f. Industrie.) schw. 3 Thlr. 8 Gr., ill.

— königl. würtemb. Gestüt-Pferde, von oriental. Racen, 1s u. 2s Heft. Roy. Fol. Stuttg. 824. (Ebner). 16 ℛß

— u. Beschreibung, getreue, d. 28 erzernen Statuen, welche das Grabmahl Kaiser Maximilian I. umgeben, und in der Hofkirche zu Innsbruck aufgestellt sind. — Auch u. d. Titel: Exacte effigie et description des 28 Statues de bronze entourantes le mausolée de l'Empereur Maximilien I. et erigées dans l'église de la cour à Innsbrouck. 8. Mit 29 Kupfern.) Innsbruck 841, Unterberger. (Leipzig, Rud. Weigel.) geb. n. $1^7/_{12}$ ℛß

— getreue, naturhistor. Gegenstände, s. Bechstein.

— u. Lebens-Beschreib., getreue, des spanischen Guerilla's-Anführers bei d. Glaubens-Armee, Antonio Marrannon, genannt d. Trappist, nebst Beschreib. d. Trappistenordens. Mit 1 Steintaf. gr. 4 Augsburg 824, Bäumer.

— getreue, der Natur, als ein Hülfsmittel d. Erklär. unserer vorzügl. Handbücher der Naturgesch., mit illum. Kupf. 5 Hefte. 4. Leipz. Rein. 797—98. (à 2 Rthlr.)

— getreue, aus der Naturgeschichte, 4 Hefte, m. illum. K. gr. 4. Glogau, Günther. 801. (à 20 gr.)

—— auserles. Gewächse des Königl. Botan. Gartens zu Berlin, v. Link u. Otto, s. Link u. Otto, Icones.

— auserlesener Gewächse des Königl. botanisch. Gartens zu Berlin, s. Link, F.

— auserles. Gewächse, s. Link, H. F.

— neuer seltener Gewächse, s. Link, H. F.

Kgl. Museen zu Berlin. **Abbildungen** der in der Formerei der Kgl. Museen käuflichen Gypsabgüsse, enth. byzantin. u. italien. Skulpturen d. Mittelalters, d. Renaissance u. d. Barock, italien. Metallarbeiten, Plaketten u. byzantin. Skulpturen in Elfenbein p. p. Hrsg. von d. Gen.-Verwaltung. Berlin 1909: Stange & Wagner. 27 Taf., 27 Erl.Bl. quer-8° [Umschlagt.] 10. 13

Kgl. Museen zu Berlin. Abbildungen der käuflichen Gipsabgüsse des Kunstgewerbe-Museums. Hrsg. von d. General-Verwaltung 1893. — Berlin 1893: Büxenstein. 21 Taf. quer-8°
Vgl. auch: Verzeichnis der in der Formerei d. Kgl. Museen käufl. Gipsabgüsse.
1:Ns 5193/20.
1.825

— Hrsg. von der General-Verwaltung 1895. Ebd. 1895. 26 Taf. quer-8° 11. 83.
1.826

— der christl. Glaubens- u. Sittenlehre in Frag' u. Antwort. 12. Flensb. Christiani. 775.

— berühmter Gottesgelehrten, 12 Hefte. 8. Leipz. 789—96. (W. Vogel). 9 ℛß

Abbildungen ägyptischer, griechischer und römischer Gottheiten, mit mythologischen und artistischen Erläuterungen. Nürnberg 1792—1796. V: *Schlichtegroll, Adolph Heinrich Friedrich.* (Ky)

— ägypt., griech. u. röm. Gottheiten, mit mytholog. u. artist. Erläuterungen (von Fr. Schlichtegroll). 3 Lieferr. 4. Nürnb. 792—96. Frauenholz. 6 ℛß Dies. ins Französ. übers. von C. G. Jerome unter d. T.: principales figures de la Mythologie. Ibd.

Abbildungen der Gusseisen-Waaren aus der Kgl. Eisengiesserey zu Saynerhütte. (H. 1.) — (Bonn: Weber 1823.) 2 Bl., 9 Taf. 2° 5. 82.
1.831

— v. Handwerker [illegible] [illegible] Halle, Dreyssig.

Abbildungen zum Hauslexikon, mit erläuterndem Texte. (Für die Besitzer der 1. Aufl.) Zum 1.—8. Bande. gr. 8. Mit lith. Tafeln. Leipzig 841, 42, Breitkopf u. Härtel. à n. $^1/_4$ ℛß — (Vergl. Hauslexicon.)

— stehender Heere Europens, 1s u. 2s Heft kursächs. Armee. 4. Leipz. 804. Steinacker. 3 ℛß 8 gr

— des verborgen. Herzens der Menschen. 8. Frankf. 735.

Abbildungen dess französischen Hofs. — o.O. [um 1710]. 55 S. 12: Biogr. C. 2 [u.] Germ. g. 5/4. [illegible]
1.833

— des türkischen Hofes, s. Ferriol.

— d. deutschen Holzarten, herausg. von Fr. Guimpel; mit Beschreib. von C. L. Willdenow u. F. Gottl. Hayne. 2 Bde (36 Hefte) mit 216 illum. Kpf. u. vollst. Register. gr. 4. Berl. 810—20. Schüppel. 54 ℛß 6 gr

— der deutschen Holzarten, für Forstmänner u. Liebhaber der Botanik; herausgegeben von Fr. Guimpel, mit Beschreibung derselben von C. L. Wildenow, fortgesetzt v. Fr. Gottl. Hayne, 23 — 36. Heft. mit illum. Kupf. gr. 4. Berlin, Schuppel. 816 — 20. à Heft 1 Rthlr. 12 Gr. : (36 Hefte vollständig kosten Thlr. 54. 6.)

—— der in Deutschland einheimischen wilden Holzarten, s. Böck, J. B.

— d. fremden, in Deutschland ausdauernden Holzarten; herausg. v. Fr. Guimpel, mit Angabe d. Kultur v. Fr. Otto, beschrieben v. Fr. Gottl. Hayne. 1r Bd. 16—24s Heft. Mit ill. Kpf. gr. 4. Berl. 819—30. Reimer. à 1 Rthlr 12 Gr. 36 Rthlr

— der fremden, in Deutschland ausdauernden Holzarten, für Forstmänner, Gartenbesitzer und für Freunde der Botanik; herausgegeben v. Fr. Guimpel, mit Angabe der Cultur von Fr. Otto, beschrieben v. Fr. Gottl. Hayne, 1 — 4. Heft mit illum. Kupf. gr. 4. Ebendas. 819 — 20. Jedes Heft 1 Rthlr. 12. Gr.

—— d. fremden, in Deutschland ausdauernden Holzarten f. Forstmänner, Gartenbesitzer u. s. w., hrsg. v. Fr. Guimpel, m. Angabe d. Cultur, v. Fr. Otto, beschrieb. v. Fr. G. Hayne. Bd. I. Hft. 21—24. gr. 4. (24 ill. Kpfrt. u. 8 B. Text.) Berlin 829, Reimer. à
1. Bd. 1—20. Heft. Ebendas. 1821—26. à 1 Thlr. 12 Gr.

— d. 100 deutschen wilden Holzarten, s. J. D. Reitter.

— in- u. ausländ. Hölzer, v. Bäumen u. Stauden, nach ihrer Struktur u. natürl. Farben, f. Naturaliensammler. 3 Hfte mit ill. Kpf. Fol. Nürnberg, 1773. Seligmann. 10. —

— verschiedener Sorten Hölzer nach d. Natur durch Farben erleuchtet, 18 Hefte. gr. 4. Amsterdam 778. Beygang in Leipz. 49 Rthlr 8 Gr.

— d. Holzpflanzen, s.: Beschreibung, systemat.

Abbildungen der Holzpflanzen, strauchartigen und fremden Holzarten, in 52 illum. Kupfertaf. und 5 Heften, mit erklärendem Text. - Augsburg 1828

Abbildungen aus d. Münch. Ind.-Ausst. 1854. 15 Bl. Phot. fol in Mappe. München

Abbildungen aus der sächsischen Industrie- und Gewerbeausstellung Dresden 1875. 60 Bl. Photographien. 4° In 2 Mappen. Dresden 1875

— d. neuen preuß. Infanterie-Gewehrs, nebst Benennung aller seiner Theile, in Kpf. gestoch. ill. Fol. Leipz. 822. (Andrä). 6 Gr.

— aller bis jetzt bekannten neuen zweiflügel. Insekten. 1s Heft, mit 10 Steindr. gr. 8. Hamm 830. Schulz. 16 Gr.

—— d. europäischen 5flügeligen Insekten, s. Meigen.

— von Insekten, s. Sertba.

— König Karl I. in seinen Drangsalen u. gefängl. Verwahrung, von ihm selbst beschr. gr. 8. Halle 770. Hemmerde u. S. 12 Gr.

— für wackere Kinder m. Bildern. 4. (28 Chromolith.) Eßlingen 872. Schreiber. geb. 1. 50

— klinische, aus der Krankenanstalt für Syphilitische in Paris. Sammlung von Beobachtungen der Krankheitsfälle und deren Behandlung in der Anstalt von P. Ricord. Deutsch bearb. und mit erläut. Anmerkungen versehen von Dr. Jul. Gottschalck. 1. — 5. Liefg. (à 3 sauber illum. Steint. u. Text in Fol.) Düsseldorf 842—44, Arnz u. Comp. à n. 1 Rthlr

— der freyen und seligen Knechtschaft, 2 Thle. 8. 736.

— -- der Kostüme u. Uniformen des württ. Militärs von der Zeit des 30jähr. Krieges bis 1854.
(A. d. Werke: Stadlinger, L. F. v. Geschichte des württ. Kriegswesens)
Stuttgart 1856. 36 farb. Bl.

Abbildungen der Kostüme und Uniformen des württembergischen Militärs von der Zeit des 30jährigen Kriegs bis 1854. Ein Beitrag zur Kostümkunde. Stuttgart, H. W. Beck's Verlag 1860. [Umschlagtit.]
36 Taf. in kol. Lithogr. 8°.
Die Abbildungen zuerst erschienen als Anhang zu: J. L. v. Stadlinger, Geschichte des württembergischen Kriegswesens. Stuttgart 1856.

Abbildungen der Kostüme und Uniformen des württemberg. Militärs von der Zeit des 30jähr. Kriegs bis 1854. Ein Beitrag zur Kostümkunde. gr. 8. (36 ill. Stnt.) Stuttgart 860, [Cammerer.] **

Abbildungen der Kostüme und Uniformen des württembergischen Militärs von der Zeit des 30jährigen Krieges bis 1854. (36 color Stntfln.) Stuttgart 1861. 2,10.

— d. Kriegskunst, in Beziehung auf den Officier, dargestellt in e. Rede. 8. Göttingen 771. Vandenhöck. 2 Gr.

— gelehrter u. in d. Triersch. Geschichte vorzügl. ausgezeichn. Kurfürsten u. Staatsmänner, 27 lithogr. Bl. mit biograph. Skizze. gr. 4. Trier 815. (Lins). 6 Rthlr

— gelehrter, u. in d. Trierschen Gesch. vorzügl. ausgez. Churfürsten u. Staatsmänner. 27 lithogr. Bl. mit biogr. Skizze. gr. 4. Trier 826, Lins.

— nordamerikanisch. Länder und eingeborner Wilden. 8. Erfurt. 757.

— u. Lebensbeschreib. d. span. Guerilla's-Anführers, Antonio Marrannon, genannt d. Trappist, nebst Beschreib. d. Trappisten-Ordens, m. 1 Steint. gr. 4. Augsb. 824. Bäumer. 4 Gr.

— u. Lebensbeschreibb. der. Gelehrten, s. J. M. Schröckh.

Abbildungen und Lebensbeschreibungen Böhmischer und Mährischer Gelehrten. Prag 1773—1774. V: *Vogt a St. Germano*, *Adankt* (1—2), *Pelzel*, *Frz. Mart.* (2 ff). (ML)

—— u. Lebensbeschreibungen d. Heiligen. 1. Hft.: Die heilige Barbara, Jungfr. u. Märtyrinn. Der heil. Aloysius v. Gonzaga, a. d. Gesellschaft Jesu. 2 Bildn. (Stahlstich v. Stöber) u. 2 Bl. Text. 8. Wien 832, (Müller) 4 Gr., ill.

Abbildungen.—Lebhaffte Abbildungen und Grund-Risse der Thorheit und Klugheit, oder gründlicher Unterricht, wie sich ein Mensch aller abgeschmackten und schädlichen Aufführung entäussern und hergegen einer klugen Conduite ... zu befleissigen habe. Samt einer Vorrede von dem Unterschied dieser und 40 anderer ... Schrifften. — Franckfurt & Leipzig: J. F. Schmied 1715. 236 S.
1:Np 16122. 12:Ph. Pr. 4 [u.] Var. 626. 6.
1.835

Abbildungen zum Lehrbuche der Naturgeschichte für Realschulen. (Bestehend aus 18 Tafeln.) Fol. (18 Bl.) Wien. Schwarze Abbildungen kosten 2 fl. C M, gemalte 4 fl C. M. 1855

Abbildungen zum Lehrbuche der Naturgeschichte für die Unter-Realschulen. Fol. (12 Tafeln). Wien. Gedruckt bei Leopold Grund. Die schwarzen Abbildungen kosten 56 kr. Gemalte 1 fl. 51 kr. C. M. 1855

Abbildungen der Grossherzogl. Badischen Leib-Grenadier-Garde; nach der Natur gezeichnet. 1 Bl. Carlsruhe [182*]. 2,25.

— der Leidenschaften der Seele. Gestochen von J. Audran nach Carl Le Brun, als Modelle zum Zeichnen. Roy.-4. (19 Bl. u. 1 Bl. Text.) Mainz 839. Wirth. 5/6 Rthlr

Abbildungen, die, des menschlichen Magens. 4. Aufl. Berlin 869. (E. Beck.) 8. (16 S. m. Holzschn. u. 8 lith. Taff. in Farbendr.) n. 3 *ngr.*

Abbildungen der Marmor-Arten. Nach d. Natur auf d. sorgfältigste mit Farben erleuchtet und mit beygefügten holl., deutschen, engl., frantz. u. lat. Namen hrsg. — Amsterdam: Sepp 1776. 98 Taf., davon 1–73 mit je 1 Textbl.
12:4° Lith 1. 300:177.986-C. 2.
1.830

Abbildungen der neuen Maße u. Gewichte in natürlicher Größe. In Farbendr. ausgeführt nach der Aichordng. f. die österreichisch-ungar. Monarchie. Imp.-Fol. (color. Holzschntaf.) Brünn 875. Buschak & Irrgang. — 60

— der unter dem Kaiser Nicolaus I. geprägten Medaillen. 1s Hft. 1/2 gr. Fol. (7 Bl. in Kpfstich u. 1 Bl. Text in Russischer Sprache. St. Petersb. 838. Eggers u. Pelz.) n. 7 1/8 Rthlr

— merkwürd. Menschen, mit Rücksicht auf d. Trachten verschied. Völker in versch. Zeitaltern, nach d. Zeichnn. u. Gem. e. Vandyk, Holbein, Hollar, Rubens, Weigel u. a., m. kurz. Erläut. (v. Fr. Hempel), m. 16 ill. Kpf. gr. 4. Leipz. 802. Mag. f. Ind. 3 Thlr.

— von Menschen, Thieren, Vögeln, Fischen, Amphibien u. Bäumen, nebst Beschreib. ihrer Lebensart, von J. R. Forster u. G. S. Klügel. 15 Lieferr. Halle, Dreysig. à 12 Gr. 7 Thlr. 12 Gr. (A. u. d. T.: Zweites ꝛc. naturhistor. Weihnachtsgeschenk ꝛc.)

Abbildungen des Grossherzogl. Badischen Militärs. 4 Bl. color. Carlsruhe [182* od. 183*]. à 2,50.

Abbildungen des Churfürstlich Sächsischen Militärs. Augsburg, um 1792. 5 farb. Bl. 4°

— --- des württ. Militärs. Stuttgart 1807. 23 farb. Bl. 4°

Abbildungen älterer englischer Militär-Kostüme. o. O. um 1798. 2 farb. Bl. 2°

Hamburgische Zirkel-Correspondenz. **Abbildungen** von Mitgliederzeichen der Freimaurerlogen. Bd. 1. Hamburg 1902: Rademacher. 4°
1. D. Mitgliederzeichen d. aktiven deutschen Johannislogen. 93 S. 36 Taf.

Hamburgische Zirkel-Correspondenz. Abbildungen von Mitgliederzeichen der Freimaurerlogen. (Vorr.: Carl Wiebe.) Bd 1. *Hamburg: F. W. Rademacher 1902.* 4° [02. 11357

— der Modelle zu Gusswaaren, s.: Deschner.

— von zwei alten Mosaiken, welche im J. 1823 zu Bárhely im huniader Comitate entdeckt worden. gr. Fol. Herrmanstadt 825. Thierry. 1 Thlr. 8 Gr.

— des Straßburger Münsterthurms. Fol. Straßb. 806. König. 1 Thlr. ord. kl. 20 Gr.

— von Mustereinbänden aus der Blüthezeit der Buchbinderkunst. In Lichtdruck ausgeführt von A. Naumann u. Schroeder in Leipzig. Mit einleit. Texte v. J. Stockbauer. Fol. (13 S. m. 40 Taf.) Leipzig 881. Titze. In Mappe. n. 32. —

— aus d. Mythologie d. Völker d. alten Welt, in 68 Bl. mit e. Sachregister. kl. Fol. Freyburg 827. Herder. 4 Thlr. 12 Gr.

— aus d. Mythologie d. Völker d. alten Welt, als nöthiger Behelf zu jedem mytholog. Lehrbuche, in 68 Bl., mit. e. Sachregister. gr. 4. Freyburg 834. Herder. 2 Thlr.

— d. Gestalt Napoleons 2 Monate vor seinem Tode. Sondershausen 822, Voigt in Ilmenau.

— aller Nationen, mit kurz. Beschreib. ihrer Sitten u. Gebräuche. 8. Halle, Dreyßig. 805.

— aller Nationen d. russ. Reichs, unter Aufsicht d. kais. Akad. d. W. u. K. zu St. Petersburg, gezeichn. in Kpf. 95 Blätter. Fol. St. Petersb. 776—80. (Dyck in Leipz.) schw. 8 Thlr. ill. 18 Thlr.

— d. russischen Nationen, 30 Bl. in 4. v. Dunker. Bern 804. Typogr. Societät. 3 Thlr. 16 Gr.

— von Naturerzeugnissen als Zugabe zum größeren Lesebuch für die Herzogl. Nassauischen Elementarschulen. (55 Taf.) gr. 8. Wiesbaden 844, Scholz. 1/2 Thlr. — color. 1 Thlr.

— aus d. Naturgeschichte, zum Nachzeichnen u. Illuminiren. 8. Magdeb. 821. Ruhbach. 10 Gr.

— z. Naturgesch. Brasiliens, s. Maximilian, Prinz v. Neuwied.

—— zu Oken's Naturgeschichte, s. Oken.

— aus d. Naturgeschichte, nach Blumenbachs Ordnung. Säugthiere. 8 Nürnb. 793. Schneider u. W. schw. 2 Thlr. ill. 6 Thlr. 16 Gr.

—— naturgetreue, d. in Deutschland einheim. wilden Holzarten, nebst erläut. Texte hiezu v. J. B. Böck. 1—12. Lfg. gr. 4. (à 4 ill. Kpfrt. u. 1/2 B. Text.) Augsburg 844—46, Rieger'sche Buchh. à * 26 1/4 Ngr. * —

—— naturgetreue, der in Deutschland einheim. wilden Holzarten nebst erläuterndem Texte hiezu, von J. B. Böck. 13—16. Lfg. gr. 4. (à 4 ill. Kpfrt. und Text.) Augsburg 847—50, Rieger'sche Buchh. à * 26 1/4 Ngr. *
1—12. Lfg. Ebendas. 1844—46. * 10 Thlr. 15 Ngr.

Abbildungen, Naturgetreue, der in Deutschland einheimischen wilden Holzarten, nebst erläuterndem Texte hiezu v. J. B. Böck. Lfg. 1—18. (Mit ill. Kpfrt.) Augsburg 1844—1859. gr. 4.

— naturgetreue, lebender, giftiger u. nicht giftiger Schlangen. 2 Blatt. Chromolith. Imp.-Fol. Hamburg 881. Vetter. Auf Leinwand m. Stäben. 9. —

— d. Nelken. s.: Naturgeschichte d. Nelken.

Abbildungen und Nummern-Verzeichniss von Eisenguss-Waaren, welche Jacobi, Haniel und Huyssen auf den Eisenhütten Gutehoffnung und St. Antoni anfertigen lassen. 8.

— aller Obstsorten aus d. deutschen Obstgärtner. gr. 8. Weimar, Landes-Ind.-Compt. Jede Lief. mit 5 ill. Kpf.; 1) Aepfel 1—10. Lief. 13. 10. — 2) Birnen 1—10. Lief. 13. 10. — 3) Kirschen 1—5. Lief. 5. 10. — 4) Pfirschen 1—3. Lief. 2. 20. — 5) Pflaumen 1—4. Lief. 3. 10. — 6) Vermischte Obstsorten 1—3. Lief. 3. 10.

—— württembergischer Obstsorten. Eine Sammlung vorzügl. Apfel- und Birnsorten, ausgewählt bei der vaterländ. Obst- und Traubenausstellung in Cannstatt 1857. Im Auftrag der königl. württemberg. Centralstelle für die Landwirthschaft hrsg. von Ed. Lucas. gr. 4. (63 S. mit 50 Abbild. in Farbendr., auf 12 Steint.) Stuttgart 858, Ebner und Seubert. *

—— dass. — Hrsg. von Demselben. 2. Abthl.: Eine Sammlung vorzügl. Steinobstfrüchte: Kirschen, Pflaumen, Aprikosen und Pfirsiche. gr. 4. (39 S. mit 24 Abbild. in Farbendr., auf 6 Steint.) Ebendas. 861. *

— aller weltlichen u. geistl. Orden, nebst e. kurzen Geschichte derselben ꝛc. (v. Chr. Fr. Schwan). 2 Bde in 46 Hftn, mit illum. Kpf. gr. 4. Mannh. 779—91. Schwan u. G. 61 Thlr. 8 Gr. (Neff in Stuttg.). 55 Thlr. 8 Gr.

Abbildungen der fremden Orden, welche in der Preussischen Armee getragen werden und in der Rang- und Quartier-Liste aufgeführt sind. Berlin, Posen & Bromberg, Ernst Siegfried Mittler 1836.
14 S., 8 Taf. in kol. Lithogr. 8°.

— sämmtl. geistl. Orden, s. Wietz.

— von geprägten Ornamenten, welche bei P. Bruckmann u. Comp. in Heilbronn am Neckar in Silber u. Messing fabricirt werden. 1s—15s Hft. (3 Bog. Erklär. u. 52 lithogr. Taf.) qu. Fol. Heilbr. 833—36. (Classische Buchh.) 7 1/2 Thlr.

— patriotische, d. Zustand. beider höchst. Reichsgerichte. 4. Frankf. 756.

— ausgezeichneter Pferde. Nach d. Natur gemalt v. Albr. Adam. Lithogr. v. Benno u. Frz. Adam. I Hft. (Mecklenburger.) 6 Bl. Roy.-Fol. Münch. 833. Hornemann. 3 Thlr.

[Abbildungen von Pferden u. Reitern. Pferdegeschirren.] O. O. u. J. [um 1860].
8 Taf. in farb. Holzschn. 8°.

— vorzügl. Pferde, die sich in d. königl. preuß. Gestüten befinden, nach d. Leben gem. u. radirt v. F. Bürde. 1e Lief. enth. 6 Hengste des königl. Hauptgestüts zu Trakehnen; 2e Lief. enth. die des königl. Friedrich Wilhelms-Gestüts zu Neustadt an der Dosse. Imper. Fol. Berl. 822. Schropp u. Cp. à 6 Thlr. 12 Thlr.

— sämmtl. Pferderacen, nach d. Natur gezeichnet; lithogr. und herausg. v. R. Kuntz, mit Beschreib. v. d'Alton. 4 Hefte à 6 Bl. Carlsr.: (Velten). à H. 9 Thlr. 4 Gr. 36 Thlr. 16 Gr.

— v. 51 Pfirsich-Gattungen nach d. Natur, (v. Franz Antoine.) Roy.-Fol. Wien, 1821. (Verf.) 33. 10

Abbildungen der in Oberbayern u. in Schwaben u. Neuburg gesetzlich geschützten Pflanzen. Hrsg. m. Unterstützg. des bayer. Landesausschusses f. Naturpflege v. dem Verein zum Schutze u. zur Pflege der Alpenpflanzen (E. V.) in Bamberg. Die Abbildgn. stammen aus Hegi-Dunzinger, Alpenflora, u. Hegi, Flora v. Mitteleuropa. M. untergedr. Text. 38×65,5cm. München (910). J. F. Lehmann's Verl. 1. —

—— seltener Pflanzen d. Kgl. botan. Gartens in Berlin, s. Icones.

— einiger seltner Pflanzen nach der Natur, aus d. Garten von Bunck. 8. Hamb. Bohn. 778.

Abbildungen v. mehr als 30.000 Pflanzenarten. Abdr. v. D. Dietrich's Encykl. d. Pflanzen. 4-8 Hft. 4°(62 m. 140 K.) Jena: 1852, 1855. (Lpzg. Gebhardt.)

—— von mehr als 30,000 Pflanzenarten, nach d. linneischen System geordnet mit Angabe d. natürl. Familien. Als besond. Abdruck v. D. Dietrichs Encyclop. d. Pflanzen, u. durch viele neue Tafeln verm., nebst e. systemat. Inhaltsverzeichnisse. 1. Hft. gr. 4. (30 Kpfrt., wovon Taf. 1 ill., u. 2 B. Text.) Jena 816, Schmid. * 3 Thlr. Illum. *

— v. mehr als 30,000 Pflanzenarten, nach d. Linnéischen System geordnet mit Angabe d. natürl. Familien. (Aus D. Dietrichs Encyclopädie d. Pflanzen.) 1—8. Hft. à 30 Taf. gr. 4. 1847—55. Jena, Schmid. à 3. — col. à 5. 10

— der ganzen Pflicht des Menschen, a. d. Engl. von F. E. Rambach. 8. Leipz. Jacobäer. (Proft in Copenhagen.) 774.

(Abbildungen und Pläne von Schlachten, Belagerungen etc. des Türkenkrieges von 1787 bis 1789.) (Ohne Titelblatt.) 4. Wien (zirka 1790).

— der zu Paris u. Versailles befindl. Prospecte, Statuen u. Wasserkünste, mit Kpf. 4. Nürnb. 801. Riegel u. W. 12 gr

— der Reformatoren. 2 Hefte. 4. Leipz. 803. Voß. 2 Rthlr

— aller Regenten. 1s Heft, mit Kpf. 4. Pirna 804. Friese. 1 Rthlr

Abbildungen aller angeblich: und wirklichen Regenten Ungarns mit beygefügten kurzen historischen Anmerkungen .. Wien, Zu finden bey ... Franz Molis 1815. Kupfertit ; 14 Taf. in kol. Kupferst. 4°. *Gestochen von H. Benedicti, Aug. Zenger u. Jos Gareis nach Zeichnungen von Christ. Sambach*

— aller k. k. Regimenter. 8. Preßb. 778. Löwe. 3 Rthlr 12 gr

— d. Rindvieh- u. andern Hausthier-Racen auf den Privatgütern Sr. Maj. d. Königs v. Würtemberg. Nach d. Leben gezeichnet u. sauber lithogr. (v. L. E. Allesson). Mit Text v. A. Weckherlin. 1e—5e Lief. qu. gr. 8. à 6 Tafeln u. 3 Bogen Text. Stuttg. 827—31. Löflund u. S. à 3 Rthlr 8 gr 16 Rthlr 16 gr.

— d. Rindvieh- u. andern Hausthier-Racen auf den Privatgütern Sr. Maj. des Königs von Würtemberg, nebst angehängter Beschreibung v. A. Weckherlin. 6e (u. letzte) Lfrg. Mit 6 Steindbr. qu. gr. Fol. Stuttg. 834. Löflund. $3\,^{1}/_{3}$ Rthlr Alle 6 Lfrgg 827—34. 20 Rthlr jetzt (Beck u. Fränkel) nur 10 Rthlr

Abbildungen der Rindviehrassen und Schläge der Schweiz, nach der Natur gezeichnet von B. Adam, herausg. von der ökonom. Gesellschaft des Kantons Bern. Bern 1859. 4.

— d. Ruinen d. Meißener Elbbrücke, nach d. Abbrennung am 12. März 1813, nebst e. histor. Nachricht von dieser Brücke. Dresd. 813. Beger. 16 gr

— derer, bei d. Fortifikation vorkommenden Sachen. 8. Berl. 750. Haude u. Sp. 4 gr

— satyrische. 8. Greifswalde. 746.

ABBILDUNGEN, (6) Satyrische. Ausgefertigt durch ein Mitglied der Deutschen Gesellschaft in Greiffswald (sic!) (***Herm. Jac. Lasius***). O. O. (Wittenb., Ahlfeld) 1748. 8°. Zahm. Tit., 3 Bll. Vorr. u. 112 S. Darin u. a.: Vertheidigung d. Jungfern, wider die ihnen beygemessene Unwahrhaftigkeit. — Eine Satire auf die große Liebe zu den Kleidermoden. — Die Vortrefflichkeit u. der Nutzen des gelehrten Jähnens etc. (In Marburg.)

— d. Säugethiere, z. Unterr. in d. Naturgeschichte für d. Schul- u. Hausgebrauch. qu. gr. Fol. (19 lithogr. Bl., mit Erklärung in latein. u. deutscher Sprache). Berl. 829. Winckelmann u. S. 20 gr illum. 1 Rthlr 16 gr.

— aller Arten Schiffe ꝛc., s. N. Trauslew.

— der ganzen Schöpfung, oder Genealogie der dreifachen Welt. Von Philoteus de Limitib. Aus d. Latein. mit Anmerkk. von Grienstein. 2 Thle, mit Kpf. gr. 8. Philadelph. 792. (Rötzl in Wien). 1 Rthlr 8 gr

— der Schwämme. 3 Hefte, mit 30 illum. Kpf. gr. 4. Berlin 790—93. (Reimer). 4 Rthlr

Abbildungen, 86, von Tieren in vergleichendem Grössenverhältnis (aus der lithographischen Anstalt von L Bode). Auf Leinwand mit Stäben. Stuttgart

— 17 der berühmtesten Heiligen. 8. Karlsruhe, Braun, ist der Pr. n. $^{1}/_{3}$ Rthlr

— XVII, der berühmtesten Heiligen des Christenthums und ihres Märtyrertodes. Lithogr. Lex.-8. Carlsruhe 837. Wagner. (Marx.) n. $^{2}/_{3}$ Rthlr

Abbildungen oberrheinischer Siegel. (Hrsg. von d. hist. u. antiquar. Gesellschaft zu Basel.) Reihe 1. 2. [3.] *(Basel: C. Detloff 1890; 2. 3:) R. Reich 1893–96.* 3 Bde 4°
— Urkundenbuch d. Stadt Basel. [Anh. zu Bd 1. 2. 3.] (04. 3577

Abbildungen antiker Skulpturen. (72 Tfln.) Fol. (Ohne Titel.)

— d. 28 großen Statuen v. Bronze, welche das Grabmal Kaiser Maximilians I. in d. Kirche z. heil. Kreuz in Innsbruck umgeben. 8. Innsbr. 813. Wagner. 10 gr

— der bronzenen Statuen, welche das Grabmahl Kaiser Maximilian I. umgeben, und in der Hofkirche zu Innsbruck aufgestellt sind. $^{1}/_{2}$ gr. Fol. (30 Kupfer incl. der Ansicht des Innern der Hofkirche mit dem Grabmahl.) Innsbruck 841, Unterberger. (Leipzig, Rud. Weigel.) n. $4\,^{1}/_{4}$ Rthlr

— der drei und zwanzig kleinern bronzenen Statuen, welche auf d. mittlern Bogen der Hofkirche aufgestellt sind. Gezeichnet von Jh. Georg Schädler und gestochen von Jos. Schönherr. — Auch u. d. Titel: Représentations des vingt-trois Statues de bronze, qui sont placées sur la cambrure au milieu de l'église aulique. Dessinées par J. G. Schaedler et gravées par Jos. Schönherr. gr. 8. (23 Kupfer u. 10 Blätter deutscher Text.) Innsbruck 841, Schädler. (Ebd.) geb. n. $1\,^{1}/_{4}$ Rthlr

Abbildungen der vorzüglichsten alten Statuen und Gruppen in Rom und Paris, nach den Zeichnungen des Perrier. Mit Erklärungen von Jos. Ernst. Wien 797. f. Eb. 802. f. 10 rthl.

— d. vorzügl. alten Statuen u. Gruppen in Rom u. Paris, nach d. Zeichnungen d. Perrier, mit Erklär. v. Jos. Ernst. Fol. Wien 802. (Reinherz in Frankf.) 8 Rthlr.

— der vorzügl. alten Statuen u. Gruppen in Rom u. Paris, nach den Zeichnungen des Perrier, mit Erklär. v. Jos. Ernst. Fol. Wien, Schalbacher, 802.

— der Königlich Preußischen $^{1}/_{1}$, $^{1}/_{3}$ u. $^{1}/_{6}$ Thaler-Stücke, welche nach der Ministerial-Verordnung v. 17. Nov. 1840 in allen Königl. Sächsischen Cassen in Courant-Zahlungen angenommen werden. Lith. qu. $^{1}/_{2}$ Fol. Bautzen 841, Schulze's Buchh. Helfer. n. $^{1}/_{12}$ Rthlr

— der jagdbaren Thiere, Jagdhunde und Jagdgeräthschaften, bestehend in 27 Steindrt. Fol. Ulm 829. Stettin. 2 Rthlr

— d. merkwürd. vierfüßigen Thiere im verjüngten Maßstabe, zur nützl. Beschäftigung f. Kinder im Zeichnen ꝛc., in 6 Taf. 1s Heft. 4. Frankf. a. M. 819. Döring. 6 gr

Abbildungen landwirtschaftlich nützlicher und schädlicher Tiere. Im Auftrage der Königl. württemb. Zentralstelle für Landwirtschaft herausgeg. v. J F Schreiber. 6 Wandtafeln auf Lwd mit St. nebst Text. Esslingen

Abbildungen landwirthschaftlich nützlicher u. schädlicher Thiere. Tafel 1-4. (Esslingen 1871). 4 m. st. kol. Tvl. paa Pap.
— (Tekst m. Tit.): K. Koch: Die l. nützlichen u. schädlichen Thiere. S. St. o. A. 59 S. P.

— aus dem Thierreich, nach d. Natur gezeichnet und ausgemalt, gestochen von Susemihl. 1—2. Heft, klein Folio. Velinpap. Darmstadt, Heyer und Leske. 1820. à 2 Rthlr.

— aus dem Thierreiche, nach d. Natur gezeichnet u. ausgemalt, u. gestochen v. Susemihl. 1s—6s Hft, mit Kpf. Mit deutschem u. französ. Text. kl. Fol. Darmst. 821—26. Leske. à 1 Rthlr 6 Rthlr illum. à 2 Rthlr 12 Rthlr

— aus dem Thier- u. Pflanzenreiche. 1s Heft, mit 12 ill. Kpf. 4. Dresd. 812. Beger. (Weygand in Leipz.) 1 Rthlr 8 gr

Abbildungen der vornehmsten Tischlerarbeiten, welche verfertiget werden und zu haben sind bey Fr. Gottl. Hoffmann. Leipzig 1796. 4°.

— u. Trachten mehrerer Regenten u. Fürsten des Mittelalters, nach kolossalen Statuen zu Innsbruck. 1s Heft. Fol. Innsbr. 820. Wagner. 12 gr

Abbildungen, treue, der egyptischen, griechischen und römischen Alterthümer. Leipzig 820. Abth. I. 21 Hefte. 8, und 3 Hefte Beschreibung. Enth. das röm. Kriegswesen. Jedes Heft 14 gr.

— treue, d. aegypt., griech. u. röm. Alterthümer. I. 1—22s Hft. II. 16 Hft. gr. 8. Prag 821, (Leipzig, Magaz. f. Ind.)

Abbildungen russ. Truppen. Nach der Natur abgebildet in dem Lager vor Augsburg den 3. Aug. 1799. Augsburg 1799. 6 farb. Bl. 4°

—— der neuen Uniformen in d. preuß. Armee, s. Heer.

Abbildungen der neuen Uniformen in d. preuß. Armee, s.: Illustrationen.

Abbildungen verschiedener deutscher Uniformen. o. O. um 1820. 5 farb. Bl. 4°

— v. Vasen, Gefässen, Statuetten, Ampeln, Consolen etc. aus Ernst March's Fabrik zu Charlottenburg. 21 (lith.) Blatt. Lex.-8. Berlin 851, Ernst & Korn. n. 1 Rthlr

Verschiedene Abbildungen der preuß. Armee. Berlin 1828 1830. 4 farb. Bl. 2°

— 24, aus d. Naturgeschichte d. Säugthiere. 16. Berl. 835. Gropius. 5/6 Rthlr

Abbildungen, 40, edler Hunde-Racen. gr. 8. (40 Holzschnitttaf.) Leipzig 878. Schmidt & Günther. cart. n. 2. 40

— 40, zum Theil colorirte, zur Völker- u. Länderkunde. gr. 8. u. kl. Fol. Berl. 827. Rücker. 20 gr

— des gemeinen Volkes in Wien, mit Kpf. gr. 8. Wien 789. Hochenleitter. 2 Rthlr 12 gr

— 80 verschied. Völker der Erde, in ihren eigenthüml. Trachten. Bresl. 826. Graß, Barth u. Cp. 18 gr

Abbildungen verschiedener Völker der Erde in ihren eigenthümlichen Trachten ... Breslau, Verlag von J. D. Grüson & Co. 1826. Umschlagtit., 80 Taf. in kol. Kupferst. 8°.

— zwanzig verschied. Völkerschaften. Zum Nachzeichnen und Illuminiren. quer 8. Berlin, Stuhr. 816.

— wahre, u. Beschreib. d. besten antiken Malereien, welche im Herculano 1760 gefunden. Lateinisch u. deutsch m. Kpf. (v. K. H. Brucker). Fol. Augsb. 765.

—— wahre, uns. Heilandes Jesu Christi. 1 lithogr. Bl. u. 1 Bl. Erklär. 4. Prag 828. (Leipz. Magazin f. Ind.)

Abbildungen, wahre

— — einer-Maschine, durch deren Hülfe man bei Feuersgefahren bis zu einer Höhe v. dreyßig Ellen, Menschen und Sachen retten, auch Häuser von außen ohne Gerüste repariren und abputzen kann, mit Kupf. gr. 8. Leipzig, Sommer. 805. Rthlr:

Abbildungen

—— der Wappen, s. Gelbke, C. H. v.

— d. Wappen der von König Friedr. Wilhelm II. in den Adelstand erhobenen Personen. 4. Berl. 788. Hesse. 3 Rthlr 12 gr

— d. eisernen Waaren, welche auf d. preuß. Eisenwerken zu Malapone, Gleiwitz u. Creuzburg in Schlesien gegossen werden, 4 Hefte. Mit Kpf. 18. Leipz. 802—14. Baumgärtner. 4 Rthlr

— der vorzügl. Werke vom Bildhauer Chr. Rauch. Mit e. erläut. Texte herausg. v. G. F. Waagen. 1e—4e Lief. gr. Fol. Berl. 827—29. Schenk u. Gerstäcker 10 Rthlr 16 gr Chines. Pap. 20 Rthlr

Abbildungen von Werkzeugen und Geräthen. (o. O. Um 1875?)
Abth. 1. Schuhmacher- und Sattlerwerkzeuge.
Abth. 2. Haus- und Küchengeräthe.
Abth. 3. Werkzeuge aller Art.
Abth. 4. Waffen und Jagdgeräthe.

— einer Windmaschine, s. Capteur u.

— von der seltnen Yucca Draconis, welche 1781 in Nürnberg geblüht hat. gr. Fol. Nürnb. Winterschmidt. 10 gr

— d. Zier- u. Prachtpflanzen, s.: Zier- u. Prachtpflanzen.

— 200, zum Nachzeichnen u. Illuminiren, e. Geschenk f. artige Kinder. gr. 12. Berl. 815. Amelang. 4 gr

— 290, aus der Pflanzenkunde auf 11 Kpfrtaf. mit erläut. Texte, vorzugsweise als Beigabe zu N. J. Frhr. v. Jacquins Anleitung zur Pflanzenkenntniß. gr. 8. Wien 840. Becks Universitäts-Buchh. 1/2 Rthlr

Abbildungsheft d. gebräuchlichsten Arten v. Gepäckstücken. (Verein deut. Eisenb.-Verwaltgn.) (29) 22 x 29,5 cm.– Berlin, (J. Springer) 1912.

Abbildungs-Tafel d. Goldmünzen aller Länder. 2 Bl. Lith. Fol. Nürnberg 1861.

Abbildungs-Tafel der Goldmünzen verschiedener Länder, mit Angabe ihres Werthes in 24 fl.-Fuß u. im preuß. Golde, m. erläuterndem Texte. Fol. Nürnb. 830. Leuchs. 1 Rthlr

Abbildungstafel d. Goldmünzen verschiedener Länder, mit Angabe ihres Werths in 24 Flf. u. in Preuß. Golde, mit erläut. Texte. 1 Bl. Imp.-Fol. Nürnb. 833. 2e Aufl. 836. Leuchs u. Comp. 2/3 Rthlr

Abbildungs-Tafel der Goldmünzen verschied. Länder mit Angabe ihres Werths im 20 u. 24 fl.-Fuß in Preuß. Gelde u. erläut. Texte. 4. verb. Aufl. Roy.-Fol. Nürnberg 845, Leuchs u. Comp. 18 ngl

Abbildungs-Tafel der Goldmünzen verschiedener Länder mit Angabe ihres Werthes in 20 u. 24 Fl. Fuss u. in Preuss. Gelde u. erläut. Texte. 5. verb. Aufl. 1 lith. Bl. in gr. Fol. Nürnberg 848, Leuchs & Co. 18 ngr

Abbildungs-Tafel der Goldmünzen verschiedener Länder mit Angabe ihres Werths in 20 u. 24 Fl. Fuss u. in Preuss. Gelde u. erläuternd. Texte. (Neue Ausg.) Nürnberg (855). Leuchs & Co. (1 lith. Bl. gr. Fol.) 12 ngr

Abbildungs-Tafel der Goldmünzen verschiedener Länder mit Angabe ihres Werths in 20 und 24 Fl. Fuss und in preuss. Gelde und erläut. Texte. (Neue Ausg.) 1 Stnt. in Imp.-Fol. Nürnberg 856, Leuchs und Comp. Thlr.

Abbildungstafel der Silbermünzen aller Länder. In 2 Blättern. Nürnberg, (863.) Leuchs & Co. gr. Fol. 12 ngr.

— d. Silbermünzen verschied. Länder, mit Angabe ihres Werths in 20 und 24 Flf. und in Preuß. Gelde. Imp.-Fol. Nürnb. 834. Leuchs u. Comp. 2/3 Rthlr

— der Silbermünzen verschiedener Länder mit Angabe ihres Werthes im 20 u. 24 fl.-Fuß in Preuß. Gelde. Roy.-Fol. Ebd. 845. 18 ngl

— der Silbermünzen verschied. Länder mit Angabe ihres Werths in 20 u. 24 fl Fuss u. in Preuss. Gelde. 5. Ausg. 853. — 6. Ausg. Nürnberg 856. Leuchs & Co. (1 lith. Bl. Fol.) 12 ngr

Abbitte und Ehrenerklärung an alle die, welche ich etwan durch meine Schriften beleidiget habe. ... Wien 1796. V: *Trenck, Friedrich Frh. von.* (rk)

Abbitte, Freiwillige, an den münchnerischen Kalendermacher, Herrn Menesius Vogelius und seinen Ordensbrüdern, von dem Verfasser des Unsterns im April. München 1784. V: *Fischer, Joh. Nepom.* (MGT)

Abbitte, Des Niklas J*,** an das Bayrische Predigerinstitut. Frankfurt u. Leipzig 1780. V: *Sailer, Johann Michael.* (MGT)

Ueber die öffentliche **Abbitte.** Zwickau i. S.: Schriftenverein d. sep. ev.-luth. Gemeinden in Sachsen (1910). 113 S. 8°
(Die Lehre vom geistl. Priestertum. [1.])
(Verhandlungen d. Synode d. Ev.-luth. Freikirche in Sachsen u. anderen Staaten. Jahresversammlung 34.) A 12. 515

Abbitte an das Publikum. Creyfeld, 1776. V: *Bruck, Engelbert vom.* (MGT)

Abbitte an das Publikum, wegen d. Anmerk. uber d. Schleuder eines Hirtenknaben. 8. Frankf. Fleischer. 776.

Abbo Monachus Sangermanensis

Abbonis de bello Parisiaco libri III, s. a. Scriptores rerum Germanicarum.

De bello Parisiaco libri 3. In usum scholarum ex Monumentis Germaniae historicis recudi fecit Georgius Heinricus Pertz. — Hannoverae: Hahn 1871. 51 S. (Scriptores rerum Germanicarum in usum scholarum.)
1:Rg 934. 12:Germ. g. 346 m-11. 2. 3. 4. 5. 6. 7. 8. 9. 10. 11. 102.
1.854

Abbon s. *Abbo* Monachus Sangermanensis.

Abbot, s.a. Abbott

Abbot, Caroline Luxburg

Allerhand! Von d. Verf. von Blicke in Herz u. Welt; Schild u. Pfeil; Hin u. zurück. [Verf.: Karoline L. Abbot.] *Halle a. S. & Bremen: C. E. Müller 1902.* (246 S.) 8° [F.] [04. 1683

Abbot, Caroline Luxburg, geb. Fay, s.: Blicke in Herz u. Welt.

Hin und Zurück. Aus d. Papieren e. Arztes. Von d. Verf. von 'Schild u. Pfeil' etc. [Verf.: Karoline L. Abbot.] 2. Aufl. *Halle a. S.: C. E. Müller 1902.* (330 S.) 8° [F.] [03. 7777 8

Hin und Zurück. Aus d. Papieren eines Arztes. Von d. Verf. von 'Schild u. Pfeil' ... [Verf.: Karoline L. Abbot.] 5. Aufl. Halle a. S.: C. E. Müller 1905. (330 S.) 8° [F.] [05. 1871 3

- 9. Aufl. Halle a. S.: Mühlmann 1909. 320 S.

Schild und Pfeil. Von d. Verf. von Hin u. Zurück ... [d. i. Karoline L. Abbot]. Mit Vorw. von D. Emil Frommel, Hof-Oberpred. in Berlin, u. Nachw. von Otto Funcke, Pastor in Bremen. 4. Aufl. Halle a. S.: C. E. Müller 1905. (VIII, 268 S.) 8° [05. 7074

Abbot, Francis Ellingwood, der Weg aus dem Agnosticismus od. die Philosophie der freien Religion. Autoris. Übersetzg. der 2. Aufl. v. Herm. Schönfeld. gr. 8. (IV, 122 S.) Berlin 893. Bibliograph. Bureau. n. 2. 50

Abbot, F.E. d. Weg a. d. Agnosticismus od. d. Philosophie d. freien Religion. Übersetzg. d. 2 Aufl. v. H. Schönfeld. 8° (122). – Berlin 1893, (C. Vogt.)

Abbot, Geo., cheapest english-german and german-english pocket-dictionary. For the use of beginners, artisans, travellers and emigrants. — Wohlfeilstes Englisch-deutsches u. Deutsch-engl. Taschenwörterbuch. Zum Gebrauche f. Schüler, Techniker, Reisende u. Auswanderer. 16. (IV u. 316 S.) Leipzig 851, Biedermann. n. 1/3 ℛ; in engl. Einb. n. 1/2 ℛ

Abbot, G. wohlf. engl.-deutsch u. deutsch-engl. Taschenwörterbuch. 16° (316) Lpzg. 1851, G. Wigand.

Abbot, J. S. C. Geschichte des Bürgerkrieges in Amerika. Uebers. v. Jul. Würzburger u. Geo. Dietz. Mit Krtn. u. Plän. 2 Bde. (508) 8. Springfield (Mass.) u. Norwich (Connect.) 1866. — Philadelphia 1877. 16,00.

Abbot, Jakob, der junge Christ, oder leichtfaßl. Darstellung der Grundsätze und Pflichten christl. Lebens. Nach dem Auszuge von J. W. Cunningham aus dem Engl. übertragen von Eugen v. Hartwig. Mit e. Vorworte von Otto v. Gerlach. gr. 8. Stuttgart 845, Belser'sche Buchh. 1 ℛ

— die Mutter-Freuden und die Mutter-Pflichten. Ein Hülfsbüchlein für sorgsame Gattinnen u. Mütter. Zugleich Ergänzung der Schrift: „Weibl. Lebensweisheit. Ein Lehrspiegel für strebsame Jungfrauen." Nach dem Engl. 8. Stuttgart 844, J. F. Steinkopf. 1/3 ℛ

— wie ein Kind selig werden kann. Freundliche Unterweisungen. Nach dem Engl. 12. Stuttgart 845, J. F. Steinkopf. 6 1/4 ngl

Abbott, s.a. Abbot

Abbott, Albert H., a. Brockville, Canada: Psychologische und erkenntnistheoretische Probleme bei Hobbes. Würzburg 1904: Bonitas-Bauer. (138 S.) 8°
Würzburg, Phil. Fak., Ref. Külpe, Diss. v. 20. Aug. 1904
[Geb. 7. Dez. 71 Brockville, Canada; Wohnort: Brockville; Staatsangeh.: Canada; Vorbildung: Collegiate Institute Brockville Reife O. 99; Studium: Toronto 1891—1895, Würzburg 3 S.; Rig. 20. Juli 04.]

Abbott, Jak. S.C.

—- die Mutter im Hause, od. d. Grundsätze d. mütterl. Pflicht. A. d. Engl. überf. 8. (9 B.) Bremen 846, Hampe.

Abbott, John S. Geschichte des Bürgerkrieges in Amerika. Übersetzt v Julius Würzburger und Georg Dietz. 2v. Norwich, Conn. 1864-66.

Abbott, John S. C., die Familien-Mutter, s. Familien-Mutter, die.

Abbott, John S. C., das Kind im elterlichen Hause, od. vertrauliche Darstellung der Grundsätze, welche ein Kind zu treuer Pflichterfüllung ermuntern sollen. Aus d. Engl. übers. 8. (189 S.) New-York 852. (Bremen, Heyse.) n. 10 1/2 ngl

Abbott, Osmer, aus Spokane, Amerika: Das System der englischen Lehrerbildung dargestellt und beurteilt. *Jena 1898: B. Vopelius.* (VII, 114 S.) 8°
Jena, Phil. Diss. v. (10. Juli) 1898

Abbrechen, das, d. Gefechten, s. a. Studien zur Kriegsgeschichte u. Taktik. I. Abt. 2. Bd.

Abbrechen. — Das Abbrechen von Gefechten. Hrsg. vom Gr. Generalstabe, Kriegsgesch. Abt. I. Mit 25 Karten. — Berlin: Mittler 1903. X,279 S. (Studien z. Kriegsgeschichte u. Taktik. 2.)
1:Hv 12952-2. 12:4°Mil. g. 173 m-2. 300:425.796-B. Bd 2. 2. 4. 5. 6. 7. 8. 9. 10. 11.
1.1056

Abbrecher. Zeitung für die Arbeiter Hamburgs. [Hrsg.: Wahlkomitee für die Reichstagswahlen.] Nr. 1–? Hamburg: Hamburger Mitglieder des Allgemeinen Arbeitervereins. 1. 10. 1871–? 2°

Abbrennung. — Auf die von den Preussen am 19. Juli 1760 beschehene Abbrennung der Creuzkirche sammt ihrem Thurme, auch eines grosen Theils der ... Residenzstadt Dressden, u. die gleich bei dem Umsturz besagten Thurms erfolgte ... Ankunfft ... des ... Feldmarschalls [Leopold Josef Maria] Grafens von Daun mit dem so sehr gewünschten Succurse. — o.O. (1760). 2 Bl. 4° 3.
1.1057

Abbrennung derer Vorstädte von Dresden den 10. November Anno 1758. Ohne M. 1 Bl.

Abbreviaturen zu Močnik's Arithmetik u. Algebra. gr. 8. (14 S.) Wien 874. Seidel & Sohn. n. - - 40

Abbreviaturen u. Zusätze zu Močnik's Geometrie. gr. 8. (VIII, 24 S.) Wien 874. Seidel & Sohn. n. — 40

Abbruch und Neubau, oder Jetztzeit und Zukunft, von Michael .... (Nach Adler von Ch. Fr. Grieb.) 8°. Stuttgart, Franckh-sche Buchh., 1846.

Abbt, Benedikt

Abbt, Bened., priesterl. Anrede an ein Jubel-Ehepaar. 8. Augsb. 833. (Landsh., Krüll.) 1/12 Thlr

Abbt, Bened., priesterl. Anrede an ein Jubel-Ehepaar. 8. (1 B.) Augsburg 833. (Landshut, Manz.)

Abbt, Bened., katholische Geheimnißreden in 2 Abthgn. gr. 8. (XII u. 335 S.) Augsburg 847. (Regensburg, Manz.) 3/4 Thlr

Abbt, Bened., katholische Geheimnißreden, in 2 Abth. 2. (Titel-) Aufl. Augsburg (847), 855. Doll. gr. 8. (XIII, 335 S.) 20 ngr

Abbt, Bdkt., Katechismus f. Kinder d. unterst. Kl. 8. Augsb. ... 2e Aufl. 812, 3e Aufl. 819, 4e Aufl. 825. Kranzfelder. 1 gr

— kathol. Predigten u. Homilien auf alle Sonntage d. Kirchenjahres. 2 Bde. gr. 8. Augsb. 822 u. 23. Doll. (Landsh. Krüll). 1 Thlr 12 gr

Abbt, Benedikt, katholische Predigten und Homilien auf alle Sonntage d. Kirchenjahres. 2. Aufl. gr. 8. Augsburg 846, Doll. (Regensburg, Manz.) 1 1/6 Thlr

— katholische Predigten u. Homilien auf alle Sonntage d. Kirchenjahres. 3. (Titel-) Aufl. Ebend. (846) 855. gr. 8. (XII, 546 S.) 27 ngr

— Unterr. v. d. heil. Sacramenten der Buße u. d. Altars. 2e Aufl. 8. Augsb. 817. Kranzfelder. 3 gr.

Abbt, Benj., s. A b b t , Benedikt

Abbt, Thomas. Caussam scriptorum Romanorum dicendo praefatus. (Ab Aug. Borussorum rege . oratione publica). Frkft./O. (Joh. Chn. Winter) 7. VI. 1760. 16 S. Mit 1 Kupfer. (4.—) 2

— Fragment d. ältesten Begebenheiten d. menschlichen Geschlechts. Mit einer Vorrede v. Joh. Pet. Müller. gr. 8. Halle 767. Gebauer. 21 gr

— Fragmente e. portugies. Geschichte. 8. Berl. 780. Nicolai. 6 gr

— Gedanken von der Einrichtung der ersten Studien eines jungen Herrn vom Stande. Nebst e. Nachricht von dem Tode dieses würdigen Mannes. — Leipzig & Berlin 1767. 66,14 S. 1:in No 12142. **3. 8. 9.**
1.1077

— Gedanken v. d. Einrichtung d. ersten Studien e. jungen Hrn. v. Stande. 8. Berl. 767. 2e Aufl. 780. Nicolai. 4 gr

- Neue verb. Aufl. Berlin u. Stettin: Nicolai 1780. 64 S.

— Geschichte des menschlichen Geschlechts ... vom Anfange der Welt bis auf unsere Zeiten. Aus dem grossen Werke der allgemeinen Welthistorie ausgezogen. Alte Historie. Bd 1. — Halle: Gebauer 1766. 264 S. 1:Pz 5689. **5. 7.**
1.1079

Abbt, Thomas. Freundschaftliche Correspondenz. Berlin und Stettin 1771. H: *Nicolai, Christoph Friedrich.* (Br Mm)

Abbt, Tho. freundschaftliche Correspondenz. (d. Werke 3r Theil.) 8. Berlin, F. Nicolai. 782.

— Alexander Gottlieb Baumgartens Leben und Charakter. — Halle: Hemmerde 1765. 32 S. 1:3 in Am 85. **12**:Biogr. 72/1. **2. 3. 5. 7. 8. 10.**
1.1081

— Leben u. Charakt. Alex. Gottl. Baumgartens. 8. Halle 765. Hemmerde u. S. 1 gr

— Erfreuliche Nachricht von einem ... zu errichtenden protestantischen Inquisitionsgerichte und dem ... evangelisch-lutherischen Auto da Fe. — Hamburg 1766. 30 S. 1:Dl 3410. **3. 4. 5. 7. 10.**
1.1082

— s. Sallust, von d. Zusammenrottung Catilinas.

— vom Tode fürs Vaterland. 8. Berl. 761, 2e Aufl. 770, 3e Aufl. 780. Nicolai. 4 gr

Th. **Abbt** v. Tode f. Vaterl. *Berl.*, Nicolai. (761. 770.) 787. 8° 4 gr

— traité du mérite, trad. de l'Allem. p. Dubois. 8. (Berl.) 780. Rottmann. 1 Thlr 12 gr

— Untersuchung, ob Gott Mosen begegnet habe. 4. Halle 757.

— Untersuchung, ob Gott selbst Mosen begraben habe? Halle 1757: Gebauer. 24 S. 1:4° Bm 6930. **12**:4° Diss. 3001-3. **5.**
1.1086

— Vom Verdienste. — Berlin & Stettin: Nicolai 1765. 429 S. 1:No 8096. **3. 7. 10.**
1.1087

— 2. Aufl. Goslar & Leipzig: Hechtel 1766. 351 S. 1:No 8096[a]. **12**:Ph. Pr. 5. **6. 7. 10.**
1.1088

— vom Verdienste. 8. Berl. 765, 4e Aufl. 790. Nicolai. 16 gr Dass. Velinpap. in 4. Wien 804. Armbruster. 10 Thlr, in 8. 5 Thlr 8 gr, in gr. 8. Ebd. Mörschner u. J. 2 Thlr 12 gr

Th. **Abbt** v. Verdienste. *Berl.*, Nicolai. (765-72.) 4e A. 790. 8° 16 gr Prachtausg. *Wien*, Degen. 804. gr 4° 24 Thlr, gr 8° 12 Thlr

— Wien: Degen 1804. 372 S. **12**:4° Ph. Pr. 2. **300**:180.261-C [u.] •3164. **3.**
1.1089

Abbt, Thomas: [Teils.] Vermischte Werke. Th. 1.2,1.2. 3. — Berlin & Stettin: Nicolai 1768–71.

1 Vom Verdienste. Neue verm. u. sehr verb. Aufl. 1768.
2,1 Vom Tode f d. Vaterland. Neue verm. u. verb. Aufl. 1770.
2,2. Fragment der portug. Geschichte. 1770. —
3. Freundschaftl. Correspondenz. 1771. —

1–3 . . 1:Ak 1350 [auch 2.3–Ak 1350/5; 2–Ak 1355; 2,1–F 13955[a]]. **300**:1–BE 7T 46; 2.3–BE 7 Y 5. Bd 2.3. **2. 3. 7. 9. 10.**
1.2,2. 3 . . . . **8.**
1 . . . . **4.**
2,1.2. 3 . . . . **5.**
2,1.2 . . . . **102.**
3 . . . . **6.**
1.1072

Abbt, Thm., (†d. 3. Nov. 1767.) vermischte Werke. 6 Thle. 8. Berl. 768—81. (4r—6r Thl v. Joh. Er. Biester herausg.) N. Aufl. mit d. Ueberschrift: Sämmtl. Werke. 6 Thle. 790. Nicolai. 3 Thlr 8 gr.

Abbt, Thomas : Vermischte Werke
Th. 1-6. Ebd. 1772-82.

1. Vom Verdienste. 3. Aufl. 1772.
2. Vom Tode f. d. Vaterland. Neue verb. Aufl. 1780. Fragment der portug. Geschichte. 1781.
3. Freundschaftl. Correspondenz. Neue verm. Aufl. 1782.
4. Vermischte Aufsätze. 1780.
5. Vermischte Aufsätze u. Briefe 1780.
6. Briefe u. Fragmente. 1781.

1–6 . . 1:1–6–Ak 1351 [u.] Bibl. Diez 8558-8563 [auch 1–Ak 1350/5]. **12**:Opp. 449. **6.**
1.3–6 . . . . **3.**
1.4–6 . . . . **300**:BE 7 Y 5. Bd 1.4–6. **5. 8. 9. 10.**
1 . . . . **102.**
2–6 . . . . **11.**
4–6 . . . . **7.**
6 . . . . **4.**
1.1074

Abbt, Thomas: [Teils.] Vermischte Werke. Th. 1-6. — Frankfurt & Leipzig 1783.
3. Neue u. mit Anm. von Moses Mendelssohn verm. Aufl.
12:Opp. 450. **300**:•3564; 3=9.257–A. **2. 3. 7. 9.**
1.1075

— 4. Aufl. Th. 1. Berlin & Stettin 1790.
1. Vom Verdienste 1790. 1:Ak 1355. **6. 7. 11.**
1.1076

Aebbtlin, Georg: Anführung zu der Registratur-Kunst, vorderist denen hoch-löblichen Herrschafften und Obrigkeiten zu underthänigem Bericht und Erinnerung ... verf. Ulm: Kühn 1669. 43 S. 1:Pg 9759.
2.165

— — Bey dieser 2. Aufl. rev. u. aussgebessert von J.E.R. Jur. Pr. & A.C.U. — Franckfurth & Leipzig: Wohler 1726. 50 S. **12**:Cam. 118/1. **9.**
2.166

— — Zu nutzlichem Unterricht ans Licht gestellet u. bei d 2. Aufl. rev. u. ausgebessert von J.E.R.Jur.Pr. & A.C.U. 3 Aufl. — Ebd. 1728. 50 S. 12:Cam. 119/1. 5. 6
2 167

Abbts, Th.: Schriften über; der Torso von e. Denkmal an seinem Grabe errichtet. (v. J.G.v.Herder). 1s Heft. 8°(Hartknoch in Lpzg.)768.

ABC, s.a. A b b e c e d a r i o

ABC, s.a. A b e c a d ł o

ABC, s.a. A b é c é

ABC, s.a. A b é c é d a i r e

ABC, s.a. A b e c e d a r i u m

ABC, s.a. A b e c e d n i k

ABC. 27 m. z. Tl. farb. Abb.) 4°

ABC. Zionistisches.Lexikon d. jüdisch-nationalen Bestrebgn.— Berl., Jüd. Verl.

— oder Elementarbuch für den ersten Unterricht im Lesen. gr. 8. Elberf. Schönian. 1 Rthlr.

— oder Namenbüchlein, reformirtes, sammt den 5 Hauptstücken christl. Lehre. 8. Neuwied, Lichtfers. 1 gr. (100 Expl. 2 Rthlr. 12 gr.)

— oder Fibel f. Kinder, ein Buchstab. u. Lesebuch. 2e Aufl. 8. Paderborn, Wesener. 2 gr., mit schw. Kupf. 8 gr., illum.

ABC. — Nützliche Lebens-Regeln, das guldene A B C genannt. (Linke Spalte:) A a A a / Auf Gott sez deine zuversicht ... [ca. 1730?] Dreispaltig bedrucktes Blatt in Plakatform, Text von typograph. Bordure umgeben, oben in Holzschnitt ein Engel mit dem Spruchband: „So wendet nun eben hieran allen Fleiß". 49 : 39.5 cm. 28.—
Die 24 Buchstaben d. Alphabets jeweils in Fraktur u. Antiqua mit je einem erbaulich-moral. Vierzeiler darunter. In großer Fraktur gedruckt. — Sehr breitrandiges schönes Blatt, wohl zum Aufhängen in Schulen u Kirchen gedacht.

Das A.B.C. oder eine in Frag und Antwort verfassete kurtze und gründliche Anweisung, das Buchstabiren und Lesen in kurtzer Zeit zu lernen ... Wie auch kurtzer historischer Unterricht der gantzen Heil. Schrift und Heils-Ordnung ... Nach Herrn Hübners beliebter Methode abgefasset und zu diesem Druck befördert. Zum Nutzen der anhalt-cöthn. Schul-Jugend — Cöthen 1736. Schöndorff. 98 S. 1:Ng 4579
1 1094

— ou instruct. des Chrétiens, franc. et allem. gr. 8. Dresd. Gröll. 774.

A B C, oder Unterricht der Christen. Leipzig 1774. V: *Hausius, Carl Gottlob.* (MGT)

ABC oder Namenbüchlein, z. Gebr. der servischen Jugend im Königreiche Hungarn u. den dazu gehörigen Theilen — Wien: v. Kurzbeck 1789. 91 S.
Nebent, russ. Bukvař rádi, serbskago junošestva v chungárskom králevstvé, i prisovokúplennych emu predélech
1:Zq 5000.
1 1095

A. B. C. ou premier livre élémentaire av. fig. 8. Bayreuth, Lübeck. 796.

— ou premier livre *élémentair*, av. fig. 8. Bayreuth 796. (Grau in Hof). 12 gr.

ABC.— Bregenz 1805. [Fibel mit römischer Religionslehre.] 1[defekt]. Xn 8642
1 1096

ABC. — [Deutsches Alphabet von ca. 1810 ohne Titel]. Seiten 6—220 und 20 entzückende handkolor. Kupfertafeln mit 191 Figuren. 8°. Alter Pappband. 35.—
Höchst reizvolles Alphabet. Jede Tafel illustriert durch mehrere entzückende Tier- und Pflanzenbilder und ein Verschen (z. B.: Der Vielfraß hat doch nimmer satt, so viel er auch im Leibe hat) einen, bzw. 2 Buchstaben. Vom Text fehlen die ersten 4 SS, ferner SS. 207/08, und die letzten Bll. Von Seite 108 an werden die einz Fig der Kupfer beschrieben. Unser Text reicht bis Fig. 179 (von 191). Einige unbed. Stockfl. Der Einbandrücken fehlt

— — 24 illum. Kupf. Prag, Enders. 817.

— oder erstes Lesebüchlein. 12. Straßb. 821. Levrault. 1½ gr. Dess. zweites, drittes u. viertes. 18. Ebd. 821. 4½ gr.

— das, erläutert durch Fabeln u. Erzählungen, mit 25 ill. Kpf. 8. Berl. 829. Hasselberg. 8 gr.

ABC. (Ein Alphabet von deutschen, kl. u. großen latein. Buchstaben). 8. Aachen 832. Cremer. 2 gr.

— (Ein Alphabet von großen u. kl. latein. Buchstaben). Mit 24 Abbildungen vierfüßiger Thiere oder Vögel. 8. Aachen 832. Cremer. 4 gr.

ABC. Erste Buchstabir- u. Lese-Uebungen u. Zahlenkenntniß. M. 76 in Kpfr. gestoch. u. ausgemalt. Gegenständen. 8. (½ B. Text.) Berlin 832, Hasselberg.

ABC. Bilder-Buch. 4. (25 ill. Stnt.) Magdeburg 832, Rubrahn & Comp.

ABC. Erste Buchstabir- u. Leseübungen u. Zahlenkenntniß. Mit 76 in Kupfer gestoch. u. ill. Gegenständen. 8. Berl. 835. Hasselberg. 1/6 Rthlr.

—— od. erstes Lesebuch f. Ungarn u. Deutsche. 8. Kaschau 836. Pesth, (Heckenast.) ¼ Thlr., Blnp. m. ill. Kpfrn.

ABC., nebst Syllabir- u. Lesebüchlein f. d. Kinder d. untersten Klasse in deutschen Stadt- u. Landschulen. Nebst e. Lese- u. Lehrbuch f. d. Kinder d. zweiten Klasse. 10., sehr verm. u. verb. Aufl. 8. (5½ B.) Lüneburg 839, Herold u. Wahlstab. *

ABC. — Der kleine Thiergarten, zur Unterhaltung für Kinder, mit colorirten Bildern. Reutlingen, Fleischhauer & Spohn, [ca. 1840]. Lithogr. Titel mit handkol. Vignette, 8 Tafeln mit je 3 Tierbildern, handkoloriert, 16 SS. Text. Kl.-8°. Etw. ben. illustr. Or.-Karton, Rücken erneuert. 20.—
Etw. ben. u. loses Ex. dieses reizenden Tier-ABC. — Ein Bl. repariert, auf den Tafeln die frz. Tiernamen mit Tinte eingetragen.

A. B. C., das, in 24 illuminirten Bildern von J. W. Meil und J. F. Unger. 3. verb. Aufl. 8. Berlin 841, Hasselberg. 1/8 Rthlr.

— Erste Buchstabir- und Lese-Uebungen und Zahlenkenntniß. Mit 76 in Kupfer gestoch. und ausgemalten Gegenständen. 8. Berlin 841, Hasselberg. 1/8 Rthlr.

— Festgeschenk für freundliche Kinder, die lesen lernen wollen, enthaltend 100 Buchstaben und Zahlen. St. Gallen 841, Tribelhorn. In einer Schachtel. ¾ Rthlr.

ABC oder Prüm cudesch da scola per las scolas dell' Engiadina bassa, tras uorden del cussagl d'educaziun. — Cuoira 1850: Hitz. 46 S. [ABC oder erstes Schulbuch f d Schulen Unterengadins.] 1:Xn 8761 5.
1 1097

A-B-C. Des Kindes erster Unterricht in Bild u. Wort. gr. 8. (24 color. Steintaf.) Leipzig 874. Reclam sen. geb. 1. —

A. B. C. Pädagogisches Unterhaltungsblatt. 1. Jahrg. 1878. 13 Nrn. (½ B.) 4. Elmshorn, Groth.
Nicht weiter erschienen.

ABC. Ein Bilderbuch für brave Kinder. Mit farbigen Abbildungen nach Zeichnungen von J. Kocher. 8. (17 S.) Stuttgart 885, Süddeutsches Verlags-Institut.

ABC.

— dasselbe. gr. 4. (7 farb. Taf.) Leipzig 889. Fr. Pfau. cart. n. — 50

ABC. 4. (12 S. m. farb. Bildern.) Leipzig-Reudnitz 889. Schmidt & Römer. cart. — 30

ABC. (Ausgestanzt.) qu. 4. (14 S. m. z. Tl. farb. Bildern.) München 892. Nürnberg, Th. Stroefer. n. — 75

ABC. qu. gr. 8. (6 farb. S. ohne Text auf Pappe.) Stuttgart (900). G. Weise. Kart. n. — 50

ABC. (27 S. m. z. Tl. farb. Abbildgn.) 4. Nürnberg (906). Th. Stroefer. Geb. n. 2. —

ABC. (16 S. m. z. Tl. farb. Abbildgn.) 32,5×26 cm. Nürnberg (910). Th. Stroefer. Geb. in Halbleinw. 1. 50

— für Anfänger im Singen. Neuburg a. D. 858. Prechter. 8. (16 S.) 2½ ngr

A B C u. Anschauungsunterricht in zweckmäßiger Verbindung. Vom Schullehrer des 19. Jahrhunderts. 2e Aufl. 8. Stuttg. 837. Brodhag'sche Buchh. $^1/_{12}$ ℛ

A B C u. Anschauungsunterricht in zweckmäß. Verbindung. Vom Schullehrer d. 19. Jahrh. 2. Aufl. 8. (2⅛ B.) Stuttgart 837, [Scheible, Rieger u. Sattler.]

A. B. C. für Schweizer Bergführer. Herausgeg. v. Pfarrer *Strasser* in Grindelwald. Kl. 8°. 10 S. Grindelwald, Verlag von Jakober-Peter. — 20
1900

A. B. C. der Bergwerkswissenschaft, Das, oder kurze und deutliche Anfangsgründe der Erkenntniſs des Bergwerks in Frage und Antwort. Freyberg 1747. 8.

Das ABC der Bergwercks-Wissenschaften oder kurze und deutliche Anfangs-Gründe der Erkenntniss des Bergwercks in Frage und Antwort abgefasset zum Unterricht für die Jugend. — Freyberg: Reinhold 1747. 48 S.
12: Metall. 1. 7. 83.
1.1101

ABC, Berliner. Alphabetisches Eisenbahn-Kursbuch, nach amtl. Quellen bearb. im Kursbureau von Brasch und Rothenstein, Berlin W., Friedrichstr. 78. Mit 1 neuen (lithogr.) Karte des Eisenbahnnetzes von Mittel-Europa. 1881—1884. à Jahrg. 2 Hefte. 8. (à Heft ca. 200 S. und Fahrplanbuch ca. 85 S.) Berlin, Steinitz und Fischer.
Jahrg. 1881 und 1882 à Heft
Jahrg. 1883 und 1884 à Heft

—— Berliner. Alphabetisches Eisenbahn-Kursbuch, nach amtl. Quellen bearb. Mit 1 neuen (lithogr.) Karte des Eisenbahnnetzes von Mitteleuropa. 1885—1888. à Jahrg. 2 Hefte. 8. (à Heft 200—224 S.) Berlin, S. Fischer Verlag.
Erscheint jährlich 2 mal, am 1. Juni und 1. October.

— Berliner. Alphabetisches Eisenbahn-Kursbuch, nach amtl. Quellen bearb. Mit 1 neuen (lithogr.) Karte des Eisenbahnnetzes von Mitteleuropa. 1889. 2 Hefte. 8. (à Heft 200—224 S.) Berlin, S. Fischer Verlag. à Heft n. — 50

— Berlinisches, neuestes, mit Kpf. 9. Berl. 803. Felisch. 12 gr

— das bewegliche deutsche und lateinische. Eine Sammlg. v. grossen und kleinen Buchstaben f. den ersten Leseunterricht sowie zu Kinderspielen. 3. Aufl. 8. (zerschnittene Buchstaben auf Carton m. Gebrauchsanweisg. 2 S.) Leipzig 875. C. G. Naumann. In Carton. 1. 50

ABC, biblisches. qu. gr. 4. (14 S. m. z. Tl. farb. Bildern.) Konstanz u. Emmishofen (894). C. Hirsch. — 75

— das, f. Bienenzüchter. Illustrierte Monatsschrift f. rationelle u. moderne Bienenzucht, m. Anh. f. Obst- u. Gartenbau. Org. nordwestdtsch. Bienenzüchter u. Bienenzüchtervereine, spez. Westfal. u. Lippe. Hrsg. u. Red.: Aug. Fricke. 1.—3. Jahrg. 1908—1910 à 12 Nrn. (à ca. 16 S.) gr. 8. Brake i/L. Aug. Fricke (Nur dir.) à Jhrg. 1. —

ABC, das, in Bildern. Unzerreißbares Bilderbuch f. artige Kinder. Hamburg, 863. Gebr. Spiro. qu. 4. (24 lith. u. col. Taf. auf Leinwand.) 1 ℛ

— das, in Bildern. hoch 4. (12 farb. Taf.) Wesel 896. W. Düms. — 75; auf Pappe, als Aufstellbilderbuch 1. 50; auf Pappe (2 S. Text) geb. 2. —; auf Leinw., geb. 2. —

— das, in Bildern. (Billigere Ausg.) (12 farb. S. auf Pappe m. 2 S. Text auf dem Einbande.) Lex.-8. Wesel (904). W. Düms. Geb. n. 1. 50

Das ABC in Bildern. W[esel]: W. D[üms 1905]. (12 Taf.) 4° [Umschlagt. F.]
[06. 5134

ABC, das, in Bildern und Bibelsprüchen. — The A. B. C. in pictures and bible texts. 8. (23 S. mit eingedr. ill. Holzschn.) New-York 861(62). (Philadelphia, Schäfer und Koradi.) *

— mit biblischen Bildern für Kinder. Halle, 861. Fricke. 32. (16 S. m. Holzschn.) 25 Stück 15 ngr

— mit Bildern, zur Erleichterung d. Elementarunterr. 1 Taf. in qu. Fol. Magdeb. 822. Creutz. 4 gr

— das, in Bildern, für artige Kinder. 8. (8 lith. u. col. Taf. m. Text.) Stuttgart 851, Schulz. 4 ngr

— das, in neuen Bildern. (12 Bl. m. farb. Bildern.) gr. 8. Eßlingen (908). J. F. Schreiber. Geb. 1. —

ABC in Bildern u. Sprüchen. Schmal 4. (10 ill. Bl., 1 Bl. mit d. ABC u. eleg. Ttl. mit 1 Vign.) Esslingen a/N. 845, [Schreiber u. Schill].

— in Bildern und Versen. Mit 46 Abbild. 8. Leipzig 844, Hirschfeld. ⅙ ℛ

— in Bildern u. Versen. Mit 46 eingedruckt. illum. Abbild. 2. verm. Aufl. 8. (27 Blätter.) Leipzig 847, Hirschfeld. n. ⅓ ℛ

— mit Bildern u. Versen. 4. (24 Chromolith. m. Text.) Wesel 881. Düms. geb. n. 1. 25

— m. Bildern aus allen Weltteilen. (Ausgestanzt.) schmal Fol. (14 z. Tl. farb. S. m. eingedr. Text.) Ebd. 894. n. — 75

—— und Bildertafeln. qu. 4. (8 Chromolithogr. auf Carton mit Alphabeten auf der Rückseite.) Wesel 879, Düms. In Mappe.

A B C der Blumensprache, mit 6 illum. Kpfrn. 8. Leipzig, Ind. Comt. 814. Rthlr.

— der Blumensprache, mit 6 illum. Kpf. qu. 8. Leipz. 814. Magaz. f. Ind. 12 gr

— für Buchstabirende und Lesende, für Normalschulen. 8. Leipz. Köhler. 4 gr

ABC, das bunte. Ein lehrreiches Bilderbuch f. artige Kinder. Neu-Ruppin 866. Oehmigke. 4. (8 S. u. 15 lith. Taff. in Farbendr.) 12 ngr

— buntes. Von Tante Ernestine (Gräfin Thekla Baudissin.) Mit Illustr. (Holzschn. im Text) von Fr. Pocci. Wien, 861. Pichler. (Leipzig, Liebeskind.) 4. (2 Bl., 30 S.) 20 ngr

— buntes. Reutlingen 870. Enßlin & Laiblin. 4. (12 lith. u. color. Taff.) 9 ngr

— buntes. Unzerreißbares Bilderbuch f. das erste Kindes-Alter. 4. (12 color. Steintaf. auf Pappe m. eingedr. Texte.) Nürnberg 877. Neugebauer. cart. 1. 50

— buntes. 12. (8 S. m. Illustr. u. 4 Chromolith.) Stuttgart 888. G. Weise. — 10

— buntes. E. lehrreiches Bilderbuch. M. 12 Farbdr.-Taf. u. Zeichngn. v. Chr. Votteler. gr. 4. (24 S.) Stuttgart 897. F. Loewe. 3. —; die 12 Bilder auf Pappe, geb. 3. —; Leporello-Ausg., m. 8 S. Text, 3. 60

— buntes. E. Festgabe f. brave Kinder, m. mehr als 150 farb. u. schwarzen Abb., nebst unterhalt. u. belehr. Text. hoch 4. (32 S.) Eßlingen 898. J. F. Schreiber. geb. n. 2. 50

— buntes. (12 Bl. m. farb. Abbildgn. u. eingedr. Text.) Lex.-8. Stuttgart (904). Loewe. Kart. n. 1. 80

— der ersten Denkkraft kleiner Kinder gewidm. ꝛc. 8. Hamburg, Kratsch.

—— das deutsche. Eine Anleitung zum Schreiben- und Lesenlernen. Mit zahlreichen Abbildungen auf (24 lithogr. und color.) Bildern (in Tondr.) nach Zeichnungen von Rud. Geißler. 1. Aufl. 1869, und 2. Aufl. Imp.-4. (48 S.) Stuttgart 872, Thienemann. cart.

— deutsches, bildlich dargestellt. Belohnung für fleißige Kinder. qu.-Fol. 22 Bl. Steindr. Berl. Gropius. 1 ₰ schwarz 1 ₰ 16 gl ill. 2 ₰ 16 ₰

— deutsches, od. 30 Uebungen d. Lesens rc. (v. „ Günther). 1r Thl. gr. 8. 790. 2 gl. 2r Thl oder 112 Uebungen des Lesens. gr. 8. 790. 3 gl Jena, Frommann. 6 gl.

A B C, Teutsches, oder 30 Übungen des allerersten Lesens, Zählens, Schreibens. . . . 1. Theil: Züllichau u. Freyst. 1790. V: *Günther, Carl Ehrenfried.* (KY) (MGT)

A B C, Teutsches. 2ter Theil, oder 112 Übungen des ersten Lesens, Denkens, Verstehens und Behaltens. . . . Züllichau und Freystadt 1790. V: *Günther, Carl Ehrenfried.* (OL) (MGT)

— deutsches. gr. 8. (16 S. m. Chromolith.) Leipzig 874. Bauer. — 75

A-B-C deutsches. 8° (16 m. Chromol.).– Lpzg. 1874, Reclam sen.

— deutsches, f. Anfänger in deutschen Schulen. gr. 8. Lemgo 797. Meyer. 2 gl

Deutsch- und boehmisches ABC und Namen-Büchlein. Zum Gebrauche angehender Schulkinder in den Landschulen Oberschlesiens. Neue verb. Aufl. — Ratibor: Langer o.J. 71 S. 1:Zp 2040. 2.
1.1104

Teutsches [Deutsches] ABC und Buchstabier-Büchlein. Nebst einigen nöhtigen Anmerckungen und Reguln. — Clausthal: Wilcken 1727. 40 S. 1:an Ng 4579.
1 1105

—— einfachstes, für Lese- und Schreibschrift. gr. 8. (16 S. mit 34 Bildern in eingedr. Holzschn.) Stuttgart 872, Chelius. geb.

Neu eingerichtetes ABC. Buchstabir- und Lesebüchlein s. *Abc-Buechlein*, Neu eingerichtetes, Buchstabir- und Lesebüchlein.

— das, erläutert durch Fabeln u. Erzählungen. Mit 25 illum. Kupfern. 2. verb. Aufl. gr. 12. Berlin 841, Hasselberg. geb. ¼ ₰ — 3. verb. Aufl. kl. 8. Berlin 846, Hasselberg. geb. ¼ ₰

ABC, français, ou lectures primitives etc., avec fig. gr. 8. Bern, Typogr. Societ. 8 gl

— français, oder französ. Buchstabir- u. Lesebuch, mit Kpf. 8. Nürnb. Schneider u. W. 12 gl ill. 16 gl

A B C. Funkelnagelneus Zürcherisches A B C. Uskunftsblättli für unverbesserlichi Wundernase. [Illustriertes Sechseläutenblatt 1902.] [4 S.] fol. (Zürich, Jean Frey.) fr. —. 40

A. B. C. der Gelehrsamkeit. Delitsch 1703. V: *Loescher, Valentin Ernst.* (Myl)

— des bürgerlichen Gesetzbuches für den deutschen Bauer. Eine alphabet. Zusammenstellg. des f. d. Landwirt bes. Wichtigen a. d. bürgerl. Gesetzbuch m. Erläutergn. v. e. prakt. Juristen. 12. (III, 63 S.) Stuttgart 900. E. Ulmer. n. — 50

A. B. C., the golden. Designed by Gust. König. Engraved by Jul. Thäter. Gotha (856). J. Perthes. qu. 4. (26 Kupfertaf.) geb. n. 2 ₰

— ein golden, vom heiligen Ehestand in Dr. Luthers Worten. Illustrirt von Theodor Rocholl. 8. (40 S.) Cottbus 879. Gotthold-Exped. — 60; Prachtausg. geb. m. Goldschn. 1. 50

—— ein golden, vom heiligen Ehestand in Dr. Luthers Worten. Illustrirt von Thdr. Rocholl. 8. (40 S.) Cottbus 881, Gotthold-Expedition.
Prachtausg. geb. mit Goldschn.

— e. golden, vom hl. Ehestand, in Dr. Luthers Worten. Allen gottsel. Braut- u. Eheleuten u. die es werden wollen, gewidmet. (36 S.) 12. St. Louis, Mo. 902. (Zwickau, Schriften-Verein.) n. — 40

— das goldene, dargestellt in Bildern aus d. Natur- u. Menschenleben. Nebst erklär. Texte und beigefügten Räthseln u. Charaden. Zur Beförderg. eines gewandteren Lesens sowie zur belehr. Unterhaltg. f. die liebe Jugend. Anh.: 5 (lith.) kalligraph. Musterblätter in deutscher u. engl. Schrift. hoch 4. (64 S. m. lithochrom. Titel u. 20 lith. Taf. von J. B. Sonderland.) Düsseldorf 849, Schulgen. n. 1⅔ ₰; col. n. 2⅔ ₰

A-B-C, Das goldene, für Herren und Damen in und ausser der Ehe. Mit 1 allegor. TKpf. Berlin, bei G. Hayn, 1809. 8°.
Hübsches TKpf., Tit., 1 Bl. u. 399 S. Lat.-Lettern. — Enth. u. a. ziemlich freie Erört. über Coquetterie, eheliche Pflichten, Eifersucht, Entblößung der Brüste, den Hausfreund (S. 133—140, mit Warnung vor Hahnreischaft), frühe geheime Liebschaften der Mädchen, Mutterpflichten, Putz, Umgang der Männer mit Weibern u. s. w.

— Dasselbe. (Nachdruck?) Wien 1809; bei Ignatz Feldner. 12°. Titel, 2 Bll. Inh. (alphabetisch), 327 S.

Das goldene A-B-C für Jedermann. — Neumarkt: Kolbe o.J. 8 S. 2.
1 1108

— das goldene, f. Jünglinge u. Jungfrauen. Herausgeg. v. e. Jugendfreunde. 12. Augsb. 834. (Landsh., Krüll.) 1 gl 4e Aufl. 12. Ebd. 837. L. Doll. (Ant. Herzog.) 1 gl

—— das goldene, f. Jünglinge u. Jungfrauen. Hrsg. v. ein. Jugendfreunde. 12. (½ B.) Augsburg 834. (Landshut, Manz.)

— das goldene, der Landwirthschaft. 8. (192 S.) Osnabrück 884. (Wehberg.) cart. n.n. 1. 50

— dasselbe. 2. Aufl. 8. (192 S.) Ebend. 886. n. 1. —

— das goldene, der Landwirthschaft od. Rathschläge f. e. zweckmäß. Fütterg. u. Düngg. m. besond. Berücksicht. v. erläut. Tabellen. 3. Aufl. 8. (192 S.) Osnabrück 887. Wehberg. n. 1. —

— goldenes. 100 (lith.) Bilder mit Betrachtungen zur Belehrung u. Erbauung für d. fromme Christenvolk. Vom Verf. von „Nazareth u. Bethlehem," „Gethsemane u. Golgatha." Einsiedeln, (864.) Benziger. 16. 13 ngr

ABC-Buch, goldenes. 8°(24 L.) Essl. 1865, Schreiber.

[Umschlagt.:] [F.] Goldenes ABC für die heranwachsende Jugend. *Munster i. W.: Alphonsus-Buchh. 1897.* (8 Bl.) 1 Bd 8. [58. 453

— goldenes, f. d. heranwachsende Jugend. 16. (16 S. m. Abb.) Münster 898. Alphonsus-Buchh. 100 Stück 6. —

— goldenes, f. die heranwachsende Jugend. 3. Aufl. 16. (16 S. m. Abbildgn.) Münster (900). Alphonsus-Buchh. 100 Stück n. 6. —

— goldenes, für ein Mädchen. 18. Luzern, Anich. (Schmidt in Leipzig). 1 gl

— das goldne, mit Kpf. 8. Halle 803. Dreyssig. 12 gl

A. B. C., das goldne, für Herren u. Damen in u. außer d. Ehe, m. Kpf. 8. Berlin, Hayn. 809. Rthlr.

— das goldne, für Herren u. Damen in u. außer d. Ehe, m. Kpf. N. Aufl. 8. Berl. 813. Hayn. 1 ₰ 8 gl in Futt. 1 ₰ 12 gl

— grand, ou nouvelle méthode pour instruire facilement la jeunesse à bien lire et à bien ortographier, par J. J. V. 8. Cassel 795. (Luckhardt). 3 gl

— grand, nouv. Méthode p. instruire facilem. la Jeunesse à bien lire etc. 8. Cassel, Griesbach. 809.

A B C, das große — oder Buchstabir- und Lesebüchlein zum Gebrauche der Nationalschulen im Königreiche Ungarn. Verlag des (sic) k. k. ungar. Univers.-Buchdruckerei. (Nagyobb ABC. . . . .) 8. (112 S.) Magyarisch und deutsch. Budán, a cs. kir. magyar egyetemi nyomdából. 1854.

— das große Nürnberger, in 24 Kpf. 8. Nürnb. 803. Schneider u. W. 12 gr. ill. 16 gr.

— d. große Nürnb., naturhistor. Gegenstände enth., m. ill. K. 8. Ebend.

—— großes. Ein Bilderbuch für die liebe Jugend. Mit 24 fein color. Bildern, einer Leseübung und vielen kindl. Reimen. 2. verm. Aufl. gr. 4. (8 Chromolithogr. mit 13 S. Text.) Eßlingen 886, Schreiber.

ABC, das gülden, von Nutz und Kraft des Wortes Gottes. 16. München 879. Augsburg, Haugg. *

— das gülden, von Nutz u. Kraft d. Wortes Gottes. Psalm 118 [Hebr. 119]. Dem Sinne nach aus der Vulgata übersetzt. 16. (44 S. m. Holzschn.-Einfassg.) München. Augsburg 879. Literarisches Institut von Dr. Huttler. n. 1. —

Das güldene ABC für Jedermann, der gern mit Ehren wollt bestahn. — Basel: Mechel o.J. 1 Bl. 2°
1:21 in Yd 7855.
1.1114

ABC, Das güldene, auf die Göttinger Wirthe im Jahre 1873. Seinen alten Freunden gewidmet. Göttingen 1903. V: ***Brackebusch, Ludwig.*** (Berl 1914, S. 850)

— güldenes. Gezeichnet von Gust. König. Gest. v. Jul. Thäter. Gotha (854). J. Perthes. qu. 4. (26 Kupfertaf.) geb. n. 1 Thlr. 15 ngr; chines. Pap. n. 2 Thlr. 15 ngr

—— güldnes, für große und kleine Kinder die den Herrn Jesum lieb haben. Gezeichnet von C. Merkel. gr. 8. (32 S. mit eingedr. Holzschn.) Leipzig 855, C. H. Reclam sen.

A. B. C., Hammonias Güldenes, von Felix Rose. Hamburg 1831. V: *Christern, Johann Wilhelm.* (schr) (A)

— hermetisches, vom Stein der Weisen, 4 Thle. 8. Berlin, Maurer. 782. (à 16 gr.)

A.B.C., Hermetisches, deren ächten Weisen alter und neuer Zeiten vom Stein der Weisen. Ausgeg. von einem wahren Gott- und Menschenfreunde. T. 1-4. Berlin: Ringmacher in Komm. 1778 - 1779. 8°

Das ABC von dem sogenannten bayerischen Hiesel, der den 14. Januar 1771 nebst 10 Wildschützen in Osterzell bei Buchloe gefangen worden. Von einem, der schon mehr dergl. närrische Sachen gemacht hat. — o.O. 1771. 4 Bl.
1:Ym 407.
1 1116

A. B. C., historisch., e. 40jährig. Fibelschützen, v. Ernst Wagner, Anhang zur Reise aus d. Fremde in d. Heimath. 8. Tübing. Cotta. 810.

— instructif, pour apprendre aux enfans les élém. de la langue française. Avec une préface par Mr. Campe. 8. Braunschw. ...5e Aufl. 808. Schulbuchh. 3 gr.

— — in einem Kästchen, eine Anleitung, Kinder spielend, Buchstaben kennen, buchstabiren und lesen zu lehren. Prag, Enders. 817.

ABC. Das, d. Kaufmanns. Ein Blatt f. d. Geschäftspraxis. Mit 3 Gratis-Beibl. Schriftleiter: Heinr. Ernst Schwarzt. Verantwortl.: R.Scholz. J. 1911 u. 1912 je 12 Nrn. (1912:364 m. Abb.) gr 8°.– Wien: Verl. d. „Neuen Bibliothek", viertelj.

— f. große Kinder, oder satyr. Aufsätze. 3 Thle. 8. Hamb. 798. (Herold jun.) 1 Thlr.

— für große Kinder oder satyr. Aufsätze. 3 Theile. 8. Hamburg, Vollmer. 798.

ABC für große Kinder. O. O. u. J. (ca. 1902).
Verb. d. Ldg. I, Berlin, 5. A. M. 17/02.

— f. Kinder, ohne Unterschied d. Religion. 8. Halle 797. Dreyssig. 8 gr.

A-B-C f. wackere Kinder. 4°(28 Chromol.).– Essl. 1872, Schreiber.

— das, f. wackere Kinder m. Bildern. gr. 8. (13 lith. u. color. Bl.) Stuttgart 850, Schreiber & Schill. 18 ngr

—— für wackere Kinder mit Bildern. 4. (28 Chromolithogr.) Eßlingen 872, Schreiber.

— das kleine, od. des Kindes erste Unterweisung im Lesen. Für den häusl. Kreis so wie f. Kleinkinderschulen hrsg. v. e. prakt. Schulmanne. Mit 25 color. Holzschn. u. erklär. Texte. 8. (16 S. u. 25 Bl.) Düsseldorf 850, Schulgen. n. 1/4 Thlr.

— das kleine, der christkatholischen Lehre. 3. Aufl. 16. St. Gallen 841, Scheitlin u. Zollikofer. 2 ngr

Das kleine ABC der Photographie. E. Leitf. f. Anfänger. Hrsg. v. E. Olbrich. M. 30 Abb. u. e. Sachreg. *Düsseldorf: A. Andrischok 1896.* (VI S., 1 Bl., 113 S.) 1 Bd 8. (96. 8755

— kleines, f. art. Kinder. Leporello-Album. qu. gr. 8. (6 Farbdr. auf Pappe.) Stuttgart 897. G. Weise. 1. —

— kleines, für kleine Leute, um bald lesen zu lernen, neue Auflage. m. K. 8. Nürnb. Campe.

— kleines, f. Weinhändler. Mit besond. Berücksicht. der im Weinhandel vorkomm. wichtigsten französ. Bezeichngn. 12. (44 S. m. 2 Tab.) Stettin 899. P. Niekammer. n. — 50
Sonderabdruck aus „Schreibmappe f. Weingrosshandlgn."

— kleines, f. Weinhändler. Mit besond. Berücksicht. der im Weinhandel vorkomm. wichtigsten französ. Bezeichngn. (II, 44 S. m. 2 Tab. u. 2 S. in gr. 4.) kl. 8. Stettin 905. P. Niekammer. n. — 50

— kleinstes, ein Geschenk f. artige Kinder, mit 24 Kpf. in 6 verschied. Gattungen, als: Militärisches, Moralisches, Naturhistorisches, Vögel enthalt., Naturhistorisches, vierfüß. Thiere enth., Technologisches, Nationen enth. 8. Nürnb. Campe. à 4 gr.

A B C, das, des Concordates für Solche, die klar sehen wollen. gr. 8. (16 S.) Wien, Heubner. 1861 20 kr.

— für das tägliche Leben. Carlsruhe 870. Creuzbauer. 16. (24 lithogr. Bll. in Farbendr.) n. 1 Thlr. 26 ngr.

— lebendiges. Den Kleinen zur Lust u. Lehr', besond. im häusl. Kreise. Von e. prakt. Schulmanne. Mit 24 color. Bildern (auf 8 lith. Taf. v. J. B. Sonderland.) 8. (24 S.) Ebd. 848. n. 1/3 Thlr.

ABC und Lesebuch für die unterste Classe deutscher Schulen. — Halle: Buchh. d. Waisenhauses 1792. 72 S.
1:2 in Nc 3015.
1.1121

ABC und erstes Lesebüchlein für Elementarklassen. 4. Aufl. — Hanau 1854. 4.
1.1122

ABC u. Lese- u. Denk-Uebungen bei dem ersten Unterricht der Kinder. Nach den besten Mustern v. Pestalozzi, Stephani u.A. bearb. 1. Buch. 4. verb. Ster.-Aufl. 8. (47 S. m. Holzschn.) New-York 851. (Philadelphia, Schäfer u. Koradi.) n. 8 ngr

— ein liebliches, in Versen. 16. Leipzig, Kummer (in Commission).

— das lustige. Lex.-8. (6 Chromolith. m. eingedr. Text.) Leipzig 885. (Kracht.) n. — 50

— das lustige. qu. 4. (12 S. m. farb. Bildern.) Leipzig-Reudnitz 889. Schmidt & Römer. cart. n. — 50

— das lustige. qu. gr. 4. (14 S. m. z. Tl. farb. Abbildgn.) Weimar 894. A. Karrer. — 60

— das lustige. gr. 4. (16 S. m. z. Tl. farb. Abbildgn.) Konstanz (901). C. Hirsch. Kart. — 50

— das lustige. (Farbige) Zeichngn. v. Walt. Caspari. (14 Bl. auf Leinw.) 18,5×22 cm. München (907). H. v. Weber. (Urspr.-Pr. 2. 40)

— das lustige, in Reim u. Bild. 8. (8 Chromolith. m. Text.) Wesel 885. Düms. — 10

Das lustige A-B-C in Reim und Bild. — (Wesel: Düms [1908].) 5 Bl. 1:N 09.581.
1 1123

— malerisches, ein Geschenk f. folgsame Kinder. 8. (24 sauber lith. Bl. auf starkem Velinp.) Zürich 842, Schultheß. 1 Thlr

— des Kölnischen Maskenfestes, in 25 ill. Bildern. 16. Cöln 835. 2e Aufl. 836. Renard u. Dübyen. 1/2 Thlr

— mein. 4. (20 S. m. z. Tl. farb. Abbildgn.) Eßlingen (900). J. F. Schreiber. Kart. n. 1. —

— militärisches, für d. früheste Alter. Mit 25 ill. Kpf. 12. Prag. Bohmanns Erb. 15 kr

— sammt einigen einzelnen Namen u. größern Leseübungen von verschiedenen Schriften für Buchstabirende u. Lesende rc. rc. rc., zum Gebr. der Normal- u. Trivial-Schulen auf dem Lande. 8. Kempt. Dannheimer. 4 kr

— d. Naturbeschreibung, als erster Cursus derselben in Stadt- u. Landschulen. Nebst e. Abhandl. über allen ersten naturbeschreibenden Unterricht, vorzügl. in Volksschulen. Von d. Verf. des ABC d. Erdbeschreibung. 8. Löwenberg 833. Eschrich u. Comp. (Meiß., Goedsche.) 3/8 Thlr

— d. Naturgeschichte z. Anregung d. Wißbegierde u. s. w. Mit 24 color. Abbildd. (v. S. W. Schüßler). 8. Wien 834. Bermann u. Sohn. 5/6 Thlr

Naturhistorisches ABC und Lesebuch für gute Kinder. Neueste Aufl. Mit 24 Kupf. u. e. Vorschrift. — Nürnberg: Campe [nach 1828]. 8 S. 1:Ng 7736.
1 1131

— das neue, m. Bildern u. Reimen. 4. (8 Chromolith.) Wesel 887. Düms. n. — 50.

— neues, nach den besten dieser Art eingerichtetes Lesebüchlein, zum Gebr. der drei Religionen. 8. Offenb. a. M. Brede. 1 kr

— neues, m. 24 Kpf. 8. Nürnb. 799. Schneider u. W. 6 kr ill. 8 kr

— neues, Bilderbuch mit 54 Kupf., nebst Beschreibung. Duisburg u. Essen, Bädecker u. Kürzel. 810.

— neues, 35e Aufl. 8. Berl. 820. Hasselberg. 8 kr

—— neues, m. 12 Abbild. (in Oelfarben), nebst 1 Vorschrift zum Schönschreiben. (2 neue Sorten.) 8. (à 1/2 B.) Erfurt 841, Hennings u. Hopf. ä

— neues, od. Buchstabir- u. Lesespiel. Praktische Anleitung das Kind spielend lesen zu lehren. Erfurt (858). Bartholomäus. gr. 8. (2 S. Text u. 79 Kärtchen in 16.) n. 12 ngr

A-B-C Neues, e. Bilderb. f. d. Jugend. 8°(16 m. color. H.) Reutl. 1874, Ensslin & L.

— neues, e. Bilderbuch f. die Jugend. 8. (16 S. m. color. Holzschn.) Reutlingen 874. Stuttgart, Neugebauer & Votteler. — 40

— neues, in Bildern, mit 190 Fig. 8. Meiß. 803. Ux. 5 kr

—— neues, in 70 Bildern. Naturhistor. Bilderbuch f. d. zarte Jugend. Hrsg. v. Fr. Ed. Sandtner. 12. (1 1/2 B.) Prag 811, (v. Mayreggsche Buchh.)
1

— neues deutsches, oder erster Unterricht im Lesen und Schreiben. Mit 12 color. Kpfrn. 12. Chur 845, Grubenmann. geb. 1/3 Thlr

— neues französisches, welches eben so eingerichtet ist wie das deutsche. 8. Offenb. a. M. Brede. 1 kr

— neues illustrirtes. 16. (26 Chromolith.) Leipzig 872. Opetz. — 75

— neues, für die Jugend edler Erziehung, mit 108 Kpf. gr. 8. Potsd. 806. Horvath. 1 Thlr 12 kr ill. 2 Thlr 16 kr

— neues, f. art. Kinder. Leporello-Album. qu. gr. 4. (6 Farbdr. auf Pappe.) Ebd. 897. 1. 25

ABC. — Neues Abc und Lesebuch für die Schweizerjugend von 5 bis 8 Jahren. Den Stadt- und Dorfschulen zu einem bessern Leitfaden gewiedmet. Bern, gedruckt mit Hallerschen Schriften. 1797. 136 S. 8°. Einfacher Pappbd. d. Z., Rücken erneuert. 6 Alphabete u. viele Leseübungen. 20.—

— neues militärisches, m. K. 8. Nürnb. Pech. 796. mit illum. Kupf.

— neues u. schönstes, in Wort u. Bild. 4. (8 S. mit 5 Chromolith.) Reutlingen 881. Enßlin & Laiblin. cart. 1. 35

neues und schönstes, in Wort und Bild. 4. (8 S. mit 5 Chromolithogr.) Reutlingen 882, Enßlin und Laiblin's Verlagsh. cart.

— neuestes, mit 23 kl. Bilderkärtchen. Halle, Dreysig. 8 kr

—— neuestes. Mit vielen Bildern. (2. Aufl.) gr. 8. (32 S. mit 16 color. Stnt.) Leipzig 877, Berndt's Verlag. cart.

— neuestes. Ein Leinwand-Bilderbuch. gr. 4. (8 farb. u. 8 schwarze Taf. m. eingedr. u. 2 S. Text.) Eßlingen 889. Schreiber. cart. n. 2. —

— neuestes. gr. 4. (8 farb. Taf. m. eingedr. u. 4 S. Text.) Eßlingen 894. J. F. Schreiber. Kart. n. — 50

— neuestes deutsches. Bilder u. Lesebuch m. 16 color. Bildern. 6. Aufl. 8. (16 S.) Budapest 871. Lauffer. n. — 70

—— neuestes deutsches. Bilder und Lesebuch mit 16 color. Bildern. 6. Aufl. 8. (16 S.) Pest 872, Lauffer's Verlag. *

—— neuestes ungarisch-deutsches. Bilder- und Lesebuch. 5. Aufl. 8. (32 S. ungar. und deutscher Text mit 16 lithogr. und ill. Bildern.) Pest 858, Lauffer und Stolp.

Abc. — Das ABC cum notis variorum. Hrsg. von einem, dessen Nahmen im A.B.C. stehet. — Leipzig & Dressden Miethe & Zimmermann
Th. 1 2. Ebd. 1703.
1:V 7742/25. 12:Graph. 2. 300:160.634-A. 3. 7. 9. 10. 11.
1 1133

Nouveau ABC ou instruction des chrétiens, avec la manière d'interroger les enfans. De nouveau rev et corr. — Marbourg Elwert 1841. 16 S. 4.
1 1134

A B C, Nouvelle, ou Méthode nouvelle pour apprendre à bien lire suivant toutes les regles de la saine prononciation. Erlang. 1763. V: *Meynier, Johann Jacob.* (ML)

— **nouvel,** suivi d'un traité sur l'ortographie etc. 8. Mannh. 801. Kaufmann. 8 gr

— **nouvel** pour les enfans accompagn. de lectur. facil. et agréables etc., avec Grav. Vien. Camesina.
ar. Grav. enl.

— **nouvel,** pour les enfans, accompagné de lectures faciles et agréables, accommodées à leur age. Vienne (Heubner). 6 gr enlum. 12 gr

— nouvel *français,* avec fig. enlum. 8. Dresd. 809. Beger. (Weygand in Leipz.) 4 gr.

—— **polskie** w obrazach przestawione dla dzieci. qu. 16. (20 Stnt.) Berlin 847, Adolf und Comp. *
ill. *

— **legujabb képes Magyar-Német es olvasókönyv.** 16 szinzett kopel. A. u. d. T.: Neuestes ungarisch-deutsches A.B.C-Bilder- und Lesebuch, mit 16 color. Bildern. 8. Pesth 846, Geibel. n. 1/3 Thlr

— legujabb képes magyar-német, es olvasókönyv 16 szinzett keppel. — Neuestes ungarisch-deutsches A. B. C. Bilder- u. Lesebuch m. 16 (lith. u.) col. Bildern. 5. Aufl. Pest (858) Lauffer u. Stolp. 8. (32 S.) n. 10 ngr

— **orientalisches.** Komisches Gedicht m. 24 (eingedr. Holzschn.-)Illustr. 16. (26 S.) Berlin 876. Levit. — 30

— **das originelle, allerliebst komisch figürlich dargestellt mit Bildern u. Scenen, aus d. Vergangenheit u. Gegenwart.** Durch sinnige poet. Erläuterungen ausgestattet. Ein Bilderbuch z. angenehmen Unterhaltung f. gute Kinder. Mit 72 fein ill. Abbildd. qu. 1/2 Fol. Nürnb. 835. Renner u. Comp. 2 1/3 Thlr Schwarz 1 Thlr

Politisches A. B. C. für alle nicht gelehrten Staatsbürger die sich über das, was zu wissen und zu thun erforderlich ist, unterrichten wollen. Von einem Volks- und Vaterlandsfreunde F A K — Breslau, A Gosohorsky (L F. Maske) 1848. 13 S S.

— **politisches,** für's Volk. Ein unentbehrl. Führer im constitutionellen Staat. A. u. d. T.: Populäres Staats-Lexicon. Hrsg. im Vereine mit tüchtigen Fachmännern v. Jos. Seegen u. Max Schlesinger. 1—19. Lfg. oder 1. u. 2. Bd. à 8 Lfgn. u. 3. Bd. 1—3. Lfg. br. 8. (596 S.) Wien 848, Lechner. (à Lfg. n. 1 ngr) n. 19 ngr

— der **homöopathischen** Praxis, s. Haus-Bibliothek, homöopathische.

— der **homöopathischen** Praxis. 2. Aufl. 11. verb. Ausg. gr. 16. (30 S.) Leipzig 874. Schwabe. — 30

— der **homöopathischen** Praxis. 3. Aufl. 12. Ausg. 8. (35 S.) Leipzig 880. Dr. W. Schwabe. n.n. — 30

— der **landärztlichen** Praxis. Versuch e. Leitfadens der Taktik u. Praktik f. Land- u. Kleinstadtärzte. Aus eig. u. langjähr. Erfahr. mehr. Kollegen hrsg. von ***. gr. 8. (176 S.) Leipzig 898. Verlag des Reichs-Medicinal-Anzeigers B. Konegen. n. 3. 20; geb. in Leinw. n. 3. 80

— der **landärztlichen** Praxis. Versuch e. Leitfadens der Taktik u. Praktik f. Land- u. Kleinstadtärzte. Aus eigener u. langjähr. Erfahrg. mehr. Kollegen herausgeschrieben v. ***. In 2. Aufl. besorgt v. Meyer. (205 S.) 8. Leipzig 910. B. Konegen. 4.—; geb. in Leinw. 5. —

Das preussische ABC oder Lob-Gedicht auf den preussischen Minister [Erich Christoph] von Plotho. — Wien 1760. 5 Bl.
1:11 in Yl 4940. 12:4° Diss. 921/20. 7.
1 1138

— das, der **Rechtbeschreibung** od. das Dictando-Schreiben f. Lehrer u. Lernende v. e. Schulmann. 8. (88 S.) Langensalza 873. Beyer & Söhne. — 75

A-B-C das, der Rechtschreibg. 8°(88). – Langens. 1873, Verl.-Compt.

— **schönes.** Leinwandbilderbuch. (12 S. m. z. Tl. farb. Abbildgn.) gr. 8. Ebd. (902). n. — 50

— das schönste von allen, s. Kindermann, H.

—— des **Schreibens,** d. Zeichnens u. d. Malens für Schul- u. Selbstunterricht. Mit 25 Mustertaf. qu. Lex.-8. (26 col. Bl.) Leipzig, Geissler. (H. Fritzsche.) *

— z. Gebr. d. Schulen nach d. Wiener Explr. 8. Cobl. u. Hadam. 823. N. Gel. Buchh. 2 gr

— das, e. **armen Seele,** s.: Compaß f. das kathol. Volk.

A B C in 48 Sinnbildern. 12. Wien, Geistinger. (Landshut, Krüll.) mit schw. Kupf. 12 gr., mit illum. Kupf.

— ein, d. guten **Sitten.** In Versen f. Kinder, besond. Mädchen vom Stande. gr. 8. Bremen 833. Heyse. 1/3 Thlr

— das, d. **Skatspiels,** zur Ergötzung u. Förderung spielfroher Germanen in Reime gebracht von einem Thüring'schen Schulmeister. 16. (27 S.) Büdingen, 885. Heller'sche Hofbuchdr. n. 1 —

ABC a.d. Soldatenleben. 4° (14 L.) Nürnberg 1863, Koenecke.

— aus dem **Soldaten-Leben.** Nürnberg, (863.) Geh. gr. 4. (14 lith. u. color. Taf.) 1 Thlr 5 ngr

— **sozial-charitatives,** s. Frauen. Mit e. Literaturverzeichnis. Zusammengestellt v. d. Zentralstelle d. Volksvereins f. das kathol. Deutschland. (64 S.) kl. 8. M.-Gladbach 907. B. Kühlen. — 30

— zum **Spielen.** Ein Beitr. z. häusl. Unterricht. In 150 großen Buchstaben auf Pappe gezogen. Magdeb., Ruhbach. 1 Thlr 8 gr

A.B.C. vom Stein der Weisen. Th. 1-4. — Berlin: Ringmacher 1778-79.
2-4 u. d. T.: Hermetisches A.B.C. derer ächten Weisen alter u. neuer Zeiten vom Stein der Weisen. Ausgeg. von einem wahren Gott- u. Menschenfreunde.
1:Mu 5631. 6. 10.
1 1143

A B C vom Stein der Weisen. Berlin, 1782. Bey Friedrich Maurer. 4 parts. pp. [xi]–7–318–[i]; 348, 100, 299, 325–64–[iii], 12mo. Illustrations and folding plates. Dedication signed by C. U. Ringmacher.

— et Syllabaire ou exercices méthodiques sur la prononciation et la lecture allemande. Systematische Uebungen zur richtigen Aussprache und zum Lesen des Deutschen. Genf 853. Keßmann. 8. (32 S.) 6 ngr.

— nebst Syllabir- u. Lesebüchlein für die Kinder der untersten Klasse, und: Lese- und Lehrbuch für die Kinder der zweiten Klasse in deutschen Stadt- und Landschulen. 11. Aufl. 8., (wovon die 2 B. des A.B.C. nur auf einer Seite bedruckt sind.) Lüneburg 841, Herold u. Wahlstab. n. 1/12 ℛ — 12. verb. u. verm. Aufl. 8. Ebend. 844. n. 1/12 ℛ

A B C nebst Syllabir- u. Lesebüchlein für die Kinder der untersten Klasse in deutschen Stadt- u. Landschulen. Nebst e. Lese- u. Lehrbuch für die Kinder der zweiten Klasse. 10e sehr verm. u. verb. Aufl. 8. Lüneb. 839. Herold u. W. n. 1/12 ℛ

L'A.B.C. tiers il Todasg. — o.O. [um 1775]. [Das ABC im Deutschen.] 1:Ya 868/9.
1.1146

ABC und Uebungsbuch zum ersten Unterrichte im Lesen; hauptsächlich für Stadt- u. Landschulen.—Hirschberg o.J.: Glogner. 56,16 S. 2.
1.1147

— unser. Mit 24 in Farbendr. ausgeführten, prächt. Bildern nebst sinn. Reimen u. Buchstabir-Uebgn. f. kleine Kinder. 4. (15 S. u. 6 Bl. Carton m. 12 Chromolith.) Esslingen 875. Schreiber. cart. n. 1. 30

— unser. Mit 24 in Farbendruck ausgeführten, prächt. Bildern nebst sinnigen Reimen u. Buchstabir-Uebungen f. kleine Kinder. 2. Aufl. 4. (15 S.) Eßlingen 878. Schreiber. cart. n. 1. 30

— - unser. Mit 24 in Farbendr. ausgeführten, prächt. Bildern, nebst sinn. Reimen und Buchstaben-Uebungen für kleine Kinder. 2. Aufl. 4. (12 Chromolithogr. mit 15 S. Text.) Eßlingen 881, Schreiber. geb. *

— unterhaltendes. gr. 8. (12 color. Steintaf. m. Text.) Leipzig 874. Verl. f. Jugendliteratur. — 90

ABC zum prakt. Unterricht für grosse Kinder. O. O. u. J.

ABC, unzerreissbares. 4°(8 Bl. auf Lnw. m. farb. Bildern.).– Essl. 1894, J.F. Schreiber.

— unzerreißbares. Leinwandbilderbuch. (12 S. m. z. Tl. farb. Abbildgn.) gr. 4. Ebd. (902). n. — 80

— das verbesserte, Pestalozzis u. Stephanis, vereinigt u. erweitert. 8. Hamb. 827. Herold jun. 2 gr geb. 3 gr

—— das verbess., Pestalozzi u. Stephani vereinigt u. erweitert. 2. Aufl. 8. (5¼ B.) Hamburg 828, Herold.

A B C, das, für Verliebte u. Heirathslustige. Zu Lust u. Scherz. Herausgg. v. Jocosus Frauenlieb. 16. Quedlinb. 838. Basse. 1/3 ℛ

— das, in Versen u. Bildern. qu. 16. (26 Blätter.) Erfurt 847. (Meyer.) n. 5/12 ℛ

ABC, das, durch Bilder auf neueste Art versinnlicht u. erklärt um bald lesen zu lernen. Ein Bilderbuch m. 25 (lith. u.) gemalten Abbildgn. 4. Nürnberg 849, Renner & Co. 1 ℛ

— der Vögel. 4. (14 S. m. z. Tl. farb. Abb.) Konstanz u. Emmishofen 895. C. Hirsch. — 75; Leinen-Ausg. 1. 50

—— in Volkstrachten. Lith. u. hrsg. v. Fr. Ed. Sandtner. 16. (26 ill. u. zusammenhäng Bl.) Prag 841, Sandtner.

Abc. — Des braven Wählers ABC. Aus dem schätzbaren Zukunfts-Material eines vergangenen Wahlministers zu Tage gefördert und der Gegenwart nutzbar gemacht von XYZ. — Berlin: Landsberger 1888. 71 S. 1:Yo 22518.
1.1148

— für konservative Wähler. Herausgegeben unter Mitwirkung namhafter Konservativer. gr. 8. (56 S.) Berlin 881. M. Schulze. — 50

das, der Weinbehandlung im Privat-Keller. Goldene Regeln für alle Weintrinker, welche den Wein in Fässern kaufen. 1.–10. Aufl. 16. (8 S.) Mainz 883, Diemer. *

Das A-B-C der Weinbehandlung im Privat-Keller. Goldene Regeln für alle Weintrinker, welche Wein in Fässern kaufen. Mainz Diemer 1883.
--- Dass. 10. Aufl. Ebd. 1883. [Zit. nach Kayser]
--- Dass. 17. Aufl. Ebd. 1883.
--- Dass. 22. Aufl. Ebd. 1884.

ABC des Wissens für Denkende. O. O. u. J. Sämmtlich vom Kreis-Gericht Leitmeritz verboten 1876, 1877, 1881. § 516.

— das wunderbare. Verwandlungsbilderbuch. 4. (12 S. m. 6 Chromolith.) Leipzig 877. Opetz. cart. n. 1. 75

— das wunderbare. Verwandlungs-Bilderbuch. 4. (12 S. m. 6 Chromolith.) Leipzig 883. Opetz. cart. n. 1. —

— des Zeichnens, oder kurze, doch gründl. Anweis. z. Zeichnenkunst, f. d. Jugend, mit Kpf. 4. Nürnb. 816. Campe. 16 gr

ABC des Zeitgeistes. Ein Beitrag zu einem Lexikon ꝛc. Neu herausgegeben von J. Förich. Passau, Bucher, 1872, 8°, 120 S., 48 kr.

ABC, Zionistisches. Lexicon d. jüdisch-nationalen Bestrebgn.– Berlin, Jüd. Verlag.

— zweisylbiges (od.) Kukuk's Abc-Buch. Mit 46 bunten Bildern (Holzschn. im Text). 1. Aufl. 854. — 2. Aufl. Stuttgart 856. gr. 8. (16 S.) 4½ ngr

ABC-Bäumchen, das, mit goldenen Früchten. Grosse, elegante Bilderfibel. Breit 8. (13 col. Bl.) Leipzig, Geissler. (H. Fritzsche.) *

ABC

— Bilderbuch. (25 Steindr.) 4. Magdeb. 832. Robrahn u. C. 10 gr

ABCBilderbuch. 8. (16 ill. Stnt.) Dresden 866, Tittel und Wolf.

A-B-C-Bilderbuch. 8. (8 Chromolith.) Wesel 888. Düms. — 10

A-B-C-Bilderbuch, enth. 6 farb. u. 14 Tonseiten m. zahlreichen Abbildgn. (20 S.) 4. Eßlingen (904). J. F. Schreiber. Geb. n. 1. 50

- Bilderfibel, neue deutsche, für Mütter beym Unterr. ihrer Kinder ꝛc., m. K. 8. Nürnb. Schneider u. W. illum.

ABC-Blätter. 12. Winterth. 795. N. Aufl. 828. Steiner. 3 gr

Abcbog

— Laese- og Billedbog, for de förste Begyndere. 4 Hfte. 16. (à 8 S. m. 4 color. Steintaf.) Wesel 874. Düms. — 10

ABC-Bogen, f. d. Großh. S. Weimarischen Landesschulen. 8. Jena, Frommann. Das Dutzend 4 ggr

ABC-Boekje
Gnadau 1825. 12 S. 1:Zs 7876. 1 1152

ABC-Buch
— oder Fibel, für Kinder, ein Buchstab.- u. Lesebuch nach d. Lautmethode. Paderborn, 2e Aufl. Wesener. 2 ggr mit schw. Kpf. 8 ggr ill. 12 ggr

— oder Namenbüchlein, zum Gebrauche für Schüler, nach dem Wiener Exemplar. 8. Köln 778. Kaufmann (Fabricius). 1 ggr

ABC-Buch oder kurze Anweisung zum Lesenlernen für die deutschen Schulen im Churfürstenthum Wirtemberg. (32 S) Stuttgart 1803

— mit Abbild. von Giftpflanzen. 8. Amb. 811. Uhlmann. 4 ggr

A. B. C. Buch oder Unterricht und Uebung im Lesen der Teutschen Sprache für Schüler und zum Privatgebrauch. Regensb. 1812. V: *Gampert, Phil. Friedr.* (MGT)

— — (v. G. Fr. Dinter,) 3te Aufl. gr. 12. Neustadt a. d. O., Wagner. 817.

— — od. das erste Buch für Kinder mit ill. Kupf. 8. Wien, Geistinger. (Leipzig, W. Vogel.) 817.

— — oder Fibel für Kinder, ein Buchstabier- und Lesebuch nach der Laut-Methode beim Elementarunterrichte. 8. Paderborn, Wesener. 819. Mit 22 illum. Kupf. 12 Gr. Mit schwarz. Kpfr. 8 Gr. ohne Kupfr.

— Kinderspiele in 24 illum. Kpf. Fibel u. Rechnenbuch für kleine Kinder. 8. Nürnberg 823. 2e Aufl. 828. Bauer u. R. 8 ggr

A-B-C-Buch oder erster Unterricht im Lesenlernen der deutschen und lateinischen Sprache. Zum Gebrauche der Schulen im Burzenlande. Kronstadt 1828. V: *Marienburg, Lucas Joseph.* (Trausch)

ABC-Buch, das, mit 49 Holzschn. 8. Berl. 832. Gropius. 4 ggr

—— Mit 24 verschied. Nationen in (ill.) Bildern. 8. (1 B.) Reutlingen 835, (Mäcken jun.)

— (Mit 1 Holzschnitt. 8 Marb. 838. Elwert. Schreibp. 1/2 ggr

ABC-Buch. Das arme u. d. reiche Kind. (Mit 31 ill. Bild. und verziert. u. lith. Tit.) gr. 12. Düsseld. 840. Arnz u. Comp. In verziert. Umschlag geb. 1/3 Rthlr

ABC-Buch mit 16 illuminirten Thierbildern von L. Rauch. 2. verb. Aufl. 8. Berlin 841, Hasselberg. geb. 1/6 Rthlr

—— mit 16 ill. Thierbildern v. L. Rauch. 3., verb. Aufl. 8. (1 1/2 B.) Berlin 845, Hasselberg'sche Vrlsh.

ABC-Buch. 8. (16 S. mit Holzschn.) Wernigerode 851. (Halberstadt, Frantz.) baar n. 1 ngr

ABC-u. Lesebuch
— — — allgem. f. Kind. gut. Aeltern v. all. Relig. 8. Cöthen, Aue. 803.

ABC - Buch
— — zur Aufmunterung d. Jugend m. Bildern geziert. gr. 8. Ebend

— neu ausgegangenes. 8. Köln, Kaufmann. ½ ggr.

— biblisches, zur Bildung kindl. Herzen. Mit 22 illum. Kupf. 8. Nürnb. 826, Bauer u. R.

— biblisches, zur Bildung kindlicher Herzen, mit 22 illum. Abbild. 2e Aufl. gr. 8. Nürnb. 831. Bauer u. Raspe. 8 ggr

ABC-Buch m. bunten Bildern. 4 Hfte. 8. (à 8 S. m. 4 chromolith. Taf.) Wesel 879. Düms. à — 7

— — mit illum. Bildern zur nützlichen Unterhaltung f. d. Jugend. gr. 8. Ulm, Jakob Ebner. 815.

ABC-Buch mit Bildern u. Versen f. fleißige Kinder. gr. 16. (27 chromolith. S.) Würzburg 874. Gebr. Scheiner n. — 40

ABC- u. Bilderbuch, mit Kpf. Berl., L. Oehmigke. Das Buch 1 Rthlr

ABC- u. Bilderbuch, deutsch u. franz. m. Fausts Gesundh.-Regeln. m. ill. K. 8. Nürnb. Schneider u. W.

— z. Belehrung u. Unterhaltung f. fleißige Kinder. (Mit 32 ill. Bild.) gr. 12. Düsseld. 840. Arnz u. Comp. 1/3 Rthlr

— für die Jugend, in 48 Kpf. 8. Augsb. 831. Schlosser. 2 ggr Dass. in 4. 2 ggr

A. B. C. und Bilderbuch für die liebe Jugend. Frankf. a. M. (857). Krebs-Schmitt. 8. (16 lith. Bl. in Farbendruck.) n. 2 1/2 ngr

— für Kinder, enthalt. 24 Säugethiere, 24 Vögel, 24 Amphibien, Fische, Insekten, 24 Trachten u. 24 Handlungen der Menschen, mit deutscher u. französ. Benennung. 4. Wien, Müller. 1 Rthlr

ABC- und Bilderbuch f. Kinder. Stuttgart, (863.) Nitzschke. 8. (8 Bl. Text u. 8 color. Taf.) 6 ngr

— f. Knaben, mit 18 col. Bl. Eichst. 830. Beyer. 6 ggr

— f. Knaben, mit 28 ill. Kpft. 8. Leipz. 831. Mag. f. Ind. 8 ggr

— f. fleißige Knaben u. Mädchen. Mit 25 ill. Abbildd. (auf 6 Steintaf.) 8. Cöln 834. Nitzefeld. 1/4 Rthlr

— f. kl. Knaben, mit französ. Text z. Seite u. 26 ill. Kpf. Pesth. 3e Aufl. 815. 4e Aufl. 817. Hartleben. 1 Rthlr 16 ggr

ABC-, Bilder- und Lesebuch
— das, ein neues Bilderbuch, mit 22 ill. Abbildd. aus d. Naturgeschichte, z. angenehmen u. belehrenden Unterhalt. f. Kinder, wodurch auf eine leichte Weise denselben die Erlernung d. Buchstaben u. Geschmack f. d. Naturgeschichte beigebracht werden kann. 8. Nürnb., Renner u. Comp. 1/6 Rthlr

ABC, Bilder- u. Lesebuch, od. kleine Gallerie in- u. ausländischer Vögel für junge Freunde der Naturkunde. Mit 22 fein ill. Abbildd. 8. Nürnb. 835. Renner u. Comp. 1/2 Rthlr

ABC-, Bilder- und Lesebuch. No. 1—12. Mit ill. Bild. gr. 12. Düsseldorf 844, Arnz u. Comp. à 1/3 Thlr.
No. 1. Säugethiere. (2 B. u. 24 Bilder.)
" 2. Vögel. (3 B. u. 22 Bilder.)
" 3. Vermischtes. (1 B. u. 33 Bilder.)
" 4. Armes u. reiches Kind. (1 B. u. 17 Bilder.)
" 5. Landleben. (2 B. u. 9 Bilder.)
" 6. Nationen. (2 B. u. 8 Bilder.)
" 7 u. 8. Erzählungen aus d. Leben. (à 2 B. u. 9 Bilder.)
" 9. Krieg u. Frieden. (2 B. u. 9 Bilder.)
" 10. Geschichtl. Erzählungen. (2 B. u. 8 Bilder.)
" 11 u. 12. Handwerker. (à 2 B. u. 9 Bilder.)

ABC - u. Bilderbuch

— f. Mädchen, mit 26 ill. Kpf. 8. Pesth, Hartleben. 1 ß 16 gr.

— f. Mädchen, mit 24 Kpf. 8. Eichst. 830. Beyer. 8 gr.

— f. Mädchen, mit 28 ill. Kpf. 8. Leipz. 831. Mag. f. Ind. 8 gr.

— — für kleine Mädchen. Ebend. 815. geb.

A.B.C.- und Bilderbuch zum Gebrauch bey dem ersten Unterricht der Kinder. Halle 1808. V: *Simon, Christian Friedr. Liebegott.* (MGT)

ABC -Buch

— das, u. Bilderfibel, zur nützl. Selbstbeschäftigung, mit illum. Kpf. 8. Halle 807. Kümmel. 4 gr.

— — botanisch. m. ill. K. 8. Halle, Dreyßig. 802.

ABC -u. Buchstabirbuch

— m. 27 ill. Abbildd. u. e. Vorschrift. 8. Lpz. (W. A. Künzel.) 1/4 ß

— — — mit Kupfern. 8. Eßlingen, Fizdorf u. Kleinheinz. 814.

ABC= u. Buchstabirbuch, oder das erste Buch für Kinder, mit illum. Kpf. 8. Brem. 821. Kaiser. 3 gr.

— Luthers kl. Katechismus u. d. Fragestücke, nebst einigen Gebeten; so wie mehrere kl. Rechnentabellen. 32. Berl. 828. Krause 2 gr.

— — — f. d. Jugend beiderlei Geschlechts, o. F. L. Adlerjung. Mit illum. Kupf. 8. Prag, Krammer, 816 ohne Kupf.

ABC= u. Buchstabir=Buch f. kleine Kinder. Hamburg, 864. Oncken. 16. (40 S. m. Holzschn. im Text.) 3 ngr.

ABC= Buchstab. u. Leseb. 8. Stettin, Kaffke. 796.

— — — 8. Frankf. Brönner. 800.

— — — m. 100 bildl. Vorstell. 8. Cöthen, Aue. 802. illum.

ABC=, Buchstabir= u. Lesebuch, mit 100 bildl. Vorstellungen. 8. Cöthen 802. 3e Aufl. 806. Aue. 8 gr. ill. 16 gr. ohne K. 3 gr. Anweis. für Lehrer zum nützl. Gebrauch dieses ABC=Buchs. 8. Ebend. 803. 3 gr.

A.B.C.-Buchstabier- und Lesebuch. Um die Aufmerksamkeit und das Nachdenken der Kinder, ... hinzuleiten. ... Breslau 1803. H: *Geiser, J. Ch. Dn.* (MGT)

— mit (Thier=) Kupfern. 8. Eßling. 814. Fizdorf u. Kleinheinz. 2½ gr. illum. 4 gr.

— — — nach den besten Lehrbüchern bearbeitet. M. illum. Kupf. 8. Nürnberg, Zeh. 819.

ABC= Buchstabir= und Lesebuch, mit ill. Kpfern. 8. Berlin, Hasselberg. 820. Rthlr.

— Buchstabir= u. Lesebuch, mit illum. Kupf. 8. Leipzig 821, Knobloch.

ABC=, Buchstabir= u. Lesebuch, mit illum. Kupf. 3e Aufl. 8. Berlin 825, Hasselberg.

— mit 27 ill. Abbildd., nebst e. Vorschrift. 8. Schmalkalden 832. Lithogr. Institut. 6 gr.

— — und Lesebuch für Bürger= und Landschulen auch bei Katechismus=Unterricht zu gebrauchen. 2te verb. Ausgabe. v. J. B. Reichenbach. 1r Thl. 8. Görlitz, Anton. 815.

— — — dessen 2r Theil f. Beschreibung der Seemelbade.

— — — dess. naturhist. latein. u. deutsches, mit 24 ill. Kupf. 10te Aufl. 8. Nürnb. Bieling.

— — — für die Jugend, mit 24 illum. Vorstellungen von Handwerkern nach alphab. Ordnung. gr. 8. Ebend.

ABC=, Buchstabir u. Lesebuch, f. Kinder, mit 25 lehrreichen Geschichten, 50 Sprüchwörtern und Klugheitsregeln u. mit Beschrbg. einiger der bekanntesten Giftpflanzen u. deren Abbr. Aus Druck= u. Schreibschrift. 8. Regensb. 809. 3 gr.

ABC, Buchstabir= u. Lesebuch für fleißige Kinder. Mit 24 ill. Abbildd. 8. Regensb. 834. Reitmayr. 1/3 ß

— — — f. Kind. m. lehrr. Gesch. u. c. 8. Regensb. (Heigl in Straubing.) 809. m. illum. K.

— f. gute Kinder, mit Kpf. 8. Fürth, Korn. 5 gr. ill. 6 gr.

— f. Kinder vom 5ten bis zum 10ten Jahre. 8. Stettin 796. Kaffke. 5 gr.

— f. kleine Kinder. Berl., Krause. 2 gr.

— um Kinder leicht lesen zu lehren, für die kathol. Jugend. mit 24 illum. Kpf. u. e. Vorschrift. 8. Nürnb. 814. Zeh. 4 gr.

— — Buchstabir u. Leseb. f. kleine Mädchen, mit 24 gestochenen u. illum. Vorstellungen von häuslichen Geschäften nach alphab. Ordnung. gr. 8. Ebendas.

— — — z. Gebr. d. kl. Schuljug. 8. Hadam. n. gel. Buchhändl. 804.

— f. d. Schuljugend. 8. Siegen 805. (Krieger in Marb.) 2 gr.

— — — zum Gebrauche d. kleinen Schuljugend. 3te Aufl. 8. Hadamar, neue Gel. Buchh. 811.

— z. Gebrauch d. kl. Schuljugend. 8. Hadamer. 4e verb. Aufl. 813. (Lanz in Weilburg). 2 gr.

— mit Sitten= u. Denksprüchen u. e. Beschreib. der vorzüglichsten Giftpflanzen, mit schwarzen und illum. Kpf. 8. Amb. 812. Uhlmann. 3 gr.

— — — für Stadt= und Landschulen. Mit colorirten Kupfern. 2te verb. u. verm. Aufl. 8. Meißen, Godsche. 815.

— — Buchstabir u. Lesebuch zum nützlichen Unterr. f. d. Jugend, um ihr die ersten nöthigsten Kenntnisse leicht beizubringen, mit 70 illum. Vögeln. gr. 8. Ebend. 815.

ABC=, Buchstabir= u. Syllabirbuch, m. 23 Kpf. gr. 16. Ulm, Ebner. 14 gr.

ABC - Buch

— — z. Buchstabiren u. Lesen d. Jugend, zum unterricht, mit 44 illum. Thieren erläutert, um ihr einige Kenntnisse in der Naturgeschichte zu geben. gr. 8. Ebendaselbst.

— zum Buchstabiren u. Syllabiren gleich brauchbar. 8. Schwelm, 38e Aufl. 830. Scherz. 1 ℛ

ABC=Buch zum Buchstabiren und Syllabiren gleich brauchbar. 75. Aufl. 8. (16 S.) Schwelm 856, Scherz.

— — für Buchstab.= u. Lernende f. Normalschulen. 8. Kempten. Tonnar. 786.

ABC-Buch, buntes. 4°(32 m. z. Tl. farb. Abb.) Essl. 1898, J.F. Schreiber.

ABC-Buch, buntes. Eine Festgabe f. brave Kinder m. mehr als 150 farb. u. schwarzen Abbildgn., nebst unterhalt. u. belehr. Text. 2. Aufl. (32 S.) 4. Ebd. (906). Kart. n. 2.50

Abc=Buch, buntes, mit Lese= und Schreib=Uebungen, Geschichten, Denksprüchen, Gedichten, Gebeten und dem Einmaleins. gr. 8. (32 S. mit 16 ill. Stnt.) Stuttgart 860, Chelius.

Abc=Buch, buntes, mit Lese= und Schreib=Uebungen, Geschichten, Denksprüchen rc. 2. Aufl. gr. 8. (32 S. mit 16 ill. Bildertaf. in Steindr.) Stuttgart 862, Chelius. cart.

Abc=Buch, buntes, mit Lese= u. Schreib=Uebungen, Geschichten, Denksprüchen, Gedichten, Gebeten u. dem Einmaleins. 3. Aufl. Mit 16 (lith.) color. Bildertafeln. Stuttgart 870. Chelius. gr. 8. (32 S.) 15 ngr

—— buntes, mit Lese= und Schreib=Uebungen, Geschichten, Denksprüchen, Gedichten, Gebeten und dem Einmaleins. 3. Aufl. gr. 8. (32 S. mit 16 lithogr. und color. Bildertaf.) Leipzig 878, Berndt's Verlag. cart.

— **buntes**, mit Lese= u. Schreib=Uebungen, Geschichten, Denksprüchen, Gedichten, Gebeten u. dem Einmaleins. 4. Aufl. Mit 16 (lith. u. color.) Bildertafeln. gr. 8. (32 S.) Leipzig 880. Berndt. cart. 1. 75

— das Calwer, herausg. v. d. Calwer Verlags=Verein. (Mit eingedruckten Holzschn.) gr. 12. Calw 837. Stuttg. (Steinkopf.) n. 1/12 ℛ

— das deutsche. Eine Anleitg. zum Schreiben= u. Lesenlernen. Mit zahlreichen Abbildungen auf 24 (lith. u. color.) Bildern nach Zeichnungen von Rud. Geißler. Stuttgart 869. Thienemann. gr. 4. (48 S.) 2 ℛ

— das deutsche. Eine Anleitg. zum Schreiben= u. Lesenlernen. Mit zahlreichen Abbildgn. auf 24 Bildern (Chromolith.) nach Zeichngn. v. Rud. Geißler. 3. Aufl. gr. 4. (48 S.) Stuttgart 874. Thienemann. n. 6. —

ABC=Buch, das deutsche. Eine Anleitung zum Schreiben= u. Lesenlernen. Mit zahlr. Abbildungen auf 24 (lith. u. color.) Bildern nach Zeichnungen v. Rud. Geißler. 4. Aufl. gr. 4. (48 S.) Stuttgart 877. Thienemann. cart. n. 6. —

— das deutsche. Eine Anleitung zum Schreiben= und Lesenlernen. Mit zahlreichen Abbild. auf 24 (lithogr. und color.) Bildern nach Zeichnungen von Rud. Geißler. 5. Aufl. gr. 4. (24 Bl. Text.) Stuttgart 884, Thienemann's Verlag. cart. *

ABC=Buch, das deutsche. Eine Anleitung zum Schreiben= u. Lesenlernen. Mit zahlr. Abbildgn. nach Zeichnungen von Rud. Geißler. 6. Aufl. gr. 4. (24 Bl. Text.) Stuttgart 885. Thienemann. cart. n. 6. —

— deutsches, mit Kpf. 8. Leipz. 799. (W. Nauck). 8 ℊ

— deutsches, für Anfänger in deutschen Schulen (von G. L. Gebhardt). 8. Lemgo 797. Meyer. 2 ℊ

— deutsches, f. d. Anfänger in d. deutschen Schulen, in d. Städten u. auf dem Lande. 8. Gießen, (Ferber). 1½ ℊ

— deutsch=lateinisches. 8. Zeitz, Webel. 4 ℊ

ABC - u. Lesebuch

— Düsseldorfer, für gute u. folgsame Kinder, mit 24 ill. Abbildb. 8. Düsseldorf 831. Arnz u. C. (Beyer in Eichst.) 12 ℊ

— Düsseldorfer, f. gute u. folgsame Kinder. Mit 24 ill. Bildern. 2e Aufl. 8. Düsseld. 837. Arnz u. Comp. 1/2 ℛ

ABC - Buch

— einfachstes, f. Lese= u. Schreibschrift. Mit 34 Bildern (in eingedr. Holzschn.) gr. 8. (16 S.) Stuttgart 872. Leipzig, Berndt. — 30.

ABC -, Buchstabir - u. Lesebuch

— — — neu eingerichtet. 2te Abth. 8. Jena, Cröcker. 760.

— neu eingerichtetes, 2 Abthll.: die eine f. d. Lehrer, die andere f. d. Kinder. 8. Jena 776. Cröker. 2 ℊ

— neu eingerichtetes, nebst kl. Geschichten, Erzählll. u. Fabeln rc. Polnisch u. Deutsch. 8. Bresl. 801. J. F. Korn. 8 ℊ

ABC - u. Lesebuch

— — neu eingerichtetes Leipziger. 4te Aufl. mit illum. Kupf. gr. 8. Leipzig, Schladebach. (Cnobloch.) 818.

— neu eingerichtetes Leipziger, mit illum. Kupf. 5e Aufl. gr. 8. Leipzig 825. Schladebach.

— — neu eingerichtet. Leipziger, f. Bürgerschulen u. zum Privatgebr., m. 6 illum. K. u. ABC=Tafeln. gr. 8. Leipz. Schladebach (Bruder) 806.

— — neu eingerichtetes Leipziger, f. Bürgerschulen, mit Kupf. gr. 8. Leipz. Schladebach. (Cnobloch in Comm.) 815.

— neu eingerichtetes Leipziger f. Bürgerschulen u. z. Privatgebr. (von Erdm. H. Albrecht). Mit ill. Kpf. 5e Aufl. gr. 8. Leipz. 825. Schladebach (Cnobloch). 21 ℊ

—— neu eingericht. Leipziger, f. Bürgerschulen u. z. Privatgebr. M. 7 ill. Kpfr. u. ABC=Taf. 6., verm. Aufl. gr. 8. Leipzig 834, [Franke.]

— neu eingerichtetes Leipziger für Bürgerschulen als auch zum Privatgebrauche. Mit 20 ill. Kpfrn u. ABC=Tafeln. 6e verm. u. verbess. Aufl. gr. 8. Leipz. 835 (Melzer.) 7/8 ℛ

— neu eingerichtetes Leipziger, sowohl f. Bürgerschulen als auch zum Privatgebrauche. Mit 18 Kpfrn. u. 8 ABC=Taf. 7. völlig umgearb. u. verb. Aufl. gr. 8. (VI u. 218 S.) Leipzig 847, Melzer. 27 ngr

ABC -Buch

— ordentlich eingerichtetes; mit Hahn auf dicken Papier. gr. 8. Kiel 840. Bünsow. 1½ ℊ

ABC=Buch, ordentlich eingerichtetes. Einbeck (855). Ehlers. 8. (16 S.) 1¼ ngr

A.B.C.Buch, Zweckmässig eingerichtetes französisches. Erlangen 1814. V: *Pohlmann, Johann Paul.* (MGT) »Im Französischen« (NN)

ABC= u. Bilderbuch, erstes, ein Geschenk f. gute folgsame Kinder. 2., verm. Aufl., m. 46 (ill.) Abbild. 8. (1¼ B.) Chur 837, Grubenmann'sche Buchh.

— erstes deutsches, für artige Knaben und Mädchen. Mit 40 illum. Bildern (auf 20 Tafeln). 8. Berlin 844, Winckelmann u. Söhne. geb. ⅓ ß

ABC - u. Lesebuch

— erstes, ein Geschenk für gute folgsame Kinder. Mit 22 ill. Bildern auf 6 Taf. 8. Chur 834. Kellenberg. 5 ggr

— (erstes) für folgsame Kinder. Mit 24 Bildb. 8. Berl. 830. 32. (Krause). 12 ggr

ABC - Buch

— evangelisches, mit 8 Bild., Thiere oder Landschaften. Wesel, Becker'sche Buchh. 3 ggr Dass. mit 16 Bild. dess. Gegenstandes. Ebd. 4 ggr

— m. lehrreichen Fragen u. Antworten f. artige Kinder jeglichen Alters. gr. 4. (10 Chromolith. m. 12 S. Text.) Fürth 885. Schaller & Kirn. geb. 4. —

ABC-, Buchstabir - u. Lesebuch

— französisches, oder leichte u. gründl. grammatikal. Anweis. zur richtigen Aussprache d. Französischen. 8. Nürnb. 807. Bieling (Fr. Fleischer in Leipz.) 12 ggr mit 25 illum. Kpf. 20 ggr

— — — franz. f. Deutsche, m. Anleit. zum Gebr. in Schulen u. Hamburg, Grüning.

ABC - u. Bilderbuch

— — franz. u. deutsch. m. K. Ebend. 802. illum.

— französ. u. deutsches, mit Fausts Gesundheitsregeln, mit 24 ill. Kpf. 8. Nürnb., Schneider u. W. 8 ggr

ABC - u. Lesebuch

— französ. u. deutsches, f. d. ersten Anfänger, m. 36 Kpf. 8. Nürnb. 808. Schneider u. W. 12 ggr

— französisches, mit 6 Kpf. A. u. d. T.: Abécédaire et choix de lecture pour l'enfance av. 6 fig. 8. Pirna 810. Friese. 10 ggr illum. 14 ggr

ABC= u. Gebet=Buch für katholische Schulen. 8. (16 S). Riga 881. Model & Baap. n. — 20

ABC-Buch

— — z. erst. Gebr. f. Kind. in Dorfschul. 8. Leipz. H. Richter. 802.

— Bläschäfchen genannt, deutsch u. franz., nach Olivier, mit Bild. 8. Halle, Dreyssig. 12 ggr

— Hulegänschen genannt, mit vielen Bildern ꝛc. 8. Halle 802. Dreyssig. 12 ggr

— Schackereuter genannt, deutsch u. franz., mit Bild. 8. Halle 802. Dreyssig. 9 ggr

ABC - u. Lesebuch

— geographisches, mit hübschen illum. Kpf. geziert, welche die vorzügl. Völker d. Erde, u. die Thiere, welche in den verschiedenen Erdgegenden leben, darstellen. Französ. u. deutsch. Für den ersten Unterricht in beiden Sprachen bearb. 8. Leipz. 829. Kollmann. 15 ggr

ABC - Buch

— (das gewöhnl.,) f. Stadt- u. Landschulen. Halle, Dreyssig. 2 ggr

— goldenes. Eine alphabetische Reihenfolge ansprechender Bilder u. belehrender Reime für die liebe Jugend. 24 Taff. in lith. Farbendr. nach Zeichnungen von E. Dertinger. 865. — 2. Aufl. Esslingen 870. Schreiber. 4. 15 ngr

— goldenes. Eine alphabet. Reihenfolge ansprech. Bilder u. belehr. Reime f. die liebe Jugend. 24 Taf. in lith. Farbendr. nach Zeichngn. v. E. Dertinger. 3. Aufl. 4. (12 Bl. auf Carton.) Esslingen 875. Schreiber. 1. 50.

1

— goldenes. Eine alphabet. Reihenfolge ansprechender Bilder u. belehrender Reime f. die liebe Jugend. 24 Taf. in lith. Farbendruck nach Zeichnungen v. E. Dertinger. 3. Aufl. 4. Eßlingen 880. Schreiber. geb. n. 1. 50

Abc=Buch, goldenes, mit Bildern u. Reimen für artige Kinder. Stuttgart 866. Thienemann. 8. (24 S. u. 12 lith. u. color. Taff.) 10 ngr

— goldenes, m. Bildern u. Reimen für artige Kinder. 8. (24 S. m. 12 Chromolith.) Stuttgart 883. Thienemann. cart. n. 1. —

—— goldenes, mit Bildern und Reimen für artige Kinder. 13. Aufl. 12. (24 S. mit 12 color. Stnt.) Stuttgart 887, Thienemann. geb. *

A=B=C=Buch, goldenes, m. Bildern u. Reimen f. artige Kinder. 14. Aufl. 12. (24 S. m. 12 farb. Taf.) Stuttgart 890. Thienemann's Verlag. geb. n. 1. —

ABC= u. Bilderbuch, Goldsöhnchens, mit 21 col. Bild. 16. (½ B.) Leipzig, Geißler. (H. Fritsche.) *

—— Goldtöchterchens, mit 21 col. Bild. 16. (½ B.) Leipzig, Geißler. (H. Fritsche.) *

ABC - Buch

—— gothisches, f. Künstler u. Werkleute, s. Hoffstadt, Friedr.

ABC,—, Buchstabir - u. Lesebuch

— das große Frankfurter. 6e Aufl. 8. Frankf. a. M. 800. Brönner. 3 ggr

ABC - Buch

—— großes. Ein Bilderbuch für die liebe Jugend. Mit 24 fein color. Bildern (8 Stnt.), einer Leseübung und vielen kindl. Reimen. gr. 4. (9 S.) Eßlingen 882, Schreiber. geb. *

— großes. Ein Bilderbuch f. die liebe Jugend. 2. verm. Aufl. gr. 4. (8 Chromolith. m. 13 S. Text.) Eßlingen 886. Schreiber. geb. n. 2. 70

— großes. E. Festgabe f. fleiß. Kinder m. 24 feinen Farbdr.=Taf. u. 18 reich illustr. Textseiten gr. 4. Ebd. 897. Kart. n. 4. —

—— großes, mit Fibelversen, Leseübungen, Geschichten, Gebeten, Gedichten und dem Einmaleins. 4. (32 S. mit eingedr. Holzschn., 15 ill. Stnt. und ill. Titel.) Stuttgart 860, Ebelius.

ABC=Buch, großes, m. Fibelversen, Leseübgn., Geschichten, Gebeten, Gedichten u. dem Einmaleins. 3. Aufl. 4. (32 S. m. 16 color. Steintaf.) Leipzig 877. Berndt. 2. 50

— großes, für muntere Knaben u. Mädchen, mit 24 in Tondr. color. Bildern nach Zeichnungen von E. Dertinger nebst 24 hübschen Versen. 865. — 2. Aufl. Eßlingen 869. Schreiber. qu. 4. 15 ngr

—— das gülden, von Nutz und Kraft des Wortes Gottes. Psalm 118 [Hebr. 119]. Dem Sinne nach aus der Vulgata übers. 16. (44 S. mit Holzschn.-Einfassungen.) München 879. Augsburg, Literar. Institut von Dr. Huttler.

— der 5 Hauptsprachen, deutsch, latein., franz., ital. u. griechisch, m. Fig. 8. Halle 792. Dreyssig. 6 ggr ill. 12 ggr

— — d. Jugend. m. K. 8. Augsb.

— zunächst f. d. Lief- u. Ehstländ. Jugend. 2e Aufl. Mit 6 Kupf. gr. 8 Riga 821, Meinshausen. 12 gr., illum.

— katholisches, mit 8 Bild., Thiere oder Landschaften. Wesel, Becker'sche Buchh. 3 ggr Dass., mit 16 Bildern dess. Gegenst. Ebd. 4 ggr

— (d. Kikeriehahn), f. Kinder, mit 25 Bild. 8. Halle, Dietlein. 6 gr.

— — für Kinder beiderlei Geschlechts, mit 8 ill. Kupf. 8. Berlin, Hasselberg. 819. geb.

A-B-C-BUCH für grosse Kinder (von *Josef Richter*). 2 Hefte. Mit 2 satyr. TVign. (gestoch. v. M. Bock). Wien 1782. 8°. 102 (104?) S. (1 fl. 20 kr. Gilhofer & Ranschburg, Wien, c. 1888; 3 Mk., J. Taussig, Prag, 1904; 5 Mk. Adolf Weigel, Lpz., 1906.)

— — Dasselbe. Vermehrte u. verbess. Aufl. Ebd. 1782. Kl. 8°. (In Warmbrunn, Reichsgräfl. Schaffgotsch'sche Majoratsbibl., nebst dem folg. Anhang.)

— — f. große Kind. 2 Hefte. 8. Wien, Camesina. 782.

Abcbuch für grosse Kinder. Germanien [Hamburg] 1796. V: *Rebmann, Andreas Georg Friedrich.* (Wr)

ABC-Buch für gute Kinder. Mit gefärbten Figuren. Bern 1800. V: *Heinzmann, Johann Georg.* (MGT)

— — für kleine Kinder, mit 60 schönen Bild. u. Leseübungen. — A. u. d. T.: Neue Bilderschau f. kleine Knaben u. Mädchen. Eine Samml. v. 60 schön col. Bild. mit d. erklär. Texte in verschied. Druckarten, z. Uebung im Lesen u. Entwicklung d. Anschauungsvermögens. gr. Lex.-8. (13 Taf. u. 2 B. Text.) Wien 843, Müller

— für kleine u. große Kinder, gezeichnet v. Dresdner Künstlern. Mit Erzählungen u. Liedern von R. Reinick, u. Singweisen v. Fd. Hiller. 4. Leipzig 835, G. Wigand. n. 1⅓ Thlr.

— — für kleine u. große Kinder, gezeichnet v. dresdner Künstlern, mit Erzählungen u. Liedern v. R. Reinick, u. Singweisen v. Ferd. Hiller. Schmal 4. (12½ B. u. 27 Bild.) Leipzig 845, G. Wigand. * 1 Thlr. 10 Ngr. Eleg. geb. *

- für kleine u. große Kinder gezeichnet von Dresdner Künstlern. Mit Erzählungen u. Liedern von R. Reinick u. Singweisen v. Ferd. Hiller. 2. wohlf. Ausg. 4. (103 S. u. 25 Holzschn.-Taf.) Leipzig 847, G. Wigand (jetzt Schlicke). n. ½ Thlr.

— für kleine u. große Kinder gez. von Dresd. Künstlern. Mit Erzählungen u. Liedern von R. Reinick, u. Singweisen von F. Hiller. Neue (Titel-) Ausg. Leipzig (845) 854. Schlicke. 4. (2 Bl., 96 S. u. 27 Holzschntaf.) n. 1 Thlr. 15 ngr.

— — für kleine und große Kinder, gezeichnet von dresdner Künstlern. Mit Erzählungen und Liedern von R. Reinick, und Singweisen von F. Hiller. Neue (Titel-)Ausg. 4. (III und 96 S. mit 27 Holzschn.) Leipzig 855, Schlicke. *

— für kleine und große Kinder gezeichnet von Dresdner Künstlern. Mit Erzählungen u. Liedern von Rob. Reinick, u. Singweisen von Ferd. Hiller. 3. Aufl. Leipzig, (864.) Schlicke. 4. (95 S. m. Holzschn. im Text.) 15 ngr.; colorirt 1 Thlr. 10 ngr.

— e., m. Kinder-Namen. gr. 4. (16 S. m. eingedr. farb. Bildern.) München 888. Stroefer. n. 1. 50

ABC-Buch, e., m. Kinder-Namen. gr. 4. (27 S. m. z. Tl. farb. Bildern.) Nürnberg 895. Th. Stroefer. Kart. 2. —

— das, meiner Kindheit in neuer Gestalt. Mit 24 Bildern u. Reimen. 1 u. 2. Aufl. Nürnberg (853. 54). Geißler. 8. (16 S. u. 8 col. Taf. in Stahlst.) 7½ ngr.

— — das, meiner Kindheit in neuer Gestalt. 2. Aufl. 8. (16 S. mit 24 Bildern und Reimen auf 8 ill. Stnt.) Nürnberg 858, Geißler.

— zunächst f. d. untersten Klassen d. deutsch. Schulen in den Francke'schen Stiftungen. Neue Aufl. 8. Halle 825, Buchhandlung d. Waisenhauses. 2 gr., mit Kupf. 8 gr., illum.

— — für die untersten Klassen der deuts. Schulen im Waisenhause. 12te Aufl. 8. Halle, Waisenhausbuchhandl. 818.

ABC-Buch, kleines. 4e Aufl. 8. Halle, Dietlein. 3 gr.

— — kleines, m. ill. Bild. a. d. Natur. 8. Leipz. Sommer. 805.

— — kleines, m. ill. Bild. a. d. Natur. 8. Leipz. Sommer. 810.

— — kleines, mit 26 Bildern aus dem Naturreiche. 32. Leipzig, Sommer. 815. geb.

— kleines, mit 26 illum. Bildern aus d. Natur. 16e Aufl. 8. Lpz. 820. (W. Nauck). 5 gr.

— — kleines, mit 26 ill. Bildern aus dem Naturreiche 16te Aufl. 16. Leipzig, Sommersche Buchh. 820. geb.

— kleines, mit illum. Abbildungen. 8. Magdeburg 822, Rubach.

Kleines ABC-Buch oder Uebungen für kleine Anfänger im Lautiren und Buchstabiren. — Rothenburg O/L.: Goksch 1847. 24 S. 2.
L.1154

ABC - u. Bilderbuch

— kleines, mit 24 ill. Abbildd. 8. Berl. 830. Hasselberg. 3 gr.

ABC-u. Buchstabierbuch, kl., e. Weihnachtsgesch. f. Kind. 16. Leipz. Sommer. 796.

ABC - , Buchstabir - u. Lesebuch

— kleines, für kleine Leute, mit Kpf. N. Aufl., mit 24 Kpf. 8. Nürnb. Campe. 8 gr.

ABC - Buch

— kleines, z. ersten Gebr. f. Kinder in Stadt- u. Dorfschulen, (von C. Pestalozzi). Bresl., Buchheister. 3 gr.

— — kleines Leipziger, f. Stadt- u. Landschulen. m. 26 ill. K. 8. Leipz. Paul Fr. Vogel.

— — kleines Leipziger, für Stadt- u. Landschulen, mit 26 illum. Kpf. 8. Leipzig, Paul Vogel. 814.

— kleines Leipziger, f. Stadt- u. Landschulen. 3e Aufl., mit 12 ill. Kpf. u. 1 Vign. 8. Leipz. 823. P. Vogel. 9 gr.

ABC - u. Lesebuch

— — kleines, Anweisung schnell buchstabiren und lesen zu lernen, m. 24 Kupf. 8. Ebendas. 811

— kleines, mit ill. Abbildd. 8. Magdeb. 822. Rubbach. 4 gr.

ABC- und Lesebuch, Kleines, zum einstweiligen Gebrauch in den Rigischen Volksschulen ... Riga 1805. V: *Albanus, August.* (R-N) (Ky)

— kleines, um schnell buchstabiren u. lesen zu lernen, umgearbeitet von J. G. Ziehnert, mit 26 illum. Kupf. 12. Pirna 815. Friese. 16 gr.

ABC

— Buch, kleines, u. Lesefibel, für den ersten Unterricht der Jugend. 12. Bremen, Müller. 810

— kleines, u. Lesefibel, f. d. ersten Unterr. d. Jugend. 12. Brem. 812. Müller (Heyse). 1 gr.

ABC - Buch

— — kleines, f. kleine Leute rc. m. K. 8. Nürnb. Campe.

— — kleines Nürnberger. 8. Nürnb. Campe.

— — dasselbe. 8. Leipz. Kobler.

ABC - u. Syllabirbuch

— — kleines, mit 23 Kupfern v. L. G. Geisler. 12. Lpz. Sommer. 814.

Kleines ABC-Buch über militärische Zeitfragen. — Berlin 1884. 5.
1 1155

ABC - Buch

— — f. kl. Knaben. m. ill. K. 8. Leipz. Sommer. 810.

— — für kleine Knaben, mit 26 illum. Kpf. 16. Leipzig, Sommer. 815. geb.

— für kleine Knaben, mit 26 ill. Kpf. 16. 7e Aufl. Leipz. 820. (W. Nauck). 1 ß

ABC- und Bilder-Buch, Krähwinkler. Ein angenehmes u. nützliches Fastnacht-Geschenk. Zur Kurzweil hrsg. von einer Gesellschaft grosser Gelehrten. Krähwinkel 1822, bey Flor. Gisb. Lenh. Liebet. Tintenfass. (München?) 8°. Cart.
Titel (in Typendr. m. Hlzsch.-Vign.) u. 22 num. S. m. 24 color. Bildern, unter jedem 2 Knittel-Reime (gestoch.), 1. Th. sehr komisch. — Karl

— — lat. deutsch. m. Vorstell. a. d. Naturgesch. auf 24 Bl. K. Nürnb. Bieling, (B. Fleischer, Leipz.)

Lateinisches ABC- und Syllaben-Buch. — Clausthal 1727. 16 S. 1:an Ng 4579.
1,1156

ABC- u. Buchstabirbuch, lehrendes f. d. Jug. z. nützlichen Unterhaltung, mit 24 illum. Vorstellungen geziert. gr8°.— Ebend.

ABC- u. Bilderbuch, lehrreiches, für brave Kinder. 8. (16 S. m. eingedr. kolor. Illustr.) Reutlingen 882. Enßlin & Laiblin. cart. — 60

ABC - u. Lesebuch

— — od. erst. Buch f. Kind. s. Buch f. Kind. Erstes ic.

— mit 16 illum. Bildern. Berl. Ebd. 4 gr

— mit Bildern aus d. Naturgeschichte, (von J. And. Ch. Löhr). 8. Halle 796. Dreyßig. 4 gr

ABC- und Lesebuch, zunächst der Liv-, Cur- und Ehstländischen Jugend gewidmet. Riga 1810. V: *Meinshausen, Johann Franz.* (KY)(R-N) 2.Aufl. H: *Albanus, A.* (KY)

— (v. G. Fr. Dinter,) 3e Aufl. gr. 12. Neust. 817. Wagner. 1 gr

— oder d. erste Buch f. Kinder, mit ill. Kpf. 8. Wien 817. Geistinger. 1 ß 8 gr

— mit 20 Taf. Abbildb. Berl. 830. Winkelmann Söhne 7 gr ill. 11 gr Die Bilder apart u. d. T.: Allerlei in Bildern 8 gr

ABC- u. Lesebuch, od. das erste Buch f. Kinder, (von Geiser). 2e Aufl. 8. Bresl. 832. Graß, Barth u. C. 2 gr

— nebst e. Anleit. die Kinder in kurzer Zeit lesen zu lehren. Mit 24 Bild. 8. Paderborn 832. Wesener. 8 gr illum. 12 gr

ABC und Lesebuch mit 24 ill. Abbildb. von Handwerkern und Künstlern u. e. Vorschrift z. Schönschreiben. 2e Aufl. 8. Magdeb. 836. Rubach. 1/4 ß

ABC- u. Lesebuch. Breit 8. Mit col. Abbildungen. Leipzig 846. (Hunger.) geb. 1/2 ß Führt auch den Umschlag-Titel: ABC und Quodlibet.

ABC- u. Lesebuch. breit 8. (32 S. u. 8 Taf. col. Abbldgn.) (Mit dem Umschlagstitel: ABC u. Quodlibet.) Leipzig 847. (Hunger.) 1/2 ß

— — f. d. ersten Anfänger. m. ill. K. Leipz. Schmidt. 806.

— f. d. ersten Anfänger, m. illum. Kpf. 3e Aufl. 8. Leipz. 815. Schmidt. 2 gr

ABC- u. Lesebuch f. d. ersten Anfäng. im Lesen. m. K. 8. Bayreuth, Lübeck. 804.

— f. d. ersten Anfänger im Lesen ic., mit Rücksicht auf Dr. Pöhlmanns Versuch im Lesenlehren. Mit Kpf. 8. Baireuth 804. (Mag. f. Ind. in Leipz.) 10 gr ill. 12 gr

ABC-, Lese- u. Bilderbuch, oder August d. kleine Naturforscher im Bereiche seines Thiergartens d. vierfüßigen Thiere. Mit 22 ill. Abbildb. 8. Nürnb. 835. Renner. 7 gr

ABC - u. Lesebuch

— — f. Bürger- u. Landschulen, entworfen von Hold, s. Holds neue Fibel.

— f. Bürger- u. Landschulen, nach d. genauesten Stufenfolge vom Leichten zum. Schweren. gr. 8. Schneeb. 4e Aufl. (831). Schumann. 2 gr

ABC -, Lese u.- Denkbuch, s. Kinderbuch, das Illustrirte goldene.

ABC - u. Lesebuch

— zunächst f. d. lief- u. esthland. Jugend, (von Jh. Frz. Meinshaussen). Mit 6 Kpft. gr. 8. Riga 810. 2e (von A. Albanus) verb. Aufl. mit 6 Kpf. gr. 8. Ebd. 821. Meinshausen. 12 gr illum. 16 gr

— f. Kinder beiderlei Geschlechts, mit 8 illum. Kpf. 8. Berl. 819. Hasselberg. 12 gr

— f. Kinder von 6 bis 10 Jahren, u. 2r Thl.: Schulbuch f. Kinder von 11 bis 14 Jahren. 8. Bern 799 u. 802. Typogr. Societ. 1r 8 gr 2r 14 gr 22 gr

— für Kinder von 6 bis 10 Jahren. 8. Bern 825. Walthardt. 5 gr

— für kleine Kinder, (v. J. Bermann). Mit 25 color. Bildern. 16. Wien 839. Bermann u. Sohn. 2/3 ß

— — f. d. untersten Klassen deutscher Schulen. 8. Halle, Waisenhaus. 810.

— — f. die untersten Klassen deutsch. Schulen. 10te verb. Aufl. 8. Halle, Waisenhausbuchh. 813.

— zunächst f. d. untersten Klassen d. deutschen Schulen in d. Franckeschen Stiftungen (v. A. H. Niemeyer). 8. Halle 792. 15e A. 823. N. A. 825. Waisenhaus-B. 2 gr mit Kpf. 8 gr ill. 12 gr

— zunächst für die untersten Klassen d. deutschen Schulen im Waisenhause. 15e Aufl. 8. Halle 823. Waisenhaus. B. 2 gr geb. mit Kpf. 8 gr

— zunächst für die untern Classen der deutschen Schulen im Waisenhause. 16e Aufl. 8. Halle 834. Waisenhaus-Buchh. 1/12 ß

— f. Mädchen, mit 25 ill. Abbildb. weibl. Beschäftigungen. 12. Prag 827. Bohmanns Erb. 15 gr

— nach d. besten Mustern, mit Abbildb. aus d. Naturgesch. 8. Offenb. 807. Brede. 3 gr illum. 6 gr

— für öffentl. u. Privatschulen. 2e verm. Aufl. 8. Leipz. 833. Cnobloch. 1/6 ß

ABC- und Lesebuch für Stadt- und Landschulen. 13. Auflage, neu eingerichtet und verbessert von F. A. Fröbing. Celle ... V: *Niemeyer, Aug. Herm.* (KY)

— zur angenehmen u. nützl. Unterhaltung, mit 24 Abbildb. Militär. 8. Stuttg. Sonnewald. 2½ gr ill. 4 gr, mit 32 naturhistor. Abbildb. 8. Ebd. ill. 10 gr, mit 32 Abbildb. häusl. Gegenstände. Ebd. 8 gr ill. 10 gr, Nationen, mit 24 Fig. Ebd. 4 gr ill. 5 gr (vergl. Nationen), Handwerker u. Beschäftigungen mit 24 Fig. Ebd. 3 gr ill. 5 gr, moral. Bilder mit 24 Fig. Ebd. 3 gr ill. 5 gr, Vögel, mit 24 Kpf. Ebd. 3 gr ill. 5 gr

ABC- und Lesebuch für die katholischen Volksschulen. Ofen 1870: Universitäts-Druck. 88 S. - 170 mm
- Dass. Budapest 1882: Universitäts-Buchdruckerei. 88 S. - 190 mm
- Dass. Budapest 1900: Universitäts-Buchdruckerei. 88 S. - 8°
- Dass. Budapest 1901: Universitäts-Buchdruckerei. 88 S. - 190 mm
- Dass. Budapest 1902: Universitäts-Buchdruckerei. 88 S. - 190 mm

ABC= u. Leselehrbuch nach e. stufenweise geord. Gange, in Verbind. mit d. ersten Elementen d. Sprachlehre. Zunächst z. Gebr. in d. deutschen protestant. Schulen in Ungarn. 8. Preßburg 838, C. F. Wigand.

ABC - Buch

— zum Lesen u. Schreiben. Lüneburg (854). Herold u. Wahlstab. 8. (40 S.) n. 1 Thlr.; mit: Lesebuch für die Kinder der 2. Classe in Deutschen Stadt= u. Landschulen. (95 S.) n. 3½ ngr; geb. 5 ngr; das Lesebuch allein 2½ ngr

— zum Lesen u. Schreiben. Neue Aufl. Lüneburg 865. Herold & Wahlstab. 8. (47 S. m. Holzschn.) nn. 1¼ ngr

—— und Lese= und Denk=Uebungen bei dem ersten Unterricht der Kinder. Nach den besten Mustern von Pestalozzi, Stephani u. A. bearb. 1. Buch. 4., verb. Ster.=Aufl. 8. (47 S. mit Holzschn.) New=York 851. (Philadelphia, Schäfer.)

—— und Lese= und Denk=Uebungen bei dem ersten Unterricht der Kinder. Nach den besten Mustern von Pestalozzi, Stephani u. A. bearb. 1. Buch. 10., verb. Ster.=Aufl. 8. (47 S. mit Holzschn.) New=York 851. (Philadelphia, Schäfer und Koradi.)

— mit kurzen Leseübungen, für Stadt. u. Landschulen, mit e. Vorr. v. Dr. Hufnagel, mit Kpf. N. Aufl. 8. Frankf. a. M. 799. Jäger. 3 gr ill. 8 gr (25 St. zusamm. auf Druckpap. 2 Thlr 2 gr)

— u. nützl. Leseübungen f. Kinder. 8. Leipz. 777. Breitkopf u. H. 6 gr Schreibp. 8 gr

ABC-Buch für den vereinten Lese-, Schreib- u. Sprech-Unterricht. — Paderborn 1837. 1:Ng 4944. 1.1157

ABC-Buch, Ein lettisches, mit den 5 Hauptstücken für Kinder. Keegel-Muischâ 1784. V: *Harder, Christoph.* (R-N;

— Lutherisches. 8. (16 S. mit 1 Holzschn.) Verden 851, Tressan. ¾ ngr

— — f. Mädch., Hulegänschen genannt, deutsch, lateín., franz., ital. u. griech. mit Fig. d. Künst. u. Handw. 8. Ebend. 802.

— — f. kl. Mädchen. m. ill. K. 8. Leipz. Sommer. 810.

— — für kleine Mädchen, m. 26 illum. Kpf. 16. Ebend. 814. geb.

— für kleine Mädchen, mit 6 ill. Kpf. 3e Aufl. gr. 16. Leipz. 820. (W. Nauck). 1 Thlr

— — für kleine Mädchen. Mit 26 von Geißler gestochnen und sauber gemalten Kupfern, in schönem Einbande. 4te Aufl. gr. 16. Leipzig, Sommersche Buchh. 820.

ABC=Buch, mein. Die Bilder zum Betrachten, die Reime zum Beachten für Kinder. 4. Stuttgart (858). Thienemann. (16 S. u. 24 lith. u. color. Taf.) cart. 15 ngr

Abc=Buch, mein. Die Bilder zum Betrachten, die Reime zum Beachten f. Kinder. (Neue Ausg.) Stuttgart, 863. Thienemann. br. 8. (15 S. u. 24 lith. u. color. Taf.) 15 ngr

— mein. Die Bilder zum Betrachten, die Reime zum Beachten für Kinder. Neue Aufl. Stuttgart 869. Thienemann. 4. (8 S. u. 12 lith. u. color. Taff.) 15 ngr

— mein liebstes. hoch 4. (14 S. m. z. Tl. farb. Bildern.) Ebd. 896. Kart. n. 1.60

ABC - u. Lesebuch

— Meißnisches, mit Vign. 8. Meißen 803. Uz. 6 gr

ABC- und Bilderbuch, Militairisches, für Knaben. Pirna 1808. V: *Kerndörffer, Heinrich August.* (Ky)

— militärisches, f. Knaben, mit 24 Kpf. 12. Pirna 808. Friese. 16 gr

ABC= u. Bilderbuch, militär., f. Knaben. Mit 25 (lith. u.) illum. Bildern nebst Erklärg., militär. Anekdoten u. Kindergeschichten als Leseübung, sowie einer Vorlage zum Schönschreiben u. Zeichnen. 8. (24 S.) Nürnberg 849, Lotzbeck. ¼ Thlr

ABC - Buch

— — militärisches, f. d. Jugend, mit illum. Kpf. 8. Erlangen, Heyder, 845. Rthlr.

— — militär. f. Kind. m. ill. K. Halle, Dreysig. 797.

ABC= u. Lesebuch, militairisches, f. d. früheste Alter. Nebst angemess. Leseübungen a. d. Reichen d. Natur. N. Aufl. Mit 27 ill. Abbildd. 12. Prag 827. (Leipz., Mag. f. Ind.)

— militärisches, für muntere Knaben, mit 24 ill. Kpfrn. 8. Reutling., Fleischhauer u. Spohn. 1/6 Thlr

— militairisches, für muntere Knaben die gern spielend lernen wollen. N. Aufl. Mit 24 ill. Abbildd. 8. Reutling. 835. (Mäcken jun.) 1/6 Thlr

ABC-Buch, musikal., f. d. Kinderwelt z. Erlerng. d. Noten. 8° (51) Lpzg. 1861, Klinkhardt.

— musikalisches, für die Kinderwelt zur Erlernung d. Noten von einem Kinderfreunde. Leipzig, 863. Klinkhardt. br. 8. (2 Bl., 51 S.) 6 ngr

— mit 24 verschied. Nationen in (ill.) Bildern. 8. Reutlingen 835. Fleischhauer u. Spohn. 1/6 Thlr

ABC - u. Bilderbuch

— naturgeschichtliches, f. Kinder, mit 24 ill. Abbild. 8. Leipz. 821. Mag. f. Ind. 8 gr

— naturgeschichtliches, f. Kindheit u. Jugend, mit 24 ill. Abbild. u. 1 Vign. 8. Kitzingen 832. Gundelach. 7 gr

— naturgeschichtl., f. Kindheit u. Jugend. Mit 24 ill. Abbildd. auf 4 Kpfrtaf. 8. Kitzingen 835. Gundelach (jetzt Köpplingers Buch.) 7 gr ordin. Ausg. 1/6 Thlr

ABC - Buch

— naturgeschichtliches, f. gute Kinder, mit 24 ill. Abbild. 8. Leipz. 822. Magaz. f. Ind. 8 gr

ABC - u. Lesebuch

— naturgeschichtliches, mit 21 Abbildd. u. Beschreib. d. vorzügl. ausländ. Thiere. 8. Wesel 833 (832). Becker. 4 gr

— naturgeschichtliches, f. gute Kinder. Mit 26 ill. Kpf. Verb. Ausg. 8. Leipz. 831. Mag. f. Ind. 8 gr

— naturgeschichtliches, f. Kindheit u. Jugend. Mit 5 Kpft. 8. Kitzingen 831. Gundelach. 7 gr

ABC - Buch

— naturhistorisches, deutsch u. latein. 8. Nürnb., Bieling (Leipz. Fr. Fleischer). 8 gr mit illum. Kpf. 12 gr

— naturhistor., od. Abbildd. v. 29 merkwürd. Thieren auf 6 Kpft., nebst Beschreib. ihrer Lebensart, (v. Ch. F. Dreysig). 8. Halle 792. Dreysig.

— naturhistorisches, mit Abbild. in 22 Kupft. 8. Nürnb. 827, Bauer u. R.

— naturhistorisches, mit 22 illum. Abbild. aus der Naturgeschichte. gr. 8. Nürnb. 828. Bauer u. R. 8 gr 2e Aufl. 831. 8 gr

—— naturhistorisches. M. 22 ill. Abbild. a. d. Naturgeschichte. 2. Aufl. gr. 8. (2½ B.) Nürnberg 831, Bauer u. Raspe.

ABC= u. Bilderbuch, naturhistorisches, mit 237 col. Abbildungen. 4. (20 Bl. Text.) Stuttgart 842. Hoffmann('sche Verlags=Buchh.) geb. 1 Thlr — 2. Aufl. 4. Ebend. 846, Schmidt u. Spring. 1 Thlr

ABC - Buch

— naturhistorisches, f. Kinder, mit ill. Bildern. 8. Frankf. a. M. 819. Döring. 8 gr

— naturhistorisches, für fleißige Kinder. Mit 24 ill. Bildern; Säugethiere. gr. 12. Düsseld. 835. Arnz u. Comp. 1/3 Thlr

— naturhistor., für fleißige Kinder. Mit 22 ill. Bildern. Vögel. gr. 12. Düsseld. 835. Arnz u. Comp. 1/3 Thlr

— naturhistor., f. gute Kinder. Mit 45 illum. Abbildd. 8. Magdeb. 822, Rubbach.

ABC - u. Lesebuch

— naturhistorisches, mit schw. Kpf. 8. Dresd. 814. Hilscher. 12 gr color. 1 Thlr

— naturhistor., f. gute Kinder, m. 45 illum. Abbildd. 8. Magdeb. 822. Rubbach. 16 gr

ABC u. Buchstabirbuch, das neue, zum Gebrauch deutscher Volksschulen in Pennsylvanien u. andern Staaten. Für Kinder, welche anfangen zu lernen. gr. 18. (36 S.) Sumnytaun 851. (Philadelphia, Schäfer & Koradi.) n. 4 ngr

ABC - Buch

— neues, enth. e. Anweis. z. Lesen ꝛc. Mit 26 illum. Kupf. Neue Aufl. 8. Nürnb., Campe.

— neues, nebst einigen kl. Uebungen, Denksp., Erzähll., Fabeln ꝛc. für Kinder, mit ill. Kpf. 8. Nürnb., Endter. 10 gr geb. 12 gr

— neues, mit 24 illum. Abbildd., Nationen u. Handwerker vorstlld. 8. Reutling., Fischer. roh 2 gr geb. 3 gr Dass., mit 24 illum. Abbildd., Säugethiere vorstellend. 8. Ebd. roh 2 gr geb. 3 gr Dass., mit 24 illum. Abbildd., Vögel vorstlld. 8. Ebd. roh 2 gr geb. 3 gr

— n., m. 24 ill. Kpfrn. 8. Reutl., Fleischhauer u. Spohn. 3/8 Thlr

— neues, nebst einigen kleinen Uebungen u. Unterhaltungen für Kinder, mit 25 Kpf. 8. Münch. 782. Fleischmann. schw. 12 gr color. 20 gr

— neues, e. Geschenk f. gute Kinder. 8. Leipz. 794. (W. Vogel). 2 gr

— neues, nebst e. Vorbereit. auf die christl. Religion, mit 8 illum. Kpf. 8. Leipz. 795. Grieshammer. 4 gr

A. B. C. Buch, Neues, mit Abbildungen. Mitau 1805. V: *Czarnewski, Joh. Gg. Mart. Fch. Aug.* (Ky) (MGT) (R-N)

— neues, mit illum. Kpf. N. Aufl. 8. Berl. 818. Schöne. 6 gr

— neues, e. Geschenk f. gute Kinder, mit 24 ill. Kpf., Blumen u. Früchte vorstellend. gr. 8. Zürich 818. Trachsler. 8 gr Dass., mit 24 ill. Kpf., Vögel darst. gr. 8. 818. 8 gr Dass., mit 24 ill. Kpf., Handwerker darst. gr. 8. 8 gr Dass., mit 24 illum. Kpf., Nationaltrachten darstell. gr. 8. 818. Ebd. 8 gr Dass., mit allen Kpf. der vorhergeh. 1 Thlr

— — neues, mit 25 illum. Kupf. N. Aufl. 8 Nürnberg, Campe. 819.

— neues, mit ill. Kpf., ohne Text. 8. Berl. 820. Hasselberg. 12 gr

— neues, Geschenk f. Kinder. Mit 96 illum. Abbildd. Neue Aufl. gr. 8. Zürich 825, Trachsler.

— neues, e. Geschenk f. fleißige u. folgsame Kinder. 3e umgearb. Aufl. Mit 48 illum. Kupf. gr. 8. Nürnb. 826, Haubenstricker.

— neues, mit 24 ill Abbildd., Nationen u. Handwerker, — Säugethiere, — Vögel vorstellend. 8. Reutlingen 830. Fischer. à 1/8 Thlr N. Aufl. 840. 1/8 Thlr

— neues. 8. Schwelm. 24e Aufl. 830. Scherz. 1 gr

— neues, e. Geschenk f. fleißige Knaben, mit 24 (militär.) Abbildd. 8. Zürich 831. Trachsler. 18 gr

— neues, m. 24 ill. Bildern. 8. (½ B.) Magdeburg 834, Robrahn u. Comp.

— neues, m. 24 (ill.) Abbildd. (verschied. Gegenstände), nebst 1 Vorschr. z. Schönschr. 8. Erfurt 838. Hennings u. Hopf. 1/8 Thlr

— neues, m. 24 Abbildungen v. Handwerkern — v. Thieren — v. Vögeln u. e. Vorschrift z. Schönschr. 8. Erfurt 838. Hennings u. Hopf. à 1/8 Thlr

— dass. m. 12 ill. Abbildd. v. Kinderspielen, nebst 1 Vorschrift z. Schönschr. 8. Ebd. 838. 1/8 Thlr

— neues, mit illum. Kupfern. 8. (14 Blätter.) Berlin 841, Hasselberg. 1/6 Thlr

— neues, mit 12 Abbildungen (in Oelfarben), nebst 1 Vorschrift zum Schönschreiben. (2 neue Sorten.) 8. Erfurt 841, Hennings u. Hopf. geb. à 3 ngr

— neues, mit 48 Abbildungen (in Oelfarben), nebst einer Vorschrift zum Schönschreiben. 8. Erfurt 842, Hennings u. Hopf. geb. 3 ngr

— neues, ein nützl. Geschenk f. fleiß. u. folgs. Kinder. 4. Aufl. Mit 48 ill. Kpfrn. (auf 8 Taf.) 8. (4½ B. u. Titvign.) Jüterbog 843, Coldiß.

ABC-Buch neues, mit ill. Kpfrn. (Ohne Text.) 3. Aufl. 8. (15 Bl.) Berlin 845, Hasselberg'sche Vrlsh. Thlr.

— neues. Nr. 1—6. 8. (à 17 S. mit eingedr. Holzschn. in Farbendr.) Erfurt 855, Hennings und Hopf. à Nr. 2 Ngr.

Inhalt:
- No. 1. Mit 24 Abbildungen.
- 2. Mit 25 Abbildungen.
- 3. Mit 25 Abbildungen von Handwerkern.
- 4. Mit 12 Abbildungen von Kinderspielen.
- 5. Mit 24 Abbildungen von Thieren.
- 6. Mit 24 Abbildungen von Vögeln.

— neues. (Nr. 1—8.) Erfurt, (855). Hennings u. Hopf. 8. Jede Nr. (à 17 S. mit Holzschn. in Farbendr.) 2 ngr

— neues. 8 div. Nrn. (à 16 S. mit eingedr. Holzschn. in Farbendr.) 8. Erfurt 856, Hennings und Hopf. à Nr.

— neues. 34. Aufl. 8. (16 S.) Schwelm 856, Scherz.

— neues, in 70 Bildern. Naturhistorisches Bilderbuch für die zarte Jugend. Herausgeg. von Fr. Ed. Sandtner. 12. Prag 841. (v. Mayreggsche Buchh.) n. 5/12 Thlr

— neues, in 70 Bildern. — Naturhistorisches Bilderbuch für die zarte Jugend. Mit 23 lith. Tafeln. 12. Prag 844, Sandtner. geb. 12 ngr — color. 2/3 Thlr

ABC - u. Bilderbuch

— neues, ein Geschenk für gute u. fleißige Kinder, mit 15 ill. Kpft. gr. 8. Berl. 829. Hasselberg. 12 gr

— neues, m. 24 (ill.) Abbild. v. Säugethieren, od. Vögeln u. e. Vorschrift zum Schönschreiben. qu. 8. (2 B.) Neuhaldensleben 839, Eyraud.

ABC- u. Bilderbuch, neues, zur angenehmen Beschäftigung f. kleine Knaben u. Mädchen, mit 24 ill. Abbildd. 8. Kitzingen 835. Gundelach. 1/6 Thlr

— neues, zur angenehm. Beschäftigung f. kl. Knaben u. Mädchen, m. 24 ill. Abbildn. 8. (2 B.) Kitzingen 835, [Köpplinger.]

— neues, für die Jugend, mit sehr viel Abb. 8. Eichst. 830. Beyer. schwarz 6 gr ill. 12 gr; in 4. 6 gr ill. 12 gr

— neues, f. Kinder, mit 1 Karte v. Elsaß u. 24 naturhistor. Abbild. 12. Straßb., Heitz. (Leipz., Kaysers B.) 6 gr ill. 8 gr

— neues, f. gute Kinder. 8. (1⅛ B. u. 8 ill. Stnt.) Speyer 844, Lang.

— neues, f. gute Kinder. 8. (1 B., 8 Bild.-Taf. u. 2 ill. Vign.) Emmerich 846, Romen.

ABC=, Bilder= u. Lesebuch, neues, mit 25 illum. Vorstellungen über verschied. Gegenstände aus d. gemeinen Leben, nebst großen u. kl. Buchstaben rc. 8. (Leipz., Central=Cpt.) 12 gr

— neues, mit deutschen, latein. u. geschrieb. Buchstaben u. 25 ill. Kpf. 8. Nürnb., Bieling (Fr. Fleischer in Leipz.) 12 gr

— neues, f. Kinder, mit illum. Vorstell. 8. Nürnb., Bieling (Fr. Fleischer in Leipz.) 8 gr

— neues, f. wißbegierige Kinder, mit illum. Kpf. 8. Nürnberg, Endter. 10 gr

ABC - u. Bilderbuch

— — neues, nach den bewährtesten Methoden, ein Geschenk für gute Knaben, mit 27 illum. Abbild. 8. Leipz., Magaz. für Industrie, 820. geb.

— — dasselbe für Mädchen, 8, Ebend, geb.

—— neues, nach d. bewährt. Methoden. Ein Geschenk f. gute Knaben. 8. (2½ B. u. 28 ill. Abbild.) Leipzig 831, Magazin f. Industrie.

ABC - Buch

— neues, mit Bildern, zum Nutzen u. Zeitvertreib kl. Kinder, mit 6 ill. Kpft. 8. Leipz. 832. (Franke). 5 gr

— — n. z. Bildung d. Verst. m. ill. K. Nürnb. Endters.

ABC - u. Buchstabirbuch, neues, ein Weihnachtsgeschenk für gute Kinder, mit 24 Kupf. 8°.– Nürnb., Zeh 1813.

ABC - u. Buchstabirbuch, neues, mit illum. Kupf. 8°.– Meißen, Gödsche 1816.

A.B.C= und Buchstabir=Buch, neues, für Knaben und Mädchen. Mit ölfarb. Abbildungen. 8. (14 S. auf Leinw. gedr.) New=York 861. (Philadelphia, Schäfer und Koradi.)

ABC - , Buchstabir - u. Lesebuch

— — — neues, m. illum. K. 8. Cöthen, Aue. 806. m. schwarz. K.

Anweis. zu dessen Gebrauch. 8. Ebend.

Neues ABC-, Buchstabier- und Lese-Buch. — Münster 1834. 1:Ng 4898. 1 1158

— neues, zur Beförd. d. Entwickelung des Verstandes für niedere, u. besonders für Landschulen bearb. (v. Th. Wolf II.) Mit 8. Kpft., Giftpflanzen vorstellend. 8. Nürnb. 800. Schneider u. W. 12 gr illum. 16 gr

— neues, f. fleißige Kinder, mit 24 ill. Abbildb., Soldaten vorstell. und 2 Blatt Vorschriften. 8. Regensb. 828. Reitmayr. 6 gr Dass., Nationen vorstellend. 8. Ebd. 831. 6 gr Dass., Thiere vorstellend. 8. Ebd. 831. 6 gr

— neues, f. fleißige Kinder. m. 24 ill. Abbildb. (Thiere vorstellend). 8. Regensb. 829. Reitmayer. 6 gr Dass., mit 72 illum. Abbildb. (Nationen, Soldaten u. Thiere vorstellend). 8. Ebend. 829. 12 gr

— neues, f. fleißige Kinder, mit 72 Abbildb. 8. Regensb. 831. Reitmayr. 12 gr

—— f. fleiß. Kinder. M. 24 ill. Abbild. 8. (3½ B.) Regensburg 834, Reitmayr.

— neues, für Stadt= und Landschulen, mit illum. Kpf. 2e Aufl. 8. Meißen 816. Gödsche. 6 gr

— neues, z. Unterricht in den ersten Kenntnissen, mit Holzschn. 8. Stuttg. 805. Magaz. f. Litt. 7 gr ill. 9 gr

— — — neues, z. Unterr. in d. nöthigst. Kenntniss. f. Volksschulen, m. Bild. 8. Leipz. Schneider. 792.

ABC - u. Buchstabirbuch

— neues, nach e. natürl. auf die gewöhnl. Namen der Buchstaben gegründ. Methode. 8. Straßb. 815. Levrault. 8 gr

A B C = B u ch, neues, f. Bürger= u. Landschulen. 8. Annab. 824, Haiser. (Leipzig, Lelb.)

ABC - u. Lesebuch

— neues deutsches u. französisches. 8. Augsb. 806. (André in Leipz.) 5 gr

ABC-Buch

— neues deutsches u. polnisches, m. 26 Kpf. 12. Bresl. . . N. Ausg. 821. W. G. Korn. 1 rß 12 gr

Neues ABC- oder Elementar-Buch. — Dortmund 1837. 1:Ng 4940. 1 1159

ABC- und Elementarbuch, neues, f. Kinder der gebildeten Stände, m. Kupf. 8°.– Prag, Enders

ABC= u. Elementarbuch, neues, f. Kinder d. gebild. Stände, mit Kpf. 2e Aufl. 8. Prag 816. Enders. 20 gr

ABC - Buch

— neues, mit kl. Erzähll. aus d. Kinderwelt z. Uebung im Lesen, mit 8 ill. Kpf. 8. Zürich 816. Trachsler. 8 gr

ABC - Buch ganz neues, der lieben zarten Jugend zum Vergnügen u. zur gründlichen Unterweisung, mit Illum. Kpf. gr8°. Ebend.

—— neues, f. d. Leipziger Jugend, als ein Weg=Weiser auf d. Pfad d. Tugend; mit schönen Sprüchen u. (24 ill.) Bildern daran, verfaßt v. d. Herrn Dr. Hans Kindermann. (Scherzhaften u. satyrischen Inhalts.) 8. (1¾ B.) Leipzig 835, verlegts W. Zirges treu u. fleißig.

— neues, f. Kinder, m. 24 ill. Kpfrtaf. u. deren Benennung in deutsch., franz., ital. u. ungar. Sprache, dann e. Anleit. z. Buchstabiren u. Lesen. (Von J. Bysang.) 8. Wien 830. Bermann u. Sohn. 11 gr ohne die Anleit. ⅓ rß

ABC-Buch, Neues, für grosse Kinder. Herausgegeben von J. R—r. O. O. 1798. 88 S., 8°. V: *Richter, Joseph.* (Hans Viktor Pisk Joseph Richter, Diss. Wien 1927, S. 85.)

A-B-C-BUCH, Neues, für grosse Kinder (von *A. G. F. Rebmann*). 3 Thle. Germanien (Hamburg, Vollmer) 1798. 8°. Weller, fing. Druckorte.

—— neues, f. gute Kinder. Mit (8 col.) Bild. 8. (1½ B.) Leipzig, Geißler. (H. Fritzsche.) *

— neues, f. gute Kinder. Mit 1 Karte v. Elsaß u. 24 naturh'ltor. Abbildd. 12. Strasburg, Heis. 6 gr., illum.

— neues, für gute Kinder, welche bald lesen lernen wollen, mit 24 Kpf. 12. Wien, Müller. 16 gr

— neues, f. gute Kinder, welche bald lesen lernen wollen. Enthält die nöthigen Alphabete, Buchstabir= u. Lesesätze, u. 24 lehrreiche Erzählungen mit eben so viel schön gemahlten Bildern. 12. Wien 829. Müller. 16 gr

— — neues, für Kinder von 6 bis 10 Jahren. Neue verb. Aufl. 8. Bern, Walthardt. Leipz. Schmidt. 819.

ABC - Buch, neues f. Kinder, welche auf e. leichte Art buchstabir. u. lesen lernen wollen. 8°. Quedling. Ernst 1796.

— neues, f. Kinder, welche auf eine leichte Art buchstabiren u. lesen lernen wollen. 3e Aufl. 8. Quedlinb. 812. Ernst. 4 gr mit Kpf. 8 gr ill. 10 gr geb. 14 gr

ABC - u. Bilderbuch

— neues lehrreiches, mit 23 Kpf. gr. 8. Pirna, Friese. 4 gr ill. 8 gr

ABC - Buch

— neues Leipziger, f. gute Kinder (Knaben), mit 12 ill. Bild. 8. Leipz. N. Aufl. 822. (Franke). 6 gr Dass., für Mädchen, mit 12 ill. Kpf. Ebd. 832. 6 gr

ABC - u. Lesebuch

— — neues, enthält eine Anweisung zum Lesen, kleine Geschichten ꝛc. mit 25 Kupf. 4te Aufl. Nürnb. Campe.

— — neues, 8. Nürnb. Campe. 805.

— — neues, enthalt. eine Anweisung z. Buchstabenkenntniß u. s. w. m. K. 8. Nürnb. Campe. 805.

— neues, mit Bildern aus der Naturgeschichte. 8. Glogau 807. Neue Güntersche B. 4 gr illum. 8 gr

— neues, mit illum. Abbildd. merkwürd. Völkerschaften aller Erdtheile, nebst deren Erklär. 8. Nürnb. 809. Korn in Fürth. 9 gr

— neues, e. Geschenk f. fleißige u. folgsame Kinder, 3e Aufl., mit 48 illum. Kpf. gr. 8. Nürnb. 826. Haubenstricker. 16 gr

— neues, ein Geschenk f. fleißige u. folgsame Kinder. gr. 8. Nürnb. 822. 3e Aufl. Mit 48 ill. Kpfrn. Ebd. 827. (Berl., Bade.) 2/3 Thlr

ABC- und Lesebuch, Neues,

in 191 Abbildungen, mit Erklärungen aus der Naturgeschichte. 8. Aufl. Leipzig 1828. *Hausius, Carl Gottlob.* (Ky)

— neues, in 191 Abbildd., mit Erklär. aus d. Naturgeschichte, (v. K. G. Hausius). Mit Kpf. 8e Aufl. gr. 8. Leipz. 828. Voß. 16 gr, geb. 1 Thlr

— neues, mit 24 ill. Abbildd. von Handwerkern u. Künstlern, u. e. Vorschr. zum Schönschreiben. 8. Neuhaldensleben 828. Eyraud. 6 gr

— neues, mit 25 Abbildd. merkwürd. Völkerschaften aller Erdtheile, nebst deren Erklärung. 8. Nürnb. N. Aufl. 833 (832). Campe. 16 gr

— neues, 8e Aufl. Mit 25 Kpfrn. 8. Nürnb. 836. Campe. 2/3 Thlr

— neues. Ein nützl. Geschenk für fleißige u. folgsame Kinder. 4. Aufl. Mit 48 illum. Kupfrn. (auf 8 Taf.) gr. 8. Jüterbog 843, Colditz. geb. 5/12 Thlr

ABC - u. Lesebuch, neues

Nebst Dr Martin Luthers Kleinem Katechismus. 2. unveränd. Aufl — Ebd. [um 1850]. 72 S. 2.
1 1161

Neues ABC- u. Lesebuch — Grünberg: Weiss [um 1850]. 1: Ng 4652.
1 1160

ABC- und Lesebuch, neues. Nebst Dr. M. Luther's kl. Katechismus. 3. Aufl. (853). — 4. verb. ꝛc. Aufl. Grünberg 857. Weiß. 8. (72 S.) 4½ ngr

— — n., in Bildern, m. Erklär. a. d. Naturgesch. m. K. Leipz. Voß. 805.

illum.
Schreibv. illum.

ABC-, Lese- u. Bilderbuch, neues, f. deutsche Knaben u. Mädchen, mit 8 illum. Kpf. gr. 8. Leipz. 816. Enobloch. 1 Thlr

ABC-

— — und Lesebuch, neues, für Bürger- und Landschulen mit 72 Kupf. 8. Leipzig, Joh. A. Barth (in Comm.)

ABC - und Lesebuch

— neues, z. Gebr. f. Bürger- u. Landschulen, mit 24, oder 9 andern illum. Abbild. Meißen 828. (Leipz. Herbig). 4 gr

Neues ABC- und Lesebuch zur Erlernung des Lesens nach der Lautmethode. — Grünberg o J.: Krieg 64 S. 2.
1 1163

— neues, f. Kinder. 3e Aufl. 8. Dresd. 814. Hilscher. Mit 24 color. Kpf. 12 gr

— neues, für gute Kinder, mit 24 ill. Abbildd. 8. Leipz. (W. A. Küntzel) 1/6 Thlr

ABC- u. Lesebuch, neues, für gute Kinder. Mit 24 ill. Abbildd. 8. Schmalkalden 832. Lithogr. Institut. 4 gr

ABC- u. Lesebuch, neues, f. Kinder von 6 bis 10 Jahren, v. Heinzmann. 8°.— Bern, Walthardt 1811.

ABC - u. Lesebuch, neues f. Kinder von 6 bis 10 Jahren, dessen 2. Thl. od. Schul-u. Lesebuch f. d. Schweizer Jugend v. 11 bis 14 Jahren. 8° Ebend. 1811.

— neues, f. Kinder von 6 bis 10 Jahren. N. Aufl. 8. Bern 819. Walthardt. 5 gr

ABC- u. Lesebuch, neues Mädchen-, mit 25 ill. Abbildd. 12. Prag 827. (Leipzig, Magazin f. Ind.)

— — neues, u. Quodlibet. (Mit 8 ill. Taf.) Breit 8. (2 B.) Leipzig 816, Hunger.

ABC- und Lesebuch, Neues,

für die Schweitzerjugend von 5 bis 8 Jahren; den Stadt- und Dorfschulen zu einem bessern Leitfaden gewidmet. Bern 1797. V: *Heinzmann, Johann Georg.* (MGT)

ABC-Buch u. Lesebüchlein neues, 8° Bartenstein, Firdorf und Kleinheinz, 1812.

— neues, mit Leseübungen u. illum. Kpf. aus der Naturgeschichte. 3e Aufl., mit 24 Kpf., Säugethiere vorstellend. 8. Zürich 813. Trachsler. 15 gr

— — neues, m. Leseüb. a. d. Naturgesch. m. ill. K. 8. Zürich, Trachsler. 806.

ABC-, Buchstabir u. Lesebuch

— neues militärisches, e. Geschenk f. gute Kinder, mit 25 Kpf. 8. Sulzb., v. Seidel. 8 gr ill. 10 gr

ABC- und Lesebuch, Neues militärisches,

für gute Kinder. Nürnb. 1796. V: *Soden, Friedrich Julius Heinr. von.* (Ky)

— neues militärisches, f. gute Kinder (von Fr. Jul. H. v. Soden). 8. Nürnb. 796. Pech. 6 gr illum. 8 gr

— — n. militär. f. gute Kind. m. K. 8. Sulzbach, Seidel. 804.

illum.

ABC - Buch

— neues, aus der Naturgeschichte d. vierfüß. Thiere, mit Kpf. 8. Stuttg. 804. Magaz. f. Litt. 7 gr ill. 9 gr

ABC - u. Bilderbuch, neues

— — naturhistor. m. ill. K. 8. Frankf. Brönner. 804.

— neues naturhistorisches, mit 24 Abb. v. Säugethieren. 8. Eichst. 830. Beyer. 6 gr Dass. mit 24 Abb. v. Vögeln. 8. Ebd. 830. 6 gr Dass. mit 24 Abb. Handwerker. 8. Ebd. 830. 6 gr

ABC - u. Lesebuch

— neues, naturhistor., mit 24 ill. Abbildd. von Säugethieren u. e. Vorschr. z. Schönschreiben. 8. Neuhaldensl. 828. Eyraud. 5 gr

ABC - , Lese- u. Bilderbuch

— neues naturhistorisches, mit 42 ill. Abbildd. aus d. Thierreiche. 8. Leipz. (W. A. Küntzel.) 14 gr

— neues naturhistor., mit 42 illum. Abbildd. aus d. Thierreiche. 8. Schmalkalden 832, Lithogr. Instit. 7 gr

ABC - Buch
— neues, z. Nutzen u. Zeitvertreib kl. Kinder, mit mehr als 100 ill. Kpf. 2e Aufl. 8. Nürnb. 827. Bauer u. R. 7 gr

—— neues sangbares, mit 25 neuen, schönen Bildern (in Oelfarben), nebst 1 Vorschrift z. Schönschreiben. 8. (1⅛ B.) Erfurt 842, Hennings u. Hopf.

—— dass., mit 19 neuen, schönen Bildern (in Oelfarben), nach d. allbekannten Volks-Melodie: Ich bin der Doktor Eisenbart, nebst 1 Vorschrift z. Schönschreiben. 8. (1⅛ B.) Erfurt 842, Hennings u. Hopf.

— neues, f. Schulen. 3e verb. u. verm. Aufl. Mit 55 illum. Abbildd. 8. Meißen 824, Gödsche.

— — n., in drei Sprach. m. ill. K. ar. 8. Dresd. Beyer. 810.

— neues, in 3 Sprachen, deutsch, latein. u. franz., mit 10 ill. Kpf. 3e Aufl. gr. 8. Dresd. 813. Beyer. 12 gr

ABC- u. Syllabirbuch, neues, auf d. zweckmäß. eingerichtetes. 8. Fürth, Korn. Rthlr. illum. u. geb

ABC-, Buchstabir- u. Lesebuch, neues unterhaltendes, oder erster Unterricht im Lesen u. Schreiben. 8. (48 S. m. 8 color. Lith.) Chur 851, Grubenmann. ⅓ Thlr

ABC- Buchstabir-u. Lesebuch, neues unterhalt. 8°(48 m. 8L) Chur 1851, Gsell.

ABC - Buch
— neues, für den ersten Unterricht im Lesen, nebst zweckmäßigen Uebungsstücken, mit Kpf. 8. Berl. 814. Schöne. 4 gr ill. 6 gr

— — Bilder- u. Buchstabir-Buch, neues unterrichtendes, für die Jugend, mit 25 illum. Kupf. gr. 8. Ebend.

— neues, f. freisinnige Wähler. Ein Lexikon parlamentar. Zeit- u. Streitfragen. 3. Jahrg. gr. 8. (VIII, 388 S.) Berlin 884. (Barthel.) n. 2. —

Abc-Buch (Neues) für freisinnige Wähler. Ein Lexikon parlamentarischer Zeit- und Streitfragen. gr. 8°. Berlin 1888.

— neues, welches das Angenehmste u. Interessanteste aus der Naturgeschichte zum Grunde hat, (v. K. G. Hausius). gr. 8. Leipz. 791. 2e Aufl. 792. 3e Aufl. 794. Voß. N. Aufl. s. ABC- und Lesebuch.

ABC- u. Zeichenbuch, neues, f. d. Jugend, in 24 Bl. qu. Fol. Ludwigsb. 827. Nast. 1 Thlr 4 gr

ABC – Buch
— neuestes, mit Kpf., nebst Lesebuch für Kinder. 8. Wien 802. (Heubner). 8 gr illum. 16 gr

— neuestes, oder Uebungen im Syllabiren oder Buchstabiren und Lesen. gr. 8. Wien 802. (Heubner). 8 gr mit Kpf. 20 gr illum. 2 Thlr 8 gr

— neuestes, oder Vorübb. im Lesen u. Denken, mit Rücksicht auf Oliviers Methode. gr. 8. Naumb. 804. Rößler. 6 gr

— neuestes. Frankfurt a. M. 857. Krebs-Schmitt. 8. (16 lith. S. in Farbendr.) n. 2 ngr

— neuestes. Mit vielen Bildern. Stuttgart, 865. Chelius. gr. 8. (16 lith. u. color. Taf.) 22½ ngr

—— neuestes. — Images jolies. — Gay images. gr. 8. (12 Chromolithogr.) Eßlingen 872, Schreiber. geb. (90 Pf.)

— neuestes. 8. (12 Chromolith. auf 6 Bl. Carton.) Stuttgart 874. Eger & Distler. — 40

— dasselbe. 8. (24 S. m. 12 Chromolith. auf Carton.) Ebd. 874. — 90.

—— neuestes. 8. (12 Chromolithogr. auf 6 Blatt Carton.) Stuttgart 874. Nitsch.

—— dass. — 8. (24 S. mit 12 Chromolithogr. auf Carton.) Ebendas. 874. geb.

—— neuestes. — Images jolies. — Gay images. — 2. Aufl. gr. 8. (6 Bl. Carton mit 12 Chromolithogr.) Ebendas. 875. cart.

— neuestes. Mit vielen Bildern. (2. Aufl.) gr. 8. (32 S. m. 16 color. Steintaf.) Eßlingen 877. Schreiber. 2. 50

—— neuestes. 2. Aufl. 4. (12 color. Stnt.) Eßlingen 878, Schreiber. cart.

ABC- u. Buchstabirbuch
— — — neuestes, f. gute Kinder, 2te Aufl. 8. Fürth, Korn. 813. geb.

— neuestes, für gute Kinder, 3e Aufl., mit 24 ill. Kpf. 8. Fürth. 817. Korn. 8 gr

ABC - , Buchstabir- u. Lesebuch
— neuestes, f. gute Kinder. 2e, 3e Aufl. 8. Fürth, mit 24 illum. Kpf., Handwerker vorstellend. 813. Korn. 8 gr

ABC -
—— Bilder- und Lesebuch, neuestes deutsches. Mit 16 colorirten Bildern 6. Aufl. 8. (16 S.) Pest, Lauffer & Stolp cart. 36 kr. 1861

ABC - Buch
— — neuestes lateinisches, mit colorirten Kpfrn. gr. 8. Ebend.

ABC - u. Lesebuch
— neuestes, f. Knaben, mit 24 ill. Abbildd. u. angemess. Leseübungen &c. 12. Prag, Bohmanns Erb. 15 gr

— neuestes, nach Pestalozzi u. Olivier. 8. Zeitz 809. 3e Ausg. . . Webel. 8 gr ABC-Tabelle dazu 2 gr

ABC - Buch
— — neuestes, z. Lesen u. Denken. m. ill. K. gr. 8. Grobnow, Petrowitsch u. C. 806.

A.B.C.- und Bilderbuch, Neuestes militärisches, nebst einer Anweisung, Kinder leicht lesen zu lernen; zum Gebrauch beym häuslichen Unterricht. Lpz. 1809. V: *Kerndörffer, Heinr. Aug.* (Ky) (MGT) Pirna 1808. (NN)

ABC - Buch
— neuestes naturhistorisches. Bilderbuch für gute Kinder, mit 6 illum. Kpft. und 1 Tabelle aller Schriftarten. 8. Leipzig 819. C. Klein. 6 gr

— — neuestes, nach Pestalozzi und Olivier. 4te Aufl. 8. Zeitz, Webel. 820. geb.

ABC - u. Lesebuch
— neuestes ungarisch-deutsches, s. A.B.C., lejugabb képes Magyar-Német etc.

ABC - Buchstabir, u. Lesebuch
— — neuestes wohlfeiles, zum Schul- u. Hausgebrauch, mit 28 ill. Kpf. Nationen vorstellend. 8. Ebendas. 819.

ABC - Buch
— nützliches, f. Kinder. Mit 47 fein color. Bildern u. sinnigen Versen, nach Originalzeichngn. v. Joh. Voltz. 4. (48 S.) Eßlingen 872. Schreiber. geb. 1. 50

ABC - Buch nützliches neues, f. d. Jugend, m. 24 Kpf. gr8°.– Ebend.

ABC=, Rechen= u. Lesebuch, nützl Mit Abbildd. militär. Gegenstände. gr. 8. Nürnb. 823, Bauer u. R.

ABC=, Rechnen= u. Lesebuch, nützl., m. Abbildd. militär. Gegenstände in 24 illum. Kpf. 8. Nürnb. 822. Bauer u. R. 10 gr

ABC=, Syllabir= u. Lesebuch, nützliches, mit 24 illum. Kpf. 8. Bamb. 816. Lachmüller. 4 gr

ABC - Buch

— ökonomisches, oder Anleit., wie ein Haus= und Landwirth etc. seine Wirthschaft verbessern u. die Einkünfte vermehren könne, (v. G. F. Kerzig). 3 Jahrgg. auf d. J. 1794, 95, 96. gr. 8. Chemnitz 784—86. (Starke). 9 gr

A-B-C-Buch, Oekonomisches, für junge Leute, welche die ganze Landwirthschaft erlernen wollen. Wien 1792.
V: *Schönfeld, Johann Ferdinand Ritter von.* (Ky) (MGT) (WBL) GGr)

— ökonomisches, für junge Leute, welche die ganze Landwirthschaft erlernen wollen, (v. J. F. v. Schönfeld). 8. Prag 792. v. Schönfeld. 2 gr

— — (d. silberne Kinderklapper) nach Pestalozzi. m. ill. Kupf. Quedlingb. Ernst.

Ordentliches A,B,C-Buch. — Kellinghusen: Jargstorff [um 1800]. 8 Bl. 8. I 1161

A-B-C-Buch, politisches, f. bayerische Landtagswähler m. Programm der vereinigten Liberalen u. Demokraten Bayerns u. Landtagswahlgesetz nebst Wahlkreiseintlg. (131 S.) 8. Diessen (907). J. C. Huber. 1. —

— politisches, für große u. kleine Schweizerkinder. 8. Bern 834. Jenni, Sohn. 1/3 rß

ABC = Buch von Reichenbach, mit Beschreibung, f. Reichenbach.

— — russisches, 8. Petersb. (Hartknoch in Leipz.)

ABC=Buch, scherzhaft=satyrisches. Auch u. d. T.: Neues ABC=Buch f. d. Leipziger Jugend. Als ein Wegweiser auf dem Pfad d Tugend. Mit schönen Sprüchen u. Bildern daran. Verfaßt v. dem Herrn Dr. Hans Kindermann. Leipzig. Achtzehn hundert fünf u. dreißig. Verlegt's Wilhelm Zirges treu u. fleißig. Mit 24 color. Darstellungen. 8. Leipz. 835. (Melzer.) 1/4 rß

— das schöne, oder: Was thut er? Was thut sie? Mit 25 ill. Bildern. gr. 12. Wien 834. Müller. 2/3 rß

— schönes. Ein Bilderbuch f. die liebe Jugend. 4. (8 farb. Taf. m. eingedr. u 10 S. Text) Eßlingen 889. Schreiber. cart. n. — 60

— schönes, f. kleine Kinder. 24 Tafeln in prächt. Farbendruck nach Compositionen nach Johs. Volz. 8. Aufl. d. „Schönen Bilderbuchs". gr. 8. (6 Bl. Carton m. 12 Chromolith.) Ebend. 875. n. 1. —

— schönes, f. kleine Kinder. 24 Tafeln in prächtigem Farbendr. n. Composit. v. J. Volz. 9. Aufl. d. „Schönen Bilderbuchs". 4. (12 Chromolith.) Ebend. 880. geb. n. 1. —

— schönes, für kleine Kinder. 24 Taf. in prächt. Farbendr. mit Compositionen nach J. Volz. 9. Aufl. des „Schönen Bilderbuchs". 4. (12 Bl.) Ebendas. 881. geb. *

A=B=C= und Lesebuch, schönes, für fleißige Knaben und artige Mädchen. 8. (1 B. u. 8 illum. Bilder=Taf.) Wesel 841, Bagel. geb. 1/6 rß

— schönes, f. fleißige Knaben u. artige Mädchen. 8. (16 S mit 8 lithochrom. Taf.) Wesel 848, Bagel. 1/6 rß

— das schönste Wiener, für Kinder. Mit 56 Abbildd. d. merkwürdigsten Thiere in gemalten Stahlstichen. Lex.=8. Wien 840. Müller. 1 1/3 rß

ABC - Buch, -schönstes, s.a. Pracht-ABC-Buch

—— schönstes, für kleine Kinder. gr. 8. (8 lith. und ill. Bl.) Stuttgart 850, [Chelius.]

— schönstes, f. kleine Kinder. gr. 8. (8 lith. u. col. Bl.) Stuttgart 851. Hoffmann (jetzt Chelius). 1/4 rß

— schönstes, nach der neuesten Lese=Methode für kleine Kinder. 2. Aufl. 856. — 3. Aufl. Mit vielen bunten Bildern. Stuttgart 858. Chelius. gr. 8. (16 S. u. 8 lith. Taf.) 7 1/2 ngr

—— schönstes, nach der neuesten Lese=Methode für kleine Kinder. 3. Aufl. 1858. und 4. Aufl. gr. 8. (16 S. mit vielen bunten Bildern auf 8 Stnt.) Stuttgart 860, Chelius.

— schönstes, nach der neuesten Lese=Methode für kleine Kinder. 4. Aufl. 862. — 5. Aufl. Mit vielen bunten Bildern. Stuttgart, 865. Chelius. gr. 8. (16 S. u. 8 lith. Taf.) 7½ ngr

— schönstes, nach der neuesten Lese=Methode für kleine Kinder. 6. Aufl. Mit vielen bunten Bildern. Stuttgart 870. Chelius. gr. 8. (16 S. u. 8 lith. Taff.) 7½ ngr

— schönstes, nach der neuesten Lese=Methode f. kleine Kinder. 7. Aufl. Mit vielen bunten Bildern. (8 color. Steintaf.) gr. 8. (16 S.) Leipzig 882. Berndt. geb. 1. —

— für die Schule in Quedlinburg. 8. Quedlinb., Ernst. ½ gr Dass., mit Holzsch. 8. 1 gr illum. 2 gr

A-B-C-Buch für die Schulen im Burzenland. Kronstadt 1803. V: *Marienburg, Luc. Jos.* (Trausch)

— der deutschen Sprache in tabellar. Uebersicht der mögl. Bestandtheile ihrer Sylben u. Wörter nach d. Grundlauten. 8. Düsseld. 826. Schreiner. 14 gr

ABC = Buch in hundert Sprachen. 8. Leipz. Rthlr.

— u. vermischte Sprüche u. Lehren f. Kinder, deutsch u. franz. 8. Altona 799. Kave (Fr. Fleischer in Leipz.) 6 gr ill. 12 gr

— f. Stadt= u. Landschulen. 8. Wien. Geistinger. (Landshut, Krüll.

— — f. niedr. Stadt= u. Landsch. m. illum. Bildern. Halle, Dreyssig.

ABC- u. Syllabirbuch

— mit 24 Kpf. u. Leseübungen nach Salzmanns Methode. 8. Nürnb., Schneider u. W. 6 gr

ABC -

— — und Syllabirbuch f. Kinder. 5te Aufl. M. 23 illum. Kupf. Leipzig, Sommer. 820

ABC= u. Syllabirbuch f. Kinder, welche anfangen, die Buchstaben zu lernen. Mit 23 ill. Kpf. 16. Leipz. 5e Aufl. 820. (W. Rauck). 16 gr

ABC= Syllabir= u. Lesebuch. m. K. 8. Nürnb, Schneider u. W. 795.

— — — f. Kinder aller Stände v. G. A. Eberhard. 2te Ausgabe mit 99 illum. Abbild. gr. 8. Leipz. Leo.

— z. Gebr. d. Schuljugend. 8. Mainz, Müller. 4 gr

A B C = Buch, technolog., f. gute Kinder. Mit 22 illum. Abbild. 8. Nürnb. 826, Bauer u. R. Rthlr.

— technologisches, f. gute Kinder, mit 22 illum. Abbildd. gr. 8. Nürnb. 827. Bauer u. R. 8 ggr 2e Aufl. 831. 8 ggr

— mit Thieren für artige Kinder. Hannover (855). C. Hornemann. 8. (16 S., lith. Titel u. 4 lith. u. color. Bl.) n. 5 ngr

—— mit Thieren für artige Kinder. 8. (16 S. mit 4 chromolith. Taf.) Hannover 856, Hornemann'sche Hofkunsth. *

ABC-Buch m. Thieren f. art. Kinder 8° (16) Hann. 1856, Schrader's Nf.

— — n. Uebung. f. Kind. f. Weise.

ABC-Buch für den ersten Unterricht im Lesen. Nach genauer Stufenfolge bearb. und für die Lautir- und Buchstabir-Methode eingerichtet. — Paderborn: Junfermann 1841. 54 S. 6.
1.1165

— f. den ersten Unterricht im Lesen, nach genauer Stufenfolge bearb. u. f. die Lautir= u. Buchstabir=Methode eingerichtet. 17. mit e. Anleitung zum Schreiben u. e. Anzahl Schullieder verm. Aufl. Paderborn, 861. Junfermann. 8. (64 S.) n. 1¾ ngr.

ABC - u. Bilderbuch

— das unverwüstliche, f. kleine Kinder, mit 24 Kpf. gr. 8. Dresd. 810. Beger (Weygand in Leipz.) 2 Thlr 3e Aufl. 814. Ebd. 2 Thlr N. Ausg. gr. 8. Leipz. 819. Hinrichs. 1 Thlr 8 ggr

A B C = und Bilderbuch, unverwüstliches, für kleine Kinder. Mit 24 col. Kupf. gr. 8. Leipzig, Hinrichs. 819.

A B C = u. Buchstabir = Buch, verbessertes. Mit illum. Bildern. 8. Berlin 824, Hasselberg.

A.B.C.Buch, Nach einer neuen Lehrart verbessertes, nebst den nützlichsten Leseübungen für Kinder. 1. Der Theil wobey auch das verbesserte Bilder-A-BC Buch gebraucht werden kann. Leipzig 1777. V: *Besecke, Christian Wilhelm.* Ml.

ABC-Buch, Verliebetes, ... R. S. (Verf. *Kaspar Friedr. Renner*, geb. 20. März 1692 zu Münden, Structuar u. Stadtvoigt in Bremen, † 21. Mai 1772; nannte sich *Franz Heinr. Sparre*). Gedruckt bey Hermann Christoph Jani. O. O. u. J. (1734). 8°. 8 Bll. (In Göttingen: P. 3905.)
Auch in R's: Eine Handvoll Knittel-Gedichte. Bremen, bey Nathanael Saurmann. 1738. 8°. 2 Bll. u. 109 S. (Nr. XIII. S. 91 ff.) (Ebd. 3905.) Goedeke, 2. Aufl., III. pag. 343. (15 Mk. Ludw. Rosenthal, München, 1906.)

A B C = u. Bilderbuch, völkergeschichtl., f. Kindheit u. Jugend. 8. (1½ B. u. 25 ill. Abbild.) Kitzingen 830, Gundelach. geb. Thlr.

— völkergeschichtliches, f. Kindheit u. Jugend. Auch mit d. Umschlagstitel: Kleine Völkergallerie rc. Mit 24 ill. Abbildd. auf 4 Kpfrtaf. 8. Kitzingen 835. Gundelach (jetzt Köpplingers Buchh.) 7 ggr ordin. Ausg. ⅙ Thlr

Abc-Buch. — Abcbuch für die Volksschulen des Russischen Reichs. Hrsg. auf ... Befel der regierenden Kaiserinn, Katherina der Zweiten [Ekaterina II.] — St. Petersburg 1785. 32 S. 300:•43 Y 173. 7.
1 1166

A B C = Buch für freisinnige Wähler. gr. 8. (211 S.) Berlin 881, (Barthel.) *

— für freisinnige Wähler. 2., durch Nachtr. bis Juli 1881 verm. Aufl. [Broschürenfonds d. deutsch. Fortschrittspartei.] gr. 8. (IV, 281 S.) Berlin 881. Barthel in Comm. n. n. 1.50.

ABC-Buch f. freisinn. Wähler. 3. Jahrg. (388) 1884

— für freisinnige Wähler. Ein Lexikon parlamentar. Zeit= u. Streitfragen. 5., vollständig umgearb. u. erweit. Jahrg. 8. (IV, 308 S.) Berlin 889. Verlag „Fortschritt, Actiengesellschaft". 2. —

— dasselbe. 6. Jahrg. 8. (IV, 340 S.) Ebd. 890. n. 2. —

ABC-Buch f. freisinn. Wähler, 7. Aufl. s.: Richter, E.

— — welch. Bilder in Tugend. u. Eigenschaft. enth. 8. Nürnb. Campe. 805.

ABC - u. Bilderbuch

— — wirthschaftlich. f. Mädch. m. K. Pirna, Friese. 808.

ABC- und Bilderbuch, Wirthschaftliches, für Mädchen, nebst einer Anweisung, Kinder leicht lesen zu lernen; zum Gebrauch beym häuslichen Unterricht. 2. Ausg. Pirna 1812. V: *Kerndörffer, H. A.* (Ky)

— — wirthschaftliches, für Mädchen, nebst einer Anweisung, Kinder leicht lesen zu lernen, mit col. Abbildungen weiblicher Geschäfte. 2te. Ausg. Taschenform. Pirna, Friese. 1812.

ABC - Buch

— — wohlfeiles, mit 24 illum. Abbildungen aus der Naturgeschichte. 8. Sondershausen, Voigt. 818.

— wohlfeiles, mit 24 Abbildd aus d. Naturgesch. 8. Neuhaldensleben 821, (Magdeb., Creuz.) 34 gr., illum.

ABC -

— — Buchstabir= und Lesebuch, wohlfeiles, für kleine Kinder zum Schul= und Hausgebrauch. Mit 14 illum. Kupf., 8. Nürnberg, Zeh. 820.

ABC - Buchstabirbuch

— — — wohlfeiles, um Kindern sehr leicht lesen zu lehren, mit 24 illum. Kupf. u. 1 Vorschrift zum Schönschreiben. 8. Nürnb., Zeh. 814.

ABC - u. Lesebuch

— wohlfeiles, mit 24 ill. Abbildd. aus d. Naturgesch. 8. Ilmenau 818. Voigt. 6 ggr

— wohlfeiles, mit 24 illum. Abbildd. (v. Vögeln) aus d. Naturgeschichte u. e. Vorschrift zum Schönschreiben. 8. Neuhaldensl. 821. Eyraud. ill. 5 ggr

ABC - Buch

— d. Zeichnens, nach Cipriani. 8. Halle, Dreyssig. 8 ggr

— zionistisches. Hrsg. m. Unterstützg. zahlreicher sachverständ. Mitarbeiter v. der zionist. Vereinigg. f. Deutschl. (VIII, 293 S.) gr. 8. Berlin-Charlottenburg 908. (Köln, Jüdischer Verl.) 2. 75; geb. in Leinw. 3. 50

Zionistisches A-B-C-Buch Hrsg. mit Unterstützung zahlr. sachverst. Mitarbeiter von d. Zionist. Vereinigung f. Deutschland. Berlin: Zionist. Zentralbureau 1908 (VIII, 293 S) 8° [03. 1307

— — zweckmässiges, eingerichtetes französisches. 2te Aufl. gr. 8. Erlangen, Breuning. 815.

ABC - u. Lesebuch

— zweites deutsches, f. artige Knaben u. Mädchen. Mit 40 ill. Bild. (auf 20 Taf.) 8. (2 B.) Berlin 814, Winckelmann u. Söhne.

A B C = od. Namen = Büchel in deutsch. u. französ. Sprache, nebst e. Vocabulario, wie auch Morgen=, Abend= u. Tischgebethen, zum nutzb. Gebr. d. lieben Jugend zusammengetr. 8., verm. u. verb. Aufl. v. Jean Biton. gr. 12. (1½ B.) Wien, Grund.

A B C = Bücher des 15., 16. u. 17. Jahrh. In orig.=getreuen Neudrucken hrsg. v. Heinr. Fechner. Nr. 1. Ausg. B. (8 u. 15 S.) 16. Berlin 906. Wiegandt & Grieben. n. 1. —
Die (numerierte) Ausg. A ist nicht im Buchhandel.

ABC- und Bilderbücher, neue. 12 Nrn. (a 8 K.) 8⁰ Stuttg. 1857, (Risch).

ABC- und Bilderbücher, neue. 12 Nrn. (a 8 ill. Stut.) 8. Stuttgart 857, (Gebr. Scheitlin.) pro Dutzend

Inhalt:

Nr. 1. Neues Bilderbuch.
" 2. Neues Bilder-ABC-Büchlein.
" 3. Neues Bilder-Alphabet.
" 4. Neues Thierbilderbuch mit Versen.
" 5. Ganz neues Bilderbüchlein.
" 6. ABC in Bildern.
" 7. Bilderbuch von A bis Z.
" 8. Buntes Allerlei.
" 9. Neuestes Bilderbuch.
" 10. Jugendlust.
" 11. Bilder-ABC.
" 12. Allerlei lustige Bilder.

A.B.C.Büchlein mit Abbildungen aus dem Thierreich. Ulm 856. Müller. 8. (16 lith. u. col. S.) 2 ngr; 12 Gr. 15 ngr

ABCBüchlein m. Abbild. a. d. Thierreich. 8⁰(16) Ulm 1857, Krick's Bh.

ABC-Büchlein, Verl., s. B. Schulb.

ABC-, Buchstabir - u. Lesebüchlein
— mit illum. Kpf. 8. Nürnb. 770. Raspe. 8 gr

— mit illum. Abbildd. aus d. Thierreiche. 8. Sulzbach 810. v. Seidel. 5 gr

— für Kinder, nebst den vornehmsten Glaubenslehren 2c. 8. Dresd. 774. Walther. 2 gr

— f. kleine Schulen. Mit kathol. Katechismus. 8. Leipz. (W. Nauck). 1 gr

— zum Gebr. d. Schlesischen Schulen. 8. Bresl. 765. W. G. Korn. 2 gr

ABC- und Buchstabierbüchlein, Deutsches, mit einem Anhange zum Lateinlesen lernen. Salzburg 1780. V: *Mayer, Johann Georg.* (MGT)

Neu eingerichtetes ABC-, Buchstabir- u Lese-Büchlein. — Marienwerder [um 1778]. 1:Ng 4588.
1 1172

A-B-C-Büchlein über die Gesundheitspflege für alte u. junge Leute, zugleich als Beitrag zur Lösung der socialen Frage. Von e. Laien. Wien 870. Beck. 8. (113 S.) n. 8 ngr.

A-B-C-Büchlein über die Gesundheitspflege für alte und junge Leute, zugleich als Beitrag zur Lösung der socialen Frage. Von einem Laien. (A. v. Weidlich.) 8. (118 S.) Wien 870, Hölder. (* 80 Pf.) *

ABC- und Namen-Büchlein, hoch-deutsches lutherisches, für Kinder welche anfangen zu lernen. Neue und verb. Ausg. 8. (32 S. mit eingedr. Holzschn.) Philadelphia 863, Schäfer und Koradi. cart.

ABC- und Namen-Büchlein, hoch-deutsches-reformirtes, für Kinder, welche anfangen zu lernen. Neue und verb. Ausg. 12. (35 S. mit eingedr. Holzschn.) Philadelphia (854 und) 855 Schäfer und Koradi. *

ABC- u. Lesebüchlein f. Jung u. Alt in gereimtem Sprichwort u. Wahrwort. Zum Gruße d. Jugend u. ihren Freunden von e. alten Schulfreunde. Heilbronn, 862. (Scheurlen.) 8. (62 S.) n. 5 ngr.

— u. Bilderbüchlein, militärisches, für d. Jugend, mit 24 ill. Kpf. N. Aufl. 8. Erlang. 813. Heyder. 8 gr

ABC-, Buchstabir - u. Lesebüchlein
— münsterisches. 8. Köln 806. Kaufmann. 1¼ gr

ABC - oder sogen. Namenbüchlein.
Basel, Schweighäuser.
— neueingerichtetes, zum Gebr. d. deutschen Schulen, kathol. u. protestant. Religion, mit schw. u. illum. Abbildd. aus d. Thierreiche 2c. Neue Ausg. 8. Sulzbach, v. Seidel. 1¼ gr ill. 4 gr

Neu-eingerichtetes ABC-, Buchstabir- und Lese-Büchlein. Zum Gebr. der öffentlichen Schulen des Wäysen-Hauses auf der Lastadie. — Alten-Stettin 1735. 48 S.
9.

Neueingerichtetes ABC-, Buchstabir- u. Lesebüchlein nebst römisch-kathol. Katechismus für d. 1. Classe d. Kinder. Zum Gebr. der west-preuß. u. ermländ. königl. Landes-Schulen. — Kwidzyn [um 1778]: Kanter. 128 S.
Nebent Nowoporządzone Obiecadło y książka do sylabizowania y czytania.
102.
1.1171

ABC-Buchstabir- u. Lesebüchlein, neues. 8. Bartenstein 812. Fixdorf u. K. 4 gr illum. 6 gr

ABC-, Syllabier- und Lesebüchlein, Neues deutsches und lateinisches, für würtembergische Schulen. Stuttgart 1806. V: *Magenau, Rudolph Friedrich Heinrich & J. Böbel.* (Kv)

— neues deutsches u. latein., für würtemberg. Schulen (v. R. F. H. Magenau u. J. Böbel). 8. Stuttg. 806. Löfflund. 4 gr

ABC- u. Lesebüchlein, neues, f. kleine Kinder. Mit 8 schön color. Bildern auf 4 (lith.) Taf. 12. (58 S.) Schw. Hall 851, Nitzschke. 12 ngr

ABC- u. Lesebüchlein neues, f. kl. Kinder. 12⁰(58) Stuttg. 1851, Nitzschke.

ABC-, Syllabier- und Lesebüchlein, Neues, nach Weisse, Funke und Löhr. 2. Aufl. Stuttgart 1820. V: *Magenau, Rudolph Friedrich Heinrich.* (Ky)

— — Syllabir- und Leseb. neues, nach Weiße, Funke und Löhr. 2te Aufl. mit 25 illum. Kupf. 8. Stuttg. Löflund. 820.

ABC —, Syllabir- und Lesebüchlein
— obersächs., nach Niemeyer u. Heusinger, m. Kpf. u. Buchstabentafeln. 8. Leipz. 805. Joachim. 8 gr ill. 10 gr

ABC-Büchlein, politisches. Ein nützl. Lesen f. den bayer. Bürger u. Bauersmann. Von e. Centrumsmann. 4. (VIII, 46, 4, 7 u. 8 S.) Nebst: Hebel, Bened., der bayerische Bauernverein. Einige Worte der Belehrg. u. Ermunterg., nebst prakt. Winken z. Gründg. u. ersten Leitg. v. Obmannschaften, zunächst f. Schwaben. 8. (32 S.) Augsburg 898. Literar. Institut v. Dr. M. Huttler. n.n. — 50

ABC-, Syllabir- u. Lesebüchlein f. Kinder von 6 bis 8 Jahren. 8. Ulm 817, Ebner. 4 gr

ABC-Büchlein, welches den Kindern sehr nützlich ist, in 24 illum. Kpf. 8. Nürnb., Schneider u. W. 8 gr Dass., mit älteren Kupferstichen. illum. 6 gr

A-B-C-Buchstabierbuch. 1835. V: *Oncken, Johann Gerhard.* (Schr)

ABC-Buchstabir-Tabelle, mit angenehmen u. nützl. Stücken z. Lesen f. d. kathol. Schuljugend. 8. Halberst. 812. Dölle (Barth in Leipz.) 2 gr

— — u. Wörterlottospiel f. Kind. mit 24 illum. Spieltafeln. Nürnberg, Wieling.
deutsch -
franz. -

A-B-C Fahrplan Bern. Sommer 1901. IV + 40 S. 8. Frankfurt a. M., Verlag erstes amerikanisches Reklame-Bureau Karl A. Scheffler; Druck von Büchler & Co., Bern. [fr. —. 20]

A-B-C-Fahrplan Bern und Taschen-Fahrplan der Gurtenbahn 1902/1903. Hrg. unter Mitwirkung des Verkehrsvereins von Bern. IV + 48 S. 8. Bern, A. Benteli. fr. —. 20

A-B-C-Fahrplan Bern und Taschen-Fahrplan der Gurtenbahn. Sommer 1903. [Mit Titelvignette.] IV + 48 S. 8. Bern, A. Benteli. fr. —. 20

ABC=Fibel. Berl., L. Oehmigke. Ohne Kpf. das Buch 12 gr mit Kpf. das Buch 18 gr

ABC=Fibel. 12. (8 farb. Taf. m. 8 S. Text.) Leipzig 889. Fr. Pfau. cart. n. — 16

—Berlin., mit Kpf. Berl., L. Oehmigke. das Buch 1 rthl

ABC -
— und Bilder=Fibel zur leichten Erlernung des ABC durch Versetzung der Buchstaben des Alphabeths, auf kleinen Tafeln, nebst einem naturhistor. Lesebuche, m. K. od. das große Nürnbergische ABC. 8. Nürnb. Schneider und Weigel 811. –
illum. –

ABC=u. Buchstabir=Fibel für die Kinder d. untersten Klasse in deutschen Stadt= u. Landschulen. 8. Lüneb. 828. Herold u. W. 25 Expl. 1 rthl Syllabir= u. Lesebuch f. d. Kinder der zweiten Klasse in deutschen Stadt= u. Landschulen. 8. Ebend. 828. 25 Expl. 2 rthl

ABC u. Buchstabir=Fibel für die Kinder der untern Klasse in deutschen Stadt= u. Landschulen. 8. Lüneburg 837. Herold u. W. 25 Exempl. 1 rthl

ABC - Fibel
— oder Syllabirbüchlein, m. Kpf. 8. Nürnb., Schneider u. W. 4 gr illum. 6 gr

— neue, oder Lese= Schreib= und Rechenbuch, mit illum. K. 8. Nürnb. Raspe.

ABC= u. Bilderkabinett, neues, mit Erklär. in Versen u. mit 25 ill. Kpf. 8. Leipz. 815. Magaz. f. Ind. 18 gr

ABC=Kästchen, m. e. Lesemaschine zu 6 Alphabeten. Dresd. 809. Hilscher. 20 gr

ABC=Kinderklapper, nach Pestalozzis Lehrart, m. Kpf. gr. 8. Sulzb. 803. v. Seidel. 12 gr

ABC=Kränzchen, m. illum. Kpf. 16. Berl., Recht. 8 gr

— das, e. Bilderbuch f. Kinder, m. 8 illum. Kpf. 12. Berl. 825. Boike. 12 gr

ABC=Kränzchen, das, mit 24 ill. Kpfrn. (N. Ausg.) 16 Berl. 839. Recht. 1/4 rthl

ABC-Kursbuch. Der Fahrtfinder. Auskunftsb. f. d. Deut. Reich. Sommer 1899 u. Winter 1899/1900. 8° (375 u. 409). – Berlin: Internat. Fahrplan-Gesellsch.

ABC-Leinwand-Bilderbuch. 8. (8 chromolith. S.) Wesel 882. Düms. geb. — 50

ABC-Leinwand-Bilderbuch. 8. (8 Chromolith.) Wesel 885. Düms. geb. — 40

ABC=Lustweg, neuer, zum Ziel nützl. Künste u. Wissensch., in deutsch., franz., italien. u. latein. Wörtern, mit 300 illum. Fig. 8. Nürnb., Schneider u. W. 1 rthl 4 gr

A-B-C-Malbuch. (20 S. m. z. Tl. farb. Abbildgn.) gr. 8. Nürnberg (903). Th. Stroefer. — 75

ABC-Malbuch. (12 [6 farb.] Bl.) 8. Eßlingen (907). J. F. Schreiber. — 50

ABC-Malbuch, komisches. (Ausgestanzt.) qu. 4. (20 S. m. z. Tl. farb. Abbildgn.) Weimar 894. A. Karrer. — 60

ABC= u. Lesemaschine, mit deutschem u. französ. Texte. Leipz., Leo. 1 rthl 3 gr

ABC
——'n, das schönste von allen, Für die, die's Lesen schon verstehn, Für wohlgerath'ne, erwachs'ne Kinder, Es macht d. Kopf u. d. Herz gesünder. — Nach Pestalozzi's u. Stephanis Methode, Und nach Amalien Schoppens, geb. Weise, Mode, M. Bildern u. Verslein u. Liedern daran, Verfaßt v. d. Doctor Hans Kindermann. 16. (4½ B. u. 47 Abbild.) In Hamburg verlegt's Anno 1830, Hoffmann u. Campe sorgfältig u. fleißig.

Abconterfeytung und ware gründliche Beschreibung Martin Butzers [Bucer] List, Geschwindigkeit, Falsch, Betrug, Wankelmüthigkeit, uf das Buchlein, so er zu Bonn im 42 Jahr hat lassen ausgehen. — o.O.u.J. 17 Bl 4°
Titelbl fehlt. Titel nach d alten Acc -Kat ergänzt 9.
1 3683

Abc- and picture-plates. Stuttgart 865. Thienemann. qu. 4. (8 lith. u. color. Bll. auf Pappe.) 25 ngr

A-B-C-Post · 1884?—1906?
Weekly supplement to KINDER-POST. Edited & published by W W Coleman, 1884—1905
Milwaukee, WI

ABC=Schulbuch f. Stadt= u. Landkinder nach Basedow. m. ill. K. 8. Nürnb. Schneider u. W.

ABC=Schule, die, e. belehr. u. unterhalt. Spiel, um kl. Kindern auf die leichteste Art die Buchstabenkenntniß beizubringen, mit 1 ill. Kpft. in Fol. Nürnb. 823. Zeh. 5 gr

— d. kleine, f. Knaben u. Mädchen, um sie in e. leichten u. angenehmen Stufengange im Buchstabiren u. Lesen zu üben, mit 126 ill. Bildern. gr. 8. Wien 816. Müller. 1 rthl 8 gr

ABC=Schule zum Nutzen und Vergnügen der lieben Kinderwelt, mit 21 ill. Abbildd. Künstler u. Handwerker darstellend. 8 Nürnb., Renner u. Comp. 1/6 rthl

ABC=Schüler, der, eine Erzählung, der Jugend gewidmet von e. Erzieher. Mit 1 Abbild. 8. Wien 838. Mechitaristen=Congreg.=Buchh. 1/6 rthl

Abc-Schueler. — Der ABC-Schueler, der gern bald lesen und das Gelesene auch gern verstehen will. Zum Buchstabiren und Lautiren neu eingerichtet und durchgehends methodisch geordnet. ⟨Eigene rechtmässige Orig.-Ausg.⟩ Soest: Nasse 1862. 58 S. 6.
1.1180

A.B.C.-Schüler, Der kleine.

Salzburg. 10. Aufl. 1793. V: *Vierthaler, Franz Mich.* (Hr)

ABC=Schüler, d. kl., ein Geschenk für Kinder. 8. Salzb. Duyle. 808.

ABC=Schüler, d. kleine, e. Geschenk f. Kinder. 9e Aufl. 8. Salzb. 811. Duyle. 4 gr

Der kleine ABC-Schüler oder ein Buch, wonach die Kinder schnell und gründlich lesen lernen. — Soest: Nasse 1863. 56 S. 6.
1.1181

ABC=Schüler, d. wißbegierige, auf seinen Wanderungen durch die Werkstätten der Wissenschaften, Künste und Gewerbe. Ein ABC und Lesebuch für gute und fleißige Kinder, mit 25 ill. Abbildd. 8. Nürnb., Renner u. Comp. 3/8 rthl

ABC-Schütz, der. gr. 8. (12 S. m. z. Tl. farb. Abb.) Nürnberg (899). Th. Stroefer. — 40

A-B-C-Schütz, der kleine. Lustiges Bilder=Alphabet v. H. O. qu. 4. (25 Bl. m. eingedr. col. Holzschn.) Frankfurt a/M. 874. Literar. Anstalt. 2. 40

A-B-C-Schütz, der kleine. Lustiges Bilder-Alphabet von H. O. 2.—4. Aufl. qu. gr. 4. (26 color. Taf. mit eingedr. Text.) Frankfurt a. M. 875—83, Literarische Anstalt. geb.

ABC-Schütz, der kleine. Ein lust. Rätsel-ABC m. 24 feinen Bildern u. heiteren Versen. 4. (6 Chromolith. m. eingedr. u. 6 S. Text.) Stuttgart 888. F. Loewe. Auf Leinw. m. Lackanstrich. geb. 1. 80

ABC-Schütze, der kleine. Ein Bilderbuch f. die liebe Jugend. 4. (8 Chromolith. m. 7 S. Text.) Eßlingen 884. Schreiber. cart. n. 1. 20

ABC-Schützen, die kleinen. Neueste Bilderfibel f. gute Kinder. 8. (18 S., wovon 2 lith. mit 8 lith. u. col. Taf.) Nürnberg 852. Lotzbeck. 1/4 rthl

ABC - Spiel
— 24 Blätter in e. Schieber. Fürth, Korn. Mit Thieren 4 gr, mit Handwerkern 6 gr

— — in Kästch. m. 3 Alphab. Nürnb. Schneider u. W.
— — dasselbe in 2 Alphab. Ebend.

— — ein, m. K. 8. Wien, Camesina. 778.
illum.

— — m. K. nebst e. Leseb. f. Kind. 8. Wien, Camesina. 778.

— — 24 Blätter in Futteral mit Thieren. 12. Fürth, Korn. 815.

— — dasselbe mit Handwerkern. Ebend. 815.

— in e. Kästchen, e. Anleit. Kinder spielend buchstabiren u. lesen zu lehren. Prag 817, Enders. 1 Rthlr 8 gr

— — bequemes, m. der ganzen Interpunktion u. Ziffern ꝛc. Prag, Schönfeld.

ABC- u. Bilderspiel, 28 Blätter in Futteral. 16. Bresl. 812. W. G. Korn. 8 gr

ABC- u. Buchstabenspiel in Kästchen. Nürnb., Schneider u. W. 8 gr ein kleineres 5 gr

ABC- u. Buchstabenspiel in Kästchen, m. dreifach. Alphab. Nürnb. Schneider u. W. Rthlr.

— — dasselbe m. zweifach. Alphabet.

ABC- oder Buchstaben- u. Würfelspiel f. Kinder, z. leichten Erlernung d. Buchstaben. Nürnb., Bieling. 6 gr

ABC-, Buchstabir- und Lese-Domino-Spiel für Kinder. Zur Unterhaltung u. zum ersten Unterricht, in 192 ein Zoll großen Kärtchen mit Unterscheidungszeichen und Ziffern zum Rechnen. Nebst e. Spielplan. 2e Aufl. Schwäb. Halle 838. Haspel. 5 gr

ABC- u. Buchstabirspiel für Väter u. Lehrer, ihren Kindern das ABC u. Buchstabiren leicht beizubringen. Halle, Dietlein. 6 gr

ABC - Spiel
— elementarisches, in e. Kästchen, bestehend aus 66 auf Pappe gezogenen, mit illum. Abbildd. versehenen ABC-Täfelchen, u. 96 dgl. ohne Abbildd. zum Zusammensetzen von Wörtern ꝛc. Neuhaldensl., Eyraud. 8 gr

— elementarisches, mit 66 Bild. Magdeb., Creutz. 8 gr

ABC-Spiel z. leichten Erlernen d. Buchstaben u. Zusammensetz. derselben. 8. Gera 797. Illgen. 14 gr

ABC-Spiel, Französisches, oder Vorschläge, wie man das Französischlernen erleichtern könne. Berlin 1785. V: *Splittegarb, Carl Friedrich.* (MGT)

— französisches, oder Vorschlag, wie man den Kindern d. französ. Lesen erleichtern könne. 8. Berl. 785. Lange. 2 gr

— Hamburgisches, in ill. Kpf., nach Pestalozzis Lehrart. Hamb. 810. (Herold jun.) 16 gr

— — Hamburg. in ausgem. K. nach Pestalozzi's Lehr. Hamb. Vollmer. 810.

— — f. Kinder. 8. Halle, Dreyßig.

— für Kinder, in einzelnen illum. Blättern u. Futteral. Nürnb., Bauer u. R. 4 gr

— — f. Kinder, m. K. 12. Ebend. 792.

ABC - Spiel für Kinder, um sie auf eine leichte Art buchstabiren u. lesen zu lehren. Ulm, Jak Ebner.
Nr. 1. 27 illum. Fig.
Nr. 2. 24 Vorstell.
Nr. 3. 24 illum. Vögel
Nr. 4. 24 illum. Thiere
Nr. 5. 25 häusliche Beschäftigungen

— kleines, f. Kinder, mit 24 illum. Kupferkarten, deutsch u. französisch, in Etui. Wien 819. Müller. 10 gr

— latein.-deutsches, für Kinder, mit Vorstellungen aus d. Naturgeschichte, auf 25 ill. Kpf. Nürnb. 814. Bieling. 12 gr

A.B.C.-Spiel zum Lesenlernen u. zur lehrreichen Unterhaltung für Kinder. Enthalt. 300 auf Pappe gezogene Buchstaben. Coesfeld 843, Riese. In Kästchen 7/12 Rthlr

— neues, oder neue Methode, d. Kinder das Lesen zu lehren, russisch, französ. u. deutsch. gr. 8. Leipz. 789. Breitkopf u. H. 1 Rthlr 16 gr

— neues, f. Kinder, in Futteral. Quedlinb., Ernst. 4 gr ill. 8 gr

— — neues, f. Kind. m. K. a. d. Naturr. 16. Leipzig, Sommer. 807.

ABC -
— Spiel, neues, f. Kinder, in Futteral, m. illum. K. Quedlinb. Ernst. 812.

ABC - Spiel
— neues, f. Kinder, mit 26 illum. Bildern. 32. Leipz. 815. (W. Nauck.) 5 gr

ABC -
— — Spiel, neues, f. Kinder, mit 26 illum. Bildern. 32 Leipz. Sommer. 816. in Futt.

ABC - Spiel
— neuestes, f. Kinder, mit Bildern u. Denksprüchen. 16. Leipz. 808. P. Vogel. 5 gr

— neuestes, f. d. Jugend, mit Kpf. Grätz, Tusch. 16 gr ill. 1 Rthlr

ABC - Spiel u. Syllabirbuch f. Kinder, welche anfangen, d. Buchstaben zu lernen, m. 23 Kupf. 16°. Ebd. 1814.

— technologisch-moral. u. naturhistor., nebst d. Buche f. Kinder. Mit Kpf. Halle, Dreyßig. 12 gr

ABC- u. Wörterlottospiel, f. Kinder, mit 24 ill. Spieltafeln. Nürnb., Bieling (Fr. Fleischer in L.) Deutsch 9 gr Französ. 9 gr

ABC-Sträußchen, das, Festgabe f. gute Kinder. Mit 33 ausgemalten Abbild. Breit 8. (1½ B. mit Einfass. u. 7 Taf.) Leipzig, Geißler. (H. Fritzsche.) *

ABC-Tabelle von 4 Zoll hohen Buchstaben. 2e Aufl. Fol. Bremen, Heyse. 8 gr

— neue, z. Gebr. d. niedern Klassen. gr. Fol. Halle 807. Waisenhaus-B. 2 gr mit ill. Kpf. 18 gr

ABC-Tafel, auf Pappe gezogen u. illum. Prag, Enders. 3 gr

— 16. gr. 8. Leipz. Schladebach. 795.

— auf Pappe gezogen. Stuttg., Steinkopf. 1 gr. Anweis. zum Gebr. derselben. 8. Ebd. 806. 2 gr

ABC- u. Bildertafel. gr. 8. auf Pappe gezogen. illum. Meiß. 815. Gödsche. 3 gr

ABC - Tafel
— mit großen Buchstaben, zum Anschlagen. Fol. Helmst., Fleckeisen. 1 gr

— f. gute Kinder, illum. Fol. Braunschw., Vieweg. 16 gr

ABC- u. Lesetafel z. ersten Unterr. f. Kinder. Rathenow 823, Flick.

ABC- u. Buchstabir-Tafel, neue. Mit 24 illum. Bilderch. Fol. Wien 816. Haas. Auf Pappe gez. 6 gr

ABC - Tafel
— neue, f. Kinder. Fol. Magdeb., v. Schütz (Leipz. Lauffer). 2 gr

— f. Schulen, zum Aufhängen in denselben. Heidelb. 815. Weber. das Buch 12 gr

— z. ersten Unterr. d. Kinder. Berlin 823, Enslin.

ABC - Tafeln
— 24 illum. Kpf. auf Pappe gezogen in Futteral. Prag 817. Enders. 20 gl.

— — mit Bildern, herausgegeben v. P. Stoy. neue Aufl. Nürnb. Bielings. (Leipz. Fleischer.) 815. schwarz - illum. -

— mit Bildern von Schellenberg, s.a. Stoy.

— m. Bildern v. Schellenberg. Herausgeg. v. Professor Stoy. Nürnb. Bieling, (B. Fleischer in Leipz.) m. illum. K.

ABC- u. Bildertafeln. qu.4. (8 Chromolith. auf Carton m. Alphabeten auf der Rückseite.) Wesel 879. Düms. In Mappe. 1 50

Abc- und Bildertafeln für kleine Kinder. Stuttgart, (863.) Thienemann. gr. 4. (8 lith. u. color. Taf.) 25 ngr.

Abc- u. Bilder-Tafeln f. kleine Kinder. Berlin 865. R. Kühn. 8. (16 lith. u. color. Bll. auf Pappe.) n. 12½ ngr.

ABC - Tafeln
— (deutsch u. franzöf.) in qu. Fol., mit großen Buchstaben, um zum Gebr. in Schulen auf hölzerne Tafeln gezogen zu werden. Offenb. a. M. Brede. 2 gl. — auf Pappendeckel. Offenb. a. M. Brede. 1 gl.

ABC -
— Tafeln, große, zum Aufhängen in Schulen, nebst Buchstabirtabelle. Fol. Coblenz, Huber.

A B C und Lesetafeln zum ersten Unterricht für Kinder, besteh. in 168 aufgezogenen und zerschnitten. Buchstaben zum Zusammensetzen. In einem Kästchen. Berl. (H. Schultze.) ¼ ß

— z. ersten Unterr. d. Kinder, bestehend aus 145 Buchstaben u. Zahlen, auf 1 □Zoll große Papptaf. aufgeklebt, in Kästchen. Berl. 823. Enslin. 8 gl.

ABC- u. Lesetafeln z. ersten Unterr. f. Kinder, in e. Kästchen. Rathenow 823. Flick. 6 gl.

ABC-Tafeln, neue, nach Pestalozzis Lehrart, 32 Bl. mit ill. Kpf. Nürnb., Schneider u. W. 12 gl.

ABC -
— — Tafeln für den Unterricht in Schulen. gr. Folio. Hadamar, Gelehrte-Buchhandlung. 8.

— für d. Unterricht in Schulen. gr. Fol. Hademar (Hergt in Cobl.) 3 gl.

ABC-Taschen-Fahrplan f. Elsass-L., Baden u. Luxemburg, m. d. angrenz. Bahnlinien d. Pfalz, v. Rheinpreussen u. Frankr. sowie m. d. Anschlüssen nach d. Schweiz u. Württemberg. Winter 1912/1913. Gült. v. 1.10.1912 (84) 8°.– Strassbg, Strassb. Dr. u. Verl.-Anst.

de l'Abeynte, die Spritzbüchse; e. Roth- u. Hülfsbüchlein f. in der Liebe Ausschweifende. 12. Bremen 810. Müller. 4 gl.

Abdal, Ben Joschua, Die vollständige Chronicka des Krieges welchen geführet hat Maria Theresia, Königin der Hungarn und Bohemaken, mit dem Könige in Preussen, welchen man nennet Friderich den Grossen, und alle die Schlachten, von denen man vielfältig gehöret hat bis auf diesen Tag. Buch (1) 3. St. Hulpe 1757. 4.

Abdalah; od. keine Wohlthat bleibt unbelohnt. Drama in 1 Aufz. v. Weidmann. 8. Wien, Wallishausser.

Abdal Bâki Mahmûd. Divan. Wien 1825.

Abdallah; e. Erzählung (v. L. Tieck). 8. Berl. 795. (Leipz., W. Nauck). 1 ß

— e. Erzählung (v. Lud. Tiek.). 8. Berl., Nicolai. (Sommer in Lpz.) 795.

— der Reisende; aus d. arab. Urschrift der Sheherezade. 2 Thle. Mit Kpf. 8. Riga 795, 796. Hartknoch in Leipz. 1 ß 15 gl.

— des Kosmopoliten, Wanderung u. Kreuzzüge durch Europa, zur Zeit der jetzt herrschenden Aufklärung rc. 8. Hamb. 798. (Herold jun.) 18 gl.

Abdallah, Hanifs Sohn wunderl. Begebenheiten. 8. Regensbg. 737.

— d., Begebenheiten, welcher d. Wunder-Fontaine a. d. Insel Borito entdecken sollen. 2 Thle. 8. Frkft. 732.

ABDALLAH, Ismael (d. i. *K. F. Cramer*), Tagebuch aus Paris, hrsg. von —. 2 Bde. Paris (Hamburg, Vollmer) 1800.

Weller, Lex. Ps. p. 1. Selten! — *K. F. Cramer* (1752 bis 1807), Professor der geistlichen Beredsamkeit in Kiel, wegen seiner Sympathien für die französische Revolution 1794 seines Amtes entsetzt; siedelte mit seiner Familie nach Paris über. — Heigel. Bd. I S. 301—302

Abdallah, Ebulh. Aly Ben, Gesch. d. Mauritan. Könige, s. Geschichte.

ABDALLI SEDIR ZID: Gedanken eines bekehrten Türken über den Selbstmord. 1769, 22 S. 8°.

Abd-Al-Rahman-Al-Sufi, description des étoiles fixes composée au milieu du dixième siècle de notre ère. Traduction littérale de deux manuscrits arabes de la bibliothèque royale de Copenhague et de la bibliothèque impériale de St. Pétersbourg. Avec des notes par H. C. F. C. Schjellerup. Avec 7 (lith.) planches (in qu. Fol.) Imp. 4. (272 S.) St. Pétersbourg 874. Leipzig, Voss. n. 9. 20

Abdank-Abakanowicz, Br., die Integraphen. Die Integralkurve und ihre Anwendgn. Deutsch bearb. v. E. Bitterli. Mit 130 Fig. im Texte. gr. 8. (VII, 176 S.) Leipzig 889. Teubner. n. 6. —

Abdankung des Ministeriums Camphausen Druck ebenda. 1 Bl Fol.
Flugblatt. Berlin, 24. Juni 1848.

Abdankung, über die in Aussicht gestellte, des Königs v. Hannover. Verhandlgn. d. deutsch. Reichsversammlg. v. 14. Julius 1848. br. 8. (48 S.) Frankfurt a. M. 848, Auffarth. 3 ngr.

Die Abdankung Napoleon III. [Kaiser v. Frankreich]; derselbe vor dem Tribunal des Cassationshofes. 2. Aufl. Leipzig [1871]. 1: Kr. Samml. Qa 75. 1 1239

Abdankung auf Adam Friedrich Oehler. Wiederhohlte Aufl. Hof 1727. V: *Hoesel, Johann Christoph.* (Fiker)

ABD Buch, Ein ehstnisches. Pernau 1823. V: *Rosenplänter, Joh. Heinr.* (R-N)

(F) Abdecker- (Wasenmeister-) Ordnung nebst Gebührentarif. 8°. (16 S.) 1908 K —.36

Abdelazi und Asmalan, s.a. Wundergürtel, Der.

Abdelazi [?] und Asmalan. Leipzig 1813. V: *Lindau, Wilhelm Adolph.* (Ky)

Abd-el-Rahman el Djabarti, chroniques, s.: Merveilles biographiques et historiques.

Abd-El-Kader, sein Leben u. seine Thaten, mit Abd-El-Kaders (lith.) Portr. gr. 8. (20 S.) Arnstadt 848, Meinhardt. 3 ngr.

Abderhalden, Emil, s. Analyse, die chemische.

Abderhalden, Emil: Die Bedeutg. d. Verdaug. f. d. Zellstoffwechsel im Lichte neuer Forschgn. auf d. Gebiete d. physiolog. Chemie. Vortr. (Aus: „Ztschr. d. österr. Ingen.–u. Archit.-Ver.") (39) gr 8°.– Wien, Urban & Schw. 1911.

— s. Bibliographie der Biochemie u. Biophysik.

Abderhalden, E., Bibliographie der gesamten wissenschaftlichen Literatur über den Alkohol und den Alkoholismus. Gr.-8°. (XII, 504 S.) Wien: Urban & Schw. 1904. K 24.—, geb K 26.40

— s. Bibliographie der inneren Medizin.

Abderhalden, Emil (Hrsg.), s. Bibliographie der Veterinar-Medizin.

— Bildung v. Polypeptiden bei der Hydrolyse der Proteine, s.: Fischer, Emil.

Abderhalden, Emil. Über den Einfluss des Höhenklimas auf die Zusammensetzung des Blutes. Diss. Med. Basel. [Separatabdruck aus: Zeitschrift für Biologie. Band 43.] 74 S. 8. München, R. Oldenbourg, 1902.

Abderhalden, Emil. Neuere Ergebnisse auf dem Gebiete der speziellen Eiweisschemie. Von E' A', o. Professor ... [in] Berlin. 128 S. gr.-8. Jena, Gustav Fischer, 1909. [M. 3. 50]

Abderhalden, E. (Hrsg.), s.a. Fortschritte der naturwissenschaftlichen Forschung.

Abderhalden, E. Fortschritte der naturwissenschaftlichen Forschung. Berlin 1900 bis 1911 Bd 1 und 2. 2 Bde.

Abderhalden, E., Fortschritte der naturwissenschaftlichen Forschung. 1. Bd. Gr.-8°. (VI, 306 S.) K 12.—, geb. K 14.40 Wien Wien: Urban & Schwarzenberg 1910.

Abderhalden, E., Fortschritte der naturwissenschaftlichen Forschung. 2. Bd. Gr.-8°. (ill. 364 S. mit 4 Tafeln) Wien: Urban & Schwarzenberg 1910. K 15.—, geb. K 17.40

Abderhalden, E., Handbuch der biochemischen Arbeitsmethoden. I. Bd. 1. Hälfte. Gr.-8°. (ill. IV, 512 S.) K 21.60 Wien: Urban & Schwarzenberg 1909.

Abderhalden, E., Handbuch der biochemischen Arbeitsmethoden. I. Bd. Allgemeiner Teil. 2. Hälfte. Gr.-8°. Illustr. Wien: Urban & Schwarzenberg 1910. K 10.80

Abderhalden, E., Handbuch der biochemischen Arbeitsmethoden. 2. Bd. Spezieller Teil. 1. Hälfte. Gr.-8°. (ill 496 S.) Wien: Urban & Schwarzenberg 1909. **K 21.00**

Abderhalden, E.: Handbuch der biochemischen Arbeitsmethoden. II.Bd. Spezieller Teil. 2. Hälfte. Gr.-8°. (ill. XXVIII, S. 497–1101). – Wien: Urban & Schwarzenberg 1909. K 28.80

Abderhalden, E., Handbuch der biochemischen Arbeitsmethoden, III. Bd. Spezieller Teil. 1. Hälfte. Gr.-8°. (ill. 478 S.) Wien: Urban & Schwarzenberg 1909. **K 21.60**

Abderhalden, E., Handbuch der biochemischen Arbeitsmethoden. 3. Bd. 2. Hälfte. Gr. 8°. (ill. Pag. 480—1368) K 42.— Wien: Urban & Schwarzenberg 1910.

Abderhalden, E.: Handbuch der biochemischen Arbeitsmethoden. IV. Bd. Allgemeiner Teil. Gr.-8°. K 42.– Wien: Urban & Schwarzenberg 1910.

— s. Handlexikon, biochemisches.

— s. Klinik, medizinische.

Abderhalden, Emil. Lehrbuch der physiologischen Chemie in dreissig Vorlesungen. Von E' A' [von Oberuzwil], Privatdozent ... [in] Berlin. Mit 3 Figuren. VIII + 787 S. gr.-8. Berlin *und* Wien, Urban & Schwarzenberg, 1906. [M. 18.—, geb. 20. —]

Lehrbuch der physiologischen Chemie in 32 Vorlesungen. Von Emil **Abderhalden**, Prof. 2, vollst. umgearb u. erw Aufl Mit 19 Fig. Berlin, Wien: Urban & Schwarzenberg 1909. VII, 984 S. 8° 109. 11716

Abderhalden, Emil: Physiolog. Praktikum. Chem. u. physikal. Methoden. (12,283 m. Fig.) gr 8°.– Berlin, J. Springer 1912.

Abderhalden, Emil: Schutzfermente d. tier. Organismus. (12,110m. Fig.) 8°.– Berlin, J. Springer 1912.

Abderhalden, Emil: Synthese d. Zellbausteine in Pflanze u. Tier. (12, 128) 8°. – Berlin, J. Springer 1912.

— über das Verhalten verschiedener Polypeptide gegen Pankreasferment, s.: Fischer, Emil.

Abderhalden, J. B., kurze u. faßliche Darstellung meiner praktischen Methode, die Alltagsschüler vom Blatt weg singen zu lehren. 8. (33 S.) St. Gallen 852, Huber & Co. n. 4 ngl

Abderhalden, Jacob

Ab der Halden, Jac., Beiträge zur Kenntnis der Verletzungen der oberen Extremitäten hinsichtlich ihrer Folgen f. die Erwerbsfähigkeit. Diss. (75 S.) gr. 8. Zürich (902). (E. Speidel.) n. 1.—

Ab der Halden, Jacob. Beiträge zur Kenntnis der Verletzungen der obern Extremitäten hinsichtlich ihrer Folgen für die Erwerbsfähigkeit. Diss. Med. Univ. Zürich. 79 S. 8. Zürich, Müller, Werder & Cie., 1902.

Abderiten, die, eine sehr wahrscheinliche Geschichte, von C. M. Wieland, 8. Weimar, 774. Hoffmann. 10 sgl.

Abderiten, die, e. sehr wahrscheinl. Gesch. v. Chrph. Mart. Wieland. 8. Weim., Hoffmann. 776.

— Gesch. der, v. Wieland, m. K. 2 Thle. 8. Lpz. Weidmann. 781.

Holl. Pap.

Abdi, Orhan, Kais. ottoman. Stabsarzt aus Konstantinopel: Aus d. II. chirurg. Abt. d. Neuen Allgem. Krankenhauses Hamburg-Eppendorf. Über einen Fall von chronischer Arthritis ankylopoetica der Wirbelsäule. Fraktur der Wirbelsäule und Quetschung der Cauda equina. ⟨Mit 3 Lichtdrucktaf.⟩ *Hamburg & Leipzig: L. Voß 1903.* (22 S.) 4° ¶ (Aus: Mitteilungen aus d. Hamburgischen Staatskrankenanstalten, Bd 4, H. 2.) Bonn, Med. Diss. v. 16. Juli 1903

Abdias Episcopus Babylonius

-- Das Apostel- und Missionarbuch, oder Abdias ... Geschichte aller zwoelf Apostel. Mit e. Anh. kurzer Geschichten von Markus, Clemens, Cyprian, Apollinar und Thekla, u. einem Zusatze von Bonifacius, dem sog. Apostel der Deutschen. Nach der Amsterdamer Ausg. vom J. 1725. 4. Aufl. — Stuttgart 1863. 1:Br 2316.

– Das Apostel- und Missionar Büchlein, oder Abdias ... Geschichte aller zwoelf Apostel. Mit e. Anh. kurzer Geschichten von Markus, Clemens, Cyprian, Apollinar und Thekla, u. einem Zusatze von Bonifacius, dem sog. Apostel der Teutschen. Nach der Amsterdamer Ausg. vom J. 1725. — Stuttgart 1826. 1:Br 2314. 1 1295

Abdias Histor. d. apostol. Kampfs. 8. Amsterd. 725.

Abdias (Pseud.)
– Die zwei Königstöchter, nach dem Leben gezeichnet. 8. (228 S.) Cincinnati 1861 (64). (Philadelphia, Schäfer und Koradi.)

Abdias (pseud.). Die zwei Konigtochter, nach dem Leben gezeichnet. Cincinnati, 1867

Abdolhakami, Ibn, libellus de historia Aegypti antiqua quem notis criticis exegeticisque illustratum una cum versione latina primum juris publici fecit Karle. Gottingae 856. Dieterich. gr. 4. (4 Bl., 44 S. u. 18 S. arab. Text.) n. 24 ngl

***Abdollatiphi*, compendium memorabilium Aegypti, arabice edit. White, praef. H. E. G. Paulus. 8maj. Tüb. 789. v. Cotta. 2 rß**

— Denkwürdigkeiten Aegyptens ꝛc. a. d. Arab. übers. u. erl. von S. F. G. Wahl. gr. 8. Halle 790. Waisenhaus-B. 20 gl

Abdolomino, s. Abdolonymus

Abdolonymus: Antwort auf die 177 theosophische Fragen in Jacob Böhm. Aus dem Geistes-Zusammenhang seiner Schriften mit dessen eigenen Worten im Lichte zum Aufschluss seiner ganzen Theosophie verf. von Abdolonymo. Th. 1. 2. — o.O. 1785. 12:Asc.148. 300:•35J76. 9.

Abdolomino, Antworten auf 177 theosoph. Fragen in Jacob Böhm. 2 Thle. 8. Leipz. 785. (Cnobloch). 1 rß 12 gl

Abdo-'lWâhid al-Marrékoshi, the history of the Almohades, preceded by a sketch of the history of Spain from the times of the conquest till the reign of Ysof ibn-Tàshifén, and of the history of the Almoravides. Now first edited from a ms. in the library of Leyden by R. P. A. Dozy. (Arabisch.) gr. 8. (XXII u. 290 S.) Leyden 847, S. & J. Luchtmans. (Brill.) n. 2 2/3 rß

***Abdoul-Kérym*, voyage de l'Inde à la Mokke; extrait et traduct. de la version anglaise de ses mémoires, av. des notes etc. par Langlés. III Vols. 18. Strassb. 798—99. König. 4 rß**

Abdruck, s.a. A b d r u k

— s.a. A b t r u c k

Abdruck des in betreff der von etlichen Ruhestörern zu Cronenberg abermahlen erweckten Aufruhren an Ihro Churfürstl. Gnaden zu Mayntz nachgesetzter Regierung erstatteten Additional-Berichts. Mit Beyl. sub Num. 1 & 2. — Mayntz 1739. 126 S. 2° **2. 5.**
1.1305

— Ebd. 1739. Bog. A–C. 2° **5.**
1.1306

— Abdruck des in angemassten Klag-Sachen einiger der A.C. zugethaner Eingesessener zu Cronenberg entgegen Ihro Churfürstl. Gnaden zu Mayntz, belangend die von etlichen Ruhstöhrern zu Cronenberg abermahlen erweckte Aufruhren, an das ... Kayserl. und Reichs-Kammer-Gericht von Ihro Churfürstl. Gnaden zu Mayntz nachgesetzten Regierung erstatteten Additional-Berichts. Mit Beyl. sub Num. 1 & 2. — Mayntz 1739: Häffner. 11 Bl. 2°

Accurater Abdruck der nun zum erstenmal aus dem churfürstl. Mainz. Reichsarchive erschein. authent. u. ächt. Worms. Reichsmatrikel v. Jahre 1521. *Regensburg*, **758. fol.**

— der Oettingischen Acten, d. Succesion u. d. Primogeniturrechte d. Oetting. Wallerst. Hauses betreffend. Fol. Nördl., Beck. 2 ß

Abdruck deren an dem höchstpreysl. Kayserl. Reichs-Hof-Rath sub rubro: Teutsch-Orden ... contra den entwichenen ehemahligen Land-Commenthurn der Balley Francken, Fried. Carl Freyh. v. Eyb, ... verhandelter Acten [Akten] — o.O. 1767. 4°

Abdruck zerschiedener zwischen Oettingen und Nördlingen verhandelter Acten [Akten] und dabey von beeden Theilen eingeholter Responsorum juris. Samt Beyl. Puncto litispendentiae. — o.O.u.J.
1:2° Sg 4882. 12:4° Ded. 1.
1.1309

Abdruck, actengemäßer, der Voten des Herrn Prof. Lic. Plitt in Heidelberg, in Betreff d. neuen Kirchenbuchs auf d. Generalsynode v. J. 1855. Darmst. 858. Zernin. gr. 8. (6 S.) n. 1 ngr

Abdruck, actenmäß., der bei Großherzogl. Justiz-Canzlei zu Güstrow anhängigen Prozeßverhandlungen in Sachen des Gutsbesitzers Pogge auf Roggow, Klägers, I. gegen den Erblandmarschall v. Maltzahn auf Penzlin; II. gegen den Landrath v. Blücher auf Suckow, und den Landrath v. Leers auf Schönfeldt. gr. 8. Leipzig 846. (Rostock, Stiller.) n. 1/2 ß

Abdruck der hauptsächlichen Actenstücke [Aktenstücke] betreffend die von der Reichsstadt Goslar zu dem sechsmonatlichen Bedarf des zur Besetzung der Demarcationslinie bestimmten Corps zu leistenden Beyträge. — Goslar [um 1796]: Kircher. 62 S. **7.**
1.1312

Abdruck der hauptsächlichsten Aktenstücke in der Prozeßsache des Herrn Fürsten Wilhelm Florentin von Salm-Salm Durchlaucht u. dessen Halbgeschwister ... wider den Herrn Fürsten von Salm-Horstmar Durchlaucht ... wegen der reichsdeputationsrezeßmäßigen Rente von 33,000 Flor. rheinisch. — o.O. [um 1844]. 117 S. 1:4° Hf 9070.
1.1313

Abdruck der nöthigsten Acten-Stücke [Aktenstücke], die von Ihro des regierenden Herrn Marggrafen zu Brandenburg-Onolzbach Hoch-Fürstl. Durchl. auf Requisition eines hochlöbl. Corporis Evangelicorum übernommene Restitutions- und Executions-Commission betreffend. In caussa des Gräflich-Hohenlohischen Hauses, Neuensteinischer Linie, contra die Herren Fürsten v. Hohenlohe-Waldenburg. Pcto diversorum attentatorum & gravaminum religionis. [Nebst] Forts. [1–5]. — (Onolzbach) 1750–52.
Forts. 1 u. d. T.: Forts. d. Abdr. 1750.
.. 2 .. .. .. Weitere Forts. 1750.
.. 3 .. .. .. Dritte Forts. 1750.
.. 4 .. .. .. Schluß des Abdr. 1751.
.. 5 .. .. .. Anderw. fortges. Abdr. 1752.
[∞ Forts. 5] . . . . **2.**
[∞ Forts. 3–5] . . . . 1:69/71 in 4° Gw 7760–6.
[∞ Forts. 2–5] . . 12: Hauptw. = 2° Ded. 464–13; Forts. 1 = 2° J. publ. G. 428–36.
Forts. 1.2.5 . . . . **3.**
Forts. 4 . . . . **5.**
1.1314

Abdruck einiger Acten-Stücke [Aktenstücke], die am 17ten Junii laufenden Jahrs zu Wertheim durch die Wallfahrts-Procession veranlaßten Unruhen und deren Folgen betr. Nebst e. kurzen Vorbericht zur Belehrung des Publici. — o.O. 1781. 22 S. 2° **4.**
1.1315

— [Nebst] Fortges. Abdr. o.O. 1781. 16,14 S.
1:9 in 2° Gx 13000–42. 12: Hauptw. = 2° J. publ. G. 2c; Fortges. Abdr. = 2° Germ. sp. 170–14,1.2. **3.**
1.1316

— — der Aktenstücke aus den Verhandl. der Kammer der Standesherren d. K. Würtemberg in der katholisch-kirchlichen Angelegenheit. 8. Stuttgart 842, Hallberger. 2/3 Thlr. — 1 fl. 12 kr.

Abdruck einiger vorläufigen Acten-Stücke [Aktenstücke], welche zu ohnpartheyischer gründlicher Beurtheilung, dann überzeugender Darlegung des offenkundigen Ungrunds derer ... von denen hohenloh-waldenburgischen Unterthanen resp. an Ihro Röm. Kays. Majestät und resp. den Herrn Fürsten zu Hohenloh-Bartenstein erlassen sein sollenden Memorialien, besonders aber der Art und Weise, durch welche selbige ... erwürcket worden, eineswellen dienen können. Ad causam Hohenloh-Neuenstein contra Hohenloh-Waldenburg. Pcto diversorum attentatorum & gravaminum religionis. — o.O. 1750. 82 S. 2° **4.**
1.1318

Abdruck einiger Acten-Stücke [Aktenstücke] zur Vorlegung dessen, was von Zeit des letzteren Fürstlich-Brandenburg-Onoltzbachischer Seits unterm 26ten Augusti nuperi an die Herren Fürsten zu Hohenlohe ergangenen Adhortatorii beyderseits geschehen. Ad causam Hohenlohe contra Hohenlohe. — o.O. 1750. 20 S.
1:4° Sh 7074. 12:2° Ded. 352/13. **4.**
1.1319

Abdruck der wichtigsten Actenstücke, die gegen den Verf. u. d. Unterzeichner d. bei König in Hanau 1832 erschienenen Druckschrift: „Protestation deutscher Bürger für Preßfreiheit in Deutschland" verfügte Untersuchung betreffend. gr. 8. Offenb. 833. (Frankf., Körner.) 1/3 ß

— amtlicher, des revidirten Gesetzes über die Ansässigmachung u. Verehelichung, der revid. Verordnung, die Verfassung und Verwaltung d. Gemeinden im Königreiche betreff., u. d. revid. Brandversicherungs Ordn. gr. 8. Münch. 834. (Franz.) 1/3 ß

Abdruck, amtlicher, I. d. Gesetzes üb. die Vermögens-Verwaltung in den katholischen Kirchen-Gemeinden vom 20. Juni 1875, nebst zugehör. königl. Verordnung vom 27. September 1875, II. der Geschäfts-Anweisung f. die katholischen Kirchen-Vorstände u. Gemeindevertretungen in der Erzdiöcese Köln. gr. 8. (64 S.) Köln 877. Du Mont-Schauberg. n.n. 1. —

Amtlicher Abdruck 1. des Gesetzes über die Vermögensverwaltung in den kath. Kirchen-Gemeinden vom 20. Juni 1875 ... 2. der Geschäfts-Anweisung für die katholischen Kirchenvorstände und Gemeinde-Vertretungen in den Erz-Diözesen Gnesen und Posen. — Posen 1878. **11.**
1.1322

Abdruck und eylfertige Anmerckungen über ein s. g. Promemoria mit Specie facti, die in der Graffschafft Hohenlohe verhängte Religions-Gravamina und sonderl. in Ansehung der letzt-verwichenen dießjährigen Oster-Feyer-Discrepanz betr. mit Beil. 2. Aufl. o. O. 1747. [1. Aufl. 1744. [1 in 1.]

Abdruck derjenigen Antwort, welche auf das gegen den ... Reichs Fürsten ... Johann Philipp [v. Greiffenklau], Bischoffen zu Würzburg u. Herzogen zu Francken etc., durch Hrn. Truchsessen zu Wetzhausen bey der Juridischen Facultät zu Tübingen A. 1702 d. 20. Aprilis ausgezogene ... Responsum juris, in Sachen, daß die weltliche Zehend-Herren im Bedürffens-Fall zur Reparation der Kirchen-Gebäu in denen Pfarreyen, wo sie den Zehend einfangen, weder mit einem Beytrag zu belegen, weder denselben zu praestiren schuldig seyen, abgefasset worden durch ... Sr. Hoch Fürstl. Gnaden Geistl. Rath. — o.O. 1708. 103 S. 4° **4.**
1.1325

Abdruck des Antwort-Schreibens von Sr. Churfürstl. Durchlaucht zu Bayern, de dato München, den 23. Sept. 1765, an den zu Nürnberg versammleten hochlöbl. Fränckischen Crayss-Convent abgelassen. — Nürnberg 1765. 2 Bl. **7.**
1.1327

Abdruck Des Antwort-Schreibens Eines Jure-Consulti An einen Fürstl. Holstein-Gottorpischen Land-Rath. Auf die geschehene Antrage. Welcher gestalt Auf des Herrn Hertzogs Carl Friderichs An Ihn abgelassenes Rescript Betreffend Die in dessen Minder-Jährigkeit Geführte Administrations-Regierung, zu antworten sein möchte. Wobey zugleich ein Abdruck vormentionirten Rescripts communiciret wird. o. O. Gedruckt im Jahr Anno 1716. 4° k.

Abdruck. — Abdruck und respective Anweisung derer in Sachen Vettischer Erben contra weyl. Frau Magdalena Sophia verm. Gräfin zu Solms-Braunfelss geb. Landgräfin zu Hessen-Bingenheim ... von seiten derer Beklagten reprobando entgegengestellten Urkunden. Nebst e. Vorbericht. — o.O.u.J. 56 S. 4° **3.**
1.1329

Abdruck der an die Röm. Käyserliche Majestät exhibirten allerunterthänigsten Anzeige verübter factorum exorbitantium in Sachen Ihro Bischöfl. Gnaden deß Herrn Dohm-Probsts der hohen Cathedral-Kirche zu Hildeßheim, [Ernst Friedrich] Frey-Herrns von Twickel, contra die Neustadt allda. — o.O. 1731. 14 S.
1:16 in 4° Sm 5051.
1.1330

Abdruck des einer hohen Kreis-Kommission in Aachen unterm 26. Junii 1789 ad causam Aachen contra Aachen dec. mand. nunc Commiss. Caes. insinuirten Appellations-Instruments von seiten des L[ten] de Nys zu Aachen. — o.O.1789. 13 S. 4° **5.**
1.1333

Abdruck des im 20. Bande von Dr. Nagler's Künstler-Lexikon befindlichen Artikel über C. Vogel [Karl Christian Vogel v. Vogelstein]. Mit einigen Berichtigungen u. dessen rad. Portr. — München 1852: Weiss. 20 S.
1:4° Nt 10006. 12:4° Art. 70 f. 8 [°°Portr.]
1.1334

Abdruck zweier im Jahre 1837 und 1839 in der Evangelischen Kirchenzeitung erschienenen Aufsätze betr. den Irvingismus. Der 1. von [Jean Henri] Merle d'Aubigné, der 2. von [Ernst Wilhelm] Hengstenberg. — Berlin 1848.
1:Cq 1766.
1.1338

Abdruck eines hoch-fürstlich-brandenburg-onolzbachischen Ausschreibens de dato 13. Mart. 1753. Samtnützlichen Anmerckungen, wie es in Zukunfft ... wegen der Handwercks-Leute Lohn, Materialien und sonsten gehalten werden solle. — Anspach [um 1753]. Bog. A–L, 26 Taf.
1 [defekt]: 48 in 2° Gp 4800–7. 12:2° Bavar. 1d.
1.1340

(Bartensteinischer) Abdruck einiger Acten-Stucke zur Vorlegung dessen, was von Zeit des letzteren Brandenburg-Onoltzbachischer Seits unterm 26. Aug nup. an die Fürsten zu Hohenlohe ergangenen Adhortatoni beyderseits geschehen. Ad causam Hohenlohe contra Hohenlohe o. O [Novbr] 1750 [32 in III.]

Abdruck rechtlichen Bedencken [Bedenken] zweyer reichsbelobten Juristen Facultaeten Giessen und Ingolstadt ... in Sachen Krafft Gebrüder contra den Magistrat zu Ulm. — Dat. Giessen 1708 & Ingolstadt 1709.
1:26ª in 4° Gw 11160–2.
1.1346

Abdruck einiger von der Röm. Kays. Maj. allergnädigst ergangenen Befehl [Befehle] und Verordnungen in Sachen Herrn Bürgermeistern ... der ... Reichs-Stadt Wetzflar [!] contra ... Burger-Ausschuss. — Giessen 1708.
1:49 in 4° Gw 11160–1.
1.1352

Abdruck einiger das Hochfürstl. Osnabrücksche Flecken Voerden betreffender Begnadigungen und Nachrichten. o.O. [um 1724]. 4° **7.**
1.1355

Abdruck der Beylagen [Beilagen], welche in der im Jahre 1755 unter dem Titul: Sublimis statuum S. R. G. Imperii advocatia ... in Sachen Oettingen-Wallerstein contra die Abtey Neresheim etc. herausgekommenen Deduction angezogen und benutzet worden. Mit e. Vorr. [Hrsg.: Franz Michael v. Schaden.] — Wallerstein 1774. 1:2° Sg 4870.
1.1357

Abdruck des an Ihro Königl. Majestät in Pohlen ... abgestatteten allerunterthänigsten acten-mäßigen Berichts von dem Ursprung, Fortgang und jetzigem Statu derer zwischen denen Land-Ständen in Mecklenburg obwaltenden Streitigkeiten, wie solcher 1741 überreichet worden. — o.O. 1743. 486 S. 1:4° Gx 13980. 12:2° J. publ. G. 2d. **4. 8. 9.**
1.1362

Abdruck des wegen der so genannten pflichtmässigen Registratur an I. Kays. Majestät unterm 22. Nov. 1760 erstatteten fernern allerunterthänigsten Berichts. — ([Franckfurt] 1760.) 2 Bl. 1:3 in 4° Fh 7251/3 [u.] 5 an 4° Fh 7251/5.
1.1363

„Abdruck Des wegen der sogenannten Pflichtmäßigen Registratur An Ihro Kayserliche Majestät unterm 22. Novembris 1760 erstatteten fernern allerunterthänigsten Berichts, [Dazu geh.]: Protocollum wegen weiterer Ablegung des Juden-Eydes vom 14. November 1760". — Vorh.: StB Nürnberg.

Abdruck von dem an eine kaiserl. Kommission erstatteten Bericht, das Unterhaltungswerk des kaiserl. u. Reichskammergerichts betreffend. Frankf. u. Leipz. 1769. V: *Harpprecht, Joh. Heinr. Freiherr von.* (ML)

Abdruck des ... von dem Hrn. Pfarrer Paul Sigemund Seyfried als aufgestelltem Kontrolleur in den Zucht- Fecht- und Arbeits-Häusern zu Nürnberg, unterm 11. Febr. 1799 an das hiesige Ökonomie- ... Kollegium erstatteten Berichts nebst einigen ... Anmerkungen. O. J. 1800. V: *Seyfried, Paul Siegmund.* (MGT) (will)

Abdruck eines Berichts an einen deutschen Hof bey Gelegenheit der Lüttichschen Sache. — o.O. 1789. 2 Bl.
12:2° Ded. 476–33.34. **7.**
1.1361

Abdruck unterthänigsten und gehorsamsten Berichts und Vorstellungs-Schreiben an Ihro Chur-Fürstl. Durchl. Herrn Clement August, Ertz-Bischoffen und Chur-Fürsten zu Cölln, als Bischoffen zu Hildesheim, uber die Bewandniss des der Stadt zustehenden Juris collectandi, und was deshalb zeithero vorgekommen. Abgelassen von dem Magistrat der Stadt Hildesheim. — Hildesheim 1735: Henning Matthäi. 22 S. 4° **5.**
1.1366

Abdruck des von Seiner Hochfürstlichen Gnaden zu Paderborn und Hildesheim etc. ... an das ... Reichskammergericht am 17. Oct. 1789 erlassenen Berichtschreibens in Sachen des Doctoris Bachman wider ... Ihre Hochfürstl. Gnaden und dero Domkapitel zu Paderborn. o.O. (1789). 33 S. 2° **6.**
1.1367

Abdruck des in Sachen des Kammerraths von der Wense als Specialbevollmächtigten des Königlichen Cabinets-Ministerii zu Hannover, Klägers, wider den Pastor (Georg Philipp) Stolle zu Garmissen ... am 3. Nov. 1818 ergangenen Bescheides [Bescheid] und der dagegen von dem Pastor Stolle ... überreichten Appellationsschrift. — o.O. 1819. 46 S. 4° **6.**
1.1369

„Abdruck und Beschreibung einiger zeithero zum Vorschein gekommener falscher Ducaten", Hannover 1749. — Vorh.: Bibl. des Oberlandesgerichts Celle — Fol. Tc. 387.

Abdruck der höchstpreisslicher Kayserlich-subdelegirten Kommission von e. e. Rath der Neustadt gegen e. e. Rath der Altstadt Hildesheim eingereichten Beschwerden. — Hildesheim 1793: Schlegel. 30 S. 2° **6.**
1.1372

Abdruck der an hohe Deutsche Bundesversammlung gerichteten Beschwerdeschrift und Bitte der Landschaft des Fürstenthums Lüneburg gegen die Kön. Hannoversche Staatsregierung betr. verfassungswidrige Abänderung der Provinzial-Landesverfassung des Fürstenthums Lüneburg, d. d. 19. Aug. 1851. Mit Anl. 1–19. — Frankfurt a. M. 1851. 39 S. 1:2° Sm 6716.
1.1373

Abdruck, der in Ammons Summa theologiae christianae angeführten dogmatischen Beweisstellen des alten und neuen Testam. s. Dicta classica V. et N. T. hebr. gr. et lat.

Abdruck eines an den Hrn N. N. in Holland geschriebenen Briefes [Brief], worinn der Betrug und die Schädligkeit, so in denen auffgerichteten Handels-Assecurantz- und andern Compagnien verborgen lieget, angezeiget wird. 2. Aufl. Nach dem amsterdammischen Exemplar gedr. — o. O. 1720. 14 S. **8.**
1.1380

Abdruck des Briefes des Col.-Director Klappenbach in Neu-Braunfels. 4. (8 S.) Anclam 847. (Dietze.) 3 ngr

Abdruck eines Briefes so aus Schweden nach Deutschland gekommen (betr. die Verheerungen der Russen an d Schwed Küsten). Ao. 1719, d. 22 Aug. (1 B) 4

Abdruck des Briefes [Brief], welchen der Magistrat zu Dantzig intercessions-weise vor die zu Thorn zum Tode verurtheilte, ingleichen des wehmütigen Supplicati, so die nunmehro hingerichtete sieben Bürger vor ihrem Ende an Ihro Königl. Majest. von Pohlen etc. haben abgehen lassen. o.O. 1724. 4 Bl. **9.**
1.1376

— o.O. 1725. 4 Bl.
2 versch. Drucke
1:14 in Sz 9732 [u.] 19 in Sz 9737. 12:4° Pol. 61–11.
3. 5. 10.
1.1377

— des torgischen Buchs, aus e. handschriftl. Urkunde. 8. Halle 761. Hahn in Hann. 9 gl

Abdruck des Ihro ... Majest. Francisco I. [Römisch-deutscher Kaiser] von einem hies. treugesinnten Bürger an dem Crönungstage bei allerhöchst erfreulicher Retour in dero Anti Chambre allunterthänigst überreichten Buches. — Frankfurt a. M. 1745. 2° **4.**
1.1386

Abdruck eines ... Cirkulares, s. Abdruck eines ... Zirkulares

Abdruck des Circularis an die Besitzere der gemeinschaftlichen Güther und Districte im Herzogthum Hollstein, welche an der Ost- und Westsee und an den sich darin ergiessenden Ströhmen belegen sind, daß die aus Pohlen, Rußland und den umliegenden Gegenden kommende Schiffe der Quarantaine nicht weiter unterworfen seyn sollen etc. De dato Glückstadt, d. 11. Febr. 1773. — Glückstadt (1773): Babst. 2 Bl. **8.**
1.1388

Abdruck des Circularis an Prälaten, Ritterschaft und übrige Besitzere adelicher Gühter, die zu veranstaltende Nachsuch- und Cassirung der alten Meß-Gefäße etc. betr. Kiel (1770): Bartsch. 4 Bl. **8.**
1.1389

Abdruck allergnädigsten kayserlichen Commissorii ad exequendum an die ausschreibende hohe Herren Fürsten des hochlöbl. . . Fränckischen Crayses in Sachen der Gräflich-Hohenlohe-Neuensteinischen Linie contra die Fürstlich Hohenlohe-Waldenburgische Linie. Pcto diversorum attentatorum & gravaminum religionis. — o.O. (1749). 2 Bl. **12:**2° Ded. 421m/4. **4.**
1.1390

Abdruck des bey dem . . Reichs-Hof-Raths-Judicio am 24. Januarii u. 28. Martii Anno 1727 ausgefallenen Conclusi, in causa . . Herzog Anton Ulrichs zu Sachsen-Coburg-Meiningen . . contra dero . . . Vetter, des Printz Ernst Ludwigs zu Sachsen-Coburg-Meiningen Durchlaucht und dessen Vormundschafft, in puncto injustè et per modum meri attentati . . . sub- et obreptitiè impetrati mandati s. c. poenalis. — o.O. [1727]. 7 Bl. 2° **3.**
1.1393

Abdruck des bey hochpreisl. Reichs-Hoff-Rath d. 9. Febr. 1748 ergangenen Conclusi in Sachen Hessen-Darmstadt contra Hessen-Cassel, das hessen-darmstädt. Antheil der Niedergrafschafft Catzenelnbogen, bes. das Amt Braubach und Kirchspiel Catzenelnbogen betr. — Darmstadt (1748). 4 Bl. 2° **4.**
1.1392

Abdruck derer von Ihro Röm. Kayserl. Majest. Reichs-Hof-Rathe decretirten Conclusorum, die auf Sr. Königl. Majest. in Pohlen etc. und Chur-Fürstl. Durchl. zu Sachsen als hohen Hennebergischen Theilhaber erkannte . . . Manutenenz-Commission . . ., insonderheit die Zurücknehmung der von Herrn Hertzog Anton Ulrichs Durchl. darwider vorgenommenen Protestation und Inhibition betreffend, in causa Fürstl. Sächs. Meiningischer Ober-Vormundschafft contra Herrn Hertzog Anton Ulrichs Durchl. in puncto corregiminis, condominii et annexorum. — o.O. (1730). **1:**2° Ss 5316.
1.1395

Abdruck derer bey hochpreisl. Reichs-Hoff-Rath ergangener reichs-grund-gesetzmässiger Conclusorum und darauf jüngst erfolgter Paritoriae plenae in Sachen Hessen-Darmstadt entgegen Hessen-Cassel, betr. die in der hessen-casselischen Quart des Ober-Fürstenthums Hessen gelegene u. Hessen-Darmstadt zur Univ. Giessen von mehr als 100 J. zustehende, neuerlich aber von Hessen-Cassel mit offenbarem Unrecht und Gewalt entzogene beede Vogteyen Marburg und Caldern und dazu gehörige austrägliche Intraden und Gerechtigkeiten. — Darmstadt [um 1749]: Eylau. 4 Bl. **1:**7 in 2° Gx 13000–2. **4.**
1.1394

Abdruck. — Abdruck der sämtlichen am Kayserl. Reichs-Hof-Rath ergangenen Conclusorum in causa Freyherrn von Knigge contra Se. Hochfürstl. Durchl. zu Sachsen-Eysenach und dero sämtlichen Land-Stände, in specie den sechsten Zinnss-Thaler betr. — Leipzig: Türpe 1737. 44 S. **1**[∞S.1–30]: an 4° Gf 3675. **3. 9.**
1.1396

Abdruck zweier: v. Lübeck übergeb. Contraticdions-Recessuum wegen d. Herrsch. Mollen. Fol. 739.

Abdruck vidimirter Copiae des zwischen Ihro Königl. Maj. von Schweden u. Ihro Czarischen Maj. zu Neustadt in Finnland am 28. Aug. styli vet. 1721 geschlossenen . . . Friedens-Tractats. — o.O. [nach 1721]. **1:**79 in 4° Qk 3874.
1.1402

Abdruck verschiedener so wohl anfänglich bey dem Kays. höchstpreisslichen Reichs-Cammer-Gericht, als auch nachmals, da die gräflich-schlitzische Unterthanen sich an den auch Kayserl. höchstpreissl. Reichs-Hof-Rath gewendet, dahero ergangener respective Decretorum, . . . auf Klagen zwischen [Johann] Grafen v. Schlitz, gen. v. Görtz, u. dero burger- auch landschafftlichen Unterthanen. — o.O. 1740. 16 S. 2° **2.**
1.1403

Abdruck. — Abdruck der Definitiv-Bescheiden vom 6. April laufenden Jahres nebst weiters nachgefolgten Resolutis Kayserlich hoher Executions-Commission in Sachen Hessen-Homburg entgegen Hessen-Darmstadt. — o.O. [um 1765]. XX S. 2° **3.**
1.1406

Abdruck der im Jahre 1863 im Auftr. des Königl. Justiz-Senats zu Ehrenbreitstein ausgearbeiteten Denkschrift betreffend: „Das eheliche Güterrecht im Bezirke des Justiz-Senats zu Ehrenbreitstein". — Neuwied: Strüder o.J. 52 S. **9.**
1.1413

Abdruck der Denkschrift zur Motivirung e. v. Direktoren, Rektoren u. Lehrern höherer Unterrichtsanstalten Einem hohen Ministerium u. hohen Hause der Abgeordneten überreichten Petition zur gesetzl. Regelg. der äußeren Verhältnisse ihrer amtl. Stellg. gr. 8. (40 S.) Tilsit 872. Lösch. n. — 75

Abdruck des, was von des H.R.Reichs Chur-Fürsten . . . auff allgemeinen Reichs-Convent zu Regenspurg wegen . . . Abstellung derer bey denen Handwercken eingerissenen Missbräuche beschlossen . . . u. den 16. Aug. 1731 publ. worden. — Rostock (1731): Schwiegerau. 27 S. **1:**Gm 4272.
1.1415

— Ebd. (1732). 27 S. **1:**Gq 13819.
1.1416

Abdruck. — Abdruck desjenigen, was abseiten . . . Gottfried v. Wedderkop . . . wider die Frau und Fräulein Baronesses v. Goertz . . . vor der Königl. Commission mündlich angetragen und verhandelt worden. — o.O. 1735. 2° **8.**
1.1417

Abdruck desjenigen, was in Sachen des illegitimirten Anwalds der Hochstift Hildesheimischen Bauerschaften, Appellanten, wider Seine Hochfürstl. Gnaden des Herrn Fürst-Bischofs (Franz Egon [von Fürstenberg]) zu Hildesheim und Paderborn und löbl. Schatz-Collegium zu Hildesheim, Appellaten, von seiten des letztern verhandelt worden in betref der Accise-Erhebung. — Wezlar 1799. 102 S. 2° **6.**
1.1418

Abdruck dessjenigen [desjenigen], was nach der allergnädigsten Intention Ihro Röm. Kays. Majest. . . . durch die durchl. commandirende hohe Generalität wegen der Verpflegung deren im Herauf-March begriffenen kayserl., kgl. preussischen und alliirten löbl. Regimenter . . . anbefohlen worden ist. — Dat. Lager vor Landau zu Gottrumstein 9. Nov. 1704. 2 Bl. **1:**149 in 2° Gp 4800–1.
1.1419

Abdruck der in Sachen der drey Geschwisteren Fräuleins von Closter zu Dornum . . . contra Se. Hochfürstl. Durchleucht zu Ost-Friessland . . . exhibirten . . . Disquisitionis der am 17. Sept. 1728 übergebenen Facti speciei, wie auch Salvationis exceptionum. — o.O. [um 1729]. **1:**29 in 4° Sm 8195.
1.1426

Abdruck derer mehreresten in der Deductione fundamentorum excipiendi abseiten derer in puncto praetensae praegravationis quoad onera aggeralia beklagten Eiderstädtschen Kirchspiele angezogenen Documentorum. — (Hamburg) 1748 (:Piscator). 47 S. 4° **8.**
1.1427

Abdruck. — Abdruck derer mehreresten in der Deductione pro denen Leuenburgischen Gläubigern und Kindern angezogenen Documentorum. — (Hamburg [um 1748]: Piscator.) 8 S. 4° **8.**
1.1428

Abdruck derer, in denen abseiten des Herrn Conferenzraht (Benedikt) von Ahlefeldt und übriger litis consortium bey dem Glückstädtischen Landgerichte in puncto praetensae vindicationis des ganzen Guts Häselau mit Hettlingen etc. eingereichten exceptionum deductionibus angezogenen documentorum. — o.O. (1754). 4° **8.**
1.1429

Abdruck derer in denen abseiten der verwittweten . . . Baronesse (Anna Catharina) von Königstein, gebohrner von Ahlefeld, bey dem Schleswigschen Land-Gericht . . . eingereichten Deductionibus angezogenen Documentorum. — (Hamburg) 1745 (:Piscator). 35 S. 4° **8.**
1.1430

Abdruck derer mehreresten in dem Facto abseiten derer Leuenburgischen Gläubigere und Kinder angezogenen Documentorum. — o.O. [um 1748]. 8 S. 4° **8.**
1.1431

Abdruck einiger in dem Facto derer Leuenburgischen Gläubiger angezogenen Documentorum. — (Hamburg [um 1748]: Piscator.) 6 S. 4° **8.**
1.1432

Abdruck derer in dem Facto derer Leuenburgischen Gläubigere in puncto debitae justificationis etc. angezogenen Documentorum. — (Hamburg 1748: Piscator.) 12 S. 4° **8.**
1.1433

Abdruck einiger abseiten derer Leuenburgischen Gläubigere wider ihre Schuldnerin [Margarete Hedwig v. Leuenburg] . . . angezogenen Documentorum. — (Hamburg) 1748 (:Piscator). 8 S. 4° **8.**
1.1434

Abdruck der Duplikschrift für den Reichsgrafen Gustav Adolph Bentinck zu Varel gegen den Reichsgrafen Wilhelm Friedrich Christian Bentinck im Haag, betreffend die Successionsrechte in die Reichsgraeflich Aldenburg-Bentinckschen Familienfideicommiss: Herrschaften und Güter. Hrsg. von C[arl] F[riedrich] Dieck u. F[erdinand] G[ottlieb] Eckenberg. — Leipzig: Tauchnitz in Komm. 1839. **1:**Gx 14440. **3. 4. 7. 8. 9. 11.**
1.1438

Abdruck. — Abdruck des gross-czaarischen Edicts [Edikt] wegen der Succession in Russland. — Moscau (1722). **1:**80 in 4° Qk 3874.
1 1440

Abdruck verschiedener kaiserl. Edicten [Edikte], Patenten und Mandaten, in A. 1695 ausgegangen, das Müntzwesen betr. — o.O.u.J. 26 S. 2° **7.**
1.1442

Eigentlicher Abdruck Formulae concordiae, so Anno 1563 den 11. Maij zwischen denen Hertzogen zu Mecklenburg etc. etc. und einem ehrbahren Raht der Stadt Rostock wegen der Universität daselbst getroffen. — Rostock 1707: Weppling. 10 Bl. **1:**Az 11749. **3. 9.**
1.1444

Abdruck der Eingangsartikel und des I., V. und VI. Hauptstückes des Gesetzes vom 25. October 1896, R.-G.-Bl. Nr. 220, betreffend die directen Personal-Steuern. 8. (84 S.) —.10, in tschechischer Sprache —.10, in slovenischer Sprache —.10

K. K. Hof- u. Staatsdruckerei, Wien : 1897.

Abdruck der Eingangs-Artikel und des IV., V. und VI. Hauptstückes des Gesetzes vom 25. October 1896. R.-G.-Bl. Nr. 220. 8. (85 S.) —.10
— — In böhmischer Sprache. 8. (70 S.) —.10
— — In polnischer Sprache. 8. (79 S.) —.10
— — In italienischer Sprache. 8. (80 S.) —.10
— — In slovenischer Srache. 8. (73 S.) —.10
— — In kroatischer Sprache. 8. (74 S.) —.10

K. K. Hof- und Staatsdruckerei, Wien : 1898.

Abdruck / Einer Einlag welche des Kayserl. Extraordinari Abgesandten Herren Grafen von Wolckensteins Excellenz an die in Chur bey täglich versambten Herren Häupter wegen Abstellung deren ... frembden Kriegs-Diensten übergeben / und was hierüber ... weiters verhandlet worden. (April 1734.) 4. *o. O.*

Abdruck e. Entscheidung d. Reichs-Gerichts in Leipzig vom 5. Juli 1890. 8. (17 S.) Berlin 890. Mayer & Müller. n. — 60

Abdruck eines zum vorläufigen Leitfaden des Geschäfts vorgeschlagenen Entwurfs zur Verschmelzung der . . neuen Verfassungs-Grundsätze mit der altreichsstädtischen Constitution Frankfurts. — Frankfurt a. M. 1816. **4.**
1.1448

Abdruck des zwischen Seiner des regierenden Herrn Hertzogs zu Würtemberg Hertzoglichen Durchlaucht und gesamten Prälaten und Landschafft des Herzogthums sub dato 27. Februarii und 2. Martii 1770 abgeschlossenen Erbvergleichs. Nebst beygefügter kayserl. Bestättigungs-Urkunde. — Stuttgart 1771: Erhard. 122 S.
1:2° Sh 3800. **12:**2° J.publ.G.2e; 2° J.publ.E.53/2 [u.] 2° Bavar. 688/7. **300:**8.668–C. **2. 4. 5. 6.**
1.1449

— Tübingen: Berger 1771. 172 S.
1:Sh 3801. **12:**J.publ.G.1. **300:**26 T 63. **5. 7.**
1.1450

— des Erbvergleichs zwischen d. Herzog v. Würtemberg, d. Prälaten u. d. Landsch. gr. 8. Tübingen, Heerbrandt. 771.

— des Erbvergleichs zwischen d. Herzog v. Würtemberg, d. Prälaten u. d. Landschaft. gr. 8. Tübingen 771. (Osiander). 16 Gr. in Fol. 1 Rß

— dasselbe in Fol. Ebend. Schreibp.

Erneuerter amtlicher Abdruck des kurzen Auszugs der Hessischen Kirchen-Agende vom Jahr 1657. — Cassel: Reformirtes Waisenhaus 1843. 184 S. 4° **4.**
1.1458

— erneuerter, eines Gutachtens d. Juristen-Fakultät zu Gießen, die Vertheidigung d. Anmaßung d. Frankfurter Judengemeinde auf das Bürgerrecht d. St. Frankfurt betreff. Mit bericht. Noten. gr. 8. Frankf. a. M. 817. Varrentrapp. 4 Gr.

Erneuerter Abdruck einiger in der 9. Chur-Sache in abgewichenen Jahren public gewordenen Schrifften. — o.O. 1701 **1:**Gw 8798. **300:***1292. **5.**
1.1460

Abdruck derer kayserlichen Erkäntnisse [Erkenntnisse] in der Mecklenburgischen Commissions-Sache vom 26. & 27. Febr. 1738. — o.O.u.J. **7.**
1.1451

— Abdruck derer kayserlichen Erkäntnisse in der Mecklenburgischen Commissions-Sache, vom 26. & 27. Febr. 1738 [u.] vom 21., 29. und 30. April, it. 2. May 1738. — o.O. (1738). **7.**
1.1452

Abdruck derer kayserlichen Erkäntnisse [Erkenntnisse] in der Mecklenburgischen Commissions-Sache, vom 21., 29. und 30. April, it. 2. May 1738, verschiedene wichtige Puncten betr. — o.O.u.J. **7.**
1.1453

Abdruck. — Abdruck derer im Jahr 1739 in der Mecklenburgischen Commissions-Sache ergangenen kayserl. Erkäntnisse [Erkenntnisse] und Verordnungen. — o.O. 1739. 4 Bl. 4° **7.**
1.1454

Abdruck derer an dem Kayserl. Reichs-Hof-Rath zu Wien ... ergangenen anfänglich provisional-, endlichen aber definidiven Erkäntnüssen [Erkenntnisse] in Sachen der Reichs-Ritterschafft in Francken ... contra Herrn Johann Grafen von Schlitz, genannt Görtz. — o.O. [um 1745]. 20 S. 2° **4.**
1.1455

Abdruck der in der anmasslichen Klagsache des Fürst- und Gräfl. Gesamthauses Leiningen wider das Fürstl. Haus Nassau, die Grafschaft Saarwerden und die Herrschaften Bahr und Mahlberg betreffend . . . übergebenen Exceptions-Handlungen. Wiesbaden 1791. V: *Medicus*, . . . (MGT)

Abdruck der in causa Sachsen-Eisenach die freyherrl. Tannische Vormundschaft übergebenen Exceptions-Schrift etc., worinne die in denen fürstl. Sächs. Eisenachischen Replicis darwider gemachte Einstreuungen gründlich abgefertiget werden. 1736.

Fernerer Abdruck mit allerunterthänigst- und geziemenden respect überreichter Memorialien und Bitt-Schrifften in unentschiedener Sach Krafften Gebrüder contra den Magistrat zu Ulm. — o.O. 1714.
1:27 in 4° Gw 11160–2. **12:**2° J. publ. G. 427/11.
1.1463

— d. kurfürstl. Reichs-Erzkanzlerischen Feuer-Assecuranz-Verordnung v. 27. Juli 1804. 4. Frkf. a. M. 807. Varrentrapp. 2 Gr.

— d. zu Aachen d. 24. Oct. 1748 geschlossenen Friedens. 4. Halle 750. Renger. 2 Gr.

Abdruck eines Gedichtes, welches ein ungenannter Verfasser der Musik-übenden Gesellschaft zu Berlin an ihren Stiftungstage einhändigen liess. [Angebl. Verf.: Schefler, Secretarius.] — Berlin 1750. 9 Bl. **1:**4° Bibl. Diez 2900–19.
1.1487

Abdruck des zufolge Reichshofrathsabschlusses vom 7. April 1780 in Sachen der Stadt Baden entgegen des Hrn. Markgrafens zu Baden hochfürstl. Durchl. verschiedene Religionsbeschwerden betreffend, abseiten der Stadt Baden im Jahre 1781 bey dem höchstpreislichen Reichshofrathe überreichten Gegenberichts. Bruchsal 1785. H: *Riefl, Johann Franz.* (MGT)

Abdruck der Gegenerklärung des Senats der Freien Stadt Frankfurt a. M. an die hohe Deutsche Bundesversammlung. Mit Anl. 1–61 [vielm. 1–3]. — Frankfurt a. M. 1817: Wenner. X, 37, 26 S.
1:4° Ez 8790. **12:**4° Don. Lud. XVIII, 17. **3. 4. 5. 10. 11.**
1 1489

Abdruck der von Ihro Königl. Majestät in Pohlen etc. zu dem allgemeinen Reichs-Convent gevollmächtigten . sächsischen Gesandtschafft daselbst überreichten Gegen-Vorstellung auff die an eine hochlöbliche Reichs-Versammlung übergebene u. den 27. May 1724 dictirte Vorstellung u. Gesuch, das vor-pommerische Praesentations-Recht und Ordnung ad Assessoratum des ... Reichs-Cammer-Gerichts betr. — Dat. Regensburg 19. Sept. 1724. 4 Bl. 1:12 in 4° Sq 156-1. 12:2° Ded. 467/9. 3.
1.1490

Genauer Abdruck der officiellen Actenstücke über die zwischen dem Königreich Preussen, dem Grossherzogthum Hessen und dem Kurfürstenthum Hessen bestehende Zollvereinigung, sowie über d. zwischen ... Preussen u. ... Hessen einerseits, u. ... Bayern u. Württemberg andererseits bestehenden Handelsvertrag. Nebst den zu Ausführung d. vorgenannten Staatsverträge ergangenen grossherzogl. hessischen Verordnungen u. Tarifen über die Eingangs-, Ausgangs- u. Durchgangs-Zölle ... 1832, 1833 u. 1834, u. über d. Erhebung d. Nachsteuer. Anh.: Verschiedenes, so sich auf die kurhess. Zollerhebungsrolle für 1832, 1833 u. 1834 bezieht. — Frankfurt a. M.: Sauerländer o.J. 58 S. 1:4° Gz 12040.
1.1491

Abdruck. — Abdruck des General-Handwerks-Patents vom 16. Oct. 1731, der General-Zunfts-Articul von 1739 und des königlichen Edicti von Meister-Stücken und Receptions-Geldern vom 18. Apr. 1747. Zum Gebr. sämtlicher Innungen in Schlesien u. der Grafschaft Glatz. — Breslau 1782. 2° 7.
1.1499

— Getreuer Abdruck beyderseitigen Schrift-Sätzen mehrist uber die Rechtsfrag: ob eine in Ehe-Pacten mit Hochzeits-Schanckung versehene, hernacher ... zu einem ... Verzicht ... verleitete Ehefrau des landrechtlichen Ehegewinns ... verlustig zu halten seye? In Sachen . . Ober-Appell.-Ger. Rathen Lamezan ... entgegen des Commercien-Rathen Bell ... Erben. — o.O. 1770. 59 S. 1:6 in 4° Gr 4540-2.
1.1501

Abdruck des von Hochfürstl. Sächss. Herrn Statthalter und Regierung dem Eisenachischen Collegio medico abgeforderten und erstatteten Gutachtens [Gutachten] wegen der in Hessen grassirenden Rindvieh-Seuche, auch hierwider etwan zu brauchenden Hülfsmitteln, vom 10. Dec. 1757. — o.O. (1757). 8 S. 4° 3.
1.1511

Abdruck eines von der . . Juristen-Facultät der .. Univ. zu Tübingen A. 1702 das erstemal ausgestellten rechtlichen Gutachtens [Gutachten], worinnen nachfolgende Fragen ... erörtert worden: 1. ob und wie weit ein Possessor decimarum laicus, etiam forensis zu denen Bau-Kosten der Kirchen-Gebäuden ... zu concurriren schuldig seye? Ingleichem 2. ob in solcherley Strittigkeiten, wann von e. geistl. Stand des Reichs gegen e. Immediatum Imperii mit Arresten u. Pfandungen verfahren wird, das ... Kayserl. Cammer-Gericht gewöhnliche Processe . . erkennen könne u. hierzu fundatam Jurisdictionem habe? — o.O. 1729. 64 S. 4° 4.
1.1510

— eines dogmatischen Gutachtens über die ersten 16 Sätze, welche in der Erzdiöcese Cöln dem Klerus zur Unterschrift vorgelegt werden. Nebst e. Nachtrage. gr. 8. Götting. 837. (Vandenhoeck u. Ruprecht.) 1/4 ℔ (Pag. 33 u. 34 fehlen hierin.)

Abdruck eines dogmat. Gutachtens üb. die (antihermesian.) „ersten 16 Sätze, welche in der Erzdiözese Köln dem Klerus zur Unterschrift vorgelegt“ u. s. w. gr 8. Göttingen 1837, Vandenhök (jetzt Aderholz in Breslau).

Abdruck eines von der ... Universitaet Tübingen auf Begehren des Heil. Reichs-Statt Weissenburg am Nordgau verfassten ausführlichen rechtlichen Gutachtens [Gutachten] über dero . . Reichspfleg-Dorffschafften. — Dat. o O. 1709. 1:17 in 4° Gw 11160-1.
1.1513

— zweier rechtl. Gutachten, die Ehe mit d. Stieftochter u. Schwiegermutter betreffend. 8. Halle 770. Hemmerde. 2 K

Abtruck deren vor Ihro Römisch-Kayserlich- und Königlich-Catholischen Majestät preysslichstem Reichs-Hoff-rath wider Ihre Churfürstl. Durchl. zu Pfaltz als Hertzogen zu Gülich und Berg etc. in Appellations-Sachen Gülich- und Bergischer Landständen pro et contra gepflogener Handlungen. — Cöllen a. Rh.: Steinhauss 1721. 156,152,172 S. 1:4° Gx 13940. 12:2° Ded. 18. 5. 6. 10 [defekt].
1.1515

Abdruck kaiserlichen Handschreibens an die Herren Kurfürsten d.d. Wien, den 7. Sept. 1796, die königlich preussischen brandenburgischen Occupations-Vorschritte in Franken betr. — o.O. 1797. 68 S. 5. 7.
1.1517

— Abdruck Nachschreibens zum kaiserlichen Handschreiben an die Herren Kurfürsten d. d. Wien, den 7. Sept. 1796, die kgl. preuss. brandenb. Occupations-Vorschritte in Franken betr. — o.O. 1797. 8 S. 5.
1.1518

Abdruck des zwischen der Grafschaft Hanau u. der Reichs Stadt Frankfurt unterm 1. August 1785 zu gütlicher Beylegung der bis dahin obgewalteten Grenz-Jagd-Gelaits-Güther-Freyheits- u. Verleyhungs- auch anderer nachbarlicher-Irrungen errichteten Haupt-Vertrags, sodenn des über die künftige wechselseitige Stellung u. gleichförmige Bestraffung der Forst-Jagd-Fisch-Feld- u. Garten-Freveler geschlossenen Neben-Vergleichs. Nebst der allerhöchsten kayserl. Bestättigung sammt nöthigen Beyl. von Nr 1-2. — Frankfurt a.M. 1787. 2° 4.
1.1523

— actenmäßiger Hexenprocesse, welche in den Jahren 1590, 1626, 28, 30 u. 1637 gerichtl. verhandelt worden. Was sich nämlich v. Tage d. Einkerkerung bis zur Stunde d. Verbrennung mit diesen, wegen Hexerei u. Unholden-Wesen angeklagten unglückl. Schlachtopfern zugetragen rc. 8. Eichstädt 811. Beyer (Barth in Leipz.) 6 K

Abdruck aktenmässiger Hexenprozesse, welche in den Jahren 1590, 1626, 28, 30 u. 1637 gerichtlich verhandelt worden. Was sich nemlich vom Tage der Einkerkerung bis zur Stunde der Verbrennung mit diesen wegen Hexerei- u. Unholden-Wesen angeklagt unglücklichen Schlachtopfern zugetragen. Alles nach den Originalakten abgedr. — Eichstätt 1811: Brönner. 120 S. 12:Crim. 1. 3. 7. 11.
1.1524

Abdruck der Holsten Gebräuche bey Beziehung oder Beschauung der so wohl in Dithmarschen als Cremper- und Wilster-Marsch belegenen Teiche und Dämme. — Glückstadt: Kgl. Priv. Buchh. 1725. 17 S. 4° 2. 4 [defekt]. 8.
1.1525

Abdruck unterthänigster Imploration pro restitutione in integrum adversus sententiam d. 7. Jul. 1684 et 28. Juni 1731 latas. cum Deductione Causalium ex Adj. novis depromtarum, in Sachen B. D. c. Würtemberg decisi Mand immissorial nunc Restitut. die Güter Malsch und Oberswcyher betreffend. **1741.** V· *Renz*, *Günth. Albr.* (ML)

(*Hohenlohe:* Waldenb.) **Abdruck** desj Impressi, welches unter dem Rubro· Kurtze doch gründl. Widerlegung NeuensteinischerSeits schon dorten im Frühjahr 1748 bes. im Druck herausgekommen. Mit gegenüber gesetzter Kurtzen doch rechtlichen Untersuchung in causa Hohenlohe ca. Hohenlohe [Yelin betr.]. o. O. [Juni] 1749. [10 in II.]

Abdruck der wegen der zwölffjahrigen Auffsicht über die ober- und nieder-emsische Teichacht auff denen im August 1725 und Maii 1728 gehaltenen Landtägen .. entworffenen und approbirten Instruction, sub dato den 23. Aug. 1725, so wohl des darüber Kayserl. Subdelegirter Commission wegen ertheilten Manutenenz Decreti. — Emden 1728. 4 Bl.
Sondert: Der Kayserl. Subdelegirten Commission Manutenens Decret über die vorstehende Instruction sub dato Aurich d. 7. Junii 1728.
1:55 in 2° Gq 10931.
1.1529

— der von Cassel erlassenen u. d. Behörden mitgetheilten Instruction, in Rücksicht der Aufnahme der Urkunden u. Führung d. Register d. Civilstandes. gr. 8. Magdeb. 808. Heinrichshofen. 5 K

Abdruck d. Instruktion betr Garnison-Dienst sammt d. bei f d. Festung Metz ergang. Garn.-Bestimmungen. Metz 1879.

Abdruck 1) einiger Intercessional-Schreiben [Interzessionalschreiben], 2) einiger Kayserl. Reichs-Hof-Raths-Conclusorum . , 3) einiger den verübten reformirten Gottes-Dienst in dem so gen. Schomburgischen Hof betr. Nachrichten in Sachen derer beyden evang.-reformirten teutsch- u. frantzösischen Gemeinden zu Franckfurt a.M. contra den .. Stadt-Magistrat daselbst. — o.O. 1745. 43 S. 2° 5.
1.1535

— Nebst angefügten magistratischen Anm. Frankfurt a.M. 1745. 64 S. 12:2° Ded. 345/5. 4.
1.1536

— Regenspurg 1747. 32 S. 2° 4.
1.1537

Abdruck Des von dem Furstlichen Gottorffischen General-Majoren und gewesenen Commandanten der Festung Tonningen, Zacharia Wolt, theils selbst gehaltenen, theils auch auf dessen Ordre vom Ober-Auditeur Rubach verfertigten und vom 1ten Januarii des vergangenen 1713. biss auf den 30. Januarii anni currentis, continuirten Journals, etc. etc. auf expressen Befehl publiciret und zum Druck befordert. Kopenhagen. (1714.) 4° k.

Abdruck. — Abdruck sämtlicher in dem herzogl. sachsen hildburg-häusischen Debit-Wesen seit mense Januarii 1769 bis u. mit den 25 Junii 1770 ergangenen . . kayserl. obrist-reichsrichterlichen Judicatorum. — o.O. 1770. 28 S. 2° **3.**
1.1538

Abdruck der allerhöchsten königlichen Cabinets - Ordre [Kabinettsorder], d. d. Potsdam, den 14. April 1780, die Verbesserung des Justitz-Wesens betr. – o.O. [um 1780]. 2 Bl. 4° **3.**
1.1539

— Berlin (1780): Decker. 7 S. **1:**127 in 2° An 8630–4. **2. 10.**
1.1540

Abdruck der fürstlichen mecklenburg-schwerinschen Cantzeley-Ordnung [Kanzleiordnung], abgefasset den 25. Aug. A. 1637. — Schwerin 1741: Bärensprung. 23 S. **1:**Gq 14208. **7.**
1.1541

Abdruck der von Seithen und in Sachen des Cleri secundarii des Hochstifts Münster wider Seine Kuhrfürstliche Gnaden zu Köln als Bischof zu Münster und das hochwürdige Domkapitul, auch Ritterschaft zu Münster, als die zweyen vorsitzende Landesstände, in Betreff der bey abgehaltenen Landtag im Jahr 1777 zu verwilligen angemasster sechsjährigen allgemeinen Kopfsteuer bey dem hochpreisslichen Kayserlichen Reichs-Kammer-Gericht übergebenen unterthänigsten Klagschrift. — o.O. [um 1777]. 40 S. 2° **6.**
1.1548

Abdruck zweyer von Seiten der Stadt Lübeck, resp. A. 1738 d. 19. Maji u. 1739 d. 28. Sept., in Camera Imper. ad acta übergebener schrifftl- statt mündlicher Contradictions-und Submissions-Recessuum [Kontradiktions-Recessuum]. Mit angehengter rechtl. Bitte in Sachen Holstein etc. modò Ihro Königl. Maj. von Gross-Britannien . . . als Hertzogs zu Sachsen-Lauenburg contra die Reichs-Stadt Lübeck, die Reluition der Stadt Möllen betr. Mit beygedr. Haupt-Instrumentis d. Bergerdorffer Pfandverschreibung de A. 1370 u. d. Transacts de A. 1401 sub Lit. A & B. — [Lübeck] 1739. 88 S. **1:**7 in 2° Sp 6002–1. **5.**
1.1549

Abdruck gepflogener schrifftlichen Correspondence [Korrespondenz] zwischen einigen Gelehrten über die wanckende Grund-Veste evangelischer Gewissens-Freiheit bey Gelegenheit derjenigen Bewegungen, welche sich wegen des sogenannten Wertheimischen Bibel-Werckes ereignet. o.O. 1738. 24 S. 4° **7.**
1.1553

Abdruck des käyserl. allergerechtesten Mandati s. c. poenalis in Sachen Oettingen Spilberg und Oettingen Balderen, beyden Klägeren, contra Oettingen Wallerstein, Beklagten, die den 25. Juny 1733 gewalthätige Arrestirung des gemeinschäfftl. Oettingischen Landt Vogtens Dorn betr. — (Wien 1733.) 2 Bl. **1:**an 2° Sg 4899.
1.1564

Abdruck kayserlichen Mandati s.c. nebst der am 11. Junii 1736 publicirten Sententia paritoria simplici u. am 1. Aprilis 1737 darauf erfolgter Sententia paritoria plena in Sachen des Hrn Erb-Printzen u. Landgr. Ludwigs [VIII.] zu Hessen-Darmstadt contra Hrn Landgr. Wilhelm zu Hessen-Cassel, Stadt u. Amt Babenhausen betr. — o.O. (1737). **1:**6a in 4° Sk 6566/20. **4.**
1.1565

Abdruck kayserlichen Mandati s.c. nebst der am 27. Martii 1737 publicirten Sententia paritoria plena in Sachen des Hrn Erb-Printzen u. Landgr. Ludwigs [VIII.] zu Hessen-Darmstadt contra den Hrn Landgr. Wilhelm zu Hessen-Cassel, die hanauische Mobiliar-Verlassenschaft betr. — o.O. (1737). **1:**6b in 4° Sk 6566/20. **4.**
1.1566

Abdruck käyserlichen Mandati s.c. de non amplius turbando, nec offendendo, sed via juris procedendo . . . in Sachen Sachsen-Coburg u. Meiningen contra die verwittibte Hertzogin Sophiam Albertinam zu Sachsen Hildburghausen . . . u. dero . . . Räthe, auch . . . Bediente, sub dato Neustadt, d. 23. Aug. 1724, die landfriedbrüchige invasion des Sachsen-Coburg-Meiningischen Amts Schalckau betr. — o.O. (1724). 7 Bl. 2° **3.**
1.1567

Abdruck kayserlichen Mandati s.c. de non amplius turbando, sed via iuris procedendo . . in Sachen sachsenmeiningische Vormundschafft contra Herrn Anthon Ulrich, Hertzogen zu Sachsen-Meiningen. — o.O. (1725). 12 S. 2° **3. 4.**
1.1568

Abdruck einiger Mandatorum des Kayserl. Reichs-Cammer-Gerichts gegen das sogenannte Simultaneum oder Mit-Einführung einer Religion, woselbige . . . nicht gewesen. Nebst e. Vorbericht [u.] Anh. — o.O. 1720.
2 versch. Drucke.
1:13 in 4° Gw 7760–3 [u.] 15 in 4° Gv 560–2.
12:2° J. publ. G. 428/11 [u.] 431/1.
1.1569

Abdruck zweyer von e. hochpreißlichen Kayserl. Cammer-Gericht . . . 1736 . . . insinuirten kays. Mandatorum s.c. in Sachen . . . des Erbprintzens . . . zu Hessen-Darmstadt contra des Landgrafen Wilhelms [VIII.] zu Hessen-Cassel . . . Durchl., die hanauische Succession betr. — o.O. (1736). 4 Bl. **1:**6 in 4° Sk 6566/20.
1.1570

Abdruck des an die von Sr. Röm.-Käyserl. Majestät . . verordnete . . . Conservatores der höchst-bedrängten Mecklenburgischen Ritterschafft und Stadt Rostock, nemlich an Sr. Kgl. Maj. von Groß-Britannien . . . und Sr. Durchl. zu Braunschw. Lüneb. Wolffenbüttel, von Land - Rähten und Deputirten der Mecklenburgischen Ritter- und Landschafft vom Engern Ausschuß übergebenen . . . Memorials [Memorial] und Imploration, um schleunigste Vollziehung des käys. Conservatorii wieder die . . . Bedrückungen des . . . Mecklenburg - Schwerinischen Hofes. Samt Beyl. sub Lit. A. B. & C. — o.O. 1718.
1:22 in 4° Sn 7096. **12:**2° Ded. 471–3.
1.1571

Abdruck einiger nahmens der beiden sachsen-lauenburgischen Erb-Printzessinen bey Ihro Kays. Majest. eingereichten Memorialien u. von dem Reichs-Hoff-Rath erfolgten Resolution, die Succession in Sachsen-Lauenburg betr. — o.O. (1731). 2° **5.**
1.1575

Abdruck deren sämtlichen, beyden, dess Herrn Reichs-Vice-Cantzlers und dess Herrn R. H. Raths Vice-Praesidentens Excellentien . . . zu überreichen nöthig befundene Memorialien und bittschrifften in unentschiedener sach Krafften gebrüder contra den Magistrat zu Ulm. — o O. 1712. **1:**26 in 4° Gw 11160–2. **12:**2° J. publ. G 427/10.
1.1578

Abdruck des letztern Memorialis, so der Chur-Brandenburgische Herr Abgesandter Freyherr von Wylich zu Botzlar bey seiner Beurlaubung . . . Seiner Churfürstl. Durchl. zu Pfaltz nahmens des löbl. Corporis Protestantium übergeben. 1700 s. *Wylich* zu Botzlar, Frhr v.

Abdruck einer sub dato d. 20sten Junii 1774 in dem Flecken Bredstedt errichteten Mobilien-Gilde. — Flensburg 1778: Serringhausen. 16 S. **8.**
1.1580

Abdruck des von I. K. K. M. der Mecklenburgischen Ritterschafft ertheilten induIti moratorii und desfalls übergebener Memorialien sub Lit. A & B. — o.O. 1717. 15 S 4° **4. 9.**
1.1582

„Abdruck 1) des Allerhöchsten Kayserlichen Müntz-Patents vom 13. August 1759, 2) des darauf erstatteten allerunterthänigsten Berichts vom 13. Octob. 1759 nebst der sogenannten Pflichtmässigen Registratur oder Erklärung über einen jeden Articul dieses Patents, 3) des weiteren Kayserlichen allergnädigsten Rescripts vom 14. Februar 1760, und 4) des darauf erfolgten weiteren allergehorsamsten Berichts vom 12. Maji 1760", Frankfurt a. M. 1760. — Vorh.: StB Nürnberg.

Abdruck Nachschreibens zum kaiserlichen Handschreiben an die Herren Kurfürsten, d. d. Wien, den 7. Sept. 1796, die kgl. preuss. brandenb. Occupations-Vorschritte in Franken betr. 1797 s. *Abdruck* kaiserlichen Handschreibens an die Herren Kurfürsten.

(Neuensteiner) Abdruck einiger vorläufigen Acten-Stücke, welche zu Darlegung des offenkundigen Ungrunds derer, einem an eine Reichs-Versammlung sub dato 6. Juni 1750 erlassenen fernerweiten Hohenlohe-Waldenburgischen Schreiben beygefügten Memorialien dienen können [o O Juli] 1750. [22 in III]

— neuer, der höchst merkwürd. Berichte über die großen astronomischen Entdeckungen auf d. Monde, nebst apparter Bestätigung derselben. gr. 12. Hamb. 836. Erié. n. 5/12 ℛ

— neuer, der vier Haupt-Grundgesetze d. Hamb. Verfassung, mit vorausgeschickter erläuternder Uebersicht. gr. 8. Hamb. 823. Aug. Campe. 1 ℛ 12 ℊ

— Nachtrag zu dem neuen Abdrucke der vier Hauptgrundgesetze, oder 2r Thl. gr. 8. Ebd. 824. 1 ℛ 12 ℊ

— Supplementband zu dem neuen Abdrucke u. dessen Nachtrage. Mit e. Anlage, die Verhandlungen über d. Verfassung der freien Hansestadt Bremen betreffend, oder 3r Theil. gr. 8. Ebd. 825. 2 ℛ

—— neuer, der Verfassung des deutschen Reiches und des Reichswahlgesetzes vom J. 1849 nach dem Beschlusse der Frankfurter Nationalversammlung und dem Vorschlage der Regierungen von Preußen, Sachsen und Hannover. Nebst einem alphabet. Inhaltsregister. gr. 8. (96 Sp.) Leipzig 866, Friese.

Abdruck. Oeffentlicher A' aus dem Original-Protokoll des lezt-abgehaltenen Hochlöbl. Bundestags zu Chur: In Betreff des neu-zuvergebenden Zollpachtes der Republik der drey Bünde. fol. *o. O.* Oktober 1787.

Abdruck. — Abdruck des coburgischen Wäysen- und Zucht-Hausses Ordnungen, wornach sich so wohl deren Bediente als auch die darinnen befindliche Wäysen-Kinder und Züchtlinge zuachten. — Coburg [um 1707]: Mönch. 16 Bl. 4° **3. 7.**
1.1591

Abdruck Original-Attestati von dem Chur-Mayntzischen Reichs-Directorio in Sachen Manderscheid contra Schwartzenberg und Consorten. — Regenspurg 1708.
1:10 in 4° Gx 2103.
1 1592

Abdruck von denen wahrhaften Originalien der Documente und Beylagen, welche in den Saltzischen Majorats-Sachen . . . wider die ietzigen unbefugten Possessores dieser Majorats-Güther, bey den Actis vorkommen und produeiret werden. Nebst der Saltzischen Genealogie. 1721. 4.

Abdruck einer Originalurkunde des Freiherrl. v. Türckheimischen Archivs. — (Karlsruhe) o. J. 1:14 in Si 3.
1.1594

— des Original-Vergleichs, welcher am 20. April 1809 unter den Ackerbegüterten auf Frankfurter Seite u. dem Metzger-Handwerk über die Aufhebung d. Brache rc. zu Stande gekommen. Nebst Beilagen. 4. Frankf. a. M. 809. Varrentrapp. 20 kr.

Abdruck derjenigen Paragraphen des Constitutionsbuchs (der Grossen Loge von Hamburg), welche in der neuen Auflage vom J. 1862 wesentlich verändert oder neu hinzugekommen sind. (Hamburg, Druck v. Nobiling.) ca. 1865. 8. 16 S.

Abdruck Patents [Patent], so Ihre Hochfürstl. Gnaden zu Speyer in der Stadt Speyer, so wohl als in dem Hoch-Stifft aller Orten publiciren lassen. — [Speyer 1716.] 2 Bl.
1:16 in 2° Gx 13000.
1.1601

Abdruck Patents [Patent] und Verordnung der Sammt-Regierung der Stadt Hildesheim wegen eines von Hochstifftischer Hildesheimischer Regierung in Druck herausgegebenen Placats. — Hildesheim 1734: Matthäi. 4 Bl. 4° 5.
1.1602

Abdruck des pro Fisco Regio wider den vormahligen Hardes-Vogt . . . Johann Daniel Kahlen in puncto malversationis . . . angetragenen Petiti, wie auch der nachhero erfolgten Ober-Gerichts-Urthel. — o.O. 1742. 2 Bl. 4°
8.
1.1605

Abdruck einiger Pièćen, so zu nöthiger Erläuterung der bey hohem Löwensteinischen Samt-Hauss puncto praetensae separationis der Wertheimischen Crayss-Mannschaffts Contingentien entstandenen Misshelligkeiten dienen können. Nebst Anmerckungen zu Refutation des sub titulo deductionis apologeticae etc. divulgirten Impressi. — (Wertheim) 1732.
2 versch. Drucke.
1:4 in 2° Si 4880. 12:2° J. publ. G. 450–3; 2° J. publ. G. 450–4; 2° Ded. 444–7 [u.] 2° Ded. 467/10.
1.1606

Abdruck des wegen der greiffswaldischen Controversien publicirten Placats. Nebst beygefügten Anm. — o.O. 1730. 24 S. 1:Dm 10720. 9.
1.1607

Abdruck der kayserlich-allergnädigsten Poenal-Extension und Erläuterungs-Rescripts an löbl. Reichs Ritterschafft in Francken der VI Orthe. Sammt dem Poenal-Patent an die auswärtige Unterthanen und Juden wegen des unziemlichen Recursus an die Lehen-Höfe in Civil-Sachen und dahin nicht gehörigen Strittigkeiten. — Dat. Wien 22. März 1728. 4 Bl. 4° 10.
1.1608

Abdruck derer Praeliminar-Articuln, welche künfftig dienen sollen zum General-Frieden. — Hamburg: v. Wiering 1709. 6 Bl. 1:Qk 3392. 2. 7.
1 1612

Abdruck. — Abdruck derer bey der Römisch-Kayserl. Majestät gegen Burgermeister und Rath der Kayserlichen Reichs-Stadt Franckfurt am Mayn von dem dasigen Schutz-Juden Meyer Amschel Flörsheim unterm 5. Octobris 1758 sowohl puncto salvi conductus & cautionis praetense nulliter extortae erhobenen Privat-Beschwerden als auch in Ansehung des Müntz-Wesens dem ersagten Rath beschehenen harten Beymessungen wie auch des hierauf gefolgten allerhöchsten kayserlichen Rescripts vom 31. ejusdem und allerunterthänigst erstatteten beyden magistratischen Berichten de respective 14. Julii und 11. Aug. 1759 woher derer ex Officio geahndeten Mängeln und Gebrechen in dem Müntz-Wesen durch ein anderweites allerhöchstes kayserl. Rescript vom 4. Martii 1760 zu der gegen mehrersagten Rath zu Franckfurt erkannten Kayserlichen Hohen Local-Müntz-Commission die Veranlassung genommen worden, statt eines umständlichen Facti zu vollständiger Information dem Publico vor Augen geleget. — Franckfurt a. M. 1760.
1:12 in 4° Fd 7251/3.
1 1614

— — in: *Sammlung* derer bey dem Kayserlichen Reichs-Hof-Rath wegen der auf denen Franckf. Messen . . . einzuführen suchenden Abordnung kays. Herren Commissarien . . . gepflogenen Handlungen. 1 1615

Abdruck der denen . . . Einwohnern der Hoch-gräfl. Leiningen-hartenburgischen Residentz-Stadt Dürckheim a. d. Hardt bestättigter alten und ertheilter neuen Privilegien und Freyheiten, in specie auch denen Evang.-Reform. daselbst gnäd. concedirten Exertii [!] religionis publici. Cum annexis d. A. 1725. — o.O. (1725). 4 Bl.
1:27 in Dg 33.
1.1616

— o.O. 1726. 4 Bl. 1:13 in 4° Gw 7760.
1 1617

Abdruck derer Privilegien und Freyheiten, welche Ihro Königl. Majestät zu Dännemarck, Norwegen etc. der von denen Schweden abgebrannten Stadt Altona . . . von neuen concediret. — Altona (1713): Dreyer. 4 Bl. 8.
1.1618

Abdruck der Privilegien und Freiheiten, Welche Ihro Königl. Majestat (Christian VI.) zu Dännemarck, Norwegen, etc. Der Stadt Altona Im Jahr 1732 von neuen allergnädigst concediret. Altona. o. J. 4° k.

Abdruck des von der Römischen Kayserl. Majestät Ihro Königl. Majest. in Preussen auf die Grafschaft Ost-Friessland ertheilten Privilegii de non appellando illimitati. — Dat. Wien 15. Febr. 1750.
2 versch. Drucke.
1:4° Sm 8552 [u.] 2° Sm 8519 [defekt].
1 1620

Abdruck des von der Römischen Kayserlichen Majestät auf Ihro Königlichen Majestät in Preussen Reichs-Lande ertheilten Privilegii de non appellando illimitati. — Dat. Wien 31. Mai 1746. 4 Bl. 2° 2.
1 1621

Abdruck des von der Römischen Kayserlichen Majestät auf Ihro Königl. Majestät in Preussen Reichs-Lande ertheilten Privilegii appellationis in petitorio et possessorio, de dato Wien, den 16. Dec. 1702. — (Wien 1702.)
1:4° Gx 10600.
1.1622

Abdruck kayserl. Privilegiorum, auch deshalb bey dem Reichs-Cammer-Gericht . . . ergangenen resp. Mandatorum et judicatorum in causa der unter hessen-darmstädtischen Erb-Schutz stehenden in Territorio Solmejo-Laubacensi gelegenen Gemeinde des Flecken Freyenseen contra die Herren Graffen von Solms-Laubach. — o.O. 1725. 92 S. 2° 4[ᵒᵒ Titelbl.]
1 1623

— e. Promemoria d. Fürsten zu Wied-Neuwied, seine Vergleiche mit seinen Unterthanen betreffend, nebst Nachtrag. Fol. Thal, Ehrenbreitstein 791. Gehra. 1 Rthl. 8 kr.

— eines Promemoria d. Fürsten zu Wied-Neuwied, seine Vergleiche m. seinen Unterth. betreffend; n. Nachtrag. Fol. Thal Ehrenbreitstein Gehra. 792.

Abdruck der an Se. Czaarische Majest. von dem Holl-stein-Gottorfischen Hofe durch den Envoyé von Bassewitz geschehenen Propositionen und der darauf erfolgten Antwort; nebst einigen andern Occasione dieser Affaire zum Vorschein gekommenen Piécen. (Nr 1–11.) — Amsterdam 1715: Belkius. 30 Bl.
2 mit Sondert.: Bassewitz, Henning Friedrich: Unterthänigstes Memorial. o.O 1714.
8.
1 1626

— o.O. 1716. 30 Bl.
2 mit Sondert.: Bassewitz, Henning Friedrich: Unterthänigstes Memorial. o O 1714
Vollst. . . . . 1: Flugschr. 1716–1. 8.
1 . . . . 10 W.
1 1627

Abdruck der an den löbl. Engern Ausschuss gerichteten auf dem Deputations-Convent vom 22. Junii 1768 öffentlichen verlesenen Protestation der Ritterschaftlichen Eingesessenen des Amts Grabow wieder die auf dem allgemeinen Landes-Convent vom April d. J. geschehene Beschliessungen, welchen nun die Anlagen beygefüget sind. o.O. 1768. 16 S. 4° 8. 9.
1.1628

Abdruck des Protocolli recessuum, welches beym Schlesswigschen Land-Gericht im Oct. 1723 in Sachen der . . . Ulrica Anthoinetta . . . Gräfin von Ahlefeld . . . gehalten worden. — o.O. [um 1723]. 1:3 in 4° Hf 8480-3.
1.1632

Abdruck. — Abdruck eines gerichtlichen Protocolls [Protokoll] samt beygefügten Vorbericht und Anmerckungen zur unausgesetzlichen Verthädigung des von dem . . . Advocato . . . [Hermann Josef] Schick auf gantz unerlaubt-entsetzliche Weise angegriffen-guten Namens . . . U.L.F. Stiffts dahier zu Wetzlar Canonici Capitularis etc. Francisci Guilielmi Stuck. — o.O. 1759. 2° 7.
1 1635

Abdruck derjenigen Protocollen [Protokolle] mit ihren Beylagen, welche bey den Sessionen der Herzogl. hohen Commission zu Rostock . . . abgehalten worden. — o.O. 1764. 39 S. 4° 9.
1 1636

Abtruck der in des Käyserl. Cammer-Gerichts-Assessoris Herrn Johann Adam Ernst von Pyrck Restitutions Sach so gerecht als iuxta doctrinam Jacobi Blumen .. et aliorum DD competenter ergangnen und am 7. April 1704 durch des Käyserl. Geheimben Raths u. Cammer-Gerichts-Praesidenten Graffen zu Sollms-Laubach Excellentz . . in pleno consilio camerali publ. u. exequirten käyserl. allergnäd. Provisional-Verordnungen. — [Wien oder Wetzlar 1703.] 8 S. 1:5 in Gx 4791.
1.1637

— o.O. 1704. 8 S.
1:3 in Gx 4800. 12:4° Ded. 202-1/23. 5. 6.
1 1638

Abdruck der von einem wohllöbl. Stadt-Magistrat dependirende breslauische Rang-Ordnung, oder so genanntes Paar-Büchlein zwischen d. J. 1717 bis 1720, soviel davon in Observantz gebracht worden. — o O. [um 1720]. 4 Bl. 2.
1 1644

Abdruck. — Abdruck des Rath- und Bürger-Schlusses, die in weiterem Grad als Brüder- und Schwester-Kinder fallende Erbschafften betr. — Hamburg 1736.
1:12 in 4° Gq 15060.
1 1645

— Abdruck dess zwischen denen chur-pfältzischen und pfaltz-neuburgischen Ministris zu Schwäbischen Halle den 12. ⟨22.⟩ Maji, A. 1685 aufgerichteten Recessus. Nebst beygefügter Information dieses Recessus. — o.O. [nach 1698]. 12 S. 1:3 in 2° Yx 13000.
1 1647

Abdruck der von der Stadt Lübeck in Camera Imperiali zu Speyer am 6. Febr. A. 1671 ad acta judicialia sub ⟨174⟩ a. num. 13 übergebenen Rechnung, was die Stadt Lübeck von dem Städtlein Möllen .. empfangen. — o.O [um 1740]. 1:3 in 4° So 9901.
1 1648

Abdruck der an Chur-Fürstl. Durchl. zu Sachsen u. neuerwaehlten König zu Pohlen im Namen des Gross-Hertzogthums Littauens gehaltenen Rede. Nebst hochermeldter Chur-Fürstl. Durchl nach dero Benennung zum Könige in Pohlen abgelassenen Circular-Schreiben. — o.O.u.J. 4 S. 12:4° Eur. 386-45. 3.
1 1650

Abdruck des Regulativi jurisdictionis et juris politiae, so in dem § VIII der v. Sr. jetzt regier. Hertzogl. Durchl. zu Mecklenburg etc. und der Stadt Rostock unterm 26. April 1748 errichteten Convention vorbehalten und hiernechst s. d. 16. Aug. ej. A. vollenzogen worden. — o.O. 1748. 8 S. 1:Gq 14768. 12:4° J. Germ 49w/3. 5.
1.1653

Abdruck derer beyden Reichs-Gutachten von Churfürsten. Fursten und Standen des Reichs, 1. In puncto moderationis matriculae cameralis, 2 In puncto des Kayserl. u. Reichs Cammer-Gerichts-Unterhalt, d. d 8 Nov. 1726. Sodann des darauff erfolgten Ratifications- u. weiteren Commissions-Decreti, dict. Regenspurg den 3., 4 u. 5 Nov. 1727. Wetzlar 1728.

Abdruck des in Gefolg des kayserl. Commissions-Decreti v. 26. Maji 1719 d. 16. Dec. ejusd. Anni zu Regenspurg publicirten Reichs-Gutachtens [Reichs-Gutachten], wie auch des hierüber erfolgten kayserl. Ratifications-Decreti, sub dato Regenspurg 5. Nov. 1720, des Kayserl. und des Heil. Reichs Cammergerichts Unterhalt betr. — Wetzlar 1720: Winckler. 10 S.
12:2° J. publ. G. 419/6; 2° J. publ. G. 119/3 [u.] 2° J. publ. G. 120/4.
1 1656

Abdruck. — Abdruck des von der Röm. Käyserl. Majest. in dero Commissions-Decret vom 15. April 1705 .. verlangten fernern Reichs-Gutachten in der Cameral-Materie. — Dat. Regenspurg 23. Juli 1706. 8 S.
1:30 in Gx 4791. 12:4° Ded. 202 1 61.
1 1657

Abdruck eines höchstpreissl. Reichs-Hof-Raths-Conclusi in der neuern Wallfarts-Processions-Angelegenheit zu Wertheim. — o.O. 1781. 2 Bl.
1:19 in 2° Gx 13000-39. 12:4° J. publ G 3
1 1659

Abdruck des in Sachen des Grafen Carl Friedrich von Wartensleben wieder . . den Herren Landgrafen von Hessen-Cassel . . . in betreff der von Görtzischen Stifftung Wallenstein . erfolgten . Reichshoffraths Conclusi vom 17. Junii 1766 – Cassel o J · Estienne 6 Bl 2° 4.
1 1660

Abdruck derer in der Sachssen-Coburg-Eisenberg- und Römhildischen Successions-Sache ergangenen kayserlichen Reichs-Hof-Raths-Conclusorum und Sententien von A. 1699. — o.O. (1736). 195 S. 2° 3.
1 1663

Abdruck derer in der Sachsen-Weimar- u. Eisenachischen Tutel- u. Landes-Administrations-Sache ergangenen kayserlichen Reichs-Hofraths-Conclusorum. — o.O. 1748. 16 S. 1:18 in 4° Ss 12. 12:2° Ded 445-3. 3.
1 1664

Abdruck kayserlicher höchst-preißlichen Reichs-Hof-Raths-Conclusorum (in Sachen Hohenlohe-Neuenstein gegen Hohenlohe-Waldenburg). – o.O. (1748) 2 Bl. 2° 4.
1 1661

Abdruck einiger merkwürdiger Reichshofraths-Conclusorum, welche seit 1771 bis zu dem lauffenden J. 1781 in Sachen des Frauenklosters Maria Kirchheim wider Hochfürstl. Oettingen-Oettingen, wie auch vice versa ergangen sind. — Wallerstein o.J. 1: an 2° Sg 4874
1 1662

Abdruck derer zwey höchstvenerirlichen kayserl. Reichs Hof-Raths Conclusorum (in Sachen Hohenlohe-Neuenstein gegen Hohenlohe-Waldenburg). — o.O. 1748. 4 Bl. 2° 4.
1.1665

Abdruck eines merkwürdigen Reichskammergerichts-Paritori-Urthel, die zur Erläuterung der beyden §§ 502 und 541 in v. Selchow zu Göttingen elementis jur. publ. S. R. J. hodierni, eorumque T. II. jus privatum principum concernente dienet . . . mit Erläuterungen. [Erfurt.] 1773. V: *Springer, Johann Christoph Erich von.* (stri) (ML)

Abdruck der commissarischen Relation und Urthels in causa des gewesenen Ober-Amts-Praesidenten von Benckendorff und des dimittirten Ober-Amts-Directoris Baron von Arnold. — Berlin: Kunst 1752. 47 S.
1:2° Fy 11201. 2. 3.
1 1670

Abdruck der an Ihro Majestät dem Röm. Könige von des Herrn General-Lieutenant Marggraffen zu Baaden Hochfürstl. Durchlauchtigkeit erstatteten Relation, d. d. Stauffen, d. 24. Oct. 1702. — o.O.u.J.
1: Flugschr. 1702-28.
1 1671

— der Pappenheim. Religions-Assecurations-Urkunde. 8. Ulm, Stettin. 2 K

Abdruck der an e. e. hochw. Rath der . . . Reichs-Stadt Lubeck von der Brauer-Zunfft wie auch denen vier grossen und zugehörigen Aemptern ubergebenen Remonstration in Antwort auff der Schonenfahrer u. Consort. aussgefertigten Deduction-Schrifft in puncto liberi commercii. — [Lübeck] 1705. 31 S.
1:4 in 2° Sp 6002-2.
1.1674

Abdruck der Freyen Reichs-Ritterschafft in Schwaben aller fünff Cantonen contra Hrn Eberhard Ludwigen, Hertzogens zu Würtemberg etc. Hoch-Fürstl. Durchl., an den Käys. Reichs-Hof-Rath pcto collectationis et aliorum . . . iurium in denen . acquirirten . . . Ritter-Güter . . . übergebener Replic, in causa Mandati arctioris de solvendo collectas s. cl. Mit Beyl. de Lit. A-Y. — o.O. [um 1700]. 93,28 S. 1: in 2° Gx 13000-21.
1 1677

Abdruck der Replikschrift von Seiten des Herrn Reichsgrafen Wilhelm Friedrich Christian von Bentinck . . . Frankfurt a. M. 1838. V: *Tabor, K. A.* (Eng J)

Abdruck allerunterthänigster Repraesentationis an Ihro glorreichest-regierende Römisch-Kayserliche Majestät, ad conclusum clementissimum, die 17. Junii 1749, ad causam Hohenlohe contra Hohenlohe. — o.O. (1749). 13 S. 2°
4. 5.
1 1678

Abdruck allerunterth. Repraesentations-Schreibens an Ihro Röm Kayserl Majestät von denen sammtlich regierenden Grafen zu Hohenloh, Neuensteinischer Linie, d. d. 29 Sept et praes. RHRath 28 Nov. 1749 i. S. derselben contra die Fürsten zu Hohenloh Waldenburgischer Linie, diversorum attentatorum et gravam. religionis. o. O 1749. [12 in H]

Abdruck eines allerhöchst kaiserlichen Requisitionsschreibens an den Ritter Canton Odenwald, d. d. Wien den 23. Oct. 1784, den Durchmarsch einiger nach den Niederlanden bestimmter Regimenter betr. — o.O. 1784.
12:4° Ded. 151 f/18. 7.
1 1680

„Abdruck des über die sogenannte Pflichtmässige Registratur oder Erklärung über einen jeden Articul des allerhöchsten Kayserlichen Müntz-Patents vom 13ten August 1759 unterm 19ten August 1760 ergangenen weiteren Kayserlichen allergnädigsten Rescripts, und des darauf erfolgten ferneren allergehorsamsten Berichts vom 27. Septembris 1760. Frankfurt 1760". — Vorh.: StB Nürnberg.

Abdruck kayserlichen allerh. Rescripti notific. et excitatorii an die ausschreiber. Fürsten des Fränckischen Crayses de 21. Mart. 1749 nebst 2 ReichsHofRathsCo. clusis, die dermalige Hohenlohe-Pfedelbachische ParticularReligionsGravamina betreffend. o. O. u. J. [7 in II.]

Abdruck käyserlichen Rescripti inhibitorii et dehortatorii an Sachsen-Saalfeld, sub dato Neustadt d. 23. Aug. 1724, ad causam Sachsen-Coburg u. Meiningen contra Sachsen-Hildburghausen, mandati poenalis s. c., die landfriedbrüchige invasion des sachsen-coburg-meiningischen Amts Schalckau betr. — o.O.(1724). 2 Bl. 2° 3.
1.1683

Abdruck des von Römisch-Kayserl. ... Majestät an das Capitulum des Stiffts St. Joannis binnen Hildesheim in Sachen Churfürstlicher Cöllnischer Stift Hildesheimischer Regierung contra besagtes Capitul unterm 9. Martii 1736 ... erkändt und am 24. dem Canonico Krüppel insinuirten Rescripti. — Dat. Wien 9. März 1736.
1:11 in 4° Sm 5047.
1.1684

Abdruck des aus der hohen Statthalterschaft sub dato Gottorff d. 25. April 1778 an den Magistrat zu Flensburg ergangenen u. öffentlich bekannt zu machenden Rescripti, betreffend die bey dem Königl. General-Landes-Oekonomie- u. Commerz-Collegio über Privilegirung zur Verarbeit- und Verhandlung des Tobacks einzubringende Gesuche. — Flensburg (1778): Serringhausen. 2 Bl. 8.
1.1685

Abdruck. — Abdruck abermaliger kayserl. allergnäd. Rescripten [Reskripte] in der Mecklenburgischen Landes-Angelegenheit. — o.O. 1734. 4 Bl. 7.
1.1687

Abdruck derer so wohl von dem Hoch-Fürstl. Würtzburgischen Lehn-Hoff als von dem höchstpreisslichsten Reichs Cammer-Gericht zu Wetzlar ergangenen Rescripten [Reskripte], Urtheilen und Mandatorum s. c. de exequendo & manutenendo, in Sachen [Franz Friedrich] Marschall von Ostheim contra von Diemar und Wolfskehl von Reichenberg. — Meiningen (1731): Hassert. 30 [vielm. 20] S.
1:7 in 4° Gq 5400.
1.1689

Abdruck verschiedener an die Fürstl. Hessische Universität zu Giessen successive ergangenen gnädigsten Rescripten [Reskripte] und Verordnungen. — o.O. [um 1736]. 2 Bl. 1:9 in 4° Gp 17801.
1.1690

Abdruck, Der, Denen Kayserl. wie auch Chur-Sächs- und Brandenburgischen, zu denen Holsteinischen Meditations-Tractaten in Altona gevollmächtigten Commissariis Von denen Königl. Dänischen Bevollmächtigten schrifftlich vorgetragenen weiteren Resolution (v. 30. Juni 1688), Sammt der Von Hochfürstl. Schlesswig-Holstein-Gottorffischer Seiten, hierüber abgegebenen nachmaligen Erklärung (v. 25. Aug. 1688). o. O. u. J. 4° k.

Abdruck derer unter dem 6. u. 27. Febr. A. 1727, wie auch den 16. Febr. A. 1728 u. noch letzteres den 21. Febr. A. 1736 ergangenen allerhöchsten käyserl. Resolutionen, in causa des Mecklenb. Obrist-Lieut. und General-Adjutanten von Lehsten wegen seiner bey allerhöchsten Kayserl. Majest. schon längst eingeklagten höchst-privilegirten Forderungen. o.O. (1736). 4 Bl. 4° 3.
1.1693

Abdruck der käyserlichen Resolutionum ad gravamina, de dato Wien, d. 19. Oct. A. 1724. — o.O. 1724. 16 Bl.
1:Sn 7125. 7.
1.1695

Abdruck derer kayserlichen Resolutionum in der Mecklenburgischen Commissions-Sache vom 3. Aug. 1736 [u.] vom 11. Sept. 1736. — o.O.u.J. 7.
1.1696

Abdruck derer in der Mecklenburgischen Landes-Angelegenheit ergangener neuesten kayserlichen Resolutionum. — o.O. 1734. 4 Bl. 7. 9.
1.1697

Abdruck derer neuesten kayserl. Resolutionum, so zu Wien in der Mecklenburgischen Landes-Regierungs-Sache publiciret worden. — o.O. 1733. 8 S. 7.
1.1698

Abdruck eines uber einige insonderheit wegen des bey dem heiligen Tauff-Actu an vielen Orten hergebrachten Degen-Tragens formirte Fragen gestelleten rechtlichen Responsi. o.O. 1710. 1:4° Cy 19904. 12:4° Liturg. 695-1. 3.
1.1701

Abdruck eines von der wollöbl. Juristen-Facultät der Hochfürstl. Würtembergischen Universität zu Tübingen in Anno 1728 gestellten, ausführlichen rechts- gegründeten Responsi refutatorii auf die von dem Geistl. Rath zu Würzburg ... 1708 abgefasste Gegen-Deduction u. Beantwortung des ... 1702 von ... Facultate jur. Tubingensi super quaestione: Quatenus possessores laici decimarum, etiam forenses, teneantur ad reparationem ecclesiarum? ertheilten erstern responsi academici etc. — o.O.u.J. 81 S. 4°
4.
1.1703

„Abdruck, der, wegen der gegen die Reichs-Stadt Franckfurt erkannten Kayserlichen Münz-Commissionen, ausser denen allbereits bey dem sechsten die Kayserliche Müntz-Local-Commission betreffenden Schreiben als Subadjuncta sub. No. 44, 45, 46 und 47 befindlichen, fernerweiten bey zweyen berühmten Juristen-Facultäten eingeholten Responsorum Juris", Frankfurt a. M. 1761. — Vorh.: StB Nürnberg.

Abdruck. — Abdruck zweier Responsorum juris als 1. von der ... Juristen-Facultät zu Göttingen, 2. von der ... Juristen-Facultät zu Tübingen ad causam Samuel Friderich von Gültlingen contra die Reichs-Ritterschaft in Schwaben Orts am Kocher u. den Freyherrn Joseph Anselm Adelmann von Adelmannsfelden. — o.O. [um 1773]. 34,59 S. 12:2° Ded. 444-17. 3. 5.
1.1709

Abdruck des einzigen noch übrigen Restes einer Chronik über die Schicksale der Stadt Schwabach im 3ojährigen Kriege. (Deren Verfasserin war eine hiesige, damals lebende Müllerstochter.) S.7-11. Progr. Schwabach 1850.

— der Revisions-Duplik für den Herrn Reichsgrafen Gust. Ad. Bentinck ꝛc. zu Varel gegen den Hrn. Reichsgrafen Wlh. Fr. Chr. Bentinck ꝛc. in Haag, betr. die Successionsrechte in den Reichsgräfl. Bentinck'schen Herrschaften u. Gütern ꝛc. gr. 8. Leipzig 846. (B. Tauchnitz jun.) gratis.

— der Revisions-Gegenschrift für den Herrn Reichsgrafen Gustav Adolph von Bentinck wider den Herrn Reichsgrafen Wilhelm Friedrich Christian von Bentinck, betreffend die Succession in den Reichsgräfl. Herrschaften und Gütern. Herausgeg. von den Doctoren C. F. Dieck u. F. G. Eckenberg. gr. 8. Leipzig 844. (B. Tauchnitz jun.) 1 1/3 ₰

Abdruck des zwischen den hohen Stifft Würzburg und ohnmittelbahr Freyen Reichs-Ritter-Orth an der Baunach wegen der Centh, Zünffte und Accis den 19. Junii A. 1717 errichteten Recess [Rezess]. — o.O. [um 1717]. 79 S.
12:4° Bavar. 10.
1.1710

Abdruck derer, in causa des Gross-Fürstlichen Hof- und Cammer-Agenten Isaac Mussaphia, Imploranten, contra den Gross-Fürstlichen Etats-Rath Hrn Friederich Barthold Sarauw, Imploraten, bey Gross-Fürstlicher-Regierungs-Canzeley in puncto damni dati etc. abseiten des Imploranten verhandelter Recesse [Rezesse] und eingelegter Responsionis ad factum exceptionale, wie auch der Salvation des Facti libelli. — o.O. 1752. 34 S. 2° 8.
1.1721

Richtiger Abdruck der Episteln, Evangelien u. biblischen Historien, wie selbige in Pommern und Rügen ... vorzulesen verordnet sind. — Stralsund: Struck 1761. 168 S. 9.
1.1723

— Mit d. kleinen Catechismo Luthers. Ebd. 1772. 192 S.
1: an Em 8318. 9.
1.1724

— Ebd. 1786. 160 S. 9 [defekt].
1.1725

— Ebd. 1813. 160 S. 9.
1.1726

— Ebd. 1827. 160 S. 9.
1.1727

Richtiger Abdruck der Convention, welche der Durchlauchtigste Fürst und Herr, Herr Christian Ludewig, regierender Hertzog zu Mecklenburg ..., mit Bürgermeister, Rath und hundert Männern nahmens ihrer und der gantzen Gemeine der Bürgerschaft der Stadt Rostock im J. 1748 d. 26. April daselbst geschlossen haben. — Dat. Rostock 1748. 30 S. 1:Sn 9162. 5.
1.1728

Richtiger Abdruck derer von weyland Röm. Kayserl. Majestäten Friderico I., Henrico VI., Maximiliano II., Leopoldo Carolo VI. ... ingleichen dero jetzt regierenden Kayserl. Majestät Francisco I. dem Kayserl. Exempt-Stift und Jungfräul. Closter Neuwerck in der ... Stadt Goslar allergnädigst ertheilten Privilegiorum und Protectoriorum. o.O. 1755. 20 S., 4 Bl. 4° 7.
1.1729

Richtiger u. vollständiger Abdruck des am 28. Aug. 1781 in der Wertheimischen Religions-Tumult-Sache verabfassten Reichs-Hof-Raths-Conclusi, dem verfälschten Abdruck d. Herrn ... Christian Hiskias Heinrich v. Fischer entgegen gesetzt. — o.O. 1781. 4 Bl. 1:20 in Gx 13000-39.
1.1732

— der v. der Conferenz von Gliedern u. Freunden der luther. Kirche Deutschlands am 30. u. 31. Aug. 1848 in Leipzig angenomm. Sätze. 1. Mittheilung. gr. 8. (15 S.) Leipzig 848, Dörffling & Franke. n. 2 ngr

Abdruck der von der Conferenz von Gliedern und Freunden der lutherischen Kirche Deutschlands am 30. u. 31. Aug. 1848 in Leipzig angenommenen Sätze. 2. Aufl. Mitth. 1. — Leipzig o.J. 15 S. 1:Cv 40.
1.1733

Abdruck alleru. Schreibens an I. R. Kays. Majestät von dem Grafen Carl Ludwig zu Hohenlohe-Weickersheim, lineae Hohenloico-Neolitanae nomine, [die noch fürwährenden Religionsbeschwerden betr.] d. d Weickersheim 27. Mart 1752, praes. RHR. 30 May 1752. [37 in III.]

Abdruck eines Schreibens [Schreiben] von dem, mit respective Cassir- und Aufhebung des vorherigen recessmäsigen Fürstl. Hohenloh-Waldenburgischen wegen der ehemaligen gesammten Herrschaft Pfedelbach gemeinschafftlichen Consistorii zu Oehringen, recess-widrigst in A. 1745 ... errichteten und von der gemeinschafftlichen Stadt Oehringen in den dermaligen Hohenloh-Pfedelbachischen Particular-Residenz-Ort Pfedelbach translocirten consistorio. Nebst einigen Acten-Stücken, durch welche der gantze Innhalt solchen Schreibens in continenti klar und überzeugendest widerleget wird. Ad causam Hohenloh-Neuenstein contra Hohenloh-Waldenburg pcto diversorum attentatorum et gravaminum religionis. — o.O.1750. 32 S. 2° 4.
1.1739

Abdruck. — Abdruck Schreibens [Schreiben] eines Fränckischen von Adel an Ihro Churf. Gnaden zu Mayntz. — Dat. Nürnberg 9. Juni 1743.
2 versch. Drucke.
1:Flugschr. 1743-5 [u.] 5a. 12:4° Ded. 145 a/6.
1.1746

Abdruck kayserlich-allergnädigsten Schreibens [Schreiben] an die ... ausschreibende Fürsten des ... Fränckischen Creyses, die bey Annäherung des Mayerischen Corps von ... Nürnberg bezeigten Conduite anlangend. Samt dem Schreiben an Kayserliche Majestät gedachten Magistrats wegen Einrückung der preuss. Völcker in das Nürnbergische. Zu besserer Erläuterung des vor einigen Wochen herausgekommenen kayserl. Rescripti an den Magistrat zu Nürnberg. — o.O. 1757. 4 Bl.
1:Flugschr. 1757-245.
1.1749

— Und die darauf erfolgte Bestraffungs-Antwort von Kays. Maj. — o.O. 1757. 4° 12:2° Ded. 356/17. 2.
1.1750

Abdruck des den 22. Febr. 1717 an das Kayserl. Cammer-Gericht von damahligem des löblichen Schwäbischen Creyss-Convent deren Cammer-Zieler halber erlassenen Schreibens [Schreiben]. Sodann der hierauf unterm 2. (vielm. 9.) Sept. 1718 an gedacht löblichen Creysses Herren außschreibende Fürsten erfolgten Antwort. — Wetzlar 1719.
1:14 in 4° Gx 2104. 12:2° J. publ G. 456-5.
1.1753

Abdruck einiger von denen Churfürsten von Cölln und Bayern, wie auch dem frantzösischen Ministro Ricour u. anderen ergangenen Schreiben. — o.O.u.J. 2 Bl.
Enthält nur Schreiben von Chur-Cölln an Chur-Bayern v. 28. Sept. 1702.
1:19 in 2° Gx 13000-10. 12:2° Bavar. 2a. 5.
1.1755

Abdruck. — Abdruck einiger von denen Chur Fürsten von Cölln und Bayern, wie auch dem frantzösischen Ministro Ricour und anderen ergangenen und intercipirten Schreiben. — o.O u.J. 13 Bl. 300:33 K 87.
1.1756

Abdruck des an eine hochlöbliche Landes-Versammlung von Mitgliedern des vormaligen Engern und Grossen Ausschusses wegen ihrer Behandlung erlassenen Schreibens [Schreiben] vom 26. Nov. 1799. — Stuttgart o.J.: Macklot. 42 S. 7.
1.1757

Abdruck des an Ihro Röm. Kayserliche Majestät von Burgermeisteren und Rath der ... Reichs-Stadt Franckfurth am Mayn den 3. May 1746 abgelassenen allerunterthänigsten Schreiben. Nebst der gründlichen Vorstellung und Nachricht, worinnen die von dem hochlöblichen Ober-rheinischen Creiss-Convent durch unrichtige Austheilung der Winter-Quartieren de A. 1734/35 und 1735/36 der Reichs-Stadt Franckfurth zugefügte Bedrukkungen bestehen. — Franckfurth a. M. 1746: Diehl. 11,36,124 S. 2° 3. 4. 5.
1.1763

Abdruck derer an Ihro Römisch. Käyserl. Majest. von dem regierenden Hertzog zu Mecklenburg ... 21. Aug. und 30. Nov. 1723 und 24. Mart. 1724 ... abgelassenen ... Schreiben. — o.O.u.J. 1:2° Sn 7098-18.
1.1764

Abdruck Schreibens [Schreiben] an Ihre Röm. Käyserl. Majestät von der catholischen Churfürsten, Fürsten und Ständen deß H. Röm. Reiches bey der allgemeinen Reichs-Versammlung zu Regenspurg anwesenden Räthen, Bothschafften und Gesandten. Abgelassen den 21. Nov 1702. o.O. (1702). 6 Bl. 4° 6.
1.1765

Abdruck. — Abdruck des Schreibens [Schreiben] Sr. Kön. Majestät in Preussen etc. an Ihro Russische Käyserl. Majestät etc. wegen der Thorenschen Sache, auch wegen der also genannten Dissidenten in Pohlen. — o.O. 1725. 3 Bl.
1:Sz 9738. 5. 9. 10.
1.1768

— von e. Schreiben, die deutsche u. and. Völker Münzverfassung betr. 8. Leipz. 794. Dyck. 4 gr.

Abdruck von einem Schreiben, die deutsche und anderer Völker Münzverfassung u. insonderheit die hochfürstliche braunschweigische Münze betreffend von J. P. G. Berlin 1749. V: *Graumann, Johann Philipp.* (ML) (MS) (Schr) (Br Mm)

Abdruck eines (Neuensteiner) Schreibens von dem — mit Aufhebung des gemeinschaftlichen Consistorii in Oehringen recesswidrigst errichteten u. in den Ort Pfedelbach translocirten Consistorio, nebst Actenstücken [o. O Juli 1756. - - 19 in III.]

Abdruck Schreibens d d. Hamburg 8/18. Dec. 1713 betr. die nicht volziehung der am 16. Maji 1713 zu Oldensworth geschlossenen Capitulation. (1 B.) Wismar 1714.

Abdruck eines Schreibens [Schreiben] des Königl. Hohen Rahts Ihro Maj. von Schweden an die pommersche Regierung. Wie auch der löbl. Universität Hall Klage an I. Kön. Maj. in Preußen zusammt dem königl. Rescripto. — o.O. 1703. 8 Bl. 4° 7.
1.1774

— Abdruck des an die hoch-löbl. allg. Reichs-Versammlung von ... Franckfurt a. M. unterm 24. Martii 1760 (1. Aprilis, 1. Maji [vielm. 30. April], 2. Jun., 11. Julii, 24. Nov. 1760, 21. Julii 1761) erlassenen (2 ff.: erlassenen 2.-7.) Schreibens, die ... Müntz-Local-Commission betr. [1]-7. Mit Beyl. A-5 F. Franckfurt a. M. 1760-61.
1:13-17,20 [u.] 22 in 4° Fh 7251/3. 12:2° Ded. 3.
1.1776

Abdruck. — Lit. A. Abdruck des sub dato Franckfurth am Mayn den 20. Maji 1743 an eine hochlöbliche allgemeine Reichs-Versammlung erlassenen hessen-cassel. Schreibens [Schreiben]. Mit hessen-darmstädtischen Anmerckungen erl. Die hanauische Mobiliar-Verlassenschafft und das Amt Babenhausen betr. — o.O. (1743). 20 Bl.
1:A in 38 in 4° Sk 6566/20. 3.
1.1778

Abdruck eines Schreibens unterschiedene Schriften von gegenwärtigen Controversen betreffend. 1728. V: *Neumeister, Erdmann.* (Schr)

Abdruck einiger Schreiben, so von des regierenden Herrn Landgrafens zu Hessen-Darmstadt ... Durchlaucht an der verwittibten Frau Landgräfin u. Obervormunderin in Homburg ... Durchlaucht und von letzterer hinwiederum respectivè in Antwort u. zu ihrer nöthig erachteten Verwahrung bey Gelegenheit der von hessen-darmstädtischer Seiten in Homburg unternommenen gefänglichen Inhafftirung u. nachherigen Wegführung nach Giessen des ... Geheimden Raths Freyherrns von Creutz abgelassen worden. — o.O. 1755. 14 S. 2° 3. 4.
1.1786

Abdruck unterthänigsten Schreibens an das hochfürstl. hohe Ausschreibamt des hochlöbl. Fränkischen Kreises von Burgermeisteren und Rath zu Nürnberg, vom 27. Oktober 1791. [Nürnberg 1791.] V: *Popp, Friedrich.* (Will) (MGT) (NN,

Abdruck vierer Schreiben wegen der Thornischen Sache, als nemlich: 1. Schreibens Sr. Königl. Majest. in Preussen an Ihro Rußische Kayserl. Majestät; 2. anderweitigen Schreibens Sr. Königl. Majest. in Preussen an Ihro Königl. Majest. in Pohlen; 3. anderweitigen Schreibens Sr. Königl. Majest. in Preussen an Ihro Königl. Majest. in Dennemarck; 4. anderweitigen Schreibens Sr. Kgl. Maj. in Preussen an S. Kgl. M. in Schweden. — o.O. 1725. 6 Bl.
1:4° Sz 9737. 3.
1.1788

Abdruck zweyer copeylicher aus dem Holländischen ins Teutsche übers. Schreiben ... der Vereinigten Nieder-Lande an den Magistrat in Hamburg wegen des Exercitii religionis dortiger Reformirten. — Regenspurg 1722.
1:Sp 4125. 12:4° H. ref. 1.
1.1800

Abdruck zweyer königlich-preussischer Schreiben vom 28. Nov. und 2. Dec. 1724, die Thorische Affaire betr. Davon das erste ein Intercessional-Schreiben an Ihre Königl. Majestät in Pohlen vor bemeldte Stadt Thoren; das andere ... ein an der Könige in Gross-Britannien, Schweden und Dennemarck Königl. Majestäten abgelassenes Schreiben ist, umb sich ... nicht nur vor ... Thoren, sondern auch die übrigen in Pohlen und Litthauen ... befindliche Evangelischen ... zu intercessiren. — (Berlin) 1725. 4 Bl. 1:17 in 4° Sz 9737.
1.1803

Abdruck zweyer nach- und von Regenspurg verwechselten Schreiben, die hamburgische Gravamina contra Dennemarck betr. (Dat. 2.Nov. 1691 u. 7.Dec.1691.) — o.O.u.J. 28 Bl.
1:8 in Sp 1380. 12:4° Eur. 418–3.
1.1804

Abdruck zweyer in der Pommerischen Successions Sache ferner gewechselter Schreiben, als: 1. der Antwort, so in der designirter Königin zu Schweden Nahmen auff das Schreiben, so von der Churfürstl. Durchl. zu Brandenburg etc. am 14. Martij A. 1637 an dieselbe gethan worden, am 26. Maij A. c. ergangen; 2. des Schreibens, so die Churf. Durchl. zu Brandenburg ... an die Königl. Mayst. zu Dennemarck ... unterm dato des 29./19.Julij dieses 1637.Jahres haben abgehen lassen. — o.O.u.J. 14 Bl. 4°
2.
1.1807

Abdruck zweyer wichtiger, das kammergerichtliche Praesentations-Wesen betreffende Schreiben. Samt einer Beyl. — o.O. [1781]. 8 S.
1:11 in 2° Gx 13000–39.
1.1808

Abdruck Schreiben-Erlasses des Freyherrn von Thurn und Valsassina an das hochwürdige Domkapitel zu Constanz. — (Constanz 1773.) 2° 5.
1.1809

Abdruck Der von Seiten Die Stadt Lübeck, Unter dem Titul Species Facti ohnlängst im Druck bekannt gemachten Schrifft, Die in der Möllnischen Reluitions-Sache auferlegte Editionem Documentorum juratam betreffend; Nebst beygefügten Lauenburgischen Anmerckungen. o. O. Anno 1738. Fol.

Abdruck der Schrift, welche in den i. J. 1818, d. 18. Aug., mit der Fahne aufgebrachten neuen Thurm-Knopf der Löbenichtschen Pfarrkirche zu Königsberg i. Pr. gelegt ist. Königsberg (1818): Hartung. 8 S. 4° 10.
1.1814

Abdruck einiger in den mecklenburgischen Landes-Angelegenheiten emanirter, merkwürdiger Schrifften [Schriften]. [Nebst] Verfolg. — o.O. 1733.
1:4° Sn 3580. 9.
1.1823

Abdruck der in angemasster Klagsache der Stadt Baden wider des Herrn Markgrafen von Baden Durchl. .... gewechselten Schriften. Carlsruhe 1780. V: *Brauer, Johann Nicolaus Friedr.* (HS) (MGT)

Abdruck derer in angemasster Klagsache der Stadt Baden ... gegen des Hrn Marggraven zu Baden Hochfürstl. Durchl. wegen vermeintlicher Religionsbeschwerden ... bey dem ... Reichshofrath zu Wien vorgekommenen Schriften. [Hrsg.: Johann Niklas Friedrich Brauer.] Hälfte 1.2. — Carlsruhe 1780: Macklot.
2 versch. Drucke.
1:4 u. 5 in 2° Gx 13000–44 [u.] 4° Gx 14102.
12:2° Ded. 7h.
1.1822

Abdruck meiner Selekten, I. Heft od. Miscellanea von verschied. Materien, aus mancherlei Rechten, Sitten, Gewohnheiten, Ceremoniel, Staats-, Kriegs-, Friedens- und Comicialbegebenheiten der ältesten, alten und neuesten Zeiten, ... Mit jeweiligen Erläuterungen des Authors. Augsburg 1786. H: *Winkelmann, Johann Heinrich Ludwig von.* (Oa) (MGT) (Eng J)

— meiner Selekten, od. Miscellanea v. Rechten, Sitten u. s. w., 3 Stücke, herausg. v. J. H. L. v. Winkelmann. 8. Augsb. 786. (Montag in Regensb.) 1 ꝛß

— meiner Selekten, od. Miscellen v. Rechten, Sitten u. s. w. 3 Stücke. 8. Landshut, Montag. 785—86.

Abdruck eines Send-Schreiben eines guten Freunds an einen Beambten im Fränckischen Crais gesessen: in welchem die Materia jurisdictionis simplicis, das ist die Nieder und Gemein Herrschafftlichen Jura compendiose tractirt werden. o. O. 1707.

Abdruck Sententiae cameralis, d. d. 13. Febr. 1767, in Sachen weyl. Herrn Clemens August [Erzbischof v. Köln] modo Herrn Carl Alexander, Hoch- und Teutschmeisters, Klägern, eines wider Gräfflich Oetting-Oettingische Canzley ..., nachhero auch Herrn Joh. Aloysium Sebastian Fürsten zu Oettingen Spielberg und gesamt Hauss Oettingen etc., beklagte, anderen Theils ..., das Jus indicendi luctum publicum betr. — o.O. 1767. 2 Bl.
1: an 2° Sg 4877. 12:2° Ded. 444–6.
1.1833

Abdruck der von einer höchstansehnlichen kayserl. Commission und hochlöblichen Reichs-Visitations-Deputation in puncto des dem Praesidenten Freyherrn von Ingelheim und Assessori Graffen Nytz von Warttenburg von dem gewesenen Cammer-Gerichts-Assessorn Johann Adam Ernst von Pyrck bey dem kayserl. Hoff ohnwahr u. fälschlich imputirten Zeugen-Erkauffung am 21.Oct. 1709 publicirter gerechtester Sententz. — Wetzlar 1709: Winckler. 4 Bl.
12:4° Ded. 202–2/46. 5.
1 1834

Abdruck einiger bey dess H. R. Reichs-Stadt Augspurg publiciert- und ergangener Statuten, Decreten und Ordnungen, die Pfleg-, Vormund- und Beystandsschafften ... betr. — o.O. (1729). Bog. A–H.
12:4° J. germ. 203–31.
1.1835

— Augspurg 1729. 4° 7.
1.1836

Abdruck dero von A. 1621–1627 verkündeten Steur Edicten [Steueredikte]. — o.O. 1627. 1:8 in 4° Go 1.
1.1837

Abdruck. — Abdruck einiger in deductione pro camera & fisco regio angezogenen wegen derer zu unterhaltenden Wege und Brücken abgegebenen landes-herrlichen Straf-Befehle. — (Hamburg [1748]: Piscator.) 14 S. 4° 8.
1.1839

Abdruck verschiedener Stücke in der Oßnabrückischen Asylen-Sache. Auf des Evangel. Corporis Gutfinden zum Druck befördert. — o.O. 1720. 18 Bl.
1:13 in 4° Gv 560–1. 4.
1.1840

Abdruck der Ritterschafft in Schwaben Orths Kocher contra Eberhard-Ludwigen Hertzog zu Würtemberg an d. Kays. Reichs-Hof-Rath pcto Collectationis in dem apert wordenen Dorff Lindach ubergebenen Supplique [Supplik]. Um 1700 u.ö. s. *Lauterburg*, Johann v.

Abdruck der bey höchstpreißlichem Kaiserlichen und Reichs Kammer-Gericht übergebenen ... Supplication [Supplikation] pro restitutione in integrum ... in Sachen des Herrn Landgrafen zu Hessen-Homburg ... contra das Kloster Michaelstein und des regierenden Herrn Herzogs Karl Wilhelm Ferdinands zu Braunschweig-Lüneburg Hochfürstl. Durchlaucht. — o.O. 1784. 172 S.
1:2° Gx 14112. 3. 4. 5.
1.1842

Abdruck einiger Suppliquen [Suppliken] nahmens des Reichs-Grafen F[ranz] C[arl] von Waltbott [Waldbott] zu Bassenheim wider den Churfürsten zu Mayntz. — o.O. 1749. 2° 5.
1.1844

Abdruck, treuer, eines Schreibens des Marschalls Kellermann, an seinen Verwalter zu Johannisberg, nebst Bitte um Bestätigung desselben in dem Besitze dieses Fürstenth. 8. 815.

Abdruck und freie Übersetzung der lateinischen Inschriften, welche beim ... Empfange Ihrer Kaiserlichen Majestät Napoleon und Josephine in der von der Kaufmannschaft in Köln veranstalteter ... Beleuchtung des Rheinhafens, den Thurm im Mittelpunkte desselben umgaben ... Köln [1804]. H: *Wallraf, Ferdinand Franz* (StBKöln II, 28)

Abdruck der Urkund des am höchstpreislichen Kaiserlichen und Reichs-Kammergerichte ergangenen Urtheils in Sachen des Commissionsraths (Ignaz) Weikard zu Gersfeld wider Seine Hochfürstl. Gnaden zu Fulda und dero Landesregierung. — o.O. (1799). 1:4° Gx 14156.
1.1847

Abdruck. — Abdruck authentischer Uhrkunden [Urkunden] und gründlicher Nachrichten, was es mit denen Jesuitern zu Oßnabrück vor eine eigentliche Bewandnüß habe. Auf Gutfinden verschiedener evangel. Gesandtschafften zu Regensburg zum Druck befördert. A. 1720. — o.O. [um 1720]. 22 Bl. 1:1 an 4° Sm 7743. 4. 5.
1 1849

— Franckfurt a.M.: Heinscheidt [um 1720] 22 Bl. 4° 4. 5 [nur 6 Bl] 6. 10.
1 1850

— Regenspurg 1720. 12:2° J. publ. G. 428/1. 7.
1 1851

Abdruck derer mehreresten in dem Facto des Sonderburgischen Stadt-Magistrats angezogenen Urkunden. No 1 bis 13. — o.O. [um 1740]. 14 S. 8 [defekt].
1 1852

Abdruck der das Recht der freien Städte Lübeck und Hamburg auf Fortdauer des zollfreien Transit-Verkehres zwischen beiden Städten durch das holsteinische Gebiet betreffenden Urkunden. o.O. 1838.

Abdruck desjenigen von einer auswärtigen Juristen-Facultät verfasseten Urtheils [Urteil] und dazu gehöriger Rationum decidendi, durch welches Herr Johann Erasmus von Senckenberg eines begangenen Criminis falsi schuldig erfunden. — o.O. 1761. 30 S. 2° 4.
1 1854

Abdruck der am hochlöblichen Kayserl. und Reichs-Cammer-Gericht in Sachen dessen Unterhalt betreffend Freytags den 16. Julii A. 1717 publicirter fiscalischen Urthel [Urteil] wie auch gemeinen Bescheids und des Cammer-Gerichts Pfenningmeisters Specification, sambt denen im Gemeinen Bescheid vermeldten Formularien. — Wetzlar 1717: Winckler. 36 Bl. 1:1 an 4° Gx 2860.
1.1856

Abdruck der am hochlöblichen Kayserlichen und Reichs-Cammer-Gericht in Sachen dessen Unterhalt betreffend, Mittwochs den 16. Julii A. 1721 publicirter fiscalischer Urthel [Urteil]. — Wetzlar 1721. 24 S.
2 versch Drucke
1:20 in 4° Gx 2104 [u.] 73 in 2° Gp 8132.
1 1857

Abdruck der am hochlöbl. Kayserl. u. Reichs Cammer-Gericht in Sachen dessen Unterhalt betr., Freytags den 23. Sept. [überklebt.: Nov.] A. 1725 publicirter fiscalischen Urthel [Urteil]. — [Wetzlar 1725.]
1:20b in 4° Gx 2104.
1 1858

Abdruck des beym höchstpreislichen Kaiserlichen Reichs-Kammer-Gericht am 17. Hornung 1792 in Sachen Aachen contra Aachen publizirten Urtheils [Urteil]. Mit Beyl. unter Buchstabe A. oder verbesserter Constitution der Reichs-Stadt Aachen. — Aachen o J.: Müller. 53 S. 4°
5.
1 1859

Abdruck der in Sachen des ... Advocaten Hildemar Thorstraten in Flensburg nomine Valentin Claussens ... Wittib ... contra Herrn Wilhelm Valentiner ... in dem Königlichen Ober-Gericht abgesprochenen Urthel [Urteil]. — o.O. 1743. 2 Bl. 4° 8.
1 1860

Abdruck der in Sachen derer Herren Vorstehere und Provisorum des Hospitals zum Heiligen Geist in Flensburg wider Peter Clautofft .. in dem Königlichen Ober-Gericht auf Gottorff den 28. Sept. 1742 abgesprochenen Urthel [Urteil]. — o.O. 1742. 2 Bl. 4° 8.
1 1861

Abdruck der, in Sachen des Ehrwürdigen Paters, Johannes Franciscus Düringk, für Sich, und nomine derer übrigen Patrum Oratorii zu Löwen und Mecheln, wider die mehrereste Haupt-Participanten der Landschaft Nordstrand, Römisch-Catholischer Religion, in puncto praetensae extensionis exercitii religionis privati, etc. etc. in dem Königl. Ober-Gericht auf Gottorff den 21. Juni 1742. abgesprochenen Urthel. [Urteile] o.O. 1742. Fol.

Abdruck. — Abdruck deren am Cammer-Gericht in Sachen dessen Unterhalt betr. den 30 Martii 1753 publicirten fiscalischen Urtheln [Urteile] — Wetzlar 1753. Winckler 19 S. 12:2° Ded 352 17 5.
1 1862

Abdruck verschiedener in Sachen der gräflich-wittgensteinischen Unterthanen wider ihre Landes-Herrschafft und vice versâ, am 24. Martii und 31 Oct 1724, bey einem höchstpreissl. Kayserl. und Reichs-Cammer-Gericht publicirter Urtheilen [Urteile]. Nebst nachgefugten von ermeldeten Unterthanen verführten vermeintlichen Gravaminibus. — o.O. [um 1724]. 20 S. 2° 4.
1 1864

Verfolgter Abdruck deren in Appellatorio gewechselter beyderseitigen Schrift-Sätzen in Sachen Ober-Appell. Ger.-Rathen Lamezan entgegen des Commercien-Rathen Bell Erben, in zweyter Instanz der Beurtheilung erwartend. — o.O. 1772. 108 S. 1:7 in 4° Gr 4540 2
1 1865

Abdruck des Bremischen Vergleichs vom 2. Maji A. 1561 und Stadischen Recessus vom 14. Maji A. 1692; samt der Ratification, das hiesige ehrw. Dohm-Capitul betr. — Hamburg (1693). 1: Sp 4493.
1 1867

— Hamburg 1726: König. 1:83 in 4° Qk 3874.
1 1868

Abdruck des am 28. April 1736 zwischen Ihro Königl. Majest. zu Dännemarck-Norwegen etc etc. und der Stadt Hamburg zu Copenhagen geschlossenen Vergleichs. Nach dem regenspurgischen Exemplar. — o.O. [um 1736]. 4 Bl. 4°
3 versch. Drucke. 8.
1 1869

Abdruck des zwischen Ihro Königl. Maj. v. Gross-Britannien u. Chur-Fürstl. Durchl. zu Braunschweig-Lüneburg ... brem- u. verdischen Regierung an einem u. der Kays. Freyen Reichs-Stadt Bremen ... Deputatis am andern Theile getroffenen Vergleichs zu Stade, d. 23. Aug. 1741. — Bremen 1741: Brauer. 16 S.
1: Flugschr. 1741–20. 4. 7.
1 1870

Abdruck des Vergleichs, welchen Ihro Königl. Majestät zu Dännemarck-Norwegen etc. etc. mit der Stadt Hamburg zu Copenhagen den 28. Aprill 1736 geschlossen. Nebst denen darauf ergangenen Publications-Placaten. Nach d. regenspurgischen, hamburgischen d. 25. Junii, u. altonaischen, d. 3. Julii datirten Exemplarien. — o.O. (1736). 8 S.
8.
1.1872

— Abdruck geistlicher und weltlicher Fürsten und anderer Stende des Frenckischen Kreiss vergleichung, wie den zutragenden Plackereyen und andern unthaten zu begegnen unnd dieselben zu verkommen. — Augspurg o.J: Zimmermann. 4 Bl 1:9 an 4° Qx 2510.
1 1876

Abdruck der Verhandlungen des Kurfürstlichen Kollegiums, die brandenburgischen Vorschritte und Neuerungen in Franken betr. — o.O. 1797 36 S.
12:2° J publ. G. 475 6 2.
1 1879

— o.O 1802 31 S. 12: J. publ G. 911–17m
1 1880

— o.O. 1804. 7.
1 1881

Abdruck der auff allergnädigste Intercession Ihro Königl Majestät von Preussen durch Ih Chur-Fürstl. Durchl. zu Pfaltz errichteten heylsahmen Verordnung, die beliebte Restitution der denen Evangelisch-Reformirten und Lutheranern in der Pfaltz entzogen gewesenen Kirchen und Religions-Freyheit betr. Gedr nach dem Orig. — o O 1706. 8 Bl.
2. 10.
1 1882

- 1706 in: *Kern*, Historischer. 4,2. 1710 1 1883

Abdruck der fürstl. mecklenb. Verordnung uber einige zum Policey-Wesen in der Stadt Schwerin gehörige Stücke. Schwerin 1710: Lembke. 4 Bl. 1:6 in Gq 13818 7.
1 1884

Abdruck der von Ihrer Käyserl. Majestät wider den weyland Hertzogen Ferdinand Carl von Mantua und seine Räthe wegen abermahliger Untreue den 20. May 1701 ergangenen gerechtesten Verordnungen. — o.O. [um 1701]. 6 Bl. 4°
2 versch Drucke.
12:2° J. publ. G. 457–29. 3. 5. 10.
1.1892

Abdruck deren von der Röm. Kayserl. Majestät ... Reichs-Hof-Rath in causa des ohnmündigen höchstbetrangten Fürstens Heinrichen zu Mannßfeldt den 14. u. 15. Julij 1718 allergerechtist außgefälten kayserl. Verordnungen. o.O. (1718). 4 Bl. 2° 3.
1 1895

Abdruck derer den 10., 11. und 14. Jan. 1737 in der Mecklenburgischen Commissions-Sache ergangenen kayserlichen Verordnungen. — o O. 1737. 4 Bl. 4° 7.
1 1885

— Abdruck derer den 2. April 1737 in der Mecklenburgischen Commissions-Sache ergangenen kayserlichen Verordnungen. — o.O. 1737. 4 Bl. 4° 7.
1 1886

Abdruck derer den 3., 5., 9., 12. und 17. Dec. 1737 in der Mecklenburgischen Commissions-Sache ergangenen kayserlichen Verordnungen. — o O 1738. 4 Bl. 4° 7.
1 1887

— Abdruck derer den 14 April 1738 in der Mecklenburgischen Commissions-Sache ergangenen kayserlichen Verordnungen — o O 1738 4 Bl. 4° 7.
1 1888

— Abdruck derer kayserl. Verordnungen in der Mecklenburgischen Commissions-Sache vom 2 & 6. Oct. 1738 ([u.] Fernere Fortsetzung) — o.O. 1738 31 S. 4° 7.
1 1889

— der für d. Herzogth. Mecklenburg-Strelitz, seit d. J. 1807, u. f. d. Fürstenthum Ratzeburg seit d. J. 1811 ergang. landesherrl. Verordnn. üb. d. allgem. Landes-Indult. 4. Neubrandenb., Dümmler. 6 K

Abdruck. — Abdruck der neuesten kayserl. Verordnungen in der Mecklenburgischen Commissions-Sache. ([Nebst] Verfolg [u.] Fernere Fortsetzung der letztern Verordnungen [u.] Allerneueste kayserl.Verordnung.) — o.O. (1739). 8 Bl. 4° 7.
1.1890

— Abdruck der allerneuesten kayserlichen Verordnungen in der Mecklenburgischen Commissions-Sache. ([Nebst] Fernerweitige Verordnungen.) — o.O. 1739. 10 Bl. 4° 7.
1.1891

Abdruck derer neuesten, in der Mecklenburgischen Landes-Angelegenheit ergangenen kayserl. Verordnungen, d.d.2.May 1735. Nebst beygefügter Instruction, nach welcher sich der Kayserl. Commissarius, Hertzog Christian Ludwig, bey der ihm aufgetragenen Administration der fürstl.mecklenb. Domainen- und Cammergefälle zu richten hat. — o.O.1735. 27 S. 4° 7.
1.1893

— Abdruck der neuesten kayserl. Verordnungen in der Mecklenburgischen Landes-Angelegenheit. Vom 20.Sept. & 3.Oct.1737. — o.O.(1737). 4 Bl. 7.
1.1894

Abdruck einiger der Neu-Stadt Hannover Verfassung angehender ... Verordnungen und Nachrichten. — o.O. 1739. 2° 7.
1.1896

Abdruck derer Verordnungen, welche Ihre Churfürstl. Gnaden zu Mayntz und Ihre Churfürstl. Durchl. zu Pfaltz zufolge der an dieselbe wegen Abstellung derer seit dem Badischen Frieden im Religions-Wesen geschehenen Aenderungen unterm 14. Nov. 1720 ergangenen kayserlichen Rescriptorum publiciren lassen. — o.O.u.J. 2 Bl.
1:17 in 4° Gw 7760-3. 12:2° J. publ. G.432/2. 7.
1.1897

Abdruck des mittelst allergnädigst erkannter Kayserlichen Commission auf Ihro Königliche Majestät in Preussen und des Herzogs Karl [Alexander] zu Lothringen Königliche Hoheit zwischen Ihro Kurfürstl. Durchlaucht zu Pfalz als Herzog zu Gülich, so dann dem Königlichen Stuhl und des H. Röm. Reichs Freyer Stadt Aachen in ... Wienn am 10. April 1777 geschlossenen, auch sonächst behörig ratificirten Vertrags [Vertrag] und Neben-Vertrags mit den ... Vertrag und Nebenverträgen aus den Jahren 1660 und 1661. Samt kurzem Vorbericht. — Aachen 1782: Müller. 122 S. 1:4° Th 1862. 3.
1.1905

Abdruck derer zwischen dem Hoch-Fürstl. regierenden Hauß Hessen-Cassel und der abgetheilten Fürstl. Rotenburgischen Linie wegen der Quart errichteten Verträge. Cassel 1762.

Abdruck einer Verwahrung von mehreren Bürgern. — Dat. Frankfurt 18. Juli 1816. 8 S. 1:13 in Si 5761.
1.1909

Abdruck. — Abdruck der bei hohem Senate der Freien Stadt Frankfurt in der Verfassungs-Angelegenheit eingereichten Verwahrungen. — Frankfurt a.M. 1850: Krebs-Schmitt. 59 S. 1:10 an 4° Si 5590.
1.1911

Abdruck derjenigen Vollmachten, welche die bey dem Burg-Friedbergischen allgemeinen Verbotts-Convent nicht erschienene acht Herren Regiments- und gemeine Burgmanne ... an die Herren Regiments-Burgmanne ... ohne Beyfügung eines ... Wahl-Voti eingesendet ... haben. — o.O.[um 1727]. 6 S. 2° 4.
1.1915

Vollständiger Abdruck der bißherig verhandelten Acten in Sachen ... Ober-Appell.-Ger.-Rathen Lamezan ... contra ... Commercien-Rath Bells ... Erben ... puncto arresti & sequestri decisi, nunc ratione praetensae portionis statutariae. — Mannheim 1771: Churfürstl. Hof-Buchdr. 62,88 S. 1:10 in 4° Gr 4540–2.
1.1916

Vollständiger Abdruck der Protocollen über die bey den Westphälischen Friedens-Handlungen in den Monathen October und November 1647 von den Catholischen Ständen in puncto gravaminum auf die diesfalsige kayserl. Erklärung gepflogene Berathungen. Sambt den von dem Ertzhertzoglich Oesterreichischen Gesandten bey deren Einsendung erstatteten Berichten. — Dat. Regensburg 25. Julii 1774. 11 S. 2° 7.
1.1918

Vollständiger Abdruck der Protokolle und Verhandlungen des Collegs der Herren Sechs und Fünfziger. — Frankfurt a.M. 1816. 30 S. 1:Si 5808.
1.1919

Vollständiger Abdruck der Protokolle und Verhandlungen der löbl. Wahl-Collegien der Herren Fünf und Siebenziger, der Herren Fünf und Vierziger und der verein. Wahl-Versammlung für die neuen Raths-Wahlen. — Frankfurt a.M. 1816. 44 S. 1:20 in 2° Si 5764.
1.1920

Vorläuffiger Abdruck des von Ihro Röm. Kayserl. und Königl. Cathol. Majestät ... an Burger-Meister und Raht dero ... Stadt Goslar ergangenen ... Rescripti wie auch ... Decrets. — Goslar 1730. 2° 7.
1.1921

Abdruck. — Vorläuffiger Abdruck des von Ihro Röm. Kayserl. und Königl. Cathol. Majestät ... an Burgermeister und Rath dero ... Stadt Gosslar ergangenen .. Rescripti, wie auch des ... Decrets an die gesammte Burgerschafft. Samt ... obrigkeitlicher Verwarnung. — Regenspurg: Seiffart 1730. 4 Bl. 300:173.690–B.
1.1922

Abdruck einer abseiten der ... Frauen Fr. Maria Antoinetta Gräfin von Ahlefeldt als Prieurin des hochadelichen Klosters zu Uetersen cum Domino Curatore für sich und namens der Fräul. Conventualinnen daselbst wider ... Benedict von Ahlefeldt ..., als Probsten des gemeldten Klosters, an gemeinschaftl. Holstein. Regierungskanzley unterm 31. May 1756 abgelassenen ... Vorstellung und Bitte betreffend die am 7. May d. A. vollenzogene Wahl eines neuen Klosterschreibers zu Uetersen. Nebst einem nöthigen Vorbericht an den Leser. — Glückstadt [um 1756]: Bapst. 63 S. 4° 8.
1.1924

Abdruck der sub praes. RHR. 1775 an Kayserl. Majestät allersubmissest eingereichten allerunterthänigsten Vorstellung in Sachen des regierenden Herrn Herzogs zu Sachsen-Hildburghausen, Hochfürstl. Durchl., Debit-Wesen und Commission, in specie die radefeldtische Inquisition betr. Mit Beyl. 1-17. — o.O. [um 1775]. 30 S. 2° 3[=Beyl. 1-17].
1.1928

Abdruck der an Ihro Römisch Käyserl. Majestät sub dato den 7. Junii A. 1720 ergangenen allerunterthänigsten Vorstellung wegen Annullirung des Rostockischen Vergleichs, d. d. 27. Martii A. 1702, nebst beygefügter käyserlichen Erkänntnis vom 13. April A. 1733, wodurch sothaner Vergleich für nichtig erklähret worden. — o.O. [um 1733]. 79 S. 2° 8. 9.
1.1926

Abdruck der den 20. May 1715 an die höchst-ansehnliche Kayserliche Rechnungs-Commission in Sachen der burgerlichen Deputirten zu Franckfurth contra den Magistrat daselbst von dessen ad acta legitimirten Deputirten schrifftlich gehorsambst eingereichten hochgemüssigten unterthänigen Vorstellung. — o.O.u.J. 6 Bl. 2° 4.
1.1929

Abdruck der an Ih. Römischen Käyserl. ... Majestät geschehenen allerunterthänigsten Vorstellung der länger unerträglichen Noht u. Bedrückung des mecklenburgischen Adels, mit vorläuffiger Beantwortung des Herrn Hertzogs Carl Leopolds zu Mecklenburg Fürstl. Durchl. sub dato 3. Sept. 1717 gedruckten ... sehr harten Declaration. Samt allerunterthänigsten Bitte um endliche kayserl. allergnädigste Errettung aus ihren nie erhörten Nöhten und Drangsahlen. Mit Anl. sub. Lit. A.B.C.D.&E. — o.O. 1717. 15 S. 1:21 in 4° Sn 7096. 5. 9.
1.1927

— der Vorstellung von sieben Frankfurter Ortschaften bei dem Senate zu Frankfurt, betreffend Gleichstellung der bürgerl. u. polit. Rechte mit den Stadtbürgern. 8. Hanau 832. König. 3

Abdruck der vom hochlöbl. Chur-Mayntzischen Reichs-Directorio dem höchstansehnlichen Reichs-Convent zu Regenspurg den 26. Jan. 1705 gethaner des Kayserl. und Heil. Rechs Cammer-Gerichts Assessorem Johann Adam Ernst von Pürck [Pyrck] betreffenden Vorstellung und der von ... Assessore von Pürck gethaner ... Gegen-Vorstellung. Mit Beyl. sub Lit. A.B.C&D. — o.O. 1708. 44 S. 1:in Gx 4780–3. 12:4° Ded. 298–1.
1.1930

Abdruck der von seiten der unterschriebenen Bürgerschaft zu Aach unterm 25. Maji 1786 bei em. en. versammleten Gross- u. Kleinen Rathe übergebenen unterdienstlichen Vorstellung nebst Prüfung u. Aufklärung der von Herrn Bürgermeistern unterm 16. Maji nämlichen Jahres ausgegebenen Beantwortung der bürgerlichen Beschwerden u. mit endlichem allerunterthänigsten Rekours zur Kaiserlichen Majestät. Samt Anl. — [Aachen 1786.] 28 S. 2° 3. 5.
1.1925

Abdruck d. Vorstellung der Städte Volkach-Gerolzhofen-Prichsenstadt an d. hohe Kammer d. Abgeordneten, die Ueberbrückung des Maines bei Volkach betreffend. Mit 1 color. Plan. Gerolzhofen. Druck von Ph. Seb. Huller. 1876. 4°. 2 Bll. u. 6 S. Cart.

Abdruck erstlich der bey Röm. Kayserl. Maj. und annebst bey hochlöbl. Reichs-Versammlung zu Regenspurg von dem Praesidenten Frey-Herrn von Ingelheim . . übergebenen schrifftlichen Vorstellungen, samt Beyl. A. & B. Dann auch der bey hochgedachter Reichs-Versammlung eingegebenen . . . schrifftlichen Gegen-Vorstellung des Praesidenten, Graffen zu Solms . . . Dann von Ihrer Chur-Fürstl. Durchlauchtigkeit zu Bayern für den Graffen Nütz von Wartenberg [Johann Ignaz Tobias Nytz v. Wartenburg] beschehene Praesentationes zum Assessorat. — o.O. 1704. 87 S.
2 versch. Drucke.
1:2 in Gx 4800. 12:4° Ded. 202–1/24. 4. 5. 6. 7.
1 1933

Abdruck der bey einer hochansehnlichen Reichs-Versammlung zu Regenspurg nahmens der mecklenburgischen Ritterschaft unterm 30. Oct. 1779 und der See-Stadt Rostock unterm 2. Nov. 1779 übergebenen Vorstellungen mit einigen Anm. — o.O. 1780. 68 S.
1:1 in Sn 7246. 3. 9.
1 1934

Abdruck der an Ihro Röm. Käyserl. und Königl: Cathol: Majestät von dem catholischen Magistrat der Reichs-Stadt Augspurg . . . abgelassnen Vorstellungs-, Bitt- und Beschwärungs-Schreiben. Sambt einer Recommendation von dem Herrn Bischoffen allda. Mit Beyl. N. 1–24, die Emigranten-Sach betr., 1732. — o.O.u.J. 58 S.
2 versch. Drucke
1:an 2° Sy 11030 [u.] an 2° Sy 10925. 12:2° Ded. 6 [u.] 2° Ded. 353/2.
1 1935

— e. in d. Sitzung d. gesetzgeb. Körpers v. 11. Dec. 1816, in Frkf. a. M. gehalt. Vortrags, d. Vorschlag e. zu erricht. gemeinschaftl. Gerichtshofes, die vier Bundesstädte betreffend. 8. Frkf. a. M. 816. Brönner. 4 gr

Abdruck eines den 11. Juli 1818 in der hiesigen Gesetzgebenden Versammlung gehaltenen Vortrags über die Frage: ob es räthlich seye, dass unser Staat ein gemeinschaftliches Oberappellations-Gericht mit Hamburg, Bremen und Lübeck konstituire und solches in letztere Stadt verlege oder aber ein eigenes dahier errichte? — Frankfurt a.M. o.J. 16 S. 1:2 an Si 5782.
1 1937

Wahrer Abdruck der auf allerhöchst-kaiserliche Verordnung vom 6. April laufenden 1784. Jahres aus dem in Handen eines hochedeln und hochweisen Magistrats befindlichen Original der Kaiserlichen und des H.R.Reichs Freyen Stadt Köln Fundamental-Vertraegen oder sogenannten Verbund- und Transfix-Briefen von den Jahren 1396 und 1513 von der Burgerschaft gefertigten Abschrift. [Köln] o.J. 50 S. 5.
1.1938

Wahrer Abdruck oder Copia des von Ihr. Königl. Majest. in Pohlen etc. als Chur-Fürsten zu Sachsen etc. dem Posthalter zu Hilperitz bey Rippach Christoph Kolben und künfftigen Besitzern dessen Hauses alda, die Speisung und Gastung betr., allergnädigst ertheilten Privilegii. — Dat. Leipzig 28. Juni 1702. 2° 3.
1 1939

Abdruck. — Wahrer Abdruck derer von Ihro . . Röm. Kays. Majestät Carl dem Sechsten [Karl VI. Römisch-deutscher Kaiser] . . . bestättigten Privilegien der Stadt Rostock, sub dato Wienn, den 17. April A. 1733. — Rostock (1734): Schwiegerau. 117 S.
1:8 in Gq 13819. 12:4° J. germ. 49 w/7. 7. 8 [∞S. 113 ff.] 9.
1 1941

— Rostock 1764: Rösen. 8,164 S. 1:Gq 14766. 4.
1 1942

Wahrhaffter [Wahrhafter] Abdruck des in Händen habenden Original-Tractats nebst den Separat-Articuln, so zwischen dem Fürstlichen Hause [Holstein-] Gottorff und dem Königl. Schwedischen Raht und Feld-Marschall Grafen von Steenbock [Magnus v. Stenbock] unter dem 21. Jan. A. 1713 im Namen Sr. Kön. Maj. von Schweden getroffen und geschlossen worden. — Altona [um 1714]: Dreyer 8 Bl. 8.
1.1965

Abdruck. — Warhaffter [Wahrhafter] Abdruck des in Händen habenden Original-Tractats nebst den Separat-Articuln, so zwischen dem Fürstlichen Hause [Holstein-] Gottorff und dem Königl. Schwedischen Raht und Feld-Marschall Grafen von Steenbock [Magnus v. Stenbock] unter dem 21. Jan. A. 1713 im Namen Sr. Kön. Maj. von Schweden getroffen und geschlossen worden. Nach dem in der Königl. Buchdruckerey zu Copenhagen gedruckten Orig. — o.O. 1715. 12 Bl. 8.
1 1966

Abdruck derer vier Wechsel-Schrifften und darinnen angezogener Beylagen, welche in Sachen Nassau-Weylburg entgegen Nassau-Usingen, Nassau-Ottweiler u. Nassau-Saarbrücken bey einem . . . Reichs-Cammer-Gericht zu Wetzlar von beyden Theilen übergeben worden; nebst einem von der löblichen Juristen Facultät zu Halle darüber ertheiltem rechtlichen Bedencken. — o. O. [um 1722]. 50 S. 2° 3.
1.2001

Abdruck, wortgetreuer, der deutschen Bundes-Acte vom 8. Juni 1815, der Austrägal-Ordnung vom 16. Juni 1817 u. der Wiener Schlußacte vom 15. Mai 1820. Hameln 866. Schmidt & Suckert. gr. 8. (36 S.) 4 *ngr*

Wörtlicher Abdruck der neueren Eingaben und Erlasse in der wider den Gemeinderath Ernst Emil Hoffmann in Darmstadt anhängigen Untersuchung wegen Theilnahme an einer angeblich bei den Wahlen zum sechsten Grossherzogl. Hess. Landtage vorgefallenen siebenzehn Kreuzer betragenden Bestechung. (Hrsg.: Ernst Emil Hoffmann.) Mannheim: Hof 1845. 40 S. 4.
1.2005

Abdruck, wörtlicher, urkundlicher Gedenkschriften aus dem 1. Halbjahrhundert [1785–1835] d. Bestehens der herzogl. Hauptschule, d. jetzigen Gymnasiums zu Dessau. gr. 8. (VII, 192 S.) Dessau 885. Neubürger. n.n. 1. 50

Abdruck eines bey der Nürnbergischen Bürgerschaft herumgegangenen Cirkulares, d. d. 30. Sept. 1796, zur Erklärung des in die Nürnbergische Ober-Postamts-Zeitung No. 115 eingerückten, von Anspach den 19. Sept. datirten Aufsatzes, mit berichtigenden Zusätzen. 1796. H: *Faulwetter, Carl Alexander.* (BB) (MGT)

Abdruck, Zweyter, des bey der hochansehnl. Reichsversamml. übergebenen Pro memoria und des Abdrucks der bisherigen Actorum cameralium in obgedachter Sache; mit einer neuen vorläufigen Anzeige. Mannheim 1770. V: *Kremer, Johann Martin.* (ML)

Abdrücke, genaue, u. einige Actenstücke zur Berichtigung u. Würdigung d. Schr.: das neueste gerichtl. u. kirchl. Ereigniß d. Zeit. Ein Sendschreiben rc. vom Pfarrer Hofmann. Mit Erläuterungen u. Gesichtspunkten f. d. Leser. 8. Darmst. 830. Leske. 16 gr

Abdrücke eines vollständ. Kartenspieles, auf Silberplatten gestoch. von *Geo. Heinr. Bleich* (um 1696 Goldschmied in Nürnberg). Hrsg. v. Rath Dr. *Carl Förster*, Kunst-Expert in München. 1881. Druck von G. Schuh & Cie. in München. 4°. Orig.-Hlwd.-Carton mit Bändern.
Titelbl in Roth- Schwarz- u. Golddruck m. Randleiste, 1 Bl Widmung an d. Besitzer der Originalplatten (Friedr Grafen v Rothenburg auf Polnisch-Nettkow i. Schles.), III S. Vorw., dann die 36 Spielkarten auf ebenso vielen losen Bll. feinsten holländ Büttenpapiers. — Nur in 200 Expl hergestellt; vergriffen!
Cfr Nagler, Monogrammisten II no. 3075.

Abdruecke derer in dem Mandat de dato 28. Nov. 1724 herabgesetzten Müntz-Sorten. — Dresden [um 1724]: Stössel. 4 Bl. 2° 3.
1 2011

Abdrücke derer in dem Mandat de dato 28. April 1721 gäntzlich-verruffenen Müntz-Sorten. — Dresden [um 1721]: Stössel. 4 Bl. 2° 3.
1 2012

Abdrücke n. d. Natur verfertigt, d. Kräuter rc. v. J. G. Trampe. Fol. Halle 760. 1 ß 8 gr

Abdruk, s.a. Abdruck

— s.a. Abtruck

Abdruk der in der Landtagssizung vom 18. Febr. 1799 gepflogenen Verhandlung. — [Stuttgart. Metzler 1799] 8 S. 1:Sh 3857.
1 1878

Vollständiger Abdruk zweier von der philosophischen und theologischen Fakultät der . . . Akademie zu Freiburg im Breisgau gestellten Bedenken und einer . . . ausführlichen Rechtfertigung derselben über einige . . . von . . . Prof. . . . Martin Wiehrl . . . aufgestellte, nachher für . . . kezerisch ausgegebene Säze aus der prakt. Philosophie, über deren Sinn gedachten Lehrers eigene Erklärung beigefügt ist. Nebst einem aktenmäss. Vorbericht und Anh. — Karlsruhe 1781. 176 S.
1:Np 658. 12:Polem 2; Polem. 3 [u.] Var. 558/4.
1.1917

ABDUL Haulit, s. a. Haulit.

Abdul Haulit; eine Geschichte aus dem Innern eines der vornehmsten Harems in Konstantinopel. Leipzig 1791. V: *Büschel, Johann B. G.* (Ky)

Abdul Haulit, e. Gesch. a. d. Innern e. d. vornehmst. Harems in Constantinopel. 8. Lpzg. Büschel. (Joachim.) 791.

Abdul-Achundow, Commentar zum sogenannten Liber fundamentorum pharmacologiae d. Abu Mansur Muwaffak-Ben-Ali-el Hirowi. Diss. gr. 8. (156 S.) Jurjew (Dorpat) 892. (E. J. Karow.) n. 3. —

Abdul Erzerum, neue persische Briefe. 8. Wien 787. Schaumburg. 16 gr

Abdu'l-Fattâh Fûmeny's Geschichte von Gilân, herausgegeben von Dorn, s. a. Quellen, muhammedanische, zur Geschichte d. südl. Küstenländer d. kaspischen Meeres.

Abdu 'l-Fattāh Fūmanī. 'Abdu 'l-Fattâh Fûmeny's Geschichte von Gilân in den Jahren 923 (= 1517) bis 1038 (= 1628). Persischer Text Herausgegeben v. B. Dorn St. Petersburg 1858.

Abdul Haulit, s. Abdul Haulit

Abdul Kabir Muhammed, s. Hirsch, Leo. Der überfließende Strom in d. Wissenschaft d. Erbrechts d. Hanefiten u. Schafeiten.

ABDULLAH Aga (ps.), Anti-Hymenäus. Ein lustiges Mahn- und Rathbüchlein für die Junggesellen. (Mit Illustr.) Leipzig (1882). 8°. (80 Pfg. Taussig, Prag, c. 1905.)
Weller, Lex. Pseud. p. 1 hat ebenfalls 1882.

Abdullah Aga, türkische Spionage-Geschichten. I. Der Mann ohne Kopf. s: Unterhaltungsbibliothek, moderne. Nr. 10.

Abdu 'l-Laṭīf Šāh, Sindhī-Literature. The Dīvān of Abd-ul-Latīf Shāh known by the name of Shāha jō risālō. edited by Ernest Trumpp Leipzig 1866

Abdulqâdiri Baġdâdensis lexicon Šahnâmianum, cui accedunt eiusdem auctoris lexicon Šâhidianum commentariorum turcici particula I., arabici excerpta. Ad fidem codicum manuscriptorum rec., annotationibus, indicibus instruxit, ed. Carol. Salemann. Tomi I. pars. I. Lexicon Šahnâmianum continens. hoch 4. (IV, 17 u. 246 S.) Petropoli. Leipzig 895. (Voss' Sort.) n. 6 —

Abduls Liebesnächte in Stambul, e. romant. Gemälde der neuest. Zeit. 8. Lpzg. Liebeskind. 803.

Abduls Liebesnächte in Stambul. 8. Wien 803. At. Doll. 6 gr

Abdulwaled Temimi. Fragmente über Spanien; aus d. Arabischen übersetzt von Jak. Chr. Gust. Karsten. 4. Rostock 801.

Abe, Elias (Salzungen). Positiones legales de testamentis ordinandis. Präs. Heinr. Newenhann (Eisenach). Jena (Joh. Weidner) 18. III. 1619. 12 Bl. (6.—) 3
Gew.: Joh. Ruger, Heinr. Heidenreich, Gg. Fulden, Matth. Volckhart. — Widm. von Joh. Wenck, Pet. Pancr. Saltzmann (Amberg/Pfalz), Joach. Ditmar (Salzungen).

Abeatici, Menotti, aus Triest: Zur Constitution tautomerer Verbindungen mit der Gruppe CONH. *Würzburg 1901: C. J. Becker.* (54 S.) 8°.
Würzburg, Phil. Diss. v. 1901

Abecadlnik, nowy, i początki czytania dla użytku skól miejskich i wiejskich. Z rycinami z historyi naturalnéj. 8. (32 S. mit color. Holzschn.) Breslau 850, Korn. 1/6 ß

Abecadło. — Abecadło międzyborskie czyli nauka polsko-niemieckiego czytania. Medziborer ABC, oder Anweisung zum polnisch-deutschen Lesen. 3. verb. u. verm. Ausg. — Brieg: Klockau 1853. 96 S. 2.
1.2027

Abecadło dla młodzieży wszystkich stanów z obrazkami. Przytém nauka krótka chrześciańska czyli katechizm katolicki i ministratura. 8. (64 S. mit eingedr. ill. Holzschn.) Breslau 850, Korn.

Abecadło dla młodzieży wszystkich stanów z obrazkami. Przytym nauka krótka chrześciańska. — W Wrocławiu: Korn [um 1850]. 64 S. [Abc-Buch f. d. Jugend aller Stände mit Bildern. Nebst e. kurzen Christenlehre.] 1:Ng 5912. 2.
1.2028

Abecadło polskie. — Das polnische Alphabet in latein. u. deutschen Lettern dargestellt auf 2 Wandtafeln. Breslau, (860.) Hirt. gr. Fol. n. 6 ngr.

Abécé, raisonné, offrant les Premieres elemens de la litterature. p. P. P. Herrmann. 8. Copenhague, Bonnier. 811.

Abécédaire, av. fig. 8. Halle 804. Dreysig. 8 gr

— deutsch-französisches ABC-, Buchstabir- u. Lesebuch (v. C. D. Roquette) 1r Thl. 8. Prenzl. 823. Ragoczy. 4 gr

— et Choix de Lecture pour l'Enfance, av. fig. (T. u. d. T.: Franz. ABC- u. Lesebüchl.) 8. Pirna, Friese. 10 gr ill. 14 gr

— encyclopédique ou aperçu des sciences utiles à l'usage de la jeunesse, orné de planches. 8. Copenh. 814. Bonnier (Wienbrack in Leipz.) 1 ß

Abécédaire, encyclopedique. 8. Copenh., Bonnier. 815.

Abécédaire des petits enfants ou méthode simple et facile pour apprendre à lire et à écrire. (Von S. Naenny.) Kreuznach 853. (Voigtländer). 8. (96 S.) n. 5 ngr

— français, amusant et instructif à l'usage des enfans et des étrangers, par le Prof. de Grandpont av. 92 fig. nouv. édit. augm. 8. Leipz. 810. Hinrichs. 20 gr col. 1 ß

Abécédaire français, amusant et instructif à l'usage des enfans et des etrang. 3e Edit. revue et corrigé p. M. E. Haag. Avec (93 fig. color.) .8. Paris et Lipz. 835. Hinrichs. 1 ß

— français, suivi des élémens d'arithmétique et du nouv. système de poids et mesures. 8. Hamb. 811. Aug. Campe. 6 gr

Abécédaire français pour les enfants du premier âge par E. W. Darmstadt 865. Zernin. 16. (2 Bll. 98 S.) 9 ngr

Abécédaire français pour les enfants du premier âge par E. W. 2. éd. 8. (II, 81 S.) Darmstadt 876. Zernin. n. 1. —

— français, av. les règles nécess. à prononcer et lire. 8. Wien 815. Geistinger. 6 gr

— géographique, orné de jolies gravures des peuples et des animaux, s. ABC- u. Lesebuch, geographisches.

— gymnastique, ou nouvelle méthode pour apprendre à lire aux enfants etc. Breslau, W. G. Korn. 802.

Abécédaire gymnastique, ou nouvelle méthode pour apprendre à lire aux enfans, en les instruisant et en les amusant par la représentation des différens jeux et exercices du corps ... Orné de 36 figures. — Breslau: Korn 1807. 84 S. 2.
1.2032

— Nouv. éd. rev. et corr. Ebd. 1825. 135 S.
Nebent.: Abecadlnik gimnastyczny. 1:Ng 5552.
1.2033

— instructif, ou Tableau des Arts et Métiers, orné de 25 fig. color. 8. Paris, (Sommer à Leipz.) 801.

* — instruction ou Tableau des Arts et Metiers, ist 1807 erschienen

— instructif. Ouvrage dans lequel les enfans peuvent en apprenant à lire puiser quelques idées des arts les plus utiles, orné de 25 fig. color. 8. Leipz. 813. N. A. 823. (W. Nauck.) 10 gr

— moral et religieux, ou Leçons tirées de l'Ecriture sainte etc. orné av. gravur. color. 8. Leipz. Sommer.

— morale et religieux ouvrage, orné de 31 grav. color. 8. Leipz. 813. N. A. 821. (W. Nauck) 14 gr

— moral et religieux ouvrage orné de 31 grav. color. 8. Leips. Sommer. 813

— nouveaux, pour apprendre facilement a Lire etc. 12. Brunsw. Pluchart. 810.

— nouveau pour apprendre facilement à lire, en peu de temps, aux enfans. N. éd. 12. br. Bronswic. Pluchart. 816.

— nouveau-franc., neues franz. ABC-Buch f. Kinder u. Anfänger. 8. Wien 808, Gelstinger. (Landshut, Krüll.)

— nouvel, avec des conversations sur l'histoire des animaux, orné de 24 jolies gravures. 8. Zürich 816. Trachler. 15 gr

Abécédaire, Nouvel, français, ou méthode d'enseigner à lire aux enfants. 1829. V: *Bysang, J.* (Ky)

— français, nouvel, ou methode d'enseigner à lire aux enfants. 8. Wien, Bermann et Sohn. 1/4 ß (V. J. Bysang. 829.) Mit 24 ill. Kpfrn 13 gr

— nouvel, français à l'usage des enfans, par D. Ant. Eberhard. 8. Leips. Leo. 817. rel.

— nouvel, à l'usage de la première instruction pour les enfans, trad. de l'allem. par G. T. le Mang. 8. Hann. 808. Hahn. 4 gr, enlum. 6 gr, 2e édit. 822. av. fig. enlum. 6 gr

— le nouvel, à l'usage des novices dans la langue française. 8. Götting. 812. Deuerlich. 6 gr

— récréatif, av. fig. 12. Bern, Typogr. Soc. enlum.

— récréatif. 8. Trier, Lintz. 4 gr

— Russe. 8. St. Petersb. (Cnobloch à Leips.) 6 gr. Dasselbe deutsch. 8. Ebd. 6 gr

— et Syllabaire instructif et amusant. Orné de jolies figures. Mit 4 ill. Bl. 12. Vienne 838. Müller. 2/3 ß

— utile, ou petit Tableau des arts et métiers. av. fig. Bern, Typogr. Soc. enlum.

— utile, ou petit Tableau des Arts et Metiers, av. 24 fig. enlum. 8. Leipz. ... 2de édit. 805. Fr. Fleischer. 16 gr

— utile, ou petit Tableau des Arts et Métiers, orné de 24 planch. color., français et polonais. 8. Leipz. 815. Magaz. f. Ind. 20 gr

— et Vocabulaire à l'usage des petites filles. Franz. ABC u. Wörterbuch f. kleine Mädchen. 8. Magdeb. Heinrichshofen. 809.

— et Vocabulaire à l'usage des petites filles; französ. ABC- u. Wörterbuch f. kleine Mädchen 2e Ausg. 8. Magdeb. 820. Heinrichshofen. 9 gr

Abecedariu ku slove cirilice si ku litere romane. 8. (10 S.) Viena. Sau tiperitu la L. Grund. 1853. (Fibel mit cirillischen und lateinischen Buchstaben.) Gebunden 10 kr. C. M.

Abecedarium chaldaicum vulgari idiomate ad usum nationis Chaldaicae editum. 8. (122 S.) Romae 871. (Leipzig, Brockhaus' Sort.) n. 2. 25

Abecedarium Naturae in integrum restitutum a Chr. G. M. Janj. Vid. Verulam.

Abecednik za slovensko nemške sole. Namenbüchlein für slovenisch-deutsche Schulen (Für Krain) Mit slovenischem und deutschem Text. 8. (102 S.) Wien. Gedruckt bei L. Grund. 1854. Gebunden 10 kr. C. M.

Abeck, [Friedrich], Dir. Dr.: **Feier der Einführung des Direktors.** *Aachen (1901): A. Jacobi & Co.* (S. 3—10.) 4°
Aachen, st. OR m. Fachkl., P 1901 (528)

Abeck, *Fritz* Die Shakespeare-Bacon-Frage.
4 (S. 61—101).
In: Festschrift d. 43 Versammlung d. Phil u. Schulmänner dargeboten von d. höh. Lehranstalten Kölns. *Bonn* 1895. (Ober-Rsch. u. Vsch. Progr. u. Fortbildungsschule).

A'Beckett, Arthur William

-- Herausgebohrt! Kriminal-Erzählung. Deutsch von J. Cassirer. -- Berlin: Weichert [1902]. 96 S. (Weichert's Wochen-Bibliothek. 127.) 1:Yt 712-127.
1 2035

A'Beckett, Arthur William: Monte Carlo. Deutsch von J. Cassirer. — Berlin: Weichert [1906]. 160 S. (Sammlung interessanter Criminal- u. Detectiv-Romane. 27.) 1:Yt 726/59-27.
1 2036

Des Weltalls Wirken. Vorwort z. Urgeschichte von **Abed-Nego.** Reale Naturerkenntnis. Berlin: Wihle & Heufel 1910. 22 S. 8° III. 10

Abée, Carl, approb. Arzt aus Marburg z. Z. Assistenzarzt an d med. Klinik: Ueber **Hernia** duodenojejunalis (H. retroperitonealis [!] Treitz). *Marburg 1901: (Lippert & Co., Naumburg a. S.).* (27 S.) 8°
Marburg, Med. Diss. v. 13. Febr. 1901

Abée, Conrad, appr. Arzt: Ein Fall von primärer Tuberkulose der Patella nach Trauma. München 1905: Kastner & Callwey. (25 S.) 8°
München, Med. Fak., Ref. v. Angerer, Diss. v. 13. März 1905
[Geb. 14. Okt. 78 Bad Nauheim; Wohnort: Bad Nauheim; Staatsangeh.: Preußen; Vorbildung: Gymn. Darmstadt Reife M. 98; Studium: Marburg 1, Würzburg 5, München 5 S.; Coll. 13. März 05: Approb. 22. Dez. 04.]

Abée, Conrad *Friedrich Leopold* [aus Marburg]: '(Aus d. patholog. Institut zu Marburg.)' Drei Fälle von tötlich verlaufener Actinomycose... Marburg, *Lippert & C., Naumburg a/S.,* 1897; 42 S., 1 Bl. 8.
Marburg, Med. Fak., Inaug.-Diss. v. 1. Juni 1897

Abée, Fritz, a. Marburg: Laut- und Formenlehre zu den Werken des Adenet le Roi. Halle a. S. 1905: (J. A. Koch, Marburg). (47 S.) 8°
Halle, Phil. Fak., Ref. Suchier, Diss. v. 3. Nov. 1905
[Geb. 14. Aug. Marburg a. L.; Wohnort: Marburg; Staatsangeh.: Preußen; Vorbildung: Gymn. Marburg Reife O. 00; Studium: Marburg 4, Bonn 1, Marburg 2, Halle 3 S.; Rig. 12. Nov. 04.]

Abée, Victor

Abée, Vict. Beitrag zur Geschichte des Abtes Markward I. von Fulda. I. Grapfeld. 40 S. *Viersen* 1885

Abée, Viktor: Die Namen der Verwandten und Geschlechtsgenossen in den Urkunden des Klosters Fulda. — Witten 1890: Krüger. 29 S. 4.
1.2046

— — 2. Aufl. Kassel: Hühn 1893. 27 S.
Aus: Jahrbuch des Vereins für Orts- und Heimatkunde in der Grafschaft Mark. 6.
4.
1.2047

— Im Spätherbst auf dem Hohentwiel. Eine Erinnerung an V. von Scheffel. 2. Aufl. — Kassel: Hühn 1893. 4 S.
Aus: Jahrbuch des Vereins für Orts- und Heimatkunde in der Grafschaft Mark. 6.
4.
1.2048

Abée, V. im Spätherbst auf d. Hohentwiel. Eine Erinnerg. an V. v. Scheffel. Die Bedeutg. d. Ortsnamen Grengeldanz. 8°(6) Witt. 1893, (Cass., E. Hühn.)

Abée, V. Vorschläge zu d. Grundzügen d. neuesten Pädagogik. 12°(13), Witt. 1893, (Cass., E. Hühn.)

— Vorschläge zu den Grundzügen der neuesten Pädagogik. 2. Aufl. — Witten [1894]: Krüger. 13 S. 4.
1.2049

— Die Fuldaer Wahlstreitigkeiten im XII. Jahrhundert und Abt Markward I. 2. Aufl. — Kassel: Hühn 1893. 40 S.
Aus: Jahrbuch des Vereins für Orts- und Heimatkunde in der Grafschaft Mark. 6.
4.
1.2050

Abée, V., d. Fuldaer Wahlstreitigkeiten im XII. Jahrh. u. Abt Markward. I. 8° (40) Witt. 1893. (Cass., E. Hühn.)

Abeele, Charles van den: Specimina charitatis et doctrinae, quae continentur in 4 libellis contra presbyteros regulares in Belgio sparsis, exhibita à Godefrido Veramantio [d. i. Charles van den Abeele]. — Coloniae: Langenberg 1738. 176 S.
6.
1 2054

Abegg, s. A b e g g , Friedrich

– s. A b e g g , Georg Friedrich Heinrich

– s. A b e g g , Julius Friedrich Heinrich

[A b e g g, Anton. Die Badeanstalt des Röslibades an der Spannweid unweit von Zürich, nebst allgemeinen Bemerkungen über Badeeinrichtungen. Mit 1 Abbildung und 1 Tafel.] (Njbl. Schw. Garten Zürich 1832.) 4. [Zürich.]

Abegg, D., s.a. A b e g g , Daniel

Abegg, D., Zur Beantwortung der Frage: Ist es f. das Großherzogth. Baden räthlich, den monopolisirten Versicherungszwang d. General-Brandkassen-Instituts fortdauern zu lassen? 2. unveränd. Abdr. gr. 8. (21 S.) Karlsruhe 851, Braun. n. 1/12 Thlr

Abegg, D., Zur Verarmungsfrage mit Rücksicht auf Baden. 8°. Rastadt 1849.

Abegg, Daniel

Abegg, Dan., zur Entwicklung der historischen Dichtung bei den Angelsachsen, s. a. Quellen u. Forschungen zur Sprach- u. Culturgeschichte der germanischen Völker.

Abegg, Daniel: Zur Entwicklung der historischen Dichtung bei den Angelsachsen. — Straßburg: Trübner 1894. XII,126 S. (Quellen u. Forschungen z. Sprach- u. Kulturgeschichte d. german. Völker. 73.)
1: Yc 7586-73. 12: L. As. 208u-73. 300: 153.196-B. Bd 73. 2. 3. 4. 5. 6. 7. 8. 9. 10. 11.
1 2060

Abegg, Emil, s.: Idiotikon, Schweizerisches.

Abegg, Emil: Die Mundart v. Urseren, s.: Beiträge z. schweizerdeut. Grammatik.

Abegg, Eugenie, u. Herm. Alder, neues Universal-Lexikon der Haus- u. Heilmittel. Praktisches u. zuverläss. Hand- u. Nachschlagebuch f. alle Angelegenheiten des Hauses u. der Familie u. f. alle Bedürfnisse des Hauswesens. Unter Mitwirkg. vieler prakt. Hausfrauen in Deutschland, Oesterreich u. der Schweiz hrsg. 8. (VI, 438 S.) Stuttgart 893. Schwabacher. n. 3. 75; geb. in Leinw. n. 4. 50

Abegg, E., und H. Alder: Neues Universal-Lexikon der Haus- und Heilmittel. Stuttgart (1902?)

Abegg, F., s.a. A b e g g , Friedrich

(Abegg, F.) Vor Straßburg. Erinnerungen aus dem Jahre 1870. Von F. Ilex (Pseud.). Straßburg 1895. 8°.

Abegg, Ferd. Chr.

Abegg, F. Chr., Abriß des Wissenswürdigsten aus der allgemeinen Weltgeschichte. gr. 8. Berlin 842, Büchting in Nordhausen. 5/12 Thlr

—— Grundlinien d. Natur-, Erd- u. Himmels-Kunde in gedrängt. u. faßl. Darstellung. gr. 8. (11 B.) Berlin 842. [Nordhausen, Büchting.]

Abegg, Ferd. Chr., das Wissenswürdigste aus der allgemeinen Weltgeschichte. Neue (Titel-)Ausg. gr. 8. (VIII u. 192 S.) Quedlinburg (842) 852, Ernst. 7/12 Thlr

Abegg, (Franciscus Julius) Guil. *(geb. Breslau 24 3 1834)*: De arbitris compromissariis. Vratislaviae (1866). (31 S.) 8°
Breslau, Jur Diss. v 17 Mai 1866

(A b - E g g , Franz Carl.) Das Seewerbad in Canton Schwyz mit besonderer Berücksichtigung der Badeanstalt bey F' C' Ab Egg.... (Seewen im März 1836.) [Mit Titelvignette.] 8. *o. O.*

Abegg. Friedrich: Zeugnisspflicht und Zeugnisszwang nach den deutschen Reichs-Prozess-Ordnungen .... Strassburg, Univ.-Buchdr. v. J. H. Ed. Heitz (Heitz & Mündel). 1885; 39 S. 8°.
Strassburg, Rechts- u Staatsw. Fak., Inaug.-Diss. v. 1885.

Abegg, Fritz: Über die Bedeutung des tatsächlichen Moments im bürgerlichen Recht. Borna-Leipzig 1910: Noske. VI, 44 S. 8°
Heidelberg, Jur. Diss. v. 2. Aug. 1910, Ref. Endemann
[Geb. 29. Juni 86 Straßburg; Wohnort: Straßburg; Staatsangeh.: Elsaß-Lothringen; Vorbildung: Protest. Gymn. Straßburg Reife M. 05; Studium: Straßburg 5, Genf 1, München 1 S.: Rig. 27. Mai 10.] [U 10. 1826

A b e g g , Fritz. Über quantitative Bestimmung von Zink durch Destillation der zinkhaltigen Stoffe im Chlorwasserstoffgasstrom. Diss. Phil. Basel. [Mit Figuren und 4 Tafeln.] 58 S. 8. Aachen, La Ruelle'sche Accidenzdr., [1905].

Abegg, Georg Friedrich H e i n r i c h

Abegg, G. F. H., Beiträge zur Geburtshülfe u. Gynäkologie. 3. Bericht üb. die Heb-Ammen-Lehranstalt zu Danzig [1873—1880]. Mit 3 (lith.) Plänen der Anstalt. gr. 8. (73 S.) Danzig 882. Saunier. n. 2. —

Abegg, G. F. H., Bericht üb. die königl. Hebammen-Lehr-Anstalt zu Danzig von 1819 bis 1868. Mit 5 Holzschn. Danzig 869. Kafemann. gr. 8. (39 S.) n. 12 Ngr.

Abegg, G. F. H., 4. Bericht über die Hebammen-Lehranstalt zu Danzig 1881—1886. gr. 8. (49 S.) Danzig 888. Saunier. n. 1. 20

Abegg, (Georgius Fridericus) Henricus *(geb. Königsberg i. Pr. 20 3 1826)*: De capacitate arteriarum et venarum pulmonalium Vratislaviae (1848). (35 S.) 8° *[Verf erlebte die Diplomerneuerung 1898 als Geh. Medizinalrat in Danzig.]*
Breslau. Med Diss v 2. Juni 1848

Abegg, H., Dermoïdcyste e. Eierstockes als Geburtshinderniss. [Aus: „Festschrift der Gesellsch. f. Geburtshilfe u. Gynäkol."] gr. 8. (3 S.) Wien 894 A. Hölder. n. — 50

— zur Geburtshülfe u. Gynäkologie. Berlin 868. Hirschwald. (VII, 111 S.) n. 20 Ngr.

Abegg, G. F. H., zur Geburtshülfe u. Gynäkologie. gr. 8. (76 S.) Danzig 873. Saunier. n. 2. —

— s. Hilfs- u. Schreibkalender f. Hebammen.

— die Kinderheilstätte in Zoppot. Mit 1 Ansicht u. 2 Plänen. Lex.-8. (15 S.) Danzig 887. Th. Bertling. n. — 60

— die wichtigsten Neuerungen in der Krankenbehandlung. [Aus: „Schriften der naturf. Ges. in Danzig".] Lex.-8. (11 S.) Danzig 876. (Anhuth.) n. — 60

— über Rettungsmittel bei Verblutungsgefahr. [Aus: „Schriften d. naturf. Ges. in Danzig."] Lex.-8. (10 S.) Danzig 875. (Anhuth.) n. — 40

— Vereiterung des Schossgelenkes u. des rechten Hüftbein-Kreuzbein-Gelenkes. [Aus: „Festschrift der Gesellsch. f. Geburtshilfe u. Gynäkol."] gr. 8. (6 S.) Wien 894. A. Hölder. n. — 40

Abegg, H., s.a. A b e g g , Georg Friedrich Heinrich

— s.a. A b e g g , Herm.

Das sechste Gebot in der Volksschule. Eine theoret. Darlegung u. prakt. Ausführung dargeboten von **H. Abegg**, Hauptlehrer in Osteel. *Neuwied & Leipzig: Heuser [1901].* (34 S.) 8° [F.] 1902 5148 6

Abegg, H.B., s. A b e g g , Heinrich Burkhard

Abegg, Heinrich, s. A b e g g , Georg Friedrich Heinrich

Abegg, Heinrich Burkhard: Bemerkungen betreffend die Schutz- und Differentialzölle, so wie die Verhandlungen der Herren-Curie über eine Revision des Zolltarifs unter Zuziehung von Sachverständigen. Gesammelt von H.B. Abegg. — (Berlin: Schneider [1847].) 42 S. 4° 10.
1.2068

— Denkschrift des Commerzienrathes Abegg wegen Substituirung des zehnjähr. Besitzes des Bürgerrechts an die Stelle des zehnjähr. Grundbesitzes und Gewerbebetriebes als Bedingung der Wählbarkeit zum Abgeordneten im Stande der Städte und wegen Vermehrung der Abgeordneten der Städte. — [Berlin: Schneider in Komm. 1847.] 20 S. 10.
1.2069

Abegg, Heinrich Burkhard [app. Arzt aus Tübingen]: Zur Kenntnis der Addison'schen Krankheit ... Tübingen, Druck v. Heinrich Laupp jr., 1889; 43 S. 8°
Tübingen, Med. Fak., Inaug.-Diss. v. 1889

Abegg, Herm. Was schulden wir unsern Kindern? Allgemeines deutsches Erziehungs-Lexikon f. d. Haus. 12. (VII, 587 S.) Stuttg. 892, Schwabacher. * 6 —; geb. * 7 50
Auch in 12 Lfgn. à * — 50 erschienen.

Abegg, Herm., was schulden wir unsern Kindern? Allgemeines deutsches Erziehungs-Lexikon f. das Haus. 12 Hfte. 12. (VII, 587 S.) Stuttgart 893. Schwabacher. à — 50 (kplt: n. 6. —; geb. n. 7. 50)

Abegg, J., s. A b e g g , Julius Friedrich Heinrich

Abegg, J.F., s. Abegg, Johann Friedrich

Abegg, J.F(r). H(nr.), s. A b e g g , Julius Friedrich Heinrich

Abegg, J. W., Predigt z. Feyer d. Jahrhund. 8. Erlangen, Palm. 801.

Abegg, Jh. Fr., s. A b e g g , Johann Friedrich

Abegg, Jh. Wlh., über die Kennzeichen der Berufspflichten eines christl. Religionslehrers, erste Amtspredigt. 8. Erlang. 794. Heyder. 2 ℛ

Abegg, Joh. Fr., s. A b e g g , Johann Friedrich

A b e g g , Joh. Jac., Zürich. Dissertatio chirurgico-medica inauguralis de fistula ani. Med. Diss., Basel 1722.

Abegg, Johann Jacob, Direktor des Militär- und Marine-Hospitals und Landphysikus zu Samarang auf der Nord-Ost-Küste von Java; ... ein Denkstein, gesetzt von seinen Brüdern. Nürnberg 1800. V: *Abegg, Johann Friedrich.* (MGT)

Abegg, *Johann* Daniel [aus Bremen]: Zur Entwicklung der historischen Dichtung bei den Angelsachsen ... Strassburg, K. J. Trübner, 1894; 1 Bl., x, 126 S. 8.
Strassburg, Phil. Fak., Inaug.-Diss. v. 1894

Abegg, Johann Friedrich

— annotationum in Horatium et Lucianum specimen. 4. Heidelb. 794.

A b e g g , J. F. De Joanne Baptista oratio, quam dixit die XXV. M. Martii in aula nova universitatis heidelbergensis. 4. Heidelbergae, Mohr et W. 820.

— Confirmandenbekenntniß. 8. Heidelb., Mohr. 3 ℛ

— Predigt über Römer 15, 23., gehalten d. 20. Oct. 1816. gr. 8. Heidelb. 816. Mohr. 3 ℛ

— Predigt über Römer 15,13, gehalten am 20. October dieses Jahrs vor der Evang. Ref. Gemeinde zum H. Geist in Heidelberg. — Heidelberg 1816. 24 S.
1:16 in Qn 7540.
1.2071

— Predigt über Römer 15, 13. gehalten am 30 Oct. 816. 8. Ebendas. 817. geh.

— Pr. Versuch über das Allgemeine der Sokratischen Lehrart. 4. Heidelb. 793.

— Rede auf d. Großherzog Karl Ludwig Friedrich von Baden, den 27. Dec. 1818. gr. 8. Heidelb. 819. Mohr. 3 ℛ.

— Rede, gehalten bei dem Trauergottesdienst am 27. Dec. 818. wegen des verstorb. Großh. von Baden. gr. 8. Ebends. 819.

Abegg, Jul. Fr(dr). H(ei)nr., s. A b e g g , Julius Friedrich Heinrich

Abegg, Jul. Frid(ericus) Henr(icus), s. A b e g g , Julius Friedrich Heinrich

Abegg, Julius Friedrich Heinrich, s. A r c h i v , Neues, d. Criminalrechts.

— Ueber die Bedeutung der s.g. Criminal-Statistik für die Wissenschaft, die Anwendung und die Gesetzgebung im Gebiete des Strafrechts. Von J. Fr. H. Abegg. — Wien: Braumüller 1865. 73 S.
Aus: F. Haimerl's Vierteljahrsschrift f. Rechts- u. Staatswiss. 16,2.
1:Fu 10430. 800:75.445-B.
1.2073

Abegg, Jul. Fr. Heinr., Beiträge zur Begutachtung des Entwurfs des Gesetzbuches über Verbrechen und Vergehen für das Königr. Bayern vom J. 1854. gr. 8. (VI und 188 S.) Erlangen 854, Enke. *

— Beiträge zur Begutachtung d. Entwurfes eines Strafgesetzbuches für d. Königr. Sachsen i. J. 1853. Leipzig 853. Arnold. gr. 8. (IV, 118 S.) n. 20 ℛ

— Beiträge zur Kritik des Entwurfs zu einem Criminalgesetzbuche für das Königreich Sachsen vom Jahre 1836. gr. 8. Neustadt 837. Wagner. 3/8 ℛ

Abegg, Julius Friedrich Heinrich: Beiträge zur Kritik des Entwurfes eines Strafgesetzbuches für das Königreich Würtemberg vom Jahre 1835. Von J. Fr. H. Abegg. — Neustadt a. d. Orla: Wagner 1836. IV,100 S. (Jahrbücher d. gesammten deutschen iur. Literatur. 27. Suppl. H.)

Abegg, J. Fr. H., Beiträge zur Strafproceß-Gesetzgebung. gr. 8. Neustadt an der Orla 841, Wagner. 1 1/4 ℛ

— Nähere Beleuchtung des Protestes, welchen der Herr Consistorialrath Prof. und Hofprediger Dr. Sieffert gegen den von dem Evangelisch-deutsch-reformirten Burgkirchen-Collegium in Betreff des Herrn Divisionspredigers Dr. Rupp am 22. Febr. 1845 gefassten Beschluss eingelegt hat. Von Abegg. — Königsberg 1845: Dalkowski. VI,34 S.
1:12 in 4° Dn 4308. 10.
1.2079

Abegg, J. F. H., Bemerkungen über den Entwurf eines Strafgesetzbuches f. die Preuß. Staaten v. J. 1847. [Besond. Abdr. a. d. Archiv d. Crim.-Rechts f. 1848. Hft. 1.] 8. (130 S.) Halle (Braunschweig) 847, Schwetschke & Sohn. n. 1/2 ℛ

— kritische Bemerkungen über den revidirten Entwurf eines Strafgesetzbuchs f. d. Großherzogthum Baden vom J. 1839. gr. 8. Altenb. 839. (Helbig.) n. 2/3 ℛ

— Kritische Bemerkungen über den revidirten Entwurf eines Strafgesetzbuchs für das Grossherzogthum Baden vom Jahre 1839. Von J. Fr. H. Abegg. — Altenburg 1839: Hofbuchdr. 110 S.
Aus: Annalen der deutschen u. ausländischen Criminal-Rechts-Pflege. 1839,2.
2. 8.
1.2081

— Bemerkk. über das Studium der Rechtswissenschaft, mit besond. Rücksicht auf Preußen. 8. Bresl. 831. Schulz u. C. 10 ℛ

Abegg, Dr. Jul. Frdr. Heinr., die Berechtigung der deutschen Strafrechts-Wissenschaft d. Gegenwart. Braunschweig, 859. Schwetschke & Sohn. gr. 8. (VII, 156 S.) 24 ngr.

— über die Bestrafung der im Auslande begang. Verbrechen, mit Vorrede über die wissenschaftl. Behandlung d. Criminalprocesses, u. e. Anhang: eine Chrestomathie von Beweisstellen enthaltend. gr. 8. Landsh. 810. Storno. 9 ℛ.

— über die **Bestrafung** der im Auslande begangenen Verbrechen. gr. 8. Landsh. 810. Storno. 3/8 Thlr. dass. in 8. m. Jahrz. 819. Erlang., Palm u. Enke. 3/8 Thlr.

ABEGG, Julius Friedrich Heinrich (Erlangen): Ueber die Bestrafung der im Auslande begangenen Verbrechen. Ein Versuch.- Landshut: Storno 1819. 96 S. Diss. Ingolst.-Landsh.-Mchn. 18.8.1818 - Pe 365; F 48

— kritische Betrachtungen über den Entwurf des Strafgesetzbuches f. die preuß. Staaten vom Jahre 1843. 1. 2. Abthlg. gr. 8. Neustadt 844, Wagner. I. n. 1 Thlr. — II. n. 1 1/6 Thlr.

— kritische **Betrachtungen** über den Entwurf einer Strafprozeß-Ordnung für das Königr. Würtemberg vom J. 1832. gr. 8. Altenb. 839. Helbig. 1 Thlr. (Beide sind Separatabdrücke aus Demme's **Annalen** deutscher u. ausländ. Cr. R. Pflege.)

Abegg, J.F.H.: Betrachtungen über die Verordnung betr. die Einführung des mündlichen und öffentlichen Verfahrens mit Geschwornen in Untersuchungssachen im Königreich Preußen. Halle: 1849.
(Archiv d. Kriminalrechts. N.F. 1849, Beil. H.)

— **Conspectus** lectionum Henrici Abegg de processu judiciario et communi et Borussico. — Vratislavia [um 1850]: Grass, Barth & Soc. 15 S. 2.
1.2089

Abegg, Julius Friedrich Heinrich: Ueber das religiöse **Element** in der Peinlichen Gerichts-Ordnung und den Einfluss der religiösen Verhältnisse des Zeitalters auf die Abfassung derselben. Von J. Fr. H. Abegg. — Halle: Schwetschke 1852. VIII,103 S. (Archiv des Criminalrechts. N.F. 1852, Beil. H.)
1: Fu 512–N.F. 1852, Beil. H. 12: Crim. 4m–33. 2. 4. 6. 7. 8. 9. 10. 11.
1.2090

— Der **Entwurf** eines Strafgesetzbuches für das Königreich Norwegen. Eine kritische Betrachtung. Von J. Fr. H. Abegg. — Neustadt a.d. Orla: Wagner 1835. 110 S.
1: Hn 42224. 2. 5. 8.
1.2091

— der **Entwurf** eines Strafgesetzbuches f. d. Königr. Norwegen. Eine krit. Betrachtung. gr. 8. Neust. 836. Wagner. 3/4 Thlr.

— Der **Entwurf** des Strafgesetzbuches für die Preussischen Staaten vom 10. Dec. 1850 kritisch betrachtet in Vergleichung mit d. Entwürfen von d. Jahren 1843 u. 1847. Von J. Fr. H. Abegg. — Halle: Schwetschke 1851. 132 S. (Archiv des Criminalrechts. N.F. 1851, Beil. H. 2.)
1: Fu 512–N. F. 1851, Beil. H. 2 [u.] Fz 904. 12: Crim. 4m–32. 2. 3. 4. 5. 6. 7. 8. 9. 10. 11.
1.2092

Abegg, J. Fr. H., der Entwurf einer Strafproceß-Ordnung für d. preußischen Staat vom J. 1865. Mit Berücksicht. d. neuesten deutschen Strafproceß-Ordnungen u. Entwürfe kritisch betrachtet. Leipzig 865. E. J. Günther. gr. 8. (XII, 141 S.) 24 ngr.

— Der **Entwurf** einer Strafprozess-Ordnung für die Preussischen Staaten kritisch betrachtet. Von J. Fr. H. Abegg. — Halle: Schwetschke 1852. VIII,241 S.
1: Fz 987. 12: Crim. 1bo. 300: 11.320–B. 3. 4. 7. 10.
1.2094

—— der **Entwurf** e. **Strafprozeß-Ordnung** für die preuß. Staaten mit besond. Berücksicht. der Gesetzgebungen anderer deutscher Staaten kritisch betrachtet. gr. 8. (VIII und 211 S.) Halle 851(52,) Schwetschke und Sohn. *

— **Entwurf** zu Vorlesungen über den gemeinen und preussischen Civil-Prozess. Nebst Bemerk. über d. Studium der Rechtswissenschaften mit bes. Rücks. auf Preussen. — Breslau: Schulz 1832. 24 S. 1: Gs 9590. 2.
1 2095

— Encyclopädie [**Enzyklopädie**] und Methodologie der Rechtswissenschaft im Grundrisse. Nebst e. Abhandlung über d. wiss. Darstellung des Rechts. — Königsberg: Unzer 1823. 136 S. 1: Fk 5026. 2. 8. 10. 11.
1.2096

— Encyclopädie d. Methodologie u. Rechtswissenschaft im Grundrisse. gr. 8. Königsb. 824. Unzer. 16 gGr.

— histor.-prakt. **Erörterungen** aus dem Gebiete des strafrechtl. Verfahrens. 1r Thl. gr. 8. Berl. 833. Dümmler. 1 Thlr.

ABEGG, Jul. Fr. H.: Historisch-pract. Erörterungen aus d. Gebiete d. strafrechtl. Verfahrens. 1r Th. *Berl.*, Dümmler. 835. gr. 8. (1 Thl.)

— die **Frage** über den Zeitpunkt der Vereidigung der Zeugen im strafrechtlichen Verfahren vom geschichtlichen, dogmatischen und legislativen Standpunkte aus erörtert. Leipzig, 864. Günther. gr. 8. (45 S.) n. 10 ngr.

Abegg, Gesch. d. Strafgesetzgebung u. Strafrechts d. brandenb. preuss. Lande. Berlin 835.

Abegg, Gesch. d. preuss. Civilprozessgesetzgebung. Breslau 848.

Abegg, Julius Friedrich Heinrich, s. Gobler, J.: Interpretationem constitutionis.

— **Grundriß** zu Vorlesungen über d. gemein. u. preuß. Criminalproceß. gr. 8. Königsb. 825. Bornträger. 12 gGr.

— **Jul. Friedr. Heinr.** De antiquissimo Romanorum jure criminali comment. prior. Königsbg. (Hartung) 22. III. 1823. 79 S. (5.—) 5
Respond.: Carl Jul. v. Lenski (Litauen). Opponenten: Alex. Aug. v. Buchholtz, Claud. Richelot (Königsberg).

Abegg, **Jul. Fr. Hnr., de antiquissimo Romanorum jure criminali, Comment. I. 8 maj. Königsb. 823. Unzer. 9 gGr.**

Abegg, J[ulius] F[ridericus] H[enricus]: De jurisprudentia apud Romanos sub primis imperatoribus. Dissertatio loci Suetoniani ⟨Cal. 34.⟩ interpretationem exhibens. Vratislaviae (1827). (XIII, 60 S.) 8° *[Im Buchhandel bei Max & Ko in Breslau]*
Breslau, Jur. Fak., Antr.-Progr. als ord. Prof v. 3. März 1827

— Lehrbuch des gemeinen **Criminal-Prozesses**, mit besond. Berücksichtigung d. Preuß. Rechts. Mit e. Abhandl. über die wissenschaftl. Behandlung d. Criminal-Prozesses. gr. 8. Königsb. 833. Gebr. Bornträger. 1 3/4 Thlr.

— Lehrb. d. Str. R. Wissensch. Königsb. 1836. 8°.

— **Lehrbuch der Strafrechts-Wissenschaft. gr. 8. Neust. 836. Wagner. 3 Thlr.**

Abegg, Jul. Frid. Henr.: De sententia condemnatoria ex solis indiciis secundum principia juris Romani haud admittenda. Vratislaviae 1838. (32 S.) 4°
Breslau, Progr. z. Rektoratswechsel am 22. Okt. 1838

— die Preuß. Strafgesetzgeb. u. die Rechtsliterat. in ihrer gegenseit. Beziehung. Berlin 854. Decker. Lex. 8. (XI, 132 S.) 1 Thlr.

— die verschied. **Strafrechtstheorien** in ihrem Verhältnisse zu einander u. zu den positiven Rechte u. dessen Geschichte. Eine criminalist. Abhandl. gr. 8. Neust. 835. Wagner. 7/8 Thlr.

Abegg, Jul. Frid. Henricus: Symbolae ad historiam juris criminalis literariam imprimis Academiae Friderico-Alexandrinae spectantes. Vratislaviae 1843. (31 S.) 4°
Breslau, Glückwunsch d. Univ z. 100-jähr. Jubil d. Univ Erlangen am 23. Aug. 1843

Abegg, Julius Fridericus Henricus: Symbolae ad historiam ordinis Jureconsultorum Academiae Vratislaviensis spectantes. Vratislaviae 1861. (34 S.) 4°
Breslau, Einladung d. jur Fak. z. Verkündigung d. Ehrenpromotionen beim Univ.-Jubil am 4 Aug. 1861

System der Criminal-Rechts-Wissenschaft. Mit e. Vorr. über d. wissenschaftliche Behandlung des Criminalrechts. — Königsberg: Unzer 1826. LVI,455 S.
1: Fu 12657. 300: 78 V 20. 2. 5. 7. 10. 11.
1.2104

— System der Criminal-Rechts-Wissenschaft, als Grundlage zu histor.-dogmat. Vorles. üb. d. gemeine u. preuß. Criminal-Recht. gr. 8. Königsb. 826. Unzer. 2 Thlr.

— Untersuchungen aus dem Gebiete der Strafrechtswissenschaft. gr. 8. Bresl. 830. Max u. C. 2 Thlr. 10 gGr.

— über die **Verjährung** rechtskräftig erkannter Strafen nach d. neuern Gesetzgebungen u. mit Rücksicht auf eine gemeinsame Strafgesetzgebung der deutschen Lande. Breslau, 862. Maruschke & Berendt. gr. 8. (VIII, 124 S.) n. 20 ngr.

Abegg, Jul. Friedr. Heinr.: Versuch einer Geschichte der Strafgesetzgebung und des Strafrechts der Brandenburg-Preußischen Lande. Berlin 1835.
(S.A. a.: Hitzigs Zeitschrift f.d. Criminal-Rechts-Pflege in d. preuß. Staaten. Suppl.Bd. 1.)

— Versuch einer Geschichte der Preuß. Civil-Prozeß-Gesetzgeb. 8. (XII u. 324 S.) Breslau 848, F. Aderholz. 1 1/8 Thlr.

— über den organischen Zusammenhang e. auf den neueren Grundsätzen beruhenden Einrichtung des Strafverfahrens u. der Gerichtsverfassung mit dem materiellen Strafrechte oder der Strafgesetzgebung. Eine Erörterung, angeknüpft an die in Bremen gemachte Vorlage e. provisor. Strafproceß-Ordnung mit einstweil. Beibehaltung des gemeinen Strafrechts. Bremen, 863. Schünemann's Verl. gr. 8. (45 S.) 7½ ngr.

Abegg, M., Bubenstreiche u. Schelmereien. Mit zahlr. Bildern v. Loth. Meggendorfer u. a. 1—16. Tauf. (144 S.) 8. Reutlingen (909). Enßlin & Laiblin. Kart. 1.50

Abeg, M: Allerlei Jungenstreiche. (144 m. Abb.) 8°.– Reutl., Ensslin & L. 1911.

Abegg, Otto, Referendar: Pflichten des Versicherers in der Seeversicherung. Hamburg 1908: Maschmann. II, 67 S. 8° Leipzig, Jur. Diss. v. 2. Nov. 1908

[Geb. 29. Nov. 80 Hamburg; Wohnort: Gr.-Flottbek; Staatsangeh.: Hamburg; Vorbildung: Gymn. Plön Reife M. 02; Studium: Straßburg 4, München 1, Leipzig 5 S.; Rig. 22. Febr. 08.] [U 09. 2435

Abegg, Richard

Abegg, R., s. Abhandlungen der deutschen Bunsen-Gesellschaft f. angewandte physikalische Chemie.

Abegg, Rich., Anleitung z. Berechnung volumetrischer Analysen. 8. (16 S.) Breslau 900. Grass, Barth & Co. n. — 50

Abegg, Richard [aus Danzig]: Ueber das Chrysen und seine Derivate. Berlin, Buchdr. v.G. Schade, 1891; 38 S., 1 Bl. 8°.
Berlin, Phil.Fak., Inaug.-Diss. v. 19. (statt 20) Jun. 1891.

Abegg, R., über den Einfluss des Bindemittels auf d. photochemisch. Effect in Bromsilberemulsionen u. die photochemische Induction, nach Versuchen mit Cl. Immerwahr. gr. 8. (7 S.) Wien 900. (C. Gerold's Sohn.) n. — 20
Sonderabdruck aus „Sitzungsber. d. k. Akad. d. Wiss."

Abegg, R.: Üb. d. Einfl. d. Bindemittels auf d. photochem. Effect in Bromsilberemulsionen u. d. photochem. Induction, n. Versuchen m. C. Immerwahr. (S.–A.) (7)8°.– Wien, (A. Hölder) 1900.

— s. Handbuch der anorganischen Chemie.

— Messungen elektromotorischer Kräfte galvanischer Ketten mit wässerigen Elektrolyten. Ges. u. bearb. von R. Abegg, Fr[iedrich] Auerbach, R[obert] Luther. [Nebst] Erg. H. 1.2. — Halle: Knapp 1911–29.
[Hauptwerk.] 1911. Erg. H. 1. Bearb. von Fr. Auerbach. 1915. Erg. H. 2. Bearb. von Karl Drucker. 1929.
(Abhandlungen d. Deutschen Bunsengesellschaft. 5.8.10.)
Vollst. . . . . 1:Mr 11928-5.8.10. 88. 99.
[** Erg. H. 1.2.] . . . . 3. 4. 11. 82. 85.
[** Erg. H. 2.] . . . . 12:Chem. 1c-5.8. 8.
1.2111

— u. W. Herz, Chemisches Praktikum. Experiment. Einführg. in präparative u. analyt. Arbeiten a. physikalisch-chem. Grundlage. Mit 8 Tab. im Buchdeckel. gr. 8. (114 S.) Göttingen 900. Vandenhoeck & Ruprecht. Geb. in Leinw. n. 3. 60

Chemisches Praktikum. Experimentelle Einführung in präparative u. analyt. Arbeiten auf physikal.-chem. Grundlage von Prof. Dr. R[ich.] Abegg u. Privatd. Dr. W[alter] Herz. Mit 3 Tab. 2. verm. u. verb. Aufl. Göttingen: Vandenhoeck & Ruprecht 1904. (129 S.) 8° [04. 44 7

— u. O. Sackur, physikalisch-chemische Rechenaufgaben, s.a. Sammlung Göschen.

Physikalisch-chemische Rechenaufgaben. Von Dr. R[ichard] Abegg u. Dr. O[tto] Sackur, Breslau. Leipzig. Göschen 1909. 104 S. 8° (Sammlung Göschen. 445.) [11. 13378]

— Indische Reise. Tagebuch d. Winters 1896 auf 1897. Als Ms. gedr. — Braunschweig: Vieweg 1902. 158 S.
1:Uo 3760.
1 2116

— die Theorie der elektrolytischen Dissociation. (VII, 110 S.) gr. 8 Stuttgart 903. F. Enke. n. 3. 60
Sonderabdruck aus: „Sammlg. chem. u. chem.-techn. Vorträge".

— das Verhältnis v. anorganischer u. organischer Chemie aus physikalisch-chemischem Gesichtspunkt. Antrittsvorlesung, geh. a. d. Universität Breslau am 9. V. 1899. gr. 8. (8 S.) Göttingen 899. Vandenhoeck & Ruprecht. n. — 40

— Versuch einer Theorie der Valenz und der Molekularverbindungen. Von R. Abegg. — Christiania: Dybwad in Comm. 1902 30 S. (Skrifter udg. af Videnskabsselskabet i Christiania. 1. Math.-nat. Kl. 1902,12.)
1:4° Ab 5205-1. Math.-nat. Kl. 1902,12. 12:4° Acad. 47x Math.-nat. Kl. 1902. 300:393.554-C. Per. Kl. I. 1902,12. 3. 7. 8. 9. 10. 11. 83.
1 2119

— s. Zeitschrift f. Elektrochemie.

Abegg,

— W., De arbitris, comprom. Diss. Bresl. 1866.

Abegg, Waldemar [Referendar]: Der Einfluss des beneficium cedendarum actionum auf die Haftung des Bürgen nach römischem und gemeinem Recht ... Berlin, Buchdr. v. G. Schade, 1896; 47 S. 8.
Erlangen, Jur. Fak., Inaug.-Diss. v. 1896

Abegg, Wilhelm, Referendar in Naumburg a. S.: Die Verjährung der Einreden nach römischem, gemeinem und bürgerlichem Recht. *Göttingen 1903: Dieterich.* (79 S.) 8°
Göttingen, Jur. Diss. v. [6. Juli] 1903

Abegg, Wilh, d. Verjährung d. Einreden nach römischem, gemeinem u. bürgerlich. Recht. Diss. (80 S.) gr. 8. Göttingen 903. (Leipzig, Buchh. G. Fock.) n 1. 20

Abeghian, Artasches, a. Tiflis in Russisch-Armenien: Vorfragen zur Entstehungsgeschichte der altarmenischen Bibelübersetzungen. Marburg i. H. 1906: (A. Pries, Leipzig). (46 S.) 8° ¶(Teil 1 einer Dissertation: Zur Entstehungsgeschichte der altarmenischen Bibelübersetzungen. Die ganze Arbeit erscheint bei J. C. B. Mohr in Tübingen.)
Marburg, Phil. Fak., Ref. Jensen, Justi, Diss. v. 6. Mai 1906

[Geb. 20. Dez. 77 Astapat, Russ.-Armenien; Wohnort: Tiflis; Staatsangeh.: Rußland; Vorbildung: Georg-Akad. Etschmiadzin bis Mai 96; Studium: Marburg 3, Leipzig 1, Berlin 2, Marburg 2 S.; Rig. 14. Dez. 04.]

Abeghian, Manuk, aus Astapat: Der armenische Volksglaube. *Leipzig 1899: W. Drugulin.* (127 S.) 8°
Jena, Phil. Diss. v. (2. Aug.) 1898

Abeilard, der neue, oder Briefe zweier Liebenden xc. 4 Bde. 8. Leipz. 780. (Brockhaus.) 3 ₰

ABEILARD, Der neue, oder Briefe zweyer Liebenden, welche einander nie gesehen haben. 4 Thle. Aus d. Französ. Mit Churfl. Sächs. Freyheit. Mit 1 Titelkpfr. (vor Th. 1). Leipzig, bey Joh. Friedr. Junius. 1780. 8°. (10 Mk. Scheible, c. 1890.)
440, 460, 472 u. 440 Seiten, nebst TKpf. vor Th. 1 u. Inhaltsverz. bei jedem Thle.
Orig.: Dühren no. 19—19 b.

Abeilard, Pierre s. *Abailard.*

— s. Abeillard

Abeillard

— and Heloisa, history of the life of, from. 1079. to 1163. with their genuine letters from the collection of Amboise, by J. Berrington. 2 Vol. 8. Basel. (Thurneisen in Paris.) 793.

— der neue, oder Briefe zweyer Liebenden, welche einander nie gesehen haben, 4 Thle, 8. Leipzig, 780. Feind. 3 Rthl.

— d. neue, od. Briefe zweyer Liebenden, die einander nie gesehen haben, a. d. Frz. 4 Bde. 8. Lpz. Junius. (Gleditsch.) 780.

— le nouvel, ou lettres de deux amans etc. IV Vols. gr. 12. Frankf. 780. Kessler. 4 ₰

Abeillard der vermeinte, oder die Empfindsamkeit auf der Probe, 8. Leipzig, 781. Schwickert. 13 fgl.

Abeillard, Pierre s.a. *Abailard.*

– s. a. A b e l a r d

Abeillard u. Heloisens zärtl. Briefwechsel, nach ihr. unglückl. Liebe. 8. Lpz. Compt. f. Lit. 783.

Abeillard und Heloisens zärtlicher Briefwechsel nach ihrer unglücklichen Liebe, 8. Leipzig, 783. Hilscher. 12 sgl.

— et Heloise, épitre amoureuse, trad. de l'Angl. p. Colardeaux av. la traduction allem. en vers p. Burger, ornée p. Catel. gr. 4. Zurich, Orell. 803. Velinp.

— und Heloisens Geschichte nebst beyder ächter Briefe, aus dem Engl. übersetzt. Von D. Hahnemann, 8. Leipzig, 789. Weygand. 1 Rthl. 15 sgl.

— des, u. d. Heloise Geschichte u. Briefe, a. d. Engl. 8. Berlin, Voß. 755.

Abeillard et d'Heloise, lettres. II Vols. 12. Bern, Haller. 1 ₰ 16 gl

— le même liv. II Vols., av. fig. 18. Wien 797. (Levrault in Strassb.) 1 ₰ 8 gl

Abeille, L'. Journal politique et litteraire, Brunswic 1795. V: *La Maisonfort, D. L. de.* (schr)

Abeille ou Mélanges littéraires et politiques etc. III Voll. gr. 8. Leipz. 798. Hinrichs. 3 ₰

l'Abeille. Revue hebdomadaire, journal général des sciences, de la littérature et des arts. Redacteur en Chef: Prof. Duvivier. 1846. 52 Numm. (Bog. m. art. Beilagen.) hoch 4. Berlin 846. Behr. n. 4 ₰

L'Abeille française, ou choix de littérature parmi toutes les productions du jour, périodiques ou fugitives. Nouvelles de sciences et arts, sujets de morale, contes ou nouvelles, poésies légères, dialogues, anecdotes. Vol. 1.2. — o. O. 1810. 1:Xz 11556. 1.2130

Abeille, l', française, ou choix de littérature etc. I. année à 4 Vol. gr. 8. Frankf. Varrentrapp et W. en Commiss. 810

L'Abeille Fribourgeoise. Bulletin de la société romande des apiculteurs Fribourg. I. année 1875. Nr. 1. 12 pp. in-8. Fribourg, Imprimerie catholique suisse.

L'abeille du Nord. Vol. 1—16. Altona. 1803—06 samt Vol. 20. Nr. 98. Sm. St. 1807.

L'Abeille du Parnasse. T. 1–10. Berlin: Etienne de Bourdeaux 1750–54. 8° 12
₵ Wöchentlich erscheinende Zs., deren Hefte halbjährlich in je einem Bande vereinigt wurden.

Abeille, J., essai sur nos colonies et sur le rétablissement de St. Domingue etc. 8. Braunschw., Pluchart. 16 gl (Leipz., Central-Comt.) 20 gl

Abeken, ein schlichtes Leben in bewegter Zeit, aus Briefen zusammengestellt. Berlin 898.

Abeken, Bernhard

Abeken, Bernh., s.a. A n d o l t, Ernst.

Abeken, Bernhard: Greifensee. Roman von B. Abeken. Th. 1.2. — Hannover: Rümpler 1862. 7. 1.2147

Abeken, B., eine Nacht, s.a. Bibliothek der Gesamt-Litteratur des In- und Auslandes Nr. 292.

— Eine Nacht. — Halle a.S. Hendel [1888]. 60 S. (Bibliothek d. Gesamtlitteratur d. In- u. Auslandes. 292.) 1:X 8366-292. 3. 1.2148

— — Eine Nacht. Von E. Andolt (d. i. Bernhard Abeken). — Berlin: Globus [1910]. (Deutscher Novellenschatz. 22,2.) 1:Yt 641ª-22,2. 12:P. o. germ. 1015n-22. 1.2149

Abeken, Bernhard Rudolf

Abeken, (B. R.,) Beitrr. f. d. Studium d. göttl. Komödie Dante Allighieri's. gr. 8. Berlin 826, (Nicolai.)

Abeken, Bern. Rud., Cicero in seinen Briefen. Ein Leitfaden durch dieselben, mit Hinweisung auf die Zeiten, in denen sie geschrieben worden. gr. 8. Hannov. 835. Hahn. 2 ₰

Abeken, B. R., Erinnerungen a. d. beiden letzten Jahrzehnten des vor. u. d. ersten dieses Jahrh., s.: Festschrift zur 300jähr. Jubelfeier d. Ratsgymnasiums zu Osnabrück.

— Erinnerungen aus dem Leben unserer guten Mutter Charlotte Margarethe Abeken, geb. Klinke. — Dresden 1836: Gärtner. 27 S. 1:At 7035. 1.2152

— Geschichte der Kirchen-Reformation in der Stadt Osnabrück. — Osnabrück (1842). 6. 1.2153

Abeken, Bernh. Rud., Goethe in den J. 1771 bis 1775. Hannover, 861. C. Rümpler. gr. 8. (435 S.) n. 2 ₰ 10 ngr.

Abeken, Bernh. Rud., Goethe in den Jahren 1771 bis 1775. 2. Aufl. Hannover 865. Rümpler. 8. (435 S.) 1 ₰ 15 ngr.

Abeken, Bernh. Rud., Goethe in meinem Leben. Erinnerungen u. Betrachtgn. Nebst weiteren Mittheilgn. üb. Goethe, Schiller, Wieland u. ihre Zeit, aus A's Nachlass hrsg. v. Adf. Heuermann. (VIII, 278 S.) 8. Weimar 904 H. Böhlau's Nachf. n. 4. —

— Johann Jakob Griesbach, Doctor der Theologie und erster Professor derselben in Jena. — Leipzig: Brockhaus 1829. 64 S.
Aus: Zeitgenossen Reihe 3,8. 1:Au 6688. 4. 8. 1.2157

— s. Möser's, Just., sämmtl. Werke.

Abeken, Bernh. Rud., Rede zur Jubelfeier der Geburt Göthe's am 28. Aug. 1849 auf dem Osnabrückschen Raths-Gymnasium gehalten. gr. 8. (20 S.) Osnabrück 849. (Jena, Frommann). 4 ngl

Rede zur Jubelfeier der Geburt Goethe's am 28. Aug. 1849 auf dem osnabrückschen Raths-Gymnasium gehalten. — Osnabrück: Kissling 1849. 20 S. 1:Au 6079. 12:Biogr. 1705. 7. 10. 1.2158

— Reliquien v. Justus Möser, s. Reliquien.

Abeken, Bernh. Rud., Die Säcularfeier der Geburt Schiller's, s.a. S ä c u l a r f e i e r, die.

Abeken, Bernhard Rudolf: Die Säcularfeier der Geburt Schillers auf dem Gymnasium der Stadt Osnabrück am 9. November 1859. (Verf.: Bernhard Rudolf Abeken.) — Osnabrück: Kissling 1859. 16 S. 12:Biogr. 1060g-29. 10. 11. 1.2159

Abeken, Bernh. Rud., Ein Stück aus Goethe's Leben, z. Verständniß einzelner Werke desselben. 8. (7 B.) Berlin 845, Nicolai'sche Buchh. Thlr.

Abeken, C. R., der Sieg der Liebe. Eine Rede, gesprochen am Charfreitage 1812 in d. Stadtk. z. Rudolstadt. gr. 8. Rudolst., Hof-Buchhandl. 3 gl

Abeken, Guglielmo s. *Abeken*, Wilhelm.

Abeken, H., s. A b e k e n, Hedwig

-- s. A b e k e n, Heinrich

-- s. A b e k e n, Hermann

Abeken, Hedwig: Heinrich Abeken. Ein schlichtes Leben in bewegter Zeit. Aus Briefen zsgest. Mit d. Bildn. u. 1 Facs. (Verf.: Hedwig Abeken.) — Berlin: Mittler 1898. VIII,544 S.
1:Sw 14201. 12:Biogr. 2 hf. 300:100.774-B. 3. 4. 5. 7. 9. 10. 11. 82.
1.2161

(—) — (2. Aufl.) Ebd. 1898. VIII,544 S.
1:Sw 14201ª. 2. 6. 7.
1.2162

(—) — 3., verm. Aufl. Ebd. 1904. VIII,556 S.
1:Sw 14201³. 4. 6. 11.
1.2163

(—) — 4. Aufl. Mit 1 Bildn. u. 3 Facs. Ebd. 1910. XII,556 S.
1:Sw 14201⁴. 5. 8. 11.
1.2164

— Hedwig v. Olfers, geb. v. Staegemann 1799–1891. Ein Lebenslauf. (Aus Briefen zsgest.) Bd 1. 2. — Berlin: Mittler 1908–14.
1:Sw 4044. 12:Biogr. 852 gb. 300:455.639-B. 2. 4. 5. 6. 7. 8. 9. 10. 11.
1.2166

[F.] Heinrich Abeken. E. schlichtes Leben in bewegter Zeit, aus Briefen zsgest. M. d. Bildn. u. 1 Facs. (Vf.: Hedwig Abeken.) *Berlin: E. S. Mittler & Sohn 1898.* (VIII, 544 S., 1 Portr., 1 Facs.) 1 Bd 8. [98. 10333

[F.] Heinrich Abeken. E. schlichtes Leben in bewegter Zeit, aus Briefen zsgest. (Vf.: Hedwig Abeken.) (2. Aufl.) M. 1 Bildn. u. 1 Facs. *Berlin: E. S. Mittler & Sohn 1898.* (VIII, 544 S., 1 Portr.) 1 Bd 8. [99. 461

Abeken, Heinrich. Ein schlichtes Leben in bewegter Zeit, aus Briefen zusammengestellt. 3., verm. Aufl. Mit 1 Bildnisse u. 2 Faksms. (III, 556 S.) gr. 8. Berlin 904. E. S. Mittler & Sohn. n. 6.—; geb. n. 7.50

Abeken, Heinrich. Ein schlicht. Leben in bewegt. Zeit, aus Brief. zusammengest. 4. Aufl. (XII, 556 S. m. 1 Bildn. u. 3 Faksms.) gr. 8. Berlin 910. E. S. Mittler & Sohn. 6.—; geb. 7.50

Abeken, Heinrich, s.a. A b e k e n , Hermann

— Babylon und Jerusalem. Ein Sendschreiben an Ida Gräfin Hahn-Hahn. — Berlin: Hertz 1851. 158 S.
1:Di 4624. 12:Polem. 3077 u. 3. 5. 6. 9. 11.
1.2167

— Zwei Bilder. — Dat. Berlin 4. März 1869. 2 Bl.
1:Yo 13348.
1.2168

— Zur Erinnerung an die antiken Bilder gestellt in der Casa Lepsia von Ulrich von Salpius am 16. Februar 1857. (Berlin [1857].) 6 Bl.
1:2° Yo 7911.
1.2169

— Der Gottesdienst der alten Kirche. Ein Vortrag auf Veranstaltung d. Ev. Vereins f. Kirchl. Zwecke zu Berlin am 8. April 1853, geh. von H. Abeken. — Berlin: Schultze 1853. 47 S.
12:Liturg. 1352-36. 2.
1.2170

— — Ebd. 1853. (Vorträge auf Veranstaltung d. Ev. Vereins f. Kirchl. Zwecke zu Berlin, geh. im Winter 1853. 1.)
1:Bd 6810-1853,1. 7. 8. 11. 102P.
1.2171

— Das religiöse Leben im Islam. — Berlin 1854.
1:Um 2199. 12:H. g. hum. 252-31.
1.2172

Abeken, H., Die tragische Lösung im Philoktet. Gel. 1860. 22 S. 4°.

Abeken, Heinr., die tragische Lösung im Philoktet des Sophokles. Gratulationsschreiben. Berlin, 860. Hertz. 4. (26 S.) n. 12 *ngr.*

Abeken, Heinrich: Das Aegyptische Museum in Berlin. Ein Vortrag, auf Veranstaltung d. Ev. Vereins f. Kirchl Zwecke, geh. am 24. Jan. 1856 von H. Abeken. — Berlin: Schultze 1856. 74 S.
1:Ns 4984. 12:Arch. 1 f. 3. 5. 10.
1.2175

Abeken, Henr: Theses theologicae ¶ Exemplar nicht nachweisbar
Berlin, Theol. Thes. v. 26. März 1831

Abeken, Hermann, s.a. A b e k e n, Heinrich

Abeken, Herm., der Eintritt der Türkei in die europäische Politik des 18. Jahrhunderts. Mit einem Vorworte von C. Stüve. Mit Aktenstücken. gr. 8. (XIV und 256 S.) Berlin 856, Hertz. *

Abeken, Herm., der Gottesdienst d. alten Kirche. Ein Vortrag auf Veranstalt. d. ev. Vereins f. kirchl. Zwecke zu Berlin am 8. April 1853 gehalten. Berlin 853. W. Schultze. gr. 8. (47 S.) 7½ *ngr*

[—] Hannover und die Grundrechte. — Hannover: Hahn 1849. 28 S.
1:Flugschr. 1849-98. 3. 7.
1.2177

— das religiöse Leben im Islam. Ein Vortrag auf Veranstaltung des evangel. Vereins für kirchliche Zwecke gehalten am 27. Febr. 1854. gr. 8. (52 S.) Berlin 854, W. Schultze.

Abeken, Hermann. Mirabeau über das königliche Veto. Berlin, W. Hertz 1848. 16 S. 8.

Abeken, Herm., das ägyptische Museum in Berlin. Ein Vortrag auf Veranstaltung des evangel. Vereins für kirchliche Zwecke gehalten am 24. Jan. 1856. gr. 8. (74 S.) Berlin 856, W. Schultze. Thlr.

Abeken, Herm., Amerikanische Negersklaverei u. Emancipation. Nebst Mittheilungen über Colonisation, mit besond. Rücksicht auf Brasilien. gr. 8. (VIII u. 232 S.) Berlin 847, Nicolai. 1 *ℳ*

— die Republik in Nord-Amerika und der Plan einer demokratisch-republikan. Verfassung in Deutschland. gr. 8. (39 S.) Berlin 848, Nicolaische Buchh.

— 1789–1848, s.: Mirabeau.

Abeken, R.B., s. A b e k e n , Bernhard Rudolf

Abeken, Wilhelm

Abeken, Wilh., Mittelitalien vor d. Zeiten röm. Herrschaft; nach s. Denkmalen dargestellt. (Hrsg. v. Stechow u. Sulpiz Boisserée.) gr. 8. (29 B. u. 11 Taf.) Stuttgart 843, Cotta'sche Buchh.

Abeken, Wilhelm (Osnabrück). De *Μιμήσεως* apud Platonem et Aristotelem notione. Dissert. . . philos. Gött. (Dieterich) 1836. 56 S. (4.80) 6
Gew.: Eduard Gerhard, Gust. Parthey.

— Die S[ank]t Marien-Kirche zu Osnabrück. — Osnabrück (1842): Kissling. 63 S.
5.
1.2182

Abeken, Wilhelm Ludwig

Abeken, Guilielmus Ludovicus: •Dissertatio, sistens Antigonae argumenti expositionem Nonnullorumque hujus dramatis locorum Illustrationem. 18 Bl. 4° (2°)
Halle-Wittenberg, Phil. Diss. v. 25. Juli 1820
Geb. [Osnabrück 1. 12. 1793]

Abeking, Ern. (Lud. Paul.) (geb. Berlin 5. 11. 1843) Num ammonio caustico soluto nervi ranarum motorii irritentur? Berolini (1867). (32 S.) 8°
Berlin, Med. Diss. v. 8. Aug. 1867

Abel. Zeitschr. f. Sklaverei. Hrsg.: Balduin Bählamm. (24 m. Abb.) 8°.– Münch. U. Putze Nf. (1912).

Abel. — Abel, König von Dänemark. Ein Drama in 3 Aufz. ⟨Aus den hinterlassenen Papieren eines Verstorbenen.⟩ — (Lübeck) 1826 (: Schmidt). 72 S.
8.
1.2187

1.— **Abel, Pater,** S. J. und die Wiener Männerfahrten nach Maria-Zell. Wien 1907. V: *Lala, Johann.* (wonisch S. 24)

Abel, Pater, S. J., u. d. Wiener Männerfahrten n. Maria-Zell. (235 S. m. 26 Taf.) gr. 8. Wien 907. (H. Kirsch) nn 2.—

Abel und Wallerstein. Beiträge zur neuesten Geschichte baierischer Zustände. Nach authent. Quellen bearbeitet. 16. Stuttgart 840. Griesinger u. Comp. 1½ *ℳ*

Abel, s.a. A b e l , August Theodor

— s.a. A b e l , Carl Ludwig

— s.a. A b e l , Frederick Augustus

— s.a. A b e l , Jakob

– s. a. A b e l , Jakob Friedrich

— s.a. A b e l , Paul v.

Abel, Diss. de phaenomenis sympathiae in corpore animali conspicuis. Stuttg. 4°. 1789

Abel, Gemüsebau, s.: Tafeln, landwirthschaftliche.

Abel, die Hebung des Wiesenbaues durch Wiesenbaucurse u. Wiesenbauschulen, s.: Sammlung gemeinnütz. Vorträge.

Abel, Obertribunal-Prokurator. 1855: Verzeichniss der in dem Königlichen Schlosse zu Ludwigsburg aufgestellten altdeutschen Gemälde des Obertribunal-Prokurators Abel. — Stuttgart 1855. 11.
1.2190

Abel Die Vorschriften betreffend den Abel'schen Petroleumprober und seine Anwendung, sowie seine Prüfung und Beglaubigung. Berlin 1883

Abel, A., s. A b e l , Albert

— s. A b e l, August

Abel, A. Th., s. A b e l , August Theodor

Abel, Albert
Abel, A.: Systemat. u. alphabet. Berufsliste z. Gebr. d. Lebensversicherungs-Gesellsch., s.: Veröffentlichungen d. deut. Vereins f. Versichergs.-Wssensch.

Abel, Albert, Rostock i. M.: Der Rückgang der Sterblichkeit in den letzten fünfzig Jahren und seine Bedeutung für das Versicherungswesen. *Tübingen 1903: H. Laupp jr.* (V, 118 S.) 8° ¶[Aus: Allgem. statist. Archiv Bd 6, 2.] München, Staatswirtsch. Diss. v. 1903

***Abel, Alb.** Der Rückgang der Sterblichkeit in den letzten 50 Jahren und seine Bedeutung für das Vers.-Wesen. D. Tübingen 1904.

Abel, August
Abel, Aug.: Zum Ortler. Führer ins Ortlergebiet durchs Vinschgau, Oberinntal etc. 3. Aufl. (100 m. Abb. u. 1 Kte.) 16° Mer. F.W. Ellmenreich 1911.

Abel, Aug., zum Ortler nach Sulden u. Trafoi. Die Vinschgaubahn. Bildschmuck v. Tony Grubhofer. Mit Karte 1:400,000. 2., neubearb. Aufl (IV, 108 S.) 16. Moran (906). F. W. Ellmenreich. n. 1. 20

Abel, Aug., zum Ortler, nach Sulden und Trafoi von Meran u. Landeck; aus dem Unterengadin; von Zernetz üb den Ofenpass; von Pontresina üb. Bernina u. Bormio. Zeichngn. v. Tony Grubhofer. kl. 4. (IV, 159 S.) Meran 899. F. W. Ellmenreich. n. 1. 70

Abel, August Theodor
Abel, Aug. Thdr., Entwurf e. Schuldisciplinsystems, f. Land- u. niedere Bürgerschulen. 8. Magdeb. 820. Heinrichshofen. 6 gr.

Abel, Heinr. Rathmann. Eine biogr. Skizze. 8. Erfurt 820, Müller.

— Heinr. Rathmann. Eine biographische Skizze. 8. Erf. 822. Müller. 2 gr.

Abel, Bürja. Der selbstlernende Algebraist Berlin, 1786.

Abel, C., s. A b e l , Carl

— s. A b e l , Caspar

— s. A b e l , Chr.

— s. A b e l , Curt

Abel, C.L., s.a. A b e l , Carl Ludwig

Abel, C. L., Denksprüche für Elementar-Classen. In 3 Abtheil. Nebst einer Auswahl von biblischen Sprüchen, leicht faßlichen Liedern u. Gebeten. 12. Stuttg. 838. Beck u. Fränkel. 1/6 Rthlr

— Sammlung von Denksprüchen für Elementarklassen. Nebst e. Anhange von bibl. Sprüchen u. einigen leichtfaßl. Lieder. gr. 8. Stuttg. 833. Brodhagsche Buchh. 1/6 Rthlr

Abel, Carl, sprachwissenschaftliche Abhandlungen. gr. 8. (VII, 468 S.) Leipzig 884. Friedrich. n. 10. —

Abel, Karl, Prof d. vergl Sprachwiss., Berlin. 1854: Sprachwissenschaftliche Abhandlungen. — Leipzig: Friedrich 1885. VI,468 S.
1:V 1715. 12:L. gen. Ond. 2. 3. 4. 5. 6. 8. 10. 11.
1.2339

Abel, Karl, Prof d. vergl. Sprachwiss., Berlin. 1854: Ägyptisch und Indogermanisch. Vorlesung in d. Abth. für Sprachwiss. d. Freien Deutschen Hochstiftes. 2. verm. Aufl. — Frankfurt a. M.: Knauer 1890. 22 S. (Schriften d. Freien Deutschen Hochstiftes.) 1:V 5075². 12:L. gen. One.
1 2340

Abel C u F A Mecklenburg, Arbeiten der russischen Gesandtschaft zu Peking über China. 2 Bde Berlin 1858

Ueber den Begriff der Liebe in einigen alten und neuen Sprachen. — Berlin: Lüderitz 1872. 63 S. (Sammlung gemeinverständlicher wiss Vorträge. 158. 159.)
1:Ag 9016-158.159. 12:Var. 366am-158.159. 300: 395.139-B Per 158.159. 2. 3. 4. 5. 6. 7. 8. 9. 10. 11. 82. 83.
1 2341

Abel, C. off. Brief an Prof. Dr. Gust. Meyer in Sachen d. ägypt. indogerman. Sprachverwandtschaft. 8° (35). – Lpzg. 1891, F. Fock.

Abel, Carl, offener Brief an Prof. Dr. Gustav Meyer in Sachen der ägyptisch-indogermanischen Sprachverwandtschaft. gr. 8. (35 S.) Leipzig 891. W. Friedrich. n.n. 1. 30

— dasselbe. Nachtrag. gr. 8. (26 S.) Ebd. 891. n.n. 1. 30

Abel, C.: Einleitg. in aegypt.-semit.-indoeurop. Wurzelwörterbuch. 1 Hft. 8°(112).– Lpzg., 1884, Friedrich.

Abel, Carl, Einleitung in ein ägyptisch-semitisch-indoeuropäisches Wurzelwörterbuch. 5 Hefte. gr. 8. (X, 393 S. und Index 120 S.) Leipzig 885—87, Friedrich. à Heft *ℳ 20.— *

— gegen Hrn. Prof. Erman. Zwei ägyptolog. Antikritiken. gr. 8. (32 S.) Ebd. 887. n. 1. —

Abel, Carl, zur ägyptischen Etymologie. gr. 8. (17 S.) Berlin 878. Liepmannssohn. n. 1. 60.

Abel, Carl: Über Gegensinn. [Aus den Verhandlungen der Berliner anthropologischen Gesellschaft. Sitzung vom 16. October 1886, p. 500 - 507.] Berlin 1886.

Abel, Carl, über Gegensinn u. Gegenlaut in den klassischen germanischen u. slavischen Sprachen. (In ca. 5 Hftn.) 1. u. 2. Hft. (III u. S. 1—128.) gr. 8. Frankfurt a/M. 905. 906. M. Diesterweg. n. 2. 80

Abel, C., über den Gegensinn der Urworte. gr. 8. Leipzig 884. Berlin, P. Lehmann.

Abel, C.: Gross-u. Klein-Russisch, a.Ilchster-Vorlesgn. üb. vergleich. Lexikographie. Übers. v. R. Dielitz. 8°.(139).– Lpzg., 1884, Friedrich.

Abel, Karl, Prof d. vergl Sprachwiss. Berlin 1854: [Slavic and Latin, Ausz., deutsch] Gross und Klein-Russisch. Aus Ilchester-Vorlesungen über vergleichende Lexikographie, geh. an d Univ. Oxford. Im Auftr. d Verf. aus d Engl. übers. v. Rudolf Dielitz. — Leipzig & Berlin: Friedrich 1885. VI,138 S.
1:Zm 356. 12:L.rel. 1067. 2. 3. 4. 7. 11.
1 2351

—— über einige Grundzüge der lateinischen Wortstellung. gr. 8. (23 S.) Berlin 870, (Trowitzsch und Sohn.) *

– Über einige Grundzüge der lateinischen Wortstellung. 2. Aufl. — Berlin: Dümmler 1871. 23 S.
1:W 8600. 12:L. lat. 0m. 3. 10. 11.
1 2349

— Zur ägyptischen Kritik — Berlin: Liepmannssohn 1878. 16 S 1:Zz 309. 12:L. As. 459d. 9. 10. 11.
I 2350

— Lieder aus der Krimm Kriegsgesänge. Übers von Carl Abel — Berlin·Huber 1855 IV,43 S. 1:Za 2416. 7.
I 2352

—— über Sprache als Ausdruck nationaler Denkweise. Ein Vortrag. 8. (29 S.) Berlin 869, Dümmler's Verlag. *

Abel, Carl: Sprache und aegyptische Sprache [A. „Nord u. Süd" Band IX, p. 358 - 369]. [Berlin 1879.]

Abel, C.L.: Ägyptisch-indoeuropäische Sprachverwandtschaft, s.a. Einzelbeiträge zur allgem. u. vergleich. Sprachwissenschaft.

— Aegyptisch-indoeuropaeische Sprachverwandtschaft Leipzig·Friedrich (1890). 58 S (Einzelbeiträge zur allg u. vergl. Sprachwiss 6.)
1:V 3604-6. 12:L.gen.25f-6. 3. 4. 6. 7. 8. 9. 10. 11.
I 2356

— **ägyptisch-indoeuropaeische Sprachverwandtschaft. 2. verm. Aufl. (VI, 66 S.) gr. 8. Leipzig 903. [F. Luckhardt] O. Gracklauer. n. 2 —**

—— **koptische Untersuchungen.** 1. Hälfte und 2. Hälfte 1. und 2. Thl. gr. 8. Berlin 876,77, Dümmler's Verlag. [1. Hälfte. (IV, S. 1—456.) * ℳ 12; 2. Hälfte. 1. Thl. (S. 457 —696.) * ℳ 10; 2. Thl. (S. 697—842.) * ℳ 8.]

—— **koptische Untersuchungen.** gr. 8. Berlin 876,77. Leipzig, Friedrich. *

—— **über den Ursprung der Sprache.** 2. Ausg. gr. 8. (28 S.) Berlin 881, Liepmannssohn. *
Zuerst in der Zeitschrift „Nord und Süd" erschienen.

— **die englischen Verba d. Befehls.** gr. 8. (82 S.) Berlin 878. Liepmannssohn. n. 2. —

—— über die Wechselbeziehungen der ägyptischen, indoeuropäischen und semitischen Etymologie, s.a. Einzelbeiträge zur allgemeinen und vergleichenden Sprachwissenschaft.

— Über Wechselbeziehungen der ägyptischen, indoeuropaeischen und semitischen Etymologie. Th. 1. — Leipzig Friedrich (1888-89). (Einzelbeiträge z. allg. u. vergl. Sprachwiss. 4.)
1:V 3604-4. 12:L gen. 25f-4. 3. 4. 6. 7. 8. 9. 10. 11.
I 2361

Abel, (Carl Ludwig), Rechenbuch für Gewerbsleute, oder Anleitung, Aufgaben aus den Werkstätten der Handwerker vermittelst der Decimalbrüche zu berechnen. Mit eingedr. Figuren. gr. 8. (128 S. u. 1 Tab. in Fol.) Stuttgart 847, Ebner u. Seubert. n. 12 ngl.

Abel, C. L., Rechenbuch für Gewerbsleute mit Aufgaben aus der berechnenden Geometrie, größtentheils den Werkstätten der Handwerker entnommen Mit eingedr. Holzschn. 2. verb. u. verm. Aufl Stuttgart 860 Metzler. 8. (IV, 142 S.) 12 ngr.

Abel, Caspar

— Teutsche und sächsische Alterthümer. Der Teutschen und Sachsen alte Geschichte und Vorfahren .. und was sich sonst noch von uhralten Denckmahlen finden lässt Samt einer noch nie gedr. nieder-sächs. uhralten Chronick. Braunschweig 1720.
6.
I 2369

Abel, Kaspar: Teutsche und sächsische Alterthümer Samt einer noch nie gedr nieder-sächsischen uhralten Chronick [1 3] — Braunschweig: Schröder 1729 32
1 1729 2 Abel Sächsische Alterthümer 1730 3 Abel Sammlung etlicher noch nicht gedr alten Chronicken 1732
1 3 1:Rx 6859. 12:1 2 Germ. g. 1; 3 Germ g 2
300:39 M 13. 2. 3. 4. 5. 7. 8. 9. 10 W.
3 . . . . 11.
I 2370

Abel, Casp., deutsche u. sächs. Alterthüm. u. alte Chroniken. 3 Theile. 8. Braunschw. Schröder. 728—32.

Abel, Casp., Griechische Alterthümer. Gardeleben 736. 2 Thle. 8. 16 gr.

— Griechische Alterthümer Samt einem Anh. vom jetzigen Zustande der Griechischen Kirchen in den Morgenlanden Th. (1) 2. — Leipzig & Gardelegen 1738-39.
1:Ug 170. 12:H. ant 2. 300:BE 6 W 39. 5.
I 2371

— Hebräische Alterthümer — Leipzig & Gardelegen Campe 1736. 1:Bh 8200. 12:Exeg. 2
I 2372

— **hebräis. Alterthümer. 8. Ebend. 739.**

— Sachsische Alterthümer. — Braunschweig: Schröder 1730 736 S (Abel: Teutsche u sächs. Alterthümer 2)
1:Rx 6859 2 12:Germ g 1 2. 300:39 M 13. 2. 3. 4. 5. 7. 8. 9. 10 W
I 237[illegible]

— PUBLII OVIDII // NASONIS // Des berühmten Römischen // Poeten // Brieffe // Der // Heldinnen / // Jetzo zum Erstenmahl // Ihrer ungemeinen Anmuth und Vortreff= //lichkeit halber in ungezwungene Teutsche // Verse übersetzet / // Und // Mit Dero beygefügten // Liebes= und Leidens= Ge= //schichten /// Wie auch allerhand courieusen Anmerckungen /// erläutert. // Leipzig / im Jahre 1704. - 4 Blatt (nicht paginiert) Titelblatt und Vorrede. - 264 S.
Unten auf dem Titelblatt steht die Bemerkung: Ant. Casp. Abel.
E. B. T. 8°.504.

Abel, Casp. (Rektor d. Schule St. Johann, Halberstadt). **De clade Serachi Cuschaei, qua simul Cuschaeorum, Aethiopium, Aegyptiorum, aliorumque antiquitates excutiuntur, gloriosaque Asae R. Judaeorum victoria meritis effertur laudibus. Actui orat., in honorem Victoriae Hochstadiensis.** Halberstadt (Joh. Erasm. Hynitzsch) 21. I. 1705. 32 S. (5.—) 7
Namen: Joh. Chph. Koggel, Joh. Eberh. Kögeler (beide Halberstadt), Dav. Otto Lüetkens (Stetterling), Joh. Abel (Bruder d. Verf.), Joh. Chph. Hynitzsch, Andr. Chn. Koggel (beide (Halberstadt), Carl Heinr. Wolff (Weimar).

Abel, Casp. Disquisitio historica de Herodis Magni genere, non Idumaeo, sed Judaico. 4. Halberstadii 1701.

CASPAR ABELS // auserlesene // Satirische // Gedichte / // worinnen viele // jetzo im Schwange gehende // Laster / // auf eine zwar freye / und schertzhaffte // doch // vernünfftige Art / // gestrafet werden; // und theils ihrer Vortrefligkeit halber // aus dem berühmten // BOILEAU und HORATIO // übersetzet / // Theils auch nach deren Vorbilde // verfertiget sind. // Quedlinburg und Aschersleben / // verlegts Gottlob Ernst Struntze / 171[illegible]. - Titelblatt und 11 Blatt (nicht paginiert) Vorbericht und ein Gedicht: "Saturen haben nicht" u.s.w. - 224 S.

— [ ] Geschichte der alten teutschen Völcker, vornehmlich der Sachsen aus glaubwürdigen Urkunden und bewährten Autoribus Von C A — Braunschweig Schröder 1741
1:Sa 10049 7. 9.
I 2378

Abel, Casp., e. Gespräch vom Frauenvolck u. dem Ehestande. A. 1696. Ein Gespräch vom Mannvolcke u. dem Ehestande. A. 1717. Die verkehrte Welt. Drei plattdeutsche Satiren. 8. (IV, 24 S.) München 891. A. Buchholz. n. 1. —

— Historia monarchiarum orbis antiqui, quae . Assyriacae sub nomine vulgo comprehendi solent, e sacris profanisque literis collecta, multisque novis observationibus .. nec non altera parte Graecorum, Italorum, Celtarum, Scytharumque res antiquissimas repraesentante adaucta. Adjectae sunt etiam Epistolae nonnullae Gisberti Cuperi e Belgio ad autorem datae. — Lipsiae & Stendaliae. Campe 1715 819 S 12:H. ant 3 300:BE 1 S 29 2. 4. 7. 8. 9.
I 2379

Abel, Caspar, die Kriegssucht oder das Königsbübel mit Zusätzen aus Leibnitz, neu hrsg. als Beitrag zur Lösung der Zeitfragen mit Vorwort von Troxler. gr. 8. (37 S.) Schaffhausen 855, Brodtmann'sche Buchh.

Abel, Casp.: Fortgesetzte, vermehrte und verbesserte Preußische und Brandenburgische Reichs- und Staats-Geographie, worinnen... vornehml. die Reiche u. Länder Preussen u. Schlesien ausführlicher u. gründlicher beschrieben,... u. zuletzt einige Schlesien betr. Documente u. Friedens-Schlüsse mit angehänget worden. Leipzig u. Gardeleben 1747.

— brandenb. Reichs- u. Staats-Historie. 3. Gardeleb. 736.

Abel, Casp.: Fortgesetzte, vermehrte und verbesserte Preußische und Brandenburgische Reichs- und Staats-Historie, worinnen insonderheit des jetzigen Königs in Preussen Friedrichs II. glorwürdige Thaten... beschrieben werden. Leipzig u. Gardeleben 1747.

Abel, Caspar. Preussische und Brandenburgische Reichs- u. Staats-Historie, ... In zwey Theilen ... vermehret. Leipzig u. Gardel. 1735. H: *Campe, E. H.* (BrMm)

Abel, C. Sammlung etlicher alten, niedersächsischen pp. Chroniken. Braunschweig, 1732.

— Sammlung etlicher noch nicht gedruckten alten Chronicken. Samt einer Zugabe zu den teutschen und sächsischen Alterthümern. Wie auch 2 vollst. Reg. — Braunschweig: Schröder 1732. 856 S. (Abel: Teutsche u. sächs. Alterthümer. 3.)
1:Rx 6859-3. 12:Germ. g. 2. 300:39 M 13 [u.]
60.105-A. 2. 3. 4. 5. 7. 8. 9. 10 W. 11.
1 2381

Abel, Casp.: Sammlung etlicher noch nicht gedruckten alten Chronicken, als der Nieder-Sächsischen, Halberstädtischen, Quedlinburgischen, Ascherlebischen und Ermslebischen... aus dem Ms. hrsg. u. durch Anm. erl. samt e. Zugabe. Braunschweig 1732.

Abel, C., Samml. einiger noch ungedruckter alter Chroniken, nebst e. Zugabe zu d. deutschen u. sächs. Alterthümern. 8. Braunschweig, Schröder. 14 ℛ

— brandenb. Staats-Geographie. 8. Gardeleben. 735.

— Stift-, Stadt- u. Land-Chronik d. Fürstenth. Halberst. 4. Wernd. Werner. 754.

Abel, Clem., s. Betemann, Clelie.

Abel, Chr., Dienstvorschriften f. Kesselheizer. Plakat. Imp.-Fol. Berlin 880. Kortkampf. — 50

Abel, (Christian Guil.) Ludov (geb. Quedlinburg 20. 10. 1826) De cranioscopia in scientiae modum constituta. Berolini (1849) (32 S.) 8°
Berlin, Med. Diss. v. 19. Jan. 1849

A b e l, Conradin, s. a. Abel, Konradin

Abel, Conr., was waren die Veranlassungen zu den Kreuzzugen; was ihre Wirkungen auf Europa? ein hist. Versuch. gr. 8. Leipzig, Hartmann. 820.

Abel, Curt

Abel-Musgrave, Curt, Fräulein Eulalias gräßliches Abenteuer, s.: Fehsenfeld's Romansammlg. 1. Jhrg., 11. Bd.

— vierzehn Tage Arrest. Eine wahre Geschichte. Eine Fortsetzg. v. „Vier Wochen Vice-Wachtmeister". (Aus: „Das Deutsche Reich".) gr. 8. (39 S.) Zürich 891. C. Schmidt. n. — 80

Abel, C., Chinesen in Deutschland? Eine zeitgemäße Betrachtung. [Erweit. Abdr. aus: „Berliner Tagebl."] gr. 8. (24 S.) Berlin 890. Conrad. n. — 60

Abel, Curt, Christentum, Sozialdemokratie u. wahrer Freisinn. Eine Betrachtg. 8. (35 S.) Freiburg i/B. 891. F. E. Fehsenfeld. n. — 60

— bei den Elenden. Allen Reichen u. Sorglosen gewidmet. 12. (68 S.) Ebd. 891. n. — 80

Abel, Curt, Bei den Elenden Zürichs. Allen Reichen u. Sorglosen gewidmet. 8°. Freiburg i. Br. 1891.

Abel-Musgrave, Curt, das kranke England. Eine Schilderg. des heut. England auf Grund der Aussagen engl. Autoritäten. (210 S.) gr. 8. Frankfurt a/M. 909. Neuer Frankfurter Verlag. 3.—; geb. 4.—

Abel, C. Fragmente einer neuen Bibel. 2. Aufl. In-12°. 82 S. Zürich, Verlags-Magazin (J. Schabelitz). 1891 1 25

— Fragmente einer neuentdeckten Bibel. 2. (Titel-)Aufl. 12. (82 S.) Zür. 891, Verlags-Magazin. * 1 —
Die 1. Aufl. erschien anonym. Ebd. 1888.

Abel, C., d. neue Generation. Dramat. Zeitbild. 8°(65). — Berlin 1889, Conrad.

— die neue Generation. Dramatisches Zeitbild in 5 Aufzügen. gr. 8. (65 S.) Berlin 890. Conrad. n. 1. 50

— Der Hexenmeister, s.: Weyman, Stanley, J.

— der Hypnotiseur. Lustspiel in 4 Aufzügen. gr. 8. (66 S.) Freiburg i/Br. 889. Fehsenfeld. n. 1. 50

Abel-Musgrave, Curt: Zur Kenntnis der Styrole. Heidelberg 1907: K. Rössler. (31 S.) 8° [F.]
Heidelberg, Naturw.-math. Fak., Ref. Curtius, Diss. v. 18. April 1908
[Geb. 4. April 60 Berlin; Wohnort: Heidelberg; Staatsangeh.: Preußen; Vorbildung: Gymn. Bruchsal Reife O. 82; Studium: Göttingen 1, Heidelberg 11 S.; Rig. 30. Juli 07.]

— Kinder in deutschen Gefängnissen. Ein Appell an das öffentl. Gewissen. (75 S.) 8. Dresden 908. E. Pierson. 1. 50; geb. n 2. 50

— Das Kreuz! Betrachtungen über das Duell Vering-Salomon. — Freiburg i. Br.: Fehsenfeld 1890. 42 S.
12: Herald. 1 m. 11.
1 2399

— Das Kreuz! Betrachtungen über d. Duell Vering-Salomon. 1.—3. Aufl. gr. 8. (42 S.) Ebd. 890,91. — 75

— Vor dem Kriegsgericht. Die kriegsgerichtliche Verfolgung in Sachen meiner Brochüre „Vier Wochen Vice-Wachtmeister". — Freiburg i. Br.: Fehsenfeld 1890. 60 S.
1: Sa 7797.
1 8400

— vor dem Kriegsgericht. Die kriegsgerichtl. Verfolgg. in Sachen meiner Broschüre „Vier Wochen Vice-Wachtmeister". gr. 8. (60 S.) Ebd. 891. n. 1.—

— im Lande d. Goldes. Dramatisches Zeitbild in 5 Aufzügen. gr. 8. (66 S.) Freiburg i/Br. 889. Fehsenfeld. n. 1. 50

— die Heidelberger Maid. Lustspiel in 3 Aufzügen. gr. 8. (91 S.) Jugenheim a. d. B. (901). Chr. Lehmann. (Nur direkt). n. 1. 50

— Memoiren e. Couleur-Studenten. gr. 8. (139 S.) Ebd. 891. n. 2.—

Abel-Musgrave, Curt, Memoiren e. Couleur-Studenten. 2. durchgeseh. Aufl. (156 S.) gr. 8. Berlin 903. E. Heckendorff n. 2.—

Abel, C. Memoiren eines Ulmer Ersatz-Reservisten. In-8°. 24 S. Zürich, Caesar Schmidt. — 75
1891

Abel, Curt, Lord Hamilton's Radfahrt od. D. rothe Seppel, s.: Vereinstheater.

Abel, Curt (Hrsg.), s. R e i c h, Das Deutsche.

— Curt A. Musgrave. Die bevorstehende Revolution in den Vereinigten Staaten von Nord-Amerika. — Berlin: Walther & Apolant 1886. 42 S. 1:Uu 3490. 11.
1.2406

— Curt A. Musgrave. Heidelberger Schöpfungs-Geschichte. — Berlin: The German Times 1902. 42 S.
11.
1.2407

— Die Seelenschmiede v. Redhill. Eine Musteranstalt f. verwahrl. Knaben. (47 S.) gr. 8. Frankfurt a/M. 909. Neuer Frankfurter Verlag. 1. —

— Der rothe Seppel. Schwank in 1 Aufz. — Freiburg i.Br. [1889].
Nebent.: Abel: Lord Hamilton's Radfahrt, oder der rothe Seppel. Mühlhausen i.Th. [1895]. (Vereinstheater. 39.)
8.
1 2409

— das Stiefkind d. deutschen Heeres. Kritische Betrachtungen. 8. (41 S.) Ebd. 890. n. 1. —

— Der deutsche Studirte in Amerika. In-8⁰. 47 S. Zürich, Verlags-Magazin (J. Schabelitz). — 75
1891

Abel, Curt, der deutsche Studierte in d. Verein. Staaten v. Nord-Amerika. Nebst e. Anh.: D. deutsche Schiffsarzt. 8. (47 S.) Zürich 891. Verlags-Magazin. n. — 60

— Die große Tat. Drama in 3 Aufz. von Curt Abel-Musgrave. Berlin: Heckendorff [um 1910]. 64 S.
1:Ys 39264. 12:DD.I.1997.
1.2412

Abel, C., Prinzessin Titisee. Dramatisches Feen-Märchen aus dem Schwarzwald. 16. (15 S.) Freiburg i. Br. 888, Fehsenfeld.

— Prinzessin Titisee. Dramatisches Feen-Märchen aus dem Schwarzwald. gr. 16. (15 S.) Ebd. 889. — 30

— Das Duell Vering-Salomon. Eine Betrachtg. Nebst einem Anhange. 2. u. 3. Aufl. gr. 8. (30 S.) Ebd. 890. * — 50
Erweit. Abdr. aus: „Badische akademische Blätter".

— Wilde Wahrheit. Gedichte. (VI, 106 S.) 8. Dresden (908). E. Pierson. 2.50; geb. n 3.50

— Vier Wochen Vice-Wachtmeister. Ausz. aus m. Tagebuche. — Freiburg i. Br.: Selbstverl. 1890. 73 S.
Forts. s. *Abel:* Vierzehn Tage Arrest 1891. 1:Sa 7796.
1.2414

— 3. Aufl. Ebd. 1890. 1:Sa 7796ᵃ.
1 2415

— Vier Wochen Vice-Wachtmeister. Auszüge aus meinem Tagebuche. 2. u. 3. erweiterte Aufl. (3.—6. Tausend.) gr. 8. (86 S.) Ebd. 890. * 1 —
Die 1. Aufl. erschien bei Ad. Hein in Berlin.

Abel, E., s. A b e l, Emil

— s. A b e l, Eugen

Abel, Emil, aus Wien: Über das **Gleichgewicht** zwischen den verschiedenen Oxydationsstufen desselben Metalles. *Leipzig 1901: Metzger & Wittig.* (81 S.) 8°
Göttingen, Phil. Diss. v. [25. Febr.] 1901

Abel, Emil, über das Gleichgewicht zwischen den verschiedenen Oxydationsstufen desselben Metalles. Diss. gr. 8. (81 S.) Leipzig 901. (Göttingen, Vandenhoeck & Ruprecht.) n. 2. —

Hypochlorite und elektrische Bleiche. Von Dr. Emil **Abel**, Chemiker, Wien. Theoret. T. Halle a. S.: W. Knapp 1905. 8°
= **Monographien** über angewandte Elektrochemie. Bd 17. [05 6834

— u. W. Herz, chemisches Praktikum. Experimentelle Einführg. in präparative u. analyt Arbeiten auf physikal.-chem. Grundlage. Mit 3 Tab. im Buchdeckel. 2. verm. u. verb. Aufl. (129 S.) 8. Göttingen 904. Vandenhoeck & Ruprecht. Geb. in Leinw. n. 3. 80

— Theorie der Hypochlorite. Eine physikalisch-chem. Studie. (61 S.) gr. 8. Wien 904. F. Deuticke. n. 2. —

Abel, Eugen
Analecta nova ad historiam renascentium in Hungaria litterarum spectantia. Iussu Acad. scientiae hung. ex scriptis ab Eugenio **Abel** relictis cum commentariis ed. partimque auxit Stephanus Hegedüs. *Budapestini 1903: V. Hornyanszky.* (520 S.) 8° [03 13335

Abel, Eug., scholia in Pindari Epinicia, ad librorum manuscriptorum fidem ed. E. A. Vol. II. Fasc. 1—3. Scholia vetera in Pindari Nemea et Isthmia continens. gr. 8. (524 S.) Berlin 884. Calvary & Co. à n. 5. —
Vol. I. erscheint später.

Abel, Eug., s. Scholia vetera in Nicandri Alexipharmaca.

Abel, F., s. A b e l, Ferdinand

— s. A b e l, Fr.

Abel, F.Th. C., s. A b e l, Friedrich Theodor Carl

Abel, F.W., s. A b e l, Friedrich Wilhelm

Abel, Ferdinand
Das Mühlengewerbe in Nassau-Hadamar und Diez von Ferdinand **Abel.** Stuttgart & Berlin: Cotta 1910. VIII, 256 S. 8°
(Münchener Volkswirtschaftl. Studien. Stück 102) [10. 13127

Abel, Ferdinand: Das Mühlengewerbe in Nassau-Hadamar und Diez. Stuttgart 1910: Union. VIII, 256 S. 8° ¶ (Auch als: Münchener volkswirtsch. Studien. Stück 102.)
München, Staatswirtsch. Diss. v. 13. Dez. 1909, Ref. Brentano
[Geb. 25. Febr. 70 Katzenelnbogen; Wohnort: Hadamar; Staatsangeh.: Preußen; Vorbildung: Gymn. Hadamar Reife O. 89; Studium: Jura Würzburg 2, München 1, Marburg 4, Staatsw. München 4 S.; Rig. 13. Dez. 09.] [U 11. 3549

Abel, F., s. Studien, Münchener volkswirtschaftliche

Abel, Fr., s.: Garten-Zeitung, Wiener illustr.

Abel, Fr., s.: Liederschatz, hohenlohisch-fränkischer.

Abel, Fr. C.: Gespräche im Reiche der Todten Th. 1.2. — Leipzig & Regensburg: Sühring & Daisenberger 1821.
12:H. misc 1331. 300:454.384 B
1 2229

XXXVI interessante Gespräche merkwürdiger Personen im Reiche der Todten. 2. verm. Aufl. Th. 1.(2.) — Leipzig: Sühring 1825. 1:Pa 9610ᵃ.
1 2230

Abel, Fr. Gf., († d. 23. Nov. 1794.) s. Juvenal, Satiren.

Abel, Fr. Th. C., s. A b e l, Friedrich Theodor Carl

Abel, Franz, kurzgefaßte Droguerie-Waarenkunde, od. Beschreibung aller in das Fach des Droguen-Geschäfts einschlagenden, sowohl im natürlichen Zustande vorkomm., als auch auf dem Wege der Kunst bereit. Waaren-Artikel, mit Rücksicht auf ihren Ursprung, ihre chemische Bereitungsarten, Kennzeichen, Eigenschaften u. Bestandtheile, auch Prüfung in Beziehung auf deren Güte oder Verfälschung, ferner der Usancen beim Einkauf, der Preise etc. Zum Gebrauch für Droguerie-Waarenhändler und angeh. Apotheker alphat. geordn. 8. Berl. 838. Försner. 1¼ ß

[Sir Frederick Augustus] **Abels** Untersuchungen über Schießbaumwolle ‹Researches on Gun-cotton›. Nach d. Orig.-Abhandlungen in d. Philos. Transactions of the R. Soc. of London in deutscher Bearb. von Dr. Bernhard Pleus, Chemiker. Abt. 1. 2. Berlin: R. Friedländer & Sohn 1907. 2 Bde 8°
1. Über d. Fabrikation u. d. Zusammensetzung d. Schießbaumwolle.
2. Über d. Beständigkeit d. Schießbaumwolle. [07. 9229

Abel, Friederike Sophie: Das eroberte Schlesien. Ein Gedicht in 5 Gesängen. — Magdeburg & Leipzig 1752. 54 S. 1:Yl 2251.
1 2215

Abel,

— **Friedr. Ludw.** (Connewitz). De casu quodam singulari ossificationem cordis valvularumque mitralium sistente. Diss. med. Lpz. (B. G. Teubner) 21. V. 1839. 16 S. (3.50) 8

Abel, Friedr. Theod. Carl, s. A b e l , Friedrich Theodor Carl

Abel, Friedr. Wilh., s. A b e l , Friedrich Wilhelm

Abel, Friedrich: Geistliches Bett- und Betrachtungs-Buch [Bet-Buch] f. d. Sodales von d. Verehrung des heil. Willens. Th. 1-3. Darnach folgt d. Sodalität-Büchlein. — Paderborn 1723.
Sondert : Geistliche Verwandtschafft u Bruderschaft Jesu Christi 1722
6.
1 2246

Abel, Friedrich Theodor Carl

Abel, Friedrich Theodor Karl: Antrittspredigt am 12. Dec. 1852 geh. von F. Th. C. Abel. — Magdeburg: Heinrichshofen 1852 16 S.
1:1 in E 251. 12:Biogr. 953 fc/8.
1 2247

Abel, Friedr. Theod. Carl, Ihr seid allzumal Einer in Christo Jesu. Ein Neujahrswort unter religiösen Zeitbewegungen gesprochen am 1. Jan. 846. Nebst e. Anhange: d. Theilnahme an d. christl. Hülfsvereinen d. evangel. Kirche betreff. 8. (1 B.) Nordhausen 846, Köhne.

Abel, Friedrich Wilhelm: Das Arbeiter-Pensionsbuch. Ein Beitrag zur schwebenden Frage der Invaliditäts- und Altersversorgung unserer Arbeiter. Von A. [d.i. Friedrich Wilhelm Abel]. [Nebst] Nachtr. — Magdeburg: Friese & Fuhrmann (1881). 10 Bl. 3.
1 2249

[—] - - Das Arbeiter-Pensionsbuch Die leichteste Lösung der Frage der Invaliditäts- u. Altersversorgung unserer Arbeiter ohne Belastung des Staates oder der Arbeiter. Von A. 2. Aufl. — Ebd. [1881]. 19 S. quer-8° 1:Fe 10577[a].
1 2250

[F.] Das Arbeiter-Pensionsbuch. E. Rückbl. auf d. Entstehg d. Invaliditäts- u. Altersversichergsgesetzes v. Friedr. Wilh. Abel. *Magdeburg: Dr. v. Friese & Fuhrmann (1896).* (28 S.) 1 Bd 4.

— — 2. Aufl. Ebd. [1903]. 46 S.
2. 3. 4. 6. 7. 8. 9. 10. 11.
1 2252

— Die neuen Behörden-Papiere ⟨Wasserzeichen-Normalpapiere⟩ und die Vorschriften des Königlichen Staats-Ministeriums für deren Lieferung und Prüfung vom 17. Nov. 1891. — Magdeburg: Faber 1892. 32 S.
1:Op 18421. 3.
1 2253

Abel, F. W: **Bedenkliche Erscheinungen auf dem Gebiete der Normalpapiere.** (o. O. Um 1902)

[F.] Handbuch der vorschriftsmässigen Papier-Verwendung für Behörden nach d. Bestimmgn d. Kgl. Preuss. Staatsministeriums v. 17. Nov. 1891 ... v. Friedr. Wilh. Abel, Magdeburg. *Magdeburg: Gedr. b. A. Wohlfeld [1897?].* (59 S.) 1 Bd 8.

Abel, F. W: **Handbuch der vorschriftsmäßigen Papier-Verwendung für Behörden nach den Bestimmungen des Kgl. Preuß. Staatsministeriums vom 1. Januar 1893. Stendal. (Um 1902)**

— Die Papier-Normalien. Eine Papierreform in Folge der vom Kgl. Preuss. Staatsministerium festgestellten Grundsätze für amtliche Papierprüfungen und die amtl. geprüften vorschriftsmäßigen Normal-Papiere Marke „Jungfrau". Magdeburg 1886: Faber. VII, 16 S. 3. 7.
1 2255

— Die Papier-Normalien und die amtlich vorgeschriebenen Normal-Papiere für preussische Behörden. — Magdeburg 1886: Faber. 30 S., 30 Bl. 1:4° Op 18391.
1 2256

Abel, F. W: **Die Reform des Papier-Kleinhandels. 3. Aufl. Magdeburg. (1902?)**

Abel, Fritz: Wie werde ich sofort ein glücklicher Bräutigam? — Berlin: Ghelmann [um 1920]. 1:N 20.260.
1 2257

Abel, G., s. A b e l , Gustav

Abel, G.F., s. A b e l , Gottlieb Friedrich

A b e l , G. P. :Die Agora des zweiten Gesangs der Ilias, nach ihrem Zweck und Zusammenhang. S. 3-19.
Progr. Aschaffenburg 1858.

A b e l , G. P. : Versus Memoriales. Practisch-theoretische Beigabe zur Syntaxis communis der Lateinischen Sprache. S. III-IV, u. 5 31.
Progr. Dilingen 1844.

Abel, Gottlieb Friedrich

Abel, G. F., Abbild. d. hund. deutsch. wild. Holzart, s. F. A. L. v. Burgsdorf.

Abel, Gli. Fr., Abbildd. d. 100 deutsch. wilden Holzarten, s. J. D. Reiter.

Abel, Gustav. 1898. Der südliche Böhmerwald Das Flußgebiet d. Ober-Moldau u. d. Maltsch. — Budweis (1898): Gothmann. 58 S. 1:Sd 5072/40. 12:Austr. 5398.
1 2262

Abel, Gust., u. Jos. Klein, Chemie in Küche und Haus, s. a. Aus Natur und Geisteswelt.

Abel, G., Chemie in Küche und Haus. Leipzig, 1905. 162 S. mit Abb. u. 1 Taf.

Chemie in Küche und Haus von Prof. Gustav **Abel.** 2., vollst. umgearb. Aufl. von Dr. Joseph Klein, (Mannheim). Mit 1 Doppeltaf. Leipzig: Teubner 1909. VI, 152 S. 8°
(Aus Natur u Geisteswelt. Bdch 76) [09. 10249

Abel, Gust., Lehrplan f. den Gesangunterricht e. dreistufigen Volksschule. gr. 8. (70 S.) Berlin 890. Nicolai's Verl. n. — 80

Abel, Gust., Liederbuch. Übungen u. Gesänge f. achtklass. Schulen. Nach dem Grundlehrplan der Berliner Gemeindeschule bearb. 3 Hfte. 8. Berlin (905). Nicolai's Verl. n. 1. —
1. (8., 7., 6. Klasse.) (40 S.) n. — 20
2. (5., 4. Klasse.) (60 S.) n. — 30
3. (3., 2., 1. Klasse) (124 S.) n. — 50

— **Übungen**, Choräle u. Lieder f. die Mittel- u. Oberklassen dreistufiger Volksschulen. 3 Hfte. gr. 8. Ebd. 890. n.n. — 95
1. (54 S.) n.n. — 25. — 2. (61 S.) n.n. — 30. — 3. (72 S.) n.n. — 40.

— Übungen und Gesänge für die Oberstufe achtklassiger Volksschulen ⟨3., 2. u. 1. Klasse⟩. Zsgest. nach d. Grundlehrplan d. Berliner Gemeindeschule. — Berlin: Nicolai [1903]. 90 S. 1:Mus. O 2
1 2261

Abel, H., s. A b e l , Heinrich

— s. A b e l , Herm.

Abel, H. C(asp.), s. A b e l , Heinrich Caspar

Abel, H.F. O(tto), s. A b e l , Heinrich Friedrich Otto

Abel, Hans: Kommunaler Finanzplan u. Ausgleichsfonds. Studie in bes. Beziehg. auf d. Stadt München. gr 8°. – Münch., (J. Lindauer) 1912.

Abel, Hans. Die Pensions- und Hinterbliebenenversicherung der Privatangestellten und die Geschäftspensionskassen. Vortrag. München 1909.

Abel, Hans, zur Tonverschmelzung i. Altägyptischen. (IV S. u. 94 autogr. S.) Lex. 8. Leipzig 910. J. C. Hinrichs' Verl. 12. —

Abel, Hans: Tonverschmelzung gewisser Wortgruppen im Altaegyptischen. 1. Leipzig 1910: (Pries). 33 S. 4° [Text lithogr.] ¶ (Ersch. vollst. als Buch b. Hinrichs, Leipzig.)
Göttingen, Phil. Diss. v. 21. März 1910, Ref. Sethe
[Geb. 20. Dez. 83 Leipzig; Wohnort: Kairo; Staatsangeh.: Sachsen; Vorbildung: Thomassch. Leipzig Reife O. 02; Studium: Marburg 1, Leipzig 7, Göttingen 4 S.; Rig. 7. Juli 09.] [U 10. 1389

Abel, Hans Karl

Abel, Hans Karl, Conceptio divina. (Festspiel zur Einweihg. des Goethedenkmals in Straßburg am 1. V. 1904.) (24 S.) 8. Straßburg 904. K. J. Trübner. n. — 50

Abel, Hans Karl, in Halm u. Feder. Idylle. (72 S.) 8. Strassburg 904. L. Beust. Geb. in Leinw. n. 2 —

Abel, Hans Karl, im Herbschtnawel. E Stück in 3 Akt. Mit ere Deckezeichng. vo Leo Schnug. (87 u. Musikbeilage 4 S.) 8. Straßburg 901. L. Beust. n. 2. —

Abel, Hans Karl, Michelangelo. Historie in 5 Aufzügen. (131 S.) 8. Straßburg 908. J. Singer. 2. —

— dasselbe. 2. Aufl. (114 S.) 8. Stuttgart 909. J. G. Cotta Nachf. 2.—; geb. in Leinw. 3. —

Unseri schone Rawe E Schoispeel in 3 Akt (6 Bilder) vo Hans Karl Abel. Mit ere Deckezeichn. vo Ch. Spindler. *Strassburg: L. Beust 1902* (101 S.) 8° [F.] [os. 3678

— s. Im Reich der Spitzköpfe.

Abel, Hans Karl: Die elsäss. Tragödie. Volksroman. (476) 8°.– Berl., Meyer & J. 1911.

D'Waldmühl. E-n-elsassisch Volksstück in 3 Akt vo Hans Karl Abel un René Prévôt. Mit Zeichn. von Leo Schnug. *Strassburg: L. Beust 1901.* (100 S.) 8° [F.] [os. 3339

Abel, Heinrich, s.a. A b e l , Heinrich Friedrich Otto

Abel, Heinr., S. J., moderne Charaktere. Judas u. Herodes. Kaiphas u. Pilatus. Petrus u. Paulus. Der göttl. Heiland. 4 Männerconferenzen, geh. in der Hof- u. Stadtpfarrkirche v. St. Augustin vom 20.—23. III. 1902. Nach eigenen Aufzeichngn. der Red. der „Reichspost". (32 S.) gr. 8. Wien 902 Buchh. „Reichspost". n. — 20

Abel, P. Heinr., S. J., Christus u. s. Volk. 8 Fastenpredigten f. Männer, geh. am 13. Febr., 20. Febr., 27. Febr., 6. März, 13. März, 15. März, 16. März, 17. März i. d. Universitäts-, bezw. Augustinerkirche zu Wien. M. e. kurzen Lebensbeschreibg. d. P. A. Hrsg. n. d. Berichten d. „Reichspost". 4. Aufl. 20.—25. Taus. gr. 8. (47 S.) [Wien 896. Verl. der Reichspost.] Warnsdorf, A. Opitz. n. — 20

— „Ecce homo!" Heraus mit dem prakt. Christenthum! 3 Predigten, geh. i. d. Kirche zu St. Augustin i. Wien am 8., 9. u. 10. IV. 1897. gr. 8. (31 S.) Wien (897). (Warnsdorf, A. Opitz.) n. — 25

— Ehe und „Ehen". Christl. u. mod. Familienleben. 3 Vorträge, geh. f. d. „Verein d. christl. Mütter" i. d. Altlerchenfelder Pfarrkirche zu Wien. Decbr. 1897. gr. 8. (32 S.) Ebd. 898. n. — 25

— Das Ideal der christlichen Frau. N. d. Vorträgen d. A., geh. i. d. Jesuitenkirche 9.—12. III. 1898. Von E. C. Kardt. gr. 16. (40 S.) Brünn 898. Buchdr. Jos. Schmidt. n. — 40

ABEL, Heinrich

„Los von Gott!" Vier Conferenzreden des hochwürdigen Herrn P. Heinrich A b e l S. J. gehalten in der Kirche zu St. Augustin in Wien am 21, 22., 23. und 24. März 1899. (Nach Aufzeichnungen der Vorträge.) Mit Genehmigung des f.-e. Ordinariates Wien. W i e n. 1899. Verlag der Reichspost. 8°. 40 S. fl. –.05

Abel, Heinr., S. J., die deutsche Ostmark zur Zeit des hl. Leopold 1073—1136. Ein Wort zur Abwehr unevangel. Angriffe. (Umschlag: 2. unveränd. Aufl.) (48 S. m. Titelbild.) gr. 8. Wien 905. Austria (F. Doll). n. — 40

Abel, Heinr., S. J., Wetterleuchten. Meteorol. Schwankgn. i. d. religiös-polit. Atmosphäre Österreichs. (39 S.) gr. 8. Wien 908. A. Opitz Nachf. — 50

Abel, Heinr. Ein offenes populäres Wort über confessionelle Mittelschulen, Realschulen, Gewerbeschulen u. Lehrer-Bildungsanstalten. Rede, geh. in der Schulsection d. II. österreich. Katholikentages am 30. April 1889. gr. 8. (26 S.) Wien 889, Verlag Austria. Drescher u. Comp. — 30

Abel, Hr., ein offenes populäres Wort über confessionelle Mittelschulen, Realschulen, Gewerbeschulen und Lehrer-Bildungsanstalten. Rede. gr. 8. (26 S.) Wien 889. (Mayer & Co.) — 30

Abel, H. zurück z. prakt. Christentum! Weckrufe f. d. christl. Volk. 2 Aufl. 8°(127 m. Bildnis.) . – Wien (VIII, Josefstädterstr. 14) 1895, Verl. d. Reichspost.

— Zurück zum praktischen Christenthum! Weckrufe f. d. christl. Volk, entnommen d. Kanzelreden, geh. b. d. Mission i. d. Pfarrkirche von St. Johann v. Nepomuk zu Wien vom 27. X. bis 11. XI. 1894. Nach eig. Aufzeichngn. v. e. Mitgliede d. Redaction d. „Reichspost". M. d. Portr. d. hochw. P. A b e l S. J. 3. Aufl. gr. 8. (127 S.) Wien 896. (Warnsdorf, A. Opitz.) n. 1 —

Abel, Heinrich Caspar

Abel, H. C., medicin. Gewissens-Spiegel, od. Klagen über frühz. Tod. 8. Frankf. 720.

— Henrici Casparis Abelii Lang-gewünschter medicinischer Gewissens-Spiegel ... Mit schönen lehrreichen Discursen u. Realien ausgezieret. Nebst e. erbaul. Vorr. — Franckfurt a. M.: Multz 1720. 366 S. 300: • 69 M 269. 5. 1 2296

Abel, Heinrich Caspar: Medizinisches Kräuter-Paradiesgärtlein, in welchem die bewährtesten Kräuterarzneimittel zu finden, nebst Erörterung einiger botanischer Fragen. Frankfurt, 1740. 12.

Abel, Heinrich Kaspar: Henrici Casparis Abelii Wohlerfahrner Leib-Medicus derer Studenten, welcher so wohl allen auf Schulen, Gymnasiis u. Universitäten lebenden oder auf Reisen begriffenen gelehrten Personen, als auch allen Menschen insgemein die nöthigsten Reguln u. herrlichsten Artzneyen mittheilt. — Leipzig: Groschuff 1701. 314,70 S. 4. 1.2297

— — Ebd. 1701. 338,45 S. 12: Path. 1. 2. 7. 1 2298

— — Ebd. 1707. 338,40 S. 300: 160.480–A. 9 [™ Titelbl.] 1.2299

— — Welchem anitzo noch beygefüget 1. Nachricht von allen Universitäten; 2. Promissoria, juramenta, leges & statuta academica; 3. Abbildung 'der beym Deponiren auf Universitäten gebräuchlichen Ceremonien; 4. Nützliche u. galante Studenten-Künste. — Leipzig: Groschuff 1713. 314, 152 S. 1: Ik 9894. 12: Med. g. 507 b/1. 4. 9. 1 2300

— — Henr. Casp. Abelii Reformirter und gantz vollkommener Leib-Medicus der Studenten, in 4 Bücher verf. Nebst Zugabe einiger nützlichen Recepten. — Leipzig: Schuster 1720. 712 S. 1: Ik 9896. 300: • 69 I 309. 7. 9. 11. 1.2301

Abel, Heinrich Friderich (Consistorial-Rath, und zweyter Dom-Prediger), Dank-Predigt wegen des zwischen Sr. Königl. Majestät in Preussen, unserm allergnädigsten Könige und Herrn, und der Kayserin-Königin von Ungarn, und des Königs von Pohlen Maj. Maj. am 15. Febr. 1763 geschlossenen Friedens, in der Hohen Stifts-Kirche zu Magdeburg über Psalm 122, 6—9. gehalten. Magdeburg, Frankfurt, und Leipzig, verlegts Daniel Christian Hechtel, Königl. Preuss. Commercien-Rath und privilegirter Buchhändler. 8. 30 S.

Abel, Heinrich Friedrich: Dank-Predigt wegen des zwischen Sr. Königl. Maj. in Preussen u. der Kayserin-Königin von Ungarn u. des Königs von Pohlen Maj am 15. Febr. 1763 geschlossenen Friedens. — Magdeburg Frankfurt & Leipzig [um 1763]. 32 S. 1: 10 in Sv 31-2. 10. 1 2286

Abel, Heinrich Friedrich Otto

A b e l , Otto. Die Chronik Fredegars und der Frankenkönige, die Lebensbeschreibungen des Abts Columban, der Bischöfe Arnulf und Leodegar, der Konigin Bathilde, übersetzt von Dr. Otto Abel. 8. Berlin 1849.

Die G e s c h i c h t s c h r e i b e r der deutschen Vorzeit VII Jahrhundert [Band 2]

— die Legende vom heiligen Johann von Nepomuk. Eine geschichtliche Abhandlung. Berlin 855. Hertz. gr. 8. (2 Bl., 84 S.) n. 15 ngl

Abel, Heinr. Fr Otto, Makedonien vor König Philipp. gr. 8. (XII u. 268 S.) Leipzig 847, Weidmann. 1/2 ℛ

Abel, (H. F.) Otto, Kaiser Otto IV. u. König Friedr. II. (1208—1212). (Herausg. von Prof. Wegele.) Eine Forts. von „König Philipp der Hohenstaufe" von demselben Verf. Berlin 855. Hertz. gr. 8. (VIII, 144 S.) n. 24 ngr

— Kaiser Otto IV. und König Friderich II. (1208—1212). Aus (seinem) Nachlasse. Eine Fortsetzung von „König Philipp der Hohenstaufe" von demselben Verf. gr. 8. (VIII und 144 S.) Berlin 856, Hertz. *

Abel, Otto. Paulus Diakonus und die übrigen Geschichtschreiber der Langobarden übersetzt von Dr. Otto Abel. 8. Berlin 1849.
Die Geschichtschreiber der deutschen Vorzeit .. VIII Jahrhundert [Band 4]

— die deutschen Personen-Namen. Berlin 853. Hertz. gr. 8. (1 Bl., 61 S.) n. 10 ngr

Abel, H. F. O., die deutschen Personen-Namen. 2. Aufl., besorgt von Walter Robert-tornow. gr. 8. (X, 102 S.) Berlin 889. Hertz. n. 1. 60

Abel, H. F. O.: Die deut. Personennamen.– Stuttg., J. G. Cotta Nf.

— König Philipp der Hohenstaufe. Mit ungedr. Quellen. gr. 8. (XVI u. 408 S. m. 4 genealog. Tab. in qu. gr. 4.) Berlin 852, Hertz. n. 2 1/3 ß

— das neue deutsche Reich und sein Kaiser. gr. 8. (74 S.) Berlin 848, Besser'sche Sortimentsb. *

Abel, Otto, Das neue deutsche Reich und sein Kaiser. Berlin, W. Hertz, 1848. 74 S. 8°.

— Theodat, König der Ostgothen. Stuttgart 855. Metzler. 8. (20 S.) 4 ngr

Abel, Hr., s. A b e l , Heinrich

Abel, Herm., und Jul. Walther, „Kinder, laßt mich, daß ich zur Ruhe komme!" Predigt, Rede und Gebet zum Gedächtniß des am 14. Febr. 1855 entschlafenen Oberpfarrers und Superintendenten Hrn. Dr. Pfister am Sonntag Estomihi zu Schloß-Heldrungen gehalten. gr. 8. (16 S.) Weißensee 855, Großmann. *

Abel, J., s.a. A b e l , Julius

— s.a. A b e l , Justinus

— s.a. A b e l , Justus

Abel, J. Ueber den Bergbaubetrieb in Serbien. (Aus d. Jahrb. d. k. k. geol. Reichsanst. 2. Jahrg.) Wien. 1851 4

Abel, J., Die Obstbaumpflege an Straßen u. Wegen, auf Baumäckern u. in Gärten. Im Auftr. d. k. Prüfungskommission f. Obstbau-Lehrkurse in Mittelfranken bearb. M. 20 Abb. 8., umgearb. u. verm. Aufl. 12. (146 S.) Ansbach 898. C. Brügel & Sohn. Kart. n. — 80

Abel, J. C. A. M.: Die Conchylien in dem Naturalkabinet des Fürsten und Bischofs von Konstanz in Mörsburg. Nach Martini und Chemniz eingetheilt. (Verf.: J. C. A. M. Abel.) [Nebst] Nachtr. — Bregenz 1787.
1:Lq 1351. 12:Zool. 108. 8.
1.2303

Abel, J. F., s. A b e l , Jakob Friedrich

Abel, J. J., s. A b e l , Johann Joseph

— s. A b e l , John J.

Abel, J. W., s. A b e l , Johann Wilhelm

Abel, Jac., s. A b e l , Jakob

Abel, Jac. F(riedr.), s. A b e l , Jakob Friedrich

Abel, Jakob

***Abel*, Jak., disquis. de jure et officio summor. imp. tribunal. circa usurp. nuntior. pontif., in causis Germaniae ecclesiast. jurisdictionem. 4. Marb. 787. Krieger.** 9 gr

Abel, Jakob: Disquisitio de jure et officio summorum imperii tribunalium circa usurpatoriam nuntiorum pontificiorum in caussis Germaniae ecclesiasticis jurisdictionem.— Wetzlariae 1787. 170 S.
12:4° J. can. P. 2 [u.ö.] 300:9.044-B. 2. 5. 6. 7.
1.2304

— Abel. Unterthänigster Gegenbericht mit rechtlicher Bitte ... in Sachen des domkapitularischen Sekretärs Dr. Bachmann wider Ihre Hochfürstl. Gnaden zu Paderborn, ein hochwürdiges Domkapitel und nunmehr auch die hohe Regierung daselbst. — Wetzlar 1790. 2° 7.
1.2305

A[bel], J[ak]: Lieder zur Abschiedsfeier unseres geliebten Br. Karl Oppel am 11. Aug. 1883. Frankfurt a. M. [1883]: Werner & Winter. 2 Bl. 8°. [Umschlagtit.]

(—) Rechtfertigung der vormahligen Reichskammergerichts-Advocaten und Procuratoren ... gegen ... Anschuldigungen, welche wider dieselben ... vorgebracht und ... verbreitet worden sind. — Dat. [Wetzlar] 1808.
12:J.publ.G.921-6. 7.
1.2306

— Abel. Unterthänigste Supplik mit Bitte ... in Sachen des Herrn Franz Leopold Goffaux wider Ihre Hochfürstliche Gnaden zu Hildesheim. — Wetzlar 1791. 2° 7.
1.2307

— Untersuchung der Frage: in wie weit ist die Gerechtigkeit der Appellationsbeschwerden ein gesezlicher Untersuchungsgegenstand des Extrajudicialvortrags über die Erkennung der Processe? Einer Reichsversammlung bey Gelegenheit der bevorstehenden Berathschlagungen über reichskammergerichtliche Materien vorgelegt. — Wezlar 1785. 40 S. 1:Gx 6780. 12:4° J.publ.G.1243-1. 7.
1.2308

— Vers. e. Erläuter. versch. Fragen d. Justizwes. 2. Stück. 8. Ebend. 784—85.

— Versuch einer nähern Erläuterung verschied. in das Reichsjustizwesen einschlag. Fragen. 2 Stcke. 8. Wezlar 783 u. 85. 6 gr

6699. Abel, Jac.: Vers. e. näh. Erläut. verschied. in d. Reichsjustizwesen einschl Fragen. *Wetzlar u. Giessen*, Krieger. 784. 2 St. 8. (6 Gr.)

— Verzeichniss der Bücher-Sammlung des Hofrath Abel.— Giessen 1819. 40 S. 7.
1.2310

Abel, Jakob Friedrich

— — An cognitio humano omnis a fundamento objectivo et subjectivo possit derivari? Dissert. philos. Tüb. (Hopffer) Sept. 1808. 50 S. (5.—) 16

— Diss., an cognitio humanitatis omnis a fundamento objectivo et subject. possit derivari. P. I. II. 4. Tub. 808. 9.

Abel, Jak. Friedr., Prälat: Aufzeichnungen über den Württembergischen Verfassungsstreit 1815—17
Abschrift des Schenkers von der Orig. Handschr Abels (A. D. Biogr. 1, 10.) aus 1816.17. 50 B. 21 cm. Geheftet.
Geschenk von ORegRat Dr. Alb. Eugen Adam, 12. Okt. 1955.

— s.a. B e i t r a g zur Geschichte d. Liebe.

Abel, Jakob Friedrich: Beitrag zur Geschichte der Liebe. Aus einer Sammlung v. Briefen. (Verf.: Jacob Fr. Abel.) Th. 1.2. — Leipzig 1778. 1:Yw 281.
1.2311

BEYTRAGE zur Geschichte der Liebe, aus einer Sammlung von Briefen (von *Jac. Friedr.* [von?] *Abel*). 2 Thle. Leipzig, Weygand, 1778. 8°. (1/4 Rthl.)
M. f. V. 1778. S. 539; Koch II. p. 301; Heine, Roman in Deutschland. Halle 1892. S. 4.

— s.a. B e s c h r e i b u n g ... der Seminarien...

[—] Beschreibung der Einrichtung der niederen Seminarien in Württemberg. Nebst Vorschlägen zu ihrer Verbesserung nach den Beobachtungen eines mehrjährigen Vorstehers. — Oehringen 1818: Erbe. 274 S. 8.
1.2312

***Abel*, Jak. Fr., Diss. de causa reproductiori idearum. Pars I. II. 4. Tubing. 794. 95.**

— Diss. de cognitione fundamentali. 4. Tub. 810.

— ausführl. Darstell. über die Beweise vom Dasein Gottes u. s. w. gr. 8. Heilbronn. 817. Claß.

— ausführl. Darstellung des Grundes unsers Glaubens an Unsterblichkeit. gr. 8. Frankf. a. M. 826. (Gebhardt in Grimma). 18 gr

Jac. F. Abel's ausführl. Darstell. d. Grundes uns. Glaubens an Unsterblichk. *Frkf. a. M.*, Wilmans. 826. gr 8° 18 gr

— — Disquisito omnium tam pro immortalitate quam pro mortalitate animi argumentandi generum. Pars prior. Tüb. (Sigmund) Sept. 1792. 30 S. (4.50) 10
Verteidigt von: Friedr. Jac. Beck (Göppingen), Friedr. Ludw. Kauffmann (Hegenloh), Joh. Gottlob Süskind (Stuttgart), Joh. Chn. Pfister (Pleidelsheim).

— — Dasselbe. Pars posterior. Tüb. (Siegmund) Sept. 1793. 32 S., z. Tl. dtsch. (4.50) 11
Verteidigt von: Joh. Wilh. Andr. Pfaff (Stuttgart), Carl Chph. Friedr. Bilfinger (Nürtingen), Chph. Friedr. Kraus (Calw), Phil. Ernst Ehmann (Pappelaviensis), Alb. Wilh. Werner (Friolsheim).

— Einfall der Franzosen in Schwaben. 8. Tübing. 799.

Jac. F. Abel's Einleit. in d. Seelenlehre. *Stuttg.*, Metzler. 786. 8° 1 ß 8 gr

Jac. F. Abel's Erläutt. wicht. Gegenstände a. d. philos. u. christl. Moral, besond. d. Ascetik, durch Beobb. a. d. Seelenlehre. *Tüb.*, Heerbrandt. 790. gr 8° 18 gr

— Erläuterungen wichtiger Gegenstände aus der philosophischen u. geistl. Moral, besond. der Ascetik, durch Beobachtungen aus der Seelenlehre. 8. Tübing. 790. (Osiander). 18 gr

— — De fortitudine animi. Diss. philos. Tübing. (Hopffer) Sept. 1800. 60 S. (4.80) 13
Verteidigt v.: Heinr. Wilh. Lang (Rosenfeld), Ludw. Friedr. Fischer (Heimsheim), Joh. Adam Weisser (Supra-Urbacensis), Heinr. Ferd. Baumann (Urach-Mezingen), Chn. Theophil Blumhard (Stuttgart), Joh. Gg. Handel (Nürtingen), Chn. Goez (Lauffen), Eberh. Ludw. Meinhard (Ludwigsburg), Heinr. Mohr (Plochingen), Erasmus Chph. Friedr. Hopfer (Hochdorf).

— — De fortitudine animi continuatio. Dissert. philos. Tüb. (Hopffer) Sept. 1801. 28 S. (4.50) 14
Verteidigt von: Matth. Friedr. Carl Faber (Rosenfeld), Joh. Friedr. Widmann (Stuttgart), Gust. Feuerlein (Stuttgart), Carl Friedr. Amand. Kohler (Birkach), Herrmann Heinr. Raiffeisen Medio-Fischacensis).

— über die Frage: Wird das Genie geboren oder erzogen? Eine Rede. 4. Tübing. 776.

— Diss. de ultimo fundamento veritatis a nobis quaerendae. 4. Tubing. 806.

— Diss. de fundamento veritatis tam subjectivo quam objectivo. 4. Tubing. 807.

— Grundsätze der Metaphysik, nebst einem Anhange über die Kritik der reinen Vernunft. 8. Tübing. 786.

— s.a. Grundsätze über das Vertreten der Kirchen.

— Allgemeine Grundsaetze über das Vertreten der Kirche bey Ständeversammlungen, mit besonderer Beziehung auf Würtemberg. Hrsg. von Heinrich Eberhard Gottlob Paulus. — Heidelberg 1816. 7.
I 2315

— s.a. Leben, über Hofackers...

[Abel, Jak. Frdr.] Ueber [Karl Chf.] Hofacker's Leben und Charakter [Prof. jur., 1749–93]. Ein Denkmal für seine Freunde und ein Beitrag zur Gelehrten-Geschichte. Tübingen: Cotta 1795.

— s.a. Lebensbeschreibung Joh. Osianders...

— Lebensbeschreibung Johann Osianders, Geheimen Rathes des Herzogs von Würtemberg, Commandanten der Stadt und Festung Tübingen. — Tübingen: Heerbrandt 1795. X,134 S.
1:Av 4481. 12:Biogr.858m. 2. 6. 7. 8.
I 2317

— — De limitibus humanae cognitionis. Dissert. philos. Tüb. (Hopffer) Sept. 1811. 48 S. (5.—) 17
Verteidigt von: Wilh. Chn. Seybold (Buschweiler), Joh. Ernst Osiander (Stuttgart), Ernst Friedr. Lempp (Stuttgart), Friedr. Aug. Drück (Stuttg.), Immanuel Theophil Schwarz (Schoemberg), Carl Aug. Ferd. Mohl (Haimadensis), Carl Joh. Ludw. Schabhardt (Rosenfeld), Joh. Fener (Ulm).

— Ob das Kirchen-Gut Eigenthum der würtembergischen evangelischen Kirche oder des Staats sey, und ob dasselbe von diesem oder jener verwaltet werden solle? Untersucht nach Grundsätzen des Rechts, nach der Verfassung und nach der Zweckmässigkeit von Abel. — Stuttgart 1821: Elben. VI,39 S. 1:Fs 6428. 7.
I.2318

— de origine characteris animi. 4. Stuttg. 776.

— thesium inauguralium pars moralis. 4. Tubing. 797.

— de phaenom. sympathiae in corpore animali conspicuis. 4. Stuttg. 780. Metzler. 4 gr

Jac. F. Abel's Plan e. systemat. Metaphysik. *Stuttg.*, Ehrhard. 787. 8° 14 gr

— Plan zu e. system. Metaphysik. 8. Stuttg. 787. Löfflund. 14 gr

— s. Proselytenmacherei.

— Ueber die Quellen der menschlichen Vorstellungen. — Stuttgart: Mezler 1786. 286 [vielm. 294] S.
1:No 14998. 12:Ph. Sp. 3. 6. 7.
I 2320

— **Jac. Friedr. (Präs.)** Quo modo suavitas, virtuti propria, in alia objecta derivari possit? Diss. philos. Tübing. (Siegmund) Sept. 1791. 28 S. (5.—) 9
Verteidigt von: Carl Christian Flatt (Stuttgart), Carl Wilh. Friedr. Breyer (Heutingsheim), Christian Ludw. Pfeilstiker (Görlingen), Joh. Friedr. Krauss (Tübingen). Mitgl. d. herzogl. theolog. Seminars.

— s.a. Sammlung merkw. Erscheinungen...

SAMMLUNG und Erklärung merkwurdiger Erscheinungen aus dem menschlichen Leben (von *Jacob Friedr. Abel*). Frankfurt und Leipzig 1784—90.
Anon.-Lex. IV. p. 16 (nach Kayser u. Callisen).

Jac. F. Abel's Samml. u. Erklär. merkwürd. Erscheinungen aus d. menschl. Leben. *Stuttg.*, Erhard u. Löfflund. 784-91. 3 Thle. 8° 1 ß 4 gr

Abel, Jak. Fr., moral. Sätze von d. Quellen d. Achtung u. Liebe. 4. Stuttg. 779.

— philosoph. Sätze über das höchste Gut. 4. Stuttg. 778.

— philosoph. Sätze üb. d. Religionen d. Alterthums. 4. Stuttg. 780.

— philosoph. Sätze über den Selbstbetrug. 4. Stuttg. 781.

— Philosophische Sätze über den Selbstbetrug, welche ... in der Herzoglichen Militair-Akademie öffentlich vertheidiget werden durch die achte, zehnte und eilfte Abtheilung. — Stuttgardt [1781]: Cotta. 4 Bl. 1:Np 18358.
I 2321

— Diss. de sensu interno. 4. Tubing. 797.

— Diss. de sensu interno et conscientia. 4. Tubing. 796.

— Diss. de conscientiae speciebus. Pars I—III. 4. Tub. 798. 99. 802.

— — De conscientiae speciebus pars II. Diss. phil. Tüb. (Hopffer) August 1799. 36 S., z. Tl. dtsch. (4.60) 12
Verteidigt von: Chph. Theophil Werner (Altensteig), Joh. Christ. Fried. Steudel (Eßlingen), Joh. Gottfr. Wilh. Ferber (Blaubeuren), Ludw. Friedr. Sattler (Stuttgart), Chrph. Gottfr. Backmeister (Birkenfeld).

— — De conscientiae speciebus pars III. Dissert. philos. Tüb. (Hopffer) Aug. 1802. 38 S. (4.80) 15
Verteidigt von: Carl Friedr. Burk (Seeburg), Gg. Friedr. Gundert (Stuttgt.), Chn. Dav. Eberh. Leyrer (Höfingen), Carl Theophil Goez (Scharnhausen), Gottlob Friedr. Gloker (Stuttgt.), Sam. Dav. Heinr. Harter (Mittelstadt), Carl August Vincens (Bechingen).

— philos. Unters. über d. Umgang m. höh. Geistern. 1r Th. gr. 8. Ebend. 791.

Abel, J. F., philosophische Untersuchung über die Verbindung mit höhern Geistern. Stuttg. 791. 8.

— philosoph. Untersuchungen über die letzten Gründe des Glaubens an Gott. 8. Heilbr. 818. Claß. 1 ₰ 6 ₰

— philosoph. Untersuchungen über die Verbindung der Menschen mit höhern Geistern. 1r Thl. gr. 8. Stuttg. 791. Metzler. 16 ₰

Abel, Jakob Friedrich : *Versuch über die Natur der spekulativen Vernunft, zur Prüfung des Kantischen Systems*, Frankfurt-Leipzig, 8. 1787

— Versuch über die Natur der speculativen Vernunft zur Prüfung des Kantischen Systems. Stuttg. 787. Löfflund. 10 ₰

Jac. F. Abel's Vers. über d. Seelenstärke. 1r Th. *Tüb.*, Heerbrandt. 801. gr8° 16 ₰

— Versuch über die Seelenstärke. 1r Thl. gr. 8. Tübing. 806. (Osiander). 16 ₰

— s. Vorschlag, die würtemberg. Seminarien...

Abel, Jh., s. Abel, Johann

Abel, Jh. Jos., s. Abel, Johann Joseph

Abel, Joh. G., Beiträge zu einer Geschichte der deutschen Sprichwörter. ... 1760.

Abel, Johann: Geschichte einer merkwürdigen Krankheit und Rechtfertigung der dabey gebrauchten Mittel. Samt e. Beylage über d. v. Med.-Dir. Odendahl darüber hrsg. Schrift. — Düsseldorf: Dänzer 1791.
1:Kq 10998. 12:Path. 2. 5. 7. 9. 11.
1.2329

Abel, Jh., († d. 27. Sept. 1822.) Gesch. e. merkwürd. Krankheit rc. u. Rechtfertigung d. dabei gebrauchten Mittel. gr. 8. Düsseld. 792. Dänzer. 9 ₰

Abel, Johann Joseph
— s. Fragmente, geschichtl. und naturhistor.

Abel, J. J., histor. Gemälde d. Lage u. d. Zust. des weibl. Geschlechts unter allen Völkern, nach Meiners, 8. Zwickau, Schumann. 802.
Schreibp.

Abel, Johann Joseph: **Historisches Gemälde der Lage und des Zustandes des weiblichen Geschlechts unter allen Völkern d. Erde v. d. ältesten bis auf d. neuesten Zeiten entworfen nach [Christoph] Meiners [Geschichte d. weibl. Geschlechts. 1788–1800]. Ein Lesebuch f. Töchter d. höhern u. mittleren Stände. — Leipzig: Schumann 1803. XII, 420 S. 8°**

Abel, Jh. Jos., Geschichte der Krankheit u. des Todes des im Sept. 1797 in Wetzlar verstorbenen französ. Obergenerals L. Hoche; aus d. Französ. übersetzt, u. mit Anmerkk. u. einigen biograph. Notizen begleitet. 8. Frankf. a. M. 798.

Abel, Johann Wilhelm: Erklärende Anmerkungen zu Wendelstadt's Völkerschlacht von Leipzig. — Hadamar 1815.
1:an Yn 1761.
1 2331

Abel, J. W., die Feier d. Erhebung d. Fürstl. Oranien-Nassauischen Hauses auf d. königl. Thron d. vereinigt. Niederlande rc. e. Elegie. 4. Hadamar, neue Gel. Buchh. 815.

Abel, J. W., die Feier d. Erhebung d. fürstl. Oranien-Nassauisch. Hauses auf d. königl. Thron d. Niederlande, am 16. März 1815. Eine Elegie. 4. Hadam. 815. (Lanz in Weilburg). 3 ₰

— Trauerode auf den Tod Sr. Durchlaucht des Fürsten Friedrich Wilhelm zu Nassau rc. Fol. Hadam. 816. (Lanz in Weilb.) 3 ₰

— de literarum utilitate et necessitud. ad civit. etc. salutem etc. 8. Hadam. 810. (Lanz in Weilb.) 6 ₰

Abel, John J.

Abel, J. J., Bestimmungen d. Moleculargewichtes der Cholalsäure, d. Cholesterins u. d. Hydrobilirubins nach der Raoult'schen Methode. (Aus: „Sitzungsber. d. k. Akad. d. Wiss.") Lex.-8. (10 S. m. 1 Fig.) Wien 890. (Tempsky.) n. — 30

Abel, John J. [aus Cleveland (Ohio, U. S. A.)]: Wie verhält sich die negative Schwankung des Nervenstroms bei Reizung der sensiblen und motorischen Spinal-Wurzeln des Frosches? . . . Strassburg, Univ.-Buchdr. v. J. H. Ed. Heitz (Heitz & Mündel), 1888; 16 S. 8°
Strassburg, Med. Fak., Inaug.-Diss. v. 1888

Abel, Julius

Abel, J., über Aethylenimin [Spermin?]. Inaug.-Diss. gr. 8. (47 S.) Kiel 888. (Lipsius & Tischer.) n. 1. —

Buchdruckerei Julius Abel, Greifswald. Auswahl von Schriften. Probedrucke von Einfassungen, Verzierungen. Ausgegeben 1901. *(Greifswald 1901: J. Abel.)* (IV S., 56 Bl.) 4° [F.]
[01. 13300 9

Abel, Jul., Geleitsworte f. Konfirmanden. 12. (64 S.) Waiblingen 891. C. Günther (durch A. Brettinger in Stuttgart). Kart. n. — 35; geb. in Leinw. m. Goldschn. n.n. — 50

Abel, Jul., üb. Condensation zwischen Formaldehyd u. Naphtolen. Habilitationsschrift. gr. 8. (33 S.) Breslau 893. (L. Köhler.) n. 1. —

— 200 Konfirmations-Denksprüche. 4 Reihen. qu. 16. (à 50 Bl.) Ebd. 891. à n. — 80

— 100 Lieder für gemischten Chor. 4. Aufl. 8. (VII, 187 S.) Ebd. 891. * 1 10; geb. in Lwd. ** 1 60

— 100 Lieder f. gemischten Chor. 1. u. 2. Folge. 8. Ebd. 894. à n.n. 1. 10; geb. in Leinw. à n.n. 1. 50
1. 5. Aufl. (VII, 183 S.) — 2. (VIII, 229 S.)

Abel, Justinus

— es lebe unser Verein! Sammlg ausgew. Reden u. Trinksprüche für alle Gelegenheiten im Vereinsleben: Stiftungsfeste, Ehrentage, Fahnenweihen, Auszeichngn., auf Partien, Besuchen, Ausflügen u. s. w. Unt. Mitwirkg. e. hervorrag. zeitgenöss. Redners hrsg. [Aus: „A., Universalbuch der Reden u. Toaste".] 2. Aufl 8. (72 S.) Ebd. 895. n. 1. 20; kart. n. 1. 50

Abel, Just., der Festredner im Familienkreise. Sammlg. ausgew. Reden u. Toaste b. allen Familienfesten u. frohen Ereignissen: Taufe, Konfirmation, Firmg., Geburtstag, Polterabend, Hochzeit, Jubelfeiern, silb. u. gold. Hochzeit Unt. Mitwirkg. e. hervorrag. zeitgenöss. Redners hrsg. [Aus: „A., Universalbuch der Reden u. Toaste".] 2. Aufl. 8. (88 S.) Stuttgart 895. Levy & Müller. n. 1. 20; kart. n. 1. 50

— hoch Freundschaft u. Geselligkeit! Sammlg. ausgew. Reden u. Trinksprüche b. Einladgn., gesell. Abenden, b. Spiel u. Tanz, Weihnachts- u. Sylvesterfeiern, sow. i. eng. Freundeskreise. Unt. Mitwirkg. e. hervorr. zeitgenöss. Redners hrsg. [Aus: „A., Universalbuch der Reden u. Toaste".] 2. Aufl. 8. (112 S.) Ebd. 895. n. 1. 20; kart. n. 1. 50

— der gewandte Redner an patriot., sowie öffentl. Festen u. Ehrentagen. Sammlg. ausgew. Reden u. Trinksprüche bei feierl. Anlässen i. Stadt u. Land, Bezirk u. Gemeinde, an Kaisers Geburtstag, bei Schulfeiern, Einführg. v. Beamten, Begrüßg. v. Behörden u. s. w., sow. b. Kriegervereins-Festen. — Grab- u. Gedächtnisreden. Unt. Mitwirkg. e. hervorrag. zeitgenöss. Redners hrsg. [Aus: „A., Universalbuch der Reden u. Toaste".] 2. Aufl. 8. (127 S.) Stuttgart 895. Levy & Müller. n. 1 20; kart. n. 1. 50

Abel, Justinus: Universalbuch der Reden und Toaste. Eine Sammlung von ernsten u. heiteren Orig.-Toasten u. Reden. — Stuttgart: Levy & Müller [1890]. X,360 S.
1:Yb 4850.
1.2336

— — 2. verb. Aufl. Ebd. [1890]. X,366 S. 2.
1.2337

Abel, J., Universalbuch der Reden u. Toaste. Eine reichhalt. Sammlung v. ernsten u. heiteren Orig.-Toasten u. Reden bei allen Gelegenheiten d. Familienlebens, sowie bei gesell. u. öffentl. Festen. 3. Aufl. 8. (X, 366 S.) Stuttgart 890. Levy & Müller. n. 2. 80; geb. n. 3. 50

Abel, Justinus, Universalbuch der Reden u. Toaste. Eine reichhalt. Sammlg. v. ernsten u. heiteren Orig.-Toasten u. Reden bei allen Gelegenheiten d. Familienlebens, sowie bei gesell. u. öffentl. Feiern. Unter Mitwirkg. e. hervorrag. zeitgenöss. Redners hrsg. 6., verm. Aufl. 8. (VIII, 422 S.) Stuttgart 892. Levy & Müller. n. 3. —; geb. n.n. 3. 75; Einzelausgaben à n. 1. 20
Der Festredner im Familienkreise. (88 S.) — Hoch Freundschaft u. Geselligkeit! (112 S.) — Es lebe unser Verein! (72 S.) — Der gewandte Redner an patriotischen sowie öffentlichen Festen u. Ehrentagen. (143 S.)

Abel, Just., Universalbuch d. Reden u. Toaste. Eine reichhalt. Sammlg. v ernsten u. heit. Orig.-Toasten u. Reden b. allen Gelegenheiten d Familienlebens sow. b. gesell. u. öffentl. Feiern Unt. Mitwirkg. e. hervorrag. zeitgenöss. Redners hrsg. 7., verm. u. verb. Aufl. 8. (VIII, 406 S.) Ebd. 895. n. 3. —; geb. n n. 3. 75

– Dasselbe. 8., verm. u. verb. Aufl. 8. (VIII, 592 S) Ebd. 897. n. 4. 50; geb. in Leinw. n. 5. 50; in 12 Einzelbdchn. à n. 1. —
1. I. Elternhaus u. Familienkreis. E. Orig.-Sammlg. ausgew. Reden u. Trinksprüche b. Taufe, Konfirmation, Firmg., Geburtstag, Namenstag, Abschied a. d. Elternhause. Erklär. d. gebräuchl. Eigennamen z. Verwendg. b. Familienfesten. (48 S.)
2. Verlobung, Polterabend, Hochzeit. (48 S.)
3. Hochzeit u. d. Jubelfeiern d. Silber- u. Gold-Hochzeit. (56 S.)
4. B. Einladgn. u. gesell. Abenden. (48 S.)
5. Auf verschied. Berufskreise, i. Gesangverein ꝛc. (48 S.)
6 I. Verein. d. Turner, Schützen, Feuerwehr. (48 S.)
7. I. Wanderkreisen. (48 S.)
8. Sport u. Spiel. (48 S.)
9. I. Handwerker-, Arbeiter- u. Beamtenkreisen; i. Landwirtschaftsvereinen. (48 S.)
10. B. feierl. Anlässen i. Stadt u. Land. (48 S.)
11. Vaterländ. Ehrentage. (48 S.)
12. Krieger- u. Militär-Vereine. Einweihungsfeierlichkeiten. Grabreden u. Nachrufe. (48 S.)

Abel, Justinus, Universalbuch der Reden u. Toaste. Eine reichhalt. Sammlg. v. ernst. u. heiter. Orig.-Toasten u. Reden bei all. Gelegenheiten d. Familienlebens sowie bei gesell. u. öffentl. Feiern. Unter Mitwirkg. hervorrag. zeitgenöss. Redner hrsg. 9., verm. u. verb. Aufl. (VIII, 592 S.) 8. Stuttgart (902). Levy & Müller. n. 4. 50; geb. in Leinw. n. 5. 50

Abel, J., wir gratulieren. Glückwünsche zu den verschiedensten Veranlassgn., besonders f. Geburts- u. Namenstagsfeiern, Weihnachten u. Neujahr, f. Verlobg., Polterabend u. Hochzeit, Tauffestlichkeiten, Befördergn. usw. (94 S) 8. Reutlingen (905). Enßlin & Laiblin. n. — 50

Abel, Justus

Abel, (J.,) die Gasthöfe u. Gastwirthe wie sie seyn sollen, nebst e. Darstell. d. Rechte u. Pflichten d. Gastwirthe u. ihrer Gäste nach Preuß. Gesetzen. 8. Berlin, Hayn.

Abel, Just., (E. G. Flittner,) die Gasthöfe u. Gastwirthe, wie sie sein sollen, nebst e. Darstell. d. Rechte u. Pflichten d. Gastwirthe u. ihrer Gäste, nach preuß. Gesetzen. 8. Berl. 825. Hayn. 14 gl

Abel, Justus, das Orakel, ein tägl. Hilfsbuch zur Erinnerung merkwürd. Nachr. aus d. Welt- Erd- Staaten- und Naturkunde ꝛc. 8. Berlin, Hayn. 810.

— das Orakel; e. tägl. Taschenbuch z. Kenntn. u. Erinnerung d. Wissenswürdigsten aus der Welt-, Erd-, Staaten und Völkerkunde ꝛc. 8. Berl. 816. 2e Aufl. 823. Hayn. 1 rß 8 gl.

— das Orakel; ein tägl. Taschenbuch z. Kenntniß u. Erinnerung des Wissenswürdigsten a. d. Welt-, Erd-, Staaten- u. Naturkunde, f. Geschäftsleben u. Umgang. 2e Ausg. 8. Berlin 824, Hayn.

ABEL, J., Wie findet man das Paradies der Ehe? Eine vom Vermählungsgotte gekrönte (zahme) Preisschrift für Ehelustige und ihre Ratgeber. Berlin 1817. 8°. (1 Mk. 50 Pfg., Lehmann & Lutz, Frankfurt a. M., 1884.)

— wie findet man das Paradies d. Ehe? 8. Berl. 817. Hayn. 1 rß

Abel, K., s. Abel, Carl

– s. Abel, Karl

Abel, Karl, s. a. Abel, Carl

Abel, Karl, zur Behandlung d. Gebärmutterkatarrhs, s. a. Klinik, Berliner.

Abel, Karl, Arzt, Berlin. 1892: Zur Behandlung des Gebärmutterkatarrhs. — Berlin: Fischers Med. Buchhandl. 1892. 18 S. (Berliner Klinik. 53.)
1:Ic 2548–53. 12:Path. 685 ac–53. 11.
1 2362

Abel, Karl, e. Beitrag zur Statistik der Mortalität nach Hasenschartenoperationen, nach den auf der Göttinger chirurg. Klinik in den letzten 10 Jahren operirten Fällen. gr. 8. (26 S.) Göttingen 885. (Vandenhoeck & Ruprecht.) n. — 60

Abel, Karl, vaginale u. abdominale Operationen. Klinischer Beitrag zur mod. Gynaekologie. (VI, 181 S. mit 11 Abb.) Lex. 8. Berlin 903. A. Hirschwald. n. 6 —

Abel, Karl, die mikroskopische Technik u. Diagnostik i. d. gynäkolog. Praxis. F. Studirende u. Aerzte. gr. 8. (IX, 108 S. m. 39 Abbildgn.) Berlin 895 A. Hirschwald n 3. —

Abel, Karl, die mikroskopische Technik u. Diagnostik in d. gynäkologischen Praxis. Für Studierende u. Aerzte. 2. verm. Aufl. gr. 8. (XIV, 202 S. m. 73 Abb.) Berlin 900. A. Hirschwald. n. 5. 60

Abel, Karl: Vorlesgn. üb Frauenkrankh. Aus d. Praxis f. d. Praxis. (13, 583 m. z. Tl. farb. Abb.) gr 8°.– Berl., O. Coblentz 1912.

Abel, Kasp(ar), s. A b e l , Caspar

Abel, K(o)nr(adin), s.a. A b e l , Conradin

Abel, Konradin (württ. Landschaftssekretar)· Über die Würtembergische Schwarzwald-Waldungen, den bisherigen Betrieb des Holzhandels in denselben und die künftig darüber vestzusetzende Massregeln. Im Februar 1779. 4°.
Handschrift des LKanzellisten Peter Haffner mit Zusätzen Abels. Verfasst aus Anlass der fürstbrüderl. Vergleichs-Verhandlungen. 227 S. 32 cm.

Abel, Ksp., s. A b e l , Caspar

Abel, Kurt, s. a. A b e l , Curt

Abel, Kurt, Referendar: Die Wirkungen der verspäteten Vertragsannahme. Greifswald 1906: J. Abel. (40 S.) 8°
Greifswald, Jur. Fak., Ref. Stampe, Diss. v. 6. Juli 1906
Geb. 30. Juli 81 Pöpelwitz, Kr. Breslau: Wohnort: Greifswald; Staatsangeb.: Preußen; Vorbildung: Pädagogium Putbus Reife O. 00; Studium: Leipzig 1, Freiburg i. B. 1. Tübingen 2, Greifswald 3 S.; Rig. 21. Jan. 04.]

Abel, L., s. a. A b e l , Lothar

– s. a. A b e l , Ludwig

Abel, L., der wohlerfahrene prakt Fleckenreiniger od. Detacheur. E. leichtfassl Anleitg. z. Beseitigg. v. Flecken jeder Art aus sämtl. Webstoffen, Tapeten, Marmor, Alabaster, Holz, Metallen u. d. Putzen u. Wiederglänzendmachen solcher, sowie d. Herstellg. v. verschied. Fleckenentfernungsmitteln. E. prakt Hilfsbüchlein f. Wäschereien, chem. Wäschereien, Färbereien, sow. f. jede Familie. gr. 8. (VIII, 51 S) Leipzig 895. G. Weigel. n. 1 50

Abel L, der wohlerfahrene praktische Fleckenreiniger oder Detacheur. (51 S) Leipzig 1897

— Die chemisch-trockene Reinigung v. Kleidungsstücken jed. Art f. Damen u. Herren, Teppichen, Möbelstoffen etc. mittelst Benzin, Tetrachlorkohlenstoff etc. E Hilfs- u. Lehrb. f. chem. Waschanstalten u. Kleiderfärbereien. 2., völlig umgearb u. b. auf d. Errungenschaften d. neuesten Zeit fortgef. Aufl. v. „Drösse, die chem.-trockene Reinigung": Mit zahlr. Maschinen-Abb. u. e. Anh : Was muss der chem. Wäscher u Kleiderfärber thun, um s. Geschäft zu heben, sich dauernd Arbeit zu sichern? Lex.-8. (58 S.) Ebd 897. n. 1. 50

Abel L, W Trempenau und A v Stransky, grosse Schatzkammer bewährter Vorschriften und Rezepte. 2. Auflage. (324 S) Leipzig

Abel, L. (Hrsg.), s. Z e i t u n g, Preußische militärärztliche.

Abel, (Leop.) Gust (geb. Quedlinburg 10. 3 1834) De hydrargyri usu in syphilide nonnulla Berolini (1857) (31 S.) 8°
Berlin, Med. Diss. v 25. Mai 1857

Abel, Lothar: Aesthetik der Garten-Kunst. — Wien 1877. VI,62 S. 1:Ow 28780. 300:*4992. 2.
1 2417

Abel, L. allg. Baurathgeber. 8° (1035 m. Abbildg. u. 8 Taf.).– Wien: 1892, A. Hartleben.

Abel, Loth., allgemeiner Baurathgeber. Ein Hand- u. Hilfsbuch f. Bauherren, Architekten, Bauunternehmer, Baumeister, Bautechniker, Bauhandwerker, Landwirthe u. Rechnungsbeamte. Enth.: Die Normen f. die Lieferg. der Baumaterialien, die Beurtheilg. u. Ausarbeitg. der Kostenüberschläge, die Bauführg., die Baurechngn. etc., sammt allen nothwend. Tabellen u. Regeln der Mathematik u. Baumechanik; nebst e. Anh. üb. Baugesetze u. Baurecht. Nach amtl. Quellen zusammengestellt u. neu berechnet. gr. 8. (XI, 1035 S. m. mehreren 100 Abbildgn. u. 8 Taf.) Wien 893. A. Hartleben. Geb. in Halbfrz. n. 18. —

Abel's, Loth., allgem. Bauratgeber. Ein Hand- u. Hilfsbuch f. Bauherren, Architekten, Bauunternehmer, Baumeister, Bautechniker, Bauhandwerker, Landwirte u. Rechnungsbeamte. Enth.: Die Normen f. die Lieferung d. Baumaterial., d. Beurteilg. u. Ausarbeitg. d. Kostenüberschläge, die Bauführg., die Baurechngn. etc. samt allen notw. Tabellen u. Regeln d. Mathematik u. Baumechanik; nebst einem Anh. über Baugesetze u. Baurecht. 2., nach amtl. Quell. umgearb., neu berechnete u. ergänzte Aufl. v. Toni Krones u. R. Rambausek Edler v. Rautenfels. Mit 9 Taf. u. mehrer. Hundert i. d. Text gedr. Abb. (XIII, 1037 S.) Lex. 8. Wien (908). A. Hartleben. Geb. in Halbfrz. 20.—; auch in 22 Lfgn. à — 75

Abel, Loth., die Baumpflanzungen in der Stadt u. auf dem Lande. Aesthetische u. volkswirthschaftl. Begründung der Dendrologie. Mit 1 Tafel u. 60 in den Text gedruckten Handzeichnungen d. Verfassers. gr. 8. (VIII, 138 S.) Wien 882. Faesy. n. 4. —

Abel, Lothar, Garten-Architektur. Mit 198 (eingedr.) Illustr., nach Handzeichngn. d. Verf. Photozinkographie v. C. Haack. Fol. (VIII, 92 S.) Wien 876. Lehmann & Wentzel. n. 20. —

Abel L.: Garten-Architektur. 2. Aufl. Wien 1876 92 S. Fig. Fol.

— Garten-Architektur. Mit 198 Illustr., nach Handzeichngn. d. Verf. Photozinkogr. v. C. Haack. 2. (Titel-) Ausg. Fol. (VIII, 92 S.) Wien 891. A. Lehmann. Kart. n. 12. —

— die Gartenkunst in ihren Formen planimetrisch entwickelt. Für die k. k. Gartenbau-Gesellschaft in Wien entworfen u. gezeichnet. Mit 25 (photolith.) Taf. nach Handzeichnungen des Verfassers. gr. 4. (21 S.) Wien 878. Lehmann & Wentzel in Comm. n. 7. —

Abel, Loth., Gartenkunst u. gärtnerisches Planzeichnen. 2., umgearb. Aufl., erweit. durch Ausführgn. üb. städt. Pflanzgn, Parkanlagen, Thiergärten u. Glashäuser v. Alfr. Reinhold. gr 4. (25 Taf. m. 2 Bl. Text) Nebst Textheft. gr. 8. (III, 79 S. m. 140 Fig.) Wien 898. C. Graeser. In Mappe n. 9. —

— der gute Geschmack. Ästhet. Essays. gr. 8. (VII, 368 S. m. 129 Abb.) Wien 895. A. Hartleben. n. 8. —; geb. n 10. —

— das kleine Haus m. Garten. Praktische Winke bei dem Baue v. kleinen Landhäusern, Villeggiaturen u. Cottages in Verbindg. m. Gartenanlagen. Als Lösg. der modernen Wohnungsfrage. gr. 8. (VII, 92 S. m. 76 Abbildgn.) Wien 893. A. Hartleben. n. 3. —; geb. n. 4. —

Abel, L., die Kunst in ihrer Anwendung auf den Grundbesitz. Eine Darstellg. der wichtigsten Kunstregeln bei allen Verbessergn. u. Verschönergn. der Landgüter. Mit 186 Abbildgn. gr. 8. (VIII, 431 S.) Wien 889. Hartleben. n. 8. —

— Die Praxis des Baumeisters. — Wien, Pest, Leipzig: Hartleben 1896. VIII,213 S. 300:89.027–B. 89.
1.2426

— Das gesunde, behagliche und billige Wohnen. Mit 79 Abb. Wien, Pest, Leipzig: Hartleben 1894. VIII,352 S.
12:Pol. civ. 1g. 300:87.061–B. 6.
1.2427

— Das elegante Wohnhaus. Eine Anleitung, Wohnhäuser aussen und innen mit Geschmack zu erbauen und auszustatten. — Wien, Pest, Leipzig: Hartleben 1890. VI,327 S.
1:Ny 7156/30. 300:40.086. 82. 83. 89.
1.2428

Abel, Ludov., s. A b e l , Christian.Guil. Ludov.

Abel, Ludwig: De Abû Mihgan poeta Arabico ejusque carminibus.... Lugduni-Batavorum, E. J. Brill, 1887; 1 Bl.+37 S.+1 Bl. 8°. Berlin, Phil. Fak., Inaug.-Diss. v. 4. Jun. 1887.

— u. H. Winckler, Keilschrifttexte z. Gebrauch bei Vorlesungen. Fol. (IV, 100 S.) Berlin 890. [Spemann] G. Reimer. n. 15. —

Abel, Ludw., die sieben Mu'allakât, s.: Sammlung v. Wörterverzeichnissen als Vorarbeiten zu e. Wörterbuch der alten arabischen Poesie.

Abel, L., d. Thontafelfund v. El Amarna, s.: Mittheilungen aus den oriental. Sammlungen der kgl. Museen in Berlin.

Abel Ludwig, Violinschule. I. II. Köln

Abel, M., s. a. A a b e l , Marie

Abel, M.: Erinnerung an das Maifest . . .,s. S c h l e t t e r e r (Komp.)

Erinnerungen von dem Erwins-Fest zu Steinbach am 31. Aug. 1845. Seinen Freunden und Bürdern liebevoll dargebracht von von ihrem treu verb.·. Ord.·.Br.·. M. Abel. Heidelberg im Dez. 1845. Heidelberg 1845: Adlon. 16 S. 8° [Umschlagtit.]

Abel, M., 122 Rezepte f. Mehlspeisen, Kaffee- u. Thee-gebäck, sow. Torten, Kuchen u Pudding unt. Anwendg. v. Kaiser-Back-Pulver. 8. (32 S.) Regensburg 898. C Stahl. n. — 30

Abel, Max, Zahnarzt aus Hamburg. Beiträge zur Kenntnis der Regenerationsvorgänge bei den limicolen Oligochäten. Mit 3 Taf. u. 2 Fig. im Text. *Marburg 1902: (Breitkopf & Härtel in Leipzig).* (76 S.) 8° (Aus: Zeitschr. f. wiss. Zool., Bd 73, H. 1.)
Marburg, Phil. Diss. v. [12. Jan.] 1903

Abel, Max, die Buchführung d. photographischen Händlers. Ein Handbuch f. den prakt. Gebrauch. (60 S.) 8. Berlin 910. Union, Zweigniederlassg. 1. 80

Abel, Max, Unter d. Standarte d. Garde-Husaren. Kriegs-Erinnergn. 8. (VI, 264 S.) Berlin 897. F. Dümmler's Buchh. n. 3 —; geb. m. Goldschn. n. 4. —

Abel, Mich. Friedr.

Abel, Mch. Fr., observationes juris nonnullae. 8 maj. Würzb. 788. Stahel. 5 ϗ

— Mich. Friedr. (Würzburg). De rescissione transactionis tam in genere, quam in specie respectu laesionis enormis. Diss. jur. Erlangen (Kunstmann) 18. X. 1785. 50 S. (5.80) 18
Gew.: Carl Albert Fürst z. Hohenlohe-Waldenburg u. Schillingsfürst, Franz. Sigism. Adalb. Freih. v. u. z. Lehrbach.

— de rescissione transactionis tam in genere, quam in specie resp. laesionis enormis. 4. Erlang. 786. Palm. 4 ϗ

Abhandlung über eine besondere Klasse algebraisch auflösbarer Gleichungen. Von N[iels] H[enrik] Abel. ⟨1829.⟩ Hrsg. von Alfred Loewy. *Leipzig: W. Engelmann 1900.* (50 S.) 8°
— Klassikor, Ostwald's, d. exakten Wissenschaften. No 111. {oo. 9436 2

Abel, N. H. u. E. Galois, Abhandlungen üb. die algebraische Auflösung der Gleichungen. Deutsch hrsg. v. H. Maser. gr. 8. (VIII, 155 S.) Berlin 889. Springer. n. 4. —

Abel, Niels Henrik. Ein Brief an Edmund Jacob Külp, hrsg. v. Carl Størmer. (Videnskabs-selskabets skrifter.) (8 S.) Lex.-8. Christiania 903. (J. Dybwad.) n.n. — 50

Abel, Niels Henrik, mémorial publié à l'occasion du centenaire de sa naissance. (XIII, 119; 135, 61, 64, 59 u. II S. m. Abbildgn., 2 Taf. u. 6 Fksms.) 4. Kristiania 902. Leipzig, B. G Teubner. n. 21. —

Abel, N. H., Oeuvres complètes, avec des notes et développements, redigées par ordre du Roi, par Prof. etc. B. Holmboe. II Tomes Contenant les oeuvres de l'auteur qui n'ont pas été publiées auparavant. gr. in-4. Christiania 839. Gröndahl. (Leipz., Kummer.) n. $26^2/_3$ ₰

Abel, Niels Henrik, oeuvres complètes. Nouvelle édit. publiée aux frais de l'état Norvégien par L. Sylow et S. Lie. 2 tomes. gr. 4. (VIII, 621 u. 341 S.) Christiania 881. (Leipzig, Teubner.) n. 24. —

Abel, N. H., Untersuchungen über die Reihe $1 + \frac{m}{1} x + \frac{m.(m-1)}{1.2} \cdot x^2 + \frac{m.(m-1).(m-2)}{1.2.3} \cdot x^3 + \ldots$, s. a. Ostwald's, W., Klassiker d. exakten Wissenschaften.

— Untersuchungen über die Reihe: $1 + \frac{m}{1} x + \frac{m \cdot (m-1)}{1 \cdot 2} \cdot x^2 + \frac{m \cdot (m-1) \cdot (m-2)}{1 \cdot 2 \cdot 3} \cdot x^3 + \cdots$ '⟨1826.⟩' Von N.H.Abel. Hrsg. v. A[lbert] Wangerin. — Leipzig: Engelmann 1895. 46 S. (Ostwald's Klassiker d. exakten Wissenschaften. 71.)
1:Lf 23200–71. 12:Var.354t–71. 2. 3. 4. 5. 6. 8. 10. 11. 82. 83. 85. 89.
1 2453

— — 1. unveränd. Abdr. Leipzig: Akad. Verl.-Ges. 1921. 46 S.
9.
1 2454

Abel, O., s. A b e l , Heinrich Friedrich Otto

– s. A b e l , Othenio

– s. A b e l , Otto

Abel, Othenio, s.: Abstammungslehre, Die.

Abel, O., die Anpassungsformen d. Wirbeltiere an das Meeresleben, s.: Vorträge des Vereines zur Verbreitung naturwissenschaftl. Kenntnisse in Wien 48. Jahrg. 14. Heft.

— Bau u. Geschichte d. Erde. Mit 226 Textfig. u. 6 Farbentaf. u. Karten. (VIII, 220 S.) gr. 8°. Wien 909. F. Tempsky. — Leipzig, G. Freytag. Geb. 4. 50

— Cetaceenstudien. I. u. II. Mitteilg. gr. 8. Wien, A. Hölder. 1. 55
I. Das Skelett v. Eurhinodelphis Cocheteuxi aus dem Obermiozän v. Antwerpen. (13 S. m. 1 Taf.) 909. — 60.
II. Der Schädel v. Saurodelphis argentinus aus dem Pliozän Argentiniens. (18 S. m. 1 Fig. u. 1 Taf.) 909. — 95
Sonderabdrucke aus „Sitzungsber. d. k. Akad. d. Wiss."

Abel, Othenio: Cetaceenstudien. 3 . Mitteilg: Rekonstruktion d. Schädels v. Prosqualodon australe Lyd. a. d. Miozän Patagoniens. (Aus: „ Sitzungsber. d. k. Akad. d. Wiss.") (19 m. 3 Taf.) gr 8°.– Wien, A. Hölder 1912.

Abel, Othenio: Üb. d. Erwerb d. Flugvermögens, s.: Vorträge d. Vereines z. Verbreitg. naturwissenschaftl.Kenntn. in Wien.

Abel, O., Über einen Fund von Livatherium giganteum bei Adrianopel. [Aus: Sitzungsber. d. k. Akad. d. Wiss, mathem.-naturw. Klasse.] Gr.-8°. (ill. 23 S.) † K —.80
Prag: Urbánek 1905

Abel, O., über e. Fund v. Sivatherium giganteum bei Adrianopel. (23 S. m. 3 Fig u. 1 Taf.) gr. 8. Wien 904. (A. Hölder.) n. — 80

— Allgemeine Geologie. Bau u. Geschichte d. Erde u. ihres Lebens. Für die 8. Klasse d. Realgymnasien u. f. die 7. Klasse der Realschulen. (X, 227 S. m. 202 Abbildgn. u. 8 farb. Taf. u. Karten.) gr. 8. Wien 910. F. Tempsky. — Leipzig, G. Freytag. Gb. i. Lnw. 4. —

Abel, Othenio: Allg. Geol. Bau u. Gesch. d. Erde u. ihres Lebens. Für d. 7. Kl. d. Realschule. (146 m. Abb., 6 farb. Taf. u. Ktn.) gr 8°.– Wien: F. Tempsky 1912.

Abel, Othenio: Grundz. d. Palaeobiol. d. Wirbeltiere. (15, 708 m. m. Abb.) gr8°.– Stuttg., E. Schweizerbart 1912.

— zwei neue Menschenaffen aus den Leithakalkbildungen des Wiener Beckens. (37 S. m. 2 Fig. u. 1 Taf.) gr. 8. Ebd. 902. n. — 80
2 Sonderabdrucke aus: „Sitzungsber. d. k. Akad. d. Wiss."

— u. A. Himmelbauer, Mineralogie u. Geologie f. die 5. Klasse der Gymnasien. Mit 281 Abbildgn., 2 farb. Karten u. 1 farb. Taf.: Ideales Landschaftsbild Nordamerikas aus der oberen Jurazeit. (104 S.) gr. 8. Wien 910. F. Tempsky. Geb. in Leinw. 3. —

— Die Morphologie der Hüftbeinrudimente der Cetaceen. (57 S. m. 56 Fig.) 31,5×24,5 cm. Wien 907, (A. Hölder.) 5. 80
Sonderabdruck aus „Denkschr. d. k. Akad. d. Wiss."

— Die Rekonstruktion des Diplodocus, s. a. Abhandlungen der k. k. zoolog.-botan. Gesellschaft in Wien. V. 3.

Die Rekonstruktion des Diplodocus. Von O[thenio] Abel. Mit 3 Taf. u. 5 Textfig. Jena: Fischer 1910. 59 S. 4°(8°)
(Abhandlungen d. K. k. Zool.-bot. Gesellschaft in Wien Bd 5, H. 3) [10. 6498 4

— Die Sirenen der mediterranen Tertiärbildungen Österreichs. Von O. Abel. — Wien: K.K. Geol. Reichsanst.; Lechner in Komm. 1904. VI, 223 S., 7 Taf. (Abhandlungen d. K. K. Geol. Reichsanstalt. 19, 2.)
1:2° Mf 1785-19,2. 12:4° Lith. 1-19,2.
300:393.557-D. Per. 19,2. 2. 4. 7. 10.
1.2473

Abel, Othenio: Die Stammesgeschichte der Meeressäugetiere. Von O. Abel. — Berlin: Mittler 1907. 36 S. (Meereskunde. 1,4.)
1:Hz 14850 1,4. 12:Phys. sp. 453 um-1.
300:454.815-B. Per. 1,4. 7. 11. 83.
1.2475

Kritische Untersuchungen über die paläogenen Rhinocerotiden Europas. Von O[thenio] Abel. Mit 2 Taf. Wien: K. k. Geol. Reichsanst.; Lechner in Komm. 1910. 52 S. 2°(4°)
(Abhandlungen der K. k. Geolog. Reichsanstalt. Bd 20, H. 3) [11. 4393

ABEL, O.
Untersuchungen über die Fossilen Platanistiden des Wiener Beckens von O. Abel. (Mit 4 Tafeln und 1 Textfigur.) Besonders abgedruckt aus dem LXVIII Bande der Denkschriften der mathematisch-naturwissenschaftlichen Classe der kaiserlichen Akademie der Wissenschaften. Wien. 1899. In Comm. Gerold's Sohn. 4°. 36 S. fl. 2.20

— die Ursache der Asymmetrie des Zahnwalschädels. (17 S. m. 1 Taf.) gr. 8. Wien 902. (A. Hölder.) n. — 90
Sonderabdruck aus: „Sitzungsber. d. k. Akad. d. Wiss."

— Das Zeitalter der Reptilienherrschaft, s.: Vorträge des Vereines zur Verbreitung naturwiss. Kenntnisse i. Wien 49. Jhrg. 15. Heft.

Ἀβελ, Ὀθῶν., ἡ μέχρι Φιλίππου ἀρχαία ἱστορία τῆς Μακεδονίας. Μεταφράσθεισα ὑπὸ Μαργαρίτου Γ. Δημίτσα. gr. 8. (XX und 317 S.) Leipzig 860, (Teubner.)

Abel, Otto, s. a. A b e l, Heinrich Friedrich Otto

Abel, Otto, s. Lang, Wilh. Von und aus Schwaben.

Abel, Otto, aus München: **Studien zu dem gallischen Presbyter Johannes Cassianus.** *München 1904: C. Wolf & Sohn.* (61 S.) 8°
Erlangen, Phil. Diss. v. 13. Juli 1903

Abel, Otto. Studien zu dem gallischen Presbyter Johannes Cassianus. 1904. 61 S. 8.
Progr. Kgl. Progymn. *Schäftlarn* 1905.
I. Zur Heimatsfrage Cassians. II. Cassians Quellen und sein Fortleben. III. Cassian als Stilist.

Abel, P., s. A b e l, Paul

Abel, P. J., s. Sammlung mehrstimmiger Schullieder.

Abel, P. S., (Heinr. Ph. Petri,) deutl. Anleit., wie öffentl. Erleuchtungen auf eine am wenigsten kostspielige Art veranstaltet werden können. 8. Berl. 814. Hayn. 4 gl.

Abel, Paul, aus Großberndten: Veraltende **Bestandteile** des mittelhochdeutschen Wortschatzes. *Erlangen 1902: F. Junge.* (38 S.) 8°
Erlangen, Phil. Diss. v. 11. Dez. 1902

Abel, Paul v. 1879: Militärischer Dienst-Unterricht für einjährig Freiwillige, Reserve-Offizier-Aspiranten und Offiziere des Beurlaubtenstandes der Feld-Artillerie. Bearb. v. Abel u. [Albert] Dilthey. — Berlin: Mittler 1879. X, 451 S.
1:Hw 31340.
1 2479

— — 2. neu bearb. Aufl. Ebd. 1884. 1:Hw 31340[a].
1 2480

— — Auf Veranlassung der Kgl. General-Inspektion der Feld-Artillerie. Militärischer Dienst-Unterricht ... Bearb. v. Abel. 3. gänzl. umgearb. Aufl. — Ebd. 1889. VI, 411 S.
4. Aufl. s. *Abel* Handbuch. 1:Hw 31340[2].
1 2481

Abel, v., Gefechtskalender nebst Armee-Listen, Personen- u. Truppen-Verzeichnis f. das brdb.-preuß. Heer 1656—1688, s. a. Militär-Wochenblatt 1907. 11. Beiheft.

Gefechtskalender nebst Armee-Listen, Personen- und Truppen-Verzeichnis für das Brandenburgisch-Preußische Heer 1656–1688. Hrsg. von [Paul] v. **Abel**, Gen.Lt. z. D. Berlin: E. S. Mittler & Sohn 1907. (S. 399–457.) 8° [Umschlagt. F.]
— Militär-Wochenblatt. 1907, Beih. 11. [07. 16180

Abel, v., Handbuch f. die Einjährig-Freiwilligen rc. der Feld-Artillerie, s. a. Wernigk.

— Mit Genehmigung des Kgl. Preuß. Kriegs-Ministeriums. Handbuch für einjährig Freiwillige, Reserve-Offizier-Aspiranten und Offiziere des Beurlaubtenstandes der Feld-Artillerie. Bearb. v. Abel. 4. umgearb. Aufl. — Berlin: Mittler 1890. VII, 445 S.
1.-3. Aufl. s. *Abel*. Militärischer Dienstunterricht.
1:Hw 31340[4].
1.2483

Abel, Paul: Zur Kenntnis orthosubstituierter Arsine und Phosphine. Rostock 1909: Boldt. 76 S. 8°
Rostock, Phil. Diss. v. 28. Juli 1909, Ref. Michaelis, Stoermer
[Geb. 28. Sept. 80 Putbus; Wohnort: Rostock; Staatsangeh.: Preußen; Vorbildung: Realgymn. Rostock bis M. 98, pharm. Staatspr. 05; Studium: München 1, Rostock 9 S.; Rig. 26. Juli 09.] [U 10. 3934

Abel, P. Die Rechtsgemeinschaft im Patentrechte. Wien 1904

Abel, v, Stammliste der königl. preußischen Armee. Auf Grund amtl. Materials bearb. (VI, 402 S.) 8. Berlin 905. E. S. Mittler & Sohn. n. 5. —; geb. n. 6. —

Abel, Paul, System des österreich. Markenrechts. Ausgezeichnet m. e. Preise der Dr. Leopold Anton u. Marie Dierl'schen Preisaufgabenstiftg. (XVI, 445 S.) gr. 8. Wien 908. F. Deuticke. 10. —

Abel, R., s. a. A b e l, Rudolf

Abel, R., Gemüsebau, s. Tafeln, landwirthschaftliche.

Abel, Rudolf
Abel, Rud.: Ueb. einfache Hülfsmittel zur Ausführung bacteriolog. Untersuchgn. i. d. ärztl. Praxis. gr. 8. (32 S.) Würzburg 899. A. Stuber's Verl. — 50

— — Einfache Hülfsmittel zur Ausführung bakteriologischer Untersuchungen. Von R. Abel u. M[artin] Ficker. 2. Aufl. Würzburg: Kabitzsch 1909. 57 S.
3. Aufl. s. *Ficker*, Martin Einfache Hülfsmittel zur Ausführung bakteriol. Untersuchungen. 1921.
1:Ik 10847[2]. 12:Path. Oye. 2. 3. 5. 7. 10. 11.
1.2487

Abel, Rud., s.: Mitteilungen a. d. kgl.Prüfganst.f. Wasserversorgg. u. Abwässerbeseitigg. zu Berlin. – Vierteljahrsschrift f. gerichtl. Medizin.

— bakteriologisches Taschenbuch, enth. die wichtigsten techn. Vorschriften zur bakteriolog. Laboratoriumsarbeit. 10. Aufl (VI, 119 S.) kl. 8. Ebd. 906. Geb. in Leinw. u. durchsch. n. 2. —
9. Aufl. (VI, 117 S.) Ebd. 905. n. 2. —.

— Bakteriologisches Taschenbuch, enth. d. wichtigsten techn. Vorschriften z. bakteriolog. Laboratoriumsarbeit. 10. Aufl. — Würzburg: Stuber 1906. VI,119 S.
1:Ik 10785^{10}. 12:H.nat. 1 bk.
1 2488

— — 11. Aufl. Ebd. 1907. VI,120 S. 12:H.nat. 1 bl.
1 2489

— — 12. Aufl. Würzburg: Kabitzsch 1908. VI,122 S.
12:H. nat. 1 bm.
1 2490

— — 13. Aufl. Ebd. 1909. VIII,130 S.
1:Ik 10785^{13}. 12:H. nat. 1 bn.
1.2491

— — 14. Aufl. Ebd. 1910. VI,136 S. 12:H. nat. 1 bo. 10.
1.2492

— Taschenbuch für den bakteriologischen Praktikanten, enth. die wichtigsten techn. Detailvorschriften zur bakteriolog. Laboratoriumsarbeit. 3. umgearb. Aufl. von [Hugo] Bernheims Taschenbuch. — Würzburg: Stuber 1894. VI, 56 S. 12:H. nat. 1 b. 9.
1.2500

— — 4. Aufl. Ebd. 1898. VIII,98 S. 12:H. nat. 1 bd. 5.
1.2501

— — 5. Aufl. Ebd. 1900. VIII,106 S. 12:H. nat. 1 be.
1.2502

— — 6. Aufl. Ebd. 1901. VI,111 S.
1:Ik 10784^{6}. 12:H. nat. 1 bf.
1.2503

— — 7. Aufl. Ebd. 1903. VI,108 S. 12:H. nat. 1 bg.
1.2504

— — 8. Aufl. Ebd. 1904. VI,114 S. 12:H. nat. 1 bh.
1 2505

— — 9. Aufl. Ebd. 1905. VI,117 S. 12:H. nat. 1 bi.
1 2506

Abel, Rud., Die Vorschriften z. Sicherg. gesundheitsgemässer Trink- u. Nutzwasserversorgg. (6, 133) gr8°.– Berl., R. Schoetz 1911.

Abel, Rudolf *Valentin Ludwig* [aus Frankfurt a O.]: Ein Fall von Pseudohermaphroditismus masculinus. ... Greifswald, Druck v. J. Abel, 1890; 35 S. 8°
Greifswald, Med. Fak., Inaug.-Diss. v. 20. Dez. 1890

Abel, Dr. Sa. Der Untergang des Longobarden-Reiches in Italien. (127) 8. Göttingen 1859. 2,00.

Abel, Sigurd, Jahrbücher des fränkischen Reiches unter Karl dem Großen. 1. Bd.: 768—788. gr. 8. (XVI und 542 S.) Leipzig 866, Duncker und Humblot. *
Vgl.: Jahrbücher der deutschen Geschichte.

Abel, Sigurd, Jahrbücher des fränkischen Reiches unter Karl dem Großen, fortgesetzt von Bernh. Simson. 2. Bd.: 789—814. Auf Veranlassung Sr. Maj. des Königs von Bayern hrsg. durch die historische Commission bei der königl. Akademie der Wissenschaften. gr. 8. (XII, 650 S.) Leipzig 888, Duncker und Humblot. *
1. Bd. Ebendas. 1866. *ℳ 12.

Abel, Sigurd, Jahrbücher des Fränkischen Reiches unter Karl dem Großen. 1. Bd.: 768—788. 2. Aufl., bearb. von Bernh. Simson. Auf Veranlassung Sr. Maj. des Königs von Bayern hrsg. durch die histor. Commission bei der königl. Akademie der Wissenschaften. gr. 8. (XVI, 698 S.) Leipzig 888, Duncker und Humblot. *
2. Bd. Ebendas. 1883. *ℳ 14.—.

Abel, Sigurd, der Untergang d. Langobardenreiches in Italien. Göttingen, 859. Vandenhoeck & Ruprecht. gr. 8. (127 S.) n. 20 ngr

Abel, Wenzel, Currentschriften. 6 Blatt qu. 4. Wels, Haas. *1864*

— Lateinschriften. 6 Blatt. qu. 4. Ebds. *1864*

Abel, Wilhelm, Stabsarzt aus Quedlinburg: **Die Torsion des Samenstranges.** *Straßburg i. E. 1904: C. Müh & Co.* (44 S.) 8°
Straßburg, Med. Diss. v. 1904

Abel, Woldemar. Geschichtlicher Ueberblick über die Resectionen des Kniegelenkes vom Jahre 1856 bis 1863. Diss. Dorpat 4° 64 pp 1864

Abel-Musgrave, C., s. Abel, Curt

Abel-Musgrave, C., s. Morel, E. D.

Abela, Carl, Choralbuch für Schulen, zwei- und dreistimmig bearbeitet; nach dessen Tode vervollständigt und herausgeg. von L. Thieme. qu. gr. 4. Halle 842, Buchhandlung des Waisenhauses. 1/3 ß

Abela, Carl, Choralbuch f. Schulen, zwei- u. dreistimmig bearb.; nach dessen Tode vervollständ. u. hrsg. v. L. Thieme. qu. gr. 4. (11 B.) Halle 843, Buchh. des Waisenhauses. *

Abela, Carl, Sammlung zwei-, drei- u. vierstimmiger Lieder z. Gebrauche beim Gesangunterrichte in Schulen. Zunächst für d. Schulen in Frankens Stiftungen herausg. 1s Hft. 3e, verb. u. verm. Aufl. qu. 4. Leipz. 837. Hartknoch. 5/12 ß 4e verb. u. verm. Aufl. qu. 4. Ebd. 839. 5/12 ß 2s Hft. 2e, verb. u. verm. Aufl. qu. 4. Ebd. 837. 5/12 ß

— Sammlung zwei-, drei- und vierstimmiger Lieder zum Gebrauche beim Gesangunterrichte in Schulen. Zunächst für die Schulen in Franckens Stiftungen herausgegeben. 1. Heft. 5. u. 6. unveränd. Aufl. qu. 4. Leipzig 843 u. 845, Hartknoch. 5/12 ß — 2. Heft. 3. Aufl. qu. 4. Ebend. 842. (à) 5/12 ß

Abela, Carl, Sammlung zwei-, drei- u. vierstimmiger Lieder zum Gebr. beim Gesangunterrichte in Schulen. Zunächst. für die Schulen in Franckens Stiftungen hrsg. 1. Hft. 7. unveränd. Aufl. (Ster.-Ausg.) qu. 4. (VIII u. 120 S.) 2. Hft. 4. Aufl. qu. 4. (IV u. 108 S.) Leipzig 852 u. 49, Hartknoch. (à 5/12 ß) 5/6 ß

Abela, Carl, Sammlung zwei-, drei- und vierstimmiger Lieder zum Gebrauche beim Gesangunterrichte in Schulen. Zunächst für d. Schulen in Francke's Stiftungen herausgegeben. 1 Heft. 8. unveränderte Aufl. (Stereot.-Ausg.) Leipzig 856. Hartknoch. qu. 4. (4 Bl., 120 S.) — 2. Heft. 5. Aufl. Ebend. 854. — 6. unveränd. (Stereot.-Ausg.) Ebend. 857. (2 Bl., 108 S.) à 12½ ngr

Abela, C., Sammlung 2-, 3- u. 4-stimmiger Lieder zum Gebrauche beim Gesangunterrichte in Schulen. Zunächst für die Schulen in Francke's Stiftungen herausg. 1. Hft. 10. unveränd. Aufl. [Ster.-Ausg.] Leipzig, 861. Hartknoch. qu. 4. (VIII, 120 S.) 12½ ngr

Abela, Carl, Sammlung zwei-, drei- u. vierstimmiger Lieder zum Gebrauche beim Gesangunterrichte in Schulen. Zunächst f. die Schulen in Francke's Stiftungen. 1. Hft. 11. unveränd. Aufl. Stereot.-Ausg. Leipzig 868. Hartknoch. qu. 4. (VIII, 120 S.) 12½ ngr

Abela, Carl, Sammlung zwei-, drei- und vierstimmiger Lieder für Schulen. 2. Heft. 9. unveränd. Aufl. Ster.-Ausg. qu. 4. (IV, 108 S.) Leipzig 872, Hartknoch. *

Abela, Carl, Sammlung 2-, 3- und 4stimmiger Lieder zum Gebrauche beim Gesangunterrichte in Schulen. Zunächst für die Schulen in Francke's Stiftungen hrsg. 1. Heft. 12. unveränd. Aufl. Ster.-Ausg. qu. 4. (VIII, 120 S.) Leipzig 875, (Hartknoch.) Wartig's Verlag.

Abela, Carl, Sammlung zwei-, drei- u. vierstimmiger Lieder f. Schulen. 2. Hft. 10., unveränd. Aufl. [Ster.-Ausg.] qu. 4. (IV, 108 S.) Leipzig 882. Wartig's Verl. 1. 25

Abela, Carl, Sammlung zwei-, drei- u. vierstimm. Lieder zum Gebrauche beim Gesangunterrichte in Schulen. 1. Hft. 13. Aufl. [Ster.-Ausg.] qu. 4. (IV, 120 S.) Leipzig 885. Wartig's Verl. 1. 25

Abelard
— der neue, od. Briefe zweier Liebenden; aus d. Engl. 4 Bde. 8. Leipz. 780. (Gleditsch). 3 ß

Abelard, der vermeinte, od. die Empfindsamkeit auf d. Probe; aus d. Engl. 8. Leipz. 781. Schwickert. 10 gr

Abelard, Pierre, s. a. Abailard

– s.a. Abeillard

— s. auch J. Berrington.

— u. Heloisens zärtl. Briefwechsel. 8. Leipz. 783. Compt. f. Lit. 9 gr

— u. der Heloise Geschichte u. Briefe; aus d. Engl. (v. J. G. Müchler). 8. Berl. 755. Voß. 6 gr

Abeldemus üb. Natur, Forum u. Macht d. Glaubens; e. Vers. f. denk. Leser jedes Standes u. jedes Glaubens. *Zerbst*, Kummer. 830. gr 8° 9 gr

Abele, s. A b e l e , Karl

Abele, Carl August

Abele, C. A., Cannstatt als Kurort. Kurze Notizen über seine Brunnen, Bäder, Heilanstalten und Heilobjekte. Mit 1 Ansicht von Cannstatt in Stahlstich u. 1 topograph. Karte der Umgegend von Cannstatt. gr. 8. Stuttgart 844, Becher u. Müller. 1 1/8 ℳ

Abele, D. J. M. v., s. A b e l e , Johann Martin v.

Abele, Hyacinth, Erinnergn. an e. großen Münchener Tonmeister aus alter Zeit, u. Versuch e. Darlegung d. histor. Entwicklungsganges d. Streichinstrumentenbaues. (VIII, 46 u. 9 u. Musikbeilage 4 S. m. Abb.) gr. 8. München 910. L. Finsterlin. 1. 20

Abele, Hyacinth, die Violine, ihre Geschichte u. ihr Bau. Nach Quellen dargestellt. Mit (10) lith. Abbildgn. u. 1 musikal. Beilage. Neuburg a./D., 864. Prechter. 8. (VIII, 195 S.) 22 ngr.

Abele, Hyacinth, die Violine, ihre Geschichte u. ihr Bau. Nach Quellen dargestellt. Mit (9) lith. Abbildgn. u. e. musikal. Beilage. 2. verm. u. verb. Aufl. gr. 8. (VIII, 159 S.) Neuburg 874. Prechter. n. 3. —

— [Mitarb.] Volkslieder. In Bayern, Tirol u. Land Salzburg gesammelt. 1884 s. *Hartmann*, August.

— [Mitarb.] Historische Volkslieder und Zeitgedichte vom 16.-19. Jahrhundert. 1907-13 s. *Hartmann*, August.

— [Mitarb.] Volksschauspiele. 1880 s. *Hartmann*, August.

Abele, J., s. A b e l e , J. A. S.

Abele, J. A. S., griechische Denkwürdigkeiten u. die k. baier. Expedition nach Hellas. gr. 12. Mannh. 836. Löffler. 1 ℳ

Abele. Johann Martin v.

– s. B r i e f e , Leichte nützliche, auf alle . . . Fälle.

– s. C r a m e r , J. U. v.: Acad. Reden.

Abele, Johann Martin v.: Ueber Teutschland [Deutschland]: Kaisertodesfall, Trauer, Reichsvikarien, Wahltag, Wahlkapitulation, Wahl, Krönung, Gerechsame des teutschen Kaisers. [Verf.: Johann Martin von Abele.] — Kempten & Leipzig: Kösel 1790. VI,240 S.
1:Gw 685. 12:J. publ. G.804 [u.] 805.
300:22.063 n. 2.
1.2522

– s F e u e r o r d n u n g der St. Kempten.

— über die Geschichte des Kanzlei- u. Archivwesens, besonders der Reichsstädte. 4. Kempten 798. Dannheimer. 2 gr

Abele, J. M. v. (Hrsg.), s. a M a g a z i n , Historisch- und statistisches...

(v. Abele, J. Mt.): Magazin f. Kirchenrecht und Kirchengeschichte. *Lpz.*, Weygand. 778—79. 2 St. 8. (1 Thl. 2 Gr.)

Abele, J. M., Magazin für Kirchenrecht u. Kirchengeschichte, 2 Stcke. 8. Ulm, Wohler. 778. 779.

– s. R a y n a l , W. Th.: Philos. und polit. Geschichte . . .

– s. R o b e r t s o n , W.: Geschichte K. Karl V.

– s. S a m m l u n g merkw. Staatsschriften

– s. S a m m l u n g merkw. Verordn. wegen Diebstähle . . .

[—] Tragney-Ordnung der Reichsstadt Kempten für die Trager der Unmündigen, d. Unsinnigen u. Rasenden, Taubstummen, Verschwender u. Abwesenden, so wie für d. Beystände d. ledigen u. verwittibten Frauenspersonen. — Kempten 1799: Dannheimer. 160 S.
1:Gn 6848. 12:J. germ. 54/1. 4. 7.
1.2523

(v. Abele, J. Mt.): Vom Verhältnisse der Magistr. u. Bürgerl. in Reichsstädten u. besonders d. Gerechtsamen d. Bürger in Ansehung des Stadtregiments u. seiner Theile. *Leipzig*, Weygand. 780. 8.

— Versuch über das deutsche Staatsrecht ꝛc., s. a. Deutschland, Kaisertodesfall ꝛc.

— Versuch über das teutsche Staatsrecht während eines Zwischenreichs ... Aus den besten Quellen geschöpft u. aus der Geschichte erl. — Kempten: Kösel 1792. 424 S.
12:J. publ. G.2. 300:1636. 3. 5. 10.
1.2524

Abele, D. J. Mt. v., Vers. über d. deutsche Staatsr. währ. ein. Zwischenreichs. 8. Leipz. Köhler, (Dannheimer in Kempten). (Haslinger in Linz). 792.

Abele, Just., wohlgelaunter Doctor juris, das ist: Juristische Kurzweil in mancherlei Schwänken und Ränken, lustigen Rechtshändeln und seltsamen Historien. Für übelgelaunte Raths- u. Staatsherren, Advokaten, rechts- u. unrechtskundige Bürgermeister, Sekretarii und sämmtl. Staatshämorrhoidarii. Augsburg, 859. Rieger. 16. (XVI, 319 S.) 21 ngr.

Abele K, neue allgemeine Bauordnung für das Königreich Württemberg. Handausgabe mit Erläuterungen. (279 S) Saulgau 1895

Abele, Karl, Amtmann Secretär d. Stadtschultheissenamts Stuttgart: Weiträumiger Städtebau und Wohnungsfrage. Darstellung u. Kritik der auf Einführung weiträumiger Bauweise im Städteerweiterungsgebiet gerichteten Bestrebungen. *Stuttgart: W. Kohlhammer 1900.* (72 S.) 8°
Tübingen. Staatswiss. Diss. v. 1900
(Nicht für den Austausch)

Abele, Karl August, s. A b e l e , Carl August

Abele, Ludwig [app. Arzt aus Konstanz]: **Zur Methode der Flammentachographie** ... Freiburg i. B., F. Wagner'sche Buchdr., 1892; 39 S., 2 Taf. 8.
Freiburg i. B., Med. Fak., Inaug.-Diss. v. 1892

Abele, Marie, neuestes Stuttgarter Kochbuch. Eine Auswahl der bewährtesten Koch-Recepte f. die bürgerliche Küche gesammelt u. geprüft. Stuttgart 870. Grüninger. 8. (XI, 155 S.) n. 18 ngr.; cart n 21 ngr.

Abele, Matthias, s. A b e l e von und zu L i l i e n b e r g

Abele, Thdr. Ant., der Senat unter Augustus, s. a. S t u d i e n zur Geschichte u. Kultur des Altertums. I, 2.

Abele, Theodor Anton: Der Senat unter Augustus. Paderborn 1907: F. Schöningh. (79 S.) 8°

Straßburg, Phil. Fak., Ref. Neumann, Diss. v. 28. Juli 1906

[Geb 14 Juli 79 Marktlustenau. Ob.-Krailsheim, Württemberg; Wohnort: Straßburg i. E.: Staatsangeh.: Württemberg; Vorbildung: Gymn. Landshut (Bayern) Reife Sommer 99; Studium: Theol München, Tübingen, Würzburg, zus 7, Phil. Tübingen, Straßburg, zus. 7 S]

Abele, Wilhelm [Prof. Dr.]: **Die antiken Quellen des Hans Sachs.** I. Cannstatt, L. Bosheuyer's Buchdr., 1897; 1 Bl., 58 S. 4.
Cannstatt, RA, P 1897 (618)

Abele, Wilhelm, Prof. Dr.: Die antiken **Quellen** des Hans Sachs. 2. (Schluss.) *Cannstatt 1899: L. Bosheuyer.* (S. 59—136.) 4° ¶ [Schluss d. P-Beil. 1897.]
Cannstatt, RA, P 1899 (632)

ABELE, Matthias, von und zu Lilienberg aus Steier, Bergwerksbeamter und Ober-Secretär im Land Steyr, seit 1652 Mitglied der fruchtbr. Gesellsch. („der Entscheidende"), Doktor beider Rechte und Hof-Historicus, schrieb Anekdoten in Proceßform, hin und wieder eingeschaltete Gedichte. — Metamorphosis telae judiciariae, Das ist: Seltzame Gerichtshändel. Lintz 1651. 8°.
Neue Ausgaben: Nürnberg 1655. 8°; ebd. 1661. 8°; ebd. 1668. II. 8°; ebd. 1684. II; ebd. 1705. II. 8°. Mit 2 Frontisp. (8 Mk. Jacques Rosenthal, München, c. 1903); ebd. 1712. II. 8°. (Goedeke, 2. Aufl. III. p. 265, 10.) (8 Mk. J. Halle, München, c. 1905.)

— — Metamorphosis telae judiciariae, das ist seltzame Gerichtshändel und darauf erfolgte Bescheid und End-Urtheil. Zsgetr. durch Matthiam Abele. Th. [1.] 2. — Nürnberg: Endter 1654–58.

— — Zum 7. Mal gedr. Th. [1.] 2. Nürnberg: Michahelles & Adolph 1705. **8. 10.**
1.2538

— — Zum 8. Mal gedr. (Th. 1.) 2. Nürnberg: Adolph 1712.
1: Yt 8823. **12:** Decis. 4c. **2. 8.** 7[=2]. **9.**
1.2539

Abeler, Anna, Mirjam in der Tempelschule. Religiöses Schauspiel in 3 Akten. (48 S.) kl. 8. Münster (908). Alphonsus-Buchh. — 50

Abeles Alfred: De ellipsi verbi substantivi Liviana. H. 1891 PN 666

Diss. Wien, Univ.

Abeles, Armin, Reden (Exhorten) bei d. Jugendgottesdienst f. Mittelschulen, in d. Synagogen der isr. Cultusgemeinde Wien geh. Nebst Antrittsrede. gr. 8. (61 S.) Frankfurt a/M. 900. J. Kauffmann. n. — 85

Abeles, Arnold, Beitrag zur Kenntniss der Anthrachinonfarbstoffe. Diss. gr. 8. (39 S. m. 1 Taf.) Heidelberg 891. (J. Hörning.) n. — 80

Abeles, Gustav

Abeles, Gust., Die Hyperplasie d. Rachentonsille u. d. adenoiden Vegetationen d. Nasenrachenraumes, s. a. Bibliothek, medicinische, f. prakt. Ärzte.

Abeles, Gustav: Die Hyperplasie der Rachentonsille und die adenoiden Vegetationen des Nasenrachenraumes. — Leipzig (1897). (Medizinische Bibliothek f. prakt Aerzte. 136.138.) **6.**
1.2548

Abeles, Gust., die Nasenspülungen, ihre Anzeigen u. Gegenanzeig. gr. 8. (32 S.) Halle 902. C. Marhold. n. — 80
Sonderabdruck aus: „Sammlg. zwangl. Abhandlgn. a. d. Geb. d. Nasen- etc. Krankh."

Abeles, Gust., die laryngo- u. rhinologischen Untersuchungsmethoden, s.: Bibliothek, medicinische, f. prakt. Ärzte Nr. 139/41.

Abeles Ludwig: „Die natürliche Tochter" von Goethe. 1892 PN 741

Diss. Wien, Univ.

Abeles, M., üb. Secretion aus der überlebenden durchbluteten Niere. [Aus dem Laboratorium E. Ludwig's.] [Aus „Sitzungsber. d. k. Akad. d. Wiss."] Lex.-8. (12 S.) Wien 883. (Gerold's Sohn.) n.n. — 25

· **Abelesz**, Armin [aus Oedenburg]: Die syrische Uebersetzung der Klagelieder und ihr Verhältniss zu Targum und LXX ... Privigye, Verl. d. Vfs. — Druck v. M. Knöpflmacher, Wien, 1895; 43 S. 8.
Giessen, Phil. Fak., Inaug.-Diss. v. 1895

Abeljanz, Bier, s.: Bericht üb. Gruppe 25 der schweizerischen Landesausstellung Zürich 883.

Abeljanz, H., s. a. Abeljanz, Haruthiun

Abeljanz, H., Leitfaden f. die qualitative chemische Analyse, s.: Städeler-Kolbe.

Abeljanz, Haruthiun, über den Bigloräther. Inaugural-Dissertation vorgelegt der h. philos. Facultät der Universität Zürich. 41 Stn. 8. Zürich, Druck v. Zürcher & Furrer. 1872

Abelin, Carl Pet. (Blekinge) P. Ovidii Nasonis heroid. epistola quae inscribitur Penelope Ulyssi Suethice reddita. Pr. Joh. Gust. Ek. Lund (Carl Fr. Berling) 1836. 10 S. (3.—) 19
Gew.: Anders Melander.

Abelin, H. A., die Rose u. ihre physikalisch-diätetische Behandlung, s. a. Bücherei, freie hygien. Nr. 11.

Abelin, H. A.: Die Rose. Übers. von [Karl] Boden. — Leipzig: Boden 1905. 7 S. (Freie hygienische Bücherei. 11.) **8.**
1.2560

Abelin, Johann Philipp

— Joh. Lud. Gottfridi Historische Chronica oder Beschreibung der fürnemsten Geschichten, so sich von Anfang der Welt biß auff das Jahr Christi 1619 zugetragen.
Auffs neue getr. o.O. 1710. 1185 S.
Nebent: Gottfridus, Joh. Lud.: Historische Chronica der vier Monarchien von Erschaffung der Welt biss uff unsere Zeiten.
12: 2° Chron. 33. **300:** 51 Q 9. **5. 11.**
1.2580

— — Johann Ludwig Gottfrieds Historische Chronick oder Beschreibung der merckwürdigsten Geschichte, so sich von Anfang der Welt bis auf das Jahr Christi ... zugetragen. Verb. u. mit Reg. vers. Th. 1–3. — Franckfurt a. M: Hutter 1743–59.
1. Bis auf das Jahr Christi 1619. 1743.
2. Fortges. histor. Chronik ..., so sich v. A. 1618 bis zu Ende d. J. Chr. 1659 zugetragen. 1745.
3. Fortges. histor. Chronik ..., so sich v. A. 1660 bis zu Ende d. J. Chr. 1750 zugetragen. 1759.

1–3. 1: 2° Px 8653. **12:** 2° Chron. 34. **300:** 1–3 = 8334 [u.] 2.3 = 51 E 14. **6. 7.**
2 . . . . **9.**
2.3 . . . . **5.**
1.2581

— Historische Chronica der vier Monarchien von Erschaffung der Welt biss auff unsere Zeiten. 1710 s. *Abelin:* Historische Chronica oder Beschreibung der fürnehmsten Geschichten.

Abelin, Katharine Marie: Ode auf Friederich den Grossen. — Dat. Halberstadt 28. May 1758. 8 S.
1: 8 in Yl 5310.
1.2593

Abelin, S.: Der augenblickl. Stand d. bakteriolog. Choleradiagnose, s.: Arbeiten a. d. Instit. z. Erforschg. d. Infektionskrankh. in Bern, Schürmann.

ABELINDA (ps.), Curieuser Frauenzimmer-Roman, oder Liebes-Assemblée, wo jedwede Dame und Cavalier ihre glück- und unglückliche Begebenheit in dem Pallast der Amour erzehlet und von einer (!) derselben Mitgliede heraus gegeben —. Leipzig, Heydler, 1703. 12°. 12 Bogen. Von grösster Seltenheit!
Das Leipziger Neujahrs-Mess-Verz. hat Bl. C 2a die Adresse: Jena b. Joh. Bielcken.

Das Nibelungenlied und seine Literatur. Eine Bibliogr. u. 4 Abhandlungen von Theodor **Abeling**. [Nebst] Suppl. Leipzig: Avenarius 1907–09. 8°
(Teutonia. H. 7 u. 7, Suppl.) [illegible]

Deutsche Stenographie ... Nach d. gegenwärt. Stande d. stenogr. Wissenschaft aufgestellt von Theodor **Abeling**. Th. 1. *Pankow: F. Abeling 1902.* 8° [Umschlagt. 8.] [illegible]

Abélis, Marianne, Sors tua mortalis . . . (94 S.) 8. Wien (908). P. Knepler. 1.50

Abelit, Der, s. a. Ahlwardt, Peter

Abelit, d., eine moral. Schrift. gr. 4. Greifsw. Mylius W. 746.

Abelit, Der. Leipzig: auf kosten eines Mitgliedes 1746. 66 S. 4°
Kl. 3697 u. 3697 b.

Abelius, Heinrich Kaspar, s. Abel, Heinrich Caspar

Abell, Lucie Elisabeth, Erinnerungen an Napoleon während der ersten 3 Jahre seiner Gefangenschaft auf St. Helena. Aus d. Engl. von Wilh. Ad. Lindau. Nebst 2 Ansichten. 8. Dresden u. Leipzig 844, Arnoldische Buchh. 1 ₰

— Erinnerungen an Napoleon auf St. Helena. Aus d. Engl. von Dr. Ernst v. Bursian. Mit einer Ansicht der Insel. kl. 8. Leipzig 844, Brauns. 5/6 ₰

Abell, Robert Duncombe, B. Sc. ⟨Wales⟩, A. I. C. aus Sandbach ⟨Engl.⟩: Über die Kondensation von Aethylphenylketon mit Benzaldehyd und Benzoësäure-Aethylester und eine Synthese des Triphenyldimethylcyclopentans. *Leipzig 1902: Thalacker & Schöffer.* (46 S.) 8°
Leipzig, Phil. Diss. v. [10. Juli] 1902

Abelle: Oratorio. — Monaco 1734:Riedlin. 39 S.
Text ital. u. franz. 12:Bavar. 4015-XXXV,4.
1.2613

— — Bonna:Rommerskirchen 1736. 69 S.
Text ital. u. franz. 5.
1.2614

Abelli, L(udw.), s. A b e l l y , Louis

Abellino der furchtbare Bandit. Eine Geschichte aus Venedig's Vergangenheit. Reutlingen 869. Enßlin & Laiblin. 8. (64 S. m. Holzschn.) 2 ngr.

Abellino, der furchtbare Bandit. Eine Geschichte aus Venedigs Vergangenheit. gr. 16. (64 S.) Reutlingen 874. Enßlin & Laiblin. — 20.

Abelly, Louis

Corona anni christiani sive meditationes praecipuarum et majoris momenti veritatum Evangelii Domini nostri Jesu Christi in singulos anni dies juxta officii ecclesiastici ordinem distributae. Per Ludovicum Abelly. Ex idiomate Gallico septies impr. in Latinum translatae à Joanne Risse. Aucta per authorem multis meditationibus pro spirituali secessu servientibus. P.1–4. — Coloniae Agr.:Haisch 1732. 1:Er 3556. 6.
1.2627

Abelli, L., Corona anni sancti. 4 Tom. 8. Kölln, Haas u. S.

***Abelly,* Ldw., Episcopal. sollicitudinis enchiridion. 8. Constanz 782. (Doll in Augsb. auch Wolff). 21 Kr**

— — Kron des christlichen Jahrs ... Beschrieben durch Ludovicum Abelli. Aus d. Frantz. ins Teutsche übers. Nebst e. Vorr. u. Reg. Raymundi Duellii. Halbj.1.2. — Wien: Monath 1727. 2.
1.2625

— Crone des christl. Jahrs, od. tägl. Betracht. gr. 8. Wien, Monath. N. 735.

Abelly, L., Krone des christlichen Jahres. Oder Betrachtungen über die Hauptwahrheiten d. Evangeliums für alle Tage d. Jahres nach der Ordnung d. Kirchenjahres u. der Kirchengebete. Nach der neuesten verm. u. verb. Aufl. d. französ. Orig. bearb. von e. kathol. Geistlichen. 2 Bde. Regensburg 864. Manz. 32. (1316 S.) 1 Th

Abelly, L., das Leben des heil. Vincenz von Paul, s. S c h u l e, die, des geistlichen Lebens.

Abelly, Louis: Medulla theologica ex sacris scripturis, conciliorum pontificumque decretis et sanctorum patrum ac doctorum placitis expressa.
— Ed. novissima seu 14. aucta. P.1.2. Coloniae Agr.: Metternich 1705. 12:Dogm.7. 300:9 M 8. 2. 4.
1.2643
— Ed. novissima seu 15., de novo em. P.1.2. Augustae Vind.:Rieger 1754.
1.2 . . . . 6.
1 . . . . 300:15.001-B. 2.
1.2644
— Ed. nova. P.1.2. Ratisbonae 1839.
12:Dogm.7c. 2. 102.
1.2645

— medulla theologica ex sacris scripturis, conciliorum pontificumque decretis et ss. patrum ac doctorum placitis expressa in qua quidquid, tum ad fidei mysteria sane ac recte intelligenda et ab erroribus quibusvis secernenda, tum ad sacramenta debite conficienda et ministranda, tum ad actiones humanas juxta divinae legis normam dirigendas spectare potest, facili ac compendiaria methodo explicatur. II partes. Edit. novissima. Regensburg, 859. Manz. 8. (1289 S.) 2 Th 5 ngr.

— Sacerdos christianus seu ad vitam sacerdotalem piè instituendam manuductio.
— Ed. 4., nunc denuo revisa. Cum ind. partium et capitum. — Augustae Vind.:Rieger 1754. 416 S. 7.
1.2651

A b e l l y, Ludov., Sacerdos christianus, s.a. B i b l i o t h e c a ascetica.

Abelly, M. Lud., sacerdos christianus seu manuductio ad vitam sacerdotalem pie instituendam, in qua quidquid ad christiani sacerdotis mores et actus debite componendos, juxta sacrorum Canonum normam et sanctorum Patrum doctrinam requiritur; breviter dilucide, et quam maxime ad praxim accommodate proponitur. Edidit Michael Sintzel. 18 maj. Solisbaci 844, de Seidel. 1 ß

— — alte Urkunden der Kirche von der besondern Andacht d. Christen gegen die heil. Jungfrau Maria. Aus dem Lateinischen. 8. Augsb. 1787. N. Doll. 1 fl.

— alte Urkunden der Kirche von der besondern Andacht der Christen gegen die Mutter Gottes Maria. Aus der heil. Schrift, den Kirchenversammll., Vätern u. Geschichtschreibern der Kirche. 8. Augsb. 787. Doll. (Landsh., Krüll). 16 Kr

— — Nachtrag dazu. 8. Ebend. 787.

Abelli, Ludw., die Verehrung der heiligsten Jungfrau Maria durch alle Jahrhunderte, nachgewiesen aus den Urkunden der Kirche; nebst einem praktischen Unterricht über diese Andacht. Nebst einem Anhange, enthltd.: Meß-, Beicht-, Kommunion- und andere Gebete zu Ehren des heiligsten Herzens Mariä. Aus dem Französ. (von Anton Siebert.) Schaffhausen, 1854. Hurter. 8. (IX, 349 S.) 15 ngr.

Abelly, (M.) Lud., s. A b e l l y , Louis

Abelmann, Lehr- u. Lernbüchlein f. den ersten Geschichtsunterricht, s.: D e t t m e r, H., u. G. B a a c k e.

Abelmann, Friedrich

Abelmann, F.: deut. Synonymik. 8°(256).– Lpzg. 1854. (Cob., Sendelbach.)

Abelmann, Friedr., deutsche Synonymik oder kurz und klar gefasstes Handbuch der deutschen sinnverwandten Wörter. Leipzig 854. Wengler. 8. (256 S.) n. 20 ngr.

Abelmann, M., üb. die Ausnutzung der Nahrungsstoffe nach Pankreasexstirpation, m. besond. Berücksicht. der Lehre v. der Fettresorption. Inaug.-Diss. gr. 8. (80 S.) Dorpat 890. (Karow.) n. 1. 50

Abel's, Otto, Lebensbild, s.: L a n g, W., von und aus Schwaben.

Abel's Opfer, od. Auswahl christkatholisch. Andachtsübungen. 8. Wien, Rehm. Rthlr.

Abel's Opfer oder Auswahl christkathol. Andachtsübungen. 8. Wien (Wimmer). 12 Kr

Abels, A., Giganten der Vorwelt unter besond. Berücksicht. der Zeitgenossen des Urmenschen. Mit Titelbild gez. v. Eug. Dubois, nebst 9 Taf. u. 2 Abbildgn. im Text. (45 S.) 8. München 906. A. Reusch. 1 —

Abels, B., s.: T h e k l a s, Frau, Zukunftspläne.

Abels, Hermann. 1887: Beobachtungen der täglichen Periode der Temperatur im Schnee und Bestimmung des Wärmeleitungsvermögens des Schnees als Function seiner Dichtigkeit. — St. Petersburg 1892. (Repertorium f. Meteorologie. 16,1.)
1:4° Mv 2265-16,1. 12:4° Phys. sp. 199n-16. 7. 10.
1.2668

Abels, Hermann. 1887: [Izměrenija, deutsch] Messungen der Dichtigkeit des Schnees im Winter 1890–1891 in Katharinenburg. Von H. Abels. — St.Petersburg 1892. (Repertorium f. Meteorologie. 15,2.)
1:4° Mv 2265-15,2. 7. 10.
1.2671

Abels, Hermann (Hrsg.), s. R a t g e b e r für Landwirtschaft.

Abels, Hermann (Hrsg.), s. R a t g e b e r, Praktischer, für Landwirtschaft.

Abels, Hugo, prakt. Arzt aus Bonn: Aus d. chirurg. Klinik. Über Geschwülste der Bauchdecken. *Bonn 1902: J. Bach Wwe.* (29 S.) 8°
Bonn, Med. Diss. v. 11. Okt. 1902

Abels, Jacob [aus Leudersdorf]: Über angeborene Missbildungen der Hand. Bonn: Buchdr. Jos. Bach Wwe., 1889. 29+1 S. + 1 Bl. 8°
Bonn, Med. Fak., Inaug.-Diss. v. 11 März 1889

Abels, K., der Kirchenschrank, s.: Schütz. K. H.

— der Teufelsbanner, s.: Schils. Nat. Hub.

Abels, L. (W.), s. A b e l s , Ludwig W.

Abels, Lucy, **aus gallischen Gärten. Auswahl französ. Lyrik in autoris. Übertragg.** (67 S.) kl. 8. Berlin (907). Concordia. 1.—; geb. 1. 60

Abels, Ludwig W.

Abels, Ludw. W., Alt-Wien. Die Gesch. seiner Kunst. M. 4 Heliograv. u. 36 Vollbildern. (170 S.) 8. Berlin (909). Marquardt & Co. 6.—; geb. 7. 50

Abels, Ludwig (Red.), s. I n t é r i e u r, Das.

Abels, Ludw. W., s.: Kunstwelt, die.

Abels, Ludwig (Red.), s. N a r r e n s c h i f f, Das.

Abels, Ludw., Aus d. Schule d. Liebe. Novellen. 8. (VIII, 215 S.) Berlin 897. C. Duncker. n. 3. —; geb. n. 4. —

Abels, P., d. Seelenverkäufer, s.: Volksbibliothek, neue.

Abelsdorff, s. A b e l s d o r f f, Walter

Das Auge des Menschen und seine Gesundheitspflege. Von Dr. med. Georg **Abelsdorff,** Privatd. Leipzig: B.G.Teubner 1907. (VI, 90 S.) 8° [ℌ.]
— Natur, Aus, u. Geisteswelt. Bdch. 149. [07 10318

Abelsdorff, Georg [aus Berlin]: (Aus d. Univ.-Frauen-Klinik zu Berlin.) Beitrag zu den Störungen der Nachgeburtsperiode .. Berlin, Buchdr. v. Goedecke & Gallinek. *1891,* 63 S., 1 Bl. 8°
Berlin, Med. Fak., Inaug.-Diss. v. 4. Aug. 1891

Abelsdorff, Walter

Abelsdorff W, Beiträge zur Sozialstatistik der deutschen Buchdrucker. (66 S) (Volkswirtschaftliche Abhandlungen IV, 4) Freiburg 1900

Abelsdorff, Walter. Assist. bei d. Hamburgischen Gewerbe-Inspektion: **Beiträge** zur Sozialstatistik der deutschen Buchdrucker. *Hamburg 1899: Verlagsanst. u. Druckerei.* (42 S.) 8° (Erscheint vollst. u. erweitert in: Volkswirtschaftl. Abhandlungen d. Badischen Hochschulen.)
Heidelberg, Phil. Diss. v. 1899

Beiträge zur Sozialstatistik der Deutschen Buchdrucker. Von Dr. phil. **Walter Abelsdorff.** Mit e. Vorbemerkung von Max Weber. Mit vielen Tab. *Tübingen & Leipzig: J. C. B. Mohr 1900.* (XV, 66 S.) 8°
[Erschien in kürzerer Fassung als phil. Diss. v. Heidelberg 1899.]
=Abhandlungen,Volkswirtschaftliche, d. Badischen **Hochschulen.** Bd 4, H. 4. [00. 11378

Abelsdorff, W., Die Mitwirkung von Aerzten im Dienste der englischen Gewerbeaufsicht. 8°. Berlin, Allgem. med. Verlagsanst., 1910. (Bibliothek f. soc. Medizin, Nr. 4.)

Abelsdorff, Walt., die Wehrfähigkeit zweier Generationen m. Rücksicht auf Herkunft u. Beruf. (VI, 76 S.) Lex. 8. Berlin 905. G. Reimer. n. 2.—

Abelspies, J. F. Carl, die Mandoline. Eine kurze Abhandlg. über die Geschichte u. die verschiedenen Arten der Mandoline, zur Belehrg. f. Mandolinspieler verf. gr. 8. (7 S.) Trier 891. P. E. Hoenes. —30

Abelzhauser, Bened., Manuductio ad divinae Scripturae studium. 1709, 8°.

Abenceragen u. Zegris, Ballet in 4 Akten. Wien 807. Wallishausser. 24 kr.

Abend, Der. – Berlin: 1891 - 1919.
(mit T a g ver.).

Lesezirkel Hottingen, Zürich. Dritter litterarischer Abend: Zur Erinnerung an Klaus Groth (1819—1899). Montag den 7. und Mittwoch den 9. Januar 1901.... (Programm [und Gedichte. — Mit 1 Illustration].) 32 S. 8. Zürich, Fritz Amberger.

Lesezirkel Hottingen, Zürich. Dritter litterarischer Abend: Leo N[ikolaiewitsch] Tolstoi. Montag den 6. Januar 1901 [*d. i.* 1902].... [Mit Porträt.] 42 S. 8.

—ein, bei meinem Freunde. Zum Besten für die, durch den Tod an der Cholera in Straßburg älternlos gewordenen Kinder. 8. Marienwerder 832. Baumann. 12 gr.

Abend, ein, bei meinem Freunde. Inhalt: Theobald, e. Sage d. Vorzeit. — Die Gegenwart. — Eine philosophische Abhandl. in Briefen. — Wiedersehen nach d. Tode. 8. Marienwerder 832. (Baumann.) 1/2 Rthlr.

Der Fröhliche Abend des 20. Febr. 1801 in Nürnberg. 5 Darstellungen betr. die Veranstaltungen anläßlich des Friedens zu L ü n e v i l l e. Daneben 2spalt. Gedicht „Freuden des Friedens" von J. K e l l n e r. Gleichzeit. Kupfer von zwei Platten gedruckt. J. K e l l n e r fec. Nürnberg. Qu.-Fol. Drugulin 5770. 18.—

Abend, Ein, im Gasthofe zum weissen Ross in Querfurt oder funkelnagelneues Gespräch usw., gehalten d. 27. Okt. d. Jahres 1813. O. O. u. J. [Leipzig 1813.] V: *Hinz, M.* Vgl. Max Perls XXVII. Aukt.-Kat. 1912, Nr. 361. (DARP)

Abend, Geselliger, mit Schwestern der Loge Ferdinand zum Felsen den 19. Jan. 1907. [Hamburg 1907.] 4 Bl. 8° [Umschlagtit.]

Abend, Hallo's glücklicher. 2 Theile. Leipzig 1785. V: *Sintenis, Christian Friedrich.* (EE) 1783. (Ky) Frankfurt und Leipzig 1786. (BrMm)

Abend, ein, im berliner Handwerker-Verein. Ein Genrebild nach d. Leben v. C. S. 8. (2 1/8 B. u. 1 col. Federzeichn.) Leipzig 846. [Berlin, Leop. Schlesinger.]

Abend, ein, im Berliner Handwerker-Verein. Ein Genre-Bild nach dem Leben v. C. S. Mit 1 color. Federzeichnung. 8. Leipzig 846. Röhrmann's Verlags-Exped. (Berlin, Reichardt u. Comp.) 1/4 Rthlr.

Der heilige Abend. Ein kurzes kirchl. Weihnachts-Fest-spiel. — Weissenfels: Lehmstedt [1892]. 11 S.
1: Ys 26921. 3.
1 2695

Abend, e., im Cabaret zum hungrigen Pegasus. gr. 8. (32 S. m. Abbildgn.) Berlin (901). C. Messer & Co. n. 1.—

Abend, e., im Cabaret z. hungr. Pegasus. (32 m. Abb.) 8°.– Berl. Berl. Zeitschriften-Vertrieb 1901.

Abend d. Lebens. Vollständiges Gebet- u. Andachtsbuch f. das hohe Alter. Hrsg. v. e. Priester d. Bisth. Ermland. 24. (IV, 528 S. m. 1 Stahlst.) Dülmen 882. Laumann. n. 1. —; geb. von n. 1. 50 bis n. 10. —

EIN Abend aus dem Leben eines Junggesellen. O. O. u. J. (ca. 1903). 8°.
Verb. d. Ldg. I Berlin 2 F. M. 40/04.

— der letzte, auf der Ostburg. Histor. Novelle. Nach d. Schwed. v. C. Eichel. 3 Thle. 8. Leipz. 840. Kollmann. 4 Rthlr.

Abend, Ein, in der Loge [Zum gold. Zepter]. Breslau o.J. Grass, Barth & Co. 2 Bl. 8° [Kopftit.]

Abend, ein lustiger, im Fort, s. Nach dem Zapfenstreiche.

Aus Abend und Morgen: Jan 1884 - 1911?
Semi monthly, then monthly. Organ of Freunde des Reiches Gottes. Sub-title: Zeitschrift zur Belehrung über die wichtigsten Fragen der Gegenwart. Edited & published by John A. Sorg, by Philip Paulo
Buffalo, NY

Abend, der, des Morgenländers, Schauspiel in 5 Aufz. v F. C. W. Meyer. 8. Altona. Hammerich. 817.

— der, im Posthause, Lustspiel vom H. Clauren. 8. Dresden Arnold. 817.

Abend, ein, im weißen Roß zu Querfurth, oder neues Gespräch über die jüngsten Welthändel, gehalten d. 27. Oct. 1813. 8. Leipz. 814. Rein. 6 gr.

Ein Abend im Schauspielhause zu Altona. Hamburg 1825. 8°. (8 Mk. 50 Pfg. G. Priewe, Heringsdorf, 1907.)

Abend, d. stürmische. Schauspiel in 1 Akt. 8. Wien 803. Wallishausser. 5 gr.

Der Abend im Untersuchungs-Gefängniß. (Unterz.: F. L.) [Gedicht auf Sylvester Jordans Haft im Marburger Schloss.] — Marburg: Garthe 1840. 4 S.
1:Yn 11013. 4.
1.2697

Abend, Der, im Walde, Operette. Weimar 1774. H: *Heermann, Gottlob Ephraim* (Ky)

— der, im Walde, Operette (von Glo. Ephr. Heermann). 8. Weimar 774. Hoffmann. 6 gr.

Abend, Ludwig, die Behandlung des Syphilis durch subcutane Injectionen von Hydrargyrum oxydulatum nigrum. Diss. Würzburg 1887, Stahelsche Univ.-Buchh. 8°. 32 S.

Abend, Ludwig [approb. Arzt u. Assistenzarzt aus Kaiserslautern]: Die Behandlung der Syphilis durch subcutane Injectionen von Hydrargyrum oxydulatum nigrum .... Würzburg, K. Univ.-Druck. v. H. Stürtz, 1887; 32 S. 8°.
Würzburg, Med. Fak., Inaug.-Diss. v. 1887.

Abend, Paul: Spiritualismus. Lehre vom Geist durch d. Medium Anna Abend. — Berlin: Selbstverl. 1909. 141 S.
1:N 15.1758.
1.2698

— Hochaktuell. Vortrag von Paul Abend. 1. Erklärungen über die Lehre vom Geist. 2. Das Medium Anna Abend und die Gegner. 3. Wer ist gerecht!!! — (Berlin) 1910 (:Schlosser). 15 S.
1:Na 10978/4.
1.2699

ABEND-ANDACHT zur heiligen Mutter Anna in der Bürgerspitals-Kirche zu Pressburg. Pressburg 1859. Druck v. Alois Schreiber. 8 f. - 8°

ABEND-ANDACHT während der Anna-Octav in der heil. Anna-Kapelle im Dome. Preßburg 1854: Druck v. A. Schreiber. 15 S. - 16°
- Dass. Preßburg 1864: Druck v. A. Schreiber. 15 S. - 130 mm
- Dass. Preßburg 1873: Druck v. C. Angermayer. 16 S. - 8°

ABEND-ANDACHT an den Festen und Octaven der Kreuzauffindung und Kreuzerhöhung und am Vorabende des Allerseelentages in der Friedhofskirche zu Pressburg. Pressburg 1864: Alois Schreiber. 24 S.

Abendandacht f. die Frohnleichnamsoctav. Auch zum Gebrauche beim Stundengebete. 8. (15 S.) Soest 852, Nasse. n. 1 1/3 ngr

Abend-Andacht zur christl. Gedächtniss-Feier aller verstorb. Gläubigen. Veranstaltet von dem *Marianischen Musik-Bündnisse* in der königl. Damenstiftskirche zu St. Anna. München 1844. Gedr. in der Pössenbacher'schen Buchdr. 12°. 16 S. Cart.

Abendandacht. — Liturgische Abendandacht zur dreihundertjährigen Gedächtnisfeier des Dahinscheidens Philipp Melanchthonis gehalten am 19. April 1860 in der Domkirche zu Königsberg. — Königsberg 1860: Böhmer. 2 Bl.
1:0.
1.2701

Abend-Andacht zum Troste der armen Seelen im Fegfeuer, wie sie in der Pfarrkirche zu Jülich in der Allerseelen-Octave u. an den vier Sonntagen, welche der 5. im Monat sind, abgehalten wird. — Jülich: Schirmer o. J. 13 S.
1:Dt 2764.
1.2702

Abendandachten e. Frauenzimmers (v. Johanne K. Morgenstern). Mit e. Vorrede v. C. C. Sturm. 8. Hamb. 781.

Abendandachten eines Frauenzimmers, mit einer Vorrede Herrn Pastors Sturm in Hamburg. Hamburg 1781. V: *Morgenstern-Schulze, Johanna Catharine geb. Brömmen.* (ML)

Abendandachten für christliche Haushaltungen. Von einem Laien. Bern 850. Heuberger. 8. (VI, 100 S.) 7 1/2 ngr

Abendandachten f. d. Karwoche. Eine Beigabe z. Magnificat. Hrsg. im Auftrag des hochw. Hrn. Erzbischofs v. Freiburg. (42 S.) 16. Freiburg i/B. 903. Herder n. — 10

Abend-Andachten, bestehend in sieben Litaneien zur öffentl. u. häusl. Erbauung für Jedermann, von G. B. S. 2. Aufl. 8. Straubing 841, Schorner'sche Buchh. 1 3/4 ngr

Abendandachten, bestehend in 7 Litaneien zur öffentl. u. häusl. Erbauung f. Jedermann v. G. B. S. 3. Aufl. 8. (32 S.) Straubing 847, Schorner. 1/12 rf

— neue, auf alle Tage im Jahre (v. J. Chr. Seyfert). 2 Thle. gr. 8. Leipz. 784. 2e Aufl. 787. 3e Aufl. 8. Ebend. 793. N. Aufl. 805. (Altona, Aue). 1 rf 8 gr Schreibp. 1 rf 16 gr

Abend-Anzeiger: Jahrgang 1—78, no. 121, Oct. 31, 1835—Apr. 30, 1912.

Weekly, Oct 31, 1835—Oct. 1842?; tri-weekly, Oct. 1842—1845, daily, Jan 5, 1846—Apr. 30, 1912 [evening except Sunday, Jan. 5, 1846—Apr. 1848, morning except Sunday, Apr. 18, 1848—1898, evening except Sunday, 1899—1912] Independent, with Democratic tendencies (radical under the 48ers), 1835—1870?, Democratic, 1871—75, Independent, 1876—1912. Suspended Feb. 5—Oct.? 1863. Title varies: DEUTSCHER ANZEIGER DES WESTENS, Jahrgang 1, no. 1—3, Oct. 31—Nov. 13, 1835, ANZEIGER DES WESTENS, Nov. 20, 1835—Jan. 1863?; NEUER ANZEIGER DES WESTENS, Oct.?—?1863 (for a few months only); ANZEIGER DES WESTENS; 1863?—Oct.? 1898, ABEND-ANZEIGER, Oct ? 1898—Apr. 30, 1912. There are other slight variations in title, as frequency varies, moreover, in 1858, and perhaps in other years, it was known as TÄGLICHER ANZEIGER DES WESTENS; usually, the edition, and "Time of day" were indicated in sub-title, as "Tägliche Ausgabe", "Abend-Blatt." The ANZEIGER was widely known as a great newspaper. No issues have been found, but an English edition was established in July 1853 and continued to about July 1854
For weekly edition, see WÖCHENTLICHER ANZEIGER DES WESTENS. For Sunday edition, see WESTLICHE BLÄTTER. For special edition, see DER SALON For tri-weekly edition, see ZWEIMAL-WÖCHENTLICHER ANZEIGER DES WESTENS. For Country edition, see ABEND-ANZEIGER: LANDAUSGABE.

Edited & published by Heinrich Christian Bimpage & J. B. von Festen, Oct 31—Nov. 1835; by Heinrich Christian Bimpage, Dec 1835—Feb 1836, edited by Wilhelm Weber, & published by Heinrich Christian Bimpage, Mar. 4, 1836—Apr 22, 1837, edited & published by Wilhelm Weber, Apr 29, 1837—1844; by Wilhelm Weber & Arthur Olshausen, 1844—Mar. 8, 1850; by Arthur Olshausen, Mar. 1850—Apr. 1851; by Heinrich Bornstein & Dr W Gepp, Apr. 22, 1851—Jan ? 1863, by Karl Dänzer [Dänzer was editor-in-chief], Oct ? 1863—1875; published by Anzeiger Association, 1875—98, by German-American Press Association, 1898—1912. Editor-in-chief Karl Dänzer, 1875—June 7, 1898 Associate editors Wilhelm Palm, Oct. 18, 1842—Feb. 21, 1843, Karl L. Bernays, 1850?—1857, Karl Dänzer, May 14, 1854—1857?; Dr Georg Engelmann, August Siemering, Wilhelm Merck, Georg Hillgärtner, 1860—1862?; A Löhr, J Rittig, Fr Herold; Heinrich Binder; Ernst Kargau; Ernst Schierenberg; Curt Heinfelden, 1877—1879?
Circulation: 1870, 4000 (est.), 1880, 9600; 1890, 14,800; 1900, 28,500; 1905, 31,740; 1910, 30,000.
St. Louis, MO

Abend-Anzeiger: Landausgabe: 1904?—1912.

Daily, evening except Sunday, Country, or "Landausgabe" edition of ABEND-ANZEIGER. Circulation: 1905, 41,452.

St. Louis, MO

Kantonales [bernisches] Gesangfest in Biel 1902. Abendaufführung: Das Volkslied im Kanton Bern. ⟨In fünf Bildern mit Gesang und Tanz und einem Schlussakt.⟩ [Textheft.] 15 S. 8. Biel, C. Schweizer & Cie, 1902. V Bern

Abendbetrachtungen eines Frauenzimmers auf alle Tage des Jahres. Magdeburg 1783. V: *Morgenstern-Schulze, Johanna Catharine geb. Brömmen.* (ML) (Ky)

Abendbetrachtungen e. Frauenzimmers auf alle Tage des J. (v. J. K. Morgenstern). 2 Thle. 8. Magdeb. 783. (W. Nauck in Leipz.) 1 rf 8 gr

Abendbetrachtungen e. Frauenzimmers a. alle Tage d. J. 2 Theile. 8. Magdeb. Schüb; (Sommer in Leipz.) 783.

Abend-Betrachtungen, moralisch-philosophische, in Vorlesungen auf jeden Tag des Jahrs. Ein Haus- u. Familienbuch für aufgekl. Christen. Als ein wicht. Beitrag zur Bildung u. Veredlung des menschl. Geistes. (Von Dr. Bague.) 4 Bde. Jan.—Dez. gr. 8. Frankf. a. M. 838. Döring'sche Buchh. 2 1/3 rf

Abendbibliothek für die elegante Welt, herausg. von Karl Wunster u. a. 16—46 Bdchn. gr. 8. Bunzlau 830—32. Appun. à 12 gl. 2 ᴙß

Abendbibliothek für d. elegante Welt. Herausg. v. Karl Wunster. 56 Bdchn. A. u. d. T.: Rosen u. Dornen. Erzähl. aus d. Nachlaß einer Dame, mitgetheilt v. Louise Appun. 1/2 ᴙß 66 Bdchn. A. u. d. T.: Stolz und Reue. Familiengemälde von Louise Appun. — Die Heimkehr, v. Marie Constanze. 1/2 ᴙß 8. Bunzlau 833, 34. Appun. 1 ᴙß

Abendblatt. Eine Zeitung für das gesellige Leben auf das Jahr 1807. Nr. 1–104.
Leipzig: Joachim 1807. 4°
ℭ Auch u. d. T.: Zeitung für die Toilette und das gesellige Leben.

Abendblatt, eine belehrende und unterhaltende Wochenschrift. Leipzig 1810. H: *Bergk, Joh. Adam.* (Nr. 1—20) (MGT) (Ky)

Abendblatt, eine Monatschrift für 1810. (v. J. A. Bergk.) 12 Hefte. 8. Leipzig, Richter. 2 ᴙß

Abendblatt. Eine Monatsschrift für 1811. H. 1–12.
Leipzig: Richter 1811.

Abendblatt. Herausgeber und Redacteur Prof. C. Courtin. 1. Jahrg. 1842. 104 Numm. (1/2 Bogen.) gr. 8. Stuttgart, Etzel. 1 3/8 ᴙß

Abendblatt. Hrsg. u. Redact. C. Courtin. 1. Jahrg. 1842. 101 Nrn. (1/2 Bog.) gr. 8. Stuttgart, [Rommelsbacher].

Abendblatt des Clevelander Anzeiger : 1890?—1892?
Evening edition of CLEVELANDER ANZEIGER
Cleveland, OH

Abendblatt und Pfälzischer Anzeiger. – Kaiserslautern: 1888-1889.
Vorh. u. d. T.: V o l k s z e i t u n g, Pfälzische.
Fortges. u. d. T.: V o l k s z e i t u n g , Pfälzische.

Abendblatt fur die Arbeiter Zeitung : 1895– April 12, 1902.
Daily Yiddish
New York, NY

Breslauisches Abendblatt. Nr. 1–25.
Breslau: Graß u. Barth 1811.
ℭ Vgl. Klawitter, S. 41, Nr. 136.

Abendblatt, Breslauisches. – Breslau: 1811 - 1812.

Abendblatt, Düsseldorfer. – Düsseldorf 1816 - Juni 1818.

Abendblatt, Leipziger. – Leipzig: 1848.

Abendblatt für allerley Leser. [Hrsg.: Friedrich La Coste.] H. 1–24.
Riga 1815–16.

Abendblatt des Pesther Lloyd. Verantwortlicher Redakteur: Karl Weißkircher. Schnellpressendruck von Emil Müller. Verlag der Pesther Lloyd-Gesellschaft. Fol. 2spaltig. 1856

Abendblatt, Mannheimer. –
Mannheim: 2. VII. 1838 - 31. XII. 1841.
Fortges. u. d. T.: A b e n d z e i t u n g, Mannheimer.

Abendblatt von München. – München: 1829 - 1830.

Abendblatt, Neues Mannheimer. –
Mannheim: 6. II. 1840 - 3. IV. 1840.
Fortges. u. d. T.: M o r g e n b l a t t, Mannheimer.

Abendblatt, Nürnberger. – Nürnberg: 1844 - 1845.

Oberschlesisches Abendblatt. [Hrsg.: Reisewitz.] Nr. 1–13.
Ratibor: Oberschlesisches Liter. Büro 1810.

Abendblatt, Offenbacher. –
Offenbach: 1. I. 1886 - 17. V. 1933.
Vorh. u. d. T.: T a g e b l a t t, Offenbacher.

Pittsburger Abendblatt : 1881?—1882?
Independent daily evening except Sunday. For Sunday edition, see PITTSBURGER FAMILIEN-BLATT. Edited & published by Link & Schweizer.
Pittsburgh, PA

Abendblatt der New Yorker Staats-Zeitung : Sept 1892—Nov 30, 1919
Evening edition of NEW-YORKER STAATS-ZEITUNG. Title varies: NEW-YORKER STAATSZEITUNG. ABENDBLATT, Mar 10, 1914—1919. Circulation: 1900, 36,000; 1910, 27,500; 1915, 82,296 [both editions]. Edited by Oswald Ottendorfer, 1892--Dec 1900; by H. Simpson & J. Schlosberg, 1903—09; by Hermann Alexander, 1919; by Heinrich Reinhold Hirsch, 1905?– ?
New York, NY

Wochentliches Abendblatt der Illinois Staats-Zeitung : 1893?—1895?
Weekly edition [Saturday] of ILLINOIS STAATS-ZEITUNG. ABENDBLATT
Chicago, IL

Abendblatt, Würzburger. – Würzburg: 1841 - 9. X. 1874.
Fortges. u. d. T.: B a v a r i a .

Abendblatt der Gratzer Zeitung. Verantwortlicher Redakteur: Martini. Druck und Verlag von A. Leykam's Erben. 4. 2spaltig. Erscheint täglich mit Ausnahme der Sonn- und Feiertage. 1856

Abendblatt der österreichisch-kaiserlichen Wiener-Zeitung. Verantwortlicher Redakteur: Dr. Leopold Schweitzer. Druck und Verlag der Edl. von Ghelen'schen Erben. 4. 3spaltig. Erscheint täglich mit Ausnahme der Sonn- und Feiertage. 1856

Abendblatt der österr. kais. Wiener Zeitung. Redakteur: Dr. Leop. Schweizer. Druck und Verlag der Edlen v. Ghelen'schen Erben. Erscheint täglich mit Ausnahme der Sonn- und Feiertage. Fol. 3spaltig. (Vide Wiener Zeitung, Hauptblatt.) 1857

Abendblatt der Pesth-Ofner Zeitung. Verantw. Redakteur: Dr. Otto v Müller. Druck und Verlag von Gustav Emich. 4. 2spaltig. Erscheint täglich mit Ausnahme der Sonn- und Feiertage. 1856

Abend-Blätter. Billigste Roman-Bibliothek. 1. Hft. gr. 16. (80 S.) Leitmeritz 876. Stamm. — 24

Abendblätter, Berliner. – Berlin: 1.X.1810 - 30.III.1811.

Abendblätter, Berliner. Berlin 1811. H: *Kleist, Heinr. v.* (GGr)

Abendblätter für allerlei Leser Nr. 1—24 vom 4. Dec. bis 3. Junius 1816. Riga. H: *La Coste.* (GGr)

Abendblätter d. Liebe an Helene, v. J. Bischoff. 8. Nrnb. Raspe. 808. Rthlr.

Abendbote, Linzer —. 3. Jahrg. Eigenthumer und Redakteur: Fr. Höller. Druck von Huemer's Witwe und Danner. Erscheint täglich (außer den Sonn- und Festtagen.) kl. Fol. 3spaltig. 1837

Linzer Abendbote. IV. Jahrg. Eigenth. u. Red. *Fr. Höller.* Druck v. *Huemer's Wtw. & Danner.*
Erscheint in Linz, täglich mit Ausnahme der Sonn- u. Feiertage, 1 Bog. gr. Fol. 3-spalt. Pran.-Pr. 1/4-jahr. 1 fl. 48 kr.; pr. Post 2 fl. 46 kr. Einzelne Blatter 2 kr.

Abende, die, in Boston. Amerikan. Erzähll. Aus d. Engl. v. C. L. Collmann. 1e u. 2e Reihe. 8. Kassel 833. Bohné. 1 1/2 ᴙß

Abende, deutsche. Eine Novellen-Sammlung. 1—3. Bd. Leipzig, 863. 64. Dürr'sche Buchh. 2 ß
1. Bd.: Novellen von Ew. Aug. König. (290 S.) 24 ngr.
2 „ Novellen von Ad. Göring und C. von Kessel. (296 S.) 18 ngr.
3. „ Novellen von Agnes Lassad u. Ew. A. König. (266 S.) 18 ngr.

Abende, deutsche. Eine Novellen-Sammlg. Leipzig 864. 65. Dürr'sche Buchh. Jeder Bd. 18 ngr.
4. Bd.: Mühlfeld, Jul., Novellen. (192 S.)
5. „ Pfalz, Frz., u. R. E. Hahn, Novellen. (172 S.)
6. „ Heusinger, E., u. Bernd v. Guseck, Novellen. (278 S.)
7. „ König, Ew. Aug., u. K. v. Kessel, Novellen. (2 Bll., 256 S.)
8. „ Heusinger, E., Adph. Görling u. Ernst v. Bibra, Novellen. (2 Bll., 233 S.)

Abende, drey, am Kaminfeuer meines Schwiegervaters; drey Erzähl. 8. Dresd. Arnold. 808.

Abende, drei, am Kaminfeuer meines Schwiegervaters. 3 Erzählll. 8. Dresd. 809. Arnold. 1 ß

Abende, die frohen, d. Familie Wohlgemuth, herausg. v. Glatz, Unger, Guilleaume u. Rumy. Mit ill. Kpf. 2 Thle. 8. Wien 823. Tendler. 2 ß

Abende, gemüthliche. Eine Sammlung heiterer u. ernster Dichtungen, welche sich zum Vortrage in geselligen Kreisen eignen. Hrsg. v. e. Freunde der Gemüthlichkeit. 16. (VI, 128 S.) Landau 878. Jost. 1. 20.

— die heiligen. Biblische Gespräche zwischen einer Mutter und ihren Kindern. Aus d. Norweg. von H. L. Sebald. Gotha, 859. F. A. Perthes. 12. (3 Bl., 242 S.) n. 1 ß

Abende, humorist. Organ f. d. Veranstalt. v. Aufführgn. u. Vorträgen z. Ausfüllg. je e. gesell. Abends in geordneter Reihenfolge. Nr. 8-18. 8°(à 16 - 31).– Berl. 1893 - 1897, E. Bloch.

Abende, humoristische. Organ f. die Veranstaltg. v. Aufführgn. u. Vorträgen zur Ausfüllg. je e. gesell. Abends in geordneter Reihenfolge. Nr. 1. gr. 8. (16 S. m. Abbildgn.) Berlin 894. E. Bloch. Subskr.-Pr. f. 6 Hfte. n. 4. 50; Einzelpreis n. 1. —

Abende, humoristische. Organ f. d. Veranstaltg. v. Aufführgn. u. Vorträgen z. Ausfüllg. je e. gesell. Abends in geordn. Reihenfolge. 1.—18. Hft. gr. 8. (à 1—2 Bg.) Berlin 895—97. E. Bloch. Subskr.-Pr. f. 6 Hfte. n. 4 50; Einzelpr. à n. 1. —

Jüdische Abende. Vorträge aus d. Lit. d. ostjüd. Volkssprache ⟨'Jargon'⟩. 1, 1.2. — Wien 1904 (:Industrie).
1:4° Ey 7256.
1.2718

Lesezirkel Hottingen, Litterarische Gesellschaft in Zürich. Litterarische Abende in der Tonhalle. Winter 1901/1902. [Mit 4 Porträts.] [16 S.] 8. Zürich, Fritz Amberger, (1901).

Lesezirkel Hottingen, Litterarische Gesellschaft, Zürich. Litterarische Abende in der Tonhalle und im Stadttheater. Winter 1902/03. [Mit Buchschmuck und 4 Porträts.] [II + 12 S.] 4. (Zürich, Fritz Amberger, 1902.)

— in Medan. Eine Blüthenlese v. Erzählungen v. Emile Zola, Guy de Maupassant, J. K. Huysmans, Léon Hennique, Henri Céard, Paul Alexis. Deutsch v. Fritz Wohlfahrt. 8. (317 S.) Großenhain 881. Baumert & Ronge. n. 2. —

Abende in Medan. Eine Blütenlese v. Erzählgn. v Emil Zola, Guy de Maupassant, J. K. Huysmans, Henri Céard, Léon Hennique, Paul Alexis. Deutsch v. Fritz Wohlfahrt. 2. Aufl. 8. (296 S.) Großenhain 890. Baumert & Ronge. n. 2. —; geb. n. 3. —

— die, v. Médan. Von Emile Zola, Guy de Maupassant, J. K. Huysmans, Henry Céard, Léon Hennique, Paul Alexis. Deutsch v. Armin Schwarz. 8. (III, 223 S.) Budapest 892. G. Grimm. n. 1. —

Abende, parlamentarische, bei Bismarck, s.a. Unterhaltungsschriften, stenotachygraphische.

Abende, parlamentarische, bei Bismarck. (Stenotachygraphische Unterhaltungsschriften.) gr. 8. (22 S. m. 1 Bildnis.) Eisleben 900. Ludw. Rennert. n. — 50

Abenderheiterungen. Herausg. von Fr. Raßmann. 8. Quedlinb. Basse. 815.

Abenderheiterungen. Kleine Romane, Erzählungen u Schwänke, von K. Stein. 8. Berlin, Schüppel'sche Buchhandl. 820.

Abenderzählungen, fromme, am Herde christlicher Familien. Heilige Legenden, der gesammten edleren Lesewelt, besonders der reifern christl. Jugend dargereicht. Von d. Verf. der Beatushöhle (W. Bauberger). 24 Bde. 2. Aufl. Regensburg 867. 68. Manz. 8. Jeder Bd. (ca. 200 S. u. 1 Stahlst.) 11¼ ngr.

Abenderzählungen eines bayer. Veteranen aus seinem Leben und Schicksale, besonders in den Kriegsjahren 1805 u. 1806. Nachgeschrieben und mitgetheilt von J. U. Bissinger. Eine Volksschrift. gr. 8. Nördlingen 845, Beck'sche B. 8 ngl.

Abendfreuden. Erzählungen u. Mährchen für Kinder von 10 bis 12 Jahren von F. Henning, W. Albert u. a. Verf. Mit (6 lith. u.) col. Bildern. Berlin. (864.) Winckelmann & Söhne. 8. (2 Bl., 187 S.) 20 ngr.

Abendfreund, der, z. Unterhaltung d. Jugend. 8. Hamb. 802. (A. Campe). 20 gl.

Abendfreund, der, z. Unterhalt. d. Jugend. 8. Hamb. Hoffmann. 802.

Abendfrieden. Blätter f. stille Stunden. 16. (12 S. m. Bildern.) Leipzig 889. Baldamus, Sep.-Cto. n. — 50

Abendfrieden. Illustr. Familienbl. Red.: Eug. Ludwig. 1. J. Sept. 1911 - Aug. 1912. 70 Nrn. (Nr. 1-4: 128) gr.8°.– Dresd.,Verlagsh. Wendt & Co. je – 15 2. J. Moderne illustr. Zeitschr. 10: 1912/13. 104 Nrn.

Abend-Gebete, s. Morgen- und Abend-Gebete.

Abend-Gebete zum Psalter v. JM, bestimmt zur Abend-Andacht f. Psalmenfreunde, insbesondere f. d. Mitglieder d. „Psalmenbundes" U.O.U. Neue Aufl. Hrsg. v. Max Huttler. 16. (VII, 301 S.) Augsburg 884. Literar. Institut v. Dr. M. Huttler. n. 1. 50

Abendgebetszettel z. Gebrauche u. Segen f. jedes christl. Haus. 12° (4) .– Steyl 1884, Missionsdr.

Abendgebetszettel zum Gebrauche u. Segen f. jedes christliche Haus. 12. (4 S.) Steyl 886. Missionsdruckerei. f. 25 Zettel n.n. — 25

Abendgedanken. — Abendgedanken. [Satir. Gedicht m kol. Kupfer.] — o.O.u.J. 7.
1 2727

Abendgedanken e. Frauenzimmers. 8. Hamb. 787. (Compt. f. Litt. in Leipz.) 6 gl.

* **Abendgedanken eines Frauenzimmers, ist 1811 erschienen.**

Abendgedanken f. die Kleinen. [Frei nach dem Engl.] 16. (64 S. m. Holzschn.) Bremen 883. Verl. d. Tractathauses. n. — 40

Abendgedanken einer Lehrerin. -- Berlin (1865).
1:Et 12814.
1 2728

Abendgedanken einer Lehrerin. Von J. S. Berlin 866. Nauh. 16. (2 Bll., 209 S.) 20 ngr.

— für Verstand und Herz. 8. Leipz. 791. (W. Nauck). 16 gl.

— f. Verst. u. Herz. 8. Leipz. Sommer. 791.

Abendgenossen; vom Verfasser des Weibes wie es ist. Pirna und Dresden 1805. V: *Schilling, Friedrich Gustav.* (MGT) Neue Aufl. 1814. (NN)

Abendgenossen, v. Verf. d. Weibes wie es ist. (Gustav Schilling.) 3 Thle. 8. Dresd. Arnold. 807.

Abendgenossen, von Gustav Schilling. 2te verb. Aufl. 2 Thle. (welche die 3 Thle d. ersten Aufl. enthalten.) 8. Dresd. Arnold. 814.

Abendgenossen, neue. 3 Thle. 8. Hamb. 811. (Herold jun.) 2 ₰ 8 ℊ

— neue. 3 Thle. 8. Hambg. Vollmer. 811. (I. 18 gr. II. 16 gr. III. 22 gr.).

Abendgesang. — Abendgesang der protestantischen Freunde am 30. Juli 1845. Von L. L — Breslau (1845). 2 Bl.
2.
1 2729

Abend- und Nachtgesänge, Eines alten Mannes in seiner Jugend bey dem Glanze und Geräusche des Hofes verfertigte, ... Leipz. 1803. V: *Burscher, Joh. Fch.* (MGT)

Abendgesellschafter, Der angenehme und unterhaltende, Eine Sammlung von Anekdoten, Denksprüchen, Epigrammen. Frankfurt a. M. 1816. H: *Rheden, Ph.* (Ky)

Abendgesellschafter, d. angenehme u. unterhaltende, e. Samml. von Anekdoten, Denksprüchen, Epigrammen. (A. u. d. T.: der Garten des Momus, den Freunden der Geselligkeit geöffnet; herausg. v. Ph. Rheden.) 8. Frankf. a. M. 816. N. Aufl. 823 u. 833. Boselli. 1 ₰

Abendgesellschafter, der angenehme u. unterhaltende, im Kreise fröhlicher Menschen. 8. Frankf. Boselli. 817.

ABENDGESELLSCHAFTER, Der fröhliche, eine Auswahl von mehreren hundert der besten u. sinnreichsten Anekdoten, lustigen Scherze etc. Frankf. a. M., Boselli, 1833. (Auch titulo. Der Garten des Momus, den Freunden der Geselligkeit geöffnet; hrsg. v. Ph. Rheden.) Gr. 8. (1 Rthl.)
Ed. I. 1816, rep. 1823. — Ersch IV 2. 1837. Sp. 264.

Abendgespräche über Erziehung und Unterricht. Königsberg 1810. V: *Zeller, Carl Aug. Fr.* [?] oder *Möller, J. L. G.* [?] (Ky)

Abendgespräche über Erziehung und Unterricht. 1s Heft. 8. Königsb. 810. Universitäts-B. 8 ℊ

— zweier Freunde über d. Frage: Macht man mit Recht so viel aus Kant's moralischer Vernunftreligion? 8. Königsb. 802. Unzer. 1 ₰ 6 ℊ

— kurze, mit Gott, auf alle Tage in d. Woche. 8. Salzb. 790. Mayr. 3 ℊ.

Die Abendglocke. Eine Quartalschrift zur christlichen Erbauung. [Hrsg.: Georg Geßner]. Bd l. 2 (zu je 4 Heften). Winterthur: Steiner (Bd 2: Zürich: Geßner) 1827–28. 8° Bern LB
⁋ Früher u. d. T.: Sonntagsblatt oder Beiträge zur Beförderung der Erbauung. Basel 1817 ff.

Abendglocke, die. Ein unterhaltendes Familien-Magazin. (In 17 Liefgn.) Dresden, 862. Breyer. 4. (272 S. u. 17 Taf. in Farbendr.) 1 ₰ 21 ngr.; für Sachsen nur 1 ₰ 12½ ngr.

Abendglocke, die. Ein unterhaltendes Familien-Magazin. 17 Lfgn. 4. (272 S. mit 17 Chromolithogr.) Dresden 862, 63, [Tittel und Wolf.] à Lfg. 8 Ngr.

Abendglocken. Unterhaltungsblatt f. Jedermann. 1. u. 2. Jahrg. 1881 u. 1882 à 52 Nrn. (1½ B. m. eingedr. Holzschn. u. je 2 Holzschntaf.) gr. 4. Leipzig, Payne. à Jahrg. n. 5. 20

Abendglocken. 3—5. Jahrg. 1883—1885. à 52 Nrn. (1½ B. m. Holzschn.) gr. 4. Leipzig-Reudnitz. Payne. à Jahrg. n. 5. 20

Abendglocken. 6. und 7. Jahrg. 1887 und 1888. à Jahrg. 52 Nrn. (à Nr. 1½—2 Bog. mit eingedr. Holzschn.) gr. 4. Leipzig-Reudnitz, Payne. à Jahrg. *
Jahrg. 1886 ist nicht erschienen.

Abend-Glocken. 8. Bd. 1889. 52 Nrn. (à Nr. 2 Bog. m. eingedr. Holzschn.) gr. 4. Lpz.-Reudnitz, Payne. * 5 20
Nicht weiter erschienen.

Abendglocken. 16. (20 Chromolith. m. Text.) Basel 888. Spittler. cart. m. Goldschn. n. — 65

Abendglocken. Wochenschrift z. Unterhaltung u. Belehrung f. jedermann aus d. Volke. Jg. 1 [1904], No 1-13. [Mehr nicht erschienen.] Berlin: Internat. Verlagsanst. [1904]. (208 S.) 4° [F.] [06. 4248

Abend-Glöcklein, christliches. Enthaltend die nothwendigsten Gebete f. bejahrtere Katholiken. 16. (285 S. m. 1 Lith.) Passau 850, Elsässer & Waldbauer. In Leder geb. m. Goldschn. 9 ngr

Abend-Glöcklein, christliches. Vollständiges Gebet- und Andachtsbuch für bejahrte Katholiken. 8. verb. Aufl. 8. (IV 392 S.) Salzburg, Pustet. 1864 60 kr.

Abend-Glöcklein, christliches. Vollständiges Gebet- und Andachtsbuch für bejahrte Katholiken. 13. verb. Aufl. (424 S. mit 1 Stahlst.) 1874. *80 Pf.; 14. verb. Aufl. 12. (424 S. mit 1 Stahlst.) Salzburg 882, Pustet.

Abendglöcklein, christliches. Vollständiges Gebet- u. Andachtsbuch f. bejahrte Katholiken. 18. Aufl. (384 S. m. Titelbild.) kl. 8. Salzburg (902). A. Pustet. n. 1. — geb. von n. 1. 40 bis n. 2. 30

Abendland, das. Central-Organ für alle zeitgemäßen Interessen des Judenthums. Verleger, Eigenthümer und verantwortlicher Redacteur: D. Ehrmann. 1.—3. Jahrg. à Jahrg. 24 Nrn. gr. 4. (à Nr. 1 Bog.) Prag 864—66, Administration. à Jahrg.

Abendlectüre für junge Kaufleute, (v. Aug. Schumann). gr. 8. Zwickau 807. Schumann. 1 ₰ 12 ℊ

ABENDLIED Ihr Christen betrachtet die vier letzten Dinge: den Tod, das Gericht, die Höll' und den Himmel. Eisenstadt o. J. Eduard Dick. - 130 mm
- Dass. Hodság (Hodschag) o. J. J. Pliszter 4 S. 1 t.

ABENDLIED Lied zur unbefleckten Empfängniß Mariä. Ursprungs-Lied von Maria Zell. Preßburg 1860 Al. Schreiber. 8 S. - 8°

Die Abendlust : 1876 -1898/
Monthly Organ of the Deutsch-Reformirte Kirche in den Vereinigten Staaten. Edited by Hermann Julius Ruetenik 1877 98 assistant editor August Ernst Schade 1885– 90 published by August Becker 1887? 1890
Cleveland, OH

Abendlust, Die, im Prater zu Wien in den Geschichten verschiedener Personen vom Stande (von *Christoph Heinr. Korn*, geb. zu Tubingen 14. Jan. 1726, † 25. Sept. 1783 zu Stuttgart als ehemal. holländ. Leutnant). Ulm, Bartholomäi, 1773. 8°
Karajan's Bibl. II no. 3947, Anon. Lex. I p. 6, wo die folg. Ausgabe fehlt
— — Dasselbe. (Nachdruck.) Frankfurt und Leipzig 1774. 8°. 197 S. (1⅓ Rthl. Maske, Breslau, vor 1870.)

Abendmahl, s.a. Abendmal

— von dem, der Christen, v. e. lernbegier. Proselyten Acacia Metrode. 8. Berlin 781. Voß. 7 ℊ

— das heilige, (v. M. Claudius). 8. Hamb. 809. Fr. Perthes. 6 gr

— das heilige. Eine dogmengeschichtl. Untersuchung. 8. Gießen 815. (Fr. Fleischer in Leipz.) 7/12 Thlr

— über das heilige, e. dogmengeschichtl. Untersuchung, nebst Vorschlägen zur neuen Beseelung d. Formen dieses Instituts, (von G. K. Horst). 8. Gießen 815. Tasché. 14 gr

Abendmahl, d. heil., e. Angebinde f. d. Jugend, (v. J. H. v. Wessenberg). 16. Const. 824. Wallis. 4 gr, vergl. v. Wessenberg.

Abendmahl, das heilige. Ein Wort der Lehre für Solche, welche möglichst klare Erkenntniß suchen als Grundlage rechter Erbauung, von e. Laien. Schwelm (838). Scherz in Comm. 8. (44 S.) 3 1/2 ngr

Abendmahl, das heilige. Ein Wort der Lehre für Solche, welche möglichst klare Erkenntniß suchen, als Grundlage rechter Erbauung, von einem Laien. 8. (44 S.) Schwelm 858, (Scherz.) *

— über das heilige, als e. Denkmal Jesu, (v. K. L. Conrad). 8. Frankf. a. d. O. 777. Academ. Buchh. 2 gr

Abendmahl, das hl., u. die Gemeinschaften. Von *,*. (19 S.) 8. Striegau (903). R. Urban. n. — 20

Das Abendmahl des Herrn, gründlich vorgestellet von einem christlichen Freund. — o.O. 1722. 16 S.
1:12 in Bd 8603–195. 300: 27.826–B.
1.2735

— Das Abendmahl des Herrn, gründlich vorgestellet u. mit e. Beschluß etlicher bedencklicher Stellen aus Luthero ... wie auch sonsten verm. u. hrsg. von einem christlichen Freund. 2. Ed. — o.O. 1725. 24 S. 4° 4.
1.2736

Abendmahl, das, des Herrn, von Leonardo da Vinci. Legende von W. A. Hersg. von J. Katscher. Glatz 870. Platz in Comm. 16. (38 S.) n. 2 1/2 ngr

Abendmahl, d. letzte, unsers Herrn Jesu Christi. Nach den Betrachtt. der gottsel. Anna Kathar. Emmerich. Für d. Besitzer der 1n Ausg. des Buches: Das bittere Leiden unsers Hrn. Jesu Christi, bes. abgedr. gr. 8. Sulzbach 834. (v. Seidel.) 1/6 Thlr

— d. letzte, d. Königin Louise, am Charfreitage d. J. 1810. gr. 8. Berlin 816. Mittler. 3 gr

Abendmahl -, s.a. A b e n d m a h l s -

Abendmahl-Büchlein, oder (308) kurtze Fragen u. Antworten für junge Leute d. Evangelischen Kirche zu Strassburg etc. — Straßburg o.J.
1: Ds 9620.
1.2740

Abendmahl-Rede wohlmeinend beygebracht guten und bösen Abendmahl-Gästen ... bey hochfeyerlicher im Bresslauer Gotteshaus St. Catharinae ... jährlich am Palm-Montag zu begehen gepflegter Erinnerung der ... 1349 geschehenen Wiederfindung derer .. vergrabenen Hostien. — Bresslau 1752: Kreutzer. 70 Bl.
2.
1.2745

Abendmahls -, s.a. A b e n d m a h l -

— s.a. A b e n d m a l -

Abendmahlsandachten. — Abendmahls-Andachten. Gebete u. Lieder vor u. nach d. heiligen Abendmahl zum Gebrauch der Taufgesinnten Gemeine in Preussen. — Elbing 1842: Neumann-Hartmann. 112 S. 1: Co 4314.
1.2738

— — Ebd. 1859. 112 S. 10.
1.2739

Abendmahlsbetrachtungen f. Tischgenossen des Herrn, (von Langhans). gr. 8. Bern 825. Jenni (auch Volkmar in Leipz.) 10 gr

Abendmahlsbüchlein. Kurze Einladung u. Vorbereitung zum heil. Abendmahle. 12. (60 S.) Hamburg 850, Agentur des Rauhen Hauses. 3 ngr

Abendmahlsbüchlein. Kurze Einladung und Vorbereitung zum heil. Abendmahle. 2. Aufl. Hamburg 854. Agentur des Rauhen Hauses. 12. (60 S.) 3 ngr

Abendmahlsfeier, die, Allen die Solches thun zu d. Hrn. Gedächtnisse, insbesondere denen, die der Gemeinde neu hinzugethan werden, gewidmet von d. Herausgebern d. Feierstunden z. Veredlung d. Geistes u. Herzens. 3e, verb. u. verm. im 2n Thle ganz umgearb. Ausg. — A. m. d. Umschlagst.: Erbauungsst. d. häusl. Andacht, besonders allen Communikanten geweiht. gr. 12. Hamb., Leipz. u. Itzehoe 835. Schubert u. Niemeyer. 3/8 Thlr

Abendmahlsfeier, die. Erbauungsstunden für Jünglinge und Jungfrauen, als Confirmandengeschenk bei ihrem feierlichen Eintritt in die Mitte reiferer Christen, gewidmet von den Herausgebern der „Feierstunden zur Veredelung des Geistes und Herzens." (In 2 Theilen.) Mit 1 Titelkupfer. 4. verb. u. verm., im 2. Thle. ganz umgearb. Aufl. 12. Hamburg 846, Schuberth u. Comp. 1/2 Thlr

Abendmahlsfeier, die. Erbauungsstunden f. Jünglinge u. Jungfrauen, als Confirmandengeschenk bei ihrem feierl. Eintritt in die Mitte reiferer Christen, gewidmet v. den Hrsgg. der Feierstunden zur Veredlung des Geistes u. Herzens. Mit 1 Titelkpfr. 5. (Titel-)Ausg. 12. (IV u. 188 S.) Hamburg (846) 851, Schuberth & Co. n. 1/3 Thlr

Abendmahlsfeier, die. Erbauungsstunden f. Jüngl. u. Jungfr. 5. Ausg. 12°(188).– Lpzg. 1851, Schuberth u. Co.

Abendmahlsfeier u. Volksgesundheit. Eine Gewissensfrage an die evangel. Kirche v. e. evangel. Pfarrer. (22 S.) gr. 8. Düsseldorf 908. W. Wörmbcke. n. — 80

Abendmahlsfeyer, die, ein Erbauungsbuch. f. [illegible] Klose

Abendmahlsfrieden, zum, d. Protestant. gr. 8. Frankf. Eichenberg. 782.

Abendmahlsgast, Mein lieber! (Von Thieme.) (4) 8°.– Neumünst. Vereinsbh. G. Ihloff & Co. 1912, 10 Exempl.

Abendmahlslehre, die alte, durch kathol. u. nichtkathol. Zeugnisse alter u. neuer Zeit beleuchtet. gr. 8. Zweibrücken 827. (Leipz., Hinrichs). 1 Thlr 6 gr

Abendmahlslehre, die alte, durch kathol. u. nichtkathol. Zeugnisse alt. u. neu. Zeit beleuchtet. gr. 8. ... Mainz 830, [Kirchheim, Schott u. Thielmann.]

Abendmahlsliturgien. — Abendmahls-Liturgien zum Gründonnerstag, 13. August und 13. November. — Gnadau 1867 (: Hans). 16 S. 1: Cp 13142.
1.2744

Abendmal, s.a. A b e n d m a h l

Abendmal, Das heilige, Jesu Christi. Prag 1813. V: *Klar, Alo.* (MGT)

Abendmal, Das heilige. Eine dogmengeschichtliche Untersuchung... Giessen 1815. V: *Horstig, Carl Gottlieb.* (MGT). *Horst, Georg Conrad.* (GGr)

Abendmal, Des Herrn. 1. Cor. 11, 6—34; zur Förderung des Christenthums und der Menschlichkeit. 1783. V: *Kosegarten, Bernhard Christian.* (MGT)

Abendmal, Das, unseres Herrn und Heilandes Jesu Christi. Eine Abhandlung zur Erbauung für redliche Christen ... O. O. 1814. V: *Dullo, Herm. Frch.* (R-N)

Abendmal -, s.a. A b e n d m a h l (s) -

Abendmalbetrachtungen für Tischgenossen des Herrn. Bern 1825. V: *Langhaus.* (KY)

Abendmalfeier, Die. Erbauungsstunden für Jünglinge und Jungfrauen, als Confirmandengeschenk ... 5. (Titel-)ausgabe. Hamb. 1850. H: *Regedanz.* (ZU)

Abendmalfeier, Die, junger Christen von C. A. D. Tübingen 181 .. 2. Aufl. 18 .. 3. verm. u. verb. Aufl. 1822. V: *Dann, Christian Adam.* (MGT)

Abendmalfeier, Die erste, oder das Confirmationsfest der Waisenhaus-Zöglinge am Palmsonntage den 31. März im Jahre 1822. Frankfurt a. M. 1822. V: *Fester, Johann Peter & Wilhelm Friedrich Hufnagel.* (STBFrankf I, 62)

Abendmalshandel, Der, in Zofingen in den Jahren 1888—1890; ein Wort zur Aufklärung. Zofingen 1893. V: *Blaser, Julius.* (ZUWZÜR 1910)

Abendmuße zweyer Freunde, 3 Thle mit Kupf. 8 Leipzig, 791-94. Reinike. 1 Rthl. 17 gl.

Abendmuße zweier Freunde, enthaltend belletrist. Arbeiten u. Fragmente, worinnen die äußerst merkwürd. Geschichte: die Universitätsjahre des Grafen L. v. Z. von ihm selbst beschrieben mit begriffen ist, (v. Jh. Jak. Wagner III. u. Koch). 3 Thle. Mit Kpf. u. Musik. 8. Leipz. (Halle) 792—94. Reinicke u. C. 1 ℛ 12 gl

Abendmuße zweier Freunde. 3 Bdchen. 8. Leipzig, Baumgärtner. 809.

Abend-Opfer. Vom Verf. der Schriften: „Er ist treu, der — verheißen hat, ꝛc." Barmen 865. Buchh. d. evangel. Gesellsch. (Berlin, Beck.) 32. (128 S.) n. 4 ngr.

Abend-Opfer. 32. (128 S.) Barmen 870, (Buchh. der evangel. Gesellschaft.) **

Abend-Opfer. 32. (128) .– Barm. 1870 (Klein.)

Abend-Opfer. Vom Verfasser der Schriften: „Er ist treu, der — verheißen hat", „der Bogen in den Wolken", „Worte Jesu an die Müden" u. „Jesu Sinn." Neue Ausg. 16. (127 S.) Barmen 874. Wiemann. n. — 50; geb. m. Goldschn. n. 1 —

Abend-Opfer. Vom Verf. der Schriften: „Er ist treu, der — verheißen hat" ꝛc. 16. (128 S.) Barmen 882. (Wiemann.) n. — 40; geb. m. Goldschn. n. — 80

Abend-Opfer. Vom Verf. d. Schriften: „Er ist treu, der — verheißen hat", „Der Bogen i. d. Wolken", „Worte Jesu a. d. Müden", „Jesu Sinn" u. a. 4, durchgeseh. Aufl. (21.—24. Tausend.) 24. (128 S.) Barmen 895. Wupperthaler Traktat-Gesellschaft. n. — 30; geb. in Leinw. n. — 60; m. Goldschn. n. —. 75

Abend-Opfer. Vom Verf. d. Schriften:„Er ist treu, d. verheissen hat." „ Der Bogen in d. Wolken" usw. (Eberhard Gotthold Biermann.) 5. Aufl. (128) 16°. Barm. Wuppertaler Traktat-Gesellsch. 1902.–

Abendopfer auf Thaliens Altar, v. E. Bornschein. 2te mit einem neuen Stück verm. Aufl. 8. Eisenberg, Schöne. 811. Rthlr.

Abend- und Morgen-Opfer für evangel. Christen, s. Morgen- und Abend-Opfer.

† **Abendorf,** Emil, (Aug. Werg,) Gormas d. Schreckliche u. seine Seeräuber. Ein Gemälde d. amerikan. Piratenlebens a. d. letzt. Hälfte d. vorigen Jahrh. 8. (17½ B.) Berlin 839, Lüderitz'sche Verl.-Buchh.

Abend-Post, demokratische Zeitung. 1850. Einzelne Nummern v. 20. Jan. bis 17. Juli (Nr 24 bis 163). Red C. Meyen Fol

Abendpost : Sept 2, 1889 1954 |
Independent daily, evening except Sunday Title varies ABENDPOST UND MILWAUKEE DEUTSCHE ZEITUNG For Sunday edition, see SONNTAGSPOST Circulation 1895, 36,000, 1900, 37,335, 1910, 47,667, 1920, 48,262· 1930, 46,890, 1940, 21, 747, 1944, 8891, 1950, 7317, 1952, 7176, 1954, 6728 Published by The Abendpost Co, 1889 – 1954 Editor-in-chief Fritz Glogauer & William Kaufmann, 1889 – Apr. 1914, Paul Ferdinand Muller, Apr 1914—31, Paul F Muller, 1931 - 54, other editors P Kammerling, 1932 – 36, H V Metzler, 1939– ?
Chicago, IL

Die Abendpost : 1908?–1912?
Democratic daily, evening except Sunday Merged with DIE FREIE PRESSE. Edited by Anselm Fuelber, & published by Abendpost Publishing Co, 1908 –12.
Fort Wayne, IN

Abendpost, Berliner. – Berlin: 1.IX.1887 - 31. XII. 1921.

Detroiter Abend-Post : Sept 5, 1868– 1955 | ?
Daily, evening except Sunday, 1868– –1940, evening except Saturday & Sunday, 1941 - 43, semi-weekly, 1944—55 Independent, 1880—83, Republican, 1884 - 1919, Independent, 1920– 55 Title varies TAGLICHE DETROIT ABENDPOST, 1868 -1940 [with slight variations] For weekly edition, see FAMILIEN-BLATTER For Sunday edition see SONNTAGSBLATT DER DETROITER ABEND-POST. Circulation 1870, 1000, 1880, 3200, 1890, 5600, 1900, 7860, 1910, 6500, 1920, 27 000, 1930, 15 970, 1940, 28,864, 1950, 4685, 1954, 5311 Edited & published by August Marxhausen, 1868 – 74, edited by Heinrich Binder, 1875 - 94, by Wilhelm Pieperin the 1870s, by A B C Kalkhorst, 1926– -27, by Carl A W Suesser, 1928– 32, by Dr Helmut O Barth, 1933 34, by F Buerlein, 1938 –?, by Bertholdt Vogt, ?- 1954 Published by August Marxhausen, 1875–1923, by Detroit Abend-Post Publishing Co., 1924– ?, by Oscar Keydel, ?– 1955 Jubiläums-Ausgabe Oct 20, 1939
Detroit, MI

Abendpost, Erfurter. – Erfurt: 1906 - 1907.
Vorh. u. d. T.: D o r f - A n z e i g e r, Thüringer.

Abendpost, Mainzer. –
Mainz: 20. XII. 1850 - 30. XII. 1851.
Vorh. u. d. T.: Z e i t u n g, Neue Mainzer.

Milwaukee'r Abend-Post : Jahrgang 15, no 327—Jg 20, no 121, Jan 1890 – May 16?, 1897
Independent Republican daily, evening except Sunday Slight variations in title ABEND POST, ABENDPOST U MILWAUKEE DEUTSCHE ZEITUNG Follows MILWAUKEEER FREIE PRESSE Merged with GERMANIA For weekly edition see WOCHENTLICHE ABEND-POST For Sunday edition, see NORDWESTLICHE POST
Circulation 1895, 6597, 1897 6792 Edited by Hermann Sigel, Jan 1890 -Jan 13, 1894 by Paul Bechtner & Otto J Koch Jan. 1894 May 1897, published by Abend Post Publishing Co, 1890 –97 DABZ Closed Oct 16 1899
Milwaukee, WI

New Yorker Abend Post · Feb 3, 1899 Dec 5, 1901?
Daily, Yiddish
New York, NY

St. Louiser Abendpost . 1872? St. Louis, MO
Edited & published by G Feuchtinger

Abendpost, Stettiner. – Stettin: 25.X.1902 - 30. VI. 1928.

Abend Post und Tageblatt : 1888 - 1898
1888 –July? 1897 as ST LOUIS TAGEBLATT Followed by ARBEITER-ZEITUNG The TAGEBLATT had been established as a second St. Louis daily in the interest of "workers." Although excellently edited by Adolf Hepner, friend of Bebel & Grebknecht, it had a difficult financial struggle from the first with the one cent evening editions of the WESTLICHE POST and ABENDANZEIGER It was bought by John Schroers, a labor man, and for six months continued as ABENDANZEIGER und TAGEBLATT Some three months later the WESTLICHE POST ANZEIGER DES WESTENS and the MISSISSIPPI BLÄTTER were combined as SONNTAGSBLATT.
St. Louis, MO

Tägliche Abend-Post : Mar 3, 1877 -Dec 1880
Daily, morning except Sunday For weekly edition, see CINCINNATI WOCHENTLICHE POST For morning edition see CINCINNATI TAGLICHE POST For Sunday edition, see CINCINNATI SONNTAGS-POST Circulation 1880, 4700 Edited by Gustav Hof, & published by Jeup & Wahle, 1877 – 80.
Cincinnati, OH

Wochentliche Abend-Post : 1890? -1895?
Weekly edition of MILWAUKEE'S ABEND-POST
Milwaukee, WI

Abendpost-Kalender, Berliner, 1894. Ein Jahr- u. Nachschlagebuch f. das deutsche Haus. gr. 8. (VI, 150 S.) Berlin 893. Ullstein & Co. — 50

Stettiner **Abendpost Kalender.** [1] Fur 1904 Stettin. Stettiner Abendpost (1903). 8° [Fr.]
[illegible] 9

Die Abend Presse: Jan 1, 1883--1913
Independent daily as noon edition ["Mittagsblatt"], Jan 1, 1883--Oct 23, 1889, as evening edition ["Abendblatt"], Oct 24, 1889--1913, except Sunday, of the CHICAGOER FREIE PRESSE. Title varies 1 CHICAGOER FREIE PRESSE MITTAGS-BLATT, Jan 1, 1883- Oct 23, 1889, 2. CHICAGOER NEUE FREIE PRESSE, Oct 24, 1889 Mar 15, 1891, 3 CHICAGOER FREIE PRESSE UND CHRISTLICHER HAUSFREUND, VEREINIGTES ABENDBLATT, Mar 22, 1891--Nov 1896, 4. DIE ABEND PRESSE, Dec 1896 1913 For Sunday supplement, see SONNTAGSBEILAGE ZUR ABEND-PRESSE Circulation 1900, 20 000 (est.), 1910, 17,500.
Chicago, IL

Tägliche Abend-Presse: Aug 1, 1877 - Feb 28, 1930
Independent daily, evening except Sunday, the evening edition of CINCINNATIER FREIE PRESSE. Title varies: CINCINNATIER ABEND-JOURNAL Jan 3--8, 1920, other slight variations in title. Circulation 1880, 5000, 1890, 15,300, 1900, 27,110, 1910, 36,119, 1915, 47,000 Established by Alexander Torges, Jr., Aug 1877, as a one-cent daily.
Cincinnati, OH

Abendpredigten. — Drei Abendpredigten. Bei dem 22. Kongress für Innere Mission in Bremen geh. v. (E[rnst Gottlob]) Lehmann, (Gerhard) Uhlhorn u. (Erich) Haupt. — Gütersloh 1881. 1:Ec 23770.
1.2746

Abendrot. — Das Abend- und Morgenrot der Völker oder die bald kommenden großen Kriege, Revolutionen u. wichtigen Ereignisse in allen Staaten d. Welt. Entthronung von Königen u. Fürsten, sowie Errichtung von 10 Republiken unter Präsidenten-Königen. Errichtung e. 1000 jähr. Friedensreiches oder Erfüllung d. Idee d. sozialdemokr. Zukunftsstaates. — [Berlin:] Fanck 1906. 192 S.
1:Ct 10528.
1.2747

Abendroth. Friedensklänge. 12. (12 S. m. farb. Illustr.) Leipzig 890. Baldamus, Sep.-Cto. cart. m. Goldschn. n. — 90

Abendroth, Irene. Ein Fragment ihrer Künstlerlaufbahn. Mit 56 Photogr. der Künstlerin. Dresden 1904. (VIII, 95 S.) Lex. 8. Dresden 904. E. Pierson. n. 4. —: geb. n. 5. —

Abend- und Morgenroth der Kirche Christi, ihre Vergangenheit, Gegenwart und Zukunft. Beleuchtet im Lichte des Wortes Gottes an Hand der Geschichte. Monatsblatt für denkende Christen und Geistliche aller Confessionen. [Red.: H. Geyer.] Jg. 1875–1879.
Hamburg, (Salzgitter: Witt) 1875–1878/79. 8°

Abendroth, s.a. A b e n d r o t h , Amandus Augustus

— s.a. A b e n d r o t h , Heinrich v.

Abendroth, die Zünder der preußischen Artillerie in diesem Jahrhundert bis zur Einführung d. Brisanzmunition nach ihrer histor. Entwickelung. Mit 29 Blatt Zeichngn. Bearb. u. m. Genehmigg. des königl. Kriegsministeriums hrsg. gr. 8. (VIII, 64 S.) Neisse 899. J. Graveur. n. 2. —; geb. n. 2. 50

Abendroth, A., s. A b e n d r o t h , Alfred

— s. A b e n d r o t h , Heinrich v.

Abendroth, A.A., s. A b e n d r o t h , Amandus Augustus

Abendroth, Alfred

Die Aufstellung und Durchführung von amtlichen Bebauungsplänen. Leitfaden f. kommunale Verwaltungsbeamte u. Gemeindetechniker bearb. von Alfred Abendroth, Oberlandmesser in Hannover. Mit 10 Textzeichn. *Berlin: C. Heymann 1903.* (VIII, 135 S.) 8° [F.] 04 1

Abendroth, Alfr., die Aufstellung u. Durchführung v. amtlichen Bebauungsplänen. Leitfaden f. kommunale Verwaltungsbeamte u. Gemeindetechniker. 2. verm. u. verb. Aufl. (VIII, 142 S. m. 10 Abbildgn.) gr. 8. Berlin 905. C. Heymann. n. 3 —; geb. n. 4 —
1. Aufl. (VIII, 135 S. m. 10 Abb.) Ebd. 903. n. 2. 50; geb. n. 3. —

Abendroth, Alfr., die Freimaurerei — e. „Hilligenlei"! Ein Beitrag zur deutschen Religionsfrage aus dem Leben e. Bruders Freimaurers, erzählt v. A. (44 S.) 8. Leipzig (906). J. G. Findel. — 75

Abendroth, Alfred: Die Großstadt als Städtegründerin, s.a. Flugschrift der deutschen Gartenbau - Gesellschaft. Nr. 8.

Abendroth, Alfr., die Grossstadt als Städtegründerin. (32 S.) gr. 8. Schlachtensee (Berlin) 905. Deutsche Gartenstadt-Gesellschaft. n.n. — 50
Sonderabdruck aus: „Der Städtebau".

Abendroth, Alfr., der Landmesser im Städtebau. Prakt. Handbuch zur sachgemäss. Erledigg. aller landmesser. Geschäfte im Gemeindedienst. Mit 4 Taf. und 27 Textabbildgn. gr. 8. (XII, 222 S.) Berlin 901. P. Parey. Geb. in Leinw. n. 9. —

Abendroth, Alfr., der Landmesser im Städtebau. Prakt. Handb. z. sachgemäßen Erledigg. der landmesser. Geschäfte im Gemeindedienst. 2 verm. u. verb. Aufl. (XVI, 324 S. m. 34 Abbildgn. u. 4 Taf.) gr. 8. Berlin (909). P. Parey. Geb. in Leinw. 12. —

Abendroth, Alfr.: Die Praxis d. Vermessgsingenieurs. Geodät. Hand- u. Nachschlageb. f. Vermessgs-, Kultur- u. Bauingenieure, Topographen, Kartographen u. Forschgsreisende. (12, 815 m. Abb. u. 11 Taf.) gr8°.– Berl. P. Parey 1912.

Abendroth, Amandus Augustus: Antwort auf das Memoire des Herrn Marschall's Davout [Louis Nicolas Davout d'Auerstaedt], seine Verwaltung und Vertheidigung Hamburgs betr. Mit 41 Beyl. Geschr. im Nov. 1814 [von Amandus Augustus Abendroth]. — Deutschland [Hamburg] 1815. 55,53 S. 1:in Sp 1600. 2. 3. 5. 7. 8.
1.2761

Abendroth, Bemerkungen üb. d. Armen-Anstalt v. 1791 u. 1830. gr. 8. (2 B.) Hamburg 832, Nestler u. Melle. Thlr.

Abendroth, Amand. A., Ritzebüttel u. d. Seebad zu Cuxhaven, m. 3 Kpf. u. 2 Kart. gr. 8. Hamb. 818. Perthes u. B. 2 ℛ 12 g/

Abendroth, (Bürgermeister A. A.,) Ritzebüttel und das Seebad zu Cuxhaven. 2r Thl., enthalt. Veränderungen u. Verbesserungen seit 1816 bis 1836. Mit 3 Abbildd. u. Karte (der Unter-Elbe von Schuback, 42 Zoll lang u. 13 Zoll hoch) nebst e. alphabet. Inhaltsverz. beider Thle. gr. 8. Hamb. 837. Perthes-Besser u. Mauke. Schreibp. n. $2\frac{1}{6}$ ℛ ohne Karte n. $\frac{5}{6}$ ℛ Die Karte kostet einzeln n. $1\frac{1}{3}$ ℛ Der 1e Thl. mit 3 Kpfrn u. 2 Karten, Ebend. 818, kostet n. $2\frac{1}{2}$ ℛ

Einige Worte für Hamburgs Bürger [v. Amandus Augustus Abendroth]. Hamburg 1813 8°

[—] Wünsche bey Hamburgs Wiedergeburt im Jahre 1814. Seinen patriotischen Bürgern gewidmet von A. — Kiel (1814): Mohr. 188 S. 1:Sp 1689. 5 [defekt]. 8.
1.2762

— Wünsche bei Hamburgs Wiedergeburt im J. 1812. 8. Hamb. 814. 2e Aufl. ... Hoffmann u. Campe. 20 g/

Abendroth, Wünsche bei Hamburgs Wiedergeburt, im Jahre 1812. 2te Aufl. 8. Hamb. Hofmann u. Campe. 815.

— Bemerkk. darüber, s.a. Bemerkungen.

Abendroth, Bemerkungen darüber, nebst einem Anhang. 8. Hamburg, Hofmann u. Campe. 815.

Abendroth, Arthur, Chevalier Jou-Jou, der elegante Toiletten-Plauderer. Moderne Boudoir-Bibliothek für die fashionable Welt. 1.—3. Bdchen. Mit 3 Federzeichnungen und 3 Costume-Bildern. 12. Prag u. Leitmeritz 843, Medau. à $\frac{1}{4}$ ℛ

Abendroth, C. E.: Offnes Schreiben an die Herren Verordneten löblicher Kammer, die Entwässerungspläne des Hammerbrook betr. — Hamburg 1856: Nestler & Melle. 15 S. 4° 89.
1 2765

Abendroth, Carl, Naturgeschichte der Vögel. Mit besonderer Berücksichtigung der in Deutschland vorkommenden Vögel und Belehrung über Zucht und Wartung der Haus- und Stubenvögel. Vorzugsweise für die Jugend bearb. hoch 4. (X, 110 S. mit 250 naturgetreuen Abbild. auf 11 Kpfrt.) Leipzig [Dresden] 870, Baensch.

Abendroth, G. R., s. A b e n d r o t h , O. R.

Abendroth, Gustav Adolf

Abendroth, G. A., der Führer um u. in die Hauptkirche zu Pirna. Ein Auszug aus dem Mscr.: „Chronik der Stadtkirche zu Pirna." Pirna 865. Diller & S. 8. (36 S.) 5 *ngr.*

Abendroth, G. A., Grosssedlitz. Geschichte d. königl. Schlosses u. Gartens u. Erklärung d. Statuen d. Parkes. 2. verb. Aufl. Mit 1 (lith.) Plane. 8. (VIII, 67 S.) Dresden 881. Huhle in Comm. n. — 80

Abendroth, G. A., Großsedlitz mit seinem Königlichen Schlosse u. Garten. Geschichtlich u. mythologisch erläutert. Dresden, 862. Kuntze. 8. (VIII, 88 S.) n. 10 *ngr.*

Abendroth, *Gustav William* *Worte bei seinem 25jähr. Jubiläum* 4 (S. 6—7 der Schuln.) G zum heil. Kreuz *Dresden* 1889

Abendroth, Heinrich v. 1845: Der Aufstand in Dresden. Politisch u. militärisch beleuchtet v. e. sächs. Officier u. Augenzeugen [d. i. Heinrich v. Abendroth]. — Leipzig: Hinrichs 1849. 34 S. 1:4 in Sq 6580. 8. 9. 10. 11.
1.2767

[—] Militairische Briefe eines deutschen Offiziers während einer Reise durch die Schweiz und das mittlere Frankreich im Anfange des Jahres 1844. Mit bes. Bezugnahme auf d. neueren franz. Befestigungsanlagen in militair. u. polit. Hinsicht.— Adorf: Verlagsbureau 1845. VIII, 382 S. 12: Mil. g. 25o. 2.
1.2768

A(bendroth), H. v., Hauptm. im k. sächs. Generalstabe. Ueber die militärischen und technischen Grundlagen der Truppentransporte auf Eisenbahnen. 8. Darmstadt und Leipzig 1861.

(Abendroth, Heinrich v., k. sächs. Oberstlieut.) Studien über den Sicherheits-Dienst in verbundenen Waffen. 8. Wien 1867.

Abendroth, Heinr. von, Terrainstudien zu dem Rückzuge des Varus und den Feldzügen des Germanicus. Eine militair. Beleuchtung. Mit e. einleit. Vorwort von Ed. v. Wietersheim. Nebst 1 (lith.) Karte (in Fol.) Leipzig, 862. T. O. Weigel. gr. 8. (VI, 73 S.) n. 24 *ngr.*

Abendroth, H. v. : Terrainstudien.– Lpzg., C.H. Tauchnitz.

Abendroth, Karl, s. Abendroth, Carl

Abendroth, Moritz, Referendar in Berlin: Der totgeglaubte Noterbe nach römischem, gemeinem und bürgerlichem Recht. Ein Beitrag z. Lehre vom Irrtum. Borna-Leipzig 1907: R. Noske. (IX, 58 S.) 8°
Leipzig, Jur. Fak., Diss. v. 18. Okt. 1907
[Geb. 5. Okt. 83 Dessau; Wohnort: Berlin; Staatsangeh.: Preußen; Vorbildung: Luisen-Gymn. Berlin Reife M. 02; Studium: Lausanne 2, Berlin 5 S.; Rig. 28. Juni 06.]

Abendroth, Dr. O. R., Der sächs. Guano und dessen Fabrikation. Dresden 1854. 8°. brosch.

Abendroth, O. R: Die Guano-Fabrikation. Dresden 1855

Abendroth, G. R., Programm üb. d. Entstehung u. d. dermal. Wirkungskreis d. pharmaceut. Instituts zu Dresden, geschrieben v. s. Begründer u. Vorstand. Schmal gr. 8. (3¼ B., 1 Ans. u. 1 Grundr. d. Instit.) Dresden u. Leipzig 845, (Arnoldische Buchh.) gratis.

Abendroth, O. R: Die Verwerthung der Düngabfälle großer Städte. Dresden 1862

Abendroth, Robert

Abendroth, R., die Colonie am Pozuzu, s. „Jahresbericht d. Vereins f. Erdkunde zu Dresden.

Abendroth, Robert: Die Colonie am Pozuzu in ihren physischen, ökonomischen und politischen Verhältnissen. — Dresden: (Schönfeld 1870). 60 S. mit 10 Taf. (Jahresberichte des Vereins für Erdkunde zu Dresden. Nachtr. 6 und 7.)

Abendroth, R., das Problem der Materie. Ein Beitrag zur Erkenntnisskritik u. Naturphilosophie (In 2 Bdn.) 1. Bd. gr. 8. (XV, 456 S.) Leipzig 889. Engelmann. n. 14. —

Abendroth, W., s.a. Abendroth, William

Abendroth, Dr. W., Darstellung und Kritik der ältesten Gradmessungen. (Progr. d. Dresdner Kreuzgymnasiums.) Dresden 1866. 8°. (47 S.)

Abendroth, Wilh., üb. electrisirte Flüssigkeitsstrahlen. Neue Versuche u. Erklärgn. 4. (25 S.) Dresden 874. Exped. d. Jahresber. d. Vereins f. Erdkunde. n.n. 1. —

Abendroth, Wilh. Friedr. (Pirna). De coffea. Diss. med.-chir. Leipzig (Staritz) 30. IX. 1825. 42 S. (4.80) 21
Gew.: Joh. Theophil Abendroth.

Abendroth, William

Abendroth, Will., Anfangsgründe der analytischen Geometrie der Ebene, f. die oberste Stufe der höheren Schulen u. zum Selbstunterricht bearb. Mit 68 (eingedr.) Holzschn. gr. 8. (VI, 134 S.) Leipzig 882. Hirzel. n. 1. 80

Abendroth, Will., Leitfaden der Physik, m. Einschluß der einfachsten Lehren der Chemie u. mathemat. Geographie. 2 Bde. Mit 72 Holzschn. gr. 8. Leipzig, Hirzel. n. 8. 40
1. Bd. Untersekunda u. Obersekunda. (VI, 290 S.) 883. n. 4 40
2. Bd. Unter- u. Oberprima. [Mechanik, Wellenlehre, Akustik, Optik, mathemat. Geographie.] 884. n. 4. —

Abendroth, Will., **Leitfaden der Physik** m. Einschluß d. einfachsten **Lehren der** mathem. Geographie u. d. Lehr- u. **Prüfungsordnung v. 1893** f. Gymnasien. 1. Bd. Kurs. d. Unter- u. Obersekunda. 2. Aufl. gr. 8. (IX, 222 S. m. 155 Holzschn.) Leipzig 895. S. Hirzel. n. 3. 60; geb n. 4. —

— dasselbe. II. Bd. Kurs. der Unter- u. Oberprima. 2. Aufl. gr. 8. (VII, 289 S. m. 172 Holzschn. u. 1 Farbentaf.) Ebd. 897. n. 4. —; geb. n.n. 4. 50
(Kplt.: n. 7. 60; geb. n.n. 8. 50)

Abendroth, William, Leitfaden der Physik m. Einschluß der einfachst. Lehren **d. mathematischen Geographie** nach der Lehr- u. **Prüfungsordnung v. 1893** f. Gymnasien. I. Bd. Kurs. der Unter- u. Obersekunda. 3. Aufl. (IX, 221 S. m. 152 Abbildgn.) gr. 8. Leipzig 902. S. Hirzel. n. 3. 60; geb. n. 4. —
II. Bd. Ebd. 897. n. 4. —; geb. n. 4. 50.

Abendroth, William, Leitfaden d. Physik m. Einschluß d. einf. Lehren der mathemat. Geogr. nach der Lehr- u. Prüfungsordnung v. 1893 f. Gymnasien. II. Bd. Kurs. d. Unter- u. Oberprima. 3. Aufl. (VII, 291 S. m. 174 Fig. u. 1 farb. Taf.) gr. 8. Leipzig (907). S. Hirzel. 4. —; geb. n 4. 50
I Bd. Ebd. 902. 3. 60; geb. 4. —

Abendroth's W. Leitf. d. Physik m. Einschluss d. einfachsten Lehren d. mathemat. Geogr. n. d. Lehr-u. Prüfgsordng. v. 1893 f. Gymnasien. 4. Aufl. v. Hugo Hübschmann u. Otto Müller. 2 Bde. gr8°.– Lpzg. S. Hirzel.

Abendröthe, die. Ein Schriftchen f. die arme Jugend. 8. (58 S.) Bautzen 875. (Löbau, Oliva.) n. — 15

Abendröthe, d. Ein Schriftchen f. d. arme Jugend. 8°. (58) Bautz. 1875 (Zitt. Oliva.)

Abendruhe. Ein illustr. Haus- u. Familienbuch zur Unterhaltg, Belehrg. u. Erheiterg. Mit vielen Illustr. Lex.-8. (III, 192 S.) Köln 883. Theissing. cart. 1 80

Abendruhe, christliche, zur Unterhaltung und Belehrung für das katholische Volk. 23. Bd. Jahrg. 1885. 52 Nrn. (Bog. mit Illustr.) hoch 4. Solothurn, Burkardt und Frölicher. *

— christliche, zur Unterhaltung u. Belehrung f. das katholische Volk. 23. u. 24. Bd. Jahrg. 1885 u. 1886 à 52 Nrn. (B. m. Illustr.) hoch 4. Solothurn, Schwendimann. à Jahrg. n. 4. —

—— dass. — Illustrirte kathol. Zeitschrift. 24.—26. Bd. Jahrg. 1886—1888. à Jahrg. 52 Nrn. (Bog.) hoch 4. Ebendas. à Jahrg. *

Abendruhe, christliche. Illustrirtes kathol. Wochenblatt. 25.—28. Bd. Jahrg. 1887—1890. à 52 Nrn. (à 1—1½ B.) hoch 4. Solothurn, Burkard & Frölicher. à Jahrg. n. 4 —

Abendruhe, christliche. Illustr. kathol. Wochenblatt. 27.—30. Bd. Jahrg. 1889—1892. à Jahrg. 52 Nrn. (à Nr. 1—1½ Bog.) hoch 4. Solothurn, [Burkard u. Frölicher], seit 1892 Union. à Jahrg. * 4 —

Abendruhe, christliche. Illustr. kathol. Wochenblatt. 33. Bd. 1895. 52 Nrn. gr. 8. (à ca. 12 S.) Solothurn, Union. n.n. 5. —

Abendruhe, christliche, Fortsetzg., s.: Frauenzeitung, schweizer kathol.

Abendschein. — Ein himmlischer Abendschein, noch am Feyerabend in und mit der Welt ans Tages-Licht gestellt. Zu innigster Pruefung und Erweckung vor Sehende und den Blinden, Lebende und doch Todten; im Reich der Gnaden und auch im Reich der Natur. Welchen der Geist der wahren Inspiration durch Ursula Meyerin . . . hat bezeugen und verkuendigen lassen. — o.O. 1781. 384 S.
5.
1.2781

Abendschmaus, Der ländliche, am Jakobstage 1786 Vorgesungen dem Bruder Jakob Selzer Wien am 25 (des VII) (1788). V: *Weimar, J. M.* (Briefe über den gegenw. Zustand der Literatur, S. 192.) (Der deutsche Zuschauer 1785/8, VIII/299.) (BiblPort)

Die Abendschule: Jahrgang 1—87, no 13, Feb. 1, 1853—Dec 19, 1940. St. Louis, MO

Semi-monthly, Feb. 1, 1854 -Aug. 1874; weekly, Sept. 4, 1874—Dec. 1905, fortnightly, Dec. 7. 1905—Dec. 19, 1940. There is an additional, unnumbered, "Schlussheft" issued in Dec. 1940, Literary and family journal of quality One of the most influential and constructive journals ever published in America. Sub-title. Ein Blatt zur Belehrung und Unterhaltung für die reifere Jugend, Feb 1, 1854—Sept. 1, 1867 (slight variations), Ein deutsches Familienblatt für Belehrung und Unterhaltung, Sept. 15, 1867—? Quarto, Feb. 1854—Aug 1877, small folio, Aug 31, 1877—1940, each issue 4—8 pages, 1854—Aug 1877, 16 pages, Aug 1877—1894, thereafter, 40—48 pages Illustrated, including colored plates and portraits, title-page and contents prepared for each volume

Title varies ILLUSTRIRTE ABEND SCHULE (with slight variations), Feb. 1, 1854—May 1861. Place of publication varies Buffalo, N.Y., Feb. 1, 1854—Dec. 20, 1856 [Jhg. 1—3, no. 18]. For supplement, see BEIBLATT DER ABENDSCHULE. For supplement, see FRAUENFLEISS. For annual, BLATTER UND BLÜTEN

Edited by the Rev C. Diehlmann, Feb 1, 1854—July 1, 1858, by Alex Saxer, July 15, 1858—May 1860, by C. J. H. Fick, June 1, 1860—?; by C. W. Rühle & Dr. Heinrich Dümling, May 20, 1881—Mar ? 1883?, by Dr Heinrich Dümling (with E. W Kühler, Mar 1881—Mar. 1883), Mar 29, 1883—?, by August Lange, 1893—1938, by H. D Lindemann, by F. Lindemann. Published by the Rev. C. Diehlmann, Feb. 1, 1854—Mar. 29, 1857 (with H Tubesing, as Verleger, Drucker & Graveur, Feb. 1, 1854—Dec. 1, 1856), by J. H. Buschmann, Mar. 29, 1857 July 1, 1858, by Otto Ernst, July 15, 1858—Oct 1859, by Moritz Niedner, Nov. 1, 1859 - May 1861, by Louis Lange, Apr 1, 1861—Mar 29 1883, by Louis Lange Publishing Co., Mar 29, 1883 Dec 1940

Circulation 1870—1874, 7000, 1895, 28,700, 1901, *41,831*, 1911, *57,943*, 1914, *59,631*, 1918, *21,127*, 1920, *31,920*, 1925, 31,672, 1930, 31,208, 1937, 15,972.

Beiblatt der Abendschule: 1875—1878.

Monthly supplement to DIE ABENDSCHULE.

St. Louis, MO

Abendschule, die. Ein deutsches Familienblatt. Hrsg. von Louis Lange. 22.—26. Jahrg. 1875—79. 52 Nrn. (2 B. mit eingedr. Holzschn.) Fol. St. Louis, Mo. (Dresden, H. J. Naumann.) Jahrg. 1875—77 à * Jahrg. 1878 und 79 à *

Abendschule, die. Ein deutsches Familienblatt. Hrsg. von Louis Lange. 27.—31. Jahrg. 1880—1884. à Jahrg. 52 Nrn. (à Nr. 2 Bog. mit eingedr. Holzschn.) gr. 4. St. Louis, Mo. (Dresden, H. J. Naumann.) à Jahrg. * Mit dem Beiblatt „Rundschau" à Jahrg. *

Abendschule, die. Ein deutsches Familienblatt. Hrsg. von Louis Lange. 32.—34. Jahrg. 1885—1887. à Jahrg. 52 Nrn. (à Nr. 2 Bog. mit eingedr. Holzschn.) gr. 4. St. Louis, Mo. (Dresden, H. J. Naumann.) à Jahrg. * Mit dem Beiblatt „Rundschau" à Jahrg. *

Abendschule, die. Ein illustr. Familienblatt. Hrsg. v. Louis Lange. 35.—39. Jahrg. Sept. 1888—Aug. 1893. à Jahrg. 52 Nrn. oder 13 Hefte. (à Heft ca. 20 S.; à Nr. 2 Bog.) hoch 4. St. Louis, Mo. (Dresd., H. J. Naumann). à Jahrg. * 13 50

Abendschule, die. Ein illustr. Familienblatt. Hrsg. v. Louis Lange. 38.—40. Jahrg. Aug. 1891/92, 1892/93, 1893/94. à 52 Nrn. od. 13 Hfte. (à Nr. ca. 2½ Bog.) hoch 4. St. Louis, Mo. (Leipzig, H. J. Naumann.) à Jahrg. n. 13. 50

— dasselbe. Red.: H. Dümling u. A. Lange. 41. Jahrg. Aug. 1894/95. 52 Nrn. oder 13 Hfte. (à Nr. ca. 2½ Bog.) hoch 4. Ebd. n. 13. 50

Abendschule, die Ein illustr. Familienblatt. Red: H. Dümling u. A. Lange 42.—43. Jahrg. 1895/97. à 52 Nrn. (à ca. 20 S) hoch 4. St Louis, Mo. (Leipzig, H. J Naumann.) n. 13. 50

Abendschule, die. Ein illustr. Familienblatt. Hrsg. v. Louis Lange Pub. Co. Mit Beiblatt: Frauenfleiß. 49.—51. Jahrg. Aug. 1902 bis Juli 1905 à 52 Nrn. od. 13 Hfte. (à ca. 20 u. 16 S.) 4. St. Louis, Mo. (Leipzig, H. J. Naumann.) à Jahrg. n.n. 13. 50

Abend-Schule, illustrirte. Zur Belehrung und Unterhaltung für die reifere Jugend. Redig. von C. Diehlmann. 1—3. Jahrg. März 1854 — Februar 1857. à 26 Nrn. (Bog. mit eingedr. Holzschn.) gr. 4. St. Louis. (Philadelphia, Schäfer und Koradi.) à Jahrg. *

—— dass. — Eine Zeitschrift für Belehrung und Unterhaltung. Redig. von Alex. Saxer. Hrsg. von Otto Ernst und vom 6. Jahrg. an hrsg. von M. Niedner. 4—6. Jahrg. März 1857 — Februar 1860. à Jahrg. 24 Nrn. (Bog. mit eingedr. Holzschn.) gr. 4. St. Louis. (Philadelphia, Schäfer und Koradi.) à Jahrg. Thlr. *

Abendschule-Kalender. Ein Jahrbuch f. d. christl. Haus auf d. J. 1892. Hrsg. v. Louis Lange. 8. (223 S. m. Bildern.) (Ebd.) * 1 25

Abendschule-Kalender. Jahrbuch f. d. christl. Haus f. 1894. Hrsg. v. L. Lange. 8°(219 m. Bildern.) St. Louis, Mo. (Zwick., Schriften-Verl.)

Abendschule-Kalender. Ein Jahrbuch f. das christl. Haus auf d. J. 1894. Hrsg. v. Louis Lange. 8. (219 S. m. Bildern.) St. Louis, Mo. (Leipzig, H. J. Naumann.) Kart. n. 1. 20

Abendschule-Kalender f. das christliche Haus auf d. J. 1882. Hrsg. v. der Red. der Abendschule. 8. (XXX, 170 S. m. eingedr. Holzschn.) St. Louis. (Dresden, H. J. Naumann.) cart. n. 1. 60

Abendschwingen. Kleine Romane u. Erzählungen, von K. Stein. 8. Berlin, Stuhr. 821.

Abend- und Morgensegen für das christl. Haus, s. Morgen- und Abendsegen.

Abendsitz. Der A' oder die Gedanken unsrer Landleute im Hinblick auf die letzten Wahlen am 13. und 20. Oktober 1850. [Gedicht.] 8. ([Bern,] C. A. Jenni, Vater.)

Abendstern, der. Geschichtliche Erzählung, s. Familien-Bibliothek.

Abendstern, der. Zeitschrift zur Unterhaltung für Leser aller Stände. Red: F. W. Nelte. 1. u. 2. Jahrg. 854. u. 855. à 12 Nrn. (à 3 Bgn.) Mit Holzschn. im Text, Berlin, Nelte. Lex. 8. Jede Nr. 5 ngr

Abendstern, der —. Neue Zeitschrift zur angenehmen Unterhaltung für Leser aus allen Ständen. Mit vorzüglichen colorirten Kunstblättern als Prämien. Gedruckt, herausgegeben und verlegt von Alfr. Traßler in Troppau. 4. 2spaltig. Monatlich 1 Heft à 6 Bogen. 4 fl. jährlich. 1855

Abendstern, Der —. Ein Sammelwerk deutscher Original-Romane und Novellen zur angenehmen Unterhaltung für Leser aus allen Ständen. Mit vorzüglichen kolorirten Kunstblättern als Prämie. 2. Band. Gedruckt, herausgegeben und verlegt von Alfr. Traßler. 4. 2spaltig. Erscheint jährlich ein Band von 12 Lieferungen. 1856

Abendstern, der — Ein Sammelwerk deutscher Original-Romane und Novellen zur angenehmen Unterhaltung für Leser aus allen Ständen. Mit vorzüglichen kolorirten Kunstblättern als Prämien. 1857. 3ter Bd. 1—3. Lief. Troppau. Gedruckt, herausgegeben und verlegt von Alfred Traßler. (144 S. 4.) (Bgl.

Abend-Stern: Sept 1892 -1912?

Independent daily, evening except Sunday, edition of DER NORD-STERN. Circulation: 1895, 400, 1905, 868; 1910, 1250.

La Crosse, WI

Abend-Stern : 1897?—1898?

Daily, evening except Sunday. Edited by Adolph Candrian, & published by Nordstern Association

Dubuque, IA

Abendstern. Warnender A' am Horizonte der Schweiz zur Bewahrung des Vaterlandes. Eine Volksschrift von J B V O . 8. Schwyz 1836.

Abendstündchen, drei, oder die Speculationen auf d. Eroberung. v. Paris. Lustsp. 8. Rostock, Stiller. 815.

Abendstündchen, Drei, oder **die Spekulation auf die Eroberung von Paris. Lustspiel. Rostock 1816. V:** ***Piper, Johann Christian Ferdinand.*** **(Ky)**

Abendstündchen, drei, od. d. Spekulation auf d. Eroberung v. Paris. Lustspiel (von J. C. F. Piper). 8. Rostock 816. Stiller. 12 gr

Abendstündchen, Müssige, zweyer Freunde. Germanien 1799. H: ***Murhard, Johann Carl Adam & P... F... Brede.*** **(MGT) (Ky).** ***Mucharat, J. K. A. & P. F. Brede.*** **(Wr)**

Abendstündchen, müßige, zweier Freunde. 1r Thl. 8. Leipz. 799. (Fr. Fleischer). 12 gr

Abend (=Stündchen), ein, vor dem Potsdammer Thore. Unterhaltendes Würfelspiel für fröhliche Zirkel. Mit 8 ill. Kpfrn u. 3 Würfeln. 18. (Berl. 839. Kecht) n. 1/4 Thlr

Abendstunden, eine Wochenschrift, vermischten Inhalts. 1. u. 2. Jahrg. à 4 Bde. mit Kupf. gr. 8. Breslau, Buchhalter. 819. 20. à Bd. Rthlr. 1.

Abendstunden. Eine Unterhaltungsschrift. [Hrsg.: Zimmermann.] Jg. 1–11. (Jg. 1 zu 48 St., Jg. 2 zu 32 St., Jg. 3 ff. zu je 12 St., Jg. 11 zu 6 St.)

Breslau: Buchheister 1819–29.

ℭ Jg. 11 u. d. T.: Zeitvertreib in Abendstunden. 1829.

ℭ Vgl. Klawitter, S. 45, Nr. 167.

ℭ Forts. u. d. T.: Mannigfaltigkeiten. Breslau 1829 ff.

Abendstunden. Zwanglose Hefte z. Belehrung u. Erheiterung. Hrsg. vom Vereine zur Verbreitg. v. Druckschriften für Volksbildung. 1. Hft. 8. (84 S.) Wien 852, Kaulfuß Wwe., Prandel & Co. n. 4 ngr

Abendstunden. Zwanglose Hefte zur Belehrung und Erheiterung. Herausg. vom Vereine zur Verbreitung von Druckschriften für Volksbildung. 1. Jahrg. 853. 2.—6. Heft. u. 2.—6. Jahrg. 854—858. à 6 Hefte (à 3—4 Bgn.). Wien, Prandel u. Meyer. 8. Jedes Heft n. 4 ngr

Abendstunden. Zwanglose Hfte. z. Belehrg. u. Erheiterg. Jahrg. 1853 - 59. 8°(à 500).– Wien, Gronemeyer. Jahrg. 1860-63.

Abendstunden. Zwanglose Hefte zur Belehrung u. Erheiterung. Herausg. vom Vereine zur Verbreitung von Druckschriften für Volksbildung. Jahrg. 1859—1863. à 6 Hefte (à 5 Bgn.). Wien, Prandel & Ewald. Jedes Heft 7½ ngr

Abendstunden. Zwanglose Hefte zur Belehrung u. Erheiterung. Herausg. vom Vereine zur Verbreitung von Druckschriften f. Volksbildung. Jahrg. 1864—70. à 6 Hefte (à 6—7 Bgn.). Wien, Prandel. 8. Jedes Heft n. 6 ngr

Abendstunden. Hfte. z. Belehrg. u. Erheiterg. 1868-70. à 10 Hefte (a 80).– Wien, Gronemeyer.

Abendstunden. Zwanglose Hefte zur Belehrg. u. Erheiterg. Hrsg. vom Vereine zur Verbreitg. v. Druckschriften f. Volksbildg. (1871.) 10 Hfte. 8. (à 80 S.) Wien 871. Weiske & Co. à n. — 60

— dasselbe. 1872—1874 à 10 Hfte. 8. (à ca. 93 S.) Ebend. 872—74. à Hft. n. — 40

Abendstunden. Zwanglose Hefte zur Belehrung und Erheiterung. Hrsg. vom österreich. Volksschriften-Vereine. 22. Jahrg. 1875. 10 Hefte. 8. (à Heft 64 S.) Wien, (Weiske und Comp.) Becker.

Nicht weiter erschienen.

Abendstunden. Eine Rundschau für Unterhaltung, öffentliches Leben, Wissenschaft und Kunst. Bd 8.

Leipzig 1863.

ℭ Frühere Bände sind nicht nachweisbar.

Abendstunden. Ein Buch m. Bildern, Geschichten u. Betrachtgn. f. die Kinder. (IV, 52 S. m. 1 Farbdr.) 4. Witten (901). Buchh. der Stadtmission. Geb. — 80

Abendstunden, Angenehme, in dem Boulognesischen Gehölze oder französische und englische Geschichte (aus dem französ.). Hamburg 1751. V: *Caylus, Anne Claude Philippe de Thubières de Grimoard de Pestels de Levy, comte de.* (BGE)

— angenehme, in d. Boulognischen Gehölze. 2 Thle. 8. Hamb. 751. Hertel. 6 gr

— braune, od. Erzähll. aus d. Gebiete d. Gespenster 2c. 8. Leipz. 813. Joachim. 1 Thlr 6 gr

— kleine Romane, Erzählungen, Mährchen u. Schwänke. 1s Bdchen. — s. Ein Buch für die Winterabende. 3s Bdchen.

ABENDSTUNDEN eines Einsiedlers. (9 Erzählungen.) Mannheim, b. dem Hofbuchh. F. Kaufmann. 1802. 8°.
Tit. (m. Vign. v. Jury) u. 136 S. Nr. 3 „das Turnier" freien Inhalts.

Abendstunden in lehrr. u. anmuthigen Erzähll. 14 Thle. 8. Bresl. 763—66. J. F. Korn. 4 Thlr 16 gr — Fortsetzung od. neue Abendstunden. 14 Thle. 8. Ebd. 766—76. 5 Thlr 20 gr

ABENDSTUNDEN in lehrreichen und anmuthigen (theilweise etwas freien) Erzählungen. Th. (1). 3te Aufl. Bresslau. 1770 bei Johann Friedrich Korn, dem ältern. (Zuerst gedr. 1760.) Th. 2—5. 2te Aufl. Ebd. 1767—75. (Ed. I: 1763—65.) Th. 6—14. Ebd. 1766—76. 8°. (Das Berliner Expl. in 6 voll. gebd.) (In der Breslauer Kgl. u. Univers-Bibl. sind Th. 4—7: 1764—67, Th. 9: 1769.)

— im Familienkreise gebildeter u. guter Menschen, v. H. G. Demme; herausg. v. K. Stille. 2 Thle. 8. Gotha, Becker (à 1 Rthlr.).

Abendstunden, Gott geweihte, f. Christen beider Confessionen. gr. 12. (5 B.) Bühler 828. (St. Gallen, Huber u. Comp.)

Abendstunden, gottgeweihte, für Christen beider Confessionen. 8. Bühler 828. Chur, Grubenmann. 1/3 Thlr

W. B. v. Bl. Gottselige Abend-Stunden, in Verfertigung allerhand Geistlichen Uberschrifften zugebracht. Franckfurth am Mayn, Bey J. A. Jungen. Gedruckt bey A. Heinscheidt. 1715. 8°. 8 Bl.

— für Kinder. Ein Geschenk für fleißige Knaben und Mädchen. Mit 4 ill. Steindr. 16. Düsseld. 833. Stahl. 1/2 Thlr

Abendstunden, Meine. Riga 1789. V: *Hagemeister, Nic. Christoph von.* (RN) (MGT) (Ky)

ABENDSTUNDEN, müßige, zweier Freunde (von *J. K. A. Muchardt* und *P. F. Brede*). Germanien (Leipzig, Fleischer) 1799. (Format ?)
Weller, fing. Dr.

ABENDSTUNDEN, Neue, oder fortgesetzte Sammlung von lehrreichen und anmuthigen (theilweise leichten) Erzählungen. 14 Thle. Bresslau und Leipzig, verlegts Joh. Friedrich Korn, der ältere. 1768—76. 8⁰. (Das Berliner Expl. in 7 voll. gebd.) (In der Breslauer obigen Bibl. sind Th. 5—6: 1770, Th. 7: 1772.) (2 Thle., 1768, waren für 12 Kronen in Halm & Goldmann's [in Wien] Cat. 193 no. 4 angeboten.)

— — neue, oder Fortſ. 14 Thle. 8. Ebend 767—76.

ABENDSTUNDEN, Philosophische, vom Koche des Königes von Preussen. Zur Elektrisirung fanatischer Köpfe aus d. Französ. (des Grafen *v. Schwerin*) ins Deutsche übersezt (sic!) und reichlich mit Anmerkungen versehen von einem Illuminaten in Bayern (Friedr. Heinr. Bispink). Mit curiosem satyr. Titelkpf. Boston u. München (Leipzig, Weygand) 1786. 8⁰. (Expl. in Halle a/S., Bibl. der Loge zu den 3 Degen.) (15 Mk. Frensdorff, Berlin, 1907; 30 Mk. Max Harrwitz, Berlin, 1906.)
10 + 355 S. Zum Theil erotisch u. cynisch. Der Verfasser unterzeichnet sich am Schluss mit den Buchstaben J. M. S. — Anon.-Lex. I. p. 6 (nach Weller, Meusel u. Kayser).
Orig. (in Carlsruhe, Hof- u. Staatsbibl.): Les soirées philosophiques du cuisinier du Roi de Prusse. A Sans-Souci 1785. 8⁰. 2 ff. et 164 pp. (15 Mk., Max Harrwitz, Berlin, 1891.) Erronément attribué à Voltaire. La 6e soirée traite de „baiser", la 7e des testicules, puis des Capucins, des Eunuques etc. etc.
— Dasselbe. Ebd. München, Jos. Lentner) 1796. 8⁰. 232 S. Es giebt Expl. ohne Vorrede.

Abendstunden für edle Seelen ... 1786. V: *Loeber, Christi. Joseph.* (ML)

Abendſtunden, der gebildeten Unterhaltung geweiht. 1ſte 2te 3te Sammlung, mit Kpf. 12. Leipzig, Gleditſch. 820. 821. (1e 2e 3 Thlr. 8 Gr. 3e Slg. 1 Thlr. 8 Gr.)

Abendstunden der geselligen Unterhaltung geweiht. Eine Samml. von Erz. u. Poesien deutscher Schriftsteller. Samml 1. 2. — Leipzig: Gleditsch 1820. 7.
1 2787
-- Bdch. (3: Samml.) 1-3. Ebd. 1821-23.
1:Yf 499. 10.
1.2788

— der geſell. Unterhaltung geweiht. 3 Bdchn. Ausg. ohne Kpf. 16. Leipz. 824. Gleditſch. (Brockhaus). 2 Thlr 6 Ngr Mit Kpf. 4 Thlr 16 Ngr

ABENDSTUNDEN, Vergnügte (hrsg. von Rudolf Wedekind). 3 Thle. Erfurt 1748—50.
Anon.-Lex. I. p. 6 (nach Meusel).

Vergnügte Abendstunden, oder nützliche Belehrungen für Bürger und Landleute beiderlei Geschlechts. [Hrsg.: Becker.]
Schweidnitz: Biesterfeld (1814 f. Stuckart) 1809–15.
℄ Vgl. Klawitter, S. 94, Nr. 497.

Abendſtunden, vergnügte oder nützl. Belehrungen für Bürger u. Landleute ꝛc.; 1r Jahrg. 8. Görlitz, Anton. 810.

— dieſelben 2r Jahrg. 1s Heft.

— vergnügte, oder nützliche Belehrungen für Bürger und Landleute ꝛc. IIr Jahrg. 2s—4s. und IIIr Jahrg. 1s u. 2s Quartal. Schweidnitz. (Görlitz, Anton.) 811. Rthlr. 1

Vergnügte Abend Stunden in stillen Betrachtungen über die Vorfälle in dem Reiche der Natur, Künste und Wissenschaften zugebracht. [Hrsg.: Rud. Wedekind.] Bd 1–3.
Erfurt: Nonne 1748–50. 8° 5,70

Abendtheuer, s. Abentheuer

Abendunterhaltung. H. 1–6.
Pesth: Trattner 1822.

Abenduuterhaltung, häusl., m. d. Jug. üb. naturhiſt. Gegenſt. nach der 6ten Aufl. des engl. Origin. v. W. J. Wiedemann. 3 Bdch. m. K. 16. Leipz. Sommer. 804. (à 20 gr.)

Abendunterhaltung, Carlsruher Liederkranzes, am 29. Nov. 1856, als Beitrag zur Errichtung eines Grabmals unſers vaterländiſchen Dichters J. P. Hebel. Carlsruhe, (857). Müller. 4. (5 Bl., lith. Titel in Farbendruck, lith. Portrait und 7 lith. Bl.) n. 1 Thlr

Abendunterhaltungen
— Ein Beitrag z. geſell. Vergnügen für junge Leute. Frankf. a. M., Döring. 16 Ngr

Abendunterhaltungen, v. Marmontel, s.a. Lesebibliothek.

Abendunterhaltungen, v. Marmontel; a. d. Franz. m. e. Vorrede v. K. Reinhard. 8. Gött. Schneider. 801.

— Erzähll., Novellen, Gedichte. Erheiternd u. ernſthaft. gr. 8. München 831. (G. Jaquet). 16 Ngr

Abendunterhaltungen zur Belehrung der Jugend, mit (6 lith. u. col.) Bildern. gr. 16. (212 S.) Neu-Ruppin 848. (Leipzig, Thomas.) 5/12 Thlr

Abendunterhaltungen, chriſtliche, für Jugend- und Familienkreiſe. Eine Reihe von Erzählungen f. kathol. Jugend u. kathol. Volk. Herausgeg. von J. A. Booſt u. C. Haas. 1. Bdchen. A. u. d. T.: Treue u. Barmherzigkeit. Von dem Verfaſſer der Erzählungen des Prieſters Ottmar, Agnes und Sophias ꝛc. Mit 1 Stahlſt. 8. Augsburg 844, Lampart u. Comp. 3/8 Thlr — 2. Bdchen. A. u. d. T.: Die Schule des Lebens. Eine Erzählung für chriſtl. Jugend u. chriſtl. Volk. Mit 1 Stahlſt. 8. Ebd. 845. 3/8 Thlr — 3.—6. Bdchen. Inhalt: 3. Bdchen. Das Buch vom ewigen Juden, oder Morgen- u. Abendland. 4. Bdchen. Heinrich Wallner, od. die Religion iſt die feſteſte Stütze auf dem Wege des Lebens. Eine Erzählung von Frz. Maria Brug. 5. Bdchen. Die ſegensreiche Wallfahrt zum heil. Grabe. Eine in Bezug auf die gegenwärtige Geſtalt Paläſtina's ſehr belehrende u. unterhaltende Erzählung. 6. Bdchen. Der Sohn d. Griechin. Eine Erzählung f. chriſtl. Jugend u. chriſtl. Volk. Von dem Verf. d. Buches v. ew. Juden. Mit einem Vorw. von Joh. Evang. Stadler. (Dieſe Bdchn. ſind auch einzeln zu haben.) Mit 4 Stahlſt. 8. Ebd. 846. à 3/8 Thlr

Abendunterhaltungen f. Damen. Herausg. von Wilhelmine Willmar u. Amalie Clarus. 1s u. 2s Bdchen. 8. Ebend. 813 u. 15.

Abendunterhaltungen, deklamatoriſche. Eine Auswahl des Intereſſanteſten zu Vorträgen in geſelligen Kreiſen. Hrsg. von A. Labarre. 1—3. Heft. 16. Zerbſt. [Leipzig,] Wallerſtein. [1. (VIII und 137 S.) 854., 2. (IV und 196 S.) 3. (IV und 144 S.) 855(56,) à 5 Ngr.]

Abend-Unterhaltungen, declamatoriſche. Eine Auswahl des Intereſſanteſten zu Vorträgen in geſelligen Kreiſen. Hrsg. von Aug. Labarre. 3 Bdchn. 3. Aufl. 16. (144; IV und 148; IV und 140 S.) Leipzig 860, Klinkhardt. à Bdchn. * 5 Ngr. *

Abend-Unterhaltungen, declamatoriſche. Eine Auswahl des Intereſſanteſten zu Vorträgen in geſell. Kreiſen. Hrsg. von Aug. Labarre. 4.—6. Bdchn. 16. (IV und 163; IV und 155; IV und 140 S.) Leipzig 863, Klinkhardt. à Bdchn. * 5 Ngr. *
1.—3. Bdchn. Ebendaſ. 1860. * 15 Ngr.

Abendunterhaltungen zu gemütlichen Erheiterungen des Geistes. [Hrsg.: Heinr. Zschokke, Friedr. de la Motte Fouqué, Jakob Glatz, Caroline Pichler u. a.] H. 1–5. Wien: Gerold 1817. 8° Wien St B

— die, e. glückl. Familie. Lesebuch f. Kinder von reiferm Alter. 8. 8. Nürnb. 793. (Eichhorn). 10 ggr

— einer glückl. Familie. Leseb. für Kinder. 8. Nürnberg, Grattenauer. 793.

Abenduterhaltungen eines Familienvaters. kl. 8. Augsburg 844, Schlosser. 1/4 Rthlr

— von einem Freunde der Landleute. 8. Zwickau 845, Verein zur Verbreitung guter und wohlfeiler Volksschriften. n. 4 ngr

— Gamatiels und seiner Freunde, s. H. Rump.

— in Gesprächen e. Landpfarrers mit einigen Wahrheit liebenden Männern, zur Befestigung in d. christkathol. Religion. Von e. Seelsorger des Bisthums Brixen. Mit e. Vorrede von Fürstbischof Bernard (Galura). 8. Innsbruck 832. (Augsb., Kollmann; Landsh., Krüll). 22 ggr

Abendunterhaltungen in Gesprächen eines Landpfarrers mit einigen Wahrheit liebenden Männern zur Befestigung in der alten christkathol. Religion, von e. Seelsorger des Bisthums Brixen. Mit e. Vorrede des hochwürd. Fürstbischof Bernard. 2e, verb. u. verm. Aufl. (Mit Titelkpfr.) gr. 8. Innsbruck 837. Wagner. 1 Rthlr 2e Aufl. gr. 8. Ebd. 841. n. 1 Rthlr

— in Gesprächen eines Landpfarrers mit einigen Wahrheit liebenden Männern zur Befestigung in der alten christkathol. Religion, von einem Seelsorger des Bisthums Brixen. Mit einer Vorrede von dem hochwürd. Fürstbischof Bernard. 3. Aufl. (Mit 1 Stahlst.) 8. Innsbruck 841. (Regensburg, Manz.) 1 1/6 Rthlr Bei Kollmann in Augsburg 1 Rthlr

Abendunterhaltungen in Gesprächen eines Landpfarrers mit einigen Wahrheit liebenden Männern, zur Befestigung in der alten christkatholischen Religion von einem Seelsorger des Bisthums Brixen (Dekan Nappold). Mit Vorrede v. Fürstbischof Bernard (Galura). 5e umgearb. Aufl. 8. Innsbruck 1847, Rauch. 1 1/6 Thlr. — 1 fl. 36 kr.

— in Gesprächen eines Landpfarrers mit einigen Wahrheit liebenden Männern zur Befestigung in der alten christkathol. Religion, von einem Seelsorger d. Bisthums Brixen. Mit einer Vorrede v. d. hochw. Fürstbischof Bernard. 5. umgearb. Aufl. 8. (XXII u. 504 S.) Innsbruck 847. (Regensburg, Manz.) 1 1/6 Rthlr — 6. umgearb. Aufl. 8. (XXII u. 504 S. m. 1 Stahlst.) Ebend. 852. 1 Rthlr

Abendunterhaltungen in Gesprächen eines Landpfarrers mit einigen Wahrheit liebenden Männern zur Befestigung in der alten christkatholischen Religion, von einem Seelsorger des Bisthums Brixen. Mit einer Vorrede von dem hochwürd. Fürstbischof Bernard. 5.—7. Aufl. gr. 8. (XVIII, 492 S. mit 1 Stahlst.) Innsbruck 877, F. Rauch's Buchh.

— für Handwerker. (Von Hippolyte Violeau.) Aus dem Franz. übers. u. hrsg. v. J. Fr. P. Dubelman. gr. 12. (IV u. 300 S.) Köln 852, Bachem in Comm. n. 16 ngr

— häusliche, mit d. Jugend, über naturhistor. Gegenstände, nach d. Engl. v. W. J. Wiedemann. 3 Bde, mit Kpf. gr. 16. Leipz. 804. (W. Rauck). 2 Rthlr 12 ggr

Abendunterhaltungen der Frau Helwig mit ihren Kindern; ein Lesebuch für die Jugend. Jena 1820. V: *Wesselhöft, Elisabeth.* (schl) (MGT) (KY)

— d. Frau Helwig mit ihren Kindern, e. Lesebuch f. die Jugend. 1r Band, mytholog. Dichtungen, mit 4 Kpf. 8. Jena 820. Schmid. 1 Rthlr

— f. Kinder. Eine Reihe von Erzähll., mit Kpf. 12. Düsseld. 832. Stahl. 12 ggr

— für gebildete weibliche Kreise. Novellen u. Erzählungen von G. Reinbeck. 2 Bdchen. 8. Essen; Bädecker. 820.

— auf dem Lande; od. moral. Erzählung., v. Fr. v. Genlis. 4 Thle. 8. Lpz. F. C. W. Vogel. 784—86. (1r—3r à 16 gr. 4r 18 gr.).

— unter Landleuten über einige Gegenstände, welche zum Bereiche der Landwirthschaft gehören. 8. Oldenburg 841, (Sonnenberg.) 1/4 Rthlr

— lehrreiche, f. Jugend- und Familienkreise. 1. Bdchn. 2. Aufl. 8. Treue u. Barmherzigkeit. Eine Erzählung f. christl. Jugend u. christl. Volk. Von Ottmar Lautenschlager. Mit 1 Stahlst. 2. durchges. Aufl. (190 S.) Augsburg 851, Lampart & Co. (Leipzig, Hübner.) 12 ngr

— dieselben. 7—16. Bdchn. 8. 7. Die Frühstücke der blinden Großmutter. Aus dem Italien. des Raph. Lambruschini von einem kath. Geistlichen. Mit 1 Stahlst. (197 S.) 847. 8. Das Leben eines Heimathlosen oder überall wacht der Herr über dies. die Ihm vertrauen. Vom Verf. d. Buches v. ewig. Juden ꝛc. Mit 1 Stahlst. (182 S.) 9. Der Neujahrs-Abend zu Lausanne od. die Macht der Vaterlands- und Kindesliebe. Eine Erzählung aus d. Schreckenszeit der französ. Revolution. Von Joh. Geo. Waitzmann. Mit 1 Stahlst. (166 S.) 10. Susanne Frohberg od. die Religion gibt Glück u. Frieden. Von Frz. Maria Brug. Mit einem Vorw. v. Joh. Evangelist Stadler. Mit 1 Stahlst. (IV u. 192 S.) 11. Joseph, od. ein Jahr aus dem Leben eines Priesters. Eine Erzählung f. die reifere Jugend u. f. Erwachsene. Von Ed. Rosenstiel. Mit einem Vorwort v. Joh. Evang. Stadler. Mit 1 Stahlst. (VI u. 117 S.) 849. 12. Die Gräfin v. Seeburg od. die Rettung durch den Sohn. Eine Geschichte aus den Zeiten d. Mittelalters f. d. reifere Jugend u. f. Erwachsene. Vom Verf. der Jugendschriften: „Das Buch vom ewigen Juden" ꝛc. Mit 1 Stahlst. (176 S.) 13. Die Bekehrung, od. die Barmherzigkeie bahnt den Weg zu Gott. Eine Erzählung f. d. reifere Jugend u. f. Erwachsene. Von Frz. Maria Brug. Mit einem empfehlenden Vorwort v. Joh. Ev. Stadler. Mit 1 Stahlst. (V u. 180 S.) 850. 14. Wolfram, od. die wunderbare Taufpathin. Cassilda, die Mohrenfürstin v. Toledo. Zwei Erzählungen f. christl. Jugend u. christl. Volk. Von Ottmar Lautenschlager. Mit einem empfehlenden Vorwort v. Joh. Evang. Stadler. Mit 1 Stahlst. (V u. 202 S.) 851. 15. Jakob Altmann, od. Herr führe uns nicht in Versuchung. Eine Erzählung f. christl. Jugend u. christl. Volk. Von Ludw. Mittermaier. Mit einem empfehlenden Vorwort v. einem kathol. Geistlichen. Mit 1 Stahlst. (132 S.) 16. Drei Erzählungen f. christl. Jugend u. christl. Volk. 1. Die Kirche von Follicourt. 2. Der Betstuhl. 3. Der Ring. Von Carl Brug. Hrsg. u. mit einem Vorwort begleitet v. Frz. Maria Brug. Mit 1 Stahlst. (IV u. 196 S.) Ebend. 847—52. 7—12. 14. 16 à 12 ngr 13 u. 15 à 1/3 Rthlr (1—15.: 6 Rthlr 3 1/2 ngr)

Abendunterhaltungen, lehrreiche, für Jugend- und Familienkreise. Eine Reihe von Erzählungen für christliche Jugend und christl. Volk. Augsburg, 853—58. Lampart u. Co. 8.

1\. Bdchn.: Treue u. Barmherzigkeit. Eine Erzählung ꝛc. Von Ottmar Lautenschlager. Mit 1 Stahlst. 3. durchgesehene Aufl. (2 Bl., 168 S.) 12 ngr

2\. " Die Schule des Lebens oder Fall und Erhebung. Eine Erzählung ꝛc. Mit einem empfehlenden Vorwort von J. A. Boost u. C. Haas. 2. Aufl. Mit 1 Stahlstich. (128 S.) 10 ngr

8\. " Aus dem Leben eines Heimatlosen, od. überall wacht der Herr über diejenigen, die ihm vertrauen. Eine Erzählung ꝛc. Von L. Mittermaier. Mit 1 Stahlstich. 2. Aufl. (179 S.) 12 ngr

10\. " Susanna Frohberg, oder die Religion gibt Glück u. Frieden. Eine Erzählung a. d. Leben ꝛc. Von Frz. Maria Brug. Mit e. empfehl. Vorw. von Joh. Ev. Stadler. Mit 1 Stahlst. 2. verb. Aufl. (VIII, 192 S.) 12 ngr

17\. Bdch. Die Familie Seehofen od. d. Großvaters Abendstunden im Kreise seiner Enkel. Der reiferen Jugend und Erwachsenen erzählt v. Ludw. Mittermaier. Mit 1 Stahlst. (u. 1 Holzschn. im Text.) (1 Bl., 140 S.) 12 ngr

18. = Bastian, oder Denen, die Gott lieben, muß Alles zum Besten gereichen. Eine Erzählung rc. von Ottm. Lautenschlager. Mit 1 Stahlst. (3 Bl., 54 S.) — Agnes und Sophia, oder die Leiden und Gefahren der gemischten Ehen. Eine Erzählung für kathol. Familien, besonders aber für erwachsene kath. Jungfrauen. Von Ottm. Lautenschlager. 3. durchges. Aufl. (IV, 92 S.) 12 ngr.

19. = Peter Felsberger, oder die Bildsäule der heil. Jungfrau. Eine Erzählung aus d. Zeit d. 30jährigen Krieges rc. von Frz. Maria Brug. Mit einem empfehlenden Vorwort von Joh. Evang. Stadler. Mit 1 Stahlst. (3 Bl., 172 S.) 12 ngr.

20. = Der junge Tambour, oder Lohn des Vertrauens auf Gott. Eine Erzählung für d. reifere Jugend u. Erwachsene von C. Brug. Herausg. und mit e. empfehlenden Vorw. begleitet von Frz. Maria Brug. Mit 1 Stahlst. (3 Bl., 156 S.) 12 ngr.

21. = Die Korsaren aus Morgenland, oder Zwei Mütter und ihre Söhne. Eine Erzählung für die reifere Jugend u. Erwachsene. Von d. Verf. der Glocke der Andacht rc. 3., unveränderte Aufl. Mit 1 Stahlst. (1 Bl., 192 S.) 12 ngr.

22. = Die Rose von Rom, oder ehre Vater u. Mutter. Eine Erzählung rc. Von d. Verf. der Glocke der Andacht. 6. u. unveränd. Aufl. Mit 1 Stahlst. (1 Bl., 192 S.) 12 ngr.

23. = Adelmar der Tempelritter. Eine Erzählung aus den Zeiten der Kreuzzüge rc. Von d. Verf. von Reinholds Schicksale rc. 3. Aufl. Mit 1 Stahlst. (1 Bl., 155 S.) 12 ngr.

24. = Die Gemsschützen, oder Kaiser Maximilians Gefahr auf der Martinswand. Eine Erzählung aus der Vorzeit des Tyrolerlandes rc. Von d. Verf. von Reinholds Schicksale rc. 3. Aufl. Mit 1 Stahlst. (1 Bl., 119 S.) 10 ngr.

25. = Reinholds Schicksale, oder Gott führt die Seinen wunderbar. Eine Erzählung aus den Zeiten des 30jährigen Krieges rc. Von d. Verf. des Adelmar rc. 4. Aufl. Mit 1 Stahlstich. (1 Bl., 168 S.) 12 ngr.

26. = Der Uhrenhändler vom Schwarzwalde. Eine Erzählung rc. Vom Verf. d. Schicksale e. Waisenknaben rc. 3. Aufl. Mit 1 Stahlstich. (1 Bl., 179 S.) 12 ngr.

27. = Der Kaufherr und seine Söhne. Eine Erzählung für die Jugend u. Erwachsene. Von Luitpold Baumblatt. Mit 1 Stahlst. (1 Bl., 152 S.) 12 ngr.

28. = Die Familie von Bernstein. Eine Erzählung aus dem Leben u. für das Leben. Der lieben Jugend u. dem Volke gewidmet von Anton Dörle. Mit 1 Stahlst. (1 Bl., 128 S.) 12 ngr.

29. = Junker Bernhard Sturmschwert, oder Treue im Glauben. Eine Erzählung für d. reifere Jugend u. Erwachsene. Von Frz. Maria Brug. Mit e. empfehlenden Vorwort von Joh. Evang. Stadler. Mit 1 Stahlst. (1 Bl., VI, 168 S.) 12 ngr.

30. = Maria hilft. Johann der Findling. Zwei Erzählungen rc. von Ottm. Lautenschlager. 3. Aufl. Mit 1 Stahlst. (2 Bl., 158 S.) 12 ngr.

31. = Schicksale eines Waisenknaben. Eine Erzählung für christl. Familien u. besonders für die reifere Jugend. Vom Verf. des „Uhrenhändlers vom Schwarzwalde." 3. Aufl. Mit 1 Stahlst. (3 Bl., 160 S.) 12 ngr.

32. = Mutter und Sohn, oder die Wege der Vorsehung führen immer zum rechten Ziele. Eine Erzählung für die reifere Jugend und für Erwachsene. Von Frz. Maria Brug. Mit e. empfehlenden Vorwort von Joh. Evang. Stadler. Mit 1 Stahlst. (VI, 162 S.) 12 ngr.

33. = Eine merkwürdige Bettlerin, oder die Hausarmen. Eine Erzählung für die reifere Jugend u. Erwachsene. Aus d. Vläm. von Eugen Zetternam (Dirks) übertr. von Karl Arenz. Mit 1 (col.) Stahlst. (1 Bl., 95 S.) 9 ngr.

34. = Paul Frühmann oder die Gefahren der großen Welt. Eine Dorfgeschichte für die reifere Jugend u. Erwachsene von Frz. Maria Brug. Mit 1 col. Titelkpfr. (1 Bl., 192 S.) 12 ngr.

35. = Die Stiefbrüder, oder wie der Same, so die Frucht. Eine Erzählung für die reifere Jugend und Erwachsene. Von Frz. Maria Brug. Mit 1 color. Titelkpfr. (171 S.) 12 ngr.

36. Bdchn. Amalie Corsini, oder Gott schützt die Unschuld. Eine Erzählung für die reifere Jugend und Erwachsene. Von Anna Brug. Durchges. u. herausg. v. Frz. Maria Brug. Mit 1 color. Titelkpfr. (172 S.) 12 ngr.

37. = Neue Ostereier. Geschichten aus vieler Herren Länder. Zur Unterhaltung u. Veredelung des Herzens u. Geistes. Für die Jugend und Erwachsene. Von einem alten Wandersmanne. Mit 1 color. Titelkpfr. (IV, 172 S.) 12 ngr.

38. = Leiden und Freuden armer Leute. Das Tyroler-Annerl, oder was eine Mutter leiden kann. Zwei Erzählungen aus dem Volksleben. Von M. Lehmann. Mit 2 col. Titelkpfrn. (VI, 189 S.) 12 ngr.

39. = Der neue Goliath oder der Materialismus unserer Zeit in Lehre und Leben. Eine Erzählung zur Warnung, Belehrung u. Unterhaltung f. d. Volk u. d. erwachsene Jugend, namentlich die Gesellen-Vereine von Carl Haas. (VIII, 176 S.) 12 ngr.

40. = Agathe u. Corona oder die Frauen vom guten Hirten. Eine Erzählung für christl. Familien von Ottm. Lautenschlager. — Lieb Caro oder die Liebe zu den Thieren. Kleine Geschichten für die Jugend von Max. Jos. Lautenschlager. Mit 1 Stahlst. u. 17 Holzschn. (im Text) 1 Bl., VI, 128; XII, 60 S.) 12 ngr.

41. = Die Hinterbliebenen des Enthaupteten, oder im Hause des Gottlosen ist der Fluch des Herrn; aber die Wohnungen der Gerechten werden gesegnet. Der reiferen Jugend und Erwachsenen zur Erkenntniß menschlicher Verirrungen u. zur Befestigung des Gottvertrauens gewidmet von Ed. v. Ambach. Mit 1 Stahlst. 2. billigere Ausg. (XVI, 206 S.)

42. u. 43. = Adolf u. Walburg oder die Tannenmühle. Eine Erzählung aus dem Anfange dieses Jahrhunderts. Für die Jugend u. Erwachsene, besonders für Schul- und Volksbiblioth., sowie als Preisebuch f. deutsche Volksschulen. Von Karl Korn. Mit 1 Stahlst. (IX, 260 S.) 18 ngr.

Abendunterhaltungen, lehrreiche, für Jugend- und Familienkreise. Eine Reihe von Erzählungen f. christliche Jugend u. christliches Volk. Augsburg, 859—62. Lampart & Co. 8.

44. und 45. Bändchen. Jugend- und Schul-Theater zur Uebung im Vortrag und Schärfung des Gedächtnisses wie zur belehrenden Unterhaltung. Für Jugend- und Familienkreise, Bildungs- u. Erziehungs-Anstalten, Schulbibliotheken rc. Eigenes und Fremdes. Hersg. von Gall Morel. 1. Bdchn. (Benno. — Die ungleichen Brüder. — Zriny.) (XII, 276 S.) 18 ngr.

46. Bdchn. Cecily Tyrell, oder d. Schutzengel d. Armen. Eine Erzählung aus dem Volksleben in Irland. Der reiferen kathol. Jugend u. dem Volke zur Belehrung u. Unterhaltung dargeboten von M. Lehmann. Mit 1 Stahlst. (IV, 180 S.) 12 ngr.

47. u. 48. Bdchn. Jugend- u. Schultheater zur Uebung im Vortrag u. Schärfung des Gedächtnisses wie zur belehrenden Unterhaltung. Für Jugend- u. Familienkreise, Bildungs- rc. Anstalten rc. Eigenes u. Fremdes. Hrsg. von Gall Morel. 2. Bdchn. (Der Befreite. — Der Taubstumme. — Zwei Freunde. — Der Hausfriede. — Blind geladen.) (292 S.) 18 ngr.

49. Bdchn. Der Morgen in d. Wallfahrtskirche. Das doppelte Kapital. Zwei lehrreiche Erzählungen f. d. Jugend u. f. Eltern, welchen ihr u. der Ihrigen Wohl am Herzen liegt. Nach wahren Begebenheiten erzählt von Joh. Geo. Waitzmann. 4. Aufl. Ganz neu bearb. von O. Lautenschlager. Mit 2 Stahlst. (VIII, 223 S.) 12 ngr.

50. Bdchn. Der Sohn d. Trunkenboldes. Sühnung. Großvaters Liebling. Drei Erzählungen nach wahren Begebenheiten f. d. Jugend u. Erwachsene, sowie f. die Schul- u. Volks-Bibliotheken, Preisbücher rc. Von Frz. Erven. Mit e. Vorw. v. Dr. Joh. Evang. Stadler. Mit 1 color. Titelkpfr. (VIII, 195 S.) 12 ngr.

51. Bdchn. Gott zum Gruße. Zwei Erzählg. Klementine oder Gott führt die Seinen väterlich. Franziska oder Wohlthun trägt Zinsen. Von Anna Brug. Mit e. Vorworte von Dr. Joh. Ev. Stadler. (VIII, 119 S. u. 2 color. Steintaf.) 9 ngr.

52. Bdchn. Onkel Adam u. sein Bruder Peter. Eine Erzählung für die Jugend und Erwachsene. Von Frz. Erven. Mit 1 color. (lith.) Titelbild. (VIII, 216 S.) 12 ngr.

Abend-Unterhaltungen, lehrreiche, für Jugend- u. Familienkreise. Eine Reihe von Erzählungen f. christliche Jugend u. christliches Volk. Augsburg 865. 66. Lampart & Co. 8. Jedes Bdchn. 10 ngr

53. Bdchn.: Felsberg, G., der Lenker im Himmel oder Wohlthun trägt Zinsen. Eine Erzählung f. die reifere Jugend u. das Volk. Mit 1 color. Titelkpfr. (VIII, 188 S.)

54. Bdchn.: Erven, Frz. Xav., Hart am Abgrunde. Aus dunkler Nacht zum Licht. Zwei Erzählungen f. die Jugend u. das Volk. Mit e. Vorw. von Joh. Ev. Stadler. Mit 1 color. Titelkpfr. (IV, 168 S.)

— — 2. Folge. Katholische Geschichtsbibliothek für die Jugend und das Volk. Beiträge zur Erweckung einer christlichen Welt- u. Lebensanschauung in Schulen und Familien. Herausg. von M. Lehmann. Ebend. 855—58. 8.

1. 2. Bdchn. Ritter Gerold von Helfenstein. Ein historisch-romant. Gemälde aus der Zeit der Kreuzzüge. Der reiferen kath. Jugend und dem Volke zur Belehrung u. Unterhaltung &c. von M. Lehmann. Mit 1 Stahlst. (VIII, 312 S.) 18 ngr

3. u. 4. „ Aus dem Leben eines Vielgeprüften. Ein Gemälde aus der ersten Zeit der Reformation. Der reifern Jugend und dem Volke zur Belehrung &c. von M. Lehmann. Mit 1 color. Titelkpfr. (VIII, 284 S.) 18 ngr

5. „ Aurelius und Cäsonia. Eine Erzählung aus der Zeit der Christenverfolgung. Der reiferen kathol. Jugend u. dem Volke zur Belehrung &c. von M. Lehmann. Mit 1 color. Titelkpfr. (VI, 170 S.) 12 ngr

6. „ Wolfrat von Veringen. Eine Erzählung a. d. Zeit des Unterganges der Hohenstaufen. Der reiferen kath. Jugend &c. von M. Lehmann. Mit 1 color. Titelkupfer. (IV, 164 S.) 12 ngr

7. „ Thomas Morus, Lordkanzler von England. Eine Erzählung aus d. Zeit der Reformation in England &c. von M. Lehmann. Mit 1 Stahlst. (IV, 192 S.) 12 ngr

8. „ Der Thaljunker, oder der Heldentod für den Glauben. Eine geschichtl. Erzählung aus der Einführung der Reformation in Schweden. Von M. Lehmann. Mit 1 Stahlst. (IX, 174 S.) 12 ngr

Abendunterhaltungen, lehrreiche, für Jugend- und Familienkreise. 2. Folge oder katholische Geschichtsbibliothek für die Jugend u. das Volk. Herausg. von M. Lehmann. Ebend., 861—64. 8.

9. Bdchn.: Chlotilde von Arnaud, oder der Sieg des Glaubens über die Sünde. Eine Erzählung aus der Zeit der französischen Revolution. Der reifern Jugend, vorzüglich aber heranwachsenden Jünglingen u. Jungfrauen gewidmet von M. Lehmann. Mit 1 Stahlst. (VII, 232 S.) 12 ngr

10. Bdchn. Der letzte Reichenstein oder d. Bauernkrieg im Lauterthale. Erzählung aus der Zeit des Bauernkrieges. Der reifern Jugend u. dem Volke zur Belehrung u. Unterhaltung dargeboten von M. Lehmann. (136 S. u. 1 color. Stahlst.) 9 ngr

11. Bdchn. Der Corsar oder Gottes Wege sind wunderbar. Eine Erzählung für die reifere Jugend und das Volk von M. Lehmann. Mit 1 Titelkpfr. (148 S.) 9 ngr

Abendunterhaltungen,lehrr., f. Jug.-u. Familienkreise. N. Ausw. 31 u. 37 - 40. Bd. 8. - - Augsb., Lampart & Co.
Erven, F.X., hart am Abgrunde. – Aus dunkl. Nacht z. Licht.(168) 1866.

Abendunterhaltungen, lehrreiche, für Jugend- und Familienkreise. Eine Reihe von Erzählungen für die Jugend und das Volk. Neue Auswahl. 37.—40. Bdchn. 8. Augsburg, Lampart und Comp.

Inhalt:

Bdchn. 37. Adelmar, der Tempelritter. Eine Erzählung aus den Zeiten der Kreuzzüge für die reifere Jugend und Erwachsene. Von dem Verf. von Reinhold's Schicksalen und der Gemsschützen. 4. Aufl. (IV, 103 S. mit 1 Stahlst.) 868. 80 Pf.

38. Mittermaier, Ludw., Thdr. Neuhofer's Leben, Reisen und Schicksale im Morgen- und Abendlande. Ein Lebensbild für die reifere Jugend und Erwachsene. 3. umgearb., verb. und verm. Aufl. der Erzählung: „Das Buch vom ewigen Juden". (IV, 164 S.) 868. M 1.

39. Brug, Franz Maria, Heinrich Waßner oder die Religion ist die festeste Stütze auf dem Wege des Lebens. Eine Erzählung aus dem Leben für die reifere Jugend und Erwachsene. 3. durchgeseh. Aufl. (IV. 126 S. mit 1 Stahlst.) 868. M 1.

40. Stadt und Land, oder alter Glaube und neuer Glaube. Erzählung. Mit einem empfehlenden Vorworte vom Verf. des Uhrenhändlers vom Schwarzwalde und der Schicksale eines Waisenknaben. (VI, 178 S. mit einem color. Titelbilde in Stahlst.) 869. M 1.

— die letzten, eines Vaters mit seinem Sohne, den er auf Reisen schicken will. 8. Warschau 788. Gröll. 1 rthl

—— lustige. Eine Sammlung höchst wirkungsvoller Declamationsstücke in Poesie und Prosa zum Vortrag im gesell. Kreise. 8. (96 S.) Elberfeld 877, Püttmann. *

Abendunterhaltungen,lust. Eine Sammlg. höchst wirkungsv. Declamationsstücke in Poesie u. Prosa z. Vortrag im gesell. Kreise.8[o] (96).– Köln 1877, Püttmann.

— lustige. Eine Sammlung höchst wirkungsvoller Deklamationsstücke in Poesie u. Prosa zum Vortrag im gesell. Kreise. 2. Aufl. 8. (96 S.) Köln 881. Püttmann. n. —60

Abendunterhaltungen, neue, zur Erheiterung, von L. Th. Becker, mit 1 Kupf. 8. Nürnberg, Zeh. 820.

Abend-Unterhaltungen e. Pfarrers m. einigen Männern seiner Pfarrei üb. die katholische Religion. Neueste Aufl. gr. 8. (VIII, 303 S.) Mainz 884. Haas. n. 1. 80

— philosoph, v. Koche d. K. v. Preuss. &c. 8. Boston. (Böse in Weissenfels.) 786.

— philosophische, vom Koche d. Königs v. Preußen. A. d. Franz. (v. F. H. Bispink). 8. Boston 786. mit 1 Titelkpf. (Weygand in Leipz.) 21 gr

Abendunterhaltungen, s. G. Reinbeck, Blüthen 18 Bdchen.

Abendunterhaltungen, Religionsgeschichtliche, eines Pfarrers mit seinem Schulmeister und einem Bauer u. s. w. München u. Augsburg 1806– 808. V: *Wahl, Georg.* (Ky) (MGT)

— religionsgeschichtliche. 1r Bd. 8. München. 806. Fleischmann. 1 rthl 2 gr 2r Bd. 8. Augsb. 810. v. Jenisch u. St. 1 rthl 4 gr
Neue Abendunterh. 8. Augsb. 810. v. Jenisch u. St. 1 rthl 4 gr

Abendunterhaltungen eines Vaters mit seinen Kindern über die Technologie. Ein Lesebuch für Kinder gebildeter Stände. Leipzig 1805. V: *Volte* (= *Johann Gottfried Sommer*). (GGr)

— vergnügte, od. nützl. Belehrr. f. Bürger u. Landleute. 1r Jahrg. 8. Schweidnitz 810. (Anton in Halle). 1 rthl 4 gr 2r Jahrg. 1s — 4s Heft u. 3r J. 1s, 2s Quart. Ebd. 811. 1 rthl 18 gr

— vergnügte, in Betracht. über Vorfälle in der Natur. 3 Thle. 8. Erfurt, Nonne. 748.

— im Winter. Ein Leseb. f. d Bürger u. Landmann. Enth. Aufsätze z. Belehrung, Anekdoten, Erzählungen, Miszellen, Volks-Arzneimittel, Mittel f. Haus- u. Landwirthschaft. 1s u. 2s Hft. Mit 1 Bilde. 8. Stettin 837. Morin (Saunier.) 1/2 rthl

Abendvorlesungen, e. Geschenk f. Deutschlands Jugend, mit Gellerts Portrait. 8. Pilsen. (Köhler in Leipz.) 8 gr

Abendwerk, Der züchtigenden Gnade, erwiesen einem Ihrer Strauchlenden (Saugenden) Kindern. Berleburg 1726. ... V: *Carl, Johann Samuel.* (ML)

Abendzeiten, in 4 Gesäng. 8. Quedlinb. Ernst. 774.

Abendzeitung. Jg. 1. 2 [nebst] Intelligenzblatt für Literatur und Kunst. [Hrsg.: Friedr. Laun.]; Jg. 1817–50 u. N. F. Jg. 1–7, 1851–57. [Hrsg.: Theod. Hell und Friedr. Kind; 1845 ff.: R. Schmieder.]
Dresden: Arnold 1805–06 u. 1817–57. 4° 12
C [Beiblätter:] 1. Wegweiser im Gebiete der Künste 1820–32; 2. Artistisches Notizenblatt [Hrsg.: Carl Aug. Böttiger] 1822–35; 3. Einheimisches 1825–28; 4. Didaskalien 1830–31; 5. Literarisches Notizenblatt [Hrsg.: Th. Hell] 1832–35; 6. Blätter für Literatur und bildende Kunst [Hrsg.: Th. Hell] 1836–42; 7. Buch- und Kunstanzeiger 1836–44; 8. Zeitschriften-Musterung 1839–42; 9. Literatur- und Kunstblatt [Hrsg.: R. Schmieder] 1834–44; 10. Dresden [Hrsg.: R. Schmieder] 1843–47.

Die Abend-Zeitung: Nov 24, 1837- Jan 16, 1839
Weekly Title varies: DIE NAZARETH ABEND-ZEITUNG, Dec 14, 1838—Jan 16, 1839. Edited & published by Abraham E. Senseman und Comp [E. D. Leisenring], Nov 24, 1837—Dec 7, 1838, by Abraham E. Senseman, Dec 14, 1838- Jan. 16, 1839
Nazareth, PA

Die Abend-Zeitung: 1856?--1858?
Daily Continued from DER BEOBACHTER VON MICHIGAN? Edited & published by Committi & Becker, 1856 -57, edited by Henry Gmal, & published by Committi & Bode, 1858.
Chicago, IL

Die Abend-Zeitung: 1859?—1880?
Edited & published by August Becker & Godfried Becker
Cincinnati, OH

Die Abendzeitung: March 18--May 12, 1906.
Daily, Yiddish.
New York, NY

Abendzeitung, Augsburger. – Augsburg: 1.VIII.1826 -31.XII.1934.
Vorh. u. d. T.: A b e n d z e i t u n g, Augsburgische politische.

Abendzeitung, Augsburger politische. – Augsburg: 2.I.1818 - 30. VI. 1826.
Vorh. u. d. T.: Z e i t u n g, Augsburger politische.
Fortges. u. d. T.: A b e n d z e i t u n g, Augsburger.

Abendzeitung, Bayreuther. – Bayreuth: 1892 - 1896.

Abendzeitung, Berliner. – Berlin: 1848.

Abend Zeitung, Berliner. – Berlin: 1889 - 1917.

Danziger Abendzeitung. Ein Unterhaltungsblatt für die erste Hälfte des Jahres 1830. Nr. 1–51.
Danzig: Evert 1830. 4° 1a

—— Danziger, red. v. F. W. Ewert. 1830. 104 Nrn. Mit Vign. gr. 4. Danzig, Ewert.

Abendzeitung, Dresdener. – Dresden: 1879 - 1881.

Abendzeitung, Fürther. – Fürth: 1.I.1865 - 26.VI.1869.
Fortges. u. d. T.: N a c h r i c h t e n, Fürther Neueste.

Hamburgische Börsen-Halle. Abend-Zeitung für Handel, Schiffahrt und Politik Jahrg 1868 -70, 75–84 Hamburg 1868—70, 75—84 Fol

Abendzeitung, Hofer. – Hof: 1894.

Abend - Zeitung, Karlsruher. – Karlsruhe: 1894 - 1895.

Abendzeitung, Königsberger. [Königsberg 1831]. H: *Faber, C.* (BrMm)

Abendzeitung, Konstanzer. –
Konstanz: 1888 - 23. VIII. 1908.
Fortges. u. d. T.: A b e n d z e i t u n g, Neue Konstanzer.

Abendzeitung, Leipziger. –
Leipzig: 1905 - 31. XII. 1918.
Vorh. u. d. T.: G e n e r a l - A n z e i g e r. – Leipzig.

Abendzeitung, Mannheimer. –
Mannheim: 2. I. 1842 - 30. VI. 1849.
Vorh. u. d. T.: A b e n d b l a t t, Mannheimer.
Fortges. u. d. T.: M e r k u r, Badischer.

Abendzeitung, München - Augsburger, s. A b e n d z e i t u n g, Augsburger.

Abendzeitung, Münchener. – München: 1864.

Abendzeitung, Neue Konstanzer. –
Konstanz: 24. VIII. 1908 - 1914.
Vorh. u. d. T.: A b e n d z e i t u n g, Konstanzer.

New Yorker Abend-Zeitung: 1855 – 1874?
Daily, evening except Sunday Social- Democratic For weekly edition, see WOCHENBLATT DER NEW YORKER ABEND-ZEITUNG. For Sunday edition, see ATLANTISCHE BLÄTTER. Circulation: 1873, 3200 (est.) Edited by Hermann Raster, ca 1851 or 1852, by Ludwig Ferdinand Fenno von Fenneberg, 1850—?, by Friedrich Kapp, by Friedrich Rauchfuss, edited & published by Friedrich Rauchfuss, 1869?—1874
New York, NY

New Yorker Abend Zeitung: 1860. New York, NY

Abend Zeitung, New Yorker. – New York: 1869 - 1871.

Abendzeitung, Nürnberger. – Nürnberg: 1862 - 1865.
(m. C o u r i e r, Fränkischer ver. 1865).
Vorh. u. d. T.: C o u r i e r, Nürnberger.

Abenzeitung, Nürnberger.
Nürnberg: 1. VII. 1862 - 31. XII. 1865.
Vorh. u. d. T.: G e n e r a l - A n z e i g e r, Bayerischer.
Fortges. u. d. T.: J o u r n a l, Nürnberger - Bayerische Handelszeitung - Nürnberger Abendzeitung.

St. Louiser Abendzeitung: Dec. 1867 –Oct 1868.
Daily, Merged with DIE NEUE WELT. Edited by Heinrich Binder, & published by Moritz Niedner.
St. Louis, MO

— Schleswig-Hollsteinische, zur angenehmen u. lehrreichen Unterhaltung für Kinder. 4 Quartale. 4. Kiel, Academ. Buchhandl. 806.

— Schleswig-Hollsteinische, z. angenehmen u. lehrr. Unterhaltung f. Kinder. 4 Quartale. 4. Kiel 806. Hesse. 2 ₰

Abendzeitung, Stettiner. – Stettin: 1894 - 1898.
Fortges. u. d. T.: M o r g e n - u n d A b e n d z e i t u n g, Stettiner.

Abendzeitung, Wiener. – Wien: 1842 - 1848.

Abendzeitvertreib für Bürger u. Landleute, s. Mahler Eras.

Abendzeitvertreib für Bürger und Landleute, die Spass verstehen und Kurzweil lieben.... Leipzig 1811. H: *Hastenpflug, Wilhelm von.* (MGT)

Abendzeitvertreib in verschiedenen Erzählungen, 11 Theile, 8. Leipz. 756:76. Gleditsch. 5 Rthl. 15 gl.

Abendzeitvertreib in verschiedenen Erzählungen. Leipzig 1757—1777. Ü. u. H: *Saal, Just. Heinr.* (GGr) (ML) (Ky)

Abendzeitvertreib, in verschied. Erzählungen. 11 Theile. 8. Leipz. 757 — 77. Gleditsch. (Brockhaus). 5 ₰ 12 ℊℊ

— für kleine Kinder. 8. Leipz. Böhme. 795.

— f. kleine Kinder vom 6 — 9ten J. 8. Leipz. 795. Gnobloch. 16 ℊℊ

— f. die lieben kl. Kinder, m. Kpf. 8. (Lpz., Central-Compt.) 16 ℊℊ

ABEND-ZEITVERTREIB, Lustiger, eines Officiers beym schönen Geschlechte, Wein, Punsch u. Bischoff. (Typ. Ornam.-Vign.) O. O. (Berlin, Himburg) 1770. 8°.

Selten! 64 S. (incl. Tit. u. 1 Bl. Nebent.: „Tändeleyen an Freunde, Freundinnen u. der Freundschaft gewidmet"). — Lat. Lettern. — S. 57 ff: Anhang von Sammlungen schmackhafter Gesundheiten, mit Erlaubniss eines Freundes." (Stellenw. frei u. anstössig.) S. auch Trinksprüche.

— — Dasselbe. O. O. (ebd.) 1771. 8°.

— lust., e. Officiers b. Mädchen. rc. 8, Berl. Himburg. 771.

Abendzeitvertreib in unterhaltenden Schilderungen aus dem wirklichen Leben. Rostock 1807. V: *Pistorius, Chr. B. H.* (Ky)

— in unterhaltenden Schilderungen aus dem wirklichen Leben. 8. Rostock 807. Stiller. 20 ℊ

Aben Esra, Abr.

Aben Esrae, Abr., commentarii in librum Esther altera recensio hucusque ignota, quam ex codice Harleiano ed. Jos. Zedner. Ed. 2. 8. (35 S.) Berlin 873. Adolf Cohn. n. 1. 50

— handschriftlicher Commentar über Exodus. gr. 8. Prag, Landau, Leipzig 840. Fritzsche. n. 1/3 ℛ

Aben Essra liber de elegantia linguae hebraicae, edid. C. H. Lippmann. 8maj. (Fuldae 835. Müller.) 1 ℛ

— Sepher Haschem, oder das Buch über den vierbuchstabigen Namen Gottes. Zum erstenmal herausg. u. mit e. Commentar und Einleitung versehen von C. H. Lippmann. gr. 8. (Fulda 834. Müller.) 5/6 ℛ

Abenhausen, Alfred, appr. Arzt aus Berlin: Einige Untersuchungen über das Vorkommen von Tuberkel-Bacillen in der Marburger Butter und Margarine. *Marburg 1900: J. Hamel.* (22 S.) 8°
Marburg, Med. Diss. v. 6. Juli 1900

Abenhausen, Karl, im Drange d. Herzens. Schlichte Gedichte. 12. (144 S.) Celle 895. Schulze n. 2.—

Abenhausen, Karl, Aus der Nähe u. Ferne. Neue Gedichtsammlg. 12. (173 S.) Celle 900. Schulze.
n.n. 2. 25; geb. in Leinw. m. Goldschn. n.n. 4.—

Abenheim, Albertine

Abenheim, Albertina, Edda-Märchen, s.: Düms' Märchen-Bibliothek.

Abenheim, Albertine, Edda-Märchen. Der Jugend von 8 bis 12 Jahren erzählt. Mit 5 Farbendr.-Bildern v. W. Schäfer. 12. (72 S.) Wesel 893. W. Düms. Kart. n. —50

Abensberg. Im Jahre 1819 vom K. Steuer-Kataster.
1 : 2500. 1 Bl.

Abensperg u. Traun, Otto Ferd. Graf, Lebensskizze desselben, s.: Thürheim, A. Graf.

v. Abenstein, G. W., (Chr. G. Flittner,) neuester Spiel-Almanach, für Karten-, Schach-, Bret-, Billard-, Kegel- u. Ballspieler. 2e Aufl. 8. Berl. 819. Hayn. 1 ℛ 12 ℊ Daraus apart abgedruckt: 1) Das Billard- u. Kegelspiel, nach den geprüftesten Regeln u. allgem. geltenden Gesetzen. 8. Ebd. 6 ℊ 2) Das l'Hombrespiel, nach d. geprüftesten Regeln u. allgem. geltenden Gesetzen. 8. Ebd. 6 ℊ 3) Das Schach- u. Tokkateglispiel, n. d. geprüftest. Regeln u. allgem. geltend. Gesetzen. 8. Ebd. 6 ℊ 4) Das Whist-, Boston-, Cassino- u. Imperialspiel. 8. Ebd. 6 ℊ

Abenstein, W. C. A., allgemeine Grundsätze der Beleuchtungskunst. 16. Nordh. 837. Fürst. 1/3 ℛ

Abenteier d. Herrn Renndier Haennßchen u. seines Balbirs Knullrich auf ihrer Wanderung wieder Willen quer durch Afrika. Humoristische Erzählg. in sächs. Mundart v. Carolo. 1.—3. Bdchn. (2. Aufl.) gr. 8. (388 S.) Loschwitz-Dresden 890. Heineck. à n. 1.—

Abenteier d. Härrn Renndiers Haennßchen u. seines Balbirs Knullrich aus Zschope auf ihrer Wanderung wider Willen quer durch Afrika. Humoreske f. Alle, die gern lachen v. Carolo. 4. (Schluß-) Bdchn. 2. Aufl. gr. 8. (S. 389—517.) Loschwitz-Dresden 890. Heineck. n. 1.—

Abenteuer

— s. auch: Abentheuer.

ABENTEUER über Abenteuer. 2 Thle. Leipzig, Köhler, 1808. 8°.

Einiges etwas frei. Scheint Bearbeitung eines französ. Originals.

Abenteuer über Abenteuer. Humoristische Erzählung. gr. 16. (100 S.) Berlin 871, Langmann und Comp. [Deutsches Verlags-Institut. — Vereinsbuchh. f. Volksliteratur.] *

ABENTEUER über Abenteuer,— Verlobungen mit Hindernissen. Zwei humorist. (zahme) Erzählungen. Berlin (c. 1873). Kl. 8°. Mit color. Umschlag.

Abenteuer, Archibalds, oder des Schicksals seltsame Fügungen. Vom Verfasser der Stimme des Unsichtbaren. Braunschweig 1825. V: *Brancaglio.* (MGT) (GGr) (Ky)

Asiatische Abenteuer (Nr 3ff.: Exotische **Abenteuer**) Hrsg v. Berliner Ausschuss f Volksliteratur. Berlin-Friedenau: Mehler [1910]. 8° [11. 15478

Ein **Abenteuer** in Australien Der nächtliche Besuch. Liegnitz: Verl. f Nationalstenogr 1902. (16 S.) 8° [Umschlagt]
= **Zehnpfennig-Unterhaltungshefte** f. National-Stenogr. No 3 [03. 6572

Ein **Abenteuer** in Australien. Der nächtliche Besuch. [Neue Ausg.] Liegnitz: Verl. f. Nationalstenogr 1905. (16 S.) 8° [Umschlagt.]
= **Zehnpfennig-Unterhaltungshefte** f. National-Stenogr. No 3 [07 4715

Abenteuer e. Auswanderers nach Neuseeland. 2 Briefe, mitgeth. v. H. Schirges. 8. (2 B. u. 1 Karte.) Hamburg 813, Verlags-Comptoir. *

ABENTEUER, Das, der Baronin. 16°. 25 S. [Im Debego-Druckverfahren vervielfältigt.]

— d. Priesterfeindes Beelzebub; e. Geistergesch. d. neuesten Zeit v. C. A. L. v. Sennert, m. K. 8. Halle, Hendel. 798.

Abenteuer Wilhelms von Berg. Altenb 1789. V: *Schulz, Joach. Cph. Fried.* (RN)

ABENTEUER, Die, des Prinzen Cherubin, s. Ausgangspunkt, Der, des Vergnügens.

Abenteuer des Heymann Cohn auf der Ausstellung in Bremen 1890. 16. (15 lith. Taf. m. eingedr. Text.) Hamburg 890. (Bremen, Werner.) —30

ABENTEUER galanter Damen der Aristokratie und der Demi-Monde. Cincinnati, George Brown (Leipzig, Verlags-Anstalt), 1874. 8°. (3 Mk. Scheible.)

Auch tit.: Pikantissima. IV. — Enth. den ziemlich zahmen Roman: Die Pensionsfräuleins zu Brigton (sic!). 85 S. (incl. Umschlag, auf dem die Orts- u Jahrsangabe)

Abenteuer des Joh. Dieterich, s.: Bibliothek f. m. Kinder. 7. Bdchn.

—— auf der Donaureise bis nach Constantinopel. In 61 Stationen. Ein Gesellschaftsspiel. Mit d. Reisetableau (in Roy.-Fol. u. viel. Vign.). Lex.- 8. (1/2 B. Text.) Stuttgart 815, Köhler *

Abenteuer, Lukas Dorns, zu Spiessburg . . . Von zweierlei Verfassern: Erheiterungen. hg. von Zschokke. Jg. 1815. Bd. 1, S. 3/133. V: *Zschokke, Joh. Heinr. Daniel* (bis S. 34) & *Jos. Alb. v. Ittner.* (Goed X, 89) (DARP)

— drollichte, Erzähl. u. Schwänke, v. H. Heydenreich. m. 1 K. 2 Bde. 8. Lpzg. Sommer. 809.

Abenteuer eines deutschen Edelmanns. Rom [Ende des 18. Jhdts.] 17. . V: *Schilling, Gustav.* (BGE). S. a.: Denkwürdigkeiten.

— das, auf dem Eismeere, od. Reise in den Garten am Mont-Blanc in Savoyen. 8. (24 S.) Zürich 847. (Leipzig, H. Fritzsche.) 3 ngl

ABENTEUER eines französischen Emigranten (von *G. C. Kellner*). Coblenz (Rostock, Stiller) 1791.
Anon.-Lex. I. p. 7 (nach Kayser u. Weller).
— — Dasselbe. Ebd. 1794.

— e. französ. Emigranten u. sein. Familie, (h. a. d. Tit. Charles Klairon). 8. Coblenz. (Stiller in Rostock.) 797.

Abenteuer eines Emporkömmlings. Ein Roman. Frankfurt a. M. 1858. II. V: *Ehrlich, Heinrich.* (Vgl. Brü II[6], 2; Schneider, Deutsches Titelbuch. Berlin 1927, S. 3 f.) (DARP)

Abenteuer eines Emporkömmlings. Ein Roman. 2 Bde. Frankfurt a. M., 858. Sauerländer. 8. (VI, 931 S.) 3 ℛ

Abenteuer und Reisen, Martin Engelbrechts. Prag 1800. V: *Polt, Johann Jo.eph.* (GGr)

Abenteuer
—— des allbekannten deutschen Tyll Eulenspiegel. Neue, umgearb. Aufl. 12. (4 1/6 B. m. Holzschn.) Graudenz 811, Röthe.

Exotische (1.2: Asiatische) Abenteuer. Hrsg. v. Berliner Ausschuß f. Volksliteratur. Nr 1–14. — Berlin-Friedenau: Mehler [1910].
1-3 mit Nebent.: Deutsche Volksbücher. 1:Ng 25315.
1 2816

Abenteuer und Fahrten des Bürgers und Barbiers Sebast. Schnaps. Ein komischer Roman aus den neuesten Zeiten. Leipzig 1798. V: *Vulpius, Christ. Aug.* (Ky) (MGT) (EE) (GGr)

— **u. Fahrten** Herrn Tollpil's eines Bürgerwehrmanns u. Deputirten. qu. 4. (24 lith. Bl.) Berlin 849, Reimarus (jetzt Ernst & Korn.) n. 1⅓ ℛ

Abenteuer. Die, d. Chevalier v. Faublas. Erinnergn. a. galanter Zeit. (Übersetzg. u. Bearbeitg. v. Wolfg. Sorge.) 1-10 Taus. (599 m. Abb.) 8°.– Berl., F. Lehmann 1912.

Abenteuer und Liebschaften, Felixens, eine Robinsonade von Gottf. Schilling. Gera und Leipz. 1802. V: *Kühne, Christian Friedrich Gottlob.* (Ullrich, H., Robinson und Robinsonaden, Weimar 1898). (GGr) (Ky) (MGT)

Abenteuer u. Forschungen im Orient. 1. u. 4. Bd. gr8°.– Weim., A. Duncker V.
Bd. 2 u. 3 sind noch nicht erschienen.

Abenteuer eines Frauenzimmers von Vergnügen. London 1782. V: *Cleland, John.* (BGE)

Abenteuer e. Freiwilligen. Amerik. Reise-u. Kriegsbilder f. d. Jugend. 8°(192).– Berl. 1861. (Lpzg., Oehmigke.)

— eines Freiwilligen. Amerikanische Reise- u. Kriegsbilder f. die Jugend hrsg. vom Verf. des Scalpjäger. Mit 4 Farbendruckbildern nach Zeichnungen von L. Pietsch. Berlin, 861. J. Springer. 8. (192 S.) 27½ ngr.

ABENTEUER, Die fünfzehn, des Mutius (Le quindici avventure d'amore di Mutius). Erste freie Umdichtung aus dem Italienischen von Marco Cavallarzi, Texte und Bilder wurden in den Jahren 1885 bis 1909 auf der Kunstakademie in Florenz in Kupfer gestochen und in 175 Exemplaren auf der Handpresse gedruckt. Accademia di belle arti — Firenze. Qu. 8°. 15 Bl. u. 15 Bilder.
Sotadisch.
Verb. d. Ldg. I Berlin 17. J. 1068/24.

Abenteuer, Die zwar fürchterlichen, aber auch erfreulichen, so zwoen Schwestern, Gertraud und Engelbertin, auf einer Winterreise begegnet, zur Lehre und Trost gedichtet von Meister Heinrich Vrowenlob. Breslau 1773. V: *Schubert, Carl Emil.* (MGT)

Galante Abenteuer Adelgundens v. C . . , Maitresse des Herzogs von B . . . Nach ihren eigenen Mittheilungen hrsg. von Baron von Rosenberg [d.i. Johann Wilhelm Christern]. Neustadt: Wagner 1862. 64 S. 1:Yx 11936.
1.2818

— galante, e. Enkels d. berühmten Faublas in Italien, Spanien u. Griechenland. 16. (126 S.) Leipzig 873. Literatur-Bureau. n. 1. —

ABENTEUER, Galante, eines Enkels des berühmten Faublas in Italien, Spanien u. Griechenland. Leipzig, Verlags-Anstalt, 1873. 12°. (Ldpr. 1 Mk.)
— Dasselbe. Berlin, o. J. 12°. 127 S.

ABENTEUER, Galante, eines Enkels des berühmten Faublas in Italien, Spanien, Griechenland. Leipzig, Leipziger Literaturbureau, ca. 1882. 8°.
[B. I, 8.]
Verb. d. Ldg. Leipzig V. II. 10/82 — J. III. A. 35/82.

ABENTEUER, Galante, eines Husarenoffiziers. Budapest, Sachs & Pollack (um 1900).
[B. I, 8.]
Verb. d. Ldg. Leipzig IV. 16/03. IV. 16/03.

ABENTEUER, Galante (ziemlich zahme) eines Husarenoffiziers. Erzählt von einem Kameraden. Mit Illustrationen. Berlin, Reinhold Klinger (c. 1904). 8°. (Mk. 2.—.)

—— galante, des herrlichen Kriegsheeres. I. Die verhängnißvollen Schinken. 8. (16 S.) Hamburg 850, Volksbuchh. in St. Pauli.

ABENTEUER, Galante, des herrlichen (preuss.) Kriegsheeres. Bdchn. I. Hamburg (Altona, Verlagsgesellsch.) 1851. 8°. (4 Mk. 50 Pfg., M. Edelmann, Nürnb., 1908; mit nur 5 [statt 7] Illustr.).
103 SS. Mit Titelbild u. 6 versiegelt. schlechten Illustr. (Holzschn.) — Inh.: Stolz u. Liebe. — Männlich oder Weiblich? — Gegenseitige Abkühlung. — Die drei Wahrzeichen.
— — Dasselbe. Ibid. 1852. 8°.
— — Dasselbe. Ibid. 1862. 8°.
— — Dasselbe. 4. Aufl. Ibid. 1870. 8°. (3 Mk. Fischhaber u. A.).
— — Dasselbe. 5. Aufl. Ibid. 187*. 8°.
— — Dasselbe. 6. Aufl. Ibid. 1872. Kl. 8°.
103 S. (incl. Tit. u. 3 Bll. Vorwort).

ABENTEUER, Galante, in Wort und Bild. Leipzig, Internationaler Verlag G. m. b. H. (um 1910). 8°.
Verb. d. Ldg. I. Berlin 38 J. 233/13.

— gefährliches, mit einem Bären, s. Bilderbücher, Münchener.

Abenteuer eines Genies. Berlin 1809. V: *Hastenpflug, Wilhelm von.* (Ky) (GGr)

ABENTEUER und Geniestreiche, bestanden von Vater und Sohn. Pegau, Günther, 1802. 8°.
— Dasselbe, tit.: Abenteuer, bestanden von Ehrenhaus und Sohn. Ibid. 8°.

—— und Gesänge, die, Körroglou's, d. Räubers u. Dichters. Ein pers. Volksroman. A. d. türkisch-pers. Original wörtlich in d. Engl. übers. v. Alex. Chodzko. Deutsch v. O. L. B. Wolff. 16. (27 B.) Jena 843, Cröker'sche Buchh.

Abenteuer und Reisen, Harlekins, nebst Beylagen A. B. C. D. Berlin 1798. V: *Vulpius, Christian August* (MGT) S. a.: »Reisen und Abenteuer«.

Abenteuer, Hatim Tai's. Eine morgenländische Erzählung; aus dem Englischen. Leipzig 1831. Ü: *Becker, Gottfried Wilhelm.* (Ky)

Abenteuer, Die, des Herzens, oder Suchen macht Finden. Lustspiel in 5 Aufzügen. München 1736. V: *Hofmann.* (Ky)

Abenteuer, die, des Herzens; od. Suchen macht finden. Lustsp. 8. München, Strobel. 786.

Abenteuer und Wanderungen, Hirans komische, auf dem Welttheater. Ein Kumpan des Faustins, Erasmus Schleichers, Paul Ysops, und Johann Bunckels. Von dem Verfasser der romantischen Erzählungen und Gedichte. Gera 1794. V: *Plant, Johann Traugott.* (ML) (Ky)

Allerhand Abenteuer und Historien, welche sich mit dem Berggeist Rübezahl sollen zugetragen haben. — Warmbrunn [um 1800]: Neumann. 16 S. 2.
1.2821

Abenteuer, Ein, im Tiroler Hochgebirge. Wahrheitsgetreu berichtet von E. M. Innsbruck 1891. V: *Michael, Emil.* (Margr)

— vor u. nach d. Hochzeit, frey nach d. Französ. v. N. P. Stampeel, m. K. 2 Thle. 8. Frkft. Eßlinger. 805.
Schreibp.

— die, von meiner erst. Hochzeitnacht. 4 Bde. 8. Hambg. Vollmer. 804.

Abenteuer, Honoriens, herausgegeben vom Verf. der romantischen Gemälde der Vorwelt ... Leipzig 1814. V: *Müller, Johann Ernst Friedr. Wilhelm.* (Ky) (MGT) (GGr)

ABENTEUER, Humoristische, eines Krähwinklers auf der Reise nach der Residenz. 2 Thle. Wien 1829. 8°. 52 u. 64 SS. Ziemlich zahm.

— des Grafen v. J..., eine inter. Gesch. Seitenst. z. Geisters. v. Schiller. 8. Karlsruhe, Müller. 804.

— — dasselbe. 8. Leipz. Hinrichs. 809.

— d. Schneidergesellen Andreas Jelky, in 4 Welttheilen. Nach histor. Quellen zum ersten Male ausführlich dargestellt u. der reiferen Jugend gewidmet v. Onkel Tom. Deutsche Orig.-Ausg. Mit 6 Holzschntaf. nach Zeichngn. v. Joh. Greguß. gr. 8. (IV, 311 S.) Budapest 875. (Leipzig, Haeßel.) geb. n. 7. —

Abenteuer unter den Indianern, od. Ina's Gefangenschaft unter den Wilden u. ihre wunderbare Befreiung. Frei nach d. Engl. Pittsburg 863. (Philadelphia, Schäfer & Koradi.) 8. (77 S.) 10 *ngr*

Abenteuer, Joachims, oder die Kunst, ein grosser Herr zu werden; eine Geschichte aus den Zeiten der Bulletins; von Baptist von Heinsburg. Quedlinb. 1816 [1815]. V: *Nicolai, Carl.* (MGT)

— d. Junkers a. d. Heide; e. kom. Roman. 8. Wolfenbüttel, Albrecht. 800.

JUSUFFS (!) pikante Abenteuer. (Wien?) Verlag von L. Merz. Druck von H. Schlick in St. Veit a. d. G. (1895.)
Verboten vom L.-G. Klagenfurt, 5. Mai 1895. § 516
— Auch titulo: Bibliothek (s. d.), Humorist.-satyr. pikante (3).

Abenteuer, Die, des Prinzen Kalloandro. Nach dem Ital. des G. A. Marini. Berlin 1785. V: *Vulpius, Christian August.* (MGT) (EE) (Ky) (GGr)

KARLINCHENS galante Abenteuer .... (3 Mk., eine böhmische Firma, 1901.)

Abenteuer, Oswald Kasperls. Von ihm selbst beschrieben. Mit einem Kupfer. Wien 1797 bey Christoph Peter Rehm. XII + 219 S. 8°. V: *Richter, Joseph.* (Wiener Zeitung 1797, Nr. 2911.) (Hans Viktor Pisk Josef Richter, Diss. Wien 1927, S. 143/144.)

Abenteuer, kleine, zu Wasser u. zu Lande ꝛc. siehe Chr. Weyland.

— zweier kleiner Knaben. Erzählung f. Kinder. Neue Ster.-Ausg. (96 S. m. 4 Farbdr.) 8. Reutlingen (903). Enßlin & Laiblin. Geb. n. — 50

— dasselbe. In der Taubenhöhle u. andere Erzählgn. f. die Jugend, v. Sophie v. Niebelschütz. Neue Ster.-Ausg. (96 u. 94 S. m. 8 Farbdr.) 8. Ebd. (903). Geb. n. 1. 50

— u. Streiche, e. spanischen Kniff- u. Pfiffgenies, s. Romane, komische, d. Spanier, 1r Bd.

Abenteuer einer Pariser Kokotte von Lena de M .... Zum ersten Male ins Deutsche übertragen von P. F. Brennwald. Leipzig 1908. V: *Maupassant, Guy de* (?). (BGE VI³, 64/65)

Abenteuer, Komische, und lustige Erziehungsgeschichte des Ritters Karls des Guten, als ein Sittenspiegel für zärtliche Herren und Damen. Nach dem Französischen. Leipzig 1790. V: *Mayer de.* (BGE) (= *Mayieur de Saint Paul Franç. Marie*) [?].

— komische, Franz Haysans. Seltsame Geschichte e. ungerathenen Sohnes, der Verwalter, Scheerenschleifer, Matrose ꝛc. war und zweimal gehängt wurde. 2. Aufl. Leipzig, 861. Colditz in Comm. 8. (184 S.) 15 ngr.

Abenteuer u. Kriegserlebnisse a. 3 Weltteilen. (64, 64, 64, 60, 64, 64, u. 64) kl8°.– Reutl., Ensslin & L. 1908.

— Launen, Narrenstreiche u. Windbeuteleyen eines Sansculotts höhern Standes ꝛc. s. Ebenteuer.

ABENTEUER, Launige, und theatralische Wanderungen eines Soufleurs, Theater-Schneiders und Friseurs. Gegenstück zu Scarron's komischem Romane. Aus d. Französ. übers. von Ludw. Thiele. Neue, mit zwey Kupfern vermehrte Ausgabe. Breslau, Schall, 1801. (Ed. I. 1800?) 8°.
XX, 2 Bll., 309 SS. Freie Uebersetzung des seltenen Originals: „Le nouveau roman comique, ou voyage et avantures d'un soufleur, d'un perruquier et d'un costumier de spectacle. 2 vols. Paris 1799."

ABENTEUER, Liebschäften und lustige Fahrten eines Bonvivants. Leipzig, Köhler, 1801. 8°. Einiges etwas frei.

— lustige. Erzählungen aus dem Volks- u. Touristenleben der Alpen v. B. Rauchenegger, Tuckett u. A. gr. 16. (158 S.) Leipzig 876. Liebeskind. 1. 50

Abenteuer, Die lustigen, an der Wienn. Ein Lustspiel in fünf Aufzügen. Wien 1772. V: *Pelzel, Jos. Bernh.* (BiblPort)

—— des ehrwürd. Pater Jacob Marell, Mitgliedes d. Gesellschaft Jesu, entlehnt aus Actenstücken, u. n. d. latein. Original d. Carl Heinr. v. Lang, ingl. d. franz. Uebers. d. Franz Xav. Schneider deutsch bearb. v. J......s. 8. (2¼ B.) Bautzen, (Weller).

ABENTEUER, Masochistische, eines Weltenbummlers. Von A. B. Für Privat-Subskription gedruckt. 2 Teile. 8°. 95+94S.
Verb. d. Ldg. Leipzig 7. 11. 23. XIX. 983/21.

ABENTEUER, Masochistische, eines Weltenbummlers, von *A. B.* 2 Bde. Privatdruck. O. O. u. J. (c. 1905). 8°. Vergriffen! (à Bd. Mk. 6—; cplt. gebd. Mk. 16—.) (12 Mk. F. Waldau, 1907; 12 Mk. Adolf Weigel, 1910.)
I: Die tolle Gräfin. 96 S. II: Sascha. 96 S.

ABENTEUER, Masochistische, eines Weltenbummlers. Von A. B. 2 Bde. Hamburg, H. Jacobson, ca. 1908. 8°. 189 S.
Verb. d. Ldg. Düsseldorf 2 J. 415/08.

Abenteuer eines Maurers zur Warnung für Geweihete und Profane. Berlin und Libau 1788. V: *Baczko, Ludwig Adolf Franz Joseph von.* (GGr) (Ky) (Mell) (MGT)

ABENTEUER, Meinungen und Schwänke galanter Männer (nicht von *Vulpius*). Ein Seitenstück zu den Skizzen (s. dort) aus den (sol) Leben galanter Damen. Regensburg, in der Montagischen Buchhandlung, 1791. 8°. °XI—212 SS. (112 ist Druckfehler).

ABENTEUER des Ritters Mendoza d'Aran und seines hochweisen Knappen Truffaldin. Schwank. Aus d. Französ. (des *Pigault-Lebrun*). Berlin, Himburg, 1803. 8° 381 S.
Oswald Weigel's Leipziger Juni-Auction 1907, no. 440.

— merkwürdige, des Conrad Haselbaum. Nach Louis Desnoyers von Leop. Fürstedler. Mit 102 (eingedr.) Holzschn. von P. Lauters. 2. wohlf. Ausg. 2 Bdchn. 16. (IV u. 342 S.) Wien 848, Pichler's Wwe. 14 ngr.

—— merkwürdige, des Conrad Haselbaum. Nach Louis Desnoyers von Leop. Fürstedler. 4., verb. Ausg. 24. (342 S. mit 102 eingedr. Holzschn. von P. Lauters.) Wien 858, Wenedikt.

— merkwürdige, Hermann u. seiner Familie, bis zu ihrer Rückkehr ins Vaterland, mit 1 K. Hamb. Vollmer. 815.

Abenteuer, Merkwürdige, und Liebschaften im Kriege. Von einem Officier. Marburg 1823. V: *Hendorf, von.* (GGr X, 510) (Zeitschr. f. Büch. 1923, S. 77.)

ABENTEUER und Wallfahrten, Merkwürdige, einer Baronesse, oder: Libertine in der Jugend und Betschwester im Alter. Komischer (ziemlich zahmer) Roman aus der Gegenwart. 2 Thle. Quedlinburg, Basse, 1818. 8°.

— d., e. Miethkutsche; satyr. Schilderung a. d. menschl. Leb., n. d. Engl. 8. Lpz. Weygand. 782.

Abenteuer im Missionsleben, s.: Unterhaltungs-Bibliothek, Steyler.

Abenteuer des berühmten Freiherrn von Münchhausen. Mit Zeichnungen von M. Disteli (16 radirte Blätter). 1. Theil: Land-Reisen. Solothurn 1841. 8°.

Abenteuer des berühmten Freiherrn von Münchhausen. Nach G[ottfried] A[ugust] Bürger. Vorgeschlagen von der Jugendschriften-Kommission des Schweizerischen Lehrer-Vereins. ([Mit illustriertem Umschlag, sowie Vignette und 14 Tafeln:] Zeichnungen ... von M[artin] Disteli, 1841.) 44 S. 8. Basel, Verein für Verbreitung guter Schriften, 1905. [cart. fr. 1. —]
Verein für Verbreitung guter Schriften (Basel). C 5.

Abenteuer einer Nacht oder die lebenden Todten. Lustspiel in drei Aufzügen. Nach dem Französischen [von Antoine Jean Bourlin genannt Dumaniant]. Berlin 1789. V: *Huber, Ludwig Ferdinand.* (EE) (GGr) (MGT). „Mannheim" V: *Unger, Friederike Helene geb. v. Rothenburg.* (Schl.)

— einer Nacht; od. die lebenden Todten, Lustsp. in 5 A. (v. Huber.) 8. Berlin, Unger. 789.

— — dasselbe. gr. 8. Mannh. Schwan u. G. 789.

Abenteuer, Die, einer Nacht. Lustspiel nach dem Französischen. Mannheim 1789. V: *Huber, Ludwig Ferdinand.* (Bresl 31, S. 168)

— e. einzigen Nacht; e. kom. Gesch. 8. Lpz. Joachim.

ABENTEUER einer Nacht in Stambul. (Ziemlich zahmer Roman.) 2 Bde. Bagdad (Cöthen, Aue) 1797—98. 8°. Tit., 440 u. 390 SS. Mit 1 Kpf. von Boettger sen.

— e. Nacht in Stambul. 2 Thle. 8. Lpzg. Jacobäer. 798. (L. 1 Rthlr. 8 gr. H. 1 Rthlr.).

—— Dasselbe. Neue Aufl. 2 Bde. Leipzig 1816. 8°.

ABENTEUER, Nächtliche, im Liebestaumel. (Erlebnisse eines Roué's.) (2 Mk., eine böhmische Firma, 1901.)

ABENTEUER, Nächtliche, im Liebestaumel. Erzählung eines Roués. Budapest 1900. 8°.
Verb. d. Ldg. Chemnitz II. 607/02.

ABENTEUER, Nächtliche, im Liebes- und Wollusttaumel. Erlebnisse eines Roués. London, Heinrich Lauermann, 1905. 8°. 36 S.
[B. I, 10.]
Verb. d. Ldg. Chemnitz II 607/02.

ABENTEUER, Nächtliche, im Wollufttaumel. Amfterdam 1898. 8°.
Verb. d Ldg. Berlin. 14. J. 1/10.

— des Eckensteher Nante zu Wasser u. zu Lande, v. Memel nach Stettin bis in d. Residenz Berlin. In 64 Stationen. Ein Gesellschaftsspiel. Mit illustr. Reisetableau. Lex.-8. (1/2 B. Text u. Titvign.) Stuttgart 846, Köhler. *

Abenteuer, Napoleons, auf seiner letzten Fahrt und Rückkehr nach und von Deutschland. Eine Haupt- und Staatsaction. Angehängt das Vaterunser der Bauern. 1814. V: *Webel, Wilh.* (Ky) (GGr)

ABENTEUER, Neue galante, des herrlichen Kriegsheeres in den schleswig-holsteinischen Feldzügen. Neustadt, J. F. Wagner (Altona, Verlags-Bureau), 1853. 8°.
Tit. u. 104 SS. Mit Titelbild u. 6 versiegelt. schlechten Illustr. (Holzschn.) — Inh.: Heinrich Schulze als Gefreiter, Butter- u. Eierhändler. — Der Comödiant Bummelmeier als Held im Kriege u. im Spiel der Liebe. — Unteroffizier Piefke's Thaten u. Fahrten im Gebiete der Liebe.
— — Dasselbe. Ibid. 1862. 8°.
— — Dasselbe. Ibid. 1865. 8°. (3 Mk. Fischhaber, Scheible u. A.)

Abenteuer des Ritters Palmendos. Leipzig 1784. V: *Vulpius, Christian August.* (GGr) (EE) (Ky) (MGT)

ABENTEUER des Jakobitenbruders Raphael Pfau, Zeitgenossen des Erasmus Schleicher. (Liederlicher Roman von *Carl Gottlob Cramer*). 4 Thle. Mit Kpf. Schloß Lichtenberg (Weißenfels, Severin) 1796. 8°.
Meusel's in Coburg Leihbibl.-Cat. 1807. — Anon.-Lex. I. p. 6—7 (nach Goedeke u. Weller).

ABENTEUER, Pikante (ziemlich zahme). Leipzig, Verlags-Anstalt, o. J. (c. 1872). 8°. (Mk. 1,50.)

ABENTEUER, Pikante, von einem Abenteurer selbst erzählt. Mit freiem Titelbild. Leipzig. (188*.) 8°. (1 1/2 Mk. Bielefeld, Carlsruhe.)

Abenteuer, Ein politisches, des Herrn Hampelmann. Lokalposse. Hanau 1849. V: *Hoven, Wilhelm von.* (Askenasy 1904, S. 294) (Zeitschr. f. Büch. 1923, S. 77.)

ABENTEUER, Die, der sechs Prinzessinnen v. Babylon und ihre Belohnung im Tempel der Tugend. Ein Neujahrsgeschenk für junge Frauenzimmer adelichen und bürgerlichen Standes. Aus dem Englischen übers. Hamburg. 1787. 8°. 183 S. (4 Mk. H. Streisand, Berlin, 1906.)

— d. 6 Prinzessinnen v. Babylon, a. d. Engl: 8. Hambg. Hoffmann. 787.

— des Lord Pudding u. seiner Gefährten auf d. Reise durch d. Schweiz auf d. Spitze d. Montblanc. In 64 Stationen. Ein Gesellschaftsspiel. Mit illustr. Reisetableau. Lex.-8. (3/4 B. Text.) Stuttgart 845, Köhler. *

— u. Erlebnisse, pyramidalische, zu Wasser u. zu Lande d. Frhrn. v. Münchhausen jun. Im Kreise seiner Freunde v. ihm selbst erzählt. 16. (92 S.) Leipzig 871. G. Schulze. — 75

— auf d. Reise durch d. Königreich Baiern zum Oktoberfest nach München. In 64 Stationen. Ein Gesellschaftsspiel. Mit illustr. Reisetableau. Lex.-8. (1/2 B. Text mit Titvign.) Stuttgart 845, Köhler. *

— auf der Reise v. München nach London. In 60 Stationen. Ein Gesellschaftsspiel. Mit illustr. Reisetableau. 2., verm. Aufl. Lex.-8. (1/2 B. Text.) Stuttgart 845, Köhler. *

— auf der Reise v. Paris nach St. Petersburg. In 64 Stationen. Ein Gesellschaftsspiel. Mit illustr. Reisetableau. Lex.-8. (1/2 B. Text.) Stuttgart 845, Köhler. *

Abenteuer auf einer Reise durch die Schweiz. Ein Würfel- und Pfänderspiel. Grosses lithogr. Tableau mit 60 Abbildungen. Bern, Jenni. 1879

Abenteuer auf einer Reise durch die Schweiz. Ein Würfel- und Pfänderspiel. Grosses lithographisches Tableau mit 60 Abbild. 2. Auflage. Bern, R. Jenni's Buchhandlung. 1880 2 —

— auf e. Reise in die andere Welt, von Heinr. Esq. Fielding. Aus d. Engl. 8. Marb. Krieger. (Leipz. Enobloch.) 812.

— u. Reisen der Brüder Robinson's, z. Nachahmung für allerley Leser, m. K. 8. Bern, Typogr. Soc. 791.

Abenteuer und merkwürdige Reisen des gestrengen Herrn Lümmel auf Lümmelsdorf. Eine satyrisch-komische Geschichte. Leipzig 1798. V: *Bornschein, Joh. Ernst Dan.* (MGT) (Kv) (BGE) 1799. (NN)

Abenteuer und Reisen des Freiherrn v. Münchhausen. Neu bearb. Illustrirt von Gust. Doré. 3. Aufl. Lex.-8. (184 S.) Stuttgart 888, Deutsche Verlags-Anstalt. geb. *

Abenteuer, e. Ritters v. d. traurigen Gestalt, 8. Hirschberg, Usner. 791. Rthlr.

Robinsons [Robinson] Abenteuer, oder die Erziehung durch das Schicksal. Eine lehrreiche u. unterhaltende Historie. — Styrum: Spaarmann [um 1887]. 16 S. (Neue deutsche Volksbücher. 25.) 1:Ng 25254-25.
1.2836

Die Abenteuer des deutschen Robinson, Bewohner einer einsamen Insel der Südsee. Ein Volksbuch für Jung u. Alt. — Görlitz o. J. 1:Ng 10902.
1.2837

Abenteuer, romanhafte, des span. Insurgentenhauptmann Don Vigo de Mantinona, s. Mantinona.

Abenteuer, Ein, unter den Rosenkreuzern. Aus d. Engl. übers. von Helene Zillmann. Leipzig [1899]. V: *Hartmann, Franz* (?). (wolfstieg II, 899) (TT 436)

— e., unter den Rosenkreuzern. Aus dem Engl. übers. v. Helene Zillmann. 8. (III, 149 S.) Leipzig (900). W. Friedrich. n. 2. 50

Abenteuer, e., unter den Rothäuten, s.: Volks-Erzählungen, kleine.

— des jüngern Rübezahl u. seiner Gefährten auf d. Reise durch Schlesien nach d. Schneekoppe. In 64 Stationen. Ein Gesellschaftsspiel. Mit illustr. Reisetableau. Lex.-8. (1/2 B. Text u. Titvign.) Stuttgart 845, Köhler. *

Abenteuer, Ruthards, oder die beyden Sänger. Eine romantisch-komische Oper in 3 A. Musik von Franz Teyber. Wien 1808. V: *Neubauer, Wilhelm.* (Mitt. M. Grolig.)

Abenteuer und Reisen, Schelmufsky's seltsame, zu Wasser und zu Lande nebst der Begebenheit von der Ratte und seiner wunderbaren Geburt. Berl. 1821. V: *Reuter, Chrn.* H: *Gerle, Wolfgang Adolph.* (GGr) (EE)

Abenteuer und Schicksale des Schneiders Kakadu auf seiner Wanderung durch das ABC. Berlin 1842. V: *Normann, F. G.* (Ky)

— das, unter den Schleichhändlern, ſ.: Bücher, bunte.

Abenteuer der ſieben Schwaben, s.a. Volksbücher Nr. 1

—— die, d. ſieben Schwaben. Abermalen renovirt u. ans Licht geſtellt d. † Hans Freimund. 2. Aufl. 8. (1 B. m. eingedr. Holzſchn.) Reutlingen 846, Fleiſchhauer u. Spohn.

—— die, der 7 Schwaben. Abermalen renovirt ꝛc. durch Hans Freimund. 2. Aufl. 8. (64 S. mit Holzſchn.) Reutlingen 847, Fleiſchhauer und Spohn.

Abenteuer der ſieben Schwaben auf d. Reiſe durch d. 63 Oberämter Württembergs nach d. Reſidenzſtadt Stuttgart. In 64 Stationen. Mit illuſtr. Reiſetableau. Lex.-8. (¼ B. Text.) Stuttgart 845, Köhler. Thlr. *

ABENTEUER, Schwedenborg'sche, auf Reisen bei Nacht. Leipzig, Joh. Friedr. Glück. 1831. 8⁰. (2 Mk. Rich. Bertling, Dresden, 1897.)

Abenteuer zur See. Ein Taſchenbuch für Freunde des Seeweſens auf das J. 1852, mit Beiträgen von Harro-Harring, Clement, G. Blum u. A. Hamburg (854). (Leipzig, Gerhard.) 8. (1 Bl., 80 S.) n. 6 ngl.

—— und Thaten, die ſeltſamen, des Kaiſers Octavianus. Eine merkwürd. und unterhalt. Geſchichte auf's Neue für's Volk erzählt. 2. und 3. Aufl. 8. (64 S.) Reutlingen 872,75, Enßlin und Laiblin's Verlagsb.

Abenteuer in der Sierra Morena. Aus den Papieren des Grafen von *** von Fr. Adelung. Leipzig 1810. V: *Potocki, Johann Graf von.* (Ky) (RN) (GGr)

Abenteuer, Die, d. Simplizissimus, s.a. Volksbücher, Wissenschaftl. f. Schule u. Haus.

Abenteuer, Die, des Simplicissimus. Ein Roman aus der Zeit des dreissigjährigen Krieges. Herausgegeben von Eduard Bülow. Leipzig 1836. V: *Grimmelshausen, Hans Jacob Christoph von.* (BrVV)

—— des Parapluemacher Staberl auf d. Reiſe v. Salzburg nach Wien. In 62 Stationen. Ein Geſellſchaftsſpiel. Mit illuſtr. Reiſetableau. Lex.-8. (½ B. Text u. Titvign.) Stuttgart 846, Köhler. *

— u. dumme Streiche e. Genie's nach d. Mode. 8. Halle, Ruff. 796.

— eines Tartaren in Sachſen; oder die Wunder der Jagd im Gebirge. 8. Lpz. Schiegg. 810.

Schreibp.

Abenteuer eines Tataren in Sachsen oder die Wunder der Jagd im Gebirge. Von ihm selbst beschrieben. — Leipzig 1828. 1:Yx 383. 1.2842

Abenteuer, Ungemach, Launen und Busse Laparillos von Tornas. Aus d. Span. verkürzt. Leipzig 1782. V: *Mendoza, Diego Hurtado de.* (EE)

Abenteuer, Ränke und Schwänke, Ferd. Urians. Germanien [Hamburg] 1798. V: *Claudius, F.* (wr)

Valentins verliebte Abenteuer und Irrfahrten. Ein komischer Roman nach *Pigault-Lebrun* von Gust. Sellen (d. i. Ludw. v. Alvensleben). 2te Aufl. 2 Bdchn. Leipzig, Magaz. f. Industr. u. Lit., 1829. 8⁰. (1½ Rthl.) VI, 168 u. 166 S. (1 Rthl. Scheible, vor 1885.)

Abenteuer, Verliebte. Kreutz- und Querzüge eines schalkhaften Freyers. Magdeburg 1816. V: *Nicolai, Carl.* (MGT)

— verliebte, Kreuz- u. Querzüge eines ſchalkhaften Freiers, humoriſt. Roman, 2 Thle. 8. Magdeb. v. Schütz. 816.

ABENTEUER, Verliebte, des Don Pedro. Volksroman. Berlin, o. J. 8⁰. (Bibl. d. Vereins f. d. Gesch. d. Stadt Berlin. Cat. von 1881, S. 145.)

— die Vier, a. d. Frz. d. le Sueur, m. 4 K. 8. Berl. Himburg. 800.

— die vier, vom Prof. Le Sueur, aus d. Franz. mit 4 K. Neue Ausg. 8. Leipz. Hinrichs. 811.

ABENTEUER im Walde bei Vinzennes. (Freie Liebesgesch.) Aus dem Französ. 2. Aufl. Kreuznach, bei Ludwig Christian Kehr, 1805. (Ed. I. c. 1800?) Kl. 8⁰. 112 SS. (incl. Tit. u. 1 Bl. Vorw.). Wohl Nachdruck.

• — im Walde bei Vinzennes. Aus d. Franz. 8. Kreuznach. (Leipz. Schmidt.) 805.

— u. Wallfahrt. ein. deutſch. Schauſpielerin. 8. Hambg. Vollmer.

— d. auf d. Schloſſe Wampenberg; e. kom. Roman in Carricatur-Gemälden, m. K. 8. Lpz. Joachim. 803.

— u. theatral. Wanderungen e. Souffleur's, Theaterſchneiders ꝛc. a. d. Frz. m. K. 8. Breslau, Schall, auch Feind in Lpz. 801.

— zu Wasser u. zu Lande, s.: Jugend-Bibliothek, stenographische. Bd. 13.

Abenteuer und Schicksale, Wilds, auf einer wüsten Insel. Leipzig 1820 (1823). V: *Geitner, Ernst August.* (Ullrich, H., Robinson und Robinsonaden. Weimar 1898.)

Abenteuer auf einer Winterreise. [Riga 1816]. V: *Truhart, Ernst Anton Immanuel.* (R-N)

Abenteuer, höchſt wunderbare, der Prinzeſſin Schöngeſtirn u. d. Prinzen Vielgeliebt m. dem tanzenden Waſſer Immerſung, dem diamantenen Apfel Allverſtand u. dem grünen Vogel Allwiſſend. Ein perſ. Märchen d. Volke erzählt v. G. & B. Ovm. 16. (56 S.) Urfahr-Linz 878. Kraußlich. — 20

Abenteuer u. Fahrten, d. wunderbaren, d. Herzogs Ernſt v. Baiern u. Oeſterreich. ſ.: Unterhaltungsbibliothek f. Jung u. Alt.

Abenteuer, Wundersames, welches einem Musensohne allhier ... begegnet. Halle 1791. V: *Eberhard, August Gottlob.* (Eberhard, Gesamm. Schriften I, S. 27/72). (Zeitschr. f. Büch. 1923, S. 77.)

—— die wundervollen, und ſchreckliche Enthüllungen eines Louisville Polizeibeamten. Von ihm ſelbſt geſchrieben. gr. 8. (32 S. mit 5 Holzſchn.) Cincinnati 855. (Philadelphia, Schäfer und Koradi.) *

Abenteuer und Pilgerwege, Zelamirens; aus dem Englischen. Gera 1800. Ü: *Kühn* , *Christian Friedr. Gottl.* (Ky)

Abenteuerer

— in d. Sierra Morena a. d. Papieren d. Grafen v. ***. 1r Bd. m. K. 8. Lpz. Rein. 09.

Abenteuerin, s.a. Abentheuerin

Abenteuerin, die, auf dem Königsthron. Sensationelle Enthüllgn. üb. das serb. Königspaar. Volksroman v. einem Eingeweihten (M...). 100 Hefte. (2400 S. m. 100 Vollbild.) 8. Berlin 903. 904. Verlagshaus f. Volkslitteratur u. Kunst. à n. — 10; auch in 20 Bdn. à n. — 50

— e, auf dem serbischen Throne. V. e. serb. Staatsmann. (45 S.) gr. 8. Zürich 903. C. Schmidt. n. 1. —

Abenteuerinnen, die, im Lande d. Esquimaux, od. d. Geständnisse e. Erbin, a. d. Engl. 3 Thle. 8. Lpz. Barth. 793.

Abenteurer, s.a. Abentheurer

Abenteurer, Der. Ein Auszug aus dem Englischen. Berlin 1776. Ü & B: *Hölty, Ludw. Heinr. Christoph.* (GGr) H: *Hawkesworth, I. & Th. Warton.* (ErschDL) Ü: *Benzler, Joh. Lor.* (MGT). Ü: *Bode, Joh. Joach. Cph.* (Schr) (Ky) (ML)

Abenteuerer, d., a. d. Engl. vom Uebersetzer des Tristam Shandy. 2 Bde. Berlin, Himburg. 776.

Abenteuerer, die, von Möller. 8. Gießen, Müller. 803.

Abenteurer, der, auf der Eisenbahn. Ein Blatt für angenehme Unterhaltung. Redakt.: R. Büchner. 1850. 52 Nr. (B.) Mit 4 Stahlst. gr. 4. Leipzig 850, Expedition. Vierteljährl. * 11¼ Ngr. Mit 12 Stahlst. *

Bildet den 11. Jahrg. der „Europäischen Eisenbahn".

ABENTEURER, Der französische, oder Denkwürdigkeiten Gregor Merveils. (Aus d. Französ. des *Rob. Martin Lesuire* von Ernst Bornschein.) 4 Bde. Mit 1 interess. Titelkpf. Gera 1790—91. 8°.

Orig.: L'Aventurier français, ou Mémoires de Grégoire Merveil par —. 2 vols. Paris 1782. 8°. — Seconde édition. Paris, Quillan, 1787. 10 tomes en 5 vols. (Die Titel der 4 Fortsetzgn. des Orig. u. eine frühere deutsche Bearbeitung des Hauptwerkes u. d. Tit. „Der Robinson des achtzehnten Jahrhunderts" .... Leipzig, Weygand, 1783 (?). 8°, s. bei Ullrich, Robinsonaden. Weimar 1898.) Ueber Lesuire s. Quérard, La France littéraire V. 252 ff.

— d. französische, oder Denkwürdigk. Greg. Merveils. 4 Thle. 8. Gera, Beckmann. (Kummer in Lpz.) 790—91.

Abenteurer, Fröhliche. Dyl Ulenspiegel, Schelmuffsky, Gulliver Münchhausen, hrsg. v. Will Vesper, s.: Abenteurerromane.

Abenteurer, der, auf dem Gefilde der romant. Literatur. Ein Blatt zur Unterhaltung u. Erheiterung f. alle Stände. Red.: R. Büchner. Jahrg. 1848 u. 1849. à 52 Nummern. gr. 4. (B.) Mit 12 Kpfrn. Leipzig, Exped. d. europ. Eisenbahn. à 1 Thlr 18 ngr

Abenteurer, Der geistliche, oder, der als Ueberwinder im Glauben und als Virtuose im Predigen herumfahrende Ritter des H. Stephans-Ordens, Frh. v. Mortczinni ... Königsberg 1780 [1784]. V: *Kraus, Christian Jacob.* (Kl) (MGT) (Ky) (BrMm)

ABENTEURER, Der glückliche. Ein schönes Receptbuch für Herren und Damen. (Derbjokoser Roman.) Mit drastischer (halbseitiger) TVign. (unsign.). Leipzig (Zittau, Schöps) 1787. 8°. 226 S.

ABENTEURER, Der spanische, seine Streiche und Vermählung. Eine komische Geschichte. Leipzig, Joachim (ca. 1805). 8°.

— in Volksmährchen, von Fr. Cramer, mit 1 K. 8. Quedlinb. Basse. 811.

Abenteurerin. Eine Abenteurerin auf dem serbischen Throne. Von einem serbischen Staatsmann. 46 S. 8. Zürich, Caesar Schmidt, 1903. (M. 1. —) N 1100[35]

Abenteurerromane. 1 - 3 Bd. 8°.– Münch., M. Möricke.
Abenteurer, Fröhliche. Dyl Ulenspielgel. Schmuffsky. Gulliver. Münchhausen. Hrsg. v. Will. Vesper. (599) 1913.(3)
Cervantes, Miguel de: Leben u. Taten d. scharfsinn. Ritters Don Quixote. In d. anonym. Übertragg. v. 1837, unter Benutzung d. Übertraggn. v. Soltau u. Tieck. v. Will Vesper. (1-10. Taus.) (799 m. Abb. u. 1 Titelb.) 1912.
Grimmelshausen: Abenteurer d. 30jähr. Krieges. Simplicius Simplicissimus. Die Landstörtzerin Courasche. Der seltsame Springinsfeld. (1-10Taus.) (826 m. Abb.) 1911.

Abentheuer, s.a. Abenteuer

Abentheuer über Abentheuer. 2 Thle. 8. Leipz. 808. Köhler. 1 Thlr 20 gr

Arvonasack's verliebte Abentheuer. — Leipzig: Litteratur-Bureau 1889. 109 S. 1:Yx 24222
1.2811

Abentheuer eines Auswanderers nach Neuseeland. Zwei Briefe mitgetheilt von H. Schirges. Mit 1 Karte. 8. Hamburg 843, Verlags-Compt. n. ⅓ Thlr

— des Junker Hans v. Birken. 8. Hamb., (Herold jun.) 1 Thlr

Meppen Bocksbarts Freiherrn von Bocksbartsberg Abentheuer und Weiber. Quid rides? Bd 1. — Leipzig 1800 1:Yw 5156.
1.2814

Abentheuer auf der Donaureise bis nach Constantinopel. Ein Gesellschaftsspiel für 2—12 Personen. Mit dem Reisetableau. qr. 8. Stuttgart 845, Köhler. n. ¼ Thlr

— e. französ. Emigranten u. seiner Familie, (von G. Chr. Kellner). (A. u. d. T.: Charl. Klairon). 8. Cobl. 791, a. 794. (Stiller in Rostock). 12 gr

Die ernsten und lustigen Abentheuer des schlesischen Gil-Blas Von ihm selbst erzählt. 1,1. — Breslau: Trewendt in Komm. 1846. 32 S. 2.
1.2815

Abentheuer Till Eulenspiegels. Graudenz 841, Röthe. ⅙ Thlr

— u. Fahrten Sebast. Schnaps, Bürgers u. Barbiers, (v. Chr. Aug. Vulpius). 8. Leipz. 798. Kummer. 20 gr

— Fatalitäten u. Luftschlösser e. jungen Parisers ꝛc.; nach d. Französ. 4 Bde. 8. ... (Leipz., Centr.-Compt.)

Abentheuer, die zwar fürchterlichen, aber auch erfreulichen, so zween Schwestern, Gertraud u. Engelbertin, auf e. Winterreise begegnet, zur Lehre u. Trost gedichtet v. H. Bravenleb (K. A. Schubert). 8. Bresl. 773.

— e. Genies, (v. Wlh. v. Haftenpflug). 8. Berl. 809. ...

— u. Geniestreiche, bestanden von Vater u. Sohn. 8. Pegau 802. Günther. 1 Thlr 4 gr (A. u. d. T.: Abentheuer, bestanden von Ehrenhaus u. Sohn.)

— die, u. Gesänge Körroglou's, des Räubers und Dichters. Ein persischer Volksroman. Aus d. türkisch-persischen Original wörtlich in d. Engl. übers. v. Alex. Chodzko. Deutsch von O. L. B. Wolf. 16. Jena 843, Crökersche B. 1 Thlr

Abentheuer d. berühmten Gil-Blas von Santillana (v. Lesage.) Neu nach unsern Zeitbedürfnissen bearb. Mit illum. Kpfrn. 8. Nürnb. 824, Campe.

ABENTHEUER des Lord Moses Gordon, ein Beytrag zur Geschichte der Ausschweifung des menschlichen Verstandes. Aus d. Engl. London u. Leipzig (Köhler in Lpz.) 1788. 8°. (Expl. in Aarau, Cantonsbibl.)
Weller, fing. Dr.

Abentheuer der edlen Gourmands und Magnetiseurs zu Frankfurt. Gedr. in diesem Jahr. — o.O. [um 1810].
1:Yr 8132. 2.
1.2820

GUSTAVS Abentheuer. Vom Verfasser des Admirals (*Brancaglio*, Kriegssekretär in Braunschweig). 2 Thle. Mit Kpfrn. Hohenzollern (Wien, Wallishausser) 1812. 8°. Zahm. (1/3 Rthl. Scheible, vor 1870.)

Abentheuer, die, des Herzens, oder Suchen macht Finden. Lstspl. in 5 Aufzügen (v. Hofmann). 8. Münch. 786. Fleischmann. 6 gr

— des Graf v. Heyden. Roman von Tenelli. 8. Berlin, Rücker. 819.

— die, vor meiner ersten Hochzeitnacht. 4 Bde. 8. Hamb. 804. (Herold jun.) 2 ß 8 gr

— humorist., eines Krähwinklers ꝛc. auf d. Reise nach der Residenz, u. dessen Briefe von da nach der Heimath ꝛc. 1s, 2s u. 3s Bdchen. 8. Wien 809. (Adolph). 21 gr

— humoristische, eines Krähwinklers auf d. Reise nach der Residenz, u. dessen Briefe von da nach d. Heimath. Für Lachlustige von e. Gesellschaft localer Schriftsteller. 1s u. 2s Bdchn. 2e Ausg. 835. u. 3s—6s Bdchn. 8. Wien 829, 30 Mayer u. Comp. 1 1/4 ß 2e Aufl. 6 Bdchn Ebd. 836. 1 ß

— humoristisches, eines Krähwinklers, auf der Reise nach der Residenz, u. dessen Briefe von da nach der Heimath, für Lachlustige herausg. v. e. Gesellsch. lokaler Schriftsteller. 1s—3s Bdchn. 8. Wien 829. Adolph (Gnobloch in Leipz.) à 7 gr 21 gr

Abentheuer des Grafen von I***. Eine interessante Geschichte. — Leipzig & Pforzheim 1801. 7.
1.2823

— des Grafen v. J**; e. interessante Geschichte. 8. Karlsr. 804. Müller. 18 gr N. A. 8. Leipz. 809. Hinrichs. 16 gr

— des Hofmeisters J. C. H., auf einer Reise in Deutschland, im J. 1823 gesammelt. Nebst e. Sage von Wlasta, die Amazonen-Führerin in Böhmen im J. 735—744. 8. Eisenberg 825. Schöne. 1 ß 2e Aufl. 828. 20 gr

JULIUS' merkwürdige Abentheuer auf seiner Reise in fremde Welttheile. Mit Kpfrn. (c. 1800?)
War in einem alten Leihbibl.-Cat.

— des Junkers aus der Haide; e. kom. Roman. 8. Wolfenb. 800. Albrecht. 1 ß 4 gr (Hinrichs in Leipz.) 1 ß

— des Prinzen Kalloandro, (von Chr. Aug. Vulpius). 2 Thle. 8. Berl. 796. Rauck. 2 ß

— kleine, zu Wasser und zu Lande, s. a. C. Weyland.

Kleine Abentheuer zu Wasser und zu Lande. Hrsg. von [Philipp] Chr[istoph] Weyland. Th. 1-12. — Hof: Grau 1802-11.
1-12 . . . . 12:It.coll.93.
1.2 . . . . 1:Ps 7224
1 . . . . 10.
1.2825

— komische, u. lustige Erziehungsgeschichte des Ritters Karl d. Guten; als ein Sittenspiegel für zärtl. Herren u. Damen; nach d. Französ. 8. Leipz. 790. Weygand. 20 gr

Abentheuer, komische, Hans Haysans. N. Ausg., s. a. Bibliothek, wohlfeile, von Unterhaltungsschriften, 22. Bdchn.

— komische, Franz Haysans. 8. Leipz. 822. Klein. 1 ß

Komische Abentheuer Franz Haysans. Seltsame Geschichte eines ungerathenen Sohnes. — Leipzig 1823. 7.
1.2826

— komische, Elias Platz. 8. Hamb. 798. (Herold jun.) 16 gr

— des Jonas Lämmle; aus d. Ungar. v. L. Petz. 8. Kaschau 826. Wigand. 8 gr

Abentheuer u. Leben G. Hangers, s. Geo. Hanger.

— u. wunderbare Lebensjahre Arminius Wandsbecks. 8. Leipz. ... Joachim. 12 gr

Abentheuer, letzte, des neuen Robinsons v. St. Helena zu Wasser und zu Lande, a. dem Französ. übers. u. m. undiplomat. Noten durchschossen, nebst Grundriß v. Helena. 8. Berlin, Flittner. 816.

— letzte, d. neuen Robinsons v. St. Helena, zu Lande u. zu Wasser. Aus d. Französ. u. mit diplomat. Noten u. e. Grundr. u. Ansicht v. St. Helena. 8. Berl. 816. (Sander). 16 gr

Abentheuer, Liebschaft u. Kniffe d. Cartouche v. Jerem. Lustig. 8. Mühlheim, Ziegler. 3. 800.

— Liebschaften u. Lustfahrten e. Bonvivants ꝛc. 8. Leipz. 801. Köhler. 1 ß

— lustig., d. P. Gaßners in Elwangen. 8. Berl. Ringmacher. 776.

Lustiges Abentheuer eines geistlichen Don Quichotte, Pater Gaßners [d. i. August Friedrich Cranz], Teufelsbeschwörer in Ellwangen. Nach der Wahrheit erz. von einem pr ... schen Officier an seinen Freund in Berlin. -- Berlin 1775. 48 S. 12:Bavar. 4000-9,1.
1.2829

— Lustiges Abentheuer eines geistlichen Don Quixotte, Pater Gassners, Teufelsbeschwörer in Ellwangen. Nach der Wahrheit erz. von einem preuss. Officier an seinen Freund in Berlin. — Berlin: Ringmacher 1776. 48 S. 7. 10.
1.2830

— eines Maurers, zur Warnung f. Geweihte u. Profane, (von L. v. Baczko). 8. Libau 788. (Rein in Leipz.) 8 gr

— Meinungen u. Schwänke galanter Männer. 8. Regensb. 791. Montag u. W. 16 gr

— merkwürdige, des Ritters Heinrich v. Latour. Ein Heldengem. aus d. Mittelalter, f. die Jugend, mit (6) ill. Abb. Neuhaldensl. (831,) Eyraud. 22 gr

— merkwürd., Herrmann u. seiner Familie. 8. Hamb. 815. (Herold jun.) 14 gr

— merkwürd., u. Liebschaften im Kriege; von e. Officier. 8. Marb. 823. Krieger. 1 ß

— u. Wallfahrten, merkw. e. Baronesse. Oder Libertine in der Jugend und Betschwester im Alter. 2 Theile. 8. Quedlinburg, Basse. 818.

— die, einer Miethkutsche; nach d. Engl. 8. Leipz. 782. Weygand. 8 gr

— des Pater Morell. Bautzen ... Weller. 1/6 ß

— des berühmten Freiherrn von Münchhausen. 1. Thl. Land-Reisen. Mit 16 radirten Blättern von M. Disteli. gr. 8. Solothurn 841, Jent u. Gaßmann. 3/4 ß

— die, e. Nacht; e. Lstspl., aus d. Französ, (v. Frdke. H. Unger). 8. Berl. 789. Unger. 8 gr

ABENTHEUER einer einzigen Nacht. Eine komische (sehr liederliche) Geschichte. O. O. (Lpz., Joachim). Reichs-Commissions- u. Industrie-Büreau (1803). 8°.
Erste seltene Ausgabe. Druck-Titel u. 176 S.

— einer Nacht in Stambul, mit 1 Kupfer, s. Bagdad, (Leipzig) 797. (Jacobäer) 1 Rthl 10 sg'.

— einer Nacht in Stambul. 2 Thle. 8. Leipz. 798. N. A. 816. (Aue in Altona). 2 ß

— einer Nacht in Stambul. 2 Thle. Neue Aufl. 8. Leipzig, Jacobäer in Comm. 816.

— des Eckensteher Nante von Memel nach Stettin bis Berlin. Ein Gesellschaftsspiel. Mit Reisetableau. gr. 8. Stuttgart 846; Köhler. n. 1/4 ß

— — und Nachrichten, Neueste, aus dem Monde sehr interessanten Inhalts an die galanten Wiener und Wienerinnen. Wien 1791. 8°. (In Wien, Bibl. des Finanzministeriums.)

— des Ritters Palmendos, (v. Chr. Aug. Vulpius). 8. Leipz. 784. Schneider. 4 gr

— des Jakobitenbruders Raphael Pfau, s. K. G. Cramer.

— eines Pferdeliebhabers, der ein Pferd sucht. Ein humorist.-lehrreiches Taschenbuch für alle Pferdeliebhaber von Caveat Emtor (Sieh — dich — vor). Nach d. Engl. der 4n Aufl. übersetzt u. mit Anmerkk. versehen v. F. L. Rhode. 8. Stuttg. 840. Metzlersche Buchh. 1/4 ß

Abentheuer der 6 Prinzessinnen v. Babylon; aus d. Engl. 8. Hamb. 787. (Campe). 12 gr

— die, der sechs Prinzeßinnen von Babylon und ihre Belohnung im Tempel der Tugend, aus dem Engl., 8. Hamburg, 787. Hoffmann. 15 sgl.

— des Lord Pudding u. seiner Gefährten auf der Reise durch die Schweiz auf die Spitze d. Montblanc. Ein Gesellschaftsspiel. Mit Reisetabl. gr. 8. Stuttg. 845, Köhler. n. 5/12 ß

— Philipp Quarls, s. Quarl.

— auf der Reise durch Bayern zum Oktoberfest nach München. Ein Gesellschaftsspiel. Mit Reisetableau. gr. 8. Stuttgart 845. Köhler n. 1/4 ß

— auf der Reise von München nach London. Ein Gesellschaftsspiel. Mit Reisetableau. 2. verm. Aufl. gr. 8. Stuttgart 845, Köhler. n. 1/4 ß

— auf einer Reise von Paris nach St. Petersburg. gr. 8. Stuttgart 845, Köhler. 1/4 ß

— u. Reisen des Herrn v. Limmel auf Limmelsdorf, (von Cr. Bornschein). 2 Bde. 8. Leipz., Joachim. 2 ß 16 gr

— u. Reisen der Brüder Robinsons; zur Nachahmung f. allerlei Leser. 8. Bern 791. Typ. Soc. 1 ß

— eines Ritters von der traurigen Gestalt. 8. Hirschb. 791. Ußner. 12 gr

— des Ritters v. Prat; aus d. Französ. 8. Leipz. 775. (Cnobloch). 10 gr

Des neuen Robinson's von St. Helena letzte Abentheuer zu Land und zu Wasser. Aus d. Franz. übers. u. mit undiplom. Noten durchschossen. Nebst d. Grundriss und d. Ansicht v. St. Helena. — o.O. 1816.
1:Rb 5684 [u.] 12 in Rb 2795-1. 12:Gall. rev. 0m.
1.2838

— romanhafte, des span. Insurgentenhauptmans Don Vigo de Mantinone, u. der Nonne Donna Cajet. de San Lucar, v. Jul. v. Voß. 2te Aufl. 8. Berlin, Schöne. 821.

— des jüngern Rübezahl und seiner Gefährten auf der Reise durch Schlesien nach der Schneekoppe. In 64 Stationen. Ein Gesellschaftsspiel. Mit illustr. Reisetableau. gr. 8. Stuttgart 846, Köhler. n. 1/4 ß

Abentheuer, die, des Banditen-Chefs Cornaro de San Marino. Räuber-Roman aus d. 2ten Hälfte des 18. Jahrh. 12. Ludwigsburg 834. (Hamb., Berendsohn.) 1 ß

Abentheuer, die, des Banditen-Chefs Cornaro di San Marino. Räuber-Roman a. d. 2. Hälfte d. 18. Jahrh. 12. (8½ B.) Ludwigsburg 834, Nast.

— schaudervolle, im Todtengewölbe zu Bentheim. 2 Bde. 8. Nordhaus. 819. (Lauffer in Leipz.; a. J. Müller). 1 ß 12 gr

— schaudervolle, im Todtengewölbe zu Bentheim. 2 Bde. 8. Nordhausen, Happach. 819.

— u. Schicksale des Pudels Cäsario, von ihm selbst erzählt, s. Th. Ernst.

— und Schicksale des Schneiders Kakadu auf seiner Wanderung durch das ABC. (Von F. G. Normann.) 16. (25 lithogr. u. sauber illum. Blätter und 12 Blätter Text.) Berlin 842, Plahn'sche Buchh. (Nitze.) n. 1 ß

— u. merkwürd. Schicksale des Grafen v. Menonville. 8. ... 808. ... (Schnuphase in Altenb.) 1 ß

Abentheuer und merkwürdige Schicksale des Grafen v. Menonville. Eine wahre Geschichte (eines lüderlichen Buchhändlerssohnes). Aus d. Französ. v. Dr. Chr. Wilh. Ritter. Hamburg(Altenburg, Petersen) 1808. 8° 254 S.

— u. Schiffbrüche merkwürd. Seefahrer. Ein Lesebuch f. d. Jugend. 12. Jena 821. Bran. 1 ß 6 gr

— die, der sieben Schwaben. Abermalen renovirt u. ans Licht gestellt durch Hans Freimund. Mit Holzschnitten. 12. Reutling. 839. Fleischhauer u. Spohn. 1/12 ß

Abentheuer, die, der 7 Schwaben. Abermalen renovirt etc. durch Hans Freimund. 2. Aufl. 8. (64 S. m. Holzschnitt. Reutlingen 847. Fleischhauer u. Spohn. 2 ngr

— der 7 Schwaben auf der Reise durch die 63 Oberämter Württembergs nach Stuttgart. Ein Gesellschaftsspiel. Mit Reisetableau. gr. 8. Stuttgart 845, Köhler. n. 1/4 ß

— Schwedenborgsche, auf Reisen bei Nacht. gr. 12. Leipz. 831. Glück. 12 gr

Abentheuer u. Selbstbekenntnisse des Capitain Ashe. s. Ashe im Alphabet.

Abentheuer, seltsame, eines französischen Emigranten und seiner Freunde, 8. Coblentz, (Rostock) 797. (Stiller). 15 sgl.

— in der Sierra Morena; aus d. Papieren des Graf. v. *** (Joh. Potocki); aus d. Französ. frei übers. (v. Fr. Adelung). 1r Bd. Mit Kpf. 8. Leipz. 809. Rein. 1 ß 12 gr

— die, des Simplicissimus. Ein Roman aus der Zeit des 30jähr. Krieges. Herausg. v. Ed. v. Bülow. gr. 12. Leipz. 836. Brockhaus. 1 1/2 ß

— eines jungen Sohnes, s. Bibliothek der Belletristiker des Auslandes 3e u. 4e Lfrg.

— des Parapluemacher Staberl auf der Reise von Salzburg nach Wien. Ein Gesellschaftsspiel. Mit Reisetableau. gr. 8. Stuttgart 846, Köhler. n. 1/4 ß

— u. dumme Streiche e. Genies nach der Mode. 8. Halle 796. Fr. Ruff. 10 gr

— eines Tataren in Sachsen, oder d. Wunder der Jagd im Gebirge. 8. Leipz. 810. Schieg. (Cnobloch). 1 ß

Abentheuer und Unglücksreisen des Junkers Fritz von Hasenau. — Wien 1803. 7.
1.2843

— u. Unglücksreisen des Junkers Fritz v. Hasenau. 8. Wien 808. Wallishauser. 16 gr

— und Verbrechen Dom Miguels, Usurpators von Portugall, während seines Aufenthalts in Lissabon, Rio-Janeiro, Paris u. Wien. Nach franz. Quellen bearb. v. M. Leonhardt. Mit Miguels Bildn. 8. Bergen 833. (Leipz., Literar. Museum.) 1 1/2 ß

— verliebte, Kreuz- u. Queerzüge e. schalkhaften Freyers. Roman von C. Nikolai. 2 Theile. 8. Magdeburg, v. Schütz in Zerbst. 817.

— das, im Walde, od. Therese. Roman vom Verf. d. „Liebesprobe." 2 Bde. Mit Kpf. 8. Quedlinb. 820. Basse. 1 ß 20 gr

ABENTHEUER und Wallfahrten einer Deutschen Schauspielerinn. Komischer (ziemlich zahmer) Roman. Mit Portrait. Hamburg bei Gottfried Vollmer (Herold in Hamb.). O. J. (ca. 1810). 8°. 295 S. Selten!

ABENTHEUER, Das, auf dem Schlosse Wampenburg. Ein komischer Roman in Carricatur-Gemälden. Leipzig, Joachim, 1803. 8°.

ABENTHEUER, Wanderschaften, Genie- und Bocksstreiche Theodor Wunderholds, Geistersehers, Ordensbruders, Schauspielers, und Quacksalbers neuester Zeit. Th. (1) Dessau u. Thorn, bey Gfr. Vollmer. 1794. Th. 2. Altona bey d. Verlagsgesellsch. 1796. 8°. (3 Mk., Heinr. Lesser, Breslau, c. 1875 Th. 1 apart, 5 Mk., Taussig, Prag, 1904.)
Liederlicher Roman. I: Tit. mit Druckersignet u. 277 S. II: TKpf., Tit. gestoch. u. 296 S. — Selten! (I, S. 101 über Schiller's „Räuber".)

— u. Wanderschaften, Genie- u. Bocksstreiche Theodor Wunderholds, Geistersehers, Ordensbruders, Quacksalbers u. Schauspielers. 2 Bde. 8. Hamb. 796. (Herold jun.) 1 ₰ 14 gr

— u. theatral. Wanderung e. Souffleurs, Friseurs; aus dem Französ. v. Ldw. Thiele. 8. Bresl. 801. Schall. 1 ₰ 12 gr

Abentheuer Wilhelms v. Berg. 8. ... (Hennings in Neisse). 10 gr

Die wundersamen Abentheuer des in der Welt herumirrenden neuen Don Quixotte oder schwäbischen Robinson. Nebst vielen andern sehr anmuthigen Liebes-Geschichten. Aus d Holl. übers. von Du Chevreul. — Leipzig: Gäbler 1742. 320 S.
Nebent.: Die grosen Thaten des unüberwindlichen schwäbischen Don Quixodes Robinson
6.
1.2845

Abentheuerin, s.a. Abenteuerin

Abentheuerin, die, aus den Pyrenäen, oder Manneskraft u. Frauenwürde. 3 Bände. 8. (Leipzig, Joachim.) 815 u. 816.

Abentheuerinnen, die, im Lande der Equimaux, oder die Geständnisse einer Erbin, aus dem Engl., 3 Thle, 8. Leipzig, 793. Barth. 1 Rthl. 15 sgl.

ABENTHEUERINNEN, Die, im Lande der Esquimaux oder die Geständnisse einer Erbin. 3 Thle. Mit 3 hübschen Titelvignetten von Malvieux. Leipzig 1798. 8°. (7 Mk. Alfred Lorentz, Lpz., 1905.)
Frühere Ausgabe in 2 Bdn.: Hohenzollern (Wien, Wallishausser) 1793. (Weller, fing. Dr.)

Abentheurer, s.a. Abenteurer

— der, a. d. Engl. v. Uebersetzer des Tristam Shandy. 2 Bde. 8. Berl. Himburg. 776.

Der Abentheurer, ein Auszug aus dem Englischen [The adventurer, dt.]. [Uebers.: Joh. Joach. Christoph Bode.] Bd 1. 2. Berlin: Himburg 1776. 8° **12**

Abentheurer, der; aus d. Engl. (v. J. J. Cph. Bode). 2 Bde. 8. Berl. 776. (Reimer). 1 ₰ 12 gr

— der französische, od. Denkwürdigkk. Greg. Merveils, (v. Er. Bornschein). 4 Thle. 8. Gera 790, 91. (Kummer in Leipz.) 2 ₰ 20 gr

Abentheurer, Der geistliche, s.a. Kraus, Christian Jak.

Abentheurer, der geistl., od. Freiherr v. Mortczinni, in einem Sendschr. an Biester. 8. Königsb. Dengel. (Unzer) 784.

Abentheurer, d. geistliche, oder der als Ueberwinder im Glauben u. als Virtuose im Predigen herumfahr. Ritter 2c., Freyherr v. Mortczinni, (v. C. J. Kraus). 8. Königsb. 784. (Unzer). 9 gr

— der glückliche, e. Receptbuch f. Herren u. Damen. 8. ... 787. Schöps in Zittau. 16 gr

— der edlen Gourmands und Magnetiseurs zu Frankf. a. M. 8. Frankf. a. M., (B. Körner). 5 gr

— der spanische, seine Streiche u. seine Vermählung; e. kom. Geschichte. 8. Leipz., Joachim. 1 ₰

Abentheurerin

— die, im Lande der Esquimaux; aus d. Engl. 3 Thle. 8. Leipz. 793. Barth. 1 ₰ 12 gr

Abentheurerin, die, aus d. Pyrenäen. 3 Bde. 8. Leipz. 815, 816. (Joachim). 1 ₰

Aben Verga, S., s. Salomo Aben Verga.

Aber das Fleisch ist stark! Novellen v. Marie Madeleine. (III, 248 S.) 8. Leipzig (910). B. Elischer Nachf. 3. 50; geb. in Leinw. 4. 50

Aber d. Liebe ist d. grösste unter ihnen, s.a. Macht, d., d. Liebe.

— die Liebe ist die größeste unter ihnen. Erzähl. v. Gräfin M. L. v. B. (12 S.) gr. 8. Berlin (907). E. Richter. — 10

Aber, — — Herr Sudermann!! Offener Brief an den Verf. der „Verrohg. in der Theaterkritik", v. e. Theaterbesucher (Jos. Wiener). (1. u. 2. [Umschlag-]Aufl.) (à 23 S.) gr. 8. Berlin 903. A. Dressel. n. — 50

Im neüwen thon. Aber so wil ich heben an ain neüwes liedlin, ob ichs kan ... Von aim junckfraelin. — o.O.u.J. 1 Bl. 1:4 in 2° Yd 7801.
1.2853

Aber wer glaubt denn heutzutage noch an die Auferstehung Christi? s.: Broschüren-Cyclus f. das katholische Deutschland.

Abercii, S., vita. Ed. Theodor. Nissen. Supplementum. Abercii titulus sepulcralis qua ratione sit traditus, exposuerunt Guilelm. Lüdtke et Theodor. Nissen. — Die Grabschrift des Aberkios, ihre Überlieferg. u. ihr Text v. Willy Lüdtke u. Thdr. Nissen. (51 S. m. 1 Taf.) kl. 8. Lipsiae 910. Leipzig, B. G. Teubner. 1. —; geb. in Leinw. n 1. 30

Abercii, S, vita, ed. Theodor. Nissen. (25,154) kl8°. Lipsiae 1912.— Leipzig, B.G. Teubner.

Abercrombi, J., s. Abercrombie, John

Abercrombie, D., s. Abercromby, David

Abercrombie, H.J., s. Abercrombie, John

Abercrombie, Johann, s. Abercrombie, John

Abercrombie, John

— vollständ. Anleit. z. Erziehung u. Wartung deutscher Obst- u. Fruchtbäume, aus d. Engl. übers. u. verm. (mit Gartenkalender u. Beschreib. aller engl. Obst- u. Fruchtsorten) von F. H. H. Lüder. gr. 8. Lübeck 781. Riemann. 16 gr N. Ausg. gr. 8. Leipz. 813. Hinrichs. 16 gr

Vollständige Anleitung zur Erziehung und Wartung aller in Deutschland in freyer Luft zu ziehenden Obst- und Fruchtbäume und Fruchtsträucher. Aus d. Engl. des Joh. Abercrombie übers. u. mit e. vollst. Beschreibung aller brittischen Obst- und Fruchtsorten verm. von F[ranz] H[ermann] H[einrich] Lueder. — Lübeck: Donatius 1781. XXIV,360 S.
1:Ow 35248. 12:Oecon. 3b. 2. 7. 8. 10.
1.2804

— s. auch Anweisung, prakt., zur Gartenkunst.

Praktische Anweisung zur Gartenkunst für alle Monate des Jahres von Thomas Mawe, John Abercrombie u. einigen andern erfahrnen Gärtnern. [Verf. vielm. nur: John Abercrombie.] Nach d. 7. verb. engl. Ausg. übers. u. erl. — Leipzig 1779.
1:Bibl. Diez 7300. 10.
1.2861

Abercrombie, John, und Thom. Mawe, Jedermann sein eigner Gärtner, s.a. Mawe, Th.

— Jedermann sein eigner Gärtner. Eine gedrängte Darst. d. sämmtl. Arbeiten in d. Küchen- ... Garten nach d. Monaten geordnet. Von Thomas Mawe u. John Abercrombie. [Verf. vielm. nur: John Abercrombie.] Nach d. 25. Aufl. des engl. Orig. bearb. von L. Dietrich. — Nordhausen 1852. 102 S. 1:4 in Ow 24300.
1.2862

— über d. Krankheiten d. Gehirns u. d. Rückenmarks; aus d. Engl. übersetzt v. Fr. de Blois; mit e. Anh. über Geschwülste im Gehirn v. Fr. Nasse. gr. 8. Bonn 821. Weber. 2 ₰

— traité abrégé de la culture des arbres fruitiers. 8. Leipz. Sommer.

— d. Treibhausgärtner, üb. d. Kultur d. Ananasse, Weintrauben, Pfirsiche, Nektarinen, Melonen, Erdbeeren u. and. auserlesenen Früchte u. Obstarten. Aus d. Engl. Mit 6 Kpf. gr. 4. Wien, 1792. Schaumburg u. C. — 20

Abercrombie, Johann: Der Treibhausgärtner, über die Kultur der Ananasse, Weintrauben, Pfirsiche Nektarinen, Melonen, frühen Erdbeeren und anderer auserlesener Früchte und Obstarten. Aus d. Engl. Mit 6 Kupfertaf. Wien: Stahel 1792. 180 S. -- 12*

Abercrombie, J., Untersuchungen über d. Krankheiten d. Darmkanals; aus dem Engl. übersetzt v. Hnr. Wolff. gr. 8. Bonn 822. Marcus. 20 gr.

Abercrombie, J., patholog. u. prakt. Untersuchungen über die Krankheiten des Darmkanals, der Leber und anderer Organe des Unterleibes. A. d. Engl. v. Gerh. v. dem Busch. 2., nach der 3. engl. Ausg. bearb. Aufl. gr. 8. Bremen 843, Heyse. 2 2/3 ₰

Abercrombie's, J., patholog. u. prakt. Untersuchungen üb. d. Krankheiten d. Gehirns u. Rückenmarks. A. d. Engl. v. G. von dem Busch. 1. Thl. gr. 8. (38 B.) Bremen 829, Heyse.

—— dass. 2. Thl. — A. u. d. T.: Patholog. u. prakt. Untersuchungen üb. d. Krankheiten d. Magens, d. Darmkanals, der Leber u. and. Organe d. Unterleibes. A. d. Engl. v. G. von dem Busch. gr. 8. (34½ B.) Ebds. 830.

Abercrombie, J., patholog. u. prakt. Untersuchungen üb. d. Krankheiten d. Magens, d. Darmkanals, d. Leber u. and. Organe d. Unterleibes. A. d. Engl. v. Gerhard von dem Busch. 2., nach d. 3. engl. Ausg. bearb. u. mit einig. Anmerk. verseh. Aufl. Lex.-8. (33½ B.) Bremen 843, Heyse.

Abercromby, David

David Abercrombius. Der spanische oder frantzösische Pocken-Meister, welcher die frantzösischen Pocken nebst dem Trüpper, Poulain ... ohne Salivation zu curiren anweiset. Erstl. in engl. Sprache hrsg., nachmahls ins Holl. vertiret u. verm. durch Joh[ann] Bapt[ist] Lusart, u. nunm. in's Hochteutsche übers. von Martino Schurigen. — Dresden: Winckler 1702. 442 S.
1:Kd 2261. 300:75 F 75. 2. 9.
1.2910

Abercromby, Ralph, das Wetter. Eine populäre Darstellg. der Wetterfolge. Aus dem Engl. übers. v. J. M. Pernter. (Illustr. Bibliothek der Länder- u. Völkerkunde.) gr. 8. (XVIII, 326 S. m. 96 Fig. u. 2 Titelbildern.) Freiburg i/B. 894. Herder. n. 5 —; geb. in Leinw. n. 7. —

Abercron, Fritz v.: Die Schlacht bei Idstedt am 24. und 25. Juli 1850. Mit bes. Berücks. der 2. Schleswig-Holsteinischen Infanterie-Brigade. Von F. von Abercron. — Kiel: Universitäts-Buchh. in Komm. 1890. S. 283–382.
Aus: Zeitschrift für Schleswig-Holstein-Lauenburgische Geschichte. 20.
8.
1.2917

Bunte Bilder vom grünen Rasen. Ernste u. heitere Geschichten erzählt von Aberdeen. Leipzig, Berlin, München, Paris: Grethlein (1909). 263 S. 8° III. 1133

Neue Geschichten von der Rennbahn, erzählt von Aberdeen. Leipzig, Berlin, Frankfurt a. M., Paris: Grethlein (1910). 215 S. 8° III. 1134

Bunte Bilder vom grünen Rasen. Ernste u. heitere Geschichten erzählt von Aberdeen. Leipzig, Berlin, München, Paris: Grethlein (1909). 263 S. 8° III. 1133

Neue Geschichten von der Rennbahn, erzählt von Aberdeen. Leipzig, Berlin, Frankfurt a. M., Paris: Grethlein (1910). 215 S. 8° III. 1134

Aberdeen (R. Lücke): Neue Geschichten v. d. Rennbahn. (215) 8°.– Lpzg., Grethlein & Co. 1910.

Aberdeen, Graf, Note, s. Gottvereinsfragen.

Aberdeen. Von Rennpferden, Reitern u. Schiebern. Rennsportl. Knittelverse. (7, 69 m. Abb. u. 1 Titelb.) gr8°.– Berl. Buchdr. u. Verl.-Anst. „Strauss" 1912.

Aberdeen Volksfreund: 1899 -1901?
Weekly Place of publication varies Eureka, S.D., 1899 -1900. Edited by Benjamin Lienemann, & published by Lienemann & Klem, 1899—1901
Aberdeen, SD

Aberdy, v., Nachr. v. einem Handschr. zu Paris, Criminal-Proceß üb. Artois u. Beaumont. 8. Hildburgh. Hanisch. 792.

A[beregg], C. Interlaken and its environs. Bernese Oberland ‹Switzerland›. Free guide edited by the Management of the Casino... and the Official Intelligence Bureau at I. ‹Compiled in german by C. A.› [With illustrations, 1 map and 1 plan.] 8. Interlaken 1897.

(Aberegg, C.) Interlaken et ses environs. Oberland Bernois ‹Suisse›. Guide gratuit [illustré] publié par l'Administration du Kurhaus... et du Bureau officiel de renseignements à I. [Avec 1 carte et 1 plan.] 8. Interlaken 1897.

(Aberegg, C.) Berner-Oberland, Schweiz. (Special-Führer für die) Schynige-Platte-Bahn, Lauterbrunnen-Mürren-Bahn, Wengernalp-Bahn, Berner-Oberland-Bahnen ab: Interlaken. [Mit Illustrationen, 1 Karte und 1 Plan.] (2. Aufl.) 8. Bern und Interlaken 1899.)

Aberer, Peter: Die Verjährung der durch Verbreitung von Druckschriften begangenen strafbaren Handlungen. *Bonn 1898: K. Drobnig.* (66 S.) 8°
Erlangen, Jur. Diss. v. 23. Okt. 1897

Aberg, Carl Oscar Fr. (Skaning). Taciti Germania. Öfversättning med commentarier, som med philos. facult. tillstand. Präs. Ebbe Samuel Bring VII. Lund (Berling) 10. XII. 1836. (S. 49—56.) (3.—) 22
Gew.: Eberh. Quensel.

— Carl Wilh. (Scanus). De principiis legislationis poenalis majorum. Diss. jur.-histor. Präs. Fredrik Schrevel. Lund (C. F. Berling) 11. XII. 1833. Tl. 4. (S. 25—32). (3.—) 23
Gew.: Samuel Åberg u. Frau Julie Beate Kjellson, Heinr. Sam. Akerberg.

Aberglaube. — Der Aberglaube. — Berlin: Heinersdorff 1875. 19 S.
Aus: Evang. Volks-Kirchenzeitung. 1:2 in N 756. 10.
1.2986

Aberglaube, der. [Aus: „Evangel. Volks- u. Kirchenzeitg."] gr. 8. (19 S.) Bielefeld 875. Gülcker & Co. — 30

Aberglaube, der. 8°(19).– Lpzg. 1875, Heinersdorff.

Aberglaube, der entlarvte, e. Lesebuch für Kinder. 8. Frankf. a. M. 789. Eichenberg. 14 gr.

Aberglaube, Entlarvter, ein Lesebuch für Kinder. Frft. 1789. V: *Textor, Friedrich Ludwig.* (HS) »Aberglaube, Der entlarvte.« (KY) (MGT)

Aberglaube u. Sympathie in der Altmark. 12. (42 S.) Bismark 894. L. Bergau. n. — 15

Aberglaube und Unwissenheit. [Gera, ca. 1785]. V: *Dietz, Johann Christian Friedrich.* (MGT)

Aberglaube, der, im evangel. Volke, s.: Bausteine, kleine.

Aberglaube, Zauberei u. Sympathie. Von e. Geistlichen. 8. (V, 38 S.) Hamburg 884. Agentur d. Rauhen Hauses. n. — 15

Aberglauben, der, s.: Wochenbände.

Aberglauben, allerlei: Was zeigt d Liebsten an? B. d. Hochzeit. Aberglauben b. Kindern. Todes-Vorbedeutgn. B. d. Beerdigung Bedeutungsvolle Gewächse Tierglauben. Aberglaube d. Seeleute. Geister. B. d Sternen. Besprechgn. Sylvesterglauben rc. Jäger-Aberglauben. 6.—10. Tausſ. schmal 12 (142 S.) Erfurt 897. F. Bartholomäus. n. — 50

Aeberhardt, B[erchtold]. Contribution à l'étude du système glaciaire alpin. [Avec des figures.] Separatabdruck aus den Mitteilungen der Naturforschenden Gesellschaft von Bern, Jahrg. 1907. 28 p. 8. [Bern, K. J. Wyss, 1908.]

Æberhardt, Berthold. Étude critique sur la théorie de la phase de récurrence des glaciers jurassiens. Thèse Phil. Berne. [Avec 8 figures et 1 carte.] ([Extrait de:] Eclog[æ] Geol[ogicæ] Helv[etiæ]. [Vol.] 7 [No 2]. — Septembre[-Octobre] 1901.) II p. + p. 103—119. 8. Lausanne, Georges Bridel & Cie.

Aeberhardt, B[erchtold]. Etude sur le système nerveux de quelques gastropodes. [Avec des figures]. Extrait des «Mitteilungen» de la Société des Naturalistes de Berne. [aus dem Jahre] 1905. 21 p. 8. [Bern, K. J. Wyss, 1905.]

Aeberhardt, B[erchtold]. Les gorges de la Suze. Notice stratigraphique, paléontologique et géographique. [Avec 3 planches.] Beilage zum Jahresbericht des Gymnasiums in Biel für das Schuljahr 1906/07. 35 p. 8. Bienne, Ad. Moser, 1907.

Aberle, C., s. Aberle, Carl

Aberle, Carl, die Gefäßpflanzen des k. k. botanischen Gartens zu Salzburg. I. Allgem. Thl., enth. e. vergleich. Zusammenstellg. d. gebräuchl. Pflanzensysteme u. e. statist. Uebersicht d. Artenzahl u. Verbreitg. d. Ordngn. (Familien) d. leb. u. fossilen Gefäßpflanzen. Anh. z. d. XVII. Bde. d. Mittheilgn. d. Gesellschaft f. Salzburger Landeskunde. gr. 8. (IV, 132 S.) Wien 876. (Salzburg, H. Dieter.) n.n. 3. —

Der 2. Thl. ist nicht erschienen, da Verfasser verstorben.

Aberle, Carl, Grabdenkmal, Schädel u. Abbildungen d. Theophrastus Paracelsus. Beiträge zur genaueren Kenntniß derselben nebst biograph. Anmerkgn. u. Literatur-Angaben. (Aus: „Mittheilgn. d. Gesellsch. f. Salzburger Landeskunde".) gr. 8. (III, 74 S. u. S. 269—580 m. 6 Taf.) Salzburg 891. (H. Dieter.) n. 6.

ABERLE, KARL. Theophrastus Paracelsus und dessen Ueberreste in Salzburg. Salzburg, 1878. 8vo. (Sonder-Abdruck aus den im Selbstverlage der Gesellschaft für Salzburger Landeskunde erschienenen Mittheilungen. XVIII Band, II Heft. pp. 186–247.) With an engraving of the skull of Paracelsus.

Aberle, Carl, üb. Frz. Keil's geognostisch-colorirte topographische Relief-Karte d. größten Theiles der salzburgischen Alpen. Mit 1 (lith. u. color.) Uebersichtskarte u. 1 (lith. u. color.) Blatt geognost. Durchschnitte u. Thalprofile (in Fol.). Aus den Mittheilungen der Gesellschaft f. Salzb. Landeskunde. Salzburg 867. (Glonner.) gr. 8. (106 S.) nn. 1 ℛ 7½ ngr.

Aberle, Carl, Strickmaschine m. dopp. Mechanik. [Aus „Ztschr. f. d. ges. Textil-Industrie".] gr. 4. (6 S. m. 10 Fig.) Leipzig-Gohlis 898. A. Klepzig. n. — 50

Aberle, Car., tussis convulsiva, illustrata passim observation. ex epidemiis Salisburgensibus annor. 1816—1840 ab auctoris patre institutis. 8maj. Vindobonae 843, Salzburg, Mayr. n. 1 ß

ABERLE (C). Vergleichende Zusammenstellung der gebraeuchlicheren Pflanzensysteme. . . . Wien, 1876. 8°.

— vergleichende Zusammenstellung der gebräuchlicheren Pflanzensysteme u. statistische Uebersicht der Artenzahl u. Verbreitung der Ordnungen [Familien] der lebenden u. fossilen Gefäßpfl. gr. 8. (IV, 132 S.) Wien 877. F. Beck. n. 3. —

Aberle, F. Klassen- und Massenlectüre, s. Sammlung pädagogischer Vorträge, IV, 8. Heft.

Aberle, Karl, s. Aberle, Carl

Aberle, Moritz von, Einleitung in das Neue Testament. Herausgegeben von Paul Schanz. Freiburg, Herder, 1877, gr. 8°, XII u. 311 S. 4 Mk.

Recens. von Schegg, Litt. Rundsch. 1878, S. 33–40.

Aberle, M. v., s.: Worte der Erinnerung.

Aberley, die Familie, od. die gute Wahl. Eine schott. Erzählung; (aus d. Engl. d. Miß Grace Kennedy). gr. 12. Elberf. 830. Hassel. 9 Gr.

— Dass. aus d. Engl. (nach der 8n Ausg.) übers. 8. Berl. 830. (Logier). 12 Gr.

Aeberli, C., Gott ist nicht ein Gott der Todten, sondern der Lebendigen. Beurtheilung der Predigten von Pfarrer F. S. Vögelin in Uster. Zürich 865. C. Meyer. 8. (IV, 49 S.) 5 ngr.

Aeberli, C., die evang. Predigt in der Gegenwart. Synodalproposition geh. vor der Synode der zürcher. Geistlichkeit den 24. Nov. 1874. gr. 8. (40 S.) Zürich 875. Höhr. n. — 80.

Aeberli, H., s. Aeberli, Hans

— s. Aeberli, Herm.

Aeberli, Hans. Beitrag zur Kasuistik des Strümpell-Marie'schen Krankheitsbildes. Diss. Med. Univ. Zürich. [Mit 6 Abbildungen.] *Kopftitel:* Aus dem basellandschaftlichen Kantonsspital zu Liestal. Chefarzt: Dr. L[udwig] Gelpke. 35 S. 8. Liestal, Gebrüder Lüdin, 1905.

Aeberli, Hans, prakt Arzt von Männedorf (Zürich): Aus dem basellandschaftlichen Kantonsspital zu Liestal. Chefarzt: Dr. L. Gelpke. Beitrag zur Kasuistik des Strümpell-Marie'schen Krankheitsbildes. [Mit Abbildungen.] Liestal 1905. 35 S. 8°. [28. VIII. 05.]

Zürich. Med. Diss. 1904/1905.

Aeberli, Herm. Beiträge zur Lehre von der Nuclearlähmung der Augenmuskeln. Diss. gr. 8. (37 S.) Zür. 890. (Wiesb., Bergmann). ** 1 —

Aberli, Johann Ludwig

Sammlung einiger Ansichten, in der Schweiz nach der Natur gezeichnet. — Bern: Aberli & Rieter 1782. 19 S., 10 Taf. quer-8°

300:76 B 29.
1 3003

Aberli, J[ohann] L[udwig] [u. a.] [Schweizer Volkstrachten.] o. O. u. J. [um 1785.] 12 Taf. in Kupferst., z. T kol., davon 2 doppelt 4°

Einige Stiche bezeichnet J L. Aberli.

Aeberly, Rudolph. Pflug und Saitenspiel. Das Liederbuch von R' A'.... Mit dem Porträt des Verfassers und dem Bild des Dichterhauses [2 Tafeln]. 8. Zu beziehen beim Verfasser im Pflugstein Erlenbach ⟨Zürich⟩ ... (Druck J. Leemann, Zürich). [geb. Subscr. fr. 3. 50, im Buchh. 4. —]

[1. Aufl.] VIII + 216 S. 1908.
2. Aufl. VIII + 201 S. 1909.
3., verbesserte Aufl. VIII + 201 S. 1909.

Abermals eine neue Orthographie in Sicht! Ein Weckruf an das orthographische Gewissen des deutschen Volkes. Berlin 1901. V: *Uhle, August.* (Berl 1910, S. 534)

Abermals e. neue Orthographie in Sicht! Ein Weckruf a. d. orthograph. Gewissen d. deutschen Volkes. (Neue[Titel-] Ausg. v.: Die Neuergn. der neuen „Deutschen Rechtschreibg."] gr. 8. (128 S.) Berlin [882] 901. D. Reimer. n. 1. —

Abernethy, John

Abernethy, J., chirurgische Beobachtt.; aus d. Engl. von J. F. Meckel. gr. 8. Halle 809. Renger. 18 Gr.

Abernethy, Joh., v. d. Daseyn u. d. Vollkommenh. Gottes. a. d. Engl. v. Grinäus. 8. Basel, Flick. 781.

Abernethy, Jh., von d. Dasein u. d. Vollkommenheit Gottes; aus d. Engl. v. S. Grynäus. 8. Basel 781. Neukirch. 16 gr.

— chirurg. u. physiolog. Versuche; aus d. Engl., mit Anmerkk. v. J. D. Brandis u. C. G. Kühn. 2 Thle, mit Kpf. 8. Leipz. 795—800. Kühn. 1 Thlr 10 gr.

Johann Abernetty's Chirurgische und physiologische Versuche. Übers. u. mit einigen Anm. begleitet von Joachim Diterich Brandis. Leipzig: Schäfer 1795. 196 S. 8°

Abernethy, John. Chirurgische und physiologische Versuche; aus dem Englischen. Leipzig 1798. Ü: *Kühn*, *Carl Gottl.* (MGT)

Abernetty, J(ohann), s. A b e r n e t h y, John

Abernon, Edgar Vincent Lord d'
Neugriechische Grammatik nebst Sprachproben für die Fortbildung und Umgestaltung des Griechischen von Homer bis auf die Gegenwart. Rechtmäss. deutsche Bearb. des Handbook to modern Greek by Edg. Vincent and T[homas] G[eorge] Dickson von Daniel Sanders. — Leipzig: Breitkopf & Härtel 1881. XIV,296 S. (Bibliothek ausführl. Lehr- u. Lesebücher der modernen Sprachen u. Litteraturen.)
1:Wu 675. 3. 5. 11.
1.3063

— — Die heutige griechische Sprache. 1. Theil: Neugriechisches Übungs- und Lesebuch mit Sprachproben für die Fortbildung und Umgestaltung des Griechischen. Rechtmäss. deutsche Bearb. des Handbook to modern Greek by Edg. Vincent and T[homas] G[eorge] Dickson von Daniel Sanders. 2. verb. u. stark verm. Aufl. in 2 Th. Ebd. 1890.
1:Wu 675ª. 9. 10.
1.3064

Abert, s.a. A b e r t, Johann Josef

Abert, die Sachenmiethe d. preuß. allgemeinen Landrechts u. der dasselbe ergänz. gesetzl. Bestimmungen unter besond. Berücksicht. der Wohnungsmiethe mit Benutzung der Entscheidungen d. königl. Ober-Tribunals systematisch dargestellt. Berlin 870. Guttentag. gr. 8. (VII, 48 S.) n. 8 ngr.

Aebert, Bis hieher hat uns der Herr geholfen! Predigt bei dem Feldgottesdienst vor dem Hauptquartier Sr. Maj. d. Königs u. vor der 5. Infant.-Division in Brünn am 15. Juli 1866 gehalten. Nebst e. Verzeichniß der Gefallenen von der 5. Division. Frankfurt a. O. 867. Schiefer in Comm. 8. (16 S.) n. 2½ ngr.

Abert, Alfons [P. Prof.]: Franken. E. kulturgeschichtl. Münnerstadt, Druck v. G. Blatz, 1893; 106 S. 8.
Münnerstadt, k. humanist. G, P 1893*

Abert, Alois, s.: Jahrbuch f. Industrielle.

Aebert, August: Die evangelisch-lutherische Kirche in Schlesien, seit den Unions-Versuchen jüngster Zeit. — Liegnitz: Reisner 1843. 73 S.
1:Ta 8992. 2. 11.
2.172

— Weissagungen des Glaubens, beim Eintritte in die zweite Hälfte des gegenwärtigen Jahrhunderts, und Preussens Volk vor dem Throne Gottes, am Tage der Jubelfeier der Erhebung des Hauses Hohenzollern zur königlichen Würde. Eine Gabe des Glaubens u. d. Liebe, in 2 Predigten. — Liegnitz [1851]: Grittner. 34 S.

Aebert, Bernhard: Ueber individuelle und sociale Erziehung nach Schleiermacher. Breslau 1898: E. Peterson. (96 S.) 8°
Erlangen, Phil Diss. v. 29. Jan 1897.

Abert, F., s. A b e r t, Franz

— s. A b e r t, Friedrich

— s. A b e r t, Friedrich Philipp

Abert, Franz Die Komparationsgrade bei Homer und den Tragikern. 8 (43 S.). Studienanst. *Neuburg a. D.* 1886.

[F. u. Ant.] **Abert,** Franz [Prof.]: Die Quellen des Plinius im XVI. Buche der naturalis historia. Burghausen, Druck d. L. Russy'schen Buchdr., *1896;* 75 S. 8.
Burghausen, k. humanist. G, P 1896*

Abert, Friedrich

Abert, Frdr., s.: Bibliotheca Thomistica.

Abert, Frdr., v. den göttlichen Eigenschaften u. v. der Seligkeit. Zwei dem hl. Thomas v. Aquin zugeschriebene ascet. Abhandlgn. Aus dem Lat. übers. 8. (120 S. m. 1 Stahlst.) Würzburg 893. A. Göbel. n. 1. 30

Abert, F., die Einheit d. Seins in Christus nach der Lehre d. hl. Thomas v. Aquin. gr. 8. (80 S.) Regensburg 889. (Coppenrath's Verl.) — 75

Die Einheit des Seins in Christus nach der Lehre des hl. Thomas von Aquin. — Von Dr. Friedrich A b e r t, L.-P. 1889, Stadtamhof, ebenda. S. 3 80. **Progr.**

Abert, Friedrich Philipp: Papst Eugen der Vierte. Ein Lebensbild aus d. Kirchengeschichte d. 15. Jhs. Von d. Theol. Fakultät zu Würzburg gekrönte Preisschrift. Lfg 1. Mainz: Kirchheim 1884. VI,96 S.
12:H. eccl. 1. 9. 10.
1.3072

Abert, F.: Das Wesen d. Christentums n. Thomas v. Aquin. Würzbg., Göbel & Scherer. ca. 1 —

Abert, Friedrich Philipp, Dr., ö. o. Prof. d. Theol., z. Z. Rektor d. Univ. Würzburg: Das Wesen des Christentums nach Thomas von Aquin. Mit Anhang: Achtzigjähr. Geburtsfeier Seiner Königl. Hoheit des Prinzregenten Luitpold von Bayern, Festrede des ö. o. Prof. d. Gesch. Dr. Theodor H e n n e r. (Enthält ausserdem: Chronik.) *Würzburg: H. Stürtz 1901.* (49 S.) 4°
Würzburg, Festrede zur Feier d. 319j. Bestehens d. Univ. 1901

Geschichte der Robert Franz-Singakademie zu Halle a. S. ⟨1833–1908⟩ nebst e. Überblick über d. Geschichte d. ältesten Hallischen Konzertwesens von Dr. Hermann **Abert**, Privatd. Mit 4 Portr. Halle a. S.: M. Niemeyer 1908. (VII, 167 S.) 8° [F.] [08. 10999

Abert, Hermann, Dr.: Die ästhetischen Grundsätze der mittelalterlichen Melodiebildung. Eine Studie zur Musikästhetik d. Mittelalters. *Halle a. S. 1902: C. A. Kaemmerer & Co.* (25 S.) 8°
Halle, Phil. Hab.-Schr. v. 20. Dez. 1902

— Niccolo J o m m e l l i als Opernkomponist. Mit e. Biogr. — Halle: Niemeyer 1908. VI,461,64 S.
1:Mus. Di 159. 12:Mus. Th. 4797 r.
300:461.601–B. M.S 3. 7. 10.
1.3079

Abert, Herm., die Lehre vom Ethos in d. grichischen Musik, s. a. Breitkopf & Härtel's Sammlung musikwissenschaftl. Arbeiten. II.

A b e r t, Hermann: Die Lehre vom Ethos in der griechischen Musik. — Tübingen 1897. Im Buchh. Leipzig: Breitkopf & Härtel 1899. VIII, 168 S. = Sammlung musikwiss. Arbeiten 2. **Diss.**

Abert, Herm., die Musikanschauung des Mittelalters u. ihre Grundlagen. (VII, 274 S.) gr. 8. Halle 905. M. Niemeyer. n. 8. —

Robert Schumann von H e r m a n n Abert. *Berlin: Harmonie 1903.* (111 S.) 4°(8°)
= Musiker, Berühmte 15. [09 14939

Robert Schumann. Von Hermann **Abert**. 2., vollst. neu bearb. u. verm. Aufl. Berlin: Harmonie 1910. 111 S. 4°(8°)
(Berühmte Musiker. 15.) [10. 13411

Abert, Johann Josef: Astorga. Romant. Oper von Ernst Pasqué. Musik von J. J. Abert. — Darmstadt: Herbert 1865. 69 S.
1:Mus. Ta 21.
1.3092

— — Leipzig: Breitkopf & Härtel [vor 1866]. 51 S.
1:Mus. Ta 21/2.
1.3093

— — Ebd. 1866. 69 S.
1:Mus. Ta 21/1.
1.3094

— — Ebd. [1879]. 54 S. (Breitkopf & Härtels Textbibliothek. 76.)
1:Mus. T 111-76.
1.3095

Abert, Johann Josef: Ekkehard. Oper. Nach J. V. v. Scheffels gleichnamigem Roman frei bearb. — Leipzig: Breitkopf & Härtel 1878. 40 S. (Breitkopf & Härtels Textbibliothek. 77.) 1:Mus. T 111-77. 1 3097

— — Ebd. [um 1880]. 36 S. (Breitkopf & Härtels Textbibliothek. 77.) 1:Mus. Ta 22/1. 1 3098

— — Ebd. [um 1880]. 44 S. (Breitkopf & Härtels Textbibliothek. 77.) 1:Mus. Ta 22. 1 3099

— — Ebd. [um 1882]. 32 S. (Breitkopf & Härtels Textbibliothek. 77.) 12:L. eleg. m. 1025 g. 1 3100

— — Ebd. [um 1900]. 32 S. (Breitkopf & Härtels Textbibliothek. 77.) 12:L. eleg. m. 1025 gb. 1 3101

— Enzio von Hohenstaufen. Große Oper in 4 Akten von A[lbert] B[enno] Dulk. Musik von J. J. Abert. — Stuttgart [1862]: Mäntler. 36 S. 1:Mus. Ta 23. 1 3102

Abert, Johann

Gedanken über das Dasein Gottes, über Welt und Menschenleben in den Autos sacramentales des Don Pedro Calderon de la Barca. Mit erläuternden Vorbemerkungen. I. Abth. Einleitung. Über das religiöse Drama und Calderons Autos. — Von Joh. Abert, Stdl. — 1875. Passau, Keppler. — S. 3—36⁴. **Progr.**

Dasselbe. 2. Abtheilung: I. Die Existenz Gottes und der Atheismus. — Von Joh. Abert, Stdl. — 1876. Passau, J. Bucher. — S. 3—40⁴. **Progr.**

Drei griechische Mythen in Calderon's Sakramentsspielen. — Von Johann Abert, Stdl. — 1882, Passau, J. Bucher. — S. 3—40⁴. **Progr.**

Abert, Joh., Schlaf u. Traum bei Calderon. [Aus: „Festschrift f. Urlichs".] gr. 8. (36 S.) Würzburg 881. Stahel. n. — 80

Abert, Jos. Frdr., die Wahlkapitulationen der Würzburger Bischöfe bis zum Ende des XVII. Jahrh. 1225—1698. Eine historisch-diplomat. Studie. (160 S.) gr. 8. Würzburg 905. (Stahel's Verl.) n. 2. 60
Sonderabdruck aus: „Archiv d. hist. Ver. v. Unterfranken u. Aschaffenburg".

Abert, Josef Friedrich, a. Würzburg: Die Wahlkapitulationen der Würzburger Bischofe bis zum Ende des 17. Jahrhunderts 1225—1698. Würzburg 1905: H. Stürtz. (60 S.) 8° [J.]
Würzburg, Phil. Fak., Ref. Henner, Diss. v. 1. Apr. 1905
[Geb. 11. Juli 79 Würzburg; Wohnort: Würzburg; Staatsangeh.: Bayern; Vorbildung: Gymn. Würzburg Reife Juli 98; Studium: Würzburg 6, München 1 S.; Rig. 23. Juli 04.]

Aebert, Karl Hermann August (aus Loitz in Neu-Vorpomm.): Über die Rupturen der Harnblase . . . Berlin, Buchdr. v. G. Schade, 1891; 38 S., 1 Bl. 8°
Berlin, Med. Fak., Inaug.-Diss. v. 26. Mai 1891

Abesgaus, Moses [aus Lepel, Russland]: Aus der chirurgischen Universitätsklinik von Herrn Professor Dr. Kocher in Bern. Zur Kenntnis der Ursachen und Formen der Unterschenkelbrüche. Bern 1903. 47 S. 8°.
Lausanne. Thèse med. 1902/1903

Abesgaus, Moses. Zur Kenntnis der Ursachen und Formen der Unterschenkelbrüche. Diss. Med. Lausanne. *Kopftitel:* Aus der chirurgischen Universitätsklinik von Herrn Professor Dr. [Theodor] Kocher in Bern. 47 S. 8. Bern, Scheitlin Spring & Cie., 1903.

Abesser, Bernhard (Flensburg). Über Auftreten zweier primaerer Carcinome. Diss. med.-chir. Bln. (Gg. Klemm) 30. X. 1886. 31 S. Mit Biogr. (3.50) 24
Oppon.: Brecke, Ritter, Meyer.

Abesser, Bernhard, über Auftreten zweier primaerer Carcinome. Diss. Berlin 1886, Mayer & Müller. 8°. 31 S.

Abesser, Max, aus Magdeburg: Ueber die **Herkunft** und **Bedeutung** der in den sog. Naevi der Haut vorkommenden Zellhaufen. *Berlin 1902: G. Reimer.* (31 S.) 8° ¶Gekr. Preisschr. — (Aus: Virchow's Archiv f. pathol. Anat. u. Physiol. u. f. klin. Med., Bd 166, 1901.)
Göttingen, Med. Diss. v. [21. Febr.] 1902

Abessinien [Schlagwort]

Abessinien, s.: Afrika, Herrich, A.

Abessinien — englische Aufnahmen in — 450,000. G. M. 1869. 2 Bl.

Abessinien, s.: Hand- u. Reisekarten. 57.

Abessinien — Hochland von — und Nordabessinisches Gebirgsland. 300,000. G. M. 1867—68.

— s. Kriegsschauplatzkarten

Abessinien, s.: Nil-Länder.

Abesson, S., die allgemeinen u. örtlichen Dampfbäder in arzneil. u. diätet. Hinsicht. Nebst Belehrungen über den Gebrauch der Dampfbäder zur Erhaltung der Gesundheit und ihre Einrichtung im Hause. Nach d. 7. Orig.-Aufl. aus dem Franz. übers. 8. Nordhausen 843, Fürst. 1/3 ₰

Abetti, Antonio, teoria e pratica delle costruzione di un orologio solare in piano verticale. Con sei tavole (lit. e tip.) Imp.-4. (IV, 47 S.) Wien 876. Braumüller. n. 8. —

Abetti, Giorgio, ein neuer Hippscher Chronograph m. festen Spitzen, s. a. Mitteilungen d. großh. Sternw. z. Heidelberg.

Ein neuer Hippscher Chronograph mit festen Spitzen. Vergleichende Versuche von Giorgio **Abetti**. Karlsruhe i. B.: G. Braun in Komm. 1908. (15 S.) 8°
= **Mitteilungen** d. Großh. Sternwarte zu Heidelberg. 12. [ol. 5091]

Abfahrtstunden. — Leipzig-Dresdner Eisenbahn. Abfahrtsstunden, Fahrtaxen und Reglements vom 9. April 1839. — Leipzig [1839]: Brockhaus. 16 Bl. 1:81 in 4° Nz 33096 1 3127

Abfahrts- u. Ankunfts-Zeiten der sämmtlichen in Leipzig abgehenden u. ankommenden Eisenbahnzüge. Gültig vom 2. Novbr. 1871 an. 64. (12 S.) Leipzig 872. Haendel. — 10

Abfall. Der A' vom ursprünglichen Evangelium und dessen Wiederherstellung. Traktat Nr. 1. Hrg. von Hugh J[ene] Cannon, Zürich, Schweiz.... IV + 16 S. 8. (Leipzig, C. G. Röder, [1902].)
Traktat[e]. Hrg. von (dem Bureau der Deutschen Mission der Kirche Jesu Christi der Heiligen der letzten Tage:) ... Zürich....

Abfall. Der A' vom ursprünglichen Evangelium und dessen Wiederherstellung. Traktat Nr. 1. Hrg. von Hugh J[ene] Cannon, Zürich, Schweiz.... [Neue Ausg.] IV + 16 S. 8. (Leipzig, C. G. Röder,) 1905.
Traktat[e]. Hrg. von (dem Bureau der Schweizerischen und Deutschen Mission der Kirche Jesu Christi der Heiligen der letzten Tage:) ... Zürich....

Abfall, der, deutscher Katholiken von der römischen Hofkirche. Eine Schrift für u. an das deutsche Volk, in Folge der Gründung der „christlich-apostolisch-katholischen Gemeinde" zu Schneidemühl. 8. Wesel 845, Bagel. 4 ngl

Abfall, über den thatsächlichen, von der Veranstaltung Gottes in der Kirche. gr. 8. (20 S.) Düsseldorf 850, Buddeus'sche B. in Comm. 1 1/2 ngl

Abfall, der vom Weibe. Studie. gr. 8. (V, 161 S.) Dresden 901, E. Pierson. n. 2. —; geb. n. 3. —

Abfall. Der Abfall, und die Wiederherstellung des ursprünglichen Evangeliums. Traktat Nr. 1. Hrg. vom Bureau der schweizerischen Mission ..., Bern. 15 S. 8. Bern (Typ. C. Sturzenegger) 1901.
Tractat[e]. Hrg. ([durch die] Kirche Jesu Christi der Heiligen der letzten Tage).

Abfalter, Melch., zur Benutzung des Kirchenlexikons, s.: Wetzer u. Welte's Kirchenlexikon.

Abfassung, die, telegraphischer Depeschen [Telegrammatik] in deutscher, englischer u. französischer Sprache. Nebst allgemeinen Notizen über Telegraphenwesen, Tarifsätze rc. Leipzig 865. Gumprecht. 8. (24 S.) 5 ngl

Abfassung, d., telegr. Depeschen in deut., engl. u. franz. Spr. 8° (24).– Lpzg. 1865, Haessel.

Abfertigung. — Abfertigung eines voreiligen Angriffs gegen das Innungswesen. Eine nicht aus Büchern, sondern aus Erfahrung aufgestellte Beleuchtung gegen die 5. u. 7. Patrouille des in Dresden erscheinenden Sächsischen Stadtverordneten u. Communalgardisten. — Dresden: Albrecht in Komm. 1831. 15 S. **3.**
1.3131

Abfertigung der sogenannten gründlichen Anmerkungen ... über den Erzbischöflichen Salzburgischen Hirtenbrief vom 19. Brachmonat 1782. Wien [Salzburg] 1783. V: *Zauner, Jul. Thadaeus.* (Wr) (Hr)

Abfertigung der Assertionis libertatis et innocentiae praetensis juribus supremis cathedralis Hildesiensis praepositurae oppositae. [Hildesheim] 1730. V: *Moser, Joh. Jac.* (ML)

Abfertigung der Näheren Aufklärung an den Verfasser der Kurzen Aufklärung über den Hergang in dem Reichsstädt. Collegio vom 8. Jänner et sequent. — o.O. 1780. 8 S. **1:**37 in 2° Gx 13000-41. **7.**
1.3133

Abfertigung der falschen Auflagen, mit welchen e. ehrw. Ministerium zu Hamburg in dem zu Halle gedruckten Langischen [Joachim Lange] Lebenslauff freventlich angetastet worden. — o.O. 1723. 61 S. **7.**
1.3134

Abfertigung der unerweislichen Auflagen und Lästerungen, womit der Jesuit Franciscus Neumayr ... in der Streitrede über die Frage: ob heilige Streitreden in der Kirche Gottes mit Recht üblich seyen? an der Evangelisch-Lutherischen Kirche sich versündiget hat. Frankf. u. Leipzig 1755. V: *Besenbeck, Georg.* (ML) (Fiker)

Abfertigung, eines Ausfalls auf die in Deutschland secularisirten Domstifter. 8. Salzburg, Mayr. 817.

Abfertigung, Ausführliche, derer unbefugten Beschuldigungen, womit ein anonymus Hr. D. Buddei disquisitionem de moderamine inculpatae tutelae in controversiis theologicis anzufallen sich unterwunden, ... Jena 1709. V: *Syrbius, Joh. Jac.* (Myl)

Abfertigung der vom kaiserl. königl. Hofe geschriebenen Beantwortung des Nachtrags. 1778. V: *Herzberg, Ew. Friedrich Graf von.* (ML)

Abfertigung der von Kayserl. Königl. Hofe geschehenen Beantwortung des Nachtrages zur Königl. Preussischen unterm 3. July 1778 an Ihre Hohe Mitstände des Reichs gerichteten Erklärung über die bayerische Successionsangelegenheit. Nebst Beylagen. Berlin im December-Monath 1778. Gedruckt bey George Decker, Königl. Hof-Buchdrucker. 4. 26 S.

Abfertigung der Bedenklichkeiten wider die Untersuchung der Recht- und Unrechtmässigkeit des Absatzes. Coburg 1772. V: *Eckardt, Johann Ludwig von.* (ML)

Abfertigung der Beschuldigungen des Jesuiten Goldhagen gegen die protestantischen Kirche. Frankfurt und Leipzig 1771. V: *Friderici, Christoph Anton.* (ML) »Abfertigung, Gründliche«. (Ky)

Christ-geziemende, kurtze und in Gottes Wort begründete Abfertigung, Herrn P. Johann Krausen, der Societät Jesu Priestern, auf sein lutherisches u. catholisches Jubel-Jahr ... Reim-weise verf. Nebst einer christl. Erinnerung an den Verf. des sog. Klag-Lied des Lutherthums. — o.O. 1717. **1:**3 in 4° Cn 20202.
1.3136

Abfertigung, Einstweilige, der vorläufigen Beantwortung der Bayrischen Ausführung. 1741. V: *Ickstadt [Ickstatt], Johann Adam Freiher von.* (ML) (MS)

Abfertigung, Einstweilige, der von Seiten des Wienerischen Hofs in offenem Druck ausgegangenen so betitulten vorläufigen Beantwortung der sogenannten gründlichen Ausführung derer dem Durchlauchtigsten Chur-Hause Bayern zustehender Erbfolgs- und sonstiger Rechts-Ansprüchen, auf die von Weyland Kaiser Ferdinand dem Ersten besessene Erb-Königreiche und Länder. Fol. (München) 1741.

Abfertigung, eine französische, der *Marr* u. Genossen. O. O. u. J. Gr. 8°. 13 S. Beibd.

Dr. E[mil] Friedberg's sogenannte Abfertigung des Bischofs von Mainz, [Wilhelm Emanuel] Frhr von Ketteler, im Lichte der Thatsachen. — Freiburg i. Br. 1873. 45 S. **1:**Flugschr. 1873 26. **12:**J. publ. G. 928-44/2. **102.**
1.3137

Abfertigung des grimmigen Gebets-Feindes und Schwarm-Freundes, welcher dem verbotenen Catechismo mit einer abermahligen Läster-Schrifft unter dem Namen einer Declaration zu Hülffe kommen wollen. — o.O. 1724. 4 Bl. **1:**an 4° Eo 7260.
1.3138

Abfertigung der kurzen unpartheyschen Gedanken über die kursächsischen Ansprüche an die Bayerische Allodialverlassenschaft. 1779. V: *Rau, Christian.* (MGT)

— e. rechtl. Gegendeduction, in Sachen d. Nassau-Weilburg. Unterthanen, den Salzverlag rc. betr. Fol. Gießen 752. 12 gr.

Gründliche und ausführliche Abfertigung der sachsen-meiningischen Einwürffe gegen die Zulässlichkeit des von Sachsen-Hildburghausen gesuchten Remedii restitutionis in integrum in Sachsen, die Uebermasse des Ambtes Sonnefeld betr. Mit Beyl. von Num. 66-107 incl. — o.O. 1745. **1:**1 an 2° Ss 6352. **4.**
1.3139

Abfertigung, Gruendliche, der vermeintlichen standhaften Behauptung der Freyheit des Ehestandes, deren der Augsburgischen Confessionsverwandten Domkapitularen zu Osnabrück ... 1774. V: *Meyer, Johann Friedrich Anton.* (ML)

Gründliche Abfertigung der grundlosen Belehrung des ohnbefangenen Publici von dem Verhältniss des Reichs Ritter Orts Rhön und Werra gegen das Buchische Quartier u. der neuerlich aufgestellten seltsamen Meinung, ob seye letzteres dem ersten subordiniret. [1.2.] — Meiningen 1779-80: Hartmann. 2°

2. u. d. T.: Fortgesetzte gründliche Abfertigung oder Anzeige offenbarer Irrthümer, Unwahrheiten ..., womit der zweite Theil der Belehrung des Publikums angefüllet worden, um die Gründe der Verwandnis des Buchischen Reichs Adels mit dem Rhön Werraischen in Franken zuzudecken. 1780.

3.
1.3140

Abfertigung, gründliche, d. Goldhagenschen Beschuldigungen. 8. Leipz. 771. Hertel. 6 gr.

Gründliche Abfertigung der im Druck erschienenen fiskalischen Deduktion oder Widerlegung der gegenseits behaupteten Domanien oder vielmehr Rechten der churfürstlichen Kammergüter in Baiern. — o.O. 1769. 167 S. **12:** 2° Bavar. 865/1; 2° Bavar. 3m [u.] 3n. **2.**
1.3142

Gründliche Abfertigung der unpartheyischen Gedanken eines ungenannten Auctoris die er von der Lehre de crimine magiae des Hochberühmten Herrn D. Christiani Thomasii neulichst herausgegeben, gestellt von Hieronymo a sancta fide. Frkf. 703. 4.

Abfertigung, Gruendliche, des sogenannten Gegenbeweises, dass der Frau Assessor von Albini die Erziehung ihrer Fräulein Töchter in der reformirten Religion von ihrem Hrn. Gemahl ... mit grösstem Fug gewehrt werde; ... Giesen 1761. V: *Kortholt, Franz Justus.* (ML)

Gründliche Abfertigung einer so betitulten rechtlichen Gegen-Deduction in Sachen derer fürstlich-nassau-weilburgischen Unterthanen des Amts Hütten u. Stoppelberg contra Sr. Hochfürstlichen Durchlaucht zu Nassau-Weilburg. [Nebst] Anh. — o.O. 1750. 2° **4.**
1.3143

Abfertigung. — Gründliche Abfertigung der kurpfalzbayerischen Rekursschrift in Sachen der regierenden Herrn Reichsgrafen von Rechteren und Limpurg entgegen Kurpfalz, als Herzog in Bayern. Mit Beyl. — o.O. 1804. 34 S. **1:4° Gx 14170. 7.**
1.3144

Gründliche Abfertigung einer in das Publicum divulgirt-u. zu Giessen imprimirten Schrifft, sub rubro: Ausführliche Erörterung des dem Hochfürstl. Hauss Hessen-Darmstadt über den Flecken Freyensehn etc zustehenden Schutz-Rechts, dem Missbrauch der gräfl.-solms-laubachischen gewissermassen verglichenen Landes-Obrigkeit entgegen gesetzt etc. Mit Beyl. à No 26–61. — Wetzlar 1752: Winckler. 233 S. **1:10 in 2° Gx 13000-2. 3. 4.**
1.3145

— Ebd. 1752. 4°
Nebent Vertheidigte Landes-Obrigkeit gegen die Mißbräuche des Erbschutz-Rechts. In einer besonderen Abfertigung bey Gelegenheit der reichs-kündigen Freyensehner Sache zur Nachricht des Publici gründlich dargelegt.
12:2° Ded. 473–25 9.
1.3146

Gründliche und unverfängliche Abfertigung der so genannten summarischen Facti speciei, von wegen der praetendirten gräfl. hatzfeldischen hohen Jagden zu Blankenhayn und Cranichfeldt. — (Weimar 1716.) 6 Bl.
1:2° Ss 2616. 3.
1.3147

Abfertigung, Gründliche, aller in denen Würzburgischen Sextuplicis befindlichen Wahrheitswidrigen Vorspiegelungen ... 1761. V: *Heuschkel, Johann Melchior.* (ML)

Gründliche Abfertigung und Widerlegung der jüngsten unerhörten Anschuldigungen wider unsere heilige katholische Kirche in Schlesien, insbes. der Schmähschrift: „Oeffentlicher Process gegen das Fürstbischöfl. General-Vicariat-Amt in Breslau. Von Maur[itius] Müller-Jochmus." Ein Wort der Beherzigung für die Freunde u. Feinde der kathol. Kirche. — Rosenberg 1847. 27 S.
1:Theol. Flugschr. 1847-8.
1.3148

Abfertigung des Herrn Dr. Harnisch, Pfarrer zu Elbei, über einige Irrthümer und Unwahrheiten in seinem „Standpunkte rc." von dem Landschullehrer zu H..... gr. 8. Leipzig 845, Klinkhardt. 3 ngl

Abfertigung für Herrn Heinrich Keller nebst einigen schönen Sächelchen für den Verfasser der Beleuchtung. o.O. [um 1786]. 30 S. **3.**
1.3153

Abfertigung der im v. Kurzböckischen Verlag erschienenen Kritik der Biographie Marien Theresiens. Wien 1780. V: *Rautenstrauch, Johann.* (BiblPort)

Abfertigung der Riedelischen Kritik der Biographie Marien Theresiens. Wien 1780. V: *Rautenstrauch, Johann.* (Bresl 31, S. 226)

— d. Kritik J. F. Tellers, über Cannabichs Predigt, u. d. bestrittenen Predigt Cannabichs. 8. Nordh., Nitzsche. 18 ℊ

Kurtze [Kurze] Abfertigung der fuldaischen ungegründeten Anmerckungen über die vorläuffige ohnumstössliche Gegen-Beweiss-Gründe, dass das uralte Erbhennebergische Amt Fischberg ursprünglich zu der gefürsteten Grafschafft Henneberg u. d. Fränckischen Creyse gehöret u. zu demselbigen, nicht aber zu dem Ober-Rheinischen Creyse seine Reichs- u. Creyss-Praestanda entrichtet habe. o.O. 1749. 168 S.
2 versch Drucke.
1:2° Gx 14006 [u.] 15 in 2° Gx 13000-34. 3.
1.3154

Kurze Abfertigung der Anmerkungen eines Schlesiers über die patriotische Erörterungen, welche zu Berlin den 8. Juny 1776 im Druck erschienen. — o.O. 1778. 7 S. 4° **2. 3.**
1.3155

Kurze Abfertigung einer über die Gondlagschen Inquisitions-Sache unterm Nahmen des Hochfürstl.-Münsterschen Kriegs-Gerichts in Münster bekannt gemachten Druckschrift, betitelt: Gezeigter Ungrund samt dem rechtlichen Pro Memoria u. dessen Beweis-Anlagen. — Lingen 1784. **1:2° Fy 11466.**
1.3157

Kurtze [Kurze] und gründliche Abfertigung derer hessen-darmstättischen also betitulten Argumentorum possessoriorum, worinnen klar gezeiget wird, daß dieselbe ... weder der Wahrheit noch denen Rechten gemäs, viel weniger ad decernendum mandatum s. c. wegen Evacuirung der gantzen Grafschaft Hanau-Müntzenberg hinlänglich seyen. — o.O. [um 1738]. 15 S.
1:20 in 4° Sk 6566/20. 12:2° Ded. 469–2 [u.] 445–5. 4. 5.
1.3158

Abfertigung, Kurze, doch gründliche, des aktenmäßigen Beweises, welche die Graf Karl Haimhausischen Intestat-Erben entgegen gestellt haben. 1779. V: *Lipowsky, Anton Johann.* (ML)

Abfertigung, kurze, doch gründliche, zugleich aber erste u. letzte, auf alle vorige u. künftige *Schmähschriften des Prof. Rothfischers u. seiner Anhänger.* Von einem Liebhaber der Wahrheit. O. O. 1753. 4°. Beibd.
Schmähschrift auf Rothfischer. 14 S.

Kurtze [Kurze], doch gründliche Abfertigung deren in Sachen decisi mandati nunc executionis Ihro Hochfürstl. Gnaden zu Fulda wieder des Herrn Hertzogs zu Sachsen-Weymar und Eisenach Fürstl. Durchlaucht in einer ... sachsen-weymarischen Vorstellung enthaltenen Ungründen, häuffigen Falsch- und Unwahrheiten, auch besonders erkünstelten Rechts-Verdrehungen. Mit angefügter standhafften Demonstration. — Fulda 1744.
1:8 in 4° Ss 13. 12:2° J. publ. G. 157/1.
1.3160

Kurtze [Kurze] Abfertigung eines von wegen des ... Cammer-Richter Baron [Franz Adolf Dietrich] von Ingelheims ... in Sachen ... Landgraff Wilhelm [VIII. Landgraf von Hessen] als ... Graffen zu Hanau contra Ihro Chur-Fürstl. Gnaden zu Mayntz ... eingeschickten Pro Memoria. Cum adiunctis. — Cassel 1737: Harmes. 44 S.
1:11 in 4° Sk 6566/20. 12:2° Ded. 141/11 [u.] 465–8. 4. 5.
1.3162

Abfertigung. — Kurtze [Kurze] Abfertigung des sachsen-gothaischen Pro Memoria vom 12. September 1748. — Dat. Coburg zur Ehrenburg 30. Sept. 1748. 2 Bl. 2° **3.**
1.3163

Kurze Abfertigung der nach denen Regeln des Natur- u. Völkerrechts vorgeblich angestellten und sogen. Prüfung derjenigen Schrift, welche das Verhalten derer Soldaten u. Unterthanen eines in Krieg verwikkelten Staats in denen gewöhnl. Fällen bestimmet. 1757. 4.

Kurze **Abfertigung** der in der Trogilliusschen Erbschafts-Sache zum Vorschein gekommenen so betitelten Prüfung und Beantwortung der Novorum der Duplic abseiten des Justitz-Raths ... Böckmann zu Glückstadt als Mandatarii des Herrn Licentiaten Schwartz zu Hamburg in Ehevoigtschaft seiner Frauen, Margaretha Elisabeth, geb. Trogillius, wider den Herrn Rathsverwandten Schwenck zu Crempe u. Consorten. o. O. (1779.) 8°

Abfertigung, Kurze, des sogenannten wohlgemeynten freundschaftlichen Raths an den Hrn. Verf. der Abhandlung: Über den unstatthaften Widerspruch ... 1780. V: *Prehn, Johann Jacob.* (MGT)

Kurze Abfertigung der sogenannten Reprotestation der münster- und jülichscher, nieder-rheinisch-westphälischer Crayss-Con-Directoriorum, wegen des an denenselben ... auf den 18. Augusti 1757 Reichs- und Crayss-Satzungs widerig convocirten nieder-rheinisch-westphälischen Crayss-Tages. (Unterz.: Georg Friderich von Ammon.) — o.O. [um 1757]. 2 Bl.
1: in 2° Sv 4132. 12: 2° Ded. 355/17 [u.] 2° J. publ. G. 433/39. **3. 7.**
1.3166

Kurze Abfertigung des erfurthischen Schutzverwandten und seiner unverschämten Unwahrheiten. Von einem patriotischen Bürger zu Erfurth. — o.O. 1771. 8 S. 4°
3.
1.3167

Kurtze [Kurze] Abfertigung der sogenannten unwiedertreiblichen Ursachen, durch welche des Herrn Hertzogs Anton Ulrichs zu Sachsen-Coburg und Meiningen Hochfürstl. Durchl. in der Gleichischen Sache nothdringlich ergriffene Recurs ad comitia unstatthafft in Zweiffel gezogen werden will. — Dat. Meiningen 7. Juli 1747. 3 Bl 2°
3.
1.3168

Kurze und vorläufige Abfertigung der unbegründeten von dem osnabrückischen Dom-Capittel übergebenen und den 6. Aug. A. c. durch Chur-Maynz ad dictaturam gebrachten Vorlegung. 1764 in: *Memorial* an e. hochlöblich-allgemeine Reichs-Versammlung zu Regenspurg, die Seiner Kgl. Maj. von Gross-Britannien von d. Dom-Capittel zu Osnabrück Zumuthungen betr.
1.3169

Kurtz-gefasste [Kurzgefasste] Abfertigung des jüngst zum Vorschein gekommenen so genandten Gründlichen Berichts in Sachen Johann Joachim Wiesenhaveren contra Ihre Churfürstl. Durchl. zu Coelln als Bischoffen zu Hildesheim. — o.O. [um 1748].
1:28 in 4° Sm 5046. 12: 2° Ded. 472-3.
1.3170

Kurtz-gefasste [Kurzgefasste] Abfertigung der Gegen-Vorstellung, welche die Hertzoge zu Sachsen Saalfeld auf Anton Ulrichs zu Sachsen Coburg Meiningen Repraesentation und Deduction die Successions-Fähigkeit betreffend, überreichen lassen. 1746 in: *Anton* Ulrich Herzog v. Sachsen-Meiningen: Anderweites Schreiben, welches Anton Ulrich zu Sachsen Coburg-Meiningen überreichen lassen.
1.3171

Kurtzgefassete schliessliche **Abfertigung** Einer sogenandten nochmahligen und endlichen Behauptung des Schleswig-Hollstein-Gottorfischen freyen und unbeschrenckten Exercitii Juris Armorum, armandiae, foederum & fortalitiorum &c. Darinnen die für gedachtes freyes Exercitium beygebrachte nichtige Rationes abgeführet und wiedergeleget, hingegen Die in den Königl Scriptis enthaltene unbewegliche Gründe, und von dem Hollsteinischen Land-Patrioten angeführte rechtmässige Ursachen weiter bestärcket werden. o. O. Gedruckt im Monat Martio Anno 1700 4°k.

Letzte Abfertigung, d. i. christliche ... Wiederlegung ... der ... Schand-Lügen, Schmäh- und Läster-Schrifft eines brandenburgischen Predigers Hrn J(ohann) Friedrich Menckens, welche er unter den Titul Schrifftmässige Antwort auf den so genanten kurzen, richtigen und aufrichtigen Bericht einiger sächsischen Prediger ... hrsg. Dargeleget von Michael Mehlisch [u. a.] — Sorau: Hebold 1735. 152 S.
1: Dx 2348. **9.**
1.3173

Nohtwendige [Notwendige] Abfertigung Jeremiae Victoris ... Berichts, so er wieder die ... im Fürstenthumb Hessen eingeführte Glaubenspuncten vom brotbrechen im H. Abendmahl .. gerichtet. — Cassel: Wessel o.J. 71 S
1:7 in 4° Dk 8003. **4.**
1.3176

— Durch etliche Bürger auffs new auffgelegt. Ebd. o.J. 83 S.
1:5 in 4° Dk 8.
1.3177

Abfertigung des sachsen-gothaischen Promemoria vom 23. Augusti 1748. — Dat. Regensburg 7. Sept. 1748. 8 S 2°
3.
1.3180

— an Herrn Rath Riedel, wegen der Beilage z. Biographie Maria Theresias, (von J. Rautenstrauch). 8. Preßb. 780. Löwe. 4 K

Abfertigung der Recension über Wasserstrassen in der Jen. Lit. Zeit No. 18 eingeschickt von W. München 1808. V: *Porcia, Nicola Graf von.* (MGT)

Abfertigung, Eines rechtgläubigen Schlesiers, des vermeinten Unterrichtes von dem Zustand der selig Verstorbenen. 1726. V: *Neumeister, Erdmann.* (Myl) (schr)

Abfertigung des Schreibens der Verfasser der Realzeitung an den Verfasser des katholischen Unterrichts. Wien 1782. V: *Fast, Patritius.* (Realzeitung 1782, Nr. 7, S. 110.) (BiblPort.)

Abfertigung des anonymischen Schriftchens über die Plane Napoleons und seiner Gegner besonders in Deutschland und Oesterreich. München 1909. V: *Paulsen, Nicolaus.* (Graf Carl Klinckowström In: Die Bücherstube, V. Jg., III. Heft. München 1926. S. 138.)

Schrifftmässige Abfertigung aller aus der Finsternuss wider das Licht catholischer Wahrheit abflügender und löschen wollender Mucken . In offentlichen Druck gegeben von einem Priester Soc. Jesu. (Th.1.) -- Augspurg: Wolff 1744.
6.
1.3185

Statthaffte Abfertigung des der Deduction des Recursus ad comitia in Sachen Joh. Heinr. Heylers c. Chur-Pfaltz sub rubro eines gründlichen Unterrichts ... auf der Reichs-Versammlung zu Regenspurg ausgetheilten schmachsüchtigen Impressi. — Mannheim 1747. 82 S. 2°
4. 5.
1.3186

Abfertigung, Umständliche, der sogenannten Vorlegung der Gründe, aus welchen die Herren Gebrüder — die rechtmäßige Gräfl. Leiningische Abstammung und damit verbundene gräfl. Leiningischen Familien und Successionsrechte behaupten. ... 1776. V: *Kühl, Philipp Jacob.* (ML)

Abfertigung der calvinischen und unionistischen Unbesonnenheit und Grobheit, mit welcher des Königl. Dänis. Norwegis. ... Hrn Abgesandtens zu Regenspurg Deduction, die Translation des Oster-Festes betr., in der Amsterdamsen Courant ... angetastet worden. — o.O. 1723. 4 Bl.
1:41 in Dk 15.
1.3187

Abfertigung, Eine ungeheuchelte, geschrieben an den Verfasser der Kritiken und Erinnerungen über die kurbayrische Verordnung im Betreffe der lyceistischen und gymnastischen Schulen. Nürnberg 1800. V: *Buz, Erhard.* (MGT)

Ohnverfängliche [Unverfängliche] Abfertigung eines fürstl. salmischen pro obtinenda ... venia testandi de feudis ... familiae Wild- et Rheingraficae am 17. Maii 1738 ... übergebenen . Exhibiti — o.O. 1738. 79 S. 4°
5.
1.3188

Abfertigung der von einem Ober-Graitzischen Fanatico wieder den seel. Christoph Schüsslern in offenem Druck ausgesprengten Verleumdungen. 1734. V: *Neumeister, Erdmann.* (Myl)

Vollständige Abfertigung der sogenannten Erörterung der Frage: ob in Recurs-Sachen der Cammer-Gerichts-Bericht vor Abfassung eines Conclusi abzufodern seye? — o.O. 1746.
1:2° Gx 9771.
1.3189

Abfertigung u. Warnung vor ein. gewissen Krüger-Hansen u. seinem, im Hamburger Correspondenten v. 7. Sept. d. J. empfohlenen, Mittel gegen die Cholera. Von Scheue-Niemand. gr. 12. (½ B.) Hamburg 831, Hoffmann u. Campe.

Abfertigung einer Jesuitischen Wiedersprechung des Berufs Lutheri. Augsburg 1712. H: *Lith, J. W. von der.* (Myl)

Wohlverdiente Abfertigung der [Wilhelm Friedrich] Schäfferschen Schrift: Über des Herrn Prof. Fichte Appellation an das Publikum. — o.O. 1799. 1:Nm 5534.
1 3198

Abfertigung des Erlanger Zeitungsschreibers und seines Alliirten mit ihrer ungesunden Kritik über verschiedene in Breslau gedruckte Blätter. Breslau 1759. V: *Belach*, *Andreas*. (ML)

Abfertigungsvorschriften. — Allgemeine Abfertigungs-Vorschriften des Deutschen Eisenbahn-Verkehrs-Verbandes ... nebst Zusatzbestimmungen für die Preuss. Staats-Eisenbahnen. Gültig vom 1. Okt. 1891. ([Nebst] Ausführungs-Bestimmungen, Einführungs-Verfüg., Sachreg.) — Erfurt 1891: Koenig (Ausf. Best.: Berlin: Büxenstein).
1:Nz 35090.
1.3199

– – Allgemeine Abfertigungs-Vorschriften des Deutschen Eisenbahn-Verkehrs-Verbandes für die Beförderung von Personen, Reisegepäck, Expressgut, Leichen, lebenden Thieren, Fahrzeugen, Eil- und Frachtgütern nebst Zusatzbestimmungen für d. Preuss. Staats-Eisenbahnen. Giltig v. 1. Jan. 1893. — Erfurt: Ohlenroth 1892. 203 S.
1:4° Nz 35137.
1.3200

Abflussmengen, grösste, bei städtischen Abzugs-Kanälen. Zürich 1880.

Abfuhr. — Abfuhr der Leiche Ihro Maiestät der Königin in Preussen höchstseel. Andenckens aus der churfürstl. Residentz-Stadt Hannover auf den dazu angesetzten 9. Martii 1705. — o.O.u.J. 10 Bl. 4° 7.
1.3204

Die Abfuhr und Verwerthung der Dungstoffe in verschiedenen deutschen und ausserdeutschen Städten und darauf bezügliche Vorschläge für Berlin. Bericht von C[arl] v. Salviati [u.a.] — Berlin: Wiegandt & Hempel 1865. XII, 114 S., 4 Taf.
1:4° Fb 5565. 12:4° Occon. 306h. 2. 3. 5. 9. 10. 11.
1.3205

Abfuehrung. — Die Abführung der Schlamm- und Schmutzstoffe im Niederschlagsgebiet der Itter. — Dat. Düsseldorf 14. April 1909. 7 S.
Amtl. Publikation d. Reg. Präsidenten
1:4° N 10.2421. 5.
1.3203

Abfuhrwesen und Tonnensystem, das, der Stadt Emden mit Statistik der Betriebsergebnisse und Rentabilitätsberechnung. In Veranlassung der von dem deutschen Landwirthschaftsrath veranstalteten Enquête über städtische Reinhaltung bearb. und auf Anregung des landwirthschaftlichen Hauptvereins für Ostfriesland hrsg. Mit einem Vorwort von Alex. Müller in Berlin und 1 lithogr. Taf. und zeichnerischen Darstellungen von Wiggers zu Emden. gr. 8. (VIII, 68 S.) Emden 885, Haynel. *

Abfuhrwesen u. Tonnensystem, das, der Stadt Emden u. Statistik d. Betriebsergebnisse u. Rentabilitätsberechnung. Nachtrag 1891. Schlußbericht mit 12jähr. Uebersicht üb. die Betriebsergebnisse d. Abfuhrwesens der Stadt Emden auf der Grundlage allgemeiner Einführung d. Tonnenabortwesens u. unentgeltl. Abfuhr. gr. 8. (S. 71—75 m. 1 Tab.) Emden 891. W. Haynel. n. — 25
(Hauptwerk u. Nachtrag: n. 2. 25)

Deutscher Verein von Gas- u. Wasserfachmännern, E. V. Die **Abgabe** und Verwendung des Leuchtgases. Anleitung z. Aufstellung von Vorschriften u. Regeln f. d. Gasbezug, d. Einrichtung u. d. Gebrauch d. Gases, bearb. von d. Heizkommission d. Deutschen Vereins von Gas- u. Wasserfachmännern, genehmigt durch d. Hauptversammlung in Königsberg 1910. München & Berlin: Oldenbourg 1910. 40 S. 8° [11. 15597

Abgaben [Tarif] f. d. Befahrung d. Kaiser Wilhelm-(Nord-Ostsee-)Kanals. hoch 4. (4 S.) Berlin 896. Siemenroth & Troschel. n. — 20

Abgaben (Ueber die) in der freien Stadt Frankfurt a. M., hauptsächlich über die Schätzung etc. 8°. Frankfurt a. M., Eichenberg, 1815.

Abgaben, die indirecten, Oesterreich's in den Jahren 1847, dann 1850 bis 1859. Ausweise und Erläuterungen. Hrsg. von dem k. k. Finanz-Ministerium. Fol. (318 S.) Wien 860, Hof- und Staatsdruckerei.

Abgaben und Lasten, die kommunalen, im Grossherzogt. Oldenburg. Oldenburg 1881

Abgabenbuch der Stadt Stettin. Hrsg. vom Magistrat der Stadt Stettin. gr. 8. (VIII, 167 S.) Stettin 901. P. Niekammer. n. 2. —

Abgabensystem, über, gr. 8, Berlin, Reimer. 815.

Abgabensystem. — Über das Abgaben-System für die Grundbesitzer, die Aufhebung der Patrimonial-Gerichtsbarkeit und die uneingeschränkte Gewerbe-Freiheit, rücksichtl. auf d. Grossherzogthum Posen. — Dat. Posen Juli 1816. 42 S. 1:2 in Sw 6600. 9.
1.3214

Abgaben-Ueberbürdung, die vermeintliche, der Pfalz, geprüft aus Anlaß d. Denkschrift G. Fr. Kolb's: Die Steuer-Ueberbürdung der Pfalz, gegenüber der Besteuerung der übrigen bayer. Kreise. 8. (60 S.) München 847, Franz. 7 ngr.

Abgabenwesen (Das indirecte) im Kgr. Sachsen seit der Begründung des deutschen Zollvereines. Denkschrift der Kgl. sächs. Zoll- und Steuer-Direction aus Anlass ihres 50-jährigen Bestehens am 1. Jan. 1884. gr. 8°. Leipzig, Veit u. Co., 1884.

Abgangsliste der Officiere des Reg. Kunheim Nr. 1 von 1713—1806. Beihft. z. „Milit.-Wochenblatt". Berlin 1880.

Abgangsprüfung, die. Ein Traumgesicht v. ...... (58 S.) kl. 8. Braunschweig 904. H. Wollermann. n. — 60

Abgar, Oswald —. Lieder von — —. kl. 8. (104 S.) Lemberg. H. W. Kallenbach. Druck von C. Winiarz. 1854.

Abgeblitzt. Dramat. Scene f. evang. Jünglings- u. Arbeiter-Vereine. 2. Aufl. gr. 8. (30 S.) Rothenburg o. T. 895. (C. H. Trenkle.) n.n. — 30

Abgebrannten, Die. Ein Schauspiel in zwei Aufzügen. Wien 1782. Ein rührendes Lustspiel in zween Aufzügen von einem Soldaten 1782. V: *Eckardt, Frh. Samuel Lucas von.* (GGr VII/462, Nr. 7/7) (Biblport) (Zeitschr. f. Büch. 1923, S. 77.)

Abgeordnete, s.: Oesterreich-Ungarn, Freytag u. Kindermann.

Die Abgeordneten des Schlesischen Haupt-Vereins der Gustav-Adolph-Stiftung. — (Breslau 1861.) 10.
1.3220

Abgeordneten, die, des neuen Hauses. Gewählt am 28. Oct., eröffnet am 9. Novbr. 1863. Magdeburg, 864. Ebers in Comm. 8. (21 S.) n. 2½ ngr.

Abgeordneten, an die Herren, der zweiten Kammer in München, über Gleichheit der Besteuerung, v. e. Patrioten. 8. München 819. Finsterlin. 2 K

An die oesterreichischen Abgeordneten in der deutschen Nationalversammlung zu Frankfurt. — Dat. Mannheim 24. März 1849. 1:29 in 2° Rz 9199.
1.3221

Abgeordneten, die sächsischen, in der Militairdebatte auf dem norddeutschen Reichstage am 7. u. 17. Oktbr. 1867. Ein Beitrag zur Charakteristik der sächs. Reichstags-Abgeordneten. Leipzig 867. Priber in Comm. gr. 8. (31 S.) n. 2½ ngr.

An die vierzig österreichischen Herren Abgeordneten bei der konstituirenden deutschen National-Versammlung, welche den Paragraphen 2 u. 3 der künftigen deutschen Reichs-Verfassung ihre Zustimmung versagt haben. (Unterz.: Von den Wahlmännern d. Wahlbezirkes von Gmunden am 14. Nov. 1848.) — (Linz 1848: Wimmer.) 1 Bl.
1:42 in 2° Rz 9199. 7.
1.3222

An die wackern österreichischen und tyrolischen Abgeordneten zur deutschen Nationalversammlung. — (Botzen 1849.) 2 Bl. 4° 7.
1.3223

Abgeordnetenfest, das, zu Köln am 22. u. 23. Juli 1865. Vollständiger Festbericht. Mit dem Portr. von Classen-Kappelmann (in Holzschn.). Leipzig 865. Lißner. gr. 8. (59 S.) 7½ ngr.

Das rheinisch-westfälische Abgeordneten-Fest. — (Frankfurt a. M. [1863]): Frankfurter Societäts-Dr. 8 S. 4° Aus: Neue Frankfurter Zeitung. 10. 1.3225

Abgeordneten-Gallerie (Mecklenburgische). 1. u. 2. Bl. Lith. Fol. Schwerin 849, Kürschner (jetzt Hildebrand.) (à ½ ₰) 1 ₰: Chines. Pap. (à ¾ ₰) 1½ ₰

Das österreichische **Abgeordnetenhaus**. Ein biograph.-statist. Handbuch. Von Fritz Freund. [1.] 1907–1913. XI. Legislaturperiode. Wien & Leipzig: Wiener Verl. (1907). 8° [07. 12977

Abgeordnetenhaus, das preußische, während der Session vom 14. Janr. bis 17. Juni 1865. Berlin 865. Moeser. gr. 8. (52 S.) 5 ngr.

Das preußische **Abgeordnetenhaus**. Sessionsbericht. Von A[ugust] Plate, Bur.-Dir. [1.] 1904/05. Berlin 1905: W. Moser. 8° [F.] [07. 10430 10

Zu den Abgeordnetenwahlen. — Berlin: Exped. d. 'Flugschriften' 1885. 20 S. (Flugschriften d. Nationalliberalen Partei. 1.) 1: Fc 4546-1. 1.3228

Die Abgeschlossenheit der Chinesen unter bes. Berücks des deutschen Handels. — Hildesheim [um 1881]. 26 S. 1: Un 7054. 7. 1.3230

Abgötterei unseres philosoph. Jahrhunderts, s. a. J. V. Embser.

Abgötterei, Die, unseres philosophischen Jahrhunderts; erster Abgott: ewiger Friede. Mannheim 1779. V: *Embser, Val.* (ErschDL) (ErGr)

Abgrenzung der Handels- und der Handwerks-(Gewerbe-)Kammer-Organisation oder Fabrik und Handwerk. Denkschrift f. d. Beratungen d. Deutschen Handelstags hrsg. von d. Handelskammer Leipzig. (Leipzig [1906]: Frauenstein & Wagner.) (123 S.) 4°(8°) [F.] [07. 8194

Abgrenzung der Handels- u. der Handwerks-(Gewerbe-) Kammer-Organisation od. Fabrik u. Handwerk. Denkschr. f. d. Beratgn. des deutschen Handelstags, hrsg. v. der Handelskammer Leipzig. (123 S.) Lex. 8. Leipzig (907). (J. C. Hinrichs' Verl.) 2. —

Abguesse. — Die Abgüsse der in Olympia ausgegrabenen Bildwerke. Ein Leitfaden f. d. Ausstellung in d. Dombaustätte. 6. Aufl. — Berlin 1884: Vogt. 32 S. 9. 1.3236

Abgüsse antiker und moderner Statuen u. s. w., geformt in der Rostischen Kunsthandlung zu Leipzig. 2 Bde. 1794. 8°.

Abgüsse antiker und moderner Statuen, Figuren, Büsten und Basreliefs ... in der Rostischen Kunsthandlung zu Leipzig. [Lpz.] 1794. V: *Rost, Carl Chrn. Hch.* (BrMm)

Abhaltung einer aargauischen Centenarfeier im Jahre 1903. Botschaft des Regierungsrates an den h. Grossen Rat. 1902 Februar 3. 15 S. 8. [Aarau, H. R. Sauerländer & Co.]

Abhandlung, s. a. Abhandlungen

Abhandlung von Abruffung der in auswärtigen Kriegsdiensten stehenden Reichs-Glieder und Vasallen. Unter Se. Königl. Majest. in Preussen .... Approbation ... (8 Bl.) Halle 1756. 8.

Abhandlung von denen vereinigten Französisch- und Oesterreichischen Absichten bey gegenwärtigem Kriege. 8. Cölln 1758.

Abhandlung von der von verschiedenen Geschichtsschreibern verschieden angegebenen Abstammung des Nahmens Preussen. Entworfen v. e. Liebhaber der Geschichte seines Vaterlandes. — Königsberg 1750: Dorn. 4 Bl. 2. 1.3237

Abhandlung von der wahren Andacht eines Christen. 17.. V: *Zaupser, Andreas.* (ML)

Abhandlung von den Annalen. [Ulm 1782]. V: *Köhler, Joh. Ludw.* (ML) (MGT)

Abhandlung vom Anschlag der Güter in Sachsen. Leipzig 1758—1761.

Abhandlung über eine beträchtliche Anzahl Erdarten und von derselben Gebrauch für den Landwirth. Hannover 1769. 8. — Desgl. ein zweites Exemplar.

Abhandlung, Architektonische..., s. Gentil, Louis-Alex.: Pièce d'architecture...

Abhandlung über das Armenwesen von München, unter Benennung der vorzüglichsten Wohlthäter des Armen-Instituts, und derjenigen, welche sich durch unentgeltliche Dienstesleistung für diese Anstalt ausgezeichnet haben. In dem Zeitraume vom 1. Jänner 1790—1812/13 einschliessl. 2 Thle. (in 1 Bde.). (München) 1814 Gedr. mit Zängl'schen Schriften. 12°. Eleg. Hsrsb. 112 + 72 S. m. vielen Tabellen, nebst Anhang 10 Bll. m. 1 Tab.

Abhandlung üb. d. Art der Bildung des Grundbesitzes, der Ortschaften, Städte u. Ortsmarkungen u. über die richtige Regelung der jetzigen Markungs- u. Steuergrenz-Verhältnisse mit gemeinfaßlicher u. gedrängter Darstellung der Zustände Deutschlands von seiner frühesten Zeit bis auf unsere Tage nach ihren verschiedenen Entwicklungs- u. Fortbildungsstufen d. Grundbesitzes der Urväter bis zum jetzigen Standpunkt. Mit e. Anh.: Ueber den großen Werth u. die allgemeine Benützung der Primärkataster u. Flurkarten d. Landesvermessung im bürgerlichen Leben u. bei den öffentl. Rechtsgeschäften. Canstatt 857. Bosheuyer. gr. 8. (IV, 16 S.) n. 5 ngr

Abhandlung über die Art, wie Briefe für Kinder zu schreiben sind. — Berlin 1787. 1:6 in Nc 3008. 1.3239

Abhandlung, Ascetische — über die Tugend der Demuth. (Mit Approbation des Konsist.) 8. (16. S.) Olmütz, Druck. Ant. Halauska, 1853.

Abhandlung, Astronomische und geographische, der grossen Sonnenfinsterniss, die sich im Jahr 1764 den 1. April ereignen wird, ... von E. Nürnberg 1764. V: *Eichhorn, Johann Friedrich Aegyd.* (Ky) (MGT) (ML)

Abhandlung über die Aufgabe der Hamburgischen Gesellschaft zur Beförderung der Künste und Gewerbe, die Erziehung der Waisenkinder betreffend, welche den Preis erhalten hat. Hamburg 1780. V: *Haun, Johann Ernst Christian* und *Starck, Georg Christoph.* (MGT)

Abhandlung von Aufkunft und Wachsthum des Chursächsischen Postwesens. Sammlung vermischter Nachrichten zur Sächs. Geschichte, T. 7, No. 2. 8°. Chemnitz 1772.

Abhandlung über die Auflösbarkeit des Ehebandes zwischen Katholiken. — Köln: Oedekoven [1803]. 24 S. 5. 6. 1.3240

Abhandlung, Ausführliche, von den berühmten zwoen Büchermessen, so in der Reichsstadt Frankfurt a. M. jährlich gehalten werden, worinnen viele wichtige und merkwürdige Materien vorkommen und ausgeführt werden zur besseren Erkenntniss und Erläuterung der deutschen staats und bürgerlichen Rechte. Frankfurt a. M. V: *Orth, J. P.* (BiblPort) S. a. I, 346.

Abhandlung, Ausführliche, über die Entstehung und Heilung veralteter Geschwüre . . . Braunschweig 1790. 2. Aufl. Braunschweig 1796. V: *Buhle, Christian August.* (Ky) (MGT)

Abhandlung, Ausführliche, von den berühmten zwoen Reichsmessen . . . in der Reichsstadt Frankfurt am Main . . . [Frankfurt a. M.] 1765. V: *Orth.* (cb)

Ausführliche Abhandlung von Sägesprüngen, einer bekannten Kinder-Krankheit und den mehrmaligen gefährlichen Folgen derselben, besonders von dem ohnlängst entdeckten absonderlich- und ohnfehlbaren Heilsmittel derselben, in Anleitung der von Carl Strack durch den Druck bekant gemachten Entdeckung. — Nürnberg: Zeh 1779. 84 S. 3. 4. 5. 7. 8.
1.3241

Ausführliche Abhandlung über die Silhouetten u. deren Zeichnung, Verjüngung, Verzierung und Vervielfältigung. Von dem Verf. d. physiognomischen Cabinets. [Mutmaßl. Verf.: Friedr. Christoph Müller.] — Frankfurt & Leipzig 1780. 258 S., 11 Taf. 1:Nu 4003. 5.
1.3242

Ausführliche und vollständige Abhandlung von Wasser-Uhren ... Von M.G.H.B. — Halle: Kümmel 1752. XII, 112 S. 1:Or 11092. 12:Techn. 1. 2. 3. 7. 10.
1.3243

Erste Abhandlung der Bajonet-Fechtlehre. Karlsruhe 1823. 8°.

Abhandlung über das Bändigen und Einfahren stutziger Pferde, über Anspannungs-, Zugs- etc. Fuhrwerkstheorie, nebst einer Besprechung der Mittel zur Erhöhung der Beweglichkeit und Manövrirfähigkeit der Artillerie. Ausschliesslich für die k. k. Artillerie bearbeitet und zusammengestellt nach den besten und neuesten Quellen. (Mit 4 Tafeln.) (Donation Liechtenstein.) 8. Laibach 1868.

Abhandlung vom Bau und Besserung derer Strafsen im Churf. Sachsen als eine auf Erfahrung gegründete Probe der Strafsenbaukunst. Leipzig und Zwickau 1768.

Abhandlung v. dem Bau, Erkänntniss d. Alters u. d. Farben d. Pferde. Wien 1785. 142 S.

Abhandlung v. Bau u. Nutzen d. türkischen Weitzens. Nebst e. Auszuge aus Kalms Beschreibung v. Meyskorne . . . Berl. 1757. 84 S.

Abhandlung von Baumschulen, . . . Berlin 1776. 2. Ausg. 1789. V: *Beneckendorf, Carl Fch. v.* (Engoec) (Ky) (ML)

Abhandlung von den Baurenlehen in dem Hzgt. Wirtemberg. Nebst [teilw. gedruckten Beilagen u.] einem Anhang, welcher eine Sammlung von Hzgl. General-Verordnungen enthält. 1782. [Vorrede d. d. Stuttgart 22. Januar 1783.]
Gleichz. Hdschr 4 Bl. 160 S. Text, 22 Beil. (Formulare), Register; Anhang von 34 Reskripten u. dergl., 3 Bl. Register. 34,5 cm. Ppbd.

Abhandlung und Beantwortung der im Jahr 1783 von einem Ungenannten aufgegebenen Preisfragen wegen Abschaffung der Accidentalhebungen der Ehrn Geistlichkeit, . . . in Mecklenburg; . . . Schwerin 1785. V: *Müller, Joachim Johann Heinrich von.* (MGT) (Ky) (ML)

Abhandlung über die Befestigungskunst. Th. 1.2. — Wien 1795–1801. 1:4° Hy 1538.
1.3245

Abhandlung über die bekanntesten Befestigungs-Manieren und Systeme seit Erfindung des Schiesspulvers. Als Anhang zum II Bde. der Fortification für die Militär-Akademie. (Mit 15 Plänen.) 8. Wien 1858.

Abhandlung über Bergrecht. Autographie Clausthal, 1868.

Abhandlung und Bemerkungen über die vom Herrn Generalchirurgus [Johann Christian Anton] Theden in Berlin bekannt gemachte Spiesglastinktur. Von einem Schüler aus d. Ges. wahrer Naturforscher. — Amsterdam 1783. 45 S. 1:Iq 1193. 2.
1.3246

Abhandlung von der [Beschaffenheit und dem Gebrauch der] Cavallerie in den ältesten Zeiten nach Homers Erzählungen. Berlin 1774. V: *Hennert, Carl Wilhelm.* (Ky) (Gi) (ErschDL) »Halle« (ML)

Beurkundete Abhandlung über den Bestand der älteren u. neuern Edelmannsfreyheit in Baiern, und wie sie dem baierischen Ritter- u. Adelstand zustehen. Nebst Beyl. — München 1807: Zängl. 84 S. 1:Gy 1907. 12:4° Bavar. 18.
1.3247

Abhandlung von der Bewegung in krummen Linien. . . . [17 . .] V: *Beda*, . . . (MGT)

Eine biblisch-astronomische Abhandlung, in welcher erwiesen wird, daß die Copernicanische Meynung vom Weltbaue der heiligen Schrift nicht entgegen sey. Nebst e. Abhandlung von den Vorbedeutungen einer Mondfinsterniss am Geburtstage. — Frankfurt & Leipzig: Böhme 1774. 135 S. 2.
1.3248

Biblische Abhandlung über Unglauben und Aberglauben, Kirche und Christenthum. — Elberfeld 1854. 1:Dc 6320. 12:Th. U. 1gm. 5.
1.3249

Abhandlung von Bienen für alle Landesgegenden. Nebst d. Monatsverrichtungen e. Bienenmeisters nach Angabe des Herrn A[dam] G[ottlob] Schirachs. — Zittau & Leipzig: Schöps 1788. 28 S. 4° 7.
1.3250

Bonnaud, Des Herrn, Abhandlung von den schädlichen Wirkungen der Schnürbrüste, sowohl bey Kindern als bey Erwachsenen. Aus d. Französ. Leipzig, Jakobäer, 1773. 8°. (In Marburg: Univ.-Bibl.: XIdC 542 f.) (16 Mk. [!] Paul Graupe, Berlin, 1909.)
Orig. vielleicht: Dégradation de l'espèce humaine par l'usage des corps à baleine. Paris 1770. 12°.

Abhandlung enthaltend physikalische Briefe von der Einbildungskraft der schwangern Frauen, in welchen man das Vorurtheil widerleget, welches der Einbildung der Mütter das Vermögen beyleget, dem Körper des Kindes, welches sie unter ihrem Herzen tragen, die Gestalt dererjenigen Gegenstände, von welchen sie gerühret werden, einzuprägen. Aus dem Französischen übers. 158 S. (S. 335 - 492), gbd.
Stuttgart: König 1756
(Drey merkwürdige physikalische Abhandlungen von der Einbildungskraft der schwangern Weiber... 3)

Abhandlung von der Buchdrucker-Kunst und einigen dahin gehörigen Stücken des Alterthums; bey Gelegenheit des 3. Jubel-Jahrs, so in diesem Jahr in der ... Stadt Bremen von dasigen beyden Gesellschaften, der Brauer- und Janischen, gefeyret worden, eilfertig entworffen. — o.O. 1740. 106 S. 12:4° Typ. 3a/22. 7.
1.3251

Abhandlung d.k. b(ayer.) hydrotechn. Bureaus, s.: Abhandlungen.

Abhandlung v. Cydermachen od. Zubereitung d. Obstweins . . . Nach d. letztern . . . engl. Ausg. übers. Bayreuth 1772. 118 S. 1 Tvl.

Abhandlung über Dachrinnen-Konstruktionen. Beilagen zum Taschen-Kalender für das Blecharbeiter-Gewerbe 1889-91. 4° Schneeberg 1889-91

Abhandlung des Daseyns der Gespenster nebst einem Anhange von Vampyrismus. Augsburg 1768. V: *Blocksberger, F. N.* (Mp) S. a. Nr. 290.

Abhandlung von dem Daseyn der Gespenster, nebst einem Anhange vom Vampyrismus. Nürnberg 1768. V: *Mayer, Andreas Alr.* (MGT) (Ky) (Mp) S. a. Nr. 238.

Abhandlung, dass aus der gehörigen Anwendung des hohen Finanzpatentes auf den § 328 der allg. G.O. auf die Versteigerungsordnung § 20 auf das Hofdecret vom 15. Jan. 1787 litt. c et r die Befreiung des Exequirten von der Scala erfolge. Grätz 1816. V: *Mandelstein.* (Stur)

Abhandlung von dem, was zu einem solennen Reichs-Krieg nach den Reichs-Fundamental-Gesetzen erfordert wird, daraus sich urtheilen läst, ob die Reichs-Stände bey gegenwärtigen Conjuncturen sich noch zu einem Reichs-Krieg entschliessen werden. [Nebst] Fortges. Abhandlung. Regenspurg 1757. 1: Flugschr. 1757–182. 183. 2.
1.3252

Abhandlung, Dramaturgische, über den Teutschen Hausvater des Freyherrn Otto von Gemmingen. [Gotha ca. 1780.] V: *Drais von Sauerbronn, K. W. L. Freih. von.* (MGT)

4938. Abhandl. von d. Ehegesetzen u. verbotenen Ehen. *Lützow* u. *Wismar.* 761. 8.

Abhandlung über die Eheversprechen. Wien 1784. V: *Sonnleithner, Christoph.* (ML)

Abhandlung über den Eid. Zur Verbesserung d. Sitten u. Beförderung d. Credits. Aus d. Engl. [Mutmaßl. Verf.: Ludwig Herkules Daser.] — Braunschweig: Schröder 1767. 136 S. 1: Fm 14480. 12: J. publ. G. 426pd/3.
1.3254

Abhandlung über den Eyd, welchen die Bischöfe dem Papste abzulegen verhalten werden. Wien 1781. V: *Blodig von Sternfeld, Jos.* (Wiedemann, D. Kirchl. Büchercensur, S. 113.) (Biblport)

Abhdl. v. d. Einfluß der Musik in die Gesundheit des Menschen. 50 S. Lpz. 12°. 1770

Abhandlung über die Einrichtung der leichten Truppen und deren Gebrauch im Kriege . . . aus dem Franz. von L. S. von Brenkenhoff. Berlin 1785. V: *Gugy de & Comte P. H. de Grimoard.* (Pr). »Neue Auflage. Berlin 1802.« H: *Valentini, H. von.* (Ky)

Abhandlung über das Einschlämmen, . . . [Riga 1806]. V: *Zigra, Johann Hermann.* (R-N)

Abhandlung über Eisenbahnen und deren Anlegung. Cassel 1833. V: *Schmitz, J. W.* (Ky)

Elise Engelhards preisgekrönte Abhandlung über die Frage: Welche Folgen hat die Heranziehung des weiblichen Geschlechtes zum Lehrberufe auf pädagogischem und socialem Gebiete? Krit. beleuchtet v. Wiener Lehrerinnen. Veröff. vom Verein d. Lehrerinnen u. Erzieherinnen in Österreich. — Wien: Manz 1896. 39 S. 1: Ne 5110/65. 300: 89.130-B.
1.3255

Abhandlung üb. die Erbauung ländlicher Gebäude . . . Bekannt gemacht durch den Ackerbaurath zu London, u. aus d. Engl. im Franz. m. Anmerk. übers. v. C. P. Lasteyrie, aus d. Franz. aber v. F. G. Leonhardi. Leipz. (1805). 70 S. 33 Tvl. Tv.-Fol.

Abhandlung vom Erbzinßrecht, Handlohn, Zehend und andern damit verbundenen Materien. — Nürnberg 1789. 64 S. 12: J. feud. 1. 3.
1.3256

Erfahrungsmässige *Abhandlung* v. den verschiedenen Seuchen u. Kranckheiten d. Rindviches . . . V. dem Verf. d. Berliner Beiträge z. Landwirthschaftswissenschaft. Berl. 1779. (10) 288 S.

Abhandlung, Erfahrungsmässige, von den verschiedenen Seuchen und Krankheiten des Rindviehes, . . . Berlin 1779. 2. Ausg. 1790. V: *Beneckendorf, Carl Friedrich von.* (BV) (ML) (Ky)

Abhandlung von der gehörigen physischen Erziehung der Kinder . . . Augsburg 1784. V: *Essich, Joh. Gottfr.* (MGT)

Abhandlung von der Erziehung der Kinder und besonders der Prinzen; worinn die Wichtigkeit der ersten sieben Jahre des Lebens gezeigt wird. Aus d. Franz. — Berlin & Leipzig: Rüdiger 1758. 214 S. 10.
1.3257

Abhandlung über die Erziehung, Pflege und Schnitt der Obstbäume am Spalier und als Pyramiden. Aus d. Franz.; letzteres nach der neuesten Anweisung des Herrn Calvel in Paris. Übers. von J[ohann] V[olkmar] Sickler. (Abth. 1.2.) — Prag: Calve 1803. 219 S.
2 mit Nebent: Calvel, Stephan: Von den als Pyramiden gezogenen Fruchtbäumen [Des Arbres fruitiers pyramidaux, deutsch].
12: Oecon. 1601. 9.
1.3258

Abhandlung über die Evidenz der Metaphysischen Wissenschaften, . . . Berlin 1764. V: *Mendelsohn, Moses.* (Mn)

Abhandlung von der blassen Farbe des Gesichts. — Frankfurt & Leipzig 1755. 68 S. 1: an Fl 5560. 2.
1.3259

Abhandelung über die Feyertäge [Feiertage] der katholischen Kirche. Geschrieben im Jahre 1774. — Cosmopolis: Thugut [um 1774]. 102 S. 6.
1.3260

Abhandlung über die Feldbefestigung, den Angriff u. die Vertheidigung der Feldschanzen u. Verschanzungen, nebst einem kurzen Anhange über Kriegs-Brücken. Für den Gebrauch der k. k. Gratzer-Cadetten-Compagnie. gr. 8. (XII u. 266 S. m. 8 lith. Taf. in qu. ½ Fol.) Gratz 847. (Damian u. Sorge.) n. 1 ℛ 2 ℊ

Abhandlung von den Fingern, deren Verrichtung und symbolische Bedeutung. Leipzig 1757. V: *Groschuf, Friedrich.* (ML) (Ky) (Stri)

Fortgesetzte Abhandlung von dem, was zu einem solennen Reichs-Krieg erfordert wird. 1757 s. *Abhandlung* von dem, was zu einem Reichs-Krieg erfordert wird.

Abhandlung, Fortgesetzte, von livländischen Geschichtsschreibern. Mitau 1824. V: *Napiersky, Carl Eduard.* (Winckelmann, Bibl. Livoniae hist., 2. Aufl. 37.)

Fortgesetzte Abhandlung vom Tabacksbau. 1781 s. *Abhandlung*, Vollständige, vom Tabacksbau.

Abhandlung auf die akademische Frage: Welche sind die schleunig- und zuverlässlichsten Hilfsmittel den Feldbau im Lande Tyrol zu verbessern, und zu vermehren. Innsbruck 1769. V: *Kembter, Adrian.* (MARGR)

Abhandlung üb. d. Frage: Beleidigt die Peinigung die Gerechtigk. etc. Bern 1785. 8°.

— üb. die Fr.: In wiefern d. Miether e. Hauses verbunden sei, d. Schaden zu ersetzen, den das gemiethete Haus durch Brand erlitten hat, (v. J. F. X. Eplen). gr. 8. Bayr. 793. (Grau in Hof). 3 K

— üb. d. Fr.: Können nach d. preuß. Landrechte die Enkel d. Geschwister in Concurrenz mit den Geschwistern und Geschwisterkindern zur Erbfolge gelangen u. wie wird succedirt? Veranlaßt durch e. Rechtsstreit in e. ehemal. preuß. Provinz. 8. Erlangen 828. (Compt. d. polit. Zeitung), (Nürnb., Bauer u. R.), (Leich in Leipz., auch Gebhard u. K. in Frkf. a. M.) 2 K

— üb. die Fr.: Ob die wahre u. allein seligmachende Kirche sichtbar oder unsichtbar sein müsse? Als erster Anh. zu obig. Fr. (v. ... Pergens.) 8. Wien 783.

Abhandlung über die Frage: ob ein Reichsvikarius Kommissarien zu deutschen Fürstbischofswahlen schicken; und der Kaiser einem, währendem Zwischenreiche, unter reichsvikarischen An- und Aufsehen erwählten, auch vom Papste bestättigten Fürstbischofe die Belehnung verzögern oder gar verweigern könne? — o.O. 1791. 22 S.
12: J. can. P. 5. 7.
1.3261

— üb. d. Fr.: Ob Kaiserl. Maj. befugt sei, in Proceßsachen v. d. Kais. u. R.-Kamm.-Ger. d. Acten einseitig abzufordern? 4. Mannh. 786. Bürgerhospital. 8 K

— üb. d. Fr.: Ob man in jeder Kirche Glauben u. Religion, das Heil u. die Seligkeit finden könne? (von ... Pergens.) 2e Aufl. 8. Wien 783.

— üb. d. Fr.: Warum hat die christl. Religion, welche an sich selbst so geschickt ist, die Herzen d. Menschen zur Tugend zu bilden, nur bei wenigen Erfolg rc.? von e. holländ. Prediger; herausg. v. J. W. Tilanus; aus d. Holländ. v. C. F. Barenholz. 8. Düsseld. 789. Dänzer. 12 K

Abhandlung über die Frage: Was lehrt die Geschichte von der Auflösbarkeit oder Unauflösbarkeit des Ehebandes im Falle eines Ehebruches? o. O. 1798.

— über die Frage: Was von dem Fegfeuer u. Gebete für die Verstorbenen in d. kathol. Kirche zu halten u. zu glauben sei? (von ... Pergens.) 8. Wien 783.

Abhandlung über die Frage, welche dauerhafte Mittel gibt es, die Menschen ohne äusserliche Gewalt zum Guten zu befördern. Wien 1785. V: *Giovanne Juliane Herzogin geb. von Mudersbach.* (Allg. Litt. Zt. Jena 1787. I, Sp. 645.) (BIBLPORT)

Abhandlung über die Frage: **Wie kann ein Schulmann in seinem** Tode **getrost seyn?** ... [Görlitz 1754.] V: *Taubner, August Gotthilf.* (OL)

Abhandlung etlicher Fragen von der Möglichkeit, Nothwendigkeit und Nutzen der christlichen Vereinigung beyderseits evangelischen Kirchen. In einem Sendschreiben an eine vornehme Standes-Person vorgestellet: und werden zugleich am Ende derselben die Aequissima postulata des [Franz Julius] Lütkens in seinen christlichen unmassgeblichen Gedancken geziemend erwogen. — o.O. 1703. 54 S.
1:4° Dm 9380. 12:4° Diss. 2094/5. 2. 4. 7. 9.
1.3263

Abhandlung über die Fragen, ob **und in wie fern jemahls Senate im Reichshofrath gewesen? ...** Rastadt und Basel [Frankfurt] 1799. V: *Senckenberg, Renatus Leop. Christi. Carl Freih. von.* (MGT) (KY) (WR)

Anonym: „Abhandlung von Frauenzimmer-Arbeiten ....", 3. verm. und verb. Auflage, Stuttgart 1810 (Steinkopf).

Abhandlung. — Abhandlung über die muthmassliche Frequenz der von Cöln bis zur belgischen Grenze bei Eupen projectirten Eisenbahn bei unmittelbarer Berührung der Städte Aachen und Burtscheid. — Aachen 1835.
1:4° Nz 33117.
1.3264

Abhandlung von der Freude der Heiligen über das Heil ihrer Priester, welche bey der Amtsjubelfeyer des ... Salomon Deylings ... zu Leipzig an statt des Glückwunsches übergeben u. aus d. Lat. ins Deutsche übers. wurde. — Leipzig: Lanck 1755. 32 S. 4° **8.**
1.3265

Abhandlung über die christlichen Fürbitten rc., (3 Bogen in 16.) Straubing 1846, Schorner 2 Ngr.

Abhandlung über das göttliche Gebot der öftern christlichen frommen Kommunion. Augsburg 1789. V: *Kolb, Cajetan Maria Fidelis von.* (KY) (MGT). Augsburg 1790. V: *Kaiser, Stanislaus Alois.* (MGT)

* **ABHANDLUNG** (stellenw. pikante) von dem Gebrauche der Alten, fürnehmlich der Griechen und Römer, ihre Geliebte zu schlagen. Aus d. Französ. (Deutsches Original von *K. K. Oelrichs.*) Mit Titelvign. Berlin 1766. 8°. Rarer Originaldruck! (12 Mk. Ernst Frensdorff, Berlin, c. 1902.)
Fehlt im Anon.-Lex.
Ueber dieses Werkchen sowie ähnliche Abhandlungen s. den Vortrag „Die Berlinerinnen im 18. Jahrhundert", von Ernst Frensdorff.
— — Dasselbe. Wortgetreu nach der Ausgabe von 1766. Stuttgart, Scheible, 1856. 12°. (In Stuttgart.) Auch m. d. Tit.: Curiosa et Jocosa .... Bdchn. 2.
— — Dasselbe. Wortgetreuer Nachdruck in nur 400 Expl. Berlin, Ernst Frensdorff, 1901. 8°. Pgt.-Umschl. (Mk. 3.—.)

§ **ABHANDLUNG** von dem Gebrauche der Alten, fürnehmlich der Griechen und Römer, ihre Geliebte (= maitresse) zu schlagen. Aus d. Französ. übersetzt und mit Anmerkungen vermehret (von Joh. Karl Konrad Oelrichs). Berlin, bey F. W. Birnstiel. 1766. 8°. (Antiqu.-Pr. ca. 30 Mk.)
8 Bll. u. 111 S. Ungemein seltene erste Ausgabe des hochinteressanten Buches. Kein deutsches Original, wie irrtümlich unter Abhandlung (Buchstabe A) angegeben.
Das französische Original erschien in den scherzhaften: Mémoires de l'Académie des sciences, inscriptions, belles-lettres et beaux arts, nouvellement établie à Troyes en Champagne, tome I, Liège, C. Barnabé (Troyes, Lefebure) 1744. 8°. 72 pp. — Troyes et Paris 1756. II. 8°. 140 et 156 pp. — 3e éd. S. L. (Troyes) 1768. 12°. 343 pp., deren Verfasser P. J. Grosley, André Lefèvre, David u. Andere waren, unter d. Titel: Dissertation sur l'usage de battre sa maitresse avec notes et éclaircissements; in der 3e éd. p. 203—306. — Italien. Uebers.: Dell' uso di percuotere l'amica, dissertazione erudito-galante trad. dal francese e dedicata a gli amanti p. M. de Lorigue. Cosmopoli (Pisa) 1768. 12°. — Ibid. 1799. 12°. (3 Mk. Scheible, 1872.)
* — — Dasselbe. Wortgetreu nach der Ausgabe von 1766.

ABHANDLUNG von dem Gebrauche der Alten, fürnehmlich der Griechen und Römer, ihre Geliebte zu schlagen. Aus dem Französischen übersetzt und mit einigen Anmerkungen vermehret. (Zitat.) Berlin, bey Friedrich Wilhelm Birnstiel, 1766. 8°. 111 S., 3 S. leer. Mit Titelvignette, rot und schwarz gedruckt. (= Nr. 1 von »Eros«, Sammlung kultur- und literarhistorischer Neudrucke, Leipzig, Teutonia-Verlag, 1906.) Nr. 1—200 auf breitem Pflanzenfaserpapier, 201—400 auf rosa Schreibpapier.

— von dem Gebrauche der Cavallerie in den ältesten Zeiten. Mit Kupf. Berlin 774. 8.

Abhandlung über die Geburtshülfe. Aus d. Chines. Hrsg. v. Heinrich v. Martius. — Freiberg 1820. 71 S.
1: Ic 412. 12: A. obst. 32np. 2. 7. 8. 11.
1.3266

Auf Versuche gegründete, metallurgisch-chemische Abhandlung von der Natur des Spiessglases und seinen Wirkungen. — Jena: Cröker 1784. 144 S. 2. 5.
1.3267

Abhandlung von dem mineralischen Gehalt und medicinischen Gebrauch des in den Marggrafthum Badenbaden gelegenen warmen Bades . . . Strassburg 1756. [1755]. V: *Widmer, Gg.* (ML) (Ky)

Abhandlung von guten und bösen Geistern. Innsbruck 1784. V: *Kopf, Ferd.* (WBL)

Abhandlung über zwei Gemmen der K. K. Sammlung zu Wien, und über einige Bildnisse der Julia Augusta auf Denkmählern des Alterthums. Mit Kupfern. Riga 810. 8. 4 rthl. 12 gr.

Abhandlung über zwei Gemmen der K. K. Sammlung zu Wien und über einige Bildnisse der Julia Augusta auf Denkmälern des Alterthums. St. Petersburg 1810. V: *Köhler, Heinrich Carl Ernst von.* (Ky)

— über den Gerichtsstand u. den Instanzenzug in Civilsachen, u. über die Administrativjustiz nach der neuesten Königl. Sächs. Gesetzgebung. Zur Fortschreitung der legislativen Wissenschaft überhaupt. gr. 8. Leipz. 836. Wienbrack. 1/4 ₰

Abhandlung über die ältere Skandinavische Geschichte von den Cimbrern und den Scandinavischen Gothen von F. W. Frhr. v. W. J. Kopenh. 1781. V: *Wedel-Jarlsberg, Fch. Wilh. von.* (ML) (Ky) (BrMm)

Abhandlung über die Geschichte der Landgrafschaft Leuchtenberg, von den ältesten Zeiten bis auf das Absterben Maximilian [III.] Josephs, Kurfürstens in Baiern und Landgrafens zu Leuchtenberg Durchl. — o.O. 1778. 38 S. **12:4° Bavar. 19 [u.] 4° Bavar. 2221–VI,6. 7.**
1 3268

Abhandlung von der Geschichte der wichtigsten Teutschen Reichsgrundgesetze. Frankfurt und Leipzig 1767. V: *Gullmann, Johann Daniel von.* (CO) (ML)

Abhandlung von Livländischen Geschichtsschreibern. Riga 1772. V: *Gadebusch, Friedrich Conrad.* (Winckelmann, Bibl. Livoniae hist., 2. Aufl. 25.)

Abhdl. v. d. Gewalt des Teufels in die Körper rc. Eisenach. 4°.
Pensées d'un Allemand sur la nostalgie. Jen. 8°.
1754

Abhandlung über die bey Podmokl im Jahr 1771 gefundenen Goldklumpen. Prag 1771. V: *Biener von Bienenberg, Carl Joseph.* (ML) (Ky) (MGT). Prag 1777. H: *Wydra, S.* (BrMm)

Abhandlung von der Grösse der ganzen löbl. Eidgenossenschaft und des Cantons Zürich insonderheit. [Zürich] 1775. V: *Waser, Johann Heinrich.* (ML) (Ky)

Gründliche Abhandlung v. d. Aberglauben, der Zauberei u. Religionsschwärmerei. 2. Aufl. Wien. 8°. 1787

Abhandlung, Gründliche, von der Beschaffenheit der Römischen Königswahl... 1751. V: *Günderode, Joh. Maxim. v.* (ML)

Abhandlung, Gründliche, der gemeinen Brüche in zehn Fragen. Münster 1816. V: *Christiani, W. Anton Joseph.* (Ky)

Gründliche Abhandlung und Erörterung der Frage: ob ein römischer Kayser, nach erfolgter gesetzmässigen Wahl und Krönung, gehalten sey, dem römischen Stuhl seinen Gehorsam durch eine besondere Gesandschafft zu bezeugen? — o.O. [um 1746]. 44 S.
12:4° J. publ. G. 15m [u.ö.] **3. 4. 5.**
1.3269

Gründliche **Abhandlung** von dem Gehalt und denen Eigenschaften der gemeinen Wassern überhaupt, ins besondere aber derer fürnehmsten in der Stadt Franckfurt a. M. befindlichen Röhr- u. Brunnen-Wassern, welcher in e. Anh. beygefüget e. gleichmäßige Untersuchung u. Beurtheilung 1. des neu-entdeckten Fächinger- oder Dietzer- ingleichen 2. des Schwalbacher . . . 8. Faul-Brunnen-Wassers. Franckfurt a. M.: Fleischer 1748. 136 S. 8°

Gründliche Abhandlung deren ertz-hertzoglich-oesterreichischen und hochgräflich leyischen Gerechtsamen auf Berghaubten und im Bellenberg, mit entdecktem Ungrund einer über die vermeyntliche Beschaffenheit dieser beyden Stücken von dem Freyherrn von der Schleyss [Schleiss] . . . hrsg. Untersuchung. Mit Beyl. 1–47. — Wetzlar [nach 1755]. 124 S. **1:4° Gx 14013/8. 300:+48 P 9.**
1.3271

Abhandlung, Gründliche, von dem Commando der Reichs-Armee und ob die von Kayserl. Majestät beschehene Ernennung des Prinzen von Zweybrücken Durchlaucht zum commandirenden General der Reichs-Armee Reichsgesetzmässig auch wann die Religions-Aenderung eines Reichs-Generals erfolget, ob Ihme deswegen des Reichs-Commando genommen werden könne oder nicht. (2 Bde) 8. Frankfourt 1758.

Abhandlung, Gründliche, von dem Commando der Reichsarmee, . . . Ulm 1758. V: *Moser, Johann Jacob.* (ML)

Abhandlung, Gründliche, von Lackfirnissen. Stendal 1784. V: *Bücking, Johann Jacob Heinrich.* (Ky) (MGT)

Gründliche Abhandlung über den Nutzen der Mathematik überhaupt in der Rechenkunst. Frankf. und Leipz. 8. 1753

Abhandlung, Gründliche, über das Recht eines jeden Theaterpublikums einen verhassten Schauspieler von der Bühne zu entfernen. Wien 1796. V: *Lo Presti.* (Wiener Zeitung 1796, S. 1079.) (Polizei-Archiv 1799, Nr. 403.) (BiblPort)

Abhandlung, Gründliche, von den Steinkohlen und Torf, von der wahren Benutzung und den großen Vortheilen daraus, dann von allen Baumaterialien: Kalk, Bausand, Ziegeln etc. Prag 1795. 8.

Abhandlung, (Gründliche), über die Unnütz- und Unschicklichkeit des H im musikalischen Alphabete; . . . herausgegeben von J. F. Schwanenberg. Leipzig 1797. V: *Wolf von Wolfenau, Anton.* (Ky) (MGT)

Abhandlung und Grundsätze einer in Berlin zu errichtenden Buchhandlung der Gelehrten für die Königl. Preussischen Staaten. Nebst einer vorläufigen Anrede an alle Gelehrte, Schriftsteller u. Künstler. — Berlin 1781. **2.**
1.3272

Anonym: „Abhandlung von den Grundsätzen der Münzwissenschaft", Wien 1770.

Anonym: „Abhandlung von den Grundsätzen der Münzwissenschaft, mit einer Anmerkung auf das deutsche Müntzwesen", Tübingen 1764.

Abhandlung von den Grundsätzen der Münzwissenschaft mit einer Anwendung derselben auf das deutsche Münzwesen aus der englischen Originalhandschrift übersetzt ... 8°. V: *Sonnenfels, Josef von* (Wiener Diarium 1771.) (BiblPort)

Abhandlung von der ehelichen Gütergemeinschaft ..., nach allgemeinen und würtembergischen Rechten. Stuttgart 1792. V: *Georgii, C. A.* (Ky) (EngJ)

Abhandl. v. d. ehel. Gütergemeinschaft u. deren besond. Wirkungen, nach allgem. u. würtemberg. Rechten (v. C. A. Georgii.) *Stuttg.*, Metzler. 792. 8. (8 Gr.)

Abhandlung von den in Strömen und Flüssen befindlichen, den Ufern schädlichen Heegern und Inseln, der Art ihrer Entstehung und den Mitteln, solche zu verhindern, die vorhandenen aber wegzuschaffen. — Dresden: Walther 1798. 77 S. **83.**
I 3274

Bey der v. Metzradischen u. v. Portzigschen Vermählung, im August 1766 in Weißenfels, überreichte s. Glückwunsch nebst e. Abhandlung von den Heyraths-Gebräuchen der oberlausitzischen Wenden ein verbundenster Diener. — Görlitz (1766). 4° **3.**
I.3275

Historisch-diplomatische Abhandlung von denen landesherrlichen Gerechtsamen des Hochfürstlichen Hauses Brandenburg über den Marktflecken Fürth. Mit 1 geogr. Delineation d. Gegend v. Fürth. [Mutmaßl. Verf.: Christian Jakob v. Zwierlein u. Karl Wilhelm Schnitzlein.] — o.O.: Posch 1771. 144,162 S.
1:2° Sg 674. **12:**2° Ded. 13. **2. 3** [∞ Delineation]. **4. 5.**
I 3276

Abhandlung, Historisch-diplomatische, von dem Ursprung der Stadt Rostock Gerechtsamen, ... Rostock und Wismar 1757. V: *Nettelbladt, Heinrich.* (ML) (Ky) (Schz) (M)

Abhandlung, Historische, über das hohe Alter der Bayrischen Landstände. 1800. V: *Aretin, Joseph Christoph Anton Maria Frh. von.* (Kn)

Historische Abhandlung von den Ehegesetzen und den verbotenen Ehen. — Bützow & Wismar: Berger & Boedner 1761 270 S. **1:**Ft 516. **12:**J.can.P.3m. **5. 7.**
I 3277

Historische Abhandlung vom Herkommen des alten Hanss-Bursch- oder Halsbandes-Ordens zu S. Goar am Rhein u. dessen annoch üblichen Ceremonie. Aus glaubwürdigen Nachrichten zsgetr von J. L. K. — o O. 1758. 12 S. 4° **4.**
I 3278

— histor., üb. d. Herrschaft d. Türken in Europa. A. d. Engl. 8. (6¼ B.) Hamburg 828, (Perthes u. Besser.)

Abhandlung, Historische, über die Kirchengeschichte ... verfasset von D. Julian Maria Belletri ... Augsburg 1774. V: *Reiss, Ulrich.* (ML)

Abhandlung, historische und kritische, von den Pantomimen. Hamburg 749. 8.

Abhandlung, Historische, von denjenigen Schriften, so zur Geschichte der preussischen Landstädte gehören. Cüstrin 1754. V: *Werner, Ludwig Reinhold von.* (Ky) (ML)

Abhandlung, Historische, von den eigenen und vorzüglichen Titeln einiger Europäischen Könige. Frankf. u. Leipzig 1759. V: *Joachim, Johann Friedrich.* (MS)

Abhandlung. — Historische Abhandlung von den öffentlichen Uebungen im Schüssen der königsbergschen Bürgerschafft ... Verf. v. J. H. L. [d. i. Jakob Heinrich Liedert?]. Nebst beygefügtem königl. Reglement vor die privil. Schützen-Innung, d. d. Berlin d. 6. Mart. 1752, u. der bestät. Schützen-Ordnung. — Königsberg: Schultz (1753). 28 S. **1:**Hu 23322.
I 3279

Abhandlung, Historische, von der Unterthänigkeit und Leibeigenschaft im Königreiche Böhmen, ... Prag 1775. V: *Wokaun von Wokaunius, Peter Tobias Ritter von.* (Karajan) (WBL)

Abhandlung, Historisch-heraldische, von dem Wappen der Pfalzgrafen von Wittelsbach ... Frankf. u. Leipz. 1776. V: *Scholliner, Hermann.* (Ky) (MS)

Abhandlung, Historisch-juristische, von den Erz- und den Erblandhofämtern des hohen Erzstift Mainz ... München 1789. V: *Bodmann, Franz Joseph.* (HS)

Historisch-juristische Abhandlung von der alten Waldmark und Haingerathe im Rheingaue und derselben älteren und neueren Verfassung. — o.O.u.J.
1 [Titelbl. defekt]: Gm 10370.
I 3280

Abhandlung, Historisch-critische, über das Leben und die Kunstwerke des berühmten teutschen Mahlers Lucas Cranach. Hamb. u. Leipzig 1761. V: *Richter, C. E.* (ML) (Ky) V: *Reimer, C. E.* (BrMm)

Abhandlung, Historisch-kritische, über die phönizischen Mysterien. Wien 1796. V: *Michaeler, Carl Joseph.* (L. Abafi, Geschichte der Freimaurerei V/9.) (BiblPort)

Abhandlung, Historisch-Kritische, über die Vermehrung und Verminderung der Feiertage. München 1802. V: *Winter, Veit Anton.* (Ky)

Abhandlung, Historisch-malerische, von den Zweykämpfen der Teutschen und anderer Völker in den mittleren Zeiten. [Hannover 1757.] V: *Meisner, Carl Friedrich.* (ML)

Abhandlung, histor.-rechtl., üb. d. Frage: ob jedem deutsch. Bundesfürsten d. Episcopalgewalt üb. seine evangel. Unterthanen zustehe? gr. 8. Nürnb. 842. (Recknagel.) n. 5/12 ß

Abhandlung, Historisch-statistische, von Errichtung, Ein- und Abtheilung der Bisthümer, ... von einem Freunde des kirchlichen Alterthums. Wien 1790. V: *Pehem, Joseph Johann Nepomuk.* (ML) (MGT) (Stur) (Ky)

Abhandlung, Historisch-statistische, über das kaiserliche Reservatrecht des Reichspostwesens. Teutschland. [Regensburg] 1790. V: *Rothammer, Franz Wilhelm.* (CO) (ML) (BB) (Ky) (MGT)

Abhandlung, Historisch-theologische, von den Evangelischlutherischen und Römischkatholischen Jubelfesten ans Licht gestellt von einem Liebhaber der Wahrheit. 1749. V: *Hane, Phil. Friedr.* (ML)

Historisch-theologische Abhandlung von dem Ursprung der Cantzeln und Predigten. Nebst einem Anh. von der Beschaffenheit des öffentlichen Straff-Amts der Lehrer. — Franckfurth & Leipzig 1740. 78 S. 9.
1.3281

Abhandlung, Höfe und Vorwerke anzulegen, zu bauen und zu verwalten. Marb. 1793. V: *Cancrinus, Frz. Ludw. v.* (Ky) (MGT)

Abhandlung von der christlichen Hoffnung wider den Geist der Kleinmüthigen. Wien u. Leipzig 1793. Ü: *Karl.* (Ky I, 14) (BiblPort)

Abhandlung von dem Hofgottesdienst eines Landesherrn, so einer anderen Religion ist, als sein Land. [Stuttg.] 1765. V: *Moser, Johann Jacob.* (ML)

Abhandlung vom Hopfenbau. Meissen 1787. V: *Erbstein, Carl Friedrich Wilhelm.* (MGT) (Ky)

Abhandlung, in weit es thunlich ist, den Aufwand der Bürger in einem Handlungs-Freistaate Schranken zu setzen. 8°. Basel 1781.

Abhandlung von denen in alter Batzenwährung ehedem ausgeliehenen Capitalien und anderen dergleichen Forderungen ... Marburg 1771. V: *Gärtner, Bernhard August.* (ML)

Abhandlung über die Kenntniss und Heilart der Schlagflüsse. — Langensalza: Martini 1775. 264 S.
1:Ki 2554. 2. 8. 10.
1.3282

Abhandlung über die Klausel des vierten Riswicker Friedensartikels und deren Rechtsgültigkeit. Frankfurt und Leipzig 1796. V: *Gross von und zu Trockau, Otto Philipp.* (MGT) (BrMm)

Abhandlung von dem Kleezehenden, von W. A. z. R. Memmingen 1785. V: *Held, Willebold.* (ML) (BB) (Ky)

Abhandlung von 142 Seiten über Klosterwesen. Mit Kupfertafeln. Berlin 1788. 8°. (Aus Krünitz, Encycl.). (2 Mk. 50 Pfg. Scheible, c. 1888.)

Abhandlung von irrländischen Kohlen, die keinen Rauch geben. Aus d. Franz. übers. von C. R. F. — Frankfurt & Leipzig 1762. 16 S. 7.
1.3283

Abhandlung über den Kopfputz römischer Damen. [Gotha 1779]. V: *Rasche, Johann Christoph.* (MGT)

Abhandlung von den sowohl äusserlich als innerlichen Krankheiten der Jagd- und anderer Hunde ... von L. G. R. Salzburg 1798. V: *Künigl, Leopold Graf von.* (Margr)

Abhandlung v. den sowohl äusserlich- als innerlichen Krankheiten d. Jagd- u. anderer Hunde... Von L. G. K. 2. Aufl. Salzb. 1801. 84 S.

Abhandlung über die Krankheiten der Frauenzimmer. Leipzig 1793. V: *Lindemann, Herm. Wilh.* (BGG) (Ky)

Abhandlung über die seufzende Kreatur. [Regensburg] 1772. V: *Aichinger, Carl Friedrich.* (ML)

Abhandlung über den kleinen Krieg und über den Gebrauch der leichten Truppen, mit Rücksicht auf den französischen Krieg. Von einem preussischen Officier. Mit Anmerkungen von L. S. v. Bronkenhof. Mit 9 Planen. 8. Berlin 1799.

Abhandlung über den kleinen Krieg und über den Gebrauch der leichten Truppen, mit Rücksicht auf den franz. Krieg. Von einem preuß. Offizier. Mit Anmerkungen von L. S. v. Brenkenhof. 2. Aufl. Berlin 1802. 8°. (1. Aufl. 1799.)

Abhandlung vom Kriege und Frieden nebst einem Schreiben von den Siegen. Frankfurt und Leipzig 1758. 4.

Abhandlung über Kriegs-Märsche, enth.: die Uebersicht der operativen Thätigkeit der Armeen, oder die Theorie über die Marschzwecke; die innere Gliederung e. Armee; die Armeebewegungen oder die Marschtechnik; die Armee-Verpflegung im Felde u. insbesondere bei Vorrückungs-Bewegungen von J. G. Mit 8 lith. Taf. (in qu. gr. 4.) Wien, 860. Gerold. gr. 8. (VIII, 176 S.) 1 ₰ 15 ngr.

— über die Kriegs-Minen. Zum Gebrauche der k. k. österr. Mineur-Schulen. (Von And. Edler v. Zimmer.) 3 Thle. (in 1 Bd.) Mit einem Atlas (v. 41 lith. Taf. in qu. gr. Fol.) gr. 4. (XXII u. 480 S.) Wien 852, Förster. n. 8 ₰

Abhandlung von der Kriegszucht und von den Kriegsübungen. — Wien & Prag: Trattner 1756. 8 Bl.
1:an 4° Hv 28266. 2. 7. 9.
1.3284

Abhandlung über den gegenwärtigen politischen und Kriegszustand ... Leipzig 1775. H. u. Vorrede: *Seybold, David Christoph.* (Stri). V: *Guibert, Jacques Antoine Hippolyte de.* (Stri)

Abhandlung, Critische, von dem Wunderbaren in der Poesie und dessen Verbindung mit dem Wahrscheinlichen ... Zürich 1740. V: *Bodmer, Johann Jacob.* (GGr)

Abhandlung über d. Cultur d. Getreides v. Parmentier, Rozier, Lasteyrie und Delalauze. 2 Thle. gr. 8. Wien 806. 807. — hat jetzt Armbruster in Wien. Rthlr.

Abhandlung von Kupferstichen, worinn die allgemeinen Grundsätze von den Regeln der Malerey, in so weit sie die Kupferstiche betreffen, abgehandelt, die verschiedenen Arten von Kupferstichen angezeigt, und die Charaktere der berühmtesten Meister gegeben werden. Nebst Anmerkungen über verschiedene einzelne Kupferstiche und Regeln, solche zu sammeln. Aus dem Englischen übersetzt (2 Exemplare). Frankfurt und Leipzig 1768. 8°.

Abhandlung von dem herzogl. Bayrischen und Pfalzgräfl. Rheinischen Churrechte. München 1778. Frankfurt 1779. V: *Fischer, Friedr. Cph. Jonathan.* (ML)

Abhandlung, Kurtze jedoch ausführliche, von Erzeugung des Menschen u. dem Kinder-Gebähren. Verfasst von S. J. Aus d. Holländ. ins Hochteutsche übersetzt. Frankfurt a. M. 1700. V: *Janson, S.* (BGG)

Kurtze [Kurze] Abhandlung von der Buchdrucker-Kunst und einigen dahin gehörigen Stücken. Bey Gelegenheit des 3. Jubel-Festes eilfertig entworffen von e. Liebhaber u. Mitgliede der edlen Kunst. — Bremen 1740. 20 S. 2°
3.
1.3285

Kurze Abhandlung von dem reichsprälatischen Deputationsrechte bey Gelegenheit der gegenwärtigen Reichsberathschlagungen über die Reichsdeputation zu den Friedensunterhandlungen. Hrsg. im Brachmonat. — o.O. 1795. **12:**Merc. 31m/5. **3. 7.**
1.3286

Kurtze [Kurze] und deutliche Abhandlung von der Construction der jetzo gebräuchlichen Arten von Feld-Schantzen ... Aus denen Schriften der berühmtesten Ingenieurs gesamlet und in 6 Abth. nebst denen dazu gehörigen Fig. deutlich demonstriret, wie auch einer teutschen Uebers. aller bei der Fortification üblichen frantz. u. lat. Kunst-Wörter. Von T. — Berlin: Haude & Spener 1748. 60 S.
2. 6. 7.
1.3287

— kurze, über Eisenwegbau-Unternehmungen. A. m. d. Umschlagst.: Abh. üb. Eisenbahnen u. deren Anlegung (v. J. W. Schmitz). gr. 8. Cassel 833. (Marb. 834. Garthe.) ¼ ℛ

Abhandlung, kurze, üb. d. Felddienst. Nach Auszügen aus d. besten militär. Werken, u. nach d. Vorträgen d. vorzügl. Militär-Institute bearb. 2. Aufl. gr. 8. Grätz 841, Kienreich. *

Kurze **Abhandlung** über die Frage: Wenn der Cessionar einer Schuldforderung, wegen der ihm von dem Schuldner entgegen gesetzten Einwendung legis anastasianae ganz oder zum Theil mit der Forderung von dem Gerichte abgewiesen wird, wem der Theil oder das Ganze der ungiltig cedirten Forderung zugehöre? Bamberg 1827.

Abhandlung, Kurze, über die Frage: Worinnen bestehet wohl die eigentliche Ursache, dass jetzt so manche Brauerey in Verfall geräth ... Ilfeld 1788. V: *Stolte, K.* (Ky) (MGT)

— kurze, über die christl. Fürbitten nach dem Befehle: „Du sollst deinen Nächsten lieben, wie dich selbst." 16. Straubing 846. (Schorner.) n. 2 ngℛ

Kurtze [Kurze], doch gründliche Abhandlung des Juris reformandi, nebst beygefügten Schreiben e. Strassburgers. — o.O. 1719. 63 [vielm. 62] S.
1:Fq 7730. **300:**150.330-B.
1 3289

Abhandlung, Kurze, von der Händesprache. Cassel 1750. V: *Groschuff, F.* (Mell)

Abhandlung, Kurze, von der Holzsparkunst; ... Frankf. u. Leipzig 1767. V: *Wiegand, Johann.* (ML) (Ky)

Kurze Abhandlung der Hypochondrie und Mutterbeschwerung, worin die Kenn- u. Unterscheidungs-Zeichen nebst dem Gebrauche der dawider bewährt erfundnen Mittel beschrieben sind. — o.O. (1776). 62 S. **3.**
1.3290

Kurtze [Kurze] juristische Abhandlung von der Succession ab intestato, darinnen ... gezeiget wird, was in denen gemeinen und sächsischen Rechten deshalb ... in praxi angenommen worden. Entworffen u. ans Licht gestellet von F. A. H. Nebst einigen Curiosis aus dem Corpore iuris civilis et canonici. — Magdeburg: Vetter 1739. 58 S. **1:**an Gw 16035ᵃ. **10.**
1 3291

Abhandlung, kurze, über christl. Kinderzucht. Regensburg 853. (Pustet.) 8. (80 S.) n. 5 ngℛ

Abhandlung. — Kurze Abhandlung von Mehl- und Brodsatz, Gewicht, und Beschau, oder kleiner Beytrag zur reichstäglichen und städtischen Polizeyverbesserung in Regensburg. — o.O. 1795. 12 S. 4° **7.**
1.3292

Kurtze [Kurze] Abhandlung von der Methode die Rechte zu erlernen. Mit Anm. erl. u. hrsg. von S. — Jena: Güth 1748. 130 S. **4. 5. 11.**
1.3293

Abhandlung, kurze, über den Metronomen v. Mälzl und dessen Anwendung als Tempobezeichnung sowohl als bei d. Unterricht in der Musik. Mit 1 Notentaf. gr. 8. Mainz 836. Schott Söhne. 5 gℛ

Abhandlung, Kurze, von dem ökonomischen, medicinischen und mechanischen Nutzen und Gebrauch der innländischen und bey uns freywachsenden Bäumen und Stauden durch ein Mitglied der ökonomischen Gesellschaft in Bern. Bern 1774. V: *Koch, Johann Heinrich.* (Ky) (ML) (MGT)

Abhandlung, Kurze, derjenigen innländischen Pflanzen, durch deren unvorsichtigen Gebrauch auch bey Menschen und Vieh grosser Schaden, ja der Tod selbst verursacht werden kann. Bern 1774. V: *Koch, Johann Heinrich.* (ML)

Kurze Abhandlung von dem Recht des Kaisers und der Stände des H. R. Reichs über geistliche Personen und Kirchengüter. — o.O. [um 1750]. 30 S.
12:4° J. can. P. 1000-1 [u.] 4° Diss. 5258a/12.
300:76.262-B. **3.**
1.3295

— Franckfurth & Leipzig 1753. 36 S.
12:4° Diss. 789/4; 4° Diss. 5298/6; 4° J. can. P. 3 [u.] 4° Diss. 1595/9. **2. 3. 4. 5. 8. 9.**
1.3296

— kurze, von den allerwichtigsten Religionsgründen. 8. Augsb. 796. Rieger. 2 gℛ

Kurze *Abhandlung* üb. die gegenwärtige Rindvieh-Pest nebst angehängten Hülfsmitteln ... v. dem Collegio d. Aerzte ... Ulm 1797. 48 S. P.

Kurze und schriftmässige Abhandlung der Frage: ob es ein Wunder sey, wenn ein Geistlicher selig wird? womit s. t. Herrn Archi-Diaconus Christian Friedr. Höfern zum Antritt der Superintendur in der Herrschaft Schleiz aufrichtigst Glück wünschet ein Verehrer d. Amts, das die Versöhnung prediget. 3. Aufl. — o.O. 1801. 16 S. **2.**
1 3298

Abhandlung, kurze, über die Schuldforderungen. *Bamberg*, Dresch. 827. 8. (3 Gr.)

Abhandlung, Kurze, über den juristischen Styl und Sprachfehler. Stendal 1786. V: *Bischoff, Johann Nicolaus.* (Ky) (MGT)

Kurtze [Kurze] systematische, mit eingerückten Beweiss-Sprüchen heiliger Schrift unterstützete vernünftig-catechetische Abhandlung derer nothwendigsten Grund-Lehren des christlichen Glaubens und christlichen Lebens. In Frag u. Antworten also zusammen gefasset. — Franckfurt & Leipzig 1753. 136 S. **5.**
1.3299

Abhandlung, Kurze, über die ersten und wesentlichsten Theile der (Infanterie-) Taktik. Von einem kurmainzischen Officiere. (Manuscript.) *Fol. 1802.*

Abhandlung, Kurze, von den Temperamenten. Schafhausen u. Frankf. 1760. V: *Kämpf, Johann.* (ML) (BB) (Ky) (EngM)

Kurze Abhandlung von den scheinbaren Todesarten ertrunkener, erhenkter, erstickter, schlagflüssiger, erfrorner und erdrückter Personen; nebst den eigentlichen u. wirksamsten Genesungsmitteln. Von dem Churfürstl. Collegio medico in München verf. u. hrsg. — München: Fritz 1775. 15 S. **12:** Med. for. 1. **5.**
1.3300

Kurtze [Kurze] Abhandlung von dem Ursprung und Eigenschafften der so genandten Jurium stolae, nebst einer Erzehlung, was vor unbefugte Klage Herr Abt und Convent des Klosters ad S. Michaelem binnen Hildesheim wider Hr. Burgermeister u. Raht daselbst bey dem Kays. Reichs-Hoff-Raht erhoben. — Hildesheim 1734: Matthäi. 55 [vielm. 63] S. **1:** 4 an 4° Sm 5688. **2. 5. 7.**
1.3301

Abhandlung, Kurze, von dem Ursprunge der Reichs-Ritterschaft in Schwaben. [1757.] V: *Moser, Johann Jacob.* (Heyd)

Abhandlung, Kurze, von der Vergleichung der Kegelschnitte und einiger daraus erwachsenen Körper gegen einander, auch deren Berechnung ... Frankf. a. M. 1789. V: *Brammerell, Friedrich.* (Ky) (MGT)

Kurzgefasste Abhandlung von Bau- und Besserung derer Strasen im Churfürstenthume Sachssen, als eine auf die Erfahrung gegründete Probe der Strasen-Bau-Kunst. Leipzig & Zwickau: Stieler 1768. 101 S.
12: A. hydr. 1 m. **3. 5. 7. 10. 83.**
1.3302

Abhandlung, Kurz gefasste, über die symbolischen Bücher der Lutherischen Kirche ... von J. H. S. Göttingen 1812. V: *Schickedanz, Johann Heinrich.* (MGT)

Abhandlung, Kurz gefasste, über die Verdienste und Schicksale der serbischen oder razischen Nazion ... Von einem hungarischen Patriot ... Neusatz u. Belgrad 1791. V: *Novakovics, Steph.* (BrMm) (Pk)

Kurzgefasste Abhandlung über den Zustand des Münzwesens im Heiligen Römischen Reich bey Gelegenheit der Abänderung des Münzfuses in Frankreich. — o. O. 1786. 98 S. **7.**
1.3303

Kurz zusammengefasste Abhandlung von der wesentlichen Beschaffenheit des geheimen vierten Artikels des zu Petersburg im Jahr 1746 zwischen Oesterreich und Russland geschlossenen Freundschafts-Bündnisses. — o. O. 1758. 28 S. (Vollständige Beantwortung preussischer Schriften. 3,1.)
1: Flugschr. 1758-140. **12:** 4° P. o. germ. 201 h/37. **7.**
1.3304

Kurz zusammengefasste Abhandlung von dem wahren u. falschen Convenienz-Rechte u. Kriegs-Raison, sammt d. Grund-Lehre vom Jure hostis in hostem infinito und Jure licentiae in bello, auf gegenw. Krieg ... angewendet. o. O. 1758. 24 S. (Vollständige Beantwortung preussischer Schriften. 3,2.)
1: Flugschr. 1758-141. **12:** 4° P. o. germ. 201 h/9. **7.**
1.3305

Abhandlung, Des Hochw. Br. L. a Fas. Praes. des Loth + und Visit. des Pr. von Aust., über die allgemeine Zusammenkunft der Freymaurer bei dem Gesundbrunnen in Wilhelmsbad, ohnweit Hanau. Ins Teutsche übersetzt, mit Anmerkungen und Erläuterungen von R[itter] v. S[chwan]. [Frankfurt] 1784. V: *Beyerle, Ludwig von.* Ü: *Knigge, Ad. von.* (SJL)

Abhandlung von der Landgrafschaft im Nahgau. Erfurt 1792. V: *Schott,* ... (MGT)

Abhandlung von Recesswidrigen, oder doch unbewilligten Landsteuern ... 1765. V: *Moser, Johann Jacob.* (ML)

Abhandlung vom gesellschaftlichen Leben. [Erfurt 1755]. V: *Schwarz, Georg Christoph.* (ML)

Abhandlung von dem gesellschaftlichen Leben christlicher Ehegatten. — [Leipzig: Junius] 1765. 106 S.
1: 6 an Bm 3205.
1.3306

Abhandlung über die Lehre von Parallellinien. Wien 1778. V: *Kesaer, Franz Xaver von.* (MGT) (Ky)

ABHANDLUNG von den Liebeseroberungen. Leipzig, o. J. (18 Jh.?). 8°.
Sehr selten! Bibl. Günther. III. no. 6477.

Abhandlung von den Liedern der alten Griechen. Hamburg 1744. V: *Juard de la Nauze, L.* Ü: *Ebert, Joh. Arnold.* (BrMm)

Abhandlung über die Litteratur des Orients; aus dem Franz. Gotha 1773. Ü: *Reichard, Heinrich Aug. Ottokar.* (MGT) »1770«. (Ky)

Abhandlung von Loslassung der unterthänigen Weibspersonen in Ober Lausiz. [Laub. und Leipzig 1750.] V: *Meissner, Christian Gottfried.* (ML) (OL)

§ **ABHANDLUNG** von dem Luxus. Mit einem Anhang von dem Ursprunge und Verfalle der assyrischen Monarchie. O. O. (München) 1778. 8°. (In München: Pol. g. 1 h.)

Abhandlung von der Macht der Bischöfe in Ehesachen, besonders in Teutschland. Frankfurt und Leipzig 1782. V: *Michl, Anton.* (BB) (MGT) (Ky)

Abhandlung von der natürlichen Magie. 1771. — (Frankfurt & Leipzig 1772.) **1:** Bibl. Diez 7581.
1.3307

— über Maikäfer u. Engerlinge, nebst Angaben wirksamer u. anwendbarer Mittel zu ihrer Verminderung rc. Von e. alten Landwirth. 8. Bern 840. Dalp. (Leipz., Schmidt.) 1/4 rf

— über Maikäfer und Engerlinge, nebst Angaben wirksamer und anwendbarer Mittel zu ihrer Verminderung u. zu Abwehrung ihrer Verheerungen. Von einem alten Landwirth im Canton Bern im November 1839. 8. Altorf 841. (Chur, Dalp.) 1/4 rf

Abhandlung vom Marienschnee ... [Berlin 1748]. V: *Widekind, Melchior Ludwig.* (ML)

Abhandlung über den Maasstab der Verbrechen und Strafen. Jena 1789. V: *Müller, Johann Bernhard.* (MGT) (Ky)

Abhandlung von dem Mastdarmblutflusse . . . Glogau 1760. V: *Reinhard, Christian Tobias Ephraim.* (Mitth. W. Schütze, Breslau.)

— mathematische, der k. Akademie d. Wissenschaften zu Berlin, s.: Abhandlungen. 1848.

Medicinisch-practische Abhandlung der Phosphorsäure, angewandt in Neuropathie, einschliessend auf Mutterkrämpfe. Von F. B. — Wien: Camesina 1802. 53 S. 2. 7. 1.3308

Abhandlung von den Meistersängern [ein Versuch. Leipzig 1793]. V: *Häslein, Johann Heinrich.* (WILL) (ML)

Abhandlung von der Minirkunst zum Gebrauch junger Officiere u.s.w. Aus dem Franz. übersetzt . . . von E. M. S. A. Münster und Hamm 1779. V: *Etienne, Jean d'.* (MGT) Ü: *Schwerin, Graf von.* (KY)

Abhandlung von einer siebenmonatlichen Missgeburt, welche zu Halle im Jan. 1765 ohne Hals, Brust, Aerme, Herz . . . todt zur Welt gekommen ist. — Leipzig: Böhme 1776. 80 S. 2. 1.3309

Abhdl. v. d. berühmt. u. wirkſ. Ragolo'ſchen Mittel z. Heil. d. Epilepſie; nebſt d. Zeugniſſen Derer, welche durch d. Gebr. d. Mittels ſind geheilet worden. Von einigen deutſchen Aerzten zum Druck befördert. Lpz. 8°. A. L. Z. 1793, n. 246. (Gratis remedii emptoribus exhibetur.) 1788

Abhandlung von der Möglichkeit einer Universal-Arzney, ihrem richtigen Begriff und deren wirklichen Existenz in dem Ailhaudischen Pulver. — Strassburg: Christmann & Levrault 1769. 23 S. 2. 7. 1.3310

Abhandlung von der Nachahmung des Ciceronis in der deutschen Sprache. — Leipzig 1760: Langenheim. 8 S. 10. 1.3311

Abhandlg von d vortrefl Natur u. Wirckung d. ungar. Weins. Dresden 1761.

Abhandlung von der Natur und Würkungen des Prachtes. Wien 1778. V: *Ponce, Leon Anton Joseph Graf.* (Wiener Diarium 1778, Beilage Nr. 20, Bücherverzeichniss Trattnern.) (BIBLPORT)

Abhandlung von den Naturalfrohndiensten u. von deren gemeinnützlichen Verwandlung in andere äquivalente Leistungen. 8°. Frankfurt 1775.

Abhandlung von Naturaliencabinetten, . . . Aus dem Lat. [der Amoenitates academ. 1754] übers. von K. v. M. Leipzig 1772. V: *Linné, Carl von.* Ü: *Meidinger, Carl Freiherr von.* (MGT) (EBHN).

Abhandlung von der vortrefflichen Natur-Eigenschaft und Wirkung des Ungarischen Weins. Wien 1802. V: *Rumpelt, Georg Ludwig.* (KY)

Abhandlung, Naturwissenschaftliche, der zehnten hochansehnlichen Versammlung deutscher Naturforscher und Ärzte im Sept. 1832 zu Wien, als Ergebniss eigner Forschung gewidmet. Leipzig 1833. V: *Messerschmidt, Heinrich.* (NN)

Abhandlung von dem Nerven-Safte, dessen Eigenschaften und Würckungen, woraus sowohl die natürlichen als willkührlichen Bewegungen des menschlichen Cörpers auf eine ungezwungene, der Vernunft und Erfahrung gemässe Art erkläret werden. — (Berlin 1753.) 1:10 in 4° Kz 1150. 1.3313

Neue Abhandlung von dem Baume Acacia oder dem Schotendorne. - Carlsruhe 1766. 70 S. A. d. Franz. übers. v. Maximilian Wilhelm Reinhard

Neue und ausführliche Abhandlung von dem Tabacke, worinnen desselben Ursprung, Sorten, Anbau, Handel, Tugenden und Eigenschaften . . . untersuchet werden. In 4 Abth. aufgesetzet von e. erfahrenen Tabackshändler aus d. Holl. — Leipzig: Hitscher 1781. 184 S. 3. 1.3314

Neue theoretische u. practische *Abhandlung* v. gesammten Torfwesen bis zum Stich u Verkohlen d. Torfes . . . m. einigen Anmerk. . . . v. Riem. Dresd. 1794. 178 S. 3 Tvl.

Neue u. vollständige *Abhandlung* v. Tabacksbau . . . M. kaufmännischen Anmerk. Darmst. 1779. (20) 50 S.

Abhandlung (Neueste und ausführliche), die im gegenwärtigen beispiellosen Kriege ungeheuer gemachten Schulden auf die einzig mögliche Art tilgen zu können. 8°. Linz s. a.

Abhandlung von der Neutralität und Hülfsleistung in Kriegeszeiten. — o.O. 1758. 160 S. 1:4° Fm 5914. 3. 7. 9. 1.3315

Abhandlung von der Nominal-Professur des Natur- und Völkerrechts. 1797. V: *Siebenkees, Johann Christian.* (OA)

Abhandlung von Nöthigung der Unterthanen zu regulären Kriegsdiensten. 1765. V: *Moser, Johann Jacob.* (ML)

Abhandlung vom Nutzen und den Absichten der Sabathsfeyer. Breslau 1766. V: *Klein, K . . . G . . .* (MGT)

Abhandlung über den ökonomischen Nutzen des wilden Kastanien-Baums (der Roßkastanie, Aesculus hypocastanum, Lin.) aus mehrjährigen Versuchen und Erfahrungen. - Wien 1806. VIII, 62 S.

Abhandlung ob der heil. Johann von Nepomuk jemals existirt habe? Prag 1784. V: *Steinsberg, Carl Franz Guolfinger Ritter von.* (KY V, 324) (Deutsche Arbeit, Jg. II, S. 531.) (WBL XXXVIII, 156) (BIBLPORT)

Abhandlung von den Odeen der Alten. Leipzig 1767. V: *Martini, Georg Heinrich.* (KY) (ML)

Abhandlung von einem Brandsparenden viereckigen Ofen von gegossenen Platten, . . . Marburg 1792. V: *Cancrinus, Franz Ludwig von.* (MGT)

Oekonomische Abhandlung über einige zur Nahrung dienende Erdgewächse, besonders über die Erdäpfelpflanzung. Zur unpartheyischen Prüfung vorgetr. — Wien: v. Kurzbeck 1781. 85 S. 5. 10. 1.3316

Abhandlung, Ökonomische, von der Schweinszucht. Frankfurt a. M. 1792. V: *Höck, Johann Daniel Albrecht.* (MGT)

Abhandlung, Ökonomische, von Verbesserung des Ackerbaues, ... Wien 1768. V: *Wiegand, Johann.* (WÖ) S. a.: »Abhandlungen, Ökonomische ...«

Abhandlung (Oekonomisch-juristische) vom Anschlag der Güther in Sachsen. 8°. Leipzig 1758.

Abhandlung, Oeconomisch-juristische, vom Pacht und Verpachtung der Güter. Leipzig 1756—1771. V: *Bennigsen, Rudolph Christian von.* (ML)

Oekonomisch praktische Abhandlung von Zubereitung der weissen Stärke und Anlegung einer sehr vortheilhaften Stärkenfabrik, vom Vieh-Mast und Dünger. — Erfurt: Keyser 1783. 135 S. 10.
1.3317

Abhandlung über die **Operation** des Steinschnitts und über die Anwendung der dabei nöthigen Instrumente, vorzüglich der Steinsonden oder gefurchten Katheter. — Königslutter: Culemann 1798. VIII,136 S.
1:Kc 5370. 2. 8.
1.3318

Abhandlung von Ordensgelübden ... [17 . .] V: *Zaupser, Andreas.* (ML)

Abhandlung. — Abhandlung von der **Pädagogie** und Schuldisciplin für ... Lehrer in niedrigen Stadt- u. Land-Schulen. — Berlin: Buchh. d. Realschule 1775. 164 S.
1:3 in Nc 3007. 2. 10.
1.3319

ABHANDLUNG von den Pantomimen, historisch und critisch ausgeführt. Mit Titelvignette. Hamburg, bey Carl Samuel Geissler 1749. 8°. 81 S. (4 Mk. Theod. Bertling, Danzig, 1887.)

Abhandlung über d. alte u. neue landesherrl. Patronatrecht. Von e. alten Rechtsfreunde. *Bamberg,* (Wesché in *Frkf.*) 810. 8.

Abhandlung über die **Pflanzung** und den Gebrauch der Nesseln. — Prag: Mangold 1797. 9 Bl. 10.
1.3320

Philosophische Abhandlung von dem Entstehen, der Natur und dem Aufhören der Waarwölfe. — Danzig: Rüdiger 1746. 24 S.
1:4° N 3221. 12:4° Diss. 3001–7. 2.
1.3321

Philosophische und in der Natur gegründete Abhandlung des physicalischen Problematis: woher dem Meere seine Saltzigkeit entstehe? — Gothenburg: Goeckingen in Zerbst in Comm. 1737. 86 S.
1:an Mz 13500. 2. 8. 10.
1.3322

Anonym: „Abhandlung, Philosophisch-Juristische, Von der Macht Weltlicher Regenten, Wider die Göttliche Rechte Gesetze zu geben", Frankfurt und Leipzig 1749. — Vorh.: StB Nürnberg.

Philosophisch-politische Abhandlung über die Gefangennehmung der Schuldnern. Aus d. Ital. übers. — Frankfurth & Leipzig 1773.
1:He 6500. 12:J. pract. 1.
1.3323

Philosophisch-politische Abhandlung von den Naturalfrohndiensten und von deren gemeinnützlichen Verwandlung in andere äquivalente Leistungen. Mit gelegenheitlichen f. Deutschland höchstwichtigen Nebenbemerkungen. — Frankfurt a. M.: Fleischer 1775. 198 S.
12:J. germ. 1t. 7.
1.3324

Philosophisch-theologische Abhandlung über die Eigenschaften Gottes und der menschlichen Seele. [Mutmaßl. Verf.: Saint-Martin.] Aus d. Franz. übers. H. 1–4. St. Pölten 1817: Lorenz.
2 u. d. T.: Philosophisch-theologische Abhandlung über die Religion überhaupt.
3 u. d. T.: Historisch-theologische Abhandlung über die christliche Religion insbesonder.
4 u. d. T.: Statistisch-theologische Abhandlung über die Eigenschaften u. Vorzüge der römisch-katholischen Religion.
1–4 . . . . 300:76 F 62.
1 . . . . 2.
1.3325

Abhandlung, Philosophisch-theologische, über das Verdienst der christlichen Religion ... Flensburg 1788. V: *Francke, Georg Samuel.* (MGT) (Mitt. M. Grolig)

Abhandlung, Philosophisch-theoretische, über das Verdienst der christlichen Religion ... Flensburg 1788. V: *Francke, Georg Samuel.* (MGT)

Abhandlung, Physicalisch und Medicinische, von sein selbst Erkäntniss d. i. von der Empfängniss, Bild-Nahrung u. Geburt derer Menschen eröffnet von J. J. W. Dressden [17 . .]. V: *Woyt, Johann Jacob.* (BGG)

Physikalische Abhandlung von der Gewalt des Teufels in die Cörper. Mit vielen wichtigen Anm. hrsg. von I. F. R. — Nürnberg: Zimmermann in Komm. 1753. 52 S. 4° 7.
1.3326

Abhandlung, Physikalische und medicinische, von den äusserlichen Verletzungen, von den Kinder abtreibend- vergiftend- und verliebtmachenden Mitteln. Nürnb. 1752. V: *Schirmer, G. J.* Ü: *Rübel, J.* (BGG)

Physikalische Abhandlung über die Schädlichkeit der Federbetten. — Berlin 1771. 1:Bibl. Diez 7451.
1.3327

Physische Abhandlung von der mütterlichen Pflicht des Selbststillens und ihrem Einfluss auf das Wohl des Staates. Nach der Vorschr. des Herrn [Simon André] Tissots u. anderer berühmter Aerste. — Augsburg: Klett & Franck 1788. 80 S. 2.
1.3328

Abhandlung. — Abhandlung von der **Polizeyverfassung** in Frankreich. Aus d. Franz. übers. — Wien: Rehm 1790. 240 S. 12:Gall. g. 3. 8.
1.3329

Pragmatische Abhandlung über die Dauer der Höllenstrafen. — Frankfurt & Leipzig 1789. 2. 7.
1.3330

Abhandlung über die von der patriotischen Gesellschaft in Schweden bekannt gemachte Preisfrage: Ob zur Abwendung häufiger Umwechselungen in den Moden und zur Hemmung des Schleichhandels vortheilhaft seyn möchte, dass in Schweden eine nationelle Kleidung, eingerichtet nach dem Klima, und verschieden von der Kleidung anderer Völker, angelegt würde? ... 1774. V: *Hartmann, Johann Georg.* (MGT)

Anonym: „Abhandlung über die Preisfrage: Ist es einem Staate zuträglicher, daß der Bauer eignen Grund besitzet?" Wien 1777 (Trattner).

Abhandlung über die Produkte des Mineralreichs in den preuss. Staaten. Berlin 1786.

Abhandlung von Provisionalverfügungen während des Rechtsstreits zwischen Landesherrn und derselbigen Landständen. 1765. V: *Moser, Johann Jacob.* (ML)

Abhandlung eines aufrichtigen Publicisten von Absetzung eines Römischen Kaisers. Gedruckt auf einer unkatholischen hohen Schule. [Halle] 1759. V: *Steck, Johann Christoph Wilhelm* (ML) (Ky) (Wr)

Abhandlung von den Quellen der Verzveiflung und Verwahrungs-Mitteln wieder dieselbe. — Sorau & Sprottau: Hebold 1754. 32 S. **6.**
1.3333

Abhandlung und Raisonnements über die Teutsche Reichsregierung und Wahlfolge des Oesterreichischen Hauses in der Römisch-Teutschen Kaiserwürde. Germanien 1790. V: *Plant, Johann Traugott.* (ML) (Wr)

Abhandlung von dem Recht der vollen und halben Geburt. 1748 s. *Bacmeister*, Johann Christian.

Abhandlung von d. Rechte des Landesfürsten, die geistl. Personen und Güter zu besteuern. *Augsburg*, Wagner. 770. gr. 8. (8 Gr.)

Abhandlung v. d. Rechte d. Staatsgewalt über d. Kirchengut; aus reinen Grundsätzen d. Staatsrechts u. der Staatswirthschaftslehre bearbeitet (v. F. A. Frey). *Frkf.*, Andreä. 806. gr. 8. (8 Gr.)

Abhandlung über das dem Landesfürsten zuständige Recht, wegen dem Übergange der liegenden Güter an Geistliche Hände; ... [Chur?] 1764. Ü: *Salis-Marschlins, U. von.* (BrMm)

Abhandlung die bürgerlichen Rechte und Verfassungsverhältnisse der israelitischen Gemeinde zu Frankfurt a. M. betreffend. O. O. 1817. V: *Floret, Peter Josef.* (StBFrankf I, 251)

Abhandlung von den vermeintlichen Rechten der Staatsgewalt über das Kirchengut. Frankfurt 1806. V: *Frey, Franz Andreas.* (CramerBkde S. 80)

Abhandlung, Rechtliche, von dem Vorzug derer näher gesippten Namens-Vettern vor denen weiter entfernten bey der Erbfolge in Teutsche Reichs-Länder ... und zugleich unumstösslicher Beweiss, dass denen Herren Fürsten zu Salm die Erb- und Lehen-Folge in sämmtliche erledigte Rheingräflich Dhaunische Lande mit Ausschliessung derer Herren Rheingrafen zu Grumbach und Rheinstein zustehe. O. O. 1751. V: *Cramer, Johann Ulrich.* (KGBerlin I, 596)

Rechtliche **Abhandlung** von dem Vorzug derer Stammsvettern vor denen Töchtern bey der Erbfolge in teutsche Reichs-Länder ... Und zugleich Wiederlegung der westerburgischen endlichen Ausführung, worinnen das Recht der Erstgeburt angefochten werden wollen. Mithin endliche Befestigung des gräflich-leiningen-dachsburgischen Erbfolgrechts ad causam Leiningen contra Westerburg. — o.O.[um 1750]. 126 S. 1:2° Gx 13983. 4. 5.
1.3334

ABHANDLUNG, Rechtliche, von der Zulässigkeit der Ehe mit des Vatersbruders Wittwe etc. O. O. u. J. (ca. 1750). Fol.
Cat. Monath I. Nürnb. 1782. p. 9.

Rechtsbegründete **Abhandlung** von Branntwein-Brennen und jährlicher Bezahlung des Kessel-Geldes, sowohl überhaupt, als besonders in der Stadt Rostock, bey Gelegenheit des daselbst hierüber entstandenen Processes. — Rostock 1753: Röse. 51 S. 1:Gm 3458. 3. 4. 7.
1.3335

Abhandlung. — Eines sächsischen Rechtsgelehrten Abhandlung von den Rechten eines zweyköpfichten Menschen. Übers. von einem Mitgliede der Königl. Deutschen Gesellschaft. — Königsberg 1752: Dorn. 30 S. **10.**
1.3336

Abhandlung über das Recitativ. [Leipz. 1764.] V: *Scheibe, Joh. Adolph.* (ML)

Abhandlung wegen Reformation der Justitz, so woll am Kayserl. Cammergericht als Reichshoffraht, wie zwischen den Herrn kays. unn schwedischen Abgesandten zu Ossnabrück beygelegt u. geschlossen worden d. 2. Martii 1648. — o.O. 1648. 2 Bl. 1:Flugschr. 1648-35.
1.3337

Abhandlung von der Reichsvermittlung bey den zwischen Reichsständen entstandenen Irrungen, welche ... auf dem allgemeinen Reichstage am 10. Jäner 1757 in Vorschlag gebracht worden. Halle 1757. V: *Flörcke, Johann Ernst.* (ML) (BB)

Abhandlung über das Reichsvicariat von J. M. v. G. Regensb. 1790. V: *Günderode, Johann Maxim. von.* (MS)

Abhandlung, A. G. M., von der Religion der Heiden u. der Christen. Halle 1748—53. V: *Masch, Andreas Gottlieb.* (BrMm)

Abhandlung zwischen der Röm. Keys. Mayt., Herrn Rudolffen dem Andern, etc. und Ihrer Mayt. Herrn Brudern, Matthiae in Hungarn und Boheimb König etc. Durch Deputirte, Commissarien u. Räthe auff höchstgedachte Ihrer Keys. Mayt. u. Königl. Würden Ratification in unterschiedl. Puncten abgehandelt. — o.O. 1611. 4 Bl.
1:Flugschr. 1611-2.
1.3338

Abhandlung über d. Ruß od. Brand u. andern Mißwachs im Getreide, nebst Angabe derjen. Mittel, durch welche beiden auf die leichteste u. beste Art abgeholfen werden kann. 2te Aufl. 8. Heilbronn 827, Claß.

Abhandlung über das Schießen und Werfen aus Geschützen. Berlin 1855. 8°

Abhandlung vom Schlafe der Seelen nach dem Tode als eine Widerlegung der über diese Materie abgefaßten Schrift des Herrn Abts [Christoph] Timotheus Seidels. — Halberstadt 1754. 206 S. 1:Cz 3130.
1.3339

— üb. d. Schnitt d. Herrenkleider, s. Traité.

Abhandlung von den Schönheiten des epischen Gedichts: Der Noah. ... Zyrich 1753. V: *Wieland, Christoph Martin.* (GGr) (MGT) (EE) (Ky)

Abhandlung über die Schwindsucht; aus dem Franz. ... [17..] Ü: *Scheuber, Johann.* (ML)

Abhandlung von Seiden-, Flachs-und Hanfbau. Nürnberg 1808.

Abhandlung vom Selbstmorde. — (Goettingen [um 1777]:) Rosenbusch. 55 S. **3.**
1.3340

Abhandlung von dem Selbstmorde. Innsbruck 1781. V: *Steffn, Johann Michael.* (margr)

Abhandlung üb. den Siddur des Schabtai ha-Sofer aus Przemyśl auf Grund d. einz. Handschr. in d. Bibliothek d. Bet ha-Midrasch in London. (Von A. Berliner.) (XVIII, 82 S.) gr. 8. Frankfurt a/M. 909. J. Kauffmann. nn 4. —

Abhandlung von dem Sitz- und Stimmrechte der Kron Böheim bey den Reichsberathschlagungen und dem dieser Krone hierinnen gebührenden Range, besonders auf Reichs-Deputationen. Wien 1769. V: *Schrötter, Franz Ferdinand Edl. von.* (WBL)

Abhandlung von dem Staate des hohen Erzstifts Salzburg und dessen Grundverfassung ... Salzburg 1780. V: *Kleimayrn, Franz Thaddäus.* (Hr)

Abhandlung aus dem teutschen Staatsrechte über die Frage: ob kaiserliche Majestät befugt sey, in Prozeßsachen von dem Kaiserl. und Reichskammergericht die Akten und Protokolle einseitig abzufordern? — Frankfurt & Leipzig 1786. 68 S. **5. 6.**
1.3341

Abhandlung, das Staatsrecht der Stadt Strasburg und des Elsasses überhaupt betreffend. Strasburg 1790. V: *Türkheim, Johann von.* (MGT)

Abhandlung, Statistische, über die Mängel in der Regierungsverfassung der geistlichen Wahlstaaten. Augsburg 1784—1787. V: *Sartori, Joseph von.* (Ky) (WBL)

Abhandlung über den Stein und die Gicht, ... aus dem Engl. übersetzt. Zittau u. Leipzig 1789. Ü: *Michaelis, Christian Friedrich.* (MGT) (Ky) (OL)

Abhandlung über das Thema: Steinholz, seine Herstellung, Verwendung und Vorzüge gegenüber andern Fußbodenbelagen. — Leipzig: Baumarkt 1923. 31 S. **83. 89.**
1.3342

Abhandlung von holzsparenden Stubenöfen. - Dresden 1774, 1784 u. 1785. 3 Tl. - Tl. 1: 1774. 5 Bg. - Tl. 2: 1784. - Tl. III u. d. T.: Von holzsparenden Küchen- und andern ökonomischen Feuern. 1785. 116 S., 17 Taf.

Abhandlung über das physiokratische System. [Leipzig 1779.] V: *Gaspari, Adam Christian.* (R-N)

Abhandlung über das physiokratische System. Nürnberg 1780. V: *Springer, Johann Christoph Erich von.* (stri)

Abhandlung, Systematische, über die Gemeinschaft der Güter der Ehegatten in Jülich und Berg. Düsseldorf 1789. V: *Sittard Schmitz.* (CO)

Abhandlung von den Taufbecken ..... [Berlin 1748—1750]. V: *Widekind, Melchior Ludwig.* (ML)

Theoretisch und praktische Abhandlung über die Art, wie die französische Kriegs-Contribution umgelegt werden könnte? — Stuttgart: Metzler 1797. 94 S **7.**
1 3344

Abhandlung, Theoretische, über die Mahlerey und Zeichnung ... Frankf. u. Leipz. [Ulm] 1769. V: *Schneider, Hans Carl Immanuel Patricius.* (ML) V: *Wichmannshausen, J. G. B. von.* (Ky)

Abhandlung, Theoretisch-practische, über die Besserung der Mühlenräder. Nürnberg 1795. 8.

Abhandlung, Theoretisch-praktische, über Geburtshülfe, nebst den Krankheiten der Schwangern, ... mit Zusätzen von Hofrath Starke begleitet. Erfurt 1800. V: *Petit, Antoine.* Ü: *Eichwedel, J. E. G.* (Ky) (MGT)

Abhandlung, Theoretisch-praktische, über den grauen Staar. Jena 1796. V: *Schiferli, Rudolph Albrecht.* (MGT)

Theoretisch-practische Abhandlung über den Weinbau, nebst der Kunst Wein Branntwein, Weingeist, einfache und zusammengesetzte Essige zu bereiten. Von Chaptal, Rozier, Parmentier, und Düssieux. Aus d. Franz. übers., und mit Anmerkungen und Zusätzen versehen, welche sich auf den Weinbau der österreichischen Monarchie beziehen. Bd 1.2. Wien: Degen 1804. -- 16.21°. Frei 100°
Dochnahl Chaptal, J. A., Rozier, Parmentier u. Düssieux Theoret.-prakt. Abhandl. üb. d. Weinbau, .. -- [illegible] Chaptal, Rozier, Parmentier u. Düssieux Abhandl. üb. d. Weinbau, ... und anderer Abhandlung über den Weinbau ..
--- Dass. erschien in lateinischer Sprache u. d. T. Tractatus de vitis cultura. Vol. 1.2. Viennae: Degen 1805. -- UB Brünn°

Abhandlung über die bey Anlegung der Minen nöthige Theorie ... Nebst einem Vorbericht von einigen Belidorschen Manuscripten über die Fortification und Artillerie. Kopenhagen 1744. V: *Geusz, Joachim Michael.* (BRUNN, Suppl. 215)

Abhandlung veranlasst durch eine Todtenfeyer [Totenfeier] in der sehr ehrwürdigen Loge zur Einigkeit in Frankfurt am Main. — o.O. (1803). 41 S. **1:4° Nw 3450. 5.**
1.3345

Abhandlung eine, über Transmissionen der Firma Wm. Sellers & Co., Philadelphia, Fabrikanten von Werkzeuge-Maschinen für alle Zweige der Stahl- und Eisen-Industrie, des Patent-Injection-Kessel-Speisers Gifford's **Injector, Mühl-Einrichtungen, Eisenbahn-, Dreh- und Versetzscheiben, Drehbrücken etc. gr. 8. (IV, 44 S. mit eingedr. Holzschn.) Mainz 876, (v. Zabern.)**

Abhandlung von Tugenden und Belohnungen. Aus dem Französischen. Prag 1769. V: *Dragonetti, Hyacintho.* Ü: *Tröttmann, Josef.* (GGr VI, 715, 5) (Zeitschr. f. Büch. 1923, S. 77.)

Abhandlung von den Tugenden und ihren Belohnungen ... Riga 1769. V: *Dragonetti.* Ü: (aus d. Ital.): *Pingeron.* Ü: (aus d. Franz.): *Brotze, Joh. Cph.* (Ky) (R-N)

Abhandlung von den Turnieren, besonders der Teutschen, nebst einem Vorschlag, diese festlichen Aufzüge und Übungen zum Gebrauch der Reuterey zu erneuern ... Breslau 1772. V: *Groeben, Georg Dietrich von der.* (Ky) (ML)

Abhandlung (Umständliche) über die Frohndienste u. deren Schädlichkeit, nebst Vorschlägen zur gänzlichen Aufhebung der Frohnden. (Aus: Der neue Kameralist. Ein Buch für Jedermann, vom Staatsmann bis zum Bauer. 7. Heft.) 8⁰. Kempten, Dannheimer, 1809.

Unpartheyische [Unparteiische] Abhandlung, das Münzwesen im Heil. Röm. Reich betr. Nebst richtig gegründetem Beweiss, woher es komme, dass das Silber in Europa immer rarer werde. Entw. v. e. Freund d. unpartheyischen Wahrheit u. patriotisch gesinnten Teutschen. — o. O. 1768. 32 S. 1:20 in Gx 13000-27.
1.3346

Abhandlung, (Unpartheyische), von dem Rechte eines Catholischen Landesherrn in Religions und Kirchensachen seiner protestantischen Unterthanen ... von G. U. T. Ulm 1753. V: *Tritscher, Georg Ulrich.* (Ky) (ML)

Abhandlung, Unparteiische, von dem Staate des hohen Erzstifts Salzburg ... entworfen im Jahr 1765. Salzb. 1770. V: *Kleimayrn, Franz Thadd. v.* (Ky) (MGT) (Hr)

Abhandlung von dem Unterscheid der Off.- und Defensiv-Kriege, worinn besonders die Frage beantwortet wird: Wer bey einem entstehenden Kriege für den eigentlichen Aggresseur oder angreifenden Theil zu achten? (Cölln) 1756. fol.
— Dasselbe. 4.

Abhandlung von der Unverletzlichkeit der Waffen- und Krieges-Verträge, worinnen die von dem Reichs-Hofrath unternommene, vermeintliche Vernichtigung der Liliensteiner Capitulation und der bambergischen Contributions-Verträge, desgl. die Verletzung der Dreßdner Capitulation und andrer Waffen-Verträge aus ungezweifelten Grund-Sätzen des Natur- und Völker-Rechts beurtheilet werden. Frankfurt & Leipzig 1760. 68 S.
1: Flugschr. 1759-36ᵃ. 300: 8.761-B. 2. 10.
1.3347

— Abhandlung von der Unverletzlichkeit der Waffen- und Krieges-Vertraege, worinnen die von dem Reichs-Hofrath unternommene, vermeintliche Vernichtigung der Liliensteiner Capitulation und der bambergischen Contributions-Verträge, desgl. die Verletzung der Dreßdner Capitulation und andrer Waffenverträge aus ungezweifelten Grund-Sätzen des Natur- und Völker-Rechts beurtheilet werden. Als die Forts. der Unters., ob die europäischen Völker dereinst Lust haben möchten, Menschen-Fresser oder wenigstens Hottentotten zu werden. — Philadelphia in Pensilv.: Lowe 1760. 68 S.
1: Flugschr. 1759-36. 2. 3. 7.
1 3348

Abhandlung von der Ursach des Auszugs der Israeliten aus Aegypten, nach dem Bericht einiger Profanscribenten. [Erlangen 1746.] V: *Kripner, Joh. Siegm.* (Fiker) (ML)

Abhandlung von den Ursachen, Gesetze einzuführen oder abzuschaffen. Frankfurt 1751. V: *Stockhausen, Johann Christoph.* (Ky)

Abhandlung von den Ursachen des überhandnehmenden Unglaubens und den dagegen dienlichen Mitteln. Th. 1-3. Gotha: Mevius 1761-64. 5.
1 3349

Abhandlung vom Ursprung des Adels, der Freyen, der Leibeigenen in Helvetien vor Stiftung der Eidgenossenschaft. [Halle 1775]. V: *Faesi, Joh. Conr.* (ML)

Abhandlung von dem Ursprung der Früchte, aus ihrem Bau hergeleitet; aus dem Lateinischen. Augsburg 1780. Ü: *Auersberg, Joh. Baptist Fr. Xav. Graf von.* (Ky)

Abhandlung von dem Ursprung der Venusseuche, s. Sanchez, Antonios-Nunès Ribeiro. 1775.

Abhandlung von dem Ursprunge der Gebürge und der darinne befindlichen Erzadern ... Leipzig 1770. V: *Delius, Chr. F.* (Pk)

Abhandlung von dem Ursprunge des Inquisitionsprocesses. [Görlitz 1743]. V: *Meissner, Christian Gottfried.* (OL) »*Meissner*«. (ML)

Abhandlung von der Veränderung, die seit dem Aachner Frieden im Staatssystem von Deutschland vorgegangen ist. Eine Schrift, in welcher die Quellen des gegenwärtigen Krieges in Deutschland entdeckt und entwickelt werden. — Frankfurt a. M. 1757. 22 S.
12: 4⁰ J. publ. G. 1227-1,5. 7.
1.3350

Abhandlung von Verbesserung des Nahrungsstandes und Vermehrung der landesherrlichen Einkünfte durch Manufakturen und Fabriken. Stuttgart 1764

Abhandlung über die Verbindlichkeit eines durch ungerechte Furcht abgedrungenen Versprechens und die Wirkung des demselben beygefügten Eides, ... herausgegeben von F. Valeri. Wien 1789. V: *Dolliner, Thomas.* (MGT) (WBL) (Ky)

Abhandlung von der genauen Verbindung der natürlichen mit der geoffenbarten Religion. Als ein gegen Stück zu den Schriften der Freydenker unsrer Zeit. — Klagenfurt: Wallisser 1792. 76 S. 5. 7.
1 3351

Abhandlung von den Verbrechen und Strafen. 1766 s. *Beccaria*, Cesare: Dei Delitti [deutsch].

Abhandlung von der Verdickung des Geblüts in der Lunge; nebst einer Vorrede von dem medicinischen Neid. Frankf. 1751. V: *Held, Joh. Nicol.* (Ky) (stri) (ML)

Abhandlung von den Verdiensten der Völker um ihre Muttersprache. [Altdorf 1757]. V: *Jäger, Wolfgang.* (will) (BB)

Abhandlung von den Verrichtungen eines Artillerie-Offiziers, welcher in einer Festung als Commandant von der Artillerie angestellt ist (Manuskript) 8 (ohne Ort zirka 1790.)

Abhandlung von Versteinerungen, welche bey Prag gefunden werden. Prag 1769. V: *Zeno, J.* (EBHN)

Abhandlung über die Verwaltung des Armenwesens zu München. *München.* 1814

— über die Viehzucht u. Behandlung derselben, sammt Verbesserungsvorschlägen f. d. Kanton Bern. Verfaßt im J. 1825. (Von Zahler.) Neue vom Verf. selbst verb. Aufl. Bern 858. (Heuberger.) 8. (55 S.) n. 6 ngr.

Neujahrsblatt der allgemeinen Musikgesellschaft in Zürich auf das Jahr 1885, enthaltend eine Abhandlung über das Volkslied. In-4⁰, 30 S. Druck von Orell Füssli & Cie.

Vollständige Abhandlung von Beinbrüchen, Verrenkungen und den übrigen Zufällen der Knochen. — Hamburg: Grund 1767. 182 S. **2. 8. 10.**
1.3353

Abhandlung, vollst., üb. Bienenkenntniß u. Bienenzucht. Mit 2 Kpfrn. gr. 8. Augsb. 795. Rieger. ist der Preis 3/4 ℳ

Vollständige Abhandlung vom Tabacksbau. [Nebst] Forts. (1.) 2. — Frankfurt & Leipzig 1780–87.
1 1780.
Forts. 1 u. d. T.: Fortgesetzte Abhandlung vom Tabacksbau. 1781
Forts. 2. 1787.
10.
1.3355

Abhandlung, Vollständige, des gesammten Weinbaues . . . Frankf. u. Leipzig [Stuttg.] 1766—1778. V: *Sprenger, Balthasar & Johann Conrad Nast.* (ML)

Abhandlung über die Vortheile und Nachtheile, die für Europa aus der Entdeckung von Amerika entstehen; . . . Aus dem Französ. von J. A. Eberhardt. Halle 1788. V: *Chastellux, Ph. L. Marquis de.* (EngG)

Abhandlung vom **Vorzug** der allgemeinen Beicht . . Von einem evangelischen Kirchen-Diener. — Franckfurt & Leipzig 1751. 30 S. **1:Ds 18300.**
1 3356

Abhandlung über die neueste **Wahlkapitulation**, insbesondere über art. 19, § 6, wann auch die Landstände und Untertanen wider ihre Obrigkeit in Privatsachen etc. — o.O. 1791. VI,55 S. **4.**
1 3357

Abhandlung, **was** die Universitäten in den Kaiserl. Königl. Erblanden sind, und was sie seyn könnten. — Prag & Wien: v. Schönfeld 1782. 55 S. **1:Ay 8362. 2. 3. 7.**
1 3358

Abhandlung über den Rheinländischen Weinbau, mit dem Sächsischen Weinbau verglichen, nebst einigen Vorschlägen, durch eine sogenannte Weinassecuranz den Sächsischen zu veredlen und den Wohlstand der Unterthanen zu verbessern. Hrsg. von einem Sächsischen Landwirth. Meissen: Erbstein 1794. 62 S. -- 12. Frei 100*

Abhandlung, **welche** den von der Kgl. Preuss. Academie der Wissenschaften auf das Lehr-Gebäude von den Monaden gesetzten Preis erhalten hat. 1748 s. *Abhandlung* über das Lehr-Gebäude von den Monaden [Dissertation sur le système des monades].

Eine **wichtige** Abhandlung von des Menschen Fall und Erlösung . . . Nach derjenig-ungemein raren Aufl., welche vor mehr als 100 Jahren herauskommen, übersehen u. nunmehro auf inständiges Ansuchen vieler guten Freunde dem Druck überlassen. — Franckfurt & Leipzig 1743. **2. 9.**
1.3359

Abhandlung von der **Wickel-Raupe**, nebst einigen Vorschlägen zu derselben Vertilgung. — Berlin & Leipzig: Decker 1779. 28 S. **1:Ls 3805. 12:Zool. 3. 2. 7. 10.**
1 3360

Abhandlung wie süsse Brunnen vortheilhaft zu graben, . . . recht zu gebrauchen, . . . Marb. 1792. 2. Aufl. 1804. V: *Cancrinus, Franz Ludw. v.* (MGT) (HS) (Ky)

Abhandlung von den Wirkungen des Kamphers und Kalomels in anhaltenden Fiebern. Aus dem Engl. 86 S., gbd.

Altenburg: Richter 1776
an: Aikin, John: Beobachtungen über den äußerlichen Gebrauch der Bleymittel... (Observations on the external use of lead... Second edition. Dt.) 1776

Abhandlung über die **Wirkungen** der stärksten und reinsten Pflanzensäure als äusserliches Heilmittel. — Leipzig: Sommer 1791. 124 S. **3. 5. 8.**
1 3361

Abhandlung, Wirthschaftliche und rechtliche, von dem Hopfen, nebst einem [Joh. Heumann's] hist. Vorbericht von der Kräuterkenntniss der alten Teutschen, wie auch eine Übersetzung der von Rob. Bradleys herausgegebenen Abhandlung von dem Reichthum eines Hopfengartens. Nürnberg 1759. V: [Abhandlung v. Hopfen] *Tresenreuter, Joachim Friedrich.* (Eng oec) (will)

Abhandlung, woher die Oberlausitz den Namen und die Hoheit eines Markgrafthums habe. Wittenb. 1752. V: *Frenzel, Johann Gottlieb.* (OL) (ML)

Abhandlung v. d. Zehrwürmern d. Kinder. 8. Leipz. Böhme. 792.

Abhandlung, Zeitgemässe, über das Pferdeschlachten, . . . Kempten 1818. V: *Kreutzer, M.* (MGT)

—— üb. d. Zucht, Abrichtung u. Erziehung d. Hauskatze, u. Anleitung, dies. zu guten Mäuse- u. Rattenfängern zu machen, v. Martin Raton, ein. alten Domherrn. A. d. Franz. übers. u. m. Zusätzen u. Anmerk. vers. v. Heinr. Maus, ein. jungen Laienbruder. Nebst e. Anhang üb. d. Krankheiten d. Katze u. der. Heilung. gr. 8. (6½ B.) Ilmenau 830, Voigt.

Abhandlung vom Zusammenflusse der Gläubiger, Konkurs oder Cridaprozesse. Wien 1777. V: *Sonnenfels, Josef von.* (Bibl port)

Abhandlung über die allgemeine **Zusammenkunft** der Freymaurer. 1784 s. *Beyerlé*, Jean Pierre Louis de: De Conventu generali latomorum [deutsch].

Abhandlung über den gegenwärtigen Zustand der Politik und Kriegskunst . . . Leipzig 1776. H. u. Vorr.: *Seybold, David Christoph.* V: *Guibert, Jacques Antoine Hippolyte de.* (MGT)

Abhandlung über den Cyperwein, . . . Frankfurt a. M. 1791. V: *Majer, Johann Christoph.* (Ky) (MGT)

Zweyfache [Zweifache] Abhandlung von der Heiligung des Lebens und geistlichen Trägheit. — Rostock 1745. **8.**
1 3363

Abhandlung über die Zwiste und Misshelligkeiten zwischen den Vornehmen und Gemeinen in Athen und Rom, so wie über die hieraus für die beiden Staaten entstandenen Folgen; aus dem Englischen. Augsburg 1820. V: *Swift, Jonathan.* Ü: *Wirschinger, Franz Ludwig.* (Ky)

Abhandlungen, s. a. Abhandlung

Abhandlungen. — Acht Abhandlungen Herrn Professor Dr. Karl Ludwig Michelet zum 90. Geburtstag als Festgruss dargereicht v. Mitgliedern der Philosophischen Gesellschaft. — Leipzig: Pfeffer 1892. 102 S. (Philosophische Vorträge. Hrsg. v. d. Philos. Ges. zu Berlin. N.F. 22. 23.)
1:Nh 11475-N.F. 22. 23. 12:Ph.U.531 i–22. 23 [u.]
Ph. U. 0df. 2. 3. 4. 6. 9. 11.
1.3365

— von dem Ackerbaue, nach den Grundsätzen des Hrn. Tull; franz. herausg. v. Duhamel de Monceau. Mit Kpf. 8. Dresd. 752. Walther. 20 ℊ

— über Aegypten, während des Feldzugs Bonapartes, von dem Nationalinstitut zu Cairo bekannt gemacht; aus dem Französ., mit 2 Karten. gr. 8. Berl. 800. (Rücker). 1 ß 4 ℊ

— d. baier. Acad. über Gegenstände d. schönen Wissensch. 1r Bd. gr. 8. Münch. 781. (Fleischmann). 1 ß

— der Bayer. Acad. über Gegenst. der schön. Wissensch. 1r B. gr. 8. Münch. Strobel. 781.

— d. kurfürstl. baierschen Academie d. Wissensch., histor. u. philos. Inhalts. 10 Bde. 4. Münch. 763—776. Scherer (Stein in Nürnb.) 20 ß

***Abhandlungen der Churfürstlich-Baierischen Akademie der Wissenschaften. Bd 1–10.**
München 1763–76. 4°
⁅ Forts. u. d. T.: Neue philosophische Abhandlungen der Baierischen Akademie der Wissenschaften. München 1778 ff (s. Nr. 329) und Neue historische Abhandlungen. München 1779 ff (s. unter Histor. Zeitschriften).

Abhandlungen d. bayer. Akademie d. Wissenschaften. Denkschriften.

—— dies. 2. Bd. od. histor. Th. 1. Eilf Denkschriften. — Auch u. d. T.: Das ehemal. Fürstenthum Pfalz-Zweybrücken u. seine Herzoge, bis zur Erhebung ihres Stammes auf d. bayerischen Königsthron. Ein Beitrag z. vaterländ. Geschichte v. Phil. Cas. Heintz. 1. Thl., welcher d. Periode v. 1410 bis 1514 umfasst. M. 4 lithogr. Bildn. gr. 4. (65½ B.) München 833. (Franz.) Thlr.

Abhandlungen der bayerischen Academie der Wissenschaften in München rc. Der Denkschriften rc. 13. Bd. Abhandll. d. mathemat.-physikal. Classe. 2. Bd. u. 16. Bd. 1. Abthl. Abhandll. rc. 3. Bd. 1. Abthl. Die Abhandll. von d. Jahren 1831—1840 enth. Mit 54 Steindrucktaf. gr. 4. München 837 u. 840. (Franz.) n. 8 ß

— Dies. Denkschriften rc. 14. Bd. 2. 3. Abthl. Abhandll. der historischen Classe. (2. Abthl. A. u. d. T.: Das Reich der Longobarden in Italien, nach Paul Warnefrid rc. Von Jos. Er. v. Koch-Sternfeld.) Mit 4 Tab. u. 1 Karte. gr. 4. Ebend. 839 u. 40. n. 4 ß

Abhandlungen der bayer. Academie der Wiss. in München rc. Der Denkschriften rc. 15. Bd. 2. u. 3. Abthl. u. 18.—21. Bd. Abhandll. der philosoph.-philologischen Classe. 2. Bd. 2. u. 3. u. 3. 4. Bd. à 3 Abthl. Mit lith. Taf. gr. 4. Ebd. 838, 840—45. (à n. 2 ß) n. 16 ß

— Dies. Der Denkschriften rc. 16. Bd. Der mathem.-physikal. Classe. 3. Bd. 1.—3. Abthl. u. 4. Bd. 1.—3. Abthl. Mit Stein- u. Kpft. gr. 4. Ebd. 841—846. (à n. 2 ß) n. 12 ß

— Dies. Der Denkschriften rc. 17. Bd. 1.—3. Abthl.: Abhandll. der histor. Classe. 3. Bd. 1. Abthl. A. u. d. T. Topograph. Matrikel, geschöpft aus dem diplomat. Codex der Juvavia (Salzburg); aus dem Codex des Chronicon lunaelacense (Mondsee), vom VI. bis zum XI. Jahrh. reichend rc. rc. Von Jos. E. v. Koch.-Sternfeld. 3. Bd. 2. 3., u. 4. Bd. 1.—3. Abthl. gr. 4. Ebd. 841—46. (à n. 2 ß) n. 12 ß

Abhandlungen der Königl. Bayerischen Akademie der Wissenschaften in München. Der Denkschriften etc. 21. Bd. Abhandl. der philosoph.-philolog. Classe. 5. Bd. 2. Abthl. gr. 4. (VI u. 276 S. m. 3 lith. Taf. in 4. u. qu. Fol.) München 849. (Franz.) n. 2 ß

— Dies. Der Denkschriften etc. 22. Bd. Der mathem.-physikal. Classe. 5. Bd. 1—3. Abthl. gr. 4. (X u. 887 S. m. 26 lith. Taf. in 4. u. qu. Fol., wovon 3 col.) Ebend. 847. 48. 50. (à n. 2 ß) n. 6 ß

— Dies. Der Denkschriften etc. 23. Bd. Der histor. Classe. 5. Bd. 1—3. Abthl. gr. 4. (1. VI u. 218 S. m. 4 lith. Taf. in qu. Fol. — 2. VI u. 220 S. — 3. VI u. 268 S.) Ebend. 848. 49. (à n. 2 ß) n. 6 ß

— Dies. Der Denkschriften etc. 24. Bd. Der philos.-philolog. Classe. 6. B. 1—3. Abthl. gr. 4. (1. 206 S. — 2. 276 S. u. 3 Kpfrtfln. — 3. X u. 275 S.) Ebend. 847. 49. (à n. 2 ß) n. 6 ß

— Dies. Die Denkschriften etc. 25. Bd. Der mathemat.-physikalischen Classe. 6. Bd. 1—3. Abthl. gr. 8. (XXII u. 710 S. m. 20 lith. Taf. in gr. 4. u. qu. Fol., wovon 3 in Tondr.) Ebend. 851. 52. (à n. 2 ß) n. 6 ß

— Dies. Der Denkschriften etc. 26. Bd. Der historischen Classe. 6. Bd. 1—3. Abth. gr. 4. (XVI. u. 688 S. m. 1 lith. Taf. in Fol.) Ebend. 850 – 52. (à n. 2 ß) n. 6 ß

— Dies. Der Denkschriften etc. 27. Bd. Der philosoph.-philolog. Classe. 6. Bd. 1—3. Abthl. gr. 4. (1. XX u. 687 S. m. 2 lith. Taf. in gr. 4. u. Fol., wovon 1 col.) Ebend. 850—52. (à n. 2 ß) n. 6 ß

Abhandlungen d. bayer. Akademie d. Wissenschaften. Historische Klasse.

— der histor. Classe d. k. baier. Academie d. Wissensch. 1r Bd. Thl. II. A. u. d. T.: Stammreihe u. Geschichte d. Grafen v. Sulzbach, verfaßt v. Jos. Moritz. 2 Abthll. Mit 13 Stammtaf. gr. 4. Münch. 833. (Franz.) n. 3 ß

— dies. 2r Bd. 1e Abthl., in d. Reihe der Denkschriften d. XIV. Bd. Mit X Taf. Abbildd. gr. 4. Münch. 837. (Franz.) n. 2 1/6 ß (Vgl. Denkschriften.)

— der historischen Classe der Kgl. Bayer. Akademie d. Wissensch. in München. VII. Bds. 1 — 3 Abth. In d. Reihe d. Denkschriften d. XXIX. Bd. München 1853 — 55. Franz in Comm. gr. 4. (9 Bl., 819 S.) Jede Abthl. n. 2 ß

— — VIII. Bds. 1. u. 2. Abth. In d. Reihe d. Denkschr. der XXXII. Bd. München 856—57. Franz in Comm. gr. 4. (6 Bl., S. 1—655.) Jede Abth. n. 2 ß

— der historischen Classe der Königl. Bayerischen Akademie der Wissenschaften in München. VIII. Bd. 3. Abth. In der Reihe der Denkschriften der XXXII. Bd. München, 860. Franz in Comm. gr. 4. (5 Bl., S. 656—825.) n. 2 ß

— — IX. Bd. 1. Abth. In der Reihe d. Denkschriften d. XXXV. Bd. Ebend., 862. gr. 4. (204 S.) n. 2 ß 20 ngr.

— der königl. Bayerischen Akademie der Wissenschaften. München 865—70. Franz in Comm. gr. 4. Historische Classe. IX. Bd. 2. u. 3 Abth. (4 Bll., S. 205—923.) n. 6 ß 18 ngr. — X. Bd. 1—3. Abth. (2 Bll., 761 S.) n. 8 ß 16. — XI. Bd. 1. Abth. (2 Bll., S. 1—269.) n. 3 ß 10 ngr. n. 18 ß 14 ngr.

— der königl. Bayerischen Akademie der Wissenschaften. gr. 4. München 872—876, Franz in Comm. Historische Classe der Wissenschaften. 11. Bd. 2. u. 3. Abth. (XII, 562 S.) n. 19. 60 — 12. Bd. 1—3. Abth. (759 S.) n. 24. 80 — 13. Bd. 1. Abth. (250 S.) n. 9. —

— der historischen Classe d. königl. bayerischen Akademie der Wissenschaften. 13. Bd. 2. u. 3. Abth. [In der Reihe der Denkschriften der 47. Bd.] gr. 4. (279 u. 258 S.) München 877. 78. Franz in Comm. à n. 9. — (13. Bd. cplt.: n. 27. –)

— dasselbe. 14. Bd. 3 Abthlgn. [In der Reihe der Denkschriften der 51. Bd.] gr. 4. (169, 235 u. III, 196 S.) Ebend. 878. 79. n.n. 18. 60

— dasselbe. 15. Bd. 3 Abthlgn. [In der Reihe der Denkschriften der 54. Bd. gr. 4. (III, 296, 214 u. 234 S.) Ebend. 880. 81. n.n. 21. —

— dasselbe. 16. Bd. 1. u. 2. Abth. [In der Reihe d. Denkschriften der 57. Bd.] gr. 4. (265 u. 283 S.) Ebend. 882. n.n. 15. —

— der historischen Classe der königl. bayerischen Akademie der Wissenschaften. 16. Bd. 3. Abth. [In der Reihe der Denkschriften der 57. Bd.] gr. 4. (292 S.) München 883. (Franz' Verl.) n.n. 8. —

— dasselbe. 17. Bd. 3 Abthlgn. [In der Reihe der Denkschriften der 58. Bd.] gr. 4. Ebend. n.n. 24. —
1. Kaiser Rudolf II. u. die heilige Liga. Von Frdr. v. Bezold. 1. Abthlg. (S. 1—384.)
2. Wittelsbacher Briefe aus den J. 1590 bis 1610. Mitgeteilt v. Fel. Stieve. 1. Abthlg. (S. 385—498.) 885. n. 15. —
3. (III u. S. 499—511.) 886. n. 9. —

Abhandlungen der historischen Classe der königl. bayrischen Akademie der Wissenschaften. 18. Bd. 3 Abthlgn. [In der Reihe der Denkschriften der 60. Bd.] gr. 4. (806 S.) München, (Franz' Verl.). n.n. 23. —
1. Abth. (S. 1—274.) 888. n.n. 8. —
2. „ (S. 275—560.) 888. n.n. 8. —
3. „ (S. 561—806.) 889. n.n. 7. —

Abhandlungen d. historischen Classe d. königl. bayerischen Akademie d. Wissenschaften. 19. Bd. 1. Abth [In der Reihe der Denkschriften der 62. Bd.] gr. 4. (258 S.) Ebd. 889. n.n. 7. —

Abhandlungen der historischen Classe der königl. bayerischen Akademie der Wissenschaften. 19. Bd. [In der Reihe der Denkschriften der 62. Bd.] 2. u. 3. Abth. gr. 4. München, (G. Franz' Verl.). n.n. 15. 50 (19. Bd. kplt.: n.n. 22. 50)
2. Abth. (S. 259—542.) 891. n.n. 8. —
3. „ (III u. S. 543—803 m. 1 Planskizze.) 891. n.n. 7. 50

— dasselbe. 20. Bd. [In der Reihe der Denkschriften der 65. Bd.] 3 Abthlgn. gr. 4. Ebd. n.n. 24. —
1. Abth. (249 S. m. 1 Taf.) 892. n.n. 8. —
2. „ (S. 251—514.) 893. n.n. 7. 50
3. „ (III u. S. 515—800.) 893. n.n. 8. 50

Abhandlungen der kgl. bayerischen Akademie der Wissenschaften. Histor. Classe. 21. Bd. (I. d. Reihe d. Denkschriften d. 68. Bd.) 3 Abthlgn. gr. 4 München. (G. Franz' Verl.) n.n. 30. —
1. Abth. (244 S.) 895. n.n. 7. —
2. Abth. (S. 245—471.) 896. n.n. 7. —
3. Abth. (S. 472—731 m. 20 Abb. u. 18 Taf.) 897. n.n. 16. —

Abhandlungen der königl. bayerischen Akademie der Wissenschaften. Historische Classe. 22. Bd. In der Reihe der Denkschriften der 72. Bd. 3 Abthlgn. gr. 4. München (G. Franz' Verl.) n. 24. —
1. Abth. (229 S.) 901 n. 8. —. — 2. Abth. (S. 231—480) 902 n. 9. — 3. Abth. (III u. S. 481—704) 902. n. 7. —

Abhandlungen der königl. bayerischen Akademie der Wissenschaften. Historische Klasse. 23 Bd. In der Reihe der Denkschriften der 76. Bd. 3 Abtlgn. München (G. Franz' Verl.). n. 25. —
1. Abt. (210 S.) gr. 4. 903. n. 7. —
2. Abt. (S. 211—471 m. 10 Taf.) Lex.-8. 901. n. 10. —
3. Abt. (III u. S. 473—716 m. Abbildgn.) Lex.-8. 906. n. 8. —

— dasselbe. 24. Bd. In der Reihe der Denkschriften der 79. Bd. 1. Abt. (280 S. m. 7 Taf.) Lex.-8. Ebd. 906. n. 10. —

— der königl. bayerischen Akademie d. Wissenschaften. Historische Klasse. 24. Bd. In der Reihe der Denkschr. der 79. Bd. 2. u. 3. Abtlg. (III u. S. 281 bis 625 u. 39 S. m. 7 Taf.) Lex. 8. München 907. 909. G. Franz' Verl. 14. 10
24. Bd. 1. Abt. Ebd. 906. 10. —

Abhandlungen d. bayer. Akademie d. Wissenschaften. Mathemat.-physikal. Klasse.

— — der mathem.-physikalischen Classe der kgl. bayerischen Akademie der Wissenschaften. München 1832—80 — Bd. I—XIII — 4°.

—— d. Königl. Bayerischen Akademie d. Wissenschaften. 1. Bd., (mathem.-physikal. Classe) die Abhandl. v. d. J. 1829 u. 1830 enthaltend. gr. 4. (101¾ B. u. 36 Stnt. in gr. 4. u. Fol., incl. 6 ill.) München 832. (Lindauer; Franz.)

— der mathematisch-physikalischen Classe der K. Bayer. Akad. d. Wissensch. VII. Bds. 1—3 Abth. In d. Reihe d. Denkschr. der XXVIII. Bd. München. 853—55. gr. 4. (11 Bl., 733 S. u. 20 lith. Taf. in 4. u. Fol.) Jede Abth. n. 2 ℛ

— der mathematisch-physikalischen Classe d. Königl. Bayer. Akademie der Wissenschaften. VIII. Bd. 1—3. Abthl. In der Reihe der Denkschriften der XXXI. Bd. Ebend., 858, 59. gr. 4. (11 Bl. u. 24 lith. Taf. in 4. u. Fol.) n. 7 ℛ 10 ngr.

— — IX. Bd. 1—3. Abth. In der Reihe der Denkschriften der XXXIV. Bd. Ebend., 861—63. gr. 4. (2 Bl., 748 S. u. 23 lith. Taf. in 4. u. Fol.) n. 8 ℛ.

Mathematisch-physikalische Classe. X. Bd. 1—3. Abth. (10 Bll., 1027 S. u. 28 lith. u. Kpfrtaff. in 4. u. Fol.) n. 9 ℛ 26 ngr.

Mathematisch-physikalische Classe. 11. Bd. 1—3. Abth. (V, 649 S. m. eingedr. Holzschn. u. 13 Steintaf.) n. 24. 70 — 12. Bd. 1. u. 2. Abth. (271 S. u. XXIV, 194 m. 9 Steintaf.) n. 18. 50

— der mathematisch-physikalischen Classe der königl. bayerischen Akademie der Wissenschaften. 12. Bd. 3. Abth. [In der Reihe der Denkschriften der 44. Bd.] gr. 4. (243 S. m. 7 Steintaf.) Ebend. 876. n. 10. 50. (12. Bd. cplt.: n. 29. —)

— dasselbe. 13. Bd. 3 Abthlgn. [In der Reihe d. Denkschriften der 48. Bd.] gr. 4. (176, 274 u. 310 S. m. 25 Steintaf. u. 1 Karte.) Ebend. 878—80. n.n. 27. —

— dasselbe. 14. Bd. 1. Abth. [In der Reihe der Denkschriften der 50. Bd.] gr. 4. (252 S.) Ebend. 881. n.n. 7. —

— der mathematisch-physikalischen Classe der königl. bayerischen Akademie der Wissenschaften. 14. Bd. 2. u. 3. Abth. [In der Reihe der Denkschriften der 50. Bd.] gr. 4. (V, 229 u. VII, 244 S. m. 7 Steintaf.) Ebend. 883. 884. n.n. 16. — (14. Bd. cplt.: n.n. 25. —)

— dasselbe. 15. Bd. 1. u. 2. Abth. [In der Reihe der Denkschriften der 53. Bd.] gr. 4. (528 S. m. 20 Steintaf. u. 1 chromolith. Karte.) Ebend. 884. 85. n.n. 19. —

Abhandlungen d. mathematisch-physikalischen Klasse der königl. bayr. Akademie der Wissenschaften 15. Bd. 3. Abth. [In der Reihe der Denkschriften der 53. Bd.] gr. 4 (S. 529 – 758 m. 10 Taf.) Ebd 886. nn 7 (15. Bd. cplt.: nn 26.—)

— dasselbe. 16. Bd. 3 Abthlgn. [In der Reihe der Denkschriften der 56. Bd.] gr. 4. (X, III, 737 S. m. 12 Taf. u. 1 Karte.) Ebd. n.n. 21. 50
1. Abth. (X, u. S. 1—241, m. 8 Taf. u. 1 Karte.) 887. n.n. 7. —
2. „ (S. 243—516.) 887. n.n. 8. —
3. „ (III, u. S. 517—737, m. 4 Taf.) 888. n.n. 6. 50

dasselbe. 17. Bd. 1. Abth. [In der Reihe der Denkschriften der 63. Bd.] gr. 4. (S. 1—233 m. 4 Taf.) Ebd. 889. n.n. 7. —

— der mathematisch-physikalischen Classe der königl. bayerischen Akademie der Wissenschaften. 17. Bd. [In der Reihe der Denkschriften der 63. Bd.] 2. u. 3. Abth. gr. 4. Ebd. n.n. 18. — (17. Bd. kplt.: n.n. 25. —)
2. Abth. (S. 235—490.) 891. n.n. 7. —
3. „ (III u. S. 491—722 m. 16 Taf. u. 7 Bl. Erklärgn.) 892. n.n. 11. —

— dasselbe. 18. Bd. [In der Reihe der Denkschriften der 66. Bd.] 1. u. 2. Abth. gr. 4. Ebd. n.n. 16. —
1. Abth. (192 S. m. 4 Fig., 5 Taf. u. 5 Bl. Erklärgn.) 893. n.n. 8. —
2. „ (S. 193—458 m. 1 Karte u. 21 Fig.-Taf. im Text.) 893. n.n. 8. —

Abhandlungen der kgl. bayrischen Akademie d. Wissenschaften. Mathemath.-physikal. Classe. 18. Bd. (I. d. Reihe d. Denkschriften d. 66. Bd.) 3. Abth. gr. 4. (III u. S. 459—746 m. 5 Taf.) Ebd. 895. n.n. 10. — (18. Bd. kplt.: n.n. 26. —)

— dasselbe. 19. Bd. (I. d. Reihe d. Denkschriften d. 69. Bd.) 1. Abth. gr. 4. (381 S. mit 1 Taf.) Ebd. 896. n. 12. —

Abhandlungen der königl. bayerischen Akademie der Wissenschaften. Mathematisch-physikal. Classe. 19. Bd. [In der Reihe der Denkschriften der 69. Bd.] 2. u. 3. Abth. gr. 4. (III. u. S. 383—775 m. 16 Taf.) München (G. Franz' Verl.) 898. 899. n. 18. 60
1. Abth. Ebd. 896. n. 12. —

— dasselbe. 20. Bd. [In der Reihe der Denkschriften der 71. Bd.] 3 Abthlgn. gr. 4. Ebd. n. 35. 60
1. Abth. (273 S. m. Fig. u. 24 Taf.) 899. 16. —
2. „ (S. 275—588 m. Fig. u. 13 Taf.) 900. n. 12. —
3. „ (III u. S. 589—750 m. Fig. u. 15 Taf.) 900. n. 7. 60

— dasselbe. 21. Bd. [In der Reihe der Denkschriften der 73. Bd.] 3 Abthlgn. gr. 4. Ebd. n. 36. —
1. Abth. (230 S. m. 27 Taf. u. 27 Bl. Erklärgn.) 900. n. 14. —
2. „ (S. 231—478 m. 19 Taf. u. 7 Bl. Erklärgn.) 901. n. 13. —
3. „ (III u. S. 479—670 m. Fig. u. 23 Taf.) 902. n. 9. —

— dasselbe. Mathematisch-physikal. Klasse. 22. Bd. In der Reihe der Denkschriften der 75. Bd. 3 Abtlgn. Ebd. n. 33. —
1. Abt. (221 S. m. 14 Taf. u. 1 Bl. Erklärgn.) gr. 4. 903. n. 16. —
2. Abt. (S. 223—526 m. 8 [1 farb.] Taf. u. 1 farb. Kartenskizze.) Lex.-8. 904. n. 9. —
3. Abt. (III u. S. 527—726 m. Abbildgn. u. 6 Taf.) Lex.-8. 906. n. 8. —

— dasselbe. 23. Bd. In der Reihe der Denkschriften der 78. Bd. 1. Abt. (232 S. m. Abbildgn. u. 8. Taf.) Lex.-8. Ebd. 906. n. 7. —

— dasselbe. Mathematisch-physikalische Klasse. 23. Bd. In der Reihe d. Denkschr. der 78. Bd. 2. u. 3. Abtlg. (III u. S. 233—694 m. Fig. u. 17 Taf.) Lex. 8. Ebd. 907. 909. 20. 80 (23. Bd. kplt. 27. 80)

— dasselbe. 24. Bd. In der Reihe d. Denkschr. d. 81. Bd. 3 Abtlgn. (III, 626 S. m. Abbildgn., 2 Karten u. 18 Taf.) Lex. 8. Ebd. 907—10 26. —

— dasselbe. 25. Bd. 1.—4. Abhandlg. Lex. 8. Ebd. 9. 50
1. Radium, Thorium u. Aktinium in der Atmosphäre u. ihre Bedeutung f. die athmosphärische Elektrizität. Von Karl Kurz. M. 4 Taf. (56 S.) 909. 2. 50
2. Registrierungen der luftelektrischen Zerstreuung in unmittelbarer Nähe des Erdbodens. Von H. Ebert u. K. Kurz. (68 S. m. 3 Taf.) 909. 3. —
3. Betrachtungen üb. die räumliche Verteilung d. Fixsterne. Von H. Seeliger. (2. Abhandlg.) (63 S.) 909. 2.— (1 u. 2: 4.60).
4. Über d. singulären Lösungen e. Differentialgleichung 1. Ordnung m. 2 Variabeln, insbes. üb. diejenigen, welche zugl. partikuläre Integrale sind. Von Walth. v. Dyck. (51 S. m. 33 Fig.) 910. 2. —

— dasselbe. I. Suppl.-Bd. 1.—7. Abhandlg. (86, 52, 72, 78, 111 u. 80 S. m. 272 Abbildgn., 36 Taf., 2 Karten u. 32 Bl. Erklärgn.) Lex. 8. Ebd. 908. 910. 28. 50

Abhandlungen d. bayer. Akademie der Wissenschaften. Philosoph.-philolog. Klasse.

— der philosophisch-philolog. Classe d. k. baier. Academie d. Wissensch. 1r Bd. (od. d. Denkschriften d. k. Academie d. Wissensch. 12r Bd.) Mit 15 Steintaf. gr. 4. Münch. 835. (Franz.) n. 6 1/3 ₰

— dies. 2r Bd. 1e Abth., in der Reihe d. Denkschriften d. XV. Bd. Mit 2 Stahlstichen, wovon der eine in qu. 1/2 gr. Fol., 1 lith. u. 1 color. Bl. gr. 4. Münch. 837. (Franz.) n. 2 1/6 ₰

— der philosophisch-philologischen Classe der K. Bayer. Akad. d. Wissensch. VII. Bds. 1.—3. Abth. In d. Reihe d. Denkschr. d. XXX. Bd. Ebd. 853—55. gr. 4. (10 Bl., 795 S. u. 4 lith. Taf.) Jede Abth. n. 2 ₰

Abhandlungen der philosoph.-philolog. Classe der Kgl. Bayerisch. Akad. d. Wissensch. VIII. Bd. 1. u. 2. Abth. In der Reihe der Denkschr. der XXXI. Bd. gr. 4. Ebend. 857—58. (6 Bl., S. 1—.625 u. 19 lith. Taf. in 4. u. Fol.) Jede Abth. n. 2 ₰ 20 ngr

— — VIII. Bds. 1.—3. Abth. In d. Reihe d. Denkschr. d. XXXIII. Bd. Ebend. 856—58. gr. 4. (11 Bl., 746 S. u. 20 lith. Taf.) 1. u. 3. Abth. à n. 2 ₰; 2. Abth. n. 2 ₰ 20 ngr

— der philosophisch-philologischen Classe der Kön. Bayer. Akademie der Wissenschaften. IX. Bd. 1—3. Abth. In der Reihe der Denkschriften d. XXXVI. Bd. Ebend., 860—62. gr. 4. (8 Bl., 969 S. u. 34 lith. Taf.) n. 9 ₰ 10 ngr

— — X. Bd. 1. Abth. In d. Reihe d. Denkschriften der XXXIX. Bd. Ebend., 864. gr. 4. (S. 1—290, 1 Kpfrtaf. u. 1 lith. Karte in 4. u. Fol.) n. 3 ₰ 2 1/2 ngr

— Philosophisch-philologische Classe. X. Bd. 2. 3. Abth. (6 Bll., S. 291—898, 6 Taff. u. 3 Tabb. in 4. u. Fol.) n. 8 ₰ 24 ngr — XI. Bd. 1—3. Abth. (6 Bll., 994 S., 1 Karte u. 2 Tabb. in Fol.) n. 10 ₰ 4 ngr — XII. Bd. 1. Abth. (2 Bll., S. 1—314 u. 1 Taf. in Fol.) n. 3 ₰ 6 ngr n. 22 ₰ 4 ngr

— Philosophisch-philologische Classe. 12. Bd. 2. u. 3. Abth. (XIV, 535 S.) 17. 60 — 13. Bd. 1—3 Abth. (769 S. m. 1 Steintaf.) n. 27. 70

— der philosophisch-philologischen Classe der königl. bayerischen Akademie der Wissenschaften. 14. Bd. 3 Abthlgn. [In der Reihe der Denkschriften der 49. Bd.] gr. 4. (224, 226 u. 250 S. m. 1 Steintaf.) München 877—79. Franz in Comm. n. 25. 60

Abhandlungen der philosophisch-philologischen Classe der königl. bayerischen Akademie der Wissenschaften. 15. Bd. 3 Abthlgn. [In der Reihe der Denkschriften der 52. Bd.] gr. 4. (III, 449 u. XIII, 253. S.) München 879—81. Franz in Comm. n.n. 24. —

— dasselbe. 16. Bd. 1. u. 2. Abth. [In d. Reihe d. Denkschr. der 55. Bd.] gr. 4. (226 u. V, 254 S.) Ebd. 881. 82. n.n. 16. —

— der philosophisch-philologischen Classe der königl. bayerischen Akademie der Wissenschaften. 16. Bd. 3. Abth. [In der Reihe der Denkschriften der 55. Bd.] gr. 4. (V, 819 S.) Ebend. 882. n.n. 9. — (16. Bd. cplt.: n.n. 25. —)

—— der philosophisch-philologischen Classe der königl. bayerischen Akademie der Wissenschaften. 17. Bd. 2. und 3. Abthl. [In der Reihe der Denkschriften der 59. Bd.] gr. 4. (Ebendas.) [2. Abthl. (S. 265—512.) 885. **M 7.—; 3. Abthl. (S. 513—791.) 886. **M 8.—.] **
1. Abthl. (Ebendas.) 1884. **M 7.—.

— der philosophisch-philologischen Classe der königl. bayerischen Akademie der Wissenschaften. 18. Bd. 3 Abthlgn. [In der Reihe der Denkschriften der 61. Bd.] gr. 4. (III, 798 S. m. 20 Taf.) Ebd. 888—890. n.n. 56. —
1. Abth. (S. 1—280, m. 6 Taf.) 888. n.n. 9. —
2. „ (S. 281—524.) 889. n.n. 7. —
3. „ (III u. S. 525—798 m. 14 Taf.) 890. n.n. 40. —

— der philosophisch-philologischen Classe der königl. bayerischen Akademie der Wissenschaften. 19. Bd. [In d. Reihe d. Denkschriften der 64. Bd.] 3 Abthlgn. gr. 4. Ebd. n.n. 23. —
1. Abth. (295 S.) 891. n.n. 9. —
2. Abth. (S. 297—516.) 891. n.n. 7. —
3. Abth. (III u. S. 517—744.) 892. n.n. 7. —

— dasselbe. 20. Bd. [In der Reihe d. Denkschriften der 67. Bd.] 1. Abth. gr. 4. (222 S.) Ebd. 894. n.n. 7. —

— dasselbe. Philosoph.-philolog. Classe. 20. Bd. (I. d. Reihe d. Denkschriften d. 67. Bd.) 2. u. 3. Abth. gr. 4. Ebd. n 33. — (20. Bd. kplt.: 40. —)
2. Abth. (S. 223—478) 895. n.n. 7. —
3. Abth. (S. 479—863 m. Abb. u. 54 Taf.) 897. n.n. 26. —

— dasselbe. 21. Bd. (I. d. Reihe d. Denkschriften d. 70. Bd.) 1. Abth. gr. 4. (174 S.) Ebd. 897. n. 7. —

— dasselbe. Philosophisch-philolog. Classe. 21. Bd. [In der Reihe der Denkschriften der 70. Bd.] 2. u. 3. Abth. gr. 4. Ebd. n. 28. —
2. Abth. (S. 175—444 m. Abbildgn. u. 7 Taf.) 899. n. 16. —
3. „ (III u. S. 445—726 m. Abbildgn., 12 Taf. u. 7 Plänen.) 901. n. 12. —
1. Abth. Ebd. 897. n. 7. —

— dasselbe. 22. Bd. [In der Reihe der Denkschriften der 74. Bd. 1. u. 2. Abth. gr. 4. Ebd. 902. n. 15. —
1. Abth. (210 S. m. 6 Taf.) n. 7. —
2. „ (S. 211—452). n. 8. —

— dasselbe. Philosophisch-philolog. Klasse. 22. Bd. In der Reihe der Denkschriften der 74. Bd. 3. Abt. (III u. S. 453—810 m. Abbildgn. u. 14 Taf.) Lex.-8. Ebd. 905. n. 15. —
22. Bd. 1. u. 2. Abt. Ebd. 902. n. 15. —.

Abhandlungen der königl. bayerischen Akademie der Wissenschaften. Philosophisch-philolog. Klasse. 23. Bd. In der Reihe der Denkschriften der 77. Bd. 1. u. 2. Abt. Lex.-8. München (G. Franz' Verl.). n. 27. —
1. Abt. (LXII, 176 u. 160 S.) 905. n. 20. —
2. Abt. (S. 161—398.) 905. n. 7. —

— dasselbe. Philosophisch-philolog. Klasse. 23. Bd. In d. Reihe d. Denkschriften d. 77. Bd. 3. Abtlg. (III u. S. 399—780 m. 5 Taf.) Lex. 8. Ebd. 909. 15. — (23. Bd. kplt. 42. —)

— dasselbe. 24. Bd. In der Reihe der Denkschriften der 80. Bd. 1. Abt. (196 S. m. Abbildgn. u. 31 Taf) Lex.-8. Ebd. 906. n. 20. —

— dasselbe. 24. Bd. In d. Reihe d. Denkschriften der 80. Bd. 2. u. 3. Abtlg. (III, 128, III, VIII, 188 u. 58 S. m. 38 Abbildgn. u. 32 Taf.) Lex. 8. Ebd. 907. 22. — (24. Bd. kplt. 42. —)

— dasselbe. Philosophisch-philolog. u. histor. Klasse. 25. Bd. 1. Abhandlg. Lex. 8. Ebd. 9. —
Der Stab in d. germanischen Rechtssymbolik. Von Karl v. Amira. M. 3 Taf. (IV, 180 S.) 909.

Abhandlungen d. bayer. Akademie der Wissenschaften. Naturwissenschaftl.-techn. Kommission.

— der naturwissensch.-technischen Commission bei der k. bayer. Akad. d. W. in München. 1. Bd. Mit 1 lith. Taf. (in 4.) München 857. Literar.-artist. Anstalt (IX, 267 S.) n. 1 ₰ 14 ngr — 2. Bd. Ebend. 858. gr. 8. (2 Bl., 390 S. mit Holzschn. im Text u. 3 lith. Taf. in 4. u. Fol.) n. 2 ₰ 4 ngr

— der naturwissenschaftlich-technischen Commission bei der k. bayerischen Akademie der Wissenschaften in München. 2. Bd. München, 858. Literar.-artist. Anst. gr. 8. (2 Bl., 399 S. mit Holzschn. im Text u. 3 lith. Taf. in 4. u. Fol.) n. 2 ₰ 4 ngr.

— der Akad. zu Erfurt, s. Acta u. Commentationes.

Abhandlungen der Heidelberger Akademie der Wissenschaften. Stiftung Heinrich Lanz. Math.-naturw. Kl. Jg. [1.] 1910, Abh. 1. Heidelberg: Winter 1910. 4° [11. 1878

— d. k. k. Josephin. medicin.-chirurg. Academie zu Wien. 2 Bde, mit Kpf. gr. 4. Wien 787 — 801. (Heubner). 7 ₰ 4 gr Lateinisch. Tom. I. 4 maj. Ibid. 785. 3 ₰ 8 gr

— d. K. K. Josephin. med. chir. Akad. z. Wien. 2 Bde. m. K. gr. 4. Wien, Gawesina. 787—801. (1r 4 Rthlr. 2r. 5. 4.)

— der kaiserl. Leopoldin.-carolin. deutschen Akademie der Naturforscher, s.: Acta, nova, academiae caesareae Leopoldino-Carolinae germanicae naturae curiosorum.

Abhandlungen d. kgl. Akademie in Berlin, s. Abhandlungen d. kgl. preuß. Akademie d. Wissenschaften zu Berlin

Abhandlungen der königl. Akademie der Chirurgie zu Paris; aus dem Franz. übersetzt. Altenburg 1754—1755. Ü: *Greding, Johann Ernst.* (MI.)

Abhandlungen der Kgl. Parisischen Academie der Chirurgie (Mémoires de l'académie royale de chirurgie, dt.) Bd 1–5. Altenburg: Akad. Buchhdlg. 1754–76.

— d. K. Paris. Akad. der Chirurgie, m. K. gr. 4. Altenb. (Akadem. Buchhandl. in Jena.) 754—76. (I. II. III. à 3 Rthlr. IV. à 3 Rthlr. 8 gl. V. à 4 Rthlr.)

Abhandlungen d. kgl. Akademie d. Wissenschaften zu Berlin, s. Abhandlungen d. kgl. preuß. Akademie d. Wissenschaften zu Berlin.

Abhandlungen der (Kgl.) Akademie der Wissenschaften in Göttingen. Phil.-hist. Kl. N. F. 1. 1896/97 ff. Math.-phys. Kl. N. F. 1. 1897/1900 ff.

Göttingen: Dieterich. 8°

(Vorh. u. d. T.: Abhandlungen der Kgl. Gesellschaft der Wissenschaften in Göttingen. Bd 1–40. 1843–1895.

Abhandlungen der Kurfürstlich-Mainzischen Academie nützlicher Wissenschaften zu Erfurt. T. 1–4 ad ann. 1797/99–1804/08. Erfurt: Beyer u. Maring 1799–1809.

(Auch u. d. T.: Nova Acta Academiae scientiarum utilium, quae Erfurti est.

Abhandlungen d. kgl. Parisischen Akademie d. Chirurgie, s. Abhandlungen d. kgl. Akademie d. Chirurgie zu Paris

Abhandlungen d. kgl. preuß. Akademie d. Wissenschaften zu Berlin.

Die Ordnung erfolgt in chronolog. Reihenfolge, da eine Trennung d. einzelnen Klassen nicht möglich ist.

* — d. königl. preuß. Akademie der Wissenschaften, für die Jahre 1787 — 1803. m. K. und Karten. gr. 4. Berl. Realschulbuchh. 804.

Abhandlungen der Kgl. Akademie in Berlin. Sammlung der deutschen Abhandlungen, welche in der Kgl. Akademie der Wissenschaften zu Berlin vorgelesen worden. In d. J. 1788/89–1803. Bd 1–6.
Berlin: Decker 1796–1803.

— der königl. preuß. Acad. d. Wissensch. in Berlin f. 1788—1803. gr. 4. Berl., Reimer. 8 ℛ 8 ℊℊ Für 1804—11. Mit Kpf. gr. 4. Ebd. 815. 8 ℛ (Daraus apart: 1) histor.=philolog. Klasse, mit 1 Kpft. 2 ℛ 2) philosophische Klasse. 1 ℛ 8 ℊℊ 3) mathematische Klasse, mit 6 Kpft. 3 ℛ 8 ℊℊ 4) physikal. Klasse, mit 1 Kpft. 3 ℛ) Dies. für 1812. 13. gr. 4. Ebd. 816. 8 ℛ (Daraus apart: 1) histor.=philolog. Klasse, mit 6 Kpft. 3 ℛ 2) philosoph. Klasse. 1 ℛ 8 ℊℊ 3) mathemat. Klasse, mit 3 Kpft. 3 ℛ 4) physikal. Klasse, mit 1 Kpft. 3 ℛ) Dies. f. 1814. 15. gr. 4. Ebend. 818. 9 ℛ (Daraus apart: 1) histor.=philolog. Klasse, mit 2 Kpft. 2 ℛ 16 ℊℊ 2) philosoph. Klasse. 16 ℊℊ 3) mathemat. Klasse, mit 3 Kpft. 2 ℛ 16 ℊℊ 4) physikal. Klasse, mit 5 Kpft. 4 ℛ 12 ℊℊ) Dies. für 1816. 17. gr. 4. Ebd. 819. 9 ℛ (Daraus apart: 1) histor.=philolog. Klasse, mit 2 Kpft. 4 ℛ 8 ℊℊ 2) philosoph. Klasse 12 ℊℊ 3) mathemat. Klasse, mit 1 Kpft. 1 ℛ 8 ℊℊ 4) physikal. Kl., mit 11 Kpft. 4 ℛ 12 ℊℊ) Dies. f. 1818. 19. gr. 4. Ebd. 820. 10 ℛ (Daraus apart: 1) histor.=philolog. Klasse. 2 ℛ 16 ℊℊ 2) philosoph. Klasse. 6 ℊℊ 3) mathemat. Klasse, mit 2 Kpft. 1 ℛ 4 ℊℊ 4) physikal. Klasse, mit 19 Kpft. 7 ℛ 12 ℊℊ) Dies. für 1820. 21. gr. 4. Ebd. 823. 11 ℛ 8 ℊℊ (Daraus apart: 1) histor.=philolog. Klasse, mit 13 Kpft. 4 ℛ 16 ℊℊ 2) physikal. Klasse, mit 16 Kpft. 6 ℛ 3) mathemat. Klasse, mit 1 Kpft. 2 ℛ 8 ℊℊ) Dies. für 1822. 23., mit Kpft. gr. 4. Ebd. 825. Dümmler. 6 ℛ (Daraus apart: 1) histor.=philolog. Klasse. 2 ℛ 18 ℊℊ 2) physikal. Klasse. 3 ℛ 6 ℊℊ) Dies. für 1824. 25., mit 2 Tab. u. 20 Kpft. gr. 4. Ebd. 827—29. 11 ℛ (Daraus, aus 1824, apart: 1) philolog. Klasse. 1 ℛ 8 ℊℊ 2) philosoph. Klasse. 4 ℊℊ 3) mathematische Klasse. 20 ℊℊ 4) physikal. Klasse. 4 ℛ 12 ℊℊ; aus 1825 apart: 1) histor.=philolog. Klasse. 1 ℛ 4 ℊℊ 2) philosoph. Klasse. 6 ℊℊ 3) mathemat. Klasse. 16 ℊℊ 4) physikalische Klasse. 3 ℛ 12 ℊℊ) Dies. für 1826. gr. 4. Ebd. 830. 4 ℛ 12 ℊℊ (Daraus apart: 1) histor.=philolog. Klasse. 1 ℛ 20 ℊℊ 2) philosoph. Klasse. 6 ℊℊ 3) mathemat. Klasse. 2 ℛ 4) physikal. Klasse. 20 ℊℊ) Dies. für 1827. gr. 4. Ebd. 830. 6 ℛ 12 ℊℊ (Daraus apart: 1) histor.=philolog. Klasse. 1 ℛ 12 ℊℊ 2) mathemat. Klasse. 1 ℛ 4 ℊℊ 3) physikal. Klasse. 4 ℛ) Dies. für 1828. gr. 4. Ebd. 831. 4 ℛ 20 ℊℊ (Daraus apart: 1) histor.=philolog. Klasse. 1 ℛ 20 ℊℊ 2) mathemat. Klasse. 20 ℊℊ 3) physikal. Klasse. 2 ℛ 8 ℊℊ) Dies. für 1829. gr. 4. Ebd. 832. 5 ℛ (Daraus apart: 1) histor.=philolog. Klasse. 1 ℛ 8 ℛ 2) mathemat. Klasse. 1 ℛ 8 ℛ 3) physikal. Klasse. 2 ℛ 16 ℊℊ) Dies. für 1830. gr. 4. Ebd. 832. 7 ℛ 22 ℊℊ (Daraus apart: 1) histor.=philolog. Klasse. 2 ℛ 12 ℊℊ 2) philosoph. Kl. 8 ℊℊ 3) mathemat. Klasse. 1 ℛ 4) physikal. Klasse. 4 ℛ 8 ℊℊ)

— d. k. Academie d. Wissenschaften zu Berlin. Aus d. J. 1831. Nebst d. Geschichte der Academie in diesem Zeitraum. Mit 7 Kpfrtaf. u. 5 Steindr. gr. 4. Berl. 832 (Dümmler.) 7 ℛ Daraus einzeln: Der histor.=philolog. Klasse. n. 2/3 ℛ der mathemat. Klasse. n. 1 1/6 ℛ der physikal. Klasse. n. 5 1/3 ℛ

— dies. aus d. J. 1832. gr. 4. Ebd. 834. 10 ℛ Daraus einzeln: Der histor.=philolog. Klasse. n. 4 ℛ der mathemat. Klasse. n. 5/6 ℛ der physikal. Klasse. n. 6 ℛ

— dies. 2r Thl. A. u. d. T.: Ueber die Kawi=Sprache auf der Insel Java, nebst e. Einleit. über d. Verschiedenheit des menschlichen Sprachbaues u. ihren Einfluß auf die geistige Entwickelung des Menschengeschlechts. Von Wilh. v. Humboldt. 1r Bd. gr. 4. Ebd. 836. n. 6 ℛ dass. 1832. 3r u. 4r Bd. n. 12 1/2 ℛ

— dies. aus d. J. 1833. gr. 4. Ebd. 835. n. 12 ℛ Daraus einzeln: Der histor.=philolog. Klasse. n. 2 1/3 ℛ der physikal. Klasse. n. 8 1/2 ℛ der mathemat. Klasse. n. 1 1/3 ℛ der philosoph. Klasse. 1/4 ℛ

— dies. aus d. J. 1834. gr. 4. Ebd. 836. n. 12 ℛ Daraus einz.: Der histor.=philos. Klasse. n. 2 ℛ der mathemat. Kl. n. 10 ℛ

— dies. aus d. J. 1835. gr. 4. Ebd. 837. n. 15 ℛ Daraus einzeln: Der physikal. Klasse. n. 6 1/2 ℛ der mathemat. Klasse. n. 4 1/2 ℛ der histor.=philosoph. Klasse. n. 5 ℛ

— dies. aus d. J. 1836. gr. 8. Ebd. 838. n. 10 ℛ Daraus einzeln: Der physikal. Klasse. n. 5 ℛ der mathemat. Klasse. 2 ℛ der philosoph.=histor. Klasse. n. 4 ℛ

— dies. aus d. J. 1837. gr. 4. Ebd. 839. n. 7 ℛ Daraus einz.: Der histor.=philosoph.=philolog. Klasse. n. 4 ℛ der physikal. Klasse. n. 2 1/2 ℛ der mathemat. Klasse. n. 2/3 ℛ

— dies. aus d. J. 1838. gr. 4. Ebd. 840. n. 12 ℛ Daraus einz.: Der physikal. Klasse. n. 8 ℛ der mathemat. Klasse. n. 1 ℛ der philolog.=histor. Klasse. n. 3 1/3 ℛ

— der Königl. Academie der Wissenschaften zu Berlin aus dem Jahre 1839. gr. 4. Berlin 841. (Dümmler.) n. 12 ℛ — Daraus apart: Die mathematische Classe. n. 1 ℛ — Die philolog.=histor. Classe. n. 5 1/3 ℛ — Die physikalische Classe. n. 6 ℛ

Abhandlungen der Academie der W. in Berlin. Jahrg. 1840. f. S. 4.
I. Physikal. Klasse.
Klug, über die Insectenfamilie Heterogyna Lat. und die Gattung Thynnus F. insbesondere.
Kunth, Einige Beiträge zur Kenntniß der Aroideen.
— über die Gattungen der Familien der Eriocauleen.
— üb. Mayaca Aubl.
Karsten, über chem. Verbindung der Körper (VI. Abh.)
Weiß, Fortsetz. d. Abhdl.: Theorie d. Sechsundsechskantner u. Dreiunddreikantner ꝛc. in d. Schriften d. Acad. v. J. 1823 insbes. üb. die von H. Levy neu bestimmt. Kalkspathflächen.
Link, üb. den Bau der Farrnkräuter. (3. Abh.)
Müller, üb. d. glatten Hai des Aristoteles.
Klug, Versuch einer system. Bestimmung und Auseinandersetzung der Gattungen u. Arten der Clerii, einer Insectenfamilie zur Ordnung der Cleopteren.
II. Mathemat. Klasse.
Crelle, über den Werth und die Eigenschaften der Brüche, deren Zähler u. Nenner die verschiedenen zusammengehör. Wurzeln einer Gleichung vom I. Grade zwischen 2 ganzen Zahlen sind.
Encke, über die Störungen der Vesta durch Jupiter, Saturn und Mars berechnet von Dr. Wolfers und Galle.
III. Philolog. histor. Klasse.
Zumpt, über den Stand der Bevölkerung und die Volksvermehrung im Alterthume.
Hoffmann, über d. Verhältniß der Staatsgewalt zu d. staatsrechtlichen Vorstellungen ihrer Untergebenen.
v. Raumer, Lord Bolingbroke und seine philos.=theolog. u. polit. Werke.
Bekker, die Theogonie des J. Tzetzes aus der Biblioth. Casanatensis.
Bopp, über die Verwandtschaft der malayisch=polinesischen Sprache mit den indisch=europäischen.
— über die Uebereinstimmung d. Pronomina des mal.=polin. u. indisch=europ. Sprachstammes.
Panofka, von d. Einfluß d. Gottheiten auf die Ortsnamen.
Gerhard, üb. die 12 Götter Griechenlands.
Der Preis für diesen ganzen Jahrg. ist n. 8 1/4 ℛ

— Dies. aus d. J. 1841. 1. Thl. Mit 24 Kpft. gr. 4. Ebd. 843. n. 9 2/3 ℛ — 2. Thl.: A. u. d. T.: Die Gesetze der Doppelbrechung des Lichts in comprimirten oder ungleichförmig erwärmten unkristallinischen Körpern. Von F. E. Neumann. Mit 1 Kupft. gr. 4. Ebd. 843. n. 2 1/3 ℛ — 3. Thl. A. u. d. T.: Darstellung der Bevölkerungs=, Geburts=, Ehe= und Sterblichkeitsverhältnisse, welche im preuß. Staate in d. 15 Jahren 1820 bis mit 1834 bestanden, von J. G. Hoffmann. gr. 4. Ebend. 843. n. 2 1/2 ℛ — Daraus apart: Die mathematische Classe. Mit 4 Kupfrt. n. 1 1/2 ℛ — Die philolog.=histor. Classe. Mit 5 Kupfrt. n. 1 1/2 ℛ — Die physikal. Classe. Mit 15 Kpfrt. n. 6 2/3 ℛ

— Dies. Aus d. J. 1842. Mit 17 Kpft. u. 1 Taf. in Farbendruck. gr. 4. Ebd. 844. n. 8 1/3 ℛ — Daraus apart: Die mathemat. Classe. n. 1/3 ℛ — Die philolog.=histor. Classe. Mit 10 Kupfert. u. 1 Taf. in Farbendr. n. 5 1/3 ℛ — Die physikalische Classe. Mit 7 Kpft. n. 2 2/3 ℛ

— Dies. aus dem Jahre 1843. Mit 19 Taf. gr. 4. Ebd. 845. n. 8 1/2 ß — Daraus apart.: Die mathematische Classe. n. 2/3 ß — Die philolog.-histor. Classe. Mit 9 Kupfert. n. 3 1/2 ß — Die physikalische Classe. Mit 10 Kupfrt. n. 4 1/3 ß

— Dies. aus dem Jahre 1844. Mit 23 Kpft. gr. 4. Ebd. 846. n. 10 ß — Daraus apart.: Die mathematische Classe. Mit 1 Kupfrt. n. 5/6 ß — Die philolog. u. histor. Classe. Mit 7 Kupfrt. n. 4 ß — Die physikalische Classe. Mit 15 Kpft. n. 5 1/3 ß

— der K. Akademie d. Wissenschaften zu Berlin. Aus d. J. 1845. gr. 4. (XXVIII u. 1100 S. m. 24 Kpfrtaf.) Berlin 847, Dümmler in Comm. n. 12 ß — Daraus apart: Die mathematische Classe. (IV u. 114 S.) n. 1 ß. — Die philologische und historische Classe. (IV u. 580 S. m. 18 Kpfrtaf.) n. 7 ß — Die physikalische Classe. (IV u. 406 S. m. 6 Kpfrtaf.) n. 4 1/2 ß

— Dies. Aus d. J. 1846. gr. 4. (XLII u. 957 S. m. 23 Kpfrtaf., 11 lith. Taf. in 4. u. Fol. u. 4 Tab. in 4. u. Fol.) Ebend. 848. n. 13 ß — Daraus apart: Die mathematische Classe. (IV u. 16 S.) n. 8 ngr — Die philologische und historische Classe. (618 S. m. 15 Kpfrtaf., 12 lith. Taf. u. 4 Tab. in 4. u. Fol.) n. 9 ß — Die physikalische Classe. (323 S. m. 8 Kpfrtaf.) n. 4 ß

— Dies. Aus d. J. 1847. gr. 4. (XVIII u. 1033 S. m. 2 Tab. in Fol., 16 Kpfr.- u. 11 lith. Taf. in 4. u. Fol.) Ebend. 849. n. 14 ß — Daraus apart: Die mathematische Classe. (73 S. m. 1 lith. Taf. n. 5/6 ß — Die philologische und historische Classe. (500 S. m. 8 Kpfrtaf.) n. 7 ß — Die physikalische Classe. (460 S. m. 2 Tab. in Fol., 8 Kpfr.- u. 10 lith. Taf.) n. 6 1/3 ß

Abhandlungen, Dies. Aus d. J. 1848. gr. 4. (XVIII u. 587 S. m. 18 lith. u. 23 Kpfrtaf. in 4. u. Imp.-Fol.) München 850. (Franz.) n. 10 2/3 ß Daraus apart: Die mathem Classe. (1. Abhdl. 27 S.) n. 5/12 ß — Die philologische u. histor. Classe. (IV u. 303 S. m. 9 lith. u. 12 Kpfrtaf. in 4. u. gr. Fol.) n. 4 5/6 ß — Die physikalische Classe. (IV u. 257 S. m. 9 lith. u. 11 Kpfrtaf. in 4. u. Imp. Fol.) n. 5 5/6 ß

— Dies. Aus d. J. 1849. gr. 4. (XLIV u. 759 S. m. 15 Kpfrtaf. u. 9 lith. Taf. in gr. 4 u. qu. gr. Fol.) Ebend. 851. n. 9 2/3 ß — Daraus apart: Die mathematische Classe. (IV u. 83 S.) n. 5/6 ß — Die philosophisch-historische Classe. (IV u. 547 S. m. 6 Kpfr.- u. 5 lith. Taf. in gr. 4. u. qu. gr. Fol.) n. 6 2/3 ß — Die physikalische Classe. (IV u. 130 S. m. 9 Kpfr.- u. 4 lith. Taf.) n. 2 1/2 ß

— Dies. Aus d. J. 1850. gr. 4. (XXXII u. 400 S. m. 11 Kpfr.- u. 12 lith. Taf. in gr. 4. u. qu. Fol.) Ebend. 852. n. 6 1/3 ß — Daraus apart: Mathematische Abhdlgn. (IV u. 116 S. m. 1 lith. Taf. in qu. Fol.) n. 1 ß 12 ngr — Philolog. u. historische Abhdlgn. gr. 8. (IV u. 198 S. m. 11 lith. u. 2 Kpfrtaf.) n. 3 1/6 ß — Physikalische Abhdlgn. (IV u. 86 S. m. 9 Kpfrtaf.) n. 1 5/6 ß

— Dies. Aus d. J. 1851. gr. 4. (XXXII u. 1072 S. m. 9 zum Thl. col. Kpfrtaf. u. 11 lith. Taf. in gr. 4. u. qu. Fol.) Ebend. 852. n. 11 ß — Daraus apart: Mathematische Abhdlgn. (IV u. 52 S.) n. 1/2 ß — Philologische u. historische Abhdlgn. (IV u. 790 S. m. 11 lith. Taf. in gr. 4. u. qu. Fol.) n. 8 1/3 ß — Physikalische Abhdlgn. (IV u. 76 S. m. 9 Kpfrtaf.) n. 1 1/2 ß

Abhandlungen d. Königl. Akademie d. Wissenschaften zu Berlin. Aus d. J. 1852. Berlin 1853. Dümmler's Verlhdlg. in Comm. gr. 4. (3 Bl., XVI, 27 S.; 2 Bl., 359 S., 10 Kpfr.- u. 3 lith. Taf.; 2 Bl., 840 S., 17 lith. Taf. in 4. u. Fol., u. 7 Kupfertaf.) n. 12 ß.
Physikalische Abhandlungen. (2 Bl., 359 S., 10 Kpfr.- u. 3 lith. Taf.) n. 4 ß 10 ngr
Philologische u. historische Abhandlungen. (2 Bl. 840 S., 17 lith. Taf. u. 7 Kpfrtaf.) n. 7 ß 20 ngr.
Mathematische Abhandlungen sind nicht erschienen.

— — Aus d. J. 1853. Ebend. 854. gr. 4. (3 Bl., XVIII, 27 S.; 2 Bl., 220 S., 9 Kpfr.- u. 6 lith. Taf.; 2 Bl., 529 S., 12 lith. Taf. in 4. u. Fol., u. 1 Tab. in Fol.) n. 10 ß
Physikalische Abhandlungen. (2 Bl., 220 S., 9 Kpfr.- u. 6 lith. Taf.) n. 4 ß
Philologische u. historische Abhandlungen etc. (2 Bl., 529 S. 12 lith. Taf. in 4. u. Fol., u. 1 Tab. in Fol.) n. 6 ß
Mathematische Abhandlungen sind nicht erschienen.

— — Aus dem J. 1854. Ebd. 855. (3 Bl., XVII S; 2 Bl., 255 S., 10 Kpfr.- u. 15 lith. Taf., wovon 3 in Farbendr.; 2 Bl., 115 S. u. 1 Kpfrtaf.; 2 Bl., 584 S. u. 4 lith. Taf. in 4. u. Fol.) n. 12 ß
Physikalische Abhandlungen (2 Bl., 255 S. 10 Kpfr.- u. 15 lith. Taf.) n. 6 ß
Mathematische Abhandlungen. (2 Bl., 115 S. u. 1 Kpfrtaf.) n. 1 ß 10 ngr
Philolog. u. histor. Abhandlungen. (2 Bl., 584 S. u. 4 lith. Taf.) n. 4 ß 20 ngr

— — Aus d. J. 1854. 1. Supplem.-Bd. A. u. d. T.: Darstellung d. Wärme-Erscheinungen durch fünftägige Mittel v. 1782 — 1855, mit besond. Berücksichtigung strenger Winter v. H. W. Dove. Ebend. 856. gr. Fol. (1 Bl., XXVIII, 113 S.) n. 3 ß

Abhandlungen der Königl. Akademie der Wissenschaften zu Berlin. Aus dem J. 1854. 2. Supplem-Bd. A. u. d. T.: Die Spuren der aztekischen Sprache im nördl. Mexico u. höheren amerikan. Norden. Zugleich e. Musterung der Völker u. Sprachen d. nördl. Mexico's und der Westseite Nordamerika's vom Guadalaxara an bis zum Eismeer. Von Joh. Carl Ed. Buschmann. Berlin, 859. Dümmler's Verlhdlg. in Comm. gr. 4. (XII, 819 S.) n. 6 ß 20 ngr

— — Aus dem J. 1855. Ebend. 856. gr. 4. (3 Bl., XVII, 21 S.; 2 Bl., 176 S. u. 6 lith. Taf., wovon 1 in Frbdr.; 2 Bl., 57 S.; 2 Bl., 635 S. 13 Kpfr.- u. 10 lith. Taf. in 4. u. Fol. n. 13 ß 20 ngr
Physikal. Abhandl. (2 Bl., 176 S. u. 7 lith. Taf.) n. 4 ß
Mathemat. Abhandl. (2 Bl., 57 S.) n. 20 ngr
Philolog. u. hist. Abhandl. (2 Bl., 635 S., 13 Kpfr.- u. 10 lith. Taf.) n. 9 ß

— — Aus dem J. 1856. Ebend. 857. gr. 4. (3 Bl., XXI S.; 2 Bl., 376 S., 11 lith. u. 8 Kpfrtaf.; 2 Bl., 47 S.; 2 Bl. 719 S., 8 lith. u. 6 Kpfrtaf. in 4. u. Fol.) n. 15 ß
Physikal. Abhandl. (2 Bl., 376 S., 11 lith. u. 8 Kpfrtaf.) n. 7 ß
Mathematische Abhandl. (2 Bl. 47 S.) n. 20 ngr
Philolog. u. histor. Abhandl. (2 Bl., 69 S.) n. 24 ngr
Philosophische Abhandlungen. (2 Bl. 719 S., 8 lith. u. 6 Kpfrtaf.) n. 6 ß 20 ngr

— — Aus dem J. 1857. Ebend. 858. gr. 4. (3 Bl., XXI S.; 2 Bl., 98 S., 6 lith. u. 2 Kpfrtaf.; 2 Bl., 74 S.; 2 Bl., 414 S. u. 6 Kpfrtaf.) n. 8 ß
Physikal. Abhandl. (2 Bl. 98 S., 6 lith. u. 2 Kpfrtaf.) n. 2 ß
Mathemat. Abhandl. (2 Bl., 74 S.) n. 1 ß
Philolog. u. histor. Abhandlungen (2 Bl. 414 S. u. 6 Kpfrtaf.) n. 5 ß

— — Aus dem J. 1858. Ebend., 859. gr. 4. (XXI, 1111 S. mit 24 Kpfr.- u. 4 lith. Taf., 17 lith. Karten in gr. 4. u. Fol. u. 1 Tab. in Fol.) n. 15 ß
Mathematische Abhandlungen. (2 Bl., 99 S. u. 3 Kupfrtaf.) n. 1 ß 10 ngr
Philologische und historische Abhandlungen. (2 Bl., 556 S., 4 Kpfr.- u. 4 lith. Taf. u. 17 lith. Karten in 4. u. Fol.) n. 7 ß 20 ngr
Physikalische Abhandlungen. (2 Bl., 456 S. m. 17 Kpfrtaf. in gr. 4. u. qu. Fol. u. 1 Tab. in Fol.) n. 6 ß

—— dass. — Aus dem J. 1859. gr. 4. (XXXII und 1269 S. mit 6 Stnt. und 4 Kpfrt.) (Ebendas.) 860. *
Diesem Jahrgang ist: Du-Bois' Rede auf Joh. Müller und Jacob Grimm, sowie die Rede auf Schiller nebst einer Einleitung vorgedruckt.
Daraus einzeln: Mathematische Klasse. (III und 189 S.) * 2 Thlr., Philolog. und historische Klasse. (III und 626 S. mit 4 Kpfrt.) * 6 Thlr., Physikalische Klasse. (III und 263 S. mit 6 Stnt.) * 3 Thlr.

— — Aus dem Jahre 1860. Ebend., 860. gr. 4. (XXIII, 709 S., 1 Tab. u. 9 lith. Taf.) n. 9 Thlr
Mathematische Abhandlungen. (2 Bl. 20 S.) n. 8 ngr
Philologische u. historische Abhandlungen. (2 Bl., 497 S., 1 Tab. u. 1 Taf. in Farbendr.) n. 6 Thlr
Physikalische Abhandlungen. (2 Bl., 156 S. u. 8 lith. Taf.) n. 2 Thlr 22 ngr

— — Aus dem J. 1861. Ebend., 862. gr. 4. (XXXIII, 978 S., 12 Kpfr.- u. 6 lith. Tab. u 3 Taf. in gr. 4. u. qu. Fol.) n. 11 Thlr
Mathematische Abhandlungen. (2 Bl., 122 S. u. 1 Kpfrtaf. in Fol.) n. 1 Thlr
Philologische u. historische Abhandlungen. (2 Bl., 606 S., 2 Kpfrtaf. u. 3 Tab. in gr. 4. u. qu. Fol.) n. 6 Thlr
Physikalische Abhandlungen. (216 S., 9 Kupfr.- u. 6 lith. Taf. in gr. 4. u. qu. Fol.) n. 4 Thlr

— — Aus dem Jahre 1862. Ebend., 863. gr. 4. (XXVI, 958 S., 8 Kpfrtaf., wovon 3 color., 14 lith. Taf., 5 Chromolith. u. 2 Photolith. in gr. 4. u. qu. Fol.) n. 14 Thlr
Philologische u. historische Abhandlungen. (566 S., 2 Kpfr. u. 2 lith. Taf., 3 Chromolith. u. 2 Photolith. in gr. 4. u. qu. Fol.) n. 7 Thlr
Physikalische Abhandlungen. (368 S., 6 Kupfrtaf., wovon 3 color., 11 lith. Taf. u. 2 Chromolith. in gr. 4. u. qu. Fol.) n. 7 Thlr

Abhandlungen der Königl. Akademie der Wissenschaften zu Berlin. Aus dem J. 1863. Berlin, Dümmler's Verlhdlg. in Comm. gr. 4. (8 Bll., 746 S., 11 Taff. u. 3 Tabb. in 4. u. Fol.) n. 10 Thlr
Mathematische Abhandlungen. (17 S.) n. 8 ngr
Philologische u. historische Abhandlungen. (568 S., 4 Taff. u. 2 Tabb.) n. 7 Thlr
Physikalische Abhandlungen. (161 S. u. 7 Taff.) n. 2 Thlr 22 ngr

— — Aus dem J. 1864. Ebend. gr. 4. (12 Bll., 595 S., 9 Kpfrtaff. u. 2 Tabb. in 4. u. Fol.) n. 7 Thlr 20 ngr
Philologische u. historische Abhandlungen. (496 S., 3 Kpfrtaff. u. 2 Tabb.) n. 5 Thlr 20 ngr
Physikalische Abhandlungen. (99 S. u. 6 Kpfrtaff.) n. 2 Thlr

— — Aus dem J. 1865. Ebend. gr. 4. (13 Bll., 616 S., 13 lith. Taff., 5 lith. Karten u. 5 Tabb. in 4. u. Fol.) n. 11 Thlr 20 ngr
Mathematische Abhandlungen. (41 S.) n. 16 ngr
Philologische u. historische Abhandlungen. (444 S. u. 9 Taff.) n. 6 Thlr 14 ngr
Physikalische Abhandlungen. (100 S., 5 Karten, 4 Taff. u. 5 Tabb.) n. 4 Thlr 7 ngr

— — Aus dem J. 1866. Ebend. gr. 4. (15 Bll., 820 S. u. 12 Kpfrtaff.) n. 10 Thlr
Mathematische Abhandlungen. (155 S.) n. 1 Thlr 16 ngr
Philologische u. historische Abhandlungen. (352 S.) n. 3 Thlr 18 ngr
Physikalische Abhandlungen. (293 S. u. 12 Kpfrtaff.) n. 4 Thlr 18 ngr

— — Aus dem J. 1867. Ebend. gr. 4. (16 Bll., 615 S., 22 lith. Taff. u. 1 Tab., in 4. u. Fol.) n. 9 Thlr 15 ngr
Mathematische Abhandlungen. (72 S.) n. 25 ngr
Philologische u. historische Abhandlungen. (422 S. u. 5 Taff.) n. 5 Thlr 20 ngr
Physikalische Abhandlungen. (108 S. u. 17 Taff.) n. 2 Thlr 20 ngr

— — Aus dem J. 1868. Ebend. gr. 4. (16 Bll., 676 S. u. 3 Kpfrtaff.) n. 9 Thlr 10 ngr
Mathematische Abhandlungen. (176 S.) n. 1 Thlr 25 ngr
Philologische u. historische Abhandlungen. (390 S.) n. 5 Thlr 19 ngr
Physikalische Abhandlungen. (79 S. u. 3 Kpfrtaff.) n. 1 Thlr 12 ngr

Abhandlungen der Königl. Akademie der Wissenschaften zu Berlin. Aus dem J. 1869. 2 Bde. Ebend. gr. 4. (14 Bll., 519 S. u. 10 Taff. in Fol.) — (CLI, 578 S., 9 Taff., 1 Karte u. 3 Tabb. in 4. u. Fol.) n. 20 Thlr 15 ngr
Mathematische Abhandlungen. (29 S.) n. 15 ngr
Philologische u. historische Abhandlungen. (519 S. u. 10 Taff.) n. 9 Thlr 15 ngr
Physikalische Abhandlungen. (CXLVII, 546 S., 9 Taff., 1 Karte u. 3 Tabb.) n. 10 Thlr 15 ngr

Abhandlungen der königl. Akademie der Wissenschaften zu Berlin. Aus d. J. 1870. gr. 4. (XXVII, 276 S. m. e. Tabelle in gr. Fol. u. 3 Steintaf. in Fol.) Berlin 871. Dümmler's Verl. in Comm. n. 18. —
Philologische u. historische Abhandlungen aus d. J. 1870. (III, 116 S. m. e. Tabelle in gr. Fol.) Ebend. 871. n. 6. 50
Physikalische Abhandlungen aus dem J. 1870. (III, 160 S. m. 3 Steintaf. in Fol.) Ebend. 871. n. 10. 50

Abhandlungen der königl. Akademie der Wissenschaften zu Berlin. Aus d. J. 1871. gr. 4. (XXVI, 553 S. m. 3 Tab. in gr. u. qu. Fol., 3 Steintaf. in Fol. und 1 Chromolith. in gr. 4.) Berlin 872. Dümmler's Verl. in Comm. n. 36. —
Mathematische Abhandlungen aus dem J. 1871. (45 S.) Ebend. 872. n. 3. —
Philologische u. historische Abhandlungen aus d. J. 1871. (261 S. m. e. Chromolith.) Ebend. 872. n. 15. —
Physikalische Abhandlungen aus d. J. 1871. (275 S. m. 3 Tab. in gr. u. qu. Fol. u. 3 Steintaf. in Fol.) Ebend. 872. n. 18. —

— — Aus dem J. 1872. gr. 4. (XXIX, 727 S. m. 12 lith. u. 13 chromolith. Taf. in gr. 4. u. qu. Fol. u. 1 Karte, Kpfrst. u. color. in qu. 4.) Ebend. 873. n. 43. 50
Philologische u. historische Abhandlungen aus d. J. 1872. gr. 4. (290 S. m. 10 lith. u. chromolith. Taf. in qu. Fol.) Ebend. 873. n. 19. 50
Physikalische Abhandlungen aus d. J. 1872. gr. 4. (397 S. m. 3 lith. u. chromolith. Taf. u. 1 Karte, Kpfrst. u. color. in qu. 4.) Ebend. 873. n. 20. —

— — Aus d. J. 1873. gr. 4. (LXXVIII, 353 S. m. 11 lith. u. chromolith. Taf., 1 Kpfrtaf. u. 2 Photolith.) Ebend. 874. n. 28. 50
Mathematische Abhandlungen aus d. J. 1873. gr. 4. (23 S.) Ebend. 874. n. 1. 70
Philologische u. historische Abhandlungen aus d. J. 1873. gr. 4. (162 S. m. 1 Kpfrtaf. u. 2 Photolith.) Ebend. 874. n. 7. 20
Physikalische Abhandlungen, aus d. J. 1873. gr. 4. (LVII, 191 S. m. 11 lith. u. chromolith. Taf.) Ebend. 874. n. 20. 75

— — Aus d. J. 1874. gr. 4. (XXIV, 246 S. m. eingedr. Holzschn. u. 2 Kpfrtaf. in gr. 4. u. qu. Fol.) Ebend. 875. n. 10. —
Mathematische Abhandlungen, aus d. J. 1874. gr. 4. (31 S. m. 1 Kpfrtaf. in qu. Fol.) Ebend. 875. n. 1. 50
Philologische u. historische Abhandlungen, aus d. J. 1874. gr. 4. (215 S. m. eingedr. Holzschn. u. 1 Kpfrtaf.) Ebend. 875. n. 9. —

— — Aus d. J. 1875. gr. 4. (XXVIII, 21; 225, 192, 57 u. 143 S. m. 5 Tab. in gr. Fol., 9 Steintaf. in gr. 4. u. qu. Fol., 35 Kpfrtaf., 1 lith. Plan in qu. Fol. u. 2 Photolith. in qu. gr. 4.) Ebend. 876. n. 38. 80
Mathematische Abhandlungen aus d. J. 1875. gr. 4. (57 S. m. 2 Steintaf.) Ebend. 876. n. 4. 70
Philologische u. historische Abhandlungen aus d. J. 1875. gr. 4. (143 S. m. 2 Photolith. in qu. gr. 4. u. 1 lith. Plan in qu. Fol.) Ebend. 876. n. 6. 80
Physikalische Abhandlungen, aus dem J. 1875. gr. 4. (225 u. 192 S. m. 7 Steintaf. in gr. 4. u. qu. Fol. u. 35 Kpfrtaf.) Ebend. 876. n. 38. 80

Abhandlungen der königl. Akademie der Wissenschaften zu Berlin. Aus d. J. 1876. gr. 4. (XXII, 388; 148, 60, 278 u. 67 S. m. 9 Steintaf.) Berlin 877. Dümmler's Verl. in Comm. cart. n. 50. 80
Mathematische Abhandlungen aus dem J. 1876. gr. 4. (60 S.) Ebend. 877. cart. n. 4. 60
Philologische u. historische Abhandlungen a. d. J. 1876. gr. 4. (278 u. 67 S.) Ebend. 877. cart. 17. 20
Physikalische Abhandlungen a. d. J. 1876. gr. 4. (388 u. 148 S. m. 9 Steintaf.) Ebd. 877. cart. n. 28. —

Abhandlungen der königl. Akademie der Wissenschaften zu Berlin. Aus d. J. 1877. gr. 4. (XXIII, 122; 184, 17 u. 195 S. m. 4 Taf. in Steindr., Kpfrst. u. Lichtdr.) Berl. 878. Dümmler's V. in Comm. cart n. 36. 40
Mathematische Abhandlungen a. d. J. 1877. gr. 4. (184 u. 17 S.) Ebend. 878. cart. n. 14. 60
Philologische u. historische Abhandlungen aus d. J. 1877. gr. 4. (195 S. m. 1 Lichtdr.- u. 1 Steintaf.) Ebend. 878. cart. n. 13. 20
Physikalische Abhandlungen aus d. J. 1877. gr. 4. (122 S. m. 2 Kpfrtaf.) Ebend. 878. cart. n. 7. —

— dasselbe. Aus d. J. 1878. gr. 4. (XXVIII, 23; 96 u. 238 S. m. 8 Taf. in Steindr., Kpfrst. u. Lichtdr.) Ebend. 879. cart. n. 25. 50.
Mathematische Abhandlungen aus dem J. 1878. gr. 4. (96 S. m. 1 Kpfrtaf.) Ebend. 879. cart. n. 6. —
Philologische u. historische Abhandlungen aus d. J. 1878. gr. 4. (238 S. m. 2 Lichtdruck- u. 3 Steintaf.) Ebend. 879. cart. n. 17. —
Physikalische Abhandlungen aus d. J. 1878. gr. 4. (23 S. m. 2 Steintaf.) Ebend. 879. cart. n. 2. 50

— dasselbe. Aus d. J. 1879. gr. 4. (XXV, 790 S. m. 5 Steintaf. u. 7 Lichtdr.) Ebend. 880. cart. n. 45. —
Philologische u. historische Abhandlungen aus d. J. 1879. gr. 4. (419 S. m. 3 Steintaf. u. 7 Lichtdr.) Ebend. 880. cart. n. 22. 50
Physikalische Abhandlungen aus dem J. 1879. gr. 4. (371 S. m. 2 Steintaf.) Ebend. 880. cart. n. 22. —

— dasselbe. Aus d. J. 1880. gr. 4. (XXVIII, 210 S. m. 2 chromolith. Karten.) Ebend. 881. cart. n. 18. 50
Mathematische Abhandlungen aus d. J. 1880. gr. 4. (32 S.) Ebend. 881. cart. n. 1. 40
Philosophische u. historische Abhandlungen aus d. J. 1880. gr. 4. (178 S.) Ebend. 881. cart. n. 11. —

— dasselbe. Aus dem J. 1881. gr. 4. (LXVI, 320 S. m. eingedr. Holzschn., 4 Steintaf., 1 Chromolith., 3 Radirgn. u. 2 Photogr.) Ebend. 882. cart. n. 22. —
Philosophische u. historische Abhandlungen. gr. 4. (177 S. m. eingedr. Holzschn., 1 Steintaf., 1 Chromolith., 3 Radirgn., u. 2 Photogr.) Ebend. 882. cart. n. 12. —
Physikalische Abhandlungen. gr. 4. (143 S. m. Steintaf.) Ebend. 882. cart. n. 8. —

Abhandlungen der königl. Akademie der Wissenschaften zu Berlin. Aus d. J. 1882. gr. 4. (XLII, 783 S. m. 30 Taf.) Berlin 883. (G. Reimer.) cart. n. 50. —; Anhang: Abhandlungen nicht zur Akademie gehör. Gelehrten, ap. (189 S. m. 5 Taf.) cart. n. 12. 60
Hieraus einzeln:

— mathematische. gr. 4. (120 S.) cart. n. 6. 30

— philosophische u. histor. gr. 4. (159 S.) cart. n. 8. —

— physikalische. gr. 4. (438 S. m. 25 Taf.) cart. n. 30. —

— dasselbe. Aus d. J. 1883. gr. 4. (XXXII, 438 S. m. 11 Taf.) Ebend. 884. cart. n. 25. —; Anhang: Abhandlungen nicht zur Akademie gehör. Gelehrten, ap. (42 S. m. 3 Taf.) cart. n. 4. —
Hieraus einzeln:

— mathematische. gr. 4. (136 S. m. 1 Taf.) cart. n. 6. 50

— philosophische u. histor. gr. 4. (136 S.) cart. n. 6. 50

— physikalische. gr. 4. (99 S. m. 7 Taf.) cart. n. 6. 30

— dasselbe. Aus d. J. 1884. gr. 4. (XXXIX, 795 S. m. 19 Taf.) Ebend. 885. cart. n. 45. —; Anhang: Abhandlungen nicht zur Akademie gehör. Gelehrten, ap. (292 S. m. 8 Taf.) cart. n. 13. 50

Hieraus einzeln:
Abhandlungen, philosophische u. historische. gr. 4. (215 S. m. 4 Taf.) cart. n. 15. —

— physikalische. gr. 4. (272 S. m. 7 Taf.) cart. n. 17. —

— dasselbe. Aus d. J. 1885. gr. 4. (XXXIV, 318 S. m. 19 Taf.) Berlin 886. G. Reimer. cart. n. 32. —
Hieraus einzeln:

— philosophische u. historische. 2 Abthlgn. gr. 4. Ebend. 886. cart. n. 19. —
1. (142 S. m. 3 Taf.) n. 10. —
2. (75 S. m. 9 Taf.) n. 9. —

— physikalische. 2 Abthlgn. gr. 4. (28 u. 47 S. m. 5, resp. 2 Taf.) Ebend. 886. cart. baar à n. 5. 50

— der königl. Akademie der Wissenschaften zu Berlin. Aus dem J. 1886. gr. 4. (XXXVII, 521 S. m. 2 Taf.) Berlin 887. (G. Reimer.) cart. n. 30. —; — Anhang: Abhandlungen nicht zur Akademie gehöriger Gelehrter, ap. (143 S. m. 2 Taf.) cart. n. 8. 50
Hieraus einzeln:
— philosophische u. historische. gr. 4. (251 S.) cart. n. 14. —
— physikalische. gr. 4. (97 S.) cart. n. 4. 50

— dasselbe. Aus dem J. 1887. gr. 4. (XXXIV, 671 S. m. 16 Taf.) Ebd. 888. cart. n. 50. —
Hieraus einzeln:
— mathematische. gr. 4. (303 S.) n. 20. —
— philosophische u. histor. gr. 4. (215 S. m. 2 Taf.) cart. n. 15. —
— physikalische. gr. 4. (134 S. m. 14 Taf.) cart. n. 13. —

— dasselbe. Aus dem J. 1888. gr. 4. (XXIX, 59, 31, 147, 28, 66, 93, 50, 117, 91, 28, 28, 66, 93 u. 23 S. m. 34 Taf.) Ebd. 889. cart. n. 58. —
Hieraus einzeln:
— mathematische. gr. 4. (23 S.) Ebd. n. 2. —
— philosophische u. historische. gr. 4. (50, 117, 91 u. 28 S. m. 1 Taf.) Ebd. cart. n. 16. 70
— physikalische. 2 Thle. gr. 4. (59, 31, 147, 28, 66 u. 93 S. m. 33 Taf.) Ebd. cart. n. 36. —

— dasselbe. Aus dem J. 1889. gr. 4. (XXXIV; III, 84; 35, III, 96; III, 45; 75 u. 40 S. m. Abbildgn. u. 14 Taf.) Ebd. 890. cart. n. 33. —
Hieraus einzeln:
— philosophische u. historische. gr. 4. (III, 96 u. 40 S. m. 2 Taf.) cart. n. 11. —
— physikalische. gr. 4. (III, 84, 35, 45 u. 75 S. m. Abbildgn. u. 12 Taf.) cart. n. 22. —

— der königl. Akademie d. Wissenschaften zu Berlin. Aus dem J. 1890. gr. 4. (XXXII; III, 75; III, 66; 56; III, 66 u. 135 S. m. Abbildgn. u. 1 Taf.) Berlin 891. (G. Reimer.) Kart. n. 19. —
Hieraus einzeln:
— philosophische u. historische. gr. 4. (III, 66, 56 u. 135 S. m. Abbildgn.) Kart. n. 10. —
— physikalische. gr. 4. (III, 75 u. 66 S. m. 1 Taf.) Kart. n. 7. 50

Abhandlungen d. königl. Akademie d. Wissenschaften zu Berlin. Aus dem J. 1891. gr. 4. (XXXIII, III, 23; 461; III, 54; 23 u. III, 72 S. m. 5 Taf.) Berlin 892. (G. Reimer.) Kart. n. 34. —
Hieraus einzeln:
— philosophische u. historische. (III, 54 u. 23 S. m. 2 Taf.) Kart. n. 5. 50
— physikalische. (III, 23, 461 u. III, 72 S. m. 3 Taf.) Kart. n. 27. —

— dasselbe. Aus dem J. 1892. gr. 4. (XXXIV, III, 115; 55, 66; III, 27; III, 39; 66, 28, 55 u. 48 S. m. 17 Taf. u. 1. Karte.) Ebd. 892. Kart. n. 37. 50
Hieraus einzeln:
— mathematische. gr. 4. (III, 55 S. m. 1 Taf.) Kart. n. 4. —
— philosophische u. historische. gr. 4. (III, 27 u. 48 S. m. 2 Taf. u. 1 Karte.) Kart. n. 5. 50
— physikalische. gr. 4. (III, 115; 55, 66, 39, 66 u. 28 S. m. 14 Taf.) Kart. n. 27. 50

— dasselbe. Aus d. J. 1893. gr. 4. (XXXVI, 22; 21; III, 60; III, 125, 158; III, 32, 84 u. 20 S. m. 2 Taf.) Ebd. 893. Kart. n. 34. —
Hieraus einzeln:
— mathematische. gr. 4. (III, 60 S. m. 1 Taf.) Kart. n. 4. —
— philosophische u. historische. gr. 4. (III, 125 u. 158 S.) Kart. n. 17. —
— physikalische. gr. 4. (III, 32, 84 u. 20 S. m. 1 Taf.) Kart. n. 10. —

— der königl. Akademie d. Wissenschaften zu Berlin. A. d. J. 1894. gr. 4. (XLIV, III, 86; 60; III, 38 u. III, 9 S. m. 13 Taf.) Berlin 894. (G. Reimer). Kart. n. 21. 50
Daraus einzeln:
— mathematische. gr. 4. (III, 9 S. m. 4 Taf.) Kart. n. 4. 50
— philosophische u. historische. gr. 4. (III, 38 S.) Kart. n. 2. —
— physikalische. gr. 4. (III, 86 u. 60 S. m. 9 Taf.) Kart. n. 13. —

— dasselbe. A. d. J. 1895. gr. 4. (XXXIV; III, 66, 83, 92; III, 92; III, 39, 80 u. 61 S. m. Abb. u. 20 Taf.) Ebd. 896. Kart. n. 41. —
Daraus einzeln:
— philosophisch-historische. gr. 4. (III, 92, 80 u. 61 S. m. 2 Taf.) Kart. n. 15. 50
— physikalische. gr. 4. (V, 66, 83, 92 u. 39 S. m. Abb. u. 18 Taf.) Kart. n. 24. 50

— dasselbe. A. d. J. 1896. gr. 4. (XXXV, 43, 50; III, 27, 36; III, 50, 77, 85 u. III, 66 S. m. 16 Taf.) Ebd. 896. Kart. n. 27. —
Hieraus einzeln:
— philosophische u. historische. gr. 4. (III, 50, 77 u. 85 S. m. 10 Taf.) Kart. n. 12. —
— physikalische. gr. 4. (III, 27, 36 u. 66 S. m. 6 Taf.) Kart. n. 9. 50

— dasselbe. A. d. J. 1897. gr. 4. (XXXI, 14; III, 64, 61, 120; III, 18, 44, 32 u. 38 S. m. 4 Taf.) Ebd. 897. Kart. n. 24. —
Hieraus einzeln:
— mathematische. (III, 32 S. m. 3 Taf.) Kart. n. 3. 50
— philosophische u. historische. (III, 64, 61, 120 u. 38 S.) Kart. n. 14. 50
— physikalische. (III, 18 u. 44 S. m. 1 Taf.) Kart. n. 4. 50

— der königl. Akademie der Wissenschaften zu Berlin. Aus d. J. 1898. gr. 4. (XXXVIII, 24, 14, 11; III, 20; III. 69 u. III, 196 S. m. 6 Taf.) Berlin (G. Reimer). Kart. n. 22. 50
Hieraus einzeln:

— philosophische und historische (III. 69 S.) Kart. n. 3. 50

— physikalische. (III, 20 u. 196 S. m. 6 Taf.) Kart. n. 14. 50

— dasselbe. Aus den J. 1899 u. 1900. gr. 4. (LXVI, III, 46, 64; III, 40, 98, 60; III, 93, 114 u. 49 S. m. Abbildgn. u. 23 Taf.) Ebd. 900. Kart. n. 40. —
Hieraus einzeln:

— philosophische u. historische. (III, 40, 98 u. 60 S. m. 1 Taf.) Kart. n. 9. 50

— physikalische. (III, 46. 64; III, 93, 114 u. 49 S. m. Abbildgn. u. 22 Taf.) Kart. n. 28. —
Fortsetzung unter dem Titel:

— der königl. preussischen Akademie der Wissenschaften. Aus dem J. 1901. (LI, III, 169; III, 304; III, 52; V, 65 u. 20 S. m. Abbildgn. u. 7 Taf.) gr. 4. Ebd. 901. Kart. n. 35. —
Hieraus einzeln:

— mathematische. (III, 304 S.) Kart. n. 15. 50

— philosophische u. historische. (III, 52 u. 20 S. m. Abbildgn. u. 5 Taf.) Kart. n. 7. —

— physikalische. (III, 169 u. 65 S. m. 2 Taf. Kart. n. 11. —

— d. kgl. preuss. Akademie d. Wissenschaften. Aus d. J. 1902—1905. gr. 4. Berlin (G. Reimer). Kart. n. 174. 50
1902. (XXXIX, 16, 15, 10; III, 132; III, 28; III, 18, 62, 10, 48, 36, 41 u. 58 S. m. Abbildgn. u. 21 Taf.) n. 33. 50
1903. (XXXVIII, 52, 8; III, 22, 80; III, 62; III, 102, 18, 154 u. 102 S. m. 5 Taf.) Lex.-8. n. 30. —
1904. (XLII, 38; III, 87; III, 212, 16; III, 36, 19, 60, 138, 135, 111, 117, 76 u. 47 S. m. 26 Taf.) Lex.-8. n. 60. —
1905. (XLIX, 64; III, 95, 59, 158, 212; III, 34, 14, 15, 105, 34, 117 u. 61 S. m. 21 Taf.) Lex.-8. n. 51.
Hieraus einzeln:

— mathematische. Aus d. J. 1903 u. 1904. Kart. n. 7. —
1903. (III, 80 S.) n. 4. 50
1904. (III, 87 S.) n. 2. 50

— philosophische u. historische. Aus d. J. 1902—1905. Kart. n. 83. —
1902. (III, 28, 41 u. 58 S. m. Abbildgn. u. 7. Taf.) n. 10. —
1903. (III, 22; III, 62, 154 u. 102 S.) n. 13. —
1904. (III, 212, 16, 111, 117, 76 u. 47 S. m. 10 Taf.) n. 30. —
1905. (III, 95, 59, 158, 212, 117 u. 61 S.) n. 30. —

— physikalische. Aus d. J. 1902—1905. Kart. n. 72. —
1902. (III, 132, 18, 62, 10, 48 u. 36 S. m. 14 Taf.) n. 19. —
1903. (III, 22, 102 u. 18 S. m. 5 Taf.) n. 9. —
1904. (III, 36, 19, 60, 138 u. 135 S. m. 16 Taf.) n. 24. 50
1905. (III, 64, 34, 14, 15, 105 u. 34 S.) n. 19. 50

Abhandlungen d. königl. preuss. Akademie d. Wissenschaften. Aus d. J. 1906 u. 1907. Lex. 8. Berlin (G. Reimer). Kart. 102. —
1906. (XL; III, 141, 55; III, XXIII, 115, 86, 125, 40, 94; III, 36, 92, 55, 37 u. 85 S. m. Abbildgn. u. 57 Taf.) 65. —
1907. (XLII, III, 75, 56, 34; III, 44; III, 46, 72, 46, 42 u. III, 30, 76 u. 92 S. m. Abbildgn. u. 8 Taf.) 37. —
Hieraus einzeln:
— mathematische. Aus d. J. 1906 u. 1907. Kart. 12. 50
1906. (III, 92 S.) 5.50 — 1907. (III, 44 u. 76 S.) 7. —

— philosophische u. historische. Aus d. J. 1906 u. 1907. Kart. 58. 50
1906. (III, XXIII, 115; 86, 125, 40, 94, 55, 37 u. 85 S. m. Abbildgn. u. 22 Taf.) 41. 50
1907. (III, 46, 72, 46, 42 u. 92 S. m. Abbildgn. u. 2 Taf.) 17. —
— physikalische. Aus d. J. 1906 u. 1907. Kart. 29. —
1906. (III, 141, 55 u. 36 S. m. 10 Taf.) 17. —
1907. (III, 75, 56, 34 u. 30 S. m. Abbildgn. u. 2 Taf.) 12. —

— dasselbe. Jahrg. 1908 u. 1909. Philosophisch-histor. Classe. Lex. 8. Ebd. Kart. 51. —
1908. (XLI, 11, 44, 58, 60, 102, 130, 46, 65 u. 97 S. m. Abbildgn. u. 8 Taf.) 34. —
1909. (XXXVI, 15, 16, 39, 71, 110 u. 41 S. m. Abbildgn., 1 Tab. u. 2 Taf.) 17. —

— dasselbe. Jahrg. 1908 u. 1909. Physikalisch-mathemat. Classe. Lex. 8. Ebd. Kart. 20. 50
1908. (XLI, 49 u. 72 S. m. Abbildgn. u. 9 Taf.) 9. —
1909. (XXXVI, 32, 70 u. 37 S. m. 15 Taf.) 11. 50

Abhandlungen d. kgl. preuß. Akademie d. Wissenschaften zu Berlin. (Inhalts-) Verzeichnis

—— Verzeichniss der, der königl. preussischen Akademie der Wissenschaften von 1710—1870 in alphabetischer Folge der Verfasser. gr. 8. (III, 214 S.) Berlin 871, Dümmler's Verlag. *

Abhandlungen der röm. kaiserl. Josephinischen medizinisch-chirurgischen Akademie zu Wien. Bd 1. 2.
Wien 1787 u. 1801. 4°

„Der k. schwedischen Akademie der Wissenschaften Abhandlungen aus der Naturlehre, Haushaltungskunst und Mechanik, auf die Jahre 1737—1779", aus dem Schwedischen übersetzt von A. G. Kästner, 41 Bände und 2 Bände Univers.-Register, Hamburg und Leipzig 1749—1783. — Vorh.: Commerzbibliothek Hamburg. — Derselben Akademie neue Abhandlungen . . . auf die Jahre 1780—1790, übersetzt von A. G. Kästner, (5. bis 10.) J. D. Brandis und (11. u. 12) N. F. Link, 12 Bände und zwiefaches Univers.-Register, Leipzig 1784—1794. — Vorh.: Commerz-Bibl. Hamburg.

— d. k. Schwed. Acad. d. Wissensch. a. d. Naturlehre rc. v. d. J. 1739 — 79. 41 Bde, mit Kpf. (Vom 3n Bde an übers. v. A. G. Kästner.) Mit 2 Hauptregistern. gr. 8. Leipzig 742 — 79. (Brockhaus). 31 Thlr. Zwiefaches Universalregister über d. 1n — 25n Bd. 771. 16 Gr. Desgl. über d. 26n — 41 Bd. (v. A. G. Kästner). 784. 12 Gr. Neue Abhandll. rc. 1r — 12r Band, v. A. G. Kästner, J. D. Brandis u. H. F. Link. gr. 8. Ebend. 784 — 94. 12 Thlr. 16 Gr.

—— d. Akademie gemeinnütz. Wissenschaften zu Erfurt. 5. Bd. od. der neu. Folge I. Samml. (Vorwort v. Mensing.) Mit 1 Kpfrt. 4. (36 B.) Erfurt 828, (Otto.)
Enthält: Bernhardi, Beiträge z. nähern Kenntniss d. regelmäss. Krystallformen. (12 Gr.) — Keferstein, üb. d. unmittelbaren Nutzen d. Insekten. (12 Gr.) — J. B. Trommsdorff, üb. d. Bereitung d. Bleiweisses im Grossen. (9 Gr.) — G. Ch. Werneburg, üb. wissenschaftl. Bildung d. Gewerbtreibenden etc. (6 Gr.)
1—4. Bd. (A. u. d. T.: Acta nova acad. Erfurt. ann. 1796—1806.) Ebendas. 8 Thlr.

— der Acad. nützl. Wissensch. zu Erfurt. 1r—4r Bd. (A. u. d. T.: Acta nova Acad. scientiar. utilium, quae Erfurti est, ad annos 1796 — 1806. 4 Tomi, c. fig.) gr. 8. Erfurt 806. (Otto). 8 Thlr. 5r Bd oder neue Folge. 1e Samml. (Mit Vorwort v. Dr. Mensing.) Mit 1 Kpf. 4. Ebd. 828. 1 Thlr. 18 Gr.

— der Akademie nützlicher Wissenschaften zu Erfurt. 5r Band, mit Kupf. gr. 8. Erfurt, Maring. 817.

— allgem., v. d. Fischereien, s. du Hamel.

—— allgemein - verständliche naturwissenschaftliche. 1.—5. Heft. gr. 8. Berlin 888, Riemann. *

Inhalt:

Heft 1. Schlegel, V., über den sogenannten vierdimensionalen Raum. [Aus: Naturwissenschaftl. Wochenschrift.] (28 S.) * 60 Pf.
» 2. Schubert, A., das Rechnen an den Fingern und Maschinen. (23 S.) * 50 Pf.
» 3. Kraepelin, K., die Bedeutung der naturhistorischen, insonderheit der zoologischen Museen. (20 S.) * 50 Pf.
» 4. Loew, E., Anleitung zu blütenbiologischen Beobachtungen. (21 S.) * 50 Pf.
» 5 Stapff, F. M., das „glaziale“ Dwykakonglomerat Südafrikas. (25 S.) * M 1.—.

— allgemein-verständliche naturwissenschaftliche. 1.—14. Hft. gr. 8. Berlin 888—890. Dümmler's Vrlg. n. 12. —

1. Ueber den sogenannten vierdimensionalen Raum von V. Schlegel. [Aus: „Naturwissenschaftl. Wochenschr.“] (28 S.) n. — 50
2. Das Rechnen an den Fingern u. Maschinen v. A. Schubert. [Aus: „Naturwissenschaftl. Wochenschr.“] (23 S.) n. — 50
3. Die Bedeutung der naturhistorischen, insonderheit der zoologischen Museen v. K. Kraepelin. [Aus: „Naturwissenschaftl. Wochenschr.“] (20 S.) n. — 50
4. Anleitung zu blütenbiologischen Beobachtungen v. E. Loew. [Aus: „Naturwissenschaftl. Wochenschr.“] (21 S.) n. — 50
5. Das ‚glaziale‘ Dwykakonglomerat Südamerikas v. F. M. Stapff. [Aus: „Naturwissenschaftl. Wochenschr.“] (25 S.) n. 1. —
6. Die Bakterien und die Art ihrer Untersuchung v. Rob. Mittmann. M. 8 Holzschn. [Aus: „Naturwissenschaftl. Wochenschr.“] (29 S.) n. 1. —
7. Die systematische Zugehörigkeit der versteinerten Hölzer [vom Typus Araucarioxylon] in den palaeolithischen Formationen v. H. Potonié. M. 1 Taf. [Aus: „Naturwissenschaftl. Wochenschr.“] (9 S.) n. 1. —
8. Ueber die wichtigen Funktionen der Wanderzellen im tierischen Körper v. E. Korschelt. [Aus: „Naturwissenschaftl. Wochenschr.“] (13 S. m. 10 Holzschn.) n. 1. —
9. Ueber die Meeresprovinzen der Vorzeit v. F. Froch. [Aus: „Naturwissenschaftl. Wochenschr.“] (27 S. m. Holzschn. u. 3 Karten.) n. 1. —
10. Ueber Laubfärbungen v. L. Kny. (28 S. m. 7 Holzschn.) n. 1. —
11. Ueber das Causalitätsprincip der Naturerscheinungen mit Bezugnahme auf Du Bois-Reymond's Rede: Die 7 Welträthsel. Von E. Dreher. (36 S.) n. 1. —
12. Das Räthsel des Hypnotismus. Von K. F. Jordan. (Sonderdr.) (48 S.) n. 1. —
13. Die pflanzengeographische Anlage im königl. botanischen Garten zu Berlin. Von H. Potonié. (Sonderdr.) (48 S. m. 2 Taf.) n. 1. —
14. Untersuchungen über das Ranzigwerden der Fette. Von E. Ritsert. (Sonderdr.) (48 S.) n. 1. —

Abhandlungen, allgemeinverständliche naturwissenschaftliche. [Aus: „Naturwissenschaftliche Wochenschr.“] 15. u. 16. Hft. gr. 8. Berlin 891. Dümmler's Verl. à n. 1. —

15. Die Urvierfüssler [Eotetrapoda] d. sächsischen Rothliegenden. Von Herm. Credner. (62 S. m. Abbildgn.)
16. Das Sturmwarnungswesen an den deutschen Küsten. Von W. J. van Bebber. (32 S. m. 1 Taf. u. 5 Holzschn.)

— allgemeinverständliche naturwissenschaftliche. 17. u. 19.—26. Hft. gr. 8. Ebd. à n. 1. —

17. Kalisalzlager. Von Otto Lang. (48 S. m. 4 Abb.) 899.
19. Pflanzenphysiologische Experimente im Winter. Von F. Schleichert. [Aus: „Naturwiss. Wochenschr.“] (28 S.) 899.
20. Die naturwissenschaftliche Culturlehre. Von L. Frobenius. [Aus: „Naturwiss. Wochenschr.“] (32 S.) 899.
21. Die morphologische Herkunft d. pflanzlichen Blattes u. d. Blattarten. Ein Gedenkblatt zu Goethe's 150. Geburtstage, 28. VIII. 1749—1899. Nach e. vor der Gesellschaft naturforsch Freunde zu Berlin am 18. VII. 1899 geh Vortrage. Von H. Potonié. Mit 12. Abbildgn. (32 S.) 899.
22. Versuch e. Ueberblicks üb. die Vegetation der Diluvialzeit in d. mittleren Regionen Europas. Von C. A. Weber. [Aus: „Naturwiss. Wochenschr.“] (31 S.) 900.
23. D. Mathematik d. Oceanier. Von L. Frobenius. [Aus: „Naturwiss. Wochenschr.“] (35 S.) 900.
24. Die Schilde der Oceanier. Von L. Frobenius. Mit 19 Abbildgn. [Aus: „Naturwiss. Wochenschr.“] (40 S.) 900.
25. Die Lebewesen im Denken des 19. Jahrh. Nach e. Vortrag, geh. vor der litterar. Vereinigg. im Künstlerhause zu Berlin am 5. II. 1900. Von H. Potonié. Mit 11 Bildnissen. [Aus: „Naturwiss. Wochenschr.“] (28 S) 900.
26. Die Farben in der Pflanzenwelt. Von M. Möbius. [Aus: „Naturwiss. Wochenschr.“] (24 S.) 900.

Heft 17 erschien ohne Nummernbezeichnung; Heft 18 s.: Potonié, H., die Metamorphose der Pflanzen im Lichte palaeontol. Thatsachen. Ebd. 898.

Abhandlungen, allgemeinverständliche naturwissenschaftliche, Forts. s. u. d. T.: Abhandlungen, Naturwissenschaftliche

— aus d. Gebiet d. klassischen Altertums-Wissenschaft. Wilh. v. Christ zum 60. Geburtstag dargebracht von seinen Schülern. gr. 8. (IV, 425 S) München 891. C. H. Beck. n. 10. —

Alttestamentliche Abhandlungen hrsg. von Prof. Dr. J[ohannes] Nikel, Breslau. H. 1/2. Münster i. W.: Aschendorff 1908. 8° [illegible]

— alttestamentliche. Hrsg. v. J. Nikel. I. u. II. Bd. à 5 Hefte u. III. Bd. 1. Heft. gr. 8. Münster, Aschendorff. 32. 40

I. 1. 2. Der Einfluß Philos auf die älteste christl. Exegese (Barnabas, Justin u. Clemens v. Alexandria). Ein Beitr. z. Gesch. d. allegorisch-myst. Schriftauslegg. i. christl. Altertum. Von Paul Heinisch. (VIII, 296 S.) 908. 7. 60
3. Hieronymi graeca in psalmos fragmenta, untersucht u. auf ihre Herkunft geprüft. Von Joh. Jos. Klem. Waldis. (IV, 80 S.) 908. 2. 10
4. Die griechische Philosophie im Buche der Weisheit. Von Paul Heinisch. (VII, 158 S.) 908. 4. 20
5. Die Chronologie der beiden Königsbücher. Von Frz. Alfr. Herzog. (VII, 76 S.) 909. nn 2. 10
II. 1—4. Gesch. des Bundesgedankens im Alten Testament. 1. Hälfte. I. Tl.: Die religionsgeschichtl. Möglichk. d. Sinaibundes. II. Tl.: Der Bundesgedanke i. d. altisraelit. Gesch.-Werken. Von Paul Karge. (XX, 454 S.) 910. 12. —
5. Geschichtl. u. literarkrit. Fragen in Esra 1—6. Von Johs. Theis. (VIII, 87 u. III S.) 910. 2. 40
III. 1. Die babylon. Kosmogonie u. d. bibl. Schöpfungsbericht. Ein Beitr. z. Apologie des bibl. Gottesbegriffes. Von Aloys Kirchner. (IV, 76 S.) 910. 2. —

— anatom., chym. u. botan., der königl. Acad. d. Wissensch. in Berlin, v. J. 1692 — 1737. A. d. Franz. v. W. B. A. v. Steinwehr. 9 Theile, mit 248 Kpf. gr. 8. Bresl., W. G. Korn. 749 — 62. 12 Thlr.

Anatomische, chymische und botanische Abhandlungen der königlichen Akademie der Wissenschaften zu Paris. [Übers.: W. B. A. v. Steinwehr.] T. 1–9. Breslau: W. Korn 1749–60. 8°

— v. Anlegung e. Obstgartens, s.: Anlegung.

Abhandlung, von dem heutigen Ansehen der deutschen Sprache in dem Russischen Reiche, bey seinem Abschiede aus der Deutschen Gesellschaft zu Leipzig am 16. Tage des Merz-Monats 1735. öffentlich abgelesen von JOHANN GEORGE LOTTERN, ... Leipzig s. a. Gedruckt bey Bernhard Christoph Breitkopf. 8°.

— zur Anthropologie, Ethnologie u. Urgeschichte. Festschrift, den Teilnehmern an der XXXIX. allgem. Versammlg. der deutschen anthropolog. Gesellschaft in Frankfurt a. M. gewidm. v. der Frankfurter anthropolog. Gesellschaft. (V, 103 S. m. 11 Taf.) Lex.8. Frankfurt a/M. 908. J. Baer & Co. — H. Minjon. 6. —

Abhandlungen zur Anthropologie, Ethnologie und Urgeschichte. Festschrift den Teilnehmern an d. 39. allgem. Versammlung d. Deutschen Anthropolog. Gesellschaft in Frankfurt a. M. gewidmet von d. Frankfurter Anthropolog. Gesellschaft. Frankfurt a M.: H. Minjon in Komm 1908. (103 S.) 4° {08. 1447}

— über eine beträchtl. Anzahl Erdarten, u. ders. Gebr. f. d. Landwirth, (von Jh. Gerh. Reinh. Andreä.) gr. 8. Hannov. 769. Ritscher. 16 gl

Abhandlungen zum Arbeitsgebiet des Reichspatentamts. Festgabe zur Feier des 50jähr. Bestehens d. Reichspatentamts. Hrsg. v. Hermann Isay. — Berlin: Heymann 1927. 224 S.
1: Oos 2/107. 12: Techn. 2047 u. 2. 3. 5. 7. 8. 11. 83.
1,3367

Abhandlungen, Archaeologische. Leipzig 1820. V: *Stieglitz, Christian Ludwig.* (MGT)

— über die beste Art, d. Reps u. Kohlsaat anzubauen, a. d. Franz. gr. 8. Bern. Typogr. 775.

— über die beste Art, d. Reps u. Kohlsaat anzubauen; aus dem Französ. gr. 8. Bern 791. Typogr. Soc. 5 gl

— über d. Art, wie Briefe f. Kinder zu schreiben sind. 8. Berl. 787. (Stuhr). 4 gl

Arzneykundige Abhandlungen. Hrsg. von dem Collegio der Aerzte in London (Medical transactions, dt.). [Übers.: Carl Christian Krause.] Bd 1–3.
Leipzig: Fritsch 1768–87. 8°

— arzneikundige, von d. Collegio d. Aerzte in London; a. d. Engl. v. D. Krause. 3 Thle. gr. 8. Leipz. 768—87. (Hahn.) 2 rß 16 gl

Abhandlungen der schwedischen Ärzte, oder Sammlung seltener Beobachtungen und Fälle aus allen Theilen der Medicin (Acta medicorum Suecicorum). T. 1.
St. Gallen: Huber & Co. 1785. 8°

— der schwed. Aerzte oder Samml. selt. Beobachtt. u. Fälle aus d. Medicin; aus d. Latein. v. Jh. Jak. Römer. 1r Thl. Mit Kpf. gr. 8. St. Gallen 785. Huber u. C. 18 gl

Astronomische Abhandlungen. Hrsg. von H[einrich] C[hristian] Schumacher. H. 1–3. — Altona 1823–25: Hammerich & Heineking.
1: 4° Oh 1809. 12: 4° Astr. U. 132m. 300: 72 P 78. 2. 4. 5[∞3]. 6. 7. 8. 10. 11. 89.
1,3368

— astronomische, als Ergänzungshefte zu den astronom. Nachrichten, hrsg. v. H. Kreutz. Nr. 1—3. gr. 4. Kiel. (Hamburg, W. Mauke Söhne.) n. 14. 50
1. Untersuchungen üb. das System der Cometen 1843 I, 1880 I. u. 1882 II. Von Heinr. Kreutz. 3. Thl, (IV, 90 S.) 901. n. 9. —
Der 1. u. 2. Thl. sind als Publikationen d. Kieler kgl. Sternwarte erschienen u. im Buchhandel nicht zu haben.
2. Bestimmung der Bahn des Cometen 1897 I. Von Jobs. Möller. (21 S.) 901. n. 2. 50
3. Definitive Determination of the orbit of comet 1898 I. by D. Heber Curtis. (II, 35 S.) 902. n. 3. —

— astronomische, als Ergänzungshefte zu den astronom. Nachrichten hrsg. v. H. Kreutz. Nr. 4—11. Lex.-8. Kiel. (Hamburg, W. Mauke & Söhne.) nn. 22. 50
Auwers, A., Tafeln zur Reduction von Sterncatalogen auf das System des Fundamentalcatalogs des Berliner Jahrbuchs. (III, 47 S.) 904. (Nr. 7.) n. 3. —
Foerster, Wilh., Beiträge zur Ausgleichung der fundamentalen Ortsbestimmungen am Himmel. (45 S. m. Fig.) 904. (Nr. 5.) n.n. 3. 50
Hessen, Kurt, die rechnerische Bearbeitung der Messungen v. Monddistanzen. Mit e. Vorwort v. Wilh. Foerster. (V, 27 S.) 905. (Nr. 10.) n. 2. 50
Kreutz, Heinr., genäherte Örter der Fixsterne, v. welchen in den astronomischen Nachrichten Bd. 113 bis 163 selbständige Beobachtungen angeführt sind. Unter Mitwirkg. v. Elis Strömgren zusammengestellt. (IV, 72 S.) 904. (Nr. 6.) n. 4. —
Mello e Simas, Manoel Soares de, definitive orbit elements of comet 1900 II. Merfield, Charles J., definitive orbit elements of comet 1901 I. (IV, 28 S.) 903. (Nr. 4.) n. 2. 50
Merfield, Charles J., definitive orbit elements of comet 1901 I, s.: Mello e Simas.
Ross, Frank E., definitive orbit of comet 1814 II (Mauvais.) (II, 28 S.) 905. (Nr. 9.) n. 2. 50
Schumann, R., numerische Untersuchung üb. Polhöhenschwankung u. Aberrationskonstante. Mit 2 Taf. (II, 29 S.) 906. (Nr. 11.) n. 2. 50
Wilkens, Alex., Untersuchungen üb. Poincarésche periodische Lösungen des Problems der drei Körper. (29 S. m. 1 Taf.) 905. (Nr. 8.) n. 2. -
Nr. 1—3. Ebd. 901. 902. n. 14. 50.

— astronomische, als Ergänzungshefte zu den astronom. Nachrichten hrsg. v. H. Kobold. Nr. 12—17. Lex.-8. Kiel. (Hamburg, W. Mauke Söhne.) nn 42. —
12. Untersuchn. üb. die Bewegung des Planeten (13) Egeria. Von Jos. H. Hoelling. Mit 1 Taf. (II, 30 S.) 907. 2. 50
13. Definitive orbit of comet 1826 II. By Elizab. B. Cowley, and Ida Whiteside. Communicated by the director of the observatory of Vassar College. (IV, 18 S.) 907. nn 1.50
14. I. Abhandlg. Bestimmung der Bahn des Kometen 1825 I. Von Hans Boegehold. — II. Abhdlg. Definitive orbit of comet 1886 III. By Caroline E. Furness and Emma Phoebe Waterman, A. M. (II, 35 S.) 908. 2. 50
15. Allgem. Jupiter- u. Saturn-Störungen des Planeten (447) Valentine. Von Hans Osten. (II. 38 S.) 908. 2. 50.
16. Fehlerverzeichnis zu den Sterncatalogen des 18. u. 19. Jahrh. Veröffentlichung der Commission der königl. preuss. Akademie der Wissenschaften f. die Geschichte des Fixsternhimmels. Von F. Ristenpart. (VIII, 2 u. 509 S.) 909. nn 30. —
17. Abhandlungen, 6, verschiedenen Inhalts. (IV, 44 S. m. 3. Taf.) 910. 3. —
Nr. 1—11. Ebd. 901—906. 37. —

Hamburg. Sternwarte. Abhandlungen, Astronomische. – 1909-14.

— astronomische, der Hamburger Sternwarte in Bergedorf. Hrsg. vom Direktor R. Schorr. I. Bd. (4. Beiheft zum Jahrb. der hamburg. wissenschaftl. Anstalten. XXVI. 1908.) (V, III, 130; 10 u. 100 S. m. 6 Taf.) Lex.8. Hamburg 909. L. Gräfe & Sillem. 20. —

Astronomische Abhandlungen der Hamburger Sternwarte in Bergedorf. Hrsg. v. Dir. Dr. R[ichard] Schorr. Bd 1. Hamburg 1909: Lutcke & Wulff 4° {10. 362 7

— zum historischen Atlas der österreichischen Alpenländer. (VI, 310 S. m. 1 Karte.) gr. 8. Wien 906. (A. Hölder.) n. 6. 30
Sonderabdruck aus: „Archiv f. österr. Gesch."

— zum historischen Atlas d. österr. Alpenländer. V.—VII. gr. 8. Wien (A. Hölder). 15. 20
V. VI. (V u. S. 311—661 m. 1 Karte u. 1 Kartenskizze) 907. 7. —
VII. Hausruck u. Atergau. Von Jul. Strnadt. M. 1 Karte u. 1 Kartenskizze im Texte. (III, 396 S.) 908. 8. 20
Sonderabdruck aus „Archiv f. österr. Gesch."

— über die Aufgabe d. Hamburger Gesellsch. z. Beförder. d. Künste 2c., die Erziehung d. Waisenkinder betr. (v. J. C. G. Haun od. Geo. Cph. Starck?) gr. 8. Hamb. 780. Bohn. 3 gl

— zur Aufklärung d. Rechte u. Pflichten d. Menschen, s. a. Journal.

— zur Aufklärung üb. d. Rechte und Pflichten d. Menschen ꝛc. s. a. Schmidt, J. E. Chr., u. K. Grollmann.

Abhandlungen zur Aufklärung über die Rechte und Pflichten des Menschen und Bürgers. Hrsg. von Johann Ernst Christian Schmidt, Karl Grolmann [Grolman] und Friedrich Wilhelm Daniel Snell. — Hadamar: Neue Gelehrten Buchh. [um 1800]. 144,202 S. 2.
1.3369

— über d. Auflösbark. des Ehestandes zwischen Katholiken. 8. Cöln 803. Oedenkoven. 5 gr.

Abhandlungen gesellschaftswissenschaftlicher Aufsätze. H. 1. 2.
München: Ernst 1885. 8°

— auserlesene, für Aerzte, Naturforscher u. Psychologen; aus d. Schriften d. Gesellschaft zu Manchester. Aus dem Engl., mit Zusätzen herausg. von A. W. Schwenger. gr. 8. Leipzig 795. (Cnobloch). 8 gr.

— auserlesene, aus dem Gebiete der Augenheilkunde. Herausg. v. e Augenarzte. 1s u. 2s Hft. Mit 2 Kpfrtaf. gr. 8. Berl. 838. Förstner. (à 2/3 Thlr.) 1 1/3 Thlr.

Auserlesene Abhandlungen über Gegenstände der Policey, der Finanzen und der Oekonomie. Gezogen aus den Jahrgängen des Hannoverischen Magazins von E[rnst] L[orenz] M[ichael] Rathlef. Bd 1–3. — Hannover: Helwing 1786–88. 3. 4.
1.3370

Auserlesene Abhandlungen philosophischen, ästhetischen, literärischen Inhalts. Aus d. Mémoires de l'Institut national oder auch andern Jahrbüchern gelehrter Akad. übers. u. mit einigen Anm. begl. von Karl Adolph Cäsar. Bd 1. 2. — Leipzig: Reinicke 1802–03.
1: Ag 8216. 12: Acad. 23. 10.
1.3371

— auserl., prakt., u. chirurg. Inh. a. d. Londoner philos. Transact. v. 1695—1757 gesammelt v. Leske. 5 Bde. gr. 8. Lübeck 774—78. (Aschenfeld). 6 Thlr. 16 gr.

— auserles., prakt. u. chirurg. Inhalts, aus d. philosoph. Transactionen u. Sammll. Gesammelt u. übersetzt v. N. G. Leske. 5 Bde, mit Kpf. gr. 8. Lübeck 774—78. Bohn. 6 Thlr. 16 gr.

Abhandlungen auserlesene Inhalt

Auserlesene Abhandlungen praktischen und chirurgischen Innhalts, aus den philosophischen Transaktionen und Sammlungen der Jahre 1699 bis 1720 gesammlet und übersetzt von Nathanael Gottfried Leske. Th. 1 - 5, gbd., Abb.

Lübeck u. Leipzig: Donatius 1774 - 1778

— auserles., über wichtige u. angenehme Materien, theologischen Inhalts. 8. Leipz. 774. Weygand. 12 gr.

— auserl., über Medicin u. chirurg. Gegenst. a. d. hannöv. Magazin. 5 Bde. gr. 8. Hannover, Hellwing. 786.

— auserl., medicin.-chirurg., anatom., chymische u. botanische, d. röm. k. Academie d. Naturforscher; aus d. Latein. mit Kpf. 20 Bde (9r—20r Bd. v. P. L. S. Müller). 4. Nürnb. 755—71. Stein. 28 Thlr. 16 gr.

Anfang s.: Miscellanea curiosa medico-physica Dec. I - III. Lipsiae, Norimbergae, Francoforti: 1670 - 1739

Auserlesene medizinische Abhandlungen des Auslandes. Im Doktor-Jubeljahre des Herrn Christoph Wilhelm Hufeland geschrieben u. zu dessen Doktor-Jubelfeier deutsch hrsg. von [Moritz] Kalisch. Mit 2 Taf. Abb. — Berlin: Mittler 1833. 167 S.
Nebent.: Denksteine zum funfzigjaehrigen Doctorjubilaeum des Herrn C. W. Hufeland. Ges. u. aufgerichtet von Kalisch.
1: 4° Ic 2400. 2. 5. 6. 11.
1.3372

Einige auserlesene medizinisch-gerichtliche Abhandlungen von Wilhelm Joseph Schmitt, Christoph Ludwig Bachmann, Johann Friedrich Küttlinger. — Nürnberg: Schrag 1813. 72 S.
Aus: Denkschriften der Physical.-Medic. Societät in Erlangen.
1: 4° Kr 243. 2. 4. 5. 6. 7.
1.3373

Auserlesene medicinisch-praktische Abhandlungen der neuesten französischen Literatur. Hrsg. von J[ohann] K[laudius] Renard u. F[ranz] J[osef] Wittmann. Bd [1.] 2,1. Pesth: Hartleben 1817–18.
300[** 2,1]: 68 Mn 37. 2. 10.
1.3374

— auserles., zur Naturgeschichte, prakt. Physik u. Oekonomie, gesamm. u. übers. v. N. G. Leske. 1r Bd. in 2 Thlen, m. Kpf. gr. 8. Leipz. 779 u. 80. Weygand. 3 Thlr. 22 gr.

— auserl., philosophische, ästhet. literar. Inhalts. Aus d. Mémoires de l'instit. nation. u. a. übers. v. K. A. Cäsar. 2 Bde. gr. 8. Leipz. 802 u. 803. Reinecke in Halle. 1 Thlr. 15 gr. Schrbp. 1 Thlr. 20 gr.

— auserl., über Polizey-, Finanz- und ökonom. Gegenst. a. d. hannöv. Magazin. 3 Thle. 8. Hannover, Helwing. 786—88. (1r 1 Rthlr., 2r 1 Rthlr. 8 gr., 3r 18 gr.)

Auserlesene vollständige Abhandlungen von der Colik von Poitou. Aus dem Lat. der Herren [Anton] de Haen, Grashuys, Tranchin und Strack übers. von Karl Franz Schröder. — Kopenhagen 1781. 8.
1.3375

Auserlesene Abhandlungen, welche an die Kgl. Akademie der Wissenschaften zu Paris eingesendet worden s. a. *Zeitschriften.*

Auserlesene Abhandlungen, welche an die Kgl. Akad. der Wissenschaften zu Paris eingesendet worden. (Mémoires de mathématique et de physique, prés. à l'Académie Royale des Sciences, dt.) [Übers.: Ferd. Wilh. Beer.] T. 1. 2.
Leipzig: Gleditsch 1752–54. 8°

— ausführl., über d. Entstehung u. Heilung veralt. Geschwüre, (v. Chr. A. Buhle). 8. Braunschw. . . 2e Aufl. 796. Schröder. 4 gr.

— ausführl., über d. Silhouett. u. deren Zeichn. ꝛc. mit Kpf. 8. Frankf. 779. Perrenon. 20 gr.

— ausführl., v. Wasseruhren u. s. w. v. G. H. W. gr. 8. Halle 752. Kümmel. 8 gr.

— ausgewählte, anatom., patholog. u. chirurg., für Aerzte und Wundärzte; aus d. Engl., mit 17 Kpf. gr. 8. Leipzig 810. N. T. 818. u. 26. (W. Nauck). 1 Thlr. 8 gr.

— ausgewählte u. anat., patholog. u. chirurg., v. Brown, Carrlisle, Dyer, Fransford u. A. Aus d. Engl. mit 17 Kupf. gr. 8. Leipzig 826. Sommer.

Abhandlungen und Auszüge aus den Schriften der K. Acad. der Inschriften und der schönen Wissenschaften zu Paris. Aus dem Französ. von Heyne u. Hissmann. Leipz. 81. 82. 2 Bände. 8. 2 rthl. 6 gr.

***Abhandlungen und Auszüge der kgl. Akademie der Inschriften und schönen Wissenschaften zu Paris. (Histoire de l'Académie Royale des Inscriptions et Belles Lettres, Ausz. dt.). [Uebers.: Michael Hissmann.] Bd 1. (Alte Geschichte und Zeitrechnung Asiens.)**
Leipzig: Weidmann 1782. 8°

— vom Bau, Alter u. Farben d. Pferde. gr. 8. Wien 785. (Beck). 8 ℛ

— v. Bau, Alter u. Farben d. Pferde. gr. 8. Wien, Wappler. 785.

— vom Bau d. Gartennelke u. deren Schönheit. Mit 6 ill. Kpf., v. J. S. Knüpfer gestochen. 8. Leipz. 810. H. Richter.

— v. Bau d. Nelken, Hyacinthen u. Ranunkeln ꝛc. Mit 2 Kpf. 8. Nürnb. 803. Stein. (Central-Cptr. in Leipz.) 6 ℛ

— vom Bau u. Nutzen des türkischen Waitzens. 8. Bern 763. Typograph. Soc. 3 ℛ Dass. (herausg. v. C. G. Baumann). 8. Berl. 757. (Horvath in Potsd.) 3 ℛ

— v. Bau u. Nutz. d. türkisch. Waizens. 8. Bern, Typogr. 763.

— v. d. Bau nicht rauchender feuerfesten Schornsteine ꝛc. m. K. gr. 8. Marburg, Kriegær. 790.

— v. e. auf Westphäl. Art eingericht. Bauernhause (oder neuer Tit. z. Cancrins Schriften. 1r) m. K. 4. Riga. (Hartknoch in Leipz.) 797.

— v. Baumschulen, worinnen deren Anlegung, Pflege u. Wartung gehandelt wird. (Von Karl Friedr. v. Benekendorf.) gr. 8. Berlin, 1776. 2. Aufl. 1789. (Pauli.) — 5

— v. Baumschulen; herausg. v. d. Verf. d. Berl. Beitr. (K. F. v. Beneckendorf). gr. 8. Berl. 776. 2e A. 789. (Reimer). 4 ℛ

— dasselbe. gr. 8. Potsdam, Horvath. 776.

— v. d. Baumzucht, s. Luden, Joh. Mor

— u. Beantwortung der im J. 1783 von e. Ungenannten aufgeg. Preisfragen wegen Abschaffung d. Accidentalhebungen d. Geistlichkeit ꝛc. (v. J. J. H. v. Müller). 8. Schwerin 785.

Abhandlungen über wichtige Begebenheiten aus der Geschichte. Zürich 1763 s. Fäsi, Johann Conrad.

Abhandlungen bei Begründung der Königl. Sächs. Gesellschaft der Wissenschaften am Tage der 200jähr. Geburtsfeier Leibnitzens. Herausgeg. von d. Fürstl. Jablonowskischen Gesellschaft. gr. Lex.-8. (Mit 10 lith. Taf.) Leipzig 846, Weidmannsche Buchh. n. 5 ß

Abhandlungen u. Bemerkk. üb. Hrn. Thedens Spießglastinctur. 8. Amsterd. 783. (Hof, Grau). 3 ℛ

Abhandlungen und Beobachtungen aus der Arzeneygelahrtheit. Von einer Gesellschaft v Aerzten in Hamburg. Hrsg. von Paul Dieterich Giseke. — Hamburg 1775: Meyn. 357 S. 1: Ic 2247. 8. 1.3378

— Ebd. 1776. 5. 7. 1 3379

Abhandlungen und Beobachtungen aus der Arzneigelahrtheit von einer Gesellschaft von Arzten in Hamburg. Hamb. 1776. II: *Giseke, Paul Dieterich* (ML) (Schr)

ABHANDLUNGEN UND BEOBACHTUNGEN DER ÄRZTLICHEN GESELLSCHAFT ZU MÜNSTER.

Bd. 1. Mit 2 lithographirten Tafeln (und meteorologischen Tabellen). Münster 1829. Coppenrathsche Buch- und Kunsthandlung. 8°.

***Abhandlungen und Beobachtungen durch die ökonomische Gesellschaft zu Bern gesammelt. Jg. 3–7 (zu je 4 St.); Jg. 8–14 (zu je 2 St.) Bern: Oekonomische Gesellschaft 1762–73. 8°**

ℭ Jg. 1 u. 2 u. d. T.: Der Schweitzerischen Gesellschaft in Bern Sammlungen von landwirtschaftlichen Dingen. Zürich 1760 ff.

ℭ Forts. u. d. T.: Neue Sammlung physisch-ökonomischer Schriften. Bern 1779 f.

„Abhandlungen und Beobachtungen durch die ökonomische Gesellschaft zu Bern gesammelt", 14 Jahrgänge, Bern 1760—1773 (Oekonomische Gesellschaft). — Vorh.: Preußische Staatsbibliothek Berlin — Ou 17300. — Jahrgang 1 und 2 u. d. T.: „Der Schweitzerischen Gesellschaft in Bern Sammlungen von landwirthschaftlichen Dingen", Zürich 1760—1761 (auch französisch). Fortsetzung u. d. T.: „Neue Sammlung Physisch-ökonomischer Schriften, herausgegeben von der ökonomischen Gesellschaft des Kantons Bern", Band 1—3, Bern 1779—1785 (Bd. 2 f. Zürich). — Vorh.: Preußische Staatsbibliothek Berlin — Ou 17302.

„Abhandlungen und Beobachtungen der ökonomischen Gesellschaft zu Bern", Bern 1762—1773 (Oekonomische Gesellschaft). — Vorh. Preuß. StB Berlin — Ou 17300.

— u. Beobachtt. d. schweizer. ökon. Gesellsch. in Bern 1760—773. 42 Thle u. Regist. gr. 8. Bern, Typogr. Soc. 21 ß

„Abhandlungen und Beobachtungen aus der Oekonomie, Cameral- und Finanzwissenschaft", Giessen 1786.

ABHANDLUNGEN U BERICHT ... DES VEREINS FÜR NATURKUNDE ZU KASSEL (CASSEL).

XXXX, über das Vereinsjahr 1894—95 Im Auftrage des Vorstands herausgegeben von KARL ACKERMANN (Mit 2 Textabb. und 1 lithograph. Taf.) ib. 1895. Th. G Fischer & Co.

XLI., über das Vereinsjahr 1895—96 Im Auftrage des Vorstands herausgegeben vom ... Geschäftsführer HERMANN SCHELENZ. (Mit Textabbildungen.) ib. 1896. —

ABHANDLUNGEN UND BERICHT .. DES VEREINS FÜR NATURKUNDE ZU KASSEL.

XXXXII, über das 61 Vereinsjahr 1896—97 Im Auftrage des Vorstandes herausgegeben von KARL ACKERMANN (Mit 1 Textabbildung und 1 Porträt.) ib. 1897 Verlag des Vereins.

XXXXIII, über das 62. Vereinsjahr 1897—98. Im Auftrage des Vorstands herausgegeben von KARL ACKERMANN (Mit 1 Karte.) ib. 1898 —

XLIIII, über das 63 Vereinsjahr 1898—99 Im Namen des Vorstands herausgegeben von KARL ACKERMANN (Mit 2 Textabbildungen und 1 Porträt.) ib. 1899 — Darin mit bes. Titelbl. Bibliotheca Hassiaca Repertorium der landeskundlichen Litteratur für den Preuss Regierungsbezirk Kassel, das ehemalige Kurfürstenthum Hessen Herausgegeben von KARL ACKERMANN 9 und letzter Nachtrag. ib. 1899. Selbstverlag des Herausgebers. — Hofrath Dr Carl Claus, vormals Professor der Zoologie an der Universität zu Wien. * 2 I 35 zu Kassel, † 18. I. 99 in Wien. Bis 1873 Autobiographie, vollendet von v ALTH in Wien. Herausgegeben vom Verein für Naturkunde zu Kassel. Mit dem Bildniss Claus' und einem chronologischen Verzeichniss seiner Publikationen ib. 1899. —

XLV, über das 64. Vereinsjahr 1899—1900. Unter Mitwirkung des Vereinsvorstandes herausgegeben von L. WEBER. ib. 1900 Verlag des Vereins

XLVI, über das 65. Vereinsjahr 1900—1901 Unter Mitwirkung des Vereinsvorstandes herausgegeben von L. WEBER. ib. 1901 —

XLVII, über das 66 Vereinsjahr 1901—1902 Unter Mitwirkung des Vereinsvorstandes herausgegeben von L. WEBER. (Mit 1 Tafel.) Kassel 1902. —

XLVIII, über das 67 Vereinsjahr 1902—1903. Unter Mitwirkung des Vereinsvorstandes herausgegeben von L WEBER. (Mit 1 Tafel) ib 1903. —

XLIX, über das 68 und 69 Vereinsjahr 1903—1905. Unter Mitwirkung des Vereinsvorstandes herausgegeben von Dr phil L FENNEL. (Mit 1 Tafel) ib. 1905. —

L. LI., über das 70. (und) 71 Vereinsjahr 1906 (—) 1907 Im Auftrage des Vereinsvorstandes herausgegeben von B SCHAEFER. ib 1906 (—) 1007 —

(LII), über das 72. und 73. Vereinsjahr 1907—1909. Im Auftrage des Vereinsvorstandes herausgegeben von B. SCHAEFER. ib. 1909 —

LIII, über das 74—76 Vereinsjahr 1909—1912. Im Auftrage des Vereinsvorstandes herausgegeben von B SCHAEFER. ib. 1913 —

Abhandlungen und Berichte. Aus Anlass d. Feier d. 20jähr. Bestehens d. Württemb. Bezirksver. [des Vereins] Deutscher Ingenieure zsgest. u. diesem gewidmet v. C[arl] Bach. — Stuttgart: Bergsträsser 1897. VII. 297 S.. 14 Taf. 4° 1.

— u. **Berichte** d. königl. zoologischen u. anthropologisch-ethnographischen Museums zu Dresden. 1. Bd.: Arbeiten d. J. 1886/87. 7 Nrn. Hrsg. m. Unterstützg. d. Generaldirection d. königl. Sammlgn. für Kunst u. Wissenschaft v. A. B. Meyer. Mit 16 z. Th. color. Taf. in Lichtdr. u. 20 Fig. in Holzschn. Imp.-4. (III, 235 S.) Berlin, Friedländer & Sohn. n. 40. —

1. Meyer, A. B., Bericht üb. einige neue Einrichtgn. d. zoolog. u. anthropol. Museums zu Dresden. (Eiserne Schränke u. Pulte, Entfettungsapparat, Schädel u. Vogelständer.) (14 S. m. 6 Taf. in Lichtdr.) (darunter 1 Doppeltaf.) Einzelpr. n. 8.—
2. — Verzeichniss der von ihm in den J. 1870—73 im Ostindischen Archipel gesammelten Reptilien u. Batrachier. (16 S.) Einzelpr. n. 2. 40
3. Hoffmann, B., über Säugethiere aus dem Ostindischen Archipel (Mäuse, Fledermäuse, Büffel). (29 S. m 1 Taf.) Einzelpr. n. 4. —
4. Uhle, M., über die ethnolog. Bedeutung d. Malaiischen Zahnfeilung. (18 S. m. 20 Holzschn.) Einzelpr. n. 3. —
5. Haase, E., die Indisch-Australischen Myriopoden. I. Chilopoden. (118 S. m. 6 Taf. in Lichtdr. [118 Abbildgn.]) Einzelpr. n. 20. —
6. Naumann, E., fossile Elephantenreste von Mindanáo, Sumátra u. Malakka. (11 S. m. 1 Taf.) Einzelpr. n. 3. —
7. Nuttall, Z., das Prachtstück altmexikanischer Federarbeit aus der Zeit Montezuma's im Wiener Museum. (29 S. m. 2 color. Taf. [50 Abbildgn.]) Einzelpr. n. 8. —

Vorstehendes bildet eine neue Folge der „Mittheilungen aus dem königl. zoolog. Museum zu Dresden", hrsg. von A. B. Meyer. 1.—3. Heft. Dresden 1875—78, W. Baensch. *M 119.—.

— **dasselbe.** 2. Bd.: Arbeiten d. J. 1888/89. 5 Nrn. Mit 10 z. Th. color. Taf. in Lichtdr. u. 39 Fig. in Holzschn. Imp.-4. (IV, 264 S.) Ebd. n. 40. —

1. 3. Jahresbericht (1887) der ornitholog. Beobachtungsstationen im Königr. Sachsen. Bearb. von A. B. Meyer u. F. Helm. Mit e. Anh. über d. Vorkommen des Steppenhuhnes in Europa i. J. 1888. (IV, 124 S.) Einzelpr. n. 12. —
2. Nehring, A., über Sus Celebensis u. Verwandte. (34 S. m. 2 Taf. [16 Fig.] u. 15 Holzschn.) Einzelpr. n. 6. —
3. Meyer, A. B., Lung-Ch'üan-Yao oder altes Seladon-Porzellan, nebst Anh. über damit in Verbindung stehende Fragen. (41 S. m. 4 color. Lichtdrucktaf. u. 24 Holzschn.) Einzelpr. n. 12. —
4. Kirsch, Th., Coleopteren gesammelt in den J. 1868 bis 1877 auf einer Reise durch Süd-Amerika v. Alph. Stübel. (58 S. m. 4 color. Taf.) Preis mit folgender Nr. 5 (Nekrolog Kirsch) zusammen n. 20. —
5. Meyer, A. B., Nekrolog auf Theodor Kirsch. (7 S. mit 1 photogr. Portrait.) Einzelpr. n. 2. —

— **dasselbe.** 3. Bd.: Arbeiten der J. 1890/91. Nr. 2. Heller, K. M., der Urbüffel von Celebes: Anoa depressicornis (H. Smith). Versuch einer Monographie. Mit 3 Lichtdrucktaf. Imp.-4. (41 S.) Ebd. n. 8. —
Nr. 1 erschien noch nicht.

— u. **Berichte** d. königl. zoologischen u. anthropologisch-ethnographischen Museums zu Dresden. 1890/91. (III. Bd.) Hrsg. m. Unterstützg. der Generaldirection der königl. Sammlgn. f. Kunst u. Wissenschaft v. A. B. Meyer. Mit 8 Taf. in Licht- u. Steindr., darunter 1 color. Imp.-4. (III, 42; 40, 56, 17, 17 u. X, 92 S.) Berlin 892. R. Friedländer & Sohn. n. 40. —

— **dasselbe.** 1892/93. Mit 24 Taf. in Licht-, Steindr. u. Photolith. Imp.-4. (III, 27, 48, 33, 8, 3 u. 11 S.) Ebd. 894. n. 40. —

— u. **Berichte** des königl. zoolog. u. anthropolog. ethnograph. Museums zu Dresden. 1894/95. Hrsg. m. Unterstützg. d. Generaldirection d. kgl. Sammlungen f. Kunst u. Wissenschaft v. A. B. Meyer. Mit 12 Taf. in Licht- u. Steindr., darunter 6 color., sowie 22 Zinkogr. im Text. Imp. 4. (III, 2, 4, 4, 3, 11, 2, 5, 20, 9, 2, 70, 6, 4, 8, 34 u. 17 S.) Berlin 895. R. Friedländer & Sohn. n. 40. —

— **dasselbe.** 1896/97. VI. Bd. Mit 20 Taf. in Licht- u. Steindr., darunter 9 color., sowie 24 Zinkogr. im Text. Imp.-4. (III, III, 16, 20, 26, 3, 4; VIII, 36, 3, 7, 23, 36 u. 7 S.) Ebd. 897. n. 50. —

— u. **Berichte** des königl. zoologischen u. anthropologisch-ethnograph. Museums zu Dresden. 1898/99. VII. Bd. Hrsg. m. Unterstützg. der Generaldirection der königl. Sammlgn. f. Kunst u. Wissenschaft v. A. B. Meyer. Mit 16 Taf. in Licht- u. Steindr., darunter 10 color., u. 3 Zinkogr. im Texte. Imp.-4. (VII, 3, VII, 83, 42, 3, 4, III, 35, VIII, 55, 8, 3 u. 4 S.) Berlin 899. R. Friedländer & Sohn. n. 50. —

— **dasselbe.** 1899. Festschrift für A. B. Meyer. Mit 8 Taf. in Lichtdr., 1 Taf. in Steindr., 79 Textabbildgn. in Autotyp. u. Zinkogr. u. 1 Karte im Texte. Imp.-4. (IX, 36, 26, 14, 14, 14, 13, 40 u. 18 S.) Ebd. 899. n. 30. —

Hieraus einzeln:
Blumentritt, F., Verzeichnis philippinischer Sachwörter aus d. Gebiete der Ethnographie u. Zoologie. (III, 36 S.) n. 4. —
Faust, J., neue Curculioniden Madagaskars. (26 S.) n. 4. —
Foy, W., u. O. Richter, zur Timor-Ornamentik. Mit 38 Textabbildgn. in Autotypie. (14 S.) n. 4. —
Heller, K. M., neue u. wenig bekannte Lomapteren. (14 S.) n. 2. —
Jablonowski, J., über die Bildung des Medullarstranges beim Hecht. Mit 1 Taf. in Steindr. u. 5 Fig. im Texte. (18 S.) n. 5. —
Parkinson, R., die Volksstämme Neu-Pommerns. Mit e. Karte im Text. Anmerkgn. u. 1 Taf. in Lichtdr. von W. Foy. (14 S.) n. 4. —
Stolpe, H., über die Tätowirung der Oster-Insulaner. Mit 21 Textabbildgn. in Autotyp. u. Zinkogr. (13 S.) n. 4. —
Wandolleck, B., zur Anatomie der cycloraphen Dipterenlarven. Anatomie der Larve v. Platycephala planifrons (F.). Mit 2 Taf. in Lichtdr. u. 11 Textfig. in Zinkogr. (40 S.) n. 9. —

— **dasselbe.** 1900/1. IX. Bd. Hrsg. m. Unterstützg. der Generaldirection der königl. Sammlgn. für Kunst u. Wissenschaft von A. B. Meyer. Mit 13 Taf. in Licht- u. Steindr., darunter 1 Doppeltaf., u. 90 Abb. im Texte. Imp.-4. (VIII, VIII, 72; 14, 16, IV, 108; 46, 150 u. 8 S.) Berlin 901. R. Friedländer & Sohn. n. 50. —

— **dasselbe.** 1. u. 2. Beiheft. Imp.-4. Ebd. n. 32. —

1. Über Museen des Ostens der Vereinigten Staaten v. Nord-Amerika. Reisestudien. Von A. B. Meyer. II. (VI, 101 S. m. 59 Abbildgn.) 901. n. 20. —
2. Hauptverzeichniss zu den 3 Heften Mittheilungen aus d. k. zoologischen Museum zu Dresden 1875—78 und den 9 Bänden Abhandlungen u. Berichte des königl. zoolog. u. anthropol.-ethnogr. Museums zu Dresden 1886—1901. Hrsg. mit Unterstützung der Generaldirection der königl. Sammlgn. f. Kunst u. Wissenschaft. Von A. B. Meyer. (65 S.) 902. n. 12. —

— **dasselbe.** 1902/3. X. Bd. Hrsg. m. Unterstützg. der Generaldirection der königl. Sammlgn. f. Kunst u. Wissenschaft v. A. B. Meyer. Nr. 1 u. 2. Imp.-4. Ebd. n. 18. —

1. Über einige europäische Museen u. verwandte Institute. Reiseerfahrungen. Von A. B. Meyer. Mit 40 Abbildgn. (VI, 66 S.) 902. n. 15. —
2. 3. Beitrag zur papuanischen Käferfauna. Von K. M. Heller. Mit 3 Fig. im Texte. (20 S.) 902. n. 3. — (1.—3.: n. 7. 50)

— u. **Berichte** des königl. zoologischen u. anthropologisch-ethnographischen Museums zu Dresden. 1902/3. X. Bd. Hrsg. m. Unterstützg. der Generaldirektion der königl. Sammlgn. f. Kunst u. Wissenschaft v. A. B. Meyer. Nr. 3—6. Imp.-4. Berlin, R. Friedländer & Sohn. n. 57. —

3. Das Australier-Becken. Von B. Scharlau. Mit 1 Taf. in Lichtdr. u. 1 Abbildg. im Texte. (33 S.) 903. n. 5. —
4. Zur Nephritfrage. (Neu-Guinea, Jordansmühl u. a., Alpen, Bibliographisches.) Von A. B. Meyer. Mit 2 Taf. u. 1 Abbildg. (32 S.) 903. n. 8. —
5. 3. Bericht über einige neue Einrichtungen des königl. zoologischen u. anthropologisch-ethnographischen Museums in Dresden. Von A. B. Meyer. Mit 20 Taf. in Photolith. u. Lichtdr. (VI, 25 S.) 903. n. 24. — (1.—3: 52. —)
6. Ethnographische Miszellen. Von A. B. Meyer u. O. Richter. II. Mit 4 Taf. in Stein- u. Lichtdr. u. 10 Textabbildgn. (VIII, 102 S.) 903. n. 20. — (I. u. II: n. 48. —)

— — des königl. zoologischen u. anthropologisch-ethnographischen Museums zu Dresden. XI. Bd. 5 Nrn. XII. Bd. (1908.) 4 Nrn. u. XIII. Bd. (1910.) Nr. 1. 33,5 ×27 cm. Leipzig, (B. G. Teubner).
Subskr.-Pr. 46.50; Einzelpr. 57. —

Heller, K. M., vierter Beitrag zur papuanischen Käferfauna. Mit 1 Taf. u. 3 Fig. im Texte. (34 S.) 908. (XII. Bd. Nr. 1) Subskr.-Pr. 5.50; Einzelpr. 6. 50

Jacobi, A., Homoptera Andina. Die Zikaden d. Kordillerengebietes v. Südamerika nach Systematik u. Verbreitg. I. Cicadidae. 1 Doppeltaf. u. 1 Fig. im Text. (28 S.) 907. (XI. Bd. Nr. 5) Subskr.-Pr. 5.—; Einzelpr. 6. —

Lehmann, J., Systematik u. geographische Verbreitg. der Geflechtsarten. Mit 166 Fig. u. 3 Taf. u. im Text. u. m. e. Anh.: Die hauptsächlichsten Arten v. Knoten. Mit 29 Fig. (IV, 30 S.) 907. (XI. Bd. Nr. 3)
Subskr.-Pr. 5.50; Einzelpr. 7. —

Nuoffer, Osk., Ahnenfiguren von der Geelvinkbai Holländisch Neuguinea. Mit 1 Taf. u. 82 Fig. im Texte. (30 S.) 908. (XII. Bd. Nr. 2)
Subskr.-Pr. nn 5.50; Einzelpr. 6. 50

Oetteking, Bruno, ein Beitrag z. Kraniologie d. Eskimo. Mit e. Anh.: Über Eskimo-Steingräber im nordöstlichen Labrador u. das Sammeln anthropologischen Materials aus solchen v. Bernh. Hantzsch. Mit 1 Taf. u. 14 Fig. im Texte. (58 S.) 908. (XII. Bd. Nr. 3)
Subskr.-Pr. 8.—; Einzelpr. 10. —

Schlaginhaufen, Otto, ein Beitrag zur Craniologie der Semang nebst allgemeinen Beiträgen zur Craniologie. 26 Fig. im Text. (50 S.) 907. (XI. Bd. Nr. 2)
Subskr.-Pr. 4.—; Einzelpr. 5. —

— Die Körpermasse u. der äussere Habitus e. jungen weiblichen Schimpansen. 1 Taf. u. 14 Fig. im Text. (18 S.) 907. (XI. Bd. Nr. 4) Subskr.-Pr. nn 3.30; erh. Subskr.-Pr. 3.50; Einzelpr. 4. 50

— Reisen in Kaiser-Wilhelmsland (Neuguinea). (19 S. m. 20 Fig., 1 farb. Karte u. 3 Lichtdr.-Taf.) 910. (XIII. Bd. Nr. 1)
Subskr.-Pr. 5.50; Einzelpr. 6. 50

Wandolleck, Bruno, einige neue u. weniger bekannte Batrachier v. Brasilien. 1 Taf. u. 9 Fig. im Text. (16 S.) 907. (XI. Bd. Nr. 1) Subskr.-Pr. 4.—; Einzelpr. 5. —

Abhandlungen und Berichte des Kgl. zoologischen und ethnographischen Museums zu Dresden.] Hrsg.: A. B. Meyer.] Bd (1)–15,3. Berlin: R. Friedländer; (sp. B. G. Teubner) 1886–1922. 4° 13, 18

₡ Vorh. u. d. T.: Mittheilungen aus dem Kgl. zoologischen Museum zu Dresden. H. 1–3. 1875–1878.

₡ Forts. u. d. T.: Abhandlungen und Berichte der Museen für Tierkunde und Völkerkunde. Bd 16. 1923/24ff.

MUSEUM FÜR NATUR- UND HEIMATKUNDE ZU MAGDEBURG. ABHANDLUNGEN UND BERICHTE,
herausgegeben von Direktor Prof. Dr. A. MERTENS.
Bd. I mit 4 Tafeln, 10 Textabbildungen und 4 Karten. Magdeburg 1906—08 (o. Dr. o. V.) — A. u. d. T.: Museum für Natur und Heimatkunde zu Magdeburg. ABHANDLUNGEN UND BERICHTE, herausgegeben vom Vorsteher Dr. A. MERTENS.

Bd. I Heft 1. A. MERTENS: Zur Einführung. T. JACOB: Die geographisch bedingten wirtschaftlichen Grundlagen der Magdeburger Gegend ib. 1905.
Heft 2. A. MERTENS: Der Ur, Bos primigenius Bojanus. ib. 1906.
Heft 3. 1. W. WOLTERSTORFF: Über die von Herrn Dr. Kreyenberg in Ostasien gesammelten Frosch- und Schwanzlurche. 2. MAX HILZHEIMER: Eine kleine Sendung chinesischer Säugetiere. 3. C. WOBICK Molluskenfauna auf dem Domfelsen in der Stromelbe zu Magdeburg. 4. P. KUPKA: Xerophila ericetorum Müll. bei Stendal. 5. H. HONIGMANN: Beitrag zur Molluskenfauna von Bernburg a. S. 6. GUSTAV THIENEMANN: Die Vogelwelt Magdeburg und Umgegend. 7. W. WOLTERSTORFF: Zur Entstehung der Zwergformen bei den Urodelen. ib. 1906.
Heft 4. O. v. LINSTOW: Die Verbreitung des Bibers im Quartär. Mit 2 Karten. ib. 1908. 8°.

ABHANDLUNGEN UND BERICHTE AUS DEM MUSEUM FÜR NATUR- UND HEIMATKUNDE UND DEM NATURWISSENSCHAFTLICHEN VEREIN IN MAGDEBURG.
Herausgegeben vom Museums-Direktor Prof. Dr. A. MERTENS.
Bd. II, Heft 1. Mit 2 Tafeln ib. 1909. (o. Dr.) — Heft 2. Mit 3 Tafeln. ib. 1911. —

— u. Berichte üb. technisches Schulwesen. Veranlasst u. hrsg. vom deutschen Ausschuss f. techn. Schulwesen. I. Bd. Arbeiten auf dem Gebiete d. techn. Mittelschulwesens. (IV, 164 S. m. Fig. u. 1 Tab.) Lex. 8. Leipzig 910. B. G. Teubner. 6. —

Abhandlungen und Berichte über technisches Schulwesen Veranl u. hrsg. vom Deutschen Ausschuß f techn. Schulwesen. Bd 1—5. Leipzig u. Berlin 1910—1914. 8°

Abhandlungen u. Berichte über techn. Unterrichtswesen. 1 – 4. Leipzig 1910 – 12.

— Berliner, z. klassischen Altertumswissenschaft. I. Bd. (In 5—6 Hftn.) 1. Hft. gr. 8. Berlin 894. R. Heinrich. Subskr.-Pr. n. 1. 20; Einzelpr. n. 1. 60
Palaephates, scripsit Johs. Schrader. (60 S.)

— von d. Beschaffenheit u. Gebrauch d. Kavalerie in den ältesten Zeiten (v. K. W. Hennert). gr. 8. Berl. 774. Rottmann. 16 gr.

— von d. wahren Beschaffenheit u. d. Nutzen d. Kindertaufe. 8. Hamb. 788. (A. Campe). 3 gr.

— v. d. wahr. Beschaffenheit und den Nutzen der Kindertaufe. 8. Hamburg, Hoffmann. 788.

— über Besser. d. Mühlräder. s. Parrot.

— u. Betrachtt. üb. Frauenzimmer; aus d. Italien. 8. Frkf. 781. Schwan u. G. in M.) 16 gr.

— üb. d. Bewässer. d. Wiesen. m. K. 4. Leipz. Baumgärtner. 798.

— bibl. astronom., v. der copernican. Meinung. 8. Leipz. Böhme. 774.

— bibl.-astronom., v. d. Copernican. Meinung vom Weltbaue, als d. heil. Schrift nicht entgegen. 8. Leipz. 774. (Knobloch). 6 gr.

— v. Bienen, f. alle Gegend. 4. Zittau, Schöps. 788.

— d. fränk., physikal., ökonom. Bienengesellsch. a. J. 770—73. 8. Nürnb. Zeh.

— üb. Bienenkenntniß u. Bienenzucht. m. K. gr. 8. Augsb. Riegers. 796.

— üb. d. Blattern. s. Cnaur.

— über Blitzableiter. Aus d. Französ. von C. A. W. Wenzel. 8. (Berl., Mittler). 1 ₰ 9 gr.

— botanische, aus dem Gebiet der Morphologie u. Physiologie. Hersg. von Johs. Hanstein. Bonn 870. A. Marcus. gr. 8.
1. Heft: Die Entwicklung des Keimes der Monokotylen u. Dikotylen von Johs. Hanstein. (VII, 112 S. u. 16 lith. Taff.) n. 2 ₰ 25 ngr.

— botanische, aus dem Gebiet der Morphologie u. Physiologie. Hrsg. v. Johs. Hanstein. 1. Bd. 2–4. Hft. 2. Bd. 4 Hfte. u. 3. Bd. 1. u. 2. Hft. gr. 8. Bonn 871—76. A. Marcus. n. 47. — (I—III. 2.: n. 55. 50)
I. 2. Untersuchungen üb. Bau- u. Entwickelung der Bacillariaceen [Diatomaceen] v. Ernst Pfitzer. Mit 6 (lith.) Taf. in Farbendr. gr. 8. (VI, 189 S.) n. 7. —
I. 3. Untersuchungen üb. Wachsthumsgeschichte u. Morphologie der Phanerogamen-Wurzel v. Johs. Reinke. Mit 2 lith. Taf. (50 S.) n. 2. 50
I. 4. Die Entwickelung d. Keimes der Gattung Selaginella. Von W. Pfeffer. Mit 6 lith. Taf. (80 S.) n. 5.
II. 1. Die Blüthen-Entwicklung der Piperaceen v. Fr. Schmitz Mit 5 lith. Taf. (74 S.) n. 3. 50
II. 2. Untersuchungen üb. Pollen bildende Phyllome u. Kaulome v. Eug. Warming. Mit 6 (lith.) Taf. (90 S.) n. 5. —
II. 3. Untersuchungen üb. die Entwicklung der Cuscuteen v. Ludw. Koch. Mit 4 lith. Taf. (136 S.) n. 5. —
II. 4. Die Pflanzen-Stacheln. Von Conr. Delbrouck. Mit 6 lith. Taf. (VII, 119 S.) n. 5. 50
III. 1. Der Bau u. die Entwicklung d. Stammes der Melastomeen. Von Herm. Voechting. Mit 8 lith. Taf. (II, 92 S.) n. 5. 50
III. 2. Die Blüthe der Compositen von Eug. Warming. Mit 9 lith. Taf. (VI, 167 S.) n. 8. —

— botanische, aus dem Gebiet der Morphologie u. Physiologie. Hrsg. v. Johs. Hanstein. 3. Bd. 3. u. 4. Hft. gr. 8. Bonn 877. A. Marcus. n. 9. 50

III. 3. Die Parthenogenesis der Caelobogyne ilicifolia. Nach gemeinschaftlich mit Alex. Braun angestellten Beobachtungen mitgetheilt von Johs. Hanstein. Mit 3 lith. Taf. (VIII, 58 S.) n. 4. —
4. Entwickelungs-Vorgänge bei Pistia Stratiotes u. Vallisneria spiralis von Ernst Kubin u. Jos. Franz Müller. Mit 9 lith. Taf. (VI, 70 S.) n. 5. 50

— dasselbe. 4. Bd. 3 Hfte. gr. 8. Ebend. 879. 80. n. 16. — (I – IV.: n. 81. —)
1. Untersuchungen üb. die Quellung einiger vegetablischer Substanzen. Von Johs. Reinke. Mit 4 lith. Taf. (VII, 137 S.) n. 5. —
2. Einige Züge aus der Biologie d. Protoplasmas v. Johs. v. Hanstein. Mit 10 lith. Taf. (VI, 56 S.) n. 6. —
3. Beiträge zur allgemeinen Morphologie der Pflanzen von Johs. v. Hanstein. (XI, 244 S.) n. 5. —

Abhandlung(en) über die Brache. Nürnberg 1794. V: *Kottmanner, S.* (Ky)

— üb. d. Brache. 8. Nürnb. Stein. 795.

* — vom Brande 4eckigter Oefen. m. K. gr. 8. Marb, Akadem. Buchh. 792.

— v. e. vollkommenen Branntweinbrennerey (oder neue Tit. v. Cancrins Schriften. 2r) m. K. 4. Riga. (Hartknoch in Leipz.) 797.

— Breslauer philologische. 1. Bd. 1. u. 2. Heft. gr. 8. Breslau 886. Koebner. n. 3. 20
1. Zur griechischen Nominalcomposition. Von Konr. Zacher. (VII, 97 S.) n. 2. —
2. De Stoicorum studiis rhetoricis. Scripsit Fr. Striller. (61 S.) n. 1. 20

— Breslauer philologische. 1. Bd. 3. u. 4. Hft. gr. 8. Breslau 887. Koebner. n. 6. 40 (1. Bd. cplt.: n. 9. 60)
3. De vi atque indole rhythmorum quid veteres judicaverint, scripsit Geo. Amsel. Insunt Leop. Cohn et Guil. Studemund lectiones codicum ad scriptores de re metrica et de re musica pertinentes. (166 S. m. 1 Taf.) n. 4. —
4. Verrianische Forschungen v. R. Reitzenstein. (VIII, 116 S.) n. 2. 40

— dasselbe. 2. Bd. 4 Hfte. gr. 8. Ebd. 887. 888. n. 9. 60
1. De Minucii Felicis Octavio et Tertulliani Apologetico scripsit F. Wilhelm. (86 S.) n. 1. 80
2. Zu den Paroemiographen. Mittheilgn aus Handschriften. Von L. Cohn. (86 S.) n. 1. 80
3. De Senecae philosophi librorum recensione et emendatione scripsit O. Rossbach. Insunt Senecae fragmenta Palatina, edita a G. Studemund. (XXXII, 184 S.) n. 4. 20
4. De Q. Asconii Pediani fontibus ac fide, scripsit C. Lichtenfeldt. (88 S.) n. 1. 80

— dasselbe. 3. Bd. 5 Hfte. gr. 8. Ebd. 888. n. 10. 20
1. De pontificum romanorum inde ab Augusto usque ad Aurelianum condicione publica, scripsit P. Habel. (100 S.) n. 2. —
2. Die Quellen v. Cicero's Schrift de deorum natura. Von L. Reinhardt. (68 S.) n. 1. 60
3. Arriani τῶν μετ᾽ Ἀλέξανδρον libri VII. fragmenta, e codice vaticano rescripta, nuper iteratis curis lecta, ed. R. Reitzenstein. (36 S.) n. 1. —
4. De Hygini memoria scholiis in Ciceronis Aratum Harleianis servata scripsit G. Kauffmann. (91 u. 83 S.) n. 3. 60
5. Die Darstellungen der Unterwelt auf unteritalischen Vasen v. A. Winkler. (92 S. m. 1 Taf.) n. 2. —

— dasselbe 4. Bd. 4 Hfte. gr. 8. Ebd. 889. n. 10. 50
1. De ἀδείας notione et usu in iure publico attico, scripsit M. Goldstaub. (153 S.) n. 3. —
2. De Martiale verborum novatore, scripsit Aem. Stephani. (91 S.) n. 2. —
3. Supplementa ad Procli commentarios in Platonis de republica libros nuper vulgatos, ed. Ric. Reitzenstein. (31 S.) n. 1. —
4. Philonis Alexandrini libellus de opificio mundi, edidit L. Cohn. Specimen novae editionis operum Philonis praemio ornatum. (LX, 108 S.) n. 1. 50

— dasselbe. 5. Bd. 3 Hfte. gr. 8. Ebd. 889. 890. n. 14. —
1. De Tacito Senecae philosophi imitatore, scripsit M. Zimmermann. (73 S.) n. 1. 60
2. Nemesis u. Adrasteia. Eine mythologisch-archäolog. Abhandlg. v. H. Posnansky. (IX, 184 S. m. 1 Doppeltaf. in Heliograv.) n. 7. —
3. De veterum περὶ ποιήματος doctrina scripsit M. Consbruch. Accedunt commentarii qui circumferuntur περὶ ποιήματος Hephaestionei cum scholiis editi. (VII, 127 u. XXXII S.) n. 5. 40

— Breslauer philologische. Hrsg. v. Rich. Förster. VI. Bd. 4 Hfte. gr. 8. Breslau, W. Koebner. n. 12. —
1. De Taciteï de oratoribus dialogi codicum nexu et fide scripsit Frid. Scheuer. Accedit codicis Vindobonensis DCCXI collatio. (VIII, 49 S.) 891. n. 2. —
2. De Q. Aurelii Symmachi studiis graecis et latinis scripsit Guil. Kroll. (99 S.) 891. n. 3. —
3. Symbolae ad doctrinae περὶ διχρόνων historiam pertinentes. Scripsit Frid. Kuhn. Accedit appendix. I. De Ignatii diaconi senariorum in Adamum memoria. II. De Ignatii diaconi, Theodosii diaconi, Christophori Mytilenaei, Joannis Euchaitensis legibus metricis. (140 S.) 892. n. 4. 50
4. De duali Graecorum et emoriente et reviviscente scripsit Herm. Schmidt. (54 S.) 893. n. 2. 50

— dasselbe VII. Bd. 1.–3. Hft. gr. 8. Ebd. 894 n. 8. 70
1. De oraculis chaldaicis. Scripsit Guilelm. Kroll. (78 S.) n. 3. 20
2. Quaestiones Choricianae, scripsit Curtius Kirsten (60 S.) n. 2. 50
3. De Callimachi hymnis quaestiones chronologicae, scripsit Bruno Ehrlich. (70 S.) n. 3. —
Bd. 1—6 sind im Preise auf n. 40. — ermässigt.

— Breslauer philologische, hrsg. v. Rich. Förster. 7. Bd. 4. u. 5. Hft. gr. 8 Breslau. M. & H. Marcus. 895. n. 7. 30 (7. Bd. kplt.: n. 16. —)
4. De Hyla, scrips. Gust. Türk. (99 S.) n. 4. 50
5. De τετραπλῶν vocabulorum genere quodam. Scrips. Aug. Grosspietsch. (III, 72 S.) n. 2. 80

— dasselbe. 8. Bd. 1. Hft. gr. 8. Ebd. 898. n. 5 —
1. De Polemonis rhetoris vita operibus arte. Von Hugo Jüttner. (V, 116 S.)

— Breslauer philologische. Hrsg. v. Rich. Förster. VIII. Bd. 2.—4. Hft. gr. 8. Breslau, M. & H. Marcus. n. 14. — (VIII. Bd. kplt.: n. 19. —)
2. Quaestiones rhetoricae. Historiae artis rhetoricae qualis fuerit aevo imperatorio capita selecta. Von Steph. Gloeckner. (VIII, 115 S.) 901. n. 4. 80
3. Prolegomena in Pseudocelli de universi natura libellum. Von Ioa. de Heydon-Zielewicz. (VII, 77 S.) 901. n. 3. 20
4. De Pegaso. Von Franc. Hannig. (VIII, 162 S.) 902. n. 6. —

— dasselbe. IX. Bd. 1. Hft. gr. 8. Ebd. n. 3. —
1. De septem sapientium fabulis quaestiones selectae. Accedit epimetrum de Maeandrio sive Leandro rerum scriptore. Von Josephatus Mikolajczak. (V, 75 S.) 902. n. 3. —

— Breslauer philologische. Hrsg. v. Rich. Förster. IX. Bd. 2.—4. Hft. gr. 8. Breslau, M. & H. Marcus. n. 8. —
2. De vocum graecarum apud poetas latinos dactylicos ab Enni usque ad Ovidi tempora usu. Auct. Ludov. Sniehotta. (VIII, 75 S.) 903. n. 3. —
3. De Epicuri vocabulis ab optima Atthide alienis. Auct. Paul Linde (58 S.) 906. n. 2 —
4 Quibus artificiis adhibitis poetae tragici graeci unitates illas et temporis et loci observaverint. Auct. Guilelm Felsch. (84 S.) 907. n. 3. —

— Breslauer philologische. Hrsg. v. Rich. Förster. IX. Bd. 5. u. 6. Heft. gr. 8. Breslau, M. & H. Marcus. 10.— (IX. Bd. kplt. 21.—)
5. De Aenea Gazaeo. Auctore Steph. Sikorski. (58 S.) 909. 2. —
6. De vocum graecarum apud poetas latinos ab Ovidi temporibus usque ad primi p. Chr. n. saeculi finem usu. Auctore Carol. Augustinus Zwiener. (III, IX, 224 S.) 909. 8. —

— dasselbe. 40.—42. Heft. gr. 8. Ebd. 15. 90
40. De Libanio Socratis defensore. Auctore Hieronym. Markowski. (VIII, 196 S.) 910. 7. 50
41. De quippe particula. Auctore Kurt Lerche. (VIII, 126 S.) 910. 4. 80
42. De Choricio Patrocli declamationis auctore Georg Pietsch. (88 S.) 910. 3. 60

Abhandlungen, Briefe, Geschichte [!] und Fabeln aus der Sitttenlehre [!]. Zum Vergnügen und zur Erbauung. Aus d. Engl. — Liegnitz & Leipzig: Siegert 1761. 304 S.
Teilweise Übers. von Sir Harry Beaumont [d. i. Joseph Spence]: Moralities.
1:Np 542.
1.3381

— v. gelehrt. Bücherfluche. 8. Halle. (Hahn in Hann.) 756.

Geologische Bundesanstalt (Österreich). Abhandlungen. . . 1852-(?).

Abhandlungen der Deutschen Bunsen-Gesellschaft für angewandte physikalische Chemie. Hrsg. im Auftr. d. Gesellsch. von Prof. Dr. R[ichard] Abegg. Nr 1. Halle a. S.: Knapp 1909. 8° [09 12466

Abhandlungen C . . . . , s. a. Abhandlungen, K . . . . .

— über d. Cession v. Schuldforderr. rc. 8. Bamb. 827. Dresch. 3 𝒦

— chymische, vom Salpeter, (von Chr. Fr. Selig). 8. Leipz. 774. (Brockhaus). 5 𝒦

— chem. prakt., von Blei- u. bleifreien Töpferglasuren rc. 8. Freiberg 807. Craz u. G. 3 𝒦

Abhandlungen Coxalgie Hinken

Abhandlungen über die Coxalgie oder das sogenannte freywillige Hinken der Kinder als Beantwortung einer von der k.k. Josephinischen medicinisch-chirurgischen Academie zu Wien in den Jahren 1802 und 1804 aufgestellten Preisfrage. 78 S., 96 S., gbd., Abb.
Wien: Geistinger 1807

1. Albers, J(ohann) A(braham): Preisfrage, worin besteht eigentlich das Übel, das unter dem sogenannten freywilligen Hinken der Kinder bekannt ist? 1807
2. Ficker, Wilhelm Anton: Preisfrage, worin besteht eigentlich das Übel, das unter dem sogenannten freywilligen Hinken der Kinder bekannt ist? 1807

— v. Cydermachen od. Zubereitung d. Obstweins, nebst e. Verzeichniss d. besten Cyderäpfel. 8. Bayreuth 1772. Lübeck. — 5

— über d. Cypern-Wein. 8. Frankf. a. M. 701. (Schäfer). 6 𝒦

— Danziger, redigirt von F. W. Ewert f. 1830, mit Vign. gr. 4. Danzig 830. Ewert. 4 rß

— v. Dasein d. Gespenster, nebst e. Anh. vom Vampyrismus, (von A. U. Mayer). 4. Nürnb. 768. (v. Jenisch u. St. in Augsb.) 12 𝒦

— v. Daseyn d. Gespenster, n. Anhang v. Vampyrismus. 4. Nürnb. (Stage. A.) 769.

Abhandlungen der Königlichen Technischen Deputation für Gewerbe. 1. Beiträge zur Kenntniß der Dampfmaschinen. 2. Beiträge zur Tuchfabrikation. 3. Beschreibung einer Maschine für Kupferstecher. Berlin. Mit Atlas. 1826. Fol.

— d. Königl. technischen Deputation f. Gewerbe. 2 Thle. Fol. Mit Kupf. Berlin 827, Duncker u. Humblot.

— zur Didaktik u. Philosophie der Naturwissenschaft. Hrsg. v. F. Poske, A. Höfler u. E. Grimsehl. (Sonderhefte der Zeitschrift f. den physikal. u. chem. Unterricht.) I. Bd. 6 Hfte. u. II. Bd. 1. Hft. Lex.-8. Berlin, J. Springer. n. 16. 20
Fischer, Karl T., der naturwissenschaftliche Unterricht, insbesondere in Physik u. Chemie, bei uns u. im Auslande. (72 S.) 905. (I. Bd. 3. Hft.) n. 2. —
Grimsehl, E., die elektrische Glühlampe im Dienste des physikalischen Unterrichts. (60 S. mit Abbildgn.) 904. (Bd. I, Hft. 1.) n. 2. —
Hahn, Herm., wie sind die physikalischen Schülerübungen praktisch zu gestalten? (67 S. m. Abbildgn.) 905. (I. Bd. 4. Hft.) n. 2. —
Höfler, Alois, zur gegenwärtigen Naturphilosophie. (136 S.) 904. (Bd. I, Hft. 2.) n. 3. 60
Keferstein, Hans, Strahlengang u. Vergrösserung in optischen Instrumenten. Eine Einführg. in die neueren opt. Theorien. (42 S. m. 19 Fig.) 905. (Bd. I, Hft. 5.) n. 1. 60
Meinong, A., über die Erfahrungsgrundlagen unseres Wissens. (113 u. V S.) 906. (Bd. I, Hft. 6.) 3. —
(I. Bd. kplt. n. 14. 20)
Noack, Karl, elementare Messungen aus der Elektrostatik. (55 S. m. Fig.) 906. (Bd. II, Hft. 1) n. 2. —

— zur Didaktik u. Philosophie der Naturwissenschaft. Hrsg. v. F. Poske, A. Höfler u. E. Grimsehl. (Sonderhefte der Zeitschrift f. den physikal. u. chem. Unterricht.) II. Bd. 2.—4. Heft. Lex. 8. Berlin, J. Springer. 7. —
Bahrdt, W., magnetische u. magnet.-elektr. Messgn. im Unterricht. (55 S. m. Abbildgn.) 910. (Hft. 4.) 2. 40
Grimsehl, E., experimentelle Einführung der elektromagnetisch. Einheit. (41 S. m. Fig.) (Hf. 2.) 907. 1. 60
Poske, Frdr., die Zentrifugalkraft. Ein Beitrag zur Revision der Newtonschen Bewegungsgesetze. (80 S. m. 36 Fig.) 909. (Hft. 3) 3. —

— d. d. Preis erhalt. haben, v. d. K. dän. Gesellsch. d. Wissensch. 1ste Samml. 4. Kopenh. Proft. 781.

— d. im gegenwärt. Kriege gemachten Schulden zu tilgen rc. 8. Frankf. a. M. 801. Simon. 8 𝒦

— über den Dienst d. Feldjäger zu Fuß. Mit 4 Kpft. gr. 8. Wien 802. Schalbacher. 2 rß

— z. Dogmengeschichte d. ältesten griech. Kirche (von J. F. Gaab). gr. 8. Jena 790. (Schmid). 9 𝒦

— drei, f. Baumeister, Polizei-Beamte u. Aerzte. 8. Marb. 798. Krieger. 6 𝒦

Abhandlungen, drei, über die physikalische Beschaffenheit einiger Districte und Gegenden von *Böhmen*. Herausgegeben von der böhmischen Gesellschaft der Wissenschaften. Prag und Dresden 1786. 4. Enthaltend: W. Richter, Naturgeschichte der Gegend um *Reichenberg*. G. Stumpf. Physikalische Beschreibung des *Rakonitzer* Kreises. Wander v. Grunwald. Physikalische Beschreibung des *Bunzlauer* Kreises.

— drey, v. d. Bienen, Futterkraut. u. Korn. gr. 8. Bern, Typogr. Gesellsch. 775.

— drei chronolog., I. russischer, gregorian., französ. 100jähr. Kalender mit einander verglichen. II. Der Anfang d. 19. Jahrh. III. Berichtigung d. Tageslänge für die drei Haupthorizonte Lieflands: Riga, Dorpat u. Reval, für jeden Tag d. Jahres berechnet. (Von A. v. Lamberti.) 8. Mitau 802.

— drey chronolog., 1) üb. den Anf. eines neuen Jahrhund. 2) Franz., Gregorian. u. Russ. hundertjähr. Kalend. verglichen. 3) Tageslänge für Riga, Dorpat u. Reval. 8. Mietau, Sauaer Dorp. 805.

— drei, üb. d. Fr.: Ist es nützl. od. schädl., e. Nationaltracht einzuführen? (von S. S. Witte u. a.) gr. 8. Copenh. 791. (Brummer. 1 rß 20 𝒦

— drey, über d. Frage: Ist es nützl. eine Nationaltracht einzuführen? 2 Thle. gr. 8. Kopenh. Proft. 791.

— drei, üb. zeitgemäße Gegenstände in Predigtform, welche als ein interessantes Quodlibet angesehen werden können, und dürften dabei gewiß jeden unbefangenen Leser reichlichst rc. entschädigen. Hrsg. v. einem kathol. Geistlichen auf dem Hunsrücken. gr. 12. (65 S.) Coblenz 849, Hergt. 1/6 rß

Drei Abhandlungen zur Geschichte des deutschen Rechts. Festgruß aus Bonn an Carl Gustav Homeyer zur Feier seiner

50jährigen Doctorwürde am 28. Juli 1871. Bonn 1871.

[Inhalt:]
Bluhme, F.: Omnis parentilla.
Schroeder, Rich.: Historiae iuris Rhenani caput quoddam
Loersch, Hugo. Der Prozess in der Mörin des Hermann von Sachsenheim. e. Beitr. zur Geschichte des gerichtlichen Verfahrens im 15. Jahrhundert

Abhandlungen, drei, über die Gewerbsverhältnisse der Stadt Hall. Hall 1845.

Drey [Drei] Abhandlungen von denen Höllen-Strafen und deren Dauer. Nebst einer kurtzen Nachricht von dem, was sich neulich in der Grafschaft Neufchatel dieser Lehre wegen mit dem Herrn Petit Piere [Ferdinand Olivier Petitpierre] zugetragen. Aus d. Franz. übers. — Franckfurt & Leipzig 1763. 224 S.
1:Cs 3226. 12:Gall. g. 258a/2. 300:28R70. 5.
1.3387

Abhandlungen. — Drei Abhandlungen von den Kennzeichen, Ursachen und der Heilmethode der norwegischen Pest (oder Radesyge). Von (Nikolai) Arbo, Mangor und Pfefferkorn. Aus d. Dän. Mit e. Vorr. von Philipp Gabriel Hensler. — Altona: Hammerich 1799. XXIV,295,40 S.
Sondert · 1 Zwey Abhandlungen von d. Kennzeichen, Ursachen u d Heilmethode der Radesyge. 1797.
Sondert 2. Pfefferkorn, Wilhelm Georg: Ueber d. norwegische Radesyge u. Spedalskhed. 1797.
1 [defekt]: Kd 4629. **4. 9.**
1.3388

Abhandlungen drei merkwürdige
Drey merkwürdige physikalische Abhandlungen von der Einbildungskraft der schwangern Wei= ber, und derselben Wirkung auf ihre Leibes= frucht. 492 S., gbd.

Stuttgart: König 1756
1. Blondel, James (Augustus): Abhandlung über die Einbildungskraft der schwangern Weiber in ihrer Leibesfrucht. (The strength of the imagination of pregant women examin'd. Dt.)
2. Mauclerc, J(ohn) H(enry): Abhandlung, wo= rinnen die Gewalt der Einbildung in den schwangern Weibern untersucht...wird. (Dr. Blondel confuted: or, the ladies vindicated... Dt.)
3. Abhandlung enthaltend physikalische Briefe von der Einbildungskraft der schwangern Frauen... Aus dem Französischen übers.

Drei Abhandlungen über die Natur und Entstehung des fliegenden Sommers, zsgest. u. vorgelesen in der Naturforschenden Gesellschaft zu Halle. — Halle: Hendel 1810. 62 S. (Neue Schriften der Naturforschenden Gesellschaft zu Halle. 1,5.) 1: Lc 6760-1,5. **2. 4. 5. 7. 8. 10.**
1.3390

— drei ökonomische. 8. Bern 781. Typogr. Soc. 5 gr

— 3 philosoph., üb. d. Glückseligkeit, Schönheit u. Leidenschaft, (v. J. C. Heppe). 8. Nürnb. 776.

— drei physikal., v. d. Einbildungskraft d. schwangern Weiber auf ihre Leibesfrucht. Aus d. Engl. u. Französ. 8. Straßb. 756. König. 12 gr

Drei Abhandlungen über die Preisfrage: worin besteht der Unterschied zwischen Roheisen aus Hohenöfen und geschmeidigem Eisen aus Frischheerden?, deren Verfasser (W[ilhelm] A[ugust]) Lampadius, (Benedikt Fr[an]z Johann) Hermann und (H. Karl) Schindler den ausgesetzten Preis erhalten haben. Nebst e. Vorr. von H.F. [d.i. Franz v.] Gerstner. — Leipzig: Breitkopf & Härtel 1799. XII,279 S.
1: Ot 14676. 12: 4° Techn. **1. 7.**
1 3391

— drei, über Religion, Staat, Moral. Von e. Ungenannten. gr. 8. (VII, 193 S.) Bern 879. Wyß. n. 2. 40

— drei, über d. Straßenbau. Eine Preisschr. Mit Kpf. gr. 8. Frankf. a. d. O. 788. (Sander in Berl.) 12 gr

Abhandlungen drei, über den Straßenbau, ist jetzt Verlag von Flittner in Berlin.

Drey [Drei] Abhandlungen über den Strassenbau, wovon d. erste den von der Kgl. Akad. d. Wiss. ausgesetzten Preis erhalten hat, deren Verf. der Krieges-Rath [Matthias] Stegemann ist. — Berlin 1788.
1: Nz 11937. 12: A. hydr. 76. 2 [nur Tit. u. Vorr.] **3. 6.**
1 3392

— drei, über Straßenbau, Reinhaltung d. Städte u. Vermeid. schädl. Zimmerluft. 8. Marb. 798. Krieger. 6 gr

— drei theatral., nebst alten Urschriften. 8. Hersfeld 771. Hermstädt. 6 gr

— drei, von d. phys. u. moral. Ursachen d. Lachens rc. 8. Prag 772. (Hilscher in Leipz.) 8 gr

Abhandlung(en) über die Duelle. Pfördten 1786. V: *Brühl, Fr. Alois Graf v.* (Ky)

— v. Düngung d. Weinstocks. gr. 8. Bern, Typogr. Soc. 3 gr

Abhandlungen Durchbohrung Schädel
Abhandlungen über die Durchbohrung des Schedels (trepanatio cranii). Als Beantwortung einer von der k.k. Josephinischen medicinisch-chirurgischen Academie zu Wien im Jahre 1798 aufgestellten Preisfrage. Gekrönt den 25. April 1799. 107 S., gbd.
Wien: Camesina 1800
1. Louvrier, Joseph: Preisfrage, ist die Durchbohrung der Hirnschale bey Kopfverletzungen nothwendig, oder nicht?
2. Mursinna, Christian Ludwig: Preisfrage, ist die Durchbohrung der Hirnschale bey Kopfverletzungen nothwendig, oder nicht?

Abhandlungen von dem merkwürdigen Durchgange der Venus durch die Sonne, welcher den 6. Junius dieses 1761. Jahres morgens geschehen wird. Aus d. Franz. übers. (v. J. E. Scheibel). — Bresslau: Meyer (1761). 44 S.
12: Astr. P. 1. **2. 3. 7.**
1 3393

— von d. göttl. Ehegesetzen. 8. Schwerin 761. Bödner. 8 gr

— über d. Eid, z. Verbess. d. Sitten. 8. Braunschw. 776. Schröder. 4 gr

— üb. d. vorzügl. Eigensch. d. Tönnestein. Heilbrunnens b. Andernach. 8. Andernach, Lassaulx und Herrmann

Abhandlungen von d. Einflusse d. Glaubens an d. Gottheit Jesu Christi auf d. prakt. Christenthum. 8. Glogau 798. C. F. Günther. 10 gr

— über e. d. wicht. Gegenstände aus d. Land= und Hauswirthschaft, nebst e. beigefügt. am häufigst. vorkom. Krankheiten d. Pferde, d. Rindviehes u. d. Schaafe. gr. 8. Leipzig, Joachim, (a: J. G. H. Richter.) 798.

— über einige d. wichtigst. philos. Gegenstände. s. K. S. Zacharia.

— über Einrichtung d. leichten Truppen rc., aus d. Französ. von L. v. Brenkenhoff. Mit 27 Kpft. gr. 8. Berl. 785. N. A. (von H. v. Valentini) 802. Himburg. 2 rß 8 gr

Abhandl., 2 1 , üb. Kanalisation u. Abfuhr in verschied. Städten. 1867 – 90. 2 Bde.

Abhandlungen von Eisenhämmern, s.a. Courtivron

— d. Eisenhämmern u. hohen Oefen in Teutschland, v. J. C. Graf. zu Solms=Baruth; u. J. H. G. v. Justi. m. K. gr. 4. Berl. Rüdiger. (Herrmann in Frankf.)

— zweyer Engländer, Rutty u. Parsan, v. d. Theil. wodurch d. Harn gehet rc. m. K. gr. 8. Nürnb. Campe. 759.

Zweyer gelehrter Engeländer Abhandlungen. 1. Wilhelm [William] Rutty, Abhandlung von den Theilen, wodurch der Harn gehet [Treatise of the urinary passages, deutsch]. 2. Jacob [James] Parsons, Beschreibung der Harnblase des Menschen [Description of the human urinary bladder, deutsch]. In das Deutsche übers. von G[eorg] L[eonhard] Huth. — Nürnberg: Seligmann 1759. 215 S. 1: Kc 207. **300**: 69 X 48. **7. 8. 10.**
1 3394

— v. d. Entdeckung eines Trabant. d. Venus. 8. Berlin, Realsch. 761.

— von d. Entdeckung e. Trabanten d. Venus; aus d. Französ. mit Anmerkk. (v. G. Chr. Reccard). 8. Berl. 761. Reimer. 3 gr

Abhandlungen über den Entwurf eines Preußischen Berggesetzes [Sammlung von Sonderdrucken einiger Aufsätze aus der „Zeitschrift für Bergrecht"]. Bonn, 1863.

— erbauliche, e. Engländers, v. d. Vortrefflichkeit d. christl. Religion. 8. Bresl. 763. (Compt. f. Lit. in Leipz.) 12 gr

— erbaul., v. d. Fest- und Fasttäg. 4. Bremen. 757.

— über d. Erbauung ländl. Gebäude, ihre Einrichtung rc., bekannt gemacht von d. Ackerbaurath zu London; a. d. Engl. ins Französ. übers. mit Anmerkk. von C. P. Lasteyrie; aus d. Französ. von F. G. Leonhardi. Mit 32 Kpf. qu. Fol. Leipz. 805. Baumgärtner. 8 rß

— vom Erbzinsrecht, Handlohn, Zehend ꝛc. 8. Nürnb. 789. Raw. 5 gr.

— u. Erfahrungen v. Beinbrüchen. 8. Jena 770. Schulz. 8 gr.

***Abhandlungen und Erfahrungen der fränkisch-physicalisch-ökonomischen Bienengesellschaft auf das Jahr 1770[–73]. [Hrsg.: Joh. Leonh. Eyrich.] T. 1–4.**
Nürnberg: Joh. Eberh. Zeh 1770–74. 8°

— u. Erfahrr. der ökonom. Bienengesellschaft in der Oberlausitz. 1r, 2r Thl. Herausg. v. A. G. Schirach. gr. 8. Dresd. 766—67. Walther. 17 gr. 3r Thl. 770. Schöps. 12 gr. 4r Thl. u. Reg. üb. alle 4 Thle. gr. 8. Berl. 770. 71. Rottmann. 18 gr.

— u. Erfahr. d. ökonom. Bienengesellsch. in d. Oberlaus. 4 Thle. u. Register. gr. 8. Dresd. Walther. (Zittau, Schöps. Berl. Rottmann.) 766—72. (766. 67. 1r 2r Thl. 17 gr. 770. 3r Thl. 12 gr. 772. 4r Thl. u. Reg. 18 gr.)

***Abhandlungen und Erfahrungen der physikalisch-oeconomischen Bienengesellschaft in Oberlausitz zur Aufnahme der Bienenzucht in Sachsen . . . [Hrsg.: Adam Gottlob Schirach.] Sammlg. 1–4 u. Reg.**
Dresden: Walther (3: Leipzig u. Zittau: Schöps; 4: Berlin u. Leipzig: Decker) 1766–71. 4°
(Forts. u. d. T.: Gemeinnützige Arbeiten d. Churf. Sächs. Bienengesellschaft. Leipzig u. Berlin 1773 ff.

Abhandlungen Erfahrungen Geburtshilfe

Abhandlungen und Erfahrungen aus dem Gebiete der Geburtshülfe und der Weiberkrankheiten. Decade 1 v. Joh(ann) Heinrich Christoph Trefurt. 365 S., gbd.

Göttingen: Vandenhoeck u. Ruprecht 1844

— erfahrungsmäß., von d. Seuchen u. Krankheiten d. Rindviehes, (von K. F. v. Beneckendorf.) gr. 8. Berl. 779. 2e A. gr. 8. Ebd. 791. (Reimer). 18 gr.

— erfahrungsmäß., v. d. Seuch. u. d. Krankh. d. Rindviehes. gr. 8. Berlin, Pauli. 791.

Erlangische Abhandlungen zur Beförderung der Wissenschaften. St. 1.
Erlangen u. Nürnberg 1746. 8° 22

— Erlangische, zur Beförder. der Wissensch., 2 Stcke. 8. Erlangen. 746.

— zur Erläuter. d. Gesch. d. sittl. u. polit. Welt; aus d. Französ. 8. Breslau 772. (Gosohorsky). 8 gr.

— z. Erläuter. d. Gesch. d. sittl. u. polit. Welt. a. d. Franz. 8. Breslau. Meyer. 772.

— z. Erläut. einig. wicht. Stell. in d. Wahlcapitulat. Leopold II. üb. Art. 9. 8. Marburg. Krieger. 792.

— von d. weibl. Erstgeburt; von d. Vorzuge d. Fürst. Carolina zu Wied, an d. Hachenburg. Antheil d. Grafsch. Sayn. 2 Stcke. Fol. Regensb. 787. Montag. 1 Thlr 3 gr.

— von Erziehung d. Kinder, u. besond. d. Prinzen; aus d. Französ. 8. Berl. 758. Rüdiger. 5 gr.

— üb. Erziehung etc. d. Obstbäume, s. a. Calve!.

— über Erzieh., Pflege u. Schnitt d. Obstbäume am Spalier u. als Pyramiden; aus d. Französ. mit Zusätzen u. Anmerkk. von J. V. Sikler. Mit Kpf. Prag 803. Calve. 16 gr. (vergl. Anweisung.)

— von d. physischen Erziehung d. Kinder bis in ihr 16. Jahr, (von J. G. Essig). 8. Augsb. 784. Klett. 9 gr.

— aller Fabriken, 1r B. m. K. 8. Olmütz. 787.

— über d. Faulfieber. s. Haller.

— v. e. Feldlager, mit 2 illum. Pl. 8. Dresd. 803. (Wagner). 8 gr.

— von Feldsteußlern u. Felduntergängern in Würtemberg, (von Chr. Er. Schwarz). 8. Tübingen 781. 2e A. 786. Heerbrandt, (Osiander). 4 gr.

— v. d. Fingern, deren Verrichtung u. symbol. Bedeutung. 8. Eisenach 756. Griesbach. 8 gr.

— vom weißen Flusse, s. Riederer.

Abhandlungen aus dem Forst- u. Jagdwesen. Aus André's u. Elsner's ökonom. Neuigkeiten u. Verhandl. besond. abgedr. 5. Bd., enthält die in 1827. No. 71—96. 1828, 29 u. 30 abgedr. Aufsätze. gr. 4. (24½ B.) Prag 830, Calve.
1—4. Bd. Ebendas. 1821—27. 4 Thlr. 16 Gr.

Abhandlungen aus dem Forst- und Jagdwesen. Aus Christian Carl André's Oekonomischen Neuigkeiten und Verhandlungen, Zeitschrift für alle Zweige der Land- und Hauswirthschaft, des Forst- und Jagdwesens im österreichischen Kaiserthume und dem ganzen Teutschland . . . besonders abgedruckt. Bd 1-5. — Prag: Tempsky 1821-30.
4° 7.
1 3398

— forstwissenschaftliche, 1) u. Methode, die Größe d. leeren Zwischenräume in e. Klafter Scheitholz zu bestimmen. 2) Von der Wichtigkeit d. Verkohlungsofens ꝛc. 1s St. 8. Marb. 806. Krieger. 14 gr.

üb. Fragen des österreich. Wahlrechtes. I. u. II gr. 8. Wien 895/96. Manz. n. 3. —
I. D. Ortsgemeinde u. d. Ortschaft i. d. Wählerclasse d. Städte, Märkte u. Industrialorte i. österreich. Wahlrecht von Frz. v. Juraschek. (46 S.) n. 1. 20
II. Die österreich. Städte i. d. Reichsrathswahlordnung von Frz. v. Juraschek. Mit e. vollständ. Verzeichn. d. österreich. Städte, sowie d. i. d. Städteclasse f. das Reichsrathswahlrecht wahlberecht. Märkte u. Industrialorte v. Frz. Rausch. (68 S.) n. 1. 80

— Frankfurter, wöchentl., z. Erweit. d. Wissenschaften, (v. F. K. v. Moser). 2 Thle. 8. Frankf. 756. (Schäfer). 1 Thlr

Abhandlungen von Frauenzimmerarbeiten, von Haushaltungssachen und von Schönheitsmitteln nebst einem Anhange von Speisen und Getränken für Kranke und einer Abhandlung über die Erziehung der Kinder in den ersten Lebensjahren. Zweite verbesserte und vermehrte Aufl. Stuttgart, bei Johann Friedrich Steinkopf 1801
784 S., 14 S. Register. 8°
1. Aufl. um 1795.

— v. Frauenzimmerarbeiten, Haushaltungssach. und Schönheitsmitteln. 8. Stuttg. Steinkopf. 810.

— Freiburger, aus dem Gebiete des öffentlichen Rechts, hrsg. von Wold v. Rohland, Heinr. Rosin, Rich. Schmidt. 1. Hft. gr. 8. Karlsruhe, G. Braun'sche Hofbuchdr. n. 3. —
1. Das Strafrecht der französischen Encyclopädie. Ein Beitrag zur Geschichte der Aufklärg. im 18. Jahrh. Diss. Von Alfr. Freih. v. Overbeck. (128 S.) 902. n. 3. —

— Freiburger, aus dem Gebiete d. öffentlichen Rechts, hrsg. von Wold. v. Rohland, Heinr. Rosin, Rich. Schmidt. 2.—9. Hft. gr. 8. Karlsruhe, G. Braun'sche Hofbuchdr. n. 16. 20

Appel, Jul., der Vollzug der Freiheitsstrafen in Baden. (XII, 144 S.) 905. (Hft. 3.) n. 3. —
Aubin, Gust., die Entwickelung der richterlichen Unabhängigkeit im neuesten deutschen u. österreich. Rechte. (V, 104 S.) 906. (Hft. 6.) n. 1. 80
Clauss, Wilh., der Staatsbeamte als Abgeordneter in der Verfassungsentwicklung der deutschen Staaten. (X, 200 S.) 906. (Hft. 9) n. 2. 80
Gerhard, Eug., der strafrechtliche Schutz des Briefes. Dogmatisch u. rechtsvergleichend dargestellt. (62 S.) 905. (Hft. 4) n. 1. 80
Hauser, Hugo Karl, Zwangsvollstreckung in Hypotheken. (VIII, 108 S.) 906. (Hft. 8.) n. 1. 80
Luschka, H., die Verhältniswahl im deutschen Verwaltungsrecht insbesondere bei Gewerbe- und Kaufmannsgerichten, Bergarbeiterausschüssen, Krankenkassen usw. (VIII, 90 S.) 905. (Hft. 5.) n. 1. 60
Schmidt, Rich., Prozessrecht u. Staatsrecht. Betrachtungen zur Systematik u. zur Gesetzesreform des mod. Zivilprozessrechts. (VII, 67 S.) 904. (Hft. 2.) n. 1. 80
Seréxhe, Léon, die Verletzung fremder Geheimnisse. (IV, 93 S.) 906. (Hft. 7.) n. 1. 60
Hft. 1. Ebd. 902. n. 2. —.

— Freiburger, aus dem Gebiete des öffentl. Rechts, hrsg. von Wold. v. Rohland, Heinr. Rosin, Rich. Schmidt. 10.—16. Heft. gr. 8. Karlsruhe, G. Braun'sche Hofbuchdr. 19. 40

Bender, Karl, können juristische Personen strafrechtl. Besitz (Gewahrsam) haben? E. Beitrag z. Gewahrsamslehre. (VI, 45 S.) 908. (Hft. 14) 1. —
Ferdinand, Joh. B., das Rechtsmittel d. Beschwerde im heutigen deutschen Strafprozess unter Berücksicht. d. Militärstrafprozesses. (XII, 276 S.) 908. (Hft. 15) 4. 20
Gmelin, Hans, üb. den Umfang des kgl. Verordnungsrechts u. das Recht zur Verhängung des Belagerungszustandes in Italien. (XVI, 211 S.) 907. (Hft. 12) 4. —
Hüssen, Fritz, die Verfassungsentwickelg. Transvaals zur „Selfgoverning Colony". (XI, 146 S.) 909. (Hft. 16) 3. —
Kuhlmann, Ernst, das Recht der gesetzl. Berufsvertretungen (Berufskammern) in allgem. Darstellung nach Reichsrecht, preuss. u. bad. Recht. (III, 105 S.) 908. (Hft. 13) 1. 80
Overbeck, Alfr. Frhr. v., Niederlassungsfreiheit u. Ausweisungsrecht. Dargestellt auf d. Grundlage d. deutsch-schweizer. Vertrages v. 31. V. 1890. Eine Untersuchg. üb. die öffentlichrechtl. Stellg. des Ausländers. (XI, 143 S.) 907. (Hft. 10) 3. —
Schmidt, Alfr., Niccolò Machiavelli u. die allgemeine Staatslehre d. Gegenwart. (III, 106 S.) 907. (Hft. 11) 2. 40
Hft. 1—10. Ebd. 902—06. 18. 20

Abhandlungen, Freiburger volkswirtschaftliche, hrsg. von Karl *Diehl* u. Gerh. *v. Schulze-Gävernitz*. Bd 1 [nebst] Erg. H. 1—3. Karlsruhe 1910. 8°
Mit d. „Heidelberger volkswirtschaftl. Abhandlungen" wieder vereinigt in: Abhandlungen, Volkswirtschaftliche, d. bad. Hochschulen. N. F. H. 1 ff. Karlsruhe 1911 ff. 8°

— Freiburger volkswirtschaftliche, hrsg. v. Karl Diehl u. Gerh. v. Schulze-Gävernitz. I. Bd. 1. u. 2. Heft u. 1. Erg.-Hft. gr. 8. Karlsruhe, G. Braun'sche Hofbuchdr. Subskr.-Pr. 10.20; Einzelpr. 11. 90

I. 1. Die volkswirtschaftliche u. sozialpolitische Bedeutg. der Einführung der Setzmaschine im Buchdruckgewerbe. Von Frdr. Christ. Beyer. (XI, 166 S.) 910. Subskr.-Pr. 2.80; Einzelpr. 3. 50
2. Das Oktroi der Stadt Freiburg im Breisgau in seiner geschichtlich. Entwicklung. Dargestellt auf Grund archival. Quellen. Von Ernst Helbling. (VI, 168 S.) 910. Subskr.-Pr. 2.60; Einzelpr. 3. 60.
1. Ergänzungsheft. Zur Geschichte d. Immobiliarkreditwesens in Preussen m. besond. Nutzanwendung auf d. Theorie d. Bodenverschuldung. Von M. Weyermann. (XVI, 239 S.) 910. 4. 80
Bilden eine Fortsetzung zu: Abhandlungen, volkswirtschaftliche, der badischen Hochschulen.

Freimüthige Abhandlungen aus dem Gebiete der Polizei- und Staatswirthschaft. [Hrsg.: Karl Dan. Heinr. Bensen.] H. 1. Erlangen: Palm 1804. 8°

Abhandlungen. Hrsg. v. Frdr. Freytag. 1. Bd. 1. Heft. (48 S.) Lex. 8. Magdeburg 908. 09. Verlag Erika. 1. 60.

Fünf Abhandlungen über Oefen und Brennmaterial. In 1 Bd. Leipzig und a. O., 1801 und 1802.

— fünf ökonom., von d. Gesellsch. zu Burghausen. 4. München 786. Lentner. 5 gr.

Abhandlungen, fünf strafrechtliche. Carl Stooss gewidmet (Hirsch, Alfr., das Sonderstrafrecht der handelsrechtl. Gesellschaften. — Exner, Frz., die Ehrenbeleidigung durch falsche Anzeige. — Perten, Paul, die ungültige Ehe im österreich. Strafrecht. — Reinhold, Jos., die allgem. Gefährdungsdelikte gegen Leib u. Leben im österreich. Strafrechte. — Horn, Frdr., die unbestimmte Verurteilung in der Geschichte der altösterreich. Strafgesetzgebung. (V, 143 S.) gr. 8. Wien 907. Manz. 2. 80

5 Abhandl. v. Colin, Schramm, Tommasi-Crudeli, Maignen u. Breyer, 1872—85, üb. Wasser als Ursache v. Dysentrie od. Malaria u. üb. Wasserfiltrat.

— Der Königlichen Rheinischen Friedrich-Wilhelms-Universität Bonn zur Feier ihres fünfzigjährigen Jubiläums am 3. Aug. 1868 die Niederrheinische Gesellschaft für Natur und Heilkunde. — Ebd. 1868. 161 S.
1:4° Lb 5468a. 2. 3. 4. 5. 6. 7. 8. 9. 11.
1.3441

— über d. göttl. Gebot d. öft. Communion. 8. Augsburg, Doll. 793.

— von dem Gebrauche d. Alten, vornehml. d. Griechen u. Römer, ihre Geliebten zu schlagen. Aus d. Französ. v. J. K. K. Oelrichs. 8. Berl. 766. Birnstiel. 8 gr.

— v. Gebt. d. abführ. Mitt. D. Allbands. 8. Bresl. 753.

— über die Gebühren von Schenkungen, Vermögensübertragungen, dann das Gebühren-Aequivalent der Stiftungen, Benefizien, weltlichen und geistlichen Gemeinden, Vereine, Anstalten und Corporationen für das IV. Dezennium (vom 1. Januar 1881 bis letzten Dezember 1890) sammt allen bis in letzter Zeit erflossenen Gesetzen, Nachtragsverordnungen und Erläuterungen, dann den Erkenntnissen des Verwaltungsgerichtshofes für den praktischen Gebrauch bearb. von einem praktischen Finanzbeamten. gr. 8. (48 S.) Tachau 886, Holub. *

— v. d. voll. u. halben Geburt, n. d. natürl. röm. u. deutsch. bes. lübisch. Recht. 4. Hannover, Helwing. 748.

— aus dem Gebiete d. Geburtshilfe u. Gynaekologie. Mitteilgn. a. d. 2. Frauenklinik d. kgl. ung. Universität zu Budapest, hrg. v. W. Tauffer. I. Bd. 1. u. 2. Heft. Lex. 8. Berlin 909. S. Karger. 9. —
1. (III, 304 S. m. z. T. farbigen Abb. u. 10 Tab.) 6. —
2. (141 S.) 3. —

— über alle Gegenst. der Kriegswissenschaft &c. 4 Stcke. gr. 8. Leipzig, Crusius. 787.

— üb. alle Gegenstände d. Kriegswissenschaft &c. 4 Hefte. gr. 8. Olmütz 787. (Wienbrack in Leipz.) 1 Thlr 18 gr.

Abhandlungen über alle Gegenstände der Kriegswissenschaft und allgemeine Grundsätze derselben. Mit Krt. &c Olmütz 1787 374 S

— üb. alle Gegenstände d. Kriegswissenschaft u. allgem. Grundsätze derselben. Von e. Gesellsch. Officiere. gr. 8. Salzb. 787. Mayr. 8 gr.

— üb. Gegenst. d. Gesetzgebung. s. E. F. Klein.

— üb. interess. Gegenstände beim Forst- u. Jagdwesen, herausg. v. G. L. Hartig, m. 1 lithogr. Tafel. 8. Berl. 830. Duncker u. H. 1 ℛ 12 𝒢

***Abhandlungen über Gegenstände der Natur und Kunst.** [Stücktitel.] [Hrsg.: Christian Ludolf Reinhold.] Jg. 1 (= Mon. 1–10).
Osnabrück: Herausgeber 1777. 8°
¶ Bandtitel: Minerva oder Abhandlungen über Gegenstände der Natur und Kunst.

Abhandlungen über Gegenstände des allgemeinen Staatenrechts in Deutschland. Die 1823 noch geltenden alten Reichs- und neuen Bundesgesetze. Karlsruhe 1824. V: *Stösser, Phil. Rud.* [?] (BaBb) V: *Roth.* (Schz) Karlsr. 1821. (Co)

— über Gegenstände des allgem. Staatenrechts in Neu-Deutschland. 1r Bd. in 2 Abhandl. gr. 8. Karlsruhe 824, Braun.

— über Gegenstände d. allgem. Staatsrechts in Deutschland. 1r Bd. in 2 Abhandll. gr. 8. Karlsr. 824. Braun. 2 ℛ

— über theolog. u. moral. Gegenstände, (von G. A. Horrer). 8. Weißenf. 790. (Leipz., Weygand). 12 𝒢

— einige, über Gegenstände d. Hamburg. Verfassung, von d. Verf. der dem Abdruck d. Hamburg. Grundgesetze hinzugefügten erläuternden Uebersicht (J. H. Bartels). gr. 8. Hamb. 835. A. Campe. 2 ℛ

— üb. verschied. Gegenst., a. d. Franz. 8. Breslau, W. G. Korn. 772.

Abhandlungen über verschiedene Gegenstände, sowohl aus d. Franz. übers. als mit Originalstücken verm. — Breslau: Korn 1773. 208 S. 1:Ag 7840.
1.3399

— über vier in gegenwärt. Zeit höchst wichtige Gegenstände. 8. Augsb. 831. Volkhardt. 9 𝒢

Abhandlungen über wichtige Gegenstände des Forstwesens. Marburg 1806. VI, 128 S.
1.H.

— über e. wichtige Gegenstände aus d. Land- u. Hauswirthschaft, nebst e. beigefügten am häufigsten vorkomm. Krankheiten d. Pferde, d. Rindviehes u. d. Schafe. gr. 8. Leipz. 798. Joachim. 20 𝒢

— von d. mineralischen Gehalt u. medicin. Gebr. des in dem Marggrafthum Baden gelegenen warmen Bades u. d. mineral. Bäder überhaupt ꝛc. 8. Straßb. 756. König. 4 𝒢 Potsd. 776. Horvath. 4 𝒢

— geheimwissenschaftliche. 1. u. 2. gr. 8. Leipzig, W. Friedrich. n. 4. —
1. D. Wissenschaft d. Magier u. der. theoret. u. prakt. Anwendg. Kurzer Begriff d. Geheimwissenschaften. Von Pachus. M. 4 schemat. Taf. A. d. Franz. übers. v. Pallas S∴ J∴ 13 n. d. VI. Orig.-Ausg. (77 S.) 896. n. 2. —
2. Jatrochemie u. Electrohomöopathie od. d. Geheimmedizin d. Mittelalters u. d. Geheimmedizin d. Neuzeit. E. vergleich. Studie. Uebersetzg. a. d. Böhm. v. Saturnus S∴ J∴ 14. (54 S. m. 2 Bildn. u. 1 farb. Taf.) 896. n. 2. —

***Gelehrte Abhandlungen und Nachrichten aus und von Russland, geliefert von der Schule der Sprachen, Künste und Wissenschaften bey der evang. St. Peterskirche zu St. Petersburg.** [Hrsg.: Ant. Friedr. Büsching.] St. 1. 2.
Leipzig, Königsberg u. Mitau: Kanter 1764–65. 8°

— des Frankf. Gelehrten-Vereins ꝛc. f. deutsche Sprache (Aufsätze von Grotefend, Seel, Roth, Herling, J. Grimm u. a.) 3 Bde. gr. 8. Frankf. a. M. 818. Varrentrapp. 5 ℛ 18 𝒢. 4r Bd. A. u. d. T.: K. F. Becker, die deutsche Wortbildung, oder die organ. Entwickelung d. deutschen Sprache. gr. 8. Ebd. 824. Hermannsche B. 2 ℛ 12 𝒢

***Gemeinnützige Abhandlungen.** (Jg. zu je 52 Stücken).
Göttingen: Barmeyer 1772–75. 4°
¶ Vorh. u. d. T.: Allgemeine Unterhaltungen. Göttingen 1769 ff.

Gemeinnützige Abhandlungen ökonomischen, physikalischen, moralischen und satyrischen Inhalts. Alphab. 1–4.
Dessau: Buchh. d. Gelehrten 1782. 4°

— gemeinnützige, aus dem Gebiete des prakt. Lebens für gebildete Männer und Frauen von L. P. Bremervörde 858. Peters. 8. (XII, 160 S.) n. 1 ℛ

Gemeinnützige Abhandlungen aus dem Gebiete des praktischen Lebens für gebildete Männer u. Frauen. Von L.P. — Bremervörde & Scharmbeck 1858. XII,160 S.
8.
1.3400

* — üb. zwey Gemmen d. k. k. Sammlung zu Wien u. üb. einige Bildnisse d. Julia Augusta auf Denkmälern des Alterthums, mit K. gr. 8. Riga, Hartmann in Comm. 810.

— über zwei Gemmen d. k. k. Samml. zu Wien, u. üb. einige Bildnisse d. Julia Augusta auf Denkmälern d. Alterthums, m. 3 Kpf. gr. 8. St. Petersb. 810. (Gerig in Leipz.) 5 ℛ — (Schwetschke u. S. in Halle). 4 ℛ 8 𝒢

[Abhandlungen über die Genickstarre.] Jena, 1906. 311 S. mit 14 Taf.
Flatten, H., Die übertragbare Genickstarre im Regierungsbezirk Oppeln im Jahre 1905 und ihre Bekämpfung.
Schneider, Die übertragbare Genickstarre im Regierungsbezirk Breslau im Jahre 1905 und ihre Bekämpfung.
Rieger, Die übertragbare Genickstarre im Kreise Brieg im Jahre 1905 und ihre Bekämpfung.
Schmidt, Die übertragbare Genickstarre im Kreise Liegnitz im Jahre 1905 und ihre Bekämpfung.
Flügge, K., Die im hygienischen Institut der Kgl. Universität Breslau während der Genickstarreepidemie im Jahre 1905 ausgeführten Untersuchungen.
Lingelsheim, W. v., Die bakteriologischen Arbeiten der Kgl. hygienischen Station zu Beuthen O. Schl. während der Genickstarreepidemie in Oberschlesien im Winter 1904/05.
Lingelsheim, W. v., und Leuchs, Tierversuche mit dem Diplococcus intracellularis (Meningococcus).
Kolle, W., und A. Wassermann, Untersuchungen über Meningokokken.

— geograph.-astron., von d. großen Sonnenfinsterniß d. J. 1764, (v. Jh. Aug. Eichhorn), m. 2 Kpf. 4. Nürnb. 764. Felsecker. 8 𝒢

Geographische Abhandlungen. [Hrsg.: Albrecht Penck; sp. Norbert Krebs.] Bd 1. Reihe 3, H. 12.
Wien: Hölzel (sp. Leipzig: Teubner, sp. Stuttgart: Engelhorn) 1887–1939. 8°

— geographische, hrsg. v. Albr. Penck. 1. Bd. 1. Hft. Lex.-8. Wien 886. Hölzel. n. 9. —
Die Vergletscherung d. Salzachgebietes, nebst Beobachtgn. üb. die Eiszeit in der Schweiz, v. Ed. Brückner. Mit 11 Abbildgn. im Text, 3 Taf. u. 3 Karten. (X, 183 S.)

— geographische, hrsg. v. Albr. Penck. 1. Bd. 2. u. 3. Hft. Lex.-8. Wien 887. Hölzel. n. 11. —
(1. Bd. cplt.: n. 20. —)
2. Orometrie d. Schwarzwaldes, v. Ludw. Neumann. Mit 9 Abbildgn. im Text, 1 Taf. u. 1 Karte. (III, 50 S.) n. 3. —
3. Eintheilung der Ostalpen, v. Aug. Böhm. (VII, 236 S. m. 1 Karte.) n. 8. —

— dasselbe. 2. Bd. 3 Hfte. Lex.-8. Ebd. 888. n. 23. —
1. Die Pamir-Gebiete. Eine geograph. Monographie v. W. Geiger. Mit 1 Karte. (VIII, 186 S.) 1887. n. 8. —
2. Die Vertheilung des Luftdruckes über Mittel- u. Süd-Europa, dargestellt auf Grundlage der 30jähr. Monats- u. Jahres-Mittel 1851|80, nebst allgemeinen Untersuchungen über die Veränderlichkeit der Luftdruck-Mittel- u. -Differenzen, sowie deren mehrjähr. Perioden v. J. Hann. Mit 3 Taf. d. Monats- u. Jahres-Isobaren u. zahlreichen Tabellen. (VI, 220 S.) 887. n. 12. —
3. Die Schwankungen d. Grundwassers m. besond. Berücksichtg. der mitteleuropäischen Verhältnisse v. I. Soyka. Mit 18 Abbildgn. im Texte. (III, 84 S.) n. 3. —

Abhandlungen, geographische, hrsg. v. Albr. Penck. 3. Bd. 3 Hfte. Lex.-8. Wien 888. 889. Hölzel. n. 21. —
1. Die Cordillere v. Mérida, nebst Bemerkungen über d. karibische Gebirge. Ergebnisse einer m. Unterstützung d. geograph. Gesellschaft zu Hamburg 1884—1885 ausgeführten Reise v. W. Sievers. Mit 1 geolog. Karte u. 15 Profilen in Farbendr. (VIII, 238 S.) n. 12. —
2. Johs. Kepler u. der tellurisch-kosmische Magnetismus v. S. Günther. Mit 19 Abbildgn. im Texte. (71 S.) n. 3. —
3. Der Einfluss einer Schneedecke auf Boden, Klima u. Wetter. Von A. Woeikoff. (IV, 116 S.) n. 6. —

— dasselbe. 4. Bd. 2 Hfte. Lex.-8. Ebd. 889. 890. n. 20. —
1. Die physische Erdkunde im christlichen Mittelalter. Versuch e. quellenmäss. Darstellg. ihrer histor. Entwicklg. v. K. Kretschmer. (IV, 151 S. m. 9 Abbildgn.) n. 5. —
2. Klima-Schwankungen seit 1700, nebst Bemerkungen über d. Klimaschwankungen d. Diluvialzeit. V. E. Brückner. (III, VIII, 324 S. m. 1 Taf., 13 Textfig. u. Tabellen.) n. 15. —

— geographische. Hrsg. v. Albr. Penck. 5. Bd. 1.—4. Hft. Lex.-8. Wien, E. Hölzel. n. 15. —
1. Arbeiten d. geographischen Institutes d. k. k. Universität Wien. Mit e. Vorwort v. Alb. Penck. (XXIII, 160 S. m. 3 Taf., 4 Fig. u. zahlreichen Tab.) 891. n. 5. —
2. Philipp Clüver, der Begründer der historischen Länderkunde. Ein Beitrag zur Geschichte der geograph. Wissenschaft v. J. Partsch. (49 S. m. 1 farb. Karte.) 891. n. 2. —
3. Das Karstphänomen. Versuch e. morpholog. Monographie v. Jovan Cvijić. (Arbeiten des geograph. Institutes der Universität Wien, 2. Hft.) (114 S.) 893. n. 4. —
4. Die Temperatur fliessender Gewässer Mitteleuropas. Von Adf. E. Forster. (Arbeiten des geograph. Institutes d. k. k. Universität Wien. 3. Hft.) (96 S. m. 1 Taf. u. 25 [eingedr.] Tab.) 894. n. 4. —

— geographische. Hrsg. v. Albr. Penck. V. Bd., 5. Hft. Lex.-8. Wien 896. E. Hölzel.
n. 5. — (V. Bd. kplt.: n. 20. —)
5. D. Abfluss- u. Niederschlagsverhältnisse v. Böhmen v. Vasa Ruvarac, nebst Untersuchgn. üb. Verdunstg. u. Abfluss v. gröss. Landflächen v. Albr. Penck. Mit 1 (farb.) Karte, 2 (1 farb.) Taf. u. zahlr. i. d. Text gedr. Tab. (III u. S. 429—508.)

— dasselbe. VI. Bd. 1.—3. Hft. Ebd. n. 39. 70
1. Atlas d. österreich. Alpenseen. Mit Unterstützg. d. k. k. Minister. f. Cultus u. Unterricht, hrsg. v. Albr. Penck u. Ed. Richter. 1. Lfg.: D. Seen d. Salzkammergutes. 18 Karten u. 100 Profile auf 12 (farb.) Taf. Hauptsächl. n. d. Lothgn. v. Frdr. Simony entworfen u. gezeich. v. Joh. Müllner. qu. gr. Fol. (1 Bl. Text.) 895. n. 8. 50. — Text: D. Seen d. Salzkammergutes u. die österr. Traun. Erläutergn. z. 1. Lfg. des österreich. Seenatlasses. Von Joh. Müllner. Mit 2 (farb.) Taf., 7 Textfig. u. 47 Tab. Lex.-8. (115 S.) 896. n. 6. 50
2. Dasselbe. 2. Lfg.: D. Seen v. Kärnthen, Krain u. Südtirol. 10 Karten u. 32 Profile auf 9 (farb.) Taf. Hauptsächl. n. eig. Lothgn. entworfen v. Ed. Richter. qu. gr. Fol. (1 Bl. Text.) 896. n. 8. 50. — Text: Seestudien. Von Ed. Richter. Erläutergn. zur 2. Lfg. des Atlas der österreich. Alpenseen. Mit 3 Taf. u. 7 Textfig. (72 S.) 897. n. 4. 20
3. Friedrich Simony. Leben u. Wirken e. Alpenforschers. Von Albr. Penck. E. Beitrag z. Geschichte d. Geographie i. Österreich. M. 22 Taf. u. 11 Textfig. (116 S. m. 1 Bl. Erklärgn.) 898. n. 12. —

— geographische. Hrsg. v. Albr. Penck. VII. Bd. 1. Hft. Lex.-8. Wien. Leipzig, B. G. Teubner. n. 3. —
1. Die Seen am Reschen-Scheideck. Eine limnolog. Studie. Von Joh. Müllner. Mit 7 Abbildgn. im Text u. 4 Taf. (46 S.) 900. n. 3. —
Fortsetzung v. Bd. VII erscheint im Jahre 1903.

— geographische. Hrsg. v. Albr. Penck. VII. Bd. 2—4. Hft. Lex.-8. Leipzig, B. G. Teubner. n. 13. 20
(VII. Bd. kplt. n. 16. 20)
2. Die Vereisung der österreichischen Alpenseen in den Wintern 1894/5 bis 1900/1. Von Joh. Müllner. Mit 4 Textabbildgn. u. 2 Doppeltaf. (52 S.) 903. n. 2. 40
3. Die Karsthydrographie. Studien aus Westbosnien. Von Alfr. Grund. Mit 14 Abbildgn. im Text u. auf 3 Taf. (201 S.) 903. n. 6. 80
4. Die Theiss. Eine potamolog. Studie. Von Paul Vujević. Mit 18 Textabbildgn. u. 3 Taf. (III, 76 S.) 906. n. 4. —

— dasselbe. VIII. Bd. 1. Hft. Lex.-8. Leipzig, B. G. Teubner. n. 10. —
1. Die Veränderungen der Topographie im Wiener Walde u. Wiener Becken. Von Alfr. Grund. Mit 20 Abbildgn. im Text. (240 S.) 901. n. 10. —

— dasselbe. VIII. Bd. 2. u. 3. Hft. Lex.-8. Ebd. n. 12. —
2. Die nördlichen Alpen zwischen Enns, Traisen u. Mürz. Von Norb. Krebs. Mit 9 Textabbildgn. (118 S.) 903. n. 4. —
3. Geomorphologische Studien aus dem inneralpinen Wiener Becken u. seinem Randgebirge. Von Hugo Hassinger. Mit 11 Textabbildgn. u. 1. Taf. (206 S.) 905. n. 8. —

— geographische. Hrsg. v. Albr. Penck. IX. Bd. 3 Hfte. Lex. 8. Leipzig, B. G. Teubner. 20. —
1. Beiträge z. Entstehg. d. Bergrückenformen. Von Gust. Götzinger. Mit 17 Textabbildgn. u. 7 Taf. (III, 174 S.) 907. 6. —
2. Die Halbinsel Istrien. Landeskundl. Studie. Von Norb. Krebs. M. 14 Fig. im Text u. 18 Abb. auf 7 Taf. (IV, 166 S.) 907. 6. —
3. Beiträge z. Morphologie d. dinarischen Gebirges. Von Alfr. Grund. (230 S. m. 12 Abb., 1 Taf. u. 3 Kart.) 910. 8. —

Geographische Abhandlungen aus den Reichslanden Elsass-Lothringen. [Hrsg.: G. Gerland.] H. 1.–N.F. 3.

Stuttgart: Schweizerbart 1886–1917. 8°

— geographische, aus den Reichslanden Elsass-Lothringen. Mit Unterstützg. der kaiserl. Regierung zu Strassburg hrsg. v. G. Gerland. 1. Hft. gr. 8. (X, 184 S. m. 5 Taf.) Stuttgart 892. E. Schweizerbart. n. 4. —

Abhandlungen, geographische, a. d. Reichslanden Elsass-Lothringen. M. Unterstützg. d. kaiserl. Regiorg. zu Strassburg hrsg. v. G. Gerland. 2. Hft. gr. 8. (III, IV u. S. 185—388 m. 6 Taf.) Stuttgart 895. E. Schweizerbart. n. 4. —

Abhandlungen, Geologische u. palaeontologische
Früher u. d. T.: Abhandlungen, Palaeontologische

— geologische u. palaeontologische. Hrsg. v. E. Koken. Neue Folge. V. Bd. (Der ganzen Reihe IX. Bd.) 1.—3. Hft. gr. 4. Jena, G. Fischer. n. 64. —
1. Geologie der Radstädter Tauern. Von F. Frech. Mit 1 geolog. Karte u. 38 Abbildgn. im Text. (66 S.) 901. n. 18. —
2. Geologie der Umgebung des Iseosees. Von A. Baltzer. Mit 1 geolog. Karte, e. stratigraph. Tab., 5 Taf. u. 19 Abbildgn. im Text. (48 S. m. 5 Bl. Erklärgn.) 901. n. 18. —
3. Beiträge zur Kenntniss der Säugethierreste aus den süddeutschen Bohnerzen. Von M. Schlosser. Mit 5 Taf. u. 3 Abbildgn. im Text. (144 S. m. 5 Bl. Erklärgn.) 902. n. 28. —

— dasselbe. VI. Bd. (Der ganzen Reihe X. Bd.) 1. Hft. gr. 4. Ebd. n. 24. —
1. Übersicht üb. die Reptilien der Trias. Von Friedr. v. Huene. Mit 9 Taf. u. 78 Abbildgn. im Text. (84 S. m. 9 Bl. Erklärgn.) 902. n. 24. —
Früher unter d. T.: Abhandlungen, palaeontologische.

— geologische u. palaeontologische. Hrsg. v. E. Koken. Neue Folge. VI. Bd. (Der ganzen Reihe X. Bd.) 2.—5. Hft. u. VIII. Bd. (Der ganzen Reihe XII. Bd.) 1. u. 2. Hft. 4. Jena, G. Fischer. n.n. 121. —
(VI. Bd. kplt. n.n. 97. —)
Fraas, E., neue Zeuglodonten aus dem unteren Mitteleocän vom Mokattam bei Cairo. Mit 3 Taf. (24 S. m. 3 Bl. Erklärgn.) 904. (VI, 3.) n.n. 6. —
Huene, F. v., über die Dinosaurier der aussereuropäischen Trias. Mit 16 Taf. u. 102 Abbildgn. im Text. (60 S. m. 16 Bl. Erklärgn.) 906. (VIII, 2.) n.n. 28. —
Lasswitz, Rud., die Kreide-Ammoniten v. Texas. (Collectio F. Roemer.) Mit 8 Taf. u. 8 Abbildgn. im Text. (40 S. m. 8 Bl. Erklärgn.) 904. (VI, 4.) n.n. 15.

Noelting, Fritz, die Entwickelung v. Indoceras baluchistanense Noelting. Ein Beitrag zur Ontogenie der Ammoniten Mit 7 Taf. u. 22 Abb. im Text. (96 S. m. 7 Bl. Erklärgn.) 906. (VIII, 1.) n.n. 20. —
Rau, Karl, die Brachiopoden des mittleren Lias Schwabens m. Ausschluss der Spiriferinen. Mit 4 Taf. u. 5 Abbildgn. im Text. (VIII, 95 S. m. 4 Bl. Erklärgn.) 905. (VI, 5.) n.n. 16. —
Volz, Wilh., zur Geologie v. Sumatra. Beobachtungen u. Studien. Mit 12 Taf., 3 Karten u. 45 Abbildgn. im Text. (112 S.) 904. (VI, 2.) n.n. 36. —
Bd. VII ist noch nicht erschienen.

— geologische u. palaeontologische. Hrsg. v. E. Koken. Neue Folge. V. Bd. (d. ganzen Reihe IX. Bd.) 4. (Schluss-) Heft.; VIII. Bd. (d. ganzen Reihe XII. Bd.) 3.—6. (Schluss-) Heft u. IX. Bd. (der ganzen Reihe XIII. Bd.) 1.—4. Heft. 31,5×24 cm. Jena, G. Fischer. nn 114. —
V. 4. Ueber Hybodus. M. 4 Taf. u. 5 Abb. im Text. (VIII, 18 S.) 907. nn 6. —
V. Bd. 1.—3. Hft. Ebd. 901. 02. nn 64. —
VIII. 3. Die Ganoiden u. Teleostier d. lithographischen Schiefers v. Nusplingen. Von Erich Heineke. Mit 8 Taf. u. 21 Abbildgn. im Text. (58 S. m. 8 Bl. Erklärgn.) 906. nn 16. —
4. Ueber die Entwicklung v. Oxynoticeras oxynotum Qu. Von A. Knapp. Mit 4 Taf. u. 18 Abbildgn. im Text. (34 S. m. 4 Bl. Erklärgn.) 908. nn 8. —
5. Beiträge zur Kenntnis d. Werfener Schichten Südtirols. Von Paul v. Wittenburg. Mit 5 Taf. u. 15 Abbildgn. im Text. (44 S. m. 5 Bl. Erklärgn.) 908. nn 12. —
6. 1. Ein ganzes Tylosaurus-Skelett. 2. Ein primitiver Dinosaurier aus Elgin. 3. Neubeschreibung v. Dasyceps Bucklandi. Von Frdr. v. Huene. (VIII, 46 S. m. 34 Fig., 3 Taf., 2 Klapptaf. u. 2 Bl. Erklärgn.) 910. nn 14. —
VIII Bd. 1. u. 2. Hft. Ebd. 906. nn 48. —
IX. 1. Die jurassischen Oolithe der schwäbischen Alb. Von Frdr. Gaub. (80 S. m. 10 Lichtdr.-Taf. u. 10 Bl. Erklärgn.) 910. nn 20. —
2. Isländische Masseneruptionen. Von Hans Reck. (106 S. m. 9 Fig. u. 9 Taf.) 910. nn 18. —
3. Die Säugetierfauna d. Pliocäns u. Postpliocäns v. Mexiko. I. Carnivoren. Von Wilh. Freudenberg. (39 S. m. 5 Fig., 9 Taf. u. 8 Bl. Erklärgn.) 910. nn 15. —
4. Beitrag z. Stratigraphie d. mittleren Keupers zwischen der schwäbischen Alb u. d. Schweizer Jura. Von Rich. Lang. (38 S. m. 1 Taf.) 910. nn 6. —

— dasselbe. I. Suppl.-Bd. 1—6. Lfg. Ebd. nn 160. —
Die Dinosaurier der europäischen Triasformation m. Berücksicht. der außereuropäischen Vorkommnisse. Von Frdr. v. Huene. 6 Lfgn. Text. (XII, 419 S. m. 351 Abbildgn.) 31,5×24 cm. u. Atlas. (21, 31, 23. 23 u. 13 Taf. m. 21, 31, 23, 23 u. 13 Bl. Erklärgn.) 36×28 cm. 907. 08. nn 160. —

Abhandlungen, Germanische, s. Abhandlungen, Germanistische

— germanistische, hrsg. v. Karl Weinhold. I. gr. 8. Breslau 881. Koebner. n. 3. —
Beiträge zum Leben und Dichten Daniel Caspers von Lohenstein v. Conr. Müller. Mit e. (Lichtdr.-)Bilde d. Dichters. (XII, 107 S.)

— germanistische, hrsg. v. K. Weinhold. II—VI. gr. 8. Breslau, Koebner. n. 29. 20
II. Der Mantel, Bruchstück e. Lanzeletromans d. Heinrich v. dem Türlin, nebst e. Abhandlg. üb. die Sage v. Trinkhorn u. Mantel u. die Quelle der Krone hrsg. v. Otto Warnatsch. (VII, 136 S.) 883. n. 3. 60
III. Die deutschen Opfergebräuche bei Ackerbau u. Viehzucht. Ein Beitrag zur deutschen Mythologie u. Alterthumskunde v. Ulr. Jahn. (VIII, 350 S.) 884. n. 9. —
IV. Die Quellen zum Alexander d. Rudolf v. Ems. Im Anh.: Die Historia de preliis. Von Osw. Zingerle. (VII, 265 S.) 885. n. 8. —
V. Der Infinitiv in den Epen Hartmanns v. Aue. Von Sylvius v. Monsterberg-Münckenau, (VI, 175 S.) 885. n. 5. —
VI. Das Hohe Lied d. Brun v. Schonebeck, nach Sprache u. Composition untersucht u. in Proben mitgeteilt v. Arwed Fischer. (V, 126 S.) 886. n. 3. 60

— germanistische, hrsg. v. K. Weinhold. 7. Hft. gr. 8. Breslau 889. Koebner. n. 10. —
Bruder Hermanns Leben der Gräfin Iolande v. Vianden, m. Einleitg. u. Anmerkgn. hrsg. v. J. Meier. (X, CXXXIV, 139 S.)

Abhandlungen, germanistische, hrsg. von Karl Weinhold. 8.—10. Hft. gr. 8. Breslau, W. Koebner. n. 20. 40
8. Zur Geschichte der altdeutschen Verskunst von Andr. Heusler. (VIII, 161 S.) 891. n. 5. 40
9. Daniel v. dem Blühenden Tal, e. Artusroman von dem Stricker, hrsg. v. Gust. Rosenhagen. (XII, 206 S.) 894. n. 9. —
10. Die Bósa-Rímur, hrsg. v. Otto L. Jiriczek. (XXXVI, 100 S.) 894. n. 6. —
Der Preis f. das 1.—8. Hft. ist bis auf Weiteres auf n. 30. — ermässigt worden.

Abhandlungen, germanische, begr. v. Karl Weinhold, hrsg. v. Frdr. Vogt. 11.—15. Hft. gr. 8. Breslau, M. & H. Marcus. n. 35. —
11. Wencel Scherffer u. d. Sprache d. Schlesier. E. Beitrag z. Gesch. d. deutschen Sprache v. Paul Drechsler. (VIII, 282 S.), 895. n. 11. —
12. Beiträge z. Volkskunde. Festschrift, Karl Weinhold z. 25jähr. Doktorjubiläum a. 14. Jan. 1896 dargebr. i. Namen d. schles. Gesellschaft f. Volkskunde, (IX, 245 S.) 895. n. 8. —
Daraus einzeln:
I. Z. Gesch. d. Weihnachtsspiele u. d. Weihnachtsfestes. N. Handschr. d. Krakauer Universitätsbibliothek v. Wilh. Creizenach. (10 S.) n. — 80
II. Handwerkssprache u. -brauch. Von Paul Drechsler. (25 S.) n. 1. 20
III. D. tugendhafte u. kluge Wittwe. Von Siegm. Fraenkel. (13 S.) n. — 80
IV. Brahmanen und Çûdras. Von Alfr. Hillebrandt. (7 S.) n. — 50
V. D. Amlethsage auf Island. Von Otto L. Jiriczek. (50 S.) n. 2. —
VI. Segen- u. Bannsprüche aus e. alt. Arzneibuche. Von E. Mogk. (10 S.) n. — 80
VII. D. Jungfernsee b. Breslau. E. mytholog. Streifzug. Von Karl Olbrich. (12 S.) n. — 80
VIII. Etymologische Sagen a. d. Riesengebirge. Von Paul Regell. (21 S.) n. 1. —
IX. Z. Characteristik d. schles. Bauern. Von Frz. Schroller. (11 S.) n. — 60
X. Flurnamen. Von Thdr. Siebs. (30 S.) n. 1. 60
XI. Dornröschen—Thalia. Von Frdr. Vogt. (43 S) n. 2. —
XII. Sif. Von Otto Warnatsch. (9 S.) n. — 50
13. Gesch. d. deutschen Streitgedichtes i. Mittelalter m. Berücksicht. ähnl. Erscheingn. i. and. Litteraturen. Eine litterarhistor. Untersuchg. v. Herm. Jantzen. (V, 98 S.) 896. n. 3. —
14. D. armen Hartmann Rede vom Glouven. Von Frdr. v. d. Leyen. E. deutsche Reimpredigt d. 12. Jahrh. Unters. u. hrsg. (VII, 224 S.) 897. n. 8. —
15. D. Übergang v. Mittelhochdeutschen z. Neuhochdeutschen i. d. Sprache d. Breslauer Kanzlei. Von Bruno Arndt. (V, 118 S.) 898. n. 5. —

— dasselbe, begründet v. Karl Weinhold, hrsg. v. Frdr. Vogt. XVI.—XX. Hft. gr. 8. Breslau. M. & H. Marcus. n. 24. 60
XVI. Die Jakobsbrüder. Von Kunz Kistener, hrsg. v. Karl Euling. (XII, 130 S.) 899. n. 5. —
XVII. Neidhart m. d. Veilchen. Von Konr. Gusinde. (VI, 242 S.) 899. n. 9. —
XVIII. Studien üb. Heinrich Kaufringer. Von Karl Euling. (X, 126 S.) 900. n. 4. 60
XIX. Das volkstümliche Paradiesspiel und seine mittelalterlichen Grundlagen. Von Carl Klimke. (VIII, 96 S.) 902. n. 3. —
XX. Die Wortwiederholung, e. Stilmittel i. Ortnit und Wolfdietrich A u. in den mittelhochdeutschen Spielmannsepen Orendel, Oswald u. Salman u. Morolf. Von Walth. Vogt. (VIII, 86 S.) 902. n. 3. —

— germanistische, begründet v. Karl Weinhold, hrsg. v. Frdr. Vogt. 21.—26. Hft. gr. 8. Breslau, M. & H. Marcus. n. 37. —
Arndt, Wilh., die Personennamen der deutschen Schauspiele des Mittelalters. (X, 113 S.) 904. (Hft. 23.) n. 3. 60
Beckers, Otto, das Spiel v. den zehn Jungfrauen u. das Katharinenspiel, untersucht u. hrsg. (VIII, 158 S.) 905. (Hft. 24.) n. 5. —
Euling, Karl, das Priamel bis Hans Rosenplüt. Studien zur Volkspoesie. (VIII, 583 S.) 905. (Hft. 25.) n. 12. —
Klapper, Jos., das St. Galler Spiel v. der Kindheit Jesu. Untersuchungen u. Text. (VIII, 129 S.) 904. (Hft. 21.) n. 4. 40
Rothe's, Johs., Passion Mit e. Einltg. u. e. Anh. hrsg. v. Alfr. Heinrich. (VIII, 174 S.) 906. (Hft. 26.) n. 5. 60
Wiegand, Jul., stilistische Untersuchungen zum König Rother. (XII, 209 S.) 904. (Hft. 22.) n. 6. 40

— germanistische, begründet v. Karl Weinhold, hrsg. v. Frdr. Vogt. 27.—34. Heft. gr. 8. Breslau, M. & H. Marcus. 66. —
Banz, Romuald, O. S. B., Christus u. d. Minnende Seele. Zwei spätmittelhochdeutsche myst. Gedichte. Im Anh. e. Prosadisput verwandten Inhaltes. Untersuchungen u. Texte. (XVIII, 390 S. m. 9 Taf.) 908. (Hft. 29) 15. —
Baesecke, Geo., der Münchener Oswald. Text u. Abhandlg. (XVIII, 445 S.) 907. (Hft. 28). 16. —
Gombert, Ludw., Johannes Aals Spiel v. Johannes d. Täufer u. d. älteren Johannesdramen. (VII, 108 S.) 908. (Hft. 31). 3. 20
Heintz, Heinr., Schondochs Gedichte, untersucht u. hrsg. (V, 155 S.) 908. (Hft. 30). 5. —
Leopold, Max, die Vorsilbe ver- u. ihre Geschichte. (VIII, 286 S.) 907. (Hft. 27). 10. —
Pflug, Emil, Suchensinn u. seine Dichtungen. (VII, 104 S.) 908. (Hft. 32). 3. 20
Waga, Frdr., Die Welsch-Gattung. (VII, 272 S.) 910. (Hft. 34.) 10. —
Wegner, Frz., die „Christliche Warnung des treuen Eckarts“ des Bartholomäus Ringwaldt, untersucht. (VII, 115 S.) 909. (Hft. 33.) 3. 60

— germanistische, begründet v. Karl Weinhold, hrsg. v. Frdr. Vogt. 35. u. 36. Heft. gr. 8. Breslau, M. & H. Marcus. 13.60.

35. Untersuchungen zum Donaueschinger Passionsspiel. Von Geo. Dinges. (V, 156 S. m. 1 Tab.) 910. 5.60.
36. Die Anwendung der Beiwörter in den mhd. Epen v. Ortnit u. Wolfdietrich. Von Waldem. Lehnerdt. (XII, 250 S.) 910. 8.—.

— germanistische, zum LXX. Geburtstag Konrad v. Maurers dargebracht v. Osc. Brenner, Fel. Dahn, Carl Gareis, Wolfg. Golther, Valtýr Guðmundsson, Ebbe Hertzberg, Finnur Jónsson, Karl Lehmann, Ernst Mayer, Bj. M. Olsen, Axel Petersen, V. A. Secher, Phpp. Zorn. Lex.-8. (VII, 554 S. m. Bildnis.) Göttingen 893. Dieterich's Verl. n. 16. —

Abhandlungen. Germanistische Abhandlungen, Hermann Paul zum 17. März 1902 dargebracht von Andreas Heusler, Johannes Hoops, Emil Koeppel, Friedrich von der Leyen, Franz Muncker, Friedrich Panzer, Emil Sulger-Gebing, Ludwig Sütterlin, Albert Thumb, Roman Woerner, Paul Zimmermann. IV + 332 S. 8. Strassburg, Karl J. Trübner, 1902. [M. 8.—] N 1080
Darin S. 1—98: Die Lieder der Lücke im Codex Regius der Edda. Von Andreas Heusler, Berlin; *S. 99—134:* August Wilhelm Schlegel und Dante. Von Emil Sulger-Gebing.

— gesammelte, aus der medicinischen Klinik zu Dorpat. Hrsg. v. H. Unverricht. gr. 8. (XI, 626 S. m. 7 Taf.) Wiesbaden 893. J. F. Bergmann. n. 16. —

—— gesammelte, zur Verfertigung d. Strohhüte nach italien., engl. u. deutscher Art. Mit Unterricht zum Anbaue des hierzu taugl. Strohes, dess. Verarbeitung zu verschied. Kunstgegenständen, zur Verfert. d. Hüte aus Bast 2c. Nebst Anweis. zur Bereitung verschied. Arten Feuerschwamms. 8. (10 B.) Ulm 850, Ebner.

— üb. d. ältere Scandinavische Gesch. v. d. Cimbriern, Scandinaviern 2c. gr. 8. Copenh. 781. Pelt. 1 ₰ 12 ₰

— über die Geschichte u. Alterthümer, Künste, Wissenschaften u. Litt. Asiens, von Will. Jones u. and. Mitgl. der in Calcutta errichteten gelehrten Gesellschaft. 1r Thl. Aus d. Engl. v. J. C. Ch. Fick; durchgesehen, mit Anmerkk., Erläuterr. u. Zusätzen versehen von J. F. Kleuker; u. 2r—4r Thl. 8. Riga 795—97. (Hartknoch in Leipz.) 5 ₰ 20 ₰ (4r Thl. A. u. d. T.: Brahmanische Religionssyst. im Zusammenhange von d. verschied. Ständen Indiens. 2 ₰)

Abhandlungen zur Geschichte der Mathematik. H. 1–9.
Leipzig: B. G. Teubner 1877–1899. 8° H 18, 46
(Forts. u. d. T.: Abhandlungen zur Geschichte der mathematischen Wissenschaften. H. 10. 1900ff.
(Ab H. 7. 1893–9. 1899 auch als Suppl. der Zeitschrift für Mathematik und Physik.

Abhandlungen z. Geschichte der Mathematik. 1 bis 4. Hft. M. 2 lith. Taf. gr. 8. Leipzig 1879—82. Teubner. n. 22. 80

I. Das Rechnen im 16. Jahrh. Von P. Treutlein. (S. 1—100.) — Die homocentrischen Sphären d. Eudoxus, d. Kallippus u. d. Aristoteles. Mémoire, gelesen im lombard. Institut zu Mailand am 26. Novbr. 1874 v. G. V. Schiaparelli, ins Deutsche übersetzt v. W. Horn. (S. 101—198.) n. 5. —
II, 1. Die deutsche Coss. Von P. Treutlein. (124 S.) — 2. Der Traktat d. Jordanus Nemorarius „De numeris datis". Hrsg. von P. Treutlein. (S. 125—166.) — 3. Zur Geschichte der Mathematik. I. Das Trapez bei Euklid, Heron u. Brahmegupta v. W. Weissenborn. (S. 167—184.). — 4. Zur Geschichte der Mathematik. II. Die Boetius-Frage v. W. Weissenborn. (S. 185 bis 240.) n. 5. —
III. (276 S.) n. 6. 50
IV, I. Die quadratischen Irrationalitäten der Alten und deren Entwickelungsmethoden. Von Siegm. Günther. [Mit 1 lith. Taf.] (134 S.) — II. Der Traktat Franco's v. Lüttich: „de quadratura circuli". Hrsg. v. Winterberg. (S. 135—190 m. eingedr. Holzschn.) — III. Eine Studie über die Entdeckung der analyt. Geometrie m. Berücksicht. e. Werkes d. Marino Ghetaldi Patrizier Ragusaer. Aus d. J. 1630. Von Eug. Gelcich. (S. 191—231.) — IV. Descartes und das Brechungsgesetz d. Lichtes. Von P. Kramer. (S. 233 bis 278 m. eingedr. Holzschn.) n. 6. 40

— zur Geschichte der Mathematik. 5. Hft. gr. 8. (168 S. m. 1 Taf.) Leipzig 890. Teubner. n. 6. — (1—5.: n. 28. 80)

— zur Geschichte der Mathematik. 6. Hft. gr. 8. (204 S. m. 1 lith. Taf.) Leipzig 892. B. G. Teubner. n. 5. — (1—6.: n. 33. 80)

Abhandlungen zur Geschichte der Mathematik. Seit 1900: Abhandlungen zur Geschichte der mathematischen Wissenschaften mit Einschluß ihrer Anwendungen. Begr. von Moritz Cantor. Leipzig. Seit 1907: Leipzig und Berlin

H. 1—8. 1877—1898
H. 9. Curtze, M., und S. Günther: Festschrift zum 70. Geburtstage Moritz Cantors. 1899
H. 10. Suter, H: Die Mathematiker und Astronomen der Araber und ihre Werke. 1900
H. 11. Simon, M: Euclid und die sechs planimetrischen Bücher. 1901
H. 12. 13. Curtze, M: Urkunden zur Geschichte der Mathematik im Mittelalter und der Renaissance. T. 1. 2. 1902
H. 14. Björnbo, A. A: Studien über Menelaos' Sphärik. Suter, H: Nachträge und Berichtigungen zu: »Die Mathematiker und Astronomen der Araber und ihre Werke«. Bopp, K: Antoine Arnauld, der große Arnauld, als Mathematiker. 1902
H. 15. Sauerbeck, P: Einleitung in die analytische Geometrie der höheren algebraischen Kurven nach den Methoden von J. P. de Gua de Malves. 1902
H. 16, 1. Wölffing, E: Mathematischer Bücherschatz. T. 1. Reine Mathematik. 1903
H. 17. Zeuthen, H. G: Geschichte der Mathematik im 16. und 17. Jahrhundert. Deutsch von R. Meyer. 1903
H. 18. Heiberg, J. L: Mathematisches zu Aristoteles. Müller, C. H: Studien zur Geschichte der Mathematik insbesondere des mathematischen Unterrichts an der Universität Göttingen im 18. Jahrhundert. Lindt, R: Das Prinzip der virtuellen Geschwindigkeiten, seine Beweise und die Unmöglichkeit seiner Umkehrung bei Verwendung des Begriffes »Gleichgewicht eines Massensystems«. 1904
H. 19. Lobatschefskij, N. J: Imaginäre Geometrie und Anwendung der imaginären Geometrie auf einige Integrale. Deutsch von H. Liebmann. 1904
H. 20, 1. Müller, F: Karl Schellbach, Rückblick auf sein wissenschaftliches Leben. Nebst 2 Schriften aus seinem Nachlaß und Briefen von Jacobi, Joachimsthal und Weierstraß. 1905
2. Bopp, K: Die Kegelschnitte des Gregorius a St. Vincentio in vergleichender Bearbeitung. 1907
3. Rothenberg, S: Geschichtliche Darstellung der Entwicklung der Theorie der singulären Lösungen totaler Differentialgleichungen von der ersten Ordnung mit zwei variablen Größen. 1908
H. 21. Gerland, E: Leibnizens nachgelassene Schriften physikalischen, mechanischen und technischen Inhalts. 1906
H. 22. Ahrens, W: Briefwechsel zwischen C. G. J. Jacobi und M. H. Jacobi. 1907
H. 23. Hering, K: Das 200jährige Jubiläum der Dampfmaschine 1706—1906. 1907
H. 24. Joannis Verneri de triangulis sphaericis libri quatuor, de meteoroscopiis libri sex cum procemio Georgii Joachimi Rhetici. I. De triangulis sphaericis. Hrsg. von A. A. Björnbo. 1907
H. 25. Festschrift zur Feier des 200. Geburtstages Leonhard Eulers. Hrsg. vom Vorstande der Berliner Mathematischen Gesellschaft. 1907
H. 26, 1. 2. Haerpfer, A: Die Probleme von Hansen und Snellius. 1910. Lind, B: Über das letzte Fermatsche Theorem. 1910
3. Alkindi, Tideus und Pseudo-Euklid: Drei optische Werke. Hrsg. u. erkl. von Axel Anthon Björnbo und Seb. Vogl. 1911
H. 27. Müller, F: Führer durch die mathematische Literatur mit besonderer Berücksichtigung der historisch wichtigen Schriften. 1909
H. 28. Mikami, Yoshio: Mathematical Papers from the far East. 1910
H. 29. Festschrift zur Feier des 100. Geburtstages Eduard Kummers. 1900

— zur Geschichte der Medicin. Hrsg. v. Hugo Magnus, Max Neuburger u. Karl Sudhoff. 1.—4. Hft. gr. 8. Breslau, J. U. Kern. n. 14. 50

1. Medicin u. Religion in ihren gegenseitigen Beziehungen. Geschichtl. Untersuchgn. Von Hugo Magnus. (VIII., 68 S.) 902. n. 2. 50
2. Iatromathematiker vornehmlich im 15. u. 16. Jahrh. Eine Studie Von Karl Sudhoff. (VIII, 92 S.) 902. n. 4. —
3. Keilschriftmedicin. Einleitendes zur Medicin der Kouyunjik-Collection. Von Fel. Frhr. v. Oefele. Mit 3 Taf. (55 S.) 902. n. 4. —
4. Die Gynaekologie des Galen. Eine geschichtlich-gynaekolog. Studie. Von Joh. Lachs. (VII, 87 S.). 903. n. 4. —

Abhandlungen zur Geschichte der Medizin. Hrsg. v. Hugo Magnus, Max Neuburger u. Karl Sudhoff. 5.—18. Hft. gr. 8. Breslau, J. U. Kern. n. 45. 20

Bäumer, Eduard, die Geschichte des Badewesens. Mit 13 Abbildgn. im Text. (VII, 79 S.) 903. (Hft. 7.) n. 3. —

Dörbeck, F., Geschichte der Pestepidemien in Russland von der Gründung des Reiches bis auf die Gegenwart. Nach den Quellen bearb. (VII, 2:0 S.) 906. (Hft. 18.) n. 6. —

Ehrhardt, O., Dr. Laurentius Wilde, Leibarzt des Herzogs Albrecht, u. die Anfänge der medizinischen Wissenschaft in Preussen. (23 S.) 905. (Hft. 14.) n. 1. —

Galen's Schrift „Ueber die säfteverdünnende Diät". Uebers. u. m. Einltg. u. Sachregister versehen von W. Frieboes u. F. W. Kobert. (VII, 52 S.) 903. (Hft. 5.) n. 3. —

Hopf, Ludw., die Anfänge der Anatomie bei den alten Kulturvölkern. Ein Beitrag zur Geschichte der Anatomie. (VII, 126 S.) 904. (Hft. 9.) n. 4. —

Kühn, Osc., Medicinisches aus der altfranzösischen Dichtung. (VII, 147 S.) 904. (Hft. 8.) n. 5. —

Magnus, Hugo, der Aberglauben in der Medicin. Mit 5 Abbildgn. im Text. (VIII, 112 S.) 903. (Hft. 6.) n. 3. 50

— Kritik der medicinischen Erkenntnis. Eine medicingeschichtl. Untersuchg. (IX, 145 S.) 901. (Hft. 10.) n. 5 —

— die Organ- u. Blut-Therapie. Ein Kapitel aus der Geschichte d. Arzneimittellehre. (VII, 70 S.) 906. (Hft. 17.) n. 2.50

— Paracelsus, der Überarzt. Eine krit. Studie. (15 S.) 906. (Hft. 16.) n. — 60

— die Volksmedizin, ihre geschichtliche Entwickelung u. ihre Beziehungen zur Kultur. Mit 5 Abbildgn. im Text. (VIII, 118 S.) 905. (Hft. 15.) n. 3. 50

— der Wert der Geschichte f. die moderne induktive Naturbetrachtung u. Medizin. Gewidmet der 76. Versammlung deutscher Naturforscher u. Ärzte. (24 S.) 904. (Hft. 11.) n. — 60

Manninger, Vilmos, der Entwicklungsgang der Antiseptik u. Aseptik. Von der ungar. Akademie der Wissenschaften (magyar tudományos akadémia) preisgekrönte Konkurrenzarbeit. Aus dem ungar. Originale übers. v. Gust. Adf. Manninger. (VI, 168 S.) 904. (Hft. 12.) n. 5. —

Schaefer, Rom. Jos., Wilhelm Fabricius v. Hilden. Sein Leben u. seine Verdienste um die Chirurgie. Studie aus der Geschichte der Chirurgie. (VII, 43 S. m. 1 Bildnis.) 904. (Hft. 13.) n. 2. 50.

Hft. 1—4. Ebd. 902—03. n. 14. 50.

— zur mittleren u. neueren Geschichte. Hrsg. von Geo. v. Below, Heinr. Finke u. Frdr. Meinecke. 1—24. Heft. gr. 8. Berlin(-Wilmersdorf), Dr. W. Rothschild. Subskr.-Pr. 93.—; Einzelpr. 108. —

Asal, Jos., die Wahl Johanns XXII. Ein Beitrag zur Geschichte des avignones. Papsttums. (82 S.) 910. (Hft. 20.) Subskr.-Pr. 2.50; Einzelpr. 3. —

Bächtold, Herm., der norddeutsche Handel im 12. u. beginnenden 13. Jahrh. (VIII, 314 S.) 910. (Hft. 21.) Subskr.-Pr. 8.—; Einzelpr. 9. —

Behaghel, Wilh., die gewerbl. Stellung der Frau im mittelalterlichen Köln. (XII, 90 S.) 910. (Hft. 23.) Subskr.-Pr. 2.50; Einzelpr. 3. —

Bischoff, Conr. Studien zu P. P. Vergerio dem Älteren. (IX, 98 S.) 909. (Hft. 15.) Subskr.-Pr. 3.—; Einzelpr. 3. 50

Diepgen, Paul, Arnald v. Villanova als Politiker u. Laientheologe. (105 S.) 909. (Hft. 9) Subskr.-Pr. 3.—; Einzelpr. 3. 20

Durand, Karl, die Memoiren des Marquis d'Argenson. (VI, 100 S.) 908. (Hft. 6.) Subskr.-Pr. 2.—; Einzelpr. 2. 50

Eckert, Heinr., die Krämer in süddeutschen Städten bis zum Ausgang des Mittelalters. (XII, 89 S.) 910 (Hft. 16.) Subskr.-Pr. 3.—; Einzelpr. 3. 30

Eitel, Ant., der Kirchenstaat unter Klemens V. (Mit dem Abdr. e. Bulle als Beilage.) (VII, 218 S.) 907. (Hft. 1.) Subskr.-Pr. 5.—; Einzelpr. 5. 60

Gallion, Wilh., der Ursprung der Zünfte in Paris. (VIII, 120 S.) 910. (Hft. 24.) Subskr.-Pr. 3.60; Einzelpr. 4. 20

Goldschmidt, Hans, Zentralbehörden u. Beamtentum im Kurfürstent. Mainz v. 16. b. z. 18. Jahrh. (XX, 209 S. m. 3 Tab.) 908. (Hft. 7.) Subskr.-Pr. 5.20; Einzelpr. 6. —

Greinacher, Ant., die Anschauungen des Papstes Nikolaus I. üb. das Verhältnis v. Staat u. Kirche. (V, 69 S.) 909. (Hft. 10.) Subskr.-Pr. 2.—; Einzelpr. 2. 40

Heinemann, Bartholome, Beiträge zum Urkundenwesen der Bischöfe v. Konstanz im XIII. Jahrh. (15 Urkunden-Fcsma. als Beilage.) (VIII, 112 S.) 909. (Hft. 14.) Subskr.-Pr. 5.—; Einzelpr. 5. 60

Herzog, Ant., die Lebensmittelpolitik der Stadt Strassburg im Mittelalter. (IX, 118 S.) 909. (Hft. 12.) Subskr.-Pr. 3.60; Einzelpr. 4. —

Heymann, Ernst, Napoleon u. die grossen Mächte 1806. (XII, 172 S.) 910. (Hft. 22.) Subskr.-Pr. 4.50; Einzelpr. 5. —

Kober, Erich, die Anfänge des deutschen Wollgewerbes. (VII, 113 S.) 908. (Hft. 8.) Subkr.-Pr. 2.50; Einzelpr. 3. —

Lahusen, Joh., zur Entstehung d. Verfassung bairisch-österreichischer Städte. (VII, 78 S.) 908. (Hft. 5.) Subskr.-Pr. 1.60; Einzelpr. 2. —

Lüders, Gust., die demokrat. Bewegung in Berlin im Oktbr. 1848. (VI, 182 S.) 909. (Hft. 11.) Subskr.-Pr. 5.20; Einzelpr. 6. —

Moser, Max, der Lehrerstand des 18. Jahrh. im vorderösterreich. Breisgau. Ein Beitrag zur österreich. u. deutschen Volksschulgesch.. (XX, 225 S.) 908. (Hft. 3.) Subskr.-Pr. 5.—; Einzelpr. 6. —

Mürmann, Adf., die öffentl. Meinung in Deutschland üb. das preussische Wehrgesetz v. 1814 während der J. 1814—1819. (XVII, 104 S.) 910. (Hft. 19.) Subskr.-Pr. 3.—; Einzelpr. 3. 50

Samanek, Vincenz, Kronrat u. Reichsherrschaft im 13. u. 14. Jahrh. (X, 204 S.) 910. (Hft. 18.) Subskr.-Pr. 5.60; Einzelpr. 6. —

Schulz, Marie, die Lehre v. d. historischen Methode bei den Geschichtschreibern des Mittelalters (VI—XIII. Jahrh.). (VI, 143 S.) 909. (Hft. 13.) Subskr.-Pr. 5.—; Einzelpr. 5. 60

Werner, Adf., die polit. Bewegungen in Mecklenburg u. der außerordentliche Landtag im Frühj. 1848. (V, 117 S.) 907. (Hft. 2.) Subskr.-Pr. 3.—; Einzelpr. 3. 60

Wiltberger, Otto, die deutschen politischen Flüchtlinge in Strassburg von 1830—1849. (XII, 216 S.) 910. (Hft. 17.) Subskr.-Pr. 5.20; Einzelpr. 6. —

Wopfner, Herm., die Lage Tirols zu Ausgang des Mittelalters u. die Ursachen des Bauernkrieges. (XVI, 232 S.) 908. (Hft. 4.) Subskr.-Pr. 5.—; Einzelpr. 6. —

— v. d. Gesch. d. Reichsgrundges. gr. 8. Wien, Sammer. -66.

Abhandlungen zur Geschichte des Stereoskops von Wheatstone, Brewster, Riddell, Helmholtz, Wenham, d'Almeida u. Harmer, s. a. Ostwald's, Wilh., Klassiker der exakten Wissenschaften.

Abhandlungen zur Geschichte des Stereoskops v. (Charles) Wheatstone [u. a.] Hrsg. von M[oritz] v. Rohr. Mit 4 Taf. u. 10 Fig. — Leipzig: Engelmann 1908. 129 S. (Ostwald's Klassiker d. exakten Wissenschaften. 168.)

1: Lf 23200-168. 12: Var. 354t-168. 2. 3. 4. 5. 6. 8. 10. 11. 82. 83. 85. 89.

I 3406

Abhandlungen zur Geschichte der mathematischen Wissenschaften. [Hrsg.: R. Mehmke und M. Cantor.] H. 10ff.

Leipzig: B. G. Teubner 1900ff. 8° 18

¶ Auch als Zeitschrift für Mathematik und Physik. Jg. 1900ff. Suppl.

¶ Vorh. u. d. T.: Abhandlungen zur Geschichte der Mathematik. H. 1-9. 1877-1899.

— zur Geschichte der mathematischen Wissenschaften m. Einschluss ihrer Anwendungen. 10. Hft. Zugleich Suppl. zum 45. Jahrg. der Zeitschrift f. Mathematik u. Physik. Hrsg. v. R. Mehmke u. M. Cantor. gr. 8. Leipzig, B. G. Teubner. n. 14. —

10. Die Mathematiker u. Astronomen der Araber u. ihre Werke. Von Heinr. Suter. (IX, 277 S.) 900. n. 14. — Vergl. Abhandlungen zur Geschichte der Mathematik.

Abhandlungen zur Geschichte der mathematischen Wissenschaften m. Einschluss ihrer Anwendungen. Begründet v. Mor. Cantor. 11.—15. Hft. gr. 8. Leipzig, B. G. Teubner. n. 59. —

11. Euclid u. die sechs planimetrischen Bücher. Mit Benutzg. der Textausg. v. Heiberg. Von Max Simon. Mit 192 Fig. im Text. (VII, 141 S.) 901. n. 5. —
12. Urkunden zur Geschichte der Mathematik im Mittelalter u. der Renaissance. Von Max Curtze. (In 2 Thln.) 1. Thl. Mit 127 Fig. im Text. (X, 336 S.) 902. n. 16. —
13. Dasselbe. 2. Thl. Mit 117 Fig. im Text. (IV u. S. 337—627.) 902. n. 14. —
14. (VIII, 337 S. m. 113 Fig.) 902. n. 16. —
15. Einleitung in die analytische Geometrie der höheren algebraischen Kurven nach den Methoden v. Jean Paul de Gua de Malves. Ein Beitrag zur Kurvendiskussion. Von Paul Sauerbeck. Mit 76 Abbildgn. im Text. (VI, 166 S.) 902. n. 8. —

— zur Geschichte der mathematischen Wissenschaften m. Einschluss ihrer Anwendungen. Begründet v. Mor. Cantor. 16. Hft. I. Tl. 17.—19. Hft., 20. Hft., I. Stück u. 21. Hft. gr. 8. Leipzig, B. G. Teubner. n. 56. 80

16. Mathematischer Bücherschatz. Systemat. Verzeichnis der wichtigsten deutschen u. ausländ. Lehrbücher u. Monographien des 19. Jahrh. auf d. Gebiete der mathemat. Wissenschaften. (In 2 Tln.) I. Tl. Reine Mathematik. Mit e. Einleitg.: Kritische Übersicht üb. d. bibliograph. Hilfsmittel der Mathematik. Von Ernst Wölffing. (XXXVI, 416 S.) 903. n. 14. —; geb. in Leinw. n. 15. —
17. Geschichte der Mathematik im XVI. u. XVII. Jahrh.

Von H. G. Zeuthen. Deutsche Ausg. Unter Mitwirkg. des Verf. besorgt v. Raph. Meyer. (VIII, 434 S. m. 32 Fig.) 903. n. 16. —; geb. in Leinw. n. 17. —

18. Mathematisches zu Aristoteles. Von J. L. Heiberg. — Studien zur Geschichte der Mathematik insbesondere des mathemat. Unterrichts an der Universität Göttingen im 18. Jahrh. Von Conr. H. Müller. — Das Prinzip der virtuellen Geschwindigkeiten, seine Beweise und die Unmöglichkeit seiner Umkehrung bei Verwendung des Begriffes „Gleichgewicht e. Massensystems". Von Rich. Lindt. (196 S.) 904. n. 6. —

19. Imaginäre Geometrie u. Anwendung der imaginären Geometrie auf einige Integrale. Von N. J. Lobatschefskij. Aus dem Russ. übers. u. m. Anmerkgn. hrsg. v. Heinr. Liebmann. Mit 39 Fig. im Text u. auf 1 Taf. (XI, 188 S.) 904. n. 8. —

20. Karl Schellbach. Rückblick auf sein wissenschaftl. Leben. Nebst zwei Schriften aus seinem Nachlass u. Briefen v. Jacobi, Joachimsthal u. Weierstrass. Von Fel. Müller. Mit 1 Bildnis Karl Schellbachs. (86 S. m. Fig.) 905. n. 2. 80

21. Leibnizens nachgelassene Schriften physikalischen, mechanischen u. technischen Inhalts. Hrsg. u. m. erläut. Anmerkgn. versehen v. Ernst Gerland. Mit 200 Fig. im Text. (VI, 256 S.) 906. n. 10. —

Abhandlungen zur Geschichte d. mathematischen Wissensch. m. Einschluss ihrer Anwendgn. Begründet v. Mor. Cantor. 20. Heft. II. u. III. Stück, 23. Heft, 24. Heft 1. Abt.; 25. Heft, 26. Heft Nr. I. II. u. 27.—29. Heft. gr. 8. Leipzig, B. G. Teubner. 52. 20

20, II. Die Kegelschnitte des Gregorius a St. Vincentio in vergleich. Bearbeitg. Von Karl Bopp. M. 329 Textfig. (III. u. S. 87—314.) 907. 10.— (I. u. II: 12.80)

III. Geschichtliche Darstellung d. Entwicklung d. Theorie d. singulären Lösungen totaler Differentialgleichgn. v. d. ersten Ordnung m. 2 variablen Grössen. Von S. Rothenberg. (S. 315—404.) 910. 3.60 (20. Heft. kplt.: 16.40)

23. Das 200jähr. Jubiläum der Dampfmaschine 1706—1906. Eine historisch-technisch-wirtschaftl. Betrachtg. Von Kurt Hering. M. 13 Fig. im Text. (IV, 58 S.) 907. 1. 60

24, I. Verneri, Ioa., de triangulis sphaericis libri quatuor, de meteoroscopiis libri sex, cum prooemio Geo. Ioach. Rhetici. I. De triangulis sphaericis. Hrsg. v. Axel Anthon Björnbo. Mit 211 Fig. im Text. (12 S. in Fksm. u. 184 S. m. Bildnis.) 907. 8. —

25. Festschrift zur Feier des 200. Geburtstages Leonhard Eulers. Hrsg. vom Vorstande der Berliner mathemat. Gesellschaft. Mit 2 Bildn. Eulers. (IV, 137 S.) 907. 5. —

26, I. Die Probleme v. Hansen u. Snellius. Von A. Haerpfer. (20 S. m. Fig.) 910. 1. —

II. Über das letzte Fermatsche Theorem. Von Benno Lind. (S. 23—65.) 910. 2. —

27. Führer durch d. mathemat. Literatur m. besond. Berücksicht. der historisch wicht. Schriften. Von Fel. Müller. (X, 252 S.) 909. 7.—; geb. n 8. —

28. Mathematical papers from the far east. Compiled and ed. By Yoshio Mikami. (VI, 229 S. m. 15 Fig.) 910. 10.—; geb. 11. —

29. Festschrift zur Feier des 100. Geburtstages Eduard Kummers, m. Briefen an seine Mutter u. an Leopold Kronecker. Hrsg. vom Vorstande d. Berliner mathemat. Gesellschaft. (IV, 103 S. m. 1 Bildnis.) 910. 4. —

Heft 16. II ist noch nicht erschienen; das 22. Heft erschien u. d. T.: Jacobi, C. G. J., u. M. H. Jacobi, Briefwechsel. Ebd. 907. 6.90; geb. 7. 50.

— v. liefländ. Geschichtschreibern. (Von Fr. Konr. Gadebusch.) gr. 8. Riga 772. (Hartknoch in Leipz.) 16 ℊ

Abhandlungen über Corveyer Geschichtsschreibung von Dr. J(ohannes) Backhaus (Die Corveyer Geschichtsfälschungen d. 17. u. 18. Jhs), Dr. D. F(ranz) Stentrup (Die [Historia] translationis sancti Viti bearb. u. nach Hss. hrsg.) u. Dr. G(erhard) Bartels (Die Geschichtsschreibung d. Klosters Corvey) hrsg. von Dr. F[riedrich] Philippi. Münster i. W.: Aschendorff in Komm. 1906. (XXII, 184 S.) 4°(8°) [F.]
(Veröffentlichungen d. Histor. Kommission f. Westfalen.) 07. 3136

Abhandlungen d. agrikulturwissenschaftlichen Gesellschaft in Finland. Se nedenfor under *»Tyske«*.

Abhandlungen d. k. Böheim. Gesellschaft, s. Abhandlungen d. k. Böhmischen Gesellschaft

***Abhandlungen der Kgl. Böhmischen Gesellschaft der Wissenschaften zu Prag. Jg. 1–4.** Prag (Jg. 3f: Dresden: Walther): 1785–88. 4°

⸿ Forts. u. d. T.: Neuere Abhandlungen. Prag 1790ff.

Abhandlungen der kgl. Böhmischen Gesellschaft der Wissenschaften. Bd 1–8 von d. J. 1802/04–1822/23; N. F. Bd 1–5 von d. J. 1824/26–1836; 5. Folge Bd 1–14 v. d. J. 1837/40–1865/66; 6. Folge Bd 1–12 v. d. J. 1867–1882/84.
Prag: Widtmann (6f: Krauß) 1804–85. 8°

⸿ Vorh. u. d. T.: Neuere Abhandlungen der kgl. Gesellsch. d. Wissensch. Prag 1790ff.

— d. k. Böheim. Gesellschaft d. Wissenschaften von den Jahren 1805 bis inclus. 1809. gr. 8. Prag, Widtmann. 812.

— der königl. böhm. Gesellsch. d. Wissensch. f. d. J. 1802—17. 1r—5r Bd. 8. Prag (Widtmann). 22 ℛ Derselben 6r u. 7r Bd. von d. J. 1818 u. 19, mit Kpf. gr. 8. Prag 820. Krauß. à 4 ℛ 21 ℊ

— der Königl. Böhm. Gesellschaft d. Wissenschaften. 6r u. 7r Bd. v. d. J. 1820 u. 21. gr. 8. Prag 821—22, Krauß. à 4 Rthlr. 18 gr.

—— d. königl. böhmischen Gesellschaft d. Wissensch. Neue Folge 1—3. Bd. v. d. J. 1824—32. gr. 8. Prag, (Calve.) [1. (45 B. u. 4 Kpfr.) 827. 4 Thlr. 2. (45 B. u. 10 K.) 831. 5 Thlr. 8 Gr. 3. (55 B. u. 10 K.) 833. 4 Thlr. 16 Gr.]

—— der kgl. böhm. Gesellschaft d. Wissenschaften. Neuer (1.) Folge 4. u. 5. Bd. Von d. J. 1833—1836. gr. 8. (93½ B. u. 44 Stn.- u. Kpfrt.) Prag 837, (Calve'sche Buchh.)
1—3. Bd. Ebendas. 1827—33. 14 Thlr.

— der Königlichen Böhmischen Gesellschaft der Wissenschaften. 5. Folge 1. Band, von den Jahren 1837—1840. gr. 4. (Mit 5 Steintaf. u. 7 lith. Schrifttaf. verschied. Formats.) Prag 841. (Calve.) n. 5⅓ ℛ

— Dies. 5. Folge 2. Bd., von den Jahren 1841 u. 1842. Mit 11 lith. Taf. gr. 4. Ebd. 843. n. 6⅔ ℛ

— Dies. 5. Folge 3. Bd., von den Jahren 1843 u. 1844. gr. 4. Ebd. n. 6 ℛ

— Dies. 5. Folge 4. Bd., von den Jahren 1845 u. 1846. Mit 23 lith. Taf. gr. 4. Ebd. 847. n. 6 ℛ

— der k. böhmischen Gesellschaft der Wissenschaften. 5. Folge 4. Bd. Von d. J. 1845—1846. gr. 4. (838 S. u. 23 lith. Taf.) Prag 847, Calve. — 5. Folge 5. Bd. Vom J. 1847. gr. 4. (706 S. u. 23 lith. Taf.) Ebend. 848, in Comm. — 5. Folge 6. Bd. Von d. J. 1848—1850. gr. 4. (IV u. 734 S. m. 3 Kpfr.- u. 18 lith. Taf. in gr. 4. u. Fol.) Ebend. 851. (à n. 6 ℛ) n. 18 ℛ

— der k. Böhm. Gesellsch. d. Wissensch. 5. Folge. 7. Bd. Von d. J. 1851—52. (2 Bl. VI, 582 S. u. 10 lith. Taf.) — 8. Bd. Von den Jahren 1852—54. Prag 854. Tempsky in Comm. gr. 4. (2 Bl., VIII, 933 S. u. 1 lith. Taf. in Fol.) 7. Bd. n. 6 ℛ; 8. Bd. n. 7 ℛ

— der Königl. Böhmischen Gesellschaft der Wissenschaften. 5. Folge. 9—12. Bd. 857—64. Prag, 857—64. (Tempsky.) gr. 4. n. 22 ℛ 20 ngr.
9. Bd. Von d. J. 1854—56. Mit 5 lith. Taf. (463 S.) n. 6 ℛ
10. - Von d. J. 1857—59. Mit 15 lith. Taf. (529 S.) n. 6 ℛ
11. - Von d. J. 1860—61. Mit 4 lith. Taf. (549 S.) n. 6 ℛ
12. - Von d. J. 1861—62. Mit 5 lith. Taf. (455 S.) n. 4 ℛ 20 ngr.

— der königl. Böhmischen Gesellschaft der Wissenschaften. 5. Folge. 13. Bd. Von den J. 1863 u. 1864. Mit 1 (lith.) Taf. Abbildgn. Prag 865. (Tempsky.) gr. 4. (445 S.) n. 3 ℛ 10 ngr.

— — 5. Folge. 14. Bd. Von den J. 1865 u. 1866. Mit 7 (lith.) Taff. Abbildgn. Ebend. 867. gr. 4. (330 S.) n. 2 ℛ 20 ngr.

— — vom J. 1867. 6. Folge. 1. Bd. Mit 2 (lith.) Taff. Ebend. 868. gr. 4. (423 S.) n. 3 ℛ 20 ngr.

Abhandlungen der königl. Böhmischen Gesellschaft der Wissenschaften vom J. 1868. 6. Folge. 2. Bd. Mit 9 (lith.) Taff. (in 4. u. Fol.) Ebend. 869. gr. 4. (398 S.) n. 3 ₰ 20 ngr.

— — vom J. 1869. 6. Folge. 3. Bd. Mit 4 (lith.) Taff. Ebend. 870. gr. 4. (346 S.) n. 3 ₰

— der königl. böhmischen Gesellschaft der Wissenschaften vom J. 1870. 6. Folge. 4. Bd. Mit 37 Taf. gr. 4. (IX, 327 S.) Prag 871. (Tempsky.) n. 15. —

— — Vom J. 1871—1872. 6. Folge. 5. Bd. Mit 14 Taf. gr. 4. (III, 416 S.) Ebend. 872. n. 12. —

— — Vom J. 1873. 6. Folge. 6. Bd. Mit 4 Taf. u. mehr. Holzschn. gr. 4. (XII, 518 S.) Ebend. 874. n. 18. —

— der königl. böhmischen Gesellschaft der Wissenschaften vom J. 1874 u. 1875. 6. Folge. 7. u. 8. Bd. gr. 4. Prag 875. 77. (Tempsky.) cart. à n. 18. —
7. [Mit 6 (lith.) Taf. u. mehr. Holzschn.] (490 S.)
8. [Mit 4 (lith. u. chromolith.) Taf. u. e. grossen Karte (Kpfrst. in Imp.-Fol.).] (575 S.)

— dasselbe vom J. 1877 u. 1878. 6. Folge. 9. Bd. [Mit 6 lith. Taf.] gr. 4. (617 S.) Ebend. 878. cart. n. 30. —

— dasselbe vom J. 1879 u. 1880. 6. Folge. 10. Bd. [Mit 2 lith. Taf.] gr. 4. (785 S.) Ebend. 881. cart. n. 30. —

— der königl. böhmischen Gesellschaft der Wissenschaften vom J. 1881 u. 1882. 6. Folge. 11. Bd. [Mit 16 (lith.) Taf.] gr. 4. (VII, 868 S.) Prag 882. (Leipzig, Freytag.) cart. n. 30. —

— dasselbe, vom J. 1883—1884. 6. Folge, 12. Bd. [Mit 19 Taf.] Jubelband [1784—1884]. gr. 4. (1041 S. m. eingedr. Holzschn. u. 19 Steintaf.) Prag 885. (Leipzig, Freytag.) cart. n. 30. —

— der mathematisch-naturwissenschaftlichen Classe der königl. böhmischen Gesellschaft der Wissenschaften vom J. 1885—1886. VII. Folge, 1. Bd. Mit 3 Taf. gr. 4. (739 S.) Prag 886. (Rivnač, Verl.) cart. n. 24. —

— dasselbe vom J. 1887—1888. VII. Folge, 2. Bd. gr. 4. (651 S. m. 29 Textabbildgn., 19 Taf. u. 5 Bl. Erklärgn.) Ebd. 888. cart. n.n. 25. —

— dasselbe vom J. 1889—1890. VII. Folge, 3. Bd. gr. 4. (XXXII, 144; 92, 75, 18, 11; IV, 89; 25 u. 2 S. Mit 16 Taf.) Ebd. 890. cart. n.n. 16. —

— der mathematisch-naturwissenschaftlichen Classe der königl. böhmischen Gesellschaft der Wissenschaften v. den J. 1890—1891. VII. Folge, 4. Bd. Mit 6 Taf. gr. 4. (IX, 148; 10, 11, 13, 16, 63 u. 15 S.) Prag 892. (F. Rivnáč.) Kart. n.n. 12. 80

— dasselbe der Classe für Philosophie, Geschichte u. Philologie vom J. 1885—1886. VII. Folge, 1. Bd. gr. 4. (331 S.) Ebd. 886. cart. n. 9. —

— dasselbe vom J. 1887—1888. VII. Folge, 2. Bd. gr. 4. (260 S.) Ebd. 888. cart. n.n. 9. —

— dasselbe vom J. 1889—1890. VII. Folge, 3. Bd. gr. 4. Ebd. 890. cart. n.n. 16. —

— dasselbe, Classe f. Philosophie, Geschichte u. Philologie v. den J. 1890—1891. VII. Folge 3. u. 4. Bd. gr. 4. Ebd. Kart. n.n. 27. —
3. (V, XI, 154; 23, XVIII, 131, 44, 66 u. 144 S. m. 1 Karte.) 890. n.n. 16. —
4. (V, 72, 88, 164; III, 64 u. 49 S.) 892. n.n. 11. —

— d. Braunschw. Lüneb. Gesellsch. f. Abhandl. d. Landwirthschaftsgesellsch.

— von d. kön. dän. Gesellschaft d. Wissensch., die d. Preis erhalten haben. 1e Samml. 4. Copenh. 781. (Brummer). 1 ₰

***Abhandlungen, die von der Kgl. Dänischen Gesellschaft den Preis erhalten haben. [Skrifter som udi der Kjöbnh. Selskab ... ere fremlagte og gelaeste, dt.] Sammlg. 1. Copenhagen: Gyldendal 1781. 4°**

„Abhandlungen der freyen ökonomischen Gesellschaft zur Aufmunterung des Ackerbaues und der Hauswirthschaft in Russland", Teil 1—11, Riga und Mitau 1767—1777. Deutsche Uebersetzungen, Teil 2 ff., Riga und Leipzig 1767—1777. — Vorh.: Preuß. StB Berlin — Ou 19404.

***Abhandlungen der freyen Oekonomischen Gesellschaft in St. Petersburg zur Aufmunterung des Ackerbaues und der Hauswirtschaft in Russland.** Aus dem Russischen übersetzt. [Trudy volnágo economiceskago obsčestva ... dt.] Teil 1–11. Mitau u. Riga (2 ff: St. Petersburg, Riga u. Leipzig) 1767–77.

ABHANDLUNGEN DER HALLISCHEN NATURFORSCHENDEN GESELLSCHAFT. Bd. 1. Mit 2 Kupfern. Dessau und Leipzig, 1783. Auf Kosten der Verlagskasse und zu finden in der Buchhandlung der Gelehrten. 8°.

— d. hallisch. naturforsch. Gesellsch. m. K. gr. 8. Leipz. Barth. 787.

— der histor.-philosoph. Gesellsch. in Breslau. 1. Bd. Breslau 858. E. Trewendt. Lex. 8. (3 Bl., 329 S.) n. 3 ₰

— d. holländ. Gesellsch. d. Wissensch. zu Harlem, (herausg. von A. G. Kästner). 1r Thl. m. Kpf. gr. 8. Altenb. 758. (Hennings in Neisse). 1 ₰ 8 ℊ

***Abhandlungen der Holländischen Gesellschaft der Wissenschaften zu Harlem. (Hollandsche Maatschappij der Weetschappen. Verhandlingen, dt.) [Uebers.: Abraham Gotthelf Kästner.] Altenburg: Richter 1758. 8°**

Abhandlungen der fürstlich Jablonowskischen Gesellschaft. Leipzig 1846.

— der k. k. geographischen Gesellschaft in Wien. Red. von Aug. Böhm Edlen v. Böhmersheim. 1. Bd. 1899. Lex.-8 (IV, 438 S. m. 15 Taf.) Wien, B. Lechner's Sort. n.n. 12. —

— dasselbe. 2. Bd. 1900. 7 Nrn. Lex.-8. (III, 143; 93 u. 75 S. m. 9 Abbildgn., 2 Karten, 12 Taf. u. 1 Bildnis.) Ebd. n.n. 12. —

— dasselbe. III. Bd. 1901. 4 Nrn. Lex.-8. Ebd. n.n. 12. — Einzelpr. n.n. 19. —
1. Karlseisfeld-Forschungen der k. k. geographischen Gesellschaft. 1. Thl.: Die topograph. Aufnahme des Karlseisfeldes in den J. 1899 u. 1900. Von Arth. Frhrn. v. Hübl. Mit 2 Karten, 2 Taf. u. 2 Abbildgn. im Texte. (25 S.) n.n. 3. —
2. Morphologische u. glaciale Studien aus Bosnien, der Herzegovina u. Montenegro. II. Thl.: Die Karstpoljen. Von Jovan Cvijić. M. 1 Taf. u. 2 Textfig. (85 S.) n.n. 3. —
3. Der Gegensatz in den aussertropischen Klimaten der continentalen West- u. Ostküsten auf der Nordhemisphäre. Von Ludw. Coellen. Mit 4 Textfig. (52 S.) 901. n.n. 3. —
4. Geschichte der Moränenkunde. Von Aug. Böhm, Edler v. Böhmersheim. Mit 4 Taf. u. 2 Textfig. (VIII, 334 S.) n.n. 10. —

— dasselbe. 4. Bd. 1902. (XXVI, 367 S. m. Fig. u. 5 Taf.) Ebd. n.n. 12. —

— der k. k. geographischen Gesellschaft in Wien. Red. von Aug. Böhm Edlen v. Böhmersheim. 5. Bd. 1903/4 u. 6. Bd. 1905. (5. Bd. IV, 306 S. m. eingedr. Kartenskizzen u. 10 Taf.) Lex.-8. Wien 903—05. R. Lechner's Sort. à n.n. 12. —

Abhandlungen der k.k. geographischen Gesellsch. in Wien. Red. v. Aug. Böhm Edlen v. Böhmersheim. 7. Bd. 908. (III, 75, IV, 61 u. V, 55 S. m. 21 Abb. u. 18 Taf. Lex. 8. Wien, R. Lechner's Sort. nn. 12. —

-- dasselbe. Red. v. Fritz Machaček. 8. Bd. 909. Nr. 1 u. 2. Lex. 8. Ebd. nn 16. —

1. Die Frage d. Klimaänderung während geschichtl. Zeit in Nordafrika. Von Herm. Leiter. M. 1 Karte u. 5 Textfig. (V, 143 S.) 909. nn 8. —
2. Einteilg. u. Orometrie d. Tatragebirges nebst e. Beitrag z. Wald- u. Knieholzgrenze. Von Alfr. Holle. (M. 1 Karte u. 6 Taf.) (IV, 135 S.) 909. nn 8. –

Abhandlungen der k. k. geographischen Gesellschaft in Wien. [Red.: A. Böhm Edler v. Böhmersheim; sp. Hermann Leiter.] Bd 1–10. Wien: Lechner 1899–1913. 8° 16

ℭ Forts. u. d. T.: Abhandlungen der Oesterreichischen Geographischen Gesellschaft. Bd 11. 1914ff.

— d. K. K. ökon.-patriot. Gesellsch. in Böhm. d. Verbesser. der Landwirthsch. betr. f. d. J. 1801—2. gr. 8. Prag, Herrl. 802.

— d. K. K. ökonom. Gesellsch. in Böhm. d. Verbesser. d. Landwirthsch. betr. 8r Bd. m. K. enthalt. d. Jahre 803—6. gr. 8. Prag, Widtmann. 808.

Abhandlungen der k. k. zoologisch-botanischen Gesellschaft in Wien. Hrsg. v. d. Gesellschaft. Red. v. A. Handlirsch. I. Bd. 4 Hfte. Lex.-8. Wien, A. Hölder. n. 25. 80

1. Die Phoriden. Von Theod. Becker. Mit 5 Taf. u. 1 Abbildg. im Texte. (100 S.) 901. n. 7. 60
2. Monographie der Gattung Alectorolophus. Von Jak. v. Sterneck. Mit 3 Karten u. 1 Stammbaume. (150 S.) 901. n. 5. 60.
3. Ein Beitrag zur Kenntnis der Gattung Campanula. Von J. Witasek. Mit 3 Karten. (IV, 106 S.) 902. n. 4. 20
4. Die Hymenopterengruppe der Sphecinen. II. Monographie der neotropischen Gattg. Podium Fabr. Von Frz. Frdr. Kohl. Mit 7 Taf. (III, 101 S.) 902. n. 8. 40 (I u. II.: n. 25. 40)

— dasselbe. II. Bd. 1. Hft. Lex.-8. Ebd. n. 7. —

1. Revision der paläarktischen Sciomyziden (Dipteren-Subfamilie). Von Frdr. Hendel. Mit 1 Taf. (94 S.) 902.

— der k. k. zool.-botan. Gesellschaft in Wien. II. Bd. 2.—4. Heft. Lex.-8. Wien, A. Hölder. n. 19. 60 (II. Bd. kplt. n. 26. 60)

2. Die österreichischen Galeopsisarten der Untergattung Tetrahit Reichb. Versuch e. natürl. Systems auf neuer Grundlage. Von Otto Porsch. Mit 3 Taf. (126 S.) 903. n. 9. 40
3. Vorarbeiten zu e. pflanzengeographischen Karte Österreichs. I. Die Vegetationsverhältnisse v. Schladming in Obersteiermark. Von Rich. Eberwein u. Aug. v. Hayek. Mit 1 Karte in Farbendr. (III, 28 S.) 904. n. 3 40
4. Studien üb. die Formen der Gattung Galanthus. Von Paul v. Gottlieb-Tannenhain. Mit 2 Taf. u. 1 Karte. (VII, 95 S.) 904. n. 6. 80

Abhandlungen der k. k. zool.-botan. Gesellschaft in Wien. Hrsg. von der Gesellschaft. Red. v. A. Handlirsch. III. Bd. 4 Hfte. Lex.-8. Wien, A. Hölder. n. 28. 20

1. Vorarbeiten zu e. pflanzengeographischen Karte Österreichs. II. Vegetationsverhältnisse des Ötscher- u. Dürrensteingebietes in Niederösterreich. Von Johs. Nevole. Mit 7 Abbildgn. u. 1 Karte in Farbendr. (III, 45 S.) 905. n. 4. 20
2. Dasselbe. III. Die Vegetationsverhältnisse v. Aussee in Obersteiermark. Von L Favarger u. Karl Rechinger. Mit 1 Karte in Farbendr. u. 3 Abbildgn. im Texte. (35 S.) 905. n. 4. 20 (I.—III.: n. 11. 80)
3. Über die marine Vegetation des Triester Golfes. Von Karl Techet. (52 S. m. 5 Abbildgn. u. 1 Taf.) 906. n. 2. 60
4. Monographie der Issiden (Homoptera). Von L. Melichar. (III, 327 S. m. 75 Abbildgn.) 906. n. 17. 20

Abhandlungen der k. k. zool.-botan. Gesellschaft in Wien. Hrsg. v. der Gesellschaft. Red. v. A. Handlirsch. IV. u. V. Bd. à 5 Hefte. Lex. 8. Jena, G. Fischer. 35. 95

Abel, O., die Rekonstruktion des Diplodocus. (60 S. m. 5 Fig. u. 3 Taf.) 910. (V. Bd. 3. Hft.) 2. 40

Glowacki, Jul., die Moosflora der Julischen Alpen. (48 S.) 910. (V. Bd. 2. Hft.) 1. 80

Janchen, Erwin, Helianthemum Canum (L.) Baumg. u. seine nächsten Verwandten. (68 S. m. Fig.) 907. (IV. Bd. 1. Hft.) 2. 50

Karny, H., Revisio Conocephalidarum. Mit 21 Textfig. (114 S.) 907. (IV. Bd. 3. Hft.) 4. 50

Schrödinger, Rud., der Blütenbau der zygomorphen Ranunculaceen u. seine Bedeutung f. die Stammesgeschichte der Helleboreen. Mit 95 Orig.-Zeichngn. in 24 Textfig. (III, III, 63 S.) 909. (IV. Bd. 5. Hft.) 2. 50

Sterzinger, Irene, über die Spirorbis-Arten d. nördlichen Adria. (Aus dem zoolog. Institut der k. k. Universität Innsbruck.) (13 S. m. 14 Fig.) 910. (V. Bd. 1. Hft.) — 75

Vierhapper, F., Entwurf e. neuen Systemes d. Coniferen. Nach e. bei d. 81. Versammlg. deutscher Naturforscher u. Ärzte in Salzburg geh. Vortrage. (56 S. m. 2 Abbildgn.) 910. (V. Bd. 4. Hft.) 2. 50

Vorarbeiten zu e. pflanzengeograph. Karte Oesterreichs. IV. Hayek, Aug. v., die Sanntaler Alpen (Steiner Alpen). Mit 14 Abb. u. e. Karte in Farbendr. (174 S.) 907. (IV. Bd. 2. Hft.) 9. —

— Dasselbe. V. Nevole, Joh., das Hochschwabgebiet in Obersteiermark. Mit 7 Abb. u. 1 Karte in Farbendr. (42 S.) 908. (IV. Bd. 4. Hft.) 3.—; (I—V: 23.80).

Watzl, Bruno, Veronica prostrata L., Teucrium L. u. Austriaca L. Nebst e. Anh. üb. deren nächste Verwandte. (Aus d. botan. Institut d. Universität Wien.) (94 S. m. 1 Fig. u. 14 Taf.) 910. (V. Bd. 5. Hft.) 7. —

Abhandlungen der k. k. zool.-botan. Gesellschaft in Wien. Hrsg. v. der Gesellschaft. Red. v. A. Handlisch. VI. Bd. 1. Heft. Lex. 8. Jena 910. G. Fischer. 8.—.

1. Untersuchungen üb. die Zoogeographie der Karpathen (unter besond. Berücksicht. der Coleopteren.) Von Karl Holdhaus u. Frdr. Deubel. (VI, 202 S. m. 1 farb. Karte.)

***Abhandlungen der Königl. medicinischen Gesellschaft in Koppenhagen(!). Aus dem Lateinischen übersetzt. Bd 1. Offenbach a. M.: Ulr. Weiss u. C. Ludw. Brede 1787. 8°**

Abhandlungen der Königl. Gesellschaft der Wissenschaften zu Göttingen v. d. J. 1838–95. Bd 1–40.

Göttingen u. Gotha: Dieterich 1843–95. 4° 19, 29, 210

ℭ Vorh. u. d. T.: Commentationes Societatis regiae scientiarum Gottingensis. Göttingen 1778ff.

—— der kgl. Gesellschaft d. Wissenschaften zu Göttingen. 1. Bd. Von d. J. 1838—1841. Mit e. Vorr. [geschichtl. Uebersicht] v. Joh. Friedr. Ludw. Hausmann. gr. 4. ($67\frac{3}{4}$ B., 5 Stnt., wovon 3 ill., u. d. Beil.: Zum Andenken an Joh. Friedr. Blumenbach. Eine Gedächtniss-Rede v. K. F. H. Marx. $6\frac{3}{4}$ B.) Göttingen 843, Dieterichsche Buchh. *

(Ist eine Fortsetz. d. Commentationes societ. reg. scient. Gotting.) Vgl. 9. Bd. 1. Abthl. S. 170.

Daraus einzeln: Histor.-philolog. Classe. 1. Bd. (3 B.) * $\frac{1}{2}$ Thlr., mathemat. Classe. 1. Bd. ($4\frac{1}{2}$ B.) * $\frac{1}{2}$ Thlr., physikal. Classe. 1. Bd. ($57\frac{1}{2}$ B., 5 Taf. u. d. Beil. wie oben.) * 7 Thlr.

—— dies., 2. Bd. Von d. J. 1842—1844. (Mit e. Vorr. v. Joh. Friedr. Ludw. Hausmann u. d. Beil.: Arnold Hermann Ludwig Heeren. Eine Gedächtnissr. v. Karl Hoeck 1843.) gr. 4. ($116\frac{1}{4}$ B. u. 2 Kpfrt.) Ebds. 845. *

Daraus einzeln: Histor.-philolog. Classe. 2. Bd. (30 B.) * $3\frac{1}{2}$ Thlr., physikal. Classe. 2. Bd. ($30\frac{1}{2}$ B. u. 2 Kpfrt.) * 4 Thlr.

(Die mathemat. Classe wurde nicht apart geliefert. — Sie enthält: Carl Friedr. Gauss, Untersuchungen üb. Gegenstände d. höhern Geodaesie. 1. Abhandl. — s. Gauss.)

Abhandlungen der K. Gesellschaft d. Wissenschaften zu Göttingen. III. Bd. Von d. J. 1845—1847. Mit 3 Kpfr.- u. 2 Steindrucktaf. gr. 4. (XXII u. 559 S.) Göttingen 847, Dieterich. n. 9 ß Daraus apart: Die histor.-philolog. Classe etc. 3. Bd. (350 S.) n. 5 ß — Die mathem. Classe. 3. Bd. (43 S.) n. $\frac{2}{3}$ ß — Die physikal. Classe. 3. Bd. Mit 3 Kpfr.- u. 2 Steindrtaf. (166 S.) n. $3\frac{1}{3}$ ß

— Dies. IV. Bd. Von d. J. 1848—1850. Mit (1 Kpfrtaf. u.) 5 Steindrtaf. (in gr. 4. u. qu. gr. Fol.) gr. 4. (XXX u. 514 S.) Ebend. 850. n. 8 ₰ Daraus apart: Die historisch-philolog. Classe. 4. Bd. (206 S. m. 5 lith. Taf. n. 4 ₰ — Die mathem. Classe. 4. Bd. (34 S. m. 1 Kpfrtaf.) n. ½ ₰ — Die physikal. Classe. 4. Bd. (274 S.) n. 4 ₰ (I—IV.: n. 33 ₰)

— d. Königl. Gesellsch. d. Wissensch. zu Göttingen. V. Bd. Von d. J. 1851 u. 52. Mit 1 Kpfr.- u. 3 Stdrcktaf. (in 4. u. Fol.) Göttingen 853. Dieterich. gr. 4. (Vorrede XXXII, physik. Classe LXXIV, 160 S.; mathem. Cl. 58 S.; histor.-philolog. Cl. 298 S. u. 6 Bl. Erklärg. d. Taf.) n. 10 ₰

— — VI. Bd. Von d. J. 1853—55. Mit 2 Kpfr.- u. 3 Stdrcktaf. (in 4. u. Fol.) Ebend. 856. gr. 4. (Vorrede XXXVIII; physikal. Cl. 186 S; mathematische Cl. 46 S.; histor.-philolog. Cl. 321 S.) n. 9 ₰

— — VII. Bd. Von d. J. 1856—57. Mit 2 Kpfr.- u. 1 Stdrcktaf. (in 4. u. Fol.) Ebend. 857. gr. 4. (Vorrede XLVIII; physikal. Cl. 350 S.; mathem. Cl. 22 S.; hist.-philol. Cl. 148 S.) n. 9 ₰

— der Königl. Gesellschaft der Wissenschaften zu Göttingen. 8—11. Bd. Göttingen, 860—64. Dieterich. gr. 4. n. 40 ₰

8. Bd. Von d. J. 1858 u. 59. Mit 1 lith. Taf. (XXIV, 529 S.) n. 9 ₰ 10 ngr.

9. - Von d. J. 1860. Mit 6 Kpfrtaf. (XXII, 536 S.) n. 9 ₰ 20 ngr.

10. - Von d. J. 1861 u. 62. Mit 11 lith. Taf. (XXI, 638 S.) n. 12 ₰

11. - Von d. J. 1862 u. 63. (XXIV, 503 S. u. 2 lith. Taf.) n. 9 ₰

— der königl. Gesellschaft der Wissenschaften zu Göttingen. 12. Bd. Von den J. 1864 bis 1866. Mit 1 (lith.) Taf. (in Fol.) Göttingen 866. Dieterich. gr. 4. (XXV. 330 S.) n. 8 ₰

— — 13. Bd. Von den J. 1866 u. 1867. Mit 1 (lith.) Karte u. 4 (lith.) Taff. (in Fol.) Ebend. 868. gr. 4. (XXI, 316 S.) n. 7 ₰

— — 14. Bd. Von den J. 1868 u. 1869. Ebend. 870. gr. 4. (XXIII, 457 S. u. 5 lith. Taff. in 4. u. Fol.) n. 9 ₰

— der königl. Gesellschaft der Wissenschaften zu Göttingen. 15. Bd. vom J. 1870. 4. (XIX, 314 S. m. e. Steintaf. in qu. Fol.) Göttingen 871. Dieterich. n. 24. —

— — 16. Bd. vom J. 1871. Mit 10 lith. Taf. u. 1 Karte gr. 4. (XX, 427 S.) Ebend. 872. n. 30. —

— — 17. Bd. vom J. 1872. gr. 4. (XX, 384 S.) Ebend. 872. n. 21. —

— — 18. Bd. vom J. 1873. Mit 8 Steindrucktaf. u. 1 Karte gr. 4. (XXX, 422 S.) Ebend. 873. n. 30. —

— — 19. Bd. vom J. 1874. Mit 2 Steindrucktaf. u. 1 Karte (in Kpfrst.) gr. 4. (XXI, 582 S.) Ebend. 874. n. 36. —

— — 20. Bd. vom J. 1875. Mit e. Steindr.-Taf. gr. 4. (XVIII, 337 S.) Ebend. 875. n. 22. —

— der königl. Gesellschaft der Wissenschaften zu Göttingen. 21. Bd. v. J. 1876. Mit 5 (Kpfr.-)Taf. gr. 4. (XVIII, 444 S.) Göttingen 876. Dieterich's Verl. n. 40. —

— dasselbe. 22. Bd. vom J. 1877. gr. 4. (XVIII, 539 S.) Ebend. 877. n. 28. —

— dasselbe. 23. Bd. vom J. 1878. Mit 10 Kpfrtaf. gr. 4. (XIX, 610 S. m. 1 Tab.) Ebend. 878. n. 60. —

— dasselbe. 24. Bd. v. J. 1879. gr. 4. (VII, 609 S.) Ebend. 879. n. 48. —

— dasselbe. 25. Bd. vom J. 1879. gr. 4. (XVII, 464 S.) Ebend. 879. n. 36. —

— dasselbe. 26. Bd. vom J. 1880. gr. 4. (XIX, 538 S.) Ebend. 880. n. 44. —

— dasselbe. 27. Bd. vom J. 1881. gr. 4. (XVI, 489 S.) Ebend. 881. n. 36. —

— dasselbe. 28. Bd. vom J. 1881. Mit 4 (lith.) Taf. Abbildgn. gr. 4. (XVIII, 283 u. XXIV, 398 S.) Ebend. 882. n. 48. —

— der königl. Gesellschaft der Wissenschaften zu Göttingen. 29—32. Bd. 4. Göttingen, Dieterich's Verl. n. 172. —

29. Vom J. 1882. (XIX, 88; 56, 139; VIII, 156; 11 u. 18 S.) 882. n. 36. —

30. Vom J. 1883. (XIX, 49, 46; IX, 213, 147 u. 50 S. m. 6 Stein-, 1 Lichtdr.-Taf. u. Tab.) 883. n. 40. —

31. (XX, 458 S.) 884. n. 48. —

32. (XXI, 439 S.) 885. n. 48. —

— der königl. Gesellschaft der Wissenschaften zu Göttingen. 33. Bd., vom J. 1886. gr. 4. (XXIII, 435 S.) Göttingen 887. Dieterich's Verl. n. 33. —

— dasselbe. 34. Bd. Der Georgia Augusta zur Feier ihres 150jähr. Bestehens dargebracht u. überreicht am 8. Aug. 1887. gr. 4. (538 S. m. 3 Steintaf.) Ebd. 887. n. 48. —

— dasselbe. 35. Bd. Vom J. 1888. gr. 4. (XXXV, 163; 40, 240, 50, 10 u. 39 S. m. 2 Taf.) Ebd. 889. n. 38. —

— der königl. Gesellschaft der Wissenschaften zu Göttingen. 36. Bd. v. den J. 1889 u. 1890. gr. 4. (XXX, 47; 100, 59, 158, 18, 106, 200 u. 14 S. m. 5 Taf.) Göttingen 890. Dieterich's Verl. n. 54. —

Abhandlungen der königl. Gesellschaft der Wissenschaften zu Göttingen. 37. Bd. Vom J. 1891. gr. 4. (XXII, 92; 76, VIII, 100; 36, 59 u. 131 S.) Göttingen 891. Dieterich's Verl. n. 38. —

— der königl. Gesellschaft der Wissenschaften zu Göttingen. 38. Bd. V. J. 1892. gr. 4. (XXVI, 102; 95, 62, 251, 42, 87, 53 u. 44 S. m. 8 Abb. u. 20 Taf.) Göttingen 892. Dieterichs Verl. n. 80. —
Nachtrag zu Bd. XXVII des Kayser'schen Bücher-Lexicons.

— dasselbe. 39. Bd. V. J. 1893. 2 Abthlgn. gr. 4. Ebd. 894. n. 42. —

1. Mathemat.-physikal. Classe. (III, 206; 43 u. 59 S. m. 21 Fig., 1 Tab. u. 5 Taf.) n. 35. —
2. Histor.-philolog. Classe. (III, 39 u. 58 S.) n. 7. —

Abhandlungen der königl. Gesellschaft d. Wissenschaften zu Göttingen. 40. Bd. V. J. 1894 u. 1895. 2 Abthlgn. gr. 4. Göttingen 895. Dieterichs Verl. n. 52. 60

1. Mathemat.-physikal. Classe. (III, 39, 37 u. 68 S. m. 5 Fig. u. 8. Taf.) n. 18. 60
2. Philolog.-histor. Classe. (III, 58, 97, 96 u. 43 S. m. 4. Taf.) n. 34. —

Abhandlungen d. kgl. Gesellschaft d. Wissenschaften zu Göttingen. Mathematisch-physikal. Klasse.

— dasselbe. Mathemathisch-physikal. Klasse. N. F. 1. Bd. Nr. 1 m. Nachtrag u. Nr. 2—3. gr. 4. Berlin, Weidmann. n. 27. —

1. Ueb. Fossilien d. unt. Kreide am Ufer d. Mungo in Kamerun. Von A. v. Koenen. Mit 4 Taf. (48 S. m. 4 Bl. Erklärgn.) 897. n. 5. — Nachtrag. (S. 49—66 m. 3 Taf. u. 2 Bl. Erklärgn.) 898. n. 3. —
2. Theorie d. kleinen Planeten. Von Mart. Brendel. 1. Tl. (171 S.) 898. n. 16. —
3. Ableitg. relativer Oerter d. Mondes geg. d. Sonne aus heliometr. Messungen v. Sehnenlängen ausgeführt auf d. Sternwarte z. Göttingen währ. d. partiellen Sonnenfinsternisse v. 16.—17. Juni 1890 (Beobachter: Schur, Ambronn u. Hayn) u. v. 6. Juni 1891 (Beobachter: Schur). M. 3 Plänen d. Sternwarte nebst Verzeichn. d. grösseren Instrumente. Von Wilh. Schur. (26 S.) 898. n. 3. —

— der königl. Gesellschaft der Wissenschaften zu Göttingen. Mathematisch-physikal. Klasse. Neue Folge. I. Bd. Nr. 4. gr. 4. Berlin, Weidmann. n. 9. —

4. Vermessung der beiden Sternhaufen h u. χ Persei m. dem sechszölligen Heliometer d. Sternwarte in Göttingen, verbunden m. e. Uebersicht aller bis zum J. 1900 ausgeführten Instrumental-Untersuchungen. Von Wilh. Schur. Mit e. Sternkarte. (VII, 80 S.) Göttingen 900. n. 9. —

I, 1—3 Ebd. 897. 898. n. 27. —.

— dasselbe. II. Bd. Nr. 2 u. 3. gr. 4. Ebd. n. 21. —
2. Theorie der kleinen Planeten. Die Planeten vom Hecuba-Typus. Von Jul. Kramer. (152 S.) 901. n. 15. —
3. Über das Reciprocitätsgesetz der l ten Potenzreste in algebraischen Zahlkörpern, wenn l e. ungerade Primzahl bedeutet. Eine v. der königl. Gesellschaft der Wissensch. in Göttingen preisgekr. Arbeit. Von Ph. Furtwängler. (82 S.) 902. n. 6. —
II, 1 erscheint später.

— der königl. Gesellschaft der Wissenschaften zu Göttingen. Mathematisch-physikal. Klasse. Neue Folge. II. Bd. Nr. 1. 4, III. Bd. 5 Nrn. u IV. Bd. 5 Nrn. Lex.-8. Berlin, Weidmann. n. 69. —
Ambronn, L., die Messungen des Sonnendurchmessers an dem Repsold'schen 6-zöll. Heliometer der Sternwarte zu Göttingen. Ausgeführt v. W. Schur u. L. Ambronn. Bearb. v. A. (126 S. m. 2 Taf.) 905. (III, 3.) n. 12. —
Brendel, Mart., Theorie des Mondes. (97 S.) 905. (III, 4.) n. 7. —
Ehlers, E., neuseeländische Anneliden. Mit 9 Taf. (79 S.) 904. (III, 1.) n. 10. —
Koenen, A. v., über die untere Kreide Helgolands u. ihre Ammonitiden. (63 S. m. 4 Taf.) 904. (III, 2.) n. 4. —
Linke, F., luftelektrische Messungen bei 12 Ballonfahrten. (90 S. m. 4 Taf.) 904. (III, 5.) n. 6. —
Meyermann, Br., Vermessung d. Umgebg. des Orionnebels. (47 S. m. 1 Fig.) 906. (IV, 5.) n. 3. 50
Prasad, G., Constitution of matter and analytical theories of heat. An essay in four parts. (III, 68 S.) 903. (II, 4.) n. 6. —
Schwarzschild, K., Untersuchungen zur geometrischen Optik. 1. Einleitung in die Fehlertheorie opt. Instrumente auf Grund des Eikonalbegriffs. Mit 6 Fig. im Text. (31 S.) 905. (IV, 1.) n. 2. —
— dasselbe. II. Theorie der Spiegelteleoscope. Mit 9 Fig. im Text. (28 S.) 905. (IV, 2.) n. 2. —
— dasselbe. III. Ueber die astrophotograph. Objektive. Mit 10 Fig. im Text. (54 S.) 905. (IV, 3.) n. 4. —
Verworn, Max, die archaeolithische Cultur in den Hipparionschichten v. Aurillac (Cantal). Mit 5 Taf. (56 S. m. Fig.) 905. (IV, 4.) n. 4. 50
Wiechert, E., Theorie der automatischen Seismographen. (128 S. m. Fig.) 903. (II, 1.) n. 8. —

— der königl. Gesellschaft d. Wissenschaften zu Göttingen. Mathematisch-physikal. Klasse. Neue Folge. V.—VII. Bd. Lex. 8. Berlin, Weidmann. 154. —
Brendel, Mart., Theorie der kleinen Planeten. 2. Tl. (VI, 192 S.) 909. (VI, 4.) 18. —
— dasselbe. 3. Tl. Unter Mitwirkg. v. Jul. Kramer. (VI, 83 S.) 910. (VI, 5.) 8.— (1—3: 42.—).
Bütschli, O., Untersuchungen üb. organische Kalkgebilde, nebst Bemerkungen üb. organische Kieselgebilde, insbesondere üb. das spezifische Gewicht in Beziehung zu der Struktur, die chemische Zusammensetzung u. Anderes. Mit 4 Taf. u. 3 Textfig. (IV, 177 S.) 908. (VI, 3.) 19. —
Ehlers, E., Neuseeländische Anneliden. II. Mit 16 Fig. im Text. (31 S.) 907. (V, 4.) 2.— (I. u. II: 12.—).
Ergebnisse d. Arbeiten d. Samoa-Observator. der kgl. Gesellsch. d. Wissenschaften z. Göttingen. I. Wagner, Herm., das Samoa-Observatorium. M. 9 Taf. (70 S.) 908. (VII, 1) 6. —
— Dasselbe. II. Tetens, Otto, u. Frz. Linke, die meteorologischen Registrierungen der J. 1902—1906. Mit 3 Taf. u. 25 in den Text gedr. Fig. (139 S.) 908. (VII, 2) 12. —
— Dasselbe. III. Linke, Frz., die Brandungsbeweggn. d. Erdbodens u. e. Versuch ihrer Verwendg. in der prakt. Meteorologie. (Nach den Registriergn. u. Beobachtgn. d. Samoa-Observatoriums.) M. 3 Taf. (58 S.) 909. (VII, 3) 5. —
— Dasselbe. IV. Tetens, Otto, u. Frz. Linke, d. Klima v. Samoa. (V, 114 S. m. 7 Fig. u. 3 farb. Taf.) 910. (VII, 4) 10. —
Gerdien, H., Untersuchgn. üb. d. atmosphärischen radioaktiv. Induktionen. M. 4 Taf. (III, 74 S.) 907. (V, 5) 7. —
Holm, Ragnar, experimentelle Untersuchgn. üb. die geschichtete positive Glimmlichtsäule, insbesondere üb. d. Schichtenpotential in H_2, N_2, He. M. 3 Taf. u. 6 Fig. im Text. (50 S.) 908. (VI, 2) 4. —
Kohlschütter, Ernst, Ergebnisse d. ostafrikanischen Pendel-Exped. d. kgl. Gesellschaft d. Wissenschaften zu Göttingen in den J. 1899 u. 1900, ausgeführt v. Hans Glauning u. Ernst Kohlschütter. I. Bd. Verlauf u. Ausrüstg. d. Exped. Höhenmessgn. M. 16 Taf. u. 8 Fig. im Text. (VIII, 229 S.) 907. (V, 1) 26. —
Kramer, Jul., Untersuchgn. u. Tafeln zur Theorie der kleinen Planeten vom Hekubatypus nebst abgekürzten Bewegungstafeln d. Planeten (86) Semele f. die J. 1900 bis 1951. (154 S.) 907. (V, 3) 14. —
Pütter, Aug., Studien zur vergleichenden Physiologie des Stoffwechsels. (79 S.) 908. (VI, 1) 5. —
Schwarzschild, K., Aktinometrie der Sterne B. D. bis zur Grösse 7.5 in der Zone 0°—20° Deklination. Tl. A. Unter Mitwirkg. v. Br. Meyermann, A. Kohlschütter u. O. Birck hrsg. (VII, 115 S. m. 2 Fig. u. 1 Taf.) 910. (VI, 6) 12. —
— Ueber die totale Sonnenfinsternis vom 30. VIII. 1905. Mit 3 Taf. (73 S.) 907. (V, 2) 6. —

Abhandlungen d. kgl. Gesellschaft d. Wissenschaften zu Göttingen. Philologisch-historische Klasse.

— dasselbe. Philologisch-historische Klasse. N. F. 1. Bd. 8 Nrn. gr. 4. Ebd. n. 51. 50
1. Ueb. e. röm. Papyrusurkunde i. Staatsarchiv z. Marburg. Von P. Kehr. Mit 3 Fcsm. auf 2 Taf. (28 S.) 896. n. 3. —
2. Üb. Lauterbachs u. Aurifabers Sammlgn. d. Tischreden Luthers. Von Wilh. Meyer. (43 S.) 896. n. 3. —
3. D. slav. Henochbuch. Von N. Bonwetsch. (57 S.) 896. n. 4. —
4. D. arab. Josippus. Von J. Wellhausen. (50 S.) 897. n. 3. 50
5. Poseidonios üb. d. Grösse u. Entferng. d. Sonne. Von Frdr. Hultsch. (48 S. m. 8 Fig.) 897. n. 3. —
6. D. Buchstaben-Verbindgn. d. sogen. goth. Schrift. Von Wilh. Meyer. M. 5 Taf. (124 S.) 897. n. 9. 50
7. Die plautin. Cantica u. d. hellenist. Lyrik. Von Frdr. Leo. (115 S.) 897. n. 7. 50
8. Asadi's neupers. Wörterbuch Lughat-i Furs, n. d. einz. vatikan. Handschrift hrsg. v. Paul Horn. (37 u. 133 S.) 897. n. 18. —

— dasselbe. 2. Bd. Nr. 1—7. gr. 4. Ebd. n. 27. 50
1. Krateuas. Von M. Wellmann. Mit 2 Taf. (32 S.) 897. n. 3. —
2. D. hebräische Fragment d. Weisheit d. Jesus Sirach, hrsg. v. Rud. Smend. (34 S.) 897. n. 3. 50
3. D. Lex Manciana, e. afrikan. Domänenordnung. Von Adf. Schulten. (51 S.) 897. n. 3. 50
4. D. Prolegomena περὶ κωμῳδίας. Von Geo Kaibel. (70 S.) 898. n. 4. 50.
5. D. einstämm. männl. Personennamen d. Griechischen, d. a. Spitznamen hervorgegangen sind. Von Fritz Bechtel. (86 S.) 898. n. 5. 50
6. D. Spaltung d. Patriarchats Aquileja. Von Wilh. Meyer. (37 S.) 898. n. 2. 50
7. D. röm. Flurteilg. u. ihre Reste. Von Adf. Schulten. M. 5. Fig. i. Text u. 7 Karten. (38 S.) 898. n. 5. —

— dasselbe. Philologisch-histor. Klasse. Neue Folge. 2. Bd. Nr. 8. gr. 4. Ebd. n. 8. —
8. Die Reimvorreden d. Sachsenspiegels. Von Gust. Roethe. (III, 110 S.) 899. n. 8. —
II, 1—7 Ebd. 897, 898. n. 27. 50.

— dasselbe. III. Bd. 3 Nrn. gr. 4. Ebd. n. 51. —
1. Die charakterist. Unterschiede der Brüder van Eyck. Von Otto Seeck. (77 S.) 899. n. 5. —
2. Eranšahr nach der Geographie des Ps. Moses Xorenaci. Mit histor.-krit. Kommentar u. histor. u. typograph. Excursen. Von J. Marquart. (358 S.) 901. n. 30. —
3. Die Martyrologien, ihre Geschichte u. ihr Wert. Von H. Achelis. (VIII, 247 S.) 900. n. 16. —

— dasselbe. IV. Bd. 6 Nrn. gr. 8. Ebd. n. 48. —
1. Die Paraphrase des Euteknios zu Oppians Kynegetika. Von Otto Tüselmann. (43 S.) 900. n. 4. —
2. Die Mosaikkarte v. Madaba u. ihr Verhältnis zu d. ältesten Karten u. Beschreibungen des hl. Landes. Von Adf. Schulten. Mit 3 Kartenbild. u. 1 Fig.-Taf. (III, 121 S.) 900. n. 10. —
3. Die Textgeschichte der griech. Lyriker. Von Ulr. v. Wilamowitz-Moellendorff. (121 S.) 900. n. 8. —
4. Die Berliner Handschrift des sahidischen Psalters, hrsg. v. Alfr. Rahlfs. Mit 3 Lichtdruck-Taf. (154 S.) 901. n. 11. —
5. Der Gelegenheitsdichter Venantius Fortunatus. Von Wilh. Meyer. (140 S.) 901. n. 9. —
6. Über die Granthareсension des Mahâbhârata. (Epische Studien. I.) Von Heinr. Lüders. (III, 92 S.) 901. n. 6. —

— dasselbe. V. Bd. Nr. 1—4. gr. 4. Ebd. n. 31. —
1. Brentanos 'Ponce de Leon', e. Säcularstudie. Von Gust. Roethe. (100 S.) 901. n. 6.50
2. Die religiös-polit. Oppositionsparteien im alten Islam. Von Jul. Wellhausen. (99 S.) 901. n. 6. 50
3. Neuarabische Volkspoesie, gesammelt u. übers. v. Enno Littmann. (158 S.) 902. n. 12. —
4. Materialien zur Kenntnis des Apabhraṁśa. Ein Nachtrag zur Grammatik der Prâkrit-Sprachen. Von R. Pischel. (86 S.) 902. n. 6. —

— dasselbe. VI. Bd. Nr. 1—3. gr. 4. Ebd. n. 24. —
1. Metrische Untersuchungen über Reinbots Georg. Mit 2 Exkursen. Von Carl Kraus. (225 S.) 902. n. 16. —
2. Henricus Stephanus üb. die Regii Typi Graeci. Von Wilh. Meyer. Mit 2 Taf. (32 S.) 902. n. 3. —
3. Ein hochdeutsches u. zwei niederdeutsche Lieder von 1563—1565 aus dem 7jähr. nord. Kriege. Mit e. Anh.: Deutsche Lieder a. d. Grafenfehde. Von Herm. Möller. (67 S.) 902. n. 5. —

— dasselbe. Philologisch-histor. Klasse. Neue Folge. V. Bd. Nr. 5., VI. Bd. Nr. 4, VII. Bd. Nr. 1—5 u. VIII. Bd. 6 Nrn. Lex.-8. Ebd. n. 142. 50

Bonwetsch, Nathanael, die Theologie des Methodius v. Olympus untersucht. (IV, 173 S.) 903. (VII, 1.) n. 12. —
Fragmente, christlich-palästinische, aus der Omajjaden-Moschee zu Damaskus. Bearb. u. hrsg. v. Frdr. Schulthess. Mit 5 Taf. in Lichtdr. (138 S.) 905. (VIII, 3.) n. 12. —
Höhlbaum, Konst., der Kurverein v. Rense i. J. 1338. (84 S.) 903. (VII, 3.) n. 5. 50
Leo, Frdr., der saturnische Vers. (IV, 79 S.) 905. (VIII, 5) n 5. 50
Meyer, Wilh., die Legende des h. Albanus, des Protomartyr Angliae, in Texten vor Beda. (82 S.) 904. (VIII, 1.) n. 5. 50
Münchhausen's, G. A. v., Berichte üb. seine Mission nach Berlin im Juni 1740. Hrsg. u. erläutert v. Frensdorff. (87 S.) 904. (VIII, 2.) n. 5. 50
Sarmiento de Gamboa, Pedro, Geschichte des Inkareiches. Hrsg. v. Rich. Pietschmann. (CXVIII, 161 S.) 906. (VI, 4.) n. 18. —
Schriften, Apollinaristische. Syrisch. Mit d. griech. Texten u. e. syrisch-griech. Wortregister hrsg. v. Johs. Flemming u. Hans Lietzmann. (IX, 76 S.) 904. (VII, 4.) n. 8. —
Schulten, Adf., Numantia. Eine topographisch-histor. Untersuchg. Mit 3 Karten u. 11 Fig. im Text. (X, 112 S.) 905. (VIII, 4.) n. 10. —
Schulze, Wilh., zur Geschichte lateinischer Eigennamen. (647 S.) 904. (V, 5.) n. 40. —
Schwartz, E., christliche u. jüdische Ostertafeln. Mit 3 Taf. (197 S.) 905. (VIII, 6.) n. 14. —
— über den Tod der Söhne Zebedaei. Ein Beitrag zur Geschichte d. Johannesevangelium. (53 S.) 904. (VII, 5.) n. 3. 50
Wilmanns, Wilh., der Untergang der Nibelunge in alter Sage u. Dichtung. (44 S.) 903. (VII, 2.) n. 3. —

Abhandlungen der königl. Gesellschaft d. Wissenschaften zu Göttingen. Philologisch-historische Klasse. Neue Folge. IX.—XI. Bd. à 5 Nrn. u. XII. Bd. Nr. 1, 2, 4. Lex. 8. Berlin, Weidmann. 185. 50

Annambhatta's Tarkasamgraha, e. Kompendium der Dialektik u. Atomistik, m. des Verf. eigenem Komment., genannt Dipikâ. Aus dem Sanskrit übers. v. E. Hultzsch. (III, VI, 57 S.) 907. (IX, 5) 4. —
Frensdorff, F., von u. über Schlözer. (III, 114 S.) 909. (XI, 4) 7. —
Helbig, W., zur Geschichte der hasta donatica. Mit 6 Fig. im Text u. 2 Taf. (46 S.) 908. (X, 3) 4. —
Kanones, die syrischen, der Synoden von Nicaea bis Chalcedon, nebst einigen zugehörig. Dokumenten, hrsg. v. Frdr. Schulthess. (XIII, 27 u. 177 S.) 908. (X, 2) 20. —
Kitâb ma' âni al-nafs. Buch vom Wesen der Seele. Von einem Ungenannten. Auf Grund d. einzigen Handschrift der Bibliothèque nationale hrsg., m. Anmkgn. u. Exkursen versehen v. J. Goldziher. (63 u. 69 S.) 907. (IX, 1) 12. —
Kolbe, Walth., die attischen Archonten von 293/2 bis 31/0 v. Chr. (III, 159 S.) 908. (X, 4) 10. —
Körte, Gust., d. Volumniergrab bei Perugia. E. Beitrag zur Chronologie der etrusk. Kunst. Mit e. Exkurs üb. das Kottabos-Spiel. (48 S. m. 2 Abb. u. 7 Taf.) 909. (XII, 1) 5. —
Lehmann-Haupt, C. F., Mater. z. älteren Geschichte Armeniens u. Mesepotamiens. Mit e. Beitrage: Arabische Inschrift. a. Armenien u. Diyarbekr v. Max van Berchem M. 92 in d. Text gedr. Abb. u. 14 Taf. (183 S.) 907. (IX, 3) 20. —
Leo, Frdr., d. Monolog im Drama. Ein Beitr. z. griechisch-röm. Poetik. (124 S.) 908. (X, 5) 8. —
Lüders, Heinr., Das Würfelspiel im alten Indien. (75 S.) 907. (IX, 2) 5. —
Meyer, Wilh., d. Arundel-Sammlung mittellateinischer Lieder. (52 S.) 908. (XI, 2) 3. 50
Oldenberg, Herm., Ṛgveda. Textkritische u. exeget. Noten. 1.—6. Buch. (VII, 438 S.) 909. (XI, 5) 30. —
Schneider, Rud., griech. Poliorketiker. Mit den handschriftl. Bildern hrsg. u. übers. (65 S. m. 14 Taf.) 908. (X, 1) 8. —
— dasselbe. II. Mit 11 Taf. (109 S.) 908. (XI, 1) 9. —
Schultz, Herm., die handschriftl. Überlieferung der Hesiod-Scholien. (VIII, 101 S.) 910. (XII, 4) 7. —
Tantrākhyāyika. Die älteste Fassg. des Pañcatantra. Nach den Handschr. beider Rezensionen zum 1. Male hrsg. v. Johs. Hertel. (XXVII, 186 S. m. 1 Lichtdr.-Taf.) 910. (XII, 2) 24. —
Wellhausen, J., Analyse der Offenbarung Johannis. (34 S.) 907. (IX, 4) 2. —
Wolkenhauer, Aug., Sebastian Münsters handschriftl. Kollegienbuch aus den J. 1515—1518 u. seine Karten. (Cod. lat. 1069 der königl. Hof- u. Staatsbibliothek zu München.) Mit 8 Lichtdr.-Taf. (14 Karten) u. 3 Abb. im Text. (68 S.) 909. (XI, 3) 7. —
XII. Bd. Nr. 3 ist noch nicht erschienen.

***Abhandlungen der Gesellschaft der Künste und Wissenschaften in Batavia.** (Verhandelingen van het Bataviaasch Genootschap der Konsten en Weetenschappen, dt.) [Hrsg.: Joh. Erich Biester.] Bd 1. Leipzig: Weygand 1782. 8°

Abhandlungen Gesellschaft Londoner

Abhandlungen der Londner Königlichen Gesellschaft zur Rettung Verunglückter und Scheintodter, vom Jahre 1774 bis 1784...

s. a. Transactions of the Royal Humane Society from 1774 to 1784...edited by W(illiam) Hawes.

— der Londoner Gesellsch. z. Rettung Verunglückter u. Scheintodter v. J. 1774—84, herausg. von ... Hawes, mit Anmerkk. v. Struve. 1r Bd. Aus d. Engl. gr. 8. Bresl. 798. J. Fr. Korn. 1 ℛ

— d. Londonsch. Gesellsch. zur Vermehr. d. medicin. u. chirurg. Wissensch.; a. d. Engl. mit Anmerkk. von Roose, m. Kpf. 8. Braunschw. 797. Thomas (Schmidt in Leipz. auch Nauck). 1 ℛ 10 ℊ

— der naturforschenden Gesellschaft zu Görlitz. 1.—3. Bd. à 2 Hefte. Mit Lithogr. u. Musikbeil. gr. 8. Görlitz 827—40. (Heyn'sche Buchh.) 1. Bd. n. 1 ℛ 2. Bd. n. 5/6 ℛ 3. Bd. 1. Hft. n. 1/3 ℛ

— ders. 4. Bd. 1. Hft. Mit 3 lithogr. Taf. gr. 8. Ebd. 844. n. 5/12 ℛ

— der naturforschenden Gesellschaft zu Görlitz. 4. Bd. 2. Hft. 5. Bd. 2 Hfte. 6. Bd. 1. Hft. 8. (IV. 2. 141 S. V. 1. 184 S. m. 2 lith. Taf. V. 2. IV u. 148 S. VI. 1. 144 S.) Görlitz 848—51, Heyn in Comm. IV. 2. n. 12 ngr V. 1. 2. VI. 1. à n. 1/2 ℛ

Abhandlungen der naturforsch. Gesellschaft zu Görlitz. 6. Bd. 2. Hft. Görlitz 853. Heyn in Comm. 8. (1 Bl., 144 S. u. 1 lith. Taf. in 4.) n. 15 ngr

— — 7. Bd. 1. Heft. Ebend. 855. 8. (1 Bl., 114 S. u. 1 lith. Taf. in Fol.) n. 15 ngr

— der naturforschenden Gesellschaft zu Görlitz. 9—11. Bd. Görlitz, 859—62. Remer in Comm. Lex.-8. (IX.: 306 S. u. 1 lith. Taf. n. 1 ℛ; X.: VIII, 434 S. n. 2 ℛ; XI: VI, 303 S. u. 1 lith. Karte in Fol. n. 2 ℛ) n. 5 ℛ
(Den 8. Bd. bildet: Glocke, E. F., geognost. Beschreibung der preuß. Oberlausitz. s. in Bd. XIII.)

— der naturforschenden Gesellschaft zu Görlitz. 12. 13. Bd. Görlitz 865, 68. Remer in Comm. gr. 8. (290 S.; 292 S.) Jeder Bd. n. 1 ℛ

— der naturforschenden Gesellschaft zu Görlitz. 14. Bd. gr. 8. (III, 416 S. m. e. Steintaf.) Görlitz 871. Remer. n. 3. —. — 15. Bd. Mit 3 Taf. Abbildgn. (411 S.) 875. n. 6. —

— der naturforschenden Gesellschaft zu Görlitz. 16. Bd. Mit 3 (lith.) Taf. Abbildgn. gr. 8. (454 S.) Görlitz 879. Remer in Comm. n. 6 —

— dasselbe. 17. Bd. Mit 3 (lith.) Taf. Abbildgn. gr. 8. (III, 323 S.) Ebend. 881. n. 5. —

— der naturforschenden Gesellschaft zu Görlitz. 18. Bd. Mit 1 (chromolith.) Karte u. 4 (lith.) Tab. gr. 8. (III, 412 S.) Görlitz 884. (Remer). n. 6. —

— der naturforschenden Gesellschaft zu Görlitz. 19. Bd. gr. 8. (III, 286 S.) Görlitz 887. (Remer.) n. 4. —

— der naturforschenden Gesellschaft zu Görlitz. 20. Bd. gr. 8. (III, 420 S. m. 1 farb. Karte.) Görlitz 893. (H. Tzschaschel.) n. 6. —

— der naturforschenden Gesellschaft zu Görlitz. 21. u. 22 Bd. gr. 8. Görlitz (H. Tzschaschel) n. 10. —
21. (III, 252 S. m. 1 Bildn.) 895. n. 4. —
22. (III, 469 S.) 898. n. 6. —

— der naturforschenden Gesellschaft zu Görlitz. 23. Bd. gr. 8. (VII, 400 S. m. 2 Taf.) Görlitz 901. (H. Tzschaschel.) n. 6. —

— der naturforschenden Gesellschaft zu Görlitz. 24. Bd. u. 25. Bd. 1. Hft. gr. 8. Görlitz (H. Tzschaschel). n. 5. —
24. (XI, 115 S. m. 1 Karte.) 904. n. 4. —
25. I. (64 S.) 906. n. 1. —

— der naturforschenden Gesellschaft zu Görlitz. 25. Bd. 2. Heft u. 26. Bd. gr. 8. Görlitz, (H. Tzschaschel). 6. 50
25. II. (III u. S. 65—254 m. 1 Taf.) 907. 3. —
26. (III, 279 S. m. 5 Taf.) 909. 3. 50

— der naturforsch. Gesellschaft zu Halle. Originalaufsätze aus d. Gebiete d. gesammten Naturwissensch., verf. v. Mitgliedern u. vorgetragen in d. Sitzungen d. Gesellschaft. Herausg. v. ihrem Vorstande. 1.—3. Bd. (Jahrg. 1853 — 55.) à 4 Hefte (à 8—10 Bgn. m. lith. Taf.) Halle, Schmidt. gr. 4. Jedes Heft n. 1 ₰ 15 ngr.

— — 4. Bd. (Jahrg. 1856.) 4. Hefte (à 10 — 12 Bgn. mit lith. Taf.) Ebend. gr. 4. Jedes Heft n 2 ₰

— der naturforschenden Gesellschaft zu Halle. Originalaufsätze aus dem Gebiete der gesammten Naturwissenschaften. 5. u. 6. Bd. à 4 Hefte. Halle, 859—62. Schmidt's Verlag. gr. 4. (V.: XX, 229 S. u. 11 lith. Taf.; VI.: XXV, 316 S. u. 14 lith. Taf.) Jedes Heft n. 2 ₰

Abhandlungen der naturforschenden Gesellschaft zu Halle. Originalaufsätze etc. 7. Bd. 3 Hefte. Ebend., 862—63. gr. 4. (XLIV, 227 S. u. 13 lith. u. Kpfrt.) n. 7 ₰

— — 8. Bd. 2 Hefte. Ebend., 864. gr. 4. (X, 298 S. u. 13 lith. Taf.) n. 8 ₰

— — 9. Bd. 1. Heft. Ebd., 864. gr. 4. (116 S. u. 6 lith. Taf.) n. 3 ₰

— der naturforschenden Gesellschaft zu Halle. Originalaufsätze aus dem Gebiete der gesammten Naturwissenschaften. 9. Bd. 2. Hft. Halle 866. Schmidt's Verlag. gr. 4. (VI, 353 S. u. 2 lith. Taff.) n. 8 ₰

— — 10. Bd. (in 4 Heften). Ebend. 868. gr. 4. (3 Bll. 331 S. m. Holzschn. u. 15 lith. Taff.) n. 8 ₰ 15 ngr.

— — 11. Bd. (in 2 Heften.) Ebend. 870. gr. 4. (2 Bll., 332 S. u. 11 lith. Taff.) n. 8 ₰ 5 ngr.

Ergänzungsheft: H. F. Bonorden, Abhandlungen aus dem Gebiete der Mykologie. 2. Theil 1870 (bei Bd. 8 der 1. Theil).

— der naturforschenden Gesellschaft zu Halle. Originalaufsätze aus dem Gebiete der gesammten Naturwissenschaften. 12. Bd. 4 Hfte. gr. 4. (VI, 280 S. m. 11 Kpfrtaf.) Halle 871—73. Schmidt. n. 15. 40

— — 13. Bd. 1—3. Heft. gr. 4. (324 S. m. 27 Steintaf.) Ebend. 873—75. n. 36. —

— der naturforschenden Gesellschaft zu Halle. Originalaufsätze aus dem Gebiete der gesammten Naturwissenschaften. 13. Bd. 4. Hft. gr. 4. (S. 277—316 u. Bericht 48, 34 u. 32 S. m. 4 Steintaf.) Halle 877. Schmidt. n. 10. — (13. Bd. cplt.: n. 46. —)

— dassselbe. 14. Bd. 4 Hfte. gr. 4. (398 S. u. Bericht 1877—1878 m. 15 Steintaf.) Ebend. 878—80. n. 34. 60

— dasselbe. 15. Bd. 4 Hfte. gr. 4. (III, 497 S. m. 13 eingedr. Holzschn. u. 4 zum Thl. color. Steintaf.) Halle 880—82. Niemeyer. n. 26. —

— der naturforschenden Gesellsch. zu Halle. Orig.-Aufsätze aus dem Gebiete der gesammten Naturwissenschaften. 16. Bd. gr. 4. (III, 479 S. m. 7 Steintaf.) Halle 883—85. Niemeyer. n. 23. 60

— der naturforschenden Gesellschaft zu Halle. Orig.-Aufsätze aus dem Gebiete d. gesammten Naturwissenschaften. 17. Bd. 1. u. 2. Hft. gr. 4. (244 S. m. 8 Holzschn. u. 7 Taf.) Halle 888. Niemeyer. n. 14. —

— der naturforschenden Gesellschaft zu Halle. Orig.-Aufsätze aus dem Gebiete der gesammten Naturwissenschaften. XVII. Bd. 3. u. 4. Hft. gr. 4. (III u. S. 245—472 m. 1 Fig. u. 3 Taf.) Halle a/S. 892. M. Niemeyer. n. 10. — (17. Bd. kplt.: n. 24. —)

— dasselbe. XVIII. Bd. gr. 8. Ebd. 894. n. 28. —
Die karnischen Alpen. Ein Beitrag zur vergleich. Gebirgs-Tektonik v. Fritz Frech. Hrsg. m. Unterstützg. des königl. preuss. Ministeriums der geistl., Unterrichts- u. Medicinal-Angelegenheiten. Mit e. petrograph. Anh. v. L. Milch. Mit 1 geolog. (farb.) Karte in 1 : 75,000 (3 Bl. à 38,5×49 cm), 1 tekton. Specialkarte, 1 tekton. Uebersichtskarte der südl. Ostalpen, 16 Lichtkpfrdr., 8 Profiltaf. u. 96 Zinkdr. (XIV, 514 S.)

— dasselbe. Im Auftrag der Gesellschaft hrsg. v. Gust. Brandes. XIX. Bd. 4 Hfte. gr. 8. (348 S. m. 20 Abbildgn., 9 Taf. u. 3 Doppeltaf. u. 12 Bl. Erklärgn.) Ebd. 893. n. 12. —

— dasselbe. XX. Bd. Jubiläums - Festschrift. gr. 8. (VII, 325 S. m. 5 Abbildgn., 19 Taf. u. 19 Bl. Erklärgn.) Ebd. 894. n. 16. —

— der naturforschenden Gesellschaft zu Halle. Orig.-Aufsätze a. d. Geb. d. ges. Naturwissenschaften. Im Auftr. d. Gesellsch. hrsg. v. Gust. Brandes. XXI. Bd 4 Hfte. gr. 8. (1.—3 Hft. 225 S. m. 23 Fig., 9 Taf. u. 9 Bl. Erklärgn.) Halle 898. M. Niemeyer. n. 12. —

— der naturforschenden Gesellschaft zu Halle. Orig.-Aufsätze aus dem Gebiete der gesamten Naturwissenschaften. Im Auftr. der Gesellschaft hrsg. v. Gust. Brandes. XXII. u. XXIII. Bd. gr. 8. Stuttgart. 901. E. Schweizerbart. à n. 12. —
22. (III, 461 S. m. 34 Fig., 4 Taf. u. 4 Bl. Erklärgn.)
23. (352 S. m. 4 Fig., 9 Taf. [darunter 4 Doppeltaf.], 4 Tab. u. 12 S. Erklärgn.)

— der naturforschenden Gesellschaft zu Halle. Orig.-Aufsätze aus dem Gebiete der gesamten Naturwissenschaften. Im Auftrage der Gesellschaft hrsg. v. Gust. Brandes. 24. u. 25. Bd. Lex. 8. Stuttgart, E. Schweizerbart. à Bd. 12. —
24. (285 S. m. 1 eingedr. Karte, 11 Taf. u. 11 Bl. Erklärgn.) 901—06. — 25. (294 S. m. 32 Fig. u. 15 Taf.) 903—06.

— d. naturforsch. Gesellschaft zu Marburg. 1r Bd. gr. 8. Marb. 823. Krieger. 1 ₰

***Abhandlungen der Naturforschenden Gesellschaft in Zürich. Bd 1–3. Zürich 1761–66. 8°**

Abhandlungen der naturforschenden Gesellschaft in Zürich. Bd 1 – 3. Zürich. Heidegger 1761 – 66. 8°
Bd 1 1761
Beigeb Hirzel, Hans Caspar 1725–1803) Die Wirthschaft eines philosophischen Bauers. Zürich 1761
Bd 2 1764
Bd 3 1766.

Abhandlungen der naturf. Gesellschaft in Zürich zur Feier ihres Jubiläums. Neuenburg 1847.

— der naturhistorischen Gesellschaft zu Nürnberg. 1. Hft. m. 3 Kpfrtaf. gr. 8. (XII u. 151 S.) Nürnberg 852, Geiger. n. 1 ₰

— der naturhist. Gesellsch. zu Nürnberg. 1. Bd. 2. Heft. Nürnberg 858. W. Schmid. gr. 8. (X, S. 152—326.) n. 1 ₰

— der naturhistorischen Gesellschaft zu Nürnberg. 2. Bd. Nürnberg, 861. W. Schmid. gr. 8. (XII, 286 S.) n. 1 ₰ 15 ngr.

— — 3. Bd. 1. Hälfte. Ebend., 864. gr. 8. (XX, S. 1—197.) n. 25 ngr.

— der naturhistorischen Gesellschaft zu Nürnberg. Nürnberg 866—68. (v. Ebner.) gr. 8.
3. Bd. 2. Hälfte. (XXIV, 276 S., 13 lith. Taff.. 2 Tabb. in 4.) n. 2 ß
4. „ (XXIV, 99 S. u. 5 lith. Taff.) n. 1 ß
1—3. Bd. 1. Hälfte (jetzt Ebend.) n. 4 ß 10 ngr.

— der naturhistorischen Gesellschaft zu Nürnberg. 5. Bd. Mit 2 Kpfrtaf. gr. 8. (XXXVIII, 171 S.) Nürnberg 872. v. Ebner. n. 5. — (I—V.: n. 27. —)

Abhandlungen der naturhistorischen Gesellschaft zu Nürnberg. 6. Bd. Mit 2 Taf. (1 lith. u. 1 phototyp.) gr. 8. (XVI, 198 S.) Nürnberg 877. v. Ebner. n. 5. —

— dasselbe. 7. Bd. Mit Abbildgn. (2 eingedr. Holzschn. u. 2 Lichtdr.) [Jubiläumsschrift zur Feier d. 80jähr. Bestandes.] gr. 8. (XXXVII, 205 S.) Ebend. 881. n. 5. — (1—7.: n. 37. —)

— der naturhistorischen Gesellschaft zu Nürnberg. VIII. Bd. Mit 2 geolog. Karten. gr. 8. (VII, 208 S.) Nürnberg 891. (U. E. Sebald.) n. 6. —

— dasselbe. IX. Bd. Jubiläumsschrift zur Feier des 90jähr. Bestehens. Beilage: Flora der Umgegend von Nürnberg-Erlangen. Von Aug. Schwarz. Mit 4 Karten. gr. 8. (VIII, 94 u. 185 S. m. 2 Taf.) Ebd. 892. n. 10. —

Abhandlungen d. naturhistor. Gesellschaft zu Nürnberg. X. Bd. Mit 2 Taf. u. 2 Bildern. Beilage: Flora d. Umgegend v. Nürnberg-Erlangen v. Aug. Schwarz. Fortsetzg. Jahresber. 1892 m. 1896. gr. 8. (IV, 177 S., S. 187—204 u. 162 S.) Nürnberg 897. U. E. Sebald. n. 10. —

ABHANDLUNGEN DER NATURHISTORISCHEN GESELLSCHAFT ZU NÜRNBERG.
XI. Mit 14 Tafeln. [Nebst] Jahresbericht für 1897. ib. 1898. —
XII. [Nebst] Jahresbericht für 1898. ib. 1899. —
XIII. (Mit 1 Tafel) [Nebst] Jahresbericht für 1899 ib. 1900. —
XIV. [Nebst] Jahresbericht für [1900 und] für 1901. ib. 1902. —
XV (Mit Tafeln) ib. 1905. [Nebst] Jahresbericht für 1902 ib 1903. [und] Jahresbericht für 1903. ib. 1904. —
XVI (Mit Tafeln.) ib 1906 —
XVII [3]) ib. 1907. Druck von Wilh. Tümmels Buch- und Kunstdruckerei. — Beigabe zum XVII. Band der Abhandlungen der Naturhistorischen Gesellschaft zu Nürnberg Dr. JOS. REINDL: Siegmund Günther. (Mit 1 Bild.) ib. 1908. Druck von U. E. Sebald —

— d. ökonom. Gesellsch. in Basel. 16—36 St. 8. Basel 790—98. Schweighauser. 14 K

— d. sächs. Ges. d. Wiss., s. a. Roscher.

Abhandlungen d. kgl. sächs. Gesellschaft d. Wissenschaften, s. a. Sachregister.

—— bei Begründung d. kgl. sächs. Gesellschaft d. Wissenschaften, am Tage d. 200jähr. Geburtsfeier Leibnizens hrsg. v. d. fürstl. Jablonowskischen Gesellschaft. gr. Lex.-8. (30½ B. u. Titvign.: Leibniz, 9 Stnt. u. mehr. in d. Text eingedr. Fig.) Leipzig 846, Weidmann'sche Buchh. *

Abhandlungen der Kgl. Sächsischen Gesellschaft der Wissenschaften. 1. Philol.-histor. Klasse Bd 1–34; 2. Math.-phys. Klasse Bd 1–36. Leipzig: Weidmann (sp.: Hirzel; sp.: Teubner) 1) 1850 ff.; 2) 1852 ff. 4° 29, 210, 91
C Register zu den Abhandlungen und Berichten: Phil. hist. Kl. 1846–95. Leipzig 1898. – Math.-phys. Kl. 1846–85. Leipzig 1889.

— der Königl. Sächs. Gesellschaft der Wissenschaften. 1. Bd. (A. u. d. T.: Abhandlungen der mathem.-physischen Classe d. Königl. Sächs. Gesellschaft der Wissenschaften. 1. Bd. Mit 3 (lith.) Taf. (in 4. u. Fol.) hoch 4. (VI u. 578 S.) Leipzig 852, Weidmann (jetzt Hirzel.) n. 4 ß 16 ngr.

— Dies. II. Bd. A. u. d. T.: Abhandlungen der philologisch-historischen Classe der Königl. Sächs. Gesellschaft d. Wissenschaften. 1. Bd. Mit 1 (lith.) Karte (in Fol.) hoch 4. (VI u. 694 S.) Ebend. 850. n. 6 ß (I. II.: n. 10 ß 16 ngr.)

— der Kgl. Sächs. Gesellsch. der Wissensch. III. Bd. Abh. d. philolog.-hist. Cl. etc. II. Bd. Mit 3 (lith.) Taf. Leipzig 857. Hirzel. 4. (4 Bl., 922 S. u. 2 Tab. in Fol.) n. 7 ß 10 ngr.

— IV. Bd. Abhandl. d. mathem.-physischen Cl. etc. II. Bd. Mit 19 (lith.) Taf. Ebend. 855. 4. (3 Bl., 395 S.) n. 6 ß 20 ngr.

— — V. Bd. Abhandl. d. mathem.-phys. Cl. etc. III. Bd. Mit 15 (lith.) Taf. Ebend. 857. 4. (4 Bl., 682 S.) n. 6 ß 12 ngr.

Abhandlungen der Königl. Sächsischen Gesellschaft der Wissenschaften. VI—IX. Bd. Leipzig, 859—64. Hirzel. 4. n. 29 ß 27 ngr.
VI. Bd.: Abhandlungen d. mathematisch-physischen Classe. IV. Bd. Mit 29 (lith.) Taf. (in 4. u. Fol.) (VIII, 672 S.) n. 7 ß 15 ngr.
VII. Bd.: Abhandlungen der mathemat.-phys. Classe. V. Bd. Mit 30 lith. Taf. (VI, 760 S.) n. 8 ß
VIII. Bd.: Abhandlungen d. philologisch-historischen Classe. III. Bd. Mit 8 lith. Taf. (in 4. u. Fol.) n. 8 ß
IX. Bd.: Abhandlungen der mathemat.-phys. Classe. VI. Bd. Mit 10 lith. Taf. (V, 718 S.) n. 6 ß 12 ngr.

— der Königl. Sächsischen Gesellschaft der Wissenschaften. Leipzig 865—68. Hirzel. 4.
10. Bd.: Abhandlungen der philosophisch-historischen Classe. 4. Bd. Mit 1 (lith.) Taf. (674 S.) n. 6 ß
11. Bd.: Abhandlungen der mathematisch-physischen Classe. 7. Bd. Mit 5 (lith.) Taff. (693 S. u. 2 Tabb.) n. 5 ß 20 ngr.
13. Bd.: Abhandlungen der mathematisch-physischen Classe. 8. Bd. Mit 3 (lith.) Taff. (X, 306 S.) n. 8 ß
12. Bd. ist noch nicht erschienen.

— der k. sächsischen Gesellschaft der Wissenschaften. hoch 4. Leipzig 870—74. Hirzel.
12. Bd. Abhandlungen der philologisch-historischen Classe. 5. Bd. Mit 6 Taf. (VI, 635 S.) n. 18. —
14. Bd. Abhandlungen der mathematisch-physischen Classe. 9. Bd. Mit 6 Taf. (VII, 635 S.) n. 18. —
15. Bd. Abhandlungen der mathematisch-phys. Classe. 10. Bd. Mit 7 Taf. (784 S.) n. 21. —
16. Bd. Abhandlungen der philologisch-historischen Classe. 6. Bd. Mit 3 Taf. (758 S.) n. 21. —

— der königl. sächs. Gesellschaft der Wissenschaften. 17. Bd. A. u. d. T.: Abhandlungen der philologisch-histor. Classe. 7. Bd. hoch 4. (VI, 1030 S.) Leipzig 879. Hirzel. n. 43. —

— dasselbe. 18. Bd. A. u. d. T.: Abhandlungen der mathematisch-phys. Classe. 11. Bd. Mit 8 (lith. zum Thl. color.) Taf. hoch 4. (696 S.) Ebend. 878. n. 21. —

Abhandlungen der königl. sächsischen Gesellschaft d. Wissenschaften. 19. Bd. A. u. d. T.: Abhandlungen der philolog.-histor. Classe. 8. Bd. Mit 14 (Lichtdr.-)Taf. hoch 4. (IV, 757 S.) Leipzig, 883. Hirzel. n. 35. 20

— dasselbe. 20. Bd. A. u. d. T.: Abhandlungen d. mathematisch-phys. Classe. 12. Bd. Mit 13 (lith. u. color.) Taf. Lex.-8. (V, 659 S.) Ebend. 883. n. 22. —

— dasselbe. 21. Bd. A. u. d. T.: Abhandlungen der philologisch-histor. Classe. 9. Bd. Mit 7 Taf. (in Stein- u. Lichtdr.) Lex.-8. (VII, 733 S.) Ebend. 884. n. 32. —

— der königl. sächsischen Gesellschaft der Wissenschaften. 22. Bd. A. u. d. T.: Abhandlungen der mathematisch-phys. Classe. 13. Bd. M. 8 Taf. Lex.-8. (V, 820 S.) Leipzig 887. Hirzel. n. 30. —

— dasselbe. 23. Bd. A. u. d. T.: Abhandlungen der philologisch-histor. Classe. 10. Bd. M. 4 Taf. u. 22 Fig. Lex.-8. (V, 753 S.) Ebd. 888. n. 33. —

— dasselbe. 24. Bd. A. u. d. T.: Abhandlungen der mathematisch-phys. Classe. 14. Bd. M. 54 Taf., 1 geolog. Karte u. 280 Fig. Lex.-8. (VIII, 726 S.) Ebd. 888. n. 42. —

Abhandlungen der königl. sächs. Gesellschaft der Wissenschaften. 25. Bd. A. u. d. T.: Abhandlungen der philologisch-histor. Classe. 11. Bd. M. 15 Taf. Lex.-8. (VII, 796 S.) Leipzig 890. Hirzel. n. 35. —

— dasselbe. 26. Bd. A. u. d. T.: Abhandlungen der mathematisch-phys. Classe. 15. Bd. M. 42 Taf. u. 26 Fig. Lex.-8. (VIII, 780 S.) Ebd. 890. n. 35. —

— dasselbe, s.: Register.

— der königl. sächs. Gesellschaft der Wissenschaften. 27. Bd. A. u. d. T.: Abhandlungen der mathematisch-physischen Classe. 16. Bd. Lex.-8. (VII, 570 S. m. 19 Taf. u. 103 Fig.) Leipzig 891. S. Hirzel. n. 21. —

— dasselbe. 28. Bd. A. u. d. T.: Abhandlungen der philologisch-histor. Classe. 12. Bd. Mit 6 Taf. Lex.-8. (IV, 618 S.) Ebd. 891. n. 23. —

— dasselbe. 29. Bd. A. u. d. T.: Abhandlungen der mathematisch-physischen Classe. 17. Bd. Lex.-8. (VII, 556 S. m. 43 Taf. u. 27 Fig.) Ebd. 891. n. 33. —

— dasselbe. 31.—33. Bd. A. u. d. T.: Abhandlungen der mathematisch-physischen Classe. 18.—20. Bd. Lex.-8. Ebd. 893. n. 57. —
31. (VII, V, 492 S. m. 11 Fig. u. 26 Taf.) n. 24. —
32. (XI, 172 S. m. 13 Taf. u. 13 Bl. Erklärgn.) n. 12. —
33. (V, 552 S. m. 46 Fig., 6 Taf. u. 4 Bl. Erklärgn.) n. 21. —

— dasselbe. 34. Bd. A. u. d. T.: Abhandlungen der philologisch-histor. Classe. 14. Bd. Lex.-8. (V, 777 S. m. 138 Abbildgn. u. 10 Taf.) Ebd. 894. n. 33. —

— d. kgl. sächs. Gesellschaft d. Wissenschaften. 35. Bd. (Mathemat.-phys. Cl. 21. Bd.) Lex.-8. (V, 504 S. m. 26 Abb. u. 17 Taf.) Leipzig 895. [S. Hirzel.] B. G. Teubner. n. 27. —

— dasselbe. 36. Bd. (Philolog.-histor. Cl. 15. Bd.) Lex.-8. (VII, 144, 98, 208 u. 348 S. m. 3 Taf.) Ebd. 895. n. 33. —

— dasselbe. 37. Bd. (Mathemat.-phys. Cl. 22. Bd.) Lex.-8. (VII, 420 S. m. 32 Abb. u. 12 Taf.) Ebd. 895 n. 20. —

Abhandlungen d. kgl. sächs. Gesellschaft d. Wissenschaften. Sachregister der Abhandlungen u. Berichte der Gesellschaft. 1846 – 95. 8. Leipzig 1897.

— dasselbe. 38. Bd. (Philolog.-histor. Cl. 16. Bd.) Lex.-8. (XVI, 928 S.) Ebd. 897. n. 30. —

— dasselbe. 39. Bd. (Philolog.-histor. Cl. 17. Bd.) Lex.-8. (V, 192, 160, 92, 127; IV, 130 u 179 S. m. 26 Abb.) Ebd. 897. n. 40. —

— dasselbe. 40. Bd. (Mathemat.-phys. Cl. 23. Bd.) Lex.-8. (V, 558 S. m. 55 Abb. u. 13 Taf.) Ebd. 897. n. 29. —

— dasselbe. 41. Bd. (Philolog.-histor. Cl. 18. Bd.) Nr. 1 u. 2. Lex.-8. Ebd. n. 13. —
1. Neue Beiträge z. Topographie v. Athen. Von Curt Wachsmuth. (56 S.) 897. n. 3. —
2. D. Gewichte d. Alterthums, n. ihrem Zusammenhange dargest. Von Frdr. Hultsch. (XIII, 205 S.) 898. n. 10. —

— dasselbe. 42 Bd. (Mathemat.-phys. Cl. 24. Bd.) Nr. 1—5. Lex.-8. Ebd. n. 21. 50
1. D. südamerikan. Pfeilgift Curare in chem. u. pharmakolog. Beziehung. Von R. Boehm. II. Thl. (Schluss.) I. Das Calebassencurare. II. Das Topfcurare. III. Üb. einige Curarerinden. Mit 4 Taf. u. 1 Abbildg. im Text. (52 S.) 897. n. 3. — (Kplt.: n. 4. 80)
2. D. geometr.-opt. Täuschungen. Von Wilh. Wundt. M. 65 Textfig. (S. 53—178.) 898. n. 5. —
3. Beobachtgn. a. sechszöll. Repsoldschen Heliometer d. Leipziger Sternwarte. Von Bruno Peter. II. Abhandlg. M. 2 Textfig. u. 1 Taf. (135 S.) 898. n. 5. – (I. u. II.: n. 11. —)
4. D. sächs. Erdbeben währ. d. J. 1889—1897, insbes. d. sächs.-böhm. Erdbeben v. 24. X. b. 29. XI. 1897. Von Herm. Credner. M. 5 Taf. u. 2 i. d. Text gedr. Kärtchen. (83 S.) 898. n. 4. 50
5. Üb. Zellen- u. Syncytienbildg. Von Wilh. His. Studien a. Salmonidenkeim. M. 41 Fig. i. Text. (70 S.) 898. n. 4. —

Abhandlungen der königlich sächsischen Gesellschaft der Wissenschaften. Mathematisch-phys. Classe. 24. Bd. Nr. VI. Lex.-8. Leipzig, B. G. Teubner. n. 2. —
VI. Elektrische Untersuchungen. 21. Abhandlg. Über die thermo- u. piëzo-elektr. Eigenschaften d. Krystalle des ameisensauren Baryts, Bleioxyds, Strontians u. Kalkes, des salpetersauren Baryts u. Bleioxyds, des schwefelsauren Kalis, des Glycocolls, Taurins u. Quercits. Von W. G. Hankel. Mit 2 Taf. (X, 29 S.) 899. n. 2. — (1—21: n. 46. 40).
24. I.—V. Ebd. 897, 898. n. 21. 50.

— dasselbe. 25. Bd. 7 Nrn. Lex.-8. Ebd. n. 26. 30
I. Der Gang des Menschen. II. Thl.: Die Bewegg. des Gesammtschwerpunktes u. die äusseren Kräfte. Von Otto Fischer. Mit 12 Taf. u. 5 Textfig. (130 S.) 899. n. 8. —
II. Ueber die Differentialgleichungen der Mondbewegung. Von W. Scheibner. (26 S.) 899. n. 1. 50
III. Protoplasmastudien am Salmonidenkeim. Von Wilh. His. Mit 3 Taf. u. 21 Textfig. (62 S.) 899. n. 5. —
IV. Periodische Erscheinungen bei der Auflösung des Chroms in Säuren. Von W. Ostwald. (31 S. m. Fig. u. 6 Taf.) 899. n. 3. —
V. Beiträge zur Physiologie des elektrischen Organs der Zitterrochen. Von Siegfr. Garten. Mit 1 Lichtdr.- u. 3 lith. Taf. (116 S.) 899. n. 5. —
VI. Zur Theorie des Legendre-Jacobschen Symbols $\left(\frac{n}{m}\right)$. Von W. Scheibner. (44 S.) 900. n. 1. 80
VII. Dampfdrucke ternärer Gemische. Von W. Ostwald. Mit 36 Textfig. (43 S.) 900. n. 2. —

— dasselbe. 26. Bd. 7 Nrn. Lex.-8. Ebd. n. 36. —
I. Neue Vorrichtungen zum Färben nichtleuchtender Flammen (Spektrallampen). Von Ernst Beckmann. (23 S. m. 2 Taf.) 900. n. 2. —
II. Periodische Erscheinungen bei der Auflösung des Chroms in Säuren. Von W. Ostwald. 2. Mittheilg. Mit 16 Textfig. (60 S.) 900. n. 2. 50 (1 u 2.: n. 5. 50).
III. Der Gang des Menschen. 3. Thl.: Betrachtungen üb. die weiteren Ziele der Untersuchg. u. Überblick üb. die Beweggn. der unteren Extremitäten. Von Otto Fischer. Mit 7 Taf. u. 3 Textfig. (56 S.) 900. n. 6. —
IV. Lecithoblast u. Angioblast der Wirbelthiere. Histogenetische Studien, von Wilh. His. Mit 102 Textfig. (128 S.) 900. n. 8. —
V. Über rhythmische, elektrische Vorgänge im quergestreiften Skelettmuskel. Von Siegfr. Garten. Mit 13 Doppel-Taf. (87 S. m Fig.) 901. n. 5. 50
VI. Über die Bewegungen in den Handgelenken. Von Rud. Fick. Mit 8 Fig. im Text, 7 photograph. u. 3 lith. Taf. (52 S.) 901. n. 6. 50
VII. Der Gang des Menschen. IV. Thl.: Über die Bewegg. des Fusses u. die auf denselben einwirk. Kräfte. Von Otto Fischer. Mit 3 Taf. u. 11 Textfig. (88 S.) 901. n. 5. 50 (I—IV.: n. 31. 50)

— dasselbe. 27. Bd. Nr. I—XI. Lex.-8. Ebd. n. 35. 30
I. Beobachtungen am Repsoldschen Meridiankreise der v. Kuffnerschen Sternwarte in Wien-Ottakring in den J. 1896—1898. Von Ernst Grossmann. Mit 4 Textfig. (x10 S.) 901. n. 6.—
II. Über die Maxwell-Hertz'sche Theorie. Von C. Neumann. Mit 3 Textfig. (135 S.) 901. n. 3.50.
III. Beobachtungen zur Geschichte der Nasen- und Gaumbildung beim menschlichen Embryo. Von Wilh. His. Mit 48 Fig. im Text. (41 S.) 901. n. 3. 80
IV. Ueber das Hirngewicht des Menschen. Von F. Marchand. (92 S.) 902. n. 3.—
V. Das statische u. das kinetische Maass f. die Wirkung e. Muskels, erläutert an ein- u. zweigelenkigen Muskeln des Oberschenkels. Von Otto Fischer. Mit 12 Taf. (V, 106 S.) 902. n 7. 50
VI. Beobachtungen am sechszölligen Repsoldschen Heliometer der Leipziger Sternwarte. Von Bruno Peter. III. Abhandlg. Mit 1 Taf. (60 S.) 902. n. 2. 50 (I—III.: n. 13.50)
VII. Zur Theorie des Legendre-Jacobi'schen Symbols $\left(\frac{n}{m}\right)$, insbesondere üb. zweitheilige complexe Zahlen. Von W. Scheibner. 2. Abhandlg. (101 S. m. 2 Fig.) 902. n. 3.50 (1 u. 2.; n. 5.30)
VIII. Über die Maxwell-Hertz'sche Theorie. Von C. Neumann. 2. Abhandlg (108 S.) 902. n. 3. 50
IX. Selenographische Koordinaten. Von Frdr. Hayn. 1. Abhandlg. (61 S.) 902. n. 2.—

— der königl. sächs. Gesellschaft d. Wissenschaften. Mathematisch-phys. Klasse. 28. Bd. Nr. I—VII u. 29. Bd. Nr. I—VIII. Lex.-8. Leipzig, B. G. Teubner. n. 56. 20
Bruns, Heinr., das Gruppenschema f. zufällige Ereignisse. (VII, 52 S.) 906. (29, VIII.) n. 1. 60
Credner, Herm., der vogtländische Erdbebenschwarm vom 13. II. bis zum 18. V. 1903 u. seine Registrierung durch d. Wiechertsche Pendelseismometer in Leipzig. Mit 26 Seismogrammen u. Textfig. u. 1 Karte. (107 S.) 904. (28, VI.) n. 5.—
Fischer, Otto, über die Bewegungsgleichungen räumlicher Gelenksysteme. Mit 6 Textfig. (88 S.) 905. (29, IV.) n. 3. 50
— der Gang des Menschen. V. Tl.: Die Kinematik des Beinschwingens. Mit 5 Doppeltaf. u. 8 Textfig. (100 S.) 903. (28, V.) n. 5.—
— dasselbe. VI Tl.: Über den Einfluss der Schwere u. der Muskeln auf die Schwingungsbewegg. des Beins. Mit 8 Doppeltaf. u. 7 Textfig (87 S.) 904. (28, VII.) n. 4 — (I.—VI.: 40. 50)
Hayn, Frdr., selenographische Koordinaten. 2. Abhandlg. Mit 4 Taf. (142 S.) 904. (29, I.) n. 6.— (1. u. 2.: 8.—)
Held, Hans, über den Bau der Neuroglia u. üb. die Wand der Lymphgefässe in Haut u. Schleimhaut. Mit 3 Fig. im Text u. 4 lith. Taf. (120 S.) 903. (28, IV.) n. 6. 50
— zur weiteren Kenntnis der Nervenendfüsse u. zur Struktur der Sehzellen. Mit 1 Doppeltaf. (43 S.) 904. (29, II.) n. 2.—
— Untersuchungen üb. den feineren Bau des Ohrlabyrinthes der Wirbeltiere. I. Zur Kenntnis des Cortischen Organs u. der übrigen Sinnesapparate des Labyrinthes bei Säugetieren. Mit 4 Doppeltaf., 1 Taf. u. 2 Fig. im Text. (74 S.) 902. (28, I.) n. 6.—
Marx, Erich, die Geschwindigkeit der Röntgenstrahlen, Experimentaluntersuchung. Mit 6 Fig. im Text. (49 S.) 906. (29, VI.) n. 1. 60
Mendel's, Gregor, Briefe an Carl Nägeli 1866—1873. Ein Nachtrag zu den veröffentlichten Bastardierungsversuchen Mendels. Hrsg. v. C. Correns. Mit 1 Fcsm. (79 S.) 905. (29, III.) n. 3.—
Nathanson, Alex., über die Bedeutung vertikaler Wasserbewegungen f. die Produktion des Planktons im Meere. Mit 1 Karte. (87 S.) 906. (29, V.) n. 4.—
Neumann, C., über die Maxwell-Hertz'sche Theorie. 3. Abhandlg. Mit 3 Textfig. (25 S.) 903. (28, II.) n. 1. 50 (1.—3.: n. 8.50)
Peter, Bruno, Beobachtungen am sechszölligen Repsoldschen Heliometer der Leipziger Sternwarte. IV. Abhandlg. Triangulation v. 28 Sternen in den Hyaden. (82 S. m. 1 Taf.) 904. (29, VII.) n. 3.50 (I.—IV.: 17.—)
Zirkel, F., über Urausscheidungen in rheinischen Basalten. (98 S.) 903. (28, III.) n. 3.—

Abhandlungen der kgl. sächs. Gesellschaft der Wissenschaften. Mathemat.-physikal. Klasse. 30. Bd. 6 Nrn. (VII, 588 S. m. 1 lith. Taf. sowie 87 Fig. im Text u. auf 2 Taf.), 31. Bd. 8 Nrn. (VII, 492 S. m. 70 Fig. u. 25 Taf.) u. 32. Bd. Nr. 1 u. 2. Lex. 8. Leipz., B. G. Teubner. 55. 10
Fischer, Otto, zur Kinematik der Gelenke vom Typus des Humero-Radialgelenks. Mit 28 Fig. im Text. (78 S.) 909. (XXXII, 1) 3. 50
— Zur Kinematik des Listingschen Gesetzes. Mit 2 Taf. u. 32 Fig. im Text. (80 S.) 909. (XXXI, 1) 3. 40
Hausdorff, F., die Graduierung nach dem Endverlauf. (40 S.) 909. (XXX, 6) 1. 60
Hayn, Frdr., Selenograph. Koordination. III. Abhandlg. Mit 1 lith. Taf. (103 S.) 907. (XXX, 1) 4.— (I—III: 12.—)

Held, Hans, Untersuchgn. üb. den feineren Bau d. Ohrlabyrinthes d. Wirbeltiere. II. Zur Entwicklungsgesch. d. Cortischen Organs u. der Macula acustica bei Säugetieren u. Vögeln. M. 18 Taf. (VI, 102 S.) 909. (XXX, 5) 7.— (I u. II: 13. —)
Marchand, Fel., über die normale Entwicklg. u. den Mangel des Balkens im menschl. Gehirn. Mit 15 Taf. u. 32 Fig. im Text. (124 S.) 909. (XXXI, 8) 7. —
Marx, Erich, zweite Durchführg. d. Geschwindigkeitsmessung d. Röntgenstrahlen. Experimentaluntersuchg. Mit 14 Fig. im Text u. 10 Kurventaf. (im Text u. auf 2 Taf.). (81 S.) 910. (XXXII, 2) 4. —
Meyer, E. v., üb. Zersetzungsweisen vierfach-alkylierter Ammoniumverbindungen. Nach eigenen Versuchen u. Untersuchgn. v. E. Schwabe. (16 S.) 909. (XXXI, 4) 1. —
Möbius, Willy, zur Theorie des Regenbogens u. ihrer experimentellen Prüfung. Mit 24 Fig. im Text. (256 S.) 907. (XXX, 2) 5. —
Neumann, C., über das logarithmische Potential e. gewissen Ovalfläche. Mit 6 Abbildgn. im Text (82 S.) 909. (XXXI, 2) 3. —
Oettingen, Arth. v., Elemente d. projektiv. Dioptrik. Mit 9 Fig. auf 2 Taf. (VII, 27 S.) 909. (XXX, 6) 2. —
— Robert Mayer's wissenschaftlicher Entwicklungsgang im J. 1841. Vortrag, geh. am 25. V. 1908. (14 S.) 909. (XXXI, 3) 1. —
Peter, B., Parallaxenbestimmungen an dem Repsoldschen Heliometer d. Leipziger Sternwarte. (17 S.) 908. (XXX, 4) — 80
Pfeffer, W., Untersuchungen üb. die Entstehung der Schlafbewegungen der Blattorgane. Mit 36 Textfig. (VIII, 216 S.) 907. (XXX, 3) 8. —
Rohn, K., der Büschel v. Flächen 2. Grades im Raume Sn u. Ein (n+1) = Flach in besond. Beziehung zu ihm. (33 S.) 909. (XXX, 7) 1. 20
Wiener, Otto, der Zusammenhang zwischen den Angaben der Reflexionsbeobachtungen an Metallen u. ihr. optischen Konstanten. Mit 18 Fig. im Text. (65 S.) 908. (XXX, 5) 2. 60

Abhandlungen d. kgl. sächsischen Gesellschaft d. Wissenschaften. Philolog.-histor. Klasse.

— dasselbe. Philologisch-histor. Classe. 18. Bd. Nr. III—V. Lex.-8. Ebd. n. 13. 40
III. Sebastian Münster. Leben, Werk, wissenschaftl. Bedeutg. Von Vikt. Hantzsch. (187 S.) 898. n. 6. —
IV. Ghibertis Kompositionsgesetze an der Nordtür des Florentiner Baptisteriums. Von Aug. Schmarsow. (47 S. m. Abbildgn.) 899. n. 3. —
V. Die Genesis der byzantin. Themenverfassung. Von H. Gelzer. Mit 1 Karte. (VII, 134 S.) 899. n. 4. 40
I. u. II. Ebd. 897. 898. n. 13.—.

— dasselbe. 19. Bd. Nr. I—III. Lex.-8. Ebd. n. 26. —
I. Diwan aus Centralarabien. Gesammelt, übers. u. erläutert von Alb. Socin. Hrsg. v. Hans Stumme. 1. Thl.: Texte nebst Glossen u. Excurse. (IV, 300 S.) 900. n. 12. —
II. Dasselbe. 2. Thl.: Übersetzung. (IV, 146 S.) 900. n. 4. —
III. Dasselbe. 3. Thl.: Einleitung. Glossar u. Indices. Nachträge des Hrsgs. (IX, 353 S.) 901. n. 10. — (Kplt.: n. 26. —)

Abhandlungen der königl. sächs. Gesellschaft d. Wissenschaften. Philologisch-histor. Classe. 20. Bd. 5 Nrn. Lex.-8. Leipzig, B. G. Teubner. n. 22. 20
I. Ἄγραφος νόμος. Von Rud. Hirzel. (100 S.) 900. n. 3. —
II. Ephialtes, e. pathologisch-mytholog. Abhandlg. über die Alpträume u. Alpdämonen des klass. Altertums. Von Wilh. Heinr. Roscher. (133 S.) 900. n. 4. —
III. Der Brief in der römischen Litteratur. Litterargeschichtl. Untersuchgn. u. Zusammenfassgn. Von Herm. Peter. (259 S.) 901. n. 6. —
IV. Zur Geschichte der Erbpacht im Alterthum. Von Ludw. Mitteis. (66 S.) 901. n. 2. —
V. Der Patriarchat v. Achrida. Geschichte u. Urkunden. Von Heinr. Gelzer. (231 S.) 902. n. 7. 20

— dasselbe. 21. Bd. Nr. I u. II. Lex.-8. Ebd. n. 18. —
I. Metrische Studien. I. Studien zur hebräischen Metrik. I. Tl. Untersuchungen. Von Ed. Sievers. (VIII, 399 S.) 901. n. 12. —
II. Dasselbe. 2. Tl.: Textproben. (IV u. S. 401—599.) 901. n. 6. —

Abhandlungen der königl. sächsischen Gesellschaft der Wissenschaften. Philologisch-histor. Klasse. 20. Bd. Nr. II, 21. Bd. Nr. III, IV, 22. Bd. VI Nrn., 23. Bd. Nr. I, II, 24. Bd. VI Nrn. u. 25. Bd. Nr. I. Lex.-8. Leipzig, B. G. Teubner. n. 115. 80

Brugmann, Karl, die Demonstrativpronomina der indogermanischen Sprachen. Eine bedeutungsgeschichtl. Untersuchg. (151 S.) 904. (22, VI.) n. 5. —
Delitzsch, Frdr., die babylonische Chronik, nebst e. Anh. üb. die synchronistische Geschichte P. (46 S.) 906. (25, I.) n. 4. —
Eulenburg, Frz., die Frequenz der deutschen Universitäten von ihrer Gründung bis zur Gegenwart. Mit 1 Karte u. 8 graph. Darstellgn. (XII, 324 S.) 904. (24, II.) n. 10 —
Hertel, Johs., über das Tantrākhyāyika, die kaśmīrische Rezension des Pañcatantra. Mit dem Texte der Handschrift Decc. Coll. VIII, 145. (VII, XXVIII, 154 S. m. 1 Taf.) 904. (22, V.) n. 8. —
Hultsch, Frdr., die ptolemäischen Münz- u. Rechnungswerte. (60 S.) 903. (22, III.) n. 2. 40
Meister, Rich., Dorer u. Achäer. 1 Tl. (100 S.) 904. (24, III.) n. 3. 60
Pañcatantra, das südliche. Sanskrittext der Rezension β m. den Lesarten der besten Hss. der Rezension α, hrsg. v. Johs. Hertel. (XCVII, 140 S.) 906. (24, V.) n. 10. —
Roscher, Wilh. Heinr., die enneadischen u. hebdomadischen Fristen u. Wochen der ältesten Griechen, e. Beitrag zur vergleich. Chronologie u. Zahlenmystik. (92 S.) 903. (21, IV.) n. 3. —
— die Hebdomadenlehren der griechischen Philosophen u. Ärzte. Ein Beitrag zur Geschichte der griech. Philosophie u. Medizin. (VII, 240 S.) 906. (24, VI.) n. 10 —
— die Sieben- u. Neunzahl im Kultus u. Mythus der Griechen, nebst e. Anh.: Nachträge zu den „Enneadischen u. hebdomadischen Fristen u. Wochen" enth. (126 S.) 904. (24, I.) n. 4. —
Ruge, Sophus, topographische Studien zu den portugiesischen Entdeckungen an den Küsten Afrikas. I. (110 S. m. 1 Tab.) 903. (20, VI.) n. 3. 60
Schmarsow, Aug., die oberrheinische Malerei u. ihre Nachbarn um die Mitte des XV. Jahrh. (1430—1460). Mit 5 Lichtdr.-Taf. (112 S.) 903. (22, II.) n. 4. —
Schreiber, Thdr., Studien üb. das Bildnis Alexanders des Grossen. Ein Beitrag zur alexandrinisch. Kunstgeschichte m. e. Anh. über die Anfänge des Alexanderkultus. Mit 13 Taf. u. 36 Textabbildgn. (VII, X, 312 S.) 903. (21, III.) n. 12. —
Seeliger, Gerh., die soziale u. politische Bedeutung der Grundherrschaft i. früheren Mittelalter. Untersuchungen üb. Hofrecht, Immunität u. Landleihen (204 S.) 903. (22, I.) n. 6. 40
Sievers, Eduard, metrische Studien. II. Die hebräische Genesis. 1. Tl.: Texte. (II, 160 S.) 904. (23, I.) n. 5. 60
— dasselbe. 2. Tl.: Zur Quellenscheidung u. Textkritik. (II u. S. 161—394.) 905. (23, II.) n. 8. 20
Stieda, Wilh., die keramische Industrie in Bayern während des XVIII. Jahrh. (VI, 254 S.) 906. (24, IV.) n. 8. —
Studniczka, Frz., Tropaeum Traiani. Ein Beitrag zur Kunstgeschichte der Kaiserzeit. Mit 86 Textfig. (X, 152 S.) 904. (22, IV.) n. 8. —

— dasselbe. Philologisch-histor. Klasse. 23. Bd. Nr. III. IV; 25. Bd. Nr. II—V; 26. Bd. Nr. I—V; 27. Bd. 27 Nrn. (VII, 1010 S. m. 9 Abb., 1 Diagr. u. 12 Taf.) u. 28. Bd. Nr. I—IV. Lex. 8. Ebd. 116. 80

Bethe, Erich, Hektors Abschied. (32 S.) 909. (XXVII, 12) 1. —
Brugmann, K., die distributiven u. d. kollektiven Numeralia der indogermanischen Sprachen. M. e. Anh. v. Eduard Sievers: Altnordisch trenn(i)r, brenn(i)r, fernir. (III, 80 S.) 907. (XXV, 5) 3. 60
— Das Wesen d. lautlichen Dissimilationen. (40 S.) 909. (XXVII, 5) 1. 60
Delbrück, Berth., zu d. germanischen Relativsätzen. (26 S.) 909. (XXVII, 19) 1. 20
— Germanische Syntax I zu d. negativen Sätzen. (64 S.) 910. (XXVIII, 4) 2. —
Fischer, A., „Tag u. Nacht" im Arabischen u. d. semetische Tagesberechnung. (20 S) 909. (XXVII, 21) 1. 20
Goetz, Geo., zur Würdigung d. grammatisch. Arbeiten Varros. (25 S.) 909. (XXVII, 3) 1. —
Hauck, Alb., die Entstehung d. geistlichen Territorien. (28 S.) 909. (XXVII, 18) 1. 20
Heinrici, Geo., zur patristischen Aporienliteratur. (20 S.) 909. (XXVII, 24) 1. —
Heinze, Max, ethische Werte bei Aristoteles. (31 S.) 909. (XXVII, 1) 1. 20
Heinze, Rich., Ciceros politische Anfänge. (66 S.) 909. (XXVII, 27) 2. 60
Hirzel, Rud., die Strafe der Steinigung. (44 S.) 909. (XXVII, 7) 1. 80
Ilberg, Johs., die Überlieferung der Gynäkologie des Soranos v. Ephesos. (122 S. m. 6 Lichtdr.-Taf.) 910. (XXVIII, 2) 5. —
Köster, Alb., das Bild an d. Wand. Eine Untersuchg. üb. d. Wechselverhältnis zwischen Bühne u. Drama. (36 S.) 909. (XXVII, 8) 1. 40
Lamprecht, K., zur universalgeschichtl. Methodenbildung. (81 S.) 909. (XXVII, 2) 1. 20
Leskien, A., zur Kritik d. altkirchenslavischen Codex Suprasliensis (23 S.) 909. (XXVII, 13) 1. —
— dasselbe. II. (26 S.) 910. (XXVIII, 1) 1. —
Lipsius, Herm., zum Recht v. Gortyns. (20 S.) 909. (XXVII, 11) 1. —
Meister, Rich., ein Ostrakon aus dem Heiligtum des Zeus Epikoinisos im kyprischen Salamis. Mit 2 Taf. (39 S.) 909. (XXVII, 9) 1. 60
Mogk, E., die Menschenopfer bei d. Germanen. (43 S.) 909. (XXVII, 17) 1. 80
Partsch, J., des Aristoteles Buch „Üb. d. Steigen d. Nil". Eine Studie z. Geschichte d. Erdkunde im Altertum. M. 1 Diagr. im Text. (50 S.) 909. (XXVII, 16) 2. —
Peter, Herm., die römisch. sogen. 30 Tyrannen. (44 S.) 909. (XXVII, 6) 1. 80
Roscher, Wilh. Heinr., Enneadische Studien, Versuch e. Geschichte d. Neunzahl bei d. Griechen, m. besond. Berücksicht. des ält. Epos, der Philosophen u. Ärzte. (170 S.) 907. (XXVI, 1) 6. —
— Die Zahl 40 im Glauben, Brauch u. Schrifttum der Semiten. Ein Beitrag z. vergleich. Religionswissensch., Volkskunde u. Zahlenmystik. (48 S.) 909. (XXVII, 4) 2. —
Schmarsow, Aug., Federigo Barocci, e. Begründer d. Barockstils in der Malerei. Mit 13 Taf. (168 S.) 909. (XXVI, 4) 8. —
— Federigo Baroccis Zeichngn. Eine krit. Studie. I. Die Zeichngn. in der Sammlung der Uffizien zu Florenz. (Anh. z. Abhandlg. 26 IV.) (40 S.) 909. (XXVI, 5) 1. 50
— dasselbe. II. Die Zeichngn. in den übrig. Sammlgn. Italiens (46 S. m. 1 Abbildg. u. 12 Lichtdr.-Taf.) 910. (XXVIII, 3) 3. —
Schreiber, Thdr., griechische Satyrspielreliefs. Mit 4 Abb. im Text u. 3 Taf. (21 S.) 909. (XXVII, 22) 1. 60
Seeliger, Gerh., Studien zur ält. Verfassungsgesch. Kölns. 2 Urkunden d. Kölner Erzbischofs v. 1169. (122 S. m. 1 farb. Karte u. 1 Bl. Erläutergn.) 909. (XXVI, 3) 5. 40
Sievers, Eduard, metr. Studien. III. Samuel. Metrisch hrsg. 1. Tl.: Text. (118 S.) 907. (XXIII, 4) 4. 50 (I—III, 1: 31. 80).
— Zur Technik der Wortstellung in den Eddaliedern. I. (38 S.) 909. (XXVII, 15) 1. 60
— u. Herm. Guthe, Amos. Metrisch bearb. (92 S.) 907. (XXIII, 3) 5. —
Sohm, Rud., Wesen u. Ursprung d. Katholizismus. (58 S.) 909. (XXVII, 10.) 2. 40
Steindorff, Geo., die ägyptischen Gaue u. ihre polit. Entwicklung. (38 S.) 909. (XXVII, 25.) 1. 60
Stieda, Wilh., die Nationalökonomie als Universitätswissenschaft. (XII, 407 S.) 906. (XXV, 2.) 10. —
Studniczka, Frz., zur Ara pacis. Mit 5 Abbildgn. im Text u. 7. Taf. (46 S.) 909. (XXVII, 26.) 3. 60
— Kalamis. Ein Beitr. z. griech. Kunstgesch. Mit 19 Abbildgn. im Text u. 54 auf 13 Taf. (104 S.) 907. (XXV, 4.) 7. 20
Treu, Geo., Olympische Forschungen. I. Skovgaards Anordng. der Westgiebelgruppe vom Zeustempel. Mit 22 Abbildgn. auf 3 Taf. (XII, 15 S.) 907. (XXV, 3.) 2. 40
Wilcken, Ulr., zum alexandrinischen Antisemitismus. (59 S.) 909. (XXVII, 23.) 2. 40
Windisch, Ernst, Buddha's Geburt u. d. Lehre v. der Seelenwanderung. (236 S.) 908. (XXVI, 2.) 8. —
— Die Komposition d. Mahāvastu. Ein Beitrag z. Quellenkunde des Buddhismus. (45 S.) 909. (XXVII, 14.) 1. 80
Zimmern, Heinr., der babylonische Gott Tamuz. (40 S.) 909. (XXVII, 20.) 1. 60

— dasselbe, Register, s.: Namen- u. Sachregister.

Abhandlungen d. kgl. sächsischen Gesellschaft d. Wissenschaften. Zur Fünfzigjährigen Jubelfeier der Gesellschaft am 1. Juli 1896. Leipzig. 8.

— der schlesischen Gesellschaft für vaterländische Cultur. Abtheilung f. Naturwissenschaften u. Medicin. 1861. 3 Hefte. — 1862. 3 Hefte. Lex.-8. Breslau, Max & Co. (61: 344 S. m. Holzschn. im Text, 3 lith. Taf. u. 1 Tab. in Fol.; 62: 239 S. m. Holzschn. im Text, 1 lith. Taf. u. 3 Tab. in gr. 8. u. Fol.) Jedes Heft n. 20 ngr.

— — Philosophisch-historische Abtheilung. 1861. 1. Heft. — 1862. 1. u. 2. Heft. — 1864. 1 Heft. Ebend. Lex.-8. (61. I: 99 S.; 62: 128, 111 S.; 64. I: 87 S.) Jedes Heft n. 20 ngr.

— der schlesischen Gesellschaft f. vaterländische Cultur. Breslau, Max & Co. Lex.-8.
Abtheilung für Naturwissenschaften u. Medicin. 1864. (83 S. u. 2 Tabb. in Fol.) n. 20 ngr. — 1865/66. (69 S. u. 5 Tabb.) n. 20 ngr. — 1867/68. (121 S. u. 6 Tabb.) n. 24 ngr. — 1868/69. (199 S., 2 Kpfrtaff. u. 2 Tabb.) n. 1 ℛ 5 ngr. n. 3 ℛ 9 ngr.
Philosophisch-historische Abtheilung. 1864. 2 Heft. (90 S.) n. 20 ngr. — 1866. (90 S.) n. 20 ngr. — 1867. (70 S.) n. 15 ngr. — 1868. (248 S.) n. 1 ℛ 10 ngr. — 1869. (101 S.) n. 15 ngr. n. 3 ℛ 20 ngr.

Abhandlungen der schlesischen Gesellschaft f. vaterländische Cultur. gr. 8. Breslau. 870—74. Aderholz. Naturwissenschaftlich-medizinische Abth. 1870. (135 S. m. 5 Tab. in qu. 4.) n. 2. — — 1869—72 (175 S. m. 2 Steintaf.) n. 2. 50. — 1872—73. (60 S. m. 2 Steintaf.) n. 1. 50 Philosophisch-historische Abth. 1870. (85. S. m. 2 Steintaf.) n. 1. 50. — 1871. (77 S.) n. 1. 20 — 1872—73. (114 S.) n. 2. — 1873—74. (114 S.) n. 1. 50

Abhandlungen der schlesischen Gesellschaft für vaterländische Kultur. Breslau 1861 – 74. (Unvollst.) Verz. für 1804 – 63.

— der schweizerischen paläontologischen Gesellschaft. 1. Bd. [1874.] gr. 4. Zürich 875. (Basel, Georg. — Berlin, Friedländer & Sohn.) n.n. 32. — Monographie der Pholadomyen v. C. Moesch. 1. Thl. (78 S. m. 26 Steintaf.) — Ueber fossile Pflanzen v. Sumatra. Von Osw. Heer. (19 S. m. 3 Steintaf.) Einzelpr. n.n. 4. — — Bemerkungen zu den fossilen Fischen v. Sumatra. Von L. Rütimeyer. (S. 20—26.)

— — 2. Bd. [1875.] gr. 4. (IV u. S. 79—135, 78, 34, 19 u. 64 S. m. 33 Steintaf.) Ebend. 875. n.n. 32. —

— der schweizerischen paläontologischen Gesellschaft. — Mémoires de la société paléontologique suisse. — Vol. III. [1876.] gr. 4. (S. 65—140, 7, 75 u. 82 S. m. 28 Steintaf.) Basel 876. Georg. — Berlin, Friedländer & Sohn. n.n. 32. —

— dasselbe. Vol. IV. (1877.) gr. 4. (297 S. m. 32 Steintaf.) Ebend. 877. n.n. 32. —

— dasselbe. Vol. V. [1878.] gr. 4. (895 S. m. 25 Steintaf.) Ebend. 878. n.n. 32. —

— dasselbe. Vol. VI. [1879.] gr. 4. (284 S. m. 14 Steintaf.) Ebend. 880. n.n. 32. —

— dasselbe. Vol. VII. [1880.] gr. 4. (387 S. m. 29 Steintaf.) Ebend. 880. n.n. 32. —

— dasselbe. Vol. VIII. [1881.] gr. 4. (231 S. m. 24 lith., chromolith. u. Lichtdr.-Taf.) Ebend. 882. n.n. 32. —

Abhandlungen der schweizerischen paläontologischen Gesellschaft. — Mémoires de la société paléontologique suisse. Vol. IX–XII. [1882—85.] gr. 4. (196, 343, 287 u. 137 S. m. Steintaf. u. Lichtdr.) Basel 882—85. Georg. Berlin, Friedländer & Sohn. à Bd. n.n. 32 —

— der schweizerischen paläontologischen Gesellschaft. Mémoires de la société paléontologique suisse. Vol. XIII. gr. 4. (271 S. m. 32 Taf.) Basel 886, Georg. — Berlin, Friedländer & Sohn. n.n. 32. —

— dasselbe. Vol. XIV. [1887.] gr. 4. (278 S. m. 35 Taf.) Ebd. 887. n.n. 32. —

— dasselbe. Vol. XV. [1888.] gr. 4. (63, 56, 137 u. 145 S. m. 37 Taf. u. 10 Bl. Erklärgn.) Ebd. 888. n.n. 32. —

— dasselbe. Vol. XVI. [1889.] gr. 4. (VI u. S. 457 —582; 24, VII, 35 u. 88 S. m. 34 Taf. u. 2 Bl. Erläutergn.) Ebd. 889. n.n. 32. —

— der schweizerischen paläontologischen Gesellschaft. — Mémoires de la société paléontologique suisse. Vol. XVII. [1890.] gr. 4. (134, 24, 32 S., S. 37—102 u. 81—182 m. 28 Taf. u. 1 Bl. Erläutergn.) Basel 890. Georg & Co. — Berlin, R. Friedländer & Sohn. n.n. 32. —

— dasselbe. Vol. XVIII. [1891.] gr. 4. (153; XXV, 127 S., S. 129—158 u. 175—258 m. 30 Taf. u. 17 Bl. Erläutergn.) Ebd. 891. n.n. 32. —

— dasselbe. Vol. XIX. [1892.] gr. 4. (S. 259—428; 128—275, 8 u. 42 S. m. 15 Taf. u. 1 Bl. Erläutergn.) Ebd. 893. n.n. 32. —

— dasselbe. Vol. XX. [1893.] gr. 4. (110 S., S. 101—147, 40 u. 213 S. m. 38 Taf. u. 18 Bl. Erläutergn.) Ebd. 894. n.n. 32. —

— der schweizer. paläontologischen Gesellschaft. Mémoires de la société paléontologique suisse. Vol. XXI. (1894.) gr. 4. (28, 20 u 129 S. m. 16 Taf. u. 16 Bl. Erklärgn.) Basel 894. Georg & Co. — Berlin. (R. Friedländer & Sohn). n n. 32. —

— dasselbe. Vol. XXII. (1895.) gr. 4. (47, 28, 74 u. 51 S. m 30 Taf u 19 Bl. Erklärgn.) Ebd. 896. n.n 32. —

— dasselbe. Vol. XXIII. (1896.) gr. 4. (45, 36, 43 u. 77 S. m. 35 Taf. u. 27 Bl. Erklärgn.) Ebd. 897. n n. 32. —

— dasselbe. Vol. XXIV. (1897.) gr. 4 (19 S, S. 61—100, 58 S. u. S. 76—158 m. 26 Taf. u. 20 Bl. Erklärgn.) Ebd 898. n.n. 32 —

— der schweizerischen paläontologischen Gesellschaft. Mémoires de la société paléontologique suisse. Vol. XXV—XXVIII. gr. 4. Basel, Georg & Co. — Berlin (R. Friedländer & Sohn). à n.n. 32. —
XXV. (1898). (10, 62, 30, 26, 52 u. 116 S. m. Abbildg., 37 Taf. u. 19 Bl. Erklärgn.) 898.
XXVI. (1899.) (VIII, 336 S., S. 53—126, 39 S. u. S. 119—220 m. Abbildgn., 21 Taf. u. 18 Bl. Erklärgn.) 899.
XXVII. (1900.) (S. 337—527, 127—210, 88 u. 196 S. m. Abbildgn., 32 Taf. u. 32 Bl. Erklärgn.) 900.
XXVIII. (1901.) (137, 91 u. 119 S. m. Abbildgn., 27 Taf. u. 27 Bl. Erklärgn.) 901.

Abhandlungen der schweizerischen paläontologischen Gesellschaft. Mémoires de la société paléontologique suisse. Vol. XXIX—XXXII. (1902—1905.) gr. 4. Basel (Georg & Co. – Berlin, R. Friedländer & Sohn). à n.n. 32. —
XXIX. (195, 121, 76 u. 10 S. m. Abbildgn., 34 Taf. u. 34 Bl. Erklärgn.) 902.
XXX. (VI, 153 S., S. 77—160, 23, 60 u. 5 S. m. Abbildgn., 31 Taf. u. 15 Bl. Erklärgn.) 903.
XXXI. (S. 155—258, 161—303, 4 S., S. 25—48, 19 u. 108 S. m. 29 Taf. u. 29 Bl. Erklärgn.) 904.
XXXII. (S. 259—595, 80, 30 u. 91 S. m. Abbildgn., 21 Taf. u. 21 Bl. Erklärgn.) 905.

Abhandlungen der schweizer. paläontologischen Gesellschaft. Mémoires de la société paléontologique suisse. Vol. XXXIII—XXXVI. (1906—1909/10.) 32,5×24 cm. Basel, (Georg & Co. — Berlin, R. Friedländer & Sohn) à nn 32. —
33. (1906.) (S. 597—690, 28, 64, 61 u. 26 S. m. Abbildgn., 15 Taf. u. 15 Bl. Erklärgn.) (906.) — 34. (1907.) (48, 33, 72, 19 u. 56 S. m. Abbildgn., 20 Taf. u. 16 Bl. Erklärgn.) 907. — 35. (1908.) (3 S., S. 73—142, 10; XI, 301; III, 40 S. S. 691—827 m. Abbildgn., 1 Bildnis, 1 Tab., 21 Taf. u. 21 Bl. Erklärgn.) 908. — 36. (1909—1910.) (V, 61, 6, 57 S. u. S. 839—1164 m. Abbild., 14 Taf. u. 15 Bl. Erklärgn.) 910.

***Abhandlungen der Seeländischen Gesellschaft der Wissenschaften zu Vlissingen.** [Verhandelingen uitgegeven door het Zeeuwsch Genootschap der Wetenschapen, dt.] [Übers.: Andreas Böhm.] T. 1, Abschn. 1.
Gießen: Krieger 1775. 8°

— d. seeländ. Gesellsch. zu Vlissingen aus d. Medicin u. Chirurgie, übers. u. mit Anmerkk. von A. Böhm. 1r Thl. 1r Abschn. mit Kpf. 8. Marb. 774. Krieger. 8 gl.

Abhandlungen, herausgegeben von der Senckenbergischen naturforschenden Gesellschaft. [Hrsg.: Heinr. Ludwig Broenner.] Bd 1–13, 1. 2.
Frankfurt a. M.: Broenner (sp. Winter; 13: Diesterweg in Comm.) 1854–83. 4°

— hrsg. von der Senckenbergischen naturforschenden Gesellschaft. Jetzt: Frankfurt a/M. (Viktoria-Allee 7), Senckenberg. naturforsch. Gesellschaft.

— herausg. v. d. Senckenbergischen Naturforsch. Gesellschaft. 1. Bd. 1. u. 2. Liefg. Mit 20 (lith.) Taf. Frankfurt a. M. 854—55. Brönner. gr. 4. (2 Bl. 306 S.) n. 6 ℛ𝒷. 10 ngr.

— — 2. Bd. 1. u. 2. Liefg. Ebend. 856—58. gr. 4. (4 Bl. 420 S. u. 18 lith. Taf. in 4. u. Fol.) n. 4 ℛ𝒷

— herausg. von d. Senckenbergischen Naturforschenden Gesellschaft. 3. Bd. 1. u. 2. Liefg. Mit 26 lith. Taf. (in 4. u. Fol.) Frankfurt a. M., 859—61. Brönner. gr. 4. (536 S.) n. 9 ℛ𝒷 20 ngr.

— — 4. Bd. 1—4. Liefg. Mit 18 lith. Taf. Ebend., 862—63. gr. 4. (461 S. u. Holzschn. im Text.) n. 9 ℛ𝒷 2 ngr.

— — 5. Bd. 1. u. 2. Heft. Mit 31 lith. Taf. Ebend., 864. gr. 4. (S. 1—232 m. Holzschn. im Text.) n. 7 ℛ𝒷
(Der Preis von 2. Band 1. Liefg. ist n. 3 ℛ𝒷 15 ngr.; 2. Band 2. Liefg. n. 4 ℛ𝒷)

— hersg. von der Senckenbergischen naturforschenden Gesellschaft. 5. Bd. 3. 4. Hft. Mit 15 (lith.) Taff. (in 4. u. Fol.) Frankfurt a. M. 865, Winter. gr. 4. (2 Bll., S. 233—375.) n. 1 ℛ𝒷

— — 6. Bd. 4 Hefte. Mit 52 (lith. u. Kpfr.-) Taff. Ebend. 867. gr. 4. (408 S. u. 1 Tab. in Fol.) n. 12 ℛ𝒷

— — 7. Bd. 1. 2. Hft. Mit 19 (lith.) Taff. Ebend. 870. gr. 4. (S. 1—260.) n. 6 ℛ𝒷 20 ngr.

— hrsg. v. der Senckenbergischen naturforchenden Gesellschaft 7. Bd. 3. u. 4. Hft. Mit 27 Taf. gr. 4. (S. 257—602.) Frankfurt a. M. 870. Winter. n. 18. —

— — 8. Bd. 4 Hfte. Mit 32 Taf. (442 S.) Ebend. 872. n. 36. —

— — 9. Bd. 4 Hfte. Mit 41 Taf. gr. 4. (496 S.) Ebend. 873—75. n. 35. 50

— — 10. Bd. 4 Hfte. Mit 41 Taf. gr. 4. (464 S.) Ebend. 76. n. 38. — (I—X.: n. 311. 20)

— hrsg. v. der Senckenbergischen naturforschenden Gesellschaft. 11. Bd. Mit 46 (lith., z. Thl. farb.) Taf. gr. 4. (III, 497 S.) Frankfurt a/M., 877—79. Winter. n. 48. —

— dasselbe. 12. Bd. gr. 4. (III, 591 S. m. 37 Steintaf.) Ebend. 880—81. n. 48. —

— hrsg. von der Senckenbergischen naturforschenden Gesellschaft. 13. Bd. gr. 4. (471 S. m. 42 Lith.) Frankfurt a/M. 883. 84. Diesterweg. n. 45. —

— dasselbe. 14. Bd. 1. Hft. Mit 11 Quart- u. 8 Doppeltaf. in Ton- u. Farbendr. gr. 4. (VIII, 137 S.) Ebend. 886. n. 36. —

— hrsg. v. der Senckenbergischen naturforschenden Gesellschaft. 14. Bd. 2. u. 3. Hft. gr. 4. Frankfurt a/M. 886. (Diesterweg.) n. 26. — (1—3.: n. 62. —)
2. M. 4 Taf. (444 S.) n. 20. —
3. M. 2 Taf. in Farbendr. (88 S.) n. 6. —

— dasselbe. 15. Bd. 1.—3. Hft. gr. 4. (162, 278 S. m. 15 Taf., 9 Textfig. u. 1 Karte.) Ebd. 888. n. 35. —
1. u. 2. Hft.: n. 23. —. — 3. Hft.: n. 12. —

— dasselbe. 16. Bd. 1. Hft. gr. 4. (360 S. m. 1 Portr., 8 chromolith. Taf. u. 1 Bl. Erklärung.) Ebd. 890. n. 18. —

— hrsg. v. der Senckenbergischen naturforschenden Gesellschaft. 16. Bd. 2.—4. Hft. gr. 4. Frankfurt a/M., (M. Diesterweg). n. 40. — (16. Bd. kplt.: n. 58. —)
2. (S. 361—551 m. 8 Taf.) 890. n. 20. —
3. 4. (S. 553—692 m. 21 Taf. u. 7 Bl. Erklärgn.) 891. à n. 10. —

—Bd. 17. (Heft I—II.) Mit XV Tafeln, einem Titelblatt und einem Portrait. ib. 1892. — Heft I. A. u. d. T.: Lepidopteren von Madagascar. Neue und wenig bekannte Arten zumeist aus der Sammlung der Senckenberg'schen naturforschenden Gesellschaft zu Frankfurt a. M., unter Berücksichtigung der gesammten Lepidopteren-Fauna Madagascars. Herausgegeben im Auftrage der Gesellschaft von M. SAALMÜLLER. Abth. 1.: Rhopalocera Heterocera: Sphinges et Bombyces mit 7 chromolithographischen Tafeln. Ausgegeben Mai 1884. ib. 1884. Im Selbstverlag der Gesellschaft. — Heft II. A. u. d. T.: . . . Herausgegeben im Auftrage der Gesellschaft von M. SAALMÜLLER. Angefangen von dem Verfasser und nach dessen Tode abgeschlossen durch L. von HEYDEN. Abth. 2: Heterocera: Noctuae. Geometrae. Microlepidoptera. Mit 8 chromolithographischen Tafeln und 1 Porträt. Ausgegeben März 1891. ib. 1891. In Commission bei Moritz Diesterweg.

— dasselbe. 18. Bd. 1.—3. Hft. gr. 4. Ebd. n. 42. —
1. (144 S. m. Fig., 10 farb. Taf., 3 Konturentaf. u. 5 Bl. Erklärgn.) 892. n. 18. —
2. (S. 145—271 m. 11 Taf.) 894. n. 15. —
3. (S. 273—365 m. Fig. u. 6 [4 farb.] Taf.) 894. n. 9. —

— hrsg. v. d. Senkenberg. naturforschenden Gesellschaft. 18. Bd. 4. Hft. gr. 4. (III u. S. 367—455 m. Fig. u. 6 Taf) Frankfurt a/M. 895 (M. Diesterweg.) n. 12. — (18. Bd. kplt.: n. 54. —)

Bd. 19. (Heft I—IV.) Mit XXXVIII Tafeln. ib. 1896. In Kommission bei Moritz Diesterweg. — Heft 4. A u. d. T Untersuchungen über die vergleichende Anatomie des Gehirns. 3. Neue Studien über das Vorderhirn der Reptilien. Von Dr. LUDWIG EDINGER, prakt. Arzt in Frankfurt am Main Mit IV Tafeln und XIV Textfiguren. ib. 1896. —

Bd. 20. (Heft I—IV.) Mit XXV Tafeln und XLII Textfiguren. ib. 1903. — Heft I. A. u. d. T.: Einige seltene Fossilien des Senckenbergischen Museums, beschrieben von F. KINKELIN. Mit 6 Tafeln und 2 Textfiguren. Abhandlungen der Senckenbergischen naturforschenden Gesellschaft. Bd. XX, Heft I. ib. 1896. — Das Skelett der Pleuracanthiden und ihre systematischen Beziehungen von OTTO M. REIS, München. Mit 1 Tafel. ib 1897. —

— hrsg. v. d. Senckenbergischen naturforschenden Gesellschaft. 20. Bd. 2. u. 3. Hft. gr. 4. Frankfurt a/M. (M. Diesterweg.) à n. 10. —
2. (S. 161—247 m. 29 Abbildgn. u. 4 Taf.) 899.
3. (S. 249—340 m. 7 Taf.) 902.

— hrsg. v. der Senckenbergischen naturforschenden Gesellschaft. 20. Bd. 4. Hft. (S. 341—426 m. 11 Abbildgn. u. 7 Taf.) gr. 4. Frankfurt a/M. 903. (M. Diesterweg.) n. 18 — (1.—4.: n. 48 —)

Bd. 21. (Heft I—IV.) Mit XXXVIII Tafeln, III Karten und VIII Abbildungen im Text. ib. 1899. — Heft I. A. u. d. T.: Wissenschaftliche Ergebnisse der Reisen in Madagascar und Ostafrika in den Jahren 1889—1895 von A. VOELTZKOW.

(Bd. I.) Heft I. Mit XII Tafeln, III Karten und VII Abbildungen im Text ib. 1897. — Darin mit bes. T.: Zur Kenntnis der Flora der Aldabra-Inseln. Von HANS SCHINZ (Zürich). ib. 1897 — Spongien von Sansibar von R. von LENDENFELD. Mit 2 Tafeln. ib 1897. — Termiten von Madagaskar und Ostafrika. Von E. WASMANN S. J. Mit 2 Tafeln. ib. 1897. — Ameisen aus Nossi-Bé, Majunga, Juan de Nova (Madagaskar), den Aldabra-Inseln und Sansibar. Gesammelt von Herrn Dr A. VOELTZKOW aus Berlin. Beschrieben von Dr. AUG. FOREL. Mit einem Anhang über die von Herrn Privatdocenten Dr. A. Brauer in Marburg auf den Seychellen und von Herrn Perrot auf Ste. Marie (Madagaskar) gesammelten Ameisen Mit 3 Abbildungen im Text. ib. 1897. — Trombididen aus Madagaskar. Von P. KRAMER. Mit 1 Abbildung im Text. ib. 1897. — Die Terricolen des Madagassischen Inselgebietes von W. MICHAELSEN in Hamburg Mit 3 Abbildungen im Text ib 1897. —

(Bd I.) Heft II. Mit XVII Tafeln und I Abbildung im Text. ib 1898. — Bd. I. Heft III Mit VII Tafeln ib. 1898 —
Bd I Heft IV Mit II Tafeln ib. 1899. —

Bd 22. (Heft I.) Mit 63 Tafeln, 4 Karten und 5 Abbildungen im Text. ib 1896 — A u d T Ergebnisse einer zoologischen Forschungsreise in den Molukken und Borneo, im Auftrage der Senckenbergischen naturforschenden Gesellschaft ausgeführt von WILLY KÜKENTHAL. Teil I· Reisebericht. Mit 63 Tafeln, 4 Karten und 5 Abbildungen im Text ib 1896 —

Bd. 22. (Anhang) Mit 4 Tafeln und 1 Textfigur ib. 1896. —

Bd 23 (Heft I—IV.) Mit XXVI Tafeln und III Abbildungen im Text. ib 1897 — A u d T· Ergebnisse einer zoologischen Forschungsreise in den Molukken und Borneo, im Auftrage der Senckenbergischen naturforschenden Gesellschaft ausgeführt von WILLY KÜKENTHAL. Teil 2: Wissenschaftliche Reiseergebnisse (Bd I) ib 1897 — Darin mit bes. T·

(Bd I Heft I): Beitrag zur Systematik der Antipatharien von L. S. SCHULTZE. Mit 1 Tafel und 2 Abbildungen im Text. ib. 1896. — Clavuloriiden, Xeniiden und Alcyoniden von Ternate von A SCHENK Mit 3 Tafeln ib. 1896 — Alcyonaceen von Ternate Nephthyidae Verrill und Siphonogorgiidae Kölliker von W. KÜKENTHAL. Mit 4 Tafeln. ib. 1896. — Gorgonaceen von Ternate von N K GERMANOS. Mit 4 Tafeln ib. 1896 —

(Heft II.): Oligochaeten von W. MICHAELSEN. Mit 1 Tafel und 1 Figur im Text. ib. 1896. — Beitrag zur Systematik der Gordiiden von F. RÖMER. Mit 1 Tafel ib. 1896. — Hydroiden von Ternate von B. von CAMPENHAUSEN. ib. 1896. — Actiniaria von Ternate von CASIMIR R. KWIETNIEWSKI Mit 2 Tafeln. ib. 1897. —
(Heft III.): Lepidopteren von ARNOLD PAGENSTECHER (Wiesbaden). Mit 3 Tafeln. ib. 1897 — Myriopoden von CARL GRAF ATTEMS. Abhandlungen der Senckenbergischen naturforschenden Gesellschaft. Bd. XXIII, Heft III. Mit 4 Tafeln ib. 1897. —
(Heft IV.). Insecta I. Coleoptera. — II. Hymeroptera — III. Diptera. Bearbeitet von LUCAS von HEYDEN. ib. 1897. — Spinnen (Araneae) von R. J. POCOCK. Mit 2 Tafeln. ib. 1897. —

Bd 24 (Heft I—IV.) Mit XXXVI Tafeln und III Abbildungen im Text. ib. 1898 — Heft I. — A. u. d. T.: Ergebnisse einer zoologischen Forschungsreise in den Molukken und Borneo, im Auftrage der Senckenbergischen naturforschenden Gesellschaft ausgeführt von WILLY KÜKENTHAL. Teil 2: Wissenschaftliche Reiseergebnisse
Bd. II. Heft I (II.) ib 1897 — In Heft I mit bes. Titelbl: Parasitische Schnecken von W. KÜKENTHAL. Mit 3 Tafeln. ib 1897. — Opisthobranchiaten von R. BERGH. Mit 2 Tafeln. ib. 1897. — Nachtschnecken aus dem Malayischen Archipel von H. SIMROTH. Mit 1 Tafel. ib. 1897. — In Heft II mit bes. Titelbl.: Polycladen von Ternate. Von MARIANNE PLEHN. Mit 1 Abbildung im Text. ib. 1898. —

Bd. 25. (Heft I—IV.) Mit XXVIII Tafeln, II Textfiguren und I Kartenskizze ib. 1903. — A u. d T · Ergebnisse einer zoologischen Forschungsreise in den Molukken und Borneo, im Auftrage der Senckenbergischen naturforschenden Gesellschaft ausgeführt von WILLY KÜKENTHAL. Teil 2: Wissenschaftliche Reiseergebnisse. Bd. III. (o O o J)

Bd 26 (Heft I—IV.) Mit XL Tafeln und XLVIII Textfiguren. ib. 1902. — A. u. d. T.: Wissenschaftliche Ergebnisse der Reisen in Madagaskar und Ostafrika in den Jahren 1889—1895 von A. VOELTZKOW. Bd. II. ib. 1902.—

Bd 27. (Heft I—IV.) Mit 48 Tafeln und 8 Textfiguren. ib. 1905. — A u. d. T.: Wissenschaftliche Ergebnisse der Reisen in Madagaskar und Ostafrika in den Jahren 1889—1895 von A. VOELTZKOW. Bd. III. ib. 1905. —

— dasselbe. 28. Bd. gr. 4. Ebd. n. 40. —
Schildkröteureste im Mainzer Tertiärbecken u. in benachbarten, ungefähr gleichalterigen Ablagerungen. Von A. v. Reinach. (135 S. m. 44 Taf.) 900. n. 40.—

Bd 29. (Heft I—IV.) Mit 46 Tafeln und 5 Abbildungen im Text. ib. 1911 Im Selbstverlag der Senckenbergischen Naturforschenden Gesellschaft — A. u. d. T.: Abhandlungen ... Bd. 29. Heft 1. Mit 17 Tafeln. Ausgegeben am 20. Dezember 1903. ib 1903 In Kommission bei Moritz Diesterweg — Heft 2. Inhalt. E. STROMER, Geographische und geologische Beobachtungen im Uadi Natrûn und Fâregh in Ägypten. Mit 1 Tafel und 1 Karten-Skizze. E. STROMER, Fossile Wirbeltier-Reste aus dem Uadi Fâregh und Uadi Natrûn in Ägypten. Mit 1 Tafel und 3 Abbildungen im Text. E. STROMER, Geologische Beobachtungen im Fajûm und am unteren Niltal Mit 1 Tafel Ausgegeben am 5 April 1907. ib 1907 — Heft 3. Inhalt. ENGELHARDT und KINKELIN, I Oberpliocäne Flora und Fauna des Untermaintales, insbesondere des Frankfurter Klärbeckens. II. Unterdiluviale Flora von Hainstadt a M. Mit 15 Tafeln und 2 Textfiguren. Ausgegeben am 15 November 1908. ib. 1908 Im Selbstverlage der Senckenbergischen Naturforschenden Gesellschaft. — Heft 4 Inhalt· HERMANN ENGELHARDT Über tertiäre Pflanzenreste von Flörsheim am Main. HERMANN ENGELHARDT: Über tertiäre Pflanzenreste von Wieseck bei Giessen. Mit 9 Tafeln. C. NORDZIOL: Die Tertiärablagerungen der Gegend von Giessen und Wieseck. F. KINKELIN· Bären aus dem altdiluvialen Sand von Mosbach-Biebrich. Mit 1 Tafel Titel und Inhalt zum XXIX Band Ausgegeben am 25 August 1911 ib. 1911 —

Bd 30. (Heft I—IV.) Mit 4 Doppeltafeln, 18 Tafeln, 9 Karten und 8 Figuren im Text ib. 1909 (o Dr.) — A. u. d T.: Abhandlungen ... Bd 30 Heft 1 und 2 Inhalt (D F.) HEYNEMANN, Die geographische Verbreitung der Nachtschnecken Mit 9 Karten im Text und 2 Doppeltafeln — (W) BÖSENBERG und (EMBR.) STRAND, Japanische Spinnen Ausgegeben am 25 Mai 1906 ib 1906. In Kommission bei Moritz Diesterweg — Heft 3. Inhalt K. SCHILLING, Über das Gehirn von Petromyzon fluviatilis. Mit 1 Tafel und 2 Abbildungen im Text. — C U A KAPPERS, Untersuchungen über das Gehirn der Ganoiden Amica calva und Lepidosteus osseus. Mit 1 Doppeltafel und 6 Abbildungen im Text. Ausgegeben am 25 Oktober 1907, ib. 1907. Im Selbstverlage der Senckenbergischen Naturforschenden Gesellschaft — Heft 4 Inhalt. P SACK, Die palaearktischen Spongostylinen. — Titel und Inhalt zum XXX. Band Ausgegeben am 15. April 1909 ib. 1909. —

Bd 31 Mit 32 Tafeln, 5 Photogravüren, 1 Karte, 1 Profiltafel, 1 Skizze und 28 Figuren im Text ib. 1913 — A u d. T : Abhandlungen ... Bd 31. Heft 1. Inhalt: PAUL RÖTHIG, Riechbahnen, Septum und Thalamus bei Didelphys marsupialis Mit 2 Tafeln und 12 Abbildungen im Text — J MÜLLER-KNATZ, Die Farnpflanzen in der Umgegend von Frankfurt a M Ausgegeben am 15 Juli 1910. ib 1910. — Heft 2 Inhalt: P HESSE Die Anatomie einiger Arten des Genus Hemicycla Swainson Mit 1 Tafel — MAX HILZHEIMER· Die in Deutschland aufbewahrten Reste des Quaggas. Mit 6 Tafeln und 2 Textfiguren. — WALTHER EWALD: Über helle und trübe Muskelfasern bei Wirbeltieren und beim Menschen Mit 5 Tafeln und 1 Textfigur — P SCHAEFER: Über helle und trübe Muskelfasern im menschlichen Herzen unter besonderer Berücksichtigung der spezifischen Muskelsysteme des Herzens — Über helle und trübe Muskelfasern beim Pferd. Mit 2 Textfiguren Mit 2 Tafeln Ausgegeben am 5. Juni 1912. ib. 1912 — Heft 3 Inhalt: F. KINKELIN: Über Geweihreste aus dem untermiocänen Hydrobienkalk von Hessler bei Mosbach-Biebrich. Tiefe und ungefähre Ausbreitung des Oberpliocänsees in der Wetterau und im unteren Untermaintal bis zum Rhein Mit einer Karte, 1 Profiltafel und 1 Skizze im Text — R RICHTER Beiträge zur Kenntnis devonischer Trilobiten: I. Die Gattung Dechenella und einige verwandte Formen Mit 4 Tafeln und 9 Textfiguren. Ausgegeben am 23 Dezember 1912 ib. 1912. — Heft 4. Inhalt: RUDOLF RICHTER. Beiträge zur Kenntnis devonischer Trilobiten. Oberdevonische Proetiden. Mit 2 Tafeln. — P. SACK Die Gattung Merodon Meigen (Lampetia Meig. olim) Mit 2 Tafeln — A. C. HOF: Färberische Studien an Gefässbündeln. Ein Beitrag zur Chemie der Elektivfärbungen. Mit 3 Tafeln. — FRITZ DREVERMANN und MAX HILZHEIMER: Die Knochenfunde der Steinauer Höhle. I Beschreibung der Fundstelle. II. Die Steinauer Knochenfunde. Mit 4 Tafeln. — Titel und Inhalt zum XXX Band. Ausgegeben am 1. August 1913 ib. 1913. —

Bd. 32. FESTSCHRIFT zum siebenzigsten Geburtstag von Wilhelm Kobelt am 20 Februar 1910 Mit einem Porträt, 28 Tafeln und 51 Abbildungen im Text ib. 1910. —

Bd. 33. (Heft I—IV.) Mit 21 Tafeln, 3 Karten und 155 Figuren im Text. ib 1911 — A. u d. T.: Abhandlungen ... Bd. 33. Heft 1 und 2. Inhalt: HUGO MERTON: Forschungsreise in den südöstlichen Molukken (Aru- und Kei-Inseln). Mit 10 Tafeln, 2 Karten und 60 Abbildungen im Text. ib. 1910. — Heft 3. Inhalt: JEAN ROUX: Reptilien und Amphibien der Aru- und Kei-Inseln. Mit 2 Tafeln. — W. MICHAELSEN: Oligochäten von den Aru- und Kei-Inseln. Mit 5 Abbildungen im Text. — RENÉ KOEHLER, Astéries et Ophiures des iles Aru et Kei. Mit 3 Tafeln. — FERDINAND PAX: Aktinien der Aru-Inseln. Mit 1 Tafel und 1 Karte im Text. Ausgegeben am 30. Dez. 1910 ib. 1910. — Heft 4. Inhalt: W. KÜKENTHAL: Alcyonarien von den Aru- und Kei-Inseln nach den Sammlungen von Dr. H. MERTON. Mit 5 Tafeln und 83 Abbildungen im Text. — LUCAS von HEYDEN: Coleopteren der Aru- und Kei-Inseln. Mit 3 Abbildungen im Text. F. RICHTERS: Fauna der Moosrasen der Aru- und Kei-Inseln. Mit 4 Abbildungen im Text. — R. SHELFORD: The Blattidae collected in the Aru- and Kei Islands by Dr. H. Merton. — MALCOLM BURR: Dermapteren der Aru- und Kei-Inseln, gesammelt von Dr. H. Merton. — FRANZ WERNER: Die Mantodeen der Aru- und Kei-Inseln. — ARNOLD PAGENSTECHER: Die Lepidopteren der Aru- und Kei-Inseln. Titel und Inhalt zum XXXIII. Band. Ausgegeben am 20. März 1911. ib. 1911. —

Abhandlungen. [Hrsg. von der Gesellschaft für deutsche Sprache in Zürich.] H. 1–12. Zürich: Speidel (sp. Zürcher u. Furrer, sp. Rascher in Komm.) 1897–1911. 1920. 8°

— hrsg. v. d. Gesellschaft f. deutsche Sprache in Zürich. I. gr. 8. Zürich 897. E. Speidel. n. 2. 50
I. Studien z. Theorie d. Reims. Von Alex. Ehrenfeld. 1. Tl. (XVI, 123 S.)

— hrsg. v. der Gesellschaft f. deutsche Sprache in Zürich. III. IV. VI. u. VII. gr. 8. Zürich [E. Speidel]. Zürcher & Furrer. n. 9. 85
III. Die Ausdrücke f. Gesichtsempfindungen in d. altgermanischen Dialekten. Ein Beitrag zur Bedeutungsgeschichte. Von Adeline Rittershaus. 1. Tl. (XIV, 81 S.) 899. n. 2. —
IV. Die Figur des Kindes in der mittelhochdeutschen Dichtung. Von Agnes Geering. (V, 120 S.) 899. n. 2. 40
V. s.: Langmesser, Aug, Jakob Sarasin.
VI. Die romanischen Strophen in d. Dichtung deutscher Romantiker. Von Emil Hügli. (VII, 102 S.) 900. n. 2. 25
VII. Die Zürcher Mundart in J. M. Usteris Dialektgedichten. Von Paul Suter. (X, 139 S.) 901. n. 3. 20
I jetzt Ebd. 897. n. 2. 50. Das Erscheinen des II. Heftes ist noch unbestimmt.

— hrsg. v. d. Gesellschaft f. deutsche Sprache in Zürich. II. u. VIII—X. gr. 8. Zürich, Zürcher & Furrer. n. 7. 60
Brandstetter, Renward, der Genitiv der Luzerner Mundart in Gegenwart u. Vergangenheit. (80 S.) 904. (X.) n. 2. —
Ehrenfeld, Alex., Studien zur Theorie des Gleichklangs. (Studien zur Theorie des Reims II.) Ein Programm (VI, 44 S.) 904. (II.) n 1. 20
Meumann, E. F. W., die Sprache des Kindes. (82 S.) 904. (VIII.) n. 2. —
Odermatt, Esther, die Deminution in der Nidwaldner Mundart. (VI, 91 S.) 904. (IX.) n. 2. 40
I, III., IV., VI. u. VII. Ebd. 897—901. n. 12. 35.

Abhandlungen der Gesellschaft der Wissenschaften zu Harlem. Uebers. u. annot. von A. G. Kästner. 1. Altenburg 1758.

Abhandlungen aus dem Bürgerlichen Gesetzbuch und den gleichzeitig mit demselben in Kraft tretenden Nebengesetzen. Von e. prakt. Juristen. Lfg 1. 2.— Köln: Kölner Verl. Anst. 1900. 5.
1.3408

— von d. wahren Glückseligkeit C. G. S. P. A. N. 8. Leipz. 752. Hilscher. 4 gr.

— über d. bei Podmokle gefund. Goldklumpen, (v. K. Jos. Wiener v. Wienenberg). Mit Kpf. gr. 8. Prag 771. (Leipz., W. Vogel). 5 K

— üb. d. bei Podmokle gefundn. Goldklump. gr. 8. Prag, Gerle. (F. C. W. Vogel in Leipz.) 777.

Abhandlungen zur Grammatik, Lexikographie u. Literatur der alten Sprachen. 1—3. Hft. gr. 8. Berlin 871—72. Leipzig, Teubner. à n. 2. —

1. Hft. Tacitcische Formenlehre v. O. Sirker. (64 S.)
2. Hft. Euripides u. die bildende Kunst v. Gfried. Kinkel. (98 S.)
3. Hft. De generis, numeri, casuum anacoluthia apud tragicos Graecos scripsit Joh. Wrobel. (120 S.)

Abhandlungen zur Grammatik, Lexikographie und Literatur der alten Sprachen. H. 1–3. Berlin: Ebeling & Plahn 1871–1875. 8°

— v. d. Grundgesetz. d. Münzwissensch. gr. 8. Tübing. Cotta. 761.

— gründl., von dem Aberglauben, d. Zauberei u. Religionsschwärmerei. 8. Wien ... 2e Aufl. 787. v. Mösle. 6 K

— gründl., d. gemeinen Brüche, in 10 Fragen. kl. 4. Münster 816. Theissing. 4 K

Abhandlungen, gründl., von d. Lackfirnissen, (von J. J. H. Bücking.) 8. Stendal 784. Franzen. 2 K

— gründl., v. d. Reichs-Collegial-Deputations- u. Kreistägen 2c. 4. Ulm 772. Stettin. 8 K

— gründl., von d. Schaafzucht. 8. Prag 787. Diesbach. 3 K

Abhandlungen allgemeiner Grundsätze über die Elementar-Tacktick in Bezug der Wissenschaft, Kriegsvölker zu stellen, zu richten und zu bewegen, oder gründl. Unterricht für junge Officiers. Mit 10 Kupfertaf. — Berlin: Petit & Schöne 1790. 128 S. 10.
1.3409

— allgemeine Grundsätze über d. Elementartaktik, in Bezug d. Wissenschaft, Kriegsvölker zu stellen u. zu richten. (A. u. d. T.: Taschenbuch f. junge Offiziere im Felde.) Mit Kpf. 8. Berl. ... 2e Aufl. 794. Schöne. 16 K

Abhandlungen merkwürdiger, nützlicher Grundsätze u. Erfahrungen aus der Naturlehre, Oekonomie u. Landwirthschaft. Nürnb. 1784. 375 S.

— v. den Grundsätzen d. Münzwissenschaft. 8. Wien 770. (Heubner). 8 K

— von d. ehelichen Gütergemeinschaft u. deren Wirkungen nach allgem. u. würtemb. Rechten, (von C. A. Georgii). 8. Stuttg. 792. Metzler. 8 K

— vom Haken, als e. vorzügl. Ackerwerkzeug anstatt d. Pfluges. Mit Kpf. 8. Berl. 774. (Horvath in P.) 12 K

— Halle'sche, zur neueren Geschichte. Hrsg. v. G. Droysen. 1.—6. Hft. 8. Halle, Gesenius. n. 10. 5

1. Koser, Reinh., der Kanzleienstreit. Ein Beitrag zur Quellenkunde der Geschichte des 30jähr. Krieges. (88 S.) 874. n. 1. 80
2. Brendel, Rich., die Schlacht am weissen Berge b. Prag, den 8. Novbr. 1620. Eine Quellenuntersuchung. (59 S.) 875. n. 1. 20
3. Scholz, Osc., Hubert Languet als kursächs. Berichterstatter u. Gesandter in Frankreich während d. J. 1560 bis 1572. (62 S.) 875. n. 1. 20
4. Seelheim, Adf., Georg Spalatin als sächs. Historiograph. Ein Beitrag zur Geschichtsschreibung des Reformationszeitalter. (87 S.) 876. n. 1. 80
5. Schmidt, Rud., die Schlacht bei Wittstock. (85 S.) 876. n. 1. 80
6. Krüner, Frdr., Johann v. Rusdorf, kurpfälzischer Gesandter u. Staatsmann während des 30jähr. Krieges. (122 S.) 876. n. 2. 25

Abhandlungen, Halle'sche, zur neueren Geschichte. Hrsg. v. G. Droysen. 7.—25. Hft. 8. Halle, Niemeyer. n. 67. 60

7. Küsel, A., der Heilbronner Convent. Ein Beitrag zur Geschichte des 30jähr. Krieges. (105 S.) 878. n. 2. 20
8. Broucker, G., die Abtretung Vorpommerns an Schweden u. die Entschädigung Kurbrandenburgs. Ein Beitrag zur Geschichte des Westphälischen Friedens. (94 S.) 879. n. 2. 40
9. Hitzigrath, H., die Publicistik des Prager Friedens (1635). (134 S.) 880. n. 3. 60
10. Grünbaum, M., über die Publicistik des 30jähr. Krieges von 1626—1629. (126 S.) 880. n. 3. 60
11. Schmidt, E., die Belagerung von Hameln u. die Schlacht bei Hessisch-Oldendorf. 1633. (70 S.) 880. n. 2. —
12. Herrmann, B., der Kampf um Erfurt 1636—1638. (120 S.) 880. n. 3. 60
13. Pastenaci, H., die Schlacht bei Enzheim den 4. October 1674. (88 S. mit Plan.) 880. n. 2. 80
14. Müller, H., die Restauration des Katholicismus in Strassburg. (97 S.) 882. n. 2. 40
15. Böttger, H., die Ereignisse um Leipzig im Herbst 1642. (93 S.) 882. n. 2. 40
16. Seehausen, R., schweizer Politik während des 30jähr. Krieges. (Gekrönte Preisschrift der Philosoph. Facultät der Universität Halle.) (105 S.) 882. n. 2. 40
17. Brohm, E., Johann von Aldringen. (110 S.) 882. n. 2. 80
18. Lünkemann, P., Turennes letzter Feldzug 1675. (76 S.) 883. n. 1. 80
19. Dittmar, M., Beiträge zur Geschichte der Stadt Magdeburg in den ersten Jahren nach ihrer Zerstörung 1631. I. Thl.: Magdeburg unter kaiserlicher Herrschaft, vom 1. Mai 1631 bis 8. Januar 1682. (420 S.) 885. n. 10. —
20. Bühring, J., Venedig, Gustav Adolf und Rohan. Ein Beitrag zur allgemeinen politischen Geschichte im Zeitalter des 30jähr. Krieges aus Venezianischen Quellen. (376 S.) 885. n. 10. —
21. Kohl, D., die Politik Kursachsens während des Interregnums und der Kaiserwahl 1612. Nach archivalischen Quellen dargestellt. (75 S.) 887. n. 2. —
22. Arnheim, Fr., die Memoiren der Königin von Schweden, Ulrica Luise, Schwester Friedrich des Grossen. Ein quellenkritischer Beitrag zur Geschichte Schwedens im XVIII. Jahrh. (142 S.) 888. n. 3. 60
23. Gradnauer, G., Mirabeau's Gedanken über die Erneuerung des franzos. Staatswesens. (59 S.) 889. n. 1. 60
24. Tröger, C., die Memoiren des Marschalls von Gramont. Ein Beitrag zur Quellenkritik der franzos. Geschichte im XVII. Jahrh. (105 S.) 888. n. 2. 40
25. Krebs, R., die politische Publicistik der Jesuiten u. ihrer Gegner in den letzten Jahrzehnten vor Ausbruch des 30jähr. Krieges. (248 S.) 890. n. 6. —

— Halle'sche, zur neueren Geschichte. Hrsg. v. G. Droysen. 26.—32. Hft. gr. 8. Halle a/S. M. Niemeyer. n. 14. 60

26. Der Zug Kaiser Karls V. gegen Metz im J. 1552. Von Johs. Griessdorf. (55 S.) 891. n. 1. 20
27. Die Publicistik zur sächsischen Frage auf dem Wiener Kongress. Von Ferd. Troska. (VIII, 48 S.) 891. n. 1. 20.
28. Der Feldzug Wilhelms v. Oranien gegen den Herzog v. Alba im Herbst d. J. 1568. Von Emil Teubner. (71 S.) 892. n. 1. 60
29. Die Publicistik üb. d. böhmischen Aufstand v. 1618. Von Johs. Gebauer. (122 S.) 892. n. 3. —
30. Die Elzevir'schen Republiken. Von Geo. Frick. (35 S.) 892. n. 1. —
31. Die Abtretung des Elsass an Frankreich. Ein Beitrag zur Geschichte des westf. Friedens v. Wilh. Rohdewald. (76 S.) 893. n. 2. —
32. Der Sacco di Roma, Karls V. Truppen in Rom 1527—1528 v. Hans Schulz. (188 S.) 894. n. 4. 60

— Hallesche, zur neueren Geschichte. Hrsg. v. G. Droysen. 33.—36. Hft. gr. 8. Halle, M. Niemeyer. n. 13. 60

33. Kurbrandenburg i. d. Krisis d. J. 1627. Von J. Gebauer. (VIII, 187 S.) 896. n. 5. —
34. Fabian v. Dohna. Von Hans G. Schmidt. (225 S. m. 1 Bildn.) 897. n. 5. —
35. Chronicon Carionis. Von Hildegard Ziegler. E. Beitrag z. Geschichtschreib. d. 16. Jahrh. (62 S.) 898. n. 1. 60
36. D. Project d. Vermählung Friedrich Wilhelms v. Brandenburg m. Cristina v. Schweden. Von Rich. Schulze 898. (VIII, 80 S.) n. 2. —

Abhandlungen, Hallesche, zur neueren Geschichte. Hrsg. v. G. Droysen. 37.—41. Hft. gr. 8. Halle, M. Niemeyer. n. 19. 60

37. Markgraf Johann Georg v. Brandenburg-Jägerndorf, Generalfeldoberst. Von Hans Schulz. (VII, 147 S.) 899. n. 4. —
38. Kurbrandenburg u. das Restitutionsedikt v. 1629. Von Johs. H. Gebauer. (VIII, 255 S.) 899. n. 7. —
39. Die Schlacht bei Nördlingen im J. 1634. Von Erich Leo. Mit e. Karte v. Nördlingen u. Umgegend. (96 S.) 900. n. 3. —
40. Matthias Hoe v. Hoenegg u. sein Eingreifen in die Politik und Publizistik des dreissigjährigen Krieges. Von Hans Knapp. Mit e. Beilage: Neun die kirchl. Frage betreff. Friedenspunkte aus dem Frühj. 1633. (55 S.) 902. n. 1. 60
41. Der Schriftenstreit üb. die Reformation des Kurfürsten Johann Sigismund v. Brandenburg seit 1613. Von R. Knlebe. (161 S.) 902. n. 4. —

Abhandlungen, Hallesche, z. neueren Geschichte. Hrsg. v. G. Droysen. 42.—44. Heft. gr. 8. Halle, M. Niemeyer. n. 6. 80
42. Die Frage nach dem Urheber der Zerstörung Magdeburgs 1631. Von Hans Teitge. (VII, 135 S.) 9 4. n. 3. 60
43. Geschichte der Frankfurter Flüchtlingsgemeinden 1554—1558. Von Gust. Adf. Besser. (VI, 79 S.) 906. n. 2. —
44. Febronius. Von Johs. Zillich (45 S.) 906. n. 1. 20

— Hallesche, zur neueren Geschichte. Hrg. v. G. Droysen. 45.u.46.Heft. gr. 8. Halle, M. Niemeyer. 5. 20
45. Die freie Presse in Sachsen-Weimar von den Freiheitskriegen bis zu den Karlsbader Beschlüssen. Von Hans Ehrentreich. (IX, 87 S.) 907. 2. 40
46. Die Reform der Erfurter Universität während des 30jährigen Krieges. Von Otto Bock. (VII, 105 S.) 908. 2. 80

Hallesche Abhandlungen zur neueren preußischen Geschichte. [Hrsg.: Johann Gustav Droysen.] H. 1.
Halle a. S.: Niemeyer 1872. 8°

Abhandlungen aus dem Handelsgebiet zur Kenntniss und Geschichte des Fabrik- und Kommerzwesens in Europa. Leipzig 1787. V: *Crome, August Friedrich Wilhelm.* (Ky)

— von d. Händesprache. 8. Cassel 751. Cramer. 3 gr.

— a. d. Handlungsgebiet. s. Crome.

— über die in Strömen u. Flüssen befindl., den Ufern schädl. Heegern u. Inseln. gr. 8. Dresd. 798. Walther. 6 gr.

— Heidelberger, zur mittleren und neueren Geschichte. Hrsg. v. Erich Marcks u. Dietr. Schäfer. 1. u. 2. Hft. gr. 8. Heidelberg, C. Winter's Univ.-Buchh. n. 9. —
1. Die Anschauungen v. Staat u. Kirche im Reich der Karolinger. Ein Beitrag zur mittelalterl. Weltanschaug. Von Heinr. Lilienfein. (VII, 155 S.) 902. n. 4. —
2. Preußen u. England in der europ. Politik 1785—1788. Von Frdr. Karl Wittichen. (VIII, 198 S.) 902. n. 5. —

— Heidelberger, zur mittleren und neueren Geschichte. Hrsg. v. Karl Hampe, Erich Marcks u. Dietr. Schäfer. 3.—16. Heft. gr. 8. Heidelberg, C. Winter, Verl. n. 63.40.
Agats, Arth., der hansische Baienhandel. Mit 3 Karten. (X, 120 S.) 904. (Hft. 5.) n. 3. 60
Bergsträßer, Ludw., Christian Friedrich Pfeffels politische Tätigkeit in französischem Dienste 1758—1784. (VII, 95 S.) 906. (Hft. 16.) n. 2. 40
Cartellieri, Otto, Peter v. Aragon u. die sizilianische Vesper. (XII, 261 S. m. 3 Stammtaf.) 904. (Hft. 7.) n. 6. 80
Elkan, Alb., die Publizistik der Bartholomäusnacht u. Mornays „Vindiciae contra tyrannos". Mit e. Brief Mornays. (X, 178 S.) 905. (Hft. 9.) n. 5. —
Hampe, Karl, Urban IV. u. Manfred (1261—1264). (VIII, 101 S.) 905. (Hft. 11.) n. 2. 60
Hardegen, Frdr., Imperialpolitik König Heinrichs II. v. England. Mit 1 Karte. (72 S.) 905. (Hft. 12.) n. 2. —
Hasenclever, Adf., die kurpfälzische Politik in den Zeiten des schmalkaldischen Krieges (Jan. 1546 bis Jan. 1547.) (XVI, 179 S.) 905. (Hft. 10.) n. 4. 80
Lotys, Geo., die Kämpfe der Araber m. den Karolingern bis zum Tode Ludwigs II. (IV, 93 S.) 906. (Hft. 13.) n. 2. 40
Mott, Hans, Friedrich II. v. der Pfalz u. die Reformation. (X, 156 S.) 904. (Hft. 4.) n. 4. —
Salzer, Ernst, der Übertritt des Großen Kurfürsten von der schwedischen auf die polnische Seite während des ersten nordischen Krieges in Pufendorfs „Carl Gustav" u. „Friedrich Wilhelm". (VI, 97 S.) 904. (Hft. 6.) n. 2. 40
Vogel, Walth., die Normannen u. das Fränkische Reich bis zur Gründung der Normandie (799—911). Mit 1 (farb.) Karte. (XV, 442 S.) 906. (Hft. 14.) n. 12. —
Wiese, Ernst, die Politik der Niederländer während des Kalmarkriegs (1611—1613) u. ihr Bündnis m. Schweden (1614) u. den Hansestädten (1616). Mit 1 (farb.) Karte. (VIII, 147 S.) 903. (Hft. 3.) n. 4. 60
Wild, Karl, Lothar Franz v. Schönborn, Bischof v. Bamberg u. Erzbischof v. Mainz 1693—1729. Ein Beitrag zur Staats- u. Wirtschaftsgeschichte des 18. Jahrh. (VII, 204 S.) 904. (Hft. 8.) n. 5. 20
— Staat u. Wirtschaft in den Bistümern Würzburg u. Bamberg. Eine Untersuchung über die organisator. Tätigkeit des Bischofs Friedrich Karl v. Schönborn 1729—1746. (X, 216 S.) 906. (Hft. 15.) n. 5. 60
Hft. 1. u. 2. Ebd. 902. n. 9. —.

Abhandlungen, Heidelberger, zur mittleren u. neueren Geschichte. Begründet v. Erich Marcks u. Dietr. Schäfer. Hrsg. v. Karl. Hampe u. Herm. Oncken. 17.—30. Heft. gr. 8. Heidelberg, Carl Winter. 73. 80
Barthausen, Max, Francesco Guicciardinis polit. Theorien in seinen Opere inedite (VIII, 117 S.) 908. (Hft. 22.) 3. 20
Batzer, Ernst, zur Kenntnis der Formularsammlung des Richard v. Posi. (V, 149 S.) 910. (Hft. 28.) 4. —
Bergmann, Arnold, König Manfred v. Sizilien. Seine Geschichte vom Tode Urbans IV. bis zur Schlacht bei Benevent 1264—1266. (IX, 112 S.) 909. (Hft. 23.) 3. —
Brunner, Ludw., politische Bewegungen in Nürnberg 1848/49. (V, 190 S.) 907. (Hft. 17.) 5. —
Eiten, Gust., das Unterkönigtum im Reiche der Merovinger u. Karolinger. (VII, 215 S.) 907. (Hft. 18.) 5. 60
Graefe, Frdr., die Publizistik in der letzten Epoche Kaiser Friedrichs II. Ein Beitrag zur Geschichte der J. 1239—1250. (VII, 275 S.) 909. (Hft. 24.) 7. 20
Nirrnheim, Otto, das erste Jahr des Ministeriums Bismarck u. d. öffentliche Meinung (XXVI, 624 S.) 908. (Hft. 20.) 16. —
Sauer, Fritz, das Heidelberger Schloß im Spiegel der Literatur. Eine Studie üb. die entwicklungsgeschichtl. Phasen seiner Betrachtungsweise. (IV, 80 S.) 910. (Hft. 27.) 2. —
Schnabel, Frz., der Zusammenschluß des politischen Katholizismus in Deutschland im J. 1848. (XI, 132 S.) 910. (Hft. 29.) 3. 60
Schraub, Wilh., Jordan v. Osnabrück u. Alexander v. Roes. Ein Beitrag zur Geschichte der Publizistik im 13. Jahrh. (VII, 128 S.) 910. (Hft. 26.) 3. 40
Stamm, Eug., Konstantin Frantz' Schriften u. Leben. 1. Tl.: 1817—1856. (XII, 291 S. m. 1 Bildnis.) 907. (Hft. 19.) 7. 60
Straus, R., die Juden im Königr. Sizilien unter Normannen u. Staufern. (115 S.) 910. (Hft. 30.) 3. —
Westermann, Ascan, die Türkenhilfe u. die politisch-kirchlichen Parteien auf dem Reichstag zu Regensburg 1532. (VIII, 237 S.) 910. (Hft. 25.) 6. 20
Wiens, Erich, Fancan u. die französische Politik 1624—1627. (XII, 141 S.) 908. (Hft. 21.) 4. —

Abhandlungen, Heidelberger volkstümliche, hrsg. von Eberhard Gothein, Bd 1, H. 1. Karlsruhe 1909. 8°

— **Heidelberger volkswirtschaftliche, hrsg. v. Eberh. Gothein u. Alfr. Weber. I. Bd. 1.—4. Heft. gr. 8. Ebd. Subskr.-Pr. 14.60; Einzelpr. 18. 40.**
Göler, Emil, die wirtschaftliche Organisation d. Pforzheimer Bijouterieindustrie. Eine volkswirtschaftliche Monographie. (XII, 245 S.) 909. (Hft. 1)
Subskr.-Pr. 6.40; Einzelpr. 8. —
Kampffmeyer, Hans, die Entwicklung e. modern. Industrieortes u. d. Lehren, die sich daraus f. die industrielle Ansiedlungs-Politik ergeben. (III, 95 S. m. 1 Plan.) 910. (Hft. 4) Subskr.-Pr. 1.80; Einzelpr. 2. 40
Mayr, Eustach, Kapitalbedarf u. Kapitalbeschaffung der Industrie in Mannheim, Ludwigshafen a. Rh. u. Frankenthal. (VII, 205 S.) 910. (Hft. 2)
Subskr.-Pr. 4.—; Einzelpr. 5. —
Stromeyer, Hans, zur Geschichte d. badisch. Fischerzünfte. (VII, 136 S.) 910. (Hft. 3)
Subskr.-Pr. 2.40; Einzelpr. 3. —
Bilden die weitere Fortsetzung zu: Abhandlungen, volkswirtschaftliche, d. bad. Hochschulen.

Abhandlungen Heilung Tränenfistel

Abhandlungen von der Heilung der Thränenfistel und den neuesten dazu vorgeschlagenen Operationsmethoden von (Johann Georg) Schulze (De fistulam lacrymalem sanandi methodis. Dt.), (Sir William) Blizard (A new method of treating the fistula lachrymalis. Dt.) und (Jonathan) Wathen (A new and easy method of applying a tube for the cure of the fistula lachrymalis. Dt.). 123 S., gbd., Abb.

Leipzig: Crusius 1784

— histor. diplomat., von d. landesherrl. Gerechtsame Brandenburgs über Fürth. Fol. Anspach 771. (Gassert). 1 Rthlr 16 gr.

— hist., dogmat., v. d. Religion. s. Uhlich.

— histor.-diplomat., v. d. Ursprung, d. Gerechtsame etc. d. Stadt Rostock bis 1358. Fol. Rostock 757. (Stiller). 2 Rthlr 8 gr.

Historische Abhandlungen. [Hrsg.: K. Theodor Heigel u. H. Grauert.] H. 4–13.
München: H. Lüneburg 1894–1900. 8°
C Vorh. u. d. T.: Historische Abhandlungen aus dem Münchener Seminar. H. 1–3. 1891. 1892.

— historische. Hrsg. v. Th. Heigel u. H. Grauert. 4.—6. Hft. Lex.-8. München 894. Dr. H. Lüneburg. n. 11. 60
4. Das Ceremoniell der Kaiserkrönungen von Otto I. bis Friedrich II. Von Ant. Diemand. (S. 151.) n. 5.—
5. Joh. Heinr. v. Schüle u. sein Prozess m. der Augsburger Weberschaft (1764—1785). Von Armin Seidl. (61 S.) n. 2. 40
6. Der Friede v. Füssen 1745. Von Geo Preuss. (128 S.) n. 4. 20

— historische. Hrsg. v. Th. Heigel u. H. Grauert. 7.—12. Heft. gr. 8°. München, H. Lüneburg. n. 33.—
7. D. Herzogsgewalt d. Erzbischöfe v. Köln in Westfalen s. d. J. 1180 b. z. Ausgange d. 14. Jahrh. E. verfassungsgeschichtl. Studie v. Max Jansen. (139 S.) 895 n. 4. 60
8. Kaiserprophetieen u. Kaisersagen i. Mittelalter. E. Beitr. z. Gesch. d. deutschen Kaiseridee. Von Frz. Kampers. (262 S.) 895. n. 8.—
9. D. Entwickl. d. venetian. Verfassg. v. d. Einsetzg. b. z. Schliessg. d. grossen Rates (1172—1297). Von Max. Claar. (147 S.) 895. n. 5.—
10. D. sogen. Memoiren de Grandchamps u. ihre Fortsetzgn. u. d. sogen. Memoiren d. Marquis de Sassenage. Von Siegm. Hellmann. (VII, 160 S) 896. n. 6.—
11. Studien z. Gesch. d. Kreuzzugsidee n. d. Kreuzzügen. Von A. v. Hirsch-Gereuth. (VIII, 176 S.) 896 n. 6. 40
12. Üb. d. Heimat Pseudoisidors. Von Geo Lurz. (78 S.) 898. n. 3.—

— historische. Hrsg. von Th. v. Heigel u. H. Grauert. 13. Hft. gr. 8. München, Dr. H. Lüneburg Verl. n. 5.—
13. Die Stellung d. Kurfürsten Max Emanuel v. Bayern u. Joseph Klemens v. Köln zur Kaiserwahl Karls VI. (1711). Von Aug. Rosenlehner. (X, 148 S.) 900. n. 5.—

— historische, d. baierschen Acad. d. Wissensch. 5 Bde, mit Kpf. 4. Münch. 778—89. Scherer. 11 ₰ 16 ℊ (Stein in Nürnb.) 13 ₰ 8 ℊ

Abhandlungen, historische, der Baierschen Akademie d. Wissenschaften. 3r Bd, welcher die Preisschrift üb. Kön. Ludwig dem Baier von R. Zirngiebel enthält. gr. 4. München, Lindauer. 815.

Abhandlungen, historische, der königl. baier. Akademie der Wissenschaften. Bd. 4. Mit 8 Kpfstaf. München 1818. 4°. Bleistiftrandnot., sonst schönes breitrand. Expl. Eleg. roth. Hsrsbd.
2 Bll. u. 800 S. (incl. Reg.).

Abhandlungen, histor., d. Königl. Baiersch. Akademie d. Wissenschaften. 4r u. 5r Bd. gr. 4. München 823, Lindauer. à 2 Rthlr.

— histor., d. königl. Academ. d. W. zu München aus d. J. 1779—93. 5 Bde, mit Kpf. gr. 4. Ebd., (Ebd.) (à 2 ₰) 10 ₰

Historische Abhandlungen der kgl. Academie der Wissenschaften zu München. Bd 1–5.
München: Franz 1807–23. 4°

— histor., über das hohe Alter d. baier. Landstände. gr. 8. Münch. 800. Jos. Lindauer. 4 ℊ

— histor., d. königl. Gesellsch. d. Wissensch., zu Copenhagen. Aus d. Dän. übers. u. mit Vermehrr. u. Verbess. ihrer Verff. herausg. unter Beifüg. ein. eigen. Anmerkk. von V. A. Heinze. 1r—5r Bd. gr. 8. Kiel, Dessau u. Copenh. 783—91. (Brummer). 6 ₰ 20 ℊ 6r—8r Bd. gr. 8. Altona 796—99. Hammerich. 3 ₰ 12 ℊ

— histor., über d. Herrschaft d. Türken in Europa; aus d. Engl. 8. Hamb. 828. (Perthes u. B.) 12 ℊ

— histor. u. critische, v. d. Pantomimen. 8. Hamb. 749.

— histor. u. literärische, d. k. deutschen Gesellschaft zu Königsberg. Herausg. v. F. W. Schubert. 1e Sammlung. gr. 8. Königsb. 830. Gebr. Bornträger. n. 1¼ ₰ 2e Samml. gr. 8. Königsb. 832. Gebr. Bornträger. n. 1⅓ ₰ 3e Samml. gr. 8. Ebd. 834. n. 1⅓ ₰ 4e Samml. in 2 Abtheill. (2e Abthl. enth.: C. T. L. Lucas, über den Krieg von Wartburg.) gr. 8. Ebd. 838. n. 2⅓ ₰

Abhandlungen, histor. u. philosoph., d. königl. Academie d. Wissenschaften zu München, von d. J. 1763—76. 10 Bde, mit Kpf. gr. 4. Münch., (Franz). (à 2 ₰) 20 ₰

— historische, aus dem Münchener Seminar. Hrsg. v. Th. Heigel u. H. Grauert. 1.—3. Hft. gr. 8. Bamberg, C. C. Buchner's Verl. n. 16.—
1. Gregor Heimburg v. Paul Joachimsohn. (XIII, 328 S.) 891. n. 8.—
2. Die Gesta romanae ecclesiae d. Kardinals Beno u. andere Streitschriften der schismatischen Kardinäle wider Gregor VII v. Jos. Schnitzer. (VIII, 105 S.) 892. n. 4.—
3. Heinrich Braun, geb. 1732; gest. 1792. Ein Beitrag zur Geschichte der Aufklärungsepoche v. Ludw. Wolfram. (VII, 99 S.) 892. n. 4.—
Fortsetzung u. d. Titel:
Historische Abhandlungen.

— histor., v. d. Unterthänigkeit und Leibeigenschaft in Böhmen. gr. 8. Prag 776. Gerle. 3 ℊ

— histor.-herald., von den Wappen der Pfalzgr. v. Wittelsbach, (v. H. Scholliner). Mit Kpf. 4. Frankf. 776. (Hanisch in Hildburgh. u. München 784. Lentner). 8 ℊ

— hist.-, polit.-jur., üb. d. neuest. Staatsbegebenh. u. Prätens. m. Anmerk. u. Bus. 8. Marb. Krieger. 789.

— histor.-krit., über das Leben u. d. Kunstwerke Kranachs. gr. 8. Hamb. 761. Holle. 8 ℊ

— histor.-krit., über die Vermehrung u. Verminderung d. Feiertage. gr. 8. Münch. 802. Weber. 6 ℊ

— histor.-moral. von gelehrtem Bücherfluche. 8. Halle 751. (Hahn in Hann.) 4 ℊ

Historisch-Ökonomische Abhandlungen von einer Gesellschaft Gelehrten hrsg. [Bandtitel]. St. 1–15.
Giessen: Krieger 1790. 8°
C Die Zs. wurde als Wochenblatt ohne besonderen Titel und ohne Numerierung der einzelnen Stücke einen Bogen stark herausgegeben.

— histor.-ökonomische, von e. Gesellsch. Gelehrten. 8. Marb. 790. Krieger. 16 ℊ

— histor.-statist., v. Errichtung, Ein- u. Abtheilung der Bisthümer rc. rc. gr. 8. Wien 790. (v. Mösle). 1 ₰

— histor. statist. v. Ein- u. Abtheilung der Bisthüm. rc. gr. 8. Wien, Hörling. 789.

— histor.-statist., üb. d. kaiserl. Reservat-Recht d. Reichs-Postwesens, (von F. W. Rothammer). 8. Tüb. 790. Cotta. 12 ℊ

— histor.-theol., 1e, 2e u. 3e Denkschrift d. histor.-theol. Gesellsch. zu Leipzig, herausg. v. C. F. Illgen. gr. 8. Leipz. 1e u. 2e D. 817. 819. W. Vogel. 1 ₰ 16 ℊ 3e D. 824. Cnobloch. 1 ₰ 12 ℊ

— histor.-theolog., v. d. Jubelfesten in d. evangel. lutherr. u. röm. cathol. Kirche. 8. Leipz. Gleditsch. 750.

— Höfe u. Vorwerke anzulegen, zu bauen u. zu verwalten, (von F. L. v. Cancrin), m. 1 Kpf. 8. Marb. 793. Krieger. 16 ℊ

— von d. christl. Hoffnung, wider den Geist d. Kleinmüthigen; (aus d. Französ. von ... Karl). 8. Wien u. Leipz. 793. v. Mösle. 10 ℊ

— v. d. christl. Hoffnung, wider den Geist d. Kleinmüth. 8. Augsburg, J. M. Rieger. 796.

— von d. Holzsparkunst, nebst Anmerkk. vom Ziegelmachen, mit Kpf. 4. Wien 767. Krauß. 12 ℊ

Abhandlungen, Homiletische, katechetische liturgische; aus dem Journal für Prediger. Halle 1789—1790. H: *Wagnitz, Hch. Balth.* (Ky) (MGT)

— homilet.-katech.-liturg., aus d. Journ. f. Pred. (von H. B. Wagnitz). 2 Bde. gr. 8. Halle 791. Kümmel. 2 ₰

— v. Hopfenbau. gr. 8. Dresden, Walther. 774.

— v. Hopfenbau. 8. Meißen 787. Gödsche. 4 ₰

[David] Hume's und [Jean Jacques] Rousseau's Abhandlungen über den Urvertrag nebst einem Versuch über Leibeigenschaft. Den liefländischen Erbherren gewidmet von G[arlieb Helwig] Merkel. Th. 1. 2. — Leipzig 1797. XIV, 572 S.
1:Fc 2012. 12:Pol. g. 431 t. 300:61.055–A. 2. 4. 7. 10.
1.3413

Abhandlungen aus dem Jahrbuch der Leo-Gesellschaft f. d. J. 1892. Hrsg. vom Directorium der Leo-Gesellschaft. gr. 8. (88 S. m. 1 Taf.) Wien 893. „St. Norbertus", Verlagsbuchh. n. 1. 50

— im 6. Jahresberichte d. akadem. Vereins „Glückauf". gr. 8. (28 S. m. 2 z. Thl. color. Steintaf.) Freiberg 881. (Craz & Gerlach.) n. 1. 50

— beigegeben d. Jahresberichte d. naturwissenschaftlichen Vereins i. Magdeburg. Red.: R. Potinecke. 1896—1898. gr. 8. (161 S. m. 17 Fig., 20 S. Abb. u. 1 Bildn.) Magdeburg 898. (Faber.) n. 3. —

— beigegeben dem Jahresberichte des naturwissenschaftlichen Vereins in Magdeburg, Fortsetzg., s.: Jahresberichte u. Abhandlungen.

Abhandlungen sinesischer Jesuiten, über die Geschichte, Sitten und Gebräuche dieses Landes. Aus dem Französischen. Mit Anmerkungen und Zusätzen von Prof. Meiners. Leipzig 1778. 1. Bd. Ü: *Bergmann, Liborius von.* (Ky) (EngG) (RM) (MGT)

Abhandlungen über die Industrie von Süddeutschland. Als Manuskript gedruckt. Stuttgart 1849

Abhandlungen ökonomischen, technologischen, naturwissenschaftlichen und vermischten Inhalts. Hrsg. von J[ohann] J[oachim] Bellermann. — Erfurt: Hennings 1798. 140 S. 1:Ab 560. 12:Oecon. 220 m. 7.
1 3415

Abhandlungen civilistischen und criminalistischen Inhalts. Hrsg. von C[onr.] F[ranz] Rosshirt. Bd 1–3 [Dann:] Zeitschrift für Civil- und Criminalrecht in gleichmäßiger Rücksicht auf Geschichte und Anwendung des Rechts, auf Wissenschaft und Gesetzgebung. Bd 4–6 Heidelberg 1833–48.
6 Bde

Abhandlungen aus dem Institut v. E. Beckmann, Laboratorium f. angew. Chemie der Universität Leipzig. 1.—4. Bd. Lex. 8. Leipzig, Quelle & Meyer. 39. —
1. Veröffentlicht in der Zeit von Septbr. 1905 bis Decbr. 1906. (III, 196 S. m. Fig.) (908.) 5. —
2. Veröffentlicht im J. 1907. (III, 444 S. m. Fig.) 908. 10. —; geb. in Leinw. 11. —
3. Veröffentlicht im J. 1908. (III, 372 S. m. Fig.) 909. Geb. in Leinw. 11. —
4. Veröffentlicht im J. 1909. (IV, 448 S. m. Abbildgn. u. 1 Taf.) 910. Geb. in Leinw. 13. —

Abhandlungen des königlich preussischen meteorologischen Instituts. Bd. 1 Nr. 1–2, Nr. 5.
Berlin: Asher u. Co 1888–1904. 8°
Ⅽ Forts. in: Veröffentlichungen des Königlich preussischen meteorologischen Instituts [zunächst ohne Nummernzählung].

— des königl. preussischen meteorologischen Instituts. 1. Bd. Nr. 1—3. Imp.-4. Berlin 888—890. Asher & Co. n.n. 5. 20
1. Die Veränderlichkeit der Lufttemperatur in Norddeutschland. Von V. Kremser. (32 S.) n.n. 2. —
2. Bericht über vergleichende Beobachtungen an verschiedenen Thermometer-Aufstellungen zu Gr.-Lichterfelde bei Berlin. Von A. Sprung. (S. 33–59 m. 9 Fig., 1 Taf. u. 1 Tab.) n.n. 2. —
3. Bericht über vergleichende Beobachtungen an Regenmessern verschiedener Konstruktion zu Gr.-Lichterfelde bei Berlin. Von G. Hellmann. (S. 61–73 m. 5 Textfig. u. 1 Taf.) n.n. 1. 20

— des königl. preussischen meteorologischen Instituts. 1. Bd. Nr. 4 u. 5. Imp.-4. Berlin, A. Asher & Co. n.n. 12. 50 (1—4.: n.n. 17. 70)
4. Das Klima v. Berlin. Von G. Hellmann. 1. Thl.: Niederschläge. Gewitter. (39 S.) 891. n.n. 2. 50
5. Das Aspirations-Psychrometer. Ein Apparat zur Bestimmg. der wahren Temperatur u. Feuchtigkeit der Luft. Von Rich. Assmann. (156 S. m. Fig.) 892. n.n. 10. —

Abhandlungen des königlich preussischen meteorologischen Intituts. I. Bd. Nr. 6—8. Imp. 4. Berlin, A. Asher & Co. n.n. 7. 80
6. Adiabatische Zustandsänderungen feuchter Luft u. deren rechnerische u. graphische Bestimmung. Von Otto Neuhoff. (35 S. m. Fig. u. 1 Taf.) 900. n.n. 3. —
7. Vergleichende Temperatur- u. Feuchtigkeitsbestimmungen. Bericht üb. meteorolog. Beobachtgn. der Hauptstation für forstl. Versuchswesen in Preussen. Von J. Schubert. (20 S. m. 1 Fig.) 901. n.n. 1. 30
8. Ergebnisse zehnjähriger magnetischer Beobachtungen in Potsdam. Von G. Lüdeling. (54 S. m. Fig. u. 2 Taf.) 901. n.n. 3. 50
I, 1.—5. Ebd. 888—892. n. 17. 70.

— dasselbe. II. Bd. Nr. 1. Imp. 4. Ebd. n.n. 8. —
1. Der grosse Staubfall vom 9. bis 12. III. 1901 in Nordafrika, Süd- u. Mitteleuropa. Von G. Hellmann u. W. Meinardus. Mit 6 Taf. (III, 93 S.) 901. n.n. 8. —

— des königl. preussischen meteorologischen Instituts. II. Bd. Nr. 3—5. Imp.-4. Berlin. Behrend & Co. n.n. 8. 30
3. Ueber die Kälterückfälle im Juni. Von W. Marten. Mit 3 Taf. (20 S.) 902. n.n. 1. 50
4. Katalog bemerkenswerter Witterungsereignisse von den ältesten Zeiten bis zum J. 1800. Von R. Hennig. (III, 93 S.) 901. n.n. 5. —
5. Barometrische Teildepressionen u. wellenförmige Aufeinanderfolge. Von W. Wundt. Mit 3 Taf. (25 S. m. Fig.) 904. n.n. 1. 80
II. Bd. Nr. 2 ist noch nicht erschienen.

Abhandlungen des königl. sächsischen meteorogischen Instituts. H. 1–6.
Leipzig: (A. Felix) 1896–1911. 4°

— des königl. sächs. meteorologischen Institutes. 1.—3. Hft gr. 4. Leipzig (A. Felix). n. 9. —
1. 4 Abhandlgn. üb. Periodizität d. Niederschlages, theoret. Meteorologie u. Gewitterregen. Von Paul Schreiber. Hrsg. v. d. Direction d. kgl. sächs. meteorol. Institutes in Chemnitz. (V S. u. 148 Sp. m. 5 Fig. u. 4 lith. Taf.) 896. n. 4. —
2. Beiträge z. meteorolog. Hydrologie d. Elbe. Von Paul Schreiber. M. e. Anh. u. 2 Taf. Hrsg. v. d. Direction d. kgl. sächs. meteorol. Institutes in Chemnitz. (72 Sp.) 897. n. 2. —
3. Studien üb. Luftbeweggn. Von Paul Schreiber. Hrsg. v. d. Direction d. kgl. sächs. meteorol. Institutes in Chemnitz. (45 S. m. 4 Taf.) 898. n. 3. —

— des königl. sächs. meteorologischen Institutes, Hrsg. v. der Direction des königl. sächs. meteorolog. Institutes in Chemnitz. 4.—6. Hft, gr. 4. Leipzig. (A. Felix). n. 12. —
4. Die Meteorologie in d. Landwirthschaft. I. Der Sonnenschein. Von Paul Schreiber. Mit 6 Taf. (IV, 110 S.) 899. n. 6. —
5. Orientirende Untersuchgn. üb. die meteorologisch-hydrographisch. Verhältnisse u. die Wirkungsweise v. Stauanlagen im Gebiete d. Weisseritzflusses während d. J. 1891 bis 1897. Von Paul Schreiber. (IV. 45 S. m. 1 Taf.) 901. n. 3. —
6. Die Niederschlags- u. Abflussverhältnisse im Gebiet der Weisseritz während d. J. 1866 bis 1900, u. die sich daraus ergeb. Einwirkung v. Stauanlagen auf die Nutzung des Wassers u. die Abflussvorgänge. Von Paul Schreiber. (IV, 46 S.) 901. n. 3. —
Hft. 1—3. Ebd. 896—898. n. 9. —.

***Abhandlungen des Staatswirthschaftlichen Instituts zu Marburg.** [Hrsg.: Carl Wilhelm Robert; Johann Heinrich Jung-Stilling.] Offenbach: Ulr. Weiss u. Carl Ludw. Brede 1790. 8°

Abhandlungen des Staatswirthschaftlichen Instituts zu Marburg. Offenb. 1791. H: *Jung-Stilling, Joh. Heinr.* (Ky) (BrMin)

— in wie weit es thunl. ist, d. Aufwand d. Bürger in e. Handlungs-Freistaate Schranken zu setzen. 8. Basel 781. Neukirch. 3 gr

Abhandlungen Josefsakademie kaiserlichen

Abhandlungen der Kais. Königl. Medicinisch-chirurgischen Josephs-Academie. Bd 2. Wien: 1801

s.: Abhandlungen der Römisch. Kaiserl. Königl. Josephinischen Medicinisch-chirurgischen Academie zu Wien.

ABHANDLUNGEN DES THÜRINGISCHEN BOTANISCHEN VEREINS IRMISCHIA zu Sondershausen. Redigiert vom Vorsitzenden ... LEIMBACH.:
Heft I und II. Sondershausen 1882. Druck von Fr. Aug. Eupel. 8°.
Heft III. Bogen I. pag. 1—16. — TOEPFER, Phänologische Beobachtungen in Thüringen aus dem Jahre 1882. ib. s. a. —
Heft III. pag. 17—32. — J. RÖLL, Die Torfmoose der Thüringischen Flora. ib. s. a. —
Heft III, pag. 33—44. — H. TOEPFER, Phänologische Beobachtungen in Thüringen. Aus dem Jahre 1888. ib. 1884. —

—. aus d. Gebiete d. Jugenderziehung v. Dr. Pustkuchen — Glanzow, Herrmann, Harleß u. A. (Aus d. „Levana" abgedruckt). gr. 8. Rinteln 835. Osterwald. 2/3 ß

Jungliberale Abhandlungen von Arthur Dix [u.a.] (Berliner jungliberale Hammacher-Festschrift.) — Berlin: Paetel [1907]. 312 S. 1:F 4457/1. 5.
1.3418

— juristische. Festgabe für Georg Beseler zum 6. Jan. 1885 v. Heinr. Brunner, Paul Hinschius, Alfr. Pernice, Carl Bernstein, Konr. Cosack, Rich. Ryck, Ernst Eck, Levin Goldschmidt, Rud. Gneist, Theod. Mommsen. gr. 8. (III, 272 S.) Berlin 885. Hertz. n. 9. —

***Juristische Abhandlungen und Beobachtungen.** [Hrsg.: Heinrich Meurer.] Samml. 1.
Leipzig: Weidmanns Erben u. Reich 1780. 8°

— jurist., und Rechtsfälle mit besonderer Rücksicht auf d. Länder des Sächs. Rechts u. die Entscheidungen des Gesammt-Ober-App.-Ger. zu Jena. Von F. Ortloff, C. W. E. Heimbach, G. E. Schüler u. E. J. Guyet. 1. Bd. gr. 8. (VIII u. 615 S.) Jena 847, Bran. n. 3 ß

—— juristische und Rechtsfälle mit besond. Rücksicht auf die Länder des sächs. Rechts und die Entscheidungen des Gesammtoberappellations-Gerichts zu Jena. Von F. Ortloff, C. W. E. Heimbach und F. B. Vermehren. 2. Bd. gr. 8. (III und 305 S.) Jena 856(57,) Bran'sche Buchh.
1. Bd. Ebendas. 1847. * 3 Thlr.

— v. Caffee, a. d. Franz. und neue Nachr. v. d. Cichorienwurzel. 8. Hannov. Helwing. 772.

Abhandlungen der Herren Prof. Dr. (Franz) Kampers, Msg. Dr. Ehses, P. B. Duhr und Dr. Sacher. — Köln: Bachem in Komm. 1918. 72 S. (Görres-Gesellschaft zur Pflege der Wissenschaft im katholischen Deutschland. Vereinsschrift. 1917,3.)
1:Ab 1639-1917,3. 12:Per. 61hm-1917,3.
300:183.138-B. Per. 1917,3. 2. 5. 6. 7. 8. 11. 102.
1.3421

— über d. Kenntn. u. Heilart d. Schlagflüsse. 8. Langens. 775. (Leipz., Lincke). 6 gr

—— über d. vorzügl. Kinder-Krankheiten, s. Sammlung mediz. Abhandln. 2. Bd. 2. Hft.

Kirchengeschichtliche **Abhandlungen.** Hrsg. von Dr. Max Sdralek, Prof., Breslau. Festschrift z. 26. Generalversammlung d. Görres-Ges. 1902. *Breslau: G. P. Aderholz 1902.* (VI, 251 S.) 8° [o]. 666o

— kirchengeschichtliche. Hrsg. v. Max Sdralek. 2.—4. Bd. gr. 8. Breslau, G. P. Aderholz. n. 14. —
2. (285 S.) 904. n. 5. —. — 3. (244 S.) 905. n. 5. —
4. (182 S.) 906. n. 4. —
1. Bd. Ebd. 902. n. 4. —.

Abhandlungen, kirchengeschichtliche. Hrsg. v. Max Sdralek. 5—8 Bd. u. 9. Bd. 1. Heft. gr. 8. Breslau, G. P. Aderholz. 18. 50
5. (VIII, 98 S.) 907. 2. — 6. (236 S.) 908. 5. —
7. Konrad Wimpina, e. kathol. Theologe aus der Reformationszeit. Von Jos. Negwer. (XVIII, 270 S.) 909. 5. —
8. Ambrosiaster-Studien. Von J. Wittig, W. Schwierholz, H. Zeuschner u. O. Scholz. (X, 198 S.) 909. 5. —
9. I. Die Lehre des hl. Augustinus vom Staate. Von Bruno Seidel. (VI, 53 S.) 909. 1. 50
Bd. 1—4. Ebd. 902—06. 18. —

— kirchenrechtliche. Hrsg. v. Ulr. Stutz. 1. Hft. gr. 8. Stuttgart, F. Enke. n. 4. —
1. Die praktische Bedeutung des ius reformandi. Eine rechtsgesch. Studie. Von Burkhard v. Bonin. (VIII, VI, 134 S.) 902. n. 4. —

— kirchenrechtliche. Hrsg. v. Ulr. Stutz. 2.—38. Hft. gr. 8. Stuttgart, F. Enke. n. 221. 60
Albrecht, Frdr., Verbrechen u. Strafen als Ehescheidungsgrund nach evangelischem Kirchenrecht. (VI, 200 S.) 903. (Hft. 4.) n. 7. 20
Barth, Frz. X., Hildebert v. Lavardin (1056—1133) u. das kirchliche Stellenbesetzungsrecht. (XX, 490 S.) 906. (Hft. 34—34.) n. 17. 60
Bindschedler, R. G., kirchliches Asylrecht (Immunitas ecclesiarum localis) u. Freistätten in der Schweiz. (VII, 406 S.) 906. (Hft. 32. 33.) n. 15. 60
Brünneck, Wilh. v., zur Geschichte u. Dogmatik der Gnadenzeit. (V, 116 S.) 905. (Hft. 21.) n. 4. 40
Denkmäler, kirchenrechtliche u. kulturgeschichtliche, Altrusslands, nebst Geschichte des russischen Kirchenrechts. Eingeleitet, übers. u. erklärt v. Leop. Karl Goetz. (X, 403 S.) 905. (Hft. 18. 19.) n. 15. —
Ebers, Godehard Jos., das Devolutionsrecht vornehmlich nach kathol. Kirchenrecht. Eine v. der jurist. Fakultät der Universität Breslau preisgekrönte historisch-dogmat. Studie zum kirchl. Benefizialwesen. (XXIV, 448 S.) 906. (Hft. 37. 38.) n. 16. —
Freisen, Jos., Staat u. katholische Kirche in den deutschen Bundesstaaten: Lippe, Waldeck-Pyrmont, Anhalt, Schwarzburg-Rudolstadt, Schwarzburg-Sondershausen, Reuss-Greiz, Reuss-Schleiz, Sachsen-Altenburg, Sachsen-Coburg u. -Gotha. Nach amtl. Aktenstücken rechtshistor. u. dogmat. dargestellt. I. Tl.: Lippe u. Waldeck-Pyrmont. (XII, 409 S.) 906. (Hft. 25. 26.) n. 14. —
— dasselbe. II. (Schluss-) Tl.: Anhalt, Schwarzburg-Rudolstadt, Schwarzburg-Sondershausen, Reuss-Greiz, Reuss-Schleiz, Sachsen-Altenburg, Sachsen-Coburg u. -Gotha (XII, 500 S.) 906. (Hft. 27—29.) n. 16. —
Friedmann, Alfr., Geschichte u. Struktur der Notstandsverordnungen. Unter besond. Berücksicht. des Kirchenrechts. (VIII, 174 S.) 903. (Hft. 5.) n. 6. 20
Geier, Fritz, die Durchführung der kirchlichen Reformen Josephs II. im vorderösterreich. Breisgau. Eine durch die rechts- u. staatswissenschaftl. Fakultät der Universität Freiburg i. Br. m. e. vom grossherzogl. bad. Unterrichts-Ministerium ausgesetzten ausserordentl. Preise gekrönte Untersuchg. (XII, 248 S.) 905. (Hft. 16. 17.) n. 9. —
Gönner, Rich., u. Jos. Sester, das Kirchenpatronatrecht im Grossherzogt. Baden. Mit e. Vorwort des Hrsgs. (XX, 318 S.) 904. (Hft. 10. 11.) n. 10. —
Gottlob, Adf., Kreuzablass u. Almosenablass. Eine Studie üb. die Frühzeit des Ablasswesens. (XIV, 316 S.) 906. (Hft. 30. 31.) n. 12. —
— die Servitientaxe im 13. Jahrh. Eine Studie zur Geschichte des päpstl. Gebührenwesens. (X, 176 S.) 903. (Hft. 2.) n. 5. —
Keller, Sigm., die 7 römischen Pfalzrichter im byzantinischen Zeitalter. (X, 155 S.) 904. (Hft. 12.) n. 5. 40
Knecht, Aug., System des Justinianischen Kirchenvermögensrechtes. (XII, 141 S.) 905. (Hft. 22.) n. 5. —
Künstle, Frz. Xav., die deutsche Pfarrei u. ihr Recht zu Ausgang des Mittelalters. Auf Grund der Weistümer dargestellt. (106 S.) 905. (Hft. 20.) n. 4. 40
Leder, Paul Aug., die Diakonen der Bischöfe u. Presbyter u. ihre urchristlichen Vorläufer. Untersuchungen üb. die Vorgeschichte u. die Anfänge des Archidiakonats. (VIII, 402 S.) 905. (Hft. 23. 24.) n. 14. 40
Meister, Karl, das Beamtenrecht der Erzdiözese Freiburg. (XII, 168 S.) 904. (Hft. 9.) n. 6. —

Müller, Jos., die bischöflichen Diözesanbehörden, insbesondere das bischöfl. Ordinariat. (VIII, 140 S.) 905. (Hft. 15.) n. 5. —
Niedner, Joh., die Ausgaben des preussischen Staats f. die evangel. Landeskirche der älteren Provinzen. Ein Beitrag zur Geschichte der evangel. Kirchenverfassung in Preussen (X, 319 S.) 904. (Hft 13 14.) n. 11. —
Schaefer, Heinr., Pfarrkirche u. Stift im deutschen Mittelalter. Eine kirchenrechtsgeschichtl. Untersuchg. (XIV, 210 S.) 903. (Hft. 3.) n. 6. 40
Scholz, Rich., die Publizistik zur Zeit Philipps des Schönen u. Bonifaz' VIII. Ein Beitrag zur Geschichte der polit. Anschaugn. des Mittelalters. (XIV, 528 S.) 903. (Hft. 6—8.) n. 16. —
Hft. 1. Ebd. 902. n. 4. —.

— kirchenrechtliche. Hrsg. v. Ulr. Stutz. 89.—71. Heft. gr. 8. Stuttgart, F. Enke. 211. 60
Baumgartner, Eug., Geschichte u. Recht des Archidiakonates der oberrheinischen Bistümer m. Einschluß v. Mainz u. Würzburg. (XVI, 224 S.) 907. (Hft. 39.) 8. 20
Cotlarciuc, Nico, Stifterrecht u. Kirchenpatronat im Fürstent. Moldau u. in der Bukowina. Eine historisch-dogmat. Studie zum morgenländ. Kirchenrecht. (XVIII, 203 S.) 907. (Hft. 47.) 7. 80
Giese, Frdr., deutsches Kirchensteuerrecht. Grundzüge u. Grundsätze des in den deutschen Staaten f. d. evangel. Landeskirchen u. f. die kathol. Kirche gült. kirchl. Steuerrechts. (XVI, 630 S.) 910. (Hft. 69—71.) 22. —
Heimberger, Hans, die konfessionell beschränkte weltliche Stiftung u. ihre Verwaltung im Grossherzogt. Baden. (XVI, 149 S.) 907. (Hft. 41.) 6. —
Herwegen, Ildefons, O. S. B., das Pactum des hl. Fruktuosus v. Braga. Ein Beitrag zur Geschichte des suevisch-westgoth. Mönchtums u. seines Rechtes. Mit e. Vorwort des Hrsgs. (XI, 84 S.) 907. (Hft. 40) 3. 40
Kallen, Gerh., die oberschwäbischen Pfründen des Bist. Konstanz u. ihre Besetzung (1275—1508). Ein Beitrag zur Pfründengeschichte vor der Reformation. Mit 1 Karte. (XVI, 308 S.) 907. (Hft. 45. 46.) 11. —
Kormann, Karl, die kirchenrechtlichen Veräusserungsbeschränkungen beim katholischen Kirchengut u. das bürgerliche Recht. Zugleich e. Beitrag zur Lehre v. den Veräußerungsverboten nach bürgerl. Gesetzbuch. (XV, 161 S.) 907. (Hft. 42.) 6. 20
Köstler, Rud., die väterliche Ehebewilligung. Eine kirchenrechtl. Untersuchg. auf rechtsvergleich. Grundlage. (XXX, 184 S.) 908. (Hft. 51.) 7. 80
— Huldentzug als Strafe. Eine kirchenrechtl. Untersuchg. m. Berücksicht. des röm. u. des deutschen Rechtes. (XVI, 118 S.) 910. (Hft. 62.) 4. 80
Kreutzer, Jak., Zwinglis Lehre v. der Obrigkeit. (XIV, 100 S.) 909. (Hft. 57.) 4. —
Kušej, J. R., Joseph II. u. die äussere Kirchenverfassung Innerösterreichs (Bistums-, Pfarr- u. Klosterregulierung). Ein Beitrag zur Geschichte des österreich. Staatskirchenrechtes. Mit 3 Karten. (XVIII, 358 S.) 908. (Hft. 49. 50.) 13. 60
Löhr, Jos., die Verwaltung des kölnischen Grossarchidiakonates Xantan am Ausgange des Mittelalters. (XVI, 292 S.) 909. (Hft. 59. 60.) 10. 60
Mergentheim, Leo, die Quinquennalfakultäten pro foro externo. Ihre Entstehg. u. Einführg. in deutschen Bistümern. Zugleich e. Beitrag zur Technik der Gegenreformation u. zur Vorgeschichte des Febronianismus. 1. Bd. (XX, 306 S.) 908. (Hft. 52. 53.) 11. —
— dasselbe. 2. Bd. (VIII, 336 S.) 908. (Hft. 54. 55.) 12. —
Schäfer, K. Heinr., die Kanonissenstifter im deutschen Mittelalter. Ihre Entwicklg. u. innere Einrichtg. im Zusammenhang m. dem altchristl. Sanktimonialentum dargestellt. (XXIV, 303 S.) 907. (Hft. 43. 44.) 11 —
Scharnagl, Ant., der Begriff der Investitur in den Quellen u. der Literatur des Investiturstreites. (XIV, 141 S.) 908. (Hft. 56.) 5. 60
Schreiber, Geo., Kurie u. Kloster im 12. Jahrh. Studien zur Privilegierg., Verfassg. u. besonders zum Eigenkirchenwesen der vorfranziskan. Orden, vornehmlich auf Grund der Papsturkunden von Paschalis II. bis auf Lucius III. (1099—1181). 1. Bd. (XXXIV, 296 S.) 910. (Hft. 65. 66.) 11. —
— dass. 2. (Schluss-)Bd. (VI, 463 S.) 910. (Hft. 67. 68.) 16. —
Schulte, Aloys, der Adel u. die deutsche Kirche im Mittelalter. Studien zur Sozial-, Rechts- u. Kirchengeschichte. (XII, 460 S.) 910. (Hft. 63. 64.) 16. 40
Stutz, Ulr., der neuste Stand des deutschen Bischofswahlrechtes. Mit Exkursen in das Recht des 18. u. 19. Jahrh. (XIV, 258 S.) 909. (Hft. 58.) 9. —
Werminghoff, Alb., nationalkirchliche Bestrebungen im deutschen Mittelalter. (XVIII, 180 S.) 910. (Hft. 61.) 7. —
Westerburg, Hans, Preussen u. Rom an der Wende des 18. Jahrh. (XIV, 193 S.) 908. (Hft. 48.) 7. 20
Hft. 1—38. Ebd. 902—06. 225. 60

Abhandlungen der . . . K l a s s e . . . , s. A b h a n d l u n g e n d. k. bayer. Akademie d. Wissenschaften. – A b h a n d l u n g e n d. k. böhm. Gesellschaft d. Wissenschaften. – A b h a n d l u n g e n d. kgl. sächs. Gesellschaft d. Wissenschaften.

— v. Kleezehende. 8. Frankf. u. Leipz. Stettin. 784

— von dem Kleezehende. 8. Luzern, Anich. 793.

— von dem Kleezehenden, (v. W. Held). 8. Memmingen 785. (Stettin in Ulm). 4 gr

Abhandlungen, Kleine, veranlasst durch die gegenwärtigen Reichstagsberathschlagungen über die Wiederherstellung der ordentlichen Kammergerichts-Visitation. Regensburg 1790. V: *Meister, Carl Heinrich Andreas.* (KY) (MGT)

Abhandlungen, Kleine, von den Ablässen. 1751. V: *Kraus* [*Krauss*], *Johann Baptist.* (ML)

Kleine Abhandlungen einiger Gelehrten in Schweden über verschiedene in die Physik, Chemie und Mineralogie laufende Materien. Aus d. Schwed. übers. Bd 1.2. — Kopenhagen & Leipzig: Mummen (2: Leipzig: Heinsius) 1766–68.
1.2 . . . . 2. 7. 8.
1 . . . . 300:26 W 79.
1.3422

— kl., einiger Gelehrten in Schweden üb. Physik, Chemie, Mineralogie etc. 2 Thle. 8. Copenh. 766—68. (Leipz., Brockhaus). 16 gr

— kl. einig. Gelehrt. in Schwed. über Physik., Chymie etc. 2 Thle. 8. Kopenh. (Gleditsch in Leipz.) 766 — 768.

— kl. medicin.-chirurg., aus verschied. Sprachen übersetzt, 2 Thle. mit Kpf. gr. 8. Leipz. 781. Weygand. 1 rthl 8 gr

— kl. moral., f. Kinder. (A. T. d. B. zum belehr. Unterr. und Zeitvertr.) 8. Berlin, Schöne. 796.

Kleine physikalisch-chemische Abhandlungen. Herausgegeben von Joh. F. Westrumb. 8 vols., 8vo. Leipzig, 1785–'97.

Kleine Abhandlungen aus dem Staats- u. Privatrechte. Hrsg. von Theodor [Konrad] Kretschmann. — Bayreuth 1793: Zeitungsdr. 335 S. 1: Gv 953. 3. 7. 8.
1.3425

— kl. theol. u. pädagogische. gr. 8. Berl. 798. Schöne. 6 gr

Abhandlungen von irrländischen Kohlen, die keinen Rauch geben, aus dem Französischen übersetzt. Frankfurt und Leipzig 1762. 8.
Angebunden sind:
1. Joh. Friedr. Georg Klein, Erste Nachricht von denen auf der K. Dänischen Insel Bornholm in der Ostsee vorhandenen Mineralien etc. Berlin 1758.
2. Des Freiherrn Don Tilas Entwurf einer Mineralhistorie, deutsch von Joh. Beckmann. Leipzig 1767.
3. Joh. Cam. Schröter, Lithographische Beschreibung der Gegenden um Thangelstedt und Rettewitz im Weimarischen. Jena 1768.

— v. Kohlenbrennen, m. Kpf. gr. 8. Bern 802. Typogr. Soc. 4 gr

— v. der Colik, v. Poiton, a. d. Lat. 8. Kopenhagen, Rothe. 781.

Abhandlungen zur reinen u. angewandten Kolloidchemie, s. a. Zeitschrift f. Chemie u. Industrie der Kolloide. 2. Suppl.

Abhandlungen zur reinen und angewandten Kolloidchemie. Dresden: Th. Steinkopff 1908. (LXII S.) 4° [Umschlagt.]
= **Zeitschrift** f. Chemie u. Industrie d. Kolloide. Jg. 2, Suppl. H. 2. 108. 0181

Abhandlungen, K o l o n i a l e . H. 1 – 28. Berlin 1905 – 1909. 8° (Mit Sondertit.)

— koloniale. 1. Hft. gr. 8. Berlin, W. Süsserott. —. 40
Die Nation der Bastards. Von Bayer. (24 S. m. Abbildgn. u. 1 Kartenskizze.) 906.

— koloniale. 2. 8. u. 6.—37. Heft. gr. 8. Berlin, W. Süsserott. à Heft —. 40

Axenfeld, Karl, der Aethiopismus in Süd-Afrika. (13 S.) (907.) (Hft. 6.)

Backhaus, Eman., die Arbeiterfrage in der deutschen Südsee. Eine wirtschaftlich-jurist. Kolonialstudie. (IV, 15 S.) (909). (Hft. 26.)

Berthold, Hans, rationelle Straußenzucht in Süd-Afrika. (19 S.) (910.) (Hft. 29.)

Cannstatt, Osc., Fürst Bismarcks kolonialpolitische Initiative. (68 S.) 908. (Hft. 19. 20.)

Curzon of Kedleston, Lord, Indiens Stellung im britischen Weltreich. Ein Vortrag, geh. vor der philosoph. Gesellschaft in Edinburgh am 19. X. 1909. Autoris. Übersetzg. v. W. K. (29 S.) (910.) (Hft. 34. 35.)

Deeken, die Auswanderung nach den deutschen Kolonien unter Berücksicht. der wirtschaftlichen u. klimatischen Verhältnisse. Eine kolonialwirtschaftl. Studie unter besond. Zugrundelegg. amtl. u. halbamtl. Veröffentlichgn. (53 S.) (908.) (Hft. 21. 22.)

Fiebig, die Bedeutung der Alkoholfrage f. unsere Kolonien. (55 S.) 908. (Hft. 13. 14.)

Förster, E. Th., die Siedlung am Kilimandjaro u. Meru. (16 S.) 907. (Hft. 12.)

Hagen, Florian, Marmorfunde in Deutsch-Südwestafrika u. zwar in Swakopmund, Sphinx, Navachab, Habis, Karibib, Kubas. (20 S. m. Abbildgn. u. 1 Karte). (910.) (Hft. 32. 33.)

Halle, Ernst v., die großen Epochen der Kolonialgeschichte. Erweiterter Vortrag, geh. im Institut f. Meereskunde an der Universität Berlin am 29. XI. 1906. [Aus: „Zeitschr. f. Kolonialpolitik usw."] (38 S.) gr. 8. (907.) (Hft. 7.)

Harbart, D. J., England als Weltmacht im 20. Jahrh. (14 S.) (909.) (Hft. 24.)

Henoch, Hub., Adolf Lüderitz. Eine biograph. Skizze nebst Veröffentlichg. einiger bisher unbekannter Briefe. (20 S. m. Abbildgn.) (909.) (Hft. 25.)

Klössel, M. Hans, Kleinsiedelung. Ein Beitrag z. Besiedelungsfrage in den deutschen Schutzgebieten. Vortrag im evangel. Arbeiterverein zu Dresden (Südgruppe). (15 S.) (909.) (Hft. 23.)

Kürchhoff, D., die Viehzucht in Afrika. (38 S.) 907. (Hft. 11.) —. 40

Lane, Adf., deutsche Bauernkolonien in Rußland. Ein Beitrag zur Orientierg. üb. ihren Zustand u. üb. die Rückwandrer-Bewegg. (28 S.) (910.) (Hft. 31.)

Lattmann, die Schulen in unseren Kolonien. (24 S. m. Abbildgn.) (908.) (Hft. 2.)

Lion, Alex., die Kulturfähigkeit des Negers u. die Erziehungsaufgaben der Kulturnationen. (48 S.) 908. (Hft. 15.)

Most, Karl, die wirtschaftliche Entwicklung Deutsch-Ostafrikas 1885—1905. (31 S.) 906. (Hft. 3.)

Romberg, Kurt, die rechtl. Natur d. Konzessionen u. Schutzbriefe in den deutschen Schutzgebieten. (46 S.) 908. (Hft. 17. 18.)

Schanz, Mor., Baumwollbau in deutschen Kolonien. (28 S.) 910. (Hft. 30)

Schwartze, Deutsch-Ost-Afrika. (65 S.) Lex. 8°. 907. (Hft. 8. 9).

Seiner, Frz., die wirtschaftsgeographischen u. politischen Verhältnisse des Caprivizipfels. (51 S. m. Abb.) 909. (Hft. 27. 28).

Sunder, H., kann die weiße Rasse sich in d. Tropen akklimatisieren? (16 S.) 908. (Hft. 16)

Vagler, P., über die Düngungsfrage in den deutschen Kolonien. (37 S.) 910. (Hft. 36. 37)

Werner, Aug., kaufmänn. Mitarbeit an d. Kolonialbetätigung. Vortrag, geh. in der 33. Vollversammlg. des deutschen Handelstages am 9. IV. 1907. 1. u. 2. Aufl. (16 S.) 907. (Hft. 10) —. 40

Hft. 4 erschien u. d. T.: Scholze, J., die Wahrheit üb. die Heidenmission. Ebd. 905 u. Hft. 5 u. d. T.: Schultz, die Schafwolle. Ebd. 906.

— d. hamburg. Kolonialinstituts. I. Bd. Lex. 8°. Hamburg 910. L. Friederichsen & Co. 8. —

Handwerk u. Industrie in Ostafrika. Kulturgeschichtl. Betrachtgn. von Frz. Stuhlmann, nebst e. Anh.: Die Gewinng. d. Eisens bei den Nyamwezi, v. R. Stern. (XIV, 163 S. m. 77 Abb., 4 eingedr. Kärtchen u. 2 farb. Taf.) 910. 8. —

Abhandlungen, kolonialpolitische. 1.—3. Heft. gr. 8. Leipzig, Leipziger Verlags- u. Kommissions-Buchh. à Heft —. 40

1. Zanzibar-Phantasien. Von Paul Samassa. — Die deutschen Kolonien u. die deutsche Volksgesundheit. Von Wilh. Föllmer. (21 S.) 909.
2. Die Grund- u. Bodenfrage in Deutsch-Südwest-Afrika. Von Wilh. Föllmer. — Chinas Erwachen. Von C. Spielmann. (19 S.) 909.
3. Süd- od. Norddeutschland unser Hort! (Gedanken zur Kolonial- u. Flottenbewegg. der neuesten Zeit.) Von Graf Rich. Du Moulin-Eckart. (12 S.) 909.

Sonderabdrucke [Aus: „Deut. Frühling".]

— kolonialrechtliche. Hrsg. v. Hub. Naendrup. 1. u. 2. Hft. gr. 8. Münster, Universitätsbuchh. F. Coppenrath. 10. 30

1. Die koloniale Rechtspflege u. ihre Emanzipation vom Konsularrecht. Von Ludw. Sieglin. (XIII, 111 S.) 908. 2. 80
2. Die koloniale Finanzverwaltung. Von Frdr. Weber. (XV, 392 S.) 909. 7. 50

— üb. Colonien überhaupt, u. amerikan. besonders. 8. Basel, Serini. 779.

Abhandlungen von dem Commando der Reichs-Armee; wie auch von der Religionsänderung eines Reichs Generals. Ulm 1758. V: *Moser, Johann Jacob.* (Moser, J. J., Lebensgeschichte von ihm selbst beschrieben. Frankfurt u. Leipzig 1777. III, 128.)

Abhandlungen d. naturwissensch.-technischen Kommission bei d. k. bayer. Akademie d. Wissenschaften, s. Abhandlungen d. k. bayer. Akademie d. Wissenschaften.

— v. d. christl. frommen Communion. 8. Augsb. Doll. 789.

— d. Kön. v. Preuss., v. d. preussisch. Kriegsverfass. a. d. Franz. 8. Leipzig, Kummer. 783.

— v. d. Construction der jetzo gebräuchl. Arten v. Feldschanz., Redouten u. s. w. 8. Berl. Haude. 748.

— üb. ansteck. Krankheiten, Verwahrungsmittel dagegen rc. 8. Wien 809. Al. Doll. 8 gr.

— von den äußerl. u. innerl. Krankheiten d. Jagd- u. and. Hunde. 8. Salzb. . . 2e Aufl. 801. Mayr. 4 gr.

Abhandlungen von den Krankheiten, die von der zurückgetretenen Milch entstehen. — Leipzig: Dyck 1774. 172 [vielm. 192] S.

— über die Krankheiten d. Frauenzimmer, (v. H. W. Lindemann). 8. Leipz. 793. Schwickert. 16 gr.

— von einigen Krankheiten d. Gelehrten u. deren Curen. 8. Cöln 783. Imhoff. 3 gr.

— üb. d. Krankheiten d. Pflanzen, ihre Kenntniss z. Heilung. Aus d. Latein. (d. Joh. Zallinger) v. Joh. v. Auersberg. 8. Augsburg, 1779. Klett. — 10

— von vener. Krankheiten. 8. Dresd. 760. Richter. 6 gr.

— aus dem Gebiete d. Krebsforschung u. verwandten Gebieten. In zwanglosen Heften. Hrsg. v. M. Schüller. 1. Hft. gr. 8. Berlin, Vogel & Kreienbrink. n. 2. —

Parasitäre Krebsforschung u. der Nachweis der Krebsparasiten am Lebenden. Von Max Schüller. Mit Abbildgn. im Texte. (44 S.) 9‹ 3. n. 2. —

—— der französisch-deutsche Krieg der J. 1870/71. Gedenkblatt für alle Zeitgenossen zusammengestellt nach beiderseitigen amtl. Berichten. Fol. (140 S. mit eingedr. Holzschn.) Chur 871, (Gsell.) *

— über den kleinen Krieg, s. Fragmente milit. rc.

— über den kleinen Krieg, s. Valentini.

— über den kleinen Krieg und über d. Gebr. d. leicht. Truppen m. Rücks. a. d. franz. Krieg. m. Anmerk. v. C. S. v. Brenkenhoff. m. Plans. gr. 8. Berlin, Himburg. 802.

— über den kleinen Krieg u. über d. Gebrauch d. leichten Truppen. Mit 7 Planen. gr. 8. Berl. 802. (Reimer). 1 Thlr.

— v. der Criminalgesetzgebung. v. Globig und Huster. s. Globig.

— und Kritiken, von Diak. Karsten, Sup. Dr. Kliefoth und Prof. Dr. Krabbe. Jahrgang 1846. 1.—4. Heft. gr. 8. Rostock 846, Leopold. (à 1/2 Thlr.) 2 Thlr. — NB. Bildet auch den 2. Jahrgang vom Mecklenburgischen Kirchenblatt.

— kritische, üb. die Werke der Plastik u. Malerei der VI. internationalen Kunst-Ausstellung zu München 1892. Red.: Mart. Feddersen. 10 Hfte. gr. 8. (à Hft. ca. 16 S.) München 892. Münchner Handelsdruckerei u. Verlagsanstalt M. Poessl. n. 4 —; einzelne Hfte. à n. — 50

— üb. die Kultur u. ökonom. Eigenschaft. der Erdäpfel. 8. Augsb. Rieger. 795.

Abhandlungen, culturgeschichtliche, über die Reformation der Heilkunst. Von Dr. Alexander Rittmann. I. Heft. 1869. gr. 8. (135 S.) Brünn, Karafiat. 1 fl. 20 kr.
Inhalt: A Valescus de Taranta 1382 – 1417. – B. Thomas Jordanus von Klausenburg 1540 – 1585 – C. Johannes Michael Savonarola 1390 – 1462.

— für die Kunde d. Morgenlandes, herausg. v. d. Deutschen Morgenländ. Gesellschaft unter der Red. d. Prof. Hm. Brockhaus. 1 Bd. No. 1—4. Leipzig 857—58. Brockhaus. gr. 8.
No. 1. Mithra. Ein Beitrag zur Mythengesch. d. Orients v. F. Windischmann. (3 Bl., 90 S.) n. 24 ngr.
- 2. Al-Kindî genannt „d. Philosoph d. Araber." Ein Vorbild seiner Zeit und seines Volkes. Von G. Flügel. (1 Bl., 54 S.) n. 16 ngr.
- 3. Die fünf Gâthâ's od. Sammlungen v. Liedern u. Sprüchen Zarathustra's, seiner Jünger u. Nachfolger. Herausg., übers. u. erklärt v. Mart. Haug. 1. Abth. Die 1. Sammlung (Gâthâ ahunavaiti) enthaltend. (XVI, 248 S.) n. 2 ß
- 4. Ueber das Çatrunjaya Mâhâtmyam. Ein Beitrag zur Geschichte der Jaina. Von Albr. Weber. (2 Bl. 118 S.) n. 1 ß 15 ngr.

Brockhaus. Leipzig, Brockhaus. gr. 8.
1. Bd. Nr. 5.: Ueber das Verhältniss der drei syrischen Briefe des Ignatios zu den übrigen Recensionen der Ignatianischen Literatur. Von Rich. Adalb. Lipsius. 859. (203 S.) n. 1 ß 15 ngr.
2. Bd. Nr. 1.: Hermae pastor. Aethiopice primum edid. et aethiopica latine vertit Ant. d'Abbadie. 860. (VII, 183 S.) n. 2 ß
- Nr. 2.: Die fünf Gâthâ's oder Sammlungen von Liedern u. Sprüchen Zarathustra's, seiner Jünger u. Nachfolger. Herausg., übers. u. erklärt von Mart. Haug. 2. Abth. Die vier übrigen Sammlungen enthaltend. Nebst einer Schlussabhandlung. 861. (XVI, 259 S.) n. 2 ß
- Nr. 3.: Die Krone der Lebensbeschreibungen enth. die Classen der Hanefiten von Zein-ad-din Kâsim Jbn Kutlûbugâ. Zum ersten Mal herausg. u. mit Anmerkgn. u. e. Index begleit. von Gust. Flügel. 861. (XVI, 192 S.) n. 2 ß
Nr. 4.: Die grammatischen Schulen der Araber. Nach den Quellen bearbeit. von Gust. Flügel. 1. Abth. Die Schulen von Basra und Kufa u. die gemischte Schule. 862. (XII, 265 S.) n. 2 ß 4 ngr.
- Nr. 5.: Kathâ sarit sâgara. Die Mährchensammlung d. Somadeva. Buch VI., VII., VIII. Herausg. von Herm. Brockhaus. 862. (IV, 236 S.) n. 2 ß
3. Bd. Nr. 1.: Sse-schu, Schu-king, Schi-king in Mandschuischer Uebersetzung mit einem Mandschu-Deutschen Wörterbuch herausg. von H. C. v. der Gabelentz. 1. Heft. Text. 864. (VIII, 304 S.) n. 3 ß
- Nr. 2.: Sse-schu, Schu-king, Schi-king in Mandschuischer Uebersetzung. mit e. Mandschu-Deutschen Wörterbuch herausg. von H. C. v. der Gabelentz. 2. Heft. Wörterbuch. 864. (VIII, 232 S.) n. 2 ß
Nr. 3.: Die Post- u. Reiserouten d. Orients. Mit 16 (lith.) Karten (in Fol.) nach einheimischen Quellen von A. Sprenger. 1. Heft. 864. (XXVII, 159 S.) n. 3 ß 10 ngr.
- Nr. 4.: Indische Hausregeln. Sanskrit und deutsch herausg. von Adolf Ferd. Stenzler. 1. Heft. Text. 864. (53 S.) n. 20 ngr.

— für die Kunde des Morgenlandes hersg. von der Deutschen Morgenländischen Gesellschaft unter der Red. d. Prof. Herm. Brockhaus. Leipzig 865—67. Brockhaus' Sort. in Comm. gr. 8.
4. Bd. Nr. 1: Indische Hausregeln. Sanskrit u. deutsch hersg. von Adf. F. Stenzler. I. Açvalâyana. 2. Hft. Uebersetzung. (VII, 163 S.) n. 1 ß
4. Bd. Nr. 2: Çântanava's Phitsûtra. Mit verschied. ind. Commentaren, Einleitung, Uebersetzung u. Anmerkungen, hersg. von Frz. Kielhorn. (XXXVII, 60 S.) n. 1 ß
4. Bd. Nr. 3: Kohut, Alex., über die jüdische Angelologie u. Daemonologie in ihrer Abhängigkeit vom Parsismus. (107 S.) n. 20 ngr.
4. Bd. Nr. 4: Die Grabschrift d. sidonischen Königs Eschmunézor übers. u. erklärt von Ernst Meier. Mit 2 Kpfrtaff. (55 S.) n. 12 ngr.
4. Bd. Nr. 5: Kathâ sarit sâgara: Die Märchensammlung des Somadeva. Buch IX—XVIII. Hersg. von Herm. Brockhaus. (IV, 628 S.) n. 5 ß 10 ngr.

— unter der Red. des Prof. Ludolf Krehl. Ebend. 868—70. gr. 8.
5. Bd. Nr. 1: Petermann, H., Versuch e. hebräischen Formenlehre nach der Aussprache der heutigen Samaritaner nebst e. darnach gebildeten Transscription der Genesis u. e. Beilage, enth. die von dem recipirten Texte d. Pentateuchs abweich. Lesarten der Samaritaner. (VI, 327 S.) n. 2 ß 15 ngr.
5. Bd. Nr. 2: Blau, O., bosnisch-türkische Sprachdenkmäler gesammelt, gesichtet u. hersg. (V, 316 S.) n. 3 ß 6 ngr.
5. Bd. Nr. 3: Weber, Albr., über das Saptaçatakam d. Hâla. Ein Beitrag zur Kenntniss des Prâkrit. (262 S.) n. 2 ß 20 ngr.

— für die Kunde d. Morgenlandes, hrsg. v. der deutschen morgenländ. Gesellschaft unter der Red. d. Ludf. Krehl. V. Bd. Nr. 4. gr. 8. Leipzig 876. Brockhaus' Sort. in Comm. n. 12. —
Zur Sprache, Literatur u. Dogmatik der Samaritaner. 3 Abhandlgn. nebst 2 bisher unedirten samaritan Texten hrsg. v. Sam. Kohn. (VII, 237 S.)

— — unter der Red. d. Otto Loth. VI. Bd. Nr. 1 u. 2. gr. 8. Ebd. 876. n. 12. 60
1. Chronique de Josué de Stylite, écrite vers l'an 515. Texte et traduction par l'abbé Paulin Martin. (LXXXVI, 82 S.) n. 9. —
2. Indische Hausregeln. Sanskrit u. deutsch hrsg. v. Adf. Frdr. Stenzler. II. Pâraskara. 1. Hft. Text. (62 S.) n. 3. 60

— für die Kunde d. Morgenlandes, hrsg. von der Deutschen morgenländischen Gesellschaft unter der Red. v. Otto Loth. 6. Bd. Nr. 3 u. 4. gr. 8. Leipzig 877. 78. Brockhaus' Sort. in Comm. n. 26. 40
3. Polemische u. apologetische Literatur in arabischer Sprache, zwischen Muslimen, Christen u. Juden, nebst Anhängen verwandten Inhalts. Mit Benutzg. handschriftl. Quellen v. Mor. Steinschneider. (XII, 456 S.) n. 22. —
4. Indische Hausregeln. Sanskrit u. deutsch hrsg. von Adf. Frdr. Stenzler. II. Pâraskara. 2. Hft. Uebersetzung. (XII, 111 S.) n. 4. 40

— dasselbe. 7. Bd. Nr. 1—4. gr. 8. Ebd. 879—81. n. 60. —
1. The Kalpasûtra of Bhadrabâhu, ed. with an introduction, notes and a Prâkrit-Samskrit glossary by Herm. Jacobi. (VIII, 173 S.) n. 10. —
2. De la métrique chez les Syriens. Par l'abbé Martin. (71 S.) n. 4. —
3. Auszüge aus den syrischen Akten persischer Märtyrer. Uebers. u. durch Untersuchgn. zur histor. Topographie erläutert v. Geo. Hoffmann. (325 S.) n. 14. —
4. Das Saptaçatakam d. Hâla. Hrsg. v. Alb. Weber. (LXIV, 597 S.) n. 32. —

— dasselbe. 8. Bd. Nr. 1. gr. 8. Ebend. 881. n. 8. —
(I—VIII, 1.: n. 246. 70
Die Vetalapañcavinçatikâ, in den Recensionen d. Çivadâsa u. e. Ungenannten m. krit. Commentar hrsg. v. Heinr. Uhle. (XXX, 236 S.)

— für die Kunde des Morgenlandes, hrsg. v. der Deutschen Morgenländ. Gesellschaft unter der Red. v. E. Windisch. 8. Bd. Nr. 2—4. gr. 8. Leipzig, Brockhaus' Sort. in Comm. n. 21. 50
2. Das Aupapâtika Sûtra, erstes Upânga der Jaina. I. Thl. Einleitung, Text u. Glossar. Von Ernst Leumann. (166 S.) 883. n. 6. —
3. Fragmente syrischer u. arabischer Historiker, hrsg. u. übers. v. Frdr. Baethgen. (160 S.) 884. n. 7. 50
4. The Baudhâyanadharmaśâstra, ed. by F. Hultzsch. (X, 173 S.) 885. n. 8. —

— dasselbe. 9. Bd. Nr. 1. gr. 8. Ebend. 886. n. 4. 50 (I—X, 1 : 272. 70)
Wortverzeichniss zu den Hausregeln v. Açvalâyana, Pâraskara, Çânkhâyana u. Gobhila. Von Adf. Frdr. Stenzler. (V, 120 S.)

— für die Kunde des Morgenlandes, hrsg. von der deutschen morgenländ. Gesellschaft unter der Red. v. E. Windisch. 9. Bd. Nr. 2. 3. gr. 8. Leipzig 889. (Brockhaus' Sort.) n. 25. — (1—3.: n. 29. 50)
2. Historia artis grammaticae apud Syros, cui accedunt Severi bar Sakku dialogus de grammatica, Dionysii Thracis grammatica syriace translata, Jacobi Edesseni fragmenta grammatica cum tabula photolithographica, Eliae Tirhanensis et duorum anonymorum de accentibus tractatus. Composuit et edidit Adb. Merx. (X, 291 u. 84 S. syr. Text.) n. 15. —
3. Sâṃkhya-pravacana-bhâshya, Vijñânabhikshu's Commentar zu den Sâṃkhyasûtras. Aus dem Sanskrit übers. u. m. Anmerkgn. versehen v. R. Garbe. (VIII, 378 S.) n. 10. —

— für die Kunde d. Morgenlandes, hrsg. v. der deutschen morgenländ. Gesellschaft unter der Red. v. E. Windisch. IX. Bd. Nr. 4. gr. 8. Leipzig 893. (F. A. Brockhaus' Sort.) n. 4. — (1—4.: n.n. 33. 50)
Index zu Otto Böhtlingks indischen Sprüchen. Von Aug. Blau. (V, 109 S.)

— dasselbe. X. Bd. Nr. 1. gr. 8. Ebd. 893. n. 9. —
Die Çukasaptati. Textus simplicior. Hrsg. von Rich. Schmidt. (X, 212 S.)

— für die Kunde des Morgenlandes, hrsg. von der deutschen morgenländ. Gesellschaft unter Red von E. Windisch. X. Bd. Nr. 2—4. gr. 8. Leipzig (F. A. Brockhaus' Sort.) n. 15. 30; (X. Bd. kplt : 24. 30)
2. Âvaśyako - Erzählungen. Hrsg. v. Ernst Leumann. 1. Hft. (49 S.) 897. n. 1. 80
3. The Pitṛmedhasutras of Baudhâyana, Hiraṇyakeśin, Gautama. Ed. with critical notes and index of words by W. Caland. (XXIV, 133 S.) 896. n. 6. —
4. Marāṭhī - Uebersetzung, d., d. Śukasaptati. Marāṭhī u. deutsch v. Rich. Schmidt. (III, VIII, 175 S.) 897. n. 7. 50

— dasselbe XI. Bd. Nr. 1. gr. 8. Ebd. 898. n. 4. 50
1. Wörterbuch d. Dialekts d. deutschen Zigeuner. Von Rud. v. Sowa. (XIV, 128 S.)

— für die Kunde des Morgenlandes, hrsg. v. der deutschen morgenländ. Gesellschaft unter der verantwortl. Red. v. E. Windisch. XI. Bd. Nr. 2—4. gr. 8. Leipzig (F. A. Brockhaus' Sort.). n. 25. —
2. Grundriss e. Lautlehre d. Bantusprachen, nebst Anleitg. zur Aufnahme v. Bantusprachen. Anh. Verzeichnis von Bantuwortstämmen. Von Carl Meinhof. (VIII, 245 S. m. 1 farb. Karte.) 899. n. 8. —
3. Lieder der libyschen Wüste. Die Quellen u. die Texte, nebst e. Exkurse üb. die bedeutend. Beduinenstämme d. westlich. Unterägypten. Von Mart. Hartmann. (VII, 243 S.) 899. n. 8. —
4. Cāndra - Vyākarana. Die Grammatik des Candragomin. Sūtra, Uṇādi, Dhātupātha. Hrsg. v. Bruno Liebich. (X, 47 u. 235 S.) 902. n. 9. —
XI. Ebd. 898. n. 4. 50.

— für die Kunde des Morgenlandes, hrsg. v. der deutschen morgenländ. Gesellschaft unter Red. v. E. Windisch. XII. Bd. Nr. 1. gr. 8. Leipzig 903. (F. A. Brockhaus' Sort.) n. 2. —
Über das rituelle Sūtra des Baudhāyana. Von W. Caland. (VIII, 65 S.)

— dasselbe unter Red. v. A. Fischer. XII. Bd. Nr. 2. gr. 8. Ebd. 906. n. 5. —
Die Liebenden v. Amasia. Ein Damascener Schattenspiel, niedergeschrieben, übers. u. m. Erklärgn. versehen von Joh. Gottfr. Wetzstein. Aus dem Nachlasse W.'s hrsg. v. G. Jahn. (X, 160 S. m. Bildnis.)

Abhandlungen f. die Kunde des Morgenlandes, hrsg. v. der deutschen morgenländ. Gesellschaft unter d. verantwortl. Red. v. H. Stumme. XII. Bd. Nr. 3 u. 4. gr. 8. Leipzig, F. A. Brockhaus' Sort. 12. 40
3. Der Arseyakalpa des Sāmaveda. Hrsg. u. bearb. von W. Caland. (XXVI, 270 S.) 908. 8. 40
4. Ācārāṅga-Sūtra. Erster Śrutaskandha. Text, Analyse u. Glossar v. Walth. Schubring. (V, IX, 109 S.) 910. 4. —

— von d. Kupferstichen u. Regeln, solche zu sammeln; aus d. Engl. (von J. J. Volckmann). 8. Leipz. 768. Schwickert. 10 gr.

— v. Kupferstichen und Regeln, solche zu sammeln. 8. Leipzig, Schwickert. 785.

— kurze, üb. d. Bau d. Gartennelke u. deren Schönheit. Mit 6 ill. Kpf. v. J. S. Knüpfer. 8. Leipzig, 1810. Richter.

— kurze, über d. Beschaffenheit, Ursprung rc. d. gelben Fiebers rc. 8. Wien 805. Rehm. 4 gr.

— kurze, über Burgund. Rüben, Zucker und Koffee. 8. Stuttg. Erhard. 800.

— kurze, über Burgunder-Rüben, Zucker u. Kaffee rc. 8. Stuttg. 800. (Hoffmann). 2 gr.

— kurze, vom Chausseebau. 8. Nürnb. Felsecker. 794.

— kurze, über d. Frage: Worin besteht die Ursache, daß jetzt so manche Brauerei in Verfall geräth rc. (v. K. Stolte). 8. Ilefeld 789. (Hannov., Helwing). 8 gr.

— kurze, von d. kais. u. Reichs-Kammergericht u. dessen Visitation. 3 Thle. 4. Regensb. 768. Montag u. W. 20 gr.

— kurze, von dem ökonom., medicin. u. mechan. Nutzen u. Gebrauch d. inländ. frei wachsenden Bäume u. Stauden, (v. Jh. H. Koch I.) gr. 8. Bern 774.

Kurze Abh[illegible]llungen derjenigen inlaendisch. Pflanzen durch deren unvorsicht. Gebrauch bey Menschen und Vieh gross. Schade, ja d. Tod selbsten veranlasst werden kann. Bern, 1771. 8°.

— kurze, von d. Rindviehpest, nebst Hülfsmittel. 8. Ulm 797. Stettin. 3 gr.

— kurze systemat. catechet., der nothwendigsten Grundlehren des christl. Glaubens. 8.

— kurze, von d. Temperamenten, (von Jh. Kämpf). 8. Schafhausen 760. (Frankf., Garbe). 10 gr.

— kurze, von scheinbaren Todesarten Ertrunkener, Erhenkter, Erstickter rc. 8. Münch. 775. Lentner. 2 gr.

— kurze, von der Zufriedenheit d. menschl. Gemüths. 8. Bern 776. Haller. 9 gr.

— kurzgefaßte, über d. symbolischen Bücher d. luther. Kirche, (von J. H. S.) 8. Göttingen 812. Deuerlich. 6 gr.

— kurzgefasste, üb. wichtige Kapitel aus der medicinischen Praxis v. Ad. Baginsky, J. Boas, Gaffky u. A. Sammlung der in den früheren Jahrgängen d. Reich-Medicinal-Kalenders enth. Abhandlgn. Durchgesehen u. neu bearb. Hrsg. v. S. Guttmann. gr. 16. (141 S. m. Abbildgn. u. 2 Taf.) Leipzig 891. G. Thieme. n. 1. —

Abhandlungen, kurzgefasste, üb. wichtige Kapitel aus der medicinischen Praxis v. Ad. Baginsky, J. Boas, Breslauer, Eulenburg, L. Jacobson, Jürgenson, A. Koch, W. Miller, A. Pfeiffer, Rupprecht, H. Schlesinger, L. Voigt. Sammlung der in den früheren Jahrgängen des Reichs-Medicinal-Kalenders enthaltenen Abhandlgn. Durchgesehen u. neu bearb. Hrsg. v. A. Eulenburg u. J. Schwalbe. gr. 16. (180 S. mit Fig. u. 1 graph. Taf.) Leipzig 894. G. Thieme. n. 1. —

— kurzgefaßte, über die Kuh- oder Schutzblattern für den Landmann. 8. Wesel 828. Becker. 4 gr.

Abhandlungen der (grossherzogl.) hessischen geologischen Landesanstalt zu Darmstadt. Bd 1, H. 1–8 – Bd 8.
Darmstadt: A. Bergsträsser (sp. Giessen: Buchhandlung des Hessischen Staatsverlags) 1884–1928. 8° **16, 17, H 22**
⊄ Wiederaufgenommen: Bd 9, 1. 1936ff.

— der grossherzogl. hessischen geologischen Landesanstalt zu Darmstadt. 1. Bd. 1. u. 2. Hft. Lex.-8. Darmstadt, (Bergsträsser). n.n. 12. 50
1. Chronologische Uebersicht der geologischen u. mineralogischen Literatur über das Grossherzogth. Hessen. Zusammengest. v. C. Chelius. (XVI, 59 S.) 884. n.n. 2. 50
2. Die Fauna der Kalke v. Waldgirmes bei Giessen. Von Frdr. Maurer. Mit e. Atlas v. 11 lith. Taf. u. 11 Bl. Erklärgn. (S. 61—340). n.n. 10. —

— der grossherzogl. hessischen geologischen Landesanstalt zu Darmstadt. 1. Bd. 3. u. 4. Hft. Lex.-8. Darmstadt, (Bergsträsser Verl.). à n.n. 2. 50 (1—4.: n.n. 17. 50)
3. Der Meeressand zwischen Alzey- u. Kreuznach. Von Heinr. Schopp. Mit 2 lith. Taf. (52 S.) 889.
4. Beitrag zur Kenntniss d. körnigen Kalkes von Auerbach — Hochstädten an der Bergstrasse [Hessen-Darmstadt]. Von F. v. Tchihatchef. Mit 3 lith. Taf. (50 S.) 888.

— der grossherzogl. hessischen geologischen Landesanstalt zu Darmstadt. 2. Bd. 1.—3. Hft. Lex.-8. Darmstadt, (A. Bergsträsser Verl.). n. 12. 50
1. Die Quarzporphyre der Umgegend v. Gross-Umstatt. Von Chrph. Vogel. Mit 12 lith. Taf. (55 S.) 891. n. 5. —
2. Die alten Neckarbetten in der Rheinebene. Von A. Mangold. (S. 57—114 m. 1 Karte u. 2 Profiltaf.) 892. n. 5. —
3. Die Marmorlager v. Auerbach an der Bergstrasse in geologischer, mineralogischer u. technischer Beziehung. Von L. Hoffmann. (S. 115—161 m. 1 Taf.) 894. n. 2. 50

— der grossherzogl. hessischen geologischen Landesanstalt zu Darmstadt. II. Bd. 4. Hft. Lex.-8. Darmstadt 895. (A. Bergsträsser) n. 3. — (1—4.: n. 15. 50)
4. Beitr. z. Kenntn. d. krystallinen Grundgebirges im Spessart m. bes. Berücksicht. der genet. Verhältnisse. Von G. Klemm. (S. 163—257 m. 6 Lichtdr.-Taf.) n. 3. —

— dasselbe. III. Bd. 1.—3. Hft. Lex.-8. Ebd. n. 7. 50
1. Geolog.-agronom. Untersuchg. d. Gutes Weilerhof (Wolfskehlen bei Darmstadt). Von G. Klemm. Nebst e. Anh. üb. d. Bewirtschaftg. d. verschied. Bodenarten d. Gutes v. G. Dehlinger. M. 1 Karte i. Farbendr. (53 S.) 897. n. 2. 50
2. Das Barytvorkommen d. Odenwaldes. Von K. v. Kraatz-Koschlau. (S. 55—76 m. 3 Taf.) 897. n. 2. —
3. Beiträge z. Kenntnis d. Messeler Braunkohle u. ihrer Fauna. Von Ernst Wittich. (S. 77—147 m. 2 Taf.) 898. n. 3. —

— der grossherzogl. hessischen geologischen Landesanstalt zu Darmstadt. III. Bd. 4. Hft. Lex.-8. Darmstadt (A. Bergsträsser). n.n. 5. —
4. Die Boden- u. Wasserverhältnisse der Prov. Rheinhessen, des Rheingaus u. Taunus. Von C. Luedecke. (III u. S. 149—298). 899. n.n. 5. —
Hft. 1—3. Ebd. 897, 898. n. 7. 50

— dasselbe. IV. Bd. 1. Hft. Lex. 8. Ebd. n. 5. —
1. Die Boden- u. Wasserverhältnisse des Odenwaldes u. seiner Umgebg. Von C. Luedecke. (184 S. m. 2 Taf.) 901. n. 5. —

— der grossherzogl. hessischen geologischen Landesanstalt zu Darmstadt. IV. Bd. 2. Hft. Lex-8. Darmstadt 906. (A. Bergsträsser.) n 5. —
Beiträge zur näheren Kenntnis der Carnivoren aus den „Sanden v. Mauer u. Mosbach. Von Wilh. v. Reichenau. Mit 14 Taf. in Autotypiedr. (S. 185—318 m. 4 Bl. Erklärgn.)

— der grossherzogl. hessischen geologischen Landesanstalt zu Darmstadt. IV. Bd. 3. Heft. Lex. 8. Darmstadt (A. Bergsträsser). nn 5. —
Die Basalte d. Umgegend v. Giessen. Von Wilh. Schottler. Mit 4 Taf. u. 3 Abbildgn. im Text. (S. 315—491 m. 3 Bl. Erklärgn.) 908.

Abhandlungen der (königlich) preussischen geologischen Landesanstalt (N.F. und Bergakademie). Bd 1 – N.F. 195.
Berlin: S. Schropp (sp. Vertrieb der Preussischen geologischen Landesanstalt) 1889–1939. 8° **46**
⊄ Vorh. u. d. T.: Abhandlungen zur geologischen Specialkarte von Preussen und den Thüringischen Staaten. Bd 1–10. 1872–1892.
⊄ Forts. u. d. T.: Abhandlungen der Reichsstelle für Bodenforschung. N. F. 196. 1940ff.

— der königl. preussischen geologischen Landesanstalt. Neue Folge. 1. Hft. [Fortsetzung v. Bd. 10 der Abhandlgn. zur geolog. Specialkarte v. Preussen u. der Thüring. Staaten.] Lex.-8. Ebd. 889. n.n. 17. —
Die Fauna d. Hauptquarzits u. der Zorger Schiefer d. Unterharzes. Von E. Kayser. (140 S. m. 13 Steindr.- u. 11 Lichtdr.-Taf. nebst 24 Bl. Erläutergn.)

— der königl. preussischen geologischen Landesanstalt. Neue Folge. 2. Hft. II. Thl., 3. Hft., 5.—8. Hft., 9. Hft. II. Thl., 12.—15. Hft. u. 20. Hft. Lex.-8. Berlin, (S. Schropp). n.n. 131.— (1; 2, II; 3; 5—8; 9, II; 12—15; 20.: n.n. 148. —)
2, II. Beiträge zur fossilen Flora, V. Die Sigillarien der preussischen Steinkohlen- u. Rothliegenden-Gebiete. II. Die Gruppe der Subsigillarien v. E. Weiss. Nach dem handschriftl. Nachlasse des Verf. vollendet v. T. Sterzel. Mit 13 Textfig. u. e. Atlas m. 28 Taf. (u. 28 Bl. Erklärgn. in Fol. kart.). (XVI, 255 S.) 893. n.n. 25. —
3. Die Foraminiferen der Aachener Kreide. Von Ign. Beissel. Nach dem Tode d. Verf. hrsg. u. m. e. Einleitg. versehen v. E. Holzapfel. (78 S.) Hierzu e. Atlas m. 16 Taf. in Fol. (Mit 16 Bl. Erläutergn.) Kart. n.n. 10. —
5. Die regulären Echiniden der norddeutschen Kreide v. Clem. Schlüter. II. Cidaridae. Salenidae. Mit 14 Taf. (IX, 243 S.) 892. n.n. 15. — (I. u. II.: n.n. 21. —) Das I. Hft. erschien 1883 in den Abhandlungen zur geologischen Specialkarte v. Preussen u. d. Thüringischen Staaten.
6. Geognostische Beschreibung der Gegend v. Baden-Baden, Rothenfels, Gernsbach u. Herrenalb v. H. Eck. Mit e. (farb.) geognost. Karte. (XLVI, 686 S.) 892. n.n. 20. —
7. Die Braunkohlen-Lagerstätten am Meisner, am Hirschberg u. am Stellberg m. besond. Berücksicht. der Durchbruchs- u. Contact-Einwirkungen, welche die Basalte auf die Braunkohlenflötze ausgeübt haben, v. A. Uthemann. (54 S. m. 3 farb. Taf. u. 10 z. Tl. farb. Textfig.) 892. n.n. 5. —
8. Das Rothliegende in der Wetterau u. sein Anschluss an das Saar-Nahegebiet von A. v. Reinach. Erläuterung zur geolog. Uebersichtskarte der Randgebirge d. Mainzer Beckens m. besond. Berücksicht. d. Rothliegenden. (34 S. m. 1 farb. Karte u. 6 Textfig.) 892. n.n. 5. —
9, II. Ueber das Rothliegende des Thüringer Waldes. II. Thl.: Die Flora des Rothliegenden v. Thüringen. Von H. Potonié. (IX, 298 S. m. 2 Tab., 34 Taf. u. 34 Bl. Erklärgn.) 894. n.n. 16. —
12. Der nordwestliche Spessart. Geologisch aufgenommen u. erläutert v. H. Bücking. (VIII, 274 S. m. 1 geolog. Karte, 3 Taf. in Farbendr. u. 3 Bl. Erklärgn.) 893. n.n. 10. —
13. Geologische Beschreibung der Umgebung v. Salzbrunn m. 1 (farb.) geolog. Specialkarte der Umgebg. v. Salzbrunn, sowie 2 Kartentaf. u. 4 Profilen im Text v. E. Dathe. (VII, 157 S.) 892. n.n. 6. —
14. Zusammenstellung der geologischen Schriften u. Karten über den ost-elbischen Theil des Königr. Preussen, m. Ausschluss der Provinzen Schlesien u. Schleswig-Holstein. Abgeschlossen am 1. April 1893. Von Konr. Keilhack. (XII, 135 S.) 893. n.n. 4. —
15. Das Rheinthal von Bingerbrück bis Lahnstein. Von E. Holzapfel. Mit e. geolog. Uebersichtskarte, 16 Ansichten aus dem Rheinthal u. 5 Abbildgn. im Text. (V, 124 S.) 893. n.n. 12. —
20. Die Lagerungsverhältnisse des Tertiärs u. Quartärs der Gegend v. Buckow. Von F. Wahnschaffe. [Aus: „Jahrb. d. k. preuss. geolog. Landesanstalt für 1893".] (32 S. m. 4 Taf.) 894. n.n. 3. —
Der I. Thl. des 2. Heftes befindet sich mit noch zwei anderen Abhandlungen im 3. Hft. des VII. Bandes der Abhandlungen zur geologischen Specialkarte v. Preussen und den Thüringischen Staaten. — Der I. Thl. des 9. Heftes erscheint später.

— der königl. preussischen geologischen Landesanstalt u. Bergakademie. Neue Folge. 10., 11., 25. u. 29.—36. Hft. Lex. 8. Berlin (S. Schropp). n.n. 97. 50

10. Das jüngere Steinkohlengebirge u. das Rothliegende in d. Prov. Sachsen u. den angrenz. Gebieten. Von Frz. Beyschlag u. Karl v. Fritsch. (XXII, 263 S. m. 2 farb. Taf., 2 farb. Karten u. 1 Blatt Erklärgn.) 899. n.n. 12. —

11. Die geolog. Specialkarte u. d. landwirthschaftl. Bodeneinschätzg. i. ihrer Bedeutg. u. Verwerthg. f. Land- u. Staatswirthschaft. Unt. Berücksicht. der Entwickelg. d. Rittergutes Selchow insbes. u. d. Verwitterungsbodens d. diluvialen Geschiebemergels im Allgem. bearbeit. v. Thdr. Woelfer. Abgeschl. i. Apr. 1891. Hrsg. v. d. kgl. preuss. geolog. Landesanstalt. (IX, 162 S. m. 2 Taf.) 892. n.n. 4. —

25. Die Molluskenfauna des Untersenon v. Braunschweig u. Ilsede. I. Lamellibranchiaten u. Glossophoren. Von G. Müller. (142 S. m. Abb. nebst Atlas 18 Taf. m. 18 Bl. Erklärgn. in Fol.) 898. n.n. 15. —

29. Beitrag zur Kenntnis der Fauna d. Tentaculitenschiefer im Lahngebiet m. besond. Berücksicht. d. Schiefer v. Leun unweit Braunfels. Von H. Burhenne. Mit 5 Taf. (56 S. m. 5 Bl. Erläutergn.) 899. n.n. 3. —

30. Das Devon des nördl. Oberharzes m. besond. Berücksicht. der Gegend zwisch. Zellerfeld u. Goslar. Von L. Beushausen. Mit 11 Abbildgn. im Text u. 1 Karte. Hrsg. v. d. königl. preuss. geolog. Landesanstalt. (VII, 383 S.) 900. n.n. 12. —

31. Die Bivalven u. Gastropoden des deutsch. u. holländisch. Neocoms. Von A. Wollemann. (180 S. m. Abbildg., nebst Atlas 8 Taf. m. 8 Bl. Erklärgn. in Fol.) 900. n.n. 12. —

32. Geologisch-hydrograph. Beschreibung d. Niederschlagsgebietes d. Glatzer Neisse (oberhalb d. Steinemündung), unt. Berücksicht. d. Zwecke d. Ausschusses z. Untersuchg. der Wasserverhältnisse in den der Ueberschwemmungsgefahr besonders ausgesetzten Flussgebieten. Von A. Leppla. Mit 7 (6 farb.) Taf. (Karten u. Profilen) u. 3 Textfig. (X, 368 S.) 900. n.n. 15. —

33. Beiträge zur Kenntniss der Goldlagerstätten d. siebenbürg. Erzgebirges. Von Semper. (IV. XIV, 219 S. m. 36 Abbildgn.) 900. n.n. 6. —

34. Der geolog. Bau d. Kellerwaldes. Kurze Erläutergn. zur geolog. Uebersichtskarte d. Kellerwaldes 1 : 100,000. Von A. Denckmann. Mit 3 Kartentaf. (88 S.) 901. n.n. 9. —

35. Darstellung, geologisch-agronomische, der Umgebung v. Geisenheim am Rhein. I. Geologische Beschreibg. von A. Leppla. II. Agronomische Darstellg. v. F. Wahnschaffe. Mit 1 geolog. Karte u. 1 Abbildg. im Text. (II, 42 S.) 901. n.n. 3.50

36. Die Silur- u. die Culm-Flora des Harzes u. des Magdeburgischen. Mit Ausblicken auf die anderen alt-paläozoischen Pflanzenfundstellen des Variscischen Gebirgs-Systems. Von H. Potonié. (V, 183 S. m. Abbildgn.) 901. n.n. 6. —

— d. kgl. preuss. geologischen Landesanstalt. N. F. 16., 17., 19., 21.—23., 26.—28. Hft. Lex.-8. Berlin (S. Schropp). n.n. 87. —

16. D. ob. Mitteldevon (Schichten m. Stringocephalus Burtini u. Maeneceras terebratum) im rhein. Gebirge. Von E. Holzapfel. Hierzu e. (kart.) Atlas m. 19 lith. Taf. (in gr. 4., m. 19 Bl. Erklärgn.). (VI, 459 S.) 896. n.n. 20. —

17. D. Lamellibranchiaten d. rhein. Devon m. Ausschluss d. Aviculiden. bearb. v. L. Beushausen. Hierzu e. (kart.) Atlas v. 38 Taf. (V, 514 S. m. Abbildgn.) 896. n.n. 30. —

19. D. stratigraph. Ergebnisse d. neueren Tiefbohrungen i. oberschles. Steinkohlengebirge v. Th. Ebert. Hierzu e. Atlas, enth. 1 Uebersichtskarte d. Bohrpunkte u. 7 Taf. Saigerrisse (in Imp.-Fol.). Bearb. i. Auftr. d. Ministers f. Handel u. Gewerbe unt. Mitwirkg d. kgl. Oberbergamts zu Breslau. Hrsg. v. d. kgl. preuss. geolog. Landesanstalt. (V, VI, 144 S.) 896. n.n. 10. —

21. D. florist. Gliederung d. deutschen Carbon u. Perm. Von H. Potonié. Hrsg. v. d. kgl. preuss. geolog. Landesanstalt. (II, 58 S. m. 48 Abb.) 896. n.n. 2. 50

22. D. schlesisch-sudetische Erdbeben v. 11. VI. 1895. Von E. Dathe. M. 1 Karte. Hrsg. v. d. kgl. preuss. geolog. Landesanstalt. (IV, 329 S.) 896. n.n. 8. —

23. Ueb. d. seinerzeit v. Unger beschrieb. strukturbietenden Pflanzenreste d. Unterculm v. Saalfeld in Thüringen. Von H. Graf zu Solms-Laubach. Hrsg. v. d. kgl. preuss. geolog. Landesanstalt. (100 S. m. 5 Taf. u. 5 Bl. Erklärgn.) 896. n.n. 4. —

26. Verzeichn. v. auf Deutschland bezügl. geolog. Schriften u. Karten-Verzeichnissen. Von K. Keilhack u. E. Zimmermann. Erg. u. z. Druck vorber. durch R. Michael. Abgeschl. Sommer 1897. Hrsg. v. d. kgl. preuss. geolog. Landesanstalt. (IX, 108 S.) 897. n.n. 4. —

27. Beitrag z. genaueren Kenntniss d. Muschelkalks b. Jena. Von R. Wagner. M. 7 i. d. Text gedr. Fig. u. 2 Profiltaf. Hrsg. v. d. kgl. preuss. geolog. Landesanstalt. (106 S.) 897. n.n. 4. 50

28. D. tiefere Untergrund Berlins. Von G. Berendt. Unt. Mitwirkg. v. F. Kaunhoven. M. 7 Taf. Profile u. 1 geognost. Uebersichtskarte. Hrsg. v. d. kgl. preuss. geolog. Landesanstalt. (V, 59 S.) 897. n.n. 4. —

— der königl. preussischen geologischen Landesanstalt u. Bergakademie. Neue Folge. 18., 24. u. 37.—45. Hft. Lex.-8. Berlin, (S. Schropp). n.n. 112. 50

Fischer, Frz., zur Nomenclatur v. Lepidodendron u. zur Artkritik dieser Gattung. Hrsg. v. der königl. preuss. geolog. Landesanstalt u. Bergakademie. (V, 80 S.) 9.4. (Hft. 39.) n.n. 2. 50

Gothan, Walt., zur Anatomie lebender u. fossiler Gymnospermen-Hölzer. (108 S. m. Abb.) 905. (Hft. 44.) n.n. 3. 50

Harbort, E., die Fauna der Schaumburg-Lippe'schen Kreidemulde. Mit 11 Taf., 1 Übersichtskarte u. 1 Profil. Hrsg. v. der königl. preuss. geolog Landesanstalt u. Bergakademie. (112 S. m. 11 Bl. Erklärgn.) 906. (Hft. 45.) n.n. 10. —

Koehne, Wern., Sigillarienstämme, Unterscheidungsmerkmale, Arten, geologische Verbreitung, besonders m. Rücksicht auf die preussischen Steinkohlenreviere. (117 S. m. Abbildgn.) 904. (Hft. 43.) n.n. 3. 50

Koenen, A. v., die Ammonitiden des norddeutschen Neocom (Valanginien, Hauterivien, Barrêmien u. Aptien). Mit 55 Taf. (in gr. 4.) u. 2 Abbildgn. im Text. (III, 451 S. m. 55 Bl. Erklärgn. in gr. 4.) 902. (Hft. 24.) Geh. u. kart. n.n. 40. —

Reinach, A. v., über die zur Wassergewinnung im mittleren u. östlichen Taunus angelegten Stollen. Mit 1 Taf. Hrsg. v. der königl. preuss. geolog. Landesanstalt u. Bergakademie. (II, 64 S.) 904. (Hft. 42.) n.n. 2. 50

Schmidt, Mart., über oberen Jura in Pommern. Beiträge zur Stratigraphie u. Paläontologie. Mit 10 Taf., 1 Übersichtskarte u. 6 Abbildgn. im Text. Hrsg. v. der königl. preuss. geolog. Landesanstalt u. Bergakademie. (222 S. m. 10 Bl. Erklärgn.) 905. (Hft. 41.) n.n. 15. —

Schroeder, H., die Wirbelthier-Fauna des Mosbacher Sandes. I. Gattung Rhinoceros. Hrsg. v. der königl. preuss. geolog. Landesanstalt. (143 S.) Hierzu e. Atlas v. 14 Taf. (Mit 14 Bl. Erläutergn.) gr. Fol. 903. (Hft. 18.) n.n. 14. —

Stille, Hans, geologisch-hydrologische Verhältnisse im Ursprungsgebiete der Paderquellen zu Paderborn. Mit Taf. I—IV u. 3 Abbildgn. im Text. Hrsg. v. der königl. preuss. geolog. Landesanstalt u. Bergakademie. (IV, 129 S.) 903. (Hft. 38.) n.n. 8. —

Über e. frühdiluviale u. vorglaziale Flora bei Lüneburg. I. Geologischer Tl. v. G. Müller u. C. A. Weber. II. Palaeontologischer Tl. v. C. A. Weber. Mit 18 Taf. Hrsg. v. der königl. preuss. geolog. Landesanstalt u. Bergakademie. (V, 78 S. m. 18 Bl. Erklärgn.) 904. (Hft. 40.) n.n. 5. 50

Wollemann, A., die Fauna der Lüneburger Kreide. Hierzu e. Atlas m. 7 Taf. (in gr. 4). (129 u. III S. m. 7 Bl. Erklärgn. in gr. 4.) 902. (Hft. 37.) Geh. u. kart. n.n. 8. —

— der königl. preussischen geologischen Landesanstalt u. Bergakademie. Neue Folge. 4., 46., 47., 49., 50., 52. Hft., 4 Tle., 54. u. 55. Heft. Lex. 8. Berlin (N. W. 40, Platz vor d. Neuen Tore 3), Vertriebsstelle der kgl. geolog. Landesanstalt. nn 103. —

4. Die Flora des Bernsteins u. anderer fossiler Harze des ostpreussischen Tertiärs. Von Robert Caspary. Nach dem Nachlasse des Verstorbenen bearb. v. Rich. Klebs. I. Bd. 1. Thallophyta. 2. Bryophyta. 3. Pteridophyta. 4. Gymnosperma. (182 S.) Nebst Atlas. (30 Taf.) 35×26 cm. 907. Kart. nn. 25. —

46. Über d. Flora d. Senftenberger Braunkohlen-Ablagerungen. Von P. Menzel. Mit 6 Fig. im Text u. 9 Klappt. Hrsg. v. der königl. preuss. geolog. Landesanstalt. (V, 177 S. m. 9 Bl. Erklärgn.) 906. nn 11. —

47. Die Molluskenfauna des Untersenon v. Braunschweig u. Ilsede. II. Die Cephalopoden. Von G. Müller u. A. Wollemann. Hierzu 2 Textfig. u. e. Atlas v. 11 Taf. (35×26 cm.) (30 S. u. 11 Bl. Erklärgn.) 906. nn 8. — (I u. II: nn 23.—)

49. Klassifikation u. Terminologie der rezenten brennbaren Biolithe u. ihrer Lagerstätten. Im Auftrage d. kgl. preuss. geol. Landesanstalt zusammengest. Von H. Potonié. (VI, 94 S.) 906. nn 3. —

50. Die Trias im südl. Oberschlesien. Von Johs. Ahlburg. Mit 6 Taf. u. 5 Fig. im Text. (163 S. m. 4 Bl. Erklärgn.) 906. nn 8. —

52. I. Zur Geologie der deutschen Zechsteinsalze. Von H. Everding. Leitung: F. Beyschlag. Mit 11 eingeh. Taf. u. 5 als Anlagen beigefügten Karten u. Profilen sowie e. Literaturverz. im Anh. [Aus: „Deutschlands Kalibergbau"]. (VI, 183 S.) 907. nn 12. —

52. II. Dasselbe. Die Chemie der Kalisalze. Von E. Erdmann. Mit 8 in den Text gedr. Fig., 1 Profil u. e. Literaturverzeichnis. [Aus: „Deutschl. Kalibergbau".] (123 S.) 907. nn 4. —

III. Dasselbe. Die bergmänn. Gewinnung d. Kalisalze. Von L. Loewe. Mit 36 Abbildgn. im Text u. auf (1) Taf. [Aus „Deutschlands Kalibergbau".] (145 S.) 907. nn 7 —

IV. Dasselbe. Wirtschaftliche, rechtl. u. statistische Verhältnisse d. Kaliindustrie. Von H. Paxmann. Mit folg. Anlagen: 1. Gesetze. 2. Verzeichn. d. Untersuchgn. 3. Statistische Tabellen. 4. Kalisyndikatsvertrag v. 1. VII. 1904 in seinen wesentl. Bestimmgn. 5. Übersichtskarte d. Kaliuntersuchgn. [Aus: „Deutschlands Kalibergbau".] (230 S.) 907. nn. 9. —

54. Die Tertiärflora des Basalttuffes vom Eichelskopf bei Homberg (Bez. Kassel). Von G. Schindehütte. Mit 13 Taf. (81 S. m. 13 Bl. Erklärgn.) 907. nn 8 —

55. Die rezenten Kaustobiolithe u. ihre Lagerstätten. I. Bd.: Die Sapropelite. Eine Erläuterg. zu der v. d. deutschen geolog. Landesanstalten angewendeten Terminologie u. Klassifikation. Von H. Potonié. 2., sehr stark erweit. Aufl. v. derselben Verf. „Klassifikation u. Terminologie der rezenten brennbaren Biolithe u. ihrer Lagerstätten" (Berlin 1906). (XV, 251 S. m. Abbildgn.) 908. nn 8. —
Hft. 48 u. 51 sind noch nicht erschienen.

— der königl. preussischen **geologischen Landesanstalt** u. Bergakademie. Neue Folge. 53., 56., 58., 59. u. 62. Heft. Lex. 8. Berlin (N. 4, Invalidenstr. 44), Vertriebsstelle der kgl. geol. Landesanstalt. nn 89.—.
Beiträge zur Geologie v. Kamerun. Unter Beteiligung v. E. Harbort, O. Jaekel, O. Klautzsch, Menzel im Auftrage des Deutschen Reichs-Kolonial-Amtes bearb. v. C. Guillemain. Mit 2 (farb.) geolog. Karten, 8 Textskizzen, 2 Fossiltaf., 1 Vierfarbendr. (nach Photographie) u. 22 Taf. m. 44 Reproduktionen nach photograph. Aufnahmen. (V, 466 S.) 909. (62. Heft.) nn 30.—.
Koenen, A. v., die Polyptychites-Arten des unteren Valanginien. (89 S.) Hierzu e. Atlas m. 33 Taf. (6 S. Text.) 35×26 cm. 909. (59. Heft.) nn 25.—.
Schroeder, Henry, u. Johs. Boehm, Geologie u. Paläontologie der subhercynen Kreidemulde. (VII, 64 S. m. 1 Abbild., 16 Taf. u. 16 Bl. Erklärgn.) 909. (56. Heft.) nn 10.—.
Spriestersbach, Jul., u. Alex. Fuchs, die Fauna der Remscheider Schichten. (V, 81 S. m. 11 Taf. u. 11 Bl. Erklärgn.) 909. (58. Heft.) nn 12.—.
Torley, K., die Fauna des Schleddenhofes bei Iserlohn (56 S. m. 10 Taf. u. 10 Bl. Erklärgn.) 908. (53. Heft.) nn 12.—.
Bei der Aufnahme auf S. 7 ist die Adresse zu ändern in: Berlin N. 4, Invalidenstr. 44.

Abhandlungen der Königl. Preussischen Geologischen Landesanstalt. Berlin. N. F.

63. Koert (W.) u. Tornau (F.), Zur Geologie u. Hydrologie von Daressalam und Tanga (Deutsch-Ostafrika.) M. 10 Taf. 1910. [3 Expl.].

— zur **Landeskunde** der Prov. Westpreussen. Hrsg. v. der Provinzial-Kommission zur Verwaltg. der westpreuss. Provinzial-Museen. 1. — 8. Hft. gr. 4. Danzig, (Th. Bertling). n. 45. —
1. Das Gräberfeld zu Rondsen im Kreise Graudenz von S. Anger. Mit 1 Fundkarte u. 23 Lichtdr.-Taf. (IX, 70 S. m. Text-Abbildgn.) Graudenz 890. n. 6. —
2. Alterthümer der Bronzezeit in der Prov. Westpreussen u. den angrenzenden Gebieten v. A. Lissauer. I. Die Bronzen. Mit 14 Lichtdruck-Taf. (XI, 30 S. m. 14 Bl. Erklärgn.) 891. n. 6. —
3. Die Eibe in Westpreussen, e aussterbender Waldbaum. Von H. Conwentz. (VII, 67 S. m. 1 farb. u. 1 Lichtdr.-Taf.) 893. n. 6. —
4. Danzigs mittelalterliche Grabsteine v. Bernh. Engel u. Reinh. v. Hanstein. (VI, 36 S. m. 50 Abbildgn. u. 4 Taf.) 893. n. 6. —
5. Die Tucheler Haide, vornehmlich in forstlicher Beziehung. Von R. Schütte. (V, 52 S.) 893. n. 3. —
6. Die Goltzen Herrschaft Brotzen. Geschichtliche Darstellg. der Entwickelg. e. ländl. Bezirkes m. 1 Anh. bisher ungedr. Urkunden v. Gust. Brümmer. (VII, 76 S. m. 2. farb. Karten.) 893. n. 6. —
7. Nachrichten üb. Lapin u. andere Hospitalgüter v. Danzig. Ein Beitrag z. pommerell. Kulturgeschichte v. H. Schuch. (VI, 104 S.) 894. n. 6. —
8. Beiträge z. Geschichte des Weichseldeltas v. M. Toeppen. (VIII, 129 S. m. 1 Karte.) 894. n. 6. —

— Zur **Landeskunde** der Prov. Westpreussen. Hrsg. v. d. Provinzial-Komm. z. Verwaltg. d. westpreuss. Provinzial-Museen. 9. u. 10. Hft. gr. 4. Danzig (Th. Bertling) à n. 6. — (I.—X.: n. 57. —)
9. Beobachtg. üb. selt. Waldbäume i. Westpreussen m. Berücksicht. ihres Vorkommens i. Allgem. v. H. Conwentz. (X, 163 S. m. 17 Fig., 3 Taf. u. 3 Bl. Erklärgn.) 895.
10. D. Moorbrücken i. Thal d. Sorge a. d. Grenze zw. Westpreussen u. Ostpreussen. Von H. Conwentz. E. Beitr. z. Kenntniss d. Naturgesch. u. Vorgesch. d. Landes. M. 10 Taf. u. 26 Textfig. (XV, 142 S.)

— zur **Landeskunde** der Prov. Westpreussen. Hrsg. v. der Prov.-Kommission zur Verwaltg. der westpreuss. Prov.-Museen. XI. Hft. gr. 4. Danzig (L. Saunier). n. 3.—
XI. Die mittelalterlichen Siegel der Fürsten, der Geistlichkeit u. des poln. Adels im Thorner Rathsarchive. Von Bernh. Engel. Mit 94 Siegelzeichngn. auf 4 Taf. (VII, 24 S. u. 8, IX—XI.) 902. n. 3.—
Hft. I—X, jetzt Ebd. 890—897. n. 57.—

— zur **Landeskunde** der Prov. Westpreussen. Hrsg. v. der Prov.-Kommission zur Verwaltg. der westpreuss. Prov.-Museen. XII. Hft. gr. 4. Danzig 903. (L. Saunier.) n. 5. —
Die Abzweigung der Nogat v. der Weichsel. Von H. Bindemann. Mit 1 Titelbilde u. 20 Karten. (XII, 70 S.)
Hft. I bis XI. Ebd. 890—902. n. 60. —.

— zur **Landeskunde** der Prov. Westpreussen. Hrsg. v. d. Prov.-Komm. zur Verwaltg. d. westpreuss. Prov.-Museen. XIII. u. XIV. Heft. Lex. 8. Danzig, A. W. Kafemann. 6. —
XIII. Die Kirchenbücher der Prov. Westpreussen. Von Max Bär. (XI, 65 S.) 908. 3. —
XIV. Die Denkmalpflege in Westpreussen 1804—1910. Von Bernh. Schmidt. (VII, 64 S. m. Abb. u. 3 Taf.) 910. 3. —
Hft. I—XII. Jetzt Ebd. 890—903. 65. —

Abhandlungen vom dänischen Landwesen. In einer deutschen Uebers. zum Dr. befördert von einer Gesellschaft. — Kopenhagen & Leipzig. Pelt 1788. 336 S.
12:Oecon. 23. 7.
1.3427

— d. verbess. Landwirthsch. betr. ꝛc. 7 Bde. gr. 8. Prag, Herrl u. Schönfeld. 798—808. (1r—3r à 16 gr., 4r, 5r à 20 gr., 6r 1 Rthlr., 7r 1 Rthlr. 4 gr.)

— **landwirtschaftliche**, des Instituts f. exakte Wirtschaftsforschg. Hrsg. v. R. Ehrenberg. 1.—3. Hft. gr. 8. Berlin, P. Parey. 14. 50
Ehrenberg, Rich., landwirtschftl. Buchführungsfragen. (III, 86 S.) 910. (Hft. 2) 2. 50
Pieper, Wilh., Produktions-Bedingungen v. Genossenschafts-Molkereien. (IV, 183 S.) 910. (Hft. 3) 5. 50
Wenckstern, Herm. v., Existenz-Bedinggn sesshafter Landarbeiter. I. (XXVIII, 330 S.) 909. (Hft. 1) 6. 50

— v. d. gesellschaftl. Leben d. Christen. 8. Leipz. 765. 3 gr.

— v. d. gesellschaftl. Leben christl. Ehegatten. 8. Leipz. 764. 3 gr.

— über die Lehre von Parallellinien, (von Frz. X. Kesaer). 8. Wien 778.

Abhandlungen, Leipziger historische. Hrsg. v. E. Brandenburg, G. Seeliger, U. Wilcken. 1. Hft. gr. 8. Leipzig 906. Quelle & Meyer.
Subskr.-Pr. 2. 80; Einzelpr. 3. 40
Karls V. Plan zur Gründung e. Reichsbundes. Ursprung u. erste Versuche bis zum Ausgange des Ulmer Tages (1547). Von O. A. Hecker. (XI, 101 S.)

— **Leipziger historische.** Hrsg. v. E. Brandenburg, G. Seeliger, U. Wilcken. 2.—20. Heft. gr. 8. Leipzig, Quelle & Meyer. Subskr.-Pr. 54. 95; Einzelpr. 68. 15
Achtnich, Karl, der Bürgerstand in Strassburg bis zur Mitte des XIII. Jahrh. (X, 55 S.) 910. (Hft. 19.) Subskr.-Pr. 1. 60; Einzelpr. 2. —
Ahrens, Jak., die Ministerialität in Köln u. am Niederrh. (VI, 97 S.) 908. (Hft. 9.) Subskr.-Pr. 2. 80; Einzelpr. 3. 50
Bandmann, Otto, die deutsche Presse u. die Entwicklung der deutschen Frage 1864—66. (XII, 193 S.) 910. (Hft. 15.) Subskr.-Pr. 4. —; Einzelpr. 5. —
Bemmann, Rud., zur Geschichte des deutschen Reichstages im XV. Jahrh. (VII, 95 S.) 907. (Hft. 7.) Subskr.-Pr. 2. 60; Einzelpr. 3. 25
Bruckauf, Jul., Fahnlehn u. Fahnenbelehnung im alten deutschen Reiche. (VI, 113 S.) 907. (Hft. 8.) Subskr.-Pr. 3. —; Einzelpr. 3. 60
Gelzer, Matthias, Studien z. byzantin. Verw. Ägyptens. (X, 107 S.) 909. (Hft. 13.) Subskr.-Pr. 3. —; Einzelpr. 3. 60
Goldhardt, Otto, die Gerichtsbarkeit in den Dörfern d. mittelalterlichen Hennegaues. (VI, 62 S.) 909. (Hft. 14.) Subskr.-Pr. 1. 80; Einzelpr. 2. 20
Hoffmann, Werner, das literar. Porträt Alexanders d. Grossen im griechischen u. römischen Altertum. (VIII, 115 S.) 907. (Hft. 8.) Subskr.-Pr. 3. 20; Einzelpr. 4. —
Keber, Paul, die Naumburger Freiheit. (VIII, 91 S. m. 1 Plan.) 909. (Hft. 12.) Subskr.-Pr. 2. 60; Einzelpr. 3. 25
Kohlmann, Philipp Wilh., Adam v. Bremen. Ein Beitrag z. mittelalterl. Textkritik u. Kosmographie. (VIII, 135 S.) 908. (Hft. 10.) Subskr.-Pr. 3. 50; Einzelpr. 4. 40
Oswald, Paul, die Gerichtsbefugnisse d. patrimonialen Gewalten in Niederösterreich. Ursprung u. Entwicklg. v. Grund-, Dorf- u. Vogtobrigkeit. (VIII, 100 S.) 907. (Hft. 5.) Subskr.-Pr. 2. 80; Einzelpr. 3. 40
Philipp, Albr., August d. Starke u. d. pragmat. Sankt. (XV, 139 S.) 908. (Hft. 4.) Subskr.-Pr. 4. —; Einzelpr. 5. —
Plaumann, Gerh., Ptolemais in Oberägypten. Ein Beitr. z. Gesch. des Hellenismus in Ägypten. (XII, 137 S.) 910. (Hft. 18.) Subskr.-Pr. 3. 60; Einzelpr. 4. 50
Schmeidler, Bernh., Italienische Geschichtschreiber d. XII. u. XIII. Jahrh. Ein Beitrag zur Kulurgeschichte. (VIII, 88 S.) 909. (Hft. 11.) Subskr.-Pr. 2. 20; Einzelpr. 2. 75

Strieder, Jac., kritische Forschungen z. österreichischen Politik. Vom Aachener Frieden bis zum Beginne des siebenjähr. Krieges. (VIII, 101 S.) 906. (Hft. 2.) Subskr.-Pr. 2.80; Einzelpr. 3.40
Ulbricht, Walth., Bunsen u. d. deutsche Einheitsbeweg. (XI, 146 S.) 910. (Hft. 20.) Subskr.-Pr. 3.85; Einzelpr. 4.80
Vetter, Arno, Bevölkerungsverhältn. d. ehemals freien Reichsstadt Mühlhausen in Th. im XV. u. XVI. Jahrh. (X, 102 S.) 910. (Hft. 17.) Subskr.-Pr. 2.60; Einzelpr. 3.25
Vormoor, Jos., soziale Gliederung im Frankenreich. (VII, 105 S.) 907. (Hft. 6.) Subskr.-Pr. 2.80; Einzelpr. 3.50
Zuchardt, Karl, die Finanzpolitik Bismarcks u. der Parteien im norddeutsch. Bunde. (VIII, 81 S.) 910. (Hft. 16.) Subskr.-Pr. 2.20; Einzelpr. 2.75
Hft. I. Ebd. 906. 2.80, bez. 3.40

***Litterarische Abhandlungen.** [Hrsg.: Joach. Christoph Bertram.] St. 1–4.
Halle 1781–83. 8°

— über die Literatur d. Orients; aus d. Französ. (v. H. A. O. Reichard). 8. Gotha 770. Ettinger. 5 gr

Liefländische Abhandlungen von der Arzeneywissenschaft. [Hrsg.: Peter Ernst Wilde.] St. 1–13.
Schloß-Oberpahlen 1766–67.
ℭ Eine 2. verbesserte Auflage (St. 1–52 u. Reg.) erschien in Schloss-Oberpahlen 1782.

Abhandlungen und Lobreden, Philosophische, über Preisaufgaben der französischen und verschiedener anderer Akademien. Von dem Vf. des Werkes zweitausend vierhundert und vierzig. Aus dem Franz. übers. Leipzig 1777/8. II. V: *Mercier, Louis Sebast.* (DARP)

— der Solinger Lokal-Abtheilg. d. landwirthschaftlichen Vereins für die Rheinprovinz, handelnd über mehrere der wichtigsten Gegenstände in der Landes-Cultur, zusammengetragen von Deycks. Nebst 1 (lith.) Karte (in Fol.) 8. (VIII u. 114 S.) Siegen 846. (Leipzig, W. Engelmann.) n. 1/2 ₰

— des deutschen naturwissenschaftlich-medicinischen Vereines f. Böhmen „Lotos". 1. Bd. Im Auftr. des Ausschusses des deutschen naturwissenschaftlich-medicin. Vereines f. Böhmen-Lotos red. v. Johs. Gad. 3 Hfte. gr. 4. Prag, J. G. Calve. n. 14.—
1. Schildkrötenreste aus der böhmischen Braunkohlenformation. Von Gust. C. Laube. Mit 4 Taf. Veröffentlicht m. Unterstützg. d. Gesellschaft z. Förderg. deutscher Wissenschaft, Kunst und Litteratur in Böhmen. (19 S.) 896. n. 4.—
2. Andriasreste aus der böhmischen Braunkohlenformation. Von Gust. C. Laube. Mit 1 Taf. — Ueber die Schutzmittel der Blüten geophiler Pflanzen. Von Rich. Ritter v. Wettstein. Mit 2 Taf. (51 S.) 898. n. 4.—
3. Beiträge z. palaeontologischen Kenntniss d. böhmischen Mittelgebirges. Im Auftr. der Gesellschaft zur Förderg. deutscher Wissenschaft, Kunst u. Literatur in Böhmen hrsg. von der hiezu bestellten Commission. — I. Amphibienreste aus d. Diatomaceenschiefer von Sulloditz im böhm. Mittelgebirge. Von Gust. C. Laube. Mit 1 Taf. — II. Die Tertiärflora v. Berband im böhm. Mittelgebirge. Ein neuer Beitrag zur Kenntnis der fossilen Pflanzen Böhmens. Von Herm. Engelhardt. Mit 3 Taf. (S. 57 bis 123.) 898. n. 6.—

— dasselbe. Hrsg. mit Unterstützg. der Gesellschaft zur Förderg. deutscher Wissenschaft, Kunst u. Literatur in Böhmen. II. Bd. 1.—4. Hft. gr. 4. Ebd. n. 7.—
1. Über eine unterliasische Fauna aus der Bukowina. Von Vict. Uhlig. Mit e. paläontolog. Taf. u. 2 Textfig. (32 S.) 900. n. 3.—
2. Neue Schildkröten u. Fische aus der böhm. Braunkohlenformation. Von Gust. C. Laube. (22 S. m. 3 Taf.) 900. n. 4.—
3. Beiträge zur Kenntnis der Wirbelthierfauna der böhm. Braunkohlenformation. Hrsg. von der hiezu bestellten Commission. I. Zur Kenntnis der Säugethierfauna der böhm. Braunkohlenformation. Von Max Schlosser. (44 S. m. Fig. u. 1 Taf.) 901. n. 3.—
4. Dasselbe. Im Auftrage der Gesellschaft zur Förderung deutscher Wissenschaft, Kunst u. Literatur in Böhmen hrsg. II. Synopsis der Wirbelthierfauna d. böhm. Braunkohlenformation u. Beschreibung neuer oder bisher unvollständig bekannter Arten. Von Gust. C. Laube. Im Anh.: Nachtrag zur Säugethierfauna der böhm. Braunkohlenformation. Von Max Schlosser. (80 S. m. Fig., 8 Taf. u. 8 Bl. Erklärgn.) 901. n. 8.—

— von d. Macht d. Bischöfe in Ehesachen, besonders in Deutschland, (v. A. Michl). 8. Frankf. u. Leipz. 782.

— v. d. Macht des Königs, in Ansehung d. geistl. Ordensgelübde. 8. Wien 772. Camesina. 6 gr

— üb. Maikäfer u. Engerlinge, nebst Angabe wirksamer u. anwendbarer Mittel z. ihrer Verminderung u. z. Abwehrung ihrer Verheerungen. 8. Altorf, 1841. (Chur, Dalp). — 7½

* — üb. Mängel d. Regierungs-Verfassung. 2 Thle. 4. Augsburg, Doll. 788.

— über d. Maasstab d. Verbrechen u. Strafen, (v. Jh. B. Müller). gr. 8. Jena 789. Cröcker. 4 gr

— von d. Mastdarm-Blutflusse. 8. Glogau 759. Chr. Fr. Günther. 4 gr

— u. Materialien zum neuesten deutschen Staatsrecht u. Reichsgeschichte d. J. 1778 u. 79. 20 St. in 5 Bdn, nebst Anhang, (von K. R. Hausen). 8. Berl., Rottmann. 6 ₰

Hausen, Karl Renatus von (Herausgeber): „Abhandlungen und Materialien zum neuesten teutschen Staatsrecht und Reichshistorie", Theil 1—5 und Anhang, Berlin und Leipzig 1778—1780 (Decker). — Vorh.: Preußische Staatsbibliothek Berlin. — Signatur: Rz. 4834.

— aus den Gebieten der Mathematik, Physik, Chemie u. beschreibenden Naturwissenschaften. Festschrift zur Feier des 70. Geburtstages v. Richard Dedekind. Mit Beiträgen v. H. Beckurts, R. Blasius, W. Blasius, G. Bodländer, G. Frerichs, R. Fricke, R. Meyer, R. Müller, H. Weber, A. Wernicke. gr. 8 (VII, 254 S. m. Abbildgn. u. 1 Taf.) Braunschweig 901. F. Vieweg & Sohn. n. 6.—

Abhandlungen, Mathematische, d. kgl. Akademie zu Berlin, s. Abhandlungen d. kgl. preuß. Akademie d. Wissenschaften zu Berlin. Mathemat. Klasse.

Mathematische Abhandlungen der Academie nützlicher Wissenschaften zu Erfurt. Bd 1.
Erfurt: Otto 1799. 8°
[Math.]
ℭ Auch u. d. T.: Commentationes mathematicae Academiae scientiarum utilium, quae Erfurti est.

— mathematische, aus dem Verlage mathematischer Modelle v. Martin Schilling in Halle a. S. Neue Folge. Nr. 1—3. gr. 8. Halle, M. Schilling. n. 3.80
1. Über neue kinematische Modelle, sowie e. neue Einführung in die Theorie der cyklischen Kurven. Von Fr. Schilling. (15 S. m. 12 Fig. u. 2 Taf.) 899. n. 1.20
2. Die Einteilung der ebenen Kurven u. Kegel 3. Ordnung in 13 Gattungen. Von Herm. Wiener. Mit 2 Fig. I. Die Konfiguration der neuen Wendepunkte e. ebenen Kurve 3. Ordng. — II. Der syzyget. Büschel v. Kurven 3. Ordng. (VI, 34 S.) 901. n. 1.60
3. Die Horopterkurve m. e. Einleitung in die Theorie der kubischen Raumkurve. Von Walth. Ludwig. Mit 5 Fig. (36 S.) 902. n. 1.—
Das 1. Heft erschien ohne Nummernbezeichnung.

— dasselbe. Neue Folge. Nr. 4—6. gr. 8. Ebd. n. 3. 60
4. Die Drehung e. kraftfreien starren Körpers um e. festen Punkt. Abhandlungen zu den Modellen der Serie XXIX. Drei Modelle z. Kreiseltheorie. Von Herm. Grassmann. [Aus: „Ztschr. f. Mathematik u. Physik".] (51 S. m. Fig.) 903. n. 1. 60
5. Ueber die Abbildung der projektiven Ebene auf e. im Endlichen geschlossene singularitätenfreie Fläche. Abhandlung zu den Modellen der Serie XXX, Nr. 1 u. 2. Von Wern. Boy. (14 S. m. Fig.) 902. n. — 80
6. Über neue kinematische Modelle zur Verzahnungstheorie, nebst e. geometr. Einführg. in dieses Gebiet. Mit 2 Taf. u. 18 Fig. im Text. Abhandlung zu den Modellen der Serie XXXI. Von Frdr. Schilling (29 S.) 904. n. 1. 20
N. F. 1—3. Ebd. 899—902. n. 3. 80.

— mathematische, aus dem Verlage mathematisch. Modelle v. Martin Schilling in Leipzig. Neue Folge. Nr. 7 u. 8. gr. 8. Leipzig, M. Schilling. 2. 40
7. Construction de modèles de surfaces applicables sur le paraboloide de révolution surfaces définies de M. G. Darboux, secrétair. perpetuel de l'académie des sciences, professeur de géométrie supérieure à la faculté des sciences de l'université de Paris. Par E. Estanave. Traité pour les modèles de la série XXX, No. 6 et 7. (Anastat. Druck.) (22 S. m. 4 Fig.) 909. 1. 20
8. Die Diskriminantenfläche der Gleichungen 4. Grades. Von Roder. Hartenstein. Abhandlgn. z. d. Modellen der Serie XXXIII, Nr. 2 u. 3. (19 S. m. 6 Fig.) 909. 1. 20
Nr. 1—6. Jetzt Ebd. 899—904. 7. 40

— mathematische, aus dem Verlage mathematischer Modelle v. Martin Schilling in Halle a. S. 1. Folge. Abhandlungen zu den Serien I—XXIII. Mit 71 Fig. auf 6 Taf. u. im Text. (Neue Gesamtausg.) (III, 4, 7, 6, 4, 4, 3, 2, 5, 4, 10, 7, 6, 3, 6, 2, 4, 4, 4, 33, 8, 7, 5, 4, 13, 2, 2, 4, 4, 4, 3, 24, 13, 5, 6, 4, 4, 4, 6, 3, 3, 3, 3, 6, 12, 3, 6, 4, 4, 28, 2, 2, u. 4 S.) 8. Halle 904. M. Schilling. n. 10. —

— von den Maulbeerbäumen, d. Seidenwürm. u. d. Seidenspinn.; aus d. Französ. (von Ch. J. Baumann), mit Kpf. 8. Berl. 756. Nicolai. 9 gr.

Abhandlungen, Maurerische. Redigiert unter der Verantwortlichkeit der BB. H. Th. Schletter in Leipzig und J.F.L.Th. Merzdorf in Oldenburg. [Bd. 1, 3.]
[1] 96 S. 1863
[3] S. 193 - 288 1866

— medicin.-chirurg., d. medicin. Gesellsch. zu London; aus d. Engl. u. m. Anmerkk. begleit. von E. Osann. M. 6 Kpft. gr. 8. Berl. 811. (Rücker). 2 Rthl 12 gr.

— medizin. chirurgische der medizinischen Gesellschaft zu London. A. d. Engl. übers. u. m. Anmerkungen begleitet von E. Osann. mit 6 Kupfert. gr. 8. Berl. Rückrt. 814.

Medicinische Abhandlungen. Festschr. des Stuttgarter ärztl. Ver. z. Feier s. 25jähr. Bestehens am 6. März 1897. Redig. v. Dr. A(ugust) Deahna. *Stuttgart: E. Schweizerbart 1897.* (VI, 474 S., 1 Taf.) 1 Bd 8. [97· 1384

Elben, Rudolf: Geschichte d. Stuttgarter ärztl. Vereines. *Stuttgart 1897.*
in: Abhandlungen, Medicinische. Festschr. d. Stuttgarter ärztl. Ver. z. F. s. 25j. Bestehens. [97· 1384

Weinberg, Wilhelm: Todesursachen in Stuttgart im 18. u. 19. Jh. *Stuttgart 1897.*
in: Abhandlungen, Medicinische. Festschr. d. Stuttgarter ärztl. Ver. z. F. s. 25j. Bestehens. [97· 1384

Reinert, Emil: Ueb. d. Einfluss v. Traumen auf d. Entstehg infectiöser Lungen-, Pleura- u. Herzerkrankgn. M. bes. Berücks. d. Unfallbegutachtung. *Stuttgart 1897.*
in: Abhandlungen, Medicinische. Festschr. d. Stuttgarter ärztl. Ver. z. F. s. 25j. Bestehens. [97· 1384

Scherer, Carl: E. Fall v. malignem Oedem beim Menschen. '(A. d. mikroskop. Abth. d. hygien.-chem. Untersuchgsstat. d. XIII. '(K. W.)' Armeecorps in Stuttgart.)' *Stuttgart 1897.*
in: Abhandlungen, Medicinische. Festschr. d. Stuttgarter ärztl. Ver. z. F. s. 25j. Bestehens. [97· 1384

Holz, Hugo: Ueb. e. Fall v. Rückenmarkstuberkel beim Kinde, nebst Bemerkgn üb. d. multiple Degeneration. *Stuttgart 1897.*
in: Abhandlungen, Medicinische. Festschr. d. Stuttgarter ärztl. Ver. z. F. s. 25j. Bestehens. [97· 1384

Rembold, Sigmund: Zur Lumbalpunktion bei tuberculöser Meningitis. *Stuttgart 1897.*
in: Abhandlungen, Medicinische. Festschr. d. Stuttgarter ärztl. Ver. z. F. s. 25j. Bestehens. [97· 1384

Rosenfeld, Gustav: Ueb. Verlagerung d. Herzens bei Trichterbrust. *Stuttgart 1897.*
in: Abhandlungen, Medicinische. Festschr. d. Stuttgarter ärztl. Ver. z. F. s. 25j. Bestehens. [97· 1384

Eichberg, Felix: E. Fall v. Basedow'scher Krankheit. *Stuttgart 1897.*
in: Abhandlungen, Medicinische. Festschr. d. Stuttgarter ärztl. Ver. z. F. s. 25j. Bestehens. [97· 1384

Weil, Max: Hysterische Sehstörungen im Kindesalter. *Stuttgart 1897.*
in: Abhandlungen, Medicinische. Festschr. d. Stuttgarter ärztl. Ver. z. F. s. 25j. Bestehens. [97· 1384

Fauser, August: E. Fall v. Tabes dorsalis m. alternirenden Erscheingn v. gastrischen Krisen . . . nebst allgem. Bemerkgn üb. krisenähnl. Erscheingn im Verlaufe chron. Erkrankgn. *Stuttgart 1897.*
in: Abhandlungen, Medicinische. Festschr. d. Stuttgarter ärztl. Ver. z. F. s. 25j. Bestehens. [97· 1384

Fischer, Georg: Ueber elektromotorische Allochirie. *Stuttgart 1897.*
in: Abhandlungen, Medicinische. Festschr. d. Stuttgarter ärztl. Ver. z. F. s. 25j. Bestehens. [97· 1384

Dietz, Carl: Traumatische Neurose. Uebergang in Dementia paralytica. *Stuttgart 1897.*
in: Abhandlungen, Medicinische. Festschr. d. Stuttgarter ärztl. Ver. z. F. s. 25j. Bestehens. [97· 1384

Wildermuth, Hermann: Z. Aetiologie d. Epilepsie. *Stuttgart 1897.*
in: Abhandlungen, Medicinische. Festschr. d. Stuttgarter ärztl. Ver. z. F. s. 25j. Bestehens. [97· 1384

Bok, Karl: Die Aphasie u. ihre Behandlg durch Sprachunterr. *Stuttgart 1897.*
in: Abhandlungen, Medicinische. Festschr. d. Stuttgarter ärztl. Ver. z. F. s. 25j. Bestehens. [97· 1384

Knauss, Karl: Ueb. Vergiftung m. Schwefelsäure. *Stuttgart 1897.*
in: Abhandlungen, Medicinische. Festschr. d. Stuttgarter ärztl. Ver. z. F. s. 25j. Bestehens. [97· 1384

Gessler, Hermann: Der therapeuthische Werth des Ozons. *Stuttgart 1897.*
in: Abhandlungen, Medicinische. Festschr. d. Stuttgarter ärztl. Ver. z. F. s. 25j. Bestehens. [97· 1384

Hoffmann, Leonhard: Die Beziehungen u. d. gegenwärtige Stand d. Thierheilkunde z. humanen Medicin. *Stuttgart 1897.*
in: Abhandlungen, Medicinische. Festschr. d. Stuttgarter ärztl. Ver. z. F. s. 25j. Bestehens. [97· 1384

Zeller, Albert: Beitrag z. osteoplast. Deckg v. Schädeldefekten. *Stuttgart 1897.*
in: Abhandlungen, Medicinische. Festschr. d. Stuttgarter ärztl. Ver. z. F. s. 25j. Bestehens. [97· 1384

Steinthal, Carl: Die Beurtheilung d. Leistenbrüche als Betriebsunfälle. *Stuttgart 1897.*
in: Abhandlungen, Medicinische. Festschr. d. Stuttgarter ärztl. Ver. z. F. s. 25j. Bestehens. [97· 1384

Gärtner, Oscar: Blutige Reposition e. frischen Talusluxation. *Stuttgart 1897.*
in: Abhandlungen, Medicinische. Festschr. d. Stuttgarter ärztl. Ver. z. F. s. 25j. Bestehens. [97· 1384

Müller, Ernst: Angeborene Missbildung der unteren Extremität. *Stuttgart 1897.*
in: Abhandlungen, Medicinische. Festschr. d. Stuttgarter ärztl. Ver. z. F. s. 25j. Bestehens. [97· 1384

Stein, Adolf: Fünfzig Blasensteinoperationen. *Stuttgart 1897.*
in: Abhandlungen, Medicinische. Festschr. d. Stuttgarter ärztl. Ver. z. F. s. 25j. Bestehens. [97· 1384

Fetzer, Berthold v.: Meningitis, Gehirnabscess, Gehirntumor? *Stuttgart 1897.*
in: Abhandlungen, Medicinische. Festschr. d. Stuttgarter ärztl. Ver. z. F. s. 25j. Bestehens. [97· 1384

Berlin, Rudolf: Ueb. e. eigenthüml. Form v. Strabismus convergens bei Myopie u. deren Behandlg durch Concavgläser. *Stuttgart 1897.*
in: Abhandlungen, Medicinische. Festschr. d. Stuttgarter ärztl. Ver. z. F. s. 25j. Bestehens. [97· 1384

Königshöfer, Oskar: Thränenschlaucherkrankungen. E. klin.-krit. Studie. *Stuttgart 1897.*
in: Abhandlungen, Medicinische. Festschr. d. Stuttgarter ärztl. Ver. z. F. s. 25j. Bestehens. [97· 1384

Schleich, Gustav: Z. Wesen d. Frühjahrskatarrhs '(Sämisch)'. *Stuttgart 1897.*
in: Abhandlungen, Medicinische. Festschr. d. Stuttgarter ärztl. Ver. z. F. s. 25j. Bestehens. [97· 1384

Distler, Hans: Beiträge z. Operation d. grauen Staares. *Stuttgart 1897.*
in: Abhandlungen, Medicinische. Festschr. d. Stuttgarter ärztl. Ver. z. F. s. 25j. Bestehens. [97· 1384

Zimmermann, Wilhelm: Beitrag z. Kenntniss der durch intensives Licht hervorgerufenen Verändergn d. Sehorgans. *Stuttgart 1897.*
in: Abhandlungen, Medicinische. Festschr. d. Stuttgarter ärztl. Ver. z. F. s. 25j. Bestehens. [97· 1384

Weissenstein, Richard: Die Tuberculose des Rachens. *Stuttgart 1897.*
in: Abhandlungen, Medicinische. Festschr. d. Stuttgarter ärztl. Ver. z. F. s. 25j. Bestehens. [97· 1384

Walcher, Gustav: Z. Behandlung d. Retroversio u. d. Descensus uteri. *Stuttgart 1897.*
in: Abhandlungen, Medicinische. Festschr. d. Stuttgarter ärztl. Ver. z. F. s. 25j. Bestehens. [97· 1384

—medicin., von d. Wirkungen des Kohls; aus d. Engl. v. A. Ch. Rosenbladt. 8. Altenb, 778. (Hennings in Neisse). 6 gr.

—medizinisch-prakt., von Deutschen in Rußland lebenden Aerzten, s. Abhandlungen, vermischte, aus d. Gebiete d. Heilkunde rc. 5e Samml.

Abhandlungen, Medicinisch-praktische, von deutschen in Russland lebenden Ärzten. 1. Bd. Hamburg 1835. V: *Lerche*, ... *Seidlitz*, ... *Weisse*, ... (Ky)

Abhandlungen, (medic.-prakt.) d. Phosphorsäure. Angewandt in Neuropathie von F. W. gr. 8. Wien 802. (Heubner). 9 gr.

Abhandlungen von den Meynungen der Alten, die Träume, Gespenster und Zaubereyen betreffend. Leipzig 1754. V: *Spilker*. (Mp)

—von d. Mergel bei d. Ackerbau. 8. Bern, Typogr. Soc. 3 gr.

—merkw., holländ. Aerzte; aus d. Holländ., mit Anmerkk. v. Dn. Collenbusch. 1 Bd. 1s u. 2s Heft. gr. 8. Leipz. 794—97. Grieshammer. 1 Rthlr 4 gr.

Bd 1, St.1: Man, Maximiliaan Jacob de: Abhandlung über das bösartige Faulfieber... (Verhandeling over de...rot-koorts... Dt.) 1794

—merkw., d. zu London 1773 errichtet. medicin. Gesellsch., herausg. v. J. D. P. C. Ebeling. Mit Kpf. 4 Bde. gr. 8. Altenb. 789—96. (Hennings in Neisse). 4 Rthlr 6 gr.

***Merkwürdige Abhandlungen der zu London 1773 errichteten Medizinischen Gesellschaft.** [Memoirs of the Medical Society of London, dt.] [Übers.: Johann Dietrich Phil. Christian Ebeling.] Bd 1–4.
Altenburg: Richter 1789–96. 8°

—von d. vortheilhaften Methode, d. Flachs- u. Hanfbau zu betreiben, mit Kpf. 8. Hannov. 794. Hahn. 6 gr.

—mettallurg.-chym., von d. Natur d. Spiesglases rc. 8. Jena 784. Cröcker. 6 gr.

ABHANDLUNGEN UND MONATLICHE MITTHEILUNGEN AUS DEM GESAMMTGEBIETE DER NATURWISSENSCHAFTEN
Organ des Naturwissenschaftlichen Vereins des Regierungsbezirks Frankfurt. Herausgegeben von E. HUTH.
Bd. 8. Mit Beiträgen von BALTIN, von GELLHORN, HÖCK ... (Mit Tafeln) ib. 1891. —

— v. Mohnsafte, a. d. Lat. übers. v. G. J. Fehr. 8. Cassel, Cramer. 778.

Moralische, satirische, politische und kritische Abhandlungen aus den berühmtesten alten und neueren Schriftstellern verschiedener Nationen.
Hamburg 1746. 4°

Münchener medicinische Abhandlungen.
München: J. F. Lehmann 1891–1907. 8°
(1. Reihe. Arbeiten aus dem pathologischen Institut. [Hrsg. O. Bollinger.] H. 1–32. 1891–1907. H. 18.
(2. Reihe. Arbeiten aus der kgl. Universitätsklinik. [Hrsg. H. Ranke.] H. 1–11. 1891–1895.
(3. Reihe. Arbeiten aus der chirurgischen Klinik. [Hrsg. A. Angerer.] H. 1–3. 1891–1895.
(4. Reihe. Arbeiten aus der kgl. Universitäts-Frauenklinik [Hrsg. F. v. Winckel.] H. 1–5. 1891–1894.
(5. Reihe. Arbeiten aus dem hygienischen Institut. [Hrsg. M. Pettenkofer.] H. 1–5. 1891–1894.
(6. Reihe. (ohne Untertitel) H. 1–5. 1891/92.
(7. Reihe. Arbeiten aus dem anatomischen Institut. [Hrsg. C. v. Kupffer.] H. 1–7. 1892–1898.
(8. Reihe. Arbeiten aus der chirurgischen Polyklinik. [Hrsg. F. Klaussner.] H. 1–7. 1892–1895.
(9. Reihe. Arbeiten aus der medicinischen Polyklinik. [Hrsg. F. Moritz.] H. 1. 1895.

— Münchener medicinische. 1. Reihe. Arbeiten aus dem patholog. Institute. Hrsg. v. O. Bollinger. 1.—20. Hft. gr. 8. München, J. F. Lehmann's Verl. n. 20. 60.

1. Die Kreuzotter. Ihre Lebensweise, ihr Biss u. ihre Verbreitung m. besond. Berücksicht. ihres Vorkommens in Bayern. Von Ant. Banzer. (48 S. m. 5 Abbildgn. u. 1 Karte.) 891. n. 1. 60
2. Ueber Lebensdauer u. Todesursachen bei den Biergewerben. Ein Beitrag zur Aetiologie der Herzerkrankgn. Von J. Sendtner. (26 S.) 891. n. 1. —
3. Ueber Herzhypertrophie bei Schwangeren u. Wöchnerinnen. Von Max Dreysel. (31 S.) 891. n. 1. —
4. Ueber Gallensteinkrankheiten. — Ueber e. seltene Haargeschwulst im menschlichen Magen. Mit e. Abbildg. Von O. Bollinger. (23 S.) 891. n. 1. —
5. Ein Fall v. Pero- u. Amelie. Von Erich Ibener. (22 S. m. 4 Abbildgn.) 891. n. 1. —
6. Ein Beitrag zur Aetiologie der Pneumonie. Von Rich. Sachs. (20 S.) 891. n. 1. —
7. Ueber den Einfluss der Verdünnung u. der künstlich erzeugten Disposition auf die Wirkung d. inhalirten tuberculösen Giftes. Eine experimentelle Untersuchg. v. Adf. Preyss. (16 S. m. 1 Tab.) 891. n. 1. —
8. Zur Morphologie d. Schilddrüse d. Menschen. Von Karl Weibgen. (15 S.) 891. n. 1. —
9. Ueber Beckenfrakturen. [Mit 2 Abbildgn.] Von Geo. Michaelis. (24 S.) 891. n. 1. —
10. Ueber das Vorkommen der Tuberkelbacillen ausserhalb d. Körpers in Gefängnissen. Eine experimentelle Untersuchg. v. Alois Kustermann. (21 S.) 891. n. 1. —
11. Münchens Tuberculosemortalität in den J. 1814—1888. Ein Beitrag zur Aetiologie d. Tuberculose. Von Max Weltemeyer. (20 S.) 892. n. 1. —
12. Zur Kenntniss der Phosphor-Nekrose. Von Johs. Naumann. (31 S.) 892. n. 1. —
13. Ueber die vicariirende Hypertrophie d. Leber bei Leberechinococcus. Von Max Dürig. (23 S. m. 1 Abbildg.) 892. n. 1. —
14. Ueber Granuloma fungoides (Mykosis fungoides) d. Haut. Von Albr. Völckers. (22 S. m. 2 Abbildgn. auf 1 Taf.) 893. n. 1. —
15. Ueber Complicationen bei der idiopathischen Herzvergrösserung. Von George Mohr. (35 S.) 894. n. 1. —
16. Ueber den Ursprung des Pigments in melanotischen Tumoren. Von Karl Jooss. (44 S. m. 1 farb. Taf.) 894. n. 1. —
17. Beitrag zur Aetiologie der Säuglingstuberkulose. Von Walt. Kempner. (21 S.) 894. n. 1. —
18. Ueber Heterotypien im Rückenmark. Von Harduin Heiden. (26 S.) 894. n. 1. —
19. Zur Aetiologie der spontanen Hirnblutung im mittleren u. jugendlichen Alter. Von Otto Fleck. (43 S.) 894. n. 1. —
20. Beitrag zur Lehre v. den Gewichten der menschlichen Organe. Von Herm. Junker. (34 S.) 894. n. 1. —

— Münchener medicinische. 1. Reihe. Arbeiten a. d. patholog. Institute. Hrsg. v. O. Bollinger. 21—29. Hft. gr. 8. München, J. F. Lehmann's Verl. n. 9. 60

21. Üb. Schwindsucht-Sterblichkeit i. verschied. Städten Deutschlands, nebst Bemerkgn. üb. Häufigkeit d. Rindertuberculose. Von O. Bollinger. (19 S.) 895. n. 1. —
22. Ueb. sekundäre Verändergn. d. Organe b. Rachendiphtherie. Von M. Katzenstein. (47 S. m. 1 farb. Taf.) 895. n. 1. 60
23. Ueb. d. Todesursachen b. croupöser Pneumonie. Von Hans Koschella. (32 S.) 895. n. 1. —
24. Beitrag z. patholog. Anatomie d. hypertroph. Lebercirrhose. Von Ludw. Burkhardt. (32 S. m. 2 Abb.) 895. n. 1. —
25. Z. Lehre v. d. Polyomyelitis. Von Claus Schilling. (15 S.) 895. n. 1. —
26. Üb. e. Fall v. combinierter Strangdegeneration d. Rückenmarkes. (Spastische Spinalparalyse.) Von Rob. Eberle. (28 S.) 896. n. 1. —
27. Z. Kenntn. der reinen (nichtcomplicierten) Rückenmarkserschütterg. E. patholog. histolog. Untersuchg. Von Thdr. Struppler. (19 S.) 896. n. 1. —
28. E. Fall v. Kloakbildung b. geschloss. Blase u. Missbildg. d. äuss. Genitalien. Von Hans Merz. (20 S. m. 2 Abb.) 897. n. 1. —
29. Beitrag z. Lehre v. d. Wirbelfrakturen. Von Wilh. Frhr. v. Ebner. (23 S. m. 1 Abb.) 897. n. 1. —

— Münchener medizinische. 75. Hft. 1. Reihe. Arbeiten aus dem patholog. Institut. Hrsg. v. O. v. Bollinger. 30. Hft. gr. 8. München 904. J. F. Lehmann's Verlag. n. 1. 60
Beiträge zur Pathogenese der Hirnapoplexie. Von Ludw. Wolfrum. (V, 75 S.)

— Münchener medizinische. 76. u. 77. Heft. I. Reihe. Arbeiten aus dem patholog. Institut. Hrsg. von O. v. Bollinger. 31. u. 32. Heft. gr. 8. München, J. F. Lehmann's Verl. 3. 60
76. Chondrodystrophie als Ursache der Phocomelie. Von Rud. Wiencke. Mit 5 Abbildgn. (30 S.) 907. 1. 20
77. Zur Casuistik der Osteomalacie beim Mann. Von A. Brüggemann. Mit 4 Taf. (47 S.) 907. 2. 40.

— dasselbe. 2. Reihe. Arbeiten aus der kgl. Universitäts-Kinderklinik v. H. Ranke. 1.—10. Hft. gr. 8. Ebd. à n. 1. —
1. Ueber das Auswandern v. Ascaris lumbricoides aus dem Darme unter Zugrundelegung e. Falles v. Leberabscessen infolge v. Ascariden bei e. Kinde. Von Gust. Borger. (19 S. m. 2 Abbildgn.) 891.
2. Zwei Fälle v. Leuchtgasvergiftung bei Kindern. Von Glieb. Gnant. (15 S.) 891.
3. Zur Kenntnis d. diphtheritischen Albuminurie u. Nephritis auf Grund klinischer u. pathologisch-anatomischer Beobachtungen. Von Jos. Kuck. (20 S.) 891.
4. Beitrag zur Statistik u. Casuistik der Gehirntuberkel bei Kindern. Von Adf. Seidl. (39 S.) 891
5. Ein Fall v. Aneurysma der Arteria basilaris bei e. siebenjähr. Knaben. Von Willib. Oppo. (16 S. m. 1 Tab.) 892.
6. Zur Lebercirrhose im Kindesalter. Von Herm. Tödten. (45 S.) 892.
7. Periostale Aplasie m. Osteopsathyrosis unter dem Bilde der sogenannten fötalen Rhachitis. Von Sigfr. Müller. (48 S. m. 1 Taf.) 893.
8. Ueber Herzvergrösserung bei Scharlach- u. Diphtherie-Nephritis. Von Frz. Jäger. (39 S.) 893.
9. Ueber 3 Fälle v. generalisierter Vaccine. Von Bernh. Dietter. (30 S. m. 1 Lichtdr.-Taf.) 893.
10. Epidemiologische Beobachtungen aus München f. den Zeitraum 1888—1892. Von Mich. Dreyfus. (29 S. m. 3 z. Tl. farb. Kurventaf.) 894.

— dasselbe. 2. Reihe. Arbeiten a. d. kgl. Universitäts-kinderklinik. Hrsg. v. H v. Ranke. 11. Hft. gr. 8 Ebd. 895. n. 1. —
11. Z. Casuistik d. Anaemia splenica (Anaemia infantilis pseudo-leucaemica). Von Adf. Glockner. (47 S.)

Abhandlungen, Münchener medicinische. 3. Reihe. Arbeiten aus der chirurg. Klinik. Hrsg. v. O. Angerer. 1. u. 2. Hft. gr. 8. München, J. F. Lehmann's Verl. à n. 1. —
1. Zur Behandlung localer tuberculöser Affectionen m. Jodoforminjektion. Von Otto Weidenmüller. (34 S.) 891.
2. Ueber die Wirkung d. Tuberculinum Kochii bei Lupus nach den Beobachtungen an der Münchener chirurgischen Klinik. Von Konr. Port. (41 S. m. 1 graph. Taf.) 892.

— dasselbe. 3. Reihe. Arbeiten a. d. chirurg. Klinik. Hrsg. v. O. Angerer. 3. Hft. gr. 8. Ebd. 895. n. 1. —
3. Ueb. d. Ligatur d. Vena femoralis communis. Von Masaharu Kageyama. (53 S.)

— dasselbe. 4. Reihe. Arbeiten aus der kgl. Universitäts-Frauenklinik. Hrsg. v. Winckel. 1.—5. Hft. gr. 8. Ebd. à n. 1. —
1. Ueber Descensus u. Prolapsus uteri in aetiologischer, symptomatologischer u. therapeutischer Beziehung. Auf Grund d. innerhalb der letzten 6 Jahre in der kgl. Universitäts-Frauenklinik zu München zur Beobachtg. gelangten Materials bearb. v. Paul Leverkühn. (35 S.) 891.
2. Die puerperalen Todesfälle der Münchener Frauenklinik 1887/91. (Casuistisch-statist. Beiträge.) Von Max Madlener. (60 S. m. 1 Tab.) 892.
3. Narkosen m. Chloroformium medicinale Pictet. Von O. Hohenemser. (57 S.) 892.
4. Ueber mehreiige Graaf'sche Follikel beim Menschen. Von R. Klien. (19 S. m. 5 autotyp. Mikrophotogr.) 893.
5. Ueber Drillingsgeburten. Von Sigm. Mirabeau. (44 S.) 894.

— dasselbe. 5. Reihe. Arbeiten aus dem hygienischen Institute. Hrsg. von Max v. Pettenkofer. 1.–5. Hft. gr. 8. Ebd. à n. 1. —
1. Zur Schwemmkanalisation in München. Von Max v. Pettenkofer. (15 S.) 891.
2. Die Fehlböden [Zwischendecken]. Ihre hygien. Nachtheile u. deren Vermeidg. v. Hugo Heinzelmann. (36 S.) 891.
3. Acht Thesen gegen die Münchener Schwemmkanalisation. Besprochen von Max v. Pettenkofer. (22 S.) 892.
4. Ueber Cholera m. Berücksicht. der jüngsten Cholera-epidemie in Hamburg. Von Max v. Pettenkofer. [Aus: „Münchener medicin. Wochenschr."] (39 S.) 893.
5. Choleraexplosionen u. Trinkwasser. Von Max v. Pettenkofer. [Aus: „Münch. med. Wochenschr."] (26 S.) 894.

— dasselbe. 6. Reihe. 1.—5. Hft. gr. 8. Ebd. n. 6. 60
1. Ueber die Behandlung chronischer Rückenmarks-Krankheiten u. die Vortheile localer Kältereize bei denselben. Von Rud. v. Hoesslin. [Aus: „Münchener med. Wochenschrift".] (23 S.) 891. n. 1. —
2. Reform d. bayerischen Mittelschulwesens vom ärztl. Standpunkte aus. Von v. Kerschensteiner. (24 S.) 891. n. 1. —
3. Die objectiven Zeichen der Neurasthenie. Von L. Löwenfeld. [Aus: „Münch. medicin. Wochenschr."] (55 S.) 892. n. 1. 60
4. Ueber infantilen Kernschwund. Von P. J. Möbius. [Aus: „Münch. medicin. Wochenschr."] (34 S.) 892. n. 1. —
5. Die Prostitution. Ansichten u. Vorschläge auf dem Gebiete d. Prostitutionswesens, zusammengestellt u. im Hinblicke auf den jüngst erschienenen kaiserl. Erlass veröffentlicht v. Eug. Miller. (III, 114 S.) 892. n. 2. —

— dasselbe. 7. Reihe. Arbeiten aus dem anatom. Institute. Hrsg. von C. v. Kupffer u. N. Rüdinger. 1.–5. Hft. gr. 8. Ebd. n. 8. —
1. Die Lendennerven der Affen u. d. Menschen. Eine vergleichend anatom. Studie. Von Ant. Utschneider. (32 S. m. 2 Taf.) 892. n. 1. —
2. Ueber das Vorkommen offener Schlundspalten bei e. menschlichen Embryo. Von Eug. Tettenhamer. (34 S. m. 1 Taf.) 892. n. 1. —
3. Vergleichend-anatom. Studien üb. die Nerven d. Armes u. der Hand bei den Affen u. dem Menschen. Von Wilh. Höfer. (106 S. m. 6 Taf.) 892. n. 4. —
4. Ueber die Entwicklung v. Milz u. Pankreas. Von C. v. Kupffer. (17 S. m. 7 Abbildgn.) 892. n. 1. —
5. Ueber das Pankreas bei Ammocoetes. Von C. v. Kupffer. (24 S. m. 10 Abbildgn.) 893. n. 1. —

— dasselbe. 7. Reihe. Arbeiten a. d. anatom. Institute. Hrsg. von C. v. Kupffer u. N. Rüdinger. 6. u. 7. Hft. gr. 8. Ebd. n. 2. 60. (1—7.: n. 10. 60)
6. D. Entwicklung d. Kleinhirns b. Säugetieren. Von Walth. Kulthan. (V. d. medicin. Fakultät gekr. Preisarbeit.) (40 S. m. 24 Fig.) 895. n. 1. 60
7. Z. vergleich. Anatomie d. Kopfskelettes v. Petromyzon Planeri u. Myxine glutinosa. Von L. Neumayer. (8 S. m. 5 Taf. u. 5 Erklärungstaf.) 898. n. 1. —

— dasselbe. 8. Reihe. Arbeiten aus der chirurg. Poliklinik. [Aus der Abtheilg. f. Ohrenkranke.] Hrsg. v. Fr. Klaussner. 1.—6. Hft. gr. 8. Ebd. n. 7. 50
1. Beiträge zur Casuistik der traumatischen Trommelfellrupturen. Von Jul. Veith. (23 S. m. 1 Kurve.) 892. n. 1. —
2. Bacteriologische u. klinische Beobachtungen üb. Natrium chloroborosum als Antisepticum. Von Jos. Büller. (49 S.) 892. n. 1. —
3. Ueber cavernöse Angiome am Halse. Von Frz. Eisenreiter. (28 S.) 894. n. 1. —
4. Ueber doppelseitige Oberkiefertumoren u. den Erfolg ihrer operativen Behandlung. Von Hans Reim. (101 S. m. 4 Abbildgn.) 894. n. 2. 50
5. Ueber Elephantiasis. Von Jos. Giehrl. (15 S. m. 1 Taf.) 894. n. 1. —
6. Casuistischer Beitrag zur Lehre vom Fungus durae matris. Von Alb. Jesionek. (20 S. m. 1 Taf.) 894. n. 1 —

Abhandlungen, Münchener medicinische. 8. Reihe. Arbeiten a. d. chirurg. Poliklinik. Hrsg. v. Klaussner. 7. Hft. gr. 8. Ebd. 896. n. 2. — (1.—7.: n. 9. 50)
7. Beiträge z. Gesch. d. Tracheotomie. Von Frz. Sydow. (59 S. m. 5 Taf.)

— dasselbe. IX. Reihe. Arbeiten a. d. medizin. Poliklinik. Hrsg. v. Fritz Moritz. 1. u. 2. Hft. gr. 8. Ebd. n. 3. 50
1. Entwicklung u. jetz. Stand d. Schilddrüsenbehandlg. Von Frdr. Heinsheimer. (94 S.) 895. n. 2. 50
2. Ueb. d. Beziehungen d. Tabes dorsalis zur Syphilis. Von Gust. Falk. (45 S. m. 1 Tab.) 897. n. 1. —

Abhandlungen, Münchener medizinische. Heft 48. *Pettenkofer*, *Max v.* Choleraexplosionen und Trinkwasser. In-8°. 26 S. Zürich-Oberstrass, E. Speidel. 1894 1 35

Abhandlungen, M. Medicinische. Heft 52. *Reim, H.* Über doppelseitige Oberkiefertumaren und den Erfolg ihrer operativen Behandlung. Mit 4 Abbildg. In-8°. 101 S. Zürich-Oberstrass, E. Speidel. 1894 3 35

— — Heft 53. *Kempner, W.* Beitrag zur Aetiologie der Säuglingstuberkulose. In-8°. 21 S. Ebd. 1894 1 35

— — Heft 54. *Giehl, J.* Über Elephantiasis. Mit 1 Tfl. In-8°. 15 S. Ebd. 1894 1 35

— — Heft 55, *Heiden, H.* Über Heterotopien im Rückenmark. In-8°. 26 S. Ebd. 1894 1 35

— — Heft 56. *Fleck, O.* Zur Aetiologie der spontanen Hirnblutung im mittleren und jugendlichen Alter. In-8°. 43 S. Ebd. 1894 1 35

Abhandlungen, Münchner med. Heft 57. *Jesionek, A.* Casuistischer Beitrag zur Lehre vom Jungus duræ matris. In-8°. 20 S. Zürich-Oberstrass, E. Speidel. 1895 1 35

— — Heft 58. *Junker, H.* Beitrag z. Lehre von den Gewichten d. menschlichen Organe. In-8°. 34 S. Zürich-Oberstrass, E. Speidel. 1895

— — Heft 59. *Bollinger, O.* Über Schwindsuchtssterblichkeit in verschiedenen Städten Deutschlands nebst Bemerkungen über Häufigkeit der Rindertuberkulose. In-8°. 19 S. Zürich-Oberstrass, E. Speidel. 1895 1 35

Abhandlungen, Münchner medizinische. Heft 64—67. In-8°. Zürich, E. Speidel. 1895 à 1 35
64. Über die Ligatur der Vena femoralis communis. Von M. Kageyama. 53 S. — 65. Über die Todesursachen bei croupöser Pneumonie. Von H. Koschella. 32 S. — 66. Beitr. zur patholog. Anatomie der hypertroph. Lebercirrhose. Von L. Burckhardt. 32 S. — 67. Zur Lehre von der Polyomelitis. Von C. Schilling. 15 S.

— von d. Natur, Eigenschaft u, Wirkung des ungar. Weins. 8. Wien, Doll d. ält. 802.

— v. d. Natur, Eigenschaft u. Wirkung d. ungar. Weins. 8. Wien 802. Wallishauser. 4 gr.

— von d. Natur d. Torfs, u. Zubereit. morastiger Gegenden zum Ackerbau. 8. Bern 763. Typogr. Soc. 4 gr.

— von Naturalienkabinetten, oder Anleit., wie Naturalienkabinette ꝛc. eingerichtet werden müssen; aus Linné Amoenit. übers. u. mit Anmerkk. herausg. (von K. v. Meidinger). 8. Wien 772. Krauß. 4 gr.

— aus d. Naturgesch., prakt. Arzneik. u. Chirurgie, aus d. Schriften d. Harlemer u. and. holländ. Gesellsch. 2 Bde, m. Kpf. gr. 8. Leipz. 775—76. Gleditsch (Brockhaus). 2 rß 8 gr.

Abhandlungen. — Abhandlungen aus der Naturgeschichte, praktischen Arzneykunst und Chirurgie. Aus d. Schriften d. Haarlemer u. anderer holländischen Gesellschaften. Bd 1.2. — Leipzig: Junius 1775–76.
1:I 13051. 12:Acad. 35t. 2. 3. 5. 7. 8. 9. 10. 11.
1 3438

— zur Naturgesch., Chemie ꝛc., aus d. Schwed. d. Instituts d. Künste u. Wissensch. zu Bologna v. N. G. Leske. 2 Bde, mit Kpf. 8. A. Brandenb. 781 u. 82. (Wiesicke). 2 rß

***Abhandlungen zur Naturgeschichte, Chemie, Anatomie, Medizin und Physik aus den Schriften des Instituts der Künste und Wissenschaften zu Bologna** (De Bononiensi scientiarum et artium Instituto atque Academia comentarii, dt.). [Hrsg.: Nath. Gottfried Leske.] Brandenburg: J. W. Halle u. J. S. Halle 1781 bis 1782. 8°
[Chem.]

— z. Naturgesch., Chemie u. s. w., a. d. Schr. d. Instituts d. Künste u. Wissensch. zu Bologna v. Leske; 2 B. m. K. 8. N. Brandenburg. Leich. 781. 82.

***Abhandlungen zur Naturgeschichte, Physik und Oekonomie, aus den philosophischen Transaktionen** ... mit einigen Anmerkungen übersetzt. [Hrsg.: Nathanael Gotfried Leske.] Leipzig 1779–80. 4°

Naturhistorische Abhandlungen aus dem Gebiete der Wetterau. Eine Festgabe d. Wetterauer Ges. für d Gesammte Naturkunde in Hanau bei ihrer 50jähr. Jubelfeier Hanau 1858: Waisenhaus-Buchdr. XII,392 S.
1:Lb 5300. 12:Phys. g. 1h. 2. 4. 7. 9. 10. 11.
1 3439

— naturhistor., d. batav. Gesellsch. d. Wissensch. zu Harlem; aus d. Holländ. von D. v. Halem, m. 18 schw. u. ill. Kpf. 1r Bd. gr. 8. Leipz. 802. (Aue in Altona). 2 rß 12 gr.

Natur Verein. Abhandl. Hamb. 1856. 4°.

—— a. d. Gebiete d. Naturwissenschaften, hrsg. v. d. naturwissenschaftl. Verein in Hamburg. 1. Bd. gr. 4. (36¼ B. u. 29 Stnt. incl. 7 ill.) Horn bei Hamburg 846, Agentur d. Rauhen Hauses. **
Enth.: Ueb. d. Bau d. Delphingehirnes, v. Stannius. — Die Entwicklung d. Froschembryo's, insbesond. d. Muskel- u. Genitalsystems, v. Steinheim. — Molluskolog. Beiträge, v. I. H. Jonas. — Beiträge z. Anatomie d. Spinnen, v. A. Wasmann. — Beschreibung zweier neuen Reptilien a. d. naturhistor. Museum zu Hamburg, v. P. Schmidt. — Revision d. Heliophileen, v. W. Sonder.

— aus dem Gebiete der Naturwissenschaften hrsg. v. dem naturwissenschaftl. Verein in Hamburg. 2. Bd. 1. Abth. A. u. d. T.: Die Insel Helgoland. Untersuchungen über deren Grösse in Vorzeit u. Gegenwart, vom Standpunkte der Geschichte u. Geologie, von K. W. M. Wiebel. Mit 2 Karten u. 1 Tafel. (Lith. in gr. Fol.) gr. 4. (IV u. 213 S.) Hamburg 848, Herold. n. 3 rß — Mit col. Taf. n. 3⅔ rß (1. Bd. Hamburg 846, Agentur des Rauhen Hauses. baar 6¼ rß)

— dies. 2. Bd. 2. Abth. Erster u. zweiter Beitrag zur Ornithologie Westafrica's, v. G. Hartlaub. — Beiträge zur ferneren Kenntniss der Meerschlangen, v. Phil. Schmidt. — Das Gold der Goldküste, besonders das von Elmina, v. K. Wiebel. — Die Gehirnnerven der Saurier, anatomisch untersucht v. J. G. Fischer. gr. 4. (VI u. 212 S. m. 21 Kpfrtaf. in gr. 4. u. qu. Fol., wovon 18 col.) Hamburg 852, Herold. n. 5 rß

— aus d. Gebiete d. Naturwissenschaften herausg. v. dem naturwissensch. Verein in Hamburg. 3. Bd. Mit 15 grösstentheils color. Kpfrtaf. (in 4. u. Fol.) Hamburg 856. Nolte u. Köhler. gr. 4. (3 Bl., 171 S.) n. 6 rß

— — 4. Bd. 1. Abth. Die echten Perlen. Ein Beitrag zur Luxus-, Handels- u. Naturgeschichte derselben. Mit 1 Kpfrtaf. Von K. Möbius. Ebend. 858. gr. 4. (1 Bl., IV, 84 S.) n. 1 rß 10 ngr

— aus dem Gebiete der Naturwissenschaften herausg. von dem naturwissenschaftlichen Vereiu in Hamburg. 4. Bd. 2. u. 3. Abth. Hamburg, 859—62. Nolte. gr. 4. n. 3 ℛ 6 ngr.
2. Abth.: Neue aalähnliche Fische d. Hamburger Museums. Beschrieben und abgebildet durch Kaup. (34 S. mit 5 lith. Taf. in Fol.) (Einzeln n. 1 ℛ 15 ngr.) — Neue Seesterne d. Hamburger u. Kieler Museums, beschrieben von K. Möbius. Mit 4 (lith.) Taf. (14 S.) (Einzeln n. 1 ℛ) n. 2 ℛ
3. Abth.: Die Seetonnen der Elbmündung. Ein Beitrag zur Thier- u. Pflanzen-Topographie von Kirchenpauer. (59 S. m. Holzschn. im Text u. 1 lith. Karte in Fol.) n. 1 ℛ 6 ngr.

— aus dem Gebiete der Naturwissenschaften hrsg. von dem naturwissenschaftl. Verein in Hamburg. Hamburg 866. Nolte. gr. 4.
4. Bd. 4. Abth.: Klatt, W., die Gattung „Lysimachia" L., monographisch bearb. Mit 24 (lith.) Taff. (45 S.) n. 1 ℛ 15 ngr.
5. Bd. 1. Abth.: Möbius, K., über den Bau, den Mechanismus u. die Entwicklung der Nesselkapseln einiger Polypen u. Quallen. Mit 2 Kpfrtaff. (26 S.) n. 20 ngr.

— aus dem Gebiete der Naturwissenschaften hrsg. v. dem naturwissenschaftl. Verein in Hamburg. V. Bd. 2—4. Abth. Imp.-4. Hamburg 871—73. Nolte. n. 24. 50
2. Mikroskopische Untersuchgn. üb. die Structur der Halysites-Arten u. einiger silur. Gesteine aus den russ. Ostsee-Provinzen von R. v. Fischer-Benzon. (S. 1—32 m. 3 Steintaf.) — Die Algen d. trop. Australiens v. W. Sonder. (S. 33—74 m. 6 Chromolith.) n. 11. —
3. Ueber die Hydroidenfamilie Plumularidae, einzelne Gruppen derselben u. ihre Fruchtbehälter v. G. H. Kirchenpauer. Mit 8 Taf. (52 S.) n. 10. 50
4. Die Spatangiden d. Hamburger Museums v. Heinr. Bolau. (24 S. m. 1 Steintaf.) n. 3. —

— — 6. Bd. 1—3. Abth. gr. 4. Ebend. 873—76. n. 24. —
1. Beitrag zur Kenntniss der Fauna mexikanischer Land- u. Süsswasser-Conchylien. Von Herm. Strebel. (69 S. m. 9 Steintaf.) n. 10. —
2. Ueber die Hydroidenfamilie Plumularidae, einzelne Gruppen derselben u. ihre Fruchtbehälter. Von G. H. Kirchenpauer. II. Plumularia u. Nemertesia. (59 S. m. 8 Steintaf.) n. 10. —
3. Die menschenähnlichen Affen d. Hamburger Museums. I. Von Heinr. Bolau u. A. Pansch. (S. 61—90 m. 8 Lichtdrtaf.) n. 4. 50

— aus d. Gebiete der Naturwissenschaften, hrsg. vom naturwissenschaftl. Verein zu Hamburg. 7. Bd. 1. Abth. gr. 4. (99 S. m. 7 zum Thl. color. Steintaf.) Hamburg 880. Friederichsen & Co. n. 7. 20. (I—VII, 1.: n. 31. 20)

— aus dem Gebiete d. Naturwissenschaften, hrsg. vom naturwissenschaftl. Verein v. Hamburg-Altona. 7. Bd. 2. Abth. m. 8 (lith.) Taf. gr. 4. (178 S.) Hamburg 883. Friederichsen & Co. n. 12. —

— dasselbe. 8. Bd. 1—3. Hft. Mit 14 (lith.) Taf. gr. 8. (XXI, 90 u. 56 S.) Ebend. 884. n. 13. 50 (I—VIII, 3: n. 56. 70)

—— aus dem Gebiete der Naturwissenschaften, hrsg. vom naturwissenschaftl. Verein in Hamburg. IX. Bd. 1. und 2. Heft. gr. 4. (XVII, XIV, 108 S. mit 7 Tab., 4 Taf. und 4 Karten.) Hamburg 886, Friederichsen und Comp. à Heft *ℳ 7.20. *

Abhandlungen aus dem Gebiete der Naturwissenschaften, hrsg. vom naturwissenschaftl. Verein in Hamburg. 10. Bd. M. 13 Taf. Festschrift zur Feier d. 50jähr. Bestehens d. Naturwissenschaftl. Vereins in Hamburg. Novbr. 1887. gr. 4. (533 S. m. 11 Bl. Erklärgn.) Ebd. 887. n. 36 —

— dasselbe. 11. Bd. 1. Hft. gr. 4. (22, 60, 10 u. 28 S. m. 3 Taf.) Ebd. 889. n. 7. 20

— aus dem Gebiete der Naturwissenschaften, hrsg. vom naturwissenschaftl. Verein in Hamburg. XI. Bd. 2. u. 3. Hft. gr. 4. (21, 16, 8 u. III, 80 u. 50 S. m. 1 Taf.) Hamburg 891. L. Friederichsen & Co. n. 10. 20 (1—3.: n. 17. 40)

— dasselbe. XII. Bd. 1. Hft. gr. 4. (50 u. 68 S. m. 9 Taf. u. 4 Bl. Erklärgn.) Ebd. 892. n. 15. —

— a. d. Geb. der Naturwissenschaften, hrsg. vom naturwissenschaftl. Verein in Hamburg. 13. Bd. gr. 4. (24, 37, 53, 13, 22, 9 u. 40 S. m. 6 Taf. u. 1 Karte.) Hamburg 895. L. Friederichsen & Co. n. 12. —

— dasselbe. 14. u. 15. Bd. gr. 4. Ebd. n. 15. —
14. Z. Mechanik d. Vogelfluges. Von Fr. Ahlborn. (134 S. m. 54 Abb.) 894. n. 8. —
15. I. Revision der Uropygi Thor. (Thelyphonidae auct.) Von Karl Kraepelin. — II. a) D. Schwebflug u. d. Fallbewegung eb. Tafeln i. d. Luft. b) Üb. d. Stabilität d. Flugapparate. Von Fr. Ahlborn. (60, 32 u. 51 S. m. 61 Fig. u. 4 Taf.) 897. n. 8. —

— aus dem Gebiete d. Naturwissenschaften, hrsg. vom naturwissenschaftl. Verein in Hamburg. 16. Bd. 2 Hälftn. u. 17. Bd. gr. 4. Hamburg, L. Friederichsen & Co. n. 32. —
16. I. (22, 50, 12 u. 17 S. m. Abbildgn. u. 1 Taf.) 900. n. 8. —
II. (143 u. 112 S. m. Abbildgn. u. 6 Taf.) 901. n. 12. —
17. (59 S. m. 16 Taf.) 902. n. 12. —

— aus dem Gebiete der Naturwissenschaften, hrsg. vom naturwissenschaftl. Verein in Hamburg. 18. Bd. (98 u. 154 S. m. Abbildgn. u. 6 Taf.) gr. 4. Hamburg 903. L. Friederichsen & Co. n. 12. —

— aus dem Gebiete der Naturwissenschaften, hrsg. v. naturwissenschaftl. Verein in Hamburg. 19. Bd. 1.—5. Heft. Lex. 8. Hambg., L. Friederichsen & Co. 27. —
Michaelsen, W., Oligochaeten v. Australien. Mit 1 Taf. u. 9 Abb. im Text. (25 S.) 907. (Hft. 1) 2. —
— Die Oligochätenfauna der vorderindisch-ceylonischen Region. (108 u. III S. m. 2 Abb., 9 Kartenskizz. u. 1 Taf.) 910. (Hft. 5) 6. —
Roewer, C. Fr., Revision der Opiliones Plagiostethi (= Opiliones Palpatores). 1. Tl.: Familie d. Phalangiidae. (Subfamilien: Gagrellini, Liobunini, Leptobunini.) (294 S. m. 6 Taf.) 910. (Hft. 4) 12. —
Strebel, Herm., Conchologische Mitteilgn. aus dem naturhistor. Museum in Hamburg. (35 S. m. 3 Taf.) 910. (Hft. 3) 3. —
Timm, R., Beiträge z. Kenntnis unserer Moosflora. Mit 63 Abb. im Text. (48 S.) 907. (Hft. 2) 4. —

ABHANDLUNGEN AUS DEM GEBIETE DER NATURWISSENSCHAFTEN, MATHEMATIK UND MEDICIN als Gratulationsschrift der niederrheinischen Gesellschaft für Natur- und Heilkunde zur Feier des fünfzigjährigen Jubiläums der königlich rheinischen Friedrich-Wilhelms-Universität Bonn am 3. August 1868. Mit 4 lithograph. Tafeln. Bonn 1868. Adolph Marcus. A. u. d. T.: DER KÖNIGLICHEN RHEINISCHEN FRIEDRICH WILHELMS-UNIVERSITÄT BONN zur Feier ihres fünfzigjährigen Jubiläums am 3. August 1868 die Niederrheinische Gesellschaft für Natur- und Heilkunde (Mit 4 Tafeln.) ib. 1868. — 4°

— naturwissenschaftliche, gesammelt u. durch Subscription herausg. v. Wilh. Haidinger. I. Bd. Ueber den Pleochroismus des Amethysts, v. Wilh. Haidinger. Mit Holzschn. — Neue Arten von Arachniden des k. k. Museums, beschrieben u. mit Bemerkgn. üb. verwandte Formen begleitet v. Friedr. W. Rossi. — Ueber die Cephalopoden des Muschelmarmors von Bleiberg in Kärnthen, v. Franz Ritter von Hauer. — Ueber Endophyten der Pflanzenzelle, eine gesetzmässige den Samenfäden od. beweglichen Spiralfasern analoge Erscheinung, v. Siegfr. Reissek. — Muscorum frondosorum species nov. halicienses conventui amicorum scientiae natur. Hyacinth. Strzemie Łobarżewski. — Ueber die Pseudomorphosen nach Steinsalz, v. Wilh. Haidinger. — Der Aspasiolith als Pseudomorphose nach Cordierit, nebst Bemerkungen üb. Metamorphismus, v. Wilh. Haidinger. — Ueber die Hagelstürme in Steiermark am 1. Juli 1846, v. Georg Göth; nebst Nachtrag v. Wilh. Haidinger. — Ueber den Hauerit, eine neue Mineralspecies aus d. Ordnung der Blenden, v. Wilh. Haidinger. — Chemische Analyse des Hauerits, v. Adolph Patera. — Ueber Caprina Partschii, eine neue Bivalve aus d. Gosauschichten der österr. Alpen, v. Frz. Ritter

v. Hauer. — Die Erscheinungen der Ebbe u. Fluth unter dem Einflusse der Rotation, v. O. Streffleur. — Ueber das Schillern von Krystallflächen, v. Wilh. Haidinger. — Ueber die beiden Arten Cephalaspis Lloydii u. Lewisii, Agas., u. einige diesen zunächst stehenden Schalenreste, v. Rud. Kner. — Ueber die Krystallform des Lazuliths, v. Karl Prüfer. — Integration der Differential-Gleichungen von linearer Form, v. Jos. Petzval. — Neue Cephalopoden aus dem roth. Marmor von Aussee, v. Frz. Ritt. v. Hauer. — Beschreib. einig. Oxyuris-Arten, v. Karl E. Hammerschmidt. — Geognostische Skizze der Gegend von Kremnitz, v. Joh. v. Pettko. — Ueber Dolomit u. seine künstliche Darstellung aus Kalkstein, v. A. v. Morlot. — Meteorol. Beobachtgn. währ. eines dreiwochentl. Winteraufenthaltes auf dem Dachsteingebirge, v. Fr. Simony. — Ueber den Nickelarsenikglanz (Gersdorffit) von Schladming in Steiermark u. v. Prakendorf in Oberungarn, v. A. Löwe. — Ueber die Fossilien von Korod in Siebenbürgen, v. Frz. Ritter v. Hauer. — Ueber die Brachiopoden der silurischen Schichten v. Böhmen, v. Joach. Barrande. — Imp. 4. (XX u. 475 S. m. eingedr. Holzschn., 22 lith. Taf., wovon 1 col. u. 1 in qu. Fol.) Wien 847, Braumüller. n. 10 ₰

Abhandlungen, dies. II. Bd. in 2 Abthlgn. Die fossilen Polyparien d. Wiener Tertiärbeckens. Ein monogr. Versuch v. Aug. Emil Reuss. — Ueber die Theorie des Grössten u. Kleinsten v. Jos. Petzval. — Beitrag zur Kenntniss der fossilen Foraminiferen des Wiener Beckens, v. Joh. Cžjžek. — Beschreibung eines neuen mexicanisch. Schmetterlinges Zeuzera (Cossus) Redtenbacheri Hmrschdt., dessen Entwickelung in Wien beobachtet wurde, v. Karl E. Hammerschmidt. — Ueber d. Brachiopoden der silur. Schichten v. Böhmen, v. Joach. Barrande. 2. Abthlg. — Ueber die geolog. Verhaltnisse v. Istrien, mit Berücksichtigung Dalmatiens u. der angrenzend. Gegenden Croatiens, Unterkrains u. des Görzer Kreises, v. A. v. Morlot. — Ueber das vergleich. Mass der Körperwinkel, v. Jos. Riedl v. Leuenstern. — Die Gold führend. Gangstreichen der Salzburgischen Central-Alpenkette, v. Karl Reussacher. — Was sind die imaginären Grössen, u. welcher ist ihr analytisch. u. geometr. Sinn, v. Jos. Arenstein. — Imp. 4. (XXIV. 318 u. 116 S. m. eingedr. Holzschn. u. 30 lith. Taf., wovon 3 col.) Ebend. 848. n. 12 ₰

— dies. III. Bd. in 2 Abthlgn. Ueber neue Cephalopoden aus den Marmorschichten v. Hallstadt u. Aussee, v. Frz. Ritt v. Hauer. — Geognost. Skizzen üb. das Gebiet der Herrschaft Nadworna im Stanislawer Kreise Galiziens. Ein Beitrag zur Kenntniss der Karpathen, v. Markus Vinc. Lipold. — Die fossilen Entomostraceen des österreich. Tertiärbeckens. Ein Beitrag zur Kenntniss d. fossilen Fauna desselb., v. Aug. Em. Reuss. — Ueber die Achat-Mandeln in den Melaphyren. Sendschreiben v. Jak. Noeggerath. — Metallurg. Betrachtungen üb. den Sphärosiderit der Karpathen, v. Ludw. Hohenegger. — Blätterabdrücke a. d. Schwefelflötze v. Swoszowice in Galicien, beschrieben v. F. Unger. — Ueber die Congeria Partschii, v. Joh. Cžjžek. — Geognost. Beschreibung des Nerineenkalkes von Inwald u. Roczyny, v. Ludw. Zeuschner. — Ueber die Achat-Mandeln in den Melaphyren, zweit. Sendschreib. v. Jak. Noeggerath. — Tubicaulis von Ilia bei Schemnitz, v. Joh. v. Pettko. — Geognost. Beschreibung des Schwefellagers von Swoszowice bei Krakau, v. L. Zeuschner. — Versteinerungen des Kreidemergels v. Lemberg u. sein. Umgebung, v. Rud. Kner. — Note üb. die zweiwerthigen Functionen, v. Sim. Spitzer. — Ueber die krystallin. Structur des Meteoreisens von Braunau, v. Joh. G. Neumann. — Höhenmessungen in den norisch. u. rhätisch. Alpen, v. Phil. Otto Werdmüller v. Elgg. — Vers. einer Darstellung des Vegetationscharakt. der Umgebung von Linz, v. Carl Schiedermayr. — Ueber die Summen der Körperwinkel an Pyramiden, v. J. Riedl v. Leuenstern. — Aufsuchung der reellen u. imaginären Wurzeln einer Zahlengleichung höheren Grades, v. Sim. Spitzer. — Gesetze in den höhern Zahlengleichungen mit einer oder mehreren Unbekannten, v. Sim. Spitzer. — Geognostisch-paläontolog. Beschreib. der nächsten Umgebung von Lemberg, v. Alois Alth. Imp. 4. (XXII. 178 u. 284 S. m. eingedr. Holzschn. 20 u. 13 lith. zum Thl. col. Taf., wovon 1 in Fol.) Wien 849, Braumüller. n. $13^1/_3$ ₰

Abhandlungen, dies. IV. Bd. Coup d'oeil sur les terrains stratifiés des Alpes Venetiennes, par Achille De-Zigno. — Die Foraminiferen u. Entomostraceen d. Kreidemergels v. Lemberg, beschrieb. v. Aug. Em. Reuss. — Das Skelett d. Zeuglodon macrospondylus, v. Alb. Koch. — Beiträge z. Flora d. Vorwelt, v. Const. v. Ettinghausen. — Ueber erratisches Diluvium bei Pitten, v. A. v. Morlot. — Ueber die Süsswasserquarze v. Muffendorf bei Bonn, v. C. O. Weber. — Ueber Raute, Prisma u. Kegel in akrometr. Beziehung, von Jos. Riedl v. Leuenstern. — Ueber die Achatmandeln in d. Melaphyren, namentl. über die von Theiss in Tirol, v. Gust. Adph. Kenngott. — Skizzen aus dem Gebiete der höheren Gleichungen, von Sim. Spitzer. — Integration der elliptischen Functionen in geschlossener Form, v. Ferd. Peche. — Allgem. Auflösung der Gleichungen 3. Grades, mit Vermeidung imaginärer Formen im irreducibIen Fall, v. E. Peche. — Beschreibg. u. Beobachtg. der österreich. Arten d. Gattg. Chrysopa, v. Friedr. Brauer. — Punkt, Linie u. Ebene im Raume, mit Zugrundelegung eines gleichwinklig-schiefwinkligen Coordinaten-Systems analytisch dargestellt v. Gust. Schmidt. Mitgetheilt u. mit einem Vorworte versehen v. Joh. v. Pettko. — Osteologia degli Orsi fossili del Veronese con un saggio sopra le principali Caverne del distretto di Tregnago. Lavoro del Abramo Massalongo. — Ueber böhmisch. Graptolithen, v. Ed. Suess. Imp. 4. (XVI. 100. 104. 147 u. 134 S. m. 13. 8 u. 9 lith. Taf., wovon 2 in qu. Fol. u. 8 col.) Ebend. 851. n. $15^2/_3$ ₰ (I—IV.: n. $50^2/_3$ ₰)

Naturwissenschaftliche Abhandlungen. H. 26–29
Berlin: Dümmler 1900–1901. 8°
(Vorh. u. d. T.: Allgemein-verständliche naturwissenschaftliche Abhandlungen. H. 1–25. 1888–1900.

— naturwissenschaftliche. 27.—29. Hft. gr. 8. Berlin, F. Dümmler's Verl. à n. 1.—
27. Beiträge zur Biologie einiger Xerophyten der Muschelkalkhänge bei Jena. Von F. Schleichert. [Aus: „Naturwiss. Wochenschr."] (18 S.) 901.
28. Der Bogen d. Oceanier. Von L. Frobenius. Mit 7 Abb. [Aus: „Naturwiss. Wochenschr."] (36 S.) 901.
29. Zur Vorgeschichte der Entdeckung von Grypotherium bei Ultima Esperanza. Von Rob. Lehmann-Nitsche. [Aus: „Naturwiss. Wochenschr."] (48 S.) 901.

Naturwissenschaftliche Abhandlungen,
hrsg. von einer Gesellschaft in Württemberg.
Bd 1 (= H. 1–3). Bd 2 (= H. 1. 2).
Tübingen: Laupp (Bd 2: Stuttgart: Cotta) 1826–28. 8°

Naturwissenschaftliche Abhandlungen
aus Dorpat. Bd 1.
Berlin: Reimer 1823. 8°

— naturwissenschaftliche, aus d. Schriften d. zoolog.-botan. Vereins in Wien, s. Separatabdruck.

— v. Nelken u. Tulpen. 8. Riga 794. (Leipz., Hartknoch). 10 gr.

— über d. Nervenkrankheiten, v. e. prakt. Ärzte; aus d. Engl. von C. A. H. 8. Berl. 810. Schöne. 6 gr.

Abhandlungen, Neue, d. kgl. Schwedischen Akademie, s. Abhandlungen d. kgl. Schwedischen Akademie.

— neue, v. d. Baume Acacia. a. d. Franz. v. Reinhard. 8. Frankf. Gebhard u. K. 786.

— neue, v. dem Baume Acacia oder dem Schotenborne. Aus d. Französ. mit e. Vorr. v. M. W. Reinhard. 8. Carlsr. 786. (Braun). 3 gr.

— neue, v. dem Baume Acacia. 8. Carlsr. Macklott. 786.

— neue u. ausführl., v. d. Tabak rc.; aus d. Holländ. 8. Leipz. 781. Hilscher. 8 gr.

— neue, d. kön. Böhm. Gesellschaft 3r Bd. enth. die Jahre 1806—811. gr. 8. Ebend. 814.

— — desselben Werkes 4r Bd. d. Jahre 1811—13. gr. 8. Ebend. 814.

— neue, d. kön. böhm. Gesellsch. d. Wissensch. mit schw. u. ill. Kpf. 2 Bde. 4. Prag 791—95. Calve, (W. Nauck in Leipz. 4 rß 3r Bd. mit Kpf. 4. Prag 799. Hartmann). 3 rß 8 gl

***Neue historische Abhandlungen der Baierischen (2ff: churfürstlichen baierischen) Akademie der Wissenschaften. Bd 1–5.**

München: Franz 1779–98. 4°

ℭ Anf. u. d. T.: **Abhandlungen der Churfürstl.-Baierischen Akademie der Wissenschaften. München** (s. unter Allgemeinwiss. Zeitschriften).

— neue histor., d. baier. Acad. d. Wissensch. 1r—5r Bd. gr. 8. Münch. 804—23. (J. Lindauer). 10 rß 8 gl

Neue historische Abhandlungen der kgl. Academie der Wissenschaften zu München. Bd 1. 2.

München: Franz 1804. 8°

— neue histor., d. Acad. d. W. zu München auf d. J. 1803—6. 2 Bde, mit Kpf. gr. 4. Ebd., (Ebd.) (à 1 rß 8 gl) 2 rß 16 gl

— neue, u. Nachricht. d. braunschw.-lüneb. Gesellsch. in Zelle. 2 Thle. 8. Zelle, Richter. 787—88.

Neue Abhandlungen und Nachrichten der Kgl. Grossbritt. Churfürstl. Braunschweig-Lüneburgischen Landwirthschafts-Gesellschaft. Bd 1–4.

Celle, Hannover: Hahn 1787–94. 8°

— neue philosoph., d. baier. Acad. d. Wissensch. 7 Bde, mit Kpf. 4. Münch. 778—97. Scherer. 16 rß 8 gl (Stein in Nürnb.) 18 rß

***Neue philosophische Abhandlungen der baierischen Akademie der Wissenschaften. Bd 1–7.**

München: Joh. Paul Vötter (sp. Anton Franz) 1778–97. 4°

ℭ Anf. u. d. T.: **Abhandlungen der Churf. Baierischen Akademie der Wissenschaften. München 1763ff.**

— neue philosophische, d. königl. Acad. d. Wiss. zu München aus d. J. 1778—97. 7 Bde, mit Kpf. gr. 4. Ebd., (Ebd.) (à 2 rß) 14 rß

Neue physikalische Abhandlungen der Academie nützlicher Wissenschaften in Erfurt v. d. J. 1805.

Erfurt: Otto 1806. 8°

— neue, v. d. sogenannt. Siebenzehner- u. Siebner-Stücken. 8. Wien 777. Gerold. 5 gl

— — Neuere, der k. böhmischen Gesellschaft der Wissenschaften. (3 Bde.) Fortgesetzt unter dem Titel:
4 Wien und Prag 1791—1798.

Fortgesetzt u. d. T.: Abhandlungen d. kgl. Böhm. Gesellschaft d. Wissenschaften (in Prag)

— neuere d. Kön. böhm. Gesellsch. d. Wissensch. m. schw. u. ill. K. 2 Bde. 4. Prag, Calve (Sommer in Leipz.) 791—95.

— — derselben 3r Bd. m. K. 4. Prag, Barth. 799.

Neuere Abhandlungen der kgl. Gesellschaft der Wissenschaften. Bd 1–3.

Prag 1790–98. 4°

ℭ Anf. u. d. T.: **Abhandlungen der Kgl. Böhmischen Gesellschaft der Wissenschaften. Prag 1785ff.**

— neueste, üb. d. österreich. Kriegsartikel. 8. Frankf. a. M. 793. Hermannsche B. 20 gl

Abhandlungen am festlichen Neujahrstage 5*** 7*** 81 in der ger. und vollk. Loge zu den drei Schlüsseln in Regensburg abgelesen von dem Mstr v. St. V. und dem Ceremonienmstr. v. M. Regensburg 1781. V: *Vischer*, ... (?) & *F. v. Maemmingen* (Wolfstieg I, 625.)

Neun Abhandlungen über eben so wichtige als interessante Gegenstände aus der Algebra und niedern Analysis
Von [Louis Étienne] Lefébure de Fourcy, [Alexandre Joseph Hydulphe] Vincent, L.F. Ritter. [Hrsg.: L.F. Ritter.] — Stuttgart: Schweizerbart 1844. XII, 231 S.
1: Ob 4903. 12: Math. P. 2 c. 10. 83.
1 3442

Neuphilologische **Abhandlungen** aus Jahresberichten oesterreichischer Gymnasien und Realschulen. Den Theilnehmern am VIII. allg. dtsch. Neuphilologentage gewidm. v. Wiener neuphilol. Verein. *Wien: Selbstv. v. Wiener neuphilol. Ver. 1898.* (4 Bl, 27, 16, 26, 22, 24, 4 S, 1 Tab.) 1 Bd 8. [98. 1163

Hedley, F. H.: Austria. Frei aus Grillparzers 'König Ottokars Glück u. Ende' übs. *Wien 1898.*
in: **Abhandlungen**, Neuphilolog., aus Jahresberichten oesterr. Gymnasien u. Realsch. [98. 1163

Scheich, Rudolf. Über Grillparzers Dichtungen als Schullectüre. *Wien 1898.*
in: **Abhandlungen**, Neuphilolog., aus Jahresberichten oesterr. Gymnasien u. Realsch. [98. 1163

Wollmann, Franz: Zur Quellenfrage v. Gotters 'Erbschleichern'. *Wien 1898.*
in: **Abhandlungen**, Neuphilolog., aus Jahresberichten oesterr. Gymnasien u. Realsch. [98. 1163

Kellner, Leon. Altengl. Spruchweisheit. Alt- u. mittelengl. Autoren entnommen. *Wien 1898.*
in: **Abhandlungen**, Neuphilolog., aus Jahresberichten oesterr. Gymnasien u. Realsch. [98. 1163

Subak, Julius: Die Conjugation im Neapolitanischen. *Wien 1898.*
in: **Abhandlungen**, Neuphilolog., aus Jahresberichten oesterr. Gymnasien u. Realsch. [98. 1163

Hrkal, Eduard: Die Mundart v. Clairvaux. *Wien 1898.*
in: **Abhandlungen**, Neuphilolog., aus Jahresberichten oesterr. Gymnasien u. Realsch. [98. 1163

Němeček, August: Die französ. Conjugation als Anschauungs-Unterrichtsmittel. *Wien 1898.*
in: **Abhandlungen**, Neuphilolog., aus Jahresberichten oesterr. Gymnasien u. Realsch. [98. 1163

Neusprachliche Abhandlungen aus dem Gebiet der Phraseologie, Realien, Stilistik und Synonymik ... [Hrsg.: Clemens Klöpper.] H. 1–19.

Dresden u. Leipzig: Koch 1896–1915. 8°

— neusprachliche, a. d. Gebieten d. Phraseologie, Realien, Stilistik u. Synonymik unt. Berücksicht. d. Etymologie. Hrsg. v. Clem. Klöpper-Rostock. I.—VI. Hft. gr. 8. Dresden, C. A. Koch. n. 7. 80

1. Widergabe d. deutschen Adjektive, Adverbien, Verben u. Präpositionen i. Französ. Grammat.-stilist. Studie v. Clem. Klöpper. (XII, 166 S.) 896. n. 3. 50
2. D. eig. Weiterbild. i. Französ. Ein prakt. Rat f. jüng. Neuphilologen v. G. Schmeding. (24 S.) 897. n. — 50
3. Altenglands Unterrichts- u. Schulwesen. Von Johs. Leitritz. Beitr. z. Kulturgeschichte. (32 S.) 898. n. — 80
4. Beitr. z. franz. Stilistik. Von Clem. Klöpper. Wiedergabe d. deutschen Hauptwortes i. Franz. — Stilist. Eigentümlichkeiten a. d. Kasuslehre. — D. deutsche best. u. unbest. Artikel d. Französischen gegenüber. (VI, 47 S.) 898. n. 1. —
5. D. englische Jagdwesen i. s. geschichtl. Entwickelung. Von P. Sahlender. (46 S.) 898. n. 1. —
6. D. Behandlung franz. u. engl. Schriftwerke. Von L. Beckmann. (VIII, 38 S.) 898. n. 1. —

— neusprachliche, aus den Gebieten der Phraseologie, Realien, Stilistik u. Synonymik unter Berücksicht. der Etymologie. Hrsg. v. Clem. Klöpper-Rostock. VII.—XII. Hft. gr. 8. Dresden, C. A. Koch. n. 9. 60
VII. Ancien régime. Die französ. Königszeit von den Kapetingern bis zur grossen Revolution. Von Edm. Köcher. (XII, 104 S.) 899. n. 2. 80
VIII. Folklore in England u. Amerika. Von Clem. Klöpper. (V, 62 S.) 899. n. 1. 60
IX. Die Uebertragung im sprachl. Leben. Von Gust. Krueger. (50 S.) 900. n. 1. —
X. Schulgrammatik u. Schriftsteller. Syntaktische u. stilist. Beiträge zum modernen französ. Sprachgebrauch. Von H. Schmidt. (VIII, 49 S.) 901. n. 1. 40
XI. Einige Kapitel aus der französischen Stilistik. Wortstellung, Satz u. Periode. Von Clem. Klöpper. (VI, 79 S.) 901. n. 2. —
XII. Stilistische Verschiedenheiten im Gebrauche der deutschen u. französischen Pronomina. Von Clem. Klöpper. (31 S.) 902. n. — 80
Hft. I—VI. Ebd. 896—898. n. 7. 80.

— neusprachliche, aus den Gebieten der Phraseologie, Realien, Stilistik u. Synonymik unter Berücksicht. der Etymologie. Hrsg. v. Clemens Klöpper. XIII. u. XIV. Heft 8. Dresden, C. A. Koch. n. 3. 40
XIII. Berichtigungen u. Ergänzungen zum 2. Tl. v. Muret-Sanders' encyklopädischem Wörterbuch der englischen u. deutschen Sprache. Von Northcote W. Thomas. M. A., u. Gust. Krueger. (VIII, 81 S.) 903. n. 2. 20
XIV. Beiträge zur Kenntnis der französischen Spruchdichtung. Von Clem. Klöpper. (48 S.) 905. n. 1. 20
I—XII. Ebd. 896—902. n. 17 40.

— neusprachliche, aus d. Gebieten d. Phraseologie, Realien, Stilistik u. Synonymik unter Berücksicht. der Etymologie. Hrsg. v. Clem. Klöpper. 15.—17. Heft. gr. 8. Dresden, C. A. Koch. 8. 80
15. 16. Das Tier im Spiegel der Sprache. Ein Beitrag zur vergleich. Bedeutungslehre. Von Rich. Riegler. (XX, 295 S.) 907. 7. 20
17. Eigenheiten des französ. Ausdrucks u. ihre Übersetzung ins Deutsche. Von Heinr. Breimeier. (VIII, 72 S.) 910. 1. 60
Hft. 1—14. Ebd. 896—905. 20. 80

Neutestamentliche Abhandlungen. Hrsg. von Prof. Dr. A[ugust] Bludau. H. 1. Münster i. W.: Aschendorff 1908. 8° [08. 16630 2

Abhandlungen, neutestamentliche. Hrsg. v. M. Meinertz. 1.—5. Hft., II. Bd. 1. u. 2. Heft u. III. Bd. 4. Heft. gr. 8. Münster, Aschendorff. 24. 40
1. 2. Jesus u. die Heidenmission. Biblisch-theolog. Untersuchg. Von Max Meinertz. (XII, 224 S.) 908. 6. 40
3. 4. Der Leserkreis d. Galaterbriefes. E. Beitrag z. urchristl. Missionsgeschichte. Von Alphons Steinmann. (XX, 251 S.) 908. 6. 80
5. Kamel u. Nadelöhr. Eine kritisch-exeget. Studie üb. Mt 19, 24 u. Parallelen. Von Geo. Aicher. (VII, 64 S.) 908. 1. 80
II. 1. 2. Die Geschichte der Geburt u. Kindheit Christi u. ihr Verhältnis z. babylon. Mythe. Eine religionsgeschichtl. Untersuchg. Von Frz. X. Steinmetzer. (VIII, 218 S.) 910. 5. 70
III. 4. Der Diakon Stephanus. Von Rud. Schumacher. (XI, 136 S.) 910. 3. 70
II. Bd. 3.—5. Hft. u. III. Bd. 1.—3. Hft. sind noch nicht ersch.

— v. d. Neutralität u. Hülfsleistung. 4. Gotha 758. Mevius. 7 ℛ

Abhandlungen und Notizen über E[ugène] A. Groux's Fissura sterni congenita von den berühmtesten Ärzten Europa's. (Hrsg.: E[ugène] A. Groux.) — Hamburg: Groux (1857). 48 S.
Aus: Archiv f. patholog. Anatomie u. Physiologie. 9 1856.
9. 10.
1.3444

— Wien: Seidel (1857). 2. 3. 6.
1.3445

— v. d. Nothwendigkeit d. Studirens, insonderheit d. Frauenzimmer. 8. Leipz. 753. Hilscher. 6 ℛ

— über d. ökonom. Nutzen d. wilden Kastanie (od. Roßkastanie ꝛc.) 8. Wien 807. Al. Doll. 6 ℛ

— von d. Nutzen d. Schlackenbäder. 8. Quedlinb. 766. Ernst. 3 ℛ

Nüzliche [Nützliche] und angeneme Abhandlungen aus der Kirchen-, Bücher- und Gelerten-Geschichte. Von versch. Verf. zsgetr. u. hrsg. von Johann Bartholomaeus Riederer. Stück 1–4. — Altdorf 1768–69.
1–4 . . 1: Ag 7788. 12: Eph. lit. 186. 300: 71 Zz 96.
2. 3. 4. 5. 7. 10.
1.2 . . . . 11.
1.3446

— nüzl., u. Beitr. zur Erläut. d. reichsgerichtl. Justizwesens u. Processes. 3 Thle. 4. Wezlar 768 u. 69. Winkler. 12 ℛ

Nützliche Abhandlungen und Beyträge zur Erweiter- und Erläuterung des reichsgerichtlichen Justizwesens und Processus, auch anderer das teutsche Staatsrecht betr. Materien. Th 1–3. — Wetzlar: Winkler 17[68–] 69.
5. 7.
1.3447

— v. d. Odeen d. Alten, (vom Rect. Martini in Leipzig). gr. 8. Leipz. 767. Dyck. 10 ℛ Schrbp. 14 ℛ

„Abhandlungen über Oekonomie und die dazu gehörigen Wissenschaften", 1. Band, Wien 1787.

— ökonomische, s. a. Well, Joh. Jak.

Oekonomische *Abhandlungen* ... Abgefasst v. J. W. Wien 1768. 384 S.

— ökonom., über einige zur Nahrung dienende Erdgewächse ꝛc. 8. Wien 781. (Heubner). 4 ℛ

Oekonomische Abhandlungen und Regeln für praktische Landwirthe zur Verbesserung des Feldbaus, der Viehzucht und der innern Haushaltung. — Leipzig: Rein 1797. 300 S.
10.
1.3448

***Oekonomische Abhandlungen für Schwaben und besonders für Ulm. [Haupttitel]. [Hrsg.: Joh. Herkules Haid.] 18 u. 6 Abhandlungen.**
Ulm: Joh. Jak. Schumacher 1780–81. 4°
ℭ St. 1 u. d. T.: Des Ulmischen Oekonomischen Wochenblatts Erste Abhandlung. [Kopftitel].
ℭ Jg. 2 m. d. Bandtitel: Oekonomisch-praktische Abhandlungen f. Schwaben. Ulm: Stettin in Komm. 1782.

— ökonomische, üb. d. Schweinezucht. 8. Frkf. a. M. Jäger. 2 ℛ

Ökonomische Abhandlungen von der Verbesserung des Ackerbaues, Vermehrung des Fleißes und Anwuchs des Volkes, Beförderung der Handwerker, Fabriken und Manufakturen und zur Aufnahme des Handels. [Hrsg.: J. Wiegand.]
Wien: Trattner 1788.

„Oekonomische Abhandlungen und Vorschläge zum allgemeinen Nuzzen für den Stadt- und Landhausvater", Mainz 1790. — Vorh.: UB Königsberg.

— ökonom., u. Vorschläge f. d. Stadt- u. Land-Hausvater. gr. 8. Mainz 790. (Andreä in Frkf.) 20 ℛ

— ökonom., v. gründlich bessern u. einträglichern Weinbergsbau, nebst angefügter Churfürstl. Sächs. Weingebürgs-Ordnung de Anno 1588, v. H(einr.) A(ug.) F(ischer.) 8. Dresden u. Leipzig, 1765. — 2⅓

— ökon.-jurist., v. Anschlage d. Güter in Sachs. s. Bennig.

Ökonomisch-physikalische Abhandlungen. [Hrsg.: Peter Graf v. Hohenthal.] T. 1–20.
Leipzig: Comptoir f. Litteratur 1747–63. 8°

Abhandlungen, Oeconomisch-physikalische. Th 1. 2. Leipzig: Jacobi 1751.

— über d. Operat. d. Steinschnitts ꝛc. 8. Königslutt. 798. Culemann. 12 ℛ

— oeconomische, üb. einige zur Nahr. dienende Erdgewächse. 8. Wien, Camesina. 781.

Abhandlungen Alexander von Oettingen zum siebenzigsten Geburtstag gewidmet v. Freunden u. Schülern. *München: C. H. Beck 1898.* (2 Bl., 262 S.) 1 Bd 8. [98. 241

Berendts, A.: Zur Christologie des apokryphen 3. Korintherbriefes. *München 1898.*
in: Abhandlungen A. v. Oettingen z. 70 Geburtstage gewidmet. [98. 241

Bonwetsch, G. Nathanael. Über d. Schrift des Methodius v. Olympus 'Vom Aussatz'. *München 1898.*
in: Abhandlungen A. v Oettingen z. 70. Geburtstage gewidmet. [98. 241

Harnack, Adolf: Der Pseudoaugustinische Traktat Contra Novatianum. *München 1898.*
in: Abhandlungen A. v. Oettingen z. 70. Geburtstage gewidmet. [98. 241

Hörschelmann, Ferdinand: Zur Behandlung d. Katechismus im Religionsunterricht. *München 1898.*
in Abhandlungen A. v. Oettingen z. 70. Geburtstage gewidmet. [98. 241

Lezius, Friedrich: Die Libra des Priscillianisten Dictinus v. Astorga *München 1898.*
in. Abhandlungen A. v. Oettingen z. 70. Geburtstage gewidmet. [98. 241

Meyer, Leo: Wunder. E. Beitr. z. Gesch. d. Wortes. *München 1898.*
in: Abhandlungen A. v. Oettingen z. 70. Geburtstage gewidmet. [98. 241

Petersen, Eugen: Die Reliefschranken auf d. Röm. Forum. *München 1898.*
in: Abhandlungen A. v. Oettingen z. 70. Geburtstage gewidmet. [98. 241

Seeberg, Alfred: Bemerkungen z. Auslegg v. Matth. 19. *München 1898.*
in: Abhandlungen A. v. Oettingen z. 70. Geburtstage gewidmet. [98. 241

Seeberg, Reinhold: Die Busslehre des Duns Scotus. *München 1898.*
in: Abhandlungen A. v. Oettingen z. 70. Geburtstage gewidmet. [98. 241

Volck, Wilhelm: Zur Erklärung d. mosaischen Segens. Deut. K. 33. *München 1898.*
in: Abhandlungen A. v. Oettingen z. 70. Geburtstage gewidmet. [98. 241

Mühlau, Ferdinand: Zur Paulinischen Ethik. *München 1898.*
in Abhandlungen A. v. Oettingen z. 70. Geburtstage gewidmet [98. 241

Haussleiter, Johannes: Melanchthons Loci praecipui u. Thesen üb. d. Rechtfertigg aus d. J. 1531. *München 1898.*
in: Abhandlungen A. v. Oettingen z. 70. Geburtstage gewidmet [98. 241

— v. Pacht d. Güter. s. Benningsen.

— v. d. Pädagogie u. Schuldisciplin f. Lehrer in Stadt- u. Landschul. s. Berlin, Realsch. 775.

Pädagogische Abhandlungen. [Hrsg.: L. Strümpell.] H. 2–3, N. F. 1. 2.
Leipzig: Siegismund u. Volkening 1875–1879. 8°

Vorh. u.d.T.: Pädagogische Abhandlungen von Mitgliedern des wissenschaftlich-pädagogischen Practicums an der Universität Leipzig. H. 1. 1874.

Pädagogische Abhandlungen. [Hrsg.: Bartholomaeus, sp. Hugo Anders.] H. 1–131.
Bielefeld: A. Helmich 1891–1919. 8°

— pädagogische. 1.—18., 20., 22. u. 23. Hft. 8. Bielefeld, A. Helmich. n. 8. 75

1. Der Charakter. Eine Untersuchung seines Wesens u. d. Einflusses, welchen die Schule auf s. Bildung auszuüben hat. Von A. Freymark. 890. n. — 60
2. Die Kinderhorte u. deren erziehliche Bedeutung m. besond. Berücksicht. dieser Einrichtg. in Köln. Von H. Franken. (14 S.) 891. n. — 40
3. Wie hat sich die Volksschule dem Dialekt gegenüber zu verhalten? Ein Beitrag zur Volksschulpädagogik. Von Ant. A. Kuß. (35 S.) 892. n. — 50
4. Gedächtnisblatt zum 300jähr. Geburtstage d. Amos Comenius. Von W. Latt. (22 S.) 892. n. — 40
5. Der Schulgesetzentwurf d. Cultusministers Grafen v. Zedlitz-Trütschler, vom pädagogischen u. sozialpolitischen Standpunkte aus beleuchtet durch J. Greßler. (51 S.) 892. n. — 50
6. Eine Gefahr im Verzuge. Betrachtung über das vorzeitige Vorrücken von Schülern mehrklassiger Volksschulen. Von Th. Vietsch. (22 S.) 892. n. — 40
7. Aufgebot der preußischen Volksschule im Kampfe gegen die Sozialdemokratie. Von A. Schönborn. (45 S.) 892. n. — 60
8. Die Pflege d. Gefühls in der Schule. Von M. Ellscheid. (10 S.) 893. n. — 30
9. Notwendigkeit v. Veranstaltungen f. das nachschulpflichtige Alter. Ein Beitrag zur Lösung der sozialen Frage. Von G. Meigen. (15 S.) 893. n. — 30
10. Die Konzentration im Dienste des Volksschulunterrichts. — Der Nutzen des mathematischen Schulunterrichts. Von J. G. Obst. (27 S.) 893. n. — 50
11. Wie ist der Unterricht in der Naturgeschichte zu erteilen? Von L. Mevius. (29 S.) 893. n. — 50
12. Die Körperhaltung u. ihre Folgen bei den Schulkindern. In ihrem Zusammenhange mit der Schriftfrage dargestellt von Ernst Giesekina. (42 S.) 893. n. — 50
13. Was hat die Volksschule an ihrem Teile in pädagogischer u. sanitärer Hinsicht zu thun, um die Kinder zum Anstande, zur Ordnung u. Reinlichkeit zu bringen? Von J. G. Obst. (30 S.) 893. n. — 40
14. Ratgeber f. Eltern, Oheime u. Basen, sowie f. Kinderfreunde u. Leiter v. Volks- u. Schulbüchereien bei der Auswahl v. Jugendschriften. Dargeboten von Wilh. Bartholomäus. (80 S.) 893. n. — 25
15. Friedrich Wilhelm Dörpfeld, e. Meister unter den Lehrern u. wackerer Kämpfer f. die Rechte der Volksschule. Von Rich. Scholz. (29 S.) 894. n. — 40
16. Worauf ist beim Volks-Schulunterrichte zu achten, damit er seinem Zwecke entspricht: Nicht f. die Schule, sondern für's Leben. Von J. G. Obst. (23 S.) 894. n. — 40
17. Die Regelung der Lehrerlaufbahn. Ein Beitrag zur Lösung der Schulaufsichtsfrage. Im Auftrage der Lehrervereinigung Mülheim a. d. Ruhr bearb. von Otto Köhne, Wilh. Pütz u. Herm. Redeker. (16 S.) 894. n. — 30
18. Lehr-Plan f. evangelische Halbtagsschulen. Unter Mitwirkg. prakt. Schulmänner hrsg. v. P. Herbert. (21 S.) 894.
20. Die Hauptlehrerfrage auf dem 18. rheinischen Lehrertage. Ein Stimmungsbild v. ?. (23 S.) 894. n. — 40
22. Unsere Gehaltsregulierung, e. Ehren- u. Rechtsfrage. Im Auftrage des Barmer Lehrervereins. Von J. Langermann. (20 S.) 894. n. — 35
23. Gustav Adolf. Gedenkblatt zur 300jähr. Geburtstagsfeier des großen Heldenkönigs. Von L. Spannenberg. (17 S.) 894. n. — 35

Hft. 19 u. 21 erscheinen später.

— pädagogische. 19., 21., 24.—27., 29., 30., 32.—33., 35.—39., 42. u. 44. Hft. 8. Bielefeld, A. Helmich. n. 8. 05

19. Welche Mittel muß d. Erzieher anwenden, um d. Zweck d. geogr. Unterr. am sichersten zu erreichen? Von Frz. Xav. Hartmann. (26 S.) 896. n. — 40
21. Gestalt. d. naturgeschichtl. Unterr. a. Grund d. neueren Reformbestrebgn. Theoret.-prakt. Abhandlg. v. M. Ellscheid. (42 S.) 896 n. — 60
24. Welche Bedeutung haben d. realist. Unterrichtsstoffe f. d. Gemütsbildung d. Schülers? Von Geo. Detzel. (23 S.) 895. n. — 50
25. Zweck, Umfang u. Behandlg. d. Arbeiterversicherungsgesetze i. Rechenunterr. d. Volks- und Mittelschulen unt. bes. Berücksicht. des Unfallversicherungsgesetzes. Von Just. Mandell. (15 S.) 895. n. — 40
26. Allgem. Volksschule od. Standesschulen? M. Rücksicht a. d. i. neuerer Zeit i. Köln errichteten Vor- u. Mittelschulen. Von M. Volkmuth. (55 S.) 895. n. — 50
27. D. Mittelschulexamen a. d. XIX. rhein. Lehrertage in Godesberg 1895. E. Stimmungsbild. (10 S.) 895. n. — 25
29. D. 150. Geburtstag Pestalozzis od. Warum sind wir Lehrer verpflichtet, d. 150. Geburtstag Pestalozzis festl. zu begehen? Von Heinr. Scherer. (11 S.) 895. n. — 40
30. I. D. Lehrplan f. d. Bibellesen in Volks-, Mittel- u. höh. Mädchenschulen. II. Z. Schulbibelfrage. Von C. Mischke. (39 S.) 896. n. — 60
32. D. Erzieh. z. Wahrheitsliebe u. Bekämpf. d. Lüge durch d. Volksschule. Von J. G. Obst. (21 S.) 898. n. — 50
33. Melanchthons Leben u. s. Bedeutg. f. d. Schule. Von Heinr. Scherer. (11 S.) 897. n. — 40
35. Wie kann d. Schule d. Bestrebgn. d. Tierschutzvereine fördern? Von J. G. Obst. (20 S.) 898. n. — 50
36. D. Gewissen u. d. Erziehg. z. Gewissenhaftigkeit. Von Ernst Gerloff. (26 S.) 898. n. — 10
37. Meine erste Stelle. Plauderei. Von F. Ehringhaus. (24 S.) 898. n. — 40
38. Gegen d. geistl. Schulaufsicht u. ihre Verteidiger. Von Peter Schaefer. (IV, 32 S.) 897. n. — 80
39. Gesetz u. Ausführungsverfügg. betr. d. Diensteinkommen d. Lehrer u. Lehrerinnen a. d. öff. Volksschulen. V. 3. III. 1897. (Ausführungsverfügg.) (18 S.) 898. n. — 40
42. Neues u. Altes v. Schreibunterricht. Von H. Merz. (34 S.) 898. n. — 50
44. Gymnasiallehrer u. Volksschullehrer. E. Blatt d. Hoffng. f. d. deutschen Lehrerstand. (36 S.) 898. n. — 60

— pädagogische. 28., 31., 34., 40., 41., 43. u. 45.—74. Hft. 8. Bielefeld, A. Helmich. n. 16. 15

Inhaltsübersicht in alphabetischer Ordnung:

Achenbach, Karl, Bedeutung des Märchens f. Erziehung u. Unterricht. (19 S.) 901. (Hft. 59.) n. — 40
— zum 150. Geburtstage Goethes. (Ein Konferenzvortrag.) (14 S.) 899. (Hft. 49.) n. — 40
Aus dem Leben Dr. Johann Friedrich Wilbergs. Von e. waldeck. Schulmanne. (25 S.) 901. (Hft. 57.) n. — 50
Bach, Wilh. Carl, welches sind die Aufgaben, die das Gesetz v. 2. VII. 1900 üb. d. Fürsorgeerziehung Minderjähriger den Lehrern an Volksschulen stellt? (20 S.) 902. (Hft. 66.) n. — 40
— die Haftpflicht der Lehrer. (36 S.) 902. (Hft. 67.) n. — 50
— die Kommunalsteuerfreiheit der preußischen Volksschullehrer. (21 S.) 899. (Hft. 46.) n. — 40
— die Lehrerbildung in Preußen nach den neuen Lehrplänen u. Prüfungsordnungen vom 1. VII. 1901. (21 S.) 902. (Hft. 69.) n. — 50
— die körperliche Züchtigung in der preuß. Volksschule. (14 S.) 899. (Hft. 47.) n. — 40
Dieckmann, Aug., Licht, Liebe, Leben. Drei Leitsterne f. den Lehrer. (9 S.) 901. (Hft. 53.) n. — 40
Friedrichs, K., der Gesangunterricht in d. Volksschule, seine Bedeutung u. Behandlung. (19 S.) 901. (Hft. 63.) n. — 50
Heck, Karl, Stenographie u. Lehrer. (22 S.) 897. (Hft. 34.) n. — 50
Heitmann, Alb., das Lehrerprüfungswesen. (14 S.) 902. Hft. 71.) n. — 40

Höver, M. J., die Tonkunst, e. hervorragendes Bildungs- u. Erziehungsmittel. (21 S.) 896. (Hft. 28.) n. — 40
Kapp, H., bildende Kunst u. Schule. (28 S.) 901. (Hft. 58.) n. — 50
Klamer, C. S., sind unsere Volksschulen m. gemischten od. m. nach Geschlechtern getrennten Klassen einzurichten? Vortrag, geh. auf d. Gauversammlg. d. Lehrervereine des Kreises Gelsenkirchen im Novbr. 1900. (21 S.) 901. (Hft. 62.) n. — 40
Kobel, Osk., das niederländische Volksschulwesen. (20 S.) 901. (Hft. 56.) n. — 40
Lamprecht, K., der Unterricht in der Naturgeschichte. (15 S.) 901. (Hft. 40.) n. — 40
Lappe, Frdr., Bilder u. Bildung. (23 S.) 902. (Hft. 70.) n. — 50
Poeßel, A., die Lehrerpersönlichkeit in der Erziehung. (14 S.) 901. (Hft. 54.) n. — 40
Prüfungs-Ordnung f. Zeichenlehrer u. Zeichenlehrerinnen. Mit d. Ausführungsbestimmgn. (12 S.) 902. (Hft. 63.) n. — 40
Rademacher, C., Erziehung zur Selbstthätigkeit durch anschauliches Erkennen, der Hauptgrundsatz Pestalozzis. (17 S.) 899. (Hft. 50.) n. — 40
— die gewerbliche, haus- u. landwirtschaftliche Kinderarbeit in der Rheinprovinz. Ergebnis der Statistik des rhein. Provinzial-Lehrer-Verbandes. (60 S.) 901. (Hft. 52.) n. — 75
— die körperliche Züchtigung v. Schulkindern. Im Anschluß an den preuß. Ministerial-Erlaß vom 1. V. 1899. (17 S.) 899. (Hft. 48.) n. — 40
Rath II, wer soll den Turnunterricht in der Volksschule erteilen u. wer soll ihn beaufsichtigen? (12 S.) 901. (Hft. 55.) n. — 40
Ritzengruber, Frz., über Schüler-Wanderungen. (12 S.) 902. (Hft. 73.) n. — 40
Schaefer, P., die Ortsschulaufsicht. (112 S.) 902. (Heft. 65.) n. 1. —
— Seminarlehrer u. Volksschullehrer. (23 S.) 899. (Hft. 45.) n. — 40
Schmidt, H., üb. Ermüdung durch d. Unterricht. — Schoenwaldt, Paul, ein Vortrag f. u. gegen die Fremdwörter unserer Muttersprache. (18 S.) 902. (Hft. 72.) n. — 40
Schneider, welche Anforderungen stellt man an e. gutes Lesebuch? (15 S.) 899. (Hft. 51.) n. — 40
Schoenwaldt, Paul, die Standesehre u. ihre Forderungen. (17 S.) 902. (Hft. 74.) n. — 40
— ein Vortrag f. u. geg. die Fremdwörter, s.: Schmidt, H.
Stoffel, Fritz, ist das Körperzeichnen in der Volksschule berechtigt? (14 S.) 901. (Hft. 41.) n. — 40
Wald, M., die Fibel, e. rechte Gehilfin des Lehrers. (14 S.) 896. (Hft. 31.) n. — 40
Wischer, Lehr. Max, die soziale Stellung des Lehrers u. seine Standesehre. (33 S.) 902. (Hft. 64.) n. — 50
Ziegler, C., die Stellung der Dezimalbrüche im Rechenunterricht. (20 S.) 901. (Hft. 61.) n. — 40
— der Rechenunterricht im Lichte des socialpädagogischen Prinzips u. der Konzentration. (23 S.) 901. (Hft. 60.) n. — 40
Zimmerman, E., das Ziel des Gesangunterrichts in der Volksschule. Mittel zur Erreichg. dieses Zieles. (19 S.) 901. (Hft. 43.) n. — 40

— pädagogische. 16. u. 75.—97. Hft. 8. Bielefeld, A. Helmich. n. 10. 30

Bach, Wilh. Carl, über die Behandlung des Sexuellen in der Schule. (15 S.) (906.) (Hft. 96.) n. — 40
— über den Grundlehrplan der Berliner Gemeindeschulen. Vortrag, geh. im Lehrer-Verein Schwelm. (14 S.) (903.) (Hft. 79.) n. — 40
— Kinderschutzgesetz u. Volksschullehrer. (Mit den Ausführungsbestimmgn.) (40 S.) (904.) (Hft. 81.) n. — 40
— Pflanzenschutz u. Schule. (14 S.) (904.) (Hft. 85.) n. — 40
Beckmann, welchen Fortschritt bedeuten die ministeriellen Bestimmungen vom 1. VII. 1901 f. die Vorbildung der Volksschullehrer? (15 S.) (903.) (Hft. 78.) n. — 40
Behlen, H., Friedrich Schiller. Zum 100. Todestage. (18 S.) (905.) (Hft. 92.) n. — 40
Burmester, W., zur Erinnerung an den 60. Geburtstag Heinrich Schaumbergers. (18 S.) (904.) (Hft. 82.) n. — 50
Drewke, H., die Lehrerinnenfrage. (23 S.) (906.) (Hft. 95.) n. — 40
Drewke, H., das zukünftige Volksschulgesetz in Preußen. (18 S.) 904. (Hft. 88.)
Heine, Otto, die Krüppel in der Schule. (23 S.) (905.) (Hft. 90.) n. — 50
Heltmann, Alb., Mißstimmungen im Lehrervereinsleben. Ein Beitrag zum Rektorenstreit, zur Universitätsbildg. u. gehaltl. Gleichstellg. der Lehrer. (18 S.) (905.) (Hft. 91.) n. — 40
Jasche, R., ein Beitrag aus der Praxis zum Kapitel „Kunst u. Schule". — Mit welchen Mitteln kann die Schule sich an der Bekämpfung des Alkoholismus beteiligen? (21 S.) (904.) (Hft. 83.) n. — 40
Klamer, C. S., die zurückgebliebenen Kinder in der Volksschule. Vortrag, geh. auf der 25. westf. Prov.-Versammlg. in Soest. (20 S.) (903.) (Hft. 77.) n. — 50
Kropp, praktische Winke f. Wanderungen v. Volksschülern. (18 S.) (906.) (Hft. 97.) n. — 40
Mainzer, G., der Anschauungsunterricht u. die Sprechübungen in d. beiden ersten Schuljahren. (15 S.) (904.) (Hft. 86.) n. — 40
Möllmann, Ernst, warum erlernt der Volksschullehrer eine Fremdsprache, s.: Sommer, Paul.

Obst, F. G., worauf ist beim Volksschul-Unterrichte zu achten, damit er seinem Zwecke entspricht: Nicht f. die Schule, sondern für's Leben. 2. Aufl. (23 S.) (906.) (Hft. 16.) n. — 40
Prein, Otto, Beiträge zur Schulgeschichte der Grafsch. Mark, veranschaulicht an der Schulgeschichte der Gemeinde Methler. Nach den Quellen des Pfarrarchivs bearb. (34 S.) (904.) (Hft. 80.) n. — 50
Schenk, Alwin, die Fürsorge f. die aus der Hilfsschule entlassenen Kinder in unterrichtlicher und praktischer Beziehung. Vortrag, geh. auf dem V. Verbandstage der Hilfsschulen Deutschlands zu Bremen. (19 S.) (905.) (Hft. 94.) n. — 40
Schiebuhr, Thdr., die Macht der Liebe in der Poesie. (24 S.) (904.) (Hft. 84.) n. — 40
Schliestorff, A., Kirche u. Schule. (13 S.) (903.) (Hft. 76.) n. — 40
Simultanschule, die nassauische. Historisch-krit. Betrachtg. v. e. inaktiven kathol. Schulmanne Nassaus. (32 S.) (904.) (Hft. 89.) n. — 50
Sommer, Paul, die Notwendigkeit e. Revision der allgemeinen Bestimmungen f. Volks- u. Mittelschulen vom 15. X. 1872. Vortrag, geh. auf der Prov.-Versammlg. zu Naumburg am 7. X. 1902. — Möllmann, Ernst, warum erlernt der Volksschullehrer e. Fremdsprache? (28 S.) (902.) (Hft. 75.) n. — 60
Ueber Hausaufgaben. Konferenzvortrag v. G. B. (13 S.) (904.) (Hft. 87.) n. — 40
Wie ich einst zum Lehrerbildner wurde. Ein Zeitbild aus dem Schulleben. — Rettungsversuch, ein. Aus der Praxis der Fürsorge-Erziehg. (15 S.) (905.) (Hft. 93.) n. — 40

— pädagogische. 3. 98.—118. u. 120. Heft. 8. Bielefeld, A. Helmich. 9. 55

Ausführungs-Anweisung zu dem neuen Volksschullehrer-Besoldungsgesetz vom 26. V. 1909. (24 S.) 909. (Hft. 115) — 40
Bach, Wilh. Carl, Ernst v. Bandel, der Erbauer d. Hermanns-Denkmals. Ein Lebensbild. (15 S.) 909. (Hft. 114) — 40
— Johann Calvin. (14 S.) 909 (Hft. 111) — 40
— D. Fachschulaufsicht in d. Volksschule. (21 S.) 908. (Hft. 104) — 40
— Zum Kampfe gegen d. Schundlit. (22 S.) 909. (Hft. 113) — 40
— Die deutsche Kolonie Deutsch-Ostafrika. Eine Lehrprobe. — Welche Bedeutg. hat das Schulunterhaltungsgesetz f. d. Lehrer? (16 S.) 907. (Hft. 101) — 40
— Unsere Kolonien im Schulunterricht. (21 S.) 907. (Hft. 99) — 40
— Lehrer u. Rektoren. Ein Beitrag z. Orientierg. üb. d. Rektorenfrage. (27 S.) 907. (Hft. 103) — 40
— Luise, Preußens unvergeßliche Königin. — Wagner, J., Königin Luise. Ein Lebensbild. (15 S.) 910. (Hft. 120) — 40
— Phantasie u. Schule. (24 S.) 909. (Hft. 108) — 40
— Der Rechtschreib-Unterricht in der Volksschule. (16 S.) 909. (Hft. 116) — 40
Bestimmungen, die, üb. das höh. Mädchenschulwesen. (16 S.) 908. (Hft. 105) — 35
Bitter, Aug., über Jugendgerichte u. Fürsorgeausschüsse unt. besond. Berücksicht. d. in Bielefeld eingesetzt. Fürsorgeausschusses. (15 S.) 909. (Hft. 109) — 40
Geschichte der Lehrerztg. f. Westfalen, die Rheinprovinz u. die Nachbargebiete. (18 S.) 910. (Hft. 117) — 40
Gesetz üb. das Diensteinkommen d. Lehrer u. Lehrerinnen an d. öffentl. Volksschulen v. 26. V. 1909. (21 S.) 909. (Hft. 112) — 40
Gottlieb, H., Religion u. Religionsunterricht. (14 S.) 908. (Hft. 106) — 40
Hoffmeister, Herm. Wilh., Comenius u. Pestalozzi. Eine szen. Dichtg. f. Lehrer- u. Schulfestlichkeiten, insonderheit aber zur Pflege e. stärkeren Verbindg. zwischen Schule u. Haus. (14 S.) 907. (Hft. 102) — 40
In der Hildener Heide. Exkursion des Prov.-Lehrervereins f. Naturfreunde anläßlich des 33. rhein. Lehrertages. (48 S.) 910. (Hft. 118) — 60
Kuß, Ant. A., wie hat sich die Volksschule dem Dialekt gegenüber zu verhalten? Ein Beitrag z. Volksschulpädagogik. 2. unveränd. Abdr. (36 S.) 910. (Hft. 3) — 50
Lieber, Carl, jeder Akt der Apperzeption ist e. Schritt v. Chaos zum Kosmos! (15 S.) 908. (Hft. 107) — 40
Schlemmer, die sozialen Probleme d. Gegenwart im Religionsunterricht. (20 S.) (907.) (Hft. 98.) — 50
Sieper, E., die Behandl. d. deutschen Kolonien im Unterricht d. Volksschule. (25 S.) (909.) (Hft. 110.) — 40
Wagner, J., Königin Luise, s.: Bach, Wilh. Karl, Luise.
Wirtgen, Philipp. Gedenkblatt zu sein. 100. Geburtstage, den 4. XII. 1906. (Gewidmet v. Rhein. Prov.-Lehrerverein f. Naturkunde.) [Aus: „Lehrerzeitg. f. Westfalen, die Rheinprov. etc."] (17 S.) (906.) (Hft. 100.) — 40
Heft 119 ist noch nicht erschienen.

Abhandlungen, pädagogische. N. F. Hrsg. v. W. Bartholomäus. 1. Bd. 9 Hfte. gr. 8. Ebd. Einzelpr. n. 3. 80; f. d. Bd. n. 2. —

1. D. Sterne erster Größe a. Himmel d. Pädagogik. — D. Grundlehren aller Pädagogik. — Goldkörner a. d. wissenschaftl. Pädagogik. Von G. Fröhlich. (13 S.) 897. n. — 40
2. Staatsminister Falk u. die Volksschullehrer. Von C. Rademacher. Zum gold. Amtsjubiläum d. Oberlandesgerichtspräsidenten Staatsministers Paul Ludwig Adalbert Falk am 30. III. 1897. (16. S.) 897. n. — 40
3. Welche Aufgabe hat d. preußische Volksschule gegenüber d. sozialist. Irrtümern u. Entstellgn.? Von W. Hering. (16 S.) 897. n. — 40

4. Die natur- und kulturgem. Umgestaltg. d. Lehrerbildung. Von H. Drewke. (13 S.) 897. n. — 40
5. A. d. Gebiete jenseits d. Unterrichtsmethodik. Von Pet. Meyer. (13 S.) 897. n. — 40
6. Sport u. Schule. Von H. Th. Math. Meyer. (28 S.) 897. n. — 60
7. D. Schulsparkassen. Von Haussig. (11 S.) 897. n. — 30
8. Was lehrt Diesterweg üb. d. Berücksichtgg. d. Individualität? Von Fritz Hückmann. (14 S.) 897. n — 40
9. D. Erziehg. d. Haus u. Schule i. ihrem Verhältnis zu einander. Von Rich. Jordan. (III, 22 S.) 897. n. — 50

— dasselbe. 2. Bd. (In 9 Hftn.) 1.—9. Hft. gr. 8. Für den Bd. n. 2. —; Einzelpr. n. 3. 80

1. In welcher Richtg. u. i. welchem Umfange wird d. Jugenderziehung d. gewerbl. u. landwirtschaftl. Kinderarbeit geschädigt? Von C. Rademacher. (27 S.) 897. n. — 50
2. Grundlinien zu e. Lebensbilde Jesu f. die Oberst. d. Volksschule. Von G. Schulze. (19 S.) 898. n. — 50
3. Volksschule u. mod. Lehrgelüste. Von Pet. Meyer. (15 S.) 898. n. — 40
4. Psychopath. Minderwertigkeiten i. Kindesalter. Von Frdr. Trappmann. — D. Lehrer als Apostel d. Mäßigkeit i. Schule u. Haus. Von Alb. Gernhöfer. (16 S.) 898. n. — 40
5. Aufstellung e. Lehrplanes üb. d. ges. naturwissenschaftl. Unterricht in höh. Mädchenschulen u. Erläutergn. dazu. Von L. Morgenstern. (13 S.) 898. n. — 40
6. D. Unterricht im Freien. Von Karl Adam. — D. Bedeutung d. Lehre v. d. Temperamenten f. d. Erzieher. Von G. Fritze. (14 S.) 898. n. — 40
7. D. Schulstrafen. Von Heinr. Wanner. (17 S.) 898. n. — 40
8. Wesen u. Wert d. Zusammenfassg. d. Lehrstoffs. Von Herm. Lunecke. (11 S.) 898. n. — 40
9. D. Theorie d. Seelenvermögen nach Kant, Herbart, Lotze u. Beneke. Von Karl Budde. (12 S.) 898. n — 40

— dasselbe. III. Bd. 1.—5. Hft. gr. 8. Ebd. 898. F. d. Bd v. 18 Hftn. n. 4. —; Einzelpr. à n. — 40

1. D. Luftverschlechterg. i. Schulzimmer u. ihre Messg. Von Hans Suck. (15 S.)
2. D. Bedeutg. d. Ortsnamen f. d. Kulturgeschichte. Von Frdr. Günther. (15 S.)
3. D. Weibes seelische Eigenart u. daraus sich ergeb. Folgergn. f. d. Erziehg. d. Mädchen. Von Aug. Renner. (19 S.)
4. Schuldirektor Bangs Reformvorschlag f. d. unterrichtl. Behandlg. d. Lebens Jesu. Von W. Schröder. (15 S.)
5. Hebg. d. Schulturnens durch Vereinfachg. dess. zu Gunsten d. Spiels u. d. volkstüml. Übungen. Von Arth. Rosenstengel. (13 S.)

Abhandlungen, pädagogische. Neue Folge. Hrsg. v. W. Bartholomäus. III. Bd. 6.—9. Hft. gr. 8. Ebd. 899. n. 1. 90

6. Über musikalische Erziehung. Von Wilh. Ruland. (21 S.) n. — 50
7. Wie gelangt der Lehrer zu einer sichern Beurteilung der Leistungen der einzeln. Schüler? Von Wilh. Märker. (12 S.) n. — 40
8. Auf welchen psychologischen Thatsachen beruhen die fünf formal. Stufen Herbarts? Von Mary Henckel. (24 S.) n. — 60
9. Anschauung u. Anschaulichkeit. Ein Konferenzvortrag. Von R. Sontag. (16 S.) n. — 40

— dasselbe. IV. Bd. 9 Hfte. gr. 8. Ebd. 899. n. 4. 45 f. den Bd. v. 18 Hftn. n. 4. —

1. Die Forderungen der Gegenwart an den Geschichtsunterricht der Volksschule. Von Phpp. Hartleb. (31 S.) n. — 50
2. Die Bedeutung e. gesteigerten Volksbildung f. die wirtschaftliche Entwickelung unseres Volkes. — Pädagogische Mittel gegen den Alkoholismus. Von Horst Keferstein. (23 S.) n. — 50
3. Die Schularztfrage. Von H. Stendal. (12 S.) n. — 40
4. Heinrich Schaumberger. Ein Vortrag, geh. in der öffentl. Erinnerungsfeier am 12. III. 1899 in Koburg. Von R. Höfer. (25 S.) n. — 50
5. Der naturkundliche Unterricht in sein. einheitl. Gestalt. Von R. Remus. (16 S.) n. — 40
6. Die entsittlichende Wirkung d. Tierquälerei, ihr schädlicher Einfluß auf d. Zusammenleben d. Menschen u. ihre Bekämpfung durch d. Schule im Anschluß an d. bestch. Lehrplan, sowie durch Einwirkung d. Lehrers auch auf die Erwachsenen in der Gemeinde. Von Herm. Becker. (16 S.) n. — 40
7. Üb. Schülerausflüge. Von Ludw. Mainzer. (35 S.) n. — 75
8. Welche Stellung nehmen wir gegenüber der Einführung des Knaben-Handarbeitsunterrichtes in dem Lehrplan der Volksschule ein? Vortrag, geh. auf dem XXIII. westfäl. Prov.-Lehrertage in Schwelm am 23. V. 1899. Von E. Steiner (10 S.) n. — 40
9. Naturgemäßes Turnen in der Volksschule. Kritischer Beitrag zu e. zeitgemäßen Gestaltung der Leibesübgn. Von Johs. Klumpen. (32 S.) n. — 60

Abhandlungen, pädagogische. V. Bd. 9 Hfte. gr. 8. Bielefeld, A. Helmich. n. 3. 80; f. den Bd. v. 18 Hftn. n. 4. —

1. Geschichte der Lehre von den Seelenvermögen bis zum Niedergange der Scholastik. Von Joh. Friedrich. (33 S.) 899. n. — 60
2. Wie Lina zunächst lesen u. erst später schreiben lernt. Ein prakt. Versuch nach d. Verfahren d. Selbstfindenlassens. Von H. Drewke. (11 S.) 900. n. — 40
3. Was verbürgt den Erfolg im Deutschunterricht? Von Max Müller. (16 S.) 900. n. — 40
4. Pädagogische Wünsche f. das neue Jahrhundert. Von Horst Keferstein. (16 S.) 900. n. — 40
5. Inwiefern ist zu befürchten, daß unsere ärmere ländl. Bevölkerung im Strudel d. Gegenwart an Leib u. Seele zu Grunde geht, u. was ist zu thun, um dies zu verhüten? Ein Mahnruf an Schule, Kirche u. Haus. Von Fritz Witt. (13 S.) 900. n. — 40
6. Konzentration im Unterricht u. Erziehung, e. Hauptbedingg. ihres Erfolgs. Von Horst Keferstein. (22 S.) 900. n. — 40
7. Über Schulgärten. Von Paul Seurich. (16 S.) 900. n. — 40
8. Kindergottesdienst u. Schule. Von Ed. Clausnitzer. (12 S.) 900. n. — 40
9. Johann Sebastian Bach u. die Familie der „Bache". Von Bruno Stein. (Zum 150. Todestage Bachs.) (17 S.) 900. n. — 40

— dasselbe. VI. Bd. 9 Hfte. gr. 8. Ebd. n. 4. 30; f. den Bd. v. 18 Hftn. n. 4 —

1. Oeffentliche Schulprüfungen — od. nicht? Von Hel. Nitzschke. (39 S.) 900. n. — 75
2. Über Nachhilfe an Schüler. Von Pet. Meyer. (13 S.) 901. n. — 40
3. Die Belohnung im Dienste d. Erziehung. Von J. Roters. (20 S.) 901. n. — 40
4. Winke f. die Übungen im richtigen Gebrauche d. Muttersprache in der Volksschule, unter besond. Berücksicht. der heimatlichen — plattdeutschen — Mundart. Von Theodor Schlebuhr. (15 S.) 901. n. — 40
5. Was kann d. Landschule zur Lösung d. soz. Frage thun? Von Herm. Becker. (15 S.) 901. n. — 40
6. Gegenwärtiger Stand u. Beurteilung des erst. Religionsunterrichts. Von H. Drewke. (14 S.) 901. n. — 40
7. Gräfe u. Roßmäßler in ihrer Bedeutung f. die deutsche Volksschule. Von Ernst Schreck. (18 S.) 901. n. — 40
8. Das Volksschulwesen in d. Prov. Posen, wie es war, ist u. sein soll. Vortrag, geh. im Posener Lehrerverein. Von G. Lange. (31 S.) 901. n. — 75
9. Der Schwerpunkt des Unterrichts liegt nicht im Hause, sondern in der Schule. Von A. Krug. (III, 14 S.) 901. n. — 40

— dasselbe. VII. Bd. 9 Hfte. gr. 8. Ebd. n. 4. 20; f. den Bd. v. 18 Hftn. n. 4. —

1. Ferdinand Schmidt in seiner Bedeutung als Jugendschriftsteller und Volkspädagoge. Von Ernst Schreck. (29 S.) 902. n. — 60
2. Das Prinzip d. Selbstthätigkeit im Rechenunterrichte meiner Kleinen. Von Otto Baewert. (23 S.) 902. n. — 60
3. Die lyrischen Gedichte u. ihre Behandlung in d. Volksschule. Von E. Bellinger. (10 S.) 902. n. — 40
4. Das Fürsorgeerziehungsgesetz vom 2 VII. 1900 u. seine Bedeutung für die Schule. Von F. Claus. (15 S.) 902. n. — 40
5. Pestalozzis Gertrud als Muster e. Mutter u. Erzieherin. Von Heinr. Weitkamp. (15 S.) 902. n. — 40
6. Bibelkritik u. Religionsunterricht. Von Walth. Hardt. (20 S.) 902. n. —50
7. Die Bedeutung des Märchens f. Erziehung u. Unterricht. Von Heinr. Oberg. (9 S.) 902. n. — 40
8. Kunst in Ernst u. Scherz. Von Heinr. v. Stephan. (11 S.) 902. n. — 40
9. Die Gefahr des Alkoholgenusses u. die Aufgabe der Schule in der Bekämpfung desselben mitzuhelfen. Von Wilh. Märker. (23 S.) 902. n. —50

— dasselbe. VIII. Bd. 1.—3. Hft. gr. 8. Ebd. n. 1. 20; f. den Bd. v. 9 Hftn. n. 4. —

1. Die Pestalozzische Schule in Preußen. Von Alb. Krug. (16 S.) 902. n. — 40
2. Kunst u. Schule. Vortrag, geh. in der amtl. Lehrerkonferenz zu Camen am 27. V. 1902. Von Wilh. Richter. (15 S.) 902. n. — 40
3. Wesen u. Bedeutung des Helfersystems in den Schulen. Von Otto Ottsen. (14 S.) 902. n. — 40

Abhandlungen, pädagogische. Neue Folge. Hrsg. v. C. Rademacher. VIII. Bd. 4.—12. Hft., IX.—XI. Bd. à 12 Hfte. u. XII. Bd. 1.—4. Hft. 8. Bielefeld, A. Helmich. Einzelpreis n. 20.15 (Subskript.-Preis f. den Bd. v. 12 Hftn. 3.60)

Bamberg, Fr., die ländliche Fortbildungsschule. (18 S.) (906.) (Bd. XI, Hft. 12.) n. — 40

— die Gefahren der Veräußerlichung der Schularbeit infolge der vielen Sonderbestrebungen der pädagogischen Neuerer. (16 S.) (906.) (Bd. XII, Hft. 4.) n. — 40

Bauch, E., wie kann der Lehrer durch Unterricht u. Erziehung auf die Willensrichtung u. Willenskraft seiner Schüler einwirken? (28 S.) (905.) (Bd. X, Hft. 12.) n. — 60

Bernhardt, P., die Fortbildungsschule f. Mädchen. (13 S.) (903.) (Bd. IX, Hft. 7.) n. — 40

Bertram, W., die neueren Bestrebungen zur Verbesserung des Sprachunterrichtes in der Volksschule. (21 S.) (906.) (Bd. XI, Hft. 11.) n. — 40

Borgis, Otto, die Entwickelung des religiösen Lebens im Kinde u. die daraus zu ziehenden Folgerungen f. Erziehung u. Unterricht. (15 S.) 906. (Bd. XI, Hft. 10.) n. — 40

— wie ist unsere männliche Jugend von der Entlassung aus der Volksschule bis zum Eintritt in den Heeresdienst am zweckmäßigsten f. d. bürgerl. Gesellschaft zu erziehen? (14 S.) 903. (Bd. VIII, Hft. 9.) n. — 40

Brinker, B., welchen Anteil haben Fichte u. Schleiermacher an der Entwickelg. der Erziehg. im 19. Jahrh.? Eine Vergleichg. (18 S.) (903.) (Bd. VIII, Hft. 5.) n. — 40

Bruch, Jesus als Erzieher. Konferenz-Vortrag. (11 S.) (903.) (Bd. VIII, Hft. 7.) n. — 40

— der Lehrer als Seelsorger. (14 S.) (903.) (Bd. IX, Hft. 8.) n. — 40

Dierks, W., wie ein gutes Lesebuch sein sollte. (76 S.) (903.) (Bd. VIII, Hft. 4.) n. — 75

— von der Vererbung u. ihrer Bedeutung für die Pädagogik. (19 S.) (903.) (Bd. IX, Hft. 2.) n. — 50

Drewke, H., der Klassenwechsel. (18 S.) (906.) (Bd. XII, Hft. 2.) n. — 50

Eberhard, O., schulfreie Nachmittage? Eine Erwägung schulhygien. Fordergn. (18 S.) 903. (Bd. IX, Hft. 1.) n. — 40

Feindt, Rich., über die Anforderungen, die an die Kunst des Erzählens zu stellen sind, s.: Sträßer, Joh.

Fett, W. A., Hamann u. Dinter als Vertreter des Pietismus u. Rationalismus auf pädagogischem Gebiete. (31 S.) (901.) (Bd. X, Hft. 6.) n. — 60

Findeisen, A., Forderungen der Gegenwart an den Rechenunterricht der Volksschule. (14 S.) (905.) (Bd. XI, Hft. 8.) n. — 40

Friedrichs, Karl, gegenwärtiges Verhältnis der Pädagogik zur Musik als Erziehungsmittel und zur Tonkunst an sich. (22 S.) (903.) (Bd. IX, Hft. 9.) n. — 50

Gärtner, Frdr., hat sich die allgemeine Volksschule überhaupt und insbesonders in München bewährt? (18 S.) (903.) (Bd. VIII, Hft. 6.) n. — 40

Grasreiner, R., „formale Bildung" durch Sprachunterricht! (25 S.) (905.) (Bd. X, Hft. 11.) n. — 50

Große, Frdr., die Nasenrachenmandel u. ihre Bedeutung, s.: Gruchot.

Gruchot, über ansteckende Krankheiten. — Große, Frdr., die Nasenrachenmandel und ihre Bedeutung. (14 S.) (903.) (Bd. IX, Hft. 5.) n. — 40

Hecker, R., der abschließende Religionsunterricht auf religiös sittlicher Grundlage. (20 S.) (905.) (Bd. IX, Hft. 4.) n. — 50

Hieronymus, D., jenseits v. Gut u. Böse. (12 S.) (901.) (Bd. X, Hft. 3.) n. — 40

Hoffmann, E., der Geschichtsunterricht in der Volksschule. (16 S.) (904.) (Bd. IX, Hft. 10.) n. — 40

— die Karte der Heimat. (11 S.) (905.) (Bd. X, Hft. 7.) n. — 30

Hörsten, v., soll die Schule Staatsanstalt werden? (11 S.) (905.) (Bd. X, Hft. 8.) n. — 40

Kiel, A., welche Aufgaben stellt die Einheitlichkeit des Unterrichtsverfahrens dem Leiter e. Lehranstalt m. e. größeren Zahl v. Lehrkräften. (17 S.) (905.) (Bd. XI, Hft. 2.) n. — 40

Krahn, Fritz, die Grenzen der Teilnahme unseres Standes an dem öffentlichen Leben. (22 S.) (904.) (Bd. X, Hft. 4.) n. — 50

Krauß, Friedrich, wie kann in den einzelnen Unterrichtsgegenständen der Volksschule die Selbständigkeit gefördert werden? (24 S.) (905.) (Bd. X, Hft. 9.) n. — 40

Kreuzberg, P. J., Anschauungsbilder im Geschichtsunterricht. (12 S.) (905.) (Bd. XI, Hft. 3.) n. — 40

Krug, A., Andreas Peter Christoph Herbing. — Menn, was hat der Lehrer zu tun, um die Schüler seiner Klasse möglichst gleichmäßig zu fördern? (12 u. 9 S.) (904.) (Bd. IX, Hft. 11.) n. — 40

Krüger, Ernst, Eberhard v. Rochow. Zum 100 jähr. Todestage am 16. V. 1905. (14 S.) (905.) (Bd. X, Hft. 10.) n. — 40

Lange, Frz., endliche Schulreform? oder ewiges Flickwerk? Ein Bild der Zukunftsschule. (15 S.) (905.) (Bd. XI, Hft. 7.) n. — 40

Lange, G., Volksschule u. Deutschtum in der Ostmark. (22 S.) (903.) (Bd. IX, Hft. 3.) n. — 50

Lemke, Herm., Universität u. Volksschullehrer. (17 S.) (903.) (Bd. IX, Hft. 4.) n. — 40

Lilienfeld, M., der Rechenunterricht im Zahlenkreise 1—10. — Oberg, wie kann d. Volksschule e. möglichst große Rechenfertigkeit erzielen? (15 S.) (903.) (Bd. VIII, Hft. 8.) n. — 40

Menn, was hat d. Lehrer zu tun, um d. Schüler seiner Klasse möglichst gleichmäßig zu fördern? s.: Krug, A.

Oberg, wie kann d. Volksschule eine möglichst große Rechenfertigkeit erzielen? s.: Lilienfeld, M.

Schreck, Ernst, Schillers pädagogische Bedeutung. (20 S.) (905.) (Bd. XI, Hft. 1.) n. — 40

Schultz, Adf., das Grundproblem der Pädagogik Goethes. (26 S.) (905.) (Bd. XI, Hft. 5.) n. — 50

— Jean Paul u. die pädagogischen Ideen seiner unsichtbaren Loge. (30 S.) (904.) (Bd. X, Hft. 5.) n. — 50

Schultz (Innentitel: Schulz), K., die französische Volksschule. (14 S.) (905.) (Bd. XI, Hft. 6.) n. — 40

Schulze, E., Humor in der Schule. (28 S.) (904.) (Bd. X, Hft. 2.) n. — 40

Schwarz, C., inwiefern ist Eberhard v. Rochow v. den Philanthropen abhängig und inwiefern wandelt er eigene Bahnen? (31 S.) (906.) (Bd. XII, Hft. 3.) n. — 50

Sträßer, Joh., sind Sprachübungshefte in der Volksschule notwendig? — Feindt, Rich., über die Anforderungen, die an die Kunst des Erzählens zu stellen sind. (8 u. 7 S.) (901.) (Bd. IX, Hft. 12.) n. — 40

Suck, Hans, Lüftung u. Beheizung der Schulräume. (15 S.) (904.) (Bd. X, Hft. 1.) n. — 40

Tegeder, Wilh., aus welchen Gründen ist die ungeteilte Unterrichtszeit erstrebenswert u. welche Schritte sind zur Einführung derselben zu tun? (15 S.) (903.) (Bd. IX, Hft. 6.) n. — 40

Walther, Jos., welche Bank wählen wir für unsere Schule? (12 S.) (906.) (Bd. XII, Hft. 1.) n. — 40

Zender, Jak., die Volkskunde als Spezialfach f. das Privatstudium des Lehrers. (30 S.) (906.) (Bd. XI, Hft. 9.) n — 60

Bis einschließlich Bd. X noch von W. Bartholomäus herausgegeben.

— dasselbe. Neue Folge. Hrsg. v. Hugo Anders. XII. Bd. 5.—2. Hft. XIII. u. XIV. Bd. à 12 Hefte. 8. Ebd. Einzelpr. 13.65; f. den Bd. v. 12 Heften 3.60

Bach, Wilh. Carl, über Koedukation, s.: Nasser, E. O., die Gesamtschule.

Backes, Chr., Bedeutung der Frauenarbeit in der Fürsorge u. Waisenpflege. (III, 17 S.) (907.) (Bd. XII Hft. 12.) — 40

Baurmann, der Lehrermangel, seine Ursachen u. Wirkgn., s.: Butzler, Thdr., Verfassungskunde in d. Volksschule.

Bützler, Thdr., Verfassungskunde in der Volksschule. — Baurmann, Der Lehrermangel, seine Ursachen u. Wirkgn. (22 S.) (907.) (Bd. XII Hft. 11.) — 40

Capell, welchen Einfluß kann d. Volksschule auf d. Berufswahl der Schüler ausüben? (18 S.) (908.) (Bd. XIII Hft. 8.) — 40

Dackweiler, Werner, Jugendfürsorge u. Lehrer. (10 S.) (907.) (Bd. XII Hft. 7.) — 30

Drewke, H., die Neugestaltung des erdkundlichen Unterrichts. (14 S.) (908.) (Bd. XIII Hft. 5.) — 40

Endris, die Hygiene des Lehrstandes. (20 S.) (909.) (Bd. XII Hft. 11.) — 40

Grün, C., der Einfluß d. Ideen d. Pestalozzis auf die Entwickl. d. preuß. Volksschulwes. (11 S.) (910.) (Bd. XIV Hft. 5.) — 30

Hänsch, Rud., Gemütspflege. Eine volkstüml. Darstellg. ihrer Mittel unter Berücksicht. der Gegenwart. (20 S.) (908.) (Bd. XIII Hft. 10.) — 50

Koch, K., die Volks- u. Jugendspiele nach den Grundsätzen des Zentralausschusses. (14 S.) (908.) (Bd. XIII Hft. 6.) — 40

Krahn, Fritz, Bedeutung u. Einrichtung d. Eltern- u. Volksunterhaltungsabende (15 S.) (908.) (Bd. XIII Hft. 7.) — 40

Kramp, H., der deutsche Unterricht an kaufmännischen Fortbildungsschulen u. die notwendige Zugrundelegung e. Lesebuchs. — Schmidt, V., die Neugestaltung des Aufsatzunterrichtes in der Volksschule. (18 S.) 907. (Bd. XII Hft. 9.) — 40

Krey, Bernh., Im Grenzlande kindlicher Freiheit. Ein ernstes Wort ans Elternhaus. (16 S.) (909.) (Bd XIV Hft. 4.) — 40

Leipacher-Grabowen, K. O., die Lehrfreiheit d. Volksschullehrers. Weckrufe u. Betrachtgn. (20 S.) (907.) (Bd. XIII Hft. 1.) — 40

Mainzer, Gust., Zweck, Ziel u. Behandlung der Heimatkunde in d. Volksschule. — Wichtigkeit, Anlage u. Behandlg. d. Gliederungen im Unterricht. (16 S.) (908.) (Bd. XIII Hft. 3.) — 40

Obermaier, C., die Lektüre in der Volksschule. (Ein Beitrag z. Bekämpfg. der Schund- u. Schmutzliteratur.) (18 S.) (909.) (Bd. XIV Hft. 3.) — 40

Ott, M., die Bekämpfung des Alkoholismus in der französischen Volksschule. (18 S.) (908.) (Bd. XIII Hft. 9.) — 40

Nasser, E. O., die Gesamtschule. Betrachtungen üb. Erziehungs- u. Ehereform. — Bach, Wilh. Carl, Über Koedukation. (15 S.) (908.) (Bd. XIII Hft. 4.) — 40

Rosenthal, A., die Konzentration im Unterricht nach d. Begriffe d. heutig. Pädagogik. (24 S.) (907.) (Bd. XII Hft. 8.) — 50

Schlebuhr, Thdr., der Aufsatzunterricht in der Volksschule. (17 S.) (910.) (Bd. XIV Hft. 6.) — 40

— Wie sichert man im Leben d. Schule d. Wahrnehmung? (18 S.) (908.) (Bd. XIII Hft. 2.) — 40

Schmidt, V., die Neugestaltung d. Aufsatzunterrichtes in d. Volksschule, s.: Kramp, H., der deutsche Unterricht an kaufm. Fortbildungsschulen.

— Das Zeichnen, e. wichtiges Hilfsmittel f. den Unterricht in d. Realien. Ein paar Zöpfchen des Rechenunterrichtes. (13 S.) (910.) (Bd. XIV Hft. 10.) — 40

Schorn, J., hauswirtschaftliche Ausbildung in der Volksschule. (16 S.) (907.) (Bd. XII Hft. 6.) — 40

Schubert, J. B., der deutsche Lehrerverein, seine Aufgaben u. seine Ziele. (20 S.) (910.) (Bd. XIV Hft. 9.) — 50

Schultz, Adf., der deutsche Schulmann im Spiegel d. vaterländ. Liter. d. XVI. u. XVII. Jahrh. (30 S.) (907.) (Bd. XII Hft 10.) — 60

Stähly, Alb., neue Wege u. Ziele f. die deutsche Sprache. (12 S.) (910.) (Bd. XIV Hft. 11.) — 40

Suck, Hans, Sozialpolitik u. Schulhygiene. (30 S.) (909.) (Bd. XIV Hft. 1.) — 60
— dasselbe. II. Vorschläge zur Förderg. der Volkswohlfahrt auf dem Wege der Erziehg. (49 S.) (909.) (Bd. XVI Hft. 2.) — 75
Terbrüggen, H., die gesellschaftliche Stellung des Lehrers. (Vortrag auf dem rhein. Lehrertage zu Ohligs.) (16 S.) (910.) (Bd. XIV Hft. 7.) - 40
Venter, Sexualpädagogik. (16 S.) (910.) (Bd. XIV Hft. 8.) — 40
Vetter, E., Weisungen betr. die Schulrevisionen. (19 S.) (909.) (Bd. XIII Hft. 12.) — 40
Weber, Prostitution u. Alkoholismus. (III, 8 S.) (910.) (Bd. XIV Hft. 12.) — 30
Weis, Ant., Uno Cygnaeus, der Vater der finnländischen Volksschule. (24 S.) (907.) (Bd. XII Hft. 5.) — 50

Pädagogische Abhandlungen von Mitgliedern des wissenschaftlich-pädagogischen Practicums an der Universität Leipzig. H. 1.
Leipzig: Siegismund und Volkening 1874. 8°

Fortgesetzt u. d. T.: Pädagogische Abhandlungen. Leipzig.

— pädagogische, v. Mitgliedern d. wissenschaftl.-pädagogischen Practicums an der Universität Leipzig. Hrsg. v. L. Strümpell. 1. u. 2. Hft. gr. 8. Leipzig 874. 76. Siegismund & Volkening. à n. 1. 20
1. (104 S.) — 2. Eine Festgabe zur Herbartfeier. (109 S.)

— pädagogische, v. Mitgliedern d. wissenschaftlich-pädagogischen Practicums an der Universität Leipzig. Hrsg. v. L. Strümpell. 3. Hft. gr. 8. (112 S.) Leipzig 877. Siegismund & Volkening. n. 1. 20. (1—3.: n. 3. 60)

— dasselbe. Neue Folge. 1. u. 2. Hft. gr. 8. (101 u. IV, 109 S.) Leipzig 878—79. Matthes. à n. 1. 50

— pädagogische, v. Mitgliedern d. vom Prof. Strümpell geleiteten wissenschaftlich-pädagogischen Practikums a. d. Universität Leipzig. Hrsg. v. Ferd. Maria Wendt. gr. 8. (IV, 188 S.) Leipzig 887. Böhme. n. 2. 10

— pädagogische, Recensionen u. Schulnachrichten. Von K. G. Hergang, J. G. Dreßler u. Pescheck. ... Bautzen 840. Reichel. 1/2 ℔

—— und Vorträge, pädagogische, s. Vorträge und Abhandlungen.

Paläontologische Abhandlungen. [Hrsg.: W. Dames und E. Kayser; sp. E. Koken.] Bd 1–N. F. Bd 4.
Jena: Fischer (sp. Berlin: Reimer) 1883–1901. 4°
(Forts. u. d. T.: Geologische u. palaeontologische Abhandlungen. N. F. Bd 5. 1901 ff.

-- palaeontologische. Hrsg. v. W. Dames u. Ed. Kayser. 1. Bd. 4 Hfte. 2. Bd. 5 Hfte. u. 3. Bd. 1—3. Hft. gr. 4. Berlin 883—86. G. Reimer. n. 146. —
I. 1. Neue Beiträge zur Kenntniss d. oberen Jura u. der Wealdenbildungen der Umgegend v. Hannover v. C. Struckmann. (37 S. m. 5 Steintaf. u. 5 Bl. Tafelerklärungen.) 883. n. 6. —
2. Ueber e. fossile Säugethier-Fauna v. Punin bei Riobamba in Ecuador. Nach den Sammlgn. v. W. Reiss u. A. Stübel bearb. v. W. Branco. Mit e. geolog. Einleitg. v. W. Reiss. Mit 19 (lith.) Taf. (166 S. m. Tab. u. 19 Bl. Tafel-Erklärgn.) 883. n. 28 —
3. Ueber Dinotherium giganteum Kaup. Von O. Weinsheimer. Mit 3 (lith.) Taf. (78 S. m. 3 Bl. Taf.-Erklrgn.) 883. n. 7. —
4. Beiträge zur Tertiärflora Süd-West-Russlands. Von J. Schmalhausen. Mit 14 (lith.) Taf. (54 S. m. 14 Bl. Erklärgn.) 883. n. 14. —
II. 1. Die Fauna d. Neocomsandsteins im Teutoburger Walde v. O. Weerth. M. 11 (lith.) Taf. (77 S. m. 11 Bl. Erklgn.) 884. n. 13. —
2. Die Coniferenformen d. deutschen Kupferschiefers u. Zechsteins v. H. Graf zu Solms-Laubach. Mit 3 (lith.) Taf. (38 S. m. 3 Bl. Erklärgn.) 884. n. 5. —
3. Ueber Archaeopteryx v. W. Dames. Mit 1 (lith.) Taf. u. 5 Holzschn. (80 S. m. 1 Bl. Erklärgn.) 884. n. 8. —
4. Die Fauna der baltisch. Cenoman-Geschiebe v. F. Noetling. Mit 8 (lith.) Taf. (52 S.) 885. n. 9. —
5. Lethaea erratica od. Aufzählg. u. Beschreibg. der in der norddeutschen Ebene vorkomm. Diluvial-Geschiebe nord. sedimentär-Gesteine. Von Ferd. Römer. Mit 11 (lith.) Taf. u. 3 (eingedr.) Holzschn. (XII, 173 S. m. 11 Bl. Erklärgn.) 885. n. 20. —
III. 1. Ueber die innere Organisation einiger silurischen Cephalopoden. Von Gerh. Holm. Mit 5 Taf. u. 1 Holzschn. (28 S. m. 5 Bl. Erklärgn.) 885. n. 7. —
2. Ueber fossile Säugethiere aus China. Nach den Sammlgn. d. Hrn. Ferd. Frhrn. v. Richthofen bearb. von Ernst Koken. Mit 7 Taf. u. 5 Holzschn. (86 S. m. 7 Bl. Erklärgn.) 885. n. 13. —
3. Die Cyathophylliden u. Zaphrentiden d. deutschen Mitteldevon, eingeleitet durch den Versuch e. Gliederng desselben v. F. Frech. Mit 11 Taf. u. 23 Holzschn. (120 S. m. 8 Bl. Erklärgn.) 886. n. 16. —.

— paläontologische. Hrsg. v. W. Dames u. E. Kayser. 3. Bd. 4. u. 5. Hft.; u. 4. Bd. 5 Hfte. gr. 4. Berlin, G. Reimer. n. 132. —
III. 4. Die Flora d. Rothliegenden im nordwestlichen Sachsen v. J. T. Sterzel. Mit 9 Taf. u. 28 Holzschn. (74 S. m. 9 Bl. Erklärgn.) 886. n. 15. —
5. Die Dinosaurier, Crocodiliden u. Sauropterygier d. norddeutschen Wealden v. E. Koken. Mit 9 Taf. u. 30 Textfig. (X, 112 S. m. 9 Bl. Erklärgn.) 887. n. 27. —
IV. 1. Die Bryozoen der weissen Schreibkreide der Insel Rügen. Von Th. Marsson. Mit 10 Taf. (112 S. m. 10 Bl. Erklärgn.) 887. n. 25. —
2. Die Ganoiden d. deutschen Muschelkalks v. W. Dames. Mit 7 Taf. u. 2 Textfig. (50 S. m. 7 Bl. Erklärgn.) 888. n. 15. —
3. Zur fossilen Flora Japan's v. A. G. Nathorst. Mit 14 Taf. u. 1 Kartenskizze im Text. (56 S. m. 14 Bl. Erklärgn.) 888. n. 17. —
4. Ueber eine durch die Häufigkeit Hippuriten-artiger Chamiden ausgezeichnete Fauna der oberturonen Kreide v. Texas. Von F. Roemer. Mit 3 Taf. (18 S. m. 3 Bl. Erklärgn.) 888. n. 4. —
5. Die Versteinerungen der senonen Kreide v. Königslutter im Herzogth. Braunschweig. Von O. Griepenkerl. Mit 12 Taf. u. 3 Textfig. (XVI, 117 S. m. 12 Bl. Erklärgn.) 889. n. 29. —

Abhandlungen, paläontologische. Hrsg. von W. Dames u. E. Kayser. Neue Folge, 1. Bd. (Der ganzen Reihe 5. Bd.) 1.—3. Hft. gr. 4. Jena 889. 890. Fischer. n. 35. —
1. Die Cephalopoden-führenden Kalke d. unteren Carbon v. Erdbach-Breitscheid bei Herborn. Von E. Holzapfel. (74 S. m. 8 Taf. u. 8 Bl. Erklärgn.) n. 16. —
2. Beiträge zur Kenntniss der fossilen Flora einiger Inseln d. südpacifischen u. indischen Oceans. Von L. Crié. (17 S. m. 10 Taf. u. 10 Bl. Erklärgn.) n. 9. —
3. Vergleichende Studien an einigen Trilobiten aus dem Hercyn v. Bicken, Wildungen, Greifenstein u. Böhmen. Von O. Novák. (46 S. m. 8 Textfig., 5 Taf. u. 5 Bl. Erklärgn.) n. 10. —

— palaeontologische. Hrsg. von W. Dames u. E. Kayser. Neue Folge. I. Bd. (Der ganzen Reihe V. Bd.) 4. u. 5. Hft. gr. 4. Jena, G. Fischer. n. 26. — (I. Bd. kplt.: n. 61. —)
4. Untersuchungen über silurische Cephalopoden. Von H. Schröder. (48 S. m. 6 Taf. u. 6 Bl. Erklärgn.) 891.
5. Über Zeuglodonten aus Aegypten u. die Beziehungen der Archaeoceten zu den übrigen Cetaceen. Von W. Dames. (X, 36 S. m. 1 Fig., 7 Taf. u. 7 Bl. Erklärgn.) 894. n. 16. —

Abhandlungen, palaeontologische. Hrsg. v. W. Dames u. E. Kayser. Neue Folge. II. Bd. (Der ganzen Reihe VI. Bd.) 1.—5. Hft. gr. 4. Jena, G. Fischer. n.n. 64. —
1. Die oberen Kreidebildungen der Umgebung d. Lago di Santa Croce in den Venetianer Alpen. Von K. Futterer. Mit 1 geolog. Karte, 1 Profiltaf., 10 Petrefacten-Taf. u. 25 Textfig. (124 S.) 892. n. 25. —
2. Über Aepyornis. Von R. Burckhardt. (21 S. m. 2 Fig., 4 Taf. u. 4 Bl. Erklärgn.) 893. n. 6. —
3. Beiträge zur Kenntnis der Fauna der Kreideformation v. Hokkaidō. Von Kotora Jimbō. Mit 9 Taf. u. 1 Kartenskizze im Text. (48 S. m. 9 Bl. Erklärgn.) 894. n. 16. —
4. Die Chelonier der norddeutschen Tertiärformation. Von W. Dames. (26 S. m. 3 Fig., 4 lith. Taf. u. 4 Bl. Erklärgn.) 894. n. 10. —
5. Über Stigmariopsis Grand' Eury. Von H. Graf zu Solms-Laubach. (17 S. m. 1 Fig., 3 Taf. u. 3 Bl. Erklärgn.) 894. n. 7. —

— palaeontologische. Hrsg. v. W. Dames u. E. Kayser. N. F. II. Bd. (D. ganzen Reihe VI. Bd.) 6. Hft. gr. 4. Jena 896. G. Fischer. n. 12. — (II. Bd. kplt.: n.n. 76. —)
6. Üb. einige Versteinerungen a. d. Kreideformation d. karnischen Voralpen. Von K. Futterer. (X, 30 S. m. 2 Fig., 7 Taf. u. 7 Bl. Erklärgn.)

— dasselbe. III. Bd. (D. ganzen Reihe VII. Bd.) 3 Hfte. gr. 4. Ebd. 895. n. 69. —
1. Beitr. z. Kenntniss d. palaeozoischen Crinoiden Deutschlands. Von O. Jaekel. (116 S. m. 29 Abb., 10 Taf. u. 10 Bl. Erklärgn.) Ebd. 895. n. 20. —
2. D. Reptilien d. norddeutschen Wealden. Nachtrag. Von E. Koken. (10 S. m. 1 Fig., 4 Taf. u. 4 Bl. Erklärgn.) 896. n. 9. — (Hauptwerk u. Nachtrag: n. 36. —)
3. Argentin. Jura-Ablagerungen. Von A. Steuer. E. Beitr. z. Kenntn. d. Geologie u. Palaeontologie d. argent. Anden. Mit 24 Taf., 1 Kartenskizze u. 7 Textfig. (XII, 96 S. m. 24 Bl. Erklärgn.) 897. n. 40. —

Abhandlungen, palaeontologische. Hrsg. v. W. Dames u. E. Koken. Neue Folge. 4. Bd. (Der ganzen Reihe 8. Bd.) 1. u. 2. Hft. gr. 4. Ebd. n. 47. —
1. D. Gastropoden d. Maestrichter Kreide. Von F. Kaunhowen. Mit 13 Taf. (132 S. m. 13 Bl. Erklärgn.) 897. n. 25. —
2. D. Dogger am Espinazito-Pass, nebst e. Zusammenstellg. d. jetz. Kenntnisse v. d. argent. Juraformation. Von A. Dornquist. M. 10 Taf., 1 Profilskizze u. 1 Textfig. (72 S. m. 10 Bl. Erklärgn.) 898. n. 22. —

Abhandlungen, paläontologische, hrsg. v. W. Dames u. E. Koken. Neue Folge. 4. Bd. (Der ganzen Reihe 8. Bd.) 3. u. 4. Hft. gr. 4. Jena, G. Fischer. n. 68. — (IV. Bd. kplt.: n. 115. —)
3. Die Spiriferen Deutschlands. Von Hans Scupin. Mit 10 Taf., 14 Abbildgn. im Text u. 1 schematische Darstellg. — Wilhelm Barnim Dames †. Von Fr. Frech. (VIII, 140 S. m. 10 Bl. Erklärgn. u. 1 Bildnis.) 900. n. 28. —
4. Die Ceratiten des oberen deutschen Muschelkalkes. Von E. Philippi. Mit 21 Taf. u. 19 Abbildgn. im Text. (114 u. XIV S. mit 21 Bl. Erklärgn.) 901. n. 40. —
Fortsetzung s.: Abhandlungen, geolog. u. paläontolog.

— über d. alte u. neue landesherrl. Patronatrecht. gr. 8. Bamb. 810. (Wesché in Frkf.) 12 gr.

Abhandlungen, Der Herren Perrault, Charas und Dodart, zur Naturgeschichte der Thiere und Pflanzen, ... Aus dem Französischen übersetzt. Leipzig 1757—1759. Ü: *Schwabe, Joh. Joach.* (ML)

— über die Pferdezucht und Pferderennen. 1. Sammlung. Berlin, 860. Bosselmann. (Wiegandt & Hempel.) gr. 8. (V, 83 S.) n. 15 ngr.

— — 2. u. 3. Sammlung. Berlin, 862—63. Wiegandt & Hempel. gr. 8. n. 1 ₰ 20 ngr.
2. Sammlg.: Zur Geschichte d. litthauischen Landgestüts. Von Gräfe. (V, 97 S.) n. 20 ngr.
3. Sammlg.: Die Pferdezucht Rußlands. Von v. Meyendorff. Ins Deutsche übertr. von C. G. Mit 1 lith. Karte (in Fol.) (V, 130 S.) n. 1 ₰

— von Pflanzung d. Nesseln. 8. Prag 797. K. Barth. (Hartmann). 2 gr.

— über d. Pflichten e. studir. Jünglings auf Schulen. 8. Berl. 788. Nauck. 4 gr.

Abhandlungen zur germanischen Philologie. Festgabe für Richard Heinzel, v. F[erdinand] Detter, M[ax] H[ermann] Jellinek, C[arl] Kraus, R[udolf] Meringer, R[udolf] Much, J[osef] Seemüller, S[amuel] Singer, K. Zwierzina. *Halle a. S.: M. Niemeyer 1898.* (VIII, 534 S.) 1 Bd 8. [98 10309 (…

Detter, Ferdinand: Z. Erklärung der Lausavísur der Egilsaga. *Halle a. S. 1898.*
in: **Abhandlungen** z. germanischen Philologie. Festgabe f. Rich. Heinzel. [98. 10309

Jellinek, Max Hermann: Ein Kapitel aus d. Geschichte d. deutschen Grammatik. *Halle a. S. 1898.*
in: **Abhandlungen** z. germanischen Philologie. Festgabe f. Rich. Heinzel. [98. 10309

Kraus, Carl: Das sogenannte II. Büchlein u. Hartmanns Werke. *Halle a. S. 1898.*
in: **Abhandlungen** z. germanischen Philologie Festgabe f. Rich. Heinzel. [98. 10309

Meringer, Rudolf: Etymologien z. geflochtenen Haus. *Halle a. S 1898.*
in: **Abhandlungen** z. germanischen Philologie. Festgabe f. Rich. Heinzel. [98 10309

Much, Rudolf: Der germanische Himmelsgott. *Halle a. S. 1898.*
in: **Abhandlungen** z. germanischen Philologie. Festgabe f. Rich. Heinzel. [98. 10309

Seemüller, Josef: Studie zu d. Ursprungen d. altdeutschen Historiographie. *Halle a. S. 1898.*
in: **Abhandlungen** z. germanischen Philologie. Festgabe f. Rich. Heinzel. [98. 10309

Singer, Samuel: Zu Wolframs Parzival. *Halle a. S. 1898.*
in: **Abhandlungen** z. germanischen Philologie. Festgabe f. Rich. Heinzel. [98 10309

Zwierzina, K.: Beobachtungen z. Reimgebrauch Hartmanns u. Wolframs. *Halle a. S. 1898.*
in: **Abhandlungen** z. germanischen Philologie. Festgabe f. Rich. Heinzel. [98. 10309

— philologische. Martin Hertz zum 70. Geburtstage v. ehemal. Schülern dargebracht. gr. 8. (III, 303 S.) Berlin 888, Hertz. n. 8. —

— philologische, Heinrich Schweizer-Sidler zur Feier d. fünfzigjährigen Jubiläums seiner Docententhätigkeit an der Züricher Hochschule gewidmet v. der I. Section der philosophischen Facultät der Hochschule Zürich. gr. 4. (V, 79 S.) Zürich 891. Fäsi & Beer. n. 4. —

Abhandlungen, Philologische, Heinrich Schweizer-Sidler zur Feier des 50jähr. Jubiläums seiner Docententhätigkeit an der Zürcher Hochschule gewidmet von der I. Section der philosophischen Facultät der Hochschule Zürich. Gr. in-4°. III, 79 S. Zürich, S. Höhr. 4 —

Philologische Abhandlungen. Heinrich Schweizer-Sidler z. Feier d. 50jähr. Jubil. s. Docententhätigkeit an d. Zürcher Hochschule gewidmet von d. I. Section d. Phil. Facultät d. Hochschule Zürich. — Zürich 1891: Zürcher & Furrer. 79 S.
1:4° Va 9352. 12:4° L. rel. 8. **300:**88.424–C. **2. 3. 4. 5. 6. 7. 9. 10. 11.**
1 3454

Abhandlungen eines Philosophen aus der Provinz; aus dem Französischen mit Anmerkungen. Amsterdam u. Leipzig 1774. Ü: *Walz, Heinrich Carl.* (ML)

Abhandlungen zur Philosophie und ihrer Geschichte. [Hrsg.: Benno Erdmann.] H. 1–52. Halle: M. Niemeyer 1893–1920. 8°

— zur Philosophie u. ihrer Geschichte. Hrsg. von Benno Erdmann. 1.—4. Hft. gr. 8. Halle, M. Niemeyer. n. 5. —
1. David Hume's Kausalitätstheorie u. ihre Bedeutung f. die Begründung der Theorie der Induktion v. Paul Richter. (51 S.) 893. n. 1. 20
2. Andreas Rüdiger's Moralphilosophie. Von Wilh. Carls. (51 S.) 894. n. 1. 20
3. Hume's u. Berkeley's Philosophie der Mathematik, vergleichend u. kritisch dargestellt v. Eug. Meyer. (57 S.) 894. n. 1. 60
4. Thomas Hill Green u. der Utilitarismus. Von George Francis James. (37 S.) 894. n. 1. —

— zur **Philosophie** u. ihrer Geschichte Hrsg. v. Benno **Erdmann**. 5.—9. Hft. gr. 8. Hallo. M. Niemeyer. n 7. 60 (1—9.: n 12. 60)

5. Z. Theorie d. Aufmerksamkeit v. H. E. Kohn. (48 S.) 896. n. 1. 20
6. Keplers Lehre v. d. Gravitation. E. Beitr. z. Gesch. d. mechan. Weltanschaug. v. Ernst Goldbeck. (52 S.) 896. n. 1. 20
7. D. Unterschied d. Lehren Humes i. Treatise u. i. Inquiry. Von Wilh. Brede. (50 S.) 896. n. 1. 20
8. D. motorischen Wortvorstellgn. v. Raymond Dodge. (78 S.) 896. n. 2. —
9. Schopenhauers Aesthetik u. ihr Verhältnis z. d. aesthet. Lehren Kants u. Schellings. Von Ed. v. Mayer. (VII, 82 S.) 897. n. 2. —

— zur **Philosophie** u. ihrer Geschichte. Hrsg. v. Benno Erdmann. 10.—15. Hft. gr. 8. Halle, M. Niemeyer. n. 14. 40

10. Die Substanzenlehre Lockes. Von Willy Freytag. (VII, 74 S.) 899. n. 2. —
11. Die Giltigkeit unserer Erkenntnis der objektiven Welt. Von Walt. T. Marvin. (VI, 96 S.) 899. n. 2. 40
12. Spinozas Gottesbegriff. Von Elmer E. Powell. (X, 113 S.) 899. n. 3. —
13. Prolegomena zur Bestimmung des Gottesbegriffes bei Kant. Von Kumetaro Sasoo. (71 S.) 900. n. 2. —
14. Beiträge zur Kritik des psychophysischen Parallelismus vom Standpunkte der Energetik. Von Edward Gleason Spaulding. (VII, 109 S.) 900. n. 3. —
15. Die Associationstheorieen im XVIII. Jahrh. Von D. F. Markus. (IX, 72 S.) 901. n. 2. —

Hft. 1—9. Ebd. 893—897. n. 12. 60.

Abhandlungen zur **Philosophie** u. ihrer Geschichte. Hrsg. v. Benno Erdmann. 16.—25. Hft. gr. 8. Halle, M. Niemeyer. n. 29. 20

Becher, Erich, der Begriff des Attributes bei Spinoza in seiner Entwicklung u. seinen Beziehungen zu den Begriffen d. Substanz u. d. Modus. (61 S.) 905. (Hft. 19.) n. 1. 60

Becher, Siegfr., erkenntnistheoretische Untersuchungen zu Stuart Mills Theorie der Kausalität. (152 S.) 906. (Hft. 25.) n. 4. —

Conrat, Frdr., Hermann v. Helmholtz' psychologische Anschauungen. (VII, 278 S.) 904. (Hft. 18.) n. 6. —

Hadlich, Herm., Hegels Lehren üb. das Verhältnis v. Religion u. Philosophie. (VIII, 82 S.) 906. (Hft. 24) n. 2. 40

Herbertz, Rich., die Lehre vom Unbewussten im System des Leibniz. (V, 68 S.) 905. (Hft. 20) n. 2. —

Keussen, Rud., Bewusstsein u. Erkenntnis bei Descartes. (IX, 96 S.) 906. (Hft. 22.) n. 2. 40

Post, Karl, Johannes Müller's philosophische Anschauungen. (V, 147 S.) 905. (Hft. 21.) n. 4. —

Prümers, Walth., Spinozas Religionsbegriff. (74 S.) 906. (Hft. 23.) n. 1. 80

Quast, Otto, der Begriff des Belief bei David Hume. (VIII, 125 S.) 903. (Hft. 17.) n. 3.

Wentscher, Else, das Kausalproblem in Lotzes Philosophie. (VII, 66 S.) 903. (Hft. 16.) n. 2. —

Hft. 1—15. Ebd. 893—901. n. 27. —.

Abhandlungen zur **Philosophie** u. ihr. Geschichte. Hrsg. v. Benno Erdmann. 26.—34. Heft. gr. 8. Halle, M. Niemeyer. 22. 40

Aner, Karl, Gottfried Plouoquets Leben u. Lehren. (68 S.) 909. (Hft. 33) 1. 60

Arndt, Ernst, das Verhältnis der Verstandeserkenntnis zur sinnlichen in der vorsokratischen Philosophie. (57 S.) 908. (Hft. 31) 1. 60

Crous, Ernst, die religionsphilosoph. Lehren Lockes u. ihre Stellung zu dem Deismus seiner Zeit. (VIII, 118 S.) 910. (Hft. 34) 3. —

Koch, Hans Ludw., Materie u. Organismus bei Leibniz. (VIII, 60 S.) 908. (Hft. 30) 1. 80

Kurz, Aug., Über Christian Gabriel Fischers vernünft. Gedanken v. d. Natur. (VII, 55 S.) 908. (Hft. 29) 1. 60

Langel, Hans, die Entwicklung des Schulwesens in Preussen unter Franz Albrecht Schultz (1733—1763). (XI, 152 S.) 909. (Hft. 32) 4. —

Thönes, Adelh., die philosophischen Lehren in Leibnizens Théodicée. (VIII, 79 S.) 908. (Hft. 28) 2. —

Volait, Georges, die Stellung d. Alexander v. Aphrodisias z. Aristotelischen Schlusslehre (VII, 104 S.) 907. (Hft. 27) 2. 80

Wildschrey, Joh. Eduard Th., die Grundlag. e. vollständ. Syllogistik. (X, 160 S. m. 1 Taf.) 907. (Hft. 26) 4. —

Hft. 1—25. Ebd. 893—906. 56. 20

— zur **Philosophie** u. ihrer Geschichte. Hrsg. v. R. Falckenberg. 1.—14. Heft. 8. Leipzig, Quelle & Meyer. Subskr.-Pr. 33.50; Einzelpr. 41. 70

Adam, Max, Schellings Kunstphilosophie. Die Begründg. des idealist. Prinzips in der modernen Ästhetik. (VII, 88 S.) (Hft. 2) Subskr.-Pr. 2.40; Einzelpr. 3. —

Boelitz, Otto, die Lehre vom Zufall bei Émile Boutroux. Ein Beitrag zur Geschichte d. neuest. französ. Philosophie. (V, 120 S.) 907. (Hft. 3) Subskr.-Pr. 3.20; Einzelpr. 4. —

Elert, Wern., Rudolf Rocholls Philosophie d. Gesch. (VII, 138 S.) 910. (Hft. 12) Subskr.-Pr. 3.45; Einzelpr. 4. 40

Jones, Hugh David, John Balguy, an English moralist of the 18th century. (VIII, 70 S.) 907. (Hft. 4) Subskr.-Pr. 2.10; Einzelpr. 2. 60

Jordan, Bruno, Kants Stellung zur Metaphysik bis z. Ende der sechziger Jahre. (VI, 86 S.) 909. (Hft. 7) Subskr.-Pr. 2.25; Einzelpr. 2. 80

Kegel, Mart., Bruno Bauer u. seine Theorien üb. die Entstehung des Christentums. (VIII, 74 S.) 908. (Hft. 6) Subskr.-Pr. 2.—; Einzelpr. 2. 50

König, Herm., die metaphysische Begründg. d. Ethik in Eduard v. Hartmanns philosoph. System. (52 S.) 910. (Hft. 14) Subskr.-Pr. 1.20; Einzelpr. 1. 50

Lewis, W. O., the fundamental principles involved in Dr. Edward Caird's philosophy of religion. (62 S.) 909. (Hft. 8) Subskr.-Pr. 1.80; Einzelpr. 2. 20

Niedermeyer, Gerh., Sören Kierkegaard u. die Romantik. (84 S.) 909. (Hft. 11) Subskr.-Pr. 2.10; Einzelpr. 2. 60

Ostertag, Heinr., der philosoph. Gehalt des Wolff-Manteuffelschen Briefwechsels. (190 S.) gr.8. 910. (Hft. 13) Subskr.-Pr. 4.65; Einzelpr. 5. 80

Reese, Gust., Evolutionismus u. Theismus bei John Fiske. (56 S.) 909. (Hft. 9) Subskr.-Pr. 1.45; Einzelpr. 1. 80

Rust, Hans, Gustav Class' Philosophie in systemat. Darstellung nebst e. Versuche ihrer Weiterbildung. (101 S.) 909. (Hft. 10) Subskr.-Pr. 2.40; Einzelpr. 3. —

Tumarkin, Anna, Spinoza. 8 Vorlesgn., geh. an der Universität Bern. (VI, 89 S.) 908. (Hft. 5) Subskr.-Pr. 1.60; Einzelpr. 2.—; geb. in Leinw. 2. 40

Weber, Emil, die philosoph. Scholastik des deutschen Protestantismus im Zeitalt. d. Orthodoxie. (VI, 128 S.) (Hft. 1) Subskr.-Pr. 2.60; Einzelpr. 3. 50

Abhandlungen, Philosophische

— dasselbe. Christoph Sigwart zu seinem 70. Geburtstage, 28. III. 1900, gewidmet v. Benno Erdmann, Wilh. Windelband, Heinr. Rickert, Ludw. Busse, Rich. Falckenberg, Hans Vaihinger, Alois Riehl, Wilh. Dilthey, Ed. Zeller, Heinr. Maier. gr. 8. (III, 248 S.) Tübingen 900, J. C. B. Mohr. n. 7. —

Hieraus einzeln:

Busse, Ludw., die Wechselwirkung zwischen Leib u. Seele u. das Gesetz d. Erhaltung d. Energie. (S. 89—126.) n. 1. 20

Dilthey, Wilh., die Entstehung d. Hermeneutik. (S. 185—202.) n. — 60

Erdmann, Benno, Umrisse zur Psychologie d. Denkens. (S. 1—40.) n. 1. 20

Falckenberg, Rich., zwei Briefe v. Hermann Lotze an R. Seidel u. E. Arnoldt. Mitgeteilt v. F. (S. 127—132.) n. — 20

Maier, Heinr., Logik u. Erkenntnistheorie. (S. 217—248.) n. 1. —

Rickert, Heinr., psychologische Causalität u. psychophysischer Parallelismus. (S. 59—87.) n. 1. —

Riehl, Alois, Robert Mayers Entdeckung u. Beweis d. Energieprincipes. (S. 159—184.) n. 1. —

Vaihinger, Hans, Kant — e. Metaphysiker? (S. 133—158.) n. 1. —

Windelband, Wilh., Vom System der Kategorien. (S. 41—58.) n. — 60

Zeller, Ed., über den Einfluss des Gefühls auf d. Thätigkeit der Phantasie. (S. 203—216.) n. — 60

Philosophische Abhandlungen. Christoph Sigwart zu seinem 70. Geburtstage, 28. März 1900, gewidm. von Benno Erdmann [u.a.] — Tübingen, Freiburg i. Br. & Leipzig: Mohr 1900. III,248 S.
1:Nh 6234. 12:Ph. U. 0dm. 300:406.651-B. 2. 3. 4. 5. 6. 7. 8. 9. 10. 11.
1.3456

Philosophische Abhandlungen. Dem Andenken Rudolf Hayms gewidmet von Freunden u. Schülern. — Halle: Niemeyer 1902. XXVII,560 S.
1:Nh 6244. 12:Ph. U. 0do. 300:417.691-B. 2. 3. 4. 5. 6. 7. 8. 9. 10. 11.
1.3457

Abhandlungen. Philosophische A'. Max Heinze zum 70. Geburtstage gewidmet von Freunden und Schülern. VI + 246 S. 8. Berlin, Ernst Siegfried Mittler & Sohn, 1906. [M. 5. —] —

Darin S. 78—91: Platos »sokratische« Periode und der Phaedrus. Von Karl Joël, Basel; *S. 146—182:* Die Grenzen der psychologischen Ästhetik. Von Ernst [Friedrich Wilhelm] Meumann, Königsberg i. Pr. [vorher in Zürich].

— philosophische, veröffentlicht v. Emil Ebering. 1. Heft. gr. 8. Berlin, E. Ebering. 2. 40
Hegels Einfluss auf die Religionsphilosophie in Deutschland. Von H. Aschkenasy. 1. Tl. (82 S.) 907.

Abhandlungen, Philosophische, d. kgl. Akademie d. Wissenschaften zu Berlin, s. Abhandlungen d. kgl. preuß. Akademie d. Wissenschaften zu Berlin. Philosoph. Klasse.

— philos., v. d. allerhöchst. Grunds. all. wahr. Erkenntn. 8. Leipz. 756.

— philos. u. hist. a. d. Transaction d. kön. Gesellsch. d. Wissensch. in Edinburg; aus d. Engl. von Jh. Gli. Buhle. 1r Thl. gr. 8. Gött. 789. Vandenhöck u. R. 16 ggr.

— philos., u. Lobreden, üb. Preisaufgaben d. französ. u. and. Academien. Aus d. Französ. 2 Bde. 8. Leipz. 777 u. 78. Kummer. 1 rthl. 8 ggr.

— philosoph., üb. einige in d. göttl. Wahrheit einschlag. Materien. 8. Frankf. 762. Homeier. 8 ggr.

— philosoph., von einigen Ursachen d. Verfalls d. Religion. 8. Lemgo 773. Meyer. 2 ggr.

Abhandlungen, philosoph. histor. a. d. Transaction. d. Gesellsch. d. Wissensch. z. Edinb., a. d. Engl. v. Buhle. 1r Th. gr. 8. Götting. Vandenhöck. 789. Rthlr.

— philos. jur. v. d. Macht weltl. Regenten wid. d. göttl. Rechte, Gesetze zu geben. 4. Möller. 740.

— philos.-polit., üb. d. Gefangennehm. d. Schuldner; a. d. Italien. 8. Winterthur 773. Steiner. 3 ggr.

— philos.-polit., v. d. Natural-Frohndiensten. 8. Leipz. 776. Fr. Fleischer. 8 ggr.

— philosoph.-theolog., über d. Eigenschaften Gottes u. d. menschl. Seele. Aus d. Französ. übers. 4 Hefte. 8, 817. (Gräffer u. Schmidl in Wien). 14 ggr.

— philosoph.-theol., über das Verdienst d. christl. Religion um die Lehre von der Unsterblichkeit d. menschl. Seele. gr. 8. Flensb. 788. (Hammerich in Alt.) 8 ggr.

— philos.-theol., über d. Verdienst d. christl. Religion u. d. Lehre v. d. Unsterblichkeit der menschl. Seele. gr. 8. Schlesw. 788. (Hammerich in Altona). 8 ggr.

Abhandlungen aus Physik und Chemie. [1.]. Leipzig: Hirzel 1[illegible].
8°
[illegible] 7

— a. d. Physik. u. Naturgesch. d. Abt Rozier, a. d. Franz. 2 Bde. m. K. gr. 8. Leipzig. Weidmann. 775. u. 76.

Physikalische Abhandlungen der kgl. bayrischen Academie der Wissenschaften zu München. Abt. 1. 2.
München: Franz 1803–06. 8°

Abhandlungen, Physikalische, d. kgl. Akademie zu Berlin, s. Abhandlungen d. kgl. preuß. Akademie d. Wissenschaften zu Berlin. Physikal. Klasse.

— physikal., chemische, naturhistor. u. mathematische, aus d. neuen Samml. d. Schriften d. k. dän. Gesellsch. übers. von P. Scheel u. C. F. Degen. 1r u. 2r Bd. gr. 8. Copenh. 798—803. Brummer. 2 rthl. 18 ggr.

Physikalische und medicinische Abhandlungen der Kayserl. Akademie der Wissenschaften in St. Petersburg. Aus d. Lateinischen übers. [Hrsg.: Johann Ludwig Conrad Mümler.] Bd 1–3.
Riga: Hartknoch 1782–85. 8°

— physikal. u. medicin., der Acad. d. Wissensch. zu Berlin. Aus d. Franz. u. Latein. v. J. M. C. Mümler. 4 Bde, mit Kpf. gr. 8. Gotha 780 — 86. Ettinger. 6 rthl. 8 ggr.

Physikalische und philosophische Abhandlungen der Gesellschaft der Wissenschaften zu Manchester [Memoirs of the literary and philosophical society of Manchester, dt.]. [Uebers.: Ernst Benjam. Gottlieb Hebenstreit.] T. 1. 2.
Leipzig: Weidmannsche Buchhdlg. 1788.

Abhandll. physik.-medicin., d. k. Acad. d. Wissensch. in Petersburg; a. d. Latein. übers. v. J. L. C. Mümler. 3 Thle, mit Kpf. gr. 8. Riga 782 — 85. (Hartknoch in Leipz.) à 2 rthl. 6 rthl.

— zur Physiologie der Gesichtsempfindungen a d. physiolog. Institut zu Freiburg i/B. Hrsg. von J. v. Kries. 1. Heft. Mit Fig. im Text u. 1 Farbentaf. [Aus: „Ztschr. f. Psychologie u. Physiologie d. Sinnesorgane".] gr. 8. (VII., 198 S.) [Hamburg 897. L. Voss.] Leipzig, J. A. Barth. n. 5. —

— zur Physiologie der Gesichtsempfindungen aus dem physiologischen Institut zu Freiburg i. B. Hrsg. von J. v. Kries. 2. Hft. (III, 197 S. m. Fig.) gr. 8. Leipzig 902. J. A. Barth. n. 6. —
Sonderabdruck aus: „Ztschr. f. Psychologie und Physiologie der Sinnesorgane." — Hft. I. Ebd. 897. n. 5. —

Abhandlungen z. Physiologie d. Gesichtsempfindungen aus d. physiolog. Institut zu Freiburg i. B. Hrsg. von J. v. Kries. 3. Heft. (III, 193 S. m. Fig.) gr. 8. Leipzig 908. J. A. Barth. 6. —
Aus: „Ztschr. f. Psychol. u. Physiol. d. Sinnesorgane". Hft. 1 u. 2. Ebd. 897. 902. 11. —

Physiologische Abhandlungen. H. 1.
Jena: Dufft 1875. 8°
⁅ Forts. u. d. T.: Sammlung physiologischer Abhandlungen. H. 2. 1876 ff.

—— physiologische, hrsg. von W. Preyer. 1. Reihe. 1. Heft: Ueber die Grenzen der Tonwahrnehmung. Von W. Preyer. gr. 8. (VI, 72 S.) Jena 876, (Dufft.) Fischer. *
Fortsetzung u. d. T.: Sammlung physiologischer Abhandlungen.

Physisch-chemische Abhandlungen in chronologischer Folge. [Hrsg.: Joh. Wilh. Ritter.] H. 1–3.
Leipzig: Reclam 1806.
[Chem.]

***Der Königl. Akademie der Wissenschaften in Paris physische Abhandlungen [die Jahre 1692 ff. enthaltend]. Aus d. Franz. übersetzt. [Hrsg.: Wolf Balth. Adolf v. Steinwehr.] Bd 1–13.**
Breslau: Joh. Jak. Korn 1748–59. 8°
⁅ Nicht als Periodicum erschienen, sondern in Buchform vom Übersetzer veröffentlicht.

— phys., von d. mütterl. Pflege d. Selbststillens ꝛc. 8. Augsb. 788. Klett. 3 ggr.

— phys. moral., v. Tabakrauchen. 8. Wolfenb. 763. (Braunschweig, Schröder). 3 ggr.

-- phytologische, aus den Annalen des Wiener Museums der Naturgeschichte I. u. II. Bandes. Von G. Bentham, St. Endlicher, E. Fenzl u. F. Unger. gr. 4. (Mit 11 Tafeln.) Wien 841, Rohrmann Hofbuchh. n. 4²/₃ ℔

Abhandlungen und Poesien. [Hrsg.: Kgl. deutsche Gesellschaft.]
Königsberg 1771. 8°
(Vorh. u. d. T.: Der kgl. deutschen Gesellschaft zu Königsberg eigene Schriften. Königsberg 1754.

— v. d. Polizeiverfassung in Frankreich. Aus d. Französ. 8. Wien 791. (Fr. Fleischer in Leipz.) 12 gr.

— über Pomologie, Obst- u. Weinbau. Vorgelegt der 5. allgemeinen Pomologenversammlung in Reutlingen u. hersg. von Ed. Lucas. [Aus d. „Verhandlungen d. 5. Pomologen-Versammlung"] Ravensburg 870. Ulmer. gr. 8. (2 Bll., 142 S.) n. 18 ngr.

— v. Potaschsieden. 1r u. 2r Thl. oder Versuche zur Bestimm. des Gehalts verschied. Baum- u. Holzarten 2c. u. Potaschen, (von ... Wildenhayn). 2 Thle, mit Kpf. gr. 8. Dresd. 771—800. Walther. 14 gr.

— dasselbe. 2 Thle. 8. Leipzig. (Haslinger in Linz.) 777.

— pragmat., über die Dauer d. Höllenstrafe. 8. Frankf. a. M. 789. (Wienbrack in Leipz.) 16 gr.

— praktische, a. d. Landbaukunst, betr. d. Bau d. Lehm- u. Wellerwände. m. K. gr. 8. Berlin, Maurer. 787.

— prakt., aus d. Schriften d. k. medicin. Societät zu Paris v. J. 1776, von H. W. Lindemann. 2 Thle. 8. Berl. 796 u. 97. (Reimer). 3 ℔

— prakt., von d. einfachen summar. u. ordentl. Weisungsproceß in Baiern. 8. München 804. Lentner 5 gr.

— üb. d. Preisfr.: Von d. Einfluß d. Nachahmung fremder Werke auf d. vaterländ. Geschmack. 8. Berl. 788. Academ. B. 8 gr.

Abhandlungen über die Preisfrage von dem Einfluss der Nachahmung fremder Werke auf den vaterländischen Geschmack. — (Berlin: Kunse [1788].) 120 S.
Sondert.: Schwabe, Johann Christoph: Abhandlung, welche den v. d. Kgl. Academie d. Wiss. für d. J. 1788 gesetzten Preis erhalten hat.
1: X 2002. 7. 9. 10.
1.3461

— u. Preisschriften, d. vorzügl. u. besten ökonom., welche d. freie ökonom. Gesellsch. in Petersb. in 24 Jahren erhalt. hat. Herausgeg. v. Georgi. 3 Bde. m. K. gr. 8. Leipzig, Sommer.

— u. Preisschr., welche die ökonom. Gesellsch. in Petersburg erhalten hat, s. Auswahl.

Abhandlungen über die Prinzipien der Mechanik von (J[oseph] L[ouis]) Lagrange, Rodrigues, Jacobi und Gauss. Hrsg. von Philipp E. B. Jourdain. — Leipzig: Engelmann 1908. 68 S. (Ostwald's Klassiker d. exakten Wissenschaften. 167.)
1: Lf 23200-167. 12: Var. 354t-167. 2. 3. 4. 5. 6. 9. 10. 11. 82. 83. 85. 89.
1.3462

***Abhandlungen einer Privatgesellschaft in Böhmen, zur Aufnahme der Mathematik, der vaterländischen Geschichte und der Naturgeschichte. [Hrsg.: Ignaz Edler von Born.] Bd 1–6.**
Prag: Gerle 1775–84. 8°
[Math.]

„Abhandlungen einer Privatgesellschaft von Naturforschern und Oekonomen in Oberdeutschland", herausgegeben von Franz von Paula Schrank, München 1792. (Anmerkung: Es handelt sich um Abhandlungen der „Oberdeutschen naturforschenden und ökonomischen Gesellschaft" in München).

Abhandlungen zum Privatrecht und Civilprozess des Deutschen Reiches. [Hrsg.: O. Fischer.] Bd 1, H. 1–28.
Jena: Fischer (sp. München: Beck) 1897–1917. 8°

— z. Privatrecht u. Civilprozeß des Deutschen Reiches. In zwangl. Hftn. hrsg. v. Otto Fischer. 1. Bd. 1.—5. Hft. gr. 8. Jena, G. Fischer. Einzelpr. n. 17.—; F. d. kpltn. Bd.: n 12.—
1. Grundz. des gesetzl. Verwandten-Erbrechts n. d. bürgerl. Gesetzbuch f. d. Deutsche Reich. (Reichstagsvorlage.) Von Ernst Heymann. (68 S.) 896. n. 2.—
2. D. Auslegg. d. Rechtsgeschäfte. Von Erich Danz. Zugl. e. Beitr. zur Rechts- u. Thatfrage. (VIII, 216 S.) 897. n. 6.—
3. Pflichtteil, Erbenausgleichung u. die sonst. gesetzl. Vermächtnisse n. d. bürgerl. Gesetzbuch f. d. Deutsche Reich. Von Ludw. Schiffner. (XII, 192 S.) 897. n. 5.—
4. D. Bedeutg. d. Fahrnisbesitzes f. streit. Recht n. d. bürgerl. Gesetzbuch f. d. Deutsche Reich. Von Otto Gierke. (VIII, 72 S.) 897. n. 2.—
5. Einwendg. u. Einrede i. d. Civilprozeßordnung u. n. d. bürgerl. Gesetzbuch f. d. Deutsche Reich. Von Fel. Friedenthal. (V, 72 S.) 898. n. 2.—

— zum Privatrecht u. Civilprozeß des Deutschen Reiches. In zwanglosen Heften hrsg. v. Otto Fischer. II. Bd. 4 Hfte. gr. 8. Jena 899. G. Fischer. n. 12.—; Einzelpr. n. 20. 10
1. Wesen u. Inhalt des Pfandrechtes. Eine rechtsgeschichtl. u. dogmat. Studie. Von Ernst Freih. v. Schwind. (XIX, 202 S.) n. 5. 60
2. Die Willenserklärung im Thatbestande des Rechtsgeschäfts nach dem BGB. f. das Deutsche Reich. Von Herm. Isay. (IX, 110 S.) n. 3.—
3. Der Erbschaftsbesitz. Von Rud. Leonhard. (VIII, 127 S.) n. 3. 50
4. Das zwingende u. nichtzwingende Recht im BGB. f. das Deutsche Reich. Von Eug. Ehrlich. (IX, 277 S.) n. 8.—

— dasselbe. III. Bd. gr. 8. Ebd. n. 12.—
Die Einwirkung des bürgerlichen Gesetzbuchs auf zuvor entstandene Rechtsverhältnisse. Eine Darstellung der Fragen der Uebergangszeit. Von Herm. Habicht. (IX, 582 S.) 899.

— dasselbe. III. Bd. gr. 8. Ebd. n. 14.—; geb. n. 16.—
Die Einwirkung des bürgerlichen Gesetzbuchs auf zuvor entstandene Rechtsverhältnisse. Eine Darstellung der Fragen der Uebergangszeit. Von Herm. Habicht. 3. verb. u. verm. Aufl. (X, 817 S.) 901.

— dasselbe. IV. Bd. 4 Hfte. gr. 8. Ebd. n. 12.—; Einzelpr. n. 17. 50
1. Der Erbvertrag nach dem BGB. f. das Deutsche Reich. Von Ludw. Schiffner. (VIII, 212 S.) 899. n. 6.—
2. Kauf u. Werklieferungsvertrag nach d. bürgerl. Gesetzbuche f. das Deutsche Reich. Von Heinr. Emerich. (VI, 106 S.) 899. n. 3.—
3. Das Armenrecht der deutschen Civilprozeßordnung. Mit e. Beitrag z. Lehre v. Parteibegriff. Von Rich. Schott. (VIII, 186 S.) 900. n. 4. 50
4. Der Werkvertrag nach d. bürgerl. Gesetzbuche f. das Deutsche Reich. Von Erwin Riezler. (V, 168 S.) 900. n. 4.—

— dasselbe. V. Bd. 2 Hfte. gr. 8. Ebd. n. 12.—; Einzelpr. n. 15. 50
1. Anspruch u. Klagrecht. Beiträge zum bürgerl. u. zum Prozeßrecht. Von Konr. Hellwig. (XXI, 530 S.) 900. n. 13.—
2. Das gesetzliche Pfandrecht d. Vermieters, d. Verpächters u. d. Gastwirtes nach d. bürgerl. Gesetzbuche f. das Deutsche Reich. Von Heinr. Siber. (VI, 92 S.) 900. n. 2. 50

— dasselbe. VI. Bd. 2 Hfte. gr. 8. Ebd. n. 12.—; Einzelpr. n. 14. 50
1. Die Geschäftsführung nach d. bürgerl. Gesetzbuche f. das Deutsche Reich. Von Herm. Isay. (XII, 412 S.) 900. n. 9. 50
2. Der Bau auf fremdem Boden, insbesond. der Grenzüberbau, nach d. bürgerl. Gesetzbuche f. das Deutsche Reich, auf geschichtl. Grundlage dargestellt. Von Mart. Wolff. (XII, 206 S.) 900. n. 5.—

— dasselbe. VII. Bd. 3 Hfte. gr. 8. Ebd. n. 12.—; Einzelpr n. 15.—
1. Unmöglichkeit u. Unvermögen nach d. bürgerl. Gesetzbuche f. d. Deutsche Reich. Von Feod. Kleineidam. (VI, 167 S.) 900. n. 4.—
2. Die Wirkungen der nachträgl. eintretend. Unmöglichkeit der Erfüllung bei gegenseitigen Verträgen nach d. bürgerl. Gesetzbuche f. das Deutsche Reich. Von Wilh. Kisch. (XII, 272 S.) 900. n. 7.—
3. Das Recht der Gesellschaft nach d. bürgerl. Gesetzbuche f. d. Deutsche Reich. Von Paul Knoke. (VIII. 141 S.) n. 4.—

— dasselbe. VIII. Bd. 8 Hfte. gr. 8. Ebd. n. 12. —; Einzelpr. n. 16 50

1. Die Wertpapiere im bürgerl. Recht d. Deutschen Reiches. Von Ernst Jacobi. Von der jurist. Gesellschaft in Berlin gekrönte Preisschrift. (XI, 384 S.) 901. n. 9. —
2. Widerspruch u. Vormerkung nach deutschem Grundbuchrecht. Von Johs. Biermann. (XII, 232 S.) 901. n. 5. —
3. Die Vorlegung v. Sachen zur Besichtigung nach d. bürgerl. Gesetzbuch f. d. Deutsche Reich. Von Alfons Dierschke. (VII, 91 S.) 901. n. 2. 50

— zum Privatrecht u. Civilprozeß des Deutschen Reiches. In zwanglosen Heften hrsg. v. Otto Fischer. IX. Bd. 4 Hfte. gr. 8. Jena, G. Fischer. n. 12. —; Einzelpr. n. 16. 10

1. Die Rechte des Geschäftsführers ohne Auftrag, zugleich e. Beitrag zur Lehre vom Begriff der auftraglosen Geschäftsbesorgung. Von Arth. Brückmann. (XVI, 230 S.) 903. n. 6. —
2. Der Vergleichsirrtum nach dem Recht des Deutschen Reiches. Von Just. Wilh. Hedemann. (VI, 142 S.) 903. n. 4. —
3. Der Irrtum üb. wesentliche Eigenschaften der Person u. der Sache nach dem bürgerlichen Gesetzbuch. Zugleich e. Beitrag zur Theorie der Gesetzesauslegg. Von Siegm. Schloßmann. (VIII, 96 S.) 903. n. 2. 50
4. Das Schuldversprechen u. Schuldanerkenntnis des bürgerlichen Gesetzbuchs f. das Deutsche Reich. Von Fritz Klingmüller. (VIII, 151 S.) 903. n. 3. 60

— dasselbe. X. Bd. 3 Hfte. gr. 8. Ebd. n. 12. —; Einzelpreis n 15. 90

1. Die Erbengemeinschaft nach dem bürgerlichen Gesetzbuche f. das Deutsche Reich. Von Hugo Kreß. (VIII, 295 S.) 903. n. 7. 50
2. Die Eigentümerhypothek. Von Ernst Bruck. (XXII, 264 S.) 903. n. 6. —
3. Das Recht des Mannes am Vermögen der Frau bei dem ordentl. gesetzlichen Güterstande des bürgerl. Gesetzbuches f. das Deutsche Reich. Von Karl Heinsheimer. (VI, 98 S.) 903. n. 2. 40

— dasselbe. XI. Bd. 2 Hfte. gr. 8. Ebd. n. 12. —; Einzelpr. n. 17. —

1. Der Schaden nach dem bürgerlichen Gesetzbuche für das Deutsche Reich. Von Hans Albr. Fischer. (VIII, 338 S.) 903. n. 8. —
2. Die Vermutung nach dem Recht des Deutschen Reiches. Von Just. Wilh. Hedemann. (XX, 362 S.) 904. n. 9. —

— dasselbe. XII. Bd. 3 Hfte. gr. 8. Ebd. n. 12. —; Einzelpr. n. 18 —

1. Das Zurückbehaltungsrecht. Von Frz. Schlegelberger. (VI, 256 S.) 904. n. 6. 50
2. Die Vorlegung v. Urkunden im Prozeß. Von Ernst Siegel. (XI, 281 S.) 904. n. 7. —
3. Die Verletzung des Gläubigerrechts als unerlaubte Handlung nach dem bürgerl. Gesetzbuch für das Deutsche Reich. Von Otto Christian Fischer. (VI, 172 S.) 905. n. 4. 50

— dasselbe. XIII. Bd. 2 Hfte. gr. 8. München, C. H. Beck. n. 12. —; Einzelpr. n. 14. 50

1. Die Wahlschuldverhältnisse. Von Gust. Pescatore. (VIII, 333 S.) 905. n. 10. —
2. Die Notwendigkeit der Streitgenossenschaft. Von Walt. Lux. (VIII, 127 S.) 906. n. 4. 50

— dasselbe. XIV. Bd. 2 Hfte. gr. 8. Ebd. n. 12. —; Einzelpr. n. 13. —

1. Das Wertpapier als Legitimationsmittel. Von Ernst Jacobi. (V, 90 S.) 906. n. 3. —
2. Das Erbbaurecht des bürgerlichen Gesetzbuchs. Von Helm. Wilmanckt. (V, 254 S.) 906. n. 10. —

Abhandlungen zum Privatrecht u. Civilprozeß des Deutschen Reiches. In zwanglosen Heften hrsg. v. Otto Fischer. XV. Bd. 1. Hft. gr. 8. Jena, G. Fischer. Für den Band n. 12. —; Einzelpr. 10. —

1. Die Unterlassungspflicht im bürgerlichen Recht. Von Heinr. Lehmann. (XI, 338 S.) 906.

— zum Privatrecht u. Zivilprozeß d. Deutschen Reiches. In zwanglos. Heften hrsg. v. Otto Fischer. XV. Bd. 2. Hft.; XVI.—XVIII. Bd. à 2 Hfte.; XIX. Bd. XX. Bd. 3 Hfte. u. XXI. Bd. 2 Hfte. gr. 8. München, C. H. Beck. Bd. 16—19 à Bd. 12.—; Bd. 20 14.—

Affolter, Frdr., das Fruchtrecht. (XII, 316 S.) 911. (XXI. Bd. 1. Hft.) Einzelpr. 10. —
Boehmer, Gust., d. Erfüllungswille. (VII, 98 S.) 910. (XX. Bd. 1. Hft.) Einzelpr. 4. 50
Fischer, Hans Albr., d. Rechtswidrigkeit m. besond. Berücksicht. d. Privatrechts. (XII, 303 S.) 911. (XXI. Bd. 2. Hft.) Einzelpr. 10. —
Geib, Otto, Rechtsschutzbegehren u. Anspruchsbetätigung im deutschen Zivilprozeß. (VIII, 252 S.) 909. (XVIII. Bd. 1. Hft.) Einzelpr. 10. —
Goldschmidt, James, Ungerechtfertigter Vollstreckungsbetrieb. E. Beitrag z. Lehre v. den Vollstreckungsgrundlag. (VIII, 84 S.) 910. (XX. Bd. 3. Hft.) Einzelpr. 4. —

Heim, Frz. Felician, die Hauptintervention. (VIII, 104 S.) 907. (XV. Bd. 2. Hft.) Einzelpr. 3. 50
Jacobi, Ernst, die Theorie d. Willenserklärgn. (VIII, 111 S.) 910. (XX. Bd. 2. Hft.) Einzelpr. 5. 50
Kuttner, Geo., die privatrechtl. Nebenwirkgn. d. Zivilurteile. (VIII, 262 S.) 908. (XVI. Bd. 2. Hft.) Einzelpr. 10. —
Meyer, Herb., das Publizitätsprinzip im deutsch. bürgerl. Recht. (XII, 104 S.) 909. (XVIII. Bd. 2. Hft.) Einzelpr. 3. 50
Nußbaum, Arth., die Prozeßhandlgn., ihre Voraussetzgn. u. Erfordern. (VIII, 175 S.) 909. (XVII. Bd. 1. Hft.) Einzelpr. 6. 50
Reichel, Hans, die Schuldübernahme (kumulative Schuldübernahme). (XVIII, 588 S.) 909. (XIX. Bd.) Einzelpr. 16. —
Thiesing, Adf., die Wirkgn. nichtiger Ehen. (V, 258 S.) 907. (XVI. Bd. 1. Hft.) Einzelpr. 10. —
Wimpfheimer, Heinr., die Gesellschaften des Handelsrechts u. des bürgerl. Rechts im Stadium d. Liquidation. (VIII, 223 S.) 908. (XVII. Bd. 2. Hft.) Einzelpr. 10. —

— üb. d. Producte d. Mineralreichs in d. preuß. Staaten. (Vom Minister v. Heinitz.) gr. 8. Berl. 786. Rottmann. 12 *gr*

— psychiatrische, hrsg. v. Carl Wernicke. 1.—6. Hft. gr. 8. Breslau, Schletter. Einzelpr. à n. 1. —; für die Serie v. 15 Hftn n. 11. 25

1. Aphasie u. Geisteskrankheit v. Karl Heilbronner. (33 S.) 896.
2. „Seitenstrangerscheinungen“ b. akuten Psychosen v. K. Bonhoeffer. (27 S.) 896.
3.—4. Ueb. Asymbolie. Von Karl Heilbronner. (60 S.) 897.
5. D. Entstehg. d. Raumvorstellg. a. Sinnesempfindgn. Von Heinr. Sachs. (42 S.) 897.
6. D. Geisteszustand d. Alkoholdeliranten. Klin. Untersuchgn. Von K. Bonhoeffer. (55 S.) 898.

Abhandlungen, psychiatrische, hrsg. v. Carl Wernicke. 7.—15. Hft. gr. 8. Breslau, Schletter. n. 8. 50

7. 8. Ein Fall v. reiner Sprachtaubheit. Von H. Liepmann. (50 S.) 898. n. 2. —
9. Über die spinalen Symptome der progress. Paralyse. Von R. Gaupp. (26 S.) 898. n. 1. —
10. 11. Krankenvorstellungen aus d. psychiatrischen Klinik in Breslau. Von Carl Wernicke. (114 S.) 899. n. 2. 50
12. Über die Klassifikation der Psychosen. Nach e. in der medizin. Section der vaterländ. Gesellschaft zu Breslau geh. Vortrage. Von Carl Wernicke. (16 S.) 899. n. 1. —
13.—15. Krankenvorstellungen aus der psychiatrischen Klinik in Breslau. 2. Hft. Von Carl Wernicke. (112 S.) 899. n. 3. —

Hft. 1—6. Ebd. 896—898. à n. 1. —.

— publicistische, zum Verständniß der Gegenwart. Celle 870. Schulze'sche Buchh. gr. 8.

I. Bundestag u. Reichstag u. Preußens Stellung zu beiden. (31 S.) 3 *ngr.*
II. Die Gesetzgebung d. norddeutschen Bundes. 1. u. 2. Aufl. (50 S.) 5 *ngr.*

— publicistische, zum Verständniß der Gegenwart. II. Die Gesetzgebung d. norddeutschen Bundes. 3. Aufl. gr. 8. (50 S.) Celle 870. Schulze'sche Buchh. — 50

—— dass. — II. Die Gesetzgebung des norddeutschen Bundes. 1.—3. Aufl. gr. 8. (50 S.) Ebendas. 870,71.

— über die Ratanhia, s. Klein v. Dr.

Abhandlungen Ratanhia

Abhandlungen über die Ratanhia mit einer Vorrede v. von Klein und mit... chemischen Versuchen v. Stadt-Apotheker Binder. Aus dem Engl., Holl., u. Franz. übers. Hrsg.v. Fr. Jobst und Klein. 77 S., gbd.
Stuttgart: Löflund} 1818
Wien: Gerold
enth.: Ruiz, H.: Verhandeling over den Radix Ratanhiae. (Dt.)
" Hutardo, E.: Observations sur l'efficacité de la racine de Ratan= hia... (Dt.)

— v. d. Rebstichern. Drei Preisschr. 8. Altenb. 771. (Schwan u. G. in Mannh.) 3 ℛ

— v. d. Rechte d. Landesfürsten, d. geistl. Personen u. Güter zu besteuern. gr. 8. Augsb. 770. Wagner. 8 ℛ

— v. d. Rechte d. Landesfürst. d. Person. u. Gút. z. besteuren. 4. Freyburg, Wagner. 779.

Lübeck. **Abhandlungen** aus dem Lübischen Rechte. – (Pauli): 1837 - 1865.

— zum schweizerischen **Recht**, hrsg. v. Max Gmür. 1.—17. Hft. gr. 8. Bern, Stämpfli & Co. n. 54. 55

Branger, Erh., Rechtsgeschichte der freien Walser in der Ostschweiz (VIII, 177 S.) 905. (Hft. 11.) n. 3. 20
Escher, Arnold, Beiträge zur Kenntnis des zürcherischen Grundpfandrechts. (XVI, 296 S.) 905. (Hft. 8.) n. 5. 40
Gmür, Emil, Rechtsgeschichte der Landschaft Gaster. (XII, 396 S.) 905. (Hft. 10.) n. 6. 60
Guhl, Th., Untersuchungen üb. die Haftpflicht aus unerlaubter Handlung nach schweiz. Oblig.-Recht. (III, 124 S.) 904. (Hft. 1.) n. 2. 20
Hess, Conradin v., die Voraussetzungen der direkten Vertretungswirkung im Entwurfe des schweiz. Zivilgesetzbuchs. (VI, 86 S.) 906. (Hft. 15.) n. 1. 70
Lechner, Adf., das Obstagium od. die Giselschaft nach schweizerischen Quellen. (XVI, 228 S.) 906. (Hft. 16.) n. 3. 75
Maisch, Louis, das Recht zum Stenographieren u. das Recht am Stenographierten. Zugleich e. Beitrag zur Lehre vom Urheberrecht unter Berücksicht. der gesetzl. Bestimmgn. aller Länder. (VII, 112 S.) 904. (Hft. 3.) n. 2. 20
Meyer, C., die historische Entwicklung der Handelsmarke in der Schweiz. (IV, 88 S. m. 5 Taf.) 905. (Hft. 6.) n. 2. 20
Müller, Jos., der Verlagsvertrag nach schweizerischem Recht unter besond. Berücksicht. des deutschen Verlagsrechts. (XVI, 175 S.) 905. (Hft. 5.) n. 3. 20
Muralt, Rob. v., die Brandstiftung im schweizer. Strafrecht m. Berücksicht des deutschen u. französ. Rechts. (VII, 156 S.) 906. (Hft. 14.) n. 2. 50
Naegeli, Konr., Bevormundung u. beschränkte Handlungsfähigkeit im schweizer. Recht, unter besond. Berücksicht. des Entwurfs zum schweizer. Civilgesetzbuch. (IV, 113 S.) 905. (Hft. 9.) n. 2. 20
Ruth, Max, der Verteidiger im schweiz. Strafprozessrecht. (XVI, 170 S.) 905. (Hft. 4.) n. 3. 20
Rüttimann, Karl, die zugerischen Allmendkorporationen. (XII, 207 S.) 904. (Hft. 2.) n. 3. 20
Steiner, Ernst, die Appellation nach schweizerischem Zivilprozessrecht. (VIII, 120 S.) 906. (Hft. 12.) n. 2. 20
Stoffel, Fel., die Fischereiverhältnisse des Bodensees unt. besond. Berücksicht. der an ihm bestehenden Hoheitsrechte. Historisch-dogmat. Studie. (XVI, 362 S. m. 1 Tab.) 906. (Hft. 13.) n. 6. —
Wimmer, W., die rechtliche Stellung der Post u. das einfache Postfrachtgeschäft nach schweiz. Recht. (IV, 82 S.) 905. (Hft. 7.) n. 1. 80
Zollinger, Karl, das Wasserrecht der Langeten. Rechtsgeschichtliche Studien. (Diss.) (XII, 200 S.) 906. (Hft. 17.) n. 3. —

— z. schweiz. **Recht**, hrsg. v. Max Gmür. 18.—41. Hft. gr. 8. Bern, Stämpfli & Co. 79. 20

Casparis, H., d. Bischof v. Chur als Grundherr im Mittelalter. (VIII, 172 S.) 910. (Hft. 38) 3. 20
Dübi, Otto, die Gemeinschaften z. gesamten Hand im deutsch. u. schweiz. Recht. Ihre Forderungs- u. Haftungsverhältnisse. (XII, 102 S.) 910. (Hft. 40) 2. —
Gmür, Max, die Anwendung des Rechts nach Art. 1 des schweizer. Zivilgesetzb. (VIII, 152 S.) 908. (Hft. 26) 3. —
Guggisberg, Paul, die Konkurrenzklausel m. besond. Berücksicht. der schweizer. Praxis u. d. Art. 1400, 1401 u. 1402 d. Gesetzentwurfs betr. d. Ergänzung d. Entwurfs e. schweizer. Zivilgesetzbuchs v. 3. III. 1905. (VII, 115 S.) 907. (Hft. 21) 2. —
Hodler, Ernst, d. Widerruf nach schweizer. Obligationsrecht verglichen mit dem deutschen Recht. (Diss.)
Hofmann, Rud., der strafrechtl. Schutz d. schweizer. Eisenbahnen. (VII, 98 S.) 907. (Hft. 19) 2. — (VII, 175 S.) 909. (Hft. 33) 3. 20
Huber, Karl, Üb. den Rechtsmissbrauch. (Schweiz. ZGB. Art. 2.) (VIII, 132 S.) 910. (Hft. 37) 2. 40
Iklé, R. A., die Kommandit-Aktiengesellschaft nach schweizer. u. deutsch. Recht. (XII, 210 S.) 907. (Hft. 18) 3. 50
Lamazure, Arth., das System der Obligations foncières u. d. Pfandbriefe in Frankreich, Deutschland, Österreich u. nach d. Bestimmgn. d. schweizer. Zivilgesetzbuches. (XII, 251 S.) 909. (Hft. 36) 4. 20
Leemann, Hans, d. schweiz. Verlustschein. Dargestellt auf Grund des eidgen. Schuldbetreibungs- u. Konkursgesetzes n. d. Gerichtsprax. (VIII, 158 S.) 907. (Hft. 23) 3. —
Leuenberger, Jak., das Verlöbnis im schweizer. Recht m. Berücksicht. des neuen schweizer. Zivilgesetzbuches. (XI, 285 S.) 908. (Hft. 30) 5. 20
Mertz, Xav., die patentrechtl. Licenz insbesondere der Licenzzwang. (VIII, 96 S.) 907. (Hft. 22) 1. 70
Meszlény, Arth., das Vermögen im bürgerl. Gesetzbuch f. das Deutsche Reich u. im schweizer. Zivilgesetzbuch. Skizze e. neuen Vermögenslehre. (VIII, 90 S.) 908. (Hft. 29) 1. 80
Röthlisberger, Ernst, Urheberrecht u. Zeitungsinhalt. (IV, 84 S.) 908. (Hft. 27) 1. 80
Sandmeyer, Max, die Untersuchungshaft im schweizer. Strafprozessrecht. (IX, 201 S.) 909. (Hft. 35.) 3. 40
Sautier, Alfr., die Familienfideikommisse der Stadt u. Republik Luzern. (VII, 566 S.) 909. (Hft. 39.) 10. —
Stuber, Walth., die Patentierbarkeit chemischer Erfindungen. (IV, 138 S.) 907. (Hft. 20.) 2. 30
Trüeb, Hans, der Rechtsmissbrauch (Schikane) im modernen Recht unter besond. Berücksicht. v. Art. 2, 2 des schweiz. Zivilgesetzbuches. (VII, 127 S.) 909. (Hft. 34.) 2. 40.
Trüssel, Frdr., das Institut der Staatsanwaltschaft im bernischen Recht. (VIII, 205 S.) 909. (Hft. 31.) 3. 40
Tscharner, L. S. v., Rechtsgeschichte des Obersimmentales bis zum J. 1798. (XIII, 455 S. m. 1 Karte.) 908. (Hft. 28.) 8. 50
Welti, Frdr. Emil, Beiträge zur Geschichte des älteren Stadtrechtes v. Freiburg im Uechtland. Im Anh.: 1. Die Handveste v. Flümet v. 1228. 2. Die Handveste v. Diessenhofen v. 1260. (III, 136 S.) 908. (Hft. 25.) 2. 50
Wildi, Eug., die Gründerverantwortlichk. n. schweizerisch. Aktiengesellschaftsr. (IX, 160 S.) 909. (Hft. 32.) 3. —
Winiker, Vinzenz, die Fischereirechte am Vierwaldstättersee. (Historisch-dogmat. Studie.) Mit 2 Karten. (XII, 155 S.) 908. (Hft. 24.) 3. —
Wyss, Wilh. v., das Lehrlingsverhältnis nach schweizer. Recht. (VIII, 89 S.) 910. (Hft. 41.) 1. 70
Hft. 1—17. Ebd. 904—06. 54. 55

— von dem Rechte d. Staatsgewalt über Kirchengüter, (von F. A. Frey). gr. 8. Frankf. 806. Andreä. 8 ℛ

— von d. Rechten d. Jesuiten in Deutschl. Fol. Regensb. 773. Montag u. W. 8 ℛ

— rechtl., des Richters K. Giese, über die Frage, sind die Hand- und Spanndienste im Großherz., insonderheit bei den münster. vormahls eigenhör. Colonen durch das K. Decret vom 12. Dec. 818. aufgehoben? 8. Hamm, Schultz u. Wundermann. 819.

— rechtsgeschichtliche, herg. von G. M. Asher. Heidelberg 868. J. C. B. Mohr. gr. 8.
1. Heft: Hecht, F., die römischen Kalendarienbücher. Eine Abhandlg. aus dem Gebiet d. röm. Verkehrslebens. (XII, 80 S. u. Anh. XIV S.) n. 18 ngr.

Abhandlung verschiedener besonderer Rechts-Materien. [Hrsg.: Joh. Jak. Moser.] St. 1–20.
Frankfurt u. Leipzig (später: Ulm, Frankf. u. Leipzig: Wohler) 1772–77.

— die bürgerl. Rechts- u. Verfassungs-Verhältnisse d. Israelit. Gemeinde zu Frankf. a. M. (Von P. J. Floret.) 8. Frankf. a. M. (ohne Jahrz.)

Abhandlungen der k. k. geologischen Reichsanstalt. Wien 1850—70. 4 Bde. 4.

— der k. k. geologischen Reichsanstalt. In 3 Abthlgn. I. Bd. Mit 48 lith. zum Thl. col. Taf. I. Abthlg.: Geologie. 1. Die geognost. Verhältnisse des Egerer Bezirkes u. des Ascher Gebietes in Böhmen. Von Aug. Em. Reuss. 2. Beitrag z. Kenntniss der Lagerungsverhältnisse der oberen Kreideschichten an einigen Localitäten der östl. Alpen. Von Carl Peters. II. Abthlg.: Zoo-Paläontologie. 1. Die Ammoniten von Swinitza. Von Joh. Kudernatsch. 2. Die Gasteropoden der Gosaugebilde. Von Friedr. Zekeli. III. Abthlg.: Phyto-Paläontologie. Ueb. Palaeobromelia, ein neues foss. Pflanzengeschlecht. Von Const. v. Ettinghausen. Beitrag zur näheren Kenntn. der Flora der Wealdenperiode. Von dems. Begründung einiger neuen oder nicht genau bekannten Arten d. Lias- u. der Oolithflora. Von dems. Die Steinkohlenflora von Stradonitz in Böhmen. Von dems. Fossile Pflanzenreste aus dem trachytischen Sandstein von Heiligenkreuz bei Kremnitz. Von dems. Imp. 4. (VI u. 318 S.) Wien 852, Braumüller. n. 14²/₃ ℳ

— der k. k. Geologischen Reichsanstalt. In 3 Abth. II. Bd. Mit 87 lith. Taf. (in 4. u. Fol.) Wien 855. Braumüller in Comm. Imp.-4. (3 Bl., 285 S.) n. 23 ℳ 10 ngl

— — III. Bd. Mit 52 lith. Taf. u. 1 lith. Karte. Ebend. 856. Imp.-4. (3 Bl., 736 S.) n. 20 ℳ

Abhandlungen der k. k. geologischen Reichsanstalt. VI. Bd. 1. Hlfte. Suppl. Fol. Wien (R. Lechner's Sort.) n.n. 50. —
VI, 1. Das Gebirge um Hallstatt. 1. Abth. die Cephalopoden der Hallstätter Kalke. Von Edm. Mojsisovics, Edler v. Mojsvar. 1. Bd. Suppl.-Hft. Mit 23 lith. Taf. (A—H u. S. 175—356 m. 23 Bl. Erklärgn.) 902. n.n. 50. — (I, II u. Suppl. n.n. 350. —).

— der k. k. geologischen Reichsanstalt. VI. Bd. 2. Hälfte. gr. 4. Wien 893. (R. Lechner's Sort.) n.n. 200. —
Das Gebirge um Hallstatt. 1. Abth. Die Cephalopoden der Hallstätter Kalke. Von Edm. Mojsisovics Edler v. Mojsvár. II. Bd. Mit e. Atlas v. 130 lith. Taf. (X, 835 S.)
Die Angabe im 25. Bd. d. Bücherlexikons: Abhandlungen der k. k. geolog. Reichsanstalt VI. Bd. muss lauten: VI. Bd. 1. Hälfte.

— dasselbe. XIV. Bd. gr. 4. Ebd. 890. n.n. 80. —
Die Brachiopoden der alpinen Trias. Von Alex. Bittner. (VI, 325 S. m. 41 lith. Taf.)

— dasselbe. XV. Bd. 6 Hfte. gr. 4. Ebd. n.n. 112. —
1. Ueber die liasischen Brachiopoden des Hierlatz bei Hallstatt. Von Geo. Geyer. (88 S. m. 9 Taf.) 889. n.n. 24. —
2. Zur Kenntniss der Fauna der grauen Kalke der Südalpen. Von Leop. Tausch v. Gloeckelsthurn. (42 S. m. 9 Taf.) 890. n.n. 16. —
3. Ueber den Schädel e. fossilen Dipnoërs, Ceratodus Sturii Nov. Spec. aus den Schichten der oberen Trias der Nordalpen. Von Frdr. Teller. (40 S. m. 4 Taf.) 891. n.n. 10. —
4. Die mittelliasische Cephalopodenfauna des Hinter-Schafberges in Oberösterreich. Von Geo. Geyer. (76 S. m. 9 Taf.) 893. n.n. 20. —
5. Ueber Partanosaurus Zitteli Skuphos u. Microleptosaurus Schlosseri nov. gen., nov. spec. aus den Vorarlberger Partnachschichten. Von Thdr. Geo. Skuphos. (16 S. m. 3 lith. Taf.) 893. n.n. 8. —
6. Die Fauna v. Görlach. Von A. Hofmann. (87 S. m. 17 Lichtdr.-Taf.) 894. n.n. 34. —
Der XVI. Bd. erschien noch nicht.

— dasselbe. XVI. Bd. 1. Hft. Imp. 4. Ebd. n.n. 34. —
1. Die Fauna der Trogkofelschichten i. d. karnischen Alpen u. den Karawanken. 1. Thl.: Die Brachiopoden. Von E. Schellwien. Mit 15 lith. Taf. u. 15 Zinkotyp. im Text. (122 S. m. 15 Bl. Erklärgn.) 900. n.n. 34. —

Abhandlungen der k. k. geologischen Reichsanstalt. XVII. Bd. 1.—3. Hft. gr. 4. Wien, (R. Lechner's Sort.). n.n. 22. —
1. Ueber die Bivalvengattung Conchodus und Conchodus Schwageri n. f. aus der obersten Trias der Nordalpen. Von Leop. Tausch v. Gloeckelsthurn. (8 S. m. 2 Zinkotyp. u. 3 Taf.) 892. n.n. 6. —
2. Brachiopoden der alpinen Trias. Von Alex. Bittner. 1. Nachtrag. (40 S. m. 2 Zinkotyp. u. 4 Taf.) 892. n.n. 10. —
3. Carnosaurus Marchesettii, e. neuer fossiler Lacertilier aus den Kreideschichten des Karstes bei Komen. Von A. Kornhuber. (15 S. m. 1 Lichtdr.- u. 1 lith. Taf.) 893. n.n. 6. —

— der k. k. geologischen Reichsanstalt. XVII. Bd. 4. Hft. Imp. 4. Wien 897. (R. Lechner's Sort.) n.n. 48 — (1—4.: n.n. 70. —)
4. D. Gastropoden d. Trias um Hallstatt. Von E. Koken. (Mit 23 lithogr. Taf. u. 31 Zinkotyp. im Text.) (112 S. m. 23 Bl. Erklärgn.)

— dasselbe. XVII. Bd. 5. Hft. Fol. Ebd. n.n. 10. —
5. Opetiosaurus Bucchichi. Eine neue fossile Eidechse aus der unteren Kreide v. Lesina in Dalmatien. Besprochen in der Sitzg. d. k. k. geolog. Reichsanstalt in Wien am 16. IV. 1901. Von A. Kornhuber. Mit 1 Lichtdr.- u. 2 Steindr.-Taf. (32 S.) 901. n.n. 10. —
Hft. 1—4. Ebd. 892—897. n.n. 70. —.

— dasselbe. XVIII. Bd. 1. Hft. gr. 4. Ebd. 895. n.n 54. —
1. Lamellibranchiaten d. alpinen Trias. Von A. Bittner. 1. Thl.: Revision der Lamellibranchiaten v. Sct. Cassian. (236 S. mit 24 lithogr. Taf. u. 24 Bl. Erklärgn.)

— dasselbe. XIX. Bd. 1. Hft. Fol. Ebd. n.n. 30. —
1. Das Nashorn v. Hundsheim. Rhinoceros (Ceratorhinus Osborn) hundsheimensis nov. form. Mit Ausführgn. üb. die Verhältnisse v. 11 Schädeln v. Rhinoceros (Ceratorhinus) sumatrensis. Von Frz. Toula. Mit 12 Taf. u. 25 Zinkotyp. i. Text. (92 S. m. 12 Erklärgn.) 902. n.n. 30. —

Abhandlungen der k. k. geologischen Reichsanstalt. XIX. Bd. 2. u. 3. Hft. u. XX. Bd. 1. u. 2. Hft. gr. 4. Wien, R. Lechner's Sort. n.n. 82. —
Abel, O., die Sirenen der mediterranen Tertiärbildungen Österreichs. Mit 7 Taf. u. 26 Textfig. (VI, 223 S. m. 7 Bl. Erklärgn.) 904. (XIX, 2.) n.n. 45. —
Kittl, Ernst, die Cephalopoden der oberen Werfener Schichten v. Muć in Dalmatien, sowie v. anderen dalmatin., bosnisch-herzegowin. u. alpinen Lokalitäten. Mit XI lith. Taf. u. 1 Zinkotyp. im Text. (77 S. m. 11 Bl. Erklärgn.) 903. (XX, 1.) n.n. 24. —
Lorenz, Ludw. v., das Becken der Steller'schen Seekuh. Mit 1 Doppeltaf. u. 2 Textfig. (14 S.) 904. (XIX, 3.) n.n. 4. —
Toula, Frz., das Gebiss u. Reste der Nasenbeine v. Rhinoceros (Ceratorhinus Osborn) hundsheimensis. Mit 2 Taf. u. 11 Zinkotyp. im Text. (38 S. m. 4 S. Erklärgn.) 906. (XX, 2.) n.n. 9. —

Abhandlungen d. k. k. geologischen Reichsanstalt. XVI. Bd. 2. Heft. XVIII. Bd. 2. Heft u. XXI. Bd. 1. Heft. 36×26 cm. Wien, (R. Lechners Sort.) nn 100. —
XVI. 2. Die Acanthicus-Schichten im Randgebirge der Wiener Bucht b. Giesshübl (Mödling WNW). Von Frz. Toula. Mit 19 Taf. u. 32 Zinkotyp. im Text. (120 S. m. 19 Bl. Erklärgn.) 907. nn 40. —
XVIII. 2. Die Lamellibranchiaten d. Pachycardientuffe d. Seiser Alm, nebst vergleichend paläontologischen u. phylogenetischen Studien. Von Lukas Waagen. M. 10 lith. Taf. u. 19 Zinkotyp. im Text. Als Fortsetzg. (II. Tl.) zu: A. Bittner, Lamellibranchiaten d. alpinen Trias. (VII, 180 S. m. 10 Bl. Erklärgn.) 907. nn 30.— (I u. II: nn 84.—).
XXI. 1. Die Adamellogruppe, e. alpines Zentralmassiv, u. s. Bedeutung f. d. Gebirgsbildung u. unsere Kenntnis v. d. Mechanismus d. Intrusionen. Von Wilh. Salomon. I. Tl.: Lokale Beschreibg., kristalline Schiefer, Perm, Trias. Mit e. geolog. Karte in 1 : 75,000 (Taf. I), ein Routenkärtchen in 1 : 200,000 (Taf. II), 6 Taf. geolog. Landschaftsdarstellgn. (Taf. III—VIII) u. 91 Zinkotyp. im Text. (XIII, 433 S.) 908. nn 30. —

——— der K. K. Geologischen Reichsanstalt. Wien.
Bd 20, H. 3. Abel (O.), Kritische Untersuchungen über die paläogenen Rhinocerotiden Europas. 1910.

— der k. k. geologischen Reichsanstalt. 1. Bd. Mit 48 lith. Taf. gr. 4. (VI, 306 S.) Wien 852. (Hölder.) n. 46. 24

Reuss, A. E., die geognostischen Verhältnisse des Egerer Bezirkes u. des Ascher Gebietes in Böhmen. Mit 1 Karte. (72 S.) n. 3. 20
Peters, C., Beitrag zur Kenntniss der Lagerungsverhältnisse der oberen Kreideschichten an einigen Localitäten d. östlichen Alpen. Mit 1 Taf. (20 S.) n. 1. 84
Kudernatsch, J., die Ammoniten v. Swinitza. Mit 4 Taf. (16 S.) n. 4. 24
Zekeli, F., die Gasteropoden der Gosaugebilde. Mit 24 Taf. (124 S.) n. 25. 20
Ettingshausen, C. v., üb. Paläobromelia, e. neues fossiles Pflanzengeschlecht. Mit 2 Taf. (10 S.) n. 2. 12
— Beitrag z. Flora d. Wealdenperiode. Mit 5 Taf. (32 S.) n. 5. 28
— Begründung einiger neuen od. nicht genau bekannten Arten der Lias- u. Oolithflora. Mit 3 Taf. (10 S.) n. 3. 20
— Die Steinkohlenflora v. Stradonitz in Böhmen. Mit 6 Taf. (18 S.) n. 5. 28
— Pflanzenreste aus d. trachitischen Sandstein von Heiligenkreuz bei Kremnitz. Mit 2 Taf. (14 S.) n. 2. 12

— dasselbe. 2. Bd. Mit 78 lith. Taf. gr. 4. (284 S.) Ebd. 855. n. 73. 60

Petko, J. v., geologische Karte d. Gegend von Schemnitz. Mit 1 Karte. (8 S.) n. 1. 8
Ettingshausen, C. v., die tertiäre Flora d. Umgebungen von Wien. Mit 5 Taf. Nicht apart.
— die tertiäre Flora v. Häring in Tirol. Mit 31 Taf. (118 S.) n. 29. 44
— die Steinkohlenflora von Radnitz in Böhmen. Mit 29 Taf. (74 S.) n. 26. 24
Andrae, K., Beiträge zur Kenntniss d. fossilen Flora Siebenbürgens u. des Banates. Mit 12 Taf. (48 S.) n. 11. 68

— dasselbe. 3. Bd. Mit 52 lith. Taf. gr. 4. (736 S.) Ebd. 856. n. 63. 4

Hörnes, M., die fossilen Mollusken des Tertiärbeckens v. Wien. 1. Bd. Univalven. Unter der Mitwirkung von P. Partsch bearbeitet.

— dasselbe. 4. Bd. Mit 85 lith. Taf. gr. 4. (479 S.) Ebd. 870. n. 90. —

Hörnes, M., die fossilen Mollusken des Tertiärbeckens von Wien. 2. Bd. Bivalven. Nach dem Tode des Verfassers beendigt von A. Em. Reuss.

— dasselbe. 5. Bd. Mit 43 lith. Taf. gr. 4. (257 S.) Ebd. 871—873. n. 65. —

Bunzel, E., die Reptilfauna d. Gosauformation in d. neuen Welt bei Wiener-Neustadt. Mit 8 Taf. (18 S.) n. 9. —
Neumayr, M., die Cephalopodenfauna der Oolithe v. Balin bei Krakau. Mit 7 Taf. (36 S.) n. 8. —
Laube, G. C., die Echinoiden der österr.-ungar. oberen Tertiärablagerungen. Mit 4 Taf. (20 S.) n. 5. —
Kornhuber, A., über einen neuen fossilen Saurier aus Lesina. Mit 2 Taf. (16 S.) n. 4. —
Redtenbacher, A., die Cephalopodenfauna der Gosauschichten in d. nordöstl. Alpen. Mit 9 Taf. (50 S.) n. 11. —
Neumayr, M., die Fauna der Schichten mit Aspidoceras acanthicum. Mit 13 Taf. (117 S.) n. 28 —

— dasselbe. 6. Bd. Mit 70 lith. Taf. gr. 4. (VII, 174 S.) Ebd. 873—875. n. 100. —

Mojsisovics, E. v., das Gebirge um Hallstatt. I. Theil. Die Mollusken-Faunen d. Zlambach- u. Hallstätter Schichten 1. Hft. (Orthoceras, Nautilus, Lytoceras, Phylloceras, Pinacoceras, Sageceras u. zum Theil Arcestes.) Mit 32 Taf. (VII, S. 1—82.) n. 40. —
— dasselbe. I. Theil, 2. Hft. (Arcestes, Didymites, Lobites.) Mit 38 Taf. (S. 83—174.) n. 60. —

Abhandlungen d. k. k. geologischen Reichsanstalt. 7. Bd. Mit 38 lith. Taf. gr. 4. (353 S.) Wien 874—882 (Hölder.) n. 109. 60

Alth, A. v., über die paläozoischen Gebilde Podoliens u. deren Versteinerungen. 1. Abth. Mit 5 Taf. (79 S.) n. 18. —
Mojsisovics, E. v., über die triadischen Pelecypoden-Gattungen Daonella u. Halobia. Mit 5 Taf. (38 S.) n. 12. —
Neumayr, M., u. C. M. Paul, die Congerien- u. Paludinenschichten Slavoniens u. deren Fauna. Mit 10 Taf (112 S.) n. 30. —
Vacek, M., über österreichische Mastodonten u. ihre Beziehungen zu den Mastodonarten Europas. Mit 7 Doppeltaf (47 S.) n. 24. —
Neumayr, M., zur Kenntniss der Fauna des untersten Lias in den Nordalpen. Mit 7 Taf. (46 S.) n. 16. —
Hilber, V., neue u. wenig bekannte Conchylien aus dem ostgalizischen Miocän. Mit 4 Taf. (34 S.) n. 9. 60

— dasselbe. 8. Bd. Mit 44 lith. (5 einfachen, 39 Doppel-) Tafeln, 63 Holzschn. u. Zinkographien u. 3 Tafeln in Farbendruck. gr. 4. Ebd. 875—877. n. 136. —

Beiträge zur Kenntniss der Flora der Vorwelt. Bd. 1. Heft 1. Stur, D., die Culmflora des mährisch-schlesischen Dachschiefers. Mit 17 Tafeln u. 4 Holzschn. (VI, 106 S.) n. 56. —
— Heft 2. — die Culmflora der Ostrauer und Waldenburger Schichten. Mit 27 Tafeln, 59 Zinkographien u. 3 Tafeln in Farbendruck. (XXII, XIV, 366 S.) n. 80. —

— dasselbe. 9. Bd. Mit 20 Tafeln u. zahlr. Abbildgn. im Texte. gr. 4. (XIII, 420 S.) Ebd. 877. n. 72. —

Karrer, F., Geologie der Kaiser Franz Josefs-Hochquellen-Wasserleitung.

— dasselbe. 10. Bd. Mit 94 lith. Tafeln. gr. 4. (X, 322 S.) Ebd. 882. n. 140. —

Mojsisovics, E. v., die Cephalopoden der mediterranen Triasprovinz.

— dasselbe. 11. Bd., 1. Abth. Mit 49 Doppeltafeln u. 48 Zinkotypien. gr. 4. (418 S.) Ebd. 885. n. 120. —

Beiträge zur Kenntniss der Flora d. Vorwelt. Bd. 2, Abth. 1: Stur, D., die Carbonflora d. Schatzlarer Schichten. Abth. 1. Die Farne der Carbonflora der Schatzlarer Schichten.

— dasselbe. 11. Bd., 2. Abth. Mit 1 vierfachen Tafel u. 25 Doppeltafeln, nebst 43 Zinkotypien. gr. 4. (240 S.) Ebd. 887. n. 100. —

Beiträge zur Kenntniss der Flora d. Vorwelt. Bd. 2, Abth. 2: Stur, D., die Carbonflora d. Schatzlarer Schichten. Abth. 2. Die Calamarien der Carbonflora der Schatzlarer Schichten.

— dasselbe. 12. Bd. Mit 29 Tafeln. gr. 4. (286 S.) Ebd. 886. n. 70. —

Tausch, L., über die Fauna der nicht marinen Ablagerungen der oberen Kreide des Csingerthales bei Ajka im Bakony u. über einige Conchylien der Gosaumergel von Aigen bei Salzburg. Mit 3 Tafeln. (32 S.) n. 6. —
Stur, D., Beitrag zur Kenntniss der Flora des Kalktuffes u. der Kalktuff-Breccie v. Hötting b Innsbruck. Mit 2 Tafeln. (24 S.) n. 6. —
Vacek, M., über die Fauna der Oolithe von Cap San Vigilio. Mit 20 Tafeln. (156 S.) n. 41. —
Geyer, G., über die liasischen Cephalopoden d. Hierlatz b. Hallstadt. Mit 4 Tafeln. (75 S.) n. 11. —
Bd. 12 gelangte mit vorstehendem Inhalt neu zur Ausgabe, die von 1879—1882 als 12. Bd. publ. ersten 3 Hefte von „Hoernes, R. u. M. Auinger, die Gasteropoden" wurden aus den „Abhandlungen" ausgeschieden u. als selbstständ. Werk weiter geführt.

— dasselbe. 13. Bd., 1. Heft. Mit 1 geolog. Uebersichtskarte u. 8 lith. Taf. gr. 4. (170 S.) Ebd. 889. n. 32. —

Stache, G., die liburnische Stufe u. deren Grenzhorizonte. Eine Studie über die Schichtenfolgen d. cretacisch-eocänen oder protocänen Landbildungsperiode im Bereiche d. Küstenländer v. Oesterreich-Ungarn. 1. Abth. Geologische Uebersicht u. Beschreibung der Faunen- u. Florenreste.

— dasselbe. 14. Bd. Mit 41 Taf. u. zahlr. Zinkotypien im Texte. gr. 4. (VI, 325 S.) Ebd. 890. n. 80. —

Bittner, A., Brachiopoden der alpinen Trias.

— dasselbe. 15. Bd., 1. Heft. Mit 9 lith. Tafeln. gr. 4. (IV, 88 S.) Ebd. 889. n. 24. —

Geyer, G., über die liasischen Brachiopoden des Hierlatz bei Hallstatt.

— dasselbe. 15. Bd., 2. Heft. Mit 9 lith. Taf. gr. 4. (42 S.) Ebd. 890. n. 16. —

Tausch von Gloeckelsthurn, L., zur Kenntniss der Fauna der „Grauen Kalke" der Südalpen.

Abhandlungen der k. k. geologischen Reichsanstalt. Band XV. Heft 3. Inhalt: Friedrich Teller, Ueber den Schädel eines fossilen Dipnoërs ceratodus sturii nov. spec. aus den Schichten der oberen Trias der Nordalpen. Mit vier lithographirten Tafeln und acht Zinkotypien im Text. 4. (38 S.) In Comm. * 5.—

—— dass. — 17. Bd. 1. u. 2. Heft. gr. 4. Ebd. 892. ** 16 —
1. Tausch, L. Über die Bivalvengattung Conchodus und Conchodus Schwageri n. f. aus d. obersten Trias d. Nordalpen. (8 S. m. 3 Taf. u. 2 Zinkotypien.) ** 6 —.
2. Bittner, A. Brachiopoden der alpinen Trias. Nachtrag I. (40 S. m. 4 Taf. u. 2 Zinkotypien.) ** 10 —.
Bd. 13, 15 u. 17 sind noch nicht complet; Bd. 16 ist noch nicht erschienen.

Abhandlungen der k. k. geologischen Reichsanstalt. Bd 1–26.
Wien: 1852–1948: **Staatsdruckerei. 4° 300**

— über Religion u. Sitten, (von Jos. Benz). 8. Linz 792. Haslinger. 1 rf 4 gr R. A. Ebd. 808. 20 gr

Abhandlungen, religionswissenschaftliche. 4. Heft. gr. 8. Leipzig, Leipziger Verlags- u. Kommissionsbuchh. —. 80
Vom Glauben u. Glaubenszwang. Bekenntnisse e. Laien. Von Konr. Maß. (36 S.) (909.)
Die Hefte 1—3 erschienen unter Einzeltiteln.

— v. d. Rost im Getreide. 8. Zürich 758. Orell. 3 gr

— über d. Ruß oder Brand u. andern Mißwachs im Getreide, nebst Angabe derjen. Mittel, durch welche beiden auf d. leichteste u. beste Art abgeholfen werden kann. 2e Aufl. 8. Heilbronn 827. Claß. 5 gr

— v. Sägesprüngen, e. Kinderkrankh. 8. Nürnb. 780. Zeh. 4 gr

Abhandlungen über den Giesshübler Sauerbrunn, die König Otto's Quelle genannt, bei Karlsbad in Böhmen. — Karlsbad 1853: Franieck. Getr. Pag.
Sondert.: 1. Löschner, [Josef Frhr v.]: Der Sauerbrunn von Giesshübl in Böhmen.
Sondert.: 2. Source acidule du Roi Othon I à Giesshübl.
1 [defekt]: Ir 33135. 12: M. med. 3e. 300: 18.480–A.
2. 8. 10 [defekt].
1.3469

— der naturwissensch. Gesellsch. „Saxonia" zu Gross- u. Neuschönau. Redig. v. Lincke. 1. (Heft.) 1851—52. Gross-Schönau 853. (Leipzig, Fr. Fleischer). gr. 8. (4 Bl., IV. 49 S.) n. 7½ ngr

— über d. Schädlichkeit d. Auswendig-Lernens d. Predigten. 8. Berlin 791. Maurersche B. 8 gr

— über d. Schädlichkeit d. Insekten; aus d. Latein. d. K. v. Linné Amoenit. acad. mit Biwalds Vorrede, von K. E. v. Moll. 2 Thle. gr. 8. Salzb. 783. Mayr. 6 gr

— von d. Schädlichkeit d. Verläugnung d. vaterländ. Gesinnung oder d. Patriotismus im Reiche d. Gelehrsamkeit. 4. Wittenb. 767. Zimmermann. 2 gr

— über d. Schicksale u. Verdienste d. servisch. od. razisch. Nation in Ungarn. 8. 791.

— v. d. Schlafe d. Seele nach d. Tode, als Widerleg. d. Abt Seidels Einwürfe vom Seelenschlaf. 2 Stcke. 8. Frankf. a. M. 755. Brönner. 6 gr

— über die vermuthete Schmerzhaftigkeit d. Dekollation rc. 8. Nürnb. 805. Schmiedmer (Rötter). 4 gr

— von d. Schönheiten d. epischen Gedichts dem Noah; (von Eph. M. Wieland). 8. Zürich 753.

Abhandlungen, die im gegenwärtigen Kriege gemachten Schulden zu tilgen. 8°. Wien, Gerold, 1777.

— der Fries'schen Schule v. (E. F.) Apelt, (M. J.) Schleiden, (Osk.) Schlömilch u. (Ed. Osk.) Schmid. 1. Hft. I. Ueber den Unterschied zwischen Anschauung u. Denken. (Von Fries.) II. Untersuchungen über die Philosophie u. Physik der Alten. (Von Apelt.) III. Die Richtigkeit der Dogmatik. (Von Apelt.) gr. 8. (174 S.) Leipzig 848, W. Engelmann. n. 11/12 rß

— Dies. 2. Hft. I. Erwiederung auf Ritters Recension d. 1. Hfts. (Von Apelt.) II. Die Sphärentheorie des Eudoxus u. Aristoteles. (Von Apelt.) III. Die Entdeckung von Amerika. (Von Apelt.) IV. Bemerkungen über F. H. Jacobi u. seine Lehre. (Von Apelt.) V. Metaphysische Betrachtungen üb. die Welt. (Von Apelt.) VI. Swedenborg u. der Aberglaube. (Von Schleiden.) VII. Die Infusionsthiere und die sich bewegenden Pflanzenkeime. (Von Schmidt.) VIII. Das gute klare Recht der Freunde der anthropolog. Vernunftkritik. (Von Frdr. Francke.) gr. 8. (197 S.) Ebend. 849. n. 1 rß (1. u. 2. n. 1 11/12 rß)

Abhandlungen der Fries'schen Schule. Neue Folge. Hrsg. v. Gerh. Hessenberg, Karl Kaiser u. Leonard Nelson. 1. Bd. (4 Hfte.) (XII, IV, 778 S.) gr. 8. Göttingen 904—906. Vandenhoeck & Ruprecht. n. 16. —; Einzelpr. 1 u. 2 à n. 4. 80; 3 n. 2. 40 u. 4 n. 7. 60

— der Fries'schen Schule. Neue Folge. Hrsg. v. Gerh. Hessenberg, Karl Kaiser u. Leonard Nelson. II. Bd. 4 Hefte u. III. Bd. 1.—3. Heft. gr. 8. Göttingen, Vandenhoeck & Ruprecht. Subskr.-Pr. 29.80; Einzelpr. 35. 80
II. (IV, 850 S.) 907. 08. 17. — bezw. 20.80
III. 1—3 (582 S. m. 1 Taf.) 909. 10. 12.80 bezw. 15. —

Sechs Abhandlungen verschiedenen Inhalts. — Kiel 1910. 44 S. (Astronomische Abhandlungen. 17.)
1: 4° Oh 1810–17. 12: 4° Astr. U. 0t–17. 4. 5. 7. 8. 10.
1.3471

Abhandlungen, 6 kleine theologische. Lpzg. 1768. 8.

6 russ. Abhandlungen a. d. J 1882—88, über Desinfektionsmittel.

— des deutschen Seefischerei-Vereins. Hrsg. v. deutschen Seefischerei-Ver I Bd. M. 26 Fig. im Text u. 9 Sep.-Taf. Imp.-4. (V, 98 S.) Berlin 897. O. Salle. n. 10. —

Abhandlungen des deutschen Seefischerei-Vereins. Hrsg. v. deutschen Seefischerei-Ver. II. Bd. 1. u. 2. Hft. Imp. 4. Ebd 898. n. 35. —
1.—2. Naturgeschichte des Herings. Von Frdr. Heincke. I. Tl. D. Lokalformen u. die Wandergn. d. Herings i. d. europ. Meeren. M. 26 Taf. u. zahlr. Tabellen. 2 Bde. (CXXXVI, 128 u. XII, 223 S.)

— dasselbe. III. Bd. Imp. 4. Ebd. 898. n. 8. —
Z. Bakteriologie u. Chemie d. Heringslake. Von C. Wehmer. M. 1 lith. Taf. Ueb. d. Zeesenfischerei i. Stralsunder Revier. Von Paulus Schiemenz. M. 1 Skizze d. Insel Rügen u. 6 Abb. i. Text, sow. 2 Sep.-Taf. (V, 103 S.)

— des deutschen Seefischerei-Vereins. Hrsg. vom deutschen Seefischerei-Verein. 4.—7. Bd. Berlin, O. Sallé. n. 32. —
4. Die gegenwärtige Eismeer-Fischerei u. der Walfang. Von Mor. Lindeman. (VII, 134 S.) Imp.-4 899. n. 8. —
5. Garneelenfischerei, die, an der oldenburg. u. preuss. Küste bis zum Dollart. In 6 Berichten. Hrsg. v. Henking. Mit 8 Lichtdr.-Taf., 1 schwarzen Sep.-Taf., sowie 15 Fig. u. 1 Karte im Text. (VII, 80 S.) Imp.-4. 900. n. 8. —
6. Die Seefischerei Norwegens. Berichte von W. Decker, F. Heincke u. H. Henking, als Mitgliedern e. nach Norwegen entsandten deutschen Kommission. Mit 20 Taf. in Lichtdr. u. zahlr. Abbildgn. im Text. Lex.-8. (IX, 182 S.) 901. n. 8. —
7. Ostsee-Expedition, die, 1901 des deutschen Seefischerei-Vereins. Mit Berichten v. Heidrich, Reibisch, Apstein, Schiemenz. Mit 1 gr. Karte, 4 Textkarten, 28 Tab. u. e. Anzahl Abbildgn. im Text. (VII, VIII, 284 S.) 902. n. 8. —
Bd. 1—3. Ebd. 897–898. n. 53. —.

— des deutschen Seefischerei-Vereins. Hrsg. vom deutschen Seefischerei-Verein. 8. Bd. Lex.-8. Berlin 906. O. Salle. n. 8. —
Die Einführung v. Motor u. Schernetz in die deutsche Segelfischerei. Bericht üb. die Motoren-Versuche des deutschen Seefischerei-Vereins auf Nordsee-Fischerfahrzeugen u. Beschreibg. der Fischerei-Betriebe. Von H. O. Lübbert. Mit 1 Karte der deutschen Bucht, 16 Taf. Zeichngn., 1 Titelbilde, 72 Abbildgn. u. vielen Tabellen. (XIV, 174 S.)
Bd. 1—7. Ebd. 897–902. n. 85. —.

— des deutschen Seefischerei-Vereins. Hrsg. vom deutschen Seefischerei-Verein. Bd. VIII a u. IX—XI. Lex. 8. Berlin, O. Salle. 28. —
VIII a. Die Einführung des Motors in die deutsche Segelfischerei. Berichte üb. die Versuche des deutschen Seefischerei-Vereins m. Motor-Fischkuttern u. Motorbooten in der Ostsee. Von Siebolds u. Block. Mit 14 Abbildgn. im Text u. e. Ausschnitt a. der deutschen Admiralitäts-Karte Nr. 136, Fischereikarte des mittleren Teils der Ostsee. (VII, 138 S.) 907. 8. —
IX. Die Fischerei an der Westküste Süd-Afrikas. Bericht üb. Untersuchgn. an der deutsch-s-w-afrikan. Küste u. am Kap der guten Hoffng., der Kolonialabteilg. des auswärt. Amts erstattet. Von Leonh. Schultze. Mit 12 Taf. (VI, 57 S.) 907. 4. —

X. Austernkultur u. Austernfischerei in Nord-Amerika. Ergebnisse e. Studienreise nach den Vereinigten Staaten. Von H. Henking. Mit 50 Abbildgn. im Text, 16 Separattaf. u. 3 Karten (XVII, 186 S.) 907. 8. —
XI. Festschrift. 25 Jahre im Dienste der deutschen Seefischerei. Ein Rückblick a. d. Tätigkeit d. deutschen Seefischerei-Vereins, v. H. Henking. — Die Seefischerschulen des deutschen Seefischerei-Vereins. — Die Samariterkurse des deutschen Seefischerei-Vereins. (VIII, 216 S. m. 1 farb. Karte.) 910. 8. —
Bd. I—VIII. Ebd. 897—906. 93. —

— des archäologisch-epigraphischen Seminars der k. k. Franzens-Universität Graz. 1. Stück. gr. 8. Wien, C. W. Stern. n. 1. 50
1. Vier Kapitel vom Thanatos. Über die Darstellg. des Todes in der griech. Kunst. Ein archäolog. Versuch. Von Herm Ubell. (66 S.) 903. n. 1. 50

Abhandlungen des archäologisch-epigraphischen Seminars der Universität Wien. [Hrsg.: O. Benndorf u. C. Hirschfeld; sp. u. E. Bormann.] H. 1–14.
Wien: Gerold (sp. Prag: T. Tempsky, G. Freytag u. a.) 1880–1903. 8° 18

— des archäologisch-epigraphischen Seminars der Universität Wien, hrsg. v. O. Benndorf u. O. Hirschfeld. I—III. gr. 8. Wien 880—82. Gerold's Sohn. n. 18. —
I. Die Geburt der Athena v. Rob. Schneider. Mit 7 (1 rad. u. 6 Holzschn.-)Taf. (46 S.) n. 3. 60
II. Die Reisen d. Kaisers Hadrian v. Jul. Dürr. (III, 124 S. m. 1 Tab.) n. 4. 80
III. De Romanorum tribuum origine ac propagatione. Disservit Wilh. Kubitschek. Mit 2 (lith.) Karten (in 4.) (VII, 214 S.) n. 9. 60

— des archäologisch-epigraphischen Seminares der Universität Wien, hrsg. v. O. Benndorf u. O. Hirschfeld. IV., V. u. VI. 1. Thl. gr. 8. Wien, Gerold's Sohn. n. 15. 80 (I–VI, 1.: n. 33. 80)
IV. Untersuchungen zur griechischen Künstlergeschichte v. Eman. Loewy. (III, 117 S.) 883. n. 4. 80
V. Die Fahnen im römischen Heere von Alfr. v. Domaszewsky. Mit 100 Abbildgn. (80 S.) 885. n. 5. —
VI. 1. Beiträge zur Geschichte der altgriechischen Tracht v. Frz. Studniczka. Mit 46 Abbildgn. im Text. (VIII, 143 S.) 886. n. 6. —

— des archäologisch-epigraphischen Seminares der Universität Wien, hrsg. v. O. Benndorf u. E. Bormann. VII. gr. 8. Wien 889. Gerold's Sohn. n. 5. —
Die Grabgedichte der griechischen Anthologie v. Rud. Weisshäupl (VI, 112 S.)

— dasselbe. VIII. gr. 8. Wien u. Prag 889. Tempsky. — Leipzig, Freytag. n. 7. 80
Griechische Weihgeschenke v. Emil Reisch. (VIII, 153 S. m. 14 Abbildgn.)

— des archäologisch-epigraphischen Seminars der Universität Wien. Hrsg. v. O. Benndorf u. E. Bormann. 9. u. 10. Hft. gr. 8. Prag, F. Tempsky. — Leipzig, G. Freytag. n. 16. —
9. Das capitolinische Verzeichnis der römischen Triumphe. Mit Ergänzgn. veröffentlicht v. Geo. Schön. (VI, 96 S. m. 26 Abbildgn.) 893 n. 6. —
10. Die Reisen des Pausanias in Griechenland. Von Rud. Heberdey. (V, 116 S. m. 2 Karten.) 894. n. 10. —

— dasselbe. 11. Hft. gr. 8. Wien 894. A. Hölder. n. 5. —
Über homerische Waffen. Archäologische Untersuchgn. v. Wolfg. Reichel. (151 S. m. 55 Abbildgn.)

— des archäologisch-epigraphischen Seminars d. Universität Wien, hrsg. v. O. Benndorf u. E. Bormann. XII. u. XIII. Hft. gr. 8. Wien, A. Hölder. à n. 6. —
XII. Üb. antike Turngeräthe. Von Jul. Jüthner. (101 S. m. 75 Abb.) 896.
XIII. D. Inschriften u. Münzen d. griech. Städte Dalmatiens. Von Jos. Brunšmid. (IX, 86 S. m. Abb. u. 7 Lichtdr.-Taf.) 898.

— des archäologisch-epigraphischen Seminars der Universität Wien. Hrsg. v. E. Bormann u. E. Reisch. XIV. Hft. (Neue Folge, 1. Hft.) Lex.-8. Wien, A. Hölder. n. 5. 20
Der Ohrschmuck d. Griechen u. Etrusker. Von Karl Hadaczek. Mit 157 Abbildgn. (VII, 84 S.) 903.

Abhandlungen d. kriminalistischen Seminars.
Früher u. d. T.: Abhandlungen d. kriminalist. Seminars zu Marburg.

— des geographischen Seminars der Landes-Lehrerakademie in Wien. gr. 8. Wien 910. F. Deuticke. 2. 50
Studien z. Heimatkunde v. Niederösterreich. Ergebnisse e. Studienreise. Von A. Becker. (III, 125 S. m. Abbildgn.) 910.

— des kriminalistischen Seminars. Hrsg. v. Frz. v. Liszt. 2. Bd. 2 Hfte. gr. 8. Berlin 890. Guttentag. Subscr.-Pr. n. 7. —; Einzelpr. n. 10. —
1. Der strafrechtliche Schutz des Rechtsguts der Pietät. Von G. Crusen. (XVI, 105 S.) Subscr.-Pr. n. 2. 50; Einzelpr. n. 4.
2. Welche Strafmittel können an die Stelle der kurzzeitigen Freiheitsstrafe gesetzt werden? Von E. Rosenfeld. (XII, 249 S.) Subscr.-Pr. n. 4. 50; Einzelpr. n. 6. —

— des kriminalistischen Seminars. Hrsg. von Frz. v. Liszt. 3. Bd. 1.—4. Hft. gr. 8. Berlin, J. Guttentag. n. 10. —
1. Der Rückfall. Eine kriminalpolit. u. dogmat. Untersuchg. Von J. Sacker. 1. Tl. (X, 114 S.) 892. n. 3. —
2. Der strafrechtliche Schutz der Eisenbahnen im Deutschen Reiche. Von Walt. Loock. (V, 104 S.) 893. n. 3 —
3. Der sogenannte Futterdiebstahl nach deutschem Recht. Von Arth. Schwarze. (VIII, 73 S.) 893. n. 2. 50
4. Das Verhältnis zwischen der Defraudation der Zölle u. Verbrauchssteuern u. dem Betruge nach deutschem Reichsrecht. Von Wilh. Honemann. (III, V, 44 S.) 894. n. 1. 50

— des kriminalistischen Seminars. Hrsg. von Frz. v. Liszt. 4. Bd. 1. Hft. gr. 8. Berlin 895. J. Guttentag n. 1. 50
1. Wasser-Diebstahl. Von Walther v. Hippel. (VI, 45 S.)

— des kriminalistischen Seminars an der Universität Berlin. Hrsg vom Frz. v. Liszt. Neue Folge. I. Bd. 1.—5. Hft. gr. 8. Berlin, J. Guttentag. n. 13. 70
1. Die Straflosigkeit der actio liberia in causa. Von Rich. Katzenstein. (XVI, 273 S.) 901. n. 7. —
2. Getreidepreise u. Kriminalität in Deutschland seit 1882. Von Herm. Berg. (49 S. m. 1 Tab.) 902. n. 1. 50
3. Die Lehre v. der adäquaten Verursachung. Von Gust. Radbruch. (V, 84 S.) 902. n. 2. —
4. Die Stellung der Busse im reichsrechtlichen System des Immaterialgüterschutzes. Von Alex. Graf zu Dohna. (VI, 69 S.) 902. n. 2. —
5. Der Begriff des Zuhälters im Reichsstrafgesetzbuch. Von Sally Jaffa. (V, 27 S.) 902. n. 1. 20

Abhandlungen des kriminalistischen Seminars an der Universität Berlin. Hrsg. von Frz. v. Liszt. Neue Folge. II. Bd. 5 Hfte. III. Bd. IV. Bd. 3 Hfte. u. V. Bd. 1. u. 2. Hft. gr. 8. Berlin, J. Guttentag. n. 29. 60
Blau, Bruno, kriminalistische Untersuchung der Kreise Marienwerder u. Thorn. Zugleich ein Beitrag zur Methodik kriminalstat. Untersuchgn. (67 S.) 903. (II. Bd. 2. Hft.) n. 2. —
Brütt, Lor., das Koalitionsrecht der Arbeiter in Deutschland u. seine Reformbedürftigkeit. (63 S.) 903. (II. Bd. 4. Hft.) n. 1. 80
Delaquis, Ernst, der untaugliche Versuch. Ein Beitrag zur Reform der Strafgesetzgebg. (XXXI, 344 S.) 904. (III. Bd.) n. 7. 50
Dochow, Frz., die Kriminalität im Amtsbez. Heidelberg. (59 S.) 906. (V. Bd. 1. Hft.) n. 1. 50
Friedlaender, Eug., d. strafrechtl. Schutz d. Geschäfts- u. Betriebsgeheimnisses, s.: Rosenfeld, E.
Genzmer, Fel., der Begriff des Wirkens. Ein Beitrag zur strafrechtl. Kausalitätslehre. — Woldemann, Walt., die Ursachen der Kriminalität im Herzogt. Sachsen-Meiningen (65 S.) 903. (II. Bd. 1. Hft.) n. 2. —
Haegor, W., die Stellung des § 49a im System des Reichsstrafgesetzbuchs. (III, 86 S.) 903. (II. Bd. 5. Hft.) n. 2. —
Kantorowicz, U., Goblers Karolinen-Kommentar u. seine Nachfolger. Geschichte e. Buches. (72 S.) 904. (IV. Bd. 1. Hft.) n. 1. 80
Lehmann, Walt., zur Reform des Reichsstrafgesetzbuches (allgemeiner Tl.). Berichte üb. die Literatur der Jahre 1902—1904. Im Auftrage der kriminalpolit. Sektion des kriminalist. Seminars der Universität zu Berlin hrsg. (143 S.) 905. (IV. Bd. 3. Hft.) n. 3. 60

— über die Vermögensstrafen des römischen Rechts. Eine rechtshistor. Studie. (64 S.) 904. (IV. Bd. 2. Hft.) n. 1. 50
Philipsborn, Alex., die Klassifikation der einzelnen strafbaren Handlungen. (143 S.) 906. (V. Bd. 2. Hft.) n. 3. —
Rosenfeld, Ernst, Strafrechtspflege insbesondere Gefängniswesen in Ceylon. — Friedlaender, Eug., der strafrechtliche Schutz des Geschäfts- u. Betriebsgeheimnisses. (116 S.) 903. (II. Bd. 3. Hft.) n. 3. —
Weidemann, Walt., d. Ursachen d. Kriminalität in Sachsen-Meiningen, s.: Genzmer, F.
I. Bd. Ebd. 901. 902. n. 13. 70.

— d. kriminalistischen Seminars an d. Universität Berlin. Hrsg. von Frz. v. Liszt. Neue Folge. V. Bd. 3. u. 4. Heft u. VI. Bd. 1.—3. Hft. gr. 8. Berlin, J. Guttentag. 20. —
V. 3. Die symptomat. Bedeutg. des verbrecherischen Verhaltens. Ein Beitrag zur Wertungslehre im Strafrecht. Von Ottok. Tesař. (XV, 276 S.) 907. 6. —
4. Die Grundbegriffe des Pressrechts. Eine Studie zur Einführg. in die pressrechtl. Probleme. Von Demetr. Gusti. (VIII, 131 S.) 908. 3. 50
VI. 1. Die Majestätsbeleidigung im geltenden deutsch. Strafgesetz. (Strafgesetzbuch vom 26. II. 1876 — Gesetz vom 17. II. 1908). Von Siegfr. Bleeck. (VI, 88 S.) 909. 2. 50
2. Die Chantage. Ein Beitrag z. Reform der Strafgesetzgebg. Von Jos. Reinhold. (X, 118 S.) 909. 3. —
3. Die Lehre v. der Erpressung nach deutschem Recht. Von Horst Kollmann. (V, 214 S.) 910. 5. —

Abhandlungen des kriminalistischen Seminars zu Marburg. [Hrsg.: Franz v. Liszt.] Bd 1–4,1. Freiburg i. Br.: Mohr (sp. Berlin: J. Guttentag) 1888/89–1895. 8° **1a**

— des kriminalistischen Seminars zu Marburg. Hrsg. v. Frz. v. Liszt. 1. Bd. 4 Hfte. gr. 8. Freiburg i/Br. 888. 889. Mohr.
Subscr.-Pr. n. 8. —; Einzelpr. n. 11. —
1. Der italienische Strafgesetzentwurf v. 1887 [Entwurf Zanardelli]. I. Buch. Allgemeiner Teil. Kritisch besprochen v. Frz. v. Liszt. (X, 49 S.) Subscr.-Pr. n. 1. —; Einzelpr. n. n. 1. 60
2. Das Delikt gegen die Kriegsmacht d. Staats nach § 329 Reichs-Strafgesetzbuch. Von Lass. (V, 76 S.) Subscr.-Pr. n. 1. 60; Einzelpr. n. n. 2. 60
3. Die korrektionelle Nachhaft. Von Rob. v. Hippel. (III, 124 S.) Subscr.-Pr. n. 2. 40; Einzelpr. n. 3. —
4. Die Binding'sche Schuldlehre. Ein Beitrag zu ihrer Widerlegung. Von H. Heinemann. (V, 147 S.) Subscr.-Pr. n. 3. —; Einzelpr. n. 4. —

Forts. u. d. T.: Abhandlungen d. kriminalist. Seminars

— des staatswissenschaftlichen Seminars z. Jena, hrsg. v. J. Piersdorff. I. Bd. 1.—4. Hft. gr. 8. Jena, G. Fischer. n. 21. 50
1. Holland u. sein deutsches Hinterland in ihrem gegenseit. Warenverkehr, m. besond. Berücksicht. der holländisch. Haupthäfen, seit der Mitte des 19. Jahrh. Eine handelsstatist. Studie. Von Pet. Stubmann. (X, 130 S.) 901. n. 2. 50
2. Minimallohn u. Arbeiterbeamtentum. Von Ernst Klien. (VIII, 232 S.) 902. n. 6. —
3. Studien üb. den deutschen Brot-Getreidehandel in den J. 1880—1889, insbesondere üb. den Einfluss der Staffeltarife u. d. Aufhebg. des Identitätsnachweises. Von Herm. Haller. (V, 144 S) 902. n. 4. —
4. Landwirtschaftliche Reinertrags-Berechnungen bei Klein-, Mittel- u. Grossbetrieb, dargelegt an typ. Beispielen Mittelthüringens. Von Leo Huschke. (VI, 184 S.) 902. n. 4. 50
5. Der Kampf um die Weinverbesserg. im deutsch. Reiche. Ein Beitrag z. Wirtschaftsgeschichte d. Gegenwart, nebst e. Produktionsstatistik d. deutschen Weinbaues. Von Fritz Wichmann. (X, 202 S.) 902. n. 4. 50

— des staatswissenschaftlichen Seminars zu Jena, hrsg. v. J. Pierstorff. I. Bd. 6. Hft.; II. Bd. 4 Hfte. u. III. Bd. 1.—4. Hft. gr. 8. Jena, G. Fischer. n. 34. 50
Becker, Max, der argentinische Weizen im Weltmarkte. Eine volks- u. weltwirtschaftl. Studie. (XVIII, 276 S.) 903. (I. Bd. 6. Hft.) n. 6. —
Boelcke, M., die Entwicklung d. Finanzen im Grossherzogt. Sachsen-Weimar von 1851 bis zur Gegenwart. Finanzwissenschaftliche Studie. (VIII, 105 S.) 906. (III. Bd. 1. Hft.) n. 4. —
Christoph, Frz., die ländlichen Gemeingüter (Allmenden) in Preussen. (VI, 118 S.) 906. (III. Bd. 2. Hft.) n. 3. —
Hauser, R., die deutschen Überseebanken. (V, 97 S.) 906. (III. Bd. 4. Hft.) n. 3. —
Hermes, A., der Teilbau in Frankreich. (IX, 262 S.) 907. (II. Bd. 4. Hft.) n. 7. —
Hess, Walt., einfache u. höhere Arbeit. Eine sozialpolit. Untersuchg. zum Arbeitsvertrag des bürgerl. Gesetzbuches. (XI, 77 S.) 905. (I. Bd. 2. Hft.) n. 2. —
Klutmann, Alex., die Haubergswirtschaft. Ihr Wesen, ihre geschichtl. Entwicklg. u. ihre Reformbedürftigkeit. Auf Grund der Verhältnisse im Kreise Olpe i. W. dargestellt. (VIII, 114 S.) 905. (II. Bd. 1. Hft.) n. 3. —
Lochmüller, W., zur Entwicklung der Baumwollindustrie in Deutschland. Mit 3 Kurven im Text. (VII, 127 S.) 906. (III Bd. 3 Hft.) n. 3. 50
Trescher, Erich, die Entwickelung des Steuerwesens im Herzogt. Sachsen-Gotha. (VII, 112 S.) 906. (II. Bd. 3. Hft.) n. 3. —

— des staatswissenschaftlichen Seminars zu Jena, hrsg. v. J. Pierstorff. IV. Bd. 3 Hfte., V. Bd. 2 Hfte., VI. Bd. 3 Hfte., VII. u. VIII. Bd. à 4 Hfte. u. IX. Bd. 1. u. 2. Hft. gr. 8. Jena, G. Fischer. 66. 80
Bauch, Fritz, die Rechtsform der Kartelle. (VII, 87 S.) 908. (VII. Bd. 1. Hft.) 2. —
Bode, Karl, Agrarverfassg. u. Agrarvererbung in Marsch u. Geest. Dargetan an Hand der Verhältnisse in den hannoverschen Unterelbekreisen. (VIII, 83 S. m. 1 Plan.) 910. (VII. Bd. 4. Hft.) 2. 80
Bosse, A., die Förderung des Arbeiterwohnungswesens durch die Landesversicherungsanstalten. (V, 96 S.) 907. (IV. Bd. 1. Hft.) 2. 50
Brinkmann, Thdr., die dänische Landwirtschaft. Die Entwicklg. ihrer Produktion seit d. Auftreten d. internationalen Konkurrenz u. ihre Anpassg. an den Weltmarkt vermittels genossenschaftl. Organisation. Mit 2 Taf. (IX, 197 S.) 908. (VI. Bd. 1. Hft.) 5. —
Bursian, Alex., die Häuser- u. Hüttensteuer in Deutsch-Ostafrika. (VIII, 77 S. m. 2 Tab.) 910. (VIII. Bd. 2. Hft.) 2. 50
Oostabell, Otto, die Entwickl. d. Finanzen im Herzogt. Sachsen-Meiningen von 1831 bis zur Gegenw. (XI, 153 S.) 908. (VI. Bd. 2. Hft.) 3. —
Haupt, Hans, die Erfurter Kunst- u. Handelsgärtnerei, in ihrer geschichtlichen Entwickelung u. wirtschaftl. Bedeutung dargestellt. (VII, 205 S.) 908. (V. Bd. 1. Hft.) 5. —
Hermes, Fr., Finanzierung u. Rentabilität deutscher Strassenbahnen. (VII, 88 S.) 909. (VII. Bd. 3. Hft.) 2. 50
Karwehl, H., die Entwicklung u. Reform des deutschen Knappschaftswesens. Mit besond. Berücksicht. der preuss. Knappschaftsnovelle vom 19. VI. 1906. (XIV, 164 S.) 907. (IV. Bd. 2. Hft.) 4. 50
Kurth, Herm., die Lage des Kaffeemarktes u. die Kaffeevalorisation. (III, VIII, 162 S. m. 1 Tab.) 909. (VI. Bd. 8. Hft.) 4. —
Laeisz, Walt., Technik u. Wirtschaftlichkeit im Schiffahrtsbetriebe. (VII, 101 S.) 910. (IX. Bd. 2. Hft.) 3. —
Lins, Wilh., die thüringischen Eisenbahn-Verhältnisse, in ihrer geschichtl. Entwicklung u. gegenwärt. Lage dargestellt. Mit Fr. Lists Diplom u. e. Brieffksm. im Anh. (VIII, 119 u. IV S. m. 2 Tab.) 910. (VIII. Bd. 1. Hft.) 2. 50
Paquet, Alfons, das Ausstellungsproblem in der Volkswirtschaft. (III, XVI, 353 S. m. 1 eingedr. Plan.) 908. (V. Bd. 2. Hft.) 9. —
Rehe, Carl, die deutsche Schuhgrossindustrie. (VIII, 110 S.) 908. (VII. Bd. 2. Hft.) 3. —
Stiller, Walth., der Verein f. Handlungs-Commis v. 1858, kaufmänn. Verein in Hamburg. Seine Geschichte u. seine Tätigkeit auf d. Gebiete kaufmänn. Standesfragen. Ein Beitrag zur Geschichte der Privatbeamtenbewegg. (VIII, 290 S.) 910. (IX. Bd. 1. Hft.) 6. —
Wagner, Curt, Konserven u. Konservenindustrie in Deutschland. M. e. Anh.: Upton Sinclairs „The jungle". (VII, 113 S.) 907. (IV. Bd. 3. Hft.) 3. —
Winter, Carl, die deutsche Fischkonserven-Industrie. (III, VIII, 118 S.) 909. (VII. Bd. 4. Hft.) 3. —
Zeine, Paul, die staatliche Pensions- u. Hinterbliebenen-Versicherung der Privatangestellten. (XIV, 123 S.) 910. (VIII. Bd. 3. Hft.) 3. 50

— aus dem staatswissenschaftlichen Seminar zu Münster i. W. Unter Mitwirkg. von Leo v. Savigny u. Jos. Schmöle hrsg. von Max v. Heckel. 1.—3. Hft. gr. 8. Leipzig, C. L. Hirschfeld. n. 13. 80

1. Der Staat u. die Hypothekenbanken in Preussen. Von Carl Fränken. (IV, 88 S.) 904. n. 2. 40
2. Der Rückgang der Hand-Leinwandindustrie des Münsterlandes. Von Carl Biller. (IV, 169 S.) 906. n. 4. 80
3. Die Einwirkung der Arbeiterversicherungsgesetze auf die Knappschaftsvereine u. ihre Einrichtungen. Mit besond. Berücksicht. der Knappschaftsvereine im Ruhrkohlenbezirke. Von Herm. Halbach. (IV, 234 S.) 906. n. 6. 60

Abhandlungen aus d. staatswissenschaftlichen Seminar zu Münster i. W. Unter Mitwirkg. von Leo v. Savigny u. Jos. Schmöle hrsg. von Max v. Heckel. 4.—10. Hft. gr. 8. Leipzig, C. L. Hirschfeld. 31. 80

Duncker, Max, die neueren Zechenstillegungen an der Ruhr. (V, 206 S. m. 1 farb. Karte.) 907. (Hft. 4.) 6. —
Grewe, Jos., das Braugewerbe der Stadt Münster bis zum Ende der fürstbischöfl. Herrschaft im J. 1802. Mit besond. Berücksicht. seiner Besteuerg. (V, 95 S.) 907. (Hft. 5.) 2. 60
Hilgert, gt. Lenfert, Ant., die Finanzen der Stadt Münster i. W. von 1816—1908. (X, 211 S.) 910. (Hft. 9.) 5. 20
Knapmann, Karl, das Eisen- u. Stahldrahtgewerbe in Altena bis z. Einführung d. Gewerbefreiheit. Ein Beitrag zur Vorgeschichte d. Kartelle. (VI, 105 S.) 907. (Hft. 7.) 2. 60
Koch, P. Fr., das öffentl. Meliorationswesen in Preussen. Ein Überblick m. besond. Würdigg. d. Erfolge in Westf. Nach amtl. Quellen. (VIII, 212 S.) 910. (Hft. 10.) 5. 40
Lübbering, Heinr., das Finanzwesen des Prov.-Verbandes Westfalen. (VIII, 176 S.) 909. (Hft. 8.) 4. —
Schlotter, Pet., die ländliche Arbeiterfrage in d. Prov. Westfalen. (V, XII, 216 S. m. 4 Taf.) 907. (Hft. 6.) 6. —
Hft. 1—3. Ebd. 904—06. 13. 80

Abhandlungen aus dem staatswissenschaftlichen Seminar zu Strassburg i. E. [Hrsg.: Georg Friedrich Knapp und Ludwig Brentano; sp. Werner Wittich.] II. 1–34.
Strassburg i. E.: K. J. Trübner; sp. Berlin: Vereinigung wissenschaftlicher Verleger; sp. de Gruyter 1896–1918. 8°

— aus dem staatswissenschaftlichen Seminar zu Strassburg Hrsg. v. G. F. Knapp u. L. Brentano. 1—3. Hft. gr. 8. Strassburg 886. Trübner. n. 11. —

1. Die bäuerlichen Verhältnisse im Elsass, durch Schilderg. dreier Dörfer erläutert v. A. Hertzog. (X, 180 S.) n. 1. -
2. Die Lage der Hausweber im Weilerthal v. Karl Kaerger. (VII, 192 S.) n. 4. —
3. Die holländische Kolonialwirthschaft in den Battaländern v. C. W. Janssen. Mit 2 Karten. (XI, 112 S.) n. 3. —

— aus dem staatswissenschaftlichen Seminar zu Strassburg i. E. Hrsg. v. G. F. Knapp u. L. Brentano. 4.—7. Hft. gr. 8. Strassburg 887—890. Trübner's Verl. n. 26. 50

4. Die oberelsässische Baumwollenindustrie u. ihre Arbeiter, auf Grund der Thatsachen dargestellt v. H. Herkner. (XVII, 411 S.) 887. n. 8. —
5. Die Entstehung d. Agrarschutzes in England. Ein Versuch v. R. Faber. (VII, 173 S.) 888. n. 3. 50
6. Der Untergang d. Bauernstandes u. das Aufkommen der Gutsherrschaften. Nach archival. Quellen aus Neu-Vorpommern u. Rügen v. C. J. Fuchs. (XI, 377 S.) 888.
7. Gutsherr u. Bauer in Livland im 17. u. 18. Jahrh. Von A. v. Transehe-Roseneck. (XII, 265 S. m. 3 Karten.) n. 7. —

Abhandlungen aus dem staatswissenschaftlichen Seminar zu Strassburg i/E. Hrsg. v. G. F. Knapp. 8.—13. Hft. gr. 8. Strassburg i/E., K. J. Trübner's Verl. n. 32. —

8. Innere Colonisation im Nordwesten Deutschlands. Von Alfr. Hugenberg. (XII, 531 S. m. 1. farb. Karte.) 891. n. 10. —
9. Bauer u. Gutsherr in Kursachsen. Schilderung der ländlichen Wirtschaft u. Verfassg. im 16., 17. u. 18. Jahrh. Von Frdr. Johs. Haun. (XI, 221 S.) 892. n. 6. —
10. Die Grund-Entlastung in Bayern. Wirthschaftsgeschichtl. Versuch v. Sebast. Hausmann. (IX, 164 S.) 892. n. 3. 50
11. Der Nicaragua-Kanal. Geschichte u. Beurteilg. d. Projekts v. Lindley M. Keasbey. (XII, 109 S. m. 1 farb. Karte.) 893. n. 3. 50
12. Die Folgen des deutsch-österreichischen Münz-Vereins v. 1857. Ein Beitrag zur Geld- u. Währungs-Theorie. Von Karl Helfferich. (X, 131 S.) 894. n. 4. —
13. Die Regulierung der Elbschiffahrt 1819—1821. Von Mart. Kriele. (XV, 187 S.) 891. n. 5. —

— a. d. staatswissenschaftlichen Seminar zu Strassburg i/E. Hrsg. v. G. F. Knapp 14.—17. Hft. gr. 8 Strassburg, K. J. Trübner, Verl. n 21. 50

14. D. Arbeits- u. Wirtschaftsverhältn. d. Einzelsticker i. d. Nordostschweiz u. Vorarlberg. Von Alfr. Swaine. (X, 160 S.) 895. n. 4. 50
15. Englands Übergang z. Goldwährung i. 18. Jahrh. Von Phpp. Kalkmann. (VII, 140 S.) 895. n. 4. —
16. D. badische Bauer i. 18. Jahrh. Von Thdr. Ludwig. (XI, 211 S.) 896. n. 6. —
17. D. Befreiung d. Leibeigenen (Mainmortables) i. Savoyen, d. Schweiz u. Lothringen. Von Paul Darmstädter. (X, 265 S.) 897. n. 7. —

Abhandlungen aus dem staatswissenschaftlichen Seminar z. Strassburg i. E. Hrsg. v. G. F. Knapp. 18. Hft. gr. 8. Strassburg, K. J. Trübner. n. 8. —

18. Die Feldgemeinschaft. Eine morpholog. Untersuchung. Von Alex. A. Tschuprow. (XI, 304 S.) 902.

Abhandlungen aus dem staatswissenschaftlichen Seminar zu Strassburg i. E. Hrsg. v. G. F. Knapp u. W. Wittich. 19.—21. Hft. gr. 8. Strassburg, K. J. Trübner. n. 18. 50

19. Geschichte der schlesischen Agrarverfassung. Von Günt. Dessmann (X, 261 S.) '04. n. 7. —
20. Die soziale Gliederung der Bayern zur Zeit des Volksrechtes. Von Frz. Gutmann. (XII, 330 S.) 906. n. 8. —
21. Geschichte der Baumwollindustrie in Russland vor der Bauernemanzipation. Von Wilh. Hammerschmidt. Mit 1 Karte. (XIV, 124 S.) 906. n. 3. 50

— aus dem staatswissenschaftlichen Seminar zu Strassburg i. E. Hrsg. v. G. F. Knapp u. W. Wittich. 22.—26. Heft. gr. 8. Strassburg, K. J. Trübner. 21. —

Blaum, Kurt, das Geldwesen der Schweiz seit 1798. (IX, 176 S.) 908. (Hft. 24.) 4. 50
Mauer, Herm., das landschaftl. Kreditwesen Preussens, agrargeschichtl. u. volkswirtschaftl. betrachtet. Ein Beitrag zur Geschichte der Bodenkreditpolitik d. Preuss. Staates. (VIII, 206 S.) 907. (Hft. 22.) 5. 50
Scheffler, Johs., das Geldwesen d. Vereinigten Staaten v. Amerika im 19. Jahrh. vom Standpunkte des Staates. Im Überblick dargestellt. (X, 123 S.) 908. (Hft. 25.) 3. 50
Singer, Kurt, die Motive der indischen Geldreform. (VI, 114 S.) 910. (Hft. 26.) 3 —
Soltau, Otto, die französischen Kolonialbanken. (XIII, 160 S.) 907. (Hft. 23.) 4. 50

Separat-abdruck Natur- . . . liche Abhandlungen . . . Zool. Bot. Vereins in Wien. Wien, 1856 8°

— separate, des Vereins f. Naturkunde an der Unterweser. I. gr. 8. Bremerhaven, v. Vangerow'sche Buchh. 1. 50

I. Ueber die Mäuseplage im Gebiet zwischen Ems u. Elbe u. ihre Verhinderung. Auf Grund d. Ergebnisse der v. Verein f. Naturkunde a. d. Unterweser im J. 1899 angest. Mäuse-Enquête. Von G. A. Poppe. (VIII, 67 S.) 902. 1. 50

— separate, des Vereins f. Naturkunde an der Unterweser II, s.: Schriften usw.

— sieben, über Einreden nach d. Theorie des preuß. Rechtes u. Prozesses. (Von C. L. Müller in Naumburg.) gr. 8. Lpz. 836. Pönicke u. Sohn. 3/8 ₰

Abhandlungen, Sieben kleine, eines Ungenannten. [1779]. V: *Bücking, Johann Jacob Heinrich.* (MGT)

Sieben Abhandlungen über Sparofen und Heerde. München und a. O., 1799 und 1800.

— von Sitz- u. Stimmenrecht d. Krone Böhmen. 4. Wien 769. Krauß. 4 gr

— skeptische, üb. wicht. Gegenstände d. menschl. Erkenntniß. 16 St. 8. Marb. 789. Krieger. 8 gr

— d. liefländ. gemeinnütz. u. ökon. Societät, d. Landwirthschaft in Liefland betreffend. (Herausg. v. G. F. v. Parrot u. W. Chr. Friebe). 5 Bde, m. Kpf. gr. 8. Riga 801—805. Hartmann. 5 ₰ 22 gr

Abhandlungen d. liefländischen gemeinnützigen u. ökonomischen Societät. Hauptsächlich die Landwirthschaft in Liefland betreffend. Bd. (1: »Th «) 1-5 (Bd. 2 i Stück 1-2). Riga, 5 u. Leipz. 1802-08.

— der medic. Societät in Paris, herausg. v. Lindemann. 12 Bde. Ist jetzt Verlag v. Reimer in Berlin

— d. ökon. Societät z. Wet. f. Abh. d. Gesellsch.

Abhandlungen der physikalisch-medicinischen Societät zu Erlangen. Frankf. a. M. 1810—1812. H: *Harless, Joh. Christi. Friedrich & F. Harles.* (EngM) (MGT)

Abhandlungen der physikalisch-medizinischen Societät in Erlangen. Bd 1. 2. Frankfurt a. M.: Wilmanns (Bd 2: Nürnberg: Schrag) 1810–12. 4°
(Bd 2 auch u. d. T.: Neue Denkschriften der physik.-medizin. Societät, Bd 1.

Abhandlungen über den Speichel von C. Ludwig, E. Becher u. C. Rahn. (1851.) Hrsg. von M[ax] von Frey. — Leipzig: Engelmann 1890. 44 S. (Ostwald's Klassiker d. exakten Wissenschaften. 18.)
1:Lf 23200-18. 12:Var. 354t-18. 2. 3. 4. 5. 6. 8. 9. 10. 83. 85.
1 3473

Abhandlungen zur geologischen Specialkarte von Elsass-Lothringen. Bd 1–5, N. F. 1–6. Straßburg: Schultze und Co (sp. Strassburger Druckerei und Verlagsanstalt) 1875–1905. 8°

— zur geologischen Specialkarte v. Elsass-Lothringen. 1. Bd. 1. Hft. Lex.-8. Strassburg 875. Schultz & Co. n. 3. 25
Einleitende Bemerkungen üb. die neue geologische Landes-Aufnahme v. Elsass-Lothringen. Verzeichniss der mineralog. u. geolog. Litteratur, zusammengestellt v. E. W. Benecke u. H. Rosenbusch. (XXI, 77 S.)

— zur geologischen Specialkarte v. Elsass-Lothringen. 1. Bd. 2—4. Hft. Lex.-8. Strassburg 877. Schultz u. Co. n. 34. 20. (1. Bd. cplt.: n. 37. 45)
2. Die Steiger Schiefer u. ihre Contactzone an den Graniten v. Barr-Andlau u. Hohwald, v. H. Rosenbusch. Mit e. geolog. Kartenskizze u. 2 lith. Taf. (XXVII — XXIX u. S. 79—393.) n. 12. 40
3. Das Gneiss-Gebiet v. Markirch im Ober-Elsass. Von P. Groth. Mit e. geolog. (chromolith.) Kartenskizze u. 2 (lith.) Profilen (1 Bl. in qu. Fol.) (S. 395—489). n. 5. —
4. Ueber die Trias in Elsass-Lothringen u. Luxemburg. Von E. W. Benecke. Mit 2 geolog. (lith. u. color.) Kartenskizzen u. 7 lith. Taf. (VIII u. S. 491—829 m. 7 Bl. Tafelerklärgn.) n. 16. 80

Abhandlungen zur geologischen Specialkarte von Elsass-Lothringen. Ergänzungsheft zu Bd. I. Lex.-8. Strassburg 887. Strassburger Druckerei u. Verlagsanstalt. n. 3. —
Geologische u. mineralogische Literatur üb. Elsass-Lothringen. Nachtrag zu dem „Verzeichniss der mineralog. u. geolog. Litteratur üb. die Reichslande Elsass-Lothringen, zusammengestellt v. E. W. Benecke u. H. Rosenbusch, Strassburg 1875" u. Fortsetzg. desselben bis einschliesslich 1886. Von E. Schumacher. (VI, 73 S.)

— dasselbe. 2. Bd. 1. Hft. Lex.-8. Ebd. 879. n. 6. — (I. u. II. 1.: n. 43. 45)
Der untere Dogger Deutsch-Lothringens v. W. Branco. Mit 10 lith. Taf. (gr. 4. m. 10 Bl. Tafelerklärgn. in Mappe). (VI, 160 S.)

— zur geologischen Spezialkarte v. Elsass-Lothringen. 2. Bd. 2. u. 3. Hft. 3. Bd. 1. Hft. u. 4. Bd. 1. u. 2. Hft. Lex.-8. Strassburg, Schultz & Co. n. 36. 40 (I—II. 3. III. 1. u. IV. 1 u. 2.: n. 61. 80)
II 2. Die Brachiopoden d. Juraformation v. Elsass-Lothringen v. Hippolyt Haas u. Camille Petri. Mit 18 lith. Taf. u. 3 Zinkogr. (in Mappe.) (XIV u. S. 161—320). 882. n. 12. 80
3. Ein Beitrag zur Kenntniss der Elsässer Tertiärs. Von A. Andrae. Mit (e. Atlas v.) 12 lith. Taf., 2 Kartenskizzen u. 10 Zink. (in Mappe.) (VII, 331 S.) 884. n. 10. 60
III. 1. Geognostisch-petrograph. Beschreibg. d. Grauwackengebietes v. Weiler bei Weissenburg v. G. Linck. Mit 1 geolog. (chromolith.) Kartenskizze u. m. Profilen. (71 S.) Beitrag zur Kenntniss d. Culm in den südlichen Vogesen v. G. Meyer. Mit e. (lith.) Kartenskizze u. m. (lith.) Profilen. (S. 73—102). 884. n. 5. —
IV. 1. Die Foraminiferenfauna d. Zone d. Stephanoceras Humphriesianum im Unter-Elsass v. W. Deecke. Mit 2 (lith.) Taf. (68 S. m. 2 Bl. Erklärgn.) 886. n. 3. —
2. Der Diluvialsand v. Hangenbieten im Unter-Elsass, s. geol. u. palaeontolog. Verhältnisse u. Vergleich seiner Fauna m. der recenten Fauna d. Elsass v. A. Andreae. Mit 2 phot. Taf., e. (lith.) Profil u. 5 Zinkogr. (91 S.) 881. n. 5. —

— zur geologischen Specialkarte v. Elsass-Lothringen. 3. Bd. 2.—4. Hft.; 4. Bd. 3.—5. Hft. Lex.-8. Strassburg, Strassburger Druckerei u. Verlagsanstalt. n. 32. — (I—III, 4 u. IV, 1—5.: n. 94. 40)
III. 2. Beitrag zur Kenntniss der Labradorporphyre der Vogesen. Von A. Osann. (S. 87—134 m. 2 Zinkogr. u. 1 Lichtdr.-Taf.) 887. n. 3. —
3. Das obere Weilerthal u. das zunächst angrenzende Gebirge. Von E. Cohen. Mit e. geolog. Karte. (S. 137 bis 271.) 889. n. 6. —
Die Selachier aus dem oberen Muschelkalk Lothringens. Von Otto Jaekel. (S. 273—332 m. 4 Lichtdr.-Taf. u. 4 Bl. Erklärgn.) 889. n. 4. —
IV. 3. Die Glossophoren d. Terrain à Chailles der Pfirt. Von A. Andreae. Mit 1 photogr. Taf. u. 5 Zinkogr. (45 S.) 887. n. 3. —
4. Die Fauna d. Bathonien im oberrheinischen Tieflande. Von A. Osk. Schlippe. Mit 8 Taf. in Lichtdr. u. 9 Zinkogr. (VI, 267 S m. 8 Bl. Erklärgn.) 888. n. 12. —
5. Die Korallen d. Doggers v. Elsass-Lothringen. Von G. Meyer. Mit 6 lith. Taf. (VI, 44 S. m. 6 Bl. Erklärgn.) 888. n. 4. —

— zur geologischen Specialkarte v. Elsass-Lothringen. 3. Bd. 5. Hft. Lex.-8. Strassburg i/E. 891. Strassburger Druckerei u. Verlagsanstalt. n. 11. — (3. Bd. kplt.: n. 18. —)
Die Insekten d. „Plattigen Steinmergels" v. Brunstatt. Von B. Förster. (V u. S. 333—594 m. 6 Lichtdr.-Taf. u. 6 Bl. Erklärgn.)

— dasselbe. 5. Bd. 1. u. 2. Hft. Lex.-8. Ebd. n. 8. —
1. Mittheilungen üb. den Kalkspath v. Elsass-Lothringen. Von F. Stöber. (62 S. m. 4 lith. Taf.) 892. n. 4. —
2. Die obere Abtheilung des unteren Lias in Deutsch-Lothringen. Von J. A. Stuber. (VI, 107 S.) 893. n. 4. —

— zur geologischen Specialkarte v. Elsass-Lothringen. V. Bd. 3.—6. Hft. Lex.-8. Strassburg 895—97. Strassburger Druckerei u. Verlagsanstalt. n. 29. — (1—6.: n. 37. —)
3. Beitr. z. Kenntn. d. Tertiärflora d. Ober-Elsass. D. Oligocänflora d. Umgegend v. Mülhausen i/E. Von C. Lakowitz. (XIII, 169 S. m. 9 Lichtdr.-Taf. u. 9 Bl. Erklärgn.) n. 9. —
4. Das fossilführ. Untercarbon am östl. Rossbergmassiv i. d. Südvogesen. I. Einleitg., Beschreibg. d. Brachiopoden-Fauna. Von A. Tornquist. (150 S. m. 3 Lichtdr.-Taf. u. 3 Bl. Erklärgn.) n. 7. —
5. Dasselbe. II. Beschreibg. d. Lamellibranchiaten-Fauna. (181 S. m. 1 Fig. u. 3 Lichtdr.-Taf.) n. 9. —
6. Dasselbe. III. Beschreibg. d. Echiniden-Fauna. (71 S. m. 3 Lichtdr.-Taf. u. 3 Bl. Erklärgn.) n. 4. —
(I—III.: n. 20. —)

— zur geologischen Specialkarte v. Elsass-Lothring. Neue Folge. 1.—5. Hft. Lex.-8. Strassburg, Strassburger Druckerei u. Verlagsanstalt. n.n. 45.—
1. Beitrag z. Kenntniss d. Jura i. Deutsch-Lothringen. Von E. W. Benecke. Mit 7 Taf. Versteinergn., e. Landschaft u. 2 in den Text gedr. Fig. (V, 97 S. m. 8 Bl. Erklärgn.) 898. n. 7.—
2. Beiträge zur Kenntniss der Gastropoden d. süddeutsch. Muschelkalkes. Von E. Koken. (49 S. m. 6 Taf. u. 6 Bl. Erklärgn.) 899. n. 4.—
3. Die diluviale Wirbeltierfauna v. Vöklinshofen (Ob.-Elsass). 1. Tl. Raubtiere u. Wiederkäuer m. Ausnahme d. Rinder. Von Gfr. Hagmann. (136 S. m. 3 Fig., 7 Lichtdr.-Taf. u. 10 Tab.) 899. n. 9.—
4. Beiträge zur Kenntniss des lothringischen Kohlengebirges. Von E. Liebheim. Mit e. Atlas v. 7 Taf. (in qu. gr. Fol.). (V, 292 S.) 900. n. 14.—
5. Die Jurensisschichten des Elsass. Von Wern. Janensch. Mit 12 Taf. u. 13 Zeichngn. im Text. (151 S. m. 12 Bl. Erklärgn.) 902. n. 11.—

— zur geologischen Spezialkarte v. Elsass-Lothringen. Neue Folge. 6. Heft. Lex.-8. Strassburg 905. Strassburger Druckerei u. Verlagsanstalt. n. 40.—
Die Versteinerungen der Eisenerzformation v. Deutsch-Lothringen u. Luxemburg. Von E. W. Benecke. Mit e. Atlas v. 59 Taf. (598 S. u. 59 Bl. Erklärgn.)
N. F. 1.—5. Hft. Ebd. 898—902. n. 45.—.

Abhandlungen zur geologischen Specialkarte von Preussen und den Thüringischen Staaten. Bd 1, H. 1–10.

Berlin: Neumann, (sp. Parey, sp. Schropp) 1872–1892. 4° 18

Ⅽ Forts. in: Abhandlungen der kgl. preussischen geologischen Landesanstalt. N. F. 1. 1889ff.

Abhandlungen zur geologischen Specialkarte von Preussen und benachbarten Bundesstaaten.

Band 1, Heft 1: **Eck** (H.), Rüdersdorf und Umgegend. Eine geognostische Monographie. Berlin 1872. 8. Mit Karten und Profilen in Mappe. — In 6 Exemplaren.
„ 1, „ 2: **Schmid** (E. E.), Ueber den Keuper des östlichen Thüringens. Berlin 1874. 8. — In 4 Exemplaren.
„ 1, „ 3: **Laspeyres** (H.), Geognostische Darstellung des Steinkohlengebiets und Rothliegenden in der Gegend nördlich von Halle a. S. Berlin 1875. 8. Mit 1 Karte und 1 Profiltafel. In 4 Exemplaren.
„ 1, „ 4: **Meyn** (L.), Geognostische Beschreibung der Insel Sylt und ihrer Umgebung, nebst Karte. Berlin 1876. 8. Desgl. ein 2. Exemplar.
„ 2, „ 1: **Weiss** (Ch. E.), Steinkohlen-Calamarien mit besonderer Berücksichtigung ihrer Fructificationen. Berlin 1876. 8. Mit Atlas in Fol. — Desgl. ein 2. Exemplar.
„ 2, „ 2: **Orth** (A.), Rüdersdorf und Umgegend. Auf geognostischer Grundlage agronomisch bearbeitet, nebst 1 geogn.-agronom. Karte. Berlin 1877. 8. — Desgl. ein 2. Exemplar.
„ 2, „ 3. **Berendt** (G.), Der Nordwesten Berlins. Berlin 1878. 8.
„ 2, „ 4: **Kayser** (E.), Die Fauna der ältesten Devon-Ablagerungen des Harzes. Berlin 1878. 8. Mit Atlas.
„ 3, „ 1: **Weiss** (Ch. E.), Die Flora des Rothliegenden von Wünschendorf bei Lauban i. Schl. Berlin 1879. 8. Mit Atlas. — Desgl. ein 2. Exemplar.
„ 3, „ 2: **Lauffer** (E.) und **Wahnschaffe** (F.), Untersuchungen des Bodens der Umgebung von Berlin. Berlin 1881. 8. — Desgl. ein 2. Exemplar.
„ 3, „ 3: **Meyn** (L.), Die Bodenverhältnisse der Provinz Schleswig-Holstein. Als Erläuterung zu der dazu gehörigen Geolog. Uebersichtskarte von Schleswig-Holstein. Mit Anmerkungen und dem Lebensabriss des Verfassers von G. Berendt. Berlin 1882. 8. — Desgl. ein 2. Exemplar.
„ 3, „ 4: **Schütze** (A.). Geognostische Darstellung des Niederschlesisch-Böhmischen Steinkohlenbeckens. Berlin 1882. 8. Mit Atlas. Desgl. ein 2. Exemplar.
„ 4, „ 1: **Schlüter** (Cl.), Die regulären Echiniden der norddeutschen Kreide. I. Glyphostoma (Latistellata). Berlin 1883. 8. — Desgl. ein 2. Exemplar.
„ 4, „ 2: **Koch** (C.), Monographie der Homalonotus-Arten des Rheinischen Unterdevon. Nebst einem Bildniss von C. Koch und einem Lebensabriss desselben von H. von Dechen. Berlin 1883. 8. Mit Atlas. In 2 Exemplaren.
„ 4, „ 3: **Friedrich** (P.), Beiträge zur Kenntniss der Tertiärflora der Provinz Sachsen. Mit Atlas. Berlin 1883. 8. In 2 Exempl.
Band 4, Heft 4: **Speyer** (O.), Die Bivalven der Casseler Tertiär-Bildungen. 31 Tafeln Abbildungen mit einem Vorwort und Tafel-Erklärungen von A. v. Koenen. Berlin 1848. Atlas Fol. (ohne Text). — In 2 Exemplaren.
„ 5, „ 1: **Römer** (H.), Die geologischen Verhältnisse der Stadt Hildesheim. Berlin 1883. 8. Mit Karte.
„ 5, „ 2: **Weiss** (Ch. E.), Beiträge zur foss. Flora III. Steinkohlen-Calamarien II. Berlin 1884. 8. Mit Atlas.
„ 5, „ 3: **Laufer** (E.), Die Werderschen Weinberge. Eine Studie zur Kenntniss des märkischen Bodens. Berlin 1884. 8. Mit Karte.
„ 5, „ 4: **Liebe** (K. Th.), Uebersicht über den Schichtenaufbau Ostthüringens. Berlin 1884. 8. Mit 2 Karten.
„ 6, „ 1: **Beushausen** (L.), Beiträge zur Kenntniss des Oberharzer Spiriferensandsteins und seiner Fauna. Berlin 1884. 8. Mit Atlas.
„ 6, „ 2: **Blanckenhorn** (M.), Die Trias am Nordrande der Eifel zwischen Commern, Zülpich und dem Roerthale. Berlin 1885. 8. Mit Karte.
„ 6, „ 3: **Noetling** (F.), Die Fauna des samländischen Tertiärs. Theil 1: Lief. 1, 2, 6. Berlin 1885. 8. Mit Atlas.
„ 6, „ 4: ——— Die Fauna des samländischen Tertiärs. Theil 2: Lief. 3, 4, 5. Berlin 1888. 8. Mit Atlas.
„ 7, „ 1: **Wahnschaffe** (F.), Die Quartärbildungen der Umgegend von Magdeburg mit besonderer Berücksichtigung der Börde. Berlin 1885. 8. Mit Karte.
„ 7, „ 2: **Berendt** (G.), Die bisherigen Aufschlüsse des märkisch-pommerschen Tertiärs und ihre Uebereinstimmung mit den Tiefbohrergebnissen dieser Gegend. Berlin 1886. 8.
„ 7, „ 3: **Felix** (J.), Untersuchungen über den inneren Bau westfälischer Carbonpflanzen. — **Weiss** (E.), Die Sigillarien der preussischen Steinkohlengebiete. I. Die Gruppe der Favularien. — **Potonié** (H.), Aus der Anatomie lebender Pteridophyten und von Cycas revoluta. Berlin 1886—87. 8. Mit zusammen 21 Tafeln.
„ 7, „ 4: **Branco** (W.), Beiträge zur Kenntniss der Gattung Lepidotus. Berlin 1887. 8. Mit Atlas.
„ 8, „ 1: **Berendt** (G.) und **Dames** (W.), Geognostische Beschreibung der Umgegend von Berlin. Berlin 1885. 8. Zur Erläuterung der geolog. Uebersichtskarte der Umgegend von Berlin 1 : 100000. Mit Karte.
„ 8, „ 2: **Denckmann** (A.), Ueber die geognostischen Verhältnisse der Umgegend von Dörnten nördlich Goslar. Berlin 1887. 8. Mit Atlas.
„ 8, „ 3: **Frech** (Fr.), Geologie der Umgegend von Haiger bei Dillenburg (Nassau). Nebst einem palaeontologischen Anhang. Berlin 1888. 8. Mit Karte.
„ 8, „ 4: **Schlüter** (Cl.), Anthozoen des rheinischen Mittel-Devon. Berlin 1889. 8. Mit 16 lith. Tafeln. In 3 Exemplaren.
Band 9, Heft 1: **Ebert** (Th.), Echiniden des Nord- und Mitteldeutschen Oligocäns. Berlin 1889. 8. Mit Atlas. In 3 Exemplaren.
„ 9, „ 2: **Caspari** (R.), Einige fossile Hölzer Preussens. Nach dem handschriftlichen Nachlasse des Verfassers bearbeitet von R. Triebel. Berlin 1889. 8. Mit Atlas. In 3 Exemplaren.
„ 9, „ 3: **Frech** (F.), Die devonischen Aviculiden Deutschlands. Berlin 1891. 8. Mit Atlas. In 3 Exemplaren.
„ 9, „ 4: **Kinkelin** (F.), Die Tertiär- und Diluvial-Bildungen des Untermainthales, der Wetterau und des Südabhanges des Taunus. Berlin 1892. 8. Mit 2 geolog. Uebersichtskärtchen und 12 Abbildungen im Text.
„ 10, „ 1: **Koenen** (A. v.), Das Norddeutsche Unter-Oligocän und seine Mollusken-Fauna. Lief. I: Strombidae, Muricidae, Buccinidae. Berlin 1889. 8. Mit 23 Tafeln. In 3 Exemplaren.
„ 10, „ 2: ——— Das Norddeutsche Unter-Oligocän und seine Mollusken-Fauna. Lief. II: Conidae, Volutidae, Cypraeidae. Berlin 1890. 8. Mit 16 Tafeln. In 3 Exemplaren.
„ 10, „ 3: ——— Das Norddeutsche Unter-Oligocän und seine Mollusken-Fauna. Lief. III: Naticidae, Pyramidellidae, Eulimidae, Cerithidae, Turritellidae. Berlin 1891. 8. Mit 13 Tafeln. In 3 Exemplaren.
„ 10, „ 4: ——— Das Norddeutsche Unter-Oligocän und seine Mollusken-Fauna. Lief. IV: Rissoidae, Littorinidae, Turbinidae, Haliotidae, Fissurellidae, Calyptraeidae, Patellidae etc. Berlin 1892. 8. Mit 10 Tafeln. In 3 Exemplaren.
„ 10, „ 5: ——— Das Norddeutsche Unter-Oligocän und seine Mollusken-Fauna. Lief. V: 5. Pelecypoda. I. Asiphonida. A. Monomyaria. B. Heteromyaria. C. Homomyaria. II. Siphonida. A. Integropalliata. Berlin 1893. 8. Nebst 24 Tafeln. In 3 Exemplaren.
„ 10, „ 6: ——— Das Norddeutsche Unter-Oligocän und seine Mollusken-Fauna. 5. Pelecypoda. II. Siphonida. B. Sinupalliata. 6. Brachiopoda. Revision der Mollusken-Fauna des Samländ. Tertiärs. Berlin 1894. 8. Nebst 13 Tafeln. In 3 Exemplaren.
„ 10, „ 7: ——— Das Norddeutsche Unter-Oligocän und seine Mollusken-Fauna. Nachtrag. Schlussbemerkungen und Register. Berlin 1894. 8. Nebst 2 Tafeln. In 3 Exemplaren.

Abhandlungen zur geologischen Specialkarte von Preussen und benachbarten Bundesstaaten.

Neue Folge.

Heft 1. **Kayser** (E.). Die Fauna des Hauptquarzits und der Zorger Schiefer des Unterharzes. Berlin 1889. 8. Mit 24 Tafeln. In 3 Exemplaren.

„ 2 **Weiss** (E.), Die Sigillarien der Preussischen Steinkohlen- und Rothliegenden-Gebiete. II. Die Gruppe der Subsigillarien. (Beiträge V.) Nach dem handschriftlichen Nachlasse des Verfassers vollendet von T. **Sterzel**. Berlin 1893. 8. Mit Atlas. In 3 Exemplaren.

Heft 3: **Beissel** (Ignaz), Die Foraminiferen der Aachener Kreide. Berlin 1891. 8. Nebst einem Atlas mit 16 Tafeln. In 3 Exemplaren.

„ 5: **Schlüter** (Clemens), Die regulären Echiniden der norddeutschen Kreide. Berlin 1883—92. 8. Mit 21 Tafeln. In 3 Exemplaren.

„ 6: **Eck** (H.), Geognostische Beschreibung der Gegend von Baden-Baden, Rothenfels, Gernsbach und Herrenalb. Berlin 1892. 8. Mit einer geognostischen Karte. In 3 Exemplaren.

„ 7: **Uthemann** (A.), Die Braunkohlen-Lagerstätten am Meissner, am Hirschberg und am Stellberg. Berlin 1892. 8. Mit 3 Tafeln und 10 Textfiguren. In 3 Exemplaren.

„ 8: **Reinach** (A. v.), Das Rothliegende in der Wetterau und sein Anschluss an das Saar-Nahegebiet. Berlin 1892. 8. In drei Exemplaren.

„ 9: **Potonié** (H.), Die Flora des Rothliegenden von Thüringen. (Bildet Theil II des Gesammtwerkes: Ueber das Rothliegende des Thüringer Waldes.) Berlin 1893. 8. Mit 34 Tafeln. In 3 Exemplaren.

„ 10: **Beyschlag** (F.) und **Fritsch** (K. v.), Das jüngere Steinkohlengebirge und das Rothliegende in der Provinz Sachsen und den angrenzenden Gebieten. Berlin 1900. 8. In 3 Exemplaren.

„ 11: **Wölfer** (Th.), Die geologische Specialkarte und die landwirthschaftliche Bodeneinschätzung. Berlin 1892. 8. In 3 Exemplaren.

„ 12: **Bücking** (H.), Der Nordwestliche Spessart. Berlin 1892. 8. Mit 1 geolog. Karte und 3 Tafeln. In 3 Exemplaren.

„ 13: **Dathe** (E.), Geologische Beschreibung der Umgebung von Salzbrunn. Berlin 1892. 8. Mit 1 geolog. Specialkarte der Umgebung von Salzbrunn, 2 Kartentafeln und 4 Profilen. In 3 Exemplaren.

„ 14: **Keilhack** (K.), Zusammenstellung der Geologischen Schriften und Karten über den ost-elbischen Theil des Königreiches Preussen mit Ausschluss der Provinzen Schlesien und Schleswig-Holstein. Berlin 1893. 8. In 3 Exemplaren.

„ 15: **Holzapfel** (E.), Das Rheinthal von Bingerbrück bis Lahnstein. Berlin 1893. 8. Mit 1 geolog. Uebersichtskarte, 16 Ansichten aus dem Rheinthal und 5 Abbildungen im Text. In 3 Exemplaren.

„ 16: ———— Das Obere Mitteldevon im Rheinischen Gebirge. Berlin 1895. 8. Mit 1 Atlas mit 19 lithogr. Tafeln. In 3 Exemplaren.

„ 17: **Beushausen** (L.), Die Lamellibranchiaten des rheinischen Devon mit Ausschluss der Aviculiden. Berlin 1895. 8. Mit Atlas von 38 Tafeln. In 3 Exemplaren.

„ 19: **Ebert** (Th.), Die stratigraphischen Ergebnisse der neueren Tiefbohrungen im Oberschlesischen Steinkohlengebirge. Berlin 1895. 8. Mit Atlas. In 3 Exemplaren.

„ 20: **Wahnschaffe** (F.), Die Lagerungsverhältnisse des Tertiärs und Quartärs der Gegend von Buckow. Berlin 1894. 8. Mit 4 Tafeln. In 3 Exemplaren.

„ 21: **Potonié** (H.), Die floristische Gliederung des deutschen Carbon und Perm. Berlin 1896. 8. In 3 Exemplaren.

„ 22: **Dathe** (E.), Das Schlesisch-sudetische Erdbeben vom 11. Juni 1895. Berlin 1897. 8. Mit 1 Karte. In 3 Exemplaren.

Heft 23: **Solms-Laubach** (H. Graf zu), Ueber die seinerzeit von Unger beschriebenen strukturbietenden Pflanzenreste von Saalfeld in Thüringen. Berlin 1897. 8. Mit 5 Tafeln. In 3 Exemplaren.

„ 25: **Müller** (G.), Molluskenfauna des Untersenon von Braunschweig und Ilsede. I. Lamellibranchiaten und Glossophoren. Berlin 1898. 8. Mit Atlas von 18 Tafeln In 3 Exemplaren.

„ 26· **Keilhack** (K), **Zimmermann** (E.) und **Michael** (R.), Verzeichniss von auf Deutschland bezüglichen geologischen Schriften- und Karten-Verzeichnissen. Berlin 1897. 8. In 3 Exemplaren.

„ 27: **Wagner** (R.), Beitrag zur genaueren Kenntniss des Muschelkalks bei Jena. Berlin 1897. 8. In 3 Exemplaren.

„ 28: **Berendt** (G.). Der tiefere Untergrund Berlins. Berlin 1897. 8. In 3 Exemplaren.

„ 29: **Burhenne** (H.). Beitrag zur Kenntniss der Fauna der Tentaculitenschiefer im Lahngebiet. Berlin 1899. 8. Mit 5 Tafeln. In 3 Exempl.

„ 30· **Beushausen** (L.), Das Devon des nördlichen Oberharzes mit besonderer Berücksichtigung der Gegend zwischen Zellerfeld und Goslar. Berlin 1900. 8. Mit 1 Karte. In 3 Exemplaren.

„ 31 **Wollemann** (A.), Die Bivalven und Gastropoden des deutschen und holländischen Neocom. Berlin 1900. 8. Mit Atlas von 8 Tafeln. In 3 Exemplaren.

„ 32 **Leppla** (A.). Geologisch-hydrographische Beschreibung des Niederschlagsgebietes der Glatzer Neisse. Berlin 1900. 8. Mit Atlas von 7 Tafeln. In 3 Exemplaren.

„ 33. **Semper**, Beiträge zur Kenntniss der Goldlagerstätten des Siebenbürgischen Erzgebirges. Berlin 1900. 8. In 3 Exemplaren.

— v. d. **Spiesglastinctur**. 8. Jena, Stahl. 768.

— **sprachwissenschaftliche**. Hervorgegangen aus Georg Curtius' grammatischer Gesellschaft zu Leipzig. gr. 8. (175 S.) Leipzig 874. Hirzel. n. 4. —

Sprachwissenschaftliche **Abhandlungen**. Hrsg. v. Prof. Dr. Lukas v. Patrubány. '(Budapest ...)' ... Bd I. H. 1. *Budapest: (Dr. d. Franklin Ver.) 1897.* 8. [97 768, ...]

— v. d. Staate d. hoh. Erzstifts **Salzburg** u. dess. Grundverfass. Fol. Salzburg, Duyle. 778.

Abhandlungen aus dem Teutschen Staats- und Lehnrecht, zur Erläuterung einiger neuen Reichsangelegenheiten. Halle 1757. V: *Steck, Johann Cristoph Wilhelm von.* (ML)

— a. d. Staats- u. Verwaltungsrecht, hrsg. v. Siegfr. Brie. 1. Hft. gr. 8. Breslau 898. M. & H. Marcus. n. 3. 60

1. D. Weg d. Gesetzgebg. in Preussen. Von Max Fleischmann. (VII, 128 S.)

— aus dem Staats- u. Verwaltungsrecht, hrsg. v. Siegfr. Brie. 2.—5 Hft. gr. 8. Breslau, M. & H. Marcus. n. 14. 30

2. Das Recht d. provisorischen Gesetzgebung, in Sonderheit nach preussischem Staatsrecht. Ein Beitrag zur Lehre v. Gesetz u. Verordnung. Von Fel. Glatzer. (X, 112 S.) 899. n. 3. 50
3. Das deutsche Reichsrecht im Verhältnisse z. Landesrechte. Eine geschichtl. u. dogmat. Entwickelg. des Grundsatzes, dass „die Reichsgesetze den Landesgesetzen vorgehen" (R.-V. a. 2), unt. eingeh. Berücksicht. der modern. bürgerl. Gesetzgebg. Von Paul Posener. (X, 165 S.) 900. n. 5. —
4. Dispensationsbegriff u. Dispensationsgewalt auf d. Gebiete des deutschen Staatsrechts. Von Jul. Steinitz. (VIII, 88 S.) 901. n. 2. 60
5. Die staatsrechtl. Besonderheiten der Stellung d. Reichslandes Elsass-Lothringen im deutschen Reiche. Von Geo. Hamburger. (VI, 103 S.) 901. n. 3. 20

Hft. 1. Ebd. 898. n. 3. 60.

— aus dem Staats- u. Verwaltungsrecht, m. Einschluss des Kolonialrechts, hrsg. v. Siegfr. Brie u. Max Fleischmann. 6.—12. Hft. gr. 8 Breslau, M. & H Marcus. n. 19. 60

Bahrfeldt, Max, der Verlust der Staatsangehörigkeit durch Naturalisation u. durch Aufenthalt im Auslande nach geltend. deutschem u. französ. Staatsrechte. (VIII, 64 S.) 903. (Hft. 7.) n. 2. —

Fleischer, Max, die Zuständigkeit des deutschen Bundesrates f. Erledigung v. öffentlichrechtl. Streitigkeiten. (VIII, 120 S.) 904. (Hft. 9.) n. 3. 60

Freund, Ismar, die Regentschaft nach preuss. Staatsrecht unter Berücksicht. des in den übrigen deutschen Bundesstaaten geltenden Rechts. (VII, 108 S. mit 1 Tab.) 903. (Hft. 6.) n. 3. 80

Poser u. Gross-Naedlitz, Vict. v., die rechtliche Stellung der deutschen Schutzgebiete. (VI, 75 S.) 903. (Hft. 8.) n. 2. 40

Riess, Alfons, die Mitwirkung der gesetzgebenden Körperschaften bei Staatsverträgen nach deutschem Staatsrechte. (VI, 100 S.) 904. (Hft. 10.) n. 3. —

Riess, Curt, auswärtige Hoheitsrechte der deutschen Einzelstaaten. (81 S.) 905. (Hft. 11.) n. 2. 40

Wiese, Wilh., Verfassungsänderungen nach Reichsrecht (VII, 77 S.) 906. (Hft. 12.) n. 2. 40

Hft. 1—5 Ebd. 895—901. n. 17. 90. Die Hfte. 6—10 sind v. Brie allein herausgegeben.

— aus dem Staats- u. Verwaltungsrecht, m. Einschluss des Kolonialrechts, hrsg. v. Siegfr. Brie u. Max Fleischmann. 13.—23. Heft. gr. 8. Breslau, M. & H. Marcus. 59. 40

Beckenkamp, Otto, die Kriegskonterbande in der Behandlung des Instituts f. internationales Recht u. nach der Londoner Erklärung üb. das Seekriegsrecht. (VIII, 128 S.) 910. (Hft. 21.) 4. —

Beyer, Bruno, rechtsetzende u. rechtsausführende Gewalt. Eine Untersuchg. (74 S.) 909. (Hft. 19.) 2. 20

Brie, O. Fischer, Fleischmann, Zwangsvollstrckg. gegen fremde Staaten u. Kompetenzkonflikt. Im Anschluss an den Fall Hellfeld. Rechtsgutachten. (VIII, 184 S.) 910. (Hft. 23.) 5. —

Ebers, Godehard Jos., die Lehre vom Staatenbunde. (XXIX, 316 S.) 910. (Hft. 22.) 10. —

Gravenhorst, Geo., der sogenannte Konflikt bei gerichtlicher Verfolgung v. Beamten. (VII, 235 S.) 908. (Hft. 15.) 6. 40
Kiefer, Herm., das Aufsichtsrecht des Reiches üb. die Einzelstaaten (VIII, 167 S.) 909. (Hft. 18.) 5. —
Radlauer, Ernst, finanzielle Selbstverwaltung u. Kommunalverwaltung der Schutzgebiete, auf rechtsvergleich. Grundlage dargestellt. (XVI, 255 S.) 910. (Hft. 20.) 8. —
Rauchhaupt, Fr. W. v., Verfassungsänderungen nach deutschem Landes-Staatsrecht insbes. in Preussen. (VIII, 114 S.) 908. (Hft. 16.) 3. 60
Schreiber, Karl, Beteiligung des Staates an den Volksschullasten in Preussen. (60 S.) 907. (Hft. 13.) 1. 60
Speck, Herm., die finanzrechtl. Beziehungen zwischen Reich u. Staaten. (XX, 231 S.) 908. (Hft. 17.) 7. 20
Walther, Carl, das Staatshaupt in den Republiken. (X, 234 S.) 907. (Hft. 14.) 6. 40
Hft. 1—12. Ebd. 898—906. 37. 50

Abhandlungen aus dem Staats- und Verwaltungsrecht mit Einschluss des Völkerrechts (sp. sowie des Kolonial- und Völkerrechts). [Hrsg.: S. Brie.] H. 1–65.
Breslau: M. u. H. Maruschke 1898–1942. 8°

Abhandlungen aus dem Staats-, Verwaltungs- u. Völkerrecht. Hrsg. v. Philipp Zorn u. Fritz Stier-Somlo. I. Bd. 4 Hfte. gr. 8. Tübingen, J. C. B. Mohr. Subskr.-Pr. n. 8. —; Einzelpreis n. 10. 40
1. Die Entstehung des belgischen Staates u. des Norddeutschen Bundes. Eine staatsrechtl. Studie. Von Heinr. Pohl. (X, 54 S.) 905. n. 1. 60
2. Die Grundrechte. Von Frdr. Giese. (X, 133 S.) 905. n. 3. 60
3. Ueber die Tilgung v. Staatsschulden. Von Konr. Zorn. (VIII, 121 S.) 905. n. 3. 20
4. Die Schutzgebiete, ihre Organisation in Verfassung u. Verwaltung. Von Frz. Florack. (XII, 65 S.) 905. n. 2. —
dasselbe. II. Bd. 4 Hfte. gr. 8. Ebd. Subskr.-Pr n. 8. 80; Einzelpreis n. 10. 60
1. Der alte Reichstag u. der neue Bundesrat. Von Heinr. Reincke. (XIII, 101 S.) 906. n. 2. 80
2. Der Belagerungszustand in Preussen. Von Wilh. Haldy. (XI, 79 S.) 906. n. 2. 40
3. Die Staatsangehörigkeit in den Kolonieen. Von Herbert Hauschild. (XV, 87 S.) 906. n. 2. 40
4. Die Attentatsklausel im deutschen Auslieferungsrecht. Von Wolfg. Mettgenberg. (XII, 114 u. III S.) 906. n. 3. —

Abhandlungen aus dem Staats-, Verwaltungs- u. Völkerrecht. Hrsg. v. Philipp Zorn u. Fritz Stier-Somlo. III.—V. Bd. à 3 Hfte., VI. Bd. 4 Hefte u. VII. Bd. 1.—3. Heft. gr. 8. Tübingen, J. C. B. Mohr. Für d. Band bis 25 Bog. 8. —
Bellardi, Wern., die staatsrechtliche Entlastung nach preussischem u. Reichsstaatsrecht. (VIII, 81 S.) 910. (VII. Bd. 3. Hft.) Subskr.-Pr. 1.80; Einzelpr. 2. 40
Burghartz, Arnold, die Rechtsnatur der Ersatzansprüche im Arbeiterversicherungsrecht. (X, 63 S.) 909. (VI. Bd. 3. Hft.) Einzelpr. 2. —
Dierig, Günth., die Koalitionsfreiheit der Gewerbetreibenden u. gewerblichen Arbeiter. (IX, 62 S.) 909. (VI. Bd. 2. Heft) Einzelpr. 2. —
Esters, Jos., Rechtsbeziehungen zwischen Krankenkassen u. Berufsgenossenschaften nach § 25 des Gewerbe-Unfallversicherungsgesetzes. (X, 144 S.) 9.8. (IV. Bd. 2. Hft.) Einzelpr. 3. 80
Isay, Ernst, die Staatsangehörigkeit der juristischen Personen. (XVI, 224 S.) 907. (III. Bd. 2. Hft.) 6. —
Koch, H., Eingemeindungsrecht u. Polizeiverordnung od. Wie wirkt e. Eingemeindg. auf die Polizeiverordngn. des eingemeindeten Bezirkes? (III, VII, 40 S.) 909. (V. Bd. 3. Hft.) Einzelpr. 1. 20
Leyers, Frz., die Hilfskassen in Gegenwart u. Zukunft. (XII, 199 S.) 908. (IV. Bd. 1. Hft.) 5. —
Richter, Otto, der Reichsfiskus. (III, VIII, 102 S.) 908. (IV. Bd. 3. Hft.) Für Abonnenten 1.60; Einzelpr. 3. —
Sassen, Frz. Jos., das Gesetzgebungs- u. Verordnungsrecht in den deutschen Kolonien. (X, 146 S.) 909. (V. Bd. 2. Hft.) Einzelpr. 3. 60
Scheibke, Alwin, die Frist f. Sanktion u. Publikation v. Gesetzen. (III, XI, 151 S.) 909. (VI. Bd. 4. Hft.) Einzelpr. 4. —
Schunck, Heinr., Grundzüge des Bahnpolizeirechts in Preussen. (VIII, 59 S.) 910. (VII. Bd. 2. Hft.) Subskr.-Pr. 1.40; Einzelpr. 1. 80
Schwenger, Erich, Beschäftigung als Grundlage der Arbeiterversicherungspflicht. (VIII, 59 S.) 910. (VII. Bd. 1. Hft.) Subskr.-Pr. 1.40; Einzelpr. 1. 80
— Die staatsbürgerliche Sonderstellung des deutschen Militärstandes. (VIII, 129 S.) 907. (III. Bd. 1. Hft.) Einzelpr. 4. —
Weber, Otto, die Schiffsgewalt d. Kapitäns u. ihre geschichtl. Grundlagen. (VIII, 81 S.) 907. (III. Bd. 3. Hft.) Einzelpr. 2.20; Nachberechnung für Abonnenten des III. Bds. 1. 40
Wehberg, Hans, das Beuterecht im Land- u. Seekriege. Dargestellt unter besond. Berücksicht. d. modernen Entwicklg. des internationalen Handels. (XII, 135 S.) 909. (VI. Bd. 1. Hft.) Einzelpr. 3. 60
Wenzel, Max, zur Lehre d. vertragsmässigen Elemente d. Reichsverfassung. Eine krit. Studie aus d. Reichsstaatsrecht. (VIII, 176 S.) 909. (V. Bd. 1. Hft.) Einzelpr. 4. 60

— staatsrechtliche. Festgabe f. Paul Laband, zum 50. Jahrestage der Doktor-Promotion dargebracht v. Wilh. van Calker, Fritz Fleiner, Frz. Hauke, Geo. Jellinek, Max Kulisch, Karl Lamp, Jos. Lukas, Otto Mayer, Adolf Menzel, Rob. Piloty, Hugo Preuss, Eduard Rosenthal, Heinr. Rosin, Rich. Schmidt, Walth. Schücking, Fritz Stier-Somlo, Fel. Stoerk, Heinr. Triepel, Ernst Walz, Philipp Zorn. 2 Bde. (VIII, 614 u. IV, 514 S.) gr. 8. Tübingen 908. J. C. B. Mohr. 30. —
Hieraus einzeln:
Calker, Wilh. van, Entstehung, rechtliche Natur u. Umfang des Petitionsrechts nach hess. Staatsrecht. (S. 363—441.) 2. 80
Fleiner, Fritz, Einzelrecht u. öffentliches Interesse. (S. 1—39.) 1. 20
Hauke, Frz., Studien zum österreich. Verwaltungsrechte (S. 429—459.) 1. —
Jellinek, Geo., der Anteil der ersten Kammern an d. Finanzgesetzgebung. (S. 95—126.) 1. —
Kulisch, Max, die rechtl. Stellung der beiden Häuser d. österreich. Reichsrates zur Geschäftsordnung. Eine historisch-dogmat. Studie. (S. 331—366.) 1. 20
Lamp, Karl, die Person des Zollschuldners in d. Zollrechtsgeschichte. (S. 461—532.) 2. 20
Lukas, Jos., zur Lehre vom Willen des Gesetzgebers. Eine dogmengeschichtl. Untersuchg. (S. 397—427.) 1. —
Mayer, Otto, die juristische Person u. ihre Verwertbarkeit im öffentl. Recht. (S. 1—94.) 3. —
Menzel, Adf., zur Lehre v. d. Notverordnung. (S. 367—396.) 1. —
Piloty, Rob., ein Jahrhundert bayerisch. Staatsrecht-Literatur. Historisch-krit. Beitrag zu e. Geschichte d. Staatsrechts-Literatur. (S. 203—282.) 2. 40
Preuß, Hugo, Selbstverwaltung, Gemeinde, Staat, Souveränität. (S. 197—245.) 1. 60
Rosenthal, Eduard, die gesetzl. Regelung des Tarifvertrages. (S. 185—195.) 1. 60
Rosin, Heinr., die Rechtsnatur d. Arbeiterversicherung. (S. 41 184.) 3. —
Schmidt, Rich., Staatsverfassg. u. Gerichtsverfassg. Betrachtungen zum Problem der Gemeindegerichtsbarkeit. (S. 337—362.) — 80
Schücking, Walth., die Organisation d. Welt. (S. 533—614.) 2. 80
Stier-Somlo, Fritz, das freie Ermessen in Rechtsprechung u. Verwaltung. (S. 443—514.) 2. 20
Stoerk, Fel., Völkerrecht u. Völkercourtoisie (S. 127—170.) 1. 60
Triepel, Heinr., die Kompetenzen d. Bundesstaats u. die geschriebene Verfassung. (S. 247—335.) 2. 80
Walz, Ernst, die rechtl. Stellung d. Staatsministeriums im Grossherzogtum Baden. (283—330.) 1. 60
Zorn, Philipp, die Fortschritte des Seekriegsrechtes dch. d. zweite Haager Friedenskonfer. (S. 171—202.) 1. —

— staats- u. völkerrechtliche. Hrsg. v. Geo Jellinek u. Geo. Meyer. I. Bd. 6 Hfte. gr. 8. Leipzig 895. 896. Duncker & Humblot. n. 14. 40
1. Die Monarchomachen. E. Darstellg. d. revolutionären Staatslehren d. XVI. Jahrh. (1573—1599). Von Rud. Treumann. (X, 88 S.) n. 2. —
2. D. Staat u. d. erworb. Rechte. Von Geo. Meyer. (VI, 44 S.) n. 1. 20
3. D. Erklärg. d. Menschen- u. Bürgerrechte. Ein Beitr. z. mod. Verfassungsgeschichte. Von Geo. Jellinek. (VII, 53 S.) n. 1. 40
4. Stimmrecht u. Einzelstaat i. d. Vereinigten Staaten v. Nordamerika. Von Otis Harrison Fisk. (VIII, 223 S.) n. 4. 60
5. Einseit. Abhängigkeitsverhältnisse unt. d. mod. Staaten. Von Conr. Bornhak. (V, 72 S.) n. 1. 80
6. D. Staat. E. öffentl.-rechtl. Studie v. Bruno Schmidt. (VII, 143 S.) n. 3. 40

— dasselbe. I. Bd. 3. Heft. gr 8. Ebd. 1. 80.
3. Jellinek, G., Die Erklärung der Menschen- u. Bürgerrechte. Ein Beitrag zur modernen Verfassungsgeschichte. 2, erweit Aufl. (XII, 65 S.)

— dasselbe. II. Bd. 1. Hft. gr. 8. Ebd. 898 n. 5. 60 (I—II, 1.: n 20. —)
1. D. Selbstverwaltg. i. polit. u. jurist. Bedeutg. Von Jul. Hatschek. (VIII, 236 S.)

— staats- u. völkerrechtliche. Hrsg. von Geo. Jellinek u. Geo. Meyer. II. Bd. 2. Hft. gr. 8. Leipzig, Duncker & Humblot. n. 5. 40
2. Beiträge zum österreichischen Parlamentsrecht. Von Max Kulisch. (XI, 246 S.) 900.

— dasselbe. Begründet v. Geo. Jellinek u. Geo. Meyer, hrsg. v. Geo. Jellinek u. Gerh. Anschütz. III. Bd. gr. 8. Ebd. n. 14. —
III. Principien des Enteignungsrechtes. Von Max Layer. (XVIII, 660 S.) 902.

— dasselbe. IV. Bd. 1. Hft. gr. 8. Ebd. n. 4. 20
1. Nikolaus Thaddäus v. Gönners Staatslehre. Eine rechtshistorische Studie. Von Joh. Bapt. Koch. (V, 181 S.) 902.
I. u. II 1. Ebd. 895—898. n. 20. —.

— staats- u. völkerrechtliche. Begründet v. Geo. Jellinek u. Geo. Meyer, hrsg. v. Geo. Jellinek u. Gerh. Anschütz. I. Bd. 3. Hft.; IV. Bd. 2.—4. Hft. u. V. Bd. gr. 8. Leipzig, Duncker & Humblot. n. 23. 40
I. 3. Die Erklärung der Menschen- u. Bürgerrechte. Ein Beitrag zur modernen Verfassungsgeschichte. Von Geo. Jellinek. 2., erw. Aufl. (XII, 65 S.) 904. n. 1. 80
IV. 2. Die Staatslehre John C. Calhouns. Von Edward G. Elliott. (VIII, 70 S.) 903. n. 1. 80
3. Das amerikanische Bürgerrecht. Von Burt Estes Howard. (X, 155 S.) 904. n. 3. 60
4. Der Tatbestand der Piraterie nach geltendem Völkerrecht unter vergleichender Berücksicht. der Landesgesetzgebgn. Von Paul Stiel. (XIII, 117 S.) 905. n. 3. —
V. Fahnenflucht u. Verletzung der Wehrpflicht durch Auswanderung. Eine rechtswissenschaftl. u. -polit. Studie zu den deutsch-amerikan. Bancroftverträgen. Von Ludw. Bendix. (XXX, 541 S.) 906. n. 13. 20

Abhandlungen staats- u. völkerrechtliche. Begründet v. Geo. Jellinek u. Geo. Meyer, hrsg. v. Geo. Jellinek, Gerh. Anschütz u. Fritz Fleiner. VI. u. VII. Bd. à 3 Hfte. u. VIII. Bd. 1. Hft. gr. 8. Leipzig, Duncker & Humblot. 33. 20
Güntzberg, Bened., die Gesellschafts- u. Staatslehre d. Physiokraten. (XV, 144 S.) (VI. Bd. 3. Hft.) 4. —
Kaufmann, Erich, auswärtige Gewalt u. Kolonialgewalt in den Vereinigten Staaten v. Amerika. Eine rechtsvergleich. Studie üb. d. Grundlagen d. amerikan. u. deutschen Verfassungsrechts. (XIV, 244 S.) (VII. Bd. 1. Hft.) 908. 5. 60
Leser, Guido, Untersuchungen üb. das Wahlprüfungsrecht des deutschen Reichstags. (XIV, 148 S.) 908. (VII. Bd. 2. Hft.) 3. 80
Rosegger, Hans Ludw., das parlamentarische Interpellationsrecht. Rechtsvergleich. u. polit. Studie. (VIII, 112 S.) 907. (VI. Bd. 2. Hft.) 2. 80
Schmidt, Bruno, über die völkerrechtliche clausula rebus sic stantibus sowie einige verwandte Völkerrechtsnormen. Zugleich e. Beitrag zu grundsätzl. Problemen d. Rechtslehre. Aus dem Nachlasse. (X, 226 S.) 907. (VI. Bd. 1. Hft.) 5. 60
Staudacher, Herm., die Friedensblockade. Ein Beitrag zur Theorie u. Praxis d. nichtkrieger. Selbsthilfe. (XVI, 166 S.) 909. (VII. Bd. 3. Hft.) 4. 40
Wittmayer, Leo, Eigenwirtschaft der Gemeinden u. Individualrechte der Steuerzahler. Studien z. französ. Gemeinderechte. (XII, 282 S.) 910. (VIII. Bd. 1. Hft.) 7. —

— ſtaatswirthſchaftl., v. Curtius, Herwig, Jung, Schleicher u. Walther, mit Kpf. gr. 8. Offenbach 791. Brede. 20 gr.

Staatswirthschaftliche Abhandlungen. [Hrsg.: R. F. Seyfferth.] Ser. 1, H. 1–5. Leipzig: Koschny 1879. 8°
℄ Forts. u. d. T.: Staatswissenschaftliche Abhandlungen. Ser. 1, H. 6. 1879 ff.

— staatswissenschaftliche. Hrsg. v. R. F. Seyfferth. 1. Serie. 10 Hfte. gr. 8. (449 S.) Heidelberg 880. Weiss' Verl. à Hft. n. 1. —

— dasselbe. 2. Serie. 10 Hfte. gr. 8. (S. 1—531.) Ebend. 880—82. à n. 1. —

Staatswissenschaftliche Abhandlungen. [Hrsg.: R. F. Seyfferth.] Ser. 1 (6)–Ser. 2. Leipzig: Koschny (sp. Morgenstern, sp. Stuttgart: Dietz) 1879–1880. 8°
℄ Vorh. u. d. T.: Staatswirthschaftliche Abhandlungen. Ser. 1, H. 1–5. 1879.

— staatswissenschaftliche. Hrsg. von R. F. Seyfferth. 1. Serie. 6.—10. Heft. gr. 8. (S. 281—560.) [Leipzig 880, Koschny.] Stuttgart, Dietz. *
Vergriffen.

— dass. — Hrsg. von R. F. Seyfferth. 2. Serie 1881/82. (IV, 531 S.) [Leipzig 882, Morgenstern.] Stuttgart, Dietz. *

— üb. d. Stallfütterung, s. a. Graßmann.

Abhandlungen über die allgemeine Stallfutterung des Viches und die Abschaffung oder Beybehaltung der Brache, wovon die Kgl. Akad. d. Wiss. der ersten des Herrn Gottfried Ludewig [Ludolf] Grassmann in Pommern den Preiss zuerkannt hat. Nebst e. Vorr. des Grafen [Ewald Friedrich] von Herzberg [Hertzberg]. — Berlin: Kunze 1788. 133 S.
1:Ov 17840. 12:Oecon 742 3. 9. 10.
1 3476

— ſtatiſt., über d. Mängel in d. Regierungsverf. d. geiſtl. Wahlſtaaten, (v. Joſ. v. Sartori). 2 Thle. gr. 4. Augsb. 784. Klett. 1 Rthlr. 5 gr. Ebd. Doll. 1 Rthlr. 8 gr. Fortſetzung 4. Ebd. 787.

Statistische und mathematische **Abhandlungen** zur Versicherungs-Wissenschaft. Berlin: E. S. Mittler & Sohn 1905. (224 S.) 8°
== **Veröffentlichungen** d. Deutschen Vereins f. Versicherungs-Wissenschaft. H. 4.
05. 16. 4

— statistische u. nationalökonomische, insbesondere Arbeiten aus dem statist. Seminar der Universität München, hrsg. von Geo. v. Mayr. 1. u. 2. Hft. Lex.-8. München, E. Reinhardt. n. 9. —
1. Die Fleischpreise Münchens am 5. III. u. 16. VII. 1901. Von Karl Danzer. (122 S.) 906. n. 4. —
2. Beruf, Konfession u. Verbrechen. Eine Studie üb. die Kriminalität der Juden in Vergangenheit u. Gegenwart. Von Rud. Wassermann. (VII, 106 S.) 907. n. 5. —

— statistische u. nationalökonom., insbes. Arbeiten aus dem statist. Seminar der Universität München, hrsg. von Geo. v. Mayr. 3—7. Heft. Lex. 8. München, E. Reinhardt. 19. 50
Barck, Loth., der Karlsruher Rheinhafen. Eine verkehrsstatist. Stud. (V, 65 S. m. 9 Tab. u. 1 Karte.) 909. (Hft. 5) 4. —
Goës, Karl, die indischen Grossstädte. (94 S. m. 13 Tab.) 910. (Hft. 7) 3. 50
Kirchhoff, Rob., über das Verhältnis der Geschlechter in Indien. Bearb. nach amtl. Material. (IV, 118 S. m. 1 farb. Karte.) 909. (Hft. 4) 5. —
Knoblauch, Ferd., Bettel u. Landstreicherei im Königr. Bayern von 1893—1899. E. kriminalstatist. Studie nach amtl. Material bearb. (70 S. m. 1 Karte.) 910. (Hft. 6) 3. —
Woerner, Otto, die Frage der Gleichmässigkeit d. Strafzumessung im Deutschen Reich. Auf kriminalstatist. Grundlage bearb. (107 S.) 907. (Hft. 3) 4. —
Heft 1 u. 2. Ebd. 906. 07. 9. —

— über den Stein u. d. Gicht, deren Urſachen u. Heilmittel ꝛc. 8. Zittau 789. Schöps. 8 gr.

— v. Steinkohlen u. Torf, deren Benutzung ꝛc. 8. Prag 795. Herrl. 14 gr.

Abhandlungen über die regelmäßigen Sternkorper. Abhandlungen von L[ouis] Poinsot ⟨1809⟩, A[ugustin] L[ouis] Cauchy ⟨1811⟩, J[oseph] Bertrand ⟨1858⟩, A[rthur] Cayley ⟨1859⟩. Übers. u. hrsg. von Robert Haußner. Mit 58 Fig., sowie 4 Fig. auf 2 Taf. Leipzig: W. Engelmann 1906. (128 S.) 8°
— **Klassiker**, Ostwald's, d. exakten Wissenschaften. No 151. [07. 14037

— über juriſt. Styl u. Sprachfehler, (v. Jh. N. Biſchoff). 8. Quedlinb. 786. Ernſt. 3 gr.

Abhandlungen, Strafrechliche, s. a. Seeliger

Strafrechtliche Abhandlungen. [Hrsg.: H. Bennecke; sp. E. Beling; sp. Karl v. Liebenthal u. a.] H. 1–427.
Breslau: Schletter (u. a.) 1896–1941. 8°

— strafrechtliche, unt. Mitwirkg. von v. Bar, Beling, Birkmeyer etc. hrsg. v. Hans Bennecke. 1.—16. Hft. gr. 8. Breslau, Schletter. Subskr.-Pr. f. e. Serie v. ca. 6 Hftn. n 8 —; Einzelpr n 28. 60

1. D. Wahlbestechung. E. strafrechtl. Untersuchg. v. Berthold Freudenthal. (III, 71 S.) 896. n. 1. 80
2. D. Begriff d. gefährl. Werkzeugs i. § 223 a. St. G. B. Von Rhold. Bernau. (IV, 77 S.) 897. n. 2. —
3.—4. Üb. d. Objekt b. d. strafbaren Angriffen a. vermögensrechtl. Interessen. Von Frdr. Dörr. Gekrönte Preisschrift d. München. Juristen-Fakultät. (VIII, 235 S.) 897. n. 4. 60
5. D. Strafbarkeit d. Stimmenkaufes i. Aktienrecht. (Art. 249 e H. G. B.'s.) Von Heinr. Jordan. (VI, 59 S.) 897. n. 1. 50
6. D. Strafbarkeit d. widerrechtl. Nötigung n. d. Reichsstrafgesetzbuch. Von James Goldschmidt. (III, 41 S.) 897. n.n. 1. 30
7. D. Lehre v. unbeend. u. beend. Versuch. Von James Goldschmidt. (VII, 71 S.) 897. n. 1. 80
8. D. Bekämpfung v. Sklavenraub u. Sklavenhandel seit Anfang dieses Jahrhunderts. Von Emil Scherling. (VIII, 83 S.) 897. n. 2. —
9. D. Vorsatz d. Anstifters n. gelt. Rechte. Von Kurt Loewenheim. (VII, 61 S.) 897. n. 1. 60
10. Z. Lehre vom rechtl. Vorsatz. Von Karl Klee. (III, 82 S.) 897. n. 2. —
11. D. Mundraub nach § 370⁵ St. G.B. Von Arth. Schlosky. (V, 44 S.) 897. n.n. 1. 30
12. D. Landesverrat in histor., dogmat. u. rechtsvergleich. Darstellg. Von Max Epstein. (III, 125 S.) 898. n. 3. —
13. D. strafbare Betrug i. Civilprozess. Von Otto Michel. (44 S.) 898. n. 1. —
14. Wille u. Erfolg i. d. Versuchslehre. Von Karl Klee. (VII, 65 S.) 898. n. 1. 80
15. D. Rechtskraft d. strafprozessualen Entscheidg. üb. Einziehg. u. Unbrauchbarmachg. Von Alfr. Glücksmann. (VII, 57 S.) 898. n. 1. 60
16. Parlamentar. Rechtsverletzgn. n. deutschem Reichsrecht. Von Geo Schwedler. (III, 47 S.) 898. nn. 1. 30

— strafrechtliche, begründet von Hans Bennecke, unter Mitwirkg. von v. Bar, Birkmeyer, Frank u. a. hrsg. v. Ernst Beling. 17.—42. Hft. gr. 8. Breslau, Schletter. Einzelpr. n. 54. 30; f. e. Serie v. etwa 6 Hftn. (30 Bog.) n. 8. —

Inhaltsübersicht in alphabetischer Ordnung:

Davidsohn, Ludw., Urkundendelikte an Postanweisungen. (VI, 56 S.) 900. (Hft. 31.) n. 1. 40
Draheim, Otto, Untreue u. Unterschlagung. (VI, 72 S.) 901. (Hft. 39.) n. 2. —
Frank, Aug., der subjektive Thatbestand des Deliktes der Sachhehlerei nach § 259 d. R.-St.-G.-B. (VII, 57 S.) 899. (Hft. 25.) n. 1. 40
Freudenthal, Berth., die nothwendige Theilnahme am Verbrechen. (VII, 194 S.) 901. (Hft. 37.) n. 4. 80
Friedenreich, Heinr., die Lehre v. den Kosten im Strafprocess. (VIII, 115 S.) 901. (Hft. 35.) n. 3. —
Guthmann, Jul., die negativen Bedingungen in ihren Beziehungen zu den unechten Unterlassungsdelikten. (34 S.) 899. (Hft. 20.) n. 1. —
Hartmann, Erich, das Kausalproblem im Strafrecht m. besond. Berücksicht. des Verursachungsbegriffs d. Strafgesetzbuchs (VI, 114 S.) 900. (Hft. 27.) n. 2. 80
Herschel, Johs., die Rechtskraft der strafprozessualen Entscheidungen über Einziehung u. Unbrauchbarmachung. (III, 40 S.) 899. (Hft. 23.) n. 1. —
Hetzel, Wilh., die Untersuchungshaft nach deutsch., österreich., französ. u. engl. Rechte. (III, 54 S.) 899. (Hft. 26.) n.n. 1. 30
Kahn, Otto, der ausserstrafrechtliche Rechtsirrtum. Ein Beitrag z. Lehre v. Rechtsirrtum i. Strafrecht. (VII, 68 S.) 900. (Hft. 30.) n. 1. 80
Kohler, Mich. Mart., das Verbrechen d. unlauteren Wettbewerbs. Von der Juristenfakultät der k. b. Universität München gekrönte Preisschrift. (X, 275 S.) 901. (Hft. 32—34.) n. 6. —
Köhler, Aug., die Lehre vom Strafantrag. (V, 173 S.) 899. (Hft. 18.) n. 4. 20
Krug, Paul, die besonderen Umstände der Teilnehmer. (V, 77 S.) 899. (Hft. 24.) n. 1. 80
Lutz, Fritz, der Begriff der Öffentlichkeit im Reichsstrafgesetzbuch u. in den strafrechtl. Nebengesetzen d. deutsch. Reichs. (V, 52 S.) 901. (Hft. 36.) n. 1. 40
Marcuse, Osw., die Ehrenstrafe. Eine rechtsvergleich. Darstellg. nebst Kritik unt. besond. Berücksicht. des gelt. deutsch. Reichsrechts. (V, 48 S.) 899. (Hft. 19.) n.n. 1. 30
Passow, Rich., die Kreditgefährdung des § 187 St.-G.-B. in historischer, dogmatischer u. kritischer Darstellung. (VII, 42 S.) 902. (Hft. 42.) n. 1. —
Perels, Leop., Strandungsdelikte im deutsch. Recht. (IV, 86 S.) 898. (Hft. 17.) n. 2. —
Reuter, Rud., der Raufhandel im deutschen Reichsstrafgesetzbuch. (IX, 126 S.) 899. (Hft. 22.) n. 3. 20
Riedinger, Paul, die Staatsverleumdung. (§ 131 Reichsstrafgesetzbuchs.) (VII, 52 S.) 901. (Hft. 38.) n. 1. 40
Sturm, Frdr., die strafrechtliche Verschuldung. (IV, 82 S.) 902. (Hft. 41.) n. 2. 40
Wacker, Herm., das Gefängniswesen, die staatl. Zwangserziehung der Jugendlichen u. die Arbeitshausstrafe in Baden. (VII, 62 S.) 899. (Hft. 21.) n. 1. 50
Weber, Jos., die Vollstreckung v. Vermögensstrafen in d. Nachlass. (VI, 62 S.) 900. (Hft. 28.) n. 1. 60
Wolffing, J., die rechtliche Stellung d. Nebenklägers im deutsch. Strafverfahren. Eine prozessuale Abhandlung. (VII, 111 S.) 900. (Hft. 29.) n. 2. 80
Wuttig, Ernst, fahrlässige Teilnahme a. Verbrechen. (131 S.) 902. (Hft. 40.) n. 3. 20
Hft. 1—16 Ebd. 896—898. n. 28. 60.

— strafrechtliche, begründet v. Hans Bennecke, unter Mitwirkg. v. Allfeld, v. Bar, Birkmeyer u. a. hrsg. v. Ernst Beling u., vom 68. Hft. an, von v. Lilienthal. 43.—75. Hft. gr. 8. Breslau, Schletter. Einzelpr. n. 80. 90 f. e. Serie v. ca. 6 Hftn. (30 Bog.) n. 8. —

Beling, Ernst, die Beweisverbote als Grenzen der Wahrheitserforschung im Strafprozess. (VII, 41 S.) 903. (Hft. 46.) n. 1. 20
Blume, Ernst, Tatbestandskomplemente. (XI, 48 u. 6 S.) 906. (Hft. 73.) n. 1. 70
Eckstein, Max, die strafbare Verletzung der Unterhaltspflicht. (§ 361¹⁰ R.-St.-G.-B.) (IX, 57 S.) 903. (Hft. 45.) n. 1. —
Erlanger, Alb., die materiellrechtliche u. prozessuale Bedeutung des § 213 Reichsstrafgesetzbuchs. (VI, 64 S.) 903. (Hft. 49.) n. 1. 70
Eulau, Arth., geteilter, bedingter, unter Vorbehalt gestellter Strafantrag. (VII, 35 S.) 905. (Hft. 60.) n. 1. —
Fabian, Thdr., Abgrenzung v. untauglichem Versuch u. Putativdelikt, u. Erörterung ihrer Strafbarkeit. (XI, 49 u. 6 S.) 905. (Hft. 63.) n. 1. 50
Fuchs, M. E., das Problem der Strafmündigkeit u. die deutsche Strafgesetzgebung. Ein Beitrag zur Reform der §§ 55, 56 u. 57 des Reichsstrafgesetzbuches. (IX, 238 u. 6 S.) 906. (Hft. 71.) n. 6. —
Gemmingen-Fürfeld, Karl Frhr. v., zur Lehre der Beleidigung Verstorbener. (XIII, 100 u. 6 S.) 905. (Hft. 66.) n. 2. 60
Görlich, Rich., die vorläufige Entlassung. §§ 23—26 Reichsstrafgesetzbuch. (IX, 116 S.) 906. (Hft. 74.) n. 3. —
Hegler, Aug., Prinzipien des internationalen Strafrechts. (XII, 220 u. 6 S.) 906. (Hft. 67.) n. 5. 50
Hübbe, Herm., die strafrechtliche Behandlung der verminderten Zurechnungsfähigkeit. (V, 40 S.) 902. (Hft. 43.) n. — 80
Kaysel, Paul, die Gesetzgebung der Kulturstaaten zur Unterdrückung des afrikanischen Sklavenhandels. (XV, 108 u. 6 S.) 905. (Hft. 64.) n. 3. —
Keller, Siegm., der Beweis der Notwehr. Eine rechtshistor. Studie aus dem Sachsenspiegel. (VIII, 52 S.) 904. (Hft. 57.) n. 1. 50
Kitzinger, Leo, das Vergehen des Nachwuchers gemäss § 302 e RStGB. (VII, 46 S.) 905. (Hft. 61.) n. 1. 30
Kohn, Fritz, der untaugliche Versuch u. das Wahnverbrechen hinsichtlich ihrer begrifflichen Scheidung u. ihrer Strafbarkeit. (X, 56 S.) 904. (Hft. 53.) n. 1. 60
Kriegsmann, N., Herm., Wahnverbrechen u. untauglicher Versuch. Ueber d. Begriffe u. der. Unterscheidg. (V, 61 S.) 904. (Hft. 51.) n. 1. 60
Kronacher, Alwin, ist die Zechprellerei Betrug? (VIII, 50 u. 6 S.) 906. (Hft. 68.) n. 1. 40
Kulenkampff, Rhold., das Rechtsgut der elektrischen Arbeit im geltenden Strafrecht u. sein Schutz. (V, 49 S.) 905. (Hft. 59.) n. 1. 40
Mayer, Max Ernst, Rechtsnormen u. Kulturnormen. (IX, 136 S.) 903. (Hft. 50.) n. 3. 80
Micelli, Dominikus, der Begriff des Gewahrsams im Strafrechte. (X, 84 u. 6 S.) 906. (Hft. 72.) n. 2. 20
Ostern, Adf., die Alternativität b. strafprocessualen Willenserklärungen. (XI, 162 S.) 902. (Hft. 44.) n. 4. —
Redslob, Rob., die kriminelle Unterlassung. (VIII, 69 u. 6 S.) 906. (Hft. 70.) n. 1. 80
Schleifenbaum, Ernst, Begriff u. Bedeutung des gegenwärtigen rechtswidrigen Angriffs in § 227 B. G.-G. Mit besond. Berücksicht. des Begriffs der Rechtswidrigkeit. (VIII, 52 u. 8 S) 904. (Hft. 54.) n.n. 1. 50
Schlesinger, Mart., der Aufruhr. (§ 115 Reichsstrafgesetzbuchs.) (VI, 83 S.) 904. (Hft. 52.) n. 2. —
Seuffert, Herm., Untersuchgn. üb. die örtliche Verteilg. der Verbrechen im Deutschen Reiche. Aus den nachgelass. Papieren des Verf. zusammengestellt u. ergänzt v. Edm. Friedeberg. (VII, 189 S.) 906. (Hft. 75.) n. 6. —

Thiel, Kasimir, Iniuria u. Beleidigung. Eine Vorarbeit zur Bestimmg. des Begriffes der Beleidigg. (XX, 260 S.) 905. (Hft. 62.) n. 6. –
Urysohn, Isaak, das Verbrechen des Hochverrats („Bunt protiw wlasti werchownoi") im russischen Strafrecht geschichtlich u. dogmatisch dargestellt. (VIII, 116 u. 6 S.) 906. (Hft. 69.) n. 2. 80
Weil, Ludw., die Aufreizung zum Klassenkampf. (VIII, 72 u. 6 S.) 905. (Hft. 65.) n. 1. 90
Wertheimer, Rob., die Mischgesetze des deutschen Straf-Gesetzbuchs m. besond. Berücksicht. ihrer strafrechtlichen u. strafprozessualen Behandlung. (IX, 70 S.) 903. (Hft 47.) n. 1. 90
Wiechowski, Konr., die Unterbrechung des Kausalzusammenhanges. (IX, 48 S.) 904. (Hft. 55.) n.n. . 30
Willenbücher, Ferd., die strafrechtsphilosophischen Anschauungen Friedrichs des Grossen. Ein Beitrag zur Geschichte der kriminalpolit. Aufklärg. im 18. Jahrh. (VIII, 65 S.) 904. (Hft. 56.) n.n 1. 70
Würzburger, Jul., das Recht des strafrechtlich. Notstandes vor u. nach dem Inkrafttreten des bürgerl. Gesetzbuches. (IX, 139 S.) 903. (Hft. 48.) n. 3. 40
Zint, Hans, Urkundenunterdrückung u. Grenzfrevel in § 274 des Strafgesetzbuches. (XV, 120 S.) 904. (Hft. 58.) n. 2. 80
Hft. 1—42. Ebd. 896—902. n. 82.90.

— **strafrechtliche, begründet v. Hans Bennecke, unter Mitwirkg. v. Allfeld, v. Bar, Ernst Beling u. a. hrsg. von v. Lilienthal. 76.—123. Heft. gr. 8. Breslau, Schletter. Einzelpr. 132. 70. f. e. Serie v. etwa 4—6 Heften (ca. 30 Bog.) 8. —**

Ahrens, Mart., Geschäftsführg. ohne Auftrag als Strafausschliessungsgrund. (V, 74 S.) 909. (Hft. 101) 1. 90
Baer, Alb., Rücktritt u. tätige Reue bei untaugl. Versuch. (X, 43 S.) 910. (Hft. 114) 1. 20
Baumgarten, Arth., die Lehre v. der Idealkonkurrenz u. Gesetzeskonkurrenz. (VIII, 105 S.) 909. (Hft. 103) 2. 80
Bernstein, Ossip., die Bestrafung d. Selbstmords u. ihr Ende. (XIII, 60 S.) 907. (Hft. 78) 1. 90
Beschütz, die Fahrlässigkeit innerhalb der geschichtl. Entwicklung der Schuldlehre. 1. Tl. Vom primitiven Strafrecht bis z. peinl. Gerichtsordng. Karls V. (VII, 148 S.) 907. (Hft. 76) 3. 60
Breith, Gust., die Widerklage nach § 428 d. Reichsstrafprozessordng. v. 1. II. 1877. (XIII, 101 S.) 908. (Hft. 82) 2. 60
Cohn, Ernst, der schwere Erfolg als gesetzlicher Grund erhöhter Strafbarkeit. (XII, 102 S.) 910. (Hft. 112) 2. 80
Elwenspoek, Curt, über die Quellen des im Landrecht f. das Herzogt. Preussen v. 1620 enthaltenen Strafrechts. Ein Beitrag zur preuss. Rechtsgeschichte. (VIII, 56 S.) 908. (Hft. 89) 1. 60
Friedenthal, Joach., Beiträge z. e. Pressverwaltungsstrafrecht. (V, 58 S.) 910. (Hft. 118) 1. 60
Galliner, Mor., die Bedeutg. d. Erfolges bei den Schuldformen des geltenden Strafgesetzbuchs unter besond. Berücksicht. des Vorentwurfs zu e. deutschen Strafgesetzbuch. (X, 60 S.) 910. (Hft. 116) 1. 60
Gottlieb, Jos., der Strafort. Mit besond. Rücksicht auf die Unterlassg. (VI, 45 S.) 909. (Hft. 111) 1. 20
Goetz, Geo., Grenzziehung zwischen Mittäterschaft u. Beihülfe. (XI, 74 S.) 910. (Hft. 115) 2. —
Gräsel, Rud., d. Unterlassungsdelikte im ausländ. Strafrecht. (V, 95 S.) 909. (Hft. 107) 2. 40
Gudewill, Carl Christian, das Delikt d. Partiererei nach dem geltenden Recht. (§ 259 St. G. B.). (XI, 128 S.) 909. (Hft. 109) 3. —
Gutherz, Harald, Studien zur Gesetzestechnik. 1. Tl. Der Begriff der Gesetzestechnik u. sein Wert. (VII, 115 S.) 908. (Hft. 93) 3. —
— Dasselbe. II. Tl. Phänomenologie u. Lehren d. allgem. Gesetzestechnik. (VII, 76 S.) 909. (Hft. 98) 2. —
Hammeley, Karl, d. Kollektivbeleidigung. (Beleidigung v. Personengesamtheiten u. v. Einzelpersonen durch Gesamtbezeichng.) Gekrönte Preisschrift der Berliner Juristenfakultät. (VIII, 67 S.) 910. (Hft. 121) 1. 80
Hemmen, Heinr., üb. den Begriff, die Arten u. den Beweis des Dolus. Nach der strafrechtl. Literatur v. Feuerbach bis z. Reichsstrafgesetzbuch. (V, 89 S.) 909. (Hft. 104) 2. 30
Hirschberg, Max, die Schutzobjekte der Verbrechen, speziell untersucht an d. Verbrechen gegen d. Einzelnen. Eine konstruktiv-dogmat. Studie, zugleich e. Beitrag z. Strafrechtsreform. (VIII, 160 S.) 910. (Hft. 113) 4. —
Hofheinz, Karl Camill, Verletzung u. Gefährdung als Kriterium d. Zweiteilung im System der strafb. Handlgn. (VIII, 79 S.) 907. (Hft. 79) 2. 20
Kollmann, Horst, die Bedeutung der metaphysischen Kausaltheorie f. d. Strafrechtswissenschaft. (V, 75 S.) 908. (Hft. 84) 2. —
— Die Stellung des Handlungsbegriffes im Strafrechtssystem. (VI, 227 S.) 908. (Hft. 91) 5. 40
Kraus (Krause), Herb., zum Wesen der sogen. falschen Anschuldig. (§ 164 f. R.St.G.'s.) (XI, 53 S.) 909. (Hft. 100) 1. 50
Kriegsmann, N. Herm., Mittäterschaft u. Raufhandel seit Feuerbach. (XV, 259 S.) 907. (Hft. 80) 6. —
Lehmann, Alex., zur Lehre vom objektiven Tatbestand der Sachbeschädigung. (IX, 91 S.) 910. (Hft. 119) 2. 30
Leopold, Hans, zum Tatbestande der strafb. Untreue. (VIII, 67 S.) 908. (Hft. 94) 1. 80
Lohmann, Otto, der deutsch-griechische Auslieferungsvertrag vom 12. III. 1907. Histor. u. system. Darstellg. unter Berücksicht. der Gesetzgebg. beider Länder. (XV, 194 S.) 909. (Hft. 108) 5. —
Maas, Sally, der Grundsatz der Unmittelbarkeit in der Reichsstrafprozessordng. (VII, 84 S.) 907. (Hft. 77) 2. 20
Menne, die Körperverletzg., insbesond. die vorschriftswidrige Behandlg. u. die Körperverletzg. Untergebener. (§ 223 StGB. u. §§ 121, 122 MStGB.) (VIII, 92 S.) 909. (Hft. 99) 2. 40
Mersmann, Heinr., der Begriff der Rechtmässigkeit der Amtsausübung im Vergehen des Widerstandes gegen Vollstreckungsbeamte. § 113 St.G.B. (XIII, 132 S.) 909. (Hft. 96) 3. 40
Moser, Adf., Religion u. Strafrecht, insbesond. die Gotteslästerung. (VI, 105 S.) 909. (Hft. 110) 2. 60
Müller, Jos., Vorstrafen u. Strafregister. (VIII, 77 S. m. 4 Formularen.) 908. (Hft. 92) 2. 10
Neumann, Osk., das Blankostrafgesetz. Ein Beitrag zur Lehre u. Reform des Reichsstrafrechts. (XII, 151 S. m. 1 Tab.) 908. (Hft. 87.) 3. 80
Prądzyński, v., Sachbeschädigung u. Aneignung. (VIII, 54 S.) 908. (Hft. 88.) 1. 50
Redslob, Rob., die persönlichen Eigenschaften u. Verhältnisse, welche die Strafbarkeit erhöhen od. vermindern, dargestellt nach deutschem u. französ. Recht. (VII, 75 S.) 909. (Hft. 97.) 2. —
— Versuch u. Vorbereitung. Auf der Grundlage des deutschen u. französ. Strafrechts. (X, 160 S.) 908. (Hft. 90.) 4. —
Redwitz, Jos. Frhr. v., die polizeilichen Massregeln des Reichsstrafgesetzbuchs u. ihr Verhältnis zu dessen allgemeinen Grundsätzen. (IX, 208 S.) 909. (Hft. 102.) 5. —
Sauter, Fritz, das Berufsgeheimnis u. sein strafrechtlicher Schutz. (§ 300 R.St.G.B.) (XVI, 318 S.) 910. (Hft. 123.) 7. 60
Schacht, Karl, das fahrläss. Zusammenwirken mehrerer Personen. (V, 44 S.) 909. (Hft. 106.) 1. 20
Schmitt, Carl, über Schuld u. Schuldarten. Eine terminolog. Untersuchg. (X, 155 S.) 910. (Hft. 120.) 4. —
Singewald, Herm., der agent provocateur. Ein Beitrag zur Theorie der Teilnahme am Verbrechen. (IX, 123 S.) 908. (Hft. 83.) 3. 20
Stark, Otto, die Bestechung v. Angestellten in Handel u. Gewerbe. (VII, 59 S.) 909. (Hft. 95.) 1. 60
Sturm, Frdr., die Schuldarten u. der Vorentwurf zu e. deutschen Strafgesetzbuch. (46 S.) 910. (Hft. 122.) 1. 20
Sturm, Karl, die Landstreicherei. (VII, 108 S.) 909. (Hft. 105.) 2. 80
Winkler, Ernst, der Begriff der Gewalt im Strafrecht. (VII, 63 S.) 908. (Hft. 85.) 1. 70
Wintritz, Leo, das problematische u. das apodiktische Urteil in der Lehre vom Versuch. (V, 155 S.) 910. (Hft. 117.) 3. 80
Wolff, Hans, der strafrechtliche Schutz des Berufsgeheimnisses. Gekrönte Preisschrift der Heidelberger Juristenfakultät. (XII, 178 S.) 908. (Hft. 86.) 4. 50
Zimmermann, Frdr., die Grundbegriffe d. französisch-belgischen Press-Strafrechts u. ihre Verwertung f. die Beurteilung des deutschen Reichspressgesetzes. (VIII, 100 S.) 907. (Hft. 81.) 2. 60
Hft. 1—76. Ebd. 896—906. 163.80.

Strafrechtliche Abhandlungen des juristischen Seminars der Universität Breslau. [Hrsg.: E. Bennecke und E. Beling.] H. 1–6. Breslau: Schletter 1889–1895. 8°

— strafrechtliche, d. juristischen Seminars der Universität Breslau, hrsg. v. Hans Bennecke. I. Serie. 1.—3. Hft. gr. 8. Breslau, Schletter. Subskr.-Pr. n. 3. 30; Einzelpr. n. 5. —
1. Der strafrechtliche Schutz wertloser Gegenstände v. Curt Gebauer (V, 103 S.) 893. Subskr.-Pr. n. 1. 50; Einzelpr. n. 2. 50
2. Die Anzeigepflicht im Strafrecht v. Rob. Hess. (18 S.) 893. Subskr.-Pr. n. 1. —; Einzelpr. n. 1. 50
3. Die Gefahren der neuen Novelle zum Gerichtsverfassungs-Gesetz u. zur Strafprozess-Ordnung. Bedenken aus der Praxis v. Ernst Mamroth. (30 S.) 894. Subskr.-Pr. n. — 80; Einzelpr. n. 1. —

Abhandlungen, strafrechtliche, des jurist Seminars der Universität Breslau, hrsg v. Hans Bennecke u. Ernst Beling. I. Serie 4.—6. Hft gr. 8. Ebd. 894/95. Subskr.-Pr n. 5. 85; Einzelpr. n. 7. 80 (I. Serie kplt.: 9. 40)
4. D. sogen. Kompensation i. Reichsstrafgesetzbuch. (§§ 199 u. 233.) Von Steinitz. (III, 79 S.) Subskr.-Pr. n. 1. 25; Einzelpr. n. 1. 75
5. Retorsion u. Kompensation v. Beleidigungen u. Körperverletzungen. Von Ernst Beling. 1. Thl.: Die geschichtl. Entwickelg. (VIII, 226 S.) Subskr.-Pr. n. 3. 60; Einzelpr. n. 4. 80
6. D. Begriff d. Gewalt i. Reichsstrafrecht v. Helmke. (III, 74 S.) Subskr.-Pr. n. 1. —; Einzelpr. n. 1. 25

Forts. u. d. T.: Strafrechtliche Abhandlungen. Hrsg. v. Hans Bennecke.

— Strassburger, zur Philosophie. Eduard Zeller zu seinem 70. Geburtstage. gr. 8. Freiburg i/B. 884. Mohr. n. 7. —
I. Der Philosoph Damascius. Von E. Heitz. (24 S.) — II. Die Gütergemeinschaft der Apostelgeschichte. Von H. Holtzmann. (S. 25—60.) — III. Einige Bemerkungen zur Transcendentalphilosophie. Von E. Laas. (S. 61—84.) — IV. Zu Kants Widerlegung d. Idealismus. Von H. Vaihinger. (S. 85—164.) — V. Beiträge z. Lehre vom negativen Urtheil. Von W. Windelband. (S. 165—196.) — VI. Abälards Ethica. Von Th. Ziegler. (S. 197—222.)

— von Holz sparenden Stubenöfen ꝛc. (herausg. v. E. G. Franke). 3 Thle, m. 35 Kpft. gr. 8. Dresd. 784 u. 85. Walther. 2 ꝛß 4 ℊ

— systemat., der 1763 erneuerten Wechselordnung. gr. 8. Wien 779. Fr. Beck. (Linz, Hatlinger). 8 ℊ

Abhandlungen über die Taktik. 1794. V: *Schauenburg.* (MGT)

— v. d. Tangent., Quadratur u. Rectificat. d. Kegelschnitte. 8. Leipzig, F. C. W. Vogel. 772.

Abhandlungen von den Tangenten, Quadraturen und Rectificationen der Kegelschnitte nebst einigen andern, diese Linien betreffenden Aufgaben. Leipzig 1773. V: *Schönberg, Kurt Friedrich von.* (STBFMath S. 107)

Abhandlungen, technische, aus Wissenschaft u. Praxis. Hrsg. v. Siegfr. Herzog. 1.—13. Heft. gr. 8. Zürich, A. Raustein. n. 43. 80
Bing, Jul., der elektrische Lichtbogen. Mit 52 Abbildgn. (82 S.) 905. (Hft. 7.) n. 2. 40
Huber, Emil, neue Stromzuführungsanlage f elektrisch betriebene Eisenbahnen. System Oerlikon. Mit 52 Abbildgn. (68 S.) 901. (Hft. 1.) n. 2. 40
Kittl, Thdr., die elektromagnetische Wellentelegraphie. Mit 165 Abbildgn. (155 S.) 905. (Hft. 11.) n. 5. 40; geb. in Leinw. n. 6. —
Legros, Léon, Berechnung e. städtischen Lichtverteilungsnetzes. Mit 31 Abbildgn. (40 S.) 904. (Hft. 3.) n. 1. 20
Niethammer, F., die elektrischen Bahnsysteme d. Gegenwart. Mit 202 Abbildgn. (160 S.) 905. (Hft. 8.) n. 6. 20; geb. in Leinw. n. 6. 80
— die Dampfturbinen. Mit 135 Abbildgn. (IV, 123 S.) 905. (Hft. 9.) n. 5. 40; geb. in Leinw. n. 6. —
— Wechselstrom-Kommutatormotoren. Mit 111 Abbildgn. (84 S.) 905. (Hft. 12.) n. 3. —
Rühl, A., neuere Bestrebungen im Lokomotivbau. Mit 33 Abbildgn. (77 S.) 905. (Hft. 13.) n. 2. 40
Schmidt, J., die Fabrikation v. Starkstromkabeln. Mit 83 Abb. (116 S.) 905. (Hft. 10.) n. 4.—; geb. in Leinw. n. 4. 60
— die Konstruktion v. Starkstromkabeln. Mit 63 Abbildgn. (90 S.) 905. (Hft. 5.) n. 3. —
Schulz, Ernst, die Induktionsmotoren, deren Konstruktion, Theorie, Entwurf u. Berechnung. Mit 27 Abbildgn. (76 S.) 904. (Hft. 2.) n. 2. 40
— die praktischen Methoden zur Prüfung elektrischer Maschinen. Mit 11 Abbildgn. (58 S.) 905. (Hft. 6) n. 2. —
Spyri, H., Leitfaden f. die Abfassung v. Projekten über elektrische Licht-, Kraft- u. Bahnanlagen. Mit 4 Abbildgn. u. 1 Taf. (136 S.) 905. (Hft. 4.) n. 4. —; geb. in Leinw. n. 4. 60

— über einige der wichtigsten Theile der Preuß. Städte-Ordnung, Städte-Verwaltung u. Kommunal-Verfassung. In Verbindung mit Mehrern herausg. v. J. E. Th. Janke. 1s—4s Hft. gr. 8. Potsd. 833. Riegel. à Hft $1/2$ ꝛß 1 ꝛß — 2r Jahrg. unt. d. T.: Abhandl. über Preußens Kommunalwesen u. denkwürdige vaterländ. Gesetze u. Einrichtungen. In Verbindung mit Mehrern herausg. v. J. E. Th. Janke. 4 Hfte. gr. 8. Berl. 834. Trautwein. 2 ꝛß

— aus verschied. Theilen der Rechtswissenschaft, hrsg. v. Conr. Heyer. gr. 8. (11 $1/2$ B.) Gießen 841, [Heyer's Verl.]

Theologische Abhandlungen. [Hrsg.: Andreas Gottlieb Masch.] T. 1–4. Rostock u. Wismar (T. 4: Bützow u. Wismar) 1756–63. 8° 28

— theologische. Carl v. Weizsäcker zu seinem 70. Geburtstage 11. Decbr. 1892 gewidmet v. Adf. Harnack, Emil Schürer, Heinr. Jul. Holtzmann, Herm. v. Soden, Thdr. Häring, Herm. Usener, Adf. Jülicher, Ed. Grafe, Karl Müller, C. F. Geo. Heinrici. gr. 8. (III, 352 S.) Freiburg i/B. 892. J. C. B. Mohr. n. 8. —

— theologische. Eine Festgabe zum 17. V. 1902 f. Heinrich Julius Holtzmann, dargebracht v. W. Nowack, P. Lobstein, F. Spitta, E. Lucius, J. Smend, J. Ficker, E. Mayer, G. Beer, G. Anrich, (VII, 297 S.) gr. 8. Tübingen 902. J. C. B. Mohr. n. 8. 60
Hieraus einzeln:
Anrich, G., Clemens u. Origenes als Begründer der Lehre vom Fegfeuer. (S. 95—120.) n. 1. —
Beer, Geo., der biblische Hades. (29 S.) n. 1. —
Ficker, Johs., das Konstanzer Bekenntnis f. den Reichstag zu Augsburg 1530. (S. 243—297.) n. 1. 60
Lobstein, P., zum evangelischen Lebensideal in seiner luther. u. reformirten Ausprägung. (S. 157—181.) n. 1.—
Lucius, E., das mönchische Leben des 4. u. 5. Jahrh. in der Beleuchtung seiner Vertreter u. Gönner. (S. 121—156.) n. 1. —
Mayer, E. W., über die Aufgaben der Dogmatik. (S. 183—210.) n. 1. —
Nowack, W., die Zukunftshoffnungen Israels in der assyrischen Zeit. (S. 31—59.) n. 1. —
Smend, Jul., zur Frage der Kultusrede. (S. 211—241.) n. 1. —
Spitta, Frdr., das Magnifikat, e. Psalm der Maria u. nicht der Elisabeth. (S. 61—94.) n. 1. —

— theologische, insbes. Zusammenstellung d. vier Evangelien nach ihrem Hauptinhalte. Mit neuen, zur richtigen Kenntniß d. Person Jesu u. seiner Jünger führenden, dem Texte u. d. Verstande angemess. Erklärungen, zur Vervollkommn. d. bisher. Theologien der verschied. christl. Religionsparteien. Auch denkenden Israeliten zur Beherzigung. Vom Verf. d. Blößen der protest. Theologie. gr. 8. (19 B.) Mannheim 830, Schwan u. Götz.

— theoret., üb. Mahlerei u. Zeichnung, (von J. G. B. v. Wichmannshausen). 8. Frankf. u. Leipz. 769. Stettin. 3 ℊ

— theoret. u. praktische, von den Eigenschaften der Krankheiten ꝛc. 8. Magdeb. 747.

— theoret.-prakt., über die Art, wie die franz. Kriegscontribution umgelegt, und über die Mittel, wie e. Zweige d. Staatswirthschaft in Würtemberg vervollkommt werden können, (v. J. L. Parrot). 8. (Stuttg.) 797.

— theoret. prakt., über die Geburtshülfe u. d. Krankh. der Schwangern ꝛc. Aus d. Französ. mit Anmerkk. u. e. Vorrede v. J. C. Stark. 2 Thle. gr. 8. Erfurt 800. Hennings. 3 ꝛß 16 ℊ

— theoret.-prakt., über d. Verbess. d. Mühlräder. Vom Verf. des Luftreinigers (G. F. Parrot). Mit 3 Kpf. gr. 8. Nürnb. 795. Bauer u. R. 16 ℊ

— theoret.-prakt., über d. Weinbau, n. d. Kunst, Wein, Branntwein u. dergl. m. z. bereiten; aus d. Franz. Mit Anmerkk. u. Zusätzen v. Chaptal u. a. 2 Thle, mit Kpf. gr. 8. Wien 804. Degen. 5 ꝛß 12 ℊ Schreibp. 8 ꝛß

— d. militär. Theorie, worinnen d. vornehmsten Regeln d. Kriegskunst abgehandelt ꝛc., erklärt u. erläutert werden; aus d. Franz. des Grafen B. D. S. G., von C. Chr. v. Ryssel. 8. Chemnitz 777. (Leipz., André). 12 ℊ

— üb. d. bei Anlegung d. Minen nöthige Theorie. 8. Copenh. 774. Faber. 4 ℊ

Abhandlungen über Thermometrie von (Daniel Gabriel) Fahrenheit, (René Antoine Ferchault de) Réaumur, (Andreas) Celsius ⟨1724, 1730-1733, 1742⟩. Hrsg. von A[rthur] J[oachim] v. Oettingen. — Leipzig: Engelmann 1894. 140 S. (Ostwald's Klassiker d. exakten Wissenschaften. 57.)
1: Lf 23200-57. 12: Var. 354 t 57. 2. 3. 4. 5. 6. 8. 9. 10. 11. 82. 83. 85.
I 3484

Abhandlungen aus dem Gebiete der Tierhaltung. Von W. Müller und G. v. Wendt. Berlin
H. 1. Wie füttert der Landwirt zweckmäßig Rübenblätter? 1908
H. 2. Milchgewinnung vom hygienischen und wirtschaftlichen Standpunkte aus nebst Vorschlägen zur Bekämpfung der Rindertuberkulose und Regelung des Verkehrs mit Milch. 1908
H. 3. Grundzüge einer wirtschaftlichen Ernährung der Milchkühe. 1909

Abhandlungen Herrn Prof. Dr. Adolf Tobler zur Feier seiner fünfundzwanzigjährigen Thätigkeit als ordentlicher Professor an der Universität Berlin von dankbaren Schülern in Ehrerbietung dargebracht. *Halle a. S.: M. Niemeyer 1895.* (2 Bl., 509 S., 1 Facs.) 1 Bd 8. [96. 2850

Stimming, Albert: Das gegenseitige Verhältnis d. französ. gereimten Versionen d. Sage von Beuve de Hanstone. *Halle a. S. 1895.*
in: Abhandlungen ... A. Tobler z. Feier s. 25j. Thätigkeit als o. Prof. ... dargebr. [96. 2850

Appel, C[arl]: Der Trobador Uc Brunec (oder Brunenc)'. *Halle a. S. 1895.*
in Abhandlungen ... A. Tobler z. Feier s. 25j. Thätigkeit als o. Prof. ... dargebr. [96. 2850

Meyer-Lübke, W[ilhelm]: Z. Geschichte d. Infinitivs im Rumänischen. *Halle a. S. 1895.*
in: Abhandlungen ... A. Tobler z. Feier s. 25j. Thätigkeit als o. Prof. ... dargebr. [96. 2850

Vising, Johan: Quomodo in d. roman. Sprachen. *Halle a. S. 1895.*
in: Abhandlungen ... A. Tobler z. Feier s. 25j. Thätigkeit als o. Prof. ... dargebr. [96. 2850

Wiese, B[erthold]: Zur Margarethenlegende. *Halle a. S. 1895.*
in: Abhandlungen ... A. Tobler z. Feier s. 25j. Thätigkeit als o. Prof. ... dargebr. [96. 2850

Lenz, Rudolf: Üb. d. gedruckte Volkspoesie v. Santiago de Chile. *Halle a. S. 1895.*
in: Abhandlungen ... A. Tobler z. Feier s. 25j. Thätigkeit als o. Prof. ... dargebr. [96. 2850

Goldschmidt, M.: Allerlei Beiträge z. e. germanoromanischen Wörterbuche. *Halle a. S. 1895.*
in: Abhandlungen ... A. Tobler z. Feier s. 25j. Thätigkeit als o. Prof. ... dargebr. [96. 2850

Wendriner, Richard: Die Quellen von Bernardo Dovizis Calandria. *Halle a. S. 1895.*
in: Abhandlungen ... A. Tobler z. Feier s. 25j. Thätigkeit als o. Prof. ... dargebr. [96. 2850

Schultz, Oscar: Üb. einige französische Frauennamen. *Halle a. S. 1895.*
in: Abhandlungen ... A. Tobler z. Feier s. 25j. Thätigkeit als o. Prof. ... dargebr. [96. 2850

Hecker, Oscar: Der Deo Gratias-Druck des Decameron. *Halle a. S. 1895.*
in: Abhandlungen ... A. Tobler z. Feier s. 25j. Thätigkeit als o. Prof. ... dargebr. [96. 2850

Gorra, Egidio: 'Le court d'amours' di Mahius li Poriiers. *Halle a. S. 1895.*
in: Abhandlungen ... A. Tobler z. Feier s. 25j. Thätigkeit als o. Prof. ... dargebr. [96. 2850

Cloetta, Wilhelm: Die der Synagon-Episode des Moniage Guillaume n zu Grunde liegenden historischen Ereignisse. *Halle a. S. 1895.*
in: Abhandlungen ... A. Tobler z. Feier s. 25j. Thätigkeit als o. Prof. ... dargebr. [96. 2850

Cohn, Georg: Rêver u. gelegentlich desselben. *Halle a. S. 1895.*
in: Abhandlungen ... A. Tobler z. Feier s. 25j. Thätigkeit als o. Prof. ... dargebr. [96. 2850

Wallenskoeld, A[xel]. Zur Klärung der Lautgesetzfrage. *Halle a. S. 1895.*
in: Abhandlungen ... A. Tobler z. Feier s. 25j. Thätigkeit als o. Prof. ... dargebr. [96. 2850

Freymond, E[mil]: Handschriftl. Miscellen. *Halle a. S. 1895.*
in: Abhandlungen ... A. Tobler z. Feier s. 25j. Thätigkeit als o. Prof. ... dargebr. [96. 2850

Dit, Le, de Robert le Diable. Zum erstenmal nach d. drei Hss. d. Pariser Nationalbibl. krit. hrsg. v. Karl Breul. *Halle a. S. 1895.*
in: Abhandlungen ... A. Tobler z. Feier s. 25j. Thätigkeit als o. Prof. ... dargebr. [96. 2850

— vom gesammt. Torfwesen bis zum Stich u. Verkohl. d. Torfes, (v. ... Siehe, aber wider seinen Willen aus d. Acten), herausg. v. Riem, mit Kpf. 8. Dresd. 794. Beger. 12 ¢

— veranlaßt durch e. Todtenfeier in d. Loge zur Einigkeit in Frankfurt a. M., mit 2 Kpf. gr. 4. Frankf. 804. Varrentrapp. 1 ₰ 16 ¢

— eine, üb. Transmissionen der Firma Wm. Sellers & Co., Philadelphia, Fabrikanten v. Werkzeuge-Maschinen f. alle Zweige der Stahl- u. Eisen-Industrie, d. Patent-Injection-Kessel-Speisers Gifford's Injector, Mühl-Einrichtgn., Eisenbahn-, Dreh- u. Versetzscheiben, Drehbrücken etc. gr. 8. (IV, 41 S. m. eingedr. Holzschn.) Mainz 876. v. Zabern in Comm. n. 1. —

— Tübinger staatswissenschaftliche. Hrsg. v. Carl Johs. Fuchs. 1.—10. Heft. Lex. 8. Stuttgart, F. Enke. 56. 40

Brennecke, Wern., die Landwirtschaft im Herzogtum Braunschweig. Eine agrar.-polit. Studie. (VII, 115 S.) 909. (Hft. 2) 3. 60
Hamers, Willy, der Braunkohlenbergbau in d. Kölner Bucht. Eine volkswirtschaftl. Untersuchg. seiner Geschichte, gegenwärt. Lage u. Bedeutg. (X, 135 S.) 910. (Hft. 9) 4. 60
Hansen, Nikol., das Problem der Liquidät im deutschen Kreditbankwesen. Mit 2 graph. Darstellgn. u. zahlr. bankstatist. Tab. (V, 131 S.) 910. (Hft. 5) 4. 40
Heyde, Ludw., die volkswirtschaftl. Bedeutung der technisch. Entwicklung in der deutschen Zigarren- u. Zigaretten-Industrie ... 7 Abbildgn. u. 1 Tab.) 910. (Hft. 10) 7. 60
Kaiser, Carl, die Wirkungen des Handwerkergesetzes in Württemberg u. Baden. (X, 92 S.) 909. (Hft. 4.) 5. —
Linneweber, Gisb., die Landwirtschaft in den Kreisen Dortmund u. Hörde unter dem Einflusse der Industrie. (X, 164 S.) 909. (Hft. 3.) 5. 40
Maass, Ludw., die Brandgilden, insbes. in Schleswig-Holstein. (VII, 198 S. m. 1 Karte.) 910. (Hft. 6.) 6. 40
Scharf, Gertr., die Tätigkeit u. Entwicklung der Handwerkskammern. (X, 221 S.) 910. (Hft. 8.) 7. 40
Schortmann, Max, die Zentralnotenbanken im Dienste der staatlichen Kassenverwaltung. Eine Untersuchg. üb. die Beziehgn. v. Banken zu öffentl. Kassen. (X, 117 S.) 910. (Hft. 7.) 4. —
Stephinger, Ludw., die Geldlehre Adam Müllers. (V, 231 S.) 909. (Hft. 1.) 8. —
Bildet die Fortsetzung zu: Abhandlungen, volkswirtschaftliche, der badischen Hochschulen.

— v. Tuch u. and. Wollenmanufacturen u. der Zurichtung der Schafwolle; aus d. Franzöf. 8. Leipz. 779. Weidmann. 6 ¢

— v. Tugenden u. Belohnn.; als Fortsetz. v. Verbrech. u. Strafen. 8. Prag 769. Widtmann. 8 ¢

— von den Tugenden und ihren Belohnungen; aus d. Französ. (v. J. C. Brode). 8. Riga 769. (Leipz., Hartknoch). 3 ¢

— von d. Turnieren, besond. d. Deutschen. gr. 8. Bresl. 772. W. G. Korn. 10 ¢

Abhandlungen über die Turnsache in Zeitschriften, 1847—1866, 1859 bis 1870, 4°. 2 Bde.

— um gelesen zu werden, über das veralt. Wort: Vaterland rc.; aus d. Französ. 8. Zürich 756. Orell. 3 ¢

— umständl., üb. die Frohndienste rc., s. Kameralist, der neue. 7s Bdchen.

Abhandlungen (Umständliche, rechtliche u. geschichtliche) über das Zehendwesen etc. (Der neue Kameralist, H. 4 u. 5.)

— umständl., von d. Schädlichkeit des Laudemialwesens, s. Kameralist, der neue, 1s—3s Heft.

„Abhandlungen von der Unmittelbarkeit und Landesherrlichkeit, so denen Reichsfreyen vom Adel zusteht", o. O. 1753. — Vorh.: Bibl. des German. Museums Nürnberg.

— über d. Unmöglichkeit e. Beweises v. Dasein Gottes a. bloßer Vernunft. 8. Nürnb. 791. Felsecker. 9 ¢

— über d. Unnütz. u. Unschicklichk. des H im musikal. Alphabete rc. (von A. Wolf v. Wolfenau); herausg. v. J. F. Schwanenberg; mit 1 Kpf. 8. Wien 797. (Beck). 16 ¢

— unparth., von d. Staate d. hoh. Erzstifts Salzburg u. dessen Grundverfass. (von F. T. v. Kleinmayrn). Fol. 770. Mit e. n. Titelbl. 780. Duyle. 1 ₰ 16 ¢

— üb. den mathematischen Unterricht in Deutschland. Veranlasst durch d. internat. mathem. Unterr.-Komm. Hrsg. v. F. Klein. I. Bd. 1. u. 2. Heft, II. Bd. 5 Hefte, III. Bd. 2. Heft u. IV. Bd. 1 Heft. Lex. 8. Leipzig, B. G. Teubner. 22. 80
I. 1. Stoff u. Methode im mathemat. Unterricht der nordd. höheren Schulen. Auf Grund der vorhand. Lehrbücher. Von Walth. Lietzmann. Mit e. Einführungswort v. F. Klein. (XII, 102 S.) 909. 2. —
2. Die Organisation d. mathem. Unterrichts an den höh. Knabenschulen in Preussen. Von Walth. Lietzmann. (VII, 204 S. m. 18 Fig.) 910. 5. —
II. 1. Schulen, die höheren, in Mittel- u. Süddeutschland. Mit e. Einführungswort v. P. Treutlein. 1. Heft. Der mathemat. Unterricht an den höh. Lehranstalten sowie Ausbildung u. Fortbildung der Lehrkräfte im Königr. Bayern. Von Heinr. Wieleitner. (XVI, 85 S.) 910. 2. 40
2. Dasselbe. 2. Hft. Der mathemat. Unterricht an den Gymnasien u. Realanstalten nach Organisation, Lehrstoff- u. Lehrverfahren u. die Ausbildung der Lehramtskandidaten im Königr. Sachsen. Von Alex. Witting. (XII, 78 S.) 910. 2. 20
II. 3. Schulen, die höheren, in Mittel- u. Süddeutschland. Mit e. Einführungswort v. P. Treutlein. 3. Hft. Der mathemat. Unterricht an d. höh. Schulen nach Organisation, Lehrstoff- u. Lehrverfahren u. die Ausbildg. der Lehramtskandidaten im Königr. Württemberg. Von Erwin Geck. (IV, 104 S.) 910. 2. 60
4. Dasselbe. 4. Hft. Der mathemat. Unterricht an d. höh. Schulen nach Organisation, Lehrstoff u. Lehrverfahren u. d. Ausbildg. d. Lehramtskandidaten im Grossherzogt. Baden. Von Hans Cramer. (IV, 48 S.) 910. 1. 60
5. Dasselbe. 5. Heft. Der mathemat. Unterricht an d. höh. Schulen nach Organisation, Lehrstoff u. Lehrverfahren u. d. Ausbildg. d. Lehramtskandidaten im Grossherzogt. Hessen. Von Heinr. Schnell. (VI, 51 S.) 910. 1. 60
III. 2. Die Mathematik in den physikal. Lehrbüchern. Von H. E. Timerding. (VI, 122 S. m. 22 Fig.) 910. 2. 80
IV. 1. Mathematik, die, an den techn. Schulen. Mit e. Einführungswort v. P. Stäckel. 1. Heft. Der mathemat. Unterricht an den deutschen mittleren Fachschulen der Maschinenindustrie. Von Heinr. Grünbaum. (XVI, 99 S.) 910. 2. 60

— von d. Ursachen, Gesetze einzuführen od. abzuschaffen. 8. Frankf. 751. Haude. 2 gr

— von d. Ursachen d. Unglaubens. 4 Thle. 8. Gotha 761—65. Mevius. 17 gr

Abhandlungen von dem Ursprunge und Alterthum der „Stadt Basel". 1756 s. *Spreng*, Johann Jakob.

Abhandlung v. Urspr. u. Anwachse d. Pabstth. und Reformation. 8. Frankfurt, Cröcker. 755. Rthlr.

— von d. Ursprung d. Früchte, aus ihrem Bau hergeleitet; aus d. Latein. (v. J. Bapt. Fr. Xav. Graf v. Auersberg). gr. 8. Augsb. 780. Klett. 5 gr

— vom Ursprung d. Gebirge u. der darin befindl. Erzadern. 8. Leipz. 770. Hilscher. 5 gr

— v. d. Ursprung d. Venusseuche rc.; aus d. Französ. (v. G. H. Weber). 8. Bremen 775. Cramer. 4 gr

Abhandlungen über die alten und neuen Usurpationen der Römischen Kurie. — Frankfurt & Leipzig 1806. II, 232 S. 12: J. can. P. 9. 7.
1.3486

— über die alten u. neuen Usurpationen d. röm. Curie. gr. 8. Hadamar 806. (Lanz in Weilburg). 15 gr

Abhandlungen. — Abhandlungen über Variations-Rechnung. Hrsg. von P[aul] Stäckel. Th. 1.2. — Leipzig: Engelmann 1894.
1. Abhandlungen v. Joh. Bernoulli ⟨1696⟩, Jac. Bernoulli ⟨1697⟩ u. Leonhard Euler ⟨1744⟩.
2. Abhandlungen v. Lagrange ⟨1762, 1770⟩, Legendre ⟨1786⟩ u Jacobi ⟨1837⟩.
(Ostwald's Klassiker d. exakten Wissenschaften. 46.47.)
1.2 . . . . 1: Lf 23200–46.47. 12: Var. 354 t–46.47. 2. 3. 4. 5. 8. 10. 11. 82. 83. 85. 89.
2 . . . . 6.
1.3487

— v. Verbesser. des Ackerbaues rc. gr. 8. Wien, Trattner. 786.

Abhandlungen die Verbesserung der Landwirtschaft betreffend. Hrsg. von der K. K. ökonom. Gesellsch. in Böhmen. Bd 1–8. Prag: J. Herrl (1804: Schönfeld, 1805: Haase) 1797–1806. 8°
Forts. u. d. T.: Verhandlungen der k. k. patriotisch-ökonomischen Gesellschaft im Königreich Böhmen. Prag 1807 ff.

— die Verbesserung der Landwirthschaft betreffend. Herausg. von d. k. k. ökonom. Gesellschaft in Böhmen. 1r—8r Bd. gr. 8. Prag 798—808. (Widtmann, Krauß, Haase Söhne). 6 ß 12 gr

— zu noch mehrerer Verbesserung des Instituts der Wittwen- u. Waisen-Fiscorum. 8. Augsb. 768. . . . 6 gr

— von Verbesserung des Nahrungsstandes u. d. landesherrl. Einkünfte durch Manufacturen, (v. Jh. Fr. Müller). 8. Stuttg. 764. Metzler. 6 gr

— v. Verbesser. des Nahrungsstand. rc. 8. Stuttg. Metzler. 766.

— von Verbesserung d. Stadt- u. Land-Wirthschaften in Baiern. 4. München 785. Lentner. 4 gr

Abhandlungen zu Verbesserung der Wittwen- u. Waysen fiscorum. 8°. Augspurg 1768.

— über die Verbindlichkeit eines durch ungerechte Furcht abgedrungenen Versprechens, u. die Wirkung des denselben beigefügten Eides, (v. Th. Dolliner); herausg. v. F. Valeri. 8. Wien 789.

— v. d. genauen Verbindung d. natürl. Religion mit der geoffenbarten. 8. Leipz. 792. (W. Vogel). 4 gr

— von den Verbrechen u. Strafen. 8. Hamb. 766. Bock. 12 gr

Abhandlungen des Vereins für forstwissenschaftliche Ausbildung. - Tübingen. H. 1-2. 1825-1826. - (M. n. ersch.)

Abhandlungen des historischen Vereins des Kantons Bern. Bd 1. 2. Bern: Stämpfli; Zürich: Schultheß: 1848–54. 8°
Bd 3 ff. u. d. T.: **Archiv des histor. Vereins des Kantons Bern.** Bern 1855 ff.

Abhandlungen des histor. Vereins des Kantons Bern (später Archiv). Bd. 1—14. Bern 1848—93.

— des historischen Vereins des Cantons Bern. 1. Jahrg. (1848) 2 Hfte. 2. Jahrg. (1851) 1. Hft. gr. 8. (I. 399 S. m. 1 lith. Taf. in 4. II. 1. IV u. 126 S.) Bern. Zürich, Schultheß. (I. 1. u. 2. à n. 1/2 ß II. 1. n. 3/4 ß) 1 3/4 ß

— des Historischen Vereins d. Kantons Bern. 2. Jahrg. 2. Heft. Bern 854. (Zürich, Schultheß.) gr. 8. (1 Bl., S. 217—368.) n. 16 ngr

— des mittelrheinischen geologischen Vereins. 1. Bd 1. Lfg. gr. 4. Darmst. 881. Bergsträsser in Comm. n. 10. —
Halitherium Schinzi, die Fossile Sirene des Mainzer Beckens. Eine vergleichend-anatom. Studie v. G. R. Lepsius. M. 10 lith. Taf. (IV, 68 u. Taf.-Erklärgn. VIII S.)

Abhandlungen des Vereins für Naturkunde zu Cassel für das Vereinsjahr 1902/3. Der Naturwiss. Hauptgruppe d. Versammlung Deutscher Naturforscher u. Ärzte zu Cassel gewidmet vom Ver. f. Naturk. *Cassel 1903: L. Döll.* (316 S.) 8° [03. 11040

Abhandlungen, hrsg. vom naturwissenschaftlichen Vereine zu Bremen. 1. Bd. 3 Hefte. gr. 8. (366, 20, 23 und 22 S. mit 4 Stnt.) Bremen 867,68, Müller. *

Einzeln:

1. Bd. 1. Heft, einschliesslich Erster Jahresbericht des naturwissenschaftl. Vereines zu Bremen. Für das Gesellschaftsjahr vom Novbr. 1864 bis Ende März 1866. * 12 Ngr.
2. » einschl. Zweiter Jahresbericht vom 1. April 1866 bis Ende März 1867. * 20 Ngr.
3. » einschl. Dritter Jahresbericht vom 1. April 1867 bis Ende März 1868. * 28 Ngr.

— — 2. Bd. 1. Hft. Beigeheftet der 4. Jahresbericht f. das Gesellschaftsjahr vom April 1868 bis Ende März 1869. Ebend. 869. gr. 8. (181 S. u. 2 lith. Taff.) n. 28 *ngr.*

— hrsg. vom naturwissenschaftlichen Vereine zu Bremen. 2. Bd. 2. u. 3. Hft.; 3. u. 4. Bd. à 4 Hfte u. 5. Bd. 1. Hft. gr. 8. Bremen 870—76. Müller. n. 23. 50 (I—V.1.: n. 29. 50)

II. 2. 3. [Beigeheftet der 5. u. 6. Jahresbericht.] (S. 161—504 u. Jahresber. 53 S.) n. 6. 80
III. [Beigeheftet der 7. u. 8. Jahresbericht.] (552 S. u. Jahresbericht 57 S.) n. 8. 40
IV. Mit 14 Taf. [Beigeheftet der 9. Jahresbericht.] (510 S. u. Jahresbericht 25 S.) n. 13. 20
V. Bd. 1. Hft. Mit 6 (lith. u. chromolith.) Taf. (in gr. 8. u. qu. gr. 4.) (192 u. 11. Jahresbericht 27 S.) n. 4. —

Beilagen zu den Abhandlungen des Naturwissenschaftlichen Vereins zu Bremen. Tabellen über den Flächeninhalt des Bremischen Staats, den Wasserstand der Weser und die Witterungsverhältnisse der Jahre 1870—1876. Beilage 1 (1871) — 8. (1877). Bremen 1871—1877. 4 Bde. 4°.

Abhandlungen des —. Tabellen über den Flächeninhalt des Bremischen Staats, die Hohenverhältnisse, den Wasserstand der Weser, den Stand des Grundwassers und die Witterungs-Verhältnisse. Beilage No 1—8 Bremen 1877, 79, 80.

— hrsg. vom naturwissenschaftlichen Verein zu Bremen. 5. Bd. 2—4. Hft. Mit 4 (lith.) Taf. gr. 8. (S. 193 bis 652 u. 12. u. 13. Jahresbericht 28 u. 31 S.) Bremen 877—78. Müller. n. 9. 80

— dasselbe. 6. Bd. Mit 6 (lith.) Taf. gr. 8. (624 u. 14. u. 15. Jahresber. à 28 S.) Ebend. 879—80. n. 13. 60

— dasselbe. 7. Bd. gr. 8. (IV, 376 S. m. 20 Steintaf. u. 1 chromolith. Karte u. 16. u. 17. Jahresbericht 57 S.) Ebend. 880—82. n. 12. 40. (I—VII.: n. 73. 40)

— hrsg. vom naturwissenschaftlichen Vereine zu Bremen. 8. Bd. Mit 6 (lith.) Taf. gr. 8. (592 u. 18. Jahresber. 28 S. m. 1 lith. Karte.) Bremen 883. 84. Müller. n. 13. 60

— dasselbe. 9. Bd. 1—3. Hft. gr. 8. (360 u. 19—21. Jahresber. 94 S. m. 2 Steintaf.) Bremen 884. 886. Müller. n. 10. 40 (I—IX, 3 : 97. 40)

— hrsg. vom naturwissenschaftlichen Verein zu Bremen. 9. Bd. 4. [Schluss-]Hft. gr 8. (IV, S. 361 bis 472 u. 22. Jahresber. 28 S.) Bremen 887. Müller. n. 2. 40 (9. Bd. cplt.: n. 12. 80)

— dasselbe. 10. Bd. 3 Hfte. gr. 8. Ebd. 888. 889. n. 16. 40

1. (248 S. m. 2 Taf.) n. 6. —
2. (S. 249—320 u. 23. Jahresber. 32 S. m. 1 Taf.) n. 2. 40
3. (IV u. S. 321—619 u. 24. Jahresber. 30 S. m. 5 Taf. u. 1 Tab.) n. 8. —

— dasselbe. 11. Bd. 1. Hft. Festschrift zur Feier des 25jähr. Bestehens des naturwissenschaftl. Vereins zu Bremen. gr. 8. (III, 324 S. m. 16 Taf.) Ebd. 889. n. 10. —

— dasselbe. 11. Bd. 2. [Schluss-]Hft. gr. 8. (IV, u. S. 325—446 u. 25. Jahresber. 28 S. m. 4 Taf.) Ebd. 890. n. 4. —

— hrsg. vom naturwissenschaftlichen Vereine zu Bremen. XII. Bd. 3 Hfte. gr. 8. Bremen, C. E. Müller. à n. 6. —

1. (172 S. u. 26. Jahresbericht 32 S. m. 2 Taf.) 891.
2. (S. 173—348 u. 27. Jahresbericht 34 S. m. 1 Tab. u. 2 Taf.) 892.
3. (IV u. S. 349—564 u. 28. Jahresbericht 32 S.) 893.

— dasselbe. XII. Bd., Beilage, s : Janson, Otto, Versuch einer Übersicht üb. die Rotatorien-Familie der Philodinaeen.

— dasselbe. XIII. Bd. 1. Hft. gr. 8. (160 u. 29. Jahresbericht 32 S. m. Fig., 2 Tab. u. 2 Taf.) Bremen 894. C. E. Müller. n. 6. —

— hrsg. vom naturwissenschaftl. Vereine zu Bremen. 13. Bd. 2 u. 3. Hft. gr. 8. Bremen, C. E. Müller. n. 9. —

2. (S. 161—352 m. 3 Taf. u. 30. Jahresber. 36 S.) 895. n. 6. —
3. (IV u. S. 353—498 m. 3 Abb. u. 31. Jahresber. 36 S.) 896. n. 3. —

— dasselbe. XIII. Bd. Extra-Beilage. gr. 8. Ebd. 894. n. — 80

Ueber Einheitlichkeit der botanischen Kunstausdrücke und Abkürzungen. Von Frz. Buchenau. Progr. (36 S.)

— dasselbe. 14. Bd. 3 Hfte. gr. 8. Ebd. n. 12. —

1. (176 S. m. 6 Abb.) 895. n. 3. —
2. (S. 177—340 u. 32. Jahresbericht 34 S. m. 6 Abb. u. 3 Taf.) 897. n. 4. —
3. (IV u. S. 341—520 u. 33. Jahresbericht 38 S. m. 2 Abb. u. 2 Taf.) 897. n. 5. —

— dasselbe. 15. Bd. 1. u. 2. Hft. gr. 8. Ebd. n. 3. 20

1. Beiträge z. nordwestdeutschen Volks- und Landeskunde. 1. Hft. (IV, 80 S.) 895. n. 1. 20
2. dasselbe. 2. Hft. (S. 81—190 m. 1 Bildn. u. 2 Taf.) 897. n. 2. —

— hrsg. vom naturwissenschaftlichen Verein zu Bremen. 15. Bd. 3. Hft. Bremen, G. A. v. Halem. n. 2. —

3. Beiträge zur nordwestdeutschen Volks- u. Landeskunde. 3. Hft. (IV u. S. 191—317 m. 1 Taf.) 901. n. 2. — (1.—3.: n. 5. 20)

Hft. 1 u. 2. Ebd. 895. n. 1. 20.

— dasselbe. 16. Bd. 1. Hft. gr. 8. (174 S.) Ebd. 898. n. 3. —

— dasselbe. 16. Bd. 2 u. 3. Hft. gr. 8. Ebd. n. 8. —

2. (S. 175—406, 34 u. 6 S. m. 3 Taf. u. 1 Abb. im Texte.) 899. n. 4. —
3. (IV, S. 407—547 u. 34 S. m. 2 Taf. m. 15 Abb. i. Texte.) 900. n. 4. —

Hft. 1 jetzt Ebd. 898. n. 3. —.

Abhandlungen, hrsg. v. naturwissenschaftlichen Verein zu Bremen. 17. Bd. 1. Hft. gr. 8. (232 S. m. Abb. u. 3 Taf.) Bremen, G. A. v. Halem 901. n. 4. —

— hrsg. vom naturwissenschaftlichen Verein zu Bremen. 17. Bd. 2. Hft. u. 18. Bd. 2 Hfte. gr. 8. Bremen (F. Leuwer). n. 20. —

17. 2. (S. 235—481 u. 35 S. m. 4 Abb. u. 4 Taf.) 903. n. 4. —
18. (IV, 31, 34 u. 512 S. m. Abbildgn. u. 25 Taf. u. 41. Jahresbericht 32 S.) 905. 906. n. 16. —

— hrsg. vom naturwissenschaftlichen Verein zu Bremen. 19. Bd. 3 Hefte u. 20. Bd. 1. Hft. gr. 8. Bremen (F. Leuwer). 24. —

19. (IV, 559, 37, 31 u. 33 S. m. 103 Abb. u. 22 Taf.) 907—09. 18. —
20. I. (192 u. 33 S. m. 30 Abb. u. 1 Taf.) 910. 6. —

Abhandlungen des naturwissenschaftlichen Vereins zu Magdeburg. Magdeburg 869. Creutz in Comm. gr. 8.

1. Heft: Gerland, Geo., Rede zur Gedächtnißfeier Alexander's v. Humboldt. Am 14. September 1869 zur Eröffnung d. naturwissenschaftl. Vereins zu Magdeburg gehalten. (46 S.) 7½ *ngr.*

Abhandlungen des naturwissenschaftlichen Vereins zu Magdeburg. 2—6. Hft. gr. 8. Magdeburg 872—74. Creutz. n. 6. 15. (1—6.: n. 6. 90)

2. Die Bodenverhältnisse Magdeburgs u. der Strecken Magdeburg-Eilsleben-Helmstedt, Eilsleben-Schöningen v. A. Schreiber. Nebst Höhen- u. Schichten-Profil der Börde und Ummendorf-Helmstedter Gegend. (28 S.) n. — 75.
3. Charakterpflanzen d. Alluviums im Magdeburger Florengebiete v. W. Ebeling. — Die Sedimente d. Tertiärmeeres bei Magdeburg v. A. Schreiber. — Die Bodenverhältnisse zwischen Magdeburg u. Burg v. A. Schreiber. — Ueber die Cholera-Epidemien der Stadt Magdeburg v. Rosenthal. Nebst 3 Taf. (44 S.) n. 1. —
4. Wanderungen durch die Florengebiete Zerbst, Möckern, Burgstall, Calvörde, Wolmirstedt, Barby u. Bernburg während des Sommers 1872 v. Ludw. Schneider. — Der Untergrund der Stadt Magdeburg v. Schreiber. — Die Thätigkeit d. magdeburgischen botanischen Vereins v. Schreiber. Nebst 4 Taf. (39 S.) n. 2. —
5. Die Wasserverhältnisse in der Umgebung Magdeburgs v. Schreiber. Anschließend e. eingehende Behandlung d. Elbwassers v. Reidemeister. — Beziehungen der letzten Cholera-Epidemie zu den

Bodenschichten Magdeburgs, nebst e. die Verbreitg. der Cholera-Epidemie v. 1873 in Magdeburg bezeichn. Karte. — Die Fauna d. Grünsandes im Gebiete der Stadt Magdeburg. Von Schreiber. (39 S.) n. 1. 20

6. Wanderungen im Magdeburger Florengebiete im J. 1873, v. Ludw. Schneider. — Die Binnenmollusken Magdeburgs, v. O. Reinhardt. — Die Durchschnitte der Magdeburg-Erfurter Bahn in der Umgebung Hettstedts, v. A. Schreiber. Mit Höhen- u. Schichten-Profil der Hettstedter Gegend. — Mittheilungen: Ueber die Thätigkeit der magdeburg. botanischen Vereins. (50 S.) n. 1. 20

— des naturwissenschaftlichen Vereins zu Magdeburg. 7. Hft. gr. 8. Magdeburg 876. Creutz in Comm. n. 1. — (1—7.: n. 7. 90)

Die Bodenverhältnisse im Süden Magdeburgs. Von A. Schreiber. (9 S. m. 1 Steintaf.). Die Wolkenbildung üb. der norddeutschen Tiefebene. Von Blath. (S. 10—23.) Mittheilungen aus dem botanischen Verein zu Magdeburg. Von W. Ebeling. (S. 34—50.)

Naturwissenschaftlicher Verein fuer Sachsen und Thueringen. Abhandl. Berlin, 1848, etc. 4°.→
——— Zeitschrift. Berlin, 1853–69. 34 vols. 8°.

ABHANDLUNGEN DES NATURWISSENSCHAFTLICHEN VEREINES FÜR SACHSEN UND THÜRINGEN IN HALLE. Herausgegeben von C. GIEBEL und W. HEINTZ.

Bd. 1. 1856—1859. Mit 35 lithographirten Tafeln. Berlin 1860. G. Bosselmann. 4°.

Heft 1. (Enthaltend 3 Abhandlungen. Mit Tafeln.) ib. 1856—58. —

(Abh. 1.) A. u. d. T.: ADOLF SCHMIDT, Der Geschlechtsapparat der Stylommatophoren in taxonomischer Hinsicht gewürdigt. Mit XIV lithographirten Tafeln. Aus dem I. Bande der Abhandlungen des naturwissenschaftlichen Vereines für Sachsen und Thüringen in Halle besonders abgedruckt. Berlin 1855. Karl Wiegandt.

(Abh. 2.) A. u. d. T.: C. GIEBEL, Die Versteinerungen im Muschelkalk von Lieskau bei Halle. Mit VII lithographirten Tafeln. Aus dem I. Bande der Abhandlungen des Naturwissenschaftlichen Vereines ... besonders abgedruckt. ib. 1856. —

(Abh. 3.) A. u. d. T.: TH. IRMISCH, Morphologische Beobachtungen an einigen Gewächsen aus den natürlichen Familien der Melanthaceen, Irideen und Aroideen. Mit 2 lithographirten Tafeln. Aus dem I. Bande der Abhandlungen des Naturwissenschaftlichen Vereines ... besonders abgedruckt. ib. 1856. G. Bosselmann.

(Abh. 4.) A. u. d. T.: FRIDERICUS SEBALDUS HERMANNUS SCHWARZ, De affectione curvarum additamenta quaedam. (Abhandlungen des Naturwissenschaftlichen Vereines für Sachsen und Thüringen in Halle Vol. I.) ib. 1856. —

(Abh. 5.) A. u. d. T.: C. G. GIEBEL, Beiträge zur Osteologie der Nagethiere. Mit V lithographirten Tafeln. (Aus dem I. Bande der Abhandlungen des naturwissenschaftlichen Vereines für Sachsen und Thüringen in Halle besonders abgedruckt.) ib. 1857. —

(Abh. 6.) A. u. d. T.: C. GIEBEL, Die Silurische Fauna des Unterharzes nach Herren C. Bischof's Sammlung bearbeitet. Mit VII lithographirten Tafeln. Aus dem I. Bande der Abhandlungen des Naturwissenschaftlichen Vereines ... besonders abgedruckt. ib. 1858. —

Bd. 2. 1858—1861. Mit 15 lithographirten Tafeln. Berlin 1861. —

(Abh. 1.) A. u. d. T.: THILO IRMISCH, Ueber einige Arten aus der natürlichen Pflanzenfamilie der Potameen. (Mit 3 lithographirten Tafeln.) (Aus dem II. Bande der Abhandlungen des Naturwissenschaftlichen Vereines ... besonders abgedruckt.) ib. 1858. —

(Abh. 2.) A. u. d. T.: HERM. LOEW, Die Dipteren-Fauna Südafrika's. Abth. 1. Mit 2 Tafeln. Aus dem II. Bande der Abhandlungen des Naturwissenschaftlichen Vereins ... besonders abgedruckt. ib. 1860. —

(Abh. 3.) A. u. d. T.: OSWALD HEER, Beiträge zur nähern Kenntniss der Sächsisch-thüringischen Braunkohlenflora. Nebst einem Anhange über einige Siebenbürgische Tertiärpflanzen von C. J. Andrae. Mit 10 Tafeln. (Aus dem II. Bande der Abhandlungen des Naturwissenschaftlichen Vereins ... besonders abgedruckt.) ib. 1861. —

Siebenbürger Verein f. Naturwissenschaften zu Hermannstadt. **Abhandlungen**. Bd 1. Berlin: R. Friedländer & Sohn in Komm. 1902. 4°(8)
(o4. 4900 2

— des zoologisch-mineralogischen Vereines in Regensburg. 1. u. 2. Hft. gr. 8. (IV u. 196 S. m. 4 lith. Taf. VIII u. 58 S.) Regensburg 849, 52, Pustet in Comm. (1.: 1 *rß* 6 *ngl* 2: 18 *ngl*) 1 *rß* 24 *ngl*

—— dass. — 3—5. Heft. gr. 8. (Ebds.) [Heft 3. (V und 105 S.) 853. * 18 Ngr., 4. (V und 121 S.) 854. * 16 Ngr., 5. (V und 86 S. mit 1 Stnt. in qu. gr. 4.) 855. 12 Ngr.] *

Inhalt:

Besnard, Ant. Frz., Die Mineralogie in ihren neuesten Entdeckungen und Fortschritten im J. 1852—54. Ein systemat. Jahresbericht.

Abhandlungen des zoologisch-mineralogischen Vereines in Regensburg. 6. und 7. Heft. gr. 8. Regensburg 856, (Pustet'sche Buchh.) Thlr.

Inhalt:

Heft 6. Besnard, Ant. Frz., die Mineralogie in ihren neuesten Entdeckungen und Fortschritten im J. 1855. VIII. systemat. Jahresbericht. (III und 64 S. mit 2 Stnt. in qu. gr. 4.) 16 Ngr.

7. Mühle, Heinr. v. der, Monographie der europäischen Sylvien. (VI und 152 S. mit 4 ill. Stnt. in gr. 4.) * 2 Thlr.

1. Heft. Ebendas. 1849. * 1 Thlr. 6 Ngr.

—— Heft 8. 1. Die bayerischen Chiroptern (von A. J. JÄCKEL). 2. Beiträge zur Kenntniss des Diluviums und des ältern Alluviums um Bamberg (von A. HAUPT). ib. 1860. —

Heft 9. Altes und Neues zur Lehre über die organische Art (Species). Eine gedrängte Zusammenstellung des bis jetzt Erschienenen von ANTON FRANZ BESNARD. — Die Fische Bayerns. Ein Beitrag zur Kenntniss der deutschen Süsswasserfische von A. J. JÄCKEL. ib. 1864. Druck von Friedrich Pustet.

Heft 10. (Mit Tafeln.) München, 1875. Akademische Buchdruckerei von F. Straub. Zu beziehen durch Theodor Ackermann's Buchhandlung. A. u. d. T.: LUDWIG von AMMON, Die Jura-Ablagerungen zwischen Regensburg und Passau. Eine Monographie des Niederbayerischen Jurabezirkes mit dem Keilberger Jura unter besonderer Berücksichtigung seiner Beziehungen zum Frankenjura. Von der philosophischen Facultät der Universität München gekrönte Preisschrift. Mit 4 lith. Quarttafeln und 1 lith. Profiltabelle. s. l. & a.

Heft 11. (Mit Tafeln.) München, 1878. Akademische Buchdruckerei von F. Straub. Zu beziehen durch den zool.-min. Verein in Regensburg. A. u. d. T.: LUDWIG von AMMON, Die Gastropoden des Hauptdolomites und Plattenkalkes der Alpen. Mit 1 lithographirten Tafel und 1 Holzschnitt. s. l. & a.

— von der Vergleichung d. Kegelschnitte u. einiger daraus erwachsener Körper gegen einander ꝛc., (v. Fr. Brammerell.) 4. Frankf. 789. 2e Aufl. 789.

— zur Verkehrs- u. Seegeschichte. Im Auftrage des hans. Geschichtsvereins hrsg. v. Dietr. Schäfer. 1.—4. Bd. 8. Berlin, K. Curtius. 37. 50

Hagedorn, Bernh., Ostfrieslands Handel u. Schiffahrt im 16. Jahrh. (XXIV, 370 S.) 910. (Bd. 3.) 9. —
Häpke, Rud., Brügges Entwicklung zum mittelalterlichen Weltmarkt. Mit 1 Plan. (XXIV, 296 S.) 908. (Bd. 1.) 9. —
Püschel, Alfr., das Anwachsen der deutschen Städte in der Zeit der mittelalterlichen Kolonialbewegung. (XII, 214 S. m. 15 Stadtplänen.) 910. (Bd. 4.) 7. 50
Wätjen, Herm., die Niederländer im Mittelmeergebiet zur Zeit ihrer höchsten Machtstellung. (XXV, 416 S.) 909. (Bd. 2.) 12. —

— vermischte, herausg. von e. Gesellsch. Kieler Professoren. 1s Bdchen. gr. 8. Schlesw. 820. Koch. 2 *rß*

— vermischte, u. Anmerkk. a. d. Gesch. d. Staatsrechts ꝛc. 8. Frankf. a. M. 751. (Schäfer). 12 *gl*

Vermischte Abhandlungen und Anmerkungen aus der Geschichte der Staatsrechte.
[Hrsg.: Al. Adam v. Sinclair.]
Frankfurt u. Leipzig: Esslinger 1751. 8°

Vermischte Abhandlungen und Berichte (1754: Vermischte Berichte und Abhandlungen) **einer Gesellschaft auf den vier Obersächsischen Academien auf d. J. 1753–54.** St. 1–6 u. St. 1.
Leipzig: Pouillard 1753–54. 8°

— vermischte, u. Erläuterung der Hist. v. Bremen 6 Bde. gr. 8. Bremen. 757.

— vermischte, zur Erläuter. d. Kirchengesch. d. Herzogth. Bremen u. Verden, 6 Samml. 8. Bremen 752—62. (Rabenhorst in Leipz.) 4 *rß* 8 *gl*

— vermischte, u. Erzähll. f. Kinder. 1s Bdchn. 8. Göttingen 779. Dieterich. 6 *gl*

Abhandlungen, Vermischte, über Gegenstände der Gesetzgebung und Rechtsgelehrsamkeit. Leipzig 1779/80. V: *Klein, Ernst Ferdinand.* (KGBerlin I, 129) Vgl. VI, 218.

Vermischte Abhandlungen der Physisch-Chemischen Warschauer Gesellschaft zur Beförderung der praktischen Kenntnisse in der Naturkunde, Oekonomie, Manufakturen und Fabriken, besonders in Absicht auf Polen. St. 1. Warschau u. Dresden 1768. 8°

Vermischte Abhandlungen aus dem Gebiete der Heilkunde. Von einer Gesellsch. prakt. Ärzte zu St. Petersburg. [Hrsg.: Lesche, Seidlitz, Weisse.] Bd 1–4. St. Petersburg 1821–30. 8°

— vermischte, aus d. Gebiete d. Heilkunde, von e. Gesellsch. prakt. Aerzte in Petersb. 1e—4e Samml. M. Steindr. u. Kpft. gr. 8. St. Petersb. 821—31. (Cnobloch in Leipz. auch Kummer). 7 ℛ 12 gr

Abhandlungen, vermischte, aus d. Gebiete d. Heilkunde, v. e. Gesellschaft prakt. Aerzte zu St. Petersburg (Lerche, Seidlitz, Weiße). 5e Samml. A. u. d. T.: Medicinisch-prakt. Abhandll. v. Deutschen in Rußland lebenden Aerzten. 1r Bd. Mit 1 Steintaf. gr. 8. Hamb. 835. Hoffmann u. Campe. 2 ℛ

— vermischte, aus dem Gebiete der Heilkunde, von einer Gesellschaft prakt. Aerzte zu St. Petersburg. 6. Sammlung. gr. 8. St. Petersburg 842. (Leipzig, Rud. Hartmann.) n. 2 ℛ

— vermischte, aus dem Gebiete der Heilkunde, von einer Gesellschaft pract. Aerzte zu St. Petersburg. 7. Sammlung. A. u. d. T.: Neue Abhandlungen des deutschen ärztl. Vereins zu St. Petersburg. 1. Thl. Nebst 5 (lith) Tab. (in Fol.), 2 graphischen Darstellungen (auf 1 lith. Taf. in Fol.) u. 1 (lith.) Kärtchen. gr. 8. (XII u. 425 S.) St. Petersburg 847, Eggers & Co. in Comm. Leipzig, Hartmann. n. 2 ℛ (1—7. Samml. 821—47. n. 13 7/12 ℛ)

— vermischte, aus d. Gebiete d. Heilkunde v. e. Gesellsch. pract. Aerzte zu St. Petersburg. (Red.: C. v. Mayer, Dr. Rambach, Rosenberger.) 8. Sammlung. Mit 1 (lith. u.) color. Abbildg. (in Fol.), sowie 1 Taf. (in Holzschn. in 4.) u. 4 in d. Text gedr. Holzschn. Leipzig 854. Hartmann in Comm. gr. 8. (X, 344 S.) n. 2 ℛ.
1.—7. Sammlg. Petersburg. 821—47. (Ebend.) n. 13 ℛ 17 1/2 ngr

Vermischte, mehrenteils historische gelehrte Abhandlungen, von verschiedenen Verfassern. Eine Wochenschrift. St. 1–50. Rostock: Adler 1767.

— vermischte, e. Philosophen aus d. Provinz. Aus d. Franz. übers. u. mit Anmerkk. von H. C. G. Walz. 2 Thle. 8. Amsterd. 774. (C. F. Günther in Glogau). 16 gr

— vermischte philosophische, (von Sigwart). 1s Bdchen. gr. 8. Tüb. 831. Laupp. 18 gr 2s Bdchen. A. u. d. T.: Kritik von Hegels Encyclopädie d. philosoph. Wissenschaften. gr. 8. Ebd. 831. 1 ℛ

— vermischte, a. d. bürgerl. Rechtswissenschaft, (von Chr. Fr. Speidel). 1r Thl. J. A. Frommanns academ. Schriften. 8. Stuttg. 786. (Hoffmann). 20 gr

„Vermischte Abhandlungen der Westphälischen ökonomischen Societät in Hamm, zur Beförderung der Oekonomie, der Fabriken, Manufakturen, der Handlung, Gewerbe und Künste", 1. Band, Heft 1 und 2, Halle 1793—1794. — Fortsetzung: „Der Westphälischen Gesellschaft naturforschender Freunde neue Schriften", 1 Band, Düsseldorf 1798.

— vermischte, meistens aus d. Gebiete d. Staatswirthschaft u. Naturgeschichte, (von K. F. W. Glaser.) 1r Thl. m. Kpf. gr. 8. Nürnb. 805. Grattenauer.

Vermischte Abhandlungen und Urtheile über das Neueste aus der Gelehrsamkeit. T. 1–8. Berlin: Voss 1756–60. 8°

— zum Verständniß v. Friedr. Fröbels Erziehungslehre. Hrsg. v. Hanna Mecke. 1.—3. Heft. 8. Bamberg, C. C. Buchner's Verl. 1. 30

Mecke, Hanna, warum brauchen wir Kindergärten u. Kinderhorte? Eine Mahng. an Gemeinden u. Fabrikanten. (26 S.) 910. (Hft. 3) —. 40

— Friedrich Fröbels Lebensgang u. Lebenswerk. Ein Leitfaden f. den pädagog. Unterricht an Frauenschulen u. Seminaren. (37 S.) 910. (Hft. 1) —. 50

— Fröbels Ideen in ihrem Einfluß auf pädagogische u. soziale Wirksamkeit. (23 S.) 909. (Hft. 2) —. 40

Abhandlungen Versuche Ratanhia

Abhandlungen und Versuche über die Ratanhia Hrsg.v. (Karl Christian) von Klein... Nebst Beyträgen von Renard u.a. (2.Aufl.) 170 S., 1 Taf., gbd.

Stuttgart: Löfflund } 1819
Wien: Gerold

— vier, üb. viel in gegenwärt. Zeit höchst wichtige Gegenstände. 8. (7 1/4 B.) Augsburg 831, Wolfbardt.

Archimedes, Huygens, Lambert, Legendre. Vier Abhandlungen über die Kreismessung. Deutsch hrsg. u. mit e. Übersicht über d. Gesch. d. Problemes von d. Quadratur d. Zirkels, von d. ältesten Zeiten bis auf unsere Tage, versehen von F[erdinand] Rudio. — Leipzig: Teubner 1892. VIII,166 S.
1:Oa 4975. 12:Math.P. 481nf. 2. 3. 5. 6. 7. 10. 11. 83.
1 3493

Vier Abhandlungen, aus dem Schwedischen übers., von dem Nuzen der Manufakturen; von dem Gleichgewichte der Nahrungsgeschäfte; von einrichtung einer Haushaltungs-Tabelle über Städte; von denen zum Tabellwerke nöthigen Wissenschaften. — Bern: Neue Buchh. 1762. 82 S.
12:Cam. 3m. 7.
1.3494

— vier, vom Nutzen d. Manufacturen u. s. w. Aus d. Schwed. 8. Bern 762. Typogr. Soc. Wien 770. Trattner. 5 gr

— vier, über das constitutionelle Princip, s. Princip, das constitutionelle.

Vier Abhandlungen über das constitutionelle Princip von Joseph Held, Rudolf Gneist, Georg Waitz, Wilhelm Kosegarten. — Leipzig: Brockhaus 1864. 379 S. (Das constitutionelle Prinzip. 2.)
1:Fa 2315-2. 300:120.259-B. Bd2. 2. 3. 4. 5. 7. 8. 9. 10. 11.
1.3495

— [franz.] Considérations sur la nature, les conditions et les effets du principe constitutionnel. Quatre traités des MM. Joseph Held, Rodolphe Gneist, Georges Waitz, Guillaume Kosegarten. Publ. par Auguste de Haxthausen. Trad. de l'allemand. — Leipzig: Brockhaus 1865. XIV,385 S.
1:Fa 2340. 5.
1.3496.

— vier, über wichtige u. gemeinnützige Wahrheiten der Homiletik, v. Spalding, Salzmann u. Resewitz; (herausg. v. K. L. Konrad). 8. Berl. 783. Maurers B. 9 gr

Volkswirtschaftliche Abhandlungen der badischen Hochschulen. [Hrsg.: C. J. Fuchs, G. v. Schulze-Gävernitz, M. Weber.] Bd 1–10. Tübingen: J. C. Mohr; sp. Karlsruhe: Braun 1898–1909. 8°

℄ Forts. u. d. T.: Freiburger volkswirtschaftliche Abhandlungen. Bd 1 [Bd 11 der alten Reihe] 1911 ff.

— volkswirtschaftliche, d. bad. Hochschulen. Hrsg. v. Carl Johs. Fuchs, Heinr. Herkner, Gerh. v. Schulze-Gävernitz, Max Weber. I. Bd. 1.—3. Hft. gr. 8. Freiburg i/Br., J. C. B. Mohr. Subskr.-Pr n. 10. 60; Einzelpr. n. 13. —
1. D. Unternehmerverbände (Konventionen, Kartelle), ihr Wesen u. ihre Bedeutg. Von Rob. Liefmann. (XII, 199 S.) 897. Subskr.-Pr. n. 4. — ; Einzelpr. n. 5. —
2. Colbert's polit. u. volkswirtschaftl. Grundanschauungen. Von Gust. Heinr. Hecht. (V, 69 S.) 898. Subskr.-Pr. n. 1. 60 ; Einzelpr. n. 2. —
3. Genueser Finanzwesen m. bes. Berücksicht. d. Casa Di S. Giorgio. Von Heinr. Sieveking. I. Genueser Finanzwesen v. 12. b. 15. Jahrh. (XV, 218 S.) 898. Subskr.-Pr. n. 5. — ; Einzelpr. n. 6. —

Abhandlungen, volkswirtschaftliche, der badischen Hochschulen, hrsg. v. Carl Johs. Fuchs, Gerh. v. Schulze-Gävernitz, Max Weber. 2. Bd. 3 Hfte. gr. 8. Freiburg i/B. Tübingen, J. C. B. Mohr. n. 9. 50; Einzelpr. n. 11. 50
1. Mannheim u. die Entwicklung des südwestdeutschen Getreidehandels. I. Geschichte des Mannheimer Getreidehandels. Von Walt. Borgius. (XI, 236 S.) 899. Einzelpr. n. 6. —
2. Dasselbe. II. Gegenwärtiger Zustand des Mannheimer Getreidehandels. (IV, 122 S.) 899. Einzelpr. n. 3. —
3. Die Feldbereinigung auf der Gemarkung Merdingen. Eine agrarpolit. Studie. Von Ernst Blum. Mit 3 lith. Taf. u. 2 Abbildgn. im Text. (VII, 59 S.) 899. Einzelpr. n. 2. 50

— dasselbe. 3. Bd. 3 Hfte. gr. 8. Ebd. n. 12. 30; Einzelpr. n. 14. 60
1. Über Wesen u. Formen des Verlags (der Hausindustrie). Ein Beitrag zur Kenntnis der volkswirtschaftl. Organisationsformen. Von Rob. Liefmann. (VIII, 132 S.) 899. Einzelpr. n. 3. 40
2. Zehentwesen u. Zehentablösung in Baden. Von Adf. Kopp. (VIII, 151 S.) 899. Einzelpr. n. 4. 20
3. Genueser Finanzwesen m. besond. Berücksicht. der Casa di S. Giorgio. II. Die Casa di S. Giorgio. Von Heinr. Sieveking. (XV, 259 S.) 899. Einzelpr. n. 7. —

— dasselbe. IV. Bd. 5 Hfte. gr. 8. Ebd. n. 13. 60; Einzelpr. n. 18. 50
1. Die gesetzlich geschlossenen Hofgüter d. badischen Schwarzwalds. Von Geo. Koch. (IV, 142 S.) 900. Einzelpr. n. 4. —
2. Agrargeschichte u. Agrarwesen der Johanniterherrsch. Heitersheim. Ein Beitrag zur Wirtschaftsgeschichte des Breisgaus. Von Jos. Ehrler. (VIII, 77 S.) 900. Einzelpr. n. 2. 50
3. Fichte's Sozialismus u. sein Verhältnis zur Marx'schen Doktrin. Von Marianne Weber. (VII, 122 S.) 900. Einzelpr. n. 4. —
4. Beiträge zur Sozialstatistik der deutschen Buchdrucker. Von Walt. Abelsdorff. Mit e. Vorbemerkg. von Max Weber. Mit vielen Tabellen. (XV, 66 S.) 900. Einzelpr. n. 4. —
5. Konfession u. soziale Schichtung. Eine Studie üb. die wirtschaftl. Lage d. Katholiken u. Protestanten in Baden. Von Mart. Offenbacher. Mit 4 in den Text eingedr. Karten. (III, 102 S.) 900. Einzelpr. n. 4. —

— dasselbe, hrsg. v. Carl Johs. Fuchs, Karl Rathgen, Gerh. v. Schulze-Gävernitz, Max Weber. V. Bd. 5 Hfte. gr. 8. Ebd. n. 15. 50; Einzelpr. n. 20. 50
1. Die Entwicklung des Sparkassenwesens im Grossherzogt. Baden. Von Frdr. Schulte. (IV, 88 S.) 901. Einzelpr. n. 3. 50.
2. Beitrag zur Geschichte des Stadtwaldes v. Freiburg i. B. Von Aug. Gerber. Mit viel. Tab. (XII, 130 S.) 901. Einzelpr. n. 5. —
3. Die Entwicklung des Handels m. gebrauchsfertigen Waren von d. Mitte des 18. Jahrh. bis 1866 zu Frankfurt a. M. Von Hugo Kanter. (VIII, 143 S.) 902. Einzelpr. n. 5. —
4. Das Postwesen in der Kurpfalz im 17. u. 18. Jahrh. Von R. Grosse. (VII, 67 S.). 902. Einzelpr. n. 3. —
5. Die Allmenden im Grossherzogt. Baden. Eine histor., statist. u. wirtschaftl. Studie. Von Bernh. Ellering. Mit 5 Tab. u. 1 Karte. (VIII, 97 S.) 902. Einzelpreis n. 4. —

— dasselbe. VI. Bd. 3 Hfte. gr. 8. Ebd. n. 11. 90; Einzelpr. n. 15. 10
1. Die Wirkung der Handelsverträge auf Landwirtschaft, Weinbau u. Gewerbe in Elsass-Lothringen. Von Leo Berkholz. Mit e. Vorbemerkg. v. C. J. Fuchs. Mit Tabellen. (VII, 208 S.) 902. Einzelpr. n. 7. —
2. Die russische Naphtha-Industrie u. der deutsche Petroleummarkt. Von Hellmuth Wolff. Mit Tabellen u. 2 Kartogr. (VIII, 94 S.) 902. Einzelpr. n. 3. 60
3. Die Entstehung der gewerkschaftlichen Arbeiterbewegung im deutschen Sattlergewerbe. Von Arth. Blaustein. Mit Tabellen. (VI, 139 u. III S.) 902. Einzelpr. n. 4. 50

— volkswirtschaftliche, der badischen Hochschulen, hrsg. v. Carl Johs. Fuchs, Karl Rathgen, Gerh. v. Schulze-Gävernitz, Max Weber. VII. Bd. 4 Hfte. gr. 8. Karlsruhe, G. Braun'sche Hofbuchdr. Subskr.-Pr. n. 10. 60; Einzelpr. n. 13. 40
1. Der Obstbau u. Obsthandel im Grossherzogt. Baden. Von Eduard Engel. (IV, 131 S.) 903. Subskr.-Pr. n. 3. 20; Einzelpr. n. 4. —
2. Das Tarifwesen in der Personenbeförderung der transozeanischen Dampfschiffahrt. Von Rob. Schachner. (IV, 174 S.) 904. Subskr.-Pr. n. 4. —; Einzelpr. n. 5. —
3. Bodenwerte, Bau- und Bodenpolitik in Freiburg i. Br. während der letzten 40 Jahre (1863—1902). Von Wilh. Mewes. Mit e. Vorwort v. Carl Johs. Fuchs. (VIII, 100 S. m. 1 Plan.) 905. Subskr.-Pr. n. 1. 60; Einzelpr. n. 2. —
4. Die oberbadischen Rindviehzucht-Genossenschaften. Von Otto Oswald. (IV, 95 S.) 905. Subskr.-Pr. n. 1. 80; Einzelpr. n. 2. 40

— dasselbe. VII. Bd. 1.—4. Ergänzungsbd. gr. 8. Ebd. Subskr.-Pr. n. 14. 80; Einzelpr. n. 18. 20
1. Die badische Landwirtschaft am Anfang des XX. Jahrh. Von Mor. Hecht. Mit 6 Taf. u. 12 Karten. Von der rechts- u. staatswissenschaftl. Fakultät der Universität Freiburg i. Br. m. dem Preis der Rudolf Schleiden-Stiftg. ausgezeichnet. (X, 262 S.) 903. Subskr.-Pr. n. 6. —; Einzelpr. n. 7. —
2. Die Organisationen des jüdischen Proletariats in Russland. Von Sara Rabinowitsch. (VIII, 162 S.) 903. Subskr.-Pr. n. 4. — ; Einzelpr. n. 5. —
3. Die Tarife der deutschen Strassenbahnen, ihre Technik u. wirtschaftliche Bedeutung. Von Loth. Weiss. (VII, 139 S.) 904. Subskr.-Pr n. 2. 40; Einzelpr. n. 3 20
4. Lohn u. Haushalt der Uhrenfabrikarbeiter des badischen Schwarzwalds. Eine sozialökonom. Untersuchung von Heinr. Feurstein. (VIII, 208 S.) 905. Subskr.-Pr. n. 2. 40; Einzelpr. n. 3. —

Abhandlungen, volkswirtschaftliche, der badischen Hochschulen, hrsg. v. Carl Johs. Fuchs, Eberh. Gothein, Karl Rathgen, Gerh. v. Schulze-Gävernitz. VIII. Bd. 1.—4. Heft. gr. 8. Karlsruhe, G. Braun'sche Hofbuchdr. Subskr.-Pr. n. 9. 40; Einzelpr. n. 12. 20
1. Für u. wider Karl Marx. Prolegomena zu e. Biographie. Von Aug. Koppel. (IV, 135 S.) 905. Subskr.-Pr. n. 2. 80; Einzelpr. n. 3. 60
2. Die Agrarpolitik des Markgrafen Karl Friedrich v. Baden. Von Otto Moericke. (VI, 96 S.) 905. n. 2. 40; Einzelpr. n. 3. 20
3. Die Lederwaren-Industrie in Offenbach am Main und Umgebung. Von Ludw. Hager. (VIII, 90 S. m. 1 Karte.) 905. Subskr.-Pr. n. 2. 40; Einzelpr. n. 3. —
4. Die Lage der Orchestermusiker in Deutschland m. besond. Berücksicht. d. Musikgeschäfte („Stadtpfeifereien"). Von Heinr. Waltz. (VII, 125 S.) 906. Subskr.-Pr. n. 1. 80; Einzelpr. n. 2. 40

— dasselbe. VIII. Bd. 1.—4. Ergänzungsheft. gr. 8. Ebd. Subskr.-Pr. n. 9. 40; Einzelpr. n. 12. —
1. Die christliche Gewerkschaftsbewegung Deutschlands m. besond. Berücksicht. der Bergarbeiter- u. Textilarbeiter-Organisationen. Von O. Müller. (XIII, 256 S.) 905. Subskr.-Pr. n. 2. 40; Einzelpr. n. 3. —
2. Die älteste deutsche Gewerkschaft: Die Organisation der Tabak- u. Zigarrenarbeiter bis zum Erlasse des Sozialistengesetzes. Von Frz. Klöss. (V, 68 S.) 905. Subskr.-Pr. n. 1. 60; Einzelpr. n. 2. —
3. Der wirtschaftliche Niedergang Freiburgs i/Br. und die Lage d. städtischen Grundeigentums im 14. u. 15. Jahrh. Ein Beitrag zur Geschichte der geschlossenen Stadtwirtschaft. Von Herm. Flamm. (VII, 180 S.) 905. Subskr.-Pr. n. 2. 40; Einzelpr. n. 3. 20
4. Die Dezentralisation der Industrie u. der Arbeiterschaft im Grossherzogt. Baden u. die Verbreitung des Mehrfamilienhauses (Mietskaserne) auf dem Lande. Von P. F. Walli. (V, 154 S.) 906. Subskr.-Pr. n. 3. —; Einzelpr. n. 3. 80

— dasselbe. IX. Bd. 1. Hft. gr. 8. Ebd. Subskr.-Pr. n. 1. 60; Einzelpr. n. 2. —
Die Akzise in der Kurpfalz. Ein Beitrag zur deutschen Finanzgeschichte des 17. u. 18. Jahrh. Auf Grund des vorhand. Aktenmaterials dargestellt von Aug. J. Fineisen. (IV, 71 S.)

— dasselbe. IX. Bd. 1. Ergänzungsheft. gr. 8. Ebd. 906. Subskr.-Pr. n. 2. 40; Einzelpr. n. 3. —
Der Absatz landwirtschaftlicher Erzeugnisse im Kreise Mannheim. Von Emil Doerr. (IV, 129 S. m. 1 Karte.)

— volkswirtschaftliche, der badischen Hochschulen, hrsg. v. Carl Johs. Fuchs, Eberh. Gothein, Gerh. v. Schulze-Gävernitz. IX. Bd. 2.—7. Heft u. X. Bd. 6 Hefte. gr. 8. Karlsruhe, G. Braun'sche Hofbuchdr. Subskr.-Pr. 22.—; Einzelpr. 27. —
Baensch, Eman., die Neuerungen in der Tarifgemeinschaft der deutschen Buchdrucker. (V, 76 S.) 908. (IX. Bd. 7. Hft.) Subskr.-Pr. 1.60; Einzelpr. 2. —
Brandt, Paul, die Fleischversorgung v. Karlsruhe, Mannheim u. Ludwigshafen a. Rh. (VI, 141 S.) 908. (IX. Bd. 6. Hft.) Subskr.-Pr. 2.80; Einzelpr. 3. 60
Fromm, Max, das Mühlengewerbe in Baden u. in der Rheinpfalz. (VI, 153 S.) 907. (IX. Bd. 4. Hft.) Subskr.-Pr. 2.80; Einzelpr. 3. 60
Fuchs, Heinr., Geschichte des badischen Gütertarifwesens bis zur Tarifreform 1877. (VII, 94 S.) 907. (IX. Bd. 5. Hft.) Subskr.-Pr. 1.60; Einzelpr. 1. 80
Gütermann, Eug., die Karlsruher Brauindustrie. (V, 93 S.) 909. (X. Bd. 4. Hft.) Subskr.-Pr. 1.60; Einzelpr. 2. —
Heymann, Otto, die Entwicklung des pfälzer Tabakhandels seit den 70er Jahren. (168 S.) 909. (X. Bd. 5. Hft.) Subskr.-Pr. 2.60; Einzelpr. 3. —
Horney, Osk., der volkswirtschaftliche Wert der städtischen Fäkalien. (55 S.) 908. (X. Bd. 1. Hft.) Subskr.-Pr. 1.– ; Einzelpr. 1. 20
Mayer, Hugo, Rüppurr, e. Bauern- u. Industriearbeiterdorf. (VIII, 87 S.) 909. (X. Bd. 6. Hft.) Subskr.-Pr. 1.50; Einzelpr. 1. 80
Schneider, Alfr., Eisenbahn u. Landwirtschaft im Grossherzogt. Baden. (98 S.) 908. (X. Bd. 3. Hft.) Subskr.-Pr. 2.—; Einzelpr. 2. 40
— Frachtsatz u. Transportmenge unter Zugrundelegung der Verhältnisse des Mannheimer Weizenhandels nach der Schweiz. (52 S.) 907. (IX. Bd. 3. Hft.) Subskr.-Pr. —.90; Einzelpr. 1. 20
Wächter, Karl, die gewerbliche Bleivergiftung u. ihre Bekämpfung im Deutschen Reich. (IV, 107 S.) 908. (X. Bd. 2. Hft.) Subskr.-Pr. 2.—; Einzelpr. 2. 40
Weis, Wilh., die Gemarkungs-, Boden-, Bau- u. Wohnungspolitik der Stadt Mannheim seit 1892. (III, 83 S.) 907. (IX. Bd. 2. Hft.) Subskr.-Pr. 1.60; Einzelpr. 2. —

Abhandlungen, volkwirtschaftliche, der badisch. Hochschulen, hrsg. v. Carl Johs. Fuchs, Eberh. Gothein, Gerh. v. Schulze-Gävernitz. IX. Bd. 2.—6. Ergänzungsheft u. X. Bd. 3 Ergänzungshefte. gr. 8. Karlsruhe, G. Braun'sche Hofbuchdr. Subskr.-Pr. 16.80; Einzelpr. 21. 20
Eliasberg, Ahron, die Bedeutung des Allmendbesitzes in der Gegenwart. (IV, 88 S.) 907. (IX. Bd. 6. Erg.-Hft.) Subskr.-Pr. 1.50; Einzelpr. 1. 80
Greif, Wilfrid, Studien üb. die Wirkwarenindustrie in Limbach i. Sa. u. Umgeb. (VII, 118 S.) 907. (IX. Bd. 2. Erg.-Hft.) Subskr.-Pr. 1.80; Einzelpr. 2. 40
Jenke, Fritz, die volkswirtschaftliche Bedeutung des künstlichen Indigo. (108 S.) 909. (X. Bd. 2. Erg.-Hft.) Subskr.-Pr. 2.10; Einzelpr. 2. 60
Mälzer, Osw., die Landwirtschaft im Herzogt. Sachsen-Altenburg. (VII, 127 S.) 907. (IX. Bd. 3. Erg.-Hft.) Subskr.-Pr. 2.40; Einzelpr. 3. —
Rovelli, Francesco, die Agrarverfassung der Niederlombardei m. besond. Berücksicht. der Landarbeiter. (X, 228 S. m. 1 eingedr. Kartenskizze.) 908. (X. Bd. 1. Erg.-Hft.) Subskr.-Pr. 3.20; Einzelpr. 4. —
Stephinger, zur Methode der Volkswirtschaftslehre. (IV, 128 S.) 907. (IX. Bd. 5. Erg.-Hft.) Subskr.-Pr. 2.40; Einzelpr. 3. —
Witte, A. v., die Gewerkschaftsbewegung in Rußland. (VI, 83 S.) 909. (X. Bd. 3. Erg.-Hft.) Subskr.-Pr. 1.60; Einzelpr. 2. —
Wuppermann, Herm., die Industrie emaillierter Blechgeschirre in Deutschland. (VII, 100 S.) 907. (IX. Bd. 4. Erg.-Hft.) Subskr.-Pr. 1.80; Einzelpr. 2. 40
Fortsetzung erscheint unter den folgenden T.: Abhandlungen, Tübinger staatswissenschaftliche, u. Abhandlungen, Freiburger bezw. Heidelberger volkswirtschaftliche.

— volkswirtschaftliche u. wirtschaftsgeschichtliche, hrsg. v. W. Stieda. 1.—7. Hft. gr. 8. Leipzig, Jäh & Schunke. n. 24. 50
1. Der Haushalt der Stadt Hildesheim am Ende des 14. u. in der ersten Hälfte des 15. Jahrh. Von Paul Huber. (VII, 148 S.) 901. n. 3. —
2. Die Hollandsgänger in Hannover u. Oldenburg. Ein Beitrag zur Geschichte der Arbeiter-Wanderg. Von Johs. Tack. (XV, 217 S.) 902. n. 6. —
3. Ein deutsches Reichsarbeitsamt. Geschichte u. Organisation der Arbeiterstatistik im In- u. Ausland. Von Rud. Dreydorff. (V, 167 S.) 902. n. 4. —
4. Samuel Selfisch, e. deutscher Buchhändler am Ausgange des XVI. Jahrh. Von Hans Leonhard. Mit dem Bildnis Selfischs u. 10 Fcsm.-Beilagen. (VI, 129 S.) 902. n. 4. —
5. Zur Wohnungsfrage im Königr. Sachsen. Von Walth. Naumann. (X, 155 S.) 902. n. 3. —
6. Der Teilbau in Theorie u. Praxis. Ein Beitrag zur Lösg. der ländl. Arbeiterfrage. Von Thdr. Spickermann. (IV, 68 S.) 902. n. 2. —
7. Die deutschen Arbeitersekretariate. Von Rich. Soudek. (XI, 99 S.) 902. n. 2. 50

— volkswirtschaftliche und wirtschaftsgeschichtliche, hrsg. v. Wilh. Stieda. 8. u. 9. Heft. gr. 8. Leipzig, Roth & Schunke. n. 5. —
8. Die Organisation u. Bedeutung der freien öffentlichen Arbeitsnachweisämter in den Vereinigten Staaten v. Nordamerika. Von Brainard H. Warner jr. (VII, 99 S.) 903. n. 2. 50
9. Die Verlegung der Büchermesse von Frankfurt a. M. n. Leipzig. Von Fel. v. Schroeder. (VI, 83 S.) 904. n. 2. 50
Hft. 1—7. Ebd. 901. 902. n. 24. 50.

— dasselbe. Neue Folge. 1.—8. Heft. gr. 8. Jena, G Fischer. n. 24. 50
Albrecht, Paul, das Domänenwesen im Herzogt. Sachsen-Altenburg. (VI, 174 S.) 905. (Hft. 5.) n. 3. —
Busuiocescu, Demeter, das Tabakmonopol in Rumänien. Mit 2 Karten u. 8 graph. Darstellgn. (VII, 144 S.) 905. (Hft. 4.) n. 5. —
Hartmeyer, Hans, der Weinhandel im Gebiete der Hanse im Mittelalter. (V, 119 S.) 905. (Hft. 3.) n. 2. 50
März, Johs., die Fayencefabrik zu Mosbach in Baden. (V, 110 S.) 906. (Hft. 7.) n. 3. —
Meltzing, Otto, das Bankhaus der Medici u. seine Vorläufer. (X, 142 S.) 906. (Hft. 6.) n. 3. 50
Rabius, Wilh., der Aachener Hütten-Aktien-Verein in Rote Erde 1846—1906. Die Entstehg. u. Entwicklg. e. rhein. Hüttenwerks. Mit 5 Kurven. (VII, 145 S.) 906. (Hft. 8.) n. 4. —
Rost, Bernh., über das Wesen u. die Ursachen unserer heutigen Wirtschaftskrisis. (V, 56 S.) 905. (Hft. 2.) n. 1. —
Sternberg, Wilh., das Verkehrsgewerbe Leipzigs. (VIII, 128 S.) 905. (Hft. 1.) n. 2. 50

— vollst., v. Beinbrüch., Verrenk. u. Zufäll. d. Knochen. 8. Hamb. Breitkopf. 767.

— vollständ., v. d. Nelken u. Tulpen, v. e. Blumenfreunde aus eigener Erfahr. gezogen etc. 8. Riga, 1794. (Leipzig, Hartknoch.) — 12½

— vollständ., v. Tabaksbaue. 3 Hefte. 8. Helmst. 780—87. Fleckeisen. 12 gr.

— vollständ. d. gesammten Weinbaues, s.: Sprenger, Balth.

— über d. Vortheile, welche für Europa aus d. Entdeckung von Amerika entstehen; aus d. Französ. (v. Jh. A. Eberhard). gr. 8. Halle 788. Gebauer. 7 gr.

— v. d. Vortheilen e. Münzkenntniß im gemein. Leben. 8. Leipz. 775. Compt. f. Lit. 6 gr. Schrbp. 8 gr.

— u Vorträge zur Geschichte Ostfrieslands. Hrsg. v. Wachter. 1.–6. Hft. gr. 8. Aurich, D. Friemann. à n. — 60

Bartels, die älteren ostfriesischen Chronisten u. Geschichtschreiber u. ihre Zeit. I. 1. Eggerik Beninga u. seine Cronica der Fresen. 2. Ubbo Emmius und seine Rerum Frisicorum historia. (44 S.) 905. (Hft. 4)
Borchling, C., die älteren Rechtsquellen Ostfrieslands. (35 S.) 906. (Hft. 5.)
Reimers, Heinr., die Bedeutung des Hauses Cirksena für Ostfriesland. (43 S.) 905. (Hft. 3.)
— die Säkularisation der Klöster in Ostfriesland. (IV, 55 S.) 906. (Hft. 6.)
Wachter, F., Ostfriesland unter dem Einfluß der Nachbarländer. (28 S.) 904. (Hft. 2.)
Wagner, Paul, Ostfriesland u. der Hof der Gräfin Anna in der Mitte des 16. Jahrh. (31 S.) 904. (Hft. 1.)

— u. Vorträge z. Geschichte Ostfrieslands. Hrsg. v. Wachter. 7.—14. Heft. gr. 8. Aurich, D. Friemann. 6. 80

Bartels, die älteren ostfriesischen Chronisten u. Geschichtschreiber u. ihre Zeit. II. 3. Enno Rudolf Brenneysen u. seine Studien z. ostfries. Geschichte. 4. Tilemann Dothias Wiarda. (63 S.) 907. (Hft. 7) —. 80 (I u. II: 1. 40)
Borchling, Conr., Poesie u. Humor im fries. Recht. (60 S.) 908. (Hft. 10) — 80
Eßlinger, C., das Postwesen in Ostfriesland in der Zeit v. 1744 bis 1806. (IV, 90 S.) 908. (Hft. 8. 9) 1. 20
Pauls, Thdr., ältere Geschichte Ostfrieslands. (84 S. m. 1 Karte.) 909. (Hft. 11) 1. 20
— Aus dem Pfarrarchive e. ostfriesischen Landgemeinde. (57 S.) 910. (Hft. 12) — 80
Reimers, Heinr., Edzard der Große. (VIII, 151 S.) 910. (Hft. 13. 14) 2. —

Abhandlungen und Vorträge aus dem Gesammtgebiete der Naturwissenschaften. [Hrsg.: E. Huth.] Bd 4, H. 1–10
Berlin: R. Friedländer 1891–1895. 8°
(Vorh. u. d. T.: Sammlung naturwissenschaftlicher Vorträge. Bd 1–3. 1887–1890.

— u. Vorträge aus dem Gesammtgebiete der Naturwissenschaften, hrsg. v. Ernst Huth. 4. Bd. 1.—7. Hft. gr. 8. Berlin, R. Friedländer & Sohn. n. 4. 80

1. Monographie der Gattung Caltha. Von E. Huth. (32 S. m. 1 Fig.-Taf.) 891. n. 1. 20
2. Hygleinisches üb. den Staub. Vortrag, geh. im naturwissenschaftl. Vereine zu Frankfurt a/O. v. Hering. (24 S.) 892. n. — 60
3. Die Delphinium-Arten der Vereinigten Staaten v. Nord-Amerika. Von E. Huth. (15 S.) n. — 40
4. Die Wollkletten. Von E. Huth. (24 S. m. 63 Abbildgn.) 892. n. — 80
5. Ueber Aluminium. Von Ludwig. (30 S.) 893. n. — 80
6. Clavis Commelinlana. Schlüssel zu den Kupferwerken v. Johannes u. Caspar Commelyn. Von E. Huth. (16 S.) 894. n. — 40
7. Ueber Fernsprech-Anlagen. Von Canter. (27 S.) 894. n. — 60

— u. Vorträge a. d. Gesammtgebiete d. Naturwissenschaften, hrsg. v. Ernst Huth. 4. Bd. 8.- 10. Hft. gr. 8. Berlin 895. R. Friedländer & Sohn. n. 2. 40

8. Heteromericarpie u. ähnl. Erscheinungen der Fruchtbildung Von E. Huth. (32 S.) 895. n. — 80
9. Monographie d. Gattung Nigella. Von A. Brand. (40 S) 895. n. 1. —
10. Mammalia europaea, enumerat Erwin Schulze. (28 S.) 897. n. — 60

Abhandlungen und Vorträge des 5. Internat. Orientalisten-Congresses, geh. zu Berlin im Sept. 1881. Hälfte 1 2. — Berlin 1882. (Verhandlungen des 5. Internat. Orientalisten-Congresses. 2.)
1:Zt 144-5,2 12:A.or 37-5,2. 300:432.251-C.Pp.S.5
2. 4. 7. 8. 9. 10.
1 3490

— von den Vorzügen e. Arztes, der die Theorie mit der Praxis verbindet. 8. Freiburg, Wagner. 3 gl.

— von d. Wachsthum d. Früchte, aus d. Bau d. Pflanzen hergeleitet; aus d. Latein. (v. J. Bapt. Fr. Xav. Graf v. Auersberg.) gr. 8. Augsb. 781. Klett. 8 gl.

— d. gem. Wasser. 8. Frankf. 748.

— üb. d. Wechselordnung. gr. 8. Wien, Camesina. 779.

— über d. rheinländ. Weinbau, mit d. sächsischen Weinbau verglichen. 8. Meißen 794. Gödsche. 4 gl.

— der chursächs. Weinbaugesellsch. 1n Bds 1s Stück, mit Kpf. gr. 8. Meißen 802. Gödsche. 12 gl.

— welche an die k. Acad. der Wissensch. zu Paris eingesandt. A. d. Französ. v. F. W. Beer. 2 Theile, mit Kpf. gr. 8. Leipz. 752 —54. (Brockhaus). 2 ß

— welche an d. K. Akad. d. Wissensch. z. Paris eingef. m. K. a. d. Fr. v. Beer. 4 Thle. gr. 8. Leipz. Gleditsch. 752—54.

— welche im J. 1768 von d. freien ökonom. Gesellsch. in Petersb. ist gekrönt worden. gr. 8. Wien 777. (Heubner). 4 gl.

— über d. Werth d. Mönchsprofessen, zu Gunsten d. Vernunft rc.; aus d. Französ. (v. J. F. Stambach.) 8. Wien 783. Hörling. 10 gl.

— über das Whistspiel, enthaltend die Gesetze des Spiels, u. die Regeln um es gut zu spielen; größtentheils von dem berühmten Whistspieler Edm. Hoyle. Aus dem Französ. übersetzt. 3te Aufl. 8. Kopenhagen, Bonnier. 820. geh.

— über d. Whistspiel, enth. d. Gesetze d. Spiels, und d. Regeln, um es gut zu spielen; größtentheils v. d. berühmten Whistspieler Edm. Hayle; aus d. Französ. 8. Copenh. ... 3e Aufl. 820. 16 gl. 4e Aufl. 824. Bonnier. 12 gl.

— wichtige, a. d. Finanzwissensch. 8. Wien, (Böhme in Leipzig.) 784.

— v. d. Wickelraupe; nebst Vorschlägen zu deren Vertilgung. 8. Berlin, 1779. Decker. — 2¼

— von d. Wickelraupe u. einigen Vorschl. zu deren Vertilgung. 8. Berlin 779. Rottmann 5 gl.

— wie Briefe f. Kinder zu schreiben sind. 8. Berlin, Hesse. (Müller) 787.

— wie e. Obstgart. a. d. Lande bequem anzuleg. gr. 8. Berl. Pauli. 791.

— wie süße Brunnen zu graben, um gesundes Wasser zu bekommen. gr. 8. 2te Aufl. Marb. Krieger. 804.

— veranlaßt durch d. gegenwärt. Reichsberathschlagungen über d. Wiederherstellung d. ordentl. Kammergerichts-Visitation, (von K. H. A. Meister). 8. Regensb. 790. Montag u. W. 10 gl.

— vom Wiesenbau, s. Bernhardt.

— von d. Wirkung d. Kamphers u. Kalomels in anhalt. Fiebern; aus d. Engl. 8. Altenb. 776. (Hennings in Neisse). 6 gl.

— über d. Wirkung d. stärksten u. reinsten Pflanzensäure. 8. Leipzig, Sommer. 791.

— über die Wirkung der stärksten u. reinsten Pflanzensäure. 8. Leipz. 781. (List in Berlin). 6 gl.

— v. d. Wirkungen d. Kamphers u. Kalomels in anhalt. Fiebern; a. d. Engl. 8. Altenb. (Academ. Handl. in Jena). 776

— wirthschaftl. u. rechtl. v. d. Hopfen, n. J. Heumanns Vorber. v. d. Kräuterkenntn. d. Alt. Deutsch. m. K. 4. Nürnberg. (Stage. A.) 759.

— wissenschaftliche, üb. jüdische Geschichte, Literatur u. Alterthumskunde. Lemberg 852. (Winiarz.) gr. 8. (1 Bl., 164 S.) n. 10 ngr

— — 2. Jahrg. Lemberg 853. (Leipzig, C. L. Fritzsche.) gr. 8. (2 Bl., 164 S.) nn. 1 ß 5 ngr

Wissenschaftliche Abhandlungen der kaiserlichen Normal-Aichungs-Kommission. H. 1–9.
Berlin: J. Springer 1895–1917. 4°
¶ Vorh. u. d. T.: Metronomische Beiträge. Jg. 1–7. 1878–1890.

— wissenschaftliche, d. kaiserl. Normal-Aichungs-Kommission. (Fortsetzg. d. Metronom. Beiträge.) 1. Hft. Imp.-4. Berlin 895. J. Springer. n. 8. —
Anschluss d. Normale d. deutschen Maasse u. Gewichte a. d. neuen Prototype d. Meter u. d. Kilogramm. (V, 201 S. m. 16 Fig.)

— wissenschaftliche, der kaiserl. Normal-Aichungs-Kommission. (Fortsetzung der „Metronomischen Beiträge".) 2. u. 3. Hft. Imp.-4. Berlin, J. Springer. n. 15. —
2. Die Dichte, Ausdehnung und Kapillarität von Lösungen reinen Rohrzuckers in Wasser. Unter Mitwirkung v. J. Domke u. H. Harting untersucht u. bearb. Von F. Plato. (X, 155 S. m. 9 Abbildgn.) 900. n. 7. —
3. Untersuchgn. üb. Kapillarität u. Benetzungs-Erscheingn: Domke, Kapillaritäts-Untersuchgn. nach der Methode der Steighöhe. — Grunmach, L., Experimentelle Bestimmg. der Oberflächenspanng. von Flüssigkeiten durch Messg. der Wellenlänge der auf ihnen erzeugten Kapillarwellen. — Bein, Benetzungsrückstände bei Inhaltsermittelg. v. Massen. (VII, 231 S. m. 20 Fig.) 902. n. 8. —
Hft. I. Ebd. 895. n. 8. —.

— wissenschaftliche, der kaiserl. Normal-Eichungskommission. (Fortsetzung der „Metronomischen Beiträge".) 4.—6. Heft. Berlin, J. Springer. n. 23. —
4. (VIII, 193 S. m. 11 Fig.) Imp.-4. 903. n. 8. —
5. (VIII, 254 S. m. 11 Fig.) Imp.-4. 904. n. 10. —
6. Über die gleichzeitige Bestimmung der Teilungsfehler zweier Massstäbe durch die Methode des Durchschiebens. Von A. Leman. Mit 2 in den Text gedr. Fig. (75 S.) 4. 906. n. 5. —
Hft. 1—3. Ebd. 895—902. n. 23. —.

— wissenschaftl., der kaiserl. Normal-Eichungskommission. (Forts. d. „Metronomischen Beiträge".) 7. Heft. (VIII, 171 S. m. 42 Fig.) 32,5×25cm. Berlin 908. J. Springer. 8. —
Heft 1—6. Ebd. 895—906. 46. —

— wissenschaftliche, der physikalisch-technischen Reichsanstalt. I. Bd. gr. 4. Berlin 894. J. Springer n. 30. —
Thermometrische Arbeiten betr. die Herstellung u. Untersuchung der Quecksilber-Normalthermometer, unter Leitg. u. Mitwirkg. v. J. Pernet ausgeführt v. W. Jaeger u E. Gumlich. (XVIII, 105 u. 499 S. m. 16 Fig.)

— wissenschaftliche, d. physikalisch-techn. Reichsanstalt. 2. Bd. gr. 4. (V, 541 S. m. Fig.) Berlin 895. J. Springer. n. 30. —

— wissenschaftliche, der physikalisch-technischen Reichsanstalt. III. Bd. gr. 4. (III, 477 S. m. Fig.) Berlin 900. J. Springer. n. 30. —
I. u. II. Bd. Ebd. 894. 895. à n. 30. —.

— wissenschaftliche, der physikalisch-technischen Reichsanstalt. IV. Bd. 1. u. 2. Hft. (266 S. m. Fig.) 4. Berlin 904—05. J. Springer. à n. 8. —

— wissenschaftliche, aus dem k. k. Obersten Sanitätsrathe. I—III. Lex.-8. Wien, A. Hölder. n. 7. 30
I. Gutachten d. k. k. Obersten Sanitätsrathes üb. die Wirksamkeit v. Asbestfiltern [nach dem System Breyer] zur Gewinnung v. sterilem Wasser. Auf Grund experimenteller Untersuchgn. in den Instituten f. Hygiene u. Bacteriologie an der Universität in Wien erstattet v. M. Gruber u. A. Weichselbaum. [Aus: „Das österr. Sanitätswesen, Beilage".] (32 S. m. Fig.) 891. n. — 90
II. Anhaltspunkte f. d. Verfassung neuer Bau-Ordnungen in allen die Gesundheitspflege betreffenden Beziehungen. Bericht, erstattet dem k. k. Obersten Sanitätsrathe v. Frz. Ritter v. Gruber, m. Berücksicht. der v. Max Gruber beantragten kleinen Ändergn. u. Ergänzgn. (VIII, 148 S. m. 8 Taf.) 893. n. 4. 80
III. Untersuchungen üb. die Verunreinigung der Donau durch die Abwässer der Stadt Wien. Von Adf. Heider. (44 S.) 893. n. 1. 60

Abhandlungen, Wöchentliche Frankfurtische, zur Erweiterung der nothwendigen brauchbaren und angenehmen Wissenschaften. Frankf. 1755.
H: *Moser, Friedrich Carl von.* 1755—1756.
(ErschDL) (Stri) (Ky) (ML) MGT (ADB)

— vom Wucher; aus d. Französ. d. Hrn. Nicole v. Jahre 1720, oder, wie Andere behaupten, d. Hrn. Bulteau gegen Ende d. 16. Jahrh. gr. 8. Wien 818. Gerold. 18 gr.

— über d. Wunden u. deren Behandl., vom Verf. des Recepttaschenbuchs. (Aus dem Handb. der Wundarzneyk.) 8. Hamburg, Vollmer. 798. Rthlr.

— über die Wunden u. deren Behandl., vom Verf. d. Recepttaschenbuches. (Aus d. Handbuche d. Wundarzneik. abgedr.) 8. Hamb. 799. (Herold jun.) 18 gr.

Würzburger Abhandlungen aus dem Gesamtgebiet der praktischen Medizin. [Hrsg.: Johannes Müller, Otto Seifert.] Bd 1–20. N. F. Bd 1–27.
Würzburg: A. Stuber, (sp. C. Kabitzsch; sp. E. Magnus-Alsleben) 1900–1932. 8°

— Würzburger, aus dem Gesamtgebiet der praktischen Medizin. Unt. Mitwirkg. v. Arons, Bach, Borst u. a. hrsg. v. Joh. Müller u. Otto Seifert. I. Bd. 12 Hfte. gr. 8. Würzburg, A. Stuber's Verl. n. 7.50; einzelne Hfte. n. — 75
1. Die Nebenwirkungen der modernen Arzneimittel. Von Otto Seifert. (24 S.) 900.
2. Die Gallensteinkrankheit u. ihre Behandlung. Von Johs. Müller. (37 S.) 900.
3. Die blutige Operation der angeborenen Hüftgelenksluxation. Von A. Hoffa. Mit 7 Abbildgn. (22 S.) 900.
4. Neuere Anschauungen üb. die Entstehung der Doppel(miss)bildungen m. besond. Berücksicht. der menschlichen Zwillingsgeburten. Von J. Sobotta. (21 S.) 901.
5. Die Behandlung der Neurasthenie. Von W. Weygand. (38 S.) 901.
6. Die Prinzipien der Säuglingsernährung. Von G. Sommer. (24 S.) 901.
7. Über chirurgische Eingriffe bei Blinddarmentzündung, speziell üb. die Art u. die Bedeutung des operativen Vorgehens während des Anfalls. Von J. A. Rosenberger. (23 S.) 901.
8. Über Immunität u. Immunisierung. Von A. Dieudonné (22 S.) 901.
9. Die Krankheiten des Mundes u. der Zähne im Kindesalter. Von Joh. Hugo Spiegelberg. (21 S.) 901.
10. Die Verletzungen d. Ohres. Von W. Kirchner. (27 S.) 901.
11. Die Behandlung der Empyeme. Von F. Riedinger. (25 S.) 901.
12. Grundsätze d. Diätbehandlung Magenkranker. Von H. Strauss. (VII, 38 u. XIII S.) 901.

— dasselbe. II. Bd. 12 Hfte. gr. 8. Ebd. n. 7. 50; einzelne Hfte. n. — 75
1. Die Entstehung u. Behandlung der Uterusruptur. Von Otto v. Franqué. (32 S.) 901.
2. Die Bedeutung der Bakteriologie in der Pathologie des Auges. Von P. Römer. (23 S.) 901.
3. Über die Behandlung d. Versioflexionen d. Uterus. Von Wilh. Nieberding. (34 S.) 901.
4. Die nichtoperative Behandlung der bösartigen Geschwülste. Von v. Boltenstein. (27 S.) 902.
5. Wesen u. Behandlung der Krämpfe im Kindesalter. Von Joh. Hugo Spiegelberg. (28 S.) 902.
6. Zur Pathologie u. Therapie d. Darmstenose. Von Carl Bayer. Mit 12 Fig. im Text. (35 S.) 902.
7. Die Bedeutung d. Neuronenlehre f. die allgem. Nervenphysiologie. Von F. Schenck. (26 S.) 902.
8. Pathogenese u. Therapie der Gicht im Lichte der neueren Forschungen. Von H. Strauss. (31 S.) 902.
9. Die ambulatorische Behandlung der Beinbrüche. Von J. Riedinger. (34 S.) 902.
10. Die Grundsätze der modernen Behandlung der Fibromyome des Uterus. Von M. Hofmeier. (30 S.) 902.
11. Ursachen u. Behandlung der Kehlkopfstenosen im Kindesalter. Von J. H. Spiegelberg. (31 S.) 902.
12. Die Nothwendigkeit zahnärztlicher Schulung f. den praktischen Arzt u. seine Einführung in die moderne Zahnheilkunde. Von Jessen. (V, 16 S. m. Abbildgn.) 902.

— dasselbe. III. Bd. 1. u. 2. Hft. gr. 8. Ebd.
F. d. Bd. v. 12 Hftn. n. 7. 50; einzelne Hefte n.n. — 75

1. Die Magen-Darmkrankheiten im Säuglingsalter. Von Trumpp. (28 S.) 902.
2. Ueber Herzmuskelerkrankungen. Von D. Gerhardt. (32 S.) 902.

Abhandlungen, Würzburger, aus dem Gesamtgebiet der praktischen Medizin. Unter Mitwirkg. v. Arens, Bach, Borst u. a. hrsg. v. Joh. Müller u. Otto Seifert. III. Bd. 3.—12. Hft.; IV.—VI. Bd. à 12 Hfte. u. VII. Bd. 1. Hft. Lex.-8. Würzburg, A. Stuber's Verl.
à Hft. n. —. 75; f. den Bd. v. 12 Hftn. n. 7. 50

Bollenhagen, H., die Anwendung des Kolpeurynters in der geburtshilflich-gynäkologischen Praxis. (37 S.) 903. (Bd. III, Hft. 4.)
Boltenstern, O. v., über die Behandlung innerer Blutungen m. besond. Berücksicht. der Gelatineanwendung. (39 S.) 903. (Bd. III, Hft. 5.)
— die interne Behandlung des Darmverschlusses m. besond. Berücksicht. der Atropinbehandlung. (S. 267-304.) 904. (Bd. IV, Hft. 9.)
— über Morbus Basedowii, Theorie u. Behandlung. (S. 289 bis 328.) 906. (Bd. VI, Hft. 11.)
Borst, Max, über Wesen u. Ursachen der Geschwülste. (S. 221—268) 906. (Bd. VI, Hft. 8. 9.)
Brieger, O., die otogenen Erkrankungen der Hirnhäute. (42 S.) 903. (Bd. III, Hft. 3.)
Burckhard, Geo., die Blutungen nach der Geburt, ihre Entstehung u. Behandlung. (33 S.) 903. Bd. III, Hft. 6.)
Burkhardt, Ludw., die Indikationen zum chirurgischen Eingreifen bei den Verletzungen u. Erkrankungen des Magens, die Prognose u. Erfolge der chirurgischen Behandlung. (36 S) 903. (Bd. III, Hft. 10.)
Clemm, Walth. Nic., das Magengeschwür. (S. 125—168.) 905. (Bd. V, Hft. 5. 6.)
Dieudonné, A., hygienische Massregeln bei ansteckenden Krankheiten. (S. 199—266.) 904. (Bd. IV, Hft. 7. 8.)
Geigel, Rich, Sklerose u. Atherom der Arterien. (S. 107 bis 136 m. Abbildgn.) 904. (Bd. IV, Hft 4.)
— die neuen Strahlen in der Therapie. (S. 189—218.) 905. (Bd. V, Hft. 7.)
Gerhardt, D., über einige neuere Gesichtspunkte f. die Diagnose u. Therapie der Nierenkrankheiten. (S. 1—16.) 906. (Bd. VII, Hft. 1)
Graul, Gaston, die nervöse Dyspepsie des Magens u. deren Behandlung. (S. 243—256.) 905. (Bd. V, Hft. 9.)
Hasslauer, über hysterische Stimmstörungen. (S. 305 bis 331.) 904. (Bd. IV, Hft. 10.)
Hödlmoser, das Rückfallfieber m. besond. Berücksicht. d. modernen Streitfragen. (S. 123—154.) 906. (Bd. VI, Hft. 5.)
Hoffa, Alb, die Behandlung der Gelenktuberkulose im kindlichen Lebensalter. (V u. S. 319—388.) 903. (Bd. III. Hft. 12.)
Jessen, F., Indikationen u. Kontraindikationen des Hochgebirges. (V u. S. 329—358) 906. (Bd. VI, Hft. 12.)
Katz, Leo, die Erkrankungen der Zungenmandel (m. Ausnahme d. Tumoren). (V u. S. 307—333.) 905. (Bd. V, Hft. 12.)
Klatt, Hans, über Ätiologie u. Therapie des akuten Gelenkrheumatismus. (S. 269—287.) 906. (Bd. VI, Hft. 10.)
— über die traumatische Entstehung innerer Krankheiten. (S. 1—33.) 905. (Bd. VI, Hft. 1).
Maas, Paul, die Entwickelung der Sprache des Kindes u. ihre Störungen. (S. 217—242.) 905. (Bd. V, Hft 8.)
— über Taubstummheit u. Hörstummheit. (26 S.) 903. (Bd. III, Hft. 11.)
Manninger, Vilmos, die Heilung lokaler Infektionen mittels Hyperämie. (S. 155—191.) 906. (Bd. VI, Hft. 6.)
Neter, Eug., die hämorrhagischen Erkrankungen im Kindesalter. (S. 89—124) 905. (Bd. V, Hft. 4.)
— die chronische Stuhlverstopfung im Kindesalter u. ihre Behandlung. (V u. S. 355—381.) 904. (Bd. IV, Hft. 12.)
Polano, Osk., d. Magenkrebs in seinen Beziehgn. z. Geburtshülfe u. Gynäkologie. (S. 335—354.) 904. (Bd. IV, Hft. 11.)
Reinhardt, Ludw., die Malaria u. deren Bekämpfung nach den Ergebnissen der neuesten Forschung. Mit 33 Abbildgn. (S. 257—305.) 905. (Bd. V, Hft. 10. 11.)
Riedinger, J., über Schlottergelenke. (S. 55—88.) 905. (Bd. VI, Hft. 3.)
Rose, Ulr., die Zuckergussleber u. die fibröse Polyserositis. (S. 137—166.) 904. (Bd. IV, Hft. 5.)
Rostoski, O., die Serumdiagnostik. (S. 45—81.) 903. (Bd IV, Hft. 2.)
Schilling, E., die Erkrankungen des Wurmfortsatzes. S. 43—87.) 905. (Bd. V, Hft. 2 3.)
Schmidt, Adf., das Bronchialasthma als Typus „nervöser Katarrhe". (26 S. m. 1 Fig.) 903. (Bd. III, Hft. 7.)
Schmitt, Ad., die Erkrankungen des Mastdarmes. (41 S.) 903. (Bd. IV, Hft. 1.)
Seifert, Otto, über die Nebenwirkungen der modernen Arzneimittel. II. Folge. (42 S.) 904. (Bd. V, Hft. 1.)
Sommer, Ernst, üb. Ischias. (S. 89—122) 906. (Bd. VI, Hft. 4.)
Stadler, Hans, aseptische Operationen im Privathaus. (S. 193—219.) 906. (Bd. VI, Hft. 7.)
Starck, Hugo, die Erkrankungen der Speiseröhre. (46 S.) 903. (Bd. III, Hft. 8. 9.)
Stein, Berth., der Meteorismus gastro-intestinalis u. seine Behandlung. (S. 83—106.) 904. (Bd. IV, Hft. 3.)
Wegele, C., über einige Fortschritte in der Diagnostik u. Therapie der Magen-Darmerkrankungen. (19 S.) 905. (Bd. VI, Hft. 2.)
Weygandt, W., Verhütung der Geisteskrankheiten. (S. 167—198.) 904. (Bd. IV, Hft. 6.)

— Würzburger, aus dem Gesamtgebiet der praktischen Medizin. Unter Mitwirkg. v. Arens, Arneth, Bach u. a. hrsg. v. Joh. Müller u. Otto Seifert. VII. Bd. 2.—12. Hft.; VIII. IX. X. Bd. à 12 Hfte. u. XI. Bd. 1. Hft. Lex. 8. Würzburg, C. Kabitzsch. à Heft —.85;
f. d. Bd. v. 12 Heften 7. 50

Bing, Rob., Aphasie u. Apraxie. Klinische Vorlesg. (S. 239—263 m. 1 Abbildg.) 910. (Bd. X. Hft. 11)
Bökelmann, J., Epilepsie u. Epilepsiebehandlung. (V. u. S. 307—342.) 907. (Bd. VII. Hft. 12)
Bollenhagen, H., Schwangerschaft u. Tuberkulose. (S. 1—24.) 907. (Bd. VIII. Hft. 1)
Braeuning, H., neuere Untersuchungen üb. Diabetes insipidus. (S. 27—46.) 909. (Bd. X. Hft. 2)
Dieudonné, A., die bakteriellen Nahrungsmittelvergiftungen. (II u. S. 39—88.) 908. Bd. VIII. Hft. 3. 4)
Francke, Karl, die Neuralgien, ihre Diagnose durch Algeoskopie u. ihre Heilung durch bestimmte Alkohol-Einspritzungen. (S. 67—86 m. 9 Abb.) 910. (Bd. X. Hft. 4)
Fraenkel, Manfr., die Bedeutung d. Langerhans'schen Inseln in ihrer Stellung zum übrigen Pankreasgewebe u. ihre Beziehung zum Diabetes. (28 S.) 908. (Bd. VIII. Hft. 11)
Goldberg, Berth., die Blutungen d. Harnwege. (S. 203—222.) 907. (Bd. VII. Hft. 8)
Graul, G., über den Diabetes mellitus u. s. Behandlung. (S. 113—142.) 907. (Bd. VII. Hft. 5)
Gutmann, B., die Rachitis. (S. 89—113) 908. (Bd. VIII. Hft. 5)
Hagen, Wilh., üb. akute chirurgische Infektionskrankheiten (S. 265—302.) 910. (Bd. X. Hft. 12)
— Über Pankreaserkrankungen. (III u. S. 285—321.) 909. (Bd. IX. Hft. 12)
Hasslauer, W., das Gehörorgan u. d. akut. Infektionskrankheiten. (S. 249—305.) 907. (Bd. VII. Hft. 10. 11.)
Hesse, Frdr., die örtliche Schmerzverhütung in der Chirurgie. (S. 47—66.) 910. (Bd. X. Hft. 3)
Kehrer, E., der plazentare Stoffaustausch in seiner physiolog. u. patholog. Bedeutg. (S. 17—90.) 907. (Bd. VII. Hft. 2. 3)
Kisch, E. Heinr., Fettleibigkeit u. Fettsucht. (S. 115—140.) 908. (Bd. VIII. Hft. 6)
Ladenberger. H., die Talma'sche Operation. (S. 141—174 m. 1 Abbildg. 908. (Bd. VIII. Hft. 7)
Lüdke, Herm., die bakteriol. Frühdiagnose bei akuten Infektionskrkhtn. (S. 207—234.) 908. (Bd. VIII. Hft. 9)
— Grundzüge der modern. Behandlung u. Bekämpfung des Abdominaltyphus. (S. 233—252.) 909. (Bd. IX. Hft. 10)
— Über die diagnost. u. therapeut. Verwertung d. Alttuberkulins in der internen Praxis. (S. 223—248.) 907. (Bd. VII. Hft. 9)
Maas, Paul, die Hygiene des Ohres. (S. 93—116.). 909. (Bd. IX. Hft. 5)
Much, Hans, Immunität. Tatsachen u. Aussichten. (68 S.) 909. (Bd. IX. Hft. 6. 7)
Müller, Jul., Syphilis u. Ehe. (S. 185—201.) 909. (Bd. IX. Hft. 8)
Offergeld, Heinr., zur intern. Behandlung diabetisch. Frauen in Schwangerschaft, Geburt u. Wochenbett. (S. 203—231.) 909. (Bd. IX. Hft. 9)
— Ovarialkarzinom bei Karzinom des Uterus. (V u. S. 291—324.) 908. (Bd. VIII. Hft. 12.)
— Die Wechselbeziehungen zwischen Diabetes u. dem Generationsprozesse. (S. 55—92.) 909. (Bd. IX. Hft. 3. 4.)
Rosenberger, Frz., die Kohlehydrate im menschlichen Urin. (S. 173—202.) 907. (Bd. VII. Hft. 7.)
Sacconaghi, G. L., die interlobäre exsudative Pleuritis (unter Zugrundelegg. v. 100 Krankheitsfällen). (S. 151—180.) 910. (Bd. X. Hft. 7.)
Schall, Herm., u. Aug. Heisler, die Praxis der Ernährungstherapie der Zuckerkrankheit. (S. 87—150 m. 1 farb. Kurventaf.) 910. (Bd. X. Hft. 5. 6.)
Scheidemantel, E., über das Wesen, die Technik u. klinische Bedeutung der Serodiagnostik der Lues. (25 S.) 909. (Bd. X. Hft. 1.)
Schittenhelm, Alfr., neuere Fortschritte der Eiweissforschung in ihrer Bedeutung f. die Klinik. (S. 199—222.) 910. (Bd. X. Hft. 9.)
Schlagintweit, Fel., Über Cystitis. (S. 91—112.) 907. (Bd. VII. Hft. 4.)
Schmincke, A., die Eintrittspforten der Tuberkulose in den menschlichen Organismus u. die Disposition der Lungen zur Tuberkulose. (Vortrag.) (S. 223—227.) 910. (Bd. X. Hft. 10.)

Schwarz, Rich., ein Beitrag zur Diagnose u. Therapie der Cholelithiasis. (29 S.) 908. (Bd. VIII. Hft. 10.)
Seifert, Otto, über die Nebenwirkungen der modernen Arzneimittel. III. Folge. (S. 1—54.) 908. (Bd. IX. Hft. 1. 2.)
Siegert, F., die Chorea minor, der Veitstanz. (Sydenham'sche Chorea, Chorea infectiosa.) (S. 25—38.) 907. (Bd. VIII. Hft. 2.)
Sittler, Paul, klinische Betrachtungen üb. Skrofulose. (S. 253—284.) 909. (Bd. IX. Hft. 11.)
Veckenstedt, Rich., der Kopfschmerz als häufige Folge v. Nasenleiden u. seine Diagnose. (S. 175—205.) 908. (Bd. VIII. Hft. 8.)
Vulpius, Osk., u. Paul Ewald, der Einfluss des Trauma bei latenten u. offenbaren Rückenmarks- u. Gehirn-Krankheiten. (S. 143—172.) 907. (Bd. VII. Hft. 6.)
Wegele, C., neuere Forschungen auf dem Gebiete der intestinalen Autointoxikationen u. ihre Behandlung. (S. 181—198.) 910. (Bd. X. Hft. 8.)
Weichardt, Wolfg., Über Anaphylaxie (Überempfindlichkeit) im Lichte moderner eiweisschemischer Betrachtungsweisen. (S. 1—19 m. Fig.) 910. (Bd. XI. Hft. 1.)

Abhandlungen, Würzburger, aus dem Gesamtgebiet der praktischen Medizin. Unter Mitwirkg. von Arens, Arneth, Bach u. a. hrsg. v. Joh. Müller u. Otto Seifert. I. Suppl.-Bd. Lex. 8. Würzburg, C. Kabitzsch. 9. —; f. Abonnenten 7. —
Diagnose u. Therapie der Anämien. Nach funktionellen Gesichtspunkten auf Grundlage qualitativer Blutuntersuchg. Besonders f. Ärzte u. Studierende bearb. von Jos. Arneth. 3 lith. Taf. m. üb. 210 Einzelblutzellen (in Farben), 12 anderweit. Taf. m. Blutbildern (IX, 208 S.) 907.

Abhandlungen, Würzburger, z. deutschen u. ausländ. Prozessrecht, hrsg. v. A. Mendelssohn-Bartholdy u. Fr. Oetker. 1.—3. Heft. gr. 8. Leipzig, C. L. Hirschfeld. 6. 80
Lang, Frz., die Rechtshängigkeit im Strafverfahren. (VII, 139 S.) 910. (Hft. 3) 3. 60
Mendelssohn-Bartholdy, A., engl. Richtertum im Court of criminal appeal 1908—1909. (VII, 100 S.) 909 (Hft. 1) 2. —
Oetker, Frdr., Wirksamkeit d. Entscheidgn., Präklusion v. Beschwerd., Einstellungsbeschluß u. Rechtshängigk. Bem. z. Entscheidg. d. Reichsgerichts Strafsachen Bl. 41 S. 277 fg. (52 S.) 910. (Hft. 2) 1. 20

Abhandlungen, zahnärztliche, ausländischer Autoritäten. 1.—3. Hft. gr. 8. Neuwied 888. Heuser's Verl. à n. 1. —
1. Die infectiöse arthrodentäre Gingivitis (Pyorrhoea alveolaris). Von Galippe-Paris. Autoris. Übersetzung v. B. Manassewitsch. Mit 1 Abbildg. (30 S.)
2. Monographie des 6jähr. Zahnes von E. Andrieu-Paris. Autoris. Übersetzg. v. B. Manassewitsch. (35 S.)
3. Die Cysten des Oberkiefers in ihren Beziehungen zum Sinus v. E. Magitot-Paris. Autoris. Übersetzg. v. B. Manassewitsch-Genf. (27 S.)

Abhandlungen, Zehen kleine pathologische, praktische und litterarische.]Leipz. 1780]. V: *Bucking, Johann Jacob Heinrich.* MGI

— über Zeitfragen. I—III. gr. 8. Dresden, O. Damm. n. 3. 30
I. Die Bestie im Menschen u. ihre Zähmung. Aus Anlaß des Falles Dippold—Koch: Ein Weckruf an alle Menschenfreunde, insonderheit an Deutschlands Frauen. Von Ernst Freymut. (51 S.) 904. n. — 60
II. Prügel in der Schule? Für Eltern, Erzieher, Lehrer, Schulbehörden und wen es sonst angeht vom schulmänn. Standpunkt beleuchtet. Von Ernst Freymut. (13 S.) 904 n. — 70
III. Schutz vor dem Rechtsanwalt! Ein freimütig Wort üb. die Praxis v. Rechtsanwälten und Anwaltskammern f. jedermann aus dem Volke, insonderheit f. Juristen aller Art u. Grade. Von Ernst Freymut. (112 S.) 905. n. 2. —

— von Ziegelhütten, mit Kpf. gr. 8. Marb. 802. Krieger. 16 gr.

— zivilrechtliche u. prozessrechtliche. Hrsg. v. Wilh. Kisch. 1.—3. Heft. gr. 8. Strassburg, K. J. Trübner. 13. —
Fischbach, Osk., das Sammelvermögen. (XII, 171 S.) 907. (Hft. 1) 4. 50
Mendelssohn-Bartholdy, A., das Imperium des Richters. Ein Versuch kasuist. Darstellg. nach dem engl. Rechtsleben im J. 1906/07. Nebst 2 Anhängen: Criminal appeal act 1907 u. Probation of offenders act 1907. (XI, 238 S.) 908. (Hft. 2) 6.—; geb. in Leinw. 7. —
Schumann, Rob., Streitbefangenheit u. Rechtsnachfolge als Voraussetzungen der §§ 265 u. 266 d. Zivilprozeßordnung. (VIII, 84 S.) 910. (Hft. 3) 2. 50

Zivilrechtliche und prozessualische **Abhandlungen** Hrsg. von Dr Wilhelm Kisch, Prof H. 1 Strassburg K. J Trubner 1907 8° [07 7793

— zoologische. (A. d. Annal. d. Wiener Museums d. Naturgesch.) I. u. II. Abthl. gr. 4. Wien 841, Rohrmann.
Abth. I. Wirbelthiere. Von J. Natter, F. Fitzinger u. J Heckel. (22½ B. u. 24 Taf.) 4 Thlr.
II. Wirbellose Thiere. Von A. v. Marschall, v. Kollar, P. Partsch, W. Focke u. M. Diesing. (30¼ B. u. 23 Taf. incl. 4 col.) 5 Thlr. 16 Gr.

— zoologische, August Weismann zu seinem 60. Geburtstage, 17. Jan. 1894, gewidmet v. C. Apstein, H. Blanc, O. Bürger, F. Dahl, A. Fritze, A. Gruber, V. Häcker, H. Henking, C. Ishikawa, E. Korschelt, O. vom Rath, H. E. Ziegler, s. a. Berichte der naturforschenden Gesellschaft in Freiburg i/B.

Abhandlungen. — Zoologische Abhandlungen August Weismann zu seinem 60. Geburtstage 17. Jan. 1894 gewidmet von C(arl) Apstein [u.a.] u. von d. Naturforsch. Ges. zu Freiburg i. B. — Freiburg i. B. & Leipzig: Mohr 1894. VII, 209 S. (Berichte d. Naturforsch. Gesellschaft zu Freiburg i. B. 8.)
1: Lc 7880-8. 12: Acad. 33hd-8. 2. 4. 7. 8. 9. 10.
1.3500

— Zürcher volkswirtschaftliche Hrsg. v. Jul Wolf. 1. u. 2. Hft. gr. 8. Zürich, A Müller. n 6 —
1. Linguet, e. Nationalökonom d. XVIII. Jahrh., i. s. rechtl., socialen u. volkswirtschaftl. Anschauungen. E. Beitrag z. Geschichte d. Nationalökonomie. Von Ad. Philipp. (IX, 107 S. m. 2 Tab.) 896. n. 2. 50
2. D. Physiokratismus in Polen. Von Jul. Marchlowski. (173 S.) 897. n. 3. 50

Abhandlungen über allgemeine Zusammenkünfte der Freimaurer im Wilhelmsbade; aus dem Französischen. Frankf. a. M. 1784. V: *Knigge, Adolph Franz Friedrich Ludwig Freih von.* (Ky)

— v. blühend. Zustande d. Staaten a. d. allgem. nützlichen Beschäftig. sein. Burger. 4. München, Lentner. 785.

— über den gegenwärt. Zustand der Politik u. Kriegskunst, (übers. v. Hrn. v. B.) Mit e. Vorrede herausg. v. D. C. Seybold. 8. Leipz. 776.

— zwangl., aus d. Gebiete d. medizin. Elektrologie u. Röntgenkunde, begr. v. A. Kurella u. A. v. Luzenberger. Hrsg. v. Paul Krause, A. v. Luzenberger u. L. Mann. 8. u. 9. Heft. gr. 8. Leipzig, J. A. Barth. 5. —
8. Elektr. Sensibilitätsuntersuchgn. mittels Kondensatorentladgn. Von Frz. Kramer. [Aus: „Zeitschr. f. med. Elektrologie u. Röntgenkde".] (40 S. m. Fig.) 908. 1. —
9. Die Röntgentherapie in der Gynäkologie. Von Karl Reifferscheid. Mit 4 [2 farb.] Taf. u. e. Anh. üb. die Röntgentechnik in der Gynäkologie v. Paul Krause. (92 S. m. Abbildgn.) 911. 4. —
Erschienen früher u. d. T.:

— zwanglose, aus dem Gebiete der Elektrotherapie u. Radiologie u. verwandter Disziplinen der medizin. Elektrotechnik. Hrsg. v. Hans Kurella u. A. v. Luzenberger. 1.—5. Hft. gr. 8. Leipzig, J A. Barth. n. 7. 80
Inhalt:
Frankenhäuser, Fritz, die Wärmestrahlung, ihre Gesetze u. ihre Wirkungen. (50 S.) 904. (Hft. 2.) n. 1. 20
Kurella, Hans, elektrische Gesundheits-Schädigungen am Telephon. Ein Beitrag zur Elektropathologie. (56 S.) 905. (Hft. 5.) n. 1. 50
Leduc, Steph., die Ionen- od. elektrolytische Therapie. Mit 26 Abbildgn. u. Kurven. (47 S.) 905 (Hft. 3.) n. 1. 50
Luzenberger, Aug. v., Die Franklinsche Elektrizität in der medizinischen Wissenschaft u. Praxis. Mit 21 Abbildgn. (98 S.) 905. (Hft. 4.) n. 2. 80
Stark, J., das Wesen der Kathoden- u. Röntgenstrahlen. [Aus: „Ztschr. f. Elektrotherapie u. d. physikal. Heilmethoden".] (29 S.) 904. (Hft. 1.) n. —. 80

— zwanglose, aus dem Gebiete d. Elektrotherapie, Radiologie u. verwandter Disziplinen d. med. Elektrotechnik. [Hrsg. v. Hans Kurella u. A. v. Luzenberger.] 6. u. 7. Heft. gr. 8. Ebd. 5. 80
6. Die Kondensatormethode, ihre klin. Verwertbarkeit u. ihre theoret. Grundlagen unter Berücksicht. d. neuesten Erregungsgesetze. Von J. Zanietowski. [Aus: „Ztschr. f. Elektrotherapie".] (III, 96 S.) 906. 2. 80
7. Über d. Einfluss elektr. Ströme auf d. Blutkreislauf des Menschen. Neue Untersuchgn. nebst Übersicht üb. die bisher. Forschungen. Von Paul Steffens. Mit 8 Taf. [Aus: „Ztschr. f. med. Elektrol. u. Röntgenkde".] (III, 75 S.) 908. 3. —
Hft. 1—5. Ebd. 904. 05. 7. 80

Zwanglose Abhandlungen aus dem Gebiete der medicinischen Photographie, Röntgenskopie, Röntographie und der Lichtanwendungen.
[Hrsg.: Nobeling.]
München: Seitz und Schauer 1894–(1902). 8°

— zwanglose, aus dem Gebiete der medizinischen Photographie, Röntgoskopie, Röntgographie u. der Lichtanwendung. (Fortsetzung der internat. photogr. Monatsschrift f. Modizin.) VIII. Bd. 1.—6. Hft. gr. 8. München, Seitz & Schauer. Einzelpr. n. 15. —; f. den Bd. n. 8. —
1. Die Photographie bezw. Mikrophotographie in der ärztlichen Praxis. Von B. Schürmayer. (47 S.) 901. n. 1. 80
2. Die Photographie im J. 1900. Von G. Aarland. (S. 41—66 m. Abbildgn.) 901. n. 1. 20.
3—6. Die Röntgenstrahlen im Dienste der Chirurgie. Von Carl Beck. 2 Tle. (138 S. m. 65 Taf.) 902. Geb. in Leinw. u. in Mappe. n. 12. —

Abhandlungen, zwanglose, aus dem Gebiete der medizinischen Photographie, Röntgoskopie, Röntgographie u. der Lichtanwendung. (Fortsetzung der internat. photogr. Monatsschrift f. Medizin.) IX. Bd. 1.—5. Hft. gr. 8 München, Seitz & Schauer. Einzelpr. n. 7. —; f. den Bd. n. 8. —
1. Einiges üb. die signaletische Photographie (System Bertillon) u. ihre Anwendung in d. Anthropologie u. Medizin. Von R. A. Reiss. (13 S.) 902. n. 1. —
2. Die Verwendung des Lichtes in der Therapie. Von H. Strebel. Mit 3 Abbildgn. im Texte u. 6 Taf. (S. 17—95.) 902. n. 3. —
3—5. Die Röntgenstrahlen in der Therapie. (IV. Bericht.) Von B. Schürmayer. 2 Tle. (S. 95—184.) 902. n. 3. —; geb. n. 3. 80.

— zwanglose, aus dem Gebiete der medizinischen Photographie, Röntgoskopie, Röntgographie u. der Lichtanwendung. (Fortsetzung der Internat. photogr. Monatsschrift f. Medizin.) IX. Bd. 6. Hft. gr. 8. München 903. Seitz & Schauer. Einzelpr. n. 1. —
Technisches in der speziell therapeut. Verwendung der X-Strahlen. Von B. Schürmayer. (S. 189—217.)

(8) — zwanglose, auf d. Gebiete d. medizin. Photographie, Röntgoskopie, Röntgographie u. d. Lichtanwendung. VIII. u. IX. Bd. München 901. 902 (KBL. 31) Jetzt München. Verlag d. ärztl. Rundschau.

— 20, zur Geschichte der Medizin. Festschrift, Hermann Baas in Worms zum 70. Geburtstage gewidm. v. der deutschen Gesellsch. f. Geschichte d. Medizin u. d. Naturwissenschaften. (VII, 202 S. m. Abb.) gr. 8. Hamburg 908. L. Voss. 7. —

Zwo [Zwei] Abhandlungen: Die 1. von Satirenschreibern, die 2. von Pasquillen. Aus d. Franz. übers. — Berlin 1759. 32 S. 300:20.463–A. 8.
1.3502

— zwei: Die eine über Gymnasial-Studien in Oesterreich; die andere über wahre menschl. Schrift-Auslegung. Als Beitrag zur Lösung der Unterrichtsfrage. Hrsg. v. Jos. Calles. Arneth. I. (Bemerkungen über die Mängel der österr. Gymnasial-Einrichtung u. Vorschläge zur Verbesserung derselben. 1838. Mit einer Rechtfertigungs-Beilage.) gr. 8. (XX u. 147 S.) Linz 849, Fink. n. 2/3 Thlr — II. (Die allgem. Grundsätze der wahren menschl. Auslegung. Kurz dargestellt u. nur zum Behufe der Sachauslegung, vorzüglich der Bücher des Neuen Bundes, näher erörtert. Mit einem Anh. von Erläuterungen u. Beispielen.) gr. 8. (XIV u. 239 S.) Ebend. 849. n. 1 Thlr 6 ngr (1. u. 2.: n. 1 Thlr 26 ngr)

Zwei Abhandlungen. 1. Ueber die andachtsmäßige Verehrung, die man dem Kaiser schuldet. 2. Ueber die Würde und die Bedeutung der Völker unserer Zeit. — St. Petersburg 1852: Kais. Akad. d. Wiss. 129,86 S.
Nebent., hebr.: Šenê perāqîm. Deutscher u. hebr. Text.
1:Ez 12553.
1.3503

Zwey [Zwei] Abhandlungen über die Aufgabe der Hamburgischen Gesellschaft zur Beförderung der Künste und nützlichen Gewerbe: Die Vergleichung der Erziehung der Waisenkinder, entw. in einem gewöhnl. Waisenhause, oder durch Beköstigung in oder ausser der Stadt, welche beyde im Jahr 1780 den Preis erhalten haben. — Hamburg: Bohn 1780. 64 S. 1:Fd 9848. 7.
1.3504

— zwo chym. physik. Ab. d. Arsenik u. Salpet. 8. Leipz. Heinsius. 780.

Zwey [Zwei] chinesische Abhandlungen über die Geburtshülfe. Aus dem Mandschurischen ins Russ. u. aus dem Russ. ins Deutsche übers. Hrsg. von J[osef] Rehmann. — St. Petersburg 1810: Medizinische Dr. VI,36 S.
1:Ic 410. 12:A. obst. 38h. 300:•31 B 32. 2. 7. 10.
1.3505

— zwei chinesische, über die Geburtshülfe. Aus d. Mandschurischen ins Russische u. a. d. Russ. ins Deutsche übers. von Jos. Rehmann. 8. St. Petersb. 812. (Riga, Hartmann). 9 gr

— zwei, üb. d. Entstehen d. westphäl. Leibeigenschaft, (v. .. Möller.) gr. 8. Dortm. 799. (Coppenrath in Münster). 9 gr

Abhandlungen (Zwei) über das Entstehen der westphälischen Leibeigenschaft u. den Pachthof in der Grafschaft Mark. Ein Beitrag zur Geschichte des westphälischen Bauernhofes. 8°. Dortmund 1799.

Zwo [Zwei] Abhandlungen über die Frage: ob für Hessen der 20 oder 24 Gulden-Fuss vortheilhafter sey? etc. etc., welchen die Hessen-Casselische Gesellschaft des Ackerbaues und der Künste am 5. März 1775 den Preis zuerkannt hat. Nebst einigen die Ges. betr. Nachrichten hrsg. von Justus Friedrich Runde. — Cassel: Cramer 1776. 124 S. 4. 7.
1.3506

— zwei, üb. d. Fr.: Ob f. Hessen d. 20- oder 24 Guldenfuß vortheilhafter sei? 8. Marb. 776. Krieger. 6 gr

— zwo, a. d. Geburtshülfe. s. Vetter.

Zwei Abhandlungen über Geld und Münze, Banken und Banknoten. ([1.] Einige Gedanken von Geld und Banken. [Verf.: Johann Schuback.] [2.] Ueber Geld, Münze und Banknoten. [Verf.: Philipp Gabriel Hensler.]) — Altona 1787: Eckhardt. 16,80 S. 12: Cam. 2o. 2. 5. 8.
1.3507

— zwei, über Geld u. Münzen, Banken u. Banknoten, (von J. Schuback u. Ph. G. Hensler). 8. Altona 788. Bachmann. 8 gr (vergl. Schriften 3, über Geld etc.)

Abhandlungen. — Zwei historische Abhandlungen Herrn Justizrat Dr. L[udwig] H[einrich] Euler zum 50. Jahrestage seiner Doctorpromotion gewidmet. R(ichard) Froning: Zur Geschichte und Beurteilung der geistlichen Spiele des Mittelalters, insonderheit der Passionsspiele. L(udwig) Quidde: Die Entstehung des Kurfürstencollegiums. Eine verfassungsgeschichtliche Untersuchung. — Frankfurt a. M.: Jügel 1884. 29,118 S. 7.
1.3508

Zwey **Abhandlungen** von den Kennzeichen, Ursachen und der Heilmethode der Radesyge von (Nicolaus) Arbo und (Christian Elovius) Mangor. Aus d. Dän. Mit e. Vorr. von Philipp Gabriel Hensler. Altona: Hammerich 1797. XXIV S., S. 6 – 295 8°
(Zwischent. 1:) Arbo, (Nicolaus): (Afhandling om radesygen eller saltflod.
Deutsch:) Von der Radesyge oder dem salzen Flusse.
(Zwischent. 2:) Mangor, Christian Elovius: (Underretning om radesygens kiendetegn, aarsager og helbredelse.
Deutsch:) Abhandlung von den Kennzeichen, Ursachen und der Heilmethode der Radesyge.

Zwey [Zwei] medicinisch-practische Abhandlungen. 1. Die Ungewißheit des Todes und das einzige untrügliche Mittel, sich von seiner Wirklichkeit zu überzeugen. [Verf.: Christoph Wilhelm Hufeland.] 2. Bewährtes Heilmittel wider den Biß toller Hunde und anderer giftigen Thiere. [Verf.: Christian Jacob de Moneta.] — Frankfurt & Leipzig: Bayrhoffer 1791. 55 S. 4. 8.
1.3511

— zwei, von d. Mitteln, d. gefallenen Werth d. Grundstücke steigen zu machen. 8. Marb. 777. Krieger. 6 gr

— zwei naturwissenschaftliche. I. Ueber die Entwickelung des Embryo bei Pedicularis palustris und sylvatica von Th. Deecke. II. Ueber Gampsonychus fimbriatus Jord. von H. Burmeister. gr. 4. (16 S. mit 1 Stnt.) Halle 855, Schmidt. *

Zwey [Zwei] neue ökonomische Abhandlungen. 1. Neu erfundene Angaben, wie man in Wirthschaftsgebäuden den Ofen, Camin und Küchenheerd nebst einer Obstdarre in Eines bauen kann. 2. Kurze Anweisung, wie man den Kalk brennen kann. Hrsg. von einem Liebhaber nützl. Wissenschaften. — Berlin & Leipzig: Decker 1775. 30 S.
1:Ny 11631. 12:Oecon. 24. 2. 7.
1.3512

— zwei neue ökonomische, über Ersparung d. Holzes u. Raumes in Wirthschaftsgebäuden u. Anweis., Kalk zc. zu brennen. Mit Kpf. 8. Berl. 775. Rottmann. 8 gr.

Abhandlungen (Zwo) von dem Nutzen und Schaden der Monopolien. 8°. Cassel, Krieger, 1777.

— zwey, v. d. Radesyge, s. Arbo.

Zwei Abhandlungen aus dem römischen Rechte. Herrn Prof. Dr. Adolf von Scheurl zum 50jähr. Doctorjubiläum i. A. der Juristenfakultäten zu München u. Erlangen überreicht von A[lois] von Brinz u. E[duard] Hölder. — Freiburg i. Br. & Tübingen 1884. 66 S.
1:G 6172. 12:J. rom. m. 61xf. 300:449.566–B. 2. 3. 4. 5. 6. 7. 9. 10.
1 3513

— über d. Zwiste u. Mißhelligkeiten zwischen d. Vornehmen und Gemeinen in Athen u. Rom, so wie über die hieraus für diese beiden Staaten entstand. Folgen; aus d. Engl. 8. Augs. 820. Bäumer. 8 gr.

Abhedânanda, Swami
— die Philosophie d. Wirkens od. Wie adeln wir unsere Arbeit? s.: Vedānta-Philosophie 8. Bd.

Abhedânanda, Swâmi, s.: Vedânta-Philosophie.

— warum sind d. Hindus Vegetarianer? s.: Vedanta-Philosophie Hft. 2.

— warum verwirft e. Hindu das moderne Kirchentum, obgleich er Christus anerkennt? s.: Vedanta-Philosophie Hft. 1.

Abhedânanda, Swami, wer ist d. Erlöser d. Seelen? s.: Vedanta-Philosophie Hft. 3.

Abhedānanda, Svāmī, wie adeln wir unsere Arbeit? s.: Vedānta-Philosophie 15.—17. Heft.

— Das Wort u. das Kreuz im alten Indien, s.: Vedānta-Philosophie. 14. Hft.

Abheiter, Herm., Lieder und Gesänge für 1 Singstimme mit Clavierbegleitung. Heft I. Mein Lieb das ist ein Rösleinroth. Da die Stunde kam. Im Sommer. O stündest du. Derweil ich schlafend lag. Lass o Welt, o lass mich sein. 1.20

Abhilfe, s. Abhülfe

Abholung, Friedrichs, im Elysium. Dresden 1786. V: *Gottschling, Paul Rudolph.* (MGT)

Abholung. — Friedrichs [Friedrich II. König v. Preußen] Abholung zum Göttersitze. Im Romanzenton erzählt von einem Kanonier. — Olimp 1786.
5.
1.3519

Abhoerung. — Abhörung der Amtsrechnungen betreffend vom 23ten December 1777. — Dat. Ehrenbreitstein 23. Dec. 1777. 2 Bl.
5.
1.3518

Abhuelfe
Zur Abhülfe der Kohlennoth. Aus den bisher ersch. Artikeln d. Schles. Zeitung Aug.–Sept. 1900. Mit Namen- u. Sachreg. 2. Taus. — Breslau: Korn 1900. 116 S.
1:Fg 4315/112. 12:Cam. 3rm. 2. 83.
1.3515

Zur Abhülfe der Wohnungsnoth. (Unterz.: Berlin, 4. Juli 1889. Der Central-Ausschuss für Innere Mission. [Bernhard] Weiss.) — (Gräfenhainichen 1889: Schulze.) 4 S.
1:9 in Cv 36110. 4. 5. 7. 9. 10.
1.3516

[Kopft.:] [F.] Noch einmal: Zur Abhülfe der Wohnungsnoth. *(Berlin: Gedr. b. J. Sittenfeld 1894[!].)* (4 S.) 2 Bl. 8.
[96. 400

Aebi s.a. Aeby

Aebi, G.L. Die Buchdruckerei zu Beromünster. Einsiedeln 1870.

Aebi, H.: Die Wasserbauten des Berner-Oberlandes. 1887.

Aebi, J., s. Aebi, Jac.

Aebi, J. L. s.a. Aebi, Joseph Ludwig

Aebi, J. L., Kurze Geschichte der höhern Lehranstalt in Luzern. Luzern 1856.
Progr.-Schr.

Aebi, Jac., Chur u. sein Excursions-Gebiet. Kurzer Wegweiser f. den Touristen. 16. (27 S.) Chur 871. (Gsell.)
n. — 40

Aebi, J. Kleines Handbuch für den Besucher Churs. Mit vielen Ansichten [im Text und auf Tafeln]. Bearb. von J. Aebi. 8. Chur 1872.
A 55

— der französisch-deutsche Krieg d. J. 1870/71. Gedenkblatt f. alle Zeitgenossen zusammengestellt nach beidseit. amtl. Berichten. Fol. (140 S. m. eingedr. Holzschn.) Ebend. 870.
n. 2. 50

Aebi, J., der französisch-deutsche Krieg d. J. 1870/71. Fol. Chur, in Commiss. bei Gsell. 1871 3. —

Aebi, James, Mitteilgn. üb. Australien, f. landwirtschaftl. u. bergmänn. Verhältnisse u. die Seereise dahin. N. eig. Erfahrgn. u. offic. Quellen bearb. 8. (VI, 156 S.) Kempten 896. J. Kösel.
n. 2. —

Aebi, Joseph Ludwig s.a. Aebi, L. J.

[Aebi, Joseph Ludwig.] Blicke ins (* *Nachtitel:* in das) Leben der Königin Agnes von Ungarn. [A. Progr.] 4. Aarau [1841]

[Aebi, Joseph Ludwig.] Ungedruckte Bruchstücke des habsburgisch-österreichischen Urbars. [A. Progr.] 4. Aarau [1840]

Aebi, Josef Ludwig: Die Buchdruckerei zu Beromünster im fünfzehnten Jahrhundert von J. L. Aebi. Eine Festschrift zur Jubelfeier im Jahre 1870. Mit artistischen Beil. Einsiedeln [usw.] 1870: Benziger.
1:An 6966. 300:121 440-B. 5. 7.
2 174

Aebi, J. L., die Buchdruckerei zu Beromünster im 15. Jahrh. Eine Festschrift zur Jubelfeier im J. 1870. gr. 8. (40 S. mit 2 artist. Beil. in Photogr.) Einsiedeln 871, Gebr. Benziger.
*

– Die Geschichte des Schweizervolkes nach A[lexander] Daguet für die Schulen der deutschen Schweiz bearb. — Lucern: Kaiser 1858. VIII,438 S.
3.
2 175

Aebi, J[oseph] L[udwig]. Die Geschichte des Schweizervolkes, nach A(lexander) Daguet für die Schulen der deutschen Schweiz bearb. von L. J. Aebi, Professor. 2 Theile. 8. Lucern 1858–1859

Aebi, J. L., die Geschichte des Schweizervolkes für die Schulen der deutschen Schweiz bearb. 2 Thle. Neue veränd. und verm. Aufl. gr. 8. (X und 330 S., X und 424 S.) Luzern 862,66, Gebhardt. [1. Bd. * 20 Ngr., 2. Bd. * 24 Ngr.]
*

Aebi, J[oseph] L[udwig]. Heinrich der Truchsess von Diessenhofen, der Zeitbuchschreiber. 〈SA.〉 8. Einsiedeln 1877.

—— Dr. Jg. Paul Vital Troxler. Ein Nekrolog. gr. 8. (IV und 50 S.) Luzern 866, (Gebr. Räber.)
* *

Aebi, Jos. Ludw. (Chorherr in Beromünster). Die Ursachen d. alten Zürichkrieges in ihren Grundzügen, siehe: *Jahrbuch für schweiz. Geschichte, IV.*

Aebi, Jules. Unter Burenflagge. Erlebnisse eines Schweizers (* *Umschlag:* Mit den Buren. Erlebnisse eines Schweizer-Freiwilligen) im südafrikanischen Kriege. [Mit Porträt des Verfassers.] 84 S. 8. Biel, Buchdr. Louis Heer (Verlag A. Rüfenacht), 1901. [fr. 1. —]

Aebi, L.J., s.a. Aebi, Joseph Ludwig

Aebi, L. J., die Geschichte des Schweizervolkes, s. a. Daguet, A.

Aebi, L. J., die Geschichte d. Schweizervolkes, nach D a g u e t für die Schulen der deutschen Schweiz bearb. 1. Thl. Luzern 858. Kaiser. 8. (VIII. 304 S.) 20 ngl

Aebi, L. J., die Geschichte des Schweizervolkes, nach A. Daguet für die Schulen der deutschen Schweiz bearbeitet. 2. Thl. Luzern, 859. Kaiser. (Gebhardt.) gr. 8. (IV, 438 S.) n. 25 ngr

— die Geschichte d. Schweizervolkes, für die Schulen der deutschen Schweiz bearb. 1. Thl. Neue veränd. u. verm. Aufl. Luzern, 862. Gebhardt. gr. 8. (X, 330 S.) n. 24 ngr

Aebi, J. L., die Geschichte d. Schweizervolkes f. die Schulen der deutschen Schweiz bearb. 2. Thl. Neue veränd. u. verm. Aufl. Luzern 866, Gebhardt. gr. 8. (X, 121 S.) n. 21 ngr
1. Bd. jetzt auf n. 20 ngr. ermäßigt.

— Dr. Jg. Paul Vital Troxler. Ein Nekrolog. Luzern 866. (Gebr. Räber.) gr. 8. (IV, 50 S.) n. 9 ngr

Abich, : Meteorologische Beobachtungen in Transkaukasien. (Nov. 1847 bis Ende 1819.) (Aus dem Bulletin physico-mathematique. T.IX, No. 1-3 besonders abgedruckt.)

Abich, Adélaïde [Hrsg.] s. *Abich*, Hermann: Geologische Fragmente. 1887.

— [Hrsg.] s. *Abich*, Hermann: Geologie des armenischen Hochlandes. 2. 1887.

— [Hrsg.] s. *Abich*, Hermann: Aus kaukasischen Ländern. Reisebriefe. 1896.

Abich, Friedrich: Grundzüge für die Gründung des Mittelrheinischen Beamten-Vereins (Actien-Gesellschaft). Streiflichter. — Darmstadt 1890. 7 S. 1:Gz 860.
1.3522

Abich, (Guil.) Herm. s. A b i c h , Wilhelm Herm.

Abich, Hermann

A b i c h , H., erläuternde Abbildungen geolog. Erscheinungen, beobachtet am Vesuv u. Aetna in d. J. 1833 u. 1834. — A. u. d. T.: Vues illustrat. de Phénomènes géologiq. observés s. le Vésuve et l'Etna, pend. les ann. 1833 et 34. Roy.-Fol. (10 Stnt. u. 5 B. deutsch. u. franz. Text.) Berlin 837, Kuhr. *

— erläuternde Abbildungen geolog. Erscheinungen, beobachtet am Vesuv und Aetna, in den Jahren 1833 u. 1834. — A. u. d. T.: Vues illustratives de phénomènes géologiques, observés sur le Vesuve et l'Aetna, pendant les années 1833 et 1834. (Deutsch u. französisch.) qu. Imp.-Fol. (Mit 10 lith. Tafeln.) Berlin 837. (Ebd. 841.) n. 2 2/3 rf

Abich, H.: Ueber das geolog. Alter der nordkaukasischen Jura-Kohlensandsteine. 1876.

— Beiträge zur geologischen Kenntniss der Thermalquellen in den kaukasischen Ländern. Von H. Abich. Lfg 1. — Tiflis 1865: Buchdr. d. Civil-Hauptverw. 60 S.
1:4° Ml 2964.
1.3524

Abich, H., Beiträge zur Paläontologie d. asiatischen Russlands. Nebst 8 (lith.) Taff. (Aus den Mémoires de l'Acad. des Sciences de St.-Pétersbourg.) St. Petersburg 858. — Leipzig, Voss. gr. 4. (1 Bl. 41 S.) nn. 1 rf

Abich, Herm., geologische Beobachtungen über d. vulkanischen Erscheinungen und Bildungen in Unter- u. Mittel-Italien. 1. Bd. 1. Liefg. — A. u. d. T.: Ueber die Natur und den Zusammenhang d. vulkanischen Bildungen. Nebst 3 Karten u. 2 lith. Tafeln. (oder Atlas 1. Liefg.) gr. 4. Mit 4 Tabellen.) Braunschweig 841, Vieweg u. Sohn. n. 2 2/3 rf

Abich, Herm., geologische B e o b a c h t u n g e n auf Reisen in den Gebirgsländern zwischen Kur u. Araxes. Tiflis 867. (St. Petersburg, Münx.) gr. 4. (2 Bll., 163 S.) n. 2 rf 10 ngr

A b i c h , Herm., geologische Beobachtungen auf Reisen in den Gebirgsländern zwischen Kur und Araxes. gr. 4. (III, 163 S.) Tiflis 868. (St. Petersburg, Münx. — Ricker.) *

— H. Abich. Geologische Beobachtungen auf Reisen im Kaukasus im Jahre 1873. — Moskau 1875.
1:Mn 17012.
1.3528

— Eine Bergkalkfauna aus der Araxesenge bei Djoulfa in Armenien. — Wien: Hölder in Comm. 1878. VII, 126 S. (Abich: Geologische Forschungen in den kaukasischen Ländern. 1.)
1:4° Mn 17014-1. 12:4° Lith. 1 ed-1.
300:413.868-C. Kt. S. 1. 3. 6. 7. 9. 11. 82.
1.3529

Abich, H.: Ueber einen in der Nähe von Tula stattgefundenen Erdfall. (Aus der Melanges physiques et chimiques. Vol. II.) Petersbourg 1854. 8°

— geologische F o r s c h u n g e n in den Kaukasischen Ländern. I. Thl. u. II. Thl. 1. Hälfte. gr. 4. Wien 878. 82. Hölder in Comm. n. 92. —

I. Eine Bergkalkfauna aus der Araxesenge bei Djoulfa in Armenien. Mit 11 (lith.) Taf. u. 31 in den Text gedr. Holzschn. (VII, 126 S.) m. 11 Bl. Tafelerklärgn.) n. 20. —

II. Geologie d. armen. Hochlandes. I. Westhälfte. Mit Atlas 9 (lith., chromolith. u. Lichtdr.-) Taf. m. 1 Bl. Text in gr. Fol., nebst 19 (chromolith.) Taf., 5 (lith. u. chromolith.) Karten zum Text u. 49 eingedr. Holzschn. (X, 478 S.) n. 72 —

Abich, H., geologische F o r s c h u n g e n in den kaukasischen Ländern. III. Thl. Geologie d. armen. Hochlandes. 2. Osthälfte. Mit e. Atlas v. 20 Karten, Profilen u. Panoramen. Ferner m. 21 Taf. zum Text u. 12 eingedr. Holzschn. gr. 4. (XII, 162 S.) Wien 887. (Hölder.) n. 100. — (1—3.: n. 192. —)

Abich, Hermann: Geologische F r a g m e n t e aus dem Nachlasse Herrmann Abich's. 1. Karten u. Profile zur Geologie der Halbinseln Kertsch und Taman. 2. Zur Geologie der Ponza-Inseln. Barometrische Höhenmessungen im Kirchenstaate. (Hrsg.: Adélaïde Abich.) Mit e. Atlas. — Wien: Hölder in Comm. 1887.
1:4° (Atlas: 2°) Mm 19513. 300:413.869-C-E. 3. 7. 11 [°°1 u. Atlas].
1.3532

Abich, H., Die Fulguriten im Andes und kleinen Ararat nebst Bemerkungen über örtliche Einflüsse bei der Bildung elektrischer Gewitter. 8°. *11 p.* Wien, Gerold's Sohn. 1869. M. —.30
(Aus d. Sitzungsber. d. Akad. d. Wiss.)

— die F u l g u r i t e n im Andesit d. kleinen Ararat, nebst Bemerkgn. über örtliche Einflüsse bei der Bildung elektr. Gewitter. [Aus den Sitzungsber. d. k. Akad. d. Wiss.] Wien 869. (Gerold's Sohn.) gr. 8. (9 S.) 3 ngr

— Geologie des armenischen Hochlandes. (2: Hrsg. v. Eduard Suess u. Adélaïde Abich.) Th. 1. 2 [nebst] Atlas [1. 2]. — Wien: Hölder in Comm. 1882-87.
1. Westhälfte 1882. 2. Osthälfte 1887.
(Abich: Geologische Forschungen in den kaukasischen Ländern 2. 3.)
1:4° (Atlas: 2°) Mn 17014-2. 3; Atlas auch = Kart. W 6903.
12:1 2-4° Lith 1 ed-2. 3; Atlas - 2° Lith. 1 ch.
300:413.868-C-E Kt S. 3 4. 5. 3. 6. 7. 9. 11. 82.
1.3533

— Zur Geologie des südöstlichen Kaukasus. Bemerkungen von meinen Reisen im Jahre 1865. — (St.-Pétersbourg 1866.) S. 646-673. (Mélanges physiques et chimiques tirés du Bulletin de l'Acad. Imp. des sciences de St.-Pétersbourg. 6.)
1:1 in 4° Mn 20002. 12:4° Acad. 136o-10.
1.3534

— einleitende G r u n d z ü g e der Geologie der Halbinseln Kertsch u. Taman, s. a. M é m o i r e s de l'Acad. Imp. des Sciences de St.-Pétersbourg.

Abich, H. einleit. Grundz. d. Geologie d. Halbins. Kertsch u. Taman. 4° (81 m. 3 L.). – Petersb. 1865. Lpzg., Voss.

— vergleichende geologische Grundzüge der kaukasischen, armenischen und nordpersischen Gebirge. Prodromus einer Geologie der kaukasischen Länder. Nebst 8 (lith.) Taff. (wovon 4 in Farbendr., in 4. u. Fol. (Aus den Mémoires de l'Acad. des Sciences de St. Pétersbourg.) Ebend. 858. gr. 4. (IV, 176 S.) nn. 2 rf 6 ngl

Abich (H.). Vergleichende geologische Grundzüge der kaukasischen, armenischen und nordpersischen Gebirge etc. St. Petersburg 1859. 4.

Abich, H., Ueber krystallinischen Hagel im thrialetischen Gebirge und über die Abhängigkeit der Hydrometeore von der Physik des Bodens. (Physikal. Observator., Tiflis, Materialien zu einer Klimatologie des Kaukasus. Herausgegeben von A. Moritz. Abth. III: klimatol. Skizzen, Bd. I.) Tiflis 1871.

— Über krystallinischen Hagel im thrialethischen Gebirge und über die Abhängigkeit der Hydrometeore von der Physik des Bodens. Von H. Abich. — Tiflis 1871: Buchdr. d. Civil-Hauptverw. III,256 S.
Aus: Materialien zu e Klimatologie d. Kaukasus. 3,1.
1:Mz 12523.
1,3537

— über krystallinischen Hagel im unteren Kaukasus in seiner Beziehung zu der Physik d. Bodens. Mit 5 (lith., zum Thl. farb.) Taf. u. 1 (lith.) Karte. gr. 8. (V, 256 S.) Ebend. 879. n. 10. —

—— über eine im Caspischen Meere erschienene Insel, s.a. Mémoires de l'acad. imp. des sciences de St.-Pétersbourg. 7. Série, Tome 6, Nr. 5.

— Über eine im Caspischen Meere erschienene Insel nebst Beitr. zur Kenntnis der Schlammvulkane der caspischen Region. Von H. Abich. — St. Petersburg: Kais. Akad. d. Wiss.; Leipzig: Voss in Comm. 1863. VIII,151 S. (Mémoires de l'Acad. Imp. des sciences de St.-Pétersbourg. Sér. 7, T. 6,5.)
1:4° Ab 5408-Sér. 7, T. 6,5. 12:4° Acad. 140c-6,5.
300:392.831-C.Per. Sér. 7, T. 6,5. 2. 4. 7. 8. 9. 10. 11.
1 3538

Abich, H: Ueber die Lage der Schneegränze und die Gletscher der Gegenwart im Kaukasus. (Mélanges physiques et chimiques tirés du Bulletin de l'Académie Impériale des Sciences de St.-Pétersbourg. T 10 1877. p. 629—664.) St. Pétersbourg 1877. 36 S. 8°

Abich, Herm., aus kaukasischen Ländern. Reisebriefe. Hrsg. v. dessen Witwe, 2 Bde. gr. 8. Wien 896. A. Hölder. n. 13. 50

1. Briefe a. d. J. 1842—1853 an s. Eltern u. Geschwister. (XI, 608 S. m. Bildnis.) n. 9.—
2. Briefe a. d. J. 1859—1874 a. s. Frau. (VII, 313 S.) n. 4.50

Abich Hermann, Aus kaukasischen Ländern. Reisebriefe. Herausgegeben von dessen Witwe. I. Band. Inhalt: Briefe aus den Jahren 1842—1853 an seine Eltern und Geschwister. Mit Porträt. Gr.-8. (XI, 608 S.) 5.—
Staatsdruckerei Wien 1896

— — II. Band. Inh. Briefe aus den Jahren 1859—1874 an seine Frau. Gr.-8. (VII, 313 S.) 2.50
Staatsdruckerei Wien 1896

— Ueber Licht-Erscheinungen auf dem Krater-Plateau des Vesuvs im Juli 1857. — Besuch des Kraterbodens von Stromboli am 25. Juli 1836 (Zeitschr. der Deutschen Geolog Gesellsch., Jahrg. 1857)

— Ueber Paraffin enthaltende Mineralstoffe auf der apscheronschen Halbinsel. — (St.-Pétersbourg 1876.) S. 514–535. (Mélanges physiques et chimiques tirés du Bulletin de l'Acad Imp. des sciences de St.-Pétersbourg. 9.)
1:10 in 4° Ot 23001. 12:4° Acad. 136o–21.
1.3541

— Ueber die geologische Natur des armenischen Hochlandes. Festrede. — Dorpat 1843: Laakmann. 67 S.
1:4° Mn 16975. 12:4° Diss. 3858-32. 2. 4. 5. 7. 8. 9. 11.
1 3542

Abich, Herm., üb. d. geolog. Natur d. armenischen Hochlandes. — Krönungs-Fest-Rede. [illegible] (8½ B. u. 1 Karte.) Dorpat 843, (Moskau, Severin's [illegible]). Thlr.

— über die geologische Natur des armenischen Hochlandes. Fest-Rede. gr. 4. Mit 1 lithogr. Karte. Dorpat 843. (Model.) n. 1 ℛ

Abich Wilhelm Hermann. Ueber die Natur und den Zusammenhang der vulkanischen Bildungen. (Geologische Beobachtungen über die vulkanischen Erscheinungen und Bildungen in Unter- und Mittel-Italien. Bd 1. Lfg 1.) Braunschweig 1841 IX, 134, XI S., 4 Tf 4°

— Ueber die Productivität und die geotektonischen Verhältnisse der kaspischen Naphtaregion. — Wien: Hölder (1879). S. 165–188.
Aus: Jahrbuch d. K. K. Geologischen Reichsanstalt. 9. Bd 29,1.
1:6 in 4° Mn 20002.
1.3543

—— über das Steinsalz und seine geologische Stellung im russischen Armenien. Palaeontologischer Theil. gr. 4. (99 S. nebst 11 lithogr. und chromolithogr. Taf. in gr. 4., qu. Fol. und qu. Imp.-Fol.) St. Petersburg 857. Leipzig, Voss. **
Vorstehende drei Werke des Verf. sind aus: Mémoires de l'académie impér. des sciences de St. Pétersbourg, 6. Série, besonders abgedruckt.

—— sur la structure et la géologie du Daghestan, s. a. Mémoires de l'acad. imp. des sciences de St.-Pétersbourg. 7. Série, Tome 4, Nr. 10.

— Sur la Structure et la géologie du Daghestan. Par H. Abich. — St.-Pétersbourg: Acad. des sciences; Leipzig: Voss in Comm. 1862. 32 S. (Mémoires de l'Acad. Imp. des sciences de St.-Pétersbourg. Sér. 7, T. 4,10.)
1:4° Ab 5408-Sér. 7, T. 4,10. 12:4° Acad. 140c-4,10.
300:392.831-C Per Sér. 7, T. 4,10 2. 4. 5. 7. 8. 9. 10. 11.
1 3545

Abich, H., vergleichende chemische Untersuchungen der Wasser des caspischen Meeres, Urmia- und Van-See's. Imp.-4. (57 S. mit 2 ill. Stnt.) St. Petersburg 856. (Leipzig, Voss.) **
Aus: Mémoires de l'académie impériale des sciences de St. Pétersbourg etc., besonders abgedruckt.

Abich, H., Vesuv und Aetna. Erläuternde Abbildungen geologischer Erscheinungen, beobachtet am Vesuv und Aetna. Berlin 1837. Fol

Abich, H, Vues illustratives de quelques phénomènes géologiques, prises sur le Vésuve et l'Etna, pendant les années 1833 et 1834. Roy.-Fol. (10 Steintaf. u. 3 B. Text.) Paris et Strasbourg 836. Levrault. n. 6⅔ ℛ

Abich, H Ein Cyclus fundamentaler barometrischer Höhenbestimmungen auf dem Armenischen Hochlande (Mémoires de l'Académie Impériale des Sciences de St Pétersbourg Sér 7 T. 27 No 12) St-Pétersbourg 1880. 55 S 8°

Abich, Wilhelm Hermann, s.a. Abich, Hermann.
Abich, (Guil.) Herm. (geb. Berlin 11 12 1806) De spinello. Berolini (1831) (VIII, 75 S) 8°
Berlin, Phil Diss v 27 Aug 1831

Abicht, Adolf [Referendar]: Ein Beitrag zur Lehre vom Erbvertrag ... Oels, Druck d. Hofbuchdr. v. A. Ludwig, 1893; 2 Bl., 32 S. 8.
Göttingen, Jur. Fak., Inaug.-Diss. v. [13. Nov.] 1893

Abicht, Adf., e. Beitrag zur Lehre vom Erbvertrag. Diss. gr. 8. (32 S.) Oels 893. (Göttingen, Vandenhoeck & Ruprecht.) n. — 80

Abicht, Carol, s.a. Abicht, Karl
— Curae Herodoteae. Pr. 1862. 15 S. 4°.

Abicht, Carol., quaestionum de dialecto Herodotea specimen I. Dissert. inaug. Göttingen, 859. Vandenhoeck & Ruprecht. gr. 8. (38 S.) n. 8 ngr

— Die Wiener Handschrift des Herodot. Pr. 1888. 17 S. 4°. 1.—

Abicht, D. A. G., s. Th. Nutt, Lüftungsbienenzucht.

Abicht, Ernst: Der gegenwärtige Stand der Handschriftenfrage bei Arrian u. krit. Bearbeitung des ersten Buches von Arrians Anabasis. Brandenburg a. H. 1906: J. Wiesike. (44 S.) 8°
Brandenburg a. H., st. G P 1906 (76)

Abicht, Ernst, der gegenwärtige Stand der Handschriftenfrage bei Arrian u. kritische Bearbeitung des ersten Buches v. Arrians Anabasis. Progr. (41 S.) 8. Brandenburg 906. (Leipzig, Buchh. G. Fock.) n. 1. —

Abicht, F. W., der Arzt für Diejenigen, welche an Verschleimungen leiden, und zwar der Lungen, des Halses u. der Verdauungswerkzeuge. Nebst Angabe der Ursachen u. Heilmittel. 2., durchaus verb. u. vielfach verm. Aufl. 12. Nordhausen 842. Fürst. 5/12 ℛ — 3. verb. u. verm. Aufl. 12. Ebd. 843. 5/12 ℛ — 4. verm. u. verb. Aufl. 12. Ebd. 844. 5/12 ℛ — 5. verb. Aufl. 12. Ebd. 844. 5/12 ℛ — 6. verb. Aufl. Ebd. 846. 5/12 ℛ

— die Behandlung und sichere Heilung der Geschwüre, besonders der langwierigen Fußgeschwüre, oder offenen Beine, zugleich mit Berücksichtigung d. Knochenfraßes, d. Salzflüsse u. der Krebsgeschwüre. 12. Nordhausen 844, Fürst. 5/12 ℛ

—— der Champagner-Arzt. Neueste Erfahrungen üb. d. wohlthät. diätet. u. arzneil. Kräfte d. Schaumweine etc. Nach vielf. Beobachtungen. 12. (5 B.) Nordhausen 845. Fürst.

— das kalte Fieber (Wechselfieber) in seinen verschiedenen Formen dargestellt u. mit deutl. u. vollständiger Belehrung über seine Ursachen, Verhütung, Folgen u. Heilung rc. 12. Nordhausen 844, Fürst. 3/8 ℛ

—— der Kirschen-Arzt. Belehrung üb. d. Anwend. d. Kirschenkuren gegen viele hartnäckige u. langwier. Krankheiten, besond. gegen alle sogen. Unterleibsbeschwerden. 12. (5 B.) Nordhausen 845, Fürst.

Abicht, F. W., die Kirchen-Kuren, ihre Anwendung gegen viele hartnäckige u. langwierige Krankheiten, besonders bei Unterleibsbeschwerden 2c. 2. (Titel-)Aufl. 12. (120 S.) Ulm (845) 850, Fr. Ebner. 12 ngr

— zwanzig Mittel wider den Tod, oder Belehrung, wie man ein langes, durch Gesundheit des Körpers und Geistes beglücktes Leben zu erzielen vermag. Ein auf Wissenschaft und Erfahrung begründetes Lehrgebäude d. Diätetik. 12. Nordhausen 846, Fürst. 12 ngr

—— die zweckmäßigsten Mittel für diej. Personen, welche am Bandwurm leiden. Neue Ausg. 8. (112 S.) Nordhausen 848. [Leipzig, Brügmann.]

— die zweckmäßigsten Mittel für diejenigen Personen, welche am Bandwurm leiden. Neue (Titel-)Ausg. 8. (112 S.) Nordhausen 848, Fürst. 1/2 ℛ

— die Nervenschwäche, ihre Ursachen, Verlauf, Folgen, Verhütung u. Heilung. 12. Nordhausen 844, Fürst. 3/8 ℛ

— Rathgeber für Diejenigen, welche an Hartleibigkeit u. Verstopfung leiden 2c. 12. Nordhaus. 844. Fürst. 3/8 ℛ

— Rathgeber für Diejenigen, welche an Hartleibigkeit u. Verstopfung leiden, nebst Angabe der Ursachen u. Folgen gehinderter Ausleerung, so wie vernunftgemäßer Mittel und Wege zur Herstellung einer guten, naturgemäßen Verdauung u. Leibesöffnung. 2. (Titel-)Aufl. 12. (141 S.) Leipzig (844) 850, Hentze. 1/3 ℛ

Abicht, Friedrich Kilian: Kirchengeschichte d. Fleckens Gemünden und seines Filials Schlierschied auf dem Hunnsrück. Ein Beitrag zur Kirchen- und Reformationsgeschichte des Hunnsrucks. — Kreuznach 1845.
1:Th 4682. 5. 10.
1 3551

Abicht, Friedr. Kilian, der Kreis Wetzlar histor., statist. u. topograph. dargest. 3 Thle. gr. 8. Wetzlar. [Frankfurt a. M., Ant. Baer.]
Th. 1. Polit. Geschichte d. Kreises. (16 1/2 B.) 830. * 1 Thlr.
" 2. Statistik, Topographie u. Ortsgeschichte des Kreises. (15 1/2 B.) 836. * 5/6 Thlr.
" 3. Kirchengeschichte d. Kreises. (33 B.) 837. * 1 2/3 Thlr.

Abicht, Fr. Kilian, der Kreis Wetzlar historisch, statistisch u. topographisch dargestellt. 1r Thl., enthalt. die politische Geschichte des Kreises. 1 ℛ 2r Thl. enthalt. die Statistik, Topographie u. Ortsgeschichte des Kreises. 5/6 ℛ gr. 8. Wetzlar 836. Wigand. n. 1 5/6 ℛ

— dass. 3r Thl. enthalt. die Kirchengeschichte des Kreises. gr. 8. Ebd. 837. n. 1 2/3 ℛ (1—3. n. 3 1/2 ℛ)

Abicht, J.G. s. A b i c h t, Johann Georg

Abicht, J.H. s. A b i c h t, Johann Heinrich

Abicht, Jo. Ge., De commercio animae et corporis. Gedani. 4°.
1759

Abicht, Johann Georg: Accentus Hebraeorum ex antiquissimo usu lectorio vel musico explicati et ad usum hermeneuticum applicati. Cum 2 tab. aeneis & specimine locorum ex accentibus explicatorum, in quo de poesi Hebraeorum rythmica disseritur. Acc. anonymi Judaei Porta accentuum in Lat. sermonem versa a Jo. Georg. Abicht. — Lipsiae: König 1715. 306 S.
1:Bk 6704. 12:L As 60 300:73 W 38 7. 8. 9.
1 3553

Abicht, Johann Georg: Annotationes ad vaticinia Habakuki Prophetae. — Wittenbergae: Schwarz 1732. 252 S.
5.
1.3554

— Ars distincte legendi et interpretandi scripturam S.V.T. Lipsiae: Konig 1710. 306 S. 300:11 Y 43. 3. 8. 9.
1.3555

Abicht, Joh. Georg. De christo patiente et triumphante, secundum normam scripturae sacrae instituta, et ex probatis nostrae ecclesiae theologis fusius deducta, Meditatio theolog. in Jes. 63. cap. Lpz. (Andr. Mart. Schede) 1717. 20 S. (4.80) 25

— Ad Exercitia disputandi suos theologiae consecraneos peramanter invitat simulque de ratione ea recte instituendi disserit Jo. Georg. Abicht. — Gedani 1718: Stoll. 24 S.
1:Bc 4435
1 3556

— Joannes Georgius Abicht. Lectiones suas auspicaturus ad orationem solennem anno seculari secundo d. XV. Junii habendam ... invitat et Maculam articulo 10 Aug. Confessionis invariatae adspersam abstergit. — (Wittenbergae 1730: Gerdes) 10 Bl. 1:5 in Bd 8603–220
1 3558

— Einige Mangel der Leibnitzischen Philosophie, welche der Theologie zuwider sind. — Leipzig: Teubner 1739. 46 S.
1:21 in Bd 8603–13. 12:4° Diss. 1613/5. 3. 4. 8. 9.
1 3559

— Meditatio theologica in Jes. LXIII cap. De Christo patiente et triumphante. — Lipsiae 1717: Schede. 20 S.
1:12 in Bd 8603–68. 2.
1 3560

— brevis methodus s. linguae. 8. Leipz. Fritsch. 716.

— — Praelectiones de creatione mundi in quibus quaedam Leibnitii et aliorum opiniones examinantur editae. Wittenbg. (Sam. Gottfr. Zimmermann) 1738. 36 S. (5.—) 26

— Tauf-Actus, welcher bey der ... Taufe eines ... Juden Isaac Joseph Leib, nun Christian Leib genandt, den 13. Oct. A. 1730 ... zu Wittenberg ... ist gehalten worden. Wittenberg & Zerbst: Zimmermann (1730). 28 S. 4° 3.
1 3563

— Vindiciae usus accentuum musici et oratorii ... oppositae falsis & ineptis hypothesibus, quibus Joh. Frankius Mecklenb. usum accentuum musicum & oratorium Cl. Abichtii impugnare ausus est. Ed. ab Hebraeophilo [d. i Johann Georg Abicht]. — Lipsiae: Schede 1713. 70 S.
1:Bk 6715.
1.3564

Abicht, Johann Heinrich

Abicht, Johann Heinrich, s.a. P o l a r c h, Er.

— Anleit. u. Material. zu einem logisch. pract. Institut. ar. 8. Erlangen, Palm. 795.

Abicht, Jh. Hnr., († d. 16. Mai 1816.) Anleit. u. Materialien zu e. logisch-prakt. Institut. gr. 8. Erlang. 796. Palm. 8 gl

J. H. Abicht's psycholog. Anthropol. 1[e] Abth. Aetiologie d. Seelenzustände. *Erlang.*, Palm. Verlagsbh. 801. 8° 1 ℛ

(—) Von der Bedeutung der Kenntnisse, oder der Skepticismus, Idealismus u. Realismus. — Altenburg: Richter 1799. XIV, 300 S. (Abicht: Revidirende Kritik der spekulativen Vernunft. 1,1.) 12:Ph. Sp. 8–1,1. 3.
1 3567

— kritische Briefe über die Möglichkeit e. wahren wissenschaftl. Moral, Theologie, Rechtslehre 2c. 8. Nürnb. 793. Felsecker. 1 ℛ 12 gl

— Kurze Darstellung des Natur- und Völkerrechts zum Gebrauch bey Vorlesungen. — Bayreuth: Lübek 1795. 151 S. 12:Ph. Pr. 10. 2. 7. 10. 102P
1 3569

— Darstellung des Natur- u. Völkerrechts. gr. 8. Bayr. 795. Lübeck. 12 gl

— Des Paracelsus Spinosiors absolutes Ey [Ei]. Oder das durch Scherz u Ernst rektificirte Schelling'sche Identitätssystem. Hrsg. von Ernest Polarch [d. i. Johann Heinrich Abicht]. — Germanien [d. i. Arnstadt: Hildebrand] 1803.
5. 9.
1 3570

Abicht, Jh. Hnr., Encyklopädie d. Philosophie, mit litterar. Notizen. 2 Theile. gr. 8. Frankf. a. M. 804. Fr. Wilmanns. 1 ℛ 18 gl

— Hermias, oder Auflösung der die gültige Elementar-Philosophie betreff. Aenesidem. Zweifel. gr. 8. Erlang. 794. (Heyder). 14 gl

J. H. Abicht's Hermias, oder Auflös. der die gültige Element.-Philos. betreff. Aenes. Zweifel. *Erl.*, Walther. 794. gr 8° 14 gl

— Initia psychologicae philosophiae proprie sic dictae. Lib. I., Psychologiae partem I. continens. 8 maj. Wilna 814. (Barth in Leipz.) 1 ℛ

Abicht, J. H., Initia philosophiae proprie sic dictae. Lib. I. psychologiae part. I. continens. 8maj. Lipsiae, Barth. (in Com.). 815.

Abicht, Joh. Heinr.(Hrsg.), s.a. J o u r n a l, Philosophisches.

— philosoph. Journal; in Verbind. mit mehrr. Gelehrten herausg. 1r, 2r Bd. à 4 Stücke. 3r Bd. 3 Stücke. 8. Erlangen 794. 95. (Heyder). 3 rß Dass. unter d. neuen Titel: Repertorium d. philos. Litteratur v. 1794 u. 95. 3 Bde, mit Humes Bilde. 8. Ebd. 3 rß

— Revidirende Kritik der spekulativen Vernunft in Verbindung mit den metaphysischen Wissenschaften der reinen Ontologie u. Kosmologie, der empirischen psychologischen Wesenlehre u. Theologie. Th. 1, Buch 1 2. — Altenburg: Richter 1799.
 1.1 (Abicht:) Von d. Bedeutung d. Kenntnisse, oder der Skepticismus, Idealismus u. Realismus.
 1.2 (Abicht.) Von der Objektivität, Wahrheit und Begründung d. Kenntnisse
 12:Ph Sp 8 3.
 I 3573

— revidirende Kritik d. spekulativen Vernunft, in Verbind. mit d. metaphys. Wissenschaft. 2 Thle in 3 Bdn. 8. Altenb. 799. 801. (1r Thl. A. u. d. T.: Von der Bedeutung d. Kenntnisse oder des Skepticismus.) Schnuphase. 3 rß 16 gl

J. H. Abicht: d. Lehre v. Belohn. u. Strafe in ihrer Anwend. auf d. bürgerl. Vergeltungsgerechtigkeit überh. u. auf d. Criminalgesetzg. insbes., dann auch auf Moral u. Theol. nach krit. Princ. *Erl.*, Palm. 796 - 97. 3 Thle. gr 8° 3 rß 8 gl

J. H. Abicht's verb. Logik, od. Wahrheitswissenschaft, auf d. einzig gült. Begr. d. Wahrh. erbauet. *Fürth*, Bureau f. Liter. 802. 8° 1 rß 18 gl

— verbess. Logik oder Wahrheitswissenschaft rc. gr. 8. Fürth 802. (Campe in N.) 1 rß 18 gl

Abicht, Joh. Heinr. (Hrsg.), s.a. M a g a z i n, Neues philosophisches.

. J. H. Abicht's u. F. Glo. Born's neues philosoph. Magazin, z. Erläut. d. Kant. Syst. *Lpz.*, Barth. 789-91. 2 Bde. 8° 2 rß 16 gl

— philosoph. Magazin, s. Fr. Glo. Born.

— von dem Nutzen u. der Einrichtung e. zu logischen Uebungen bestimmten Collegiums; oder Anleit. z. Selbstdenken. gr. 8. Leipz. 790. Barth. 4 gl

— v. den Nutzen u. der Einricht. eines logisch. Collegiums. gr. 8. Leipzig, Barth. 790.

(—) Von der Objektivität, Wahrheit und Begründung der Kenntnisse.— Altenburg: Richter 1799. VI,575 S. (Abicht: Revidirende Kritik der spekulativen Vernunft. 1,2.)
 12:Ph. Sp. 8-1,2 3.
 I 3577

— Diss. de philosophia Kantiana. Sect. I. et II. 4. Erlang. 788. Palm. 3 gl

— Allgemeine praktische Philosophie. 2. umgearb. Aufl — Leipzig: Barth 1798. XIV,388 S. (Abicht: Philosophie d. Sitten. 1.)
 1 Aufl s. *Abicht*. Neues System einer philos. Tugendlehre 1790.
 5. 9. 102P.
 I 3578

J. H. Abicht's Philos. d. Erkenntnisse. *Bayreuth*, Lübeck. 791. 2 Thle. 8° 1 rß 16 gl

— Philosophie der Sitten. Th. 1. — Leipzig. Barth 1798. XIV,388 S.
 1. Abicht. Allgemeine praktische Philosophie 2 umgearb. Aufl.
 5. 9. 102P.
 I 3580

Abicht, Johann Heinrich, s. P r e i s s c h r i f t über die Fr.: welche Fortschritte.

Abicht, J.H.: Preisschriften..., s. S c h w a b, J. Cp.

— **Joh. Heinr.** De ratione practica disquisitio philosoph. Erlangen (Kunstmann) 25. X. (XI.) 1793. 39 S. (4.80) 27

Abicht, J. H., System d. Elementarphilosophie, od. vollständige Naturlehre der Erkenntniß, Gefühl- u. Willenskraft. Erl. 8°. 1795

— System der Elementarphilosophie. gr. 8. Erlangen, Palm. 795.

— neues System eines a. d. Menschh. entwick. Naturrechts. gr. 8. Bayreuth, Lübeck. 792.

— neues System e. philos. Tugendlehre aus d. Natur d. Menschheit entwickelt. 8. Leipz. 790. Barth. 18 gl 2e Aufl. unter d. T.: Philosophie d. Sitten, 1r Thl, allgem. prakt. Philosophie. gr. 8. Leipz. 798. Barth. 1 rß 3 gl

— Versuch einer Metaphysik des Vergnügens nach Kants Grundsätzen rc. 8. Leipzig, Barth. 789.

J. H. Abicht's Vers. e. Metaphys. d. Vergnügens nach Kant. Grundss., z. Grundleg. e. system. Thelematologie u. Moral. *Lpz.*, Haugs W. 789. 8° 18 gl

— Versuch e. Metaphysik des Vergnügens nach Kants Grundsätzen, zur Grundlegung e. systemat. Thelematologie u. Moral. 8. Leipz. 790. Barth. 18 gl

Eb. Vers. e. krit. Untersuch. üb. d. **Willensgeschäft u. e. darauf gegründ. Beantwort. d. Frage: warum gehen d. moral. Lehren bey d. Menschen so wenig in gute Gesinn. u. Handll. über?** *Frkf. a. M.*, Jäger. 788. 8° 14 gl

— Diss. de rationis practicae in theologia vi, cum tantummodo visa, tum vere cogente. 8 maj Erlang. 790. Die 3 Diss. zusammen unter d. T.: De rationis in theologia vi atque virtute specim. philosophicum. 8 maj. Lips. 790. Barth. 5 gl

Abicht, Johannes, Referendar b. d. Kgl. Landgericht zu Breslau: Die Verzinsung der Geldvermächtnisse. Namslau 1905: Opitz. (VII, 62 S.) 8°
 Breslau, Jur. Fak., Ref. Leonhard, Diss. v. 10. Mai 1905
 [Geb. 11. Okt. 81 Namslau; Heimatsort: Breslau; Staatsangeh.: Preußen; Vorbildung: Elisabeth-Gymn. u. K. Friedrichs-Gymn. Breslau Reife O. 00; Studium. Breslau 2, Freiburg i B. 1, Breslau 3 S.; Rig. Breslau 17. Juli 03]

Abicht, K., s. **Arrian's Anabasis.**

Abicht, Karl, s.a. A b i c h t, Carol

A b i c h t, S. C.: De codicum Herodoti fide atque auctoritate. 40 S.
 Progr. Pforta 1869.

—— de codicum H e r o d o t i fide atque auctoritate. gr. 4. (40 S.) Berlin 870, Calvary und Comp. *

Abicht, K., alte Geschichte, s. H i l f s b ü c h e r für den geschichtlichen Unterricht in höheren Lehranstalten.

Abicht, K., griechische Geschichte, s. H i l f s b u c h e r f. den geschichtlichen Unterricht an hoheren Lehranstalten.

Abicht, K., Geschichte d. deutsch-französischen Krieges u. der Wiederaufrichtung d. deutschen Reichs. [Als Anh. zu Dr. H. Dittmar's Weltgeschichte im Umriß. 10. Aufl.] gr. 8. (36 S.) Heidelberg 873. C. Winter. n. — 50

Abicht, K., römische Geschichte, s. H i l f s b ü c h e r f. den geschichtlichen Unterricht an höheren Lehranstalten.

die Wiener Handschrift d. Herodot. 4. (17 S.) Oels. 888. (Leipzig, Fock.) n. — 90

Abicht, K., Lesebuch aus Sage u. Geschichte. 1. u. 2. Thl. gr. 8. Heidelberg 883. C. Winter. n. 3. 25; geb. n. 3.90
1. Griechische Heldensage für den Unterricht in den unteren Klassen höh. Lehranstalten [Sexta]. (IV, 148 S.) n. 1.25; geb. n. 1.50
2. Biographische Geschichtsbilder aus alter und neuer Zeit für den vorbereitenden geschichtlichen Unterricht [Quinta]. (III, 215 S.) n. 2.—; geb. n. 2.40

—— Uebersicht über den Herodotischen Dialect. Unter Beifügung der Einleitung aus dem 1. Heft der Schulausgabe des Herodot abgedruckt. 1.—3. Aufl. gr. 8. (43 S.) Leipzig 869,72,74, Teubner.

Abicht, K., Übersicht üb. den Dialekt des Herodotos. Unter Beifügg. der Einleitg. aus dem 1. Hfte. der Schulausg. des Herodotos. 4. Aufl. gr. 8. (42 S.) Leipzig 893. B. G. Teubner. Kart. n. — 50

Abicht, Karl, die Weltgeschichte in e. x. Umriß, s.: Dittmar, Heinr.

Abicht, Max, approb. Arzt aus Allstedt (S.-W.-E.): **Verschliessung der Gebärmutterhöhle nach einer einfachen abrasio mucosae uteri.** *Leipzig 1901: B. Georgi.* (25 S.) 8°
Leipzig, Med. Diss. v. (6. Apr.) 1901

Abicht, Maximilian: Das Städtische Gymnasium zu Liegnitz in seiner geschichtlichen Entwicklung von 1309—1909. Ein Beitr. z. Gedenkfeier. Liegnitz 1909: Krumbhaar. 95 S. 8°
Liegnitz, st. ev. G P 1910 (281) [S 10. 1

Abicht, Rudolf
— s. a. Meisterwerke, russische, m. Accenten.

Abicht, Rudolphus [Namisloviensis]: التحفة الوردية i. e. donum Wardianum carmen didacticum de linguae arabicae grammatica a Zain-ud-din ibn al-Wardi compositum. ... Vratislaviae, typ. Grassi, Barthii et soc., *1891*: 3 Bl., 44 S., 2 Bl. 8°
Breslau, Phil. Fak., Inaug.-Diss. v. 20. Febr. 1891

Abicht, Rud., 'Aš'âru-l-Hudalijjîna. Die Lieder der Dichter vom Stamme Hudail, aus dem Arab. übers. Lex.-8. (VI, 98 S.) Namslau (879). (Leipzig, R. Gerhard.) n. 3. —

Abicht, Rud., 'As'âru-l-Hudalijjina. Die Lieder der Dichter vom Stamme Hudail, aus dem arab. übers. hoch 4. (VI, 98 S.) Namslau 879. (Leipzig, Stauffer.) n. 4. —

Abicht, Rud., Declamatio de nomine dulcissimi Jesu circumcisi. Ein Schulspiel der Basilianer in Kijov. Hrsg., übers. u. erklärt. (VI, 57 S.) gr. 8. Leipzig 903. (R. Gerhard.) n. 2. 50

Abicht, Rud., donum Wardianum, carmen didacticum de linguae arabicae grammatica a Zain-ud-dîn ibn al-Wardî compositum. Diss. gr. 8. (44 autogr. S.) Breslau 891. (Preuss & Jünger.) n. 2. —

Die Hauptschwierigkeiten der russischen Sprache ... von Rudolf Abicht. Leipzig & Wien: Gerhard 1897. 221 S. 8° [II. 1161

— Hauptschwierigkeiten der russischen Sprache. gr. 8. 222 S. Ebd. 898. n. 5.25; geb. n.n. 6. —
Erschien auch in 7 Lieferungen à n. — 75.

— dasselbe. I. Tl.: Kurze Formenlehre d. russ. Sprache. gr. 8. (72 S.) Ebd. 897. n. 1. 80; geb. n.n. 2. 25

— dasselbe. II. Tl.: Formenlexikon. gr. 8. (S. 73—221.) Ebd. 898. n. 3. 60; geb. n.n. 4. 20

Abicht, Rudolf, Prof. Dr., Lektor: Die russische Heldensage. Leipzig: R. Gerhard 1907. (32, XLVI S.) 8°
Breslau, Phil. Fak., Hab.-Schr. v. 26. Juli 1907
(Nicht für den Austausch)

— das südrussische Igorjlied u. sein Zusammenhang mit der nordgermanischen Dichtung. (23 S.) gr. 8. Breslau 906. (G. P. Aderholz.) n. — 60.
Sonderabdruck aus: „Jahresber. d. schles. Gesellsch. f. vaterländ. Cultur".

Abicht, R., ist die Ähnlichkeit d. glagolitischen m. d. grusinischen Alphabet Zufall? gr. 8. (34 autogr. S.) Leipzig 895. R. Gerhard. n. 1. 50

— das Lied v. der Heerschaar Igorj's. Abdr. d. Editio princeps, nebst altsloven. Transscription u. Commentar. gr. 8. (52 S.) Ebd. 895. n. 1. 80

— dasselbe. A. d. Altruss. übers. 16. (IV, 30 S.) Ebd. 895. n. — 60

De Stephani despotae quae feruntur scriptis commentatio philologica, quam in honorem Vladislai Nehring die 23. oct. 1900 quintum decimum vitae lustrum feliciter inauguraturi scripsit Rudolphus Abicht, Dr. phil. *Lipsiae: R. Gerhard 1900.* (34 S.) 8° [01. 3520

Abicht, S. C. s. Abicht, Karl

Abicht, W.: Der Arzt für diejenigen, welche an Brustkrankheiten leiden. Als Anh.: Hülfe u. Rath für diejenigen, welche an Hartleibigkeit u. Verstopfung leiden. — Quedlinburg & Leipzig: Ernst o. J. 68 S. 1:Iy 226.
1.3596

Abicht, W., der Arzt für diejenigen, welche an Brustkrankheiten leiden, oder: der Helfer bei den Krankh. der Brust x., als Anh. dazu: Hülfe u. Rath f. diejen., welche an Hartleibigkeit u. Verstopfung leiden. 8. Nordhaus. 832. Fürst. 8 gGr

— Der Arzt für diejenigen, welche an Verschleimungen leiden, und zwar an den Lungen, des Halses & der Verdauungswerkzeuge. — Nordhausen: Fürst 1830. 1:Iy 2886.
1.3598

— — 4. verm. u. verb. Aufl. Ebd. 1844. 12:Path. 4n.
1.3599

— — 6. durchaus verb. u. vielf. verm. Aufl. Ebd. 1846. 185 S. 1:Iy 2886*. 2.
1.3600

— der Arzt für diejenigen, welche an Verschleimungen leiden, u. zwar der Lungen, des Halses u. der Verdauungswerkzeuge. Nebst Angabe d. Ursachen u. Heilmittel. 8. Nordh. 831. Fürst. 8 gGr

— Handbüchlein der Diätetik, oder: die Kunst, wie man das menschl. Leben selbst bei Krankheitsanlagen um viele Jahre verlängern könne x. 8. Nordhausen 831. Fürst. 14 gGr

—— die besten Mittel gegen Epilepsie u. Hämorrhoiden. Eine nützl. Schrift f. Diejen., welche an diesen Uebeln leiden. 8. (7 B.) Nordhausen 830, Fürst.

Abicht, W., die zweckmäß. Mittel für diejen. Personen, welche am Bandwurm leiden. Nebst e. Anleit. über die Kur der Wurmkrankheiten im Allgemeinen. Für Aerzte u. Nichtärzte bearbeit. 16. Nordhausen 835. Fürst. ½ Thlr

Abicht, Wilhelm [Referendar]: Haftung des Uebernehmers bei einer Werkverdingung für die Handlungen seiner Gewerbegehilfen ... Göttingen, Druck d. Univ.-Buchdr. v. W. F. Kästner, 1891; 4 Bl., 62 S. 8°
Göttingen, Jur. Fak., Inaug.-Diss. v. [10. Aug.] 1891

Abicht, Wilh., Haftung d. Uebernehmers bei einer Werkverdingung f. die Handlungen seiner Gewerbegehilfen. Diss. gr. 8. (VII, 62 S.) Göttingen 891. (Vandenhoeck & Ruprecht.) n. 1. 60

Abigt, Emil, s.: Beetz, Gerold E.

Abigt, Emil J., das Eigenheim d. Mittelstandes. Ratgeber f. Bau od. Kauf e. eigenen Hauses m. Garten. Mit 300 Ansichten u. Grundrissen von Einfamilienhäusern, Doppelhäusern etc. (96 u. 64 S.) gr. 8. Wiesbaden 909. Westdeutsche Verlagsgesellschaft. 2. — geb. in Leinw. 3. —; erhöht. Pr. 3. —; geb. 4. —

— dasselbe. Ratgeber f. den Bau od. Kauf e. eigenen Hauses m. Garten. 3. Aufl. Mit üb. 360 Ansichten u. Grundrissen v. Einfamilienhäusern, Doppelhäusern etc. (112 u. 96 S.) gr. 8. Ebd. 910. Kart. 3. —; geb. in Leinw. n 4. —

Abigt, Walter, Referendar beim kgl. Landgerichte zu Plauen: Die Auslobung nach dem B.G.B. Borna-Leipzig 1906: R. Noske. (IX, 104 S.) 8°
Leipzig, Jur. Fak., Diss. v. 20. Aug. 1906
[Ge[illegible] März 77 Wittgensdorf, Bez. Chemnitz; Wohnort: Wittgensdorf; S[illegible]geh.: Sachsen; Vorbildung: Kgl. Gymn. Chemnitz Reife O. 99; Studium[illegible] Leipzig 6 S.; Rig. 21. Juli 02.]

Abildgaard, Peter Kristian

Abildgaard P. C. und **Viborg E.:**
Anleitung zu einer verbesserten Schaafzucht u. richtigen Behandlung d. spanischen Schaafe unter kälteren Himmelsgegenden. Aus d. Dän. übers. v. F. C. Jensen u. m. Anmerk vers. v. dem letztern d. erwähnten Verfasser. Kopenh. u. Leipz. 1802. 174 S. 1 Tvl.

— Dies., Anleit. zu e. verbesserten Schafzucht u. Behandlung d. span. Schafe rc. Aus d. Dän. v. F. C. Jensen, mit 1 Kpf. 8. Ebd. 802. Schubothe. 8 ℛ

— P. E. Abildgaard's und E[rik] Viborg's Handbuch der Naturlehre für Thierärzte. Aus d. Dän. übers. von C[hristian] H[einrich] Pfaff. — Kopenhagen: Brummer 1802. XXIV,383 S. 1:Le 3756. 2.
1.3633

Abildgaard, P. Chr., historia brev. instituti veterin. reg. Hafniens. 8. Hafn. 788. Faber. (Barth, Lips.) 2 ℛ

Abildgaard P. C.:
(Anonym).
Pferde- u. Vieharzt in einem kleinem Auszuge ... aus dem Dän. übers. Kopenh. u. Leipz. 1784. 103 S.
— 2. ... Ausg. Sst. 1787. 115 S.
— 3. ... Ausg. Sst. 1795. 152 S.
— 4. ... Ausg. Sst. 1801. 166 S.

— Pferde- und Vieharzt in einem kleinen Auszuge. 2. u. nach der letzten schwed. v. Verf. verb. Ausg. übers. — Kopenhagen & Leipzig: Faber & Nitschke 1787. 119 [vielm. 114] S.
8. 9.
1.3625

—— 3., aus d. Dän. übers. Ausg. Kopenhagen & Leipzig: Schubothe 1795. 152 S.
1:Ks 5080. 12:A. vet. 1m. 8.
1.3626

—— 4., aus d. Dän. übers. Ausg. Ebd. 1801. 166,IV S.
1:Ks 5081. 3. 8.
1.3627

—— Peter Christian Abilgaard. Pferde- und Vieharzt in einem kleinen Auszuge. 5., aus d. Dän. nach d. letzten verb. Aufl. übers. Ausg. — Ebd. 1805. 166,IV S. 10.
1.3628

— Pferde- u. Vieharzt, in e. kl. Auszuge. 8. Kopenh. ... 5e Aufl. 805. Schubothe. 8 ℛ

— Über norwegische Titan Erze und eine neue Steinart aus Grönland, welche aus Flussspatsäure und Alaunerde besteht. Von P. C. Abildgaard. Aus d. Dän. übers. v. M[oritz] H[einrich] Mendel. — Kopenhagen & Leipzig: Schubothe 1801. 20 S.
12: Lith. 3. 7. 8.
1.3636

— Unterricht von Pferden, Kühen, Schaafen und Schweinen, wie man dieselben warten u. aufziehen muss. Von P. C. Abildgaard. Th. 1. — Copenhagen & Leipzig: Heineck & Faber 1771. 256 S. 2. 8.
1.3637

— Unterr. v. Pferden, Kühen, Schafen u. Schweinen, wie man dieselben warten u. aufziehen muß rc. 1r Thl. 8. Kopenh. 771. Schubothe. 12 ℛ

Abildgaard, Soeren: Abhandlung vom Torf. Aus d. Dän. übers. — Kopenhagen: Mummen 1765. 94 S.
12: Oecon. 28. 300: 19 Aa 75. 2. 8.
1.3640

Abilgaard, Sör.: Die Bären-Insel nach B.M.Keilhau geognostisch beschrieben. (Aus den Abh. d. k. Akad.)– Berlin 1847. 4°

Abildgaard (S.), Physikalisch-mineralogische Beschreibung des Vorgebirges auf der Insel Möen. Aus dem Dänischen übersetzt von Reichel. Kopenhagen und Leipzig 1783. 8.

Abilgaard, (Sören,) physik., mineralog. Beschreib. des Vorgebirges auf d. Insel Moen; aus d. Dän. v. Chr. H. Reichel, mit Kpf. 8. Kopenh. 783. (Brummer). 10 ℛ

— Physikalisch-mineralogische Beschreibung des Vorgebirges auf der Insel Möen. Von S. Abildgaard. Aus d. Dän. nach d. neuesten Berichtigungen d. Verf. von Christian Heinrich Reichel. — Kopenhagen: Proft 1783.
1:2 in Mn 14725. 12: Lith. 2d. 7. 8.
1.3643

— Beschreib. v. Stevens Klint u. dessen natürl. Merkwürdigkeiten, mit Kpf. gr. 8. Bresl. 768. Gosohorsky. 5 ℛ

— Beschreibung von Stevens Klint und dessen natürlichen Merkwürdigkeiten. Mit mineralogischen u. chymischen Betrachtungen erl. u. mit Kupferst. versehen. Aus d. Dän. übers. — Kopenhagen & Leipzig: Mummen 1764.
1:Mn 14727. 12: Lith. 2 [u.] 2a. 2. 7. 8.
1.3645

Abilfeda, s. Abulfeda

Abilgaard, s. Abildgard

Abilgard, des Paters, Wanderungen und Schicksale, 8. Jena, 797. Voigt. 23 sgl.

Abi Obaid Kiqasimi libri proverbiorum, s. Er. **Bertheau.**

Abi 'Obaïd Elgasimi libri proverbor., s. Bertheau.

Aebischer, Hieronymus

Aebischer, H., Beiträge zur praktischen Theologie. Wie man die Seelen rettet. Praktische Beispiele f. Seelsorger. 8. (III, 203 S.) Mainz 894. F. Kirchheim. 2. 40.

Aebischer, P. H., O. S. B., Beiträge z prakt. Thèologie. Gedanken z. würd. Feier der hl. Messe. 8. (VIII, 159 S.) Mainz 896. F. Kirchheim. n. 1. 80

— Die Volksmission. Praktische Beispiele für Seelsorger. Zsgest. von H. Aebischer. — Mainz: Kirchheim 1895. VIII,160 S. (Beiträge zur prakt. Theologie.) 102P.
2.178

— Wie man die Seelen rettet. Praktische Beispiele für Seelsorger. — Mainz: Kirchheim 1894. 203 S. (Beiträge zur prakt. Theologie.) 102P.
2.179

Æbischer, J[oseph]. Contribution à l'étude de la flore cryptogamique fribourgeoise. [N°] 2: I. Les Muscinées observées dans le canton de Fribourg. 1. Les mousses. II p. + p. 25–43. 8. Fribourg ⟨Suisse⟩, Fragnière Frères, 1907. fr. —. 80
Mémoires de la Société fribourgeoise des Sciences naturelles .... Botanique. Vol. 2. Fasc. 2.. .
Contribution ... [N°] 1 s. Ruffieux, Louis .... Mémoires ... Bot'. Vol. 1, Fasc. 8.... .

Aebischer-Haas, (Mme) Louise. Conseils aux Mères sur les Soins à donner aux nouveaux-nés et aux jeunes enfants. II + 56 p. 8. Genève, Isaac Soullier, 1905. [fr. —. 75]

Aebischer-Haas, Luise, Ratschläge f. Mütter üb. Pflege u. Behandlung der Säuglinge u. jungen Kinder. (55 S.) kl. 8. Bern 907. Stämpfli & Co. — 65

Abiss, Andr., Chur. Dissertatio inauguralis medica exhibens theoriam icteri nigri.
Med. Diss., Basel 1743.

Abiturienten-Prüfung, die, in Preußen, s. Schultze, Fr.

Abiturienten-Prüfung, die, vornehmlich im Preußischen Staate. A. Urkunden-Sammlung, (herausg. von Fr. Schultze). gr. 8. Liegnitz u. Halle 831. (Anton). 20 ℛ

Abiturienten-Prüfungs-Reglement, das preussische, vom 4. Juni 1834 mit den späteren Abänderungen, Ergänzungen und Erläuterungen. gr. 8. (55 S.) Berlin 859(60), Th. Enslin.
Aus: Zeitschrift für das Gymnasialwesen, besonders abgedruckt.

Abiturienten-Prüfungs-Reglement, das preussische, vom 4. Juni 1834 mit den späteren Abänderungen, Ergänzungen und Erläuterungen. 2. Aufl. gr. 8. (53 S.) Berlin 869, Th. C. F. Enslin.

Abiturientin, Fräulein. O. O. [ca. 1906]. V: *Broehmeck, Richard.* (BGE I³, 275)

Abitz-Schultze, Thaddäus, Gerichtsassessor in Köln: Die entgeltliche Übertragung einer ärztlichen Praxis im heutigen Recht. Borna-Leipzig 1908: R. Noske. (V, 66 S.) 8°
Rostock, Jur. Fak., Ref. Matthiaß, Diss. v. 1. Febr. 1908
[Geb. 30. Juli 78 Warschau; Wohnort: Cöln a. Rh.; Staatsangeh.: Preußen; Vorbildung: Gymn. Königsberg i. Pr. Reife O. 97; Studium: Freiburg i. B. 4, München 2, Berlin 2, Heidelberg 3 S.; Rig. 26 Okt. 07.]

Abitzsch, Otto: Kriegsnot im Amte Schkeuditz. Mitgeteilt von O. Abitzsch. — Schkeuditz: Wachsmuth 1897. 133 S.
3.
1.3662

Abiuratio D. Petri Iannonii Neapolitani historici . ab eo sponte facta Taurini in carcere ... d IV Apr. 1738. (Hrsg.: Joannes Fridericus Le Bret.) — Erlangae: Walther 1763. XXXVI S.
1:4° Ar 6896. 12:4° Diss. 914/1 [u ö] 300:33 187-B.
4. 7.
1.3664

Abkehr, die, v. der Grossstadt! Hinaus auf's Land! Zur Gartenstadt, s.: Flugschrift der deutschen Gartenstadt-Gesellschaft. Nr. 3.

Abklaerung. — Abklärung einer gewissen Art von Aufklärung. Zuschrift an das über acht Zehntel abgelaufene achtzehnte Jahrhundert. — Berlin 1789. 32 S. 5.
1.3667

Abkommen. — Berliner Abkommen vereinbart durch die Vermittlung der Höfe von Russland, Oesterreich und Preussen den 5. Juni 1825 mit der Garantie des Deutschen Bundes vom 9. März 1826. Eine Uebereinkunft über die staatsrechtl. Verhältnisse d. Herrschaft Kniphausen zum Deutschen Bunde zwischen d. Herzog v. Oldenburg und d. Grafen Bentinck. — Berlin o.J.: Steinthal. 16 S.
1:2 an Gx 14381.
1.3671

— — Berliner Abkommen wegen der Freien Herrschaft Kniphausen. — Varel a.d. Jahde 1833: Wesche. 16 S. 9.
1.3672

Abkommen, das deutsch-russische. (E. Sammlg. v. Zeitungsausschnitten. Der Wortlaut des österr.-deutschen Bündnisses.) gr. 8. (16 S.) Wien 896. W. Frick. —20

Abkommen mit Frankreich in Betreff der Abschoßfreiheit vom 2. Dez. 1811. — Berlin 1812: Decker. 2 Bl. 4°
Text franz. u. deutsch. 1:153 in 2° An 8630-17.
1.3675

— **Haager**, üb. den Zivilprozeß vom 17. VII. 1905 nebst Denkschrift u. Reichsgesetz v. 5. IV. 1900 zur Ausführung dieses Abkommens m. Begründung. Amtl. Ausg. (27 S.) gr. 8. Berlin 909. R. v. Decker. —40

Internationales **Abkommen** über den Verkehr mit Kraftfahrzeugen. Vom 11. Okt. 1909. Berlin: Heymann 1910. 24,4 S. 8° [Umschlagt.] (Gesetzestexte. 1910. Nr 12.) [10. 15506

Abkommen mit Italien in Betreff der Abschoßfreiheit vom 4. Aug. 1812. — Berlin 1812: Decker. 2 Bl. 4°
Text franz. u. deutsch. 1:64 in 2° An 8630-18.
1.3677

Abkommen üb. das internat. Privatrecht. (1. Abkommen, betr. den Geltungsbereich der Gesetze in Ansehg. der Wirkgn. der Ehe auf die Rechte u. Pflichten d. Ehegatten in ihren persönl. Beziehgn. u. auf das Vermögen der Ehengatten, 2. Abkommen üb. die Entmündigg. u. gleichart. Fürsorgemaßregeln, 3. Abkommen üb. den Zivilprozeß.) Entwurf e. Gesetzes zur Ausführung des Abkommens üb. den Zivilprozeß. (Drucks. des Reichstags. 12. Legislatur-Periode. I. Session 1907/1908. Nr. 891.) (74 S.) 31×23 cm. Berlin 908. C. Heymann. 2.—

Abkommen zur Regelung von Fragen des internationalen Privatrechts vom 14.11.96. (Gareis Reichsgesetze 272) Giessen 1899

Abkommen mit der Fürstlich-Schwarzburg-Sondershausenschen Regierung wegen gegenseitiger Aufhebung der Kostenvergütungen in unvermögenden Kriminal-Untersuchungssachen. Geschehen zu Berlin, d. 25. März 1820. — (Berlin 1820:) Decker. 2 Bl.
1:16 in 2° Gr 3538.
1.3680

Sechs Haager **Abkommen** über internationales Privatrecht. Von Dr. Hermann Dungs, Vortr. Rat. Berlin: Guttentag 1910. 116 S. 8° (Guttentag'sche Sammlung Deutscher Reichsgesetze. Nr 98.) [10. 7918

Abkomm-Kanone, die 3,7 cm, der Schiffs- und Marine-Küsten-Artillerie u. ihre Munition. Vorschriften über Bedienung u. Behandlung. Neu bearb. 8. (11 S.) Berlin 886. Mittler & Sohn. n.n —25

Abkonterfeiung, s. Abconterfeiung

Abkündigung

Abkündigung und Dancksagung in den S. hildburghäußl. Kirchen auf den Sonntag Quasimodogeniti 1764 wegen höchstbeglückter Röm. Königs-Wahl und Krönung. — o.O. (1764). 1 Bl. 2° 3.
1.3698

Abkündigung des auf Ihrer Churfürstl. Durchlauchtigkeit zu Sachsen gnädigsten Befehl auf den ersten Sonntag nach Trinit. 1779 zu feyernden Friedens-Dankfestes. — Dresden (1779): Hofbuchdr. 10 Bl. 4°
Beigedr.: 1. Anordnung, wie es bei dem auf den ersten Sonntag nach Trinit. 1779 zu feyernden Friedens-Dankfeste im Churfürstenthume Sachsen ... gehalten werden soll. (1779.)
Beigedr.: 2. Friedens-Dank-Gebet. (1779.)
Beigedr.: 3. Abkündigung der am Friedens-Dankfeste ... zu sammlenden Collecte. (1779.)
3.
1.3699

Abkündigung des auf Ihro Königl. Majestät in Pohlen u. Churfürstl. Durchl. zu Sachsen allergnädigsten Befehl auf den 21. März 1763 ... zu feyernden Friedens-Dank-Festes. — o.O. (1763). 2 Bl. 4° 3.
1.3700

Abkündigung und Gebeth, so bey dem vorseyenden ... Glaubens Bekänntnisse, der darauf folgenden Confirmation ... Carl Augusts, Herzogs zu Sachsen, Jülich ..., kommenden Sonntag Palmarum in ... Fürstl. Weimarischen u. zugehörigen Landen abzulesen ist. — Weimar 1771. 2 Bl. 4° 3.
1.3702

Abkündigung der weiland Ihro Königl. Majestät in Pohlen, ... glorwürdigsten Angedenckens, am 14. April A. 1733 zu haltenden Gedächtnüss-Predigt [Gedächtnispredigt], sammt dem darzu vorgeschriebenen Text, ... Liedern. — Dresden (1733): Stössel. 4 Bl. 4° 3. 7.
1.3703

Abkündigung der weiland Ihro Königl. Maj. in Pohlen, ... glorwürdigsten Andenkens, auf den 22. Nov. 1763 zu haltenden Gedächtniss-Predigt, sammt dem dazu vorgeschriebenen Texte, ... Liedern. — Dresden (1763): Stössel. 8 Bl. 4° 3.
1.3704

Abkündigung des tödtlichen ... Hintrits [Hintritt] der ... Fürstin Charlotten Dorotheen Sophien, verwittw. Hertzogin zu Sachsen, Jülich ..., welche den 29. Aug. 1738 entschlaffen. — Weimar (1738): Mumbach. 2 Bl. 4° 3.
1.3705

Abkündigung wegen der bey dem auf den 21. Maerz 1763 angesetzten Friedens-Dank-Feste zu sammlenden Collecte [Kollekte]. — o.O. (1763). 2 Bl. 4° 3.
1.3707

Abkündigung der Landes-Trauer wegen des ... Hintritts des ... Fürsten ... Ernst August Constantins, Herzogs zu Sachsen, Jülich ... Abzulesen in allen Kirchen in den Herzogthümern Weimar und Eisenach ... den 4. Junii 1758. — Weimar (1758): Mumbach. 2 Bl. 4° 3.
1.3709

Abkündigung und Ordnung des Gottesdienstes an dem zu feyernden Friedens-Danckfeste den 1. Sonntag nach Trinit. 1779. — Görlitz (1779): Fickelscherer. 16 S. 3.
1.3710

Abkündigung der weiland ... dem ... Churfürsten zu Sachsen ... Friedrich Christian ... den 6. Febr. 1764 zu haltenden Trauer- und Gedächtniss-Predigt, sammt dem ... Texte, ... auch Liedern. — Dresden (1764): Stössel. 4 Bl. 4° 3.
1.3711

Abkündigung der weiland Ihrer ... Churfürstl. Sächßl. [!] Frau Mutter, Frau Maria Antonia [Walpurga], auf den 25. Jun. 1780 ... zu haltenden Trauer- und Gedächtnisspredigt, sammt dem dazu vorgeschriebenen Texte, ... Liedern. — Dresden (1780): Hofbuchdr. 8 Bl. 4° 3.
1.3712

Abkündigung und Vermahnung wegen Ihr. Königl. Majest. in Pohlen, etc. Absterben. — Dresden 1733: Stössel. 4 Bl. 1:11 in Sq 153. 3. 7.
1.3713

Abkündigung, welche am zweiten Sonntage nach dem Trinitatisfeste 1830 von den Canzeln der evangelischen Kirchen im Herzogthume S. Coburg nach der Predigt und dem Kirchengebete vorzulesen ist. — o.O. (1830). 30 S. 4°
Beigedr.: 1. Gebet, welches bey dem Gedächtnissfeste der Uebergabe d. Augsburg. Confession nach d. Predigt von den Kanzeln aller evang. Kirchen vorzulesen ist. (1830.)
Beigedr.: 2. Directorium, nach welchem das am 25. Juny 1830 einfallende Gedächtnissfest d. Uebergabe d. Augsburg. Confession ... begangen werden soll. (1830.)
3.
1.3714

Abkündigungs-Formul nach erfolgten hochseligstem Ableben der weiland Durchlauchtigsten Fürstin ... Ernestinen Friedriken Sophien, Herzogin und Erb-Prinzessin zu Sachsen-Coburg u. Saalfeld, geb. Herzogin zu Sachsen-Hildburghausen, auf nächstkommenden Sonntag Domin. 22 post Trinit. zu gebrauchen. — Coburg 1776: gedr. mit Ahlischen Schriften. 4 Bl. 3.
1.3715

Abkündigungs-Formul wegen einer im Seegen zuerhebenden Collecte [Kollekte] in der ... Freyen Stadt Regensburg, wie solche von allen dreyen evangelischen Cantzeln abgelesen worden, den 15. Oct. A. 1724. — o.O. (1724). 8 Bl. 9.
1.3716

Abkuendigungsformular. — Abkundigungs-Formular wegen Feyrung des Oster-Fests im Jahr 1724. — o.O. (1724). 4 Bl. 1:Oz 1195. 12:4° Chrlg. 151-27.
1.3717

Abkürzung des Breviers. [Leipzig 1801]. V: *Baader, Clemens Alois.* (MGT)

Abkuerzung. — Abkürzung und Erleichterung des Briefwechsels. Dat. Berlin 10. Juni 1870. — (Berlin 1870: Hofbuchdr.) 1 Bl. 4° **4.**
1.3718

Abkürzung, officielle, für die metrischen Mass- und Gewichtsbezeichnungen, auf Carton zum Aufhängen. Plakat. Brugg, Fisch Wild & Cie. 1 8 8 0

Abl, Friedrich

Abl, Ph. Friedr., österreichische Arzenei-Taxe durch erschöpfende Tabellen für den praktischen Gebrauch eingerichtet, um jede in der Receptur vorkommende Arznei-Gewichtsmenge leicht, schnell und sicher berechnen zu können. Eine Ausführung seines Planes zur Arznei-Taxe, 1855). Prag 855. Schalek. gr. 4. (IV, 49 S.) n. 20 ngr

Abl, Frdr., verbesserte Diät-Vorschriften. gr. 8. (2 S. auf Carton.) Regensburg 879. Manz. — 15

Abl, Dr. Friedrich. Formulare zu der pharmaceutischen Buchführung anwendbar, sowohl fur die größten als kleinsten öffentlichen Civil-Apotheker-geschäfte. gr. 8. (S. 65.) Prag, K. Andre, Druck. Gerabeck 1853.

— **Handbuch der pharmaceutischen Buchführung mit aus der Praxis geschöpften Formularen, anwendbar sowohl f. d. grössten als kleinsten öffentlichen Civil-Apotheken-Geschäfte aller civilisirten Staaten. Prag 853. André. Lex.-8. (56 S. u. 6 Bl. mit 65 S. Formularen.)** 1 ₰ 22½ ngr

Abl, P.F., Handb. d. pharmaceut. Buchführg. 8°(132).– Prag 1853. (Lpzg, Hirschfeld.)

—— erprobte homöopathische Hausmittel und kurze Anleitung für die Laienpraxis; namentlich für Solche, die nicht in der Lage sind, sich den Rath eines homöopath. Arztes zu verschaffen. Allen Vereinen von Freunden der Homöopathie bestens empfohlen. gr. 8. (16 S.) Regensburg 877, Manz.

Abl, Frdr., Lebenstrost. Sprüche in Versen u. in Prosa, v. Dichtern u. Schriftstellern, aus alter u. neuer Zeit, aus Heimat u. Fremde. Gesammelt u. nach dem Inhalte alphabetisch geordnet. 8. (IV, 380 S.) Leipzig 872. Mendelssohn. geb. m. Goldschn. n. 5. —

Abl, F., Milch, Butter, Käse, Hülsenfrüchte, s.: Gesundheit, Wohlstand u. Glück.

Abl, Friedrich., Milch, Butter, Käse, Hülsenfrüchte, s. G u t , das höchste.

Abl, Friedr., nimm mich mit! „Lebensweisheit in Gnomen" für die Westentasche. qu. 16. (XIV, 181 S.) Graz 877, Ferstl'sche Buchh. cart.

Abl, Frdr., nimm mich mit! „Lebensweisheit in Gnomen" f. die Westentasche. qu. 16. (XVI, 181 S.) Graz 878. Ferstl. cart. n. 1. 80

Abl, Friedrich: Plan zur Arznei-Taxe für die Civil-Apotheken; ... anwendbar in allen civilisirten Staaten. — Prag: Schalck 1855. 39 S.
1:4° In 560. 12:4° M. med. 1 d. 300:18.249-C.
1.3721

Abl, Dr. Phil. Fr. — k. k. Feldapotheken-Senior. Plan zur Arznei-Taxe für die Civil-Apotheken; gegründet auf eigene theoretische und praktische Erfahrungen und anwendbar in allen civilisirten Staaten. Verfaßt von — —. Prag. 1855. Druck von Friedrich Rohlicek. Verlag von Jos. Schalek. (VI, 40 S. 4.) geh.

Abl, Frdr., Plan zur Reform der Pharmacie im österreich. Kaiserstaate, anwendbar auch in andern Staaten. Mit einer Kritik üb. den gedruckt. u. revidirten Entwurf einer Apotheker-Ordnung. Lex.-8. (VI u. 62 S.) Prag 851, André. 14 ngr

Abl, P.F , Plan z. Reform d. Pharmacie im österr. Kaiserstaate. 8° (62).– Prag 1851. (Lpzg., Hirschfeld.)

Abl, Dr. Friedrich —. Revisions-Protokoll für die Civil-Apotheken anwendbar in allen civilisirten Staaten. Verfaßt von — —. Mit dem ersten Preise gekrönte Preisschrift Fol. (IV, 48 S. und 1 Bl.) Prag. (Druck der k. k. Hofbuchdruckerei von Gottlieb Haase Söhne. K. K. Hof-Buch- und Kunsthandlung F. A. Credner und Kleinbub. 1854.

Abl, P.F., Revisions-Prot. f. Civ.-Apoth. Fol. (50).– Prag 1854. Fuchs.

Abl, P(h). F., s. A b l , Friedrich

Abl, Roland C., a. Wien: Ueber den Einfluss der Nichtelektrolyten auf die elektromotorische Kraft in Ketten. Bonn 1907: S. Foppen. (44 S.) 8°
Bonn, Phil. Fak., Ref. Kayser, Diss. v. 18. Dez. 1907
[Geb. 15. März 83 Cöln; Wohnort: Cöln; Staatsangeh.: Preußen; Vorbildung: Apostel-Gymn. Cöln Reife O. 02; Studium: Bonn 10 S.; Rig. 27. Nov. 07.]

Abl, Wilhelm —. Ein Blatt aus Oesterreichs Geschichte der Neuzeit rc. Von — —. Mit zwei lithographirten Croquis. 8. (26 S.) Leitmeritz. Gedruckt bei C. W. Medau. In Kommission bei W. Heß in Prag.

Ablainung , s.a. A b l e h n u n g

Ablainung: auff der Marcolphischen Expectanten ungründtlichs, eigenwillischs unnd gantz nichtigs Klagen: als wüsten sie schier nicht, was sie inn so mancherley Religions spaltungen annemen ... solten, das sie selig würden. — o.O.u J. 8 Bl. 1:8 in Yh 3411.
1.3797

Ablaß, der. Ein prakt. Beitrag zur Gewinnung desselben für das christliche Volk. 2. Aufl. 16. (XV, 175 S.) Innsbruck 886. F. Rauch. n. — 60

Ablass. — Ablass für diejenigen, welche einander grussen, sagende: Gelobet seye Jesus Christus, und antworten: Amen Wie auch fur die, so den allerheiligsten Nahmen Jesus und Maria anruffen oder die Litaney der seeligsten Jungfrauen Mariae bethen. — Rom 1728. Buchdr. d. Apost. Cammer. 1 Bl 2° **2.**
1 3741

Ablaß, der, und der christliche Fortschritt. Hirtenschreiben Sr. Eminenz des Herrn Cardinals Fürst-Erzbischofes von Wien. (Rauscher's Jubiläums-Hirtenbrief.) 8. (16 S.) Wien 865, Sartori.

— — uber das alte u. neue landesherrliche Patronatrecht. gr. 8. Bamberg 1810. Wesche in Frankfurt. ½ Thlr — 45 kr.

Ablaß, der, v. Portiuncula. Erklärung desselben nebst passenden Gebeten f. das kathol. Volk. Von e. Priester aus dem Orden d. hl. Franciscus. 16. (32 S.) Paderborn 870. Junfermann. — 15

Ablaß, der, v. Portiuncula. Erklärung desselben nebst pass. Gebeten f. das kathol. Volk. Von e. Priester aus dem Orden d. hl. Franciscus. 16. (32 S.) St. Louis, Mo. 878. (Freiburg i/Br., Herder.) n. — 30

— **dasselbe. 4. Aufl. 16. (32 S.) Paderborn 880. Junfermann.** — 15

— der, von Portiuncula. Erklärung desselben, nebst passenden Gebeten für das kathol. Volk. Von einem Priester aus dem Orden des heil. Franciscus. 5. Aufl. 16. (32 S.) Paderborn 884. Junfermann. — 15

—— der, von Portiunkula. Erklärung desselben, nebst passenden Gebeten für das katholische Volk. Von einem Priester aus dem Orden des heiligen Franziskus. 6.—8. Aufl. 16. (32 S.) Paderborn 885—88, Junfermann'sche Buchh.

Ablaß, der, von Portiunkula. Erklärung desselben nebst passenden Gebeten f. d. kathol. Volk. Von einem Priester aus d. Orden d. heil. Franziskus. 9.—11. Aufl. 16. (32 S.) Paderb. 889—92, Junfermann. — 15

Ablaß, der, v. Portiunkula. Erklärung desselben, nebst paff. Gebeten f. das kathol. Volk. Von e. Priester aus dem Orden des h. Franziskus. 46.—51. Tauf. 16. (32 S.) Paderborn 893. Junfermann. — 15

— dasselbe. Ausg. m. großer Schrift. 16. (24 S.) Ebd. 893. — 10

Ablaß, der, von Portiunkula. Erklärg. desselben, nebst paff. Gebeten f. d. kathol. Volk. V. e. Priester a. d. Orden d. hl. Franziskus. 83.—89. Tauf. 16. (32 S.) Paderborn 898. Junfermann. — 15
Ausg. in großer Schrift (24 S.) — 10

Ablaß, der, von Portiunkula. Erklärung desselben, nebst paff. Gebeten für das kathol. Volk. Von e. Priester a. dem Orden des hl. Franziskus. 103.—108. Tauf. 16. (32 S.) Paderborn 899. Junfermann. — 15

— dasselbe. Erklärung u. paff. Gebete zur Gewinnug desselben. Ausg. m. großer Schrift. 16. (24 S.) Ebd. 900. — 10

Ablaß, der, v. Portiuncula. Erklärung desselben nebst paff. Gebeten f. das kathol. Volk. Von e. Priester aus dem Orden des hl. Franciscus. 13. Aufl. (32 S.) kl. 8. St. Louis Mo. 904. Freiburg i/B., Herder. n. — 30

Ablaß, der, v. Portiuncula. Erklärung desselben nebst paff. Gebeten f. das kathol. Volk. Von e. Priester aus dem Orden des hl. Franciscus. 15. Aufl. (32 S.) 16. St. Louis, Mo. 906. Freiburg i. B., Herder. — 30

— — von d. Rechten d. Jesuiten in Deutschland. Fol. 1773. Regensb., Montag u. W. (Manz.)

— — von d. (vermeintlichen) Rechten d. Staatsgewalt üb. d. Kirchengut. (Vom Geistl. Rath Frey) gr. 8. Frankfurt 1806. Andreä ⅓ Thlr. — 30 kr.

Ablass vor die Sünden des Verf. der Beiträge zur Geschichte der VII. Pr[o] v[in] z. Nur für vertraute BB. Nicosia: Selbstverl. [ca. 1777]. 15 Bl. 8° [Umschlagtit.]
Kl. 500 b.

Ablass. Ein völliger A' s. [Segesser, Friedrich].

Vollkommener auf sechs nacheinander folgende und zu Ehren des heiligen Aloysii Gonzagä besonders feyrende Sonntäge gnädigst verliehener Ablass — (Würzburg 1795)
1:142 in 2° Gp 5100.
1 3742

Ablass, J., die Wunderblume. Ein Weihnachtsmärchen m. Gesang u. Tanz in 4 Aufzügn. (36 S.) kl. 8. Hamburg 909. C. H. A. Kloss. — 30

Ablass, M.: Predigt bei der kirchlichen Feier des Evang Zweig-Vereins der Gustav-Adolph-Stiftung in d. Diöcese Glatz-Münsterberg am 26. Juli 1853 .. zu Neurode. — Neurode Fischer 1853 14 S 2.
1 3745

Ablass, Rudolf [aus Leobschutz i Schles]: Die Impfung Neugeborener. . . . Breslau. Druck v. Leopold Freund 1889: 4 Bl. + 37 + 1 S + 1 Bl. u. 3 Tab. 8°
Greifswald, Med. Fak. Inaug.-Diss. v. 21 Dez. 1889

Ablaßandacht f. d. Mitglieder d. kathol. Missionsvereins. Nebst e. geschichtl Einleit. üb. d. Missionswesen. 12. (3½ B.) Mainz 845, Kirchheim, Schott u. Thielmann.

Ablaßandacht für die Mitglieder des katholischen Missionsvereins. Nebst einer geschichtlichen Einleitung über das Missionswesen. 12. Mainz 846, Kirchheim, Schott u. Th. 1/12 Thlr

Ablaßbrief, P. Pius d. VI., v. 1. Jan. 1795, latein. u. deutsch. 8. Weimar 797. Hoffmann. 6 gGr

(F) Ablass- und Bruderschaftsbuch für katholische Christen und zugleich vollständiges Handbuch für die Mitglieder des dritten Ordens des hl. Franziskus. Getreu und nach authentischen Quellen bearbeitet von P. Gaudentius. II. Bd. 6. neu bearbeitete und vermehrte Auflage. Mit Approbation der Hochwürdigsten Erzbischöflichen und Bischöflichen Ordinariate Salzburg, Wien, München-Freising, Brixen, Seckau, Trient, Linz, Paderborn und Speyer und mit Approbation und Erlaubniss des Hochwürdigsten Ordensgenerals. Innsbruck. 1899. Rauch. 8°. XX, 1165 S. mit 1 Tafel fl. 2.—, geb. fl. 2.50, in Leder fl. 3.20

Ablaß-Buch, kleines römisches, s. Gnadenschatz.

Ablaß-Buch, kleines römisches, oder Verzeichniß von Ablässen, welche die röm. Päpste für die Gläubigen beiderlei Geschlechts auf immer verliehen haben. Uebersetzt u. mit e. kurzen Abhandl. über die Ablaßlehre verm. von A. Sommer. Mit 1 Stahlst. — A. u. d. T.: Gnadenschatz, od. Samml. von Ablässen rc. 12. Augsburg 843, Kollmann. ⅙ Thlr

Ablassbuch. — Ablassbuch für alle Stände. Zugleich Gebet- u. Tugendbuch. Vom Verf. des „Gemeinden ohne Seelsorger". 2. gänzl. umgearb Aufl — Paderborn: Junfermann 1876. XVI, 600 S.
1 Aufl ersch u d T. Gnadenquellen für Lebende. 1874.
1:Ce 9367.
1.3746

Ablaßbuch f. das Volk. 1. u. 2. Hft. 8. Saulgau 890. Kitz. à n. — 25
1. Ablaßgebete f. d. heilige Weihnachtszeit. (32 S.)
2. Ablaßgebete f. d. heilige Fastenzeit. (S. 33—64.)

Ablaßbuch f. das Volk. 3.—9. (Schluß-)Heft. 8. Saulgau 890. Ravensburg 893. H. Kitz. à n. —. 25
(kplt.: n. 2. 30)
3—8. (IV u. S. 65—252.) — 9. Was ist notwendig zur Gewinnung der hl. Ablässe? Nebst e. Anh. v. Ablaßgebeten. Zugabe zum Ablaßbuch f. das Volk v. Ant. Niedermaier. (XL S.)

ABLASS-BÜCHLEIN für das Jubiläum im Jahr 1826. Das ist kurzer Unterricht über den Jubel-Ablaß, nebst mehreren dazu gehörenden Gebethern und Liedern Gran (1826)
Gedr bey Joseph Belmel. 72, 2 S - 150 mm
- Dass Waitzen 1826 Gedr bey Leop Plößl 52 S. - 8°
- Dass Ofen o J Gedr bei Anna Landerer 72 S - 12°

Ablaßbüchlein f. d. Jubiläum im J. 1826. gr. 12. Wien 826. Wimmer. 3 gGr

Ablässe, sehr beachtenswerthe Heilige, welche in den Klosterkirchen der Mendikanten-Orden: namentlich der HH. PP. Franziskaner, Kapuziner, Pauliner, Augustiner rc. von allen Christgläubigen können gewonnen werden. Augsburg 855. Kollmann. (8 S.) ½ ngr; 50 Exempl. n. 12 ngr

Ablässe der Bruderschaft des hochheil. Rosenkranzes. Dülmen: A. Laumann (1899). (24 S.) 8° [F.]
[illegible]

Ablässe der Bruderschaft des hochheil. Rosenkranzes. 12. (24 S.) Dülmen (900). A. Laumann. — 10

Ablässe, die, in der Heilig-Kreuz-Kirche zu Donauwörth. Mit einigen Unterweisungen über Ablässe im allgemeinen. 16. (40 S.) Donauwörth 881, [Buchh. des kathol. Erziehungsvereins.] Auer.

Ablässe, die neuesten, s.: Sammlung von Gebeten rc.

Ablässe, die, d. Psalmes 19 „Exaudiat". F. d. Mitglieder d. weltl. 3. Ordens d. hl. Franciscus. 16. (8 S.) Innsbruck 898. F. Rauch. n. — 03

— dasselbe u. d. Station d. hlst. Sacramentes. F. d. Mitglieder d. weltl. 3. Ordens d. hl. Franciscus. 16. (8 S.) Ebd. 899. 100 Stück n. 2. 50

Ablässe, die, d. fünffachen Skapuliers, mit e. kurzgefaßten Unterricht. 16. (32 S.) Paderborn 885. Bonifacius-Druckerei. — 15

— — Ebd. 1886. 32 S. 1:Ch 13610.
1.3725

Ablässe für die wahrhaft büssende Sünder durch Jesum Christum . . . Regensburg 1757. V: *Kraus [Krauss, Johann Baptist.* (ML)

Ablaß-Gebet u. d. auf Sterbkreuze verliehenen Ablässe. 13. Aufl. 12. (4 S.) Nördlingen 895. Th. Reischle. n. — 02

Ablaßgebet der christlichen Familie, s.: Schutzengelbrief.

Ablaß-Gebete f. die Anliegen d. allgemeinen Concils nebst Unterricht üb. das Lehramt der Kirche, von e. Priester der Diöcese Breslau. Breslau 869. Aderholz. 8. (21 S.) 1 ngr

Ablaß-Gebete zur 1000jährigen Jubelfeier der Ankunft der hl. Apostel Cyrill u. Method in Mähren auf d. Jahr 1863. Olmütz, Halauska. 8. (16 S.) 1¼ ngr.

Ablass-Gebete z. 1000jähr. Jubelf. d. Ankunft d. h. Apost. Cyrill u. Method in Mähren. 8°(16).– Olm. 1863, Mik.(?)

Ablaßgebete, neue. I.—III. Serie. 16. Münch. 909. J. Pfeiffer. 100 Stück 5. 50

I. (Zum göttl. Herzen Jesu.) (4 S. m. Abb.) 100 Stück 1. 50
II. (Zum hl. Herzen Mariä.) (8 S. m. 1 Abb.) 100 Stück 2. 50
III. (Jesus, Maria u. Joseph.) (4 S. m. 1 Abb.) 100 Stück 1. 50

— **neue.** (4 S.) 11,5×7,5 cm. Saarlouis 909. F. Stein Nachf. p nnn — 01

Ablassgebete, Neue. 3. Serie. (4) 16°.– Münch., J. Pfeiffer 1910.

Ablaß-Gebete f. jed. Tag. d. Woche zum Troste d. armen Seelen. Von e. Priester des Augustiner-Ordens. 16. (8 S.) Heiligenstadt (899). F. W. Cordier. 50 St. n. 1.25

Ablaßkalender

— **od.** Verzeichniß der vollkommenen Ablässe, nebst Bedinggn. der im Elsaß am meisten verbreiteten Andachten. IV. Jahrg. 1895. 16. (48 S.) Ebd. n. — 10

Ablasskalender od. Verzeichniss d. vollkommenen Ablässe, nebst Bedinggn. d. im Elsass am meisten verbreiteten Andachten. V. Jahrgang 1896. 16°(48).– Strassbg, F. X. Le Roux & Co. Bis 1894 u. d. T.: Ablasskalender, Marienthaler.

Ablaßkalender od. Verzeichn. d vollkomm. Ablässe, nebst Bedinggn. d. im Elsaß am meisten verbreit. Andachten. VI. Jahrg. 1897. 16. (48 S) Straßburg, F. X. Le Roux & Co. n.n. — 10

Ablaß-Kalender, kleiner, auf d. J. 1891 f. Ordens- u. Bruderschafts-Mitglieder. Von Cyprian Fröhlich. 16. (31 S.) Coblenz 891. Schuth. — 15

— **Marienthaler,** od. Verzeichniß der vollkommenen Ablässe, nebst Bedinggn. der in Marienthal besteh. u. sonst verbreiteten Andachten. III. Jahrg. 1894. 16. (47 S.) Straßburg 893. (F. X. Le Roux & Co.) — 15

Ablasskalender, Neuester, für die Mitglieder des dritten Ordens . . . Bregenz 1902. V: *Tischler, Franz* (nicht: *Thaler, K.*). (Margr)

— **vom fünffachen Skapulier,** d. i.: ausführl. Verzeichniß der Ablässe vom weißen, rothen, braunen, blauen u. schwarzen Skapulier, zusammengestellt in Form e. Tagebuches zum bequemen Gebrauch der Mitglieder, die m. obigen 5 Skapulieren rechtmäßig bekleidet sind u. selbe auch beständig auf rechtmäß. Weise tragen. Nach authent. Quellen verf. 4. Aufl. 16. (31 S.) Saarlouis 891. F. Stein Nachf. n. — 10

Ablaßkalender vom fünffachen Skapulier, d. i., ausführl. Verzeichnis d. Ablässe vom weißen, roten, braunen, blauen u. schwarzen Skapulier, zusammengest. in Form e. Tagebuches zum bequemen Gebrauch der Mitglieder, die mit obigen 5 Skapulieren rechtmäßig bekleidet sind. Nach auth. Quellen verf. 5. Aufl. gr. 16. (31 S.) Saarlouis 899. F. Stein Nachf. — 15

Ablasskasten. — [Johann] Tezels Ablaßkasten, der die Glaubens-Reformazion erzeugte, an seinem Standort zu Jüterbogk beschrieben. — Berlin: Dieterici 1817. 24 S. 1:Td 6472. 3.
1 3757

Ablaßschatz, reicher. Sammlung einiger Gebete u. Uebgn., für welche die Päpste heil. Ablässe verliehen haben. 12. (126 S.) Paderborn 879. Junfermann. n. — 40

Ablassschatz. — Reicher Ablaßschatz. Samml. einiger Gebete u. Uebungen, für welche die Päpste heilige Ablässe verliehen haben. — Paderborn: Pape 1879. 128 S. 1:Er 15097. 6.
1.3758

Ablaßschätze, die reichen, des hochheil. Rosenkranzes, zur Förderg. des Rosenkranzgebetes u. besonders der Rosenkranzbruderschaft dargelegt v. e. Priester der Diözese Luxemburg. 16. (157 u. VI S.) Luxemburg 894. St. Paulus-Gesellschaft. n. — 20

Ablaß-Stunde, e., v. d. allerheil. Sacramente. 16. (43 S.) Dülmen 896. A. Laumann. n. — 10

Ablaß-Stunde, e., vor dem allerheil. Sakramente. (43 S.) 16. Dülmen (903). A. Laumann. n. — 10

Das **Ablaßwesen** im modernen **Katholizismus**. Von e. ev. Theologen. *Leipzig: C. Braun 1903.* (17 S.) 8° [F.]
= **Flugschriften** d. **Evangel. Bundes.** 211. (Reihe 18, 7.) [oj. 3624]

Ablaßwesen, das, im gegenwärtigen Rom. [Aus: „Die christl. Welt".] 12. (43 S.) Barmen 889. Klein. n. — 50

Ablauf. — Ueber den Ablauf der orientalischen Angelegenheit um die Mitte des 19. Jahrhunderts. 1857 s. *Bamberg,* Felix.

Ableben. — Das plözliche Ableben der ... Frauen Marien Josephen Königin von Polen und Churfürstin zu Sachsen nebst dero Lebenslauf beschrieben. — o O. 1757. 16 S. 1:6 in 4° Yl 4943.
1 3764

Ablehnen. — Ablehnen oder Annehmen? Vorbemerkungen über den deutsch-österr. Handelsvertrag nebst e. einl. Beurteilung d. polit. Lage. Von Borussen, Verf. der Schrift: „Was für einen Kurs haben wir?" — Gotha: Schwalbe 1891. 108 S. 1:Gz 13697. 12:Merc. 0c 4.
1.3765

Ablehnung, s.a. Ablainung

Ablehnung, s.a. Ableihnung

Ablehnung, s.a. Ableinung

Abgenöhtigte Ablehnung einiger grausamen Injurien, so der Author des sogenannten Kurtzen Vorberichts von des Seligen bösen Büchlein De termino salutis peremtorio wider seligen Heinrich Müller ausgegossen zu seyn schreibet. Entworffen von e. dem seligen Manne verbundenen. — o.O. 1701. 4 Bl.
2 versch Drucke 1:14 in Cw 37 [u.] 19 in Dm 9060-2.
1 3766

— Entworffen von e. der Müllerschen Familie verbundenen. — o.O. 1701. 4 Bl. 9.
1 3767

Praes: im Reichs-Hoffraht, den 18. Nov. 1722. An die Römisch-Kayserliche ... Mayst: Allerunterthänigste gründliche Ablehnung der ungegründeten Postulatorum ... in Sachen Sr. Hochfürstl. Durchl. zu Ostfriesland contra die Ostfriesische Land-Stände, die Administration der gemeinen Landes Mitteln betreff: Cum adj. sub num: 1-28 incl. — o O. (1722). 46 S. 2° 8.
1 3768

An saembtlicher Churfuersten, Fuersten und Staenden zu Regensburg versamblete Raethe, Bottschaffter und Gesandte. Bestaendige rechtliche Ablehnung und Refutation nahmens der zum Hochfuerstlichen Nassau-Siegen-Catholischen Land bestellter Kayserlicher Administrations-Cantzley gegen die gruendliche Gegen-Vorstellung und Erleuterung, welche an hochfuerstl. reformirter Seiten unterm 8 Juli übergeben worden. — o.O. (1711). 73 S. 1:15 in 4° Si 7001/5.
1.3773

Ablehnung, Der gesammten theologischen Facultaet zu Jena gründliche und Protocollmässige, der wider die Universität Jena und insonderheit besagte Facultät bishero ausgesprengten Verleumbdungen. Leipzig 1729. V: *Walch, Johann Georg.* (ML)

Der Theologischen Facultät zu Wittenberg gründliche und actenmässige Ablehnung derer wider dieselbe zeithero ausgestreuten Unwahrheiten. — Wittenberg (1752): Tzschiedrich. 26 S. 4° 3. 6.
1 3777

Gerechte Ablehnung derer lasterhafften Beschuldigungen, womit der Moscowitische Czar seinen Krieg, damit er Schweden wieder Eyd und noch neulich versicherte Treu und Glauben angegriffen, zu beschönigen gesuchet hat. Nach d. lat. Orig. ins Deutsche übers. — o.O. 1701. 46 S. 2. 9.
1 3782

— Der von Ihrer Königl. Majestät zu Schweden zu der allgem. Reichs-Versammlung gevollmächtigten vor-pommerischen Gesandtschaft daselbst überreichte wohlgegründete Ablehnung der . . . sächs. Gegen-Vorstellung, das vor-pommerische Praesentations-Recht betr. — Dat. Regensburg 6. Febr. 1725. 4 Bl. 1:7 in 4° T53. 12:2° Ded. 445-9
1.3783

Gründliche und bescheidene Ablehnung der ungütigen Nachrede, womit Herr Johann Helfrich Jungken [Jüngken] . . . die sämbtliche Apothecker hieselbst belegen wollen. — Franckfurt a. M. 1708. 8 Bl. 4° 4.
1.3786

Nohtwendige [Notwendige] Ablehnung des Contramemorials, welches im Nahmen des Erzstifts Meintz u. der Herren Grafen von Hatzfeld zu vermeinter Behauptung der wegen der Grafschaft Gleichen u. deren beyden Herrschaften Blankenhain u. Niedern-Cranichfeld de facto angemasseten Reichs-immedietet und anderer unbegründeten praetensionen nechst verwichenen Jahres wider der fürstlichen sächsischen weimarischen, gothischen und eisennachischen Gesandten . . . Memorial heraußgegeben worden. — Jehna 1655: Sengenwald. 102,46 S. 1:4 in 2° Ss 4960. 3. 4.
1.3810

— Gedr. i. J. 1655. Zum zweytenmal gedr. o.O. 1725. 102,47 S. 1:2 in 2° Ss 4960. 3.
1.3811

Rechtmässige Ablehnung des uns mit Unfug in Joachim Frahm und Conrad [Friedrich] Bülau gedruckten Schrifften beygelegten Praedicats, als wann wir falsche Zeugen wären. Zu Rettung unser Ehr . . . ans Tages Licht geleget durch uns zu Endes Benandte (Hinrich Remmers u.a.) — Hamburg: Neumann 1704. 4 Bl. 1:Sp 1458/2.
1.3813

Schweden vor-pommerische schließliche Ablehnung der so genannten chur-fürstl. sächsischen kurtzen Beantwortung de dictato den 10. Sept. A. 1725, das Praesentations-Recht und Ordnung ad assessoratum bey dem hochlöbl. Käyserl. Reichs-Cammer-Gericht betr. — Dat. Regensburg 27. Febr. 1726. 6 Bl. 1:9 in 4° T 53. 3.
1.3814

(Ablehnung der Theilnahme am Festzuge zu Ehren der deutschen Einheit.) Volk von Berlin! Die Studentenschaft hat vor einigen Tagen zu einem Festzug aufgefordert. — Die Berliner Studentenschaft. 1 Bl. Fol.
Flugblatt. Berlin, 6. Aug. 1848.

Der Fürstl. Sächsis. gesammten Universität zu Jena abgenöthigte Ablehnung derer wider selbige eine Zeit her ausgesprengten Unwahrheiten von einer ansteckenden Seuche. — Jena: J. A. Müller (1714). 4 Bl. 4° 3.
1.3815

Unumbgängliche Ablehnung einiger gottlosen und calumnieusen Bezüchtigungen, womit der Procurator Hinrich Wrangel . . . in einer . . . Charteque die p.t. Deputirte des Nieder-Gerichts öffentlich zu beschuldigen sich unterfangen. Samt Remonstration. — o.O. 1704. 14 Bl. 1:Sp 1458/42. 8.
1 3817

Ablehnung des Verdachtes, dass die Schweitzerische Nation sich habe überreden lassen, an Miltons verlorenem Paradiese einen Geschmack zu finden. Zürich 1741. V: *Bodmer, Johann Jacob.* (GGr)

Ablehnung der greulichen Verleumdungen, mit welchen das Hohe Chur- und Fürstl. Hauß Sachsen von einem calvinischen Theologanten zu Utrecht . . . verunglimpffet worden. [Angebl. Verf.: Sebastian Edzardi.] — o.O. 1722. 4 Bl. 1:21 in Bd 8603-193. 7.
1 3819

Ableihnung, s.a. A b l e h n u n g

Kurtz-gefaßte [Kurzgefasste], aber wahrheits- und rechtsgegründete Ableihnung dererjenigen Imputatorum, welche . . . in der . . . Paritions-Anzeige dem unschuldig-destituirten . . Pfarrer des Städtleins Syndringen am Kocher, Johann Hieronymo Yelin, . . . zur Last geleget werden wollen. — Dat Syndringen 4. Maii 1744. 9 Bl. 2° 4.
1.3807

Ableinung s.a. A b l e h n u n g

Bemüssigte grund- und actenmäßige Ableinung derer sogenannten Anmerckungen uber die von des . . . Bischoffs zu Lüttich Hochfürstl. Gnaden, wie auch von dem Fürstl. Hause Löwenstein-Wertheim bey dem hochlöbl. Reichs-Convent zu Regenspurg gegen das Kayserliche Cammer-Gerichts-Urthel vom 20. Oct. 1732, die Grafschafft Rochefort betreffend, angebrachte Beschwerde. — o.O. 1737. 49 S. 1:5 in 4° Tp 7955. 12:2° Ded. 445-10.
1.3769

— o.O. 1737. 51 S. 12:2° Ded. 467-3.
1 3770

Demonstrative Ableinung des unerheblichen Replic-Satzes in Sachen Gottes-Hausz Laach contra Brandenburg-Onolzbach. — o.O. [um 1750]. 4° 5.
1 3774

Unterthänigste Ableinung eingeschobener angemaßter Anzeig emersae noviter praejudicialis causae in Sachen von Hövelich modò von Winckelhaußen contra von Bronckhorst modò Hn. Fürsten von Salm. — o.O. 1728. 8 S. 2° 4.
1.3816

Ableinungsprobationsdeduktion

Dictatum Regenspurg d. [14.?] Dec. 1753. An ein hochpreißliches Corpus Evangelicorum unterthänigst-bescheidentlichste und wahrhafteste Ableinungs-probations-Deduction, auch . . . reiterirtes . . . Memoriale u. . . . Bitten auf das von e. hochfürstl. würzburgisch-vortreflichen Gesandtschaft übergebene und sub 14. Aug. 1753 ad dictaturam gekommene Pro Memoria von uns sämtlicher Aug. Conf. Gemeinde zu Herbolzheim, hochfürstl. würzburgischer u. schwarzenbergischer Herrschaft. Diversorum gravaminum religionis & plenariae restitutionis in pristinum statuum[!]. Cum adj. — o.O. (1753). 14 Bl. 1:1 in 4° Sg 1098.
1.3825

Ableiter, L., hebräisches Vocabularium in alfabetischer Ordnung, m. Zusammenstellg. v. Synonymen, gleich u. ähnlich laut. Wörtern u. analogen Formen, nach dem Mscr. v. L. H. Kapff bearb. u. hrsg. gr. 8. (VII, 178 S.) Leipzig 881. Hahn's Verl. n. 2. —

Ableitner, s.a. A b l e i t n e r, K(arl)

Ableitner: Individuelle Milchproduction d. Kühe gegenüber der Racenconstanz u. Futterverwerthung. [Leipz. 1873]. (35) S. (Særtr.). P.

Ableitner, Der Pferdezuchtbetrieb in Privat-, Staats- und Landesgestütsanstalten. Freising, ca. 1800.

Ableitner, J.K. s.a. A b l e i t n e r, K(arl)

Ableitner, J. K., populär, kurz und praktisch verfaßtes Handbuch über die Hufbeschlagkunst der Pferde, deren Mängel und Gebrechen als gestellte, gelöste und gekrönte Preisfrage; sowie die Lehre mit Rathschlägen über die Beseitigung und Hebung der Fehler — überhaupt Einführung und Herstellung eines rationellen Eisenbeschläges der Pferde. Den Pferdebesitzern, Freunden von solchen, Landwirthen, deren Vereinen, Staats-Regierungen, sowie insbesondere den Hufbeschlagschmieden gewidmet und empfohlen. 8. (VII, 183 S.) Wien 883, Hartleben's Verlag.

Ableitner, J. K.: Noth- und Hilfsbuch oder unentbehrlicher Wirtschafts-Rathgeber mit 2000 ausgesuchten und erprobten Haus- u. Hilfsmitteln für alle Fälle des Lebens. Wien, Pest, Leipzig: Hartleben [1878]. VIII,754 S. 1:Ox 19562. 300:185.193-B.
1 3827

Ableitner, J. K: Noth- und Hilfsbuch oder unentbehrlicher Wirthschafts-Rathgeber mit 2000 ausgesuchten und erprobten Haus- und Hilfsmitteln für alle Fälle des Lebens. Leipzig . . . 1879

Ableitner, J.K., allg. Noth-u. Hilfsbuch od. unentbehrl. Rathgeber. 8°(754 m. H.).– Wien 1879, Hartleben.

—— der praktische Viehzüchter. Leichtfaßliche Belehrung über den Bau, die Form, Verrichtung und Nutzung der inneren und äußeren Körpergebilde der größeren landwirthschaftl. Hausthiere. Nach den neuesten Erforschungen und praktischen Erfahrungen für landwirthschaftl. Mittelschulen und Landwirthe bearb. 8. (215 S. mit vielen Abbild. auf 8 Holzschntaf.) Ebendas. 880.

Ableitner, K., s.a. A b l e i t n e r, (J.K.)

Ableitner, K., s.a. A b l e i t n e r, Karl

Ableitner, K. Anleitung zur Verhinderung der Mäuseplage. Eine vollständ. systemat. Abhandlg. über d. Lebensweise rc. d. Mäuse, Mäuseschaden, Mäusevertilgg. 8. (112 S. m. 2 Holzschn.). Bremen 890, Heinsius Nachf. * 1 —

Ableitner, K., Anleitung zur Verhinderung der Mäuseplage. 2. Ausg. (verm. durch e. Anh. üb. die Löffler'sche Methode der Einimpfg. d. Bacillus typhi murium). 8. (114 S. m. 2 Holzschn.) Bremen 892. M. Heinsius Nachf. n. 1.—

Ableitner, K., die Gesundheitspflege der nutzbaren Hausthiere, s. Taschenbibliothek, deutsche landwirthschaftliche.

Ableitner, K., Populär, kurz u. praktisch verf. Handbuch über die Hufbeschlagkunst der Pferde, deren Mängel u. Gebrechen.– Wien 1883. 191 S.

— Hausregel zur Abwehr, Tilgung und Unterdrückung der Rinderpest bei Rindern, Schafen und Ziegen etc. Nationale Verlagsanstalt, Regensburg. M —.20

Ableitner, K., Haus-Regel zur Abwehr, Tilgung u. Unterdrückung der Rinderpest bei Rindern, Schafen u. Ziegen. Das ist: Regierungsmaßregeln. Königliche Allerhöchste Verordnung vom 6. Dezbr. 1866 zur Verhütung der Einschleppung der Rinderpest aus dem Auslande u. zur Unterdrückung u. Verhinderung der Weiterverbreitung falls sie im Inlande ausbricht. Augsburg 867. Kollmann. Fol. 2 ngr; Ausg. in 2 Blatt 3 ngr; auf Pappe 4 ngr

Ableitner, K., Zur Hebung der Viehzucht mit Herdbüchern. o. J. München (ca. 1880).

— Katechismus f. die Nothhilfe u. Krankenpflege d. nutzbaren Hausthiere. Nach den neuesten Erforschgn. u. prakt. Erfahrungen f. landwirthschaftl. Mittelschulen u. Landwirthe bearb. 8. (VIII, 152 S.) Wien 877. Hartleben. cart. 1. 50

—— Katechismus für die Nothhilfe und Krankenpflege der nutzbaren Hausthiere. Nach den neuesten Erforschungen und prakt. Erfahrungen für landwirthschaftliche Mittelschulen und Landwirthe bearb. 8. (VIII, 152 S.) Wien 879, Hartleben's Verlag. cart.

Ableitner, K., das Kriegspferd im gesunden und kranken Zustande, nebst Beobachtungen und Erfahrungen in der Kriegsthierheilkunde während des deutschen Feldzuges 1866. gr. 8. (III, 100 S.) Stuttgart 868, Ebner und Seubert. [Schickhardt und Ebner.]

—— allgemeines Noth- und Hilfsbuch oder unentbehrl. Wirthschafts-Rathgeber mit 2000 ausgesuchten und erprobten Haus- und Hilfsmitteln, für alle Fälle des Lebens. Verfaßt nach den neuesten Entdeckungen und prakt. Erfahrungen. (In 15 Lfgn.) gr. 8. (VIII, 754 S. mit eingedr. Holzschn.) Ebendas. 878. à Heft 50 Pf. geb.

— allgemeines Noth- u. Hilfsbuch od. unentbehrlicher Rathgeber m. 2000 ausgesuchten u. erprobten Haus- u. Hilfsmitteln, f. alle Fälle d. Lebens. Verfaßt nach den neuesten Entdeckgn. u. prakt. Erfahrgn. 15 Lfgn. gr. 8. (VIII, 754 S. m. eingedr. Holzschn.) Ebend. 879. à — 50

— kurz- u. leichtfaßlicher Unterricht üb. den Hufbeschlag d. Pferdes mit der äußeren Pferdekenntniß, Wart, Pflege etc. Für Civil- u. Militair-Hufbeschlagschmiede, deren Gehilfen u. d. Schmiedehandwerks kundigen Soldaten. Dillingen 866. (v. Lama.) 12. (118 S.) n. 10 ngr

— die Verschneidung [Castration] der Hausthiere des männlichen u. weiblichen Geschlechts, nach den im Verlaufe der Zeit gemachten Fortschritten u. Verbesserungs-Methoden vom chirurgisch-techn. u. wirthschaftlich-nützl. Standpunkte aus betrachtet. Für Thierärzte, Pferde- u. Viehbesitzer. gr. 8. (XII, 212 S.) Bremen 879. Heinsius. n. 3. —

—— katechetischer Veterinär-Unterricht über die äußere Pferdekenntniß, Krankheits- und Heillehre, Wart, Pflege etc. der Pferde. Für Cadeten, Unteroffiziere, Schmiede etc. 12. (104 S.) Dillingen 866, (v. Lama.)

– Katechetischer Veterinär-Unterricht über die äussere Pferdekenntnis, Krankheits- und Heillehre, Wartung, Pflege etc. der Pferde. (104 S.) Dillingen 67. Blättermann. M. —.90

— der praktische Viehzüchter. Leichtfaßliche Belehrung üb. den Bau, die Form, Verrichtg. u. Nutzg. der inneren u. äußeren Körpergebilde der größeren landwirthschaftl. Hausthiere. Nach den neuesten Erforschgn. u. prakt. Erfahrgn. f. landwirthschaftl. Mittelschulen u. Landwirthe bearb. Mit vielen Abbildgn. (auf 8 Holzschntaf.) 8. (215 S.) Wien 880. Hartleben. n. 2. 25

— positive Vorschläge zur Hebung der Pferdezucht m. Privat-, Staats- u. Landgestüten. gr. 8. (92 S.) Wien 871. Braumüller. n. 1. 20

— das Wasser als Existenz-, Nähr- u. Heilmittel der landwirthschaftlichen Hausthiere. gr. 8. (VI, 97 S.) Leipzig 878. Hirschfeld. n. 2. —

Ableitner, Karl, s.a. Ableitner, K.

—— über die Nothwendigkeit einer Revision der Gesetzgebung und die polizeilichen Maßnahmen bei Seuchen und ansteckenden Krankheiten der landwirthschaftlichen Hausthiere; — Zur Viehhandelsgesetzgebung, s. a. Georgika.

Ableitner, Karl: Über die Nothwendigkeit einer Revision der Gesetzgebung und die polizeilichen Maßnahmen bei Seuchen und ansteckenden Krankheiten der landwirthschaftl. Hausthiere. Von K. Ableitner. Mit Vorw. über darauf bezügl. Reichstagsverhandl. v. Hrsg. (d. i. Karl Birnbaum). — Leipzig: H. Schmidt 1872. 95 S. (Georgika. Sammlung v. Abhandlungen u. Vortr. für Landwirthe. 3,3.)
1:Ks 2945. **12:**Oecon. 283 el-3. **9.**
1,3828

— Zur Viehhandelsgesetzgebung, resp. Gewährschaftsleistung beim Handel und Wandel d. landw. Haus- und Nutzthiere. Von K. Ableitner. Außerdem enth. dieser Sep.-Abdr.: Die Wirkung des Gypses auf Klee. Von Eduard Heiden. — Leipzig: H. Schmidt 1873. 144 S.
Aus: Georgika 3. **1:**Gn 1190.
1,3829

Abler, Carl Jos., Christus unser Heil. Ein christkath. Gebet- u. Erbauungsbuch. Mit 5 Stahlst. kl. 8. Wien 845, Grotendiek. 24 ngr

Ables, Wilhelm

Ables, Wilh., die Arzneien und ihre Heiltugenden, nebst e. Anhange, enthaltend: a) den physiograph. u. chemischen Theil der Arzneikörper und die Beschreibung der officinellen Präparate; b) die specielle Receptirkunde; c) die neuesten Entdeckungen im Gebiethe der Pharmacologie; d) eine Receptensammlung berühmter Aerzte. Begleitet von e. Vorworte des k. k. Rathes v. Töltényi. (I. Bd.) gr. 8. Wien 842. (Gerold) n. 2 Thlr — 2. verb. u. verm. Aufl. gr. 8. Ebd. 845. 3 5/6 Thlr

— Erläuterungen z. allgemeinen Pathologie. gr. 8. Wien 844, Gerold. 2 1/6 Thlr

Ables, W. Gedanken üb. Natur- u. Wortpoesie d. russ. Sprache. 8° (192).– Berl. 1861, Bohne.

Ables, Wilh., Gedanken über Natur- und Wortpoesie der russischen Sprache, mit Berücksichtigung der romanischen u. germanischen Sprachen. Berlin, 861. Sandrog & Co. (Grothe.) Lex.-8. (XXXVI, 192 S.) n. 2 Thlr

— Gedanken über Natur- und Wortpoesie der russischen Sprache, mit Berücks. d. roman. u. german. Sprachen. — Berlin 1861: Trowitzsch. XXXVI, 191 S.
Nebent., russ.: Ables. Mysli o prirodnoj i slovesnoj poèzii russkago jazyka.
1:Zn 110. **12:**L. rel. 1070. **11.**
1,3832

Ables. Wilh., Gedanken über Natur- u. Wortpoesie der russischen Sprache, mit Berücksicht. der roman. u. german. Sprachen. 2. Ausg. St. Petersburg 868. Röttger. gr. 8. (XXXVI, 192 S.) n. 1 Thlr

— 2. Ausg. St. Petersburg: Schmitzdorff 1868. XXXVI, 191 S.
Nebent., russ.: Ables: Mysli o prirodnoj i slovesnoj poèzii russkago jazyka.
12: L. rel. 1070 b. **7.**
1,3833

Die **Ablesungen** der amtlichen meteorologischen Station Greifswald. [1.] Seit dem 1. April 1898 ... Greifswald 1901: F. W. Kunike. 8° (c3. 7690 4

Berlin. Hydrograph. Amt d. Kaiserl. Admiralität. **Ablesungen** der stündlichen Wasserstände an den Fluthmessern zu Arkona, Kiel und Marienleuchte für die Jahre 1884, 1885, 1887.

Berlin, Hydrograph. Amt d. kaiserl. Admiralität. **Ablesungen** d. stündl. Wasserstände an d. Flutmessern zu Arkona, Kiel, Marienleuchte und Pillau für das Jahr 1888. Autogr. Fol.

Berlin. Hydrograph. Amt d. Kaiserl. Admiralität. **Ablesung** der stündlichen Wasserstände an den Fluthmessern zu Arkona, Kiel, Marienleuchte und Helgoland für das Jahr 1886. Autogr. Fol.

Aebli, Johann Peter
— s. auch Aepli.

Aebli, Joh. Pet., die Erneuerungswahlen der Geistlichen. 8. (64 S.) Winterthur 849. Steiner. 1/4 ß

Aebli, Joh. Pet., die drei himml. Führer auf dem menschl. Lebenswege. Oder: Glaube, Liebe und Hoffnung. Mit 1 Stahlst. 8. Winterthur 846, Literar. Compt. v. Hegner, älter. 18 ngl

Aebli, Johann Peter: Geschichte des Landes Glaris mit theilweiser Hinsicht auf die Geschichte der gesammten Eidsgenossenschaft. Th. 1. — Glaris: F. Schmid 1831. XVI,376 S.
1:Rv 4180. 12:Helv. 20. 300:39.130-B. 2. 3. 7.
2.183

Aebli, Jh. Pt., Geschichte des Landes Glaris, mit theilweiser Hinsicht auf die Gesch. d. gesammten Eidsgenossenschaft. 1r Thl. 8. Glaris 831. (Zürich, Trachsler). 1 ß

— Geschichte des Landes Glarus mit theilweiser Hinsicht auf die gesammte Eidgenossenschaft. 1r Thl. 8. Glarus 831. (Leipz, L. Schumann.) n. 1 ß

—— die Gesinnungs- und Handlungsweise der Jesuiten. Geschichtlich beleuchtet in Briefen an die Eidgenossen. 2., unveränd. Aufl. 8. (VIII und 244 S.) Winterthur 847, Steiner'sche Buchh.

Aebli, J[ohann] P[eter]. Leichenrede über das Thema: Die Verluste, welche uns der Tod verursacht .... Gehalten den 19. April 1841 bei der Beerdigung des Herrn Sekundarlehrers [Johann Jacob] Bär in Männedorf. 8. Zürich und Winterthur. A 735[7]

— Schilderung der Zerwürfnisse in der Schweiz 1830 bis 33, nach amtl. u. authent. Urkunden bearb. Hrsg. von C. v. Sommerlatt. — Liestal 1834: Banga & Honegger. VI,296 S.
1:Ru 2932. 300:74 V 202.
2.185

— — 2. Aufl. Herisau 1834: Egli. VI,296 S.
12:Helv. 22. 3.
2.186

—— Schilderung d. Zerwürfnisse in d. Schweiz, 1830 bis 1833. nach amtl. u. authent. Urkunden bearb. Hrsg. v. C. v. Sommerlatt. gr. 8. (19 B. u. 1 Stnt. von Disteli — d. Treffen b. Pratteln v. 3. Aug. 1833 darstell.) Liestal 834, Honegger.

— Die Schlacht auf der Landschaft Basel am dritten August des Jahres 1833. Nebst e. kurzen Geschichte des Kantons Basel seit 1830. — Sursee 1833: Schnyder. 100 S.
1:Ru 9429. 12:Helv. 21.
2.187

Aebli, Joh. Pet., die Unsterblichkeit der menschlichen Seele und ihr Zustand jenseits des Grabes. Eine Untersuchung für gebildete Leser in Briefen. 8. Zürich 839. Schulthess. 7/8 ß

Aebli, W., Die Cautio damni infecti. Diss. Zür. 1867.

Ablösung, Die, der Feudallasten in Bayern. Dargestellt in zwei Petitionen. O. O. 1848. V: *Förster*. (ᴅᴍarsch 191)

Ablösung, über, der Grundlasten. Ein freies Wort von einem bayer. Staatsbürger. gr. 8. (32 S.) Nürnberg 848. (Stein.) n. 6 ngl

— über die, der Handdienste u. Servituten der Robothgärtner in Schlesien. gr. 8. (13 S.) Breslau 847, Scholz. n. 2 ngl

Ablösung (Zur) der Judensteuer in Böhmen. Grenzboten, 1848[1],

Ablösung. Die A' der privaten Kirchenortsrechte in Uster. Eine Darstellung der massgebenden Verhältnisse durch die bestellte Kommission. [Mit 2 Tafeln.] 41 S. 8. Uster, E. Weilenmann, 1902.

Die **Ablösung** des Lehensverbandes die Aufhebung der standesherrlichen Gerichtsbarkeit, dann die Aufhebung, Fixierung und Ablösung der Grundlasten betreffend, samt der Vollzugsinstruktion und Berechnungen.— Regensburg 1848.

Ablösung (Die) d. unterthänigen Leistungen. (Grenzboten 1847[1].)

Ueber die Ablösung der Real-Lasten (d. i. Natural-Abgaben) und die Besteuerung der geistlichen Stiftungen, Kirchen, Pfarren und Küstereien. — Stettin 1850: Effenbart. 15 S.
9.
1.3838

Ablösung (Die) des Scheldezolles, beleuchtet durch einige Auszüge aus der Druckschrift des kgl. preuss. Ministeriums, betreffend die Verträge zwischen Preussen und Belgien vom 28. März 1863. Hamburg 1863.

Ablösungsfrage. Die A'. Bericht und Antrag des Gemeinderates von Jegenstorf an die Einwohnergemeindeversammlung vom 25. Juni 1906. ([Redigiert von Jacob Keller, Gemeindeschreiber.] 1906 Mai.) 10 S. 8. [Zauggenried, Buchdr. Vögeli.]

Ablösungsgesetz

—— das königl. bayerische, vom 4. Juni 1848 in seiner prakt. Durchführung. Ein Hilfsbuch für Alle, welche sich über die Bestimmungen des Ablösungsgesetzes und über die wesentl. bei dessen Vollzuge zu berücksicht. Rechtsfragen unterrichten wollen. Mit beigefügtem vollständ. Abdruck des Gesetzes und der bisher erlassenen Vollzugs-Instructionen. Lex.-8. (103 S.) München 848, Franz. *

Ablösungsgesetz, das, f. d. bayer. Landvolk erläut. u. erklärt v. M. Römer. 12. (99 S.) Würzburg 848, Stahel'sche B. 9 ngl

Ablösungs-Gesetze für Beeden, Frohnen, leibeigenschaftl. Leistungen u. ähnl. Abgaben im Königreich Würtemberg. Mit e. alphabet Sach-Register. 1s Hft. enthalt. die Gesetze selbst, die Hauptinstruktion u. andere hieher gehörige K. Verordnungen u. Verfügungen. 2s Hft. A. u. d. T.: Erläuternde Bemerkk. zu dem im Königr. Würtemberg unterm 27. Oktober 1836 ergangenen Gesetz in Betreff d. Beeden u. ähnlicher Abgaben. Von J. R. v. Rauter. gr. 8. Stuttg. 838. Steinkopf. n. 2/3 ß

Ablösungsgesetze, die, des Preuß. Staats vom 2. u. 11. März 1850, mit dem Reglement vom 1. Aug. 1850 wegen Ablösung u. Amortisation der dem Domainen-Fiscus als Berechtigten zustehenden Reallasten, sowie den dazu von der K. Regierung zu Magdeburg rc. erlassenen Instructionen rc. u. d. declarirenden u. abändernden Ministerial-Rescripten. Herausg. von Wilh. Sprengel. gr. 8. (IV u. 147 S.) Magdeburg 852, Baensch. 1 ß

Ablösungs-Ordnung für das Königreich Hannover vom 23. Juli 1833; nebst der vorangegangenen Verordnung über die Ablösung der grund- und gutsherrlichen Lasten etc. vom 10. Nov. 1831. [Nebst] Real-Reg. — Hannover: Hahn 1833 35.
12[°Reg.]: J. germ. 2f. 6. 7. 9. 11[°Reg.]
1.3810

Aebly, Jacob. Zur Analyse der physikalischen Vorbedingungen des psychogalvanischen Reflexes mit exosomatischer Stromquelle. Aus dem gerichtlich-medizinischen Institut der Universität Zürich.... Diss. Med. Univ. Zürich ... von Jakob A'.... [Mit 4 Tafeln.] 55 S. 8. Zürich, J. J. Meier, 1910.

Abmarsch der Franzosen aus Nürnberg vom 22.—28. May 1801. Soldat und Jungfer als Trommler. Spottbild. Colorirter Kupferstich, unten 16zeiliges Gedicht. (1801.) 8°. (1 Mk. 50 Pfg. der Vorige, 1906.)

Abmass der Armee-Zuggeschirrsbestandtheile, wie selbe bei neuer Erzeugung zuzuschneiden sind. Fol. Wien 1857.

Abmeyer, C. A., Sammlung zwei- u. dreistimmiger Gesänge f. Volksschulen, enthalt. 125 Lieder u. 16 Canons, in 2 Abtheill. qu. gr. 4. Grimma 836. Gebhardt. 1/2 ß

— vollständige Sammlung aller Choral-Melodien, welche in d. Dresdner Gesangbuche vorkommen, mit 2 Antiphonieen, 6 Amen für 3 Diskantstimmen u. 1 Baßstimme und einer kurzen Einleitung in den Gesang-Unterricht nach Hiller, zweistimmig geordnet zum Gebrauche für Bürger- u. Landschulen. gr. 16. Grimma 836. Gebhardt. 1/8 ß

Abnutzung. — Ueber die Abnutzung des physischen Organismus beim Fahrpersonale der Eisenbahnen, mit bes. Bezug auf den in Wiek's Deutscher Gewerbezeitung, Jg. 1860, vom Frhn v. Weber veröff. Aufsatz über diesen Gegenstand. — Berlin 1866: Schade. 55 S. 4° **82.**
1.3852

Abnutzungsprüfungen, neuere. (Mitteilung der dän. Staatsprüfungsanstalt.) (6 S. m. 2 Fig. u. 1 Taf.) 31×23 cm. Stuttgart 905. (Freiburg i. B., J. Bielefeld.)
Sonderabdruck aus „Baumaterialienkunde". 1. 80

Aboab, R. Isak, liber Menorat ha-Maor [Candelabrum luminaris], i. e. compendium sententiarum talmudicarum et hagadicarum ad confirmandos mores idonearum cum commentario Nefesch Jehuda et versione judaeo-germanica. 2 partes. 4. (416 u. 402 S.) Berlin 873. Adolf Cohn. n. 10. —

'**Abōdā zārā.** Tractatus Talmudici Avoda Sara Sive de idololatria caput I, e Gemara Babylonica latine redditum, et necessariis annotationibus illustratum a Georg. Eliezer Edzardo. — caput II —. Hamburgi 1705/1710. Dh 2495.

Abodah-Sarah, oder der Götzendienst. Ein Traktat aus dem Talmud. Die Mischna und die Gemara, letztere zum erstenmale vollständig übersetzt, mit einer Einleitung und mit Anmerkungen begleitet und hrsg. von Ferd. Chrn. Ewald. Lex.-8. (XXV und 546 S.) Nürnberg 856(58), Raw'sche Buchh.

Abodah Sarah, od. d. Götzendienst. Trakt. a. d. Talmud. Die Mischna u. d. Gemara, letzt. z. erstenm. vollst. übers. m.e. Einl. u. Anm. v. F. C. Ewald. 2. Ausg. 8°(546).– Nürnb.1868, Raw.

Abodah Zarah, der Mischnatractat Götzendienst, übers. v. Paul Krüger, s.a. Mischnatractate, ausgewählte, in deutscher Uebersetzung. Nr. 4.

Abodah zara ['**Abōdā** zārā]. Der Mischnatractat 'Götzendienst'... hrs. von Hermann Strack, s.a. Schriften d. Institutum judaicum in Berlin. Nr. 5.

Abodah zarah ['**Abōdā** zārā]. Der Mischnatractat 'Götzendienst' ins Deutsche übers. u. unter besond. Berücks. d. Verhältnisses z. Neuen Testament mit Anm. versehen von Lic. Paul Krüger. Tübingen: J. C. B. Mohr 1907. (V, 28 S.) 8°
= **Mischnatractate.** Ausgewählte, in deutscher Uebersetzung. 4. [08. 800; 4

Aboda Zara (Hebr.) **Aboda** zara. Der Misnatraktat 'Götzendienst' hrsg. von Prof. D. Dr. Hermann L(eberecht) Strack. 2.,neubearb. Aufl. Mit deutscher Übers.– Leipzig: Hinrichs 1909. 20, 31 S.8° (Schriften d. Institutum Judaicum in Berlin. Nr. 5.) 09. 16001

Abohab, Isaac, Menorath hammaor. Licht verbreit. Leuchter. Eine moral.-religiöse, erbaul. u. belehr. Lektüre f. Jung u. Alt. Ins Deutsche übers. v. R. J. Fürstenthal. (Hebr. u. Deutsch.) 1—10. Hft. gr. 8. (96 halbe B.) Krotoschin 813—16. (Leipzig, C. L. Fritzsche.) à 1/6 Thlr.

Abohab, Isaac, Menorath hammaor. Licht verbreitender Leuchter. Eine moral.-religiöse, erbaul. und belehr. Lektüre für Jung und Alt. Ins Deutsche übers. von R. J. Fürstenthal. (Hebr. und deutsch.) 11—16. Heft. (Schluß des 2. und 3. Bandes.) gr. 8. (2. Bd. S. 193—448., 3. Bd. VIII u. S. 97—392.) Krotoschin 817—18. (Leipzig, C. L. Fritzsche.) à Heft *5 Ngr.*
Der Preis des vollständ. Werkes in 3 Bdn. ist * 2 Thlr. 20 Ngr. — Vgl 10. Bd. 1. Abthl. S. 5.

Abolitionist, der, Organ f. die Bestrebgn. der internationalen Föderation zur Bekämpfg. der staatlich reglementierten Prostitution. Vereinsblatt des Dresdner Zweigvereins der Föderation. Hrsg., begründet u. geleitet v. Frau Katharina Scheven. 1. Jahrg. 1902. 8 Nrn. gr. 8. (88 S.) Dresden (Eliasstr. 22), Selbstverlag der Hrsg. 1. 50; einzelne Nrn. — 10
Erscheint monatlich, mit Ausnahme des August.

Abolitionist, der. Organ f. die Bestrebgn. der internationalen Föderation zur Bekämpfg. der staatlich reglementierten Prostitution. Organ des deutschen Zweiges der J. A. Föderation. Hrsg. u. begründet v. Frau Katharina Scheven. 2.—5. Jahrg. 1903—1906. à 11 Nrn. (à ca. 12 S.) gr. 8. Dresden (Angelikastr. 23), Frau K. Scheven. à Jhrg. n. 1. 50

Abolitionist, der. Organ f. die Bestrebgn. der internationalen Förderation zur Bekämpfg. der staatlich reglementierten Prostitution. Organ des deutschen Zweiges der J. A. Förderation. Hrsg. u. begr. v. Frau Katharina Scheven. 6.—9. Jahrg. 1907—1910. à 11 Nrn. (102, 106, 98 u. 102 S.) gr. 8. Dresden (Angelikastr. 23), Frau K. Scheven. à Jahrg. 1 .50

Abolitionist, Der. Organ f. d. Bestrebgn. d. internat. Föderation z. Bekämpfg. d. staatl. reglementierten Prostitution. Hrsg. u. begründet v. Katharina Scheven. Schriftleiterin: Frau K. Scheven. 9-11 J. 1910 - 1912. Je 11 Nrn. (Nr. 1:10) gr8°.– Dresd. (Angelikastr. 23), Frau K. Scheven.

Abol-Walid Merwan Ibn Djanah, s.: Jona ben Gannach.

Abonyi, Josef

Abonyi, J., Compendium der Zahnheilkunde f. Studirende u. Aerzte. gr. 8. (XII, 158 S. m. 104 Holzschn.) Wien 889. Braumüller. n. 3. 60

Abonyi, Jos., Compendium der Zahntechnik f. Studirende u. Aerzte. gr. 8. (VI, 74 S. m. 42 Holzschn.) Stuttgart 892. F. Enke. n. 2. —

Abonyi, J.: Compendium d. Zahntechnik. 8°(74 m. H.).– Stuttg. 1894, F. Enke.

— üb. Narcotica, s.a. Klinik, Wiener.

Abonyi, Josef: Ueber Narcotica, mit bes. Berücks. des Bromäthyls. Von Abonyi. Mit 12 Illustr. — Wien: Urban & Schwarzenberg 1891. 46 S. (Wiener Klinik. 17,1.)
1:I 8551-17,1. 12: Med. g. 265m-17.
300: 393.562-B.Per. 1891. 2. 9. 11.
1.3873

[Hebr. u. Ant.] Pirqē ăbōt [**Ābōt**]. Die Sprüche der Väter. Ein ethischer Mischna-Traktat hrsg. u. erkl. von Prof. D. Herm. L[eberecht] Strack. 3. wesentl. verb. Aufl. Leipzig: J. C. Hinrichs 1901. (58 S.) 8°
— **Schriften** d. Institutum Iudaicum in Berlin. No 6. [07. 17494 7

Pirque 'aboth [**Ābōt**]. Der Mischnatractat 'Sprüche d. Väter' ins Deutsche übers. u. unter besond. Berücks. d. Verhältnisses z. Neuen Testament mit Anm. versehen von Lic. Paul Fiebig. Tübingen: J. C. B. Mohr 1906. (VII, 43 S.) 8°
= **Mischnatractate,** Ausgewählte, in deutscher Übers. 2. [06. 4549

[Hebr. u. F.] Pirqē **Ābōt**. Sprüche d. Väter z. Schulgebr. ... übers. u. erkl. von Rabb. Dr. S[eckel] Bamberger, Schrimm. Frankfurt a. M. 1897: M. Slobotzky. (V, 159 S.) 8° [08. 3359

Abott a Beckett, Gilb.: Jack Brag, s. Theatre the modern english III. No. 8.

Abott a Beckett, Gilb., the man with the carpet bag, s. Theatre the modern english. III. No. 7.

Abou, s. a.: Abu

Abou Alî al Hosain b. Abdallâh b. Sînâ ou d'Avicenne, traités mystiques. Texte arabe accompagné de l'explication en français par M. A. F. Mehren. Fasc. I—III. gr. 4. Leiden, E. J. Brill. n.n. 14. —
I. L'allégorie mystique Hay ben Yaqzân. Publié d'après les manuscrits du Brit. Muséum, de Leyde et de la bibliothèque Bodleyenne. (24 u. 26 S.) 889. n.n. 3. —
II. Les trois dernières sections de l'ouvrage al-Ishârât wa-t-Tanbihât (indications et annotations) sur la doctrine coûfique et le traité mystique at-Thair (l'oiseau). (32 u. 56 S.) 891. n.n. 5. —
III. Traité sur l'amour. — Traité sur la nature de la prière. — Missive sur l'influence produite par la fréquentation des lieux saints et les prières qu'on y fait. — Traité sur la délivrance de la crainte de la mort. (IX, 32 u. 64 S.) 894. n.n. 6.

Abou Alî al-Hosain b. Abdallâh b. Sînâ ou d'Avicenne, Traités mystiques. IV. fasc. Traité sur le destin. Texte arabe accompagné de l'explication en français par M. A. F. Mehren. gr. 4 (VIII, 12 u. 25 S.) Leiden 899. Buchh. u. Buchdr. vorm. E. J. Brill. n.n. 4. —
I—III. Ebd. 889—894. n.n. 14. —.

Abouhajatian, Hagop, u. die evang. Gemeinde v. Ursa, s.a. Geschichten und Bilder fürs deutsche Volk.

[J.] Hagop **Abouhajatian,** Märtyrer, und die evangelische Gemeinde von Urfa. E. Lebensbild aus d. evang.-armen. Kirche. *Kaiserswerth: Diakonissen-Anst. [1896].* (23 S.) 1 Bd 8.
= Geschichten u. Bilder fürs deutsche Volk. No 28/29. 1898. 4930

Aboulafia, Jacob: Seltsame Geschichte der schönen Esther. Hist. Erzählung aus d. J. 1663 . . . Biographie v. Arambam. (Verf.: Jacob Aboulafia.) — Jerusalem 1894; Triest 1900. 47 S. 1:Ez 28428/15.
1.3885

Abou'l Fédâ, Ismaël, كِتَابُ تَقْوِيمِ ٱلْبُلْدَانِ Géographie en arabe, publ. d'après deux manuscrits du musée britann. de Londres et de la bibliothèque royale de Dresde, par Charles Schier. Edit. autogr. IV Livrs. Lith. Fol. Dresde 841—46, Rau. [I et II. (25 B.) 841, 43. * 6⅔ Thlr., III. (14½ B.) 846. * 4⁷⁄₁₀ Thlr., IV. (43 B., nebst franz. Vorwort u. lithochrom. Ttl. auf 2 Bl.) 846. * 6⅔ Thlr.] Thlr. *

Aboul-Ghâzi Béhâdour Khan, histoire des Mogols et des Tatares. Publiée, traduite et annotée par le baron Désmaisons. Tom. I. Texte. gr. 8. (IV, 392 S.) St. Petersburg 871. Leipzig, Voss. n. 5. —

— — Tom. II. Traduction. gr. 8. (IV, 393 S.) Ebend. 874. n. 5. 30

Aboul-Walid Merwan Ibn Djanah, s. Jonaben Gannach.

Abou Othmân Amr ibn Bahr al-Djahiz de Basra: Le livres des avares, Texte arabe, publié d'après le mscr, unique de Constantinople par G. van Vloten. 8°(22,290) .– Leiden 1900, Bh. u. Druckerei vorm. E. J. Brill.

About, Edmond

About, Edm., Album Pulku. 16. (108 S.) Thorn 869, Rakowicz.

— Amor auf der Pariser Weltausstellung. (190*.) (75 Pfg. R. Klinger, Berlin, c. 1905.)

About, Edm., Die Bank gesprengt! 1. u. 2. Ausg. Leipzig, 861. Bergson-Sonenberg. 8. (284 S.) n. 1 ₰

About, E., die Bank gesprengt! 2. Ausg. 8°(284).– Lpzg. 1861 (Berl., Reymann.)

About, Edmond, der Bergkönig, s.a. Roman-Zeitung

— Der Bergkönig. Deutsch von Gottlieb Walter. — Wien: Ludwig & Zang 1857. 304 S. (Roman-Zeitung. 3,10.) 300:391.018–A. 7.
1.4007

—— il capitano Bitterlin, s. Emporeo drammatico.

—— Córka pastora. Powieść. 16. (97 S.) Thorn 869, Rakowicz.

About, E.: Pariser Ehen, s.a. Engelhorn's allg. Roman-Bibliothek.

— Pariser Ehen. Autoris. Uebers. aus d. Franz. von D[ora] Duncker. — Stuttgart: Engelhorn 1886. 157 S. (Engelhorn's allg. Romanbibliothek. 3,7.) 1:Yt 664–3,7. 12:L. eleg. g. 126 n–III,7. 7.
1.3964

About, Edm., der Ehrlose, s.a. Frankreich, belletristisches.

— Der Ehrlose. Roman. Einzig berecht. deutsche Übers. — Wien: Tendler 1868. 318 S. (Belletristisches Frankreich d. neunzehnten Jahrhunderts. Romane. 3.) 300:158.613–B. 7.
1.3943

—— Etienne. Opowiadanie. 16. (156 S.) Thorn 869, Rakowicz.

—— der Fortschritt in politischer und national-ökonomischer Beziehung. Aus dem Französ. übers. von W. Heller. gr. 8. (IV und 172 S.) Prag 865, Steinhauser.

About, Edmond, der Fürst der Berge, s.a. Universal-Bibliothek.

— — Der Fürst der Berge. Erzählung. Aus d. Franz. mit Einl. von August Baumeister. — Leipzig: Reclam (1900). 222 S. (Universalbibliothek. 4252.4253.) 1:Ag 7201–4252.4253. 12:Var. 380 k–4252.4253 [u.] P. o. gall. 7 pl. 300:410.411–A. Per. 4252.4253. 10.
1.4010

—— Germaine, s.a. Ausland, das belletrist.

About, Edmond, Germaine s.a. Roman-Zeitung

— Germaine. Deutsch von Andreas Schumacher. — Wien: Ludwig & Zang 1857. 284 S. (Roman-Zeitung. 3,17.) 300:391.010–A. 7.
1.3928

—— pariser Heirathen, s.a. Sommertage, fröhliche, und Winternächte.

ABOUT, E., Pariser Heirathen. Stuttgart 1856. 24°. (1 Mk. 20 Pfg. L. Rosenthal, c. 1888.)

About, Edm. Hier sind Baustellen zu verkaufen, s.a. Feuillet, O., die kleine Gräfin.

— Hier sind Baustellen zu verkaufen. Deutsch v. Rudolph Menger. 1856 in: *Feuillet,* Octave: Die kleine Gräfin [La petite Comtesse, deutsch].
1.4020

— L'homme à l'oreille cassée. Für d. Schulgebr. ausgew., mit Anm. und e. Nachwort vers. von Stephan Hartmann. — Wien & Leipzig: Bundesverlag 1929. 71 S. (Französische Bücherei. 53.) 300:549.873–B. Bd 12.
1.3939

—— die neue Karte Europa's. br. 8. (40 S.) Berlin 860, J. Abelsdorff. *

— die neue Karte von Europa. Aus dem Französ. Berlin, 860. Hasselberg. Lex.-8. (31 S.) n. 5 ngr.

— der König des Gebirges. Deutsch von E. Drugulin. 2 Thle. Leipzig, 859. Kollmann. 8. (321 S.) n. 1 ₰.

— Kwestye pieniężne. Zabezpieczenie ⟨Asekuracya⟩ . . . Z przedmową E. Reboul i zdaniem Michała Chevalier. Przekład z francuzk. przez Karola Forstera. — Berlin 1867. [Geldfragen. Versicherung ⟨Assekuranz⟩ . . . Mit Vorw. v. Eugène Reboul u. einer Äusserung v. Michel Chevalier. Aus d. Franz. übers. von Karl Forster.] (Biblioteka podręczna nauk moraln. i polit. 17.) 1:F 810–17.
1.3905

—— Madelon. 5 Vols. (Bibliothèque choisie. Vols. 564—568.) 16. (781 S.) Naumburg 863, Pätz.

About, Edmond, Madelon. In's Deutsche übertragen v. Wilh. Reinhard. 5 Bde. 8. (205, 206, 206, 207 u. 152 S.) Bremen 873. Kühtmann & Co. n. 12. —

—— die schöne Madelon, s.a. Salon, belletristischer.

— Die schöne Madelon. Ein Sitten- und Zeitbild aus der Zeit Louis Philippe's. Aus d. Franz. übers. von A. Scarneo. — Wien: Markgraf 1863. 678 S. 300:157.799–B.
1.3952

— — Madelon. In's Deutsche übertr. von Wilh[elm] Reinhardt. Bd 1–5. — Bremen: Kühtmann 1873. 7.
1.3953

—— der Mann mit dem abgebrochenen Ohre, s.a. Universal-Bibliothek Nr. 2037 und 2038.

— Der Mann mit dem abgebrochenen Ohre. Deutsch von H. Meerholz. — Leipzig: Reclam [1885]. 208 S. (Universalbibliothek. 2037. 2038.) 1:Ag 7201–2037.2038. 300:410.411–A. Per. 2037.2038.
1.3938

— der Mann mit dem zerrissenen Ohr s.: Roman-Bibliothek, neue.

— les mariages de Paris. 3 vols. (Suivi de Blondine par Alex. Martin.) Leipzig 856. Gerhard. 16. (160; 159; 146 S.) 1 ₰

About, E., les mariages de Paris. 1. u. 2. Ser. 5 Vols. 16 (778).– Halle 1856, 1859. (Naumb., Pätz.) 3. Ser. 2 Vols. 2. Ed. (313) 1861.

About, Edm., les mariages de Paris. 3. Série. Trente et quarante. 2 Vols. 1. Édition Paris 1859 et 2. Édition. (Bibliothèque choisie. Vol. 281 et 282.) 16. (313 S.) 861. [Naumburg, Paetz.] Thlr.
Série 1 und 2 sind in Tome 1—3 enthalten.

— s. Museum, das belletristische.

— die Mutter der Marquise. Aus d. Franz. Deutsch von Rudolph Menger. Stettin 856. Graßmann. 12. (1 Bl., 131 S.) 15 ngr

— die Nase eines Notars, s.a. Bergson's Eisenbahnbücher.

— Die Nase eines Notars. Deutsch von L[udwig] v. Alvensleben. — Leipzig: Bergson-Sonenberg [1863]. 102 S. [(Bergson's Eisenbahnbücher. 66.)] 12:Per 291-66. 4. 9.
1 3975

—— le nez d'un notaire. (Bibliothèque choisie. Vol. 515.) 16. (141 S.) Naumburg 862, Pätz.

—— la question Romaine. Lex.-8. (VII und 307 S.) Leipzig 859, A. Dürr. *

— ein Polizeifall, s.: Breitinger, H.

—— Préface nouvelle à la question Romaine de l'auteur. 5. Edition. gr. 8. (15 S.) Leipzig 859, A. Dürr. *

— Preußen im J. 1860. Aus d. Französ. übers. Elberfeld, 860. Bädeker. 8. (31 S.) 5 ngr.

— Preußen u. Louis Napoleon im J. 1860. Nach d. Französ. Berlin, 860. Wagner. gr. 8. (30 S.) n. 5 ngr.

— La Prusse en 1860. — Berlin: Rauh 1860. 24 S. 12: Bor. 5 sa.
1.3986

About, E., unter griech. Räubern. Unromant. Erlebnisse auf class. Boden. Text frei übers. Illustr. v. G. Dore. 8⁰(274 m. H.).– Berl. 1878, Auerbach.

About, Edm., unter griechischen Räubern. Unromantische Erlebnisse auf class. Boden. Text frei übers. Illustrationen von Gust. Doré. Lex.-8. (274 S. mit eingedr. Holzschn.) Berlin 879, Auerbach. *
geb. mit Goldschn. *

About, Edm., unter griechischen Räubern. Unromantische Erlebnisse auf class. Boden. Text frei übers. Illustrationen v. Gust Doré. Lex.-8. (274 S. m. eingedr. Holzschn.) Berlin 880. Auerbach. n. 10.—; geb. m. Goldschn. n. 12.—

— Der Raubmörder. Lustspiel in e. Akte nach d. Franz. des Edmont About. Deutsch von F. Zell [d. i. Kamillo Walzel]. — Wien: Rosner 1874. 35 S. (Neues Wiener Theater. 40.) 300:104.092-B. Bd 40.
1 3904

— Das Regimentsalbum. (Aus d. Franz. von Wilhelm Ludwig Hertz.) — Berlin Globus [1910]. (Novellenschatz d. Auslandes. 5,2.) 1:Xa 8752/602-5,2. 12:L. eleg. g. 281 u-5. 300:35.829-A. Bd 5.
1 3895

—— Risetta, s. Emporeo drammatico.

—— la vieille roche. 7 Vols. (Bibliothèque choisie. Vols. 783—786. 819. 820. et 847). 16. (1109 S.) Naumburg 865, Pätz. à Vol. 10 Ngr.

— le roman d'un brave homme, hrsg. v. Heinr. Saure, s.: Auteurs français modernes vol. IV.

About, Edmond: Le roman d'un brave homme, s.: Diesterweg's neusprachl. Reformausg. (Neumeister u. d'Ollières).

— s. Salon. belletristischer.

About, Edm., die Spielhölle in Baden-Baden, s. a. Universal-Bibliothek.

— Die Spielhölle in Baden-Baden. Uebers. von A[ugust] Baumeister. — Leipzig: Reclam [um 1898]. 221 S. (Roman-Bibliothek zu Reclams Universum. 10.) 300:416 982-A. Per. 10.
1 4035

About, Edmond: Die Spielhölle in Baden-Baden. Aus d. Franz. übers. von August Baumeister. — Leipzig. Reclam [1903]. 192 S. (Universalbibliothek. 4465. 4466.) 1:Ag 7201-4465.4466. 12:Var. 380k-4465.4466 [u.] P. o. gall. 7 pk. 300:410.411-A. Per. 4465.4466.
1 4036

— Tolla Feraldi, s. a. Conversations- u. Reisebibliothek,

— Tolla Feraldi. Nach d. Franz. von August Diezmann. — Leipzig: Lorck 1855. VI,131 S. 1:Xy 11902/20. 12:Per. 291-13. 9.
1 4029

— — Ebd. 1855. VI,131 S. (Conversations- u. Reisebibliothek.) 7.
1 4030

— Tolla Feraldi. 2 tomes. Berlin 855. Schneider u. Co. 16. (211; 147 S.) n. 24 ngr

About, E., Tolla Feraldi. 2. Vols. 16. (358)Berl. 1855, Weber.

— Trente et quarante. 1.2. Paris, Naumbourg: Paetz 1859. (About: Les Mariages de Paris. 3.) (Bibliothèque choisie. 281.282.) 1:Xx 140-281.282.
1 4031

About, Herm.

— Die Musikanschauung des Mittelalters und ihre Grundlagen. Halle a. S. 1905.

ABRACADABRA, Idarnoc u. L'Rac (*Conradi u. Carl*, zweyer Ritter vom Vergnügen, seltsame Abenteuer u. Reisen zu Wasser u. zu Lande in das Königreich Neivossan (Nassovien). In Reime gebracht von —. O. O. 1787. 8⁰.
(In Darmstadt.) 24 SS. Jocoses, harmloses Werkchen in Blumauer's Manier. Rar!

Abraham,

— ein biblisches Drama. 8. Halle 817. Gebauer. 8 gr.

Abraham. Ein Drama mit Musik in 3 Aufz. Musik v. Ignaz Ritter v. Seyfried. — Wien: Wallishausser 1818. 300:4.777-A. 7.
1 4050

Father Abraham. 1868 - 1870. Weekly in English an Pa. Dutch. Lancaster, PA

Abraham, Der gepryfte. Ein Gedicht in 4 Gesängen. Zürich 1753. V: *Wieland, Christoph Martin.* (EE) (GGr)

Abraham, der geprüfte; e. Gedicht in 4 Gesängen, (v. Chph. M. Wieland). 4. Zürich 758. Geßner. 6 gr.

Abraham, der Jude, oder eine Tagereise des Herrn v. Galignac. Novelle. Nach e. wahren Begebenheit erzählt v. e. Polin. A. d. Franz. v. Dr. Schönfeld. 8. Bresl. ... (Max u. Comp.) 1/6 ngr

Abraham u. Abraham's Kinder. Von d. Verf. des Naeman. (Theophil Passavant.) gr. 8. (VI u. 436 S.) Basel 847, Bahnmaier. n. 5/6 ngr

Abraham u. Abrahams Kinder. Vom Verf. des „Naeman" (Th. Passavant). 2. umgearb. Aufl. Basel, 861. Bahnmaier. gr. 8. (VII, 434 S.) n. 26 ngr.

Abraham auf Moria. Ein religiös. Drama für die Musik; voran Gedanken üb. Religion, Poesie und Musik. v. A. H. Niemeyer. 8. Lpz. Weygand. 777.

— — dasselbe. 8. Augsb. Stage. 779.

— Abraham, Paulus, Töllner und im Schoos Abrahams Socrates. Ein Gespräch. — Berlin. Decker 1774. 29 S. 1:Do 540. 2. 10.
1 4051

Abraham, Paulus, Töllner, und im Schooße Abrahams Sokrates; e. Gespräch. Berl. 774. Rottman. 6 gr.

Abraham und seine Trommel, s. Missionstraktate, kleine. Nr. 4.

Abraham und seine Trommel. 1.—3. Aufl. 16. (16 S.) Basel 870—79. Missionsbuchh. *

Abraham u. seine Trommel. 2. Aufl. 16. (16 S.) Basel 880. Missionsbuchh. n. — 4

Abraham a Sancta Clara [Ordensname; Pseud.], s. a. Megerle, Ulrich [wirkl. Name]

Abraham à Sancta Clara, der Barfüßer-Augustiner-Mönch. Historische Volkserzählg. aus Wiens Vergangenheit v. G. u. B. Dom. 8. (60 S.) Urfahr-Linz 878. Kraußlich. — 20

ABRAHAM, Pater, a Santa Clara. Von E. Schnell. Würzburg 1876

Abraham a Sancta Clara redivivus, Beiträge zu komisch-humorist. Vorträgen aus den Schriften d. Pater Abraham a Sancta Clara [Ulr. Megerle]. 1. Bdchn. 16. (56 S.) Erfurt 879. Körner. n. — 50

— Abraham a Sancta Clara ⟨Ulrich Megerle⟩. Das Gediegenste aus seinen sämmtlichen Werken. Bd 1–6. — Blaubeuren: Mangold (5 f.: Heilbronn: Drechsler) 1842–43.
1. 1840. 2. 1841. 3. 4. 1842. 5. 6. 1843. **11.**
1.4083

— Abraham a Santa Clara. Auswahl aus seinen Schriften. Hrsg. von Richard Zoozmann. — (Stuttgart: Greiner & Pfeiffer 1904) VI,215 S. (Bücher d. Weisheit u. Schönheit.) **1:**Be 1875.
1.4077

Abraham a Sancta Clara. Abr' a S' Cl' ⟨1644—1709⟩. Zur zweihundertsten Wiederkehr seines Todestages. Eine Auswahl aus seinen Werken mit einer Einleitung versehen von Gottfried Keller (Madretsch-Biel). [Mit Porträt-Tafel und illustriertem Umschlag.] 165 S. 8. Bern, Gustav Grunau, 1909. [fr. 2.80]

— Abrahamisches Bescheid-Essen soll man wohl nicht vergessen. Aus d. hinterlassenen Ms. . . Abrahami à S. Clara aufgetragen v. Alexandro à Latere Christi. — Wien & Brün: Lehmann 1717. 616 S.
1:Db 8520. **12:**4° Hom. 1 **300:**21 D 7 [u.] 11.008 **2. 5. 7.**
1.4113

— Ebd. 1719. 616 S.
12:4° Hom. 2. **300:**154.094-B **2. 3. 5. 6.**
1.4114

— Wienn: Krauß 1736. 616 S.
2 versch. Drucke.
1:Db 8522 [u.] 8522a **12:**4° Hom. 3. **300:**154.093-B. **2.**
1.4115

— Ebd. 1737. 616 S. **1:**Db 8523. **300:**62.083-B **9.**
1.4116

ABRAHAM a Santa Clara (d. i. U. Megerle). Abrahamisches Bescheid-Essen soll man wohl nicht vergessen, er hat es hinterlassen, mir gfallt es über die massen, wer nicht will glauben diß, steck Brillen auf und liß. So wird er finden, daß es keine gewärmte Speisen, sondern recht safftige Bißlein und wohlgeschmacke Uberwührlein; aus dem Zehrgaden des Jenigen, welcher mit seinem Tractament einer hierin begriffenen Concepten vor Kayserl. Maj. beliebt hat aufziehen dörffen. Aus den Manuscriptis vorgesetzt u. aufgetragen von P. Fr. Alexandro a Latere Christi. Wienn, u. Brünn. Joh. Paul Krauß, 1736. 4°. 10 Bll. 616 S., 16 Bll. Reg.
Goedeke und Ebert verzeichnen diese Ausgabe nicht. Zweifarbiger Titeldruck (rot u. schwarz)

Abraham a. St. Clara, abrahamisch. Bescheidessen &c. 4. Wien, Krauß. 737.

— — Abrahamisches Bescheidessen soll man wohl nicht vergessen &c. Nach d. Originaltext. kl. 8. Passau 1836. (Stettner in Lind.) cart. ⅔ Thlr. — 1 fl. 12 kr.
Aus seinem Nachlaß.

Abraham a Sancta Clara, auf, auf ihr Christen, s. a. Neudrucke, Wiener.

— Auch eine Heerpredigt wider den Türken, oder Auf, auf, ihr Christen! . . Wieder hervorgesucht u. mitgetheilt von Heinmar. — Frankfurt a. M.: Sauerländer 1827. 186 S.
1:Db 8558. **102**P.
1.4109

— Auf, auf, ihr Christen. 1683. (Hrsg.: Aug[ust] Sauer.) Wien: Konegen 1883. XIV,135 S. (Wiener Neudrucke. 1.)
1:Ag 7211–1. **12:**P. o. germ. 1004 yh–1.
300:166.441-B. Bd 1. **3. 5. 10. 11.**
1.4110

— Augustini feuriges Hertz tragt ein hertzliches Mitleyden mit den armen im Feeg-Feuer leydenden Seelen. Zu Trost den verstorbenen Christglaubigen etc. durch P. Abraham, Augustiner Barfüsser. — Augspurg: Pingitzer 1750. 122 S. **12:**Hom. 10 [u.] 14 2.
1.4112

Abraham a Sancta Clara: Auswahl. Hrsg. v. Karl Bertsche., s.: Texte, Kleine, f. theolog. u. philolog. Vorlesgn. u. Übgn.

— Auswahl aus seinen Schriften, hrsg. v. Rich. Zoozmann. Buchschmuck v. Frz. Stassen. (Bücher der Weisheit und Schönheit, hrsg. von Jeannot Emil Frhr. v. Grotthuß.) 1.–5. Taus. (VI, 215 S.) 8. Stuttgart (904). Greiner & Pfeiffer. Geb. in Leinw. n. 2.50

— satyr. Blumenlese, mit 1 Kpf. 16. Zwickau 823. Schumann. 9 gr.

— Blütenlese aus seinen Werken, nebst e. biographisch-literar. Einleitg. v. Karl Bertsche. Mit Bildn. u. Autogr. 1. u. 2. Aufl. (XIV, 221 S.) kl. 8. Freiburg i/B. (910. 911). Herder. 2 —; geb. in Leinw. 2.80

— —, vergl. Heinrich Bredelo

— Ein Buch f. jeden Stand, oder Etwas f. Alle. Zur kurzweiligen u. nützlichen Unterhaltung auf's Neue ans Licht gebracht v. Dr. Heinmar. 2 Bdchn. gr. 12. Frankf. a. M. 829. (Gebhardt in Grimma). 1 Thlr. 12 gr.

— Bücher-Narr. Aus Centi-Folium stultorum in quarto, oder hundert ausbündige Narren in folio. Neuaufgewärmet in einer Alapatrit-Pasteten durch Abraham à S. Clara. Wien, IM LVstIgen Iahr, aLs DIese narren-sChaar erkohren gar (1709). — (München 1909 M. Müller.) 4 Bl.
Den Teilnehmern an d. General-Versammlung d. Ges. d. Bibliophilen gestiftet von Karl Wolfskehl.
1:Yy 3095. **12:**4° L sel I, 133-1,5
1.4119

— **Centifolium Stultorum, oder hundert ausbündige Narren, in e. neu aufgewärmten Alapatrie-Pastetten, mit 100 Kpf. 4. Nürnb., Schneider u. W. 1 Thlr. 20 gr. Id. lib. Tom. II. A. u. d. T.: Schilderungen v. 100 Närrinnen in Kpf. dargest. 4. Ebd. 1 Thlr. 20 gr.**

— Centi-Folium stultorum in quarto, oder hundert ausbündige Narren in folio. Neu aufgewärmet . . ., mit 100 schönen Kupffer-Stichen (von [Christoph] Weigel). — Wienn: Megerle; Nürnberg: Weigel IM LVstIgen Iahr, aLs DIese Narren-SChaar erkohren gar (1709). 404 S.
3 versch. Drucke.
1:Yy 3091; 3092 [u.] 3093 **12:**4° Ph. Pr. 3.
300:74 H 22. Bd 1. **5. 6. 7. 10. 11.**
1.4117

Dudeldum dei! Neueste Kapuziner-Predigt vom alten Abraham a Santa Clara. (Heisa, juchheisa, dudeldum dei.) Berlin, Druck von E. Litfaß. 1 Bl. Fol
Flugblatt. Berlin 1848/49.

— **ausgewählte komische Erzähll., Fabeln u. Einfälle, aus seinen Werken gezogen. Nebst dessen umständl. Beschreib. der im J. 1679 grausam gewütheten Pest in Wien. Als Anhang: Scherz u. Ernst. Kom. Erzähll. v. Frater Joh. Paul. Ein Ausz. aus seinem Werke: Schimpf u. Ernst; dann als eine kurze lustige Beilage: Ueber Bart-Verstümmelung, von H. M. Moscherosch. 2e verm. Aufl., mit 1 Kpf. gr. 8. Prag 829. v. Mayregg. 22 gr.**

Abraham a Santa Clara. Etwas für Alle, s. A. Bibliothek der Gesamt-Litteratur d. In- u. Auslandes Nr. 376, 377.

— Etwas für Alle, s. Angermann's Bibliothek f. Bibliophilen. 3. Bd.

— **Etwas für Alle, das ist eine kurtze Beschreibung allerley Stands-, Ambts- und Gewerbs-Persohnen. Mit beigeruckter sittlichen Lehre u. biblischen Concepten. [Th. 1.] — Nürnberg: Weigel; Wien: Hueber; Würtzburg 1699: Hertz. 717 S.** **1:**Db 8601 [u.] 8601a. **2. 3. 4. 7. 11.**
1.4131

— Ebd. 1699. 719 S.
12: Hom. 6. **300:**21 M 12. **10** [∞ Titelbl.]
1.4132

— Th. [1]–3. Ebd. 1711.
1–3 . . . **12:**1.2 = Hom. 6b–1.2 [auch 2 = Hom. 7; 3 = Hom. 7a]. **6.**
1.2 . . . **300:**161.148–A. Bd 1.2 [u.] 1784. Bd 1.2.
2.3 . . . . **1:**Db 8601. **2.**
2 . . . . **7.**
1.4133

— Th. 3. Ebd. 1733. 974 S.
12: Hom. 8 [u.] Hom. 6b–3. **300:**161.148–A. Bd 3 [u.] 1784. Bd 3.
1.4134

— Aufs neue hrsg. u. mit Anm. verm. [v. Samuel Heinicke]. Halle: Hendel 1785. VI,616 S. **1:**Db 8603. **3. 9. 10.**
1.4135

— Etwas für Alle! . . H. 1.2. Wien: Armbruster 1829–30.
1:Db 8605. **300:**•69 O 342(6). **3. 7.**
1.4137

— Dresden: Angermann 1905. XXXV,488 S.
12: Var. 289 r–3.
1.4138

— — Etwas für Alle, d. i.: kurze Beschreibung allerlei Stands-, Amts- und Gewerbspersonen, mit beygedruckten sittl. Lehren u. bibl. Concepten &c. &c. 8. Passau 1841. Stettner in L. carton 14 ggr. — 1 fl.
dass. mit Portrait. 16. Heilbronn 1845, Drechsler. 21 ggr. — 1 fl. 30 kr.
dass. im zeitgemäß. Auszug u. in der eigenthüml. Schreibart. 2 Hefte. gr. 8. Wien 1830. (1 Thlr.) Armbruster in L. jetzt 15 Ngr. — 54 kr.

— **etwas für Alle. Das ist: Eine kurze Beschreibung allerlei Stands-, Amts-, u. Gewerbs-Personen, mit beigedruckten sittlichen Lehren u. bibl. Concepten, durch welche d. Fromme mit gebührendem Lob hervorgestrichen, der Tadelhafte aber mit einer mäßigen Ermahnung nicht verschont wird. Mit Abrahams Portr. Heilbronn 845, Drechsler. ⅞ Thlr.**

— Etwas für Alle. (Mit Einl. v. Th[eodor] Ebner.) Halle a. S.: Hendel (1890). XV,194 S. (Bibliothek der Gesamt-Litteratur d. In- u. Auslandes. 376.377.)
1:X 8366–376.377. **3. 4.**
1.4139

— Gack, Gack, Gack, Gack, à Ga einer wunderseltzamen Hennen in dem Herzogthumb Bayrn, das ist ein ausführliche ... Beschreibung der berühmten Wallfahrt Maria-Stern in Täxa. — München: Straub 1685. 272 S.
1:Db 8621. 12:Bavar. 21. 2 [*Titelbl.]
1 4148

— Ebd. 1687. 205 S.
1:Db 8622. 12:Bavar. 23. 300:21 X 80. 2. 4. 6. 7. 10.
1 4149

— Ebd. 1688. 212 S. 1:2 in Db 8761. 2. 5. 10.
1.4150

— Zum andertenmal auf das neu aufgelegt. (Vorr.: Damasus à S. Sophia.) — Wienn 1732: Kurtzböck.
1:Db 8625. 12:Bavar. 20m. 300:147.417–A. 2.
1.4151

— Zum zweytenmal aufgelegt. München: Vötter 1742. 223 S. 12:Bavar. 25 [u.] 25a. 11.
1 4152

Abraham à S. Clara, o. Aug. (= *Ulr. Megerle*, d. populäre Wiener Volkspred. u. Moralist, 1642–1709), Gack, Gack, Gack, Gack, A GA einer wunderseltsamen Hennen in dem Herzogthum Bayrn. Das ist: Ein ausführlich- u. umständige Beschreibung der berühmten *Wallfahrt Maria-Stern in Taxa*, bey denen PP. Augustinern Barfüssern; welche seinen urheblichen Anfang genommen von einem *Hennen-Ay*, auf deme durch Anordnung des Himmels ein strahlender Stern erhoben ware, in dessen Mitten ein schön gekröntes Frauen-Haupt. Zusammengetr. mit etlichen eingemengt. sittl. Lehr-Punkten, allen Predigern nicht undienlich; durch P. F. *Abraham à S. Clara*, Augustiner Barfüsser .... Zum *zweytenmal* aufgelegt. München, druckts u. verlegts Joh. Jak. Vötter .... 1742. (Approbatio dat. Viennae Austr. *1685.*) 8°. Ppb.

7 Bll. (incl. 2 Kpf.), 223 num. u. 5 nicht num. S. — Mit 6 Kpfrn (incl. Titelkpf. v Erchling). — Dieser neue Abdr des seltenen Orig v. 1685 ist dem Bischof Albrecht Sigmund v Freysing u. Regensb von Prior u. Convent des Klosters Taxa gewidmet.

Abraham a St. Clara, Gack, Gack, Gack, Gack a Ga einer wunderseltsamen Hennen in d. Herzogth. Bayern. Das ist: Ein ausführl. u. umbständl. Beschreib. d. berühmt. Wallfahrt Maria-Stern in Täxa ꝛc. 12. Lindau 846, Stettner. 1/3 ℛ

— Gack, Gack, oder Beschreib. d. Wallfahrt Maria Stern. 8. München. 5 ℊ

Mala Gallina, Malum Ovum, Das ist: Wie die Alten sungen, so zwitzern die Jungen. In Zweyten Centi-Folio Hundert Ausbündiger Närrinnen Gleichfalls in Folio, Nach voriger Alapatrit-Pasteten-Art, So vieler Narren Generis Masculini ... In Hundert schönen Kupffern moralisch vorgestellt ... Wien, Zu finden bey Johann Michael Christophori ... auf dem Kohl-Marck im Golden Ancker, und Bey Johann Christoph Weigel, Kupfferstechern in Nürnberg. Gedruckt, bey Andreas Heyinger, Univers. Buchdruckern. 1713.

— Pater Abraham's a Santa Clara Sinnreiche Gedanken und scherzhafte Einfälle. Aus dessen Schriften gesammelt. Wien: Schrämbl 1826. 100 S. 300:•690.363. 102P.
1.4080

— Auserlesene Gedanken, Anekdoten, Fabeln, Schnurren und Mährchen. Aus d. Schriften d. Pater Abraham a St. Clara. Th. 1–3. — Wien: Gerold 1812.
300:45 M 14. 9.
1.4079

Abraham a Sancta Clara

Auserlesene Gedanken, Anekdoten, Fabeln, Schnurren und Mährchen. 2. verm. Ausg. Th. 1.2. Mit 1 Portr. Wien: Gerold 1818. XIII. 203. 162 S. 8°

— sinnreiche Gedanken und scherzhafte Einfälle. Aus dessen Schr. gesammelt. Mit Kpf. 8. Wien 826. (Liebeskind in Leipz.) 9 ℊ

— das Gediegenste aus seinen sämmtlichen Werken. 1r Bd. 16. Blaubeuren 840. Mangoldsche Buchh. 1/4 ℛ

— das Gediegenste aus seinen sämmtlichen Werken. 2. Bd. (Abraham'sches Gehab dich wohl!) 16. Blaubeuren 841, Mangold'sche Buchh. (à) 1/4 ℛ

— das Gediegenste aus s. sämmtl. Werken. 3—7. Bd. 16. Heilbronn, Drechsler'sche Buchh. [3. u. 4. Narrennest. (22½ B.) 842, 5—7. Etwas f. Alle. (30 B. u 2 Bildn.) 843, 44,] à Bd.
1. u. 2. Bd. Ebendas. 1840, 41. ½ Thlr.

— — das Gediegenste (?) aus seinen sämmtl. Werken. 1—4r Bd. 16. Blaubeuren 1840—42, Mangold. 5r, 6r, 7r Band. Heilbronn 1844—45, Drechsler. à 6 ggr. — 27 kr.

Nicht alle dem geistreich-heitern Abraham a Sanct Clara zugeschriebenen Werke sind von ihm. Ein treffendes Urtheil über diesen im nördl. Deutschland meistens nur als „possenhaften Moralisten", unrichtig aufgefaßten ächten Prediger des Volkes findet man nebst genauer Literaturangabe in O. L. B. Wolffs Encyclopädie.

Eine kritische Ausgabe seiner Schriften fehlt uns immer noch.

Würzburger u. Nürnberger, auch Salzburger Ausgaben existiren vom Judas dem Erzschelm. 4. Nürnberg 1775. — Lauberhütt. Nürnberg 1749. — Etwas für Alle. Nbg. 1733. Mit Kpfrn. Würzb. 1711 in 4. — Hui u. Pfui. 4. u. Fol. Würzb. 1707 u. 25. Mit Kpfrn. — Geistl. Kramladen voll Predigten. 2 Bde. Mit Kpfrn. 4. Würzb. 1710. Mercurialis. Mit Kpfrn. Nrbg. — u. Augsb. 1733 u. 66. — Weinkeller. Mit Kpfrn. 4. Würzb. 1739. — Todtenkapell. Mit Kpfrn. 8. Ebd. 1711.

— gehab Dich wohl oder Endwerk ꝛc. 4. Augsburg, M. Mieger. 729.

— Abrahamisches Gehab dich wohl! gr. 8. Wien 826. Armbruster. 12 ℊ

— Abraham'sches Gehab dich wohl! gr. 8. Wien 827, Armbruster.

— Abrahamisches Gehab dich wohl! oder Urlaube. Nürnberg & Wien: Lehmann 1729. 505 S.
1:Db 8531. 300:21 D 9. 2. 4. 5. 7. 9.
1 4154

— Abrahamisches Gehab dich wohl! oder Urlaube. Wienn & Nürnberg: Krauß 1737.
1:Db 8532. 12:4° Hom. 6c. 300:21 D 3. 2. 102.
1 4155

— Abrahamisches Gehab dich wohl! ... In einem zeitgem. Ausz. — Wien: Armbruster 1827. 140 S.
1:1 an Db 8634. 300:•69 O 342(5). 3. 7. 10. 102P.
1 4156

— — Gehab dich wohl! Im Auszug für Jung u. Alt in der eigenthümlichen Schreibart. gr. 8. Wien 1827. (1 fl. 12 kr.) Sammer. jetzt 36 kr.
— ditto. (Abrahamisches.) Nach dem Originaltext: „Schau hinein und liese das, Und mach dir ein Knopf auf die Nas." kl. 8. Passau 1837. Stettner in L. carton. 14 ggr. — 1 fl.

— Gehab dich wohl! 16. (12 B.) Blaubeuren 841, Mangold'sche Buchh.

— Heilsames Gemisch Gemasch, das ist allerley seltsame und verwunderliche Geschichten. — Nürnberg: Weigel; Würtzburg 1704: Hertz. 537 S.
1:Db 8631. 12:4° Hom. 7. 300:21 D 2 [u.] 1702. 2. 5. 6. 7.
1 4157

— Nürnberg: Weigel; Wien: Koll; Würtzburg 1724: Hertz. 538 S.
1:4° Bibl. Diez 1857. 12:4° Hom. 7c. 300:183.276–B.
1 4158

— Heilsames Gemisch Gemasch. In einem zeitgem. Ausz. Wien: Armbruster 1826. 84 S.
1:Db 8634. 300:•69 O 342. 3.
1 4159

Abraham à St. Clara, heilsames Gemisch-Gemasch allerlei seltsamer u. wunderb. Gesch. worin ein (abermaliges) Beschreibessen ꝛc. kl. 8. Lindau 1846, Stettner. cart. ⅚ Thlr. — 1 fl. 30 kr.
— ditto. In zeitgemäß. Auszug u. in d. eigenthüml. Schreibart. gr. 8. Wien 1826. (Armbr.) Sammer. Mit Portr. 1 fl. 48 kr. (Ohne Portr. 1 fl.) jetzt 36 oder 54 kr.

— heilsames Gemisch-Gemasch, d. i. allerlei selts. u. wunderbarl. Geschichten, mit vielen Concepten ꝛc. unterspikt ꝛc. (sämmtl. Werke 10. Bd.) 12. Lindau 846, Stettner. 5/6 ℛ

— Nova et magna Grammatica religiosa. Opus 3. vice recusum, ampliatum per Ad. R. P. Michaelem a S. Catharina. — Coloniae 1721. 1:Db 8652. 300:21 D 5. 6.
1 4162

— Grammatica religiosa, oder geistliche Tugend-Schul, in welcher ein jeder, so wohl geist- als weltlicher, heylsamb zur geistlicher Vollkommenheit unterwiesen wird. Zu Trost der Teutschen in diese Sprach übers. durch e. Ordens-Geistlichen der Stadt Cöllen. Mit vierf. Reg. Der 1. Truck. — Cöllen: Metternich 1699. 758 S.
2 versch. Drucke.
1:Db 8641. 300:21 D 8 [u.] 1.282–B. 3. 5. 6.
1 4163

— Der 2. Truck. Ebd. 1705. 758 S.
12:4° Hom. 9. 4.
1 4164

— Der 3. Truck. Ebd. 1730. 816 S.
12:4° Hom. 12. 300:183.279–B. 6.
1 4165

— 4. verb. Aufl. Augsburg: Rieger 1766. 740 S.
1:Db 8644. 300:75.708–B.
1.4166

— — Grammatica religiosa. (4 Hefte.) (Siehe weiter unten: Tugendschule.) — Nova et magna Grammatica religiosa. Sermones morales. 4. Aug. Vindel. 1721, Rieger. 1½ Thlr. — 2 fl.

Huy und Pfuy! der Welt etc. Durch Abraham à S. Clara. *Mit vielen Kupfern von Christ. Weigel* Würzburg. 1707. Fol.
Diese Folio-Ausgabe fehlt bei Ebert No 20190.

— Huy! und Pfuy! der Welt. Huy oder Anfrischung zu allen schönen Tugenden. — Nürnberg: Weigel 1707.
1:4° Db 8681. 12:Rar. 690. 300:21 C 5; 6455 [u.] 11.009. 2. 6. 7.
1 4172

— Nürnberg: Weigel 1710. 611 S.
2 versch. Drucke.
1:Db 8682 [u.] 8683. 12:4° Hom. 14. 2. 4 [Reg. defekt]. 6. 8.
1 4173

— Nürnberg: Weigel; Würtzburg 1725: Hertz.
300:75.852–B. 2. 5.
1 4174

— — Hui und Pfui der Welt. Hui oder Anfrischung zu allen schönen Tugenden, Pfui od. Abschreckung von allen schändl. Lastern. Nach d. Originaltext. kl. 8. Passau 1837, Stettner in L. carton. 16 ggr. — 1 fl 12 kr.

— Der durch den Satan zur Verzweiflung geführte Judas, oder kurtzer Entwurff und Lebens-Beschreibung dess Iscariothischen Bösswichts u. Verräthers Christi . . . Nunmehro in die Kürtze zusammen gezogen u. hrsg. von e. Liebhaber Abrahamischen Schrifften. Mit schönen Kupfern. — Wien: Ohl 1729. 440 S.
2. 11 [S. 295-96 sind handschr. ergänzt].
1.4191

— Judas, der Ertz=Schelm, s. a. National=Litteratur, deutsche.

— Judas der Ertz-Schelm, für ehrliche Leuth, oder eigentlicher Entwurff und Lebens-Beschreibung dess Ischariotischen Bösswicht. — Lucern: Hautt 1686. 410 S. 4° **2.**
1.4177

— Th. 1-4. Saltzburg: Haan 1686-95.
1. 1686. 2. 1689. 3 [300 = 2 versch. Drucke]. 1692. 4 [1 = 2 versch. Drucke]. 1695.
1-4 . . **1:** Db 8691 [auch Th. 3 = Db 8696-3 [u.] Db 8699-3; Th. 4 = Db 8696-4]. **12:** 4° Hom. 15 [auch Th. 2-4 = 4° Hom. 16-2/4; Th. 2.3 = 4° Hom. 17-2.3; Th. 2 = 4° Hom. 16b-2; Th. 3 = 4° Hom. 18-3 [u.] 19-3]. **2.**
1.3.4 . . . . **7.**
2.3 . . **300:** 1.274-B [auch Th. 2 = 159.267-B. Bd 2; Th. 3 = 161.063-B. Bd 3; 159.267-B. Bd 3 [u.] 18.956]. **11.**
3.4 . . . . **102P.**
3 . . . . **4. 5. 6.**
1.4178

— Th. (1.) 2. Bonn: Franckenberg (2: Cölln: Alstorff) 1687-90.
1.2 . . **1:** 1 = Db 8693; 2 = Db 8696-2. **3. 6. 7. 9. 10.**
1 . . . . **2.**
2 . . . . **5.**
1.4179

— Th. 1. Saltzburg: Haan 1688. **12:** 4° Hom. 16-1. **2.**
1.4180

— Anjetzo aber verm., verb. u. auff das neue hrsg. Th. 1. Ebd. 1691. **1:** Db 8696-1. **300:** 1.274-B. **2. 3. 11.**
1.4181

— Th. 2. Ebd. 1699. **1:** 4° Bibl. Diez 1860. **2. 5. 7.**
1.4182

— Th. 1. Ebd. 1702. 457 S. **300:** 159.267-B. Bd 1.
1.4183

— Anjetzo aber verm., verb. u. auff das neue hrsg. Th. 1. Ebd. 1709. **2. 5.**
1.4184

— Th. 1.2.4. Ebd. 1710.
1. Anjetzo aber verm., verb. u. auf das neue hrsg.
1.2.4 . . . . **12:** 4° Hom. 18-1.2.4 [auch Th. 2.4 = 4° Hom. 19-2.4]. **4. 11.**
2.4 . . . . **2. 6.**
4 . . . . **300:** 159.267-B. Bd 4. **5.**
1.4185

— Anjetzo verm., verb. u. auff das neue hrsg. Th. 1. Nürnberg: Lochner 1718. **12:** 4° Hom. 19-1. **6.**
1.4186

Abraham à St. Clara (*Ulr. Meyerle*, o. Aug., der populäre Wiener Kanzelredner u. Moralist, 1644—1709), *Judas der Ertz-Schelm*, für ehrliche Leuth, od.: eigentl. Entwurff u. Lebens-Beschreibung dess Iscariotischen Bösswicht. Worinnen unterschiedl. Discurs, sittl. Lehr-Puncten, Gedicht u. Geschicht, auch sehr reicher Vorrath Biblischer Concepten. Welche nicht allein einem Prediger . . . . sehr dienlich fallen, der jetzigen verkehrten . . . . Welt die Wahrheit unter die Nasen zu reiben: sondern es kan (!) sich auch dessen ein Privat- u. einsamer Leser . . . . gebrauchen. Anjetzo aber vermehret, verbess. u. auf das neue heraus gegeben durch Pr. *Abraham à St. Clara*, Augustiner Baarfüsser, Kayserlichen Prediger etc. 4 Thle. Mit 4 TKpfrn. (sehr drast. Darstellgn.). Saltzburg, druckts u. verlegts Melch. Haan, Stadt- u. Landschaffts-Buchdr. u. Händler. A. 1710, 1710, 1692, 1710. 4°. Th. 3 oben etw. kurzrandig, sonst vortreffl. Expl. Hfrzbde.

Alle 4 Titel in Roth- u. Schwarzdruck. I: 1710. 14 Bll., 457 S., 9 unpag. S. Index à 2 Col. II: 1710. 6 Bll., 455 S., 35 unpag. S. Index. (Das kais. Privil. dat.: Wien, d. 9. Novbr. 1688.) III: 1692. 11 Bll u. 556 S. (Priv. de dato 20. Juni 1692.) IV: 1710. 6 Bll., 433 S., 39 unpag. S. Index etc. (Priv. dat. d. 21. Febr. 1695.)

In der Vorrede zu Th. 1 heisst es: „Dass aber dieser erste Theil gar spath sich an das Liecht gewagt, ist meistens Ursach, der unglückl. Verlust vieler meiner Schrifften, auch ist dieser derenthalben so unformlich abgekürtzet worden, weil mich der Gehorsam wegen Religions-Geschäfften anderwärts verbindert."

Die erste Ausgabe aller 4 Thle. erschien Salzburg 1686, 1689, 1692, 1695. 4. (Expl. in Göttingen.) Cfr. Goedeke, 2. Aufl. III. p. 240, wo die obigen Drucke von 1710 fehlen. — S. auch Karajan, Th. G. v., Abraham à Sancta-Clara. (Biogr. m. Portr.) Wien 1866. Kl. 8°. VI—374 S.

— dass. Für ehrliche Leuthe (sic), oder eigentlicher Entwurff und Lebensbeschreibung des Iscariotischen Bössewichte. 8. Berlin ... Grantz. $^1/_3$ ℛ

— Judas der Erzschelm f. ehrliche Leute. 4 Thle. 4. Augsb. 752. M. Rieger. 3 ℛ 8 gl.

— Dass., dem Geist u. d. Sprache unseres Zeitalters angepaßt v. J. A. Müller. 2 Thle. gr. 8. Luzern 822. Anich. (Schmidt in Leipz.) 2 ℛ

— Dass., oder: Eigentlicher Entwurf, u. Lebensbeschreib. des Iscariot Bößwicht. 1. Bd. 16 Hft. 8. Zelle 829. Schulze. 9 gl.

dasselbe nach dem Originaltext wörtlichtreu neu herausg. 7 Bände. kl. 8. Passau 1834—37. Stettner in L. carton. 3¾ Thlr. — 6 fl. 30 kr.
— dtto. in zeitgemäß. Auszug rc. 3 Hefte. gr. 8. Wien 1834. (Armbruster) 1 Thlr. Sammer, u. Armbruster in L. jetzt 1 fl. 12 kr.

— Judas der Erzschelm. In e. zeitgem. Ausz. H. 1-3. Wien: Armbruster 1833-34. **1:** Db 8703. **300:** BE 1 S 76.
1.4192

Abraham a St. Clara, Judas d. Erz=Schelm f. ehrliche Leute, od. eigentl. Entwurf u. Lebensbeschreibg. d. Jscariot. Böswicht. 2. Lindauer, sorgfält. nach dem Orig. rev. Aufl. 7 Bde. gr. 8. (X, 480; 420; 515; 496; 439; 477 u. 247 S. m. 1 Stahlst.) Lindau 873. Stettner. 12. —

— Judas der Ertz-Schelm. (Auswahl.) Hrsg. von Felix Bobertag. — Berlin & Stuttgart: Spemann (1883). XIV, 367 S. (Deutsche National-Litteratur. 40.)
1: Yc 7605-40. **12:** P. o. germ. 1002 h-40. **300:** 392.513-B. L.S. 40. **2. 3. 4. 5. 6. 7. 8. 9. 10. 11.**
1.4193

—— s. Kaiser, Friedr., ein Pfaffenleben.

— Ein Karn voller Narrn, das ist etliche Blättel ohne Blat fürs Maul. — Saltzburg 1704: Haan. 75 S.
1: Db 8721. **5.**
1.4197

— Ein Karn voller Narren. Ebd. 1710. 56 S. **6.**
1.4198

— Ebd. 1731. 56 S. **12:** Hom. 11.
1.4199

— Ebd. 1734. 56 S.
300: 165.624-A. **8** [Impr. stark beschn.]
1.4200

— Ein Karrn voller Narren . . . Von P. Abraham, Augustiner Barfüsser-Ordens Kayserl. Predigern. — Ebd. 1755. 62 S.
1: Db 8723.
1.4201

— Ebd. 1755. 1777. 1792. 62 S. **12:** Hom. 1795-35.
1.4202

— Geistlicher Kramer-Laden, voller apostolischen Wahren und Warheiten. Th. (1)-3. — Nürnberg: Weigel; Würtzburg 1710-19: Hertz.
1-3 . . . . **1:** 4° Db 8731. **300:** 153.594-B [auch Th. 1 = 21 D 4 [u.] 11.011]. **2. 5.**
1.3 . . . . **12:** 1 = 4° Hom. 20-1; 3 = 4° Hom. 21-3.
1 . . . . **3. 7.**
2.3 . . . . **6.**
2 . . . . **102P.**
1.4204

— Geistlicher Kramer-Laden, voller apostolischen Wahren und Warheiten. Th. 3 [vielm. 1]. — Nürnberg: Weigel; Würtzburg 1719: Hertz. 632 S. **12:** 4° Hom. 21-1.
1.4205

— Ebd. 1725. 632 S. **1:** 4° Db 8733. **2. 6.**
1.4206

— Abrahamische Lauber-Hütt, ein Tisch mit Speisen in der Mitt . . . ausspalliret von hinterl. Schrifften der . . . Feder . . . Patris Abraham à S. Clara . . . Nunmehro vorgestellet von P. Fr. Alexandro à Latere Christi. Th. (1)-3. — Wienn & Nürnberg: Lehmann 1721-23.
1-3 . . . **1:** 1.2 = Db 8541; 3 = Db 8545. **12:** 4° Hom. 22 [auch 1 = 4° Hom. 2/1; 2.3 = 4° Hom. 23-2.3]. **4. 5. 6. 7. 8.**
1.2 . . . . **300:** 1 = 11.010; 2 = 74.640-B. Bd 2. **2.**
1 . . . . **10.**
2.3 . . . . **3.**
1.4207

— (Th. 1.) Wien & Nürnberg: Lehmann 1723.
1: Db 8542. **12:** 4° Hom. 23-1. **300:** 74.640-B. Bd 1 [u.] 161.064-B. Bd 1. **3. 5.**
1.4208

— Th. (1)-3. Wien & Nürnberg (3: Wienn) 1738-50.
(1.) 2. 1738. 3. 1750.
1: Db 8543. **300:** 1.2 = 79 Cc 488. Bd 1.2; 2.3 = 161.064-B. Bd 2.3.
1.4209

— Th. 3. Wienn 1749: Krauss.
300: 79 Cc 488. Bd 3.
1.4210

— abraham. Lauberhütte rc., 3 Thle. 4. Wien, Kraus. 747.

— — Lauberhütte oder Sittenlehren. Dem Geist u. der Sprache unsres Zeitalters angepaßt von J. A. Müller. gr. 8. Ebd. 1820, Meyer. 15 Ngr. — 48 kr.
— dtto. Abrahamische. In zeitgemäß. Auszug u. in d. eigenthüml. Schreibart. 3 Hefte. gr. 8. Wien 1826—28. (Armbruster) 3 fl. Sammer jetzt 1 fl. 12 kr.

— Lauberhütte, d. Geist unseres Zeitalters angepaßt von J. A. Müller. gr. 8. Luzern 824. Anich. 12 gl.

— Abrahamische Lauber-Hütt, ein Tisch mit Speisen in der Mitt: In e. zeitgem. Ausz. H. (1)-3. — Wien: Armbruster 1826-28. **1:** Db 8546. **300:** + 69 O 342 (4). **3. 7.**
1.4211

— Heilsame Lehren für das Leben, zum Nutz und Frommen für Alt u. Jung, worin ein Jeder sein tägl. Leben beschauen kann, der Tugendhafte mit gebühr. Lobe hervorgehoben, d. Böse aber mit einem gelinden Tadel nicht verschont wird. Im Auszug herausg. von Pawle Manojlo. 16 Bdchn. Mit Titelbild. 16. Stuttg. 838. Friz. $^1/_6$ ℛ

—— heilsame Lehren f. d. Leben, zum Nutz u. Frommen f. Alt u. Jung, worin e. Jeder sein tägl. Leben beschauen kann, der Tugendhafte mit gebühr. Lobe hervorgehoben, d. Böse aber mit e. gelind. Tadel nicht verschont wird. Im Auszug hrsg. von Pawle Manojlo. 1. Bdchn. 16. (8 B. u. Ttlbild.) Stuttgart 838, [Gärtner.]

-- Kurtze Lob-Verfassung dess Heiligen Ignatii Loyolae. Wienn: Schönwetter 1707. 14 Bl. 4° **2.**
1.4214

— — Lösch Wien od. bewegl. Ermahnung über die Pestzeit vergang. Jahres. (27/28s Heft f. Werke.) 8. Passau 1836, Stettner in Lindau.

-- Mercurialis oder Winter-Grün, das ist anmuthige und kurtzweil-volle Geschichte und Gedichte ..., worinnen unterschiedliche sittliche Lehr-Puncten zu finden.— Nürnberg: Riegel 1733. 491 S.
2 versch. Drucke.
1:Db 8921 [u.] 8922. **12:**4° Hom. 24. **300:**21 D 1. **2. 5. 6.**
1.4224

-- Ebd. 1734. 491 S. **12:**4° Hom. 25. **2. 102.**
1.4225

— Mercurialis oder Wintergrün, das ist ergetzende u. lehrreiche Geschichte u. Gedichte ... Neue verb. Aufl.— Augsburg: Rieger 1766. 428 S. 4° **300:**75.851-B. **7.**
1.4226

-- Mercurialis oder Wintergrün, das ist lehrreiche u. ergetzende Geschichten u. Gedichte. In e. zeitgem. Ausz.— Wien: Armbruster 1826. XIV,80 S.
1:Db 8634. **300:** * 69 O 342 (2). **3.**
1.4227

— Mercurialis oder Wintergrün, d. i. lehrr. u. ergötz. Geschichten u. Gedichte. gr 8. Wien 827, Armbruster.

— — Mercurialis oder Wintergrün. Anmuthige u. kurzweilvolle Gesch. und Gedichte, worinnen 2c. 2c. Nach dem Originaltext worttreu. fl. 8. Passau 1837. Stettner in Lindau. ½ Thlr. — 54 kr.
— dito. in zeitgemäß. Auszug u. in d. eigenthüml. Schreibart. gr. 8. Wien 1826. (Armbruster.) (fehlt.) 14 ggr. — 1 fl. 3 kr.

—- Merks Wien! s. a. Universal-Bibliothek Nr. 1949 und 1950.

— — Merks Wien, d. i.: des wüthenden Todes umständliche Beschreibung, in der bedrängten Stadt u. Zeit zusammengetragen. (Beide bilden den 8. Bd. der Werke.) 8. Passau, Stettner in L.
dasselbe; nebst Merks wohl Soldat, od. St. Georgs Glorie. Beide in 1 Bd. m. Portr. gr. 8. Wien 1845, Sammer. 45 kr.

-- Merk's [Wien]! Ein curiöses Memento für alle Stände aller Orten, von Abraham a Santa Clara. Zur Ergötzung d. heutigen Lesewelt wieder ans Licht gestellt durch Heinmar. — Frankfurt a. M.: Sauerländer 1827. X,180 S. **102P.**
1.4241

—— Merks! und die große Todtenbruderschaft. 16. (11⅛ B.) Blaubeuren 840, Mangold'sche Buchh.

— Mercks Wienn. - Mercks wohl Soldat! In e. Bande. Wien 1845. **5.**
1.4242

— Merks Wien! Bearb. u. hrsg. v. Th[eodor] Ebner. Leipzig: Reclam (1884). 180 S. (Universalbibliothek. 1949.1950.)
1:Ag 7201-1949.1950. **300:**410.411-A. Per. 1949.1950. **7.**
1.4243

--- Wunderwürdiges, gantz neu ausgeheckes Narren-Nest oder curieuse Officin und Werckstatt mancherley Narren und Närrinnen, welche vor kurtzverwichner Zeit Hilarius von Freudberg auf seinen langwürigen Reisen angetroffen. In 2 Th. naturäl beschrieben. — Franckf[urt] & Leip[zig]: Lehman[n] 16**. 264 S.
12 [Titelbl. defekt]: L. eleg. m. 549 w.
1.4254

— Wunderwürdiges, gantz neu ausgeheckte Narren-Nest oder curieuse Officin und Werckstatt mancherley Narren und Närrinnen, welche vor kurtzverwichner Zeit Hilarius von Freudberg auf seinen langwürigen Reisen angetroffen u. in 2 Th. naturäl beschrieben. — Franckfurt & Leipzig: Lehmann 1707. 264 S. 1:Db 8781. 2. 4.
1.4256

— Neu-fortgesetztes, sinnreiches und zum drittenmahl ausgehecktes Narren-Nest, oder ausbündige Officin ..., worinnen als in dem dritten Theil ... Thorheiten ... beschrieben werden. Vorhero von einer welt-bekannten, gelehrten Feder [d. i. Abraham a Sancta Clara] angefangen, nunmehro aber continuiret von J. N. — Freystadt: Marteau (1710). 1:Db 8791. 12:L. eleg. m. 549 w/1. 7.
1.4257

— Wunderwürdiges, ganz neu ausgeheckte Narren-Nest oder curieuse Offizin und Werkstatt mancherlei Narren und Närrinnen. Zu nützl. u. kurzweiliger Zeitvertreibung. Th. 1-3. — [Wien 1751.] 1:Db 8784. 7.
1.4262

--- 2. Aufl. Th. 1-3. Wienn: Krauß 1751.
1-3 . . **300:** 19 K 80 [auch Th. 2 = 161.065-B. Th. 2 [u.] 225. Th. 2]. **6.**
1.2 . . . . **1:**Db 8782.
1.4263

— 3. Aufl. Th. 1-3. Ebd. 1753.
1-3 . . . . **12:**Hom. 12 h.
1.3 . . . . **1:**Db 8783. **300:**161.065-B. Th. 1.3 [u.] 225. Th. 1.3.
1.4264

— wundernswürdig ganz neues außgehecktes Narrennest. 2 Thle. 8. Wien 757. Kraus. 12 g/.

— — Narrennest, ganz neu ausgehecktes, von mancherl. Narren u. Närrinnen. 16. Blaubeuren 1842. (Mangold.) Drechsler in H. 16 ggr. — 1 fl. 12 kr.
dasselbe. 3 Theile in 1 Bd. 8. Passau 1840, Pustet (Stettner in L.) carton. ½ Thlr. — 54 kr.
— dito. alte Ausgabe m. Kupfern. 2 Thle. 4. Nürnberg, Schneider u. W. 3⅔ Thlr. — 6 fl.

—— wunderwürdiges ganz neu ausgehecktes Narren-Nest, od. curieuse Offizin u. Werkstatt mancherlei Narren u. Närrinnen zu nützl. u. kurzweil. Zeitvertreibung, sittl. Lehr u. Nachricht beschrieben. 16. (23½ B.) Blaubeuren 812, Mangold'sche Bh.

—— wunderwürdiges, ganz neu ausgehecktes Narren-Nest, oder curieuse Officin und Werkstatt mancherley Narren und Närrinnen zu nützl. und kurzweil. Zeitvertreibung, sittl. Lehr- und Nachricht in 3 Thln. beschrieben. Neue (Titel-)Ausg. 12. (423 S.) Lindau (842)865, Stettner.

FREUDBERG, Hilarius v. (*Abraham a St. Clara?*). —Wunderbares gantz neu ausgeheckte Narren-Nest, welches *Hilarius v. Freudberg* unter Obsicht seines Hofmeisters Frölichii Wohlgemuth angetroffen u. an den Tag gegeben. 2 Thle. Mit Titelkpf. Franckfurt und Leipzig 1707. 8°. 4 Bll., 264 S. (12 Mk. mit d. folg. 3. Theil, Jacques Rosenthal, c. 1903.)
Der Pseud. von Weller nicht enthüllt.
— — Neu-fortgesetztes, sinnreiches, u. zum drittenmahl ausgehecktes Narren-Nest, oder ausbündige Officin und Werckstatt unterschiedlicher Narren und Närrinnen: Worinnen als in dem dritten Theil, die bey jetzigen Zeiten meistens im Schwung gehende Thorheiten und Narren-Werck der eitlen und Phantastischen Welt mit accuratester Feder beschrieben werden. Ein Werck, welches, sowohl wegen seiner schertzenden und divertisanten Schreib-Art, als auch wegen vielerley sinnreichen untermischten Einfällen, Biblischen Historien, schönen Moralien und Lehr-Puncten, denen Weltlichen zur Zeit-Vertreib; denen Geistlichen aber zu allerhand auserlesenen Concepten dienen kann. Vorhero von einer Welt-bekannten gelehrten Feder angefangen, nunmehro aber bescheiden und lächerlich continuiret, Von *J. N.* Mit Titelkupfer. Freystadt, bey Peter Marteau, o. J. 8°. 7 Bll., 236 S. (25 Mk., etwas wurmst. Expl., Julius Neumann, Magdeb., 1906:)

-- Der Narrenspiegel. Neu hrsg. mit 46 Abb. aus d. Nürnberger Ausg. v. 1709 durch Karl Bertsche. - M. Gladbach: Volksvereins-Verl. 1925. 437 S.
1:Db 8794. **12:**4° Ph. Pr. 1343y. **3. 5. 6. 10. 11.**
1.4118

-- Abrahamisches Parömiakon, oder die Sprichwörter, sprichwörtl. Redensarten u. ... Gleichnisse des P. Abraham a St. Clara ... Aus dessen sämmtl. Schriften gezogen ... von K[arl] F[riedrich] W[ilhelm] Wander. — Breslau: Kohn 1838. XXV,412 S.
1:Yd 2273. **300:**1.546-A. **2. 3. 4. 11.**
1.4082

Ein Schock Phantastn in einem Kasten mit Ihrem Pourtrait gar net in Kupffer gebracht und ausgelacht samt einer Vorred. Zu finden bey Johann Christoph Weigel, in Nürnberg. (17oo?)

— Reimb dich, oder ich liß dich, das ist allerley Materien, Discurs, Concept und Predigen . . . Nunmehr in ain Werck zusammen gereimbt u. zusammen geraumbt. — Saltzburg: Haan 1687. Getr. Pag.

Beigedruckt:

1. Mercks Wienn.
2. Lösch Wienn.
3. Grosse Todten-Bruderschafft.
4. Neuerwöhlte Paradyß-Blum.
5. Wolriechender Spica-Nardt.
6. Soldaten-Glory.
7. Die heilige Hof-Art.
8 Astriacus Austriacus.
9. Prophetischer Willkomb.
10. Zeugnuß und Verzeichnuß eines lobwürdigsten Tugend-Wandels.
11. Der klare Sonnen-Schein.
12. Danck und Denckzahl deß Achten gegen dem Drey.
13. Der glückliche Fisch-Zug in Anzbach.
14. Oesterreichisches Deo Gratias.
15. Auff, auff ihr Cristen.

12:4° Hom. 29.
1.4274

— Ebd. 1687. 54 S.
Ohne Beidrucke. 300:64.654–B.
1.4275

— Ebd. 1687(–88). Getr. Pag.

Beigedruckt:

1. Mercks Wienn. 1687.
2. Lösch Wienn. 1687.
3. Grosse Todten-Bruderschafft. 1687.
4. Auff, auff ihr Christen! 1687.
5. Danck und Denckzahl des Achten gegen dem Drey. 1687.
6. Der glückliche Fisch-Zug. 1687.
7. Neuerwöhlte Paradeyß-Blum. 1687.
8. Oesterreichisches Deo Gratias. 1688.
9. Wolriechender Spica-Nardt. 1688.
10. Soldaten-Glory. 1688.
11. Die heilige Hof-Art. 1688.
12. Astriacus Austriacus. 1688.
13. Prophet. Willkomb. 1688.
14. Zeugnuß u. Verzeichnuß eines lobwürdigsten Tugend-Wandels. 1688.
15. Der klare Sonnen-Schein. 1688.

Mit wechselnder Reihenfolge d. Sondertitel in d. versch. Exemplaren.
1:Db 8811. 12:4° Hom. 28. 2. 6 [defekt]. 7.
1.4276

— Lucern: Haut 1688. Getr. Pag.
Mit Beidrucken, aber ohne Sondertitel.
1:Db 8814. 2. 3. 6. 9.
1.4277

— Cöllen: Ketteler 1691. 443 S.
Mit Beidrucken, aber ohne Sondertitel. 2. 9.
1.4278

— Ebd. 1693. 437 S.
Mit Beidrucken, aber ohne Sondertitel.
1:Db 8815. 300:11.013. 6. 7.
1.4279

— Ebd. 1702. 437 S.
Mit Beidrucken, aber ohne Sondertitel.
2. 3. 6. 8. 10.
1.4280

— Saltzburg: Haan 1708. 437 S.
Mit Beidrucken, aber ohne Sondertitel.
1:Db 8817. 300:183.278–B. 2. 4. 5. 8. 102.
1.4281

— Augsburg: Rieger 1754. 437 S.
Mit Beidrucken, aber ohne Sondertitel.
1:Db 8819. 300:75.850–B. 5.
1.4282

— dass. nach d. Originaltext: Allerl. Materien, Diskurs u. Predigten, welche bisher in unterschirdlichen Traktätlein rc. kl. 8. Passau 1836. (Stettner in L.) carton. 14 ggr. — 1 fl.
Diese Sammlung faßt folgende Werkchen: Dominika, eine Reihe kurz. Predigten, Merks Wien, Lösch Wien, Große Todtenbruderschaft, Auf, auf, ihr Christen rc., Soldatenglory des h. Georgs u. s. w., aber nicht in jeder Ausgabe ist gleichviel enthalten.

— Schilder. v. hundert Närrin. in K. vorgest. (als 2r Thl. von Abrahams a. St. Clara Centifol. Stultor.). 4. Nürnberg, Schneider u. W.

— Kurzgefasste Sonntagspostille zusamt der berühmten Ritter-Georgs-Predigt. Zur erbaul. Ergötzung . . . wieder hervorgesucht durch Heinmar. — Frankfurt a. M.: Wilmans 1828. 176 S. 2.
1.4286

— — Sonntagspostill, kurzgefaßte, sammt der Ritter-Georgs-Predigt für Geistliche u. Soldaten. Neu herausg. von Heinmar (* Dr. H. Dittmar). gr. 12. Frankfurt, 1828. (Gebhardt in Grimma.) jetzt 15 Ngr. — 54 kr.

Abraham à St. Clara, Sterben und Erben u. ein Anderes: Du mußt sterben (eines s. best. Rednerwerke) erscheinen demnächst in der Passauer Sammlung.

— Sterben u. Erben, oder Vorbereit. zum Tode. m. K. 8. Leipzig, Sommer.

Sterben und Erben, Das ist: Die schönste Vorbereitung zum Tode. Oder Sicherste Art zu sterben und die Seligkeit zu erben ... Neulich in Frantzösischer Sprache vorgestellet vom Herrn de Chertablon ... Anjetzo aber ... übersetzet und etwas vermehret heraus geben von P. Abraham à S. Clara Augustiner ... Endlich aber mit ... Seeleneiffrigen Krancken-Gebetern vermehret, und verfertiget von F.F.A. Gedruckt in Prag, Und zufinden bey Georg Lehmann, An. 1702.

—— Sterben und Erben, das ist: Die schönste Vorbereitung zum Tode rc. 12. (XII und 192 S. mit 2 Lith.) Lindau 846, Stettner.
Letztere zwei sind aus dessen sämmtl. Werken, 20. Bd., besond. abgedruckt.

— P. Abraham's a Sancta Clara Große Todten-Bruderschaft. Nebst Fabeln. Aufs neue an's Licht gest. durch e. aufrichtigen Verehrer desselben. Mit e. kurzen Lebensgeschichte. — München: Lindauer 1829. 178 S.
1:Db 8866. 12:Hom. 20f. 300:54.248–A. 7.
1.4299

— — große Todtenbruderschaft, nebst Fabeln; neu herausg. mit Lebens-Gesch. u. Verzeichn. s. W. 8. München 1822, Lindauer. 10 Ngr. — 36 kr.
— dito. nach dem Originaltext worttreu. kl. 8. Passau 1836. (Der Werke 29/306 Heft.) Stettner in L. 8 ggr. — 36 kr.

— Besonders meublirt- und gezierte Todten-Capelle, oder allgemeiner Todten-Spiegel, darinnen alle Menschen . . . das Memento mori zu studiren lernen. — Nürnberg: Weigel; Würtzburg 1710: Hertz. 316 S.
1:Db 8871. 12:Hom. 21. 300:109.783–A. 2. 5. 6. 9.
1.4300

— Ebd. 1711. 316 S. 1:Db 8873. 12:Hom. 22. 2. 6.
1.4301

— Ebd. 1729. 316 S. 300:23.175–A.
1.4302

— Wunderlicher Traum von einem grossen Narren-Nest, welches Gaudentius Hilarion wider alles Verhoffen gefunden und aus-genommen. Offeriret von P. Abraham, Augustiner-Barfüsser. — Saltzburg 1705: Han. 78 S.
12:Hom. 23.
1.4255

— Wunderlicher Traum von einem grossen Narren-Nest, welches Gaudentius Hilarion wider alles Verhoffen gefunden und ausgenommen. Offerieret von P. Abraham. Saltzburg 1724. 62 S. 300:75.897–A.
1.4258

— Ebd. 1734. 62 S. 6.
1.4259

— Ebd. 1738. 63 S. 1:Db 8786.
1.4260

— Ebd. 1748. 63 S.
2 versch. Drucke. 12:Hom. 1795–33 [u.] 34.
1.4261

— — geistl. Tugendschule, in welcher ein Jeder durch 25 Lektionen unterwiesen wird, wie das Böse zu meiden, d. Gute zu wirken sei. 4. Augsb. 1765, Rieger. 1⅓ Thl. — 2 fl.
— dito. od. Grammatica religiosa. Nach d. Originaltext worttreu. 2 Bde. kl. 8. Lindau 1845–46, Stettner. cart. 1 Thlr. 10 ggr. — 2 fl. 30 kr.

— Vorträge u. Sprüche, welche im Jahre 1688 laut hier beigefügtem kaiserl. königl. Privilegio in Druck erschienen, und hier bloß das Merkwürdigste aus seinem Judas Iscarioth ausgezogen worden ist. gr. 12. Prag, Leitmeritz u. Teplitz 841, Medau. 6¼ ngl

ABRAHAM A SANTA CLARA d. Jüngere (ps.), Wahrheiten der ganzen Welt gesagt von —. Straßburg und Petersburg (Leipzig, Linke) 1799.
Weller, fing. Druckorte.

ABRAHAM A S. CLARA, Weiberschau in Satyrs Guckkasten, ein Quodlibet von Weibertoll- und Thorheiten in Schnurren, Schwänken, Epigrammen, Parodien etc. Ebend., o. J. (c. 1830). 8°. (12 Sgr., Lippert, Halle, c. 1860.)

— Dasselbe. Reutlingen 1832. 8°. (8 Sgr. Steinkopf, Stuttgart.)

— Dasselbe. Ebd. 1835. 8°. (30 kr., Scheible, Stuttgart.)

— Dasselbe. Ebd. 1836. 8°. (1 Mk., Bader, Freiburg i. Br.).

WEIBERSCHAU in Satyrs Guckkasten, ein Quodlibet von Weibertoll- und Thorheiten. Von *Abraham a Sta. Clara* und vielen Anderen. Köln, o. J. (c. 1830). 8°. (60 Pfg. G. Priewe, 1895; 1 Mk., nicht sauber, S. Calvary & Co., Berlin, c. 1900.)

ABRAHAM A S. CLARA, (ps.) Die vergrösserte Weiberschule oder die Kunst den Mann zu quälen. Köln, Imhoff-Schwarz, o. J. (c. 1830). 16°. (60 Pfg., Völcker, Frkft. a. M., 1876.)

— Wohl angefüllter Wein-Keller, in welchem manch durstige Seel sich mit einem geistlichen Geseng-Gott erquicken kan. — Nürnberg: Weigel; Würtzburg 1710: Hertz. 521 S.
1:Db 8901. 12:4° Hom. 31. 300:21 D 6 [u.] 7007.
2. 5. 6. 7.
1.4308

— wohlangefüllter Weinkeller in Predigten, mit Kupf. 4. Nürnberg, Schneider. 739.

— wohlangefüllter Weinkeller, in welchem süße u. sauere Trunk nach Belieben zu finden. (Nebst Huy! und Pfuy! d. Welt.) gr. 8. Wien 826. Armbruster. 12 gl

Abraham a St. Clara. Neu-eröffnete Welt-Galleria / Worinnen sehr curios und begnügt unter die Augen kommen allerley Aufzüg und Kleidungen unterschiedlicher Stände und Nationen: Forderist aber ist darinnen in Kupffer entworffen Die Kayserl. Hoffstatt in Wien / Wie dann auch Anderer hohen Häupter Und Potentaten / Biß endlich gar auf den mindesten Gemeinen Mann ... zusammen gebracht / Von P. Abrahamo à S. Clara ... Und von Christoph Weigel in Kupffer gestochen / zu Nürnberg (Widmung: 1703).
Tit., 1 Bl.; 100 Taf. in Kupferst. 2°.
Die Tafeln von Caspar Luyken gestochen, dessen Name oder Monogramm auf fast allen zu finden ist; auf Tafel 21 außerdem die Angabe „P. S. v. Ehrenberg del."
Graesse I, 6.

—. Dasselbe. M. D. CCIII [1703].
Tit., 3 Bl., 100 Taf. in Kupferst. 2°.
Geringfügig veränderte Ausg.

ABRAHAM à Sta. Clara (d. i. *Ulrich Megerle*), Neu eröffnete Welt-Galleria, Worinnen sehr curios und begnügt unter die Augen kom̄nen allerley Aufzüg und Kleidungen unterschiedlicher Stände und Nationen zusammengebracht. Forderist aber ist darinnen in Kupfer entworfen Die Kayserl. Hoffstatt in Wien. Mit 100 schönen Kostümkpfrn. nach Casp. van Luyken von Chr. Weigel gestoch. Nürnberg 1703. Fol. (170 Mk. L. Rosenthal, 1906; 300 Kr. Gilhofer & Ranschburg, 1908.)
Werthvolles Trachtenbuch, bestehend aus 4 Textbll. (Titel, Dedication, Eingang u. Inh.-Register) u. 100 Kupfertafeln, wobei die Porträts von Papst Innocentius XIII., Kaiser Leopold I. u. seiner Gemahlin Eleonora Magdalena, Carl VI., der Königin Wilhelmina Amalia, der Erzherzoginnen Maria Elisabetha, Maria Anna, Maria Josepha, Maria Magdalena, nebst 7 anderen Porträts hervorrag. Personen. Ferner 16 Bl. Hofwürdenträger u. Wiener Typen, 13 Bl. ungar. Kostüme, Nürnberger u. Augsburger Trachten etc. Alle in ganzer Figur in prächtigen Kostümen.

ABRAHAM a Santa Clara, Die Werke — — in ihren Frühdrucken. Von Karl Bertsche. Freiburger Diözesan-Archiv 50 (N. F. 23) 50—81.

— Werke. In Auslese. Im Auftr. d. Stadtrates d. Residenzstadt Wien hrsg. u. mit Einl. u. Anm. vers. von Hans Strigl. Mit d. Bilde P. Abrahams. Bd 1–6. — Wien: Kirsch 1904–07.
1:Be 1874. **12**:Hom. 23ke. **300**:471.798–B. **5. 6.**
1.4078

Abraham, a Sancta Clara, (eigentlich Ulrich Megerle,) auserles. Werke; in e. zeitgem. Ausz., u. mit Beibehaltung der ursprüngl. Schreibart. 9 Hefte in 1 Bde, mit d. Verf. Bildn. Lex. Format. Wien 826 — 30. Armbruster. 4 ß 12 ß

Abraham a St. Clara auserlesene Werke zur Belehrung und Erheiterung für Alt u. Jung. Mit Beibehaltung der eigenth. Schreibart d. Verfassers. 2 Bde. Mit dess. Bildn. gr. 8. Wien 835. (826 — 34.) Armbruster. 4 ß N. Ausg. Mit Bildn. gr. 8. Ebd. 837. 4 ß

— — auserlesene Werke mit Beibehaltung der eigenthüml. Schreibart. Je 12 oder 15 Hefte in 2 Bdn. Mit Titelkupfer (Portrait). gr. 8. Wien 1835—37. Ist noch immer eine der bessern Sammel-Ausgaben. (Armbruster) früher 9 fl. Armbruster in L. jetzt (2) 3 Thlr. — (4) 5 fl. 24 kr.
Die oben angeführten einzelnen Werke, mit und außer Judas, im ehemaligen Armbruster'schen Verlag sind in dieser Sammlung enthalten.

—— auserles. Werke zur Belehr. u. Erheiter. f. Alt u. Jung. M. Beibehaltung d. eigenthüml. Schreibart d. Verf. 2 Bde. (M. d. Bildniß d. Verf.) gr. 8. Wien, [Sammer.] [1. Aufl. (85 3/4 B.) 835, N. Ausg. (89 1/4 B.) 837.]
Inh.: Mercurialis, oder: Wintergrün. — Die Lauberhütte. — Heilsames Gemisch-Gemasch. Wohlangefüllter Weinkeller. — Huy und Pfuy! der Welt. — Gehab dich wohl. — Etwas für Alle. — Judas der Erzschelm.

— — Auserlesene Werke ꝛc. In zeitgemäß. Auszug und mit Beibehaltung der eigenthüml. Schreibart ꝛc. Neue Ausgabe (der früheren Armbruster'schen Sammlung) auf Velinpapier in 2 Spalten gedruckt. Mit Portrait. 17 Theile in 1 od. 2 Bde. Großes Lex.-Form. Wien 1845, Sammer. 2 Thlr. — 3 fl. 36 kr.
Inhalt: Judas der Erzschelm, Lauberhütte, Etwas für Alle, Gehab dich wohl! Gemisch-Gemasch, Weinkeller, Wintergrün, Hui u. Pfui, auserl. Gedanken, Fabeln ꝛc., Merk's Wien u. Soldat.

— Auserlesene Werke zur belehrenden Erheiterung für Alt und Jung. Mit Beybehaltung der eigenthüml. Schreibart des Verf. Neue verb. rechtm. Ausg. Th. 1–17. — Wien & Leipzig 1846.
300:78 H 16. **3.**
1.4076

— Werke zur Belehrung ... 1.2. Wien & Leipzig 1835-37.
10.
1.4075

Abraham à S. Clara sämmtliche Werke. Passau u. Lindau. — Bis jetzt 20 Bde (XIX. Sterben und Erben, XX. Geistlicher Kramladen), I. — XVI. zusammen jetzt 10 fl. oder 6 Thlr. — XVII. — XX. Bd. à 3/4 u. 5/6 Thlr.

— Abraham a St. Clara's sämmtliche Werke. Bd 1–21. Passau: Winkler; (Wien: Gerold) [u. a.] 1835–47.
3-7. Passau: Winkler; Wien: Gerold, Mörtchner & Jasper; Breslau: Max. 8-12. Passau: Winkler. 13.14. Passau: Pustet. 15-21. Lindau: Stettner.
15-18 in 300 = Lindau 1842-44.
1-7. Judas der Erzschelm. 1835-36.
8. Reim dich oder ich lies dich. 1836.
9. Abrahamisches Bescheid-Essen. 1836.
10. Hui! und Pfui! der Welt. 1836.
11. Abrahamisches Gehab dich wohl. 1837.
12. Mercurialis oder Winter-Grün. 1837.
13. Wunderwürdiges ganz neu ausgeheckte Narren-Nest. 1840.
14. Etwas für Alle. 1841.
15-18. Grammatica religiosa. 1845.
19. Heilsames Gemisch-Gemasch. 1846.
20. Gack, Gack, Gack. a Ga. Sterben u. Erben. [Tatsächl. Verf.: de Chertablon]. 1846.
21. Geistlicher Kramer-Laden. 1847.

1–21 . . . . . **12**:Hom. 23h. **300**:18.200–A. **2. 8.**
1–20 . . . . **1**:Be 1872. **7.**
1–13 . . . . **3.**
8–21 . . . . **10.**
1.4071

— Wörtlich nach d. Originaltext abgedr. Bd 1–7. Lindau: Stettner 1850.
1-7. Judas der Erz-Schelm. 1-7.
12:Hom. 23i–1/7. **2. 10.**
1.4072

Abraham a St. Clara (Ulrich Megerle), sämmtliche Werke. 1s—26s Hft (oder 1r—7r Bd.) A. u. d. T.: Judas der Erzschelm. 7 Bde. gr. 12. Passau 834—37. Winkler. (Pustetsche Buchh. (à 2/3 ß) 4 2/3 ß — 27s—30s Hft. (8r Bd.) A. u. d. T.: Reim dich, oder ich lies dich. gr. 12. Ebd. 836. 2/3 ß — 31s—36s Hft. (9r Bd. 1e u. 2e Abthlg.) A. u. d. T.: Abrahamisches Bescheid-Essen, Soll man wohl nicht vergessen, Er hat es hinterlassen, Mir g'fällt es über die Maßen ꝛc. gr. 12. Ebd. 836. 1 1/3 ß — 37s — 40s Hft. (10r Bd.) A. u. d. T.: Hui u. Pfui der Welt. gr. 12. Ebd. 837. 2/3 ß — 41s—45s Hft. (11r Bd.) A. u. d. T.: Abrahamisches Gehab dich wohl! gr. 12. Ebd. 837. 2/3 ß — 46s—50s Hft. (12r Bd.) A. u. d. T.: Mercurialis oder Wintergrün. gr. 12. Ebd. 837, 38. 2/3 ß 1r — 12r Bd. 8 ß

— daff. Ausgabe in Bänden. Ebd. 1.—16. Bd. geb. 7 1/2 ß — 17. 18. Bd. geb. 3/4 ß — 19. Bd. geb. 5/6 ß. — Daraus apart: Abrahamisches Bescheid-Essen. 2/3 ß — Etwas für Alle. 7/12 ß — Abrahamisches Gehab dich wohl! 7/12 ß — Heilsames Gemisch-Gemasch. 5/6 ß — Grammatica religiosa. 2 Bde. 1 5/12 ß — Hui u. Pfui der Welt. 2/3 ß — Judas der Erzschelm. 7 Bde. 3 3/4 ß — Mercurialis oder Wintergrün. 1/2 ß — Wunderwürd. neu ausgehecktes Narren-Nest. 3 Thle. 1/2 ß — Reim dich oder ich lies dich. 7/12 ß

— — sämmtl. Werke. Nach dem Originaltext wörtlichtreu neu herausgegeben (der alte P. Abraham a St. Cl. wie er leibte u. lebte!) (In Heften à 18 kr.) 1—12r Bd. od. 1—50s Hft. kl. 8. Passau 1834—39. (Pustet.) Stettner in L. 13—16r Bd. od. 51—66s Hft. Passau 1840—44, Stettner in L.
Diese 66 Hefte zusammen (bish. Ladenpreis 19 fl. 48 kr.) kosten jetzt nur 6 Thlr. — 10 fl.
in 16 Pappbänden (Cartonagen) aber 7 1/2 Rthlr. — 12 fl. 24 kr.
— ditto. derselben Werke 67—69s u. 70—72s Hft. à 5 Ngr. — 18 kr.
oder 17—19r Bd. Lindau 1840—46. cart. à 18 ggr. — 1 fl. 20 kr.
Das Ganze ist nun Verlag von Stettner in Lindau und wird noch weiter fortgesetzt.

† **Abraham a St. Clara, (Ulrich Megerle,) sämmtl. Werke. 1—12. Bd. od. 1—50. Hft. gr. 12. Passau 835—37, Winkler. (Pustet'sche Buchh.) à Bd. 2/3 Thlr (à Hft. 1/6 Thlr.)** 8
Hft. 1—26. od. 1—7. Bd. Judas d. Erzschelm f. ehrl. Leut' ꝛc. 7 Bde. 835.
〃 27—30. 〃 8. 〃 Reim dich, od. ich lies dich. 836.
〃 31—36. 〃 9. 〃 Abrahamisches Bescheide-Essen ꝛc. 2 Abthln. 836
〃 37—40. 〃 10. 〃 Hui! u. Pfui! der Welt. 837.
〃 41—45. 〃 11. 〃 Abrahamisches Gehab dich wohl! 837.
〃 46—50. 〃 12. 〃 Mercurialis, od. Winter-Grün ꝛc. 837.

Abraham a St. Clara, sämmtl. Werke. 51s—54s Hft. A. u. d. T.: Wunderwürdiges ganz neu ausgehecktes Narren-Nest, oder curieuse Offizin u. Werkstadt mancherlei Narren u. Närrinnen ꝛc., in 3 Theilen beschrieben, worinnen 43 Narren u. 24 Närrinnen vorkommen. — Etwas für Alle. Das ist: Eine kurze Beschreibung allerlei Standes- Amts- u. Gewerbs-Personen, mit beigedruckten sittl. Lehren u. biblischen Concepten ꝛc. gr. 12. Passau 840, 41. Pustet'sche Buchh. à 1/6 ß

Abraham a St. Clara (Ulrich Megerle), sämmtliche Werke. 51.—72. Heft. gr. 12. Passau 840—46, Lindau, Stettner. à 1/6 ß 3 2/3 ß 1.—50. Heft, auch bei Stettner und der Pr. für 1.—66. Heft nur à 1/8 ß

† Abraham a Santa Clara (Ulrich Megerle), sämmtl. Werke. Nach d. Original-Texte. 51—73. Hft. od. 13—19. u. 20. Bd. 1. Bog. gr. 12. (129½ B.) Passau u. Lindau 840—46, Stettner. à Heft
Hft. 51—53. od. 13. Bd. Narren-Nest. 840.
" 54—58. od. 14. " Etwas für Alle. 841.
" 59—68. od. 15-18. " Grammatica religiosa, od. geistl. Jugendschule. 842—45.
" 69—72. od. 19. " Heilsames Gemisch-Gemasch. 846.
" 73. od. 20. " Gack, Gack, Gack, Gack a Ga einer wunderseltsamen Hennen. Bog. 1—8, u.: Sterben u. Erben. 1. B. 846.
1—12. Bd. od. Hft. 1—50. [Ebendas.] 1835—37. a 5 Ngr.

— dass. 3. u. 4. Bd. (Narren-Nest.) 16. Blaubeuren 842, Mangold. à ¼ ℛ — 5.—7. Bd. gr. 16. Heilbronn 843—44, Drechsler. à ¼ ℛ

† Abraham a Santa Clara, (Ulrich Megerle.) sämmtl. Werke. Wörtlich nach dem Original-Text. 74—78. Heft oder 20. und 21. Bd. [20. (VII—XII und S. 3—191 mit 2 Kpfr.) 21. (S. 1—384.)] 12. Lindau, Stettner. à Heft
Heft 74. oder 20. Bd. (Schluß.) Sterben und Erben. 846.
" 75—78. oder 21. Bd. Geistlicher Kramladen. 1847—50.
1—73. Heft. Ebendas. 1835—46. à Heft 5 Ngr. — Vgl. 10. Bd. 1. Abthl. S. 5.

— Dies. 73—80. Heft. 12. (XX. Bd. Gack, Gack, Gack u. Sterben u. Erben. XII u. 391 S. m. 2 Kpfrn. XXI. Bd. Geistlicher Kramladen. S. 1—384.) Ebd. 847—50. à ⅙ ℛ (1—80: 13⅓ ℛ)

Abraham a St. Clara, (Ulrich Megerle), sämmtliche Werke. Wörtlich nach dem Originaltext abgedruckt. 1. Bd. A. u. d. T.: Judas der Erz-Schelm f. ehrliche Leut, od.: Eigentlicher Entwurf u. Lebens-Beschreibung des Iscariotischen Böswicht. Worinnen unterschiedliche Discurs, sittliche Lehr-Puncten, Gedicht u. Geschicht, auch sehr reicher Vorrath Biblischer Concepten &c. 1. Thl. gr. 12. (482 S.) Lindau 850, Stettner. 18 ngl

† Abraham's a St. Clara, (Ulrich Megerle.) sämmtliche Werke. 79—81. Heft. 12. Lindau 852—54, Stettner. à Heft 5 Ngr.
Inhalt: Geistlicher Kramladen. (S. 385—744. Schluß.)
Heft 1—78. Ebendas. 1835—50. 13 Thlr.

Abraham's a St. Clara sämmtliche Werke. Wörtlich nach dem Originaltext. 81. Heft. Lindau 854. Stettner, gr. 12. (21. Bd.: S. 625—744. Schluß.) 5 ngl

— — 2. sorgfältig revid. Aufl. Ebend. 856. gr. 12.
1—6. Bd.: Judas der Erz-Schelm für ehrliche Leut, oder: Eigentlicher Entwurf u. Lebensbeschreibung des Iscariotischen Böswicht &c. 1—6. Bd. (2 Bl., 480; 2 Bl., 420; 2 Bl., 515; 2 Bl., 496; 2 Bl., 439; 2 Bl., 477 S.) Preis für 1—7. Bd. 3 ℛ 28 ngl

† Abraham's a St. Clara, (Ulrich Megerle.) sämmtliche Werke. Wörtlich nach dem Originaltexte abgedruckt. 1—7. Bd. A. u. d. T.: Judas der Erz-Schelm für ehrliche Leut, oder: Eigentlicher Entwurf und Lebens-Beschreibung des Iscariot. Böswicht. 2., revid. Aufl. 7 Bde. gr. 12. (1—6. Bd. 2827 S.) Lindau 856, Stettner. Thlr.

- Sämmtliche Werke. Bd 11.21. Neue (21:2. Lindauer), sorgfältig nach d. Originaltext rev. Aufl. — Ebd. 1862–67.
11. Abrahamisches Gehab dich wohl! 1862.
21 Geistlicher Kramerladen. 1867.
12:11–Hom. 23 i–11; 21–Hom. 23 k–21.
1.4073

– Wörtlich nach d. Originaltext abgedr. 2. Lindauer, rev. Aufl. Bd 1–7. — Ebd. 1872.
1-7 Judas der Erzschelm. 1-7. 12:Hom. 23 k–1/7. 8.
1.4074

— Wintergrün, od. kurze Gesch. u. Gedichte, m. K. 4. Augsburg, M. Rieger. 731.

— Witz- und Märchen-Schatz, s. a. Volksbücher, neue.

- Witz- und Märchen-Schatz aus den Schriften Pater Abraham a St. Clara. — Leipzig: Schlicke [um 1855]. 32 S. (Neue Volksbücher. 19.) 11.
1.4085

Abraham, s.a. A b r a h a m, Boye

Abraham, d. Aera der Witwatersrand-Goldindustrie. Berlin 894.

Abraham Judaeus, 14. Jh. [?]: Die egyptischen großen Offenbarungen, in sich begreifend die aufgefundenen Geheimnißbücher Mosis, oder ... Buch der wahren Praktik in der ... Magie. Aus e. hebr. Pergament-Hs. von 1387 im 17. Jh. verteutscht u. wortgetreu hrsg. Köln a. Rh.: Hammer 1725. [Anastat. Neudr.] — [Stuttgart: Scheible 1853.] 443 S.

Abraham, Pater: Pilger-Buess-Predig des schwäbischen Pater Abraham. Gehalten Anno Duback. — Gedruckt zu Trippstrill in der Pelzmühle o. J. 12:P. o. germ. 5 y. 5.
1.4052

Abraham, die hanseatische Rechtsprechung auf d. Gebiete des Handels-, Versicherungs-, Wechsel- u. Seerechts. Repertorium der veröffentlichten Urtheile hanseat. Gerichte. 1. Bd.: Binnenhandels-, Versicherungs- u. Wechselrecht. Hamburg 900.

Abraham, A., s. A b r a h a m, Adolf

Abraham, A. F., zur Geschichte der germanischen u. panonischen Kriege unter Augustus. gr. 4. (22 S.) Berlin 875. Götz. n. 1. —

Abraham, A. F., Die pannon. Kriege Augustus. 1875.

Abraham, A. F., Ueb. d. Tarquinier. Pr. 1874. 5 S. 4°. 1.—

Abraham, A., das Brausebad i. d. Berliner Gemeindeschulen, s. a. Thätigkeit, d., d. Berliner Vereins f. Volksbäder.

Abraham, Adolf: Das Brausebad in d. Berliner Gemeindeschulen. 1896 in: *Taetigkeit*, Die, d. Berliner Vereins für Volksbäder.
1 4320

Abraham, Adolf, aus Berlin: Die Durchschneidung des Nervus mandibularis. Ein Beitrag zum Kapitel über trophische Nervenfasern. *(Bonn: F. Cohen 1899.)* (36 S.) 8° (Aus: Archiv f. mikrosk. Anatomie u. Entwicklungsgeschichte, Bd 54.)
Berlin, Phil. Diss. v. 31. Mai 1899

Abraham, Adolph (geb. Danzig 18. 9. 1826) De morbis vesicularum seminalium Berolini (1848) (32 S.) 8°
Berlin, Med. Diss. v. 15. Aug. 1848

Abraham, Albert

Heiteres und Weiteres von Fritz Reuter. Mit Beiträgen z. plattdeutschen Literatur. Von Dr. A. Römer [d. i. Albert Abraham]. Berlin: Mayer & Müller 1905. (VI, 251 S.) 8° [F.]

Abraham, B. s. A b r a h a m Boye

Abraham, Bernhard, aus Schenklengsfeld (Hess.-Nass.): Über Lupuscarcinom. *Freiburg i. B. 1902: H. Epstein.* (33 S.) 8°
Freiburg i. B., Med. Diss. v. 1902

Abraham, Boye [Referendar in Kiel]: Die altrömische usucapio pro herede. Ein Beitrag zur Geschichte des römischen Erbrechts.... Göttingen, Druck d. Dieterichschen Univ.-Buchdr. W. Fr. Kaestner, 1888: VIII + 78 S. 8°
Göttingen, Jur. Fak., Inaug.-Diss. v. 5. Dez. 1888

Abraham, Erich: Nürnb. Malerei d. 2. Hälfte d. 15. Jahrh., s.: Studien z. deut. Kunstgesch.

Abraham, F. s.a. A b r a h a m, Felix

Abraham, F. s.a. A b r a h a m, Fritz

Abraham, F., s. a. Goldminen-Revue.

Abraham, F. Prospekt über Komet-Roststäbe. Berlin (1905?)

Abraham, F. Velleius u. d. Parteien in Rom unter Tiberius. 4° (17). – Berl. 1884, Gaertner.

Abraham, F. Velleius und die Parteien in Rom unter Tiberius. 17 S. Progr. Falk Rg. *Berlin* 1885.

Abraham, F., Velleius und die Parteien in Rom unter Tiberius. 4. (17 S.) Berlin 885. Gaertner. n. 1. —

Abraham, Felix. 1887: Die neue Aera der Witwatersrand-Goldindustrie. Nebst e. authent. Grubenfelder-Plan. — Berlin: Simion 1894. 51 S. 1:Ot 7169. 11.
1 4325

Abraham, Felix, d. Ausschreitungen d. Witwatersrand-Gold-Shares-Speculation i. J. 1894. gr. 8. (22 S. m. 4 Tab.) Berlin 895. L. Simion. n. 1.—

Abraham, Felix: Beiträge zur Kenntnis der 4-Amidopyrazole. Rostock 1909: Hinstorff. 76 S. 8°
Rostock, Phil. Diss. v. 21. Juni 1909, Ref. Michaelis
[Geb. 19. Aug. 82 Berlin; Wohnort: Rostock; Staatsangeh.: Preußen; Vorbildung: Königstädtisches Realgymn Berlin bis O. 98; Studium: Berlin 3, Rostock 7 S.; Rig. 16. Juni 09.] [U 09. 3737

Abraham, Felix, die Diamant-Gesellschaften Südafrikas. Ihre Geschichte und Entwickelung, vom finanziellen Standpunkt aus. 8. (115 S. mit 1 Tab.) Berlin 887, Steinitz. *

— aufrichtige Geschichte der Goldminen des Witwatersrands (Südafrikanische Republik). Ein Vortrag, geh. im württemberg. Verein f. Handelsgeographie in Stuttgart. gr. 8. (51 S. m. 1 Tab.) Berlin N. 892, Oranienburgerstr. 54, Ad. Hausmann. n. 2.—

Abraham, Felix, s. Goldminen-Revue

-- Dreissig Jahre südafrikanischer Bergwerks-Industrie. Vom finanziellen Standpunkt aus beleuchtet. — Berlin: Steinitz 1898. 99 S. 1:Ot 7176.
I 4329

— die südafrikan. Republik. E. histor. Skizze. [Aus: „Goldminen-Revue".] gr. 8. (58 S.) Berlin 896. (B. Boll.) 2.—

Abraham, Fel., Methodische Wertbeurteilung d. Witwatersrand-Goldbergbau-Unternehmungen. Ein Vademecum mit 3 mathem. und 125 statist. Taf. gr. 8. (128 u. II S.) Berlin 901. Boll & Pickardt. Geb. in Leinw. n.n. 10.—

Abraham, Franz, aus Berlin: Über Quellen und Mundart des delphinatischen Mysteriums: Istoria Petri et Pauli. *Halle a. S. 1899: E. Karras.* (66 S.) 8°
Halle, Phil. Diss. v. 21. Dez. 1899

Abraham, Frz., über Quellen u. Mundart des delphinatischen Mysteriums: Istoria Petri et Pauli. gr. 8. (66 S. m. 4 Taf.) Halle 900. M. Niemeyer. n. 3.—

Abraham, Fritz, Franz Theodor Bach. Gedächtnisrede, geh. i. d. Aula d. Falk-Realgymnasiums z. Berlin am 24. IX. 1897. Progr. 4. (13 S.) Berlin 898. R. Gaertner. n. 1.—

Abraham, Fritz Tiberius und Sejan. 4 (18 S.).
Progr. Falk-Rg. *Berlin* 1888 (97)

Abraham, Fritz, Tiberius u. Sejau. gr. 4. (18 S.) Berlin 888. Gaertner. n. 1.—

Abraham, Guilelmus, s. Abraham, Wilhelm

Abraham, H. F., Gesetz üb. die Sicherung der Bauforderungen vom I. VI. 1909. Kritischer Wegweiser f. die Praxis m. Gesetzestext, hrsg. im Auftrage des Vereins der Steinhändler Berlins u. Umgebg. (53 S.) gr. 8. Berlin, R. v. Decker. 1.—

Aufrechnung und Eingriffsrecht in der Vollstreckungsinstanz. Von Dr. iur. Hans Abraham. *Berlin: Struppe & Winckler 1903.* (78 S.) 8°
[Erschien auch als Inaug.-Diss. Berlin 1902] [04. 5301

Abraham, Hans, Referendar: **Geltendmachung der Aufrechnung und anderer Eingriffsrechte in der Vollstreckungsinstanz.** *Berlin (1902): H. Schiftan.* (80 S.) 8°
Berlin, Jur. Diss. v. 7. Aug. 1902

Abraham, Hans Fritz, Gesetz üb. die Sicherung der Baufordergn. vom 1. VI. 1909. Kritischer Wegweiser f. die Praxis m. Gesetzestext, hrsg. im Auftrage des **Vereins der Steinhändler Berlins u. Umgebg.** (53 S.) **gr. 8. Berlin 909. R. v. Decker.** 1.—

Abraham, Henri, Recueil d'expériences élémentaires de physique, deutsche Ausg., s.: Schreber, K., u. P. Springmann, experimentierende Physik.

Abraham, Hugo: Die Rechtswirkungen der Eintragung und der Löschung von Warenzeichen nach den Reichsgesetzen vom 30. November 1874 und vom 12. Mai 1894. *Bremen 1898: Diercksen & Wichlein.* (106 S.) 8° [F.]
Rostock, Jur. Diss. v. [15 Jan.] 1898

Abraham, J., s.a. Abraham, Jacques

Abraham, J., s. Baugewerbe, Das gesamte.

Salome oder 'Ueber die Grenzen der Dichtung'. Eine krit. Studie von Dr. J. **Abraham,** Berlin. Berlin: H Walther 1907. (30 S.) 8° [F.] [07. 17495

Abraham, Jacques, **kgl.** preuß. Kammergerichtsreferendar in Berlin: Die Kaufmannseigenschaft des Handwerkers. Ein Beitrag zur Frage der Eintragungspflicht der Handwerker. (Berlin 1907: M. Driesner.) (34 S.) 8° [F.]
Heidelberg, Jur. Fak., Ref. Schroeder, Diss. v. 30. März 1907
[Geb. 10. Sept. 80 Berlin; Wohnort: Berlin; Staatsangeh.: Preußen; Vorbildung: Sophien-Gymn. Berlin Reife M. 00; Studium: Berlin 6 S.; Rig. 5. März 07.]

Abraham, Karl, approb. Arzt aus Bremen: Aus d. anat. Institut d. Universität Freiburg i. B. Beiträge zur Entwicklungsgeschichte des Wellensittichs (Melopsittacus undulatus). Mit 3 Taf. *Wiesbaden: J. F. Bergmann 1901.* (83 S.) 4°(8°)
Freiburg i. B., Med. Diss. v. 1901

Abraham, Karl, die Dampfwirtschaft in der Zuckerfabrik. (120 S.) gr. 8. Magdeburg 904. Schallehn & Wollbrück. Geb. in Leinw. n. 4.—

Abraham, Karl. 1910: Die deutsche Schulsprache ein Todfeind des Deutschtums. Von e. Deutschen [d. i. Karl Abraham]. Als Ms. gedr. — Lucka S.-A. 1910: Berger. IV,156 S. 10.
I 4367

Abraham, Karl, Normentafeln z. Entwicklungsgeschichte d. Huhnes, s.: Keibel, F.

Abraham, Karl: Giovanni Segantini, s.: Schriften, z. angewandten Seelenkde.

Abraham, K., Traum und Mythus. Eine Studie zur Völkerpsychologie. [Schriften zur angewandten Seelenkunde. 4. Heft.] Gr.-8°. (73 S.) Deuticke, Wien 1908 K 3.—

Traum und Mythus. Eine Studie z. Völkerpsychologie. Von Dr. Karl **Abraham,** Arzt in Berlin. Leipzig & Wien: F. Deuticke 1909. (73 S.) 8°
= Schriften z. angewandten Seelenkunde. H. 4. [08. 13933

Abraham, Max [aus Elbing]: Bau und Entwickelungsgeschichte der Wandverdickungen in den Samenoberhautzellen einiger Cruciferen .... (Sep.-Abdr. aus Pringsheim's Jahrbuchern. f. wissensch. Botanik, Bd. XVI.) Berlin, Druck v. G. Bernstein. 1885. 48 S. 8°.
Königsberg, Phil. Fak., Inaug.-Diss. v. 17. Dez. 1885.

Abraham, Max, Bau- und Entwickelungsgeschichte der Wandverdickungen in den Samenoberhautzellen einiger Cruciferen. Diss. Königsberg i. Pr. 1885, Graefe & Unzer. 8⁰. 48 S.
Sonder-Abdruck aus Jahrbücher für wissenschaftliche Botanik, hrsg. von N. Pringsheim. XVI. Band. Berlin 1885, Gebr. Borntraeger.

Abraham, Max, Dr.: Beiträge zur Flora des Dt. Kroner Kreises. Deutsch-Krone 1905: F. Garms. (64 S.) 8° [F.]
Dt. Krone, k. G OP 1905 (30)

Abraham, Max: Die electrischen Schwingungen um einen stabförmigen Leiter, behand. nach d. Maxwell'schen Theorie ... Berlin, Mayer & Müller, 1897; 1 Bl., 30 S., 1 Bl. 4.
Berlin, Phil. Fak., Inaug.-Diss. v 14. Juli 1897

Abraham, M., Theorie der Elektrizität. 1. u. 2. Bd. gr. 8. Leipzig, B. G. Teubner. Geb. in Leinw. n. 22.—
1. Einführung in die Maxwellsche Theorie der Elektrizität. Mit e. einleit. Abschnitte üb. das Rechnen m. Vektorgrössen in der Physik. Von A. Föppl. 2, vollständig umgearb. Aufl., hrsg. v. M. Abraham. (XVIII, 443 S. m. 11 Fig.) 904. n. 12.—
Bildet die 2. Aufl. v. Föppl, A., Einführung in die Maxwellsche Theorie der Elektrizität.
2. Elektromagnetische Theorie der Strahlg. (X, 404 S. m. 5 Fig.) 905. n. 10.—

— — 2. Aufl. Bd 1.2. Ebd. (2: Leipzig & Berlin) 1904–08.
1 Föppl, A[ugust]. Einführung in d. Maxwellsche Theorie d. Elektrizität Hrsg. v M Abraham. 1904.
2 Abraham · Elektromagnetische Theorie d. Strahlung 1908.
1.2 . . . . 1:My 5603³. 7. 11. 83. 89.
1 . . . . 2. 9. 82.
2 . . . . 5. 6. 85.
1 4370

— — 3. Aufl. Bd 1.2. Ebd. 1907–14.
Sondertitel wie in 1 4370.
1.2 1:My 5603³. 12:Phys. sp. 0md. 4. 7. 11. 85. 89.
1 . . . . 5. 6. 83.
2 . . . . 2. 8. 10.
1 4371

Abraham, Megillat Taanit (Volumen Jejuniorum) cum commentario. (In hebräischer Sprache.) Berlin, 864. Adolf & Co. 8. (48 S.) n. 12½ ngr.

Abraham, Megillat Taanit (vol. Jejuniorum) c. comment. (In hebr. Sprache) 8°(48).– Berl. 1865, Cohn.

Abraham, Mich., hebräische Lesefibel, s.: Rahmer.

Tefillah fezarah, s.: Rahmer, M.

Abraham, Otto [aus Berlin]: Über den Erfolg der künstlichen Frühgeburt ... Berlin, C. Vogts Buchdr., *1894;* 44 S., 2 Bl. 8.
Berlin, Med. Fak., Inaug.-Diss. v. 21. Dez. 1894

Abraham, Otto, Verhaltungsmaßregeln f. Schwangerschaft, Entbindung u. Wochenbett, f. Mütter u. Pflegerinnen zusammengestellt. (25 S. m. 1 Fig.) 8. Berlin 909. L. Simion Nf. Durchsch. — 50

Abraham, P., Ueb. d. Einritt des Komiss. als Selbstkontrah. n. d. dt. H. G. B. Diss. Hambg. 1884;

Abraham, Paul (Red.), s. Gärtner-Zeitung, Allgemeine deutsche.

Abraham, Paul, Kammergerichtsreferendar: Zur Lehre vom Thronverzicht. Berlin: C. Heymann 1906. (49 S.) 8° (Teil der eingereichten Arbeit, das Ganze erschien u. d. T.: „Der Thronverzicht nach deutschem Staatsrecht" 1906 im gleichen Verlage.)
Berlin, Jur. Fak., Ref. v. Martitz, Diss. v. 15. Aug. 1906

Abraham, Paul, d. Hamburger Praxis in Civilsachen, s.: Brandis, Otto.

Abraham, Paul, die hanseatische Rechtsprechung auf dem Gebiete des Handels-, Versicherungs-, Wechsel- u. Seerechts. Repertorium der veröffentl. Urtheile hanseat. Gerichte, nebst d. zugehör. Entscheidgn. der höchsten Gerichtshöfe zusammengest. 2 Bde. gr. 4. Hamburg, O. Meißner's Verl. n. 36. —; geb. n. 44. —
I. Binnenhandels-, Versicherungs- u. Wechselrecht (VIII, 414 S.) 900. n. 20. —; geb. n. 24. —
II. Seerecht. (XI, 308 S.) 900–901. n. 16. —; geb. n. 20. —
Erschien auch in 18 Lfgn. à n. 2. —.

Der Thronverzicht nach deutschem Staatsrecht von Dr. jur. Paul **Abraham.** Berlin: C. Heymann 1906. (122 S.) 8°
[Ein T. erschien als Inaug.-Diss Berlin 1906.] [07 9230

Abraham, Paul [app. Arzt aus Berlin]: Untersuchungen über die sogenannte Rosenbachsche Urinreaktion. . . . Berlin, Buchdr. v. Gustav Schade (Otto Francke) (1890); 30 S. + 1 Bl. 8°
Berlin, Med. Fak., Inaug.-Diss. v. 7. März 1890

Abraham, Pt. Hnr., s. Rechenschule, für die geübte Jugend.

Abraham, Richard, Reg.-Bauführer, Danzig: Die Trinitatiskirche zu Danzig. [Danzig: Kafemann in Komm.] 1910. 37 S. 8°
Danzig, Dr.-Ing.-Diss. v. 3. 5. 1910 [Tag der Promotion: 10. 5. 1910]

Abraham, Siegmund [aus Lorsch]: Ueber eigentümliche Formen amyloider Entartung und über einen Fall von Combination von chronischer Hepatitis mit Amyloidentartung. . . . Freiburg i. B., Buchdr H. Epstein. 1891; 36 S. 8°
Freiburg i. B., Med. Fak., Inaug.-Diss. v. 1891

Abraham, Sigismund [aus Pilburg (Pomm.)' pr. Arzt in Konitz W Pr.]: Über die Bedeutung der Haemoptoë bei der Lungentuberkulose ... Konitz, Druck v. W. Dupont, 1893; 17 S., 1 Tab. 8.
Erlangen, Med. Fak., Inaug.-Diss. v. Febr. 1893

Abraham, Wilhelm

Abraham, Guilelmvs [Marchicvs]. Stvdia Plavtina. Lipsiae, typis B. G. Tevbneri, 1884. 8. (IV, 26 S.) **Diss. Strassburg**

Abraham, Wilh., Studia Plautina. gr. 8. (68 S.) Leipzig 884, Teubner.
Aus: Jahrbücher für classische Philologie, besonders abgedruckt.

Abraham Zacutus Lusitanus

s.: Zacuto, Abraham

Abraham bar Chijja, Mischnah Ha-Middot, die erste geometr. Schrift in hebr. Sprache, nebst Epilog der Geometrie. Zum 70. Geburtstage des Meisters Zunz (10. VIII. 1864) aus Handschriften in München und Rom hrsg. v. M. Steinschneider. (In hebr. Sprache.) gr. 8. (15 S.) Berlin 864. M. Poppelauer. 1. 50

Abraham bar Chijja ha-Nasi, Sefer Hegjon ha-Nefesch oder Sittenbuch. Dabei e. Abhandlung über das Buch u. den Verf. von Sal. Jeh. L. Rapoport. Herausgeg. aus e. sehr alten Handschrift der Leipziger Rathsbibliothek, nebst einer ausführl. Biographie des Verf. von E. Freimann. (In hebräischer Sprache.) Leipzig, 860. (C. L. Fritsche.) gr. 8. (LXIII, 85 S.) n. 24 ngr.

Abraham Ben David Halevi, das Buch Emunah Ramah, oder: Der erhabene Glaube, verfaßt im Jahre 5820 nach E. d. W. (1160). Nach einem auf der k. bair. Hofbibliothek zu München befindlichen Manuscripte zum ersten Male herausg., mit fortlaufenden hebräischen Anmerkungen versehen und in's Deutsche übersetzt von Simson Weil. Frankfurt a. M. 852. (Leipzig, C. L. Fritzsche.) gr. 8. (Hebr. Text: 2 Bl., 104 S.; Uebers.: 1 Bl., V, 134 S.) nn. 1 ₰ 20 ngr

Abraham ben Dior, Zikron dibrē Rūmī seu commemoratio rerum Romanarum ab u. c. usque ad tempora Muchammedis. Latinitate donavit & notis historicis ... amplificavit Andr. Christoph Zeller Stutgardiae 1724. Dh 3900.

Abraham Ben Jaddai: Es ist nur ein Gott! Šema' Jiśrā'ēl, Jahwe elōhēnū Jahwe eḥād. Vertheidigung des jüdischen Volkes zu den Zeiten des Jesus von Nazareth gegen die harten Beschuldigungen der Christen. Nach d. 13. engl. Aufl. von Benjamin Wollsteiner. — Rothenburg: Wünsche 1840. 55 S. [F. u. Hebr.]
Nebent.: Auch ein Strauss.

Abraham Ben Jizchak, Narbonensis, schola Talmudica. Opus adhuc ineditum nunc primum e codice vetusto rarissimoque edid. et introductione perpetuaque adnotatione illustr. B. H. Auerbach. 3 tomi. Halberstadt 867, 69. (Berlin, Benzian.) 4. (192; 192; 179 S.) nn. 4 ₰ 10 ngr.

Abraham ben Samuel ben Chasdai. Der Arabische Mentor ... aus dem Arabischen ins Hebräische ... und ... aus dieser Sprache ins Deutsche übersetzt. 1788. V: *Hanau, Samuel Jacob & J. J. Berghaus.* (BrMm)

Abraham Ben Zadok an seine Recensenten in Erfurt; foenum habet in Cornu, longe fuge. 1776. V: *Teuthorn, Heinrich Ernst.* (stri)

Abraham b. Isak, des R., aus Narbonne (11. Jahrh.) Sefer Ha-Eschkol. Auf Grund v. 2 Handschr. ediert u. kommentiert v. Schulem Albeck. (In hebr. Sprache.) 1. Lfg. (80 S.) Lex. 8. Berlin 910. (M. Poppelauer) 3. —

Abraham b. Mosis Maimonidis, Bircat Abraham responsa ad quaesita Daniel Ha-Babli. E manuscripto Biblioth. Paris. eruit D. B. Goldberg edid. Elieser Silbermann. (In hebraischer Sprache.) Berlin, 860. Adolf & Co. 4. (XVIII, 67 S.) n. 1 ℳ 15 ₰

Abraham b. Mosis Maimonidis, Bircat Abraham reponsa ad quaesita Daniel Ha-Babli. Eruit D. B. Goldberg ed. E. Silbermann. 4° (67).– Berl. 1860, Cohn.

Abraham b. Natan Jarchi, Kommentar zu dem Traktat Kallah Raboti. Ediert nach e. marrokkan. Handschrift aus dem Jahre 1725 nebst Berichtiggn., Stellennachweisen, Erklärgn. u. e. Vorwort v. Baruch Toledano. (In hebr. Sprache.) (28 u. 51 S.) gr. 8. Frankfurt a/M. 906. (B. Friedberg.) n. 2. 50; auf Velinpap. n. 3. —

Abraham b. Natan Jarchi, Kommentar. Jetzt: Frankfurt a. M., Sänger & Friedberg.

— s. Commentaire de Moïse Cremieu.

Abraham Ebn Esra, R., Jesod Mora. Grundlage d. Gottesverehrung, od. Untersuchungen üb. d. mosaische Gesetz u. d. Grundprinzipien d. israelit. Religion. In e. paraphrast. Verdeutschung v. M. Creizenach. 16. (12¼ B.) Frankfurt a. M. 840. (Leipzig, T. O. Weigel.) *

—— Sapha berura od. d. geläut. Sprache. N. e. handschriftl. Exemplare in d. k. Hof- u. Staatsbibliothek zu München krit. bearb. u. mit e. Commentar nebst Einleit. vers. v. Gabr. Lippmann. gr. 8. (8 B.) Fürth 839. (Fulda, Müller.)

Abraham Ibn Ezra: Das Buch Jezira, die älteste kabalistische Urkunde der Hebräer. Nebst den zweyunddreyssig Wegen der Weisheit. Hebräisch und Teutsch, mit Einleitung, erläuternden Anmerkungen und einem punktirten Glossarium der rabbinischen Wörter, herausgegeben von Joh. Friedrich v. Meyer. Leipzig 1830. Dh 5238. 4°.

Reime und Gedichte des Abraham Ibn Esra [Abrâhâm Ibn-'Ezra] gesichtet u. gesammelt, übs. u. erläut. v. Dr. David Rosin. Th. (1.) 2. *Breslau: W. Köbner 1885—94.* 2 Bde 8.
(1.) (In 4 Heften.) Einl. Aussergottesdienstliche Poesie. No. 1—126. 1885—91 (1 Bl., 48 S., 1 Bl., 48a. b, 49—100 S., 1 Bl., 100a—d, 101—166 S., 1 Bl 166a—d, 167—226 S.)
Gottesdienstliche Poesie. No. 1—28. 1894 (1 Bl., IV, 48 S.) [96. 7876

Abraham ibn Esra, R. (XII. Jahrh.). Sefer Ha Mispar. D. Buch d. Zahl, e. hebräisch-arithmet. Werk. Z. 1. Male hrsg., ins Deutsche übers. u. erl. v. Mor. Silberberg. M. Subvention d. Zunz-Stiftg. i. Berlin u. d. Königswarter'schen Stiftg. i. Frankfurt a./M. gr. 8. (IX, 118 u. 80 S. m. Fig.) Frankfurt a./M. 895. J. Kauffmann. n. 4. —

Abraham-Riebe, Katharina. Frauenliebe u. Blumenleben. E. Novellenstrauß. 8. (VII, 128 S.) Dresden 898. E. Pierson. n. 2. —

Abrahamowicz: De spirituosorum liquorum noxa atque utilitate. D. 4°. Halle. 1743.

Abrahams, B.: Fall von alkoholischer Lebercirrhose bei einem 16monatlichen Mädchen. New York Med. Journ. 17. März 1900.

Abrahams, Jos., the Sources of the Midrash Echa Rabbah. A critical investigation. gr. 8. (62 S.) Berlin 883, Gorzelanczyk und Comp. *

Abrahams, Jos., the sources of the Midrash Echa Rabbah. A critical investigation. gr. 8. (62 S.) Berlin 883. Mampe. n. 2. —

Abrahams, Nikolai Christian Levin: Catalogue de la précieuse et nombreuse collection de lettres autographes du feu Mr le Prof. Abrahams ..., dont la vente publique aura lieu à Leipzig le 30 I.1871 par M. M. List & Francke. Leipzig 1871: Klinkhardt. 87 S. 8.
1 4426

Abrahams, N. C. L., description des Manuscrits Français du moyen âge de la Bibliothèque Royale de Copenhague, précédée d'une notice histor. sur cette Bibliothèque. gr. in-4. (Mit 3 lith. Tafeln.) Copenhague 844. (Höst.) baar 4 ℳ

—— Scelta di prose italiane, s. Scelta

Die Frau des Radikalen. Erzählungen von Augusta Abrahamsen. Berecht. Verdeutschung von A. Rudolph. Berlin-Leipzig: Wigand 1910. 166 S. 8° [11. 4394

Abrahamsen, Augusta, die Frau d. Radikalen. Erzählungen. Verdeutschung v. A. Rudolph. (166 S.) 8. Leipzig 910. Modernes Verlagsbureau. 3. —

Abrahamsohn, strafrechtliche Studien. I Kausalität. II. das Hausrecht. des Gastwirths. Berlin 898.

Abrahamsohn's, Abraham, interessante Berichte über die Reisen nach Amerika und besonders zu den Goldminen Kaliforniens und Australiens. Nach mündlicher Erzählung dargestellt von Friedr. Mihm. br. 8. (VIII und 76 S.) Ilmenau 856. (Erfurt, Otto.)

Abrahamsohn, Alfred, Referendar: Die Rechte des Dritteigentümers bei unrechtmäßiger Mobiliar-Zwangsvollstreckung wegen einer Geldforderung nach geltendem Recht. Berlin 1906: G. Bernstein. (93 S.) 8° [F.]
Freiburg i. B., Rechts- u. staatsw. Fak., Diss. v. 1907/08

Abrahamsohn, Boris: Über die Atmung der Gerste während der Keimung, insbesondere ihre Abhängigkeit vom Gehalt an Eiweiß. (Berlin 1910: Unger.) 31 S. 8°(4°)
Berlin, Phil. Diss. v. 13. Juli 1910, Ref. Gabriel
[Geb. 1. April 83 Witebsk; Wohnort: Lodz; Staatsangeh.: Rußland; Vorbildung: Gymn. Petrikau Reife O. 03; Studium: Berlin 12 S.; Rig. 23. Juni 10.] [U 10. 120

Abrahamsohn, Harry, Referendar: **Sind beim Versprechen der Leistung an einen Dritten der Versprechungsempfänger und der forderungsberechtigte Dritte Gesamtgläubiger? Nach gemeinem Recht u. BGB.** *Rostock 1902: C. Hinstorff.* (48 S.) 8°
Rostock, Jur. Diss. v. [25. Nov.] 1902

Abrahamsohn, Hermann [aus Spandau]: Ueber die Perforation des nachfolgenden Kopfes .... Berlin. Buchdr. v. Gustav Schade (Otto Francke) (1888); 30 S. + 1 Bl. 8°
Berlin. Med. Fak., Inaug.-Diss. v. 19. Mai 1888

Abrahamsohn, Hermann, Kammergerichtsreferendar: Die Rechte des Gewalthabers bei Verletzung seines Kindes. Rostock 1907: Adlers Erben. (XXII, 58 S.) 8°
Heidelberg, Jur. Fak., Ref. Bekker, Diss. v. 10. Aug. 1907

Islam Verse u. Knüttelverse von Israel Abrahamsohn. *Berlin: S. Haug* [übergekl.: *Königsberg i. Pr.: Ostd. Buchh.*] *1902.* (266 S.) 8° [03. 11338

Abrahamsohn, Ludwig, Referendar: Die rechtliche Stellung des Drittverpfänders und Bürgen auf Grund der Einlösungszahlung. Berlin 1905: W. Pilz. (41 S.) 8°
Freiburg i. B., Rechts- u. staatsw. Fak., Ref. Merkel, Diss. v. 1905
[Geb. 1. Mai 83 Berlin; Wohnort: Berlin; Staatsangeh.: Preußen; Vorbildung: Wilhelmsgymn. Berlin Reife M. 01; Studium: Berlin 1, Freiburg i. B. 1, Berlin 4 S.; Rig. 17. Juli 05.]

Abrahamsohn, Max, Referendar in Berlin: **Die Erbunwürdigkeit nach dem Bürgerlichen Gesetzbuche. Borna-Leipzig 1908: R. Noske.** (VIII, 68 S.) 8° [F.]
Leipzig, Jur. Fak., Diss. v. 26. Juni 1908
[Geb. 16. April 84 Frankfurt a. O.; Wohnort: Berlin; Staatsangeh.: Preußen; Vorbildung: Köllnisches Gymn. Berlin Reife O. 02; Studium: Freiburg i. B. 1, Berlin 5 S.; Rig. 1. Dez. 05.]

Die Schuldenhaftung des nichtrechtsfähigen Vereins nach bisherigem Recht u. dem Recht d. BGB. Von Dr. Wilhelm Abrahamsohn. *Berlin: E. Ebering 1901.* (92 S.) 8°
= Studien, Rechts- u. Staatswissenschaftliche. H. 13. [01. 7777 10

Abrahamsohn, Wilhelm, Kammergerichtsref.: **Die Schuldenhaftung des nichtrechtsfähigen Vereins nach bisherigem Recht und dem Recht des Bürgerlichen Gesetzbuches.** *Berlin (1901): J. S. Preuss.* (X, 39 S.) 8° ¶ [Erschien vollst. 1901 als: Rechts- u. staatswiss. Studien, H. 13.] †)
Berlin, Jur. Diss. v. 28. Jan. 1901

Abrahamsohn, Willy: **Strafrechtliche Studien. I. Kausalität. II. Das Hausrecht des Gastwirts.** *Berlin 1898: W. Pilz.* (52 S.) 8°
Erlangen, Jur. Diss. v. 4. Juni 1898

Strafrechtliche Studien. I. Kausalität. II. Das Hausrecht d. Gastwirts. Von Dr. Jur. Willy **Abrahamsohn.** Berlin: Struppe & Winckler 1898. (52 S.) 8°.
(Erschien zuerst als Diss. v. Erlangen 1898). (99. 12427 11

Abrahamson. 1824 s. *Abrahamson*, Joseph v.

Abrahamson, Bernh. Iacobowicz) (geb. Niemirow 1796): De cauteriis. Berolini (1822). (84 S.) 8°
Berlin, Med. Diss. v. 21. Dez. 1822

Abrahamson, Joseph v.

Geographie, gehörend zu den Geographie-Tabellen 1–32 der wechselseitigen Schuleinrichtung. Nach der 3. bericht. u. verm. Ausg. übers. von Mart[in] Harring. — Altona: Aue 1830. IV,102 S. 8.
1.4443

Abrahamson, Meyer, s.a. Meyer, Abrahamson

Abrahamson, Meyer: Abhandlungen und Beobachtungen über einige Krankheiten der Augen. — Hamburg 1785. 5.
1.4445

— Der Arzt für Hypochondristen, hysterische Frauenzimmer, sowie auch für diejenigen, welche an Mangel der Esslust . . . leiden. — Posen & Leipzig 1817. 6.
1.4446

Abraham (Abrahamso od. Abramson), Meyer, Cautelae anthelminticorum in paroxysmis verminosis. 30 pp. Gott. 4°. 1783

Abrahamson, Meyer, gründl. u. faßl. Unterricht f. diejenigen, welche mit Gicht ꝛc. Beschwerden behaftet sind. 8. Posen, Kuhn. 815.

— Gründlicher und fasslicher Unterricht für diejenigen, welche mit der Gicht . . . behaftet sind. — Posen & Leipzig 1816. 5.
1.4447

— Untersuchung über die Ursachen der grossen Sterblichkeit unter Schwangern, Wöchnerinnen und neugebornen Kindern und über die Mittel, diesem verheerenden Uebel Einhalt zu thun. — Hamburg: Bohn 1806. 48 S. 4.
1.4448

— Wie können Personen, welche mit den Beschwerden der fliessenden oder blinden goldenen Ader behaftet sind, davon gründlich geheilt u., wenn sie noch nicht entstanden sind, davor geschützt werden? 2. verb. Aufl. — [Hamburg 1806.] 55 S. 10.
1.4449

— — Wie können Personen, welche mit den fliessenden oder blinden Hämorrhoiden behaftet sind, davon gründlich geheilt werden? 4. verb. Aufl. — Wien 1818. 5.
1.4450

Abrahamson, Meyer, wie können Personen, welche mit nächtl. Saamen-rgiessungen od. Pollutionen, wie auch mit d. Folgen onanit. Sünden behaftet sind ꝛc., geheilt werden. 8. Posen, Kuhn. 810.

Abrahamson, Meyer: Einige Worte ans Publikum über die Wichtigkeit der Kuhpocken-Impfung. Von Meyer Abramson. — Hamburg: Bohn 1801. 84 S. 7.
1.4451

Abrahamson, Verner Hans Frederik [Übers.] s. *Adams*, John Quincy: Beantwortung der Paineschen Schrift von den Rechten der Menschen [An Answer to Paine's Rights of man, deutsch]. 1793.

– s. Azan.

Deklamationen über einige Maurer-Pflichten nebst einer Kantate auf die hohe Johannisfeyer von W[erner] H[ans] F[riedr.] A[brahamson]. Mit Erlaubnis der Obern. Kopenhagen: Proft. 1776. 104 S. 8°
Auszug in: Almanach od. Taschen-Buch f. Frmr. 2 (1777) Bl. 70 - 74; Taschen-Buch f. Frmr. 2 (1777) S. 60 - 64.
Kl. 939. 11 Reden.

— Deklamationen über einige Maurerpflichten. 8. Kopenh. 776. Neue Deklamationen ꝛc. 8. Ebd. 779. Neue Aufl. Deklamationen und Reden über Maurerpflichten ꝛc. 8. Ebd. 785. (Brummer, auch Schubothe). 20 ℳ

Neue Deklamationen über einige Maurer-Pflichten, gehalten in der LL. Z[orobabel] z. N[ordstern] u. Fr[iedrich] z. gekr[önten] H[offnung] i. K[openhagen] von W[erner] H[ans] F[riedr.] **Abrahamson.** Mit Erlaubnis der Obern. Kopenhagen: Proft 1779. 152 S. 8°
Kl. 940. 13 Reden.

Declamationen und Reden über Maurer-Pflichten und bey Feyerlichkeiten. Nebst Maurer-Gedichten von Werner Hans Friedr. **Abrahamson.** Theils verb. Aufl., theils bisher ungedr. Stücke. Copenhagen: Proft 1785. 452 S. 8°
Kl. 941. 39 Reden und 14 Gedichte. Die Samml. 1776 u. 1779 vollständig hierin enth.

Abrahamson, Wern. Hans Fr., († d. 22. Sept. 1812.) Gesch. d. königl. Artillerie-Schule in Kopenhagen, nebst 2 Reden. 8. Kopenh. 780. (Brummer, auch Schubothe). 8 ℳ

— Geschichte der Königlichen Artillerieschule in Kopenhagen. Nebst zwo Reden, welche in derselben bey öffentl. Prüfungen gehalten worden. Von Werner Hans Friedrich Abrahamson. — Kopenhagen: Proft 1780. 148 S. 7.
1.4456

Abrahamson, W. H. F. Geschichte und Verfassung der Königlichen Artillerieschule zu Kopenhagen. 8. Kopenhagen 1780.

Dem Hochw. Freimauerer - Orden wird eine auf den verewigten Herrn Herzog Maximilian Julius Leopold von Braunschweig-Lüneburg geprägte Denkmünze ehrerbietigst gewidmet von **Abramson.** Berlin, den 24. Junius 1785. [Berlin 1785.] 2 Bl. 8° [Umschlagtit.]

– s. Malling, O.: Handlungen

– s. Müller, P. E.: Untersuch.

– s. Rothe, T.: Wirkungen.

Trauerrede zum feyerlichen Andenken des weiland Hochw. Provinzial-Grossmeisters der vereinigten Freymäurer-Logen [!] in und ausser Deutschland gehalten in der Trauerversammlung den 24ten Jenner 1777 von dem Br. Redner in der Loge Zorobabel zum Nordstern in Kopenhagen [d.i. Werner Hans Friedr **Abrahamson**], nebst einem Singgedicht, so bey dieser Gelegenheit musikalisch aufgeführt worden. [2. Dr.] Kopenhagen: Proft 1777. 22 S. 8° [Umschlagtit.]
Abgedr. in: Abrahamson, W. H. F.: Deklamationen. 1779. S. 32-45; 1785 S. 121 - 134.
Kl. 1336. Selten.

Trauerrede zum feyerlichen Andenken des weiland Hochw. Provinzial-Grossmeisters der vereinigten Freumäurer-Logen [!] in Deutschland und den königlich dänischen Reichen und Ländern [v.Hund] gehalten in der Trauerversammlung im Jenner 1777 von dem Br. Redner in der Loge Zorobabel zum Nordstern in Kopenhagen. [d.i. Werner Hans Friedr. **Abrahamson**]. Kopenhagen 1777: N. Moeller. [Beigedr.:] Singgedicht. 1777.

Versuch einer vollständigen dänischen Sprachlehre für Deutsche mit kritischen Bemerkungen. Von Werner Hans Fried. Abrahamson. — Kopenhagen: Brummer in Komm. 1812. 799 S. 8.

Abramczyk, Max: Über die Wärme-Emission des Steinsalzes. *Strassburg i. E. 1897: C. & J. Goller.* (41 S. mit Taf.) 8°
Strassburg, Math.-naturw. Diss. v. 1897

Abramczyk, Roland, mein heiliger Frühling. Gedichte. (110 S.) gr. 8. Diessen 903. J. C. Huber. n. 2. —

Abramczyk, Roland, aus Treuen i. Vogtl.: Über die Quellen zu Walter Scotts Roman: 'Ivanhoe'. *Halle a. S. 1903: Kreibohm & Co.* (VI, 159 S.) 8°
Leipzig, Phil. Diss. v. 1903

Abramic, Michael: Die großen Lichtgottheiten und ihre Gestirne in der griechischen Kunst.
Diss. Wien, Univ. H. 1910 PN 2842

Abramo di Santa Chiara s. *Abraham* a Sancta Clara.

Abramovitz „Die jüdischen Zeitungsleser", komisches Duett m. Pfte. 45 kr.
Wien 1882, V.Kratochwill's Musik-Verlag

Abramowitsch, S. J., Toldot Hateba. Gemeinnützige Naturgeschichte nach Dr. Harald Othmar Lenz. (In hebräischer Sprache.) 1. Bd. Säugethiere. Mit 8 (lith.) Taf. Abbildungen. Leipzig, 862. Hunger in Comm. gr. 8. (XXIV, 532 S.) un. 3 ₰

Abramowitsch v. Adelburg, Ed. — Die Macht der Freundschaft. Ein Beitrag zum Studium der türkischen gelehrten Schriftsprache. Aus dem türkischen Werke Humajun-Nameh, oder Kaiserbuch wortgetreu übertragen, als Vorläufer der andern Hauptstücke des Werkes in einzelnen Lieferungen. Durch — —. 8. (110 S.) Wien. Gedruckt bei A. Pichler's Witwe und Sohn. 1854.

Abramowski, Arzt. 1907 s. *Abramowski,* Hans.

Abramowski, üb. die Gemeinheitstheilungs-Methode d. Landes-Oekonomie-Raths Podlasly, wobei eine Versteigerung auf Land erfolgt. Auf Veranlassung der in den Möglinger Annalen Bd. 26. S. 40 ff. aufgenomm. „Unmaßgebl. Ansichten üb. d. Podlaslyſche Schrift ꝛc." 8. (8 B.) Berlin 832, (Oehmigke.)

Abramowski, Adalbert [aus Osterode, Ostpr.]: Zur Geschichte Albrechts des Beherzten 1488 ff. . . . Breslau, Druck v. I. Witan, 1890; 40 S. + 1 Bl. 8°
Breslau, Phil. Fak., Inaug.-Diss. v. 25. Jun. 1890

Abramowski, Adolf: Dido. Trauerspiel in 5 Aufz. nach Virgil. — Elbing: Selbstverl. [um 1860]. 61 S. **10.**
1 4498

— Harmlose Gedichte. — Elbing: Selbstverl.; Saunier in Komm. 1861. 38 S. **10.**
1 4499

— Herrmann und Thusnelda. Drama in 4 Aufz. — (Elbing:) Selbstverl. [um 1860]. 42 S. **10.**
1 4500

Abramowski, Hans: Die Ernährung des Säuglings. Für Mütter in Versen geschildert. — Berlin: Günther (1907). 15 S. **1:**N 09.227.
1.4511

Abramowski, Hans, pract. Arzt in Lieberose N. L.: Ueber Gebärmutterkrampf und sanduhrförmige Zusammenziehungen der Gebärmutter. Historisch-kritisch bearbeitet. *Leipzig 1900: B. Georgi.* (52 S.) 8°
Leipzig, Med. Diss. v. (14. Juli) 1900

Geburtshülfliches Taschenbuch in Versen f. Studierende u. Aerzte von Dr. [Hans] **Abramowski**, Arzt, Lübben. Berlin: M. Günther 1907. (72 S.) 8° [08. 177e2

Abramowski, Moritz (geb Osterode in Ostpr 10. 5 1852) Der acute Gelenkrheumatismus und sein Verhalten zum inducirten Strom Berlin (1876) (36 S.) 8°
Berlin, Med. Diss. v. 15 Jan. 1876

Abrams, Miss: Gebets-Kriegsdienste. Aus d. Engl. übers von B. v. B — Mülheim-Ruhr. Humburg [um 1908]. 28 S. **12:**Mor 1256h.
1 4513

— — 3. Aufl. Ebd. [um 1910]. 29 S. **1:**N 17.740. **12:**Mor. 1252 g.
1.4514

Abramsberg, A. v., Grunds. d. Franz. Sprache, 2 Thle. gr. 8. Prag, (Rotzl in W.) 793. 9 ₰.

—manuel du Chrétien catholique. 8. Prag 794. Rötzl in Wien. 12 ₰

Abramsohn, Hillel Hermann, Arzt: Aus d. Kgl. Universitäts-Frauenklinik in Königsberg i. Pr. Zur Pathologie der Deflexionslagen. *Königsberg i. Pr. 1903: O. Kümmel.* (87 S.) 8°
Königsberg, Med. Diss. v. 16. Mai 1903

Abramsohn, Z. Der Prosentnik ain hechst intresanter Roman. [Auch russischer Titel.] Wilna 1881 Fl 200

Abramson, s. A b r a h a m s o n , Verner Hans Frederik

Abramson, Abraham

Abramson, Abrah., († d. 23. Juli 1811.) Versuch über d. Geschmack auf Medaillen u. Münzen der neuern, in Vergleich mit jenem aus ältern Zeiten. 8. Berlin 801. Braun. 4 ₰

— Verzeichniss der sämtlichen Medaillen, die der Kgl. Preuss. Medailleur Abramson bereits verfertiget hat und noch bey ihm zu bekommen sind. — [Berlin um 1786.] 2 Bl. 4° **2.**
1 4522

Abramson, Meyer s. *Abrahamson.*

Abranowics, Erna, Untersuchungen üb. die Chloroplastenbewegungen, s.: Linsbauer, K.

Abrantès, Laure Junot D^esse^ d'

Abrantès, Herzogin v., s. a. Aus den Memoiren der Herzogin von Abrantès.

Abrantès, Laure Junot D^esse^ d': L'Amirante de Castille. Par la D^esse^ d'Abrantès. T. 1. 2. — Bruxelles: Peters; Leipzig: Allg. Niederl. Buchh. 1832.
12:P. o. gall. 2400 a. **2.**

v. Abrantes, Herzogin, der Amirante v. Castilien. Nach d. Franz. frei übertragen von L. Kruse. 4 Bde. 8. Leipzig 833. Kollmann. 4 ₰

— Blanka. Aus d. Franz. übersetzt von Emilie Wille. 2 Thle. 8. Leipz. 840 Kollmann. 2¼ ₰

– Catherine II. Bruxelles & Leipzig 1835

—— historische Denkwürdigkeiten üb. Napoleon, s. Memoiren.

—— der Engel v. Saint-Jean, n. d. Franz. u. Aignan Lecomte, n. d. Engl. d. Leitch Ritchie. Uebers. v. † Th. Hell. 8. (10¾ B.) Dresden u. Leipzig 835, Arnoldische Buchh.

— histor.-romant. Erzählungen zur Schilderung unserer Zeit. Deutsch v L. v. Alvensleben. 8. Leipz. 835. Kaysersche Buchh. 1¼ ₰

—— histor.-romant. Erzählungen zur Schilderung uns. Zeit. Deutsch v. Ludw. v. Alvensleben. 8. (16½ B.) Leipzig 835, [Peter.]

— Genre-Bilder aus Spanien. Aus d. Franz. der Herzogin v. Abrantes. Bdch. 1 2. Quedlinburg & Leipzig: Basse 1837.
1:Xy 10694. **3. 7. 11.**
1 4556

—— Hernandez. Eine Erzählung. N. d. Franz. 8. (5 B.) Breslau 836, [Berlin, Richtersche Buchh.]

Histoires contemporaines. Par la D^esse^ d'Abrantès. (1. 2.) Bruxelles & Leipzig: Allg. Niederl. Buchh. 1835.
1:Xy 10670.
1.4539

— Luise. Nach d. Franz. v. Wilh. Ludw. Wesché. 2 Bde. 8. Lpz. 840. Kollmann. 2 ₰

— Memoiren, oder histor. Denkwürdigkeiten über Napoleon, die Revolution, das Direktorium, das Consulat, d. Kaiserreich u. die Restauration. Aus d. Franz. übers v. L v. Alvensleben. 1r–18r Bd. gr. 8. Leipz. 831—36. Allgem. Niederl. Buchh. (Hochhausen u. Fournes) 20¼ ₰

— dass. 19r—22r Bd. A. u d. T.: Memoiren über die Restauration, oder: histor. Erinnerungen aus d. Zeit der Restauration, der Revolution v. 1830 u. den ersten Jahren d. Regierung Ludwig Philipps. Deutsch v. L. v. Alvensleben 1r–4r Bd gr. 8. Lpz. 836 Allg. Niederl. B (Hochhausen u. Fournes) 4½ ₰

— Aus den Memoiren der Herzogin von Abrantès. Hrsg. u. bearb. von B. Freifrau v. Weinach geb. Kaulbach. — Leipzig: Schmidt & Günther 1903. 285 S. **1:**Rb 6547. **12:**Gall. rev. 1 cd.
1 4552

Memoiren über die Restauration oder historische Erinnerungen (6-18: Memoiren oder hist. Denkwürdigkeiten) aus der Zeit der Restauration, der Revolution von 1830 und den ersten Jahren der Regierung Ludwig Philipp's. Von der Herzogin von Abrantes. Deutsch von L[udwig] v. Alvensleben Bd 1-18. — Leipzig: Allg. Niederl. Buchh. 1833 38. **11.**
1 4550

—— Memoiren aus d. Zeit d. Restauration, s. Memoiren.

— Die Salons von Paris. Gemälde u. Portraits aus der großen Welt ... Von der Herzogin von Abrantes. Aus d. Franz. von Le Petit. Bd 1-6. — Quedlinburg & Leipzig: Basse 1837-40.
1-6 . . . . 1:R 178. 3.
1-4 . . . . 7.
1 4538

— die Salons von Paris. Gemälde u Porträts aus d. großen Welt unter Ludwig XVI, dem Directorium, dem Consulat u. dem Kaiserreiche, unter der Restauration u. d. Regierung Ludwig Philipps I. A d. Franz. v. Dr. Le Petit. 1r – 6r Bd. gr. 8. Quedlinb. 838—40. Basse. 7 2/3 ℛ (1r—5r à 1 1/3 ℛ 6r 1 ℛ)

— Etienne Saulnier. Hist. Roman v. Junot d'Abrantes. Aus d. Franz. übers. von Emilie Wille. Th. 1. 2. — Leipzig: Kollmann 1841. 5.
1 4554

— Scènes de la vie espagnole. Par d'Abrantès. T. 1. 2. — Bruxelles & Leipzig: Wahlen, Bauwens 1836. 10.
1 4555

v. Abrantes, die beiden Schwestern. Scenen aus dem Familienleben. Nach d. Franz. v. Wilh. Ludw. Wesché. 2 Bde. 8. Leipz. 840. Kollmann. 2 ℛ

— Der Verbannte. Lebensschilderungen. Von d. Herzogin von Abrantes. Aus d. Franz. Bd 1. 2. Quedlinburg & Leipzig: Basse 1838. 1:Xy 10705. 3. 11.
1 4532

Abrantes, Visconde de: Memoria sobre meios de promover a colonisação. Bln 1846: Unger. 64 S.

Ábrányi, Kornél: Graf Julius Andrássy. Ein polit. Lebens- u. Charakterbild von Kákay Aranyos II. ⟨Ábrányi Cornél⟩. Autoris. deutsche Ausg. — Leipzig: Haessel 1879. 220 S.
1:Se 4381. 300:184.981-B
1 4565

Abraxas, Frz., die engl. Staatsverfassung in ihrer Fortbildung durch Reformen von den frühesten Zeiten bis auf den heutigen Tag. Historisch, theoret. u. prakt. dargestellt. In 2 Bdn. — 1r Bd. gr. 12. Cöln 834. Ritzefeld. 1 1/4 ℛ

Abrassevin, Claude Cyprien Louis
— Alle haben unrecht, oder unparteyischer Ausspruch einer freydenkenden Dame aus Frankreich ueber die jetzigen Umstände der Jesuiten. In das Deutsche aus d. Franz. übers. von der Fräulein ***. o.O. 1762. 42 S. 300:2 an 43 F 13. Bd 8.
1 4573

Vincenz-Verein Basel. Jahrg. 35 *u* 36 *u.* 37. Gemeinsame Abrechnung der beiden Conferenzen in Klein- & Gross-Basel über das Jahr 1900 *u.* 1901 *u.* 1902. *Autographiert.* [*je* 2 S.] fol. (1901 *u.* 1902 *u.* 1903.) V[f] Bas

— Abrechnung vom Jahre 1875 nebst Mitglieder-Verzeichniss des Vereins der Schleswig-Holsteinischen Kampfgenossen 1848-51 in Altona. — Altona 1876. 18 S.
1:13 in So 33[a].
1 4579

Abrechnung, politische, zwischen den Deutschen u. Polen im Großherzogth. Posen. gr. 8. (31 S.) Bromberg 848. (Levit.) n. 3 ngr

— provisorische, üb. gemeinschaftl. Einnahmen an Zollgefällen f. d. J. 1851. Nebst fünf Beilagen. [Abdr. aus dem Central-Blatt der Abgaben-Gewerbe- u. Handels-Gesetzgebung ꝛc. in d. K. Preuß. Staaten. Jahrg. 1852.] gr. 4. (15 S.) Berlin 852, Jonas' Verl. 1/4 ℛ

Abrechnung, provisorische, über gemeinschaftliche Einnahmen an Zollgefällen f. das Jahr 1852. Nebst fünf Beilagen. Abdr. aus dem Centralblatt der Abgaben-, Gewerbe- ꝛc. Gesetzgebung ꝛc. in den Preuß. Staaten. Jahrg. 1853. gr. 4. Berlin 853. Jonas Verlhdlg. (16 S.) 7 1/2 ngr

Abrechnung (Eine) mit dem Reichslügenverband. Aus den Verhandlungen des deutschen Reichstages vom 15. u. 19. III. 1907. 8°. Berlin, Vorwärts, 1907. (Sozialdemokratische Agitationsbibliothek 7.)

Eine Abrechnung mit dem römischen Stuhl. Die hundert Beschwerden d. Reichstags zu Nürnberg von 1522–1523 (**Avisamenta et gravamina**). Verdeutscht u. mit e. Einl. versehen von Th Friedr. Mayer, Pfarrer, Buchenberg ⟨Baden⟩. Leipzig: C. Braun 1892. (58 S.) 8° [J.]
= **Aktenstücke**, Kirchliche. No 9. [05. 10951

Abrechnungsbuch (f. 24 Personen) f. deutsche Dampf- bezw. Segel-Schiffe. (24 S.) 33×21,5 cm. Hamburg (910). Eckardt & Messtorff. —40; f. 32 Personen. (32 S.) —50

Abrechnungsmethoden. — Moderne Abrechnungsmethoden. 1910 *s. a. Bach*, W. H.

Abrechnungs-Methoden, moderne. Ueber den Selbstschutz im Buchhaltungswesen nach den Methoden d. internationalen Treuhand-Vereinigg. 2. u. 3. Aufl. (174 bezw. 188 S. m. Abbild.) 8. Berlin 910. (Leipzig, F. E. Fischer.) 3. 50

Finanz - und Zolldepartement (Schweiz). **Abrechnungsstelle** der schweizerischen Emissionsbanken. Chambre de compensation des banques d'emission suisses. – 1902 - 1906.

Reichsbank. **Abrechnungsstellen.** Die deutschen . . . Auf Veranlassung der Berliner Abrechnungsstelle bearb. in der Statistischen Abteilung der Reichsbank. – Berlin: 1908 - (?).

Die deutschen **Abrechnungsstellen**. Auf Veranlassung d. Berliner Abrechnungsstelle bearb. in d. Statist. Abt. d. Reichsbank. [1.] Im J. 1908. Berlin 1909: Reichsdr. 4° [09. 18871

Abrechnungsstellen, Die deutschen, im J. 1908 ff Auf Veranlass d. Berliner Abrechnungsstelle bearb in d. Statist Abt d. Reichsbank. Berlin 1909 ff. 4°
1908, 1909 — 1915, 1916.

Abrechnungs-Vorschrift über den Genuss der kaiserlich russischen, und königlich-preussischen Armeen. Verordnung des k. k. Hofkriegsraths an sämmtliche Länder- und Gränz-General-Commanden. A. 1068. Fol. Wien, am 24. Hornung 1814.

Abrecht, Carl Otto. **Beiträge zur Behandlung der Lesestücke im neuen bernischen obligatorischen Mittelklassenlesebuche. Von Karl Otto Abrecht, Schulinspektor. 8.**
4. Schuljahr. VI + 211 S. Bern, W. Kaiser, 1896. [fr. 2. 80, geb. fr. 3. 20]
5. Schuljahr. VI + 256 S. Jegenstorf, Selbstverlag, 1899. [fr. 2. 80, geb. fr. 3. 20]
6. Schuljahr. VI + 373 S. Jegenstorf, Selbstverlag, 1902. [fr. 3. 80]

Abrecht, C[arl] O[tto]. 14 dreistimmige Lieder für Primar- & Sekundarschulen von K. O. A'.... IV + 16 S. 8. Bern, Gustav Grunau, (1909). [fr. —. 40]

Abrecht, C[arl] O[tto]. 20 zweistimmige Lieder für Primar- & Sekundarschulen von K. O. A'.... IV + 16 S. 8. Bern, Gustav Grunau, (1909). [fr. —. 40]

Abrecht, K.O.: Selbsterlebtes, Kleinere Erzählgn. (195 m. Bildn.) 8°.– Bern, A. Francke 1910.

Abrecht, C[arl] O[tto]. Selbsterlebtes. Kleinere Erzählungen von K. O. A'.... [Mit 1 Porträt-Tafel und] Buchschmuck von O[tto] Abrecht, Sohn. 195 S. 8. Bern, Gustav Grunau, 1910. [fr. 4. —]

Abrecht, H: Die Kombination von Kautschuk mit Metall zur Verstärkung der Grundplatte des Zahnersatzes. Berlin (1905)

Abrecht, K.O., s. Abrecht, Carl Otto

Abrégé

— de l'Antiphonaire Romain. ou Vespéral pour tous les jours de l'année. Nouv. Edit. gr. 12. Tarascon. 824. Mainz. Müller. 1 ℛ 6 ggr

Abrégé oder concentrirter Auszug u. Begriff der von Serenissimo Wurtembergico ad comitia imperii gebracht und mit zweyen Tomis authentischer Archival-Urkunden erläutert und bestärketen Vorlegung der anwachsenden reichs-ritterschaftlichen Irrungen in Teutschland und dahero entstehender Nothdurft eines aufzurichtenden normativi imperii. [Nebst] [Beil.] (1.)2. — Regenspurg 1750: Neubauer.
Beil u. d. T.. Reichsständische Archival-Urkunden. (1.) 2. 1750
1:2° (Beil.: 4°) Gw 13255. 12:2° J. publ. G. 58 [auch Abrégé - 2° Ded. 17; 2° Bavar. 688/6 [u.] 2° J. publ. G. 424/1; Beil. 1.2 - 2° J. publ. G. 59]. 5.
1 4584

Abrégé de la civilité moderne. Kurtzer Begriff der jetzt üblichen Höflichkeit. Sammt allerley mündlichen Complimenten. — Franckfurt & Leipzig: Hagen in Regenspurg 1709. 179 S. 9.
1.4580

— du cours de religion, à l'usage des gens etc. 8. Lausan. 767. Pott et C. 4 gr. Schreibp. 5 gr.

— court, de locutions et de phrases pour faciliter la conversation habituelle; à l'usage des élèves de l'école d'Elisabeth, par L. Z. — P. H. — P. M. 8. Berlin 832. Th. Enslin. 6 gr.

— court, de Phrases, pour faciliter aux jeunes demoiselles la conversation française, principalement à l'usage des élèves de l'école Elisabeth. 2de édit., revue et augm. de petits morceaux de lecture. 8. Berl. 838. Th. Enslin. 1/3 ₰

— court, de Phrases pour faciliter aux jeunes demoiselles la conversation française, principalement à l'usage des élèves de l'école Elisabeth. 3e édit. revue et corrigée. 8. Berlin 843. Th. Enslin. n. 1/3 ₰

— court, de phrases pour faciliter aux jeunes demoiselles la conversation française, principalement à l'usage des élèves de l'école Elisabeth. 4. édition, précédée et augm. d'un vocabulaire, formant un cours de prononciation et adapté à des exercices de traduction. gr. 8. (IV u. 204 S.) Berlin 848, Grobe. n. 1/2 ₰

Abrégé court, de phrases p. faciliter aux jeunes demois. la convers. franç. 5. Ed. 8° (227).– Berl. 1854, Barthol u. Co.

Abrégé, court, de phrases pour faciliter aux jeunes demoiselles la conversation française, principalement à l'usage des élèves de l'école Elisabeth. 5. édit., précédée et augmentée d'un vocabulaire, formant un cours de prononciation adapté à des exercices de traduction, ainsi que d'un préliminaire de grammaire. Berlin 854. Grobe. 8. (2 Bl., 227 S.) n. 15 ngr

Abrégé de tout ce qu'il y a de remarquable à Munic ... Munic 1789. V: *Rittershausen.* Ü: *Bermiller, W.* (MGT)

— de la description et de l'hist. de l'Egypte, s. a. *Collmann*, C. L.

Abrégé de la Description et de l'Histoire de l'Egypte. — Für Freunde d. Geschicht- u. Länderkunde hrsg. u. zum Gebrauch b. Unterricht, m. Erklär. d. schwersten Wörter u. Redensart. u. sonst. Erläuter. vers. v. C. L. Collmann. M. 1 Krtchn. 8. (16½ B.) Cassel 828, Bohné.

Abrégé du Dictionnaire de l'Acad. franç. II Vol. gr. 8. Par., Bauer. 772.

Abrégé encyclopedique de toutes les sciences, ... Breslau 1804. V: *Hautepierre, J. C.* (MGT)

— encyclopédique de toutes les sciences etc. av. chart. II Vol. 8. Bresl. W. Korn. 805.

– de l'essai de Locke sur l'entendement humain. gr. 8°. Dresden: Walther 1788.

— de l'essai de Locke sur l'entendement humain. 8. Genève 788. (Mayence, Kupferberg). 16 gr.

Abrégé de l'Exposé des droits de la Maison Electorale Palatine en général; ... Traduit de l'Allemand. Deux-Pont 1778. V: *Bachmann, Johann Heinrich.* (BrMm)

Abrégé de la fortification. Kurtzer Auszug einiger zur Krieges-Bau-Kunst gehörigen Wissenschaften. — Halle 1755. 38 S., 3 Tab. 1: Hy 1228.
1.4598

— Leipzig & Halle 1762. 38 S., 3 Tab. 12: Techn. 114/4. 7.
1.4599

— Ebd. 1767. 38 S., 3 Tab. 1: 1 in Hu 14082.
1.4600

Abrégé de la fortification etc., av. grav. 8. Glogau. 762. C. F. Günther. 4 gr.

— de Géographie en franç. à l'usage des enfans. 8. Dessau 783. J. Savans. 4 gr.

Abrégé de la Geographie de Russie etc. par Roussel. 8. Brunsw. Pluchart. 813.

— de la Grammaire allemande, d'après les principes de Gottsched et Junker, à l'usage des Français. Nouv. Edit. 8. Basel 810. (Neukirch). 8 gr. Le même in 12. Basel 798. (Treuttel et W. in Strassb.) 8 gr.

— de la grammaire allemande, d'après les principes de Gottsched et Junner, à l'usage des français. Nouv. edition. 8. Basle, Flick. 810.

Abrégé de la grammaire allemande de Gottsched et Juncker, 12. Ist jetzt Verl. v. Treuttel & W. in Strasburg.

Abrégé de la grammaire allemande suivi d'un vocabulaire des racines. Fribourg 1845. V: *Pottgeisser, Jul.* (SO)

Abrégé de grammaire française par demandes et par réponses ... Kempt. 1838. H: *Lemoine, P.* (Gi)

Abrégé de grammaire française par Demandes et par Réponses, ou Supplément à la grammaire de Claude et Lemoine et de toute autre Grammaire. gr. in-12. Kempten 838. Dannheimer. 1/6 ₰

Abrégé de grammaire française par demandes et par réponses, ou supplément à la grammaire de Claude et Lemoine. 2e édit., revue et corr. et augm. gr. in-12. Kempten 843, Dannheimer. 1/6 ₰

— de la grammaire française par Wailly. Nouv. édition revue, corrigée et augmentée a l'usage de Polonais. gr. 8. Bresl. W. G. Korn. 811. —
relié —

— de la Grammaire suédoise à l'usage des Etrangers. 8. Gothenb. 811. (Schubothe in Copenh.) 10 gr.

— de la grammaire suédoise à l'usage des Etrangers. 8. Gothenburg, Bonnier à Copenhague. 818.

— de la grammaire de Wailly. 12. Bas. Thurneysen. 798.

— du Guide des Voyageurs en Europe. 12. Paris. (Degen a Vien.) 809.

— du Guide des Voyageurs en Europe, avec une Carte itineraire de l'Europe. Nouv. Edit. 12. Wien 809. Degen. 5/6 ₰ sans Carte 1/3 ₰

Abrégé de l'histoire d'Allemagne à l'usage de la Jeunesse ... Nuremberg 1795. V: *Reinhard.* (Ky) (MGT)

— de l'histoire d'Allemagne, à l'usage de la jeunesse de deux sexes, dep. Charle M. jusqu'à Léopold II., avec un vocabulaire. Nouv. édit. (par ... Reinhard.) 8. Nürnb. 797. (Eichhorn). 1 ₰ 4 gr.

— de l'Hist. de la Bible. 8. Landsh. Hagen. 795.

— de l'histoire de la Bible du nouv. Testament de Mr. Fleury, avec l'addition de la morale, à l'usage de la jeunesse, 8. Landsh. 815. Kopp. (Storno). 4 gr.

— de l'histoire de Brandenbourg, à l'usage des enfans. 8. Berlin 773. (Potsdam, Horvath). 3 gr.

— de l'histoire ecclésiastique, conten. les évènements considérables de chaque siècle; avec des reflexions XIII Vol. gr. 4. Cologne 762. (Neff in Stuttg.) 12 ₰ 16 gr.

— de l'histoire ecclésiastique de Fleury, trad. de l'anglois. II Vol. gr. 12. Bern 766. (Berlin, Voss). 1 ℛ 12 ℊ

Abrégé de l'histoire ecclesiastique (p. *Fleury* et Racine). XIII tomes gr. in 4. Cologne 1762—67, (Ludw. Stahel in Würzb.) 12 Thlr. — 20 fl.
Eines der besten Werke über die Kirchengeschichte. Man lese den darin enthaltenen „Lettre du R. P. Touron, Dominicain, au sujet du témoignage favorable qu'il a rendu à N. S. P. le Pape Benoit XIV. de cet Abrégé.

— de l'histoire de l'église chrétienne, depuis sa naissance jusqu'à l'époque de la réformation. 12. Strassb. 817. Treuttel et W. 4 ℊ

— de l'histoire des Empereurs qui ont régné en Europe depuis Jules-César jusqu'à Napoléon. 8. Dresden 806. Walther. 1 ℛ

— de l'Hist. de la franche-maçonn. etc. 8. Lond. Thourneisen 779.

— de l'histoire naturel des quadrupèdes. Halle, Dreysig. 12 ℊ avec 300 fig. 4 ℛ 12 ℊ

Abrégé de l'histoire poëtique ou la mythologie ... Bern 1787. V: *Lanteires, Jean.* (Ky)

Abrégé de l'histoire poëtiq. ou la mythologie etc. 12. Bern 787. Typograph. Soc. 8 ℊ

Abrégé de l'histoire sainte de l'ancien testament, s.: Inbegriff der heil. Geschichte d. alten Testaments.

— de l'histoire de Spa, ou mémoire hist. et crit. sur les eaux minérales et thermales de la province de Liège et spécial. sur celles de Tongres, Spa et Chaudfontaine considérées sous le rapport de leur ancienneté et de leur célébrité, par D. B. L. 18. Liège 818. Collardin. 14 ℊ

— de l'histoire de Spa, ou mémoire hist. et crit. sur les eaux minérales et thermales de la province de Liège et special. sur celles de Tongres, Spa et Chaudfontaine considérées sous le rapport de leur ancienneté et de leur célébrité p. D. B. L. Liège 18. à Leipzig, Gleditsch en Comm. 818.

— de l'histoire suisse, trad. de l'allemand par J. Gaudin. gr. 8. Zürich 817. Orell, 12 ℊ

Abrégé de l'histoire de la Suisse. Zurich 1817 *s.* [Maurer, Hans Rudolf].

Abrégé de l'histoire de l'ancien testament, s.: Inbegriff d. heiligen Geschichte des alten Testaments.

Abrégé de l'hist. de l'oncle Tom, s.: Bibliotheque, pet., franc.

Abrégé de l'histoire de la vie et des actions de Scanderbeg ... par l'auteur des Lettres Turques. Berlin 1777. V: *Belin de Monterzi.* (BrMm)

Abrégé historique du règne d'Albert [Erzherzog v. Österreich] et Isabelle [Prinzessin d. Niederlande], 1592-1602. Avec une introd. et des notes par Adrien Campan. — Bruxelles, Gand & Leipzig: Muquardt 1867. XXI, 124 S. (Collection de mémoires rel. à l'histoire de Belgique)
1: To 244 26. **12:** 4° Belg 440-26. **300:** 113.393-B [u] 30.939 p. **2. 3. 4. 5. 7. 9. 10.**
I 4620

Abrégé historique concernant la mère et primitive loge des francs-maçons établie à Berlin..., s. Wöllner, Joh. Christoph v.: Historische kurze Nachricht...

— histor., des quadrupèdes. Halle, Dreyssig. avec 300 Figur.

— historique des sciences et des beaux-arts, à l'usage de la jeunesse. 8. Dresde 785. Walther. 12 ℊ

Abrégé historique du vieux et du nouveau Testament, ... Erlangen 1784. Ü: *Meynier, Johann Jacob.* (ML)

— de la langue franç. p. M. C. 8. Dresd. 765. Gröll. 6 ℊ

— le même Livre en Latin. 8. chez le même. 785.

Abrégé de la nouvelle méthode pour apprendre facilement la langue latine. Berne 713. 8. 8 gr.

— de l'ortographie portatif, conten. les mots absolument consonnans. gr. 8. Brünn 824. Trassler. 6 ℊ

— petit, du nouv. Testament cont. les principales actions etc. 8. Wien 770. Tendler. 4 ℊ

Abrégé de la philosophie en général d'enfant plus avancé Avec chapitre comment il faut juger des livres, et comment il faut lire un livre avec fruit Par un partisan de Chrêtien Wolff. — Dresde 1742. 8 Bl. **3.**
I 4625

Abrégé des Principes de l'Economie politique. 1772. V: *Carl Friedrich, Markgraf zu Baden.* (Ky) (MGT)

— des principes de l'économie politique, (par Charl. Friedrich.) 8. Carlsr. 772. Macklott j., 796. (Braun). 3 ℊ

— des principes de la langue française selon le stile le plus moderne par J. P. Fogel. gr. 8. Mayence, Kupferberg, 814.
(s. auch Fogel).

— des règles de l'art oratoire, voyes J. B. Daulnoy.

— des Règles de l'art poétique etc. voyes Daulnoy.

— des sciences, p. la jeunesse. 12. Bern 793. Typogr. 16 ℊ

Abrégé de toutes les sciences à l'usage des enfans ... Nouvelle edition revue et augmentée. Berlin 1767. Sixième edit. Potsdam 1791. H: *Formey, Joh. Heinrich Sam.* (ML)

— de toutes les sciences, à l'usage des enfans de six ans jusqu'à douze. Nouv. édit, avec un abrégé de l'hist. de Brandenbourg. 8. Potsd. 803. Nouv. edit. 811. Horvath. 16 ℊ

— de la Théorie milit., avec fig. gr. 8. Wien, Trattner. 766.

Abrégé de la vie de Saint Alphonse-Marie de Liguori.... Suivi d'une Neuvaine en son honneur.... 8. Fribourg en Suisse 1840.

Abrégé de la vie des peintres dont les tableaux composent la Galerie Electocale de Dresde. Avec le détail de tous les tableaux, ... Dresde 1782. V: *Lehninger, J. A.* [?] (BrMm)

— de la Vie des Peintres, dont les tabl. compos. la galler. de Dresde. 8. Dresd. Walther. 782.

— du Voyage du j. Anacharsis. 8. Nürnberg. (Renge à Halle.) 810.

Abrégé du Voyage du jeune Anacharsis en Grèce, ... Nuremberg 1794. V: *Meynier, Johann Heinrich.* (Fiker) (MGT)

— du voyage de Mungo Park etc. à l'usage de la jeunesse. 8. Bresl. W. G. Korn. 807.

Abreise. — Bonaparte's [Napoléon I. Kaiser v. Frankreich] Abreise aus Deutschland. Von e. wahren Deutschen. — o.O. (1814). 8 Bl. 1: Yn 886.
I 4646

Von der **Abreise** Erzherzog Leopolds [von Österreich] nach Jülich bis zu den Werbungen Herzog Maximilians von Bayern im März 1610 von Felix Stieve. Bearb. von Karl Mayr. München: M. Rieger 1905. (XVIII, 417, XXI S.) 8°
= **Briefe** u. Akten z. Geschichte d. 30jähr. Krieges. Bd 7. 105. 7691

— Die wohl- und missvergnügte Abreise aus Pyrmont als ein Bild eines wohl- und missvergnügten Sterbens. — Lemgo (1737): Meyer. 4 Bl. **7.** 1.4648

Abreißkalender
— **1891. 16.** Düsseldorf, Fol. Bagel. — 50

— **1891. 16. Würzburg, Etlinger'sche Buchh. n. — 60**

Abreiss-Kalender mit Bibelsprüchen für das Jahr 1881. Basel, C. F. Spittler. 1880 — 90

Abreiss-Kalender mit Bibelsprüchen für das Jahr 1882. Basel, C. F. Spittler. 1881 — 90

Christlicher Abreiss-Kalender. Spat in der Krim. Gegr. 1898. Hrsg. u. Verleger Abraham Kröker.

Abreiß-Kalender f. d. deutsche Haus. 1891. 16. Aachen, Barth. Gewöhnliche Ausg. m. langem Karton. — 90
Ausg. m. besserem Karton. 1. —
Ausg. m. Kalendarium auf dem Karton. 1. 20

Abreisskalender. **Abreiss-Kalender historisch & poetisch für das Jahr 1901. [Tagesdaten der Schweizer-Geschichte.] 367 Bl. 8. (Bern, Haller, 1901.)**

Abreisskalender, mit den Losungen und Lehrtexten der Brüdergemeinde. Basel, Spittler. 1883
— Dasselbe. Ausgabe mit grossem Rückenschild (Bild: Jesus und die Samariterin am Jakobsbrunnen). Format: $17^1/_2 : 24^1/_2$. Ebendas. 1 20

Abreißkalender mit den Losungen und Lehrtexten der Brüdergemeine für 1888 und 1889. 16. Gnadau, Unitäts-Buchh.

— m. den Losungen u. Lehrtexten der Brüdergemeine f. 1891. 16. Gnadau, Unitäts-Buchhandlung. — 70

Neuer Abreiss - Kalender. Hrsg. u. Verleger Louis Nietzsche. Odessa, erschien seit 1903 bis...

Abreisskalender, photographischer, 1910. Mit künstler. Photograph. u. techn. Erl. Lex.8. Halle, W. Knapp. 2. —

Abreisskalender, schweizerischer, für 1880. In-16°. Zürich, Cäsar Schmidt. 1879 1 —

Abreisskalender. Schweizerischer Abreiss-Kalender historisch & poetisch für das Jahr 1902. [Tagesdaten der Schweizer-Geschichte.] II + 365 Bl. 8. (Bern, Haller, 1902.)

Abreiss-Kalender mit Sprüchen, für 1880. In-16°. Basel, C. F. Spittler. 1879 1 —

Abreiss-Kalender mit Sprüchen aus Jer. Gotthelf's Schriften. In-16°. Bern, K. J. Wyss. 1890

[**Abreisskalender,** mit Tagesdaten aus der Schweizergeschichte und Kochrezepten.] (1904.) (732 S.) 8 (Kreuzlingen ⟨Thurgau⟩, Friedr. Stadler.)

[**Abreisskalender,** mit Tagesdaten aus der Schweizergeschichte und Kochrezepten.] (1907.) (II + 730 S.) 8. (Kreuzlingen ⟨Schweiz⟩, Friedr. Stadler.)

Abresch, A., Erinnerungen an d. Donaureise v. Ulm bis Sulina in 75 maler. Ansichten, s. Bartlett, W. H.

Abreschii, F. L., Dilucidationes Thucydideae. Traj. ad Rh. 753-55. 2 Partes. 8. Ejusd. Auctarium dilucidationum. Zwoll. 763. 8. Zusammen 3 rthlr. 16 gr. Selten.

Abresch, Frederik Lodewyk
— [Hrsg.] s. a. *Aristaenetus:* Epistolae. 1749.

Abreschii, **Fr. Ldw., animadversiones ad Aeschylum, s. a.** *Apparatus* **criticus.**

— — Animadversionum ad Aeschylum libri 3. Halis Sax.: Gebauer 1832. XXVIII, 410 S. (Apparatus criticus et exegeticus in Aeschyli tragoedias. 2.)
1:Vg 2348-2. 12:A.gr.a. 170-2. 2. 3. 4. 5. 6. 7. 10. 11. 1.4651

Abresch, Hermann *Otto August* [aus Neustadt a. d. Haardt]: Ueber die elektrolytische Reduktion aromatischer Nitrokörper ... Heidelberg, Univ.-Buchdr. v. J. Hörning, 1894; 31 S., 1 Bl. 8. Heidelberg, Naturw.-math. Fak., Inaug.-Diss. v. [29. Mai] 1894

Abresch, J. F., Diss. ad S. C. Vellciauum. Traj. ad Rh. 765. 4. *6. S. C. de imperio Vespasiani.*

Abresch, Ludwig: Verhältnisszahlen und Tabellen zur leichten Umwandlung der alten preussischen und der neuen deutschen Maasse und Gewichte. — Köln 1872. **6.** 1.4656

Abresch, Wilhelm: Die Ordnung des Heyls, oder eine Unterweisung von den Gründen des wahren innern thätigen Christenthums. Nunmehro auf Begehren mit Sprüchen der H. Schrifft verm. Nebst e. Anh. etlicher kurtzen Reim-Gebätlein. 3. Ed. — Berlenburg: Haug 1733. 184 S. **6.** 1.4658

Abrest, Paul d': Geschichten aus der Pariser Belagerung. Leipzig: Reclam [1878]. 108 S. (Universalbibliothek. 959.) 1:Ag 7201-959. 12:Var. 380k-959. 300:410.411-A. Per. 959. 1.4659

Abreu, Sebastião d': Institutio parochi, seu speculum parochorum. — Augustae Vind. & Dilingae: Bencard 1700. 1348 S. 12:4° Past. 1. 300:10 F 3. 2. 1.4671
— — Ebd. 1701. 1348 S. 12:4° Past. 2. 2. 102P. 1.4672

Abreu de Galindo, Juan de
— Geschichte der Entdeckung und Eroberung der Kanarischen Inseln. Aus einer in der Insel Palma gefundenen span. Hs. übers. Nebst einer Beschreibung der Kanarischen Inseln [A description of Canary Islands] von George Glas. Aus d. Engl. [von Johann Lorenz Benzler]. — Leipzig: Weygand 1777. 360 S. 1:Us 8347. 2. 3. 8. 1.4675

Abrezol, E., Telegraphenwesen, s.: Bibliographie d. schweizer. Landeskunde.

Die Abrichtung des Sanitätshundes. Hrsg. vom 'Deutschen Verein für Sanitätshunde' Oldenburg i. Gr. -- (Oldenburg i. Gr. 1916: Stalling.) 61 S. 1:Oy 23884. 1.4688

Abrichtungs Instruction für die neuartigen Feldgeschütz-Batterien. (Mit 2 Taf.) 8. Wien **1858.**

Abrichtungs-Reglement. Wien 1806.
– – 1854. 1857. 1863.

Abrichtungs - Reglement für die k.k. Artiellerie. (Mit 10 Taf.) 8° Wien 1859.

Abrichtungs-Reglement für die k. k. Artillerie. Wien 1866. 8°.

Abrichtungs- und Exerzier-Reglement, das, für den Bedarf der Nationalgarde eingerichtet; nebst Dienst-Vorschriften für Verhaltungen bei den, von der Nationalgarde, vorzugsweise zu leistenden Diensten, so wie Andeutungen über ihre Waffen, als Leitfaden bei der Instruction und zum Selbstunterrichte von e. k. k. Offizier. 3., verm. Aufl. gr. 16. (156 S. und 3 Stnt. in qu. 8.) Wien 848, Sallmayer und Comp.

Anhang zum **Abricht-** u. **Ex.- Rgl.** der Cav. Wien, 1806. 2°.

Anhang zum Abrichtungs- und Exercir-Reglement der k. k. Infanterie. 4. Wien 1807.

Abricht.- u. Exercier-Reglem. f. d. K. u. K. K. Cavallerie, m. K. gr. 4. Wien, Degen. 805.

Anhang zum Abrichtungs- und Exercir-Reglement der k. k. Cavallerie. Lithogr. (Mit 9 Taf.) Fol. Wien am 25. März 1838.

Abrichtungsreglement. -- Anhang zum Abrichtungs- und Exerzier-Reglement (der K. K. Cavallerie). [Nebst] Anl. u. Pl. -- o.O. [um 1840].
Anl u d. T.: Anleitungen und Behelfe für die Aufstellung und Bewegung mehrerer Regimenter.
12:4° Don. Reg. 9 I.
1 4689

Abrichtungs-Reglement für die Freiwilligen-Cavallerie-Regimenter. Zweiter Abschnitt. (Ausbildung in geöffneter Ordnung.) gr. 8. (10 S.) Wien 860, Hof- und Staatsdruckerei.

- Abrichtungs-Reglement für die Kaiserlich-Königlichen Fuß-Truppen -- Wien 1862: Hof- u. Staatsdr. VIII, 251 S. 1:Hz 33420. 300:120.355-B. 82.
1 4690

-- Ebd. 1867. X,300 S.,1 Taf. 300:70.517-A.
1 4691

Abrichtungs-Reglement für die k. k. Fußtruppen. 8. Wien 868, k. k. Hof- und Staatsdruckerei. geb. *

Abrichtungs-Reglement für die k. k Genie-Truppen. 8. Wien 1853.

— für die Jäger der k. k Armee. Beigeb.: Anhang über die veränderte Tragart der Stutzen und Kammerbüchsen, und die daraus hervorgehenden veränderten Handgriffe. (Mit 12 Taf.) Wien 1841.

Abrichtungs-Reglement für die k. k. Jäger. (Entwurf.) (Manuscript) Fol. Wien 1813

Abrichtungs-Reglement f. d. k. k. Jäger. 1851. gr. 8. (XVI u. 280 S. m. 21 lith. Taf. in gr. 8., gr. 4. u. qu. Fol.) Wien 851. (Leipzig, Hübner.) baar n. 1 1/6 ℛ

Abrichtungs-Reglement für die k. k. Jäger. (Mit 20 Taf., hievon Taf. 10—20 mit Jäger-Abbild.) 8. Wien 1856.

Abrichtungs Reglement für die k auch k. k. Infanterie. Wien, den 15 May 1806. Erzherzog Carl, Generalissimus. Beigeb: Aenderungen. (Lithogr.) 4. Wien 1806.

Abrichtungs-Reglement für die Kaiserliche und Kaiserlich-Königliche Infanterie. — Wien 1806: Hof- und Staatsdr. 68 S. 12:4° Don. Lud. 167 300:77 R 10.
1 4692

Abrichtungs-Reglement für die k. k. Infanterie. (1 Bd. Text und 1 Bd mit 29 Beilagen, hievon 19-29 mit Soldaten-Abbildungen) 8 Wien 1843

— — 2 Aufl. (1 Bd. Text und 1 Bd. mit 29 Beilagen, hievon 19—29 mit Soldaten Abbildungen) 8. Wien 1845.

Abrichtungs-Reglement, das, für die k. k. Infanterie, eingetheilt in 14 Uebungs-Zetteln (Lectionen) und einem Anhange, nach der Instruction für die Lehr-Bataillons mit allen Kommando-Worten, Hornsignalen, Trommelstreichen und vielen Notizen, als Beilage die Marschordnung. Von K., k. k. Hptm. *Pest* 1858. *Hermann Geibel.* 116 S., 16°. 18 kr.

Abrichtungs-Reglement für die Infanterie der Insurrection des Adels von Ungarn Auf höchsten Befehl Sr. k. k. Hoheit des Erzherzogs Palatinus entworfen. 8. Pest 1809.

Abrichtungs-Reglement für die Cavallerie der Insurrection des Adels von Ungarn. 8. Pesth 1809.

Abrichtungs-Reglement für die k. k. Cavallerie. Erzherzog Carl, Generalissimus. (2 Pläne.) Beigeb.: Berichtigung der in dem Abrichtungs-Reglement für die k. k. Cavallerie eingeschlichenen Fehler — Erläuterungen vom 1. Mai 1816 (des Hofkriegsrathes) für das Cavallerie-Abrichtungs-Regulament (lithogr.), um eine vollkommene Gleichheit möglichst zu erzielen, und dass fortan keine willkürlichen Auslegungen der bestehenden Vorschriften, oder wohl gar Abweichungen von dem Abrichtungs-Regulamente mehr gestattet werden. — Erklärung des Plans, aus welchem sowohl die Stell- und Eintheilung, als die Schwenkung mit Zügen und halben Escadronen zu entnehmen ist. 4. Wien 1806—1816

—— für die k. k. Kavallerie. 1851. gr. 8. (XVI und 420 S. mit 12 Stnt. in gr. 8. und gr. 4.) Wien 851. (Leipzig, Hübner.) **

Abrichtungs-Reglement für die k. k. Cavallerie. (Mit 13 Taf.) Beigeb.: 1. Anhang. 8. Wien 1851.

— — für die k. k. Cavallerie 1854. (Mit 13 Taf.) 8. Wien 1854.

— — für die k. k. Cavallerie 1857. (Mit 7 Taf.) Beigeb.: Uebersicht der im Abrichtungs Reglement der Cavallerie mit Rücksicht auf den Gebrauch bei den Freiwilligen vorzunehmenden Berichtigungen. 1860. Zweiter Abschn Ausbildung in geöffneter Ordnung. §. 134—139. 1860 Uebersicht der im Abrichtungs-Reglement der Cavallerie mit Rücksicht auf den Gebrauch für die leichte Cavallerie vorzunehmenden Berichtigungen. 1862. 8 Wien 1857—1862.

Abrichtungs-Reglement für die k. k. Kavallerie 1857. Wien, 1857. Aus der k. k. Hof- und Staatsdr. (XIV. 296. S. 8.) (Enthält 7 Pläne kl. Querf.)

—— für die kais. königl. Kavallerie. 1868. gr. 8. (XII und 236 S. mit eingedr. Holzschn. und 11 Stnt. in 8., 4. und qu. Fol.) Wien 868. (Leipzig, Denicke.) **

Abrichtungs-Reglement für die k. k. Cavallerie. Mit eingedr. Holzschnitten, lithogr. Tafeln u. 4 Plänen. gr. 8 (230 S.) Wien, Hof- & Staatsdruckerei. 1863 2 fl. 10 kr.

--- 1870. (Mit Berichtigungen v. J. 1871.) kl. 8. Wien 1870—1871.

Abrichtungs-Reglement für die k. k. Landesgendarmerie. 8. Wien, Leopold Sommer 1853.

—— für die k. k. Landes-Gendarmerie, verfaßt nach den Armee-Reglements und neu umgearb. auf Grund der auf die neuesten Veränderungen Bezug nehmenden erflossenen Verordnungen der h. Gendarmerie-Inspektion und des h. Landes-Gendarmerie-Kommando, nebst der Vorschrift über die Behandlung des neuartigen Extrakorps-Gewehres. 2., vollständig neu bearb. Aufl. gr. 8. (IV und 175 S. mit 5 lithogr. Plänen in gr. 8., 4. und qu. Fol.) Wien 858, Sommer. (Wien, Klemm.) *

Abrichtungs-Reglement für d. Linien=Inf. Mit Pl. 2. Aufl. Bd.1.2. Wien, 1843. 1845.

— Abrichtungs-Reglement für die K.K. Linien-Infanterie, 1843. Nach d. 2. Aufl. abgedr. — Wien: Strauss & Sommer 1846. XVI,239 S. 7.
1.4697

—— für die k. k. Linien- und Grenz-Infanterie. 1851. gr. 8. (XVI und 320 S. mit 21 Stnt. in gr. 8., gr. 4. und qu. Fol.) Wien 851. (Leipzig, Hübner.) *

Abrichtungs-Reglement für die k. k. Linien- und Gränz-Infanterie. 1851. 8. (XVI, 320 S. XXI Pläne.) Wien. Druck und Verlag von Leopold Sommer. 1854.

Abrichtungs-Reglement für d. Linien- u. Grenz- Inf. u.d. Jäger. Wien, 1860.

Auszug aus dem neuen Abrichtungs-Regelment für die k.k. Fußtruppen. 16° (118 S.).– Wien, Seidel & Sohn in Comm. 1867.

Abrichtungs-Reglement für die k. k Pionniere. (Mit 17 Taf.) 6. Wien 1853.

Abrichtungs Reglement, Provisorisches. 3. Abth. Ausbildung des Artilleristen für seine Verwendung beim Rohrgeschütz. (Mit 6 Taf.) (Lithogr.) Fol. Wien 1857.

Abrichtungs-Vorschrift für d. Landwehr. Wien, 1808.

Abrichtungs-Vorschrift für die Innerösterreichische Landwehre. Aus dem k. k. Infanterie-Abrichtungs-Reglement ausgezogen. 8. Grätz 1808.

Abrie,W., s.a. A b r i e , Willy (Bruno Walter).

Abrie, W., Führer durch Spandau und Umgebung. Als Beigabe: ein genauer Plan der Stadt, eine Karte vom Grunewald, Fahrplan Spandau-Berlin, Dampfschifffahrtspläne und Droschken-Tarif. 8. (50 S.) Spandau 886, (Neugebauer'sche Buchh.) cart. *

Abrie, Willy [Bruno Walter], u. Gust. Kötter, in Moll u. Dur. Ernstes u Heiteres. 8. (78 S.) Ribnitz 885. Biscamp. — 75

Abrie, W.: Mein Sonnenstrahl. Aufzeichngn. a. d. Nachlasse e. Schauspielerin. Novelette. (3. Aufl.) 8°(36).– Lpzg. 1887, Oesterwitz Nf.

†Abrie, Willi [Bruno Walter], mein Sonnenstrahl. Aufzeichnungen aus dem Nachlasse einer Schauspielerin. Novellette. (3. Aufl.) 8. (36 S.) Spandau 887, Frankfurt a./O., Oesterwitz's Verlag.

Abris s.a. A b r i s s

Kurzer Abris von dem Betragen der mecklenburgischen Ritterschaft während jetziger Landes-Regierung, woraus der eigentliche Zusammenhang derer seit dem Jahr 1748 erwachsenen Landes-Differenzen deutlich zu ersehen ist. o.O.1752. 31 S.
1:11 in 2° Gx 13986 [u.] an 4° Sn 7206. 12:2° Ded. 245/1. 8.
1.4751

Accurater Abriss der Stadt Breslau im Herzogthum Schlesien. 1 Bl. K.

Abriss, Aufrichtiger, der wahren und gantzen Apostolisch-Catholischen Kirchen, von einem Vornehmen von Adel. Cölln [Braunschweig] 1714. V: *Raesewitz, G. Christoph Ferdinand.* (Wr) *Rastwitz.* (Döll)

Abriß d. merkw. Begebenh. etc. in Engl. etc. u. d. Italien. Staaten, s. Albon Abhandl.

Abriß der merkwürd. Begebenheiten im venetian. Staate. 12. Passau 798. Ambrosi. 6 gr.

Abriss der im Oktober 1760 erfolgten Belagerung der Vestung und Churstadt Wittenberg. In gebundener Schreibart entworfen. — Wittenberg: Gerdesius o.J. 16 S.
1:4° Yl 5901. 12:4° P. o. germ. 236-1. 3. 7.
1.4712

Abriss u. Beschreibung der Festung Christianstadt in Blekingen, wie solche von S. K. M. von Dennemark emportiret worden, d. 14. Jan. 1710. 4.

Abriss des Campements der hohen Alliirten nebst der Festung Stralsund. fol. 1715.

Abriss eines rechtschaffenen und thätigen Christenthums unter dem Bilde eines christlichen Bürgers und gottseligen Pilgrims abgemahlet von J. V. A. und nun ... ins deutsche übersetzt. Tübingen 1775. V: *Andreae, Johann Valentin.* (Burk, Vollst. Verzeichnis aller Schriften des Andreae. 1793, S. 5.) (wolfstieg II, 945)

Abriss chron.-ethnogr., d. Weltgesch. d. Alterth. u. d. Mittelalt.z. Memor. f. Schüler d. Gymn. 3. Aufl. 16°(46).– Cref. 1854, Klein.

— chronologischer, der Geschichte d. europ. Staaten. von den frühesten Zeiten bis zur Mitte des Jahres 1833. 1s Bdchn. Frankreich (v. Fr. v. Kantler). 12. Ludwigsburg 834. (Hamburg, Berendsohn.) 1/2 Rthlr.

—— chronolog., d. Gesch. d. europäisch. Staaten, v. d. früh. Zeiten bis zur Mitte d. J. 1833. 1. Bdch.: Frankreich. 12. (10 B.) Ludwigsburg 834, Nast.

— chronologischer, der Weltgeschichte zum Schulgebrauch, (v. J. C. Sahme). 8. Elbing 834. Neumann-Hartmann. 1/2 Rthlr.

—— chronolog., d. Weltgeschichte z. Schulgebr. (Von J. C. Sahme.) 8. (3½ B.) Elbing 834. (Berlin, Stuhr.)

Abriss, Chronologischer, der Weltgeschichte in Tabellen. Dresden 1817. V: *Fränkel, Maimon.* (Schr)

Abriss, Dokumentarischer, der Geschichte der liberal-konservativen Politik vom Jahre 1842 bis zum Jahre 1847. Ms. (Augsburg) 1843. 8°.

Eigentlicher Abriss und Beschreibung des kostbaren Feuer-Wercks, welches bey Ihro Königl. Maj. in Pohlen ... Anwesenheit in Dressden A. 1699 den 13. Nov. verbrennet worden. — Dressden: Bodenehr [um 1700]. 2 Bl. 2° 3.
1.4715

Eigentlicher Abriss und Beschreibung des ... vorgestellten Feuer-Wercks, welches dem ... König in Dennemarck ... Friedrich [Frederik] dem Vierdten ... bey dero ... Anwesenheit allhier in Dressden zu Ehren der ... König zu Sachsen ... den 6. Junii 1709 ... auf dem Elb-Strohm verbrennen lassen. — Alt-Dressden: Bodenehr (1709): Schwencke. 4 Bl. 2° 3.
1.4716

Eigentlicher Abriss und Beschreibung des ... vorgestellten Feuer ... Wercks, welches dem ... König in Dännemarck ... Friedrich [Frederik] dem Vierdten ... bey dero ... Anwesenheit [!] allhier in Dressden zu Ehren der ... König ... zu Sachsen ... den 6. Junii 1709 ... auf dem Elb-Strohm ... verbrennen lassen. — Dressden: Bodenehr (1709): Harpeter. 4 Bl. 2° 3.
1.4717

Eigentlicher Abriss eines wunderbahren Korn-Stengels von etlichen zwanzig Aehren, welcher 2 Stunden von Dressden in eines Schenck-Wirths Weinberge, nahmens Johann Christian Langsack aus Völckersdorff, gewachsen, auch bereits den 13. Julii dieses 1750. Jahres reiff in sein Hauss gebracht. — o.O. 1750. 2 Bl. 4° 3.
1.4720

Eigentlicher Abriß deß gottseeligen Lebens-Wandels S. Felicis, von Cantalicio gebürtig, auß dem Orden deß Heil: Seraphischen Vatters Francisci. — Prag 1713: Wickhart. 119 S.
1: Dw 9230. 12:4° V.S.S. 244. 2. 10.
1.4721

— d. denkwürdigsten polit. Ereignisse im Kanton Zürich, seit d. 17. April 1802. 1s Hft. 8. Zürich 803. Ziegler u. S. 8 gr.

Abriss und ausführliche Erklärung aller Künste und Wissenschaften für erwachsene Personen ... Frankf. u. Leipz. [Nürnb.] 1779. V: *Hirsch, Michael Christian & Heinrich Georg Hoff.* (ML) (MGT) (GGr) (Will)

— u. Erklärung aller Künste u. Wissenschaften, für Erwachsene, (v. H. G. Hoff). 3e Aufl. 8. Frankf. u. L. 782. Bauer u. M. 1 Rthlr. 12 gr.

Abriß des Feuerwercks, welches an dem ... Geburths-Feste Ihro Kayserlichen Majestät von Rußland Anna Joannowna [Anna Kaiserin v. Russland] ... 1740 ... in St. Petersburg vorgestellet worden. Isobraženie onago fejerverka, kotoroj v den' roždenija ... Anny Joannovny ... 1740 ... predstavlen byl. — (St. Petersburg 1740.) 3 Bl. 2° 7.
1.4722

Anonym: „Abriss von der Forstbewirthschaftung in den königlich preussischen Staaten", Leipzig 1792 (Vogel). — Vorh.: Preußische Staatsbibliothek Berlin.

— der Forstwirthschaft in den k. Preuß. Staaten. gr. 8. Leipz. 792. (W. Vogel). 8 gr.

— d. Gauner- u. Bettlerwesens in Schwaben, (v. J. U. Schöll). 8. Stuttg. 793. Löfflund. (Hoffmann). 1 Rthlr. 4 gr.

Abriss der G e g e n d um Prag – und der am 6. May 1757 daselbst vorgefallenen Schlacht. Berndt fec. O.M. 1 Bl.

Abriß der Geographie. Für Stadt- u. Landschulen. Besonders für d. Königreich Hannover bearbeitet. gr. 12. 841. 2. verb. Aufl. gr. 12. Celle 841, Schulze. 1/8 Rthlr.

—— der Geographie. Für Stadt- u. Landschulen. Besond. f. d. Königr. Hannover bearb. 2., verb. Aufl. gr. 12. (2⅙ B.) Celle 842, Schulzesche Buchh.

—— der Geographie u. Geschichte d. Königr. Bayern nach d. neuesten Bestimmungn. u. Eintheiln. Für d. obern Klassen d. Volksschulen u. d. Privatgebr. 2. Aufl., umgearb. v. A. Friedr. Butters. M. 1 litho-typogr. Charte d. Königr. u. d. Stammbaum d. ununterbroch. Stammfolge d. Regentenhauses Bayern seit d. 12. Jahrh. (gezeichn. nach Fr. v. Paula Schraml.) 12. (3⅔ B.) Zweibrücken 839, Ritter.

Abriss der Geographie zum Gebrauche in und äusser Schulen, nebst der besondern Geographie des Erzstiftes Salzburg und einem Unterricht vom Weltgebäude und vom Gebrauche der Globen. Salzb. 1782. V: *Kleinsorg, Raphael* (BiblPort) (Hdschr. Mitt. Alois Hilmar Huber in Salzburg.)

— geograph., v. Deutschland. Bresl. 827, Grüson u. C

Abriß, geograph., von Europa. In Etui. Liegnitz 827. Kuhlmey. 10 K

— geographischer, d. einzelnen Staaten d. Preuß. Monarchie ꝛc., s. Repertorium, geograph.-statist., zu Sotzmanns Karte. 2s Stück.

— geograph.-statistischer, d. Länder d. Hauses Sachsen Ernestin. Linie, s. a. Länder- u. Völkerkunde, 20r Thl.

Abriss, Geograph.-statistischer, der Länder des Hauses Sachsen Ernestinischer Linie. Weimar 1820. V: *Hoff, Carl Er. Ad. von.* (MGT) (EngG)

— geogr. statist., der Länder des Hauses Sachsen Ernestinischer Linie (von K. E. A. v. Hoff). (Aus dem XX. Bde. der Länder- u. Völkerkunde abgedruckt.) Mit Charte u. Kpf. gr. 8. Weimar, Ind. Compt. 820.

— der allgemeinen Geschichte. 3 Thle. 8. Wien 814. Bauer u. Dirnböck. 1 ß 16 K Schreibp. 2 ß

B***. Abriss der brandenburgischen Geschichte. (Von der ältesten Zeit bis 1687 mit besonderer Berücksichtigung des Grossen Churfürsten Friedrich Wilhelm.) 8. Liebau 1792.

— d. Brandenburg. Geschichte, v. B. gr. 8. Liebau 792. Friedrich. (Leipz., Rein). 1 ß 12 K

— d. Gesch. Deutschlands, von Karl d. Großen bis auf das Ende des deutschen Reichs unter Franz II., z. Gebr. f. Schulen bearb. (v. Jh. Jul. H. Berlin). 8. Stendal 800. Franzen u. Gr. 20 K

Abriß der eilfhundertjährigen Geschichte des Stiftes Kremsmünster und seiner Pfarreien. Eine Festschrift zur 11. Säcular-Feier. — Regensburg: Pustet (1877). 16 S.
Erw. aus: Deutscher Hausschatz. 3.
1:4° Sc 1808/5. 12:2° H. mon. 1c.
1.4726

Abriß der 50jährigen Geschichte des Hallenser Wingolf und Verzeichnis der Mitglieder seit s. Stiftung am 5. Juli 1844 bis Michaelis 1894. *Halle a. S. (1894): O. Hendel.* (111 S.) 8° [F.] [04. 4743 11

— einer geograph. u. genealog. Geschichte sämmtl. Staaten alter u. neuer Zeit. Ein Hülfsbuch beim Gebrauche historischer Werke. (Von A. Ahrens.) Reval 858. Kluge. gr. 8. (IV, 238 S.) n. 1 ß

— der Geschichte des Grenadier-Regiments König Friedrich Wilhelm I. [2. Ostpreußisches] Nr. 3. Bearb. f. die Unteroffiziere u. Mannschaften durch Offiziere d. Regiments nach den Akten u. unter Benutzg. d. Regimentsgeschichten v. Becker, Pauly u. v. Kleist. Mit 6 Bildnissen u. 4 farb. Uniformbildern. 12. (52 S. mit Textillustr.) Berlin 891. E. S. Mittler & Sohn. Kart. n. — 70

Abriß der Geschichte des Grenadier-Regiments König Friedrich Wilhelm I. ⟨2. Ostpreuß.⟩ Nr. 3. Bearb. f. d. Unteroffiziere u. Mannschaften durch Offiziere d. Reg. nach d. Akten u. unter Benutzung d. Regimentsgeschichten d. Hauptm. Becker, d. Majors Pauly u. d. Hauptm. v. Kleist. 2. Aufl. Mit 6 Bildn. u. 4 Uniformbild. Berlin: E. S. Mittler & Sohn 1896. (54 S.) 8° [F.] [06. 1283 10

Abriss einer Geschichte der Stadt Helmstädt. [Helmstädt 1809.] V: *Ludwig, F. A.* (MGT)

Abriss d. Geschichte d. Pommerschen Jäger-Bataillons, Nr. 2. Bearb. f. d. Mannschaften d. Bataillons. 8°(70 m. 1 Bildnis.).– Berlin 1891, E. S. Mittler & S.

— der Geschichte des Pommerschen Jäger-Bataillons Nr. 2. Bearb. f. d. Mannschaften des Bataillons. Mit 1 Bildn. d. Kaisers u. Königs. 8. (70 S.) Berlin 894. E. S. Mittler & Sohn. n. — 60

Abriss der Geschichte der schweizerischen Kartographie. 1883 s. *Amrein*, Kaspar Konstantin.

Abriss der Geschichte der Cavallerie in Europa seit Einführung des Feuergewehres. — Siehe: „Zeitschrift für Kunst, Wissenschaft und Geschichte des Krieges.“ 18. Bd. ff. Gruppe A b. Berlin etc. 1830.

Kavallerie. Kriegstüchtige. 8. Berlin 1904.

Abriß einer Geschichte des ersten Kreuzzugs der Christen nach Palästina. — Berlin: Unger [1800]. 248 S. (Hist.-genealog. Kalender auf d. Gemeinjahr 1801.)
1:Oz 20410–1801.
1.4731

Abriss der Geschichte, der Lehre, und der Kirchenzucht der Freunde; entworfen auf Verlangen ihrer Versammlung wegen der Leiden in London. Aus d. Engl. 2. verb. Aufl. Pyrmont: Helwing in Comm. 1798. 42 S. 4. 5.
1.5620

Abriss der Geschichte, Lehre und Kirchenzucht der Gesellschaft der Freunde. Aus d. Engl. 3. nach der i. J. 1824 zu London erschienenen 11. Ausg., verm. u. verb. Aufl. — London: Phillips 1827. 43 S. 3. 8.
1.5621

Abriss der Geschichte der Wiener Mechitharisten-Congregation und ihrer Wirksamkeit. — Wien: Mechitharisten Buchdr. 1887. 43 S.
1:Cf 7054. 12:H. mon. 3 r. 300:189.170–B [u.] 37.342.
1.4733

— e. Gesch. d. Moral ꝛc. d. Hebräer ꝛc. 8. Leipz. 800. Graffé. 6 K

— der Geschichte der skandinavischen Musik. [Aus: „Musik. Convers.-Lexikon.“] gr. 8. (28 S.) Berlin 883. Oppenheim. n. — 50

Abriss der neuern Geschichte, und gegenwärtigen Verfassung des juristischen Studiums auf der Prager Universität. [Prag 1787—1788.] V: *Mader, Jos. Ritter v.* (WBL)

—— der Gesch. Polens, s. Malte Brun.

—— der Geschichte v. Polen. Zum Verständniß d. jüngst. Ereignisse uns. Tage. 8. (5⅛ B.) Halberstadt 846, Lindequist u. Schönrock.

— der Geschichte Rußlands von den ältesten Zeiten bis auf die Gegenwart. In übersichtl. Darstellg. nach den größeren histor. Werken u. m. Benutzg. der neueren Quellen bearb. v. mehreren Lehrern. gr. 8. (IV, 177 S.) Dorpat 875. Schnakenburg. n. 2. 40

— der Geschichte Rußlands von den ältesten Zeiten bis auf die Gegenwart. In übersichtl. Darstellg. nach den größeren histor. Werken u. m. Benutzung der neueren Quellen bearb. v. mehreren Lehrern. 2., verb. u. erweit. Aufl. 8. (XII, 180 S.) Dorpat 881. Schnakenburg. cart. n. 3. —

Abriss der sächsischen Geschichte in übersichtlicher Darstellung ... Dresden 1849. V: *Sauer, F. D. B.* (Bem I, S. 69)

Abriss der Geschichte der Schweiz, von *J. St. W.*, **Oberlehrer. In-12°, 108 S. Einsiedeln, Eberle, Kälin & Co. 1879** 1 —

Abriß der Geschichte des brandenburgisch=preußischen Staates. Für den Gebrauch an Unteroffizier= u. Capitulantenschulen zusammengestellt. 8. (42 S.) Mainz 880. Diemer. n. — 50

Abriß der Geschichte des brandenburgisch-preußischen Staates. Für den Gebrauch an Unteroffizier- und Capitulantenschulen zusammengestellt. 8. (42 S.) Mainz 881, Diemer. *

Abriss einer Geschichte der Statistik. [Zürich 1788.] V: *Siebenkees, Johann Christian.* (will) (MS)

Abriß der Geschichte der Zementfabrik Stroża. [Stroża: Selbstverl.] 1897.

— d. Geschichte von Ungern; ein Lehr= u. Lesebuch f. d. Jugend. 8. Preßb. 829. Landes. 9 gr.

— der Geschichte d. Union zu Bremen von 1795—1895, geschrieben u. hrsg. z. 21./23. Novbr. 1895 anlässl. d. Doppel-Feier z. Erinnerg. a. d. vor 100 Jahren erfolgte Gründg. d. Gesellschaft Union u. a. d. 25jähr. Bestehen d. kaufmänn. Vereins, seit 1878 m. jener verschmolzen unt. d. Namen „Union“ (kaufm. Verein). gr. 8. (35 S.) Bremen 895. (G. Winter.) n. 1. —

Abriß der Geschichte, des Ursprungs und Wachsthums der Bibelgesellschaften. — Barmen [1853]. 32 S. (Schriften der Wupperthaler Tractatgesellschaft. 391.)
1:Cv 52040-391.
1.4734

Abriß der Geschichte, d. Ursprungs u. Wachsthums der Bibelgesellschaften. Barmen 869. Buchh. d. ev. Gesellsch. in Comm. 8. (32 S.) n. 2⅟₂ ngr.

Abriss d. Gesch., d. Urspr. u. Wachsth. d. Bibelgesellschaft. 8°(32) Barm. 1869, Klein.

— d. Gesch. Würtembergs, v. d. ältesten bis auf d. neuesten Zeiten. 8. Ludwigsb. 819. Nast. 14 gr.

Abriss der ascetischen Gesellschaft in Zürich. Zür. 1782 u. 1799, nebst Supplement. 813. 8.

— der Gesinde=Ordnung für die Preuß. Staaten. Enthaltend die gegenseitigen Rechte und Pflichten der Herrschaften u. der Dienerschaft. 8. Berl. 840. Schlesinger. 1/8 rtl.

Abriss der christlichen Glaubens- und Sittenlehre in Sprüchen, mit beigefügten Erläuterungen. Leipzig 1801. V: *Dyck, Johann Gottfried.* (Ky)

—— der deutschen Grammatik. (Anhang zu dem „Deutschen Lesebuch“.) Von L. Bellermann, J. Imelmann, F. Jonas, B. Suphan. 8. (36 S.) Berlin 887, Weidmann. cart. *

Abriß der deutschen Grammatik. (Anhang zu d. „Deutschen Lesebuch“.) Von L. Bellermann, J. Imelmann, F. Jonas, B. Suphan. 2. Aufl. 8. (36 S.) Berlin 890. Weidmann. cart. n. — 40

—— der deutschen Grammatik von den Fachlehrern der königl. Kreisrealschule in München. (Als Mskr. gedr.) 1. Tl. gr. 8. (20 S.) Würzburg 886, Stuber's Verlag. *

— dass. — [2. Aufl., die 1. und 2. Abtl. umfassend.] gr. 8. (30 S.) Ebendas. 887. cart. *

—— dass. — [1.—3. Abtl. in 1 Bde.] 3. verb. und 4., gleichlautende Aufl. gr. 8. (75 S.) Ebendas. 887,89. cart. *

—— dass. — 3. Abtl. gr. 8. (S. 32—75.) Ebendas. 888. cart. *

— der deutschen Grammatik von den Fachlehrern der Königl. Kreis=Realschule in München. gr. 8. (30 S.) Würzburg 887. Stuber's Verl. cart. n. — 70

— der deutschen Grammatik v. den Fachlehrern d. Kgl. Kreis=Realschule in München. 4. Aufl., m. der 3. verb. gleichlautend. gr. 8. (75 S.) Würzburg 889. Stuber's Verl. cart. n. — 70

Abriß der deutschen Grammatik v. d. Fachlehrern d. kgl. Kreis=Realschule in München. (Als Mskr. gedr.) 5., verm. u. verb. Aufl. gr. 8. (77 S.) Würzb. 892, Stuber's Verl. cart. * — 70

Abriß der deutschen Grammatik v. den Fachlehrern der kgl. Kreis=Realschule in München. 6., verm. Aufl. gr. 8. (77 S.) München 894. E. Pohl. Kart. n. — 80

— d. deutschen Grammatik v. Madel, Micheler, Reidelbach, Roth, Schöttl, Schultheiß, Stöckel. 7., verm. u. verb. Aufl. gr. 8. (VI, 112 S.) München 897. E. Pohl. Geb. in Leinw. n. 1. 20

Abriß der deutschen Grammatik von Madel, Micheler, Reidelbach, Roth, Schöttl, Schultheiß, Stöckel. 8., verm. u. verb. Aufl. (VIII, 181 S.) gr. 8. München 903. E. Pohl. Geb. in Leinw. n. 1. 80

— d. Grundlehren d. christl. Religion, nach ihrer eigenthümlichen Ordnung. 8. Altona 760. Iversen. 2 gr.

Abriß zur Heimatkunde d. Kreises Züllichau=Schwiebus. Ausg. B. Für kathol. Schulen. (Von Zerndt.) gr. 8. (20 S. m. 1 Karte.) Schwiebus 900. C. Wagner. n.n. — 25

Abriss der wahren Helden Tugend oder Lebensgeschichte des Sethos Königes in Egypten aus geheimen Urkunden des alten Egypten-Lands gezogen ... Verteutschet von C. G. W. Hamb. 1732/37. V: *Terrasson, Jean.* B: *Wendt, Christoph Gottlieb.* (Kl 3944) (wolfstieg II, 873)

Abriß d. Histor. zum Gebr. niederer Schulen. 8. Nürnberg, Felsecker. 770. Rthlr.

Abriss einer umständlichen Historie der pragmatischen Sanction ... Helmst. 1746. V: *Häberlin, Franz Dominicus.* (ML)

Historischer Abriß derer Beschwerden, welche Conventus der hochfürstl. Abbtey Reichenau unter seinen Abbatibus commendatariis denen hochwürdigsten Bischöffen zu Costantz ... beklagen müssen ..., zur lediglichen Defension des Gottes-Hausses kürtzlich zusammen getragen. o.O. [nach 1749]. 41 [vielm. 51] S., 99 Bl. 4°
12[∞ Urkunden]: 2° Ded. 300/1; 2° Ded. 298/1 [u.ö.] 2. 5.
1.4737

— histor., von Indien, nebst e. Nachricht d. Götterlehre, mit Kpf. 8. Altenb. 773. (Hennings in Neisse). 14 gr.

— historischer, der in Amerika vorgefallenen Staatsveränderung v. 1774—78.; aus d. Französ. 8. Bern 779. Haller. 20 gr.

— histor., d. in Nordamerika vorgefallenen Staatsveränd. v. 774—78, a. d. Franz. 8. Bern, Haller. 779.

Abriss des Jauner- und Bettelwesens in Schwaben ... Stuttgart 1793. V: *Schäffer, Georg Jacob.* (ABJP) (Ave-Lallemant, Das deutsche Gaunerthum IV, 179) V: *Schöll, Johann Ulrich.* (MGT) (Ky)

Abriss der montanistischen Kenntnisse . . . Innsbruck 1839. V: *Friese, Johann Nepomuk.* (Margr)

Anonym „Abriss der montanistischen Kenntnisse, mit einer Darstellung der benützungsfähigen Mineralprodukte Tirols und Vorarlbergs", Innsbruck 1839. — Vorh.: Preuß. Oberbergamt Dortmund

— d. russischen Kirche, s. Bemerkk. über Rußland. 2r Thl.

— d. wahren u. ganz. kathol. Kirche, wie man sie mit Augen sehen kann. 4. 714.

Abriss der Kirchengeschichte. Zum Gebr. f. d. alt-kathol. Religionsunterr. an höh. Lehranstalten. 2. umgearb. u. sehr verb. Aufl. *Dortmund: H. Meyer 1895.* (192, 11 S.) 8° [02. 0302

— der Kirchengeschichte. Zum Gebrauch für den altkathol. Religionsunterricht an höheren Lehranstalten. 3., vielfach verbess. Aufl. (III, 219 S.) 8. Bonn 905. Bischöfl. Kanzlei. (Nur direkt.) Geb. n. 3. —

— d. allgem. Kirchengeschichte; aus d. Französ. v. Ans. v. Sartori. 10 Bde. gr. 8. Augsb. 786—800. Wolf. 11 ß 20 gr

Abriss des kathol. Kirchenrechts f. Geistliche u. Studirende v. einem Schüler des † Hrn. v. Möhler. Stuttgart 853. Scheitlin. gr. 16. (IV, 297 S.) 1 ß

Abriss der grossherzoglich hessischen Kriegs- und Truppen-Geschichte. 1567—1871. (Mit 1 Tafel.) 8. Darmstadt und Leipzig 1886.

— — 2. bis auf die Gegenwart fortgesetzte Auflage. 8. Darmstadt und Leipzig 1889.

— der großherzogl. hessischen Kriegs- und Truppen-Geschichte. 1567—1871. gr. 8. (IV, 67 S. m. 1 Bild.) Darmstadt 886. Zernin. n. 1. —

— der großherzogl. hess. Kriegs- u. Truppengeschichte 1867—1888. 2., bis auf die Gegenwart fortges. Aufl. gr. 8. (IV, 82 S. m. 1 Abbildg.) Darmstadt 889. Zernin. n. 1. —

Curieuser [Kurioser] Abriss und Beschreibung der Haupt-Stadt und Vestung Bergen, wie solches von den Frantzosen fortificirt, von den . . . Alliirten aber d 6. Sept. dieses 1709 Jahrs belagert. — o.O. (1709). 2 Bl. 1:Tp 4510.
1 4744

Courieuser [Kurioser] Abriss und Beschreibung der Stadt und Vestung Bouchain, wie solche von den Frantzosen aufs neue fortificiret, von denen . . . Alliirten aber d. 7. Aug. dieses 1711. Jahres belagert worden. — (Hamburg: Heus 1711.) 2 Bl. 1:Rh 745/4.
1 4745

Curieuser [Kurioser] Abriss und Beschreibung der Haupt-Stadt und Vestung Dornick, wie solche von den Frantzosen neulich forticirt [!], von den hohen Aliirten aber d. 27. Juni dieses 1709. Jahrs belagert. Nebst deme, was sich bis dato davor zugetragen. — o.O. (1709). 2 Bl. 1:Tp 4651.
1.4746

Curieuser [Kurioser] Abriss und Beschreibung der Haupt-Stadt und Vestung Douay, wie solche von den Frantzosen neulich fortificirt, von den hohen Alliirten aber d. 22. April dieses 1710. Jahrs belagert. Nebst dem, was sich bis dato davor zugetragen. — o.O. (1710). 2 Bl. 4° 9.
1.4747

Courieuser [Kurioser] Abriss und Beschreibung der Vestung Wieburg, wie solche jetzo fortificiret, von Ihro Czarische Majestät den 3. April. 1710 attaquirt und den 06. Junii erobert worden. — o.O.u.J. 2 Bl. 1:Flugschr. 1710-7.
1 4748

Courieuser [Kurioser] und eigentlicher Abriss nebst einer vollständigen Beschreibung der . . . Bataille und Victorie, so die . . . Aliirten wider die Frantzosen bey Bergen den 11. Sept. 1709 befochten. — o.O. 1709. 4 Bl. 1:Flugschr. 1709-1.
1.4749

Abriss der hebräischen Kultur bis auf das Zeitalter Jesu, . . . [1795.] V: *Pölitz, Carl Heinrich Ludwig.* (MGT)

Abriss, s.a. A b r y s s

Abriss, kurtzer, s. A b r i s s , kurtzer

Kurtzer doch acten-mäßiger Abriß aller Abzugs-Strittigkeiten zwischen dem venerablen Magistrat der Freyen Reichs-Stadt Franckfurth und dem Königl. Pohlnisch-Churfürstl. Sächsischen Geheimbden Kriegs-Rath Friederich Ludwig von Reineck. — o.O. [um 1757]. 32 S. 2° 3. 4.
1 4750

Abriss, kurzer, aus der Arithmetik, üb. Zins-, Zinseszinsen-, Renten- u. Rabatt-Rechnung usw., s.: Bibliothek, kleine.

Abriß, kurzer, d. Beschreibung u. Geschichte von Anhalt. Zum Gebrauch in Schulen. (Vom Prof. u. Bibliothekar H. Lindner.) 8. Dessau 837. Ackermann. 1 gr

Abriß, kurzer, d. Beschreib. u. Geschichte v. Anhalt. Zum Gebr. in Schulen. (Von H. Lindner.) 8. (2½ B.) Dessau 837, [Aue.]

— kurzer, neuer europäischer Denkwürdigkeiten, (v. Chr. Glo. Hempel). 2 Thle. 8. Berl. 788. 89. Maurers B. à 10 gr 20 gr

— kurzer, der Erdbeschreibung nach d. neuesten Bestimmungen u. Eintheill. Für die untern Klassen. gr. 12. Zweibr. ... 2e Aufl. 830. Ritter. 2 gr

Abriss, Kurzer, der Erdbeschreibung. . . . 3. verm. und verb. Aufl. Pressb. 1832. V: *Schroer, Gottfried.* (KU)

— kurzer, der Erdbeschreibung. Ein Leitfaden beim Schul- u. Privat-Unterrichte. 2e verm. u. verb. Aufl. gr. 8. Preßb. 828. Landes, 9 gr

Kurtzer Abriss eines Examinis von denen vier Ständen des Menschen, in welchem die gantze Heyls-Ordnung und zugleich die sechs Haupt-Stücke des Catechismi Lutheri . . . sollen bekannt gemacht u. erkläret werden. — Lauban [vor 1800]: Schill. 16 S. 2.
1.4752

Abriss, Kurzer, der Familiengeschichte der Estorff's von G. O. C. v. E. Haag [1850?] V: *Estorff, G. O. Carl von.* (BrMm)

Kurzer Abriß der Forstwissenschaft für junge Förster. - Riedlingen 1790 94 S.

— ganz kurzer chronol.-ethnograph., der Weltgeschichte des Alterthums u. d. Mittelalters z. leichtern Memorirung f. Schüler aller Classen d. Gymnasien u. höhern Schulen, nach den in diesen Anstalten eingeführten Lehrbüchern zusammengestellt v. einem Geschichtslehrer. (Wilh. Engelb. Giefers.) 16. (44 S.) Crefeld 847, Klein. 1/12 ß

— ganz kurzer chronolog.-ethnograph., der Weltgeschichte des Alterthums u. des Mittelalters zur leichtern Memorirung für Schüler aller Classen der Gymnasien u. höhern Schulen, nach den an diesen Anstalten eingeführten Lehrbüchern entw. von einem Geschichtslehrer. 2. unveränd. Aufl. 852. (59 S.) — 3. Aufl. Crefeld (854). Klein. 16. (46 S.) 2½ ngr

— ganz kurzer chronologisch-ethnographischer, der Weltgeschichte d. Alterthums u. d. Mittelalters zur leichteren Memorirung f. Schüler aller Classen der Gymnasien u. höheren Schulen. 6. Aufl. Crefeld 869. Klein. 16. (60 S.) n. 2½ ngr

Abriß, ganz kurzer chronologisch-ethnographischer, der Weltgeschichte der neuern u. neuesten Zeit u. der Brandenburg-Preuß. Geschichte rc. (Von Wilh. Engelb. Giefers.) 16. (48 S.) Crefeld 847, Klein. — 2. unveränd. Aufl. 32. (59 S.) Ebd. 852. 1/12 ß

—— ganz kurzer rc., der Weltgeschichte der neuern und neuesten Zeit und der brandenburg-preuß. Geschichte rc. 16. (48 S.) Crefeld 847, Klein.

Abriss, Kurzer, von Friedrich Adolph Lampe's Geheimniss des Gnadenbundes. 1831. V: *Oncken, Joh. Gerh.* (schr)

Abriss, Kurzer, der Geographie. Nürnberg 1771. V: *Sebald, Georg Friedr.* (WILL)

— kurzer, d. Geographie. 8. Nürnberg, Felsecker. 771.

Abriss, Kurzer, der Geographie. Stettin 1768. V: *Hecker, Andr. Jac.* (MGT) (KY)

— kurzer, d. neuesten Geographie d. Königr. Baiern, Für Volksschulen. 12. Zweibr. 822. Ritter. 4 gGr

Abriss, Kurzer geographischer, von Deutschland. Berlin 1827. (Leipzig.) 12.

— kurzer geographischer von Deutschland, in Form eines Etui. Bresl. 827. Fr. Hentze. 8 gGr

— kurzer geograph., von Europa. In Form eines Etuis. N. verbess. Aufl. Liegnitz 826. Kuhlmey. 1/3 Thlr

— kurzer geographischer, der früheren und jetzigen Städte des Preußischen Staats. Nach alphabet. Ordnung. Mit Titelvign. gr. 12. Berl. 840. Rücker u. Püchler. 1/2 Thlr

— kurzer geographischer, der frühern und jetzigen Städte des Preuß. Staats. Nach alphabet. Ordnung. 12. Berlin 845, Rücker u. Püchler. 1/6 Thlr

— kurzer, der Geschichte. Zum Selbststudium und zur Repetion, besonders zur Vorbereit. zum Kadetten-Examen, in Fragen u. Antworten entworfen. gr. 12. (Mit 1 Tab. in 4.) Hannover 841, Hahn'sche Hofbuchh. 1/3 Thlr

— kurzer, d. ältesten Gesch. d. Pfarrhandels im Hochstift Hildesheim. 8. Weimar 797. Hoffmann. 3 gGr

Abriss, Kurzer, der Geschichte der Ersten Arcieren-Leibgarde in neueren Zeiten. (Manuscript) Folio. Wien 1790.

Abriss, Kurzer, der Bayerischen Geschichte für den ersten Unterricht ... München 1839. V: *Hormayr zu Hortenburg, Joseph Frh. von.* (MARGR)

— kurzer, der Bayerischen Geschichte f. den ersten Unterricht. Mit Benützung der Geschichtsbilder im königl. Hofgarten zu München. Mit 16 Vign. 8. Münch. 839. Franz. 1/6 Thlr

Abriß, kurzer, der biblischen Geschichte, nebst den fünf Hauptstücken d. Katechismus. 10. Aufl. gr. 16. (59 S.) Straßburg 874. Schmidt. n. — 40

Kurzer Abriss der brandenburgisch-preussischen Geschichte und der Geschichte des Schleswigschen Inf.-Reg. Nr. 84. — Wesel 1880. 12 S. 8.
1 4755

Abriß, kurzer, der brandenburg.-preuß. Geschichte u. d. Gesch. des Infant.-Reg. v Manstein (Schleswigsches) Nr. 84. 8. (16 u. 3 S. m. 3 Bildn. u. 2 Planskizzen i. Text.) Schleswig 895. L. Detleffsen. n. — 20

Abriß, kurzer, der brandenburgisch-preuß. Geschichte u. der Geschichte des 7. westfälischen Infanterie-Regiments Nr. 56. Von e. Offizier d. Regiments. Ein Leitfaden f. die Ertheilung des Geschichtsunterrichts im Regiment. Neue Aufl. 8. (12 S.) Wesel 879. Kühler. n. — 10

Kurzer Abriß der Geschichte der böhmisch-mährischen Brüdergemeinen in Berlin und Rixdorf bis zum Jahre 1753. (Berlin 1849: Striese.) 19 S. 1:Cp 17124. 5.
1.4758

— kurzer, d. deutschen Geschichte, f. Stadt- u. Landschulen bearb. v. P. A. L—t. gr. 8. Manheim 823. Schwan u. G. 3 gGr

— kurzer, der Geschichte des Elsasses; aus d. Französ. übertragen v. Benj. Diez. gr. 12. Straßb. 831. Levrault. 18 gGr

— kurzer, e. Geschichte u. Geographie d. Großherzogth. Hessen f. mittl. Schulklassen. Von den Verf. d. „Lesebücher in Lebensbildern" f. d. 3 Schulklassen. Oppenheim 857. Kern. gr. 12. (12 S.) 1 Ngr

— kurzer, der Geschichte Griechenlands, als Uebung für Anfänger zum Uebersetzen vom deutschen ins französische; mit e. Abhandl. über die Anwendung die verschied. Zeiten und Modi. Von G..... u. D...... 8. Ludwigsb. 829. (Imle u. Krauß. 7/8 Thlr

Abriß, kurzer, d. Geschichte des Handels u. der Banken. Steyr 858. Gilhofer. 32. (64 S.) 7 Ngr

Abriss, kurzer, d. Gesch. d. Handels u. d. Banken. 16°(64).– Steyr 1858, Sandbök.

— kurzer, d. heiligen Geschichte. Zum Gebrauche d. Pfarreien u. Schulen. Aus d. Franz. übertragen und mit kurzen Fragen zur Wiederholung des Textes vermehrt von e. Pfarrer der Diözese Lüttich. 16. Aachen 835. Cremersche Buchh. (Lazin.) 1/8 Thlr

— k., d. Hessischen Geschichte. .. Darmst. ... (Dingeldey.) 1 gGr

— kurzer, der Geschichte d. 19. Jahrhunderts. Leitfaden zum Gebrauche in Schulen u. zum Selbstunterricht. 8. (32 S.) Düsseldorf 874. Schaub. n. 1. —

— kurzer, der Geschichte d. 1. Thüringischen Infanterie-Regiments Nr. 81. auf Veranlassg. d. Regiments zusammengestellt von L. v. O. Als Mscr. gedr. gr. 8. (12 S. m. 1 Steintaf.) Altona 878. Harder. n.n. — 40

—— kurzer, der Geschichte des 1. Thüringischen Infanterie-Regiments Nr. 31, auf Veranlassung des Regiments zusammengestellt von L. v. O. 2. durchges. Aufl. 8. (15 S.) Altona 880, Harder. *

—— kurzer, der Geschichte des 1. Thüringischen Infanterie-Regiments Nr. 31, auf Veranlassung des Regiments zusammengestellt von L. v. O. 3. durchges. Aufl. 8. (15 S.) Altona 885, Harder. *

Abriss, Kurzer, der Geschichte der Israeliten in Frankfurt a. M. [New York 1903.] V: *Kaunheim, Saly.* (STBFRANKF. I, 243)

— kurzer, der Geschichte d. evangelischen Lehre in Augsburg rc. 8, Mit 1 Kupf. Augsb. Bäumer. 8...

— kurzer, der Geschichte des herzogl. Lehrerseminars zu Altenburg. Festschrift zur Einweihg. des Seminar-Neubaues, Ostern 1902. (Von G. Besser.) (56 S. m. Abbildgn., Grundrissen u. 1 Taf.) gr. 8. Altenburg 902. Pierer'sche Hofbuchdr. n. 1. —

Abriss, Kurzer, aus der Geschichte des Basler Männerchors. Basel 1866. V: *Gottisheim-Breiting.* (BSCHWL V, 6d, S. 33)

Abriss, Kurzer, einer Geschichte der Moral oder Sittenlehre der Hebräer, von den ältesten Zeiten bis auf den Anfang der christlichen Epoche, von R. Leipzig 1800. V: *Rose, Dietrich Anton Carl.* (MGT) (KY)

Abriss, Kurzer, der Geschichte der Naturlehre. [Nürnb. 1797]. V: *Siebenkees, Johann Christian.* (WILL) (MGT)

Abriss, kurzer, d. Gesch. Nürnbergs. 12° (40).– Nürnb. 1854, Mainberger.(?)

— kurzer, der Geschichte Nürnbergs von seiner Entstehung bis zur Gegenwart. Nürnberg 854. Riegel & Wießner. gr. 12. (40 S.) 5 Ngr

Kurzer Abriß der Geschichte des Hannoverschen Pionier-Bataillons Nr. 10. Den Veteranen d. Bataillons zur 25jähr. Wiederkehr d. Siegestage aus d. Feldzuge 1870/71 gewidm. Minden i. W.: Bruns (1895). 27 S. 1:Sy 4651.
1 4761

Abriss, Kurzer, der Geschichte der griechischen Poesie. [Leipzig 1792]. V: *Jacobs, Christian Friedr. Wilh.* (MGT) (NN)

Abriss, Kurzer, der Geschichte der römischen Poesie. [Leipzig 1792]. V: *Jacobs, Christian Friedrich Wilh.* (MGT) (NN)

Abriß, kurzer, d. Gesch. Polens, von d. frühesten Zeiten bis auf gegenwärtige Tage. 8. Bresl. 807. J. F. Korn. 6 gr

— kurzer, d. Preuß.-Brandenburg. Geschichte unter d. Regierung Friedr. Wilhelm III. Mit 1 Kpf. gr. 8. Berl. 826. Stuhr. 12 gr

— kurzer, e. Geschichte des Ritterwesens u. des deutschen Adels; nebst Nachr. von d. vorhand. Ritterorden; herausg. v. F. W. (G. F. G. Wahl.) 8. Halle 793. Hendel. 16 gr

Abriss, Kurzer, der Geschichte der St. Katharinenkirche zu Frankfurt a. M. bei Gelegenheit ihrer Restauration im Jahre 1869. [Frankfurt a. M. 1869.] V: *Basse, Johann Wilhelm Hermann.* (STBFrankf. I, 103)

— kurzer, der Geschichte des preußischen Staates [bis zur Gründung des deutschen Kaiserreichs], für die Regiments-Schulen bearb. 8. (IV, 44 S.) Hannover 880, Helwing'sche Verlagsb. *

— dasselbe. 2. Aufl. gr. 8. (IV, 44 S.) Ebend. 881. n. — 36

— dasselbe. Für die Regiments-Schulen bearb. 8. (IV, 44 S.) Ebend. 880. n. — 32

Abriss kurzer, d. Geschichte d. preuss. Staates (bis z. Gründg. d. deut. Kaiserreichs.) 3. Aufl. 8°(44).– Hannov. 1885, Helwing's V.

— kurzer, der Geschichte des Preuß Staates (bis zur Gründung des deutschen Kaiserreichs). Für Regiments-schulen. 3. Auflage. 8. (IV, 44 S.) Hannover 886. Helwing's Verl. n. — 36

— kurzer, der Geschichte d. preußischen Staates [bis auf die heutige Zeit.]. Für Regimentsschulen. Völlig neu bearb. Aufl. 8. (IV, 61 S.) Hannover 891. Helwing's Verl. n. — 50

Abriss kurzer d. Geschichte d. preuss. Staates (bis auf d. heut Zeit). Für Regimentsschulen. Völlig neu bearb. Aufl. 8°(61).– Hann. 1891. Lpzg., Zuckschwerdt & Co.

Kurzer Abriß der Geschichte des Preußischen Staates ‹bis auf die heutige Zeit›. Für Regimentsschulen. Völlig neu bearb. Aufl. — Ebd. 1891. 7.
1 4768

— Völlig neu bearb. Aufl. von Le Juge. Ebd. 1892. 7.
1.4769

— Völlig neu bearb. von Le Juge. 5. Aufl. Ebd. 1893. 7.

Kurzer Abriß der Geschichte der unter Constitution der Großen National-Mutter-Loge der Preußischen Staaten, genannt Zu den drei Weltkugeln, arbeitenden St. Johannis-Freimaurer-Loge Zum Tempel der Eintracht im Orient Posen bis zum Jahre 1870. — Berlin 1870: Ihring & Haberlandt. 11 S. 1:Nb 4430/104.
1 4771

— kurzer, d. Geschichte u. Topographie v. Ludwigsburg. gr. 8. Ludwigsb. 825. Nast. 6 gr

— kurzer, der Geschichte des Turnvereins zu Hof. Zur Feier seines 25jährigen Bestehens 1861—1886. gr. 8. (39 S.) Hof 886. Lion. n. — 50

Abriss, Kurzer, der Historie zum Gebrauch niederer Schulen. Nürnberg 1772. V: *Sebald, Georg Friedrich.* (Will)

Kurtzer Abriß einer gründlich gefasten thüringischen Historie, sonderlich von denen Hertzogen zu Sachsen als Landgrafen in Thüringen. Aus eines vornehmen ehmaligen sächsischen Ministers davon nachgelassenen Hs. hrsg. u. mit außerlesenen Anm., insbes. auch uber den eigentl. Zustand der Bistümer Naumburg u. Merseburg etc., ans Licht gestellet von Johann Ernst Philippi. — Halle: Krebs 1732. 298 S. 1:Ss 192. 2. 3. 4. 7.
1.4772

— kurzer, der christl. Kirche in den ersten Jahrhunderten nach ihrer Stiftung. 8. Grünberg 845, Weiss. 1½ ngr

Abriss, Kurzer, der russischen Kirche nach ihrer Geschichte, Glaubenslehren und Kirchengebräuchen ... Erfurt 1788. V: *Bellermann, Johann Joach.* (BrMm) (Ky) (MGT)

— kurzer, der Kirchengeschichte. gr. 16. (VII, 119 S.) Stuttgart 868. (Erlangen, Deichert.) n. — 80

— kurzer, aus der Kirchengeschichte. [Aus: „Deutsches Lesebuch f. ungeteilte Volksschulen".] [Kathol. Ausg.] 8. (III, 35 S.) München 880. Exped. d. k. Zentral-schulbücherverl. geb. n.n. — 27; protestant. Ausg. (III, 28 S.) geb. n.n. — 22

— kurzer, d. deutsch-französischen Krieges 1870/71 politisch-militärisch dargestellt v. F. R. gr. 8. (IV, 79 S.) Frauenfeld 871. Huber. n. — 80

— kurzer, d. kirchengeschichtl. Lebensbilder n. d. „Ministerial-Bestimmgn. üb. d. Mädchenschulwesen ec." vom 31. V. 1894. 8. (23 S.) Kassel 898. (E. Röttger.) n. — 20

Abriss, kurzer, d. kirchengeschichtl. Lebensbilder nach d. „Ministerial-Bestimmgn. üb d. Mädchenschulwesen etc." v. 31. V 1894. 2. Aufl. 8°(23).– Kass. 1900, E. Röttger.

— kurzer, der Lebensgeschichte der heil. Maria Franziska von den fünf Wunden Christi, Tertiarin d. Franziskaner-Ordens. Nach dem Italien. bearb. von e. Priester d. Franziskaner-Ordens. München 868. Lentner. 8. (64 S.) 6 ngr

— kurzer, der Lebensgeschichte der heiligen Maria Franziska von den fünf Wunden unsers Herrn Jesu Christi, Tertiarin des Franziskaner-Ordens. Nach dem Ital. bearb. von einem Priester des Franziskaner-Ordens in Bayern. 8. (64 S.) München 868, Stahl.

Kurzer Abriss der Lebensgeschichte des am 9. Aug. c. in Folge richterl. allerh. bestätigten Erkenntnissen wegen Gatten-Mordes durch das Beil hingerichteten Karl Schwager aus Sohland am Rothstein. Nebst Abdr. d. aus d. Haft an d. Vater seiner ermord. Frau geschr. Briefes. Görlitz: Dressler [1845]. 7 S. 1:29 in Fy 7899.
1 4775

Abriss, Kurzer, der diätetischen Lebensordnung. Cöln 1783. V: *Bährens, Johann Christian Friedrich.* (Ky) (MGT)

— kurzer, der christl. Lehre in Sprüchen. 8. Hamb. 803. (Perthes u. B.) 3 gr Winke zu e. zweckmäß. Benutzung desselben. 8. Ebd. 803. 6 gr

Abriss, Kurzer, der ganzen Schwedischen Litteratur in ihren Hauptzweigen des Jahres 1799. [1800]. V: *Lüdeke, Christoph Wilhelm.* (MGT)

— kurzer, d. geistig. Mensch. f. Schul. 8. Berlin, Gebr. Gädicke. 805.

— kurzer, des geistigen Menschen, f. Schullehrer u. Erzieher. 8. Berl. 805. (Henning in Greiz). 12 gr

— kurzer, d. Militär-Geographie d. europ. Staaten überhaupt u. d. österr. Staates insbesondere. 2. Aufl. gr. 8. Grätz 841, Kienreich.

— kurzer, aus der deutschen Münzgeschichte, oder historische Darstellung des mit dem Jahr 536 in Deutschland begonnenen Münzwesens, u. dessen vielfält. Gestaltungen, Veränderungen und Schicksale bis auf unsere Zeiten. Nebst e. Vorschlag z. leichten Einführung eines allgem. deutschen Dezimal-Münzfußes. Verfaßt v. e. Kameralbeamten. 8. Nördl. 837. Beck'sche B. 3/8 ß

— kurzer, d. Mythologie. 8. Nordhausen, Landgraf.

- Kurzer Abriss der Naturgeschichte. Das Thierreich. — Grünberg & Leipzig: Levysohn 1843. 24 S. 2.
1 4778

— kurzer, d. Naturgesch. u. Naturlehre, aphoristisch, tabellar. abgefaßt. 8. Leipz. 800. Andrä. 18 gr

— kurz., d. Naturgesch. u. Naturl. aphorist. tabellar. abgefaßt. 8. Leipzig, Bauer. 802.

— kurzer, d. Naturkunde f. Schulen. 8. Potsd. 816. Horvath. 4 gr

— kurzer, d. Naturl. 8. Lüneburg, Lemke. 784.

Kurzer Abriss der Naturlehre. Bis zu d. Abschnitte: Von dem Schalle. — Grünberg & Leipzig: Levysohn 1843. 20 S. 2.
1.4779

— kurzer, d. Naturlehre, unter dem Bilde eines Gebäudes, zur vernünftigen Bildung d. Jugend. 8. Lüneb. 794. (Herold u. W.) 2 gr

Abriss, Kurzer, der alten und neuen Philosophie bis auf das 19. Jahrhundert. Bamberg 1802. V: *Stöhr, Hier.* (Ky)

— kurzer, d. alten u. neuen Philosophie bis auf d. 19e Jahrh. 8. Bamberg 802. Compt. d. Zeitung. (Drausnick'sche B.) 16 gr

— kurzer, der Religionsgeschichte v. Anbeginn der Welt bis auf unsere Zeit. [Aus dem „kathol. Katechismus od. Lehrbegriff" abgedr.] gr. 8. (32 S.) Regensburg 850, Pustet. 1 ngr

Abriss, Kurzer, der Satzlehre von F. v. E. Lienz 1878. V: *Erlach, Franz von.* (Margr)

Abriss, Kurzer, der Universitätsstudien, für junge Studierende, als besonders auch der Arzneykunde Beflissene, ... Tübingen 1785. V: *Reuss, Christian Friedrich.* (MGT) (Ky)

— kurzer, der bisherigen ständischen Verfassung im Königreiche Sachsen. Im Februar 1831. 8. Leipzig, Brockhaus. 8 gr

Kurzer Abriss der bisherigen Verrichtungen der Zwischenkommission der Provinz Elsass. Bis auf d. 15. Hornung 1789. — Strassburg 1789. 1:Rh 5708.
1 4780

— kurzer, des Völkerlebens der Türken, von seinem Beginnen bis auf die neueste Zeit. Mit 1 Bildn. 8. Meißen ... Klinkicht u. Sohn. n. 1/12 ß

Abriss, Kurzer, der vornehmsten Weltbegebenheiten nach Schröckhs Lehrbuch der allgemeinen Weltgeschichte ... Glückstadt 1793. V: *Hansen, Hans Christoph.* (MGT) (A) (Ky) (NN)

— kurzer, der Welt- und Kirchengeschichte nebst Regententafel der sächsischen Fürsten. 8. (16 S.) Meißen (867)68, Mosche. *

Abriss kurzer, d. Welt-u. Kirchengeschichte. 8°(16). – Meiss. 1868, Schlimpert.

— kurzer, d. allgem. Welt-, Völker-, Reichs- u. Europäischen Staatengeschichte, nebst e. Uebersicht der Griech. u. Römischen Historiker rc.; z. Gebr. in gelehrten Schulen. 8. Leipzig 798. (Friese in Pirna). 10 gr

— kurzer, d. Wichtigsten aus der Geschichte d. christlichen Kirche, mit ganz besonderer Berücksichtigung d. Reformation in Deutschland. Für d. Jugendunterricht in evangl. Volksschulen. 1. Aufl. 853. — 2. durchges. Aufl. Grünberg 858 Weiß. 8. (16 S.) n. 1 ngr

— kurzer, d. Wichtigsten aus der Geschichte der christlichen Kirche, m. ganz besond. Berücksicht. der Reformation in Deutschland. Für den Jugendunterricht in evangel. Volksschulen. 3. durchges. u. verm. Aufl. gr. 8. (16 S.) Grünberg 873. Weiß. — 15

— der Landeskunde d. Herzogth. Salzburg. Mit e. gesch. Skizze. gr. 8. (IV, 144 S.) Salzburg 877. Dieter. n. 2. —

— des Lebens u. Leidens Pabst Pius VII., mit seinem Bildn. 8. Rotweil, Herder. 4 gr

— d. Lebens Napoleon Bonapartes. Entthronung desselben, nebst Beschreib. der Insel Elba, nach Berneaud, mit 1 Karte der Insel. 8. Breslau 814. (Graß, Barth u. C.) 10 gr

Abriss des Lebens und der Regierung der Kaiserin Katharina II von Russland. Berlin 1797. V: *Biester, Joh. Erhard.* (Ky) (MGT)

Abriss des Lebens und Wirkens M. Joh. Glob. Hofmann's ... Leipzig 1822. V: *Hofmann, F. Glo.* (Ky) (MGT)

Abriss des Lebens und Wirkens Emanuel Swedenborg's übersetzt aus der Penny-Cyclopaedia ... Stuttgart u. Cannstatt 1845. Ü: *Wilkinson, J. J. G.* (BrMm)

— des Lebens u. Wirkens Emanuel Swedenborg's, übers. aus d. Penny-Cyclopaedia of the Society for the Diffusion of useful Knowledge; mit neuen Urkunden üb. Swedenborg's Leben u. e. histor. Untersuch. seiner 12 Erfahrungsbeweise f. d. Unsterblichkeit u. fortdauernde Wiedererinnerungskraft d. Seele, verb. mit e Würdig. d. Berichte u. Urtheile Stilling's, Klopstock's, Herder's, Kant's, Wieland's u. A. A. u. d. T.: Zwölf unumstößl. Erfahrungsbeweise f. d. Unsterblichkeit d. Seele rc. gr. 8. (23 B.) Stuttgart 845, [Becher's Verlag]. Thlr.

— einer Lebensbeschreibung Kasp. Stahlbergs. 8. Magdeb. 797. Creutz. 6 gr

— der Lebensgeschichte d. Hrn. K. A. v. Bismark, so wie derselbe nach gehaltener Gedächtnißpredigt verlesen worden. 8. Stendal 798. Franzen u. Gr. 2 gr

— e. Lebens- u. Regentengeschichte Alexanders I., Kaisers v. Rußland, (v. Karl Flor. Leidenfrost). 8. Ilmenau 826. Voigt. 1 ß

— d. Lebens- u. Regierungs-Geschichte Fr. Wilhelm II., Königs von Preußen, (v. W. H. Schmidt). Mit Kpf. 8. Berl. 798. Braun. 14 gr

— d. Lebens- u. Regier.-Geschichte Katharina II., (v. J. E. Biester). M. deren Portr. 8. Berlin 797. Mit neuem Titel. 8. Leipz. 801. Joachim. 1 ß

Abriss einer Literatur des Buchhandels. (Abdr. aus der 2. Aufl. des Lehrbuchs der Contorwissenschaft für den deutschen Buchhandel. Hrsg. von Alb. Rottner.) hoch 4. (25 S.) Leipzig 862, (Brockhaus.) *

Abriss der Logik und der Lehre von den Trugschlüssen 1894 u.ö. s. *Allihn*, Friedrich Heinrich Theodor.

— der Münz-, Maaß- und Gewichtskunde, nach den neuesten Quellen zusammengestellt. Ein prakt. Handbuch zum Gebrauch im Geschäftsleben. (Abdr. aus Wehmer u. Schiebler's Taschenbuch f. Kaufleute. 3. Aufl.) Leipzig, 863. Wilferodt. 16. (39 S.) n. 6 ngr.

Kurtzer Abriss der aus eigenen bischöflich-costanzischen Documenten oder sogenannten Archival-Uhrkunden genommenen Nachweisung, mit welchem Recht die Reichs ohnmittelbare Abtey Reichenau O.S.B. an das Bistum Costanz gekommen, auf was Art dieselbe zeithero besessen, und wie mit dasigen Profeßis, um sie an Nachsuchung ihrer Rechten zu verhindern, von d. Zeit d. vorgeblichen Incorporation biß jetzo verfahren worden. o.O. [1756] 4 Bl.
1:4° Si 4580. 12:2° Ded. 316/6; 2° Ded 317/1 [u.ö.]
1 4777

Abriss der Naturlehre sammt ihrer Anwendung auf das Hauswesen u. die wichtigsten Handwerke u. Künste. Ein Leitfaden beim Unterrichte d. weibl. Jugend. — Königsberg 1827: Hartung. IV,109 S. **10.**
1 4786

Periodischer Abriss der Historie des Churfürstenthums Sachsen bis 1763. Entworfen von F.W.v.S. — Weissenfels 1779. 12 S. 4° **3.**
1 4787

Abriß der Planimetrie, Stereometrie u. ebenen Trigonometrie. (Von Gesellius.) 8. (23 S.) Parchim 852, Wehdemann. n. 1/6 Thlr.

Abriss d. Planimetrie, Stereom. u. eb. Trigon. 8°(23).– Parch. 1853, Wehdemann.

Abriss, Politischer, von dem allgemeinen bürgerlichen Rechtsverfahren. Ein Versuch. Schleswig u. Leipzig 1790. V: *Eggers, Emil Aug. Friedr.* (WUBB)

Realer-Abriß derer nacher Oberhausen in das Augspurgische gekommenen ..., ehevor aber zu Saltzburg . . gefangen-gesessener Glaubens-Emigranten ... Der zu Oberhausen vorgenommenen Verhör entgegen gesetzt. — Regenspurg 1732. Lang. 10 S.
1:24 in 4° Gw 7760–6. 12:2° H. ref. 50–3.
1 4788

Abriss des Rechts der Mecklenburgischen Land-Stände gegen die von den ... Herzögen nachzusuchende Verleihung eines unbeschränkten Privilegii de non appellando — o.O. 1779 19 S.
1:2 in 4° Sn 7246 12:4° J publ G 1245–1. 300:8 646 B.
3. 5.
1 4789

— des allgem. bürgerl. Rechtsverfahrens, s. Eggers.

— e. Religionslehre, im Geiste d. evangel. Kirche. 8. Halle 819.Väntsch. 4 gr.

—— d. Schicksale Griechenlands seit d. Eroberung v. Constantinopel. (Von ... Wagner.) A. d. Militair-Wochenblatt besond. abgedr. u. m. Zusätzen begl. 8. (1½ B.) Berlin 828, Mittler.

Abriß von der Schlacht bei Eßling und Groß-Aspern am 21 u 22 May 1809 Nach den neuesten u sichersten Quellen bearb. Mit 1 Doppelpl der Schlacht (In deutsch. u. französ. Spr.) Weimar 1810. Geogr. Inst. 24 S.

Abriss der am fünften des Wintermondes im 1757. Jahre bey Rossbach im Merseburgischen zwischen der Römisch-Kaiserlichen Reichs-Armee unter des Prinzen von Hildburghausen Commando, als Reichsfeldmarschall, nebst der damit vereinigten Rön, Franz. Armee, unter des Prinzen von Soubise Commando, und zwischen dem K. Preuss. von dem Könige selbst angeführten Kriegesheere gehaltenen Schlacht, wie auch der Gegenden, welche durch die Scharmützel und den kleinen Krieg merkwürdig geworden sind. Wien, Prag und Triest bey Joh. Thom. Trattern. O.M. 1 Bl.

— d. Sitten u. Gebräuche aller Nationen. 6 Bde, mit 100 ill. Kpf. gr. 8. Nürnb., Tyroff. 12 Thlr.

— der deutschen Sprachlehre v. Madel, Micheler, Reidelbach, Roth, Schöttl, Stöckel. 9. Aufl. (VIII, 120 S.) gr. 8. München 905. E. Pohl. Geb. n.n. 1.40

— der deutsch. Sprachlehre, v. Madel, Micheler, Reidelbach, Roth, Schöttl, Stöckel. 11. Aufl. (VIII, 126 S.) 8. Nürnberg 909. C. Koch. Geb. 1.40

Abriss einer Holländischen Stadt nebst anderen Nachrichten aus Holland. [Braunschw. 1777.] V: *Guden, Phil. Peter.* (ML)

Statistischer Abriss für das Königreich Bayern. Hrsg v. Königl. Statist. Bureau in München. Lfg 1–3 (=1–10).— München: Ackermann 1876–78. 482 S.
1 Land 1876 2 Bevölkerung 1876. 3 Grundeigenthum. 1876. 4 Landwirthschaft. 1876 5 Viehzucht 1876. 6 Weinbau. 1876. 7. Forstwirthschaft 1876 8. Fischerei 1876 9 Bergwerke, Hütten u. Salinen 1878 10 Industrie. 1878.
1:4° Sf 2922. 12: Bavar. 27 f. 7.
1 4791

— v. Steinkohlen u. Torf. 8. Prag, Herrl. 795.

— summar., v. d. Pflichten d. Schulhalter in deutschen Schulen, (v. K. F. Senff). gr. 8. Halle 784. Gebauer. 6 gr.

— topograph., d. Großherzogth. Baden, nach d. neuesten Organisation, nach d. zehn Kreisen 2c., mit e. vollst. Ortsverzeichniß. gr. 8. Karlsr. 810. Müller. 1 Thlr.

— d. Universitäts-Studien f. Studirende, (v. Chr. Fr. Reuß). 8. Tübingen 785. v. Cotta. 4 gr.

Abriss eines Unterrichts für gefangene Missethäter nach der Verschiedenheit ihrer Verbrechen. *Zürich.* 1790

Abriss der Ursachen des Aufkommens und Verfalles der Völker; . . . aus dem Englischen frey übersetzt. Leipzig 1799. Ü: *Wichmann, Christian August.* (KY) (MGT)

— d. Ursachen des Aufkommens u. Verfalls d. Völker; nebst e. Bemerkk. über Finanzsysteme; aus d. Engl., (v. Chr. A. Wichmann). gr. 8. Liegnitz 799. (Serig in Leipz.) 20 gr.

— v. d. Ursprung 2c. d. ascetischen Gesellschaft in Zürich. 8. Zürich, Ziegler. 790.

Abriß der wicht. Veränderungen im Civil-Prozeß-Verfahren, s. Punkte.

Abriß e. reinen Vernunftrechts u. Unterscheid. desselben von der Moral. v J. D. H. gr. 8. Wien 802. (Heubner). 9 gr.

Abriss d. deut. Verslehre u. Poetik. (Aus: Abriss d. deut. Sprachlehre v. Madel, Micheler, Reidelbach, Roth, Schöttl, Stöckel.) (32) 8° – Münch., 1907, Nürnbg., C. Koch.

— der deutschen Verslehre u. Poetik. Sonderabdr. aus dem ministeriell genehmigten Münchener Abriß d. deutschen Sprachlehre v. Madel, Micheler, Reidelbach, Roth, Schöttl, Stöckel. (32 S.) 8. München 907. E. Pohl. — 50

Abriss eines (dieses) wunderns-würdigen Vogels. 1720 s. *Abbildung*, Eigentliche, und glaubwürdige Nachricht von einem sehr abentheuerlichen Vogel.

— der vornehmsten Weltbegebenheiten, nach Schröckhs Lehrb. der allgem. Weltgeschichte eingerichtet, (v. H. Eph. Hansen). 8. Glückst. 793.

— der Weltgeschichte; aus d. Engl. übers. v. G. Friedenberg. gr. 8. Berlin 831. Mylius. 1 Thlr. 16 gr.

— d. natürl. u. polit. Zust. v. Großbritan. ein Handb. für Reisende. 8. Copenhagen, Rothe. 771.

Abriss von dem neuesten Zustande der Gelehrsamkeit. Gött. 1737–43. H: *Kahle, L. M.* (Wanieck, Gottsched. Lpg. 1894)

Abriss von dem neuesten Zustande der Gelehrsamkeit und einigen wichtigen Streitigkeiten in der politischen Welt. [Hrsg.: M. Stolte; Ludw. Martin Kahle.] St. 1–15. Göttingen: Joh. Peter u. G. W. Schmid 1737 bis 1744.

— d. statist. polit. Zust. der österr. Niederl. 4. Stck. 8. Berlin, Sander. 787.

Abriss des statistischpolitischen Zustandes der Oestreichischen Niederlande. Nebst einer höchstmerkwürdigen Vorstellung d. Flandrischen Stände an den Kaiser. St. 1. 2. Berlin: Wever 1787. 9.
1 4796

Abrisse. Ergänzungspunkte zur Triangulation des Dortmunder Kohlengebietes. Punkte 4. Ordnung. Ausgeführt in den Jahren 1890 - 1893. 4°.(Ohne Ort.)

Abrisse von den Schlachten und Treffen des Kriegs von 1756 bis 1763 in Teutschland, Erster Theil, welcher die Gefechte enthält, so während den zwey Feldzügen 1756 bis 1757 vor gefallen sind, als: Plan von Lowositz 1:18,000. Plan von Reichenberg 1:27,000. Plan von Prag 1:30,000. Plan von Kolin 1:22,000. Plan von Hastenbeck 1:25,000. Plan v. Gr. Jägerndorf 1:30,000. Plan von Moys 1:15,000. Plan von Rossbach 1:14,000. Plan von Breslau 1:37,500. Plan von Leuthen 1:22,000. Dresden 1781. 10 Bl.

– d. Ursach. d. Aufkommens u. Verfalls d. Völker , a. d. Engl. gr8°.– Liegnitz, Siegert 1798.

– v. d. Ursprunge, d. Verfassung u. den Arbeiten der ascetischen Gesellschaft in Zürich. 8°.– Zürich 1790. Ziegler u. S.
Mit Suppl. 1 und 2, 1813 und 1829.

Abrogatio responsi illustris Facultatis iuridicae Regiae Fridericianae Halensis priorem decisionem in causa successorum Rhetzianorum cum utroque magistratu, ac ordinibus civitatis Gedanensis ventilata ad falsa [Davidis] Mevii narrata ab eadem facultate Halensi expetitam & accommodatam prorsus tollens. — o.O. 1727. 14 Bl. 4° 9.
1 4801

Abrokomas u. Anthia, s. Xenophon.

Abroell, Lud., Sct. Anselmus Cantuariensis de mutuo fidei ac rationis consortio. Dissert. inaug. Würzburg, 864. (Passau, Elsässer & Waldbauer.) gr. 8. (XVI, 109 S.) n. 10 ngr.

Abröll, Ludwig: Die Lehre des vatikanischen Concils "vom Glauben" nachgewiesen aus den Schriften des heiligen Augustin. S. 3-22.
Progr. Passau 1872. J. Bucher.

Abröll, Ludwig: Lessing und der hl. Thomas von Aquin. Ein Vergleich ihrer religionsphilosophischen Anschauungen.
Passau: Bucher 1881.
Progr. L.-P. Passau.– S. 3 - 32.

Abromeit, Bernhard, Assistenzart b. Fußartill.-Reg. No. 1: Beitrag zur Kenntnis der kongenitalen Muskeldefekte. Berlin: Karger 1909. 60 S. 8° ¶(Aus: Monatsschrift f. Psychiatrie u. Neurol. Bd 25.)
Berlin, Med. Diss. v. 9. Aug. 1909, Ref. Ziehen
[Geb. 15. Jan. 83 Bennigkeiten; Wohnort: Königsberg i. P.; Staatsangeh.: Preußen; Vorbildung: Realgymn. Tilsit Reife O. 02; Studium: Greifswald 1, Berlin Kaiser-Wilhelm-Akad. 9 S.; Coll. 5. Dez. 08; Approb. 3. Dez. 08.]
[U 09. 18

Abromeit, Joh., s. a. Bericht üb. die 29.—31. Jahresversammlung des preussischen botanischen Vereins.

Abromeit, J., Berichtigung des Sanio'sches Aufsatzes üb. die Zahlenverhältnisse d. Flora Preussens. [Aus: „Schriften d. phys.-ökonom. Gesellschaft zu Königsberg."] gr. 4. (25 S.) Königsberg 884. (Berlin, Friedländer & Sohn.) n. 1. —

— Gedächtnisrede auf Professor Dr. Robert Caspary. [Geh. in der physikalisch-ökonom. Gesellschaft am 1. Decbr. 1887.] [Aus: „Schriften derselben Gesellsch."] gr. 4. (24 S.) Königsberg 888. (Koch.) n. — 75

Abromeit, Johs., Handbuch d. deutschen Dünenbaues, s.: Gerhard, Paul.

Kaffee und Reis. Von Dr. J(oh.) **Abromeit.** Assist. in Königsberg i. Pr. Anh.: Eine Beschreibung d. Kaffee- u. Reis-Ausstellung (Nordostdeutsche Gewerbe-Ausstellung, Königsberg 1895) sowie verkleinerte Abdrücke d. ausgestellten graph. Karten, die Preisbewegungen von Kaffeeu. Reis während 10 Jahren betr. (Königsberg i. Pr. 1895: R. Leupohl.) 21 S. 8°
(Umschlagtit.)

Abromeit, Joh., die Pflanzen Deutschlands, s.: Wünsche, O.

Abromeit, J., Samenpflanzen (Phanerogamen) aus dem Umanaks- u. Ritenbenks-Distrikt, s. a. Bibliotheca botanica. 42. Hft.

— **A. Jentzsch** u. **G. Vogel,** Samenpflanzen od. Phanerogamen, s. a. Flora v. Ost- u. Westpreussen.

Samenpflanzen (Phanerogamen) aus dem Umanaks-und Ritenbenks-Distrikt. Bearb. von Dr. J(oh.) **Abromeit** in Königsberg i. Pr. Mit Taf. 2-5 u. 1 Textfig.– Stuttgart: E. Nägele 1899. (105 S.) 4°
= Ergebnisse, Botanische, der von der Gesellsch. f. Erdkunde zu Berlin . . . ausgesandten Grönlandexpedition. B.
= Bibliotheca botanica. H 42, B.

Abromeit, (Joh.), Kurzer Überblick über die Vegetationsverhältnisse von Ostpreussen. o.O. u. J. 33 S.

Abrudbánya, s.: Geologische Karten. Spezialkarte (Ungarn.)

Abrufungsbriefe. — Erneuert- und geschärffte käyserliche Abruffungs-, Geheiß-, Geboth- und Verboths-Briefe wider alle . . ., welche in der Cron Franckreich . . . Diensten . . beharren. — Dat. Franckfurt a.M. 31. Aug. 1713. 5 S.
1:4° Rz 2031.
1 4807

Erneuert- und geschärffte käyserliche Abruffungs-, Geheiss-, Gebott- und Verbotts-Brieffe wider alle . . , welche in der Cron Franckreich . . Diensten . . beharren.— Dat. Wienn 8 Juli 1713. 11 Bl.
2 versch Drucke.
12:2° J. publ. G. 35 12; 2° Ded. 203/1 [u.ö.] 2. 5. 6.
1 4808

Abrüstung. Zur Frage der Abrüstung in Europa. gr. 8. (8 S. m. 1 Karte.) Mainz 893. Militär-Verlagsanstalt. n. — 80

Abrüstung! V rschlag Kaiser Nikolaus II. v. Russland an die Regiergn. vom 24. VIII. 1898. Von L. F. v. G. (42 S.) gr. 8. Dresden 903. E. Pierson. n. — 75

Abrüstungs-Bilderbuch. Die Friedenskonferenz in der Karikatur aller Völker. Mit 107 Karikaturen nach Beer, Bobb, Boscovitz u. a. 8. (96 S.) Berlin 899. Dr. Eysler & Co. (Verlag d. „Lustigen Blätter"). 1. —

Abrutzi, C. L.: Geschichte der drei Bucklichten von Damaskus. — Kassel. Gotthelft [um 1880]. 24 S. 4.
1 4810

Abruzzi, A. W.: Eine Schreckensnacht oder die Schlacht bei Magenta und Malegnano. Eine Scene aus d. ital. Kriege im J. 1859. — Kassel: Gotthelft [um 1880]. 32 S.
4.
1 4811

Abryss , s.a. Abriss

Abryss d. Statt Arouw, sampt d. Vorstatt und d. nachste Gelegenh. darum n. Hans Ulr. Fisch 1671, hrsg. v. Walth. Merz. (21 m. 2 Taf.) 33 x 24,5 cm.– Aar., H.R. Sauerländer & Co. 1910.

Abs. — Carl Abs, der unbesiegte Meisterschaftsringer. Sein Leben u. seine Thaten. Nach Aufzeichnungen d. Verstorbenen. — Hamburg: Stoltze (1895). 20 S.
1:N 11.4599.
1 4815

Abs, Herm., deutsche Fibel. Mit e. Vorrede des Dr. Benecke. 1. Heft: Wörter u. Sätze ohne orthograph. Eigenthümlichkeit. Elbing, 859. Neumann-Hartmann. 8. (VIII, 126 S.) n. 4⅓ ngr; geb. n. 6 ngr.

Abs, Josef Theodosius: Ankündigung einer Pensionsanstalt für Knaben u. Mädchen Von Theodosius Abs. — Halberstadt 1810: Delius. 30 S. **10.** 1 4820

— Pestalozzis Anstrengungen für Menschenbildung, geschichtlich dargestellt. 8. Halberst. 815. (Vogler in Potsd.) 6 ggr

Abs, Jos. Thdr., Bericht über e. vaterländ. Erziehungs- u. Unterrichts-Anstalt 2c. zu Halberstadt. gr. 8. Halberst. 818. (Berlin, Mittler). 6 ggr

— Darstellung meiner Anwendung der Pestalozzischen Bildungsmethode, mit 6 Holzschn. 8. Halberstadt, Bureau f. Lit. u. Kunst. 811. Druckp. — Schreibp. —

— Darstell. meiner Anwendung d. Pestalozzischen Bildungsmethode, mit 6 Holzschn. 8. Halberst. 811. (Vogler in Potsd.) 10 ggr Schreibp. 12 ggr

— Jetzige Einrichtung der katholischen Schule beim Franziskaner Kloster in Halberstadt. Von Theodosius Abs. — Halberstadt [1807]: Dölle. 16 S. **10.** 1 4823

— Grundlinien eines Vereins zur Unterstützung und Erziehung verwaister u. sonst armer Mädchen. — (Königsberg i. Pr. 1822.) 2 Bl. 2° **10.** 1 4824

Abs, J. Th. Dritter Jahresbericht über das Waisenhaus für das platte Land des Fürstenthums Halberstadt. *Halberstadt.*

— 300 Lieder u. Gesänge, nebst 100 Denksprüchen, aus d. besten Dichtern Deutschlands gewählt, ein Lehr-, Sprach- u. Gesangbuch f. d. deutsche Jugend. 4. Halberst. 823. Dölle. (Barth in Leipzig). 1 ℛ 6 ggr

— erste bis achte öffentl. Nachricht meiner Bildungs-Anstalt nach Pestalozzi. 8. Halberst. 814. (Vogler in Potsd.) 4 ggr

— Öffentliche Nachricht über die äussere und innere Verhältnisse meiner Bildungsanstalt 8. — Halberstadt: Bureau f. Literatur u Kunst 1814. **3.** 1 4820

— Die Tage der grossen Völkerschlacht in Leipzig's Ebenen feiern drei Abtheilungen der mir anvertrauten Kinder durch practische Unterrichtübungen im Sinne u. Geiste d Pestalozzischen Bildungsweise. — Halberstadt 1814 (Delius). 14 S. **10.** 1 4827

— Eine religiöse Unterhaltung am letzten Abende des Monats gehalten u. seinen Kindern zum erfreulichen Andenken gegeben von Theodosius Abs. Halberstadt [um 1810]: Delius. 15 S. **10.** 1 4828

— Ein nothwendiges Wort an die katholischen Eltern der mir anvertrauten Kinder — Halberstadt (1809): Dölle. 15 S. **10.** 1 4829

— das Cölibatgebot im Widerspruche mit Bibel, Kirche u. Staat. 8. Halberst. 813. Dölle. (Barth in Leipz.) 8 ggr

Abs, Karl s. *Abs*. — Carl Abs, der unbesiegte Meisterschaftsringer. 1895.

Abs, Theodosius s. *Abs*, Josef Theodosius

Absag oder Fehdschrift Lucifers an Luther ⟨1524⟩. Das meisterliche Gedinge des Abts von Chemnitz ⟨1522⟩. Thomas Stor, Christliche Vermahnung an Antonius Thurler ⟨1524⟩. Hrsg. von Otto Clemen. Leipzig: Haupt 1900 S. 95–135. 8°
(Flugschriften aus d. ersten Jahren d. Reformation. Bd 3, H 7, [2]) [09. 15823

Absalon u. Thamar: Gesch. m. K. 8. Nrnbg. 710.

Den **Absatz** der westfälischen Steinkohlen zur Elbe betreffend. Denkschrift des Komitees für Beförderung des Absatzes der westfälischen Steinkohlen nach dem Osten. Essen, 1858. 19 S [Fl 16

Absatzquellen. — Absatzquellen für Schriftsteller. Hrsg. von d. Red. d. Feder. 1.–3. Taus. — Berlin: Federverl. [1904]. 144 S. (Schriftstellerbibliothek. 2.) 1:Ae 314-2. 12:N. libr. 313a–2. **11.** 1.4853

— — 2., wesentl. verm. u. verb. Aufl. Ebd. [1906]. 205 S. (Schriftstellerbibliothek. 4 [vielm. 2].) 12:N. libr. 313a–4. **11.** 1 4854

— — 3., völlig neu bearb. Aufl. Ebd. (1910). 205 S. (Schriftstellerbibliothek. 2.) **10.** 1 4855

Die Absatzverhältnisse der Kgl. Saarbrücker Steinkohlengruben in den letzten 30 Jahren. Berlin, 1884. 40 S. mit 1 Taf. [Fb 40⁴

Abschaffung, über die, des Beichtgeldes. Eine Stimme an die Gemeinden Leipzigs u. aller Orte, wo d. Beichtgeld noch üblich ist. gr. 8. Leipzig 845, Köhler's Verlags-B. n. 2 ngr

Abschaffung. — 1. Ueber die Abschaffung der Ehrengerichte. 2. Ueber die Vereinigung der höheren Kriegsschulen mit den Universitäten. 3. Berichte und Armee-Befehle aus dem Feldzuge in Schleswig. 4. Antwort auf den Nachtrag u.s.w. des H. Major v. Steinmetz in Nro. 34 1847 vom Generallieutenant a. D. v. Hofmann. — Berlin: Mittler (1848). S. 137–163. (Militair-Wochenblatt. 1848, Okt. u. Nov., Beih.) **2. 3. 4. 6. 7. 8.** 1.4869

Abschaffung, v., d. Herrendienstes. 8. Hildesheim, Schröder. 771.

Abschaffung der Huth, Trift u. Brache in d. S. Coburg. Landen, (v. Jh. S. Bühl). gr. 8. Coburg 785. Biedermann. 20 ggr

Abschaffung des Metallgeldes bedingt die Anschaffung der Volksbesteuerung. gr. 8°. Bremen 1875.

Abschaffung, die, des Rechts körperlicher Züchtigung in der Schule. Auch ein wichtiger Punkt für den Fortschritt in unserm Schulwesen. Erlangen 868. Deichert. 8. (24 S.) 3 ngr

Die Abschaffung der weißen Sclaverei in Brüssel. Vom Verfasser der „Organisation d. weißen Sclaverei in Brüssel." Übers. durch d. Central-Comité d. Deutschen Culturbundes. — Berlin: Dolfuß 1882. 26 S. 8° (D. öffentl. Sittlichkeit. 4.)

Die Abschaffung der Verzehrungssteuern, insbesondere der Mahl- und Schlachtsteuer und deren Ersetzung durch eine progressive Einkommensteuer O. 1864.

Abschaffung (Die) der Zuckerprämien und der neueste deutsche Zuckersteuergesetzentwurf. Handelsmuseum, Bd. 11, 1896.

Abschaidt s. *Abschied.*

Abschatz, H. A. Frhr. v., s. National-Litteratur, deut.

§ * **ABSCHATZ,** Herm. Hannß Aßmann Freyherrn v. (1646—99), Poetische Übersetzungen und Gedichte. Leipzig und Breßlau, bey Christian Bauch, Buchhändl. Anno MDCCIV. (1704.) 8°. (15 Mk., Adolf Weigel, Lpz., 1906.)
8 Bl. u. Ehren-Gedächtniss. 80 S Guarini treuer Schäffer. Adimari Schertz-Sonnette. Anemons und Adonis Blumen. 320 S. Himmel-Schlüssel. 160 S. Glückwünschungen an Gekrönte und Erlauchte Häubter. Leichen- und Ehren-Gedichte. Schertz-Grabschrifften. Vermischte Gedichte. 192 S. 8.
Das Orig. der erot. Scherz-Sonnette des Alessandro Adimari hat den Titel: La Tersicore o vero scherzi, e paradossi poetici sopra la beltà delle donne. Opera .... ridotta in cinquanta sonetti .... in Fiorenza 1637. 4°. (Expl. in Berlin.)

Abschätzung u. Einrichtung d. Gemeindewaldes v. Ebringen b. Freiburg im Breisgau, nach d. v. großh. bad. Forstpolizei-Direction unt. 2. Febr. 1836 erlass. Instruction z. Abschätzung u. Einricht. d. Waldungen ausgeführt. gr. 4. (7½ B. u. 1 Plan.) Carlsruhe 846, Braun'sche Hofbuchh. *

Abschätzung und Einrichtung des Gemeindewaldes von Ebringen bei Freiburg im Breisgau nach der von der Großherzoglich Badischen Forst-Polizei-Direktion unterm 2. Februar 1836 erlassenen Instruction zur Abschätzung und Einrichtung der Waldungen ausgeführt. - Carlsruhe 1847. 59 S., 1 Pl.

Abschatzung des durch die Hagelschläge vom 29. und 30. Juni, 3., 4. und 12. August 1885 im Kanton Luzern verursachten Schadens. [Mit Karte.] 8. Luzern 1885. A 23

Abschätzung, Taration. Schweber, Tractat von Anschlägen der Güter. 1717. N. A. 1751.

Abschaetzungsgrundsaetze. — Abschätzungsgrundsätze der Ostpreussischen Landschaft vom 18. Juni 1895 [Nebst] Nachtr. 1–3. — Königsberg: Liedtke 1895–1904. 4
Nachtr. 1 vom 9. Jan. 1899.
Nachtr. 2 vom 16. Okt. 1901.
Nachtr. 3 vom 12. April 1904. 1¢.
1.4854

— Hrsg. von d. Ostpreuß. General-Landschafts-Direktion. Ausg. von 1908. [Nebst] Nachtr. 1.2. — Königsberg: Kümmel (1908–13). IV,50 S. 4°
Nachtr. 1 vom 26. Juli 1910.
Nachtr. 2 vom 28. Mai 1913. 10.
1.4859

Abschätzungs-Grundsätze, die, der Schlesischen Landschaft, nach der Revision vom J. 1846. Amtlicher Abdr. gr. 8. (62 S.) Breslau 848, Korn. n. 1/3 ₰

Die Abschätzungs-Grundsätze der Schlesischen Landschaft und das bei Anwendung derselben zu beobachtende Verfahren. Amtl. Abdr. — Breslau 1859: Graß, Barth & Co. 42,53 S. 12: Bor 2881. 2. 11.
1.4863

— Amtl. Ausg. [Nebst] Hilfs-Tabellen ... vom 14. März 1859. — Breslau: Korn 1868.
1:18 in 4° Ff 1602ª. 2.
1.4864

— Amtl. Ausg. de 1875. Ebd. 1875. 134 S.
1:Ox 216 12.
1.4835

Abschätzungs-Grundsätze, der Schles. Landschaft de 1883. Amtlicher Abdr. gr. 8. (55 S.) Breslau 883. (Korn.) n. — 60

—— dass. — Ausgabe mit den Hülfstabellen. gr. 8. (55; 271 S.) Ebendas. 883. **

Abschätzungs-Grundsätze der schlesischen Landschaft v. 1883 m. den Aenderg. des Nachtrages v. 1895. Amtl. Abdr. gr. 8. (55 S.) Breslau 898 (W. G. Korn). n. — 60

Abschätzungsgrundsätze der Schlesischen Landschaft von 1883 mit d. Änderungen d. Nachträge von 1895, 1901 u. 1909. Amtl. Abdr. [Nebst] Hilfstabellen von 1883 u. 1883–1909. Breslau 1909: Graß, Barth & Co. 8° [11. 2431 2

Abscheid, s.a. Abschied

Abscheid, Meinung und Gutachten der Evangelischen zu Franckfurt a. M. A. 1634 von denen sechs löbl. Creysen des Heil. Röm. Reichs versammlet gewesenen Ständen ... wegen näherer Vereinigung der evang. Kirchen. Wobey von der zu Leipzig 1631 zwischen denen chur-sächs., wie auch brandenburg. u. hessen-casselischen Theologen geh. Privat-Conferenz eine Relation mit angefügt. — o.O. 1722. 4 Bl. 1:Dk 10962.
1 4962

— Regenspurg: Krütinger 1722. 4 Bl.
1:Dk 10963. 12: 4°H. ref. 814–2 [u.] 4°Polem. 2571–2/10.
1 4963

Abscheide, s.a. Abschiede

Abscheide der zu Baden im Aargau gehaltenen Tagsatzungen und Jahresrechnungen. 1. [einzige] Sammlung, vom Jahre 1555 bis 1557. 2. vermehrte Aufl. 8. Aarau 1829. A 24
[Erweiterter SA. aus: Helvetia .... Band 3—5. Aarau 1827—1829]

Abschied, s.a. Abscheid

Abschied, der, Schausp. in 1 A. f. Kinder, v. C. F. Weiße. 8. Lpz. Crusius. (W. Vogel.) 778.

Abschied, Der. Ein Trauerspiel in zwei Aufzügen. Leipzig 1798. V: *Tieck, Johann Ludwig.* (GGr) (EE)

— der, Trauersp. 8. Lpz. Gräff. 798.

Abschied, der; Trspl. in 2 Akten. 8. Leipz. 798. (Wienbrack). 4 ₰

Abschied, Der. [Tübingen 1798.] V: *Helwig, Amalie von geb. Freiin von Imhoff.* (NN)

Abschied von meinem Almanach 1783 am 31. December [Leipzig 1786]. V: *Laguna, Johann Alois Martini.* (MGT)

ABSCHIED an den Amor (zahmes Gedicht von *Joh. Geo. Jacobi*). Halle 1769.
Anon.-Lex. I. p. 19.

Andächtig beweglicher Abschied und Auszug aus dem Elend, so auf Sontag, den 13. Jenner 1765, ... aus der ganz baufälliger Kirchen S. Gregorii Magni ... zu der ... Kirch S. Catharinae V. et M. ... feyerlichst gehalten worden. — (Cölln) 1765. 8 S. 1:22 in 4° Th 9703.
1 4879

Abschied, F. L. Schröders Direktor der deutschen Schaubühne in Hamburg angeblicher, von der praktischen Schauspielkunst. Hamb. 1796. V: *Albrecht* [?]. (Arch. f. Litt. VIII, 217.)

Abschied, Apolls, von den Musen, ein allegorischer Prolog mit welchem sich einem ... geehrten Publiko der Kayserlichen ... Handelsstadt Frankfurt am Mayn unterthänigst empfehlen wollte, und sollte die Seylerische Schauspielergesellschaft. Frankfurt a. M. 1777. V: *Wagner, Heinrich Leopold.* (ML) (Ky) (GGr)

Abschied, der, beim Ausmarsch d. Preuß. Truppen aus Schlesien, mit 3 Kpf. 8. Bresl. 806. Buchheister. 6 ₰ mit 1 Kpf. 3 ₰

Abschied, Christliche, vnd Denkmahle. Zwoer Princessinnen als Weyland der durchleuchtigen Hochgebornen Fürstin vnd Fräwleins, Fräwleins Mariae Ameliae Pfaltzgräuinnen bei Rhein ... Hochselig ged. vnd dann der durchleugtigen Hochgebornen Fürstin vnd Fräwleins, Fräwleins Annae Sibyllae ... Gedechtnuss. V: *Hundius, Joh.* (ZP)

Vom Christlichen **abschied** aus diesem tödlichen leben des Ehrwirdigen Herrn D. Martini Lutheri/bericht/durch D. Justum Jonam, M. Michaelem Celium [Coelius] vnd ander die dabey gewesen/kurtz zusammen gezogen Wittemberg 1546: G. Rhaw. [Faks.Dr.] (Berlin: E. Frensdorff [1905].) (16 Bl.) 8° [𝔉] [07. 3138

Abschied und Empfang. Im Julius 1810. V: *Imhoff, Amalie von.* (Bresl 31, S. 111)

Abschied des Faschings von seinen treuergebenen u. vielgeliebten Wienern. Von *J. B. v. V.* O. O. 1811. 8°.
l. c. no. 3978. — Rar!

Abschied vom geliebten Br.: Feibes. [Dat.:] Strassburg 1881. 1 Bl. 33 x 21,5 cm. [Kopftit.]

— des Fürsten u. Herrn, Herrn Johann Casimirs, die voigteyliche Obrigkeit, Lehenwahr, Jagden u. anders betreffend. 4. Coburg, Biedermann. 2 ₰

[C]Kanton Graubünden. Grosser Rat, [Abschied] an die ehrsamen Gemeinden. 1900 (*d. i.* 1901) Juni 1. 75 S. 8. O Gr

Abschied und Heimkehr. Endlich gewonnen. *Bern, Barmen: Blaues Kreuz [1900]*. (16 S.) 8° [F.]
= **Volksschriften** d. Arbeiterfreundes. 5. [ot. sod. 5

Abschied der Casselaner [Kasselaner] vom König von Westphalen. — [Cassel 1813.] 2 Bl. 4.
1 4898

Abschied v. meinen lieben Confirmanten bei ihrer Entlassung aus den Religionsunterr. u. ihrer Einsegnung z. ersten Abendmahlsgenusse. 32. Augsb. 823, Engelbrecht, geb. in Futt.

— von meinen lieben Confirmanden bei ihrer Entlassung aus dem Religions-Unterr. u. ihrer Einsegnung z. ersten Abendmahlsgenusse. 32. Augsb. 823. Schlosser. 1¼ gr

Zum Abschied von dem alten Consistorial-Gebäude [Konsistorialgebäude], Niederlagstr. 1 u. 2. — (Berlin [1874]: Haack.) 19 S. 1:Td 136.
1 4899

Abschied der kurfürstl. sächßl. Herren Consistorial Räthe [Konsistorialräte] zu Zeitz wegen dero ... Stifts Pfarrlehngerechtsamen zu Pötewitz, alle in Wetterzeüber Fluhr gelegenen, dahin gehörige Güter und Grundstücke betr. Abgefast am 9. Nov. 1609 u. von d. Orig. abgedr. (Unterz.: M. Thom. Trage) — [Bötewitz 1761.] 2 Bl. 4° 3.
1 4900

Kriegers Abschied u. Wiedersehen, Verbindende Dichtung zu lebenden Bildern nach d. Reliefs am Niederwaldbenkmal, m. Abb., Bonn 1887, 24 S., 8°.

Abschied für den Landtag des Kgrs. Bayern. (de dato Schloss Berg, d. 10. Juli 1865).– München, k. Hofbuchdr. J. Rösl, 1865. 4°. 17 S. Cart.

Der Abschied vom Sternberger Landtage im December 1847. — Hamburg 1848. 11.
1 4905

*Der **Abschied** des Direktors Dr. Karl Ludwig Leimbach.* Goslar, Druck v. J. Jäger & Sohn, 1895; 20—22 S. 4.
Goslar, RG u. G, P 1895 (329)

Abschied, Letzter, des Juden Süßen, an seine Maitressen, insonderheit die gewesene Jungfer Fischerin. — Danksagung der gewesenen Jungfer Fischerin. O. O. u. J. (1738). 4°.

Letzter Abschied derer Maleficanten namens Johannes N.N. ..., so wegen verübten Einbruchs ... von einem ... Rath der .. Stadt Augsburg ... den 1. Jul. 1775 hingerichtet worden. — Augsburg 1775. 4 Bl.
1:8 in 4° Fy 7912.
1 4906

— letzter, eines sterbenden Vaters von seinen Kindern, (v. G. R. Wiedemer). 8. Breslau 777. J. F. Korn. 14 gr

Abschied der Rö. Kay. Mt. [Majestät] und gemeiner Ständ auff dem Reichstag zu Regenspurg 1654. 1660
— Nebst Inscripta instrumento pacis Caesareo-Gallico & Caesareo Svecico, auch angehenckten Instrumento pacis Ryswicensi. — Halae Magd.: Zeidler & Mussel 1701. 316 S.
1:4° Gv 5066. 12:4° J. publ. G. 17. 2. 4. 8.
1 4946

Abschied Maria von Jesu und Jesu von Maria. Eine Andacht f. fromme Christen bei den betreffenden Vorstellungen. — Albendorf [um 1800]: Hatscher. 16 S. 2.
1 4958

— Eine Betrachtung f. fromme Christen bei der Vorstellung in Albendorf — Glatz [um 1800] Pompejus. 8 Bl.
1:7 in 1° Dv 20ᵃ.
1 4959

ABSCHIED Mariä von Jesu und Jesu von Maria. Eine Wallfahrt für fromme Christen. Nebst einem Messgesang. Budapest 1897: Koloman Rózsa. 22 S. - 160 mm
- Dass. Pest o. J.: A. Bucsánszky. 24 S. - 120 mm

Abschied des hochwürdigsten Herrn Erzbischofs Paulus Melchers von Köln. Bericht der römischen Deputation. — (Köln 1885.) 5.
1.4964

Abschied vom Mönchsberg in Salzburg. Am Schlusse des Jahres 1799. V: *Hübner, Lorenz.* (Kat. d. N. Ö. Landesbibl. S. 77.) (Gilhofer 135/1821a) (Hdschr. Mitt. von Gustav Gugitz, Wien.) (Biblport)

— Nap. Bonapartes 2c., s. Napoleon.

Abschied Napoleons Bonapartes [Napoleon I. Kaiser v. Frankreich] auf St. Helena an die Völker der Erde. Aus d. Franz. — Leipzig: Vogel 1821. 20 S. 11.
1 4965

Abschied des Kaisers Napoleon [I.] von den Völkern Europen's. 8. Elba 1814, in der Hofbuchdruckerey. A 2539

Abschied v. Rom od. Bekehrungsgeschichte, Glaubensbekenntniß u. Taufe d. früheren katholischen Priesters Paolo Grassi in Rom, ehemal. Kanonikus v. St. Maria Maggiore. Nebst Mittheilgn. üb. seinen Lebensgang, seine Vorladg. vor das Inquisitionsgericht, seine Verantwortg. vor demselben u. Anderes. [Aus dem Engl.] 8. (37 S.) Hamburg 874. Oncken. n. — 45

— u. Rückkehr, s.: Volkstheater, schweizerisches.

Abschied des Pfarrers v. Sindelburg von Herrn Fast, Erzbischöflichen Chormeister zu Wien. Wien 1783. V: ***Huber**, Carl Joseph.* (bespr. Realzeitung 1783, Nr. 35, S. 548.) (Biblport)

Abschied vom Flatz'schen Sommerbier ... Bregenz 1853. V: ***Weiss**, Gebhard.* (Margr)

Abschied vom Socialistengesetz. 8°. Verlag von F. Wilke, Druck von A. Vogel u. Co. in Braunschweig, s. a.

Abschied derer auf dem Land-Communications-Tage zu Cassel versammelt gewesenen Stände von Prälaten, Ritter- und Landschaft d. d. 11. Jan. 1755, die weitere Feststellung der protestantischen Religion in denen gesammten Hessischen Landen betr. Nebst Beyl. — o. O. (1755). 6 Bl.
1:4° Sk 3457. 12:2° J. publ. G. 353/7; 2° J. publ. G. 60/1 [u. ö.] 3. 4. 7.
1 4996

Abschied derer auf dem Land-Communications-Tage zu Cassel versammelt gewesenen Stände ..., die weitere Feststellung der protestantischen Religion in denen gesamten Hessischen Landen betr. Nebst Beyl. — o. O. [um 1755]. 15 S. 4° 4. 8.
1 4997

Abschied der Marburger Studirenden, die sich freiwillig dem Kampf für's Vaterland gewidmet haben. — o. O. 1813. 2 Bl. 1:19 in Yn 884. 300:80 J 290.
1 4998

— für die Ständeversammlung d. Königr. Baiern im J. 1822. gr. 8. München 823. Fleischmann. 12 gr

Abschied für die Stände-Versammlung des Königr. Bayern vom 1. Juli 1834. Mit sämmtl. Beilagen. gr. 8. Bamberg 834. Literar.-Artist.-Institut. ¼ ß

Tagsatzung (Schweiz). **Abschied** der eidgenössischen Tagsatzung ... – 1813 - 1848.

Abschied der am 6. Aprill 1814 zu Zürich versammelten und am 31. Aug. 1815 daselbst geschlossenen ausserordentlichen eidgenössischen Tagsatzung. Bd 1–3. — o. O. u. J.
12:2° Helv. 5. 7.
1 5000

Abschied von Tirol. 1887. (Als Ms. gedr.) — Breslau 1887: Nischkowsky. 80 S. 2.
1.5001

— der, e. Unterredung über die 187e Erzählung im Rochowischen Kinderfreund, bei Entlassung der Schuljugend gehalten. gr. 8. Hildburgh. 801. Hanisch. 2 gr

— der, Vandalia an Charlotten, ein Gedicht, (v. Karl Chr. Engel). 4. Schwerin 785.

Abschied über die Verhandlungen der Eidgenössischen Versammlung zu Zürich vom 27. Christmonat 1813 bis den 11 Hornung 1814. — o.O u J. Getr. Pag 2°
7.
1 5002

— u. Vermächtniß e. Erziehers rc. an eine Familie von Stande, (v. Bernh. G. Walch). 8. Berlin 777. Lange. 3 gr

Abschied von Wien. Wien 1813. V: *Schildbach, Joh. Gottlieb.* (GGr V, S. 337, Nr. 123/17) (biblport)

Abschied von Wikosch. Innsbruck 1806. V: *Mayr, Joseph Philipp Benitius (Benizzi) Maria.* (margr Nr. 13) (biblport)

Abschied der Zöglinge der Karls-Universität an ihre Herren Professoren und Lehrer ... Stuttg. 1794. V: *Scheler, Eugen Carl Ludwig von.* (MGT) (GGr)

Abschiede, s.a. A b s c h e i d e

Abschiede, s.a. A b s c h i d e

Abschiede der in den Jahren 1540–1542 in der Altmark gehaltenen ersten General-Kirchen-Visitation. Mit Berucks. der i. d. J. 1551, 1578–79 u. 1600 gehaltenen Visitationen Im Auftr d. Altmärk. Geschichts-Vereins hrsg von J[ulius] Muller u A[dolf] Parisius Bd 1 2. — Magdeburg: Baensch (2,3.4 · Salzwedel. Salzwedeler Wochenblatt) 1889–1929.
1,1 1889. 1,2 (Stadt Stendal) 1891. 1,3. (Ortschaften um Stendal 1895 1,4 (Salzwedel, Alt- u. Neustadt) 1898.
2,1 1907 2,2 Seehausen, Kloster Neuendorf, Gardelegen.) 1912
2 3 Dorfer d Ephorien Seehausen u Gardelegen, Stadt Osterburg, Kloster Krewese) 1922 2 4 1929.
1: Tc 6225 12: H ref. 0 u. 3. 7. 8. 9.
1 5009

ABSCHIEDE DER ERSTEN IN DER ALTMARK GEHALTENEN LUTHERISCHEN GENERAL-KIRCHEN- UND SCHUL-VISITATION mit Vergleichung der späteren, auf Veranstaltung des altmärkischen Vereins für vaterländische Geschichte rc. **in Salzwedel mit Ausschlufs der schon gedruckten aus den Originalkonsepten herausgegeben von ADOLF JULIUS BARTSCH. Magdeburg. 1868. Druck von E. Baensch jun. 8°.**

Des hochlöblichen Ober-Sächsischen Crayses [Kreis] Abschide. Aus Archiven erstmals an das Licht gestellt von Friderich Carl Moser. — Jena: Cröcker 1752.
1: Gv 13206. 2. 3. 5. 7. 8.
1 5011

Des hochlöblichen Fränckischen Crayses [Kreis] Abschide und Schlüsse v. J. 1600 biß 1748. Aus Archiven an das Licht gestellt Th [1]2 — Nürnberg 1752.
2 u d T Fränckischer Receße Th 2
12: 4" J publ G 766 300: 37 R 12 2. 3. 4. 5. 7. 8.
1 5010

Graubünden. Grosser Rat. **Abschiede.** – 1809 - 1915.

Abschiede. Amtliche Sammlung der ältern Eidgenössischen Abschiede. Herausgegeben auf Anordnung der Bundesbehörden. Bd. I. II. III. 1. 2. IV. 2. VI 1. (in 2 Bdn.) VII 1. 2. VIII. Zür., Bern, Basel, etc. 1839--1869. br. 4. W i e n e u. Soweit bis jetzt erschienen. 67. 50
Jedem Bande ist ein ausführliches Register beigegeben.

Abschiede, eidgenössische. Bd. III. 2. (enth. d. J. 1500—1522, bearb. v. A. Ph. Segesser.) Luzern 1869. br. 4. ca. 1500 pp. 7. 50

Abschiedlied s. *Abschiedslied.*

Abschieds-Almanach. Allen hohen und verehrungswürdigen Freunden der dramatischen Kunst ehrfurchtsvoll gewidmet vom Souffleur. Arad. Gedruckt bei H. Goldscheider. (4 Bl. 8.) (Gedichte.)

Abschieds- und Reise-Arien. Morgen reis' ich weg von hier ... — Oels Ludwig o.J 4 Bl
1:6 in Yd 7857
1 5017

Abschiedsbrief Friederich des Zweiten, an seine sämmtlichen geliebten Unterthanen: Dem Publiko mitgetheilt von einem aufrichtigen Freunde seines Vaterlandes 1806.

Abschieds Cantate für Herrn Johann Gänsbacher ... Aufgeführt von dem Musikverein in Innsbruck ... Musik von Martin Gollm. Innsbruck 1824. V: *Mayr, Jos. Philipp Benitius (Benizzi) Maria.* (margr) (biblport)

Abschieds-Compliment, s. A b s c h i e d s k o m p l i m e n t

Abschieds-Copia die zu Mantua resignirten u. aussmarschirten Garnison betreffend. (4) 4°. s. 1. ao 1707.

[**Abschiedsfeier.**] In der Gr. L. L. v. D. [Unterz.:] W. D. Berlin, den 25 sten Oct. 1828. 1 Bl. 8° [Kopftit.]

Abschiedsfeier für Gottfried Kinkel, veranstaltet von seinen Freunden in England am 27 September 1866 London 1866. 62 S. 12.

Zur Abschieds-Feier der Pfahlbauer Dr. Rudolf Prinz und Otto Dittmann. Breslau, Johannistag 1882. — Breslau 1882: Diebison. 4°
10.
1 5018

Das Abschiedsfest der grauen Brüder am 6. October 1828 — Berlin [um 1828]: Dieterici. 2 Bl.
1:2 in 4° Ay 13760
1 5019

[F.] Albrecht Dürer's **Abschiedsfest** in Venedig Maskenzug, aufgeführt b grossen Maskenf. std Nurnberger Männer-Gesangver. *Lpzg: F. Bartholomäus* (übergekl.: *Berlin: F. Bloch) [1894].* (1 Bl, 31—36 S.) 1 Bd 8.
= Festspiel-Halle, Deutsche II. 21 (99. 823)

Letzte **Abschiedsgedancken** eines Sächsischen Soldaten, welcher kurtze Zeit ehe seine Landsleute von den Schweden die grosse Niederlage ohnfern Cracau erlitten aus Pohlen geeilet. 4°. 1702.

Abschieds-Gedicht eines Freundes aus Neufoundland. 1800. Friedrichstadt. P.

Abschiedsgesang dem B.·. Cl. Fr. Jos. v. Lebauld de Nans, gesungen bei der Tafel□: den 14ten T.·. des 12ten M.·. 5817. [Unterz.:] F.L. [Mainz 1817: v. Zabern.]2 Bl. 8° [Kopftit.]

Abschiedsgespraech. — Vertrautes Abschieds-Gespräche zwischen einem Preussen und Sachsen bey dem Abmarsch der preussischen und sächsischen Armeen — o.O. 1779 2 Bl
3.
1 5021

Abschiedsgruss an unseren vielgeliebten Br. Berndt. [Zeitz ca. 1862.] 1 Bl. 8° [Kopftit.]
Tt. 2387.

Abschiedsgruss an unseren gewesenen Logenmeister Berndt. 8. 1 Bl. Loge Victoria in Zeitz. ca. 1862.

Abschiedsgruss. -- Abschieds-Gruss an [Friedrich Christoph] Dahlmann, [Georg Gottfried] Gervinus und Jacob Grimm am 17. December 1837. — o.O. [um 1837] 2 Bl.
1:Yn 9784 7. 9.
1 5022

Abschiedsgruss an den heissgeliebten hochwürdigen Pater Franz Xav. Weninger bei seiner bevorstehenden Reise nach Amerika. [Innsbruck 1848.] V: *Scheuchenstuel, Anton von.* (margr)

[F.] **Abschieds-Hirtenwort** des Hochw. Herrn Georgius Ignatius [Komp], präcon. Erzbischofs v. Freiburg, Apostol. Administrators d. Diöc. Fulda. *Fulda: Dr. d. Fuldaer Actiendr. 1898.* (6 S.) 1 Bd 8 (98. 1651)

Abschiedsjournal. – Abschieds-Journal. Statistischer Ruckblick des Wirkens des Stadt-Theaters zu Halle a. S. . im Jahre 1881. Hrsg von Wilhelmine Rieger -- Halle 1881: Karras. 8 S.
3.
1 5023

Sommer-Theater Klein-Basel.... Abschieds-Journal **Saison 1901. [Mit 1 Porträt.] [4 S.] 8. Basel, H. Krüsi.**

Stadt-Theater Biel. Saison 1900/1901. Abschieds-Journal. 4 S. 8. Biel, **Wursten & Schurter,** (1901).

Abschiedskompliment. — Mazarini [Jules Mazarin] Abschieds-Compliment. — o.O. [um 1706]. 4 Bl
12: 4° Eur. 266/2. **2. 9.**
1 5024

Abschieds-Lied der Unterwaldner Freywilligen bey ihrer Abreise von Stanz nach Basel im Junius [1792]. [Mit Titelvignette.] 8. Basel 1792.

Abschiedslied. — Abschieds-Lied an die Berlinsche Garnison bey ihrem Ausmarsch. Gesungen von einem Soldatenfreunde. — Berlin 1778. 8 S. **2.**
1 5025

Abschieds-Lied einer alten Jungfer Johanna Cichoria Klatschtaschin an ihre Coffee-Kanne. — Berlin 1781. 8 S. **1:Ym 3154.**
1 5026

Abschiedslied des Frankfurter Contingents [Kontingent] bey ihrem Ausmarsch an den Rhein im Anfang des Augusts 1794. (Anf.: Auf Brüder! Eilt ins Schlachtgewühl.) — o.O.u.J. 2 Bl. **1:29 in Ym 6456.**
1 5028

Abschiedslied der frankfurtischen Contingents-Truppen [Kontingentstruppen] beym Abmarsch derselben Gesungen von einem Frankfurter Soldaten. (Anf.: Lebt, Bürger Frankfurts, lebet wohl!) — o.O. (1794). 2 Bl.
1:31 in Ym 6456.
1 5029

Abschiedslied an Napoleon [I. Kaiser v. Frankreich]. (Anf.: Jetzt schlägt, Napoleon, die Abschiedsstunde.) — o.O. (1813). 2 Bl. **1:8 in Yn 886.**
1 5030

Abschiedslied des Frankfurter Reichscontingents bey ihrem Ausmarsch an den Rhein im Anf. d. Aug. 1794. (Anf.: Auf! auf! die letzte Stunde schlägt!) -- o.O u J. 2 Bl. **1:28 in Ym 6456.**
1 5031

Trauervolles und reumüthiges Abschied-Lied fünf armer Sünder, namens: Margaretha Steurin . ., Peter Pabst . . ., Johannes Schmadel . ., Johannes Wölfle . . und Anton Guttmann . . ., welche wegen sehr vielen verübten Diebstählen von einem hochedlen und hochweisen Rath des H.R. Reichstadt Augsburg d. 20. May 1786 vom Leben zum Tod verurtheilt worden. — o.O. 1786. 4 Bl.
1:11 in 4° Fy 7912.
1 5033

Abschiedslied an Wikosch, als ihm seine Zuhörer eine Abendmusik gaben. Innsbruck 1806. V: *Mayr, Joseph Philipp Benitius (Benizzi) Maria* (margr Nr. 16) (Biblport)

Abschiedslieder. — Drei Abschiedslieder der Hanseatischen Legion und der freiwilligen Jäger bei ihrem Auszuge gegen die Franzosen im Jahr 1815. — Hamburg 1815. 8 S.
1:Ye 11350.
1 5034

Abschiedsode an Herrn Andreas Aloys von Di Pauli kk Hofrath bei seiner Abreise nach Wien. Innsbruck 1816. V: *Mayr, Joseph Philipp Benitius Maria* (margr Nr. 17) (Biblport)

Abschiedspredigt von der Waisenkirche gehalten den 8. Brachmonat 1778 über II. Cor. XII. 13. Zürich [1778]. V: ***Lavater, Johann Kaspar.*** (schstr S. 115)

Abschiedspredigten. — Abschiedspredigten, geh. am 5. u. 11. April 1847 vor der evang. Gemeinde in Bonn von Karl Heinrich Sack und Carl Immanuel Nitzsch. Nebst den Gebeten des Pfarrers Joh. Wichelhaus. — Bonn: Marcus 1847. 28 S. **1:2 in E 251-21. 5.**
1 5035

Abschieds-Puncten zwischen einem ehrsamen Rath und Burgerschafft der Stadt Franckfurt am Mayn, durch die von Römischer Kayserl. Majestat verordnete . . . Commissarien vorgenommen. Nach uns. rm unverfalschten wahren vidim. Orig. coll. u. mit Marginalibus illustr. — o.O. 1613. 26 S.
1:5 in 4° Si 5632. 7. 10 W.
1 5038

– — Anjetzo aber von Ihro Kayserl. Majestät selbsten ratificirt u confirmirt -- o.O. 1709 9 Bl 4° **4.**
1 5041

Abschiedsrede eines Bruders wahrer Maurerei alten Systems. gr. 8. Philadelphia 787. (Enobloch in Leipz.) 6 gr

Abschiedsrede eines Bruders wahrer und ächter Maurerey alten Systems, gehalten am Ende des gegenwärtigen Decenniums. Philadelphia [Leipzig: Böhme] 1787. 93 S. 8°
KL 2670.

Abschiedsrede im illustri Collegio Christian Ernestino zu Bayreuth gehalten [von E. v. P.]. Kulmb. 1789. V: *Plotho, Carl Christoph Friedrich Wilhelm Edler von.* (Fiker)

Abschiedsrede im Karakter [Charakter] der Susanna in Figaro's Reue nach der Hochzeit. Beym Schluss der Bühne in Leipzig den 15 Oct 1786 gesprochen von Dem(oiselle) Bösenberg -- o.O u.J. 2 Bl. **11.**
1 5043

Abschiedsrede des Lehrers der Naturwissenschaften an seine Schüler der 8. Gymnasialklasse zu Tyrnau am Schlusse des Schuljahres 1854/5. Tyrnau. 1855. Druck von Sigm. Winter. (14 S. 8.)

Abschiedsrede, Napoleon des Grossen, an die Deutschen. Amsterdam 1816. V: *Kotzebue, A. von.* (Wr)

Abschieds-Rede des grossen Schauspielers Noch Jemand, gehalten auf der Bühne zu Königsberg bei Gelegenheit der Feyer d. Siegesfestes am 8ten July 1815. O. O. 8 S. Selten! (8 Mk. Paul Graupe, Berlin, 1912.)
Spottverse auf Napoleon in der Ichform, in denen er sagt: „Da spielte mein Universal-Genie den Kaiser Nero nach dem Leben." Sein ganzes Leben skizziert er kurz.

Abschiedsrede am Schluss der Bühne gehalten von Minna Brandes. Hamb. 17.. V: *Tanck, Franz Johann Daniel.* (MGT)

Abschieds-Rede des Zirbel-Baumes zu Hammel im Monat October 1761 am Tage seiner Umhauung. - Augsburg 1762. 61 S **1:Yy 5646. 12:Germ sp 3m**
1 5044

Abschiedsschreiben des Lehrkorpers an den nach Prag versetzten Landesschulinspector Dr Victor Langhans und dessen Antwortschreiben 8 (S. 43—44) K k Staats-Oberrsch *Teschen* 1900
Progr.

Abschieds-Vergnügen, das große, auf d. Schurzfell u. seine Wehthaten, od. Undank ist d. Welt Lohn. Humorist. Scene f. lustige Leute. Zum Besten verarmter Lager-Bier-Trinker u. Wirthshausgeher. gr. 12. (2 B.) Nordhausen, gedruckt im guten Wein- u. Bier-Jahre 1846, (Fischer).

Abschiedswort bei der Entlassung aus der Schule. Ernstthal 869. (Dresden, Naumann in Comm.) 16. (8 S.) 1 ngr.

Abschiedswort an Schüler u. Konfirmanden. Zur Erinnerg. an . . . . . . 6. Aufl. 16. (4 S.) Dresden 891. Niederlage d. Vereins zur Verbreitg. christl. Schriften im Kgr. Sachsen. — 1

Abschiedsworte, gesprochen an der Bahre meines l. Brs. Gust. Bofinger am 12. Dez. 1905 im Krematorium zu Heilbronn. [Unterz.:] B. o.O. [1905]. 1 Bl. 8° [Kopftit.]

Abschiedsworte. — Bewegliche Abschieds-Worte, womit Johanna Susanna Riedeln, als solche wegen verübten Kinder-Mords ... mit dem Schwert vom Leben zum Tode gebracht wurde, am Tage ihrer Execution, war der 7. Jan. 1726, ihre ... Reue ... bezeuget. Gedr. nach d. Dressdner Exemplar. — o.O. [um 1726]. 2 Bl.
1:17 in 4° Fy 7910.
1.5045

Abschiedsworte bei der Entlassung der Schüler aus der Elementarschule ... Zum Druck übergeben von einem Lehrer-Veteranen ... Rössel 1896. V: *Gross.* (Berl 1904, S. 155)

Abschiedsworte an meine Confirmanden beim Schlusse meines Unterrichts. 2. Orig.-Ausg. Chur 866. Gsell. 16. (19 S.) 1¼ ngr.

Abschiedsworte d. Confirmanden beim Schlusse des Unterrichts zur steten gesegneten Erinnerung. .. Chur ... Grubenmann'sche Buchh. 1/12 ß

Abschiedsworte dem Br. Link bey dessen Weggange nach Breslau zum Zeichen wahrer Hochachtung und Liebe gewidmet von den sämtlichen Mitgliedern der Loge [zu den drei Sternen in Rostock]. Am 10ten Oct. 1811. Rostock [1811]: Adler. 7 S. 4° [Umschlagtit.]
KL 1169.

Abschiedsworte e. Mutter an ihre Tochter. Mitgabe für Dienstmädchen. 2. Aufl. 16. (8 S.) Stuttgart 889. Buchhandlg. der Evang. Gesellschaft. n. — 2

Abschiedsworte e. Mutter a. ihre Tochter. Mitgabe f. Dienstmädchen. 4. Aufl. 12. (8 S.) Stuttgart 897. Buchh. der Evang. Gesellschaft. n. — 02

Abschiedsworte e. Mutter an ihre Tochter. Mitgabe f. Dienstmädchen. 5. Aufl. (8 S.) kl. 8. Stuttgart 905. Buchh. der ev. Gesellschaft. — 02

Abschiedsworte an meine zum heil. Abendmahl unterrichteten und entlassenen Söhne und Töchter. Bern 1821. 2. umg. Aufl. 1822. V: *Appenzeller, Jos. Kr.* (MGT) *Joh. Conr.* (Ky)

Abschiedsworte an meine z. heil. Abendmahle unterr. u. entlassene Söhne u. Töchter, (v. J. K. Appenzeller). 2e Ausg. 12. Bern 822. Jenny. (Erlangen, Palm u. E.) 3 gr

Abschiedsworte an unsere heimgegangene [!] Brr Trummer, Meisner, Föttinger, Singer. Den 17. Jan. 1823. o.O. [1823.] 2 Bl. 8°

Abschiedt, s. Abschied

Abschilderung
— v. Christi u. Belialsreiche. 8. Augsb. u. Leipz. 753. 4 gr

Abschilderung des jüdischen Greuels im Kleinen. — Jena: Haase 1733. 88 S.
1:Dc 4133. 9.
1.5046

Abschilderung des Leibes und des Gemütes von Carl d. XII. Könige in Schweden. Durch einen poln. Edelmann. — o.O. 1706. 2 Bl.
1:31 in 2° Ta 8414
1.5047

Abschilderung aller im fortdaurenden Land und Leut verderblichen Krieg theilhabenden hohen Mächten. In verschiedenen Briefen unpartheyisch entworfen. — Wien, Paris & Berlin 1758. 79 S.
12:4° Eur. 419-27. 7.
1.5048

— natürl., in Sitten u. Geberden Sr. röm. k. k. Majestät Joseph II. auf seine allerhöchste Oesterreichische Thronbesteigung. 8. Salzb., Duyle. 1 gr

Abschilderung der Pietisten. — Franckfurt & Leipzig 1751. 98 S.
1:Dm 11440.
1.5049

Abschilderung. — Die Abschilderung der Reue oder Bussfertigkeit in denen ersten Menschen. In d. hochteutsche Sprache übers. von Heinrich v. Bünau. — o.O. 1749. 24 S.
3.
1.5050

Abschilderung der [Konrad Ernst] Ackermannischen Schauspieler in einem Schreiben an einen Freund in Berlin. (Unterz.: W. Halle.) — Frankfurt & Leipzig 1755. 30 S.
1:Yp 3361. 300:476.139-B.Th.S. 3. 7. 8. 10. 11.
1.5051

Abschilderung der Ackermannschen Schauspieler. 8. Halle 755. Schwetschke u. Sohn. 1 gr

— wahrhafte, e. vollkommenen u. großen Helden. gr. 8. Frankf. 758. Richter. 6 gr

Abschilderung der berühmten Kreisstadt Zwickau. Von W. A. G. im Jahr 1764, den 18. Oct. — Zwickau (1764): Friedrich. 2 Bl. 4°
3.
1.5052

Abschlachtung der russischen Jugend. Die letzten Studenten-Unruhen in Petersburg, Moskau u. Kiew nach Augenzeugen. Mit einleit. Briefe v. P. Karpowicz. (In russ. Sprache.) (80 S.) 8. Berlin 902. J. Räde. n. 1. —

Abschluss s.a. Gebarungs-Abschluss.

Feyerlicher Abschluß der evangelischen Ständegesandtschafften zu Regensburg wegen Aufrechthaltung des 20. Articuls kayserlicher Wahl-Capitulation. Dictatum Ratisbonae, in conferentia evangelicorum, die 29. Nov. 1758 per Saxonicum. — o.O. (1758). 4°
11.
1.5055

Abschluß, der, e. neuen Handelsvertrags zwischen Frankreich u. dem Zollverein beleuchtet vom Standpunkte d. Droguenhandels. Lex.-8. (43 S.) Dresden 871. Meinhold & Söhne. n. 1. —

Abschluß des Konfirmandenunterrichts. (40 S.) kl. 8. Darmstadt 904. J. Waitz. n. — 25

Abschlussuebersichten. — Abschluss-Uebersichten für Verlagsbuchhandlungen nach den Resultaten der Ostermesse 1868. — Nordhausen: Büchting 1868. 63 S. 4°
3.
1.5056

Abschnitt. — Abgeänderter 5. Abschnitt des Exerzir-Reglements für die Artillerie der Kgl. Preussischen Armee zur versuchsweisen Ausführung. — Dat. Berlin 22. Dec. 1827.
1:Hx 24236. 10.
1.5057

Abgeänderter 4. Abschnitt des Exerzir-Reglements für die Artillerie der Kgl. Preussischen Armee zur versuchsweisen Ausführung. — Dat. Berlin 22. Dez. 1827. 111 S.
1:Hx 24234. 10.
1.5058

Abschnitt, d. erste, des ersten Traktates vom Babylonischen Talmud, s. Talmud.

Abschnitt, Der, Matth. 8, 23—27; Jesus gebeut Ruhe dem Sturme. [Hamburg 1831]. V: *Hug, Johann Leonhard.* (Gl)

Abschnitte aus der deutschen Grammatik. 2. Aufl. Freienwalde a. O. 870. Fritze. 8. (16 S.) 1½ ngr.

ABSCHNITTE aus dem Leben des Grafen Eugen. Ein (ziemlich freier) Roman. Leipzig, bei Pet. Phil. Wolf und Comp. 1802. Breit-12°. Rar!
VI (Tit., Nachricht der Verleger u. Vorrede, dat. Benelo, d. 26. Febr. 1800), 327 S.

Abschnitte aus d. Leben d. Grafen Eugen. Vom Verf. der „Vertrauten Briefe über Paris." 8. Leipz. 802. Wolf. (Schmidt). 1 ß

Abschnitte aus dem allgemeinen Pionierdienst. Berlin 1869. 258 S.

Abschnitte aus guten Religionsreden, mit Anmerkk., (v. Joh. H. Brumleu). 2 Theile. 8. Stendal 805. 6. Franzen u. Gr. à 20 gr 1 ß 16 gr

Die revidirten **Abschnitte** der Kriegsverfassung des deutschen Bundes, mit Hinzufügung ergänzender Nachträge für die Musterung im Jahre 1858. Frankf. a. M., Bundes-Präsidial-Druckerei, 1858.
- dass.: mit Nachtrag 1863.

Die revidirten Abschnitte der Kriegsverfassung des Deutschen Bundes, mit Hinzufügung ergänzender Nachträge bis zu dem am 8. März 1862 erfolgten Bundesbeschlusse. — Frankfurt 1863: Bundesdr. VI,78 S.
12:J publ. G 405d.
1 5061

Finanz - und Zolldepartement (Schweiz). **Abschnitte** und Stückanzahl der Noten neuen Typus. . . und Stand der Noten-Emission. .. Appoints et nombre de billets nouveaux type. – 1895 - 1906.

Abschnitte, wichtige — und rührende Züge aus dem Leben des heiligen Wolfgang, Bischofs zu Regensburg, von seiner Wiege bis zu dessen durch Wunder verherrlichtem Sarge. Eine Abschrift aus dem im altdeutschen Style dargestellten Inhalte der Bilder ringsum den Hochaltar der St Wolfgangskirche in neuerer Sprachweise. Druck von Johann Habacher in Gmunden. (12 S. 8.) 1857

Abschreibung der Grundsteuer wegen Beschädigung des Natural-Ertrages durch Elementar-Ereignisse. Gr.-8. (4 S.) J.Hein,Klagenfurt 1898 —.06

Abschrifft eines Schreibens Sr. Königl. Maj. von Preussen, an den Lord Marshal, gouverneur von Neufchatel, über die Bataille bey Collin, vom 18. Jun. 1757. (Franz. u. deutsches Exemplar.) Basel 1757.

Abschrifft des von dem pohln. Cron-Feldherrn dem Wojwoden Kioffsky an die pohln. Republique abgelassenen Universals, de dato Bender, den 27. Aug. 1711. 4°

Abschrift, beglaubigte, des Vernehmungs-Protokolls des Predigers Dr. Sydow vor dem königl. Consistorium der Provinz Brandenburg. Verhandelt Berlin, den 14. März 1872 im Sitzungssaal des Consistoriums der Provinz Brandenburg. gr. 8. (23 S.) **Berlin 873, Weiß. [Beuckert und Radetzki.]**

Abschrift des an Ihro Röm.-Kais. Majestät von dem Collegio camerali erstatteten allerunterthänigsten Berichts.— Dat. Wetzlar 28. April 1780. 35 S.
1:3 in 2° Gx 13000–41. 12:2° J. publ. G. 477–10.
1 5069

Abschrift glaubwürd. Briefe wegen des Gefechtes zw. Schweden u. Sachsen unweit Posen d. 9./19 Aug. 1704. (1/2 B.) 4. – på Swenska.

Abschrift. — Abschrift eines Briefs [Brief] aus Paris unter der Tags anzeige vom 26. Junii 1791, den der Herr Maire heute erhalten. — o.O.u.J. 1 Bl.
1:Flugschr. 1791–38.
1 5075

„Gedruckte Abschrift des Entwurfs der Instruction, wie bei Veranschlagung der Arrenden bei Domainen zu verfahren sei? mit 22 Tabellen", Königsberg 1808 (Hartung).

Gedrukte Abschrift des Entwurfs der Instruction, wie bei d. Veranschlagung der Arrenden ... zu verfahren ist. — Königsberg [um 1810]: Hartung. 40 S.,42 Bl. 2° 10.
1.5077

Abschrift, gedruckte, des Entwurfs d. Instruktion, wie bei Veranschlagung der Arrenden bei den Domainen-Aemtern zu verfahren ist. Fol. Königsb. 829. (Enslin in Berlin). 2 ℛ 6 gr

Abschrift des an Ihro Römisch-Kaiserliche Majestät unterm 14. Juni 1779 erlassenen allerunterthänigsten Collegial-Berichts [Kollegialbericht]. — Dat. Wetzlar 14. Juni 1779. 25,8 S.
1:39 in 2° Gx 13000–41. 12:2° J. publ. G. 477–7.
1.5082

Abschrift des an Ihro Römisch. Kaiserliche Majestät von dem Kais. Reichs-Kammergericht unterm 7. März 1780 erstatteten allerunterthänigsten Collegial-Berichts [Kollegialbericht]. — Dat. Wetzlar 7. März 1780. 3 Bl.,29 S.
1:1 in 2° Gx 13000–41. 12:2° J. publ. G. 477–9.
1.5083

Abschrift der Stiftungs-Acte der Stender-Weyrichschen Familien-Stiftung. (Unterz.: Alexander Johann Stender.) — Mitau 1845: Steffenhagen. 8 S. 4° 7.
1 5101

Abschrift der Urkunde, aus welcher Arndt das Wort Drillen anführt. [Riga 1790]. H: *Brotze, Johann Christoph.* (R-N)

Abschrift der Urkunden, die in den beiden Kugeln auf der Kirche zu Rellingen aufbewahrt sind. o. O. u. J. Fol Handschrift.

Abschrift eines Cirkular-Briefs [Zirkularbrief], den die Herren Unter-Offiziere, Caporäle, Grenadier und Gemeinen der Regimenter Normandie u. Beauce an die Munizipalitäten der Kriegs-Städte des Königreichs unter der Tags-Anzeige vom 9. May 1790 geschickt haben. — Dat. Brest 9. May 1790. 2 Bl. 1:Ra 8710.
1 5111

Abschriften von Aufsätzen und Bemerkungen über Turnen, Turnunterricht und Turnlehrer aus Berliner Zeitungen. 1855—62. 2 Bde

Drei Abschriften von Originalbriefen, betr. die Absicht des Konigs von Preussen, sich aus Sachsen wegen alles Schadens zu erholen, den die russischen Truppen in Preussen verursacht - - Dat. Königsberg 22 Dez 1758. 8 S. 2°
7.
1 5113

Abschriften der gerichtlichen Producten und Recessen, welche bey einem löblichen Stadt-Magistrat zu München als erster und sodann bey einem Churfürstlichen Hofrath als zweyten hohen Appellations-Instanz in causa den Churfürstlichen Garnisons- und Stadt-Physicum zu Stadtamhof Johann Nepomuck Ludwig Dieterichs von Kronstern , Klägern an einen, und denen Johann Philipp Heppischen Ehe- und Handelsleuten zu ermeldten München, Beklagten andern Theil, puncto societatis, laesionis et restitutionis in integrum vor und eingekommen. — o.O. 1772. 1:2° Hf 8685. 12:2° Bavar. 6.
1 5116

„Abschriften hanseatischer Urkunden aus dem lübecker Stadtarchive", Ms. — Vorh.: Com. Bibl. Hamburg.

Abschwerung, s. a. Abschwoerung

Abschwerung der wahren seeligmachenden lutherischen Religion, den 1. Maii A. 1707 zu Bamberg geschehen von der Durchlauchtigsten Princessin Elisabeth Christinen [Römisch-deutsche Kaiserin], Hertzogin zu Braunschweig-Lüneburg, Wolffenbüttelscher Linie. Samt einer Vorr. an die Studiosos der Königl. Schwedischen Academie in Pommern Joh. Friedrich Mayers. — Greiffswald: Fickweiler [um 1707]. 6 Bl. 4°
2. 3. 5. 9. 10.
1 5118

Abschwoerung, s. a. Abschwerung

Abschwörungs-, Glaubens-, Beicht- u. Betformeln, die deutschen, v. 8—12. Jahrh. Hrsg. v. Maßmann, s. a. Bibliothek d. deutsch. National-Lit., 7. Bd.

Abschwörungs-, Glaubens-, Beicht- u. Betformeln vom 8. bis 12. Jahrhundert. Herausgegeben von * H. F. Maßmann. gr. 8. Quedlinburg 1839, Basse. 1 Thlr. 4 ggr. — 2 fl. 6 kr.

Abschyedt, s. Abschied

Abseits v. der großen Heerstraße. Beschauliche Gedanken eines Suchenden. (III,82S.) kl.8. Berlin (909). K. Curtius. 2.—
3*

Abseits vom Wege. Gedichte eines Laien. Mit 9 (phototypogr.) Illustr. von Paul Thumann. 1. und 2. Aufl. gr. 4. (III, 62 S.) Berlin 877,78, A. Duncker.
geb. mit Goldschn.

DIE ABSENDUNG DER ZWEITEN DEUTSCHEN NORDPOLAR-EXPEDITION. Mittheilung des Bremer Comités. (Ohne besond. Titelblatt. — Bremen 1869. Druck von Carl Schünemann.) 4°.

Absentismus u. Wirthschaftsleitung in der ostpreußischen Landwirthschaft. Vom Vorstand der Landwirthschaftskammer f. d. Prov. Ostpreußen m. Bezug auf Capitel III der „Agrarstatist. Untersuchgn. üb. den preuß. Osten im Vergleich zum Westen v. Professor Dr. A. Backhaus. (13 S. m. 2 Tab.) 8. Königsberg 899. (Gräfe & Unzer.) —60
— [**Arbeiten** d. Landwirtschaftskammer f. d. Prov. Ostpreußen. No 5.]
[06. 1498

Absetzungsprozess. – Der „Absetzungs"-Prozess des Bischofs von Paderborn Dr. Conrad Martin vor dem „Königl. Gerichtshof für kirchliche Angelegenheiten". — Berlin 1875. 68 S. 1:Theol. Flugschr. 1875-17.
1.5124

Abshagen, Otto, Kammergerichts-Referendar: **Die Anwendbarkeit der Vorschriften des Bürgerlichen Gesetzbuches über rechtsfähige Vereine auf die Aktiengesellschaft. Berlin 1906: W. Pilz. (IX, 41 S.) 8°**

Halle, Jur. Fak., Ref. Lastig, Diss. v. 1. Mai 1906

[Geb. 4. Juni 83 Stralsund; Wohnort: Berlin; Staatsangeh.: Preußen; Vorbildung: Realgymn. Stralsund Reife O. 01; Studium: Berlin 6 S.; Rig. 7. März 06.]

Abshoff, Emil

Elektricität und Binnenschiffahrt. Von E[mil] **Abshoff** u. O. Büsser. Münster i. W. 1902: Bredt. 10 S. 4° [Umschlagt.] A 12. 5420

Abshoff, Emil, der „Kanal". (Kanal vom Rhein an die Weser m. Anschluß nach Hannover.) (16 S.) gr. 8. Münster 905. (E. Obertüschen) n. — 40

Kanäle in aller Welt. Von Emil **Abshoff**, Ingen. *Hannover 1901: Jänecke.* (7 S.) 8° [F.]
= Sammlung v. Schriften z. Kanalfrage. No 11. (02. 1158, 4

Der 'Mittellandkanal' in seiner selbständigen Bedeutung. Auf Grund früherer Veröffentlichungen d. Kanalver. f. Niedersachsen u. s. vormaligen Geschäftsführers Ing. Fritz Geck unter Berücks. d. preuss. wasserwirtschaftl. Vorlage u. anderer Druckschriften im Auftr. d. Vorstandes bearb. von Emil **Abshoff**, Ing. *Hannover: Gebr. Jänecke, 1901.* (16 S.) 8° [Umschlagt. F.] (04. 6345 7
= Sammlung v. Schriften z. Kanalfrage. No 12.

Abshoff, E., Der Rhein-Hannover-Kanal. Vortr. Hameln, 1904. 24 S.

Abshoff, Emil, die Talsperren, s.: Humann.

Abshoff, Emil, von Bremerhaven nach Assuan. Eine See- u. Land-Reise. (83 S. m. Abbildgn.) 8. Hannover 906. Berenberg'sche Buchdr. n. — 80

Die niedrigen Wasserstände des Sommers 1904. Von Ingen. Emil **Abshoff.** Magdeburg 1904: Faber. (11 S.) 8° [F.]
Aus: Blätter f. Handel, Gewerbe u. soz. Leben. 1904. (05. 5330 9

Wasserwirtschaft und Landwirtschaft. Von E. **Abshoff,** Ingen., Hannover. *Berlin-Grunewald: A. Troschel 1903.* (16 S.) 8°
— Deutsch-Oesterr.-Ung. Verband f. Binnenschiffahrt. Verbands-Schriften. N. F. No 27. (04. 4694

Abshoff, Fritz

— **bildende Geister.** Unsere bedeutendsten Dichter u. Schriftsteller der Gegenwart u. Vergangenheit in charakterist. Selbstbiographien sowie gesammelten Biographien u. Bildern. Bearb. u. red. 1. Bd. 1. bis 10. Tauf. (214 S.) 4. Berlin 905. P. J. Oestergaard. Geb. n. 4. —

Abshoff, Fritz, Deutschlands Ruhm u. Stolz. Unsere hervorrag. vaterländ. Denkmäler in Wort u. Bild. Unter Mitwirkg. v. zahlreichen Behörden, Vereinen u. Vaterlandsfreunden bearb. u. red. (224 S.) gr. 4. Berlin (904). Verlagsanstalt Universum. Geb. n. 8. —

Absicht. — Der Oeconomischen Bienen-Gesellschaft in Oberlausitz Absicht, Einrichtung und Regeln. — Görlitz [um 1766]: Fickelscherer. 12 S. 4° 3.
1.5135

Der Churfl. Sächßl. Physikalisch-ökonomischen Bienengesellschaft in Oberlausitz Absicht, Einrichtung und Regeln. Nebst ... Landesherrl. Confirmation. — Budissin 1771: Scholz. 16 S. 3.
1.5136

Die Absicht einer Erhöhung der Rübensteuer in Beziehung auf die Uebereinkunft vom 4. April 1853 u. die Missverhältnisse des Betriebsjahres 1857–58. Beleuchtet von dem Ausschusse des Vereins f. Rübenzuckerindustrie im Zollverein. (Unterz.: Jacob Hennige. Beuchel.) ⟨Als Ms. gedr.⟩ — Berlin 1858: Feister. 21 S. 3.
1.5137

Der von Sr. Kgl. Majestät den 23. Sept. 1766 allergnädigst bestätigten Gelehrten Gesellschaft zum Nuzzen der Künste und Wissenschaften in Frankfurt a. d. O. I. Absicht ..., II. Innere Einrichtung ..., III. Gesezze ... — o.O. (1766). 2 Bl. 2° 2.
1.5138

Absicht, Eine gute, für Ehst- und Liefland, ... Reval 1789. V: *Steininger, Johann Gottlob Severin.* (R-N)

Absichten und Aussichten des Reformprojektes. (6 Aufsätze aus d. Neuen Frankfurter Zeitung.) Frankfurt a. M., 863. Auffarth. gr. 8. (34 S.) n. 5 *ngr.*

Grosse **Absichten** des Ordens der Illuminaten, dem patriotischen Publikum vorgelegt von vier ehemaligen Mitgliedern [d.s. Georg Grünberger, Joh. Sulpitius v. Cosandey, Veit Renner, Jos. v. Utzschneider.] [Nebst] Nachtr. 1 - 3. München: Lentner 1786. 218 S. 8°
Nachtr. 1. Cosandey, J. S. v.: Antwort auf d. Ordensschr.: Nöthige Aufschlüsse d.i. Baiern ausgebr. Verfolg. 56 S. 2. Cosandey, J. S. v.: Antwort auf d. Ordensschr.: Anzeige e. aus d. Orden d. Frmr. getret. Mitgl. 92 S. 3. Utzschneider, J. v.: Antwort auf d. Ordensschr.: Schreiben an Utzschneider. 80 S.
cf. Weishaupt, A.: Apologie d. Illuminaten. 1786 S. 175 - 211.
Kl. 3229, Tt. 871.

Absichten, Neu entdeckte, der republikanischen Regierung in Frankreich, in Rücksicht auf das deutsche Reich ... Germanien [Heilbronn] 1799. V: *Simon, Ernst Heinrich.* (Ky) (Wr) (MGT)

Die in denen wider alles Recht und Billigkeit seit vielen Jahrhundert von denen Päbsten ausgeübten Majestätsrechten, besonders aber in der Ertheilung derer Tituln denen gecrönten Häupter u. neuerdings erst beygelegten apostolischen Nahmens der in dem Königreich Ungarn jetzt regierenden Königin Maria Theresia, verborgene Absichten, entworfen als ein zu gegenwärtigen Staatsschriften gehöriges Stück. — o.O. 1759: Meinfisch. 64 S.
1: an 4° Ft 1684. 12: 4° J. can. P. 4 [u.ö.] 3. 4. 7. 8.
1.5139

Absinthverbot. Das A' in der Schweiz s. [Hercod, Robert].

Absolon. Trauersp. von Hrn. de Büche. gr. 8. Augsb. Klett 761.

Absolon, K. u. Zd. Jaroš: Geolog. Übersichtsk. v. Böhmen, Mähren, u. Schlesien. 1:300,000. 2 Bl. je 94 x 84,5 cm. Farbdr. — Olm., R. Promberger 1907.

Absolon, K., Untersuchungen üb. Apterygoten auf Grund der Sammlungen des Wiener Hofmuseums. (S. 89—111 m. 2 Abbildgn. u. 2 Taf.) Lex.-8. Wien 903. (A. Hölder.) n. 3. —
Sonderabdruck aus: „Annalen d. k. k. naturhistor. Hofmuseums".

Absoluta, relative, ?, od. der Weg zur Geistesfreiheit u. freien Liebe. Traumphantasien v. Monachus. 4. (VII, 92 S.) Leipzig 899. [H. W. Th. Dieter.] R. Wöpke. n. 2. —; geb. in Leinw. n. 3. —

Die Absolution Napoleons [I. Kaiser v. Frankreich], welche er zu Paris erhalten. — o.O. 1814. 2 Bl.
1:6 in Yn 880. 10.
1.5148

Absolutismus in Kroatien. Von Scotus Viator. (32 S.) 8. Wien 909. C. W. Stern. nn 1. 25

Absolutorialaufgaben, die, in Bayern. 1—4. Lfg. 8. Würzburg 883. Stahel. n. 3. 40
1. Aufgaben aus der Mathematik u. Naturwissenschaft an den humanistischen Gymnasien, Realgymnasien und Realschulen Bayerns. Als Uebungsstoff für den Repetitionsunterricht zusammengestellt v. Jos. Ducrue. 2. Aufl. (80 S.) n. — 80
2. Die Absolutorialaufgaben aus der deutschen, französischen und englischen Sprache an den humanist. Realgymnasien u. Realschulen Bayerns. Als Uebungsstoff für Schüler des oberen Kurses dieser Anstalten zusammengestellt von Franz Jäger. (79 S.) n. — 80
3. Dasselbe aus der lateinischen u. griechischen Sprache a. den humanist. Realgymnasien v. Frz. Jäger. (75 S.) n. — 80
4. Erläuterungen zu den lateinischen Absolutorialaufgaben an den humanistischen u. Realgymnasien Bayerns. Für Schüler des oberen Kurses dieser Anstalten bearb. von Jos. Hohe. (110 S.) n. 1. —

Absolutorialaufgaben, die, in Bayern. 1.—4. Lfg. 12. Würzburg, Stahel. à n. 1. —; cart. à n. 1. 20
1. Aufgaben aus der Mathematik u. Naturwissenschaft, zusammengestellt v. J. Ducrue. 4. verm. Aufl. (III, 95 S.) 890.
2. Aufgaben aus der deutschen, französischen u. englischen Sprache an den humanistischen Real-Gymnasien u. Real-Schulen Bayerns. Als Uebungsstoff f. Schüler d. oberen Kurses dieser Anstalten zusammengestellt v. F. Jäger. 4. verm. Aufl. (118 S.) 890.
3. Aufgaben aus der lateinischen u. griechischen Sprache an den humanistischen u. Real-Gymnasien Bayerns. Als Uebungsstoff f. Schulen d. oberen Kurses dieser Anstalten zusammengestellt v. F. Jäger. 2. verm. Aufl. [Ergänzt bis incl. 1887.] (90 S.) 888.
4. Erläuterungen zu den lateinischen Absolutorialaufgaben an den humanistischen u. Real-Gymnasien Bayerns. Nebst einigen Probe-Uebersetzgn. Für Schüler d. oberen Kurses dieser Anstalten v. J. Hohe. 3. ergänzte Aufl. Bearb. v. e. pract. Schulmanne. (IV, 143 S.) 890.

Absolutorialaufgaben, die, in Bayern. Ausg. B. 1. Lfg. 8. Würzburg 888. Stahel. n. 1.—
Die Absolutorialaufgaben aus den mathematischen u. naturwissenschaftlichen Fächern an den humanistischen Gymnasien, Real-Gymnasien u. Real-Schulen Bayerns. Als Übungsstoff f. den Repetitionsunterricht zusammengestellt v. J. Ducrue. 3. Aufl. (II, 88 S.)

Absolutorialaufgaben in Bayern. 1. u. 2. Hft. 12. Würzburg 893. Stahel. Kart. à n. 1.—
1. Die Absolutorialaufgaben aus der Mathematik und Naturwissenschaft an den humanistischen Gymnasien, Real-Gymnasien u. Realschulen Bayerns. Als Übungsstoff f. den Repetitionsunterricht zusammengestellt v. Jos. Ducrue. 5. Aufl. (Ergänzt bis 1892.) (II, 105 S.)
2. Aufgaben aus dem Deutschen, Französischen u. Englischen an den humanist. Gymnasien, Realgymnasien u. Realschulen Bayerns. Als Übungsstoff f. den Repetitionsunterricht zusammengestellt v. Frz. Jäger. 6. Aufl. (121 S.)

Absolutorial-Aufgaben an den Gymnasien u. Realschulen Bayerns. I—III. kl. 8. München, H. Hugendubel. Kart., à Bd. 1.—
Ducrue, J., Mathematik u. Naturwissenschaft. (157 S.) 909. (III.)
Friedrich, J., Englische Sprache. (IV, 106 S.) 909. (II.)
— Französische Sprache. (IV, 159 S.) 909. (I.)

Absolutorial-Prüfungs-Gegenstände der Polytechnischen Schule zu München (v. Febr. 1870). 1870.

Absolutorial-Prüfungs-Ordnung für die Kgl. polytechnische Schule zu München (v. 29. 5. 1869). 1869.

Absolutulus v. Hegelingen, s. Hegelingen.

Absonderungsrecht, das, d. § 44 der Reichskonkursordnung steht der Ehefrau auch im Falle der Anrufung der weiblichen Freiheiten zu. Erkenntniß d. Oberlandesgerichts vom 22. Mai 1882. gr. 8. (8 S.) Tübingen 884. Fues. n. — 20

Abst, H., der Schneiderlehrling. gr. 8. (XII, 137 S.) Dresden 889. (H. Klemm.) n. 1. 60

Abstammen. — Das ruhm-gläntzende Abstammen, tugendleuchtende Leben, Grossthaten und Regierung, auch ... Abscheiden Leopold des I. [Römisch-deutscher Kaiser], erwählten Römischen Keysers ... Beschrieben von e. Liebhaber der Geschichten. — o.O. 1705. 38 S.
12: Germ g. 5 [u.ö.] 300: BE 7 R 78 (3). 3.
1.5150

Abstammung, Gemeinschaftliche, der herzogl. Häuser Sachsen-Weimar und Mecklenburg-Schwerin den 19. Juli 1810 ... 1810. V: *Rudloff, F. A. von.* (MGT)

Abstammung, die, d. Menschen vom Affen. Eine populäre Besprechg. v. e. Ur- etc. Enkel. gr. 8. (16 S.) Oldenburg 881. Schulze. n. — 40

Abstammung, Sr. kön. Hoheit des schwedischen Thronfolgers, von Kaiser Karl dem Grossen. Hamb. 1744. V: *Finke, Johann Paul.* (schr)

Abstand. — Der Abstand. Ein Gaukelspiel vom Verf. selbst gemacht. (Verf.: T—.) — Frankfurt & Leipzig: Jäger 1775. 64 S.
Beigedr: Der Amtmann zu Klefeld und der Zauberer. Ein Singspiel von ebendemselben.
1: Yr 6585.
1.5154

Abstecken, über das, von Eisenbahncurven. Kritisirende Zusammenstellg. d. Werke üb. diesen Gegenstand, v. Brunkow, Wäge u. Usener. — Aufstellung v. Tabellen zum leichten u. möglichst genauen Abstecken sämmtl. Kreisbögen etc. Bearb. u. hrsg. vom Ingenieur-Bureau zu Falken in St. Gallen. (Rob. Dardier, Barth. Oertly u. Ad. Pauly.) gr. 8. (36 S. m. 3 lith. Taf. in qu. gr. 4.) St. Gallen 848, Scheitlin & Zollikofer. 1/2 ℳ

Abstellung, über die, des Bettelns u. Versorgung d. Armen. 4. Nürnb. 791. Raw. 4 gr

Abstellung. — Ueber die Abstellung des Herrndienstes. — Braunschweig & Hildesheim: Schröder 1771. 67 S. 7.
1.5155

Abstellung, über die, des Herrendienstes. 8. Hildesh. 771. (W. Nauck in Leipzig). 3 gr

Abstellung einiger in das Cammer-Gericht eindringender Unordnungen. De dato Berlin, den 30. Dec. 1737. — Berlin (1737): Gäbert. 4 Bl. 2° 4.
1.5156

ABSTELLUNG, Verfängliche, der bey Tänzen und dergleichen Begebenheiten verübten Ungebühren. Salzburg 1756. 10 S. 8°. (5 Kr. Franz Malota, Wien, 1910.) Rar!

Die Abstempelungen der Marken von Oesterreich-Ungarn und Lombardei-Venetien. Bearbeitet von H. Kropf. Prag. 1899. Verlag des „Austria-Philatelist". [In Comm. Calve.] Gr.-8°. 162 S. mit 71 Tafeln. Geb. fl. 4.—

Abstentionspolitik, die, in der modernen Monarchie. Von e. deutschen Oesterreicher. 8. (63 S.) Leipzig 884. O. Wigand. — 75

Absterbeordnung, ausgeglichene, Mortalitätstafel u. Tafel der Lebenserwartung f. die Gesammtbevölkerung d. preussischen Staates. Berechnet aus den Mittelwerthen der preuss. Sterbetafeln f. die J. 1867, 1868, 1872, 1875, 1876 u. 1877 vom königl. preuss. statist. Bureau. Tabelle in qu. Fol. Berlin 883. Verl. d. k statist. Bureaus. n. 2. —

Absterbe-Ordnungen aus Beobachtungen an österr. Versicherten. Hrsg. v. d. mathematisch-statist. Vereinigg. des österreichisch-ungar. Verbandes d. Privat-Versicherungs-Anstalten. 4 Bde. (IV, 403; III, 831; III, 483 u. III, 705 S.) Lex. 8. Wien (Beck'sche Hofbuchh.). 907. Geb. in Halbfrz. 136. —

Abstimmung. Zur A' über die «Anti-Sittlichkeits-Initiative» (in Zürich, 31. Januar 1904. [Aufruf, veröffentlicht vom] kantonalen Männerverein zur Hebung der Sittlichkeit Zürich). 16 S. 8.
1. Aufl. [Zürich, Berichthaus, Januar 1904.] N 2900[23]—V Zür
2. Aufl. (Zürich, Berichthaus, [28. Jan. 1904.]) N 2900[24]

Abstimmung. — Abstimmung, die Rechte der beiden adlichen Häuser Limpurg und Frauenstein zu einer bestimmten Zahl von Stellen in dem Senat der Freien Stadt Frankfurt betr. — Dat. Frankfurt a. M. 29. Jan. 1817. 7 S. 1: 8a in Si 5763.
1.5175

Abstimmungen, interessante, s. Flugschriften der nationalliberalen Partei.

Abstimmungen. — Interessante Abstimmungen der Fortschritts- und Deutschfreisinnigen Partei seit 1866. — Berlin: Centralbureau d. Nationallib. Partei 1890. 33 S. (Flugschriften d. Nationalliberalen Partei. [7.])
1: Fc 4546-7. 4. 5.
1.5177

Abstimmungen sämtlicher Mitglieder der anmaßlichen Französischen National-Convention über das Endurtheil Ludwigs des Sechszehnten [Louis XVI König v. Frankreich]. Nach den franz. Orig. — o.O. 1793. 270 S.
1:Rb 390. 12:Gall. rev. 1 d [u.δ.] 5. 7.
1 5178

Abstimmungen des französ. National-Convents, über das Endurtheil Ludwig XVI; nach dem Französ. 8. Nürnb. 793. Schmidmer. (Rötter). 12 gr.

Abstimmungen, zwey, der Kaiserl. R. K. G. Beisitz. D. v. Ditfurth. gr. 8. Jena, Mauke. 792.

Abstimmungs-Liste des preußischen Abgeordnetenhauses in der Legislatur-Periode von 1859 bis 1861. Berlin, Haude und Spener (F. Weidling) 1861. 15 S. 4.

Abstinent, Der. Blätter z. Bekämpfg. d. Alkoholismus. Hrsg.: R. Wlassak. Red.: R. Fröhlich. 1-3 Jahrg. 1902-1904. je 12 Nrn. (1903. Nr. 1,4) 4°.– Wien, (Brüder Suschitzky).4. Jhrg. 1905. Red.:C. Freund.

(F) Der Abstinent. Blätter zur Bekämpfung des Alkoholismus. 2. Jahrg. 1903. 4°. erscheint in 12 Nrn. kompl. K 1.50
Wien 1903, Brand(Volksbuchhandlung)

Abstinent, der. Blätter zur Bekämpfg. des Alkoholismus. Organ des Vereins der Abstinenten in Wien. Hrsg.: Rud. Wlassak. Red.: Rich. Fröhlich. 2. u. 3. Jahrg. 1903 u. 1904. à 12 Nrn. (à ca. 8 S.) hoch 4. Wien (Brüder Suschitzky). à Jahrg. n. 1,25

Abstinent, der. Organ des Arbeiter-Abstinentenbundes in Oesterreich. Unter Mitarbeit v.: Vikt. Adler, Heinr. Beer, Ant. Hueber usw. hrsg. v. Rich. Fröhlich, red. v. Herm. Putz. 6.—9. Jahrg. 1907—1910 à 12 Nrn. (à ca. 8 S.) 32×24 cm. Wien (Wiener Volksbuchh.). à Jhrg. 1.50

— dasselbe. Offizielles Organ des schweizer. sozialdemokrat. Abstinentenbundes. Hrsg.: Rud. Wlassak. Red.: C. Freund. 4. u. 5. Jahrg. 1905 u. 1906. à 12 Nrn. (à ca. 8 S.) 4. Ebd. à Jhrg. n. 1. 50

Der christliche Abstinent. Zeitschrift für Enthaltsamkeit und Volkswohlfahrt. [Red.: Otto Melle.]
Bremen: Verlag des Traktathauses 1883–1933. 8°

— der christliche (früher „Mäßigkeitsfreund"). Aelteste deutsche Zeitschrift m. dem Grundsatz gänzl. Enthaltsamkeit v. allen berausch. Getränken. Hrsg. u. Red.: A. F. Bucher. 25.—27. Jahrg. 1908—1910 à 12 Nrn. (à ca. 4 S.) Lex. 8. Bremen, Buchh. u. Verlag d. Traktathauses. à Jhrg. — 60
Erschien früher u. d. T. „Mäßigkeitsfreund".

Abstinent. Der kleine A'. Leitfaden für den antialkoholischen Unterricht im Hoffnungsbund des Blauen Kreuzes, hrg. von der deutsch-schweiz. Hoffnungsbund-Kommission. IV + 40 S. 8. Bern, Agentur des Bl' Kr', [1910]. [fr. —. 35] V

Abstinentenfreund, der. Vierteljahrsschrift d. Ver. z. Förderg. e. gesunden u. enthaltsamen Lebensweise in Wien. Red.: Ed. Frandsen. 1. Jahrg. 1895/96. 4 Hfte. (à ca. 6 Bog.) gr. 8. Wien. (Leipzig, Literar. Anstalt, A. Schulze.) à Hft. n 1.—

Abstinententag, der VI. deutsche, zu Frankfurt a. M. 1.—5. X. 1908. Uebersichts-Bericht u. Vorträge. Hrsg. vom allgem. deutschen Zentralverband z. Bekämpfg. des Alkoholismus, e. V. (VII, 143 S.) gr. 8. Hamburg 909. Deutschlands Grossloge II. 2.—

— dasselbe. 2. Jahrg. März 1896—Febr. 1897. 4 Hfte. (à Hft. ca. 2 Bog.) gr. 8. Ebd. à Heft n. —. 50

Abstinententag. Fünfter schweizerischer A' 12. Juni 1904 in Bern (*2: in B' 12. J' 1904). [Vorträge. 2 Hefte. Illustriert.] 8. V
[Heft 1:] Vormittagsversammlung in der Heiliggeistkirche mit Vortrag von Herrn Prof. Aug[uste] Forel über die Lokaloption ⟨Postulat Nat.-Rat (Karl) Hilty⟩ und Vortrag von Herrn Prof. (R[obert]) Hercod über die in andern Ländern mit der Lokaloption gemachten Erfahrungen. IV + 40 S. (Bern, Haller, [1904].) fr. —. 20
[Heft 2:] Nachmittagsversammlung in der H' mit 4 Vorträgen über Die Aufgabe der Schule in der Bekämpfung des Alkoholismus. IV + 48 S. [Bern, Buchdr. des «Berner Tagblatt», 1904.] [fr. —. 20]

Die **Abstinenz**. Central-Organ f.d. Anti-Alkoholbewegung in Berlin u. Umgegend. [Jg.1], No.1. 1902. Berlin: Alkohol-Gegnerbund 'Groß-Berlin' 1902. 4° [Ant. u. F.]

Abstinenz, die. Central-Organ f. d. Anti-Alkoholbewegg. in Deutschland. Offizielles Organ d. internationalen Alkoholgegnerbundes (Landesgruppe Deutschland), d. Marine-Alkoholgegnerbundes, d. Amethystenbundes usw. Eigentümer: Ortsverein „Gross-Berlin" d. internationalen Alkoholgegnerbundes. Schriftleiter: Carl Strecker. 6. Jahrg. 1907. 24 Nrn. (à ca. 16 S.) 31×23,5 cm. Berlin (Hans Walter). 3. —

Abstinenz, die, Central-Organ f. d. Anti-Alkoholbewegg. in Deutschld. Eigentümer: Ortsver. „Gross-Berlin" d. internat. Alkoholgegnerbundes. Schriftleiter: Carl Strecker. 6-8.J. 1907-1909 je 24 Nrn. (Nr. 1.16) 31 x 23,5 cm. .– Berl., Verl. Lebensreform.

Deutsche Abstinenz-Blätter. 1899. Flensburg. Monatlich 2mal. Mk. 2.40. (Einzigster Jahrgang.)

Kaufmännische **Abstinenz-Blätter**. Im Auftr. d. Deutschen Vereins abstinenter Kaufleute hrsg. von Max Warming. Jg. (1)–3. 19(01)–03. Hamburg: Deutsch. Verein abstinenter Kaufleute 19(01)–03. 2 Bde 4° [F.]
Forts. s. u. d. T.: Abstinenz-Rundschau 1904 ff. [o4. 8333]

Abstinenz-Rundschau. Monatsschrift f. die gesamte deutsche Enthaltsamkeitsbewegg. Organ des deutschen Vereins abstinenter Kaufleute (Sitz Hamburg) u. seiner Bezirke, der Gesellschaft f. alkoholfreie Kultur in Hamburg und des hamburg. Zentral-Verbandes gegen den Alkoholismus. Hrsg. v. Max Warming. Verantwortlich: Max Warming. 4.—6. Jahrg 1904—1906. à 12 Nrn. (à ca. 12 S.) Lex.-8. Ebd. à Jhrg n. 2. 40
Erscheint nicht mehr.

Abstract der Gesetze für die Gesellschaft der Royal - Arch - Freymaurerey. [Aus d. Engl. übers. Hrsg. u. mit Anmerk. vers. von Joh. Joachim Christoph Bode. Weimar ca. 1792: Bode.] 116 S. 8°.
Kl. 1932. Die Übers. rührt nicht von Bode her.

Abstreiter, W., Eisenbahnbau, s.: Unterrichtswerke (Methode Hittenkofer). Nr. 132.

— u. E. Fülzer, Stein- u. Kunstbauten, s.: Unterrichtswerke (Methode Hittenkofer) Nr. 140.

Abt, s. a. Abbt.

Abt, der, aus d. Englischen des W. Scott, von W. A. Lindau. 3 Thle. 8. Leipzig, Rein'sche Buchh. 821.

Abt, der, von Badia de Flore, oder prophetische Lichtblicke im 12. u. 13. Jahrh. Mit Bezug auf die Fragen: „Ob Schrift, ob Geist" u. „Ob Papstthum od. Freiheit." gr. 8. Bremen 845, Geisler. n. 1/6 ₰

Abt, s. a. Abt, Roman

Abt, d. Principien d. mod. Liberalismus in d. Händen d. Advocaten. 8°(427).– Frankf. 1865, (Hamacher.)

Abt, die Principien d. modernen Liberalismus in den Händen der Advocaten. Ein Kleinstaatsbild aus Nassau. Frankfurt a. M. 865. (Verlag f. Kunst u. Wissensch.) 8. (XV, 427 S.) n. 1 ₰ 4 ngr.

Abt. 1778: Abts unempfindsame, und doch sehr empfindliche Reise durch die Vorposten der Croaten auf Befehl des Hrn Obrist von Winckelmann am Pfingsttage den 7. Junii, da es noch Friede ware, als vermeinter Spion zu Fuße geführet. — o.O.: Selbstverl. 1778. 51 S.
1:Pv 4450. 300:•44 Y 76.
1.5224

– dass.– Gotha: Ettinger 1778.

Abt, Die Revolution in Baden und die Demokraten. Vom revolutionären Standpunkt aus beleuchtet. 8⁰. Herisau, Schlupfer, 1846.

Abt, die Revolution in Baden u. die Demokraten. Vom revolutionären Standpunkt aus beleuchtet. 8. (174 S.) Herisau 849, Schläpfer. 18 ngr

— die Schweiz, ihre Gegenwart u. Zukunft. Eine Denkschrift zur richtigen Beurtheilung ihrer polit. Entwicklg. seit d. J. 1831 bis zur gewaltsamen Auflösung d. Sonderbundes. 8. (410 S.) Frankfurt a. M. 848, Liter. Anstalt. 1¾ ℳ

Abt, A., s. A b t , Antonius

Abt, Adam, a. Mainz: Die Apologie des Apuleius von Madaura und die antike Zauberei. Beiträge zur Erläuterung der Schrift de magia. Einleitung und erster Abschnitt. Naumburg a. S. 1907: Lippert & Co. (31 S.) 8⁰ ¶ (Erschien vollst. als: Religionsgeschichtliche Versuche u. Vorarbeiten Bd 4 H. 2, 1908.)

Gießen, Phil. Fak., Ref. Wünsch, Diss. v. 15. Dez. 1907

[Geb. 24. Mai 85 Mainz; Wohnort: Gießen; Staatsangeh.: Hessen; Vorbildung: Herbst-Gymn. Mainz Reife M 03; Studium: Freiburg i. B. 1, Munchen 1, Gießen 5 S.; Rig. 11. März 07.]

Die Apologie des Apuleius von Madaura und die antike Zauberei. Beiträge z. Erläuterung d. Schrift de magia von Adam **Abt**. Gießen: A. Topelmann 1908. (VII, 271 S.) 8⁰
= **Versuche**, Religionsgeschichtl., u. Vorarbeiten. Bd 4, H. 2. 108. 6637

Abt, Adam (Resp.): Diss. de apoplexia, s. B o r e l l u s , Jo. (Praes.)

Abt, Antonius [wirkl. Name], s. a. M ü n i c h , Walter v. [Pseud.]

Abt, Antonius
Abt, A.: Gedächtnisrede auf d. verewigten Prälaten Dr. Johs. Janssen. 12⁰(12).– Limb. 1891, P. J. Glaesser.

Abt, Ant., Gedächtnißrede auf den verewigten Prälaten Dr. Johannes Janssen, geh. im Dome zu Frankfurt a/M. am 27. Dezbr. 1891. 12. (12 S.) Limburg a/L. 892. Ph. J. Glaesser. n.n. — 10

Abt, Antonius, die Geheimnisse d. schmerzhaften Rosenkranzes in 7 Fasten-Betrachtungen. 8. (79 S.) Würzburg 877. Woerl. n. 1. —

— die Geheimnisse d. schmerzhaften Rosenkranzes in sieben Fasten-Betrachtungen. 2. Aufl. gr. 8. (72 S.) Würzburg 891. Woerl. n. 1. —

Abt, Antonius: Lustige Geschichten vom Rhein. Erz. von Walter v. Münich [d. i. Antonius Abt]. — Würzburg: Woerl [1879]. 203 S. (Woerl's Reisebibliothek)
12:P. o. germ. 7c. **300**:34.683.
1.5229

Lustige Geschichten vom Rhein. Erzählt von Walter v. Münich [Domkapitular A(ntonius) **Abt**]. Gesamm. u. hrsg. von L. Abt. Trier: Paulinus-Dr. 1899. (IV, 367 S.) 8⁰ [F.] [00.1628

— Die katholische Kirche in Rumänien, insbesondere in der Walachei, sowie in Bulgarien. Eine histor. u. statist. Skizze. Würzburg 1879. 68 S.
1:Ui 30200. **12**:H. eccl. 8m. **300**:34.394.
1.5231

Nur drei Beine. Schwank von Walter v. Münich [d. i. Antonius Abt]. Mit Erlaubnis des Autors dramat. v. A. Billigmann. — (Paderborn: Schöningh 1888.) 15 S. (Dilettanten-Theater. 4.) **1**:Yp 6376–4.
1.5232

— Trauer-Rede auf den verstorbenen Stadtpfarrer Ernst Franz August Münzenberger, Domcapitular u. bischöfl. Commissarius, geh. im Hohen Dome zu Frankfurt a/M. am 26. Dezbr. 1890. gr. 8. (11 S.) Frankfurt a/M. 891. Foesser Nachf. n. — 10

— dasselbe, s.: Benevolus, A. M., E. F. A. Münzenberger.

Abt, August, a. Höchst a. Main: Vergleichung seismischer Registrierungen von Göttingen und Essen ⟨Ruhr⟩. Essen 1907: C. W. Haarfeld. (25 S., 1 Taf.) 4⁰ ¶ [= Progr. d. Oberrealsch. Essen O. 1907.]

Göttingen, Phil. Fak., Ref. Wiechert, Diss. v. 23. April 1907

[Geb. 19. Jan. 67 Höchst a. Main; Wohnort: Essen (Ruhr); Staatsangeh.: Preußen; Vorbildung: Realgymn. Wiesbaden Reife O. 88; Studium: Munchen 3, Göttingen 8 S.; Rig. 6. März 07.]

Abt, C., neue Vorträge u. Scherze zu Polterabend u Hochzeit. Heitere Szenen, Deklamationen, Aufführgn., Festspiele u. leb. Bilder. 8. (96 S.) Oberhausen 884. Spaarmann. n. — 50

Abt, C., neue Vorträge u. Scherze zu Polterabend u. Hochzeit. Heitere Szenen, Deklamationen, Aufführgn., Festspiele u. leb. Bilder. 3. Aufl. 12. (96 S.) Styrum 889. Spaarmann. n. — 50

Abt, C., neue Vorträge u. Scherze zu Polterabend u. Hochzeit. Heitere Szenen, Deklamationen, Aufführgn., Festspiele u. leb. Bilder. 3. Aufl. 12. (96 S.) Styrum 892. A. Spaarmann. n. — 50

Abt, Carl [app. Arzt aus Esenhausen O. A. Ravensburg]: Ein Fall von Fibroma molluscum der Vulva ... Tübingen, H. Laupp, 1896; 22 S., 1 Bl. 8.
Tübingen, Med. Fak., Inaug.-Diss. v. 1896

Abt, Chr.: Deutsche Zeitung ohne Censur. [Verf.: Chr. Abt] — Mannheim: Hoff 1846. 394 S.
1:Fm 16908. **4. 5. 10. 11.**
1.5234

Abt, Elie
Abt, Kreuzweg f. Ordensleute u. f. Christen, die nach Vollkommenheit streben. Aus dem Franz. nach der 6. Aufl übers v. P Jak. Bruckner, S. J. 16. (58 S) Paderborn 884. Bonifacius-Druckerei. — 20

Abt, P., S. J.: Kreuzweg f. d. Kinder Mariens. A. d. Franz. übers. 12. (48 S. u. 1 loses Blatt.) Paderborn 898. Bonifacius-Druckerei. n. — 30

— Kreuzweg für Ordensleute und für Christen, die nach Vollkommenheit streben Von Abt. Aus dem Franz. übers. von Jakob Brucker. 2. Aufl. — Paderborn: Bonifacius-Dr. 1885. 58 S.
1:Er 15461ᵃ. **6.**
1.5236

— – 3. Aufl. [Nebst] Erg. Ebd. 1890. **1**:Er 15461ᵃ. **6.**
1.5237

Abt, Kreuzweg f. Priester, Ordensleute u. f. Christen, die nach Vollkommenheit streben. Aus dem Franz. nach der 17. Aufl. übers. v. Jak. Brucker. 4. Aufl. 12. (48 u. 6 S.) Paderborn 893. Bonifacius-Druckerei. n. — 30

Abt, Elie, S. J., Kreuzweg f. Priester, Ordensleute u. f. Christen, die nach Vollkommenheit streben. Aus d. Franz. nach d. 17. Aufl. übers. v. Jak. Brucker, S. J. 5. Aufl. 12. (48 S.) Paderborn 899. Bonifacius-Druckerei. n. — 30

Abt, S. J., Kreuzweg f. Priester, Ordensleute u. f. Christen, die nach Vollkommenheit streben. Aus dem Franz. nach der 17. Aufl. übersetzt v. Jak. Brucker, S. J. 6. Aufl. (48 u. 4 S. u. 1 Bl.) kl. 8. Paderborn 908. Bonifacius-Druckerei. — 30

Abt, Emil: Missheiraten in d. deut. Fürstenhäusern unter bes. Berücksichtg. d. standesherrschaftl. Familien, s.: Beiträge, Deutschrechtl.

Abt, Ephraim Ludwig Gottfried: Beyträge zur Geschichte des Pulvers, des Geschützes und der Kugeln mit besonderm Bezug auf Schlesien und Breslau. Eine Gelegenheitsschrift zum Andenken des Königl. Stückgiessers Johann Georg Krieger. [Verf.: Ephraim Ludwig Gottfried Abt.] — Liegnitz 1811: Doench. 76 S. **2. 7.**
1.5244

Abt, Ephr. Gf. Ldw., († d. 3. Mai 1810.) Beiträge zur Geschichte des Pulvers, des Geschützes u. der Kugeln, mit besonderm Bezuge auf Schlesien u. Breslau. Mit 1 Kpf. gr. 8. Liegnitz 811. Kuhlmey. 8 gr.

— zur Geschichte der Universität u. der Jesuiten in Breslau. 8. Breslau 802.

— Versuch eines Entwurfs zur Beschreibung eines Eisenhütten-
werks. 8. Breslau. 804. Hamberaer. 16 ggl.

[—] Versuch eines systematischen Verzeichnisses der Schriften und Abhandlungen vom Eisen. — Berlin 1782.
1:Ot 14585. 12: Lith. 408n. 5.
1.5245

Abt, F., s. A b t , Franz

Abt, Franz

Abt's, Frz., die Harfe des Eremiten. Text. Aus dem Engl. frei übers. u. m. Declamation verbunden v. Frz. Xav. Seidl. Für zwei Soprano u. Alt (Chor u. Soli) m. Begleitg. des Pianoforte. Op. 595. (10 S.) Regensburg 903. A. Coppenrath's Verl. n.n. — 10

Cantate zum St. Johannisfeste in der □Carl z. gekrönten Säule in Braunschweig. Gedichtet vom Br. [Karl Gottlieb] Prätzel. In Musik gesetzt vom Br.·. Franz Abt.·. [Braunschweig] o.J. 2 Bl. 8° [Umschlagtit.]

Abt, Franz: Deutsches Leben. Cyclus von 13 Gesängen ... v. Hermann Francke. Für 4stimmigen Männerchor comp. v. Franz Abt. Op. 200. Textb. mit Decl. 2. veränd. Aufl. — Leipzig: Leuckart o.J. 21 S. 1:Mus. Ta 58.
1.5253

Abt, Frz., Vinz. Lachner u. Ludw. Liebe, unsere Lieder. Musikal. Hausschatz. 24 Lfgn. in 4 Bdn. hoch 4. (à Bd. 240 S.) Lahr 889—92, Schauenburg. à Lfg. — 75; à Bd. 4 50; geb. à Bd. * 5 50
compl. 18 —; geb. * 22 —

Abt, Frz., Lieder-Perlen aus der deutschen Sängerhalle. Auswahl von Compositionen für vierstimmigen Männergesang. Partitur. 12. (III, 96 S.) Leipzig 880, Leuckart.
4 Stimmen. 1.—3. Aufl. (à 34 S.) 880—82. à *

— Uebers Meer. Cyclus von 12 Gesängen ... von Reinhard Otto. Für 4stimmigen Männerchor comp. v. Franz Abt. Op. 358. Textb. mit Decl. — Schleusingen: Glaser o.J. 16 S. 1:Mus. Ta 60.
1.5254

— Vater Rhein. Dichtung v. Hermann Francke. Für 4stimmigen Männerchor comp. v. Franz Abt. [Op. 290.] Textb. — Schleusingen: Glaser 1865. 20 S. 1:Mus. Ta 62.
1.5255

— Jungfrau Rose und die zwölf Apostel im Rathskeller zu Bremen. Dichtung (mit Benutzung von W. Hauff) von Hermann Francke. Für 4stimmige Männerchöre ges. v. Franz Abt. Op. 598. Textb. mit Decl. — Schleusingen: Glaser [um 1865]. 16 S. 1:Mus. Ta 64.
1.5256

— Ein Sängertag. Cyclus von 13 Gesängen mit verbindender Declamation von Carl Gärtner. Für 4 Männerstimmen ges. v. Franz Abt. [Op. 85.] 2. Aufl. — Schleusingen: Glaser [um 1860]. 32 S. 1:Mus. Ta 68.
1.5259

Abt, Frz., der Singfreund. Eine Auswahl dreistimm. Lieder f. Lehr- u. Schulanstalten. 1. Hft. 5. Aufl. — 2. Hft. 3. Aufl. — 3. u. 4. Hft. 2. Aufl. Zürich, (863.) Gebr. Hug. qu. 4. Jedes Heft (à 40 S.) n. 6 ngr.

Abt, Frz., Solo-Quartette, s. Solo-Quartette.

Abt, Frz., Fünfmalhunderttausend Teufel. Gedicht von (Ed. Maria Oettinger). Für 7 Männerstimmen componirt. Lex. 8. (47 S.) Schleusingen 847, Glaser. (Die Partitur 4 ngr. Jede Stimme 1 1/2 ngr.) 1/3 ngr.

— Volksschullieder. Sammlung 2- u. 3stimmiger Lieder nach Texten, die in dem Elementar-Lesebuche von Carl Barthel u. in dem Lesebuche f. die Oberklasse von Frz. Kühn enthalten sind, bearb. u. herausg. 1. Hft. Breslau, 860. Leuckart. gr. 8. (32 S.) n. 3 ngr.

Abt, Franzisk. Gotthardt (Dahlem). De Simone Petro religionem Jesu inter Judaeos pariter atque inter gentes prae caeteris apostolis fundante. Dissertatiuncula super loco Matth. XVI, 18, 19 instituta. Dresden (Heinr. Wilh. Harpeter) 1788. 18 S. (4.—) 28
Gew.: Chph. Gottlob v. Burgsdorf, Joh. Gottfried Hermann, Casp. Ferd. Gottschalck, Carl Friedr. Behrisch, Joh. Friedr. Rehkopf, Joh. Chn. Koehler, Joh. Chph. Raedler, Chn. Gottfried Koerner.

A b t, Friedr. Die Praxis des Lokalbahn-Betriebs. gr. 8. (VIII, 164 u. 94 S.) Münch. 890, Bassermann. * 5 —

Abt, H. s.a. A b t, Heinrich

Abt, H.: s.a. A b t, Hedwig

Abt, H., Das Turnen in Elsaß-Lothringen, Deutschr., Mühlhausen i. E. 1901, 8 S., Kl.-8°.

Abt, Hedwig

Abt, H.: Abseits v. Glück. Roman. 2 Bde. 8°(366) Lpzg. 1893. Dresd., C. Reissner.

Abt, H., abseits vom Glück. Roman. 2 Bde. 8. (178 u. 188 S.) Leipzig 894. Dresden, C. Reißner. n. 5.—

Abt, H., der fünfstöckige Don Juan. 8. (71 S.) Dresden 895. C. Reissner. n. 1.—

Abt, Hedw., gespannte Flügel. Roman. (95 S.) 8. Berlin 910. A. Goldschmidt. 1. 50; geb. in Leinw. 2.—

Janusmasken. Ein Ehe-Roman von H[edwig] Abt. *Berlin: J. Harrwitz Nachf. 1902.* (114 S) 8° [F.]
[04. 8

— e. gute Partie, s. a. Haus- u. Reisebibliothek, deutsche.

[F.] Eine gute Partie. Roman aus d. Börsenleben v. H[edwig] Abt. *Nauen: M. Freyhoff [1892].* (160 S.) 1 Bd 8.
= Haus- u. Reise-Bibliothek, Deutsche. Bd 6. [96. 1872

Abt, H., E. gute Partie. Roman a. d. Börsenleben. 8. (160 S.) Berlin 897. J. Gnadenfeld & Co. 1.—

Abt, H., Eva's Roman. 12. (214 S.) Berlin 890. A. Goldschmidt. n. 1.—

Abt, H., sich selbst gefunden. Roman. 2 Bde. (230 u. 226 S.) 8. Leipzig (903). P. List. n. 5.—
in 1 Bd. geb. n. 6.—

Ein Weib aus dem Volke. Eine Erzahlung von H[edwig] Abt. *Altenburg: St. Geibel 1898.* (180 S.) 8° [F.]
[04. 4744

Abt, Heinrich

Abt, H. Kurze Anleitung zur Aufzucht von Jungvieh, vermehrt durch einen Auszug aus dem Referate „Resultate und Aufgaben unserer Viehzucht". 2. verb. und verm. Aufl. 20 S. In 8°. Aarau, Emil Wirz. 1893 — 50

A b t, H[einrich]. Das schweizerische Braunvieh. Eine Monographie, hrg. vom Verband schweizerischer Braunviehzucht-Genossenschaften. Verfasst von (dem) Geschäftsführer H. Abt. Mit 17 Vollbildern und 4 Abbildungen im Text. VIII + 106 S. 8. Frauenfeld, Huber & Co., 1905. [geb. fr. 3. 40] N 3608

Abt, Heinrich. Der Reinertrag der Landwirtschaft, die Grundsteuerschätzung, Hypothekar- und Erbrechtsgesetzgebung. Ein Beitrag zur Förderung des Landwirtschaftsgewerbes. Auf Veranlassung der Gesellschaft schweiz. Landwirthe für die schweizer. Bauernsame und Interessenten verf. gr. 8°. Aarau, Wirz-Christen in Comm., 1890.

Abt, J.

— Beschreib. d. Münz-, Maaß- u. Gewichtssorten. gr. 8. Berl. 1e u. 2e Aufl. 783. 3e Aufl. 784. Maurers B. 4 ggl.

Abt, Johann: Gründliche Anweisung zur Ausmessung und Berechnung des Bau- und Nutz-Holzes nach dem Cubic-Fuss. — Berlin: Hesse 1783. VIII, 44 S. 7. 83.
1.5273

ABT, Johann (Hrsg.): Gründliche Anweisung zur Ausmessung und Berechnung des Bau- und Nutz-Holzes nach dem Kubikfuß; zum nützlichen Gebrauch für Holz-Händler, Forst-Bediente und die Professionisten, so im Holze arbeiten. - Berlin 1783. Stuhr.
VIII, 44 S.

Abt, Joh. Friedr., 100 sinnreiche Verse f. Postkarten m. Ansichten. gr. 16. (15 S.) Lüdenscheid 898. (Werdohl, R. Dösseler.) n. — 10

Abt, L. [Hrsg.] s. *Abt*, Antonius: Lustige Geschichten vom Rhein. 1899.

Abt, *Ludwig:* Der Dom zu Limburg. E. histor.-architekton. Skizze. Limburg a. d. Lahn, Gebr. Goerlach, *1895;* 3—12 S. 4.
Limburg a. d. Lahn, RPG nebst PG, P 1895 (402)

Abt, Ludw., Führer durch Limburg a. d. Lahn. 8. (IV, 32 S. m. Abbildgn., 2 Taf. u. 1 Plan.) Limburg 900. Limburger Vereinsdruckerei. n. — 50

Abt, Ludw. Lebensende des Fürsten Talleyrand, s.a. Broschüren, Frankfurter zeitgemäße.

Abt, Ludwig: Lebensende des Fürsten Talleyrand. Ein Mahnwort für unsere Zeit. — Frankfurt a. M. & Luzern: Fösser 1890. 32 S. (Frankfurter zeitgemässe Broschüren. N.F. 11,1.)
1:Ag 8981–N.F. 11,1. 12:H. misc. 47 rm–11. 5. 6. 102.
1.5276

Abt. Otto [prakt. Arzt aus Basel]: Über Extremitätenfrakturen intra partum. Basel 1900. 43 S. 4 Tab. 8°.
Basel. Med. Diss. 1899,1900

Abt, P., s. A b t , Elie

Abt, Roman: Beirut-Damaskus. Kombinierte Adhäsions- und Zahnradbahn. — Zürich 1896: Zürcher & Furrer. 49 S.
Aus: Schweizer Bauzeitung. 27. 89.
1.5278

Abt, Fahrzeuge f. Schmalspur-, Förder- u. Strassenbahnen. Städtische Bahnanlagen, s.: Rimrott.

Abt, Roman. Das aargauische Flurgesetz und seine Revision. Diss. Staatsw. Univ. Zürich. 174 S. 8. Zürich, J. Leemann, 1910.
V Zür

Abt, R., Die Konstruktion der Zahnschienenbahnen nach System Abt. Würzburg ca. 1880.

Abt, Roman, u. Siegfr. **Abt,** Lokomotiv-Steilbahnen u. Seilbahnen, s.a. Handbuch der Ingenieur-Wissenschaften. V. 8.

Abt, Roman, und Abt, Siegfried. Lokomotiv-Steilbahnen und Seilbahnen. Bearb. von Roman Abt (in Luzern) und Siegfried Abt (in Winterthur), hrg. von F[erdinand] Loewe... und Dr. H[ermann] Zimmermann.... Mit 206 Abbildungen im Text und vollständigem Sachverzeichnis. X + 212 S. gr.-8. Leipzig, Wilhelm Engelmann, 1901. (br. M. 9. —, geb. M. 11. 50)
N° 482
Handbuch der Ingenieurwissenschaften in fünf Bänden. Band 5: Der Eisenbahnbau. Ausgenommen Vorarbeiten, Unterbau und Tunnelbau. Hrg. von F. Loewe und Dr. H. Zimmermann. Abteilung 8.

Abt, Roman, und Abt, Siegfried. Lokomotiv-Steilbahnen und Seilbahnen. Bearb. von R' A' (in Luzern) und S' A' (in Winterthur), hrg. von F[erdinand] Loewe ... und Dr. H[ermann] Zimmermann.... 2., vermehrte Aufl. Mit 410 Abbildungen im Text, 2 Tabellen und vollständigem Sachverzeichnis. X + 300 S. gr.-8. Leipzig, Wilhelm Engelmann, 1906 (*Umschlag:* 1907). (M. 10.—, geb 12.50)
N° 5395
Handbuch der Ingenieurwissenschaften in fünf Teilen. Teil 5: Der Eisenbahnbau. Ausgenommen Vorarbeiten, Unterbau und Tunnelbau. Hrg von F. Loewe und Dr. H. Zimmermann. Band 8. 2., vermehrte Aufl.

(Abt, R[oman].) Jost Meyer- am Rhyn, gestorben am 20. October 1898. Lebensabriss mit vier Illustrationen [Tafeln]. Njbl. Kunstges. Luzern 1899. 4. Zürich [1898].

Abt, Roman, die Rhone-Bahn Brig-Airolo. Technische und commercielle Grundlagen zur Beurtheilung des Unternehmens. Mit 2 Kartenbeilagen. Fol. (59 S.) Luzern 887, (Doleschal.) *

Abt, Roman, die drei Rigibahnen u. das Zahnrad-System. Mit 15 (lith.) Fig.-Taf. u. graph. Tab. hoch 4. (47 S.) Zürich 877. Orell, Füssli & Co. Verl. n. 8. —

— die Seilbahn am Giessbach, } s.a. Mittheilungen,
— Statistik der Locomotiven, } technische, d. schweizerischen Ingenieur- u. Architecten-Vereins.

— Die Seilbahn am Giessbach. — Zürich: Orell Füssli 1880. V,73 S.,4 Taf. (Technische Mitteilungen. 16.)
Aus: Eisenbahn. 11. 12: A. hydr. 301. 82. 83. 89.
1.5282

Abt, Roman, Stadtbahnen usw., s.: Blum, O.

Abt, Roman. Statistik der Lokomotiven, Dampfkessel und Dampfmaschinen der Schweiz, 1877. 8°. M. 1 Tfl. Zürich, Orell F. & Cie. 1878
*** Technische Mittheilungen 13.

Abt, Siegfr., der Aufruhr im Freiamt vom Januar 1841, dem aargauischen Volke dargestellt. gr. 8. (VIII, 115 S.) Aarau 874. Sauerländer. n. 1. 60

Abt, S. Joh. Rudolf Fischer von Bern. Eine historisch-pädagogische Studie. In-8°, VIII und 114 S. Frauenfeld, Huber. 1882 1 50

Abt, Siegfried : Lokomotiv-Steilbahnen und Seilbahnen. 1901 s. *Abt,* Roman.

(A[bt]. S[iegfried].) Das Volksblatt, offizielles Organ der helvetischen Einheitsregierung. [SA.] 8. [Zürich 1882.]

Abt, Wilhelm: Beiträge zur Kenntniss des o-Amidobenzamids. . . .
Leipzig, Johann Ambrosius Barth, 1889; 19 + 1 S. 8°
Leipzig, Phil. Fak., Inaug.-Diss. v. 17. März 1889

Abtei, s. a. A b t e y

Abtei. die. v. Pomeroy. s.a. Britania-Bibliothek.

Abtei, Die, von Pomeroy. Von der Verfasserin von East Lynne. In's Deutsche übertragen von Marie Orm. Strassburg 1879. V: *Wood, Ellen.* (EB)

Abtei, Die, von St. Vincent. Eine geschichtliche Sage ... Frei nach dem Englischen von F. v. R***n. Göttingen 1825. B: *Reden, Friedrich von.* (GGr X, 444) (Zeitschr. f. Büch. 1923, S. 77.)

Abteien u. Klöster in Österreich. Heliogravuren n. Naturaufn. v. Otto Schmidt. Text v. P. Cölest. Wolfsgruber. 1.—3. Lfg. gr. Fol. (16 Bl.) Wien 898. V. A. Heck. à n. 8. —

Abteien u. Klöster in Österreich. Heliogravuren von Otto Schmidt. Text v. Cölest. Wolfsgruber u. Alb. Hübl. 4.—10. (Schluss-) Lfg. (à 5 Bl. m. zusammen 40 S. Text.) gr. Fol. Wien 899—902. V. A. Heck. à Lfg. 8. —; einzelne Blatt 2. —

Abteien, wie sind die oberpfälzischen, im J. 1669, abermals an die geistl. Ordensstände gekommen? gr. 8. Nürnb. 802. Grattenauer. 16 ℛ

— wie sind die, vom nahen Untergange zu retten u. im Wohlstande zu erhalten? 8. München 778. J. Lindauer. 4 ℛ

Abteilung, s. a. A b t h e i l u n g

Abteilung, Die achtzehnte, für Militär=Sanitätswesen auf dem X. internat. medizin. Kongresse zu Berlin 1890. Berlin 1890. 70 S.
(s.a. Auszug aus den Verhandlungen der [achtzehnten] Abt. etc.)

Abteilung, Die amerikanische, der Stadtbibliothek Frankfurt a. M: Bericht über ihre Gründung und Entwickelung. 1905—1908. Frankfurt a. M. 1908

Badische Abteilung, die, auf d. Univ.-Ausstellung zu Paris 1867. 11 Blatt Photographien. fol In Mappe. Karlsruhe (1867)

Abteilung, die dritte, in der Rolle o. Fürsorgerin des russischen Landes. Eine tragikom. Scene. (In russ. Sprache.) (16 S.) 8. Berlin 903. H. Steinitz. n. — 80

Ethnographische **Abteilung** der Buchhandlung und Druckerei vormals E. J. Brill in Leiden. Katalog No I. Verzeichniss einer ethnographischen Sammlung aus der Südsee. Während der Jahre 1880—1882 angelegt von O. Zembsch (Apia, Samoa). Mit vier Tafeln in Schwarz- und vier in Lichtdruck. Leiden 1897. 82 S. 4°. [C 1131

-- Die Odessaer Abtheilung der Nicolai-Hauptsternwarte. s. *Backlund,* Oskar.

Abteilung, die österreich., der deutschen allg. Ausstell. f. Unfallverhütg. Berlin 1889

Abteilung f. Pflanzenkrankheiten d. Kaiser Wilhelm-Instituts f. Landwirtschaft in Bromberg. Flugblatt. Nr. 4. Bromb. 1909. 4°.

Abteilung der tunesischen Regentschaft auf der Weltausstellung Wien 1873.

— Wissenschaftliche Abteilung (d. Internationalen Fischerei-Ausstellung zu Berlin 1880). Von I. Asmus [u. a.] - Berlin: Parcy 1881. 256 S. (Amtliche Berichte über d. Internationale Fischerei-Ausstellung zu Berlin 1880. 5.)
1:in Ou 31828. 12:Oecon. 243 q-5. 2. 3. 5. 7. 10. 11.
1.5288

Abtey, s. a. A b t e i

Abtey
— die, Derevent, s. Derevent.

Abtey, d., Derwent, s. Derwent.

— d., v. Grasville, a. d. Engl. v. Anna Radcliff. 3 Thle. 8. Prag, Polt. (Joachim in Lpz.).

— d. Palsgrave; od. Gesch. Eduards v. Falconberg, von Charl. Schmidt, a. d. Engl. rc. 8. Lpz. Beygang. 810.

Abtey Polsgrave, die, oder Geschichte Eduard v. Follonberg (auch u. d. Titel: Papiere e. eins. Wanderers v. C. Smith. 1r Thl.). 8. Leipz. 810. Ist jetzt Verlag v. Weygand. -

Abtey, die, zu St. Albans. Ein Schauerroman in 3 Thlen; nach d. Engl. bearb. 8. Hamb. 832. Campe. 1 ß 12 gl

— die, St. Vincent, e. geschichtl. Sage aus den Zeiten der Königin Elisabeth v. England. Frei nach d. Engl. von F. v. R***n. 2 Thle. gr. 12. Götting. 825. Rosenbusch. (Lauffer in Leipz.) 1 ß 12 gl

Abtheilung, s. a. A b t e i l u n g

Abtheilung, Die amerikanische, der Stadtbibliothek Frankfurt a. M. Bericht über ihre Gründung und Entwickelung 1905—1908. Frankfurt a. M. 1908. V: *Ebrard, Friedrich Clemens.* (StBFrankf I, 135)

Abtheilung für Drama und Theater. Theatergeschichtliche Ausstellung der Stadt Wien. Wien 1892. V: *Glossy, Karl.* (BMarsch 1077)

Abtheilung für Frauen-Arbeiten der Ausstellung Kiel. [Kiel] 1896. Fol.
9 Lichtdruck-Taf. in 1 Mappe.

Abtheilung, Die, der Gehölze in jährliche Gehaue; eine Rechnungsaufgabe. Freyberg 1760. Dresden 1770. 1791. V: *Oppel, Friedrich Wilhelm von.* (Ky) (ML) (MGT)

Die Abtheilung der Gehölze, in jährliche Gehaue, eine Rechungsaufgabe. Dresden, Walther. 8. 1791.

Abtheilung, Die historische, in Gruppe XVII (Unterrichtswesen) an der Landesausstellung in Genf. [Zürich 1896.] V: *Hunziker, Otto.* (BSchwL V, 10c, S. 17)

Abtheilung der Lehrstunden für Sonn- und Feiertagsschulen. [Innsbruck 1780?] V: *Mantinger, Ignaz.* (Margr)

Abtheilung der Lehrstunden für Trivialschulen, wo nur ein Lehrer ist. [Innsbruck 1780?] V: *Mantinger, Ignaz.* (Margr)

Abtheilung der Lehrstunden für Trivialschulen, wo zwei Lehrer sind. [Innsbruck 1780?] V: *Mantinger, Ignaz.* (Margr)

Aebtissin, die, d. Jesuiterdamen zu St. Inigo, (v. Er. Bornschein). 2 Thle. 8. Braunschw. 806. Schröder. 1 ß 12 gl

Aebtissin, Die, der Jesuiter-Damen zu St. Jnigo. Herausgeg. vom Verfass. der Seeräuber-Königin Ant. d. Roccina. Braunschweig 1808. V: *Bornschein, Joh. Ernst Dan.* (Ky) (MGT)

Abtragung. - Die Abtragung der Festungswerke Riga's und die damit verbundenen Communalbauten. Bericht und Rechenschaft der ständischen Commission. — Riga 1864: Häcker. XI, 160 S. 4°
8.
1.5291

Abtrennung, die, Nordschleswigs ein Verbrechen a. d. deutsch. Nationalität. Von einem Südholsteiner. gr. 8. (16 S.) Kiel 848, Naeck. n. 2 ngl

Die **Abtrennungsfrage** im Verbande Evangelischer Arbeitervereine. Stenogr. Bericht d. 'Rhein.-Westf. Tageblatts' über d. Vertreter-Versammlung in Königssteele am 23. Juni 1901. *Bochum: Rhein.-Westf. Verlagsanst. (1901).* (21 S.) 4° [J.]
24. 4. 1903

Abtrennungsfrage, die, im Verband evangelischer Arbeitervereine. Stenograph. Bericht des „Rheinisch-westfäl. Tageblatts" üb. die Vertreter-Versammlg. in Königssteele am 23. VI. 1901. gr. 4. (21 S.) Volmarstein (902). (Buchh. der Verbands-Anstalt ev. Arbeiter-Vereine.) — 25

Abtretung, die, der Leipz.-Dresd. Eisenbahn an d. Staat nach einer unbefangenen Ansicht besprochen von keinem Actionair. Zittau 854. Pahl. gr. 8. (1 Bl., 22 S.) 5 ngl

Die **Abtretung** des linken R h e i n u f e r s und die Entschädigungen nach rechtlichen und politischen Grundsätzen erwogen. [Mutmaßl. Verf.: Georg Friedrich Rebmann.] — [Bamberg] 1798. 51 S.
8.
1.5296

— Ebd. 1798. 66 S.
1:Rz 6220. 12: J. publ. G. 8 [u.ö.] 6.
1.5297

Abtretung, die, des linken Rheinufers. 8. Bamb. 798. (Wesché in Frankf.) 6 gl

Abtretungen von 1866 an Preussen. 925,000. G. M. 1866.

Abtrittsgruben, Die beweglichen und nicht stinkenden, von Cazeneuve & Comp. Nach dem Berichte von Dubois, Huzard u. Hericart de Thury an die Central-Ackerbaugesellschaft in Paris. Aus dem Französ. Weimar 1819. 8°.

Abtritts-Gruben, die beweglichen u. nicht stinkenden, d. Herren Cazeneuve u. Compagnie. Eine für Hausbesitzer u. Bewohner sehr wichtige, leicht ausführbare Erfindung. Nach d. Berichte d. Hrn. Dubois, Huzard u. Héricard d. Thury an die Central-Ackerbau-Gesellschaft zu Paris. 2e Aufl. Mit 3 Kpfrtaf. gr. 8. Weimar 834, Landes Industrie-Compt. 3/8 ß

Abtruck, s. a. A b d r u c k

Abtruck, s. a. A b d r u k

Abtruck zweyer unterm 5. u. 11. Martii 1709 von der höchstansehentlichen Kayserl. Commission u. Visitations-Deputation ausgelassener D e c r e t o r u m, sodann darauf ... übergebenen resp. Anzeig u. Folgleistung des Cammer-Gerichts-Assessoris [Philipp Helffrich] Krebs. — o. O. 1709.
1:7 in Gx 4780-2. 12:4° J. publ. G. 932/14 [u.] 4° Ded. 202-2/34.
1.1404

Abtruck Deß ienigen / was bey dem so genanten Jenner Congrefs gemeiner 3. Pündten Anno 1728. zu Chur vorgegangen / und entzwischen den Kays. Herrn Abgesandten (Ferdinandt Heinrich) Frey-Herren von Risenfels / dan denen Herrn Haúbteren und gesambter Session verhandlet worden. 4. *o. O.*

Dienlich erachteter Abtruck dessen, was von wegen hoch-nöthiger Abstellung des bissher sehr eingerissenen unordentlichen und unerleidlichen Gassen-Bettelns am 5. Sonntage nach Trinitatis am 6. Julii A.c. 1749 ... ist von der Cantzel abgelesen worden. — [Wiesbaden?] 1749.
1:110 in 2° Gp 19800.
1 1422

Abtruck falscher Ducaten, so innwendig Kupffer mit Goldt überzogen und viel zu leicht. — [Strassburg] o.J. 1 Bl. 7.
1 1437

Abtruck deren vor Ihro Röm.-Kayserl. u. Königl. cathol. Majestät preyßlichstem Reichs-Hoffrath wider Ihre Churfürstl. Durchl. zu Pfaltz als Herzogen zu Gülich u. Berg etc. in Appellations-Sachen Gülich- u. Bergischer Landständen pro et contra gepflogener Handlungen. Cöllen a. Rh. 1721.

Auff die nahmens Ihrer Königl. Hoheit in Anno 1717 bey gemeinem Landtag zum gemeinsamen ... Bedencken dero Stiffts-Ständen proponirte Puncta, vom hochwürdigen Dom-Capitul injustificirlich ergriffene Appellation ungründ- und unerfindliche Imputata, zu unumbgänglicher Rettung dero mit-Stiffts-Land-Stände Unschuld höchst-abgenöthigter . Abtruck, an Seiten der Ritterschaft u. Stätte Stiffts Oßnabrück. — Oßnabrück 1718: Kißling. 38,86 S. 1:1 in 4° Sm 7590. 6.
1 1641

Abtruck des an Ihre Königl. Majestät von Gross-Britannien von dem Dom-Capitul zu Ossnabrück am 28. Okt. 1719 abgelassenen Schreibens [Schreiben] samt denen Erinnerungen; communiciret mense Dec 1719. — o.O.u.J.
1:3 in 4° Sm 7590. 5.
1 1758

Abtruck dess Heil. Römis. Reichs Statt Augspurg Steur-Verkündigung [Steuerverkündigung], Steur-Eyds und zugehöriger offenen Anschläge. — (Augspurg) 1704.
12:4° J. germ. 2. 7.
1.1838

Abtruck einiger älteren und neueren Urkunden, die denen Herren Herzogen zu Gulich verschriebene durch das Instrumentum pacis sowol als mehrere andere Reichs Grund-Gesätze für ewig versicherte Reichs-Pfandschaft u. deren Rechten über d. Statt Aachen betr., sonderlich deren d. 28. April 1660 u. d. 30. Juli 1661 diesertwegen errichteten Verträgen. Samt Vorbericht. — Frankfurt & Leipzig 1769. 97 S. 1:4° Th 1860. 12:2° J. publ. G. 450–1,5.
1.1848

Abtruck derjenigen Vorstellungen, welche mit Veranlassung des am 13. Dec. 1714 in Regensburg distribuirten so genannten Steinbockischen Tractats etc. allda ferner zum Vorschein kommen. — o.O.u.J. 4 Bl.
1:46 in Qk 3870. 12:2° Ded. 445 2 2.
1 1932

Wiederholter Abtruck einiger in Annis 1683 und 1700 bereits publicirter schlesswig-holstein-gottorpischer Schrifften, worinnen die von einem ... Fürstl. Professore [Christoph Heinrich Amthor] ... ausgelassene ..., 1715 .. gedruckte ... Treulosigkeiten ihre ... Abfertigung finden. — o.O. 1716. 90 S.
1:39 in 4° Qk 3874. 12:2° Hols. 1. 2. 8.
1 2003

— o.O. 1717. 176 S. 12:4° Hols. 2. 8. 9.
1.2004

Abtrünige, der, od. die Fromme, s. d. Romane d. Frau v. Genlis 46 Bdch.

Abtrünnige, der, oder des Menschen höchstes ist sein Glaube. Eine Erzählung a. d. Zeiten d. Kreuzzüge f. Jugend u. christl. Volk von d. Verf. der „zwei Brüder aus dem Volke". Mit 1 Stahlst. 8. (172 S.) Augsburg 847, v. Jenisch u. Stage. 18 ngr

Der Abtrunnige Eine wahre Geschichte. — Barmen 1849. (Schriften d. Wupperthaler Tractatgesellschaft. 349.)
1:Cv 52040-349.
1 5298

Abu s. a.: Abou.

Abū Abd Allāh al-Kātib as-Dimašqī, Die Familie el-Zubeir. Der Tod des Muç'ab ben el-Zubeir aus den Muwaffakījat des Abu Abdallah el-Dimaschki. Arabisch und Deutsch von F. Wüstenfeld. Aus dem 23. Bande der AKGWG. Göttingen, 1878.

Abû Abdallah Mohammed ibn Ahmed ibn Jûsof Al-Kâtib Al-Khowarezmî, liber Mafâtîh Al-Olûm, explicans vocabula technica scientiarum tam Arabum quam peregrinorum. Ed. indices adjecit G. van Vloten. gr. 8. (7 u 328 S.) Leiden 895. E. J. Brill. n.n. 9. –

— Ajjub Soleiman b. Jahja Ibn Gabirol, Weltliche Gedichte. Unt Mitwirkg. namhafter Gelehrter n. Handschr. u. Druckwerken bearb. u. m. Anmerkgn. u Einleitg. versehen v. H. Brody. (In hebr. Sprache.) 1. Hft. gr. 8. (20 u. 12 S.) Berlin 897. M. Poppelauer. n. 1. 20

Abu Ajjub Soleiman b. Jahja Ibn Gabirol, weltliche Gedichte. Unter Mitwirkg. namhafter Gelehrter nach Handschriften u. Druckwerken bearb. u. m. Einleitg. versehen v. H. Brody. (In hebr. Sprache.) 2. Hft. gr. 8. (S. 21—36 u. 16 S.) Berlin 900. M. Poppelauer. n. 1. 20

Abū al Fida Isma'il
– Albufedae Africa. Curavit Io. Godofredus Eichhorn. Gottingae 1791.

– Abilfedae annales Moslemici. Latinos ex Arabicis fecit Io. Iacobus Reiske. Tom. I. Lipsiae 1778.

– Albufedae annales Muslemici Arabice et Latine. Opera et studiis Io. Iacobi Reiskii... Nunc primum edidit Iacobus Georgius Christianus Adler. Tom. I. Hafniae 1789.

Abû Alî Ahmed ibn Omar ibn Rosteh, Kitâb al alâk An-Nafîsa, s.: Bibliotheca geographorum arabicorum.

Abu Bekr ibno- 'l- Anbāri, Kitābo- 'l- Adhdād sive liber de vocabulis arabicis quae plures habent significationes inter se oppositas. Ex unico qui superest codice Lugdunensi ed. atque indicibus instruxit M. Th. Houtsma. gr. 8. (VIII, 297 S.) Leiden 881. Brill. n.n. 7. —

Abu Bekr Muhammed ben el-Hasan Ibn Doreid's genealog.-etymologisches Handbuch. Aus d. Handschriften der Univers.-Biblioth. zu Leyden herausg. v. Ferd. Wüstenfeld. 2 Thle. Göttingen 853, 54. Dieterich. Lex.-8. (VIII, 364 S.) n. 3 ℔ 5 ngr

Abu Bekr Muhammed ben el-Hasan Ibn Doreid's genealogisch-etymologisches Handbuch. A. d. Handschrift der Univ.-Bibliothek zu Leyden hrsg. v. Ferd. Wüstenfeld. (Anastatischer Neudr.) gr. 8. (VIII, 372 S. [Göttingen 851.] Leipzig 900. Dieterich. n. 12. —

Abu Bekr Muhammed el-Razi

s.: Rhazes

— Bekr Muhammed Ibn Zakarīyā al-Rāzī, traité sur le calcul dans les reins et dans la vessie. Traduction accompagnée du texte par P. de Koning. gr. 8. (VII, 285 S.) Leiden 896. Buchh. u. Druckerei vorm. E. J. Brill. n.n. 8. —

Abu Bequer ben Khair, index librorum de diversis scientiarum ordinibus, s.: Bibliotheca arabico-hispana.

Abucadus, Joseph
– Libellum rarissimum recudi cur., praefatione, vita Jacobi Baradaci et notis auxit Jo. Henr. A Seelen. — Lubecae: Schmid 1733. XXX S., 11 Bl., 65 S.
1:Cl 9872 12: H eccl 10 300: 78 Z 33. 2. 4. 5. 7. 8. 9.
1 5301

Die arabischen Schriften des Theodor Abû Qurra [Theodorus Abucara], Bischofs von Ḥarrân ⟨ca. 740–820⟩. Literarhist. Untersuchungen u. Übers. Von Dr. Georg Graf, Pfarrer. Paderborn: Schöningh 1910. VIII, 336 S. 8°
(Forschungen z. christl. Literatur- u. Dogmengeschichte. Bd 10, H. 3/4.)

Abu Dolef Misaris Ben Mohalhal de itinere asiatico commentarium ad Gothani, Petropolitani, Berolinensis codicum fidem recens. et nunc primum ed. Kurd de Schloezer. 4maj. Berolini 845, Besser. n. 1 ℔

Abu dschaferis Taberistanensis annalium Tom. I. auxit J. G. L. Kosegarten. gr. 4. (Arabischer Text mit latein. Uebersetzung u. Erklärungen.) Greifsw. 831. Mauritius 6 ℔ 16 gr. Velinp. 13 ℔ 8 gr.

Abuhali Ben-Omer:
Astrologia terrestris oder Irrdische Sterndeutungs-Lehre, nebst e. deutlichen Art gründlich zu punctiren, aus d. arab. Mst. d. ... Abuhali Ben-Omer in d. Teutsche übers. u. mit e. Zugabe der Sympathie u. Antipathie, auch Oniromantie verm. – Freystadt 1767. 160 S. 8°.

Abû Hâmid al-Gazzâlî: Die Abhandlung. Antworten a. Fragen, d. an ihn gerichtet wurden. N. mehreren Handschr. edirt, m. Einleitg, Uebersetzg. nebst Anmerkgn v. Heinr. Malter. 2 Hfte. gr. 8. (LXXV, 32 u. 10 S.) Frankfurt a/M. 896. J. Kauffmann. n. 4. —

Abu Ishak al-Fárisí al-Istakhri, viae regnorum, s.: Bibliotheca geographorum arabicorum.

Abu Itajjib Ahmed ben Alhosain Almotenabbii carmen, quo laudat Alhosainum Ben-Iskak Altanuchitam, nunc primum cum scholiis edidit latinae vertit et illustravit Anton. Horst. 4. maj. Bonn 823, Marcus.

Abul Abbasi Amedis, Tulouidarum primi vita et res gestae, E cod. Ms. bibl. Lugd. Batav. editisque libri concinnavit et auctorum testimonio adj. T. Roorda. 4 maj. Lugd. Batav. (Leipzig, Weigel). 2 ß 16 gr

Abuladse, Dm.: Zur Diagnosefrage d. progressier. Schwangersch. im rudimentären Horn d. Uterus unicornis, s.: Sammlung klin. Vorträge.

Abulafia, Abr., Sendschreiben über Philosophie und Kabbala, s. Philosophie und Kabbala.

Abul-Bakâ Ibn Ja'îś. Commentar zu dem Abschnitte üb. das حال aus Zamachsari's Mufaṣṣal. Nach der Leipziger u. Oxforder Handschrift zum 1. Male hrsg. übersetzt u. m. Scholien aus Handschriften d. Mufaṣṣal versehen v. G. Jahn. gr. 4. (IV, 80 S.) Halle 873. Buchh. d. Waisenh. n. 6. —

Abul Casem, s. a. *Muhammed.*

Abul Casem Muhammed, der grosse Prophet von Mekka. ... Kopenhagen 1802—3. V: *Venturini, Carl Heinr. Georg.* (Ky)

Abu'l-Fadhl Mohammed ibn Táhir al-Makdisí, vulgo dicto Ibno'l-Kaisaráni, homonyma inter nomina relativa, quae cum appendice Abu Musae Ispahanensis e codd. Leyd. et Berolin. edid. P. de Jong. Leyden 865. Brill. 8. (XX, 228 S.) nn. 1 ß 12⅔ gr

Abulfaragius Bar Ebhraya, s. a. Gregorius.

Buch der Strahlen ([Syr.] Ketabâ de-ṣemhê). Die grössere Grammatik d. Barhebraus [**Abû'l-Farag**]. Übers. nach e. krit. berichtigten Texte m. textkrit. Apparat u. e. Anh.: Zur Terminologie von Axel Moberg, Prof. T. 1. 2. Leipzig. Harrassowitz 1907–13. 8°
1 Einl. Traktat 1–3 1913 2 Traktat 4 Anh. 1907. A 12, 13123 4

Abulfaragii Babbaghae Carminum, specimen ex codice Gothano nunc primum edidit, latine vertit, adnotationibus instruxit Ph. Wolff. Accedunt aliquot carmina Abu Ishaci. 8maj. Leipz. 834. W. Vogel. ⅓ ß

Abulfaragii, Greg. S. Bar-Hebraei, chronicon syriac. vert. et not. illustr. P. J. Bruns, adj. G. W. Kirsch. 4. Leipzig 789. (Cnobloch). 12 ß 12 gr

— kurze Gesch. d. Dynastien; a. d. Arab. übers. v. G. Lr. Bauer. 2 Bde. gr. 8. Leipzig 783—85. (Cnobloch). 1 ß 16 gr

[Syr.] Keṭâbâ dsalîdânâ men sejâmê d Bar 'Ebrâ'â. Nomocanon Gregorii Barhebraei [**Abû'lfarag**] ed. Paulus Bedjan, Cong. Miss. Parisiis *Lipsiae: O. Harrassowitz 1898.* (XIII, 551 S.) 1 Bd 8. [98. 1997 ko

Abulfarag, gen. Bar-Hebräus, Greg., Scholien zum Buche Daniel, s. Freimann, Jac., Beiträge zur Geschichte der Bibelexegese.

Die Scholien des Gregorius **Abulfarağ** Bar-Hebraeus zum Evangelium Lukas. Hrsg. v. Dr. Nathan Steinhart. *Berlin: S. Calvary & C. 1895.* (3 Bl., 46 S.) 1 Bd 8. [96. 1798

Abulfathi annales Samaritani. Quos arabice edidit, cum prolegomenis latine vertit et commentario illustr. Ed. Vilmar. Gotha 865. F. A. Perthes. gr. 8. (CXX, 186 S.) n. 3 ß

Abu-'l-Fath' Muh'ammad asch-Schahrastâni's Religionspartheien u. Philosophen-Schulen. Zum ersten Male vollständig aus dem Arabischen übers. u. m. erklär. Anmerkgn. versehen v. Thdr. Haarbrücker. 2 Thle. gr. 8. 1. Thl.: Die muh'ammadanischen, jüdischen, christl. u. dualist. Religionspartheien. (XX u. 299 S.) 2. Thl.: Die Sabäer, die Philosophen, die alten 'Araber u. die Inder. (X u. 464 S.) Halle 850. 51, (Braunschweig) Schwetschke & Sohn. (1.: 1½ ß 2.: 2 ß) 3½ ß

Abû'l-Fath Muh'ammad asch Schahrastâni's Relig.-Partheien. 2 Thle. Jetzt Lpzg., O. Harrassowitz.

Abulfâuris, des, Gesch. 8. Berlin, Maurer. 769.

Abu'l Feda, s. a. Abou'l Feda.

— Africa recudi cur. J. G. Eichhorn. 8maj. Götting. 790. Dieterich. 6 gr

— Africa, cur. Eichhorn. 8 maj. Gött. Dietrich. 791.

Abilfedae Annales Moslemici latinis ex arabicis, fec. I. I. Reiske. I. Tom. 4. Leipz. Comt. f. Litter. 778.

— Annal. Moslem. lat. ex arab. fec. Reiske. T. I. 4. Leipzig, Comt. f. Litt. 778.

— Annales Muslemici, arab. et latin. opera et stud. J. J. Reiske, sumptibus atque auspiciis P. F. Suhmi, nunc primum edidit J. G. C. Adler. VI Tomi. 4 maj. Copenh. 789—95. (Schubothe). T. I — V. 31 ß 16 gr

— historia Anteislamica, Arabice. E duobus Codic. bibliothecae Regiae Parisiensis, 101 et 615, edidit, versione latina, notis et indicibus auxit H. O. Fleischer. (Cum praef. J. B. Koehler.) 4 maj. Lips. 831. W. Vogel. 3 ß

(Abulfeda, Imâd al-dîn Ismâîl): Abilfedae opus geographicum. Ex arabico latinum fecit Jo. Jacobus Reiske. [Pars I.] Tabulae geographicae I - XVI. [Continuatio.] Tabulae geographicae XVII - XXVIII. (Büschings Magazin für die neue Historie und Geographie. Th. 4. No. 2. Th. 5. No. 4.) Hamburg 1770 u. 1771. (II), (242) S. 8°.

Abulfedae descript. Aegypti, arab. et latin. ed. J. D. Michaelis. 8 maj. Götting. 776. Dieterich. 1 ß

— tabulae quaed. geographicae et alia ejusdem argum. specim. ed. Fr. Th. Rinck. 8maj. Lips. 791. Weidmann. 1 ß 4 gr Holl. Pap. 1 ß 16 gr

Abulfedae Tabulae quaedam geographicae. Nunc primum Arabicae edidit, Latine vertit, notis illust. H. Fd. Wüstenfeld. Acced. excerpta ex Jācuto, Ibn Schohba, Ibn Challikān, Abu Zakarja Nawita et Ibn El-Athir, et dissertatio de scriptoribus et libris, quos Abulfeda in geographia laudat. 8maj. Götting. 835. Deuerlich 1½ ß

— tabulae Syriae c. animadv. Koehler et Reiske. 4 maj. Leipzig. Hartung. 786.

— tabula Syriae c. excerpto geograph. ex Jbn ol Wardii geograph. et histor. naturali, arabice edidit, lat. vertit, notis explanavit J. B. Koehler. 4 maj. Lips. 766. Ed. II. accessore J. J. Reiske. 786. Hartung. 3 ß

Abulgasi, Bagadur, Chans, Geschlechtsbeschreib. d. mungol., mogul., oder mogor. Chane; aus d. Türk. v. Messerschmidt. gr. 8. Göttingen 780. Vandenhöck u. R. 20 gr

Abulghasi Bahadür Chani, Historia Mongolorum et Tatarorum, nunc primum tatarice edita auctoritate et munificentiâ illustriss. Comitis Nicolai de Romanzoff, Imperii Russici Cancellarii supremi. Fol. maj. Casani 825. (Lipsiae, Voss.) n. 6 ß

Abulhasan, Aly, s. Guignes.

Abulhasan, Aly, Azzedin genannt, Gesch. d. syrischen Prinzen Atabecks. Aus dem Französ. gr. 8. Hilbburgh. 792. (Ernst Fleischer in Leipzig.) 3 gr.

Abu-l-Hasan Ibn Muhammed Emîn aus Gulistâne, das Muj mil et-Târîkh-î Ba'dnâdjrîje. [Fasc. I: Geschichte Persiens in den J. 1747—1750.] Nach der Berliner Handschrift hrsg. u. m. e. Einleitg. u. m. Indices versehen v. Osk. Mann. gr. 8. (48 u. 72 S.) Leiden 891. E. J. Brill. n.n. 3. —

— **'l-Hasan**, Ibn Muhammed Emîn, aus Gulistâne, das Mujmil et-târîkh-i ba'dnâdirîje. [Fasc. II: Gesch. d. Ahmed Šâh Durrânî]. N. d. Berliner Handschr. hrsg. v. Osk. Mann. gr. 8. (VII, 152 S.) Leiden 896. Buchh. u. Druckerei vorm. E. J. Brill. n.n. 2. 50 (I. u. II.: n.n. 5. 50)

Abû-l-Hasan Jehuda ha-Levi, des, Diwân. Unter Mitwirkg. namhafter Gelehrter bearb. u. m. e. ausführl. Einleitg. versehen v. H. Brody. 1. u. 2. Bd. Nichtgottesdienstliche Poesie. 9 Tle. (VI, 225; XV, 338; 334 u. 156 S.) gr. 8. Berlin 894—904. Franfurt a/M., J. Kauffmann. n.n. 20. —

Abul-Hassan Achmed Ben-Mohammed Koduri v. Bagdad, des Moslemitisches Eherecht, nach Hanifitischen Grundsätzen. Aus Arab. Handschriften, herausg. v. Geo. Helmedörfer. 8. Frankf. 832. (Offenbach, Brede.) 1/2 Rthlr.

Abu'l-Haßan Juda ha-Levi, des Castiliers, Divan, s.: Geiger, A.

Abû-l-Husain Ahmed ibn Fâris ibn Zakariya, das Kitâbu-l-Itbâ'iwa-l-Maczâwagati, nach e. Oxforder Handschrift hrsg. v. R. Brünnow. (IV, 32 u. 41 S.) Lex.-8. Giessen 906. A. Töpelmann. n. 5. —
Erweit. Sonderabdr. aus: „Oriental. Studien, Theodor Nöldeke gewidmet".

Abul Kasem, siehe Albucasis

Abu'l-Kâsim Obaidallah, Kitâb al-Masâlik wa'l-Mamâlek. s.: Bibliotheca geographorum arabicorum.

Abul-Maanis, (d. Vaters d. Bedeutungen,) Juwelenschnüre d. i. Bruchstücke e. bekannten persischen Dichters, gesammelt u. übers. v. Jos. v. Hammer. 8. Wien 822. (Knt. Doll). 1 Rthlr.

Abu'l-Mahasin Ibn Tagri Bardii annales, quibus titulus est

النجوم الزاهرة فى ملوك مصر والقاهرة

e codd. mss. nunc primum arabice editi. Tomi I. (2 Part.) ediderunt T. G. J. Juynboll et B. F. Matthes. 8 maj. (IV und 612 S.) Lugduni Bat. 852—55, Brill. à Pars ** 3 Thlr. Thlr. **

Abulmuṭahhar. Abulḳâsim, ein bagdâder Sittenbild von Muḥammad ibn aḥmad abulmuṭahhar alazdi. Mit Anmerkungen hrg. von Adam Mez [Professor in Basel]. LXX + II + 146 S. 8. Heidelberg, Carl Winter, 1902. [M. 12. —] N 1185
Auch unter arabischem Titel.

Abu Itajjib Ahmed ben Alhosain Almotenabbii carmen, quo laudat Alhosainum Ben-Jshak Altanuchitam, nunc primum cum scholiis edidit, latine vertit et illustr. Ant. Horst. 4 maj. Bonn 823. Marcus. 1 Rthlr. S. auch *Motenebbi*

Abulwalîd Merwân Ibn Ganâh (R. Jona): Sepher Haschoraschim. Wurzelwörterbuch d. hebr. Sprache. A. d. Arab. in's Hebr. übers v. Jehuda Ibn Tibbon. A. d. Handschriften d. Vaticana u. d. Escurial z. ersten Male hrsg. u. n. d arab Originale berichtigt u vervollständ., sow. m. e. Einleitg. üb. d. Leben u. d. Schriften Abulwalîd's u. m. Registern u. e. Anh., Textberichtiggn. z. Sepher Harikma, vers. v. Wilh. Bacher. 4 Hfte. gr. 8. (XLII, 597 S) Berlin 893—97 (M. Poppelauer). n. 10. — ; auf Velinpap. n. 12. —

Abu-'l-Walîd Moslim ibno-'l-Walîd al-Ançârí cognomine Çarío-'l-ghawání, s.: Diwan.

Abul-Walîd Muhammed ben Abdallah el-Azrakí, Geschichte und Beschreibung der Stadt Mekka, s. Chroniken, die, der Stadt Mekka.

Abu Mansur Mowafik etc. liber fundam. pharmacolog., s. Liber.

Abu Mansur Mowafik ben Ali el herui

s.: Mowafik ben Ali el Herwi, Abu Mansur

Abu-Mansur Mowafik Ben Ali el Herwi

s.: Mowafik ben Ali el Herwi, Abu Mansur

ABU MANSUR MUWAFFAK BEN ALI HARAWI.
Pharmakologische Grundsätze (Liber fundamentorum Pharmacologiæ). Zum ersten Male nach dem Urtext übersetzt und mit Erklärungen versehen von Abdul-Chalig Achundow. Halle, 1893. 8vo.
Cf. in Section III, Historische Studien. . . Pharmakologische Inst. . . Dorpat.

Abu Mansur Muwaffak bin Ali Heratensis

s.: Mowafik ben Ali el Herwi, Abu Mansur

Abû Mihg'an, s. Abel, Ludwig.

Abundans, s.: Ab u. an Berlin.

Abu Mohammed, Abdallah ben Ahmed, bekannt unter dem Namen Ebn Baithar, über die Kräfte d. Heil- u. Nahrungsmittel, s. Zusammenstellung, große.

Abu Nowas, Divan, nach d. Wiener u. Berliner Handschrift, mit Benutzung anderer Handschriften herausg. von Wilh. Ahlwardt. I. Die Weinlieder. Greifswald, 861. Koch. 4. (83 S.) 1 Rthlr 10 ngr.

Abu nowas: Diwan, hrsg. v. Ahlwardt, Jetzt: Lpzg., O. Harrassowitz.

Abu Nuwâs, des grössten lyrischen Dichters der Araber, Diwan. Zum ersten Male deutsch bearb. v. Alfr. v. Kremer. Wien 855. Braumüller. 8. (2 Bl., 140 S.) n. 1 Rthlr 10 ngr.

Abu Othman Amr Ibn Bahr Al-Djahiz Basrensi, tria opuscula, quae ed G. van Vloten. (Opus posthumum.) (VI, 158 S.) gr. 8. Leiden 903. Buchh. u. Druckerei vorm. E. J. Brill. n n. 1. —

Abû Qurra, Theodor
s. **Abucara**, Theodorus. (II. 3427

Abuschalem, u. seine Hofphilos. oder die Weish. Indiens in Fab. a. d. Gr. 8. Leipzig, Hertel. 777.

Abuschalem, u. sein Hofphilosoph, oder d. Weisheit Indiens in Fabeln; ein Handb. des Königs Chosroës, mittelbar aus d. Indischen, u. unmittelbar aus d. Griech v. Chr. W. Lehmus. 8. Leipzig 778. Hertel. 7 gr.

Abut, Edmont, s. About, Edmond

Abū'Ubaid al-Qāsim b. Sallām. Libri proverbiorum Abi 'Obaid Elqasimi filii Salami Elchuzzami lectiones duae, octava et septima decima quas... Arabice edidit, Latine vertit et annotationibus instruxit Ernestus Bertheau. Gottingae 1836.

Abu Zacarja's liber concinnitatis nominum, s. Wüstenfeld.

Abu **Zacarja Jahja En-Navavi**, كتاب تهذيب الاسماء لابي زكريا يحيي النووي liber concinnitatis nominum id est: Vitae illustr. viror. E Cod. Ms. Bibl. Reg. Göttingensis Arabice edidit, latine vertit, annotatt. addidit H. F. Wüstenfeld. Sect. I, qua cont. praef. et Mohammedis vita. 4 maj. Götting. 832. Dieterich. 1 Rthlr 8 gr.

Abû Zakarja Jaḥjâ (R. Jehuda) **ibn Bal'am,** arabischer Commentar zum Buche Josua. Zum ersten Male hrsg. v. Sam. Poznański. (21 S.) gr. 8. Frankfurt a M. 903. J. Kauffmann. n. 1. 50

Abû Zakarja Jaḥjâ (R Jehuda) **ibn Bal'am,** arabischer Commentar zum Buche der Richter. Zum ersten Male hrsg. v. Sam. Poznański. (25 S.) gr. 8. Frankfurt a/M. 906. J. Kauffmann. n. 1. 50

Abu Zakariya Yahya El-Nawawi, كتاب تهذيب لاسماء the biographical Dictionary of illustrious men chiefly at the beginning of Islamism. Now first edited from the collation of two Mss. at Göttingen and Leiden by Ferd. Wüstenfeld. Part. I.—VIII. Lex.-8. Göttingen 842—45, Dieterich. (à n. $1^1/_3$ ₰) n. $10^2/_3$ ₰

Abu Zakariya Yahy el Nawawi,

كتا ب تهذ يب لا سباء

the biographical dictionary of illustrious men chiefly at the beginning of Islamism. Now first edited by Ferd. Wüstenfeld. Part. IX. Lex.-8. (56 S.) Göttingen 847, Dieterich. n. $1^1/_3$ ₰ (I—IX.: n. 12 ₰)

Part. I—VIII. Ebendas. 1842—45. * 10 Thlr. 20 Ngr.

— **Zakariyyâ Yaḥyâ ibn Dâwud,** s.: Hayyûg̃.

Abwandlung der Zeitwörter starker Biegung für Schüler der 2., 3. und 4. Klasse der Volksschule. kl. 8. (31 S.) Graz: Pock. 1869. 15 kr.

Abwechselung, zwanzigmalige, der Kirchengesänge bei d. Amte der heil. Messe. Nebst e. Anhange von verschiedenen geistlichen Liedern. 8. Augsb. 794. Rieger. 5 gr

Abwechselungen, s. a. A b w e c h s l u n g e n

Abwechselungen. Seitenstück zum Leben des Hrn. W. v. Haßdenpflug. 2 Bde. 8. Marb. 814. Krieger. 1 ₰

Abwechselungen Ernsthaft, komisch, rührend, sinnreich, nützlich. Ein Ersatz für Romane. Berlin 1805—1806. V: *Wagener, Samuel Chr.* (BGE I³, 15) Vgl. I, 571.

— ernsthaft, komisch, rührend, sinnreich, nützl., (v. Sam. Eph. Wagener). 2 Bde. 8. Berl. 805, 806. 2e A. 810. (Hahn in Hannov.) 1 ₰ 12 gr

Abwechselungen, ernsthaft, komisch, rührend, sinnreich, nützl. 2 Bde. 8. Berl. Maßdorf. (Hahn in Hannov.) 810.

— des Glücks u. Unglücks. 8. Hof 771. (Grau). 12 gr

Die Abwechselungen des Glücks und Unglücks, oder Erzählungen wirklicher moralischer Begebenheiten Aus d Franz. übers Th 1.2 — Hof: Vierling 1771. 478 S.
1:Xy 5137 90.
1 5323

Abwechselungen für Kinder, zu einer angenehmen und nützlichen Selbstbeschäftigung, ... Breslau und Hirschberg 1784 und 1785. V: *Gürnth, Georg Samuel.* (MGT) »1782—1789« (Ky)

Abwechselungen wider die lange Weile [Langeweile] Von H. A J – Jena & Leipzig: Gollner 1765. 112 S.
7.
1 5324

— die, des menschlichen Lebens, oder Nachrichten der Adelheid Marquise von Melville, aus dem Engl. 3 Thle. 8. Leipzig, 778. Feind. 1 Rthl.

— **die, des menschl. Lebens,** ob. Nachrr. des Marquis v. Melville; aus d. Engl. 3 Thle. 8. Leipz. 778. Gleditsch. (Brockhaus). 1 ₰

ABWECHSELUNGEN d e r Z e i t e n u n d d e s G l ü c k s; Oder d i e G e s c h i c h t e d e s H r n. v. G. in einer Sammlung von Briefen. Leipzig, bey Christian Gottlob Hilschern. 1771. 171 S. **Selten!** (4 Mk. 50 Pfg. **Oskar Rauthe, Berlin,** 1908.)

Ziemlich zahme Liebschaften eines Offiziers.

Abwechslungen, s. a. A b w e c h s e l u n g e n

Abwechslungen für Kinder zu einer angenehmen und nützlichen Selbstbeschäftigung. [Hrsg.: Georg Samuel Gürnth.] T. 1–7. Breslau u. Hirschberg: J. F. Korn 1782–89.

— für Kinder zur Selbstbeschäft. 7 Thle. 8. Bresl. Korn d. ä. 790—92. (1r—3r à 10 gr. 4r—6r à 12 gr. 7r à 16 gr.)

Abwehr

Zur Abwehr. Von einem Kurhessen israel. Confession – Kassel: Bertram 1857. 15 S.
4.
1 5325

Abwehr. Zur Charakteristik der Wirksamkeit des Herrn Sturz in der deutschen Auswanderung. [Aus der allgem. Auswanderungs-Zeitung.] Rudolstadt 868. (Fröbel.) 8. (49 S.) 5 ngr.

Abwehr. Zur Charakteristik der Wirksamkeit des Hrn. (J[ohann] J[akob]) Sturz in der deutschen Auswanderung. Rudolstadt 1868: Hofbuchdr. 49 S.
Aus. Allg. Auswanderungs-Zeitung.
7.
1 5326

Abwehr. Politisches Organ für die altkatholische Reformbewegung. [Red.: Anton Mittel.] **Jg. 1–3. Warnsdorf: Pohl 1871–1873. 2°** **1a**

Zur **Abwehr.** Offenes Schreiben aus Anlass der Hruza'schen Broschüre: „Der romanist. Rechtsunterricht in Oesterreich". Verf. üb. Aufforderg. u. im Einvernehmen m. seinen Collegen v. e. Mitgliede d. Czernowitzer Gymnasial-Lehrkörpers. gr 8°. (13 S.) – Czernowitz, Pardini. Baar 1887.

Zur **Abwehr.** Erinnerung an die vor 25 Jahren erfolgte Gründung d. österreichischen Alpenvereins. Eine Denkschrift, hrsg. vom deutschen u. österreich. Alpenverein. gr8°. (93 S. m. Illustr. u. 2. Taf.) Wien, Lechner's Sort. 1887.

ZUR ABWEHR. (Betrifft die Angriffe, welche die Reichstagsabgeordneten Stadthagen und Hoch gegen den Vertrauensarzt Dr. Blasius, wie überhaupt gegen die Thätigkeit der Vertrauensärzte erhoben haben.) Berlin 1902. Druck: Deutscher Verlag (Ges. m. b H.)
8° ''

Zur Abwehr. Entgegnung auf d. Schrift: 'Aufklärungen über den Schulkampf im J. 1904 u. 1905. Von Ed[uard] Jos[ef] Müller.' Hrsg. vom Vorstand d. Lehrerver. zu Frankfurt a. M. — Frankfurt a. M.. Neumann in Komm (1905). 80 S. 1:Ay 23582/5.
1 5327

Zur Abwehr. Gesellschaft m. b H. Claßen & Co. gegen Küppers Metallwerke. — Berlin. Huckewitz (1908). 14 S.
89.
1 5328

Abwehr der Angriffe auf die Denkschrift des Württemb. Volksschullehrervereins, betitelt: „Die württemb. Volksschulgesetzgebung im 50. Jahre ihres Bestandes". Vom Ausschusse obigen Vereins. gr. 8. (112 S.) Stuttgart 887. Aue's Verlag. n. 1. —

Abwehr homöopathischer Angriffe und Anmaßungen, von einem Freunde d. Wahrheit u. Ordnung. gr. 8. Gießen im Februar 1833. Ricker. $^1/_6$ ₰

Abwehr der auch gegen die Liverpool & London Feuer- u. Lebens-Versicherungs-Gesellschaft gerichteten Angriffe. Berlin 1865.

Abwehr von Angriffen der Lebensversicherungs-Gesellschaft in Leipzig gegen den Preussischen Beamten-Verein in Hannover. — Hannover: Preuss. Beamten-Ver. 1897. 53 S. 1:Gt 2481.
1 5330

Zur Abwehr der Beschuldigung des Undankes und der Untreue Sachsens gegen Preußen. Dresden, Teubner, 1850. III, 24 S. 8°.

Abwehr der in den beiden Druckschriften „ Für Wahrheit, Recht und Frieden" und „ Maurerisches Sendschreiben & c.", verf. von G[erh.] Friederich, enthaltenen unwahren und ehrenrührigen Beschuldigungen gegen die ger.·. u. vollk.·. St.·. Joh.·.□ Johannes der Evangelist zur Eintracht im Or.·. von Darmstadt. Ms. f. Frmr. Darmstadt 1845: Kichler. 36 S. 8° [Umschlagtit.]

Ehrliche Abwehr der Aktiengesellschaft Pionier in Berlin gegen öffentliche Angriffe des Prof. Dr. Johannes **Lehmann** in Kiel. Berlin. 1897. 8°

Evangelische Abwehr des Crefelder Angriffs auf den Katechismus über die Unterscheidungslehren der evangelisch-protestantischen und der römisch-katholischen Kirche. Hrsg. von d. Kreis-Synode Duisburg. — Bielefeld: Helmich 1844. 59 S. 1:Di 3720. **6.**
1.5331

—- dass. — 2. Aufl. **Mit Berücksicht. d. neuen Bearbeit. d. Crefelder Katechismus vollst. umgearb.** 8. (6¾ B.) Ebds. 841. *

Zur Abwehr gegen Pfarrer [Johann] Löfflad-Braunsberg. Eine katholische Widerlegung protestantischer Unwahrheiten. — Braunsberg: Ermländische Zeitungs- u. Verlagsdr. 1887. 64 S.
Aus: Ermländische Zeitung. 1886, No 134/140. 142. 143. 150.

Abwehr eines Oldenburgers gegen die Verunglimpfungen seiner Vaterstadt durch **Nr. 21 u. 22.** des diesjähr. Mindener Sonntagsblattes, das aus dem Dunkel ans Licht gezogen ist durch den Ritter vom weißen Torf. 8. Oldenburg 843, Sonnenberg. 1/12 ℛ

Die **Abwehr** und Unterdrückung von Viehseuchen. Preußisches Gesetz vom 25. Juni 1875 nebst Ausf.-Bestimmungen. Hrsg. v. B. Beyer. – Berlin: Parey 1877. (Gesetzsammlung f. Landwirthe. 2.)

Abwehr und Unterdrückung von Viehseuchen. (98 S.) – Stuttgart 1881.

Abwehr- und Unterdrückung, die, von Viehseuchen. Gesetz vom 23. Juni 1880, nebst der Ausführungs-Instruktion des Bundesrats vom 24. Febr. 1881 und der Anweisung für das Desinfektionsverfahren. Sorgfältig revidirter Text mit Einleitung aus den Motiven. Für den praktischen Gebrauch der Medizinal-, landwirtschaftl. und Polizeibehörden, sowie der Thierärzte, Fleischbeschauer und Viehbesitzer. 1. und 2. verm. Aufl. 8. (95 S.) Berlin 880,81, Grosser. cart.

— — die, v. **Viehseuchen**. Reichs-Gesetz vom 23. Juni 1880, nebst Instruktion u. den übrigen auf Grund dieses Gesetzes zur Ausführg. erlassenen gesetzl. u. verordnungsmäßigen Bestimmgn. Zum Gebrauche f. Verwaltungs- u. Veterinär-Beamte, sowie f. jeden Thierbesitzer. Mit ausführl. Sachregister. 1. Abth. 8. (84 S.) Würzburg 881. Stahel. — 75

Abwehr u. Unterdrückung, die, v. Viehseuchen. Reichsges. v. 23. Juni 1880. 2. Abth. [Anh. f. Baden.] 8. (S. 85 bis 112.) Würzb. 881. Stahel. — 30; f. Bayern. (S. 83 bis 122.) — 45; f. Elsaß-Lothringen. (S. 85—92.) — 15; f. Preußen. (S. 85—95.) — 25; f. Sachsen. (S. 85—94.) — 20; f. Württemberg. (S. 85—103.) — 25

— — dasselbe, nebst Instruktion u. den übrigen anf Grund dieses Gesetzes f. das Königr. Bayern zur Ausführung erlassenen gesetzl. u. verordnungsmäß. Bestimmgn., sowie der amtl. Belehrg. üb. die ansteck. Krankheiten d. Hausthiere, m. ausführl. Nachschlagregister. 8. (122 S.) Ebend. 881. 1. 40

— — dasselbe. I. Reichsgesetz vom 23. Juni 1880. II. Instruktion zur Ausführg. der §§ 19—29 d. Gesetzes. III. Gemeinfaßliche Belehrg. über die Kennzeichen, den Verlauf u. die Ursachen der im § 10 d. Gesetzes aufgeführten ansteck. Krankheiten der Hausthiere. Mit e. Sachregister. 8. (115 S.) Weimar 881. Böhlau. n. — 80

Abwehr u. Unterdrückung, d., v. Viehseuchen. Reichs- u. landesgesetzl. Bestimmgn., nebst Ausführungsverordngn. f. d. Großherzogth. Sachsen-Weimar-Eisenach. Handausg. m. Sachregister. gr. 8. (IV, 151 S.) Weimar 895 (H. Böhlaus Nachf.). n. 1. —

Abwehr der vorzüglichsten Unwahrheiten u. Verdächtigungen in dem sogenannten „aktenmäßigen Bericht des Pastor Wolf" über die confessionellen Zustände Bremerhavens von einigen Lutheranern. Bremerhaven, 863. Bostelmann. (Köhler.) 8. (15 S.) 1½ ngr.

Abwehr (Zur) gegen Wohnungsnot, böse Wirthe und lästige Mietscontracte. 8°. Berlin 1871.

Abwehrkundgebung, die, der Rektoren. Stenographischer Bericht üb. die allgemeine Versammlg. d. Rektorenvereine v. Rheinland u. Westfalen am 30. XII. 1907 zu Bochum. Hrsg. vom Vorstand d. westfäl. Provinzial-Rektoren-Vereins. 2. Aufl. (45 S.) 8. Bochum 908. Christl. Buchh. — 50

Abwehrkundgebung. — Die Abwehrkundgebung der Rektoren. Stenogr. Bericht über d. Allg. Versammlung d. Rektorenvereine von Rheinland u. Westfalen 1907 zu Bochum. Hrsg. v. Vorstand d. Westf. Prov.-Rektoren-Vereins. 2. Aufl. — Bochum: Schniewind in Komm. 1908. 45 S. 1:Ay 8145². **6.**
1.5336

Abwehrkundgebung gegen die Wiedereinführung von Schiffahrtsabgaben auf den natürlichen Wasserstrassen, insbesondere auf dem Rhein. 16. Febr. 1907. ⟨Stenogr. Protokoll.⟩ Hrsg. von d. Handelskammer für den Kreis Mannheim. — (Mannheim 1907: Hahn.) 79 S.
12: Cam. 378o. **5.**
1.5337

Abwehrschriften. Nr. 1 u. 2. gr. 8. Graz (Schulgasse 1). Verlag d. altkathol. Seelsorge. à n.n. — 10
1. Don Quixote u. Sancho Pansa in neuer Auflage. Von Jos. Ferk. (13 S.) (903.)
2. Sind wir romfreie Christen bodenlos dumm? Auszug aus den (vom 2. bis 6. VI. geh.) Konferenzreden. Von Jos. Ferk. (14 S.) 903.

Abweichungen. — Materielle Abweichungen des revidirten Entwurfs des Bergrechts und der Instruktion zur Verwaltung des Bergregals von dem Allgemeinen Landrechte Th. II. Tit. 16. Abschn. IV. ⟨Als Ms. gedr.⟩ — Berlin 1835. 16 S. [(Gesetz-Revision. Pensum 11.)]
1:4° Gr 10952. **2. 3. 6. 7. 9. 10. 11.**
1.5339

Materielle Abweichungen des revidirten Entwurfs des Criminal-Strafgesetzbuchs vom Allgemeinen Landrecht und den übrigen gegenwärtigen Criminal-Strafgesetzen. o.O. [um 1833]. 123 S. [(Gesetz-Revision. Pensum 1.)]
1:4° Fz 484 [u.] 484ᵃ. **3. 6. 10.**
1.5340

Abweichungen. — Materielle Abweichungen des revidirten Entwurfs des Lehnrechts von dem Allgemeinen Landrecht. — o.O. [1838]. 19 S. [(Gesetz-Revision. Pensum 10.)]
6. 7.
1.5341

Materielle Abweichungen des revidirten Entwurfs zum Sachenrecht von dem Allgemeinen Landrecht. — [Berlin 1834.] 63 S. [(Gesetz-Revision. Pensum 13. 14.)]
1:4° Gr 7032. **3. 5. 7. 9. 10. 11.**
1.5342

— o.O. [um 1840]. 63 S. [(Gesetz-Revision. Pensum 16.)]
2. 3. 6. 10.
1.5343

Materielle Abweichungen des revidirten Entwurfs des Wechselrechts und des Wechselprozesses von dem Allgemeinen Landrechte und der Allgemeinen Gerichtsordnung. — [Berlin um 1838.] 10 S. [(Gesetz-Revision. Pensum 8.)] 1:Fo 1749. **2. 3. 6. 7. 9. 10. 11.**
1.5344

— Ebd. [um 1838]. 18 S. [(Gesetz-Revision. Pensum 8.)]
6.
1.5345

Abweichungen d. gedruckten Textes der Jad Hachasaka [Amsterdamer Ausg. 1702], v. e. Handschrift aus Anfang d. XIV. Jahrh., die aus der Sammlg. d. Marchese Carlo Trivulzio in Mailand in den Besitz v. Jul. Hamburger in Frankfurt a/M. übergegangen ist. (Von J. Feigenbaum.) gr. 8. (VI, 158 S. m 1 Fcsm. in Lichtdr.) Frankfurt a/M. 889. Kauffmann. n. 3. 50

Abweichungen der griechischen Übersetzung des Propheten Amos vom hebräischen Texte, ... [Leipzig 1780]. V: *Faber, Johann Melchior.* (MGT)

Abweichungen, die wesentlichsten, der neuen deutschen Rechtschreibung v. den Feststellungen d. alten württembergischen Regeln- u. Wörterverzeichnisses, f. württemberg. Schüler in faßl. Reime zusammengestellt. 8. (8 S.) Biberach 884. (Dorn.) n. — 10

Abweisung der gegen Prof. Stern wegen bibl. Lehre und Leitung des Grossherzogl. bad. evangel. Schulseminars in jüngster Zeit geschehenen Angriffe. Karlsruhe 1843. V: *Stern, W.* (Heinsius) (Hdschr. Mitt. von Friedrich Müller, München.)

Abweisung der gegen Professor Stern wegen bibl. Lehre und Leitung des großherzogl. bad. evangel. Schulseminars in jüngster Zeit gescheh. öffentl. Angriffe. gr. 8. Karlsruhe 843, Groos. 1/12 ₰

Abweiſung der von A. F. M. angemaſsten Anzeige. Hamb. 8. o.J. (wider Lampens Anzeige, daſs *Clausbergs* Gedanken über das Lübekiſche Problema falſch ſeyen.)

Zur Abweisung der angeblichen Brandenburgischen Erbansprüche auf die Herzogthümer Schleswig-Holstein. – Leipzig 1865. 8°.

Abwendung. — Abgenöthigte Abwendung irriger Concepte über die in der Reichs-Graffschafft Wittgenstein an sich selbst höchstlöbliche, von seiten deß Herrn Graff Carl Ludwigs von Sayn und Wittgenstein aber auffs äusserst blamirte Reception und Toleranz einiger, . . Pietisten benahmter, . . . frommer und guter Christen. — o.O. [1711]. 40 S. 12:4° H. ref. 813-13. 4.
1.5347

Abwendung ungleicher Gedanken über den eigentlichen Sinn und Meynung der Harmonie zwischen den sechs Schöpfungstagen... [1741]. V: *Bonorden, Joh. Fr.* (ML)

Ueber Abwendung und Verhütung einiger nachtheiligen Folgen in Rücksicht der Entschädigungssache.— o.O. 1802. 47 S 7.
1.5348

Abwesenheit macht Zwist. Lstspl. in 5 Aufz. nach Voltaire's la femme qui à raison, (von Fr. W. Hofmann). 8. Bresl. 783. W. G. Korn. 8 ℊ

Abwuerdigung. — Ueber die Abwürdigung der Feyertage. Von J. G. V. zu P. — [München:] Lindauer 1802. 56 S. 1:7 in P 6580-1. 12: Bavar. 29.
1.5349

Aeby, s. a. A e b i

Aeby, C., s. A e b y , Chr.

Aeby, Car. s. A e b y, Chr.

Aeby, Carl Aug. s. A e b y , Chr.

Aeby, Ch., s. A e b y , Chr.

Aeby, Ch., s. A e b y , Christoph

Aeby, Chr., der Bau d. menschlichen Körpers mit besonderer Rücksicht auf seine morpholog. u. physiolog. Bedeutung. Ein Lehrbuch der Anatomie f. Aerzte u. Studirende. Mit zahlreichen Holzschn. im Text. (In 3 Lfgn.) 1. 2. Lfg. Leipzig 868, 69. Vogel. (VIII, S. 1—624.) n. 3 ₰ 26 ℊ

Aeby, Chr., der Bau d. menschlichen Körpers m. besond. Rücksicht auf seine morpholog. u. physiolog. Bedeutg. Ein Lehrbuch der Anatomie f. Aerzte u. Studirende. Mit 391 Holzschn. im Text. 3. (Schluss-) Lfg. gr. 8. (IX—XXVIII u. S. 625—1003.) Leipzig 871. F. C. W. Vogel. n. 6. 40 (cplt.: n. 18. —)

Aeby, Chr., der **Bronchialbaum** der Säugethiere u. d. Menschen, nebst Bemerkgn. üb. den Bronchialbaum der Vögel u. Reptilien. Mit 6 lith., 4 Lichtdr.-Taf. u. 9 (eingedr.) Holzschn. Lex.-8. (III, 98 S.) Leipzig 880. Engelmann. n. 10. —

Aeby, Dr. Carl Aug., über die unorganische Metamorphose der Knochensubstanz, dargethan an schweizerischen Pfahlbautenknochen. 47 Seiten. 8. Bern, J. Dalp'sche Buchh. **1871**. 1.50

Aeby, Ch., eine neue Methode zur Bestimmung d. Schädelform von Menschen und Säugethieren. Mit in den Text gedruckten Holzschn. u. 8 Taf. (in Holzschn.) Braunschweig, 862. Westermann. gr. 4. (52 S.) n. 1 ₰ 6 ℊ

Aeby, Car., die Schädelformen der Menschen und der Affen. Eine morpholog. Studie. gr. 4. (VIII und 132 S. mit 7 Stnt.) Leipzig 867, Vogel. *

Aeby, Chr., Schema d. Faserverlaufes im menschlichen Gehirn u. Rückenmark. 2. verb. u. m. e. Text verm. Aufl. gr. 8. (16 S. m. 1 Chromolith.) Berlin 884. Schmid, Francke & Co. n. 1. 60

Aeby, Ch. Schema des Faserverlaufs im menschlichen Gehirn und Rückenmark. In-8°, 2 Bll. Bern, Dalp'sche Buchhandlung. **1882** 2 —

—— Schema des Faserverlaufes im menschlichen Gehirn und Rückenmark. (2 Chromolithogr.) gr. 8. Bern 883, [Dalp'sche Buchh.] Schmid. Francke und Comp. *

Aeby (Prof. Dr.) Schema des Faserverlaufes im menschlichen Gehirn und Rückenmark. 2 Blatt Lexikon - 8° in Farbendruck mit kurzem erklärendem Text. 2. vorbesserte Auflage. Bern, J. Dalp. **1884** 2 —

Aeby, Ch. Schema des Faserverlaufes im menschlichen Gehirn und Rückenmark. 3. Aufl. Mit Text. Bern, Dalp. **1884** 2 —

—— das Talo-Tarsalgelenk des Menschen und der Primaten, s. Archiv für Anatomie und Physiologie.

Aeby, C., Unters. üb. d. Fortpflanzungsgeschwindigkeit d. Reizg. in d. quergestreiften Muskelfaser. 8°(79).– Brschw. 1863, Westermann.

—— Untersuchungen über die Fortpflanzungsgeschwindigkeit der Reizung in der quergestreiften Muskelfaser. Lex.-8. (79 S. mit 11 Abbild. in eingedr. Holzschn.) Braunschweig 862, Westermann. *

— über d. Verhältniss d. Mikrocephalie zum Atavismus. Vortrag in d. 2. allgemeinen Sitzg. d. 51. Versammlg. deutscher Naturforscher u. Aerzte in Cassel geh. gr. 8. (26 S.) Stuttgart 878. Enke. n. 1. —

Aeby, Christoph

— Edm. v. **Fellenberg** u. **Gerwer**, das Hochgebirge von Grindelwald. Naturbilder aus der schweizerischen Alpenwelt. Mit 1 (lith.) Panorama in Farbendr., 9 Ansichten in Holzschn. (im Text) u. 1 (lith.) Karte in Farbendr. im Maassstabe von 1:50,000 von R. Leuzinger (in Fol.). Coblenz 865. Baedeker. Lex.-8. (LXV, 151 S.) n. 2 ₰ 20 ℊ

Aeby, [Christoph]. Von der Jungfrau. (SA.) 8. Bern 1865.

A [eby, Francois-Xavier] : Abrégé élémentaire de l' histoire suisse, d' apres l' allemand de [Peter] Bannwart. 8°. – Fribourg, Geneve 1846.

Aby, H[einrich]. Geschichte der Burg Landskron im Sundgau. Hrg. vom Verkehrs- und Verschönerungsverein des Birsigtales. [SA. aus: Anzeiger für das Birsig- und Leimental, Jahrg. 1910. Mit Illustrationen und 1 Tafel.] 61 S. 8. [Basel, Basler Berichthaus.] (fr.—.75) N 8650¹

AEBY, JULIUS H. Beitrag zur Frage der Stickstoffernährung der Pflanzen. (Merseburg) Bern, 1895. Diss.

Aeby, Jul., gefährliche Waren. (In französ., engl. u. deutscher Sprache.)(303 S.) gr.8. Anvers 910. (Hamburg, L. Friederichsen & Co.) Geb. in Halbldr. nn 16. —

Ab-Yberg, [Alois]. Die Strikes und ihre Rechtsfolgen. 8. Zürich, Schulthess & Co., 1903.
Ausg. A: Diss. Staatsw. Univ. Zürich von ab-Yberg aus Schwyz. VIII + 120 S. 1902/03.
Ausg. B: Von Dr. jur. ab-Yberg. IV + 120 S. [fr. 3.—]

Abydos – Altes Schloss von Asien, vormals – Auf demselben Blatte. Neues Schloss von Asien. Altes Schloss von Europa, vormals Sestos. Neues Schloss von Europa. 1 : 410 circa, 1 Bl. a.d. W. Oester. milit. Zeitschrift 1808. 1. u. 2. Hft.

Abyssinien, s. Prinz, auch Wilhelm.

— **Wilhelm v.;** od. aufgefang. Brieftasche Felizens v. d. Gülden, e. dialogisirte Gesch. 2 Thle. 8. Lpz. Böhme. 799.

Abzahlungsgeschäfte. Ges. v. 16. 5. 94. Text m. Anmerkgn. Berlin, Guttentag.

mit Erläuterungen von:

Becker. Berlin 894.	— 60	**Hausmann.** Berlin 894.
Friedmann. Hannover 894.	1 —	**Hoffmann.** Berlin 894.
Fuld. Leipzig 894.	— 80	**Schmitt.** München 894.
Garels. Erlangen 894.	— 60	

Abzeichen der polizeilich anerkannten freiwilligen Feuerwehren u. der Pflichtfeuerwehren im Königr. Preussen. 8. (3 farb. Taf. m. 7 S. Text.) Leipzig 901. M. Ruhl. n. — 75

Abzeichen, die noch vorhandenen, Nürnberger Häuser. Zusammengetragen u. geordnet von einem Forscher in allen Dingen (G. Wolfg. K. Lochner). Nürnberg 855. v. Ebner. 12. (XX, 100 S.) n. 9 ngr

Abzeichen, d. noch vorhand., Nürnberger Häuser. (Von G.W.K.Lochner.) 12°(100).– Nürnberg 1855 (Münch., Weydner.)

Abziehbilder-Album, neuestes. Ein unterhalt. Spielzeug f. die Jugend. Enth. auf 10 (chromolith.) Blättern eine reiche Auswahl der schönsten Abziehbilder zum Ausschmücken v. Holz, Glas, Leder, Papier, Porzellan rc. 32. Wesel 881. Düms. — 10

Abziehbilder-Album, neuestes. Ein unterhaltendes Spielzeug für die Jugend. Enthält auf 10 (chromolithogr.) Blättern eine reiche Auswahl der schönsten Abziehbilder zum Ausschmücken von Holz, Glas, Leder, Papier, Porzellan rc. 32. Wesel 882, Düms.

Abziehbilderbuch, feinstes, bestehend aus combinirtem Tondruck und hochfeinem Abzug-Oelfarbendruck mit reizenden Versen zu den bezügl. Bildern. Interessante und lehrreiche Neuheit für Jung und Alt. 8. (12 Bl. in Tondr. mit Abziehbildern in Briefumschlag.) Erlangen 886, (Mencke.)

Abzug der Franzosen aus Dresden. 8. Dresden 1813.

Abzug, honorabler, der zahlreichen Fleischmannischen Garnison aus der Citadelle Kuchenburg; da selbe an die Truppen des (Titl.) Herrn General Wallersee u. dessen hohe Alliirte per Accord übergangen. Zur Fast-Nacht-Zeit in einer Schlittenfahrt von denen Herren Studenten zu München vorgestellt Anno 1751. Allda gedruckt bei Frantz Joseph Thuille, u. zu finden bei Gottfried Stöhr, Buchbinder auf dem Anger. 4°. Cart. Schönes Expl. 26 S. – Sehr seltenes Jocosum.

Auf den rühmlichen Abzug eines aufrichtigen Freundes von Wittenberg nach Leipzig. 1753. — o.O. (1753). 4 Bl. 4° 3.
1 5355

Abzugslieder der vier Waldstätten-Truppen nach Basel 8. Luzern 1792.

Abzweig des Neuen Mainzer Anzeigers. – Mainz: 1880. Vorh. u. d. T.: Volkszeitung. – Mainz.

Abzweig von Hallischer Courier. – Halle: 1794 - 1808. Fortges. u. d. T.: Staatsbote, Deutschlands.

Acacia. Deutsch-brasilianische Freimaurer- Zeitung, red. von Carl von Koseritz. Porto Alegre.
[KfF. 18 (1878) S.244.]

Acacia. Sous l'A' Mystique. Notes et documents. (Les hauts faits de la Franc-Maçonnerie.) 84 p. 8. Neuchâtel, H. Messeiller, 1904. (fr. —.50)

Acacia. Rom: Selbstverl. d. Symbol. Grossl. v. Italien 1909.
[O. 34 (1909) S. 29]

Akacien, s.a. Akazien

Acacien. Erzähll. f. Geist u. Herz. 8. Münch. 823. Fleischmann. 1 ß

***Unächter Acacien-Baum.** [Hrsg.: Fr. Kas. Medicus.] St. 1–6.
Leipzig Gräff. 1794–95. 8° **12**
[Forstwiss.]

Unächter *Acacien-Baum*. Z. Ermunterung d. allgemeinen Anbaues dieser in ihrer Art einzigen Holzart. Von F. C. Medicus. 5 Bd. (Bd. 1-4 à 6, Bd. 5 à 4 Stücke; Bd. 1, 2, 3 m. Anh.; 7 Vol. (Leipz. 1796-1803. (Sml. Gotthard).

Acacienbaum, Der wilde, gepflanzt zum frohen Genuss für gute Mädchen. Breslau 1800. V: *Gerhard, Carl Theodor Christian*. (KY) (MGT)

Academia. Monatsschrift des C V der katholischen Studentenverbindungen. [Hrsg.: Wurm u. a.] Jg. 1–(14).
Berlin: Kormann 1886–(1900). 8°

Academia. Monatsschrift des C. V. der kathol. deutschen Studentenverbindgn. Begründet u. hrsg. v. Herm. Jos. Wurm. Eigentum des C. V. der kathol. Studentenverb. 20. Jahrg. Mai 1907—April 1908. 12 Nrn. (à ca. 32 S.) Lex. 8. Berlin (Germania). nn 3. —
Nicht durch den Buchhandel zu beziehen.

Academia. Allgemeines Organ der schweizer. Studentenschaft. Offizielles Publikationsorgan des Delegiertenkonvents des Verbandes der Polytechniker. Obligatorisches Blatt f. die Mitglieder des Ingenieurvereins usw. Red: Willi Bierbaum. 1. u. 2. Jahrg. Oktbr. 1904—Septbr. 1906. à 40 Nrn. (318 u. 306 S. m. Abb.) Zürich, Gebr. Leemann & Co. à Jhrg. n. 6. —

— **Allgemeines Organ der schweiz. Studentenschaft. Offizielles Publikationsorgan d. Delegiertenkonvents des Verbandes der Polytechniker, der Wildenschaft der Universität Zürich, der „Teutonia" Gesellschaft deutscher Studierender Zürich usw. Red.: Willi Bierbaum. 8. u. 4. Jahrg. Oktbr. 1906—Septbr. 1908. à 40 Nrn. (à ca. 8 S.) 33×24 cm. Zürich, Gebr. Leemann & Co. à Jhrg. 4. —**

Academia. Schweizer. Hochschulzeitg. Organe des universités suisses. Red.: R. Nussbaum. 5. u. 6. Jahrg. Oktbr. 1908—Septbr. 1910 à 40 Nrn. (à ca. 8 S.) 33×24 cm. Zürich, Gebr. Leemann & Co. Postfrei à Jhrg. nn 8. —

Academia. Schweiz. Hochschulzeitg. Organe d. universités suisses. Red.: W. Schulthess. 7. J. Okt. 1910-Sept. 1911. ca 40 Nrn. (Nr. 1:8) 33 x 24 cm. – Zür., Gebr. Leemann & Co.

Academia, Offizielles Publikationsorgan des Delegiertenkonvents des Verbandes der Polytechniker.... (Jahrg. 1, Nr. 37, 28. Juli 1905:) Festausgabe zur Jubiläumsfeier des eidgen. Polytechnikums 28. bis 30. Juli 1905. [Illustriert.] IV S. + S. 287—298. 4. (Zürich-Selnau, Gebr. Leemann & Co.) VZür

Academia Carolina commendat civibus suis memoriam . . . Mart. Lud. Benj. Schmid, professoris et concionatoris sacri. Stuttgart 1793. V: *Drück.* (Heyd)

Academia Chr. Albert. Kiliensis de sacris saecularibus tertiis reformatae a Luthero ecclesiae celebrandis Acta Solemnia collecta atque edita. Altonae 1818. H: *Heinrich, Carl Friedrich.* (MGT)

Academia Lipsiensis rediviva sive monumenta jubilaei secularia, nempe: 1. Oratio in tunc temporis Rectoris Magn. Christophori Meureri commendationem a Christophoro Brunone ... habita. 2. Panegyricus secularis. 3. Senarii numerales X ad a. 1609 pro jubilaei memoria. 4. Privilegia hujus Academiae ab Imp. Rom. Carolo V. a. 1548 renovata. 5. Quatuor Conciones Germanicae. Accurante H(ieronymo) Dicelio [d. i. Ditzel]. — Lipsiae: Grosse-Braun 1709. 146,176 S.
Sondert.: 1. Friedrich, Johann: De Origine, incrementis atque fortuna Academiae Lipsiae panegyricus secularis. (1709.)
Sondert.: 2. Leipziger Jubel-Freude, bestehend in vier Jubel-Fests-Predigten, welche 1609 ... von Georg Weinrich, wie auch Johann Mülmann gehalten worden. 1709.
1: Az 2818. 3. 4. 7. 9.
1.5366

Academia, Memoriam J. J. Oberlini aequalibus posterisque commendat, . . . argentoratensis. Strassburg 1807. V: *Schweighäuser, I.* (Ky)

Academia musico-poetico bipartita, oder: Hohe Schul der Musicalischen Composition . . . – *Nürnberg, Endtner,* 1721. In-4, 186 p.

Academia Rostochiensis sacra saecularia a. D. XI—XIII. Novb. celebranda indicit. Rostoch. 1819. V: *Huschke, Imm. Glb.* (MGT)

Academia, Sacra Tirnaviae, seu divi universitatis Tirnaviensis patroni memori camoena celebrati. Tyrnaviae 1707. V: *Handstadt, Ferdinand.* (SzMJ)

Academiae Christianae Albertinae Rector et Senatus Sacra Saecularia Tertia reformatae per Martinum Lutherum et socios religionis christianae atque ecclesiae dd. 31. Oct. et 1. Nov. h.a. 1817 ritu academico reverentissime concelebranda indicunt. Kiliae. (1817.) 2 Bl. Fol. geb. in 4°k.
Angebunden sind die Thesen von Richard Brodersen (Historiker), Heinrich Moritz Gaede (Naturwissenschaftler), Johannes Christian Johannsen und H. A. Burchardi (beide Theologe und Philologe.)

Academiae Fridericae Guilelmae Berolinensi diem festum celebranti quo die ante quinquaginta annos condita est gratulatur Academia Vratislaviensis. (*dat.:* Vratislaviae m. Octobri a. 1860.) Vratislaviae (1860). (3 Bl.) 4"

Academiae (1836: Universitatis) Fridericianae Halensis cum Vitebergensi sociatae (1836. 38. 48. 52 ff: consociatae) prorector (1853 ff: rector) ... cum (1827: cancellario, 1827—29. 31—33. 35—37: directore et) senatu (1848. 1853. 1856 fehlend:) nomina civium suorum qui in certamine litterario in d. 3. (1827: m.) Augusti a. 1827 (1828. 29. 31—33. 35—37 bzw. diem 15. Octobris a. 1848. 52. 53. 55—61. 1812 [vielmehr: 1862] bzw. diem 22. Martii a. 1863—74. 1872 [vielmehr: 1875]. 1876—85) solennium (1862: sollennium, mitunter solemnium, sollemnium, 1879. 80: solemnia) regis augustissimi nataliciorum caussa (1853 ff: causa) indicto praemia (1827—37: ex ordinum academicorum iudicio) reportarunt (1855. 57 ff: reportaverunt) renuntiat (1859/70 manchmal renunciat) novasque (1863: atque) simul quaestiones in annum sequentem (1835: in proximum annum) propositas promulgat. Praemissae sunt bzw. Praemissa est bzw. Insunt ... Halae bzw. Halis 1827—54 u. 62: [wechselnd] Grunert, Orphanotropheum, Gebauer, Ploetz, 1855—85 (außer 1862): Hendel. 43 Bde 8° (4°) Umfang zwischen 15 u. 79 S.

Academiae Fridericianae utriusque Halis consociatae prorector ... cum directore et senatu novam certaminis litterarii materiem Idib. Oct. a. 1840. quum sacra augustissimi et potentissimi regis natalicia celebrarentur ab ordinibus in proximum annum propositam civibus promulgat eorumque studiis commendat interprete Ludovico Herm. Friedlaender. Halis 1840: Grunert. 34 S. 8° (4°)

Academiae. — Academiae Georgiae Augustae a. D. XV. Cal. Oct. MDCCXXXVII jussu regio feliciter dedicandae acclamant Musae Cellenses. — Cellis (1737): Holwein. 2 Bl.
1: 14^{f} in 4° Ay 63. 7.
1.5368

Academiae Georgiae Augustae prorector Fr. Bergmann D. cum senatu successorem in summo magistratu acad. C. F. Dahlmann D. civibus suis honoris et officii causa commentat. — Disputatur de partibus noctis et diei ex divisionibus veterum P. I. Fol. maj. Götting. 836. Dieterich. 1/3 ℛ (Verf. Dissen)

— prorector Fr. Bergmann D. cum senatu successorem in summo magistratu acad. Jo. Car. Ldw. Gieseler D. etc. Adiuncta est brevis disputatio, in qua Graecorum et Romanorum de exilii poena sententia explicatur. 4maj. Götting. 838. Dieterich. n. 1/6 ℛ

Academiae Gryphiswaldensi praeceptores Gymnasii Palaeo-Sedinensis saeculum quartum peractum gratulantur. — (Sedini 1856:) Grade. 26 S.
1: 4° Ay 26723. 9.
1.5369

Academiae Jenensi secularia tertia celebranti gratulatur Academia Vratislaviensis. Accedunt Gregorii Bar - Hebraei scholia in librum Iobi, quae denuo edidit Georgius Henricus Bernstein. Vratislaviae 1858. 4°

Academiae Jenensi solemnia secularia 1858 tertium celebranti congratulatur Gymnasium Gothanum. (Gothae. 1858) 4°

Academiae **Lips. in saec. XIX. init. pietatis monum. 4maj. Leipz. 801. Tauchnitz. 1 ℛ 8 gℓ. Fein Pap. 1 ℛ 20 gℓ**

Academiae Marpurgensis privilegia etc., s. Privilegia.

Academiam Baruthi nuncupari Erlangae Universitatem. Erl. 1743. V: *Ellrod, Germann August.* (ML)

Academica. Ernstes und Heiteres aus dem gesammten Leben auf Hochschulen. Wolfenbüttel 1844. H: *Koch, E.* (BrMm)

Academica. Ernstes und Heiteres aus dem gesammten Leben auf Hochschulen. 1., 2. Heft. gr. 8. Wolfenbüttel 844, Holle. à n. 1/6 ℛ

—— dass. 3. Hft. A. u. d. T.: Die Universität Halle seit d. Befreiungskriegen. — Verbindungswesen u. Streben nach e. allgem. Studentenleben daselbst. gr. 8. (4 3/4 B.) Sudenburg-Magdeburg 845, Paetz u. Comp.

Academical-Instructor; oder die beste aus 22 Platten bestehende engl. Vorschrift zum Schönschreiben. Fol. Leipzig ... Baumgärtner. 1 1/2 ℛ

Academici, Undecim Graecenses, suo sanguine purpurati. Graecii 1728. V: *Bombardi, Michael.* (so)

Academicorum philosophorum index Herculanensis ed. Segofredus Mekler. (XXXVI, 135 S.) gr. 8. Berlin 902. Weidmann. n. 6.—

Academicus, s. a. Stiftung, die Jügelsche, u. die Gründung akademischer Lehranstalten in Frankfurt a. M.

ACADEMICUS, Der Verliebte, betrübte und bey seinen Studiis endlich verzweifelnde, oder der unglückselige Student. Freistadt 1691. 12°.

— — Dasselbe m. d. Titel: Der unglückselige Student, oder der verliebte, aber bey seinen Studien ein betrübtes Ende nehmende Academicus, in einigen artigen, obwohl traurigen Geschichten entworffen. Freistadt (Leipzig, Martini) 1723. 12°.
(In Breslau, K. B.) 10 Bog. — Beide Ausgaben sehr selten!

— die, der Grazien; eine Wochenschrift, (herausg. v. Chr. Gf. Schatz). 5 Bde. gr. 8. Halle 774—80. Gebauer. à 1 ß 5 ß

Academie, Die, der Grazien; eine Wochenschrift. Halle 1774—80. V: *Schütz, Chn. Gottfried.* (Ky)

Academie des jeunes Helvetiens. 2 Vol. av. Fig. 8. Leips. Sommer.

Académie des jeunes Helvétiens, Allemands et Français. Choix de lectures ... Bern 1797. V: *Heinzmann, Johann Georg.* (Ky)

— des jeunes Helvétiens, Allem. et Français. Choix de lectures pour former le coeur et l'esprit et à faire connoître le monde, (par J. G. Heinzmann). 2 Vol., avec 46 fig. 8. Bern 797. Typograph. Soc. 1 ß 12 gr (W. Nauck in Leipz.) 1 ß 16 gr Deutsch, mit 46 Kpf. gr. 8. Ebd. (Ulm, Ebner). 2 ß

Academie des jeux de Cartes, du Billiard, des Echecs, du Whist etc. 3 Vol. avec fig.– Leipzig 1815.

— militaire, ou recueil d'observations et d'idees nouvelles sur les diverses parties de l'art de la guerre. Cah. 1., avec 6 planch. 4. Leipz 806. Voss. 1 ß

Academie d. schönen Redekünste v. G. A. Bürger, Fr. Bouterweck, A. W. Schlegel. 8. Berlin 790—91, Naucks Buchhandl. Schreibpap. mit Vignett.

— junger Schweizer, s. a. *Académie* des Helvétiens.

Academie junger Schweitzer; Teutsch- und französische Auswahl von Lesestücken. Bern 1797. V: *Heinzmann, Johann Georg.* (MGT)

— junger Schweizer. Lesestück. in deutsch. u. franz. Spr. 2 Thle. m. K. gr. 8. Bern, Typogr. (Ulm, Becker) 797.

Académie universelle des Jeux de Cartes, du Billard, des Echecs, du Whist etc. III Vol., avec fig. 12. Leipzig 805. (W. Nauck). 3 ß

Academie komischer Vorträge. Eine Auswahl der neuesten humorist. Dichtungen in Versen u. Prosa zur Declamation in öffentl. u. Familienkreisen. Hrsg. v. d. Redaction d. Komikers. Mit 1 color. Titelkpfr. 8. (VI u. 284 S.) Berlin 851, Janke. 3/4 ß

— der Wissenschaften, die königl. u. das königl. General-Conservatorium der wissenschaftl. Sammll. des Staates zu München. — Organisation u. Mitglieder derselben. — Ein Taschenbuch, das alljährlich mit dem Jahresschlusse erscheint u. die bis dahin stattgehabten Veränderungen, so wie die neueste Anzeige der Wohnungen der in München selbst befindl. Mitglieder genau enth. F. d. Jahr 1829. 12. München. (Sulzb., v. Seidel). 9 gr

Acaftistul présantei nascatórei de Dumnedeu si alte Rogaciuni fórte de folos, ros si negru tiparit cu icóne (Gebetbuch. Roth und schwarz gedruckt.) kl8°.(411 S.) Geb.
– (Gebetbuch.) 8°(284 S.) In Lwd. geb.
W. Krafft, Hermannstadt 1892

Acārāṅga-Sūtra. Erster Śrutaskandha, s.: Abhandlungen f. d. Kunde des Morgenlandes. XII, 4.

Acart de Hesdin, Jehan, la prise amoureuse, hrsg. v. Ernst Hoepffner, s.: Gesellschaft f. roman. Literatur. 22. Bd.

Acart de Hesdin, Jean: La Prise amoureuse von Jehan Acart de Hesdin. Allegorische Dichtung aus d. 14. Jh. Zum 1. Male hrsg. von Ernst Hoepffner. — Dresden: Ges. für Roman. Lit.; Halle: Niemeyer in Komm. 1910. XCV,99 S. (Gesellschaft f. Romanische Literatur. 22.)
1:Xi 830-22. 12:L. lat. f. 1 ctm-22. 300:427.805-B.
Per. 22. 2. 3. 4. 5. 6. 7. 8. 9. 10. 11.
1.5418

Acary de St. Charles, prakt. Anweisung zum richtigen und leichten Conjugiren der franzöf. Zeitwörter. Tabellarisch dargestellt in der Art eines Schreibe-Buches. Mit einer Beispielsammlung. Potsd. 829. (Horvath). 16 gr

— faßl. Unterr., die Regeln d. Geschlechts d. franzöf. Wörter u. d. Ausnahmen davon sogleich ohne Hülfe eines Dictionnairs aufzufinden u. zu erkennen. gr. 8. Potsd. 828. Riegel. 6 gr

Acatos, A. J. Lüchinger, F. Ackermann: Der Sitterviadukt d. Bodensee–Toggenburgbahn. (Aus: „Schweiz, Bauzeitg.") (31 m. Abb.) 32 x 23,5 cm..– Zür., Rascher & Co. 1910.

Acazien. Erzählungen für Geist u. Herz. 8. München 823, Fleischmann.

Accacienbaum, der wilde, s. Blüthen d. Frohsinns.

Accarias de Serionne, Jacques

— Elias Luzacs Betrachtungen über den Ursprung des Handels und der Macht der Holländer. Nach der neuen holl. Ausg. des Reichthums von Holland ins deutsche übers. (von J[ohann] A[ndreas] Engelbrecht). Bd 1-4. — Greifswald: Roese 1788-90.
Verf. ist nicht Élie Luzac, sondern Jacques Accarias de Sérionne.
1-4 . . . . 1:Tl 8920. 2. 4. 9.
2-4 . . . . 6.
1.5451

[—] Die Handlung von Holland, oder Abriss von der holländischen Handlung in den vier Theilen der Welt. Durch den Verfasser der Vortheile der Völker durch die Handlung. [Übers.: Christian Friedrich Jünger.] — Frankfurt & Leipzig: Buchhändler-Ges. 1770. 658 S. 12:Merc. 94x. 4. 10.
1.5441

(—) L'Ordre moral, ou le développement des principales loix de la nature, qui constituent la beauté de l'ordre moral. [Nebst] Suppl. — Augsbourg: Stage 1780-81.
Suppl. u. d. T.: Accarias de Sérionne: Situation politique actuelle de l'Europe. 1781.
12:Ph.Pr. 1119 i. 2.
1.5446

[—] Der Reichthum von Holland, oder Untersuchung über den Ursprung des Handels und der Macht der Holländer. Aus d. Franz. (von J[ohann] Lor[enz] Benzler). Bd 1.2. — Leipzig 1778.
12:Merc. 134k. 8.
1.5450

[ACCARIAS DE SÉRIONNE, Jacques]
La Richesse de l'Angleterre, contenant les causes de la naissance & des progrès de l'industrie, du commerce & de la marine de la Grande-Bretagne, les causes de leur décadence, & l'état de ses forces actuelles & de ses resources.
Wien: Trattner. 1771. 188 S. 2°.
John Carter Brown Library Providence, R. I.
Sabin 79235.

Accarias de Sérionne, **Jacques:** La vraie Richesse de l'État. [Verf.: Jacques Accarias de Sérionne.] T. 1.2. — Vienne: Kurzböck 1774. 12:Cam. 115d. 7. 10.
1.5453

[ACCARIAS DE SÉRIONNE, Jacques]
Situation Politique Actuelle de l'Europe, considérée relativement à l'ordre moral, pour servir de supplément à l'ordre moral.
Augsburg: Stage. 1781. 159 S. 8°.
Staats- und Stadtbibliothek Augsburg
Frankfurt-Leipziger Meßkatalog, Ostermesse 1781, S. 126.
Deutscher Gesamtkatalog, I, Sp. 446: mit Verfasser.

[—] Die Vortheile der Völker durch die Handlung. Aus d. Franz. übers. von M. C. F. I. [d. i. Christian Friedrich Jünger]. Bd 1.2. — Leipzig: Weidmann 1766.
1: Fg 3502. 12: Merc. 252. 2. 9. 10.
1.5445

Accarias de Sérionne, Joseph s *Accarias* de Sérionne, Jacques.

Accent. — Accent s. *Akzent*.

Accentuationssystem, Das, der Teutschen, Englischen und Französischen Sprache. Hannover 1797. V: *Lindemann, C. F. H.* (MGT)

Accessionen, D., d. Univers.–Bibliothek in Göttingen 1854 u.55. 8°(252).– Gött. 1856, Dieterich's V. 1856 (169) Gött.1857, Vandenhoeck u. R., 1857-62 (863) Brschw. 1858-63.(Berl., Ebeling & P.) 1863 u. 64. (207)

— — während des Jahres 1856. Göttingen 857. Vandenhoeck u. Ruprecht. gr. 8. (V, 169 S.) n. 20 ngr

— — während des Jahres 1857. (Herausg. von Hoeck u. Schweiger.) Braunschweig 858. Leibrock. gr. 8. (VII, 149 S.) n. 20 ngr

Accessionen, die, der Königl. Universitäts-Bibliothek in Göttingen während des J. 1858. Braunschweig, 859. Leibrock. gr. 8. (VII, 178 S.) n. 20 ngr

— — während d J. 1859. Ebend., 860. gr. 8. (VII, 136 S.) n. 20 ngr

— — während d. J. 1860. Ebend., 861. gr. 8. (VII, 132 S.) n. 20 ngr

— — während d. J. 1861. Ebend., 862. gr. 8. (VII, 135 S.) n. 20 ngr

— — während d. J. 1862. Ebend., 863. gr. 8. (VII, 133 S.) n. 20 ngr

Accessionen, die, der königl. Universitäts-Bibliothek in Göttingen während der J. 1863—1864. (VIII, 207 S.) —1865. (VII, 120 S.) —1866. (VII, 87 S.) —1867. (VII, 98 S.) —1868. (VII, 94 S.) Braunschweig, Leibrock. gr. 8. Jeder Jahrg. n. 20 ngr

Accessionen, d., d. Univers.-Bibl. in Gött. 1865-68. 8°(399).– Braunschw. 1866 - 1869. (Berl., Ebeling & P.)

Accessiones novae ad histor. eccles. et civil. Fol. Francf. Varrentrapp et W. 744.

Accessions - Vertrag, s.a. Akzessionsvertrag

Accessions-Vertrag der freien und Hansestädte Lübeck, Bremen und Hamburg, zu den ... zum Zweck e. wirksameren Unterdrückung d. Sklavenhandels abgeschlossenen Tractaten, unterz. ... d. 9. Juni 1837. In franz. u. engl. Sprache mit deutscher Uebers. — Hamburg 1837: Meissner. 39,28 S. 4° 8.
2.7555

Accessus de altare, sive dispositio praevia ad pie celebrandum. 8. Mainz 756. (Streng in Frankf.) 4 gl

Accessus ad altare et recessus seu preces ante et post celebrationem missae. Ed. III., emendata, augmentata. 16. (VII, 180 S.) Freiburg i/B. 893. Herder. n. — 80; geb. in Leinw. n. 1. 20

Accessus ad altare et recessus seu preces ante et post celebrationem missae. Ed. IV., castigata et augmentata. gr. 16. (VIII, 194 S.) Freiburg i. Br. 901. Herder. n. 1 —; geb. in Leinw. n. 1. 60; in Ldr. m. Goldschn. n. 2. 20

Accessus ad altare et recessus seu preces ante et post celebrationem missae. Ed. V, castigata et aucta. (VIII, 191 S.) 16. Friburgi Brisgoviae 910. Freiburg i/B., Herder. 1. 20; geb. in Leinw. 1. 70; in Ldr. 2. 50

Accessus et Recessus altaris seu preces a sacerdotibus ante et post missam dicendae. 16. (II, 92 S.) Freiburg i/Br. 880. Herder. n. — 40

Accessus et recessus altaris seu preces a sacerdotibus ante et post missam dicendae. Ed. II. 16. (IV, 157 S.) Freiburg i/Br. 887. Herder. n. — 80

Accessus et recessus altaris e missali romano. Oeniponte 853. C. Rauch. 12. (36 S.) n. 2 ngr

Accident, l'heureux, voyez Boufflers.

Accinelli, Francesco Maria: Compendio delle storie di Genova dalla sua fondazione sino all'anno 1750. (Verf.: Franc. Maria Accinelli.) T. 1. 2. — Lipsiae 1750.
1: Ro 2924.
1.5495

Accinctus, C. Valerius. Epistola ad P. Francium Barbarum de novissimo ejus carmine in Scurram litterarium. Ed. II. O. O. u. J. (17. Jahrh.) 15 S. (4.—) 29

Accise – s.a. Akzise –

Accise (Die geprüfte). 4°. Magdeburg, Seidel, 1719.

Accisenoth, die, 8. Neustadt a. d. O. Wagner. 817.

Accisenoth, die, ein Wort an Alle, die helfen können u. wollen. gr.8. Neustadt a. d. O. 816. Wagner. 3 gl

Accise-Ordnung für die Stadt Emden. — Emden 1866: Hahn. 20 S. 1: Sm 3227.
2.7566

Accise-Ordnung für die Herzogl. S. Meiningischen Lande. Dat. Meiningen 17. März 1814. 15 S. 2° 3.
2.7570

Accise-Ordnung für das Königreich Württemberg. 1808. Nebst beigefügtem Sachen-Register u. einer Resolvirungs-Tabelle. — Stuttgart: Mäntler (1808). 82 S.
1: Sh 4558.
2.7578

Accise - Reglement, s.a. Accis-Reglement

Accise-Reglement für die Fürstenthümer Hildesheim, Eichsfeld, Erfurt und Quedlinburg, und für die den erstern beyden incorporirten Städte Goslar, Mühlhausen und Nordhausen, so wie auch für die Grafschaft Hohenstein. De Dato Berlin, den 23. May 1804. (Berlin 1804:) Decker. 96,16 S.
1: 21 in 2° An 8630-15.
2.7579

Sr. Königl. Majestät in Preußen allergnädigst approbirtes Accise-Reglement für die schlesische und glatzische Städte, exclusive Breslau, wornach das Accise-Wesen bearbeitet, die Accisanten abgefertiget u. die vorkommende Fälle entschieden werden sollen. De Dato Berlin, den 23. Martii 1756. — Glogau (1756): Schweickhardt. 155 S. 2° 2.
2.7581

— Wiederaufgel. Breslaw: Kreuzer (1756). 155 S.
1: 1 in 2° Gr 3537.
2.7582

Accisereglement für sämtliche Königliche Preußische Provinzen diesseits der Weser. De Dato Berlin, den 3. May 1787. — (Berlin 1787:) Decker. 51 S.
1: 35 in 2° An 8630-7.
2.7583

— — Breslau (1787): Grass. 51 S. 2° 2.
2.7584

Königlicher preußischer königsbergischer Accise-Satz, nach welchem, gemäß königl. allergnädigster Verordnung de dato Cölln a. d. Spree den 26. Nov. 1712 nunmehro die Accise bey denen Städten Königsberg u. Königl. Freyheiten von dem 1. Januarii 1713 an eingenommen werden soll. [Nebst] Specification. — Königsberg (1713): Reußner. 12 Bl. 2° 10.
2.7585

Accisetarif, s.a. A c c i s e t a r i f f

Accise - Tarif

Von Sr. Königlichen Majestät in Preussen allergnädigst approbirter Accise-Tarif für Berlin und sämtliche chur- und neu-märckische Städte. Revidirt nach denen nach und nach ergangenen Verordnungen und besonders nach dem unterm 14. April 1766 emanirten Declarations-Patent von der abgeänderten Accise-Verfassung. De Dato Berlin, den 1. Julii 1769. — (Berlin 1769:) Decker. 110 S. 1:14 in 2° An 8630-2 [u.] 2° Gt 6300 2.
2.7 .86

— für Berlin und sämmtliche Chur- und Neumärkische Städte. Berlin 1769. Fol.
Desgl. Ebendas. 1787. Fol.

Accise-Tarif für Berlin und sämtliche chur- und neumärckische Städte wie solcher in Gefolge der allergnädigsten königlichen Verordnung vom 25. Januarii dieses Jahres revidiret und allerhöchst vollzogen worden. De Dato Berlin, den 20. Febr. 1787. — ([Berlin] 1787:) Decker. 87 S. 2° 2. 7.
2.7587

Accise-Tarif für die Fürstenthümer Hildesheim, Eichsfeld, Erfurt und Quedlinburg, und für die den erstern beyden incorporirten Städte Goslar, Mühlhausen und Nordhausen, so wie auch für die Grafschaft Hohenstein. De Dato Berlin, den 23. May 1804. — (Berlin 1804:) Decker. 80 S. 4° 1:22 in 2° An 8630-15.
2.7589

— für das Herzogtuhm Magdeburg und die Grafschaft Mansfeld. Berlin 1787. Folio.

— für Königsberg und alle übrige Städte des Königreichs Preussen. Berlin 1769. Fol.

Sr. Königl. Maj. in Preußen Neu-Revidirt u. Erläuterter Accise-Tarif für Berlin und übrige Churmärckische Städte, wie ein solcher denen bisherigen General-Verfassungen gemäß aufgesetzt u. zusammengetragen u. wornach künftig auf Königl. Allgergn. Spezial-Ordre die Accise v. 1. Maji 1739 an überall eingenommen u. berechnet werden soll. Berlin 1739. 4°
– dass.: Cüstrin 1739. 355 S.

Accise-Tarif für Ostpreußen, Westpreußen und Litthauen. De Dato Berlin, den 22. May 1806. — (Berlin 1806:) Decker. 128,8 S. 4°
1:17/18 in 2° An 8630-16.
2.7595

Königlich-preussischer Accise-Tarif für sämmtliche zum Marienwerderschen Kriegs- u. Domainen-Cammer-Departement gehörige, imgleichen die ermländschen Städte. Den 27. Sept. 1772. — (Marienwerder 1772.) 71 S.
1:4° Gt 6304.
2.7596

— Königsberg (1772): Hartung. 53 S. 4° 10.
2.7597

Revidirter Accise-Tarif für Königsberg und alle übrige Städte des Königreichs Preussen in beyden Departements, wornach mit Sr. Königlichen Majestät allergnädigsten Approbation vom 10. April 1769 die Accise vom 1. Junii an eingehoben werden soll. — Königsberg: Hartung (1769). 128 S. 10.
2.7599

Revidirter Accise-Tarif für Königsberg und alle übrige Städte des Königreichs Preussen ... Tarif revu, corrigé et approuvé par sa Majesté le Roi de Prusse le 10 avril 1769 pour la ville de Königsberg et toutes les villes des deux départements de la Prusse et Lithuanie en conformité duquel les droits d'accises seront perçus à commenser du 1. juin 1769. — Berlin: Decker (1769). 64 S. 2° 10.
2.7600

Accise-Tarif für das souveraine Herzogthum Schlesien und die Grafschaft Glatz. De Dato Berlin, den 20. Oct. 1788. — (Berlin 1788:) Decker. 285 S.
1:44 in 2° An 8630-8. 7.
2.7601

— für sämmtliche Städte des Fürstenthums Halberstadt und der Grafschaft Hohenstein. Berlin 1787. Fol.

Accise-Tarif für die Städte der Grafschaft Hohenstein. De Dato Berlin, den 28. April 1788. — (Berlin 1788:) Decker. 68 S. 4° 1:15 in 2° An 8630-8.
2.7602

Accise-Tarif für sämtliche Städte des Fürstenthums Halberstadt und der Grafschafft Hohenstein, wie solcher in Gefolge der allergnädigsten königlichen Verordnung vom 25. Januarii dieses Jahres revidiret und allerhöchst vollzogen worden. De Dato Berlin, den 12. März 1787. — (Berlin 1787:) Decker. 72 S.
1:19 in 2° An 8630 7. 7.
2.7604

Accise-Tarif für sämtliche Städte des Herzogthums Magdeburg und der Grafschaft Mansfeld, wie solcher in Gefolge der allergnädigsten königlichen Verordnung vom 25. Januarii dieses Jahres revidiret und allerhöchst vollzogen worden. De Dato Berlin, den 9. May 1787. — (Berlin 1787:) Decker. 72 S. 4° 1:38 in 2° An 8630-7. 2.
2.7605

Accise-Tarif für sämtliche Städte des Herzogthums Vor- und Hinter-Pommern, wie solcher im Gefolge der allergnädigsten königlichen Verordnung vom 25. Januarii dieses Jahres revidiret und allerhöchst vollzogen worden. De Dato Berlin, den 20. Febr. 1787. — (Berlin 1787:) Decker. 83 S. 4° 1:14 in 2° An 8630-7.
2.7608

Accise-Tarif für Vor- und Hinterpommern. Berlin 1787. Fol.

Accisetariff, s.a. A c c i s e t a r i f

Bresslauischer neuer revidirter Accise-Tariff 1744. — o.O. (1744). 31 S. 2.
2.7588

Seiner Königl. Majestät in Preussen neu revidirt und erläuterter Accise-Tariff für alle vor- und hinterpommersche Städte ... De Dato Berlin, den 15. May 1749. — Stettin [1749]: Spiegel. 84 S. 2° 8.
2.7593

Neu revidirter Accise-Tariff vom 1ten Januarii 1721, nach welchem ... bei der combinirten hallischen, glauchischen u. neumärckischen Accise-Casse die Accise eingefordert ... werden soll. — Halle 1746: Saalfeld. Bog. A-H. 1:Gt 6270. 8.
2.7594

„Accisetariff Seiner königlichen Majestät in Preussen, neu revidirt und erläuterter, für alle vor- und hinterpommersche Städte ...., wornach künftig vom 1. Junii 1749 an die Accise überall eingenommen und berechnet werden soll", Stettin 1749. — Vorhanden: Preuß. Staatsbibl. Berlin.

Provisioneller Accise-Tariff für die schlesische und glatzische Städte, wornach bis zur Publication eines vollständigen Tariffs die Accis-Bediente bey der Einnahme sich zu achten haben. (Dat. Bresslau 26. Martii 1756.) — o.O. (1756). Bog. A-E. 2° 2.
2.7598

Accise-Tariff von den kleinen Städten [Städte] des Königreichs Preussen, welcher a 1mo Junii 1720 in sämbtlichen kleinen Städten einzunehmen angeordnet worden. (Dat. Berlin 1. Juni 1720.) — Königsberg (1720): Reussner. 20 S. 4° 10.
2.7603

Accise-Verordnung der Stadt Emden für das Jahr 1820 (vom 24. Dec. 1819). — (Emden: Hyner 1820.) 15 S. 1:18 in Gq 10930.
2.7607

Accise-Verordnung der Stadt Emden (vom 22. Dez. 1823). (Emden 1824: Woortman.) 19 S.
1:Sm 3226/50 [u.] 19 in Gq 10930.
2.7608

Accise-Zulage, über die, nach der Rostockschen Steuer-Verordnung v. 30. Juni 1777. 4. Rostock (Oeberg.) n. 1/6 rℳ

Accisordnung, großherz. Badensche. gr4°.– Karlsruhe, Braun 1812

Accisordnung, großherz. badensche. gr. 4. Karlsr. ... N. Aufl. 812. (Müller). 6 M.

Chur-Pfaltz Erneuerte Accis-Ordnung. Publicirt im Jahr 1701. Heydelberg 1701. 16 S.

Verbesserte Accis-Ordnung [für Schlesien], worinnen einige Sachen veränderet und beygefüget worden, durch die sieben folgende Capitel. Den 21. Hornung 1706. — o.O. (1706). 49 S. 2.
2.7576

Accis- u. Ohmgelds-Ordnung, Großherzogl. Badische. gr. 8. Karlsruhe 821, Braun.

Grosherzoglich-badische Accis- und Ohmgelds-Ordnung in ihrem gegenwärtigen Umfange. — Karlsruhe: Braun 1822. 110 S.
1:Gp 12383. 12:Cam. 3 t.
2.7564

Accis- u. Ohmgelds-Ordnung, Großh. Badische, in ihrem gegenwärt. Umfange. (Hrsg. v. F. A. Regenauer.) 2. Aufl. gr. 12. (5½ B.) Karlsruhe 827, Braun.

Accis - Reglement, s.a. A c c i s e - R e g l e m e n t

Seiner Königlichen Majestät in Preussen allergnädigst-approbirtes Accis-Reglement für dero schlesische Haupt-Stadt Bresslau, wornach die Accis-Bediente daselbsten die Accisanten abfertigen ... sollen. — Bresslau 1746: Korn. Bog. A-I. 2° 2. 7.
2.7580

Acclamatio. — Humilima Acclamatio gratulatoria ad sacram Caes. Majestatem [Leopold I. Römisch-deutscher Kaiser], pro recuperata illius valetudine. — o.O. [um 1700]. 4 Bl. 1:4° Rz 1289. 12:4° P. o. lat. 741-3. 5.
1.5505

Acclamatio jubilaea, qua ad festivitatem secularem propter Augustanam Confessionem anno 1530, d. 25. Jun. exhibitam pia gratulatione d. 25. Jun. 1730 denuo celebrandam omnes orbis christiani theologos et fideles invitant Electoratus Saxonici theologi. — Vitebergae (1730): Eichsfeld. 8 Bl. 3.
1.5506

DEUTSCHE ACCLIMATISATION. Zwanglose Blätter für Eingewöhnung, Pflege und Zucht der Vögel. Organ des Deutschen Vereins für Vogelzucht und Acclimatisation. Redigirt von ANT. REICHENOW.
Jahrg. I. 1879. No. 1—14. Berlin. (Ohne bes. Titelblatt. Selbstverlag des Vereins.) 4°.
Jahrg. II. 1880. No. 1—8. ib. (Ohne bes. Titelblatt. —)

Accola, Mart. Des Evangeliums Ehre, Kraft u. Seligkeit. Synodalpredigt, geh. in d. Kirche zu Glarus d. 23. Juli 1890. 8. (14 S.) Glarus 890, Bäschlin. * — 20

Accoldi, B., de bello contra barbaros gesto. 8. Groening. 731. Rthlr. -

Accord – s.a. Akkord

***l'Accord* de la louange et de la verité, Banquet pastoral. 8. Wien 770. Trattner. 2 gl**

Accord, L', parfait de la nature, de la raison . . . Cologne 1753. V: *Beaumont.* (WUBb)

Accorde deutscher Classiker, über Philosophie des Lebens. 2e Aufl. 8. Karlsr. 820. Büreau d. deutschen Classiker. 1 ₰

Accordion
— s. auch Directions.

Accordion od. Anleitung zur Hand-Harmonica. qu. 4. Bresl. 834. Hentze. 1/6 ₰

Accords - Puncta, s.a. Accords-Puncte

Accords - Puncta, s.a. Accords-Puncten

Accords - Puncta, s.a. Accords-Punkte

Accords-Puncta, so bey Uebergabe der Stadt Amberg an den kayserl. General v. Erbeville d. 28. Nov. 1703 geschlossen. (2 Bl) 4. s. l. 1703.

Accords-Puncta, nach welchen die von der hohen Alliirten Waffen heldenmühtig bezwungene . . . Stadt und Vestung Käyserswehrt . . . den 15. Jun. 1702 an die Alliirte von den Frantzosen übergeben worden. — Dat. Kayserswerth 15. Juni 1702. 4 Bl. 4° 9.
2.6841

Accords Puncta der Stadt und Vestung Landau, wie solche auf Ordre Ihr. Röm. Königl. Majestät, zwischen des Käyserl. Gen. Lieut. Marggrafen Ludwig Wilhelm [I.] zu Baaden Hochfürstl. Durchl. und dem frantzösischen Gouverneur dieser Vestung, Monsr. Laubanie, den 25. Nov. 1704 wegen Ubergab dieses Platzes abgehandelt und geschlossen worden. — o.O. (1704). 2 Bl. 7.
2.6842

Accords-Puncta der Statt und Vestung Landau, wie solche auf Ordre Ihr. Röm. Königl. Majestät zwischen den Käyserlichen General-Lieut. Marggrafen Ludwig Willhelms [I.] zu Baaden Hochfl. Durchl. und dem Frantzösis. General-Gubernatoren dieser Vestung Mons. Laubanie, den 25. Nov. 1704 wegen Ubergab dieses Platzes abgehandelt und geschlossen worden. — o.O. (1704). 4 Bl. 12: Bavar. 4334x.
2.6843

Accords-Puncta, welche auff allergnädigste Ordre Ihr. Römis. Königl. Majest. zwischen Ihr. Hoch-Fürstl. Durchlaucht. Marggraff Ludwig Wilhelm [I.] von Baden, und dem frantzösischen General und Gouverneur der Vestung Landau, Mr. [Ezechiel Graf von] Melac, wegen Ubergabe selbigen Platzes, geschlossen worden, An. 1702, den 10. Septembr. — o.O. (1702). 2 Bl. 4° 3.
2.6847

Accords - Puncta über die Vestung Rothenberg geschlossen den 18. (19!) Sept. 1703. o.O. u. J. 8 S.
(Zwischen d. bayer. Fest-Kmdt. Grf. die Santo Bonifacio u. d. Kmdt. d. fränk. Kreistrupp., Kais. Grlfeldmarschall. Ch.W. Grf. v. Aussaß.)

Accords - Puncte, s.a. Accords-Puncta

Accords - Puncte, s.a. Accords-Puncten

Accords - Puncte, s.a. Accords-Punkte

Accords Puncte zwischen denen hohen Aliirten und denen Frantzosen bey Ubergabe der Stadt und Vestung Aire, den 9. Novemb. 1710. Nebst einem Anh. abgesonderter Articul, so von denen hohen Aliirten darzu gesetzet worden. Aus d. Frantz. ins Teutsche übers. o.O. 1710. 4 Bl. 9.
2.6818

Accords-Puncte, welche am 23. Dec. 1715 zwischen denen hohen nordischen Alliirten und der Cron-Schweden wegen Ubergabe der Stadt Strahlsund geschlossen worden. o.O. [1715]. 4 Bl. 4° 7.
2.6819

Accords-Puncte, welche zwischen der hohen Alliirten Armee und der Garnison der festen Stadt Ryssel, unterm Commando des Marechalls de Boufleurs den 23. Octobr. dieses 1708. Jahres getroffen . . . Aus d. Frantz. u. Holl. ins Teutsche übers. — Leipzig: Boetius (1708). 23 S. 12:4° Eur. 391-62 [u.ö.] 2.
2.6820

Accords-Puncte, welche zwischen der hohen Aliirten Armee und der Garnison der festen Stadt Tournay oder Dornick, den 29. Julii dieses 1709. Jahres geschlossen worden. Aus d. Frantz. ins Teutsche übers. — Leipzig: Boetius (1709). 4 Bl. 12:4° Eur. 408-12. 9.
2.6821

Accords-Puncte, welche wegen der Stadt Douay und des Forts de Scarpe in Flandern den 26. Junii 1710 zwischen den hohen Allirten und dem Commendanten der Stadt und des Forts seyn geschlossen worden. — Leipzig & Hall: Boetius (1710). 2 Bl. 9.
2.6825

Verglichene Accords-Puncte, welche zwischen der hohen Alliirten Armee und der Guarnison der festen Stadt Bethune, unterm Commando des Herrn de Vauban, den 29. Augusti dieses 1710. Jahres getroffen worden. Aus d. Frantz. u. Holl. ins Teutsche übers. — Leipzig: Boetius (1710). 12 S. 4° 2.
2.6852

Accords - Puncten, s.a. Accords-Puncta

Accords- Puncten, s.a. Accords-Puncte

Accords- Puncten, s.a. Accords-Punkte

Accords-Puncten, welche zwischen deß Kayserlichen Herrn General-Feld-Marschalls Comte d'Erbeville Excellentz, im Namen Ihro Röm. Kayserl. und Königl. Majestäten, an einem, zwischen dem Chur-Bayerischen mit genugsamer Vollmacht authorisirten nacher Straubingen deputirten Hof-Cammer-Rath und geheimen Secretarium Herrn v. Neusönnern im Namen Ihrer Durchl. der Churfürstin auß Bayern etc., andern Theils den 28. Octob. 1704 . . . beschlossen worden seynd. — Dat. Straubing 28. Okt. 1704. 2 Bl. 1: Flugschr. 1704-13. 12:4° Bavar. 54 [u.ö.]
2.6831

Accords-Puncten wegen Ubergab [Uebergabe] der Stadt und des Schlosses Bethune. So geschehen den 29. August 1710. — o.O. (1710). 4 Bl. 1: Rh 106. 12:4° Eur. 408-15.
2.6850

Accordspunkte, s.a. Accords-Puncta

Accordspunkte, s.a. Accords-Puncte

Accordspunkte, s.a. Accords-Puncten

Accordspunkte bey Ubergabe der Stadt Riga zwischen dem schwedischen Gen. Gouverneur Stromberg u dem russischen Gen Feldm. Scheremetoff. 4 1710

Accords-Punkte über die Vestung Rothenberg geschlossen d. 18. Sept. 1703. 4 s l. 1703

Verglichene Accords Punkte, zwischen der Alirten Armee u. der Guarnison der Stadt Bethune, unter H de Vauban den 29. Aug 1710 A d Frantz u Holl ins Teutsche ubers. (12.) 4. Leipzig 1710

Accord=Verzeichniß f. die Haupt=Werkstätten [Wagen=Reparatur] der königl. Eisenbahn=Direktion zu Elberfeld. 6 Hfte. 4. Elberfeld 887. (Witten, Krüger.) n.n. 6. 50

1. Für die Schmiede. (22 S.)
2. Für die Schlosser. (20 S.)
3. Für die Dreherei. (16 S.)
4. Für Verschiedenes. (8 S.)
5. Für die Schreiner. (23 S.)
6. Für die Lackir= u. Sattler=Werkstatt. (16 S.)

Account, an, of the establishment of the fatemite dynasty in Africa, being the annals of that province from the year 290 of the Heg'ra to the year 300, extracted from an ancient arabic Ms. ascribed to El Mas'ûdi, belonging to the Ducal Library of Saxe Gotha: with an introduction and notes by Dr. John Nicholson. gr. 8. Tübing. 840. Fues. 3/4 ℛ

Account of the Siege, Bombardement and Capitulation of Copenhagen in the year 1807. by Sommer. 8. Copenhagen Bonnier.

Accum, Fr. s. A c c u m, Friedrich

Accum, Frederick (Christian), s. A c c u m , Friedrich

Accum, Friedrich

— Abhandl. über die Kunst zu brauen, oder Anweisung, Porter, Braune, Stout, Ale, Tischbier u. verschied. andere in England gebräuchl. Malzgetränke ꝛc. zu brauen. Mit 4 Kpf. u. 2 Holzschnitten. Aus dem Engl. Mit Zusätzen. gr. 8. Hamm 821. Schulz. 16 ℊ N. Ausg. Ebd. 831. 8 ℊ

— praktische Abhandlung über die Gasbeleuchtung; enthaltend eine summarische Beschreibung des Apparats u. der Maschinerien, welche am tauglichsten sind, Straßen, Manufacturen und Privatgebäude mit Kohlen=Wasserstoffgas zu erleuchten; mit Bemerkungen über die Nützlichkeit und Sicherheit dieses neuen Zweiges des bürgerlichen Haushaltes und dessen Natur im allgemeinen. Aus dem Englischen übersetzt. Mit vielen Kupfertafeln. gr. 8. Berlin, Flittner. 816. geb.

— prakt. Abhandl. über die Gasbeleuchtung. Aus d. Engl., mit Kpft. gr. 8. Berl. 816. (Sander). 1 ℛ 16 ℊ

— Praktische Abhandlung über die Gaserleuchtung. London 1815. Aus d. Engl. verdeutscht. — Berlin: Flittner [1816]. XVI, 132 S. 300: 18Q31. 2. 83.
1 5834

— Praktische Abhandlung über das Gaslicht ... Aus d. Engl. übers. u. mit Anm. verm. von W[ilhelm] A[ugust] Lampadius. Mit 9 Kupfertaf. Bd [1.] 2. — Weimar: Landes-Industrie-Anst. 1816–19.
1. 2 . . . . 8.
1 . . . . 1:Op 26647. 3. 83.
1.5835

— Mit 10 Kupfertaf. 2. verm. u. verb. Aufl. Ebd. 1819. VII,160 [vielm. 260] S. 12: Techn. 2f. 8. 89.
1 5836

— Dasselbe, aus d. Engl. u. mit Anmerkk. v. A. W. Lampadius. Mit 10 Kpft. 2e Aufl. 816. 1 ℛ 18 ℊ Dess. 2r Thl. Auch u. d. T.: Beschreibung des in den Gaswerken Londons üblichen Verfahrens, Steinkohlengas zur Beleuchtung zu bereiten. Nach dem Engl. u. mit Anmerkk. begleitet v. W. A. Lampadius. Mit 7 Kpft. 819. 1 ℛ 12 ℊ Beide Bände. gr. 8. Weimar, Ind.=Compt. 3 ℛ 6 ℊ

— chemische Belustigungen. Nach d. 3ten engl. Ausg. v. Verfasser deutsch bearb., m. 2 Kpf. gr. 8. Nürnb. 824. Schrag. 1 ℛ 16 ℊ

— Physische und chemische Beschaffenheit der Baumaterialien, deren Wahl, Verhalten u. zweckmässige Anwendung. Bd 1.2. — Berlin: G. Reimer 1826.
1:Nz 4421. 12: A. civ. 1m. 3. 7. 82. 83. 89.
1 5815

— über d. Kunst zu Brauen, oder Anweis. Porter, Braun-Stout, Ale, Tischbier ꝛc. zu brauen. Mit 4 Kupf. u. 2 Holzschn. A. d. Engl. gr. 8. Hamm 821, Schulz.

— Chemische Unterhaltungen. Eine Sammlung merkwürdiger u. lehrreicher Erzeugnisse d. Erfahrungschemie. Von Fr. Accum. Aus d. Engl. Mit Kupfern. — Kopenhagen: Bonnier 1819. XII, 235 S. 1:Mt 1281. 8. 9.
1.5810

— — Nürnberg: Schrag 1823. XII,235 S. 2.
1.5811

Accum, Fr., chemische Unterhaltungen; e. Samml. merkwürd. u. lehrreicher Erzeugnisse d. Erfahrungschemie; aus d. Engl., mit 2 Kpf. u. 1 Tab. gr. 8. Copenh. 820. Bonnier. 1 ℛ 20 ℊ 2e Aufl. Ebd. 824. (Wienbrack in Leipzig). 1 ℛ 20 ℊ

— v. d. Verfälschung d. Nahrungsmittel u. v. d. Küchengiften, oder v. d. betrüg. Verfälsch. d. Brodes, Bieres, Weins u. s. w., u. v. d. Mitteln, dieselben zu entdecken. Nach d. 2n Ausg.; aus d. Engl. übers. v. L. Cerutti, u. mit e. Einleit. versehen, v. C. G. Kühn. 8. Leipzig 822, Hartmann.

— über d. Verfälschung d. Nahrungsmittel u. von d. Küchengiften, od. von d. betrüger. Verfälschungen d. Brodes, Bieres, Weines u. s. w., u. von den Mitteln, dieselben zu entdecken. Nach d. 2n Ausg.; aus d. Engl. übers. v. L. Cerutti, und mit e. Einleitung versehen v. K. G. Kühn. 8. Leipz. 822. Lehnhold. 1 ℛ

Accum, Frederick (Christian)

Von der Verfälschung der Nahrungsmittel und von den Küchengiften, oder von den betrügerischen Verfälschungen des Brodes, Bieres, Weins, des Liqueurs, des Thees, Kaffees, Milchrahms, Confects, Essigs, Senfs, Pfeffers, Käse, Olivenöls, der eingelegten Gemüse und Früchte und anderer in der Haushaltung gebräuchlichen Artikel, und von den Mitteln, dieselben zu entdecken. Nach der zweiten Ausgabe aus dem englischen übersetzt von L. Cerutti, und mit einer Einleitung versehen von C. G. Kühn. Zweite Ausgabe. Leipzig, 1841. 8vo.

First edition, Leipzig, 1822. 8vo.

Accumulator — s.a. A k k u m u l a t o r —

Accumulator, Der. Hagen i. W., Accumulatoren-Fabrik, Actiengesellschaft. Hagen i. W. 1893

Accumulatoren-Fabrik-Aktiengesellschaft. — Accumulatoren-Fabrik-Aktiengesellschaft. Fabrik Hagen i. W. — Berlin: Centralbureau o. J. 20 Bl. quer-4°
Enthält 40 photogr. Bilder. 6.
2.6862

Accumulatoren-Fabrik A.-G. Hagen i. W: Preisliste über transportable Accumulatoren. (Hagen i. W) 1894

Accumulatoren-Fabrik-Aktiengesellschaft: Catalog für die Electrotechnische Ausstellung der Accumulatoren-Fabrik Aktien-Gesellschaft, Hagen i. W. — Hagen i. W. (1891): Risel. 37 S. 83.
2.6863

— Lokomotiven mit Accumulatorenbetrieb. Accumulatoren-Fabrik Aktiengesellschaft Abt. 2, Berlin NW 6. — (Berlin 1908: Elsner.) 49 S. quer-8° 89.
2.6864

— Preisliste über transportable Accumulatoren der Accumulatoren-Fabrik Aktiengesellschaft „Werk Oberspree" in Oberschöneweide b. Berlin. — (Berlin-Schöneberg) 1904 (: Meisenbach & Riffarth). 62 S. 83.
2.6865

— Schaltungsbuch für elektrische Anlagen mit Accumulatoren. Hrsg. von d. Accumulatoren-Fabrik A.-G., Hagen i. Westf., Berlin NW. — (Berlin 1902: Elsner.) 21 S., 31 Taf. 4° 89.
2.6866

— Strassenbahnen mit Accumulatoren nach dem System der Accumulatoren-Fabrik Aktiengesellschaft Hagen i. W. Hagen i. W. 1897: Risel. 20 S. quer-8° 83.
2.6868

Accumulatoren-Gesellschaft: Berliner Accumulatoren- u. Elektricitäts-Gesellschaft m. b. H. Stationäre Accumulatoren System Dr. Lehmann. — Berlin 1901 (: Moriz & Kummer). 55 S. quer-4° 3. 89.
2.6870

Accumulatorenwerke, System Pollak (A.-G): Preisliste über stationäre Accumulatoren. Frankfurt a. M 1896

Accumulatoren-Werke, System Pollak. Prospekt. Frankfurt a. M. 1895

Accumulatoren-Werke-Aktiengesellschaft: Preis-Liste über transportable Accumulatoren ... der Accumulatoren- und Electricitäts-Werke-Actiengesellschaft vormals W. A. Boese & Co., Berlin. — (Berlin) 1903 (: Elsner). 49 S.
Nebent.: Transportable Accumulatoren [Akkumulatoren].
9.
2.6871

Accursius. [Berlin 1790]. V: *Lucanus, Johann Heinrich.* (MGT)

Accursius Passaviensis, Pater: Heiliger Bonifacius, teutscher Apostel, erster Erz-Bischoff zu Mayntz und glorreicher Blut-Zeug Christi in Frießland . . ., in einer . . Lob- . . . Red vorgestellet. Von P. Accursio Passaviensi. — Wien [um 1726]. 16 Bl. 4° 2.
1 5844

— Geistliche Hochzeit eines neu-geweyhten Priesters mit der christ-katholischen Kirchen; das ist . . . Lob- und Ehren-Rede, welche in der Pfarr-Kirchen eines Lands-Fürstlichen Marckts Poystorff an dem anderten Sonntag nach Ostern 1734, an welchem Tag . . . Joannes Josephus Lettner . . . sein erstes h. Mess-Opffer abgesungen, . . . vorgetragen worden. Von P. Accursio Passaviensi. — Wienn (1734): Kurtzböck. 23 S.
12: 4° Hom. 1901-XV,20. 2.
1 5845

Accursius, P. (O. C.), Quattuor posteriorum libri Moysis a bibliomachorum dicteriis vindicati. Inaugural-Diss. Fulda, 1780, 4°, 8 S.

Accurti: Über den Zeichnungsunterricht an Gymnasien. 3 S.
Progr. Fiume 1854.

Acephaler, Die, unserer Zeit. Eine Stimme von den Bergen. Leipzig 1825. V: *Hering, K. W.* (MGT)

Acerbi, Enrico
— Leben und Studien des Joh. Bapt. Monteggia . . . Eine Gedächtnißrede, geh. von Fr. Heinrich Acerbi . . . Mitgetheilt von J[ulius] V[inzenz] Krombholz. (Übers. nach der 1. Ausg. d. Orig.) — Prag 1821: Haase. 50 S.
12: Biogr. 805 f. 300: • 43 L 91. 7.
1 5886

Acerbi, Giuseppe, s. Acerbi, Joseph

Acerbi, Joseph
— Reise durch Schweden und Finnland bis an die äußersten Gränzen von Lappland in d. J. 1798 und 1799. Von Joseph Acerbi. Aus d. Engl. übers. von [Philipp] Chr[istoph] Weyland. — Berlin: Voss 1803. IV,520 S. (Magazin von merkwürdigen neuen Reisebeschreibungen. 26.)
1: Ps 7080–26. 12: It.coll. 49–26 [u.5.] 300: 393.869–B. Kt. S. 26. 2. 3. 4. 5. 6. 7. 8. 9. 10.
1 5893

— Remarques sur le Voyage en Suède etc. 4. Braunschw. (Perthes à Hamb.)

ACERBUS, Teutonius (ps.), Poetisches Klein-Gewehrfeuer. 1833.
Weller, Lex. Ps. p. 3.— Rar!

Acerra. — Allerneueste Acerra philologica, oder historische Discurse. Th. 1. — Leipzig: Teubner 1732. 252 S.
10.
1 5900

Acerra biblica. Centur. 1–11. o. O. 1705. 8°

— G. A. P. S. Acerra medico-chymica in qua inveniuntur non solum variae compositiones medicamentorum Hippocratico-Galenicorum, sed etiam plurima arcana . . . medicinae tyroni . . . utilissima. — Lipsiae & Francofurti: Martin 1713. 528 S. 4° 300: • 69 F 88. 4. 7.
1.5902

***Neue Acerra philologica oder gründliche Nachrichten aus der Philologia und den Römischen und Griechischen Antiquitäten . . . [Hrsg.: Pet. Adolph Boysen.] Sect. 1–12. Halle 1715–23. 8° 12**

Acerra nova philologica, d. i. 700 Historien und Discourse. Zürich 735. 8. 16 gr.

— philolog., oder Nachr. a. den Röm. u. Griech. Antiquit. 12 Thle. 8. Halle, Rengers. 715.

— philolog. d. i. 1700 Histor. u. Discurse. 8. Zürich. 735. -

— philologica, (neue u. vermehrte,) d. i. 700 auserles. Historien, aus den besten griech. u. latein. Scribenten zusammengetragen. 8. Berlin 754. Nicolai. 14 gr.

Acerra philologica. Ein Lesebuch für die mittlere Jugend, (herausg. von Ebert). 2 Thle. 8. Hamb. 785 — 88. (A. Campe). 1 rthlr 10 gr (Auch u. d. T.: Erzählungen a. d. alten Geschichte u. Mythologie. 2 Thle.)

Acerra politica, exhibens recentiora atque praecipua acta et pacta publica, praesentem Germaniae statum cumprimis attinentia. — Francofurti a. M.: Andreae 1711. 159 S.
12: 2° J. publ. G. 50. 8.
1.5903

ACERRA, Cavaliere Antonio d' (ps.?), Der König der Erde. Roman. Nach einer Handschrift aus der Bibliothek der Herzöge von Medina Sidonia, unter Mitwirkung von Dr. Alfred Semerau übertragen und herausgegeben von Dr. E. E. Holleder. Rom 1908. 8°. (Mk. 20.—) (20 Mk., Orig.-Ldwbd., Lipsius & Tischer, Kiel, 1908; 10 Kr. Carl Greif, Wien 1908.)
Privatdruck. 25 Expl. wurden auf echtem Bütten abgezogen, in Ganzpergament gebunden und von beiden Herausgebern handschriftl. signiert. (Preis Mk. 50.—.)
„Dieses entzückende Kabinettsstück erotischer Komik, das einen denkbar heikelsten Stoff behandelt, muss bei jedem Menschen von gesundem Empfinden das herzlichste Lachen auslösen!" (Aus dem Verlags-Prospekt.)

† **Acerrellos, R. S.** (Karl Gtfr. Rössler), die Freimaurerei etc., s. Freimaurerei, die.

Aceste. — Aceste (König v. Beotien) wurde . . . auf dem Leipziger Schau-Platze in der Michaelis-Messe Anno 1704 vorgestellet in einer Opera. — o.O. [nach 1704]. 32 Bl. 8.
1.5905

ACETATE de Fer oder Eine Heirath mit Hinderniſſen. Ein chemiſcher Schwank in 1 Akt. Breslau, Maruſchke & Berendt, 1880. (Utile cum dulci, Heft XII.) 8°. IV u. 52 S.
Perſonen: Dr. Fauſt, ehemals Alchimiſt, Inhaber eines Ehevermittlungskomtors, Wagner, ſein Famulus. Szene: Fauſts Bureau. (Katalog d. Samml. Kippenberg Nr. 2333.)

Acetoprin s. Azetopyrin.

Acetopyrin, ein bewährtes, seit dem Jahre 1900 von zahlreichen Ärzten erprobtes Antipyretikum und Antineuralgikum. 8°(52 S.) Teschen 1909, Prochaska

Acetylen, s. a. Azetylen.

Acetylen in Wissenschaft und Industrie. Centralorgan für die Gesamtinteressen der Acetylen- und Carbidtechnik. [Hrsg.: M. Altschul und K. Scheel.] Jg. 1–35. Halle: C. Marhold 1898–1932. 4°
Essen Werkbücherei Krupp
ℂ Aufgegangen in: Autogene Metallbearbeitung.

Acetylen in Wissenschaft u. Industrie. Centralorgan f. d. Gesamtinteressen d. Acetylen- u. Carbidtechnik. Unt. Mitwirkg hervorrag. Fachgenossen hrsg. v. M. Altschul u. Karl Scheel. 1. Jahrg. Febr. 1898—Jan. 1899. 24 Hfte. (à 2 Bog. m. Abb.) hoch 4. Halle, C. Marhold. Jährlich n. 16. —
Kann auch halbjährlich bezogen werden.

Acetylen in Wissenschaft u. Industrie. Zeitschrift des deutschen Acetylenvereins u. des schweizer. Carbid- u. Acetylenvereins. Unter Mitwirkg. v. Dieffenbach hrsg. v. M. Altschul u. Karl Scheel. 2.—5. Jahrg. 1899—1902. 24 Hfte. hoch 4. (IV, 418; IV, 548; IV, 470 u. IV, 300 S.) Halle, C. Marhold. à Jahrg. n. 16. —

Acetylen in Wissenschaft u. Industrie. Zeitschrift des deutschen Acetylenvereins, des schweizer. Carbid- u. Acetylenvereins u. des österreich. Carbid- u. Acetylenvereins. Unter Mitwirkg. v. Dieffenbach hrsg. v. M. Altschul u. Karl Scheel. 6. Jahrg. 1903. 24 Hfte. (VIII, 283 S. m. 43 Abb. u. 1 Taf.) hoch 4. Halle, C. Marhold. n. 16. —

— dassolbe. Zentralorgan f. die Gesamtintoressen dor Acotylon- u. Carbidtoohnik. Untor Mitwirkg. v. Karl Schoel hrsg. v. Theo. Kautny. 7.—9. Jahrg. 1901 bis 1906. à 24 Hfte. (VIII, 248; VI, 244 u. IV, 298 S. m. 156, 143 u. 100 Abb.) Lex.-8. Ebd. à Jhrg. n. 16. —
Die Jhrgge. 7 u. 8 sind v. K. Scheel allein herausgegeben.

Acetylen in Wissenschaft u. Industrie. Zentralorgan f. die Gesamtinteressen der Acetylen- u. Carbidtechn. Nebst Beiblatt: Autogene Metallbearbeitg. Unter Mitwirkg. v. Karl Scheel, hrsg. v. Theo. Kautny. 10.–13. Jahrg. 1907—1910. à 24 Hfte. (IV, 288; IV, 238; IV, 160 u. IV, 166 S. m. Abbild.) Lex.8. Halle, C. Marhold. à Jahrg. 16. —

Acetylen-Kalender f. 1900. Red. u. bearb. v. H. F. Bonté Schaefer. 12. (XVIII S., Schreibkalender u. 181 S. m. Fig.) Leipzig, O. Leiner. Geb. in Leinw. n. 3. —; ermäss. Preis n. 2 —
Erscheint nicht weiter.

Vorh. u. d. T.: Kalender für Acetyleniker...

Acevedo. Dan. Garcia, u. Br. Adolfo Berro Garcia: Das Handelsrecht, d. Wechselrecht, d. Konkursrecht u. d. Seehandelsrecht v. Uruguay, s.: Handelsgesetze, d. d. Erdballs.

Acevedo, Man. Otero, Fakirismus u. Wissenschaft. Eine exakt naturwissenschaftl. Studie. Einzig autoris. Uebersetzg. aus dem Span. v. Feilgenhauer. gr. 8. (57 S.) Leipzig 901. O. Mutze. n. 1.20

Acevedo, M.O.: Üb. d. Gespenster. Bemerkgn. f. d. moderne Psychol. Aus d. Span. v. F. Feilgenhauer 8°(109).– Lpzg. 1896, E. Fiedler.

Acevedo, M. Otero, üb. die Gespenster. Bemerkgn. f. d. mod. Psychologie. Autoris. Uebersetzg. a. d. Span. v. Fritz Feilgenhauer. gr. 8. (VII, 109 S.) Leipzig 896. M. Spohr. n. 1.80

ACH!! — oder die Menschheit in letzten Zügen (von *Erhard Friedr. Vogel*). 2 Thle. Berlin (Wien, Schaumburg) 1787. 8°. (Expl. in Warmbrunn, Reichsgräfl. Schaffgotsch'sche Majoratsbibl.) XII—356 S. (12 Mk., W. H. Kühl, Berlin, c. 1882.)

Ach! neue Bedenklichkeiten über die Schutzpockenimpfung bei Kindern. 8. Chemnitz 806. Maucke. 2 gr.

Ach, bitte, bitte! lieber Mann, oder ABC ꝛc., mit Kpf. 8. Hamb. 831. Hoffmann u. Campe. 6 gr.

Ach der Branntwein! Unterhaltung e. Seelsorgers mit s. Pfarrkindern z. Belehr. u. Warnung. gr. 8. (1 B.) Heidenheim in Bayern 842. (Nördlingen, Beck'sche Buchh.)

Ach der Branntwein! Unterhaltung eines Seelsorgers mit seinen Pfarrkindern z. Belehrung u. Warnung. 8. Heidenheim 843. (Nördlingen, Beck.) 2 ngl.

Ach guter Papa! ach liebe Mama! ach kaufen Sie doch das Bilderbuch da. Ein Bilderb. f. Knaben u. Mädchen, mit 50 Kpf. 8. Leipzig 811. Zehl. 1 ℔ 4 gr.

Ach hätten wir doch auch eine Mission! [Aus dem Tagebuche eines Arztes.] Erzählt vom Verf. des „Wie wird's besser?" zunächst f. den lieben Bauersmann, dann auch f. Jedermann, der gern eine Mission kennen lernen will, od., wenn er schon eine mitgemacht hat, sich nützlich daran erinnern möchte. 8. (254 S.) Paderborn 851, Schöningh. 6 ngr

Ach hätten wir doch auch eine Mission! [Aus dem Tagebuche e. Arztes.] Erzählt vom Verf. des „Wie wird's besser?" 2. verm. Aufl. Paderborn 869. Schöningh. 16. (2 Bll., 296 S.) 8 ngr.

Ach, die Ideale sind „geronnen"! s.: Theater f. die weibliche Jugend.

Ach. — Ach Jupiter, hetst du gewalt, so manigfalt. — o.O.u.J. 1 Bl. 1:5 in 2° Yd 7801.
1.5932

Ach lieber Kapitän, ach lassen Sie das sein. Sowie viele andere neue Couplets u. Lieder. — (Berlin: Weichert [1896].) 16 Bl. 1:8 in Yf 5920/262.
1.5933

Ach Schaffner, lieber Schaffner. Sowie viele andere neue Couplets u. Lieder. — (Berlin: Weichert [1896].) 16 Bl. 1:4 in Yf 5920/262.
1.5934

Ach wie drollig. (Ausgestanzter Hundekorb.) qu. Fol. (16 S. m. 8 Bunt- u. 6 Textbildern.) Stuttgart 893. F. Loewe. 1.20

— wie dumm geht es in Bayern zu! 1. u. 2. Aufl. München 866. L. Finsterlin. 8. (15 S.) 2 ngr.

Ach, Alwin, a. Ermershausen: Beiträge zur Histologie des menschlichen Nebenhodens. (München [1907]: Meisenbach, Riffarth & Co.) (36 S.) 8°
Würzburg, Med. Fak., Ref. Stöhr, Diss. v. 29. Juli 1907
[Geb. 1. März 75 Ermershausen; Wohnort: Würzburg; Staatsangeh.: Bayern; Vorbildung: Gymn. Würzburg Reife Juli 95; Studium: Würzburg 9 S.; Coll. 30. Apr. 02; Approb. 12. Dez. 00.]

Ach, Benno, aus Ermershausen: Zur Kenntnis des Xanthins und Guanins. *Würzburg 1904: C. J. Becker.* (49 S.) 8°
Würzburg, Phil. Diss. v. 1904

Ach, Frdr., über die Isomerie d. Methylharnsäuren, s.: Fischer, Emil.

Ach, Fritz [aus Ermershausen]: Die Bedeutung der Aldehyd- und Ketonsäuren für die Synthese stickstoffhaltiger Verbindungen soll nach der bis zum Ende des Jahres 1886 erschienenen Litteratur historisch und systematisch dargestellt werden. Gekr. Preis-Schrift ... Würzburg, Becker's Univ.-Buchdr., 1888; 83 S. 8.
Würzburg, Phil. Fak., Inaug.-Diss. v. 1888

Ach, Lorenz [aus Ermershausen '(Unterfranken)']: Über kohlenstoffreichere Zuckerarten aus Glucose ... Würzburg, Becker's Univ.-Buchdr., 1892; 37 S. 8.
Würzburg. Phil. Fak., Inaug.-Diss. v. 1892

Ach, Narziss, Dr. med., aus Ermershausen: Ueber die Beeinflussung der Auffassungsfähigkeit durch einige Arzneimittel. Mit 2 Fig. im Text. *Leipzig: W. Engelmann 1900.* (90 S.) 8° ¶ (Aus: Kraepelins Psychol. Arbeiten, Bd 3.)
Würzburg, Phil. Diss. v. 1900

Ach, Narciss [aus Ermershausen]: Beitrag zur Aetiologie des Keuchhustens ... Würzburg, Becker's Univ.-Buchdr., 1895; 29 S. 8.
Würzburg, Med. Fak., Inaug.-Diss. v. 1895

Ach, Narziss: Eine Serienmethode f. Reaktionsversuche.– Bemerkg. z. Untersuchg. d. Willens.– Üb. d. Willen.– Üb. d. Willensakt, s.a. Untersuchungen z. Psychol. u. Philos.

Über den Willen. Vortrag, in erw. Form dargest. von Narziss Ach. Leipzig: Quelle & Meyer 1910. 24 S. 8°
(Untersuchungen z. Psychologie u. Philosophie. Bd 1, H. 1.) [11. 1939

Ach, Narziss, über den Willensakt u. das Temperament. Eine experimentelle Untersuchg. (XI, 324 S.) gr. 8. Leipzig 910. Quelle & Meyer. 6.50; geb. in Leinw. 7. —

Ach, Narziss, über die Willenstätigkeit u. das Denken. Eine experimentelle Untersuchg. m. e. Anh.: über das Hippsche Chronoskop. (X, 294 S.) gr. 8. Göttingen 905. Vandenhoeck & Ruprecht. n. 10. —

Achad Ha-Am (Pseud.), s.a. Ginzberg, Ăšer (wirkl. Name)

Achad-Haam (U. Ginzberg), äussere Freiheit u. innere Knechtschaft. Eine zeitgem. Betrachtg. Aus d. Hebr. 8. (VI, 25 S.) Berlin-Charlottenburg 901. (Frankfurt a. M., J. Kauffmann.) n. —50

Achad Ha'am (Uscher Ginsberg), am Scheidewege. Ausgewählte Essays. Autoris. Übersetzg. aus dem Hebr. v. Israel Friedlaender. (XVII, 271 S. m. Bildnis.) 8. Berlin (904). Köln, Jüd. Verlag. n. 5. —; geb. n. 6. —

Achaeus Eretriensis: Achaei Eretriensis quae supersunt, coll. et illustr. a Car[olo] Lud[ovico] Urlichs. — Bonnae: Marcus 1834. 82 S.
Ersch. auch als Diss.
1:Vh 4450. **12:**A. gr. a. 1. **300:**•43 H 163. **5. 6. 7. 8. 10. 11.**
1.5951

Achaia. Vetus et nova cum observationibus, Nobilissimi Viri Geo. Wheleri Armigeri Angli ex minore in ampliorem formam deducta, ac publicae utilitati proposita a Joh. Bapt. Homanno. Norimbergae. Jo. Christoph I.B. Homanni filius designavit. 1:300,000. 1 Bl.

Achatius, s.: Werth, der, der Berliner politischen Presse.

Achalm, Ulrich Graf von , s.a. Ulrich

Achalm. — Graf Ulrich von Achalm. Ein Original-Ritterschauspiel in 5 Aufz. — Eisenach: Wittekindt 1792. 192 S.
1:4 in Yp 5318–57. **300:**621.593–A.Th.S.[u.] 1760–A. **7.**
1.5953

Achaemenideninschriften. — Die Achämenideninschriften. Transscription des babylonischen Textes nebst Übers. von Carl Bezold ... Autogr. von Paul Haupt. — Leipzig: Hinrichs 1882. XIV,96 S. (Assyriologische Bibliothek. 2.)
1:4° Ph 9807–2. **12:**4° A. or. 1959–2. **2. 3. 4. 5. 7. 9. 10. 11.**
1.5948

— Die Achaemenideninschriften zweiter Art. Hrsg. u. bearb. von F[ranz] H[einrich] Weisbach [Weissbach]. — Leipzig: Hinrichs 1890. VI,126 S. (Assyriologische Bibliothek. 9.)
1:4° Ph 9807–9. **12:**4° A. or. 1959–9. **2. 3. 4. 5. 6. 7. 9. 10.**
1.5950

Achanler: Entwurf zu einer deutschen Verfassung. — (Frankfurt a. M. [1848]: Streng & Schneider.) 7 S.
1:Gv 14508/6. **7. 9. 11.**
1.5963

Achard, s.a. Achard, A.

Achard, s.a. Achard, Amédée
Achard, s.a. Achard, Antoine
Achard, s.a. Achard, Charles
Achard, s.a. Achard, Franz Karl

Achard, Recherches sur les propriétés des alliages métalliques. Berlin 1788. 4.

Achard, A., Machines destinées à produire des courants électriques, s.a. Weltausstellung, internationale, 1878, in Paris.

Achard, Machine destinée à produire des courants électriques. 8° Zürich 1879.

Achard, Achille, s Achard, Amédée

Achard, Amédée

Achard, A., Belle-Rose, s.a. Lese-Cabinet, belletristisches. 398—400. Lfg.

— Belle-Rose. Von Amadée Achard. Nach d. Franz. von I. Beyse. Th. 1–4. — Pest & Leipzig 1851. (Belletrist. Lese-Cabinet d. neuesten u. besten Romane aller Nationen in Übers. 185.192/194.)
7.
1.5970

— Un vieux diplomate ou chien et chat. — Bruxelles & Leipzig: Kiessling 1852. 143 S.
1:Xy 12047/380.
1.5979

— — Chien et chat. Bruxelles & Leipzig: Muquardt 1852. 188 S.
9.
1.5980

Achard, Amédée, l'eau qui dort. (Bibliothèque choisie. Vol. 313.) 16. (141 S.) Paris 860. Naumburg, Paetz.

— Edelmann u. Bauer, s. Novellen, drei, hrsg. v. Kühne.

Achard, Amédée, Am Fenster, s. Both's Bühnen-Repertoir.

Achard, Amedee: Les trois Graces.
Tl. 1 - 3. Paris & Naumbourg: Paetz 1869.
(Bibliotheque choisie. 997/999).

Achard, Amédée, Histoire d'un homme. 3 Vols. (Bibliothèque choisie. Vols. 529—531.) 16. (456 S.) Naumburg 863, Pütz.

Achard, Amedee: Die Jagd nach dem Ideal, s.a. Frankreich, belletrist., 14 Bd., 1. Abthl., S. 381

— Die Jagd nach dem Ideal. Roman von A. Achard. Einzig berecht. deutsche Übers. Wien: Tendler 1868. (Belletristisches Frankreich d. neunzehnten Jahrhunderts. Romane. 14.)
300:157.730–B. **7**
1.597:

— die königl. Jagd, s.a. Lese-Cabinet, neuestes belletrist.

—Die königliche Jagd. Historischer Roman aus der Zeit Ludwigs des Vierzehnten. Deutsch von A. Kretzschmar. T. 1-6.– Pest, Wien & Leipzig: Hartleben 1861. 300:158,778 - B.
1.5977

— – Th. 1-6. Ebd. 1861. (Neuestes belletristisches Lese-Cabinet d. besten u. interessantesten Romane aller Nationen in Übers. 460/476.)
1.5978 7

— Le Livre à serrure. (Suivi de Scènes de la vie californienne [Tales of the Argonauts, Ausz., franz.] par Bret Harte.) — Paris & Naumbourg: Paetz 1876. (Bibliothèque choisie. 1290.)
1:Xx 140–1290. **3.**
1.5993

— Le Mari de Delphine. — Paris & Naumbourg: Paetz 1871. (Bibliothèque choisie. 1082.)
1:Xx 140–1082. **12:**P. o. gall. 2400e. **3.**
1.5994

Achard, Achille, Fräulein du Rosier. Stettin 856. Grassmann. 8. (1 Bl., 81 S.) **12 ngr**

Achard, A. Fräulein du Rosier. 8°(81).– Stett. 1857, Grassmann.

— Mlle. du Rosier. 16. (148 S.) Paris 856. (Leipzig, Gerhard.)

— Madame de Sarens. 1. — Paris & Naumbourg: Paetz 1865. (Bibliothèque choisie. 758.)
1:Xx 140–758. **3.**
1.6012

Achard, Amédée, die Säugamme, s. Franzosen, die, der neuesten Zeit.

Achard, Amedee: Yerta Slovoda, s.a. Frankreich, belletrist., 14 Bd., 1. Abthl. S 381

— Yerta Slovoda. Roman. Einzig berecht. deutsche Übers. — Wien: Tendler 1868. (Belletristisches Frankreich d. neunzehnten Jahrhunderts. Romane. 21.)
300:158.618–B. **7.**
1.6013

— Miss Tempête. (Bibliothèque choisie. Vol. 370.) 16. (149 S.) Naumburg 861, Paetz.

— Pierre de Villerglé, s. Saint-Félix, J. de, Rosalinde et Rosemonde.

Achard, Antoine. Predigten. Aus dem Französischen. Leipzig 1775. Ü: *Wilmsen, Friedrich Ernst.* (ML)

Achard, Ant., († d. ... 1772). Predigten. A. d. Französ. 2 Bde. gr. 8. Leipzig 775. Enobloch. 1 ₰ 12 gr

Achard, Antoine: Sermon prononcé dans l'Église françoise du Werder à l'occasion de la paix entre la Prusse et la Russie. Par Achard. — Berlin 1762: Decker. 32 S. 1:2 in Sv 35.
1.6025

— Sermons. Par Achard. T. 1.2. — Berlin: Decker 1774.
1:Ed 5660. **2. 3.**
1.6026

— Sermons. 2 Vol. gr. 8. Berl. 774. Rottmann. 2 ₰ 16 gr

Achard, Auguste: Anwendung der electrisch gekuppelten Bremse ⟨embrayage électrique⟩ beim Dienst der Eisenbahnen. — Paris 1866: Kugelmann. 13 S. **89.**
1.6029

Achard, Ch. s. *Achard*, Charles.

Achard, Charles, das Carambolage-Spiel. Die Grundsätze desselben erklärt u. durch 53 (eingedr.) Holzschn. veranschaulicht. 8. (73 S.) Berlin 874. (Leipzig, G. Körner.) 2.—; kleine Ausg. in 16. (89 S. m. 38 Holzschn.) 1.25

Achard, Charles, die Kunst d. Billardspiels. Eine Anleitg., um Meister im Carambolage-Spiel zu werden. Nebst Reglement zum Carambolage-, Kegel- u. Boule-Spiel. Vollständige Ausg. m. 53 Holzschn. 5. Aufl. 12. (76 S.) Berlin 891. S. Mode's Verl. 2.—

Achard, Charles, die Kunst des Billard-Spiels. Eine Anleitg., um Meister im Carambolage-Spiel zu werden. Kl. Ausg. m. 38 Holzschn. 7. Aufl. 12. (64 S.) Berlin 900. S. Mode's Verl. n. 1.—

Achard, Charles, Die Kunst des Billard-Spiels. E. Anleitg., um Meister i. Carambolage-Spiel z. werden. Nebst Reglement z. Carambolage-, Kegel- u. Boule-Spiel. Vollst. Ausg. m. 53 Holzschn. 8. Aufl. 12. (76 S.) Berlin 898. S. Mode's Verl. 2.—

Achard, Charles, die Kunst des Billard-Spiels. Eine Anleitg., um Meister im Carambolage-Spiel zu werden. Kleine Ausg. m. 38 Holzschn. 9. Aufl. (64 S.) 16. Berlin (907). S. Mode. 1.—

Achard, F.C. s. Achard, Franz Karl

Achard, Franz Carl, s. Achard, Franz Karl

Achard, Franz Karl

— Anleit. zum Anbau der zur Fabrikation anwendbaren Runkelrüben, u. z. Gewinnung d. Zuckers aus denselben. 8. Breslau 803. W. G. Korn. 8 gl.

Achard F C, Anleitung zum Anbau der Runkelrüben und zur Gewinnung des Zuckers. (60 S) (Ostwalds Klassiker 159) Leipzig 1907

Achard, F. C., Anleitung zum Anbau der zur Zuckerfabrication anwendbaren Runkelrüben u. zurvorteilhaften Gewinnung des Zuckers aus denselben, s. Ostwald's, Wilh., Klassiker der exakten Wissenschaften.

Achard F. C.: Anleitung z. Anbau d. z. Zuckerfabrication anwendbaren Runkelrüben u. z. vortheilhaften Gewinnung d. Zuckers aus denselben. Bresl. 1803. 100 S.

Anleitung zum Anbau der zur Zuckerfabrication anwendbaren Runkelrüben und zur vorteilhaften Gewinnung des Zuckers aus denselben. Von F[ranz] C[arl] **Achard** ... Hrsg. von Edmund O. v. Lippmann. Leipzig: W. Engelmann 1907. (S. 14–72.) 8°
— **Klassiker**, Ostwald's, d. exakten Wissenschaften. No 159, [2.] [07. 14037

— Anleitung zur Bereitung des Rohzuckers und des rohen Syrups aus den Runkelrüben wie auch des Brantweins aus den bei der Rohzucker- und rohen Syrupfabrication fallenden Abgängen. Von F. C. Achard. — Berlin 1800: Chr. Müller. VIII,67 S. 12: Oecon. 32. 7.
1.6052

— Kurze für den Landmann im einzelnen u. für den Staat im ganzen sehr nützliche Anleitung, ländliche Gebäude mit geringe ... Kosten für Gewitter-Schaden sicher zu stellen. Berlin 1798: Hartmann. 78 S. 10.
1.6054

— Kurze für den Landmann überhaupt, besonders aber für märkische Wirthe abgefaßte Anleitung zu der Anlage der ergiebigsten künstlichen Wiesen auf Ackerfelder von Mittel- und leichten Boden. — Berlin 1797: C. L. Hartmann. 30 S. 1:Ow 19944.
1.6053

Achard, Frz. Karl, († d. 20. April 1821.) Anleit., ländl. Gebäude vor Gewitterschaden sicher zu stellen. 8. Berlin 798. Haude u. Sp. 6 gl.

— Anleit. zu künstlichen Wiesen auf Ackerfeldern. 8. Berlin 798. Haude u. Sp. 2 gl.

— Beantwortung der Frage: wie ist die Zuckerfabrikation aus Runkelrüben und des Branntweins aus den dabei abfallenden Abgängen in den Preuß. Staaten zu bearbeiten, damit die königl. Accis-Gefälle nicht dadurch bedenkliche Ausfälle leiden? 8. Berlin 800.

F.C.Achard. Beantwortung der Frage: Wie ist die Zuckerfabrication aus den Runkelrüben ... in den Preuss. Staaten zu betreiben, damit die kgl. Accise-Gefälle nicht dadurch bedenkliche Ausfälle leiden? — Berlin 1800: Müller. 39 S. 12: Oecon. 33/1. 2.
1.6055

Achard F. C.: Ausführliche Beschreibung d. Methode, nach welcher bei der Kultur d. Runkelrübe verfahren werden muss, um ihren Zukkerstoff nach Möglichkeit zu vermehren, u. sie so zu erhalten, dass sie mit Vortheil z. Zukkerfabrikation angewendet werden kann. Berl. 1799. 63 S. P.

— Bestimmung der Bestandtheile einiger Edelsteine. gr. 8. Berl. 779. Sander. 8 gl.

— Bestimmung der Bestandtheile einiger Edelgesteine. — Berlin: Wever 1779. 128 S.
1: Mg 3025 [u.] an Mt 1066. 12: Lith. 4 [u.ö.] 2. 5. 8. 10.
1.6057

— Durch officielle auf Befehl ... des Königs von Preussen angestellte Untersuchungen ... begründeter Beweis, dass die Zuckerfabrikation aus Runkelrüben ein ... Mittel darbietet, ... das Continent ... von dem englischen und Colonial-Handel ... unabhängig zu machen. Von F. C. Achard. [Berlin:] Selbstverl. 1811. 23 S.
1:4° Oq 519. 300: 10.138.
1.6059

Achard, Franz Karl: Ueber den Einfluss der Runkelrüben-Zuckerfabrikation auf die Oekonomie. — Glogau: Günter 1805. VIII,152 S. 1:Ow 15870. 2.
1.6060

Achard F. C.: Ueber den Einfluss d. Runkelrüben-Zuckerfabrikation auf die Oekonomie besonders in Bezug auf die Industrie Schlesiens, nebst einer Vergleichung d. indischen Zuckerfabrikation aus dem Zuckerrohr u. der europäischen aus den Runkelrüben ... Glogau 1805. 152 S.

— Expériences sur la célérité avec laquelle des corps de différentes figures se chargent du fluide électrique et sur le rapport entre la quantité qu'ils en absorbent et la distance à laquelle ils sont d'un corps électrisé. Tableau des observations météorologiques faites à Berlin depuis le premier janvier jusqu'au dernier décembre 1789.

— Ueber die Fortschritte der Runkelrüben-Zuckerfabrication in Schlesien. Von F.C.Achard. — o.O. 1804. 48 S. 2.
1.6061

— Kurze Geschichte der Beweise, welche ich von der Ausführbarkeit im Grossen und den vielen Vortheilen der von mir angegebenen Zuckerfabrication aus Runkelrüben geführt habe. Mit e. tabellarischen Darst. der Fabricationsproben. — Berlin 1800: Hartmann. 55 S. 8° (Tab.: 2°)
12: Oecon. 33. 7. 10.
1.6062

— Nachricht über die Runkelrübenzuckerfabrikation zu Kunern in Schlesien, welcher beglaubte Proben der Haupt- und Neben-Fabrikate, welche die Fabriken erzeugt etc., beigefügt worden etc. 8. Breslau 805.

F.C.Achard. Nachricht über die Runkelrüben-Zucker-Fabrication zu Cunern in Schlesien. — Breslau 1805: Staats- u. Univ.-Buchdr. 56 S. 1:Oq 515. 2. 83.
1.6063

— F.C.Achard. Der vorzügliche Nutzen des von mir angegebenen künstlichen Wiesenbaues für märkische Wirthe durch die Urtheile bewiesen, welche verschiedene ... Oeconomen ... darüber gefällt haben. — Berlin 1798.
1: Bibl. Diez 6938.
1.6064

Achard, Franz Karl: Opuscules physiques. Par F. C. Achard. — o.O. [nicht vor 1775]. 134 S. 1: Mv 9938.
1.6046

— recherches sur les propriétés des alliages métalliques. 4. Berlin 788. Acad. B. 2 Rthl. 8 gl.

— Recherches sur les propriétés des alliages métalliques. Par Achard. — Berlin 1788: Decker. XVI,313 S. 4°
7. 9.
1.6065

— Sammlung physikalischer u. chemischer Abhandlungen. Bd 1. — Berlin: Unger 1784. 1: Mt 1101. 2. 5. 7. 10.
1.6048

— chem.-physische Schriften. gr. 8. Berl. 780. Sander. 1 Rthl. 8 gl.

— Chymisch-physische Schriften. Berlin: Wever 1780. 367 S. 1: Mt 1066. 12: Chem. 2. 2. 5. 7. 8. 10.
1.6047

Achard, Frz. Karl, chem. Untersuchung verschied. Edelsteine, mit 1 Kpf. gr. 4. Münch., (Franz). 20 gl.

Achard, Frz. Carl, Verzeichniss e. Pflanzensammlung, Treib-, Gewächs- u. Orangerie-Hauspflanzen, wie auch im Freien ausdauernden Bäume, Sträucher etc., welche in meinem Garten cultivirt u. zum Tausch gegen andere angeboten werden. 8. Berlin, 1796.

F.C. Achard. Vorlesungen über die Experimentalphysik. Th. 1–4. — Berlin 1791.
1:Mv 4962. **12**:Phys. g. 4. **300**:77 K 10. **10. 89.**
1.6066

— **Vorlesungen über die Experimentalphysik. 4 Theile. gr. 8. Berlin 791. 92. (Reimer). 3 ℛ**

— Die europäische Zuckerfabrikation aus Runkelrüben, in Verbindung mit der Bereitung des Brandweins, des Rums, des Essigs und eines Coffee-Surrogats aus ihren Abfällen. Beschrieben u. mit Kupfern erläutert durch ihren Urheber. Th. 1–3. — Leipzig: Hinrichs 1809. XX,388 S.
12:4° Techn. 1d. **3. 7. 8. 83.**
1.6067

— — Die europäische Zuckerfabrikation aus Runkelrüben. Neue verb. wohlfeilere Aufl. Mit 10 Kupfertaf. Th. 1–3. — Ebd. 1812.
1:Oq 517. **12**:Techn. 3. **300**:57 Mm 5. **82. 89.**
1.6068

ACHARD, FRANZ CARL.
Europäische (Die) Zuckerfabrikation aus Runkelrüben, in Verbindung mit der Bereitung des Brandweins, des Rums, des Essigs und eines Coffee-Surrogats aus ihren Abfällen, beschrieben und mit Kupfern erläutert durch ihren Urheber, F. C. A. Drey Theile. Leipzig, 1809. 4to. Ill.
Zweite Auflage. Breslau und Leipzig, 1813. 8vo. Ill.

F.C. Achard. Die Zucker- und Syrup-Fabrikation aus Runkelrüben als ein ... Nebenzweig des ökonomischen Gewerbes. Nebst 4 Kupfertaf. — [Breslau] 1810. 56 S.
1:Oq 518. **300**:10.043. **10. 83.**
1.6070

— **die Zucker- u. Syrup-Fabrikation aus Runkelrüben, als ein von jedem Gutsbesitzer mit Vortheil auszuführender Nebenzweig des ökonomischen Erwerbes, mit 4 Kpf. gr. 8. Breslau 810. 2e Aufl., mit 5 Kpf. 812. W. G. Korn. 1 ℛ**

Achard, H. J., s.: Theosophie, elementare.

Achard, J. G., ökonom. Bemerkk. u. Erfahrr. f. Liebhaber u. Freunde d. Landwirthschaft. 1s Bdchen. 8. Göttingen 801. (Lauffer in Leipz.) 8 𝒢

Achard, J. C., ökonom. Bemerk. u. Erfahr. für Liebhaber u. Landw. 1s Bdchn. 8. Götting. Brose. 801.

Achard, K., Samml. phys. u. chemisch. Abhandl. m. K. gr. 8. Berlin, Unger. 784.

Achard, L., gründliche Anweisung, das Piquet-Spiel in 3 Stunden zu erlernen, nebst Arrangements zu unverlierbaren Piquetspielen. 8. Erfurt 846, Bartholomäus. 1/4 ℛ

Achard, L., die Waldenser-Kolonie Dornholzhausen, s.: Geschichtsblätter des deutschen Hugenotten-Vereins.

Achard, Louis, conférence sur Friedrichsdorf, faite en 1907 à Nice, à Lamotte-Chalançon et à Establet (Drôme). 2. éd. (29 S.) gr. 8. Hombourg-Les-Bains 910. Bad Homburg, F. Schick. — 60

Achard, Louis. Die französisch-reformierte Gemeinde zu Homburg v. d. Höhe, s.: Geschichtsblätter d. deut. Hugenotten-Vereins.

Achard, M. A. Influence des taxes qui frappent les obligations sur leur prix d'après un taux déterminé. Journ. des Actuaires français, T. IV, 1875.

Achard-James, Lorenz oder die Gefangenen. Ein Lesebuch für Gefangene in Strafanstalten. Eine von d. Vereine für Besserung d. Gefangenen in Paris gekrönte Preisschrift. Aus dem Franz. frei übers. u. mit e. Vorrede begleitet v. J. N. Müller. gr. 8. Freiburg 833. Herder. 1/2 ℛ

Achardus, Joh. (Lausanne). **Sisthematis phisici** Disp. **vigesima sexta. Präs. J. P. de Crosa. Lau**sanne 1715. **Bern** (off. typ. ill. reip. Bernensis). 22 S. (5.—) 30

Acharius, Eric
— **Lichenographiae Sueciae prodromus. 8maj. c. tab. aen. 8. Lincopiae, 798. (Hamb. 804. A. Campe). 2 ℛ ill. 2 ℛ 12 𝒢**

Acharius, Erik: Lichenographia universalis. Cum tab. 14 col. — Gottingae: Danckwerts 1810. VIII,696 S.
1:4° Mb 13225. **12**:4° Phyt. 1. **2. 3. 5. 7. 9. 10.**
1.6087

— **Lichenographia universalis. c. XIV tabb. aen. color. 4maj. Götting. 810. Vandenhöck et R. 8 ℛ Schrbp. 11 ℛ 9 𝒢**

— Methodus, qua omnes detectos lichenes secundum organa carpomorpha ad genera ... redigere atque ... illustrare tentavit Erik Acharius. Cum tab. Sect. 1.2 [nebst] Suppl. — Stockholmiae: Ulrich (Suppl.: [Leipzig]) 1803.
1.2 [nebst] Suppl. . . . . . . 1:Mb 13180. **2. 4. 8.**
1.2 . . . . **9.**
1 [nebst] Suppl. . . . . **6.**
1 . . . . **3. 5. 7.**
1.6088

Acharii, **Eric., Methodus, qua omn. detect. lichenes secund. organa carpomorpha ad genera etc. redegit et observat. illustr. cum tab. aen. 2 Partes. 8. Hamb. 805. (A. Campe). 4 ℛ ill. 6 ℛ Holl. Pap. ill. 10 ℛ**

— **Synopsis methodica lichenum, sistens hujus ordinis naturalis detectas plantas, quas secundum genera, species et varietates disposuit etc. 8maj. Lund 814. (Perthes et B. in Hamb.) 2 ℛ**

Achat
Chemins de fer de l'Union suisse. Achat à l'amiable par la Confédération. 8. [Berne, C.-J. Wyss.] V
Message du Conseil fédéral. (Du 28 janvier 1902.) 20 p. 1901.
Arrêté fédéral. (Du 21 avril 1902.) (10 p.)

Achat, Der, der heiligen Kapelle. [Berlin 1817]. V: *Hirt, A. L.* (MGT)
fortgesetzt und herausgegeben von J. C. S. Göttingen 1774. H: *Spamer, I. C.* (Ky)

Achat, W., Humoresken. gr. 12. (10⅔ B.) Coesfeld 843, Riese'sche Buchh.

Achates: Aus allen Eisen Stahl zu machen, und zwar auf eine noch niemals erhörte, leichte, geschwinde und wohlfeile Weise in allen Proben beständig. Allen denen, die in Stahl arbeiten, höchst nützlich. Hrsg. von e. Liebhaber der Chymie des Vulcani Achates (d. i. Johann Rosenreich Difrage). — Nürnberg: Riegel 1760. 28 S. **7.**
1.6097

Achates, aus allem Eisen Stahl zu machen. 8. Nürnb. Riegel. 761.

Achat-Kreuzchen, das bezauberte, s. Don Piedro.

Achatkreuzchen. — Das bezauberte Achatkreutzchen oder die geheime Macht. Aus der wundersamen Geschichte eines Eremiten. — Leipzig: Litt. Centr.-Comt. [1817]. 208 S. 1:Yw 7290/32.
1.6098

Achawa. **Jahrbuch für 1865—5625. Hrsg. vom Vereine zur Unterstützung hilfsbedürftiger israelit. Lehrer, Lehrer-Wittwen und Waisen in Deutschland. 8. (XVIII und 221 S.) Leipzig 864, (Leiner.)** **

—— **dass. — für 1866—5626. 2. Jahrg. 8 (XXVII und 255 S.) (Ebendas.) 865.** **

—— **dass. — für 1867—5627. 3. Jahrg. 8. (XVI und 129 S.) (Ebendas.) 866.** **

—— **dass. — für 1868—5628. 4. Jahrg. 8. (V und 230 S.) (Ebendas.) 867.** **

Achawa, Sammlung von Erzählungen, Gedichten, Abhandlungen rc. Herbg. von L. Adler, Falkenheim, L. A. Frankl rc. (In 10 Lfgn.) 1. Liefg. Alzey 1870. Weiß. 8. (S. 1—80.) 3 ngr.

Achawa. Sammlung von Erzählungen, Gedichten, Abhandlungen &c. Hrsg. von L. Adler, Falkenheim, L. A. Frankl &c. 10 Lfgn. 8. (221; 240; 192; 230 S.) Altey 870,71, Weiß. à Lfg. 30 Pf.

— Vereinsbuch. Hersg. vom Vereine zur Unterstützung hilfsbedürft. israelit. Lehrer, Lehrer=Wittwen u. Waisen in Deutschland. 1—4. Jahrg. 1865—1868 — 5625—5628. Leipzig. Leiner in Comm. 8. (1.: XXXVI, 221 S.; 2.: XXVII, 255 S.; 3.: XXXII, 163 S; 4.: V, 230 S.) Jeder Jahrg. (ermäßigter Preis) n. 6 ngr.

Achawa. Vereinsbuch für 1866—5626. Herausg. vom Vereine zur Unterstützung hilfsbedürftiger israelitischer Lehrer, Lehrer-Witwen und Waisen in Deutschland. 2. Jahrg. 8. (XXVI u. 240 S.) Wien, Herzfeld & Bauer. 1866 85 kr. (Nur baar.)

Achberger, Hub., die edle Musika u. ihre Märtyrer! Die Wahrheit üb. die Existenzaussichten der deutschen Musikstudierenden. (40 S.) 8. Flöha 906. A. Peitz & Sohn. n.n. 1. 25

Ache, E., „der Mensch, e. werdender Gott!" Gedankenblitze e. Träumers. Kosmotheologisches in aphorist. Form u. möglichst populärer Gewandg. (VIII, 99 S.) gr. 8. Leipzig 903. (O. Mutze.) n. 2. –

(ACHELDEMACH,) Bekenntnisse von Strassenplackern aus Oberlausitzer Geschichtsquellen 1457—1513. Der Niederlausitzischen Gesellschaft für Anthropologie und Altertumskunde zur Feier ihres 25jährigen Bestehens gewidmet von der Oberlausitzischen Gesellschaft der Wissenschaften 1909. (Drei urkundliche Editionen von ARRAS, A. SEELIGER und R. JECHT). Der Inhalt deckt sich mit Neues Laus. Mag. Bd. 85. S. 1—254. Angezeigt in den Görlitzer Zeitungen 1909 Nr. 193. (19. August.) Bautzener Geschichtsblätter I. (1909) S. 32. (Komm. von H. Tzschaschel.) gr. 8°.

Achelis, s. A c h e l i s , Thomas

Achelis, A.

Achelis, A., Das Symbol des Fisches und die Fischdenkmäler der römiscl Katakomben. Diss. 1887. 110 S. 1

Achelis, E., s. A c h e l i s , Ernst Christian

Achelis, Ernst s. A c h e l i s, Ernst Chr.

Achelis, Ernst Christian

— [Hrsg.] s. *Andreae*, Johann Valentin: Das gute Leben e. rechtschaffenen Dieners Gottes [Geistliche Kurzweil]. 1906.

Die Bedeutung des Alten Testaments für uns Christen. Ein Beitrag z. Schriftverständniß. Vortrag. Von E. Achelis. Barmen: Buchh. d. Evang. Ges. 1870. 29 S. (Beiträge zum Schriftverständniß.) 1:2 in Bg 6500-1.2.
1.6102

Achelis, Ernst, die Bedeutung d. alten Testaments f. uns Christen. Ein Beitrag zum Schriftverständniß. Vortrag, gehalten zu Osnabrück. Barmen 870. Klein. 8. (29 S.) n. 4 ngr.

Achelis, Ernst, s.: Beiträge zum Schriftverständniß.

— die Bergpredigt nach Matthaeus u. Lucas exegetisch u. kritisch untersucht. gr. 8. (XII, 492 S.) Bielefeld 875. Velhagen & Klasing. n. 8. —

Achelis, E. Ch., Christusreden. Predigten. (VIII, 239 S.) Freiburg i/Br. 890. J. C. B. Mohr. geb. n. 4. —

Achelis, E. Chr., Christusreden. Predigten. 2. Bd. gr. 8. (VIII, 238 S.) Freiburg i/B. 894. J. C. B. Mohr. n. 3. —; geb. n.n. 4. —

Achelis, E. Chr., Christusreden. Predigten. 1.—3. Bd. 2. [Titel=]Ausg. gr. 8. Leipzig 898. J. C. Hinrichs Verl. n. 9. 50; Einbdc. à n.n. 1. —; in 1 Bd geb. n. 11. —
1. u. 2. (VIII, 239 u. VIII, 238 S.) (890 u. 94.) à n. 3. —
3. (IV, 281 S,) (897). n. 3. 50

— David u. seine Stellung in der Heilsgeschichte. Ein Beitrag zum Schriftverständniß. Vortrag, geh. im evangel. Vereinshause zu Osnabrück. 8. (40 S.) Barmen 873. Klein. n. — 50

Achelis, E. Chr., der Dekalog als katechetisches Lehrstück, s.: Vorträge des hessischen u. nassauischen theologischen Ferienkurses.

Der Dekalog als katechetisches Lehrstück von D. E[rnst] Chr[istian] Achelis, Prof. Gießen: A. Töpelmann 1905. (75 S.) 8°
= Vorträge d. Hess. u. Nassauischen theol. Ferienkurses. H. 1. 05. 768. 4

Achelis, E., Die Entstehungszeit von Luther's geistlichen Liedern. Marburg 1883. 4.

Achelis, Ernst Chr., die Entstehungszeit v. Luther's geistlichen Liedern. gr. 4. (36 S.) Marburg 884. Elwert's Verl. n. 1. —

— der Entwurf zum Kirchengesangbuch für die evang. Gemeinden des Consistorialbezirks Cassel. Cassel 1887. Materialien zur Beurteilung desselben. gr. 8. (42 S.) Marburg 888. Elwerts Verl. n. — 60

— Akademische Festpredigt zum Gedächtnis weil. Sr. Maj. Friedrich III. Deutschen Kaisers, Königs von Preussen, geh. am 30. Juni 1888. Von E. Chr. Achelis. — Marburg: Elwert 1888. 12 S. 4. 10.
1.6112

— u. Sachsze, zwei Festpredigten, bei der 38. Hauptversammlg. d. Evangel. Vereins der Gustav=Adolf=Stiftg. in Wiesbaden am 9. u. 10. Septbr. 1884 geh. gr. 8. (22 S.) Leipzig 884. (Hinrichs' Verl.) n.n. — 30

— Der soziale Gedanke des Christentums. Kaisergeburtstagsrede. Von E. Ch. Achelis. — Berlin: Reuther & Reichard 1893. 23 S. 1:Fc 6329. 4.
1.6114

—— die evangelische Gemeindepredigt eine Großmacht. Vortrag, auf der Pastoral-Konferenz der Wupperthaler Festwoche in Barmen am 12. Aug. 1887. gr. 8. (32 S.) Marburg 887, Elwert's Verl. *.

—— die Gestaltung des evangelischen Gemeinde-Gottesdienstes. Vortrag, gehalten auf der Konferenz evangel. Geistlicher und Gemeindeglieder zu Diez am 18. April 1888. gr. 8. (32 S.) Herborn 888, Buchh. des Nassauischen Colportagevereins. *

— Glaube u. Glaube. Vortrag, geh. zur Feier des Geburtstags Luthers im evangel. Bunde zu Darmstadt am 12. Novbr. 1893. gr. 8. (19 S.) Darmstadt 893. J. Waitz. n. — 50

Achelis, Gott befohlen! Abschiedspredigt, geh. am 16. Apr. 1882 in d. Kirche zu Unter=Barmen. gr. 8. (13 S.) Barmen 881. Inderau in Comm. n. — 40

— Gott befohlen! Abschiedspredigt von Achelis, geh. am 16. April 1882 in d. Kirche zu Unter-Barmen. Stenogr. von Wilh. Danz. — Barmen: Inderau in Comm. (1882). 13 S. 1:2 in E 251-1.
1.6117

— aus dem akademischen Gottesdienste in Marburg. Predigten. 3 Hfte. gr. 8. Marburg, N. G. Elwert's Verl. n. 4. —
1. 2. (IV, 111 u. IV, 107 S.) 886. à n. 1. — — 3. (IV, 147 S.) 888. n. 2. —

— s.: Hyperius, Andr., Homiletik u. Katechetik.

Achelis, E. Chr., Björnsons „Über unsere Kraft" u. das Wesen des Christentums. 8. (56 S.) Berlin 902. Reuther & Reichard. n. — 60

— der Krieg im Lichte der christlichen Moral. Ein Vortrag. 8. (43 S.) Bremen 871. Müller. n. — 50

— dasselbe, s.a.: Vorträge, zeitgeschichtliche.

— Lehrbuch der praktischen Theologie. Von E. Chr. Achelis. 2. neubearb. Aufl. Bd 1.2. — Leipzig: Hinrichs 1898.
1. Einleitung. Die Lehre von d. Kirche u. ihren Ämtern. Die Lehre vom Kultus. Homiletik.
2. Katechetik. Poimenik. Koinonik (Innere Mission. Gustav-Adolf-Verein). Die Heiden- u. Judenmission. Kybernetik.
1. Aufl. s. *Achelis*: Praktische Theologie. 1890-91.
300: 102.785-B. 2. 4. 5. 7. 8. 9. 10. 11.
1.6122

— — 3. teilw. neubearb. Aufl. Bd 1-3. Ebd. 1911.
1. Einleitung. Die Lehre von d. Kirche u. ihren Ämtern. Die Lehre vom Kultus (1. Buch: Liturgik).
2. Die Lehre vom Kultus (2. Buch: Theorie d. Gemeindegottesdienstes). Homiletik. Katechetik.
3. Poimenik. Koinonik (Innere Mission. Gustav-Adolf-Verein, Auslands-Diaspora, Evang. Allianz, Evang. Bund). Heiden- u. Judenmission. Kybernetik.
1:Dp 2185[3]. 2. 3. 4. 6. 9. 10. 11.
1.6123

—— Luther-Predigt, im akademischen Festgottesdienst am Vorabend des Luther-Jubiläums den 9. Novbr. 1883 gehalten in der luther. Pfarrkirche zu Marburg. gr. 8. (17 S.) Marburg 883, Elwert'sche Verlagsh. *

In memoriam! Den Marburger Kommilitonen des Sommersemesters 1901 gewidm. von Prof. D. E[rnst] Chr[istian] Achelis. *Marburg: N. G. Elwert 1901.* (16 S.) 8° [Ant. u. F.] [01. 7778

— Parteiwesen u. Evangelium. Vortrag, geh. im Evangel. Vereinshause in Barmen am 17. Jan. 1878. gr. 8. (39 S.) Barmen 878. Wiemann. n. 1. —

— eine Pastoraltheologie in Versen, s.: Andreae, Joh. Valentin, das gute Leben e. rechtschaffenen Dieners Gottes.

— Protestantismus u. Kirche, s.: Flugschriften d. Evangel. Bundes.

— Aus den Verhandlungen der 8. General-Versammlung des Evangelischen Bundes zu Zwickau, 1.–3. Okt. 1895. Protestantismus und Kirche. Vortrag. Von E. Chr. Achelis. — Leipzig: Braun 1895. 21 S. (Flugschriften d. Evang. Bundes. 110 (= Reihe 10,2).)
1: Di 8860–10,2. 12: Polem. 1008 o–110. 2. 3. 4. 10.
1.6127

—— Dr. Richard Rothe. gr. 8. (79 S.) Gotha 869, F. A. Perthes. *

— Schillerpredigt. Am 7. V. 1905 in der Universitätskirche zu Marburg geh. (12 S.) gr. 8. Marburg 905. N. G. Elwert's Verl. — 25

Achelis, Ernst, Zur Sonntagsheiligung. 2 Predigten, gehalten am 10. und 17. Juli 1864. gr. 8. (IV und 22 S.) Bremen 864, Müller.

— zur Symbolfrage. 2 Abhandlgn. (I. Die Verpflichtg. der evangel. Theologen auf die Symbole. II. Der Gebrauchswert d. Apostolikums.) [Aus: „Halte was du hast".] gr. 8. (52 S.) Berlin 892. Reuther & Reichard. n. 1. —

—— die biblischen Thatsachen und die religiöse Bedeutung ihrer Geschichtlichkeit. Eine evangelische Rede. gr. 8. (48 S.) Gotha 869, F. A. Perthes. *

— Praktische Theologie, s.a: Grundriss der theologischen Wissenschaften. V. 6.

Achelis, E. Ch., prakt. Theologie. 1. Bd. gr. 8. Freiburg i. Br. 890. J. C. B. Mohr. n. 11. —; geb. n. 13. — Einleitung. Die Lehre von der Kirche u. ihren Aemtern. Katechetik. Homiletik. Poimenik. (XVI, 549 S.)

— praktische Theologie. 2. (Schluss-) Bd. Liturgik. — Die Lehre vom Gemeindegottesdienst. — Die Lehre v. den freien Vereinen. — Kybernetik. gr. 8. (XX, 540 S.) Freiburg i/B. 891. J. C. B. Mohr. n. 11. —; geb. in Halbfrz. n.n. 13. — (2 Bde. n. 22. —; geb. in Halbfrz. n. 26. —)

— Praktische Theologie. Von E. Chr. Achelis. — Freiburg i. B. & Leipzig: Mohr 1893. XIV, 283 S. (Grundriss d. theologischen Wissenschaften. 6.)
1: Bd 6978–6. 12: Th. U. 177 e–1,6. 2. 3. 4. 7. 9. 10. 11.
1.6132

— — 2., verm. u. verb. Aufl. Ebd. 1896. XIV, 299 S. (Grundriss d. theologischen Wissenschaften. 6.)
300: 392.699–B. L. S. 6. 4. 5. 8.
1.6133

Praktische Theologie von D. E[rnst] Chr[istian] Achelis. 3., neubearb. Aufl. *Freiburg i. B., Leipzig & Tübingen: J. C. B. Mohr 1899.* (XV, 308 S.) 8°
= Grundriss d. Theolog. Wissenschaften. T. 6. [03. 6374 4

Praktische Theologie von D. E[rnst] Chr[istian] Achelis, Prof., Marburg. 4. u. 5., durchges. Aufl. *Tübingen & Leipzig: J. C. B. Mohr 1903.* (XVI, 327 S) 8°
= Grundriß d. Theolog. Wissenschaften. T. 6. [03. 14781 4

— s.: Vorträge, apologetische.

—— s. Vorträge, gottesdienstliche.
Vgl.: Knoke, Karl. Herr D. Achelis u. mein Grundriß d. prakt. Theologie.

— worin sind wir uneinig? Antwort auf die Rede d. Herrn Past. Kradolfer: „worin sind wir einig?" 8. (56 S.) Bremen 872. (Barmen, Klein.) n. — 60

Ernst Achelis. Worte am Sarge des stud. phil. Erich Herrmann gesprochen zu Marburg am 15. Sept. 1909. — (Marburg 1909: Bauer.) 7 S. 4.
1.6137

— das Zeitalter der Patriarchen. Ein Beitrag zum Schriftverständniß. Vortrag geh. im evangel. Vereinshause zu Osnabrück. 8. (68 S.) Barmen 871. Klein. n. — 60

— s.: Zahn.

Achelis, H. s. *Achelis,* Hans.

Achelis, H. N.: Predigt nach dem Brande in Arsten am 16. Januar 1804. — o.O.(1804). 15 S. 7.
1.6139

Achelis, Hans [Dr. phil.]: Acta SS. Nerei et Achillei ... [Erschien vollst. in: Texte u. Unters. z. Gesch. d. altchristl. Lit., Bd XI, 2.] Leipzig, Druck v. A. Pries, 1893; 1 Bl., 33 S. 8.
Göttingen, Theol. Fak., Inaug.-Diss. v. [10. Mai] 1893

Achelis, Hans, s.: Didaskalia, die syrische.

Hippolytstudien von Hans Achelis, Privatd. ... in Göttingen. *Leipzig: J. C. Hinrichs 1897.* (VI S., 1 Bl., 233 S.) 8.
= Texte u. Untersuchgn z. Geschichte d. altchristl. Literatur. Bd XVI. H. 4. (N. F. Bd I. H. 4.) [97. 3785

Die Martyrologien, ihre Geschichte und ihr Wert untersucht von H[ans] Achelis. *Berlin: Weidmann 1900.* (VI, 247 S.) 4°
= Abhandlungen d. Königl. Gesellschaft d. Wiss. zu Göttingen. Phil.-hist. Kl. N. F. Bd 3, No 3. [00. 4347

Achelis, H., die ältesten Quellen des oriental. Kirchenrechts. I. Die Canones Hippolyti, s.: Texte u. Untersuchungen zur Geschichte d. altchristl. Literatur.

— Die ältesten Quellen des orientalischen Kirchenrechtes. Buch 1. 2. — Leipzig: Hinrichs 1891–1904. (Texte u. Untersuchungen z. Geschichte d. altchristl. Literatur. 6,4. 25,2 = N. F. 10,2.)
1: B 1464–6,4. N. F. 10,2. 12: P. gr. C. 34 ci–6,4 [u.] P. gr. C. 34 ck–10. 300: 390.829–B. Pp. S. 6,4. 25,2 = N. F. 10,2. 2. 3. 4. 5. 6. 7. 8. 9. 10. 11.
1.6146

Achelis, Hans [aus Hastedt (Bremen)]: **Das Symbol des Fisches und die Fischdenkmäler der römischen Katakomben** .... **Marburg,** Univ.-Buchdr. (R. Friedrich), 1887; 2 Bl. + 110 S. + 1 Bl. 8°
Marburg, Phil. Fak., Inaug.-Diss. v. [29. Nov.] 1887

— das Symbol des Fisches u. die Fischdenkmäler der römischen Katakomben. gr. 8. (111 S.) Marburg 888. Elwert's Verl. n. 2. —

— Virgines subintroductae. Ein Beitrag zum VII. Kapitel des I. Korintherbriefs. gr. 8. (VIII, 75 S.) Leipzig 902. J. C. Hinrichs' Verl. n. 2. 50

Achelis, Johannes: Der religionsgeschichtliche Gehalt der Psalmen mit Bezug auf das sittlich-religiöse Leben der nachexilischen Gemeinde. Berlin: Weidmann 1904. (40 S.) 4°
Berlin, 5. st. R OP 1904 (134)

Achelis, T., s. Achelis, Thomas

Achelis, Th. s. Achelis, Thomas

Achelis, Thomas: Abriß der vergleichenden Religionswissenschaft. — Leipzig: Göschen 1904. 163 S. (Sammlung Göschen. 208.) 12: Var. 323–208. 5. 10.
1.6149

— — Von Th. Achelis. 2. umgearb. Aufl. Ebd. 1908. 166 S. (Sammlung Göschen. 208.)
1: Ag 7216/10[8]–208. 300: 403.639–A. L. S. 208. 6. 8. 9. 10. 11. 83.
1.6150

Achelis, Thom., s.: Archiv f. Religionswissenschaft.

— Adolf Bastian. — Berlin (1891). (Deutsche Denker und ihre Geistesschöpfungen. 7.)
1:At 1340-7. 12: Biogr. C. 79z-7.
1.6151

— — Hamburg: Verlagsanst. 1891. 38 S. (Sammlung gemeinverständl. wiss. Vorträge. N.F. 6,128.)
1:Ag 9017-N.F.6,128. 12: Var. 366 an-128.
300: 395.139-B. Per. N. F. 6,128. 2. 3. 4. 5. 6. 7. 9. 11. 82. 83.
1.6152

— Die Ekstase in ihrer kulturellen Bedeutung. — Berlin: Räde 1902. VI,225 S. (Kulturprobleme d. Gegenwart. 1.)
1:Ag 216-1. 12: Var. 302a-1. 2. 8. 11.
1.6153

— Die Entwicklung der Ehe. Von Th. Achelis. — Berlin: Felber 1893. 125 S. (Beiträge z. Volks- u. Völkerkunde. 2.)
1:Pn 144-2. 12: H. g. hum. 1u [u. 5.] 2. 3. 4. 5. 7. 8. 9. 11.
1.6154

Achelis, Th., die Entwickelung der modernen Ethnologie. gr. 8. (XI, 149 S.) Berlin 889. Mittler & Sohn. n. 3. —

Achelis, Th., Zur Entwickelungsgeschichte der Familie. (Gegenwart, Bd. 31, 1887.)

Achelis, Thomas: Ethik. — Leipzig: Göschen 1898. 159 S. (Sammlung Göschen. 90.) 12: Var. 323-90. 9.
1.6156

— — 2. Abdr. Ebd. 1900. 159 S. (Sammlung Göschen. 90.) 9.
1.6157

— — Neudr. Ebd. 1910. 159 S. (Sammlung Göschen. 90.) 11.
1.6158

— Ethnologie u. Ethik, s.: Fragen des öffentlichen Lebens.

— Ethnologie und Ethik. Von Th. Achelis. (4. Taus.) — Berlin: Kritik-Verl. 1897. 12 S. (Fragen des öffentlichen Lebens. 2,6.) 1:Ag 7228-2,6. 11.
1.6159

— Grundzüge der Lyrik Goethes. — Bielefeld & Leipzig: Velhagen & Klasing 1900. IV,120 S. (Velhagen & Klasings Sammlung deutscher Schulausgaben. 81.)
1:Yc 7632-81. 12: P. o. germ. 496 b. 6.
1.6160

— — 2. Aufl. Ebd. 1909. IV,120 S. (Velhagen & Klasings Sammlung deutscher Schulausgaben. 81.) 5. 11.
1.6161

— Moritz Lazarus. Von Th. Achelis. — Hamburg: Verlagsanst. 1900. 39 S. (Sammlung gemeinverständl. wiss. Vorträge. N.F. 14,333.)
1:Ag 9017-N.F.14,333. 12: Var. 366 an-333.
300: 395.139-B. Per. N. F. 14,333. 2. 3. 4. 5. 6. 9. 11. 82. 83.
1.6163

Achelis, s. Mann u. Weib.

Achelis, T., Ueber Platons Metaphysik. Diss. 1878. 48 S.

Max Müller und die vergleichende Religionswissenschaft. Von Th. Achelis. — Hamburg: Verlagsanst. 1893. 33 S. (Sammlung gemeinverständl. wiss. Vorträge. N.F. 8,182.)
1:Ag 9017-N.F.8,182. 12: Var. 366 an-182.
300: 395.139-B. Per. N. F. 8,182. 2. 3. 4. 5. 7. 9. 11. 82. 83.
1.6164

— üb. Mythologie u. Cultus v. Hawaii. [Aus: „Ausland".] gr. 8. (VII, 82 S.) Braunschweig 895. F. Vieweg & Sohn. n. 2. —

— Friedrich Nietzsche. — Hamburg: Verlagsanst. 1895. 39 S. (Sammlung gemeinverständl. wiss. Vorträge. N.F. 10,217.)
1:Ag 9017-N.F.10,217. 12: Var. 366 an-217.
300: 395.139-B. Per. N. F. 10,217. 2. 3. 4. 5. 6. 7. 9. 11. 82. 83.
1.6166

A. H. Post und die vergleichende Rechtswissenschaft. Von Th[omas] Achelis in Bremen. *Hamburg: Verlagsanst. u. Dr. A.-G. 1896.* (39 S.) 8.
= Sammlung gemeinverständl. wiss. Vorträge. N. F. Ser. 11. H. 252.

— Th. Achelis. Rechtsentstehung und Rechtsgeschichte. Leipzig: Dietrich 1904. 16 S. (Sozialer Fortschritt. 17.)
1:Fc 407/7-17. 12: Cam. 43 ut-17.
300: 458.059-B. Per. 17.
1.6168

— Die Religionen der Naturvölker im Umriß. — Leipzig: Göschen 1909. 164 S. (Sammlung Göschen. 449.)
1:Ag 7216/10-449. 12: Var. 323-449.
300: 403.639-A. L. S. 449. 6. 11.
1.6169

Achelis Th, die vergleichende Religionswissenschaft. (Sammlung gemeinverständlicher wissenschaftlicher Vorträge Neue Folge 182) Hamburg 1893

— Schülerverzeichnisse höherer Lehranstalten Deutschlands. Ein bibliogr. Versuch. — Leipzig: Degener 1920. 91 S. (Mitteilungen d. Zentralstelle für deutsche Personen- u. Familiengeschichte. 26.)
1:S 708-26. 12: Geneal. 77 o-26. 300: 458.378-C. Per. 26. 4. 5. 6. 7. 8. 9. 10. 11.
1.6180

Sociologie von Prof. Dr. Th[omas] Achelis. *Leipzig: G. J. Göschen 1899.* (148 S.) 8°
(Sammlung Göschen. 101.)

Soziologie von Prof. Dr. Th[omas] Achelis. 2., verb. Aufl. Leipzig: Göschen 1908. 119 S. 8°
(Sammlung Göschen. 101.) 11

Achelis, Thomas: Heymann Steinthal. Von Th. Achelis. — Hamburg: Verlagsanst. 1898. 28 S. (Sammlung gemeinverständl. wiss. Vorträge. N.F. 13,296.)
1:Ag 9017-N.F.13,296. 12: Var. 366 an-296.
300: 395.139-B. Per. N. F. 13,296. 2. 3. 4. 5. 6. 9. 11. 82. 83.
1.6174

— Leo N. Tolstoj, s.a: Essays, moderne, zur Kunst u. Litteratur. 15. Hft.

— Leo N. Tolstoi. — Berlin: Gose & Tetzlaff 1902. 44 S. (Moderne Essays zur Kunst u. Litteratur. 15.)
1:Ag 7232-15. 12: Var. 310 m-15. 10.
1.6175

Achelis, T., und G. Meinertzhagen, die Versuchung Christi in der Wüste. Zwei Vorträge gehalten in d. Pastoral-Conferenz zu Bremen und für schriftkundige Leser aus allen Ständen herausgegeb. Bremen 855. (Hampe.) gr. 8. (2 Bl., 44 S.) nn. 10 ngr

Achelis, T., und G. Meinertzhagen, die Versuchung Christi in der Wüste. Zwei Vorträge, gehalten in der Pastoral-Conferenz zu Bremen, und für schriftkundige Leser aus allen Ständen hrsg. gr. 8. (III und 44 S.) Bremen 855, (Könning und Comptoir.) *

— moderne Völkerkunde, deren Entwicklung u. Aufgaben. N. d. heut. Stande der Wissenschaft gemeinverständl. dargest. gr. 8. (VIII, 487 S.) Stuttgart 896. F. Enke. n. 10. —

— die Wandlungen der Pädagogik im 19. Jahrh., s.: Am Ende des Jahrhunderts. 22. Bd.

Die Wandlungen der Pädagogik im neunzehnten Jahrhundert. Von Dr. Thomas Achelis. *Berlin: S. Cronbach 1901.* (204 S.) 8° [5.]
= Ende, Am, d. Jahrhunderts. Bd 22.

— was sagt Goethe, s.: Bücher der Weisheit u. Schönheit.

Achelis, Thom., s.: Weltgeschichte.

Achelis, Wilhelm, Assistenzarzt der medizinischen Klinik in Marburg: ⟨Aus dem physiologischen Institut der Universität Marburg.⟩ Über tripolare Nervenreizung und über die Entartungsreaktion bei ermüdeten Nervmuskelpräparaten. Marburg 1905: (Pierer, Altenburg). (39 S.) 8° ¶ Aus: Archiv f. d. gesamte Physiologie Bd 106.

Marburg, Med. Fak., Ref. Schenck, Diss. v. 12. Jan. 1905

[Geb. 29. Jan. 80 Barmen; Wohnort: Marburg; Staatsangeh.: Preußen; Vorbildung: Gymn. Marburg Reife O. 98; Studium: Erlangen 4, Marburg 5 S.; Coll. 4. Nov. 04; Approb. 2. März 03.]

Achenbach, Pfarrer, Crombach. 1878 s. *Achenbach*, Friedrich Wilhelm.

Achenbach, s.a. Achenbach, Heinrich

Achenbach, s.a. Achenbach, Heinrich Adolf

Achenbach. 1870: Über Geschichte, Vaterland und Verbreitung der Rose. (Verf.: Achenbach.) Die verschiedenen Arten der Rose. (Verf.: Rudolf Noack.) Über Kultur der Rose. (Verf.: Gernet.) 3 Vorträge. — Darmstadt 1870: Wittich. 47 S. 1:Me 12790. 2.
1.6188

Achenbach, A., s.a. Achenbach, Adolf

Achenbach, A. s.a. Achenbach, Alb.

Achenbach, A., die vier Bücher von der Nachfolge Christi. Poetische Ausgabe, s. Kempis, Thomas von.

Achenbach, Adf., geognostische Beschreibung d. Hohenzollernschen Lande. Mit 1 (lith.) geognost. Karte (in Fol.) (Abdr. a. d. Zeitschrift der deutschen geolog. Gesellschaft.) Berlin 857. Hertz. gr. 8. (VII, 149 S.) n. 1 ℛ 15 ngr

Achenbach, Alb., die zeichnerische Darstellung der Schiffsschraube. I. Tl.: Die Schrauben m. konstanter Steigg. Für den Schulgebrauch aus der Literatur zusammengestellt. (4 S. m. Abbildungen.) 4. Kiel 905. R. Cordes. n. — 80

— Die Schiffshilfsmaschinen u. Pumpen f. Bordzwecke, s. a. Grundriss des Maschinenbaues. 5. Bd.

— Die Schiffshilfsmaschinen und Pumpen für Bordzwecke. T. 1. 2. — Hannover: Jänecke 1908. (Grundriss d. Maschinenbaues. 5, 1. 2.) 7. 82. 83. 85. 89

— die Schiffsschraube. 1. u. 2. Tl. gr. 8. Ebd. Geb. in Leinw. n. 24. —
1. Ihre Entwicklg. u. zeichner. Darstellg. (84 S. m. 25 Taf. u. 2 Tab.) 906. n. 10. —
2. Ihre konstruktive Durchbildg., m. e. Anh.: Der Schraubenantrieb der Motorboote. (152 S. m. 20 Taf. u. 18 Tab.) 906. n. 14. —

Achenbach, Alb., die Schiffsschraube. III. Tl. Ihre Wirkungsweise u. Berechng. Eine Zusammenstellg. u. Kritik der gebräuchlichsten Theorien. Mit 11 Taf. u. 38 Tab. (VIII, 238 S.) gr. 8. Kiel 909. R. Cordes. Geb. in Leinw. 20. —
Bd. I u. II. Ebd. 906. Geb. 24.—.

Achenbach, Albrecht [pr. Arzt aus Crombach, Kr. Siegen]: 25 Fälle von Schwangerschaft und Geburt bei Undurchbohrtem Hymen. . . . Marburg. Buchdr. O. Ehrhardt, 1890; 41 S. 8°
Marburg, Med. Fak., Inaug.-Diss. v. [31. Okt.] 1890

Achenbach, Andr., Radirungen. (12 Kupfertafeln.) Düsseldorf, (862.) de Haen. n. 6 ℛ.

ACHENBACH, FRIEDRICH. Ueber die Einwirkung von Brom auf Metanitrometamidobenzoësäure. (Freiburg) Göttingen, 1883. **Diss.** S. I.

Achenbach, Friedrich Wilhelm. 1878: Rede bei Pflanzung der Kaiserlinde auf dem Kindelsberge am 20. October 1878 geh. von Achenbach. — Siegen 1878: Vorländer. 10 S.
6.
1.6201

Achenbach, Fritz, Behandlung des Kirchenliedes auf histor. Grundlage. Lehrbeispiele nach psycholog. Methode. gr. 8. (VIII, 271 S.) Hilchenbach 902. L. Wiegand. n. 3. —; geb. n. 3. 60

Achenbach, Fritz, Behandlung des Kirchenliedes auf historischer Grundlage. Lehrbeispiele nach psycholog. Methode. 2. [Titel-]Aufl. (VIII, 271 S.) gr. 8. Cöthen [902] 904. O. Schulze Verl. n. 3 —; geb. n. 3. 60

Achenbach, Fritz, Behandlung des Kirchenliedes auf geschichtlicher Grundlage. Lehrbeispiele in darstell. Weise. 3. u. 4. Aufl. (à VIII, 243 S.) gr. 8. Cöthen 909, 910. O. Schulze Verl. 3.—; geb. 3. 60

Achenbach, Fritz, Präparationen z. Behandlung deutscher Gedichte in darstell. Unterrichtsweise. 1. Tl.: Mittelstufe. gr. 8. (IV, XVIII, 98 S.) [Hilchenbach 896. L. Wiegand.] Coethen, O. Schulze Verl. n. 1. 60; geb. n. 2. —

Achenbach, Fritz, Präparationen z. Behandlung deutscher Gedichte in darstell. Unterrichtsweise. 2. Tl.: Oberstufe. gr. 8. (VI, XXI, 184 S.) [Hilgenbach 897. L. Wiegand] Coethen, O. Schulze Verl. n. 2. —; geb. n. 2. 40; (Kplt.: n. 3. 60; geb. n. 4. 40; in 1 Bd.: n. 3. 50; geb. n. 4. —)

— Präparation zur Behandlung deutscher Gedichte in darstellender Unterrichtsweise. Mittel- u. Oberstufe. 2. Aufl. gr. 8. Cöthen 899. O. Schulze Verl. n. 3. 50; geb. n. 4. —; in 2 Tln. n. 3. 60; Einbdc. à n. — 40
1. Mittelstufe. (VIII, XXI, 98 S.) n. 1. 60
2. Oberstufe. (VIII, XXI, 184 S.) n. 2. —

— Präparationen zur Behandlung deutscher Gedichte in darstellender Unterrichtsweise. Mittel- u. Oberstufe. 2 Tle. 3., verm. u. verb. Aufl. gr. 8. Ebd. 904. n. 4. 40; geb. n. 5. 50; in 1 Bd. geh. n. 4. —; geb. n. 4. 80
1. Mittelstufe. (XX, 121 S.) n. 1. 80; geb. n. 2. 30
2. Oberstufe. (VIII, XX, 239 S.) n. 2. 60; geb. n. 3. 20

— Präparationen zur Behandlung deutscher Gedichte in darstellender Unterrichtsweise. Mittel- u. Oberstufe. 4. Aufl. (VIII, XX, 121 u. VIII, 239 S.) gr. 8. Ebd. 909. 4.—; geb. 4. 80

Achenbach, Fritz: Studium der Einwirkung von Anilin, Ammoniak und Hydroxylamin auf einige Derivate des Anthrachinons. Giessen 1910: Christ & Herr. 63 S. 8°
Gießen, Phil. Diss. v. 30. Mai 1910, Ref. Elbs
[Geb. 1. Mai 82 Frankfurt a. M.; Wohnort: Gießen; Staatsangeh.: Preußen; Vorbildung: Realgymn. Mustersch. Frankfurt Reife O. 03; Studium: Marburg 4, München Techn. Hochsch. 3 S.; Rig. 25. Febr. 10.] [U 10. 1273

— Zur Theorie u. Praxis des darstellenden Unterrichts. (VIII, 359 S.) gr. 8. Osterwieck 908. A. W. Zickfeldt. 4.60; geb. 5. 40

Achenbach, G., kleine Bibelkunde f. Schule u. Kinderlehre, sowie f. einfache Bibelleser. 8°(16).–Sieg. 1893 (Kogler).

Achenbach, G., kleine Bibelkunde f. Schule u. Kinderlehre, sowie f. einfache Bibelleser. 2. Aufl. 8. (16 S.) Barmen 894. D. B. Wiemann. — 15

Achenbach, G., Kl. Bibelkunde f. Schule und Kinderlehre, sow. f. einf. Bibelleser. 3. Aufl. 8. (16 S.) Barmen 898. D. B. Wiemann. n. — 15

Achenbach, G.: Kl.Bibelkde. f. Schule u. Kinderlehre, sowie f. einf. Bibelleser. 7. Aufl. (16) 8°.– Barm., D.B. Wiemann 1905.

Achenbach, G., kleine Bibelkunde f. Schule u. Kinderlehre sowie f. einfache Bibelleser. 8. Aufl. (16 S.) kl. 8. Barmen (906). D. B. Wiemann. — 15

Achenbach, G.: Kl. Bibelkde. f. Schule u. Kinderlehre sowie f. einf. Bibelleser. 9. Aufl. (16) kl8°.– Barm., D.B. Wiemann 1908.

Achenbach, G., kleine Bibelkunde f. Schule u. Kinderlehre, sowie f. einfache Bibelleser. 10. Aufl. (16 S.) kl. 8. Barmen 910. D. B. Wiemann — 15

Achenbach, G., Handbuch für Presbyter u. Repräsentanten der evangelischen Gemeinden Rheinlands u. Westfalens. 8. (VI, 78 S.) Barmen 894. D. B. Wiemann. n. 1. —; geb. n. 1. 30

Achenbach, H. s.a. A c h e n b a c h, Heinr.

Achenbach, H., Schriftsteller, Düsseldorf. 1835 s. *Achenbach*, Hermann.

Achenbach, H. A. s. *Achenbach*, Heinrich Adolf

Achenbach, Heinr., über die rechtliche Bedeutung des Art. 15 der preuß. Verfassungs-Urkunde, s. Wolters, A.

Achenbach, Heinr., Bemerkungen über die Entwürfe eines Hypotheken-Gesetzes u. einer Hypotheken-Ordnung f. Preußen. Als Mscr. gedr. Bonn 865. A. Marcus. gr. 8. (36 S.) 6 ngr

Achenbach, H., Die deutschen Bergleute der Vergangenheit. (Ztschr. f. Bergrecht, Jhrg. 12. Bonn 1871.)

— Die Berg-Policei-Vorschriften d. rheinischen Haupt-Berg-Districtes nebst d. Bestimmungen über deren Erlass u. Handhabung. Syst. zsgest. u. erl. — Köln: Eisen 1859. XLIV, 242 S.
1: Gr 11022. 12: Metall. 1c. 2. 3. 5. 82. 83.
1.6211

H. Achenbach, Bergpolizeivorschriften des Rheinischen Hauptbergwerk-Distriktes. Cöln, 1859. (Für Rheinpreußen im Allgemeinen).

Achenbach, Heinrich, die Berg=Policei=Vorschriften d. Rheinischen Haupt=Berg=Districtes nebst den Bestimmungen über deren Erlaß und Handhabung, systematisch zusammengestellt u. erläutert. Köln, 869. Eisen. (Assenheimer & Co.) gr. 8. (XLIV, 242 S.) n. 1 ℛ 10 ngr.

— das französische Bergrecht u. die Fortbildung desselben durch das preußische allgemeine Berggesetz dargestellt. Bonn 869. A. Marcus. gr. 8. (X, 382 S.) n. 2 ℛ

Achenbach, H., das gemeine deutsche Bergrecht in Verbindung m. dem preußischen Bergrechte unter Berücksicht. der Berggesetze Bayerns, Sachsens, Oesterreichs u. anderer deutschen Länder dargestellt. 1. Thl. gr. 8. (X, 456 S.) Bonn 871. A. Marcus. n. 6. —

H. Achenbach. Das gemeine deutsche Bergrecht in Verbindung mit dem preussischen Bergrechte unter Berücks. der Berggesetze Bayerns, Sachsens, Oesterreichs ... dargest. Th. 1. — Bonn: Marcus 1871. X,456 S.
1:Gm 11990. **12:**Metall. 1ci. **2. 3. 4. 5. 6. 7. 8. 9. 10. 11. 82. 89.**
1.6213

Achenbach, H. v., Über das Bergregal und Berghoheitsrecht in Preußen. Berlin. 1860. 8 S. [Kh 188[3]

— Kirchliche Einrichtungen der Stadt Siegen vor der Reformation. Von H. Achenbach. — Siegen 1881: Vorländer. 46 S.
Aus: Siegener Zeitung. 1:Tg 9598. **5.**
1.6214

Achenbach, Heinrich v.: Der Freistuhl an der breiten Eiche u. der Freigraf Jacob mit den Honden. Von H. Achenbach. — Siegen 1881: Vorländer. 18 S.
Aus: Siegener Zeitung. 1:Gl 6465.
1.6216

— Geschichte der cleve-märkischen Berggesetzgebung u. Bergverwaltung bis zum J. 1815. [Aus der Zeitschr. f. Berg-, Hütten- u. Salinenwesen.] Berlin 869. Ernst & Korn. gr. 4. (51 S.) n. 20 ngr.

— Geschichte der Stadt Siegen. Von H. von Achenbach. [Bd 1.2.] — Siegen: Vorländer 1894.
Sondert.: 1. Achenbach: Kirchliche Einrichtungen der Stadt Siegen vor der Reformation. 1881. [Neudr.]
Sondert.: 2. Achenbach: Der Freistuhl an der breiten Eiche und der Freigraf Jacob mit den Honden. 1881. [Neudr.]
1:Tg 9602. **4. 5. 6. 7.**
1.6218

H. Achenbach, Die Haubergs=Genossenschaften des Siegerlandes. Ein Beitrag zur Darstellung der deutschen Flur- und Agrar=Verfassung. Bonn, 1863. Vgl. Lette u. v. Rönne, Die Landeskultur=Gesetzgebung des Pr. St. 1. Bd. Einleit. S. XCIV. (Haubergswirthschaft).

— die Haubergs=Genossenschaften des Siegerlandes. Ein Beitrag zur Darstellung der deutschen Flur= u. Agrar=Verfassung. Bonn, 863. Marcus. gr. 8. (21 S.) n. 5 ngr.

ACHENBACH, H.: Die Haubergsgenossenschaften des Siegerlandes. Ein Beitrag zur Darstellung der deutschen Flur- und Agrarverfassung. - Bonn 1863. 21 S. - Unveränd. Nachdruck Siegen 1963. 22 S., 1 Taf.

— Katalog der Bibliothek Achenbach (Teil d. Bibliothek d. Kgl. Oberbergamts) zu Clausthal. — Clausthal 1908: Piepper. X,271 S. 1:4° Ao 5895/10. **4. 7. 8.**
1.6220

H. Achenbach, Die Rechtsgiltigkeit der Districtsverleihungen. Cöln, 1859.

— die Rechts-Gültigkeit der Districts=Verleihungen in Preußen. Eine Abhandlung. Köln, 859. Eisen. (Assenheimer & Co.) gr. 8. (32 S.) n. 10 ngr.

Achenbach, H. v., Der Kreis Siegen. Eine geschichtliche Abhandlung zur Erinnerung an die 50jährige Vereinigung des Fürstentums Siegen, des Freien- und Hicken-Grundes mit dem Königreiche Preußen. Siegen, 1865. 46 S. [Mc 30

— Der Kreis Siegen. Eine geschichtliche Abhandlung. Von H. Achenbach. — Siegen: Vorländer 1865. 46 S.
1:Tg 9572/20. **5. 6. 10. 11. 82.**
1.6222

Achenbach, H. v., Aus des Siegerlandes Vergangenheit. Zur Siegerländer Industriegeschichte. Siegen, 1890. 75 S. [Mc 31

— Aus des Siegerlandes Vergangenheit. Von H. v. Achenbach. — Siegen: Vorländer 1895–97. 546 S.
Aus: Siegener Zeitung. **6.**
1.6223

— — Bd 1.2. Ebd. 1897–98.
1. 1897. 2. Beil. z. Siegener Zeitung. 1898.
1.2 . . . . 1:Tg 9573. **5. 6.**
1 . . . . **4. 7.**
1.6224

Aus des Siegerlandes Vergangenheit. Von Dr. H[einrich] v. Achenbach. Bd 1. 2. Siegen 1897–98: Vorländer. 8°
1. 1897. 2. Beil. z. Siegener Zeitung. 1898. A 12. 12: 30

Achenbach s. Zeitschrift für Bergrecht

Achenbach, Heinrich Adolf

— Feier der ersehnten Ankunft u. Anwesenheit Sr. Hoheit Wilhelm V. im Nassauischen Vaterlande. gr. 8. Hademar 803. (Lanz in Weilburg). 6 ℊ

Achenbach, H. A., Feyer der langersehnten Ankunft und Anwesenheit Sr. Hoheit Wilhelms V. im Nassauischen Vaterlande. gr. 8. Hadamar, neue Gel. Buchh.

Achenbach, Hnr. Ad., († d. 24. Febr. 1819 od. 1829 ?) zwei Casualpredigten. 8. Marb. 793. Krieger. 6 ℊ

Achenbach, Heinrich Adolf: Materialien zu Aufsazzen aus dem Deutschen ins Lateinische. Zum Gebrauch für die niederen und mittleren Klassen. Von H. A. Achenbach. — Marburg: Akad. Buchh. 1802. IV,188 S. **4.**
1.6225

— Materialien zu Aufsätzen aus d. Deutschen ins Latein. 8. Marb. 803. Krieger. 10 ℊ

— Predigt über d. vorgeschrieb. Text: Röm. 1, 28. gehalten in Siegen d. 13. Juni 1804. 8. Cobl. u. Hadem. 804. (Lanz in Weilburg). 3 ℊ

— Samml. auserles. Bibelsprüche aus d. Büchern d. A. u. N. Testam. 12. Hamm 824. Schulz. 3 ℊ

Achenbach, (H. A.,) Samml. auserles. Bibelsprüche, z. Andenken f. seine Catechumenen u. Confirmanten. 12. Hamm 826, Schulz.

Achenbach, Henricus (geb. am 23 Nov. 1829 in Saarbrücken): De veteri civium Siegenensium statuto ... Bonnae, typ. C. Georgi 1855. VI, 47 S. 8.
Bonn, Jur. Fak., Diss. v. 17 März 1855

Achenbach, Hermann: Die Vier Bücher von der Nachfolge Christi. Neueste poetische Ausg. v. H. Achenbach. — Düsseldorf 1838. 1:Eq 5442. **5.**
1.6226

— Des Thomas a Kempis Büchlein von der Nachfolge Christi. In metrisches Versmaass gebracht. 2. verb. Aufl. — Düsseldorf 1844: Franck. VII,304 S. **2. 5.**
1.6227

— Gedichte. — Düsseldorf: Stahl 1841. VI,326 S.
1:Yo 45. **2. 5.**
1.6228

Achenbach, Herm., Gedichte. gr. 12. Düsseldorf 842, Stahlsche Buchh. (Leipzig, Hermann.) 5/6 ℛ

— Reiseabentheuer in Russland und Schweden. 1836 s. *Achenbach:* Skizzen aus Norden.

— Skizzen aus Norden, oder: Erinnerungen eines Ausruhenden. A. m. d. Umschlagst.: Reiseabentheuer in Rußland u. Schweden 1832 und 1835. Mit 12 lith. Ansichten. gr. 8. Düsseldorf 836. (Cassel, Krieger.) n. 1 1/3 ℛ

— Skizzen aus Norden, oder Erinnerungen eines Ausruhenden. — Düsseldorf 1836: Wolf. VIII,174 S.
Nebent.: Reiseabentheuer in Russland u. Schweden. 1832 u. 1835.
12: It. sing. 1h. **2. 5. 8.**
1.6230

—— Tagebuch meiner Reise nach d. Nordamerikan. Freistaaten, od.: Das neue Kanaan. — A. m. d. Umschl.=Ttl.: Reiseabentheuer u. Begebenheiten in Nord=Amerika im J. 1833. Kein Roman, sondern e. Lehr= u. Lesebuch f. Auswanderungslustige u. gemüthl. Leser. 2 Thle. M. 3 lith. Ansichten u. 1 Plan v. New=York (in Roy.=Fol.) gr. 8. (21 1/8 B.) Düsseldorf 835. (Cassel, Krieger's Verlh.) *

— **Tagebuch** meiner Reise nach den Nordamerikanischen Freistaaten oder das neue Kanaan. Th. 1. 2. — Düsseldorf: Selbstverl.; Beyer (2: Wolf) in Komm. 1835.
1.2 . . . . **1**: Uu 5582. **5**[°°1].
1.6231

Achenbach, Julius: Frohe Stunden im Walde und an der See. Gedichte. — (Hamburg: Verlagsanst. 1905.) 50 S.
Anf. ersch. u. d. T.: Achenbach: Frohe Stunden an d. Nordsee.
1: Yo 30503.
1.6232

Achenbach, Karl

Bedeutung des Märchens für Erziehung und Unterricht. Von Karl **Achenbach**. *Bielefeld: A. Helmich [1901].* (19 S.) 8° [F.]
= **Abhandlungen**, Pädagogische. H. 59. [01. 3844

— zum 150. Geburtstage Goethes, s. a. Abhandlungen, pädagogische.

— Zum 150. Geburtstage Goethes. — Bielefeld: Helmich [1898]. 14 S. (Pädagogische Abhandlungen. 49.)
1: Nc 3973-49. **6.**
1.6235

Achenbach, Karl Konrad: Der höchstnöthig- und tröstliche Glaubens-Articul von der Aufferstehung der Todten, ... den 25. Mart. 1704 in der Kgl. Hoff- u. Ordens-Capell fürgetragen. — Cölln a. d. Spree (1704): Liebpert. 32 S.
1: 4° Eb 450. **12**: 4° Hom. 1901-XLI, 10.
1.6236

— Huldigungs-Predigt, welche für geschehener Erbhuldigung dem ... Fürsten ... Friderich Wilhelm ... von der löblichen Ritterschafft und Städten der Chur- und Marck-Brandenburg disseits der Oder und jenseits der Elbe ... in dero Hoff- und Ordens-Capell zu Cölln an der Spree ... den 23. April 1713 ... gehalten worden. Berlin: Rüdiger (1713). 16 S. 2° **2.**
1.6237

[—] Einiger Evangelisch-lutherischen in der churfürstlichen Pfaltz unbefugtes, sehr anzügliches Memoriale vom 23. April 1708 ... gegen die Evangelisch-reformirte samt beygef. Anm. Dabey auch die Wiederlegung ihres ... Warheits-Spiegels. — Cölln a. d. Spree (1708): Liebpert. 79,32 S.
Sondert.: [Achenbach:] Wiederlegung des so genannten Warheits-Spiegels. Samt Beyl. 1-3. (1708.)
1: 4 in Sf 5106. **12**: 4° Ded. 275 2. **2. 3. 4.**
1.6238

Achenbach, *Konrad* Karl [app. Arzt aus Rotenburg]: Zur Casuistik der Blasenscheidenfisteln. '(Aus d. Marburger Frauenklinik)' ... Marburg, Univ.-Buchdr. '(R. Friedrich)', 1893; 28 S., 1 Bl. 8.
Marburg, Med. Fak., Inaug.-Diss. v. [24. Febr.] 1893

Achensee, s. a. Alpen. Artaria. — Schliersee.

Achensee, s. a.: Woerl's Reisehandbücher.

Achen-See. Petters, Hugo, Karte vom Achen-See u. Umgebung. Gez. unter Zugrundelegg. der Orig.-Aufnahme des k. k. militär. geogr. Instituts. 1 : 50,000. 31,5×31 cm. Farbdr. München (901). J. Lindauer. n. 1. —

Achensee, Der, in Tirol mit dem Seebad-Orte Pertisau ... Wien 1868. V: *Pockstaller, Pirmin.* (margr)

Achensee, der, in Tirol mit dem Seebad-Orte Pertisau u. dessen nächster u. entfernterer Umgebung. Wien 868. Braumüller. (2 Bll., 80 S.) 10 *ngr.*

Achenwall, Gf., s. Achenwall, Gottfried

Achenwall, Gottfried: Abriss der neuesten Staatswissenschaft der vornehmsten europäischen Reiche und Republicken. — Göttingen: J. W. Schmidt 1749. 324 S.
Spätere Aufl. s. *Achenwall:* Staatsverfassung der europäischen Reiche im Grundrisse. 1752 u. ö.
5. 7.
1.6245

Achenwall, Gottfried: „Abriss der neuesten Staatswissenschaft der vornehmsten Europäischen Reiche und Republiken", Göttingen 1749 (Vandenhoeck). — In d. folgd. Auflagen u. d. T.: „Staatsverfassung der heutigen vornehmsten Europäischen Reiche und Völker im Grundrisse", 2. Aufl. ebenda 1752; 3. Aufl. ebenda 1756; 4. Aufl. ebenda 1762; 5. Aufl. ebenda 1768; 6. Aufl. 1. Band (wahrscheinlich hersg. von A. L. von Schlözer) ebenda 1781; 7. Aufl. (unvollendet), in 2 Teilen herausg. von M. C. Sprengel, ebenda 1790—1798. — Vorh.: (1. Aufl.) UB Bonn, UB Göttingen.

Achenwall's, Herrn Hofraths, Anmerkungen über Nordamerika über dasige grossbritannische Colonien, aus mündlichen Nachrichten des Dr. **Franklins.** 8. Frankfurt **1769.**

—Anmerkk. über Nord-Amerika. gr. 8. Frankf. (Stuttg.) 769. Metzler. 3 gr

Achenwall, Gottfried. Einige Anmerkungen über Nordamerika und über dasige ... Colonien aus mündlichen Nachrichten des Herrn Dr Franklin ... Helmstedt, 1777. Tr: J. G. Rosengarten, Phila, 1903.

ACHENWALL, Gottfried
Einige Anmerkungen über Nord-Amerika und über dasige Grosbrittannische Colonien. Aus mündlichen Nachrichten des Herrn D. Franklins verfaßt von Hrn. D. Gottfried Achenwall. Nebst Herrn John Wesleys Schrift von den Streitigkeiten mit den Colonien in Amerika.
[2. Aufl.]
Helmstedt: Kühnlin. 1777. 72 S. 8°.
Herzog-August-Bibliothek Wolfenbüttel
Zunächst erschienen im Hannoverischen Magazin, Bd. 5 [1767], dann als selbständiger Druck Frankfurt-Leipzig 1769 [ohne die Schrift Wesleys].
Eine angeblich separate Ausg. des Pamphlets von Wesley [Helmstedt 1777] konnte nicht gefunden werden.
Frankfurt-Leipziger Meßkatalog, Ostermesse 1777, S. 200.
Sabin 107. Palmer.

Gottfried Achenwalls Anzeige seiner neuen Vorlesungen über die grössere europäische Staatshändel des XVII. und XVIII. Jahrhunderts, das ist über die Geschichte des europäischen Staats-Systems seit 1600, als den 2. Theil der Europäischen Geschichte. — Göttingen 1755. 16 S.
4. 7.
1.6249

Achenwall, Gottfried: „Progr. Inaug. De veterum Germaniorum armis", Göttingen 1755 (= Einladungsschrift zu seiner am 5. Mai 1755 stattgefundenen Antrittsrede. Veröffentlicht in den „Göttinger Anzeigen von gelehrten Sachen", 1755).

— De veterum Germanorum Armis ad Taciti German. c. 6. commentatur Gottfried Achenwall. — Gottingae: Bossiegel (1755). 24 S. **12**: 4° Diss. 805/6. **300**: 38.456-B. **2. 4.**
1.6250

— Einleit. zur Staatswissensch. 8. Ebend. 749.

— elementa juris naturae. 2 Part. 8. Gött. 750. Ed. II. 753. Ed. III. 755. Ed. IV. unt. d. T.: jus naturae in us. audit. 8. ibid. 758. Ed. V. 763. Ed. VI. 768. Ed. VII. c. praef. H. de Selchow. 781. Vandenhöck et R. 1 ℔

Achenwall, Gottfried und Pütter, Johann Stephan: „Elementa juris naturae, in usum auditorium adornata", Göttingen 1750. — Die nächsten Auflagen von Achenwall allein: 2. Auflage 1753; 3. Auflage 1755; 4. Auflage 1758; 5. Auflage 1763.

ACHENWALL, Gfr., et PÜTTER, J. Steph.: Elementa juris naturae, additis juris gentium Europaearum practici primis lineis. ***Gott.*** **750—52. 8. — dann unt. d. T.: ACHENWALL, Gfr.: Elementa etc.** ***Gott.*** **757. — Ed. VII. c. praef. J. H. DE SELCHOW.** ***Gott.*****, Bossiegel. 774—81. II. 8. (1 Thl. 8 Gr.)**

Achenwall, Gottfried: „Entwurf einer politischen Betrachtung über die Zunahme des Goldes und Abnahme des Silbers in Europa", veröffentlicht in den „Hannoverschen gelehrten Anzeigen" 1750 und in den „Dresdner gelehrten Anzeigen" 1751.

— Entwurf d. allgem. europ. Staatshändel d. 17. u. 18. Jahrh., als d. europ. Geschichte 2r Thl. 8. Götting. 756. 2e A. u. d. T.: Geschichte d. allgem. europ. Staatshändel d. vorigen u. jetzigen Jahrh. im Grundrisse. 8. 761. 767. 769. 4e Aufl. gr. 8. Ebd. 779. Vandenhöck u. R. 16 gr

— Französischer Finanz-Staat. Aus dem kgl. Steuer-Edict vom November 1771 erl. von Gottfried Achenwall. Fortges. u. hrsg. von J[ohann] C[onrad] S(pamer). — Göttingen & Gotha: Dieterich 1774. 167 S. 4° **2. 4. 7. 8.**
1.6252

— Geschichte der heutigen vornehmsten europäischen Staaten im Grundrisse. Entworfen und nunmehr durchgängig umgearb. 2. Aufl. Th. (1.) 2. — Göttingen: Vandenhoek 1759-61.
2 u. d. T.: Achenwall: Geschichte der allgemeineren europäischen Staatshändel. 1761.
1. Aufl. s. *Achenwall:* Grundsätze der europäischen Geschichte. 1754-56.
1.2 . . . . **12**: Eur. 2. **7.**
1 . . . . **6.**
2 . . . . **10.**
1.6253

— 3. Aufl. Th. (1.) 2. Ebd. 1764-67.
2 u. d. T.: Achenwall: Geschichte der allgemeineren europäischen Staatshändel. 1767.
1.2 . . . . . . **1**: Px 9604. **12**: Eur. 3. **300**: 20.001 [auch Th. 2 = 4.414. Bd 2]. **4. 7.**
1 . . . . **2. 10.**
2 . . . . **5.**
1.6254

ACHENWALL, Gottfried
Geschichte der heutigen vornehmsten Europäischen Staaten im Grundrisse von Gottfried Achenwall ...
Vierte verbesserte, und bis auf die neuesten Zeiten fortgesetzte Auflage.
[Hrg. v. Johann Philipp Murray]
Göttingen: Vandenhoek. 1773. 16, 661 S. 8°.
British Museum London
1. Aufl. 1754 bzw. 1759. 5. Aufl. 1779,

ACHENWALL, Gottfried
Geschichte der heutigen vornehmsten Europäischen Staaten im Grundrisse von Gottfried Achenwall ...
Fünfte Auflage.
Göttingen: Vandenhoek. 1779. 16, 656 S. 8°.
Universitäts- und Stadtbibliothek Köln
1. Aufl. 1754 bzw. 1759. 4. Aufl. 1773,

— Geschichte der allgemeineren europäischen Staatshändel des vorigen und jetzigen Jahrhunderts im Grundrisse. Als der Europäischen Geschichte [Geschichte der heutigen vornehmsten europäischen Staaten] zweyter Theil. 2. Aufl. — Göttingen: Vandenhoeck 1761. 332 S. (Achenwall: Geschichte der heutigen vornehmsten europäischen Staaten. 2.) **12:** Eur. 2–2. **7. 10.**
1.6257

— — 3. verb. Aufl. Ebd. 1767. 344 S. (Achenwall: Geschichte der heutigen vornehmsten europäischen Staaten. 2.) **1:** Px 9604-2. **12:** Eur. 3–2. **4. 7.**
1.6258

Achenwall, Gf.: Geschichte der europ. Staatshänd., oder die Staatengesch. 2r. Thl. gr8°. Ebend. 1779.

— Grundriß d. europ. Geschichte zur polit. Kenntniß d. heut. vornehmsten Staaten im Grundrisse. 8. Götting. 754. 2e Ausg. u. d. T.: Geschichte d. heut. vornehmsten europ. Staaten im Grundr. 1r Thl. 759. 3e A. 764. 4e (v. Joh. Phil. Murray) verb. u. bis auf d. neuesten Zeiten fortges. Aufl. 773. 5e Aufl. gr. 8. Ebd. 779. Vandenhöck u. R. 1 ₰ 4 ℛ

Achenwall, Gottfried: „Grundsätze der europäischen Geschichte, zur politischen Kenntniss der heutigen vornehmsten Staaten", Göttingen 1754. (Behandelt die Geschichte Spaniens, Portugals, Frankreichs, Grossbritanniens, der Ver. Niederlande, Dänemarks, Schwedens, Polens und Russlands; merkwürdigerweise fehlt die Geschichte Deutschlands). — 2. Auflage u. d. T.: „Geschichte der heutigen vornehmsten Europäischen Staaten im Grundrisse", Göttingen 1759; 3. Auflage ebenda 1764; 5. Auflage ebenda 1779. — Fortsetzung: Derselbe „Entwurf der allgemeinen Europäischen Staatshändel des 17. und 18. Jahrhunderts" oder „Geschichte der Europäischen Staaten . . . . II. Theil", Göttingen 1756. — 2. Auflage u. d. T.: „Geschichte der allgemeinen Europäischen Staatshändel des vorigen und jetzigen Jahrhunderts im Grundrisse", Göttingen 1762; 3. Aufl. ebenda 1767.

Achenwall, Gottfried: „Diss. Juris Gentium et Publici Universalis, De Jure in Aemulum Regni, vulgo Praetendentem", Marburgi 1747. (Resp.: Prof. Johann Jakob Holland).

— **juris gentium Europaearum pract. epitome. 8maj. Götting. 772. Vandenhöck et R. 8 ℛ**

— Juris gentium Europaearum practici primae lineae. Fragmentum libelli ob b. auctoris mortem adfecti nunc tandem in lucem ed. — Gottingae: Bossiegel 1775. 72 S. **300:** 1 an 21.542. **7. 8.**
1.6260

— **jus gentium europ. 8. Götting. Bossiegel. 774.**

— Jus naturae in usum auditorum. Ed. post binas priores em. P. (1.) 2. — Gottingae: Bossiegel 1755–56.
1.2 . . . . **7.**
1 . . . . **12:** Ph. Pr. 15–1/1.
1.6261

— — Ed. 4. em. P. 2. Ebd. 1759. **12:** Ph. Pr. 15–2.
1.6262

— — Ed. 5. em. P. (1.) 2. Ebd. 1763.
1.2 . . . . **2.**
2 . . . . **10.**
1.6263

— — Ed. 6. em. P. (1.) 2. Ebd. 1767–68. **300:** 1 an 20.004. **3. 4. 7.**
1.6264

— — Cum praef. Joannis Henrici Christ. de Selchow. Ed. 7. em. (P. 1.) 2. — Ebd. 1774. **12:** Ph. Pr. 16/1.
1.6265

— — Cum praef. Joannis Henrici Christ. de Selchow. Ed. 7. em. (P. 1.) — Ebd. 1781. **12:** Ph. Pr. 16h–1. **2. 7.**
1.6266

— — Ed. 8. em. P. 2. Ebd. 1781. **12:** Ph. Pr. 16h–2. **2. 7.**
1.6267

Achenwall, Gottfried (Praes.): Henne, Joan. Justus (Resp.): „Notitia rerum publicarum academiis vindicatur", Gottingae 1748. — Vorh.: Preußische Staatsbibliothek Berlin.

12556. ACHENWALL, Gf.: Observatt. juris naturae. Spec. 1—4. *Gött.*, Bossiegel. 754. 4. (5 Gr.)

— **observat. juris natur. Spec. 1—IV. 4. Götting. 754. Vandenhöck et R. Spec. 1. 5 ℛ**

— Prolegomena iuris naturalis ... Curatius exarata et nunc primum separatim ed. — Gottingae: Bossiegel 1758. 118 S. **1:** Fl 5486. **4. 5.**
1.6269

— — Denuo curatius exarata. Ebd. 1763. 134 S. **2.**
1.6270

— — Curatius exarata et tertium ed. Ebd. 1767. 129 S. **12:** Ph. Pr. 15. **300:** 20.004. **3. 4. 7.**
1.6271

— — Curatius exarata et quartum ed. Ebd. 1774. 129 S. **12:** Ph. Pr. 16.
1.6272

— — Curatius exarata et quintum ed. Ebd. 1781. 129 S. **12:** Ph. Pr. 16h–2/1. **2. 7.**
1.6273

— **prolegomena juris naturalis. 8maj. Götting. 758. 5e Aufl. 781. Vandenhöck et R. 8 ℛ**

— **Staatsklugheit nach ihren ersten Grundsätzen. 8. Götting. 761. 2e A. 763. 3e A. .. 4e A. mit stark verm. Bücherkunde. gr. 8. Ebd. 779. Vandenhöck u. R. 14 ℛ**

Achenwall, Gottfried: „Die Staatsklugheit nach ihren ersten Grundsätzen", Göttingen 1761. 4. Auflage 1779. — Vorh.: (1. Aufl.) UB Göttingen, Breslau, Marburg, Münster.

— Staatsverfassung der europäischen Reiche im Grundrisse. 2. Aufl. — Göttingen: Schmidt 1752. 339 S.
1. Aufl. s. *Achenwall:* Abriss der neuesten Staatswissenschaft der vornehmsten europäischen Reiche und Republicken. 1749. **1:** Bibl. Diez 3748. **3.**
1.6277

— — 3. Aufl. Ebd. 1756. 435 S. **6. 7.**
1.6278

Achenwall, Staatsverfassg. d. europ. Reiche im Grundrisse. 7. **Aufl. v. Sprengel.** Göttingen 790–97.

Achenwall, Gottfried: Staatsverfassung der heutigen vornehmsten europäischen Reiche im Grundrisse. 4. verb. Ausg. — Göttingen: Schmidt 1762. 552 S. **5. 6. 7.**
1.6279

— — Staatsverfassung der heutigen vornehmsten europäischen Reiche und Völker im Grundriß. 5. verb. Ausg. — Ebd. 1768. 621 S. **1:** Pn 7280. **300:** 20.003. **4. 7. 9.**
1.6280

— — 6. verm. Ausg. Th. 1.2. Ebd. 1781–85.
1. Einleitung. Spanien. Portugal. Frankreich. England. 1781.
2. Vereinte Niederlande. Russland. Dänemark. Schweden. 1785. **1:** Pn 7282. **12:** Eur. 5. **2. 5. 6. 7.**
1.6281

— — Statsverfassung der heutigen vornehmsten europäischen Reiche und Völker im Grundrisse. 7. Ausg. Th. 1.2,1. — Göttingen: Vandenhoek & Ruprecht 1790–98.
1. Einleitung. Spanien. Portugal. England. 7. verm. Ausg. (von M[atthias] C[hristian] Sprengel). 1790.
2,1. Russland. Dänemark. Schweden. 7. ganz umgeänd. Ausg. von M. C. Sprengel. 1798.
1.2,1 . . . . **12:** Eur. 6. **3. 7.**
1 . . . . **1:** Pn 7284. **6. 8.**
1.6282

Achenwall, Gottfried: „Diss. Juris Gentium Universalis, De transitu et admissione Legati ex pacto repetendis", Gottingae 1748.

— Vorbereitung zur Staatswissenschaft der heutigen fürnehmsten europäischen Reiche und Staaten, worinnen derselben eigentlichen Begriff und Umfang in einer bequemen Ordnung entwirft und seine Vorlesungen darüber ankündiget Gottfried Achenwall. — Göttingen: Vandenhoeck 1748. 44 S. **1:** Pn 7278. **4. 7.**
1.6283

Achenwall, Thomas. Sammlung einiger geistlichen Reden. Elbing 1765. H: *Achenwall, G. T.* (BrMm)

Achepohl, L., s. Achepohl, Ludwig

Achepohl, Ludwig

Achepohl (L.), Berg- und Hütten-Karte vom Ober-Bergamts-Bezirke Dortmund; 3 Blatt nebst Profilkarte des rheinisch-westphälischen Steinkohlengebirges. Oberhausen 1872. Dazu eine Beigabe: Das Steinkohlengebirge im Oberbergamtsbezirk Dortmund. Oberhausen und Leipzig.

Achepohl, L., Berg- und Hütten-Karte vom Oberbergamts-Bezirk Dortmund. Entworfen nach amtl. Material. Ausg. in 3 Bl. mit einer Profilkarte des rheinisch-westfäl. Steinkohlen-Gebirges und der Text-Beigabe: „das Steinkohlengebirge im Oberbergamts-Bezirke Dortmund". Fol. (4 Bl.) Text. 8. (17 S.) Oberhausen 872, Spaarmann. *

Achepohl, L., Berg- und Hüttenkarte vom nördlichen Teile des Oberbergamtsbezirkes Dortmund. Entworfen nach amtlichem Material. 1:51 200. Mit Textbeil. „Achepohl, L., Das Steinkohlengebirge im nördlichen Bezirke des Oberbergamts Dortmund". Oberhausen, 1872. 3 Bl. u. 11 S. mit 1 Abb. [Ab 151

Achepohl (L.), Berg- und Hüttenkarte vom nördlichen Theile des Oberbergamtsbezirkes Dortmund. 2. Aufl. Oberhausen. Dazu die Beilage: Das Steinkohlengebirge im nördlichen Bezirke des Oberbergamtes Dortmund. Oberhausen und Leipzig 1873.

Achepohl, Ludw., d. niederrheinisch-westfälische Bergwerks-Industrie-Gebiet. Eine Beschreibg. aller Bergwerke — Gewerkschaften wie Aktiengesellschaften — u. Bohrgesellschaften, sowie der bedeutenderen Eisen- und Stahl-Werke des niederrheinisch-westfäl. Bergwerks-Industrie-Gebiets. In geolog., techn. u. finanzieller Beziehg. bearb. 2., vollständig umgearb. Aufl. Lex.-8. (XIII, 418 S.) Berlin 894. (W., Linkstr. 12), Verl. der „Industrie". Geb. n.n. 30. —; f. Abonnenten der „Industrie" n.n. 20. —

Achepohl, L., d. rheinisch-westfäl. Bergwerks-Industrie-Gebiet. Beschreibg. aller Bergwerke, Gewerkschaften, Bohrgesellschaften, bedeut. Eisen- etc. Werke in Rheinland u. Westfalen. In geolog. u. finanz. Beziehg. bearb. 8°(383).– Düsseld. 1888, Silbermann.

Achepohl, L., Das rheinisch-westfälische Bergwerks-Industriegebiet. Eine Beschreibung aller Bergwerke, Gewerkschaften, Bohrgesellschaften, bedeutender Eisen- usw. Werke. In geologischer und finanzieller Beziehung bearb. 1. Aufl. Essen, 1888. 388 S. [Fb 17

Dasselbe. 2. Aufl. Berlin, 1894. 440 S.

Achepohl, Ludw., das rheinisch-westfälische Bergwerks-Industrie-Gebiet. Eine Beschreibung aller Bergwerke, Gewerkschaften, Bohrgesellschaften, bedeutender Eisen- etc. Werke in Rheinland und Westfalen. In geolog. und finanzieller Beziehung bearb. 8. (XI, 383 S.) Essen 888, Silbermann. geb. *

Vgl. im Anhang: Achepohl, Ludw., geognostische Karte des niederrheinisch-westfäl. Steinkohlenbeckens.

— Das rheinisch-westfälische Bergwerks-Industrie-Gebiet. Eine Beschreibung aller Bergwerke, Gewerkschaften ... in Rheinland u. Westfalen. — Essen & Leipzig: Silbermann 1888. XI,388 S.

2. Aufl. s. *Achepohl:* Das niederrheinisch-westfälische Bergwerks-Industrie-Gebiet. 1894.

1:Ot 2082. 5. 82.
1.6288

Achepohl, L., Geognostische Karte des niederrheinisch-westfälischen Steinkohlenbeckens. Bearb. nach Grubenbildern und örtlichen Ermittelungen. 1:52000. 1. Aufl. Oberhausen, ca. 1882. [Ab 29

Dasselbe. 2. Aufl. Ebd., 1894.

Achepohl, Ludw., geognostische Karte des niederrheinisch-westfälischen Steinkohlenbeckens, bearb. nach Grubenbildern und örtl. Ermittelungen. 1:52,000. 6 Bl. Chromolithogr. Imp.-Fol. [Oberhausen 885, Spaarmann.] Düsseldorf, Silbermann. *

Achepohl, L. Geognostische Karte des niederrheinisch-westfälischen Steinkohlenbeckens. 6 Blätter. Essen, 1885.

Achepohl (L.), Das niederrheinisch-westfälische Steinkohlenbecken. Atlas der fossilen Fauna und Flora nebst 4 geogn. Taf. 1 Bd. Text 4° mit Atlas. Oberhausen u. Leipzig 1880.

Achepohl, L., Das Steinkohlengebirge im nördlichen Bezirke des Oberbergamts Dortmund. Beilage zur Ergänzungskarte der Berg- und Hüttenkarte vom Oberbergamtsbezirk Dortmund. Oberhausen, 1872. 11 S. [Fb 12

— Das Steinkohlengebirge im nördlichen Bezirke des Ober-Bergamts Dortmund. — Oberhausen & Leipzig: Spaarmann (1873). 11 S. (Achepohl: Berg- & Hütten-Karte vom nördlichen Teil des Oberbergamts-Bezirks Dortmund. Beil.) (Achepohl: Berg- & Hütten-Karte vom Oberbergamts-Bezirk Dortmund. Erg. Kt.). 88.
1.6289

Achepohl, L., das niederrheinisch-westfälische Steinkohlengebirge. Atlas der fossilen Fauna u. Flora in 40 Blättern, nach Originalen photogr. Nebst 4 geognost. (chromolith.) Taf., alle Flötze der Horizonte Oberhausen, Essen, Bochum u. Dortmund nach mittleren Abständen, im Massstabe v. 1:2000, darstellend. 1—7. Lfg. Fol. (S. 1—72 m. 35 Taf. in Lichtdr., 1 Steintaf. u. 7 Chromolith. in gr. Fol.) Essen 881. 82. Silbermann. à n.n. 10. —

Achepohl, L., das niederrheinisch-westfälische Steinkohlengebirge. Atlas der fossilen Fauna u. Flora in 40 Blättern, nach Originalen photogr. Nebst 4 geognost. (chromolith.) Taf., alle Flötze der Horizonte Oberhausen, Essen, Bochum u. Dortmund nach mittleren Abständen, im Massstabe v. 1:2000, darstellend. 8—10. (Schluss-) Lfg. Fol. (S. 109—163 m. 8 Taf. in Lichtdr., 2 Steintaf. u. 2 Chromolith. in gr. Fol.) Essen 883. Silbermann. à n.n. 10. —

— Das niederrheinisch-westfälische Steinkohlen-Gebirge. Atlas der fossilen Fauna und Flora in 40 Bl., nach Orig. photogr. Nebst 4 geognost. Taf. — Oberhausen & Leipzig: Spaarmann 1880.

Die Exemplare von 1 u. 5 mit übergeklebtem Erscheinungsvermerk: Essen & Leipzig: Silbermann 1880.

1:2° Mm 3537. 12:2° Lith. 1 d. 5. 83.
1.6291

Achepohl, L., Vier geognostische Tafeln, alle Flöze der Horizonte Oberhausen, Essen, Bochum und Dortmund nach mittleren Abständen darstellend. 4 Bl. 1:2000. Essen, 1884—1888. [Ab 28

Acher, Matthias, Achad ha-am. Ein Denker u. Kämpfer der jüd. Renaissance. Vortrag. (66 S.) kl. 4. Berlin 903. Köln, Jüd. Verlag. n. 1. —

— d. jüdische Moderne. Vortrag. gr. 8. (IV, 88 S.) Leipzig 896. Berlin, H. Schildberger. n. 1. —

Acher, Mathias, die jüdische Moderne. Vortrag, geh. im akadem. Ver. „Kadimah" in Wien. gr. 8. (IV, 38 S.) Leipzig 896. Literar. Anstalt, A. Schulze. n. — 80

Acher, Mathias, Ibsens drittes Reich. Vortrag, geh. im wissenschaftl.-literar. Vereine „Kosmos". gr. 8. (20 S.) Wien 900. (M. Gottlieb.) — 50

— das Stiefkind der Sozialdemokratie. (31 S.) 8. Wien 905. (C. W. Stern.) n. — 50

Achermann, Jos. Ant., Versöhnung des Volkes Bedürfniß u. des Landes Glück. Predigt gehalten bei der Sempacher Schlacht-Jahrzeitfeier den 6. Juli 1863. Luzern, Gebr. Räber. gr. 8. (10 S.) 3 ngr.

Achermann, K. Ze Basel anno 1892 im Johr des Heils und Jubilirens. Ein lunig Festgschrift zesammengfügt von *K. A.* In-8°. 24 S. Basel, Selbstverlag des Verfassers. **1892** — 40

Achern
— s. a.: **Deutschland.** Kürschner-Pelp.

Achern, s. a. **Schwarzwald.** Karte.

Achern. Spitz, Engelb. Schulkärtchen vom Amtsbez. Achern. 1:100,000. 23,5×31,5 cm. Farbdr. Mit Text auf der Rückseite. Baden-Baden (899). Selbstverlag. n.n. — 15

Acheron, (v. Baron ... v. Eelking). 8. Brem. 5795. Altona 798. Bechtold. 8 ℊ 2e Aufl. 8. Brem. 816. Heyse. 12 ℊ

Acheron u. Anti-Acheron. 8. (Lpz. 799. W. A. Künzel.) 1/2 ℛ

Acheron u. Anti-Acheron, (v. Schäffer). 8. Königsb. 799. (L. Schumann in Leipz.) 12 ℊ (Michelsen in Leipz.) 16 ℊ

Achert, J. s. Achert, Jos.

Achert, Jos., Promemoria für den Deutschen Minister-Congreß in Wien. Die Herstellung und Erhaltung d. Ruhe in Deutschland betreff. gr. 4. Freiburg 834. Fr. Wagner. 1/2 ℛ

Achert, J., dramatische Versuche. 1. Bdchen., enthalt.: Der Eremit von Gauting od. Alles muß ächt sein, u. d. geprellte Wittwer. gr. 12. Karlsruhe 841. (Holtzmann.) 5/8 ℛ

Achert, Jos., die Zauberschürze, od. Weiberlist geht üb. Teufelslist. Ein Schwank zur Unterhaltg. lustiger Leute erzählt nach Castelli. 12. (43 S.) New-York 851. (Philadelphia, Schäfer & Koradi.) n. 1/3 ℛ

ACHERT, Jos., Die Zauberschürze, oder Weiberlist geht über Teufelslist. Ein Schwank zur Unterhaltung lustiger Leute erzählt nach Castelli. New-York 1851. (Philadelphia, Schäfer & Koradi.) 12°. (1/3 Rthl.)
Adolf Büchting, belletrist. Cat., Nordhausen 1860.

Achert, Oskar, aus Karlsruhe (Baden): Über schwefelhaltige Derivate des Benzyls und deren Zersetzungsprodukte bei der trockenen Destillation. *Freiburg i. B. 1903: H. Epstein.* (60 S.) 8°
Freiburg i. B., Phil. Diss. v. 1903

Chemisch-botanischer Leitfaden für Zollbeamte. Von Dr. O[skar] **Achert** u. Dr. E[duard] Bischkopff. Mit 123 Textfig. Berlin: J. Springer 1906. (VII, 192 S.) 8° [07. 9738

Achert, Rudolf Eugen, approb. Arzt: **Beitrag zur Kenntniss des primären Leberkrebses.** *Leipzig: G. Fock 1899.* (21 S.) 8° Leipzig, Med. Diss. v. 14. Okt. 1899

Achier, A., die Gefangenen des Czaren oder die Russen in Polen. Historische Novelle. Nach dem Französ. frei bearb. 8. (III und 168 S.) Trier 864, Braun's Verlag.

Achille, V. A. [Pseud.] s. *Achter,* Achille van.

Achilleion. — Kaiserschloss Achilleion. Corfou. — o.O.u.J. [um 1892]. 36 S. quer-8° 1:Kart. Y 70044. 1.6329

Achilles. Singspl., italien. u. deutsch. 8. Berl. 766. Haude u. Sp. 6 gr

— heroische Oper in 3 A., deutsch u. italien. 8. Ebd. 811. 8 gr

— heroisches Ballet in 3 A. 8. Wien 818. Wallishausser. 2 gr

Achilles und seine Denkmäler außer Süd-Rußland, zur Erklärung des vermeinten Grabmals Homers im Strogonowschen Garten zu St. Petersburg. 8. St. Petersb. 839. Eggers (u. Comp.) n. 5/12 Thlr

Achilles, der neue, 1821; e. romant. Erzähl. aus d. Gesch. der neuesten griech. Unruhen, (v. Fr. Elsholz). Mit 1 Kpf. 8. Cöln 822. Bachem. 14 gr

— Achilles in Scirus. Ein Singespiel. 1765 s. *Agricola,* Johann Friedrich [Komp.]

— auf Skyros. Schausp. in 5 Akten, v. Zimmermann. gr. 8. Erlangen, Breuning. 808.

— auf Skyros, histor.-pantomim. Ballet in 4 A. 8. Wien 808. Wallishausser. 2 gr

— Der versöhnte Achilles. In einer Opera vorgestellet auf dem großen Braunschweigischen Theatro in der Winter-Meße A. 1744. — Wolfenbüttel (1744): Bartsch. 22 Bl. 4° 7. 1 6331

Achilles Tatius Alexandrinus

Achillis, Tat. Alexandr., de Clitophont. et Leucippes amor. L. VIII. gr. et lat. ed. Boden. 8. maj. Leipzig, Gleditsch. 776.

— Dass. übersetzt (v. D. Cph. Seybold). 8. Lemgo 772. Meyer. 8 gr

— id. l. gr. et lat., text. recogn. sel. lect. var. adj. C. W. Mitscherlich. 8maj. Bip. 792. (Treuttel et W. in Str.) 16 gr (Bildet auch d. 1n Bd. d. Scriptores erotici.)

— De Leucippes et Clitophontis amoribus libri 8. Textum ad librorum ms. fidem rec., Lat. Hannib. Cruceii [L. Annibal della Croce] versionem, notas selectas Cl. Salmasii, ined. Fr. Guyeti, Car. Guil. Goettlingii, C. B Hasii et suas adiecit Frider. Jacobs. — Lipsiae: Dyk 1821. CXXVI, 1034 S. 1:Vz 1280. **12:**A. gr. b. 7. **300:**B E 3P55 [u.] 19.177. **2. 3. 4. 5. 7. 8. 9. 10. 11. 102.** 1 6341

— [griech. u. lat.] *'Ερωτικῶν* sive de Clitophontis et Leucippes amoribus libri 8. Varietate lectionis notisque Cl. Salmasii, J. B. Carpzovii, T. B. Bergeri ac suis illustr. a Benjam. Gottlib Laur. Boden. — Lipsiae: Junius 1776. XVI, 731 S. 1:Vz 1270. **12:**A. gr. b. 5. **300:** 74 G 92. **2. 5. 6. 7. 10.** 1.6339

Achilles Tatius Alexandrinus, Rhetoriker: *'Ερωτικῶν βιβλία η.* De Clitophontis et Leucippes amoribus libri 8. Graece et Lat. Textum recogn., selectamque lectionis varietatem adiecit Christ[ianus] Guil[elmus] Mitscherlich. — Biponti 1792: Ex Typogr. soc. XX, 363 S. (Scriptores erotici Graeci. Ed. Mitscherlich. 1.) 1:Vz 40-1. **12:**A. gr. b. 6 [u.ö.] **300:** 37 Mm 58. Bd 1. **2. 3. 4. 5. 6. 7. 8. 10. 11.** 1.6340

Achilles Tatios Leukippe. 8. Lemgo, Meyer. 772.

***Achillis,* Tat. Leukippe; übers. v. Fr. Ast (u. G. Güldenapfel). 8. Leipz. 802. (Schmidt). 1 Thlr 8 gr**

— Leukippe. Ein Roman aus dem Griech. des Achilles Tatios. (Übers. u. Anm. von Friedrich Ast.) — Leipzig: Hecht 1802. VIII, 360, 72 S. 1:Vz 1570. **12:**A. gr. b. 10. **7. 10. 11.** 1.6345

Achilles Tatios Leukippe, a. d. Griech v. Ast. 8. Leipzig, Schmidt. 802.

Achilles Tatius ... Liebesgeschichte des Klitophon und der Leucippe, aus dem Griech. übersetzt. Lemgo **1772.** Ü: *Seybold, Dav. Cph.* (BGE)

Achilles Tatius, s. Scriptores, erotici, graeci.

Achilles, Jugenderziehung und Deutsche Turnerschaft, 9 S., 8°.

Achilles, A., Jurist s. *Achilles,* **Alexander. 1872.**

Achilles, A., s. Achilles, Arthur

Achilles, Alexander. 1872: **Begründung des Entwurfes eines Reichsgesetzes betr. die Zwangsvollstreckung in das unbewegliche Vermögen. 1888–89 s. *Entwurf* eines Gesetzes für das Deutsche Reich betr. die Zwangsvollstreckung in das unbewegliche Vermögen. Begründung.**

Achilles, Alex., die Bestimmungen d. allgem. Landrechts Thl. I. Titel 19 u. 20 u. der dieselben abänd. u. ergänz. Gesetze, insbesondere d. Gesetzes üb. d. Eigenthumserwerb ꝛc. vom 5. Mai 1872. Abschn. 2—5. Mit Kommentar in Anmerkgn. [Aus: „Koch's Landrecht.“] gr. 8. (IV, 195 S.) Berlin 875. Guttentag. n. 4. —

— Der Entwurf einer Grundbuchordnung nach der 2. Lesung des Entwurfes eines Bürgerlichen Gesetzbuches für das Deutsche Reich. Ein Gutachten von A. Achilles. — o.O. 1894. [Lithogr.] 1:4° Gm 19645. 8. 1.6367

— Bürgerl. Gesetzbuch, s. a. Planck, G.

Achilles, A., BGB nebst Einführungsgesetz., s. a. Planck, G.

Achilles, A., bürgerl. Gesetzbuch nebst Einführungsgesetz, hrsg. in Verbindg. m. F. André, M. Greiff, F. Ritgen u. K. Unzner, s. a. Guttentag's Sammlg. deutscher Reichsgesetze.

Achilles, A., Bürgerliches Gesetzbuch nebst Einführungsgesetz. Textausg mit Einleitung, Anmerkungen und Sachregister. In Verbindung mit F. André u. a. hrsg. von M. Greiff. 1. Aufl. Berlin, 1896. 916 S. [Kg 4

Dasselbe. 2. Aufl. Ebd., 1899. 946 S.

Dasselbe. 4. Aufl. Ebd., 1903. 937 S.

Dasselbe. 5. Aufl. Ebd., 1906. 1162 S.

Achilles, Bürgerliches Gesetzbuch nebst Einführungsgesetz, mit Anmerkgn. 3. Aufl. Berlin 901.

Achilles, A[lex.], Bürgerliches Gesetzbuch nebst Einführungsgesetz. M Einl., Anmerk. u. Sachreg. nach d. Tode d. ersten Hrsg. in Verbind. m. . . . hrsg. von M. *Greiff.* 5. Aufl. Berlin 1906. 8°.

(Guttentag sche Sammlung deutscher Reichsgesetze. Nr 38/39.)

[Dasselbe.] 6. Aufl. Berlin 1909. 8°. — Df 1517. —

— 7. Aufl. 1912. Da 1918

Achilles, Alex., die preußischen Gesetze über Grundeigenthum und Hypothekenrecht vom 5. Mai 1872, hrsg. mit Einleitung und Kommentar in Anmerkungen. [Suppl. zur 5./4. Aufl. von Koch's Landrecht für die preußischen Staaten.] gr. 8. (VIII, 248 S.) Berlin 872, Guttentag.

Achilles, Alex., die preußischen Gesetze üb. Grundeigenthum u. Hypothekenrecht vom 5. Mai 1872 hrsg. m. Einleitg. u. Kommentar ꝛc. 2. verb. u. verm. Ausg. gr. 8. (VIII, 347 S.) Berlin 873. Guttentag. n. 6. —
Ausgaben f. Hannover, Schleswig-Holstein, u. den Bezirken des Appell.-Ger. zu Cassel. à n. 6. 60

Achilles, Alex., die preußischen Gesetze über Grundeigenthum und Hypothekenrecht vom 5. Mai 1872, hrsg. mit Einleitung und Kommentar. 3. verb. und verm. Ausg. (In ca. 4 Lfgn.) 1. Lfg. gr. 8. (S. 1—160.) Berlin 879, Guttentag.

Achilles, Alex., die preußischen Gesetze über Grundeigenthum und Hypothekenrecht vom 5. Mai 1872, hrsg. mit Einleitung und Kommentar. 3., verb. und verm. Ausg. 2. und 3. (Schluß-) Lfg. gr. 8. Berlin, Guttentag. [2. Lfg. (S. 162—326.) 880. *M 8.; 3. Lfg. (VII, S. 327—622.) 881. *M 6.]
1. Lfg. Ebendas. 1879. *M 3.

Achilles, A.: d. preuss. Gesetze üb. Grundeigentum u. Hypothekenrecht vom 5. Mai 1872, hrsg. m. Einltg. u. Kommentar. 3. Ausg. 8°(Schl.-) Hft. 8. (327-622).– Berl. 1881, Guttentag.

Achilles, Alex., die preußischen Gesetze üb. Grundeigenthum u. Hypothekenrecht vom 5. Mai 1872, hrsg. m. Einleitg. u. Kommentar v. A. 4. Aufl., bearb. v. Otto Strecker. Lex.-8. (VIII, 599 S.) Berlin 894. J. Guttentag. n. 12. —; geb. n.n. 14. —

— u. O. Strecker, die Grundbuchordnung, nebst den preußischen Ausführungsbestimmungen m. Kommentar u. systematischer Uebersicht üb. das materielle Grundbuchrecht. 2 Thle. gr. 8. Berlin 901. J. Guttentag. n. 12. —; geb. n.n. 14. —
1. Thl. Das Reichsrecht (X, 372 S. [davon S. 357—372 Sachregister.]) n. 8. —
2. Thl. Die preuß. Ausführungsbestimmgn. (XII u. S. 357 bis 590.) n. 4. —

— das Pfand- u. Hypothekenrecht des preußischen Landrechts in seiner heutigen Gestalt, insbesondere mit Rücksicht auf das Gesetz üb. den Eigenthumserwerb ꝛc. vom 5. Mai 1872. Mit Kommentar in Anmerkgn. [Aus: „Koch's Landrecht 6/5. Ausg."] 2. unveränd. (Titel-) Ausg. gr. 8. (IV, 195 S.) Ebend. 878. n. 4. —

Protokolle der Kommission für die zweite Lesung des Entwurfs des Bürgerlichen Gesetzbuches. Im Auftrage des Reichs-Justizamts bearb. von A. Achilles u. a. 7 Bde. Berlin, 1897—1899. [Kg 65
Bd 1. Allgemeiner Teil und Recht der Schuldverhältnisse: I. II. 1. 1897. 803 S.
Bd 2. Recht der Schuldverhältnisse: II. 2—20. III. IV. 1898. 844 S.
Bd 3. Sachenrecht. 1899. 783 S.
Bd 4. Familienrecht. 1897. 878 S.
Bd 5. Erbrecht. 1899. 894 S.
Bd 6. Anwendung ausländischer Gesetze. Entwurf 2 des Bürgerlichen Gesetzbuches; Revision. Entwurf des Einführungsgesetzes. Entwurf eines Gesetzes betr. Änderungen des Gerichtsverfassungsgesetzes usw. 1899. 804 S.
Bd 7. Register. Von H. Jatzow. 1899. 216 S.

Achilles, Andreas: Betrachtung von der Gnade Gottes, wie sie durch den Glauben führet zur Seeligkeit. — Halle 1701. 96 S. 1:Cy 3440.
1.6374

Achilles, Arthur, Tierarzt in Leipzig: Aus d. Veterinärinstitut d. Univ. Leipzig. Untersuchungen über Darmgeschwülste beim Pferde und über die Beziehung derselben zur Darmfunktion und zum Gesamtorganismus. Leipzig 1907: Gebr. Gerhardt. (51 S.) 8°
Leipzig, Phil. Fak., Ref. Eber-Kirchner, Diss. v. 28. Dez. 1907
[Geb. 6. Mai 82 Krensitz, Kr. Delitzsch (Prov. Sachsen); Wohnort: Leipzig; Staatsangeh.: Preußen; Vorbildung: Realgymn. Osterode a. H. Reife f. Prima O. 00; Studium: Tierärztl. Hochsch. Dresden 8, Univ. Leipzig 5 S.]

Achilles, August Andreas: Drey Predigten über drey höchstwichtige Vorfälle in Sachsen, welche ... in der Stadt und Pfarrkirche zu Musskau gehalten ... wurden. — Pförten [um 1764]: Beneke. 71 S. 4° 3.
1.6375

Achilles, August Andreas: Eine durch ein unerhörtes Zornfeuer Gottes ganz und gar verstöhrte Stadt stellete am 6. April 1766 ... bey Gelegenheit der am 2ten eiusdem erfolgten erschröcklichen Feuersbrunst, wodurch die Stadt Musskau in der Oberlausitz ... gänzlich zerstöhret worden, seiner ... Gemeinde über Klagelieder Jeremiä Cap. 1, v. 11–14 vor Augustus Andreas Achilles. — Dresden (1766): Krause. 12 Bl. 4° 3.
1.6376

Achilles, Christoph: Gesang-Büchlein. Neue Lieder der Heiligen u. Zeugen Jesu Christi, Apoc. 15, Cap. 19. Hrsg. von einem gottgelehrten, von der Welt aber verachten gemeinen Mann. In diese Welt zum Licht gestellet von C. A. [d. i. Christoph Achilles]. — Deutschland 1729. 195 S.
1:Ei 2916. 9.
1.6377

(—) Summarisch Glaubens-Bekäntnis über etliche Stücke in der christlichen Lehre, die der Kirch- und Schul-Diener zu Selben bey Dölitzsch wegen falscher Anklage, irriger Lehre, und Ketzerey, und böser Nachrede, Gottes Ehre, die Wahrheit und sein Gewissen zu retten, heraus gegeben hat. — Europa 1728. 21 S. 4° 3.
1.6378

Achilles, Franz [app. Arzt aus Göbschelwitz]: Aus d. Augenklinik d. Univ. Kiel. Beitrag zur Statistik der syphilitischen Augenkrankheiten ... Kiel, Druck d. »Nord-Ostsee-Zeitg«, 1893; 13 S., 1 Bl. 8.
Kiel, Med. Fak., Inaug.-Diss. v. [27. Juni] 1893

Achilles, Frz. J. Aug., das genossenschaftliche Waarenhaus. Ergänzung meiner Schrift: Der Detailhandel d. Grossstadt. (10 S.) gr. 8. Hamburg 904. (C. Boysen.) n.n. — 35

Achilles, Georg. Die Bedeutung und Stellung von Gottfried Achenwall in der Nationalökonomie und der Statistik. Diss. Phil. Bern. 73 S. 8. Göttingen, E. A. Huth, 1906. V Bern

Achilles, H., s.: Zusammenstellung der gegenwärtig in Geltung befindl. Verfassungs-Gesetze des Königr. Sachsen.

Achille's, B. A., theoretische u. praktische Methodik, s.: Bibliothek der katholischen Pädagogik. XII.

Achilles, W. (Mitarb.), s. Roitzsch, Jul. Rich.: Die ersten zehn Jahre (1894 - 1903) des freimaurerischen Vereins „Fürsorge".

Achilles, Wilh., Gedichte. 12. (VI, 76 S.) Leipzig 891. Alb. Möller. n. 1. 60; geb. m. Goldschn. n. 2. 50

Achilles, Wilh., neue Gedichte u. poet. Erzählgn. 8. (IV, 103 S.) Leipzig 895. A. Möller. n. 1. 60; geb. m. Goldschn. n. 2. 50

Achillis Tatii, s. Achilles Tatius Alexandrinus

Achillesferse, die, der Schulmedicin. Ein Mahn- und Bittwort an Regierende und Regierte, an Aerzte und Laien. 4. (16 S.) Leipzig 887, Dr. Willmar Schwabe.
Aus: „Leipziger Populäre Zeitschrift für Homöopathie", besonders abgedruckt.

Achills zürnender Schatten. Singsp. von Berger. 8. Leipz. Hilscher. 776.

Achim, s.: Preussen. Messtischblätter.

Achim, F., Briefe einer Namenlosen. (III, 92 S.) kl. 8. Berlin (909.) Frauen-Reich. 1.50; geb. 2. —

Achim, L. A. v., u. C. Brentano, d. Knaben Wunderhorn. s.: Universal-Bibliothek.

Achinger, C., die sexuelle Pädagogik vom Standpunkte unserer sittlichen Kultur, s. Lehrer-Prüfungs- u. Informations-Arbeiten 36. Heft.

— Die sexuelle Pädagogik vom Standpunkte unserer sittlichen Kultur. Von C. Achinger. — Minden i. W.: Hufeland 1908. 91 S. (Lehrer-Prüfungs- u. Informations-Arbeiten. 36.)
1:Nc 3894–36. 12:Paed. Th. 6639 u–36. 6.
1.6413

— s.: Schulblatt, evangelisches.

Achitsch Adrian: Das Gauß'sche Prinzip des kleinsten Zwanges und sein Zusammenhang mit den Maxwell'schen Gleichungen. 15. Pola Mar. U. R. 94. Progr.

Achleitner: De Qualteri Castellionensis Alexandreide. 26 S. Progr. Kremsmünster 1861.

Achleitner, Arthur

Achleitner, Arth., Achterdrusch u. Buchlmusik, s.: Collection Brillant. 9. Bd.

— Adlerjagd, s.: Daheim. Stenographen-Bibliothek 6. u. 7. Bd.

Achleitner, Arth., Hotel „Alpenrose". Roman. (452 S.) 8. Berlin (904). C. Duncker. n. 5. —

— Amor im Hochland. Liebesbilder aus den Alpen. 8. (III, 306 S. m. Abbildgn.) Leipzig 899. G. Müller-Mann. n. 5. —

Achleitner, Arthur (München, Prof., Geh. Hofrath, geb. in Straubing, 16. Aug. 1858), Amor im Hochland. Liebesbilder aus den Alpen. Leipzig, o. J. 8°. (Mk. 5—.) Zahm. (2 Mk. 50 Pfg. Paul Alicke, Dresden, 1908.)

Achleitner, Arth., Amor im Hochland. Liebesbilder aus den Alpen. 2. Aufl. (201 S.) 8. Leipzig (910.) G. Müller-Mann. 2. —

— **Angela, s.: Eckstein's Miniaturbibliothek.**

— Angela, s.: Hesse's, Max, Volksbücherei.

— Aus freier Wildbahn, s.: Grainer, Frz.

— das Bäbnle, s.: Für Herz u. Haus. Bd. 15. 16.

Achleitner, Arth., Bayerland, s.: Wanderungen durch deutsche Gaue.

Bayern, wie es war und ist. Vaterländ. Erzählungen, Skizzen u. Sagen aus Bayerns ältesten Tagen bis z. Gegenw. von Arthur **Achleitner**. (Bd 1–4.) Ill. von R. A. Jaumann. *München & Stuttgart: H. Zeller (1898).* 4 Bde 8° [os. 1

— **Bayern wie es war u. ist. Vaterländische Erzählgn., Skizzen u. Sagen aus Bayerns ältesten Tagen bis zur Gegenwart. Illustriert v. R. A. Jaumann. 4.—30. Lfg. gr. 8. Stuttgart 900. [Zeller & Schmidt.] F. Lehmann. à n. — 40**
1. Bd. (512 S.) 2. Bd. (463 S.) 3. Bd. (461 S.) 4. Bd. (489 S.)

— dasselbe. 2. [Titel-] Aufl. Kunstbeigaben: 4 Lichtdr.- u. üb. 50 Kunstdr.-Vollbilder. 4 Bde. gr. 8. (512, 463, 461 u. 489 S.) Zweibrücken [900] (901). Stuttgart. F. Lehmann. Geb. in Leinw. n. 16. —

— Bekehrung. Humoristischer Roman aus Berchtesgaden. (255 S.) 8. Berlin (906). C. Duncker. n. 3. 50

— Berggeschichten. (IV, 309 S.) kl. 8. Stuttgart 905. A. Bonz & Co. n. 2. —; geb. in Leinw. n. 3. —

— Bergquellen. Altes u. neues a. d. Alpenwelt. 12. (III, 299 S.) Dessau 898. C. Dünnhaupt. n. 3. —; geb. n. 4. —

— **Bergquellen. (III, 299 S.) 12. Leipzig 898. Berlin, Concordia. 3.—; geb. 4. —**
Auch die übrigen Achleitner'schen Schriften aus d. Verlage v. H. Seemann Nachf. (KVL 31.) sind an obige Firma übergegangen.

— **der Bezirkshauptmann. Hochlandsroman. 2 Tle. in 1 Bd. 8. (206 u. 233 S.) Berlin 901. O. Janke. n. 5. —**

— Bilder aus deutschen Alpen. Neue Hochlandserzählungen.— Stuttgart, Leipzig, Berlin, Wien: Deutsche Verl.-Anst. 1892. 211 S.
1:Yx 25886. 12: P. o. germ. 7 ib. 4. 7. 9.
1.6433

— Bilder a. deutschen Alpen. Neue Hochlandserzählgn. (Neue [Titel-] Ausg.) 8. (III, 211 S.) Stuttgart (892) 897. Deutsche Verlags-Anstalt. n. 1. —; geb. n. 1. 25

— grüne Brüche. Schilderungen u. Erzählgn. aus dem Wild- u. Waidmannsleben d. Hochgebirges. Mit Illustr. v. Hugo Engl. 12. (III, 223 S.) Stuttgart 894. A. Bonz & Co. n. 2. 50; geb. in Leinw. n. 3. 60

— Grüne Brüche. Schilderungen u. Erzählgn. 2. Aufl. (III, 223 S.) kl. 8. Ebd. (905). n. 2. 50; geb. in Leinw. n. 3. 60

— Celsissimus. Salzburger Roman. — Berlin: Schall (1901). 345 S. (Verein d. Bücherfreunde.)
1:Yt 684–11,2. 12: Var. 377 v–XI,2.11.
1.6438

— **Celsissimus. Salzburger Roman. 8. (345 S.) Berlin 902. A. Schall. n. 3. 50; geb. n. 4. 50**

— die nach Glück und Liebe suchen. Moderner Gesellschaftsroman. (369 S.) 8. Berlin (905). O. Janke. 4. —

— **die Dobratschrose. Erzählg. 12. (178 S.) Stuttgart 896. A. Bonz & Co. n. 2. —; geb. in Leinw. n. 3. —**

— Der Dorfpfarrer. Hochland-Roman. — Mainz: Kirchheim 1905. 443 S. (Achleitner: Gregorius Sturmfried. 1.)
4.
1.6440

— **Kaiser's Edelweiss, s.: Zehnpfennig-Unterhaltungshefte f. Nationalstenographen. Nr. 13.**

— Eisenbahnstreik, s. a. Universal-Bibliothek.

— Eisenbahnstreik. Roman. — Leipzig: Reclam [1904]. 164 S. (Universal-Bibliothek. 4557.4558.)
1:Ag 7201–4557.4558. 12: Var. 380 k–4557.4558.
300: 410.411-A. Per. 4557/8.
1.6445

— der Eiskaplan. Erzählung aus d. Hochgebirg. 1.—3. [Titel-]Aufl. (à 233 S.) 8. Mainz [904] 906. Kirchheim & Co. n. 2. 50; geb. in Salonbd. n. 3. 50

Achleitner, Arthur: Die Erbin des Schrofenhofes. Eine wahre Geschichte aus Tirol von –. Essen-Ruhr: Fredebeul & Koenen 1899. (60 S.) 8° [F.]
Unterhaltungsbibliothek f. Jung u. Alt. Bd 6. [oo.34345

— **Bergrichters Erdenwallen. Hochlandsroman. 8. (325 S.) Berlin 900. A. Schall. n. 3. —; geb. n. 4. —**

Bergrichters Erdenwallen. Hochlandsroman von Arthur **Achleitner**. *Berlin: A. Schall [1901].* (325 S.) 8° [F.]
— Verein d. Bücherfreunde. Jg 10, [1.] [01. 7500

— **Fels u. Firn. Erzählgn. a. d. Bergen. 12. (V, 249 S.) Ebd. 895. n. 3. —; geb. in Leinw. n. 4. —**

— **Fels u. Firn. Erzählungen aus den Bergen. Mit Illustr. v. Hugo Engl. 2. Aufl. 12. (III, 270 S.) Stuttgart 900. A. Bonz & Co. n. 3. —; geb. in Leinw. n. 4. —**

— der Finanzer, s. a. Eckstein's Miniaturbibliothek, Nr. 78.

— dasselbe, s. a. Hesse's, Max, Volksbücherei.

— Der Finanzer. Erz. vom Bodensee. — Leipzig: Hesse [1906]. 92 S. (Max Hesse's Volksbücherei. 333.) 10.
1.6450

— Der Forstmessias, s. a. Siesta.

— **Der Forstmessias. E. Waldgesch. a. Steiermark. 8. (192 S.) Berlin 897. Schall & Grund. n. 3. —; geb. n. 4. —**

Achleitner, A.: Der Forstmessias. Eine Waldgesch. a. Steiermark. 2. Aufl. (216 m. Abb.) 8°.– Lpzg. J. Rothbarth. 1901.

! Achleitner, Arth.: Der Forstmessias. Berl., Concordia 1901

— **der Forstmessias. Eine Waldgeschichte aus Steiermark. 2. Aufl. Illustriert v. Rich. Bossert. 8. (216 S.) Leipzig 901. H. Seemann Nachf. n. 3. —; geb. n. 4. —**

Der Forstmessias. Eine Waldgeschichte aus Steiermark von Arthur **Achleitner**. 5./10. Aufl. Berlin & Leipzig: Seemann [1910]. 127 S. 8°
(Siesta. 17.) [10. 10485

— Der wilde Galthirt, s.a. Geschichten, Tiroler.

(F) **Achleitner, A.**, Der wilde Galthirt. Eine Tiroler Novelle. [Volksbücherei. Nr. 5.] 8°. (54 S.) Graz: Styria 1902. K —.20

— **im Gamsgebirg. Neue Erzählgn. aus bayer. und österreich. Bergen. 12. (VI, 156 S.) München 893. O. Galler. 1. 50; geb. n. 2. —**

Achleitner, Arthur: Im Gebiet des Grossglockners. Alpenerzählungen. Mit Ill. von R. A. Jaumann. Berlin, Eisenach, Leipzig: H. Hillger [1900]. (128 S.) 8° [F.]
Bücherschatz, Kürschners. No 209. [02.14055

Achleitner, Arthur. Die Gebirgsbatterie. Roman. 368 S. 8. Einsiedeln .... Benziger & Co. A. G., 1911. [fr. 4. —, geb. 5. —] N 10224

— **fröhlich Gejaid! Jagdgesch. a. d. Bergen. 10.—12. Taus. 8. (III, 250 S.) Berlin 895. Verein der Bücherfreunde. n. 4. —; geb. in Halbleinw. n. 5. —**

— Das Gerichtshütl. Jagdgeschichte aus den Bergen. In vereinf. deutscher Stenogr. ⟨System Stolze-Schrey⟩. — Berlin: Schulze [1899]. 18 S. (Schulzes Zehnpfennigbücher. 11.) 1:V 22720–11.
1.6459

— **Geschichten aus deutschen Alpen, s. a. Bücher, die, des deutschen Hauses.**

— Geschichten aus deutschen Alpen. Illustr. von Strzoda. Berlin-Leipzig: Buchverl. fürs Deutsche Haus 1908. 287 S. (Die Bücher d. deutschen Hauses. 2,38.)
1:X 8600–2,38. 11.
1.6460

— Geschichten aus den Bergen, s. a. Reclam's Novellen-Bibliothek.

— dasselbe, s. a. Reuter's Bibliothek f. Gabelsberger Stenographen.

– Geschichten aus den Bergen, s. a. Universal-Bibliothek Nr. 2625, 2696, 2769, 2963.

— Geschichten aus den Bergen. T. 1–5. — Leipzig: Reclam [1889–95]. (Universalbibliothek. 2625. 2696. 2769. 2963. 3323.)
1–5 . 1:Ag 7201–2625. 2696. 2769. 2963. 3323. 10.
1 . . . . 7.
1.6461

— Tugendloses Gestein. Eine Gewerksnovelle aus Steiermark. (135 S.) 8. Berlin 906. Gebr. Paetel. n. 3. —; geb. in Leinw. n. 4. —

— Im Grenzdienst. Roman. (208 S.) 8. Berlin 910. Gebr. Paetel. 3.50; geb. in Leinw. 4. 50

— Grenzerleut, s. a. Veröffentlichungen d. Ver. f. freies Schriftthum.

— Grenzerleut'. Bilder aus d. Alpen. — Berlin: Verein f. Deutsches Schriftthum 1896. 243 S. ([Veröffentlichungen d. Vereins f. Deutsches Schriftthum.] 2,4.)
1:Ag 377–2,4.
1.6467

— — Leipzig: Tiefenbach [1896]. 243 S. 4.
1.6468

— Halali, s. a. Siesta.

— Halali! Geschichteln a. Bergrevieren. 12. (195 S.) Dessau 896. C. Dünnhaupt. n. 1. 50

Achleitner, Arth., Halali! Geschichteln a. Bergrevieren. 12. (195 S.) Dessau 896. Leipzig, H. Seemann Nachf. geb. n. 2. 30

!Achleitner, Arth.: Halali! Berlin, Concordia 1896

Halali! Geschichteln aus d. Bergrevieren von Arthur Achleitner. 5./10. Aufl. Berlin & Leipzig: Seemann [1910]. 126 S. 8°
(Siesta. 1.) [10. 16470

— Das Hennendirndl. Roman vom Kiemsee. (250 S.) 8. Berlin 907. Gebr. Paetel. 4.—; geb. in Leinw. 5. —

— Die Herzogskerze. Schwarzwälder Volksschauspiel in 4 Aufzügen. 8. (78 S.) Berlin 897. Schall & Grund. n. 1. —

— Der Hirsch v. Eßlingen, s. a. Veröffentlichungen d. Ver. der Bücherfreunde.

Achleitner, Arthur

Der Hirsch von Eßlingen. Roman. 8.-10 Td. Berlin: Schall & Grund (1897). 294 S. 8°

Achleitner, Arth. Aus dem Hochland. Berggeschichten, Skizzen u. Culturbilder aus d. bayer. u. österreich. Alpenwelt. 12. (VII, 201 S.) Münch. 892, [Stahl sen.] Galler. 1 60

— dasselbe. 2. Aufl. 12. (III, 201 S.) München 894. O. Galler. 1. 60; geb. n. 2. 20

— aus dem Hochland. Berggeschichten. 3., stark verm. Aufl. (VI, 250 S.) 12. Stuttgart (904). A. Bonz & Co. n. 1. 80; geb. in Leinw. n. 2. 80

— Der Hofjagdleiter. Roman aus steier. Bergen. (256 S. m. Titelbild.) 8. Leipzig (907.) G. Müller-Mann. 4. —

— Der Hofmarschall. Roman. (276 S.) 8. Berlin (907.) C. Duncker. 4. —

Achleitner, Arthur, Auf einsamer Höh'! Tiroler Novellen. Illustrirt von Mathias Schmid und Adolf Schumann. 8. (150 S.) —.80, in Original-Einband. Graz: Styria 1896. 1.20

— auf einsamer Höh'! Tiroler Novellen. Mit Orig.-Illustr. v. Math. Schmid u. Adf. Schumann. 2. Tausf. 12. (150 S.) Graz 896. Styria. n. 1. 40; geb. n. 2. —

(F) Achleitner, A., Auf einsamer Höh'! Der Lawinenpfarrer. Tiroler Novellen. 3. Aufl. 8°. (69. 54 S.) geb. K 1.50
Graz: Styria 1904.

— auf einsamer Höh'. Tiroler Novellen. 4. Aufl. (Der Lawinenpfarrer. 18.—27. Tausf. — Der wilde Galthirt. 13.—23. Tausf.) Mit Orig.-Illustr. v. Mathias Schmid u. Adf. Schumann. (70 u. 55 S.) kl. 8. Graz 905. Styria. Geb. in Leinw. n. 1. 20
3. Aufl. (70 u. 55 S.) Ebd. 905. n. 1. 20.

— hüben u. drüben. Grenzroman aus dem Hochland. 2 Tle. in 1 Bde. 8. (218 u. 212 S.) Berlin 903. O. Janke. n. 5. —

— Der Jagdbischof. Roman. Illustr. von K. Storch. — Berlin: Eckstein [1898]. 160 S. (Ecksteins illustr. Romanbibliothek. 1,6.)
1:Yt 716–1,6. 11.
1.6483

— Jagdbrevier. Lust. Weidwerksgeschichten a. d. Hochgebirge. Mit Illustr. v. Ed. Grützner, Otto Seitz, C. Zimmermann u. s. w. 8. (VII, 255 S.) Leipzig 896. A. Schumann. Geb. in Leinw. n. 6. —; ermäß. Preis n. 4. —

— Jägerstreik. Roman aus steierischen Bergen. — Leipzig, Berlin, Paris: Grethlein [1909]. 319 S.
1:Yx 39828. 11.
1.6482

— Jerusalem. Ein Zeitbild aus der hl. Stadt. (344 S.) 8. Mainz 905. Kirchheim & Co. n. 3. 20; geb. n. 4. 50

— In Treue fest. Geschichtlicher Roman. (411 S.) 8. Berlin (903). C. Duncker. n. 5. —

[F.] Das Jochkreuz. E. Erzählg a. d. Tiroler Bergen v. Arthur Achleitner. M. 25 Ill. v. R. A. Jaumann. *Berlin, Eisenach, Leipzig: H. Hillger [1897].* (118 S.) 1 Bd 8.
= Bücherschatz, Kürschners. No 1. [97. 6299

— Karl der Weise. Ein Königsroman. (413 S. m. 5 Taf.) 8. Leipzig (908.) G. Müller-Mann. 5. —

— Der Klostermaler. Erzählung. — Kevelaer: Thum [1909]. 255 S. (Die Bücherhalle. 10.) 1:Yt 729/97–10. 5.
1.6491

— Im Lande der Kraft. Erzählung. (261 S.) 8. Leipzig (908.) G. Müller-Mann. 3. —

— Der Landprofos. Roman aus dem Ende des 16. Jahrh. (320 S.) 8. Ebd. (907.) 4. 50

– Der Lawinenpfarrer s. a. Geschichten, Tiroler

(F) Achleitner, A., Der Lawinenpfarrer. 3. Aufl. (Volksbücherei Nr. 1.) 8°. (72 S.) Graz: Styria 1902. K —.20

— Der Leibeigene v. Krawarsko. Erzählung aus Kroatien. (220 S.) 8. Berlin 910. Gebr. Paetel. 4.—; geb. in Leinw. 5. —

— Des Zündlers Leid u. Liebe. Erzählung aus tirol. Bergen. (169 S.) 8. Berlin (909.) Gebr. Paetel. 3.—; geb. in Leinw. 4. —

— das treue Leut', s. a. Collection Tiefenbach.

Ein treues Leut'. Roman aus d. Alpen v. Arthur Achleitner ... *Charlottenburg: A. Michow 1897.* (127 S.) 1 Bd 8.
= Michow-Bücher. Bd 11. [98. 2726

— — Ein treues Leut'. „Grenzerleut'". Bilder aus den Alpen. München 1897: Neue freie Volkszeitung. 123 S.
12: P. o. germ. 7 ieg/2.
1.6501

Achleitner, A.: Leute v. Flügelrad. Roman. (238) 8°. – Lpzg., F. Rothbarth 1901.

!Achleitner, Arth.: Leute v. Flügelrad. Berlin, Concordia. 1901

— Leute vom Flügelrad. Roman. 8. (III, 238 S.) Leipzig 901. H. Seemann Nachf. n. 4. —; geb. n. 5. —

— resche Luft! 3 Berg-Novellen. 2. Aufl. 8. (V, 216 S.) [München 894, O. Galler.] Stuttgart, A. Bonz & Co. n. 2. —

Achleitner, A., resche Luft! Drei Berg-Novellen. 2. Aufl. (216).– Münch. 1895, O. Galler.

— die Luftschiffer. Roman. (378 S.) 8. Berlin (903). O. Janke. n. 4. —

Achleitner, Arth.: Familie Lugmüller, s.a.Siesta.

— Familie Lugmüller. 2. (Umschlag-)Aufl. 12. (162 S.) Dessau 896. C. Dünnhaupt. n. 2. —

— Familie Lugmüller. Roman. Illustriert v. Rhold. Karl. 2. Aufl. 3.—4. Tausf. 8. (168 S.) Ebd. 901. n. 3. —; geb. n. 4. —

Achleitner, A.: Familie Lugmüller. Roman. 2. Aufl. (168 m. Abb.) 8°.– Lpzg.F. Rothbarth 1901.

! Achleitner, Arth.: Familie Lugmüller. Berl., Concordia. 1901

Achleitner, Arth.: Luitpold, Prinzregent v. Bayern, s. Velhagen u. Klasing's Volksbb.

— auf Luxenstein. Humoristischer Roman. (321 S.) 8. Ebd. 902. n. 4. —; geb. n. 5. —

— ein gekaufter Mann. Roman. (138 S.) 8. Berlin 906. Gebr. Paetel. n. 3. —; geb. in Leinw. n. 4. —

— am schwäbischen Meer. Bodensee-Novellen. (Illustriert v. G. Ad. Closz.) 12. (302 S.) Stuttgart 900. Zeller & Schmidt's Verlag. n. 3. —; geb. n. 4. —

— „Mein Herz ist im Hochland". Alpenerzählungen. (VII, 220 S.) 8. Leipzig (907.) B. Elischer Nachf. 3.50; geb. in Leinw. 4. 50

— der Militärkurat. Roman. (300 S.) 8. Berlin (903). C. Duncker. n. 4 —

Achleitner, Arthur: Bayerische und salzburgische Namen. Handb. z. Namenkunde von –. München: H. Korff. 1901. (91 S.) 8°. [02.3630

Achleitner, Arth.: Bayerische und salzburgische Namen. Hdb. z. Namenkde. (91). 8°.– Münch.: Beckstein 1902.

— bayerische u. salzburgische Namen. Handbuch zur Namenkunde. (91 S.) 8. München 902. H. Korff's Nachf. n. 1. —

— tirolische Namen. Handbuch zur Namendeutg. 8. (VII, 133 S.) Innsbruck 901. Wagner. n. 1. 50

— Österreich wie es war u. ist. Vaterländische Erzählgn., Skizzen u. Sagen aus Österreichs ältesten Tagen bis zur Gegenwart. Illustriert von E. v. Baumgarten. (In 40 Lfgn.) 1.—4. Lfg. gr. 8. (1. Bd. S. 1—320.) Stuttgart 899. Zeller & Schmidt's Verl. à n. — 50

— im Passionsdorfe. gr. 16. (46 S. mit Karte und Festspielplan.) München 890. Ernst Scherzer. — 50

— Exzellenz Pokrok. Roman. (245 S.) 8. Berlin 905. Gebr. Paetel. n. 4 —; geb. in Leinw. n. 5. —

— Portiunkula. Erzählung aus dem Hochland. 1. u. 2. [Titel-]Aufl. (367 S.) 8. Mainz [904] 906. Kirchheim & Co. n. 3. 20; geb. in Salonbd. n. 4. 50

— das Postfräulein. Hochlandsroman. gr. 8. (301 S.) Leipzig (900). G. Müller-Mann. n. 4. —

— Das Postfräulein. Hochlandsroman. (Umschlag: 2. Aufl.) (279 S.) 8. Leipzig (909.) G. Müller-Mann. 4. —

— der Radmeister v. Vordernberg, s. a. Volksbücherei.

— Der Radmeister v Vordernberg. E. Gewerkschaftsbild a. d. ehernen Mark. Hiezu e. Anh.: D. Erzbergbahn. 12. (183 S. m. 10 Illustr.) Graz 897. Styria. n. 1. 70; geb. n. 2. 40

(F) Achleitner, A., Der Radmeister von Vordernberg. Ein Gewerkschaftsbild aus der ehernen Mark. [Volksbücherei Nr. 11.] Wien: Perles 1903. K —.20

Achleitner, Arth., der Radmeister v. Vordernberg. Ein Gewerkschaftsbild aus der ehernen Mark. Mit 8 Illustr. u. 1 Panorama der Erzbergbahn. 3. Aufl. (8.—12. Taus.) (107 S.) kl. 8. Graz 905. Styria. Geb. in Leinw. n. 1. 20

— Raubschützen. Erzählung aus dem Wildererleben. (384 S.) 8. Berlin (906). O. Janke. n. 4. —

— Scheiblerblut. Roman ausd. Tauernwelt. (281 S.) 8. Leipzig (909.) B. Elischer Nachf. 4. —; geb. in Leinw. 5. —

— Das Schloß im Moor. Roman. — Berlin: Paetel 1903. 270 S. 1:Yx 34470. 11. 1.6526

— — 2. Aufl. Ebd. 1908. 270 S. 12:DD. I. 1652. 1.6527

— Schmugglergeschichten. — Berlin: Herlet (1909). 32 S. (Illustrierte Adler-Bibliothek. 7.) 1:Yt 729/143–7. 1.6529

— Schusszauber. Erzählung. — Eisleben: Stenotachygraphen-Verein [1899]. 16 S. (Stenotachygraphische Zehnpfennigbücher. 2.) 1:V 21637–2. 8. 1.6531

— Sport bei Hof. Roman. (187 S.) 8. Berlin 907. Gebr. Paetel. 3. —; geb. in Leinw. 4. —

Der Stadtpfarrer. Erzählung von Arthur Achleitner. Mainz: Kirchheim & Co. 1905. (445 S.) 8° [F.]
= Achleitner: Gregorius Sturmfried. Bd 2. [06. 9374 4

— Aus der grünen Steiermark. Steierische Novellen. (III, 219 S.) 8. Leipzig (908.) B. Elischer Nachf. 3.50; geb. in Leinw. n 4. 50

— Der Stier von Salzburg. Kulturbild aus d. Beginn d. 16. Jh. — Berlin: Paetel 1897. 304 S. 1:Yx 29360. 12:P. o. germ. 7 lef. 4. 11. 1.6534

— — München 1897: Neue freie Volkszeitung. 176 S. 12:P. o. germ. 7 leg/3. 1.6535

— Stöffele, Lebensbild e. tirol. Heldenpriesters. (282 S. m. 1 Bildnis.) kl. 8. Wien 904. H. Kirsch. n. 3. —; geb. n. 4. —

— Gregorius Sturmfried. Ein Zeitbild aus dem Katholizismus der Gegenwart. 3 Bde. 8. Mainz 905. Kirchheim & Co. à n. 4. —; geb. à n. 5. —
1. Der Dorfpfarrer. Hochland-Roman. (443 S.) 905.
2. Der Stadtpfarrer. Erzählung. (VII, 445 S.) 905.
3. Kanonikus Sturmfried. Erzählung. (V, 381 S.) 906.

Kanonikus Sturmfried. Erzählung von Arthur Achleitner. Mainz: Kirchheim & Co. 1906. (381 S.) 8° [F.]
= Achleitner: Gregorius Sturmfried. Bd 3. [06. 9374 4

— im grünen Tann, s a. Veröffentlichungen d. Ver. d. Bücherfreunde.

Achleitner, Arthur

Im grünen Tann. Schwarzwaldnovellen. 8.-10. Td. Berlin: Schall & Grund (1896). 8°

[F.] Im grünen Tann. Schwarzwaldnovellen v. Arthur Achleitner. 8. —10. Taus. *Berlin: Ver. d. Bücherfreunde [1896].* (2 Bl., 244 S.) 1 Bd 8.
= Verein d. Bücherfreunde. Jg. VI. [No] 3. [97. 2693

— Themis im Gebirge. 2 Erzählgen. aus dem Allgäu. 8. (219 S.) Berlin 902. C. Duncker. n. 3. —

— Tirol u. Vorarlberg. Neue Schilderg. v. Land und Leuten. Mit 1 Karte, zahlreichen Illustr. u. Orig.-Beiträgen v. Math. Schmid, Fr. v. Defregger, E. Grützner rc. 1.—4. Hft. Fol. (S. 1—64.) Leipzig 894. A. H. Payne. à n. — 50

— u. E. Ubl, Tirol u. Vorarlberg. Neue Schilderg. v. Land u. Leuten. M. (8) farb. Trachtenbild., 1 Karte, zahlr. Ill. u. Orig.-Beiträgen v. Math. Schmid, Fr. v. Defregger, E. Grützner ꝛc. 17.—26. Heft. Fol. (XI u. S. 257—400.) Leipzig 895. A. H. Payne. à n. — 50
(kplt. geb. in Leinw.: n. 19. —; in Celluloid n. 20. —)
Lfg. 1—16 sind v. A. Achleitner allein bearbeitet.

— u. E. Ubl, Tirol u. Vorarlberg. Neue Schilderg. v. Land u. Leuten. Mit farb. Trachtenbildern, 1 Karte, zahlreichen Illustr. u. Orig.-Beiträgen v. Mathias Schmid, Fr. v. Defregger, E. Grützner usw. 2. Aufl. (XI, 400 S. m. 44 [7 farb.] Taf.) hoch 4. Leipzig 901. 902. A. H. Payne. n. 17. —; geb. m. Goldschn. n. 24. —
Erschien auch in 17 Heften à n. 1. —.

— Die Trostjungfer. Erzählung aus Bajuwarien. (173 S.) 8. Leutkirch (909.) J. Bernklau. 3.—; geb. 4. —

— von Tegernsee bis Gaëta. Erzählung. (187 S. m. Titelbild.) kl. 8. Leipzig (906). G. Müller-Mann. n. 2. —; geb. n.n. 3. 50

Vronele. Tannenreis. Schwarzwaldgeschichten von Arthur Achleitner. Ill. von Fritz Reiß. Stuttgart: Krabbe [1897]. 96 S. 8°
[10. 9594

— Vronele. — Tannenreis. Schwarzwaldgeschichten. Illustr. v. Fritz Reiß. gr. 8. (96 S.) Stuttgart 898. C. Krabbe. n. 1. —; geb. in Ldr. n. 2. 50

Achleitner, Artur: Lustige Weidwerksgeschichten aus dem Hochgebirge. ⟨Jagdbrevier.⟩ Mit Illustr. 2. Aufl. — Berlin: Neufeld & Henius [1900]. 102 S. (Bunte Bücherei. 3.) 1:X 8364/90–3.
1.6563

Achleitner, A., Lustige Weidwerksgesch. a. d. Hochgebirge. 2. Aufl. (Jagdbrevier.) 8°(102).– Berl. 1900. Lpzg. Bibliograph. Anst. A. Schumann.

— Die Wirtin im Sunk. Erzählung aus der Tauernwelt. (138 S.) 8. Leipzig (909.) G. Müller-Mann. 2. —

Achleitner, C., weil ma' in d' Welt taug'n! Gedichte in oberösterreichischer Mundart. 16. (IV, 122 S.) Hamburg 889. Verlagsanstalt & Druckerei, A.-G. n. 1. 60
geb. mit Goldschn. n.n. 2. 50

Achleitner, Jos., Amors Launen. Das Liebesleben in Liedern. (171 S.) kl. 8. Leipzig 907. Verlag f. Literatur, Kunst u. Musik. 2.50; geb. n 3.50

Achleitner, Karl, Erzählungen, s.: Jugendschriften, hrsg. v. oberösterr. Lehrerverein.

Achleuthner, L., De Gualteri Castellionensis Alexandreide. Pr. 1861. 26 S. 4°. 1.50

Achlin, Aloys: Gesch.-Bilder für Schulen, s. Krüger, Karl A.

Achmed und Clothilde. Ein dramatischer Scherz. Um 1885 u.ö. s.a. Ahrens, Eduard.

ACHMED und Clotilde. Pikanter Akt für Herrenabende. Kunstverlag Zürich o. J.
Verb. d. Ldg. Rostock M 24/05

ACHMED und Chlotilde. Erotisches (!) Theaterstück in Versen. Boston 1899. 16°. 23 S.

ACHMED und Clothilde. (Sotadicum.) (1 Mk., eine Firma in Böhmen, 1901.)

ACHMED und Chlotilde. Trauerspiel in einem Aufzuge von Hochstehter. O. O. u. J. (1907). 8°. 15 S.

ACHMED und Klothilde. Liebes-Lustspiel in 4 Akten. Von Dubois. Paris, H. Dreyfus, o. J.
Verb. d. Ldg. Elberfeld 8 J. 502/13.

— u. Zenide. Schausp. v. A. W. Iffland. 8. Leipz. Göschen. 799.

ACHMED BEY, oder der Harem u. die Erstürmung von Constantine 1837. Historisches Charakter- und Völkergemälde aus Nord-Afrika. Leipzig 1838. 8°. (2 Mk. 50 Pfg., gebrauchtes Expl., A. Bielefeld, Carlsruhe, 1891.)

Achmed Bey, od. der Harem u. d. Erstürmung v. Constantine im J. 1837. Histor. Charakter- u. Völkergemälde aus Nord-Afrika. Vom Hrsg. d. „Georg Schobri." kl. 8. (13½ B.) Leipzig 838, Klein's lit. u. geogr. Compt.

Achmed Midhat. Subdetul-Chakaik. Konstantinopel 1878. 8°. (Türkisch.)
Dass. deutsch u. d. T.: Sammlung auserwählter Dokumente aus den türk. Staatsarchiven. Ein Beitrag zur Geschichte des russ.-türk. Krieges von 1877/78, von A. v. Drygalski. Berlin 1880.

Achmed, Sultan, d. Lust u. Liebe des Volks. Lstspl. 8. Berl. 781. Sander. 6 K

Achmed s. *Aḥmad.*

Achmet s. *Achmed.*

Achmet und Almanzine. Ein Singspiel in zwey Aufzügen. Nach dem Französischen des Herrn le Sage und d'Ormeville ... [Wien] 1795. V: *Mumelter, Frz. Jos. von.* (Margr Nr. 22) (BiblPort)

Achmet s. *Aḥmad.*

Sultan Achmet, genannt: Die Lust und Liebe des Volks. Ein Schauspiel in 3 Aufz. — Berlin: Wever 1781. 119 S. **1:**Yr 9041. **300:** 392.620–A. Bd 212.
1.6566

—— Frankfurt & Leipzig; Köln: Imhof 1784. 112 S. **1:**Yr 9041/5. **300:** 1.842–A. 7.
1.6567

Achner, Adolph. Beiträge zur Kenntnis der falschen Chinarinden. Diss. Phil. Bern. [Mit 1 Tafel.] 109 S. 8. Zürich, Jacques Bollmann, 1904.

Achondzade, Mirza Feth-Ali, der Vezier v. Lenkoran, s.: Universal-Bibliothek.

Durch Rußlands Schneefelder in die Festung Cherson. Aus d. Memoiren von Dr. Achscharumow [Dmitrij Dmitrievič **Achšarumov**]. Autor. Übers. von H. K. Mit e. Bilde d. Verf. Breslau: Schles. Verl.-Anst. 1907. (138 S.) 8° [F.]
[c7. 3141

Achšarumov, Dmitrij Dmitrievič: Durch Rußlands Schneefelder in die Festung Cherson. Aus d. Memoiren von Achscharumow. Autoris. Übers. von H. K. — Breslau: Schottlaender; Leipzig: Steinacker [usw.] 1907. 138 S. **1:**Ax 6544/5. **12:** Biogr. 3ar. 2.
1.6580

Achšarumov, Dmitrij Dmitrievič: Memoiren. Von Achscharumow. Autoris. Uebers. von K. in B. — Breslau: Schottlaender; Leipzig: Steinacker [usw.] 1903. VIII, 221 S. **1:**Ax 6544/4. 2.
1.6579

Achšarumov, Nikolaj Dmitrievič

Achscharumow, N., der falsche Name, s.a. Romane, moderne, d. Auslandes.

Achšarumov, Nikolaj Dmitrievič:
Der falsche Name. Roman von N. Achscharumow. Aus d. Russ. frei bearb. von H. von Lankenau. Bd 1.2. — Berlin: Janke 1868. (Moderne Romane des Auslandes in guten Uebersetzungen. 84.85.) **7. 11.**
1.6581

Achscharumow, russ. Arzt. 1907 s. *Achšarumov*, Dmitrij Dmitrievič.

Achscharumow, N. s. *Achšarumov*, Nikolaj Dmitrievič.

Achsel, Richard, Oberlehrer in Wilmersdorf-Berlin: Über den Zahlbegriff bei Leibniz. Burg b. M. 1905: A. Hopfer. (21 S.) 4°
Rostock, Phil. Fak., Ref. Erhardt, Diss. v. 20. Juli 1905
[Geb. 17. Mai 72 Berlin; Wohnort: Wilmersdorf; Staatsangeh.: Preußen; Vorbildung: Sophien-Realgymn. Berlin Reife O. 92; Studium: Berlin 8 S.; Rig. 18. Juli 05.]

Achsel, R[ichard]: Über den Zahlbegriff bei Leibniz. 20 S. 4.
Progr. Bismarck-Gymn. *Wilmersdorf-Berlin* 1905
I. Ursprung u. Wesen der Zahlvorstellung. II. Die logischen Grundlagen der Mathematik. III. Die diskrete Zahlgröße. IV. Die stetige Zahlgröße.

Die **Achselklappe**'. Sammlung kurzer Regimentsgeschichten. Nr 1–7. Stuttgart: Moritz [1905–06]. quer-8°
1. Pfister, Alb. v.: Grenadier-Regiment 'Königin Olga' ⟨1. Kgl Württ Nr 119⟩. [1905.]
2. Pfister, Alb. v.: Dragoner-Regiment 'Königin Olga' ⟨1. Württ.⟩ Nr 25. [1905.]
3. Pfister, Alb v.: Infanterie-Regiment 'Kaiser Wilhelm' König von Preußen. ⟨2 Württ.⟩ Nr 120. [1905.]
4. Pfister, Alb. v.: Feldartillerie-Regiment 'Prinzregent Luitpold von Bayern' ⟨2. Württ.⟩ Nr 29. [1905.]
5. Gleich: Ulanen-Regiment 'König Wilhelm I.' ⟨2. Württ.⟩ Nr 20. [1906.]
6. Müller: Herb.: 4. Württ. Infanterie-Regiment Nr 122 Kaiser Franz Joseph von Oesterreich, König von Ungarn. [1906.]
7. Pfister, Alb. v.: Infanterie-Regiment 'König Wilhelm I.' ⟨6. Württ.⟩ Nr. 124. [1906.] (11. 6646

1 s. 05. 14118 2 s. 05. 14119 3 s. 05. 14120 4 s. 05. 14121 5 s. 06. 14255 6 s. 06. 14256 7 s. 06. 14257

Achselklappe, die. Sammlg. kurzer Regtsgesch. Nr. 5-7. qu16°, Stuttg. Uhland'sche Buchdr. (Nur dir.)

Acht Stunden Arbeit! Warum feiern die Arbeiter am 1 Mai? Acht Stunden Erholung! Acht Stunden Ruhe (Sep.-Abdr. aus der Arbeiter-Zeitung, Nr. 30) 8° Wien, Verl v L A Bretschneider. s. a.

Acht Tage in Wien. Braumüllers Wegweiser zu den Sehenswürdigkeiten der österreichischen Reichshaupt- und Residenzstadt Wien und in die reizenden Umgebungen derselben. Mit dem neuesten Plane der Stadt und Vorstädte. 7. umgearbeitete Auflage. kl8°. (219 S.) Ebds. cart. 1868.

Acht, Ant.: Der moderne französ. Syndikalismus, s.: Abhandlungen d. staatswissenschaftl. Seminars zu Jena.

Acht, Wilhelm, a. Niedertiefenbach ⟨Hessen-Nassau⟩: **Die Entstehung des Jahresanfangs mit Ostern. Eine historisch-chronologische Untersuchung über Entstehung des Osteranfangs und seine Verbreitung vor dem 13. Jahrhundert.** Berlin: R. Trenkel 1908. (IV, 108 S.) 8°
Leipzig, Phil. Fak., Ref. Seeliger-Lamprecht, Diss. v. 6. April 1908
[Geb. 15. Juni 80 Niedertiefenbach; Wohnort: Niedertiefenbach; Staatsangeh.: Preußen; Vorbildung: Gymn. Weilburg a. d. Lahn Reife M. 02; Studium: München 2, Berlin 7 S.]

Acht, Wilh., religiöse Lieder für die liebe katholische Jugend, zum Gebrauche bei kirchl. Feierlichkeiten. 8. (V, 81 S.) Limburg 884. Herz. geb. n. — 40

Acht, Wilh., 15 vierstimmige Männerchöre. (32 S.) 8. Limburg (907.) (A. Hötte). — 50

Achtbaren. — Dem achtbaren Halberstädter Vereine der Kampfgenossen aus den Feldzügen von 1813–1815 am 18 October 1841 gewidmet — Bernburg (1841).
1:Qn 9205 3
1 6588

Achtbuch. — Das Achtbuch des Egerer Schöffengerichtes Von Karl Siegl [1.] 2 — Prag Verein f Gesch d Deutschen in Böhmen; Calve in Komm 1901 03.
1 Aus der Zeit von 1310 bis 1390 1901 2 Vom Jahre 1391 bis 1408 1903
Aus Mitteilungen d Vereins f Gesch d Deutschen in Böhmen Jg 39 41
1.2 . . . . **2.**
2 . . . . . **300**:427.094–B
1 6591

Achtelstetter, A., die Mutter Amalie u ihre zwei Kinder Marie u. Gottlieb, oder die Macht christlicher Erziehung. Eine Erzählung f. Eltern u. Erzieher u f. die reifere Jugend. Mit 1 Kpfr. 8. (IV u. 123 S.) Nürnberg 847, v. Ebner. n. 12 ngr

— pädagogische Zeitfragen. gr. 8. (30 S.) Bayreuth 849, Grau. n. 4 ngr

Achtelstetter, F. L. (Hrsg.), s. F a c h - Z e i t s c h r i f t, Österreich-ungarische, für die Schirm-Industrie...

Achtelstetter, P. J., die deutsche Schirm-Industrie u. deren verwandte Nebenzweige, s a. Taschenbibliothek, deutsche kunstgewerbliche.

Achtelstetter, P. J., Die deutsche Schirm-Industrie und deren verwandte Nebenzweige in der Entwickelung und den fortschreitenden Erfindungen und Verbesserungen Unter Mitwirk namhafter Fachmänner bearb. Mit Abbildd. Leipzig 1886 8.
((Deut kunstgew. Taschenbibl II 7.

Achtelstetter, P. J. Curt, Betrachtungen über deutsche Literatur, nebst einem Anhang: Die Stenographie, ihre Geschichte und Vorteile. 8. (15 S.) Nordhausen 882. Braunschweig, Selbstverlag des Verf. *

Achtelstetter, P. J. Curt, Betrachtungen üb. deutsche Literatur, nebst e. Anh.: Die Stenographie, ihre Geschichte u. Vorteile. 8. (15 S.) Nordhausen 882. (Leipzig, Scholtze.) n. — 40

Achter, Achille van V. A. Achille's Theoretische und praktische Methodik. Aus d. Franz. übers. u mit einer Einl u Erl. vers. von Joseph Anton Keller. — Freiburg i. Br.: Herder 1899. LXIV, 308 S. (Bibliothek d. kath. Pädagogik. 12)
1:Nc 7474 12 **12**:Paed. Th. 482-12.
300:400.770-B. Per. 12. **2. 5. 6. 102.**
1 6605

Achter, H., v. der menschl. Freiheit. gr. 8. (III, 49 S.) Leipzig 895. W. Engelmann. n. 1. 50

Achterberg, A., die Geometrie im Zeichenunterricht. Ein Hülfsbüchlein zum Zeichenunterricht in Mädchenschulen. gr. 8. (38 S.) Görlitz 874. Remer. — 75

Achterberg, Otto: Leitfaden und Instruktionsbüchlein für die Mitglieder der Voreinschätzungs-Unterkommissionen bei der Voreinschätzung zur preußischen Staats- und Gemeinde-Einkommensteuer — Breslau: Schatzky in Komm [1907]. 15 S. **2.**
1 6610

Achterburg, Georg (Red.), s. B u n d der Landwirte für Ostpreussen.

Achterfeld, Dr., s. Zeitschrift f. Philosophie u. kathol. Theologie.

Achterfeldt, Friedrich, a. Aachen: Steroisomerie bei Hydrazonen der Glyoxylsäure. Erlangen 1908: E. Th. Jacob. (69 S.) 8°
Erlangen, Phil. Fak., Ref. Fischer-Hensel, Diss. v. 24. März 1908.

Achterfeld, J. H. s. *Achterfeldt*, Johann Heinrich

Achterfeldt, Joannes Henricus, s. A c h t e r f e l d t, Johann Heinrich

Achterfeldt, Johann Heinrich

Achterfeld, J. H., Aktenstücke, das jüngsthin von der Inquisition zu Rom verbotene Lehrbuch der christkath. Glaubens- u. Sittenlehre des Verfassers betreff. gr. 8. Bonn 839. Habicht. 1/6 rthl

Achterfeldt, J. H., de erroribus in constituendo Summo doctrinae moralis principio etc. Dissert. 8 maj. Bonn 827, Habicht.

— de erroribus in constituendo summo doctrinae moralis principio etc. Dissert. 8. Bonn 828. Habicht. 6 gl

J. H. **Achterfeld** de erroribus in constituendo summo doctrinae moralis principio natis ex discrim. int. princip. doctr. mor. et criterium honestatis non animadverso deq. vero doctr. mor. inpr. christ. principio dissert. *Bonn*, Habicht. 829. 8° 6 gl

Achterfeld, J. H. (Prof.), de erroribus in constituendo summo doctrinae moral. principio etc dissertatio. 8. Bonn, 1832 (Habicht) 6 ggr. — 27 kr.

Achterkirchen, Johann (Hildesheim), De juribus et obligationibus conjugis superstitis ex communione bonorum universali praesertim juxta statuta Hildesiensia. Präs. G. Ludw. Boehmer. Göttingen (Joh. Wilh. Schmid) 1748. 70 S., z. T. deutscher Text. (5.20) 32
Gewidm.: Gerl. Adolf Frhr. v. Münchhausen (Strausfurth).

— — Dasselbe. Götting. (Jo. Friedr. Hager), Juni 1748. (Ohne Widm.) (4.80) 33

— Katechismus der christkatholischen Lehre zunächst für die Elementarschulen des Bisthums Ermland. Ein Ausz aus d. Lehrbuche d. christkatholischen Glaubens- u Sittenlehre. Von J H Achterfeldt — Braunsberg. Feyerabend 1826 V, 194 S. **1**:Eo 10560 **3. 102P**
1 6612

— — Ebd. 1828 V, 194 S **102P**
1 6613

— — Katechismus der christkatholischen Lehre von J. H. Achterfeldt. 2. verb. Aufl. — Bonn: Habicht 1831. VIII, 192 S. 1:Eo 10560ᵃ. 5. 1.6614

— — 3. verb. Aufl. Ebd. 1833. VIII,202 S. 1:Eo 10560ᵇ. 102P. 1.6615

— — 3. verb. Ausg. Braunsberg 1835: Muttray. VIII,214 S. 1:Eo 10561. 10. 102. 1.6616

Achterfeldt, Johann Heinrich: Lehrbuch der christkatholischen Glaubens- und Sittenlehre in Fragen und Antworten zunächst für das Bisthum Ermland. Von J. H. Achterfeldt. — Braunsberg: Feyerabend 1825. VIII,658 S. 1:Cw 4590. 3. 5. 7. 9. 10. 102. 1.6618

Achterfeldt, (J. H.,) Lehrbuch d. christkathol. Glaubens- u. Sittenlehre in Fragen u. Antworten, zunächst f. d. Bisth. Ermland. 8. Braunsberg 825, (Danzig, Gerhard. Königsb. Unzer.)

Achterfeldt, J. H., Lehrb. d. christkathol. Glaubens- u. Sittenlehre in Fragen u. Antworten, zunächst f. d. Bisth. Ermland. 8. Braunsberg 826. (Habicht in Bonn). 20 gr

Joannes Henricus **Achterfeldt**, theol. doct., prof. publ. ord. in univ. litt. regia Borussica Rhenana scripto programmate De necessitate principii ad construendam doctrinam moralem deque erroribus in constituendo summo principio natis ex discrimine inter principium doctrinae moralis et criterium honestatis non animadverso ad audiendam orationem aditialem de vero theologiae moralis christianae principio, quam d. IX m. Junii a. 1827 ... habebit, ... invitat ... Bonnae ad Rh., T. Habicht 1827. 2 Bl., 39 S. 8.

Achterfeldt, J. H. (Hrsg.), s. Zeitschrift für Philosophie und katholische Theologie.

Achtermann's Leben, s. Leben Wilhelm Achtermann's.

Achtermann, C., Abenteuer zweier Jünglinge auf der Insel Ceylon. Ein Lesebuch f. Kinder. Mit 6 (lith.) Abbildgn. gr. 16. (IV u. 166 S.) Berlin 850, Brandis. n. 18 ngr

Achtermann, C., Taschenbuch der vorzüglichsten Stubenvögel Deutschlands. Enthaltend: Die Wartung, Fütterung, Lebensweise und Behandlung derselben bei Krankheiten. Nebst einer naturhistorischen Beschreibung der Singvögel, welche die Merkmale der Gattungen und die genauen Kennzeichen aller Arten derselben enthält, sodass der Liebhaber beim Ankaufe niemals getäuscht werden kann. Quedlinburg 1847. 16.

— Taschenbuch der vorzüglichsten Stubenvögel Deutschlands. Enthalt.: Die Wartung, Fütterung, Lebensweise u. Behandlung derselben bei Krankheiten. Nebst einer naturhistor. Beschreibung der Singvögel. gr. 16. (104 S.) Quedlinburg 848, Basse. 1/3 rf

Achtern, Jeckel van: Schäfftige Martha, dat iß eentfoldige Beschriving, wo idt mit dem honigsöten Fryen vör und by der Köst thogeidt. — o.O.u.J. 4 Bl. 1:11 in 4° Bibl. Diez 2578. 1.6620

— — Schäfftige Martha, dat yss eentfoldige Beschriving, wo ydt mit dem honigsöten Fryen vör und by der Köst thogeydt. — o.O.u.J. 4 Bl. 10. 1.6621

— — Schäfftige Martha ... Derbkomisches plattdeutsches Gedicht aus d. 17. Jh. [Neudr.] — [Köln 1890.] (Deutsche Curiosa. 12.) 5. 1.6622

Achterrath u. G. Felger, Zusammenstellung lokaler u. regiminaler Polizei-Verordnungen f. den Stadtbezirk Essen, nebst zugehör. Gesetzes-Bestimmgn. gr. 8. (XII, 222 S.) Essen 887. Radke's Nachf. n. 4.—; geb. n. 5.—

Achterrath und G. Felger, Zusammenstellung lokaler und regiminaler Polizei-Verordnungen für den Stadtbezirk Essen, nebst zugehör. Gesetzes-Bestimmungen. gr. 8. (XII, 222 S.) Essen 887. Werther. *M 4.—; geb. *

Achtet auf den Kartoffelkäfer! Eine Warnung und Bitte, gerichtet an alle, welche zur Verhinderung der Einschleppung dieses Käfers beitragen und dadurch sich um ihr Vaterland verdient machen können. Veröffentlicht im Auftrage des Königl. Preußischen landwirthschaftlichen Ministeriums in Berlin. 1. und 2. Aufl. Ein Plakat mit Abbildung des Käfers in Farbendruck. Berlin 887,88, Parey. *

Achtet auf den Kartoffelkäfer! Veröffentlicht im Auftrage d. königl. preuß. Ministeriums f. Landwirtschaft, Domänen u. Forsten in Preußen. Plakat in Farbendr. m. erklär. Text. 38×46 cm. Berlin 891. P. Parey. n. — 40

Achthofen, D. v., Meine Erfahrung üb. d. Rindviehkrankheit d. Jahres 1831 am Niederrhein. gr. 8. (40.) Emmerich 32 (Bagel in Wesel). M. —.75

v. Achthoven, Dr. reine Erfahrung üb. d. Rindvieh-Krankheit des J. 1830 am Niederrhein. gr. 8. Emmerich 832. (Wesel, Bagel.) 1/4 rf

— Ueber die Stigmatisirte zu Gendringen. — Wesel 1844. 16 S. 1:5 in Na 5521. 5. 1.6626

800000 Thaler Agio oder: das Statut der „Berliner Handels-Gesellschaft" unter dem Seciermesser der Wahrheit. Eine Warnungstafel für Kaufleute, Capitalisten und überhaupt Alle, die ihr Vermögen lieb haben. Berlin 856. Bernhardt u. Cp. 8. (15 S.) n. 5 ngr

Aechtler, W. [Pseud.], s. a. Waechter, Wilhelm [wirkl. Name]

AECHTLER, W. (d. i. *Wilhelm Waechtler*), Erzählungen für Ehelustige und Hagestolze. Berlin 1827. Gedr. bei C. L. Lasch. (In Commiss. bei W. Logier.) 8°. (4 Mk. L. M. Glogau Sohn, Hamburg, 1888.)
Tit., 1 Bl. Inh., 412 S. Inhalt: 1. Heiraths- und Ehestandsgeschichte eines Malers von Stande. 2. Natalie und ihr Wohlthäter. 3. Die schöne Gewissenhafte. 4. Die arme, aber edle Luise. 5. Eindruck wahrer Schönheit.

Aechtler, W., (W. Waechtler), Erzähll. f. Ehelustige u. Hagestolze. 8. Berl. 827. (Logier). 2 rf 2e Aufl. 829. 1 rf 12 gr

— Franz u. Ida, od. die glücklichen Unglücklichen. Eine treu nacherzählte wahre Geschichte. 8. Berl. 827, a. 829. (Logier). 18 gr (NB. **Erschienen 1829 unter d. Verf. wahren Namen).**

— Georg u. Maria, od. die reiche Erbschaft. Eine Doppelgeschichte aus d. bessern Zeiten. 2 Thle. 8. Berl. 827, a. 829. (Logier). 1 rf 12 gr

Aechtler, Wlh., (Wilh. Wächtler,) muntere Unterhaltt. in Jamben. Nebst e. kurzen Anleit. in Beispielen für diejen. Leser, welche sich in dieser Versart versuchen wollen. 8. Berlin 824. Logier. 12 gr

Achtner, M.: Ueber Herodot. 13 S.
Progr. Prag Kl. 1859.

Achtner, M.: Über die körperliche Züchtigung. 18 S.
Progr. Prag d. L-BA 1871.

Achtner Viktor: Untersuchung verschiedener Mineralien auf Radioaktivität mittels der elektrischen und photographischen Methode. (Mit 3 Tafeln). 17. Karlsbad 05. Progr.

Der Bürgerstand in Strassburg bis zur Mitte des XIII. Jahrhunderts. Von Dr. Karl **Achtnich**. Leipzig: Quelle & Meyer 1910. 55 S. 8°
Erscheint zugleich als Leipz. Inaug.-Diss.
(Leipziger Historische Abhandlungen. H. 19.) [10. 13438

Achtnich, Th., Festpredigt zur Feier des 300 jährigen Jubiläums der Stadt Mannheim, geh. am 2. VI. 1907 in der Trinitatiskirche. (8 S.) gr. 8. Mannheim 907. Ch. Sillib Nachf. — 20

Achtstunden-Arbeitstag, der, u. die kommende Arbeiter-Generation. Von e. in der deutschen Privat-Industrie ergrauten Fabrik-Beamten. 8. (31 S.) Wiesbaden 901. Ch. Limbarth's Verl. n. — 50

Achtstunden-Arbeitstag, der, und die kommende Arbeiter-Generation. (31 S) Wiesbaden 1907

Acht-Stunden-Tag! Allgemeines gleiches directes Wahlrecht! 8°. Verlag von L. A. Bretschneider, Genoss.-Buchdr. Wien, s. a.

Achtunddreissiger. Die Achtunddreissiger im Tessin, s. a. [Tavel, Rudolf von].

Achtunddreissiger, die, im Tessin. Erinnerungen aus der Okkupation im Herbst 1890. Nach den Aufzeichngn. u. dem mündl. Bericht verschied. Offiziere zusammengestellt v. e. Offizier des 13. Infanterieregiments. gr. 8. (66 S. mit Abbildgn.) Bern (Postgasse 47) 900. Stalder & Sieber. n.n. 1.—

Achtung! Gewehr ab. Antwort eines luxemburgischen Socialisten auf die Programm-Broschüre des Herrn Brasseur, Vertreters der luxemburgischen Regierung auf der Berliner Arbeiterschutz-Conferenz. 8°. Luxemburg, Pierre Brück, 1890.

Aechtung. — Die Ächtung Bismarcks durch den „neusten Kurs" und das Echo des nationalen Gewissens. — Berlin: Heichen [1892]. 56 S.
1:Sw 15116. 12:J. publ. G. 11r. 2. 7.
2.208

Ächtung, die, Bismarcks durch den „neuesten Kurs" u. d. Echo d. nationalen Gewissens. gr. 8. (56 S.) Berlin 892. [P. Heichen.] Frankfurt a/O., Th. Heinrich. n.n. —75

Achtzehn. — Achtzehn Schmock: Heisst'n Stuss. 6. Aufl. Berlin [um 1860]. (Gedichte und Scherze in jüdischer Mundart. 3.) 1:Ez 28024/4–3.
1.6641

Achtzehn Wachteln..., s. A h t z e h e n wahtel...

Das Achtzehngebet. Mit arab. Übersetzungen n. e. jemenit. Hs.hrsg. v. Dav. Künstlinger. (18) 8°. – Krakau (Skawinska 2 II), Dr. D. Künstlinger 1910.

Achtzehnhundert und dreißig, s. A c h t z e h n h u n d e r t d r e i s s i g

Achtzehnhundertachtundachtzig. — 1888. Den lieben Kleinen zu Weihnachten von Ueber Land und Meer. — Stuttgart, Leipzig, Berlin, Wien (1888).
Nebent.: Weihnachten 1888. Den lieben Kleinen.
1:4° Acc. P 88.4904.
1.6643

Achtzehnhundertachtundvierzig

1848. Briefe v. u. a. Georg Herwegh, hrsg. v. Marcel Herwegh. 8. (VIII, 386 S.) München 896. A. Langen. n. 3. —

Achtzehnhundertachtundvierzig, Das Jahr. Die grossen Ereignisse desselben dem deutschen Volke erzählt von E. S. Hannover 1849. V: *Schlaeger, E.* (JStBbII)

Achtzehnhundertdreissig

Achtzehnhundert u. dreißig. Ein Todtentanz am Teutoburger Walde. Leipzig 869. J. Naumann. 8. (2 Bll., 93 S.) n. 15 ngr

Achtzehnhundertdreissig-Achtzehnhundertfünfundvierzig

Achtzehnhundertdreissig—1845. Noch fünfzehn Jahre aus dem Leben eines Toten. Hinterlassene Papiere eines französisch-preussischen Offiziers ... Tübingen 1851. V: *Friederich, Johann Conrad.* (Ebrard, Fr. Cl. & L. Liebmann: J. K. Friederich. Frankfurt a. M. 1918. S. 293/5.) Vgl. V, 55.

Achtzehnhundertdreizehn

1813. Aufrichtige Geschichte des Befreiungsjahres. 1. und 2. Lfg. 8. (S. 1—282.) Berlin 863, F. Schneider. à Lfg. 10 Ngr.

1813. Aufricht. Gesch. d. Befreiungsjahres. 1.u.2.Lfg. 8°(282).– Berl. 1863, Weber.

Achtzehnhundertfuenfundfuenfzig. — 1855. Krieg oder Frieden? — Leipzig 1854. 12:J. publ. E. 500-36. 7.
1.6651

Achtzehnhundertfuenfzehn. — 1815. Historia vera chronodistica manuscripta de bello Napoleonis aequa cum laetitia finito. — Donauwörth o.J. 8 Bl. 1:4° Xc 490.
1.6652

Achtzehnhundertsechs

1806. Geschichtlicher Roman. Leipzig 858. Kollmann. 8. (VIII, 366 S.) 1 ₰ 15 ngr

1806. Das preuß. Offizierkorps u. die Untersuchg. d. Kriegsereignisse. Hrsg. v. Großen Generalstabe, kriegsgeschichtl. Abteilung II. 1. u. 2. unveränd. Aufl. (VI, 387 S.) Lex.-8. Berlin 906. E. S. Mittler & Sohn. n. 7.50; geb. n. 9.—

Achtzehnhundertsechs-Achtzehnhundertdreizehn

1806–1813. Was alt und jung erlebte, s. H e i m und Herd.

Achtzehnhundertsechsundsechzig

— Kriegskalender u. Kriegskarte „von den Karpathen bis zum Rhein." Vademecum f. Schule, Heer u. Haus. Berlin 866. Klemann. 8. (16 S. u. 1 lith. Karte in gr. 4.) 2¼ ngr

—— Kriegskalender und Kriegskarte „von den Karpathen bis zum Rhein." Vademecum für Schule, Heer und Haus. 8. (16 S. mit 1 lithogr. Karte in Imp.-4.) Berlin 867, Klemann.

1866 od. Custozza u. Königgrätz, s. a. Vor u. nach Custozza rc.

1866 oder Custozza und Königgrätz. Historisch-romantische Enthüllungen aus Oesterreichs neuester Geschichte. 1.—15. Aufl. 3 Bde. (21 Lfgn.) gr. 8. (1000 S.) Wien 867, Hartleben. à Lfg. 5 Ngr.

Achzehnhundertsiebzig

1870. König Wilhelm saß ganz heiter rc. Soldatenlied mit harmlosen Illustrationen von Chr. Förster. 16. (14 Stnt. mit Text.) Hamburg 871, Boyes und Geisler. [Grädener.] *

Achtzehnhundertsiebzig-Einundsiebzig

1870—71. Deutscher Kriegskalender. 16. (158 S.) Erlangen 871. Besold in Comm. n. 1. —

Achtzehnhundertsiebzig-Einundsiebzig. — 1870/71. Andenken an die Gefallenen des Oldenburger Landes im Kampfe für die Freiheit und Grösse Deutschlands. — Oldenburg 1878. 98 S. 1:Kr. Samml. Q 17.
1.6656

Achtzehnhundertsiebzig-Neunzehnhundertzwanzig

Achtzehnhundertsiebzig—1920. Rheydt, den 3. Januar. Die Staatliche Handels- und Gewerbeschule für Mädchen mit Pensionat, Haushaltungsschule und Lehrerinnenseminar konnte am 3. Januar 1920 auf 50 Jahre ihres Bestehens zurückblicken. Ein Blatt zur Erinnerung ... Rheydt 1920. V: *Vollmar, Luise.* (Berl 1920, S. 407)

Achtzehnhundertvierundsechzig. — 1864, 1866, 1870, drei Jahre des Ruhmes aus Preussens Geschichte unter der Regierung König Wilhelm des Grossen, Kaiser von Deutschland [Wilhelm I. Deutscher Kaiser]. Nach amtl. Depeschen. (Berlin [um 1871].)
Sondert.: 1. Die Befreiung Schleswig-Holsteins i. J. 1864. [Um 1871.]
Sondert.: 2. Preussens Sieg über Oesterreich i. J. 1866. [Um 1871.]
Sondert.: 3. Deutscher Siegeszug von Saarbrücken nach Paris. [Um 1871.]
1:Qo 3600.
1.6658

Achtzehnhundertzweiundsiebzig-Achtzehnhundertsiebenundneunzig

1872—1897. 25 Jahre deutscher Zeitgeschichte. Jubiläums-Schrift, hrsg. v. d. Red. d. Berliner Tageblattes. 8. (VIII, 195 S.) Berlin 897. R. Mosse. Geb. 1. —

Achtzehnten. — Zum Achtzehnten des Herbstmonats im Jahr nach Christo achtzehenhundert und siebenzehen auf der Wartburg. — o.O. (1817). 8 S. 1:3 in Ay 4901.
1.6659

Achtziger, die, in der akademischen Montags-Gesellschaft auf Safran, 4. Dezember 1882. In-8°, 11 S. Druck von F. Schulthess. (Gedichte). 1883

Achundoff, Abdul-chalig [aus Baku (Russland)]: **Klinische Beiträge zur Lehre vom Coloboma oculi. . . . Erlangen, Druck d. Univ.-Buchdr. v. E. Th. Jacob, 1890; 28 S. 8°**
Erlangen, Med. Fak., Inaug.-Diss. v. 18. Jul. 1888

Achundow, Abdul-Chalig, d. pharmakologischen Grundsätze (liber fundamentorum pharmacologiae) d. Abu Mansur Muwaffak bin Ali Harawi, zum 1. Male nach dem Urtext übers. u. m. Erklärungen versehen. [Aus: „Histor. Studien aus d. pharmak. Inst. d. Univ. Dorpat".] gr. 8. (III, 278 S.) Halle a/S. 893. Tausch & Grosse. n. 12. —

Acidalius, Heinr. C. F. (Mark), Juris feudalis synopsin. Disp. jur. Präs. Joach. Schnobel. Rostock (Nicol. Kil) 8. IX. 1649. 14 Bl. (5.50)
Gew.: Thom. v. Knesenbeck (Tielsen), Nicol. Ernst v. Platen (Quitzouw), Erasmus Seidel, Riechard Dieterden. — Widm. v.: Andr. Tscherning. Präses: Elias Sigism. Reinhart. Phil. Zincke.

Acis, eine Erzählung. [Leipzig 1812].
V: *Naubert, Christiane Benedicte geb. Hebenstreit.* (MGT)

Acken, Johannes von (Hrsg.), s. Kirchenblatt, Katholisches.

Acken, Rudger van, S. J., Aussaat u. Ernte, s.: Haan, Jos.

Ackenhusen, Chn. Dietr., De ortu et mutationibus regnorum. Thes. polit. Präs. Herm. Conring. Helmst. (Herm. Müller) 1. V. 1658. 26 Bl. (6.—) 35

— — Dasselbe. Helmst. (Heinr. David Müller) 1680. 24 Bl. (5.—) 36

Ackens, Carl, s. Moore, Th., ältere Geschichte Irland's.

Acker, der. Eine Folge v. 7 Vorträgen, geh. im hamburg. Lehrerverein f. Naturkunde v. J. F. Herding, A. Voigt, P. Junge, H. Klebahn, L. Reh, W. Wagner. (104 S.) 8. Leipzig 908. Quelle & Meyer. 1. —

Acker und Wald. Ein Protest gegen den vom Abgeordneten Brader im Landtage gemachten Vorschlag die Staatswaldungen abzuholzen, deren Grund u. Boden, zu anderweiter Bebauung geeigneter, durch solche eine Ertragssteigerung erwarten lasse. Oldenburg 867. Schulze. gr. 8. (15 S.) n. 4 ngr.

Acker, Anton (Kühbach): De syphilitide. (Titel nach der Urkunde) 11.5.1832 – Urk; F 60.
Diss. Ingolst.–Landshut.–Mchn.

Acker, Fritz, aus Weißenburg ⟨Els.⟩: **Ueber α-Heptylidenbuttersäure und deren Derivate.** *Heidelberg 1904: K. Rößler.* (37 S.) 8°
Heidelberg, Naturw.-math. Diss. v. 1904

Acker, Georg N. (geb. Washington 12. 10. 1852): Ueber Injectionen in den Nasen-Rachen-Raum und in die Tuba Eustachii. Berlin (1877). (45 S.) 8°
Berlin, Med. Diss. v. 14. Aug. 1877

Acker, Johann Heinrich

(—) Neues Beyspiel eines rechabitischen Fürstens an der hohen Person des Johann Friederichs, Fürstens zu Schwartzburg etc. — Jena 1749: Marggraf. 12 S. 4° **2. 3.**
1.6709

Acker, Johann Heinrich: Commentarius historico-moralis de Lutheri discipulis chamicis. 1728 s.a. *Acker:* Dissertatio historico moralis de Lutheri discipulis chamicis.

— — Commentarius historico-moralis de Lutheri discipulis chamicis. Von D. Luthers hämischen Schülern. — Martisburgi: Schubart 1728. 24 S.
1: 17 in Cn 4003. **12:** 4° Diss. 142/17. **3. 4. 7.**
1.6713

— — Commentatio de monarcho machis et antimonarcho machis. Rudolstadt (Gollner) 1716. 36 S. (4.60) 41
Gewidmet: Friedr. Gotthilf Marschall gen. Greiff (Einoed, Erlebach . .)

— Commentatio uberior de cautionibus in censura principum adhibendis. — Jenae 1727. **1:** Fa 5970.
1.6711

— Dissertatio historico moralis de Lutheri discipulis chamicis. — Jenae 1725: Off. Baillariana. 48 S. **5.**
1.6712

— Jobus a Dobeneck Patronus Eobani Hessi Ovidii Teutonici ad illustrandam vitam Hessi camerarianam propositus. Jenae 1727. **1:** Cn 11208.
1.6714

— Historia pennarum. Pennae Jo. Francisc. Buddei s. — Altenburg 1726: Richter. 64 S.
1: 6 in Am 751. **12:** H. lit. U. 4 [u. ö.] **3. 5. 7. 8. 9. 10.**
1.6715

— Inscriptiones et elogia. — Jenae 1608 [vielm. 1708].
1: Ag 511. **9.**
1.6717

— Des jungen Syrachs löblicher Cantzler [Kanzler]. — Rudolstadt (1749): Löwe. 16 Bl.
Ersch.-Jahr nach e. Chronogramm. **1:** 9 in Bd 8603 77.
1.6718

— Methodus scribendarum epistolarum ad fontes purioris Latii conformata et continuis exemplis illustr. Acc. Triga epistolarum Jo[hannis] Phil[ippi] Slevogtii. — Rudolstadii: Gollner 1710. 191 S. **12:** Epist. 2. **5.**
1.6719

— Narratio brevis de Julio Pflugio Episcopo Numburgensi. Altenburgi 1722: Richter. 8 Bl.
12: 4° Diss. 206/10. **3. 7.**
1.6720

— — Narratio brevis de Julio Pflugio . . . Julii Oratio de ordinanda Republica Germaniae et epistolae curiosae. Coniuncte ed. Jo. Henr. Acker. — Altenburgi 1724: Richter. 174 S. **1:** Av 5580. **3. 4. 5. 7. 8. 10. 11. 102.**
1.6721

Acker, Johann Heinrich (Hrsg.), s.a. Opuscula eloquentiae.

Acker, Johann Heinrich: [Teils.] Opuscula eloquentiae. T. [1], 1-5. 2, 1-5. — Rudolstadii (1, 3ff.: Jenae): Bielck 1712–19.
1, 1. . . . comitata . . . Jo. Caselii politissima oratione Pro arte poetarum. 1712.
1, 2. . . . comitata . . . Paganini Gaudentii [Paganino Gaudenzio] Praelectionibus in Taciti Vitam Agricolae. 1713.
1, 3. . . . comitata Petri Apollonii Collatini [Pietro Apollonio Collazio] . . . Carmine de pugna Davidis et Goliae. 1716.
1, 4. . . . comitata Guilielmi Gvesii Elogio. 1716.
1, 5. . . . comitata Jacobi Windetti [James Windet] Limatulo carmine in immane parricidium Caroli I. Angliae Regis. 1718.
2, 1-3. 1718. 2, 4. 5. 1719.
1, 1-5. 2, 1-5 . . . . **9.**
1, 1-4. 2, 1-4 . . . . **7.**
1, 1-2. 2, 1 . . . . **1:** Ak 881.
1, 1-5 . . . . **5.**
1, 1.2 . . . . **10.**
1.6707

— — Teutsche Schrifften ungebundener und gebundener Art. Leipzig: Gleditsch 1713. 136 S. **3. 5.**
1.6708

— Oratio habita in adventum novorum theologiae professorum in templo Paullino academico. — Jenae: Bielck 1706. 12 Bl. **12:** 4° Diss. 205/29. **5. 10.**
1.6722

— Nova Pflugiana quibus et illustres nuptiae Beulwizio Pflugianae Caseliano more honorantur et Narratio brevis de Julio Pflugio olim edita locupletari potest. — Rudolstadii 1729: Löwe. 8 Bl. **5. 6.**
1.6723

— — Programma de Francisco Petrarcha eiusque remediis utriusque fortunae. Auspic. Alberti Antonii S. R. J. quatuorviri Comitis Schwartzburgi . . . ad natal. plausus . . . Comitis . . . Friderici Antonii S. R. J. quatuorviri Comitis Schwartzburgi . . . invit. cum . . . Jo. Ernesto Mullero rectore . . . Rudolstadt (Urban) 1709. 8 S. (3.20) 38

— — Programma I, V, VII, VIII de vita Georgii Frantzkii. Rudolstadt (Urban) 1712/13. (4.—; Einzellieferung 1.60) 39
Namen: I: Jo. Ge. Meister (Obernhayn), Ernst Friedr. Struve (Lobeda), Jo. Chn. Degenhard (Jena), Jo. Nic. Curth (Burgensis), Jo. Nic. Vogt (Blankenburg). — V: Chn. Friedr. Scharff (Kelbra), Volr. Friedr. Faber (Wurtzbach), Ernst Friedr. Schuchmann (Ilmenau), Friedr. Bicol. Schmidt (Pössneck). — VII: Ludw. Friedr. Oberlaender, Friedr. Ant. Loeber (Ilmenau), Gg. Jahn (Rohrbach), Ernst Mich. Meier (Rudolstadt). — VIII: Heinr. Barthol. Noebling (Rudolstadt), Jo. Heinr. Herold (Teichell), Jo. Ernst Müller (Langenschad), Heinr. Casp. Grieser (Rudolstadt).

Acker, Joh. Heinr., Auspiciis . . . **Friderici Secundi ducis Saxoniae . . prolusione poetica ad orationem de doctis Misniae foeminis a politissimo juvene Joh. Ge. Zschag (Rochlitz). Altenburg (Richter) o. J. (Anf. 18. Jhrh.) 6 Bl. (3.—) 37**

— Neue Sammlung von Trauer-Blättern. — Altenburg 1723: Richter. 78 S. **1**:2 an Eb 2642ª.
1 6724

Acker, Johann Heinrich, Teutsche // Schrifften // Ungebundener, und ge- //bundener Art // verfertiget, // Und auf Begehren guter Freunde zum // Druck überlassen // von // Joh. Heinrich Ackern. // LEIPZIG, // Bey Johann Friedrich Gleditsch // und Sohn. // ANNO M. D. C. C. XIII. - 8 Blatt (nicht paginiert) Widmung, Anrede und Lobgedicht von ANonymuS. - 136 S. (die ersten drei Seiten nicht paginiert). - 4 Blatt (nicht paginiert) Index und Errata.
B. S. T. 8°.3.

— Scrutinium opinionis et scientiae. — Rudolstadii 1715: Gollner. 42 S. **12**:Polem. 952p/9 **7.**
1 6725

Acker, Johann Heinrich: Selecta poetica, quibus continentur, Ge[orgii] Sabini Praecepta observationibus aucta, Ulrici de Hutten Ars versificatoria, eiusque Nemo, Claudii Espencaei Elegiae selectiores, Sam. Rachelii Classes imperatorum metricae. Coll. suaque adi. Carmina Jo. Henr. Acker. — Rudolstadii: Gollner 1711. 120 S.
1:Xc 1190. **5. 7. 8.**
1.6726

(—) Sendschreiben an Ihro Hoch-Wohl-Ehrwürden Herrn Gabriel Wimmer, wohlverdienten Past. in Alten-Mörbitz, von des Olearischen Stammes glückseliger Beförderung. Altenburg 1725: Richter. 4 Bl. 4° **3.**
1.6727

— Supplementa ad bibliothecam philosophicam Struvianam. — Jenae: Bailliar (1714). 112 S.
12:Ph. U. 481/1 [u.ö.] **2. 5. 7. 11.**
1 6728

— Dem unsterblichem Ruhme, so der unvergleichliche sächsische Held . . . Joh(ann) Wilhelm Hertzog zu Sachsen . . . zu Krieg und Friedens-Zeit erworben, solte diese Statue der Wahrheit im Nahmen derer in Jena studierenden Gothaner . . . aufrichten Joh. Heinrich Acker. — Jena 1707: Lindner. 7 Bl. 2° **10.**
1 6729

(—) Versuch zur sufficienten Nachricht von D. Casp. Melissanders Leben. — Rudolstadt 1717. 12 S.
1:Av 911. **4.**
1.6730

— — Zum 2. mal . . . vermehrter ans Licht gestellet. — Jena: Gollner 1719. 16 S. **1**:Av 911ª. **12**:4° Biogr. 177. **3.**
1.6731

— — Georgii Frantzkii summi icti comitis Palatini Caesarei primum Schwartzburgico-Rudolstadiensis deinceps Vinariensis consiliarii tandem cancellarii consiliarii intimi et tribunals sacri praesidis in aula Gothana vita et fata. Accedit praefatio Burcardi Gotthelffi Struvii de illustribus Saxoniae cancellariis. Leipzig (Jo. Friedr. Gleditsch u. Sohn) 1714. 8 Bl., 112 S. (9.—) 40
Gew.: Jo. Friedr. Bachoven, Freih. v. Echt, Bernh. Pflug, Ant. Ludw. v. Schwartzenfels, Christian v. Griesheim, Gg. Ulr. v. Beulwitz, Friedr. Wilh. v. Eisenberg, Gg. Otto v. Brandenstein, Friedr. Chn. v. Reizenstein, Wilh. Ludw. v. Beulwitz. Widmungen von: Z. Prueschenck v. Lindenhoven, Joh. Chph. Wex. Ernst Ludw. Avemann, Veit Ludw. v. Seckendorff, Jac. Heinr. Heydenreich, Jo. Mich. Dillherr, Jo. Rebhan Herm. Conring. Jo. Heinr. Boecler, Joh. Hannke (Breslau), Jo. Hannke (Waldenburg), Andr. Reyher (Gotha), Gg. Hess (Gotha), Jo. Phil. Slevogt, Andr. Nic. Sultzner (Frankenhausen), Friedr. Aug. v. Resbotten.

Acker, Josef (geb. am 18 Febr. 1860 in Düren): Die Uebertragbarkeit der Tuberkulose durch die Vaccination . . . Bonn, Druck v. L. Hünewinkel & Co. 1884. 31 S. 8. ¶ Wiederholt im Centralbl. f. allgem. Gesundheitspflege III 1884 S. 421–435.
Bonn, Med. Fak., Diss. v. 6 Aug. 1884

Acker, Ludw. Das Rothe Kreuz. Ein Umriß seiner Geschichte u. seiner Aufgaben. Hrsg. v. d. Gesammtvorstand d. bad. Landesvereines vom Rothen Kreuz. gr. 8. (51 S.) Karlsruhe 889, (Bielefeld's Hofbuchh.) * — 80

Acker-Academie, Die Königlich-Dänische, . . . Flensburg 1763. V: *Lüders, P. E.* (BrMm)

Schleswig-Holsteinischer Acker - und Garten- **Allmanach** auf das Jahr 1786 v. Matthias Rohlfs. Dem beygefügt eine Anweisung und Unterricht zum Acker-und Gartenbau v. Philip Ernst Lüders. Altona. o.J. 16°.

Der Ackerbau nach den neuesten Erfahrungen etc. Augspurg und Memmingen 1766.

Ackerbau, der, nach d. neuesten Erfahrr. 8. Augsb. 766. v. Jenisch u. St. 5 gr.

Der Acker- und Pflanzenbau. Bearb. von W[ilhelm] Detmer. Mit 149 Abb. — Tübingen: Laupp 1889. XII, 742 S. (Handbuch der gesamten Landwirtschaft. Hrsg. von Th. von der Goltz. 2.)
1:4° Ov 3825–2. **12**:4° Oecon. 158ol–2. **3. 4. 6. 7. 8. 10.**
1.6746

Acker- und Pflanzenbau. Unter Mitw. von . . . hrsg. von Karl Steinbrück. [1.2.] — Hannover: Jänecke 1908. (Handbuch d. gesamten Landwirtschaft. Hrsg. von K. Steinbrück. 2.3.)
3. Aufl. ff. ersch. getrennt als „Ackerbau" und „Pflanzenbau".
12:Oecon. 786e–2.3. **7.**
1.6747

Ackerbau und Viehzucht, Obst-, Garten- und Forstkultur. [Red.: Heinrich Blechner.] **Wien: Blechner 1891–(1901). 8°**

Ackerbaue (Vom) u. von dem Zustande der den **Ackerbau** treibenden Klassen in Irland u. Grossbritanien. Auszüge aus den amtl. Untersuchungen u. Akten, welche das Parlament vom J. 1833 bis auf den heutigen Tag öffentlich bekannt gemacht hat. Sammt einigen Bemerkungen der Herausgeber. 2 Bde. gr. 8°. Wien, Gerold, 1840.

Ackerbaukatechismus, od. Anl. zur verb. Landwirthschaft. 8. Th. Ehrenbreitstein 791. Gehra. 6 gr.

Ackerbau-Kolonien: Mitteilung nach officiellen Daten. Die Ackerbau-Kolonien in der Republik Chile. — Paris: L'Agence gén. du Gouv. du Chili en Europe 1895. 17 S., 1 Kt. **12**:Am. A. 22. **10.**
1.6749

Dr. Herrmann Meyers **Ackerbaukolonien** Neu Wurttemberg und Xingu in Rio Grande do Sul (Sudbrasilien). [Nebst] Ansichten. Leipzig 1904: (Bibliogr. Inst.). 8° [Umschlagt.]. [11. 6676

Uber die neuen **Ackerbau-Colonien** in Venezuela. — Paris 1842: Renouard. 31 S.

Ackerbau-Rätzel Neu erfundenes Ackerbau-Rätzel, das ist einfältiger, deutlicher, und recht handgreiflicher Grund- und Abriss eines bisher der Welt noch unbekannt gebliebenen, nun aber in Leipzig entdeckten Geheimnisses und grossen Vortheils, wie der Ackerbau überhaupt so gleich ohne Veränderung des bisherigen Acker-Geschirres und Vermehrung des Zug-Viehes wenigstens um ein Drittel vermehret werden kan. — Leipzig: Gross 1748. 4 Bl.
12:4° Diss. 1644/11. **2.**
1.6751

Prospekt des Kolonisations-Unternehmens Dr. Herrmann Meyer Ackerbaukolonien **Neu-Württemberg** und Xingu in Rio Grande do Sul (Südbrasilien). — Lpg Kolonisations-Unternehmen Dr. Herrmann Meyer 1906. 32 S. mit 4 Kt. und 1 Tab [1 Ausg. 1903.]

Ackerbauschule, worin die Vorschläge und Gesetze enthalten, so eine Gesellschaft in Frankreich gestiftet, den Ackerbau zu verbessern; aus dem Französischen [des du Hamel du Monceau] übersetzt. Lpz. 1759. Ü: *Hohenthal, Peter Graf von.* (MI.) (OL) (Ky) (Wö)

Ackerbauschule. Aus d. Französ. 8. Leipz. 759. Compt. f. Lit. 4 gr

Ackerbau-Schule, die höhere, zu Klingenberg im Canton Thurgau (in der Schweiz). (Frauenfeld 854. Verlags-Comptoir.) gr. 4. (20 S.) n. 2 ngr

Ackerbau-Zeitung: 1856--1857? Bethlehem, PA
Semi-monthly, then monthly Jan. 1857. Prospectus issued Oct. 1856. Two subscriptions held by Harmony Society. Octavo, each issue 24 pages. Edited & published by Gangewehr & Masslich.

Ackerbau-Zeitung. Organ für praktische Landwirthschaft, Gartenbau, Hauswirthschaft, Agrikulturchemie und volkswirthschaftliche Fragen. Hrsgbr. und Redact.: R. Noack. 1. Jahrg. 1873. 52 Nrn. (à 3 Bog.) Fol. Berlin, (Gustedt.) [Schotte und Voigt.] *

Ackerbau-Zeitung. Organ für praktische Landwirthschaft, Gartenbau, Hauswirthschaft, Agriculturchemie und volkswirthschaftliche Fragen.
[Hrsg. u. Red.: R. Noack.] Jg. 1–4.
Berlin: Gustedt; sp. Schotte und Voigt; sp. Leipzig, Schmidt und Günther 1873–1876. 2° 3

—— dass. — Allgemeine illustrirte landwirthschaftliche Zeitung für Nord- und Süddeutschland. Organ für practische Landwirthschaft, Gartenbau, Hauswirthschaft, Weinbau, Forstwirthschaft, Jagd, Fischerei, Sport, Agrikulturchemie, volkswirthschaftliche und naturwissenschaftl. Fragen, Handel, Verkehr, Statistik, Gesundheitspflege und einschlagende Literatur. Redact.: R. Noack. 2. Jahrg. 1874. 104 Nrn. (Bog.) Fol. Berlin, Schotte und Voigt. *

— Allgemeine illustrirte landwirthschaftl. Zeitg. f. Nord- u. Süddeutschland. Organ f. pract. Landwirthschaft, Gartenbau, Hauswirthschaft, Weinbau, Forstwirthschaft, Jagd, Fischerei, Sport, Agrikulturchemie, volkswirthschaftl. u. naturwissenschaftl. Fragen, Handel, Verkehr, Statistik, Gesundheitspflege u. einschlag. Literatur. Red.: R. Noack. 2. u. 3. Jahrg. 1874 u. 1875. à 104 Nrn. (B.) Fol. Leipzig, Schmidt & Günther. à Jahrg. n. 14. —

Ackerbau-Zeitung. Allgemeine illustrirte landwirthschaftl. Zeitung für Nord- und Süddeutschland. Organ für prakt. Landwirthschaft, Gartenbau, Hauswirthschaft, Weinbau, Forstwirthschaft, Jagd, Fischerei, Sport, Agrikulturchemie, volkswirthschaftl. und naturwissenschaftl. Fragen, Handel, Verkehr, Statistik, Gesundheitspflege und einschlag. Literatur. Redact.: R. Noack. 3. und 4. Jahrg. 1875 und 1876 à 104 Nrn. (à 1—2 Bog.) Fol. Berlin. Leipzig, Schmidt und Günther. à Jahrg.
Nicht weiter erschienen.

Acker und Gartenbau Zeitung: 1869--? New York, NY

Acker- und Gartenbau-Zeitung: Jahrgang 1--47, no. 22, Jan. 1870–June 2, 1917.
Monthly, Jan. 1870–Dec. 1878; semi-monthly, Jan. 1879--May 1894; weekly, May 26, 1894—June 2, 1917. Sub-title: 1) Journal für Landwirthschaft, Viehzucht, Obstbau, Blumenzucht und Bienenzucht und den Familienkreis, Jan. 1870--Dec. 1904; 2) German Agricultural and Horticultural Journal. Zeitschrift für Landwirthschaft, Viehzucht, Obstbau, Blumen- und Bienen-Zucht und den Familienkreis, Jan. 1905--? Title varies: 1) Nordwestliche Acker- und Gartenbau-Zeitung, Jahrgang 1--4, Jan. 1870–Dec. 1873, which appears on printed title-page and as running-title; 2) Die Deutsche Illustrirte Acker- und Gartenbau-Zeitung, 1882--?, which appears on printed title-page, but, on first page of text, as Acker- und Gartenbau-Zeitung.
Dated also: NYC, 1874–83; Detroit & NYC, 1884–89; Detroit, NYC & Chicago, 1890--93. Variations in numbering: Volumes for 1900 and 1901 numbered Jahrgang 31; volumes also called "Band" on title-page; Jahrgang 4 also as "neue Folge." Absorbed Der Landwirth. Absorbed Der Deutsche Farmer, May 26, 1894. Large quarto [with slight variations], each issue 16--24 pages, paged continuously; has printed title-page and contents for each volume; illustrated, including plans, diagrams, etc.
Circulation: 1870–74, "Objects to stating circulation;" 1876, 4000 (est.); 1877, 19,200; 1880--1899, each year, 22,000; 1900, 50,000; 1901, 60,000; 1902, 63,212; 1905, 74,728; 1909, 65,548; 1910, 62, 563; 1915, 45,006; 1917, 39,400. Edited by Rudolph A. Koss, Jan. 1870—Nov. 1891; by Anton G. Veith, Dec. 1891--May 1894; by Anton G. Veith & Waldemar Wernich, May 26, 1894--Feb. 1, 1896; by Anton G. Veith, Feb. 8, 1896—1907?; Published by W. W. Coleman, Jan. 1870–Oct. 1888; by Herold Publ. Co., Oct. 5, 1888–1917. By Herold Publ. Co. Jahrgang 1, Jan.–Dec. 1870, p. 1--180. T. v.: Acker- und Gartenbau-Zeitung. Nebst Landwirths Deutscher Farmer, May 26, 1894–1917? Milwaukee, WI

Ackerbau-Zeitung, Hamburger. Red.: C. Cubasch. 1863. April—Dezbr. 39 Nrn. (à 1 Bgn.) Hamburg, J. F. Richter in Comm. Fol. n. 1 ℛ

NEUE ACKERBAU-ZEITUNG DER ACKERBAU-GESELLSCHAFT UND DER VIER BEZIRKS-COMITIEN DES NIEDERRHEINS.
(Jahrg. 1.) Nr. 1—12. November 1858 — Oktober 1859. (Ohne bes. Titelblatt. Strassburg, gedruckt bei G. Silbermann.) 4°.

Acker- u. Weinbauzeitung. Organ der landwirthschaftlichen Bezirks-Vereine Nikolsburg und Feldsberg. Jg. 1. Nikolsburg 1875. -- ÖNB*

Ackerbuch, nach Grundsätzen älterer u. neuerer Erfahrung. 8. Leipz. 796. Leo. 3 gr

Der Ackerbürger.
Berlin: Expedition 1900. 8°

van Ackeren, Eduardus (geb. am 11 Okt. 1835 in Mehr Rgbz. Düsseldorf): De genesi rheumatismi nonnulla ... Bonnae, form. F. Kruegeri (1860). 26 S., 2 Bl. 8.
Bonn, Med. Fak., Diss. v. 16 Aug. 1860

Ackeren, Friedrich van

van Ackeren, Friedrich [app. Arzt aus Cleve (Rheinpreussen)]: Beiträge zur Entwicklungsgeschichte der weiblichen Sexualorgane des Menschen. . . . (Aus: Zeitschr. f. wiss. Zool. Bd. 48.) Leipzig, Wilhelm Engelmann, 1888; 48 S. u. 3 Taf. 8°
Würzburg, Med. Fak., Inaug.-Diss. v. 1888

Ackeren, F. van, klinisches Recepttaschenbuch f. Studirende u. Aerzte. Nach der III. Ausg. d. Arzneibuches f. d. Deutsche Reich zusammengestellt. gr. 16. (V, 167 S.) Berlin 890. Karger. geb. n. 2. 50

Ackeren, Frdr. van, klinisches Recepttaschenbuch. Für Studirende u. Aerzte. Nach der III. Ausg. d. Arzneibuches für das Deutsche Reich zusammengestellt. 2., unveränd. Aufl. 12. (V, 167 S.) Berlin 891. Karger. Geb. n. 2. 50

van Ackeren, Hans [aus Cleve]: Weitere Beiträge zur Wirkung des Piperidins auf die roten Blutkörperchen ... Würzburg, kgl. Universitätsdr. v. H. Stürtz, 1894; 17 S., 1 Bl., 1 Taf. 8.
Würzburg, Med. Fak., Inaug.-Diss. v. 1894

Die Wallfahrt in Kevelaer von Jos. van **Ackeren.** Kevelaer: P. Köster 1893. (160 S.) 8° [F.] 05. 2518 6

Die Wallfahrt in Kevelaer von Jos. van **Ackeren,** Pfarrer. 4. verm. u. verb. Aufl. mit 12 Ansichten u. 1 Plan. Kevelaer: J. Köster 1907. (200 S.) 8° [F.] 07. 17009 5

Aeckeren, Magnus v. (Leyden/Holland), Illustres aliquot quaestiones ex materia de rei vindicatione desumptas. Disp. jur. Präs. Adolf Vorst. Leyden (Pet. Leffen) 9. III. 1660. 4 Bl. (3.50) 100
Gew.: Joh. v. Aeckeren, Pet. v. Buytevest, Cornelius v. Buytevest, Moritz van der Aa, Joh. Eleman, Pet. Cabeljau.

Ackeren, Wilhelm van, aus Köln: Die althochdeutschen Bezeichnungen der septem peccata criminalia und ihrer filiae. *Dortmund 1904: F. W. Ruhfus.* (57 S.) 8°
Greifswald, Phil. Diss. v. 14. Mai 1904

Ackererden, die, d. Königr. Sachsen, geognostisch untersucht u. classificirt. Eine bodenkundliche Skizze f. Gebirgsforscher, sachverständ. Land- u. Forstwirthe, landwirthschaftl. Vereine u. Lehranstalten. (Von Friedr. Alb. Faillou.) gr. 8. (VIII u. 236 S.) Freiberg 853, Engelhardt in Comm. n. 1/2 ℛ

Ackergeräthe, über die Französ., a. d. Fr. m. Anmerk. v. Leonhardt. m. K. 4. Leipzig, Baumgärtner. 802.

Ackergeräthe, neue, dargestellt auf mehrern Tafeln, nebst Erklärung. Wien, Geistinger. 1 ℛ 12 gr

Ackerhof, A. D., die Nutzung der Teiche u. Gewässer durch Fischzucht u. Pflanzenbau. Mit 1 Abbildg. Quedlinburg 869. Basse. 8. (VI, 142 S. u. 1 lith. Taf. in Fol.) 20 ngr

Ackerinstrument. — Jos[eph] v. Locatelli erfundenes Ackerinstrument. Aus d. Span. übers. von K. F. v. Immen. — Leipzig 1799. 12:Oecon. 1131. 7.
1.6762

Ackerkatechismus, zum Gebr. angehender Wirthschaftsbediente. Herausg. (v. Karl Friedr. v. Beneckendorf). 2 Thle. 8. Bresl. 776 u. 785, umgearb. v. J. G. Brieger. 2 Thle. gr. 8. Ebd. 798. 3e verb. Aufl. gr. 8. Ebd. 814. W. G. Korn. 2 ℛ 12 gr
(A. u. d. T.: Vollständ. Unterricht über d. prakt. Ackerbau f. denkende Landwirthe ꝛc.)

Ackerkatechismus, Allgemeiner vollständiger, zum Gebrauch angehender Wirtschaftsbediente und den gemeinen Landmann. Breslau 1776—1785. V: *Beneckendorf, Carl Friedrich von.* (Ky) (Ml.) (BrMm)

Die Theorie der Lokalzeichen, ihr Verhältnis z. empirist. u. nativist. Lösung d. psycholog. Raumproblems. Von Dr. Erwin **Ackerknecht.** Mit 5 Abb. *Tübingen & Leipzig: J. C. B. Mohr 1904.* (VIII, 88 S.) 8° [03. 24980]

Ackerknecht, Julius

Ackerknecht, Jul., method. Anleitg. z. französ. Aussprache. zun. f. süddeutsche Schüler. Schülerausg. gr. 8. (31 S.) Stuttgart 896. J. B. Metzler's Verl. n. — 35; Lehrerausg. (VI, 100 S.) Kart. n. 1. 50

Ackerknecht, Jul., methodische Anleitung zur französischen Aussprache, zunächst f. süddeutsche Schüler. Schülerausg. 2. Aufl. gr. 8. (31 S.) Stuttgart 900. J. B. Metzler's Verl. n.n. — 35

Wie lehren wir die neuen Vereinfachungen des Französischen? Von Julius **Ackerknecht,** Prof. Stuttgart. Marburg i. H.: N.G. Elwert 1902. (IV, 27 S.) 8°.
Aus: Die neueren Sprachen. Bd. 10.

Ackerl, Johann

Ackerl, Joh., unter Engeln u. Teufeln. Erlebnisse e. Romreise im Herbste 1891. 12. (VII, 274 S.) Steyr 892. (Bozen, F. X. Bromberger.) n. 1. —

Ackerl, Joh., Fehlgeschossen! E. kurze Erwiderg. a. d. v. d. Herren Pastoren Koch u. Kotschy gelieferte Beantwortg. der Frage: Wer hat Euch gesandt? 8. (24 S.) Linz-Urfahr 890. Verl. des kathol. Preßvereines. — 20

— Unsere liebe Frau v. Lourdes od. Wer hat Recht? Eine Abwehr gegen den Angriff e. evangel. Superintendenten (Jacob E. Koch in Wallern). [Erweit. Abdr. aus: „Kathol. Blätter".] In 35 Berichten und 16 Capiteln, nebst e. Vorrede u. e. Anh. 11. Aufl. 12. (VIII, 208 S. m. 4 Bildern.) Linz 893, (Qu. Haslinger). n. — 20

Ackerl, Joh., s. K a t h o l i s c h oder liberal?

ACKERL, Johann 24
(F) **Maria-Lourdes-Gebetbuch** zu Ehren der unbefleckten Empfängnis, welche in Lourdes erschienen ist. Von Theol.-Professor Dr. Johann A c k e r l. Mit Approbation. Linz-Urfahr. [1900.] Pressverein. 16°. 436 S. Geb. K 2.—

— Am Mutterherzen od. Uns. liebe Frau v. Lourdes u. ihre Gegner. gr. 8. (420 S. m. Titelb.) Linz-Urfahr 898. Verlag des kathol. Preßvereines. n. 2. 70

Ackerl, Joh., die marianischen Tagzeiten: Das tägl. Gebet der Mitglieder d. 3. Ordens. Eine leicht faßl. u. allen verständl. Erklärg. u. Auslegg. d. kleinen Offiziums U. L. Frau. 8. (V, 218 S.) Salzburg 884. Mittermüller. n. 1. —

Ackerl, Joh., s. W e r hat Euch gesandt?

Ackerl, Joh., die Wissenschaft u. die Wunder v. Lourdes od. kennt die Wissenschaft wirklich keine wunderbaren Heilungen? (Mit besond. Beziehg. auf Vorgänge in Österreich.) (232 S. m. Titelbild.) kl. 8. Klagenfurt 904. Buch- u. Kunsthandlg. d. St. Josef-Vereines. n. 1.20; geb. n. 2.20

Aeckerle, Helene: Prismen. Weihnachtliche Geschichten von H. Aeckerle. — Hamburg: Gutenberg-Verlag 1906. 220 S. 1:Yx 37433.
2.209

— stille Wasser. Novellen. (170 S.) 8. Ebd. 904. n. 2. —; geb. n. 3. —

Aeckerlein, Gustav, aus Leipzig: Über die **Zerstäubung** galvanisch glühender Metalle. *Straßburg 1902: J. H. E. Heitz.* (48 S.) 8°
Straßburg, Math.-naturw. Diss. v. 1902

Ackermann: Festspiel zur Vermählungsfeier ... des Prinzen Friedrich Wilhelm mit ... Victoria von England. — [Berlin 1857.] 7.
1.6793

Ackermann, der, aus Böhmen, s.a. **Bibliothek der mittelhochdeutschen Literatur in Böhmen.**

Ackermann aus Böhmen, s.a. Stolze, Karl.

Ackermann, der, aus Boheim. Gespräch zwischen e. Wittwer u. d. Tode. Erneuert durch Fr. Hnr. v. d. Hagen. gr. 12. Frankf. a. M. 824. Varrentrapp. 12 gr. Schrbp. 16 gr.

Der Ackermann aus Boehmen. Hrsg. u. mit d. tschechischen Gegenstück Tkadleček verglichen von Johann Knieschek. — Prag; Leipzig: Brockhaus in Komm. 1877. 140 S. (Bibliothek der mittelhochdeutschen Litteratur in Boehmen. 2.)
1:Yd 638–2. **12:**P. o. germ. 118h–2. **300:**183.844–B.
Bd 2. **2. 3. 4. 5. 6. 7. 8. 9. 10. 11.**
1.6811

Charlotte Ackermann. Drama in 5 Aufz. Nach dem gleichnamigen Roman Otto Müller's. Als Ms. gedr. — Frankfurt a. M. 1854 (:Küchler). 59 S. 1:Ys 9259.
1.6825

Der chemische Ackermann. Naturkundliches Zeitblatt für deutsche Landwirthe. [Hrsg.: Adolph Stöckhardt.] Jg. 1–21 (zu je 4 Hftn). Leipzig: Wigand 1855–75. 8°

Ackermann, s.a. A c k e r m a n n, G.A.

Ackermann, s.a. A c k e r m a n n, Gustav Adolf

Ackermann, s.a. A c k e r m a n n, J.C.

Ackermann, Arzt. 1804 s.a. *Ackermann,* Jakob Fidelis.

Ackermann, Dramatiker. 1884 s.a. *Ackermann,* Johann. 1537.

Ackermann, s.a. A c k e r m a n n, Josef

Ackermann, s.a. A c k e r m a n n, K.

Ackermann, Direktor. Kassel. 1809 s.a. *Ackermann,* Karl.

Ackermann, s.a. A c k e r m a n n, Karl August

Ackermann, s.a. A c k e r m a n n, Karl Wilhelm

Ackermann, s.a. A c k e r m a n n, M.

Ackermann, Oberhofprediger. Meiningen. 1847 s.a. *Ackermann,* Konstantin.

Ackermann, Franz. Sprachforscher. 1836 s.a. *Ackermann,* Paul.

Ackermann, Schauspielerin. 1783 s.a. *Ackermann,* Sophie Charlotte.

Ackermann, Prof. der Medizin. Rostock. 1873 s.a. *Ackermann,* Theodor.

Ackermann, (falsch) s.a. Heinecken, Carl Heinr. v.

Ackermann, der prakt. Tapezier, s.a. S t e i n b a c h

— Abschiedspredigt, am 18ten Sonntage nach Trinitatis in der Stadtkirche zu Jena gehalten. gr. 8. Jena 837. Frommann. 1/8 Thlr. Zum Besten des jenaischen Arbeitshauses.

Ackermann, das Amt des Dieners Jesu Christi. Abschiedspredigt, gehalten in Berg den 3. Dezbr. 1854. 8. (22 S.) Schaffhausen 853, Beck und Sohn.

— Antrittspredigt, am 21. Sonntage nach Trinit. in d. herzogl. Hofkirche zu Meiningen geh. gr. 8. Meinig. 837. Keyßner. 1/8 Thlr.

Ackermann, Festspiel zur Vermählungsfeier Sr. Kgl. Hoh. des Prinzen Friedrich Wilhelm mit der Prinzeß Royal Victoria v. England. Berlin 857. (Dümmler's Buchh.) 8. (40 S.) n. 10 ngr.

Ackermann, Festspiel zur Vermählungsfeier Sr. Königl. Hoheit des Prinzen Friedrich Wilhelm mit der Princeß Royal Victoria von England. 8. (40 S.) Berlin 858, (Dümmler's Buchh.)

Ackermann's guidebook. The Oberammergau passional play 1890. With a full description of the tableaux and scenes, a libretto of the songs and dialogues and some practical hints for travellers. 3. ed. 8. (113 S. m. Abbildgn. u. 1 Karte.) München 890. F. A. Ackermann. n. 2. —; geb. n. 3. —

Ackermann, Consist.-Rath, ... s. Kindermann, C., die Göttlichkeit Jesu.

Ackermann. 1909: Der Konus-Betonpfahl. System Stern D.R.P. 214129. Ackermann & Cie., Unternehmung für Hoch- und Tiefbau, München. — (München 1909: Meisenbach-Riffarth.) 31 S. 4° 89. 1.6827

Ackermann, s. Taschenbuch, München. akadem.

Ackermann. Vogelfrei! Ein Blick auf das erste Jahr des 20. Jahrh. gr. 8. (20 S.) Brandenburg 901. M. Evenius. n. — 50

Ackermann, A., s.a. A c k e r m a n n , Aaron

Ackermann, A., s: J a h r b u c h der Schule Gabelsbergers.

Ackermann, A., Münzmeister Lippold. Ein Beitrag zur Kultur- u. Sittengeschichte des Mittelalters. Nach urkundl. Quellen bearb. (112 S.) gr. 8. Frankfurt a/M. 910. J. Kauffmann. 3. —
Sonderabdruck aus: „Jahrb. d. jüd.-lit. Gesellsch."

Ackermann, A., München u. Umgebungen, s. G r i e b e n ' s Reise-Bibliothek.

Ackermann, Aron [cand. phil.]: Beiträge zur Geschichte des Verständnisses der hebräischen Accentuation ... Berlin, Druck v. H. Itzkowski, 1893; 44 S. 8.
Göttingen, Phil. Fak., Inaug.-Diss. v. [14. Aug.] 1893

Ackermann, A., das hermeneutische E l e m e n t der biblischen Accentuation. Ein Beitrag zur Geschichte der hebr. Sprache. gr. 8. (89 S.) Berlin 893. S. Calvary & Co. n. 2. 50

— der synagogale G e s a n g in seiner historischen Entwickelung. Mit Rücksicht auf d. Beedutg. d. Judenthums für die musikal. Kunst überhaupt dargestellt. [Aus: „Winter u. Wünsche, d. jüd. Litt. seit Abschl. d. Kanons".] gr. 8. (54 S.) Trier 894. S. Mayer. n. 1. 50

Ackermann, A., G e s c h i c h t e der Juden in Brandenburg a. H. Nach gedr. u. ungedr. Quellen dargestellt u. m. urkundl. Beilagen hrsg. Subventioniert v. der Zunz-Stiftg. (IX, 224 S.) Lex.-8. Berlin 906. L. Lamm. n. 4. —; geb. n. 5. —

Ackermann, A., De Senecae Hercule Oetaeo. Diss. 1905. 64 S. m. 1 Tab. 1.50

Ackermann, A., J u d e n t u m u. Christentum. (32 S.) gr. 8. Leipzig 903. M. W. Kaufmann. n. — 50

— literarischer W e g w e i s e r f. die öffentliche Gesundheitspflege u. das Wohl der Menschen. Enth. die Schriften u. Journalartikel der letzten 20 Jahre [1854/1874.] gr. 8. (53 S.) München 874. A. Ackermann. 1. 50

A c k e r m a n n, Adf., München—Munich, s. G r i e b e n ' s Reise-Bibliothek.

Ackermann, (Adf. L.) Csr., *s.a.* A c k e r m a n n , D. C.

(Adf. L.) Cst. **Ackermann**: das Christliche im Plato u. in d. Platon. Philos. *Hamb.*, F. Perthes. 835. gr8° 1 ₰ 18 gl

Ackermann, Aemilius, Klaukenburgensis: De Senecae Hercule Oetaeo. Marpurgi Cattorum 1905: (Laupp jun. Tübingen). (64 S.) 8° ¶(Pars I; Pars II u. III ersch. im Philologus.)
Marburg, Phil. Fak., Ref. Birt, Diss. v. 27. Juli 1905
[Geb. 3. Okt. 81 Klaukenburg; Wohnort: Klaukenburg; Staatsangeh.: Preußen; Vorbildung: Gymn. Gütersloh Reife O. 01; Studium: Marburg 2, Berlin 2, Marburg 4 S.; Rig. 10. Mai 05.]

Ackermann, August: Über die Anatomie und Zwittrigkeit der Cucumaria laevigata. (Aus d. zool. u. vergleichendanat. Institut d. Universität Bonn.) Mit 8 Fig. im Text.– Leipzig: W. Engelmann 1902. (2 Bl.) 8°(Nur Titelblatt, Vita u. Thesen.–Vgl. die folgende Nummer.)
Bonn, Phil. Diss. v. 9. Mai 1902.
(Nicht für den Austausch.)

Ackermann, Aug., 105 ein-, zwei-, drei- und vierstimmige Lieder für mittlere und obere Classen in Bürger- u. Landschulen; zur Erweckung eines frommen und heiteren Gemüths, theils gesammelt, theils componirt. Nebst einem Anhange von 70 der gewöhnlichsten Choralmelodien. Naumburg a/S. (853.) Meraun. 8. (VIII, 121 S.) 7 1/2 ngl

Ackermann, August, (Reitum/Sylt), Ueber congenitale Pulmonalstenosen. Med. Diss. Halle 6. XI. 1869. 30 S. Mit Biogr. (3.80) 42
Oppon.: Aug. Borberg, Frz. Häuber.

Ackermann, August: Ueber congenitale Pulmonalstenosen. Halle (1869): Plötz. 28 S. 8°
Halle-Wittenberg, Med. Diss. v. 6. Nov. 1869
Geb. Keitum auf der Insel Sylt (Schleswig) 27. 5. 1845. V.

Ackermann, August: Die Sprache der ältesten schottischen Urkunden (a. d. 1385—1440). *Berlin [1898]: G. Schade.* (60 S.) 8° ¶ (Erscheint vollständig in den Studien zur englischen Philologie.)
Göttingen, Phil. Diss. v. [3. März] 1898

Ackermann, C..., s. a. A c k e r m a n n , K...

Ackermann, C., s. A c k e r m a n n , Carl

Ackermann, C. A., s. a. A c k e r m a n n , Karl August

Ackermann, C. A., gesamm. Beitr. z. Kenntniß d. Vaterlandes. Verschied. Inh. 1 gr. 8. Wism. 833. Schmidt. u. Cossel. 1/4 ₰

Ackermann, C. A. (Hrsg.), s. Wächter, Der.

Ackermann, C. C.: Ueber Inhalt u. Oberfläche von Rotationskörpern. 1864. 4°.
Math. Diss. Marburg.

Ackermann, C. F. W., Grundlegung des Heils. Für christl. Katecheten u. Prediger. gr. 8. Nürnb. 836. Rawsche Buchh. 1/2 ₰ jetzt 1/4 ₰

(A c k e r m a n n, C. G.), die Kriegsbegebenheiten in Dessau, s. D a r s t e l l u n g.

Ackermann, Carl: Beiträge zur physischen Geographie der Ostsee. Th. 4. Die pflanzen- und thiergeographischen Verhältnisse der Ostsee. Halle a. S. 1881: Waisenhaus. 46 S. 8°
Halle-Wittenberg, Phil. Diss. v. 3. Aug. 1881
Geb. Röbel (Meckl.-Schw.) 9. 7. 1856. V.
Wieder abgedr. auf S. 285—321 im vollst. Werk. Hamburg: Meissner 1883. IX, 399 S., 1 Kt., 5 Taf.

Ackermann, Carl, Beiträge zur physischen Geographie der Ostsee. Mit 1 (chromolith.) Tiefenkarte u. 5 lith. Taf. gr. 8. (IX, 399 S.) Hamburg 883. O. Meissner. n. 10. —

Ackermann, Carl, Beiträge zur physischen Geographie der Ostsee. 2. Ausg. gr. 8. (IX, 399 S. m. 1 Tiefenkarte u. 5 lith. Taf.) Hamburg 891. O. Meissner's Verl. n. 4. —

Ackermann, C.: Beitr. z. phys. Geographie d. Ostsee. 2. Ausg. 8° (399 m. 1 Karte u. 5 L.).– Hamb. 1895, O. Meissner's Verl.

—— B e s t i m m u n g der erdmagnetischen Inklination von Kassel. gr. 8. (12 S.) Kassel 884. (Kessler.) *

s.a. 31. B e r i c h t des Vereins für Naturkunde zu Cassel.

Ackermann, Carl, die Käfer zum Gebrauche beim Unterrichte u. zum Selbstbestimmen. 8. (VI, 110 S.) Hersfeld 870. (Böttrich & Höhl). n. — 90

Ackermann, Carl Die pädagogische Litteratur für unseren Regierungsbezirk. 4 (S. 3—14). **Progr.** Rsch. *Cassel* 1886

—— Repertorium der in das Gebiet der Fremdenpolizei einschlagenden, im Großherzogth. Mecklenburg-Schwerin geltenden gesetzlichen Vorschriften über Paßwesen, Verfahren gegen Landstreicher und Bettler, Staats- und Ortsangehörigkeit, Auslieferung von Verbrechern u. s. w. Für den Handgebrauch der Ortsobrigkeiten und Polizeibeamten bearb. Lex.-8. (IV und 522 S.) Schwerin 857, Bärensprung. *

Ackermann, Carl August

Ackermann, Carl Aug., für die deutsche Polizei. Wider Hrn. Dr. Avé-Lallemant. Schwerin, 861. Schmale & Co. gr. 8. (VIII, 78 S.) n. 12 *ngr.*

Ackermann, C. A., Polizei und Polizeimoral u. d. Grundsätzen des Rechtsstaats. gr. 8. (83 S.) Stuttgart 896. F. Enke. n. 1. 60

Ackermann, C. A., Repertorium d. in d. Gebiet der Fremdenpolizei einschlagenden, im Großherzogthume Mecklenburg-Schwerin geltenden gesetzlichen Vorschriften über Paßwesen, Verfahren gegen Landstreicher und Bettler, Staats- und Ortsangehörigkeit, Auslief. von Verbrechern 2c. Für den Handgebrauch der Ortsobrigkeiten und Polizeibeamten bearbeitet. Schwerin 857. Bärensprung. gr. 8. (2 Bl., 522 S.) n. 3 *rß*

Ackermann, C.A. Repert. d. in d. Geb. d. Fremdenpolizei einschl. in Meckl.–Schwerin gelt. Vorschr. üb. Passwesen, Verf. geg. Landstreicher u. Bettler etc. 8° (522).– Schwer.1857, (Stiller.)

Ackermann, Carl Heinrich: Versuch über einige medicinische Fragen. Leipzig 1792. VII, 108 S.

Ackermann, Caesar Isidor, Aneurysmatis Aortae observatio. Diss. Petersburg. 8°. 50 pp. mit 2 lithographirten Tafeln. 1833.

— Ch. G. Salzmanns Lebensbeschreibung, s.: Bibliothek pädagog. Klassiker.

— Chn. Dav. (Auma), Animadversiones de resolventibus. Lpz. (Langenheim) 30. IV. 1751. 40 S. (5.—)
Gew.: Gottfr. Heinr. Zopff.

Ackermann, Christian Georg: Darstellung der Kriegsbegebenheiten in Dessau während der Jahre 1806–1815. Von einem Augenzeugen (d. i. C[hristian] G[eorg] A[ckermann]). — Dessau 1839. **1:Sa 9384. 2.**
1.6838

Ackermann, Chrn. Georg : Veronika . . . s. Reichank, Heimeran

Ackermann D.: Ein Beitrag z. Chemie d. Fäulnis. Habilitationsschr. (Marburg). Strassb. 1907. 31 S. P.

Ackermann, D. C., s. a. Ackermann, (Adf. L.) Csr.

Ackermann. D. C., Das Christliche in Plato und in der platonischen Philosophie. Hmbg. 1835. 8.

Ackermann, Dankwart, Dr., Assistent am physiolog. Institut: ⟨Aus d. Physiolog. Institut d. Universität Marburg.⟩ **Ein Beitrag zur Chemie der Fäulnis. Straßburg: K. J. Trübner** 1907. (31 S.) 8°
Marburg, Med. Fak., Hab.-Schr. v. 1907

Ackermann, Dankwart, approb. Arzt aus Rostock i.M.: Aus d. Rostocker chirurg. Klinik d. Prof. Dr. Müller. Über die Umstülpung des Processus vermiformis und ihre Beziehung zur Intussusception. Tübingen 1902: H. Laupp Jr. (19 S.) 8° (Aus: Beiträge zur klinischen Chirurgie. Bd. 37, H.2.)
Rostock, Med. Diss. v. (5.Febr.) 1903.

— Dav. (Reichenbach/Vogtl.), Ex doctrina civili de prudentia convertendi descriptas ab historicis clarorum virorum vitas in usum politicum. Diss. Lpz. (Joh. Georg) 22. IX. 1688. 60 Bl. (7.50) 44

Ackermann, E., Seminardirektor, Eisenach. s. a. *Ackermann,* Eduard.

Ackermann, E., s. a. Ackermann, Ernst

Ackermann, E., Le Portugal moderne. Étude intime des conditions industrielles du pays. Bd 1 u. 2. Rixheim, 1907.
Bd 1. L'industrie minière du Portugal. 130 S.
Bd 2. L'industrie et le commerce au Portugal. — Notes sur le voyage aux anciens pays portugais de l'Afrique Occidentale et aux îles des Canaries et de Madère effectué de janvier à mai 1907 par l'auteur. 131 S.

Ackermann, E., Die Verläumdg. Diss. Greifs.1872.

Ackermann, E.: Ein Willkommgruss den Gästen an der Grosslogenversammlung der Grossloge „ Zur Sonne" in Konstanz [1902], dargebracht von Grethe Wingler und Marianne Ackermann. 1 Bl. 8° [Kopftit.]

Ackermann, E. J., Lehrstoffe f. gegliederte Fortbildungsschulen. Unter Mitwirkg. einiger Lehrer der hies. Fortbildungsschule ausgewählt u. auf die gesetzlich verordneten drei Schuljahre vertheilt. gr. 8. (21 S.) Glauchau 880. Peschke. n. — 40

Ackermann, Eduard

Ackermann, E., die formale Bildung. Eine psychologisch-pädagog. Betrachtg. 8. (IV, 89 S.) Langensalza 889. Beyer & Söhne. n. 1. —

Ackermann, Ed., Die formale Bildung. Eine psycholog.-pädagog. Betrachtg. 2. Aufl. gr. 8. (V, 90 S.) Langensalza 898. H. Beyer & Söhne. n. 1. —

Ackermann, E.: Über Charakterbildung. Eisenach 1878. 41 S. Eisenach, Karolinenschule P 1878.

Ackermann, Eduard, aus Kurland ⟨Rußl.⟩: **Über das Dérangement interne des Kniegelenks.** *Berlin (1904): E. Ebering.* (44 S.) 8°
Berlin, Med. Diss. v. 18. Febr. 1904

Ackermann, E., das Ehrgefühl im Dienste der Erziehung. 8. (32 S.) Eisenach 873. Bacmeister. n. — 40

— Die häusliche Erziehung. — **Langensalza:Beyer** 1888. V,218 S. **1:Nd 2960. 3. 5.**
1.6842

— — 2. Aufl. Ebd. 1895. VI,246 S. **1:Nd 2960². 12:Paed. Th. 11. 3.**
1.6843

— E. Ackermann. Pädagogische Fragen. Nach d. Grundsätzen d. Herbartschen Schule bearb. Reihe (1.)2. — Dresden: Bleyl & Kaemmerer 1884–86.
1.2 . . . . **1:Nc 3904. 12:Paed. Th. 10. 10.**
1 . . . . **7. 9.**
1.6844

— — 2. Aufl. Reihe 1.2. Ebd. 1891–98.
1.2 . . . . **7.**
1 . . . . **10.**
1.6845

Ackermann, E., Schulnachrichten über Turnen, Eisenach 1873, 3 S., 8°.

Ackermann, E., Der Turnunterricht nebst Mitteilungen über 2 Jahreskurse der Sekundar- und 1. Bürgerschule zu Eisenach, Eisenach 1869, 38 S., 8°.

Ackermann, Er. Sebast., († d. 27. Dec. 1808) drei Predigten bei d. Amtsveränderung. 8. Jena 767.

— 3 Predigt. b. s. Amtsveränder. 8. Ebend. 768.

— letzte Reden des sterbenden Jesu, in 7 Fastenpredigten. 8. Jena 767.

— Samml. einiger Kanzelreden bei besondern Vorfällen gehalten. 8. Jena 766. Gollner. 10 ℊ

Ackermann, Erich: Ueber typische **Haushaltungsbudgets** deutscher Arbeiterfamilien und deren Ergebnisse für die Frage nach den Produktionskosten der Arbeit. *Barmen 1900: Söhn & Ackermann.* (49 S.) 8° [F.]
Freiburg i. B., Rechts- u. staatswiss. Diss. v. 1900

Ackermann, Ernst, a. Jena: **Beiträge zur Kenntnis des Cinchonins und Hydrocinchonins. Jena 1908: Frommann.** (35 S.) 8°
Jena, Phil. Fak., Ref. Knorr, Diss. v. 6. März 1908
[Geb. 31. Aug. 74 Berlin; Wohnort: Berlin; Staatsangeh.: Preußen; Vorbildung: Gymn. Charlottenburg Reife O. 95; Studium: Lausanne 2, Berlin 6, Jena 3 S.; Rig. 20. Dez. 07.]

Ackermann, Ernst. Am Bodensee. Reisebilder u. Erinnerungsblätter. Ein Führer üb. d. Bodensee u. seinen Ufern entlang. gr. 8. (VIII, 24 S. m. 1 Karte u. 1 Lichtdr.-Taf. in Fol.) Konst. 889, Ackermann. cart. 1 50

Ackermann, E., am Bodensee. Reisebilder u. Erinnerungsblätter. Ein Führer üb. den Bodensee u. seinen Ufern entlang. gr. 8. (VIII, 24 S. m. 1 Karte u. 1 Lichtdr.-Taf. in Fol.) Konstanz 889. (Meck.) cart. 1. 50

Ackermann, Ernst, die Heimat Scheffel'scher Gestalten. Zeichnungen v. Ernst Würtenberger. 8. (12 Blatt.) Konstanz 891. [W. Meck.] E. Ackermann, Verl. Mit Goldschn. n. 2. —

—— Karte vom Bodensee und Umgebung und Rhein bis Schaffhausen. Bregenz, Teutsch, 1888. (M. 0.40.)

Ackermann, E., Karte von Konstanz und Umgebung, nebst 1 Uebersichtskarte des Bodensees. 1:25,000. Chromolithogr. qu. Fol. Konstanz 887, (Meck.) *
Auf Leinw. **

Ackermann, Ernst. Karte v. Konstanz u. Umgebung (1: 25,000), nebst e. Uebersichtskarte d. Bodensees. 2. Aufl. Farbendr. 45×55 cm. Konstanz 891, [Meck.] Ackermann. * 1 50
Auf Leinw. * 2 30

Ackermann, Ernst August: Die alt-christlichen Lehrstücke, ihr Inhalt u. Zusammenhang. Eine theol.-prakt. Abhandlung zur Lösung d. Frage, ob wir recht thun, sie im christl. Volks-Unterricht beizubehalten. — Nürnberg: Bielnig 1832. XVI,334 S. 1:Ev 1992. 8. 9.
1.6846

Ackermann, E. Aug., die alt-christl. Lehrstücke, ihr Inhalt u. ihr Zusammenhang. Eine theologisch-prakt. Abhandl. z. Lösung d. Frage: ob wir recht thun, sie im christl. Volksunterr. beizubehalten. 8. (22 B.) Nürnberg 832. (Leipzig, Fr. Fleischer.)

Ackermann, E. A., die altchristlichen Lehrstücke, ihr Inhalt und Zusammenhang. Eine theolog.-prakt. Abhandlung zur Lösung d. Frage, ob wir recht thun, sie im christl. Volks-Unterrichte beizubehalten? 8. (Leipz. 833. Fr. Fleischer.) 1 1/6 ℛ

Ackermann, E. A., zwei Predigten am Säkularfeste der Kirchenverbesserung am 31 Oktober u. 2. Novbr. 817. 8. Nürnberg, Bieling. 818. geh.

Ackermann, Ernst Konrad: Empfindungen der Dankbarkeit. In einem Vorspiel. — Hamburg 1767.
300:621.595–B.Th.S. 8.
1.6848

[—] Philimen. Ein Schäferspiel. — Hamburg 1766. 8.
1.6849

Ackermann, Ernst Sebastian: Mäsörā ... seu Masora ad finem totius legis ⟨sive Pentateuchi⟩, prophetarum ... ac hagiographorum illuminata. — Jenae 1759: Marggraf. 28 S. 1:26 in Bd 8603–29. 12:4° Diss. 1814/9 [u.ö.] 2.
1.6850

Ackermann, Ernst Wilhelm

Ackermann, Ernst Wilh., s.: Aus d. poet. Nachlasse.

Ackermann, Ernst Wilhelm: August von Kotzebue aus seinen eigenen schriftlichen Mittheilungen wahrhaft u. treu dargest. von einem s. Jugendfreunde [d. i. Ernst Wilhelm Ackermann]. — Weimar: Hoffmann 1819. 44 S. 10.
1.6851

— Aus dem poetischen Nachlasse von Ernst Wilhelm Ackermann. Mit einem Vorw. von Ernst Raupach. Hrsg. vom Vater [d. i. Wilhelm August Ackermann]. — Leipzig: Reichenbach 1848. XVI,544 S.
1:Yc 9791. 12:P. o. germ. 7 m. 2. 5. 7. 8. 10. 11.
1.6852

[—] Weimar's Park, gefeiert von einem alten Staatsdiener, am Vorabend von Weimar's goldnem Fürstentage, den 2. Sept. 1825. (Unterz.: E. W. A.) — Weimar 1825.
1:Yn 4227.
1.6853

Ackermann, F., introductio in libros sacros veteris foederis usibus academicis accomodata. Edit. IV. Wien 869. Beck's Verlhdlg. gr. 8. (IV, 359 S.) n. 1 ℛ 10 ngr.

Ackermann, F., Das ΠΙΘΑΝΟΝ bei Sophokles. Ein Beitr. zur Kenntnis s. Kunst. Diss. 1910. 85 S. 2.50

Ackermann, F.: Der Sitterviadukt d. Bodensee-Toggenburgbahn, s.: Acatos, A.

Ackermann, F. (Hrsg.), s. Unterrichtszeitung für junge Damen und lehrende Mütter.

Ackermann, F. A. s. *Ackermann*, Friedrich Adolf.

Ackermann's, F. C., illustrirte Wiener Gewerbe-Zeitung. Technisches Organ für das Kleingewerbe und den Haushalt. 9.—13. Jahrg. 1880—1884. à Jahrg. 24 Nrn. (Bog.) 4. Wien, Administration. à Jahrg. **

Ackermann, F. J., Tabelle zur Ermittelung der Durchgangszollsätze, s. Geran, F. W.

Ackermann, F. W., e. letzte Konfirmandenstunde beim Heilande. Predigt, üb. Joh. 21, 15—19 geh. am Sonntag Quasimodogeniti 1890 in der Neustädter Kirche zu Erlangen. gr. 8. (12 S.) Erlangen 890. Blaesing. — 15

Ackermann, F. X. s. *Ackermann*, Franz Xaver.

Ackermann, Fr. Ad. Mang's zerlegbarer Universal-Apparat, etc. 3. A. Weinheim 1884. 4.

Ackermann, Franz Xaver

Ackermann, Franz Xaver: Das Kaiserreich Brasilien. Beobachtungen u. prakt. Bemerkungen für deutsche Auswanderer. Von F. X. Ackermann. Nebst e. Ansicht u. 1 Kt. — Heidelberg 1834. 1:Uy 5455.
1.68 0

Ackermann, F. X., das Kaiserreich Brasilien. Beobachtungen u. prakt. Bemerk. f. deutsche Auswanderer. Nebst d. Ansicht einer Facende (Länderei) u. 1 Karte (in Fol.) v. d. Stromgebiete d. Rio-Doce. gr. 12. (16¼ B.) Heidelberg 834, Groos.

Ackermann, Fourerius s. *Ackermann*, Peter Fourerius.

Ackermann, Friedrich

— 500 Anfänge u. Schlüsse z. Geschäftsbriefen. gr. 8. (24 S.) Ebd. 892. n. 1. —

Ackermann, Frdr., 400 Anfänge u. Schlüsse z. Privatbriefen. gr. 8. (23 S.) Halle 892. (Berlin, G. Wattenbach.) n. — 60

Ackermann, Friedr., das christliche Leben. Eine Darstellg. desselben als Grundlage f. den Confirmandenunterricht u. zur Orientierg f. Suchende. gr. 8. (IV, VI, 86 S.) Konstanz 902. E. Ackermann. n. 1. 50

Ackermann, Frdr., Rechentabellen, bearb. f. Behörden, Geschäfte, Techniker u. Personen, welche schnell u. sicher rechnen wollen. 3. Aufl. Fol. (41 S.) Berlin 897. (G. Wattenbach.) n. 5. —

Ackermann, Friedrich [Referendar am Landger. Danzig]: Ueber Stockwerkseigentum, insbesondere nach preussischem Recht. . . . Göttingen, Druck d. Dieterich'schen Univ.-Buchdr., 1891; 53 S. 8°
Göttingen, Jur. Fak., Inaug.-Diss. v. [29. Jul.] 1891

Ackermann, Frdr., über Stockwerkseigentum, insbesondere nach preuss. Recht. Diss. gr. 8. (53 S.) Göttingen 891. (Vandenhoeck & Ruprecht.) n. 1. 20

Ackermann, Friedrich Adolf

— 2 Gedichte, s.: Hoch Bismarck.

Ackermann, F. A., D. Kunsthandel, s.a. Uhl, Gust., Unterrichtsbriefe f. Buchhändler.

Ackermann, Friedrich Adolf: Der Kunsthandel. Plaudereien. Von F. A. Ackermann. — Leipzig: Uhl (1896). 96 S. 1:Ns 1147/20. 12:Art. 1ei.
1.6865

— der Kunstverlag, s.a. Uhl, Gust.: Unterrichtsbriefe f. Buchhändler

— Der Kunstverlag. Plaudereien. Von F. A. Ackermann. — Leipzig: Uhl [1898]. 78 S. 1:An 10366. 12:Art. 1ek.
1.6866

Ackermann, F. A., der Kunstverlag. Plaudereien. (Umschlag: 2. sehr verm. u. verb. Aufl.) (118 S. m. 1 Taf.) gr. 8. Leipzig (906.) G. Uhl. nnn 2.50;
geb. in Segelleinw. nnn 3. 50

— De Vageldeputatschon bi Bismarck. Sassenwalt-Idill von A. Mannsfeld [d. i. Friedrich Adolf Ackermann]. To lesen för Kint un Kinnakinner. — München: Ackermann 1896. 147 S. 1:Yc 3192. 12:P. o. germ. 898 mx. 9.
1.6867

— Veronika oder die Mönche vom Libanon. Eine Geschichte aus der Zeit vor den Kreuzzügen. Von Heimeran Reichank [d. i. Christian Georg Ackermann]. Bd 1. 2. — Dessau: Ackermann 1823. 1:Yu 9350.
1.6839

Ackermann, Friedrich Jacob (Gronau)
Ueber den Mechanismus der Geburtswehen.
Giessen: W. Keller 1850. 35 S.
Diss. med. 5.9.1850.

Ackermann, Fritz, a. Heilbronn: Zur Kenntnis der Pyrimidine und Chinazoline. Heidelberg 1907: K. Rössler. (39 S.) 8°
Heidelberg, Naturw.-math. Fak., Ref. Curtius, Diss. v. 8. Nov. 1907
[Geb. 31. Aug. 83 Heilbronn; Wohnort: Heilbronn; Staatsangeh.: Württemberg; Vorbildung: Karls-Gymn. Heilbronn Reife Juli 02; Studium: Heidelberg 9, Berlin 1 S.; Rig. 1. Aug. 07.]

Ackermann, G., s. A c k e r m a n n , Gottlieb

Ackermann, G. A.

Ackermann, sächsische Gesindeordnung nebst dazu gehör. Polizeiverordng. v. 10. Jan. 1835, erläut. Neu bearb. v. v. **Bernewitz.** 3. Aufl. Leipz. 887.

Ackermann, G. A., Die kgl. sächs. Gesindeordnung. (183 S.) Leipzig 1887. Rossberg. 2.—

Ackermann, G. A., Rechtssätze aus Erkenntnissen 2c. der obersten Justiz- und Spruchbehörden des Königr. Sachsen, s. a. R e c h t s s ä t z e.

Ackermann, G.A. Rechtssätze a. Erkenntn. u. Verordn. d. obersten Just.–, Spruch-u. Verw.-Beh. v. Sachsen. N.F.1-11 Bd. 8° (a 380).– Wurz. 1852 - 1861, Verl.-Compt. N.F.12-15.Bd. (à 396) Lpzg. 1862 - 65, Arnold.

Ackermann, G. C. B. s. *Ackermann,* Georg Christian Benedikt.

Ackermann, G. Friedrich: Die Indogermanen oder des weissen Menschen Kampf gegen den Weltenfrost. Nach universellen, geologischen, moralischen und historischen Entwickelungsgesetzen dargest. — Thurm bei Zwickau: Selbstverl.; (Leipzig: Sinhuber in Comm.) 1870. VIII, 326 S. 10.
1.6868

Ackermann, Gebhard. (Lebrecht Arth.) (geb. Cüstrin 29. 6. 1815): De inflammatione nonnulla. Berolini (1839). (29 S.) 8°
Berlin, Med. Diss. v. 8. Juni 1839

Ackermann, Georg

Ackermann, Geo., praktische Buchführung für Maschinenfabriken u. Eisengiessereien, s. a. B i b l i o t h e k praktischer Specialbuchführgn. f. Handel u. Gewerbe.

Ackermann, Georg: Praktische Buchführung für Maschinenfabriken & Eisengiessereien. Nach doppeltem u. amerikanischem System z. Selbstunterricht bearb. — Leipzig: Lehmann (1893). 220 S. (Bibliothek prakt. Specialbuchführungen f. Handel u. Gewerbe. 3.) 82.
1.6869

— — München: Lechner (1893). 220 S. (Bibliothek prakt. Specialbuchführungen f. Handel u. Gewerbe. 3.)
12: Merc. 25 om-3.
1.6870

Ackermann, Georg (Pr. Arzt in Eisenach): Ueber die Entwickelung von Wahnideen aus hallucinatorischen Vorgängen. . . – Weimar, Druck v. R. Wagner, 1892; 1 Bl., 16 S., 1 Bl. 8°.
Jena, Med.Fak., Inaug.-Diss. v. (6.Jan.) 1892

— **Georg Christian** (Merseburg), Diss. polit. utrum electio magistratus melior sit successione. Präs. Carl Andr. Redel (Halle). Lpz. (Joh. Chph. Brandenburger) 27. I. 1691. 14 Bl. (5.20)

Ackermann, Georg Christian Benedikt

— Darstellung e. vollständ. Confirmationshandlung u. 2 Confirm.-Predigten. 8. Hamb. 803. (Aug. Campe). 8 gl

Ackermann, G. C. B., Darstell. e. vollständ. Confirmat.-Handl. u. 2 Confirm. Pred. 8. Hamburg, Hoffmann. 803.

Ackermann, Geo. Chr. Bdkt., Erklärungen zum Mecklenburger Katechismus, od. Erläuterung der in demselben vorkommenden Sprüche und einzelnen Ausdrücke; nebst angehängten Regeln f. Lehrer u. Schüler. Zum Gebr. f. Lehrer in Bürger- u. Landschulen. gr. 8. Schwerin 833. Kürschner. (Berl., Plahn.) 1/6 rß

Ackermann, Geo. Chr. Bdkt., Ermunterung an junge Christen zur würdigen Erfüllung ihrer Pflichten. 8. Wismar 797. (Wienbrack in Leipz.). 4 gl

Ackermann, Georg Christian Benedikt: Kleine kirchliche Gesetzsammlung, oder kurze Zusammenstellung aller Verordnungen, die in Bezug auf Kirche und Geistlichkeit v. J. 1797 an erlassen worden. Von G. C. B. Ackermann. — Schwerin 1820: Hof-Buchdr. IV, 50 S. 1:Fq 24603.
1.6871

Ackermann, Geo. Chr. Bdkt., die Glaubenssätze von Christi Höllenfahrt und von der Auferstehung des Fleisches, vor dem Richterstuhl unsrer Zeit. 12. Hamburg u. Gotha 845, Fr. u. A. Perthes. 6 ngl

— Hauptsätze für den Confirmanden-Unterricht nach Luthers Katechismus. 2. verb. Aufl. gr. 8. Meiningen 846, Blum. 3 ngl

— Kabinetspredigten 2c. gr. 8. Magdeb. 806. Heinrichshofen. 1 rß 12 gl

—— Kirchen- u. Schulblatt f. Mecklenburg, s. K i r c h e n - u. Schulblatt.

— die Leiden u. die Verherrlichung des Herrn u. des Menschenlebens in 5 Predigten dargestellt. gr. 8. Hamburg 843, Fr. Perthes. n. 1/3 rß

— Predigt zur dritten Jubelfeier der Hennebergischen Reformation am 25. Jan. 1844 in der Hofkirche zu Meiningen gehalten. gr. 8. Meiningen 844, Blum. 1/8 rß

— Predigt am Reformationsfest 1841. In d. Herzogl. Schloßkirche gehalten. gr. 8. Meiningen 842, Keyßner. 1/8 rß

— der Rathgeber für Prediger, die ins Amt treten; oder Anleitung zum rechten Verhalten bei den verschied. Amtsverrichtungen. 2. verm. Aufl. 8. Schwerin 844, Kürschnersche B. (Berlin, Plahn'sche Buchh.) n. 1/2 rß

Ackermann, G. C. B., der Rathgeber f. Prediger, die ins Amt treten; oder Anleitung zum rechten Verhalten bei d. verschied. Amtsverrichtungen. 3. Aufl. 8. (VIII u. 85 S.) Schwerin 847, Kürschner (jetzt Hildebrand). 9 ngl

— Sonntagsbüchlein, z. Unterhalt. für Bürger u. Landleute. 2 Sammlungen. 8. Leipz. 799. (Wienbrack). 16 gl

– s. W a l t e r , F.: Der freie Verein d. kirchlichen Gemeinde zu Diedrichshagen.

Ackermann, Gli., s. A c k e r m a n n , Gottlieb

Ackermann, Gottlieb

Ackermann, Gottlieb [Pseud.], s. a. M a y e r , Franz Xaver [wirkl. Name]

— kurze Frühpredigten auf alle Sonn- u. Festtage d. ganzen Jahres. 2 Bde. 8. Landsh. 827, Krüll.

Ackermann, Gtleb. (Frz. Xav. Mayer), kurze Frühpredigten auf alle Sonn- und Festtage des ganzen Kirchenjahres. 4 Bdchen. 2., verb. u. verm. Aufl. 8. Regensburg 841, 42. Manz. à 1/2 rß 2 rß

— Kabinetspredigten 2c. gr. 8. Magdeb. Heinrichshofen. 806.

Ackermann, Gottlieb
Pseudonym für Franz Xaver Mayer
— Faßliche und gemeinnützige Predigten auf christliche Festtage. Hrsg. von Gottlieb Ackermann. Bdch. 1.2. — München: Fleischmann 1809–10.
12: Hom. 25. 102P.
1.6872

— gemeinnütz. u. faßl. Predigt. 2c. 18 Bdchn. 8. München, Fleischmann. 809.

— gemeinnütz. u. faßl. Predigten 2c. 2 Bdchen. 8. Münch. 809—811. Fleischmann. 1 rß 8 gl

— katechetische Predigten 3r Bd. 2. verb. Aufl. 8. München, Lindauer. 814.

— katechet. Predigten über d. Sittenlehre, 6 Bde. 8. München 802—5 2e A: 807—20. J. Lindauer. 6 Thlr

— Predigten über d. Pflichten d. christl. Bürger gegen den Staat. 8. Münch. 804. J. Lindauer. 8 gr

— Volkspredigten u. Homilien auf alle Sonn- u. Festtage des kathol. Kirchenjahrs. 2 Bde. 8. Landsh. 821. Krüll. 3 Thlr 4 gr 2e Ausg. 831. Ebd. 3 Thlr 4 gr 2r unveränd. Abdruck d. 2n Original-Ausg. 1r Bd. 1s—6s Heft 832. Ebd. 1 Thlr 12 gr 2r Bd. a. u. d. T.: Volkspredigten u. Homilien auf alle Festtage, sie mögen noch geboten oder auf die Sonntage verlegt sein. (N. A.) 831. 1 Thlr 18 gr

— Volkspredigten und Homilien auf alle Sonn- und Festtage des katholischen Kirchenjahrs. Von Gottlieb Ackermann. 2. verm. u. verb. Aufl. — Grätz: Verl. d. Hrsg. d. neuen Bibliothek f. kathol. Seelensorge 1824–28.
1-3: Erster, zweiter [u.] dritter sonntägl. Theil. 1824.
4-5: Erster [u.] zweiter festtägl. Theil. 1824.
6 u. d. T.: Ackermann, Gottlieb: Sechs kurze Volksreden über sinnliche Abtödtung auf die hl. Fastenzeit. Ein Anh. zu dessen Volkspredigten u. Homilien. 1828.
(Sammlung kurzer u. leichtfasslicher Predigten u. Homilien. 10/15.) 300: 26 X 93. Bd 10/15.
1.6874

— — Volkspredigten und Homilien auf alle Sonn- und Festtage des katholischen Kirchenjahrs. Von Gottlieb Ackermann. 2. verb. u. verm., einzig rechtmäßige Orig.-Aufl. Bd 1.2. — Landshut: Krüll 1831.
1. Predigten auf die Sonntage. 2. Predigten auf die Festtage.
102P.
1.6875

— — 2. verb. u. verm., einzig rechtmäßige Orig.-Aufl. 2. unveränd. Abdr. Bd 1.2. — Ebd. 1833. 102P.
1.6876

Ackermann, Gli. (Franz Xav. Mayer), Volkspredigten u. Homilien an alle Sonn- u. Festtage des kathol. Kirchenjahrs. 2. Bde. (2., verb. u. verm. Orig.-Aufl.) 8. (74½ B.) Landshut 831, Manz.

—— dass. 2 Bde. (12 Hfte.) 2., unveränd. Abdr. 8. Ebds. 832, 33.

—— dass. 2. Bd. — A. u. d. T.: Volkspredigten u. Homilien a. alle Festtage, sie mögen noch gebothen oder auf die Sonntage verlegt seyn rc. 8. (38 B.) Ebds. 833.

Ackermann, Gli., (Frz. Xav. Mayer), kurze Volkspredigten auf die Feste des Stifters d. Religion nebst Entwürfen v. Mutschelle u. Winkelhofer. 8. München 814. Lentner. 12 gr

-- kurze Volkspredigten auf sinnl. Lust u. sinnl. Abtödtung auf d. Fastnacht u. Fastenzeit. 8. Landsh. 825. Krüll. 8 gr

— Sechs kurze Volksreden über sinnliche Abtödtung auf die hl. Fastenzeit. Von Gottlieb Ackermann. — Grätz: Verl. d. Hrsg. d. neuen Bibliothek f. kath. Seelensorge 1828. (Ackermann: Volkspredigten u. Homilien. 6.) (Sammlung kurzer u. leichtfasslicher Predigten und Homilien. 15.)
300: 26 X 93. Bd 15.
1.6878

Ackermann, Gust. Adph., Beleuchtung der „Erörterung der Frage über Statthaftigkeit d. geh. Untersuchungsverfahrens in Beziehung auf den Dresdner Aufstand von einem Sächs. Rechtsgelehrten." 8. (42 S.) Grimma 850, Verlags-Compt. n. 4 Ngr

Ackermann, Gust. Adph., Entscheidungen zum bürgerlichen Gesetzbuch f. das Königr. Sachsen aus den J. 1865, 1866, 1867. Leipzig 868. Roßberg. gr. 8. (IV, 130 S.) n. 20 Ngr

Ackermann: Gedächtnispredigt z. Gedächtnis Sr. Maj. d. Königs Albert v. Sachsen(gest. 19.VI.1902)(9) 8°.– Dresd., C.L. Ungelenk 1902.

—— die königl. sächsische Gesindeordnung nebst der dazu gehörigen Polizeiverordnung vom 10. Januar 1835, nach den Quellen entwickelt und erläutert. 8. (XVI, 183 S.) Leipzig 868, Roßberg'sche Buchh. *

Ackermann, Gust. Adph., die königl. sächsische Gesindeordnung, nebst der dazu gehör. Polizeiverordnung vom 10. Jan. 1835, nach den Quellen entwickelt u. erläutert. 2., gänzlich umgearb. Aufl. von v. Bernewitz. Mit ausführl. Sachregister. 8. (VIII, 160 S.) Leipzig 877. Roßberg. n. 1. 50

Ackermann, Gust. Adph., die königl. sächsische Gesindeordnung, nebst der dazu gehör. Polizeiverordng. vom 10. Jan. 1835, nach den Quellen entwickelt und erläutert. Neu bearb. von F. A. v. Bernewitz. 3. Aufl. Mit ausführl. Sachregister. 8. (VIII, 184 S.) Leipzig 887. Roßberg. n. 2. —; Einbd. n n. — 30

— s. Hommel's alphabet. Zeugen-Katalog.

Ackermann, Gust. Ad., der Instanzenzug und die Rechtsmittel, nach K. Sächs. Proceßrechte, mit Berücksichtigung d. bundesgesetzl. Bestimmungen u. Einrichtungen, übersichtl. zusammengestellt. gr. 8. Altenburg 843, Helbig. ¾ Thlr

Ackermann, Gust. Adph., der Instanzenzug und die Rechtsmittel, nach Königl. Sächsischem Prozeßrechte, mit Berücksichtigung d. Bundesgesetzlichen Bestimmungen u. Einrichtungen, übersichtlich zusammengestellt. (Neue Titel-Ausg.) Grimma (843), 852. (Berlin, Lassar's Buchhandlung) gr. 8. (VIII, 113 S.) 15 Ngr

— Ordensbuch sämmtlicher in Europa blühender u. erloschener Orden und Ehrenzeichen. Mit (44 lith.) Abbildgn. Annaberg 855. Rudolph u. Dieterici. Lex. 8. (XXXI, 255 S.) 3 Thlr 7½ Ngr

Ackermann, Gust. Adph., Ordensbuch sämmtlicher in Europa blühender und erloschener Orden und Ehrenzeichen. Neue (Titel-) Ausg. 4 Lfgn. Lex-8. (XV und 255 S. mit 44 Stnt.) Annaberg (855)63, Rudolph und Dieterici.

— Ordensbuch sämmtlicher in Europa blühender u. erloschener Orden u. Ehrenzeichen. Mit 14 (lith.) Taf. Abbildgn. Neue Ausgabe. Annaberg, 863, 64. Rudolph & Dieterici. Lex.-8. (XXXI, 255 S.) 3 Thlr

—— Rechtssätze aus Erkenntnissen des Oberappellationsgerichts zu Dresden, s. Rechtssätze.

—— Rechtssätze aus Erkenntnissen rc. der obersten Justiz- und Spruchbehörden des Königr. Sachsen, s. Rechtssätze.

— Rechtssätze aus Erkenntnissen und Verordnungen der obersten Justiz- und Spruchbehörden des Königreichs Sachsen. Neue Folge. 3—8. Bd. à 4 Hefte (à 8 Bog.) Wurzen 853—58. Verlags-Comptoir. gr. 8. Jedes Heft n. 20 Ngr

Ackermann, Gust. Ad., Rechtssätze aus Erkenntnissen u. Verordnungen d. obersten Justiz- u. Spruchbehörden d. Königreichs Sachsen. Neue Folge 9—11. Bd. à 4 Hefte (à 8 Bg.) Wurzen, 859—61. Verlags-Comptoir. gr. 8. Jedes Heft n. 20 Ngr

— — 12—14. Bd., à 4 Hefte (à 8 Bogen). Leipzig, 862—64. Arnold. gr. 8. Jedes Heft n. 20 Ngr

—— Repertorium für sächsische Juristen. gr. 8. (VI und 161 S.) Grimma 852. [Wurzen,] Verlags-Comptoir. *

Ackermann, Gust. Adph., neues Repertorium f. sächsische Juristen auf die J. 1852 bis 1869. gr. 8. (IV, 284 S.) Leipzig 871. Teubner. 4. 50 (1. 2.: n. 10. 50)

—— systemat. Zusammenstellung d. im Königr. Sachsen besteh. frommen u. milden Stiftungen, wohlthät. Anstalten u. gemeinnütz. Vereine. 1—3. Hft. gr. 8. (19 B.) Leipzig 845, 46, Teubner. à *

— systemat. Zusammenstellg. der im Königr. Sachsen bestehenden frommen u. milden Stiftungen, wohlthät. Anstalten u. gemeinnütz. Vereine. 4—8. Hft. gr. 8. (S. 299—870.) Leipzig 847—51, Teubner. 4. n. 24 Ngr 5—8. n. 2 Thlr 18 Ngr (cpl. n. 4 Thlr 27 Ngr)

— dasselbe. 4. Hft. A. u. d. T.: die Stipendien u. das Convict auf d. Universität Leipzig, die Freistellen auf Landesschulen u. Gymnasien u. einige andere Stiftungen im K. Sachsen. gr. 8. (VIII u. 140 S.) Ebd. 847. n. 24 Ngr

Ackermann, H. s.a. Ackermann, Hans

Ackermann, H., s.a. Ackermann, Harald

Ackermann, H., Anleitung zur Blumenzucht u. Blumenpflege f. die Jugend, zugleich auch e. Ratgeber f. erwachs. Blumenfreunde. (80 S. m. 57 Abb.) 8. Eisenach 910. Hofbuchdruckerei Eisenach (H. Kahle). — 75

— Gesichtspunkte f. die Sortenwahl u. Normal-Obstsortiment des Bez.-Obstbauvereins d. III. Verwaltungs-Bez. Eisenach. (34 S.) 8. Ebd. 910. — 30

Ackermann, H., Reime. 8. (88 S.) Dresden 893. E. Pierson. Geb. in Seide od. Leinw. m. Goldschn. n. 4. 60

Ackermann, H.: Schüler - u. Lehrerfahrten n. d. Wasserkante, s.: Barth, R.

Ackermann, H., der Schulgarten der Wilhelm-Ernst-Schule in Eisenach. Ein Beitrag zur Schulgartenfrage. Mit 1 Taf. u. 8 Abbildgn. im Text. (V, 47 S. m. Abbildgn. u. 1 Plan.) 8. Wiesbaden 906. R. Bechtold & Co. n. 1. —

Ackermann, H., der Telelog. Electrischer Fernsprech-Apparat f. den Kriegsgebrauch, m. 1 (lith.) Taf. Zeichngn. (in qu. Fol.) gr. 8. (24 S.) Rastatt 877. Hanemann. n. 1. 20

6176. Ackermann, H.: Tabellarische Uebersicht bei gesetzmässigen Leichenöffnungen für angeh. Juristen, gerichtl. Aerzte. u. Wundärzte. *Jena*, 801.

Ackermann, H.L.OSK.

— An Gottes Segen ist alles gelegen. Predigt vor dem Schlusse des Landtags am 26. I. 1909 in der evangel. Hofkirche zu Dresden geh. (14 S.) 8. Ebd. 909. — 20

Ackermann, H. L. Osk., die Bedingungen e. gesegneten Synodalarbeit. Predigt beim Gottesdienste zur Eröffng. der 7. evang.-luther. Landessynode d. Königr. Sachsen, in d. evang. Hofkirche zu Dresden am 25. IV. 1901 geh. gr. 8. (16 S.) Dresden 901. v. Zahn & Jaensch. n. — 25

Ackermann, H. L. Osk, der Brunnen lebendigen Wassers. Predigt, am Sonntag Sexagesimä am 15. II. 1903 in der evangel. Hofkirche zu Dresden geh. (12 S.) gr. 8. Dresden 903. v. Zahn & Jaensch. n. — 25

— Dein Reich komme! Predigt vor der Eröffng. des Landtags, am 9. XI. 1899 in der evangel. Hofkirche zu Dresden geh. gr. 8. (12 S.) Dresden 899. v. Zahn & Jaensch. n — 25

Ackermann, H. L. Osk., dienet einander! Predigt, vor der Eröffng. des Landtags am 17. X. 1907 in der evangel. Hofkirche zu Dresden geh. (14 S.) 8. Dresden 907. v. Zahn & Jaensch. — 20

— Erbauet euch auf euren allerheiligsten Glauben! Reformationsfestpredigt, vor seinem Scheiden aus dem Amte geh. (12 S. m. Bildnis.) 8. Ebd. 910. — 25

Ackermann, H. L. Osk., Der Ernst des Christenlebens. Antrittspredigt üb. 1. Kor. 9, 24—27 i. d. evang. Hofkirche zu Dresden, a. Sonntage Septuagesimä, d. 6. II. 1898 geh. gr. 8. (13 S.) Dresden 898. v. Zahn & Jaensch. n. — 30

— für oder wider Christus? Predigt am Bußtage, den 14. III. 1906, in der evangel. Hofkirche zu Dresden geh. (11 S.) 8. Ebd. 906. n. — 25

— Gedächtnispredigt zum Gedächtnis Sr. Maj. des Königs Albert v. Sachsen († 19. VI. 1902), bei der Trauerfeier in der evangelischen Hofkirche zu Dresden am 29. VI 1902 geh. gr. 8. (9 S.) Dresden 902. F. Richter. n. — 20

— Haben u. Nichthaben. Bußtagspredigt am 20. XI. 1907, in der evangel. Hofkirche zu Dresden geh. (11 S.) 8. Ebd. 907. — 20

— Habt Salz bei euch u. habt Frieden untereinander! Predigt v. d. Schlusse d. Landtags, a. 20. V. 1898 i. d. evang. Hofkirche zu Dresden geh. gr. 8. (13 S.) Ebd. 895. n. — 25

Ackermann, H.L.O.: Habt Salz bei euch u. habt Frieden untereinander! Predigt vor d. Schlusse d. Landtags. 8°(13).– Dresd. 1900 V. Zahn & J.

— die Herzen in die Höhe! Predigt, vor der Eröffng. d. Landtags am 12. XI. in der evangel. Hofkirche zu Dresden geh. (14 S.) gr. 8. Ebd. 903. n. — 25

— Unsere vaterländische Hoffnung. Predigt vor dem Schlusse des Landtags am 13. V. 1910, in der Frauenkirche zu Dresden geh. (14 S.) 8. Ebd. 910. — 20

— Zu Treue fest! Predigt, beim Schlusse des Landtags am 12. V. 1900 in der evangel. Hofkirche zu Dresden geh. gr. 8 (13 S.) Ebd. 900. n. — 25

— den König segne Gott! Predigt vor Eröffng. des Landtags, am 26. X. 1905 in der evangel. Hofkirche zu Dresden geh. (12 S.) 8. Ebd. 905. n. — 20

— lasset uns halten an dem Bekenntnis der Hoffnung! Predigt beim Gottesdienste zur Eröffng. der 8. evangel.-luther. Landessynode des Königr. Sachsen in der evangel. Hofkirche zu Dresden am 2. X. 1906. (14 S.) 8. Ebd. 906. n. — 20

— Mit Gott f. König u. Vaterland! Predigt, vor d. Eröffng. des Landtags am 14. XI. 1901 in der evang. Hofkirche zu Dresden geh. gr. 8. (14 S.) Dresden 901. v. Zahn & Jaensch n. — 25

— Pfingsttrost u. Pfingstmahnung in ernster Zeit. Predigt vor dem Schlusse des Landtags, am 19. V. 1904 in der evangel. Hofkirche zu Dresden geh. (13 S.) 8. Ebd. 904. n. — 25

— Predigt b. d. 350jähr. Jubelfeier d. Fürsten- u. Landesschule St. Afra in Meißen, am 3. Juli 1893 i. d. St. Afrakirche geh. gr. 8. (15 S.) Meißen 893. L. Mosche. n.n. — 25

— Ruhe in Unruhe! Predigt vor der Eröffng. des Landtags, am 11. XI. 1909 in der evangel. Hofkirche zu Dresden geh. (14 S.) 8. Ebd. 909. — 20

— seid fleißig, zu halten die Einigkeit im Geist! Predigt vor dem Schlusse des Landtags, am 7. IV. 1906 in der evangel. Hofkirche zu Dresden geh. (13 S.) 8. Ebd. 906. n. — 25

— Sola fide — allein durch den Glauben! Predigt am Reformationsfeste, den 31. X. 1900 in der evangel. Hofkirche zu Dresden geh. gr. 8. (12 S.) Ebd. 900. n. — 25

— Was Christen ziemt in bedrängter Zeit. Predigt, vor d. Schlusse des Landtags am 7. VI. 1902 in der evang. Hofkirche zu Dresden geh. (14 S.) gr. 8. Ebd. 902. n. — 25

— woran fehlt's bei uns? Predigt am Bußtage den 2. III. 1904 in der evangel. Hofkirche zu Dresden geh. (11 S) gr. 8. Ebd. 904. n. — 25

Ackermann, Hans, appr. Arzt aus Hakeborn: Die **Dauererfolge** der Iridectomie beim Glaucom. *Halle a. S. 1900: C. A. Kaemmerer & Co.* (56 S.) 8°
Halle, Med. Diss. v. 3. Aug. 1900

Ackermann, Hans. Untersuchungen über Neurektomiefolgen bei Pferden. Diss. Vet.-Med. Univ. Zürich. Mit 8 Photographien auf Tafel 1—4. [Sep.-Abdr. aus: Schweizer-Archiv für Tierheilkunde.... Band 51. Heft 1 u. 2.] *Kopftitel:* Aus dem veterinär-chirurgischen Institut der Universität Zürich.... 77 S. 8. Zürich, Orell Füssli, 1909.

Ackermann, Harald, das Wetter und die Krankheiten. Mit 3 Steindrucktaff. (in Fol.) Kiel 854. Akademische Buchhandlg. gr. 8. (1 Bl., 148 S.) n. 22½ ngl.

Ackermann, H., d. Wetter u. d. Krankheiten. 8°(148).– Kiel 1854, v. Maack.

Ackermann, H(endricus) D(aniel) Max(imilian), a. Malmesbury (Capland): Ein seltener Fall von Tubenschwangerschaft. Halle a. S. 1907: C. A. Kaemmerer & Co. (26 S., 1 Taf.) 8°
Halle, Med. Fak., Ref. Veit, Diss. v. 8. Juli 1907

[Geb. 23. Aug. 81 Malmesbury i. Kapland; Wohnort: Halle a. S.; Staatsangeh.: England; Vorbildung: Victoria College Stellenbosch 'Intermediate in Arts' Febr. 02; Studium: Halle 5, München 2, Berlin 1, Halle 2 S.; Coll. 13. Juni 07; Staatsexamen 4. Juni 07.]*.

Ackermann, Hermann

Ackermann, Herm. Untersuchungen über die Geschichte der Barciden. (106) 8. Rostock 1876.

Ackermann, Herm. Untersuchungen zur Geschichte der Barciden. (106). 8. Rostock 1877.

Ackermann, *Hermann* [Dr.]: Ueber die räumlichen Schranken der tribunizischen Gewalt. Rostock, Druck v. Adler's Erben, 1892; 28 S. 4.
Rostock, G u. RG, OP 1892 (648)

Ackermann, J. s.a. A c k e r m a n n , Jakob Fidelis

Ackermann, J. s.a. A c k e r m a n n , Jean

Ackermann, J. s.a. A c k e r m a n n , Johann

Ackermann, J. s.a. A c k e r m a n n , Johann Christian Gottlieb

Ackermann, J. s.a. A c k e r m a n n, Josef

Ackermann, J., vergleich. Verhältniß d. Fruchtgemäßes v. 23 Städten gegen Arnstadt, 20 d. vornehmsten Frucht-Handelsplätze geg. einander, 35 in- u. ausländ. Städten geg. Dresden, Berlin u. Wien u. 12 Staaten geg. einander, mit nöth. Vorbemerk. u. nützl. Zusätzen, sowie e. Anhange üb. viele and. Maaßarten zu Getreide, Salz u. dergl. trock. Waaren. Lex.-8. (1½ B.) Jena 846, Crökersche Buchh.

Ackermann, J., vergleichendes Verhältniß des Fruchtgemäßes von 23 Städten gegen Arnstadt, 20 der vornehmsten Fruchthandelsplätze gegen einander, 35 in- u. ausländ. Städten gegen Dresden, Berlin u. Wien u. 12 Staaten gegen einander rc. gr. 8. (24 S.) Jena 847, Cröker. 3 ngr.

Ackermann, J.C.

Ackermann's illustr. Wiener Gewerbezeitung. 1872-1900. 4° Wien 1872-1900

Ackermann's, J. C., illustrirte Wiener Gewerbezeitung. Technisches Organ für das Kleingewerbe und den Haushalt. 14. Jahrg. 1885. 24 Nrn. (à Nr. 1½ Bog.) 4. Wien, Administration. *

Ackermann's, J. C., illustrirte Wiener Gewerbe-Zeitung. Technisches Organ f. das Kleingewerbe u. den Haushalt. Hrsg. u. Red.: J. C. Ackermann. 15. Jahrg. 1886. 24 Nrn. (1½ B.) gr. 4. Wien, (Gerold's Sohn). n. 10. —

Ackermann's, J. C., illustrirte Wiener Gewerbe-Zeitung. Technisches Organ f. das Kleingewerbe u. den Haushalt. Hrsg. u. Red.: J. C. Ackermann. 16.—19. Jahrg. 887—890. à 24 Nrn. (1½ B.) gr. 4. Wien, Administration. à Jahrg. n. 10. —

Ackermann's, J. C., illustr. Wiener Gewerbe-Zeitung. Hrsg. u. Red.: Rud. Ackermann. 20.—23. Jahrg. 1891—1894. à 24 Nrn. (à ca. 2 Bog.) gr. 4. Wien, Administration. à Jahrg. n. 10. —

Ackermann's, J. C., illustr. Wiener Gewerbe-Zeitung. Hrsg. u. Red.: Rud. Ackermann. 24.—27. Jahrg. 1895—1898. à 24 Nrn. (à ca. 12 S.) gr. 4. Wien, Administration. à Jahrg. n. 10. —

Ackermann's, J. C., illustr. Wiener Gewerbe-Zeitung. Hrsg. u. Red.: Rud Ackermann, 28.—31. Jahrg. 1899—1902 à 24 Nrn. (à Jahrg. IV, 192 S.) gr. 4. Wien (VI/1, Esterhazyg. 20), Administration. à Jahrg. n. 10 —

Ackermann's, J. C., illustr. Wiener Gewerbe-Zeitung. Hrsg. u. Red.: Rud. Ackermann. 32. Jahrg. 1903. 24 Nrn. (à ca. 16 Sp.) gr. 4. Wien (VI/1, Esterhazyg. 20), Administration. n. 10. —
Fortsetzung, s.: Welt, die, d. Technik.

— Vorschriften f. den Unterricht im Schönschreiben nach der nordamerikan. Schnell-Schreib-Methode. Für Schulen und zum Selbstunterricht. Ebend., 861. qu. 4. (18 lith. Bl.) 7½ ngr.

Ackermann, J. C., Vorschriften für den Unterricht im Schönschreiben nach der nordamerikanischen Schnell-Schreib-Methode. Für Schulen u. zum Selbstunterricht. Wien, (863.) Dirnböck. gr. 4. (17 lith. Bl.) 7½ ngr.

Ackermann, J. C., Vorschriften für den Unterricht im Schönschreiben nach der nordamerikanischen Schnell-Schreib-Methode. Für Schulen und zum Selbstunterricht. 1. Aufl. 1862 und 2. Aufl. kl. qu. Fol. (18 Stnt.) Wien 865, Dirnböck.

Ackermann, J.C.G. s.a. A c k e r m a n n , Johann Christian Gottlieb

Ackermann, (J. C. G.,) libertatis evangelicae vindiciae atque fines. gr. 8. Erlangen 826. Palm.

Ackermann, **J. C. G.**, liberatis evangelicae vindiciae atque fines. 8maj. Erlangen 827. Palm. 4 gl.

— tract. med. pract. de p l u m b i viribus etc. 8 maj. Nürnb. Lechner. 809.

Ackermann, J.Chr. s. A c k e r m a n n , Johann Christian Gottlieb

Ackermann, J. F. s. *Ackermann*, Jakob Fidelis.

Ackermann, J.Fr. s.a. A c k e r m a n n , Joan Fred.

Ackermann, J. Fr. De platonico systemati. Heidelbergae 1810. 4.

Ackermann, J. J. Der 6. Jan. 1839. Erfurts 25jähr. Jubelfeier seiner Rückkehr unter Preussens Regierung 1814. 8. Erfurt 1839.

Ackermann, J. K. H. s. *Ackermann*, Johann Karl Heinrich.

Ackermann, J.P. s.a. A c k e r m a n n , Johann Peter

— über die Bedrückung der Franzosen unter d. königl. Regierung. 8. London 793.

Ackermann, J. P., s. Napoléon I. Code de Commerce (Handels-Codex).

— s. Gesetzbuch d. bürgerl. Proceßordnung.

Ackermann, Jakob Fidelis
— u. C. C. Fischer, klin. Annalen d. Krankenanstalt zu Jena, s. Annalen.

Ackermann, Jak. Fid., († d. 28. Oct. 1815) nähere Aufschlüsse über d. Natur d. Rindviehseuche. 8. Frkf. a. M. 797. Andreä. 10 gl.

Ackermann, Jac. Fid. Nähere Aufschlüsse über die Natur der Rindviehseuche, die Ursachen ihrer Unheilbarkeit u. die notwendigen Polizeianstalten gegen dieselbe. 8. Frankfurt 797. Andreä. M. 1.25

Ackermann, Jac. Fid., Betracht. üb. d. Univers. Mannh. 8°. 1787

— **Jac. Fidelis,** De combustionis lentae phaenomenis, quae vitam organicam constituunt. Diss. phys.-med. Jena (Mauk) 23. VI. 1804. VI, 26 S. (5.50) 46

— de combustionis lentae phaenomenis, quae vitam organ. constit. 4. Jenae 805. Maucke. 4 gl.

— Comment. observ. p h y s i c o - astronom. et meteorolog. c. fig. 4. Col. Bossiegel. 771.

— De humanae naturae Dignitate literarum et bonarum artium studiis extollenda. Acc. De nervei systematis primordiis prolusio. — Heidelbergae: Schwan & Goetz 1811. 120 S. 12: Diss. 2170-1.
1.6893

— Über die Erleichterung schwerer Geburten, vorzüglich über das ärztliche Vermögen auf die Entwicklung des Foetus. Ein Schreiben an Dr. Brünninghausen von D. Ackermann. — Jena 1804. 14 S.
1:2 in Ih 1754. 12: 4° A. obst. 1. 4. 5.
1.6896

Ackermann, Jakob Fidelis: De construendis, cognoscendis et curandis febribus epitome. Vol.1, 416 S., gbd., 1 Tab.

Heidelbergae: Mohr & Zimmer 1809

JB 2.397

— de corporis thyreoidei vera functione. 4. Heidelb. 811.

— Die Gall'sche Hirn-, Schedel- und Organenlehre vom Gesichtspunkte der Erfahrung aus beurtheilt und widerlegt. Von J. F. Ackermann. — Heidelberg: Mohr & Zimmer; Frankfurt: Mohr 1806. 198 S.
1: Ky 16388. 12: Anthr. 1f. 2. 3. 5. 7. 8. 10.
1.6899

— Infantis androgyni Historia et ichnographia. Acc. De sexu et generatione disquisitiones physiologicae et tabulae 5 aeri incisae. — Jenae: Maucke 1805. VIII,112 S.
1: 2° Kd 120. 12: 2° Anat. 1. 300: 7 R 3. 2. 3. 4. 5. 7. 8. 9. 11.
1.6900

— Der Instanzenzug und die Rechtsmittel nach Königlich Sächsischem Processrechte. Mit Berücks. der bundesgesetzlichen Bestimmungen u. Einrichtungen übersichtlich zsgest. — Altenburg: Helbig 1843. VIII,112 S.
3. 4. 7.
1.6880

— über die Kretinen, eine besondere Menschenabart in den Alpen. Mit Kpf. gr. 8. Gotha 790. Ettinger. 12 gr

Ackermann, Jo. Fr., Ueb. d. Kretinen, e. besondere Menschenabart in d. Alpen. Mit Kpf. Gotha. 8°. J. de méd. XC, 153.
1790

— Systematischer Lehrbegriff über die Natur, Erkenntniss und Heilart der Fieber. Von J. F. Ackermann. Aus d. Lat. übers. unter d. Aufsicht d. Verf. von C. Hoffmann. — Heidelberg: Mohr & Zimmer 1813. XXX,343 S.
3.
1.6898

— Nachricht von der Organisation und den Gesetzen der Kurfürstlichen Poliklinischen Anstalt in Heidelberg, welche mit dem Anfange des Wintersemesters 1805–1806 eröffnet werden wird. Von J. F. Ackermann. — Heidelberg & Mannheim: Schwan & Götz (1805). 46 S.
2. 5. 7.
1.6903

Ackermann, *Jakob Fidelis*, * Rüdesheim 23. April 1765, † Mannheim 28. Oct. 1815.
—— Ueber die Natur des Gewächses. Eine philosophische Einleitung in seine botanischen Vorlesungen. Mannheim, Schwan u. Götz. 1812. 4. 34 p. (⅙ th.)

— von d. Natur des ansteckenden Typhus, dem Wesen des Ansteckungstoffes, der Art, sich gegen denselben zu sichern u. der Methode, die Krankheit zu heilen. gr. 8. Heidelb. 814. Mohr. 1 rß 20 gr

Ackermann, J(akob) F(idelis): Von der Natur des ansteckenden Typhus, dem Wesen des Ansteckungsstoffes, der Art sich gegen denselben zu sichern, und der Methode die Krankheit zu heilen. Eine Pathogenie aller ansteckenden Heer- und Volkskrankheiten. 319 S., gbd.

Heidelberg: Mohr & Zimmer 1814

— De nervei systematis Primordiis commentatio. Acc. De naturae humanae dignitate oratio academica. — Mannhemii & Heidelbergae: Schwan & Goetz 1813. 120 S.
1: L 10220. 2. 3. 7.
1.6906

Ackermann, J. F., Samml. der wichtigsten kleinern lat. Schriften rc. Aus d. Lat. von C. Hoffmann. gr. 8. Manheim, Schwan u. G. 816

— Samml. d. wichtigsten kleinern latein. Schriften rc. Aus d. Latein. (v. C. Hoffmann). gr. 8. Manh. 816. Schwan u. G. 2 rß Speier, Kolb. 1 rß 6 gr

— der Scheintod u. das Rettungsverfahren; e. chemiatrischer Versuch. 8. Frankf. a. M. 804. Andreä. 20 gr

— Schreiben über d. Erleichterung schwerer Geburten. gr. 4. Jena 805. Frommann. 6 gr

— über d. körperl. Verschiedenheit des Mannes vom Weibe. Aus d. Latein. u. m. Vorr. v. J. Wenzel. 8. Frankf. a. M. 788. Gebhard u. K. 12 gr

Ackermann, Jakob Fidelis: [De Discrimine sexuum praeter genitalia, deutsch] Ueber die körperliche Verschiedenheit des Mannes vom Weibe außer den Geschlechtstheilen. Übers. nebst Vorr. u. Bemerk. von Joseph Wenzel. — Koblenz: Huber 1788. 12 Bl., 150 S., 8 Bl.
Beigedr.: Ackermann: Ueber die Krankheiten der Frauenzimmer. (1788.)
1: L 1234. 12: Anat. 2s. 5. 8. 10. 11.
1.6894

— — Mainz: Winkopp 1788. 150 S., 8 Bl.
Beigedr.: Ackermann: Ueber die Krankheiten der Frauenzimmer. (1788.)
12: Anat. 2t. 2.
1.6895

— J. F. Ackermann. Versuch einer physischen Darstellung der Lebenskräfte organisirter Körper. Bd 1.2 [nebst] Nachtr. u. Zus. — Frankfurt a. M.: Varrentrapp & Wenner (Nachtr. u. Zus.: Jena: Frommann) 1797–1805.
1. 1797. 2. 1800. Nachtr. u. Zus. 1805.
Vollst. 3.
1.2 . . . . 1: Ku 7160. 12: Anat. 3. 2. 5. 7. 8. 10.
1 . . . . 300: 57 J 9.
1.6908

— — 2. mit Nachtr. von d. Verf. vers. Ausg. Bd 1.2. Jena: Frommann 1805.
3. 6.
1.6909

Ackermann, Jean, poetisches Quodlibet. 2. Aufl. Amrisweil 866. Häberlin. 16. (32 S.) 4 ngr

Ackermann, J., poet. Quodlibet. 2. Aufl. 16°(32).– Amrisw. 1866, Juker.

Ackermann, Jo.Fr. s.a. Ackermann, Jakob Fidelis

Ackermann, Jo. Fr. (Praes.): Obs. med. chirurgicae, s. Koch, Henr. Fr. (Resp.)

Ackermann, Jo. Fr., praes. G. G. **Richter,** Sistit vocem naturae seu sensus internos variae corporis indigentiae adstrictos. 51 pp. Gött. 4°. *Richter*, G. G., Opusc. med. 4°. Frcf. et Lps. 1780. II p. 1–39.
1751

Ackermann, Jo., Ge., praes. Andr. **Westphal,** De epilepsiae motuumque convulsivorum infantum causis praecipuis. 20 pp. Gryph. 4°. (§ 7 Causa vermes in ventriculo et tubo intestinali.)

1765

Ackermann, Jean Fred. s.a. Ackermann, Johann Friedrich

— Quædam de angina pectoris. Kiliæ. 1803. 4. P. (Univ.-Progr.).

— Commentarius observationum physico astronomicarum et meteorologicarum. Acc. ejusdem orationes duæ prorectorales. Kiliæ Hols. 1770. 4.

— Commentatio epistolaris de insitione variolarum. Kiliæ Hols. 1771.

— Historia aetheris P. I. antiquissima tempora ab inde rebus creatis repetens, simulque Mosaici commentarii monumentum sacrum paullo diligentius tractans. Kiliæ. 1768 4. P. [Resp. Jul. Lud. Carstens].

ACKERMANN, JOAN. FRED., De docto medico an infelici ad Geo. Gottl. Richter, cum diem natalem 60. 4. Febr. 1753 celebraret. Kiliæ. 4. P.

— Nosologiæ Holsaticæ Pars I. Kiliæ Hols. 1773. 4. (Progr. til W. J. Ulffers' Disp.) (Mere udkom ikke.)

— Prolusio de incognito apud veteres instrumentorum physicorum usu. Kilonii. 1760. 4. P.

— Usus emeticorum in pleuritide vera inflammatoria egregii observatio. Kiliæ. 1782. 4. (Univ.-Progr.).

Ackermann, Johann

[—] [Die Tugend der Burckarts- und Martini-Gans] Die Burckharts und Martini Gans. — o.O.u.J. 4 Bl.
1: Yh 2356. 7.
1.6915

Ackermann und **Voith.** Dramen, hrsg. v. Hugo Holstein, s. a. **Bibliothek** d. litterar. Vereins in Stuttgart.

— Dramen von Ackermann und [Valten] Voith. Hrsg. von Hugo Holstein. — Stuttgart 1884. 340 S. (Bibliothek des Literar. Vereins in Stuttgart. 170.)
1:Ag 308–170. 12:H. misc. 33t–170 [u.ö.]
300:393.111–B. Per. 170. 2. 3. 4. 5. 6. 7. 8.
65. 9. 10. 11.
1.6912

(—) Die Tugent der Burckarts und Martini Gans. (Verf.: Hanns Ackerman.) — (Freybergk) o. J.: Meyerpeck. 4 Bl.
1:Yh 2357. 2.
1.6916

— Die Tugent der Burckarts und Martini Gans ... Ein ander lied von einem Wolff und einer Gans. — (Nürnberg) o. J. (:Gutknecht). 8 Bl. 1:Yh 2355.
1.6917

Ackermann, Joh., alphabetische Zusammenstellung der Gebühren-Normen f. die Gerichtsvollzieher in Bayern mit den erforderl. einschläg. Gesetzesstellen u. zwei Resolvirungstab. zur Berechnung der procentablen u. Reise-Gebühren. Nebst der Verordnung vom 13. Mai 1870, die „Zustellung in Strafsachen u. in Sachen der nichtstreit. Rechtspflege" betr. Würzburg 870. Stahel. 8. (24 S.) 4 ngr.

Ackermann, Johann Carl Heinrich, s.a. A c k e r m a n n , Johann Karl Heinrich

— **Johann Carl Heinrich** (Zeitz), De scrophularum natura. Diss. med. Präs. Ernst Gottlob Bose. Lpz. (Sommer) 20. VII. 1787. 19 S. (4.50) 47

Ackermann (Johann Carl Heinrich)

Ueber die Vorzüge der Musik. Eine Rede im Concert zum Besten der Armen zu Zeiz den 22 Oktober 1792, gehalten von D. Johann Carl Heinrich Ackermann.- *Leipzig, Adam Friedrich Boehme in Kommission*, 1792. In-8, 27p.

Ackermann, Johann Christian Gottlieb

Abhandlung über die Kenntniss und Heilung des Trismus oder Kinnbakkenzwanges und dessen verschiedene Arten. Nebst einer Gesch. d. damit verbundenen Krankheiten und d. Aussichten, sie zu heilen. 2. verm. u. verb. Ausg. — Nürnberg: Bauer 1778. 207 S.
1:K 4125[a]. 12:Path. 6g. 5. 7. 8.
1.6938

— Abhandl. üb. d. Kenntn. u. Heilung des Trismus od. des Kinnbackenzwanges. 8. Nürnb. 778. Schmidmer. 2e Aufl. 8. Ebd. 778. (Rötter). 12 gr.

— Pathologisch-praktische Abhandlung über die Blähungen. Für Aerzte u. Kranke bestimmt. — Altdorf & Nürnberg 1800. XVI,319 S. 1:Iw 4325. 5. 7. 11.
1.6922

Ackermann, Jh. Chr. Gli. († d. 9. März 1801) pathol.-prakt. Abhandl. über die Blähungen. 8. Nürnb. 800. Monath u. K. 1 rthl

Anleitung zur allgemeinen Heilungswissenschaft. Unter d. Aufsicht d. Verf. aus dem Lat. übers. Th. (1.) 2. — Nürnberg & Altdorf: Monath & Kussler 1795.
2. 5.
1.6932

— de Dysenteriae antiquit. lib. bipart. c. append. 8. Schleiz 776—78. Maucke. 10 gr.

— Jo. Christiani Gottlieb Ackermanni De dysenteriae Antiquitatibus liber bipartitus. [Nebst] Anh. — Lipsiae & Schleizae (Anh.: Schleiz): Maukius 1777–78.
Vollst. . . . . 1:Ka 705.
[∞Anh.] . . . 12:Path. 6i. 300:31 Bb 185. 2. 7. 8.
1.6923

Jo. Chr. Gli. Ackermann de dysenteriae antiquitatibus liber bipartitus. Lips. et Schleiz. 1777. 8. — *Antea pro diss. inaug. Jen.* 1776.

Ackermann, Johann Christian Gottlieb (Übers.):

s.: Arnold, Thomas: Beobachtungen über die Natur, Arten, Ursachen und Verhütung des Wahnsinnes oder der Tollheit. (Observations on the nature, kinds, causes, and prevention of insanity, lunacy, or madness. Dt.) Leipzig: 1784

JB 4.479

— Bemerkungen über die Kenntniß und Cur einiger Krankheiten. Hrsg. von Johann Christian Gottlieb Ackermann. H. [1]–7. — Nürnberg & Altdorf: Monath & Kußler 1794–1800.
1–7 . . . . 1:Ic 7030. 5. 7. 8.
1–4 . . . . 300:14 Y 11.
1 . . . . 2. 6.
1.6924

Ackermann, Johann Christian Gottlieb, s. J.J. v. d. B o s c h , historia...

Ackermann, Johann Christian Gottlieb (Übers.):

s.: Cleghorn, George: Beobachtungen über die epidemischen Krankheiten, die vom Jahre 1744 bis 1749 in Minorca geherrschet... (Observations on the epidemical diseases in Minorca from the year 1744 to 1749. Dt.) Gotha: 1776

JB 5.129

Ackermann, Johann Christian Gottlieb (Ed.u. Comm.):

s.: Constantinus Africanus: De animalibus liber. Norimbergae et Altorfii: 1788

JB 417/2

Ackermann, Johann Christian Gottlieb (Hrsg.):

s.: Döltz, Johann Christian: Neue Versuche und Erfahrungen über einige Pflanzengifte. Nürnberg: 1792

JB 1.232

Ackermann, Jo(hann Christian) Gottlieb (Ed.):

s.: Gaub, H(ieronymus) D(avid): Institutiones pathologiae medicinalis. Editio tertia. Norimbergae: 1787

JB 6.528

(—) Handbuch der ausübenden Arzneywissenschaft und Wundarzneykunst bey Armeen im Felde, oder Anleitung für Feldärzte. T. 1. 2. — Leipzig 1797.
1. Hand- u. Hülfsbuch für Feldärzte.
2. Hand- u. Hülfsbuch für Feldwundärzte.
1:Kq 575. 12:Med. g. 2f. 5.
1.6925

(—) Hand- und Hülfsbuch für Feldärzte, oder prakt. Anleitung für Medicinalpersonen bey Armeen im Felde zur gründl. Kentniss und Heilung aller ... innerl. Krankheiten. — Leipzig: Weygand 1797. 574 S. (Ackermann: Handbuch der ausübenden Arzneywissenschaft und Wundarzneykunst bey Armeen im Felde. 1.)
1:Kq 575–1. 12:Med. g. 2f–1. 5.
1.6926

(—) Hand- und Hülfsbuch für Feldwundärzte, oder praktische Anleitung zur Heilung aller äusserlichen Krankheiten. — Leipzig: Weygand 1797. 519 S. (Ackermann: Handbuch der ausübenden Arzneywissenschaft und Wundarzneykunst bey Armeen im Felde. 2.)
1:Kq 575–2. 12:Med. g. 2f–2. 5.
1.6927

Ackermann, Johann Christian Gottlieb: Handbuch der Kriegsarzneykunde, oder über die Erhaltung d. Gesundheit d. Soldaten im Felde, über die Anstalten zur Heilung der Krankheiten derselben, und über die Kenntniß und Kur der wichtigsten Feldkrankheiten. [Verf.: Johann Christian Gottlieb Ackermann.] Bd 1. 2. — Leipzig: Weygand 1795. 1:Kq 570. 12:Path. 6p. 3. 5. 8.
1.6928

Ackermann, J. Chr., Handbuch d. Kriegsarzneikunde, od. Anleit. zur Kenntniß u. Kur d. wichtigsten Krankheiten d. Soldaten im Felde. gr. 8. Wien 799. Al. Doll. 16 gr.

— Handbuch der Kriegsarzneykunde, oder Anleitung zur Kenntnis u. Kur d. wichtigsten Krankheiten d. Soldaten im Felde. — Wien 1799: v. Ghelen. 270 S. (Auserlesene medizinische Bibliothek. 11.) 1:Kq 580. 300:4 M 8.
1.6929

Ackermann, Joh. Christ. Gottl. s. W. H i l l a r y , Beobachtt.

— Institutiones historiae medicinae. — Norimbergae: Bauer-Mann 1792. XII,404 S.
1:Ib 804. 12:Med. g. 2. 2. 3. 4. 5. 7. 8. 9. 10. 11.
1.6930

— institut. Therapiae generalis. II Tomi. 8maj. Norimb. 793, 94. Monath et K. 1 ᵣₜ 14 gr

— Institutiones therapiae generalis. P. [1.]2. — Norimbergae & Altdorfii: Monath & Kussler 1794–95.
1.2 . . . . 1:Id 7980. 300:48 J 12. 3. 4. 6. 8.
1 . . . . 12:Path. 6m. 2. 10.
1.6931

Ackermann, J. C. G., Ueb. d. Kenntniß u. Heilung des trismus od. Kinnbackenzwanges. 2 Ausg. Nürnb. 8°. 1778

— Über die Krankheiten der Gelehrten und die leichteste und sicherste Art, sie abzuhalten und zu heilen. — Nürnberg: Bauer 1777. 314 S.
1:4° Ik 9990. 12:Path. 6n. 300:• 44 K 83. 3. 4. 5. 8. 10.
1.6933

Ackermann, Jh. Chr. Gli., über die Krankheiten der Gelehrten u. die beste u. sicherste Art, sie zu heilen. gr. 8. Nürnb. 777. (Rötter). 20 gr

Ackermann, Joh. Christ. Gottl. s. L a f o n , Philosophie.

Ackermann, Johann Christian Gottlieb: Das Leben Johann Conrad Dippels. 117 S., gbd.

Leipzig: Jacobäer 1781
an: Mederer (von Wuthwehr), Ma(t)thäus J.J.: Zwo Reden von der Nothwendigkeit beide Medicine, die Chirurgische und die Cliniksche, wieder zu vereinigen. 1782

JB 5.555

Ackermann, Joh. Christ. Gottl. s. A. E. L o r r y , Abhandl. über die Nahrungsmittel.

Ackermann, Johann Christian Gottlieb (Ed.u. Comm.):

s.: Lucius Apuleius: De medicaminibus herbarum liber. Norimbergae et Altorfii: 1788

JB 417/2

— De Antonio Musa, Octaviani Augusti medico, et libris, qui illi adscribuntur, commentatio. Scripsit Joannes Christianus Gottlieb Ackermann. — Altorfii: Hessel 1786. 24 S.
300:139.953-B. 5.
1.6935

Ackermann, Joh. Chr. Gottlieb (Hrsg.), s.a. N a c h r i c h t von der Anstalt für arme Kranke in Altdorf.

— Nachricht von einer Anstalt für arme Kranke zu Altdorf vom Jahre 1795 bis 1796. — Nürnberg & Altdorf: Monath & Kussler 1796. 86 S. 1:Ib 14438/101.
1.6936

— opuscula ad medicinae historiam pertinentia, coll., rec. et ed. c. tab. 8maj. Norimb. 797. Stein. 1 ᵣₜ 16 gr

Ackermann, Joh. Christ. Gottl. s. P a r a b o l i u m.

Ackermann, Joh. Christ. Gottl. s. P a u l i t z k y , Anleit. für Landleute.

Ackermann, Johann Christian Gottlieb. 1817: Zwey Predigten am dritten Saekularfeste der Kirchenreformation, geh. d. 31. Oct. und d. 2. Nov. 1817 in der Pfarrkirche der Altstadt-Erlangen. — o.O. [nach 1817]. 39 S.
1:15 in Cn 21029.
1.6939

Ackermann, J. C. G., 2 Pred. am 3ten Säkularfeste d. Kirchenreform. gehalten. gr. 8. Erlang. Palmsche Verl. B. 818.

Jo. Chr. Gli. Ackermann prolusio de Antonio Musa, Octaviani Augusti medico et libris qui illi adscribuntur. Altorf. 1786. 4. (Accurata disquisitio; cfr. Ant. Musae fragmenta colleg. Florian. Caldani, Bassano 1800. 8.)

Ackermann, Johann Christian Gottlieb (Übers. u.Hrsg.):

s.: Ramazzini, Bernardino: Abhandlung von den Krankheiten der Künstler und Handwerker. (De morbis artificum diatriba. Dt.)
Stendal: 1780 - 1783

JB 2.972

Ackermann, Joh. Christ. Gottl. s. R a u l i n s Abhandl. vom weißen Flusse.

Ackermann, Joh. Christ. Gottl. s. R e g i m e n sanitat. Salerni.

Ackermann, Joh. Christ. Gottl. s. H. d e R i c h t e r ,opuscula.

Ackermann, Joh. Christ. Gottl. s. Ph. G. S c h r ö d e r , opuscula.

Ackermann, Johann Christian Gottlieb (Ed.u. Comm.):

s.: Scriptores, Parabilum medicamentorum, antiqui. Norimbergae et Altorfii: 1788

JB 417/2

Ackermann, Johann Christian Gottlieb (Ed.u. Comm.):

s.: Serenus Samonicus, Quintus: De medicina praecepta saluberrima. Lipsiae: 1786

JB 417/1

Ackermann, Johann Christian Gottlieb (Ed.u. Comm.):

s.: Sextus Placitus Papyriensis: De medicamentis ex animalibus liber. Norimbergae et Altorfii: 1788

JB 417/2

—, Jo. Chr. G., Med. Skizzen. I. u. II. Heft. Lpz. 8°. 1790

Ackermann, Joh. Christ. Gottl. s. T a s c h e n b u c h f. Feldärzte.

Ackermann, Joh(ann) Christ(ian) Gottlieb (Übers.):

s.: Tissot, (Simon André): Abhandlung über die Nerven und deren Krankheiten. (Traité des nerfs et de leurs maladies. Dt.)
Bd 1 - 3. Leipzig: 1781 - 1782

JB 4.438

Ackermann, Joh. Christ. Gottl. s. T i s s o t , sämmtl. Schriften.

Ackermann, Joh. Christ. Gottl. s. T r i l l e r , Abhandl. v.Seitenstich.

— Jo. Christ. Gottl. Ackermann. De Trismo commentatio medica. — Goettingae: Dieterich 1775. 52 S.
1:K 4125. 3. 5. 7.
1.6937

Ackermann, J. Chr. Gtth., De trismo. 48 pp. Gott. 4°. Deutsch, 278 S. Nürnb. 1778. 12°. A. D. B. XXXVIII, 131.

Ackermann, Johann Friedrich, s.a. A c k e r m a n n , Joan Fred.

Ackermann, Johann Friedrich: Catalogus bibliothecae Ackermannianae. — Kiliae (1809).
8.
1.6940

— Commentarius observationum physico-astronomicarum et meteorologicarum. Auctore Joanne Friderico Ackermann. Acc. eiusdem Orationes duae prorectorales. — Kiliae Holsat. 1770: Bartsch. 131 S.
1:4° Mz 1531. 12:4° Eph. astr. 1 [u.ö.] 300:80 R 5.
2. 3. 5. 7. 8.
1.6941

— Commentatio epistolaris de insitione variolarum ad ... Georgium Gotlob Richter, Med. Prof. in Acad. Goettingensi, qua simul de 50. doctoratus secularibus sacris et 78. natali die pie gratulatur. — Kiliae 1771: Bartsch. 50 S.
5. 7. 8.
1.6942

— commentatio observat. physico-astronom. et meteorologicarum. c. fig. 4. Kiel 770. Bossiegel in G. 16 gr

— De docto Medico an infelici. — Kiliae 1753: Bartsch. 16 S. 1:10 in 4° Ia 252. 300:135.049-B. 4.
1.6943

— Nachricht von der sonderbaren Würckung eines Wetterstrahls. — Kiel 1771: Bartsch. 16 S.
12: Phys. sp. 1 m. 8.
1.6944

— — 2. Aufl. Hamburg & Güstrow: Buchenröder & Ritter 1772. 36 S.
7. 8.
1.6945

— observationes chirurgicae. 4. Kiel 772; Dissert. de miasmate contagioso. 4. ibid. 773; Nosologiae Holsaticae P. 1. 4. ibid. 773; Progr. observatio usus emeticorum in pleuritide vera inflammatoria egregii. 4. ibid. 774; Dissert. de tincturae Guayacinae virtute antarthritica. 4. ibid. 774; D. de malignitatis morborum disertioribus signis. 4. ibid. 774.

Ackermann, Jh. Fr., Progr. de morbo et sectione fulmine adusti. 4. Kiel 771.

Ackermann, Johann Jakob: Neu verfertigte Rechnungen zum gemeinnützigen Gebrauche der Weinsticher, Wein- und Fruchthändler, wie auch aller derjenigen, so in der Provinz Elsaß kaufen und verkaufen . . ., und zum Beschluß eine Berechnung der Geldzinse zu 5 u. 4 vom 100. Nebst einer Resolutionstafel, das französische Geld in Reichsgulden . . . zu verwechseln. — Colmar: Willig 1772. 340 S.
1: Oc 1927.
1.6946

Ackermann, Johann Jacob: Neu-verfertigte Rechnungen, zum gemeinnützigen Gebrauche der Weinsticher, Wein- und Fruchthändler, wie auch aller derjenigen, so in der Provinz Elsaß kaufen und verkaufen; In vier Theile abgetheilt: I. Für Strasburg und andere Orte wo der Ohmen Wein zu 24 Maas, II. Für Colmar und wo derselbe zu 32 Maas, III. Für Landau, wo er zu 48 Maas gerechnet wird, IV. Von dem Getraide oder Früchten, und zum Beschluß eine Berechnung der Geldzinse zu 5 und 4 vom 100, nebst einer Resolutionstafel, das französische Geld in Reichsgulden, die Louisd'or zu 11 Gulden gerechnet, zu verwechseln. Colmar: Willig 1772. 340 S. -- Bibliothèque nationale et universitaire Strasbourg*

Ackermann, Johann Karl Heinrich, s.a. Ackermann, Johann Carl Heinrich

Ackermann, J. K. H., üb. Blähungen u. Vapeurs. 8. Zeiz, Webel. 799.

Ackermann, K. H., Institut. historiae medic. 8 maj. Nürnb. Schmidmer. 792.

Ackermann, J. K. H., Ueb. Lähmungen u. Vapeurs; Briefe, hypoch. u. hyst. Personen gewidmet. Zeitz u. Naumb. 4°. 1 7 9 4

(—) Ueber das Medicinalwesen in Deutschland. — Zeitz & Naumburg: Heinse 1794. 82 S.
3. 5. 8.
1.6949

— Polizeylich-medizinische Miszellen. [Vorr.: Johann Friedrich Kühn.] — Posen & Leipzig: Kühn 1806. XVI,204, 120 S.
12: Pol. civ. 2. 5. 7. 8.
1.6950

Ackermann, Jh. Karl Hnr., über einige Mittel, den Patriotismus zu erwecken. Eine Rede zum Andenken Zeumers. 8. Gera 792. (Leipz., Schwickert). 6 gl

Ackermann, Johann Karl Heinrich: Medicinische Skizzen. H. 1.2. — Leipzig: Crusius 1790.
1.2 . . . . 5. 7.
1 . . . . 1: Ic 6850.
1.6951

— Carl Heinrich Ackermanns Versuch über einige medicinische Fragen. — Leipzig: Schwickert 1792. VII,108 S.
3. 8.
1.6952

— Versuche über die Prüfung der Luftgüte; m. 1 Kpf. 8. Leipz. 791. (Enobloch). 4 gl

— Winke zur Verbesser. der Bildungsanstalten für Aerzte, Wundärzte rc. 8. Posen 802. Kühn. (Central-Compt. in Leipz.) 18 gl

— Winke zur Verbesserung der Bildungsanstalten für Aerzte, Wundärzte, Geburtshelfer und Hebammen. — Posen & Leipzig: Kühn 1803. XVI,204 S.
2. 3.
1.6955

— Winke zur Verbesserung öffentlicher Brunnen und Badeanstalten. — Posen & Leipzig: Kühn 1802. XX,120 S.
1: Ir 10761. 380: 77 Ec 131. 2. 5. 7. 10. 11. 83.
1.6956

— Winke zur Verbesser. öffentl. Brunnen u. Badeanstalten. 8. Posen 803. Kühn. (Central-Compt. in Leipz.) 14 gl Vorsteh. beide Werke bekamen 1806 den Titel: Polizeil. u. medicin. Miscellen. 2 Thle. 8. Ebd. 1 thlr 8 gl

— vorstehende beide Winke a. u. d. Titel: Polizeil. u. medız. Miszellen. 8. Ebend. 806.

Ackermann, Johann Meno

— Johann Meno (Lübeck), De legitima Lubecensi ad statut. Lub. lib. II tit. I art. XII. Diss. Präs. Carl Friedrich Walch. Jena (Strauss) 26. X. 1785. 39 S., z. Tl. deutsch. (5.—) 49

Ackermann, Johann Peter, s.a. Ackermann, J.P.

Ackermann, Johann Peter: Geschichte der Blokade von Landau im Jahre 1793. Von Augenzeugen beschrieben u. auf unläugbare Urkunden gegründet. (Verf.: Johann Peter Ackermann.) — Landau an XII [1804].
1: Sg 1776. 12: Bavar. 1042x. 5.
1.6957

— Historische Rede von den ehemaligen Schicksalen und dem jetzigen blühenden Zustande der dritten kurpfälzischen Hauptstadt Frankenthal. — Frankenthal 1788.
1: 4° Sg 370. 12: 4° Bavar. 2130-I,1. 5.
1.6958

Ackermann, Johann Sigfr.

Memoriam Joh. Sigfr. Ackermann, . . Lpz. 13. X. 1830. „De usu Codicis Augustei in supplenda et absolvenda populi Saxonici historia, quatenus illa spectat ad mores, ingenii cultum; vitaeque rationes." 16 S., z. Tl. deutsch. (1.40) 50
Emil Kind (Leipzig).

Ackermann, Josef

Ackermann, Jos., der heilige Aloysius ein Vorbild für Jünglinge. Unterrichts- und Gebetbuch rc. 18. (Mit 1 Lithogr.) Einsiedeln 843, Gebr. Benziger. 1/6 thlr — 2. Aufl. 18. Ebd. 844. 1/6 thlr — 3. Aufl. Mit 2 Lith. 12. Ebd. 845. 6 1/4 ngr Diese 3. Aufl. in 18. mit 1 Stahlst. Ebd. 845. 1/6 thlr geb. n. 14 ngr u. 7/12 thlr

Ackermann, Jos., der heilige Aloysius ein Vorbild f. Jünglinge. Unterrichts- u. Gebetbuch f. Jünglinge die unter dem Schutze u. nach dem Vorbilde des heil. Aloysius dieses engl. Jünglings leben wollen. 6. Aufl. 18. (180 S. m. 1 Lith.) Einsiedeln 851, Gebr. Benziger. 4 ngr Velinp. m. 8 Lith. u. lithochrom. Titel. 9 ngr

Ackermann, J., Armseelen-Buch, neue Aufl., s.: Schlich, Johs., Armseelen-Trost.

— das tägliche Brod der ersten Christen. Ein Unterricht über den öftern Empfang der heiligen Communion. Aus einem ältern Werke übers. Bearb. u. herausg. von Jos. Ackermann. 8. Rorschach 1846. Koch. 9 ggr. — 36 kr.

Ackermann, Jos., der Fall u. d. Erlösung, od. d. Werke d. Satans u. die Macht d. Kirche. Sammt e. Beilage über die göttliche Magie. gr. 8. (14 1/8 B.) Luzern 835. (Augsburg, Kollmann.)

Ackermann, Jos., der Fall und die Erlösung, oder die Werke des Satans und die Macht d. Kirche. Sammt e. Beilage über die göttliche Magie. gr. 8. Luzern 835. Gebr. Räber. (St. Gallen, Scheitlin u. Zollikofer.) 1/2 thlr

Ackermann. Joseph. Das tägliche Gebet des seligen Nikolaus von Flüe: oder wie ist Unheil abzuwenden ...? Eine Predigt.... 8. Luzern. Saxeln 1833. A 772[1]

Ackermann, Jos., die Geschichte des Reiches Gottes auf Erden, vor, in und nach Christus als Religionslehre gegeben. 1. Theil. Das Reich Gottes vor Christus. 1. Liefg. gr. 8. Rorschach 846. (Metzger u. Koch.) 9 ngr

— die Geschichte des Reiches Gottes auf Erden. 1. Thl.: Das Reich Gottes vor Christus. 2—5. Lfg. gr. 8. (S. 97—456.) Rorschach 847, Koch. 2.: 9 ngr 3—5.: 24 ngr — 2. Thl.: Das Reich Gottes in Christus. 3 Lfgn. gr. 8. (302 S.) Ebd. 848. 49. (à 9 ngr) 27 ngr — 3. Thl.: Das Reich Gottes im heiligen Geiste u. in der Kirche. 4 Lfgn. gr. 8. (350 S.) Ebd. 849. 50. (1—3.: à 9 ngr 4.: 6 ngr) 1 thlr 3 ngr — 4. Thl.: Das Reich Gottes im Christen u. in der Menschheit. 3 Lfgn. gr. 8. (296 S.) Ebd. 850. 27 ngr — 5. Thl.: Das Reich Gottes in der Geschichte u. Zukunft oder Vollendung. gr. 8. (131 S.) Ebd. 851. 18 ngr (cplt. 4 thlr 27 ngr)

—— der heil. Joseph, e Vorbild f. alle Stände. — Unterrichts- u. Gebetbuch f. jeden Christen, d. unt. d. Schutze u. nach d. Vorbilde d. heil. Josephs, Bräutigams Mariä u. Nährvaters Jesu Christi, leben will. M. Ttlbld. 12. 1. Aufl. (7½ B.) 843, 2. A. (7½ B.) Einsiedeln 845, Gebr. Benziger. à Mit Ttlbild in Golddruck-Einfass. u. lithochrom. Pracht-Ttl.

Ackermann, Joseph. Joseph Leu von Ebersoll und sein Kampf für Gott und Vaterland. Beschrieben von J' A'.... [Mit Porträt-Tafel.] 8. Luzern 1846. A 29

— die Macht des christl. Glaubens. Dargestellt im Leben des durch auffallende Gebetserhörungen merkwürdig gewordenen Nikolaus Wolf von Rippertschwand, aus dem Kanton Luzern. Mit einem Anh. v. Meß- u. andern katholischen Gebeten. 8. (XVI u. 180 S. m. 1 lith. Portr.) Luzern 846, Gebr. Räber. 7 ngl

Ackermann, Joseph. Der Machtschutz des Allerhöchsten über Luzern und der schweizerischen Eidgenossenschaft; dargestellt an der Sempacher-Schlacht-Jahrzeitfeier 1845. 8. Luzern 1845.

— Maria, die allerseligste Jungfrau. Ein Unterrichts- und Gebetbuch für Jungfrauen die unter dem Schutze u. nach dem Vorbilde Mariä d. jungfräul. Mutter Jesu leben wollen. 12. (Mit 1 Stahlst.) Einsiedeln 843, Gebr. Benziger. 1/6 ₰ — (2. Aufl.) 18. Ebd. 844. auch 846. 6 ngl

—— dass. — 2. Aufl. Schmal 12. (7 B. chromolith. Ttl. u. lith. Ttlbild m. Golddruckeinfass.) Ebds. 846.

Ackermann, Jos., Maria, das Vorbild der Jungfrauen. Ein Unterrichts- und Gebetbuch für Jungfrauen, die unter dem Schutze u. nach dem Vorbilde Maria d. jungfräulichen Mutter Jesu leben wollen. Umgearb. und mit einer Maiandacht ꝛc. verm. Ausg. Einsiedeln 855. Benziger. 24. (240 S. u. 2 Lithogr.) 4½ ngl

Ackermann, Jos., Maria das Vorbild der Jungfrauen. Ein Unterrichts- und Gebetbuch für Jungfrauen, die unter dem Schutze u. nach dem Vorbilde Mariens der jungfräulichen Mutter Jesu leben wollen. 3., umgearb. u. mit e. Mai-Andacht ꝛc. verm. Ausg. 859. — 4. umgearb. Ausg. Einsiedeln, 862. Gebr. Benziger. 24. (238 S. u. 2 Lithgr.) 4½ ngr.

Ackermann, Jos., Maria das Vorbild der Jungfrauen. Ein Unterrichts- und Gebetbuch für Jungfrauen, die unter dem Schutze und nach dem Vorbilde Mariens der jungfräul. Mutter Jesu leben wollen. 4., umgearb. und mit einer Mai-Andacht ꝛc. verm. Ausg. und 5. Aufl. 24. (238 S. mit 2 Stnt.) Einsiedeln 862,66, Gebr. Benziger. 4 Ngr.; mit Kreuzweganhang

Ackermann, Jos., Maria, das Vorbild der Jungfrauen. Unterrichts- und Gebetbuch. 6. Aufl. 16. (240 S. mit 2 Stnt.) Einsiedeln 870, Gebr. Benziger.

Ackermann, Josef, s. Menne, P. Edilb., Katechet. Unterricht.

— zwei Predigten am dritten Säkularfeste der Kirchenreformation, geh. d. 31. Oct. u. den 2. Nov. 1817. gr. 8. Erlangen 817. Heyder. 3 gl

Ackermann, J., der Sieg des christl. Glaubens üb. den letzten Feind, od.: Vorbereitung auf d. Tod. Ein Handbüchl. z. Erbauung f. Jedermann. Nach Erasmus v. Rotterdam: Quomodo se quisque praeparare debeat ad mortem. Frey a. d. Latein. übers. gr. 12. (5 B.) Luzern 827, Meyer.

— Trost der armen Seelen, Neubearbeitg., s.: Schlich, Johs., Armseelen-Freund.

—— Trost d. armen Seelen. Belehrungen u. Beispiele üb. d. Zustand d. Seelen im Fegfeuer. Sammt e. vollständ. Gebetbuch z. Trost ders. 2., verm. Aufl. gr. 12. (15 B. u. Ttlbild.) Einsiedeln 846, Gebr. Benziger.

— Pfr. Trost der armen Seelen. Belehrungen und Beispiele über den Zustand der Seelen im Fegfeuer. Mit Gebeten. 2e vermehrte Aufl 18. Einsiedeln 1847. Benziger. 8 Ngr. — 27 kr.

—— Trost der armen Seelen. Belehrungen und Beispiele über den Zustand der Seelen im Fegfeuer. Sammt e. vollständ. Gebetbuch zum Trost derselben. 5., verm. Aufl. 12. (321 S. mit 1 Stnt.) Einsiedeln 847—50, Gebr. Benziger.

— Trost der armen Seelen. Belehrungen u. Beispiele über den Zustand der Seelen im Fegfeuer. Sammt einem vollständ. Gebetbuch zum Trost derselben. 5. verb. u. verm. Aufl. 18. (335 S. m. 1 lith. Taf.) Rorschach 851, Koch. n. 6 ngl

—— Trost der armen Seelen. Belehrungen und Beispiele über den Zustand der Seelen im Fegfeuer. Sammt einem vollständ. Gebetbuche zum Troste derselben. 17. Aufl. 1. in größerem Druck. 12. (477 S. mit 5 Stnt.) Einsiedeln 859, Gebr. Benziger.

— — 19. Aufl., 18. in kleinem Druck. Ebend., 862. 12. (322 S. u. 3 Lithogr.) 6½ ngr.

Ackermann, Jos., Trost der armen Seelen. Belehrungen u. Beispiele üb. den Zustand der Seelen im Fegfeuer. Sammt e. vollständ. Gebetbuche zum Troste derselben. Einsiedeln, Gebr. Benziger.
Ausg. Nr. 1. (Miniatur-Ausg.) 22. Aufl. 865. — 25. Aufl. 867. (319 S. u. 3 Lithogr.) 5 ngr.
Ausg. Nr. 2 in mittlerem Druck. 23. Aufl. 865. — 28. Aufl. 868. (319 S. u. 3 Lithogr.) 5½ ngr.
Ausg. Nr. 3 in grobem Druck. 22. Aufl. 865. (477 S. u. 5 Lithogr.) 8½ ngr.

—— Trost der armen Seelen. Belehrungen und Beispiele über den Zustand der Seelen im Fegfeuer. Sammt einem vollständ. Gebetbuche zum Troste derselben. Nr. 1. 22.—26. Aufl. [Min.-Ausg.] 16. (349 S. mit 3 Stnt.) Einsiedeln 865—67, Gebr. Benziger.

—— dass. — Ausg. Nr. 2. Ausg. in mittlerem Druck. 23.—27. Aufl. 8. (319 S. mit 3 Stnt.) Ebendas. 865—67. mit Meßanhang

—— dass. — Ausg. in größerem Druck. Nr. 3. 27. Aufl. 12. (480 S. mit 3 Stnt. in Tondr.) Ebendas. 870. mit Meßanhang (576 S.)

—— Trost der armen Seelen. Belehrungen und Beispiele über den Zustand der Seelen im Fegfeuer. Sammt einem vollständigen Gebetbuche zum Troste derselben. Ausg. in kleinerem Druck. Nr. 1. 29. Aufl. 16. (336 S. mit 3 Stnt. in Tondr.) Einsiedeln 871, Gebr. Benziger.

—— dass. — Ausg. in mittlerem Druck. Nr. 2. 32. Aufl. 12. (320 S. mit 3 Stnt. in Tondr.) Ebendas. 871. mit Meßanhang (416 S.)

— dasselbe. 30. Aufl. Min.-Ausg. Nr. 1. Mit Bildern. 16. (336 S.) Einsiedeln 872. Benziger. — 05

— Trost der armen Seelen. Belehrungen u. Beispiele üb. den Zustand der Seelen im Fegfeuer, sammt e. vollständ. Gebetbuche zum Troste derselben. gr. 16. (432 S. m. 2 Steintaf.) Einsiedeln 875. Eberle, Kälin & Co. — 71

Ackermann, Jos., Trost der armen Seelen. Belehrungen u. Beispiele über den Zustand der Seelen im Fegfeuer. Sammt e. vollständ. Gebetbuche zum Troste derselben. 5. Aufl. 12. (311 S. m. 1 Stahlst.) Saarlouis 883. Stein. — 60

Ackermann, J., Trost der armen Seelen. Belehrungen u. Beispiele über den Zustand der Seelen im Fegfeuer. Nebst einem vollständ. Gebetbuche zum Troste derselben. Ausg. Nr. 4. 16. (384 S. m. 1 Farbendr.) Einsiedeln 886. Benziger & Co. — 60

Ackermann, J., Trost der armen Seelen. Belehrungen u. Beispiele üb. den Zustand der Seelen im Fegfeuer. Nebst e. vollständ. Gebetbuche zum Troste derselben. Ausg. Nr. 3 in größerem Druck. 16. (526 S. m. 3 Bildern.) Einsiedeln 890. Benziger & Co. geb. n 1.4

— Trost der armen Seelen. Belehrungen u. Beispiele über d. Zustand d. Seelen im Fegfeuer. Sammt einem vollst. Gebetbuche. 6. Aufl. — Saarlouis: Hausen [1892]. 311 S.
1: Cz 4370*. 5.
1.6961

Ackermann, Jos., Trost der armen Seelen. Belehrungen u. Beispiele üb. den Zustand der Seelen im Fegfeuer. Sammt e. vollständ. Gebetbuche zum Troste derselben. 6. Aufl. 12. (311 S. m. 1 Stahlst.) Saarlouis 892. F. Stein Nachf. n. — 50

— — Trost der armen Seelen. Belehrungen u. Beispiele über d. Zustand d. Seelen im Fegfeuer. — München: Seyfried [1894]. 384 S. 12:Asc. 5131 lt-16. 1.6962

— — Ausg. No 5. Einsiedeln [usw.]: Benziger 1899. 528 S. 1:Cz 4376. 1.6963

— — Ausg. No 1. Ebd. [um 1902]. 480 S. 1:Cz 4372. 1.6964

— — Ausg. No 3 in größerem Druck. Ebd. [um 1902]. 526 S. 1:Cz 4374. 1.6965

— — Ausg. No 4. Ebd. [um 1902]. 384 S. 1:Cz 4375. 1.6966

Trost der armen Seelen. Belehrungen u. Beispiele über d. Zustand d. Seelen im Fegfeuer. Nebst e. vollst. Gebetbuch z. Troste derselben. Hrsg. von Josef **Ackermann**, ehem. Pfarrer in Emmen. Ausg. No 5. *Einsiedeln, Köln: Benziger & Co. 1899.* (528 S.) 8° [03. 15543

Trost der Armen Seelen. Belehrungen u. Beispiele über d. Zustand d. Seelen im Fegfeuer. Nebst e. vollst. Gebetbuche z. Troste derselben. Hrsg. von Joseph **Ackermann**, ehem. Pfarrer in Emmen. Ausg. No 1. *Einsiedeln, Köln: Benziger & Co. [um 1902].* (480 S.) 8° [04. 917

Trost der Armen Seelen. Belehrungen u. Beispiele über d. Zustand d. Seelen im Fegefeuer. Nebst e. vollst. Gebetbuche zum Troste derselben. Hrsg. von Joseph **Ackermann**, ehem. Pfarrer in Emmen. Ausg. No 3 in größ. Druck. *Einsiedeln, Köln: Benziger & Co. [um 1902].* (526 S.) 8° [04. 11073

Trost der Armen Seelen. Belehrungen u. Beispiele über d. Zustand d. Seelen im Fegfeuer. Nebst e. vollst. Gebetbuche z. Troste derselben. Hrsg. von Joseph **Ackermann**, ehemals Pfarrer in Emmen. Ausg. No 4. *Einsiedeln, Köln: Benziger & Co. [um 1902].* (384 S.) 8° [03. 14403

ACKERMANN, Josef 24

(F) **Trost der Armen Seelen.** Nach Pfarrer Josef Ackermann neu bearbeitet von Dr. Anton Michelitsch. Graz. 1902. Styria. 8°. 416 S. mit 1 Tafel. Geb. K 1.40

— unser Trost in Maria. Belehrungen u. Beispiele über die Vorzüge der Mutter Gottes, über die Hilfe, die sie uns leistet und über die Verehrung, welche wir ihr erweisen sollen. Mit e. Anhang von Belehrungen u. Beispielen über d. vorzüglichsten Andachten zu ihrer Ehre. 2. Aufl. Mit 1 Stahlstich. Regensburg, 862. Manz. 8. (520 S.) 18 *ngr.*

—— dass. — (Mit latein. Lettern.) qu. 4. (17 Stnt.) Ebendas. 863.

Ackermann, Jos., unser Trost in Maria. Belehrungen u. Beispiele üb. die Vorzüge der Mutter Gottes, üb. die Hilfe, die sie uns leistet u. üb. die Verehrg., welche wir ihr erweisen sollen. Mit e. Anh. v. Belehrgn. u. Beispielen üb. die vorzüglichsten Andachten zu ihrer Ehre. 3. Aufl. Mit e. Stahlst. 8. (520 S.) Regensburg 872. Manz. 1. 80

— utěcha věrných duší v očistci. Naučení a příkladové o duších v očistci s úplnou sbírkou modliteb k jich útěše. Z německého přeložil Frant. Bauer. Olmütz, 863. Grosse. 8. (XIV, 200 S. u. 1 Holzschn.) n. 10 *ngr.*

Ackermann, Josef Carl, s. Ackermann, Josef Karl

Ackermann, Jos. Frid., Ueb. d. körperl. Verschiedenheit des Mannes vom Weibe außer den Geschlechtstheilen. Uebers. v. Jos. *Wenzel.* 150 S. Koblenz. 8°. Nebst Anhang: Ueb. d. Krankh. d. Frau. Eine praktische Anwendung. 16 S. 1788

Ackermann, Josef Karl: Haushalt und Kleingewerbe in Paris und in der Pariser Weltausstellung. — Wien, Pest, Leipzig: Hartleben 1879. 65 S. 89. 1.6973

Ackermann, K. s.a. Ackermann, Karl

Ackermann, K., Erinnerungen an Pforta. 8. Greiz 826. Henning. 3 ℛ

— illustr. Führer d. Weinheim u. Umgeb. unter Berücksicht. d. hervorrag. u. beliebtesten Spaziergänge u. Ausflüge, nebst e. geolog. Anh. v. ***. 12. (50 S.) Weinheim 895. F. Ackermann's Verl. n. — 60

Ackermann's, K., Führer üb. die Schwarzwaldbahn Offenburg-Konstanz. Mit e. vollst. Fahrtenplan d. Strecke u. 1 Karte. 12. (31 S.) Konstanz 898. E. Ackermann. n. — 20

Ackermann's Führer üb. die Schwarzwaldbahn Offenburg-Konstanz. (2. verb. Aufl.) 12. (30 S.) Konstanz (901). E. Ackermann. n. — 20

Ackermann's Führer üb. d. Schwarzwaldbahn Offenburg-Konstanz. 3. verb., durch kurze Schilderg. der Hohentwielspiele bei Singen verm. Aufl. (32 S.) 8. Konstanz 906. E. Ackermann. — 20

Ackermann, K.H. s. Ackermann, Johann Karl Heinrich

Ackermann, Karl, s.: Abhandlungen u. Bericht d. Ver. f. Naturkunde zu Kassel.

[—] Auswahl von Jahreszahlen für den Geschichts-Unterricht in der Realschule (Hedwigstraße) zu Kassel. — Kassel: Gosewisch 1890. 22 S. 4. 1.6976

[—] — 2. Abdr. Kassel: Richarz 1894. 20 S. 4. 1.6977

— Beiträge zur physischen Geographie der Ostsee. Mit 1 Tiefenkt. und 5 lithogr. Taf. — Hamburg: Meissner 1883. IX,399 S. 1:Pq 7598. 12:Phys. sp. 1kb. 2. 3. 5. 7. 8. 9. 10. 89. 1.6978

— — 2. Ausg. Ebd. 1891. IX,399 S. 4. 6. 10. 1.6979

Ackermann, Karl [Dir. Dr.]: Berechtigungen, welche durch den Besuch der Oberrealschule auf den verschiedenen Klassenstufen erworben werden. Kassel, Druck v. L. Döll, 1893; 11—12 S. 4.
Kassel, R '(OR in d. Entwicklung)' '(Hedwigstr.)', P 1893 (414)

Ackermann, Karl [Dir. Dr.]: *Bericht über die Feier des 50-jährigen Bestehens der Anstalt.* Kassel, Druck v. L. Döll, 1894; 17—25 S. 4.
Kassel, OR, P 1894 (413)

Ackermann, K., XXXIV. u. XXXV. Bericht d. Vereines f. Naturkunde zu Kassel üb. das Vereinsj. vom 18. April 1886 bis dahin 1888. 8. (LXXVI, 108 S.) Kassel 889. (Kessler.) n.n. 2. —

Ackermann, K., s.: Bericht, 36. u. 37., d. Vereins f. Naturkunde zu Kassel.

Ackermann, Karl, Bestimmung der erdmagnetischen Inklination v. Kassel. gr. 8. (12 S.) Kassel 884. (Kessler.) n. — 40

— Bibliotheca Hassiaca. Repertorium der landeskundlichen Litteratur für den Preussischen Regierungsbezirk Kassel. [Nebst] Nachtr. 1–9 [u.] Autoren-Reg. f. d. Hauptth. u. die Nachtr. 1–6. — Kassel: Kessler (Nachtr. 5ff.: Selbstverl. d. Hrsg.) 1884–99.
Nachtr.: . . . für den Preussischen Regierungsbezirk Kassel, das ehemalige Kurfürstenthum Hessen. 65.
Vollst. 1:Sk 2606. 300:158.250-B. 4. 5. 6. 8. 10. 11.
[°° Nachtr. 1–9 u. Reg.] . . . . 2. 3.
[°° Nachtr. 7–9] . . . . 7.
[°° Nachtr. 9] . . . . 12:Germ. sp. 3 o.
1.6981

Ackermann, Karl, Bibliotheca hassiaca Repertorium der landeskundl. Litteratur f. den preuss. Reg.-Bez. Kassel, das ehem. Kurfürstenth. Hessen. 9. u. letzter Nachtrag. gr. 8. (15 S.) Kassel (Ständeplatz 15) 899. Selbstverlag. n.n. — 75 (Kplt., ermäss Pr.: n.n. 7.20)

Ackermann, Karl. 1870: Bibliotheca paedagogica Hassiaca. Repertorium der auf das gesammte Schulwesen des ehemaligen Kurfürstenthums Hessen, jetzigen Preuss. Reg.-Bez. Cassel, bezügl. Litteratur. — Cassel: Kessler 1886. 14 S. 4° 4. 1.6983

Ackermann, Karl: *De doctis hominibus literarum Graecarum in Italia instauratoribus, quorum conscribuntur vitae, illustrantur disciplinae grammaticae. 91 S. 8° (4°)
Halle-Wittenberg, Phil. Diss. v. 18. Juni 1850
Geb. [Lodersleben (Kr. Querfurt) 14. 9. 1824]

— Dr. Theodor Ebert, kgl. Landesgeologe u. Professor an der Bergakademie in Berlin. *6. V. 1857 zu Kassel, †1. IX. 1899 zu Gr.-Lichterfelde. Im Namen d. Vereins f. Naturheilkunde zu Kassel hrsg. Mit e. chronolog. Verzeichniss v. Ebert's wissenschaftl. Veröffentlichgn. gr. 8. (19 S.) Ebd. (900). n. — 75

— Führer durch die Gemälde-etc. Sammlung des Städtischen Bose-Museums zu Kassel. Hrsg. von Ackermann. — Kassel 1896: Scheel. 20 S.
Nebent.: Katalog des Bose-Museums. 4. 1.6984

— Führer durch d. Gemälde- etc. Sammlung des städt. Bose-Museums zu Kassel. gr. 16. (20 S.) Kassel 896. Verl d. Bose-Museums. — 30

— Führer durch die Gemälde- etc. Sammlung des städtischen Bose-Museums zu Kassel. 2. verm. Aufl. gr. 16. (26 S.) Kassel (Ständeplatz) 899. Bose-Museum. n. — 30

— Dr. Johannes Gundlach. Lebensbild e deutschen Naturforschers a. d. Insel Cuba. [Aus: „Abhandlgn. u. Bericht d. Ver. f. Naturkde. zu Kassel".] gr. 8. (12 S.) Kassel 896. Selbstverlag. — 60

Ackermann, Karl [Dir. Dr.]: *Die Jubiläumsstiftung der Oberrealschule in Kassel.* Kassel, Druck v. L. Döll, 1894; 33—35 S. 4. Kassel, OR, P 1894 (413)

Ackermann, Karl, Die Käfer zum Gebrauche beim Unterrichte und zum Selbstbestimmen. Hersfeld 1870. 8.
Auch: Progr. d. Realsch. Hersfeld 1870—71.

Ackermann, Karl Die landeskundliche Litteratur des Regierungsbezirks Cassel, zusammengestellt im Auftrag der Centralkommission für wissenschaftliche Landeskunde von Deutschland. S. 11—49. Progr. Rsch. *Cassel* 1884
Vgl. des Verf. Bibliotheca hassiaca. Repertorium der landeskundl. Litteratur für den preuss. Reg.-Bez. Kassel. (163 S.) 8. Ebenda (Kessler). 8 Mk.

— Repertorium der landeskundlichen Litteratur für den Kgl. Preuss. Reg.-Bez. Kassel. 1886 s. *Ackermann:* Bibliotheca Hassiaca.

Ackermann, Karl (Dr., Dir.): Statistische Rückschau auf 100 Semester der Realschule in der Hedwigstrasse zu Kassel. Kassel, Druck v. L. Döll, 1893; 1 Bl., 58 S., 1 Taf. 4.
Kassel, R. '(OR in d. Entwicklung)' (Hedwigstr.)', P 1893 (414)

Thierbastarde. Zsstellg d. bisher. Beobachtgn üb. Bastardirung im Thierreiche nebst Litteraturnachweisen. Hrsg. v. Dr. Karl Ackermann, Oberrealschuldir. i. P. Th. I. II. *Kassel: Selbstv.* (II: *Weber & Weidemeyer*) *1897. 98.* 2 Bde 8.
I. Die wirbellosen Thiere. 1897. (a. d. Umschl.: 1898). (22 S.)
II. Die Wirbelthiere. 1898. (79 S.) [98. 3688

Ackermann, Karl, Medizinalprakt.: Aus d. Universitaetskinderklinik in Muenchen. (Vorstand: M. Pfaundler). Ueber das Vorkommen von Muskelhypertonien bei Ernaehrungsstoerungen im Saeglingsalter. Aschaffenburg 1908: Werbrunn. 19 S. 8°
München, Med. Diss. v. 29. Dez. 1908, Ref. v. Bauer.

Ackermann, Karl August. 1827: Der Advokatenstand in Mecklenburg. Eine Skizze von C. A. Ackermann. — Wismar: Schmidt & Cossel in Comm. 1827. 28 S.
1: Gq 14249. 1.6990

— Für die deutsche Polizei, wider Herrn Dr. Avé-Lallemant. — Schwerin: Schmale 1861. VIII, 78 S. 7. 1 6991

Ackermann, Karl August. 1896: Polizei und Polizeimoral nach den Grundsätzen des Rechtsstaats. Von C. A. Ackermann. — Stuttgart: Enke 1896. 83 S.
1: Fb 3368. 12: Pol. civ. 1zf. 6. 1.6994

— Repertorium der in das Gebiet der Fremdenpolizei einschlagenden, im Grossherzogthum Mecklenburg-Schwerin geltenden gesetzlichen Vorschriften über Passwesen. — Schwerin: Bärensprung 1857. 522 S. 1: Gq 14426. 1 6992

— Ein Wort über praktische Statistik und die Mittel und Wege zu ihrer Förderung in Meklenburg. (Als Ms. gedr.) Kiel 1850: Werner in Bützow. IV, 28 S. 9. 1 6993

Ackermann, Karl Christian s. a. Ackermann, Karl

Ackermann, Karl *Christian* Die 50jährige Jubelfeier der Schule. 4 (S. 17—25. 33—35). Progr. Oberrsch *Kassel* 1894

Ackermann, Karl *Christian* Statistische Rückschau auf 100 Semester der Realschule in der Hedwigstrasse zu Kassel 4 (58 S., 1 Taf.). Progr Rsch. (Oberrsch. in d. Entwicklung) *Kassel* (Hedwigsstr.) 1893

Ackermann, Karl Heinrich s. *Ackermann,* Johann Karl Heinrich.

Ackermann, Karl Wlh., Anweis. z. Hopfenbau f. Landwirthe. gr. 8. Pforzh. 821. (Karlsr., Marr). 6 gr.

— Statuten des großherzogl. bad. landwirthschaftl. Vereins zu Ettlingen. Pforzh. 821.

— tractatus med. pract. de plumbi viribus in universum specìatimque ejus nocivaque sterilitatem infert. 8maj. Norimb. 809. (v. Ebner). 3 gr.

Ackermann: Der Waid-Bau in agronom. u. techn. Beziehung. Carlsruhe u. Baden 1824. 27 S. (Særtr.). P.

— d. Waidbau in agronom. u. techn. Beziehung. (A d. Verhandlungen d. Großherzogl. Bad. Landwirthschaft-Vereins v. J. 823 abgedr.) 8. Carlsr. 824, Marr.

— das Wildbad bei Burgbernheim im Rezatkreise d. K. Baiern, geschichtl. u. ärztl. beschrieben. Nebst e. physikal.-chemischen Prüfung d. Quellen. Mit 2 Kpft. gr. 8. Erlang. 822. Heyder. 16 gr.

Ackermann, Konrad Ernst s. *Abschilderung* der Ackermannischen Schauspieler. 1755.

Ackermann, Konstantin

Ackermann, C., die Beichte, besonders die Privatbeichte, beleuchtet und besprochen. 12. (122 S.) Hamburg und Gotha 853, F. A. Perthes. *

Ackermann, C., Bibel-Atlas, s. Bibel-Atlas.

Ackermann, Bibelstunden in der Einsamkeit. Ein Handbüchlein vornemlich für Gefängnißgeistliche. 12. (VIII und 90 S.) Hamburg 851 (52,) Agentur des Rauhen Hauses.

— evangelische Christenlehre in Bibelsprüchen. Eine vollständige Spruchsammlung zu Luthers kleinem Katechismus. Lex.-8. Jena 840 Frommann n. 1/6 rf

— evangel. Christenlehre in Bibelsprüchen. Eine vollständige Spruchsammlung zu Luther's kl. Katechismus. 2. verb. Aufl. 8. (IV u. 92 S.) Jena 847, Frommann. n. 4 ngr

Ackermann, C., das Christliche im Plato u. in der Platonischen Philosophie; entwickelt u. hervorgehoben. gr. 8. Hamb. 835. Fr. Perthes. 1 1/4 rf

Ackermann, C., ein Denkmal Luthers, das ihm das liebste ist. Predigt am Reformationsfest 1868. Jena 868. Fr. Frommann. 8. (14 S.) 3 ngr

Ackermann, C. ein Denkmal Luthers, das ihm das liebste ist. Predigt am Reformationsfest 1868. gr. 8. (14 S.) Jena 869, Fr. Frommann.

— die Glaubenssätze v. Christi Höllenfahrt u. v. d. Auferstehung d. Fleisches, vor d. Richterstuhle unsrer Zeit. Ein Beitrag zu den Glaubensverhandl. uns. Tage. gr. 12. (2 B.) Hamburg u. Gotha 845, Fr. u. Andr. Perthes.

Ackermann, C., Handbuch zu Luther's Katechismus mit Bibelsprüchen. Meiningen 857. Brückner und Renner. gr. 8. (VII, 251 S.) n. 17 1/2 ngr

GV1
23

Ackermann, C., Hauptsätze f. d. Konfirmandenunterricht nach Luthers Katechismus. 2., verb. Aufl. gr. 8. (1⅓ B.) Meiningen 845, Blum. Thlr.

— Hauptsätze f. den Konfirmandenunterricht nach Luther's Katechismus. 3. verb. Aufl. 8. (31 S.) Hildburghausen 852, Kesselring. n. 2 ngr

Ackermann, C., Hauptsätze f. d. Konfirmanden-Unterricht nach Luther's Katechismus. 5. Aufl. Hildburghausen, 864. Kesselring. 8. (31 S.) n. 2 ngr.

— Hauptsätze f. den Confirmanden-Unterricht nach Luther's Katechismus. 6. Aufl. Hildburghausen 865. Kesselring. 8. (31 S.) n. 2 ngr.

Ackermann, C., Hauptsätze f. den Confirmanden-Unterricht nach Luther's Katechismus. 7. Aufl. 8. (31 S.) Hildburghausen 872. Kesselring. n. — 20

Ackermann, C., Hauptsätze f. den Confirmanden-Unterricht nach Luther's Katechismus. 8. Aufl. 8. (31 S.) Hildburghausen 878. Kesselring. n. — 20

Ackermann, C., Hauptsätze f. den Confirmanden-Unterricht nach Luther's Katechismus. 9. Aufl. 8. (31 S.) Hildburghausen 884. Kesselring. n. — 20

Ackermann, C., Hauptsätze f. d. Konfirmanden-Unterricht n. Luthers Katechismus. 11. Aufl. gr. 8. (32 S.) Frankfurt a/M. 898. Kesselring. n. — 20

Ackermann, C: Haushalt und Kleingewerbe in Paris und in der Pariser Weltausstellung. Wien, Pest und Leipzig 1879

— der Kampf, den unsere evangelische Kirche zu bestehen hat. Predigt am Reformationsfest. Meiningen 865. Gadow & Sohn. 8. (13 S.) 2 ngr.

—— der Kampf, den unsere evangelische Kirche zu bestehen hat. Predigt am Reformationsfest. gr. 8. (13 S.) Meiningen 866, Gadow und Sohn.

Ackermann, C., kirchliche Katechisationen ihrer Nothwendigkeit nach u. in Umrissen dargestellt. Zum gottesdienstlichen u. häuslichen Gebrauch. Gotha 871. F. A. Perthes gr. 8. (XI, 276 S.) n. 1 Thlr 10 ngr.

—— Luther's Katechismus mit Bibelsprüchen für den Religionsunterricht in Stadt- und Landschulen eingerichtet. 8. (IV und 88 S.) Meiningen 855, Brückner und Renner.

— Luther's Katechismus m. Bibelsprüchen f. d. Religionsunterricht in Stadt- u. Landschulen eingerichtet. 4. unveränd. Aufl. Meiningen, 860. Brückner & Renner. 8. (IV, 88 S.) 3 ngr.

— Luther's Katechismus mit Bibelsprüchen f. den Religionsunterricht in Stadt- u. Landschulen eingerichtet. 5. verb. Aufl. Salzungen 865. Scheermesser. 8. (IV, 88 S.) n. 3 ngr.

— Luthers Katechismus m. Bibelsprüchen f. den Religionsunterricht in Stadt- u. Landschulen eingerichtet. 6. verb. Aufl. 8. (IV, 92 S.) Salzungen 874. Scheermesser. n. — 35

— Luther's Katechismus m. Bibelsprüchen f. d. Religionsunterricht in Stadt- u. Landschulen eingerichtet. 7. verb. Aufl. 8. (IV, 96 S.) Salzungen 877. Scheermesser. n. — 35

— Luther's Katechismus m. Bibelsprüchen, f. den Religionsunterricht in Stadt- u. Landschulen eingerichtet. 9. verb. Aufl. 8. (IV, 96 S.) Salzungen 885. Scheermesser. n. — 35

Ackermann, Luther's Katechismus m. Bibelsprüchen, f. den Religionsunterricht in Stadt- u. Landschulen eingerichtet. 10. Aufl. 8. (IV, 96 S.) Salzungen 887. Scheermesser. n. — 35

Ackermann, Luthers Katechismus m. Bibelsprüchen, f. den Religionsunterricht in Stadt u. Landschulen eingerichtet. 11. Aufl. 8. (IV, 96 S.) Salzungen 892. L. Scheermesser. n. — 35

Ackermann, Luthers Katechismus m. Bibelsprüchen, f. d. Religionsunterr. in Stadt- u. Landschulen eingerichtet. 12. Aufl. 8. (IV, 96 S.) Salzungen 894. L. Scheermesser. n. — 35

Ackermann, Luthers Katechismus m. Bibelsprüchen, f. d. Religionsunterricht in Stadt- u. Landschulen eingerichtet. 14. Aufl. 8. (III, 96 S.) Salzungen 900. L. Scheermesser. n. — 35

Ackermann: Luthers Katech. m. Bibelsprüchen, f.d. Religions-Unterricht in Stadt-u. Landsch. eingerichtet. 15. Aufl. (96).– Salzung., L. Scheermesser 1903.

Ackermann, Luthers Katechismus m. Bibelsprüchen f. den Religionsunterricht in Stadt- u. Landschulen eingerichtet. 16. Aufl. (III, 96 S.) 8. Salzungen 906. L. Scheermesser. Geb. — 50

Ackermann: Luthers Katechism. m. Bibelsprüchen f. d. Relig.– Unterr. in Stadt-u. Landsch. eingerichtet. 17. Aufl. (96) 8° Salzgn. L. Scheermesser 1909.

—— die Leiden u. d. Verherrlichung d. Herrn u. d. Menschenlebens, in fünf Predigten dargestellt. gr. 8. (5 B.) Hamburg 843, Fr. Perthes.

— Luther seinem vollen Werth u. Wesen nach aus seinen Schriften dargestellt. 1. Hft. Luther im Kampf. gr. 8. (XII, 151 S.) Jena 871. Fr. Frommann. 1. 50

— Mehr als Duldung, Achtung und Anerkennung sind die katholische u. protestant. Kirche einander schuldig. Predigt z. jährl. Religionsfriedenfest gr. 8. Jena 839. Frommann. n. 1/12 Thlr.

—— geschichtl. Nachrichten üb. d. Stadt u. Herrschaft Blankenhain, a. archival. u. and. Quellen. 8. (12¼ B.) Jena 828, Cröker.

—— Predigt z. 3. Jubelfeier d. Henneberg. Reformation, am 25. Jan. 1844 gehalten. gr. 8. (1¾ B.) Meiningen, [Blum].

—— Predigt am Reformationsfest 1841. gr. 8. (1 B.) Meiningen 842, [Blum].

— üb. Presbyterien u. Synoden. Ein Gutachten. Jena 868. F. Frommann. 8. (55 S.) 7½ ngr.

—— Rede bei der Einweihung des Lutherdenkmals zu Möhra. Gehalten am 25. Juni 1861. gr. 8. (11 S.) Meiningen 861, Brückner und Renner.

—— Rede am Luther-Denkmal bei Altenstein den 26. Juli 1857. gr. 8. (13 S.) Meiningen 857, Brückner und Renner.

—— Rede zur Schillerfeier den 10. Nov. 1859 im Reunionsaale zu Meiningen gehalten. gr. 8. (16 S.) Meiningen 859, Brückner und Renner.

—— Repertorium der landeskundlichen Litteratur für den preuss. Reg.-Bez. Cassel, s. 31. Bericht des Vereins für Naturkunde zu Cassel.

— kurzgefaßter vollständiger Unterricht im evangelischen Christenthum. Ein Büchlein für Schule u. Haus. gr. 8. Jena 837. Frommann. 1/3 Thlr 2e verb. Aufl. gr. 8. Ebd. 839. 5 Sgr

— Vom Werk der Erlösung. Zwei Betrachtungen von C. Ackermann. — Meiningen 1870: Kessner. 16 S.
1:1 in E 257.
I 7007

— Züge aus dem Lebensbild der Frau Hofräthin Reinwald geb. Schiller. Entworfen von Ackermann. — Meiningen 1847. 24 S.
1:Av 7581.
I 7008

Ackermann, Leopold [Dr., Assist. im bischöfl. Klerikalseminar zu Würzburg]: Die Beredsamkeit des hl. Johannes Chrysostomus. . . . Würzburg, Druck u. Verl. v. F. X. Bucher, 1889; XII + 164 S. 8°
Würzburg, Theol. Fak., Inaug.-Diss. v. 1889

Ackermann, Leop., Papst Leo XIII. u. d. hl. Beredsamkeit. Erläutergn. z. d. a. päpstl. Befehl v. d. S.C. Epp. et Reg. erlass. Rundschreiben a. d. Bischöfe Italiens u. d. Ordensoberen üb. die hl. Beredsamkeit m. e. ausführl. Nutzanwendg. f. uns. Verhältnisse. gr. 8. (VII, 88 S.) München 897. R. Abt n. 1. 20

Ⓖ **Ackermann**, Leop., Papst Leo XIII. u. d. hl. Beredsamkeit. München 897 (KBL. 29). Jetzt Regensburg, Verlagsanstalt vorm. G. J. Manz.

Ackermann, Leop., d. Priesters Rosenkranz oder der Rosenkranz, gewunden der Priester-Königin. gr. 8. (92 S.) Dülmen 883. Laumann. n. — 75.

Ackermann, Leop., der Priester-Rosenkranz od. der Rosenkranz, gewunden der Priester-Königin. 2., vollständig umgearb. u. verm. Aufl. 12. (XII, 176 S. m. 1 Stahlst.) Dülmen 894. A. Laumann. — 75; geb. n. 1. —

— Rette deine Seele, s.: Brynych, Eduard v.

— Rosenkranz u. Kreuzweg, vorzügl. Hilfsmittel f. d. christl. Vollkommenheit. Zun. f. Ordensleute, sod. f. d Mitglieder des III. Ordens u. f. alle d. höh. Ziele zustreb. Christen. 12. (154 S.) Dülmen 897. A. Laumann. Geb. in Leinw. n. 1. —

Der katholische Schulgottesdienst. Sein Pflichtbesuch verteidigt von Dr. Leopold **Ackermann**, Stadtpfarrer. Paderborn & Würzburg: Schöningh 1910. VI, 44 S. 8°

Ackermann, M., chants d'amour suivis de poésies diverses. gr. in-8. Berlin 841, Veit & Comp. 1 ℛ

Ackermann, Matthäus Andreas, Disputatio de fide jussoribus. Präs. Tobias Heidenreich. Lpz. (Lorenz Cober) Sept. 1619. 8 Bl. (6.—) 51

Ackermann, Mich., (Jos. Reimann), medicin. Glaubensbekenntniß e. schwäbischen Harnpropheten. 8. Tüb. 783. v. Cotta. 4 gr.

Ackermann, Nikolaus: Christus unsere Zuversicht. Ein vollst. Gebet- u. Andachtsbuch f. kath. Christen. — Saarlouis: Stein 1874. 1: Er 14810. 5.
1.7023

— — 2. Ausg. Ebd. 1875. 1: Er 14811.
1.7024

— — Saarlouis: Hausen [um 1897]. 319 S. 1: Er 14812. 5. 11.
1 7025

Ackermann, O., s. A c k e r m a n n, H. L. O.

Ackermann, O. s. A c k e r m a n n, Oskar

Ackermann, Oskar

Ackermann, Osc (Victor Hugo Julius) (geb. Cöln a. Rh 20. 10. 1829):
De aperiendis abscessibus. Berolini (1852). (31 S.) 8°
Berlin, Med. Diss. v. 30. Sept. 1852

Ackermann, Osk. (H.L.Osk.): Erbauet euch auf euren allerheiligsten Glauben! Reformationsfestpredigt. (12 m. Bildn.) 8°.– Dresd. v. Zahn & J. 1910.

Ackermann, Oscar, unser Gebet bei der Weihe unseres erneuerten Gotteshauses. Predigt bei der Einweihg. der restaurirten St. Afrakirche am Sonntage Rogate den 21. Mai 1876 geh. Mit e. geschichtl. Anh. 8. (17 S.) Meißen 876. Mosche. n. — 40

Ackermann, Osk. (h.L.Osk.): Uns. vaterländ. Hoffng. Landtagspredigt. (14) 8°.– Dresd., v. Zahn & J. 1910.

Ackermann, Oskar (Hrsg.), s. K a u f m a n n, Der dt.

Ackermann, O., Predigt bei d. 350jährigen Jubelfeier d. Fürsten- u. Landesschule St. Afra in Meissen. 8°(15).– Meiss. 1893, L. Mosche.

Ackermann, O., Psalmenklänge an unseres Kaisers 90. Geburtsfeste. Predigt, am 22. März 1887 in der Frauenkirche zu Meißen geh. gr. 8. (13 S.) Meißen 887. Mosche. n. — 20

Ackermann, Oskar Wilhelm (aus Köln am Rhein): Casuistische Beiträge zur Diagnostik der Hirntumoren . . . Leipzig, G. Thieme, 1892; 22 S., 1 Bl. 8.
Greifswald, Med. Fak., Inaug.-Diss. v. 1892.

Ackermann, Osw., Alkoholgenuß als Krankheitsursache. Gemeinverständlich bearb. (64 S.) 8. Leipzig 904. J. A. Barth. n. 1. —; Volksausg. n. — 30

Ackermann, Osw. Beiträge zur Kenntnis und Beurtheilung der multiplen symmetrischen Lipome. Diss. gr. 8. (28 S. m. 1 Taf.) Sebnitz 891. (Rudolst., Dabis.) * — 60

Ackermann, Oswald (pr. Arzt in Sebnitz i. S.): Beiträge zur Kenntnis und Beurtheilung der multiplen symmetrischen Lipome. . . . Sebnitz, Druck v. C. E. Böhme, 1891; 28 S., 1 Taf. 8°
Jena, Med. Fak., Inaug.-Diss. v. (16. Mai) 1891.

Natur- und Kunstheilung von Dr. med. Oswald Ackermann in Chemnitz. Halle a. S.: C. Marhold 1905. (22. S.) 8°
= Volksbücherei, Medizinische. H. 23. (o5.12517 3

Ackermann, Otto, Führer durch den Spreewald, nebst genauester (autogr.) Tourenkarte. gr. 16. (42 S. m. 1 Abbildg.) Lübben 893. (Berlin, W. Wellnitz.) — 30

Ackermann, Otto: Führer durch den Spreewald nebst genauester Tourenkarte. — (Berlin: Wellnitz;) Lübben i. Spr. 1893: Ackermann. 64 S., 1 Kt. 1: Td 9829.
1.7027

Ackermann, Paul, s.a. A c k e r m a n n - S a l i s c h

Ackermann, Paul: Der Baukonsens und die polizeilichen Beschränkungen der Baufreiheit nach preußischem Recht. Berlin: Heymann 1910. VIII, 156 S. 8° ¶ (Ersch. als Buch ebd.)
Tübingen, Staatswiss. Diss. v. 30. Mai 1910, Ref. Sartorius
(Nur in beschränkter Anzahl für den Austausch)
[Geb. 10. Aug. 82 Barmen; Wohnort: Barmen; Staatsangeh.: Preußen; Vorbildung: Gymn. Wernigerode bis Unterprima; Studium: Jena 3, Tübingen 5 S.; Rig. 16. Dez. 09.] [U 10. 4201

Ackermann, Paul, Dictionnaire des Antonymes ou Contremots. Ouvrage fondé sur les Ecrivains classiques, destiné à la jeunesse et aux ecrivains français. 8. Berlin 842, Dümmler. $^3/_4$ ℛ

Ackermann, Paul, Essai sur l'analyse physique des langues, ou de la formation et de l'usage d'un alphabet méthodique. gr in-8. Paris et Lpz 838. Brockhaus u. Avenarius. n. $^3/_4$ ℛ

— Examen des quelques faits relatifs à la formation et à la culture de la langue française. Extrait du Journal de la langue française. gr. in-12. Paris et Leipz. 840. Brockhaus u. Avenarius. n. $^5/_{12}$ ℛ

Ackermann, Paul. 1883: Geschichte des Buchhandlungs-Gehilfen-Vereins zu Leipzig. Festschrift zum Jubiläum d. 50jähr. Bestehens d. Vereins. — Leipzig: Buchhandlungs-Gehilfen-Verein 1883. X, 140 S. 1: An 11616.
1 7038

Ackermann, Paul, Geschichte des Buchhandlungs-Gehilfen-Vereins zu Leipzig. Festschrift zum Jubiläum des 50jähr. Bestehens des Vereins, im Auftrage des Vorstandes verfaßt. Mit dem Lichtdr.-Porträt der Begründer des Vereins (1 Taf.). gr. 8. (X, 140 S. und Anhang 63 S.) Leipzig 883, (Rühle und Rüttinger.) *
Supplement dazu, s. Oesterwitz, Herm.

Ackermann, Paul, Heiratsvermittler wider Willen, s: Lustspiele.

Ackermann, Paul. 1894: Zum Antrag Graf Kanitz. 1. Entwurf eines Gesetzes zur Unterdrückung von Missbräuchen beim Getreidehandel nebst kurzer Begründung . . . 2. Vorbereitende Massregel: Feststellung der Unrentabilität des heutigen Ackerbaues auf den geringeren Böden Deutschlands . . . Von Ackermann-Salisch. Nov.–Dez. 1894. — Berlin: Walther 1895. 56 S. 1: Ff 8586. 11.
1.7040

Ackermann, Paul, Franz v. Kleist. Eine litterar. Ausgrabg. [Aus: „Bär".] gr. 8. (19 S. m. 3 Abbildgn.) Berlin 892. C. F. Conrad. n. — 60

—— du Principe de la poésie et de l'éducation du poète. gr. in-8. (7 B.) Berlin 841, Asher et Comp.

— Recherche des vrais principes de l'orthographe. — Paris: Dézobry; Berlin: Asher 1845. LXXXIV S.
Aus: Ackermann: Remarques sur la langue française.
1:Xs 7650. 5.
1.7034

—— Remarques s. la langue française, ou répertoire grammatical. IV Cahiers. gr. in-8. Berlin, Asher et Comp. *
Cah. I. Nouv. explication du subjonctif et de quelques conjonctions, etc. (2 B.) 844. * 10 Ngr.
II. Emploi des prépositions à, de, pour et en. (4½ B.) 845. * 10 Ngr.
- III. Théorie d. prétérits. — Substantif construit. Regime d. adjectifs, etc. (6 B.) 845. * 10 Ngr.
Cah. IV. De l'adjectif uni au verbe. — Régime d. substantifs. — De la syllepse. — Appendice s. le subjonctif. — De l'ellipse. — De l'inversion. — Appendice. — Remarques détachées. (10 B.) 845. * 15 Ngr.

— Der Siloismus und der Antrag Kanitz sowie der Schrecken der Brotvertheuerung im Lichte der Zahlen. Von Ackermann-Salisch. — Berlin: Walther 1895. 36 S.
1:Ff 8625. 11.
1.7041

— Traité de l'accent, appliqué à la théorie de la versification gr.in-8. Paris (et Lpz.840. Brockhaus u.Avenarius. n. 1⅓ ℛ

— Traité de l'accent appliqué à la théorie de la versification. 2. éd. — Paris: Aimé-André; Berlin: Asher 1843. XXIV, 72 S.
1:Xs 8348. 12:L. lat. f. 1re. 300:71.404-A. 2. 5. 7. 9. 11.
1.7037

Ackermann, Paul (pr. Arzt): Die Urethrotomia externa bei Verletzungen und Stricturen der Harnröhre ... Königsberg in Pr., Druck v. A. Hausbrand's Nachf., 1894; 42 S., 1 Bl. 8.
Königsberg, Med. Fak., Inaug.-Diss. v. 19. Febr. 1894.

Ackermann, Peter Fourerius
Ackermann, Pet. Four., Archaeologia biblica, breviter exposita. 8. maj. Viennae 1826 Volke. 2⅔ Thlr. — 4 fl 12 kr.

— introductio in libros sacros veteris foederis, usibus academ. accom. 8. maj. Wien 825, Beck. 2 Rthlr., Vel. P. 1 *

— introductio in libros sacros veteris foederis, usibus academ. accomm. 8maj. Wien 826. Beck. 2 ℛ Schreibpap. 2 ℛ 12 gr Velinp. 3 ℛ (eigentl. die 3e Ausg. v. J. Jahn, introductio).

Ackermann, Fourer., Introductio in libros sacros veteris foederis. Usibus Academicis accommodata. Edit. II. 8maj. Viennae 839. Beck. 2 ℛ

Ackermann, Fourerius Dr. Introductio in libros sacros veteris foederis usibus academicis accommodata a — Editio 3. 8. (IV, 360 S.) Viennae, Fr. Beck, tip. vid. et fil. A. Pichler 1853.

Ackermann, Petr. Fourer., Introductio in libros sacros Veteris Foederis usibus academicis accommodata. Wien, Beck, 1869, 8°, IV u. 359 S., 4. Aufl., 4 Mk.

— Prophetae minores, perpetua annotatione illustr. 8 maj. Ibid. 1829, Volke 6 fl. herabg. Pr. 2¼ Thlr. — 4 fl. 3 kr.

Ackermann, Petr. Forer., Prophetae minores. Perpetua annotatione illustravit. Wien, Volke, 1830, gr. 8°, 6,75 Mk.

Ackermann, R. s.a. Ackermann, Richard

Ackermann, R. 1816 s.a. *Ackermann*, Rudolf.

Ackermann, R., der Gesang-Unterricht in der einklassigen Volksschule nach seinem Ziele, Stoffe u. seiner Verwendung, s.: Für die Schule aus der Schule.

Ackermann, R. 1902: Der Gesang-Unterricht in der Volksschule nach seinem Ziele, Stoffe und seiner Behandlung. — Neuwied & Leipzig: Heuser 1902. 8 S. (Für die Schule, aus der Schule. 98.) 1:Nc 5548-98. 5.
1.7047

Ackermann, R., the Microcosm of London or London en Miniature. With more than 100 fine coloured plates. 3 Vol. 4o. London. (Leipzig, T. O. Weigel.) 30 ℛ

Ackermann, Reinoldus: De hydrocele spermatica. Halis Saxonum (1866): Ploetz. 30 S. 8°
Halle-Wittenberg, Med. Diss., nachgeliefert von dem am 7. Juni 1866 auf Thesen promovierten Verf.
Geb. Lichtenburg (Kr. Torgau) 30. 5. 1840. V.

Ackermann, Reinoldus: Theses, loco dissertationis de hydrocele spermatica mox edendae. Halis Saxonum (1866): Ploetz. 2 Bl. 8°
Halle-Wittenberg, Med. Thesen v. 7. Juni 1866

Ackermann, Richard
Ackermann, Rich., s.a.: Chettle, Henry, the tragedy of Hoffman.

Ackermann, Richard: Shelley's Alastor und Epipsychidion. . . . Leipzig, Druck v. Oscar Brandstetter, 1890; VI + 30 S. + 1 Bl. 8°
München, Phil. Fak., Inaug.-Diss. v. 1890

Ackermann, Rich., Anleitung zur Kaninchenzucht. (45 S. m. Abbildgn.) 8. Leipzig (910). S. Schnurpfeil. — 50

Ackermann, Rich., Lord Byron. Sein Leben, seine Werke, sein Einfluss auf die deutsche Litteratur gr. 8. (XX, 188 S. m. 1 Bildnis.) Heidelberg 901, C. Winter. n. 2. —; geb. in Leinw. n. 3. —

— Kurze Geschichte der englischen Litteratur, s.: Lehmann's Volkshochschule.

— Kurze Geschichte der englischen Litteratur in d. Grundzügen ihrer Entwicklung. Mit Zeittaf. u. Namen-Reg. — Stuttgart - Zweibrücken: F. Lehmann 1902. IV, 165 S. (Lehmanns Volkshochschule. 2.) 11.
1.7049

Ackermann, Richard [Dr.]: Lucans Pharsalia in den Dichtungen Shelley's. M. e. Übersicht ihres Einflusses auf d. engl. Litteratur. Zweibrücken, Buchdr. v. A. Kranzbühler, 1896; 2 Bl., 35 S. 8.
Zweibrücken, k. Humanist. G, P 1896*

Ackermann, Rich., the great English poets of the XIXth century, s.: Reformbibliothek, neusprachliche. 21. Bd.

Ackermann, Rich., Predigt, geh. beim Missionsfeste in der St. Pauli-Kirche in Chemnitz, am Epiphaniasfeste, dem 6. Jan. 1891. gr. 8. (8 S.) Taucha 891. (Leipzig, Stauffer.) n. — 20

Ackermann, R., Quellen, Vorbilder, Stoffe zu Shelley's poet. Werken, s.: Beiträge, Münchener, zur roman. u. engl. Philologie.

— Quellen, Vorbilder, Stoffe zu Shelley's poetischen Werken. 1. Alastor. 2. Epipsychidion. 3. Adonais. 4. Hellas. Erlangen & Leipzig: Deichert 1890. VIII, 56 S. (Münchener Beiträge zur roman. u. engl. Philologie. 2.)
Ersch. teilw. als Diss. u. d. T.: Ackermann: Shelley's Alastor und Epipsychidion. München 1890.
1:V 678/3-2. 12:H. lit. P. 36ng-2. 300:147.765-B. Bd 2. 2. 3. 7. 8. 9. 10. 11.
1.7050

Ackermann, Rich., Raccolta di poesie italiane del secolo XIX, s.: Sammlung mod. italien. Autoren.

Ackermann, R., William M. Thackeray Selections. [Freytag's Sammlung französischer und englischer Schriftsteller.] 8°. (ill. 152 S. und 2 Tafeln) Tempsky, Wien 1909. geb. K 2.—

— Percy Bysshe Shelley, der Mann, der Dichter u. seine Werke. Nach den besten Quellen dargestellt. (X, 382 S. m. 2 Bildnissen.) gr. 8. Dortmund 906. F. W. Ruhfus. n. 5. —; geb. in Leinw. n. 6. —

— Taubenzucht. Ratgeber f. Züchter u. Anfänger. (48 S. m. Abbildgn.) 8. Ebd. (910.) — 50

Ackermann, Robert, Referendar: Der vormundschaftliche Schutz des minderjährigen Haussohns nach römischem Rechte, nach gemeinem Rechte und nach dem Rechte des Bürgerlichen Gesetzbuchs. *Rostock 1899: C. Boldt.* (98 S.) 8°
Rostock, Jur. Diss. v. [23. Dez.] 1899

Ackermann, Rudolf (Hrsg.), s. G e w e r b e - Z e i t u n g, J.C. Ackermann's illustrierte Wiener.

A c k e r m a n n, Soibel. Zur Radikaloperation nicht eingeklemmter Hernien. Diss. Med. Bern. 188. 8. Bern, Verlag «zum Zytglogge», 1910.
V Bern

Ackermann, Sophie Charlotte: Rede von Madam Ackermann geh. in Dresden den 3. Aug. 1783 bey der Bellomischen Schauspieler-Gesellschaft. — (Dresden 1783.) 2 Bl.
3.
1.7055

Ackermann, T. s.a. A c k e r m a n n, Theodor

***Ackermann*, T., examen observationum de frictione corporum solidarum. P. 1. 8. Lond. Gothor. 824. (Löffler in Stralsund). 12 gl.**

Ackermann, Thekla, Stimmungsbilder vom Bodensee. 8. (46 S.) Freiburg i/B. 900. F. P. Lorenz. n. 1. —

Ackermann, Theodor
Ackermann, T., Anw. z. Erkenntn. u. Behandlg. d. wicht. äuss. Verletzgn. u. inn. Krankh. auf Seeschiffen. 8°(166 m. H.).– Rost. 1869, Kuhn.

Ackermann, Th., Anweisung zur Erkenntniss u. Behandlung der wichtigsten äusseren Verletzungen u. inneren Krankheiten auf Seeschiffen. Für Schiffsführer u. als Leitfaden zum Unterricht in Navigations-Schulen zusammengestellt. Rostock 869. Leopold. gr. 8. (VIII, 166 S. m. Holzschn. im Text.) n. 25 ngr.

Ackermann, T. Beobacht. üb. ein. physiol. Wirkgn. d. wicht. Emetica. 4°(44).– Rost. 1856, Kuhn.

Ackermann, Th., Beobachtungen über einige physiolog. Wirkungen der wichtigsten Emetica. Rostock 856. Leopold. gr. 4. (44 S. u. 1 lith. Taf. in Fol.) n. 15 ngl.

Ackermann, Thdr., die pathologische Bindegewebsneubildung in der Leber u. Pflügers teleologisches Causalgesetz. [Aus: „Festschrift der Facultäten zur 200jähr. Jubelfeier der Universität Halle".] gr. 4. (15 S.) Berlin 894. A. Hirschwald. n. 1. —

Ackermann, T.,d. Choleraepidemie d. J. 1859 im Grossh. Meckl.-Schwerin. 8°(271 m. 10 L.).– Rost. 1860, Kuhn.

Ackermann, Th., die Choleraepidemie des J. 1859 im Großherzogth. Mecklenburg-Schwerin. Nach officiellen Mittheilungen und nach Berichten der Prediger, Aerzte und Physiker des Landes im Auftrage des hohen großherzogl. Ministeriums beschrieben. gr. 8. (VIII und 271 S. nebst einem Atlas mit 10 Stnt., wovon 8 in Buntdr., in Fol., gr. Fol. und Imp.-Fol.) Rostock 860, Leopold's Universitäts-Buchh. *

Ackermann, Th., die Histogenese u. Histologie der Sarkome, s.: Sammlung klinischer Vorträge.

-- Die Histogenese und Histologie der Sarkome. — Leipzig: Breitkopf & Härtel 1883. S. 1971–2039. (Sammlung klinischer Vorträge. 8,233.234.)
1: Ic 2467–8,233.234. 12: Path. 1352g–11,74.
300: 60.812–B. Chir. 74. 3. 4. 6. 7. 8. 9. 10.
1.7057

Ackermann, Theodor. 1870: Katalog (357 u.ö.: Antiquariats-Katalog) von Theodor Ackermann, K. Hof-Buchhandlung in München. No 4.5.8–601. — München: Ackermann 1870–1928.
8–599 . . . . 1: Aq 5316.
582 . . . . 5. 6. 7. 10.
4.5.13–15.18.29.45.54.60.74 . 12: Mus. Th. 3865.
518.525.527.533.535–538.545.
547.582.588.591.593–601 . . . . . 12: Cat. 1m.
1.7062

—— Mechanismus und Darwinismus in der Pathologie. Rede, geh. beim Antritt des Rectorates der kgl. Friedrichs-Universität Halle-Wittenberg am 12. Juli 1884. gr. 8. (24 S.) Halle 884, Niemeyer. *

Ackermann, Th., die Schädeldifformität bei der Encephalocele congenita. Hierzu 1 (lith.) Taf. [Gratulationsschrift f. Hrn. Prof. Virchow.] gr. 8. (79 S.) Halle 882. Niemeyer. n. 3. 60

Ackermann, üb. die Ursachen epidemischer Krankheiten, s.: Sammlung gemeinverständl. wissenschaftl. Vorträge.

--- Ueber die Ursachen epidemischer Krankheiten. Vortr. geh. . . . von Ackermann. — Berlin: Lüderitz 1873. 40 S. (Sammlung gemeinverständl. wiss. Vorträge hrsg. von R. Virchow und Fr. v. Holtzendorff. 177.)
1: Ag 9016–177. 12: Var. 366 am–177. 300: 395.139–B.
Per. 8 [u.] 32.315. Bd 8. 2. 3. 4. 5. 6. 7. 8. 9. 10. 11. 83.
15 1 7060

Ackermann, Theod., Verzeichniss empfehlenswerther *Bücher über Federvieh- u. Kaninchenzucht*, welche jederzeit zu beziehen sind von — —, Buchhandlung u. Antiquariat zu München, Promenadeplatz 10. O. J. (c. 1880). Gr. 8°. Cart. m. Lwdr.
8 S. mit Titelholzschn.

Ackermann, Thdr. Die Wegebaulast im Geltungsbereiche d. preuß. Landrechts. Eine Zusammenstellg. d. gegenwärtig gelt. Rechts, erläut. aus d. Entscheidgn. u. Entscheidungsgründen d. höchsten Gerichtshöfe, sowie aus d. Motiven zu d. früher d. Landesvertretg. unterbreit. Entwürfen einer Wegeordng. 2. umgearb. Aufl. 8. (189 S.) Bresl. 890, Kern. geb. * 4 —

Ackermann, Thdr., die Wegeordnung f. d. Prov. Sachsen vom 11. Juli 1891 m. Erläuterungen aus den amtlichen Materialien u. den Landtags-Verhandlungen, nebst e. Anh., enth.: das Gesetz, betr. die Präzipualleistgn. der Fabriken ꝛc. in der Prov. Sachsen, m. Erläutergn.; das Reglement f. die Wegebauverwaltg. der Prov. Sachsen, nebst Zusatz hierzu; allgemeine Regeln üb. den Chausseebau in der Prov. Sachsen; die wegepolizeil. Vorschriften d. Zuständigkeits-Gesetzes, m. Erläutergn. 12. (89 S.) Magdeburg 892. Creutz. Geb. in Leinw. n. 1. 50

Ackermann, Theod. (k. b. Hofbuchh. u. Antiquar), **Wegweiser bei *Anlage von Privat-Bibliotheken*, ferner bei Auswahl von Festgeschenken. München** (Dezbr. 1884). 8°. Cart.*)
2 Bll., 214 S.

Ackermann, Th., üb. die Wirkungen der Digitalis, s.: Sammlung klinischer Vorträge.

--- Ueber die Wirkungen der Digitalis. — Leipzig: Breitkopf & Härtel 1879. 22 S. (Sammlung klinischer Vorträge. 2,48.)
1: Ic 2461–2,48. 12: Path. 1352g–1,18. 300: 60.812–B.
Inn. Med. 18. 3. 4. 6. 7. 8. 9. 10.
1.7061

Ackermann, W. s.a A c k e r m a n n, Walter

Ackermann, W. s.a. A c k e r m a n n, Wilhelm

Ackermann, W. s.a A c k e r m a n n, Wilhelm August

Ackermann, W., vom Berufe u. Stande d. Soldaten. 8. Leipz. 796. Baumgärtner. 3 gl.

—— über politische Bildung und Parteiung. Ein Vortrag im deutschen Verein in Dresden gehalten. gr. 8. (31. S.) Leipzig 849, [Reichenbach'sche Buchh.]

Ackermann, W. Schiller und Lotte. Eine Geschichte ihrer Liebe. Zum 100jähr. Gedenktage ihrer Trauung in d. Kirche zu Wenigenjena am 22. Febr. 1790 hrsg. 1. u. 2. Aufl. [1.—5. Tausend.] gr. 8. (42 S. m. 6 Abbildgn.) Jena 890, Mauke. * — 50

— was ist vom Wiederkommen der Verstorbenen zu halten? Zwei Predigten. gr. 8. Leipz. 795. Baumgärtner. 4 gl.

Ackermann, W.A. s. A c k e r m a n n, Wilhelm August

Ackermann, W. H. (Lehrer), Erinnerungen aus meinem Leben bei Pestalozzi. Mitgetheilt d. 12. Jan. 1846 an seinem 100jähr. Geburtsfeste in Frankfurt a. M. gr. 8. Frankfurt a/M. 846, Jäger'sche B. n. 1/6 rf

Ackermann, Walter, aus Mechelroda: Die didaktische Poesie des Gregorius von Nazianz. *Leipzig: G. Fock 1903.* (107 S.) 8°
Leipzig, Phil. Diss. v. [21. Febr.] 1903

Ackermann, Wallrab Christian

— **Wallrab Christian,** De commissione caesarea in comitiis imperii Von dem Kayserlichen Commissariat auf Reichstägen. Specim. inaug. Strassbg. 14. X. 1709. Ed. nov. (Gg. Adam Piesker) 1746. 28 S., meist deutsch. (5.—) 52

Ackermann, Wilhelm

Ackermann, W.: Für arm und reich, insbes. auch f. Kranke.(73) 12° Freibg. i/B., (F.P. Lorenz) 1900.

Ackermann, Wilh., Für arm u. reich, insbesondere auch f. Kranke. 12. (IV, 73 S.) Freiburg i/B. (Lessingstr. 9) 900. Selbstverlag. n. — 50; erhöht. Pr. n. 1. 50

— die Karfunkelstadt oder wie jeder Familienvater in kurzer Zeit ein schuldenfreies Haus m. Garten bekommt. 12. (10 S.) Helden 902. (Freiburg i./B., F. P. Lorenz) n. — 10

Ackermann, Wilhelm: De praeceptis quibusdam rhetoricis e psychologia derivandis. Diss. Leipzig 1784.
s. Palmer, Karl Christian.

Ackermann, Wilhelm: Was man im Ehestande erwarten und nicht erwarten darf. Eine Hochzeitpredigt. — Weissenfels 1792: Severin. 30 S. 2.
1.7080

Ackermann, Wilhelm August [Hrsg.] s. *Ackermann,* Ernst Wilhelm: Aus dem poetischen Nachlasse. 1848.

Ackermann, W., über Adel u. Hofjunkerthum. Ein Vortrag im deutschen Verein in Dresden gehalten. gr. 8. (24 S.) Leipzig 849, Reichenbach. 3 ngr

Ackermann, W. A. (Prof.), der Portraitmaler Sir Godfrey Kniller im Verhältniß z. Kunstbildung seiner Zeit dargestellt. 4. Lübeck 845. (Leipzig, R. Weigel.) n. 1/4 Thlr

— W. A. Ackermann. Mittheilungen über die öffentliche Bibliothek in Lübeck. Lfg 1.2. — Lübeck 1835–40.
1:4° Ao 6984.
1.7084

— der letzte Montmorency. Historische Novelle. 2 Thle. 8. (1.: 276 S. — 2.: 331 S. Jeder m. Titel in Stahlst.) Leipzig 851, G. Wigand. (jetzt Schlicke.) 3 Thlr

— Verzeichniss vorzüglicher und für die Geschichte der Kunst besonders wichtiger Kupferstiche, Radirungen u. andrer Kunstblätter ... nebst ... Pracht-Werken ... u. Büchern zur Kunstgeschichte gehörig. Ges. von W. A. Ackermann, deren öffentl. Versteigerung in Leipzig stattfinden soll. — Lübeck (1844): Rahtgens. XVI,186 S. 3.
1.7086

(—) Zweites Verzeichniss von Dubletten aus der Lübeckischen Stadt-Bibliothek, welche ... versteigert werden sollen durch den Auctionar J. C. L. Wecker. (Vorr.: W. Ackermann.) — Lübeck 1845. 7.
1.7087

Ackermann - Salisch, s.a. Ackermann, Paul

Ackermann-Salisch, zum Antrag Graf Kanitz. I. Entwurf e. Gesetzes z. Unterdrückg. v. Mißbräuchen b. Getreidehandel, nebst kurzer Begründg. II. Vorbereit. Maßregel: Feststellg. d. Unrentabilität des heut. Ackerbaus auf den geringeren Böden Deutschlands. gr. 8. (56 S.) Berlin 895. H. Walther. n. — 50

— Der Siloismus und der Antrag **Kanitz, sowie der Schrecken der Brotvertheuerung im Lichte der Zahlen.** gr. 8°. **Berlin, H. Walther, 1895.**

Aeckern, Georg Eberhard v.: Metrica epistolarum et evangeliorum dominicis quam aliis festis diebus ecclesiis praelegi et explicari solitorum, itidemque passi & crucifixi nostri Jesu historiae Versio ... adornata a Georg Eberhardo ab Aeckern. Postmodum vero rev., corr. a Casparo ab Aeckern. — Herbornae 1703: Andreae. 176 S. 5.
2 211

Aeckern, Kaspar v. [Hrsg.] s. *Aeckern,* Georg Eberhard v.: Metrica epistolarum et evangeliorum ... Versio. 1703.

— Einfältige Beschreibung derer Schwachheit ... nebst dem darauf erfolgten seeligen Abschied des ... Grafen und Herrn, Herrn Ludwigs, Grafens zu Solms und Tecklenburg. Von Caspar ab Aeckern. — Wetzlar: Winckler 1707. 28 S. 4° 4.
2 212

Ackeroekonomie. — Ueber Acker-Oekonomie und Grundstücks-Benutzung. Vergleichungen zwischen Rügen und Pommern. 22 Fragen. — Stralsund & Berlin 1816. XI, 83 S. 1:Ov 10020. 2. 8.
1.7093

Aeckersberg, Heinrich, über die Behandlung der Nabelbrüche kleiner Kinder. Diss. **Marburg 1885, N. G.** Elwert'sche Univ.-Buchh. 8°. 17 S.

Aeckersberg, Heinrich [aus Barmen]: Ueber die Behandlung der Nabelbrüche kleiner Kinder.... Marburg, C. L. Pfeil'sche Univ.-Buchdr., 1885; 17 S. 8°.
Marburg. Med. Fak., Inaug.-Diss. v. 20. Aug. 1885.

Ackersmann, der chemische. Naturkundl. Zeitblatt für deutsche Landwirthe v. Adph. Stöckhardt. 1—4. Jahrg. 1855-58. à 4 Hefte (à 4—5 Bgn.). gr. 8. Leipzig, G. Wigand. Jeder Jahrg. n. 1 Thlr 10 ngr

Ackersmann, der chemische. Naturkundliches Zeitblatt f. deutsche Landwirthe von Adph. Stöckhardt. 5—10. Jahrg. 1859—64. à 4 Hefte. (à 4 Bgn.) Leipzig, G. Wigand. Jeder Jahrg. n. 1 Thlr 10 ngr

Ackersmann, der chemische. Naturkundliches Zeitblatt f. deutsche Landwirthe von Adph. Stöckhardt. 11—16. Jahrg. 1865—1870 à 4 Hefte (à 4—6 Bgn.). Leipzig, G. Wigand. gr. 8. Jeder Jahrg. n. 1 Thlr 10 ngr

Ackersmann, der chemische. Naturkundliches Zeitblatt f. deutsche Landwirthe v. Adph. Stöckhardt. 17—19. Jahrg. 1871—1873. à 4 Hfte. gr. 8. (à ca 64 S. m. Holzschn.) Leipzig, G. Wigand. à Jahrg. n. 4. —

Ackersmann, der chemische. Naturkundliches Zeitblatt f. deutsche Landwirthe v. Adph. Stöckhardt. 20 u. 21. Jahrg. 1874 u. 1875. gr. 8. Leipzig, G. Wigand. à Jahrg. n. 4. 80

Ackersmann, der chemische. Naturkundliches Zeitblatt für deutsche Landwirthe. Hrsg. von J. A. Stöckhardt. 21. Jahrg. 1875. 4 Hefte. gr. 8. (à Heft 64 S.) Leipzig, G. Wigand.
Nicht weiter erschienen.
Jahrg. 1855—75 herabgef. Pr. à * M. 2.

Ackersmann. s. J. *Ackermann.*

Ackersmann, Georg: Anhang zu der Ziehn'schen [Konrad Sigismund Ziehen] Vorausverkündigung, daß das südliche Deutschland verwüstet werden wird und 7000 ... Ortschaften jämmerlich zusammen fallen müssen. Nebst einer Erklärung des Buches Chevilla. Ein Sendschreiben. (Verf.: Georg Ackersmann.) — o.O. 1784.
1:an Np 7801a.
1.7105

Acker-u. Wiesen-Unkräuter, d. bekanntesten. 8°(23).– Stuttg. 1861, E. Müller.

Äcker- und Wiesen-Unkräuter, die bekanntesten, deren Nützlichkeit u. Schädlichkeit u. deren Vertilgungsmittel. Von e. praktischen Oekonomen. Stuttgart, 861. Schiller. 8. (23 S.) 3 ngr

Acker-Unkraut-Pflanzen, Die häufigsten und wichtigsten, und deren Samen und Früchte. (Laut N.-V.-Bl., Stück 24, als Beigabe zu den Lehrmitteln für die Unteroffiziers-Bildungsschulen der k. k. Militär-Verpflegs- und Betten-Magazine.) (Ein Folioblatt in Schuber) Wien 1875.

Ackerwagenprüfung. Hauptprüfungen von Knochenmühlen und Invert-Spirituslampen ... Berichte von [Jul.] Albert [u. a.] Berlin: Deutsche Landwirtsch.-Ges. 1910. 119 S. 8°
(Maschinenprüfungen. H. 3.)
(Arbeiten d. Deutschen Landwirtsch.-Gesellschaft. H. 173.) [11. 834

Acklin, Aloys, Geschichtsbilder f. d. Mittelstufe höherer Mädchenschulen, s.: Krüger, Karl A.

Acklin, Aloys, Geschichtsbilder f. Schulen, s.: Krüger, Karl A.

Acklin, Aloys, Geschichtsbilder f. Volksschulen, s.: Krüger, C. A.

Acklin, Aloys, Grundzüge der Geographie u. Geschichte. s.: Krüger, Carl A.

— Grundzüge der Realien, s.: Krüger, Carl A.

Acklin, A., deutsche Sprachlehre f. Elementarschulen. 3. Aufl. Braunsberg 865. Huye. 8. (32 S.) 3 ngr.

Ackner, M. s. Ackner, Michael Johann

Ackner, M.J. s. Ackner, Michael Johann

Ackner, Michael Johann: Die römischen Alterthümer u. deutschen Burgen in Siebenbürgen. In: Mittn d. k. k. Central-Comm. zur Erforsch. u. Erhalt. d. Baudenkmale. I. Bd. Jg. 1856. S. 3—50. Mit 1 Übersichtskarte.
Auch in: Jb. d. Kaiserl. Königl. Central-Comm. zur Erforsch. u. Erhalt. d. Baudenkmale. I. Bd. 1856. S. 3—50. Mit 1 Übersichtskarte.
Als SA: Wien, K. k. Hof- u. Staatsdr. 1856. 50 S. 4°. Mit 1 Übersichtskarte.
2. Aufl.: Ebendort 1857. X, 68 S. Gr.-8°. Mit 1 Übersichtskarte.

Ackner, Michael Johann: Die römischen Alterthümer u. deutschen Burgen in Siebenbürgen. (Bes. abgedr. aus d. 1. Bd d. Jb. d. k. k. Central-Comm. zur Erforsch. u. Erhalt. d. Baudenkmale.) Wien: K. k. Hof- u. Staatsdr. 1857. X, 68 S. Gr.-8°. Mit 1 Übersichtskarte.

Ackner, M. J., Beitrag zur Geognosie und Petrefactenkunde des südöstlichen Siebenbürgens, vorzüglich der Schichten aus dem Bereich des Herrmannstädter Bassins (Aus „Nova Acta Acad. Caes. Leopold-Carol. Vol. XXIV.") Bonn 854. Weber. gr. 4. (1 Bl., S. 898—936.) n. 20 ngr

Ackner, M.J. u. F. Müller, d. röm. Inschriften in Dacien. 8°(248).– Wien 1865, (Lpzg., Fues.)

Ackner, Mich. J., u. Frdr. **Müller**, die römischen Inschriften in Dacien. Hersg. mit Unterstützung der kais. Akad. der Wissensch. in Wien. Wien 865. Tendler & Co. (XXVII, 248 S.) n. 2 ℛ 20 ngr.

— die Colonien u. militärischen Standlager der Römer in Dacien im heutigen Siebenbürgen. (Aus dem Jahrb. d. k. k. Central-Commiss. zur Erforschg. u. Erhaltg. der Baudenkmale abgedr.) Wien 857. (Braumüller.) gr. 8. (38 S.) n. 16 ngr

Ackner, M.J., d. Colonien u. milit. Standlager d. Römer in Dacien im heut. Siebenb. 4°(38).– Wien 1857, (Gronemeyer.)

Ackner, M. J., **Mineralogie Siebenbürgens mit geognost. Andeutungen. Eine vom Verein zur Beförd. der siebenbürg. Landeskunde gekrönte Preisschrift. 1. Lfg. gr. 8. (128 S.) Hermannstadt 848, v. Hochmeister. n. 1/2 ℛ**

—— Mineralogie Siebenbürgens mit geognostischen Andeutungen. Eine vom Vereine zur Beförderung der siebenbürg. Landeskunde gekrönte Preisschrift. 2. und 3. Lfg. gr. 8. (XV und S. 129—393 mit 8 Stnt. in qu. gr. 4. und 1 lithogr. geognostisch-oryktognost. Karte Siebenbürgens in gr. Fol.) Hermannstadt 855, Steinhaussen.
Subscr.-Preis à Lfg.
Ladenpr. cplt.

— Mineralogie Siebenbürgens, mit geognostischen Andeutungen. Eine vom Vereine zur Beförderung d. siebenbürgischen Landeskunde gekrönte Preisschrift. Mit 1 (lith.) geognost.-oryktognost. Karte Siebenbürgens (in Fol.). Hermannstadt 855. Steinhaussen. gr. 8. (XV, 393 S. u. 8 lith. Taff. in 4°). 3 ℛ

Ackner, M., der Hermannstädter Stuhl im Großfürstenthum Siebenbürgen. (Land der Sachsen), s. Oesterreich, Nr. 8.

Ackner, Michael [Johann] und Schuller, Johann Karl: Der Hermannstädter Stuhl im Großfürstenthum Siebenbürgen. (Land d. Sachsen.) Wien: Müller 1840. 38 S. 4°. Mit 1 Karte u. 5 Chromolithographien. (Nach Originalhandzeich. d. A. Trichtl.)

Ackner, M. J.: Geologisch-paläontologisches Verhältnis des siebenbürgischen Grenzgebirges längs der kleinen Walachei. (Aus d. Archivs d. Vereines der siebenb. Landeskunde. 4. Vol.) Hermannstadt. 1848. 8.

Ackoldi, Emmer. Gründlicher Unterricht von denen Fürstl. Hoheit herrührenden Postregal. 4°. Halle, Mylius, 1685.

Aclines, Timotheus: Recht und Macht des Zeitgeistes. — Schleswig: Koch in Comm. 1824. 448 S.
1:Qo 1830. 8.
I 7131

Aclock. Kurze Abhandl üb d. Schußwunden. (Handschr.) M. eigenhänd. Titel v Goercke. 4. (O. J.)

Acoluth, Andreas

— Als der aller-durchlauchtigste, großmächtigste Fürst und Herr Herr Friderich, Marggraff zu Brandenburg, zum ersten christlichen Könige in Preußen zu Königsberg gecrönet wurde, ist Ihrer Königl. Maj. zu ... Ehren die allhier beschriebene Medaille ... überreichet worden. — Berlin 1701: Schlechtinger. 5 Bl.
1:19 in 2° Su 2952. 2.
I 7150

Acoluth, C. s. Acoluth, Carl Benjamin

Acoluth, Carolus, s. Acoluth, Carl Benjamin

Acoluth, Carl Benjamin

Acoluth, Karl Benj., Anmerkk. über d. Bierbrauen; m. 1 Kpft. 8. Bautzen. 771. (Barth in Leipz.) 3 ℛ

Acoluth, Karl Benjamin: Commentatio de Neptuno reduce. Auctor Carolus Benjamin Acoluthus. — Jenae 1755: Schill. 16 S. 12:4° Diss. 806/11. 2. 10.
I.7153

Acoluth, Carl (Dresden), Commentatio de praetore Romanorum fiscali. Jena (Schill) 1758. 12 S. (3.60) 53

— — De conjunctione legatariorum ad § VIII institut. de legatis. Präs. Christian Hanack. Wittenberg (Joh. Sam. Gerdes) 28. III. 1757. 30 S. (4.20) 56

— — Diss. de electione Henrici VII ejusque regia potestate. Präs. Johann Daniel Ritter. Acced. sigilla Henrici et monogramma in aes incisa. Wittenbg. u. Zerbst (Sam. Gottfr. Zimmermann) 1752. 58 S. (5.—) 55

— **Carl Benjamin**, De electione Henrici VII in regem Romanorum. Diss. acad. Präs. Joh. Daniel Ritter. Wittenbg. (Tzschiedrich) 22. VI. 1752. 58 S. (5.—) 54

— — (Dresden), De jure protimiseos serenissimo domino directo tam jure Saxonico electorali, quam Lusatiae superioris in alienatione feudorum inter vivos competente. Diss. Präs. Martin Gottlieb Pauli. Wittenbg. (Adam Christian Charisius) 17. III. 1783. 18 S. (4.50) 57
Gew.: Friedr. Ludw. v. Wurmb (Gr.-Furra), Chn. Gotthelf Frhr. v. Gutschmid (Kl.-Wolmsdorf), Adolf Heinr. Grf. v. Schönberg (Berthelsdorf), Detl. Carl Grf. v. Einsiedel (Wolckenburg), Otto Ferdin. v. Loeben (Obergerlachsheim).

— De Neratio Prisco veteri jureconsulto oratio, quam in Societatis Latinae consessu publice recitavit Carolus Benjamin Acoluthus. — Jenae 1754: Schill. 31 S. 4° **6.**
1 7156

— — Ebd. 1756. 31 S.
12: 4° Diss. 3002-6 [u.ö.] **300:** 36.304-B. **4. 5. 7. 10.**
1.7157

Acoluth, Karl Benjamin: De Ritibus veterum natalitiis. — Jenae: Schill 1754. VIII S.
Epistola qua ... Benjamin Acolutho . parenti . diem natalem pie gratulatur C. B. Acoluthus.
1:17 in Bd 8603 8. **10.**
1 7158

Acoluth, J. C.
—, praes. **A. Vater,** De sympatheticis curationibus medico rationali indignis et illicitis. 32 pp. Vitemb. 4°. 1 7 2 3

Acoluth, Jo. C. (Resp.): Pr. de animis liberalibus et ingenuis, s. Vater, A. (Praes.)

Acoluth, J. C., Specimen anthropologiae experimentalis. 36 pp. Vit. 4°. 1 7 2 3

Acoluth, Johann Karl: Das allerglorwürdigste Ehren-Gedächtnüss ... Friedrich Augusti des Grossen, Königes in Pohlen, ... suchte in Erfindung einer Medaille, deren Erklärung hier folget, in ... Andencken zu erhalten .. Johann Carl Acoluth. — Dresden (1733): Harpeter. 6 Bl. 2° **3.**
1 7152

Acoluth, Karl Benjamin s. Acoluth, Carl Benjamin

Acoluthus s. *Acoluth.*

Acominati, Mich., Athenarum metropolitae, Panegyricus Isaacio Angelo post Andronicum Commenum regno pulsum dictus Constantinopoli. Primus edidit Th. L. F. Tafel. 4. Tübing. 846, Laupp. 7/12 ℛ

Acominati Michaelis Panegyricus Isaaccio Angelo post Andronicum Comnenum regno pulsum dictus Constantinopoli. Primus edidit Th. L. F. Tafel. 4. (58. S.) Tubingae 847, libr. Laupp.

ACONTIO (ps.), Wunderbar abentheuerliches Carmen wohlmeinend gesungen bey Gelegenheit der Ausstellung der schönen Wienerinnen. Wien, 1807. 8°.
Karaian's Bibl II. Wien 1879. no. 3980 u. 4169.

Acontius, Jacobus
Acontii, **Jak., Trident. ad Jo. Wolfium Tigurin. Epistola, de ratione edendor. libror. nunc prim. separatim edita (a J. A. Martyni-Laguna). 8. Chemnitz 791. (Starke). 10** ℊℊ

Acontius, Jac. (aus Trient, 1557 Apostat), de stratagematibus Satanae. Nova ed. *Martyni-Laguna. 8. Chemnitz 1791, Starke. 10 ggr. — 45 kr.

Acorn and Germ · Before 1871
Predecessor of WAFFENLOSE WÄCHTER. It was published in German and English with much in Pennsylvania German
Lancaster, PA

Acosta, Jerome, histoire de l'origine et des progrès des Revenus ecclésiastiques. Frankfurt 1703. 8.

Acosta, Uriel
Uriel Acosta, ein Opfer des Zelotismus. Das Leben Uriel Acosta's von ihm selbst ... in lat. Sprache beschrieben. Übers. u. mit e. Vor- u. Schlussworte vers. von L. Weiss — Berlin 1847.
1: Ar 68.
1 7237

Acosta's, Uriel, Selbstbiographie. Lateinisch u. Deutsch. Mit einer Einleitung. 12. (47 S.) Leipzig 847, C. D. Weller. — 2 (Titel-)Aufl. 12. Ebd. 849. 1/4 ℛ

Acosta's, Uriel, Selbstbiographie. (42 S.) 8. Temesvár 909. Polatsek. 1. —

Acquisto. — Dell'Acquisto e del ritiro de'Veneti dall'isola di Scio nell'anno MDCXCIV libri 3. — (Norimberga 1710.) 125,87,46 S. **1:** 4° Rp 6203.
1 7264

Acrell, Olaf s. *Acrel,* Olof.

Acrel, Olof
Acrel, Olof: Chirurgische Geschichte, im königlichen Lazarethe zu Stockholm angemerkt. (Chirurgiske Händelser anmärkte uti kongl. lazarettet... Dt.) 326 S., gbd.

Lübeck u.Leipzig: Donatius 1772

JB 3.035

Acrel, Olof, Chir. Krankengesch. im Lazar. zu Stockholm. A. d. Schwed. 32 S. Lüb. u. Lpz. 8°. (Schlag auf den Kopf, Bewußtlosigkeit, ohne äußere Verletzung, daher für fieberkrank gehalten. Der Kr. erholte sich, Geschwulst am Hinterhaupt, 3 Mal gelbes Wasser und einige Wormische Knochen entleert. Tod nach e. Stoß auf den Kopf. Man fand Trennung der Suturen, keinen Eiter und Blut.) 1 7 7 2

Acrell, Ol., chirurgische Krankengeschichten im Lazarethe zu Stockholm. gr. 8. Lübeck 772. (Aschenfeldt). 16 ℊℊ

Acrel, Olof: Chirurgische Vorfälle in dem Königl.Lazaret und ausserhalb demselben angemerkt. (Chirurgiske Händelser anmärkte uti kongl.lazarettet... 2.ed. Dt.) Übers.von J(ohan) Anders Murray. Bd 1 - 2, gbd.

Göttingen: Dieterich 1777

JB 3.036

Acrel, Olof, Chir. Vorfälle. 2 Th. Gött. 1777—78. 8°. *Richter,* Chir. Bibl. IV p. 463. (I, p. 43 Emphysema capitis ex bajulatione, p. 46

Acrell, Olof, s. Acrel, Olof

Acrezza. — Herrn Acrezza, eines berühmten italiänischen Stallmeisters, hinterlassene und bewährt befundene Roß-Artzeney-Mittel ... Nebst e. Anh.: Von sichern Mitteln gegen die Horn-Vieh-Seuche und Vertreibung der Kornwürmer. — Cöthen: Cörner 1754. 96,39 S.
4 [defekt].
1.7281

Acrisia. — Acrisia hiatus et errores criseos perpetuae, quam ... Jo[hann] Andr[eas von] Segnerus ... formavit in 2 capita geometriae ill. Wolfii [Christian Wolff]. Detecti per J.G.L.M.D. — Berolini: Gohl 1742. 80 S.
1: O 5964. **12:** Math. P. 2m. **2. 8.**
1.7285

Acro Agrigentinus: Die Fragmente der sikelischen Ärzte Akron, Philistion [Locrensis] und des Diokles von Karystos [Diocles Carystius]. Hrsg. von M[ax] Wellmann. — Berlin: Weidmann 1901. 254 S. (Fragmentsammlung d. griechischen Ärzte. 1.)
1: Vq 5068-1. **12:** A. gr. C. 158 f. **300:** 414.072-B. Bd 1. **2. 3. 4. 5. 6. 7. 8. 9. 10. 11.**
1.7286

Acro, Helenius
Acronis et Porphyrionis, qui circumferuntur, commentarii in Quintum Horatium Flaccum. Ad codices et manu scriptos et typis excusos ed. Ferd. Hauthal. Pars 1. Lex.-8. (S. 1—64 mit 1 Stnt. in 4.) Leipzig 859, [Matthes.] *

— Acronis et [Pomponii] Porphyrionis qui circumferuntur commentarii in Q. Horatium Flaccum. Ad codices et manu scriptos et typis excusos ed. Ferdinandus Hauthal. P. 1. — Lipsiae: Schrader 1859. 64 S.
12: A. lat. b. 0n. **2. 4. 5. 8. 10.**
1.7288

Acro, Helenius: Acronis et [Pomponii] Porphyrionis Commentarii in Q. Horatium Flaccum. Ed. Ferdinandus Hauthal. Vol. 1. 2. — Berolini: Springer 1864–66.
1: Wh 718. **12:** A. lat. b. 0o. **300:** 392.668-B. **2. 3. 4. 5. 6. 7. 8. 9. 10. 11.**
1.7289

— Pseudacronis Scholia in Horatium vetustiora rec. Otto Keller. Vol. 1. 2. — Lipsiae: Teubner 1902–04. (Bibliotheca scriptorum Graec. et Rom. Teubneriana.)
1. Schol. AV in Carmina et Epodos. 1902.
2. Schol. in Sermones, Epistulas Artemque poeticam. 1904.
1: Wh 728/5. **12:** A. lat. b. 0d. **300:** 429.235-A. L. S. Lat. 5. **2. 3. 4. 5. 6. 7. 8. 9. 10. 11.**
1.7290

Acropolita, G., Annales recogn. Bekkerus, s. **Manassis.**

Acrosticha. Riga u. Dorpat 1813.
V: *Trey, Hermann Johannes.* (GGr) (R-N)

Acrostiche. — Acrostiche dramatique à l'honneur du Roi de Prusse sur les lettres suivantes: Charles Frédéric le Grand. Roi de Prusse, Électeur de Brandebourg. — Berlin 1758. 4 Bl. 1:Flugschr. 1758–119.
1.7301

Acrostichon des Allgemeinen Friedens im Jahre 1814. O. O. u. J. V: *Bleibtreu, Ludwig.* (Blümml, Emil Carl & Gust. Gugitz, Von Leuten und Zeiten. Wien u. Leipz. 1922. S. 299, 428, Nr. 123.) (Biblrort)

ACS, BENJAMIN: Das Leben, Wunder, Leiden, Tod, Auferstehung und Himmelfahrt unseres Herrn Jesu Christi zur geistlichen Erbauung der christ-katholischen Seelen und zur Erlangung vieler Gnaden aus dem ungarischen von Ács Benjamin, Pater des Franziskaner-Ordens Prediger und Missionär Tyrnau 1779. Königl. Universitäts-Buchdruckerei in Ofen.
- Dass. Rom 1778. o. Dr. XX S. - 2°
- Dass. Pest 1857. Gedr. bei Alois Bucsánszky. 164 S. - 8°

Acs, Carl, ungarische, deutsche und böhmisch-slowakische Gespräche zu Hause und auf Reisen. br. 8. (XI und 288 S.) Pest 859, Lauffer und Stolp. * 25 Ngr.; geb. *

—— ungarische, deutsche, italienische, romanische (walachische), böhmisch-slowakische und serbische Gespräche zu Hause und auf Reisen. br. 8. (XXII und 578 S.) Pest 859, Lauffer und Stolp. * 1 Thlr. 10 Ngr.; geb. *

—— ungarische, deutsche und romanische (walachische) Gespräche zu Hause und auf Reisen. br. 8. (XI und 288 S.) Pest 859, Lauffer und Stolp. * 25 Ngr.; geb. *

—— ungarische, deutsche und serbische Gespräche zu Hause und auf Reisen. br. 8. (XI und 288 S.) Pest 859, Lauffer und Stolp. * 25 Ngr.; geb. *

Acsády, Eug., ungarisches u. deutsches technisches Wörterbuch. 2 Thle. gr.8. (VIII, 426 u. VI, 412 S.) Budapest 900. 901. (Wien, W. Braumüller.)
Geb. in Leinw n. 20.—

Acsády, E: Ungarisches und deutsches technisches Wörterbuch. Budapest
Bd 1. Deutsch-ungarischer Theil. 1900
Bd 2. Ungarisch-deutscher Theil. 1901

Acsady, E.: Ungar. und deut. techn. Wörterb. 2 Thle. (426 u. 412) 8°.–Budap., Athenäum 1900,1901.

Act s.a. Akt

Act, Der Teufeleien des achtzehnten Jahrhunderts letzter. Leipz. 1778. V: *Kindlebn, Chn. Wilh.* (Ky) (ML) (GGr)

Act der Luftons. [Altenburg] o.J. 1 Bl. 8° [Kopftit.]

Der moderne Act Studienmappe für Künstler. — Berlin Berliner Zeitschriften-Vertrieb [1904]. 14 Bl.
1:4° Nu 1076.
2 6962

Act, an, to regulate the carriage of passengers in steamships and other vessels and the circular of the Treasury Departement in Washington relating thereto. — Gesetz zur Regulirung der Beförderung von Auswanderern u. anderen Passagieren in Dampfschiffen und andern Fahrzeugen. Nebst dazu gehörigem Circular des Schatz-Departements in Washington. Bremen 855. Kühtmann u. Co. gr. 4. (12 S.) nn. 6 ngr

Acta, den Abschied unseres allverehrten Kollegen, des Stadtrats Philipp Nagel, betr. — Leipzig 1905 (: Hahn). 4 Bl.
1:4° Sr 8476/25.
1.7398

Acta Academiae Caesareae reg. Josephinae medico-chirurgicae Vindobonensis. T. 1.
Vindobonae: R. Gräffer & Soc. 1788. 4°. 300

Academiae Christianae Albertinae Kiliensis in sacris saecularibus tertiis reformatae a Luthero ecclesiae celebrandis Acta sollemnia collecta. — Altonae & Lipsiae: Hammerich 1818. IV,48 S. 1:22 in Cn 21050. 4. 7. 8. 10.
1.7399

***Acta Academiae Electoralis Moguntinae Scientiarum utilium quae Erfordiae est. T. 1. 2.**
Erfordiae et Gothae: Mevius & Dietrich (T. 2 Erfordiae: Weber) 1757 u. 1761. 8° 29, 150
☾ Forts. u. d. T.: Acta Academiae Electoralis Moguntinae Scientiarum, quae Erfurti est. Erfurt 1777 ff.

***Acta Academiae Electoralis Moguntinae Scientiarum utilium, quae Erfurti est. T. 1–12.**
Erfurti: Wittekind [1777 ff. Keyser] 1777–96. 4° 1a
☾ Anf. u. d. T.: Acta Academiae Electoralis. Erfurt 1757 ff.
☾ Forts. u. d. T.: Abhandlungen der Kurfürstlich-Mainzischen Akademie nützlicher Wissenschaften zu Erfurt. Erfurt 1797 ff = Nova Acta Academiae Electoralis Moguntinae ... Erfurti 1799 ff.

— Lipsiens. academ. XIII Tmi. 8. Leipzig, 723. 24.

Acta academiae Lipsiensis in celebr. Friderici Augusti beatiss. regis ex sequiis. 4. Lipsie 827, Cnobloch.

Acta Academiae Lovaniensis contra Lutherum. [Angebl. Verf.: Desiderius Erasmus.] — [Basel 1520: Cratander.] 5 Bl. 1:Dg 460. 12:4° H. ref. 800–2. 300:31 H 103.
1.7400

— acad. inter gaudia aulae publ. ob nupt. reg. Friderici. Fol. Hafn. 776. Pelt. 10 ß

— acad. scient. imperial. Petropol. pr. an. 1777—82 cum tab aen. 4. Petersb. (Der Jahrg. in 2 Bden 5 ₰ 8 ß oder à Bd. 2 ₰ 16 ß) 32 ₰ — id. l. nova acta etc. XIII Tomi. 4. ibid. cum tab. aen. 783—95. à 4 ₰ 12 ß 58 ₰ 12 ß (Lips., Cnobloch).

— acad. Theodoro-Palatinae, phys., historica et commentationes. (Redigirt v. Andr. Lamey.) VII. Voll. in 11 Bdchen. 4maj. Manh. 766—94. Löffler. 36 ₰ 16 ß

***Acta Academiae Vitembergensis ...**
A. C. 1722/23–1723/24. P. 1–3.
Vitembergae: Knoche 1724–25. 8° 7, 29, 37

Acta academica praesentem academiarum, societatum litterarium, gymnasiorum et scholarum statum illustrantia.
Leipzig 1733–38. 4° 15, 29

—— ad librum Achterfeldtii nunc Professoris Bonnensis (Lehrbuch d. christkathol. Glaubens- u. Sittenlehre) nuper in indicem libror. prohibitor. relatum spectantia. 8maj. (2½ B.) Coloniae 839, Eisen. *

Allerneueste Acta publica, oder vollständige Sammlung aller derer Schriften, Declarationen, Verordnungen etc., die durch Veranlassung des Einmarsches d. ... preuß. Truppen in Sachsen u. Böhmen ... bekannt gemacht worden sind. (Hrsg.: Chr[istian] G[ottlob] Heyne.) Bd 1–5 [nebst] Anh. zu 1.2. — (Leipzig) 1757–60.
1. Enth. d. J. 1756. 1757.
2. Von Anfang d. J. 1757 bis auf d. Schlacht bey Prag am 6. May. 1757.
3. Vom 6. May bis z. Schlacht bey Großjägerndorf v. 30. Aug. 1757.
4. Vom 30. Aug. bis z. Ende d. J. 1757. 1759.
5. Vom J. 1758–1759. 1760.
1–5 [∞Anh.] . . . . 7.
1–3 nebst Anh. . . . . 1:Sv 4123. 3.
1 . . . . 9 [defekt].
1.7409

Acta Anastasii Persae ab H. Usener edita. Gel. 1894. VIII, 30 S. 4°. 1.50

Acta antihermesiana, quibus liber dictus ‚acta Hermesiana', quem in causa Hermesii doctrinae per litteras apostolicas proscriptae edidit D. academ. Vratislav. professor Elvenich, dilucidatur ac refutatur, conscripsit pastor Wilh. Zoll. Sittard (Köln, Eisen), 1838, gr. 8°, 3 Mk.

Daselbe in erweiterter Form:

Acta antihermesiana, quibus Acta Hermesiana, Meletomata theologica Actaque Romana DD. et PP. Elvenich et Braun pluraque alia Hermesianorum scripta, quae hucusque in Hermosii causa in lucem prodierunt, dilucidantur et refutantur, quae conscripsit Guil. Zell. Regensburg, Manz (jetzt Verlagsanst.), 1839, gr. 8°, VIII, 248 S.

Acta Apostolicae Legationis Helveticae ab anno 1723 ad annum 1729. Tugii 1729. V: *Passionei, Domenico.* (BrMm)

— **apostolorum ed. Heinrichs, s. Testamentum nov. ed. Koppianae. Vol. III. P. 1/2.**

Acta Apostolorum. Ye-šu-ma-si-kas btan-pai mi-snai lo-rgyus rnams bzugs-so. [Berlin o. J.]

—— Apostolorum. Ein Hilfs- u. Lesebüchl. a. d. Landtags-Verhandlungen einer ält. Zeit. 24. (6½ B.) Nürnberg 834, Riegel u. Wießner.

Die Apostelgeschichte. [**Acta apostolorum.**] Übers. u. erklärt f. d. Unterr. an d. höh. Lehranstalten, sowie z. Selbstbelehrung von Joh. F. Hückelheim, Oberl. zu Arnsberg. Mit 1 Karte. *Paderborn: F. Schöningh 1902.* (v, 165 S.) 8° [03. 3189

Die Apostelgeschichte [**Acta** apostolorum]. Übers. u. erkl. (von) Dr. Johannes Evangelist Belser, Prof. Wien: Mayer & Co. 1905. (IX, 339 S.) 8°
— **Kommentar,** Kurzgefasster wissenschaftl., zu d. heil. Schriften d. Neuen Test. Bd 3, Hälfte 1. [07. 9931 6

Acta Apostolorum apocrypha ex 30 antiquis cod. Graecis ed. Constantinus Tischendorf. — Lipsiae: Avenarius & Mendelssohn 1851. LXXX, 276 S.
1: Br 1375. 12: B. gr. 217. 300: 73.045–B. 2. 3. 4. 5. 6. 7. 8. 9. 10. 102.
1.7416

Acta. — Acta Apostolorum apocrypha. Post Constantinum Tischendorf denuo ed. Ricardus Adelbertus Lipsius et Maximilianus Bonnet. P. 1. 2. — Lipsiae: Mendelssohn 1891–1903.
1. Acta Petri. Acta Pauli. Acta Petri et Pauli. Acta Pauli et Theclae. Acta Thaddaei. 1891.
2,1. Passio Andreae. Ex actis Andreae. Martyria Andreae. Acta Andreae et Matthiae. Acta Petri et Andreae. Passio Bartholomaei. Acta Ioannis. Martyrium Matthaei. 1898.
2,2. Acta Philippi et Acta Thomae. Acc. Acta Barnabae. 1903.
1.2. 1: Br 1376. 12: B. gr. 269. 300: 87.288–B.H.S. [auch P. 1 – 39.468]. 2. 3. 4. 5. 6. 7. 8. 9. 10. 11. 102.
1.7417

— Apostolorum Coptice ed. Paul Bötticher. gr. 8. (IV u. 106 S.) Halae 852, Lippert. n. 1½ ß

— **apostolorum graeco et latine secundum antiquissimos testes ed., actus apostolorum extra canonem receptum et adnotationes ad textum et argumentum actuum apostolorum addidit Adf. Hilgenfeld. gr. 8. (XV, 310 S.) Berlin 899. G. Reimer.** n. 9. —

Acta apostolorum ante Hieronymum latine translata ex codice latino-graeco Laudiano Oxoniensi denuo ed. J. Belsheim. gr. 8. (68 S.) Christiania 893. J. Dybwad. n.n. 2. 50
Sonderabdruck aus: „Christiania Videnskabs-Selskabs Forhandlinger".

— apostolorum sive Lucae ad Theophilum liber II. Editio philologica, apparatu critico, commentario perpetuo, indice verborum illustrata auctore Frdr. Blass. gr. 8. (X, 334 S.) Göttingen 895. Vandenhoeck & Ruprecht. n. 12. —

Acta apostolorum sive Lucae ad Theophilum liber alter. Secundum formam quae videtur romanam ed. Frdr. Blass. gr. 8. (XXXII, 96 S.) Leipzig 896. B. G. Teubner. n. 2. —

— Apostolorum ab S. Luca conscripta ad codicis Cantabrigiensis omnium praestantissimi reliquorumque monumentorum fidem post Griesbachium, Lachmannum, alios ita recens. et interpr. est Friedr. Aug. Bornemann. Pars I. textum compl. c. selecta lectionis variet. (3 Hfte.) gr. 8. (XXXII u. 236 S.) Grossenhainae 848, Bornemann. 2 ß

— SS apostolor. Petri et Pauli graece ex codd. Parisiensibus et latine ex codd. Guelferbytanis nunc primum edita et annotationibus illustrata. (Herausg. v. J. C. Thilo.) Part I. et II. 4maj. Halle 838. Waisenhaus-Buchh. n. 7/8 ß

— **Aragonensia.** Quellen z. deutschen, italien., französ., span., zur Kirchen- u. Kulturgeschichte aus der diplomat. Korrespondenz Jaymes II. (1291—1327.) Hrsg. v. Heinr. Finke. 2 Bde. (VII, CXC, 975 S.) Lex. 8. Berlin(-Wilmersdorf), 908. Dr. W. Rothschild. nn 45. —; geb. nn 48. —

Acta archivi veniti, spectantia ad historiam Serborum et reliquorum Slavorum meridionalium. Collegit et transcripsit Joannes Schafarik, in lyceo principatus Serbiae Belgradensi professor etc. Fasciculus I. continens primas tres centurias. 8. (552 S.) Wien 860, Selch's Buchh.

— **Austriae inferioris,** s.: **Urkundonbuch, niederösterreichisches.**

— **dasselbe. (IV.) A. u. d. T.: Die Behördenorganisation u. die allgemeine Staatsverwaltg. Preußens im 18. Jahrh. 1. Bd. Akten von 1701 bis Ende Juni 1714, bearb. v. G. Schmoller u. O. Krauske. Mit e. Einleitg. üb. Behördenorganisation, Amtswesen u. Beamtenthum v. G. Schmoller. gr. 8. (143 u. 843 S.) Ebd. 894. Geb. in Leinw.** n. 21. —

Acta S. Barbarae Virginis et Martyris, Patronae morientium. Ex var. authoribus et ant. monumentis coll. [Hrsg.: Nic. Müller.] — Augustae Vindelicorum: Lādhart 1703. 301 S. 1: Dw 2830. 12: V. SS. 106.
1.7436

— Blankenb. den Inquisitionsproceß der vier obern Faktor. betr. Fol. Hannover, Hellwing. 724.

Acta Borussica. Denkmäler d. Preuss. Staatsverwaltung im 18. Jh. Hrsg. v. d. Kgl. Akad. d. Wiss. [Nebst] Erg. Bd. Berlin: Parey.

Behördenorganisation und allgemeine Staatsverwaltung. Bd 1–12. 1894–1926.
1: Gt 850–Behördenorg. 12: Bor. 6 md–A. 300: 390.631–B. Per. Abt. 1. 2. 3. 4. 5. 6. 7. 8. 9. 10. 11. 102.
1 7447

Getreidehandelspolitik. Bd 1–3. 1896–1910.
1: Gt 850–Getreidehandelspol. 12: Bor. 6 md–B, I. 300: 390.631–B. Per. Abt. 2, T. 2. 2. 3. 4. 5. 6. 7. 8. 9. 10. 11. 102.
1.7448

Münzwesen.

Schrötter, Friedrich Frhr v.: Das preußische Münzwesen im 18. Jahrhundert. Beschreibender Teil. 1–4. 1902–25.
1. 1909. 2. 1904. 3. 1911. 4. u. d. T.: Schrötter: Das preußische Münzwesen 1806-73. Beschr T. 1925.
1: Gt 850–Münzwesen. Beschr. T. 12: 4° Bor. 1 bd. 300: 390.631–C. Per. Abt. 2. T. 4. 2. 3. 4. 5. 6. 7. 8. 9. 10. 11[∞4]. 102.
1 7450

Schrötter, Friedrich Frhr v.: Das preußische Münzwesen im 18. Jahrhundert. Geschichtl. Teil. 1–4 [nebst] Folge 1.2. 1904–26.
1. 1904. 2. 1908. 3. 1910. 4. 1913. Folge 1.2 u. d. T.: Schrötter: Das preußische Münzwesen 1806-73. Geschichtl. T. Bd 1.2. 1926.
Vollst. . 1: Gt 850–Münzwesen. Geschichtl. T. 7. [∞ Folge 1.2.] 12: Bor 6 md–B, II. 300: 390.631–B. Per. Abt. 2, T. 4. 2. 3. 4. 5. 6. 7. 8. 9. 10. 11. 102.
1.7451

Seidenindustrie. Bd 1–3. 1892.
1: Gt 850–Seidenind. 12: Bor. 6 md–B, III. 300: 390.631–B. Per. Abt. 2, T. 1. 2. 3. 4. 5. 6. 7. 8. 9. 10. 11. 83. 102.
1 7452

Erg. Bd.
Erg. Bd u. d. T.: Friedrich Wilhelm I. König v. Preussen: Briefe an den Fürsten Leopold zu Anhalt-Dessau 1905.
1: Gt 850–Erg. Bd. 12: Bor. 6 md–Erg. Bd. 300: 390.631–B. Per. Abt. 2, Erg. Bd. 2. 3. 4. 5. 6. 7. 8. 9. 10. 11. 102.
1 7453

Acta Borussica ecclesiastica, civilia, literaria oder sorgfältige Sammlung allerhand zur Geschichte des Landes Preussen gehöriger Nachrichten ... [Mutmaßl. Hrsg.: Michael Lilienthal.] Bd[1]-3. — Königsberg & Leipzig: Eckart 1730-32.
1: Sz 24. **12**: Bor. 6 m. **300**: 173.429-A. **2. 3. 5. 6. 7. 8. 9. 10.**
1.7454

Acta in S. von Buttlar contra [Johann Joachim] von Lützow, einen cedirten Wechsel betreffend. Ergangen vor der Herzoglich Mecklenburgischen Justiz-Canzley zu Schwerin. — o.O. [um 1758]. 4 S. 2° **3.**
1.7460

Acta. — Acta capitulorum generalium Ordinis Praedicatorum ... recensuit Fr. Benedictus Maria Reichert eiusdem Ordinis. Vol. 1-9. — Romae; Stuttgardiae: Roth 1898-1904. (Monumenta Ordinis Fratrum Praedicatorum historica. 3.4.8/14.)
1-9 **1**: 4° Cg 907-3.4.8/14. **300**: 103.010-C. 3.4.8/14. **2. 4. 6. 7. 11.**
1-5 . . . . **12**: 4° H.mon. 458 m-3.4.8/10. **3. 5. 8.**
1.7511

Acta Karoli [Caroli] IV. [Karl IV. Römisch-deutscher Kaiser] Imperatoris inedita. Ein Beitrag zu den Urkunden Kaiser Karls IV. aus ital. Archiven ges. u. hrsg. von Franz Zimmermann. — Innsbruck: Wagner 1891. IX,272 S.
1: Rx 23051. **12**: Germ. g. 546e. **300**: 85.895-B. **3. 4. 5. 7. 9. 10. 11.**
1.7514

— capitulorum nec non iudiciorum ecclesiasticorum selecta ed. B. Ulanowski, s.: Monumenta medii aevi historica res gestas Poloniae illustrantia.

Acta S. Carterii Cappadocis. Das Martyrium d. H. Karterios aus Kappadokien hrsg. von Joh[ann] Compernass. T. 1.2. — Bonn: Georgi 1902-05.
1. Text u. Indices. 1902. 2. Untersuchungen u. Anm. 1905.
1: Dw 5558. **12**: V. SS. 212h. **3. 5. 10.** 30.
1.7515

Acta causae rituum ceremoniarum Sinensium. P. 1.2. Primo Romae, nunc vero Viennae: Schönwetter [um 1707].
12: Jes. 8 m. **300**: +43. Z 63.
1.7518

— Clementis VI., pontificis romani, opera Ladislai Klicman, s.: Monumenta vaticana res gestas Bohemicas illustrantia. I.

Acta Sancti Colomanni Regis et Martyris divi tutelaris Austriae. Crembsii 1713. V: *Pez. II.* (Karajan)

Acta comiciorum [comitiorum] Augustae ex litteris Philippi, Jonae et aliorum ad M. L. Aus d. Veit Dietrich-Kodex d. Ratsbibliothek zu Nürnberg hrsg. von Georg Berbig. — Halle (Saale): Nietschmann 1907. 58 S. (Quellen u. Darstellungen aus d. Geschichte d. Reformationsjahrhunderts. 2.)
1: Cm 706-2. **12**: H. ref. 297 ukd-2. **300**: 458.979-C. Bd 2. **2. 3. 4. 5. 6. 7. 8. 9. 10. 11.**
1.7540

Acta commissionis de anno 1617, enth. unter anderem: die curländische Formula regiminis, die sog. Statuta Curlandica u. die sog. pilten'sche Regiments-Formel, nach Vergleichung der bisherigen Ausg. u. mehrerer Hs. hrsg. von Carl v. Rummel. — Dorpat: Kluge 1848. LX,153 S. (Die Quellen d. curländ. Landrechts. 1,2.) (Sammlung d. Rechtsquellen Liv-, Esth- u. Curlands. Abth. 2,Bd 1,2.)
1: Ho 9603-2,1. **5. 10.**
1.7542

—— comparationis litterarum universarum. Zeitschrift für vergleichende Litteratur. Hrsgbr.: H. v. Meltzl und S. Brassai. Neue Serie. 1.—12. Bd. oder Jahrg. 1879—1884. à Jahrg. 22 Nrn. (Bog.) 8. Kolózsvar (Ungarn), Administration. à Jahrg. **

Acta. — Primitiae Actorum compromissi Francofurtensis in causa ... Ducissae Aurelianensis contra ... Electorem Palatinum. [Nebst]Continuatio[u.]Conclusio. — o.O. 1700.
Conclusio u. d. T.: Conclusio et submissio arbitrio Francofurtensi facta.
Vollst. . . . . **12**: 2° Bavar. 674 [u.ö.]
[∞ Cont.] . . . . . . **1**: 1 [u.] 2 in Gx 13000-25. **3.**
[∞ Concl.] . . **12**: 4° Ded. 214. **300**: 27 Ll 134. **2. 9.**
[∞ Primitiae] . . . . **12**: 4° Ded. 116. **4.**
1.7544

—— o.O. 1701. **3** [∞ Cont. u. Concl.]
1.7545

— Acta compromissi, in causa iuris wildfangiatus, conductus et vectigalium: ventilata inter Ementissimum Electorem Moguntinum, tanquam Episcopum Wormatiensem et Herbipolensem eiusque foederatos: et Serenissimum Electorem Palatinum cum laudo Heilbronnensi. A. D. 1667. Reimpr. — Mannhemii 1738. 366 S.
12: 2° Ded. 20.
1.7547

Acta et compactata Tubingensia academico-oppidana oder Verglich und Handlungen zwischen löbl. Universität und gemeiner Statt Tübingen Coll.girt vnd zuesahmen gesamblet durch Johann Jacob Bauren, Hoffgerichts-Assessorn, E. E. Landschafft Engeren Ausschusses Verwandten und alltern Burgermeistern zue Tüwingen [† 1706.]
Auch die Gründungsurkunden, die Privilegien und Statuten von 1600 1601, ein Bericht über das Univ.-Jubiläum i. J. 1578 und eine Histori Eberhards im Bart sind darin enthalten, vergl. den Index vor dem Titel.
Handschr. vom Ende des 17. Jh. 4 Bl. Widmung an Obervogt und Vogt zu Tübingen von Baur selbst unterzeichnet, 564 Bl. und Register, 34.6 cm. Pergbd. — Die Einträge der ersten Hand gehen von 1476 (Fol. 43) bis 1681 (Fol. 506), die Nachträge bis 1692.

Acta comparationis universarum. Zeitschrift für vergleichende Litteratur. Journal de littérature comparée. Comparative literary Journal. Összehasonlité irodalom történelni Lapok. [Editores: Sem. Brassai et Hugo Meltzl.] Vol. 1-5 (totius ser. 5-9).
Claudiopoli (d. i. Klausenburg): Selbstverlag, (sp. Londoni Trübner) 1879-1884. 4° 12, 300
ℭ Die alte Serie nicht nachweisbar.

Acta concilii Constanciensis. 1. Bd.: Akten z. Vorgeschichte d. Konstanzer Konzils (1410—1414). Hrsg. v. Heinr. Finke. gr. 8. (VIII, 424 S.) Münster 896. Regensberg. n. 12. —

— concil. Nicaeni. 8. Pressb. 750. Landes. 10 ℛ

— Concilii Tridentini Actorum pars ... Coll., ed., illustr. Stephanus Ehses. P. 1. 2. 5. 6. — Friburgi Br.: Herder 1904-24. (Concilium Tridentinum. 4.5.8.9.)
1. 1904. 2. 1911. 5. 1919. 6. 1924.
1: 4° Ca 680-4.5.8.9. **12**: 4° Conc. 198d-4.5.8.9. **300**: 416.057-C. **2. 3. 4. 5. 6. 7. 8. 9. 10. 11. 102.**
1.7569

Acta congregationis archiepiscoporum et episcoporum Hetruriae Florentiae a. 1787 celebr. ex Ital. in Lat. transl. a Carolo Schwarzel. [Hrsg.: Reginaldo Tanzini.] T. 1-7. — Bambergae & Herbipoli: Goebhardt 1790-94.
1. 1790. 2. 1791. 3. 1792. 4. 1793. 5. 1794. 6. 7. 1794.
1-7 . . . . . . **1**: Ca 12492. **12**: Conc. 97 [auch T. 1-3 = Conc. 98].
1-6 . . . . **300**: 165.
1-5 . . . . **5. 8.**
1-4 . . . . **2. 10.**
1.7576

— conjurationem Bani Petri a Zrinio et Com. Fr. Frangepani illustrantia. Collegit Fr. Račkí. gr. 8. (X, 595 S.) Zagrabiae 873. (Agram, Suppan.) n.n. 6. —

Acta Conradi I. regis [Konrad I. Römisch-deutscher König]. Die Urkunden König Conrads I. 911-918. Hrsg. von Joh[ann] Friedrich Böhmer. — Frankfurt a. M. 1859: Osterrieth. 38 S. **1**: 4° Rx 16025. **5. 7. 8. 11.**
1.7582

Acta consistorialia creationis eminentissimorum ac reverendissimorum s. r. e. cardinalium, institutae a Sanctissimo D. n. Clemente XI. diebus 17. Maii & 7. Junii 1706. Acc. eorundem cardinalium brevis delineatio. [Hrsg.: Giovanni Vincenzo Gravina.] — Coloniae 1707. 25 S.
12: 4° J. can. P. 11 [u.ö.] **300**: 26 N 26(2). **2. 9.**
1.7584

— in consistorio secreto habita a S. Dom. Pio Papa VI. Suppl. ad Acta consistorii. 8. München 778. Lentner. 3 ℛ — id. lib. 4maj. Manh. 779. Löffler. 6 ℛ

— Secundum exemplar Romae 1778 ed. ex typographia reverendae Camerae Apostolicae. — o.O. [nach 1778]. XXIV S. **12**: 4° J. can. P. 1000-2.
1.7593

— Juxta exemplar Romanum 1778 ex typographia Camerae Apostolicae. — Monachii: Strobel [nach 1778]. 28 S.
12: 4° J. can. P. 1000-4.
1.7594

— Romae 1778. Reimpr. ad exemplare Romanum. — Ratisbonae [nach 1778]: Englerth. 8 S.
12 [defekt]: 4° J. can. P. 1000-5.
1.7596

— [lat. u. deutsch] Ad exemplar Romanum. Mannhemii 1779: Typ. Acad. 75 S. 4°
Nebent.: Bericht von dem, was in der geheimen Rathsversammlung abgehandelt worden, die Papst Pius der sechste 1778 zu Rom halten lies. Nach d. röm. Urstücke aus d. Lat. übers.
4. 7.
1.7600

— **generalis cantus** gregoriani studiosorum conventus Argentinensis, 16—19. VIII. 1905. — Bericht d. internationl. Kongresses f. gregorian. Choralgesang, Strassburg, 16—19. VIII. 1905. Hrsg. vom Lokalkomitee. — Compte rendu du congrès international de plain-chant grégorien Strasbourg, 16—19. VIII. 1905. Édité par le comité local. (LXVIII, 176 S.) gr. 8. Strassburg 905. (F. X. Le Roux & Co.) n. 2. 40

Acta coronationis Mathiae II. [Matthias Römisch-deutscher Kaiser] in regem Hungariae 19. Nov. 1608 peractae, e synchrono A.E.C.H.T.A. ms. in lucem ed. [Hrsg.: Joseph Grossinger.] — Germania [Leipzig] 1784. 55 S.
1:4° Se 3504. 12:4° Austr. 3f. 300:44.269–B [u.] 30.459.
1.7611

Acta criminalia des Leinwebers Christian Schmidten, welcher A. 1731 am 13. Martii Heinrich Fischer auf der Malchauischen See im Mecklenburgischen ... erschlagen, nach ... geführter Defension ... mit vierjähriger Landes-Verweisung bestraffet worden. — Potsdam: Rüdiger 1732. 39 S. 1:4° Fy 7901. 3. 9.
1.7612

Acta criminalia, welche wegen eines an seinem Herrn von einem Laquayen verübten grossen Diebstahls vor dem Stadt-Gerichte zu R. verhandelt worden. — Rostock & Parchim: Fritsch 1724. 476 S.
1:4° Fy 10796. 4. 5. 7. 8. 9.
1.7613

Acta inter S. Cyprianum [Thascius Caecilius Cyprianus] et Stephanum [Stephanus I Papa] in disceptatione de haereticis baptizandis coll. ... illustr. edidit Fridericus Everhardus Boysen. — Lipsiae & Quedlinburgi: Schwan (1762). LXXXVIII gez. Bl.
1: Cd 4750. 12:4° H. eccl. 7. 8.
1.7615

Acta ad causam des Königlich-Pohlnisch-Churfürstlich-Sächsischen Land-Cammer-Raths Herrn Hanß Hermann von Damnitz auf Kemnitz etc. etc. contra Friederich Ludewig von Reineck, Königlich-Pohlnisch-Churfürstlich-Sächsischen Geheimbden Kriegs-Rath. pto implementi contractus & praetensae indemnisationis. — Franckfurth 1757. Getr. Pag. 2° 4.
1.7619

— **et decreta** concilii plenarii Americae latinae in Urbe celebrati a. d. 1899. 2 Bde. gr. 8. (CXVI, 462 u. Appendix 779 S.) Romae 900. (Freiburg i/B., Herder.) n.n. 9. —; Halbfrz.-Einbd. n.n.n. 3. 30

Acta et decreta Concilii provinciae Coloniensis in civitate Coloniensi a. D. 1860, pontificatus Pii PP. IX. decimo-quarto celebrati. — Coloniae 1862: Bachem. X,LXXXVI, 256 S.
1:4° Ca 7870. 12:4° Conc. 19m. 2. 5. 6. 7. 10. 102.
1.7633

Acta et Decreta Concilii provinciae Colocensis a. d. 1863, pontificatus Pii Papae IX. decimo octavo in metropolitana ecclesia Colocensi celebrati. Colocza 864. (Pest, Gebr. Lauffer.) 4. (4 Bll., 391 S.) n. 1 *ℛ𝒷* 20 *ngr.*

Acta et Decreta Concilii Provinciae Pragensis a. D. 1860 Pontificatus Pii Papæ IX. decimo quinto celebrati. Prag, 863. Bellmann. Lex.-8. (LVI, 876 S.) n. 2 *ℛ𝒷*

Acta et decreta concilii provinciae Turonensis in Rhedonensi civitate celebrati anno Domini 1849 pontificatus Pii Papae Noni IV a Sancta Sede approbata. *Valle Guidonis: R. Chailland 1898.* (130 S.) 1 Bd 8. [98. 5987

Acta et decreta Concilii provinciae Viennensis a. D. 1858 pontificatus Pii Papae IX. decimo tertio celebrati. — Vindobonae 1859: Off. Caes. Reg. Typogr. 334 S.
1:4° Ca 13196. 12: Conc. 387d.
300:64.901–C [u.] 30.198. 2. 5.
7. 8. 10. 102P.
1.7640

— Friburgi Br.: Herder 1864. 334 S. 4°
2. 4. 102.
1.7641

— **et decreta** sacrosancti oecumenici concilii vaticani in quatuor prioribus sessionibus. (Ed. a rdmo subsecretario oec. conc. vaticani adprobata cum appendicibus, respons. s. poenit. aliarumq. rom. congreg. (VI, 261 S. m. 1 Taf.) 8. Rom 872. Desclée, Lefebvre & Co. n. 2. 40

— **et decreta** sacrosancti oecumenici concilii Vaticani. Cum permultis aliis documentis ad concilium ejusque historiam spectantibus. Auctoribus presbyteris S. J. e domo B. V. M. sine labe conceptae ad Lacum. (Sonder-Ausg. d. 7. Bds. der Acta et decreta sacrorum conciliorum recentorium.) gr. 4. (XX S. u. 1942 Sp.) Freiburg i/B. 892. Herder. n. 26. —; geb. in Halbfrz. n. 30. —

— [Ausz., lat. u. deutsch] Lateinisch-deutsche Handausgabe der Decrete und der hauptsächlichsten Acten des hochheiligen ökumenischen Vaticanischen Concils. Mit e. geschichtlich-dogmatischen Einl. u. einer Uebersicht der kath. Hierarchie zur Zeit des Concils. Von G[erhard] Schneemann, S. J. 2. Aufl. — Freiburg i. Br.: Herder 1895. VII,307 S.
300:95.795–A. 2. 6. 11.
1.7647

Acta. — Acta et decreta sacrorum conciliorum recentiorum. Collectio Lacensis. Auctoribus presbyteris S. J. (Gerardo Schneemann et Theodoro Granderath). T. 1–7. — Friburgi Br.: Herder 1870–90.

1. Acta ... conciliorum, quae ab episcopis ritus Latini ab a. 1682 usque ad a. 1789 sunt celebrata. 1870.
2. Acta ... conciliorum, quae ab episcopis rituum Orientalium ab a. 1682 usque ad a. 1789, indeque ad a. 1869 sunt celebrata. Acc. Decreta Romana de ritibus Orientalibus. 1876.
3. Acta ... conciliorum, quae ab episcopis Americae septentrionalis et imperii Britannici ab a. 1789 usque ad a. 1869 celebrata sunt. 1875.
4. Acta ... conciliorum, quae ab episcopis Galliae ab a. 1789 usque ad a. 1869 celebrata sunt. 1873.
5. Acta ... conciliorum, quae ab episcopis Germaniae, Hungariae et Hollandiae ab a. 1789 usque ad a. 1869 celebrata sunt. 1879.
6. Acta ... conciliorum, quae ab episcopis Italiae, Americae meridionalis et Asiae celebrata sunt. Acc. Suppl. 1882.
7. Acta ... Concilii Vaticani. Cum ind. gen. 1890.

1:4° C 110. 12:4° Conc. C. 0p. 300:153.980–C. 2. 3. 4. 5. 6. 7. 8. 10. 11. 102 [∞ 6]. 102P.
1.7649

Acta et decreta Synodi dioecesanae Paderbornensis praes. ... Conrado Martin Episc. Paderbornensi diebus 8. 9. et 10. Oct. a. 1867 habitae. — Paderbornae: Schoeningh 1867. XXXIV,175 S. 1: Ca 10546. 12: Conc. 120s. 5. 6.
1.7659

— Ed. 2. Ebd. 1888. XXXVI,165 S.
1: Ca 10546². 2. 6. 7.
1.7660

— **et decreta synodi dioecesanae Pistoriens.** an. 1786. II T. 8maj. Ticini 790. (Wesché in Frankf.) 2 *ℛ𝒷* (Pott in Lausanne). 1 *ℛ𝒷* 12 *gℛ*

— — et Decreta Synodi dioeces. *Pistoriensis* anno 1786. II tomi. 8 maj. 1791.
Neben manchem Guten sehr viel Unkirchliches enthaltend — sagt Hr. Alzog — aber trotz der Verdammungsbulle Pius VI., so in der Ausgabe der „Canones Concil. Trident. Lips. Tauchnitz“ mit abgedruckt — auch in Italien häufig noch verbreitet. Eine Ausg. in 4. in italien. Sprache bei Tendler in Mailand à 14 Lire.

Acta et decreta secundae synodi Ultrajectensis provinciae. Ultrajecti 1764. H: *Dupac de Bellegarde, G.* (Wr)

Acta et decreta Synodorum Salfordiensium ad normam synodi dioecesanae unica sessione absolvendae celebratarum. Vol. 1. — Salfordii 1880: Roberts.
1: Ca 11546. 12: Conc. C. 0m.
1.7672

ACTA amantium, Deutsche. Leipzig 1714. 8°. Rar! Cat. libr. Jo. Guil. Hoffmann. Vitemb. 1741. p. 207.

***Deutsche Acta Eruditorum oder Geschichte der Gelehrten, welche den gegenwärtigen Zustand der Litteratur in Europa begreifen.** [Hrsg.: Justus Gotthard Rabener, Christian Schöttgen, Joh. Georg Walch.] Bd 1–20 (= T. 1–240).
Leipzig: Gleditsch 1712–39. 8° 12, 14, 70
ℂ Fortges. u. d. T.: Zuverlässige Nachrichten. Leipzig 1740ff.

Deutsche Acta Litteraria oder Geschichte der Gelehrten, worinnen der Zustand der alten und neuen Litteratur enthalten nebst beygefügten kurtzen Anmerckungen. [Hrsg.: Mag. Schramm.] T. 1–5.
Leipzig: Fleischer 1715–16. 8°

— Diaetae anni. MDCCCII. Fol. Presburg. Weber.

— diaetalia Posoniens. 1618 et 19 etc. 8maj. Pesth 790. Strohmaier. 1 fl 8 Kr

Acta diaetalia Posoniensia A. 1618. Item electio et coronatio Ferdinandi II. Pestini 1790. H: *Hajnóczy, Jos.* (SZMJ)

Acta et diplomata Graeca medii aevi sacra et profana coll., ed. Franciscus Miklosich et Josephus Müller. Vol. 1–6. — Vindobonae: Gerold 1860–90.
1.2. Acta patriarchatus Constantinopolitani 1315-1402. T. 1.2. 1860-62.
3. Acta et diplomata res Graecas Italasque illustrantia. 1865.
4-6. Acta et diplomata monasteriorum et ecclesiarum Orientis. T. 1-3. 1871-90.
1–6 . . . . **1:** Ug 2660. **12:** H. int. 0x.
300: 397.444–B.H.S. **2. 3. 4. 5. 7. 8. 9. 10.**
4 . . . . **6.**
1.7677

Acta et diplomata monasteriorum et ecclesiarum Orientis ... coll., ed. Fr(anciscus) Miklosich et Jos(ephus) Müller. T. 1–3. — Vindobonae: Gerold 1871–90.
1. 1871. 2. 1887. 3. 1890.
(Acta et diplomata Graeca medii aevi sacra et profana. 4/6.)
1–3 . . . . . **1:** Ug 2660–4/6. **12:** H. int. 0x–4/6.
300: 397.444–B. H. S. **2. 3. 4. 5. 7. 8. 9. 10.**
1 . . . . **6.**
1.7678

Acta et Diplomata e r. tabulario Veneto chronologico ordine ac principum rerumque ratione inde a recessiore tempore usque ad medium seculum XV summatim regesta studio et opera A. S. Minotto. Vol. I. Res Forijulii et patriarchatus Aquilejae Tergesti et Istriae et Goritiae. Sect. I., cont. documenta usque ad a. 1323. Venedig 870. (Münster.) Lex.-8. (XXXVI, 192 S.)
n. 1 n. ß 10 nar

— et **diplomata** e. r. tabulario Veneto chronologico ordine ac principum rerumque ratiore inde a recessiore tempore usque ad medium seculum XV. summatim regesta. Studio et opera A. S. Minotto. Vol. II. Documenta ad Belunum, Cenatam, Feltria, Travisium spectantia. Sect. 1. cont. documenta usque ad a. 1323. gr. 8. (VIII, 167 S.) Venedig 871. (Münster.) n. 4. —; (I. 1. II. 1.: n. 8. —)

Acta et diplomata res Graecas Italasque illustrantia e tabulariis Anconitano, Florentino, Melitensi, Neapolitano, Veneto, Vindobonensi ... ed. Fr(anciscus) Miklosich et Jos(ephus) Müller. — Vindobonae: Gerold 1865. XXI, 393 S. (Acta et diplomata Graeca medii aevi sacra et profana. 3.)
Exemplar von 10 mit Nebent.: Acta et diplomata Graeca res Graecas Italasque illustrantia e tabulariis Anconitano, Florentino, Melitensi, Taurinensi, Veneto, Vindobonensi.
1: Ug 2660–3. **12:** H. int. 0x–3. **300:** 397.444–B.H.S.
2. 3. 4. 5. 7. 8. 9. 10.
1.7680

—— S. Ecclesiae Mediolanensis, F. Car. Borromaei jussu collecta et edita. Edit. noviss.; c. VII Concil. provinc. II Vol. 1. (... B.) Milano 843—46. (Viennae, Tendler et soc.) *

Acta quaedam ecclesiae Ultraiectinae, exhibita in defensionem iurium. Adversus scripta Card. Archiepisc. Mechliniensis; cum praef. ad omnes Germaniae episcopos. (Hrsg.: Theodorus Archiepisc. Ultraiect.) — Hagae-Comitum: de Hondt 1737. **1:** 4° Tn 2294. **300:** 43 F 24.
1.7704

Acta. — Acta ecclesiastica, in welchen einige hundert besondere Fälle, die in dem Predigtamte vorkommen, ... entschieden ... werden, mit einer Vorr. Johann Christian Stemlers. Vol. 1–48 [nebst] Reg. — Leipzig: Lanckisch 17(27–)52.
Sondert.: Acta ecclesiastica, in welchen unterschiedliche bey dem Predigt-Amt vorgegangene Fälle und deren Erörterung vorgetragen werden. 1-48. 17(27-)51.
1: Dp 122. **12:** Mor. 5. **3. 7.**
1.7705

Acta ecclesiastica, Concordate, Verträge und sonstige kirchliche Urkunden, bezüglich des Verhältnisses der katholischen Kirche zu den europäischen Staaten. Hrsg. von J. A. Moriz Brühl. (Abt. 6,[1.2].) — Frankfurt a. M.: Lizius (6,2: Mainz: Wirth) 1851–53.
6,1.2. Oesterreichische Monarchie.
6,1.2 . . . . **12:** J. can. F. 0m. **7. 10.**
6,2 . . . . **2. 9.**
1.7707

Acta betreffend die Eindeichung d. Norddeicher Aussendeichsgründe. — Heide 1859: Pauly. 10 S. 2° **8.**
1.7708

Acta betreffend die Einführung Seiner Königlichen Hoheit, des Prinzen von Preussen sowohl in die drei ersten Grade des Freimaurer-Ordens und in das Protectorat der preussischen Logen, während des Jahres 1840, als auch in die vier höheren Grade des Ordens-Systems der Grossen National-Mutter-Loge der preussischen Staaten, gen. Zu den drei Weltkugeln [in Berlin] während des Jahres 1841. [Dat.:] Berlin 1841. 17S. 4° [Umschlagtit.]

Acta sanctae virginis Enimiae et Francorum Clotarii II filiae regis. Ex bibl. nationali, lat. nº 913. (Hrsg.: P. Pourcher.) — Sancti Martini de Bobalibus 1883. **1:** Dw 8531.
1.7709

— erudita et curiosa d. Gelehrt. in Franken. 24 Stück. 8. Nürnb. 726.

***Acta eruditorum. [Hrsg.: Otto Mencke; 1707ff: Johann Burchard Mencke.]**
Lipsiae: Grosse & Gleditsch 1682–1731. 4°
22, 29, 210
ℭ Neudruck: Leipzig 1683–92. Bd 1–12.
ℭ Forts. u. d. T.: Nova acta eruditorum. Leipzig 1732ff.

Acta Essendiensia, worinnen enthalten 1) die Veranlassung des in d. evang.-luth. Gemeinde der Stadt Essen 1701 entstandenen und bis ins Jahr 1705 continuirten Kirchenstreits, 2) die von Johanne Mercker, Pastore daselbst, vorgetragene streitige Lehrsätze. — Mülheim a. Rh. 1706: Proper. 741 S. **1:** Th 4573. **5. 6.**
1.7711

— Acta Essendiensia oder ausführliche Verhandlung der Religions-Strittigkeiten, welche sich zwischen d. evang.-luth. Gemeinde in der Stadt Essen erhoben, ... auff Befehl eines hoch-achtbaren Raths und Vorstands der Stadt Essen vorgestellet. — Francfurt a. M. 1710. 741 S.
1: Th 4573/1. **4. 10.**
1.7712

Acta. — Acta Facultatis medicae Universitatis Vindobonensis. Auf Veranl. d. med. Doctorencollegiums aus d. Originalhs. hrsg. von Karl Schrauf. 1–6. — Wien: Med. Doctorencollegium 1894–1912.
1. 1399-1435. Festgabe d. Wiener mediz. Doctorencollegiums z. 66. Versammlung deutscher Naturforscher u. Ärzte. 1894.
2. 1436-1501. 1899. 3. 1490-1558. 1904. 4. 1558-1604. 1908.
5. 1605-1676. 1910. 6. 1677-1724. 1912.
1–6 . . . . **1:** Az 17917. **2.**
1–5 . . . . **12:** H. lit. P. 422 yd.
1.3–6 . . . . **300:** 188.595–B.
2.3 . . . . **11.**
1.7718

Acta festi iubilaei iussu ... Gustavi Adolphi II. ... in memoriam concilii Upsaliensis ab Academia regia Gryphiswaldensi a. 1793 mens. martii secunda vice pie celebrati. — Gryphiswaldiae 1793: Röse. 18 S. **9.**
1.7720

Acc. ... Acta SS. Firmi et Rustici ex optimis cod. Veronensibus ... editaque per Bernardum Galura. P. 1–3. Augustae Vind.: Rieger 1802–03. **3. 7. 10.**
1.7821

Acta formulae concordiae, in Bergensi coenobio prope Magdeburgum cura Augusti, Saxoniae Electoris, anno 1577 revisae; collecta haec sunt ex Leonhardi Hutteri Concordia concorde. Quibus est annexa Oratio de ortu, incrementis ac fatis variis ... coenobii Bergensis, (quam habuit S[imon] F[riedrich] Hahnius). — Francofurti a. M. [1707]. **1:** 16 in 2° Rw 1322ª. **12:** 2° H. mon. 256–1. **5.**
1.7724

Fränkische Acta erudita et curiosa. Die Geschichte der Gelehrten in Francken, auch andere in diesem Creyss vorgefallene Curiosa und Merckwürdigkeiten in sich haltend. [Hrsg.: E. Fr. Just. Heimrich u.a.] Bd 1–24 [nebst] Reg.
Nürnberg: Endter & Engelbrecht 1726–32. 8°
(Anf. u. d. T.: Nova Litteraria. Nürnberg 1725.
(Forts. u. d. T.: Nützliche und auserlesene Arbeiten der Gelehrten im Reich. Nürnberg 1733 ff.

Acta. — Acta fratrum Arvalium quae supersunt rest. et illustr. Guil[elmus] Henzen. Acc. fragmenta fastorum in luco Arvalium effossa. — Berolini: G. Reimer 1874. CCXLVI,240 S.
1:Ph 3482. 12:Arch. 1r. 2. 3. 4. 5. 6. 7. 8. 9. 10. 11. 102.
1.7730

— Acta generalia in Inquisitions-Sachen der gewesenen Blanckenburgischen Ober-Factoren, Christian Julius Wackerhagen, Johann Heinrich Grofen, Christian Walthers u. Johann Heinrich Walthers, in puncto falsorum et aliorum criminum. — o.O. [1727]. 186,14 S. 2° 3. 7.
1.7734

Acta genuina SS. oecumenici Concilii Tridentini sub Paulo III., Julio III. et Pio IV. ab Angelo Massarello Episcopo Thelesino ... conscripta. Nunc primum integra ed. ab Augustino Theiner. Acc. Acta eiusdem concilii sub Pio IV. a Gabriele Paleotto ... digesta. T. 1.2. — Zagrabriae: Soc. bibliophil.; Lipsiae: Breitkopf & Härtel (1874).
Nebent.: Acta authentica SS. oecumenici Concilii Tridentini.
1:4° Ca 672. 12:4° Conc. 165m. 300:60.653–D. 2. 3. 4. 5. 6. 7. 9. 10. 102.
1.7735

— germanica. Organ f. deutsche Philologie, hrsg. v. R. Henning u. J. Hoffory. 1. 2. Bd. à 4 Hfte. gr. 8. (à Hft. ca. 80 S.) Berlin 889. 890. Mayer & Müller. à Bd. n. 12. —

— **germanica. Organ f. deutsche Philologie, hrsg. v. Rud. Henning u. Jul. Hoffory. 3. Bd. 4 Hfte. gr. 8. (1. Hft. 56 S.) Berlin 891. Mayer & Müller. n. 12. —**

— germanica. Org. f. deutsche Philologie, hrsg. v. Rud. Henning u. Jul. Hoffory. IV. Bd. gr. 8. (XVIII, 410 S. m. 9 Fksm.-Taf.) Berlin 896, Mayer & Müller. n. 12. —

— dasselbe. V. Bd. 4 Hfte. gr. 8. (VI, 530 S u. V.) Ebd. 896. n. 12. —

— dasselbe. VI. Bd. gr. 8. (1. Hft, 116 S) Ebd. 898. n. 12. —

— **germanica. Organ f. deutsche Philologie. Hrsg. v. Rud. Henning. VII. Bd. 1. u. 2. Heft. 8. Berlin, Mayer & Müller. Einzelpr. 8.80; f. den Bd. v. etwa 30 Bog. 12. —**
1. Beiträge zur Kenntnis des Sprachgebrauchs im Volksliede des XIV. u. XV. Jahrh. Von Karl Hoeber. (VII, 129 S.) 908. Einzelpr. 4. —
2. Gottfried Keller als lyrisch. Dichter. Von Gust. Müller-Gschwend. (157 S.) 910. Einzelpr. 4. 80

Acta der Koeniglich-bestätigten Ostpreussisch-Mohrungschen physikalisch-oekonomischen ... Gesellschaft. H. 1–3. — Königsberg 1792–1800: Hartung.
H. 3 = Beyträge zur Kultur der Oekonomie in Preussen. 1800.
1–3 . . . . 7.
1.3 . . . . 1:Ou 12640. 2.
1 . . . . 12:Acad. 75. 10.
1.7738

Acta Nicolai Gramis. Urkunden u. Aktenstücke betr. die Beziehungen Schlesiens zum Baseler Konzile ... Hrsg. v. Wilhelm Altmann. — Breslau: Max 1890. XIII, 280 S. (Codex diplomaticus Silesiae. 15.)
1:4° Ta 518–15. 12:4° Bor. 11p–15. 300:173.503–C. Bd 15. 2. 3. 4. 5. 7. 8. 9. 10. 11.
1.7745

Acta oder Handlungen, betr. die Irrthümer und anstößige Lehren H. J[ohann] J[akob] W[etstein] gewesenen Diac. Leonh., enthaltend die Bedenken e. ehrwürd. Conventus theologici und seine Hrn. W[etstein] selbst eigene Schutz-Schrifften. — Basel: Decker 1730. LXXII,466 S.
1:Dl 2710. 4. 5. 7.
1.7755

Acta Hanoviensia oder Sammlung derer ... in das Publicum gekommenen hessen-casselischen Deductionen. Th. 1–3. — Marburg: P. C. Müller 1739.
1. In Sachen Hessen-Cassel contra Chur-Mayntz, den hanauischen Antheil an dem Frey-Gericht betr.
2.3. In Sachen Hessen-Darmstadt contra Hessen-Cassel, das Amt Babenhausen und die hanauische Mobilar Verlassenschaft betr.
1–3 . . . . 1:2° Sk 6592. 3. 4. 7.
1.2 . . . . 12:2° Ded. 21.
1.7758

Acta Henrici VII [Heinrich VII. Römisch-deutscher Kaiser] Imperatoris Romanorum et monumenta quaedam alia medii aevi nunc primum luci dedit G[uilelmus] Doenniges. P. 1.2. — Berolini: Nicolai 1839.
1:4° Rx 22204. 12:4° Germ. g. 32m. 300:4 T 6. 2. 3. 4. 5. 6. 7. 8. 9. 10. 11. 102.
1.7759

Acta Henrici VII [Heinrich VII. Römisch-deutscher Kaiser] Romanorum Imperatoris et monumenta quaedam alia suorum temporum historiam illustrantia a Francisco Bonainio coll. Opus postumum. (Hrsg.: Petrus Berti.) P. 1.2. Florentiae: Cellini 1877.
1:Rx 22210. 12:Germ. g. 45sm. 300:178.420–B. 2. 3. 4. 5. 6. 7. 8. 9. 10. 11.
1.7760

Acta Helvetica, physico-mathematico-anatomico-botanico-medica ... [Hrsg.: Dan. Bernoulli.] Bd 1–8.
Basel: Imhof 1751–77. 4° **12**
[Math.]
[Botanik]
(Forts. u. d. T. Nova Acta Helvetica. Basel 1787.

— — Hermesiana quae compluribus G. Hermesii libris a Gregorio XVI. P. M. per literas apostol. damnatis etc. Fasc. 1. (ed. *Elvenich*), 8. maj. Götting. 1836, Vandenhoeck (jetzt Aderholz in Br.) 1¹/₄ Thlr. — 2 fl. 15 kr.

— **historiam confinii militaris croatici illustrantia, s.: Monumenta spectantia historiam Slavorum meridionalium.**

Acta historica res gestas Poloniae illustrantia. Tom. I—V. Lex.-8. Krakau 878—81. (Friedlein). n. 136. —
I. Andreae de Venciborco Zebrzydowski, episcopi Vladislaviensis et Cracoviensis, epistolarum libros a. 1546—1553 continens. (XXXII, 579 S.) n. 16. —
II. Acta Joannis Sobieski, ad illustrandum vitae ejus cursum resque inde ab juventute usque ad electionem in regem gestas inservientia, ed. Franc. Kluczycki. Tom. I, 1629—1671. (LXXXIX, 1066 S.) n. 48. —
III. Acta, quae in archivo ministerii rerum exterarum gallici ad Joannis III regnum illustrandum spectant continens ab a. 1674 ad a. 1677. (XXVIII, 546 S.) n. 24. —
IV. Stanislai Hosii, s. r. e. Cardinalis Episcopi Varmiensis, epistolarum tom. I. a. 1525—1550. Editionem curaverunt Franc. Hipler et Vinc. Zakrzewsky. (LII, CLXIX, 476 S.) n. 24. —
V. Acta, quae in archivo ministerii rerum exterarum gallici ad Joannis III. regnum illustrandum spectant, continens ab a. 1677 ad a. 1679. (495 S.) n. 24. —

Acta historica res gestas Poloniae illustrantia. Vol. VI et VII et vol. VIII, tom. 1 et 2. hoch-4. Krakau, (Friedlein). à n. 24. — (I—VIII, 2: n. 232. —)

VI. Acta regis Joannis III ad res imprimis expeditionis Viennensis a. 1683 illustr. (XXXII, 704 S. m. 4 Fcsms.) 883.
VII. Acta quae in archivo ministerii rerum exterarum gallici ad Joannis III regnum illustrandum spectant ab a. 1680 ad a. 1683. (423 S.) 884.
VIII 1. Legum, privilegiorum statutorumque civitatis Cracoviensis tomi I vol. 1. [1507—1586.] (XXXVII, 624 S.) 885.
VIII 2. Legum, privilegiorum statutorumque civitatis Cracoviensis tomi I vol. 2. [1507—1586.] (XXII u. S. 625—1204.) 886.

— historica res gestas Poloniae illustrantia ab a. 1507 ad a. 1795. Ed. collegium historicum academiae litterarum Cracoviensis. Tom. IX, 2 prts., Tom. X, XI. Lex.-8. Krakau, (Friedlein). n. 68. — (I—XI.: n. 300. —)

IX. 1. Stanislai Hosii, S. R. E. Cardinalis majoris poenitentiarii episcopi Varmiensis [1504—1579], et quae ad eum scriptae sunt epistolae tum etiam eius orationes legationes. Tom. II. 1551—1558. Praemittitur de Hosii Cardinalis familia disputatio, accedunt autem epistolae et acta, quae vitam et res gestas Hosii illustrant. Editionem curaverunt F. Hipler et V. Zakrzewski. (XCI, 520 S.) 886. n. 24. —
IX. 2. Cardinalis Hosii epistolarum tomus II. 1551—1558. Pars II. (S. 521—1119.) 888. n. 20. —
X. Lauda conventuum particularium terrae Dobrinensis. (VI, 466 S.) 887. n. 14. —
XI. Acta Stephani regis 1576—1582. (XXXI, 430 S.) 887. n. 10. —

— historica res gestas Poloniae illustrantia ab a. 1507 usque ad a. 1795. Tom. XII. 2 voll. Ed. collegium historicum academiae literarum Cracoviensis. Lex.-8. Krakau 890. Buchh. der poln. Verlags-Gesellschaft. à n. 10. — (I—XII.: n. 320. —)

Leges, privilegia et statuta civitatis Cracoviensis (1507—1795), ed. Frz. Piekosiński. Tom. II. (1587—1696). Vol. 1 et 2. (LII, XXV, 1105 S.)

***Acta historico-ecclesiastica oder Gesammelte Nachrichten von den neuesten Kirchen-Geschichten.** [Hrsg.: Joh. Christoph Coler; Wilh. Ernst Bartholomaei; T. 96ff: Joh. Christian Bartholomaei.] Bd 1–20 (= T. 1–120).

Weimar: Hofmann 1734–1758. Hierzu: Beiträge, Bd 1–3 (= T. 1–21), ebenda 1746–60 u. 1 Registerband, ebenda 1765. 12

℄ Forts. u. d. T.: Nova acta historico-ecclesiastica. Weimar 1759ff.

Acta historico-ecclesiastica saeculi XV & XVI oder: kleine Sammlung einiger zur Erläuterung der Kirchen-Geschichte des 15. und 16. Jahrhundert nützlichen Urkunden und Schrifften, mit dienlichen Einl. vers. u. an d. Licht gestellt von Johann George Schelhorn. Th. 1. — Ulm·Roth 1738.
1[defekt]:Cb 6653. **12**:H. eccl. 1028. **300**:*48 W 34. **4. 7. 8.**
1 7764

Acta historico – ecclesiastica seculi XIX. [Hrsg.: Georg Friedr. Heinr. Rheinwald.] Jg. 1835–37.

Hamburg: Perthes 1838–40. 12

***Acta historico-ecclesiastica nostri temporis oder gesammlete Nachrichten und Urkunden zu der Kirchengeschichte unserer Zeit.** [Hrsg.: C. W. Schneider.] Bd 1–13 (= T. 1–100).

Weimar: Hoffmann 1774–90. 8° 12

℄ Vorher u. d. T.: Nova acta historico-ecclesiastica. Weimar 1759ff.

℄ Forts. u. d. T.: Akten, Urkunden und Nachrichten. Weimar 1788ff.

— Hohenlohische. s. Hohenlohe.

— **horti Petropolitani.** Tom. VI. Fasc. 1. gr. 8. (276 S.) St. Petersburg 879. Leipzig, Voss' Sort. n.n. 5. 80

—— horti Petropolitani. Tom. IX. Fasc. 2; Tom. X. Fasc. 1. gr. 8. St. Petersburg, (Ricker.) [Tom. IX. Fasc. 2. (296 S. mit 10 Taf.) 886. *ℳ 5.—.; Tom. X. Fasc. 1. (393 S. mit 8 Taf.) 887. *ℳ 8.—.] *

Tom. I—V und VI, 1. St. Petersburg 1871—79. (Leipzig, Voss' Sort.) *ℳ 37.60. — Die andern Theile sind nicht in den Handel gekommen.

—— dass. — Tom. X et XI. Lex.-8. (Ebendas.) 887. *

Inhalt:
Tom. X. Lauda conventuum particularium terrae Dobrinensis. (VI, 466 S.) *ℳ 14.—.
» XI. Acta Stephani regis 1576—1582. (XXXI, 430 S.) *ℳ 10—.

Acta Huberiana, collecta Lubecae, ed. . . . 1707 à Georg. Henric. Goetzio [Goetze], . . . & in colloquio solenniori proposita Joh. Christoph. Testorff. — Lubecae (1707): Schmalhertz. 77 S. **1**:Dm 9676. **2. 4.**
1.7769

Acta ICtor. od. neueste Nachrichten v. gelehrter Juristen Leben und Schriften, etc. VIII. Thle. ***Wittenb.*** **734—37. 8. — Fortges. unter d. Tit.: Nova Acta ICtor. od. gründl. Auszüge u. unparteiische Urtheile üb. d. neuesten jurist. Bücher u. Disputatt. etc. IX. Th.** ***Kb.*** **738. 39. 8.**

Acta, Sancti Ignatii martyrii. Basileae 1741. H: *Frey, Johann Ludw.* (WUBb)

Acta illustria heroum Hungariae oratiunculis expressa . . . aa. ll. philosophiae neo-magistrorum . . . Anno 1725. Cassoviae. H: *Arvay, Gregorius.* (Pk)

Acta imperii inedita. Hrsg. von Eduard Winkelmann. Bd 1.2. — Innsbruck:Wagner 1880–85.
1 Acta imperii inedita seculi 13. Urkunden und Briefe zur Geschichte des Kaiserreichs u. des Königreichs Sicilien in den Jahren 1198 bis 1273. 1880.
2 Acta imperii inedita seculi 13 et 14 Urkunden und Briefe zur Geschichte des Kaiserreichs u des Königreichs Sicilien in den Jahren 1200 bis 1400 1885.
1.2 . . **1**:Rw 11140 [u.] 11140ª. **12**:Germ. g. 535 o. **300**:50.889–C. **2. 3. 4. 5. 6. 7. 8. 9. 10. 11.**
1.7772

Acta imperii inde ab Heinrico I ad Heinricum VI usque adhuc inedita. Urkunden des Kaiserreiches aus d. 10., 11. u. 12. Jh. Zum erstenmale hrsg. v. Karl Friedrich Stumpf-Brentano. — Innsbruck:Wagner 1865–81. XXXV,887 S. (Stumpf-Brentano, Karl Friedrich: Die Reichskanzler. 3.)
1:Gw 4700–3. **12**:Germ. g. 477 ba–3. **300**:53.817 D. Bd 3. **2. 3. 4. 5. 6. 7. 8. 9. 10. 11.**
1.7773

Acta imperii selecta. Urkunden deutscher Könige und Kaiser mit e. Anh. von Reichssachen. Ges. von Joh[ann] Friedrich Böhmer. Hrsg. aus s. Nachlasse (von Julius Ficker). (In 2 Abt.)— Innsbruck:Wagner 1870. LXV,931 S.
1:Rw 11114. **12**:Germ. g. 45 e. **300**:57.243–C. **2. 3. 4. 5. 6. 7. 8. 9. 10. 11.**
1.7774

Acta inaugurationis novarum Academiae Aboensis aedium, 3. Cal. Nov. a. 1817 sollemniter celebratae. Acc. tab. 4 aenearum ectypa & explicationes. — Aboae 1821: Frenckell. 47,7 S. **1**:4° Az 42280. **7.**
1 7775

Acta inaugur. novarum acad. Aboensis aed. III. calendarum Novembris MDCCCXVII. solem. celebr., accedunt tabular. quat. aen. ectypa et explicationes. Abō 824. Meyer. 1 ₰ 4 ℊ

Acta. — Acta inedita historiam pontificum romanorum praesertim saec. 15, 16, 17 illustrantia. 1904 s. *Akten*, Ungedruckte, zur Geschichte der Päpste.

— **Innocentii VI., opera Ioa. Frider. Novák, s.: Monumenta vaticana res gestas Bohemicas illustrantia.**

Acta des Inquisitions-Processes, so zu St. Petersburg wider den Czaarowitz Alexium Petrowitz [Aleksej Petrovič Grossfürst v. Russland] 1718 angestellet ... Aus d. Russ. ins Frantz., und aus diesem ins Teutsche übers. Nach dem zu Hamburg gedr. Exemplar. — o.O. 1718. 72 S.
1:1 in 4° Ue 3116. **12**:4° Russ. 1 [u.ö.] **300**:36 F 45. **2. 7.**
1.7777

Acta derer letzteren Instantien in Sachen des Dom-Capituls zu Minden wider das adeliche Stift zu Levern, die freye Wahl bey der Probstey des letzteren betr. — Berlin 1768: Decker. 23,211 S. 1:2° Tg 7165.
1.7782

— pontificii instituti biblici. Nuntia de rebus instituti. Vol. I. Nr. 1—3. (82 S. m. 8 Taf.) Lex. 8. Rom 909. 910. M. Bretschneider. nn — 80

Acta Ioannis. Unter Benutzung von C[onstantin] v. Tischendorf's Nachlass bearb. von Theodor Zahn. — Erlangen: Deichert 1880. CLXXII,263 S.
1:Br 2506. **12**:B. gr. 259. **300**:183.510–B. **2. 3. 4. 5. 6. 7. 8. 9. 10. 11. 102.**
1.7784

. **Acta** des zum feyerlichen Andenken der in Teutschland glücklich erfundenen Buchdrucker-Kunst zu Nürnberg erbaulich und erfreulich gehaltenen und vollzogenen dritten Jubelfestes ... Nürnberg 1740. H: *Roeder, Johann Paul.* (Bigmore, E. C. & C. W. H. Wyman, A Bibliography of Printing. London 1880—86. II, S. 268.)

Acta Jubilaei primi saecularis illustris collegii Christian Ernesti, quod Baruthi Francorum floret d. XXVII. Julii A. ... 1764 celebrati. Bar. [1766]. V: *Hermann, Wolfgang Ludwig.* (Fiker) (ML)

Acta jubilaei quo memoriam primae inaugurationis suae post tria inde delapsa secula celebravit Universitas Regia Hafniensis d. 11. Maii 1779. — Hafniae: Gyldendal 1779. 81 S. 1:2° Az 39084 [u.] 39084ª. **4. 7. 8.**
1.7788

Acta jubilaei secundi Gymnasii Gedanensis a. D. 1758 die 13. Junii solenniter celebrati. Publicis impensis prelo subiecta a Thoma Joanne Schreibero [Thomas Johann Schreiber]. (P. 1.2.) — ([Gedanum] 1758–59.)
1:2° Ay 20792. **2. 3. 4. 7. 8. 9. 10.**
1.7789

Acta judicialia mit beygedruckten sämbtlichen Adjunctis und Documentis ... in Sachen Herrn Rudolph Johann Graffen von Wallpott [Waldbott] zu Bassenheim contra Herrn Burggraff, Baumeister. — o.O. 1725. 138 S.
1:4° Gx 13941/15. **4** [defekt]. **5.**
1.7790

Acta. — Acta judicialia in Sachen Hessen-Homburgs entgegen Hessen-Darmstadt, puncto valoris monetae, a. 1624 conventi, wie solche 1. vor höchstpreissl. Reichs-Hof-Rathe; 2. vor einer ... Kayserl. Executions-Commission; endlich u. 3. wiederum vor einem ... Reichs-Hof-Rathe in einem Appellatorio supposito verhandelt worden. Nebst e. Vorberichte. — Frankfurt a. M. 1766. VIII,84 S. 2° **3.**
1.7791

Acta judicialia in Sachen des stud. juris Ge. Heinr. Hinübers entgegen Herrn M. Flüggen Predigern ... auch sämmtl. Herrn Vorsteher des löbl. Kramer-Amts der alten Stadt Hannover, als Collatoren des Feldmanschen Stipendii, Beklagte, in puncto stipendii denegati ac praepostere collati. o O [um 1743].

Acta judiciaria archiepiscopatus Pragensis sub honorabili domino Joanne Pomuc Vicario in spiritualibus generali conscripta et nunc prima vice typis edita cum licentia reverendissimi Ordinariatus Pragensis. Opera et sumptibus P. Francisci Antonii Tingl. Codicis noni annus 1392. 8. (130 S.) Prag 865, (Satow.)

— judiciaria consistorii Pragensis. Ed. Ferd. Tadra. Vol. I—III. (Vorrede u. Anmerkgn. in böhm. Sprache.) [Aus: „Historický Archiv".] Lex.-8. Prag 893 u. 96. (Bursik & Kohout). n. 19. 20
I. 1373 - 1379. (XVI. 405 S.) n. 5. 80
II. 1380—1387. (XIV, 448 S.) n. 6. 40
III. 1392—1393. 1396—1398. (XVII, 437 S.) n. 7. —

***Acta jureconsultorum oder Neueste Nachrichten von gelehrter Juristen Leben und Schrifften, und andre nützliche Beyträge zur heutigen Rechts-Gelehrsamkeit.** [Hrsg.: Friedrich Benedikt Carpzov.] T. 1–8.
Wittenberg: Joh. Joach. Ahlfeldt 1734–37. 8° 12

Ⅽ Forts. u. d. T.: Nova acta. Wittenberg 1738f.

— Karoli IV. imperatoris inedita. Ein Beitrag zu den Urkunden Kaiser Karls IV. Aus italien. Archiven gesammelt u. hrsg. v. Frz. Zimmermann. gr. 8. (IX, 273 S.) Innsbruck 891. Wagner. n. 10. —

Acta des Königl. bestätigten Ostpreussisch Mohrung'schen physikalisch-ökonomischen Lehr-Instituts etc. Heft 1. Königsberg 1792. 8.

Acta ad librum Achterfeldtii nunc Professoris Bonnensis (Lehrbuch der christkathol. Glaubens- und Sittenlehre) nuper in indicem librorum prohibitorum relatum spectantia. (Vorr.: [Johann Heinrich] Achterfeldt.) Coloniae: Eisen 1839. VIII,31 S.
1:Do 14730. **5. 102.**
3.7306

Acta Lipsiensium academica, oder Leipziger Universitäts-Geschichte. Nebst e. Anh. v. allerhand Neuigkeiten aus dem jetzt-lebenden Leipzig. [Hrsg.: Michael Ranfft.] Th.1-16. — Leipzig: Coerner 1723–24.
1–16 . . . . **7.**
1–15 . . . . 1:Az 2850. **3. 5. 8.**
11.12.16 . . . . **4.**
16 . . . . **2.**
1.7801

54 ***Acta Literaria Academiae Vitembergensis.** [Hrsg.: Joh. Chr. Colerus.] T. 1.
Vitembergae: Officina Gerdesiana 1719. 8° 3

— liter. societat. Rheno-Trajectinae II Tom. 8maj. Leyd. 793—96. Luchtmans, 3 ℛ 6 𝔤𝔤

— liter. Sueciae ab a. 720—733. c. fig. 4. Upsal.

— literar. universit. Hafniens. an. 1778. c. fig. 4maj. Kopenh. 778. Schubothe. 2 ℛ 12 𝔤𝔤 Schrbp. 3 ℛ 4 𝔤𝔤

Acta literaria [litteraria], quibus anecdota animadversionum spicilegia e codd. mss. quorundam eruta comprehenduntur. Henricus Leonardus Schurzfleischius ed. et insertis e schedis b. fratris (C[onrad] S[amuel] Schurzfleisch) elogiis atque observationibus illustr. — Vitembergae: Sumpt. Ludovicianis 1714. 203 S.
1:Bibl. Diez 9949. **12**:Eph. lit. 195. **300**:74 L 51. **2. 3. 5. 7. 8. 9. 10.**
1.7804

Acta litteraria. Scripsit Christ[ianus] Adolphus Klotzius (7,2-4: Cont. Gottlob Bened[ikt] Schirach). Vol. 1-7. — Altenburgi 1764–76: Richter.
1–7 . . . . **12**:Eph. lit. 127. **300**:+46 X 10. **4. 6.**
1–7 [∞ 7,4] . . . . 1:Ac 6075. **5. 7. 8.**
1–7 [∞ 7,1.4] . . . . **2.**
1–6 . . . . **3. 10.**
1–5 . . . . **11.**
1.7805

***Acta litteraria Bohemiae et Moraviae.** [Hrsg.: Adauctus a Sancto Germano Voigt.] Vol. 1. 2. (je 6 Teile).
Pragae: In officina Wolfgangi Gerle 1774–83. 8° 12, Prag UB

Acta litteraria ex manuscriptis eruta atque collecta. [Hrsg.: Burchard Gotth. Struve.] T. 1 (= Fasc. 1–10). T. 2 (= Fasc. 1–8). Jena 1703–20. 8° 37

Ⓒ Hauptt.: Burcardi Gotthelfii Struvii collectanea manuscriptorum.

Acta litteraria musei nationalis hungarici. Budae 1818. H: *Miller, Jac. Ferd.* (Pk)

203 **Acta Litteraria Regni Poloniae et Magni Ducatus Lithuaniae.** [Hrsg.: Laurentius Mizlerus.] Bd 1 (= St. 1–3), Bd 2 (= St. 1–4). Varsaviae et Lipsiae: Typis Mizlerianis 1755 bis 1756. 4°

—— D. Martini Lutheri in Comitiis Principum Wormatiensibus, Philippi Melanchthonis Allocutio de obitu Lutheri et Oratio in funere ejus Witebergae recitata, quae illustriss. temporis documenta in memoriam et vitae et mortis divini Sacrae Script. Interpr. Fideique Christianae Restitutoris post 300 annos juventuti literar. studiosae denuo offeruntur. 8maj. (2 B.) Berolini 846, (libr. Nauck). *

Acta Maguntina seculi XII. Urkunden zur Geschichte des Erzbisthums Mainz im zwölften Jahrhundert. Aus d. Archiven und Bibliotheken Deutschlands zum erstenmal hrsg. von Karl Friedrich Stumpf [-Brentano]. — Innsbruck: Wagner 1863. XLVII,180 S.
1:Sk 7610. 12:H. eccl. 1126fk. 300:85.261-B. 2. 3. 4. 5. 6. 7. 8. 9. 10. 11.
1.7810

— **manualia** d. Teufels in Sachen Schleswig-Holstein. Auf dem Schlachtfelde v. Idstedt gefunden u. zum Besten der Lazarethe in Rendsburg u. Altona hrsg. (v. Gustav Schwetschke.) 8. (24 S.) Halle 850, G. Schwetschke. 1/8 ₰

Acta S. Marinae et S. Christophori. Ed. Hermannus Usener. — (Bonn 1886: Georgi.) 80 S.
Festschrift zur fünften Säcularfeier der Carl-Ruprechts-Universität zu Heidelberg.
1:Dx 580. 12:H. lit. P. 396nh-10. 300:148.105-C. 2. 3. 4. 5. 7. 8. 9. 10. 11.
1.7817

—— martyrum P. Theodorici Ruinart opera ac studio collecta, selecta atque illustrata. Accedunt praeterea in hac editione acta SS. Firmi et Rustici ex optimis codicibus Veronensibus. Editio juxta exemplar Veronense novis curis quam emendatissime recusa. Lex.-8. (XVI und 676 S.) Regensburg 859, Manz. Thlr. *

Acta martyrum. Ed. Franciscus Maria Esteves Pereira. 1. Parisiis: Poussielgue; Lipsiae: Harrassowitz 1907. (Corpus scriptorum christianorum orientalium. Scriptores aethiopici. Ser. 2,28.)
1:Zt 450-2,28. 12:P. gr. C. 23sf-B II,28
300:433.793-B. Ser. 2,28. 2. 3. 4. 5. 6. 7. 8. 9. 10. 11.
1.7825

Acta martyrum. Ed. I. Balestri et H[enri] Hyvernat. 1.2.—Parisiis: Poussielgue; Lipsiae: Harrassowitz 1907-24. (Corpus scriptorum christianorum orientalium. Scriptores coptici. Ser. 3,1.2.)
1.2 . 1:Zt 453-3,1.2. 12:P. gr. C. 23sf-D III,1.2. 4. 7. 10.
1 . . 300:433.793-B. Ser. 3,1. 2. 3. 5. 6. 8. 9. 11.
1.7826

— [deutsch] Echte und ausgewählte Acten der ersten Martirer. Nach den ältesten Ausgaben und Handschriften kritisch gesammelt und beleuchtet durch Theodorich [Thierry] Ruinart. Mit e. allg. polemischen Einl. Aus dem Lat. übers. nach d. Amsterdamer Ausgabe des Heinrich Wettstein vom Jahre 1713. Bd 1-5. — Wien: Mechitaristen-Congregations-Buchh. 1831-34.
1-5 . . . . 300:35 W 18 [u.] 28.321.
4.5 . . . . 102.
1.7830

— 2. unveränd. Aufl. [1.] Ebd. 1832. 102.
1.7831

— [deutsch] Echte Akten h. Märtyrer des Morgenlandes. Aus d. Syr. übers. von Pius Zingerle. Th. 1.2. — Innsbruck: Wagner 1836. 12:V. SS. C. 20fd. 3. 7. 102P.
1.7838

— s. s. martyrum Edessenorum Sarbelii, Barsimaei, Guriae, Samonae et Abibi. Fasciculus 1. Acta s. s. martyrum Sarbelii et Barsimaei, saeculo secundo p. Ch. scripta, ex fontibus syriacis, armeniacis, graecis et latinis collecta, explanata, defensa a Geo. Moesinger. gr. 8. (VII, 136 S.) Innsbruck 874. Wagner. n. 2. 40

Acta martyrum et sanctorum. Syriace ed. Bedjan. Tom. I. 8. (X, 550 S.) Leipzig 890. (Harrassowitz.) n. 20. —

— martyrum et sanctorum. Syriace ed. Bedjan. Tom. II—IV. gr. 8. Parisiis. (Leipzig, O. Harrassowitz.) n.n. 72. — (I—IV.: n.n. 92. —)
II. [Martyres Chaldaei et Persae.] (XIII, 688 S.) 891. n.n. 24. —
III. (VIII, 688 S.) 892. n.n. 24. —
IV. (XV, 688 S.) 894. n.n. 24. —

— martyrum et sanctorum, (syriaco) ed. Paulus Bedjan, Cong. Miss. Tom. V—VII. gr. 8. Parisiis. Leipzig 895 (O. Harrassowitz). n.n. 76. — (I.—VII.: n.n. 168. —)
V. (XI, 705 S.) 895. n. 24. —. — VI. (XI, 691 S.) 896. n. 24. —. — VII. (XII, 1019 S.) 897. n. 28. —

Acta martyrum scilatanorum graece ed. H. Usener. Pr. 1881. 6 S. 4°. —.75

— martyrum selecta. Ausgewählte Märtyreracten u. andere Urkunden a. d. Verfolgungszeit der christl. Kirche, hrsg. v. Osc. v. Gebhardt. 8. (XII, 259 S.) Berlin 902. A. Duncker. n. 4. —; geb. in Leinw. n.n. 4.50

Ⓑ — martyrum selecta. Berlin 902. (KBL. 31). Jetzt: Berlin, A. Glaue.

— mathematica. Zeitschrift, hrsg. v. G. Mittag-Leffler. I—VIII. Bd. à 4 Hfte. gr. 4. (à Hft. ca. VI, 96 S.) Stockholm 882—86. (Berlin, Mayer & Müller.) à Bd. n. 12. —

— mathematica. Zeitschrift, hrsg. v. G. Mittag-Leffler. 10. Bd. 4 Hfte. gr. 4. (à Hft. ca. 100 S.) Stockholm 887. Berlin, Mayer & Müller. n. 12. —

— dasselbe. 11.—14. Bd. à 4 Hfte. gr. 4. (à Hft. ca. 100 S.) Ebd. 888—890. à Bd. n. 15. —

— mathematica. Zeitschrift, hrsg. v. G. Mittag-Leffler. 15.—18. Bd. à 4 Hfte. gr. 4. (à Hft. ca. 112 S.) Stockholm 891—894. (Berlin, Mayer & Müller.) à Bd. n. 15. —

— mathematica. Zeitschrift, hrsg. v. G. Mittag-Leffler. 19.—22 Bd. à 4 Hfte. (à ca 120 S. m. Fig. u. Taf.) gr. 4. Stockholm. Berlin 896—98. (Meyer & Müller.) à Bd. n. 15. —

— mathematica. Zeitschrift, hrsg. v. G. Mittag-Leffler. 23.—25. Bd. (V, 416; V, 396 S. m. 3 Taf. u. V, 383 S. m. 2 Taf.) gr. 4. Stockholm 899—901. (Berlin, Mayer & Müller.) à n. 15. —

– dasselbe. 26. Bd (V,400 S.) gr.4. Ebd. 902. n.20,-

— mathematica. Zeitschrift, hrsg. v. G. Mittag-Leffler 27.—30. Bd. (VIII, 391 S. m. 1 Fksm.; VIII, 394; VI, 433 u. VI. 410 S.) 4. Stockholm 903—05. (Berlin, Mayer & Müller.) à Bd. n. 20. —

— mathematica. Zeitschrift, hrsg. v. G. Mittag-Leffler. 31.—33. Bd. (33. Bd. 1. Heft. 104 S.) Lex. 8. Stockholm 907—909. (Berlin, Mayer & Müller.) à Bd. 20. —

—— medico-clinica academiae Josephinae anno scholast. 1834—35. Ed. Aug. Willerding. 8maj. (8 1/8 B.) Vindobonae 836, libr. Mechitarist - Congregat.

***Acta medicorum Berolinensium in incrementum artis et scientiarum collecta et digesta. [Hrsg.: Joh. Daniel Gohl.] Dekade 1–3. Berlin: G. Gedicke 1717–31. 8° 29, 37, 150**

— medicor. suecic. T. I. c. tab. aen. 8. Upsala 783. Swederus. 1 ₰ 18 ℊ.

Acta medicorum Suecicorum
Abhandlungen der schwedischen Aerzte oder Sammlung seltener Beobachtungen und Fälle aus allen Theilen der Medicin, vorzüglich aber aus der praktischen Arzneywissenschaft und Chirurgie. (Acta medicorum Suecicorum seu sylloge observationum et casuum rariorum in variis medicinae partibus, praesertim in historia naturali, praxi medica et chirurgia. Dt.) Übers. von Johann Jakob Roemer. Th. 1, 266 S., gbd., 2 Taf.

St. Gallen: Reutiner 1785

Acta zwischen der Gemeinde Melbach auf der einen und dem Pfarrer Leopard auf der andern Seite, ... Burgfriedberg 1800. V: *Leopard, Johann Carl.* (MGT)

Acta nationis Germanicae Universitatis Bononiensis ex archetypis tabularii Malvezziani iussu Instituti Germanici Savignyani ed. Ernestus Friedlaender et Carolus Malagola. [Nebst] Biogr. Index. — Berolini : G. Reimer (Ind.: v. Decker) 1887–99.
Biogr. Ind. u. d. T.: Knod, Gustav C.: Deutsche Studenten in Bologna. 1899.
1: Acta = 4° Az 22530; Ind. = 4° Az 22530/1. **12:** 4° H. lit. P. 3. **300:** Acta = 39.103–D; Ind. = 97.130–C. **2. 3. 4. 5. 6. 7. 8. 9. 10. 11. 102** [∞ Ind.]
1.7848

— Acta SS. Nerei et Achillei. Graece ed. Albrecht Wirth. — Lipsiae: Fock 1890. 42 S.
1: Dx 2073. **300:** 153.885–B [u.] 88.339–B. **2. 7.**
1.7849

— — Text u. Untersuchung von Hans Achelis. Leipzig: Hinrichs 1893. 70 S. (Texte u. Untersuchungen z. Geschichte d. altchristl. Literatur. 11,2.)
1: B 1464–11,2. **12:** P. gr. C. 34ci–XI,2. **300:** 390.829–B. Pp. S. Bd 11. **2. 3. 4. 5. 6. 7. 8. 9. 10. 11. 102.**
1.7850

— — Nova, oder zuverlässige Nachrichten von Schulsachen. ... gesammelt von J. G. Biedermann. Bd. 1. 2. Leipzig 1749—51. 8.

Acta, N o v a , academiae Caesareae Leopoldino-Carolinae... s. A c t a, N o v a, physico-medica academiae...

— nova acad. Erford. ann. 796—806, s. Abhandl. d. Akademie nützl. Wissenschaften zu Erfurt.

— nova acad. scient. imp. Petropol. XIII Tom. 4. ibid. 783 —795. (à Tom. 4 Rthlr. 12 gr.)

***Nova Acta Eruditorum. [Hrsg.: Friedr. Otto Mencke; 1754ff: K. Andr. Bel.] T. 1–8 u. Suppl.**
Leipzig 1732–82. 4° 12, 29, 37
ℂ Anf. u. d. T.: Acta eruditorum. Leipzig 1682ff.

Nova acta Helvetica, physico - mathematico - anatomico - botanico - medica. [Hrsg.: Soc. phys.-med. Basiliensis.] Bd 1.
Basileae: Schweighäuser 1787. 4° 29
[Math.]
[Botanik]
ℂ Vorh. u. d. T.: Acta Helvetica. Basel 1751ff.

Nova acta historico-ecclesiastica. [Hrsg.: Joh. Christian Bartholomaei.] Bd 1–12 (= St. 1–96).
Weimar: Hofmann 1759–74. 12
ℂ Anf. u. d. T.: Acta historico-ecclesiastica. Weimar 1734ff.
ℂ Forts. u. d. T.: Acta historico-ecclesiastica nostri temporis. Weimar 1774ff.

***Nova acta jureconsultorum oder Gründliche Auszüge, und unpartheyische Urtheile über die neuesten juristischen Bücher und Disputationes . . . T. 1–9.**
Wittenberg: Samuel Gottfr. Zimmermann 1738–39. 8° 12
ℂ Anf. u. d. T.: Acta jureconsultorum. Wittenberg 1734ff.

— nova literaria societatis Rheno-Trajectinae Pars I. (cont. J. Lensing, observat. crit. in Euripidem etc. — P. II. Peerlkamp, observat. Anacreonticae. 8maj. Traject. ad Rh. 821. (Fr. Fleischer in Leipz.) 1 ₰ — id. l. Pars II. Et. s. t.: Geel, J., historia critica sophistarum, qui Socratis aetate Athenis floruerunt. 8maj. ibid. 823. 1 ₰ 12 ℊ Pars III. et IV. 8maj. ibid. 828. 31. Altheer (Leipz. Weigel). 3 ₰ 4 ℊ P. I—IV. 5 ₰ 16 ℊ (bei Fr. Fleischer P. I.—III.) 4 ₰ 12 ℊ

—— id. P. IV. (Alex. Bake, Comment. crit. de libellis, qui Xenophontis nomine feruntur de republica Atheniensium et de vectigalibus Atheniensium.) 8 maj. (16 B.) ibid. 831.
Pars I. II. Ebendas. 1821, 23. 2 Thlr. 12 Gr.

Acta, N o v a, physico-medica academiae Caesareae Leopoldino-Carolinae naturae curiosorum (22 Suppl. ff: A c t a, N o v a...
Früheres s. A c t a, P h y s i c o - m e d i c a, academiae. . .

Nova acta physico-medica academiae Caesareae Leopoldinae-Carolinae naturae curiosorum. T. 1–8.
Norimbergae 1757–91. 4° 12, 29, 210
ℂ Vorh. u. d. T.: Acta physico-medica. Nürnberg 1727ff.
ℂ Forts. u. d. T.: Verhandlungen der Leopold. Carolin. Academie der Naturforscher. Erlangen 1818ff.

— nova, physico-medica Academiae caesareae Leopoldino-Carolinae Naturae Curiosorum. Tomus IX. cum 8 tab. aen. pictis. 4 maj. Erlangae. (Stahel.) 819.
Von diesem Bande an auch unt. d. Titel: Verhandlungen der L. C. Akademie der Naturforscher. I. Bd. gesammelt und herausgegeben von F. von Wendt.

— — Vol Xum. auch unter d. Titel: Verhandlungen etc. 2r Bd. herausg. v. C. G. Nees v. Esenbeck. Mit Kupfr. gr. 4. Bonn, Markus. 820.

— nova, physico-medica academ. caesar. Leopold-Carolinae naturae curiosorum. Tom. X. Pars. 2. — Verhandlungen d. Kaiserl. Leopold. Carolin. Academie d. Naturforscher. 2n Bds. 2e Abth. Mit 39 Kupf. 4. Bonn 821, Marcus.

— id. lib. Tom. XI. Auch u. d. T.: Verhandl. d. Kaiserl. Leopold. Carolin. Academie d. Naturforscher. 3r Bd. in 2 Abtheilg. Mit 62 illum. u. schw. Kupft. gr. 4. Bonn 823, Weber.

— id. lib. Tom. XII. Pars. I. et II. A. u. d. T.: Verhandl. d. Kais. Leopold. Carolin. Academ. rc. 4r Bd. in 2 Abtheilg. Mit Kupf. u. Steintaf. gr. 4. Bonn, Weber.

— id. lib. Tom. XIII. Pars. I. et II. A. u. d. T.: Verhandl. d. Kaiserl. Leopold. Carolin. Academ. rc. 5r Bd. 1 u. 2e Abth. Mit Kupf. u. Steintaf. gr. 4. Ebend. 826, Ebend.

Acta, nova, physico-medica academiae Caesar. Leopoldino-Carolinae naturae curiosorum. T. XIV. P. I. (seu Decad. II. T. IV. P. I.) — A. u. d. T.: Verhandlungen d. Kaiserl. Leopoldinisch-Carolin. Akademie der Naturforscher. 14. Bd. 1. Abthl. (Neue Verhandl. 6. Bd. 1. Abthl.) M. 8 schw. u. 5 ill. Kpfr.- u. 12 Stnt., (wovon 1 Bl. ill. ist.) gr. 4. (54 B.) Bonn 828, Weber.

—— id. T. XIV. P. II. (seu Dec. II. T. IV. P. II.) — A. u. d. T.: Verhandlungen etc. 14. Bd. 2. Abthl. (Neue Verhandl. 6. Bd. 2. Abthl.) M. 26 Stnt. (wovon 15 ill. sind) u. 4 Kpfrt. gr. 4. (71½ B.), nebst

—— id. Supplement z. 13. u. 14. Bde. A. u. d. T.: J. B. G. Lindenberg, Synopsis Hepaticarum Europaearum, adnexis observationibus et adnotationibus criticis illustrata. Cum tabb. II. 4 maj. (17 B.) Ebds. 829. Zusammen
Der Supplementband apart: 1 Thlr. 8 Gr.

Acta, nova, physico-medica academiae Caesar. Leopoldino-Corolinae naturae curiosorum. T. XV. P. I. (seu Decad. II. T. V. P. I.) — A. u. d. T.: Verhandlungen d. Kaiserl. Leopoldinisch-Carolin. Akademie der Naturforscher. 15. Bd. 1. Abthl. (Neue Verhandl. 7. Bd. 1. Abthl.) M. 6 Kpfr.- u. 42 Stnt., zum Theil ill. u. in Fol. gr. 4. (53 B.) (Breslau u.) Bonn 831, Weber. Thlr.

—— id. T. XV. P. II. (s. Decad. II. T. V. P. II.) — A. u. d. T.: Verhandlungen etc. 15. Bd. 2. Abthl. (Neue Verhandl. 7. Bd. 2. Abthl.) M. 28 Stn.- u. 4 Kpfrt. (zum Theil in Fol., u. incl. 13 ill.) gr. 4. (68¼ B.) nebst

—— id. Supplement, a. u. d. T.: L. C. Richard, de Musaceis comment. botanica, sistens characteres hujus-ce familiae generum. Cum tabb. XII, ab auctore delin. Opus posthum., ab A. Richardo filio terminatum et in lucem editum. 4 maj. (4½ B. Schrbp.) Ebds. 831. Zusammen
Der Supplementband apart; 4 Thlr

Acta nova, physica-medica Acad. Caes. Leopold. Carolinae naturam curiosorum. Vol. XVI. Pars I. (seu Decadis II. Vol. VI.) A. m. d. T.: Verhandll. d. Kaiserl. Leopold.-Carolin. Akademie d. Naturforscher. 16r Bd. 1e Abthl., oder Neue Verhandll. 8r Bd. 1e Abthl. Mit 24 Stein- und 6 Kpftaf. gr. 4. Bresl. u. Bonn 832, Weber. 8¼ ₰ Vol. XVI. Pars II. oder Verhandll. rc. 16r Bd. 2e Abthl. oder Neue Verhandll. 8r Bd. 2e Abthl. Mit 28 Stein- u. 6 Kpfrtaf. gr. 4. Ebd. 834. 8¼ ₰ Vol. XVII. Pars I. II. oder Verhandll. rc. 17r Bd. 1e u. 2e Abthl. oder Neue Verhandll. 9r Bd. 1e u. 2e Abthl. Mit 27 Stein- u. 9 Kpfrtaf. u. 1 Tab. u. 2e Abth. Mit 39 Kpfr- u. Steintaf. gr. 4. Ebd. 835. 1e Abthl. 9⅚ ₰ 2e Abthl. 9½ ₰

—— id. T. XVI. P. II (s. Decad. II. T. VI. P. II.) — A. u. d. T.: Verhandlungen etc. 16. Bd. 2. Abthl. (Neue Verhandl. 8. Bd. 2 Abthl.) M. 28 Stn.- u. 6 Kpfrt. (zum Theil in Fol. u. ill.) gr. 4. (73 B.) Ebds. 833.

—— id. Supplement, a. u. d. T.: F. J. F. Meyenii Observationes zoologicas, in itinere circum terram institutas, acced. Guil. Erichsonii et H. Burmeisteri Descript. et Icones Insector. a Meyenio in ista expedit. collector. — A. u. d. T.: Verhandl. etc. 16. Bd. 1. Suppl., enthalt. F. J. F. Meyen's Beiträge zur Zoologie, etc. M. 41 theils Kpfr.-, theils Stnt. (wovon 27 ill. sind.) gr. 4. (40 B.) Ebds. 834.
Tom. I—VIII. Nürnberg, Stein. 1757—91. 26 Thlr. 10 Gr. — IX. Erlangen, (Bonn, Marcus.) 1818. 6 Thlr. — X P. 1. 2. Bonn, Marcus 1821—22. 17 Thlr. 8 Gr. — XI—XIII. à 2 Pts. Bonn, Weber. 1823—26. 50 Thlr. 14 Gr. — Vgl. Ebert, bibl. Lex. 1. Bd. S. 5 Nr. 42.

— ead. Vol. XVII. Supplementum. Sistens H. R. Göpperti systema Filicum fossilium. Cum tabb. lith. XLIV. A. u. d. T: Verhandll der Kaiserl. Leopold. Carolin. Akademie der Naturforscher. Des 17n Bdes Supplement, enthaltend die fossilen Farrnkräuter von H. R. Göppert. Mit 44 Steintaf. gr. 4. Bresl. u. Bonn 836. Weber. n. 8 ₰

Acta, nova, physico-medica Acad. Caes. Leopold. Carolinae naturam curiosorum XVIII. Pars I. — A. u. d. T.: Verhandlungen der Kais. Leop.-Karol. Academie d. Naturforscher. 18. Bd. (oder neue Verhandll. 10. Bd.): Monographie der Gattung Tristoma, von C. M. Diesing. — Ueber das Wesen und die Bedeutung der menschlichen Haare und Zähne, von O. C. Trinius. — Ueber den Verlauf und die letzten Enden der Nerven, von G. Valentin. — Ueber den Bau der sogenannten Moschusdrüsen (Afterdrüsen) des Wuychuchoe (Sorex moschatus Pall., Desmana, Güldenst., Mygale moschata Cuv.) von J. F. Brandt. — Beiträge zu Eryon, einem Geschlechte fossiler langschwänziger Krebse, von Herm. v. Meyer. — Abweichung von der Fünfzahl, bei Echinideen, nachgewiesen durch einen vierzähligen Cidariten und durch einen sechszähligen Galeriten von Demselben. — Anatome Hydrae fuscae. Exposuit A. J. Corda. — Helminthologische Beiträge von C. M. Diesing. — Pugyllus plantarum Indiae orientalis. Composuit G. A. Walker-Arnott. — Excursus de Solano Wightii, quem Arnottii collegae observationibus addidit Nees ab Esenbeck. — Monographie der Riccieen von J. B. W. Lindenberg. — Beiträge zur Kenntniß der Azollen von F. J. F. Meyen. — Beitrag zur Kenntniß der Laubknospen von A. Henry. — Nachtrag zu G. Valentin's Abhandlung über den Verlauf und die letzten Enden der Nerven. — Meteorologisches Jahrbuch der Großherzogl. Sternwarte zu Jena. Der neuen Folge zweiter Jahrg. vom Jahr 1834, von L. Schrön, als Beilage zum 18. Bande. Mit 40 zum Theil illum. Kupfer- u. Steint. gr. 4. Bonn 836, Weber. baar 9½ ₰

— ead. Vol. XVIII. Pars II. — (A. u. d. T.: Neue Verhandlungen rc. 11. Bd.) De florib. in statu fossili commentatio. Scripsit H. Göppert. — Die Krätzmilben der Thiere und einige verwandte Arten, nach eignen Untersuchungen beschrieben von E. Hering. — Cirroteuthis Mülleri, eine neue Gattung der Cephalopoden bildend, von Prof. Eschricht. — Recherches anatomiques et physiologiques sur le dévéloppement des êtres organisés. Par E. Jacquemin. — Antrocephalus, eine neue Gattung der Lebermoose aus d. Gruppe der Marchantieen. Sendschreiben an den Herrn Präsidenten Nees von Esenbeck, von Dr. J. G. C. Lehmann. — Mikroskopische Beobachtungen von Dr. F. Unger. — Beiträge zur genauern Kenntniß einiger Eidechsengattungen von Dr. J. L. C. Gravenhorst. — F. Unger, weitere Beobachtungen über die Samenthiere der Pflanzen. — Index. — Meteorologisches Jahrbuch der Großherzogl. Sternwarte zu Jena. Der neuen Folge dritter Jahrg. vom Jahr 1835 von Dr. L. Schrön. Als Beilage zum 19. Bande. Mit 17 Taf. gr. 4. Ebd. 838. baar 8 ₰

Acta, nova, physico-medica Acad. Caes. Leopold. Carolinae naturam curiosorum XVIII. Supplementum I. De Kamptzia, novo Myrtacearum genere, disserit Nees ab Esenbeck. — C. F. de Glocker, ad virum illustrissimum C. A. Ch. H. Liberum Baronem de Kamptz, de Graphite Moravico et de phaenomenis quibusdam, originem Graphitae illustrantibus, litterae. — Nees ab Esenbeck, adnotatio ad dissertationem de Kamptzia. — Mémoires lichénographiques, par Mr. Fee. — Monographia generis Melocacti, auctore F. A. Guil. Miquel. — Ueber Javan'sche Balanophoreen, von Fr. Junghuhn. — Zusatz zu obiger Abhandlung, von C. G. Nees von Esenbeck. — Ueber den Bau der Balanophoren, so wie über d. Vorkommen von Wachs in ihnen u. in andern Pflanzen, v. Dr. H. R. Göppert. — J. R. v. Suhr, Beiträge zur Algenkunde. — G. F. Jaeger, de monstrosa folii Phoenicis dactyliferae conformatione, a Goetheo olim observata et figura picta illustrata, nec non de ramo ejusdem arboris intra spadicem contento. — Index. Mit 33 Tafeln. gr. 4. Ebd. 841. baar 10 ₰

— ead. Vol. XVIII. Supplementum II. Die Cyklose des Lebenssaftes in den Pflanzen, von Dr. C. H. Schultz. Mit 33 Taf. gr. 4. Ebd. 841. baar 10 ₰

— ead. Vol. XIX. Pars I. (Neue Verhandlungen ꝛc. 11. Bd. 1. Abthlg.) Needhamia expulsoria Sepiae officinalis, beschrieben und abgebildet und mit einigen Bemerkungen über epiorganische Geschöpfe begleitet von C. G. Carus. — Ueber ein neues Geschlecht von Schneepflanzen, Chionyphe, Schneegewebe, von L. Thienemann. — Ueber Bildung des Eichens u. Entstehung d. Embryo's bei den Phanerogamen, v. M. J. Schleiden. — Beiträge z. Entwickelungsgeschichte d. Blüthentheile bei den Leguminosen, von M. J. Schleiden und Th. Vogel. — Beitrag zur Kenntniß der Laubknospen, v. A. Henry. 2. Abthlg. Coniferen. — Neuere Erfahrungen über mehrere Cacteen, von L. Pfeiffer. — Bemerkungen über den Bau des Dichelesthium sturionis u. der Lernaeopoda stellata, von H. Rathke. — Annotationes de quibusdam mammalium generibus, auctore J. van der Hoeven. - Die versteinerten Insecten Solenhofens, beschrieben vom Professor Germar zu Halle. — Beschreibung einiger Antholysen von Lysimachia Ephemerum, von G. Valentin. — Ueber die Spermatozoen des Bären, von G. Valentin. — Beiträge zur nähern Bestimmung u. Naturgeschichte einiger auf der Kiefer (Pinus sylvestris L.) lebender Lophyiren, von L. Fintelmann. — Revision der Algengattung Macrocystis, von C. A. Agardh. — Der gespaltene Unterkiefer, eine Hemmungsbildung, beobachtet an einem Kalbe, vom Professor A. A. Berthold zu Göttingen. — Beiträge zur Petrefactenkunde, von Dr. Goldfuß. — Ueber einige Nager mit äußern Backentaschen aus dem westlichen Nordamerika, von Maxim. Prinzen zu Wied. — Remarques critiques sur le Mémoire de Mr. Courtois inséré dans les Actes de l'Académie des Curieux de la Nature volume 17e partie 2e, sous le titre: Commentarius in Remberti Dodonaei Pemptades par A. L. S. Lejeune. Mit 34 Taf. gr. 4. Ebd. 839. baar 9½ ₰

— ead. Vol. XIX. Pars II. (als Doppelband). Neue Verhandl. 11. Bd. 2. Abthl. Ueber die Retina, besonders über die Macula lutea und das Foramen centrale, von G. A. Michaelis in Kiel. — Nachträgliche Beobachtungen über den Bau des Auges der Cephalopoden, von Dr. A. Krohn. — Ueber das Albumen, insbesondere der Leguminosen, nebst einem Anhange von M. J. Schleiden und J. R. Th. Vogel. — Ueber die fossile Flora der Quadersandsteinformation in Schlesien, als erster Beitrag zur Flora der Tertiärgebilde, v. H. R. Göppert. — Fossile Pflanzenreste des Eisensandes von Achen, als zweiter Beitrag zur Flora d. Tertiärgebilde, v. H. R. Göppert. — Epistola de novo fungorum Entophitorum genere, quam Academiae Praesidi (die XX. Iulii a. MDCCCXXXVIII.) scripsit Fr. A. Guil. Miquel. — Ueber den Keimkörner-Apparat der Agaricinen und Helvelaceen, von Dr. P. Phöbus. — Ideen über die Gebilde der Clausilien, von Fortunat Forster. — Recherches physiologiques et anatomiques sur la respiration et sur les phénomènes qui en sont les conséquences, par E. Jacquemin. — I. Memoire sur la pneumaticité des oiseaux. — II. Mémoire, sur la pneumaticité du squelette des oiseaux. — Beiträge zur pathologischen Anatomie, von Dr. Heyfelder. — Beitrag zur Kenntniß der Laubknospen. 3. Abthl.: über nebenständige Beiknospen, von Aimé Henry. — Ueber die fossile Flora d. Gypsformation zu Dirschel in Oberschlesien, als dritter Beitrag zur Flora der Tertiärgebilde, von H. R. Göppert. — Ein Beitrag z. Flora des Uebergangsgebirges, v. H. R. Göppert. — Ueber ein neues Botrydium, von Dr. Fr. Kützing. — Zur Charakteristik der früheren Zustände und Verwandlung der Lepidopteren, besonders der Mikrolepidopteren, von J. T. C. Ratzeburg. — Fossile Insekten, beschrieben von Dr. F. Unger. — Beobachtungen über die Verwandlung der Schildkäfer (Cassida), von J. L. C. Gravenhorst und H. Scholtz. — Ueber einen Schädel aus den Gräbern d. alten Paläste v. Mitla, im Staate von Oajaca, von A. A. Berthold. — Entwickelung der Form eines Angesichts auf einem cyclopischen Auge. Sehr merkwürdiger Fall einer Mißgeburt, beschrieben von C. G. Carus. — System der Krystalle, ein Versuch von M. L. Frankenheim. De Phalli impudici germinatione dissertatio. Scripsit Dr. A. Oschatz. — Ueber eine neue räthselhafte Versteinerung aus dem thonigen Sphärosiderit der Karpathensandsteinformation im Gebiete der Beskiden, nebst vorangeschickten Bemerkungen über die Versteinerungen dieses Gebiets überhaupt, von E. F. Glocker. — Index. Mit 45 Taf. gr. 4. Ebd. 842. baar 16 ₰

Acta, nova, physico-medica Acad. Caes. Leopold. Carolinae naturam curiosor. XIX. Supplementum I. F. J. F. Meyenii observationes botanicae in itinere circum terram institutae. Opus posthumum, sociorum Academiae curis suppletum. Cum tab. XIII. (Dieser Band schließt die Aufzählung u. wissenschaftliche Beschreibung d. naturhistorischen Sammlungen und Entdeckungen, welche der allzufrüh durch den Tod entrissene Professor Meyen auf der Erdumschiffung mit dem Kön. Preuß. Schiffe Luise gemacht hat.) gr. 4. Ebd. 843. baar 8 ₰

— ead. Vol. XIX. Supplementum II. Monographia generis Lepidagathis. Scripsit C. G. Nees ab Esenbeck. — Anatomisch-physiolog. Untersuchungen üb. die Bothryocephalen, von F. Esricht. — Monographia Myrtacearum xerocarpicorum. Sect. I. Chamaelaucicarum hucusque cognitarum genera et species illustrans. Scripsit J. C. Schauer. — Ueber den Jurakalk von Kurowitz in Mähren, und über den darin vorkomm. Aptychus imbricatus, von Er. Fr. Glocker, — und Anhang zu dieser Abhandl. Mit 14 Taf. gr. 8. Ebd. 841. baar 8 ₰

— ead. Vol. XX. Pars I. (Neue Verhandlungen ꝛc. 12. Bd. 1. Abtheil.) Beiträge zur Fauna Norwegens, von Heinr. Rathke. — Anatomisch-physiologische Untersuchungen über Haplomitrium Hookeri N. v. E., mit Vergleichung anderer Lebermoose, von L. M. Gottsche. — Ueber einige fossile Insekten aus Radoboj in Croatien, von Toussaint von Charpentier. Mit 23 Taf. gr. 4. Ebd. 843. baar 8 ₰

— ead. Vol. XX. Pars II. (Neue Verhandlungen ꝛc. 12. Bd. 2. Abthlg. — Ueber Haematoccus pluvialis, von J. v. Flotow. (Mit Zusätzen u. Beilagen von Nees v. Esenbeck, Hugo v. Rothkirch u. Leop. Finger. — Disquisitiones recentiores de arteriis mammalium et avium, auctore Joa. Car. Leop. Barkowio. — Ueber die Zunge als Geschmacksorgan, von Mayer. — Index. Mit 14 Taf. gr. 4. Ebd. 844. n. 8 ₰

— ead. Vol. XXI. Verhandlungen ꝛc. 13. Bd. 1. Abthlg. Enth.: Schauer, J. C., Dissertatio phytographica de Regelia, Beaufortia et Colothamno, generibus plantarum Myrtacearum. — Seubert, M., Elatinarum monographia. — v. Flotow, J., Lecidea scabrosa Ach. Meth. in ihrem Verhältnisse zu Lecidea flavovirescens Borr. und Lecidea Draparnaldii Gratel. — Schulz, C. H., Hypochoerideae. — Goldfuß, Aug., der Schädel des Mosasaurus, durch Beschreibung einer neuen Art dieser Gattung erläutert. — Heinzel, G., de Macrozamia Preissii. — v. Siebold, C. Th., über die Spermatozoiden der Locustinen. — Henry, A., Beiträge zur Kenntniß der Laubknospen. 3. Abthl.: Tulipa sylvestris, Gagea arvensis u. stenopetala. — Karsten, H., disquisitio microscopica et chemica hepatis et Crustaceorum et Molluscorum. — Stahl, C., Beitrag z. Pathologie des Idiotismus endemicus, genannt Cretinismus, in den Bezirken Sulzheim und Gerolzhofen in Unterfranken. — Lehmann, ein Nachtrag über den Didus ineptus. — Siemuszowa-Pietruski, S. C. v., Erziehung d. Auerhühner in der Gefangenschaft. Mit einem Zusatze von L. Brehm. — Mit 29 lith. Taf. gr. 4. Ebd. 845. baar 8 ₰

Actorum, novorum, Academiae Caesareae Leopoldino-Carolinae naturae curiosorum. Vol. XXI. Pars II. A. u. d. T. Verhandlungen der Kaiserl. Leopoldinisch-Carolinischen Akademie der Naturforscher. 13. Bd. 2. Abthl. Ehrengedächtn. des K. Würtemberg. Staatsraths v. Kielmeyer, v. G. Jaeger. — Ueber die Fructification d. Jungermanniae geocalyceae, v. C. M. Gottsche. — Ueber die selbstständige Entwickelung der Pollenzelle zur keimtragend. Pflanze, v. S. Reissek. — Bemerkungen üb. einige Terebrateln a. d. Jurakalk Mährens u. Ungarns, v. E. F. Glocker. — Systema venosum avium cum eo mammalium et inprimis hominis collatum. Commentatio anatom. auctore Ludow. Ad. Neugebauer. — Systemat. Uebersicht der Gänge u. Lager des Harzes, welche metallführend sind, v. Zincken. — Mit 21 (lith. z. Thl. col.) Taf. gr. 4. (XCII S. u. S. 417—718.) Breslau u. Bonn 845, Weber. n. 8 ₰

Acta (Actorum,) novorum, physico-medica Academiae Caesareae Leopoldino-Carolinae naturae curiosorum Vol. XXI. Supplementum. A. u. d. T.: Verhandlungen der kaiserl. Leopoldinisch-Carolinischen Akademie der Naturforscher. Suppl. des 13. Bds., enth. F. A. W. Miquél illustrationes Piperacearum. gr. 4. (87 S. und 92 Stnt.) Breslau und Bonn 846. Bonn, Weber. *

— dies. vol. XXII. pars I. A. u. d. T. Verhandlungen etc. 14. Bd. 1. Abthl. Beiträge z. Anatomie der Elephanten u. d. übrigen Pachydermen, v. C. Mayer. — Ueber einige patholog. Producte v. Vögeln u. Säugethieren, v. E. v. Bibra. — Zur Kenntniss der Balanophoren, insbesondere der Gatt. Rhopalocnemis Jungh.,v. R. H. Göppert. — Chem. Untersuch. des wachsähnl. Bestandtheiles der Balanophora elongata Blume, v. Th. Poleck. — Knospenbilder, ein Beitrag zur Kenntn. der Laubknospen u. der Verzweigungsart der Pflanzen. 1. Abthl. Dikotyledonen, v. A. Henry. — Die Knochenreste eines in d. Papierkohle des Siebengebirges aufgefund. Moschusthieres, beschrieb. v. Goldfuss. — Zur Flora des Quadersandsteines in Schlesien, als Nachtr. zu der früher erschien. Abhandl. über dens. Gegenstand in Nova Acta etc. Vol. XIX. P. 2. v. R. H. Göppert. Mit 38 (lith. u. lithochrom.) Taf. (in 4. u. qu. Fol.) 4. (XII u. 368 S.) Ebd. 847. n. 8 ₰

— dies. Vol. XXII. pars 2. A. u. d. T. Verhandlungen etc. 14. Bd. 2. Abthl. Das Kopfskelet des Zeuglodon Hydrarchus, v. C. G. Carus. — Vaheae Bojerianae et Cassia filipendula Boj. iconibus illustratae (communicavit Alph. De Candolle.) — Fragmentar. Mittheilungen üb. die in Afrika gemachten Reisen, v. J. W. Bar. v. Müller. — Ueber Cynixis Homeana Bell., v. A. A. Berthold. — Ueb. ein. fossil. Elennschädel m. monströsen Geweihen, v. A. A. Berthold. — Ueber einige Petrefacten aus d. untern Kreide des Kaplandes, v. Ferd. Kraus. — Zwei Beiträge z. Kenntniss der fossilen Palmen, v. K. G. Stenzel. — Zur Lehre v. Wachsthum der Pflanzenzelle, v. Ferd. Cohn. — Beschreib. u. Erklär. einiger Antholysen v. Primula Chinensis Lindl., v. Unger. — Beiträge z. Kenntniss des innern Baues der ausgewachsenen Mooskapsel, insbes. d. Peristoms, v. S. Lantzius-Beninga. — Nachträge z. Naturgesch. des Protococcus pluvialis Kütz., v. Ferd. Cohn. — Uebersicht der fossilen Säugethiere, welche in Würtemberg in verschiedenen Formationen aufgefunden worden sind, u. nähere Beschreib. u. Abbild. einiger derselben, v. G. Jäger. — Ueber fossile batrachoidische Formen im Gebiete des Karpathensandsteins, v. E. F. Glocker. — Ueber die Entstehung der Harze in d. Natur, v. Batka. — Mit 39 (lith. theils col.) Taf. (in 4. u. qu. Fol.) (XCVI S. u. S. 369—967.) Breslau u. Bonn 850, Weber. n. 10 ₰

Actorum, dies. Vol. XXII. supplementum sistens floram fossilem formationis transitionis autore H. R. Göppert. A. u. d. T.: Verhandlungen etc. Suppl. des XIV. Bd. enth. Fossile Flora des Uebergangsgebirges, v. H. R. Göppert. Mit 44 (lith. z. Thl. color.) Taf. (wovon 16 in qu. Fol.) gr. 4. (X u. 299 S.) Ebd. 852. n. 10 ₰

— dies. Vol. XXIII. pars 1. A. u. d. T.: Verhandlungen etc. 15. Bd. 1. Abthl. Recherches sur l'anatomie des organes génitaux des animaux vertébrés par A. Lereboullet. — Beiträge zur patholog. Anatomie u. zur Pathologie des Hüftgelenkes, v. Ed. Zeis. — Ueber die im zoolog. Museum der Univers. Breslau befindlichen Wirtelschleichen (Pseudosaura), Krüppelfüssler (Brachypoda), u. einige andere, denselben verwandte Reptilien aus d. Zünften d. Schleichen u. Dickzüngler, v. J. L. C. Gravenhorst. — Die Entwicklungsgeschichte der Achlya prolifera, v. N. Pringsheim. — Chem. Untersuchung des Mineralwassers zu Steben, im baiersch. Voigtlande, von v. Gorup-Besanez. — Die Entwicklungsgesch. des Pilobolus crystallinus, v. Ferd. Cohn. Mit 52 (lith. u. theils color.) Taf. (in gr. 4. u. qu. gr. Fol.) gr. 4. (LXXII u. 535 S.) Ebd. 851. n. 10 ₰

— dies. Vol. XXIII. pars 2. A. u. d. T.: Verhandlungen etc. 15. Bd. 2. Abthl. Ueber den Bau der Lymphdrüsen, von Oscar Heyfelder. — Beiträge zur Kenntniss der Equiseten, v. J. Milde. — Zur Entwicklungsgeschichte der Equiseten u. Rhizokarpen, von J. Milde. — Microstoma hiemale, eine neue Pilzgatt. aus der Gruppe der Pezizoideen, v. Agathon Bernstein. — Mantisse zur Abhandl. üb. Microstoma hiemale v. J. Milde. — Ueb. den Bau des Organes der Stimme bei dem Menschen, den Säugethieren u. einig. grössern Vögeln, nebst physiolog. Bemerkgn., v. C. Mayer. — Beiträge z. patholog. Anatomie, v. E. A. Meinel. — Ueber einige Erscheinungen an Kalkspathformen, v. E. F. Glocker. — Note sur les Corallines par le Comte Vict. B. A. Trevisan. — Mit 40 lith. Tafeln (wovon 2 in qu. Fol. u. 4 color.) 4. (XXXVI S. u. S. 537—830.) Ebd. 852. n. 8 ₰

(Acta.) — Novorum Actorum Academiae Caesareae Leopoldino-Carolinae naturae curiosorum Vol. XXIII. Supplementum. Cum tabb. LXIV. A. u. d. T.: Verhandlungen der Kaiserl. Leopold.-Carol. Akademie d. Naturforscher. Supplem. d. 23. Bds. enthlt. Revisio Potentillarum v. Ch. Lehmann. Mit 64 Steindrucktaff. Vratislaviae et Bonnae 856. (Weber.) gr. 4. (XV, 231 S. u. 5 Tabb. in Fol.) n. 16 ₰

— — Vol. XXIV. pars 1. 2. Cum tabulis XL. (lith. u. in Kpfr. gest. in 4. u. Fol.) A. u. d. T.: Verhandlungen der Kaiserlichen Leopoldinisch-Carolinischen Akademie der Naturforscher. Des 16. Bds. 1. u. 2. Abth. Vratislaviae et Bonnae 854. (Weber in Comm.) gr. (1. Abth.: 1 Bl. CLIV, 492 S.; 2. Abth.: CXXVII, S. 497—943 nebst: Fest-Bericht der zehnjährigen Stiftungsfeier des Vereins deutsch. Aerzte in Paris etc. v. H. L. Meding. 38 S.) Jede Abtheilung nn. 10 ₰

(Acta.) — Novorum Actorum Academiae Caesareae Leopoldino-Carolinae naturae curiosorum. Vol. XXIV. Supplementum. Cum tabulis XXII. A. u. d. T.: Verhandlungen der Kaiserlichen Leopoldinisch-Carolinischen Akademie der Naturforscher. Supplement des 24. Bds., enthlt. die Entwicklung der Cestoden, nach eigenen Untersuchungen von G. R. Wagner. Mit 22 (theilweise color.) Steindrucktaff. Vratislaviae et Bonnae 854. (Weber in Comm.) gr. 4. (XI, 91 S.) n. 8 ₰

— id. — Vol. XXV. pars I. et II. Et. s. t.: Verhandlungen der kaiserl. Leopoldinisch-Carolinischen Akademie der Naturforscher. 25. Bd. 2 Abthlgn. gr. 4. (CLXXV und 975 S. mit 30 Stnt. in gr. 4. und Fol.) Breslau und Bonn 855—56, Weber. à Abthl. ** 8 Thlr. **
Vgl. II. Bd. I. Abthl. S. 6.

Acta (Actorum), novorum, academiae Caesareae Leopoldino-Carolinae naturae curiosorum vol. XXVI pars I. Et. s. t.: Verhandlungen der kaiserl. Leopoldinisch-Carolinischen Akademie der Naturforscher. 26. Bd. 1. Abthl. gr. 4. (XXIII und 370 S. mit 30 zum Theil ill. Stnt. in 4. und Fol. und Nachtrag 32 S. mit 2 ill. Stnt.) Breslau und Bonn 857, Weber. **

— dass. — Vol. XXVI pars II. Et. s. t.: Verhandlungen etc. 26. Bd. 2. Abthl. gr. 4. (LXX und S. 371—927 mit 10 lithogr. Tab. und 35 zum Theil ill. Stnt. in 4. und Fol.) Ebendas. 858. **

(Acta.) — Novorum Actorum Academiae Caesareae Leopoldino-Carolinae Germanicae naturae curiosorum. Vol. XXVII. A. u. d. T.: Verhandlungen der Kaiserl. Leopoldinisch-Carolinischen deutschen Akademie der Naturforscher. 27. Bd. Mit 47 (lith.) Taf., (wovon 14 color., 16 in Bunt- u. 7 in Tondr. in 4. u. Fol.) Jena, 860. Frommann. gr. 4. (XCVIII, 659 S.) n. 16 ₰

— — Tomus XXVIII. seu Decadis III. Tomus VIII. A. u. d. T.: Verhandlungen etc. 28. Bd. Mit 38 (lith.) Taf., (wovon 1 color., 15 in Bunt- u. 5 in Tondr. in 4. u. Fol.) Ebend., 861. gr. 4. (XIV, 443 S.) n. 12 ₰

— — Tomus XXIX. seu Decadis III. Tomus IX. A. u. d. T.: Verhandlungen etc. 29. Bd. Mit 29 (lith.) Taf., (wovon 3 color., 3 in Ton- u. 11 in Buntdr. in 4. u. Fol.) Ebend., 862. gr. 4. (XIV, 404 S.) n. 10 ₰

— — Tomus XXX. seu Decadis IV. Tomus I. A. u. d. T.: Verhandlungen etc. 30. Bd. Mit 19 Taf., (wovon 14 lith. u. 5 in Kpfrst.) Ebend., 864. gr. 4. (VII, 511 S. m. Holzschn.) n. 10 ₰

(Acta.) — Novorum actorum Academiae Caesareae Leopoldino-Carolinae Germanicae naturae curiosorum tom. XXXI--XXXIV. — Verhandlungen der Kaiserl. Leopoldino-Carolinischen deutschen Akademie der Naturforscher. 31—34. Bd. Dresden 861—69. Jena, Fr. Frommann. gr. 4. (31. Bd.: XXIII, 448 S. u. 15 lith. u. Kpfrtaff. n. 10 ℛ𝓅; 32. Bd.: XXXVII, 1114 S. u. 50 lith. u. Kpfrtaff. n. 22 ℛ𝓅; 33. Bd.: XXXII, 421 S. u. 32 lith. u. Kpfrtaff.. n. 10 ℛ𝓅; 34. Bd.: 508 S. u. 22 lith. u. Kpfrtaff. n. 10 ℛ𝓅) n. 52 ℛ𝓅

Acta. Novorum actorum academiae Caesareae Leopoldino Carolinae Germanicae naturae curiosorum tom. XXXV—XXXVIII. Et. s. t.: Verhandlungen der kaiserl. Leopoldino-Carolinischen deutschen Akademie der Naturforscher. 35—38. Bd. Mit Taf. gr. 4. (501, 519, 494 u. 512 S.) Dresden 870—876. Jena, Fr. Frommann in Comm. à n. 30. —

— nova, academiae caesareae Leopoldino-Carolinae germanicae naturae curiosorum. Tom. XXXIX. E. s. t.: Verhandlungen der kaiserl. Leopoldinisch-Carolinisch deutschen Akademie der Naturforscher. 39. Bd. Cum 24 tab. (lith.) gr. 4. (400 S.) Dresden 878. Leipzig, Engelmann in Comm. n. 30. —

— dasselbe. Tom. XL. E. s. t.: Verhandlungen der kaiserl. Leopoldinisch-Carolinischen deutschen Akademie der Naturforscher. 40. Bd. Mit 29 (lith.) Taf. gr. 4. (444 S.) Halle 878. Ebend. n. 30. —

— dasselbe. Tom. XLI, 2 partes. E. s. t: Verhandlungen der kaiserl. Leopoldinisch-Carolinischen deutschen Akademie der Naturforscher. 41. Bd. 2 Thle. Mit 15, resp. 24 (lith. u. photolith.) Taf. gr. 4. (364 u. 442 S.) Ebend. 881. à n. 30. —

— dasselbe. Tomi XLII et XLIII. E. s. t.: Verhandl. d. kaiserl. Leopoldinisch-Carolinischen deutschen Akademie d. Naturforscher. 42. u. 43. Bd. Mit 25, resp. 28 (lith.) Taf. gr. 4. (396 u. 395 S.) Ebend. 881. 82. à n. 36. —

— nova, academiae caesareae Leopoldino-Carolinae germanicae naturae curiosorum. Tom. XLIV. E. s. t.: Verhandlungen der kaiserl. Leopoldinisch-Carolinischen deutschen Akademie der Naturforscher. 44. Bd. Mit 22 (lith.) Taf. gr. 4. (459 S.) Halle 883. (Leipzig, Engelmann.) n. 30. —

— dasselbe. Tom. XLV. E. s. t.: Verhandlungen. 45. Bd. Mit 14 (lith.) Taf. u. 14 Tab. gr. 4. (402 S.) Ebend. 884. n. 30. —

— dasselbe. Tom. XLVI. E. s. t.: Verhandlungen. 46. Bd. Mit 11 (lith.) Taf. gr. 4. (539 S.) Ebend. 884. n. 35. —

Acta nova, academiae caesareae Leopoldino-Carolinae germanicae naturae curiosorum. Tom. XLVII. E. s. t.: Verhandlungen der kaiserl. Leopoldinisch-Carolinischen deutschen Akademie der Naturforscher. 47. Bd. gr. 4. (314 S. mit 27 lithogr. Taf.) Halle 885. (Leipzig, Engelmann.) *

Inhalt:

Gerhardt, Rob., die Rohrflöte im Pfeifenregister der Orgel. *ℳ 5.—
Blanc, H., die Amphipoden der Kieler Bucht nebst einer histologischen Darstellung der „Calceoli". *ℳ 8.—.
Kessler, H. F., Beitrag zur Entwicklungs- und Lebensweise der Aphiden. *ℳ 3.—.
Zopf, W., zur Kenntniss der Phycomyceten. I. Zur Morphologie und Biologie der Ancylisteen und Chytridiaceen, zugleich ein Beitrag zur Phytopathologie. *ℳ 14.—.
Burmeister, H., neue Beobachtungen der Macrauchenia patachonica. *ℳ 3.50.
Adolph, E., die Dipterenflügel, ihr Schema und ihre Ableitung. *ℳ 5.—.

— nova, academiae caesareae Leopoldino-Carolinae germanicae naturae curiosorum. Tom. XLVIII. E. s. t.: Verhandlungen d. kaiserl. Leopoldinisch-Carolinischen deutschen Akademie der Naturforscher. 48. Bd. gr. 4. (VII, 408 S. m. 28 Taf.) Halle 886. (Leipzig, Engelmann.) n. 40. —

Wunderlich, L., Beiträge zur vergleichenden Anatomie u. Entwickelungsgeschichte d. unt. Kehlkopfes d. Vögel. n. 6. —
Frenzel, J., Mikrographie der Mitteldarmdrüse (Leber) der Mollusken. 1. Theil: Allgemeine Morphologie u. Physiologie des Drüsenepithels. n. 18. —
Engelhardt, H., die Tertiärflora des Jesuitengrabens bei Kundratitz in Nordböhmen. Ein neuer Beitrag zur Kenntniss der fossilen Pflanzen Böhmens. n. 24. —

— dasselbe. Tom. XLIX. gr. 4. (400 S. m. 10 Taf. Ebd. 887. n. 30. —

Hegelmaier, Fr., Untersuchungen über die Morphologie des Dikotyledonen-Endosperms. n. 9. —
Curtze, M., der Liber trium fratrum de geometria. Verba filiorum Moysi, filii Sekir, id est Maumeti, Hameti et Hasen. Nach der Lesart des Codex Basileensis F. II, 33 mit Einleitung u. Commentar. n. 3. 50
Hehl, R. A., von den vegetabilischen Schätzen Brasiliens und seiner Bodencultur. n. 8. —
Gumppenberg, C. Freih. v., systema geometrarum zonae temperatioris septentrionalis. Systematische Bearbeitung der Spanner der nördlichen gemässigten Zone. Erster Theil. n. 12. —

— dasselbe. Tom. L. gr. 4. (498 S. m. 46 Taf.) Ebd. 887. n. 45. —

Triebel, R., über Oelbehälter in Wurzeln von Compositen. n. 6. 50
Lehmann, Fr., systematische Bearbeitung der Pyrenomycetengattung Lophiostoma (Fr.) Ces. et DNrts., m. Berücksichtigung der verwandten Gattungen Glyphium (N. 1. c.), Lophium, Fr., und Mytilinidion, Duby. n. 8. —
Kolbe, H. J., Beiträge zur Zoogeographie Westafrikas. Mit schwarzer Tafel. n. 15. —. Mit color. Tafel. n. 18. —
Dewitz, H., westafrikanische Tagschmetterlinge. (Fortsetzg. zu Nova Acta XLI. Ps. II, Nr. 2.) Westafrikanische Nymphaliden. n. 2. —
Reichardt, W., über die Darstellung der Kummer'schen Fläche durch hyperelliptische Functionen. n. 5. —
Knoblauch, H., über d. elliptische Polarisation d. Wärmestrahlen bei der Reflexion von Metallen. n. 12. —

— dasselbe. Tom. LI. gr. 4. (395 S. m. 49 Taf.) Ebd. 887. n. 40. —

Bornemann, J. G., die Versteinerungen des Cambrischen Schichtensystems der Insel Sardinien nebst vergleichenden Untersuchungen über analoge Vorkommnisse aus anderen Ländern. 1. Abth. n. 20. —
Kessler, H. F., die Entwickelungs- u. Lebensgeschichte von Chaitophorus aceris Koch, Chaitophorus testudinatus Thornton u. Chaitophorus lyropictus Kessler. Drei gesonderte Arten. n. 4. 50
Korschelt, E., zur Bildung der Eihüllen, der Mikropylen und Chorionanhänge bei den Insekten. n. 9. —
Bennecke, F., Untersuchung der stationären elektrischen Strömung in einer unendlichen Ebene für den Fall, dass die Zuleitung der beiden verschiedenen Elektricitäten in zwei parallelen geradlinigen Strecken erfolgt. n. 6. —
Feist, A., über die Schutzeinrichtungen der Laubknospen dicotyler Laubbäume während ihrer Entwickelung. n. 3. —
Hofer, B., Untersuchungen über den Bau der Speicheldrüsen u. des dazu gehörenden Nervenapparates v. Blatta. n. 5. —

— dasselbe. Tom. LII. gr. 4. (376 S. m. 23 Taf.) Ebd. 888. n. 30. —

Olbricht, R., Studien über d. Kugel- u. Cylinderfunctionen. n. 4. —
Wille, N., Beiträge zur Entwickelungsgeschichte der physiologischen Gewebesysteme bei einigen Florideen. n. 7. —
Gerber, P., der absolute Nullpunkt der Temperatur. Die Arbeit der Wärme beim Sieden u. d. Dämpfe im Zustande der Sättigung. Zwei Abhandlungen. n. 1. 20
Gumppenberg, C. Freih. v., systema geometrarum zonae temperatioris septentrionalis. Systemat. Bearbeitung der Spanner der nördl. gemässigten Zone. Zweit. Theil. n. 5. —
Wilckens, M., Beitrag zur Kenntniss des Pferdegebisses m. Rücksicht auf d. fossilen Equiden v. Maragha in Persien. n. 5. 50.
Waelsch, E., über das Normalensystem u. d. Centrafläche algebraischer Flächen insbesondere der Flächen zweiten Grades. n. 1. 40
Zopf, W., zur Kenntniss der Infectionskrankheiten niederer Thiere und Pflanzen. n. 9. —

— dasselbe. Tom. LIII. gr. 4. (496 S. m. 21 Taf.) Ebd. 889. n. 35. —

Pohlig, I. H., Dentition u. Kranologie des Elephas antiquus Falc. mit Beiträgen über Elephas primigenius Blum. und Elephas meridionalis Nesti. Erster Abschnitt. n. 25. —

Spörer, G., über die Periodicität der Sonnenflecken seit d. Jahre 1618 vornehmlich in Bezug auf d. heliographische Breite derselben, und Nachweis einer erheblichen Störung dies. Periodicität während eines langen Zeitraumes. n. 2. —

Marchand, F., Beschreibung dreier Mikrocephalen-Gehirne nebst Vorstudien zur Anatomie der Mikrocephalie Abth. I n. 6. —

Wetterwald, H., Blatt- u. Sprossbildung bei Euphorbien und Cacteen. n. 7. —

Köppen, M., über das Verhalten der Rinde unserer Laubbäume während d. Thätigkeit d. Verdickungsringes. n. 3. —

Acta, nova, academiae caesareae Leopoldino-Carolinae germanicae naturae curiosorum. Tom. LIV. gr. 4 (VII, 544 S. m. 7 Taf.) Halle 890. (Leipzig, Engelmann.) n. 25. —

Simroth, H., Beiträge zur Kenntniss der Nacktschnecken n. 7. —

Hintz, R., über den mechanischen Bau des Blattrandes mit Berücksichtigung einiger Anpassungserscheinungen z. Verminderung der localen Verdunstung. n. 8. —

Kärner, W., über den Abbruch und Abfall pflanzlicher Behaarung und den Nachweis von Kieselsäure in Pflanzenhaaren. n. 2.

Gumppenberg, C. Freih. v., systema geometrarum zonae temperatioris septentrionalis. Systemat. Bearbeitung der Spanner der nördl. gemässigten Zone. III. n. 6. —

— dasselbe. IV. n. 4. —

Acta nova, academiae caesareae Leopoldino-Carolinae germanicae naturae curiosorum. Tom. LV—LXII. E. s. t.: Verhandlungen der kaiserl. Leopoldinisch-Carolinischen deutschen Akademie der Naturforscher. 55.—62. Bd. gr. 4. Halle a/S. (Leipzig, W. Engelmann.) n. 277. —

55. (VII, 416 S. m. 18 z. Tl. farb. Taf.) 891. n. 30. —
56. (VII, 526 S. m. 38 z. Tl. farb. Taf.) 891. n. 40. —
57. (VII, 473 S. m. 26 z. Tl. farb. Taf.) 892. n. 40. —
58. (VII, 483 S. m. 17 Taf.) 893. n. 30. —
59. (VII, 455 S. m. 22 Taf.) 893. n. 32. —
60. (VII, 408 S. m. 23 Taf.) 891. n. 45. —
61. (VII, 384 S. m. 17 Taf.) 894. n. 30. —
62. (VII, 521 S. m. 23 Taf.) 894. n. 30. —

— nova, academiae caesaraeae Leopoldino-Carolinae germanicae naturae curiosorum. Tom. LXIII—LXVIII. E. s. t.: Verhandlgn. d. kaiserl. Leopoldin.-Carolin. deutschen Akademie d. Naturforscher. 63.—68. Bd. gr. 4. Halle (Leipzig, W. Engelmann) n. 200. —

63. (VII, 397 S. m. 24 Taf.) 895. n. 35. —
64. (VII, 512 S. m. 15 Taf.) 895. n. 35. —
65. (VII, 404 S. m. 18 Taf.) 897. n. 25. —
66. (VII, 532 S. m. 24 Taf.) 897. n. 35. —
67. (VII, 395 S. m. 7 Taf.) 897. n. 25. —
68. Monographie der Myristicaceen. Von O. Warburg. (680 S. m. 25 Taf.) 897. Kart. n. 45. —

— dasselbe. 69. Bd. 3 Nrn. gr. 4. Ebd. n. 62. —; in 1 Bd. kart. n. 60. —

1. D. Clavulina d. Adria. Von R. v. Lendenfeld. Mit 12 Taf. (253 S.) 896. n. 27. —
2. D. Entwicklungsgeschichte d. Mauerbiene (Chalicodoma muraria, Fabr.) im Ei. Von Just Carrière. Hrsg. u. voll. v. Otto Bürger. M. 13 Taf. (S. 253—419.) 897. n. 30. —
3. Die Muskeln u. Nerven d. proximalen Abschnittes d. vord. Extremität d. Kaninchens. Von F. Clasen. M. 4 Taf. A. d. anatom. Institut zu Bonn. (27 S.) 897. n. 5. —

— dasselbe. LXX. Bd. Nr. 1—5. gr. 4. Ebd. n. 38. —

1. D. Kameruner Schiffsschnabel u. s. Motive. Von L. Frobenius. (95 S. m. 6 Taf.) 897. n. 8. —
2. Untersuchg. üb. d. durch parasitische Pilze hervorgeruf. Krankheiten d. Flechten. Von Wilh. Zopf. (1. Abhandlg.) Mit 2 Taf., sowie 85 Zinkogr. (96 S.) 897. n. 10. —
3. Indonesische Acanthaceen. Von Hans Hallier. Mit 8 Taf. (48 S.) 897. n. 8. —
4. Untersuchgn. üb. d. durch parasitische Pilze hervorgeruf. Krankheiten d. Flechten. Von Wilh. Zopf. (Fortsetzung.) Mit 44 Autotypien. (S. 241—288.) 898. n. 3. —
5. D. geograph. Verbreitg. d. jetzt lebenden Perissodactyla, Lamnunguia u. Artiodactyla non ruminantia. Von Carl Grevé. M. 5 Karten in Farbendr. (39 S.) 898. n. 9. —

— dasselbe. LXXI. Bd Nr. 1—9. gr. 4. Ebd. n. 26 50

1. Beiträge z. Gesch. d. Trigonometrie. Von A. v. Braunmühl. (30 S. m. 1 Taf.) 897. n. 1. 50
2. Nassir Eddin Tûsi u. Regiomontan. Von A. v. Braunmühl. (37 S. m. 2 Taf.) 897. n. 2. —
3. Z. Gesch. d. Geometrie m. constanter Zirkelöffnung. Von W. M. Kutta. (33 S. m. 3 Taf.) 897. n. 2. 50
4. Ueb. d. Zusammenhang d. Temperatur aufeinander folgend. Monate u. Jahreszeiten. Von Ladislaus Satke. (103 S.) 897. n. 4. —
5. Geometrisch-analyt. Theorie d. symmetrischen S-Functionen m. e. einfachen Nebenpunkt. Von Frdr. Schilling. Habilitationsschrift. Mit 2 Taf. (S. 207-300 m. 49 Fig.) 898. n. 7. —
6. Ueb. zwei Definitionen d. Endlichkeit u. G. Cantor'sche Sätze. Von E. Schroeder. (S. 301—362.) 898. n. 3. —
7. D. selbständ. Definition d. Mächtigkeiten 0, 1, 2, 3 u. d. explizite Gleichzahligkeitsbedingg. Von E. Schröder. (S. 363—376.) 898. n. 1. —
8. Ueb. bilineare Formen m. konjugirt imaginären Variablen. Habilitationsschrift. Von Alfr. Loewy. (S. 377—446.) 898. n. 4. —
9. Vergleichg. einiger Abb. e. kleinen Stücks d. ellipsoidischen Erdoberfläche (Karte v. S. W.-Deutschland). Von E. Hammer. (S. 417—470 m. 2 Fig.) 898. n. 1. 50

— dasselbe. 72. Bd. Nr. 1. gr. 4. Ebd. 897. n. 15. —

1. Tafeln f. d. Goldbach'sche Gesetz. Von Rob. Haussner. (214 S. m. 2 Fig.)

— dasselbe. 72. Bd. Nr. 2. gr. 4. Ebd. n. 30. — (1 u. 2.: n. 45. —)

2. Hirudineenstudien. Von Arnold Graf. Mit 15 Taf. Nr. I—XV u. 26 in den Text eingedr. Zinkogr. (190 S.) 899.

— nova, academiae caesareae Leopoldino-Carolinae germanicae naturae curiosorum. Tom. LXX—LXXII. E. s. t.: Abhandlungen der kaiserl. Leopoldinisch-Carolinischen deutschen Akademie der Naturforscher. 70.—72. Bd. gr. 4. Halle. (Leipzig, W. Engelmann.) Kart. n. 102. —

70. (VII, 377 S. m. 21 Taf.) 898. n. 35. —
71. (VII, 470 S. m. 8 Taf.) 898. n. 25. —
72. (VII, 404 S. m. 15 Taf.) 899. n. 42. —

— dasselbe. 73. Bd. Nr. 1. gr. 4. Ebd. n. 18. —

1. Die Helligkeit des klaren Himmels u. die Beleuchtung durch Sonne, Himmel u. Rückstrahlung. Von Chr. Wiener. Hrsg. v. H. Wiener u. O. Wiener. (XVIII, 239 S. m. 71 Fig.) 900.

— dasselbe. 73. Bd. Nr. 2 u. 3. 33×25,5 cm. Ebd. 28. —

2. Das Zentral-Nervensystem der Selachier als Grundlage f. e. Phylogenie des Vertebratenhirns. Von Rud. Burckhardt. I. Tl.: Einleitung u. Scymnus lichia. Mit 5 [4 farb.] Taf. Nr. I—V u. 64 Textfig. (209 S.) 907. 21. —
3. Studien üb. d. Formenkreis des Trichostomum mutabile Br. Von Th. Herzog. Mit 7 Taf. Nr. VI—XII. (31 S. m. 7 Bl. Erklärgn.) 907. 7. —

— dasselbe. 74. Bd. Nr. 1—4. gr. 4. Ebd 38,50

1. Die Masken u. Geheimbünde Afrikas. Von L. Frobenius. (278 S. m. 33 Fig. u. 14 Taf.) 898. Kart. n. 25. —
2. Zur Funktionen- u. Invarianten-Theorie der binomischen Gebilde. Von J. Wellstein. (69 S.) 899. n. 4. —
3. Beiträge zur Morphologie u. Entwicklungsgeschichte der Rhynchoten. Von Rich. Heymons. Mit 3 Taf. (103 S. m. Fig.) 899. n. 8. —
4. Theorie der atmosphärischen Refraction u. Totalreflexion der Schallwellen u. ihre Bedeutung f. die Nautik. Von Ludw. Matthiessen. (13 S. m. 1 Fig.) 899. n. 1. 50

— dasselbe. 74. Bd. gr. 4. (VII, 469 S. m. 17 Taf.) Ebd. 899. Kart. n. 36. —

— dasselbe. 75. Bd. Nr. 1. gr. 4. Ebd. n. 25. —

1. Weitere Beiträge zur Theorie der räumlichen Configurationen. I. Die linearen Transformationen der Klein'schen Cf. (60_{15}, 30_6) nach ihrer geometr. Bedeutg. nebst Anwendung auf regelmäss. Gebilde d. vierdimensionalen Raumes. II. Die Cf. (60_{15}, 72_5) u. die ihr zugehör. Gruppe v. linearen Transformationen, nebst Uebertragg. auf die Hypersphäre u. Anwendg. auf die hierdurch bestimmten regelmäss. Gebilde d. vierdimensionalen Raumes. Von Edm. Hess. (482 S. m. 3 Taf.) 899. n. 25. —

— dasselbe. Tom. LXXVI. gr. 4. Ebd. n. 30. —

Monographia Loasacearum. Von Ign. Urban. Adjuvante Ernesto Gilg. (IV, 368 S. m. 8 Taf. u. 8 Bl. Erklärgn.) 900. n. 30. —

— dasselbe. 75. u. 76. Bd. gr. 4. Ebd. Kart. n. 55. —

75. (VII, 482 S. m. 3 Taf.) 899. n. 25. —
76. (VII, IV, 368 S. m. 8 Taf. u. 8 Bl. Erklärungen. 900. n. 30. —

— dasselbe 77. Bd. Nr. 1—6. gr. 4. Ebd. n. 36.50
1. **Die Artbildung u. Verwandtschaft bei den Schwimmvögeln nach deren Zeichnung dargestellt.** Von Th. Eimer u. C. Fickert. Mit 65 Textabbildgn. (110 S.) 899. n. 7. —
2. **Studien üb. die Gattung Platanus L. 1892—1897.** Von Friedr. Jaennicke. (116 S. m. 10 Taf. u. 10 Bl. Erklärgn.) 899. n. 8. —
3. **Der Nestling v. Rhinochetus jubatus. Ein Beitrag zur Morphologie der Nestvögel u. zur Systematik der Rhinochetiden.** Von Rud. Burckhardt. Mit 6 Textfig. u. 1 Taf. (50 S. m. 1 Bl. Erklärgn.) 900. n. 5. —
4. **Ueber die Bildung der Keimblätter bei den Musciden.** Von K. Escherich. (69 S. m. 10 Fig. u. 3 Doppeltaf.) 900. n. 9. —
5. **Beiträge zur Kenntniss paläarktischer Myriopoden. XVI. Aufsatz zur vergleichenden Morphologie, Systematik u. Geographie der Chilopoden.** Von Karl W. Verhoeff. (105 S. m. 1 Fig. u. 3 Taf.) 901. n. 6. —
6. **Ueber den Häutungsvorgang der Diplopoden.** Von Karl W. Verhoeff (19 S. m. 1 Taf.) 901. n. 1. 50

— dasselbe. Tom. LXXVIII. gr. 4. Ebd. Kart. n. 42. —
Monographia Aquifoliacearum. Von Th. Loesener. Pars I. (VIII, 598 S. m. 15 Taf.) 901. n. 42. —

Acta nova, academiae caesareae Leopoldino-Carolinae germanicae naturae curiosorum. Tom. LXX—LXXII. E. s. t.: **Abhandlungen der kaiserl. Leopoldinisch-Carolinischen deutschen Akademie der Naturforscher.** Bd. 77 u. 78 gr. 4. Halle. (Leipzig, W. Engelmann.) Kart. n. 77. —
77. Mit 18 Taf. (VII. 485 S. m. Abbildgn.) 901. n. 35. —
78. Mit 15 Taf. (VII, VIII, 598 S.) 901. n. 42. —

— dasselbe. Tom. LXXIX Nr. 1—3. gr. 8. Ebd. Kart. 49. —
1. **Der Nestling v. Psophia crepitans u. das Jugendkleid v. Rhinochetus jubatus** Von Rud. Burckhardt. (11 S. m. 2 Taf.) 901. n. 6. —
2. **Neue Untersuchungen üb. den veränderlichen Stern o (Mira) Ceti.** Von Paul Guthnick. (249 S. m. 25 Taf.) 901. Kart. n. 25. —
3. **Zur Anatomie u. Systematik der Vogelcestoden.** Von Ludw. Cohn. (171 S. m. 8 Taf. u. 8 Bl. Erklärgn.) 901. n. 18. —

— dasselbe. 80. Bd. Nr. 1. gr. 4. Ebd. n. 10. —
1. **Ethnographische Ergebnisse aus Melanesien.** 1. Thl. **Reisebericht. — Die polynes. Inseln an der Ostgrenze Melanesiens.** Von G. Thilenius. Mit 4 Taf., 1 Karte u. 9 Textfig. (102 S.) 902. n. 10. —

— dasselbe. 80. Bd. Nr. 2. gr. 4. Ebd. 903. Kart. n. 26. — (Kplt. n. 36. —)
Ethnographische Ergebnisse aus Melanesien Von G. Thilenius. 2. Tl. Die westl. Inseln des Bismarck-Archipels. Mit 20 Taf. u. 113 Textfig. (263 S. m. 20 Bl. Erklärgn.)

— dasselbe. Tom. LXXXI. Nr. 1 u. 2. gr. 4. Ebd. n. 20. —
1. **Untersuchungen üb. den Bau v. Styelopsis grossularia der Ostsee.** Von Rhold. Riedlinger. Mit 6 Taf. (62 S.) 902. n. 12. —
2. **Beiträge zur vergleich. Morphologie des Thorax der Insekten m. Berücksicht. der Chilopoden.** Von Karl W. Verhoeff. Mit 7 Taf. (48 S. m. 7 Bl. Erklärgn.) 902. n. 8. —

— dasselbe. 81. Bd. Nr. 3—6. gr. 4. Ebd. n. 23. — (Kplt. n. 43. —)
3. **Die Gyldén'sche horistische Integrationsmethode des Problems der drei Körper** u. ihre Convergenz. Von Hugo Buchholz (VI, 82 S. m. Bildnis.) 903. n. 8. —
4. **Ueber Tracheaten-Beine.** 4. u. 5. Aufsatz: Chilopoda u. Hexapoda. Von Karl W. Verhoeff. Mit 4 Taf. (42 S. m. 3 Bl. Erklärgn.) 903. n. 5. 50
5. **Ueber die Endsegmente des Körpers der Chilopoden,** Dermapteren u. Japygiden u. zur Systematik v. Japyx. Von Karl W. Verhoeff. Mit 2 Taf. (41 S. m. 2 Bl. Erklärgn.) 903. n. 3. 50
6. **Die Beobachtungen der Lufttemperatur** während der totalen Sonnenfinsternis vom 22. I. 1898 in Indien. Von Gust. Pietzmann. (76 S. m. 2 Taf.) 903. n. 6. —

— dasselbe. 82. Bd. Nr. 1—4. 4. Ebd. n. 40. 50
1. **Das Muskelsystem e. männlichen Papua-Neugeborenen.** (Beitrag z. vergleich. menschl. Anatomie.) Von A. Forster. Mit 3 Taf. (140 S.) 904. n. 15. —
2. **Zur vergleichenden Morphologie u. Systematik der Embiiden, zugleich e. 3. Beitrag zur Kenntnis des Thorax der Insekten.** Von Karl W. Verhoeff. Mit 4 Taf. (65 S. m. 4 Bl. Erklärgn.) 904. n. 7. 50
3. **Die geschichtlichen Grundlagen der Embryologie bis auf Harvey.** Von Bruno Bloch. (120 S.) 904. n. 6. —
4. **Beiträge zur Anatomie u. Systematik der Laemargiden.** Von Herm. Helbing. Mit 2 Taf. u. 42 Textfig. (190 S. m. 2 Bl. Erklärgn.) 904. n. 12. —

— dasselbe. 83. Bd. 4. Ebd. 905. Kart. n. 60. —
Monographie der Lebermoosgattung Scapania Dum. Von Karl Müller. (VII, 312 S. m. Abbildgn., 52 Taf. u. 52 Bl. Erklärgn.)

— dasselbe. 84. Bd. Nr. 1—4. 4. Ebd. n. 35. —
1. **Über vergleichende Morphologie des Kopfes niederer Insekten m. besond. Berücksicht. der Dermapteren u. Thysanuren, nebst biologisch-physiologischen Beiträgen.** Von Karl W. Verhoeff. Mit 8 Taf. (128 S. m. 8 Bl. Erklärgn.) 904. n. 12. 50
2. **Variationen v. Jussieua repens m. besond. Berücksicht. des bei der Wasserform vorkommenden Aerenchyms.** Von Gerschon Sellber. (54 S. m. 24 Fig. u. 4 Taf.) 905. n. 5. 50
3. **Die Konstante der inneren Reibung des Ricinusöls.** Von Geo. W. A. Kahlbaum u. Siegfr. Räber. Mit 6 Taf. (108 S.) 905. n. 9. —
4. **Wetterlagen u. Vogelzug. Die Rotkehlchen-Wandergn. an der deutschen Ostseeküste u. üb. den europ. Kontinent.** Von Ernst Hübner. Mit 4 Taf. Nr. XIX—XXII. (101 S.) 905. n. 8. —

Acta nova, academiae caesareae Leopoldino-Carolinae germanicae naturae coriosorum. Tom. LXXXV. E. s. t.: **Abhandlungen der kaiserl. Leopoldinisch-Carolinischen deutschen Akademie der Naturforscher.** 85. Bd. 4 Nrn. 4. Halle. (Leipzig, W. Engelmann.) n. 44.50; kart. n. 45. —
1. Eine Gehirnmissbildung bei **Hatteria punctata (Sphenodon punctatus).** [**Everslo encephali e neuroporo, transgressus persistens laminae nervosae in epidermidem. Anophthalmia duplex partialis (defectus oculi nervosi et lentis).**] Kritische Monographie als **Beitrag zu e. rationellen Teratologie des Gehirns.** Von Ernst Sauerbeck. Mit 2 Taf. Nr. I u. II u. 12 Fig. m. Text. (116 S. m 2 Bl. Erklärgn.) 905. n. 10. —
2. **Der veränderliche γ Cygni.** Von Hans Rosenberg. Mit 22 Taf. Nr. III—XXIV. (135 S.) 906. n. 15. —
3. **Beiträge zur Entwicklungsgeschichte u. Histologie v. Arthropoden. I. Untersuchungen üb. die Entstehg. der Keimblätter u. Bildg. des Mitteldarms bei Käfern.** Von Karl Friederichs. Mit 7 Taf. Nr. XXV—XXXI u. 26 Fig. im Text. (Aus dem zoolog. Institut Rostock.) (124 S. m. 7 Bl. Erklärgn.) 906. n. 17.50
4. **Über die Darstellung der Raumkurve 4. Ordnung vom Geschlecht 1 durch Thetafunktionen.** Von Max. Adf. Enders. (32 S.) 906. n. 2. —

Acta nova, academia caesareae Leopoldino-Carolinae germanicae naturae curiosorum. 85. Bd. Nr. 5 (Schluss.) 32,5×25,5 cm. Halle 906. (Leipzig, W. Engelmann.) 2. —
Die Formen der Vielflache. Von Oswald Hermes. Mit 2 Taf. Nr. XXXII u. XXXIII. (13 S.) 906.

— dasselbe. 86. Bd. Nr. 1. 4. Ebd. 906. Kart. n. 27. —
Über die gleicheckig-gleichflächigen, diskontinuierlichen u. nichtkonvexen Polyeder. Von Max Brückner. Mit 29 Taf. Nr. I—XXIX. (348 S.)

— dasselbe. 86. Bd. Nr. 2. (Schluss.) 32,5×25,5 cm. Ebd. 906. 10. —
Vergleichend-morphologische Studie üb. d. coxopleuralen Körperteile der Chilopoden, m. besond. Berücksicht. der Scolopendromorpha, ein Beitrag zur Anatomie u. Systematik derselben, nebst physiolog. u. phylogenet. Mitteilgn. u. Ausblicken auf die Insekten. Aus d. Berliner zoolog. Museum (Museum f. Naturkunde). Von Karl W. Verhoeff. Dazu 44 Textabb. (152 S. m. 1 Bl. Erklärgn.)

— nova, academiae caesareae Leopoldino-Carolinae germanicae naturae curiosorum. Tom. LXXX ad LXXXVI. E. s. t.: Abhandlungen der kaiserl. Leopoldinisch-Carolinischen deutschen Akademie der Naturforscher. 80.—86. Bd. 4. Halle. (Leipzig, W. Engelmann.) Kart. n. 293. —
80. (VII, 365 S. m. Abbildgn., 25 Taf. u. 20 Bl. Erklärgn.) 903. n. 35. —
81. (VII, 378 S. m. 21 Taf.) 903. n. 42. —
82. (VII, 524 S. m. Abbildgn., 9 Taf. u. 6 Bl. Erklärgn.) 904 n. 40. —
83. (VII, 312 S. m. Abbildgn., 52 Taf. u. 52 Bl. Erklärgn.) 905. n. 60. —
84. (VII, 409 S. m. 22 Taf.) 905. n. 35. —
85. (VII, 443 S. m. Abbildgn. u. 33 Taf.) 906. n. 45. —
86. (VII, 501 S. m. Abbildgn. u. 29 Taf.) 906. n. 36. —

— **dasselbe. 87. Bd. Nr. 1—3. 33×25 cm. Ebd. 38. —**
Krause, Fritz, die Pueblo-Indianer. Eine historisch-ethnograph. Studie. Mit 9 Taf. u. 1 Karte Nr. I—X sowie 15 Textfig. (226 S.) 907. (Nr. 1) 16. —
Rosendahl, Frdr., vergleichend-anatom. Untersuchgn. üb. die braunen Parmelien. Mit 4 Taf. Nr. XXV—XXVIII. (III u. S. 405—459 m. 4 Bl. Erklärgn.) 907. (Nr. 3) 7. —
Seitz, Adf. Leo Ludw., vergleichende Studie üb. den mikroskop. Knochenbau fossiler u. rezenter Reptilien u. dessen Bedeutung f. das Wachstum u. Umbildung d. Knochengewebes im allgem. Mit 14 Taf. Nr. XI—XXIV. (142 S. m. 14 Bl. Erklärgn.) 907. (Nr. 2) 15. —

— **dasselbe. 88. Bd. Nr. 1—3. 33×25,5 cm. Ebd. 66. 50**
Dahl, Frdr., d. Lycosiden od. Wolfspinnen Deutschlands u. ihre Stellung im Haushalte der Natur. Nach statist. Untersuchgn. dargestellt. Mit 1 Karte. (504 S.) 908. (Nr. 3) Kart. 33. —
Korn, A., Ein neuer allgem. Beweis f. die Gültigkeit der Neumann-Robinschen Methoden d. arithmet. Mittels. (25 S.) 908. (Nr. 2) 1. 50
Lopriore, Giuseppe, über bandförmige Wurzeln. Mit 16 Taf. Nr. I—XVI. (115 S. m. 16 Erklärgn.) 907. (Nr. 1) 32. —

— **dasselbe. 89. Bd. Nr. 1 u. 2. 33×25,5 cm. Ebd. 46. —**
Loesener, Th., Monographia Aquifoliacearum. Pars II. Mit 11 Abb. im Text u. 3 Karten. (III, 314 S.) 908. (Nr. 1) 21. — (I u. II: 63.—)
Pabst, Wilh., die 'Tierfährten in dem Rotliegenden „Deutschlands". Mit 35 Taf. Nr. I—XXXV u. 36 Abb. im Text. (167 S.) 908. (Nr. 2) Kart. 25. —

— **dasselbe. 90. Bd. Nr. 1—4. (32,5×25cm. Ebd. 19. 50**
Kreh, Wilh., über die Regeneration der Lebermoose. Mit 5 Taf. Nr. XX—XXIV. (90 S.) 909. (Nr. 4) 8. 50
Nielsen, Niels, der Eulersche Dilogarithmus u. seine Verallgemeinerungen. Eine Monographie. (91 S.) 909. (Nr. 3) 6. 50
Schimmack, Rud., Axiomatische Untersuchgn. üb. die Vektoraddition. (104 S.) 908. (Nr. 1) 5. 50
Vorländer, D., u. H. Hauswaldt, Achsenbilder flüss. Krystalle. Mit 19 Taf. Nr. I—XIX. (15 S.) 909. (Nr. 2) 9. —

— **dasselbe. 91. Bd. Nr. 1 u. 2. 33×25,5 cm. Ebd. 32. —**
Ihlenburg, W., über die geometrischen Eigenschaften der Kreisbogenvierecke. Mit 5 Taf. Nr. I—V. (79 S.) 909. (Nr. 1) 8. 50
Wiener, Christian, die Helligkeit des klaren Himmels u. die Beleuchtg. durch Sonne, Himmel u. Rückstrahlg. Fortsetzung u. Schluss. Hrsg. v. H. Wiener, O. Wiener u. W. Möbius. (XV, 212 S. m. Fig. u. 6 [1 farb.] Taf.) 909. (Nr. 2) 23. 50 (Vollständig: 41.50)

— **dasselbe. 93. Bd. (Nr. 1 u. 2. 33×25,5 cm. Ebd. 16. 50**
Cramer, M., Beiträge zur Kenntnis der Polydaktylie u. Syndaktylie beim Menschen u. einigen Haustieren. (Aus der anatomisch-physiolog. Abteilg. des landwirtschaftl. Instituts d. Universität Halle-Wittenberg unter Leitg. v. Rud. Disselhorst.) (41 S. m. 6 Taf.) 910. (Nr. 1) 4. 50
Rosenthal, Art., Untersuchungen üb. gleichflächige Polyeder. (150 S. m. 4 Taf.) 910. (Nr. 2) 12. —

— **nova, academiae caesareae Leopoldino-Carolinae germanicae naturae curiosorum. Tom. LXXIII et LXXXVIII ad XCIII. E. s. t.: Abhandlungen der kaiserl. Leopoldinisch-Carolinischen deutschen Akademie der Naturforscher. 73. u. 87.—93. Bd. 33×25,5 cm. Halle. (Leipzig, W. Engelmann.) Kart. 331. —**
73. (VII, XVIII, 481 S. m. Fig., 12 [4 farb.] Taf. u. 7 Bl. Erklärgn.) 907. Kart. 45. —
87. (VII, 459 S. m. Abbildgn., 28 Taf. u. 18 Bl. Erklärgn.) 907. Kart. 35. —
88. (V, 678 S. m. 17 Taf. u. 16 Bl. Erklärgn.) 908. Kart. 63. —
89. (VII, 481 S. m. 47 Abbildgn. u. 38 Taf.) 908. Kart. 45. —
90. (VII, 302 S. m. 24 Taf. u. 5 Bl. Erklärgn.) 909. Kart. 28. —
91. (VII, XV, 407 S. m. Fig. u. 12 Taf.) 909. Kart. 39. —
92. (VII, 448 S. m. 9 Taf.) 910. Kart. 40. —
93. (VII, 472 S. m. 10 Taf.) 910. Kart. 36. —

— dasselbe. Repertorium, s.: Graesel, Arnim.

Nova acta scholastica, oder zuverlässige Nachrichten von Schulsachen ... [Hrsg.: Joh. Gottl. Biedermann.] Bd 1. 2.
Leipzig: Müller 1749–51. 12
(Anf. u. d. T.: Acta scholastica. Leipzig 1741 ff.
(Forts. u. d. T.: Altes und Neues von Schulsachen. Halle 1752 ff.

Acta societatis Jablonovianae nova. T. 1–9.
Leipzig: Kühn (T. 4 ff.: Knobloch) 1802–45. 4° **70**
(Vorh. u. d. T.: Acta societatis Jablonovianae. 1772 ff.

Nova acta societatis Latinae Jenensis. [Hrsg.: H. C. A. Eichstädt.] Vol. 1.
Leipzig: Reclam 1806. 8°
(Früher u. d. T.: Acta societatis Latinae Jenensis. Jena 1752 ff.

Acta, Nova, regiae societatis scientiarum Upsaliensis,
s.a. Acta regiae societatis ...

— **nova reg. societat. scient. Upsal. III Vol. 4 maj. Grifsw. Roese. 775.**

— nova regiae Societatis scientiarum. Upsaliensis cum pluribus tab. V Vol. gr. 4. Upsala. (Joachim in Leipzig.) 795—84. (1r—4r à 4 Rthlr. 5r 5 Rthlr. 8 gr.)

— nova regiae societatis scientiarum Upsaliensis cum pluribus tabb. V Voll. 4maj. Upsala 784—95. (Joachim in Leipz.) 21 ß 8 gr — Vol. VI.—IX. c. fig. 4maj. Ups. 818—27 (Weigel in Leipz.) 30 ß

— nova, Regiae Societatis scientiarum Upsaliensis. Vol. X. Mit 4 Kpfrtaf. u. 1 Tab. 4maj. Upsal. 832. (Leipz., Weigel.) 4 1/2 ß Vol. I—X. 51 1/6 ß

— **nova, Regiae Societatis scientiarum Upsaliensis. Vol. XI. 4maj. Upsal. (Leipzig, T. O. Weigel.) Fasc. I. n. 2 1/6 ß — Vol. XII. (Mit 3 lithogr. Taf.) 4maj. Upsal. 844. (Stockh., Bonnier.) n. 3 1/3 ß — Vol. XIII. Fasc. I. (Mit 2 lith. Taf.) 4maj. ibid. 846. n. 2 1/6 ß**

— nova regiae societatis scientiarum Upsaliensis. Vol. XIII. — Vol. XIV. 2 Fascli. gr. 4. (XIII.: XII u. 417 S. m. 9 lith. Taf. XIV.: 516 S. m. 4 lith. Taf.) Upsaliae 847—50. (Holmiae, Bonnier.) XIII.: n. 5 1/3 ß XIV. 1. 2. n. 9 1/3 ß — (Vol. XV. od.) Seriei III. Vol. I. Fasc. prior. gr. 4. (IV u. 231 S. m. 2 lith. Taf. in gr. 4. u. qu. Fol.) Ebd. 851. n. 4 ß (Vol. I. ist vergriffen. Vol. II.—XV.: n. 63 1/3 ß)

— nova, regiae Societatis scientiarum Upsaliensis. (Vol. XV.) Ser. III. Vol. I. Fasc. posterior. MDCCCLV. Upsaliae 855. (Stockholm, Bonnier.) gr. 4. (XII, S. 233—397. u. 1 lith. Taf. in Fol.) n. 4 ß

— — (Vol. XVI.) Ser. III. Vol. II. Fasc. prior MDCCCLVI. Upsaliae 856. (Stockholm, Bonnier.) gr. 4. (2 Bl., S. 1—286 u. 3 lith. Taff.) n. 4 ß

— nova Regiae Societatis Scientiarum Upsaliensis. (Vol. XVI.) Ser. III. Vol. II. Fasc. II. Upsaliae 858. (Stockholm, Bonnier.) gr. 4. (XIII, 104 S. u. 11 lith. Taf.) n. 4 ß

— — (Vol. XVII.) Ser. III. Vol. III. Ebend., 861. gr. 4. (XI, 452 S. u. 9 lith. Taf.) n. 6 ß

— dass. — (Vol. XVII. s.) Ser. III. Vol. III. gr. 4. (XI und 452 S. mit 9 Stnt.) Ebendas. 861(62). *
Vol. II—XV. kosten * 71 Thlr. 10 Ngr.

—— nova, regiae societatis scientiarum Upsaliensis. (Vol. XVIII. Fasc. 1. s.) Ser. III. Vol. IV. Fasc. 1. gr. 4. (V und 246 S. mit 2 Stnt. in gr. 4. und qu. gr. Fol.) Upsala 862. (Stockholm, Bonnier.) *

—— dass. — (Vol. XVIII. Fasc. 2. s.) Ser. III. Vol. IV. Fasc. 2. gr. 4. (XVI und 182 S. mit 3 Stnt.) Ebendas. 863. *

— nova, Reg. Societatis Scientiarum Upsaliensis. Ser. III. Vol. V. VI. et VII. fasc. I. Upsala 865—70. Akadem. Buchhdlg. gr. 4. (V.: XLIV, 453 S. u. 4 lith. Taff. n. 6 ℛ 10 ngr. — VI.: XII, 375 S. u. 33 lith. Taff. n. 7 ℛ 10 ngr. — VII. 1.: 272 S. u. 4 Taff. n. 3 ℛ 15 ngr.) n. 17 ℛ 5 ngr.
Preis von Vol. I—IV. jetzt auf n. 24 ℛ ermässigt.

— nova, regiae societatis scientiarum Upsaliensis. Ser. III. Vol. VII. Fasc. II. gr. 4. (XXI, 238 S. m. 1 Steintaf.) Upsala 871. akadem. Buchh. n. 10. 50

— — Ser. III. Vol. VIII. gr. 4. (XIX, 648 S. m. 13 Steintaf.) Ebend. 871. 74. n. 32. —

— — Ser. III. Vol. IX. gr. 4. (XIV, 511 S. m. 10 Steintaf.) Ebend. 875. 76. n. 33. —

— nova, regiae societatis scientiarum Upsaliensis. Seriei III. vol. X. Fasc. 1 et 2. gr. 4. (285 u. XVI, 343 S. m. 8 Steintaf. in gr. 4. u. qu. Fol. u. 5 Chromol.) Upsala 877—80. (Akadem. Buchh.) à n. 18. —

— dasselbe, acta in memoriam IV seculorum ab universitate Upsaliens. peractorum edita. Volumen extra ordinem editum. gr. 4. (IV, 945 S. m. Steintaf.) Ebend. 878. n. 50. —

— dasselbe. Seriei III vol. XI. Fasc. 1. gr. 4. (311 S. m. 10 lith. u. chromolith. Taf.) Ebend. 881. n. 18. —

— nova, regiae societatis scientiarum Upsaliensis. Seriei III. vol. XIV, fasc. II. gr. 4. (VIII, XVII; III, 67; 24, 15, 10, 24, 15, 32, 50 u. 78 S. m. 1 Taf.) Upsala 891. (Akadem. Buchh.) n. 18. —

— dasselbe. Seriei III. vol. XV. Fasc. I. gr. 4. (III, 39, 88, 18, 28, 64 u. III, 57 S. m. 9 Taf. u. 9 Bl. Erklärgn.) Ebd. 892. n. 21. —
Fasc. II erscheint später.

— nova, regiae societatis scientiarum Upsaliensis. Seriei III. vol. XV. Fasc. II. gr. 4. (VIII, XVII, 44, III, 45, 53, 33, 19, 8, 33 u. 60 S. m. 3 Taf. u. 2 S. Erklärgn.) Upsala 895. (Akadem. Buchh.). n. 18. —; (XV, 1 et 2.: n. 39. —)

— dasselbe. Seriei III. vol. XVI. gr. 4. (VI, XVII, 30; 28; III, 143; 52, 34, 8, 44, 20; III, 48, 37, 37 u. 66 S. m. 10 Taf. u. 10 Bl. Erklärgn.) Ebd. 893. n. 40. —

— dasselbe. Seriei III. vol. XVII. Fasc. I. gr. 4. (XI, 82, 4 u. 127 S. m. 8 Taf. u. 7. Bl. Erklärgn.) Ebd. 896. n. 18. —

— dasselbe. Seriei III. vol. XVII. Fasc. II. 1898. gr. 4. (VII, XVII, 38; III, 225; III, 56 u. 26 S. m. 3 Fig. u. 4 Taf.) Ebd. 898. n. 18. —

— nova, regiae societatis scientiarum Upsaliensis. Seriei III vol. XVIII Fasc. 1. 2. 1899—XX. Fasc. 1. 1901. gr. 4. Upsala (Akadem. Buchh.). n. 138. —
XVIII. 1. (X, 46, 47, 12 u. 328 S.) 899. n. 18. —
2. (XV, 14 S., S. 329—514 u. 18 S. m. 57 Taf.) 900. n. 42. —
XIX. (II, VI, 701 S. m. 87 Taf.) 900. n. 60. —
XX. 1. (III, 204 S. m. Fig. u. 7 Taf.) 901. n. 18. —

— nova, regiae societatis scientiarum Upsaliensis. Seriei III vol. XX. Fasc. 2. 1904. (VII, XVIII, 36, 24, 56, 12, 57, 66 u. 62 S. m. Fig. u. 6 Taf.) gr. 4. Upsala 904. (Akadem. Buchh.) n. 20. —

— dasselbe. Ser. IV. Vol. I. Nr. 1—4. Lex.-8. Ebd. n. 27. —
1. Zur Kenntnis der alpinen Flora im nördlichen Argentinien. Von Rob. E. Fries. (III, 205 S. m. 9 Taf. u. 1 Karte.) 905. n. 15. —
2. Über die Anwendung der elektrischen Kompensationsmethode zur Bestimmung der nächtlichen Ausstrahlung. Von Knut Ångström. (10 S. m. 1 Taf.) 905. n. 2. —
3. Untersuchungen üb. das Doppelsternsystem 61 Cygni. Von Östen Bergstrand. Mit 1 Taf. (III, 121 S.) 905. n. 7. 50
4. Einiges üb. die Function τ (t) u. ihre Anwendung auf elliptische Functionen. Von M. Falk. (29 S.) 906. n. 2. 50

— nova, regiae societatis scientiarum Upsaliensis. Ser. IV. Vol. I. Nr. 5—9 u. Vol. II Nr. 1—7. Lex. 8. Upsala (Akadem. Buchh.) 52. —
Åkerblom, F., recherches sur les courants les plus bas de l'atmosphère au-dessus de Paris. (III, 45 S.) 908. (Vol. II Nr. 2) 3. —
Ångström, Knut, méthode nouvelle pour l'étude de la radiation solaire. (19 S. m. 1 Taf.) 907. (Vol. I Nr. 7) 1. 80
Bergstrand, Östen, sur le calcul de la réfraction différentielle en distance et en angle de position. (III, 46 S.) 909. (Vol. II Nr. 6) 3. —
— Recherches sur les couleurs des étoiles fixes. (III, 42 S.) 909. (Vol. II Nr. 4) 2. 60
Dunér, N. C., über die Rotation der Sonne. 2. Abhandl. (64 S.) 907. (Vol. I Nr. 6) 3. 40
Die 1. Abhandl. erschien nicht als Sonderdruck.
Falk, M., über die Haupteigenschaften derjenigen analytischen Functionen e. Arguments, welche Additionstheoreme besitzen. (78 S.) 907. (Vol. I Nr. 8) 5. —
Granqvist, Gust., Untersuchungen üb. den selbsttönenden Wellenstromlichtbogen. (III, 62 S. m. Fig.) 907. (Vol. I Nr. 5) 4. —
Jägerskiöld, L. A., zur Kenntnis d. Nematoden-Gattgn. Eustrongylides u. Hystrichis. Mit 5 Taf. u. 12 Bildern im Text. (49 S. m. 5 Bl. Erklärgn.) 909. (Vol. II Nr. 3) 5. 60
Juel, H. O., Studien üb. die Entwicklungsgeschichte v. Saxifraga granulata. Mit 4 Taf. (41 S. m. Abb. u. VII, XVIII S.) 907. (Vol. I Nr. 9) 4. 60
Koch, John, Dispersionsmessgn. an Gasen im sichtbaren u. im ultraroten Spektrum. (III, 61 S. m. Fig.) 909. (Vol. II Nr. 5) 4. —
Svedberg, The., Studien zur Lehre v. den kolloiden Lösgn. (VII, 160 S. m. Fig. u. 3 Taf.) 907. (Vol. II Nr. 1) 12. —
Westman, J., die Verteilg. der Insolation in Schweden. (III, 24 S. m. 5 Taf.) 910. (Vol. II Nr. 7) 3. —

Acta, die fürstl. sachsen-weimarische Ober-Vormundschaft und Landes-Administration betr. de a. 1758. — Regenspurg o. J.: Neubauer. 93 S.
1:2° Ss 1920. 12:2° Ded. 357. 3.
1 7857

Acta Osnabrugensia oder Beyträge zu den Rechten und Geschichten von Westfalen, insonderheit vom Hochstifte Osnabrück. (Hrsg.: J[ustus] F[riedrich] A[ugust] Lodtmann) Th. 1-3,1. — Osnabrück: Kißling 1778-89.
1-3,1 . . . . 300:27 Ll35. 2. 6. 7.
1.2 . . . . 1:Sm 7612. 12:J. publ. G. 11. 5. 10.
1 [defekt]. 2 . . . . 3.
1 . . . . 4.
1 7862

— (T. 1-3.) Franckfurt a. M.: Gensch (2: Gross; 3: o. O.) 1707-10.
1. 1707

— pacis Olivensis inedita cur. Jh. Glo. Boehmio. II Tom. 4maj. Bresl. 762—66. W. G. Korn. 5 ℛ 8 gr. (Neff in Stuttg.) 3 ℛ 16 gr.

Acta pacis Westphalicae publica, od. Westphäl. Friedenshandll u. Geschichte; in ein. mit wicht. Urkunden bestärktem histor. Zusammenh. verf. u. beschrieben v. J. G. v. Meiern. VI Thle., welchen J. F. Walthers Universalregist. als d. VII. hinzukommt. Hannover. 734—40. Fol.

Acta passionis atque translationum S. Magni Episcopi Tranensis et martyris ex pervetustis cod., tum Casinensi, tum Anagninae Basilicae Cathedralis, notis illustr. ab uno ex eiusdem ecclesiae canonicis. — Aesii 1743: de Juliis. XIX,202 S. 1:Dx 250. 2.
1 7871

Acta patriarchatus Constantinopolitani MCCCXV-MCCCCII. E cod. manu scriptis bibl. Palatinae Vindobonensis ... ed. Fr(anciscus) Miklosich et Jos(ephus) Müller. T. 1.2. — Vindobonae: Gerold 1860-62. (Acta et diplomata Graeca medii aevi sacra et profana. 1.2)
1:Ug 2660-1.2. 12:H. int. 0x-1.2. 300:397.444-B.II.S.
2. 3. 4. 5. 7. 8. 9. 10.
1.7872

Acta Sancti Patrocli Martyris patroni Sosatensium tutelaris. Denuo ed. Guilelmus Engelbertus Giefers. — Sosati: Nasse 1857. XIII,16 S. 1:Dx 3730. 6. 102P.
1.7873

Acta Pauli. Aus d. Heidelberger kopt. Papyrushs. Nr. 1 hrsg. von Carl Schmidt. [Text] & Taf. Bd. Leipzig: J. C. Hinrichs 1904. 1 Bd 8°, 1 Bd 4°
Textbd Übers., Untersuchungen u. kopt. Text.
= Veröffentlichungen aus d. Heidelberger Papyrus-Sammlung. 2.
[04. 8431

Acta Pauli. Aus d. Heidelberger kopt. Papyrushs Nr. 1 hrsg. von Carl Schmidt. [Text- &] Taf Bd [nebst] Zusätzen. Leipzig: J. C. Hinrichs 1904 05 2 Bde 8°, 1 Bd 4°
[Textbd.] Übers., Untersuchungen u. kopt. Text.
Taf Bd = Veröffentlichungen aus d. Heidelb. Papyrus-Sammlung 2.
Zusätze. 1905
[c5. 1924

— dasselbe. Übersetzung, Untersuchgn. u. kopt. Text, hrsg. v. Carl Schmidt. 2. erw. Ausg. ohne Tafeln. (LV, 240 u. 80 S.) Lex.-8. Ebd. 905. n. 12. —
geb. in Halbsaff. n. 14. 40

Passio S. Theclae virginis. Die lateinischen Übersetzungen der Acta Pauli et Theclae. Nebst Fragm., Ausz. u. Beil. Hrsg. von Oscar v. Gebhardt. — Leipzig: Hinrichs 1902. CXVI,188 S. (Texte u. Untersuchungen zur Geschichte d. altchristl. Literatur. 22,2.)
1:B 1464-22,2. 12:P. gr. C. 34ck-VII,2.
300:390.829-B. Pp. S. N. F. 7,2. 2. 3. 4.
5. 6. 7. 8. 9. 10. 11. 102.
1.7877

— S. Pelagiae syriace ed. Joa. Gildemeister. gr. 4. (15 u. 12 S.) Bonn 879. Marcus. n. 3. —

Acta. — Acta Petri. Acta Pauli. Acta Petri et Pauli. Acta Pauli et Theclae. Acta Thaddaei. Ed. Ricardus Adelbertus Lipsius. — Lipsiae: Mendelssohn 1891. CXI,320 S. (Acta apostolorum apocrypha. 1.)
1:Br 1376-1. 12:B. gr. 269-1. 300:87.288-B. Bd 1.
2. 3. 4. 5. 6. 7. 8. 9. 10. 11. 102.
1 7879

Acta S. Petri in Augia. 4 Quellenschriften des 13. Jh. aus dem Kloster Weissenau bei Ravensburg. Hrsg. von Franz Ludwig Baumann. — Karlsruhe 1877. 137 S.
Aus: Zeitschrift für Geschichte des Oberrheins. 29,1.
1:Sh 9676. 300:183.947-B. 5.
1 7883

Acta Philippica. Sive: Theologorum Saxonicorum & legatorum Megapolensium frustra tentata pacificatio inter Philippum Melanchthonem et Matthiam Flacium Illyricum E scriniis maiorum iterum coll., ac synopsi totius opusc. praemissa, notis historicis illustr. à Johanne Bacmeistero. — Tubingae: Franck 1719. 100 S.
1:25 in Cm 4. 12:4° Diss. 53, 18.
1 7885

ACTA PHILOLOGORUM MONACENSIUM auctoritate regia edidit FRIDERICUS THIERSCH.
Tom: I (Fasc. I-IV) — Tom: IIII (Fasc. I). (Mit 1 Tafel.) Monachii in Libraria regia Scholarum Norimbergae apud Steinium, später: apud Campe in comissis. (1812—1829.) 8°.

*Acta philosophico-medica. [Hrsg.: Hessische Akademie der Wissenschaften.] Gießen, Frankfurt u. Leipzig 1771. 4° 1a

Acta philosophico-medico-mathematica soc. acad. scient. principalis Hassiacae. Giessae. 4. Tom. I. 1771
(Bey diesem ersten Bande ist es denn auch geblieben.)

Acta Philosophorum d. i. gründliche Nachrichten aus der Historia Philosophica nebst beygefügten Urtheilen von denen dahin gehörigen alten und neuen Büchern. [Hrsg.: Chph. Aug. Heumann.] T. 1–18.
Halle 1715–26. 14, 29, 70

Acta physico-medica academiae Caesareae Leopoldinae-Carolinae naturae curiosorum exhibentia ephemerides sive observationes, historias et experimenta.
Norimbergae: W. M. Endter 1727–54. 4°
22, 29, 37
¶ Vorh. u. d. T.: Ephemerides academiae Caesareae naturae curiosorum. Frankfurt 1712ff.
¶ Forts. u. d. T.: Nova acta physico-medica. Nürnberg 1757ff.

— physico-medica collegii Onoldini. 4 Thle. 4. Ansb. 764. (Gassert). 1 ₰ 18 ℊ.

— Pii VI. pont. max., quibus ecclesiae catholicae calamitatibus in Gallia consultum est. 2 voll. 8. (XII, 458 u. 335 S.) Romae 871. (Leipzig, Brockhaus' Sort.) n.n. 7. —

Acta a Sanctissimo Patre et Domino nostro Pio divina providentia Papa Sexto causa itineris sui Vindobonensis a. 1782. — Viennae o. J.: Trattner. 51 S. 4°
300:167.702-C.
1.7887

— pontificia et decreta ss. rr. congregationum. Red.: Const. Castello. Annus I—III. Mai 1903—April 1906. à 12 Nrn. (à ca. 36 S.) gr. 8. Rom, F. Pustet. à Jhrg. n. 4. —

— dasselbe. Romana mensualis ephemeris. Quae continuationem resumpsit Nuntii romani. Red.: Const. Castello. Annus IV. 1906. 12 fascc. (à ca. 36 S.) gr. 8. Rom, Regensburg, F. Pustet. n. 4. —

— pontificia et decreta ss. rr. congregationum. Romana mensualis ephemeris. Red.: Constantius Castello. Annus V—VIII. 1907—1910. à 12 fascc. (V: 524; VI: 520 u. VII: 762 S.) gr. 8. Romae. (Rom, F. Pustet.) à Jahrg. 4. —

Acta pontificum Helvetica. Quellen schweizerischer Geschichte aus d. päpstl. Archiv in Rom. Veröffentl. durch d. Hist. u. Antiquar. Ges. zu Basel. Hrsg. v. Johannes Bernoulli. Bd 1. — Basel: Reich 1891 (-92). XVI,533 S.
1:4° Ru 639. 12:4° Helv. 2. 300:184.586-C. 3. 4. 5.
6. 7. 8. 10. 11.
1 7890

Acta pontificum Romanorum inedita ... Urkunden der Päpste ges. u. hrsg. von J(ulius) v. Pflugk-Harttung (Julius Harttung). Bd 1-3. — Tübingen: Fues (2.3: Stuttgart: Kohlhammer) 1881-88.
1 748-1198. 1881. 2. 97-1197 1884. 3. 590-1197. 18(86-)88
1:4° Cd 3210. 12:4° J. can. F. 2. 300:53.685-C. 2.
3. 4. 5. 6. 7. 8. 9. 10. 11. 102.
1 7891

Acta des Processus criminalis M. Stephani Fuhrmanns contra M. Christianum Grünenbergn. — Lübeck: Volck [1770]. Bog. A-B. 1:Fu 816. 9.
1 7894

Acta utriusque processus in causa canonisationis ... Joannis Nepomuceni [Nepomuck] Martyris. — Viennae Austr.: Schilgen 1721. 496 S. 12:4° V. SS. 443z. 2. 10.
1 7895

— Ebd. 1722. 496 S.
1:4° Dx 1920. 12:4° V. SS. 444. 2. 5. 6.
1 7896

— Processus in Causa Canonisat. S. Joann. Nepom. 4. Veronae (Wolf. Augsb.) 725.

Acta publica

— Der Römischen Kayserlichen Majestät und deß Heiligen Römischen Reichs geist- und weltlicher Stände, Chur- und Fürsten, Grafen, Herren und Städte Acta publica und schrifftliche Handlungen ... Darinnen fürnemlich die Ursachen deß böhmischen und darauß erfolgten teutschen Kriegs ... und was sonsten deßwegen innund ausserhalb Teutschlands ... vorgangen, ... zu befinden. Durch Michael. Casparum Londorpium zsgtr. Th. (1)-18 (= 1-4 [nebst] Cont. 1-14) [nebst] Reg. zu 1-12. Franckfurt a. M. (14 ff.: Franckfurt & Cölln): Schönwetter (9 ff.: Bencard) 1668-1721.
1 . von A. 1608 1668.
2. . . . von A. 1620 1668.
3. . . von A. 1624. 1668.
4. . . . von A. 1629 - A. 1641. 1668.
5 (= Cont. 1). . . . von A. 1641 - A. 1646. 1668.
6 (= Cont. 2). . . . von A. 1646 - A. 1653. 1668
7 (= Cont. 3) . . von A. 1653 - A. 1057. 1669.
8 (= Cont. 4). . . . von A. 1656 - A. 1664. 1670.
9 (= Cont. 5). . . . von A. 1663 - A. 1672. 1686.
10 (= Cont. 6). . . . von A. 1673 - A. 1679. 1687.
11 (= Cont. 7) . . von A. 1680 - A. 1683. 1697.
12 (= Cont. 8) . . . von A. 1684 - A. 1686. 1699.
13 (= Cont 9) . . . von A. 1687 - A. 1688. 1708.
14 (= Cont. 10). . von A. 1688 - A. 1689. 1716.
15 (= Cont. 11). . . von A. 1688 - A. 1690. 1717.
16 (= Cont. 12) . . von A. 1688 - A. 1690. 1718.
17 (= Cont. 13). . . . von A. 1690. 1719.
18 (= Cont. 14). . . A. 1690 u. 1691. 1721.
Reg. Vollst. u. nutzl. Reg. uber die bißhero außgegangene 12 Theile der ... Actorum publicorum, welche Michael Caspar Londorpius ... zu ediren angefangen hat A. 1608. Nach dessen Absterben von andern gelährten Männern cont. biß ad A. 1686 incl. 1702.
1-18 [nebst] Reg. . . . . 12:2° J. publ. G. 235-1/18
[auch T. 2-18 nebst Reg. = 2° J. publ. G. 232-2/18]. 300:65 B 4. 2. 4. 6. 7. 8. 10.
1-17 [nebst] Reg. . . . . 1:2° Gv 2429. 3. 9.
1-13 . . . . 5.
1-8 . . . . 11.
1.7906

— Londorpius suppletus et continuatus, sive Acta publica (2–4: sive Actorum publicorum ... 2.–4. Theil), oder allerhand denckwürdige schrifftliche Handlungen, so in Friedens- und Kriegs-Zeiten, vornehmlich in dem Heil. Röm. Reich zwischen desselben Haupt und Gliedern seit dem zu Passau im Jahr 1552 aufgerichteten Religions- und Prophan-Frieden ..., wie auch ausser dem Heil. Röm. Reich zwischen ausländischen Königen, Potentaten und Republicken in gantz Europa ... gegen einander gewechselt worden. Aus den Archivis herausgezogen und zsgetr. Nach der zu Franckfurt a. M. in Verlegung Wilhelm Serlins im Jahr 1665 herausgekommenen Ausg. jetzo auf das Neue gedr. Th. 1–4. — Franckfurt & Leipzig: Cotta 1739–44.

1. Hrsg. u. zsgetr. durch Martin Meyern. 1739.
2. ... von A. 1614 biß zu Anfang deß 1628. Jahrs. 1739.
3. ... von A. 1628 biß zu Anfang deß 1637. Jahrs. 1741.
4. ... von A. 1637 biß 1641 incl. 1744.

1–4 . . . . . **12:**2° J. publ. G. 235-Suppl. 1/4 [u.]
2° J. publ. G. 232–19/22. **300:**36 D 13.
4. 5. 6. 8. 9. 10.
2–4 . . . . **2.**

1.7907

Acta. — Actorum publicorum [Acta publica] fasciculus ... Einiger zu mehrem Begriff und Erläuterung der gegenwärtigen schleßwig-holsteinischen Affairen dienlicher Stücke Fasc. 1–10. — o.O. (1699–)1700.

2 versch. Drucke.

1–10 . . . . **7. 8.**
1–9 . . . . **1:**So 1692. **2.**
1–6.8.9 . . . . **9.**

1.7908

Acta publica samt einer gründlichen Deduction derer evangel. Schlesier Religions-Freyheit, worinnen alle diejenigen Schrifften, welche bey dem schlesischen Religions-Werck sowohl von der ... Executions-Commission zu Breßlau als auch dem königlichen schwedischen Plenipotentiario u. anderen heraus gekommen, auch seithero An. 1707. biß ult. April. 1708. hin u. wieder gedruckt, anjetzo aber zusammen gebracht worden. — (Leipzig) 1708 (:Zschau). Getr. Pag. 2°

Sondert.: 1. Der evang. Schlesier bisheriges sehnliche Seufftzen [Seufzen] und Flehen oder allerunterthänigste Memorialia an Ihro Röm. Käyserl. ... Majestät. 1707.
Sondert.: 2. Derer evang. Schlesier Religions-Freyheit [Religionsfreiheit], worinnen dererselben ... evang. Religions-Fundamenta u. dahero fliessende Gravamina ... dargethan ... worden. 1707.
Sondert.: 3. Zusatz an die neulichst ans Licht gekommene Religions-Freyheit der evang. Schlesier. 1707.
Sondert.: 4. Die von Ihro Röm. Käyserl. ... Majestät ... denen evang. Schlesiern allergnädigst von neuen ertheilte Religions-Freyheit [Religionsfreiheit]. 1707.
Sondert.: 5. Der Oßnabrückische Friedens-Schluß, wie solcher zwischen Ihro Röm. Käyserl. u. Königl. Schwedischen Majestäten ... zu Oßnabrück 1648 unterschrieben [Instrumentum pacis ab utriusque partis plenipotentiariis approbatum, deutsch]. 1707.
Sondert.: 6. Der Pragische Neben-Receß, wie solcher zwischen Ihro Röm. Käys. Maj. ... Ferdinando III. und Ihro Chur-Fürstl. Durchl. zu Sachsen ... Joh. Georgio I. ... wegen der evang. Unterthanen der Hertzogthümer Ober- und Nieder-Schlesien ... geschlossen worden ... Prag ... 1635. 1707.
Sondert.: 7. Rudolf II. Römisch-deutscher Kaiser: Majestät-Brieff, oder die von Ihro Röm. Käyserliche ... Majestät ... Rudolph des Andern ... ertheilte Confirmation und Privilegia, uber das freye Exercitium religionis Augspurgische Confession im Lande Ober- und Nieder-Schlesien [Confirmatio, deutsch]. 1707.
Sondert.: 8. Stralenheim, Henning v.: Schreiben an ... die zur Execution der zwischen Ihro Röm. Käyserl. u. Kön. Mai. in Schweden ... 1707 zu Alt-Ranstadt wegen des freyen Religions-Excercitii in Schlesien geschlossenen Convention verordnete ... Herren Commissarien. 1707.
Sondert.: 9. Von Ihro Röm. Kayserl. ... Majestät ... verordneten Ober-Ampts-Cantzlar [!] und Räthen im Hertzogthumb Ober- und Nieder-Schlesien publicirtes Patent über die Stolae-Tax-Ordnung ... d. d. Breßlau den 19. Aprilis 1662. 1707.
Sondert.: 10. Die von Ihro Röm. Käyserl. ... Majest. ... Herren Commissarien an die ... Stände derer Fürstenthümer Liegnitz, Brieg u. Wohlau ... gethane Proposition samt dem darauff erfolgten Voto-Collectivo ... wegen der evang. Schlesier Religions- und Gewissens-Freyheit. 1707.
Sondert.: 11. An Ihro Röm. Käyserl. ... Majest. ... Leopoldum ... wie auch Josephum I. abgelassene Intercession-Schreiben [Interzessionsschreiben] von denen evang. Königen ... Ständen des Heil. Röm. Reichs, derer evang. Schlesier ... Religions- und Gewissens-Freyheit betreffend. 1707.
Sondert.: 12. Historische Nachricht von dem Zustand der Religion in Schlesien. 1707.
Sondert.: 13. Einige gantz neue Religions-Gravamina der schlesischen protestirenden Kirchen. von Anno 1703 biß 1705. 1708.
Sondert.: 14. Einige u. an den Magistrat der Stadt Breßlau von sämmtlicher evang. Bürgerschafft ... daselbst in causa religionis übergebene Gravamina. 1707.
Sondert.: 15. Derer von Ihro Röm. Käyserlichen Majestät ... zu dem evang. ... Religions-Werck in Schlesien verordneten ... Herren Commissarien ertheilte Antwort auf das von ... Herrn Baron von Strahlenheim ... ergangnes Schreiben. 1708.
Sondert.: 16. Unterthänigstes Memorial oder Bitt-Schreiben an ... die ... zur Execution der schlesischen Religions-affairen verordnete ... Herren Commissarien. 1708.
Sondert.: 17. Ihro Excellentzien derer Käyserlichen Herren Commissarien Gegen-Antwort-Schreiben, auf ... des ... Herrn Baron von Strahlenheim ... Schreiben. 1708.
Sondert.: 18. Der Evang.-Reformirten Jura im Hertzogthum Schlesien, wie solche auff Sr. Königl. Majest. in Preussen ... Befehl entworffen ... worden. 1708.
Sondert.: 19. Strahlenheim [Stralenheim, Henning] v.: Fernerweitige Erinnerungen an ... die Kayserl. Herren Commissarien, betr. die Execution der Alt-Ranstädtischen Convention. 1708.
Sondert.: 20. Endliche Erklärung derer Käyserl. Herren Commissarien auf des ... Baron von Strahlenheim ... abgelassene fernerweitige Erinnerungen ... wegen Execution der ... Religions-Freyheit derer evang. Schlesier. 1708.
Sondert.: 21. Die von Ihro Röm. Käyserlichen ... Majest. allergnädigst confirmirte neue Taxa stolae in dero Erb-Hertzogthume Schlesien, d. d. Breßlau 18. Februar 1708. (1708.)
Sondert.: 22. Ferneres unterthänigstes Flehen- und Bitt-Schreiben, an Ihro Röm. Käyserl. ... Majestät ... von denen ... Ständen im Hertzogthum Ober- und Nieder-Schlesien abgelassen. 1708.
Sondert.: 23. Nulla regula sine exceptione, oder: rechtsgegründete ... Ursachen, warum die P. P. Societatis Jesu zu Liegnitz in die begehrte Einräumung der Kirchen zu St. Johannis daselbsten nicht einwilligen können. 1708.
Sondert.: 24. Kräuter-Memorial. 1708.
Sondert.: 25. Unterthänigstes Memorial, oder Bitt-Schreiben an ... die Käyserlichen zur Execution des evang. Religions-Werckes in Schlesien verordnete ... Commissarien. 1708.
Sondert.: 26. Gründliche Nachricht von derer evang. Schlesier Kinder-Andacht ... Nebst Hn. Caspar Neumanns ... und anderer führenden Gutachten über solches Beten der Kinder. 1708.
Sondert.: 27. Fortsetzung und fernere Nachricht der gottgeheiligten Kinder-Andacht in Schlesien. 1708.
Sondert.: 28. Josef I. Römisch-deutscher Kaiser: Fernerweitige Erklärungen betr. die Religions-Freyheit derer Protestanten in Schlesien, d. d. Wien den 3. April 1708. Worbey das Antwort-Schreiben von einer ... Commission auf die eingegebene Deduction derer Reformirten in Schlesien an ... Baron v. Strahlenheim. 1708.
Sondert.: 29. Fernerweite, u. gründliche Deduction derer evang. Schlesier Religions-Freyheit. 1708.
Sondert.: 30. Poetische Gedancken [Gedanken] uber das grosse Luther-Fest in Schlesien. 1707.
Sondert.: 31. Stralenheim, [Henning] v.: Gegen-Antwort ... an ... die zur Execution der zwischen Ihro Röm. Käyserl. u. Königl. Majest. von Schweden geschlossenen Alt-Ranstädtischen Convention verordnete ... Kayserl. Herren Commissarien. 1708.
Sondert.: 32. Ihro Röm. Kayserl. Majest. Josephi I. neu aufgerichtete Academie [Akademie] ... zu Liegnitz in Schlesien. (1708.)
Sondert.: 33. Eines ... Königl. Ober-Amts im Hertzogthum ... Schlesien publicirtes Patent ..., die Untersagung des Abtritts von der catholischen Kirche zu d. evang. Glauben betreffend. 1709.
Sondert.: 34. Medows [Meadows], P[hilip]: Das an Ihro Röm. Käyserl. Maj. im Nahmen der Fr. Anna Königin in Groß-Brittannien, Franckreich und Irrland übergebene Memorial. 1708.
Sondert.: 35. Medows [Meadows], [Philip]: An Ihro Römisch. Kayserl. ... Maj. ... nochmals gethane Erinnerung von Ihro Königl. Majest. Groß-Brittanien, Franckreich und Irrland etc. ... d. d. Wien den 27. Juni 1709, der evang. reformirten Schlesier Religions-Freyheit betreffend. o. J.
Sondert.: 36. Ihro Königl. Majestät in Preussen ... denen ... Reformirten auffs neue ertheilter Schutz. 1709.
Sondert.: 37. Gründliche Außführung, daß die Evangelisch-Reformirte in Schlesien ... unter denen Augspurgisch. Confessions-Verwandten verstanden werden müssen. 1709.

1–37 . . . . **4.**
1–32 . . . . **6.**
1–31. 33 . . . . **8.**
1–29. 31. 32 . . . . **3.**

1.7909

Verschiedene Acta publica, oder bey der Reichs-Versammlung zu Regensburg ... 1724 ... verhandelte Stücke, die Calender- und Ferien-Sache betr. — Regensburg: Peetz (1724). 30 S. **1:**Oz 1194. **9.**

1.7910

Acta publica oder Sammlung aller Staatsschriften, welche seit denen im Jahre 1756. zu London und Versailles geschlossenen Allianz-Tractaten an das Licht gekommen sind. Th. 1–5. — Wien [usw.]: Trattner 1756–58.

1–5 . . . . **12:**4° J. publ. E. 7.
1. 2 . . . . **300:** • 46 T 7.

1.7911

Acta publica, oder: Vollständige Sammlung aller derjenigen Staats- und Kriegsschriften, welche ... (1758: in dem Römisch-Deutschen Reiche,) an den Höfen England, Frankreich, Oesterreich, Preußen, Sachsen u. a. m. zum Vorschein gekommen. 1756–1758. — Strassburg 1757–59.

1756–58 . . . . **10.**
1756.1757 . . . . **12:**4° J. publ. E. 8.
1756.1758 . . . . **1:**Sv 4124.
1756 . . . . **2.**
1758 . . . . **3.**

1.7912

Acta publica. Verhandlungen und Correspondenzen der schlesischen Fürsten und Stände. Hrsg. von Hermann Palm (5–8: Julius Krebs). Bd [1–]8. 1618–29. — Breslau: Max (7. 8: Breslau: Wohlfarth) 1865–1906.

[1.] 1618. 1865. [2.] 1619. 1869. [3.] 1620. 1872. [4.] 1621. 1875. 5. 1622–25. 1880. 6. 1626–27. 1885. 7. 1628. Mit e. Anh.: Beiträge zur Geschichte d. Gegenreformation in Schlesien vornehmlich für das Jahr 1628. 1905. 8. 1629. Mit e. Anh.: Beiträge zur Geschichte d. Gegenreformation in Schlesien vornehmlich für d. Jahr 1629. 1906.

1–8 . . . . **12:**4° Bor. 1 c. **2. 3. 6. 7. 9. 10.**
1–7 . . . . **300:**112.478–C.
1–6 . . . . **1:**4° Ta 6126. **5. 8. 11.**
1–5. 7 . . . . **4.**

1.7913

— Acta publica zu den Fundamental-Gesetzen des Schwedischen Reiches gehörig. Ins Deutsche übers. [von I. K. Thomas u. Ernst Moritz Arndt]. — Stralsund 1806. 156 S. **1:**Ub 2249. **9.**

1.7922

— Ebd. 1806. 158 S. **9.**

1.7923

Schwedische Acta publica, die zu den Reichs-Grund-Gesetzen gehören ... Aus d. Schwed. von Johann Carl Dähnert. — Rostock & Greifswald: Röse 1760. 306 S. **1:**an Ub 2222. **2. 7. 8. 9.**

1.7921

[Acta publica monetaria] Der Röm. Kayserl. Majestät und deß Heil. Röm. Reichs geist- und weltlicher Chur Fürsten, Fürsten und Ständen Acta publica monetaria, schrifftliche Handlungen, Constitutiones, Bedencken und Vorschläge, die Anordnung ... deß Müntz-Wesens in Teutschland betreffende. In 3 Theil abgesondert. Ad modum Actorum publicorum Londorpii ... außerlesen u. zsgetr. ex Bibliotheca ... Davidis Thomani ab Hagelstein. Augspurg: Kroniger & Göbels o. J. Getr. Pag.
12: 2° J. publ. G. 395. 300: * 28 G 42. 2. 7.
1.7925

— Acta publica monetaria, oder Sammlung verschiedener das Müntz-Weesen betreffender rechtlicher Bedencken von ältern Zeiten sowohl, als was in dieser Materie wegen geringhaltigen Gold- und Silber-Müntzen neuerlich zum Vorschein gekommen und publicirt worden. — o. O. 1737. 27 S. 2°
12: 4° J. publ. G. 31 [u. ö.] 3.
1 7927

— Davides Thomanus ab Hagelstein continuatus. Oder Acta monetaria novissima. Schrifftl. Handlungen, Bedencken und Vorschläge, den gegenwärtigen Zustand des Müntz-Wesens in Teutschland und dessen Verbesserung betr. — Franckfurt & Leipzig: Knoch & Eßlinger 1752. 110 S.
1: 4° Fh 7249. 300: * 28 H 21. 5. 6. 7. 10.
1.7928

Acta. — Acta publica tertiorum Reformationis saecularium in Academia Erlangensi celebratorum. — Erlangae 1817.
1: 4° Cn 21053. 12: 4° Bavar. 65 [u. ö.] 7.
1 7930

Acta publica und verschiedene andere Schriften, die Succession in denen oesterreichischen Erb-Landen und jetzt regierender Röm. Kayserl. Majestät darüber errichtete Sanctionem pragmaticam betreffend. [Hrsg.: Johann Jacob Moser.] Th. 1. — Frankfurt a. M: Multz 1732.
12: Austr. 20. 300: 37 M 65. 2. 4.
1 7931

Acta publica constitutionis Unigenitus a Clemente XI Pontifice Romano contra Paschasium Quesnellum conditae, usque ad declarationem regiam Parisiensem. . In unum fasc. omnia ... heic congregata fudit, dissertatione praeliminari ... auxit, atque ed. Christophorus Matthaeus Pfaffius. — Tubingae Cotta 1721. 615 S.
1: Do 10609. 12: 4° J. can. P. 16 [u ö.] 2. 4. 5. 7. 8. 9. 10W.
1 7932

— Nova editio Actorum publicorum constitutionis Unigenitus a Clemente XI nupero Pontifice Romano contra Paschasium Quesnellum conditae ... illustr. Christophorus Matthaeus Pfaffius. — Ebd. 1723. 677 S
1: Do 10610. 12: 4° J. can. P 677. 2. 5. 6. 7.
1 7933

[Acta Quedlinburgica, Cont.] Continuatio actorum publicorum des .. Stiffts Quedlinburg, worinnen ... ans Licht gestellet wird, welcher gestalt wider Ihro Königl. Majest. in Preussen ... Intention, ... allein durch ... Anstifften ... einiger ... Bedienten Attentata zu völliger umkehrung ... der ohnstreitigen stifftischen Jurium immedietatis ... außgeübet ... worden. Auf Befehl der Fr. Abbatissin dem Druck übergeben. — o. O. 1704. 42 Bl.
1: 4° Tf 8005 [u.] 11 in 4° St 126.
1 7935

— o O. 1704. 42 Bl., 8 S.
3.
1 7936

— [App.] Appendix Actorum publicorum des Kayserlichen freyen weltlichen Stiffts Quedlimburg, worinnen .. erwiesen wird, dass dem hiesigen Stadt-Rath keine Jurisdictio contentiosa zustehe ... Auf der Frau Abbatissin Befehl zum Druck befördert. — o. O. 1704. 31 S.
1: 1 in 4° St 126. 3.
1 7937

Acta Quedlinburgica nova, worinnen die wider der Frauen Abbatißin zu Quedlinburg bey . Reichs-Hof-Rath ... eingebrachte Anzeige, der Röm. Kayserl und Königl. Cathol. Majestät . . Rescripte, und von hochgedachter Frauen Abbatißin erstattete Berichte samt Beyl. enthalten, wodurch der jämmerliche Zustand des Stiffts Quedlinburg bescheinigt wird. — o. O. 1725. 308 S.
Bis auf das Titelblatt identisch mit Actorum Quedlinburgicorum continuatio nova.
1: 2° Tf 3716. 12: 2° Ded. 348 3.
1 7938

— Actorum Quedlinburgicorum continuatio nova, worinnen die wieder der Frauen Abbatißin zu Quedlinburg ... bey .. Reichs Hoff Rath eingebrachte Anzeige, der Röml. [!] Kayserl. und Königl. Cathol. Mayt. darauf ertheilte allergnädigste Rescripta, und von hochgedachter Frauen Abbatißin erstattete Berichte samt Beyl. enthalten. Und wodurch der jämmerliche Zustand des Stiffts Quedlinburg ... bescheiniget wird — o O. 1725 308 S.
1: 2° Tf 3718. 2. 11.
1 7939

— rectoralia almae universitatis studii Cracoviensis inde ab a. 1469. Editionem curavit Wladisl. Wisłocki. Tomi I, fasc. 1 u. 2. gr. 8. (432 S.) Krakau 893. (Buchh. der poln. Verlags-Gesellschaft.) à Fasc. n. 3. —

— rectoralia almae universitatis studii Cracoviensis inde ab a. 1469. Editionem curavit. Wladisl. Wisłocki. Tomi I, fasc. 3. gr. 8. (S. 433—656.) Krakau 894. (Buchh. d. poln. Verlags-Gesellschaft) n. 3 —

— rectoralia almae universitatis studii Cracoviensis inde ab anno 1469. Editionem curavit Wladislaus Wisłocki. Tomi I fasc. 4 et ultimus. gr. 8. (XI u. S. 657—1222.) Krakau 897. (Buchh. der poln. Verlags-Gesellschaft.) n. 6. —
I. 1.—3. Ebd. 893, 894. à n. 3. —.

Acta rectorum Universitatis studii Lipsiensis inde ab anno MDXXIIII usque ad annum MDLVIIII auctoritate et auspiciis Joannis Pauli de Falkenstein ... ed. Fridericus Zarncke anno post conditum Lipsiae studium generale 450. Lipsiae · Tauchnitz 1859. X, 526 S.
1: 4° Az 2992. 12: 2° H. lit. P. 76 t [u. ö.] 300: 61. 284–D. 2. 3. 4. 5. 6. 7. 8. 9. 10. 11.
1.7944

—— rectorum universitatis studii Lipsiensis inde ab a. 1524 usque ad a. 1559. Edidit Frid. Zarncke. 2 partes. Fol. (X und 526 S. mit 2 Stn.- und 1 Holzschnt.) Leipzig 860, B. Tauchnitz. à * 8 Thlr. *

— Rectorum universitatis studii Lipsiensis inde ab a. 1524 usque ad a. 1559. Edidit Fr. Zarncke. 2 Partes. Leipzig, 861. B. Tauchnitz. Fol. (X, 526 S., 2 lith. u. 1 Holzschntaf.) Jeder Theil n. 8 ꝶ

— regum Bohemiae, selecta phototypice expressa. Codicis diplomatici regni Bohemiae appendix. Iussu comitiorum regni Bohemiae ed. Gust. Friedrich. Fasc. I. (14 Taf.) 83,5×64,5 cm. Prag 908. (F. Řivnáč.) 20. —

Acta bey höchst-preisslichem Reichs-Hof-Rath, in Sachen . Graffen Frantz Albrechts zu Oettingen-Spielberg, Impetranten eines, contra weyland . . Fürsten zu Oettingen, Graffen Anthon Carl zu Oettingen-Wallerstein, und ... Graffen Crafft Wilhelm zu Oettingen-Baldern, Impetraten andern Theils, in Judicio contradictorio verhandelt, Puncto eines Anno 1710 zwischen denen fürstlichen und gräfflichen Herren Impetraten aufgerichteten Tractatus, die Succession in dem fürstl. Graffschafts Antheil betr. — o. O. u. J.
1: 2° Sg 4911. 12: 2° Bavar. 12.
1 7946

Acta Romana. Ed [Johann Wilhelm Josef] Braun et [Peter Josef] Elvenich. — Hannoverae: Helwing; Lipsiae: Engelmann in Komm. 1838. XXXI, 264 S.
1: Do 14682. 12: Dogm. 1151. 300: 15. 414–B. 2. 4. 5. 6. 7. 8. 9. 11.
1.7949

Ueber die Acta Romana. [Mutmaßl. Verf.: Friedrich Windischmann.] — München 1838. 20 S.
Aus Hist.-polit. Blätter 12: Polem. 3027–4. 2. 6.
1.7950

Sächsische und schwartzburgische Acta judicii possessorii wegen der Steuer und anderer Landes-Hoheits-Jurium. Nebst einigen sächsis. Special-Anmerckungen ratione Arnstadt, Käffernburg und Plauen. — o. O. 1711. 6 Bl 2°
3.
1 7958

Acta secularis sacri Academiae Vitembergensis, anno MDCCII XV. Kal. Novemb. auspicio potentissimi Principis Friderici Augusti Sarmatiae Regis et Saxoniae Electoris [Friedrich August I. Kurfürst v. Sachsen] solenni festoque ritu celebrati, auctoritate publica in lucem emissa. — Vitembergae Sax.: Sumptu Ludovici 1704. 186 S.
1: 2° Az 18440. 2. 3. 4. 8. 9. 10W. 11.
1.7952

Acta sacrorum saecularium quae favente Deo immortali sub auspicatissimo gloriosissimoque imperio Caroli VI [Karl VI. Römisch-deutscher Kaiser] Romanorum imperatoris ex auctoritate et munificentia illustris senatus Norimbergensis a. d. III. Kal. Quinctil. a. S. R. 1723 pio solennique ritu celebravit Academia Altorfina. (Hrsg.: Christian Gottlieb Schwarz.) — ([Altdorf] 1723:) Kohlesius. 352 S.
1: 2° Ay 11024. 12: 2° H. lit P. 1. 3. 4. 5. 6. 7. 8. 9. 10.
1 7953

— sacror. saecular. acad. Altorf. c. f. Fol. Nürnb. Monath. 723.

Acta sacrorum secularium Academiae Duisburgensis in ordinem digesta et brevi historia festae solennitatis aliisque nonnullis monumentis illustr. a Joanne Hildebrando Withofio. — Duisburgi ad Rh.: Ovenius 1756. 224 S.
1:4° Ay 21866. **12**:4° H. lit. P. 236. **2. 3. 4. 5. 6. 7. 8. 9. 10.**
1.7954

Acta sacrorum Academiae Jenensis secularium. (Hrsg.: Johann Ernst Immanuel Walch.) — Jenae 1760: Strauss. XXXII,412 S.
1:4° Ay 31856. **12**:4° H. lit. P. 6. **2. 3. 4. 5. 6. 7. 8. 9. 10. 11.**
1.7955

Acta sacrorum secularium Academiae Vitebergensis a.C. 1802. Coll., ed. Joannes Matthias Schroeckh. — Lipsiae: Weidmann 1803. CXCII S.
1:4° Az 18492. **2. 3. 4. 5. 7. 8. 9. 10. 11.**
1.7956

Acta sacrorum secularium quum a. 1786 a die 6. ad 9. Nov. festum seculare quartum pio solemnique ritu celebravit Academia Heidelbergensis. [Hrsg.: Johann Schwab.] — Heidelbergae 1787: Wiesen. LXIV,564 S.
1:4° Ay 29622. **12**:4° H. lit. P. 5. **2. 3. 4. 6. 7. 8.**
1.7957

Acta saecularia. Zur Erinnerung an d. Zentenarfeier d. Erneuerung d. Univ. Heidelberg durch S. Kgl. Hoheit d. Großherzog Carl Friedrich [von Baden]. Hrsg. im Auftr. d. Senates. (Vorr.: Vinzenz Czerny.) — Heidelberg: Petters 1904. 289 S.
1:4° Ay 29722/21. **12**:4° H. lit. P. 246ai. **300**:433.724–C. **2. 3. 4. 5. 6. 7. 8. 9. 10. 102.**
1.7959

— saecular. acad. Groening., s. Annales acad. Groening.

— saecularia solemnium acad. Lugduno-Batavae, natali ejus ducentesimo et quinquagesimo, diebus VIII. et IX. Febr. 1825 celebratorum. 4maj. Lugd.-Batav. 825. Luchtmanns. 2 ℛ 8 gℊ

Acta. — Acta Salzburgo-Aquilejensia. Quellen zur Geschichte d. ehemal. Kirchenprovinzen Salzburg u. Aquileja. Ges. u. bearb. v. Alois Lang. Beil.: Karte d. Salzb. Provinz im 15. Jh. Bd 1. — Graz: 'Styria' 1903–06. XCI,840 S. (Quellen und Forschungen z. österr. Kirchengeschichte. Ser. 1.)
1. Die Urkunden über die Beziehungen der päpstl. Kurie zur Provinz u. Diözese Salzburg ⟨mit Gurk, Chiemsee, Seckau u. Lavant⟩ in d. avignonischen Zeit: 1316–1378.
1:4° Sb 9896–Ser. 1. **12**:4° H. eccl. 641q–I. **300**:426.816–C. Per. Ser. 1. **2. 3. 5. 6. 7. 8. 9. 10. 11.**
1.7963

Acta Sanctae Sedis, s. Acta Sanctae Sedis

Acta sanctorum, quotquot toto orbe coluntur vel a catholicis scriptoribus celebrantur, quae ex Latinis et Graecis aliarumque gentium antiquis monumentis coll., digessit, notis illustr. Joannes Bollandus servatâ primigeniâ scriptorum phrasi. Operam et studium contulit Godefridus Henschenius. Jan. T. 1.2; Febr. T. 1–3; Mart. T. 1–3; Apr. T. 1–3; Maii T. 1–7 [nebst] Propylaeum; Jun. T. 1–7; Jul. T. 1–7; Aug. T. 1–6; Sept. T. 1–8; Oct. T. 1–13 [nebst] Auct. zu T. 1.5.6; Nov. T. 1–4 [nebst] Propylaeum. — Antwerpiae: Meursius [u.a.] 1643–1925.
Mit wechselnden Zusätzen zum Sachtitel.

Jan. T. 1.2. Antverpiae: Joh. Meursius. Febr. T. 1–3; Mart. T. 1–3. Antverpiae: Jac. Meursius. Apr. T. 1–3; Maii T. 1–7 [nebst] Prop. Antverpiae: Cnobarus. Jun. T. 1–3. Antverpiae: Thieullier. Jun. T. 4.5. Antverpiae: Jacobs. Jun. T. 6.7. Antverpiae: Robyns. Jul. T. 1–7. Antverpiae: Moulin. Aug. T. 1. Antverpiae: van Gherven. Aug. T. 2–6: Sept. T. 1–8. Antverpiae: B. A. vander Plassche. Oct. T. 1.2. Antverpiae: P. J. vander Plassche. Oct. T. 3. Antverpiae: van der Beken. Oct. T. 4.5. Bruxellis: Typ. Regiis. Oct. T. 6. Tongerloae: Typ. Abbatiae. Oct. T. 7–9. Bruxellis: Greuse. Oct. T. 10.11. Bruxellis: Goemaere. Oct. T. 12. Bruxellis: Vromant. Oct. T. 13. Paris: Palmé. Auct. zu Oct. T. 1. 5.6. Bruxellis: Greuse. Nov. T. 1. Paris: Palmé. Nov. T. 2,1. Bruxellis: Apud Soc. Bolland. Nov. T. 3.4 [nebst] Prop. Bruxellis: Apud Soc. Bolland.

Jan. T. 1.2. 1643. Coll. J. Bollandus et G. Henschenius.
Febr. T. 1–3. 1658. Coll. J. Bollandus et G. Henschenius.
Mart. T. 1–3. 1668. Coll. a G. Henschenio et Daniele Papebrochio.
Apr. T. 1–3. 1675. Coll. a G. Henschenio et D. Papebrochio.
Maii T. 1–3. 1680. Coll. a G. Henschenio et D. Papebrochio. T. 4.5. 1685; T. 6.7. 1688. Coll. a G. Henschenio, D. Papebrochio [u.a.] Prop. [1688.] Op. conf. Francisco Baertio et Conrado Janningo.
Jun. T. 1. 1695; T. 2. 1698; T. 3. 1701; T. 4. 1707; T. 5. 1709. Coll. a G. Henschenio, D. Papebrochio [u.a.] T. 6. 1715; T. 7. 1717. Coll. a C. Janningo.
Jul. T. 1. 1719; T. 2. 1721. Coll. a C. Janningo, Joanne Bapt. Sollerio, Joanne Pinio. T. 3. 1723. Coll. a J. B. Sollerio, J. Pinio, Guilielmo Cupero. T. 4. 1725; T. 5. 1727; T. 6. 1729; T. 7. 1731. Coll. a J. B. Sollerio, J. Pinio [u.a.]
Aug. T. 1. 1733; T. 2. 1735; T. 3. 1737. Coll. a J. B. Sollerio, J. Pinio [u.a.] T. 4. 1739. Coll. a J. Pinio, G. Cupero. T. 5. 1741; T. 6. 1743. Coll. a J. Pinio, G. Cupero, Joanne Stiltingo.
Sept. T. 1. 1746. Coll. a J. Pinio, J. Stiltingo [u.a.] T. 2. 1748; T. 3. 1750. Coll. a J. Stiltingo, Joanne Limpeno [u.a.] T. 4. 1753. Coll. a J. Stiltingo, Constantino Suyskeno, Joanne Periero. T. 5. 1755; T. 6. 1757; T. 7. 1760; T. 8. 1762. Coll. a J. Stiltingo, C. Suyskeno [u.a.]
Oct. T. 1. 1765. Coll. a J. Stiltingo, C. Suyskeno [u.a.] Auct. 1859; T. 2. 1768; T. 3. 1770; T. 4. 1780. Coll. a C. Suyskeno, Cornelio Byeo [u.a.] T. 5. 1786. Coll. a C. Byeo, Jacobo Bueo, Joanne Baptista Fonsono. Auct. 1852. Conscriptum a Josepho van Hecke, Benjamino Bossue [u.a.] T. 6. 1794. Coll. a C. Byeo, J. B. Fonsono [u.a.] Auct. 1853; T. 7. 1845. Coll. a Josepho van der Moere et J. van Hecke. T. 8. 1853; T. 9. 1858; T. 10. 1861; T. 11. 1864; T. 12. 1867; T. 13. 1883. Coll. a J. van Hecke, B. Bossue [u.a.]
Nov. T. 1. 1887. Coll. a Carolo de Smedt, Gulielmo van Hooff et Josepho de Backer. T. 2,1. 1894. Coll. a C. de Smedt, J. de Backer [u.a.] T. 3. 1910. Coll. a C. de Smedt, Francisco van Ortroy [u.a.] T. 4. 1925. Coll. a Hippolyto Delehaye et Paulo Peeters. Prop. 1902. Ed. C. de Smedt, J. de Backer [u.a.]

Vollst. **1** [∞ Auct. zu Oct. T. 1.6]: Jan.–Oct. = 2° Du 3901–2° Du 3910; Nov. = 2° Du 3912; Maii, Prop. = 2° Du 3930; Oct. T. 5, Auct. = 2° Du 3911 [auch Oct. T. 13 = 2° Du 3910³–13; Nov. = 2° Du 3912²]. **12**:2° V. SS. C. 21. **300** [∞ Auct. zu Oct. T. 1]: 582.879–D. H. S. [auch Jan.–Maii, Prop. = BE 10 H 1–BE 11 G 1; Oct. T. 5 = 5754]; Auct. zu Oct. T. 5.6 = 41 C 1]. **2. 3. 5. 6. 7** [∞ Maii Prop.; Oct. T. 2]. **102** [∞ Oct. T. 4–6; Nov. T. 3.4].

Jan.–Sept. T. 4; Oct. T. 7.13; Nov. T. 1–4; Nov. Prop. . . . . **4.**
Oct. T. 7–13; Nov. T. 1–4; Nov. Prop. . . . . . **9.**
Oct. T. 7.12.13; Nov. T. 1–4 . . . . **10.**
Oct. T. 7.9–11.13; Nov. T. 1–3; Nov. Prop. . **11.**
Nov. T. 1–3; Nov. Prop. . . . . **8.**
1.7964

— sanctorum confessorum Guriae et Shamonae exarata syriaca lingua a Theophilo Edesseno a. Chr. 297. Nunc adiecta latina versione primus ed. illustratque Ignat. Ephraem II Rahmani. gr. 8. (XXVII, 48 S.) Rom 899. (Loescher & Co.) n.n. 6. 40

— Sanctorum Octobris ex latinis et graecis, aliorumque gentium monumentis, servata primigenia veterum Scriptorum phrasi, collecta, digesta, Commentariisque et Observationibus illustrata a Jos. Vandermoere et Jos. Vanhecke, societatis Jesu presbyteris theologis. Tom. VII. Octobris. Quo dies decimus quintus et decimus sextus continentur. Pars I. II. Fol. 15 Kpfst. Brux. 845. (Muquardt.) n. 32 ℛ

— Sanctorum Octobris ex latinis et graecis aliarumque gentium monumentis, servata primigenia veterum scriptorum phrasi, collecta, digesta, commentariisque et observationibus illustrata a Corn. Byeo, Jac. Bueo, Joan. Bapt. Fonsono. Tom. V. quo dies X. et XI. continentur. Editio II. cum auctario. Fol. (XX u. 900 S.) Bruxellis 852. (Muquardt.) baar n. 16 ℛ (Tom. V. et VII.: n. 48 ℛ)

— Sanctorum Octrobis ex latinis et graecis aliarumque gentium monumentis, servata primigenia veterum scriptorum phrasi, collecta, digesta, Commentariisque et Observationibus illustrata a Jos. van Hecke, Benj. Bossue, Vict. de Buck, Ant. Sinnebroek. Tomus VIII. Quo dies XVII, XVIII, XIX et XX. continentur. Bruxellis 853. (Muquardt.) Fol. (2 Bl., XIX, 1159 S., 4 Tabb. u. 3 Stahlst.) n. 25 ℛ

— Sanctorum Octobris ex latinis et graecis aliarumque gentium monumentis, servata primigenia veterum scriptorum phrasi, collecta, digesta, commentariisque et observat. illustrata a Jos. van Hecke, Benj. Bossue, Vict. de Buck et A. Carpentier. Tom. IX. quo dies XXI. et XXII. continentur. Brüssel, 858. (Muquardt.) Fol. (XXXVI, 995 S. und 3 Stahlst.) nn. 22 ℛ 15 *ngr.*

—— Sanctorum Octobris ex latinis et graecis aliarumque gentium monumentis, servata primigenia veterum scriptorum phrasi, collecta et digesta, commentariisque et observationibus illustrata a Jos. van Hecke, Benj. Bossue, Vict. de Buck etc. Tom. X—XII. Fol. (XXIV und 1007 S., XXIV und 1118 S., XXXII und 1024 S. mit 3 Stahlst. und 1 Karte in Stahlst.) Brüssel 861—67. (Muquardt.) [10. und 11. Bd. à * * 22 Thlr. 20 Ngr., 12. Bd. * * 20 Thlr. 20 Ngr.] * *
Vgl. 13. Bd. 1. Abthl. S. 6.
Tom. I—XI sind vergriffen.

Acta Sanctorum Ungariae ex Joannis Bollandi Societatis Jesu Theologi ejusque continuatorum Operibus excerpta et Prolegomenis ac notis illustrata. Tyrnaviae 1743—1744. H: *Prileszky, Joh. B.* (WBL) (SO)

Acta Sarcmasiana ad usum rei publicae literariae in unum corpus coll. à Theodoro Crusio [Krause]. — [Halle] 1711 Bachmeier. 178[vielm. 278] S.
Sarcmasius = Konrad Samuel Schurzfleisch
1:an Ak 866. 12:Ph. Pr. 322[u.ö.] 2. 3. 5. 7. 8. 9. 10.
1 7975

601 Acta scholastica, worinnen . . . der gegenwärtige Zustand derer berühmtesten Schulen und der dahin gehörigen Gelehrsamkeit entdecket wird. [Hrsg.: Joh. Gottlieb Biedermann.] Bd 1–8.
Leipzig u. Eisenach: Griessbach (6: Leipzig u. Naumburg: Pfeiffer u. Weise in Comm.; 7f: Nürnberg: Stein u. Raspe) 1741–48. 8° **12**
(Forts. u. d. T.: Nova acta scholastica. Leipzig 1749ff.

Acta und Schrifften in Sachen der Demoiselle C. Cadiere wider Girard. Cöln (Frankfurt a. M., Varrentrapp) 1732.
Weller, fing. Druckorte. — S. auch Graesse, trésor VII. s. v. Girard.

Acta Schrottenfelsiana. — o.O. [um 1714]. 17 Bl. 2°
2.
1 7978

Acta et scripta quae de controversiis ecclesiae Graecae et Latinae saeculo undecimo composita extant ex probatissimis libris emendatiora ed. Cornelius Will. Praec. prolegomena — Lipsiae & Marpurgi: Elwert 1861. X,272 S.
1:4° Cl 1020. 12:4° H. eccl. 837. 300:73.912-C. 2. 3. 4. 5. 6. 7. 8. 9. 10. 102P.
1 7979

Acta. — Acta et scripta publica Ecclesiae Wirtembergicae, tum quae cusa dudum fuere, tum quae e situ et tenebris nunc demum in dias luminis auras prodeunt. Rec. . . . conspectumque actorum publicorum & conciliorum omnium Ecclesiae Germanicae abs se olim edendorum adjecit Christoph. Matthaeus Pfaffius. — Tubingae: Cotta 1719. 556 S.
1:an Sh 4916a. 12:4° H. ref. 588.
1.7981

— — Ebd. 1720. 556 S.
1:3 in Be 3376. 12:4° Diss. 1192/4. 3. 4. 5. 7. 8. 11.
1.7982

Acta, betreffend die Secularfeier der allgemeinen altschottischen Loge zu den drei Weltkugeln im Or. zu Berlin, am 30sten Nov. 1842. Berlin [1842] : Petsch: 36 S. 2°
[Umschlagtit.]

Acta Apostolicae Sedis. Commentarium officiale. Annus I et II. Vol. I et II. (907 u. 1045 S. m. je 1 Bildn.) Lex. 8. Roma 910. (Rom, F. Pustet.) à Bd. nn 15. —
Vgl.: Acta Sanctae Sedis.

Acta Sanctae Sedis

— ex iis decerpta quae apud Sanctam Sedem geruntur, in compendium opportune redacta et illustrata seu acta juridica et solemniora ex supremo romano pontifice immediate dimanantia: acta inter ea quae publici fieri possunt juris, sive sint decreta, sive instructiones, sive responsa et alia hujusmodi etc. Vol. I—V. (à 12 fasc. à 4 Bgn.) Rom. 865—69. (Regensburg, Pustet.) Jeder Bd. n. 4 ℛ︀ 10 ngr.

Acta Sanctae Sedis in compendium opportune redacta et illustrata studio et cura Petri Avanzini seu acta juridica et solemniora ex suppremo Romano pontifice immediate dimanantia: acta inter ea quae publici fieri possunt juris, sive sint decreta, sive instructiones, sive responsa et alia ejusmodi etc. Vol. VI—IX. à 12 Fasc. gr. 8. (à 4 B.) Romae 871—75. (Regensburg, Pustet.) à n. 13. — (I—IX.: n. 123. 50)

— Sanctae Sedis, quae post Cl. Avanzini et Zitelli in compendium redacta sunt et rediguntur a Jos. Pennacchi et Vict. Piacesi, seu acta juridica et solemniora ex supremo Romano pontifice immediate dimanantia: acta inter ea quae publici fieri possunt juris, sive sint decreta, sive instructiones, sive responsa et alia hujusmodi etc. Vol. X. 12 Fasciculi. (à 4 B.) gr. 8. Romae 877. (Regensburg, Pustet.) n.n. 13. —

— dasselbe. Vol. XI—XIV à 12 Fasciculi. (à 4 B.) gr. 8. Ebend. 878—81. à Vol. n.n. 12. —

— Sanctae Sedis, in compendium opportune redacta et illustrata studio et cura Jos. Pennacchi et Vict. Piazzesi. Vol. XV—XVIII à 12 Fascc. gr. 8. (à Fasc. 64 S.) Romae 883—85. (Regensburg, Pustet.) à Vol. n.n. 12. —

— Sanctae Sedis, in compendium opportune redacta et illustrata studio et cura Dr. Vict. Piazzesi. Vol. XX—XXII. à 12 Fasc. (4 B) gr. 8. Romae 887—889. (Regensburg, Pustet.) à Vol. n n. 12. —

— Sanctae Sedis, in compendium opportuno redacta et illustrata studio et cura Vict. Piazzesi. Vol. XXIII—XXVI. à 12 fasc. (à 4 Bog) gr. 8. Romae 891. 892. (Regensburg, F. Pustet.) à Vol. n.n. 12. —

— Sancta Sedis, in compendium opportune redacta et ill. studio et cura Vict. Piazzesi. Vol. XXVII—XXXI. à 12 fasc. gr. 8. Romae (Regensburg, F. Pustet.) n.n. 57. 60
XXVII. (767 S.) 895. n. 12. —. — XXVIII. (768 S.) 895. n. 12. —. — XXIX. (768 S.) 896. n. 12. —. — XXX. (767 S.) 897. n. 10. 80. — XXXI. (ca. 760 S.) 898. n. 10. 80.

— Sanctae Sedis, in compendium opportuno redacta et illustrata studio et cura Vict. Piazzesi. Vol. XXXII—XXXV. à 12 fascc. (à Vol. 768 S.) gr. 8. Romae 899—902. (Regensburg, F. Pustet.) à Bd. n. 10. 80

— Sanctae Sedis, in compendium opportune redacta et illustrata studio et cura Vict. Piazzesi. Vol. XXXVI. 12 fascc. (à ca. 64 S.) gr. 8. Romae 903. (Regensburg, F. Pustet.) n. 10. 80

Acta Sanctae Sedis. Ephemerides romanae a ssmo d. n. Pio PP. X authenticae et officiales apostolicae sedis actis publice evulgandis declaratae. Vol. XXXVII—XXXIX. à 12 fascc. (à ca. 64 S.) gr. 8. Romae 904—906. (Regensburg, F. Pustet.) à Bd. n.n. 10. —

— Sanctae Sedis. Ephemerides romanae a ssmo d. n. Pio PP. X authenticae et officiales apostolicae sedis actis publicee evulgandis declaratae. Vol. XL et XLI à 12 fascc. (792 u. 810 S.) gr. 8. Romae 907. (Rom, F. Pustet.) à vol. nn 10. —
Fortsetzg., s.: Acta Apostolicae Sedis.

Acta selecta ecclesiae Augustanae. Acc. synopsis episcopalium decretorum per eandem ecclesiam a tempore concilii Tridentini usque in praesentem annum promulgatorum. Coll. Josephus Antonius Steiner. — Augustae Vindel.: Rieger 1785. 416 S.
1:Sf 8370. 12:4° Bavar. 1757. 4. 7.
1.7986

Acta semi-eruditorum oder kurtzer Auszug aus denen halb gelehrten Schrifften und Chartequen, mit welchen die Buchläden ausstaffiret, nebst einigen Judiciis, was von dergleichen zu halten. [Nebst] Forts. 1. — o.O. 1709.
Vollst. . . . . 1:1 in Al 4365.
[∞ Forts.] . . . . 2.
1.7987

ACTA. — Centorii à Centoriis (d. i. *Christian Juncker*). Wohlgemeynte Erinnerungen an den Nasenweisen Autorem der so genanten Actorum Semi—Eruditorum; aus dem Italiänischen in das Hochteutsche übersetzt. 1709. 8°. 3 Bogen.

Acta semi-eruditorum, das ist: Nachricht und Urtheile von unnützen ... Fehler und Irrthümer mit sich führenden Büchern, übelgerathnen Dissertationibus, unbedachtsamen Übers., nichtswürdigen Chartequen. Th. 1.2. — o.O. 1718.
1.2 . . . . 1:1 in Al 4362. 8. 9.
1 . . . . 12:Var. 270p.
1.7988

— seminarii philologici Erlangensis. Edd. Iwanus Mueller et Ed. Woelfflin. Vol. I. gr. 8. (IV, 476 S.) Erlangen 878. Deichert. n. 8. —

— dasselbe. Vol. II. gr. 8. (529 S.) Ebend. 881. n. 9. —

— seminarii philologici Erlangensis edd. Iwanus Mueller et Aug. Luchs. Vol. III et IV. gr. 8. Erlangen, Deichert. n. 17. — (I—IV n. 34. —)
III. (478 S.) 884. n. 8. — IV. (562 S.) 886. n. 9. —

— seminarii philologici Erlangensis. Edd. Iwanus Mueller et Aug. Luchs. Vol. V. gr. 8. (284 S.) Leipzig 891. Deichert Nachf. n. 6. —
(I—V.: n. 40. —)

—— Seminarii philologici Heidelbergensis. Fasc. I. Sophoclis Ajax, Electra, Oedipus Rex emend. et illustr. ex codicibus Palatinis XL et CCCLVI. Ed. C. L. Kayser. 8maj. (7½ B.) Heidelbergae 839, Mohr.

ACTA SEMINARII REGII ET SOCIETATIS PHILOLOGICAE LIPSIENSIS. Adj bibliotheca critica. Cvravit CHRISTIANVS DANIEL BECKIVS.
Vol. I—II. Partic. I—II. Lipsiae 1811—1818. In libraria Weidmannia. 8°

Acta sincera Sancti Pauli Thebaei [Paulus Eremita] cognomento Primi Eremitae Graeco-Latina cum variantibus lectionibus & notis variorum. Acc. Dissertatio praeliminaris de dubiis haec Acta circumstantibus: & Epistola Claudii Sicardi Soc. Jesu de suo per inferiorem Thebaidem confecto itinere, hodiernóque rerum statu antiquissimorum monasteriorum SS. Pauli & Antonii, consimilibus notis aucta ... studio et opera Mathiae Fuhrmann. — Neostadii Austriae 1760; Fritsch. 112,287 S.
1:Cf 6560. 12:4° V. SS. 481. 300:42 T 11.
1.7998

ACTA Sinceri Benevoli (d. i. *Chrn. Junckes*) Anmerckung über eines ungenandten Satyrici Acta Semi-Eruditorum. Im Monat Junio 1709. 8°. 2 Bogen.

Acta, Societatis scientiarum Fennicae. Tom. I. 4maj. (105. B. u. 14 Stnt.) Helsingforsiae 842. (Lipsiae, Voss.) *
(Enth. 36 Abhandl. z. Naturwissenschaft, Mathematik, Geschichte u. Biographie, Münz-Alterthumskunde.)

—— Societatis scientiarum Fennicae. Tom. II. Fasc. 1—4. (und Index.) 4maj. Helsingforsiae. (Leipzig, Voss.) [Fasc. 1. (S. 1—361. und 16 Stnt.) 843. * 4 Thlr., ill. * 5½ Thlr., 2. (S. 362—744 und 3 Stnt.) 844. * 3 Thlr. ill. * 3½ Thlr., 3. (S. 745—1076 u. 6 Stnt.) 846. * 2⅓ Thlr., ill. * 3 Thlr., 4. (S. 1077—1299, 34 und LXIII S. mit 7 ill. Stnt.) 847. * 4 Thlr.] *
ill. *
Tom. I. Ibid. 1842. * 5 Thlr. — Ein Anhang hierzu s. Notiser.

— Societatis Scientiarum Fennicae. Tomi V. Fasc. I. A. u. d. T.: Wotisk grammatik jemte språkprof och ordförteckning. Af A. Ahlqvist. Helsingforsiae 856. (Leipzig, Brockhaus.) gr. 4. (2 Bl., X, 162 S.) n. 2 ₰

Acta Societatis Graecae. Ed. Antonius Westermannus, ... Carolus Hermannus Funkhaenel. Vol. 1.2. — Lipsiae: Koehler 1836–40.
1:Va 8810. 12:Philol. 291 l. 300:•31 C 9. 2. 3. 4. 5. 6. 7. 8. 9. 10. 11.
1.7999

***Acta Societatis Jablonovianae. T. 1–5. Lipsiae: Schwickert (sp. Loeper) 1772–80. 4°**
1a

(Bd 1 ist nirgends nachweisbar und scheint niemals erschienen zu sein. Dafür ist Bd 5 doppelt gezählt. (Vgl. Müller: Die wissenschaftlichen Vereine u. Gesellschaften Deutschlands, Bd 1 (Berlin 1883 bis 1887, S. 332).

Acta Societatis Jablonovianae. Forts. s. Acta Societatis Jablonovianae Nova

***Acta societatis Latinae Jenensis. [Hrsg.: Joh. Ernst Imm. Walch.] Bd 1–5. Jena 1752–56. 8° 37, 150**
(Forts. u. d. T.: Nova acta. Leipzig 1806.

***Acta societatis Latinae Marchico-Badensis. [Hrsg.: Gottlob Aug. Tittel.] Vol. 1. 2. Karlsruhe: Js. Fr. Corn. Stern (2: Tübingen: J. G. Cotta) 1767–70. 8° 25, 16, 31**

— societat. medicae Hafniens. II Tom. 8maj. Kopenh. 777—79. (Schubothe, u. Brummer). 1 ₰ 20 ℊ

Acta societatis medicae

Acta societatis medicae Hauniensis. Vol. 1-2. gbd.

Hauniae: Proft 1777-79

Soc. naturae scrutatorum. Acta (Schriften). Lips. 1822. 4°.

—— societatis philologiae Lipsiensis ed. Friedr. Ritschelius. Tom. I. 2 Fasc. gr. 8. Leipzig, Teubner. [Fasc. 1 (VII, S. 1—182.) 871. * ℳ 3.; Fasc. 2 (IX, S. 183—414.) 872. * ℳ 4,40.] *

—— dass. — Tom. II. 2 Fasc. gr. 8. Ebendas. [Fasc. 1 (VIII, S. 1—196.) 872. * ℳ 4.; Fasc. 2 (XII, S. 197—488.) 874. * ℳ 8.] *

—— dass. — Tom. III. gr. 8. (XVIII, 504 S.) Ebendas. 878. *

Acta societatis philologae Lipsiensis ed. Frdr. Ritschelius. Tom. IV. gr. 8. (VI, 380 S.) Leipzig 875, Teubner. *

—— dass. — Tom. V. gr. 8. (IV, 344 S.) Ebendas. 875. *

—— dass. — Tom. VI. gr. 8. (XII, 369 S.) Ebendas. 876. *
1.—3. Bd. 1871—73. Ebendas. * ℳ 33,40.

— reg. societat. med. Hafniens. IV Voll. 8maj. Kopenh. 783—803. (Schubothe, u. Brummer). 6 ₰ 20 ℊ — Vol. V. et VI. Et s. t.: Nova Acta etc. S. R. II, Vol. I. et II. 8maj. Kopenh. 819 u. 21. Gyldendal. 3 ₰ 16 ℊ

Acta societatis regiae

Acta regiae societatis medicae Hauniensis. Vol. 1-3, 6. gbd.

Hauniae: Möller 1783-1821
Vol. 6: Acta nova regiae... Vol. 2. 1821.

— Regiae Societatis medicae Havniensis. Vol. VII. Et s. tit.: Acta nova Regiae Societatis medicae Havniensis. Vol. III. 8. (Mit 5 Steintafeln.) Havniae 829. (Reitzel.) n. 1 ₰ (I—VII. n. 11½ ₰)

Acta regiae Societatis scientiarum Upsaliensis, s.a. Acta, Nova ...

— societat. reg. scient. Upsal. pr. an. 1740—50. 4. Holm. 9 ₰ 4 ℊ — und: Nova Acta reg. societat. scient. Upsal. III Voll. 4maj. Greifsw. 775. Röse. (Cnobloch in Leipz.) 6 ₰

—— Reg. Societ. scientiar. Upsaliensis. Vol. IX. 4maj. (48 B., 7 Kpfrt. u. 1 Vign.) Upsaliae 827. (Lipsiae, Weigel.)

—— id. Vol. X. 4maj. (.. B., .. Kpfrt.) ibid. 834.
Vol. I—VIII. Ebendas. 1773—1821. 43 Thlr 8 Gr. — Vgl. Ebert Lex. 1. Bd. S. 8. No. 73.

—— regiae societatis scientiarum Upsaliensis. Vol. XV. s. i Seriei III. vol. I. 4maj. (XII und 397 S. mit 3 Stnt. in gr. 4. und qu. Fol.) Upsaliae 851—55. (Holmiae, Bonnier.) *

—— id. — Vol. XVI. s. Seriei III. vol. II. Fasc. prior. 4maj. (III und 286 S. mit 3 Stnt.) Ibid. 856. *
Vgl. II. Bd. I. Abthl. S. 6.

Acta solemnia Academiae Chr. Albert. Kiliensis in sacris saecularibus tertiis reformatae a Luthero ecclesiae celebrandis collecta atque edita, 4 maj. Altonae, Hammerich. 818. ·

Acta solennia quibus festam ad regnum inaugurationem Regis Frederici Sexti [König v. Dänemark] Augustissimaeque Reginae Mariae Sophiae Fredericae die XVII. Augusti a. MDCCCXV . . . celebrabat Universitas Regia Havniensis. Rectore Johanne Sylvestro Saxtorph. — (Havniae 1815:) Schultz. 82 S. 1:2° Tz 10054. 8.
1.8000

Acta in Sachen Speyer contra Speyer, die demolition dess Udenheimischen Vestungs Baw betr.— Speyer: Bawmeister 1628. 302 S. 2° 4.
1.8001

Acta et statuta Synodi Ambianensis anno MDCCCLI habitae a R. R. D. D. Antonio [Antoine Louis] de Salinis Episcopo Ambianensi. — Ambiani 1852: Caron & Lambert. 56 S. 1:Ca 6404.
1.8003

Acta et statuta Synodi Ambianensis habitae die tertia Augusti anno MDCCCLVIII a RR. DD. Jacobo Antonio Boudinet Episcopo Ambianensi. Acc. 1. Summa congregationum praesynodalium. 2. Excerpta e constitutione Urbani VIII Universa. 3. [Epistola] encyclica SS. D. N. P. Pii IX Amantissimi. — Ambiani 1858: Caron & Lambert. 107 S. 1:Ca 6406.
1 8004

— et Statuta Synodi Dioecesanae Budvicensis a. D. 1863 celebratae. Budweis 863. (Zdarssa.) 4. (94 S.) 16 ngr.

Acta et statuta Synodi dioecesanae Monasteriensis quam . . . Hermannus episcopus Monasteriensis . . . anno D. 1897 habuit. — Monasterii Guestf. 1898: Off. soc. typogr. Guestf. 60,223 S. 6. 102P.
1 8006

— et Statuta Synodi Dioecesanae Pragensis a. D. 1863. Pontificatus Pii Papae IX. decimo octavo celebratae. Prag, 864. Bellmann. 4. (LIV, 74 S.) n. 20 ngr.

Acta Sancti Stephani . . . Wien 1736. V: *Ziegelbauer*, *Magnoald*. (WUBb)

—— die, des Strafverfahrens des Consistoriums zu Cassel gegen Metropolitan Vilmar in Melsungen wegen Auslegung des Wortes Gottes in Bibelstunden. gr. 8. (XII, 29 S.) Leipzig 871, (Roßberg'sche Buchh.) *

Acta Synodi Pastorum Ecclesiae Nationis Hungaricae in Transylvania . . . Anno 1558. in oppido Thorda celebratae. Claudiopoli 1558. V: *Dávid*, *Franz*. (SZMJ)

Acta S. Teresiae a Jesu, Carmelitarum strictioris observantiae parentis, commentario et observationibus illustr. a Jos. Vandermoere. Fol. maj. (178½ B., 15 Kpfrt., 1 Facs., mehr. eingedr. Holzschn. u. 1 genealog. Taf.) Bruxellis 845, (libr. Muquardt). **
Aus: Acta Sanctorum besond. abgedr.

Acta S. Thomae Apostoli ex codd Pariss. primum ed et adnotationibus illustr. Joannes Carolus Thilo Praemissa est notitia uberior novae codicis apocryphi Fabriciani editionis — Lipsiae Vogel 1823. CXXVI,198 S.
1:Br 2480. 12:B. gr. 196. 300: * 38 T 23. 2. 3. 4. 5. 6. 7. 8. 9.
1 8042

— Acta Thomae Graece partim cum novis cod contulit, partim primus ed., Lat. rec., praef. est, indices adiecit Max Bonnet — Lipsiae: Mendelssohn 1883. XXX 220 S (Supplementum codicis apocryphi 1.)
1:Br 2509 1. 12:B. gr. 263-1 300:61.814-B Bd 1. 2. 3. 4. 5. 6. 7. 8. 9. 10.
1 8043

Acta S. Timothei, ed. Herm. Usener. gr. 4. (37 S.) Bonn 877. (Lempertz). n. 1. 50

Acta Tirolensia. Urkundliche Quellen zur Geschichte Tirols Bd 1 3, 1. — Innsbruck Wagner 1886 1908
1 Die Traditionsbücher des Hochstifts Brixen v 10 bis in das 14 Jh Hrsg v Oswald Redlich 1886
2 Die Sudtiroler Notariats-Imbreviaturen des 13 Jh. Hrsg v Hans v Voltelini Th. 1 1899.
3 Quellen zur Geschichte des Bauernkriegs in Deutschtirol 1525.
1 Quellen zur Vorgeschichte des Bauernkriegs Beschwerdeartikel aus den Jahren 1519-1525 Hrsg v Hermann Wopfner 1908
1:Sc 7794. 12:4° Austr. 3o. 300:392.637 B. L S [auch Bd 1 = 36.979]. 2. 3. 4. 5. 6. 7. 8. 9. 10. 11.
1 8045

Acta Die A' des Tirolerkriegs. nach der ältesten Handschrift, als Beitrag der [Bündnerischen] Kantonsschule zur Calvenfeier, hrg. von C[onstanz] Jecklin Progr. 4. Chur 1899. A 7031[1]

—— Tomiciana. Epistole. Legationes. Responsa. Actiones. Res geste. Sereniss. principis Sigismundi, ejus nominis primi, regis Polonie, magni ducis Lithuanie, Russie, Prussie, Masovie domini. Per Stanislaum Gorski. Collecte et in tomos XXVII digeste. Tom I—III. A. D. 1517—1525. Fol. (IX und 1020 S.) Posnaniae 852,53. (Berolini, Asher et soc.) **

—— id. — Tom. IV. et V. A. D. 1516—1521. Fol. (VIII und 858 S.) Ibid. 855. à Tom. ** 8 Thlr. **

—— Tomiciana. Epistole. Legationes. Responsa. Actiones. Res geste. Sereniss. principis Sigismundi I., regis Polonie et magni ducis Lithuanie. Per Stanislaum Gorski. Tom. VI. A. D. 1522 et 1523 et Tom. VII. A. D. 1524 et 1525. Fol. Posen, (Merzbach.) [VI. (III und 381 S.) 857., VII. (XVII und 412 S.) 858.] à * 6 Thlr. *
Tom. I—V. Ebendas. 852—55. * 24 Thlr.

— Tomiciana. Epistolae. Legationes. Responsa. Actiones et res gestae serenissimi principis Sigismundi I regis Poloniae, magni ducis Lithuaniae per Stanisl. Gorski, canonicum Cracoviensem et Plocensem. A. D. 1527. Tom. VIII. Fol. (XI, 379 S.) Posen 877. (Leitgeber & Co.) n. 13. 50

— dasselbe. Tom. IX. Ed. II. Fol. (V, 362 S.) Ebend. 876. n. 18. — (I—IX.: n. 157. 50)

Acta der Untersuchung derer in dem Fürstenthum Blanckenburg befindlichen Eisen-Hütten-Wercker zu Braunlahe, Tanne . . ., deren Ertrag und die bisherige, von denen gewesenen Pächtern zugefügte Laesion Gründlich gezeiget durch die unter nechst-folgender Relation befindliche Commissarios. 1724 & 1725. Vol [1]2. — o.O. [um 1725] 1688 S
1 2 . . . . 3.
1 . . . . 7.
1 8051

— Urbani VI et Bonifatii IX, opera Camilli Krofta, s.: Monumenta vaticana res gestas Bohemicas illustrantia. V.

Acta des historischen Vereins zu Munster, zum Stiftungsfest, den 12. März 1854 — o O. (1854) 44 S. 4°
Text autographiert 5.
1 8052

— vollst., v. d. Conventu theol. zu Basel, betr. d. irrige Lehre J. J. W. rc. 4. Basel. 730.

— Vormatiensia. 3 Thle. Fol. Mannh. Löfler. 739.

Acta der Wahl und Crönung Maximiliani II. [ca. 1730]. H: *Bagen*, *Sim*. (Myl).

Actaeon, Kynophilus: Ausführliche Geschichte der Hunde, von ihrer Natur, verschiedenen Arten, Erziehung, Abrichtung, Krankheiten und mannigfaltigen pharmaceutischen Gebrauch (Verf Kynophilus Actaeon.) — Leipzig Sommer 1781. XXIV,374 S. 12:Zool 197, 2. 9.
1 8058

Actilon, Ausf' Geschichte des Hundes. Leipzig. 787. W. Nauck. M. 2.—

Acte

Acte über die Abfindung der Gerebuyer Leibeigenen Guths-, Untergehörigen, besonders derer, die zur Pflug-Zahl angesetzet werden. (Datiert· Gerebuy, den 2. April, 1787.) o. O. (1787.) Fol.

Eine Acte zur Anordnung der Militz der Republik Pennsylvanien.
Aus dem Englischen übersetzt.
Philadelphia: Steiner und Cist. 1777. 28 S. 8°.
Library Company of Philadelphia
Übers. v. An Act to Regulate the Militia of the Commonwealth of Pennsylvania, Philadelphia 1777.
Evans 15504.

Acte de bienfaisance de la Loge R. Y. de l'amitié à l'O. de Berlin, à l'occasion de la paix et du retour du roi. Berlin 1779. V: *Le Bauld-de-Nans, Claude Etienne.* (wolfstieg II, 731/2)

Acte du Congrès de Vienne, signé le 9. Juin 1815. gr. 4. Frankf. 815. Eichenberg. 12 gr.
dasselbe: deutsch gr. 4
Frankfurt 1816 Eichenberg. 12.

Acte du Congrès de Vienne du 9 Juin 815 av. les pièces qui y sont annexées, publié d'après un des originaux, déposé aux Archives du départ. des affaires etrang. de S M. le Roi de Prusse par F. Schöll in 8. Paris, librairie grecque-latine-allemande. 816.

Acte du Congrès de Vienne du 9 Juin 1815, avec ses annexes. Édit. officielle et collationée avec le texte de l'instrument original déposé aux Archives de la Chancellerie de Cour et d'État. 4. Vienne (816., k. k. Hof- u. Staats-Druckerei). **
Vgl. 5. Bd. S. 9. u. 6. Bd. S. 7.

Acte der Eröffnung der Cortes in Lissabon 2c., s. Interesse.

Eine Acte zur Errichtung der Militz der Republik Pennsylvanien.
[A. d. Engl.]
Philadelphia: Cist. 1793. 31 S. 8°.
New York Public Library
Übers. v. An Act for the Regulation of the Militia of the Commonwealth of Pennsylvania, Philadelphia 1793.
Sabin 91419. Evans 25971.

Acte de fondation des prix Démidoff. Édition de 1851. Lex.-8. (27 S.; russisch und französ.) St.-Pétersbourg 851. (Leipzig, Voss.) **

Acte de fondation de prix Démidoff. Edition de 1851. A. u. d. T.: Положеніе о наградахъ, учрежденныхъ 17 - го Апрѣля 1831 года камергеромъ П. Н. Демидовымъ. Изданіе 1851 года. Lex.-8. (27 S.) St. Pétersbourg 851. (Leipzig, Voss.) n. n. 6 ngl

Acte si fragmente latine romanesci pentru istori'a besericei romane mai alesu unite. Edite si anotate de Tim. Cipariu. Blasiu 855. gr. 8. (XVI, 280 S.) (Wien, Sintenis.) nn. 1 fl 20 ngl

l'Acte général de la Conférence Africaine de Berlin jugé par la ligue internationale de la paix et de la liberté. Rapport présenté par le comité central à l'assemblée, tenue à Genève le 13 septembre 1885. gr. 8 (24 S.) Basel 885. Bernheim. n. — 60

Acte général de la Conférence de Berlin. — (Berlin 1885. Reichsdr.) 22 S.
1:2° Libr impr. rar 606. 12:4°J publ. E. 354 k.
1 8116
— — Ebd. (1885). Getr. Pag
Mit zahlreichen Beilagen. 1:4° Us 3898.
1 8117

— général de la conférence de Berlin suivi des traités des puissances signataires avec l'association du Congo. En langue originale et en allemand par H. Robolsky. gr. 4. (59 S.) Leipzig 885. Renger. n. 4. —

Eine Acte, zur Incorporirung der zur Unterstützung nothleidender Deutschen beysteurenden Deutschen Gesellschaft in Pennsylvanien.
Philadelphia: Steiner. 1782. 30 S. 8°.
Historical Society of Pennsylvania Library Philadelphia

Eine Acte, zur Incorporirung der zur Unterstützung nothleidender Deutschen beysteurenden Deutschen Gesellschaft in Pennsylvanien.
Philadelphia: Steiner und Kammerer. 1793.
[Und:
Regeln der incorporirten Deutschen Gesellschaft zur Unterstützung bedrängter Deutschen im Staate Pennsylvanien
Philadelphia. Steiner und Kämmerer. 1794.]
Zusammen 39 S. 4°.
Staats- und Universitätsbibliothek Göttingen

Königliche Acte wegen Aufhebung des Geheimen Staats Conseils. Sub dato Friderichsberg, d. 27. Decembr. 1770. Schleswig (1770: Holwein). 2 Bl. 8.
2 6992

Acte de médiation fait par le prem. Cons. de la républ. franç entre les parties, qui divisent la Suisse. 8 o. Bern. Alb. Haller. 803.

Premier Acte séparé cont. les immunités. 1768 s. *Actus*, Der erste abgesonderte, worinnen die Freyheiten und Vorrechte derer nicht-unirten Griechen und Dissidenten im Gebiete der Republik Polen enthalten sind.

Acte séparé signé par les Plénipotentiaires de Sa Majesté l'Impératrice Reine de Hongrie et de Bohème et de Sa Majesté le Roi de Prusse, en conséquence de l'Article 20 du Traité de paix conclu à Hubertsbourg, le 15. Fevr. 1763. 4. (2 Bl.)

Acte, so die evangelisch-fürstliche Herren Gesandte in Comitiis wegen des circa ius deputandi ex suo corpore mit denen Herren Catholischen habenden Streits unter sich gemacht, und ad acta Directorii evangelici gebracht. — Dat. Regensburg 4. Febr. 1711. 2 Bl.
1:24 in Gv 5126.
2 6990

Acte der Sühne gegen das göttliche Herz Jesu. 16. (15 S.) Augsb 890, Liter. Institut v. Dr. M. Huttler.
Für 100 Stück n. 2. —

Acten s.a. Acta

Acten s.a. Acte

Acten, s.a. Akten.

Acten s.a. Landtagsacten

Acten in Anklagesachen des schleswigschen Obersachwalters wider den Landinspector und Koogsbesitzer [Heinrich] Tiedemann auf Johannisberg wegen angeblich begangenen Majestätsverbrechens. Hrsg. u. bevorw. von dem Ober- und Landgerichts-Advocaten [Wilhelm] Beseler in Schleswig, Vertheidiger des Angeklagten. — Schleswig 1844: Bruhn. 89 S. 1:Fy 12919. 5. 8.
2 6997

Die Acten der Ausführungskommission des Deutschen Antisklavereikomites betr. das v. Wissmann-Dampferunternehmen. Als Ms. gedr. T. 1-3. — Coblenz 1893: Scheid. 1:Us 1105/101.
2.6999

Acten in Sachen der Herren Gebr. Breuls, Besitzer des adlichen Gutes Hemmelmark, wider den ... Obersachwalter Detlefsen in Schleswig, namens der Königl. Rentekammer und Nationalbank — Schleswig 1821: Kgl. Taubstummen-Inst. 68 S. 8.
2.7002

Acten in Sachen des Beckers Cramer contra den Kommissär Spiel. Göttingen 1776. V: *Claproth, Justus.* (MGT)

Acten, ächte, heiliger Märtyrer des Morgenlandes. Aus dem Syrischen von P. Zingerle (Benediktin.). 2 Thle. gr. 8. Innsbr. 1836, Wagner. 1⅓ Thlr. — 2 fl. 24 kr.

511 **Acten** und Erläuterungen zur Geschichte des Diakonissenhauses d. ev. Gemeinde zu Bukarest 1896—1900. Hrsg. v. Vorst. d. ev. Gemeinde. Bukarest '00. 100 S.

— erste, heil. Märtyrer des Morgenlandes. Aus d. Syrischen übersetzt v. P. Pius Zingerle. 2 Thle. gr. 8. Innsbruck 836 Wagners Buchh. 1½ rf

Acten. betreffend die Festsetzung der Einkommensteuer für das Jahr 1850. 21 Bl. (Handschriftlich)
Ernennung des Pachters Hach in Bredenmoor zum Regierungs-Commissar. 20 September 1849.
Regelung der amtlichen Vertretung. 19 October 1849.
Ergebnisse der am 3 und 4 October 1849 zu Kiel stattgehabten Besprechungen der Regierungs-Commissarien in Ansehung der Einkommensteuer.
Verzeichniss der Vorsitzenden der Hauptsteuercommissionen in den ländlichen Hauptsteuerdistricten. 19. October 1849.
Verzeichniss der Regierungs-Commissarien. 9 November 1849.
Verschiedene Schreiben des Schleswig-Holsteinischen Departements der Finanzen an den Regierungs-Commissar Hach. Fol

Acten den hundertjährigen Geburtstag [Georg Wilhelm Friedrich] Hegels betreffend. Hrsg. von Gustav Thaulow. H. 1. 2. — Kiel: Universitätsbuchh. 1870–72.
1:6 in 4° At 6960. 5. 8.
2.7010

Acten zur Geschichte der Burschenschaft Germania in Göttingen. (Hrsg.: Ludw[ig] Duncker.) 1. — [Göttingen 1897:] Kaestner. 11.
2.7017

— d. ostpreuß. Mohrungsch. physikal.-ökon. Gesellschaft, 1s—3s Heft. (3s Heft a. u. d. T.: Beitrr. zur Kultur d. Oekonomie in Preußen. 18 gr) 8. Königsb. 795—800. Unzer. 1 rß 18 gr

Acten, eine Gottesverehr. betr. s. Seidenstickec.

— u. Gutachten in dem Prozesse Rohling contra Bloch. 1. Bd. 8. (V, 395 S.) Wien 890, Breitenstein's Verlag. n. 6. —

— in Sachen d. wieder aufgehobenen geistl. Immediat-Examinations-Kommission wider d. Pred. Herrmann in Soest rc.; nebst e. Schreiben v. Probst Teller in Berlin. 8. Elberf. 799. (Schönian). 7 gr

—— betreff. d. Injurien-Prozeß d. Agenten, Senators Jensen, wider d. Ober- u. Landgerichts-Advocaten Beseler in Schleswig. Mitgeth. u. bevorw. v. Bremer. gr. 8. (4 B.) Schleswig 841, Bruhn. *

Acten betreffend den Injurien-Process des Agenten, Senators J e n s e n in Flensburg wider den Ober- und Landgerichts-Advocaten B e s e l e r in Schleswig. Mitgetheilt und bevorwortet v. (Jürgen) Bremer. Schleswig. 1844. 8° SH 9: Nr. 2

— betreffend den Injurien-Prozeß des Agenten, Senators Jensen, Ritter rc., wider den Ober- und Landgerichts-Advocaten Bremer in Flensburg. gr. 8. Schleswig 844, Bruhn. n. 1/6 rß

— betreffend die K l a g e des Regier.-Rathes des Kanton Bern gegen Hrn. Regier.-Rath Escher in Zürich wegen angebl. Beschimpfung und Verleumdung durch einen in die neue Zürcher Zeitung aufgenomm. Artikel. Nebst e. Abhandl. über Erhaltung der verfassungsmäßigen Preßfreiheit. 8. Zürich 837. Wirz-Widmer. n. 5/12 rß

— in Sachen der wieder aufgehobenen Commission wider den Pred. H e r m a n n i in Soest. rc. 8. Elberf. Büschler. Rthlr.

Acten der vom 5. bis zum 17. September 1849 in Schwerin stattgehabten kirchlichen Conferenz [Konferenz]. — Schwerin & Rostock: Stiller 1849. IV,164 S.
1: Ca 19046. 12: H. ref. 3 m. 5.
2.7025

Acten des II. internationalen Congresses für Sonntagsfeier. Siehe Sonntagsfeier.

Acten des Wiener Congresses [Kongress] in den Jahren 1814 und 1815. Hrsg. von Johann Ludwig Klüber. Bd 1–9. Erlangen: Palm & Enke 1815–35.
1-5. 1815. 6. 1816. 7. 1817. 8. 1818. 9. 1835.
Bd 1-8 = H. 1-31. Bd 9 = Suppl. u. Reg.
Vollst. . 1: Qo 172. 12: J. publ. E. 196. 300: + 28 J 39.
2. 3. 4. 5. 7. 8. 9. 11.
1–8 . . . . 10. 83.
7–9 . . . . 6.
2.7026

— Acten des Wiener Congresses [Kongress] in den Jahren 1814 und 1815. Hrsg. von Johann Ludwig Klüber. 2. (unveränd. Aufl.) Bd 1.2. — Erlangen: Palm (2: Palm & Enke) 1815–19. 4.
2.7027

Acten d. Wiener Kongresses in d. J. 1814 u. 15, herausg. v. J. L. Klüber. 8 Bde od. 1s—31s Heft. gr. 8. Erlang. 815—18, Palm u. E. 19 rß 12 gr

Acten d. Wiener C o n g r e s s e s in d. J. 1814 u. 15. Herausg. v. Jh Ldw. Klüber. 1r—5r Bd. oder 1s—20s Hft. 2e Aufl. gr. 8. Erlang. 833. Palm u. Enke. (à 2 1/2 rß) 12 1/2 rß 9r od. Supplement-Band, mit Register. gr. 8. Ebd. 835. 1 3/4 rß Alle 9 Bde 21 1/4 rß

Acten und Correspondenzen zur Geschichte der Gegenreformation in Innerösterreich unter Erzherzog Karl II. '(1578—1590)'. Gesamm. u. hrsg. v. J[ohann] L o s e r t h ... *Wien: In Comm. bei C. Gerold's Sohn; (Dr. v. A. Holzhausen) 1898.* (XCVI, 747 S.) 1 Bd 8.
= **Fontes** rerum Austriacarum. Abth. 2. Bd 50. [99-268

— die, d. Kriminal-Prozedur gegen Jakob Müller v. Stechenrain u. Mitschuldige, wegen Tödtung des Rathsherrn Leu v. Ebersol, wörtlich getreu abgedruckt. 1. u. 2. Heft. gr. 8. (Mit 1 Lithogr.) Zürich 846, Schultheß. à 14 ngr (Wurde auch unter d. Titel vers.: Die Voruntersuchungsacten u. die Verhöre mit Jak. Müller, dessen Ehefrau u. dessen Mutter.)

Acten des Bürgermeisters Krösse wider die Amtmannin Klarin. Göttingen 1776. V: *Claproth*, *Justus*. (MGT)

Acten des Königl. Landgerichts zu Halle a/S. in Sachen der Aktien-Brauerei-Gesellschaft „Moabit" in Berlin, Klägerin, wider den früheren Buchhalter, jetzigen Bierverleger Bilgenroth zu Halle a/S., Beklagten, wegen Herausgabe von 20,000 Bierflaschen. Enth. 7 Nrn. Als Ms. zu Lehrzwecken gedr. — Halle a. S. 1888: Strube. 12 Bl.
Text lithogr. 3.
2.7038

Acten der grossen Loge und des Capitels von Heredon, Mutterloge der Logen in Schottland, England, Irland, Frankreich, Deutschland etc. Mit e. Einl. hrsg. von Friedr. Ludw. Schröder. Rudolstadt [ca. 1805 - 1806: Geheimdr.] 400 S. 8°.
Tt. 1290.

Acten der grossen Loge des Capitels von Heredon. Mutterloge der Logen in Schottland, England, Irland, Frankreich, Deutschland etc. (Rudolstadt, Geheimdruckerei ca. 1805.) 8. 400 S.
Fehlt bei Kloss. — Nr. 19 der Schröder'schen Ritualsammlung, nur für die Geheimacten des Engbundes gedruckt; mit Einleitung v. Schröder. Enthält das saubere System der Grossen Loge von Heredon in London, welches in den siebziger Jahren des vorigen Jahrhunderts von einigen französischen Glücksrittern zusammengetragen wurde, es zerfällt in 7 Stufen mit 24 Hochgraden. In diesem System fand Bonneville die Jesuiten. — Schröder, Materialien III, S. 159. Lennings Encyclopädie II, S. 46. Lachmann, Geschichte d. Hochgrade, S. 94. Handb. d. Frmrei I. S. 605.

Preussische und österreichische Acten zur Vorgeschichte des siebenjährigen Krieges. Hrsg. von Gustav Berthold Volz u. Georg Küntzel. Veranl. u. unterstützt durch d. K. Archiv-Verwaltung. — Leipzig: Hirzel 1899. CLXXXII, 764 S. (Publikationen aus d. Kgl. Preussischen Staatsarchiven. 74.)
1: 4° St 280–74. 12: Bor. 164o–74. 300: 393.564–B.
Per. 74. 2. 3. 4. 5. 6. 7. 8. 9. 10. 11.
2.7040

Acten betr. Privilegien der Stadt Kiel am Kieler Hafen. (Kiel 1900.) Fol.

Die Acten des Galilei'schen Processes. Nach der Vaticanischen Hs. hrsg. von Karl v. Gebler. — Stuttgart: Cotta 1877. L,192 S. (Gebler, Karl v.: Galileo Galilei u. die Römische Curie. 2.)
1: Ar 6611–2. 12: Biogr. 439 pf–2. 300: 405.157 B. Bd 2.
2. 3. 4. 5. 6. 7. 8. 9. 10. 11.
2.7041

— d. Processes gegen Thomas Paine rc. Aus d. Engl. (v. K. Fr. Cramer). 8. Kopenh. 794. Proft. 20 gr

Acten des Beckers Reitemeyer wider den Maschmüller Hesse. Göttingen 1776. V: *Claproth*, *Justus*. (MGT)

Acten der Basler Revolution 1798. Auf Befehl d. Regierung gesammelt. (Hrsg.: R[udolf] Wackernagel.) — Basel 1898 (: Birkhäuser). 137 S. 1: Ru 9419.
2.7044

Acten der Basler Revolution 1798. Auf Befehl der Regierung gesammelt. In-8°. 137 S. Basel, Staatsarchiv (Georg & Co.). 1898 2 —

Acten der Ständetage Ost- und Westpreussens. Hrsg. von dem Verein für die Geschichte der Provinz Preussen. 1. Bd. 1. Lfg. gr. 8. (XVII, 234 S.) Leipzig 874, Duncker und Humblot. *

Acten der Ständetage Ost- und Westpreussens. Hrsg. von dem Verein für die Geschichte der Prov. Preussen. A. u. d. T.: Acten der Ständetage Preussens unter der Herrschaft des Deutschen Ordens. Hrsg. von M. Toeppen. 1. Bd. 3 Lfgn. 2. Bd. 1. Lfg. gr. 8. Leipzig, Duncker und Humblot. [1. Bd. 1233—1435. 1. Lfg. (XXVII, S. 1—234.) 874. * *M* 5,60.; 2. Lfg. (S. 235—382.) 875. * *M* 3,60.; 3. Lfg. (IV, S. 383—786.) 878. * *M* 8. — 2. Bd. 1. Lfg. (S. 1—400.) 879. * *M* 8.]

—— dass. — 3. Bd. 2 Lfgn. gr. 8. Ebendas. [1. Lfg. (S. 1—400.) 881. * *M* 9.; 2. Lfg. (S. 401—774.) 882. * *M* 7.] *

—— dass. — 4. Bd. 2 Lfgn. gr. 8. Ebendas. 884. [1. Lfg. (S. 1—400.) * *M* 9.; 2. Lfg. (S. 401—682.) * *M* 6.] *

Acten, d. Ständetage Ost-u. Westpreussens. Hrsg. v. M.Toeppen. 5 Bde 1.u.2. Lfg. (867).– Lpzg. 1886, Duncker & H.

Acten der Ständetage Preussens, königlichen Antheils (Westpreussen). Hrsg. v. F. Thunert. 1. Bd. 1. Lfg: **1466—1471.** [Schriften des westpreuss. Geschichts-vereins.] 8. (IV, 166 S.) Danzig 888. Bertling. n.n. 2. 50

Acten der Ständetage Preussens, Königlichen Anteils. (Westpreussen.) Hrsg. von Franz Thunert. Bd 1. — Danzig: Kafemann 18(88–)96.
1. 1466-1479.
(Schriften d. Westpreussischen Geschichtsvereins.)
1: Sz 3899. 12: J. publ. G. 11 cb. **2. 3. 4. 5. 6. 7. 8. 9. 10. 11. 102.**
2.7050

Acten der Ständetage Preussens unter der Herrschaft des Deutschen Ordens. Hrsg. von M[ax] Toeppen. Bd 1. Leipzig: Duncker & Humblot 1874.
1. (1233-1435.) **102.**
2.7051

ACTEN DER STÄNDETAGE PREUSSENS unter der Herrschaft des Deutschen Ordens. Herausgegeben von M. TOEPPEN. Publication des Vereins für die Geschichte der Provinz Preussen, später: der Provinzen Ost- und Westpreussen.
Bd. I. (Die Jahre 1233—1435.) Leipzig 1878. Duncker & Humblot. 8°.
Bd. II. (Die Jahre 1436—1446.) ib. 1880. —
Bd. III. (Januar 1447 bis Juli 1453.) ib. 1882. —

Acten der Ständetage Preussens unter der Herrschaft d. deutschen Ordens. Hrsg. v. M. Toeppen. 4. Bd. [Aug. 1453 bis Septbr. 1457.] gr. 8. (682 S.) Leipzig 884. Dunckor & Humblot. n 15. —

Acten der Ständetage Preussens unter der Herrschaft des Deutschen Ordens. Hrsg. von M. Toeppen. 5. Bd. 2 Lfgn. [Publication des Vereins für die Geschichte von Ost- und Westpreussen.] gr. 8. Leipzig 886, Duncker und Humblot. [1. Lfg. (S. 1—432.); 2. Lfg. (X, S. 433—867.).] à Lfg. *ℳ 9.60. *

Acten, verhandelt zwischen dem Königl. Cammerherrn, Amtmann zu Tremsbüttel, . . . Grafen [Christian] zu Stollberg [Stolberg] als Administrator des vormaligen Jersbeckschen Meyerhofes Mönkenbrock wider den Königl. Conferenzrath von Kossel . . ., mit ihren Beilagen. — o.O. [um 1798]. 164 S. 4° **8.**
2.7053

— die, des Strafverfahrens d. Consistorium zu Cassel gegen Metropolitan Vilmar in Melsungen wegen Auslegg. d. Wortes Gottes in Bibelstunden. gr. 8. (XII, 29 S.) Leipzig 871. Roßberg in Comm. n. — 50

[Acten der Eidgenössischen Tagsatzung, die Jahre 1847–1848 betreffend. 3 Bände.] fol. *o. O. u. J.* A(38
Druck und Lithographie.

Acten betreffend das Tracé der Staatsbahn Bern-Biel. Bern 1862

Acten der Erfurter Universität. Hrsg. von d. Historischen Commission d. Provinz Sachsen. Bearb. von Hermann J[ohann] C[hristian] Weissenborn (3: begonnen von Weissenborn, fortgeführt von Adalbert Hortzschansky). Th. 1–3. — Halle: Hendel 1881–99.
1. 1881. 2. 1884. 3. 1899.
(Geschichtsquellen d. Provinz Sachsen. 8,1/3.)
1–3 . . . . . . **1:** Te 12–8,1/3. **12:** Bor. 71 dg–8. **300:** 59.153–B. Per. 8,1/3. **2. 3. 4. 5. 6. 7. 8. 9. 10. 11.**
1.2 . . . . **102.**
2.7056

Acten der Universitäten und der Geistlichkeit Deutschlands in der schleswig-holsteinischen Landessache. (Vorr.: [Gustav Adolf] Fricke.) Abth. 1–3. — Kiel: Homann 1865. XIV,289 S.
1. Die Universitäten. 2. Die Erklärungen betr. die Kreuzzeitung. 3. Sonstige Erklärungen der evang. Geistlichkeit Deutschlands außerhalb Schleswig-Holsteins.
1–3 . . . **1:** So 3976. **12:** Hols. 3. **300:** 112.112–B. **4. 5. 7. 8. 9.**
1 . . . . **2.**
2.7057

Acten in Untersuchungssachen des Magistrats der Stadt Schleswig wider den vormaligen Obersachwalter [Karl Friedrich Ferdinand] Hancke daselbst wegen angeblich verfassungswidrigen Petitionirens. Practischer Beitrag zur Beurtheilung und Würdigung des den Unterthanen im Herzogthume Schleswig durch die Allerhöchste Verordnung, betreffend die Verfassung des Herzogthums Schleswig, vom 15. Februar 1854, zugesicherten Petitionsrechts. Für Freunde und Bekannte auf Kosten des Angeschuldigten abgedruckt. (Hamburg) 1861. 8°.

— Acten und Urkunden der Universität Frankfurt a. O. Hrsg. von Georg Kaufmann u. Gustav Bauch, unter Mitw. von Paul Reh. H. 1–6. — Breslau: Marcus in Comm. (3–6: Marcus) 1897–1906.
1. Das (älteste) Decanatsbuch d. philos. Facultät 1506-1540. 1897.
2. Die allgemeinen Statuten der Universität Frankfurt a. O. (1510-1610). 1898.
3. Die Facultätsstatuten u. Ergänzungen zu d. allgemeinen Statuten. 1900.
4. Das (älteste) Decanatsbuch d. philos. Facultät 1540-1596. 1901.
5. Urkunden zur Güterverwaltung der Universität Frankfurt a. O. 1903.
6. Aus dem ersten Jahrzehnt der Universität u. die ältesten Dekanatsbücher der Juristen u. der Mediziner. 1906.
1–6 . **1:** Ay 23842. **12:** H. lit. P. 4 f. **300:** 60.302–B. **2. 3. 4. 5. 6. 7. 10. 11.**
1 . . . . **8.**
2.7058

— — Acten und Urkunden der Universität Frankfurt a. O. Hrsg. von Georg Kaufmann u. Gustav Bauch, unter Mitw. von Paul Reh u. Emmy Vosberg. Bd 1 (= H. 1–6). — Breslau: Marcus 1907.
Stücktitel wie in 2.7058.
1: Ay 23842*. **9. 11. 102.**
2.7059

Acten, Urkunden und Nachrichten zur Kirchengeschichte. Weimar 1788—1794. V: *Schneider, Christian Wilhelm.* (Ky)

-- Urkunden u. Nachrichten zur neuesten Kirchengeschichte, eine Fortsetzung der Actorum hist. eccl. nostr. temporis. Weimar 1788—90. 4 Abth. in 2 Bdn. 4 vol. 8.

Acten, Urkunden und Nachrichten zur neuesten Kirchengeschichte. 3. Bd. 1. u. 2. Stück. Weimar 1791. H: *Schröter, Johann Samuel.* (MGT)

— Urkunden u. Nachrr. zur neuesten Kirchengeschichte, 1r Bd. 10 Stücke, 2r Bd. 15 Stücke, 3r Bd. 12 Stücke. 8. Weimar 788—94. Hoffmann. 4 ℛ 15 gl

Acten, Urkunden u. Nachrr. d. neuesten Kirchengeschichte rc. 3r Bd. hat auch d. Tit.: Archiv für d. neueste Kirchengeschichte (von H. P. K. Henke).

Acten, vaticanische, Zur deutschen Geschichte in der Zeit Kaiser Ludwigs des Baiern. Auf Veranlassung Sr. Majestät des Königs von Baiern herausgegeben durch die historische Commission bei der königlichen Akademie der Wissenschaften. Lex.-8. (XXIV, 926 S.) 15.—
Wagner'sche K.K. Univ.-Buchhandlung, Innsbruck, 1891.

Acten betreffend die Verdächtigungen gegen Bern in Rücksicht auf den Einmarsch der alliirten Truppen in die Schweiz im Dezember 1813. Bern 1815.

– Acten den Verkauf von Lindewitt an die Königlich Dänische Rentekammer betreffend. (Hrsg.: G[ustav Gotthard] v. Blücher.) — o.O. 1796. 110 S. **8.**
2.7066

— d. Verkauf v. Lindewitt an d. königl. Dän. Rentkammer betr. gr. 8. Helmst. 796. (Fleckeisen). 8 gl

— Vollständige altenburgisch-sarische Acten, welche gegen Ende des verwichenen Seculi zwischen dem Fürstl. Consistorio zu Altenburg, insonderheit dem Consistorial-Rathe Heinr[ich] Matth[ias] von Broke u. Johanne Crasselio zu Sara über dem im Lande eingerissenen . . . ungöttlichen Wesen, als Zechen, Spielen . . . vor Augen geleget werden. Halle 1703. 1:2 in 4° Bd 8584.
2.7068

Acten (Vollständige) des Processes gegen Thomas Paine. Aus dem Engl. von C. F. Cramer. 8°. Kopenhagen 1794.

— vollständ., in d. künft. Sayn-Hachenburg. Successionssache. Fol. Frankf. a. M. 788. Brönner. 1 ℛ

— Vollständige Acten in der wider mich auf Denuntiation des Criminalgerichts zu Berlin eingeleiteten fiscalischen Untersuchung wegen angeblicher Beleidigung dieses Gerichts durch öffentliche Kritik einer von ihm in der Schelling-Paulus'schen Angelegenheit erlassenen Verfügung. Hrsg. von Julius Eduard Hitzig. H. 1-4. — Leipzig: Weber (4: Lorck) 1844-45.
Nebent.: Die Akten in der Hitzig'schen Untersuchung.
1. Veranlassung zur Denuntiation. Die Untersuchung. 1844.
2 Vertheidigungsschrift. 1844.
3. Das Urtheil der ersten und die Verhandlungen der zweiten Instanz. 1845.
4 Die Urtheile zweiter und dritter Instanz und ... einige Aeußerungen der Presse über die Sache. 1845.
1-4 . . . . 12: Crim. 1 cl. 3. 8.
1 . . . . 2.
2.7069

Acten, die vollständigen, d. Nievert'schen Kirchentumultes am 24. Jaur. 1864 in Altona. Altona 865. (Verlags-Bureau.) 8. (48 S.) n. 4 ngr

Acten - Auszüge

Acten-Auszüge aus dem Untersuchungs-Proceß über Carl Ludwig Sand; nebst andern Materialien zur Beurtheilung desselben und Augusts von Kotzebue. [Hrsg.: Friedrich Cramer.] Mit e. Titelkupfer. — Altenburg & Leipzig: Literarisches Comptoir; Brockhaus in Comm. 1821. XII,312 S.
1: Fy 11953. 12: Biogr. 1035. 300: BE 3 O 83. 2. 7. 10. 11.
2.7073

— aus d. Verhandl. üb. Delius in Bremen u. seine Gegner. 2 Thle mit Beilagen. 8. Oldenb. 797. Stalling. 1 rß

Actenauszüge, Vollständige und documentirte, derjenigen ... Verhandlungen, welche den Kaufmann Herrn Arnold Delius in Bremen ... betroffen haben, ... Oldenb. 1797. V: *Aschen, Heinr. v.* (MGT)

Actenbericht über eine gegen mehrere Heimatlose geführte Polizei-Prozedur samt Verzeichnis gefährlicher Vaganten. Frauenfeld 1843—44.

Actensammlung über die Entlassung d. Dr. de Wette vom theol. Lehramt in Berlin; zur Berichtigung d. öffentl. Urtheils, von ihm selbst herausgegeben. gr. 8. Leipz. 820. W. Vogel. 6 gr

— gegen die, welche d. Prof. de Wette über seine Entlassung vom theolog. Lehramte herausgegeben hat; (angebl. v. G. Ph. L. Beckedorf). gr. 8. Berl. 820. Albanus. 12 gr

Actensammlung in Sachen des Justizraths, auch Ober- und Landgerichts-Advocaten, Dr. Jasper, in Schleswig, wider Se. Hochfürstl. Durchl. den Herrn Generalfeldmarschall Friedrich Landgrafen zu Hessen ... sowie später dessen Erbmasse; wegen schuldiger Vergütung für gehabte Geschäftsführungen, Mühwaltungen und Auslagen. Hrsg. von C[hristian] F[riedrich] Jasper. — Schleswig & Kiel: Selbstverl.; Näck in Comm. 1846. 204 S. 1: Hf 9092. 8.
2.7080

Actensammlung in Sachen des Justizraths rc. Dr. Jasper in Schleswig wider Se. Durchl. den Generalfeldmarschall Friedrich, Landgrafen zu Hessen, so wie später dessen Erbmasse; wegen schuldiger Vergütung für gehabte Geschäftsführungen, Mühwaltungen und Auslagen. Hrsg. von C. F. Jasper. gr. 8. (204 S.) Schleswig 847. (Kiel, Naeck.) *

Actensammlung betreffend das Kollegium der 6 Zehnen und der Familie Stockalper und der andern Stiftungen der Familien in Brig, 1648—1848.

Actensammlung zur Schweizerischen Reformationsgeschichte. Zurich s. Strickler, Joh[annes].

Actensammlung zur schweizerischen Reformationsgeschichte in den Jahren 1521-1532, im Anschluß an die gleichzeitigen eidgenössischen Abschiede bearb. u. hrsg. von Johann Strickler. Bd 1-5. — Zürich: Meyer & Zeller in Komm. 1878-84.
1. ⟨1521-1528.⟩ 1878. 2. ⟨1529 u. 1530.⟩ 1879.
3. ⟨1531, Jan. bis 11. Oct.⟩ 1880. 4. ⟨1531, Oct. 11-1532, Dec.⟩ 1881.
5. 1884.
1: Ru 8276. 12: H. ref. 3641. 300: 119.562-B. 2. 3. 4. 5. 6. 7. 8. 9. 10. 11.
2.7081

Actensammlung zur schweiz. Reformationsgeschichte in den Jahren 1521—32, bearbeitet u. herausgegeben von Dr. *Joh. Strickler*. Bd. V, 1 (Nachträge). In-8°, 123 S. Zürich, in Commission bei Meyer & Zeller. 1883

Actensammlung über die Verhältnisse des Rheins im Kt. St. Gallen. Amtl. Ausgabe. St Gallen 1848—84 10 Hefte

Actenstück

Ein denkwürdiges **Actenstück.** (Eingesandt) (Aus der Minerva Februarheft 1 1856 besonders abgedruckt) Ausschussbericht über die Proposition des Baron von Blome (über das Verfahren des Ministers für Holstein Beschwerde zu führen) o. O. (1856) 8

Actenstück, die Expropriation zum Bau der deutschen Bundesfestung Ulm betreffend. Herausgeg. von Görlz. 4. Mit 2 Plänen u. Lithogr. Mannheim 846, Hoff. n. 12 ngr

Höchstwichtiges Actenstück über das Vorhandensein der Reaction in der National-Versammlung. Verlag von S. Löwenherz 1 Bl. Fol
Flugblatt. Berlin, 12. Aug. 1848.

Actenstücke s.a. Aktenstücke

Actenstücke, betreff. die Preuß. Agende. Herausg. u. mit e. Vorwort begleitet v. N. Falck. gr. 8. Kiel 826. v. Maak. 12 gr

Actenstücke, amtliche, betr. die Verhandlungen üb. die Union Siebenbürgens mit dem Königr. Ungarn. Hermannstadt 865. (Steinhaussen.) 4. (V, 186 S.) n. 1 rß 10 ngr

Actenstücke, ämtliche, betreffend die Verhandlungen über die Union Siebenbürgens mit dem Königreiche Ungarn. Fortsetzung. gr. 8. (S. 191 bis 288.) Hermannstadt, Steinhaussen's Buchh. (A. Schmiedicke) Sep.-Conto in Comm 1 fl.

—— amtliche, die Wahl des Oberpfarrers Werner zu Guben zum Pastor von St. Jacobi in Berlin betreffend, nebst einem Vorberichte. gr. 8. (46 S.) Guben 880, Koenig. *

Actenstücke, d. Amtsentlassung d. Prof. Baumgarten in Rostock betr. 8°(237).– Schwer. 1858, (Halle, Schwabe.)

Actenstücke, die Amtsentlassung des Prof. der Theologie Dr. Baumgarten in Rostock betreffend. I. Entlassungsdecret. II. Erforderter Erachten des großherzogl. mecklenburg. Consistoriums, betreffend Lehrabweichungen des Prof. Dr. Baumgarten. gr. 8. (IV und 237 S.) Schwerin 858, Stiller'sche Hofbuchh. *

Actenstücke z. Amtsentsetzg. d. Appellat.-Ger.-Vizepräsid. v. Kirchmann. 8°(102).– Berl. 1867, Springer's V.

Actenstücke in oriental. Angelegenheiten. Präliminarfriede v. San Stefano. Congress-Protokolle u. Vertrag v. Berlin. 4°(165 m. Karte.) .– Wien 1878, Hof- u. Staatsdr.

Actenstücke, die landständischen Anklagen wider den Kurfürstlich Hessischen Staatsminister Hans Dan[iel] Ludw(ig) Friedr(ich) Hassenpflug betr. Ein Beitrag zum neuern deutschen Staatsrechte. Die Vertheidigungsschriften von dem Angeklagten selbst und vom Prof. R[obert von] Mohl. [Hrsg.: Hans Daniel Ludwig Friedrich Hassenpflug.] — Stuttgart & Tübingen: Cotta 1836. 600 S.
1: Sk 3660. 12: Ded. 1 f. 4. 6. 7. 11.
2.7092

Actenstücke, zum Theil mit Anmerkungen, über die Frage: ob der § 71 der kurhessischen Verfassungs-Urkunde auch auf den Abgeordneten der Landes-Universität anwendbar sei? Nebst einer Einl. ... von Silv[ester] Jordan. — Offenbach a. M.: Brede 1833. 98 S.
Nebent.: Prof. Jordan in Marburg u. der rheinpreussische Rechtsgelehrte über den § 71. Actenstücke u. Erläuterungen.
1: Gp 16816. 12: Keller-Jordaniana 3. 4. 5. 7.
2.7095

Actenstücke, den Kön. sächsischen Anspruch auf die Succession in Lauenburg betreffend, aus den Schätzen des Kön. sächsischen Hauptstaatsarchiv zu Dresden veröffentlicht v. Heinrich Brandes. Siehe in: 4. Bericht über die germanistische Gesellschaft an der Universität Leipzig. Leipzig. 1866. 8°.

Actenstücke, die arabischen, über die Ermordung des P. Thomas und seines Dieners in Damaskus. Ins Deutsche übers. nach der wörtl. Uebertragung im l'Univers von A. v. Morell. gr. 8. Nürnberg 843, Schrag. 1/4 rß

Actenstücke in der Sache des Fichtischen Atheismus, vorgelegt der philosophirenden Vernunft, als höchste Instanz. Leipzig 1799. V: *Gruber, Johann Gottfried.* (NN) (Ky) (MGT)

— in d. Sache d. Fichteschen Atheism. (v. J. G. Gruber). 8. Leipz. 799. (Cnobloch). 12 gr

— die Aufhebung d. Klosters Neuenzelle in d. Niederlausitz betreffend. gr. 8. Leipz. 817. Brockhaus. 6 gr

Actenstücke zur Aufklärung der Lehnsverhältnisse der Herzogthümer. Mitgetheilt v. Hans Knudsen. 1. Samml. Kopenhagen. 1848. Siehe in: Antischleswigholsteinische Fragmente hrgg. v. A. F. Krieger. Heft I. II. Kopenhagen. 1848. 8°.

— u. Aufsätze, d. neueste Gesch. Norwegens betreffend. 18 Stück. 8. Altona 814. Hammerich. 8 gGr

— über die contagiöse Augenentzündung. Auf Veranlass. d. Ministeriums herausg. 1e Samml. gr. 8. Berl. 822. Reimer. 1 Rthlr 2 gGr

— über die Leipziger Augustnacht. Vollständ. Sammlung sämmtl. üb. die Ereignisse d. 12. August 1845 ergang. Adressen u. officiellen Bekanntmachungen, nebst d. commissarischen Erörterungen. Mit Plan des Roßplatzes. 8. Leipzig 845, Pönicke u. Sohn. 1/6 Rthlr

Actenstücke, d., bezügl. d. Ausweisg. u. moment. Verhaftg. Fr. Rohmers. 8°(62).– Münch. 1851. (Nürnb., Korn).

— u. Auszüge aus d. am 13. Jan. 1831 in Binningen u. Mönchenstein aufgefangenen Papieren d. Baselerischen Insurgenten. 4. Basel (831). Schweighäuser. 14 gGr

— authentische, als Beitr. zur Statistik d. Dänischen Staaten in d. letzten 70 Jahren. gr. 8. Lübeck 795. (Aschenfeldt). 1 Rthlr 4 gGr

Authentische Acktenstücke, welche sowohl zur Beleuchtung des kölnischen Toleranzstreites als zur Rechtfertigung der Auerbachischen Abhandlung gegen Servaz Friedlieb herausgegeben sind von Joseph Ignaz Giurgazzi. — Ibi, Ubi 1788.
1:5 in Th 9988. 7.
2.7106

Badische Actenstucke, wie man im Badischen den legalen Wunsch für Beschleunigung einer landständischen Regierungsverfassung durch Illegalitäten gegen unbescholtene Bürger zu Heidelberg und deren erbetenen Rechtsconsulenten, den Justizrath und Professor [Christoph] Martin daselbst, zu unterdrücken angefangen hat. — (Heidelberg) 1815. 44 S.

Actenstücke über d. Behandl. der gemischten Ehen in Preußen. gr. 8. Friedberg 838. Landauer. (Augsb., Kollmann.) 1/6 Rthlr

—— als orientirende Beilage zu dem Werke: Der Normal-Höhenpunkt für das Königreich Preussen an der königl. Sternwarte zu Berlin. gr. 4. (18 S.) Berlin 881, Mittler und Sohn. *

Actenstücke und Belege über den Bruch der Neutralität Preussens gegen Polen. — Fürth 1832.
1:6 in Ud 2116. 12: Polon. 1 h.
2.7110

— z. Beleuchtung d. polit. Partheien im Kanton Basel. während d. Jahres 1831. gr. 8. (9½ B.) Sursee 832. (Liestal, Honegger.)

Actenstücke zur Beleuchtung der politischen Partheien im Kanton Basel. Während d. J. 1831. — Sursen 1832 (:Schnyder). 151 S.
1: Ru 9428. 300: 40.034-B.
2.7112

— zur Beleuchtung d. Badischen Territorialfragen. gr. 8 Münch. ... 2e A. 819. Lentner. 6 gGr — Dass. 8. Leipz. 818. Reclam. 8 gGr gr. 8. Dresd., Arnold. 6 gGr

Actenstücke, die bey der Reichsversammlung wegen des bevorstehenden Friedensgeschäfftes angestelleten Berathschlagungen betreffend. — o.O. 1761. 108 S.
1:1 in 4° Sv 4122/8. 4. 7.
2.7129

— o.O. 1761. 132 S. 4° 7. 10.
2.7130

— o.O. 1761. 206 S. 12: 4° J. publ. G. 37 [u. ö.]
2.7131

Actenstücke und Bericht über die Verhandlungen des ersten Landammanns der helvetischen Republik, mit dem ersten Consul (1802) s. (Reding, Aloys [von]).

— Berichte u. andere Beiträge zur Geschichte Schlesiens seit dem J. 1740, s.: Scriptores rerum Silesiacarum.

Actenstücke, Berichte und andere Beiträge zur Geschichte Schlesiens seit dem Jahre 1740. Namens des Vereins für Geschichte und Alterthum Schlesiens hrsg. von Gustav Adolf [Harald] Stenzel. — Breslau: Max 1851. XII,630 S. (Scriptores rerum Silesiacarum oder Sammlung schlesischer Geschichtsschreiber. 5.)
1: 4° Ta 502a-5. 12: 4° Bor. 47f-5. 2. 3. 4. 5. 7. 8. 9. 10. 11.
2.7132

Actenstücke betreffend die vom Stande Genf erhobene Beschwerde wegen Anwendung des Art. 57 der Bundesverfassung. 1858.

Actenstücke wegen Besitznahme v. Schwedisch-Pommern durch französ. Truppen im J. 1812. A. d. Schwed. 8. Stralf. 814. (Löffler). 4 gGr

— zur Beurtheilung d. kirchl. Angelegenheiten v. Bremen. 3 Hfte. 8. Bremen ... Müller. 20 gGr

Actenstücke zur Beurtheilung der Staatsverbrechen des Südpreussischen Kriegs- und Dom-Raths Zerboni und seiner Freunde. [Mainz] 1800. H: *Fessler, Ignaz Aurel.* (Kl)

— zur Beurtheilung der Staatsverbrechen Zerbonis. 8. Leipz. ... 2e A. 801. Rein. 1 Rthlr 8 gGr

Actenstücke in Sachen des Grafen von Bocholz Asseburg zu Hinnenburg, Klägers, gegen den Grafen Carl Asche von der Asseburg zu Gunsleben, Verklagten. Lemgo 1830. Ga 460

Actenstücke und Briefe zur Geschichte des Hauses Habsburg, mitgetheilt von J. Chmel, s. Monumenta Habsburgica.

Actenstücke und Briefe zur Geschichte des Hauses Habsburg im Zeitalter Maximilian's I. Aus Archiven und Bibliotheken ges. von Joseph Chmel. Bd 1-3. — Wien 1854-58: Hof- u. Staatsdr.
1. 1854. 2. 1855. 3. 1858.
(Monumenta Habsburgica. 1.)
1: Sb 1756-1. 12: Austr. 3200-I,1/3. 300: 392.396-B. L. S. Abt. 1. 2. 3. 4. 5. 6. 7. 9. 10. 11.
2.7142

—— und Briefe zur Geschichte Kaiser Karl V., mitgetheilt von C. Lanz, s. Monumenta Habsburgica.

Actenstücke und Briefe zur Geschichte Kaiser Karl V. Aus dem k. k. Haus-, Hof- u. Staats-Archive zu Wien mitgetheilt von Karl Lanz. Bd 1 [nebst] Einl.Bd. — Wien 1853-57: Hof- u. Staatsdr. (Monumenta Habsburgica. 2.)
Vollst. . . . 1: Ry 850 [u.] Sb 1756-2. 12: Austr. 3200-II. 300: 392.396-B.L.S. Abt. 2. 2. 4. 5. 6. 7. 10. 11.
[°Einl.Bd] . . . . 3. 9.
2.7143

Actenstücke, Betr. d. Bündniss. v. 26. Mai u. d. deut. Verfassgs.-Angeleg. 2. Bd. 2. Hft., 3. Bd. (506).– Berl. 1851, v. Decker.

Actenstücke, Charlotte Corday betreffend. [Leipzig 1793.] H: *Schmidt, Conrad Friedrich von*, gen. *Phiseldeck.* (MGT)

Actenstücke in Sachen der Descendenten Ihrer Königl. Hoheit der Prinzessin Luise von Preußen, vermählten Fürstin von Radziwill, des Königl. Generallieutenants Fürsten Wilhelm Radziwill, Durchlaucht, und Genossen, Kläger, jetzt Imploranten, wider die Testamentserben Sr. Königl. Hoheit des Prinzen August v. Preußen, Verklagte und Imploraten. Als Ms. gedr. (Vorr.: Hellwig, Mandatar des Fürsten.) — Berlin 1846. VI,213,95 S.
1: Ud 5196/59.
2.7147

— f. d. Deutschen, od. Samml. aller officiellen Bekanntmachungen in d. Kriege v. 1813, (enth. d. Manifeste v. Oesterreich, Baiern u. Würtemberg; den Rückzug d. Franzosen, v. Maj. v. Pfuel; d. Bericht an d. König v. Schweden, von Engeström, mit 18 Actenstücken rc. rc.) 4 Hefte à 4 gGr 8. Dresd. 813. Arnold. 16 gGr

Actenstücke für die Deutschen, oder Samml. aller officiellen Bekanntmachungen in dem Kriege von 1813. (enthalten die Manifeste von Oestreich, Baiern u. Würtemberg; der Rückzug der Franzosen, von Major v. Pfeul; d. Bericht an den König von Schweden, von Engeström, mit 18 Aktenstücken; die Vertheidigung des Generals Thielemann; Briefe des Kronprinzen von Schweden an Napoleon, u. 32 Proklamationen von Alexander, Fr. Wilhelm, Kutusow, Wittgenstein, Blücher rc.) 4 Hefte. 8. Dresd. Arnold. 813. à 4 gr. —

Actenstücke betreffend den Dienst-Austritt des Professors Robert von Mohl in Tübingen. Freiburg i. Br. 1846. H: *Mohl*, *Robert von.* (Heyd)

— betreffend den Dienst-Austritt des Prof. R. v. Mohl in Tübingen. gr. 8. Freiburg 846, Herder'sche Verl.-H. 5/12 rß

— betreffend die Dienstentlassung d. Hofbauraths Demmler in Schwerin, nebst einigen an diesen Fall geknüpften Bemerkgn. üb. die Stellung der Staatsdiener im Großherzogth. Mecklenburg-Schwerin. gr. 8. (84 S.) Hamburg 851, Hoffmann & Campe. 1/2 rß

— betreff. die Differential-Zoll-Frage, s.: Central-Archiv für d. Gewerbe-, Handels- u. Finanzwesen.

Actenstücke betr. die Differential-Zoll-Frage. Hrsg. von Alexander Schneer. — Jena: Frommann 1848. VIII,304 S. (Zentral-Archiv für das Gewerbe-, Handels- und Finanzwesen. 1.)
1:Gz 12147–1. 12:Cam. 20 ab–1. 10.
2.7151

Actenstücke d. russ. Diplomatie. Hrsg. v. F. Paalzow. 8°(397).– Berl. 1854, F. Duncker.

Diplomatische Actenstücke aus der Hölle. Fasc.[1]–4. Mainz: Kirchheim 1861.
1–4 . . . . 2.
1 . . . . 1:Yo 10128.
2–4 . . . . 7.
2.7165

Actenstücke betr. d. Disciplinaruntersuchg. d. k. ev.-luth. Consistoriums zu Kiel wider d. Diaconus Diekmann in Wesselburen. 8° (114).– Kiel 1878, Lipsius u. T.

Die **Actenstücke** des Disciplinarverfahrens gegen den Privatdocenten Dr. Arons. (Hrsg.: Leo Arons.) Berlin: G. Reimer 1900. (38 S.) 8° [00.3449

— betreffend das üb. den Prediger Dr. Sydow verhängte Disciplinarverfahren. 2. Aufl. 8. (96 S.) Leipzig 873. Barth. n. 1. 50

— dasselbe, vor dem hohen evangelischen Oberkirchenrath als höherer Instanz. 8. (50 S.) Ebend. 873. n. — 60

Actenstücke drei. 8°(21).– Heidelb. 1865, Weiss.

Drei Actenstücke zur Geschichte des Donatismus. Neu hrsg. u. erkl. von [Samuel] Martin Deutsch. — Berlin 1875, 42 S.
Ersch. auch als Progr. Berlin, Joachimsthalsches G. 1875, u. d. T.: Deutsch: Zur Geschichte des Donatismus.
1:4° Ck 5548. 4. 5.
2.7196

Drei Actenstücke in Sachen der Mässigkeits-Reform. Dem hohen Reichstage zu Berlin bei der Berathung über die Brennsteuer vorgelegt von Pastor [Heinrich] Böttcher in Kirchrode. 2. Abdr. — Hannover 1869: Göhmann. 64 S.
1:Fd 9221².
2.7197

— drei, d. Processes Ludwig XVI. Aus d. Französ. 8. Hamb. 793. Gundermann. 9 Kr

Drei Actenstücke die Weißfrauenschulen betreffend. Von ihrem ehemaligen Director (Anton Kirchner) dem betheiligten Publicum als Rechtfertigung vorgelegt. — (Frankfurt a. M.: Hrsg.) 1814. 20 S. 1:4 in Ah 15831. 4.
2.7200

— drei wichtige, a. der Reformationszeit: Die Augsburgische Confession; d. Schmalkald. Artikel; d. Augsburgische Religionsfriede. Zur Feier des 25. Sept. 1855 neu zum Druck befördert von Dr. K. Zimmermann. Darmstadt 855. Leske. gr. 8. (90 S. u. 1 Holzschn.) n. 10 ngr

— XXXIII, die vom französ. General Cüstine an die Reichsst. Frankfurt am 22. Oct. 1792 geforderte u. zum Theil bezahlte Brandschatzung von 2 Millionen Gulden betr. 4. Frankf. a. M. 793. Varrentrapp. 6 Kr

Actenstücke in der Angelegenheit des Privatdocenten Dr. Dühring veröffentlicht durch die philosoph. Fakultät der Königl. Universität zu Berlin. Berlin: G Reimer 1877 (36 S.) 8°

— ächte, d. Lästerung, Verläumdung etc. 8. Düsseld. 790. Tänzer. 18 Kr

Actenstücke betreffend die Einführung des schwedischen Kirchengebets in Kurland im Jahr 1702. [Riga 1805.] H: *Recke*, *Johann Friedrich von.* (R-N)

Actenstücke üb. d. Entw. e. Kreis-Ordng. f. d. 6 östl. Prov. d. preuss. Monarchie. 8°(195).– Berl. 1860, v. Decker.

Actenstücke, betr. den Entwurf einer Landgüter-Ordnung für die Provinz Schleswig-Holstein mit Ausnahme des Kreises Herzogthum Lauenburg. — Kiel 1884: Schmidt & Klaunig. 122 S. 4° 8.
2 7204

— über die Entziehung der der freien Gemeinde in Magdeburg ertheilten Conzession. Unter Benutzung amtlicher Quellen herausg. Magdeburg 853. Baensch. 8. (47 S.) n. 5 ngr

Actenstücke zur Lauenburgischen Erbfolgefrage aus den Jahren 1846, 1847 und 1849. [Hrsg.: Lothar Bucher.] Hamburg 1864: Langhoff. 31 S.
1:So 9662. 12:Hols. 4. 7. 8.
2.7206

—— zur lauenburgischen Erbfolgefrage aus den J. 1846, 1847 und 1849. gr. 8. (31 S.) Hamburg 864, (Mauke Söhne.)

— zur Lauenburgischen Erbfolgefrage aus den Jahren 1846, 1847 u. 1849. Hamburg, 864. (Perthes-Besser & Mauke.) gr. 8. (31 S.) 3 ngr

— zur Ergänzung u. Berichtigung d. Druckschrift betitelt: Heinr. Stephani's Geschichte seiner Amtssuspension als Dekan u. Stadtpfarrer zu Gunzhausen in Baiern etc. Amtlich bekannt gemacht. gr. 8. Münch. 836 Franz. 3/8 rß

Actenstücke zu der Erklärung des Grafen F[ranz] E[gon] von Fürstenberg-Stammheim, die Provinziallandtage betr. Berlin: Besser in Komm. 1851. 32 S.
1:Flugschr. 1851–17. 12:J. publ. G. 921–38.
2. 5. 7. 11.
2.7208

— zu der Erklärung des Grafen F. E. v. Fürstenberg-Stammheim vom 25. Aug. 1851, die Provinzial-Landtage betreffend. Als Mscr. gedr. gr. 8. (32 S.) Berlin 851, Hertz in Comm. n. 1/6 rß

Actenstücke, den mexikanischen Bürger H. Facklam betreffend (Neustadt 1862.) 8° Kopft

—— zum Fallissement der Lauenstein'schen Wagenfabrik-Gesellschaft. Hrsg. von H. Wer. 1. und 2. Heft. gr. 8. Hamburg 871, (Grüning.) [1. Heft (III, 74 S.) * ℳ 1; 2. Heft (32 S.) * 50 Pf.] *

—— dass. — 3. Heft, enthaltend die Vernehmlassungen der Mitglieder des früheren Verwaltungsrathes und F. C. Lauenstein gegen den Bericht der curatores bonorum vom 17. Mai 1871. gr. 8. (84 S.) (Ebendas.) 873. *

—— dass. — 4. Heft. gr. 8. (32 S.) (Ebendas.) 872. *

— der Fehde üb. d. Wiebekingsche Brückenbaukunst. gr. 8. Nürnb. 810. Stein. 8 Kr

— der Fehde über die Wiebekingische Brückenbaukunst. gr. 8. Nürnb. Stein. 811. –

— betreffend die zwischen den Finanzen u. der Nationalbank streitig gewordene Frage: ob die ungefähr 12 Millionen betragende Summe, welche das Bankinstitut in Altona als dessen Antheil an der Zettelschuld der Nationalbank theils bezahlt, theils noch zu bezahlen hat, in dem Beitrage der Finanzen zur Zetteleinziehung gekürzt werden müsse. Aus d. Dän. übers. vom Auditeur A. F. v. Brackel. Abgedruckt aus dem neuen Staatsb. Mag. 7r Bd. 2s Hft. gr. 8. Schleswig 838. Taubstummen-Institut (Leipz., Hermann u. Langbein.) 1 1/3 rß

Actenstücke betreffend die Forderungen der Eigenthümer schlesischer Staats-Obligationen von drei durch holländische Handelshäuser negociirten, auf das Herzogthum Ober- und Niederschlesien pfandweise versicherten Staatsanlehen aus den Jahren 1734 bis 1737. — o. O. 1829.
7.
2.7211

Actenstücke betr. die Forderungen der Eigenthümer schlesischer Staats-Obligationen von drei durch holländische Handelshäuser negociirten, auf das Herzogthum Ober- und Niederschlesien unter landständischer Einwilligung, Mitverpflichtung und Verbürgung pfandweise versicherten Staatsanlehen aus den Jahren 1734 bis 1737. o. O. 1830. 118 S.
1: Ta 6073. **12:** Decis. 4 m [u. ö.] **11.**
2.7212

Actenstücke betr. die Forderungen der Eigenthümer Schlesischer Staats-Obligationen von drei durch holländische Handelshäuser negociirten. auf das Herzogthum Ober- u. Niederschlesien unter landständischer Einwilligung, Mitverpflichtung und Verbürgung pfandweise versicherten Staatsanlehen aus den Jahren 1734 bis 1737. Frankfurt a M. 1830.

Actenstücke zur Deutsch-Dänischen Frage aus den Jahren 1861 bis 1863. Hrsg. von Ludwig Karl Aegidi u. Alfred Klauhold. — Hamburg: Meissner 1863. VIII,271 S.
Aus: Das Staatsarchiv. 5. **1:** So 3898. **8. 10.**
2.7214

Actenstücke zur Deutsch-Dänischen Frage. Neue Folge bis zum Zusammentritt der Londoner Conferenz. Von Ludwig Karl Aegidi u. Alfred Klauhold. — Hamburg: Meissner 1864. XXXIII,756 S.
Aus: Das Staatsarchiv. 6. **9.**
2.7216

Actenstücke zur Frage der Erbfolge im Herzogthum Braunschweig. Folge [1.] 2. — Hannover: Weichelt 1885.
1.2 . . . . **7. 11.**
1 . . . . **1:** 1 in Sl 3850. **12:** J. publ. C. 976p.
2.7218

Actenstücke z. Frage d. Gotthardbahn. Febr. 1869 - Apr. 1870. 8^{o}(52).– Berl. 1870, Springer's V.

Actenstücke zur Norder-Wöhrdener Frage. Heide. 1859. Fol.

Actenstücke, z. orient. Frage, zusammengest. v. I. v. Jasmund. 8^{o}(648).– Berl. 1855, Weber. 2. Bd. 1. Abth.(222) 1855. 2.Bd. 2.3. Abth. 8^{o}(302) 1856, 3. Bd. (250) 1859,

Actenstücke zur Schleswig-Holstein'schen Frage. Waffenstillstand von Malmoe vom 26. August 1848. (Ein Abdruck der amtl. Ausg.) — Bremen: Schünemann 1848. VIII, 135 S. **5.**
2.7222

Actenstücke zur Schleswig-Holstein'schen Frage. Waffenstillstand von Malmoe vom 26. August 1848. Gedr. für d. Mitglieder der Deutschen Nationalversammlung. — Frankfurt a/M. 1848: Krebs-Schmitt. VI,96 S. 4°
1: 2° So 3400 [u.] 2° So 3401. **12:** 2° Hols. 2. **2. 4. 7. 8. 9. 11.**
2.7223

— zur Schleswig-Holstein'schen Frage. Waffenstillstand von Malmoe vom 26. Aug. 1848. gr. Lex. 8. (X u. 113 S.) Kiel 848, Schröder & Co. 7/12 ℛ

— dies. [Ein Abdr. der amtl. Ausg.] gr. Lex. 8. (VIII u. 135 S.) Bremen 848, Schünemann. 12 ngr

Actenstücke zur Schleswig-Holsteinischen Frage. 8°
(Heft 1.) Waffenstillstand d. d. Berlin, den 10ten Juli 1849. Schleswig. 1849.
Heft 2. Der Versöhnungsversuch durch Berathung von Vertrauensmännern aus dem Königreich und den Herzogthumern. (Als Manuscript gedruckt.) Kiel. 1850.
Heft 3. Die Friedensverhandlungen in Copenhagen. Als Manuscript gedruckt. ebd. 1850.
Heft 4. Der Berliner Friede vom 2. Juli 1850. Als Manuscript gedruckt. ebd. 1850.
Heft 5. Waffenstillstands-Verhandlungen im October und November 1850. Als Manuscript gedruckt. ebd. 1850.
Heft 6. (Schluss.) Als Manuscript gedruckt. ebd. 1851.

Actenstücke zur Schleswig-Holsteinischen Frage. H. [1]-6. — Schleswig (2ff.: Kiel) 1849–51: Taubstummen-Inst. (2ff.: Mohr).
[1.] Waffenstillstand, d. d. Berlin, d. 10. Juli 1849. 1849.
2. Der Versöhnungsversuch durch Berathung von Vertrauensmännern aus dem Königreich und den Herzogthümern. 1850.
3. Die Friedensverhandlungen in Copenhagen. 1850.
4. Der Berliner Friede vom 2. Juli 1850. 1850.
5. Waffenstillstands-Verhandlungen im October und November 1850. 1850.
6. 1851.
1–6 . . . . **1:** So 3558. **8.**
1.2.5 . . . . **9.**
1.2.5.6 . . . . **7.**
1 . . . . **2. 3.**
2.3.5 . . . . **12:** Hols. 5.
2.3 . . . . **5.**
2.5 . . . . **11.**
2.7225

— — H. 5. Ebd. 1850. 62 [vielm. 52] S.
Anderer Druck. **1:** 17 in So 33. **8.**
2.7226

Actenstücke, betr. die zwischen den Finanzen und der Nationalbank streitig gewordene Frage: ob die ... Summe, welche das Bankinstitut in Altona als dessen Antheil an der Zettelschuld der Nationalbank theils bezahlt, theils noch zu bezahlen hat, in dem Beitrage der Finanzen zur Zetteleinziehung gekürzt werden müsse. Aus d. Dän. übers. von A[dolf] F[riedrich] v. Brackel. [Nebst] Fernere Actenstücke. — Schleswig: Kgl. Taubstummen-Inst. 1838–39.
Aus: Neues staatsbürgerliches Magazin. 7. 9. **8.**
2.7227

— zum Wiener Friedensvertrage vom 30. Octbr. 1864. Kiel 865. Schwers. gr. 8. (2 Bll., 71 S.) 10 ngr

Actenstücke der vierten General-Versammlung der Vereine gegen das Branntweintrinken im Königreich Hannover. — (Hannover 1854: Göhmann.) 105 S. 4°
4.
2.7230

— Actenstücke (Fortsetzung) über Gerechtsame der Stadtgemeinde Eupen am fiscalischen Hertogenwald in Preußen und Belgien. — Eupen 1897: Braselmann. 115 S.
Ein Teil davon ersch. selbständig u. d. T.: Aktenstücke über Gerechtsame der Stadtgemeinde Eupen am Hertogenwalde in Belgien.
5.
2.7232

— gesammelte, über d. im J. 1806 durch von Tauenzien geschehene Besetzung u. s. w. 8. Nürnb. (Rein in Leipz.) 10 gr

— gesammelte, d. Vereins z. Schutze deutsch. Einwanderer in Texas. Mit 1 Karte. gr. 8. Mainz 845, v. Zabern. n. 1/3 ℛ

Gesammelte Actenstücke und öffentliche Verhandlungen über die Verbesserung der Juden in Frankreich. Hrsg. [u. Übers.: Friedrich] Alexander Bran. Bd 1. [2]–H. 1–8. Hamburg: Bran 18(06)–07.
Nebent.: Gesammelte Actenstücke über die Verbesserung des Zustandes der Juden.
1: Ez 3950. **12:** Jud. 9. **3. 7.**
2.7234

— [Hrsg. u. Übers.: Friedrich Alexander Bran.] 2. Aufl. H. 1. — Ebd. 1806. 96 S. **11.**
2.7235

— gesammelte, u. öffentl. Verhandll. über d. Verbesserung d. Juden in Frankreich; herausg. v. Alex. Bran. 8 Hefte. 8. Hamb. 806 u. 7. Hoffmann u. Campe. 3 ℛ 15 gr

Actenstücke zur Geschichte der neuesten, besonders kirchlichen Angelegenheiten der Reichsstadt Bremen. [Hrsg.: Hermann Schlichthorst.] H. 1–5. — Bremen 1803–05.
1. 1803. 2-4. 1804. 5. 1805.
1–5 . . . . **1:** Sp 9841–6.
1–3 . . . . **4. 7.**
2.7236

— zur Gesch. d. neuesten, besonders kirchl. Angelegenheiten d. R.-Stadt Bremen. 3 Hefte. 8. Bremen 804. Müller. 20 gr

— Actenstücke zur Geschichte der Aufhebung der Leibeigenschaft in den Herzogthümern Schleswig und Holstein. [Hrsg.: Christian Detlev Carl Graf zu Rantzau.] — Hamburg: Hoffmann 1798. 96 S. **1:** So 1982. **7. 8.**
2.7237

— zur Gesch. d. Aufhebung d. Leibeigenschaft in d. Herzogth. Schleswig-Holstein. 8. Hamb. 798. (A. Campe). 6 gr

Actenstücke zur Geschichte Joseph August du Cros', eines abenteuernden Diplomaten aus dem Ende des 17. Jahrhunderts. Hrsg. von Harry Bresslau. Berlin: Weidmann 1875. 36 S.
1: 4° Qh 1018. **12:** 4° Biogr. 93 p. **300:** 106.278–C.
5. 8. 11.
2.7239

— zur Geschichte d. Erhebung Bonapartes zum Kaiser d. Franzosen. 8. Straubing 805. (Schorner). 8 gr

—zur Gesch. d. Erhebung d. Juden zu Bürgern in d. Rep. Batavia. A. d. Holl. 8. Neustrel. 797. Albanus. 8 gl.

Actenstücke zur Geschichte der Erhebung der Juden zu Bürgern in der Republik Batavien. Aus d. Holländ. — Neustrelitz: Michaelis 1797. 104 S.
12: Jud. 1. **7. 8.**
2.7240

—— zur **Geschichte des Kurfürsten Friedrich Wilhelm von Brandenburg, s. Urkunden und Actenstücke.**

— z. Gesch. u. Gefangenschaft, Schicksale u. Lebensaugenblicke Napoleon Bonaparte's auf St. Helena. 3e Ausg. 8. Ilmenau 822, Voigt.

Actenstücke zur Geschichte des Hochdeutschen in Mittel-Schleswig. (Hrsg.: P[eder] Hjort.) 2. verm. Aufl. Ebd. 1860. 39 S.
8. 11.
2.7244

— 3. verm. Aufl. Ebd. 1861. 48 S.
1:Y 2047ᵃ. **12**: L. germ. 121 p. **8.**
2.7245

— 4. verb. Aufl. Ebd. 1864. 48 S. **1**:Y 2048.
2.7246

Actenstücke zur Geschichte des Hochdeutschen im Herzogthum Schleswig. [Hrsg.: Peder Hjort.] — Kopenhagen: Gyldendal 1856. 34 S.
1:So 36. **12**: L. germ. 121 o. **7. 8. 9. 11.**
2.7243

Actenstücke zur Geschichte der französischen Invasion in die Schweiz im Jahre 1798. ([Hrg. von] M[oritz] v[on] Stürler.) [SA. 2 Theile.] 8. [Zürich.] A 47
[Theil 1: 1864. — Theil 2: 1868.]

Actenstücke zur Geschichte der Coalition vom Jahre 1814. Von Fedor v. Demelitsch. — Wien: Gerold in Comm. 1899. XIV S., S. 227–452. (Fontes rerum Austriacarum. Abth. 2, Bd 49,2.)
1: Sb 218–Abt. 2, Bd 49,2. **12**: Austr. 1510–II,49,2.
300: 392.395–B. L. S. Abt. 2, Bd 49,2. **2. 3. 4. 5. 6. 7. 8. 9. 10. 11.**
2.7250

Actenstücke zur Geschichte Croatiens und Slawoniens in den Jahren 1526 und 1527. Hrsg. von Joseph Chmel. — Wien: Rohrmann 1846. 64 S. (Habsburgisches Archiv. 2.)
1: Sb 170–2. **12**: Austr. 167–2. **300**: 44.463–B. **4. 5. 7.**
2.7251

—— zur Geschichte Croatiens u. Slawoniens in d. J. 1526 u. 1527. Hrsg. v. Jos. Chmel. — A. m. d. Umschl.-Ttl.: Habsburg. Archiv. II. gr. 8. (4½ B.) Wien 846, Rohrmann.

Actenstücke zur neuesten Geschichte Deutschlands ⟨mit bes. Beziehung auf Hannover⟩. H. 1. — Hannover: Helwing 1848. 229 S.
1. Die deutsche Verfassungs-Angelegenheit. Die provisorische Centralgewalt. Das Gesetz vom 28. Juni 1848.
1: Rz 8900. **12**: J. publ. G. 11e. **2. 3. 5. 6. 7. 8. 9. 10. 11.**
2.7252

Actenstücke zur neuesten Geschichte von Frankfurt am Main. Zugleich: Material zur neuesten deutschen Geschichte. — Stuttgart: Schweizerbart 1866. 75 S. **1**: Si 5381. **4. 5. 7.**
2.7253

— 2. verm. Aufl. Ebd. 1866. 96 S.
1: Si 5382. **7. 8.**
2.7254

—— zur neuesten Geschichte von Frankfurt a. M. Zugleich: Material zur neuesten deutschen Geschichte. 1. u. 2. Aufl. Stuttgart 867. E. Schweizerbart. gr. 8. (96 S.) 13 ngr.

Actenstücke zur neuesten Geschichte der Herrschaft Jever. (Als Ms. gedr.) — Altenburg 1832. 104 S.
1: Sn 3214. **12**: Germ. sp. 3 t. **7.**
2.7255

Actenstücke zur neuesten Geschichte der preußischen Polizei. Gleichzeitig zur Grenzberichtigung zwischen Justiz und Polizei. Mitgetheilt von Heinrich Simon. Leipzig. R. Blum 1847. 70 S. 8.

Dasselbe. 2. Aufl. Ebenda 1847. 8.

Actenstücke z. neuest. Gesch. Preussens 1863. I. 1. Verwarngn. 1. Heft. 8°(64).– Berl. 1863, Springer's V. I. 2. Verwarngn. 2. Hft. (39) 1864.

Actenstücke zur neusten Schleswig-Holsteinschen Geschichte. 3 Hefte. (788.) 8. Leipzig 1851—52. 11.50.

— zur Geschichte d. Oesterr. Niederlande. Aus d. Französ. 4 Stücke. 8. Wien 787. Krauß. 20 gl.

Actenstücke einige, z. Gesch. d. sächs. Prinzenraubes (v. J. Gersdorf). 8°(83).– Altenb. 1855, (Bonde.)

—— zur **Geschichte Franz Rákóczy's**, s. Fontes rerum austriacarum.

Actenstücke zur Geschichte Franz Rákóczy's und seiner Verbindungen mit dem Auslande. Hrsg. von Joseph Fiedler. Bd 1. 2. — Wien 1855–58: Hof- u. Staatsdr.
1. Aus den Papieren Ladislaus Kökenyesdi von Vetes, seines Agenten in Baiern, Frankreich, Preussen und Russland. 1705-1715. 1855.
2. Aus den Papieren Johann Michael Klement's, seines Agenten in Preussen, England, Holland u. bei dem Utrechter Congresse. 1708-1715. Nebst e. Nachtr. zum ersten Bande ⟨1703-1726⟩. 1858.

(Fontes rerum Austriacarum. Abt. 2, Bd 9.17.)
1. 2 . **1**: Sb 218–Abt. 2, Bd 9.17. **12**: Austr. 1510–II, 9.17. **300**: 392.395–B. L. S. Abt. 2, Bd 9.17. **2. 3. 4. 5. 6. 7. 8. 9. 10.**
1 . . . . **102.**
2.7261

Actenstücke zur Geschichte des Deutschen Reiches unter den Königen Rudolf I. u. Albrecht I.. mitgetheilt v. F. Kaltenbrunner, s.: Mittheilungen aus dem Vaticanischen Archive.

Actenstücke zur Geschichte des deutschen Reiches unter den Königen Rudolf I. und Albrecht I., gesammelt von A[dolf] Fanta, F[erdinand] Kaltenbrunner, E. Ottenthal, mitgeth. von F. Kaltenbrunner. — Wien: Tempsky in Comm. 1889. XVIII,695 S. (Mitteilungen aus dem Vaticanischen Archive. 1.)
1: P 7528–1. **12**: J. publ. E. 260 o–1. **300**: 186.837–C. Bd 1; 78.883–C. Bd 1 [u.] 37.742. Bd 1. **2. 3. 4. 5. 6. 7. 9. 10. 11.**
2.7262

Actenstücke zur Geschichte des ungarischen Schutzvereins. (Hrsg.: Franz Pulszky.) — Leipzig 1847. **1**: Se 9116. **12**: Austr. 25. **300**: 75.867–A.
2.7264

— zur Geschichte des ungar. Schutzvereins. 12. (XXIV u. 284 S.) Leipzig 847, Brockhaus. n. 16 ngr

—— zur Geschichte des Verhältnisses zwischen Staat und Kirche im 19. Jahrhundert. Mit Anmerkungen hrsg. von H. v. Kremer-Auenrode. 1.—6. Heft. gr. 8. Leipzig 873,74, Duncker und Humblot. [1.—3. Heft. (360 S.) à Heft * ℳ 2,40; 4.—6. Heft (192 S.) à Heft * ℳ 1,20.] *

—— zur **Geschichte** des Verhältnisses zwischen Staat und **Kirche im 19. Jahrhundert.** Mit Anmerkungen hrsg. von **H. v. Kremer-Auenrode.** 7. und 8. Heft. gr. 8. Leipzig, **Duncker und Humblot.** [7. Heft. (2. Thl. S. 193—256.) 875. * ℳ 1,20; 8. Heft. (2. Thl. II, S. 257—382.) 876. * ℳ 2,40.] +
Aus: Staatsarchiv, besonders abgedruckt.

—— dass. — 3. Thl. [Staatsarchiv 1. Suppl.-Bd. zum 23. und 24. Bd.] gr. 8. (IX, 370 S.) Ebendas. 877. *

Actenstücke zur Geschichte des Verhältnisses zwischen Staat und Kirche im 19. Jahrhundert. Mit Anmerkungen hrsg. von H. v. Kremer-Auenrode. 4. (Schluss-)Thl. Mit Registern über alle 4 Thle. gr. 8. (476 S.) Leipzig 880, Duncker und Humblot. *
1.—3. Thl. Ebendas. 1873—77. * ℳ 22,80.

Actenstücke zur Geschichte des Verhältnisses zwischen Staat und Kirche im XIX. Jahrhundert. Mit Anmerkungen herausgegeben von Dr. H. von Kremer-Auenrode, Professor der Rechte an der Prager Universität. In-8°, 4 Bde. Leipzig, Duncker & Humblot. 1880 44 —
*** Enthält unter folgenden Nummern Actenstücke aus der Schweiz: Nr. 4880, 6029, 6030—32, 6038—39, 6041, 6067, 6081, 6090—91, 6094—95, 6103—04, 6113, 6122—23, 6125, 6142, 6147. (Basel) 6024, 6026, 6033—34, 6038. (Bern) 6018, 6076, 6079, 6087, 6096, 6103—04, 6122, 6142, 6147, 6155. (St. Gallen) 6062, 6066, 6084, 6114. (Genf) 6028—29, 6013, 6014, 6017—18, 6021—23, 6025, 6030, 6049, 6070, 6151. (Neuenburg) 6058. (Solothurn) 6012.

ACTENSTÜCKE. Mitgetheilt von der Senkenbergischen naturforschenden Gesellschaft in Frankfurt am Main. (Frankfurt a. M. 1839.) 4°.

ACTENSTÜCKE. Mitgetheilt von der Senckenbergischen naturforschenden Gesellschaft in Frankfurt am Main. (Frankfurt a. M. 1840.) 4°.

Actenstücke über die Gesetzentwürfe betreffend die Verpflichtung zum Kriegsdienste sowie die Forterhebung eines Zuschlages zur classificirten Einkommensteuer, Klassensteuer. — Berlin 1860.
1: Gy 18560. **5. 11.**
2.7269

Actenstücke üb. d. Gesetz-Entw. betr. d. Verpflichtg. z. Kriegsdienste. 8°(160).– Berl. 1860, v. Decker.

Actenstücke, die hiesigen Gewerbe-Verhältnisse, insbesondere die Aufhebung der Zunftbeschränkungen betreffend. Als Ms. gedr. in Gemäßheit d. Senats-Beschlusses vom 14. Mai 1861. [Nebst] Weitere Actenstücke, die hiesigen Gewerbeverhältnisse betr. ... 30. Aug. 1861. — Frankfurt a. M. 1861. 1:Si 5529.
2.7270

— Glossen und Noten zu der Dokumentensammlung: „In rei memoriam, Actenstücke zur Geschichte der kirchenpolitischen und kirchlichen Kämpfe der siebenziger Jahre", hrsg. aus d. literarischen Nachlass von Augustin Keller. — Aarau 1884. 1:Fq 9720. 12: J. can. P. 559 hd.
2.7249

Actenstücke und rechtliche Gutachten in Sachen der Städelschen Intestat-Erben gegen die Administration des Städelschen Kunst-Instituts zu Frankfurt am Main. Testamentsanfechtung betr. Enthält die Ansichten der Juristenfacultäten zu Berlin, Bonn, Giessen, Heidelberg, Jena, Landshut und München. — Frankfurt a. M. 1827: Wenner. Getr. Pag. 4° 8.
2.7272

Actenstücke in Bezug auf Handel und Schiffahrt während des deutsch-französischen Krieges im Jahre 1870. Hrsg. auf Veranl. der Handelskammer zu Hamburg. — Hamburg 1870.
1: Kr.Samml. Gb 13. 12: Eur. 694 d–459. 7. 8.
2.7273

— Ebd. 1870. 80 S. (Das Staatsarchiv. 19, Beil.)
12: J. publ. E. 413 x–19. 2. 4. 5. 7. 8. 9. 11.
2.7274

— in Bezug auf Handel u. Schiffarth während d. deutsch-französischen Krieges im J. 1870. Hrsg. auf Veranlassg. der Handelskammer zu Hamburg. Lex.-8. (IV, 80 S.) Hamburg 870. (Nolte.) n. 1. —

— betreffend die beabsichtigte Herausgabe der krit. Blätter für Leben und Wissenschaft. gr. 8. Berlin 844, Veit u. Comp. n. 1/3 ℛ

— des gegen George's, Moreau ꝛc. eingeleiteten Hochverraths-Processes. 2 Bde à 5 Stücke. gr. 8. Koblenz 804, 5. Lassaulx. 2 ℛ 16 gr

Actenstücke, die Kanalanlagen in Frankfurt a. M. betr. Als Mscr. gedr. Frankfurt 1864.

Actenstücke, betreffend die neue Preußische Kirchenagende, hrsg. u. mit einigen Bemerkungen begleitet von N[ikolaus] Falck. — Kiel: v. Maack 1827. XXXXVI, 52 S.
1: Sy 5690. 2. 3. 4 [°°S. 49–52]. 5. 7. 8. 9. 11.
2.7289

Actenstücke, die Frau Geheimeräthin (Johanna) v. Koch betr. — (Neustadt [in Holstein] [1862]: Ehlers.) 15 S.
8.
2.7295

Actenstücke zur Confiscation der jüdischen Schriften in Frankfurt a. M. unter Kaiser Maximilian durch Pfefferkorns Angeberei. [Breslau 1875.] H: *Graetz, Heinrich.* (stBFrankf I, 244)

Actenstücke zum Concil [Konzil]. Das Infallibilitätsschema und die Minoritätsgutachten. Originaltext u. Uebers. — Stuttgart & Augsburg: Cotta 1870. 47 S.
Aus: Allgemeine Zeitung. 12: Conc. 360 f. 8.
2.7299

Ministerium des K. u. K. Hauses und des Äussern. (Österreich). Actenstücke aus den Correspondenzen ... über orientalische Angelegenheiten. – 1873 - 1881.

Actenstücke aus den Correspondenzen des k. und k. gemeinsamen Ministeriums des Aeussern über orientalische Angelegenheiten. (Vom 16. Mai 1873 bis 31. Mai 1877.) Actenstücke (etc. wie vor). (Vom 7. April 1877 bis 3. November 1878.) Actenstücke (etc. wie vor). Europäische Commission im Rhodope-Gebiete. (Vom 12. Juli bis 6. September 1878.) Actenstücke (etc. wie vor). (Vom 13. Juli 1878 bis 12. October 1880.) Actenstücke in orientalischen Angelegenheiten. Präliminarfriede von San Stefano. Congress-Protokolle und Vertrag von Berlin. (Mit 1 Karte.) (7 Bde.) 8. Wien 1878—1880.

Actenstücke aus den Correspondenzen des k. und k. gemeinsamen Ministeriums des Aeussern über oriental. Angelegenheiten. [Vom 16. Mai 1873 bis 31. Mai 1877.] gr. 4. (765 S.) Wien 878, k. k. Hof- und Staatsdruckerei.

—— dass. — [Vom 7. April 1877 bis 3. Novbr. 1878.] gr. 4. (207 S.) Ebendas. 878.

—— dass. — Europäische Commission im Rhodope-Gebiete. [Vom 12. Juli bis 6. Septbr. 1878.] gr. 4. (17 S.) Ebendas. 878.

—— aus den Correspondenzen des k. und k. gemeinsamen Ministeriums des Äussern über orientalische Angelegenheiten. [Vom 13. Juli 1878 bis 12. Octbr. 1880.] gr. 4. (404 S.) Wien 880, Hof- und Staatsdruckerei. *

—— dass. — [Vom 2. Octbr. 1880 bis 31. Aug. 1881.] gr. 4. (290 S.) Ebendas. 881. *

Actenstücke betreffend den Königlich-sanctionirten Credit-Verein [Kreditverein] der Klöster und der zum Corps der Ritterschaft gehörigen, wie auch der übrigen Besitzer sämmtlicher adelicher Güter in den Herzogthümern Schleswig und Holstein. — Kiel [1811]: Mohr. 24 S. 1: So 2040. 8.
2.7300

Actenstücke betreffend den preußischen Culturkampf [Kulturkampf], nebst einer geschichtl. Einl. Von Nikolaus Siegfried [d. i. Victor Cathrein]. — Freiburg i. Br.: Herder 1882. CX, 441 S.
1: Sy 9132. 12: J. can. P. 952 f. 2. 4. 5. 6. 7. 11. 102 P.
2.7301

— der außerordentlichen Landessynode. 10 Nrn. gr. 8. (Nr. 1—5: 20 S.) (Hannover 874. Helwing's Verl.) n. n. 1.25

Actenstücke d. 1. Landessynode d. ev.-luth. Kirche d. vormal. Königr. Hannover. 8°(303).– Hann. 1870, Helwing.

—— der zweiten Landessynode der evangelisch-lutherischen Kirche Hannovers. 34 Nrn. gr. 8. Hannover 875—76, Helwing'sche Verlagsbuchh. **
Actenstücke der ersten Landessynode. Ebendas. 1869. ** ℳ 2.50.

Actenstücke der Schleswig-Holsteinischen Landesversammlung. (Kiel. 1850.) 4°. SH 49· Nr. 12

Actenstücke der Landschaft des Fürstenthums Lüneburg. Bd 1–4. — Celle 1869–87: J. G. Müller.
1. ⟨Vom 13. Nov. 1863 bis 28. Dec. 1868.⟩ 1869.
2. ⟨Vom 6. Jan. 1869 bis 31. Dec. 1874.⟩ 1875.
3. ⟨Vom 25. Jan. 1875 bis 30. Dec. 1880.⟩ 1881.
4. ⟨Vom 15. März 1881 bis 23. Nov. 1886.⟩ 1887.
Anf. s. *Aktenstuecke* der Land- und Ritterschaft des Fürstenthums Lüneburg.
1–4 . . . . 1: Sm 6726.
1.3.4 . . . . 7.
2.7303

Actenstücke der Land- und Ritterschaft des Fürstenthums Lüneburg. Bd 1–3. — Celle: Capaun-Karlowa 1861–64.
1. ⟨Vom 1. Juli 1859 bis 1. Jan. 1861.⟩ 1861.
2. ⟨Vom 1. Jan. 1861 bis 1. Jan. 1863.⟩ 1863.
3. ⟨Vom 1. Jan. bis Nov. 1863 bzw. bis 1. Jan. 1864.⟩ 1864.
Die früheren Verhandlungen sind enthalten in: Archiv für Geschichte u. Verfassung d. Fürstenthums Lüneburg.
Forts. s. *Aktenstuecke* d. Landschaft d. Fürstenthums Lüneburg [u.] *Aktenstuecke* d. Ritterschaft d. Fürstenthums Lüneburg.
1: Sm 6722.
2.7304

Actenstücke in Sachen des Herren Fürsten von Lichtenstein, Kläger, gegen den Fürsten [Wenzel Anton] von Kaunitz-Rietberg, Verklagten, die Succession in die Grafschaft Rietberg betr. — o. O. u. J.
1: 4° Gx 14770. 300: 100.676–C.
2.7307

Actenstücke in Sachen der Herren Fürsten von Liechtenstein Kläger gegen den Herrn Fürsten von Kaunitz-Rietberg Verklagten die Succession in der Grafschaft Rietberg betreffend. Paderborn 1832. V: *Mantell* II. (KGBerlin I, 605)

— die provis. Maßregeln d. Baier. Regierung gegen d. landständ. Stifter u. Abteien in Baiern betreff. gr. 8. Münch. 802. J. Lindauer. 3 gr

Actenstücke und Materialien zu der Geschichte des grossen Kampfes um die Freyheit Europa's in den Jahren 1812 und 1813. Bdch. 1-4. — Germanien 1813–14.
1–4 . . . . 1:Qn 7568.
1–3 . . 12:Eur. 6m. 300:9.547–A [auch Bdch. 1–3 – 404.202–A; Bdch. 1.2 – 10.748].
2.7310

— merkwürdige, z. Gesch., Gefangenschaft, Schicksale u. Lebensaugenblicke Napoleon Bonapartes auf St. Helena. 8. Ilmenau ...3e A. 822. Voigt. 16 gl.

— merkwürd., zur Kirchengeschichte d. 18. Jahrh. 8. Prag 781. Gerle. 2 gl.

Actenstücke d. Ministeriums der geistl. etc. Angelegenheiten in Berlin. 1850—57. 4 vol. 8.

Actenstükke über das Misverständnis zwischen Dännemark und England und die Nordische Neutralitets Convention, hrsg. mit einer rechtlichen Erörterung des Streitpunkts von C[hristian] U[lrich] D[etlev Frhr] von Eggers. Kopenhagen & Leipzig: Arntzen & Hartier 1801. XIV, 280 S.
12: J. publ. E. 96 t. 2. 7. 8.
2.7315

— nachträgliche, d. deutschen Bundesverhandlungen, als Anh. zu den Protokollen d. Bundesversamml. 1r—5r Bd. 4. Frankf. a. M. 817—21. Andreä. à 2 rthl 10 ggr Schrbp. à 3 rthl 15 ggr

— neue, aus der fiskalischen Untersuchungssache wider den Kreis-Sekretair von Young zu Lyck, wegen Beleidigung des Regierungs-Präsidenten Braun zu Gumbinnen. gr. 8. Königsberg 854, Theile. 1/4 rthl

— Einige neue Actenstücke über die Veranlassung des siebenjährigen Krieges und der in Folge desselben entstandenen Allianzen. Aus den Papieren eines Staatsmannes [d.i. Friedrich Albrecht Graf von der Schulenburg]. — Leipzig: Teubner 1841. VI, 88 S.
1: Sv 5500. 12: Eur. 870–19. 300: 38.126–B. 2. 4. 5. 6. 7. 9. 10. 11.
2.7317

Actenstücke neueste, z. deutschen Frage. I. 8° (95).– Berl. 1862, Abelsdorff.

— Neueste Actenstücke aus der oberrheinischen Kirchenprovinz. Drei Hirtenbriefe des Hochwürdigsten Herrn Erzbischofs von Freiburg (Hermann von Vicari) und der Hochwürdigsten Bischöfe von Mainz (Wilhelm Emmanuel v. Ketteler) und Limburg (Peter Joseph [Blum]) über den Conflict zwischen Kirche und Staat. — Mainz 1853.
12: J. can. P. 16 kg. 3.
2.7319

— neueste, a. d. oberrheinischen Kirchenprovinz. Drei Hirtenbriefe des Hochw. Hrn. Erzbischofs v. Freiburg u. der Hochw. Bischöfe von Mainz und Limburg über den Conflict zwischen Kirche und Staat. Mainz 853. (Wirth & Co.) 8. (2 Bl., 42 S.) 3 1/2 ngl

Actenstücke, Neueste, des Prälatenstandes und der Landschaft in Bayern. Frankfurt u. Leipzig 1802. 2. A. 1821. V: *Kornmann, Franz.* (Kn)

— die neuesten, über die gemischten Ehen. Aus den kathol. Zeitschriften besond. abgedruckt. gr. 8. Augsb. 835. Kollmann. 5 gl.

Die neuesten Actenstücke in meinem entschiedenen merkwürdigen reichsgerichtlichen Proceß wider die Königlich Hannöversche Regierung und die Calenberg-Göttingische Ritter- und Landschaft zu Hannover. 1816 s. *Berlepsch,* Friedrich Ludwig v.

Actenstücke d. neuesten, d. preuss. Regierg. z. Culturkampfe. 2. Aufl. 8°(37).– Luxemb. 1880, Brück.

Neun Actenstücke aus der fiskalischen Untersuchungssache wider den Kreis-Sekretair [Eduard] v. Young zu Lyck wegen Beleidigung des Regierungs-Präsidenten Braun zu Gumbinnen. — Königsberg: Theile 1845. 39 S.
1: Fy 12927. 3. 10.
2.7325

— in Betreff d. altschlesischen Obligationen. gr. 8. Frankf. 818. Boselli. 4 gl.

— officielle, u. Bülletins v. d. groß. Armee 1812. 1s u. 2s Heft. gr. 8. München, Nürnberg, Riegel u. Wießner. geh.
Auch franz. unter dem Titel:
Pièces, offic., et bulletins de la grande Armée etc.

— officielle, über die Kirchenfrage in Baden. [Altkatholiken-Bewegung.] Mit einem Anhang: Gesetz über die rechtl. Stellung der Kirchen im Staate und über die Rechtsverhältnisse der Altkatholiken. 7. Heft. gr. 8. (132 S.) Freiburg i. B. 875, Herder'sche Verlagsh. *
1.—6. Heft. Ebendas. 1864—69. * M 9,80.

Actenstücke offiz., z. d. v. Pius IX. nach Rom beruf. oekum. Concil. 1.u.2. Samml. 8°(401).– Berl. 1869, 1870, Stilke & v.M.

Officielle [Offizielle] Actenstücke, den Krieg zwischen Frankreich und Preussen betr. Ausgezogen aus d. Moniteur, Oktober 1806. — o.O. [1806]. 20 S.
1: Flugschr. 1806–1.
2.7329

Acten-Stücke, Officiolle, den gegenwärtigen Krieg (1809) zwischen Frankreich und Oesterreich betreffend. kl. 8. Linz 1809.

Officielle [Offizielle] Actenstücke über die Schulfrage in Baden (2–6: ... über die Schul- und Kirchenfrage in Baden; 7: ... über die Kirchenfrage in Baden ⟨Altkatholiken-Bewegung⟩). H. [1]–7. — Freiburg i. B.: Herder 1864–75.
[1.] 1864. 2. 1866.
3. Katholische Schul-, Armen- u. Spitalfonds. 1867.
4. Versammlung der Vertreter des Klerus in d. Erzdiöcese Freiburg ⟨badischen Theils⟩ vom 17. bis 19. Dec. 1867. 1868.
5. Pfründbesetzung, Schulgesetz u. kathol. Vermögen. 1869.
6. Oberstiftungsrath, Aufhebung der Stiftscommission Constanz u. katholischer Schulen, Verhalten der Lehrer. Anh.: Vereinbarung über die Verwaltung des katholischen Vermögens u. Besetzung der Pfründen. Mit Namen- u. Sachreg. zu H. 1-6. 1869.
7. Anh.: Gesetz über die rechtliche Stellung der Kirchen im Staate u. über die Rechtsverhältnisse der Altkatholiken. 1875.
1–7 . . . . 1: Ay 9944. 12: Paed. Th. 14.
1–6 . . . . 4.
2.7331

— officielle, üb. die Schul- u. Kirchenfrage in Baden. 2. Hft. Freiburg im Br. 866. Herder. gr. 8. (94 S.) 12 ngr

—— dass. — 2. Heft. gr. 8. (94 S.) Ebendas. 866.

— — 3. Heft. Katholische Schul-, Armen- u. Spitalfonds. Ebend. 867. gr. 8. (82 S.) 12 ngr

— — 4. Heft. Versammlung der Vertreter d. Klerus in der Erzdiöcese Freiburg [badischen Theils] vom 17—19. Decbr. 1867. Ebend. 868. gr. 8. (100 S.) 12 ngr

— — 5. Heft. Pfründbesetzung, Schulgesetz u. kathol. Vermögen. Ebend. 869. gr. 8. (2 Bll., 264 S.) n. 28 ngr

— — 6. Heft. Oberstiftungsrath, Aufhebung der Stiftungscommission Constanz u. kathol. Schulen, Verhalten der Lehrer. Anh.: Vereinbarung über die Verwaltung d. kathol. Vermögens u. Besetzung der Pfründen. Mit e. Namen- u. Sachregister zum 1—6. Hft. Ebend. 869. gr. 8. (VIII, 212 S.) n. 28 ngr

Actenstücke offiz. üb. d. Schul-u. Kirchenfrage in Baden. 2-4 Hft. 8°(276).– Freib. 1866, 1868, Herder. 5.u.6. Hft. (476) 1869, 1870.

Officielle [Offizielle] Actenstücke über die Wahl eines neuen Churfürsten von Cölln und Fürstbischoffs von Münster im August und September 1801. Vollständig u. chronologisch gesammlet. — o.O. 1801. 86 S.
12: J. publ. E. 457 y/4. 5. 6. 7.
2.7332

— officielle, über d. Wahl eines neuen Kurfürsten v. Köln u. Fürstbischof zu Münster. gr. 8. Lemgo 802. (Meyer). 6 gl.

Actenstücke des Banquier Moritz Oppenfeld in Berlin, als natürlichen Vormundes seiner minorennen Kinder, Klägers, gegen den Banquier Victor Ebers, ebendaselbst, Verklagten. Berlin 1838. H: *Bode.* (KGBerlin I, 800)

Actenstücke zur Organisation der Landesstatistik in Ungarn. (Hrsg.: Károly Keleti.) — Budapest 1874: Athenaeum. 29 S. 1: Se 7212.
2.7334

Originale Actenstükke über die letztere Irrung zwischen Dännemark und England, mit einer Einleitung hrsg. von C[hristian] U[lrich] D[etlev Frhr] von Eggers. — Kopenhagen 1800. 128 S.
8.
2.7335

Actenstücke von der evangelischen Pfarrkonferenz in Karlsruhe am 26. Mai 1864. Inhalt: 1. Vortrag über Kirchenrath Dr. Schenkel's „Characterbild Jesu" von Pfarrer H[einrich] Schmitthenner in Neckarbischofsheim. 2. Oeffentlicher Protest. 3. Eingabe an den evangelischen Oberkirchenrath. — Carlsruhe: Gutsch 1864. 73 S.
12: B. hist. 6. **3.**
2.7336

— — 2. Aufl. Ebd. 1864. 73 S. 1: Si 2136. **4. 6. 7.**
2.7337

Actenstücke in Sachen d. dän. Pöbels wid. Baron C. Dirckinck-Holmfeld. 8°(32).– Hamb. 1862, Falcke. (?)

— politische, des deutschen Fürstenbundes unter der Leitung des Fürsten Metternich. Nebst Anh.: Die geheime preuß. Denkschrift vom Jahre 1822. gr. 8. (80 S.) Leipzig 848, R. O. Schulze. 1/2 ℛ

Actenstücke betreffend die Polizeiuntersuchung gegen Gustav Briezer in Flensburg wegen Verbreitung der Rumohr'schen Adresse. Als Manuskript gedruckt. Hamburg 1860. 8°
R.202:Nr.2

— des Processes d. Gräfl. Burghauf. Agnaten gegen d. Grafen v. Burghausen auf Sulau. gr. 4. Bresl. 793. J. F. Korn. 20 ℊ

Actenstücke aus dem Prozess der Allodialerben weiland Seiner Königlichen Hoheit des Kurfürsten von Hessen gegen den Königlich Preussischen Fiscus wegen des sequestrirten Vermögens. Als Ms. gedr. — (Melsungen 1882: Hopf.) 16 S. 1: 4° Sk 5069. **4. 11.**
2.7341

Actenstücke aus der Prozeßsache des Banquier Moritz Oppenfeld in Berlin, als natürlichen Vormundes seiner minorennen Kinder, Klägers, gegen den Banquier Victor Ebers, ebendaselbst, Verklagten. — Berlin 1835: Nietack. 58 S. 1: Hf 9024.
2.7342

Actenstücke aus der Prozeßsache des Banquier Moritz Oppenfeld in Berlin, als natürlichen Vormundes seiner minorennen Kinder, Klägers, gegen den Banquier Vict. Ebers, ebendaselbst, Verklagten. (Zum Privatgebrauch statt Ms.) (Hrsg. Bode.) Berlin 1838.

Actenstücke betreffend die streitigen Rechte einer recipirten Familie. Zum Behuf der Prüfung durch die einzelnen Mitglieder der Schleswig-Holsteinischen Ritterschaft eingeleitet u. dem Druck übergeben von H[ans] A[dolf] von Warnstedt. — Ploen 1838. 2° **8.**
2.7343

— die Reform d. jüdischen Kolonien in d. Preuß. Staaten betreff. (v. Dav. Friedländer). gr. 8. Berl. 793. Voß. 14 ℊ

(**Actenstücke** der provisorischen Regierung betreffend den Waffenstillstand zu Malmoe vom 26. August 1848. Rendsburg. 1848.) Fol.
Ka 17: Nr. 12

Actenstuecke. — Actenstücke zur Regulirung der Stromschnellen der Donau zwischen Moldova und Turn-Severin. Hrsg. vom Donau-Vereine. [Nebst] Beitrag. — Wien 1880–1883.
Vollst. . . . . **89.**
[∞Beitr.] . . . . 1: 4° S 13762. **12**: 2° A. hydr. 1g.
300: 50.538-D [u.] 35.149. **82.**
2.7346

Actenstücke z. Regulirg. d. Stromschnellen d. Donau zw. Moldova u. Turn-Severin. 4°(130 m. 12 L. u. 1 Lichtdr.).– Wien 1880, (Lehmann u. W.)

Actenstücke d. Reichstags (d. norddeut. Bundes). Sess. 1870. Nr. 1-7. Fol. Berl. 1870, Kortkampf.

— des deutschen Reichstags. Justiz-Gesetzgebung Nr. 1—3. 2. Legislatur-Periode. 2. Session. gr. 4. Berlin 874. Kortkampf & Co. n.n. 8. 50

1. Entwurf e. Gerichts-Verfassungs-Gesetzes f. das deutsche Reich. Mit Motiven u. Anlagen. Besonderer Abdruck der Vorlage f. den Reichstag. (100 S.) n.n. 1. 50
2. Entwurf e. Straf-Prozeß-Ordnung f. das deutsche Reich. Mit Motiven u. Anlagen. Besonderer Abdruck der Vorlage f. den Reichstag. (S. 101—333.) n.n. 3. —
3. Entwurf e. Civil-Prozeß-Ordnung f. das deutsche Reich. Mit Motiven u. Anlagen. Besonderer Abdruck der Vorlage f. den Reichstag. (S. 334—595.) n.n. 4. —

— die, bei d. Reichsvers. wegen des bevorstehenden Friedens angestellten Berathschlagungen betreffend. 2 Thle. 4. Regensb. 761. Montag u. W. 16 ℊ

Actenstücke, die hiesige israelitische Religions-Gemeinde betr. — (Frankfurt a. M. 1839.) 40 S.
1: Ez 8830.
2.7347

— aus d. Religions-Processe d. Pred. Schulz zu Gielsdorf, (v. Jh. H. Schulz). 8. (Görlitz) 794. Anton in Halle. 16 ℊ Schreib-Pap. 20 ℊ

Actenstücke betreff. die Reorganisation des Bistums Basel. Zug 1828. Auch 91570.

Actenstücke der Ritterschaft des Fürstenthums Lüneburg. Bd 1–4. — Celle 1869–87: J. G. Müller.
1. ⟨Vom 8. Jan. 1864 bis 19. Dec. 1868.⟩ 1869.
2. ⟨Vom 5. Febr. 1869 bis 5. Dec. 1874.⟩ 1875.
3. ⟨Vom 25. Jan. 1875 bis 24. Nov. 1880.⟩ 1881.
4. ⟨Vom 8. April 1881 bis 29. Jan. 1887.⟩ 1887.

Anf. s. *Aktenstuecke* der Land- und Ritterschaft des Fürstenthums Lüneburg.
1: Sm 6724.
2.7351

Actenstücke, die Röhren der Wiener Hochquellen-Wasserleitung betr. Wien 1871. 4.

Noch einige Actenstücke zu der Sache des Herrn [Friedrich Ludwig] v. Berlepsch. — Hannover: Hahn 1797. 29 S.
1: Sl 8897. **4. 7.**
2.7353

Actenstücke, sächsische, 3 Hfte. München, Lindauer. Rthlr.

Actenstücke, Sächsische, aus der Dresdner geschriebenen Zeitung. (1.—3. Lief.) 8. **1815.**

— in Bezug auf St. Domingo u. Amerika; s. von Pradt

Actenstücke in Bezug auf San Domingo und Amerika, geordnet von Herrn [Dominique Dufour] von Pradt, ehemaligen Erzbischofe von Mecheln . . . Leipzig 1818. Ü: *Eck, Johann Georg.* (MGT) (GGr) (Ky)

— Scherzburger, No. 1. enth.: die Protokoll-Verhandll. d. Landger. Scherzburg in Betreff d. Gewerb-Steuer-Reclamationen. No. 2. Auszug a. d. Jahresbericht d. Landger. Scherzb. f. d. J. 1820 u. 21. 8. 819. (Nürnb., Riegel u. W.) 12 ℊ — No. 3. enth.: einige Notabene aus d. Brieftasche d. Abgeordn. Nep. v. Zwickheim. Mit Anh. u. Anmerkk. v. Vetter Michel. 8. Ebd. 827. 8 ℊ

Scherzburger Actenstükke. No 1–3. — o.O. im eignen Nachdruck-Verl. (3: Nürnberg: Riegel & Wießner) 1828.
1. Die protocollarische Verhandlung des Landgerichts Scherzburg in Betreff der Gewerbe-Steuer-Reclamationen. o. J.
2. Auszug aus dem Jahresberichte des Landgerichts Scherzburg für das J. 1820-21. o.J.
3. Einige Notabene aus der Brieftasche des Abgeordneten Nepomuk v. Zwicklheim mit trockenen Anmerkungen und einem historischen Anhange von Vetter Michael. 1828.

Als Verfasser werden angegeben Michael Ludwig Wellmer u. Carl Heinrich Lang.
1–3 . . . . **12**: Bavar. 41.
1.2 . . . . 1: Yy 8801. **5.**
1 . . . . **11.**
2 . . . . **7.**
2.7355

Actenstücke, Einige, für die oberbayerische Schwurgerichts-Sitzung am 28. November 1874. München 1874. V: *Mahr, Franz Joseph.* (BMarsch 1183)

— Brasilischer Seite, betr. die Kolonisation des Kaiserreiches. Leipzig 858, 59. Wagner. gr. 8.

1. Heft: Mittheilung des kais. brasil. Minister. des Innern an das der auswärtigen Angelegenheiten, behufs Beantwortung der Note des schweizerischen Bundesrathes vom 2. Decbr. Mit 3 Beilagen. Vorwort u. Uebers. von Capt. J. Hörmeyer. (50 S.) n. 10 ngr

2. Heft Brasilien unter Kaiser Dom Pedro II. Von Pereira da Silva. Uebersetzt von Capt. J. Hörmeyer. (53 S.) n. 10 ngr

Actenstücke Brasilischer Seite, betreffend die Kolonisation d. Kaiserreiches. Herausg. von J. Hörmeyer. 3—7. Heft. Rudolstadt, 859. (Leipzig, Wagner.) gr. 8. (XXII, 232 S.)
3.: n. 6 ngr.; 4—7.: à n. 10 ngr.;
1. Jahrg. (1—7. Heft) n. 2 ℛ 6 ngr.

— — Periodische Zeitschrift in zwanglosen Heften. Uebersetzt, commentirt u. herausg. von J. Hörmeyer. 2. Jahrgang. 4 Hefte. Ebend., 860. gr. 8. (VII, 226 S.) n. 1 ℛ $12\frac{1}{2}$ ngr.

— — 3. Jahrg. 3 Hefte. Ebend., 861. gr. 8. (355 S.)
n. 1 ℛ 10 ngr.

— — 4. Bd. Ebend., 863. gr. 8. (146 S.) 1 ℛ

Actenstücke brasilischer Seite, betr. Kolonisation des Kaiserreiches. Periodische Zeitschrift in zwanglosen Heften. Uebersetzt, commentirt und hrsg. von J. Hörmener. 4. Bd. (Jahrg.) gr. 8. (III und 146 S.) Rudolstadt 863, Leipzig, Wagner.
1.—3. Jahrg. (Ebendas.) 1858—61. * 5 Thlr. $8\frac{1}{2}$ Ngr.

Actenstücke Brasilischer Seite, betr. die Kolonisation des Kaiserreiches. Uebers., commentirt und hsrg. von J. Hörmeyer. Jg 1—4. — Rudolstadt: Hofbuchdruckerei; Lpg: Wagner 1858/59 -1863.

Die Actenstücke des ersten Sendschreibens an die Gutsbesitzer bürgerlichen Standes in Mecklenburg. — Schwerin: Sandmeyer 1846. 31 S.
1:Sn 7400. **2. 3. 4. 5. 7. 8. 10.**
2.7359

Acten-Stücke der 1 - 15. allgemeinen Stände-Versammlung des Königreichs Hannover, enth. die Königlichen Propositionen und Ministerial-Schreiben, sowie die ständischen Anträge und Antworten.
Hannover 1814 - 66. 51 Bde. **Nd 220**

— der 6ten allgemeinen Stände-Versammlung des Königreichs Hannover. (Erste Diät.) Heft No I—IX. u. Register. (Entwurf d. Neuen Verfassungs-Urkunde) gr. 4. Hannover 838. (Hahnsche Hof-Buchh.) n. 1 ℛ — Zweite Diät. ... Dritte Diät. gr. 4. Ebd. ... n. 1 ℛ

— der 7. allgem. Stände-Versammlung für das Königr. Hannover. 1. Diät. gr. 4. Hannover 841. (Hahn.) n. 1 ℛ

Actenstücke, betr. die Stellung d. Bischofs v. Ermland Dr. Krementz zu den Staatsgesetzen. gr. 4. (47 S.) Berlin 873. v. Decker. n. 1. —

— die Suspension d. Pfr. Leo Vilmar in Willingshausen wegen Ungehorsams u. Auflehng. gegen die Anordngn. d. Kirchenregiments betr. nebst 2 Anhängen veröffentlicht durch Frdr. v. Schwertzell. gr. 8. (87 S.) Cassel 871. Hühn. n. 1. 25

Actenstücke über die Thätigkeit [Tätigkeit] der Brüder [Jakob u. Wilhelm] Grimm im hessischen Staatsdienste, mitgetheilt von E[dmund] Stengel, nebst Bemerkungen, Gegenbriefen. — Marburg: Elwert 1886. 441 S. (Private u. amtliche Beziehungen der Brüder Grimm zu Hessen. 2.)
1:Au 6720-2. **12:**Epist. 327m-2. **2. 3. 4. 5. 6. 7. 8. 9.**
65 **10. 11.**
2.7362

— Zsgest. u. erl. von E[dmund] Stengel. 2. Ausg. Ebd. 1895. 441 S. (Private u. amtliche Beziehungen der Brüder Grimm zu Hessen. 2. Ausg. 2.)
4.
2.7363

Actenstücke über die badische Territorial-Angelegenheit nach der Zeitfolge geordnet; ... Karlsruhe 1818. H: *Fahnenberg, Carl Heinr. Freih. von.* (Ba Bb) (NN)

— üb. d. Badischen Territorial-Angelegenheiten, nach d. Zeitfolge geordnet; nebst 1 Karte d. Großh. Baden u. e. statist. Tableau. gr. 8. Karlsr. 818. Braun. 20 gr

Actenstücke, das hiesige Theater betr. Für d. Mitglieder d. gesetzgebenden Versammlung als Ms. gedr. — (Frankfurt a. M.) 1855 (: Naumann). 44 S. 1:an Si 5002.
2.7365

Actenstücke betreffend den dänischen Transitzoll. — Kopenhagen (1856): Schultz. 137 S. 8°

— betr. die Trennung der Justiz und Verwaltung in Hamburg. Hamburg 857. Hoffmann u. Campe. gr. 8. (VII, 96 S.)
$7\frac{1}{2}$ ngr.

— d. Verbess. d. bürgerl. Zust. d. Israeliten, s. K. A. Buchholz.

Actenstücke, die Verbesserung des bürgerlichen Zustandes der Israeliten betr. Hrsg. u. mit e. Einl. begleitet durch Carl August Buchholz. — Stuttgart & Tübingen: Cotta 1815. 157 S. 1:Ez 830. **12:**Jud. 9m. **2. 5. 7.**
2.7371

Acten-Stücke in Sachen die bekannte und vorlängst durch kayßerliche beschworne Wahl-Capitulationes, und in deren Conformität ergangene Iudicata, auch darauf weiter erfolgten allgemeinen Reichs-Schluß und darob ertheilte kayßerliche Ratification, als eine offenbare Mißheyrath declarirte und verworffene Verbindung weyland Ihro des Herrn Herzog Anton Ulrichs zu Sachßen-Meiningen, Hochfürstl. Durchl. und die andurch außer allen Widerspruch gesetzte Entkräfftung des vormals A. 1727. erschlichenen Standes-Erhöhungs-Diplomatis in Ansehung der vermeintlichen herzoglich-sächßischen Würde und Successions-Fähigkeit derer daraus erzielten Kinder, betreffende. — o.O.u.J. 13 S. 1:4 in 2° Ss 5300. **3.**
2.7372

— wegen des Verdammungsurtheils von Rom, übe d. Sattlersche Schrift: **Demonstratio catholica.** gr. 8. Frankf. u. Leipz. 796. (Stettin in Ulm). 12 gr

— zur Verfolgung der Zöglinge an d. k. k. Seminarium zu Grätz. 8. Grätz 791. Ferstl. 6 gr

Actenstücke die am 12. und 20. März 1822 ... stattgehabten Verhaftungen der Superintendent. Eberts und Schneegans, des Dr. Grimmel und des Notar Born betreffend. Kreuznach 1822. V: *Kehr, Ludw. Chr.* (Ky)

— die am 12. u. 20. März 1822 zu Kreuznach statt gehabten Verhaftungen der Superintendenten Eberts u. Schneegans, des Dr. Grimmel u. des Notar Born betreffend. 8. Kreuznach 822. Kehr. 1 ℛ 10 gr

— zu den Verhandlungen üb. die Aufstellung e. Schulraths in Augsburg m. erläut. Anmerkgn. 8. (32 S.) Augsburg 872. v. Jenisch & Stage. — 10

— zu den Verhandlungen über die Beschlagnahme der „Geschichte der Politik, Cultur u. Aufklärung des 18. Jahrhunderts, von Bruno Bauer. Th. I." Herausgeg. v. Bruno Bauer. gr. 8. Christiania 844. (Kiel, Bünsow.) n. $\frac{2}{3}$ ℛ

— zu d. Verhandlungen üb. d. Beschlagnahme d. „Geschichte d. Politik, Cultur u. Aufklärung d. 18. Jahrhunderts, v. Bruno Bauer. Th. I." Hrsg. v. Bruno Bauer. gr. 8. (7 B.) Christiania 844. Kiel, (Nack). *

Actenstücke zu den Verhandlungen über die Beschlagnahme der „Geschichte der Politik ... des 18. Jahrhunderts von Bruno Bauer. Th. 1." Hrsg. von Bruno Bauer. — Christiania: Werner; Kiel: Bünsow in Komm. 1844. 108 S.
1:Fm 16836. **12:**Decis. 9m. **2. 3. 7. 10. 11.**
2.7374

— über die Verhandl., welche zwischen Commissarien d. Regierung u. Bevollmächtigten d. Ritterschaft, in Beziehung auf die Gesetzes-Entwürfe in Betreff 1) der Entschädigung der berechtigten Gutsherrschaften für die aufgehobenen Leibeigenschaftsleistungen. 2) der Umwandlung u. Ablösung der Frohnen; und 3) der Beeden u. ähnl. ältern Abgaben, in d. J 1834 u. 35 Statt gefunden haben. gr. 8. Stuttg. 836. Metzler. $\frac{1}{4}$ ℛ

— u. Verordnungen über d. Verhältnisse d. kathol. Glaubensgenossen im Königr. Sachsen, seit dem Posener Frieden. gr. 8. Dresd. u. Leipz. 831. Arnold. 18 gr

— die Bischöfliche Versammlung zu Wien betreffend. gr. 8. (XXVIII u. 85 S.) Wien 850. Braumüller. n. 12 ngr.

Actenstücke a.d. Verwaltg. d. ev. Oberkirchenraths. 1-3. Hft. 8° (190).– Berl. 1851,52, Hertz. 4. Hft.=Denkschr. betr. d. Vermehrg. d. Dotation d. ev. Kirche in Preussen. (101) 1852. 5. Hft. (31) 1852. 6. Hft. (100) 1854, 7. Hft. (44) 1855, 2. Bd 2-4 Hft. (288) 1856 -59, 3 Bd. 1 Hft. (75) 1856, 3. Bd. 2. Hft. 2. Aufl. (558) 1857, 4. Bd. (597) 1856, 5. Bd. 1-5. Hft. (362) 1860-64.
III, 2. Gutachten, betr. d. Berufg. e. Landessynode, d, Diakonie etc.
IV, Verhandlungen d. kirchl. Conf. v. 5. Dec. 1856.
– dies. Suppl. Hft.=Mitth. üb. Aufnahme u. Wirksamk. d. ev. Gemeinde-Kirchenräthe in d. Prov. Preussens. 8° (102).– Berl. 1855, Hertz.

Actenstücke a.d. Verwaltg. d. ev. Ob.-Kirchenraths. 5.Bd. 6.Hft. 8°(363-512).– Berl. 1866, Hertz.
—dass. 6. Bd. Hft. 1-3 – Berl.: Hertz 1867-68.

Actenstücke a.d. Verwaltg. d. Evang.Ober-Kirchenraths. 21.(7.Bd. 1.) Hft. 8°(168).– Berl. 1876, Hertz. ; 22. (7. Bd. 2) Hft. (169-320) 1876.

Vier Actenstücke betr. die Errichtung eines Denkmals für [Johann Wolfgang v.] Goethe in Berlin nebst der Übersicht der Ordnung des Comité nach den Beschlüssen der begründenden Versammlung vom 10. März und der Versammlung vom 28. Juli 1860. — Berlin 1860. 23 S.
1:4° Td 592.
2.7381

— vier, zur Kulturgesch. d. Donaumooses in Baiern, (v. Frhr. G. v. Aretin). gr. 8. 796. (v. Jenisch u. St. in Augsb.) 18 gr

Actenstücke, Vier wichtige, zur Geschichte der Donaumooskultur in Bayern; . . . Germanien [Augsb.] 1796. V: *Aretin, Joh. Gg. Jos. Carl Maria Freih. von.* (Wr) (MS) (BrMm) (Ky) (MGT) (NN)

Die vier wichtigsten Actenstücke der Schleswigschen Ständeversammlung von 1846. Hrsg. von A[ndreas] L[udwig] J[akob] Michelsen. — Jena: Frommann 1847. VII, 57 S. 1: So 33. 12: Hols. 275. 3. 5. 7. 8. 9. 11.
2.7383

— vier, zur Censurgesch. d. Bergsch. Trauerrede, s. Frz. Berg.

— die Visitation d. kais. u. Reichskammergerichts betreffend. 2 Bde. 4. Regensb. 763 u. 74. Montag u. W. 2 rf 16 gr

Actenstücke, betreffend die aus der dermaligen Zuckersteuer-Gesetzgebung Frankreichs für die dortigen Raffinerieen sich ergebenden außergewöhnlichen Vortheile. [Nebst Begleitschreiben] an einen Hohen Bundesrath des Deutschen Reiches. — Köln 1872: Dumont-Schauberg.
1:2 in 4° Gz 13516.
2.7384

Actenstücke betr. den zw. Preussen u. Dänemark 10. Juli 1849 abgeschl. Waffenstillstand. (39.) 8. Kiel 1849. 0.50.

— betreffend die Wahl d. Candidaten Habenicht u. die Erneunung des Seminar-Inspector Steinmetz zum Stadt-Prediger in Celle. Celle, 863. Schulze. gr. 8. (55 S.) 7½ ngr.
Vergl.: Aktenstücke.

Actenstücke betr. d. Wahl d. Prediger Lic. Hossbach z. Pfarrer an St. Jacobi in Berlin. 8°(43).– Berlin 1877, Schlesier.

Actenstücke zu dem »Weg mit dem Branntwein«. Gesammelt von demselben Verfasser. Paderborn 1850. V: *Reckmann, Christ.* (cramerBkde S. 41)

— weitere, zu Sondershausens parva u. magna. (Besonderer Abdr. aus Benzel-Sternau's Verfassungsfreund. 7s Heft d. 2n Bds.) gr. 8. Hanau 831. König. 2 gr

Actenstücke, welche in dem Protokolle der am 24. Februar 1849 zwischen dem Gesammt-Reichsministerium und den Herren Bevollmächtigten sämmtlicher deutscher Regierungen abgehaltenen Conferenz als Beilagen erscheinen. — o.O. (1849): Krebs-Schmitt. 47 S.
1:4° Gv 14504. 7.
2.7388

Die wesentliche Acten-Stücke des merkwürdigen Processes der Gräflich Burghausischen Agnaten gegen den Herrn (Hanns Willhelm Sylvius) Grafen von Burghausen auf Sulau. — (Breslau) 1793. IV,126 S.
1:4° Hf 8758. 2. 7.
2.7389

— über e. poetischen Wettstreit, (v. G. Aug. Bürger). gr. 8. Berl. 792. Maurers B. 4 gr

Actenstücke über einen poetischen Wettstreit, geschlichtet auf dem deutschen Parnass. [Mit e. Gutachten von Gottfried August Bürger.] — Berlin: Maurer 1793. 44 S.
1: Yc 6686. 12: P. o. germ. 204w. 7.
2.7391

— Eine humoristische Sängerfehde entschieden durch Gottfried August Bürger. ⟨Marburg 1791.⟩ — Berlin: Vahlen 1874. 31 S.
1: Yc 6687. 12: H. lit. P. 330e. 4. 5. 7. 11.
2.7392

Einige wichtige Actenstücke, den unglücklichen Findling Caspar Hauser betr., mitgeth. von [Paul Johann Anselm] von Feuerbach. — Berlin: Dümmler 1831. 31 S.
1: Fy 12266. 300: 446.995-B. 11.
2.7393

Wichtige, bisher noch ungedruckte Acten-Stücke aus dem Religions-Processe des Predigers [Johann Heinrich] Schulz zu Gielsdorf. — [Görlitz: Anton] 1794. XXII,264 S.
1: Sy 5442. 2. 3. 4. 7. 10. 11.
2.7394

Actenstücke, Wichtigste, von dem für Europa so merkwürdigen Kriege der Jahre 1813 und 1814, seit dem Beitritte des österr. Kaiserhauses zu den alliirten Mächten; mit einer tabellarisch bearbeiteten sinchronistischen Darstellung über alle vorgefallenen Schlachten und Gefechte. 8. 1814.

Die wichtigsten Actenstücke in meiner Dienst-Entsetzungs- und Proscriptions-Sache, nebst einer dazu nöthigen Einleitung . . . vorgelegt von Friedrich Ludewig von Berlepsch. [Nebst] Verfolg. — Wetzlar: Stock 1801–03.
[Hauptwerk.] 1801.
Verfolg u. d. T.: Welche Fortschritte haben sich in der von Berlepschen Rechtssache bey dem Cabinets-Ministerio zu Berlin weiter ereignet? 1803.
4. 7.
2.7395

—— die wichtigsten, z. Geschichte d. protestant. Bewegung unserer Tage. Hrsg. u. mit erläut. Anmerk. begl. v. Bruno Theobald. gr. 8. (3½ B.) Leipzig 846, Mayer.

Actenstücke die Wiedereinführung des alten Steuer- und Übarial-Systems in . . . Steyermark betreffend. Graz 1791. H: *Schwizen, Cph. Frk. v.* (WUBb)

— die Wiedereinführung d. alten Steuer- u. Urbarial-Systems in d. Herzogth. Steyermark. gr. 8. Leipz. 791. (Reinike in Halle). 10 gr

Wiener Actenstücke zur Schleswig-Holsteinischen Successionsfrage, als Nachtag zu den urkundlichen Beilagen der Begründung der Successionsansprüche des Grossherzogs Nicolaus Friedrich Peter von Oldenburg auf die Herzogthümer Schleswig-Holstein. Oldenburg 1865. Bei: Das Erbfolgerecht Herzog Friedrich's VIII.– Kiel. 1865. 4°. SHg 47

Wiener Actenstücke zur schleswig-holsteinischen Successionsfrage, als Nachtr. zu den urkundlichen Beilagen der Begründung der Successionsansprüche Seiner Königlichen Hoheit des Großherzogs Nicolaus Friedrich Peter von Oldenburg auf die Herzogthümer Schleswig-Holstein. — Oldenburg: Schulze 1865. VII,104 S. (Pernice, Herbert Viktor Anton: Begründung der Successionsansprüche des Großherzogs Nicolaus Friedrich Peter von Oldenburg auf die Herzogthümer Schleswig-Holstein. Nachtr.)
1:4° So 3913. 12:4° Hols. 4. 2. 5. 6. 7. 8. 9. 11.
2.7397

Zehn Actenstücke über die Amtsentsetzung des Prof. Hoffmann von Fallersleben. [Hrsg.: Heinrich Hoffmann von Fallersleben.] — Mannheim: Bassermann 1843. 30 S.
1: Au 10271. 12: Biogr. 532eu [u.ö.] 2. 4. 5. 7. 8. 10. 11.
2.7399

Actenstücke a.d. Zeit u. d. Geschäftskr. d. bad. Generalsyn. v. 1867 in Sachen d. Bekanntnissfrage. 8° (30).– Wiesb. 1867. Niedner.

—— der Censur, s. Struve, G. v.

Actenstücke der badischen Censur und Polizei. Dritte Rekursschrift an das Publikum, herausgegeben von Gustav von Struve. Mannheim, Selbstverlag 1846. XXVI 208 S. 8.

Actenstücke der Badischen Censur u. Polizei. 3. Recursschrift a. d. Publikum, herausg. v. Gust. v. Struve. gr. 8. (11. CXXVI u. 208 S.) Heidelberg 847, Groos in Comm. n. 1⅙ rf

— zur Censur, Philosophie u. Publicistik aus d. Jahre 1842. Gesammelt u. hrsg. v. Arn. Ruge. Ausg. in 1 Bde. 2 Thle. gr. 8. (320, IV u. 288 S.) Mannheim 847, Grohe. 1 rf

Actenstücke (Zwei authentische) über die preussische Staatsschuld. 4°. Strassburg 1842.

Zwei Actenstücke betreffend die Errichtung eines Denkmals für [Johann Wolfgang v.] Goethe in Berlin, nebst der Uebersicht der Ordnung des Comités nach den Beschlüssen der begründenden Versammlung vom 10. März 1860. Berlin 1860: Lange. 14 S. 1:2 in 4° Td 592. 5.
2.7403

Zwei Actenstücke betreffend die Errichtung eines Denkmals für [Johann Wolfgang v.] Goethe in Berlin nebst unmassgeblichen Vorschlägen für die Vertheilung der einzelnen Mitglieder des Comités in vier Abtheilungen und einen leitenden Ausschuss. — Berlin 1860: Lange. 14 S.
1:3 in 2° Au 6300/5.
2.7404

— zwei merkwürdige, zur Kenntniß des Papstthums u. d. röm.-kathol. Kirche, aus d. 16. u. 18. Jahrh. n. Christo. Allen Katholiken, denen das wahre Christenthum am Herzen liegt, in christl. Sinne gewidmet v. K. 8. Neustadt 831. Wagner. 4 gl.

Zwei merkwürdige Actenstücke zur Kenntniß des Papstthums und der römisch-katholischen Kirche aus dem sechzehnten und achtzehnten Jahrhunderte. — Neustadt a. d. Orla: Wagner 1831. XV,41 S. 1:5 in Di 2400.
2.7405

Actenstücke, Zwei, über die Meutereien in Tyrol . . . [1809]. H: *Malsiner, Jos.* (WUBb)

Actenstücke, Zwei, über die Meutereien in Tyrol . . . O. O. [1809]. H: *Schultes, Joseph August* (nicht: *Malsiner, Joseph*). (Margr) (Hirn, Tirols Erhebung 1909.) Vgl. I, 696.

— zwei wichtige, in der Sache der Herzogthümer Holstein und Lauenburg, nämlich I. die dem Bundestage überreichte Beschwerdeschrift der Lauenburgischen Landstände. II. der Antrag der Königl. Hannoverschen Regierung vom 29. Octbr. 1857. Hannover 857. Rümpler. gr. 4. (33 S.) n. 10 ngr.

Zwölf Actenstücke, betreffend die statistischen Aufnahmen im preussischen Staate am Ende des Jahres 1864, insbesondere die Zählung der Civil- u. Militairbevölkerung und des Viehstandes. Mitgetheilt von Ernst Engel. — Berlin 1864: Decker. 24 S. 4° 2. 5. 6. 7. 10.
2.7408

Actenverzeichnis zu den Beschwerdeschriften der Schulgemeinde Dürnten und 37 Grundbesitzer daselbst betreffend Bergbaubelehnungen in Dürnten. Winterthur 1870. 4

Actes academie césarienne

Actes de l'Académie C.R.Joséphine medico-chirurgicale de Vienne. Tom.1. Montpellier: 1792

s.: Acta Academiae Caes.Reg. Josephinae med.chir.Vindobonensis. Frz.

Actes additionnels. Griefs des très-hauts et des hauts-agnats de la souveraine maison de Brunswick-Lunebourg contre S. A. le Duc Charles de Brunswick [Karl II. Herzog von Braunschweig] et certains actes officiels de Sadite Altesse. Complément au Mémoire légal de Maître Fœlix. — Kiel 1835. Impr. du Collège. 8.
1 8143

Actes de la commission fédérale d'experts pour l'exposition de Londres en 1851 Berne 1851.

Actes de la Conférence diplomatique concernant la création d'une union internationale pour la publication des traités réunie à Berne du 25 sept. au 3 oct. 1894. — Berne 1894: Gebhardt, Rösch & Schatzmann. 43 S.
1:2° Fm 854.
1 8179

Actes de la Conférence diplomatique pour la Protection ouvrière (internationale), Réunie à Berne du 17 au 26 septembre 1906. Berne, Stæmpfli & Cie., 1906.

Ed. A: Separatbeilage zum [Schweizerischen] Bundesblatt [Jahrg. 58, Bd. 4,] Nr. 45 vom 7. November 1906. 165 p. 8. O—V

Ed. B: Annexe au no 45 (7 novembre 1906) de la Feuille fédérale [suisse, 58e année, Vol. 5]. 165 p. 8. O

Ed. C: Tirage à part sur grand papier. 175 p. 4. N° 5034

Actes de la conférence internationale pour la protection de la propriété industrielle réunie à Paris du 6 au 28 mars 1883. 2. éd. Berne 1900

Actes de la conférence internationale pour la protection de la propriété industrielle réunie à Paris du 4 au 20 novembre 1880. 2. éd. Berne 1902

Actes de la conférence postale de Berne, Janvier 1876. Berne 1876 fol.

Union internat. pour la protection de la propriété industrielle. Actes de la conférence réunie à Bruxelles du 1 au 14 Déc. 1897 et du 2 au 14 déc. 1900. Berne: Bur. internat. de l'Union 1901. (VIII, 428 S.) 4° (8°) [01.6707

Union internat. pour la protection des oeuvres litt. et artist. Actes de la conférence réunie à Paris du 15 avril au 4 Mai 1896. Berne: Bureau internat. de l'Union 1897. (243 S.) 4°. [00.1328

Actes de la Conférence de revision de la Convention de Geneve, reunie à Genève du 11 juin au 6 juillet 1906. 311 p. 4. Genève 1906, H. Jarrys. Berne, A. Francke. fr. 8. —

Actes de la conférence [de l']Union internationale pour la protection des œuvres littéraires et artistiques réunie à Paris du 15 avril au 4 mai 1896 Berne 1897

Actes de la conférence de l'Union internationale pour la protection des oeuvres littéraires et artistiques, réunie à Berlin du 14. X. au 14. XI. 1908. (385 S.) 32×23 cm. Berne 909. (Leipzig, G. Hedeler.) nn 8. —

Actes de la conférence de l'Union internationale pour la protection de la propriété industrielle, réunie à Bruxelles du 1. au 14. XII. 1897 et du 11. au 14. XII. 1900. hoch 4. (VIII, 428 S.) Berne 901. (Leipzig, G. Hedeler.) n.n. 8. —

Actes du congres internat. de botan. a Vienne, s.: Verhandlungen d. internat. botan. Kongresses in Wien.

Actes du 3e Congrès international du Christianisme libéral et progressif. Genève 1905. Publiés par les soins du Professeur Edouard Montet, président du Congrès. ([Avec] Appendice: Traductions, thèses, résumés....) XXXII + 279 + *Appendice* 73 p. 8. Genève, Georg & Cie, (1906). [fr. 7. 50] V

— du VIII. congrès international des orientalistes tenu en 1889 à Stockholm et à Christiania. 4 parties. gr. 8. (IV, 527; 283, 38 u. 217, 218, 103 u. 44 S. m. 6 Taf.) Leiden 891—93. Buchh. u. Druckerei vorm. E. J. Brill. n.n. 31. 10

Actes du Xe Congrès international des Orientalistes. Tenu à Genève en 1894. Tome I: Comptes rendus. Gr. in-8°. Genève et Bâle, Georg & Co. 1897 5 —

— Le même. IIe partie. Sections I: Inde; I bis: Linguistique et langues Aryennes. Avec une planche. Gr. in-8°. VI, 210 et 53 p. Ibidem. 10 —

— Le même. IIIème partie. Sections II. Langues sémitiques; III. Langues musulmanes. Avec une planche. Gr. in-8°. VI, 133 et 130 p. Ibidem. 10 —

*** Ajouté: Rapport de la Commission de transcription. 15 p.

— Le même. IVe partie. Sections IV. Egypte et Langues africaines; V. Extrême-Orient; VI. Grèce et Orient; VII. Géographie et éthnographie orientales. Avec 2 fig., 5 planches et 2 cartes. Gr. in-8°. VI, 192, 184, 33 et 81 p. Ibidem. 20 —

— du X. congrès international des orientalistes tenu en 1894 à Genève. 4 parties. Leiden 891—94. E. J. Brill. n.n. 35. —

1. **Comptes rendues des séances. (156 u. 15 S.) 897. n.n. 3. —**
2. **Section I: Inde; I bis: Lingystique et langues arniennes. (VI, 210 u. 53 S. m. 1 Taf.) 895. n.n. 8. —**
3. **Section II: Langues sémitiques. Section III: Langues musulmanes. (VI, 133 u. 130 S. m. 1 Taf.) 896. n.n. 8. —**
4. **Section IV: Egypte et langues africaines. Sect. V. Extreme Orient. Section VI: Grèce et Orient. Section VII: Geographie et ethnographie orientales. (VI, 192; 184, 33 u. 81 S. m. 2 Fig., 5 Taf. u. 2 Karten) 897. n.n. 16. —**

— du congrès international des Orientalistes, Fortsetzg., s.: Verhandlungen des internat. Orientalisten-Kongresses.

Actes du (6e) Congrès pénitentiaire international de Bruxelles, Août 1900. — *Vol. 1:* Publiés sous la direction de M. F(rançois)-C De Latour, Président du Congrès, par le Dr [Louis] Guillaume, Secrétaire général du C', et Charles Didion, Secr' gén'-adjoint. — 5 volumes. 8. Bruxelles et Berne, Bureau de la Commission pénitentiaire internationale (Impr. Stæmpfli & Cie, Berne) — * *Vol. 1:* Berne, Impr. St' & Cie —, 1901. [fr. 20.—] V

Volume 1: Procès-verbaux des séances. XLIV + 596 p.
Volume 2: Rapports sur les questions du programme de la Section de la législation pénale. IV + 728 p.
Volume 3: Rapports sur les q' du pr' de la Section des institutions pénitentiaires. IV + 658 p.
Volume 4: I. Rapports sur les q' du pr' de la 3e Section Institutions préventives; II. État du système pénal et pénitentiaire dans les différents pays. IV + 726 p.
Volume 5: Rapports sur les q' relatives aux enfants et aux mineurs ⟨4e Section⟩. IV + 584 p.

Actes du (7e) Congrès pénitentiaire international de Budapest, Septembre 1905. — *Vol. 1:* Publiés sous la direction de M. Jules Rickl de Bellye, Président du Congrès, par le Dr (L[ouis]) Guillaume, Secrétaire général du C'. — 5 volumes. 8. Budapest et Berne, Bureau de la Commission pénitentiaire internationale (Impr. Stæmpfli & Cie, Berne), 1906—1907. [fr. 30.—] V

Volume 1: Procès-verbaux des séances. XXXVIII + 601 p. Bud' et B'... *(Umschlag:* comm. Stæmpfli & Cie, Berne) 1907.
Volume 2: Rapports sur les questions du programme de la Section de la législation pénale. IV + 477 p. Bud' et B'... 1906.
Volume 3: Rapports sur les q' du pr' de la Section des questions pénitentiaires. VI + 602 p. Bud' et B'... 1906.
Volume 4: I. Rapports sur les q' du pr' de la 3e Section Moyens préventifs; II. Progrès réalisés dans le domaine pénal et pénitentiaire depuis le Congrès de Bruxelles. VI + 525 p. Bud' et B'... 1906.
Volume 5: Rapports sur les q' relatives aux enfants et aux mineurs ⟨4e Section⟩. IV + 464 p. Bud' et B'... 1907.

— du congrès pénitentiaire international de Budapest septembre 1905. Publiés sous la direction de Jules Rickl de Bellye, président du congrès, par Guillaume, secrétaire général du congrès. 5 vols. (XXXVII, 601; IV, 477; V, 602; V, 525 u. IV, 464 S.) gr. 8. Budapest 907. (Bern, Stämpfli & Co.) 34. —

Actes du congrès pénitentiaire international de Saint-Pétersbourg 1890. Publiés sous la direction de la commission d'organisation par Guillaume, Secrétaire général du congrès. Procès-verbaux des séances. 5 vols. gr. 8. (Vol. 1. LXIV, 820 S.) St. Pétersbourg 892. (Bern, Schmid, Francke & Co.) n. 32. —

Actes du congrès suisse des intérêts feminins, s.: Bericht üb. d. Verhandlgn. d. schweizer. Kongresses f. d. Interessen d. Frau.

Actes et documents relatifs à l'histoire de la régénération de la Roumaine publiés par Genadius Petrescu, Demetre Sturdza et Demetre C Sturdza. Tome VII. Gr.-8. (1414 S.) Gerold & Cie, Wien 1892. * 7.50

— et **documents** pour servir à l'histoire de l'alliance de George Rákóczy, prince de Transylvanie avec les Français et les Suédois dans la guerre de trente ans. Publiés par A. Szilágyi gr. 8. (VI, 491 S.) Budapest 874. Rath. n. 10. —

Actes et mémoires authentiques des négociations faites pour la paix en 1761 entre les cours de Londres et Versailles etc. La *Haye* et *Frcf.* 762. 8.

Actes de négociations pour la Paix conclue au Congrès près de Belgrade, entre la Cour de Vienne & la Porte ottomane, le 18 sept. 1739, servant à completter les mémoires sécrets de Mr. le Général [Samuel Graf v.] Schmettau. — Vienne 1788. 84 S.
1:Ui 3794 [u.] Bibl. Diez 1373. 12: Eur. 368m/1.
1.8229

Actes, pièces, titres et documents des franchises, libertés et immunités ... de la ville de Montbéliard. — Basle 1775.
1:2° Ht 4960.
1.8236

Actes et proclamations du comité central, décrets, rapports, ordres et dépêches de la commission de la guerre des diverses délégations ministérielles, communales et autres instituées par la Commune. Classés par A. Fougerousse. Sér. 1. — Paris [usw.]; Leipzig: Lacroix, Verboeckhoven & Cie 1871. (Documents publ. pour servir à l'histoire de la Commune de 1871. 2.) 1:Kr. Samml. Ed 124.
1.8237

Actes de la sociéte hélvet. des sciences naturelles, s.: Verhandlungen d. schweiz. naturforsch. Gesellschaft.

Actes de la société helvétique des sciences naturelles, réunie à Fribourg les 19—21. Aout 1872. 55me session. 450 pp. in-8. Fribourg, impr. Marmier et Bielmann. **1873**

Actes de la Société helvétique des sciences naturelles réunie à Fribourg les 19, 20 et 21 août 1891. 74e session. Compte-rendu 1890—91. Gr. in-8°. VII, 205 p. Fribourg, Impr. Fragnière Frères (Bâle, H. Georg). **1892** 2 60

Actes de la Société helvétique des sciences naturelles. 76e session du 4 au 6 septembre 1893 à Lausanne. Gr. in-8°. 240 p. Lausanne (Bâle, Georg & Co.). **1894** 3 —

Actes de la Société helvétique des sciences naturelles. — *Verhandlungen der Schweizer. naturforsch. Gesellschaft.* 78me session du 8 au 11 septembre 1895 à Zermatt. Gr. in-8°. 271 p. Sion (Bâle, Georg & Co.). **1896** 3 —

Actes de la Société helvétique des sciences naturelles. 82me session du 31 Juillet au 2 Août 1899 à Neuchâtel. In-8°. 235 et XXXII pages. Neuchâtel. (Bâle, Georg & Co.) **1900** 2 50

Actes de la société pastorale Suisse. 31ème assemblée annuelle tenue à Schaffouse le 8 et le 9 Août 1871. gr. 8. (124 S.) Schaffhausen 871. (Schoch). n. 1. 60

Actes de la Société pastorale suisse [= Verhandlungen der Schweizer. Reformirten Predigergesellschaft]. 59e Assemblée générale à Lausanne les 25, 26 et 27 août 1902. 251 p. 8. Lausanne, James Regamey, 1902. R

Actes d'une Société suisse. 8. Bern 701. Typogr. Soc. 1 ngr

Actes de la société suisse pour la réforme pénitentiaire etc., s.: Verhandlungen d. schweizer. Vereins f. Straf- u. Gefängniswesen etc.

Actes du traité de la Paix fait à Rastadt, 1714 le 6 mars, entre Sa Majesté Impériale, & le Roy de France, ou préliminaires du traité de la paix général ou solemnel, à faire entre Sa Majesté Impériale, & l'Empire, & Sa Majesté très-chrétienne. — [Rastatt] 1714. 56 S.
Nebent.: Acta deß den 6. Martii, 1714 zu Rastadt zwischen Ihro Käyserl. Maj. und dem König in Franckreich geschlossenen Friedens-Tractat.
1:Qk 3730. 12: 4° J. publ. E. 9. 10.
1.8244

Actes — [de l']Union internationale pour la protection de la propriété industrielle — en vigueur depuis le 14 septembre 1902.... IV + 31 p. 8. Berne, Bureau international de la propr' ind' (Typ. Ott & Bolliger), 1906. V

Actes régissant l'Union pour la protection de la propriété industrielle à partir du 14 septembre 1902. Berne 1903

— des plus éminentes vertus d'un Chrétien etc. 8. Wien 750. Gerold. 8 ngr

Actie, die. Organ für Handel, Industrie, Finanz- und Assecuranzwesen. Eigenthums-Hrsgbr.: Ludw. Schönwald. 11.—15. Jahrg. 1880—1884. à Jahrg. 86 Nrn. (à Nr. ½ Bog.) 4. Wien, Administration. à Jahrg. **

Actien s.a. Aktien

Actien, die, oder der Wettlauf nach Heckernheim. Vorspiel zur Eisenbahn, in einem Akt. Mit 1 ill. Abbild. — Die Eisenbahn. Original-Lustspiel aus unserer Zeit, in 2 Akten. Von H. Pierre. Mit 1 ill. Abbild. gr. 12. Frankf. 837. Küchler. ½ ngr 2e Aufl. ... ½ ngr

Actien, die. Großes romantisches Schauer- u. Trauerspiel in 3 Aufzügen (d. h. in denen man aufgezogen wird). 8. Leipzig 844, Ph. Reclam jun. ⅜ ngr

— die 4000, und die Direktion der Rheinischen Eisenbahn-Gesellschaft. gr. 8. Cöln ... Boisserée. ⅓ ngr

Actienbrauerei zum Feldschlösschen, Rheinfelden. Geschäftsbericht.... 4. Rheinfelden, Buchdr. des «Schweizerbote». V⁹ An

.. an die 11. ordentliche Generalversammlung vom 21. Dezember 1901. (Geschäftsjahr 1900/1901 September 30.) II + 8 S. 1901.

... an die 12. ordentliche Generalversammlung vom 20. Dezember 1902. (Geschäftsjahr 1901/1902 September 30.) II + 8 S. 1902.

Actiengesellschaft s.a. Aktiengesellschaft

Actien-Gesellschaft für Anilin-Fabrikation: Synthetische Riechstoffe und Recepte dafür (Jrolène extra, Loréine, Naroéol, Amanthol, Orchidol usw.). Berlin (Um 1905)

Actien-Gesellschaft für Beton- und Monierbau. Berlin.— (Berlin.)

—— Die Anwendung des Eisenbetons im Hochbau.(1908.) 17 Bl. quer-8° **83.** 2.7416

—— Die Koenen'sche Voutenplatte, D.R.Patent.(4.Aufl.) (1903.) 103 S. quer-8° **83.** 2.7417

Actien-Gesellschaft für Fabrikation von Broncewaaren und Zinkguss vormals J. C. Spinn & Sohn, Berlin. — Berlin [um 1900]. 14 Taf. gr. 2° **83.** 2.7419

Actien-Gesellschaft für Gas und Elektricität: Preisliste über Laternen usw. Köln (1909?)

Actien-Gesellschaft, Kattowitzer, für Bergbau und Eisenhüttenbetrieb: Profil-Heft der Marthahütte. Kattowitz O./S. 1889

Actien-Gesellschaft für Maschinenbau u. Eisenindustrie: Katalog. Varel a. d. Jade (1896?)

Actien-Gesellschaft Görlitzer Maschinenbau-Anstalt und Eisengießerei, Görlitz. 1902. (Eckstein's biographischer Verlag..

Actien-Gesellschaft für Monier-Bauten, vorm. G.A. Wayss & Co. Die Monier-Bauweise. D.R.-Pat. (Eisengerippe mit Cement-Umhüllung). Abth. Brücken, Durchlässe u. Tunnel. Berlin,1891. Quer 4. (6995)

Actien-Gesellschaft, die, der k. k. priv. Papierfabrik Schlöglmühl auf der Jubiläums-Ausstellung d. nied.-österr. Gewerbe-Vereins. gr. 8. (24 S. m. 9 Taf.) Wien 888. (Hölder.) n. 1.—

Wolgaster Actien-Gesellschaft für Holzbearbeitung vorm. J. Heinr. Kraeft. Import amerikanischer Hölzer. Bau von zerlegbaren Holzhäusern. — Wolgast (1892: Ruckwardt in Berlin). 42 Taf. 1:gr. 2° Nz 5359/10. 2.7420

Actiengesellschaften

Die Actien-Gesellschaften in Hamburg. Nebst einem Anh.: Usancen der Hamburger Fondsbörse. — Hamburg: Neue Börsenhalle 1888. 110 S. 1:Fg 8604. 2.7431

— **dasselbe. 1889/90.** gr. 8. (V, 317 S.) Ebd. 889. n. 3.—

— **dasselbe. 1890/91. M e. Anh.:** Erläuterung der an d. Hamburger Börse notirten Fonds u. Effecten. 8 (V, 414 S.) Ebd. 890. n. 4 50

Die Actiengesellschaften in Hamburg (ab 1891/92 und Umgebung, Lübeck, Bremen, Schleswig-Holstein und Mecklenburg.) Jg. 1888-1897/98

Hamburg: Neue Börsenhalle 1888–1897/98. 8° 18, 48

ℭ Forts. u. d. T.: Jahrbuch der Hamburger Börse. 1900/1.

Actien-Gesellschaften, die, in Hamburg u. Umgebung, Lübeck, Bremen, Schleswig-Holstein u. Mecklenburg 1891/92. Mit e. Anh.: Erläuterung der an der Hamburger Börse notirten Fonds und Effecten. gr. 8. (IV, 497 S.) Hamburg 891. Actien-Gesellschaft „Neue Börsenhalle". n. 4. 50

— **dasselbe. 1893/94. Mit den Anhängen:** Erläuterung der an der Hamburger Börse notirten Fonds u. Effecten u. Usancen der Hamburger Fondsbörse. gr. 8. (V, 652 S.) Ebd. 893. n. 6.—; geb. n. 7.—

Actien-Gesellschaften, die, in Hamburg u. Umgeb., Lübeck, Bremen, Schleswig-Holstein, Hannover, Mecklenburg u. Oldenburg. 1895/96. M d Anhängen: Erläuterg. d. wichtig. a. d. Börse not. Fonds u. Effekten u. Usancen d. Hamburger Fondsbörse. gr. 8 (V, 723 S.) Hamburg 895. Act.-Ges. „Neue Börsen-Halle". 7. 50; geb. n. 9.—

— dasselbe. 1897/98. (VII. Ausg.) gr. 8. (IV, 557 u 6 S.) Ebd. 897. n. 6.—; geb. n. 7. 50

Actien-Gesellschaften, die, in Hamburg u. Umgebung, Fortsetzg., s.: Jahrbuch der Hamburger Börse.

— die, Rheinlands u. Westfalens in ihren vorliegenden Bilanzen pro 1892/93. Abgeschlossen am 1. Octbr. 1893. gr. 8. (VII, 337 S.) Düsseldorf 893. A. Schneider. n. 6.—
Bildet die Fortsetzung des v. Frz. Knödgen hrsg. Jahrbuch der Actien-Gesellschaften Rheinlands u. Westfalens.

Actiengesellschaftsgesetz s.a. Aktiengesellschaftsgesetz

Actiengesellschaftsgesetze, die englischen, von 1856 u. 1857. Vollständig in deutscher Uebersetzung. Mit erläuternden Bemerkungen begleitet v. C. Güterbock. Berlin 858. J. Springer. gr. 8. (VIII, 96 S.) 24 ngl

Actien-Kalender, s. Aktien-Kalender.

Actien - Kommandit - Gesellschaft

Actien-Commandit-Gesellschaft des Grullbades zu Recklinghausen. [Prospekt.] Recklinghausen (1859): Bauer. 20,22 S. **6.** 2.7435

(F) Actienregulativ. Verordnung der Ministerien des Innern, der Finanzen, des Handels, der Justiz und des Ackerbaues vom 20. September 1899, R.-G.-Bl. Nr. 175, mit welcher ein Regulativ für die Errichtung und Umbildung von Actiengesellschaften auf dem Gebiete der Industrie und des Handels verlautbart wird. [Manz'sche Gesetz-Ausgabe.] (Nr. 62.) Wien. 1899. Manz. 8°. 48 S. fl. —.25

Actienschwindel, der, s. Was wir wissen müssen.

Actio iniuriarum nasi contra podicem. — Schweinfurti: Pordaeus o.J. 4 Bl.
3 versch. Drucke.
1:4° Xg 4140. 12:4° L. eleg. m. 251-2 [u.] 251-3. **300:** 148.834-B. 3. 4. 1.8252

Actio Pauliana. Critische Bemerkung zu der Klage einiger Conto-Corrent-Creditoren der Eisenbahngesellschaft Bern-Luzern gegen die Kantone Bern und Luzern. 14 S. 8. 1877

Action s.a. Aktion

Action. Redact. und Hrsgbr.: Jan Lukeš. 1. Jahrg. 1875. 15 Hefte. gr. 8. (à Heft 32 S.) Wien, (C. A. Müller.) *
Nicht weiter erschienen.

ACTION, Eine herrliche, berühmte, und mit sehenswürdigen Sachen ausstaffirte, genannt: Der verliebte Tyrann ALARI, und die Tyrannische Liebhaberin ABILANA. O. O. u. J. (c. 1740?). 4. (In Stuttgart.)
Nur Personen-Vers. u. summarischer Inhalt der 5 Abhandlungen (Akte). 2 Bl. — A. E. handschriftl.: „Nach-Spihl. Der betrogene Schulmeister oder Die lächerliche Speck-Dieb."

Action, über die, angehender Prediger auf d. Kanzel, ein homilet. Versuch. 8. Wittenb. 791. Zimmermann. 6 gl.

Actionair. Der österreichischen Centralhalle für Handel, Industrie, Kredit und Spekulation rc. 1. Jahrgang. Redakteur: Dr. H. Meynert. Druck und Verlag der Michitaristen. Erscheint wöchentlich 1/2—1 Bogen und Beilagen, 4. 2spaltig, in Wien.

Actionär s.a. Aktionär

Actionär, der. Geschäfts-Handb. f. 1871 - 1872. 8°(188)
– Lpzg. 1871, R. Schäfer. 1873 u. 1874 (à ca. 215)

Der Actionär. Geschäfts-Handbuch für 1873 für Bankiers, Papierspeculanten und Capitalisten. Leipzig und Berlin.

—— Geschäfts-Handbuch für 1873 für Bankiers, Papierspeculanten und Capitalisten. gr. 8. (XXIX, 215 S.) Ebendas. 872. *
—— dass. — für 1874. Hrsg. von L. Kalisch. gr. 8. (XXXVIII, 236 S.) Ebendas. 873. *

Actionär, der. Geschäfts-Kalender f. 1871—1872. Handbuch u. Rathgeber f. Bankiers, Papierspeculanten u. Capitalisten. gr. 8. (IV, 188 S.) Leipzig 871. R. Schäfer. n. 2. —

— — für 1873 u. 1874 f. Bankiers, Papierspeculanten u. Capitalisten. gr. 8. (à ca. XXIX, 215 S.) Ebend. 872. 73. à n. 4. —

Actionär, der. Centralorg. f. Fonds-u. Aktienbes. Hrsg.: H. Scherer. 1-4 Jahrg. à 52 Nrn. (à 2 B.) Fol.– Frankf. 1854 - 1857, Winter. 10-12 Jahrg.–Frankf. 1863 - 1865 (Jaeger.)

Actionär, der, Zentr.-Organ f. Fonds-u. Aktien-Besitzer u. Frankf. allg. Verlosgs.-Anzeiger. Red.: R. Herrmann. 13.u. 14. Jahrg. a 52 Nrn.(à 2 Bl.) Fol. – Frankf. 1866, 1867, Jaeger. 15. Jahrg. 1868, Verl.Anz.ap.26. 16. Jarhg. Red.: Minoprio 1869.

Actionär mit der Beilage: Frankfurter allgemeiner Verloosungsanzeiger.
Frankfurt a. M.: Expedition 1900. 4°
Köln Wirtschaftsarchiv der Universität

Berliner Actionär. [Red.: J. Neumann.]
Berlin: Expedition 1873–(1900). 8°

Actionär, der österr., Zeitschrift f. Capitalisten, Beamte, Gutsbesitzer u. Hausväter. Redact. u. Hrsg.: J. Veber. 1. u. 2. Jahrg. 1840 u. 41. à 52 Nrn. (Bog.) gr. 8. Pesth. (Wien, Beck's Univ.-Buchh.) à N. *

Actionär, ungarischer. Wochenschrift für Volkswirthschaft, Verkehr und Finanzen, Handel und Industrie. Herausgeber und verantwortlicher Redacteur: F.L. Liechtenstein. 52 Nrn. Hoch 4°. Pest 1869. Redaction. Mit Postzusendung.

Actionäre

An die Herren Actionaire der Düsseldorf-Elberfelder Eisenbahn-Gesellschaft. — (Düsseldorf 1857: Stahl.) 8 S. 4° **10.**
2.7447

Actionäre, auf. auf! ins Feld für unser Recht und Geld. Glogau 1845. (Niederschlesische Eisenbahn.)

Actione. — De nervorum in musculos Actione dissertatio illustri Regiae Acad. scientiarum Berolinensi exhibita. — (Berlin 1753.) 32 S. 1:9 in 4° Kz 1150.
1.8269

Actionist. — Der in alten lateinischen Reimen besungene frantzösische Actioniste, der deutschen Welt vorgestellt von ihrem Landsmanne in einer Hundstags-Arbeit, und bald nach dem Ende derselben zum Druck befördert. — o.O. [um 1720]. 2 Bl. 1:Xe 14330.
2.7448

Actions et Evénements. s., O h m

Acton u. Mariane, od. die Räuberfamilie. 2 Thle. 8. Leipz. 806. Schmidt. 1 ₰ 20 gl

Acton, Lord, George Eliot. Eine biograph. Skizze. Vom Hrsg. der Zeitschrift „Nineteenth Century", autoris. Uebersetz. v. J. Imelmann. 8. (IV, 52 S.) Berlin 886. Gaertner. n. 1. 40

Acton, Lord, zur Geschichte d. vatikanischen Concils. gr. 8. (114 S.) München 871. Rieger. n. 1. 20

Acton, Lord, die neuere deutsche Geschichtswissenschaft. Eine Skizze. Autoris Uebersetzg. v. J. Imelmann. gr. 8 (IV, 60 S) Berlin 887. Gaertner. n. 1. 40

Acton, Lord, Sendschreiben an einen deutschen Bischof des vaticanischen Concils. September 1870. Nördlingen 870. Beck. gr. 8. (19 S.) n. 2 мр.

Über das Studium der Geschichte. Eröffnungsvorlesg geh. zu Cambridge am 11. Juni 1895 v. Lord [John Emmerick Edward] Acton, Regius Prof. d. Neueren Gesch. Rechtmäss. Übs. v. J[ohann] Imelmann. *Berlin: R. Gaertner 1897.* (2 Bl., 44 S.) 1 Bd 8. [97. 3058

Actores s. *Auctores.*

Actorum, s. Acta.

Actualités de l'économie minérale, s.: Zeitfragen, bergwirtschaftliche.

Actualités politiques. Wien 868. Pichler's Witwe & Sohn. gr. 8. (VIII, 198 S.) 1 ₰

Actuarius Ioannes filius Zachariae

s.a. Ioannes Actuarius

Actuarius, Jo., De actionibus et affectibus spiritus animalis ejusque victu libri III (1557). Graece edit J. F. *Fischer*, Lps. 4°. Graece J. L. *Ideler*, Brl. 1841, I p. 312. 1774

Actuarii de actionibus et affectib. spiritus animal. e usq. victu, II. Lib. graece, ed. J. F. Fischer. 8maj. Leipz. 774. Schwickert. 8 gl

Actum in Conferentia Evangelicorum vom 17. Mai 1752 [betr. den Sindringer Tumult. Mscr. – 36 in III.]

Actum in Curia Regia Varsaviensi sabbato ante Dominicam Cantate proximo a. D. 1704. (Der bey der . . . rechtgläubigen Religion . . . confoederirten Woywodschafften . . . General-Confoederation.) — o.O.u.J. 12 Bl. 1:16 in Uc 4150. 9.
1.8394

Actus Der solennen Beschwörung... der immerwährenden Friedens- und Freundschaffts-Capitulation.... Coira 1727 *s.* Capitulazione. Capitvlazione della Pace.... Chur 1727.

Actus coronationis Sacrae Caesareae, Regiaeque Catholicae Maiestatis Caroli VI. [Karl VI. Römisch-deutscher Kaiser] in regem Bohemiae . . . annô 1723, die 5. Septembris. — Wien & Brün : G. Lehmann o.J. 32 S. 4° **300:** • 1507 [u.] 30.503. 2. 5.
1.8395

Actus declarationis in bannum, coram augustissimo camerae imperialis iudicio die 7./17. Julii 1698 solenniter celebratus in causa Catharinae Mottet & cons. contra Waltherum Counotte & cons. Juxta exemplar Wetzlariense. o.O. [nach 1698]. 12 S. **12:** 4° Diss. 491/13. 3. 8.
1.8399

Actus [Acta] epistolaeque apostolorum palaeoslovenice. Ad fidem cod. Christinopolitani saec. XII scripti ed. Aemilianus Kałużniacki, ... in Univ. ... Czernoviciensi prof. ... Sumptibus Caes. Litterarum Academiae. *Vindobonae: Ap. C. Geroldi filium 1896.* (XXXIV S., 1 Bl., 375 S., 1 Facs.) 1 Bd 8. [96. 3653

Der erste abgesonderte Actus, worinnen die Freyheiten und Vorrechte derer nicht-unirten Griechen und Dissidenten . . . im Gebiete der . . . Republik Polen . . . enthalten sind. Premier Acte séparé cont. les immunités . . . — o.O. 1768. 56 S. 1:4° Ud 8590.
1.8407

Actus excommunicationis Ecclesiae Romanae. Gründlicher . . . Bericht der päbstlichen Excommunication, woraus zu ersehen, wie der jetzige Pabst Benedictus der 13. die Lutheraner . . . verfluchet . . . Aus d. Lat. übers. wie die gantze, sogen. Bulla Coena Domini lautet . . . durch Theophilandern. Gedr. nach d. sorbonnischen Exemplar. o.O.u.J. 16 S. 1:4° Cd 4. 12:4° Diss. 480/19.
1.8408

Der Actus und handlung der Degradation und verbrennung der christlichen dreyen Ritter und marterer Augustiner ordens, geschehen zu Brüssel, am ersten tag des Augstmons. A. 1523. — o.O.u.J. 3 Bl. **300:** 42 W 7.
1.8413

Actus Possessorii, aus welchen zu ersehen, dass die Nürnbergischen Instanzien, . . . von 1496 bis auf gegenwärtige Zeiten in Actionibus realibus et mixtis auf dem Land gerichtet und gesprochen haben [1755.] V: *Tauber, Joh. Leonhard* (will) (ML)

Actus publicus oder öffentliche Übungen aus denen militarischen Wissenschaften, welche den 30. Sept. 1739 als an dem Vor-Abend Ihro . . . Majestät Carl des Sechsten [Karl VI. Römisch-deutscher Kaiser] . . . Geburts-Tags . . . von denen in dem freyherrl. Chaosischen Stift sich befindenden Ingenieurs-Scholaren zum erstenmahl gehalten worden. (Vorr.: Carl Leopold von Moser.) [Neudr.] — (Wien 1739: v. Ghelen.) 13 Bl. 2° **300:** 72 O 7. 6.
1.8423

Actus renuntiationis et adhaesionis, welchen die ... Erz-Herzogin Maria Josepha, als Braut, u. der Königlich-Polnisch- ... Bevollmächtigter ... Graf v. Flemming, namens ... des Königs in Polen ... als Herrn Vaters, dan [!] des ... Chur-Prinzens, als Gesponss, ... 1719 dahier beeydiget haben. — ([Wien] 1719:) Kais. Reichs- u. Hof-Buchdr. 2 Bl. 12:4° Eur. 394-18. 3.
1.8424

Actus scholasticus memoriae reform. sac. Acc. chron. bienn. gymnas. ed. G. Ernesti et C. G. Lenz. 4. Weim. 816. Hofmann. 8 gr.

Actus solennis promotionis doctoralis in utroque jure celebratus die 17 nov. anno 1784 dum ... festum instaurationis et memoriae anni saecularis 3. almae perantiquae, semperque catholicae universitatis Moguntinae ritu solenni peragebatur. Moguntiae 1784.

Acworth, J. J. [aus London]: Beziehung zwischen Absorption und Empfindlichkeit sensibilisirter Platten.... Leipzig, J. A. Barth, 1890; 38 S., 2 Taf. 8°
Erlangen, Phil. Fak., Inaug.-Diss. v. 1890

Acworth, William Mitchell

Acworth, W. M., Grundzüge der Eisenbahnwirtschaftslehre. Aus dem Engl. übers. nebst einleit. Vorworte von Heinr. Ritter v. Wittek. (XI, 167 S.) 8. Wien 907. Manz. 2.30; geb. n 3.10

Acxtelmeier, Stanislaus Reinhard

— Alt- und neues Troia, das ist: Ein auff neu-heutige Art aussgearbeiter Fortifications-Unterricht ... Mit vilen Kupfferst. erkl. (Th. 1, Buch 1-3.) — Saltzburg: Mayr 1700. 160,222 S. 2.
1.8491

— Calendarium perpetuum universale: Das ist immerwährender allgemeiner Calender der Natur und Zucht ... auch mit unterschiedlichen ... Figuren gezieret. — Nürnberg, Franckfurt & Leipzig: Buggel 1707. 488 S.
1:Ag 7477. 12:4° Phys. m. 3. 2.
1.8471

— Ebenbild der Natur in dem Entwurff dero Gewächsen, Unzieffern und einigen Thieren von vermischter Arth. Mit lehr- und sinnreichen Sprüchen. Th. [1.] 2. — Augspurg: Brechenmacher 1699-1713.
1.2 . . . . 12: H. nat. 9. 2.
2 . . . . 7.
1.8472

— — 2. Dr. [Th. 1.] Ebd. 1715. 300: 67 M 38. 7.
1.8473

— Hokus-Pokeria oder die Verfälschungen der Waaren, im Handel und Wandel, denen Manufacturen, Gewercken. Ulm: Wohler 1703. 155 S. 7.
1.8474

— — Ebd. 1704. 155 S. 12: Merc. 2.
1.8475

— Ideae harmonicae correspondentiae superiorum cum inferioribus. Das ist: Fürbild der gleichförmigen Übereinstimmung der obern Kräfften mit denen untern. — Augspurg: Walder 1706. 224 S. 1: Ok 3764.
1.8477

— Misanthropus audax. Das ist: der alles anbellende Menschen-Hund. Wider die Fehler, Irrthumer, Mißbräuche und aberglaubische, Gottes-lästerliche, teuffelische Zauber-Wercke ..., welche ... häuffig im Schwang gehen. Augsburg: Kop; Schwobach 1710: Hagen. 289 S.
12: Var. 281 h.
1.8481

— Des aus der Finsternus erretteten Natur-Liechts, oder der Vernunffts-Entledigungen Th. 1-6. — Augspurg: Brechenmacher 1699-1702. 2.
1-6 . . . 12: Var. 96 [auch 2-5 = 4° Var. 97 d-2/5].
5.6 . . . . 2.
1.8483

— Des aus der Unwissenheits-Finsternus erretteten Natur-Liechts oder der vernünfftigen und kunst-weisen Endledigungen aller würdigsten Wesens-Arten der Natur ... Th. 1. — Ebd. 1715. 171 S.
12: 4° Var. 97 d-1.
1.8484

Acxtelmeier, Stanislaus Reinhard: Des Natur-Lichts weit eröffneter Pallast, worinnen vielfältige rare Natur- und Kunst-Wercke, seltsame Wunder und Geschichte ... verhandelt werden. (Th. 1-3.) — Augsburg: Walder; Schwobach 1706-07: Hagen.
1: N 1141. 12: 4° Var. 96 d [auch 3 = Var. 97].
300: 75 B 36. 2. 7.
1.8486

MISANTROPUS Audax. D. i. Der alles anbellende Menschen-Hund. Wider die Fehler, Irrthümer, Missbräuche, und aberglaubische, gotteslästerliche, teuffelische Zauber-Wercke u. andere Laster, welche leider! heutiges Tages häuffig im Schwang gehen .... zusammengetrag. v. *S. R. A.* (d. i. *Stanislaus Reinhard Acxtelmeier).* Augspurg, L. Kop, 1710. 8°. 2 Bll., 289 S. Sehr selten!
Max Perl's Berliner Febr.-Auction 1908, no. 5.

— — Dasselbe. Mit curiosem Titelkpfr. Leipzig 1713. 8°. (7 Mk. Frdr. Klüber, München, 1898:)

ACXTELMEIER, Stanisl. Reinhard, Des Weit eröffneten Pallastes des Natur-Lichts Letzter Theil.... Augspurg u. Schwobach (!) 1707. 4°.
S. 247—49: „Die geschenckten (eigentl. beschenkten) Handwercker u. deren Missbrauch." — S. 256—57: „Das Schlentern, Herum-Schwärmen u. Luder-Leben einiger Handwercks-Bursch." — Sehr rar!

— Schau-Bühne der Rebellionen und Auffrühren. — Augspurg: Walder 1706. 521 S.
1: Pa 7528. 4. 7.
1.8489

FSC
www.fsc.org
MIX
Papier | Fördert gute Waldnutzung
FSC® C083411

Kolibri 360 GmbH
Ferdinand-Jühlke-Straße 7
99095 Erfurt, Deutschland
produktsicherheit@kolibri360.de